U0659057

渔业法律法规汇编（上）

农业农村部渔业渔政管理局　编

中国农业出版社
北　京

图书在版编目（CIP）数据

渔业法律法规汇编．上／农业农村部渔业渔政管理局编．—北京：中国农业出版社，2023.7
ISBN 978-7-109-30890-9

Ⅰ.①渔…　Ⅱ.①农…　Ⅲ.①渔业法—汇编—中国
Ⅳ.①D922.49

中国国家版本馆 CIP 数据核字（2023）第 126876 号

渔业法律法规汇编
YUYE FALÜ FAGUI HUIBIAN

中国农业出版社
地址：北京市朝阳区麦子店街 18 号楼
邮编：100125
责任编辑：杨晓改　郑　珂　杨　春
版式设计：王　晨　　责任校对：吴丽婷
印刷：北京通州皇家印刷厂
版次：2023 年 7 月第 1 版
印次：2023 年 7 月北京第 1 次印刷
发行：新华书店北京发行所
开本：787mm×1092mm　1/16
总印张：92
总字数：2400 千字
总定价：800.00 元（上、中、下）

《渔业法律法规汇编》
编写委员会

前　言

全面依法治国是坚持和发展中国特色社会主义的本质要求和重要保障。各级领导干部在推进依法治国方面肩负着重要责任。习近平总书记指出："领导干部具体行使党的执政权和国家立法权、行政权、监察权、司法权，是全面依法治国的关键。领导干部必须带头尊崇法律、敬畏法律，了解法律、掌握法律，遵纪守法、捍卫法治，厉行法治、依法办事，不断提高运用法治思维和法治方式深化改革、推动发展、化解矛盾、维护稳定的能力，做尊法学法守法用法的模范，以实际行动带动全社会尊法学法守法用法。"党的十八届四中全会通过《中共中央关于全面推进依法治国若干重大问题的决定》，提出了"坚持依法治国、依法执政、依法行政共同推进，坚持法治国家、法治政府、法治社会一体建设，实现科学立法、严格执法、公正司法、全民守法，促进国家治理体系和治理能力现代化"的总要求。随后，中共中央、国务院联合印发《法治政府建设实施纲要（2015—2020 年）》，进一步提出到 2020 年要"基本建成职能科学、权责法定、执法严明、公开公正、廉洁高效、守法诚信的法治政府"。习近平新时代中国特色社会主义思想和以上纲领性文件给各部门依法行政进行了总动员、总部署。

渔业系统历来重视渔业法治建设和依法行政。以 1986 年颁布实施的《中华人民共和国渔业法》为核心，我国已累计出台渔业法律法规和规范性文件 600 余部（件），初步形成了以《中华人民共和国渔业法》为基本法，涵盖渔业资源管理、水域生态管理、渔船渔港监督管理、远洋渔业管理、涉外渔业管理、养殖过程及水产品质量安全管理等涉渔法规规章、国际公约和规范性文件为补充的较为完整的渔业法律法规体系，基本形成了依法治渔、依法兴渔的良好格局，为推动我国渔业绿色高质量发展发挥了重要作用。

党的十八大以来，我国法治建设进程进一步加快。根据新时代新形势新要求，我国制定了许多新的法律法规，同时对相当一部分法律法规进行了修订；渔业法律法规建设进程同步加快，一批涉渔法规、规章和规范性文件相继制定出台或更新，为依法治渔、依法兴渔增加了新内涵。为更好地深入贯彻习近平总书记全面依法治国理念和法治政府建设要求，同时为渔业工作者提供法律支撑和智力支持，我局在2012年版《全国渔业法律法规规章汇编》的基础上，组织相关专家编撰了《渔业法律法规汇编》一书。新版《渔业法律法规汇编》分为上、中、下三册，系统、全面收录了新中国成立以来现行有效的由全国人民代表大会、国务院、农业农村部及其与有关部门联合颁布的涉渔法律、行政法规、规章和重要规范性文件，以及由最高人民法院、最高人民检察院做出的涉渔司法解释；同时，增加了《联合国海洋法公约》《关于预防、制止和消除非法、不报告、不管制捕鱼的港口国措施协议》等重要国际公约和《关于全面推进依法治国若干重大问题的决定》等重要政策文件。与2012年版本相比，新版《渔业法律法规汇编》共增加宪法及相关法律法规和规范性文件等155部（件），修改（截至2022年11月底）相关法律法规和规范性文件等88部（件），删除失效的法规和规范性文件等146部（件）。

法律是治国之重器。随着国际国内形势的发展变化，依法治渔和依法兴渔任务将更加紧迫和艰巨。《渔业法律法规汇编》力图体现及时性、系统性、针对性、有效性，可供广大渔业战线上的各级管理、教学、科研和生产者学习和参考。

疏漏之处在所难免，敬请广大读者批评指正。

编　者

2022年11月

目　　录

（中）

（下）

一、宪　　法

中华人民共和国宪法（节录）

（1982 年 12 月 4 日第五届全国人民代表大会第五次会议通过，1982 年 12 月 4 日全国人民代表大会公告公布施行；根据 1988 年 4 月 12 日第七届全国人民代表大会第一次会议通过的《中华人民共和国宪法修正案》、1993 年 3 月 29 日第八届全国人民代表大会第一次会议通过的《中华人民共和国宪法修正案》、1999 年 3 月 15 日第九届全国人民代表大会第二次会议通过的《中华人民共和国宪法修正案》、2004 年 3 月 14 日第十届全国人民代表大会第二次会议通过的《中华人民共和国宪法修正案》和 2018 年 3 月 11 日第十三届全国人民代表大会第一次会议通过的《中华人民共和国宪法修正案》修正）

第八条　农村集体经济组织实行家庭承包经营为基础、统分结合的双层经营体制。农村中的生产、供销、信用、消费等各种形式的合作经济，是社会主义劳动群众集体所有制经济。参加农村集体经济组织的劳动者，有权在法律规定的范围内经营自留地、自留山、家庭副业和饲养自留畜。

城镇中的手工业、工业、建筑业、运输业、商业、服务业等行业的各种形式的合作经济，都是社会主义劳动群众集体所有制经济。

国家保护城乡集体经济组织的合法的权利和利益，鼓励、指导和帮助集体经济的发展。

第九条　矿藏、水流、森林、山岭、草原、荒地、滩涂等自然资源，都属于国家所有，即全民所有；由法律规定属于集体所有的森林和山岭、草原、荒地、滩涂除外。

国家保障自然资源的合理利用，保护珍贵的动物和植物。禁止任何组织或者个人用任何手段侵占或者破坏自然资源。

第十条　城市的土地属于国家所有。

农村和城市郊区的土地，除由法律规定属于国家所有的以外，属于集体所有；宅基地和自留地、自留山，也属于集体所有。

国家为了公共利益的需要，可以依照法律规定对土地实行征收或者征用并给予补偿。

任何组织或者个人不得侵占、买卖或者以其他形式非法转让土地。土地的使用权可以依照法律的规定转让。

一切使用土地的组织和个人必须合理地利用土地。

二、法　律

中华人民共和国渔业法

（1986年1月20日第六届全国人民代表大会常务委员会第十四次会议通过；根据2000年10月31日第九届全国人民代表大会常务委员会第十八次会议《关于修改〈中华人民共和国渔业法〉的决定》第一次修正；根据2004年8月28日第十届全国人民代表大会常务委员会第十一次会议《关于修改〈中华人民共和国渔业法〉的决定》第二次修正；根据2009年8月27日第十一届全国人民代表大会常务委员会第十次会议《关于修改部分法律的决定》第三次修正；根据2013年12月28日第十二届全国人民代表大会常务委员会第六次会议《关于修改〈中华人民共和国海洋环境保护法〉等七部法律的决定》第四次修正）

第一章　总　　则

第一条　为了加强渔业资源的保护、增殖、开发和合理利用，发展人工养殖，保障渔业生产者的合法权益，促进渔业生产的发展，适应社会主义建设和人民生活的需要，特制定本法。

第二条　在中华人民共和国的内水、滩涂、领海、专属经济区以及中华人民共和国管辖的一切其他海域从事养殖和捕捞水生动物、水生植物等渔业生产活动，都必须遵守本法。

第三条　国家对渔业生产实行以养殖为主，养殖、捕捞、加工并举，因地制宜，各有侧重的方针。

各级人民政府应当把渔业生产纳入国民经济发展计划，采取措施，加强水域的统一规划和综合利用。

第四条　国家鼓励渔业科学技术研究，推广先进技术，提高渔业科学技术水平。

第五条　在增殖和保护渔业资源、发展渔业生产、进行渔业科学技术研究等方面成绩显著的单位和个人，由各级人民政府给予精神的或者物质的奖励。

第六条　国务院渔业行政主管部门主管全国的渔业工作。县级以上地方人民政府渔业行政主管部门主管本行政区域内的渔业工作。县级以上人民政府渔业行政主管部门可以在重要渔业水域、渔港设渔政监督管理机构。

县级以上人民政府渔业行政主管部门及其所属的渔政监督管理机构可以设渔政检查人员。渔政检查人员执行渔业行政主管部门及其所属的渔政监督管理机构交付的任务。

第七条　国家对渔业的监督管理，实行统一领导、分级管理。

海洋渔业，除国务院划定由国务院渔业行政主管部门及其所属的渔政监督管理机构监督管理的海域和特定渔业资源渔场外，由毗邻海域的省、自治区、直辖市人民政府渔业行政主管部门监督管理。

江河、湖泊等水域的渔业，按照行政区划由有关县级以上人民政府渔业行政主管部门监督管理；跨行政区域的，由有关县级以上地方人民政府协商制定管理办法，或者由上一级人民政府渔业行政主管部门及其所属的渔政监督管理机构监督管理。

第八条　外国人、外国渔业船舶进入中华人民共和国管辖水域，从事渔业生产或者渔业资源调查活动，必须经国务院有关主管部门批准，并遵守本法和中华人民共和国其他有关法律、法规的规定；同中华人民共和国订有条约、协定的，按照条约、协定办理。

国家渔政渔港监督管理机构对外行使渔政渔港监督管理权。

第九条 渔业行政主管部门和其所属的渔政监督管理机构及其工作人员不得参与和从事渔业生产经营活动。

第二章 养殖业

第十条 国家鼓励全民所有制单位、集体所有制单位和个人充分利用适于养殖的水域、滩涂，发展养殖业。

第十一条 国家对水域利用进行统一规划，确定可以用于养殖业的水域和滩涂。单位和个人使用国家规划确定用于养殖业的全民所有的水域、滩涂的，使用者应当向县级以上地方人民政府渔业行政主管部门提出申请，由本级人民政府核发养殖证，许可其使用该水域、滩涂从事养殖生产。核发养殖证的具体办法由国务院规定。

集体所有的或者全民所有由农业集体经济组织使用的水域、滩涂，可以由个人或者集体承包，从事养殖生产。

第十二条 县级以上地方人民政府在核发养殖证时，应当优先安排当地的渔业生产者。

第十三条 当事人因使用国家规划确定用于养殖业的水域、滩涂从事养殖生产发生争议的，按照有关法律规定的程序处理。在争议解决以前，任何一方不得破坏养殖生产。

第十四条 国家建设征收集体所有的水域、滩涂，按照《中华人民共和国土地管理法》有关征地的规定办理。

第十五条 县级以上地方人民政府应当采取措施，加强对商品鱼生产基地和城市郊区重要养殖水域的保护。

第十六条 国家鼓励和支持水产优良品种的选育、培育和推广。水产新品种必须经全国水产原种和良种审定委员会审定，由国务院渔业行政主管部门公告后推广。

水产苗种的进口、出口由国务院渔业行政主管部门或者省、自治区、直辖市人民政府渔业行政主管部门审批。

水产苗种的生产由县级以上地方人民政府渔业行政主管部门审批。但是，渔业生产者自育、自用水产苗种的除外。

第十七条 水产苗种的进口、出口必须实施检疫，防止病害传入境内和传出境外，具体检疫工作按照有关动植物进出境检疫法律、行政法规的规定执行。

引进转基因水产苗种必须进行安全性评价，具体管理工作按照国务院有关规定执行。

第十八条 县级以上人民政府渔业行政主管部门应当加强对养殖生产的技术指导和病害防治工作。

第十九条 从事养殖生产不得使用含有毒有害物质的饵料、饲料。

第二十条 从事养殖生产应当保护水域生态环境，科学确定养殖密度，合理投饵、施肥、使用药物，不得造成水域的环境污染。

第三章 捕捞业

第二十一条 国家在财政、信贷和税收等方面采取措施，鼓励、扶持远洋捕捞业的发展，并根据渔业资源的可捕捞量，安排内水和近海捕捞力量。

第二十二条 国家根据捕捞量低于渔业资源增长量的原则，确定渔业资源的总可捕捞量，实行捕捞限额制度。国务院渔业行政主管部门负责组织渔业资源的调查和评估，为实行捕捞限额制度提供科学依据。中华人民共和国内海、领海、专属经济区和其他管辖海域的捕捞限额总量由国务院渔业行政主管部门确定，报国务院批准后逐级分解下达；国家确定的重要江河、湖泊的捕捞限额总量由有关省、自治区、直辖市人民政府确定或者协商确定，逐级分解下达。捕捞限额总量的分配应当体现公平、公正的原则，分配办法和分配结果必须向社会公开，并接受监督。

国务院渔业行政主管部门和省、自治区、直辖市人民政府渔业行政主管部门应当加强对捕捞限额制度实施情况的监督检查，对超过上级下达的捕捞限额指标的，应当在其次年捕捞限额指标中予以核减。

第二十三条　国家对捕捞业实行捕捞许可证制度。

到中华人民共和国与有关国家缔结的协定确定的共同管理的渔区或者公海从事捕捞作业的捕捞许可证，由国务院渔业行政主管部门批准发放。海洋大型拖网、围网作业的捕捞许可证，由省、自治区、直辖市人民政府渔业行政主管部门批准发放。其他作业的捕捞许可证，由县级以上地方人民政府渔业行政主管部门批准发放；但是，批准发放海洋作业的捕捞许可证不得超过国家下达的船网工具控制指标，具体办法由省、自治区、直辖市人民政府规定。

捕捞许可证不得买卖、出租和以其他形式转让，不得涂改、伪造、变造。

到他国管辖海域从事捕捞作业的，应当经国务院渔业行政主管部门批准，并遵守中华人民共和国缔结的或者参加的有关条约、协定和有关国家的法律。

第二十四条　具备下列条件的，方可发给捕捞许可证：

（一）有渔业船舶检验证书；

（二）有渔业船舶登记证书；

（三）符合国务院渔业行政主管部门规定的其他条件。

县级以上地方人民政府渔业行政主管部门批准发放的捕捞许可证，应当与上级人民政府渔业行政主管部门下达的捕捞限额指标相适应。

第二十五条　从事捕捞作业的单位和个人，必须按照捕捞许可证关于作业类型、场所、时限、渔具数量和捕捞限额的规定进行作业，并遵守国家有关保护渔业资源的规定，大中型渔船应当填写渔捞日志。

第二十六条　制造、更新改造、购置、进口的从事捕捞作业的船舶必须经渔业船舶检验部门检验合格后，方可下水作业。具体管理办法由国务院规定。

第二十七条　渔港建设应当遵守国家的统一规划，实行谁投资谁受益的原则。县级以上地方人民政府应当对位于本行政区域内的渔港加强监督管理，维护渔港的正常秩序。

第四章　渔业资源的增殖和保护

第二十八条　县级以上人民政府渔业行政主管部门应当对其管理的渔业水域统一规划，采取措施，增殖渔业资源。县级以上人民政府渔业行政主管部门可以向受益的单位和个人征收渔业资源增殖保护费，专门用于增殖和保护渔业资源。渔业资源增殖保护费的征收办法由国务院渔业行政主管部门会同财政部门制定，报国务院批准后施行。

第二十九条　国家保护水产种质资源及其生存环境，并在具有较高经济价值和遗传育种价值的水产种质资源的主要生长繁育区域建立水产种质资源保护区。未经国务院渔业行政主管部门批准，任何单位或者个人不得在水产种质资源保护区内从事捕捞活动。

第三十条　禁止使用炸鱼、毒鱼、电鱼等破坏渔业资源的方法进行捕捞。禁止制造、销售、使用禁用的渔具。禁止在禁渔区、禁渔期进行捕捞。禁止使用小于最小网目尺寸的网具进行捕捞。捕捞的渔获物中幼鱼不得超过规定的比例。在禁渔区或者禁渔期内禁止销售非法捕捞的渔获物。

重点保护的渔业资源品种及其可捕捞标准，禁渔区和禁渔期，禁止使用或者限制使用的渔具和捕捞方法，最小网目尺寸以及其他保护渔业资源的措施，由国务院渔业行政主管部门或者省、自治区、直辖市人民政府渔业行政主管部门规定。

第三十一条 禁止捕捞有重要经济价值的水生动物苗种。因养殖或者其他特殊需要，捕捞有重要经济价值的苗种或者禁捕的怀卵亲体的，必须经国务院渔业行政主管部门或者省、自治区、直辖市人民政府渔业行政主管部门批准，在指定的区域和时间内，按照限额捕捞。

在水生动物苗种重点产区引水用水时，应当采取措施，保护苗种。

第三十二条 在鱼、虾、蟹洄游通道建闸、筑坝，对渔业资源有严重影响的，建设单位应当建造过鱼设施或者采取其他补救措施。

第三十三条 用于渔业并兼有调蓄、灌溉等功能的水体，有关主管部门应当确定渔业生产所需的最低水位线。

第三十四条 禁止围湖造田。沿海滩涂未经县级以上人民政府批准，不得围垦；重要的苗种基地和养殖场所不得围垦。

第三十五条 进行水下爆破、勘探、施工作业，对渔业资源有严重影响的，作业单位应当事先同有关县级以上人民政府渔业行政主管部门协商，采取措施，防止或者减少对渔业资源的损害；造成渔业资源损失的，由有关县级以上人民政府责令赔偿。

第三十六条 各级人民政府应当采取措施，保护和改善渔业水域的生态环境，防治污染。

渔业水域生态环境的监督管理和渔业污染事故的调查处理，依照《中华人民共和国海洋环境保护法》和《中华人民共和国水污染防治法》的有关规定执行。

第三十七条 国家对白鳍豚等珍贵、濒危水生野生动物实行重点保护，防止其灭绝。禁止捕杀、伤害国家重点保护的水生野生动物。因科学研究、驯养繁殖、展览或者其他特殊情况，需要捕捞国家重点保护的水生野生动物的，依照《中华人民共和国野生动物保护法》的规定执行。

第五章 法律责任

第三十八条 使用炸鱼、毒鱼、电鱼等破坏渔业资源方法进行捕捞的，违反关于禁渔区、禁渔期的规定进行捕捞的，或者使用禁用的渔具、捕捞方法和小于最小网目尺寸的网具进行捕捞或者渔获物中幼鱼超过规定比例的，没收渔获物和违法所得，处五万元以下的罚款；情节严重的，没收渔具，吊销捕捞许可证；情节特别严重的，可以没收渔船；构成犯罪的，依法追究刑事责任。

在禁渔区或者禁渔期内销售非法捕捞的渔获物的，县级以上地方人民政府渔业行政主管部门应当及时进行调查处理。

制造、销售禁用的渔具的，没收非法制造、销售的渔具和违法所得，并处一万元以下的罚款。

第三十九条 偷捕、抢夺他人养殖的水产品的，或者破坏他人养殖水体、养殖设施的，责令改正，可以处二万元以下的罚款；造成他人损失的，依法承担赔偿责任；构成犯罪的，依法追究刑事责任。

第四十条 使用全民所有的水域、滩涂从事养殖生产，无正当理由使水域、滩涂荒芜满一年的，由发放养殖证的机关责令限期开发利用；逾期未开发利用的，吊销养殖证，可以并处一万元以下的罚款。

未依法取得养殖证擅自在全民所有的水域从事养殖生产的，责令改正，补办养殖证或者限期拆除养殖设施。

未依法取得养殖证或者超越养殖证许可范围在全民所有的水域从事养殖生产，妨碍航运、行洪的，责令限期拆除养殖设施，可以并处一万元以下的罚款。

第四十一条　未依法取得捕捞许可证擅自进行捕捞的，没收渔获物和违法所得，并处十万元以下的罚款；情节严重的，并可以没收渔具和渔船。

第四十二条　违反捕捞许可证关于作业类型、场所、时限和渔具数量的规定进行捕捞的，没收渔获物和违法所得，可以并处五万元以下的罚款；情节严重的，并可以没收渔具，吊销捕捞许可证。

第四十三条　涂改、买卖、出租或者以其他形式转让捕捞许可证的，没收违法所得，吊销捕捞许可证，可以并处一万元以下的罚款；伪造、变造、买卖捕捞许可证，构成犯罪的，依法追究刑事责任。

第四十四条　非法生产、进口、出口水产苗种的，没收苗种和违法所得，并处五万元以下的罚款。

经营未经审定的水产苗种的，责令立即停止经营，没收违法所得，可以并处五万元以下的罚款。

第四十五条　未经批准在水产种质资源保护区内从事捕捞活动的，责令立即停止捕捞，没收渔获物和渔具，可以并处一万元以下的罚款。

第四十六条　外国人、外国渔船违反本法规定，擅自进入中华人民共和国管辖水域从事渔业生产和渔业资源调查活动的，责令其离开或者将其驱逐，可以没收渔获物、渔具，并处五十万元以下的罚款；情节严重的，可以没收渔船；构成犯罪的，依法追究刑事责任。

第四十七条　造成渔业水域生态环境破坏或者渔业污染事故的，依照《中华人民共和国海洋环境保护法》和《中华人民共和国水污染防治法》的规定追究法律责任。

第四十八条　本法规定的行政处罚，由县级以上人民政府渔业行政主管部门或者其所属的渔政监督管理机构决定。但是，本法已对处罚机关作出规定的除外。

在海上执法时，对违反禁渔区、禁渔期的规定或者使用禁用的渔具、捕捞方法进行捕捞，以及未取得捕捞许可证进行捕捞的，事实清楚、证据充分，但是当场不能按照法定程序作出和执行行政处罚决定的，可以先暂时扣押捕捞许可证、渔具或者渔船，回港后依法作出和执行行政处罚决定。

第四十九条　渔业行政主管部门和其所属的渔政监督管理机构及其工作人员违反本法规定核发许可证、分配捕捞限额或者从事渔业生产经营活动的，或者有其他玩忽职守不履行法定义务、滥用职权、徇私舞弊的行为的，依法给予行政处分；构成犯罪的，依法追究刑事责任。

第六章　附　　则

第五十条　本法自 1986 年 7 月 1 日起施行。

中华人民共和国农业法

（1993 年 7 月 2 日第八届全国人民代表大会常务委员会第二次会议通过；2002 年 12 月 28 日第九届全国人民代表大会常务委员会第三十一次会议修订；根据 2009 年 8 月 27 日第十一届全国人民代表大会常务委员会第十次会议《关于修改部分法律的决定》第一次修正；根据 2012 年 12 月 28 日第十一届全国人民代表大会常务委员会第三十次会议《关于修改〈中华人民共和国农业法〉的决定》第二次修正）

第一章　总　　则

第一条　为了巩固和加强农业在国民经济中的基础地位，深化农村改革，发展农业生产力，推进农业现代化，维护农民和农业生产经营组织的合法权益，增加农民收入，提高农民科学文化素质，促进农业和农村经济的持续、稳定、健康发展，实现全面建设小康社会的目标，制定本法。

第二条　本法所称农业，是指种植业、林业、畜牧业和渔业等产业，包括与其直接相关的产前、产中、产后服务。

本法所称农业生产经营组织，是指农村集体经济组织、农民专业合作经济组织、农业企业和其他从事农业生产经营的组织。

第三条　国家把农业放在发展国民经济的首位。

农业和农村经济发展的基本目标是：建立适应发展社会主义市场经济要求的农村经济体制，不断解放和发展农村生产力，提高农业的整体素质和效益，确保农产品供应和质量，满足国民经济发展和人口增长、生活改善的需求，提高农民的收入和生活水平，促进农村富余劳动力向非农产业和城镇转移，缩小城乡差别和区域差别，建设富裕、民主、文明的社会主义新农村，逐步实现农业和农村现代化。

第四条　国家采取措施，保障农业更好地发挥在提供食物、工业原料和其他农产品，维护和改善生态环境，促进农村经济社会发展等多方面的作用。

第五条　国家坚持和完善公有制为主体、多种所有制经济共同发展的基本经济制度，振兴农村经济。

国家长期稳定农村以家庭承包经营为基础、统分结合的双层经营体制，发展社会化服务体系，壮大集体经济实力，引导农民走共同富裕的道路。

国家在农村坚持和完善以按劳分配为主体、多种分配方式并存的分配制度。

第六条　国家坚持科教兴农和农业可持续发展的方针。

国家采取措施加强农业和农村基础设施建设，调整、优化农业和农村经济结构，推进农业产业化经营，发展农业科技、教育事业，保护农业生态环境，促进农业机械化和信息化，提高农业综合生产能力。

第七条　国家保护农民和农业生产经营组织的财产及其他合法权益不受侵犯。

各级人民政府及其有关部门应当采取措施增加农民收入，切实减轻农民负担。

第八条　全社会应当高度重视农业，支持农业发展。

国家对发展农业和农村经济有显著成绩的单位和个人，给予奖励。

第九条　各级人民政府对农业和农村经济发展工作统一负责，组织各有关部门和全社会做好发展农业和为发展农业服务的各项工作。

国务院农业行政主管部门主管全国农业和农村经济发展工作，国务院林业行政主管部门和其他有关部门在各自的职责范围内，负责有关的农业和农村经济发展工作。

县级以上地方人民政府各农业行政主管部门负责本行政区域内的种植业、畜牧业、渔业等农业和农村经济发展工作，林业行政主管部门负责本行政区域内的林业工作。县级以上地方人民政府其他有关部门在各自的职责范围内，负责本行政区域内有关的为农业生产经营服务的工作。

第二章　农业生产经营体制

第十条　国家实行农村土地承包经营制度，依法保障农村土地承包关系的长期稳定，保护农民对承包土地的使用权。

农村土地承包经营的方式、期限、发包方和承包方的权利义务、土地承包经营权的保护和流转等，适用《中华人民共和国土地管理法》和《中华人民共和国农村土地承包法》。

农村集体经济组织应当在家庭承包经营的基础上，依法管理集体资产，为其成员提供生产、技术、信息等服务，组织合理开发、利用集体资源，壮大经济实力。

第十一条　国家鼓励农民在家庭承包经营的基础上自愿组成各类专业合作经济组织。

农民专业合作经济组织应当坚持为成员服务的宗旨，按照加入自愿、退出自由、民主管理、盈余返还的原则，依法在其章程规定的范围内开展农业生产经营和服务活动。

农民专业合作经济组织可以有多种形式，依法成立、依法登记。任何组织和个人不得侵犯农民专业合作经济组织的财产和经营自主权。

第十二条　农民和农业生产经营组织可以自愿按照民主管理、按劳分配和按股分红相结合的原则，以资金、技术、实物等入股，依法兴办各类企业。

第十三条　国家采取措施发展多种形式的农业产业化经营，鼓励和支持农民和农业生产经营组织发展生产、加工、销售一体化经营。

国家引导和支持从事农产品生产、加工、流通服务的企业、科研单位和其他组织，通过与农民或者农民专业合作经济组织订立合同或者建立各类企业等形式，形成收益共享、风险共担的利益共同体，推进农业产业化经营，带动农业发展。

第十四条　农民和农业生产经营组织可以按照法律、行政法规成立各种农产品行业协会，为成员提供生产、营销、信息、技术、培训等服务，发挥协调和自律作用，提出农产品贸易救济措施的申请，维护成员和行业的利益。

第三章　农业生产

第十五条　县级以上人民政府根据国民经济和社会发展的中长期规划、农业和农村经济发展的基本目标和农业资源区划，制定农业发展规划。

省级以上人民政府农业行政主管部门根据农业发展规划，采取措施发挥区域优势，促进形成合理的农业生产区域布局，指导和协调农业和农村经济结构调整。

第十六条　国家引导和支持农民和农业生产经营组织结合本地实际按照市场需求，调整和优化农业生产结构，协调发展种植业、林业、畜牧业和渔业，发展优质、高产、高效益的农业，提高农产品国际竞争力。

种植业以优化品种、提高质量、增加效

益为中心，调整作物结构、品种结构和品质结构。

加强林业生态建设，实施天然林保护、退耕还林和防沙治沙工程，加强防护林体系建设，加速营造速生丰产林、工业原料林和薪炭林。

加强草原保护和建设，加快发展畜牧业，推广圈养和舍饲，改良畜禽品种，积极发展饲料工业和畜禽产品加工业。

渔业生产应当保护和合理利用渔业资源，调整捕捞结构，积极发展水产养殖业、远洋渔业和水产品加工业。

县级以上人民政府应当制定政策，安排资金，引导和支持农业结构调整。

第十七条 各级人民政府应当采取措施，加强农业综合开发和农田水利、农业生态环境保护、乡村道路、农村能源和电网、农产品仓储和流通、渔港、草原围栏、动植物原种良种基地等农业和农村基础设施建设，改善农业生产条件，保护和提高农业综合生产能力。

第十八条 国家扶持动植物品种的选育、生产、更新和良种的推广使用，鼓励品种选育和生产、经营相结合，实施种子工程和畜禽良种工程。国务院和省、自治区、直辖市人民政府设立专项资金，用于扶持动植物良种的选育和推广工作。

第十九条 各级人民政府和农业生产经营组织应当加强农田水利设施建设，建立健全农田水利设施的管理制度，节约用水，发展节水型农业，严格依法控制非农业建设占用灌溉水源，禁止任何组织和个人非法占用或者毁损农田水利设施。

国家对缺水地区发展节水型农业给予重点扶持。

第二十条 国家鼓励和支持农民和农业生产经营组织使用先进、适用的农业机械，加强农业机械安全管理，提高农业机械化水平。

国家对农民和农业生产经营组织购买先进农业机械给予扶持。

第二十一条 各级人民政府应当支持为农业服务的气象事业的发展，提高对气象灾害的监测和预报水平。

第二十二条 国家采取措施提高农产品的质量，建立健全农产品质量标准体系和质量检验检测监督体系，按照有关技术规范、操作规程和质量卫生安全标准，组织农产品的生产经营，保障农产品质量安全。

第二十三条 国家支持依法建立健全优质农产品认证和标志制度。

国家鼓励和扶持发展优质农产品生产。县级以上地方人民政府应当结合本地情况，按照国家有关规定采取措施，发展优质农产品生产。

符合国家规定标准的优质农产品可以依照法律或者行政法规的规定申请使用有关的标志。符合规定产地及生产规范要求的农产品可以依照有关法律或者行政法规的规定申请使用农产品地理标志。

第二十四条 国家实行动植物防疫、检疫制度，健全动植物防疫、检疫体系，加强对动物疫病和植物病、虫、杂草、鼠害的监测、预警、防治，建立重大动物疫情和植物病虫害的快速扑灭机制，建设动物无规定疫病区，实施植物保护工程。

第二十五条 农药、兽药、饲料和饲料添加剂、肥料、种子、农业机械等可能危害人畜安全的农业生产资料的生产经营，依照相关法律、行政法规的规定实行登记或者许可制度。

各级人民政府应当建立健全农业生产资料的安全使用制度，农民和农业生产经营组织不得使用国家明令淘汰和禁止使用的农药、兽药、饲料添加剂等农业生产资料和其他禁止使用的产品。

农业生产资料的生产者、销售者应当对其生产、销售的产品的质量负责，禁止以次充好、以假充真、以不合格的产品冒充合格的产品；禁止生产和销售国家明令淘汰的农药、兽药、饲料添加剂、农业机械等农业生产资料。

第四章　农产品流通与加工

第二十六条　农产品的购销实行市场调节。国家对关系国计民生的重要农产品的购销活动实行必要的宏观调控，建立中央和地方分级储备调节制度，完善仓储运输体系，做到保证供应，稳定市场。

第二十七条　国家逐步建立统一、开放、竞争、有序的农产品市场体系，制定农产品批发市场发展规划。对农村集体经济组织和农民专业合作经济组织建立农产品批发市场和农产品集贸市场，国家给予扶持。

县级以上人民政府工商行政管理部门和其他有关部门按照各自的职责，依法管理农产品批发市场，规范交易秩序，防止地方保护与不正当竞争。

第二十八条　国家鼓励和支持发展多种形式的农产品流通活动。支持农民和农民专业合作经济组织按照国家有关规定从事农产品收购、批发、贮藏、运输、零售和中介活动。鼓励供销合作社和其他从事农产品购销的农业生产经营组织提供市场信息，开拓农产品流通渠道，为农产品销售服务。

县级以上人民政府应当采取措施，督促有关部门保障农产品运输畅通，降低农产品流通成本。有关行政管理部门应当简化手续，方便鲜活农产品的运输，除法律、行政法规另有规定外，不得扣押鲜活农产品的运输工具。

第二十九条　国家支持发展农产品加工业和食品工业，增加农产品的附加值。县级以上人民政府应当制定农产品加工业和食品工业发展规划，引导农产品加工企业形成合理的区域布局和规模结构，扶持农民专业合作经济组织和乡镇企业从事农产品加工和综合开发利用。

国家建立健全农产品加工制品质量标准，完善检测手段，加强农产品加工过程中的质量安全管理和监督，保障食品安全。

第三十条　国家鼓励发展农产品进出口贸易。

国家采取加强国际市场研究、提供信息和营销服务等措施，促进农产品出口。

为维护农产品产销秩序和公平贸易，建立农产品进口预警制度，当某些进口农产品已经或者可能对国内相关农产品的生产造成重大的不利影响时，国家可以采取必要的措施。

第五章　粮食安全

第三十一条　国家采取措施保护和提高粮食综合生产能力，稳步提高粮食生产水平，保障粮食安全。

国家建立耕地保护制度，对基本农田依法实行特殊保护。

第三十二条　国家在政策、资金、技术等方面对粮食主产区给予重点扶持，建设稳定的商品粮生产基地，改善粮食收贮及加工设施，提高粮食主产区的粮食生产、加工水平和经济效益。

国家支持粮食主产区与主销区建立稳定的购销合作关系。

第三十三条　在粮食的市场价格过低时，国务院可以决定对部分粮食品种实行保护价制度。保护价应当根据有利于保护农民利益、稳定粮食生产的原则确定。

农民按保护价制度出售粮食，国家委托的收购单位不得拒收。

县级以上人民政府应当组织财政、金融等部门以及国家委托的收购单位及时筹足粮食收购资金，任何部门、单位或者个人不得截留或者挪用。

第三十四条 国家建立粮食安全预警制度，采取措施保障粮食供给。国务院应当制定粮食安全保障目标与粮食储备数量指标，并根据需要组织有关主管部门进行耕地、粮食库存情况的核查。

国家对粮食实行中央和地方分级储备调节制度，建设仓储运输体系。承担国家粮食储备任务的企业应当按照国家规定保证储备粮的数量和质量。

第三十五条 国家建立粮食风险基金，用于支持粮食储备、稳定粮食市场和保护农民利益。

第三十六条 国家提倡珍惜和节约粮食，并采取措施改善人民的食物营养结构。

第六章 农业投入与支持保护

第三十七条 国家建立和完善农业支持保护体系，采取财政投入、税收优惠、金融支持等措施，从资金投入、科研与技术推广、教育培训、农业生产资料供应、市场信息、质量标准、检验检疫、社会化服务以及灾害救助等方面扶持农民和农业生产经营组织发展农业生产，提高农民的收入水平。

在不与我国缔结或加入的有关国际条约相抵触的情况下，国家对农民实施收入支持政策，具体办法由国务院制定。

第三十八条 国家逐步提高农业投入的总体水平。中央和县级以上地方财政每年对农业总投入的增长幅度应当高于其财政经常性收入的增长幅度。

各级人民政府在财政预算内安排的各项用于农业的资金应当主要用于：加强农业基础设施建设；支持农业结构调整，促进农业产业化经营；保护粮食综合生产能力，保障国家粮食安全；健全动植物检疫、防疫体系，加强动物疫病和植物病、虫、杂草、鼠害防治；建立健全农产品质量标准和检验检测监督体系、农产品市场及信息服务体系；支持农业科研教育、农业技术推广和农民培训；加强农业生态环境保护建设；扶持贫困地区发展；保障农民收入水平等。

县级以上各级财政用于种植业、林业、畜牧业、渔业、农田水利的农业基本建设投入应当统筹安排，协调增长。

国家为加快西部开发，增加对西部地区农业发展和生态环境保护的投入。

第三十九条 县级以上人民政府每年财政预算内安排的各项用于农业的资金应当及时足额拨付。各级人民政府应当加强对国家各项农业资金分配、使用过程的监督管理，保证资金安全，提高资金的使用效率。

任何单位和个人不得截留、挪用用于农业的财政资金和信贷资金。审计机关应当依法加强对用于农业的财政和信贷等资金的审计监督。

第四十条 国家运用税收、价格、信贷等手段，鼓励和引导农民和农业生产经营组织增加农业生产经营性投入和小型农田水利等基本建设投入。

国家鼓励和支持农民和农业生产经营组织在自愿的基础上依法采取多种形式，筹集农业资金。

第四十一条 国家鼓励社会资金投向农业，鼓励企业事业单位、社会团体和个人捐资设立各种农业建设和农业科技、教育基金。

国家采取措施，促进农业扩大利用外资。

第四十二条 各级人民政府应当鼓励和支持企业事业单位及其他各类经济组织开展农业信息服务。

县级以上人民政府农业行政主管部门及其他有关部门应当建立农业信息搜集、整理和发布制度，及时向农民和农业生产经营组织提供市场信息等服务。

第四十三条 国家鼓励和扶持农用工业的发展。

国家采取税收、信贷等手段鼓励和扶持农业生产资料的生产和贸易，为农业生产稳定增长提供物质保障。

国家采取宏观调控措施，使化肥、农药、农用薄膜、农业机械和农用柴油等主要农业生产资料和农产品之间保持合理的比价。

第四十四条　国家鼓励供销合作社、农村集体经济组织、农民专业合作经济组织、其他组织和个人发展多种形式的农业生产产前、产中、产后的社会化服务事业。县级以上人民政府及其各有关部门应当采取措施对农业社会化服务事业给予支持。

对跨地区从事农业社会化服务的，农业、工商管理、交通运输、公安等有关部门应当采取措施给予支持。

第四十五条　国家建立健全农村金融体系，加强农村信用制度建设，加强农村金融监管。

有关金融机构应当采取措施增加信贷投入，改善农村金融服务，对农民和农业生产经营组织的农业生产经营活动提供信贷支持。

农村信用合作社应当坚持为农业、农民和农村经济发展服务的宗旨，优先为当地农民的生产经营活动提供信贷服务。

国家通过贴息等措施，鼓励金融机构向农民和农业生产经营组织的农业生产经营活动提供贷款。

第四十六条　国家建立和完善农业保险制度。

国家逐步建立和完善政策性农业保险制度。鼓励和扶持农民和农业生产经营组织建立为农业生产经营活动服务的互助合作保险组织，鼓励商业性保险公司开展农业保险业务。

农业保险实行自愿原则。任何组织和个人不得强制农民和农业生产经营组织参加农业保险。

第四十七条　各级人民政府应当采取措施，提高农业防御自然灾害的能力，做好防灾、抗灾和救灾工作，帮助灾民恢复生产，组织生产自救，开展社会互助互济；对没有基本生活保障的灾民给予救济和扶持。

第七章　农业科技与农业教育

第四十八条　国务院和省级人民政府应当制定农业科技、农业教育发展规划，发展农业科技、教育事业。

县级以上人民政府应当按照国家有关规定逐步增加农业科技经费和农业教育经费。

国家鼓励、吸引企业等社会力量增加农业科技投入，鼓励农民、农业生产经营组织、企业事业单位等依法举办农业科技、教育事业。

第四十九条　国家保护植物新品种、农产品地理标志等知识产权，鼓励和引导农业科研、教育单位加强农业科学技术的基础研究和应用研究，传播和普及农业科学技术知识，加速科技成果转化与产业化，促进农业科学技术进步。

国务院有关部门应当组织农业重大关键技术的科技攻关。国家采取措施促进国际农业科技、教育合作与交流，鼓励引进国外先进技术。

第五十条　国家扶持农业技术推广事业，建立政府扶持和市场引导相结合，有偿与无偿服务相结合，国家农业技术推广机构和社会力量相结合的农业技术推广体系，促使先进的农业技术尽快应用于农业生产。

第五十一条　国家设立的农业技术推广机构应当以农业技术试验示范基地为依托，承担公共所需的关键性技术的推广和示范等公益性职责，为农民和农业生产经营组织提供无偿农业技术服务。

县级以上人民政府应当根据农业生产发展需要，稳定和加强农业技术推广队伍，保障农业技术推广机构的工作经费。

各级人民政府应当采取措施，按照国家规定保障和改善从事农业技术推广工作的专业科技人员的工作条件、工资待遇和生活条件，鼓励他们为农业服务。

第五十二条 农业科研单位、有关学校、农民专业合作社、涉农企业、群众性科技组织及有关科技人员，根据农民和农业生产经营组织的需要，可以提供无偿服务，也可以通过技术转让、技术服务、技术承包、技术咨询和技术入股等形式，提供有偿服务，取得合法收益。农业科研单位、有关学校、农民专业合作社、涉农企业、群众性科技组织及有关科技人员应当提高服务水平，保证服务质量。

对农业科研单位、有关学校、农业技术推广机构举办的为农业服务的企业，国家在税收、信贷等方面给予优惠。

国家鼓励和支持农民、供销合作社、其他企业事业单位等参与农业技术推广工作。

第五十三条 国家建立农业专业技术人员继续教育制度。县级以上人民政府农业行政主管部门会同教育、人事等有关部门制定农业专业技术人员继续教育计划，并组织实施。

第五十四条 国家在农村依法实施义务教育，并保障义务教育经费。国家在农村举办的普通中小学校教职工工资由县级人民政府按照国家规定统一发放，校舍等教学设施的建设和维护经费由县级人民政府按照国家规定统一安排。

第五十五条 国家发展农业职业教育。国务院有关部门按照国家职业资格证书制度的统一规定，开展农业行业的职业分类、职业技能鉴定工作，管理农业行业的职业资格证书。

第五十六条 国家采取措施鼓励农民采用先进的农业技术，支持农民举办各种科技组织，开展农业实用技术培训、农民绿色证书培训和其他就业培训，提高农民的文化技术素质。

第八章 农业资源与农业环境保护

第五十七条 发展农业和农村经济必须合理利用和保护土地、水、森林、草原、野生动植物等自然资源，合理开发和利用水能、沼气、太阳能、风能等可再生能源和清洁能源，发展生态农业，保护和改善生态环境。

县级以上人民政府应当制定农业资源区划或者农业资源合理利用和保护的区划，建立农业资源监测制度。

第五十八条 农民和农业生产经营组织应当保养耕地，合理使用化肥、农药、农用薄膜，增加使用有机肥料，采用先进技术，保护和提高地力，防止农用地的污染、破坏和地力衰退。

县级以上人民政府农业行政主管部门应当采取措施，支持农民和农业生产经营组织加强耕地质量建设，并对耕地质量进行定期监测。

第五十九条 各级人民政府应当采取措施，加强小流域综合治理，预防和治理水土流失。从事可能引起水土流失的生产建设活动的单位和个人，必须采取预防措施，并负责治理因生产建设活动造成的水土流失。

各级人民政府应当采取措施，预防土地沙化，治理沙化土地。国务院和沙化土地所在地区的县级以上地方人民政府应当按照法律规定制定防沙治沙规划，并组织实施。

第六十条 国家实行全民义务植树制度。各级人民政府应当采取措施，组织群众植树造林，保护林地和林木，预防森林火灾，防治森林病虫害，制止滥伐、盗伐林木，提高森林覆盖率。

国家在天然林保护区域实行禁伐或者限伐制度，加强造林护林。

第六十一条 有关地方人民政府，应当加强草原的保护、建设和管理，指导、组织农（牧）民和农（牧）业生产经营组织建设人工草场、饲草饲料基地和改良天然草原，实行以草定畜，控制载畜量，推行划区轮牧、休牧和禁牧制度，保护草原植被，防止草原退化沙化和盐渍化。

第六十二条　禁止毁林毁草开垦、烧山开垦以及开垦国家禁止开垦的陡坡地，已经开垦的应当逐步退耕还林、还草。

禁止围湖造田以及围垦国家禁止围垦的湿地。已经围垦的，应当逐步退耕还湖、还湿地。

对在国务院批准规划范围内实施退耕的农民，应当按照国家规定予以补助。

第六十三条　各级人民政府应当采取措施，依法执行捕捞限额和禁渔、休渔制度，增殖渔业资源，保护渔业水域生态环境。

国家引导、支持从事捕捞业的农（渔）民和农（渔）业生产经营组织从事水产养殖业或者其他职业，对根据当地人民政府统一规划转产转业的农（渔）民，应当按照国家规定予以补助。

第六十四条　国家建立与农业生产有关的生物物种资源保护制度，保护生物多样性，对稀有、濒危、珍贵生物资源及其原生地实行重点保护。从境外引进生物物种资源应当依法进行登记或者审批，并采取相应安全控制措施。

农业转基因生物的研究、试验、生产、加工、经营及其他应用，必须依照国家规定严格实行各项安全控制措施。

第六十五条　各级农业行政主管部门应当引导农民和农业生产经营组织采取生物措施或者使用高效低毒低残留农药、兽药，防治动植物病、虫、杂草、鼠害。

农产品采收后的秸秆及其他剩余物质应当综合利用，妥善处理，防止造成环境污染和生态破坏。

从事畜禽等动物规模养殖的单位和个人应当对粪便、废水及其他废弃物进行无害化处理或者综合利用，从事水产养殖的单位和个人应当合理投饵、施肥、使用药物，防止造成环境污染和生态破坏。

第六十六条　县级以上人民政府应当采取措施，督促有关单位进行治理，防治废水、废气和固体废弃物对农业生态环境的污染。排放废水、废气和固体废弃物造成农业生态环境污染事故的，由环境保护行政主管部门或者农业行政主管部门依法调查处理；给农民和农业生产经营组织造成损失的，有关责任者应当依法赔偿。

第九章　农民权益保护

第六十七条　任何机关或者单位向农民或者农业生产经营组织收取行政、事业性费用必须依据法律、法规的规定。收费的项目、范围和标准应当公布。没有法律、法规依据的收费，农民和农业生产经营组织有权拒绝。

任何机关或者单位对农民或者农业生产经营组织进行罚款处罚必须依据法律、法规、规章的规定。没有法律、法规、规章依据的罚款，农民和农业生产经营组织有权拒绝。

任何机关或者单位不得以任何方式向农民或者农业生产经营组织进行摊派。除法律、法规另有规定外，任何机关或者单位以任何方式要求农民或者农业生产经营组织提供人力、财力、物力的，属于摊派。农民和农业生产经营组织有权拒绝任何方式的摊派。

第六十八条　各级人民政府及其有关部门和所属单位不得以任何方式向农民或者农业生产经营组织集资。

没有法律、法规依据或者未经国务院批准，任何机关或者单位不得在农村进行任何形式的达标、升级、验收活动。

第六十九条 农民和农业生产经营组织依照法律、行政法规的规定承担纳税义务。税务机关及代扣、代收税款的单位应当依法征税，不得违法摊派税款及以其他违法方法征税。

第七十条 农村义务教育除按国务院规定收取的费用外，不得向农民和学生收取其他费用。禁止任何机关或者单位通过农村中小学校向农民收费。

第七十一条 国家依法征收农民集体所有的土地，应当保护农民和农村集体经济组织的合法权益，依法给予农民和农村集体经济组织征地补偿，任何单位和个人不得截留、挪用征地补偿费用。

第七十二条 各级人民政府、农村集体经济组织或者村民委员会在农业和农村经济结构调整、农业产业化经营和土地承包经营权流转等过程中，不得侵犯农民的土地承包经营权，不得干涉农民自主安排的生产经营项目，不得强迫农民购买指定的生产资料或者按指定的渠道销售农产品。

第七十三条 农村集体经济组织或者村民委员会为发展生产或者兴办公益事业，需要向其成员（村民）筹资筹劳的，应当经成员（村民）会议或者成员（村民）代表会议过半数通过后，方可进行。

农村集体经济组织或者村民委员会依照前款规定筹资筹劳的，不得超过省级以上人民政府规定的上限控制标准，禁止强行以资代劳。

农村集体经济组织和村民委员会对涉及农民利益的重要事项，应当向农民公开，并定期公布财务账目，接受农民的监督。

第七十四条 任何单位和个人向农民或者农业生产经营组织提供生产、技术、信息、文化、保险等有偿服务，必须坚持自愿原则，不得强迫农民和农业生产经营组织接受服务。

第七十五条 农产品收购单位在收购农产品时，不得压级压价，不得在支付的价款中扣缴任何费用。法律、行政法规规定代扣、代收税款的，依照法律、行政法规的规定办理。

农产品收购单位与农产品销售者因农产品的质量等级发生争议的，可以委托具有法定资质的农产品质量检验机构检验。

第七十六条 农业生产资料使用者因生产资料质量问题遭受损失的，出售该生产资料的经营者应当予以赔偿，赔偿额包括购货价款、有关费用和可得利益损失。

第七十七条 农民或者农业生产经营组织为维护自身的合法权益，有向各级人民政府及其有关部门反映情况和提出合法要求的权利，人民政府及其有关部门对农民或者农业生产经营组织提出的合理要求，应当按照国家规定及时给予答复。

第七十八条 违反法律规定，侵犯农民权益的，农民或者农业生产经营组织可以依法申请行政复议或者向人民法院提起诉讼，有关人民政府及其有关部门或者人民法院应当依法受理。

人民法院和司法行政主管机关应当依照有关规定为农民提供法律援助。

第十章　农村经济发展

第七十九条 国家坚持城乡协调发展的方针，扶持农村第二、第三产业发展，调整和优化农村经济结构，增加农民收入，促进农村经济全面发展，逐步缩小城乡差别。

第八十条 各级人民政府应当采取措施，发展乡镇企业，支持农业的发展，转移富余的农业劳动力。

国家完善乡镇企业发展的支持措施，引导乡镇企业优化结构，更新技术，提高素质。

第八十一条 县级以上地方人民政府应当根据当地的经济发展水平、区位优势和资源条件，按照合理布局、科学规划、节约用地的原则，有重点地推进农村小城镇建设。

地方各级人民政府应当注重运用市场机制，完善相应政策，吸引农民和社会资金投资小城镇开发建设，发展第二、第三产业，引导乡镇企业相对集中发展。

第八十二条　国家采取措施引导农村富余劳动力在城乡、地区间合理有序流动。地方各级人民政府依法保护进入城镇就业的农村劳动力的合法权益，不得设置不合理限制，已经设置的应当取消。

第八十三条　国家逐步完善农村社会救济制度，保障农村五保户、贫困残疾农民、贫困老年农民和其他丧失劳动能力的农民的基本生活。

第八十四条　国家鼓励、支持农民巩固和发展农村合作医疗和其他医疗保障形式，提高农民健康水平。

第八十五条　国家扶持贫困地区改善经济发展条件，帮助进行经济开发。省级人民政府根据国家关于扶持贫困地区的总体目标和要求，制定扶贫开发规划，并组织实施。

各级人民政府应当坚持开发式扶贫方针，组织贫困地区的农民和农业生产经营组织合理使用扶贫资金，依靠自身力量改变贫穷落后面貌，引导贫困地区的农民调整经济结构、开发当地资源。扶贫开发应当坚持与资源保护、生态建设相结合，促进贫困地区经济、社会的协调发展和全面进步。

第八十六条　中央和省级财政应当把扶贫开发投入列入年度财政预算，并逐年增加，加大对贫困地区的财政转移支付和建设资金投入。

国家鼓励和扶持金融机构、其他企业事业单位和个人投入资金支持贫困地区开发建设。

禁止任何单位和个人截留、挪用扶贫资金。审计机关应当加强扶贫资金的审计监督。

第十一章　执法监督

第八十七条　县级以上人民政府应当采取措施逐步完善适应社会主义市场经济发展要求的农业行政管理体制。

县级以上人民政府农业行政主管部门和有关行政主管部门应当加强规划、指导、管理、协调、监督、服务职责，依法行政，公正执法。

县级以上地方人民政府农业行政主管部门应当在其职责范围内健全行政执法队伍，实行综合执法，提高执法效率和水平。

第八十八条　县级以上人民政府农业行政主管部门及其执法人员履行执法监督检查职责时，有权采取下列措施：

（一）要求被检查单位或者个人说明情况，提供有关文件、证照、资料；

（二）责令被检查单位或者个人停止违反本法的行为，履行法定义务。

农业行政执法人员在履行监督检查职责时，应当向被检查单位或者个人出示行政执法证件，遵守执法程序。有关单位或者个人应当配合农业行政执法人员依法执行职务，不得拒绝和阻碍。

第八十九条　农业行政主管部门与农业生产、经营单位必须在机构、人员、财务上彻底分离。农业行政主管部门及其工作人员不得参与和从事农业生产经营活动。

第十二章　法律责任

第九十条　违反本法规定，侵害农民和农业生产经营组织的土地承包经营权等财产权或者其他合法权益的，应当停止侵害，恢复原状；造成损失、损害的，依法承担赔偿责任。

国家工作人员利用职务便利或者以其他名义侵害农民和农业生产经营组织的合法权

益的，应当赔偿损失，并由其所在单位或者上级主管机关给予行政处分。

第九十一条 违反本法第十九条、第二十五条、第六十二条、第七十一条规定的，依照相关法律或者行政法规的规定予以处罚。

第九十二条 有下列行为之一的，由上级主管机关责令限期归还被截留、挪用的资金，没收非法所得，并由上级主管机关或者所在单位给予直接负责的主管人员和其他直接责任人员行政处分；构成犯罪的，依法追究刑事责任：

（一）违反本法第三十三条第三款规定，截留、挪用粮食收购资金的；

（二）违反本法第三十九条第二款规定，截留、挪用用于农业的财政资金和信贷资金的；

（三）违反本法第八十六条第三款规定，截留、挪用扶贫资金的。

第九十三条 违反本法第六十七条规定，向农民或者农业生产经营组织违法收费、罚款、摊派的，上级主管机关应当予以制止，并予公告；已经收取钱款或者已经使用人力、物力的，由上级主管机关责令限期归还已经收取的钱款或者折价偿还已经使用的人力、物力，并由上级主管机关或者所在单位给予直接负责的主管人员和其他直接责任人员行政处分；情节严重，构成犯罪的，依法追究刑事责任。

第九十四条 有下列行为之一的，由上级主管机关责令停止违法行为，并给予直接负责的主管人员和其他直接责任人员行政处分，责令退还违法收取的集资款、税款或者费用：

（一）违反本法第六十八条规定，非法在农村进行集资、达标、升级、验收活动的；

（二）违反本法第六十九条规定，以违法方法向农民征税的；

（三）违反本法第七十条规定，通过农村中小学校向农民超额、超项目收费的。

第九十五条 违反本法第七十三条第二款规定，强迫农民以资代劳的，由乡（镇）人民政府责令改正，并退还违法收取的资金。

第九十六条 违反本法第七十四条规定，强迫农民和农业生产经营组织接受有偿服务的，由有关人民政府责令改正，并返还其违法收取的费用；情节严重的，给予直接负责的主管人员和其他直接责任人员行政处分；造成农民和农业生产经营组织损失的，依法承担赔偿责任。

第九十七条 县级以上人民政府农业行政主管部门的工作人员违反本法规定参与和从事农业生产经营活动的，依法给予行政处分；构成犯罪的，依法追究刑事责任。

第十三章　附　　则

第九十八条 本法有关农民的规定，适用于国有农场、牧场、林场、渔场等企业事业单位实行承包经营的职工。

第九十九条 本法自 2003 年 3 月 1 日起施行。

中华人民共和国野生动物保护法

（1988年11月8日第七届全国人民代表大会常务委员会第四次会议通过，1988年11月8日中华人民共和国主席令第九号公布，自1989年3月1日起施行；根据2004年8月28日第十届全国人民代表大会常务委员会第十一次会议通过，2004年8月28日中华人民共和国主席令第二十四号公布的《关于修改〈中华人民共和国野生动物保护法〉的决定》第一次修正；根据2009年8月27日第十一届全国人民代表大会常务委员会第十次会议通过，2009年8月27日中华人民共和国主席令第十八号公布的《关于修改部分法律的决定》第二次修正；根据2016年7月2日第十二届全国人民代表大会常务委员会第二十一次会议通过，2016年7月2日中华人民共和国主席令第四十七号修订，自2017年1月1日起施行；根据2018年10月26日第十三届全国人民代表大会常务委员会第六次会议通过，2018年10月26日中华人民共和国主席令第十六号公布的《关于修改〈中华人民共和国野生动物保护法〉等十五部法律的决定》第三次修正）

第一章　总　　则

第一条　为了保护野生动物，拯救珍贵、濒危野生动物，维护生物多样性和生态平衡，推进生态文明建设，制定本法。

第二条　在中华人民共和国领域及管辖的其他海域，从事野生动物保护及相关活动，适用本法。

本法规定保护的野生动物，是指珍贵、濒危的陆生、水生野生动物和有重要生态、科学、社会价值的陆生野生动物。

本法规定的野生动物及其制品，是指野生动物的整体（含卵、蛋）、部分及其衍生物。

珍贵、濒危的水生野生动物以外的其他水生野生动物的保护，适用《中华人民共和国渔业法》等有关法律的规定。

第三条　野生动物资源属于国家所有。

国家保障依法从事野生动物科学研究、人工繁育等保护及相关活动的组织和个人的合法权益。

第四条　国家对野生动物实行保护优先、规范利用、严格监管的原则，鼓励开展野生动物科学研究，培育公民保护野生动物的意识，促进人与自然和谐发展。

第五条　国家保护野生动物及其栖息地。县级以上人民政府应当制定野生动物及其栖息地相关保护规划和措施，并将野生动物保护经费纳入预算。

国家鼓励公民、法人和其他组织依法通过捐赠、资助、志愿服务等方式参与野生动物保护活动，支持野生动物保护公益事业。

本法规定的野生动物栖息地，是指野生动物野外种群生息繁衍的重要区域。

第六条　任何组织和个人都有保护野生动物及其栖息地的义务。禁止违法猎捕野生动物、破坏野生动物栖息地。

任何组织和个人都有权向有关部门和机关举报或者控告违反本法的行为。野生动物保护主管部门和其他有关部门、机关对举报或者控告，应当及时依法处理。

第七条 国务院林业草原、渔业主管部门分别主管全国陆生、水生野生动物保护工作。

县级以上地方人民政府林业草原、渔业主管部门分别主管本行政区域内陆生、水生野生动物保护工作。

第八条 各级人民政府应当加强野生动物保护的宣传教育和科学知识普及工作，鼓励和支持基层群众性自治组织、社会组织、企业事业单位、志愿者开展野生动物保护法律法规和保护知识的宣传活动。

教育行政部门、学校应当对学生进行野生动物保护知识教育。

新闻媒体应当开展野生动物保护法律法规和保护知识的宣传，对违法行为进行舆论监督。

第九条 在野生动物保护和科学研究方面成绩显著的组织和个人，由县级以上人民政府给予奖励。

第二章 野生动物及其栖息地保护

第十条 国家对野生动物实行分类分级保护。

国家对珍贵、濒危的野生动物实行重点保护。国家重点保护的野生动物分为一级保护野生动物和二级保护野生动物。国家重点保护野生动物名录，由国务院野生动物保护主管部门组织科学评估后制定，并每五年根据评估情况确定对名录进行调整。国家重点保护野生动物名录报国务院批准公布。

地方重点保护野生动物，是指国家重点保护野生动物以外，由省、自治区、直辖市重点保护的野生动物。地方重点保护野生动物名录，由省、自治区、直辖市人民政府组织科学评估后制定、调整并公布。

有重要生态、科学、社会价值的陆生野生动物名录，由国务院野生动物保护主管部门组织科学评估后制定、调整并公布。

第十一条 县级以上人民政府野生动物保护主管部门，应当定期组织或者委托有关科学研究机构对野生动物及其栖息地状况进行调查、监测和评估，建立健全野生动物及其栖息地档案。

对野生动物及其栖息地状况的调查、监测和评估应当包括下列内容：

（一）野生动物野外分布区域、种群数量及结构；

（二）野生动物栖息地的面积、生态状况；

（三）野生动物及其栖息地的主要威胁因素；

（四）野生动物人工繁育情况等其他需要调查、监测和评估的内容。

第十二条 国务院野生动物保护主管部门应当会同国务院有关部门，根据野生动物及其栖息地状况的调查、监测和评估结果，确定并发布野生动物重要栖息地名录。

省级以上人民政府依法划定相关自然保护区域，保护野生动物及其重要栖息地，保护、恢复和改善野生动物生存环境。对不具备划定相关自然保护区域条件的，县级以上人民政府可以采取划定禁猎（渔）区、规定禁猎（渔）期等其他形式予以保护。

禁止或者限制在相关自然保护区域内引入外来物种、营造单一纯林、过量施洒农药等人为干扰、威胁野生动物生息繁衍的行为。

相关自然保护区域，依照有关法律法规的规定划定和管理。

第十三条 县级以上人民政府及其有关部门在编制有关开发利用规划时，应当充分考虑野生动物及其栖息地保护的需要，分析、预测和评估规划实施可能对野生动物及其栖息地保护产生的整体影响，避免或者减少规划实施可能造成的不利后果。

禁止在相关自然保护区域建设法律法规

规定不得建设的项目。机场、铁路、公路、水利水电、围堰、围填海等建设项目的选址选线，应当避让相关自然保护区域、野生动物迁徙洄游通道；无法避让的，应当采取修建野生动物通道、过鱼设施等措施，消除或者减少对野生动物的不利影响。

建设项目可能对相关自然保护区域、野生动物迁徙洄游通道产生影响的，环境影响评价文件的审批部门在审批环境影响评价文件时，涉及国家重点保护野生动物的，应当征求国务院野生动物保护主管部门意见；涉及地方重点保护野生动物的，应当征求省、自治区、直辖市人民政府野生动物保护主管部门意见。

第十四条　各级野生动物保护主管部门应当监视、监测环境对野生动物的影响。由于环境影响对野生动物造成危害时，野生动物保护主管部门应当会同有关部门进行调查处理。

第十五条　国家或者地方重点保护野生动物受到自然灾害、重大环境污染事故等突发事件威胁时，当地人民政府应当及时采取应急救助措施。

县级以上人民政府野生动物保护主管部门应当按照国家有关规定组织开展野生动物收容救护工作。

禁止以野生动物收容救护为名买卖野生动物及其制品。

第十六条　县级以上人民政府野生动物保护主管部门、兽医主管部门，应当按照职责分工对野生动物疫源疫病进行监测，组织开展预测、预报等工作，并按照规定制定野生动物疫情应急预案，报同级人民政府批准或者备案。

县级以上人民政府野生动物保护主管部门、兽医主管部门、卫生主管部门，应当按照职责分工负责与人畜共患传染病有关的动物传染病的防治管理工作。

第十七条　国家加强对野生动物遗传资源的保护，对濒危野生动物实施抢救性保护。

国务院野生动物保护主管部门应当会同国务院有关部门制定有关野生动物遗传资源保护和利用规划，建立国家野生动物遗传资源基因库，对原产我国的珍贵、濒危野生动物遗传资源实行重点保护。

第十八条　有关地方人民政府应当采取措施，预防、控制野生动物可能造成的危害，保障人畜安全和农业、林业生产。

第十九条　因保护本法规定保护的野生动物，造成人员伤亡、农作物或者其他财产损失的，由当地人民政府给予补偿。具体办法由省、自治区、直辖市人民政府制定。有关地方人民政府可以推动保险机构开展野生动物致害赔偿保险业务。

有关地方人民政府采取预防、控制国家重点保护野生动物造成危害的措施以及实行补偿所需经费，由中央财政按照国家有关规定予以补助。

第三章　野生动物管理

第二十条　在相关自然保护区域和禁猎（渔）区、禁猎（渔）期内，禁止猎捕以及其他妨碍野生动物生息繁衍的活动，但法律法规另有规定的除外。

野生动物迁徙洄游期间，在前款规定区域外的迁徙洄游通道内，禁止猎捕并严格限制其他妨碍野生动物生息繁衍的活动。迁徙洄游通道的范围以及妨碍野生动物生息繁衍活动的内容，由县级以上人民政府或者其野生动物保护主管部门规定并公布。

第二十一条　禁止猎捕、杀害国家重点保护野生动物。

因科学研究、种群调控、疫源疫病监测或者其他特殊情况，需要猎捕国家一级保护野生动物的，应当向国务院野生动物保护主管部门申请特许猎捕证；需要猎捕国家二级保护野生动物的，应当向省、自治区、直辖市人民政府野生动物保护主管部门申请特许猎捕证。

第二十二条 猎捕非国家重点保护野生动物的，应当依法取得县级以上地方人民政府野生动物保护主管部门核发的狩猎证，并且服从猎捕量限额管理。

第二十三条 猎捕者应当按照特许猎捕证、狩猎证规定的种类、数量、地点、工具、方法和期限进行猎捕。

持枪猎捕的，应当依法取得公安机关核发的持枪证。

第二十四条 禁止使用毒药、爆炸物、电击或者电子诱捕装置以及猎套、猎夹、地枪、排铳等工具进行猎捕，禁止使用夜间照明行猎、歼灭性围猎、捣毁巢穴、火攻、烟熏、网捕等方法进行猎捕，但因科学研究确需网捕、电子诱捕的除外。

前款规定以外的禁止使用的猎捕工具和方法，由县级以上地方人民政府规定并公布。

第二十五条 国家支持有关科学研究机构因物种保护目的人工繁育国家重点保护野生动物。

前款规定以外的人工繁育国家重点保护野生动物实行许可制度。人工繁育国家重点保护野生动物的，应当经省、自治区、直辖市人民政府野生动物保护主管部门批准，取得人工繁育许可证，但国务院对批准机关另有规定的除外。

人工繁育国家重点保护野生动物应当使用人工繁育子代种源，建立物种系谱、繁育档案和个体数据。因物种保护目的确需采用野外种源的，适用本法第二十一条和第二十三条的规定。

本法所称人工繁育子代，是指人工控制条件下繁殖出生的子代个体且其亲本也在人工控制条件下出生。

第二十六条 人工繁育国家重点保护野生动物应当有利于物种保护及其科学研究，不得破坏野外种群资源，并根据野生动物习性确保其具有必要的活动空间和生息繁衍、卫生健康条件，具备与其繁育目的、种类、发展规模相适应的场所、设施、技术，符合有关技术标准和防疫要求，不得虐待野生动物。

省级以上人民政府野生动物保护主管部门可以根据保护国家重点保护野生动物的需要，组织开展国家重点保护野生动物放归野外环境工作。

第二十七条 禁止出售、购买、利用国家重点保护野生动物及其制品。

因科学研究、人工繁育、公众展示展演、文物保护或者其他特殊情况，需要出售、购买、利用国家重点保护野生动物及其制品的，应当经省、自治区、直辖市人民政府野生动物保护主管部门批准，并按照规定取得和使用专用标识，保证可追溯，但国务院对批准机关另有规定的除外。

实行国家重点保护野生动物及其制品专用标识的范围和管理办法，由国务院野生动物保护主管部门规定。

出售、利用非国家重点保护野生动物的，应当提供狩猎、进出口等合法来源证明。

出售本条第二款、第四款规定的野生动物的，还应当依法附有检疫证明。

第二十八条 对人工繁育技术成熟稳定的国家重点保护野生动物，经科学论证，纳入国务院野生动物保护主管部门制定的人工繁育国家重点保护野生动物名录。对列入名录的野生动物及其制品，可以凭人工繁育许可证，按照省、自治区、直辖市人民政府野生动物保护主管部门核验的年度生产数量直接取得专用标识，凭专用标识出售和利用，保证可追溯。

对本法第十条规定的国家重点保护野生动物名录进行调整时，根据有关野外种群保护情况，可以对前款规定的有关人工繁育技术成熟稳定野生动物的人工种群，不再列入国家重点保护野生动物名录，实行与野外种群不同的管理措施，但应当依照本法第二十五条第二款和本条第一款的规定取得人工繁育许可证和专用标识。

第二十九条　利用野生动物及其制品的，应当以人工繁育种群为主，有利于野外种群养护，符合生态文明建设的要求，尊重社会公德，遵守法律法规和国家有关规定。

野生动物及其制品作为药品经营和利用的，还应当遵守有关药品管理的法律法规。

第三十条　禁止生产、经营使用国家重点保护野生动物及其制品制作的食品，或者使用没有合法来源证明的非国家重点保护野生动物及其制品制作的食品。

禁止为食用非法购买国家重点保护的野生动物及其制品。

第三十一条　禁止为出售、购买、利用野生动物或者禁止使用的猎捕工具发布广告。禁止为违法出售、购买、利用野生动物制品发布广告。

第三十二条　禁止网络交易平台、商品交易市场等交易场所，为违法出售、购买、利用野生动物及其制品或者禁止使用的猎捕工具提供交易服务。

第三十三条　运输、携带、寄递国家重点保护野生动物及其制品、本法第二十八条第二款规定的野生动物及其制品出县境的，应当持有或者附有本法第二十一条、第二十五条、第二十七条或者第二十八条规定的许可证、批准文件的副本或者专用标识，以及检疫证明。

运输非国家重点保护野生动物出县境的，应当持有狩猎、进出口等合法来源证明，以及检疫证明。

第三十四条　县级以上人民政府野生动物保护主管部门应当对科学研究、人工繁育、公众展示展演等利用野生动物及其制品的活动进行监督管理。

县级以上人民政府其他有关部门，应当按照职责分工对野生动物及其制品出售、购买、利用、运输、寄递等活动进行监督检查。

第三十五条　中华人民共和国缔结或者参加的国际公约禁止或者限制贸易的野生动物或者其制品名录，由国家濒危物种进出口管理机构制定、调整并公布。

进出口列入前款名录的野生动物或者其制品的，出口国家重点保护野生动物或者其制品的，应当经国务院野生动物保护主管部门或者国务院批准，并取得国家濒危物种进出口管理机构核发的允许进出口证明书。海关依法实施进出境检疫，凭允许进出口证明书、检疫证明按照规定办理通关手续。

涉及科学技术保密的野生动物物种的出口，按照国务院有关规定办理。

列入本条第一款名录的野生动物，经国务院野生动物保护主管部门核准，在本法适用范围内可以按照国家重点保护的野生动物管理。

第三十六条　国家组织开展野生动物保护及相关执法活动的国际合作与交流；建立防范、打击野生动物及其制品的走私和非法贸易的部门协调机制，开展防范、打击走私和非法贸易行动。

第三十七条　从境外引进野生动物物种的，应当经国务院野生动物保护主管部门批准。从境外引进列入本法第三十五条第一款名录的野生动物，还应当依法取得允许进出口证明书。海关依法实施进境检疫，凭进口批准文件或者允许进出口证明书以及检疫证明按照规定办理通关手续。

从境外引进野生动物物种的，应当采取安全可靠的防范措施，防止其进入野外环境，避免对生态系统造成危害。确需将其放归野外的，按照国家有关规定执行。

第三十八条 任何组织和个人将野生动物放生至野外环境，应当选择适合放生地野外生存的当地物种，不得干扰当地居民的正常生活、生产，避免对生态系统造成危害。随意放生野生动物，造成他人人身、财产损害或者危害生态系统的，依法承担法律责任。

第三十九条 禁止伪造、变造、买卖、转让、租借特许猎捕证、狩猎证、人工繁育许可证及专用标识，出售、购买、利用国家重点保护野生动物及其制品的批准文件，或者允许进出口证明书、进出口等批准文件。

前款规定的有关许可证书、专用标识、批准文件的发放情况，应当依法公开。

第四十条 外国人在我国对国家重点保护野生动物进行野外考察或者在野外拍摄电影、录像，应当经省、自治区、直辖市人民政府野生动物保护主管部门或者其授权的单位批准，并遵守有关法律法规规定。

第四十一条 地方重点保护野生动物和其他非国家重点保护野生动物的管理办法，由省、自治区、直辖市人民代表大会或者其常务委员会制定。

第四章 法律责任

第四十二条 野生动物保护主管部门或者其他有关部门、机关不依法作出行政许可决定，发现违法行为或者接到对违法行为的举报不予查处或者不依法查处，或者有滥用职权等其他不依法履行职责的行为的，由本级人民政府或者上级人民政府有关部门、机关责令改正，对负有责任的主管人员和其他直接责任人员依法给予记过、记大过或者降级处分；造成严重后果的，给予撤职或者开除处分，其主要负责人应当引咎辞职；构成犯罪的，依法追究刑事责任。

第四十三条 违反本法第十二条第三款、第十三条第二款规定的，依照有关法律法规的规定处罚。

第四十四条 违反本法第十五条第三款规定，以收容救护为名买卖野生动物及其制品的，由县级以上人民政府野生动物保护主管部门没收野生动物及其制品、违法所得，并处野生动物及其制品价值二倍以上十倍以下的罚款，将有关违法信息记入社会诚信档案，向社会公布；构成犯罪的，依法追究刑事责任。

第四十五条 违反本法第二十条、第二十一条、第二十三条第一款、第二十四条第一款规定，在相关自然保护区域、禁猎（渔）区、禁猎（渔）期猎捕国家重点保护野生动物，未取得特许猎捕证、未按照特许猎捕证规定猎捕、杀害国家重点保护野生动物，或者使用禁用的工具、方法猎捕国家重点保护野生动物的，由县级以上人民政府野生动物保护主管部门、海洋执法部门或者有关保护区域管理机构按照职责分工没收猎获物、猎捕工具和违法所得，吊销特许猎捕证，并处猎获物价值二倍以上十倍以下的罚款；没有猎获物的，并处一万元以上五万元以下的罚款；构成犯罪的，依法追究刑事责任。

第四十六条 违反本法第二十条、第二十二条、第二十三条第一款、第二十四条第一款规定，在相关自然保护区域、禁猎（渔）区、禁猎（渔）期猎捕非国家重点保护野生动物，未取得狩猎证、未按照狩猎证规定猎捕非国家重点保护野生动物，或者使用禁用的工具、方法猎捕非国家重点保护野生动物的，由县级以上地方人民政府野生动物保护主管部门或者有关保护区域管理机构按照职责分工没收猎获物、猎捕工具和违法所得，吊销狩猎证，并处猎获物价值一倍以上五倍以下的罚款；没有猎获物的，并处二千元以上一万元以下的罚款；构成犯罪的，依法追究刑事责任。

违反本法第二十三条第二款规定，未取

得持枪证持枪猎捕野生动物，构成违反治安管理行为的，由公安机关依法给予治安管理处罚；构成犯罪的，依法追究刑事责任。

第四十七条　违反本法第二十五条第二款规定，未取得人工繁育许可证繁育国家重点保护野生动物或者本法第二十八条第二款规定的野生动物的，由县级以上人民政府野生动物保护主管部门没收野生动物及其制品，并处野生动物及其制品价值一倍以上五倍以下的罚款。

第四十八条　违反本法第二十七条第一款和第二款、第二十八条第一款、第三十三条第一款规定，未经批准、未取得或者未按照规定使用专用标识，或者未持有、未附有人工繁育许可证、批准文件的副本或者专用标识出售、购买、利用、运输、携带、寄递国家重点保护野生动物及其制品或者本法第二十八条第二款规定的野生动物及其制品的，由县级以上人民政府野生动物保护主管部门或者市场监督管理部门按照职责分工没收野生动物及其制品和违法所得，并处野生动物及其制品价值二倍以上十倍以下的罚款；情节严重的，吊销人工繁育许可证、撤销批准文件、收回专用标识；构成犯罪的，依法追究刑事责任。

违反本法第二十七条第四款、第三十三条第二款规定，未持有合法来源证明出售、利用、运输非国家重点保护野生动物的，由县级以上地方人民政府野生动物保护主管部门或者市场监督管理部门按照职责分工没收野生动物，并处野生动物价值一倍以上五倍以下的罚款。

违反本法第二十七条第五款、第三十三条规定，出售、运输、携带、寄递有关野生动物及其制品未持有或者未附有检疫证明的，依照《中华人民共和国动物防疫法》的规定处罚。

第四十九条　违反本法第三十条规定，生产、经营使用国家重点保护野生动物及其制品或者没有合法来源证明的非国家重点保护野生动物及其制品制作食品，或者为食用非法购买国家重点保护的野生动物及其制品的，由县级以上人民政府野生动物保护主管部门或者市场监督管理部门按照职责分工责令停止违法行为，没收野生动物及其制品和违法所得，并处野生动物及其制品价值二倍以上十倍以下的罚款；构成犯罪的，依法追究刑事责任。

第五十条　违反本法第三十一条规定，为出售、购买、利用野生动物及其制品或者禁止使用的猎捕工具发布广告的，依照《中华人民共和国广告法》的规定处罚。

第五十一条　违反本法第三十二条规定，为违法出售、购买、利用野生动物及其制品或者禁止使用的猎捕工具提供交易服务的，由县级以上人民政府市场监督管理部门责令停止违法行为，限期改正，没收违法所得，并处违法所得二倍以上五倍以下的罚款；没有违法所得的，处一万元以上五万元以下的罚款；构成犯罪的，依法追究刑事责任。

第五十二条　违反本法第三十五条规定，进出口野生动物或者其制品的，由海关、公安机关、海洋执法部门依照法律、行政法规和国家有关规定处罚；构成犯罪的，依法追究刑事责任。

第五十三条　违反本法第三十七条第一款规定，从境外引进野生动物物种的，由县级以上人民政府野生动物保护主管部门没收所引进的野生动物，并处五万元以上二十五万元以下的罚款；未依法实施进境检疫的，依照《中华人民共和国进出境动植物检疫法》的规定处罚；构成犯罪的，依法追究刑事责任。

第五十四条　违反本法第三十七条第二款规定，将从境外引进的野生动物放归野外环境的，由县级以上人民政府野生动物保护主管部门责令限期捕回，处一万元以上五万元以下的罚款；逾期不捕回的，由有关野生动物保护主管部门代为捕回或者采取降低影响的措施，所需费用由被责令限期捕回者承担。

第五十五条 违反本法第三十九条第一款规定，伪造、变造、买卖、转让、租借有关证件、专用标识或者有关批准文件的，由县级以上人民政府野生动物保护主管部门没收违法证件、专用标识、有关批准文件和违法所得，并处五万元以上二十五万元以下的罚款；构成违反治安管理行为的，由公安机关依法给予治安管理处罚；构成犯罪的，依法追究刑事责任。

第五十六条 依照本法规定没收的实物，由县级以上人民政府野生动物保护主管部门或者其授权的单位按照规定处理。

第五十七条 本法规定的猎获物价值、野生动物及其制品价值的评估标准和方法，由国务院野生动物保护主管部门制定。

第五章 附 则

第五十八条 本法自 2017 年 1 月 1 日起施行。

中华人民共和国海域使用管理法

（2001年10月27日第九届全国人民代表大会常务委员会第二十四次会议通过）

第一章 总 则

第一条 为了加强海域使用管理，维护国家海域所有权和海域使用权人的合法权益，促进海域的合理开发和可持续利用，制定本法。

第二条 本法所称海域，是指中华人民共和国内水、领海的水面、水体、海床和底土。

本法所称内水，是指中华人民共和国领海基线向陆地一侧至海岸线的海域。

在中华人民共和国内水、领海持续使用特定海域三个月以上的排他性用海活动，适用本法。

第三条 海域属于国家所有，国务院代表国家行使海域所有权。任何单位或者个人不得侵占、买卖或者以其他形式非法转让海域。

单位和个人使用海域，必须依法取得海域使用权。

第四条 国家实行海洋功能区划制度。海域使用必须符合海洋功能区划。

国家严格管理填海、围海等改变海域自然属性的用海活动。

第五条 国家建立海域使用管理信息系统，对海域使用状况实施监视、监测。

第六条 国家建立海域使用权登记制度，依法登记的海域使用权受法律保护。

国家建立海域使用统计制度，定期发布海域使用统计资料。

第七条 国务院海洋行政主管部门负责全国海域使用的监督管理。沿海县级以上地方人民政府海洋行政主管部门根据授权，负责本行政区毗邻海域使用的监督管理。

渔业行政主管部门依照《中华人民共和国渔业法》，对海洋渔业实施监督管理。

海事管理机构依照《中华人民共和国海上交通安全法》，对海上交通安全实施监督管理。

第八条 任何单位和个人都有遵守海域使用管理法律、法规的义务，并有权对违反海域使用管理法律、法规的行为提出检举和控告。

第九条 在保护和合理利用海域以及进行有关的科学研究等方面成绩显著的单位和个人，由人民政府给予奖励。

第二章 海洋功能区划

第十条 国务院海洋行政主管部门会同国务院有关部门和沿海省、自治区、直辖市人民政府，编制全国海洋功能区划。

沿海县级以上地方人民政府海洋行政主管部门会同本级人民政府有关部门，依据上一级海洋功能区划，编制地方海洋功能区划。

第十一条 海洋功能区划按照下列原则编制：

（一）按照海域的区位、自然资源和自然环境等自然属性，科学确定海域功能；

（二）根据经济和社会发展的需要，统筹安排各有关行业用海；

（三）保护和改善生态环境，保障海域可持续利用，促进海洋经济的发展；

（四）保障海上交通安全；

（五）保障国防安全，保证军事用海需要。

第十二条 海洋功能区划实行分级审批。

全国海洋功能区划，报国务院批准。

沿海省、自治区、直辖市海洋功能区划，经该省、自治区、直辖市人民政府审核同意后，报国务院批准。

沿海市、县海洋功能区划，经该市、县人民政府审核同意后，报所在的省、自治区、直辖市人民政府批准，报国务院海洋行政主管部门备案。

第十三条 海洋功能区划的修改，由原编制机关会同同级有关部门提出修改方案，报原批准机关批准；未经批准，不得改变海洋功能区划确定的海域功能。

经国务院批准，因公共利益、国防安全或者进行大型能源、交通等基础设施建设，需要改变海洋功能区划的，根据国务院的批准文件修改海洋功能区划。

第十四条 海洋功能区划经批准后，应当向社会公布；但是，涉及国家秘密的部分除外。

第十五条 养殖、盐业、交通、旅游等行业规划涉及海域使用的，应当符合海洋功能区划。

沿海土地利用总体规划、城市规划、港口规划涉及海域使用的，应当与海洋功能区划相衔接。

第三章 海域使用的申请与审批

第十六条 单位和个人可以向县级以上人民政府海洋行政主管部门申请使用海域。

申请使用海域的，申请人应当提交下列书面材料：

（一）海域使用申请书；

（二）海域使用论证材料；

（三）相关的资信证明材料；

（四）法律、法规规定的其他书面材料。

第十七条 县级以上人民政府海洋行政主管部门依据海洋功能区划，对海域使用申请进行审核，并依照本法和省、自治区、直辖市人民政府的规定，报有批准权的人民政府批准。

海洋行政主管部门审核海域使用申请，应当征求同级有关部门的意见。

第十八条 下列项目用海，应当报国务院审批：

（一）填海五十公顷以上的项目用海；

（二）围海一百公顷以上的项目用海；

（三）不改变海域自然属性的用海七百公顷以上的项目用海；

（四）国家重大建设项目用海；

（五）国务院规定的其他项目用海。

前款规定以外的项目用海的审批权限，由国务院授权省、自治区、直辖市人民政府规定。

第四章 海域使用权

第十九条 海域使用申请经依法批准后，国务院批准用海的，由国务院海洋行政主管部门登记造册，向海域使用申请人颁发海域使用权证书；地方人民政府批准用海的，由地方人民政府登记造册，向海域使用申请人颁发海域使用权证书。海域使用申请人自领取海域使用权证书之日起，取得海域使用权。

第二十条 海域使用权除依照本法第十九条规定的方式取得外，也可以通过招标或者拍卖的方式取得。招标或者拍卖方案由海洋行政主管部门制订，报有审批权的人民政府批准后组织实施。海洋行政主管部门制订招标或者拍卖方案，应当征求同级有关部门的意见。

招标或者拍卖工作完成后，依法向中标人或者买受人颁发海域使用权证书。中标人或者买受人自领取海域使用权证书之日起，取得海域使用权。

第二十一条　颁发海域使用权证书，应当向社会公告。

颁发海域使用权证书，除依法收取海域使用金外，不得收取其他费用。

海域使用权证书的发放和管理办法，由国务院规定。

第二十二条　本法施行前，已经由农村集体经济组织或者村民委员会经营、管理的养殖用海，符合海洋功能区划的，经当地县级人民政府核准，可以将海域使用权确定给该农村集体经济组织或者村民委员会，由本集体经济组织的成员承包，用于养殖生产。

第二十三条　海域使用权人依法使用海域并获得收益的权利受法律保护，任何单位和个人不得侵犯。

海域使用权人有依法保护和合理使用海域的义务；海域使用权人对不妨害其依法使用海域的非排他性用海活动，不得阻挠。

第二十四条　海域使用权人在使用海域期间，未经依法批准，不得从事海洋基础测绘。

海域使用权人发现所使用海域的自然资源和自然条件发生重大变化时，应当及时报告海洋行政主管部门。

第二十五条　海域使用权最高期限，按照下列用途确定：

（一）养殖用海十五年；

（二）拆船用海二十年；

（三）旅游、娱乐用海二十五年；

（四）盐业、矿业用海三十年；

（五）公益事业用海四十年；

（六）港口、修造船厂等建设工程用海五十年。

第二十六条　海域使用权期限届满，海域使用权人需要继续使用海域的，应当至迟于期限届满前二个月向原批准用海的人民政府申请续期。除根据公共利益或者国家安全需要收回海域使用权的外，原批准用海的人民政府应当批准续期。准予续期的，海域使用权人应当依法缴纳续期的海域使用金。

第二十七条　因企业合并、分立或者与他人合资、合作经营，变更海域使用权人的，需经原批准用海的人民政府批准。

海域使用权可以依法转让。海域使用权转让的具体办法，由国务院规定。

海域使用权可以依法继承。

第二十八条　海域使用权人不得擅自改变经批准的海域用途；确需改变的，应当在符合海洋功能区划的前提下，报原批准用海的人民政府批准。

第二十九条　海域使用权期满，未申请续期或者申请续期未获批准的，海域使用权终止。

海域使用权终止后，原海域使用权人应当拆除可能造成海洋环境污染或者影响其他用海项目的用海设施和构筑物。

第三十条　因公共利益或者国家安全的需要，原批准用海的人民政府可以依法收回海域使用权。

依照前款规定在海域使用权期满前提前收回海域使用权的，对海域使用权人应当给予相应的补偿。

第三十一条　因海域使用权发生争议，当事人协商解决不成的，由县级以上人民政府海洋行政主管部门调解；当事人也可以直接向人民法院提起诉讼。

在海域使用权争议解决前，任何一方不得改变海域使用现状。

第三十二条　填海项目竣工后形成的土地，属于国家所有。

海域使用权人应当自填海项目竣工之日起三个月内，凭海域使用权证书，向县级以上人民政府土地行政主管部门提出土地登记申请，由县级以上人民政府登记造册，换发国有土地使用权证书，确认土地使用权。

第五章 海域使用金

第三十三条 国家实行海域有偿使用制度。

单位和个人使用海域，应当按照国务院的规定缴纳海域使用金。海域使用金应当按照国务院的规定上缴财政。

对渔民使用海域从事养殖活动收取海域使用金的具体实施步骤和办法，由国务院另行规定。

第三十四条 根据不同的用海性质或者情形，海域使用金可以按照规定一次缴纳或者按年度逐年缴纳。

第三十五条 下列用海，免缴海域使用金：

（一）军事用海；

（二）公务船舶专用码头用海；

（三）非经营性的航道、锚地等交通基础设施用海；

（四）教学、科研、防灾减灾、海难搜救打捞等非经营性公益事业用海。

第三十六条 下列用海，按照国务院财政部门和国务院海洋行政主管部门的规定，经有批准权的人民政府财政部门和海洋行政主管部门审查批准，可以减缴或者免缴海域使用金：

（一）公用设施用海；

（二）国家重大建设项目用海；

（三）养殖用海。

第六章 监督检查

第三十七条 县级以上人民政府海洋行政主管部门应当加强对海域使用的监督检查。

县级以上人民政府财政部门应当加强对海域使用金缴纳情况的监督检查。

第三十八条 海洋行政主管部门应当加强队伍建设，提高海域使用管理监督检查人员的政治、业务素质。海域使用管理监督检查人员必须秉公执法，忠于职守，清正廉洁，文明服务，并依法接受监督。

海洋行政主管部门及其工作人员不得参与和从事与海域使用有关的生产经营活动。

第三十九条 县级以上人民政府海洋行政主管部门履行监督检查职责时，有权采取下列措施：

（一）要求被检查单位或者个人提供海域使用的有关文件和资料；

（二）要求被检查单位或者个人就海域使用的有关问题作出说明；

（三）进入被检查单位或者个人占用的海域现场进行勘查；

（四）责令当事人停止正在进行的违法行为。

第四十条 海域使用管理监督检查人员履行监督检查职责时，应当出示有效执法证件。

有关单位和个人对海洋行政主管部门的监督检查应当予以配合，不得拒绝、妨碍监督检查人员依法执行公务。

第四十一条 依照法律规定行使海洋监督管理权的有关部门在海上执法时应当密切配合，互相支持，共同维护国家海域所有权和海域使用权人的合法权益。

第七章 法律责任

第四十二条 未经批准或者骗取批准，非法占用海域的，责令退还非法占用的海域，恢复海域原状，没收违法所得，并处非法占用海域期间内该海域面积应缴纳的海域使用金五倍以上十五倍以下的罚款；对未经批准或者骗取批准，进行围海、填海活动的，并处非法占用海域期间内该海域面积应缴纳的海域使用金十倍以上二十倍以下的罚款。

第四十三条　无权批准使用海域的单位非法批准使用海域的，超越批准权限非法批准使用海域的，或者不按海洋功能区划批准使用海域的，批准文件无效，收回非法使用的海域；对非法批准使用海域的直接负责的主管人员和其他直接责任人员，依法给予行政处分。

第四十四条　违反本法第二十三条规定，阻挠、妨害海域使用权人依法使用海域的，海域使用权人可以请求海洋行政主管部门排除妨害，也可以依法向人民法院提起诉讼；造成损失的，可以依法请求损害赔偿。

第四十五条　违反本法第二十六条规定，海域使用权期满，未办理有关手续仍继续使用海域的，责令限期办理，可以并处一万元以下的罚款；拒不办理的，以非法占用海域论处。

第四十六条　违反本法第二十八条规定，擅自改变海域用途的，责令限期改正，没收违法所得，并处非法改变海域用途的期间内该海域面积应缴纳的海域使用金五倍以上十五倍以下的罚款；对拒不改正的，由颁发海域使用权证书的人民政府注销海域使用权证书，收回海域使用权。

第四十七条　违反本法第二十九条第二款规定，海域使用权终止，原海域使用权人不按规定拆除用海设施和构筑物的，责令限期拆除；逾期拒不拆除的，处五万元以下的罚款，并由县级以上人民政府海洋行政主管部门委托有关单位代为拆除，所需费用由原海域使用权人承担。

第四十八条　违反本法规定，按年度逐年缴纳海域使用金的海域使用权人不按期缴纳海域使用金的，限期缴纳；在限期内仍拒不缴纳的，由颁发海域使用权证书的人民政府注销海域使用权证书，收回海域使用权。

第四十九条　违反本法规定，拒不接受海洋行政主管部门监督检查、不如实反映情况或者不提供有关资料的，责令限期改正，给予警告，可以并处二万元以下的罚款。

第五十条　本法规定的行政处罚，由县级以上人民政府海洋行政主管部门依据职权决定。但是，本法已对处罚机关作出规定的除外。

第五十一条　国务院海洋行政主管部门和县级以上地方人民政府违反本法规定颁发海域使用权证书，或者颁发海域使用权证书后不进行监督管理，或者发现违法行为不予查处的，对直接负责的主管人员和其他直接责任人员，依法给予行政处分；徇私舞弊、滥用职权或者玩忽职守构成犯罪的，依法追究刑事责任。

第八章　附　　则

第五十二条　在中华人民共和国内水、领海使用特定海域不足三个月，可能对国防安全、海上交通安全和其他用海活动造成重大影响的排他性用海活动，参照本法有关规定办理临时海域使用证。

第五十三条　军事用海的管理办法，由国务院、中央军事委员会依据本法制定。

第五十四条　本法自 2002 年 1 月 1 日起施行。

中华人民共和国海洋环境保护法

（1982 年 8 月 23 日第五届全国人民代表大会常务委员会第二十四次会议通过，1982 年 8 月 23 日全国人民代表大会常务委员会令第九号公布，自 1983 年 3 月 1 日起施行；根据 1999 年 12 月 25 日第九届全国人民代表大会常务委员会第十三次会议通过，1999 年 12 月 25 日中华人民共和国主席令第二十六号修订，自 2000 年 4 月 1 日起施行；根据 2013 年 12 月 28 日中华人民共和国第十二届全国人民代表大会常务委员会第六次会议通过，2013 年 12 月 28 日中华人民共和国主席令第八号公布的《关于修改〈中华人民共和国海洋环境保护法〉等七部法律的决定》第一次修正；根据 2016 年 11 月 7 日第十二届全国人民代表大会常务委员会第二十四次会议通过，2016 年 11 月 7 日中华人民共和国主席令第五十六号公布的《全国人民代表大会常务委员会关于修改〈中华人民共和国海洋环境保护法〉的决定》第二次修正；根据 2017 年 11 月 4 日第十二届全国人民代表大会常务委员会第三十次会议通过，2017 年 11 月 4 日中华人民共和国主席令第八十一号公布的《关于修改〈中华人民共和国会计法〉等十一部法律的决定》第三次修正）

第一章　总　　则

第一条　为了保护和改善海洋环境，保护海洋资源，防治污染损害，维护生态平衡，保障人体健康，促进经济和社会的可持续发展，制定本法。

第二条　本法适用于中华人民共和国内水、领海、毗连区、专属经济区、大陆架以及中华人民共和国管辖的其他海域。

在中华人民共和国管辖海域内从事航行、勘探、开发、生产、旅游、科学研究及其他活动，或者在沿海陆域内从事影响海洋环境活动的任何单位和个人，都必须遵守本法。

在中华人民共和国管辖海域以外，造成中华人民共和国管辖海域污染的，也适用本法。

第三条　国家在重点海洋生态功能区、生态环境敏感区和脆弱区等海域划定生态保护红线，实行严格保护。

国家建立并实施重点海域排污总量控制制度，确定主要污染物排海总量控制指标，并对主要污染源分配排放控制数量。具体办法由国务院制定。

第四条　一切单位和个人都有保护海洋环境的义务，并有权对污染损害海洋环境的单位和个人，以及海洋环境监督管理人员的违法失职行为进行监督和检举。

第五条　国务院环境保护行政主管部门作为对全国环境保护工作统一监督管理的部门，对全国海洋环境保护工作实施指导、协调和监督，并负责全国防治陆源污染物和海岸工程建设项目对海洋污染损害的环境保护工作。

国家海洋行政主管部门负责海洋环境的监督管理，组织海洋环境的调查、监测、监视、评价和科学研究，负责全国防治海洋工程建设项目和海洋倾倒废弃物对海洋污染损害的环境保护工作。

国家海事行政主管部门负责所辖港区水

域内非军事船舶和港区水域外非渔业、非军事船舶污染海洋环境的监督管理，并负责污染事故的调查处理；对在中华人民共和国管辖海域航行、停泊和作业的外国籍船舶造成的污染事故登轮检查处理。船舶污染事故给渔业造成损害的，应当吸收渔业行政主管部门参与调查处理。

国家渔业行政主管部门负责渔港水域内非军事船舶和渔港水域外渔业船舶污染海洋环境的监督管理，负责保护渔业水域生态环境工作，并调查处理前款规定的污染事故以外的渔业污染事故。

军队环境保护部门负责军事船舶污染海洋环境的监督管理及污染事故的调查处理。

沿海县级以上地方人民政府行使海洋环境监督管理权的部门的职责，由省、自治区、直辖市人民政府根据本法及国务院有关规定确定。

第六条　环境保护行政主管部门、海洋行政主管部门和其他行使海洋环境监督管理权的部门，根据职责分工依法公开海洋环境相关信息；相关排污单位应当依法公开排污信息。

第二章　海洋环境监督管理

第七条　国家海洋行政主管部门会同国务院有关部门和沿海省、自治区、直辖市人民政府根据全国海洋主体功能区规划，拟定全国海洋功能区划，报国务院批准。

沿海地方各级人民政府应当根据全国和地方海洋功能区划，保护和科学合理地使用海域。

第八条　国家根据海洋功能区划制定全国海洋环境保护规划和重点海域区域性海洋环境保护规划。

毗邻重点海域的有关沿海省、自治区、直辖市人民政府及行使海洋环境监督管理权的部门，可以建立海洋环境保护区域合作组织，负责实施重点海域区域性海洋环境保护规划、海洋环境污染的防治和海洋生态保护工作。

第九条　跨区域的海洋环境保护工作，由有关沿海地方人民政府协商解决，或者由上级人民政府协调解决。

跨部门的重大海洋环境保护工作，由国务院环境保护行政主管部门协调；协调未能解决的，由国务院作出决定。

第十条　国家根据海洋环境质量状况和国家经济、技术条件，制定国家海洋环境质量标准。

沿海省、自治区、直辖市人民政府对国家海洋环境质量标准中未作规定的项目，可以制定地方海洋环境质量标准。

沿海地方各级人民政府根据国家和地方海洋环境质量标准的规定和本行政区近岸海域环境质量状况，确定海洋环境保护的目标和任务，并纳入人民政府工作计划，按相应的海洋环境质量标准实施管理。

第十一条　国家和地方水污染物排放标准的制定，应当将国家和地方海洋环境质量标准作为重要依据之一。在国家建立并实施排污总量控制制度的重点海域，水污染物排放标准的制定，还应当将主要污染物排海总量控制指标作为重要依据。

排污单位在执行国家和地方水污染物排放标准的同时，应当遵守分解落实到本单位的主要污染物排海总量控制指标。

对超过主要污染物排海总量控制指标的重点海域和未完成海洋环境保护目标、任务的海域，省级以上人民政府环境保护行政主管部门、海洋行政主管部门，根据职责分工暂停审批新增相应种类污染物排放总量的建设项目环境影响报告书（表）。

第十二条　直接向海洋排放污染物的单位和个人，必须按照国家规定缴纳排污费。依照法律规定缴纳环境保护税的，不再缴纳排污费。

向海洋倾倒废弃物，必须按照国家规定缴纳倾倒费。

根据本法规定征收的排污费、倾倒费，必须用于海洋环境污染的整治，不得挪作他用。具体办法由国务院规定。

第十三条 国家加强防治海洋环境污染损害的科学技术的研究和开发，对严重污染海洋环境的落后生产工艺和落后设备，实行淘汰制度。

企业应当优先使用清洁能源，采用资源利用率高、污染物排放量少的清洁生产工艺，防止对海洋环境的污染。

第十四条 国家海洋行政主管部门按照国家环境监测、监视规范和标准，管理全国海洋环境的调查、监测、监视，制定具体的实施办法，会同有关部门组织全国海洋环境监测、监视网络，定期评价海洋环境质量，发布海洋巡航监视通报。

依照本法规定行使海洋环境监督管理权的部门分别负责各自所辖水域的监测、监视。

其他有关部门根据全国海洋环境监测网的分工，分别负责对入海河口、主要排污口的监测。

第十五条 国务院有关部门应当向国务院环境保护行政主管部门提供编制全国环境质量公报所必需的海洋环境监测资料。

环境保护行政主管部门应当向有关部门提供与海洋环境监督管理有关的资料。

第十六条 国家海洋行政主管部门按照国家制定的环境监测、监视信息管理制度，负责管理海洋综合信息系统，为海洋环境保护监督管理提供服务。

第十七条 因发生事故或者其他突发性事件，造成或者可能造成海洋环境污染事故的单位和个人，必须立即采取有效措施，及时向可能受到危害者通报，并向依照本法规定行使海洋环境监督管理权的部门报告，接受调查处理。

沿海县级以上地方人民政府在本行政区域近岸海域的环境受到严重污染时，必须采取有效措施，解除或者减轻危害。

第十八条 国家根据防止海洋环境污染的需要，制定国家重大海上污染事故应急计划。

国家海洋行政主管部门负责制定全国海洋石油勘探开发重大海上溢油应急计划，报国务院环境保护行政主管部门备案。

国家海事行政主管部门负责制定全国船舶重大海上溢油污染事故应急计划，报国务院环境保护行政主管部门备案。

沿海可能发生重大海洋环境污染事故的单位，应当依照国家的规定，制定污染事故应急计划，并向当地环境保护行政主管部门、海洋行政主管部门备案。

沿海县级以上地方人民政府及其有关部门在发生重大海上污染事故时，必须按照应急计划解除或者减轻危害。

第十九条 依照本法规定行使海洋环境监督管理权的部门可以在海上实行联合执法，在巡航监视中发现海上污染事故或者违反本法规定的行为时，应当予以制止并调查取证，必要时有权采取有效措施，防止污染事态的扩大，并报告有关主管部门处理。

依照本法规定行使海洋环境监督管理权的部门，有权对管辖范围内排放污染物的单位和个人进行现场检查。被检查者应当如实反映情况，提供必要的资料。

检查机关应当为被检查者保守技术秘密和业务秘密。

第三章　海洋生态保护

第二十条 国务院和沿海地方各级人民政府应当采取有效措施，保护红树林、珊瑚礁、滨海湿地、海岛、海湾、入海河口、重要渔业水域等具有典型性、代表性的海洋生态系统，珍稀、濒危海洋生物的天然集中分布区，具有重要经济价值的海洋生物生存区域及有重大科学文化价值的海洋自然历史遗迹和自然景观。

对具有重要经济、社会价值的已遭到破坏的海洋生态，应当进行整治和恢复。

第二十一条　国务院有关部门和沿海省级人民政府应当根据保护海洋生态的需要，选划、建立海洋自然保护区。

国家级海洋自然保护区的建立，须经国务院批准。

第二十二条　凡具有下列条件之一的，应当建立海洋自然保护区：

（一）典型的海洋自然地理区域、有代表性的自然生态区域，以及遭受破坏但经保护能恢复的海洋自然生态区域；

（二）海洋生物物种高度丰富的区域，或者珍稀、濒危海洋生物物种的天然集中分布区域；

（三）具有特殊保护价值的海域、海岸、岛屿、滨海湿地、入海河口和海湾等；

（四）具有重大科学文化价值的海洋自然遗迹所在区域；

（五）其他需要予以特殊保护的区域。

第二十三条　凡具有特殊地理条件、生态系统、生物与非生物资源及海洋开发利用特殊需要的区域，可以建立海洋特别保护区，采取有效的保护措施和科学的开发方式进行特殊管理。

第二十四条　国家建立健全海洋生态保护补偿制度。

开发利用海洋资源，应当根据海洋功能区划合理布局，严格遵守生态保护红线，不得造成海洋生态环境破坏。

第二十五条　引进海洋动植物物种，应当进行科学论证，避免对海洋生态系统造成危害。

第二十六条　开发海岛及周围海域的资源，应当采取严格的生态保护措施，不得造成海岛地形、岸滩、植被以及海岛周围海域生态环境的破坏。

第二十七条　沿海地方各级人民政府应当结合当地自然环境的特点，建设海岸防护设施、沿海防护林、沿海城镇园林和绿地，对海岸侵蚀和海水入侵地区进行综合治理。

禁止毁坏海岸防护设施、沿海防护林、沿海城镇园林和绿地。

第二十八条　国家鼓励发展生态渔业建设，推广多种生态渔业生产方式，改善海洋生态状况。

新建、改建、扩建海水养殖场，应当进行环境影响评价。

海水养殖应当科学确定养殖密度，并应当合理投饵、施肥，正确使用药物，防止造成海洋环境的污染。

第四章　防治陆源污染物对海洋环境的污染损害

第二十九条　向海域排放陆源污染物，必须严格执行国家或者地方规定的标准和有关规定。

第三十条　入海排污口位置的选择，应当根据海洋功能区划、海水动力条件和有关规定，经科学论证后，报设区的市级以上人民政府环境保护行政主管部门备案。

环境保护行政主管部门应当在完成备案后十五个工作日内将入海排污口设置情况通报海洋、海事、渔业行政主管部门和军队环境保护部门。

在海洋自然保护区、重要渔业水域、海滨风景名胜区和其他需要特别保护的区域，不得新建排污口。

在有条件的地区，应当将排污口深海设置，实行离岸排放。设置陆源污染物深海离岸排放排污口，应当根据海洋功能区划、海水动力条件和海底工程设施的有关情况确定，具体办法由国务院规定。

第三十一条 省、自治区、直辖市人民政府环境保护行政主管部门和水行政主管部门应当按照水污染防治有关法律的规定，加强入海河流管理，防治污染，使入海河口的水质处于良好状态。

第三十二条 排放陆源污染物的单位，必须向环境保护行政主管部门申报拥有的陆源污染物排放设施、处理设施和在正常作业条件下排放陆源污染物的种类、数量和浓度，并提供防治海洋环境污染方面的有关技术和资料。

排放陆源污染物的种类、数量和浓度有重大改变的，必须及时申报。

第三十三条 禁止向海域排放油类、酸液、碱液、剧毒废液和高、中水平放射性废水。

严格限制向海域排放低水平放射性废水；确需排放的，必须严格执行国家辐射防护规定。

严格控制向海域排放含有不易降解的有机物和重金属的废水。

第三十四条 含病原体的医疗污水、生活污水和工业废水必须经过处理，符合国家有关排放标准后，方能排入海域。

第三十五条 含有机物和营养物质的工业废水、生活污水，应当严格控制向海湾、半封闭海及其他自净能力较差的海域排放。

第三十六条 向海域排放含热废水，必须采取有效措施，保证邻近渔业水域的水温符合国家海洋环境质量标准，避免热污染对水产资源的危害。

第三十七条 沿海农田、林场施用化学农药，必须执行国家农药安全使用的规定和标准。

沿海农田、林场应当合理使用化肥和植物生长调节剂。

第三十八条 在岸滩弃置、堆放和处理尾矿、矿渣、煤灰渣、垃圾和其他固体废物的，依照《中华人民共和国固体废物污染环境防治法》的有关规定执行。

第三十九条 禁止经中华人民共和国内水、领海转移危险废物。

经中华人民共和国管辖的其他海域转移危险废物的，必须事先取得国务院环境保护行政主管部门的书面同意。

第四十条 沿海城市人民政府应当建设和完善城市排水管网，有计划地建设城市污水处理厂或者其他污水集中处理设施，加强城市污水的综合整治。

建设污水海洋处置工程，必须符合国家有关规定。

第四十一条 国家采取必要措施，防止、减少和控制来自大气层或者通过大气层造成的海洋环境污染损害。

第五章 防治海岸工程建设项目对海洋环境的污染损害

第四十二条 新建、改建、扩建海岸工程建设项目，必须遵守国家有关建设项目环境保护管理的规定，并把防治污染所需资金纳入建设项目投资计划。

在依法划定的海洋自然保护区、海滨风景名胜区、重要渔业水域及其他需要特别保护的区域，不得从事污染环境、破坏景观的海岸工程项目建设或者其他活动。

第四十三条 海岸工程建设项目单位，必须对海洋环境进行科学调查，根据自然条件和社会条件，合理选址，编制环境影响报告书（表）。在建设项目开工前，将环境影响报告书（表）报环境保护行政主管部门审查批准。

环境保护行政主管部门在批准环境影响报告书（表）之前，必须征求海洋、海事、渔业行政主管部门和军队环境保护部门的意见。

第四十四条　海岸工程建设项目的环境保护设施，必须与主体工程同时设计、同时施工、同时投产使用。环境保护设施应当符合经批准的环境影响评价报告书（表）的要求。

第四十五条　禁止在沿海陆域内新建不具备有效治理措施的化学制浆造纸、化工、印染、制革、电镀、酿造、炼油、岸边冲滩拆船以及其他严重污染海洋环境的工业生产项目。

第四十六条　兴建海岸工程建设项目，必须采取有效措施，保护国家和地方重点保护的野生动植物及其生存环境和海洋水产资源。

严格限制在海岸采挖砂石。露天开采海滨砂矿和从岸上打井开采海底矿产资源，必须采取有效措施，防止污染海洋环境。

第六章　防治海洋工程建设项目对海洋环境的污染损害

第四十七条　海洋工程建设项目必须符合全国海洋主体功能区规划、海洋功能区划、海洋环境保护规划和国家有关环境保护标准。海洋工程建设项目单位应当对海洋环境进行科学调查，编制海洋环境影响报告书（表），并在建设项目开工前，报海洋行政主管部门审查批准。

海洋行政主管部门在批准海洋环境影响报告书（表）之前，必须征求海事、渔业行政主管部门和军队环境保护部门的意见。

第四十八条　海洋工程建设项目的环境保护设施，必须与主体工程同时设计、同时施工、同时投产使用。环境保护设施未经海洋行政主管部门验收，或者经验收不合格的，建设项目不得投入生产或者使用。

拆除或者闲置环境保护设施，必须事先征得海洋行政主管部门的同意。

第四十九条　海洋工程建设项目，不得使用含超标准放射性物质或者易溶出有毒有害物质的材料。

第五十条　海洋工程建设项目需要爆破作业时，必须采取有效措施，保护海洋资源。

海洋石油勘探开发及输油过程中，必须采取有效措施，避免溢油事故的发生。

第五十一条　海洋石油钻井船、钻井平台和采油平台的含油污水和油性混合物，必须经过处理达标后排放；残油、废油必须予以回收，不得排放入海。经回收处理后排放的，其含油量不得超过国家规定的标准。

钻井所使用的油基泥浆和其他有毒复合泥浆不得排放入海。水基泥浆和无毒复合泥浆及钻屑的排放，必须符合国家有关规定。

第五十二条　海洋石油钻井船、钻井平台和采油平台及其有关海上设施，不得向海域处置含油的工业垃圾。处置其他工业垃圾，不得造成海洋环境污染。

第五十三条　海上试油时，应当确保油气充分燃烧，油和油性混合物不得排放入海。

第五十四条　勘探开发海洋石油，必须按有关规定编制溢油应急计划，报国家海洋行政主管部门的海区派出机构备案。

第七章　防治倾倒废弃物对海洋环境的污染损害

第五十五条　任何单位未经国家海洋行政主管部门批准，不得向中华人民共和国管辖海域倾倒任何废弃物。

需要倾倒废弃物的单位，必须向国家海洋行政主管部门提出书面申请，经国家海洋行政主管部门审查批准，发给许可证后，方可倾倒。

禁止中华人民共和国境外的废弃物在中

华人民共和国管辖海域倾倒。

第五十六条 国家海洋行政主管部门根据废弃物的毒性、有毒物质含量和对海洋环境影响程度，制定海洋倾倒废弃物评价程序和标准。

向海洋倾倒废弃物，应当按照废弃物的类别和数量实行分级管理。

可以向海洋倾倒的废弃物名录，由国家海洋行政主管部门拟定，经国务院环境保护行政主管部门提出审核意见后，报国务院批准。

第五十七条 国家海洋行政主管部门按照科学、合理、经济、安全的原则选划海洋倾倒区，经国务院环境保护行政主管部门提出审核意见后，报国务院批准。

临时性海洋倾倒区由国家海洋行政主管部门批准，并报国务院环境保护行政主管部门备案。

国家海洋行政主管部门在选划海洋倾倒区和批准临时性海洋倾倒区之前，必须征求国家海事、渔业行政主管部门的意见。

第五十八条 国家海洋行政主管部门监督管理倾倒区的使用，组织倾倒区的环境监测。对经确认不宜继续使用的倾倒区，国家海洋行政主管部门应当予以封闭，终止在该倾倒区的一切倾倒活动，并报国务院备案。

第五十九条 获准倾倒废弃物的单位，必须按照许可证注明的期限及条件，到指定的区域进行倾倒。废弃物装载之后，批准部门应当予以核实。

第六十条 获准倾倒废弃物的单位，应当详细记录倾倒的情况，并在倾倒后向批准部门作出书面报告。倾倒废弃物的船舶必须向驶出港的海事行政主管部门作出书面报告。

第六十一条 禁止在海上焚烧废弃物。

禁止在海上处置放射性废弃物或者其他放射性物质。废弃物中的放射性物质的豁免浓度由国务院制定。

第八章 防治船舶及有关作业活动对海洋环境的污染损害

第六十二条 在中华人民共和国管辖海域，任何船舶及相关作业不得违反本法规定向海洋排放污染物、废弃物和压载水、船舶垃圾及其他有害物质。

从事船舶污染物、废弃物、船舶垃圾接收、船舶清舱、洗舱作业活动的，必须具备相应的接收处理能力。

第六十三条 船舶必须按照有关规定持有防止海洋环境污染的证书与文书，在进行涉及污染物排放及操作时，应当如实记录。

第六十四条 船舶必须配置相应的防污设备和器材。

载运具有污染危害性货物的船舶，其结构与设备应当能够防止或者减轻所载货物对海洋环境的污染。

第六十五条 船舶应当遵守海上交通安全法律、法规的规定，防止因碰撞、触礁、搁浅、火灾或者爆炸等引起的海难事故，造成海洋环境的污染。

第六十六条 国家完善并实施船舶油污损害民事赔偿责任制度；按照船舶油污损害赔偿责任由船东和货主共同承担风险的原则，建立船舶油污保险、油污损害赔偿基金制度。

实施船舶油污保险、油污损害赔偿基金制度的具体办法由国务院规定。

第六十七条 载运具有污染危害性货物进出港口的船舶，其承运人、货物所有人或者代理人，必须事先向海事行政主管部门申报。经批准后，方可进出港口、过境停留或者装卸作业。

第六十八条 交付船舶装运污染危害性货物的单证、包装、标志、数量限制等，必须符合对所装货物的有关规定。

需要船舶装运污染危害性不明的货物，应当按照有关规定事先进行评估。

装卸油类及有毒有害货物的作业，船岸双方必须遵守安全防污操作规程。

第六十九条　港口、码头、装卸站和船舶修造厂必须按照有关规定备有足够的用于处理船舶污染物、废弃物的接收设施，并使该设施处于良好状态。

装卸油类的港口、码头、装卸站和船舶必须编制溢油污染应急计划，并配备相应的溢油污染应急设备和器材。

第七十条　船舶及有关作业活动应当遵守有关法律法规和标准，采取有效措施，防止造成海洋环境污染。海事行政主管部门等有关部门应当加强对船舶及有关作业活动的监督管理。

船舶进行散装液体污染危害性货物的过驳作业，应当事先按照有关规定报经海事行政主管部门批准。

第七十一条　船舶发生海难事故，造成或者可能造成海洋环境重大污染损害的，国家海事行政主管部门有权强制采取避免或者减少污染损害的措施。

对在公海上因发生海难事故，造成中华人民共和国管辖海域重大污染损害后果或者具有污染威胁的船舶、海上设施，国家海事行政主管部门有权采取与实际的或者可能发生的损害相称的必要措施。

第七十二条　所有船舶均有监视海上污染的义务，在发现海上污染事故或者违反本法规定的行为时，必须立即向就近的依照本法规定行使海洋环境监督管理权的部门报告。

民用航空器发现海上排污或者污染事件，必须及时向就近的民用航空空中交通管制单位报告。接到报告的单位，应当立即向依照本法规定行使海洋环境监督管理权的部门通报。

第九章　法律责任

第七十三条　违反本法有关规定，有下列行为之一的，由依照本法规定行使海洋环境监督管理权的部门责令停止违法行为、限期改正或者责令采取限制生产、停产整治等措施，并处以罚款；拒不改正的，依法作出处罚决定的部门可以自责令改正之日的次日起，按照原罚款数额按日连续处罚；情节严重的，报经有批准权的人民政府批准，责令停业、关闭：

（一）向海域排放本法禁止排放的污染物或者其他物质的；

（二）不按照本法规定向海洋排放污染物，或者超过标准、总量控制指标排放污染物的；

（三）未取得海洋倾倒许可证，向海洋倾倒废弃物的；

（四）因发生事故或者其他突发性事件，造成海洋环境污染事故，不立即采取处理措施的。

有前款第（一）、（三）项行为之一的，处三万元以上二十万元以下的罚款；有前款第（二）、（四）项行为之一的，处二万元以上十万元以下的罚款。

第七十四条　违反本法有关规定，有下列行为之一的，由依照本法规定行使海洋环境监督管理权的部门予以警告，或者处以罚款：

（一）不按照规定申报，甚至拒报污染物排放有关事项，或者在申报时弄虚作假的；

（二）发生事故或者其他突发性事件不按照规定报告的；

（三）不按照规定记录倾倒情况，或者不按照规定提交倾倒报告的；

（四）拒报或者谎报船舶载运污染危害性货物申报事项的。

有前款第（一）、（三）项行为之一的，处二万元以下的罚款；有前款第（二）、（四）项行为之一的，处五万元以下的罚款。

第七十五条 违反本法第十九条第二款的规定，拒绝现场检查，或者在被检查时弄虚作假的，由依照本法规定行使海洋环境监督管理权的部门予以警告，并处二万元以下的罚款。

第七十六条 违反本法规定，造成珊瑚礁、红树林等海洋生态系统及海洋水产资源、海洋保护区破坏的，由依照本法规定行使海洋环境监督管理权的部门责令限期改正和采取补救措施，并处一万元以上十万元以下的罚款；有违法所得的，没收其违法所得。

第七十七条 违反本法第三十条第一款、第三款规定设置入海排污口的，由县级以上地方人民政府环境保护行政主管部门责令其关闭，并处二万元以上十万元以下的罚款。

海洋、海事、渔业行政主管部门和军队环境保护部门发现入海排污口设置违反本法第三十条第一款、第三款规定的，应当通报环境保护行政主管部门依照前款规定予以处罚。

第七十八条 违反本法第三十九条第二款的规定，经中华人民共和国管辖海域，转移危险废物的，由国家海事行政主管部门责令非法运输该危险废物的船舶退出中华人民共和国管辖海域，并处五万元以上五十万元以下的罚款。

第七十九条 海岸工程建设项目未依法进行环境影响评价的，依照《中华人民共和国环境影响评价法》的规定处理。

第八十条 违反本法第四十四条的规定，海岸工程建设项目未建成环境保护设施，或者环境保护设施未达到规定要求即投入生产、使用的，由环境保护行政主管部门责令其停止生产或者使用，并处二万元以上十万元以下的罚款。

第八十一条 违反本法第四十五条的规定，新建严重污染海洋环境的工业生产建设项目的，按照管理权限，由县级以上人民政府责令关闭。

第八十二条 违反本法第四十七条第一款的规定，进行海洋工程建设项目的，由海洋行政主管部门责令其停止施工，根据违法情节和危害后果，处建设项目总投资额百分之一以上百分之五以下的罚款，并可以责令恢复原状。

违反本法第四十八条的规定，海洋工程建设项目未建成环境保护设施、环境保护设施未达到规定要求即投入生产、使用的，由海洋行政主管部门责令其停止生产、使用，并处五万元以上二十万元以下的罚款。

第八十三条 违反本法第四十九条的规定，使用含超标准放射性物质或者易溶出有毒有害物质材料的，由海洋行政主管部门处五万元以下的罚款，并责令其停止该建设项目的运行，直到消除污染危害。

第八十四条 违反本法规定进行海洋石油勘探开发活动，造成海洋环境污染的，由国家海洋行政主管部门予以警告，并处二万元以上二十万元以下的罚款。

第八十五条 违反本法规定，不按照许可证的规定倾倒，或者向已经封闭的倾倒区倾倒废弃物的，由海洋行政主管部门予以警告，并处三万元以上二十万元以下的罚款；对情节严重的，可以暂扣或者吊销许可证。

第八十六条 违反本法第五十五条第三款的规定，将中华人民共和国境外废弃物运进中华人民共和国管辖海域倾倒的，由国家海洋行政主管部门予以警告，并根据造成或者可能造成的危害后果，处十万元以上一百万元以下的罚款。

第八十七条 违反本法规定，有下列行为之一的，由依照本法规定行使海洋环境监督管理权的部门予以警告，或者处以罚款：

（一）港口、码头、装卸站及船舶未配备防污设施、器材的；

（二）船舶未持有防污证书、防污文书，或者不按照规定记载排污记录的；

（三）从事水上和港区水域拆船、旧船改装、打捞和其他水上、水下施工作业，造成海洋环境污染损害的；

（四）船舶载运的货物不具备防污适运条件的。

有前款第（一）、（四）项行为之一的，处二万元以上十万元以下的罚款；有前款第（二）项行为的，处二万元以下的罚款；有前款第（三）项行为的，处五万元以上二十万元以下的罚款。

第八十八条　违反本法规定，船舶、石油平台和装卸油类的港口、码头、装卸站不编制溢油应急计划的，由依照本法规定行使海洋环境监督管理权的部门予以警告，或者责令限期改正。

第八十九条　造成海洋环境污染损害的责任者，应当排除危害，并赔偿损失；完全由于第三者的故意或者过失，造成海洋环境污染损害的，由第三者排除危害，并承担赔偿责任。

对破坏海洋生态、海洋水产资源、海洋保护区，给国家造成重大损失的，由依照本法规定行使海洋环境监督管理权的部门代表国家对责任者提出损害赔偿要求。

第九十条　对违反本法规定，造成海洋环境污染事故的单位，除依法承担赔偿责任外，由依照本法规定行使海洋环境监督管理权的部门依照本条第二款的规定处以罚款；对直接负责的主管人员和其他直接责任人员可以处上一年度从本单位取得收入百分之五十以下的罚款；直接负责的主管人员和其他直接责任人员属于国家工作人员的，依法给予处分。

对造成一般或者较大海洋环境污染事故的，按照直接损失的百分之二十计算罚款；对造成重大或者特大海洋环境污染事故的，按照直接损失的百分之三十计算罚款。

对严重污染海洋环境、破坏海洋生态，构成犯罪的，依法追究刑事责任。

第九十一条　完全属于下列情形之一，经过及时采取合理措施，仍然不能避免对海洋环境造成污染损害的，造成污染损害的有关责任者免予承担责任：

（一）战争；

（二）不可抗拒的自然灾害；

（三）负责灯塔或者其他助航设备的主管部门，在执行职责时的疏忽，或者其他过失行为。

第九十二条　对违反本法第十二条有关缴纳排污费、倾倒费规定的行政处罚，由国务院规定。

第九十三条　海洋环境监督管理人员滥用职权、玩忽职守、徇私舞弊，造成海洋环境污染损害的，依法给予行政处分；构成犯罪的，依法追究刑事责任。

第十章　附　　则

第九十四条　本法中下列用语的含义是：

（一）海洋环境污染损害，是指直接或者间接地把物质或者能量引入海洋环境，产生损害海洋生物资源、危害人体健康、妨害渔业和海上其他合法活动、损害海水使用素质和减损环境质量等有害影响。

（二）内水，是指我国领海基线向内陆一侧的所有海域。

（三）滨海湿地，是指低潮时水深浅于六米的水域及其沿岸浸湿地带，包括水深不超过六米的永久性水域、潮间带（或洪泛地带）和沿海低地等。

（四）海洋功能区划，是指依据海洋自然属性和社会属性，以及自然资源和环境特定条件，界定海洋利用的主导功能和使用范畴。

（五）渔业水域，是指鱼虾类的产卵场、索饵场、越冬场、洄游通道和鱼虾贝藻类的养殖场。

（六）油类，是指任何类型的油及其炼制品。

（七）油性混合物，是指任何含有油分的混合物。

（八）排放，是指把污染物排入海洋的行为，包括泵出、溢出、泄出、喷出和倒出。

（九）陆地污染源（简称陆源），是指从陆地向海域排放污染物，造成或者可能造成海洋环境污染的场所、设施等。

（十）陆源污染物，是指由陆地污染源排放的污染物。

（十一）倾倒，是指通过船舶、航空器、平台或者其他载运工具，向海洋处置废弃物和其他有害物质的行为，包括弃置船舶、航空器、平台及其辅助设施和其他浮动工具的行为。

（十二）沿海陆域，是指与海岸相连，或者通过管道、沟渠、设施，直接或者间接向海洋排放污染物及其相关活动的一带区域。

（十三）海上焚烧，是指以热摧毁为目的，在海上焚烧设施上，故意焚烧废弃物或者其他物质的行为，但船舶、平台或者其他人工构造物正常操作中，所附带发生的行为除外。

第九十五条 涉及海洋环境监督管理的有关部门的具体职权划分，本法未作规定的，由国务院规定。

第九十六条 中华人民共和国缔结或者参加的与海洋环境保护有关的国际条约与本法有不同规定的，适用国际条约的规定；但是，中华人民共和国声明保留的条款除外。

第九十七条 本法自2000年4月1日起施行。

中华人民共和国长江保护法

（2020年12月26日第十三届全国人民代表大会常务委员会第二十四次会议通过）

第一章　总　　则

第一条　为了加强长江流域生态环境保护和修复，促进资源合理高效利用，保障生态安全，实现人与自然和谐共生、中华民族永续发展，制定本法。

第二条　在长江流域开展生态环境保护和修复以及长江流域各类生产生活、开发建设活动，应当遵守本法。

本法所称长江流域，是指由长江干流、支流和湖泊形成的集水区域所涉及的青海省、四川省、西藏自治区、云南省、重庆市、湖北省、湖南省、江西省、安徽省、江苏省、上海市，以及甘肃省、陕西省、河南省、贵州省、广西壮族自治区、广东省、浙江省、福建省的相关县级行政区域。

第三条　长江流域经济社会发展，应当坚持生态优先、绿色发展，共抓大保护、不搞大开发；长江保护应当坚持统筹协调、科学规划、创新驱动、系统治理。

第四条　国家建立长江流域协调机制，统一指导、统筹协调长江保护工作，审议长江保护重大政策、重大规划，协调跨地区跨部门重大事项，督促检查长江保护重要工作的落实情况。

第五条　国务院有关部门和长江流域省级人民政府负责落实国家长江流域协调机制的决策，按照职责分工负责长江保护相关工作。

长江流域地方各级人民政府应当落实本行政区域的生态环境保护和修复、促进资源合理高效利用、优化产业结构和布局、维护长江流域生态安全的责任。

长江流域各级河湖长负责长江保护相关工作。

第六条　长江流域相关地方根据需要在地方性法规和政府规章制定、规划编制、监督执法等方面建立协作机制，协同推进长江流域生态环境保护和修复。

第七条　国务院生态环境、自然资源、水行政、农业农村和标准化等有关主管部门按照职责分工，建立健全长江流域水环境质量和污染物排放、生态环境修复、水资源节约集约利用、生态流量、生物多样性保护、水产养殖、防灾减灾等标准体系。

第八条　国务院自然资源主管部门会同国务院有关部门定期组织长江流域土地、矿产、水流、森林、草原、湿地等自然资源状况调查，建立资源基础数据库，开展资源环境承载能力评价，并向社会公布长江流域自然资源状况。

国务院野生动物保护主管部门应当每十年组织一次野生动物及其栖息地状况普查，或者根据需要组织开展专项调查，建立野生动物资源档案，并向社会公布长江流域野生动物资源状况。

长江流域县级以上地方人民政府农业农村主管部门会同本级人民政府有关部门对水生生物产卵场、索饵场、越冬场和洄游通道等重要栖息地开展生物多样性调查。

第九条　国家长江流域协调机制应当统筹协调国务院有关部门在已经建立的台站和监测项目基础上，健全长江流域生态环境、资源、水文、气象、航运、自然灾害等监测网络体系和监测信息共享机制。

国务院有关部门和长江流域县级以上地方人民政府及其有关部门按照职责分工，组织完善生态环境风险报告和预警机制。

第十条 国务院生态环境主管部门会同国务院有关部门和长江流域省级人民政府建立健全长江流域突发生态环境事件应急联动工作机制，与国家突发事件应急体系相衔接，加强对长江流域船舶、港口、矿山、化工厂、尾矿库等发生的突发生态环境事件的应急管理。

第十一条 国家加强长江流域洪涝干旱、森林草原火灾、地质灾害、地震等灾害的监测预报预警、防御、应急处置与恢复重建体系建设，提高防灾、减灾、抗灾、救灾能力。

第十二条 国家长江流域协调机制设立专家咨询委员会，组织专业机构和人员对长江流域重大发展战略、政策、规划等开展科学技术等专业咨询。

国务院有关部门和长江流域省级人民政府及其有关部门按照职责分工，组织开展长江流域建设项目、重要基础设施和产业布局相关规划等对长江流域生态系统影响的第三方评估、分析、论证等工作。

第十三条 国家长江流域协调机制统筹协调国务院有关部门和长江流域省级人民政府建立健全长江流域信息共享系统。国务院有关部门和长江流域省级人民政府及其有关部门应当按照规定，共享长江流域生态环境、自然资源以及管理执法等信息。

第十四条 国务院有关部门和长江流域县级以上地方人民政府及其有关部门应当加强长江流域生态环境保护和绿色发展的宣传教育。

新闻媒体应当采取多种形式开展长江流域生态环境保护和绿色发展的宣传教育，并依法对违法行为进行舆论监督。

第十五条 国务院有关部门和长江流域县级以上地方人民政府及其有关部门应当采取措施，保护长江流域历史文化名城名镇名村，加强长江流域文化遗产保护工作，继承和弘扬长江流域优秀特色文化。

第十六条 国家鼓励、支持单位和个人参与长江流域生态环境保护和修复、资源合理利用、促进绿色发展的活动。

对在长江保护工作中做出突出贡献的单位和个人，县级以上人民政府及其有关部门应当按照国家有关规定予以表彰和奖励。

第二章 规划与管控

第十七条 国家建立以国家发展规划为统领，以空间规划为基础，以专项规划、区域规划为支撑的长江流域规划体系，充分发挥规划对推进长江流域生态环境保护和绿色发展的引领、指导和约束作用。

第十八条 国务院和长江流域县级以上地方人民政府应当将长江保护工作纳入国民经济和社会发展规划。

国务院发展改革部门会同国务院有关部门编制长江流域发展规划，科学统筹长江流域上下游、左右岸、干支流生态环境保护和绿色发展，报国务院批准后实施。

长江流域水资源规划、生态环境保护规划等依照有关法律、行政法规的规定编制。

第十九条 国务院自然资源主管部门会同国务院有关部门组织编制长江流域国土空间规划，科学有序统筹安排长江流域生态、农业、城镇等功能空间，划定生态保护红线、永久基本农田、城镇开发边界，优化国土空间结构和布局，统领长江流域国土空间利用任务，报国务院批准后实施。涉及长江流域国土空间利用的专项规划应当与长江流域国土空间规划相衔接。

长江流域县级以上地方人民政府组织编制本行政区域的国土空间规划，按照规定的程序报经批准后实施。

第二十条 国家对长江流域国土空间实施用途管制。长江流域县级以上地方人民政府自然资源主管部门依照国土空间规划，对所辖长江流域国土空间实施分区、分类用途管制。

长江流域国土空间开发利用活动应当符合国土空间用途管制要求，并依法取得规划许可。对不符合国土空间用途管制要求的，县级以上人民政府自然资源主管部门不得办理规划许可。

第二十一条 国务院水行政主管部门统筹长江流域水资源合理配置、统一调度和高效利用，组织实施取用水总量控制和消耗强度控制管理制度。

国务院生态环境主管部门根据水环境质量改善目标和水污染防治要求，确定长江流域各省级行政区域重点污染物排放总量控制指标。长江流域水质超标的水功能区，应当实施更严格的污染物排放总量削减要求。企业事业单位应当按照要求，采取污染物排放总量控制措施。

国务院自然资源主管部门负责统筹长江流域新增建设用地总量控制和计划安排。

第二十二条 长江流域省级人民政府根据本行政区域的生态环境和资源利用状况，制定生态环境分区管控方案和生态环境准入清单，报国务院生态环境主管部门备案后实施。生态环境分区管控方案和生态环境准入清单应当与国土空间规划相衔接。

长江流域产业结构和布局应当与长江流域生态系统和资源环境承载能力相适应。禁止在长江流域重点生态功能区布局对生态系统有严重影响的产业。禁止重污染企业和项目向长江中上游转移。

第二十三条 国家加强对长江流域水能资源开发利用的管理。因国家发展战略和国计民生需要，在长江流域新建大中型水电工程，应当经科学论证，并报国务院或者国务院授权的部门批准。

对长江流域已建小水电工程，不符合生态保护要求的，县级以上地方人民政府应当组织分类整改或者采取措施逐步退出。

第二十四条 国家对长江干流和重要支流源头实行严格保护，设立国家公园等自然保护地，保护国家生态安全屏障。

第二十五条 国务院水行政主管部门加强长江流域河道、湖泊保护工作。长江流域县级以上地方人民政府负责划定河道、湖泊管理范围，并向社会公告，实行严格的河湖保护，禁止非法侵占河湖水域。

第二十六条 国家对长江流域河湖岸线实施特殊管制。国家长江流域协调机制统筹协调国务院自然资源、水行政、生态环境、住房和城乡建设、农业农村、交通运输、林业和草原等部门和长江流域省级人民政府划定河湖岸线保护范围，制定河湖岸线保护规划，严格控制岸线开发建设，促进岸线合理高效利用。

禁止在长江干支流岸线一公里范围内新建、扩建化工园区和化工项目。

禁止在长江干流岸线三公里范围内和重要支流岸线一公里范围内新建、改建、扩建尾矿库；但是以提升安全、生态环境保护水平为目的的改建除外。

第二十七条 国务院交通运输主管部门会同国务院自然资源、水行政、生态环境、农业农村、林业和草原主管部门在长江流域水生生物重要栖息地科学划定禁止航行区域和限制航行区域。

禁止船舶在划定的禁止航行区域内航行。因国家发展战略和国计民生需要，在水生生物重要栖息地禁止航行区域内航行的，应当由国务院交通运输主管部门商国务院农业农村主管部门同意，并应当采取必要措施，减少对重要水生生物的干扰。

严格限制在长江流域生态保护红线、自然保护地、水生生物重要栖息地水域实施航道整治工程；确需整治的，应当经科学论证，并依法办理相关手续。

第二十八条 国家建立长江流域河道采砂规划和许可制度。长江流域河道采砂应当依法取得国务院水行政主管部门有关流域管理机构或者县级以上地方人民政府水行政主管部门的许可。

国务院水行政主管部门有关流域管理机构和长江流域县级以上地方人民政府依法划定禁止采砂区和禁止采砂期，严格控制采砂区域、采砂总量和采砂区域内的采砂船舶数量。禁止在长江流域禁止采砂区和禁止采砂期从事采砂活动。

国务院水行政主管部门会同国务院有关部门组织长江流域有关地方人民政府及其有关部门开展长江流域河道非法采砂联合执法工作。

第三章　资源保护

第二十九条 长江流域水资源保护与利用，应当根据流域综合规划，优先满足城乡居民生活用水，保障基本生态用水，并统筹农业、工业用水以及航运等需要。

第三十条 国务院水行政主管部门有关流域管理机构商长江流域省级人民政府依法制定跨省河流水量分配方案，报国务院或者国务院授权的部门批准后实施。制定长江流域跨省河流水量分配方案应当征求国务院有关部门的意见。长江流域省级人民政府水行政主管部门制定本行政区域的长江流域水量分配方案，报本级人民政府批准后实施。

国务院水行政主管部门有关流域管理机构或者长江流域县级以上地方人民政府水行政主管部门依据批准的水量分配方案，编制年度水量分配方案和调度计划，明确相关河段和控制断面流量水量、水位管控要求。

第三十一条 国家加强长江流域生态用水保障。国务院水行政主管部门会同国务院有关部门提出长江干流、重要支流和重要湖泊控制断面的生态流量管控指标。其他河湖生态流量管控指标由长江流域县级以上地方人民政府水行政主管部门会同本级人民政府有关部门确定。

国务院水行政主管部门有关流域管理机构应当将生态水量纳入年度水量调度计划，保证河湖基本生态用水需求，保障枯水期和鱼类产卵期生态流量、重要湖泊的水量和水位，保障长江河口咸淡水平衡。

长江干流、重要支流和重要湖泊上游的水利水电、航运枢纽等工程应当将生态用水调度纳入日常运行调度规程，建立常规生态调度机制，保证河湖生态流量；其下泄流量不符合生态流量泄放要求的，由县级以上人民政府水行政主管部门提出整改措施并监督实施。

第三十二条 国务院有关部门和长江流域地方各级人民政府应当采取措施，加快病险水库除险加固，推进堤防和蓄滞洪区建设，提升洪涝灾害防御工程标准，加强水工程联合调度，开展河道泥沙观测和河势调查，建立与经济社会发展相适应的防洪减灾工程和非工程体系，提高防御水旱灾害的整体能力。

第三十三条 国家对跨长江流域调水实行科学论证，加强控制和管理。实施跨长江流域调水应当优先保障调出区域及其下游区域的用水安全和生态安全，统筹调出区域和调入区域用水需求。

第三十四条 国家加强长江流域饮用水水源地保护。国务院水行政主管部门会同国务院有关部门制定长江流域饮用水水源地名录。长江流域省级人民政府水行政主管部门会同本级人民政府有关部门制定本行政区域的其他饮用水水源地名录。

长江流域省级人民政府组织划定饮用水水源保护区，加强饮用水水源保护，保障饮用水安全。

第三十五条　长江流域县级以上地方人民政府及其有关部门应当合理布局饮用水水源取水口，制定饮用水安全突发事件应急预案，加强饮用水备用应急水源建设，对饮用水水源的水环境质量进行实时监测。

第三十六条　丹江口库区及其上游所在地县级以上地方人民政府应当按照饮用水水源地安全保障区、水质影响控制区、水源涵养生态建设区管理要求，加强山水林田湖草整体保护，增强水源涵养能力，保障水质稳定达标。

第三十七条　国家加强长江流域地下水资源保护。长江流域县级以上地方人民政府及其有关部门应当定期调查评估地下水资源状况，监测地下水水量、水位、水环境质量，并采取相应风险防范措施，保障地下水资源安全。

第三十八条　国务院水行政主管部门会同国务院有关部门确定长江流域农业、工业用水效率目标，加强用水计量和监测设施建设；完善规划和建设项目水资源论证制度；加强对高耗水行业、重点用水单位的用水定额管理，严格控制高耗水项目建设。

第三十九条　国家统筹长江流域自然保护地体系建设。国务院和长江流域省级人民政府在长江流域重要典型生态系统的完整分布区、生态环境敏感区以及珍贵野生动植物天然集中分布区和重要栖息地、重要自然遗迹分布区等区域，依法设立国家公园、自然保护区、自然公园等自然保护地。

第四十条　国务院和长江流域省级人民政府应当依法在长江流域重要生态区、生态状况脆弱区划定公益林，实施严格管理。国家对长江流域天然林实施严格保护，科学划定天然林保护重点区域。

长江流域县级以上地方人民政府应当加强对长江流域草原资源的保护，对具有调节气候、涵养水源、保持水土、防风固沙等特殊作用的基本草原实施严格管理。

国务院林业和草原主管部门和长江流域省级人民政府林业和草原主管部门会同本级人民政府有关部门，根据不同生态区位、生态系统功能和生物多样性保护的需要，发布长江流域国家重要湿地、地方重要湿地名录及保护范围，加强对长江流域湿地的保护和管理，维护湿地生态功能和生物多样性。

第四十一条　国务院农业农村主管部门会同国务院有关部门和长江流域省级人民政府建立长江流域水生生物完整性指数评价体系，组织开展长江流域水生生物完整性评价，并将结果作为评估长江流域生态系统总体状况的重要依据。长江流域水生生物完整性指数应当与长江流域水环境质量标准相衔接。

第四十二条　国务院农业农村主管部门和长江流域县级以上地方人民政府应当制定长江流域珍贵、濒危水生野生动植物保护计划，对长江流域珍贵、濒危水生野生动植物实行重点保护。

国家鼓励有条件的单位开展对长江流域江豚、白鱀豚、白鲟、中华鲟、长江鲟、鯮、鲥、四川白甲鱼、川陕哲罗鲑、胭脂鱼、鳤、圆口铜鱼、多鳞白甲鱼、华鲮、鲈鲤和葛仙米、弧形藻、眼子菜、水菜花等水生野生动植物生境特征和种群动态的研究，建设人工繁育和科普教育基地，组织开展水生生物救护。

禁止在长江流域开放水域养殖、投放外来物种或者其他非本地物种种质资源。

第四章　水污染防治

第四十三条　国务院生态环境主管部门和长江流域地方各级人民政府应当采取有效措施，加大对长江流域的水污染防治、监管力度，预防、控制和减少水环境污染。

第四十四条　国务院生态环境主管部门负责制定长江流域水环境质量标准，对国家水环境质量标准中未作规定的项目可以补充规定；对国家水环境质量标准中已经规定的项目，可以作出更加严格的规定。制定长江流域水环境质量标准应当征求国务院有关部门和有关省级人民政府的意见。长江流域省级人民政府可以制定严于长江流域水环境质量标准的地方水环境质量标准，报国务院生态环境主管部门备案。

第四十五条 长江流域省级人民政府应当对没有国家水污染物排放标准的特色产业、特有污染物，或者国家有明确要求的特定水污染源或者水污染物，补充制定地方水污染物排放标准，报国务院生态环境主管部门备案。

有下列情形之一的，长江流域省级人民政府应当制定严于国家水污染物排放标准的地方水污染物排放标准，报国务院生态环境主管部门备案：

（一）产业密集、水环境问题突出的；

（二）现有水污染物排放标准不能满足所辖长江流域水环境质量要求的；

（三）流域或者区域水环境形势复杂，无法适用统一的水污染物排放标准的。

第四十六条 长江流域省级人民政府制定本行政区域的总磷污染控制方案，并组织实施。对磷矿、磷肥生产集中的长江干支流，有关省级人民政府应当制定更加严格的总磷排放管控要求，有效控制总磷排放总量。

磷矿开采加工、磷肥和含磷农药制造等企业，应当按照排污许可要求，采取有效措施控制总磷排放浓度和排放总量；对排污口和周边环境进行总磷监测，依法公开监测信息。

第四十七条 长江流域县级以上地方人民政府应当统筹长江流域城乡污水集中处理设施及配套管网建设，并保障其正常运行，提高城乡污水收集处理能力。

长江流域县级以上地方人民政府应当组织对本行政区域的江河、湖泊排污口开展排查整治，明确责任主体，实施分类管理。

在长江流域江河、湖泊新设、改设或者扩大排污口，应当按照国家有关规定报经有管辖权的生态环境主管部门或者长江流域生态环境监督管理机构同意。对未达到水质目标的水功能区，除污水集中处理设施排污口外，应当严格控制新设、改设或者扩大排污口。

第四十八条 国家加强长江流域农业面源污染防治。长江流域农业生产应当科学使用农业投入品，减少化肥、农药施用，推广有机肥使用，科学处置农用薄膜、农作物秸秆等农业废弃物。

第四十九条 禁止在长江流域河湖管理范围内倾倒、填埋、堆放、弃置、处理固体废物。长江流域县级以上地方人民政府应当加强对固体废物非法转移和倾倒的联防联控。

第五十条 长江流域县级以上地方人民政府应当组织对沿河湖垃圾填埋场、加油站、矿山、尾矿库、危险废物处置场、化工园区和化工项目等地下水重点污染源及周边地下水环境风险隐患开展调查评估，并采取相应风险防范和整治措施。

第五十一条 国家建立长江流域危险货物运输船舶污染责任保险与财务担保相结合机制。具体办法由国务院交通运输主管部门会同国务院有关部门制定。

禁止在长江流域水上运输剧毒化学品和国家规定禁止通过内河运输的其他危险化学品。长江流域县级以上地方人民政府交通运输主管部门会同本级人民政府有关部门加强对长江流域危险化学品运输的管控。

第五章 生态环境修复

第五十二条 国家对长江流域生态系统实行自然恢复为主、自然恢复与人工修复相结合的系统治理。国务院自然资源主管部门会同国务院有关部门编制长江流域生态环境修复规划，组织实施重大生态环境修复工程，统筹推进长江流域各项生态环境修复工作。

第五十三条　国家对长江流域重点水域实行严格捕捞管理。在长江流域水生生物保护区全面禁止生产性捕捞；在国家规定的期限内，长江干流和重要支流、大型通江湖泊、长江河口规定区域等重点水域全面禁止天然渔业资源的生产性捕捞。具体办法由国务院农业农村主管部门会同国务院有关部门制定。

国务院农业农村主管部门会同国务院有关部门和长江流域省级人民政府加强长江流域禁捕执法工作，严厉查处电鱼、毒鱼、炸鱼等破坏渔业资源和生态环境的捕捞行为。

长江流域县级以上地方人民政府应当按照国家有关规定做好长江流域重点水域退捕渔民的补偿、转产和社会保障工作。

长江流域其他水域禁捕、限捕管理办法由县级以上地方人民政府制定。

第五十四条　国务院水行政主管部门会同国务院有关部门制定并组织实施长江干流和重要支流的河湖水系连通修复方案，长江流域省级人民政府制定并组织实施本行政区域的长江流域河湖水系连通修复方案，逐步改善长江流域河湖连通状况，恢复河湖生态流量，维护河湖水系生态功能。

第五十五条　国家长江流域协调机制统筹协调国务院自然资源、水行政、生态环境、住房和城乡建设、农业农村、交通运输、林业和草原等部门和长江流域省级人民政府制定长江流域河湖岸线修复规范，确定岸线修复指标。

长江流域县级以上地方人民政府按照长江流域河湖岸线保护规划、修复规范和指标要求，制定并组织实施河湖岸线修复计划，保障自然岸线比例，恢复河湖岸线生态功能。

禁止违法利用、占用长江流域河湖岸线。

第五十六条　国务院有关部门会同长江流域有关省级人民政府加强对三峡库区、丹江口库区等重点库区消落区的生态环境保护和修复，因地制宜实施退耕还林还草还湿，禁止施用化肥、农药，科学调控水库水位，加强库区水土保持和地质灾害防治工作，保障消落区良好生态功能。

第五十七条　长江流域县级以上地方人民政府林业和草原主管部门负责组织实施长江流域森林、草原、湿地修复计划，科学推进森林、草原、湿地修复工作，加大退化天然林、草原和受损湿地修复力度。

第五十八条　国家加大对太湖、鄱阳湖、洞庭湖、巢湖、滇池等重点湖泊实施生态环境修复的支持力度。

长江流域县级以上地方人民政府应当组织开展富营养化湖泊的生态环境修复，采取调整产业布局规模、实施控制性水工程统一调度、生态补水、河湖连通等综合措施，改善和恢复湖泊生态系统的质量和功能；对氮磷浓度严重超标的湖泊，应当在影响湖泊水质的汇水区，采取措施削减化肥用量，禁止使用含磷洗涤剂，全面清理投饵、投肥养殖。

第五十九条　国务院林业和草原、农业农村主管部门应当对长江流域数量急剧下降或者极度濒危的野生动植物和受到严重破坏的栖息地、天然集中分布区、破碎化的典型生态系统制定修复方案和行动计划，修建迁地保护设施，建立野生动植物遗传资源基因库，进行抢救性修复。

在长江流域水生生物产卵场、索饵场、越冬场和洄游通道等重要栖息地应当实施生态环境修复和其他保护措施。对鱼类等水生生物洄游产生阻隔的涉水工程应当结合实际采取建设过鱼设施、河湖连通、生态调度、灌江纳苗、基因保存、增殖放流、人工繁育等多种措施，充分满足水生生物的生态需求。

第六十条 国务院水行政主管部门会同国务院有关部门和长江河口所在地人民政府按照陆海统筹、河海联动的要求，制定实施长江河口生态环境修复和其他保护措施方案，加强对水、沙、盐、潮滩、生物种群的综合监测，采取有效措施防止海水入侵和倒灌，维护长江河口良好生态功能。

第六十一条 长江流域水土流失重点预防区和重点治理区的县级以上地方人民政府应当采取措施，防治水土流失。生态保护红线范围内的水土流失地块，以自然恢复为主，按照规定有计划地实施退耕还林还草还湿；划入自然保护地核心保护区的永久基本农田，依法有序退出并予以补划。

禁止在长江流域水土流失严重、生态脆弱的区域开展可能造成水土流失的生产建设活动。确因国家发展战略和国计民生需要建设的，应当经科学论证，并依法办理审批手续。

长江流域县级以上地方人民政府应当对石漠化的土地因地制宜采取综合治理措施，修复生态系统，防止土地石漠化蔓延。

第六十二条 长江流域县级以上地方人民政府应当因地制宜采取消除地质灾害隐患、土地复垦、恢复植被、防治污染等措施，加快历史遗留矿山生态环境修复工作，并加强对在建和运行中矿山的监督管理，督促采矿权人切实履行矿山污染防治和生态环境修复责任。

第六十三条 长江流域中下游地区县级以上地方人民政府应当因地制宜在项目、资金、人才、管理等方面，对长江流域江河源头和上游地区实施生态环境修复和其他保护措施给予支持，提升长江流域生态脆弱区实施生态环境修复和其他保护措施的能力。

国家按照政策支持、企业和社会参与、市场化运作的原则，鼓励社会资本投入长江流域生态环境修复。

第六章 绿色发展

第六十四条 国务院有关部门和长江流域地方各级人民政府应当按照长江流域发展规划、国土空间规划的要求，调整产业结构，优化产业布局，推进长江流域绿色发展。

第六十五条 国务院和长江流域地方各级人民政府及其有关部门应当协同推进乡村振兴战略和新型城镇化战略的实施，统筹城乡基础设施建设和产业发展，建立健全全民覆盖、普惠共享、城乡一体的基本公共服务体系，促进长江流域城乡融合发展。

第六十六条 长江流域县级以上地方人民政府应当推动钢铁、石油、化工、有色金属、建材、船舶等产业升级改造，提升技术装备水平；推动造纸、制革、电镀、印染、有色金属、农药、氮肥、焦化、原料药制造等企业实施清洁化改造。企业应当通过技术创新减少资源消耗和污染物排放。

长江流域县级以上地方人民政府应当采取措施加快重点地区危险化学品生产企业搬迁改造。

第六十七条 国务院有关部门会同长江流域省级人民政府建立开发区绿色发展评估机制，并组织对各类开发区的资源能源节约集约利用、生态环境保护等情况开展定期评估。

长江流域县级以上地方人民政府应当根据评估结果对开发区产业产品、节能减排措施等进行优化调整。

第六十八条 国家鼓励和支持在长江流域实施重点行业和重点用水单位节水技术改造，提高水资源利用效率。

长江流域县级以上地方人民政府应当加强节水型城市和节水型园区建设，促进节水型行业产业和企业发展，并加快建设雨水自然积存、自然渗透、自然净化的海绵城市。

第六十九条　长江流域县级以上地方人民政府应当按照绿色发展的要求，统筹规划、建设与管理，提升城乡人居环境质量，建设美丽城镇和美丽乡村。

长江流域县级以上地方人民政府应当按照生态、环保、经济、实用的原则因地制宜组织实施厕所改造。

国务院有关部门和长江流域县级以上地方人民政府及其有关部门应当加强对城市新区、各类开发区等使用建筑材料的管理，鼓励使用节能环保、性能高的建筑材料，建设地下综合管廊和管网。

长江流域县级以上地方人民政府应当建设废弃土石渣综合利用信息平台，加强对生产建设活动废弃土石渣收集、清运、集中堆放的管理，鼓励开展综合利用。

第七十条　长江流域县级以上地方人民政府应当编制并组织实施养殖水域滩涂规划，合理划定禁养区、限养区、养殖区，科学确定养殖规模和养殖密度；强化水产养殖投入品管理，指导和规范水产养殖、增殖活动。

第七十一条　国家加强长江流域综合立体交通体系建设，完善港口、航道等水运基础设施，推动交通设施互联互通，实现水陆有机衔接、江海直达联运，提升长江黄金水道功能。

第七十二条　长江流域县级以上地方人民政府应当统筹建设船舶污染物接收转运处置设施、船舶液化天然气加注站，制定港口岸电设施、船舶受电设施建设和改造计划，并组织实施。具备岸电使用条件的船舶靠港应当按照国家有关规定使用岸电，但使用清洁能源的除外。

第七十三条　国务院和长江流域县级以上地方人民政府对长江流域港口、航道和船舶升级改造，液化天然气动力船舶等清洁能源或者新能源动力船舶建造，港口绿色设计等按照规定给予资金支持或者政策扶持。

国务院和长江流域县级以上地方人民政府对长江流域港口岸电设施、船舶受电设施的改造和使用按照规定给予资金补贴、电价优惠等政策扶持。

第七十四条　长江流域地方各级人民政府加强对城乡居民绿色消费的宣传教育，并采取有效措施，支持、引导居民绿色消费。

长江流域地方各级人民政府按照系统推进、广泛参与、突出重点、分类施策的原则，采取回收押金、限制使用易污染不易降解塑料用品、绿色设计、发展公共交通等措施，提倡简约适度、绿色低碳的生活方式。

第七章　保障与监督

第七十五条　国务院和长江流域县级以上地方人民政府应当加大长江流域生态环境保护和修复的财政投入。

国务院和长江流域省级人民政府按照中央与地方财政事权和支出责任划分原则，专项安排长江流域生态环境保护资金，用于长江流域生态环境保护和修复。国务院自然资源主管部门会同国务院财政、生态环境等有关部门制定合理利用社会资金促进长江流域生态环境修复的政策措施。

国家鼓励和支持长江流域生态环境保护和修复等方面的科学技术研究开发和推广应用。

国家鼓励金融机构发展绿色信贷、绿色债券、绿色保险等金融产品，为长江流域生态环境保护和绿色发展提供金融支持。

第七十六条　国家建立长江流域生态保护补偿制度。

国家加大财政转移支付力度，对长江干流及重要支流源头和上游的水源涵养地等生态功能重要区域予以补偿。具体办法由国务院财政部门会同国务院有关部门制定。

国家鼓励长江流域上下游、左右岸、干支流地方人民政府之间开展横向生态保护补偿。

国家鼓励社会资金建立市场化运作的长江流域生态保护补偿基金；鼓励相关主体之间采取自愿协商等方式开展生态保护补偿。

第七十七条 国家加强长江流域司法保障建设，鼓励有关单位为长江流域生态环境保护提供法律服务。

长江流域各级行政执法机关、人民法院、人民检察院在依法查处长江保护违法行为或者办理相关案件过程中，发现存在涉嫌犯罪行为的，应当将犯罪线索移送具有侦查、调查职权的机关。

第七十八条 国家实行长江流域生态环境保护责任制和考核评价制度。上级人民政府应当对下级人民政府生态环境保护和修复目标完成情况等进行考核。

第七十九条 国务院有关部门和长江流域县级以上地方人民政府有关部门应当依照本法规定和职责分工，对长江流域各类保护、开发、建设活动进行监督检查，依法查处破坏长江流域自然资源、污染长江流域环境、损害长江流域生态系统等违法行为。

公民、法人和非法人组织有权依法获取长江流域生态环境保护相关信息，举报和控告破坏长江流域自然资源、污染长江流域环境、损害长江流域生态系统等违法行为。

国务院有关部门和长江流域地方各级人民政府及其有关部门应当依法公开长江流域生态环境保护相关信息，完善公众参与程序，为公民、法人和非法人组织参与和监督长江流域生态环境保护提供便利。

第八十条 国务院有关部门和长江流域地方各级人民政府及其有关部门对长江流域跨行政区域、生态敏感区域和生态环境违法案件高发区域以及重大违法案件，依法开展联合执法。

第八十一条 国务院有关部门和长江流域省级人民政府对长江保护工作不力、问题突出、群众反映集中的地区，可以约谈所在地区县级以上地方人民政府及其有关部门主要负责人，要求其采取措施及时整改。

第八十二条 国务院应当定期向全国人民代表大会常务委员会报告长江流域生态环境状况及保护和修复工作等情况。

长江流域县级以上地方人民政府应当定期向本级人民代表大会或者其常务委员会报告本级人民政府长江流域生态环境保护和修复工作等情况。

第八章　法律责任

第八十三条 国务院有关部门和长江流域地方各级人民政府及其有关部门违反本法规定，有下列行为之一的，对直接负责的主管人员和其他直接责任人员依法给予警告、记过、记大过或者降级处分；造成严重后果的，给予撤职或者开除处分，其主要负责人应当引咎辞职：

（一）不符合行政许可条　件准予行政许可的；

（二）依法应当作出责令停业、关闭等决定而未作出的；

（三）发现违法行为或者接到举报不依法查处的；

（四）有其他玩忽职守、滥用职权、徇私舞弊行为的。

第八十四条 违反本法规定，有下列行为之一的，由有关主管部门按照职责分工，责令停止违法行为，给予警告，并处一万元以上十万元以下罚款；情节严重的，并处十万元以上五十万元以下罚款：

（一）船舶在禁止航行区域内航行的；

（二）经同意在水生生物重要栖息地禁止航行区域内航行，未采取必要措施减少对重要水生生物干扰的；

（三）水利水电、航运枢纽等工程未将生态用水调度纳入日常运行调度规程的；

（四）具备岸电使用条件的船舶未按照国家有关规定使用岸电的。

第八十五条　违反本法规定，在长江流域开放水域养殖、投放外来物种或者其他非本地物种种质资源的，由县级以上人民政府农业农村主管部门责令限期捕回，处十万元以下罚款；造成严重后果的，处十万元以上一百万元以下罚款；逾期不捕回的，由有关人民政府农业农村主管部门代为捕回或者采取降低负面影响的措施，所需费用由违法者承担。

第八十六条　违反本法规定，在长江流域水生生物保护区内从事生产性捕捞，或者在长江干流和重要支流、大型通江湖泊、长江河口规定区域等重点水域禁捕期间从事天然渔业资源的生产性捕捞的，由县级以上人民政府农业农村主管部门没收渔获物、违法所得以及用于违法活动的渔船、渔具和其他工具，并处一万元以上五万元以下罚款；采取电鱼、毒鱼、炸鱼等方式捕捞，或者有其他严重情节的，并处五万元以上五十万元以下罚款。

收购、加工、销售前款规定的渔获物的，由县级以上人民政府农业农村、市场监督管理等部门按照职责分工，没收渔获物及其制品和违法所得，并处货值金额十倍以上二十倍以下罚款；情节严重的，吊销相关生产经营许可证或者责令关闭。

第八十七条　违反本法规定，非法侵占长江流域河湖水域，或者违法利用、占用河湖岸线的，由县级以上人民政府水行政、自然资源等主管部门按照职责分工，责令停止违法行为，限期拆除并恢复原状，所需费用由违法者承担，没收违法所得，并处五万元以上五十万元以下罚款。

第八十八条　违反本法规定，有下列行为之一的，由县级以上人民政府生态环境、自然资源等主管部门按照职责分工，责令停止违法行为，限期拆除并恢复原状，所需费用由违法者承担，没收违法所得，并处五十万元以上五百万元以下罚款，对直接负责的主管人员和其他直接责任人员处五万元以上十万元以下罚款；情节严重的，报经有批准权的人民政府批准，责令关闭：

（一）在长江干支流岸线一公里范围内新建、扩建化工园区和化工项目的；

（二）在长江干流岸线三公里范围内和重要支流岸线一公里范围内新建、改建、扩建尾矿库的；

（三）违反生态环境准入清单的规定进行生产建设活动的。

第八十九条　长江流域磷矿开采加工、磷肥和含磷农药制造等企业违反本法规定，超过排放标准或者总量控制指标排放含磷水污染物的，由县级以上人民政府生态环境主管部门责令停止违法行为，并处二十万元以上二百万元以下罚款，对直接负责的主管人员和其他直接责任人员处五万元以上十万元以下罚款；情节严重的，责令停产整顿，或者报经有批准权的人民政府批准，责令关闭。

第九十条　违反本法规定，在长江流域水上运输剧毒化学品和国家规定禁止通过内河运输的其他危险化学品的，由县级以上人民政府交通运输主管部门或者海事管理机构责令改正，没收违法所得，并处二十万元以上二百万元以下罚款，对直接负责的主管人员和其他直接责任人员处五万元以上十万元以下罚款；情节严重的，责令停业整顿，或者吊销相关许可证。

第九十一条　违反本法规定，在长江流域未依法取得许可从事采砂活动，或者在禁止采砂区和禁止采砂期从事采砂活动的，由国务院水行政主管部门有关流域管理机构或者县级以上地方人民政府水行政主管部门责令停止违法行为，没收违法所得以及用于违法活动的船舶、设备、工具，并处货值金额二倍以上二十倍以下罚款；货值金额不足十万元的，并处二十万元以上二百万元以下罚款；已经取得河道采砂许可证的，吊销河道采砂许可证。

第九十二条 对破坏长江流域自然资源、污染长江流域环境、损害长江流域生态系统等违法行为，本法未作行政处罚规定的，适用有关法律、行政法规的规定。

第九十三条 因污染长江流域环境、破坏长江流域生态造成他人损害的，侵权人应当承担侵权责任。

违反国家规定造成长江流域生态环境损害的，国家规定的机关或者法律规定的组织有权请求侵权人承担修复责任、赔偿损失和有关费用。

第九十四条 违反本法规定，构成犯罪的，依法追究刑事责任。

第九章　附　　则

第九十五条 本法下列用语的含义：

（一）本法所称长江干流，是指长江源头至长江河口，流经青海省、四川省、西藏自治区、云南省、重庆市、湖北省、湖南省、江西省、安徽省、江苏省、上海市的长江主河段；

（二）本法所称长江支流，是指直接或者间接流入长江干流的河流，支流可以分为一级支流、二级支流等；

（三）本法所称长江重要支流，是指流域面积一万平方公里以上的支流，其中流域面积八万平方公里以上的一级支流包括雅砻江、岷江、嘉陵江、乌江、湘江、沅江、汉江和赣江等。

第九十六条 本法自 2021 年 3 月 1 日起施行。

中华人民共和国黄河保护法

（2022年10月30日第十三届全国人民代表大会常务委员会第三十七次会议通过）

目　　录

第一章　总　　则

第一条　为了加强黄河流域生态环境保护，保障黄河安澜，推进水资源节约集约利用，推动高质量发展，保护传承弘扬黄河文化，实现人与自然和谐共生、中华民族永续发展，制定本法。

第二条　黄河流域生态保护和高质量发展各类活动，适用本法；本法未作规定的，适用其他有关法律的规定。

本法所称黄河流域，是指黄河干流、支流和湖泊的集水区域所涉及的青海省、四川省、甘肃省、宁夏回族自治区、内蒙古自治区、山西省、陕西省、河南省、山东省的相关县级行政区域。

第三条　黄河流域生态保护和高质量发展，坚持中国共产党的领导，落实重在保护、要在治理的要求，加强污染防治，贯彻生态优先、绿色发展，量水而行、节水为重，因地制宜、分类施策，统筹谋划、协同推进的原则。

第四条　国家建立黄河流域生态保护和高质量发展统筹协调机制（以下简称黄河流域统筹协调机制），全面指导、统筹协调黄河流域生态保护和高质量发展工作，审议黄河流域重大政策、重大规划、重大项目等，协调跨地区跨部门重大事项，督促检查相关重要工作的落实情况。

黄河流域省、自治区可以根据需要，建立省级协调机制，组织、协调推进本行政区域黄河流域生态保护和高质量发展工作。

第五条　国务院有关部门按照职责分工，负责黄河流域生态保护和高质量发展相关工作。

国务院水行政主管部门黄河水利委员会（以下简称黄河流域管理机构）及其所属管理机构，依法行使流域水行政监督管理职责，为黄河流域统筹协调机制相关工作提供支撑保障。

国务院生态环境主管部门黄河流域生态环境监督管理机构（以下简称黄河流域生态环境监督管理机构）依法开展流域生态环境监督管理相关工作。

第六条　黄河流域县级以上地方人民政府负责本行政区域黄河流域生态保护和高质量发展工作。

黄河流域县级以上地方人民政府有关部门按照职责分工，负责本行政区域黄河流域生态保护和高质量发展相关工作。

黄河流域相关地方根据需要在地方性法规和地方政府规章制定、规划编制、监督执法等方面加强协作，协同推进黄河流域生态保护和高质量发展。

黄河流域建立省际河湖长联席会议制度。各级河湖长负责河道、湖泊管理和保护相关工作。

第七条 国务院水行政、生态环境、自然资源、住房和城乡建设、农业农村、发展改革、应急管理、林业和草原、文化和旅游、标准化等主管部门按照职责分工，建立健全黄河流域水资源节约集约利用、水沙调控、防汛抗旱、水土保持、水文、水环境质量和污染物排放、生态保护与修复、自然资源调查监测评价、生物多样性保护、文化遗产保护等标准体系。

第八条 国家在黄河流域实行水资源刚性约束制度，坚持以水定城、以水定地、以水定人、以水定产，优化国土空间开发保护格局，促进人口和城市科学合理布局，构建与水资源承载能力相适应的现代产业体系。

黄河流域县级以上地方人民政府按照国家有关规定，在本行政区域组织实施水资源刚性约束制度。

第九条 国家在黄河流域强化农业节水增效、工业节水减排和城镇节水降损措施，鼓励、推广使用先进节水技术，加快形成节水型生产、生活方式，有效实现水资源节约集约利用，推进节水型社会建设。

第十条 国家统筹黄河干支流防洪体系建设，加强流域及流域间防洪体系协同，推进黄河上中下游防汛抗旱、防凌联动，构建科学高效的综合性防洪减灾体系，并适时组织评估，有效提升黄河流域防治洪涝等灾害的能力。

第十一条 国务院自然资源主管部门应当会同国务院有关部门定期组织开展黄河流域土地、矿产、水流、森林、草原、湿地等自然资源状况调查，建立资源基础数据库，开展资源环境承载能力评价，并向社会公布黄河流域自然资源状况。

国务院野生动物保护主管部门应当定期组织开展黄河流域野生动物及其栖息地状况普查，或者根据需要组织开展专项调查，建立野生动物资源档案，并向社会公布黄河流域野生动物资源状况。

国务院生态环境主管部门应当定期组织开展黄河流域生态状况评估，并向社会公布黄河流域生态状况。

国务院林业和草原主管部门应当会同国务院有关部门组织开展黄河流域土地荒漠化、沙化调查监测，并定期向社会公布调查监测结果。

国务院水行政主管部门应当组织开展黄河流域水土流失调查监测，并定期向社会公布调查监测结果。

第十二条 黄河流域统筹协调机制统筹协调国务院有关部门和黄河流域省级人民政府，在已经建立的台站和监测项目基础上，健全黄河流域生态环境、自然资源、水文、泥沙、荒漠化和沙化、水土保持、自然灾害、气象等监测网络体系。

国务院有关部门和黄河流域县级以上地方人民政府及其有关部门按照职责分工，健全完善生态环境风险报告和预警机制。

第十三条 国家加强黄河流域自然灾害的预防与应急准备、监测与预警、应急处置与救援、事后恢复与重建体系建设，维护相关工程和设施安全，控制、减轻和消除自然灾害引起的危害。

国务院生态环境主管部门应当会同国务院有关部门和黄河流域省级人民政府，建立健全黄河流域突发生态环境事件应急联动工作机制，与国家突发事件应急体系相衔接，加强对黄河流域突发生态环境事件的应对管理。

出现严重干旱、省际或者重要控制断面流量降至预警流量、水库运行故障、重大水污染事故等情形，可能造成供水危机、黄河断流时，黄河流域管理机构应当组织实施应急调度。

第十四条　黄河流域统筹协调机制设立黄河流域生态保护和高质量发展专家咨询委员会，对黄河流域重大政策、重大规划、重大项目和重大科技问题等提供专业咨询。

国务院有关部门和黄河流域省级人民政府及其有关部门按照职责分工，组织开展黄河流域建设项目、重要基础设施和产业布局相关规划等对黄河流域生态系统影响的第三方评估、分析、论证等工作。

第十五条　黄河流域统筹协调机制统筹协调国务院有关部门和黄河流域省级人民政府，建立健全黄河流域信息共享系统，组织建立智慧黄河信息共享平台，提高科学化水平。国务院有关部门和黄河流域省级人民政府及其有关部门应当按照国家有关规定，共享黄河流域生态环境、自然资源、水土保持、防洪安全以及管理执法等信息。

第十六条　国家鼓励、支持开展黄河流域生态保护与修复、水资源节约集约利用、水沙运动与调控、防沙治沙、泥沙综合利用、河流动力与河床演变、水土保持、水文、气候、污染防治等方面的重大科技问题研究，加强协同创新，推动关键性技术研究，推广应用先进适用技术，提升科技创新支撑能力。

第十七条　国家加强黄河文化保护传承弘扬，系统保护黄河文化遗产，研究黄河文化发展脉络，阐发黄河文化精神内涵和时代价值，铸牢中华民族共同体意识。

第十八条　国务院有关部门和黄河流域县级以上地方人民政府及其有关部门应当加强黄河流域生态保护和高质量发展的宣传教育。

新闻媒体应当采取多种形式开展黄河流域生态保护和高质量发展的宣传报道，并依法对违法行为进行舆论监督。

第十九条　国家鼓励、支持单位和个人参与黄河流域生态保护和高质量发展相关活动。

对在黄河流域生态保护和高质量发展工作中做出突出贡献的单位和个人，按照国家有关规定予以表彰和奖励。

第二章　规划与管控

第二十条　国家建立以国家发展规划为统领，以空间规划为基础，以专项规划、区域规划为支撑的黄河流域规划体系，发挥规划对推进黄河流域生态保护和高质量发展的引领、指导和约束作用。

第二十一条　国务院和黄河流域县级以上地方人民政府应当将黄河流域生态保护和高质量发展工作纳入国民经济和社会发展规划。

国务院发展改革部门应当会同国务院有关部门编制黄河流域生态保护和高质量发展规划，报国务院批准后实施。

第二十二条　国务院自然资源主管部门应当会同国务院有关部门组织编制黄河流域国土空间规划，科学有序统筹安排黄河流域农业、生态、城镇等功能空间，划定永久基本农田、生态保护红线、城镇开发边界，优化国土空间结构和布局，统领黄河流域国土空间利用任务，报国务院批准后实施。涉及黄河流域国土空间利用的专项规划应当与黄河流域国土空间规划相衔接。

黄河流域县级以上地方人民政府组织编制本行政区域的国土空间规划，按照规定的程序报经批准后实施。

第二十三条　国务院水行政主管部门应当会同国务院有关部门和黄河流域省级人民政府，按照统一规划、统一管理、统一调度的原则，依法编制黄河流域综合规划、水资源规划、防洪规划等，对节约、保护、开发、利用水资源和防治水害作出部署。

黄河流域生态环境保护等规划依照有关法律、行政法规的规定编制。

第二十四条 国民经济和社会发展规划、国土空间总体规划的编制以及重大产业政策的制定，应当与黄河流域水资源条件和防洪要求相适应，并进行科学论证。

黄河流域工业、农业、畜牧业、林草业、能源、交通运输、旅游、自然资源开发等专项规划和开发区、新区规划等，涉及水资源开发利用的，应当进行规划水资源论证。未经论证或者经论证不符合水资源强制性约束控制指标的，规划审批机关不得批准该规划。

第二十五条 国家对黄河流域国土空间严格实行用途管制。黄河流域县级以上地方人民政府自然资源主管部门依据国土空间规划，对本行政区域黄河流域国土空间实行分区、分类用途管制。

黄河流域国土空间开发利用活动应当符合国土空间用途管制要求，并依法取得规划许可。

禁止违反国家有关规定、未经国务院批准，占用永久基本农田。禁止擅自占用耕地进行非农业建设，严格控制耕地转为林地、草地、园地等其他农用地。

黄河流域县级以上地方人民政府应当严格控制黄河流域以人工湖、人工湿地等形式新建人造水景观，黄河流域统筹协调机制应当组织有关部门加强监督管理。

第二十六条 黄河流域省级人民政府根据本行政区域的生态环境和资源利用状况，按照生态保护红线、环境质量底线、资源利用上线的要求，制定生态环境分区管控方案和生态环境准入清单，报国务院生态环境主管部门备案后实施。生态环境分区管控方案和生态环境准入清单应当与国土空间规划相衔接。

禁止在黄河干支流岸线管控范围内新建、扩建化工园区和化工项目。禁止在黄河干流岸线和重要支流岸线的管控范围内新建、改建、扩建尾矿库；但是以提升安全水平、生态环境保护水平为目的的改建除外。

干支流目录、岸线管控范围由国务院水行政、自然资源、生态环境主管部门按照职责分工，会同黄河流域省级人民政府确定并公布。

第二十七条 黄河流域水电开发，应当进行科学论证，符合国家发展规划、流域综合规划和生态保护要求。对黄河流域已建小水电工程，不符合生态保护要求的，县级以上地方人民政府应当组织分类整改或者采取措施逐步退出。

第二十八条 黄河流域管理机构统筹防洪减淤、城乡供水、生态保护、灌溉用水、水力发电等目标，建立水资源、水沙、防洪防凌综合调度体系，实施黄河干支流控制性水工程统一调度，保障流域水安全，发挥水资源综合效益。

第三章　生态保护与修复

第二十九条 国家加强黄河流域生态保护与修复，坚持山水林田湖草沙一体化保护与修复，实行自然恢复为主、自然恢复与人工修复相结合的系统治理。

国务院自然资源主管部门应当会同国务院有关部门编制黄河流域国土空间生态修复规划，组织实施重大生态修复工程，统筹推进黄河流域生态保护与修复工作。

第三十条 国家加强对黄河水源涵养区的保护，加大对黄河干流和支流源头、水源涵养区的雪山冰川、高原冻土、高寒草甸、草原、湿地、荒漠、泉域等的保护力度。

禁止在黄河上游约古宗列曲、扎陵湖、鄂陵湖、玛多河湖群等河道、湖泊管理范围内从事采矿、采砂、渔猎等活动，维持河道、湖泊天然状态。

第三十一条 国务院和黄河流域省级人民政府应当依法在重要生态功能区域、生态脆弱区域划定公益林，实施严格管护；需要补充灌溉的，在水资源承载能力范围内合理安排灌溉用水。

国务院林业和草原主管部门应当会同国务院有关部门、黄河流域省级人民政府，加强对黄河流域重要生态功能区域天然林、湿地、草原保护与修复和荒漠化、沙化土地治理工作的指导。

黄河流域县级以上地方人民政府应当采取防护林建设、禁牧封育、锁边防风固沙工程、沙化土地封禁保护、鼠害防治等措施，加强黄河流域重要生态功能区域天然林、湿地、草原保护与修复，开展规模化防沙治沙，科学治理荒漠化、沙化土地，在河套平原区、内蒙古高原湖泊萎缩退化区、黄土高原土地沙化区、汾渭平原区等重点区域实施生态修复工程。

第三十二条　国家加强对黄河流域子午岭—六盘山、秦岭北麓、贺兰山、白于山、陇中等水土流失重点预防区、治理区和渭河、洮河、汾河、伊洛河等重要支流源头区的水土流失防治。水土流失防治应当根据实际情况，科学采取生物措施和工程措施。

禁止在二十五度以上陡坡地开垦种植农作物。黄河流域省级人民政府根据本行政区域的实际情况，可以规定小于二十五度的禁止开垦坡度。禁止开垦的陡坡地范围由所在地县级人民政府划定并公布。

第三十三条　国务院水行政主管部门应当会同国务院有关部门加强黄河流域砒砂岩区、多沙粗沙区、水蚀风蚀交错区和沙漠入河区等生态脆弱区域保护和治理，开展土壤侵蚀和水土流失状况评估，实施重点防治工程。

黄河流域县级以上地方人民政府应当组织推进小流域综合治理、坡耕地综合整治、黄土高原塬面治理保护、适地植被建设等水土保持重点工程，采取塬面、沟头、沟坡、沟道防护等措施，加强多沙粗沙区治理，开展生态清洁流域建设。

国家支持在黄河流域上中游开展整沟治理。整沟治理应当坚持规划先行、系统修复、整体保护、因地制宜、综合治理、一体推进。

第三十四条　国务院水行政主管部门应当会同国务院有关部门制定淤地坝建设、养护标准或者技术规范，健全淤地坝建设、管理、安全运行制度。

黄河流域县级以上地方人民政府应当因地制宜组织开展淤地坝建设，加快病险淤地坝除险加固和老旧淤地坝提升改造，建设安全监测和预警设施，将淤地坝工程防汛纳入地方防汛责任体系，落实管护责任，提高养护水平，减少下游河道淤积。

禁止损坏、擅自占用淤地坝。

第三十五条　禁止在黄河流域水土流失严重、生态脆弱区域开展可能造成水土流失的生产建设活动。确因国家发展战略和国计民生需要建设的，应当进行科学论证，并依法办理审批手续。

生产建设单位应当依法编制并严格执行经批准的水土保持方案。

从事生产建设活动造成水土流失的，应当按照国家规定的水土流失防治相关标准进行治理。

第三十六条　国务院水行政主管部门应当会同国务院有关部门和山东省人民政府，编制并实施黄河入海河口整治规划，合理布局黄河入海流路，加强河口治理，保障入海河道畅通和河口防洪防凌安全，实施清水沟、刁口河生态补水，维护河口生态功能。

国务院自然资源、林业和草原主管部门应当会同国务院有关部门和山东省人民政府，组织开展黄河三角洲湿地生态保护与修复，有序推进退塘还河、退耕还湿、退田还滩，加强外来入侵物种防治，减少油气开采、围垦养殖、港口航运等活动对河口生态系统的影响。

禁止侵占刁口河等黄河备用入海流路。

第三十七条 国务院水行政主管部门确定黄河干流、重要支流控制断面生态流量和重要湖泊生态水位的管控指标，应当征求并研究国务院生态环境、自然资源等主管部门的意见。黄河流域省级人民政府水行政主管部门确定其他河流生态流量和其他湖泊生态水位的管控指标，应当征求并研究同级人民政府生态环境、自然资源等主管部门的意见，报黄河流域管理机构、黄河流域生态环境监督管理机构备案。确定生态流量和生态水位的管控指标，应当进行科学论证，综合考虑水资源条件、气候状况、生态环境保护要求、生活生产用水状况等因素。

黄河流域管理机构和黄河流域省级人民政府水行政主管部门按照职责分工，组织编制和实施生态流量和生态水位保障实施方案。

黄河干流、重要支流水工程应当将生态用水调度纳入日常运行调度规程。

第三十八条 国家统筹黄河流域自然保护地体系建设。国务院和黄河流域省级人民政府在黄河流域重要典型生态系统的完整分布区、生态环境敏感区以及珍贵濒危野生动植物天然集中分布区和重要栖息地、重要自然遗迹分布区等区域，依法设立国家公园、自然保护区、自然公园等自然保护地。

自然保护地建设、管理涉及河道、湖泊管理范围的，应当统筹考虑河道、湖泊保护需要，满足防洪要求，并保障防洪工程建设和管理活动的开展。

第三十九条 国务院林业和草原、农业农村主管部门应当会同国务院有关部门和黄河流域省级人民政府按照职责分工，对黄河流域数量急剧下降或者极度濒危的野生动植物和受到严重破坏的栖息地、天然集中分布区、破碎化的典型生态系统开展保护与修复，修建迁地保护设施，建立野生动植物遗传资源基因库，进行抢救性修复。

国务院生态环境主管部门和黄河流域县级以上地方人民政府组织开展黄河流域生物多样性保护管理，定期评估生物受威胁状况以及生物多样性恢复成效。

第四十条 国务院农业农村主管部门应当会同国务院有关部门和黄河流域省级人民政府，建立黄河流域水生生物完整性指数评价体系，组织开展黄河流域水生生物完整性评价，并将评价结果作为评估黄河流域生态系统总体状况的重要依据。黄河流域水生生物完整性指数应当与黄河流域水环境质量标准相衔接。

第四十一条 国家保护黄河流域水产种质资源和珍贵濒危物种，支持开展水产种质资源保护区、国家重点保护野生动物人工繁育基地建设。

禁止在黄河流域开放水域养殖、投放外来物种和其他非本地物种种质资源。

第四十二条 国家加强黄河流域水生生物产卵场、索饵场、越冬场、洄游通道等重要栖息地的生态保护与修复。对鱼类等水生生物洄游产生阻隔的涉水工程应当结合实际采取建设过鱼设施、河湖连通、增殖放流、人工繁育等多种措施，满足水生生物的生态需求。

国家实行黄河流域重点水域禁渔期制度，禁渔期内禁止在黄河流域重点水域从事天然渔业资源生产性捕捞，具体办法由国务院农业农村主管部门制定。黄河流域县级以上地方人民政府应当按照国家有关规定做好禁渔期渔民的生活保障工作。

禁止电鱼、毒鱼、炸鱼等破坏渔业资源和水域生态的捕捞行为。

第四十三条 国务院水行政主管部门应当会同国务院自然资源主管部门组织划定并公布黄河流域地下水超采区。

黄河流域省级人民政府水行政主管部门应当会同本级人民政府有关部门编制本行政区域地下水超采综合治理方案，经省级人民政府批准后，报国务院水行政主管部门备案。

第四十四条　黄河流域县级以上地方人民政府应当组织开展退化农用地生态修复，实施农田综合整治。

黄河流域生产建设活动损毁的土地，由生产建设者负责复垦。因历史原因无法确定土地复垦义务人以及因自然灾害损毁的土地，由黄河流域县级以上地方人民政府负责组织复垦。

黄河流域县级以上地方人民政府应当加强对矿山的监督管理，督促采矿权人履行矿山污染防治和生态修复责任，并因地制宜采取消除地质灾害隐患、土地复垦、恢复植被、防治污染等措施，组织开展历史遗留矿山生态修复工作。

第四章　水资源节约集约利用

第四十五条　黄河流域水资源利用，应当坚持节水优先、统筹兼顾、集约使用、精打细算，优先满足城乡居民生活用水，保障基本生态用水，统筹生产用水。

第四十六条　国家对黄河水量实行统一配置。制定和调整黄河水量分配方案，应当充分考虑黄河流域水资源条件、生态环境状况、区域用水状况、节水水平、洪水资源化利用等，统筹当地水和外调水、常规水和非常规水，科学确定水资源可利用总量和河道输沙入海水量，分配区域地表水取用水总量。

黄河流域管理机构商黄河流域省级人民政府制定和调整黄河水量分配方案和跨省支流水量分配方案。黄河水量分配方案经国务院发展改革部门、水行政主管部门审查后，报国务院批准。跨省支流水量分配方案报国务院授权的部门批准。

黄河流域省级人民政府水行政主管部门根据黄河水量分配方案和跨省支流水量分配方案，制定和调整本行政区域水量分配方案，经省级人民政府批准后，报黄河流域管理机构备案。

第四十七条　国家对黄河流域水资源实行统一调度，遵循总量控制、断面流量控制、分级管理、分级负责的原则，根据水情变化进行动态调整。

国务院水行政主管部门依法组织黄河流域水资源统一调度的实施和监督管理。

第四十八条　国务院水行政主管部门应当会同国务院自然资源主管部门制定黄河流域省级行政区域地下水取水总量控制指标。

黄河流域省级人民政府水行政主管部门应当会同本级人民政府有关部门，根据本行政区域地下水取水总量控制指标，制定设区的市、县级行政区域地下水取水总量控制指标和地下水水位控制指标，经省级人民政府批准后，报国务院水行政主管部门或者黄河流域管理机构备案。

第四十九条　黄河流域县级以上行政区域的地表水取用水总量不得超过水量分配方案确定的控制指标，并符合生态流量和生态水位的管控指标要求；地下水取水总量不得超过本行政区域地下水取水总量控制指标，并符合地下水水位控制指标要求。

黄河流域县级以上地方人民政府应当根据本行政区域取用水总量控制指标，统筹考虑经济社会发展用水需求、节水标准和产业政策，制定本行政区域农业、工业、生活及河道外生态等用水量控制指标。

第五十条　在黄河流域取用水资源，应当依法取得取水许可。

黄河干流取水，以及跨省重要支流指定河段限额以上取水，由黄河流域管理机构负责审批取水申请，审批时应当研究取水口所在地的省级人民政府水行政主管部门的意见；其他取水由黄河流域县级以上地方人民政府水行政主管部门负责审批取水申请。指定河段和限额标准由国务院水行政主管部门确定公布、适时调整。

第五十一条 国家在黄河流域实行水资源差别化管理。国务院水行政主管部门应当会同国务院自然资源主管部门定期组织开展黄河流域水资源评价和承载能力调查评估。评估结果作为划定水资源超载地区、临界超载地区、不超载地区的依据。

水资源超载地区县级以上地方人民政府应当制定水资源超载治理方案，采取产业结构调整、强化节水等措施，实施综合治理。水资源临界超载地区县级以上地方人民政府应当采取限制性措施，防止水资源超载。

除生活用水等民生保障用水外，黄河流域水资源超载地区不得新增取水许可；水资源临界超载地区应当严格限制新增取水许可。

第五十二条 国家在黄河流域实行强制性用水定额管理制度。国务院水行政、标准化主管部门应当会同国务院发展改革部门组织制定黄河流域高耗水工业和服务业强制性用水定额。制定强制性用水定额应当征求国务院有关部门、黄河流域省级人民政府、企业事业单位和社会公众等方面的意见，并依照《中华人民共和国标准化法》的有关规定执行。

黄河流域省级人民政府按照深度节水控水要求，可以制定严于国家用水定额的地方用水定额；国家用水定额未作规定的，可以补充制定地方用水定额。

黄河流域以及黄河流经省、自治区其他黄河供水区相关县级行政区域的用水单位，应当严格执行强制性用水定额；超过强制性用水定额的，应当限期实施节水技术改造。

第五十三条 黄河流域以及黄河流经省、自治区其他黄河供水区相关县级行政区域的县级以上地方人民政府水行政主管部门和黄河流域管理机构核定取水单位的取水量，应当符合用水定额的要求。

黄河流域以及黄河流经省、自治区其他黄河供水区相关县级行政区域取水量达到取水规模以上的单位，应当安装合格的在线计量设施，保证设施正常运行，并将计量数据传输至有管理权限的水行政主管部门或者黄河流域管理机构。取水规模标准由国务院水行政主管部门制定。

第五十四条 国家在黄河流域实行高耗水产业准入负面清单和淘汰类高耗水产业目录制度。列入高耗水产业准入负面清单和淘汰类高耗水产业目录的建设项目，取水申请不予批准。高耗水产业准入负面清单和淘汰类高耗水产业目录由国务院发展改革部门会同国务院水行政主管部门制定并发布。

严格限制从黄河流域向外流域扩大供水量，严格限制新增引黄灌溉用水量。因实施国家重大战略确需新增用水量的，应当严格进行水资源论证，并取得黄河流域管理机构批准的取水许可。

第五十五条 黄河流域县级以上地方人民政府应当组织发展高效节水农业，加强农业节水设施和农业用水计量设施建设，选育推广低耗水、高耐旱农作物，降低农业耗水量。禁止取用深层地下水用于农业灌溉。

黄河流域工业企业应当优先使用国家鼓励的节水工艺、技术和装备。国家鼓励的工业节水工艺、技术和装备目录由国务院工业和信息化主管部门会同国务院有关部门制定并发布。

黄河流域县级以上地方人民政府应当组织推广应用先进适用的节水工艺、技术、装备、产品和材料，推进工业废水资源化利用，支持企业用水计量和节水技术改造，支持工业园区企业发展串联用水系统和循环用水系统，促进能源、化工、建材等高耗水产业节水。高耗水工业企业应当实施用水计量和节水技术改造。

黄河流域县级以上地方人民政府应当组织实施城乡老旧供水设施和管网改造，推广普及节水型器具，开展公共机构节水技术改造，控制高耗水服务业用水，完善农村集中供水和节水配套设施。

黄河流域县级以上地方人民政府及其有关部门应当加强节水宣传教育和科学普及，提高公众节水意识，营造良好节水氛围。

第五十六条　国家在黄河流域建立促进节约用水的水价体系。城镇居民生活用水和具备条件的农村居民生活用水实行阶梯水价，高耗水工业和服务业水价实行高额累进加价，非居民用水水价实行超定额累进加价，推进农业水价综合改革。

国家在黄河流域对节水潜力大、使用面广的用水产品实行水效标识管理，限期淘汰水效等级较低的用水产品，培育合同节水等节水市场。

第五十七条　国务院水行政主管部门应当会同国务院有关部门制定黄河流域重要饮用水水源地名录。黄河流域省级人民政府水行政主管部门应当会同本级人民政府有关部门制定本行政区域的其他饮用水水源地名录。

黄河流域省级人民政府组织划定饮用水水源保护区，加强饮用水水源保护，保障饮用水安全。黄河流域县级以上地方人民政府及其有关部门应当合理布局饮用水水源取水口，加强饮用水应急水源、备用水源建设。

第五十八条　国家综合考虑黄河流域水资源条件、经济社会发展需要和生态环境保护要求，统筹调出区和调入区供水安全和生态安全，科学论证、规划和建设跨流域调水和重大水源工程，加快构建国家水网，优化水资源配置，提高水资源承载能力。

黄河流域县级以上地方人民政府应当组织实施区域水资源配置工程建设，提高城乡供水保障程度。

第五十九条　黄河流域县级以上地方人民政府应当推进污水资源化利用，国家对相关设施建设予以支持。

黄河流域县级以上地方人民政府应当将再生水、雨水、苦咸水、矿井水等非常规水纳入水资源统一配置，提高非常规水利用比例。景观绿化、工业生产、建筑施工等用水，应当优先使用符合要求的再生水。

第五章　水沙调控与防洪安全

第六十条　国家依据黄河流域综合规划、防洪规划，在黄河流域组织建设水沙调控和防洪减灾工程体系，完善水沙调控和防洪防凌调度机制，加强水文和气象监测预报预警、水沙观测和河势调查，实施重点水库和河段清淤疏浚、滩区放淤，提高河道行洪输沙能力，塑造河道主槽，维持河势稳定，保障防洪安全。

第六十一条　国家完善以骨干水库等重大水工程为主的水沙调控体系，采取联合调水调沙、泥沙综合处理利用等措施，提高拦沙输沙能力。纳入水沙调控体系的工程名录由国务院水行政主管部门制定。

国务院有关部门和黄河流域省级人民政府应当加强黄河干支流控制性水工程、标准化堤防、控制引导河水流向工程等防洪工程体系建设和管理，实施病险水库除险加固和山洪、泥石流灾害防治。

黄河流域管理机构及其所属管理机构和黄河流域县级以上地方人民政府应当加强防洪工程的运行管护，保障工程安全稳定运行。

第六十二条　国家实行黄河流域水沙统一调度制度。黄河流域管理机构应当组织实施黄河干支流水库群统一调度，编制水沙调控方案，确定重点水库水沙调控运用指标、运用方式、调控起止时间，下达调度指令。水沙调控应当采取措施尽量减少对水生生物及其栖息地的影响。

黄河流域县级以上地方人民政府、水库主管部门和管理单位应当执行黄河流域管理机构的调度指令。

第六十三条　国务院水行政主管部门组

织编制黄河防御洪水方案，经国家防汛抗旱指挥机构审核后，报国务院批准。

黄河流域管理机构应当会同黄河流域省级人民政府根据批准的黄河防御洪水方案，编制黄河干流和重要支流、重要水工程的洪水调度方案，报国务院水行政主管部门批准并抄送国家防汛抗旱指挥机构和国务院应急管理部门，按照职责组织实施。

黄河流域县级以上地方人民政府组织编制和实施黄河其他支流、水工程的洪水调度方案，并报上一级人民政府防汛抗旱指挥机构和有关主管部门备案。

第六十四条 黄河流域管理机构制定年度防凌调度方案，报国务院水行政主管部门备案，按照职责组织实施。

黄河流域有防凌任务的县级以上地方人民政府应当把防御凌汛纳入本行政区域的防洪规划。

第六十五条 黄河防汛抗旱指挥机构负责指挥黄河流域防汛抗旱工作，其办事机构设在黄河流域管理机构，承担黄河防汛抗旱指挥机构的日常工作。

第六十六条 黄河流域管理机构应当会同黄河流域省级人民政府依据黄河流域防洪规划，制定黄河滩区名录，报国务院水行政主管部门批准。黄河流域省级人民政府应当有序安排滩区居民迁建，严格控制向滩区迁入常住人口，实施滩区综合提升治理工程。

黄河滩区土地利用、基础设施建设和生态保护与修复应当满足河道行洪需要，发挥滩区滞洪、沉沙功能。

在黄河滩区内，不得新规划城镇建设用地、设立新的村镇，已经规划和设立的，不得扩大范围；不得新划定永久基本农田，已经划定为永久基本农田、影响防洪安全的，应当逐步退出；不得新开垦荒地、新建生产堤，已建生产堤影响防洪安全的应当及时拆除，其他生产堤应当逐步拆除。

因黄河滩区自然行洪、蓄滞洪水等导致受淹造成损失的，按照国家有关规定予以补偿。

第六十七条 国家加强黄河流域河道、湖泊管理和保护。禁止在河道、湖泊管理范围内建设妨碍行洪的建筑物、构筑物以及从事影响河势稳定、危害河岸堤防安全和其他妨碍河道行洪的活动。禁止违法利用、占用河道、湖泊水域和岸线。河道、湖泊管理范围由黄河流域管理机构和有关县级以上地方人民政府依法科学划定并公布。

建设跨河、穿河、穿堤、临河的工程设施，应当符合防洪标准等要求，不得威胁堤防安全、影响河势稳定、擅自改变水域和滩地用途、降低行洪和调蓄能力、缩小水域面积；确实无法避免降低行洪和调蓄能力、缩小水域面积的，应当同时建设等效替代工程或者采取其他功能补救措施。

第六十八条 黄河流域河道治理，应当因地制宜采取河道清障、清淤疏浚、岸坡整治、堤防加固、水源涵养与水土保持、河湖管护等治理措施，加强悬河和游荡性河道整治，增强河道、湖泊、水库防御洪水能力。

国家支持黄河流域有关地方人民政府以稳定河势、规范流路、保障行洪能力为前提，统筹河道岸线保护修复、退耕还湿，建设集防洪、生态保护等功能于一体的绿色生态走廊。

第六十九条 国家实行黄河流域河道采砂规划和许可制度。黄河流域河道采砂应当依法取得采砂许可。

黄河流域管理机构和黄河流域县级以上地方人民政府依法划定禁采区，规定禁采期，并向社会公布。禁止在黄河流域禁采区和禁采期从事河道采砂活动。

第七十条 国务院有关部门应当会同黄河流域省级人民政府加强对龙羊峡、刘家峡、三门峡、小浪底、故县、陆浑、河口村等干支流骨干水库库区的管理，科学调控水库水位，加强库区水土保持、生态保护和地质灾害防治工作。

在三门峡、小浪底、故县、陆浑、河口村水库库区养殖，应当满足水沙调控和防洪要求，禁止采用网箱、围网和拦河拉网方式养殖。

第七十一条　黄河流域城市人民政府应当统筹城市防洪和排涝工作，加强城市防洪排涝设施建设和管理，完善城市洪涝灾害监测预警机制，健全城市防灾减灾体系，提升城市洪涝灾害防御和应对能力。

黄河流域城市人民政府及其有关部门应当加强洪涝灾害防御宣传教育和社会动员，定期组织开展应急演练，增强社会防范意识。

第六章　污染防治

第七十二条　国家加强黄河流域农业面源污染、工业污染、城乡生活污染等的综合治理、系统治理、源头治理，推进重点河湖环境综合整治。

第七十三条　国务院生态环境主管部门制定黄河流域水环境质量标准，对国家水环境质量标准中未作规定的项目，可以作出补充规定；对国家水环境质量标准中已经规定的项目，可以作出更加严格的规定。制定黄河流域水环境质量标准应当征求国务院有关部门和有关省级人民政府的意见。

黄河流域省级人民政府可以制定严于黄河流域水环境质量标准的地方水环境质量标准，报国务院生态环境主管部门备案。

第七十四条　对没有国家水污染物排放标准的特色产业、特有污染物，以及国家有明确要求的特定水污染源或者水污染物，黄河流域省级人民政府应当补充制定地方水污染物排放标准，报国务院生态环境主管部门备案。

有下列情形之一的，黄河流域省级人民政府应当制定严于国家水污染物排放标准的地方水污染物排放标准，报国务院生态环境主管部门备案：

（一）产业密集、水环境问题突出；

（二）现有水污染物排放标准不能满足黄河流域水环境质量要求；

（三）流域或者区域水环境形势复杂，无法适用统一的水污染物排放标准。

第七十五条　国务院生态环境主管部门根据水环境质量改善目标和水污染防治要求，确定黄河流域各省级行政区域重点水污染物排放总量控制指标。黄河流域水环境质量不达标的水功能区，省级人民政府生态环境主管部门应当实施更加严格的水污染物排放总量削减措施，限期实现水环境质量达标。排放水污染物的企业事业单位应当按照要求，采取水污染物排放总量控制措施。

黄河流域县级以上地方人民政府应当加强和统筹污水、固体废物收集处理处置等环境基础设施建设，保障设施正常运行，因地制宜推进农村厕所改造、生活垃圾处理和污水治理，消除黑臭水体。

第七十六条　在黄河流域河道、湖泊新设、改设或者扩大排污口，应当报经有管辖权的生态环境主管部门或者黄河流域生态环境监督管理机构批准。新设、改设或者扩大可能影响防洪、供水、堤防安全、河势稳定的排污口的，审批时应当征求县级以上地方人民政府水行政主管部门或者黄河流域管理机构的意见。

黄河流域水环境质量不达标的水功能区，除城乡污水集中处理设施等重要民生工程的排污口外，应当严格控制新设、改设或者扩大排污口。

黄河流域县级以上地方人民政府应当对本行政区域河道、湖泊的排污口组织开展排查整治，明确责任主体，实施分类管理。

第七十七条　黄河流域县级以上地方人民政府应当对沿河道、湖泊的垃圾填埋场、加油站、储油库、矿山、尾矿库、危险废物处置场、化工园区和化工项目等地下水重点污染源及周边地下水环境风险隐患组织开展调查评估，采取风险防范和整治措施。

黄河流域设区的市级以上地方人民政府生态环境主管部门商本级人民政府有关部门，制定并发布地下水污染防治重点排污单位名录。地下水污染防治重点排污单位应当依法安装水污染物排放自动监测设备，与生态环境主管部门的监控设备联网，并保证监测设备正常运行。

第七十八条 黄河流域省级人民政府生态环境主管部门应当会同本级人民政府水行政、自然资源等主管部门，根据本行政区域地下水污染防治需要，划定地下水污染防治重点区，明确环境准入、隐患排查、风险管控等管理要求。

黄河流域县级以上地方人民政府应当加强油气开采区等地下水污染防治监督管理。在黄河流域开发煤层气、致密气等非常规天然气的，应当对其产生的压裂液、采出水进行处理处置，不得污染土壤和地下水。

第七十九条 黄河流域县级以上地方人民政府应当加强黄河流域土壤生态环境保护，防止新增土壤污染，因地制宜分类推进土壤污染风险管控与修复。

黄河流域县级以上地方人民政府应当加强黄河流域固体废物污染环境防治，组织开展固体废物非法转移和倾倒的联防联控。

第八十条 国务院生态环境主管部门应当在黄河流域定期组织开展大气、水体、土壤、生物中有毒有害化学物质调查监测，并会同国务院卫生健康等主管部门开展黄河流域有毒有害化学物质环境风险评估与管控。

国务院生态环境等主管部门和黄河流域县级以上地方人民政府及其有关部门应当加强对持久性有机污染物等新污染物的管控、治理。

第八十一条 黄河流域县级以上地方人民政府及其有关部门应当加强农药、化肥等农业投入品使用总量控制、使用指导和技术服务，推广病虫害绿色防控等先进适用技术，实施灌区农田退水循环利用，加强对农业污染源的监测预警。

黄河流域农业生产经营者应当科学合理使用农药、化肥、兽药等农业投入品，科学处理、处置农业投入品包装废弃物、农用薄膜等农业废弃物，综合利用农作物秸秆，加强畜禽、水产养殖污染防治。

第七章　促进高质量发展

第八十二条 促进黄河流域高质量发展应当坚持新发展理念，加快发展方式绿色转型，以生态保护为前提优化调整区域经济和生产力布局。

第八十三条 国务院有关部门和黄河流域县级以上地方人民政府及其有关部门应当协同推进黄河流域生态保护和高质量发展战略与乡村振兴战略、新型城镇化战略和中部崛起、西部大开发等区域协调发展战略的实施，统筹城乡基础设施建设和产业发展，改善城乡人居环境，健全基本公共服务体系，促进城乡融合发展。

第八十四条 国务院有关部门和黄河流域县级以上地方人民政府应当强化生态环境、水资源等约束和城镇开发边界管控，严格控制黄河流域上中游地区新建各类开发区，推进节水型城市、海绵城市建设，提升城市综合承载能力和公共服务能力。

第八十五条 国务院有关部门和黄河流域县级以上地方人民政府应当科学规划乡村布局，统筹生态保护与乡村发展，加强农村基础设施建设，推进农村产业融合发展，鼓励使用绿色低碳能源，加快推进农房和村庄建设现代化，塑造乡村风貌，建设生态宜居美丽乡村。

第八十六条 黄河流域产业结构和布局应当与黄河流域生态系统和资源环境承载能

力相适应。严格限制在黄河流域布局高耗水、高污染或者高耗能项目。

黄河流域煤炭、火电、钢铁、焦化、化工、有色金属等行业应当开展清洁生产，依法实施强制性清洁生产审核。

黄河流域县级以上地方人民政府应当采取措施，推动企业实施清洁化改造，组织推广应用工业节能、资源综合利用等先进适用的技术装备，完善绿色制造体系。

第八十七条　国家鼓励黄河流域开展新型基础设施建设，完善交通运输、水利、能源、防灾减灾等基础设施网络。

黄河流域县级以上地方人民政府应当推动制造业高质量发展和资源型产业转型，因地制宜发展特色优势现代产业和清洁低碳能源，推动产业结构、能源结构、交通运输结构等优化调整，推进碳达峰碳中和工作。

第八十八条　国家鼓励、支持黄河流域建设高标准农田、现代畜牧业生产基地以及种质资源和制种基地，因地制宜开展盐碱地农业技术研究、开发和应用，支持地方品种申请地理标志产品保护，发展现代农业服务业。

国务院有关部门和黄河流域县级以上地方人民政府应当组织调整农业产业结构，优化农业产业布局，发展区域优势农业产业，服务国家粮食安全战略。

第八十九条　国务院有关部门和黄河流域县级以上地方人民政府应当鼓励、支持黄河流域科技创新，引导社会资金参与科技成果开发和推广应用，提升黄河流域科技创新能力。

国家支持社会资金设立黄河流域科技成果转化基金，完善科技投融资体系，综合运用政府采购、技术标准、激励机制等促进科技成果转化。

第九十条　黄河流域县级以上地方人民政府及其有关部门应当采取有效措施，提高城乡居民对本行政区域生态环境、资源禀赋的认识，支持、引导居民形成绿色低碳的生活方式。

第八章　黄河文化保护传承弘扬

第九十一条　国务院文化和旅游主管部门应当会同国务院有关部门编制并实施黄河文化保护传承弘扬规划，加强统筹协调，推动黄河文化体系建设。

黄河流域县级以上地方人民政府及其文化和旅游等主管部门应当加强黄河文化保护传承弘扬，提供优质公共文化服务，丰富城乡居民精神文化生活。

第九十二条　国务院文化和旅游主管部门应当会同国务院有关部门和黄河流域省级人民政府，组织开展黄河文化和治河历史研究，推动黄河文化创造性转化和创新性发展。

第九十三条　国务院文化和旅游主管部门应当会同国务院有关部门组织指导黄河文化资源调查和认定，对文物古迹、非物质文化遗产、古籍文献等重要文化遗产进行记录、建档，建立黄河文化资源基础数据库，推动黄河文化资源整合利用和公共数据开放共享。

第九十四条　国家加强黄河流域历史文化名城名镇名村、历史文化街区、文物、历史建筑、传统村落、少数民族特色村寨和古河道、古堤防、古灌溉工程等水文化遗产以及农耕文化遗产、地名文化遗产等的保护。国务院住房和城乡建设、文化和旅游、文物等主管部门和黄河流域县级以上地方人民政府有关部门按照职责分工和分级保护、分类实施的原则，加强监督管理。

国家加强黄河流域非物质文化遗产保护。国务院文化和旅游等主管部门和黄河流域县级以上地方人民政府有关部门应当完善黄河流域非物质文化遗产代表性项目名录体系，推进传承体验设施建设，加强代表性项目保护传承。

第九十五条 国家加强黄河流域具有革命纪念意义的文物和遗迹保护，建设革命传统教育、爱国主义教育基地，传承弘扬黄河红色文化。

第九十六条 国家建设黄河国家文化公园，统筹利用文化遗产地以及博物馆、纪念馆、展览馆、教育基地、水工程等资源，综合运用信息化手段，系统展示黄河文化。

国务院发展改革部门、文化和旅游主管部门组织开展黄河国家文化公园建设。

第九十七条 国家采取政府购买服务等措施，支持单位和个人参与提供反映黄河流域特色、体现黄河文化精神、适宜普及推广的公共文化服务。

黄河流域县级以上地方人民政府及其有关部门应当组织将黄河文化融入城乡建设和水利工程等基础设施建设。

第九十八条 黄河流域县级以上地方人民政府应当以保护传承弘扬黄河文化为重点，推动文化产业发展，促进文化产业与农业、水利、制造业、交通运输业、服务业等深度融合。

国务院文化和旅游主管部门应当会同国务院有关部门统筹黄河文化、流域水景观和水工程等资源，建设黄河文化旅游带。黄河流域县级以上地方人民政府文化和旅游主管部门应当结合当地实际，推动本行政区域旅游业发展，展示和弘扬黄河文化。

黄河流域旅游活动应当符合黄河防洪和河道、湖泊管理要求，避免破坏生态环境和文化遗产。

第九十九条 国家鼓励开展黄河题材文艺作品创作。黄河流域县级以上地方人民政府应当加强对黄河题材文艺作品创作的支持和保护。

国家加强黄河文化宣传，促进黄河文化国际传播，鼓励、支持举办黄河文化交流、合作等活动，提高黄河文化影响力。

第九章　保障与监督

第一百条 国务院和黄河流域县级以上地方人民政府应当加大对黄河流域生态保护和高质量发展的财政投入。

国务院和黄河流域省级人民政府按照中央与地方财政事权和支出责任划分原则，安排资金用于黄河流域生态保护和高质量发展。

国家支持设立黄河流域生态保护和高质量发展基金，专项用于黄河流域生态保护与修复、资源能源节约集约利用、战略性新兴产业培育、黄河文化保护传承弘扬等。

第一百零一条 国家实行有利于节水、节能、生态环境保护和资源综合利用的税收政策，鼓励发展绿色信贷、绿色债券、绿色保险等金融产品，为黄河流域生态保护和高质量发展提供支持。

国家在黄河流域建立有利于水、电、气等资源性产品节约集约利用的价格机制，对资源高消耗行业中的限制类项目，实行限制性价格政策。

第一百零二条 国家建立健全黄河流域生态保护补偿制度。

国家加大财政转移支付力度，对黄河流域生态功能重要区域予以补偿。具体办法由国务院财政部门会同国务院有关部门制定。

国家加强对黄河流域行政区域间生态保护补偿的统筹指导、协调，引导和支持黄河流域上下游、左右岸、干支流地方人民政府之间通过协商或者按照市场规则，采用资金补偿、产业扶持等多种形式开展横向生态保护补偿。

国家鼓励社会资金设立市场化运作的黄河流域生态保护补偿基金。国家支持在黄河流域开展用水权市场化交易。

第一百零三条 国家实行黄河流域生态保护和高质量发展责任制和考核评价制度。

上级人民政府应当对下级人民政府水资源、水土保持强制性约束控制指标落实情况等生态保护和高质量发展目标完成情况进行考核。

第一百零四条　国务院有关部门、黄河流域县级以上地方人民政府有关部门、黄河流域管理机构及其所属管理机构、黄河流域生态环境监督管理机构按照职责分工，对黄河流域各类生产生活、开发建设等活动进行监督检查，依法查处违法行为，公开黄河保护工作相关信息，完善公众参与程序，为单位和个人参与和监督黄河保护工作提供便利。

单位和个人有权依法获取黄河保护工作相关信息，举报和控告违法行为。

第一百零五条　国务院有关部门、黄河流域县级以上地方人民政府及其有关部门、黄河流域管理机构及其所属管理机构、黄河流域生态环境监督管理机构应当加强黄河保护监督管理能力建设，提高科技化、信息化水平，建立执法协调机制，对跨行政区域、生态敏感区域以及重大违法案件，依法开展联合执法。

国家加强黄河流域司法保障建设，组织开展黄河流域司法协作，推进行政执法机关与司法机关协同配合，鼓励有关单位为黄河流域生态环境保护提供法律服务。

第一百零六条　国务院有关部门和黄河流域省级人民政府对黄河保护不力、问题突出、群众反映集中的地区，可以约谈该地区县级以上地方人民政府及其有关部门主要负责人，要求其采取措施及时整改。约谈和整改情况应当向社会公布。

第一百零七条　国务院应当定期向全国人民代表大会常务委员会报告黄河流域生态保护和高质量发展工作情况。

黄河流域县级以上地方人民政府应当定期向本级人民代表大会或者其常务委员会报告本级人民政府黄河流域生态保护和高质量发展工作情况。

第十章　法律责任

第一百零八条　国务院有关部门、黄河流域县级以上地方人民政府及其有关部门、黄河流域管理机构及其所属管理机构、黄河流域生态环境监督管理机构违反本法规定，有下列行为之一的，对直接负责的主管人员和其他直接责任人员依法给予警告、记过、记大过或者降级处分；造成严重后果的，给予撤职或者开除处分，其主要负责人应当引咎辞职：

（一）不符合行政许可条件准予行政许可；

（二）依法应当作出责令停业、关闭等决定而未作出；

（三）发现违法行为或者接到举报不依法查处；

（四）有其他玩忽职守、滥用职权、徇私舞弊行为。

第一百零九条　违反本法规定，有下列行为之一的，由地方人民政府生态环境、自然资源等主管部门按照职责分工，责令停止违法行为，限期拆除或者恢复原状，处五十万元以上五百万元以下罚款，对直接负责的主管人员和其他直接责任人员处五万元以上十万元以下罚款；逾期不拆除或者不恢复原状的，强制拆除或者代为恢复原状，所需费用由违法者承担；情节严重的，报经有批准权的人民政府批准，责令关闭：

（一）在黄河干支流岸线管控范围内新建、扩建化工园区或者化工项目；

（二）在黄河干流岸线或者重要支流岸线的管控范围内新建、改建、扩建尾矿库；

（三）违反生态环境准入清单规定进行生产建设活动。

第一百一十条　违反本法规定，在黄河流域禁止开垦坡度以上陡坡地开垦种植农作物的，由县级以上地方人民政府水行政主管部门或者黄河流域管理机构及其所属管理机构责令停止违法行为，采取退耕、恢复植被等补救措施；按照开垦面积，可以对单位处每平方米一百元以下罚款、对个人处每平方米二十元以下罚款。

违反本法规定，在黄河流域损坏、擅自占用淤地坝的，由县级以上地方人民政府水行政主管部门或者黄河流域管理机构及其所属管理机构责令停止违法行为，限期治理或者采取补救措施，处十万元以上一百万元以下罚款；逾期不治理或者不采取补救措施的，代为治理或者采取补救措施，所需费用由违法者承担。

违反本法规定，在黄河流域从事生产建设活动造成水土流失未进行治理，或者治理不符合国家规定的相关标准的，由县级以上地方人民政府水行政主管部门或者黄河流域管理机构及其所属管理机构责令限期治理，对单位处二万元以上二十万元以下罚款，对个人可以处二万元以下罚款；逾期不治理的，代为治理，所需费用由违法者承担。

第一百一十一条 违反本法规定，黄河干流、重要支流水工程未将生态用水调度纳入日常运行调度规程的，由有关主管部门按照职责分工，责令改正，给予警告，并处一万元以上十万元以下罚款；情节严重的，并处十万元以上五十万元以下罚款。

第一百一十二条 违反本法规定，禁渔期内在黄河流域重点水域从事天然渔业资源生产性捕捞的，由县级以上地方人民政府农业农村主管部门没收渔获物、违法所得以及用于违法活动的渔船、渔具和其他工具，并处一万元以上五万元以下罚款；采用电鱼、毒鱼、炸鱼等方式捕捞，或者有其他严重情节的，并处五万元以上五十万元以下罚款。

违反本法规定，在黄河流域开放水域养殖、投放外来物种或者其他非本地物种种质资源的，由县级以上地方人民政府农业农村主管部门责令限期捕回，处十万元以下罚款；造成严重后果的，处十万元以上一百万元以下罚款；逾期不捕回的，代为捕回或者采取降低负面影响的措施，所需费用由违法者承担。

违反本法规定，在三门峡、小浪底、故县、陆浑、河口村水库库区采用网箱、围网或者拦河拉网方式养殖，妨碍水沙调控和防洪的，由县级以上地方人民政府农业农村主管部门责令停止违法行为，拆除网箱、围网或者拦河拉网，处十万元以下罚款；造成严重后果的，处十万元以上一百万元以下罚款。

第一百一十三条 违反本法规定，未经批准擅自取水，或者未依照批准的取水许可规定条件取水的，由县级以上地方人民政府水行政主管部门或者黄河流域管理机构及其所属管理机构责令停止违法行为，限期采取补救措施，处五万元以上五十万元以下罚款；情节严重的，吊销取水许可证。

第一百一十四条 违反本法规定，黄河流域以及黄河流经省、自治区其他黄河供水区相关县级行政区域的用水单位用水超过强制性用水定额，未按照规定期限实施节水技术改造的，由县级以上地方人民政府水行政主管部门或者黄河流域管理机构及其所属管理机构责令限期整改，可以处十万元以下罚款；情节严重的，处十万元以上五十万元以下罚款，吊销取水许可证。

第一百一十五条 违反本法规定，黄河流域以及黄河流经省、自治区其他黄河供水区相关县级行政区域取水量达到取水规模以上的单位未安装在线计量设施的，由县级以上地方人民政府水行政主管部门或者黄河流域管理机构及其所属管理机构责令限期安装，并按照日最大取水能力计算的取水量计征相关费用，处二万元以上十万元以下罚款；情节严重的，处十万元以上五十万元以下罚款，吊销取水许可证。

违反本法规定，在线计量设施不合格或者运行不正常的，由县级以上地方人民政府水行政主管部门或者黄河流域管理机构及其所属管理机构责令限期更换或者修复；逾期不更换或者不修复的，按照日最大取水能力计算的取水量计征相关费用，处五万元以下罚款；情节严重的，吊销取水许可证。

第一百一十六条　违反本法规定，黄河流域农业灌溉取用深层地下水的，由县级以上地方人民政府水行政主管部门或者黄河流域管理机构及其所属管理机构责令限期整改，可以处十万元以下罚款；情节严重的，处十万元以上五十万元以下罚款，吊销取水许可证。

第一百一十七条　违反本法规定，黄河流域水库管理单位不执行黄河流域管理机构的水沙调度指令的，由黄河流域管理机构及其所属管理机构责令改正，给予警告，并处二万元以上十万元以下罚款；情节严重的，并处十万元以上五十万元以下罚款；对直接负责的主管人员和其他直接责任人员依法给予处分。

第一百一十八条　违反本法规定，有下列行为之一的，由县级以上地方人民政府水行政主管部门或者黄河流域管理机构及其所属管理机构责令停止违法行为，限期拆除违法建筑物、构筑物或者恢复原状，处五万元以上五十万元以下罚款；逾期不拆除或者不恢复原状的，强制拆除或者代为恢复原状，所需费用由违法者承担：

（一）在河道、湖泊管理范围内建设妨碍行洪的建筑物、构筑物或者从事影响河势稳定、危害河岸堤防安全和其他妨碍河道行洪的活动；

（二）违法利用、占用黄河流域河道、湖泊水域和岸线；

（三）建设跨河、穿河、穿堤、临河的工程设施，降低行洪和调蓄能力或者缩小水域面积，未建设等效替代工程或者采取其他功能补救措施；

（四）侵占黄河备用入海流路。

第一百一十九条　违反本法规定，在黄河流域破坏自然资源和生态、污染环境、妨碍防洪安全、破坏文化遗产等造成他人损害的，侵权人应当依法承担侵权责任。

违反本法规定，造成黄河流域生态环境损害的，国家规定的机关或者法律规定的组织有权请求侵权人承担修复责任、赔偿损失和相关费用。

第一百二十条　违反本法规定，构成犯罪的，依法追究刑事责任。

第十一章　附　　则

第一百二十一条　本法下列用语的含义：

（一）黄河干流，是指黄河源头至黄河河口，流经青海省、四川省、甘肃省、宁夏回族自治区、内蒙古自治区、山西省、陕西省、河南省、山东省的黄河主河段（含入海流路）；

（二）黄河支流，是指直接或者间接流入黄河干流的河流，支流可以分为一级支流、二级支流等；

（三）黄河重要支流，是指湟水、洮河、祖厉河、清水河、大黑河、皇甫川、窟野河、无定河、汾河、渭河、伊洛河、沁河、大汶河等一级支流；

（四）黄河滩区，是指黄河流域河道管理范围内具有行洪、滞洪、沉沙功能，由于历史原因形成的有群众居住、耕种的滩地。

第一百二十二条　本法自2023年4月1日起施行。

中华人民共和国湿地保护法

（2021 年 12 月 24 日第十三届全国人民代表大会常务委员会第三十二次会议通过）

目　录

第一章　总　　则

第一条　为了加强湿地保护，维护湿地生态功能及生物多样性，保障生态安全，促进生态文明建设，实现人与自然和谐共生，制定本法。

第二条　在中华人民共和国领域及管辖的其他海域内从事湿地保护、利用、修复及相关管理活动，适用本法。

本法所称湿地，是指具有显著生态功能的自然或者人工的、常年或者季节性积水地带、水域，包括低潮时水深不超过六米的海域，但是水田以及用于养殖的人工的水域和滩涂除外。国家对湿地实行分级管理及名录制度。

江河、湖泊、海域等的湿地保护、利用及相关管理活动还应当适用《中华人民共和国水法》、《中华人民共和国防洪法》、《中华人民共和国水污染防治法》、《中华人民共和国海洋环境保护法》、《中华人民共和国长江保护法》、《中华人民共和国渔业法》、《中华人民共和国海域使用管理法》等有关法律的规定。

第三条　湿地保护应当坚持保护优先、严格管理、系统治理、科学修复、合理利用的原则，发挥湿地涵养水源、调节气候、改善环境、维护生物多样性等多种生态功能。

第四条　县级以上人民政府应当将湿地保护纳入国民经济和社会发展规划，并将开展湿地保护工作所需经费按照事权划分原则列入预算。

县级以上地方人民政府对本行政区域内的湿地保护负责，采取措施保持湿地面积稳定，提升湿地生态功能。

乡镇人民政府组织群众做好湿地保护相关工作，村民委员会予以协助。

第五条　国务院林业草原主管部门负责湿地资源的监督管理，负责湿地保护规划和相关国家标准拟定、湿地开发利用的监督管理、湿地生态保护修复工作。国务院自然资源、水行政、住房城乡建设、生态环境、农业农村等其他有关部门，按照职责分工承担湿地保护、修复、管理有关工作。

国务院林业草原主管部门会同国务院自然资源、水行政、住房城乡建设、生态环境、农业农村等主管部门建立湿地保护协作和信息通报机制。

第六条　县级以上地方人民政府应当加强湿地保护协调工作。县级以上地方人民政府有关部门按照职责分工负责湿地保护、修复、管理有关工作。

第七条　各级人民政府应当加强湿地保护宣传教育和科学知识普及工作，通过湿地保护日、湿地保护宣传周等开展宣传教育活动，增强全社会湿地保护意识；鼓励基层群众性自治组织、社会组织、志愿者开展湿地保护法律法规和湿地保护知识宣传活动，营造保护湿地的良好氛围。

教育主管部门、学校应当在教育教学活动中注重培养学生的湿地保护意识。

新闻媒体应当开展湿地保护法律法规和湿地保护知识的公益宣传，对破坏湿地的行为进行舆论监督。

第八条　国家鼓励单位和个人依法通过捐赠、资助、志愿服务等方式参与湿地保护活动。

对在湿地保护方面成绩显著的单位和个人，按照国家有关规定给予表彰、奖励。

第九条　国家支持开展湿地保护科学技术研究开发和应用推广，加强湿地保护专业技术人才培养，提高湿地保护科学技术水平。

第十条　国家支持开展湿地保护科学技术、生物多样性、候鸟迁徙等方面的国际合作与交流。

第十一条　任何单位和个人都有保护湿地的义务，对破坏湿地的行为有权举报或者控告，接到举报或者控告的机关应当及时处理，并依法保护举报人、控告人的合法权益。

第二章　湿地资源管理

第十二条　国家建立湿地资源调查评价制度。

国务院自然资源主管部门应当会同国务院林业草原等有关部门定期开展全国湿地资源调查评价工作，对湿地类型、分布、面积、生物多样性、保护与利用情况等进行调查，建立统一的信息发布和共享机制。

第十三条　国家实行湿地面积总量管控制度，将湿地面积总量管控目标纳入湿地保护目标责任制。

国务院林业草原、自然资源主管部门会同国务院有关部门根据全国湿地资源状况、自然变化情况和湿地面积总量管控要求，确定全国和各省、自治区、直辖市湿地面积总量管控目标，报国务院批准。地方各级人民政府应当采取有效措施，落实湿地面积总量管控目标的要求。

第十四条　国家对湿地实行分级管理，按照生态区位、面积以及维护生态功能、生物多样性的重要程度，将湿地分为重要湿地和一般湿地。重要湿地包括国家重要湿地和省级重要湿地，重要湿地以外的湿地为一般湿地。重要湿地依法划入生态保护红线。

国务院林业草原主管部门会同国务院自然资源、水行政、住房城乡建设、生态环境、农业农村等有关部门发布国家重要湿地名录及范围，并设立保护标志。国际重要湿地应当列入国家重要湿地名录。

省、自治区、直辖市人民政府或者其授权的部门负责发布省级重要湿地名录及范围，并向国务院林业草原主管部门备案。

一般湿地的名录及范围由县级以上地方人民政府或者其授权的部门发布。

第十五条　国务院林业草原主管部门应当会同国务院有关部门，依据国民经济和社会发展规划、国土空间规划和生态环境保护规划编制全国湿地保护规划，报国务院或者其授权的部门批准后组织实施。

县级以上地方人民政府林业草原主管部门应当会同有关部门，依据本级国土空间规划和上一级湿地保护规划编制本行政区域内的湿地保护规划，报同级人民政府批准后组织实施。

湿地保护规划应当明确湿地保护的目标任务、总体布局、保护修复重点和保障措施等内容。经批准的湿地保护规划需要调整的，按照原批准程序办理。

编制湿地保护规划应当与流域综合规划、防洪规划等规划相衔接。

第十六条 国务院林业草原、标准化主管部门会同国务院自然资源、水行政、住房城乡建设、生态环境、农业农村主管部门组织制定湿地分级分类、监测预警、生态修复等国家标准；国家标准未作规定的，可以依法制定地方标准并备案。

第十七条 县级以上人民政府林业草原主管部门建立湿地保护专家咨询机制，为编制湿地保护规划、制定湿地名录、制定相关标准等提供评估论证等服务。

第十八条 办理自然资源权属登记涉及湿地的，应当按照规定记载湿地的地理坐标、空间范围、类型、面积等信息。

第十九条 国家严格控制占用湿地。

禁止占用国家重要湿地，国家重大项目、防灾减灾项目、重要水利及保护设施项目、湿地保护项目等除外。

建设项目选址、选线应当避让湿地，无法避让的应当尽量减少占用，并采取必要措施减轻对湿地生态功能的不利影响。

建设项目规划选址、选线审批或者核准时，涉及国家重要湿地的，应当征求国务院林业草原主管部门的意见；涉及省级重要湿地或者一般湿地的，应当按照管理权限，征求县级以上地方人民政府授权的部门的意见。

第二十条 建设项目确需临时占用湿地的，应当依照《中华人民共和国土地管理法》、《中华人民共和国水法》、《中华人民共和国森林法》、《中华人民共和国草原法》、《中华人民共和国海域使用管理法》等有关法律法规的规定办理。临时占用湿地的期限一般不得超过二年，并不得在临时占用的湿地上修建永久性建筑物。

临时占用湿地期满后一年内，用地单位或者个人应当恢复湿地面积和生态条件。

第二十一条 除因防洪、航道、港口或者其他水工程占用河道管理范围及蓄滞洪区内的湿地外，经依法批准占用重要湿地的单位应当根据当地自然条件恢复或者重建与所占用湿地面积和质量相当的湿地；没有条件恢复、重建的，应当缴纳湿地恢复费。缴纳湿地恢复费的，不再缴纳其他相同性质的恢复费用。

湿地恢复费缴纳和使用管理办法由国务院财政部门会同国务院林业草原等有关部门制定。

第二十二条 国务院林业草原主管部门应当按照监测技术规范开展国家重要湿地动态监测，及时掌握湿地分布、面积、水量、生物多样性、受威胁状况等变化信息。

国务院林业草原主管部门应当依据监测数据，对国家重要湿地生态状况进行评估，并按照规定发布预警信息。

省、自治区、直辖市人民政府林业草原主管部门应当按照监测技术规范开展省级重要湿地动态监测、评估和预警工作。

县级以上地方人民政府林业草原主管部门应当加强对一般湿地的动态监测。

第三章　湿地保护与利用

第二十三条 国家坚持生态优先、绿色发展，完善湿地保护制度，健全湿地保护政策支持和科技支撑机制，保障湿地生态功能和永续利用，实现生态效益、社会效益、经济效益相统一。

第二十四条 省级以上人民政府及其有关部门根据湿地保护规划和湿地保护需要，依法将湿地纳入国家公园、自然保护区或者自然公园。

第二十五条 地方各级人民政府及其有关部门应当采取措施，预防和控制人为活动对湿地及其生物多样性的不利影响，加强湿地污染防治，减缓人为因素和自然因素导致的湿地退化，维护湿地生态功能稳定。

在湿地范围内从事旅游、种植、畜牧、水产养殖、航运等利用活动，应当避免改变湿地的自然状况，并采取措施减轻对湿地生态功能的不利影响。

县级以上人民政府有关部门在办理环境影响评价、国土空间规划、海域使用、养殖、防洪等相关行政许可时，应当加强对有关湿地利用活动的必要性、合理性以及湿地保护措施等内容的审查。

第二十六条　地方各级人民政府对省级重要湿地和一般湿地利用活动进行分类指导，鼓励单位和个人开展符合湿地保护要求的生态旅游、生态农业、生态教育、自然体验等活动，适度控制种植养殖等湿地利用规模。

地方各级人民政府应当鼓励有关单位优先安排当地居民参与湿地管护。

第二十七条　县级以上地方人民政府应当充分考虑保障重要湿地生态功能的需要，优化重要湿地周边产业布局。

县级以上地方人民政府可以采取定向扶持、产业转移、吸引社会资金、社区共建等方式，推动湿地周边地区绿色发展，促进经济发展与湿地保护相协调。

第二十八条　禁止下列破坏湿地及其生态功能的行为：

（一）开（围）垦、排干自然湿地，永久性截断自然湿地水源；

（二）擅自填埋自然湿地，擅自采砂、采矿、取土；

（三）排放不符合水污染物排放标准的工业废水、生活污水及其他污染湿地的废水、污水，倾倒、堆放、丢弃、遗撒固体废物；

（四）过度放牧或者滥采野生植物，过度捕捞或者灭绝式捕捞，过度施肥、投药、投放饵料等污染湿地的种植养殖行为；

（五）其他破坏湿地及其生态功能的行为。

第二十九条　县级以上人民政府有关部门应当按照职责分工，开展湿地有害生物监测工作，及时采取有效措施预防、控制、消除有害生物对湿地生态系统的危害。

第三十条　县级以上人民政府应当加强对国家重点保护野生动植物集中分布湿地的保护。任何单位和个人不得破坏鸟类和水生生物的生存环境。

禁止在以水鸟为保护对象的自然保护地及其他重要栖息地从事捕鱼、挖捕底栖生物、捡拾鸟蛋、破坏鸟巢等危及水鸟生存、繁衍的活动。开展观鸟、科学研究以及科普活动等应当保持安全距离，避免影响鸟类正常觅食和繁殖。

在重要水生生物产卵场、索饵场、越冬场和洄游通道等重要栖息地应当实施保护措施。经依法批准在洄游通道建闸、筑坝，可能对水生生物洄游产生影响的，建设单位应当建造过鱼设施或者采取其他补救措施。

禁止向湿地引进和放生外来物种，确需引进的应当进行科学评估，并依法取得批准。

第三十一条　国务院水行政主管部门和地方各级人民政府应当加强对河流、湖泊范围内湿地的管理和保护，因地制宜采取水系连通、清淤疏浚、水源涵养与水土保持等治理修复措施，严格控制河流源头和蓄滞洪区、水土流失严重区等区域的湿地开发利用活动，减轻对湿地及其生物多样性的不利影响。

第三十二条　国务院自然资源主管部门和沿海地方各级人民政府应当加强对滨海湿地的管理和保护，严格管控围填滨海湿地。经依法批准的项目，应当同步实施生态保护修复，减轻对滨海湿地生态功能的不利影响。

第三十三条　国务院住房城乡建设主管部门和地方各级人民政府应当加强对城市湿地的管理和保护，采取城市水系治理和生态修复等措施，提升城市湿地生态质量，发挥城市湿地雨洪调蓄、净化水质、休闲游憩、科普教育等功能。

第三十四条　红树林湿地所在地县级以上地方人民政府应当组织编制红树林湿地保护专项规划，采取有效措施保护红树林湿地。

红树林湿地应当列入重要湿地名录；符合国家重要湿地标准的，应当优先列入国家重要湿地名录。

禁止占用红树林湿地。经省级以上人民政府有关部门评估，确因国家重大项目、防灾减灾等需要占用的，应当依照有关法律规定办理，并做好保护和修复工作。相关建设项目改变红树林所在河口水文情势、对红树林生长产生较大影响的，应当采取有效措施减轻不利影响。

禁止在红树林湿地挖塘，禁止采伐、采挖、移植红树林或者过度采摘红树林种子，禁止投放、种植危害红树林生长的物种。因科研、医药或者红树林湿地保护等需要采伐、采挖、移植、采摘的，应当依照有关法律法规办理。

第三十五条　泥炭沼泽湿地所在地县级以上地方人民政府应当制定泥炭沼泽湿地保护专项规划，采取有效措施保护泥炭沼泽湿地。

符合重要湿地标准的泥炭沼泽湿地，应当列入重要湿地名录。

禁止在泥炭沼泽湿地开采泥炭或者擅自开采地下水；禁止将泥炭沼泽湿地蓄水向外排放，因防灾减灾需要的除外。

第三十六条　国家建立湿地生态保护补偿制度。

国务院和省级人民政府应当按照事权划分原则加大对重要湿地保护的财政投入，加大对重要湿地所在地区的财政转移支付力度。

国家鼓励湿地生态保护地区与湿地生态受益地区人民政府通过协商或者市场机制进行地区间生态保护补偿。

因生态保护等公共利益需要，造成湿地所有者或者使用者合法权益受到损害的，县级以上人民政府应当给予补偿。

第四章　湿地修复

第三十七条　县级以上人民政府应当坚持自然恢复为主、自然恢复和人工修复相结合的原则，加强湿地修复工作，恢复湿地面积，提高湿地生态系统质量。

县级以上人民政府对破碎化严重或者功能退化的自然湿地进行综合整治和修复，优先修复生态功能严重退化的重要湿地。

第三十八条　县级以上人民政府组织开展湿地保护与修复，应当充分考虑水资源禀赋条件和承载能力，合理配置水资源，保障湿地基本生态用水需求，维护湿地生态功能。

第三十九条　县级以上地方人民政府应当科学论证，对具备恢复条件的原有湿地、退化湿地、盐碱化湿地等，因地制宜采取措施，恢复湿地生态功能。

县级以上地方人民政府应当按照湿地保护规划，因地制宜采取水体治理、土地整治、植被恢复、动物保护等措施，增强湿地生态功能和碳汇功能。

禁止违法占用耕地等建设人工湿地。

第四十条　红树林湿地所在地县级以上地方人民政府应当对生态功能重要区域、海洋灾害风险等级较高地区、濒危物种保护区域或者造林条件较好地区的红树林湿地优先实施修复，对严重退化的红树林湿地进行抢救性修复，修复应当尽量采用本地树种。

第四十一条　泥炭沼泽湿地所在地县级以上地方人民政府应当因地制宜，组织对退化泥炭沼泽湿地进行修复，并根据泥炭沼泽湿地的类型、发育状况和退化程度等，采取相应的修复措施。

第四十二条　修复重要湿地应当编制湿地修复方案。

重要湿地的修复方案应当报省级以上人民政府林业草原主管部门批准。林业草原主管部门在批准修复方案前，应当征求同级人民政府自然资源、水行政、住房城乡建设、生态环境、农业农村等有关部门的意见。

第四十三条　修复重要湿地应当按照经批准的湿地修复方案进行修复。

重要湿地修复完成后，应当经省级以上人民政府林业草原主管部门验收合格，依法公开修复情况。省级以上人民政府林业草原主管部门应当加强修复湿地后期管理和动态监测，并根据需要开展修复效果后期评估。

第四十四条　因违法占用、开采、开垦、填埋、排污等活动，导致湿地破坏的，违法行为人应当负责修复。违法行为人变更的，由承继其债权、债务的主体负责修复。

因重大自然灾害造成湿地破坏，以及湿地修复责任主体灭失或者无法确定的，由县级以上人民政府组织实施修复。

第五章　监督检查

第四十五条　县级以上人民政府林业草原、自然资源、水行政、住房城乡建设、生态环境、农业农村主管部门应当依照本法规定，按照职责分工对湿地的保护、修复、利用等活动进行监督检查，依法查处破坏湿地的违法行为。

第四十六条　县级以上人民政府林业草原、自然资源、水行政、住房城乡建设、生态环境、农业农村主管部门进行监督检查，有权采取下列措施：

（一）询问被检查单位或者个人，要求其对与监督检查事项有关的情况作出说明；

（二）进行现场检查；

（三）查阅、复制有关文件、资料，对可能被转移、销毁、隐匿或者篡改的文件、资料予以封存；

（四）查封、扣押涉嫌违法活动的场所、设施或者财物。

第四十七条　县级以上人民政府林业草原、自然资源、水行政、住房城乡建设、生态环境、农业农村主管部门依法履行监督检查职责，有关单位和个人应当予以配合，不得拒绝、阻碍。

第四十八条　国务院林业草原主管部门应当加强对国家重要湿地保护情况的监督检查。省、自治区、直辖市人民政府林业草原主管部门应当加强对省级重要湿地保护情况的监督检查。

县级人民政府林业草原主管部门和有关部门应当充分利用信息化手段，对湿地保护情况进行监督检查。

各级人民政府及其有关部门应当依法公开湿地保护相关信息，接受社会监督。

第四十九条　国家实行湿地保护目标责任制，将湿地保护纳入地方人民政府综合绩效评价内容。

对破坏湿地问题突出、保护工作不力、群众反映强烈的地区，省级以上人民政府林业草原主管部门应当会同有关部门约谈该地区人民政府的主要负责人。

第五十条　湿地的保护、修复和管理情况，应当纳入领导干部自然资源资产离任审计。

第六章　法律责任

第五十一条　县级以上人民政府有关部门发现破坏湿地的违法行为或者接到对违法行为的举报，不予查处或者不依法查处，或者有其他玩忽职守、滥用职权、徇私舞弊行为的，对直接负责的主管人员和其他直接责任人员依法给予处分。

第五十二条　违反本法规定，建设项目擅自占用国家重要湿地的，由县级以上人民政府林业草原等有关主管部门按照职责分工责令停止违法行为，限期拆除在非法占用的湿地上新建的建筑物、构筑物和其他设施，修复湿地或者采取其他补救措施，按照违法占用湿地的面积，处每平方米一千元以上一万元以下罚款；违法行为人不停止建设或者逾期不拆除的，由作出行政处罚决定的部门依法申请人民法院强制执行。

第五十三条 建设项目占用重要湿地，未依照本法规定恢复、重建湿地的，由县级以上人民政府林业草原主管部门责令限期恢复、重建湿地；逾期未改正的，由县级以上人民政府林业草原主管部门委托他人代为履行，所需费用由违法行为人承担，按照占用湿地的面积，处每平方米五百元以上二千元以下罚款。

第五十四条 违反本法规定，开（围）垦、填埋自然湿地的，由县级以上人民政府林业草原等有关主管部门按照职责分工责令停止违法行为，限期修复湿地或者采取其他补救措施，没收违法所得，并按照破坏湿地面积，处每平方米五百元以上五千元以下罚款；破坏国家重要湿地的，并按照破坏湿地面积，处每平方米一千元以上一万元以下罚款。

违反本法规定，排干自然湿地或者永久性截断自然湿地水源的，由县级以上人民政府林业草原主管部门责令停止违法行为，限期修复湿地或者采取其他补救措施，没收违法所得，并处五万元以上五十万元以下罚款；造成严重后果的，并处五十万元以上一百万元以下罚款。

第五十五条 违反本法规定，向湿地引进或者放生外来物种的，依照《中华人民共和国生物安全法》等有关法律法规的规定处理、处罚。

第五十六条 违反本法规定，在红树林湿地内挖塘的，由县级以上人民政府林业草原等有关主管部门按照职责分工责令停止违法行为，限期修复湿地或者采取其他补救措施，按照破坏湿地面积，处每平方米一千元以上一万元以下罚款；对树木造成毁坏的，责令限期补种成活毁坏株数一倍以上三倍以下的树木，无法确定毁坏株数的，按照相同区域同类树种生长密度计算株数。

违反本法规定，在红树林湿地内投放、种植妨碍红树林生长物种的，由县级以上人民政府林业草原主管部门责令停止违法行为，限期清理，处二万元以上十万元以下罚款；造成严重后果的，处十万元以上一百万元以下罚款。

第五十七条 违反本法规定开采泥炭的，由县级以上人民政府林业草原等有关主管部门按照职责分工责令停止违法行为，限期修复湿地或者采取其他补救措施，没收违法所得，并按照采挖泥炭体积，处每立方米二千元以上一万元以下罚款。

违反本法规定，从泥炭沼泽湿地向外排水的，由县级以上人民政府林业草原主管部门责令停止违法行为，限期修复湿地或者采取其他补救措施，没收违法所得，并处一万元以上十万元以下罚款；情节严重的，并处十万元以上一百万元以下罚款。

第五十八条 违反本法规定，未编制修复方案修复湿地或者未按照修复方案修复湿地，造成湿地破坏的，由省级以上人民政府林业草原主管部门责令改正，处十万元以上一百万元以下罚款。

第五十九条 破坏湿地的违法行为人未按照规定期限或者未按照修复方案修复湿地的，由县级以上人民政府林业草原主管部门委托他人代为履行，所需费用由违法行为人承担；违法行为人因被宣告破产等原因丧失修复能力的，由县级以上人民政府组织实施修复。

第六十条 违反本法规定，拒绝、阻碍县级以上人民政府有关部门依法进行的监督检查的，处二万元以上二十万元以下罚款；情节严重的，可以责令停产停业整顿。

第六十一条 违反本法规定，造成生态环境损害的，国家规定的机关或者法律规定的组织有权依法请求违法行为人承担修复责任、赔偿损失和有关费用。

第六十二条　违反本法规定，构成违反治安管理行为的，由公安机关依法给予治安管理处罚；构成犯罪的，依法追究刑事责任。

第七章　附　　则

第六十三条　本法下列用语的含义：

（一）红树林湿地，是指由红树植物为主组成的近海和海岸潮间湿地；

（二）泥炭沼泽湿地，是指有泥炭发育的沼泽湿地。

第六十四条　省、自治区、直辖市和设区的市、自治州可以根据本地实际，制定湿地保护具体办法。

第六十五条　本法自 2022 年 6 月 1 日起施行。

中华人民共和国安全生产法

（2002年6月29日第九届全国人民代表大会常务委员会第二十八次会议通过；根据2009年8月27日第十一届全国人民代表大会常务委员会第十次会议《关于修改部分法律的决定》第一次修正；根据2014年8月31日第十二届全国人民代表大会常务委员会第十次会议《关于修改〈中华人民共和国安全生产法〉的决定》第二次修正；根据2021年6月10日第十三届全国人民代表大会常务委员会第二十九次会议《关于修改〈中华人民共和国安全生产法〉的决定》第三次修正）

第一章　总　　则

第一条　为了加强安全生产工作，防止和减少生产安全事故，保障人民群众生命和财产安全，促进经济社会持续健康发展，制定本法。

第二条　在中华人民共和国领域内从事生产经营活动的单位（以下统称生产经营单位）的安全生产，适用本法；有关法律、行政法规对消防安全和道路交通安全、铁路交通安全、水上交通安全、民用航空安全以及核与辐射安全、特种设备安全另有规定的，适用其规定。

第三条　安全生产工作坚持中国共产党的领导。

安全生产工作应当以人为本，坚持人民至上、生命至上，把保护人民生命安全摆在首位，树牢安全发展理念，坚持安全第一、预防为主、综合治理的方针，从源头上防范化解重大安全风险。

安全生产工作实行管行业必须管安全、管业务必须管安全、管生产经营必须管安全，强化和落实生产经营单位主体责任与政府监管责任，建立生产经营单位负责、职工参与、政府监管、行业自律和社会监督的机制。

第四条　生产经营单位必须遵守本法和其他有关安全生产的法律、法规，加强安全生产管理，建立健全全员安全生产责任制和安全生产规章制度，加大对安全生产资金、物资、技术、人员的投入保障力度，改善安全生产条件，加强安全生产标准化、信息化建设，构建安全风险分级管控和隐患排查治理双重预防机制，健全风险防范化解机制，提高安全生产水平，确保安全生产。

平台经济等新兴行业、领域的生产经营单位应当根据本行业、领域的特点，建立健全并落实全员安全生产责任制，加强从业人员安全生产教育和培训，履行本法和其他法律、法规规定的有关安全生产义务。

第五条　生产经营单位的主要负责人是本单位安全生产第一责任人，对本单位的安全生产工作全面负责。其他负责人对职责范围内的安全生产工作负责。

第六条　生产经营单位的从业人员有依法获得安全生产保障的权利，并应当依法履行安全生产方面的义务。

第七条　工会依法对安全生产工作进行监督。

生产经营单位的工会依法组织职工参加本单位安全生产工作的民主管理和民主监督，维护职工在安全生产方面的合法权益。生产经营单位制定或者修改有关安全生产的规章制度，应当听取工会的意见。

第八条　国务院和县级以上地方各级人民政府应当根据国民经济和社会发展规划制定安全生产规划，并组织实施。安全生产规划应当与国土空间规划等相关规划相衔接。

各级人民政府应当加强安全生产基础设施建设和安全生产监管能力建设，所需经费列入本级预算。

县级以上地方各级人民政府应当组织有关部门建立完善安全风险评估与论证机制，按照安全风险管控要求，进行产业规划和空间布局，并对位置相邻、行业相近、业态相似的生产经营单位实施重大安全风险联防联控。

第九条　国务院和县级以上地方各级人民政府应当加强对安全生产工作的领导，建立健全安全生产工作协调机制，支持、督促各有关部门依法履行安全生产监督管理职责，及时协调、解决安全生产监督管理中存在的重大问题。

乡镇人民政府和街道办事处，以及开发区、工业园区、港区、风景区等应当明确负责安全生产监督管理的有关工作机构及其职责，加强安全生产监管力量建设，按照职责对本行政区域或者管理区域内生产经营单位安全生产状况进行监督检查，协助人民政府有关部门或者按照授权依法履行安全生产监督管理职责。

第十条　国务院应急管理部门依照本法，对全国安全生产工作实施综合监督管理；县级以上地方各级人民政府应急管理部门依照本法，对本行政区域内安全生产工作实施综合监督管理。

国务院交通运输、住房和城乡建设、水利、民航等有关部门依照本法和其他有关法律、行政法规的规定，在各自的职责范围内对有关行业、领域的安全生产工作实施监督管理；县级以上地方各级人民政府有关部门依照本法和其他有关法律、法规的规定，在各自的职责范围内对有关行业、领域的安全生产工作实施监督管理。对新兴行业、领域的安全生产监督管理职责不明确的，由县级以上地方各级人民政府按照业务相近的原则确定监督管理部门。

应急管理部门和对有关行业、领域的安全生产工作实施监督管理的部门，统称负有安全生产监督管理职责的部门。负有安全生产监督管理职责的部门应当相互配合、齐抓共管、信息共享、资源共用，依法加强安全生产监督管理工作。

第十一条　国务院有关部门应当按照保障安全生产的要求，依法及时制定有关的国家标准或者行业标准，并根据科技进步和经济发展适时修订。

生产经营单位必须执行依法制定的保障安全生产的国家标准或者行业标准。

第十二条　国务院有关部门按照职责分工负责安全生产强制性国家标准的项目提出、组织起草、征求意见、技术审查。国务院应急管理部门统筹提出安全生产强制性国家标准的立项计划。国务院标准化行政主管部门负责安全生产强制性国家标准的立项、编号、对外通报和授权批准发布工作。国务院标准化行政主管部门、有关部门依据法定职责对安全生产强制性国家标准的实施进行监督检查。

第十三条　各级人民政府及其有关部门应当采取多种形式，加强对有关安全生产的法律、法规和安全生产知识的宣传，增强全社会的安全生产意识。

第十四条　有关协会组织依照法律、行政法规和章程，为生产经营单位提供安全生产方面的信息、培训等服务，发挥自律作用，促进生产经营单位加强安全生产管理。

第十五条　依法设立的为安全生产提供技术、管理服务的机构，依照法律、行政法规和执业准则，接受生产经营单位的委托为其安全生产工作提供技术、管理服务。

生产经营单位委托前款规定的机构提供安全生产技术、管理服务的，保证安全生产的责任仍由本单位负责。

第十六条 国家实行生产安全事故责任追究制度，依照本法和有关法律、法规的规定，追究生产安全事故责任单位和责任人员的法律责任。

第十七条 县级以上各级人民政府应当组织负有安全生产监督管理职责的部门依法编制安全生产权力和责任清单，公开并接受社会监督。

第十八条 国家鼓励和支持安全生产科学技术研究和安全生产先进技术的推广应用，提高安全生产水平。

第十九条 国家对在改善安全生产条件、防止生产安全事故、参加抢险救护等方面取得显著成绩的单位和个人，给予奖励。

第二章 生产经营单位的安全生产保障

第二十条 生产经营单位应当具备本法和有关法律、行政法规和国家标准或者行业标准规定的安全生产条件；不具备安全生产条件的，不得从事生产经营活动。

第二十一条 生产经营单位的主要负责人对本单位安全生产工作负有下列职责：

（一）建立健全并落实本单位全员安全生产责任制，加强安全生产标准化建设；

（二）组织制定并实施本单位安全生产规章制度和操作规程；

（三）组织制定并实施本单位安全生产教育和培训计划；

（四）保证本单位安全生产投入的有效实施；

（五）组织建立并落实安全风险分级管控和隐患排查治理双重预防工作机制，督促、检查本单位的安全生产工作，及时消除生产安全事故隐患；

（六）组织制定并实施本单位的生产安全事故应急救援预案；

（七）及时、如实报告生产安全事故。

第二十二条 生产经营单位的全员安全生产责任制应当明确各岗位的责任人员、责任范围和考核标准等内容。

生产经营单位应当建立相应的机制，加强对全员安全生产责任制落实情况的监督考核，保证全员安全生产责任制的落实。

第二十三条 生产经营单位应当具备的安全生产条件所必需的资金投入，由生产经营单位的决策机构、主要负责人或者个人经营的投资人予以保证，并对由于安全生产所必需的资金投入不足导致的后果承担责任。

有关生产经营单位应当按照规定提取和使用安全生产费用，专门用于改善安全生产条件。安全生产费用在成本中据实列支。安全生产费用提取、使用和监督管理的具体办法由国务院财政部门会同国务院应急管理部门征求国务院有关部门意见后制定。

第二十四条 矿山、金属冶炼、建筑施工、运输单位和危险物品的生产、经营、储存、装卸单位，应当设置安全生产管理机构或者配备专职安全生产管理人员。

前款规定以外的其他生产经营单位，从业人员超过一百人的，应当设置安全生产管理机构或者配备专职安全生产管理人员；从业人员在一百人以下的，应当配备专职或者兼职的安全生产管理人员。

第二十五条 生产经营单位的安全生产管理机构以及安全生产管理人员履行下列职责：

（一）组织或者参与拟订本单位安全生产规章制度、操作规程和生产安全事故应急救援预案；

（二）组织或者参与本单位安全生产教育和培训，如实记录安全生产教育和培训情况；

（三）组织开展危险源辨识和评估，督

促落实本单位重大危险源的安全管理措施；

（四）组织或者参与本单位应急救援演练；

（五）检查本单位的安全生产状况，及时排查生产安全事故隐患，提出改进安全生产管理的建议；

（六）制止和纠正违章指挥、强令冒险作业、违反操作规程的行为；

（七）督促落实本单位安全生产整改措施。

生产经营单位可以设置专职安全生产分管负责人，协助本单位主要负责人履行安全生产管理职责。

第二十六条　生产经营单位的安全生产管理机构以及安全生产管理人员应当恪尽职守，依法履行职责。

生产经营单位作出涉及安全生产的经营决策，应当听取安全生产管理机构以及安全生产管理人员的意见。

生产经营单位不得因安全生产管理人员依法履行职责而降低其工资、福利等待遇或者解除与其订立的劳动合同。

危险物品的生产、储存单位以及矿山、金属冶炼单位的安全生产管理人员的任免，应当告知主管的负有安全生产监督管理职责的部门。

第二十七条　生产经营单位的主要负责人和安全生产管理人员必须具备与本单位所从事的生产经营活动相应的安全生产知识和管理能力。

危险物品的生产、经营、储存、装卸单位以及矿山、金属冶炼、建筑施工、运输单位的主要负责人和安全生产管理人员，应当由主管的负有安全生产监督管理职责的部门对其安全生产知识和管理能力考核合格。考核不得收费。

危险物品的生产、储存、装卸单位以及矿山、金属冶炼单位应当有注册安全工程师从事安全生产管理工作。鼓励其他生产经营单位聘用注册安全工程师从事安全生产管理工作。注册安全工程师按专业分类管理，具体办法由国务院人力资源和社会保障部门、国务院应急管理部门会同国务院有关部门制定。

第二十八条　生产经营单位应当对从业人员进行安全生产教育和培训，保证从业人员具备必要的安全生产知识，熟悉有关的安全生产规章制度和安全操作规程，掌握本岗位的安全操作技能，了解事故应急处理措施，知悉自身在安全生产方面的权利和义务。未经安全生产教育和培训合格的从业人员，不得上岗作业。

生产经营单位使用被派遣劳动者的，应当将被派遣劳动者纳入本单位从业人员统一管理，对被派遣劳动者进行岗位安全操作规程和安全操作技能的教育和培训。劳务派遣单位应当对被派遣劳动者进行必要的安全生产教育和培训。

生产经营单位接收中等职业学校、高等学校学生实习的，应当对实习学生进行相应的安全生产教育和培训，提供必要的劳动防护用品。学校应当协助生产经营单位对实习学生进行安全生产教育和培训。

生产经营单位应当建立安全生产教育和培训档案，如实记录安全生产教育和培训的时间、内容、参加人员以及考核结果等情况。

第二十九条　生产经营单位采用新工艺、新技术、新材料或者使用新设备，必须了解、掌握其安全技术特性，采取有效的安全防护措施，并对从业人员进行专门的安全生产教育和培训。

第三十条　生产经营单位的特种作业人员必须按照国家有关规定经专门的安全作业培训，取得相应资格，方可上岗作业。

特种作业人员的范围由国务院应急管理部门会同国务院有关部门确定。

第三十一条　生产经营单位新建、改建、扩建工程项目（以下统称建设项目）的安全设施，必须与主体工程同时设计、同时施工、同时投入生产和使用。安全设施投资应当纳入建设项目概算。

第三十二条 矿山、金属冶炼建设项目和用于生产、储存、装卸危险物品的建设项目，应当按照国家有关规定进行安全评价。

第三十三条 建设项目安全设施的设计人、设计单位应当对安全设施设计负责。

矿山、金属冶炼建设项目和用于生产、储存、装卸危险物品的建设项目的安全设施设计应当按照国家有关规定报经有关部门审查，审查部门及其负责审查的人员对审查结果负责。

第三十四条 矿山、金属冶炼建设项目和用于生产、储存、装卸危险物品的建设项目的施工单位必须按照批准的安全设施设计施工，并对安全设施的工程质量负责。

矿山、金属冶炼建设项目和用于生产、储存、装卸危险物品的建设项目竣工投入生产或者使用前，应当由建设单位负责组织对安全设施进行验收；验收合格后，方可投入生产和使用。负有安全生产监督管理职责的部门应当加强对建设单位验收活动和验收结果的监督核查。

第三十五条 生产经营单位应当在有较大危险因素的生产经营场所和有关设施、设备上，设置明显的安全警示标志。

第三十六条 安全设备的设计、制造、安装、使用、检测、维修、改造和报废，应当符合国家标准或者行业标准。

生产经营单位必须对安全设备进行经常性维护、保养，并定期检测，保证正常运转。维护、保养、检测应当作好记录，并由有关人员签字。

生产经营单位不得关闭、破坏直接关系生产安全的监控、报警、防护、救生设备、设施，或者篡改、隐瞒、销毁其相关数据、信息。

餐饮等行业的生产经营单位使用燃气的，应当安装可燃气体报警装置，并保障其正常使用。

第三十七条 生产经营单位使用的危险物品的容器、运输工具，以及涉及人身安全、危险性较大的海洋石油开采特种设备和矿山井下特种设备，必须按照国家有关规定，由专业生产单位生产，并经具有专业资质的检测、检验机构检测、检验合格，取得安全使用证或者安全标志，方可投入使用。检测、检验机构对检测、检验结果负责。

第三十八条 国家对严重危及生产安全的工艺、设备实行淘汰制度，具体目录由国务院应急管理部门会同国务院有关部门制定并公布。法律、行政法规对目录的制定另有规定的，适用其规定。

省、自治区、直辖市人民政府可以根据本地区实际情况制定并公布具体目录，对前款规定以外的危及生产安全的工艺、设备予以淘汰。

生产经营单位不得使用应当淘汰的危及生产安全的工艺、设备。

第三十九条 生产、经营、运输、储存、使用危险物品或者处置废弃危险物品的，由有关主管部门依照有关法律、法规的规定和国家标准或者行业标准审批并实施监督管理。

生产经营单位生产、经营、运输、储存、使用危险物品或者处置废弃危险物品，必须执行有关法律、法规和国家标准或者行业标准，建立专门的安全管理制度，采取可靠的安全措施，接受有关主管部门依法实施的监督管理。

第四十条 生产经营单位对重大危险源应当登记建档，进行定期检测、评估、监控，并制定应急预案，告知从业人员和相关人员在紧急情况下应当采取的应急措施。

生产经营单位应当按照国家有关规定将本单位重大危险源及有关安全措施、应急措施报有关地方人民政府应急管理部门和有关部门备案。有关地方人民政府应急管理部门和有关部门应当通过相关信息系统实现信息共享。

第四十一条 生产经营单位应当建立安全风险分级管控制度，按照安全风险分级采取相应的管控措施。

生产经营单位应当建立健全并落实生产安全事故隐患排查治理制度，采取技术、管理措施，及时发现并消除事故隐患。事故隐患排查治理情况应当如实记录，并通过职工大会或者职工代表大会、信息公示栏等方式向从业人员通报。其中，重大事故隐患排查治理情况应当及时向负有安全生产监督管理职责的部门和职工大会或者职工代表大会报告。

县级以上地方各级人民政府负有安全生产监督管理职责的部门应当将重大事故隐患纳入相关信息系统，建立健全重大事故隐患治理督办制度，督促生产经营单位消除重大事故隐患。

第四十二条 生产、经营、储存、使用危险物品的车间、商店、仓库不得与员工宿舍在同一座建筑物内，并应当与员工宿舍保持安全距离。

生产经营场所和员工宿舍应当设有符合紧急疏散要求、标志明显、保持畅通的出口、疏散通道。禁止占用、锁闭、封堵生产经营场所或者员工宿舍的出口、疏散通道。

第四十三条 生产经营单位进行爆破、吊装、动火、临时用电以及国务院应急管理部门会同国务院有关部门规定的其他危险作业，应当安排专门人员进行现场安全管理，确保操作规程的遵守和安全措施的落实。

第四十四条 生产经营单位应当教育和督促从业人员严格执行本单位的安全生产规章制度和安全操作规程；并向从业人员如实告知作业场所和工作岗位存在的危险因素、防范措施以及事故应急措施。

生产经营单位应当关注从业人员的身体、心理状况和行为习惯，加强对从业人员的心理疏导、精神慰藉，严格落实岗位安全生产责任，防范从业人员行为异常导致事故发生。

第四十五条 生产经营单位必须为从业人员提供符合国家标准或者行业标准的劳动防护用品，并监督、教育从业人员按照使用规则佩戴、使用。

第四十六条 生产经营单位的安全生产管理人员应当根据本单位的生产经营特点，对安全生产状况进行经常性检查；对检查中发现的安全问题，应当立即处理；不能处理的，应当及时报告本单位有关负责人，有关负责人应当及时处理。检查及处理情况应当如实记录在案。

生产经营单位的安全生产管理人员在检查中发现重大事故隐患，依照前款规定向本单位有关负责人报告，有关负责人不及时处理的，安全生产管理人员可以向主管的负有安全生产监督管理职责的部门报告，接到报告的部门应当依法及时处理。

第四十七条 生产经营单位应当安排用于配备劳动防护用品、进行安全生产培训的经费。

第四十八条 两个以上生产经营单位在同一作业区域内进行生产经营活动，可能危及对方生产安全的，应当签订安全生产管理协议，明确各自的安全生产管理职责和应当采取的安全措施，并指定专职安全生产管理人员进行安全检查与协调。

第四十九条 生产经营单位不得将生产经营项目、场所、设备发包或者出租给不具备安全生产条件或者相应资质的单位或者个人。

生产经营项目、场所发包或者出租给其他单位的，生产经营单位应当与承包单位、承租单位签订专门的安全生产管理协议，或者在承包合同、租赁合同中约定各自的安全生产管理职责；生产经营单位对承包单位、承租单位的安全生产工作统一协调、管理，定期进行安全检查，发现安全问题的，应当及时督促整改。

矿山、金属冶炼建设项目和用于生产、储存、装卸危险物品的建设项目的施工单位应当加强对施工项目的安全管理，不得倒卖、出租、出借、挂靠或者以其他形式非法转让施工资质，不得将其承包的全部建设工程转包给第三人或者将其承包的全部建设工程支解以后以分包的名义分别转包给第三人，不得将工程分包给不具备相应资质条件的单位。

第五十条 生产经营单位发生生产安全事故时，单位的主要负责人应当立即组织抢救，并不得在事故调查处理期间擅离职守。

第五十一条 生产经营单位必须依法参加工伤保险，为从业人员缴纳保险费。

国家鼓励生产经营单位投保安全生产责任保险；属于国家规定的高危行业、领域的生产经营单位，应当投保安全生产责任保险。具体范围和实施办法由国务院应急管理部门会同国务院财政部门、国务院保险监督管理机构和相关行业主管部门制定。

第三章 从业人员的安全生产权利义务

第五十二条 生产经营单位与从业人员订立的劳动合同，应当载明有关保障从业人员劳动安全、防止职业危害的事项，以及依法为从业人员办理工伤保险的事项。

生产经营单位不得以任何形式与从业人员订立协议，免除或者减轻其对从业人员因生产安全事故伤亡依法应承担的责任。

第五十三条 生产经营单位的从业人员有权了解其作业场所和工作岗位存在的危险因素、防范措施及事故应急措施，有权对本单位的安全生产工作提出建议。

第五十四条 从业人员有权对本单位安全生产工作中存在的问题提出批评、检举、控告；有权拒绝违章指挥和强令冒险作业。

生产经营单位不得因从业人员对本单位安全生产工作提出批评、检举、控告或者拒绝违章指挥、强令冒险作业而降低其工资、福利等待遇或者解除与其订立的劳动合同。

第五十五条 从业人员发现直接危及人身安全的紧急情况时，有权停止作业或者在采取可能的应急措施后撤离作业场所。

生产经营单位不得因从业人员在前款紧急情况下停止作业或者采取紧急撤离措施而降低其工资、福利等待遇或者解除与其订立的劳动合同。

第五十六条 生产经营单位发生生产安全事故后，应当及时采取措施救治有关人员。

因生产安全事故受到损害的从业人员，除依法享有工伤保险外，依照有关民事法律尚有获得赔偿的权利的，有权提出赔偿要求。

第五十七条 从业人员在作业过程中，应当严格落实岗位安全责任，遵守本单位的安全生产规章制度和操作规程，服从管理，正确佩戴和使用劳动防护用品。

第五十八条 从业人员应当接受安全生产教育和培训，掌握本职工作所需的安全生产知识，提高安全生产技能，增强事故预防和应急处理能力。

第五十九条 从业人员发现事故隐患或者其他不安全因素，应当立即向现场安全生产管理人员或者本单位负责人报告；接到报告的人员应当及时予以处理。

第六十条 工会有权对建设项目的安全设施与主体工程同时设计、同时施工、同时投入生产和使用进行监督，提出意见。

工会对生产经营单位违反安全生产法律、法规，侵犯从业人员合法权益的行为，有权要求纠正；发现生产经营单位违章指挥、强令冒险作业或者发现事故隐患时，有权提出解决的建议，生产经营单位应当及时研究答复；发现危及从业人员生命安全的情况时，有权向生产经营单位建议组织从业人员撤离危险场所，生产经营单位必须立即作出处理。

工会有权依法参加事故调查，向有关部门提出处理意见，并要求追究有关人员的责任。

第六十一条　生产经营单位使用被派遣劳动者的，被派遣劳动者享有本法规定的从业人员的权利，并应当履行本法规定的从业人员的义务。

第四章　安全生产的监督管理

第六十二条　县级以上地方各级人民政府应当根据本行政区域内的安全生产状况，组织有关部门按照职责分工，对本行政区域内容易发生重大生产安全事故的生产经营单位进行严格检查。

应急管理部门应当按照分类分级监督管理的要求，制定安全生产年度监督检查计划，并按照年度监督检查计划进行监督检查，发现事故隐患，应当及时处理。

第六十三条　负有安全生产监督管理职责的部门依照有关法律、法规的规定，对涉及安全生产的事项需要审查批准（包括批准、核准、许可、注册、认证、颁发证照等，下同）或者验收的，必须严格依照有关法律、法规和国家标准或者行业标准规定的安全生产条件和程序进行审查；不符合有关法律、法规和国家标准或者行业标准规定的安全生产条件的，不得批准或者验收通过。对未依法取得批准或者验收合格的单位擅自从事有关活动的，负责行政审批的部门发现或者接到举报后应当立即予以取缔，并依法予以处理。对已经依法取得批准的单位，负责行政审批的部门发现其不再具备安全生产条件的，应当撤销原批准。

第六十四条　负有安全生产监督管理职责的部门对涉及安全生产的事项进行审查、验收，不得收取费用；不得要求接受审查、验收的单位购买其指定品牌或者指定生产、销售单位的安全设备、器材或者其他产品。

第六十五条　应急管理部门和其他负有安全生产监督管理职责的部门依法开展安全生产行政执法工作，对生产经营单位执行有关安全生产的法律、法规和国家标准或者行业标准的情况进行监督检查，行使以下职权：

（一）进入生产经营单位进行检查，调阅有关资料，向有关单位和人员了解情况；

（二）对检查中发现的安全生产违法行为，当场予以纠正或者要求限期改正；对依法应当给予行政处罚的行为，依照本法和其他有关法律、行政法规的规定作出行政处罚决定；

（三）对检查中发现的事故隐患，应当责令立即排除；重大事故隐患排除前或者排除过程中无法保证安全的，应当责令从危险区域内撤出作业人员，责令暂时停产停业或者停止使用相关设施、设备；重大事故隐患排除后，经审查同意，方可恢复生产经营和使用；

（四）对有根据认为不符合保障安全生产的国家标准或者行业标准的设施、设备、器材以及违法生产、储存、使用、经营、运输的危险物品予以查封或者扣押，对违法生产、储存、使用、经营危险物品的作业场所予以查封，并依法作出处理决定。

监督检查不得影响被检查单位的正常生产经营活动。

第六十六条　生产经营单位对负有安全生产监督管理职责的部门的监督检查人员（以下统称安全生产监督检查人员）依法履行监督检查职责，应当予以配合，不得拒绝、阻挠。

第六十七条 安全生产监督检查人员应当忠于职守，坚持原则，秉公执法。

安全生产监督检查人员执行监督检查任务时，必须出示有效的行政执法证件；对涉及被检查单位的技术秘密和业务秘密，应当为其保密。

第六十八条 安全生产监督检查人员应当将检查的时间、地点、内容、发现的问题及其处理情况，作出书面记录，并由检查人员和被检查单位的负责人签字；被检查单位的负责人拒绝签字的，检查人员应当将情况记录在案，并向负有安全生产监督管理职责的部门报告。

第六十九条 负有安全生产监督管理职责的部门在监督检查中，应当互相配合，实行联合检查；确需分别进行检查的，应当互通情况，发现存在的安全问题应当由其他有关部门进行处理的，应当及时移送其他有关部门并形成记录备查，接受移送的部门应当及时进行处理。

第七十条 负有安全生产监督管理职责的部门依法对存在重大事故隐患的生产经营单位作出停产停业、停止施工、停止使用相关设施或者设备的决定，生产经营单位应当依法执行，及时消除事故隐患。生产经营单位拒不执行，有发生生产安全事故的现实危险的，在保证安全的前提下，经本部门主要负责人批准，负有安全生产监督管理职责的部门可以采取通知有关单位停止供电、停止供应民用爆炸物品等措施，强制生产经营单位履行决定。通知应当采用书面形式，有关单位应当予以配合。

负有安全生产监督管理职责的部门依照前款规定采取停止供电措施，除有危及生产安全的紧急情形外，应当提前二十四小时通知生产经营单位。生产经营单位依法履行行政决定、采取相应措施消除事故隐患的，负有安全生产监督管理职责的部门应当及时解除前款规定的措施。

第七十一条 监察机关依照监察法的规定，对负有安全生产监督管理职责的部门及其工作人员履行安全生产监督管理职责实施监察。

第七十二条 承担安全评价、认证、检测、检验职责的机构应当具备国家规定的资质条件，并对其作出的安全评价、认证、检测、检验结果的合法性、真实性负责。资质条件由国务院应急管理部门会同国务院有关部门制定。

承担安全评价、认证、检测、检验职责的机构应当建立并实施服务公开和报告公开制度，不得租借资质、挂靠、出具虚假报告。

第七十三条 负有安全生产监督管理职责的部门应当建立举报制度，公开举报电话、信箱或者电子邮件地址等网络举报平台，受理有关安全生产的举报；受理的举报事项经调查核实后，应当形成书面材料；需要落实整改措施的，报经有关负责人签字并督促落实。对不属于本部门职责，需要由其他有关部门进行调查处理的，转交其他有关部门处理。

涉及人员死亡的举报事项，应当由县级以上人民政府组织核查处理。

第七十四条 任何单位或者个人对事故隐患或者安全生产违法行为，均有权向负有安全生产监督管理职责的部门报告或者举报。

因安全生产违法行为造成重大事故隐患或者导致重大事故，致使国家利益或者社会公共利益受到侵害的，人民检察院可以根据民事诉讼法、行政诉讼法的相关规定提起公益诉讼。

第七十五条 居民委员会、村民委员会发现其所在区域内的生产经营单位存在事故隐患或者安全生产违法行为时，应当向当地人民政府或者有关部门报告。

第七十六条 县级以上各级人民政府及

其有关部门对报告重大事故隐患或者举报安全生产违法行为的有功人员，给予奖励。具体奖励办法由国务院应急管理部门会同国务院财政部门制定。

第七十七条　新闻、出版、广播、电影、电视等单位有进行安全生产公益宣传教育的义务，有对违反安全生产法律、法规的行为进行舆论监督的权利。

第七十八条　负有安全生产监督管理职责的部门应当建立安全生产违法行为信息库，如实记录生产经营单位及其有关从业人员的安全生产违法行为信息；对违法行为情节严重的生产经营单位及其有关从业人员，应当及时向社会公告，并通报行业主管部门、投资主管部门、自然资源主管部门、生态环境主管部门、证券监督管理机构以及有关金融机构。有关部门和机构应当对存在失信行为的生产经营单位及其有关从业人员采取加大执法检查频次、暂停项目审批、上调有关保险费率、行业或者职业禁入等联合惩戒措施，并向社会公示。

负有安全生产监督管理职责的部门应当加强对生产经营单位行政处罚信息的及时归集、共享、应用和公开，对生产经营单位作出处罚决定后七个工作日内在监督管理部门公示系统予以公开曝光，强化对违法失信生产经营单位及其有关从业人员的社会监督，提高全社会安全生产诚信水平。

第五章　生产安全事故的应急救援与调查处理

第七十九条　国家加强生产安全事故应急能力建设，在重点行业、领域建立应急救援基地和应急救援队伍，并由国家安全生产应急救援机构统一协调指挥；鼓励生产经营单位和其他社会力量建立应急救援队伍，配备相应的应急救援装备和物资，提高应急救援的专业化水平。

国务院应急管理部门牵头建立全国统一的生产安全事故应急救援信息系统，国务院交通运输、住房和城乡建设、水利、民航等有关部门和县级以上地方人民政府建立健全相关行业、领域、地区的生产安全事故应急救援信息系统，实现互联互通、信息共享，通过推行网上安全信息采集、安全监管和监测预警，提升监管的精准化、智能化水平。

第八十条　县级以上地方各级人民政府应当组织有关部门制定本行政区域内生产安全事故应急救援预案，建立应急救援体系。

乡镇人民政府和街道办事处，以及开发区、工业园区、港区、风景区等应当制定相应的生产安全事故应急救援预案，协助人民政府有关部门或者按照授权依法履行生产安全事故应急救援工作职责。

第八十一条　生产经营单位应当制定本单位生产安全事故应急救援预案，与所在地县级以上地方人民政府组织制定的生产安全事故应急救援预案相衔接，并定期组织演练。

第八十二条　危险物品的生产、经营、储存单位以及矿山、金属冶炼、城市轨道交通运营、建筑施工单位应当建立应急救援组织；生产经营规模较小的，可以不建立应急救援组织，但应当指定兼职的应急救援人员。

危险物品的生产、经营、储存、运输单位以及矿山、金属冶炼、城市轨道交通运营、建筑施工单位应当配备必要的应急救援器材、设备和物资，并进行经常性维护、保养，保证正常运转。

第八十三条　生产经营单位发生生产安全事故后，事故现场有关人员应当立即报告本单位负责人。

单位负责人接到事故报告后，应当迅速采取有效措施，组织抢救，防止事故扩大，减少人员伤亡和财产损失，并按照国家有关规定立即如实报告当地负有安全生产监督管理职责的部门，不得隐瞒不报、谎报或者迟报，不得故意破坏事故现场、毁灭有关证据。

第八十四条 负有安全生产监督管理职责的部门接到事故报告后，应当立即按照国家有关规定上报事故情况。负有安全生产监督管理职责的部门和有关地方人民政府对事故情况不得隐瞒不报、谎报或者迟报。

第八十五条 有关地方人民政府和负有安全生产监督管理职责的部门的负责人接到生产安全事故报告后，应当按照生产安全事故应急救援预案的要求立即赶到事故现场，组织事故抢救。

参与事故抢救的部门和单位应当服从统一指挥，加强协同联动，采取有效的应急救援措施，并根据事故救援的需要采取警戒、疏散等措施，防止事故扩大和次生灾害的发生，减少人员伤亡和财产损失。

事故抢救过程中应当采取必要措施，避免或者减少对环境造成的危害。

任何单位和个人都应当支持、配合事故抢救，并提供一切便利条件。

第八十六条 事故调查处理应当按照科学严谨、依法依规、实事求是、注重实效的原则，及时、准确地查清事故原因，查明事故性质和责任，评估应急处置工作，总结事故教训，提出整改措施，并对事故责任单位和人员提出处理建议。事故调查报告应当依法及时向社会公布。事故调查和处理的具体办法由国务院制定。

事故发生单位应当及时全面落实整改措施，负有安全生产监督管理职责的部门应当加强监督检查。

负责事故调查处理的国务院有关部门和地方人民政府应当在批复事故调查报告后一年内，组织有关部门对事故整改和防范措施落实情况进行评估，并及时向社会公开评估结果；对不履行职责导致事故整改和防范措施没有落实的有关单位和人员，应当按照有关规定追究责任。

第八十七条 生产经营单位发生生产安全事故，经调查确定为责任事故的，除了应当查明事故单位的责任并依法予以追究外，还应当查明对安全生产的有关事项负有审查批准和监督职责的行政部门的责任，对有失职、渎职行为的，依照本法第九十条的规定追究法律责任。

第八十八条 任何单位和个人不得阻挠和干涉对事故的依法调查处理。

第八十九条 县级以上地方各级人民政府应急管理部门应当定期统计分析本行政区域内发生生产安全事故的情况，并定期向社会公布。

第六章　法律责任

第九十条 负有安全生产监督管理职责的部门的工作人员，有下列行为之一的，给予降级或者撤职的处分；构成犯罪的，依照刑法有关规定追究刑事责任：

（一）对不符合法定安全生产条件的涉及安全生产的事项予以批准或者验收通过的；

（二）发现未依法取得批准、验收的单位擅自从事有关活动或者接到举报后不予取缔或者不依法予以处理的；

（三）对已经依法取得批准的单位不履行监督管理职责，发现其不再具备安全生产条件而不撤销原批准或者发现安全生产违法行为不予查处的；

（四）在监督检查中发现重大事故隐患，不依法及时处理的。

负有安全生产监督管理职责的部门的工作人员有前款规定以外的滥用职权、玩忽职守、徇私舞弊行为的，依法给予处分；构成犯罪的，依照刑法有关规定追究刑事责任。

第九十一条 负有安全生产监督管理职责的部门，要求被审查、验收的单位购买其指定的安全设备、器材或者其他产品的，在对安全生产事项的审查、验收中收取费用的，由其上级机关或者监察机关责令改正，责令退还收取的费用；情节严重的，对直接负责的主管人员和其他直接责任人员依法给予处分。

第九十二条 承担安全评价、认证、检测、检验职责的机构出具失实报告的，责令停业整顿，并处三万元以上十万元以下的罚款；给他人造成损害的，依法承担赔偿责任。

承担安全评价、认证、检测、检验职责的机构租借资质、挂靠、出具虚假报告的，没收违法所得；违法所得在十万元以上的，并处违法所得二倍以上五倍以下的罚款，没有违法所得或者违法所得不足十万元的，单处或者并处十万元以上二十万元以下的罚款；对其直接负责的主管人员和其他直接责任人员处五万元以上十万元以下的罚款；给他人造成损害的，与生产经营单位承担连带赔偿责任；构成犯罪的，依照刑法有关规定追究刑事责任。

对有前款违法行为的机构及其直接责任人员，吊销其相应资质和资格，五年内不得从事安全评价、认证、检测、检验等工作；情节严重的，实行终身行业和职业禁入。

第九十三条 生产经营单位的决策机构、主要负责人或者个人经营的投资人不依照本法规定保证安全生产所必需的资金投入，致使生产经营单位不具备安全生产条件的，责令限期改正，提供必需的资金；逾期未改正的，责令生产经营单位停产停业整顿。

有前款违法行为，导致发生生产安全事故的，对生产经营单位的主要负责人给予撤职处分，对个人经营的投资人处二万元以上二十万元以下的罚款；构成犯罪的，依照刑法有关规定追究刑事责任。

第九十四条 生产经营单位的主要负责人未履行本法规定的安全生产管理职责的，责令限期改正，处二万元以上五万元以下的罚款；逾期未改正的，处五万元以上十万元以下的罚款，责令生产经营单位停产停业整顿。

生产经营单位的主要负责人有前款违法行为，导致发生生产安全事故的，给予撤职处分；构成犯罪的，依照刑法有关规定追究刑事责任。

生产经营单位的主要负责人依照前款规定受刑事处罚或者撤职处分的，自刑罚执行完毕或者受处分之日起，五年内不得担任任何生产经营单位的主要负责人；对重大、特别重大生产安全事故负有责任的，终身不得担任本行业生产经营单位的主要负责人。

第九十五条 生产经营单位的主要负责人未履行本法规定的安全生产管理职责，导致发生生产安全事故的，由应急管理部门依照下列规定处以罚款：

（一）发生一般事故的，处上一年年收入百分之四十的罚款；

（二）发生较大事故的，处上一年年收入百分之六十的罚款；

（三）发生重大事故的，处上一年年收入百分之八十的罚款；

（四）发生特别重大事故的，处上一年年收入百分之一百的罚款。

第九十六条 生产经营单位的其他负责人和安全生产管理人员未履行本法规定的安全生产管理职责的，责令限期改正，处一万元以上三万元以下的罚款；导致发生生产安全事故的，暂停或者吊销其与安全生产有关的资格，并处上一年年收入百分之二十以上百分之五十以下的罚款；构成犯罪的，依照刑法有关规定追究刑事责任。

第九十七条 生产经营单位有下列行为之一的，责令限期改正，处十万元以下的罚款；逾期未改正的，责令停产停业整顿，并处十万元以上二十万元以下的罚款，对其直接负责的主管人员和其他直接责任人员处二万元以上五万元以下的罚款：

（一）未按照规定设置安全生产管理机构或者配备安全生产管理人员、注册安全工程师的；

（二）危险物品的生产、经营、储存、装卸单位以及矿山、金属冶炼、建筑施工、运输单位的主要负责人和安全生产管理人员未按照规定经考核合格的；

（三）未按照规定对从业人员、被派遣劳动者、实习学生进行安全生产教育和培训，或者未按照规定如实告知有关的安全生产事项的；

（四）未如实记录安全生产教育和培训情况的；

（五）未将事故隐患排查治理情况如实记录或者未向从业人员通报的；

（六）未按照规定制定生产安全事故应急救援预案或者未定期组织演练的；

（七）特种作业人员未按照规定经专门的安全作业培训并取得相应资格，上岗作业的。

第九十八条 生产经营单位有下列行为之一的，责令停止建设或者停产停业整顿，限期改正，并处十万元以上五十万元以下的罚款，对其直接负责的主管人员和其他直接责任人员处二万元以上五万元以下的罚款；逾期未改正的，处五十万元以上一百万元以下的罚款，对其直接负责的主管人员和其他直接责任人员处五万元以上十万元以下的罚款；构成犯罪的，依照刑法有关规定追究刑事责任：

（一）未按照规定对矿山、金属冶炼建设项目或者用于生产、储存、装卸危险物品的建设项目进行安全评价的；

（二）矿山、金属冶炼建设项目或者用于生产、储存、装卸危险物品的建设项目没有安全设施设计或者安全设施设计未按照规定报经有关部门审查同意的；

（三）矿山、金属冶炼建设项目或者用于生产、储存、装卸危险物品的建设项目的施工单位未按照批准的安全设施设计施工的；

（四）矿山、金属冶炼建设项目或者用于生产、储存、装卸危险物品的建设项目竣工投入生产或者使用前，安全设施未经验收合格的。

第九十九条 生产经营单位有下列行为之一的，责令限期改正，处五万元以下的罚款；逾期未改正的，处五万元以上二十万元以下的罚款，对其直接负责的主管人员和其他直接责任人员处一万元以上二万元以下的罚款；情节严重的，责令停产停业整顿；构成犯罪的，依照刑法有关规定追究刑事责任：

（一）未在有较大危险因素的生产经营场所和有关设施、设备上设置明显的安全警示标志的；

（二）安全设备的安装、使用、检测、改造和报废不符合国家标准或者行业标准的；

（三）未对安全设备进行经常性维护、保养和定期检测的；

（四）关闭、破坏直接关系生产安全的监控、报警、防护、救生设备、设施，或者篡改、隐瞒、销毁其相关数据、信息的；

（五）未为从业人员提供符合国家标准或者行业标准的劳动防护用品的；

（六）危险物品的容器、运输工具，以及涉及人身安全、危险性较大的海洋石油开采特种设备和矿山井下特种设备未经具有专业资质的机构检测、检验合格，取得安全使用证或者安全标志，投入使用的；

（七）使用应当淘汰的危及生产安全的工艺、设备的；

（八）餐饮等行业的生产经营单位使用燃气未安装可燃气体报警装置的。

第一百条 未经依法批准，擅自生产、经营、运输、储存、使用危险物品或者处置废弃危险物品的，依照有关危险物品安全管理的法律、行政法规的规定予以处罚；构成犯罪的，依照刑法有关规定追究刑事责任。

第一百零一条　生产经营单位有下列行为之一的，责令限期改正，处十万元以下的罚款；逾期未改正的，责令停产停业整顿，并处十万元以上二十万元以下的罚款，对其直接负责的主管人员和其他直接责任人员处二万元以上五万元以下的罚款；构成犯罪的，依照刑法有关规定追究刑事责任：

（一）生产、经营、运输、储存、使用危险物品或者处置废弃危险物品，未建立专门安全管理制度、未采取可靠的安全措施的；

（二）对重大危险源未登记建档，未进行定期检测、评估、监控，未制定应急预案，或者未告知应急措施的；

（三）进行爆破、吊装、动火、临时用电以及国务院应急管理部门会同国务院有关部门规定的其他危险作业，未安排专门人员进行现场安全管理的；

（四）未建立安全风险分级管控制度或者未按照安全风险分级采取相应管控措施的；

（五）未建立事故隐患排查治理制度，或者重大事故隐患排查治理情况未按照规定报告的。

第一百零二条　生产经营单位未采取措施消除事故隐患的，责令立即消除或者限期消除，处五万元以下的罚款；生产经营单位拒不执行的，责令停产停业整顿，对其直接负责的主管人员和其他直接责任人员处五万元以上十万元以下的罚款；构成犯罪的，依照刑法有关规定追究刑事责任。

第一百零三条　生产经营单位将生产经营项目、场所、设备发包或者出租给不具备安全生产条件或者相应资质的单位或者个人的，责令限期改正，没收违法所得；违法所得十万元以上的，并处违法所得二倍以上五倍以下的罚款；没有违法所得或者违法所得不足十万元的，单处或者并处十万元以上二十万元以下的罚款；对其直接负责的主管人员和其他直接责任人员处一万元以上二万元以下的罚款；导致发生生产安全事故给他人造成损害的，与承包方、承租方承担连带赔偿责任。

生产经营单位未与承包单位、承租单位签订专门的安全生产管理协议或者未在承包合同、租赁合同中明确各自的安全生产管理职责，或者未对承包单位、承租单位的安全生产统一协调、管理的，责令限期改正，处五万元以下的罚款，对其直接负责的主管人员和其他直接责任人员处一万元以下的罚款；逾期未改正的，责令停产停业整顿。

矿山、金属冶炼建设项目和用于生产、储存、装卸危险物品的建设项目的施工单位未按照规定对施工项目进行安全管理的，责令限期改正，处十万元以下的罚款，对其直接负责的主管人员和其他直接责任人员处二万元以下的罚款；逾期未改正的，责令停产停业整顿。以上施工单位倒卖、出租、出借、挂靠或者以其他形式非法转让施工资质的，责令停产停业整顿，吊销资质证书，没收违法所得；违法所得十万元以上的，并处违法所得二倍以上五倍以下的罚款，没有违法所得或者违法所得不足十万元的，单处或者并处十万元以上二十万元以下的罚款；对其直接负责的主管人员和其他直接责任人员处五万元以上十万元以下的罚款；构成犯罪的，依照刑法有关规定追究刑事责任。

第一百零四条　两个以上生产经营单位在同一作业区域内进行可能危及对方安全生产的生产经营活动，未签订安全生产管理协议或者未指定专职安全生产管理人员进行安全检查与协调的，责令限期改正，处五万元以下的罚款，对其直接负责的主管人员和其他直接责任人员处一万元以下的罚款；逾期未改正的，责令停产停业。

第一百零五条 生产经营单位有下列行为之一的，责令限期改正，处五万元以下的罚款，对其直接负责的主管人员和其他直接责任人员处一万元以下的罚款；逾期未改正的，责令停产停业整顿；构成犯罪的，依照刑法有关规定追究刑事责任：

（一）生产、经营、储存、使用危险物品的车间、商店、仓库与员工宿舍在同一座建筑内，或者与员工宿舍的距离不符合安全要求的；

（二）生产经营场所和员工宿舍未设有符合紧急疏散需要、标志明显、保持畅通的出口、疏散通道，或者占用、锁闭、封堵生产经营场所或者员工宿舍出口、疏散通道的。

第一百零六条 生产经营单位与从业人员订立协议，免除或者减轻其对从业人员因生产安全事故伤亡依法应承担的责任的，该协议无效；对生产经营单位的主要负责人、个人经营的投资人处二万元以上十万元以下的罚款。

第一百零七条 生产经营单位的从业人员不落实岗位安全责任，不服从管理，违反安全生产规章制度或者操作规程的，由生产经营单位给予批评教育，依照有关规章制度给予处分；构成犯罪的，依照刑法有关规定追究刑事责任。

第一百零八条 违反本法规定，生产经营单位拒绝、阻碍负有安全生产监督管理职责的部门依法实施监督检查的，责令改正；拒不改正的，处二万元以上二十万元以下的罚款；对其直接负责的主管人员和其他直接责任人员处一万元以上二万元以下的罚款；构成犯罪的，依照刑法有关规定追究刑事责任。

第一百零九条 高危行业、领域的生产经营单位未按照国家规定投保安全生产责任保险的，责令限期改正，处五万元以上十万元以下的罚款；逾期未改正的，处十万元以上二十万元以下的罚款。

第一百一十条 生产经营单位的主要负责人在本单位发生生产安全事故时，不立即组织抢救或者在事故调查处理期间擅离职守或者逃匿的，给予降级、撤职的处分，并由应急管理部门处上一年年收入百分之六十至百分之一百的罚款；对逃匿的处十五日以下拘留；构成犯罪的，依照刑法有关规定追究刑事责任。

生产经营单位的主要负责人对生产安全事故隐瞒不报、谎报或者迟报的，依照前款规定处罚。

第一百一十一条 有关地方人民政府、负有安全生产监督管理职责的部门，对生产安全事故隐瞒不报、谎报或者迟报的，对直接负责的主管人员和其他直接责任人员依法给予处分；构成犯罪的，依照刑法有关规定追究刑事责任。

第一百一十二条 生产经营单位违反本法规定，被责令改正且受到罚款处罚，拒不改正的，负有安全生产监督管理职责的部门可以自作出责令改正之日的次日起，按照原处罚数额按日连续处罚。

第一百一十三条 生产经营单位存在下列情形之一的，负有安全生产监督管理职责的部门应当提请地方人民政府予以关闭，有关部门应当依法吊销其有关证照。生产经营单位主要负责人五年内不得担任任何生产经营单位的主要负责人；情节严重的，终身不得担任本行业生产经营单位的主要负责人：

（一）存在重大事故隐患，一百八十日内三次或者一年内四次受到本法规定的行政处罚的；

（二）经停产停业整顿，仍不具备法律、行政法规和国家标准或者行业标准规定的安全生产条件的；

（三）不具备法律、行政法规和国家标准或者行业标准规定的安全生产条件，导致发生重大、特别重大生产安全事故的；

（四）拒不执行负有安全生产监督管理职责的部门作出的停产停业整顿决定的。

第一百一十四条　发生生产安全事故，对负有责任的生产经营单位除要求其依法承担相应的赔偿等责任外，由应急管理部门依照下列规定处以罚款：

（一）发生一般事故的，处三十万元以上一百万元以下的罚款；

（二）发生较大事故的，处一百万元以上二百万元以下的罚款；

（三）发生重大事故的，处二百万元以上一千万元以下的罚款；

（四）发生特别重大事故的，处一千万元以上二千万元以下的罚款。

发生生产安全事故，情节特别严重、影响特别恶劣的，应急管理部门可以按照前款罚款数额的二倍以上五倍以下对负有责任的生产经营单位处以罚款。

第一百一十五条　本法规定的行政处罚，由应急管理部门和其他负有安全生产监督管理职责的部门按照职责分工决定；其中，根据本法第九十五条、第一百一十条、第一百一十四条的规定应当给予民航、铁路、电力行业的生产经营单位及其主要负责人行政处罚的，也可以由主管的负有安全生产监督管理职责的部门进行处罚。予以关闭的行政处罚，由负有安全生产监督管理职责的部门报请县级以上人民政府按照国务院规定的权限决定；给予拘留的行政处罚，由公安机关依照治安管理处罚的规定决定。

第一百一十六条　生产经营单位发生生产安全事故造成人员伤亡、他人财产损失的，应当依法承担赔偿责任；拒不承担或者其负责人逃匿的，由人民法院依法强制执行。

生产安全事故的责任人未依法承担赔偿责任，经人民法院依法采取执行措施后，仍不能对受害人给予足额赔偿的，应当继续履行赔偿义务；受害人发现责任人有其他财产的，可以随时请求人民法院执行。

第七章　附　　则

第一百一十七条　本法下列用语的含义：

危险物品，是指易燃易爆物品、危险化学品、放射性物品等能够危及人身安全和财产安全的物品。

重大危险源，是指长期地或者临时地生产、搬运、使用或者储存危险物品，且危险物品的数量等于或者超过临界量的单元（包括场所和设施）。

第一百一十八条　本法规定的生产安全一般事故、较大事故、重大事故、特别重大事故的划分标准由国务院规定。

国务院应急管理部门和其他负有安全生产监督管理职责的部门应当根据各自的职责分工，制定相关行业、领域重大危险源的辨识标准和重大事故隐患的判定标准。

第一百一十九条　本法自2002年11月1日起施行。

中华人民共和国海上交通安全法

（1983年9月2日第六届全国人民代表大会常务委员会第二次会议通过；根据2016年11月7日第十二届全国人民代表大会常务委员会第二十四次会议《关于修改〈中华人民共和国对外贸易法〉等十二部法律的决定》修正；2021年4月29日第十三届全国人民代表大会常务委员会第二十八次会议修订）

第一章 总 则

第一条 为了加强海上交通管理，维护海上交通秩序，保障生命财产安全，维护国家权益，制定本法。

第二条 在中华人民共和国管辖海域内从事航行、停泊、作业以及其他与海上交通安全相关的活动，适用本法。

第三条 国家依法保障交通用海。

海上交通安全工作坚持安全第一、预防为主、便利通行、依法管理的原则，保障海上交通安全、有序、畅通。

第四条 国务院交通运输主管部门主管全国海上交通安全工作。

国家海事管理机构统一负责海上交通安全监督管理工作，其他各级海事管理机构按照职责具体负责辖区内的海上交通安全监督管理工作。

第五条 各级人民政府及有关部门应当支持海上交通安全工作，加强海上交通安全的宣传教育，提高全社会的海上交通安全意识。

第六条 国家依法保障船员的劳动安全和职业健康，维护船员的合法权益。

第七条 从事船舶、海上设施航行、停泊、作业以及其他与海上交通相关活动的单位、个人，应当遵守有关海上交通安全的法律、行政法规、规章以及强制性标准和技术规范；依法享有获得航海保障和海上救助的权利，承担维护海上交通安全和保护海洋生态环境的义务。

第八条 国家鼓励和支持先进科学技术在海上交通安全工作中的应用，促进海上交通安全现代化建设，提高海上交通安全科学技术水平。

第二章 船舶、海上设施和船员

第九条 中国籍船舶、在中华人民共和国管辖海域设置的海上设施、船运集装箱，以及国家海事管理机构确定的关系海上交通安全的重要船用设备、部件和材料，应当符合有关法律、行政法规、规章以及强制性标准和技术规范的要求，经船舶检验机构检验合格，取得相应证书、文书。证书、文书的清单由国家海事管理机构制定并公布。

设立船舶检验机构应当经国家海事管理机构许可。船舶检验机构设立条件、程序及其管理等依照有关船舶检验的法律、行政法规的规定执行。

持有相关证书、文书的单位应当按照规定的用途使用船舶、海上设施、船运集装箱以及重要船用设备、部件和材料，并应当依法定期进行安全技术检验。

第十条 船舶依照有关船舶登记的法律、行政法规的规定向海事管理机构申请船舶国籍登记、取得国籍证书后，方可悬挂中华人民共和国国旗航行、停泊、作业。

中国籍船舶灭失或者报废的，船舶所有人应当在国务院交通运输主管部门规定的期限内申请办理注销国籍登记；船舶所有人逾期不申请注销国籍登记的，海事管理机构可以发布关于拟强制注销船舶国籍登记的公告。船舶所有人自公告发布之日起六十日内未提出异议的，海事管理机构可以注销该船舶的国籍登记。

第十一条　中国籍船舶所有人、经营人或者管理人应当建立并运行安全营运和防治船舶污染管理体系。

海事管理机构经对前款规定的管理体系审核合格的，发给符合证明和相应的船舶安全管理证书。

第十二条　中国籍国际航行船舶的所有人、经营人或者管理人应当依照国务院交通运输主管部门的规定建立船舶保安制度，制定船舶保安计划，并按照船舶保安计划配备船舶保安设备，定期开展演练。

第十三条　中国籍船员和海上设施上的工作人员应当接受海上交通安全以及相应岗位的专业教育、培训。

中国籍船员应当依照有关船员管理的法律、行政法规的规定向海事管理机构申请取得船员适任证书，并取得健康证明。

外国籍船员在中国籍船舶上工作的，按照有关船员管理的法律、行政法规的规定执行。

船员在船舶上工作，应当符合船员适任证书载明的船舶、航区、职务的范围。

第十四条　中国籍船舶的所有人、经营人或者管理人应当为其国际航行船舶向海事管理机构申请取得海事劳工证书。船舶取得海事劳工证书应当符合下列条件：

（一）所有人、经营人或者管理人依法招用船员，与其签订劳动合同或者就业协议，并为船舶配备符合要求的船员；

（二）所有人、经营人或者管理人已保障船员在船舶上的工作环境、职业健康保障和安全防护、工作和休息时间、工资报酬、生活条件、医疗条件、社会保险等符合国家有关规定；

（三）所有人、经营人或者管理人已建立符合要求的船员投诉和处理机制；

（四）所有人、经营人或者管理人已就船员遣返费用以及在船就业期间发生伤害、疾病或者死亡依法应当支付的费用提供相应的财务担保或者投保相应的保险。

海事管理机构商人力资源社会保障行政部门，按照各自职责对申请人及其船舶是否符合前款规定条件进行审核。经审核符合规定条件的，海事管理机构应当自受理申请之日起十个工作日内颁发海事劳工证书；不符合规定条件的，海事管理机构应当告知申请人并说明理由。

海事劳工证书颁发及监督检查的具体办法由国务院交通运输主管部门会同国务院人力资源社会保障行政部门制定并公布。

第十五条　海事管理机构依照有关船员管理的法律、行政法规的规定，对单位从事海船船员培训业务进行管理。

第十六条　国务院交通运输主管部门和其他有关部门、有关县级以上地方人民政府应当建立健全船员境外突发事件预警和应急处置机制，制定船员境外突发事件应急预案。

船员境外突发事件应急处置由船员派出单位所在地的省、自治区、直辖市人民政府负责，船员户籍所在地的省、自治区、直辖市人民政府予以配合。

中华人民共和国驻外国使馆、领馆和相关海事管理机构应当协助处置船员境外突发事件。

第十七条　本章第九条至第十二条、第十四条规定适用的船舶范围由有关法律、行政法规具体规定，或者由国务院交通运输主管部门拟定并报国务院批准后公布。

第三章 海上交通条件和航行保障

第十八条 国务院交通运输主管部门统筹规划和管理海上交通资源，促进海上交通资源的合理开发和有效利用。

海上交通资源规划应当符合国土空间规划。

第十九条 海事管理机构根据海域的自然状况、海上交通状况以及海上交通安全管理的需要，划定、调整并及时公布船舶定线区、船舶报告区、交通管制区、禁航区、安全作业区和港外锚地等海上交通功能区域。

海事管理机构划定或者调整船舶定线区、港外锚地以及对其他海洋功能区域或者用海活动造成影响的安全作业区，应当征求渔业渔政、生态环境、自然资源等有关部门的意见。为了军事需要划定、调整禁航区的，由负责划定、调整禁航区的军事机关作出决定，海事管理机构予以公布。

第二十条 建设海洋工程、海岸工程影响海上交通安全的，应当根据情况配备防止船舶碰撞的设施、设备并设置专用航标。

第二十一条 国家建立完善船舶定位、导航、授时、通信和远程监测等海上交通支持服务系统，为船舶、海上设施提供信息服务。

第二十二条 任何单位、个人不得损坏海上交通支持服务系统或者妨碍其工作效能。建设建筑物、构筑物，使用设施设备可能影响海上交通支持服务系统正常使用的，建设单位、所有人或者使用人应当与相关海上交通支持服务系统的管理单位协商，作出妥善安排。

第二十三条 国务院交通运输主管部门应当采取必要的措施，保障海上交通安全无线电通信设施的合理布局和有效覆盖，规划本系统（行业）海上无线电台（站）的建设布局和台址，核发船舶制式无线电台执照及电台识别码。

国务院交通运输主管部门组织本系统（行业）的海上无线电监测系统建设并对其无线电信号实施监测，会同国家无线电管理机构维护海上无线电波秩序。

第二十四条 船舶在中华人民共和国管辖海域内通信需要使用岸基无线电台（站）转接的，应当通过依法设置的境内海岸无线电台（站）或者卫星关口站进行转接。

承担无线电通信任务的船员和岸基无线电台（站）的工作人员应当遵守海上无线电通信规则，保持海上交通安全通信频道的值守和畅通，不得使用海上交通安全通信频率交流与海上交通安全无关的内容。

任何单位、个人不得违反国家有关规定使用无线电台识别码，影响海上搜救的身份识别。

第二十五条 天文、气象、海洋等有关单位应当及时预报、播发和提供航海天文、世界时、海洋气象、海浪、海流、潮汐、冰情等信息。

第二十六条 国务院交通运输主管部门统一布局、建设和管理公用航标。海洋工程、海岸工程的建设单位、所有人或者经营人需要设置、撤除专用航标，移动专用航标位置或者改变航标灯光、功率等的，应当报经海事管理机构同意。需要设置临时航标的，应当符合海事管理机构确定的航标设置点。

自然资源主管部门依法保障航标设施和装置的用地、用海、用岛，并依法为其办理有关手续。

航标的建设、维护、保养应当符合有关强制性标准和技术规范的要求。航标维护单位和专用航标的所有人应当对航标进行巡查和维护保养，保证航标处于良好适用状态。航标发生位移、损坏、灭失的，航标维护单位或者专用航标的所有人应当及时予以恢复。

第二十七条　任何单位、个人发现下列情形之一的，应当立即向海事管理机构报告；涉及航道管理机构职责或者专用航标的，海事管理机构应当及时通报航道管理机构或者专用航标的所有人：

（一）助航标志或者导航设施位移、损坏、灭失；

（二）有妨碍海上交通安全的沉没物、漂浮物、搁浅物或者其他碍航物；

（三）其他妨碍海上交通安全的异常情况。

第二十八条　海事管理机构应当依据海上交通安全管理的需要，就具有紧迫性、危险性的情况发布航行警告，就其他影响海上交通安全的情况发布航行通告。

海事管理机构应当将航行警告、航行通告，以及船舶定线区的划定、调整情况通报海军航海保证部门，并及时提供有关资料。

第二十九条　海事管理机构应当及时向船舶、海上设施播发海上交通安全信息。

船舶、海上设施在定线区、交通管制区或者通航船舶密集的区域航行、停泊、作业时，海事管理机构应当根据其请求提供相应的安全信息服务。

第三十条　下列船舶在国务院交通运输主管部门划定的引航区内航行、停泊或者移泊的，应当向引航机构申请引航：

（一）外国籍船舶，但国务院交通运输主管部门经报国务院批准后规定可以免除的除外；

（二）核动力船舶、载运放射性物质的船舶、超大型油轮；

（三）可能危及港口安全的散装液化气船、散装危险化学品船；

（四）长、宽、高接近相应航道通航条件限值的船舶。

前款第三项、第四项船舶的具体标准，由有关海事管理机构根据港口实际情况制定并公布。

船舶自愿申请引航的，引航机构应当提供引航服务。

第三十一条　引航机构应当及时派遣具有相应能力、经验的引航员为船舶提供引航服务。

引航员应当根据引航机构的指派，在规定的水域登离被引领船舶，安全谨慎地执行船舶引航任务。被引领船舶应当配备符合规定的登离装置，并保障引航员在登离船舶及在船上引航期间的安全。

引航员引领船舶时，不解除船长指挥和管理船舶的责任。

第三十二条　国务院交通运输主管部门根据船舶、海上设施和港口面临的保安威胁情形，确定并及时发布保安等级。船舶、海上设施和港口应当根据保安等级采取相应的保安措施。

第四章　航行、停泊、作业

第三十三条　船舶航行、停泊、作业，应当持有有效的船舶国籍证书及其他法定证书、文书，配备依照有关规定出版的航海图书资料，悬挂相关国家、地区或者组织的旗帜，标明船名、船舶识别号、船籍港、载重线标志。

船舶应当满足最低安全配员要求，配备持有合格有效证书的船员。

海上设施停泊、作业，应当持有法定证书、文书，并按规定配备掌握避碰、信号、通信、消防、救生等专业技能的人员。

第三十四条　船长应当在船舶开航前检查并在开航时确认船员适任、船舶适航、货物适载，并了解气象和海况信息以及海事管理机构发布的航行通告、航行警告及其他警示信息，落实相应的应急措施，不得冒险开航。

船舶所有人、经营人或者管理人不得指

使、强令船员违章冒险操作、作业。

第三十五条 船舶应当在其船舶检验证书载明的航区内航行、停泊、作业。

船舶航行、停泊、作业时，应当遵守相关航行规则，按照有关规定显示信号、悬挂标志，保持足够的富余水深。

第三十六条 船舶在航行中应当按照有关规定开启船舶的自动识别、航行数据记录、远程识别和跟踪、通信等与航行安全、保安、防治污染相关的装置，并持续进行显示和记录。

任何单位、个人不得拆封、拆解、初始化、再设置航行数据记录装置或者读取其记录的信息，但法律、行政法规另有规定的除外。

第三十七条 船舶应当配备航海日志、轮机日志、无线电记录簿等航行记录，按照有关规定全面、真实、及时记录涉及海上交通安全的船舶操作以及船舶航行、停泊、作业中的重要事件，并妥善保管相关记录簿。

第三十八条 船长负责管理和指挥船舶。在保障海上生命安全、船舶保安和防治船舶污染方面，船长有权独立作出决定。

船长应当采取必要的措施，保护船舶、在船人员、船舶航行文件、货物以及其他财产的安全。船长在其职权范围内发布的命令，船员、乘客及其他在船人员应当执行。

第三十九条 为了保障船舶和在船人员的安全，船长有权在职责范围内对涉嫌在船上进行违法犯罪活动的人员采取禁闭或者其他必要的限制措施，并防止其隐匿、毁灭、伪造证据。

船长采取前款措施，应当制作案情报告书，由其和两名以上在船人员签字。中国籍船舶抵达我国港口后，应当及时将相关人员移送有关主管部门。

第四十条 发现在船人员患有或者疑似患有严重威胁他人健康的传染病的，船长应当立即启动相应的应急预案，在职责范围内对相关人员采取必要的隔离措施，并及时报告有关主管部门。

第四十一条 船长在航行中死亡或者因故不能履行职责的，应当由驾驶员中职务最高的人代理船长职务；船舶在下一个港口开航前，其所有人、经营人或者管理人应当指派新船长接任。

第四十二条 船员应当按照有关航行、值班的规章制度和操作规程以及船长的指令操纵、管理船舶，保持安全值班，不得擅离职守。船员履行在船值班职责前和值班期间，不得摄入可能影响安全值班的食品、药品或者其他物品。

第四十三条 船舶进出港口、锚地或者通过桥区水域、海峡、狭水道、重要渔业水域、通航船舶密集的区域、船舶定线区、交通管制区，应当加强瞭望、保持安全航速，并遵守前述区域的特殊航行规则。

前款所称重要渔业水域由国务院渔业渔政主管部门征求国务院交通运输主管部门意见后划定并公布。

船舶穿越航道不得妨碍航道内船舶的正常航行，不得抢越他船船艏。超过桥梁通航尺度的船舶禁止进入桥区水域。

第四十四条 船舶不得违反规定进入或者穿越禁航区。

船舶进出船舶报告区，应当向海事管理机构报告船位和动态信息。

在安全作业区、港外锚地范围内，禁止从事养殖、种植、捕捞以及其他影响海上交通安全的作业或者活动。

第四十五条 船舶载运或者拖带超长、超高、超宽、半潜的船舶、海上设施或者其他物体航行，应当采取拖拽部位加强、护航等特殊的安全保障措施，在开航前向海事管理机构报告航行计划，并按有关规定显示信号、悬挂标志；拖带移动式平台、浮船坞等大型海上设施的，还应当依法交验船舶检验机构出具的拖航检验证书。

第四十六条　国际航行船舶进出口岸，应当依法向海事管理机构申请许可并接受海事管理机构及其他口岸查验机构的监督检查。海事管理机构应当自受理申请之日起五个工作日内作出许可或者不予许可的决定。

外国籍船舶临时进入非对外开放水域，应当依照国务院关于船舶进出口岸的规定取得许可。

国内航行船舶进出港口、港外装卸站，应当向海事管理机构报告船舶的航次计划、适航状态、船员配备和客货载运等情况。

第四十七条　船舶应当在符合安全条件的码头、泊位、装卸站、锚地、安全作业区停泊。船舶停泊不得危及其他船舶、海上设施的安全。

船舶进出港口、港外装卸站，应当符合靠泊条件和关于潮汐、气象、海况等航行条件的要求。

超长、超高、超宽的船舶或者操纵能力受到限制的船舶进出港口、港外装卸站可能影响海上交通安全的，海事管理机构应当对船舶进出港安全条件进行核查，并可以要求船舶采取加配拖轮、乘潮进港等相应的安全措施。

第四十八条　在中华人民共和国管辖海域内进行施工作业，应当经海事管理机构许可，并核定相应安全作业区。取得海上施工作业许可，应当符合下列条件：

（一）施工作业的单位、人员、船舶、设施符合安全航行、停泊、作业的要求；

（二）有施工作业方案；

（三）有符合海上交通安全和防治船舶污染海洋环境要求的保障措施、应急预案和责任制度。

从事施工作业的船舶应当在核定的安全作业区内作业，并落实海上交通安全管理措施。其他无关船舶、海上设施不得进入安全作业区。

在港口水域内进行采掘、爆破等可能危及港口安全的作业，适用港口管理的法律规定。

第四十九条　从事体育、娱乐、演练、试航、科学观测等水上水下活动，应当遵守海上交通安全管理规定；可能影响海上交通安全的，应当提前十个工作日将活动涉及的海域范围报告海事管理机构。

第五十条　海上施工作业或者水上水下活动结束后，有关单位、个人应当及时消除可能妨碍海上交通安全的隐患。

第五十一条　碍航物的所有人、经营人或者管理人应当按照有关强制性标准和技术规范的要求及时设置警示标志，向海事管理机构报告碍航物的名称、形状、尺寸、位置和深度，并在海事管理机构限定的期限内打捞清除。碍航物的所有人放弃所有权的，不免除其打捞清除义务。

不能确定碍航物的所有人、经营人或者管理人的，海事管理机构应当组织设置标志、打捞或者采取相应措施，发生的费用纳入部门预算。

第五十二条　有下列情形之一，对海上交通安全有较大影响的，海事管理机构应当根据具体情况采取停航、限速或者划定交通管制区等相应交通管制措施并向社会公告：

（一）天气、海况恶劣；

（二）发生影响航行的海上险情或者海上交通事故；

（三）进行军事训练、演习或者其他相关活动；

（四）开展大型水上水下活动；

（五）特定海域通航密度接近饱和；

（六）其他对海上交通安全有较大影响的情形。

第五十三条　国务院交通运输主管部门为维护海上交通安全、保护海洋环境，可以会同有关主管部门采取必要措施，防止和制止外国籍船舶在领海的非无害通过。

第五十四条 下列外国籍船舶进出中华人民共和国领海，应当向海事管理机构报告：

（一）潜水器；

（二）核动力船舶；

（三）载运放射性物质或者其他有毒有害物质的船舶；

（四）法律、行政法规或者国务院规定的可能危及中华人民共和国海上交通安全的其他船舶。

前款规定的船舶通过中华人民共和国领海，应当持有有关证书，采取符合中华人民共和国法律、行政法规和规章规定的特别预防措施，并接受海事管理机构的指令和监督。

第五十五条 除依照本法规定获得进入口岸许可外，外国籍船舶不得进入中华人民共和国内水；但是，因人员病急、机件故障、遇难、避风等紧急情况未及获得许可的可以进入。

外国籍船舶因前款规定的紧急情况进入中华人民共和国内水的，应当在进入的同时向海事管理机构紧急报告，接受海事管理机构的指令和监督。海事管理机构应当及时通报管辖海域的海警机构、就近的出入境边防检查机关和当地公安机关、海关等其他主管部门。

第五十六条 中华人民共和国军用船舶执行军事任务、公务船舶执行公务，遇有紧急情况，在保证海上交通安全的前提下，可以不受航行、停泊、作业有关规则的限制。

第五章 海上客货运输安全

第五十七条 除进行抢险或者生命救助外，客船应当按照船舶检验证书核定的载客定额载运乘客，货船载运货物应当符合船舶检验证书核定的载重线和载货种类，不得载运乘客。

第五十八条 客船载运乘客不得同时载运危险货物。

乘客不得随身携带或者在行李中夹带法律、行政法规或者国务院交通运输主管部门规定的危险物品。

第五十九条 客船应当在显著位置向乘客明示安全须知，设置安全标志和警示，并向乘客介绍救生用具的使用方法以及在紧急情况下应当采取的应急措施。乘客应当遵守安全乘船要求。

第六十条 海上渡口所在地的县级以上地方人民政府应当建立健全渡口安全管理责任制，制定海上渡口的安全管理办法，监督、指导海上渡口经营者落实安全主体责任，维护渡运秩序，保障渡运安全。

海上渡口的渡运线路由渡口所在地的县级以上地方人民政府交通运输主管部门会同海事管理机构划定。渡船应当按照划定的线路安全渡运。

遇有恶劣天气、海况，县级以上地方人民政府或者其指定的部门应当发布停止渡运的公告。

第六十一条 船舶载运货物，应当按照有关法律、行政法规、规章以及强制性标准和技术规范的要求安全装卸、积载、隔离、系固和管理。

第六十二条 船舶载运危险货物，应当持有有效的危险货物适装证书，并根据危险货物的特性和应急措施的要求，编制危险货物应急处置预案，配备相应的消防、应急设备和器材。

第六十三条 托运人托运危险货物，应当将其正式名称、危险性质以及应当采取的防护措施通知承运人，并按照有关法律、行政法规、规章以及强制性标准和技术规范的要求妥善包装，设置明显的危险品标志和标签。

托运人不得在托运的普通货物中夹带危险货物或者将危险货物谎报为普通货物

托运。

托运人托运的货物为国际海上危险货物运输规则和国家危险货物品名表上未列明但具有危险特性的货物的，托运人还应当提交有关专业机构出具的表明该货物危险特性以及应当采取的防护措施等情况的文件。

货物危险特性的判断标准由国家海事管理机构制定并公布。

第六十四条　船舶载运危险货物进出港口，应当符合下列条件，经海事管理机构许可，并向海事管理机构报告进出港口和停留的时间等事项：

（一）所载运的危险货物符合海上安全运输要求；

（二）船舶的装载符合所持有的证书、文书的要求；

（三）拟靠泊或者进行危险货物装卸作业的港口、码头、泊位具备有关法律、行政法规规定的危险货物作业经营资质。

海事管理机构应当自收到申请之时起二十四小时内作出许可或者不予许可的决定。

定船舶、定航线并且定货种的船舶可以申请办理一定期限内多次进出港口许可，期限不超过三十日。海事管理机构应当自收到申请之日起五个工作日内作出许可或者不予许可的决定。

海事管理机构予以许可的，应当通报港口行政管理部门。

第六十五条　船舶、海上设施从事危险货物运输或者装卸、过驳作业，应当编制作业方案，遵守有关强制性标准和安全作业操作规程，采取必要的预防措施，防止发生安全事故。

在港口水域外从事散装液体危险货物过驳作业的，还应当符合下列条件，经海事管理机构许可并核定安全作业区：

（一）拟进行过驳作业的船舶或者海上设施符合海上交通安全与防治船舶污染海洋环境的要求；

（二）拟过驳的货物符合安全过驳要求；

（三）参加过驳作业的人员具备法律、行政法规规定的过驳作业能力；

（四）拟作业水域及其底质、周边环境适宜开展过驳作业；

（五）过驳作业对海洋资源以及附近的军事目标、重要民用目标不构成威胁；

（六）有符合安全要求的过驳作业方案、安全保障措施和应急预案。

对单航次作业的船舶，海事管理机构应当自收到申请之时起二十四小时内作出许可或者不予许可的决定；对在特定水域多航次作业的船舶，海事管理机构应当自收到申请之日起五个工作日内作出许可或者不予许可的决定。

第六章　海上搜寻救助

第六十六条　海上遇险人员依法享有获得生命救助的权利。生命救助优先于环境和财产救助。

第六十七条　海上搜救工作应当坚持政府领导、统一指挥、属地为主、专群结合、就近快速的原则。

第六十八条　国家建立海上搜救协调机制，统筹全国海上搜救应急反应工作，研究解决海上搜救工作中的重大问题，组织协调重大海上搜救应急行动。协调机制由国务院有关部门、单位和有关军事机关组成。

中国海上搜救中心和有关地方人民政府设立的海上搜救中心或者指定的机构（以下统称海上搜救中心）负责海上搜救的组织、协调、指挥工作。

第六十九条　沿海县级以上地方人民政府应当安排必要的海上搜救资金，保障搜救工作的正常开展。

第七十条　海上搜救中心各成员单位应当在海上搜救中心统一组织、协调、指挥下，根据各自职责，承担海上搜救应急、抢险救灾、支持保障、善后处理等工作。

第七十一条 国家设立专业海上搜救队伍，加强海上搜救力量建设。专业海上搜救队伍应当配备专业搜救装备，建立定期演练和日常培训制度，提升搜救水平。

国家鼓励社会力量建立海上搜救队伍，参与海上搜救行动。

第七十二条 船舶、海上设施、航空器及人员在海上遇险的，应当立即报告海上搜救中心，不得瞒报、谎报海上险情。

船舶、海上设施、航空器及人员误发遇险报警信号的，除立即向海上搜救中心报告外，还应当采取必要措施消除影响。

其他任何单位、个人发现或者获悉海上险情的，应当立即报告海上搜救中心。

第七十三条 发生碰撞事故的船舶、海上设施，应当互通名称、国籍和登记港，在不严重危及自身安全的情况下尽力救助对方人员，不得擅自离开事故现场水域或者逃逸。

第七十四条 遇险的船舶、海上设施及其所有人、经营人或者管理人应当采取有效措施防止、减少生命财产损失和海洋环境污染。

船舶遇险时，乘客应当服从船长指挥，配合采取相关应急措施。乘客有权获知必要的险情信息。

船长决定弃船时，应当组织乘客、船员依次离船，并尽力抢救法定航行资料。船长应当最后离船。

第七十五条 船舶、海上设施、航空器收到求救信号或者发现有人遭遇生命危险的，在不严重危及自身安全的情况下，应当尽力救助遇险人员。

第七十六条 海上搜救中心接到险情报告后，应当立即进行核实，及时组织、协调、指挥政府有关部门、专业搜救队伍、社会有关单位等各方力量参加搜救，并指定现场指挥。参加搜救的船舶、海上设施、航空器及人员应当服从现场指挥，及时报告搜救动态和搜救结果。

搜救行动的中止、恢复、终止决定由海上搜救中心作出。未经海上搜救中心同意，参加搜救的船舶、海上设施、航空器及人员不得擅自退出搜救行动。

军队参加海上搜救，依照有关法律、行政法规的规定执行。

第七十七条 遇险船舶、海上设施、航空器或者遇险人员应当服从海上搜救中心和现场指挥的指令，及时接受救助。

遇险船舶、海上设施、航空器不配合救助的，现场指挥根据险情危急情况，可以采取相应救助措施。

第七十八条 海上事故或者险情发生后，有关地方人民政府应当及时组织医疗机构为遇险人员提供紧急医疗救助，为获救人员提供必要的生活保障，并组织有关方面采取善后措施。

第七十九条 在中华人民共和国缔结或者参加的国际条约规定由我国承担搜救义务的海域内开展搜救，依照本章规定执行。

中国籍船舶在中华人民共和国管辖海域以及海上搜救责任区域以外的其他海域发生险情的，中国海上搜救中心接到信息后，应当依据中华人民共和国缔结或者参加的国际条约的规定开展国际协作。

第七章　海上交通事故调查处理

第八十条 船舶、海上设施发生海上交通事故，应当及时向海事管理机构报告，并接受调查。

第八十一条 海上交通事故根据造成的损害后果分为特别重大事故、重大事故、较大事故和一般事故。事故等级划分的人身伤亡标准依照有关安全生产的法律、行政法规的规定确定；事故等级划分的直接经济损失标准，由国务院交通运输主管部门会同国务院有关部门根据海上交通事故中的特殊情况确定，报国务院批准后公布施行。

第八十二条　特别重大海上交通事故由国务院或者国务院授权的部门组织事故调查组进行调查，海事管理机构应当参与或者配合开展调查工作。

其他海上交通事故由海事管理机构组织事故调查组进行调查，有关部门予以配合。国务院认为有必要的，可以直接组织或者授权有关部门组织事故调查组进行调查。

海事管理机构进行事故调查，事故涉及执行军事运输任务的，应当会同有关军事机关进行调查；涉及渔业船舶的，渔业渔政主管部门、海警机构应当参与调查。

第八十三条　调查海上交通事故，应当全面、客观、公正、及时，依法查明事故事实和原因，认定事故责任。

第八十四条　海事管理机构可以根据事故调查处理需要拆封、拆解当事船舶的航行数据记录装置或者读取其记录的信息，要求船舶驶向指定地点或者禁止其离港，扣留船舶或者海上设施的证书、文书、物品、资料等并妥善保管。有关人员应当配合事故调查。

第八十五条　海上交通事故调查组应当自事故发生之日起九十日内提交海上交通事故调查报告；特殊情况下，经负责组织事故调查组的部门负责人批准，提交事故调查报告的期限可以适当延长，但延长期限最长不得超过九十日。事故技术鉴定所需时间不计入事故调查期限。

海事管理机构应当自收到海上交通事故调查报告之日起十五个工作日内作出事故责任认定书，作为处理海上交通事故的证据。

事故损失较小、事实清楚、责任明确的，可以依照国务院交通运输主管部门的规定适用简易调查程序。

海上交通事故调查报告、事故责任认定书应当依照有关法律、行政法规的规定向社会公开。

第八十六条　中国籍船舶在中华人民共和国管辖海域外发生海上交通事故的，应当及时向海事管理机构报告事故情况并接受调查。

外国籍船舶在中华人民共和国管辖海域外发生事故，造成中国公民重伤或者死亡的，海事管理机构根据中华人民共和国缔结或者参加的国际条约的规定参与调查。

第八十七条　船舶、海上设施在海上遭遇恶劣天气、海况以及意外事故，造成或者可能造成损害，需要说明并记录时间、海域以及所采取的应对措施等具体情况的，可以向海事管理机构申请办理海事声明签注。海事管理机构应当依照规定提供签注服务。

第八章　监督管理

第八十八条　海事管理机构对在中华人民共和国管辖海域内从事航行、停泊、作业以及其他与海上交通安全相关的活动，依法实施监督检查。

海事管理机构依照中华人民共和国法律、行政法规以及中华人民共和国缔结或者参加的国际条约对外国籍船舶实施港口国、沿岸国监督检查。

海事管理机构工作人员执行公务时，应当按照规定着装，佩戴职衔标志，出示执法证件，并自觉接受监督。

海事管理机构依法履行监督检查职责，有关单位、个人应当予以配合，不得拒绝、阻碍依法实施的监督检查。

第八十九条　海事管理机构实施监督检查可以采取登船检查、查验证书、现场检查、询问有关人员、电子监控等方式。

载运危险货物的船舶涉嫌存在瞒报、谎报危险货物等情况的，海事管理机构可以采取开箱查验等方式进行检查。海事管理机构应当将开箱查验情况通报有关部门。港口经营人和有关单位、个人应当予以协助。

第九十条 海事管理机构对船舶、海上设施实施监督检查时，应当避免、减少对其正常作业的影响。

除法律、行政法规另有规定或者不立即实施监督检查可能造成严重后果外，不得拦截正在航行中的船舶进行检查。

第九十一条 船舶、海上设施对港口安全具有威胁的，海事管理机构应当责令立即或者限期改正、限制操作，责令驶往指定地点、禁止进港或者将其驱逐出港。

船舶、海上设施处于不适航或者不适拖状态，船员、海上设施上的相关人员未持有有效的法定证书、文书，或者存在其他严重危害海上交通安全、污染海洋环境的隐患的，海事管理机构应当根据情况禁止有关船舶、海上设施进出港，暂扣有关证书、文书或者责令其停航、改航、驶往指定地点或者停止作业。船舶超载的，海事管理机构可以依法对船舶进行强制减载。因强制减载发生的费用由违法船舶所有人、经营人或者管理人承担。

船舶、海上设施发生海上交通事故、污染事故，未结清国家规定的税费、滞纳金且未提供担保或者未履行其他法定义务的，海事管理机构应当责令改正，并可以禁止其离港。

第九十二条 外国籍船舶可能威胁中华人民共和国内水、领海安全的，海事管理机构有权责令其离开。

外国籍船舶违反中华人民共和国海上交通安全或者防治船舶污染的法律、行政法规的，海事管理机构可以依法行使紧追权。

第九十三条 任何单位、个人有权向海事管理机构举报妨碍海上交通安全的行为。海事管理机构接到举报后，应当及时进行核实、处理。

第九十四条 海事管理机构在监督检查中，发现船舶、海上设施有违反其他法律、行政法规行为的，应当依法及时通报或者移送有关主管部门处理。

第九章 法律责任

第九十五条 船舶、海上设施未持有有效的证书、文书的，由海事管理机构责令改正，对违法船舶或者海上设施的所有人、经营人或者管理人处三万元以上三十万元以下的罚款，对船长和有关责任人员处三千元以上三万元以下的罚款；情节严重的，暂扣船长、责任船员的船员适任证书十八个月至三十个月，直至吊销船员适任证书；对船舶持有的伪造、变造证书、文书，予以没收；对存在严重安全隐患的船舶，可以依法予以没收。

第九十六条 船舶或者海上设施有下列情形之一的，由海事管理机构责令改正，对违法船舶或者海上设施的所有人、经营人或者管理人处二万元以上二十万元以下的罚款，对船长和有关责任人员处二千元以上二万元以下的罚款；情节严重的，吊销违法船舶所有人、经营人或者管理人的有关证书、文书，暂扣船长、责任船员的船员适任证书十二个月至二十四个月，直至吊销船员适任证书：

（一）船舶、海上设施的实际状况与持有的证书、文书不符；

（二）船舶未依法悬挂国旗，或者违法悬挂其他国家、地区或者组织的旗帜；

（三）船舶未按规定标明船名、船舶识别号、船籍港、载重线标志；

（四）船舶、海上设施的配员不符合最低安全配员要求。

第九十七条 在船舶上工作未持有船员适任证书、船员健康证明或者所持船员适任证书、健康证明不符合要求的，由海事管理机构对船舶的所有人、经营人或者管理人处一万元以上十万元以下的罚款，对责任船员处三千元以上三万元以下的罚款；情节严重的，对船舶的所有人、经营人或者管理人处三万元以上三十万元以下的罚款，暂扣责任船员的船员适任证书六个月至十二个月，直至吊销船员适任证书。

第九十八条　以欺骗、贿赂等不正当手段为中国籍船舶取得相关证书、文书的，由海事管理机构撤销有关许可，没收相关证书、文书，对船舶所有人、经营人或者管理人处四万元以上四十万元以下的罚款。

以欺骗、贿赂等不正当手段取得船员适任证书的，由海事管理机构撤销有关许可，没收船员适任证书，对责任人员处五千元以上五万元以下的罚款。

第九十九条　船员未保持安全值班，违反规定摄入可能影响安全值班的食品、药品或者其他物品，或者有其他违反海上船员值班规则的行为的，由海事管理机构对船长、责任船员处一千元以上一万元以下的罚款，或者暂扣船员适任证书三个月至十二个月；情节严重的，吊销船长、责任船员的船员适任证书。

第一百条　有下列情形之一的，由海事管理机构责令改正；情节严重的，处三万元以上十万元以下的罚款：

（一）建设海洋工程、海岸工程未按规定配备相应的防止船舶碰撞的设施、设备并设置专用航标；

（二）损坏海上交通支持服务系统或者妨碍其工作效能；

（三）未经海事管理机构同意设置、撤除专用航标，移动专用航标位置或者改变航标灯光、功率等其他状况，或者设置临时航标不符合海事管理机构确定的航标设置点；

（四）在安全作业区、港外锚地范围内从事养殖、种植、捕捞以及其他影响海上交通安全的作业或者活动。

第一百零一条　有下列情形之一的，由海事管理机构责令改正，对有关责任人员处三万元以下的罚款；情节严重的，处三万元以上十万元以下的罚款，并暂扣责任船员的船员适任证书一个月至三个月：

（一）承担无线电通信任务的船员和岸基无线电台（站）的工作人员未保持海上交通安全通信频道的值守和畅通，或者使用海上交通安全通信频率交流与海上交通安全无关的内容；

（二）违反国家有关规定使用无线电台识别码，影响海上搜救的身份识别；

（三）其他违反海上无线电通信规则的行为。

第一百零二条　船舶未依照本法规定申请引航的，由海事管理机构对违法船舶的所有人、经营人或者管理人处五万元以上五十万元以下的罚款，对船长处一千元以上一万元以下的罚款；情节严重的，暂扣有关船舶证书三个月至十二个月，暂扣船长的船员适任证书一个月至三个月。

引航机构派遣引航员存在过失，造成船舶损失的，由海事管理机构对引航机构处三万元以上三十万元以下的罚款。

未经引航机构指派擅自提供引航服务的，由海事管理机构对引领船舶的人员处三千元以上三万元以下的罚款。

第一百零三条　船舶在海上航行、停泊、作业，有下列情形之一的，由海事管理机构责令改正，对违法船舶的所有人、经营人或者管理人处二万元以上二十万元以下的罚款，对船长、责任船员处二千元以上二万元以下的罚款，暂扣船员适任证书三个月至十二个月；情节严重的，吊销船长、责任船员的船员适任证书：

（一）船舶进出港口、锚地或者通过桥区水域、海峡、狭水道、重要渔业水域、通航船舶密集的区域、船舶定线区、交通管制区时，未加强瞭望、保持安全航速并遵守前述区域的特殊航行规则；

（二）未按照有关规定显示信号、悬挂标志或者保持足够的富余水深；

（三）不符合安全开航条件冒险开航，违章冒险操作、作业，或者未按照船舶检验证书载明的航区航行、停泊、作业；

（四）未按照有关规定开启船舶的自动识别、航行数据记录、远程识别和跟踪、通信等与航行安全、保安、防治污染相关的装置，并持续进行显示和记录；

（五）擅自拆封、拆解、初始化、再设置航行数据记录装置或者读取其记录的信息；

（六）船舶穿越航道妨碍航道内船舶的正常航行，抢越他船船艏或者超过桥梁通航尺度进入桥区水域；

（七）船舶违反规定进入或者穿越禁航区；

（八）船舶载运或者拖带超长、超高、超宽、半潜的船舶、海上设施或者其他物体航行，未采取特殊的安全保障措施，未在开航前向海事管理机构报告航行计划，未按规定显示信号、悬挂标志，或者拖带移动式平台、浮船坞等大型海上设施未依法交验船舶检验机构出具的拖航检验证书；

（九）船舶在不符合安全条件的码头、泊位、装卸站、锚地、安全作业区停泊，或者停泊危及其他船舶、海上设施的安全；

（十）船舶违反规定超过检验证书核定的载客定额、载重线、载货种类载运乘客、货物，或者客船载运乘客同时载运危险货物；

（十一）客船未向乘客明示安全须知、设置安全标志和警示；

（十二）未按照有关法律、行政法规、规章以及强制性标准和技术规范的要求安全装卸、积载、隔离、系固和管理货物；

（十三）其他违反海上航行、停泊、作业规则的行为。

第一百零四条 国际航行船舶未经许可进出口岸的，由海事管理机构对违法船舶的所有人、经营人或者管理人处三千元以上三万元以下的罚款，对船长、责任船员或者其他责任人员，处二千元以上二万元以下的罚款；情节严重的，吊销船长、责任船员的船员适任证书。

国内航行船舶进出港口、港外装卸站未依法向海事管理机构报告的，由海事管理机构对违法船舶的所有人、经营人或者管理人处三千元以上三万元以下的罚款，对船长、责任船员或者其他责任人员处五百元以上五千元以下的罚款。

第一百零五条 船舶、海上设施未经许可从事海上施工作业，或者未按照许可要求、超出核定的安全作业区进行作业的，由海事管理机构责令改正，对违法船舶、海上设施的所有人、经营人或者管理人处三万元以上三十万元以下的罚款，对船长、责任船员处三千元以上三万元以下的罚款，或者暂扣船员适任证书六个月至十二个月；情节严重的，吊销船长、责任船员的船员适任证书。

从事可能影响海上交通安全的水上水下活动，未按规定提前报告海事管理机构的，由海事管理机构对违法船舶、海上设施的所有人、经营人或者管理人处一万元以上三万元以下的罚款，对船长、责任船员处二千元以上二万元以下的罚款。

第一百零六条 碍航物的所有人、经营人或者管理人有下列情形之一的，由海事管理机构责令改正，处二万元以上二十万元以下的罚款；逾期未改正的，海事管理机构有权依法实施代履行，代履行的费用由碍航物的所有人、经营人或者管理人承担：

（一）未按照有关强制性标准和技术规范的要求及时设置警示标志；

（二）未向海事管理机构报告碍航物的名称、形状、尺寸、位置和深度；

（三）未在海事管理机构限定的期限内打捞清除碍航物。

第一百零七条　外国籍船舶进出中华人民共和国内水、领海违反本法规定的，由海事管理机构对违法船舶的所有人、经营人或者管理人处五万元以上五十万元以下的罚款，对船长处一万元以上三万元以下的罚款。

第一百零八条　载运危险货物的船舶有下列情形之一的，海事管理机构应当责令改正，对违法船舶的所有人、经营人或者管理人处五万元以上五十万元以下的罚款，对船长、责任船员或者其他责任人员，处五千元以上五万元以下的罚款；情节严重的，责令停止作业或者航行，暂扣船长、责任船员的船员适任证书六个月至十二个月，直至吊销船员适任证书：

（一）未经许可进出港口或者从事散装液体危险货物过驳作业；

（二）未按规定编制相应的应急处置预案，配备相应的消防、应急设备和器材；

（三）违反有关强制性标准和安全作业操作规程的要求从事危险货物装卸、过驳作业。

第一百零九条　托运人托运危险货物，有下列情形之一的，由海事管理机构责令改正，处五万元以上三十万元以下的罚款：

（一）未将托运的危险货物的正式名称、危险性质以及应当采取的防护措施通知承运人；

（二）未按照有关法律、行政法规、规章以及强制性标准和技术规范的要求对危险货物妥善包装，设置明显的危险品标志和标签；

（三）在托运的普通货物中夹带危险货物或者将危险货物谎报为普通货物托运；

（四）未依法提交有关专业机构出具的表明该货物危险特性以及应当采取的防护措施等情况的文件。

第一百一十条　船舶、海上设施遇险或者发生海上交通事故后未履行报告义务，或者存在瞒报、谎报情形的，由海事管理机构对违法船舶、海上设施的所有人、经营人或者管理人处三千元以上三万元以下的罚款，对船长、责任船员处二千元以上二万元以下的罚款，暂扣船员适任证书六个月至二十四个月；情节严重的，对违法船舶、海上设施的所有人、经营人或者管理人处一万元以上十万元以下的罚款，吊销船长、责任船员的船员适任证书。

第一百一十一条　船舶发生海上交通事故后逃逸的，由海事管理机构对违法船舶的所有人、经营人或者管理人处十万元以上五十万元以下的罚款，对船长、责任船员处五千元以上五万元以下的罚款并吊销船员适任证书，受处罚者终身不得重新申请。

第一百一十二条　船舶、海上设施不依法履行海上救助义务，不服从海上搜救中心指挥的，由海事管理机构对船舶、海上设施的所有人、经营人或者管理人处三万元以上三十万元以下的罚款，暂扣船长、责任船员的船员适任证书六个月至十二个月，直至吊销船员适任证书。

第一百一十三条　有关单位、个人拒绝、阻碍海事管理机构监督检查，或者在接受监督检查时弄虚作假的，由海事管理机构处二千元以上二万元以下的罚款，暂扣船长、责任船员的船员适任证书六个月至二十四个月，直至吊销船员适任证书。

第一百一十四条　交通运输主管部门、海事管理机构及其他有关部门的工作人员违反本法规定，滥用职权、玩忽职守、徇私舞弊的，依法给予处分。

第一百一十五条　因海上交通事故引发民事纠纷的，当事人可以依法申请仲裁或者向人民法院提起诉讼。

第一百一十六条　违反本法规定，构成违反治安管理行为的，依法给予治安管理处罚；造成人身、财产损害的，依法承担民事责任；构成犯罪的，依法追究刑事责任。

第十章　附　　则

第一百一十七条　本法下列用语的含义是：

船舶，是指各类排水或者非排水的船、艇、筏、水上飞行器、潜水器、移动式平台以及其他移动式装置。

海上设施，是指水上水下各种固定或者浮动建筑、装置和固定平台，但是不包括码头、防波堤等港口设施。

内水，是指中华人民共和国领海基线向陆地一侧至海岸线的海域。

施工作业，是指勘探、采掘、爆破，构筑、维修、拆除水上水下构筑物或者设施，航道建设、疏浚（航道养护疏浚除外）作业，打捞沉船沉物。

海上交通事故，是指船舶、海上设施在航行、停泊、作业过程中发生的，由于碰撞、搁浅、触礁、触碰、火灾、风灾、浪损、沉没等原因造成人员伤亡或者财产损失的事故。

海上险情，是指对海上生命安全、水域环境构成威胁，需立即采取措施规避、控制、减轻和消除的各种情形。

危险货物，是指国际海上危险货物运输规则和国家危险货物品名表上列明的，易燃、易爆、有毒、有腐蚀性、有放射性、有污染危害性等，在船舶载运过程中可能造成人身伤害、财产损失或者环境污染而需要采取特别防护措施的货物。

海上渡口，是指海上岛屿之间、海上岛屿与大陆之间，以及隔海相望的大陆与大陆之间，专用于渡船渡运人员、行李、车辆的交通基础设施。

第一百一十八条　公务船舶检验、船员配备的具体办法由国务院交通运输主管部门会同有关主管部门另行制定。

体育运动船舶的登记、检验办法由国务院体育主管部门另行制定。训练、比赛期间的体育运动船舶的海上交通安全监督管理由体育主管部门负责。

渔业船员、渔业无线电、渔业航标的监督管理，渔业船舶的登记管理，渔港水域内的海上交通安全管理，渔业船舶（含外国籍渔业船舶）之间交通事故的调查处理，由县级以上人民政府渔业渔政主管部门负责。法律、行政法规或者国务院对渔业船舶之间交通事故的调查处理另有规定的，从其规定。

除前款规定外，渔业船舶的海上交通安全管理由海事管理机构负责。渔业船舶的检验及其监督管理，由海事管理机构依照有关法律、行政法规的规定执行。

浮式储油装置等海上石油、天然气生产设施的检验适用有关法律、行政法规的规定。

第一百一十九条　海上军事管辖区和军用船舶、海上设施的内部海上交通安全管理，军用航标的设立和管理，以及为军事目的进行作业或者水上水下活动的管理，由中央军事委员会另行制定管理办法。

划定、调整海上交通功能区或者领海内特定水域，划定海上渡口的渡运线路，许可海上施工作业，可能对军用船舶的战备、训练、执勤等行动造成影响的，海事管理机构应当事先征求有关军事机关的意见。

执行军事运输任务有特殊需要的，有关军事机关应当及时向海事管理机构通报相关信息。海事管理机构应当给予必要的便利。

海上交通安全管理涉及国防交通、军事设施保护的，依照有关法律的规定执行。

第一百二十条　外国籍公务船舶在中华人民共和国领海航行、停泊、作业，违反中华人民共和国法律、行政法规的，依照有关法律、行政法规的规定处理。

在中华人民共和国管辖海域内的外国籍军用船舶的管理，适用有关法律的规定。

第一百二十一条　中华人民共和国缔结或者参加的国际条约同本法有不同规定的，适用国际条约的规定，但中华人民共和国声明保留的条款除外。

第一百二十二条　本法自 2021 年 9 月 1 日起施行。

中华人民共和国农产品质量安全法

（2006年4月29日第十届全国人民代表大会常务委员会第二十一次会议通过；根据2018年10月26日第十三届全国人民代表大会常务委员会第六次会议《关于修改〈中华人民共和国野生动物保护法〉等十五部法律的决定》修正；2022年9月2日第十三届全国人民代表大会常务委员会第三十六次会议修订）

目　　录

第一章　总　　则

第一条　为了保障农产品质量安全，维护公众健康，促进农业和农村经济发展，制定本法。

第二条　本法所称农产品，是指来源于种植业、林业、畜牧业和渔业等的初级产品，即在农业活动中获得的植物、动物、微生物及其产品。

本法所称农产品质量安全，是指农产品质量达到农产品质量安全标准，符合保障人的健康、安全的要求。

第三条　与农产品质量安全有关的农产品生产经营及其监督管理活动，适用本法。

《中华人民共和国食品安全法》对食用农产品的市场销售、有关质量安全标准的制定、有关安全信息的公布和农业投入品已经作出规定的，应当遵守其规定。

第四条　国家加强农产品质量安全工作，实行源头治理、风险管理、全程控制，建立科学、严格的监督管理制度，构建协同、高效的社会共治体系。

第五条　国务院农业农村主管部门、市场监督管理部门依照本法和规定的职责，对农产品质量安全实施监督管理。

国务院其他有关部门依照本法和规定的职责承担农产品质量安全的有关工作。

第六条　县级以上地方人民政府对本行政区域的农产品质量安全工作负责，统一领导、组织、协调本行政区域的农产品质量安全工作，建立健全农产品质量安全工作机制，提高农产品质量安全水平。

县级以上地方人民政府应当依照本法和有关规定，确定本级农业农村主管部门、市场监督管理部门和其他有关部门的农产品质量安全监督管理工作职责。各有关部门在职责范围内负责本行政区域的农产品质量安全监督管理工作。

乡镇人民政府应当落实农产品质量安全监督管理责任，协助上级人民政府及其有关部门做好农产品质量安全监督管理工作。

第七条　农产品生产经营者应当对其生产经营的农产品质量安全负责。

农产品生产经营者应当依照法律、法规和农产品质量安全标准从事生产经营活动，诚信自律，接受社会监督，承担社会责任。

第八条　县级以上人民政府应当将农产

品质量安全管理工作纳入本级国民经济和社会发展规划，所需经费列入本级预算，加强农产品质量安全监督管理能力建设。

第九条　国家引导、推广农产品标准化生产，鼓励和支持生产绿色优质农产品，禁止生产、销售不符合国家规定的农产品质量安全标准的农产品。

第十条　国家支持农产品质量安全科学技术研究，推行科学的质量安全管理方法，推广先进安全的生产技术。国家加强农产品质量安全科学技术国际交流与合作。

第十一条　各级人民政府及有关部门应当加强农产品质量安全知识的宣传，发挥基层群众性自治组织、农村集体经济组织的优势和作用，指导农产品生产经营者加强质量安全管理，保障农产品消费安全。

新闻媒体应当开展农产品质量安全法律、法规和农产品质量安全知识的公益宣传，对违法行为进行舆论监督。有关农产品质量安全的宣传报道应当真实、公正。

第十二条　农民专业合作社和农产品行业协会等应当及时为其成员提供生产技术服务，建立农产品质量安全管理制度，健全农产品质量安全控制体系，加强自律管理。

第二章　农产品质量安全风险管理和标准制定

第十三条　国家建立农产品质量安全风险监测制度。

国务院农业农村主管部门应当制定国家农产品质量安全风险监测计划，并对重点区域、重点农产品品种进行质量安全风险监测。省、自治区、直辖市人民政府农业农村主管部门应当根据国家农产品质量安全风险监测计划，结合本行政区域农产品生产经营实际，制定本行政区域的农产品质量安全风险监测实施方案，并报国务院农业农村主管部门备案。县级以上地方人民政府农业农村主管部门负责组织实施本行政区域的农产品质量安全风险监测。

县级以上人民政府市场监督管理部门和其他有关部门获知有关农产品质量安全风险信息后，应当立即核实并向同级农业农村主管部门通报。接到通报的农业农村主管部门应当及时上报。制定农产品质量安全风险监测计划、实施方案的部门应当及时研究分析，必要时进行调整。

第十四条　国家建立农产品质量安全风险评估制度。

国务院农业农村主管部门应当设立农产品质量安全风险评估专家委员会，对可能影响农产品质量安全的潜在危害进行风险分析和评估。国务院卫生健康、市场监督管理等部门发现需要对农产品进行质量安全风险评估的，应当向国务院农业农村主管部门提出风险评估建议。

农产品质量安全风险评估专家委员会由农业、食品、营养、生物、环境、医学、化工等方面的专家组成。

第十五条　国务院农业农村主管部门应当根据农产品质量安全风险监测、风险评估结果采取相应的管理措施，并将农产品质量安全风险监测、风险评估结果及时通报国务院市场监督管理、卫生健康等部门和有关省、自治区、直辖市人民政府农业农村主管部门。

县级以上人民政府农业农村主管部门开展农产品质量安全风险监测和风险评估工作时，可以根据需要进入农产品产地、储存场所及批发、零售市场。采集样品应当按照市场价格支付费用。

第十六条　国家建立健全农产品质量安全标准体系，确保严格实施。农产品质量安全标准是强制执行的标准，包括以下与农产品质量安全有关的要求：

（一）农业投入品质量要求、使用范围、用法、用量、安全间隔期和休药期规定；

（二）农产品产地环境、生产过程管控、储存、运输要求；

（三）农产品关键成分指标等要求；

（四）与屠宰畜禽有关的检验规程；

（五）其他与农产品质量安全有关的强制性要求。

《中华人民共和国食品安全法》对食用农产品的有关质量安全标准作出规定的，依照其规定执行。

第十七条 农产品质量安全标准的制定和发布，依照法律、行政法规的规定执行。

制定农产品质量安全标准应当充分考虑农产品质量安全风险评估结果，并听取农产品生产经营者、消费者、有关部门、行业协会等的意见，保障农产品消费安全。

第十八条 农产品质量安全标准应当根据科学技术发展水平以及农产品质量安全的需要，及时修订。

第十九条 农产品质量安全标准由农业农村主管部门商有关部门推进实施。

第三章 农产品产地

第二十条 国家建立健全农产品产地监测制度。

县级以上地方人民政府农业农村主管部门应当会同同级生态环境、自然资源等部门制定农产品产地监测计划，加强农产品产地安全调查、监测和评价工作。

第二十一条 县级以上地方人民政府农业农村主管部门应当会同同级生态环境、自然资源等部门按照保障农产品质量安全的要求，根据农产品品种特性和产地安全调查、监测、评价结果，依照土壤污染防治等法律、法规的规定提出划定特定农产品禁止生产区域的建议，报本级人民政府批准后实施。

任何单位和个人不得在特定农产品禁止生产区域种植、养殖、捕捞、采集特定农产品和建立特定农产品生产基地。

特定农产品禁止生产区域划定和管理的具体办法由国务院农业农村主管部门商国务院生态环境、自然资源等部门制定。

第二十二条 任何单位和个人不得违反有关环境保护法律、法规的规定向农产品产地排放或者倾倒废水、废气、固体废物或者其他有毒有害物质。

农业生产用水和用作肥料的固体废物，应当符合法律、法规和国家有关强制性标准的要求。

第二十三条 农产品生产者应当科学合理使用农药、兽药、肥料、农用薄膜等农业投入品，防止对农产品产地造成污染。

农药、肥料、农用薄膜等农业投入品的生产者、经营者、使用者应当按照国家有关规定回收并妥善处置包装物和废弃物。

第二十四条 县级以上人民政府应当采取措施，加强农产品基地建设，推进农业标准化示范建设，改善农产品的生产条件。

第四章 农产品生产

第二十五条 县级以上地方人民政府农业农村主管部门应当根据本地区的实际情况，制定保障农产品质量安全的生产技术要求和操作规程，并加强对农产品生产经营者的培训和指导。

农业技术推广机构应当加强对农产品生产经营者质量安全知识和技能的培训。国家鼓励科研教育机构开展农产品质量安全培训。

第二十六条 农产品生产企业、农民专业合作社、农业社会化服务组织应当加强农产品质量安全管理。

农产品生产企业应当建立农产品质量安全管理制度，配备相应的技术人员；不具备配备条件的，应当委托具有专业技术知识的人员进行农产品质量安全指导。

国家鼓励和支持农产品生产企业、农民专业合作社、农业社会化服务组织建立和实施危害分析和关键控制点体系，实施良好农业规范，提高农产品质量安全管理水平。

第二十七条　农产品生产企业、农民专业合作社、农业社会化服务组织应当建立农产品生产记录，如实记载下列事项：

（一）使用农业投入品的名称、来源、用法、用量和使用、停用的日期；

（二）动物疫病、农作物病虫害的发生和防治情况；

（三）收获、屠宰或者捕捞的日期。

农产品生产记录应当至少保存二年。禁止伪造、变造农产品生产记录。

国家鼓励其他农产品生产者建立农产品生产记录。

第二十八条　对可能影响农产品质量安全的农药、兽药、饲料和饲料添加剂、肥料、兽医器械，依照有关法律、行政法规的规定实行许可制度。

省级以上人民政府农业农村主管部门应当定期或者不定期组织对可能危及农产品质量安全的农药、兽药、饲料和饲料添加剂、肥料等农业投入品进行监督抽查，并公布抽查结果。

农药、兽药经营者应当依照有关法律、行政法规的规定建立销售台账，记录购买者、销售日期和药品施用范围等内容。

第二十九条　农产品生产经营者应当依照有关法律、行政法规和国家有关强制性标准、国务院农业农村主管部门的规定，科学合理使用农药、兽药、饲料和饲料添加剂、肥料等农业投入品，严格执行农业投入品使用安全间隔期或者休药期的规定；不得超范围、超剂量使用农业投入品危及农产品质量安全。

禁止在农产品生产经营过程中使用国家禁止使用的农业投入品以及其他有毒有害物质。

第三十条　农产品生产场所以及生产活动中使用的设施、设备、消毒剂、洗涤剂等应当符合国家有关质量安全规定，防止污染农产品。

第三十一条　县级以上人民政府农业农村主管部门应当加强对农业投入品使用的监督管理和指导，建立健全农业投入品的安全使用制度，推广农业投入品科学使用技术，普及安全、环保农业投入品的使用。

第三十二条　国家鼓励和支持农产品生产经营者选用优质特色农产品品种，采用绿色生产技术和全程质量控制技术，生产绿色优质农产品，实施分等分级，提高农产品品质，打造农产品品牌。

第三十三条　国家支持农产品产地冷链物流基础设施建设，健全有关农产品冷链物流标准、服务规范和监管保障机制，保障冷链物流农产品畅通高效、安全便捷，扩大高品质市场供给。

从事农产品冷链物流的生产经营者应当依照法律、法规和有关农产品质量安全标准，加强冷链技术创新与应用、质量安全控制，执行对冷链物流农产品及其包装、运输工具、作业环境等的检验检测检疫要求，保证冷链农产品质量安全。

第五章　农产品销售

第三十四条　销售的农产品应当符合农产品质量安全标准。

农产品生产企业、农民专业合作社应当根据质量安全控制要求自行或者委托检测机构对农产品质量安全进行检测；经检测不符合农产品质量安全标准的农产品，应当及时采取管控措施，且不得销售。

农业技术推广等机构应当为农户等农产品生产经营者提供农产品检测技术服务。

第三十五条　农产品在包装、保鲜、储存、运输中所使用的保鲜剂、防腐剂、添加剂、包装材料等，应当符合国家有关强制性标准以及其他农产品质量安全规定。

储存、运输农产品的容器、工具和设备应当安全、无害。禁止将农产品与有毒有害物质一同储存、运输，防止污染农产品。

第三十六条 有下列情形之一的农产品，不得销售：

（一）含有国家禁止使用的农药、兽药或者其他化合物；

（二）农药、兽药等化学物质残留或者含有的重金属等有毒有害物质不符合农产品质量安全标准；

（三）含有的致病性寄生虫、微生物或者生物毒素不符合农产品质量安全标准；

（四）未按照国家有关强制性标准以及其他农产品质量安全规定使用保鲜剂、防腐剂、添加剂、包装材料等，或者使用的保鲜剂、防腐剂、添加剂、包装材料等不符合国家有关强制性标准以及其他质量安全规定；

（五）病死、毒死或者死因不明的动物及其产品；

（六）其他不符合农产品质量安全标准的情形。

对前款规定不得销售的农产品，应当依照法律、法规的规定进行处置。

第三十七条 农产品批发市场应当按照规定设立或者委托检测机构，对进场销售的农产品质量安全状况进行抽查检测；发现不符合农产品质量安全标准的，应当要求销售者立即停止销售，并向所在地市场监督管理、农业农村等部门报告。

农产品销售企业对其销售的农产品，应当建立健全进货检查验收制度；经查验不符合农产品质量安全标准的，不得销售。

食品生产者采购农产品等食品原料，应当依照《中华人民共和国食品安全法》的规定查验许可证和合格证明，对无法提供合格证明的，应当按照规定进行检验。

第三十八条 农产品生产企业、农民专业合作社以及从事农产品收购的单位或者个人销售的农产品，按照规定应当包装或者附加承诺达标合格证等标识的，须经包装或者附加标识后方可销售。包装物或者标识上应当按照规定标明产品的品名、产地、生产者、生产日期、保质期、产品质量等级等内容；使用添加剂的，还应当按照规定标明添加剂的名称。具体办法由国务院农业农村主管部门制定。

第三十九条 农产品生产企业、农民专业合作社应当执行法律、法规的规定和国家有关强制性标准，保证其销售的农产品符合农产品质量安全标准，并根据质量安全控制、检测结果等开具承诺达标合格证，承诺不使用禁用的农药、兽药及其他化合物且使用的常规农药、兽药残留不超标等。鼓励和支持农户销售农产品时开具承诺达标合格证。法律、行政法规对畜禽产品的质量安全合格证明有特别规定的，应当遵守其规定。

从事农产品收购的单位或者个人应当按照规定收取、保存承诺达标合格证或者其他质量安全合格证明，对其收购的农产品进行混装或者分装后销售的，应当按照规定开具承诺达标合格证。

农产品批发市场应当建立健全农产品承诺达标合格证查验等制度。

县级以上人民政府农业农村主管部门应当做好承诺达标合格证有关工作的指导服务，加强日常监督检查。

农产品质量安全承诺达标合格证管理办法由国务院农业农村主管部门会同国务院有关部门制定。

第四十条 农产品生产经营者通过网络平台销售农产品的，应当依照本法和《中华人民共和国电子商务法》、《中华人民共和国食品安全法》等法律、法规的规定，严格落实质量安全责任，保证其销售的农产品符合质量安全标准。网络平台经营者应当依法加强对农产品生产经营者的管理。

第四十一条　国家对列入农产品质量安全追溯目录的农产品实施追溯管理。国务院农业农村主管部门应当会同国务院市场监督管理等部门建立农产品质量安全追溯协作机制。农产品质量安全追溯管理办法和追溯目录由国务院农业农村主管部门会同国务院市场监督管理等部门制定。

国家鼓励具备信息化条件的农产品生产经营者采用现代信息技术手段采集、留存生产记录、购销记录等生产经营信息。

第四十二条　农产品质量符合国家规定的有关优质农产品标准的，农产品生产经营者可以申请使用农产品质量标志。禁止冒用农产品质量标志。

国家加强地理标志农产品保护和管理。

第四十三条　属于农业转基因生物的农产品，应当按照农业转基因生物安全管理的有关规定进行标识。

第四十四条　依法需要实施检疫的动植物及其产品，应当附具检疫标志、检疫证明。

第六章　监督管理

第四十五条　县级以上人民政府农业农村主管部门和市场监督管理等部门应当建立健全农产品质量安全全程监督管理协作机制，确保农产品从生产到消费各环节的质量安全。

县级以上人民政府农业农村主管部门和市场监督管理部门应当加强收购、储存、运输过程中农产品质量安全监督管理的协调配合和执法衔接，及时通报和共享农产品质量安全监督管理信息，并按照职责权限，发布有关农产品质量安全日常监督管理信息。

第四十六条　县级以上人民政府农业农村主管部门应当根据农产品质量安全风险监测、风险评估结果和农产品质量安全状况等，制定监督抽查计划，确定农产品质量安全监督抽查的重点、方式和频次，并实施农产品质量安全风险分级管理。

第四十七条　县级以上人民政府农业农村主管部门应当建立健全随机抽查机制，按照监督抽查计划，组织开展农产品质量安全监督抽查。

农产品质量安全监督抽查检测应当委托符合本法规定条件的农产品质量安全检测机构进行。监督抽查不得向被抽查人收取费用，抽取的样品应当按照市场价格支付费用，并不得超过国务院农业农村主管部门规定的数量。

上级农业农村主管部门监督抽查的同批次农产品，下级农业农村主管部门不得另行重复抽查。

第四十八条　农产品质量安全检测应当充分利用现有的符合条件的检测机构。

从事农产品质量安全检测的机构，应当具备相应的检测条件和能力，由省级以上人民政府农业农村主管部门或者其授权的部门考核合格。具体办法由国务院农业农村主管部门制定。

农产品质量安全检测机构应当依法经资质认定。

第四十九条　从事农产品质量安全检测工作的人员，应当具备相应的专业知识和实际操作技能，遵纪守法，恪守职业道德。

农产品质量安全检测机构对出具的检测报告负责。检测报告应当客观公正，检测数据应当真实可靠，禁止出具虚假检测报告。

第五十条　县级以上地方人民政府农业农村主管部门可以采用国务院农业农村主管部门会同国务院市场监督管理等部门认定的快速检测方法，开展农产品质量安全监督抽查检测。抽查检测结果确定有关农产品不符合农产品质量安全标准的，可以作为行政处罚的证据。

第五十一条　农产品生产经营者对监督抽查检测结果有异议的，可以自收到检测结果之日起五个工作日内，向实施农产品质量安全监督抽查的农业农村主管部门或者其上一级农业农村主管部门申请复检。复检机构与初检机构不得为同一机构。

采用快速检测方法进行农产品质量安全监督抽查检测，被抽查人对检测结果有异议的，可以自收到检测结果时起四小时内申请复检。复检不得采用快速检测方法。

复检机构应当自收到复检样品之日起七个工作日内出具检测报告。

因检测结果错误给当事人造成损害的，依法承担赔偿责任。

第五十二条 县级以上地方人民政府农业农村主管部门应当加强对农产品生产的监督管理，开展日常检查，重点检查农产品产地环境、农业投入品购买和使用、农产品生产记录、承诺达标合格证开具等情况。

国家鼓励和支持基层群众性自治组织建立农产品质量安全信息员工作制度，协助开展有关工作。

第五十三条 开展农产品质量安全监督检查，有权采取下列措施：

（一）进入生产经营场所进行现场检查，调查了解农产品质量安全的有关情况；

（二）查阅、复制农产品生产记录、购销台账等与农产品质量安全有关的资料；

（三）抽样检测生产经营的农产品和使用的农业投入品以及其他有关产品；

（四）查封、扣押有证据证明存在农产品质量安全隐患或者经检测不符合农产品质量安全标准的农产品；

（五）查封、扣押有证据证明可能危及农产品质量安全或者经检测不符合产品质量标准的农业投入品以及其他有毒有害物质；

（六）查封、扣押用于违法生产经营农产品的设施、设备、场所以及运输工具；

（七）收缴伪造的农产品质量标志。

农产品生产经营者应当协助、配合农产品质量安全监督检查，不得拒绝、阻挠。

第五十四条 县级以上人民政府农业农村等部门应当加强农产品质量安全信用体系建设，建立农产品生产经营者信用记录，记载行政处罚等信息，推进农产品质量安全信用信息的应用和管理。

第五十五条 农产品生产经营过程中存在质量安全隐患，未及时采取措施消除的，县级以上地方人民政府农业农村主管部门可以对农产品生产经营者的法定代表人或者主要负责人进行责任约谈。农产品生产经营者应当立即采取措施，进行整改，消除隐患。

第五十六条 国家鼓励消费者协会和其他单位或者个人对农产品质量安全进行社会监督，对农产品质量安全监督管理工作提出意见和建议。任何单位和个人有权对违反本法的行为进行检举控告、投诉举报。

县级以上人民政府农业农村主管部门应当建立农产品质量安全投诉举报制度，公开投诉举报渠道，收到投诉举报后，应当及时处理。对不属于本部门职责的，应当移交有权处理的部门并书面通知投诉举报人。

第五十七条 县级以上地方人民政府农业农村主管部门应当加强对农产品质量安全执法人员的专业技术培训并组织考核。不具备相应知识和能力的，不得从事农产品质量安全执法工作。

第五十八条 上级人民政府应当督促下级人民政府履行农产品质量安全职责。对农产品质量安全责任落实不力、问题突出的地方人民政府，上级人民政府可以对其主要负责人进行责任约谈。被约谈的地方人民政府应当立即采取整改措施。

第五十九条 国务院农业农村主管部门应当会同国务院有关部门制定国家农产品质量安全突发事件应急预案，并与国家食品安全事故应急预案相衔接。

县级以上地方人民政府应当根据有关法律、行政法规的规定和上级人民政府的农产品质量安全突发事件应急预案，制定本行政区域的农产品质量安全突发事件应急预案。

发生农产品质量安全事故时，有关单位和个人应当采取控制措施，及时向所在地乡镇人民政府和县级人民政府农业农村等部门报告；收到报告的机关应当按照农产品质量安全突发事件应急预案及时处理并报本级人民政府、上级人民政府有关部门。发生重大农产品质量安全事故时，按照规定上报国务院及其有关部门。

任何单位和个人不得隐瞒、谎报、缓报农产品质量安全事故，不得隐匿、伪造、毁灭有关证据。

第六十条　县级以上地方人民政府市场监督管理部门依照本法和《中华人民共和国食品安全法》等法律、法规的规定，对农产品进入批发、零售市场或者生产加工企业后的生产经营活动进行监督检查。

第六十一条　县级以上人民政府农业农村、市场监督管理等部门发现农产品质量安全违法行为涉嫌犯罪的，应当及时将案件移送公安机关。对移送的案件，公安机关应当及时审查；认为有犯罪事实需要追究刑事责任的，应当立案侦查。

公安机关对依法不需要追究刑事责任但应当给予行政处罚的，应当及时将案件移送农业农村、市场监督管理等部门，有关部门应当依法处理。

公安机关商请农业农村、市场监督管理、生态环境等部门提供检验结论、认定意见以及对涉案农产品进行无害化处理等协助的，有关部门应当及时提供、予以协助。

第七章　法律责任

第六十二条　违反本法规定，地方各级人民政府有下列情形之一的，对直接负责的主管人员和其他直接责任人员给予警告、记过、记大过处分；造成严重后果的，给予降级或者撤职处分：

（一）未确定有关部门的农产品质量安全监督管理工作职责，未建立健全农产品质量安全工作机制，或者未落实农产品质量安全监督管理责任；

（二）未制定本行政区域的农产品质量安全突发事件应急预案，或者发生农产品质量安全事故后未按照规定启动应急预案。

第六十三条　违反本法规定，县级以上人民政府农业农村等部门有下列行为之一的，对直接负责的主管人员和其他直接责任人员给予记大过处分；情节较重的，给予降级或者撤职处分；情节严重的，给予开除处分；造成严重后果的，其主要负责人还应当引咎辞职：

（一）隐瞒、谎报、缓报农产品质量安全事故或者隐匿、伪造、毁灭有关证据；

（二）未按照规定查处农产品质量安全事故，或者接到农产品质量安全事故报告未及时处理，造成事故扩大或者蔓延；

（三）发现农产品质量安全重大风险隐患后，未及时采取相应措施，造成农产品质量安全事故或者不良社会影响；

（四）不履行农产品质量安全监督管理职责，导致发生农产品质量安全事故。

第六十四条　县级以上地方人民政府农业农村、市场监督管理等部门在履行农产品质量安全监督管理职责过程中，违法实施检查、强制等执法措施，给农产品生产经营者造成损失的，应当依法予以赔偿，对直接负责的主管人员和其他直接责任人员依法给予处分。

第六十五条　农产品质量安全检测机构、检测人员出具虚假检测报告的，由县级以上人民政府农业农村主管部门没收所收取的检测费用，检测费用不足一万元的，并处五万元以上十万元以下罚款，检测费用一万元以上的，并处检测费用五倍以上十倍以下罚款；对直接负责的主管人员和其他直接责任人员处一万元以上五万元以下罚款；使消费者的合法权益受到损害的，农产品质量安全检测机构应当与农产品生产经营者承担连带责任。

因农产品质量安全违法行为受到刑事处罚或者因出具虚假检测报告导致发生重大农产品质量安全事故的检测人员，终身不得从事农产品质量安全检测工作。农产品质量安全检测机构不得聘用上述人员。

农产品质量安全检测机构有前两款违法行为的，由授予其资质的主管部门或者机构吊销该农产品质量安全检测机构的资质证书。

第六十六条 违反本法规定，在特定农产品禁止生产区域种植、养殖、捕捞、采集特定农产品或者建立特定农产品生产基地的，由县级以上地方人民政府农业农村主管部门责令停止违法行为，没收农产品和违法所得，并处违法所得一倍以上三倍以下罚款。

违反法律、法规规定，向农产品产地排放或者倾倒废水、废气、固体废物或者其他有毒有害物质的，依照有关环境保护法律、法规的规定处理、处罚；造成损害的，依法承担赔偿责任。

第六十七条 农药、肥料、农用薄膜等农业投入品的生产者、经营者、使用者未按照规定回收并妥善处置包装物或者废弃物的，由县级以上地方人民政府农业农村主管部门依照有关法律、法规的规定处理、处罚。

第六十八条 违反本法规定，农产品生产企业有下列情形之一的，由县级以上地方人民政府农业农村主管部门责令限期改正；逾期不改正的，处五千元以上五万元以下罚款：

（一）未建立农产品质量安全管理制度；

（二）未配备相应的农产品质量安全管理技术人员，且未委托具有专业技术知识的人员进行农产品质量安全指导。

第六十九条 农产品生产企业、农民专业合作社、农业社会化服务组织未依照本法规定建立、保存农产品生产记录，或者伪造、变造农产品生产记录的，由县级以上地方人民政府农业农村主管部门责令限期改正；逾期不改正的，处二千元以上二万元以下罚款。

第七十条 违反本法规定，农产品生产经营者有下列行为之一，尚不构成犯罪的，由县级以上地方人民政府农业农村主管部门责令停止生产经营、追回已经销售的农产品，对违法生产经营的农产品进行无害化处理或者予以监督销毁，没收违法所得，并可以没收用于违法生产经营的工具、设备、原料等物品；违法生产经营的农产品货值金额不足一万元的，并处十万元以上十五万元以下罚款，货值金额一万元以上的，并处货值金额十五倍以上三十倍以下罚款；对农户，并处一千元以上一万元以下罚款；情节严重的，有许可证的吊销许可证，并可以由公安机关对其直接负责的主管人员和其他直接责任人员处五日以上十五日以下拘留：

（一）在农产品生产经营过程中使用国家禁止使用的农业投入品或者其他有毒有害物质；

（二）销售含有国家禁止使用的农药、兽药或者其他化合物的农产品；

（三）销售病死、毒死或者死因不明的动物及其产品。

明知农产品生产经营者从事前款规定的违法行为，仍为其提供生产经营场所或者其他条件的，由县级以上地方人民政府农业农村主管部门责令停止违法行为，没收违法所得，并处十万元以上二十万元以下罚款；使消费者的合法权益受到损害的，应当与农产品生产经营者承担连带责任。

第七十一条 违反本法规定，农产品生产经营者有下列行为之一，尚不构成犯罪的，由县级以上地方人民政府农业农村主管部门责令停止生产经营、追回已经销售的农产品，对违法生产经营的农产品进行无害化处理或者予以监督销毁，没收违法所得，并可以没收用于违法生产经营的工具、设备、原料等物品；违法生产经营的农产品货值金额不足一万元的，并处五万元以上十万元以下罚款，货值金额一万元以上的，并处货值金额十倍以上二十倍以下罚款；对农户，并处五百元以上五千元以下罚款：

（一）销售农药、兽药等化学物质残留或者含有的重金属等有毒有害物质不符合农产品质量安全标准的农产品；

（二）销售含有的致病性寄生虫、微生物或者生物毒素不符合农产品质量安全标准的农产品；

（三）销售其他不符合农产品质量安全标准的农产品。

第七十二条　违反本法规定，农产品生产经营者有下列行为之一的，由县级以上地方人民政府农业农村主管部门责令停止生产经营、追回已经销售的农产品，对违法生产经营的农产品进行无害化处理或者予以监督销毁，没收违法所得，并可以没收用于违法生产经营的工具、设备、原料等物品；违法生产经营的农产品货值金额不足一万元的，并处五千元以上五万元以下罚款，货值金额一万元以上的，并处货值金额五倍以上十倍以下罚款；对农户，并处三百元以上三千元以下罚款：

（一）在农产品生产场所以及生产活动中使用的设施、设备、消毒剂、洗涤剂等不符合国家有关质量安全规定；

（二）未按照国家有关强制性标准或者其他农产品质量安全规定使用保鲜剂、防腐剂、添加剂、包装材料等，或者使用的保鲜剂、防腐剂、添加剂、包装材料等不符合国家有关强制性标准或者其他质量安全规定；

（三）将农产品与有毒有害物质一同储存、运输。

第七十三条　违反本法规定，有下列行为之一的，由县级以上地方人民政府农业农村主管部门按照职责给予批评教育，责令限期改正；逾期不改正的，处一百元以上一千元以下罚款：

（一）农产品生产企业、农民专业合作社、从事农产品收购的单位或者个人未按照规定开具承诺达标合格证；

（二）从事农产品收购的单位或者个人未按照规定收取、保存承诺达标合格证或者其他合格证明。

第七十四条　农产品生产经营者冒用农产品质量标志，或者销售冒用农产品质量标志的农产品的，由县级以上地方人民政府农业农村主管部门按照职责责令改正，没收违法所得；违法生产经营的农产品货值金额不足五千元的，并处五千元以上五万元以下罚款，货值金额五千元以上的，并处货值金额十倍以上二十倍以下罚款。

第七十五条　违反本法关于农产品质量安全追溯规定的，由县级以上地方人民政府农业农村主管部门按照职责责令限期改正；逾期不改正的，可以处一万元以下罚款。

第七十六条　违反本法规定，拒绝、阻挠依法开展的农产品质量安全监督检查、事故调查处理、抽样检测和风险评估的，由有关主管部门按照职责责令停产停业，并处二千元以上五万元以下罚款；构成违反治安管理行为的，由公安机关依法给予治安管理处罚。

第七十七条　《中华人民共和国食品安全法》对食用农产品进入批发、零售市场或者生产加工企业后的违法行为和法律责任有规定的，由县级以上地方人民政府市场监督管理部门依照其规定进行处罚。

第七十八条　违反本法规定，构成犯罪的，依法追究刑事责任。

第七十九条　违反本法规定，给消费者造成人身、财产或者其他损害的，依法承担民事赔偿责任。生产经营者财产不足以同时承担民事赔偿责任和缴纳罚款、罚金时，先承担民事赔偿责任。

食用农产品生产经营者违反本法规定，污染环境、侵害众多消费者合法权益，损害社会公共利益的，人民检察院可以依照《中华人民共和国民事诉讼法》、《中华人民共和国行政诉讼法》等法律的规定向人民法院提起诉讼。

第八章　附　则

第八十条　粮食收购、储存、运输环节的质量安全管理，依照有关粮食管理的法律、行政法规执行。

第八十一条　本法自 2023 年 1 月 1 日起施行。

中华人民共和国水污染防治法

（1984年5月11日第六届全国人民代表大会常务委员会第五次会议通过，1984年5月11日中华人民共和国主席令第十二号公布，自1984年11月1日起施行；根据1996年5月15日第八届全国人民代表大会常务委员会第十九次会议通过，1996年5月15日中华人民共和国主席令第六十六号公布的《关于修改〈中华人民共和国水污染防治法〉的决定》第一次修正；根据2008年2月28日第十届全国人民代表大会常务委员会第三十二次会议通过，2008年2月28日中华人民共和国主席令第八十七号修订，自2008年6月1日起施行；根据2017年6月27日第十二届全国人民代表大会常务委员会第二十八次会议通过，2017年6月27日中华人民共和国主席令第七十号公布的《关于修改〈中华人民共和国水污染防治法〉的决定》第二次修正）

第一章　总　　则

第一条　为了保护和改善环境，防治水污染，保护水生态，保障饮用水安全，维护公众健康，推进生态文明建设，促进经济社会可持续发展，制定本法。

第二条　本法适用于中华人民共和国领域内的江河、湖泊、运河、渠道、水库等地表水体以及地下水体的污染防治。

海洋污染防治适用《中华人民共和国海洋环境保护法》。

第三条　水污染防治应当坚持预防为主、防治结合、综合治理的原则，优先保护饮用水水源，严格控制工业污染、城镇生活污染，防治农业面源污染，积极推进生态治理工程建设，预防、控制和减少水环境污染和生态破坏。

第四条　县级以上人民政府应当将水环境保护工作纳入国民经济和社会发展规划。

地方各级人民政府对本行政区域的水环境质量负责，应当及时采取措施防治水污染。

第五条　省、市、县、乡建立河长制，分级分段组织领导本行政区域内江河、湖泊的水资源保护、水域岸线管理、水污染防治、水环境治理等工作。

第六条　国家实行水环境保护目标责任制和考核评价制度，将水环境保护目标完成情况作为对地方人民政府及其负责人考核评价的内容。

第七条　国家鼓励、支持水污染防治的科学技术研究和先进适用技术的推广应用，加强水环境保护的宣传教育。

第八条　国家通过财政转移支付等方式，建立健全对位于饮用水水源保护区区域和江河、湖泊、水库上游地区的水环境生态保护补偿机制。

第九条　县级以上人民政府环境保护主管部门对水污染防治实施统一监督管理。

交通主管部门的海事管理机构对船舶污染水域的防治实施监督管理。

县级以上人民政府水行政、国土资源、卫生、建设、农业、渔业等部门以及重要江河、湖泊的流域水资源保护机构，在各自的职责范围内，对有关水污染防治实施监督管理。

第十条　排放水污染物，不得超过国家或者地方规定的水污染物排放标准和重点水污染物排放总量控制指标。

第十一条 任何单位和个人都有义务保护水环境，并有权对污染损害水环境的行为进行检举。

县级以上人民政府及其有关主管部门对在水污染防治工作中做出显著成绩的单位和个人给予表彰和奖励。

第二章 水污染防治的标准和规划

第十二条 国务院环境保护主管部门制定国家水环境质量标准。

省、自治区、直辖市人民政府可以对国家水环境质量标准中未作规定的项目，制定地方标准，并报国务院环境保护主管部门备案。

第十三条 国务院环境保护主管部门会同国务院水行政主管部门和有关省、自治区、直辖市人民政府，可以根据国家确定的重要江河、湖泊流域水体的使用功能以及有关地区的经济、技术条件，确定该重要江河、湖泊流域的省界水体适用的水环境质量标准，报国务院批准后施行。

第十四条 国务院环境保护主管部门根据国家水环境质量标准和国家经济、技术条件，制定国家水污染物排放标准。

省、自治区、直辖市人民政府对国家水污染物排放标准中未作规定的项目，可以制定地方水污染物排放标准；对国家水污染物排放标准中已作规定的项目，可以制定严于国家水污染物排放标准的地方水污染物排放标准。地方水污染物排放标准须报国务院环境保护主管部门备案。

向已有地方水污染物排放标准的水体排放污染物的，应当执行地方水污染物排放标准。

第十五条 国务院环境保护主管部门和省、自治区、直辖市人民政府，应当根据水污染防治的要求和国家或者地方的经济、技术条件，适时修订水环境质量标准和水污染物排放标准。

第十六条 防治水污染应当按流域或者按区域进行统一规划。国家确定的重要江河、湖泊的流域水污染防治规划，由国务院环境保护主管部门会同国务院经济综合宏观调控、水行政等部门和有关省、自治区、直辖市人民政府编制，报国务院批准。

前款规定外的其他跨省、自治区、直辖市江河、湖泊的流域水污染防治规划，根据国家确定的重要江河、湖泊的流域水污染防治规划和本地实际情况，由有关省、自治区、直辖市人民政府环境保护主管部门会同同级水行政等部门和有关市、县人民政府编制，经有关省、自治区、直辖市人民政府审核，报国务院批准。

省、自治区、直辖市内跨县江河、湖泊的流域水污染防治规划，根据国家确定的重要江河、湖泊的流域水污染防治规划和本地实际情况，由省、自治区、直辖市人民政府环境保护主管部门会同同级水行政等部门编制，报省、自治区、直辖市人民政府批准，并报国务院备案。

经批准的水污染防治规划是防治水污染的基本依据，规划的修订须经原批准机关批准。

县级以上地方人民政府应当根据依法批准的江河、湖泊的流域水污染防治规划，组织制定本行政区域的水污染防治规划。

第十七条 有关市、县级人民政府应当按照水污染防治规划确定的水环境质量改善目标的要求，制定限期达标规划，采取措施按期达标。

有关市、县级人民政府应当将限期达标规划报上一级人民政府备案，并向社会公开。

第十八条 市、县级人民政府每年在向本级人民代表大会或者其常务委员会报告环境状况和环境保护目标完成情况时，应当报告水环境质量限期达标规划执行情况，并向社会公开。

第三章　水污染防治的监督管理

第十九条　新建、改建、扩建直接或者间接向水体排放污染物的建设项目和其他水上设施，应当依法进行环境影响评价。

建设单位在江河、湖泊新建、改建、扩建排污口的，应当取得水行政主管部门或者流域管理机构同意；涉及通航、渔业水域的，环境保护主管部门在审批环境影响评价文件时，应当征求交通、渔业主管部门的意见。

建设项目的水污染防治设施，应当与主体工程同时设计、同时施工、同时投入使用。水污染防治设施应当符合经批准或者备案的环境影响评价文件的要求。

第二十条　国家对重点水污染物排放实施总量控制制度。

重点水污染物排放总量控制指标，由国务院环境保护主管部门在征求国务院有关部门和各省、自治区、直辖市人民政府意见后，会同国务院经济综合宏观调控部门报国务院批准并下达实施。

省、自治区、直辖市人民政府应当按照国务院的规定削减和控制本行政区域的重点水污染物排放总量。具体办法由国务院环境保护主管部门会同国务院有关部门规定。

省、自治区、直辖市人民政府可以根据本行政区域水环境质量状况和水污染防治工作的需要，对国家重点水污染物之外的其他水污染物排放实行总量控制。

对超过重点水污染物排放总量控制指标或者未完成水环境质量改善目标的地区，省级以上人民政府环境保护主管部门应当会同有关部门约谈该地区人民政府的主要负责人，并暂停审批新增重点水污染物排放总量的建设项目的环境影响评价文件。约谈情况应当向社会公开。

第二十一条　直接或者间接向水体排放工业废水和医疗污水以及其他按照规定应当取得排污许可证方可排放的废水、污水的企业事业单位和其他生产经营者，应当取得排污许可证；城镇污水集中处理设施的运营单位，也应当取得排污许可证。排污许可证应当明确排放水污染物的种类、浓度、总量和排放去向等要求。排污许可的具体办法由国务院规定。

禁止企业事业单位和其他生产经营者无排污许可证或者违反排污许可证的规定向水体排放前款规定的废水、污水。

第二十二条　向水体排放污染物的企业事业单位和其他生产经营者，应当按照法律、行政法规和国务院环境保护主管部门的规定设置排污口；在江河、湖泊设置排污口的，还应当遵守国务院水行政主管部门的规定。

第二十三条　实行排污许可管理的企业事业单位和其他生产经营者应当按照国家有关规定和监测规范，对所排放的水污染物自行监测，并保存原始监测记录。重点排污单位还应当安装水污染物排放自动监测设备，与环境保护主管部门的监控设备联网，并保证监测设备正常运行。具体办法由国务院环境保护主管部门规定。

应当安装水污染物排放自动监测设备的重点排污单位名录，由设区的市级以上地方人民政府环境保护主管部门根据本行政区域的环境容量、重点水污染物排放总量控制指标的要求以及排污单位排放水污染物的种类、数量和浓度等因素，商同级有关部门确定。

第二十四条　实行排污许可管理的企业事业单位和其他生产经营者应当对监测数据的真实性和准确性负责。

环境保护主管部门发现重点排污单位的水污染物排放自动监测设备传输数据异常，应当及时进行调查。

第二十五条 国家建立水环境质量监测和水污染物排放监测制度。国务院环境保护主管部门负责制定水环境监测规范，统一发布国家水环境状况信息，会同国务院水行政等部门组织监测网络，统一规划国家水环境质量监测站（点）的设置，建立监测数据共享机制，加强对水环境监测的管理。

第二十六条 国家确定的重要江河、湖泊流域的水资源保护工作机构负责监测其所在流域的省界水体的水环境质量状况，并将监测结果及时报国务院环境保护主管部门和国务院水行政主管部门；有经国务院批准成立的流域水资源保护领导机构的，应当将监测结果及时报告流域水资源保护领导机构。

第二十七条 国务院有关部门和县级以上地方人民政府开发、利用和调节、调度水资源时，应当统筹兼顾，维持江河的合理流量和湖泊、水库以及地下水体的合理水位，保障基本生态用水，维护水体的生态功能。

第二十八条 国务院环境保护主管部门应当会同国务院水行政等部门和有关省、自治区、直辖市人民政府，建立重要江河、湖泊的流域水环境保护联合协调机制，实行统一规划、统一标准、统一监测、统一的防治措施。

第二十九条 国务院环境保护主管部门和省、自治区、直辖市人民政府环境保护主管部门应当会同同级有关部门根据流域生态环境功能需要，明确流域生态环境保护要求，组织开展流域环境资源承载能力监测、评价，实施流域环境资源承载能力预警。

县级以上地方人民政府应当根据流域生态环境功能需要，组织开展江河、湖泊、湿地保护与修复，因地制宜建设人工湿地、水源涵养林、沿河沿湖植被缓冲带和隔离带等生态环境治理与保护工程，整治黑臭水体，提高流域环境资源承载能力。

从事开发建设活动，应当采取有效措施，维护流域生态环境功能，严守生态保护红线。

第三十条 环境保护主管部门和其他依照本法规定行使监督管理权的部门，有权对管辖范围内的排污单位进行现场检查，被检查的单位应当如实反映情况，提供必要的资料。检查机关有义务为被检查的单位保守在检查中获取的商业秘密。

第三十一条 跨行政区域的水污染纠纷，由有关地方人民政府协商解决，或者由其共同的上级人民政府协调解决。

第四章 水污染防治措施

第一节 一般规定

第三十二条 国务院环境保护主管部门应当会同国务院卫生主管部门，根据对公众健康和生态环境的危害和影响程度，公布有毒有害水污染物名录，实行风险管理。

排放前款规定名录中所列有毒有害水污染物的企业事业单位和其他生产经营者，应当对排污口和周边环境进行监测，评估环境风险，排查环境安全隐患，并公开有毒有害水污染物信息，采取有效措施防范环境风险。

第三十三条 禁止向水体排放油类、酸液、碱液或者剧毒废液。

禁止在水体清洗装贮过油类或者有毒污染物的车辆和容器。

第三十四条 禁止向水体排放、倾倒放射性固体废物或者含有高放射性和中放射性物质的废水。

向水体排放含低放射性物质的废水，应当符合国家有关放射性污染防治的规定和标准。

第三十五条 向水体排放含热废水，应当采取措施，保证水体的水温符合水环境质量标准。

第三十六条　含病原体的污水应当经过消毒处理；符合国家有关标准后，方可排放。

第三十七条　禁止向水体排放、倾倒工业废渣、城镇垃圾和其他废弃物。

禁止将含有汞、镉、砷、铬、铅、氰化物、黄磷等的可溶性剧毒废渣向水体排放、倾倒或者直接埋入地下。

存放可溶性剧毒废渣的场所，应当采取防水、防渗漏、防流失的措施。

第三十八条　禁止在江河、湖泊、运河、渠道、水库最高水位线以下的滩地和岸坡堆放、存贮固体废弃物和其他污染物。

第三十九条　禁止利用渗井、渗坑、裂隙、溶洞，私设暗管，篡改、伪造监测数据，或者不正常运行水污染防治设施等逃避监管的方式排放水污染物。

第四十条　化学品生产企业以及工业集聚区、矿山开采区、尾矿库、危险废物处置场、垃圾填埋场等的运营、管理单位，应当采取防渗漏等措施，并建设地下水水质监测井进行监测，防止地下水污染。

加油站等的地下油罐应当使用双层罐或者采取建造防渗池等其他有效措施，并进行防渗漏监测，防止地下水污染。

禁止利用无防渗漏措施的沟渠、坑塘等输送或者存贮含有毒污染物的废水、含病原体的污水和其他废弃物。

第四十一条　多层地下水的含水层水质差异大的，应当分层开采；对已受污染的潜水和承压水，不得混合开采。

第四十二条　兴建地下工程设施或者进行地下勘探、采矿等活动，应当采取防护性措施，防止地下水污染。

报废矿井、钻井或者取水井等，应当实施封井或者回填。

第四十三条　人工回灌补给地下水，不得恶化地下水质。

第二节　工业水污染防治

第四十四条　国务院有关部门和县级以上地方人民政府应当合理规划工业布局，要求造成水污染的企业进行技术改造，采取综合防治措施，提高水的重复利用率，减少废水和污染物排放量。

第四十五条　排放工业废水的企业应当采取有效措施，收集和处理产生的全部废水，防止污染环境。含有毒有害水污染物的工业废水应当分类收集和处理，不得稀释排放。

工业集聚区应当配套建设相应的污水集中处理设施，安装自动监测设备，与环境保护主管部门的监控设备联网，并保证监测设备正常运行。

向污水集中处理设施排放工业废水的，应当按照国家有关规定进行预处理，达到集中处理设施处理工艺要求后方可排放。

第四十六条　国家对严重污染水环境的落后工艺和设备实行淘汰制度。

国务院经济综合宏观调控部门会同国务院有关部门，公布限期禁止采用的严重污染水环境的工艺名录和限期禁止生产、销售、进口、使用的严重污染水环境的设备名录。

生产者、销售者、进口者或者使用者应当在规定的期限内停止生产、销售、进口或者使用列入前款规定的设备名录中的设备。工艺的采用者应当在规定的期限内停止采用列入前款规定的工艺名录中的工艺。

依照本条第二款、第三款规定被淘汰的设备，不得转让给他人使用。

第四十七条　国家禁止新建不符合国家产业政策的小型造纸、制革、印染、染料、炼焦、炼硫、炼砷、炼汞、炼油、电镀、农药、石棉、水泥、玻璃、钢铁、火电以及其他严重污染水环境的生产项目。

第四十八条 企业应当采用原材料利用效率高、污染物排放量少的清洁工艺，并加强管理，减少水污染物的产生。

第三节 城镇水污染防治

第四十九条 城镇污水应当集中处理。

县级以上地方人民政府应当通过财政预算和其他渠道筹集资金，统筹安排建设城镇污水集中处理设施及配套管网，提高本行政区域城镇污水的收集率和处理率。

国务院建设主管部门应当会同国务院经济综合宏观调控、环境保护主管部门，根据城乡规划和水污染防治规划，组织编制全国城镇污水处理设施建设规划。县级以上地方人民政府组织建设、经济综合宏观调控、环境保护、水行政等部门编制本行政区域的城镇污水处理设施建设规划。县级以上地方人民政府建设主管部门应当按照城镇污水处理设施建设规划，组织建设城镇污水集中处理设施及配套管网，并加强对城镇污水集中处理设施运营的监督管理。

城镇污水集中处理设施的运营单位按照国家规定向排污者提供污水处理的有偿服务，收取污水处理费用，保证污水集中处理设施的正常运行。收取的污水处理费用应当用于城镇污水集中处理设施的建设运行和污泥处理处置，不得挪作他用。

城镇污水集中处理设施的污水处理收费、管理以及使用的具体办法，由国务院规定。

第五十条 向城镇污水集中处理设施排放水污染物，应当符合国家或者地方规定的水污染物排放标准。

城镇污水集中处理设施的运营单位，应当对城镇污水集中处理设施的出水水质负责。

环境保护主管部门应当对城镇污水集中处理设施的出水水质和水量进行监督检查。

第五十一条 城镇污水集中处理设施的运营单位或者污泥处理处置单位应当安全处理处置污泥，保证处理处置后的污泥符合国家标准，并对污泥的去向等进行记录。

第四节 农业和农村水污染防治

第五十二条 国家支持农村污水、垃圾处理设施的建设，推进农村污水、垃圾集中处理。

地方各级人民政府应当统筹规划建设农村污水、垃圾处理设施，并保障其正常运行。

第五十三条 制定化肥、农药等产品的质量标准和使用标准，应当适应水环境保护要求。

第五十四条 使用农药，应当符合国家有关农药安全使用的规定和标准。

运输、存贮农药和处置过期失效农药，应当加强管理，防止造成水污染。

第五十五条 县级以上地方人民政府农业主管部门和其他有关部门，应当采取措施，指导农业生产者科学、合理地施用化肥和农药，推广测土配方施肥技术和高效低毒低残留农药，控制化肥和农药的过量使用，防止造成水污染。

第五十六条 国家支持畜禽养殖场、养殖小区建设畜禽粪便、废水的综合利用或者无害化处理设施。

畜禽养殖场、养殖小区应当保证其畜禽粪便、废水的综合利用或者无害化处理设施正常运转，保证污水达标排放，防止污染水环境。

畜禽散养密集区所在地县、乡级人民政府应当组织对畜禽粪便污水进行分户收集、集中处理利用。

第五十七条 从事水产养殖应当保护水域生态环境，科学确定养殖密度，合理投饵和使用药物，防止污染水环境。

第五十八条　农田灌溉用水应当符合相应的水质标准，防止污染土壤、地下水和农产品。

禁止向农田灌溉渠道排放工业废水或者医疗污水。向农田灌溉渠道排放城镇污水以及未综合利用的畜禽养殖废水、农产品加工废水的，应当保证其下游最近的灌溉取水点的水质符合农田灌溉水质标准。

第五节　船舶水污染防治

第五十九条　船舶排放含油污水、生活污水，应当符合船舶污染物排放标准。从事海洋航运的船舶进入内河和港口的，应当遵守内河的船舶污染物排放标准。

船舶的残油、废油应当回收，禁止排入水体。

禁止向水体倾倒船舶垃圾。

船舶装载运输油类或者有毒货物，应当采取防止溢流和渗漏的措施，防止货物落水造成水污染。

进入中华人民共和国内河的国际航线船舶排放压载水的，应当采用压载水处理装置或者采取其他等效措施，对压载水进行灭活等处理。禁止排放不符合规定的船舶压载水。

第六十条　船舶应当按照国家有关规定配置相应的防污设备和器材，并持有合法有效的防止水域环境污染的证书与文书。

船舶进行涉及污染物排放的作业，应当严格遵守操作规程，并在相应的记录簿上如实记载。

第六十一条　港口、码头、装卸站和船舶修造厂所在地市、县级人民政府应当统筹规划建设船舶污染物、废弃物的接收、转运及处理处置设施。

港口、码头、装卸站和船舶修造厂应当备有足够的船舶污染物、废弃物的接收设施。从事船舶污染物、废弃物接收作业，或者从事装载油类、污染危害性货物船舱清洗作业的单位，应当具备与其运营规模相适应的接收处理能力。

第六十二条　船舶及有关作业单位从事有污染风险的作业活动，应当按照有关法律法规和标准，采取有效措施，防止造成水污染。海事管理机构、渔业主管部门应当加强对船舶及有关作业活动的监督管理。

船舶进行散装液体污染危害性货物的过驳作业，应当编制作业方案，采取有效的安全和污染防治措施，并报作业地海事管理机构批准。

禁止采取冲滩方式进行船舶拆解作业。

第五章　饮用水水源和其他特殊水体保护

第六十三条　国家建立饮用水水源保护区制度。饮用水水源保护区分为一级保护区和二级保护区；必要时，可以在饮用水水源保护区外围划定一定的区域作为准保护区。

饮用水水源保护区的划定，由有关市、县人民政府提出划定方案，报省、自治区、直辖市人民政府批准；跨市、县饮用水水源保护区的划定，由有关市、县人民政府协商提出划定方案，报省、自治区、直辖市人民政府批准；协商不成的，由省、自治区、直辖市人民政府环境保护主管部门会同同级水行政、国土资源、卫生、建设等部门提出划定方案，征求同级有关部门的意见后，报省、自治区、直辖市人民政府批准。

跨省、自治区、直辖市的饮用水水源保护区，由有关省、自治区、直辖市人民政府商有关流域管理机构划定；协商不成的，由国务院环境保护主管部门会同同级水行政、国土资源、卫生、建设等部门提出划定方案，征求国务院有关部门的意见后，报国务院批准。

国务院和省、自治区、直辖市人民政府

可以根据保护饮用水水源的实际需要，调整饮用水水源保护区的范围，确保饮用水安全。有关地方人民政府应当在饮用水水源保护区的边界设立明确的地理界标和明显的警示标志。

第六十四条 在饮用水水源保护区内，禁止设置排污口。

第六十五条 禁止在饮用水水源一级保护区内新建、改建、扩建与供水设施和保护水源无关的建设项目；已建成的与供水设施和保护水源无关的建设项目，由县级以上人民政府责令拆除或者关闭。

禁止在饮用水水源一级保护区内从事网箱养殖、旅游、游泳、垂钓或者其他可能污染饮用水水体的活动。

第六十六条 禁止在饮用水水源二级保护区内新建、改建、扩建排放污染物的建设项目；已建成的排放污染物的建设项目，由县级以上人民政府责令拆除或者关闭。

在饮用水水源二级保护区内从事网箱养殖、旅游等活动的，应当按照规定采取措施，防止污染饮用水水体。

第六十七条 禁止在饮用水水源准保护区内新建、扩建对水体污染严重的建设项目；改建建设项目，不得增加排污量。

第六十八条 县级以上地方人民政府应当根据保护饮用水水源的实际需要，在准保护区内采取工程措施或者建造湿地、水源涵养林等生态保护措施，防止水污染物直接排入饮用水水体，确保饮用水安全。

第六十九条 县级以上地方人民政府应当组织环境保护等部门，对饮用水水源保护区、地下水型饮用水源的补给区及供水单位周边区域的环境状况和污染风险进行调查评估，筛查可能存在的污染风险因素，并采取相应的风险防范措施。

饮用水水源受到污染可能威胁供水安全的，环境保护主管部门应当责令有关企业事业单位和其他生产经营者采取停止排放水污染物等措施，并通报饮用水供水单位和供水、卫生、水行政等部门；跨行政区域的，还应当通报相关地方人民政府。

第七十条 单一水源供水城市的人民政府应当建设应急水源或者备用水源，有条件的地区可以开展区域联网供水。

县级以上地方人民政府应当合理安排、布局农村饮用水水源，有条件的地区可以采取城镇供水管网延伸或者建设跨村、跨乡镇联片集中供水工程等方式，发展规模集中供水。

第七十一条 饮用水供水单位应当做好取水口和出水口的水质检测工作。发现取水口水质不符合饮用水水源水质标准或者出水口水质不符合饮用水卫生标准的，应当及时采取相应措施，并向所在地市、县级人民政府供水主管部门报告。供水主管部门接到报告后，应当通报环境保护、卫生、水行政等部门。

饮用水供水单位应当对供水水质负责，确保供水设施安全可靠运行，保证供水水质符合国家有关标准。

第七十二条 县级以上地方人民政府应当组织有关部门监测、评估本行政区域内饮用水水源、供水单位供水和用户水龙头出水的水质等饮用水安全状况。

县级以上地方人民政府有关部门应当至少每季度向社会公开一次饮用水安全状况信息。

第七十三条 国务院和省、自治区、直辖市人民政府根据水环境保护的需要，可以规定在饮用水水源保护区内，采取禁止或者限制使用含磷洗涤剂、化肥、农药以及限制种植养殖等措施。

第七十四条 县级以上人民政府可以对风景名胜区水体、重要渔业水体和其他具有特殊经济文化价值的水体划定保护区，并采取措施，保证保护区的水质符合规定用途的水环境质量标准。

第七十五条　在风景名胜区水体、重要渔业水体和其他具有特殊经济文化价值的水体的保护区内，不得新建排污口。在保护区附近新建排污口，应当保证保护区水体不受污染。

第六章　水污染事故处置

第七十六条　各级人民政府及其有关部门，可能发生水污染事故的企业事业单位，应当依照《中华人民共和国突发事件应对法》的规定，做好突发水污染事故的应急准备、应急处置和事后恢复等工作。

第七十七条　可能发生水污染事故的企业事业单位，应当制定有关水污染事故的应急方案，做好应急准备，并定期进行演练。

生产、储存危险化学品的企业事业单位，应当采取措施，防止在处理安全生产事故过程中产生的可能严重污染水体的消防废水、废液直接排入水体。

第七十八条　企业事业单位发生事故或者其他突发性事件，造成或者可能造成水污染事故的，应当立即启动本单位的应急方案，采取隔离等应急措施，防止水污染物进入水体，并向事故发生地的县级以上地方人民政府或者环境保护主管部门报告。环境保护主管部门接到报告后，应当及时向本级人民政府报告，并抄送有关部门。

造成渔业污染事故或者渔业船舶造成水污染事故的，应当向事故发生地的渔业主管部门报告，接受调查处理。其他船舶造成水污染事故的，应当向事故发生地的海事管理机构报告，接受调查处理；给渔业造成损害的，海事管理机构应当通知渔业主管部门参与调查处理。

第七十九条　市、县级人民政府应当组织编制饮用水安全突发事件应急预案。

饮用水供水单位应当根据所在地饮用水安全突发事件应急预案，制定相应的突发事件应急方案，报所在地市、县级人民政府备案，并定期进行演练。

饮用水水源发生水污染事故，或者发生其他可能影响饮用水安全的突发性事件，饮用水供水单位应当采取应急处理措施，向所在地市、县级人民政府报告，并向社会公开。有关人民政府应当根据情况及时启动应急预案，采取有效措施，保障供水安全。

第七章　法律责任

第八十条　环境保护主管部门或者其他依照本法规定行使监督管理权的部门，不依法作出行政许可或者办理批准文件的，发现违法行为或者接到对违法行为的举报后不予查处的，或者有其他未依照本法规定履行职责的行为的，对直接负责的主管人员和其他直接责任人员依法给予处分。

第八十一条　以拖延、围堵、滞留执法人员等方式拒绝、阻挠环境保护主管部门或者其他依照本法规定行使监督管理权的部门的监督检查，或者在接受监督检查时弄虚作假的，由县级以上人民政府环境保护主管部门或者其他依照本法规定行使监督管理权的部门责令改正，处二万元以上二十万元以下的罚款。

第八十二条　违反本法规定，有下列行为之一的，由县级以上人民政府环境保护主管部门责令限期改正，处二万元以上二十万元以下的罚款；逾期不改正的，责令停产整治：

（一）未按照规定对所排放的水污染物自行监测，或者未保存原始监测记录的；

（二）未按照规定安装水污染物排放自动监测设备，未按照规定与环境保护主管部门的监控设备联网，或者未保证监测设备正常运行的；

（三）未按照规定对有毒有害水污染物的排污口和周边环境进行监测，或者未公开有毒有害水污染物信息的。

第八十三条 违反本法规定，有下列行为之一的，由县级以上人民政府环境保护主管部门责令改正或者责令限制生产、停产整治，并处十万元以上一百万元以下的罚款；情节严重的，报经有批准权的人民政府批准，责令停业、关闭：

（一）未依法取得排污许可证排放水污染物的；

（二）超过水污染物排放标准或者超过重点水污染物排放总量控制指标排放水污染物的；

（三）利用渗井、渗坑、裂隙、溶洞，私设暗管，篡改、伪造监测数据，或者不正常运行水污染防治设施等逃避监管的方式排放水污染物的；

（四）未按照规定进行预处理，向污水集中处理设施排放不符合处理工艺要求的工业废水的。

第八十四条 在饮用水水源保护区内设置排污口的，由县级以上地方人民政府责令限期拆除，处十万元以上五十万元以下的罚款；逾期不拆除的，强制拆除，所需费用由违法者承担，处五十万元以上一百万元以下的罚款，并可以责令停产整治。

除前款规定外，违反法律、行政法规和国务院环境保护主管部门的规定设置排污口的，由县级以上地方人民政府环境保护主管部门责令限期拆除，处二万元以上十万元以下的罚款；逾期不拆除的，强制拆除，所需费用由违法者承担，处十万元以上五十万元以下的罚款；情节严重的，可以责令停产整治。

未经水行政主管部门或者流域管理机构同意，在江河、湖泊新建、改建、扩建排污口的，由县级以上人民政府水行政主管部门或者流域管理机构依据职权，依照前款规定采取措施、给予处罚。

第八十五条 有下列行为之一的，由县级以上地方人民政府环境保护主管部门责令停止违法行为，限期采取治理措施，消除污染，处以罚款；逾期不采取治理措施的，环境保护主管部门可以指定有治理能力的单位代为治理，所需费用由违法者承担：

（一）向水体排放油类、酸液、碱液的；

（二）向水体排放剧毒废液，或者将含有汞、镉、砷、铬、铅、氰化物、黄磷等的可溶性剧毒废渣向水体排放、倾倒或者直接埋入地下的；

（三）在水体清洗装贮过油类、有毒污染物的车辆或者容器的；

（四）向水体排放、倾倒工业废渣、城镇垃圾或者其他废弃物，或者在江河、湖泊、运河、渠道、水库最高水位线以下的滩地、岸坡堆放、存贮固体废弃物或者其他污染物的；

（五）向水体排放、倾倒放射性固体废物或者含有高放射性、中放射性物质的废水的；

（六）违反国家有关规定或者标准，向水体排放含低放射性物质的废水、热废水或者含病原体的污水的；

（七）未采取防渗漏等措施，或者未建设地下水水质监测井进行监测的；

（八）加油站等的地下油罐未使用双层罐或者采取建造防渗池等其他有效措施，或者未进行防渗漏监测的；

（九）未按照规定采取防护性措施，或者利用无防渗漏措施的沟渠、坑塘等输送或者存贮含有毒污染物的废水、含病原体的污水或者其他废弃物的。

有前款第三项、第四项、第六项、第七项、第八项行为之一的，处二万元以上二十万元以下的罚款。有前款第一项、第二项、第五项、第九项行为之一的，处十万元以上一百万元以下的罚款；情节严重的，报经有批准权的人民政府批准，责令停业、关闭。

第八十六条 违反本法规定，生产、销售、进口或者使用列入禁止生产、销售、进口、使用的严重污染水环境的设备名录中的设备，或者采用列入禁止采用的严重污染水环境的工艺名录中的工艺的，由县级以上人民政府经济综合宏观调控部门责令改正，处五万元以上二十万元以下的罚款；情节严重的，由县级以上人民政府经济综合宏观调控部门提出意见，报请本级人民政府责令停业、关闭。

第八十七条　违反本法规定，建设不符合国家产业政策的小型造纸、制革、印染、染料、炼焦、炼硫、炼砷、炼汞、炼油、电镀、农药、石棉、水泥、玻璃、钢铁、火电以及其他严重污染水环境的生产项目的，由所在地的市、县人民政府责令关闭。

第八十八条　城镇污水集中处理设施的运营单位或者污泥处理处置单位，处理处置后的污泥不符合国家标准，或者对污泥去向等未进行记录的，由城镇排水主管部门责令限期采取治理措施，给予警告；造成严重后果的，处十万元以上二十万元以下的罚款；逾期不采取治理措施的，城镇排水主管部门可以指定有治理能力的单位代为治理，所需费用由违法者承担。

第八十九条　船舶未配置相应的防污染设备和器材，或者未持有合法有效的防止水域环境污染的证书与文书的，由海事管理机构、渔业主管部门按照职责分工责令限期改正，处二千元以上二万元以下的罚款；逾期不改正的，责令船舶临时停航。

船舶进行涉及污染物排放的作业，未遵守操作规程或者未在相应的记录簿上如实记载的，由海事管理机构、渔业主管部门按照职责分工责令改正，处二千元以上二万元以下的罚款。

第九十条　违反本法规定，有下列行为之一的，由海事管理机构、渔业主管部门按照职责分工责令停止违法行为，处一万元以上十万元以下的罚款；造成水污染的，责令限期采取治理措施，消除污染，处二万元以上二十万元以下的罚款；逾期不采取治理措施的，海事管理机构、渔业主管部门按照职责分工可以指定有治理能力的单位代为治理，所需费用由船舶承担：

（一）向水体倾倒船舶垃圾或者排放船舶的残油、废油的；

（二）未经作业地海事管理机构批准，船舶进行散装液体污染危害性货物的过驳作业的；

（三）船舶及有关作业单位从事有污染风险的作业活动，未按照规定采取污染防治措施的；

（四）以冲滩方式进行船舶拆解的；

（五）进入中华人民共和国内河的国际航线船舶，排放不符合规定的船舶压载水的。

第九十一条　有下列行为之一的，由县级以上地方人民政府环境保护主管部门责令停止违法行为，处十万元以上五十万元以下的罚款；并报经有批准权的人民政府批准，责令拆除或者关闭：

（一）在饮用水水源一级保护区内新建、改建、扩建与供水设施和保护水源无关的建设项目的；

（二）在饮用水水源二级保护区内新建、改建、扩建排放污染物的建设项目的；

（三）在饮用水水源准保护区内新建、扩建对水体污染严重的建设项目，或者改建建设项目增加排污量的。

在饮用水水源一级保护区内从事网箱养殖或者组织进行旅游、垂钓或者其他可能污染饮用水水体的活动的，由县级以上地方人民政府环境保护主管部门责令停止违法行为，处二万元以上十万元以下的罚款。个人在饮用水水源一级保护区内游泳、垂钓或者从事其他可能污染饮用水水体的活动的，由县级以上地方人民政府环境保护主管部门责令停止违法行为，可以处五百元以下的罚款。

第九十二条 饮用水供水单位供水水质不符合国家规定标准的，由所在地市、县级人民政府供水主管部门责令改正，处二万元以上二十万元以下的罚款；情节严重的，报经有批准权的人民政府批准，可以责令停业整顿；对直接负责的主管人员和其他直接责任人员依法给予处分。

第九十三条 企业事业单位有下列行为之一的，由县级以上人民政府环境保护主管部门责令改正；情节严重的，处二万元以上十万元以下的罚款：

（一）不按照规定制定水污染事故的应急方案的；

（二）水污染事故发生后，未及时启动水污染事故的应急方案，采取有关应急措施的。

第九十四条 企业事业单位违反本法规定，造成水污染事故的，除依法承担赔偿责任外，由县级以上人民政府环境保护主管部门依照本条第二款的规定处以罚款，责令限期采取治理措施，消除污染；未按照要求采取治理措施或者不具备治理能力的，由环境保护主管部门指定有治理能力的单位代为治理，所需费用由违法者承担；对造成重大或者特大水污染事故的，还可以报经有批准权的人民政府批准，责令关闭；对直接负责的主管人员和其他直接责任人员可以处上一年度从本单位取得的收入百分之五十以下的罚款；有《中华人民共和国环境保护法》第六十三条规定的违法排放水污染物等行为之一，尚不构成犯罪的，由公安机关对直接负责的主管人员和其他直接责任人员处十日以上十五日以下的拘留；情节较轻的，处五日以上十日以下的拘留。

对造成一般或者较大水污染事故的，按照水污染事故造成的直接损失的百分之二十计算罚款；对造成重大或者特大水污染事故的，按照水污染事故造成的直接损失的百分之三十计算罚款。

造成渔业污染事故或者渔业船舶造成水污染事故的，由渔业主管部门进行处罚；其他船舶造成水污染事故的，由海事管理机构进行处罚。

第九十五条 企业事业单位和其他生产经营者违法排放水污染物，受到罚款处罚，被责令改正的，依法作出处罚决定的行政机关应当组织复查，发现其继续违法排放水污染物或者拒绝、阻挠复查的，依照《中华人民共和国环境保护法》的规定按日连续处罚。

第九十六条 因水污染受到损害的当事人，有权要求排污方排除危害和赔偿损失。

由于不可抗力造成水污染损害的，排污方不承担赔偿责任；法律另有规定的除外。

水污染损害是由受害人故意造成的，排污方不承担赔偿责任。水污染损害是由受害人重大过失造成的，可以减轻排污方的赔偿责任。

水污染损害是由第三人造成的，排污方承担赔偿责任后，有权向第三人追偿。

第九十七条 因水污染引起的损害赔偿责任和赔偿金额的纠纷，可以根据当事人的请求，由环境保护主管部门或者海事管理机构、渔业主管部门按照职责分工调解处理；调解不成的，当事人可以向人民法院提起诉讼。当事人也可以直接向人民法院提起诉讼。

第九十八条 因水污染引起的损害赔偿诉讼，由排污方就法律规定的免责事由及其行为与损害结果之间不存在因果关系承担举证责任。

第九十九条 因水污染受到损害的当事人人数众多的，可以依法由当事人推选代表人进行共同诉讼。

环境保护主管部门和有关社会团体可以依法支持因水污染受到损害的当事人向人民法院提起诉讼。

国家鼓励法律服务机构和律师为水污染

损害诉讼中的受害人提供法律援助。

第一百条　因水污染引起的损害赔偿责任和赔偿金额的纠纷，当事人可以委托环境监测机构提供监测数据。环境监测机构应当接受委托，如实提供有关监测数据。

第一百零一条　违反本法规定，构成犯罪的，依法追究刑事责任。

第八章　附　　则

第一百零二条　本法中下列用语的含义：

（一）水污染，是指水体因某种物质的介入，而导致其化学、物理、生物或者放射性等方面特性的改变，从而影响水的有效利用，危害人体健康或者破坏生态环境，造成水质恶化的现象。

（二）水污染物，是指直接或者间接向水体排放的，能导致水体污染的物质。

（三）有毒污染物，是指那些直接或者间接被生物摄入体内后，可能导致该生物或者其后代发病、行为反常、遗传异变、生理机能失常、机体变形或者死亡的污染物。

（四）污泥，是指污水处理过程中产生的半固态或者固态物质。

（五）渔业水体，是指划定的鱼虾类的产卵场、索饵场、越冬场、洄游通道和鱼虾贝藻类的养殖场的水体。

第一百零三条　本法自 2008 年 6 月 1 日起施行。

中华人民共和国环境保护法

（1989 年 12 月 26 日第七届全国人民代表大会常务委员会第十一次会议通过，1989 年 12 月 26 日中华人民共和国主席令第二十二号公布；2014 年 4 月 24 日第十二届全国人民代表大会常务委员会第八次会议修订，2014 年 4 月 24 日中华人民共和国主席令第九号公布，自 2015 年 1 月 1 日起施行）

第一章　总　　则

第一条　为保护和改善环境，防治污染和其他公害，保障公众健康，推进生态文明建设，促进经济社会可持续发展，制定本法。

第二条　本法所称环境，是指影响人类生存和发展的各种天然的和经过人工改造的自然因素的总体，包括大气、水、海洋、土地、矿藏、森林、草原、湿地、野生生物、自然遗迹、人文遗迹、自然保护区、风景名胜区、城市和乡村等。

第三条　本法适用于中华人民共和国领域和中华人民共和国管辖的其他海域。

第四条　保护环境是国家的基本国策。

国家采取有利于节约和循环利用资源、保护和改善环境、促进人与自然和谐的经济、技术政策和措施，使经济社会发展与环境保护相协调。

第五条　环境保护坚持保护优先、预防为主、综合治理、公众参与、损害担责的原则。

第六条　一切单位和个人都有保护环境的义务。

地方各级人民政府应当对本行政区域的环境质量负责。

企业事业单位和其他生产经营者应当防止、减少环境污染和生态破坏，对所造成的损害依法承担责任。

公民应当增强环境保护意识，采取低碳、节俭的生活方式，自觉履行环境保护义务。

第七条　国家支持环境保护科学技术研究、开发和应用，鼓励环境保护产业发展，促进环境保护信息化建设，提高环境保护科学技术水平。

第八条　各级人民政府应当加大保护和改善环境、防治污染和其他公害的财政投入，提高财政资金的使用效益。

第九条　各级人民政府应当加强环境保护宣传和普及工作，鼓励基层群众性自治组织、社会组织、环境保护志愿者开展环境保护法律法规和环境保护知识的宣传，营造保护环境的良好风气。

教育行政部门、学校应当将环境保护知识纳入学校教育内容，培养学生的环境保护意识。

新闻媒体应当开展环境保护法律法规和环境保护知识的宣传，对环境违法行为进行舆论监督。

第十条　国务院环境保护主管部门，对全国环境保护工作实施统一监督管理；县级以上地方人民政府环境保护主管部门，对本行政区域环境保护工作实施统一监督管理。

县级以上人民政府有关部门和军队环境保护部门，依照有关法律的规定对资源保护和污染防治等环境保护工作实施监督管理。

第十一条　对保护和改善环境有显著成绩的单位和个人，由人民政府给予奖励。

第十二条　每年6月5日为环境日。

第二章　监督管理

第十三条　县级以上人民政府应当将环境保护工作纳入国民经济和社会发展规划。

国务院环境保护主管部门会同有关部门，根据国民经济和社会发展规划编制国家环境保护规划，报国务院批准并公布实施。

县级以上地方人民政府环境保护主管部门会同有关部门，根据国家环境保护规划的要求，编制本行政区域的环境保护规划，报同级人民政府批准并公布实施。

环境保护规划的内容应当包括生态保护和污染防治的目标、任务、保障措施等，并与主体功能区规划、土地利用总体规划和城乡规划等相衔接。

第十四条　国务院有关部门和省、自治区、直辖市人民政府组织制定经济、技术政策，应当充分考虑对环境的影响，听取有关方面和专家的意见。

第十五条　国务院环境保护主管部门制定国家环境质量标准。

省、自治区、直辖市人民政府对国家环境质量标准中未作规定的项目，可以制定地方环境质量标准；对国家环境质量标准中已作规定的项目，可以制定严于国家环境质量标准的地方环境质量标准。地方环境质量标准应当报国务院环境保护主管部门备案。

国家鼓励开展环境基准研究。

第十六条　国务院环境保护主管部门根据国家环境质量标准和国家经济、技术条件，制定国家污染物排放标准。

省、自治区、直辖市人民政府对国家污染物排放标准中未作规定的项目，可以制定地方污染物排放标准；对国家污染物排放标准中已作规定的项目，可以制定严于国家污染物排放标准的地方污染物排放标准。地方污染物排放标准应当报国务院环境保护主管部门备案。

第十七条　国家建立、健全环境监测制度。国务院环境保护主管部门制定监测规范，会同有关部门组织监测网络，统一规划国家环境质量监测站（点）的设置，建立监测数据共享机制，加强对环境监测的管理。

有关行业、专业等各类环境质量监测站（点）的设置应当符合法律法规规定和监测规范的要求。

监测机构应当使用符合国家标准的监测设备，遵守监测规范。监测机构及其负责人对监测数据的真实性和准确性负责。

第十八条　省级以上人民政府应当组织有关部门或者委托专业机构，对环境状况进行调查、评价，建立环境资源承载能力监测预警机制。

第十九条　编制有关开发利用规划，建设对环境有影响的项目，应当依法进行环境影响评价。

未依法进行环境影响评价的开发利用规划，不得组织实施；未依法进行环境影响评价的建设项目，不得开工建设。

第二十条　国家建立跨行政区域的重点区域、流域环境污染和生态破坏联合防治协调机制，实行统一规划、统一标准、统一监测、统一的防治措施。

前款规定以外的跨行政区域的环境污染和生态破坏的防治，由上级人民政府协调解决，或者由有关地方人民政府协商解决。

第二十一条　国家采取财政、税收、价格、政府采购等方面的政策和措施，鼓励和支持环境保护技术装备、资源综合利用和环境服务等环境保护产业的发展。

第二十二条　企业事业单位和其他生产经营者，在污染物排放符合法定要求的基础上，进一步减少污染物排放的，人民政府应当依法采取财政、税收、价格、政府采购等方面的政策和措施予以鼓励和支持。

第二十三条 企业事业单位和其他生产经营者，为改善环境，依照有关规定转产、搬迁、关闭的，人民政府应当予以支持。

第二十四条 县级以上人民政府环境保护主管部门及其委托的环境监察机构和其他负有环境保护监督管理职责的部门，有权对排放污染物的企业事业单位和其他生产经营者进行现场检查。被检查者应当如实反映情况，提供必要的资料。实施现场检查的部门、机构及其工作人员应当为被检查者保守商业秘密。

第二十五条 企业事业单位和其他生产经营者违反法律法规规定排放污染物，造成或者可能造成严重污染的，县级以上人民政府环境保护主管部门和其他负有环境保护监督管理职责的部门，可以查封、扣押造成污染物排放的设施、设备。

第二十六条 国家实行环境保护目标责任制和考核评价制度。县级以上人民政府应当将环境保护目标完成情况纳入对本级人民政府负有环境保护监督管理职责的部门及其负责人和下级人民政府及其负责人的考核内容，作为对其考核评价的重要依据。考核结果应当向社会公开。

第二十七条 县级以上人民政府应当每年向本级人民代表大会或者人民代表大会常务委员会报告环境状况和环境保护目标完成情况，对发生的重大环境事件应当及时向本级人民代表大会常务委员会报告，依法接受监督。

第三章 保护和改善环境

第二十八条 地方各级人民政府应当根据环境保护目标和治理任务，采取有效措施，改善环境质量。

未达到国家环境质量标准的重点区域、流域的有关地方人民政府，应当制定限期达标规划，并采取措施按期达标。

第二十九条 国家在重点生态功能区、生态环境敏感区和脆弱区等区域划定生态保护红线，实行严格保护。

各级人民政府对具有代表性的各种类型的自然生态系统区域，珍稀、濒危的野生动植物自然分布区域，重要的水源涵养区域，具有重大科学文化价值的地质构造、著名溶洞和化石分布区、冰川、火山、温泉等自然遗迹，以及人文遗迹、古树名木，应当采取措施予以保护，严禁破坏。

第三十条 开发利用自然资源，应当合理开发，保护生物多样性，保障生态安全，依法制定有关生态保护和恢复治理方案并予以实施。

引进外来物种以及研究、开发和利用生物技术，应当采取措施，防止对生物多样性的破坏。

第三十一条 国家建立、健全生态保护补偿制度。

国家加大对生态保护地区的财政转移支付力度。有关地方人民政府应当落实生态保护补偿资金，确保其用于生态保护补偿。

国家指导受益地区和生态保护地区人民政府通过协商或者按照市场规则进行生态保护补偿。

第三十二条 国家加强对大气、水、土壤等的保护，建立和完善相应的调查、监测、评估和修复制度。

第三十三条 各级人民政府应当加强对农业环境的保护，促进农业环境保护新技术的使用，加强对农业污染源的监测预警，统筹有关部门采取措施，防治土壤污染和土地沙化、盐渍化、贫瘠化、石漠化、地面沉降以及防治植被破坏、水土流失、水体富营养化、水源枯竭、种源灭绝等生态失调现象，推广植物病虫害的综合防治。

县级、乡级人民政府应当提高农村环境保护公共服务水平，推动农村环境综合整治。

第三十四条　国务院和沿海地方各级人民政府应当加强对海洋环境的保护。向海洋排放污染物、倾倒废弃物，进行海岸工程和海洋工程建设，应当符合法律法规规定和有关标准，防止和减少对海洋环境的污染损害。

第三十五条　城乡建设应当结合当地自然环境的特点，保护植被、水域和自然景观，加强城市园林、绿地和风景名胜区的建设与管理。

第三十六条　国家鼓励和引导公民、法人和其他组织使用有利于保护环境的产品和再生产品，减少废弃物的产生。

国家机关和使用财政资金的其他组织应当优先采购和使用节能、节水、节材等有利于保护环境的产品、设备和设施。

第三十七条　地方各级人民政府应当采取措施，组织对生活废弃物的分类处置、回收利用。

第三十八条　公民应当遵守环境保护法律法规，配合实施环境保护措施，按照规定对生活废弃物进行分类放置，减少日常生活对环境造成的损害。

第三十九条　国家建立、健全环境与健康监测、调查和风险评估制度；鼓励和组织开展环境质量对公众健康影响的研究，采取措施预防和控制与环境污染有关的疾病。

第四章　防治污染和其他公害

第四十条　国家促进清洁生产和资源循环利用。

国务院有关部门和地方各级人民政府应当采取措施，推广清洁能源的生产和使用。

企业应当优先使用清洁能源，采用资源利用率高、污染物排放量少的工艺、设备以及废弃物综合利用技术和污染物无害化处理技术，减少污染物的产生。

第四十一条　建设项目中防治污染的设施，应当与主体工程同时设计、同时施工、同时投产使用。防治污染的设施应当符合经批准的环境影响评价文件的要求，不得擅自拆除或者闲置。

第四十二条　排放污染物的企业事业单位和其他生产经营者，应当采取措施，防治在生产建设或者其他活动中产生的废气、废水、废渣、医疗废物、粉尘、恶臭气体、放射性物质以及噪声、振动、光辐射、电磁辐射等对环境的污染和危害。

排放污染物的企业事业单位，应当建立环境保护责任制度，明确单位负责人和相关人员的责任。

重点排污单位应当按照国家有关规定和监测规范安装使用监测设备，保证监测设备正常运行，保存原始监测记录。

严禁通过暗管、渗井、渗坑、灌注或者篡改、伪造监测数据，或者不正常运行防治污染设施等逃避监管的方式违法排放污染物。

第四十三条　排放污染物的企业事业单位和其他生产经营者，应当按照国家有关规定缴纳排污费。排污费应当全部专项用于环境污染防治，任何单位和个人不得截留、挤占或者挪作他用。

依照法律规定征收环境保护税的，不再征收排污费。

第四十四条　国家实行重点污染物排放总量控制制度。重点污染物排放总量控制指标由国务院下达，省、自治区、直辖市人民政府分解落实。企业事业单位在执行国家和地方污染物排放标准的同时，应当遵守分解落实到本单位的重点污染物排放总量控制指标。

对超过国家重点污染物排放总量控制指标或者未完成国家确定的环境质量目标的地区，省级以上人民政府环境保护主管部门应当暂停审批其新增重点污染物排放总量的建设项目环境影响评价文件。

第四十五条 国家依照法律规定实行排污许可管理制度。

实行排污许可管理的企业事业单位和其他生产经营者应当按照排污许可证的要求排放污染物；未取得排污许可证的，不得排放污染物。

第四十六条 国家对严重污染环境的工艺、设备和产品实行淘汰制度。任何单位和个人不得生产、销售或者转移、使用严重污染环境的工艺、设备和产品。

禁止引进不符合我国环境保护规定的技术、设备、材料和产品。

第四十七条 各级人民政府及其有关部门和企业事业单位，应当依照《中华人民共和国突发事件应对法》的规定，做好突发环境事件的风险控制、应急准备、应急处置和事后恢复等工作。

县级以上人民政府应当建立环境污染公共监测预警机制，组织制定预警方案；环境受到污染，可能影响公众健康和环境安全时，依法及时公布预警信息，启动应急措施。

企业事业单位应当按照国家有关规定制定突发环境事件应急预案，报环境保护主管部门和有关部门备案。在发生或者可能发生突发环境事件时，企业事业单位应当立即采取措施处理，及时通报可能受到危害的单位和居民，并向环境保护主管部门和有关部门报告。

突发环境事件应急处置工作结束后，有关人民政府应当立即组织评估事件造成的环境影响和损失，并及时将评估结果向社会公布。

第四十八条 生产、储存、运输、销售、使用、处置化学物品和含有放射性物质的物品，应当遵守国家有关规定，防止污染环境。

第四十九条 各级人民政府及其农业等有关部门和机构应当指导农业生产经营者科学种植和养殖，科学合理施用农药、化肥等农业投入品，科学处置农用薄膜、农作物秸秆等农业废弃物，防止农业面源污染。

禁止将不符合农用标准和环境保护标准的固体废物、废水施入农田。施用农药、化肥等农业投入品及进行灌溉，应当采取措施，防止重金属和其他有毒有害物质污染环境。

畜禽养殖场、养殖小区、定点屠宰企业等的选址、建设和管理应当符合有关法律法规规定。从事畜禽养殖和屠宰的单位和个人应当采取措施，对畜禽粪便、尸体和污水等废弃物进行科学处置，防止污染环境。

县级人民政府负责组织农村生活废弃物的处置工作。

第五十条 各级人民政府应当在财政预算中安排资金，支持农村饮用水水源地保护、生活污水和其他废弃物处理、畜禽养殖和屠宰污染防治、土壤污染防治和农村工矿污染治理等环境保护工作。

第五十一条 各级人民政府应当统筹城乡建设污水处理设施及配套管网，固体废物的收集、运输和处置等环境卫生设施，危险废物集中处置设施、场所以及其他环境保护公共设施，并保障其正常运行。

第五十二条 国家鼓励投保环境污染责任保险。

第五章 信息公开和公众参与

第五十三条 公民、法人和其他组织依法享有获取环境信息、参与和监督环境保护的权利。

各级人民政府环境保护主管部门和其他负有环境保护监督管理职责的部门，应当依法公开环境信息、完善公众参与程序，为公民、法人和其他组织参与和监督环境保护提供便利。

第五十四条　国务院环境保护主管部门统一发布国家环境质量、重点污染源监测信息及其他重大环境信息。省级以上人民政府环境保护主管部门定期发布环境状况公报。

县级以上人民政府环境保护主管部门和其他负有环境保护监督管理职责的部门，应当依法公开环境质量、环境监测、突发环境事件以及环境行政许可、行政处罚、排污费的征收和使用情况等信息。

县级以上地方人民政府环境保护主管部门和其他负有环境保护监督管理职责的部门，应当将企业事业单位和其他生产经营者的环境违法信息记入社会诚信档案，及时向社会公布违法者名单。

第五十五条　重点排污单位应当如实向社会公开其主要污染物的名称、排放方式、排放浓度和总量、超标排放情况，以及防治污染设施的建设和运行情况，接受社会监督。

第五十六条　对依法应当编制环境影响报告书的建设项目，建设单位应当在编制时向可能受影响的公众说明情况，充分征求意见。

负责审批建设项目环境影响评价文件的部门在收到建设项目环境影响报告书后，除涉及国家秘密和商业秘密的事项外，应当全文公开；发现建设项目未充分征求公众意见的，应当责成建设单位征求公众意见。

第五十七条　公民、法人和其他组织发现任何单位和个人有污染环境和破坏生态行为的，有权向环境保护主管部门或者其他负有环境保护监督管理职责的部门举报。

公民、法人和其他组织发现地方各级人民政府、县级以上人民政府环境保护主管部门和其他负有环境保护监督管理职责的部门不依法履行职责的，有权向其上级机关或者监察机关举报。

接受举报的机关应当对举报人的相关信息予以保密，保护举报人的合法权益。

第五十八条　对污染环境、破坏生态，损害社会公共利益的行为，符合下列条件的社会组织可以向人民法院提起诉讼：

（一）依法在设区的市级以上人民政府民政部门登记；

（二）专门从事环境保护公益活动连续五年以上且无违法记录。

符合前款规定的社会组织向人民法院提起诉讼，人民法院应当依法受理。

提起诉讼的社会组织不得通过诉讼牟取经济利益。

第六章　法律责任

第五十九条　企业事业单位和其他生产经营者违法排放污染物，受到罚款处罚，被责令改正，拒不改正的，依法作出处罚决定的行政机关可以自责令改正之日的次日起，按照原处罚数额按日连续处罚。

前款规定的罚款处罚，依照有关法律法规按照防治污染设施的运行成本、违法行为造成的直接损失或者违法所得等因素确定的规定执行。

地方性法规可以根据环境保护的实际需要，增加第一款规定的按日连续处罚的违法行为的种类。

第六十条　企业事业单位和其他生产经营者超过污染物排放标准或者超过重点污染物排放总量控制指标排放污染物的，县级以上人民政府环境保护主管部门可以责令其采取限制生产、停产整治等措施；情节严重的，报经有批准权的人民政府批准，责令停业、关闭。

第六十一条　建设单位未依法提交建设项目环境影响评价文件或者环境影响评价文件未经批准，擅自开工建设的，由负有环境保护监督管理职责的部门责令停止建设，处以罚款，并可以责令恢复原状。

第六十二条　违反本法规定，重点排污单位不公开或者不如实公开环境信息的，由县级以上地方人民政府环境保护主管部门责令公开，处以罚款，并予以公告。

第六十三条 企业事业单位和其他生产经营者有下列行为之一，尚不构成犯罪的，除依照有关法律法规规定予以处罚外，由县级以上人民政府环境保护主管部门或者其他有关部门将案件移送公安机关，对其直接负责的主管人员和其他直接责任人员，处十日以上十五日以下拘留；情节较轻的，处五日以上十日以下拘留：

（一）建设项目未依法进行环境影响评价，被责令停止建设，拒不执行的；

（二）违反法律规定，未取得排污许可证排放污染物，被责令停止排污，拒不执行的；

（三）通过暗管、渗井、渗坑、灌注或者篡改、伪造监测数据，或者不正常运行防治污染设施等逃避监管的方式违法排放污染物的；

（四）生产、使用国家明令禁止生产、使用的农药，被责令改正，拒不改正的。

第六十四条 因污染环境和破坏生态造成损害的，应当依照《中华人民共和国侵权责任法》的有关规定承担侵权责任。

第六十五条 环境影响评价机构、环境监测机构以及从事环境监测设备和防治污染设施维护、运营的机构，在有关环境服务活动中弄虚作假，对造成的环境污染和生态破坏负有责任的，除依照有关法律法规规定予以处罚外，还应当与造成环境污染和生态破坏的其他责任者承担连带责任。

第六十六条 提起环境损害赔偿诉讼的时效期间为三年，从当事人知道或者应当知道其受到损害时起计算。

第六十七条 上级人民政府及其环境保护主管部门应当加强对下级人民政府及其有关部门环境保护工作的监督。发现有关工作人员有违法行为，依法应当给予处分的，应当向其任免机关或者监察机关提出处分建议。

依法应当给予行政处罚，而有关环境保护主管部门不给予行政处罚的，上级人民政府环境保护主管部门可以直接作出行政处罚的决定。

第六十八条 地方各级人民政府、县级以上人民政府环境保护主管部门和其他负有环境保护监督管理职责的部门有下列行为之一的，对直接负责的主管人员和其他直接责任人员给予记过、记大过或者降级处分；造成严重后果的，给予撤职或者开除处分，其主要负责人应当引咎辞职：

（一）不符合行政许可条件准予行政许可的；

（二）对环境违法行为进行包庇的；

（三）依法应当作出责令停业、关闭的决定而未作出的；

（四）对超标排放污染物、采用逃避监管的方式排放污染物、造成环境事故以及不落实生态保护措施造成生态破坏等行为，发现或者接到举报未及时查处的；

（五）违反本法规定，查封、扣押企业事业单位和其他生产经营者的设施、设备的；

（六）篡改、伪造或者指使篡改、伪造监测数据的；

（七）应当依法公开环境信息而未公开的；

（八）将征收的排污费截留、挤占或者挪作他用的；

（九）法律法规规定的其他违法行为。

第六十九条 违反本法规定，构成犯罪的，依法追究刑事责任。

第七章 附 则

第七十条 本法自 2015 年 1 月 1 日起施行。

中华人民共和国环境影响评价法

（2002年10月28日第九届全国人民代表大会常务委员会第三十次会议通过，2002年10月28日中华人民共和国主席令第七十七号公布，自2003年9月1日起施行；根据2016年7月2日第十二届全国人民代表大会常务委员会第二十一次会议通过，2016年7月2日中华人民共和国主席令第四十八号公布的《关于修改〈中华人民共和国节约能源法〉等六部法律的决定》第一次修正；根据2018年12月29日第十三届全国人民代表大会常务委员会第七次会议通过，2018年12月29日中华人民共和国主席令第二十四号公布的《关于修改〈中华人民共和国劳动法〉等七部法律的决定》第二次修正）

第一章　总　　则

第一条　为了实施可持续发展战略，预防因规划和建设项目实施后对环境造成不良影响，促进经济、社会和环境的协调发展，制定本法。

第二条　本法所称环境影响评价，是指对规划和建设项目实施后可能造成的环境影响进行分析、预测和评估，提出预防或者减轻不良环境影响的对策和措施，进行跟踪监测的方法与制度。

第三条　编制本法第九条所规定的范围内的规划，在中华人民共和国领域和中华人民共和国管辖的其他海域内建设对环境有影响的项目，应当依照本法进行环境影响评价。

第四条　环境影响评价必须客观、公开、公正，综合考虑规划或者建设项目实施后对各种环境因素及其所构成的生态系统可能造成的影响，为决策提供科学依据。

第五条　国家鼓励有关单位、专家和公众以适当方式参与环境影响评价。

第六条　国家加强环境影响评价的基础数据库和评价指标体系建设，鼓励和支持对环境影响评价的方法、技术规范进行科学研究，建立必要的环境影响评价信息共享制度，提高环境影响评价的科学性。

国务院生态环境主管部门应当会同国务院有关部门，组织建立和完善环境影响评价的基础数据库和评价指标体系。

第二章　规划的环境影响评价

第七条　国务院有关部门、设区的市级以上地方人民政府及其有关部门，对其组织编制的土地利用的有关规划，区域、流域、海域的建设、开发利用规划，应当在规划编制过程中组织进行环境影响评价，编写该规划有关环境影响的篇章或者说明。

规划有关环境影响的篇章或者说明，应当对规划实施后可能造成的环境影响作出分析、预测和评估，提出预防或者减轻不良环境影响的对策和措施，作为规划草案的组成部分一并报送规划审批机关。

未编写有关环境影响的篇章或者说明的规划草案，审批机关不予审批。

第八条　国务院有关部门、设区的市级以上地方人民政府及其有关部门，对其组织编制的工业、农业、畜牧业、林业、能源、水利、交通、城市建设、旅游、自然资源开发的有关专项规划（以下简称专项规划），应当在该专项规划草案上报审批前，组织进行环境影响评价，并向审批该专项规划的机关提出环境影响报告书。

前款所列专项规划中的指导性规划，按照本法第七条的规定进行环境影响评价。

第九条 依照本法第七条、第八条的规定进行环境影响评价的规划的具体范围，由国务院生态环境主管部门会同国务院有关部门规定，报国务院批准。

第十条 专项规划的环境影响报告书应当包括下列内容：

（一）实施该规划对环境可能造成影响的分析、预测和评估；

（二）预防或者减轻不良环境影响的对策和措施；

（三）环境影响评价的结论。

第十一条 专项规划的编制机关对可能造成不良环境影响并直接涉及公众环境权益的规划，应当在该规划草案报送审批前，举行论证会、听证会，或者采取其他形式，征求有关单位、专家和公众对环境影响报告书草案的意见。但是，国家规定需要保密的情形除外。

编制机关应当认真考虑有关单位、专家和公众对环境影响报告书草案的意见，并应当在报送审查的环境影响报告书中附具对意见采纳或者不采纳的说明。

第十二条 专项规划的编制机关在报批规划草案时，应当将环境影响报告书一并附送审批机关审查；未附送环境影响报告书的，审批机关不予审批。

第十三条 设区的市级以上人民政府在审批专项规划草案，作出决策前，应当先由人民政府指定的生态环境主管部门或者其他部门召集有关部门代表和专家组成审查小组，对环境影响报告书进行审查。审查小组应当提出书面审查意见。

参加前款规定的审查小组的专家，应当从按照国务院生态环境主管部门的规定设立的专家库内的相关专业的专家名单中，以随机抽取的方式确定。

由省级以上人民政府有关部门负责审批的专项规划，其环境影响报告书的审查办法，由国务院生态环境主管部门会同国务院有关部门制定。

第十四条 审查小组提出修改意见的，专项规划的编制机关应当根据环境影响报告书结论和审查意见对规划草案进行修改完善，并对环境影响报告书结论和审查意见的采纳情况作出说明；不采纳的，应当说明理由。

设区的市级以上人民政府或者省级以上人民政府有关部门在审批专项规划草案时，应当将环境影响报告书结论以及审查意见作为决策的重要依据。

在审批中未采纳环境影响报告书结论以及审查意见的，应当作出说明，并存档备查。

第十五条 对环境有重大影响的规划实施后，编制机关应当及时组织环境影响的跟踪评价，并将评价结果报告审批机关；发现有明显不良环境影响的，应当及时提出改进措施。

第三章　建设项目的环境影响评价

第十六条 国家根据建设项目对环境的影响程度，对建设项目的环境影响评价实行分类管理。

建设单位应当按照下列规定组织编制环境影响报告书、环境影响报告表或者填报环境影响登记表（以下统称环境影响评价文件）：

（一）可能造成重大环境影响的，应当编制环境影响报告书，对产生的环境影响进行全面评价；

（二）可能造成轻度环境影响的，应当编制环境影响报告表，对产生的环境影响进行分析或者专项评价；

（三）对环境影响很小、不需要进行环境影响评价的，应当填报环境影响登记表。

建设项目的环境影响评价分类管理名录，由国务院生态环境主管部门制定并公布。

第十七条　建设项目的环境影响报告书应当包括下列内容：

（一）建设项目概况；

（二）建设项目周围环境现状；

（三）建设项目对环境可能造成影响的分析、预测和评估；

（四）建设项目环境保护措施及其技术、经济论证；

（五）建设项目对环境影响的经济损益分析；

（六）对建设项目实施环境监测的建议；

（七）环境影响评价的结论。

环境影响报告表和环境影响登记表的内容和格式，由国务院生态环境主管部门制定。

第十八条　建设项目的环境影响评价，应当避免与规划的环境影响评价相重复。

作为一项整体建设项目的规划，按照建设项目进行环境影响评价，不进行规划的环境影响评价。

已经进行了环境影响评价的规划包含具体建设项目的，规划的环境影响评价结论应当作为建设项目环境影响评价的重要依据，建设项目环境影响评价的内容应当根据规划的环境影响评价审查意见予以简化。

第十九条　建设单位可以委托技术单位对其建设项目开展环境影响评价，编制建设项目环境影响报告书、环境影响报告表；建设单位具备环境影响评价技术能力的，可以自行对其建设项目开展环境影响评价，编制建设项目环境影响报告书、环境影响报告表。

编制建设项目环境影响报告书、环境影响报告表应当遵守国家有关环境影响评价标准、技术规范等规定。

国务院生态环境主管部门应当制定建设项目环境影响报告书、环境影响报告表编制的能力建设指南和监管办法。

接受委托为建设单位编制建设项目环境影响报告书、环境影响报告表的技术单位，不得与负责审批建设项目环境影响报告书、环境影响报告表的生态环境主管部门或者其他有关审批部门存在任何利益关系。

第二十条　建设单位应当对建设项目环境影响报告书、环境影响报告表的内容和结论负责，接受委托编制建设项目环境影响报告书、环境影响报告表的技术单位对其编制的建设项目环境影响报告书、环境影响报告表承担相应责任。

设区的市级以上人民政府生态环境主管部门应当加强对建设项目环境影响报告书、环境影响报告表编制单位的监督管理和质量考核。

负责审批建设项目环境影响报告书、环境影响报告表的生态环境主管部门应当将编制单位、编制主持人和主要编制人员的相关违法信息记入社会诚信档案，并纳入全国信用信息共享平台和国家企业信用信息公示系统向社会公布。

任何单位和个人不得为建设单位指定编制建设项目环境影响报告书、环境影响报告表的技术单位。

第二十一条　除国家规定需要保密的情形外，对环境可能造成重大影响、应当编制环境影响报告书的建设项目，建设单位应当在报批建设项目环境影响报告书前，举行论证会、听证会，或者采取其他形式，征求有关单位、专家和公众的意见。

建设单位报批的环境影响报告书应当附具对有关单位、专家和公众的意见采纳或者不采纳的说明。

第二十二条　建设项目的环境影响报告书、报告表，由建设单位按照国务院的规定报有审批权的生态环境主管部门审批。

海洋工程建设项目的海洋环境影响报告书的审批，依照《中华人民共和国海洋环境保护法》的规定办理。

审批部门应当自收到环境影响报告书之日起六十日内，收到环境影响报告表之日起三十日内，分别作出审批决定并书面通知建设单位。

国家对环境影响登记表实行备案管理。

审核、审批建设项目环境影响报告书、报告表以及备案环境影响登记表，不得收取任何费用。

第二十三条 国务院生态环境主管部门负责审批下列建设项目的环境影响评价文件：

（一）核设施、绝密工程等特殊性质的建设项目；

（二）跨省、自治区、直辖市行政区域的建设项目；

（三）由国务院审批的或者由国务院授权有关部门审批的建设项目。

前款规定以外的建设项目的环境影响评价文件的审批权限，由省、自治区、直辖市人民政府规定。

建设项目可能造成跨行政区域的不良环境影响，有关生态环境主管部门对该项目的环境影响评价结论有争议的，其环境影响评价文件由共同的上一级生态环境主管部门审批。

第二十四条 建设项目的环境影响评价文件经批准后，建设项目的性质、规模、地点、采用的生产工艺或者防治污染、防止生态破坏的措施发生重大变动的，建设单位应当重新报批建设项目的环境影响评价文件。

建设项目的环境影响评价文件自批准之日起超过五年，方决定该项目开工建设的，其环境影响评价文件应当报原审批部门重新审核；原审批部门应当自收到建设项目环境影响评价文件之日起十日内，将审核意见书面通知建设单位。

第二十五条 建设项目的环境影响评价文件未依法经审批部门审查或者审查后未予批准的，建设单位不得开工建设。

第二十六条 建设项目建设过程中，建设单位应当同时实施环境影响报告书、环境影响报告表以及环境影响评价文件审批部门审批意见中提出的环境保护对策措施。

第二十七条 在项目建设、运行过程中产生不符合经审批的环境影响评价文件的情形的，建设单位应当组织环境影响的后评价，采取改进措施，并报原环境影响评价文件审批部门和建设项目审批部门备案；原环境影响评价文件审批部门也可以责成建设单位进行环境影响的后评价，采取改进措施。

第二十八条 生态环境主管部门应当对建设项目投入生产或者使用后所产生的环境影响进行跟踪检查，对造成严重环境污染或者生态破坏的，应当查清原因、查明责任。对属于建设项目环境影响报告书、环境影响报告表存在基础资料明显不实，内容存在重大缺陷、遗漏或者虚假，环境影响评价结论不正确或者不合理等严重质量问题的，依照本法第三十二条的规定追究建设单位及其相关责任人员和接受委托编制建设项目环境影响报告书、环境影响报告表的技术单位及其相关人员的法律责任；属于审批部门工作人员失职、渎职，对依法不应批准的建设项目环境影响报告书、环境影响报告表予以批准的，依照本法第三十四条的规定追究其法律责任。

第四章　法律责任

第二十九条 规划编制机关违反本法规定，未组织环境影响评价，或者组织环境影响评价时弄虚作假或者有失职行为，造成环境影响评价严重失实的，对直接负责的主管人员和其他直接责任人员，由上级机关或者监察机关依法给予行政处分。

第三十条　规划审批机关对依法应当编写有关环境影响的篇章或者说明而未编写的规划草案，依法应当附送环境影响报告书而未附送的专项规划草案，违法予以批准的，对直接负责的主管人员和其他直接责任人员，由上级机关或者监察机关依法给予行政处分。

第三十一条　建设单位未依法报批建设项目环境影响报告书、报告表，或者未依照本法第二十四条的规定重新报批或者报请重新审核环境影响报告书、报告表，擅自开工建设的，由县级以上生态环境主管部门责令停止建设，根据违法情节和危害后果，处建设项目总投资额百分之一以上百分之五以下的罚款，并可以责令恢复原状；对建设单位直接负责的主管人员和其他直接责任人员，依法给予行政处分。

建设项目环境影响报告书、报告表未经批准或者未经原审批部门重新审核同意，建设单位擅自开工建设的，依照前款的规定处罚、处分。

建设单位未依法备案建设项目环境影响登记表的，由县级以上生态环境主管部门责令备案，处五万元以下的罚款。

海洋工程建设项目的建设单位有本条所列违法行为的，依照《中华人民共和国海洋环境保护法》的规定处罚。

第三十二条　建设项目环境影响报告书、环境影响报告表存在基础资料明显不实，内容存在重大缺陷、遗漏或者虚假，环境影响评价结论不正确或者不合理等严重质量问题的，由设区的市级以上人民政府生态环境主管部门对建设单位处五十万元以上二百万元以下的罚款，并对建设单位的法定代表人、主要负责人、直接负责的主管人员和其他直接责任人员，处五万元以上二十万元以下的罚款。

接受委托编制建设项目环境影响报告书、环境影响报告表的技术单位违反国家有关环境影响评价标准和技术规范等规定，致使其编制的建设项目环境影响报告书、环境影响报告表存在基础资料明显不实，内容存在重大缺陷、遗漏或者虚假，环境影响评价结论不正确或者不合理等严重质量问题的，由设区的市级以上人民政府生态环境主管部门对技术单位处所收费用三倍以上五倍以下的罚款；情节严重的，禁止从事环境影响报告书、环境影响报告表编制工作；有违法所得的，没收违法所得。

编制单位有本条第一款、第二款规定的违法行为的，编制主持人和主要编制人员五年内禁止从事环境影响报告书、环境影响报告表编制工作；构成犯罪的，依法追究刑事责任，并终身禁止从事环境影响报告书、环境影响报告表编制工作。

第三十三条　负责审核、审批、备案建设项目环境影响评价文件的部门在审批、备案中收取费用的，由其上级机关或者监察机关责令退还；情节严重的，对直接负责的主管人员和其他直接责任人员依法给予行政处分。

第三十四条　生态环境主管部门或者其他部门的工作人员徇私舞弊，滥用职权，玩忽职守，违法批准建设项目环境影响评价文件的，依法给予行政处分；构成犯罪的，依法追究刑事责任。

第五章　附　　则

第三十五条　省、自治区、直辖市人民政府可以根据本地的实际情况，要求对本辖区的县级人民政府编制的规划进行环境影响评价。具体办法由省、自治区、直辖市参照本法第二章的规定制定。

第三十六条　军事设施建设项目的环境影响评价办法，由中央军事委员会依照本法的原则制定。

第三十七条　本法自 2003 年 9 月 1 日起施行。

中华人民共和国大气污染防治法（节录）

（1987 年 9 月 5 日第六届全国人民代表大会常务委员会第二十二次会议通过；根据 1995 年 8 月 29 日第八届全国人民代表大会常务委员会第十五次会议通过，1995 年 8 月 29 日中华人民共和国主席令第五十四号公布的《关于修改〈中华人民共和国大气污染防治法〉的决定》第一次修正；根据 2000 年 4 月 29 日第九届全国人民代表大会常务委员会第十五次会议通过，2000 年 4 月 29 日中华人民共和国主席令第三十二号第一次修订，自 2000 年 9 月 1 日起施行；根据 2015 年 8 月 29 日第十二届全国人民代表大会常务委员会第十六次会议通过，2015 年 8 月 29 日中华人民共和国主席令第三十一号第二次修订，自 2016 年 1 月 1 日起施行；根据 2018 年 10 月 26 日第十三届全国人民代表大会常务委员会第六次会议通过，2018 年 10 月 26 日中华人民共和国主席令第十六号公布的《关于修改〈中华人民共和国野生动物保护法〉等十五部法律的决定》第二次修正）

第六十二条 船舶检验机构对船舶发动机及有关设备进行排放检验。经检验符合国家排放标准的，船舶方可运营。

第六十三条 内河和江海直达船舶应当使用符合标准的普通柴油。远洋船舶靠港后应当使用符合大气污染物控制要求的船舶用燃油。

新建码头应当规划、设计和建设岸基供电设施；已建成的码头应当逐步实施岸基供电设施改造。船舶靠港后应当优先使用岸电。

第一百零六条 违反本法规定，使用不符合标准或者要求的船舶用燃油的，由海事管理机构、渔业主管部门按照职责处一万元以上十万元以下的罚款。

中华人民共和国港口法

（2003 年 6 月 28 日第十届全国人民代表大会常务委员会第三次会议通过，2003 年 6 月 28 日中华人民共和国主席令第五号公布，自 2004 年 1 月 1 日起施行；根据 2015 年 4 月 24 日第十二届全国人民代表大会常务委员会第十四次会议通过，2015 年 4 月 24 日中华人民共和国主席令第二十三号公布的《关于修改〈中华人民共和国港口法〉等七部法律的决定》第一次修正；根据 2017 年 11 月 4 日第十二届全国人民代表大会常务委员会第三十次会议通过，2017 年 11 月 4 日中华人民共和国主席令第八十一号公布的《关于修改〈中华人民共和国会计法〉等十一部法律的决定》第二次修正；根据 2018 年 12 月 29 日第十三届全国人民代表大会常务委员会第七次会议通过，2018 年 12 月 29 日中华人民共和国主席令第二十三号公布的《关于修改〈中华人民共和国电力法〉等四部法律的决定》第三次修正）

第一章　总　　则

第一条　为了加强港口管理，维护港口的安全与经营秩序，保护当事人的合法权益，促进港口的建设与发展，制定本法。

第二条　从事港口规划、建设、维护、经营、管理及其相关活动，适用本法。

第三条　本法所称港口，是指具有船舶进出、停泊、靠泊，旅客上下，货物装卸、驳运、储存等功能，具有相应的码头设施，由一定范围的水域和陆域组成的区域。

港口可以由一个或者多个港区组成。

第四条　国务院和有关县级以上地方人民政府应当在国民经济和社会发展计划中体现港口的发展和规划要求，并依法保护和合理利用港口资源。

第五条　国家鼓励国内外经济组织和个人依法投资建设、经营港口，保护投资者的合法权益。

第六条　国务院交通主管部门主管全国的港口工作。

地方人民政府对本行政区域内港口的管理，按照国务院关于港口管理体制的规定确定。

依照前款确定的港口管理体制，由港口所在地的市、县人民政府管理的港口，由市、县人民政府确定一个部门具体实施对港口的行政管理；由省、自治区、直辖市人民政府管理的港口，由省、自治区、直辖市人民政府确定一个部门具体实施对港口的行政管理。

依照前款确定的对港口具体实施行政管理的部门，以下统称港口行政管理部门。

第二章　港口规划与建设

第七条　港口规划应当根据国民经济和社会发展的要求以及国防建设的需要编制，体现合理利用岸线资源的原则，符合城镇体系规划，并与土地利用总体规划、城市总体规划、江河流域规划、防洪规划、海洋功能区划、水路运输发展规划和其他运输方式发展规划以及法律、行政法规规定的其他有关规划相衔接、协调。

编制港口规划应当组织专家论证，并依法进行环境影响评价。

第八条 港口规划包括港口布局规划和港口总体规划。

港口布局规划，是指港口的分布规划，包括全国港口布局规划和省、自治区、直辖市港口布局规划。

港口总体规划，是指一个港口在一定时期的具体规划，包括港口的水域和陆域范围、港区划分、吞吐量和到港船型、港口的性质和功能、水域和陆域使用、港口设施建设岸线使用、建设用地配置以及分期建设序列等内容。

港口总体规划应当符合港口布局规划。

第九条 全国港口布局规划，由国务院交通主管部门征求国务院有关部门和有关军事机关的意见编制，报国务院批准后公布实施。

省、自治区、直辖市港口布局规划，由省、自治区、直辖市人民政府根据全国港口布局规划组织编制，并送国务院交通主管部门征求意见。国务院交通主管部门自收到征求意见的材料之日起满三十日未提出修改意见的，该港口布局规划由有关省、自治区、直辖市人民政府公布实施；国务院交通主管部门认为不符合全国港口布局规划的，应当自收到征求意见的材料之日起三十日内提出修改意见；有关省、自治区、直辖市人民政府对修改意见有异议的，报国务院决定。

第十条 港口总体规划由港口行政管理部门征求有关部门和有关军事机关的意见编制。

第十一条 地理位置重要、吞吐量较大、对经济发展影响较广的主要港口的总体规划，由国务院交通主管部门征求国务院有关部门和有关军事机关的意见后，会同有关省、自治区、直辖市人民政府批准，并公布实施。主要港口名录由国务院交通主管部门征求国务院有关部门意见后确定并公布。

省、自治区、直辖市人民政府征求国务院交通主管部门的意见后确定本地区的重要港口。重要港口的总体规划由省、自治区、直辖市人民政府征求国务院交通主管部门意见后批准，公布实施。

前两款规定以外的港口的总体规划，由港口所在地的市、县人民政府批准后公布实施，并报省、自治区、直辖市人民政府备案。

市、县人民政府港口行政管理部门编制的属于本条第一款、第二款规定范围的港口的总体规划，在报送审批前应当经本级人民政府审核同意。

第十二条 港口规划的修改，按照港口规划制定程序办理。

第十三条 在港口总体规划区内建设港口设施，使用港口深水岸线的，由国务院交通主管部门会同国务院经济综合宏观调控部门批准；建设港口设施，使用非深水岸线的，由港口行政管理部门批准。但是，由国务院或者国务院经济综合宏观调控部门批准建设的项目使用港口岸线，不再另行办理使用港口岸线的审批手续。

港口深水岸线的标准由国务院交通主管部门制定。

第十四条 港口建设应当符合港口规划。不得违反港口规划建设任何港口设施。

第十五条 按照国家规定须经有关机关批准的港口建设项目，应当按照国家有关规定办理审批手续，并符合国家有关标准和技术规范。

建设港口工程项目，应当依法进行环境影响评价。

港口建设项目的安全设施和环境保护设施，必须与主体工程同时设计、同时施工、同时投入使用。

第十六条 港口建设使用土地和水域，应当依照有关土地管理、海域使用管理、河道管理、航道管理、军事设施保护管理的法律、行政法规以及其他有关法律、行政法规的规定办理。

第十七条　港口的危险货物作业场所、实施卫生除害处理的专用场所，应当符合港口总体规划和国家有关安全生产、消防、检验检疫和环境保护的要求，其与人口密集区和港口客运设施的距离应当符合国务院有关部门的规定；经依法办理有关手续后，方可建设。

第十八条　航标设施以及其他辅助性设施，应当与港口同步建设，并保证按期投入使用。

港口内有关行政管理机构办公设施的建设应当符合港口总体规划，建设费用不得向港口经营人摊派。

第十九条　港口设施建设项目竣工后，应当按照国家有关规定经验收合格，方可投入使用。

港口设施的所有权，依照有关法律规定确定。

第二十条　县级以上有关人民政府应当保证必要的资金投入，用于港口公用的航道、防波堤、锚地等基础设施的建设和维护。具体办法由国务院规定。

第二十一条　县级以上有关人民政府应当采取措施，组织建设与港口相配套的航道、铁路、公路、给排水、供电、通信等设施。

第三章　港口经营

第二十二条　从事港口经营，应当向港口行政管理部门书面申请取得港口经营许可，并依法办理工商登记。

港口行政管理部门实施港口经营许可，应当遵循公开、公正、公平的原则。

港口经营包括码头和其他港口设施的经营，港口旅客运输服务经营，在港区内从事货物的装卸、驳运、仓储的经营和港口拖轮经营等。

第二十三条　取得港口经营许可，应当有固定的经营场所，有与经营业务相适应的设施、设备、专业技术人员和管理人员，并应当具备法律、法规规定的其他条件。

第二十四条　港口行政管理部门应当自收到本法第二十二条第一款规定的书面申请之日起三十日内依法作出许可或者不予许可的决定。予以许可的，颁发港口经营许可证；不予许可的，应当书面通知申请人并告知理由。

第二十五条　国务院交通主管部门应当制定港口理货服务标准和规范。

经营港口理货业务，应当按照规定报港口行政管理部门备案。

港口理货业务经营人应当公正、准确地办理理货业务；不得兼营本法第二十二条第三款规定的货物装卸经营业务和仓储经营业务。

第二十六条　港口经营人从事经营活动，必须遵守有关法律、法规，遵守国务院交通主管部门有关港口作业规则的规定，依法履行合同约定的义务，为客户提供公平、良好的服务。

从事港口旅客运输服务的经营人，应当采取保证旅客安全的有效措施，向旅客提供快捷、便利的服务，保持良好的候船环境。

港口经营人应当依照有关环境保护的法律、法规的规定，采取有效措施，防治对环境的污染和危害。

第二十七条　港口经营人应当优先安排抢险物资、救灾物资和国防建设急需物资的作业。

第二十八条　港口经营人应当在其经营场所公布经营服务的收费项目和收费标准；未公布的，不得实施。

港口经营性收费依法实行政府指导价或者政府定价的，港口经营人应当按照规定执行。

第二十九条　国家鼓励和保护港口经营活动的公平竞争。

港口经营人不得实施垄断行为和不正当竞争行为，不得以任何手段强迫他人接受其提供的港口服务。

第三十条 港口行政管理部门依照《中华人民共和国统计法》和有关行政法规的规定要求港口经营人提供的统计资料，港口经营人应当如实提供。

港口行政管理部门应当按照国家有关规定将港口经营人报送的统计资料及时上报，并为港口经营人保守商业秘密。

第三十一条 港口经营人的合法权益受法律保护。任何单位和个人不得向港口经营人摊派或者违法收取费用，不得违法干预港口经营人的经营自主权。

第四章 港口安全与监督管理

第三十二条 港口经营人必须依照《中华人民共和国安全生产法》等有关法律、法规和国务院交通主管部门有关港口安全作业规则的规定，加强安全生产管理，建立健全安全生产责任制等规章制度，完善安全生产条件，采取保障安全生产的有效措施，确保安全生产。

港口经营人应当依法制定本单位的危险货物事故应急预案、重大生产安全事故的旅客紧急疏散和救援预案以及预防自然灾害预案，保障组织实施。

第三十三条 港口行政管理部门应当依法制定可能危及社会公共利益的港口危险货物事故应急预案、重大生产安全事故的旅客紧急疏散和救援预案以及预防自然灾害预案，建立健全港口重大生产安全事故的应急救援体系。

第三十四条 船舶进出港口，应当依照有关水上交通安全的法律、行政法规的规定向海事管理机构报告。海事管理机构接到报告后，应当及时通报港口行政管理部门。

船舶载运危险货物进出港口，应当按照国务院交通主管部门的规定将危险货物的名称、特性、包装和进出港口的时间报告海事管理机构。海事管理机构接到报告后，应当在国务院交通主管部门规定的时间内作出是否同意的决定，通知报告人，并通报港口行政管理部门。但是，定船舶、定航线、定货种的船舶可以定期报告。

第三十五条 在港口内进行危险货物的装卸、过驳作业，应当按照国务院交通主管部门的规定将危险货物的名称、特性、包装和作业的时间、地点报告港口行政管理部门。港口行政管理部门接到报告后，应当在国务院交通主管部门规定的时间内作出是否同意的决定，通知报告人，并通报海事管理机构。

第三十六条 港口行政管理部门应当依法对港口安全生产情况实施监督检查，对旅客上下集中、货物装卸量较大或者有特殊用途的码头进行重点巡查；检查中发现安全隐患的，应当责令被检查人立即排除或者限期排除。

负责安全生产监督管理的部门和其他有关部门依照法律、法规的规定，在各自职责范围内对港口安全生产实施监督检查。

第三十七条 禁止在港口水域内从事养殖、种植活动。

不得在港口进行可能危及港口安全的采掘、爆破等活动；因工程建设等确需进行的，必须采取相应的安全保护措施，并报经港口行政管理部门批准。港口行政管理部门应当将审批情况及时通报海事管理机构，海事管理机构不再依照有关水上交通安全的法律、行政法规的规定进行审批。

禁止向港口水域倾倒泥土、砂石以及违反有关环境保护的法律、法规的规定排放超过规定标准的有毒、有害物质。

第三十八条 建设桥梁、水底隧道、水电站等可能影响港口水文条件变化的工程项目，负责审批该项目的部门在审批前应当征求港口行政管理部门的意见。

第三十九条　依照有关水上交通安全的法律、行政法规的规定，进出港口须经引航的船舶，应当向引航机构申请引航。引航的具体办法由国务院交通主管部门规定。

第四十条　遇有旅客滞留、货物积压阻塞港口的情况，港口行政管理部门应当及时采取有效措施，进行疏港；港口所在地的市、县人民政府认为必要时，可以直接采取措施，进行疏港。

第四十一条　港口行政管理部门应当组织制定所管理的港口的章程，并向社会公布。

港口章程的内容应当包括对港口的地理位置、航道条件、港池水深、机械设施和装卸能力等情况的说明，以及本港口贯彻执行有关港口管理的法律、法规和国务院交通主管部门有关规定的具体措施。

第四十二条　港口行政管理部门依据职责对本法执行情况实施监督检查。

港口行政管理部门的监督检查人员依法实施监督检查时，有权向被检查单位和有关人员了解有关情况，并可查阅、复制有关资料。

监督检查人员对检查中知悉的商业秘密，应当保密。

监督检查人员实施监督检查时，应当出示执法证件。

第四十三条　监督检查人员应当将监督检查的时间、地点、内容、发现的问题及处理情况作出书面记录，并由监督检查人员和被检查单位的负责人签字；被检查单位的负责人拒绝签字的，监督检查人员应当将情况记录在案，并向港口行政管理部门报告。

第四十四条　被检查单位和有关人员应当接受港口行政管理部门依法实施的监督检查，如实提供有关情况和资料，不得拒绝检查或者隐匿、谎报有关情况和资料。

第五章　法律责任

第四十五条　港口经营人、港口理货业务经营人有本法规定的违法行为的，依照有关法律、行政法规的规定纳入信用记录，并予以公示。

第四十六条　有下列行为之一的，由县级以上地方人民政府或者港口行政管理部门责令限期改正；逾期不改正的，由作出限期改正决定的机关申请人民法院强制拆除违法建设的设施；可以处五万元以下罚款：

（一）违反港口规划建设港口、码头或者其他港口设施的；

（二）未经依法批准，建设港口设施使用港口岸线的。

建设项目的审批部门对违反港口规划的建设项目予以批准的，对其直接负责的主管人员和其他直接责任人员，依法给予行政处分。

第四十七条　在港口建设的危险货物作业场所、实施卫生除害处理的专用场所与人口密集区或者港口客运设施的距离不符合国务院有关部门的规定的，由港口行政管理部门责令停止建设或者使用，限期改正，可以处五万元以下罚款。

第四十八条　码头或者港口装卸设施、客运设施未经验收合格，擅自投入使用的，由港口行政管理部门责令停止使用，限期改正，可以处五万元以下罚款。

第四十九条　未依法取得港口经营许可证从事港口经营，或者港口理货业务经营人兼营货物装卸经营业务、仓储经营业务的，由港口行政管理部门责令停止违法经营，没收违法所得；违法所得十万元以上的，并处违法所得二倍以上五倍以下罚款；违法所得不足十万元的，处五万元以上二十万元以下罚款。

第五十条 港口经营人不优先安排抢险物资、救灾物资、国防建设急需物资的作业的，由港口行政管理部门责令改正；造成严重后果的，吊销港口经营许可证。

第五十一条 港口经营人违反有关法律、行政法规的规定，在经营活动中实施垄断行为或者不正当竞争行为的，依照有关法律、行政法规的规定承担法律责任。

第五十二条 港口经营人违反本法第三十二条关于安全生产的规定的，由港口行政管理部门或者其他依法负有安全生产监督管理职责的部门依法给予处罚；情节严重的，由港口行政管理部门吊销港口经营许可证，并对其主要负责人依法给予处分；构成犯罪的，依法追究刑事责任。

第五十三条 船舶进出港口，未依照本法第三十四条的规定向海事管理机构报告的，由海事管理机构依照有关水上交通安全的法律、行政法规的规定处罚。

第五十四条 未依法向港口行政管理部门报告并经其同意，在港口内进行危险货物的装卸、过驳作业的，由港口行政管理部门责令停止作业，处五千元以上五万元以下罚款。

第五十五条 在港口水域内从事养殖、种植活动的，由海事管理机构责令限期改正；逾期不改正的，强制拆除养殖、种植设施，拆除费用由违法行为人承担；可以处一万元以下罚款。

第五十六条 未经依法批准在港口进行可能危及港口安全的采掘、爆破等活动的，向港口水域倾倒泥土、砂石的，由港口行政管理部门责令停止违法行为，限期消除因此造成的安全隐患；逾期不消除的，强制消除，因此发生的费用由违法行为人承担；处五千元以上五万元以下罚款；依照有关水上交通安全的法律、行政法规的规定由海事管理机构处罚的，依照其规定；构成犯罪的，依法追究刑事责任。

第五十七条 交通主管部门、港口行政管理部门、海事管理机构等不依法履行职责，有下列行为之一的，对直接负责的主管人员和其他直接责任人员依法给予行政处分；构成犯罪的，依法追究刑事责任：

（一）违法批准建设港口设施使用港口岸线，或者违法批准船舶载运危险货物进出港口、违法批准在港口内进行危险货物的装卸、过驳作业的；

（二）对不符合法定条件的申请人给予港口经营许可的；

（三）发现取得经营许可的港口经营人不再具备法定许可条件而不及时吊销许可证的；

（四）不依法履行监督检查职责，对违反港口规划建设港口、码头或者其他港口设施的行为，未经依法许可从事港口经营业务的行为，不遵守安全生产管理规定的行为，危及港口作业安全的行为，以及其他违反本法规定的行为，不依法予以查处的。

第五十八条 行政机关违法干预港口经营人的经营自主权的，由其上级行政机关或者监察机关责令改正；向港口经营人摊派财物或者违法收取费用的，责令退回；情节严重的，对直接负责的主管人员和其他直接责任人员依法给予行政处分。

第六章 附　　则

第五十九条 对航行国际航线的船舶开放的港口，由有关省、自治区、直辖市人民政府按照国家有关规定商国务院有关部门和有关军事机关同意后，报国务院批准。

第六十条 渔业港口的管理工作由县级以上人民政府渔业行政主管部门负责。具体管理办法由国务院规定。

前款所称渔业港口，是指专门为渔业生

产服务、供渔业船舶停泊、避风、装卸渔获物、补充渔需物资的人工港口或者自然港湾，包括综合性港口中渔业专用的码头、渔业专用的水域和渔船专用的锚地。

第六十一条　军事港口的建设和管理办法由国务院、中央军事委员会规定。

第六十二条　本法自 2004 年 1 月 1 日起施行。

中华人民共和国领海及毗连区法

（1992 年 2 月 25 日第七届全国人民代表大会常务委员会第二十四次会议通过，1992 年 2 月 25 日中华人民共和国主席令第五十五号公布）

第一条　为行使中华人民共和国对领海的主权和对毗连区的管制权，维护国家安全和海洋权益，制定本法。

第二条　中华人民共和国领海为邻接中华人民共和国陆地领土和内水的一带海域。

中华人民共和国的陆地领土包括中华人民共和国大陆及其沿海岛屿、台湾及其包括钓鱼岛在内的附属各岛、澎湖列岛、东沙群岛、西沙群岛、中沙群岛、南沙群岛以及其他一切属于中华人民共和国的岛屿。

中华人民共和国领海基线向陆地一侧的水域为中华人民共和国的内水。

第三条　中华人民共和国领海的宽度从领海基线量起为十二海里。

中华人民共和国领海基线采用直线基线法划定，由各相邻基点之间的直线连线组成。

中华人民共和国领海的外部界限为一条其每一点与领海基线的最近点距离等于十二海里的线。

第四条　中华人民共和国毗连区为领海以外邻接领海的一带海域。毗连区的宽度为十二海里。

中华人民共和国毗连区的外部界限为一条其每一点与领海基线的最近点距离等于二十四海里的线。

第五条　中华人民共和国对领海的主权及于领海上空、领海的海床及底土。

第六条　外国非军用船舶，享有依法无害通过中华人民共和国领海的权利。

外国军用船舶进入中华人民共和国领海，须经中华人民共和国政府批准。

第七条　外国潜水艇和其他潜水器通过中华人民共和国领海，必须在海面航行，并展示其旗帜。

第八条　外国船舶通过中华人民共和国领海，必须遵守中华人民共和国法律、法规，不得损害中华人民共和国的和平、安全和良好秩序。

外国核动力船舶和载运核物质、有毒物质或者其他危险物质的船舶通过中华人民共和国领海，必须持有有关证书，并采取特别预防措施。

中华人民共和国政府有权采取一切必要措施，以防止和制止对领海的非无害通过。

外国船舶违反中华人民共和国法律、法规的，由中华人民共和国有关机关依法处理。

第九条　为维护航行安全和其他特殊需要，中华人民共和国政府可以要求通过中华人民共和国领海的外国船舶使用指定的航道或者依照规定的分道通航制航行，具体办法由中华人民共和国政府或者其有关主管部门公布。

第十条　外国军用船舶或者用于非商业目的的外国政府船舶在通过中华人民共和国领海时，违反中华人民共和国法律、法规的，中华人民共和国有关主管机关有权令其立即离开领海，对所造成的损失或者损害，船旗国应当负国际责任。

第十一条　任何国际组织、外国的组织或者个人，在中华人民共和国领海内进行科学研究、海洋作业等活动，须经中华人民共和国政府或者其有关主管部门批准，遵守中华人民共和国法律、法规。

违反前款规定，非法进入中华人民共和国领海进行科学研究、海洋作业等活动的，由中华人民共和国有关机关依法处理。

第十二条　外国航空器只有根据该国政府与中华人民共和国政府签订的协定、协议，或者经中华人民共和国政府或者其授权的机关批准或者接受，方可进入中华人民共和国领海上空。

第十三条　中华人民共和国有权在毗连区内，为防止和惩处在其陆地领土、内水或者领海内违反有关安全、海关、财政、卫生或者入境出境管理的法律、法规的行为行使管制权。

第十四条　中华人民共和国有关主管机关有充分理由认为外国船舶违反中华人民共和国法律、法规时，可以对该外国船舶行使紧追权。

追逐须在外国船舶或者其小艇之一或者以被追逐的船舶为母船进行活动的其他船艇在中华人民共和国的内水、领海或者毗连区内时开始。

如果外国船舶是在中华人民共和国毗连区内，追逐只有在本法第十三条所列有关法律、法规规定的权利受到侵犯时方可进行。

追逐只要没有中断，可以在中华人民共和国领海或者毗连区外继续进行。在被追逐的船舶进入其本国领海或者第三国领海时，追逐终止。

本条规定的紧追权由中华人民共和国军用船舶、军用航空器或者中华人民共和国政府授权的执行政府公务的船舶、航空器行使。

第十五条　中华人民共和国领海基线由中华人民共和国政府公布。

第十六条　中华人民共和国政府依据本法制定有关规定。

第十七条　本法自公布之日起施行。

中华人民共和国专属经济区和大陆架法

（1998年6月26日第九届全国人民代表大会常务委员会第三次会议通过，1998年6月26日中华人民共和国主席令第六号发布）

第一条 为保障中华人民共和国对专属经济区和大陆架行使主权权利和管辖权，维护国家海洋权益，制定本法。

第二条 中华人民共和国的专属经济区，为中华人民共和国领海以外并邻接领海的区域，从测算领海宽度的基线量起延至二百海里。

中华人民共和国的大陆架，为中华人民共和国领海以外依本国陆地领土的全部自然延伸，扩展到大陆边外缘的海底区域的海床和底土；如果从测算领海宽度的基线量起至大陆边外缘的距离不足二百海里，则扩展至二百海里。

中华人民共和国与海岸相邻或者相向国家关于专属经济区和大陆架的主张重叠的，在国际法的基础上按照公平原则以协议划定界限。

第三条 中华人民共和国在专属经济区为勘查、开发、养护和管理海床上覆水域、海床及其底土的自然资源，以及进行其他经济性开发和勘查，如利用海水、海流和风力生产能等活动，行使主权权利。

中华人民共和国对专属经济区的人工岛屿、设施和结构的建造、使用和海洋科学研究、海洋环境的保护和保全，行使管辖权。

本法所称专属经济区的自然资源，包括生物资源和非生物资源。

第四条 中华人民共和国为勘查大陆架和开发大陆架的自然资源，对大陆架行使主权权利。

中华人民共和国对大陆架的人工岛屿、设施和结构的建造、使用和海洋科学研究、海洋环境的保护和保全，行使管辖权。

中华人民共和国拥有授权和管理为一切目的在大陆架上进行钻探的专属权利。

本法所称大陆架的自然资源，包括海床和底土的矿物和其他非生物资源，以及属于定居种的生物，即在可捕捞阶段在海床上或者海床下不能移动或者其躯体须与海床或者底土保持接触才能移动的生物。

第五条 任何国际组织、外国的组织或者个人进入中华人民共和国的专属经济区从事渔业活动，必须经中华人民共和国主管机关批准，并遵守中华人民共和国的法律、法规及中华人民共和国与有关国家签订的条约、协定。

中华人民共和国主管机关有权采取各种必要的养护和管理措施，确保专属经济区的生物资源不受过度开发的危害。

第六条 中华人民共和国主管机关有权对专属经济区的跨界种群、高度洄游鱼种、海洋哺乳动物，源自中华人民共和国河流的溯河产卵种群、在中华人民共和国水城内度过大部分生命周期的降河产卵鱼种，进行养护和管理。

中华人民共和国对源自本国河流的溯河产卵种群，享有主要利益。

第七条 任何国际组织、外国的组织或者个人对中华人民共和国的专属经济区和大陆架的自然资源进行勘查、开发活动或者在中华人民共和国的大陆架上为任何目的进行钻探，必须经中华人民共和国主管机关批准，并遵守中华人民共和国的法律、法规。

第八条　中华人民共和国在专属经济区和大陆架有专属权利建造并授权和管理建造、操作和使用人工岛屿、设施和结构。

中华人民共和国对专属经济区和大陆架的人工岛屿、设施和结构行使专用管辖权，包括有关海关、财政、卫生、安全和出境入境的法律和法规方面的管辖权。

中华人民共和国主管机关有权在专属经济区和大陆架的人工岛屿、设施和结构周围设置安全地带，并可以在该地带采取适当措施，确保航行安全以及人工岛屿、设施和结构安全。

第九条　任何国际组织、外国的组织或者个人在中华人民共和国的专属经济区和大陆架进行海洋科学研究，必须经中华人民共和国主管机关批准，并遵守中华人民共和国的法律、法规。

第十条　中华人民共和国主管机关有权采取必要的措施，防止、减少和控制海洋环境的污染，保护和保全专属经济区和大陆架的海洋环境。

第十一条　任何国家在遵守国际法和中华人民共和国的法律、法规的前提下，在中华人民共和国的专属经济区享有航行、飞越的自由，在中华人民共和国的专属经济区和大陆架享有铺设海底电缆和管道的自由，以及与上述自由有关的其他合法使用海洋的便利。铺设海底电缆和管道的路线，必须经中华人民共和国主管机关同意。

第十二条　中华人民共和国在行使勘查、开发、养护和管理专属经济区的生物资源的主权权利时，为确保中华人民共和国的法律、法规得到遵守，可以采取登临、检查、逮捕、扣留和进行司法程序等必要的措施。

中华人民共和国对在专属经济区和大陆架违反中华人民共和国法律、法规的行为，有权采取必要措施，依法追究法律责任，并可以行使紧追权。

第十三条　中华人民共和国在专属经济区和大陆架享有的权利，本法未作规定的，根据国际法和中华人民共和国其他有关法律、法规行使。

第十四条　本法的规定不影响中华人民共和国享有的历史性权利。

第十五条　中华人民共和国政府可以根据本法制定有关规定。

第十六条　本法自公布之日起施行。

中华人民共和国海警法

（2021年1月22日第十三届全国人民代表大会常务委员会第二十五次会议通过，2021年1月22日中华人民共和国主席令第七十一号公布，自2021年2月1日起施行）

第一章　总　　则

第一条　为了规范和保障海警机构履行职责，维护国家主权、安全和海洋权益，保护公民、法人和其他组织的合法权益，制定本法。

第二条　人民武装警察部队海警部队即海警机构，统一履行海上维权执法职责。

海警机构包括中国海警局及其海区分局和直属局、省级海警局、市级海警局、海警工作站。

第三条　海警机构在中华人民共和国管辖海域（以下简称我国管辖海域）及其上空开展海上维权执法活动，适用本法。

第四条　海上维权执法工作坚持中国共产党的领导，贯彻总体国家安全观，遵循依法管理、综合治理、规范高效、公正文明的原则。

第五条　海上维权执法工作的基本任务是开展海上安全保卫，维护海上治安秩序，打击海上走私、偷渡，在职责范围内对海洋资源开发利用、海洋生态环境保护、海洋渔业生产作业等活动进行监督检查，预防、制止和惩治海上违法犯罪活动。

第六条　海警机构及其工作人员依法执行职务受法律保护，任何组织和个人不得非法干涉、拒绝和阻碍。

第七条　海警机构工作人员应当遵守宪法和法律，崇尚荣誉，忠于职守，纪律严明，严格执法，清正廉洁。

第八条　国家建立陆海统筹、分工合作、科学高效的海上维权执法协作配合机制。国务院有关部门、沿海地方人民政府、军队有关部门和海警机构应当相互加强协作配合，做好海上维权执法工作。

第九条　对在海上维权执法活动中做出突出贡献的组织和个人，依照有关法律、法规的规定给予表彰和奖励。

第二章　机构和职责

第十条　国家在沿海地区按照行政区划和任务区域编设中国海警局海区分局和直属局、省级海警局、市级海警局和海警工作站，分别负责所管辖区域的有关海上维权执法工作。中国海警局按照国家有关规定领导所属海警机构开展海上维权执法工作。

第十一条　海警机构管辖区域应当根据海上维权执法工作的需要合理划定和调整，可以不受行政区划限制。

海警机构管辖区域的划定和调整应当及时向社会公布，并通报有关机关。

第十二条　海警机构依法履行下列职责：

（一）在我国管辖海域开展巡航、警戒，值守重点岛礁，管护海上界线，预防、制止、排除危害国家主权、安全和海洋权益的行为；

（二）对海上重要目标和重大活动实施安全保卫，采取必要措施保护重点岛礁以及专属经济区和大陆架的人工岛屿、设施和结构安全；

（三）实施海上治安管理，查处海上违反治安管理、入境出境管理的行为，防范和处置海上恐怖活动，维护海上治安秩序；

（四）对海上有走私嫌疑的运输工具或者货物、物品、人员进行检查，查处海上走私违法行为；

（五）在职责范围内对海域使用、海岛保护以及无居民海岛开发利用、海洋矿产资源勘查开发、海底电（光）缆和管道铺设与保护、海洋调查测量、海洋基础测绘、涉外海洋科学研究等活动进行监督检查，查处违法行为；

（六）在职责范围内对海洋工程建设项目、海洋倾倒废弃物对海洋污染损害、自然保护地海岸线向海一侧保护利用等活动进行监督检查，查处违法行为，按照规定权限参与海洋环境污染事故的应急处置和调查处理；

（七）对机动渔船底拖网禁渔区线外侧海域和特定渔业资源渔场渔业生产作业、海洋野生动物保护等活动进行监督检查，查处违法行为，依法组织或者参与调查处理海上渔业生产安全事故和渔业生产纠纷；

（八）预防、制止和侦查海上犯罪活动；

（九）按照国家有关职责分工，处置海上突发事件；

（十）依照法律、法规和我国缔结、参加的国际条约，在我国管辖海域以外的区域承担相关执法任务；

（十一）法律、法规规定的其他职责。

海警机构与公安、自然资源、生态环境、交通运输、渔业渔政、海关等主管部门的职责分工，按照国家有关规定执行。

第十三条　海警机构接到因海上自然灾害、事故灾难等紧急求助，应当及时通报有关主管部门，并积极开展应急救援和救助。

第十四条　中央国家机关按照国家有关规定对海上维权执法工作实行业务指导。

第十五条　中国海警局及其海区分局按照国家有关规定，协调指导沿海地方人民政府海上执法队伍开展海域使用、海岛保护开发、海洋生态环境保护、海洋渔业管理等相关执法工作。

根据海上维权执法工作需要，中国海警局及其海区分局可以统一协调组织沿海地方人民政府海上执法队伍的船舶、人员参与海上重大维权执法行动。

第三章　海上安全保卫

第十六条　为维护海上安全和秩序，海警机构有权依法对在我国管辖海域航行、停泊、作业的外国船舶进行识别查证，判明船舶的基本信息及其航行、作业的基本情况。对有违法嫌疑的外国船舶，海警机构有权采取跟踪监视等措施。

第十七条　对非法进入我国领海及其以内海域的外国船舶，海警机构有权责令其立即离开，或者采取扣留、强制驱离、强制拖离等措施。

第十八条　海警机构执行海上安全保卫任务，可以对在我国管辖海域航行、停泊、作业的船舶依法登临、检查。

海警机构登临、检查船舶，应当通过明确的指令要求被检查船舶停船接受检查。被检查船舶应当按照指令停船接受检查，并提供必要的便利；拒不配合检查的，海警机构可以强制检查；现场逃跑的，海警机构有权采取必要的措施进行拦截、紧追。

海警机构检查船舶，有权依法查验船舶和生产作业许可有关的证书、资料以及人员身份信息，检查船舶及其所载货物、物品，对有关违法事实进行调查取证。

对外国船舶登临、检查、拦截、紧追，遵守我国缔结、参加的国际条约的有关规定。

第十九条　海警机构因处置海上突发事

件的紧急需要，可以采取下列措施：

（一）责令船舶停止航行、作业；

（二）责令船舶改变航线或者驶向指定地点；

（三）责令船舶上的人员下船，或者限制、禁止人员上船、下船；

（四）责令船舶卸载货物，或者限制、禁止船舶卸载货物；

（五）法律、法规规定的其他措施。

第二十条 未经我国主管机关批准，外国组织和个人在我国管辖海域和岛礁建造建筑物、构筑物，以及布设各类固定或者浮动装置的，海警机构有权责令其停止上述违法行为或者限期拆除；对拒不停止违法行为或者逾期不拆除的，海警机构有权予以制止或者强制拆除。

第二十一条 对外国军用船舶和用于非商业目的的外国政府船舶在我国管辖海域违反我国法律、法规的行为，海警机构有权采取必要的警戒和管制措施予以制止，责令其立即离开相关海域；对拒不离开并造成严重危害或者威胁的，海警机构有权采取强制驱离、强制拖离等措施。

第二十二条 国家主权、主权权利和管辖权在海上正在受到外国组织和个人的不法侵害或者面临不法侵害的紧迫危险时，海警机构有权依照本法和其他相关法律、法规，采取包括使用武器在内的一切必要措施制止侵害、排除危险。

第四章 海上行政执法

第二十三条 海警机构对违反海上治安、海关、海洋资源开发利用、海洋生态环境保护、海洋渔业管理等法律、法规、规章的组织和个人，依法实施包括限制人身自由在内的行政处罚、行政强制或者法律、法规规定的其他措施。

海警机构依照海洋资源开发利用、海洋生态环境保护、海洋渔业管理等法律、法规的规定，对海上生产作业现场进行监督检查。

海警机构因调查海上违法行为的需要，有权向有关组织和个人收集、调取证据。有关组织和个人应当如实提供证据。

海警机构为维护海上治安秩序，对有违法犯罪嫌疑的人员进行当场盘问、检查或者继续盘问的，依照《中华人民共和国人民警察法》的规定执行。

第二十四条 海警机构因开展行政执法需要登临、检查、拦截、紧追相关船舶的，依照本法第十八条规定执行。

第二十五条 有下列情形之一，省级海警局以上海警机构可以在我国管辖海域划定海上临时警戒区，限制或者禁止船舶、人员通行、停留：

（一）执行海上安全保卫任务需要的；

（二）打击海上违法犯罪活动需要的；

（三）处置海上突发事件需要的；

（四）保护海洋资源和生态环境需要的；

（五）其他需要划定海上临时警戒区的情形。

划定海上临时警戒区，应当明确海上临时警戒区的区域范围、警戒期限、管理措施等事项并予以公告。其中，可能影响海上交通安全的，应当在划定前征求海事管理机构的意见，并按照相关规定向海事管理机构申请发布航行通告、航行警告；涉及军事用海或者可能影响海上军事设施安全和使用的，应当依法征得军队有关部门的同意。

对于不需要继续限制或者禁止船舶、人员通行、停留的，海警机构应当及时解除警戒，并予公告。

第二十六条 对涉嫌违法正在接受调查处理的船舶，海警机构可以责令其暂停航行、作业，在指定地点停泊或者禁止其离港。必要时，海警机构可以将嫌疑船舶押解至指定地点接受调查处理。

第二十七条 国际组织、外国组织和个人的船舶经我国主管机关批准在我国管辖海域从事渔业生产作业以及其他自然资源勘查开发、海洋科学研究、海底电（光）缆和管道铺设等活动的，海警机构应当依法进行监管，可以派出执法人员随船监管。

第二十八条 为预防、制止和惩治在我国陆地领土、内水或者领海内违反有关安全、海关、财政、卫生或者入境出境管理法律、法规的行为，海警机构有权在毗连区行使管制权，依法实施行政强制措施或者法律、法规规定的其他措施。

第二十九条 违法事实确凿，并有下列情形之一，海警机构执法人员可以当场作出处罚决定：

（一）对个人处五百元以下罚款或者警告、对单位处五千元以下罚款或者警告的；

（二）罚款处罚决定不在海上当场作出，事后难以处罚的。

当场作出的处罚决定，应当及时报所属海警机构备案。

第三十条 对不适用当场处罚，但事实清楚，当事人自愿认错认罚，且对违法事实和法律适用没有异议的海上行政案件，海警机构征得当事人书面同意后，可以通过简化取证方式和审核审批等措施快速办理。

对符合快速办理条件的海上行政案件，当事人在自行书写材料或者询问笔录中承认违法事实、认错认罚，并有视听资料、电子数据、检查笔录等关键证据能够相互印证的，海警机构可以不再开展其他调查取证工作。

使用执法记录仪等设备对询问过程录音录像的，可以替代书面询问笔录。必要时，对视听资料的关键内容和相应时间段等作文字说明。

对快速办理的海上行政案件，海警机构应当在当事人到案后四十八小时内作出处理决定。

第三十一条 海上行政案件有下列情形之一，不适用快速办理：

（一）依法应当适用听证程序的；

（二）可能作出十日以上行政拘留处罚的；

（三）有重大社会影响的；

（四）可能涉嫌犯罪的；

（五）其他不宜快速办理的。

第三十二条 海警机构实施行政强制措施前，执法人员应当向本单位负责人报告并经批准。情况紧急，需要在海上当场实施行政强制措施的，应当在二十四小时内向本单位负责人报告，抵岸后及时补办批准手续；因不可抗力无法在二十四小时内向本单位负责人报告的，应当在不可抗力影响消除后二十四小时内向本单位负责人报告。海警机构负责人认为不应当采取行政强制措施的，应当立即解除。

第三十三条 当事人逾期不履行处罚决定的，作出处罚决定的海警机构可以依法采取下列措施：

（一）到期不缴纳罚款的，每日按罚款数额的百分之三加处罚款；

（二）将查封、扣押的财物依法拍卖、变卖或者将冻结的存款、汇款划拨抵缴罚款；

（三）根据法律规定，采取其他行政强制执行方式。

本法和其他法律没有规定海警机构可以实施行政强制执行的事项，海警机构应当申请人民法院强制执行。

第三十四条 各级海警机构对海上行政案件的管辖分工，由中国海警局规定。

海警机构与其他机关对海上行政案件管辖有争议的，由海警机构与其他机关按照有利于案件调查处理的原则进行协商。

第三十五条 海警机构办理海上行政案件时，有证据证明当事人在海上实施将物品倒入海中等故意毁灭证据的行为，给海警机构举证造成困难的，可以结合其他证据，推定有关违法事实成立，但是当事人有证据足以推翻的除外。

第三十六条 海警机构开展巡航、警戒、拦截、紧追等海上执法工作，使用标示有专用标志的执法船舶、航空器的，即为表明身份。

海警机构在进行行政执法调查或者检查时，执法人员不得少于两人，并应当主动出示执法证件表明身份。当事人或者其他有关人员有权要求执法人员出示执法证件。

第三十七条 海警机构开展海上行政执法的程序，本法未作规定的，适用《中华人民共和国行政处罚法》《中华人民共和国行政强制法》《中华人民共和国治安管理处罚法》等有关法律的规定。

第五章 海上犯罪侦查

第三十八条 海警机构办理海上发生的刑事案件，依照《中华人民共和国刑事诉讼法》和本法的有关规定行使侦查权，采取侦查措施和刑事强制措施。

第三十九条 海警机构在立案后，对于危害国家安全犯罪、恐怖活动犯罪、黑社会性质的组织犯罪、重大毒品犯罪或者其他严重危害社会的犯罪案件，依照《中华人民共和国刑事诉讼法》和有关规定，经过严格的批准手续，可以采取技术侦查措施，按照规定交由有关机关执行。

追捕被通缉或者批准、决定逮捕的在逃的犯罪嫌疑人、被告人，经过批准，可以采取追捕所必需的技术侦查措施。

第四十条 应当逮捕的犯罪嫌疑人在逃，海警机构可以按照规定发布通缉令，采取有效措施，追捕归案。

海警机构对犯罪嫌疑人发布通缉令的，可以商请公安机关协助追捕。

第四十一条 海警机构因办理海上刑事案件需要登临、检查、拦截、紧追相关船舶的，依照本法第十八条规定执行。

第四十二条 海警机构、人民检察院、人民法院依法对海上刑事案件的犯罪嫌疑人、被告人决定取保候审的，由被取保候审人居住地的海警机构执行。被取保候审人居住地未设海警机构的，当地公安机关应当协助执行。

第四十三条 海警机构、人民检察院、人民法院依法对海上刑事案件的犯罪嫌疑人、被告人决定监视居住的，由海警机构在被监视居住人住处执行；被监视居住人在负责办案的海警机构所在的市、县没有固定住处的，可以在指定的居所执行。对于涉嫌危害国家安全犯罪、恐怖活动犯罪，在住处执行可能有碍侦查的，经上一级海警机构批准，也可以在指定的居所执行。但是，不得在羁押场所、专门的办案场所执行。

第四十四条 海警工作站负责侦查发生在本管辖区域内的海上刑事案件。

市级海警局以上海警机构负责侦查管辖区域内的重大的危害国家安全犯罪、恐怖活动犯罪、涉外犯罪、经济犯罪、集团犯罪案件以及其他重大犯罪案件。

上级海警机构认为有必要的，可以侦查下级海警机构管辖范围内的海上刑事案件；下级海警机构认为案情重大需要上级海警机构侦查的海上刑事案件，可以报请上级海警机构管辖。

第四十五条 海警机构办理海上刑事案件，需要提请批准逮捕或者移送起诉的，应当向所在地相应人民检察院提请或者移送。

第六章 警械和武器使用

第四十六条 有下列情形之一，海警机构工作人员可以使用警械或者现场的其他装备、工具：

（一）依法登临、检查、拦截、紧追船

舶时，需要迫使船舶停止航行的；

（二）依法强制驱离、强制拖离船舶的；

（三）依法执行职务过程中遭遇阻碍、妨害的；

（四）需要现场制止违法犯罪行为的其他情形。

第四十七条　有下列情形之一，经警告无效的，海警机构工作人员可以使用手持武器：

（一）有证据表明船舶载有犯罪嫌疑人或者非法载运武器、弹药、国家秘密资料、毒品等物品，拒不服从停船指令的；

（二）外国船舶进入我国管辖海域非法从事生产作业活动，拒不服从停船指令或者以其他方式拒绝接受登临、检查，使用其他措施不足以制止违法行为的。

第四十八条　有下列情形之一，海警机构工作人员除可以使用手持武器外，还可以使用舰载或者机载武器：

（一）执行海上反恐怖任务的；

（二）处置海上严重暴力事件的；

（三）执法船舶、航空器受到武器或者其他危险方式攻击的。

第四十九条　海警机构工作人员依法使用武器，来不及警告或者警告后可能导致更为严重危害后果的，可以直接使用武器。

第五十条　海警机构工作人员应当根据违法犯罪行为和违法犯罪行为人的危险性质、程度和紧迫性，合理判断使用武器的必要限度，尽量避免或者减少不必要的人员伤亡、财产损失。

第五十一条　海警机构工作人员使用警械和武器，本法未作规定的，依照人民警察使用警械和武器的规定以及其他有关法律、法规的规定执行。

第七章　保障和协作

第五十二条　国家建立与海警机构担负海上维权执法任务和建设发展相适应的经费保障机制。所需经费按照国家有关规定列入预算。

第五十三条　国务院有关部门、沿海县级以上地方人民政府及其有关部门在编制国土空间规划和相关专项规划时，应当统筹海上维权执法工作需求，按照国家有关规定对海警机构执法办案、执勤训练、生活等场地和设施建设等予以保障。

第五十四条　海警机构因海上维权执法紧急需要，可以依照法律、法规、规章的规定优先使用或者征用组织和个人的交通工具、通信工具、场地，用后应当及时归还，并支付适当费用；造成损失的，按照国家有关规定给予补偿。

第五十五条　海警机构应当优化力量体系，建强人才队伍，加强教育培训，保障海警机构工作人员具备履行法定职责的知识、技能和素质，提高海上维权执法专业能力。

海上维权执法实行持证上岗和资格管理制度。

第五十六条　国家加强海上维权执法装备体系建设，保障海警机构配备与其履行职责相适应的船舶、航空器、武器以及其他装备。

第五十七条　海警机构应当加强信息化建设，运用现代信息技术，促进执法公开，强化便民服务，提高海上维权执法工作效率。

海警机构应当开通海上报警服务平台，及时受理人民群众报警、紧急求助。

第五十八条　海警机构分别与相应的外交（外事）、公安、自然资源、生态环境、交通运输、渔业渔政、应急管理、海关等主管部门，以及人民法院、人民检察院和军队有关部门建立信息共享和工作协作配合机制。

有关主管部门应当及时向海警机构提供与开展海上维权执法工作相关的基础数据、

行政许可、行政管理政策等信息服务和技术支持。

海警机构应当将海上监督检查、查处违法犯罪等工作数据、信息，及时反馈有关主管部门，配合有关主管部门做好海上行政管理工作。海警机构依法实施行政处罚，认为需要吊销许可证件的，应当将相关材料移送发证机关处理。

第五十九条　海警机构因开展海上维权执法工作需要，可以向有关主管部门提出协助请求。协助请求属于有关主管部门职责范围内的，有关主管部门应当配合。

第六十条　海警机构对依法决定行政拘留的违法行为人和拘留审查的外国人，以及决定刑事拘留、执行逮捕的犯罪嫌疑人，分别送海警机构所在地拘留所或者看守所执行。

第六十一条　海警机构对依法扣押、扣留的涉案财物，应当妥善保管，不得损毁或者擅自处理。但是，对下列货物、物品，经市级海警局以上海警机构负责人批准，可以先行依法拍卖或者变卖并通知所有人，所有人不明确的，通知其他当事人：

（一）成品油等危险品；

（二）鲜活、易腐、易失效等不宜长期保存的；

（三）长期不使用容易导致机械性能下降、价值贬损的车辆、船舶等；

（四）体量巨大难以保管的；

（五）所有人申请先行拍卖或者变卖的。

拍卖或者变卖所得款项由海警机构暂行保存，待结案后按照国家有关规定处理。

第六十二条　海警机构对应当退还所有人或者其他当事人的涉案财物，通知所有人或者其他当事人在六个月内领取；所有人不明确的，应当采取公告方式告知所有人认领。在通知所有人、其他当事人或者公告后六个月内无人认领的，按无主财物处理，依法拍卖或者变卖后将所得款项上缴国库。遇有特殊情况的，可以延期处理，延长期限最长不超过三个月。

第八章　国际合作

第六十三条　中国海警局根据中华人民共和国缔结、参加的国际条约或者按照对等、互利的原则，开展海上执法国际合作；在规定权限内组织或者参与有关海上执法国际条约实施工作，商签海上执法合作性文件。

第六十四条　海警机构开展海上执法国际合作的主要任务是参与处置涉外海上突发事件，协调解决海上执法争端，管控海上危机，与外国海上执法机构和有关国际组织合作打击海上违法犯罪活动，保护海洋资源环境，共同维护国际和地区海洋公共安全和秩序。

第六十五条　海警机构可以与外国海上执法机构和有关国际组织开展下列海上执法国际合作：

（一）建立双边、多边海上执法合作机制，参加海上执法合作机制的活动；

（二）交流和共享海上执法情报信息；

（三）海上联合巡逻、检查、演练、训练；

（四）教育培训交流；

（五）互派海上执法国际合作联络人员；

（六）其他海上执法国际合作活动。

第九章　监　　督

第六十六条　海警机构及其工作人员应当依照法律、法规规定的条件、权限和程序履行职责、行使职权，不得滥用职权、玩忽职守、徇私舞弊，不得侵犯组织和个人的合法权益。

第六十七条　海警机构应当尊重和依法保障公民、法人和其他组织对海警机构执法工作的知情权、参与权和监督权，增强执法工作透明度和公信力。

海警机构应当依法公开海上执法工作信息。

第六十八条　海警机构询问、讯问、继续盘问、辨认违法犯罪嫌疑人以及对违法犯罪嫌疑人进行安全检查、信息采集等执法活动，应当在办案场所进行。紧急情况下必须在现场进行询问、讯问或者有其他不宜在办案场所进行询问、讯问的情形除外。

海警机构应当按照国家有关规定以文字、音像等形式，对海上维权执法活动进行全过程记录，归档保存。

第六十九条　海警机构及其工作人员开展海上维权执法工作，依法接受检察机关、军队监察机关的监督。

第七十条　人民政府及其有关部门、公民、法人和其他组织对海警机构及其工作人员的违法违纪行为，有权向检察机关、军队监察机关通报、检举、控告。对海警机构及其工作人员正在发生的违法违纪或者失职行为，可以通过海上报警服务平台进行投诉、举报。

对依法检举、控告或者投诉、举报的公民、法人和其他组织，任何机关和个人不得压制和打击报复。

第七十一条　上级海警机构应当对下级海警机构的海上维权执法工作进行监督，发现其作出的处理措施或者决定有错误的，有权撤销、变更或者责令下级海警机构撤销、变更；发现其不履行法定职责的，有权责令其依法履行。

第七十二条　中国海警局应当建立健全海上维权执法工作监督机制和执法过错责任追究制度。

第十章　法律责任

第七十三条　有下列阻碍海警机构及其工作人员依法执行职务的行为之一，由公安机关或者海警机构依照《中华人民共和国治安管理处罚法》关于阻碍人民警察依法执行职务的规定予以处罚：

（一）侮辱、威胁、围堵、拦截、袭击海警机构工作人员的；

（二）阻碍调查取证的；

（三）强行冲闯海上临时警戒区的；

（四）阻碍执行追捕、检查、搜查、救险、警卫等任务的；

（五）阻碍执法船舶、航空器、车辆和人员通行的；

（六）采取危险驾驶、设置障碍等方法驾驶船舶逃窜，危及执法船舶、人员安全的；

（七）其他严重阻碍海警机构及其工作人员执行职务的行为。

第七十四条　海警机构工作人员在执行职务中，有下列行为之一，按照中央军事委员会的有关规定给予处分：

（一）泄露国家秘密、商业秘密和个人隐私的；

（二）弄虚作假，隐瞒案情，包庇、纵容违法犯罪活动的；

（三）刑讯逼供或者体罚、虐待违法犯罪嫌疑人的；

（四）违反规定使用警械、武器的；

（五）非法剥夺、限制人身自由，非法检查或者搜查人身、货物、物品、交通工具、住所或者场所的；

（六）敲诈勒索，索取、收受贿赂或者接受当事人及其代理人请客送礼的；

（七）违法实施行政处罚、行政强制，采取刑事强制措施或者收取费用的；

（八）玩忽职守，不履行法定义务的；

（九）其他违法违纪行为。

第七十五条　违反本法规定，构成犯罪的，依法追究刑事责任。

第七十六条　组织和个人对海警机构作

出的行政行为不服的，有权依照《中华人民共和国行政复议法》的规定向上一级海警机构申请行政复议；或者依照《中华人民共和国行政诉讼法》的规定向有管辖权的人民法院提起行政诉讼。

第七十七条 海警机构及其工作人员违法行使职权，侵犯组织和个人合法权益造成损害的，应当依照《中华人民共和国国家赔偿法》和其他有关法律、法规的规定给予赔偿。

第十一章 附 则

第七十八条 本法下列用语的含义是：

（一）省级海警局，是指直接由中国海警局领导，在沿海省、自治区、直辖市设立的海警局；市级海警局，是指由省级海警局领导，在沿海省、自治区下辖市和直辖市下辖区设立的海警局；海警工作站，通常是指由市级海警局领导，在沿海县级行政区域设立的基层海警机构。

（二）船舶，是指各类排水或者非排水的船、艇、筏、水上飞行器、潜水器等移动式装置，不包括海上石油、天然气等作业平台。

第七十九条 外国在海上执法方面对我国公民、法人和其他组织采取歧视性的禁止、限制或者其他特别措施的，海警机构可以按照国家有关规定采取相应的对等措施。

第八十条 本法规定的对船舶的维权执法措施适用于海上各种固定或者浮动建筑、装置，固定或者移动式平台。

第八十一条 海警机构依照法律、法规和我国缔结、参加的国际条约，在我国管辖海域以外的区域执行执法任务时，相关程序可以参照本法有关规定执行。

第八十二条 中国海警局根据法律、行政法规和国务院、中央军事委员会的决定，就海上维权执法事项制定规章，并按照规定备案。

第八十三条 海警机构依照《中华人民共和国国防法》、《中华人民共和国人民武装警察法》等有关法律、军事法规和中央军事委员会的命令，执行防卫作战等任务。

第八十四条 本法自 2021 年 2 月 1 日起施行。

中华人民共和国农村土地承包法

（2002年8月29日第九届全国人民代表大会常务委员会第二十九次会议通过，2002年8月29日中华人民共和国主席令第七十三号公布；根据2009年8月27日第十一届全国人民代表大会常务委员会第十次会议《关于修改部分法律的决定》第一次修正；根据2018年12月29日第十三届全国人民代表大会常务委员会第七次会议《全国人民代表大会常务委员会关于修改〈中华人民共和国农村土地承包法〉的决定》第二次修正）

第一章　总　　则

第一条　为了巩固和完善以家庭承包经营为基础、统分结合的双层经营体制，保持农村土地承包关系稳定并长久不变，维护农村土地承包经营当事人的合法权益，促进农业、农村经济发展和农村社会和谐稳定，根据宪法，制定本法。

第二条　本法所称农村土地，是指农民集体所有和国家所有依法由农民集体使用的耕地、林地、草地，以及其他依法用于农业的土地。

第三条　国家实行农村土地承包经营制度。

农村土地承包采取农村集体经济组织内部的家庭承包方式，不宜采取家庭承包方式的荒山、荒沟、荒丘、荒滩等农村土地，可以采取招标、拍卖、公开协商等方式承包。

第四条　农村土地承包后，土地的所有权性质不变。承包地不得买卖。

第五条　农村集体经济组织成员有权依法承包由本集体经济组织发包的农村土地。

任何组织和个人不得剥夺和非法限制农村集体经济组织成员承包土地的权利。

第六条　农村土地承包，妇女与男子享有平等的权利。承包中应当保护妇女的合法权益，任何组织和个人不得剥夺、侵害妇女应当享有的土地承包经营权。

第七条　农村土地承包应当坚持公开、公平、公正的原则，正确处理国家、集体、个人三者的利益关系。

第八条　国家保护集体土地所有者的合法权益，保护承包方的土地承包经营权，任何组织和个人不得侵犯。

第九条　承包方承包土地后，享有土地承包经营权，可以自己经营，也可以保留土地承包权，流转其承包地的土地经营权，由他人经营。

第十条　国家保护承包方依法、自愿、有偿流转土地经营权，保护土地经营权人的合法权益，任何组织和个人不得侵犯。

第十一条　农村土地承包经营应当遵守法律、法规，保护土地资源的合理开发和可持续利用。未经依法批准不得将承包地用于非农建设。

国家鼓励增加对土地的投入，培肥地力，提高农业生产能力。

第十二条　国务院农业农村、林业和草原主管部门分别依照国务院规定的职责负责全国农村土地承包经营及承包经营合同管理的指导。

县级以上地方人民政府农业农村、林业和草原等主管部门分别依照各自职责，负责本行政区域内农村土地承包经营及承包经营合同管理。

乡（镇）人民政府负责本行政区域内农村土地承包经营及承包经营合同管理。

第二章　家庭承包

第一节　发包方和承包方的权利和义务

第十三条　农民集体所有的土地依法属于村农民集体所有的，由村集体经济组织或者村民委员会发包；已经分别属于村内两个以上农村集体经济组织的农民集体所有的，由村内各该农村集体经济组织或者村民小组发包。村集体经济组织或者村民委员会发包的，不得改变村内各集体经济组织农民集体所有的土地的所有权。

国家所有依法由农民集体使用的农村土地，由使用该土地的农村集体经济组织、村民委员会或者村民小组发包。

第十四条　发包方享有下列权利：

（一）发包本集体所有的或者国家所有依法由本集体使用的农村土地；

（二）监督承包方依照承包合同约定的用途合理利用和保护土地；

（三）制止承包方损害承包地和农业资源的行为；

（四）法律、行政法规规定的其他权利。

第十五条　发包方承担下列义务：

（一）维护承包方的土地承包经营权，不得非法变更、解除承包合同；

（二）尊重承包方的生产经营自主权，不得干涉承包方依法进行正常的生产经营活动；

（三）依照承包合同约定为承包方提供生产、技术、信息等服务；

（四）执行县、乡（镇）土地利用总体规划，组织本集体经济组织内的农业基础设施建设；

（五）法律、行政法规规定的其他义务。

第十六条　家庭承包的承包方是本集体经济组织的农户。

农户内家庭成员依法平等享有承包土地的各项权益。

第十七条　承包方享有下列权利：

（一）依法享有承包地使用、收益的权利，有权自主组织生产经营和处置产品；

（二）依法互换、转让土地承包经营权；

（三）依法流转土地经营权；

（四）承包地被依法征收、征用、占用的，有权依法获得相应的补偿；

（五）法律、行政法规规定的其他权利。

第十八条　承包方承担下列义务：

（一）维持土地的农业用途，未经依法批准不得用于非农建设；

（二）依法保护和合理利用土地，不得给土地造成永久性损害；

（三）法律、行政法规规定的其他义务。

第二节　承包的原则和程序

第十九条　土地承包应当遵循以下原则：

（一）按照规定统一组织承包时，本集体经济组织成员依法平等地行使承包土地的权利，也可以自愿放弃承包土地的权利；

（二）民主协商，公平合理；

（三）承包方案应当按照本法第十二条的规定，依法经本集体经济组织成员的村民会议三分之二以上成员或者三分之二以上村民代表的同意；

（四）承包程序合法。

第二十条　土地承包应当按照以下程序进行：

（一）本集体经济组织成员的村民会议选举产生承包工作小组；

（二）承包工作小组依照法律、法规的

规定拟订并公布承包方案；

（三）依法召开本集体经济组织成员的村民会议，讨论通过承包方案；

（四）公开组织实施承包方案；

（五）签订承包合同。

第三节　承包期限和承包合同

第二十一条　耕地的承包期为三十年。草地的承包期为三十年至五十年。林地的承包期为三十年至七十年。

前款规定的耕地承包期届满后再延长三十年，草地、林地承包期届满后依照前款规定相应延长。

第二十二条　发包方应当与承包方签订书面承包合同。

承包合同一般包括以下条款：

（一）发包方、承包方的名称，发包方负责人和承包方代表的姓名、住所；

（二）承包土地的名称、坐落、面积、质量等级；

（三）承包期限和起止日期；

（四）承包土地的用途；

（五）发包方和承包方的权利和义务；

（六）违约责任。

第二十三条　承包合同自成立之日起生效。承包方自承包合同生效时取得土地承包经营权。

第二十四条　国家对耕地、林地和草地等实行统一登记，登记机构应当向承包方颁发土地承包经营权证或者林权证等证书，并登记造册，确认土地承包经营权。

土地承包经营权证或者林权证等证书应当将具有土地承包经营权的全部家庭成员列入。

登记机构除按规定收取证书工本费外，不得收取其他费用。

第二十五条　承包合同生效后，发包方不得因承办人或者负责人的变动而变更或者解除，也不得因集体经济组织的分立或者合并而变更或者解除。

第二十六条　国家机关及其工作人员不得利用职权干涉农村土地承包或者变更、解除承包合同。

第四节　土地承包经营权的保护和互换、转让

第二十七条　承包期内，发包方不得收回承包地。

国家保护进城农户的土地承包经营权。不得以退出土地承包经营权作为农户进城落户的条件。

承包期内，承包农户进城落户的，引导支持其按照自愿有偿原则依法在本集体经济组织内转让土地承包经营权或者将承包地交回发包方，也可以鼓励其流转土地经营权。

承包期内，承包方交回承包地或者发包方依法收回承包地时，承包方对其在承包地上投入而提高土地生产能力的，有权获得相应的补偿。

第二十八条　承包期内，发包方不得调整承包地。

承包期内，因自然灾害严重毁损承包地等特殊情形对个别农户之间承包的耕地和草地需要适当调整的，必须经本集体经济组织成员的村民会议三分之二以上成员或者三分之二以上村民代表的同意，并报乡（镇）人民政府和县级人民政府农业农村、林业和草原等主管部门批准。承包合同中约定不得调整的，按照其约定。

第二十九条　下列土地应当用于调整承包土地或者承包给新增人口：

（一）集体经济组织依法预留的机动地；

（二）通过依法开垦等方式增加的；

（三）发包方依法收回和承包方依法、自愿交回的。

第三十条　承包期内，承包方可以自愿

将承包地交回发包方。承包方自愿交回承包地的，可以获得合理补偿，但是应当提前半年以书面形式通知发包方。承包方在承包期内交回承包地的，在承包期内不得再要求承包土地。

第三十一条 承包期内，妇女结婚，在新居住地未取得承包地的，发包方不得收回其原承包地；妇女离婚或者丧偶，仍在原居住地生活或者不在原居住地生活但在新居住地未取得承包地的，发包方不得收回其原承包地。

第三十二条 承包人应得的承包收益，依照继承法的规定继承。

林地承包的承包人死亡，其继承人可以在承包期内继续承包。

第三十三条 承包方之间为方便耕种或者各自需要，可以对属于同一集体经济组织的土地的土地承包经营权进行互换，并向发包方备案。

第三十四条 经发包方同意，承包方可以将全部或者部分的土地承包经营权转让给本集体经济组织的其他农户，由该农户同发包方确立新的承包关系，原承包方与发包方在该土地上的承包关系即行终止。

第三十五条 土地承包经营权互换、转让的，当事人可以向登记机构申请登记。未经登记，不得对抗善意第三人。

第五节 土地经营权

第三十六条 承包方可以自主决定依法采取出租（转包）、入股或者其他方式向他人流转土地经营权，并向发包方备案。

第三十七条 土地经营权人有权在合同约定的期限内占有农村土地，自主开展农业生产经营并取得收益。

第三十八条 土地经营权流转应当遵循以下原则：

（一）依法、自愿、有偿，任何组织和个人不得强迫或者阻碍土地经营权流转；

（二）不得改变土地所有权的性质和土地的农业用途，不得破坏农业综合生产能力和农业生态环境；

（三）流转期限不得超过承包期的剩余期限；

（四）受让方须有农业经营能力或者资质；

（五）在同等条件下，本集体经济组织成员享有优先权。

第三十九条 土地经营权流转的价款，应当由当事人双方协商确定。流转的收益归承包方所有，任何组织和个人不得擅自截留、扣缴。

第四十条 土地经营权流转，当事人双方应当签订书面流转合同。

土地经营权流转合同一般包括以下条款：

（一）双方当事人的姓名、住所；

（二）流转土地的名称、坐落、面积、质量等级；

（三）流转期限和起止日期；

（四）流转土地的用途；

（五）双方当事人的权利和义务；

（六）流转价款及支付方式；

（七）土地被依法征收、征用、占用时有关补偿费的归属；

（八）违约责任。

承包方将土地交由他人代耕不超过一年的，可以不签订书面合同。

第四十一条 土地经营权流转期限为五年以上的，当事人可以向登记机构申请土地经营权登记。未经登记，不得对抗善意第三人。

第四十二条 承包方不得单方解除土地经营权流转合同，但受让方有下列情形之一的除外：

（一）擅自改变土地的农业用途；

（二）弃耕抛荒连续两年以上；

（三）给土地造成严重损害或者严重破

坏土地生态环境；

（四）其他严重违约行为。

第四十三条　经承包方同意，受让方可以依法投资改良土壤，建设农业生产附属、配套设施，并按照合同约定对其投资部分获得合理补偿。

第四十四条　承包方流转土地经营权的，其与发包方的承包关系不变。

第四十五条　县级以上地方人民政府应当建立工商企业等社会资本通过流转取得土地经营权的资格审查、项目审核和风险防范制度。

工商企业等社会资本通过流转取得土地经营权的，本集体经济组织可以收取适量管理费用。

具体办法由国务院农业农村、林业和草原主管部门规定。

第四十六条　经承包方书面同意，并向本集体经济组织备案，受让方可以再流转土地经营权。

第四十七条　承包方可以用承包地的土地经营权向金融机构融资担保，并向发包方备案。受让方通过流转取得的土地经营权，经承包方书面同意并向发包方备案，可以向金融机构融资担保。

担保物权自融资担保合同生效时设立。当事人可以向登记机构申请登记；未经登记，不得对抗善意第三人。

实现担保物权时，担保物权人有权就土地经营权优先受偿。

土地经营权融资担保办法由国务院有关部门规定。

第三章　其他方式的承包

第四十八条　不宜采取家庭承包方式的荒山、荒沟、荒丘、荒滩等农村土地，通过招标、拍卖、公开协商等方式承包的，适用本章规定。

第四十九条　以其他方式承包农村土地的，应当签订承包合同，承包方取得土地经营权。当事人的权利和义务、承包期限等，由双方协商确定。以招标、拍卖方式承包的，承包费通过公开竞标、竞价确定；以公开协商等方式承包的，承包费由双方议定。

第五十条　荒山、荒沟、荒丘、荒滩等可以直接通过招标、拍卖、公开协商等方式实行承包经营，也可以将土地经营权折股分给本集体经济组织成员后，再实行承包经营或者股份合作经营。

承包荒山、荒沟、荒丘、荒滩的，应当遵守有关法律、行政法规的规定，防止水土流失，保护生态环境。

第五十一条　以其他方式承包农村土地，在同等条件下，本集体经济组织成员有权优先承包。

第五十二条　发包方将农村土地发包给本集体经济组织以外的单位或者个人承包，应当事先经本集体经济组织成员的村民会议三分之二以上成员或者三分之二以上村民代表的同意，并报乡（镇）人民政府批准。

由本集体经济组织以外的单位或者个人承包的，应当对承包方的资信情况和经营能力进行审查后，再签订承包合同。

第五十三条　通过招标、拍卖、公开协商等方式承包农村土地，经依法登记取得权属证书的，可以依法采取出租、入股、抵押或者其他方式流转土地经营权。

第五十四条　依照本章规定通过招标、拍卖、公开协商等方式取得土地经营权的，该承包人死亡，其应得的承包收益，依照继承法的规定继承；在承包期内，其继承人可以继续承包。

第四章　争议的解决和法律责任

第五十五条　因土地承包经营发生纠纷的，双方当事人可以通过协商解决，也可以请求村民委员会、乡（镇）人民政府等调解解决。

当事人不愿协商、调解或者协商、调解不成的，可以向农村土地承包仲裁机构申请仲裁，也可以直接向人民法院起诉。

第五十六条 任何组织和个人侵害土地承包经营权、土地经营权的，应当承担民事责任。

第五十七条 发包方有下列行为之一的，应当承担停止侵害、排除妨碍、消除危险、返还财产、恢复原状、赔偿损失等民事责任：

（一）干涉承包方依法享有的生产经营自主权；

（二）违反本法规定收回、调整承包地；

（三）强迫或者阻碍承包方进行土地承包经营权的互换、转让或者土地经营权流转；

（四）假借少数服从多数强迫承包方放弃或者变更土地承包经营权；

（五）以划分“口粮田”和“责任田”等为由收回承包地搞招标承包；

（六）将承包地收回抵顶欠款；

（七）剥夺、侵害妇女依法享有的土地承包经营权；

（八）其他侵害土地承包经营权的行为。

第五十八条 承包合同中违背承包方意愿或者违反法律、行政法规有关不得收回、调整承包地等强制性规定的约定无效。

第五十九条 当事人一方不履行合同义务或者履行义务不符合约定的，应当依法承担违约责任。

第六十条 任何组织和个人强迫进行土地承包经营权互换、转让或者土地经营权流转的，该互换、转让或者流转无效。

第六十一条 任何组织和个人擅自截留、扣缴土地承包经营权互换、转让或者土地经营权流转收益的，应当退还。

第六十二条 违反土地管理法规，非法征收、征用、占用土地或者贪污、挪用土地征收、征用补偿费用，构成犯罪的，依法追究刑事责任；造成他人损害的，应当承担损害赔偿等责任。

第六十三条 承包方、土地经营权人违法将承包地用于非农建设的，由县级以上地方人民政府有关主管部门依法予以处罚。

承包方给承包地造成永久性损害的，发包方有权制止，并有权要求赔偿由此造成的损失。

第六十四条 土地经营权人擅自改变土地的农业用途、弃耕抛荒连续两年以上、给土地造成严重损害或者严重破坏土地生态环境，承包方在合理期限内不解除土地经营权流转合同的，发包方有权要求终止土地经营权流转合同。土地经营权人对土地和土地生态环境造成的损害应当予以赔偿。

第六十五条 国家机关及其工作人员有利用职权干涉农村土地承包经营，变更、解除承包经营合同，干涉承包经营当事人依法享有的生产经营自主权，强迫、阻碍承包经营当事人进行土地承包经营权互换、转让或者土地经营权流转等侵害土地承包经营权、土地经营权的行为，给承包经营当事人造成损失的，应当承担损害赔偿等责任；情节严重的，由上级机关或者所在单位给予直接责任人员处分；构成犯罪的，依法追究刑事责任。

第五章 附　　则

第六十六条 本法实施前已经按照国家有关农村土地承包的规定承包，包括承包期限长于本法规定的，本法实施后继续有效，不得重新承包土地。未向承包方颁发土地承包经营权证或者林权证等证书的，应当补发证书。

第六十七条 本法实施前已经预留机动地的，机动地面积不得超过本集体经济组织耕地总面积的百分之五。不足百分之五的，不得再增加机动地。

本法实施前未留机动地的，本法实施后不得再留机动地。

第六十八条　各省、自治区、直辖市人民代表大会常务委员会可以根据本法，结合本行政区域的实际情况，制定实施办法。

第六十九条　确认农村集体经济组织成员身份的原则、程序等，由法律、法规规定。

第七十条　本法自 2003 年 3 月 1 日起施行。

中华人民共和国农民专业合作社法

（2006年10月31日第十届全国人民代表大会常务委员会第二十四次会议通过；2017年12月27日第十二届全国人民代表大会常务委员会第三十一次会议修订）

第一章　总　　则

第一条　为了规范农民专业合作社的组织和行为，鼓励、支持、引导农民专业合作社的发展，保护农民专业合作社及其成员的合法权益，推进农业农村现代化，制定本法。

第二条　本法所称农民专业合作社，是指在农村家庭承包经营基础上，农产品的生产经营者或者农业生产经营服务的提供者、利用者，自愿联合、民主管理的互助性经济组织。

第三条　农民专业合作社以其成员为主要服务对象，开展以下一种或者多种业务：

（一）农业生产资料的购买、使用；

（二）农产品的生产、销售、加工、运输、贮藏及其他相关服务；

（三）农村民间工艺及制品、休闲农业和乡村旅游资源的开发经营等；

（四）与农业生产经营有关的技术、信息、设施建设运营等服务。

第四条　农民专业合作社应当遵循下列原则：

（一）成员以农民为主体；

（二）以服务成员为宗旨，谋求全体成员的共同利益；

（三）入社自愿、退社自由；

（四）成员地位平等，实行民主管理；

（五）盈余主要按照成员与农民专业合作社的交易量（额）比例返还。

第五条　农民专业合作社依照本法登记，取得法人资格。

农民专业合作社对由成员出资、公积金、国家财政直接补助、他人捐赠以及合法取得的其他资产所形成的财产，享有占有、使用和处分的权利，并以上述财产对债务承担责任。

第六条　农民专业合作社成员以其账户内记载的出资额和公积金份额为限对农民专业合作社承担责任。

第七条　国家保障农民专业合作社享有与其他市场主体平等的法律地位。

国家保护农民专业合作社及其成员的合法权益，任何单位和个人不得侵犯。

第八条　农民专业合作社从事生产经营活动，应当遵守法律，遵守社会公德、商业道德，诚实守信，不得从事与章程规定无关的活动。

第九条　农民专业合作社为扩大生产经营和服务的规模，发展产业化经营，提高市场竞争力，可以依法自愿设立或者加入农民专业合作社联合社。

第十条　国家通过财政支持、税收优惠和金融、科技、人才的扶持以及产业政策引导等措施，促进农民专业合作社的发展。

国家鼓励和支持公民、法人和其他组织为农民专业合作社提供帮助和服务。

对发展农民专业合作社事业做出突出贡献的单位和个人，按照国家有关规定予以表彰和奖励。

第十一条　县级以上人民政府应当建立

农民专业合作社工作的综合协调机制，统筹指导、协调、推动农民专业合作社的建设和发展。

县级以上人民政府农业主管部门、其他有关部门和组织应当依据各自职责，对农民专业合作社的建设和发展给予指导、扶持和服务。

第二章　设立和登记

第十二条　设立农民专业合作社，应当具备下列条件：

（一）有五名以上符合本法第十九条、第二十条规定的成员；

（二）有符合本法规定的章程；

（三）有符合本法规定的组织机构；

（四）有符合法律、行政法规规定的名称和章程确定的住所；

（五）有符合章程规定的成员出资。

第十三条　农民专业合作社成员可以用货币出资，也可以用实物、知识产权、土地经营权、林权等可以用货币估价并可以依法转让的非货币财产，以及章程规定的其他方式作价出资；但是，法律、行政法规规定不得作为出资的财产除外。

农民专业合作社成员不得以对该社或者其他成员的债权，充抵出资；不得以缴纳的出资，抵销对该社或者其他成员的债务。

第十四条　设立农民专业合作社，应当召开由全体设立人参加的设立大会。设立时自愿成为该社成员的人为设立人。

设立大会行使下列职权：

（一）通过本社章程，章程应当由全体设立人一致通过；

（二）选举产生理事长、理事、执行监事或者监事会成员；

（三）审议其他重大事项。

第十五条　农民专业合作社章程应当载明下列事项：

（一）名称和住所；

（二）业务范围；

（三）成员资格及入社、退社和除名；

（四）成员的权利和义务；

（五）组织机构及其产生办法、职权、任期、议事规则；

（六）成员的出资方式、出资额，成员出资的转让、继承、担保；

（七）财务管理和盈余分配、亏损处理；

（八）章程修改程序；

（九）解散事由和清算办法；

（十）公告事项及发布方式；

（十一）附加表决权的设立、行使方式和行使范围；

（十二）需要载明的其他事项。

第十六条　设立农民专业合作社，应当向工商行政管理部门提交下列文件，申请设立登记：

（一）登记申请书；

（二）全体设立人签名、盖章的设立大会纪要；

（三）全体设立人签名、盖章的章程；

（四）法定代表人、理事的任职文件及身份证明；

（五）出资成员签名、盖章的出资清单；

（六）住所使用证明；

（七）法律、行政法规规定的其他文件。

登记机关应当自受理登记申请之日起二十日内办理完毕，向符合登记条件的申请者颁发营业执照，登记类型为农民专业合作社。

农民专业合作社法定登记事项变更的，应当申请变更登记。

登记机关应当将农民专业合作社的登记信息通报同级农业等有关部门。

农民专业合作社登记办法由国务院规定。办理登记不得收取费用。

第十七条　农民专业合作社应当按照国家有关规定，向登记机关报送年度报告，并向社会公示。

第十八条 农民专业合作社可以依法向公司等企业投资，以其出资额为限对所投资企业承担责任。

第三章 成 员

第十九条 具有民事行为能力的公民，以及从事与农民专业合作社业务直接有关的生产经营活动的企业、事业单位或者社会组织，能够利用农民专业合作社提供的服务，承认并遵守农民专业合作社章程，履行章程规定的入社手续的，可以成为农民专业合作社的成员。但是，具有管理公共事务职能的单位不得加入农民专业合作社。

农民专业合作社应当置备成员名册，并报登记机关。

第二十条 农民专业合作社的成员中，农民至少应当占成员总数的百分之八十。

成员总数二十人以下的，可以有一个企业、事业单位或者社会组织成员；成员总数超过二十人的，企业、事业单位和社会组织成员不得超过成员总数的百分之五。

第二十一条 农民专业合作社成员享有下列权利：

（一）参加成员大会，并享有表决权、选举权和被选举权，按照章程规定对本社实行民主管理；

（二）利用本社提供的服务和生产经营设施；

（三）按照章程规定或者成员大会决议分享盈余；

（四）查阅本社的章程、成员名册、成员大会或者成员代表大会记录、理事会会议决议、监事会会议决议、财务会计报告、会计账簿和财务审计报告；

（五）章程规定的其他权利。

第二十二条 农民专业合作社成员大会选举和表决，实行一人一票制，成员各享有一票的基本表决权。

出资额或者与本社交易量（额）较大的成员按照章程规定，可以享有附加表决权。本社的附加表决权总票数，不得超过本社成员基本表决权总票数的百分之二十。享有附加表决权的成员及其享有的附加表决权数，应当在每次成员大会召开时告知出席会议的全体成员。

第二十三条 农民专业合作社成员承担下列义务：

（一）执行成员大会、成员代表大会和理事会的决议；

（二）按照章程规定向本社出资；

（三）按照章程规定与本社进行交易；

（四）按照章程规定承担亏损；

（五）章程规定的其他义务。

第二十四条 符合本法第十九条、第二十条规定的公民、企业、事业单位或者社会组织，要求加入已成立的农民专业合作社，应当向理事长或者理事会提出书面申请，经成员大会或者成员代表大会表决通过后，成为本社成员。

第二十五条 农民专业合作社成员要求退社的，应当在会计年度终了的三个月前向理事长或者理事会提出书面申请；其中，企业、事业单位或者社会组织成员退社，应当在会计年度终了的六个月前提出；章程另有规定的，从其规定。退社成员的成员资格自会计年度终了时终止。

第二十六条 农民专业合作社成员不遵守农民专业合作社的章程、成员大会或者成员代表大会的决议，或者严重危害其他成员及农民专业合作社利益的，可以予以除名。

成员的除名，应当经成员大会或者成员代表大会表决通过。

在实施前款规定时，应当为该成员提供陈述意见的机会。

被除名成员的成员资格自会计年度终了时终止。

第二十七条　成员在其资格终止前与农民专业合作社已订立的合同，应当继续履行；章程另有规定或者与本社另有约定的除外。

第二十八条　成员资格终止的，农民专业合作社应当按照章程规定的方式和期限，退还记载在该成员账户内的出资额和公积金份额；对成员资格终止前的可分配盈余，依照本法第四十四条的规定向其返还。

资格终止的成员应当按照章程规定分摊资格终止前本社的亏损及债务。

第四章　组织机构

第二十九条　农民专业合作社成员大会由全体成员组成，是本社的权力机构，行使下列职权：

（一）修改章程；

（二）选举和罢免理事长、理事、执行监事或者监事会成员；

（三）决定重大财产处置、对外投资、对外担保和生产经营活动中的其他重大事项；

（四）批准年度业务报告、盈余分配方案、亏损处理方案；

（五）对合并、分立、解散、清算，以及设立、加入联合社等作出决议；

（六）决定聘用经营管理人员和专业技术人员的数量、资格和任期；

（七）听取理事长或者理事会关于成员变动情况的报告，对成员的入社、除名等作出决议；

（八）公积金的提取及使用；

（九）章程规定的其他职权。

第三十条　农民专业合作社召开成员大会，出席人数应当达到成员总数三分之二以上。

成员大会选举或者作出决议，应当由本社成员表决权总数过半数通过；作出修改章程或者合并、分立、解散，以及设立、加入联合社的决议应当由本社成员表决权总数的三分之二以上通过。章程对表决权数有较高规定的，从其规定。

第三十一条　农民专业合作社成员大会每年至少召开一次，会议的召集由章程规定。有下列情形之一的，应当在二十日内召开临时成员大会：

（一）百分之三十以上的成员提议；

（二）执行监事或者监事会提议；

（三）章程规定的其他情形。

第三十二条　农民专业合作社成员超过一百五十人的，可以按照章程规定设立成员代表大会。成员代表大会按照章程规定可以行使成员大会的部分或者全部职权。

依法设立成员代表大会的，成员代表人数一般为成员总人数的百分之十，最低人数为五十一人。

第三十三条　农民专业合作社设理事长一名，可以设理事会。理事长为本社的法定代表人。

农民专业合作社可以设执行监事或者监事会。理事长、理事、经理和财务会计人员不得兼任监事。

理事长、理事、执行监事或者监事会成员，由成员大会从本社成员中选举产生，依照本法和章程的规定行使职权，对成员大会负责。

理事会会议、监事会会议的表决，实行一人一票。

第三十四条　农民专业合作社的成员大会、成员代表大会、理事会、监事会，应当将所议事项的决定作成会议记录，出席会议的成员、成员代表、理事、监事应当在会议记录上签名。

第三十五条　农民专业合作社的理事长或者理事会可以按照成员大会的决定聘任经理和财务会计人员，理事长或者理事可以兼任经理。经理按照章程规定或者理事会的决定，可以聘任其他人员。

经理按照章程规定和理事长或者理事会授权，负责具体生产经营活动。

第三十六条 农民专业合作社的理事长、理事和管理人员不得有下列行为：

（一）侵占、挪用或者私分本社资产；

（二）违反章程规定或者未经成员大会同意，将本社资金借贷给他人或者以本社资产为他人提供担保；

（三）接受他人与本社交易的佣金归为己有；

（四）从事损害本社经济利益的其他活动。

理事长、理事和管理人员违反前款规定所得的收入，应当归本社所有；给本社造成损失的，应当承担赔偿责任。

第三十七条 农民专业合作社的理事长、理事、经理不得兼任业务性质相同的其他农民专业合作社的理事长、理事、监事、经理。

第三十八条 执行与农民专业合作社业务有关公务的人员，不得担任农民专业合作社的理事长、理事、监事、经理或者财务会计人员。

第五章 财务管理

第三十九条 农民专业合作社应当按照国务院财政部门制定的财务会计制度进行财务管理和会计核算。

第四十条 农民专业合作社的理事长或者理事会应当按照章程规定，组织编制年度业务报告、盈余分配方案、亏损处理方案以及财务会计报告，于成员大会召开的十五日前，置备于办公地点，供成员查阅。

第四十一条 农民专业合作社与其成员的交易、与利用其提供的服务的非成员的交易，应当分别核算。

第四十二条 农民专业合作社可以按照章程规定或者成员大会决议从当年盈余中提取公积金。公积金用于弥补亏损、扩大生产经营或者转为成员出资。

每年提取的公积金按照章程规定量化为每个成员的份额。

第四十三条 农民专业合作社应当为每个成员设立成员账户，主要记载下列内容：

（一）该成员的出资额；

（二）量化为该成员的公积金份额；

（三）该成员与本社的交易量（额）。

第四十四条 在弥补亏损、提取公积金后的当年盈余，为农民专业合作社的可分配盈余。可分配盈余主要按照成员与本社的交易量（额）比例返还。

可分配盈余按成员与本社的交易量（额）比例返还的返还总额不得低于可分配盈余的百分之六十；返还后的剩余部分，以成员账户中记载的出资额和公积金份额，以及本社接受国家财政直接补助和他人捐赠形成的财产平均量化到成员的份额，按比例分配给本社成员。

经成员大会或者成员代表大会表决同意，可以将全部或者部分可分配盈余转为对农民专业合作社的出资，并记载在成员账户中。

具体分配办法按照章程规定或者经成员大会决议确定。

第四十五条 设立执行监事或者监事会的农民专业合作社，由执行监事或者监事会负责对本社的财务进行内部审计，审计结果应当向成员大会报告。

成员大会也可以委托社会中介机构对本社的财务进行审计。

第六章 合并、分立、解散和清算

第四十六条 农民专业合作社合并，应当自合并决议作出之日起十日内通知债权人。合并各方的债权、债务应当由合并后存续或者新设的组织承继。

第四十七条　农民专业合作社分立，其财产作相应的分割，并应当自分立决议作出之日起十日内通知债权人。分立前的债务由分立后的组织承担连带责任。但是，在分立前与债权人就债务清偿达成的书面协议另有约定的除外。

第四十八条　农民专业合作社因下列原因解散：

（一）章程规定的解散事由出现；

（二）成员大会决议解散；

（三）因合并或者分立需要解散；

（四）依法被吊销营业执照或者被撤销。

因前款第一项、第二项、第四项原因解散的，应当在解散事由出现之日起十五日内由成员大会推举成员组成清算组，开始解散清算。逾期不能组成清算组的，成员、债权人可以向人民法院申请指定成员组成清算组进行清算，人民法院应当受理该申请，并及时指定成员组成清算组进行清算。

第四十九条　清算组自成立之日起接管农民专业合作社，负责处理与清算有关未了结业务，清理财产和债权、债务，分配清偿债务后的剩余财产，代表农民专业合作社参与诉讼、仲裁或者其他法律程序，并在清算结束时办理注销登记。

第五十条　清算组应当自成立之日起十日内通知农民专业合作社成员和债权人，并于六十日内在报纸上公告。债权人应当自接到通知之日起三十日内，未接到通知的自公告之日起四十五日内，向清算组申报债权。如果在规定期间内全部成员、债权人均已收到通知，免除清算组的公告义务。

债权人申报债权，应当说明债权的有关事项，并提供证明材料。清算组应当对债权进行审查、登记。

在申报债权期间，清算组不得对债权人进行清偿。

第五十一条　农民专业合作社因本法第四十八条第一款的原因解散，或者人民法院受理破产申请时，不能办理成员退社手续。

第五十二条　清算组负责制定包括清偿农民专业合作社员工的工资及社会保险费用，清偿所欠税款和其他各项债务，以及分配剩余财产在内的清算方案，经成员大会通过或者申请人民法院确认后实施。

清算组发现农民专业合作社的财产不足以清偿债务的，应当依法向人民法院申请破产。

第五十三条　农民专业合作社接受国家财政直接补助形成的财产，在解散、破产清算时，不得作为可分配剩余资产分配给成员，具体按照国务院财政部门有关规定执行。

第五十四条　清算组成员应当忠于职守，依法履行清算义务，因故意或者重大过失给农民专业合作社成员及债权人造成损失的，应当承担赔偿责任。

第五十五条　农民专业合作社破产适用企业破产法的有关规定。但是，破产财产在清偿破产费用和共益债务后，应当优先清偿破产前与农民成员已发生交易但尚未结清的款项。

第七章　农民专业合作社联合社

第五十六条　三个以上的农民专业合作社在自愿的基础上，可以出资设立农民专业合作社联合社。

农民专业合作社联合社应当有自己的名称、组织机构和住所，由联合社全体成员制定并承认的章程，以及符合章程规定的成员出资。

第五十七条　农民专业合作社联合社依照本法登记，取得法人资格，领取营业执照，登记类型为农民专业合作社联合社。

第五十八条　农民专业合作社联合社以

其全部财产对该社的债务承担责任；农民专业合作社联合社的成员以其出资额为限对农民专业合作社联合社承担责任。

第五十九条 农民专业合作社联合社应当设立由全体成员参加的成员大会，其职权包括修改农民专业合作社联合社章程，选举和罢免农民专业合作社联合社理事长、理事和监事，决定农民专业合作社联合社的经营方案及盈余分配，决定对外投资和担保方案等重大事项。

农民专业合作社联合社不设成员代表大会，可以根据需要设立理事会、监事会或者执行监事。理事长、理事应当由成员社选派的人员担任。

第六十条 农民专业合作社联合社的成员大会选举和表决，实行一社一票。

第六十一条 农民专业合作社联合社可分配盈余的分配办法，按照本法规定的原则由农民专业合作社联合社章程规定。

第六十二条 农民专业合作社联合社成员退社，应当在会计年度终了的六个月前以书面形式向理事会提出。退社成员的成员资格自会计年度终了时终止。

第六十三条 本章对农民专业合作社联合社没有规定的，适用本法关于农民专业合作社的规定。

第八章 扶持措施

第六十四条 国家支持发展农业和农村经济的建设项目，可以委托和安排有条件的农民专业合作社实施。

第六十五条 中央和地方财政应当分别安排资金，支持农民专业合作社开展信息、培训、农产品标准与认证、农业生产基础设施建设、市场营销和技术推广等服务。国家对革命老区、民族地区、边疆地区和贫困地区的农民专业合作社给予优先扶助。

县级以上人民政府有关部门应当依法加强对财政补助资金使用情况的监督。

第六十六条 国家政策性金融机构应当采取多种形式，为农民专业合作社提供多渠道的资金支持。具体支持政策由国务院规定。

国家鼓励商业性金融机构采取多种形式，为农民专业合作社及其成员提供金融服务。

国家鼓励保险机构为农民专业合作社提供多种形式的农业保险服务。鼓励农民专业合作社依法开展互助保险。

第六十七条 农民专业合作社享受国家规定的对农业生产、加工、流通、服务和其他涉农经济活动相应的税收优惠。

第六十八条 农民专业合作社从事农产品初加工用电执行农业生产用电价格，农民专业合作社生产性配套辅助设施用地按农用地管理，具体办法由国务院有关部门规定。

第九章 法律责任

第六十九条 侵占、挪用、截留、私分或者以其他方式侵犯农民专业合作社及其成员的合法财产，非法干预农民专业合作社及其成员的生产经营活动，向农民专业合作社及其成员摊派，强迫农民专业合作社及其成员接受有偿服务，造成农民专业合作社经济损失的，依法追究法律责任。

第七十条 农民专业合作社向登记机关提供虚假登记材料或者采取其他欺诈手段取得登记的，由登记机关责令改正，可以处五千元以下罚款；情节严重的，撤销登记或者吊销营业执照。

第七十一条 农民专业合作社连续两年未从事经营活动的，吊销其营业执照。

第七十二条 农民专业合作社在依法向有关主管部门提供的财务报告等材料中，作虚假记载或者隐瞒重要事实的，依法追究法律责任。

第十章　附　　则

第七十三条　国有农场、林场、牧场、渔场等企业中实行承包租赁经营、从事农业生产经营或者服务的职工，兴办农民专业合作社适用本法。

第七十四条　本法自 2018 年 7 月 1 日起施行。

中华人民共和国农业技术推广法

（1993年7月2日第八届全国人民代表大会常务委员会第二次会议通过；根据2012年8月31日第十一届全国人民代表大会常务委员会第二十八次会议《关于修改〈中华人民共和国农业技术推广法〉的决定》修正）

第一章　总　　则

第一条　为了加强农业技术推广工作，促使农业科研成果和实用技术尽快应用于农业生产，增强科技支撑保障能力，促进农业和农村经济可持续发展，实现农业现代化，制定本法。

第二条　本法所称农业技术，是指应用于种植业、林业、畜牧业、渔业的科研成果和实用技术，包括：

（一）良种繁育、栽培、肥料施用和养殖技术；

（二）植物病虫害、动物疫病和其他有害生物防治技术；

（三）农产品收获、加工、包装、贮藏、运输技术；

（四）农业投入品安全使用、农产品质量安全技术；

（五）农田水利、农村供排水、土壤改良与水土保持技术；

（六）农业机械化、农用航空、农业气象和农业信息技术；

（七）农业防灾减灾、农业资源与农业生态安全和农村能源开发利用技术；

（八）其他农业技术。

本法所称农业技术推广，是指通过试验、示范、培训、指导以及咨询服务等，把农业技术普及应用于农业产前、产中、产后全过程的活动。

第三条　国家扶持农业技术推广事业，加快农业技术的普及应用，发展高产、优质、高效、生态、安全农业。

第四条　农业技术推广应当遵循下列原则：

（一）有利于农业、农村经济可持续发展和增加农民收入；

（二）尊重农业劳动者和农业生产经营组织的意愿；

（三）因地制宜，经过试验、示范；

（四）公益性推广与经营性推广分类管理；

（五）兼顾经济效益、社会效益，注重生态效益。

第五条　国家鼓励和支持科技人员开发、推广应用先进的农业技术，鼓励和支持农业劳动者和农业生产经营组织应用先进的农业技术。

国家鼓励运用现代信息技术等先进传播手段，普及农业科学技术知识，创新农业技术推广方式方法，提高推广效率。

第六条　国家鼓励和支持引进国外先进的农业技术，促进农业技术推广的国际合作与交流。

第七条　各级人民政府应当加强对农业技术推广工作的领导，组织有关部门和单位采取措施，提高农业技术推广服务水平，促进农业技术推广事业的发展。

第八条　对在农业技术推广工作中做出贡献的单位和个人，给予奖励。

第九条　国务院农业、林业、水利等部门（以下统称农业技术推广部门）按照各自的职责，负责全国范围内有关的农业技术推广工作。县级以上地方各级人民政府农业技术推广部门在同级人民政府的领导下，按照各自的职责，负责本行政区域内有关的农业技术推广工作。同级人民政府科学技术部门对农业技术推广工作进行指导。同级人民政府其他有关部门按照各自的职责，负责农业技术推广的有关工作。

第二章　农业技术推广体系

第十条　农业技术推广，实行国家农业技术推广机构与农业科研单位、有关学校、农民专业合作社、涉农企业、群众性科技组织、农民技术人员等相结合的推广体系。

国家鼓励和支持供销合作社、其他企业事业单位、社会团体以及社会各界的科技人员，开展农业技术推广服务。

第十一条　各级国家农业技术推广机构属于公共服务机构，履行下列公益性职责：

（一）各级人民政府确定的关键农业技术的引进、试验、示范；

（二）植物病虫害、动物疫病及农业灾害的监测、预报和预防；

（三）农产品生产过程中的检验、检测、监测咨询技术服务；

（四）农业资源、森林资源、农业生态安全和农业投入品使用的监测服务；

（五）水资源管理、防汛抗旱和农田水利建设技术服务；

（六）农业公共信息和农业技术宣传教育、培训服务；

（七）法律、法规规定的其他职责。

第十二条　根据科学合理、集中力量的原则以及县域农业特色、森林资源、水系和水利设施分布等情况，因地制宜设置县、乡镇或者区域国家农业技术推广机构。

乡镇国家农业技术推广机构，可以实行县级人民政府农业技术推广部门管理为主或者乡镇人民政府管理为主、县级人民政府农业技术推广部门业务指导的体制，具体由省、自治区、直辖市人民政府确定。

第十三条　国家农业技术推广机构的人员编制应当根据所服务区域的种养规模、服务范围和工作任务等合理确定，保证公益性职责的履行。

国家农业技术推广机构的岗位设置应当以专业技术岗位为主。乡镇国家农业技术推广机构的岗位应当全部为专业技术岗位，县级国家农业技术推广机构的专业技术岗位不得低于机构岗位总量的百分之八十，其他国家农业技术推广机构的专业技术岗位不得低于机构岗位总量的百分之七十。

第十四条　国家农业技术推广机构的专业技术人员应当具有相应的专业技术水平，符合岗位职责要求。

国家农业技术推广机构聘用的新进专业技术人员，应当具有大专以上有关专业学历，并通过县级以上人民政府有关部门组织的专业技术水平考核。自治县、民族乡和国家确定的连片特困地区，经省、自治区、直辖市人民政府有关部门批准，可以聘用具有中专有关专业学历的人员或者其他具有相应专业技术水平的人员。

国家鼓励和支持高等学校毕业生和科技人员到基层从事农业技术推广工作。各级人民政府应当采取措施，吸引人才，充实和加强基层农业技术推广队伍。

第十五条　国家鼓励和支持村农业技术服务站点和农民技术人员开展农业技术推广。对农民技术人员协助开展公益性农业技术推广活动，按照规定给予补助。

农民技术人员经考核符合条件的，可以按照有关规定授予相应的技术职称，并发给证书。

国家农业技术推广机构应当加强对村农

业技术服务站点和农民技术人员的指导。

村民委员会和村集体经济组织，应当推动、帮助村农业技术服务站点和农民技术人员开展工作。

第十六条 农业科研单位和有关学校应当适应农村经济建设发展的需要，开展农业技术开发和推广工作，加快先进技术在农业生产中的普及应用。

农业科研单位和有关学校应当将其科技人员从事农业技术推广工作的实绩作为工作考核和职称评定的重要内容。

第十七条 国家鼓励农场、林场、牧场、渔场、水利工程管理单位面向社会开展农业技术推广服务。

第十八条 国家鼓励和支持发展农村专业技术协会等群众性科技组织，发挥其在农业技术推广中的作用。

第三章 农业技术的推广与应用

第十九条 重大农业技术的推广应当列入国家和地方相关发展规划、计划，由农业技术推广部门会同科学技术等相关部门按照各自的职责，相互配合，组织实施。

第二十条 农业科研单位和有关学校应当把农业生产中需要解决的技术问题列为研究课题，其科研成果可以通过有关农业技术推广单位进行推广或者直接向农业劳动者和农业生产经营组织推广。

国家引导农业科研单位和有关学校开展公益性农业技术推广服务。

第二十一条 向农业劳动者和农业生产经营组织推广的农业技术，必须在推广地区经过试验证明具有先进性、适用性和安全性。

第二十二条 国家鼓励和支持农业劳动者和农业生产经营组织参与农业技术推广。

农业劳动者和农业生产经营组织在生产中应用先进的农业技术，有关部门和单位应当在技术培训、资金、物资和销售等方面给予扶持。

农业劳动者和农业生产经营组织根据自愿的原则应用农业技术，任何单位或者个人不得强迫。

推广农业技术，应当选择有条件的农户、区域或者工程项目，进行应用示范。

第二十三条 县、乡镇国家农业技术推广机构应当组织农业劳动者学习农业科学技术知识，提高其应用农业技术的能力。

教育、人力资源和社会保障、农业、林业、水利、科学技术等部门应当支持农业科研单位、有关学校开展有关农业技术推广的职业技术教育和技术培训，提高农业技术推广人员和农业劳动者的技术素质。

国家鼓励社会力量开展农业技术培训。

第二十四条 各级国家农业技术推广机构应当认真履行本法第十一条规定的公益性职责，向农业劳动者和农业生产经营组织推广农业技术，实行无偿服务。

国家农业技术推广机构以外的单位及科技人员以技术转让、技术服务、技术承包、技术咨询和技术入股等形式提供农业技术的，可以实行有偿服务，其合法收入和植物新品种、农业技术专利等知识产权受法律保护。进行农业技术转让、技术服务、技术承包、技术咨询和技术入股，当事人各方应当订立合同，约定各自的权利和义务。

第二十五条 国家鼓励和支持农民专业合作社、涉农企业，采取多种形式，为农民应用先进农业技术提供有关的技术服务。

第二十六条 国家鼓励和支持以大宗农产品和优势特色农产品生产为重点的农业示范区建设，发挥示范区对农业技术推广的引领作用，促进农业产业化发展和现代农业建设。

第二十七条 各级人民政府可以采取购买服务等方式，引导社会力量参与公益性农业技术推广服务。

第四章　农业技术推广的保障措施

第二十八条　国家逐步提高对农业技术推广的投入。各级人民政府在财政预算内应当保障用于农业技术推广的资金，并按规定使该资金逐年增长。

各级人民政府通过财政拨款以及从农业发展基金中提取一定比例的资金的渠道，筹集农业技术推广专项资金，用于实施农业技术推广项目。中央财政对重大农业技术推广给予补助。

县、乡镇国家农业技术推广机构的工作经费根据当地服务规模和绩效确定，由各级财政共同承担。

任何单位或者个人不得截留或者挪用用于农业技术推广的资金。

第二十九条　各级人民政府应当采取措施，保障和改善县、乡镇国家农业技术推广机构的专业技术人员的工作条件、生活条件和待遇，并按照国家规定给予补贴，保持国家农业技术推广队伍的稳定。

对在县、乡镇、村从事农业技术推广工作的专业技术人员的职称评定，应当以考核其推广工作的业务技术水平和实绩为主。

第三十条　各级人民政府应当采取措施，保障国家农业技术推广机构获得必需的试验示范场所、办公场所、推广和培训设施设备等工作条件。

地方各级人民政府应当保障国家农业技术推广机构的试验示范场所、生产资料和其他财产不受侵害。

第三十一条　农业技术推广部门和县级以上国家农业技术推广机构，应当有计划地对农业技术推广人员进行技术培训，组织专业进修，使其不断更新知识、提高业务水平。

第三十二条　县级以上农业技术推广部门、乡镇人民政府应当对其管理的国家农业技术推广机构履行公益性职责的情况进行监督、考评。

各级农业技术推广部门和国家农业技术推广机构，应当建立国家农业技术推广机构的专业技术人员工作责任制度和考评制度。

县级人民政府农业技术推广部门管理为主的乡镇国家农业技术推广机构的人员，其业务考核、岗位聘用以及晋升，应当充分听取所服务区域的乡镇人民政府和服务对象的意见。

乡镇人民政府管理为主、县级人民政府农业技术推广部门业务指导的乡镇国家农业技术推广机构的人员，其业务考核、岗位聘用以及晋升，应当充分听取所在地的县级人民政府农业技术推广部门和服务对象的意见。

第三十三条　从事农业技术推广服务的，可以享受国家规定的税收、信贷等方面的优惠。

第五章　法律责任

第三十四条　各级人民政府有关部门及其工作人员未依照本法规定履行职责的，对直接负责的主管人员和其他直接责任人员依法给予处分。

第三十五条　国家农业技术推广机构及其工作人员未依照本法规定履行职责的，由主管机关责令限期改正，通报批评；对直接负责的主管人员和其他直接责任人员依法给予处分。

第三十六条　违反本法规定，向农业劳动者、农业生产经营组织推广未经试验证明具有先进性、适用性或者安全性的农业技术，造成损失的，应当承担赔偿责任。

第三十七条　违反本法规定，强迫农业劳动者、农业生产经营组织应用农业技术，造成损失的，依法承担赔偿责任。

第三十八条 违反本法规定，截留或者挪用用于农业技术推广的资金的，对直接负责的主管人员和其他直接责任人员依法给予处分；构成犯罪的，依法追究刑事责任。

第六章 附 则

第三十九条 本法自公布之日起施行。

中华人民共和国食品安全法

（2009年2月28日第十一届全国人民代表大会常务委员会第七次会议通过；2015年4月24日第十二届全国人民代表大会常务委员会第十四次会议修订；根据2018年12月29日第十三届全国人民代表大会常务委员会第七次会议《关于修改〈中华人民共和国产品质量法〉等五部法律的决定》第一次修正；根据2021年4月29日第十三届全国人民代表大会常务委员会第二十八次会议《关于修改〈中华人民共和国道路交通安全法〉等八部法律的决定》第二次修正）

第一章 总 则

第一条 为了保证食品安全，保障公众身体健康和生命安全，制定本法。

第二条 在中华人民共和国境内从事下列活动，应当遵守本法：

（一）食品生产和加工(以下称食品生产)，食品销售和餐饮服务(以下称食品经营)；

（二）食品添加剂的生产经营；

（三）用于食品的包装材料、容器、洗涤剂、消毒剂和用于食品生产经营的工具、设备（以下称食品相关产品）的生产经营；

（四）食品生产经营者使用食品添加剂、食品相关产品；

（五）食品的贮存和运输；

（六）对食品、食品添加剂、食品相关产品的安全管理。

供食用的源于农业的初级产品（以下称食用农产品）的质量安全管理，遵守《中华人民共和国农产品质量安全法》的规定。但是，食用农产品的市场销售、有关质量安全标准的制定、有关安全信息的公布和本法对农业投入品作出规定的，应当遵守本法的规定。

第三条 食品安全工作实行预防为主、风险管理、全程控制、社会共治，建立科学、严格的监督管理制度。

第四条 食品生产经营者对其生产经营食品的安全负责。

食品生产经营者应当依照法律、法规和食品安全标准从事生产经营活动，保证食品安全，诚信自律，对社会和公众负责，接受社会监督，承担社会责任。

第五条 国务院设立食品安全委员会，其职责由国务院规定。

国务院食品安全监督管理部门依照本法和国务院规定的职责，对食品生产经营活动实施监督管理。

国务院卫生行政部门依照本法和国务院规定的职责，组织开展食品安全风险监测和风险评估，会同国务院食品安全监督管理部门制定并公布食品安全国家标准。

国务院其他有关部门依照本法和国务院规定的职责，承担有关食品安全工作。

第六条 县级以上地方人民政府对本行政区域的食品安全监督管理工作负责，统一领导、组织、协调本行政区域的食品安全监督管理工作以及食品安全突发事件应对工作，建立健全食品安全全程监督管理工作机制和信息共享机制。

县级以上地方人民政府依照本法和国务院的规定，确定本级食品安全监督管理、卫生行政部门和其他有关部门的职责。有关部门在各自职责范围内负责本行政区域的食品安全监督管理工作。

县级人民政府食品安全监督管理部门可以在乡镇或者特定区域设立派出机构。

第七条 县级以上地方人民政府实行食品安全监督管理责任制。上级人民政府负责对下一级人民政府的食品安全监督管理工作进行评议、考核。县级以上地方人民政府负责对本级食品安全监督管理部门和其他有关部门的食品安全监督管理工作进行评议、考核。

第八条 县级以上人民政府应当将食品安全工作纳入本级国民经济和社会发展规划，将食品安全工作经费列入本级政府财政预算，加强食品安全监督管理能力建设，为食品安全工作提供保障。

县级以上人民政府食品安全监督管理部门和其他有关部门应当加强沟通、密切配合，按照各自职责分工，依法行使职权，承担责任。

第九条 食品行业协会应当加强行业自律，按照章程建立健全行业规范和奖惩机制，提供食品安全信息、技术等服务，引导和督促食品生产经营者依法生产经营，推动行业诚信建设，宣传、普及食品安全知识。

消费者协会和其他消费者组织对违反本法规定，损害消费者合法权益的行为，依法进行社会监督。

第十条 各级人民政府应当加强食品安全的宣传教育，普及食品安全知识，鼓励社会组织、基层群众性自治组织、食品生产经营者开展食品安全法律、法规以及食品安全标准和知识的普及工作，倡导健康的饮食方式，增强消费者食品安全意识和自我保护能力。

新闻媒体应当开展食品安全法律、法规以及食品安全标准和知识的公益宣传，并对食品安全违法行为进行舆论监督。有关食品安全的宣传报道应当真实、公正。

第十一条 国家鼓励和支持开展与食品安全有关的基础研究、应用研究，鼓励和支持食品生产经营者为提高食品安全水平采用先进技术和先进管理规范。

国家对农药的使用实行严格的管理制度，加快淘汰剧毒、高毒、高残留农药，推动替代产品的研发和应用，鼓励使用高效低毒低残留农药。

第十二条 任何组织或者个人有权举报食品安全违法行为，依法向有关部门了解食品安全信息，对食品安全监督管理工作提出意见和建议。

第十三条 对在食品安全工作中做出突出贡献的单位和个人，按照国家有关规定给予表彰、奖励。

第二章 食品安全风险监测和评估

第十四条 国家建立食品安全风险监测制度，对食源性疾病、食品污染以及食品中的有害因素进行监测。

国务院卫生行政部门会同国务院食品安全监督管理等部门，制定、实施国家食品安全风险监测计划。

国务院食品安全监督管理部门和其他有关部门获知有关食品安全风险信息后，应当立即核实并向国务院卫生行政部门通报。对有关部门通报的食品安全风险信息以及医疗机构报告的食源性疾病等有关疾病信息，国务院卫生行政部门应当会同国务院有关部门分析研究，认为必要的，及时调整国家食品安全风险监测计划。

省、自治区、直辖市人民政府卫生行政部门会同同级食品安全监督管理等部门，根据国家食品安全风险监测计划，结合本行政区域的具体情况，制定、调整本行政区域的食品安全风险监测方案，报国务院卫生行政部门备案并实施。

第十五条 承担食品安全风险监测工

作的技术机构应当根据食品安全风险监测计划和监测方案开展监测工作，保证监测数据真实、准确，并按照食品安全风险监测计划和监测方案的要求报送监测数据和分析结果。

食品安全风险监测工作人员有权进入相关食用农产品种植养殖、食品生产经营场所采集样品、收集相关数据。采集样品应当按照市场价格支付费用。

第十六条　食品安全风险监测结果表明可能存在食品安全隐患的，县级以上人民政府卫生行政部门应当及时将相关信息通报同级食品安全监督管理等部门，并报告本级人民政府和上级人民政府卫生行政部门。食品安全监督管理等部门应当组织开展进一步调查。

第十七条　国家建立食品安全风险评估制度，运用科学方法，根据食品安全风险监测信息、科学数据以及有关信息，对食品、食品添加剂、食品相关产品中生物性、化学性和物理性危害因素进行风险评估。

国务院卫生行政部门负责组织食品安全风险评估工作，成立由医学、农业、食品、营养、生物、环境等方面的专家组成的食品安全风险评估专家委员会进行食品安全风险评估。食品安全风险评估结果由国务院卫生行政部门公布。

对农药、肥料、兽药、饲料和饲料添加剂等的安全性评估，应当有食品安全风险评估专家委员会的专家参加。

食品安全风险评估不得向生产经营者收取费用，采集样品应当按照市场价格支付费用。

第十八条　有下列情形之一的，应当进行食品安全风险评估：

（一）通过食品安全风险监测或者接到举报发现食品、食品添加剂、食品相关产品可能存在安全隐患的；

（二）为制定或者修订食品安全国家标准提供科学依据需要进行风险评估的；

（三）为确定监督管理的重点领域、重点品种需要进行风险评估的；

（四）发现新的可能危害食品安全因素的；

（五）需要判断某一因素是否构成食品安全隐患的；

（六）国务院卫生行政部门认为需要进行风险评估的其他情形。

第十九条　国务院食品安全监督管理、农业行政等部门在监督管理工作中发现需要进行食品安全风险评估的，应当向国务院卫生行政部门提出食品安全风险评估的建议，并提供风险来源、相关检验数据和结论等信息、资料。属于本法第十八条规定情形的，国务院卫生行政部门应当及时进行食品安全风险评估，并向国务院有关部门通报评估结果。

第二十条　省级以上人民政府卫生行政、农业行政部门应当及时相互通报食品、食用农产品安全风险监测信息。

国务院卫生行政、农业行政部门应当及时相互通报食品、食用农产品安全风险评估结果等信息。

第二十一条　食品安全风险评估结果是制定、修订食品安全标准和实施食品安全监督管理的科学依据。

经食品安全风险评估，得出食品、食品添加剂、食品相关产品不安全结论的，国务院食品安全监督管理等部门应当依据各自职责立即向社会公告，告知消费者停止食用或者使用，并采取相应措施，确保该食品、食品添加剂、食品相关产品停止生产经营；需要制定、修订相关食品安全国家标准的，国务院卫生行政部门应当会同国务院食品安全监督管理部门立即制定、修订。

第二十二条　国务院食品安全监督管理部门应当会同国务院有关部门，根据食品安全风险评估结果、食品安全监督管理信息，对食品安全状况进行综合分析。对经综合分析表明可能具有较高程度安全风险的食品，国务院食品安全监督管理部门应当及时提出食品安全风险警示，并向社会公布。

第二十三条 县级以上人民政府食品安全监督管理部门和其他有关部门、食品安全风险评估专家委员会及其技术机构，应当按照科学、客观、及时、公开的原则，组织食品生产经营者、食品检验机构、认证机构、食品行业协会、消费者协会以及新闻媒体等，就食品安全风险评估信息和食品安全监督管理信息进行交流沟通。

第三章 食品安全标准

第二十四条 制定食品安全标准，应当以保障公众身体健康为宗旨，做到科学合理、安全可靠。

第二十五条 食品安全标准是强制执行的标准。除食品安全标准外，不得制定其他食品强制性标准。

第二十六条 食品安全标准应当包括下列内容：

（一）食品、食品添加剂、食品相关产品中的致病性微生物，农药残留、兽药残留、生物毒素、重金属等污染物质以及其他危害人体健康物质的限量规定；

（二）食品添加剂的品种、使用范围、用量；

（三）专供婴幼儿和其他特定人群的主辅食品的营养成分要求；

（四）对与卫生、营养等食品安全要求有关的标签、标志、说明书的要求；

（五）食品生产经营过程的卫生要求；

（六）与食品安全有关的质量要求；

（七）与食品安全有关的食品检验方法与规程；

（八）其他需要制定为食品安全标准的内容。

第二十七条 食品安全国家标准由国务院卫生行政部门会同国务院食品安全监督管理部门制定、公布，国务院标准化行政部门提供国家标准编号。

食品中农药残留、兽药残留的限量规定及其检验方法与规程由国务院卫生行政部门、国务院农业行政部门会同国务院食品安全监督管理部门制定。

屠宰畜、禽的检验规程由国务院农业行政部门会同国务院卫生行政部门制定。

第二十八条 制定食品安全国家标准，应当依据食品安全风险评估结果并充分考虑食用农产品安全风险评估结果，参照相关的国际标准和国际食品安全风险评估结果，并将食品安全国家标准草案向社会公布，广泛听取食品生产经营者、消费者、有关部门等方面的意见。

食品安全国家标准应当经国务院卫生行政部门组织的食品安全国家标准审评委员会审查通过。食品安全国家标准审评委员会由医学、农业、食品、营养、生物、环境等方面的专家以及国务院有关部门、食品行业协会、消费者协会的代表组成，对食品安全国家标准草案的科学性和实用性等进行审查。

第二十九条 对地方特色食品，没有食品安全国家标准的，省、自治区、直辖市人民政府卫生行政部门可以制定并公布食品安全地方标准，报国务院卫生行政部门备案。食品安全国家标准制定后，该地方标准即行废止。

第三十条 国家鼓励食品生产企业制定严于食品安全国家标准或者地方标准的企业标准，在本企业适用，并报省、自治区、直辖市人民政府卫生行政部门备案。

第三十一条 省级以上人民政府卫生行政部门应当在其网站上公布制定和备案的食品安全国家标准、地方标准和企业标准，供公众免费查阅、下载。

对食品安全标准执行过程中的问题，县

级以上人民政府卫生行政部门应当会同有关部门及时给予指导、解答。

第三十二条　省级以上人民政府卫生行政部门应当会同同级食品安全监督管理、农业行政等部门，分别对食品安全国家标准和地方标准的执行情况进行跟踪评价，并根据评价结果及时修订食品安全标准。

省级以上人民政府食品安全监督管理、农业行政等部门应当对食品安全标准执行中存在的问题进行收集、汇总，并及时向同级卫生行政部门通报。

食品生产经营者、食品行业协会发现食品安全标准在执行中存在问题的，应当立即向卫生行政部门报告。

第四章　食品生产经营

第一节　一般规定

第三十三条　食品生产经营应当符合食品安全标准，并符合下列要求：

（一）具有与生产经营的食品品种、数量相适应的食品原料处理和食品加工、包装、贮存等场所，保持该场所环境整洁，并与有毒、有害场所以及其他污染源保持规定的距离；

（二）具有与生产经营的食品品种、数量相适应的生产经营设备或者设施，有相应的消毒、更衣、盥洗、采光、照明、通风、防腐、防尘、防蝇、防鼠、防虫、洗涤以及处理废水、存放垃圾和废弃物的设备或者设施；

（三）有专职或者兼职的食品安全专业技术人员、食品安全管理人员和保证食品安全的规章制度；

（四）具有合理的设备布局和工艺流程，防止待加工食品与直接入口食品、原料与成品交叉污染，避免食品接触有毒物、不洁物；

（五）餐具、饮具和盛放直接入口食品的容器，使用前应当洗净、消毒，炊具、用具用后应当洗净，保持清洁；

（六）贮存、运输和装卸食品的容器、工具和设备应当安全、无害，保持清洁，防止食品污染，并符合保证食品安全所需的温度、湿度等特殊要求，不得将食品与有毒、有害物品一同贮存、运输；

（七）直接入口的食品应当使用无毒、清洁的包装材料、餐具、饮具和容器；

（八）食品生产经营人员应当保持个人卫生，生产经营食品时，应当将手洗净，穿戴清洁的工作衣、帽等；销售无包装的直接入口食品时，应当使用无毒、清洁的容器、售货工具和设备；

（九）用水应当符合国家规定的生活饮用水卫生标准；

（十）使用的洗涤剂、消毒剂应当对人体安全、无害；

（十一）法律、法规规定的其他要求。

非食品生产经营者从事食品贮存、运输和装卸的，应当符合前款第六项的规定。

第三十四条　禁止生产经营下列食品、食品添加剂、食品相关产品：

（一）用非食品原料生产的食品或者添加食品添加剂以外的化学物质和其他可能危害人体健康物质的食品，或者用回收食品作为原料生产的食品；

（二）致病性微生物，农药残留、兽药残留、生物毒素、重金属等污染物质以及其他危害人体健康的物质含量超过食品安全标准限量的食品、食品添加剂、食品相关产品；

（三）用超过保质期的食品原料、食品添加剂生产的食品、食品添加剂；

（四）超范围、超限量使用食品添加剂的食品；

（五）营养成分不符合食品安全标准的专供婴幼儿和其他特定人群的主辅食品；

（六）腐败变质、油脂酸败、霉变生虫、污秽不洁、混有异物、掺假掺杂或者感官性状异常的食品、食品添加剂；

（七）病死、毒死或者死因不明的禽、畜、兽、水产动物肉类及其制品；

（八）未按规定进行检疫或者检疫不合格的肉类，或者未经检验或者检验不合格的肉类制品；

（九）被包装材料、容器、运输工具等污染的食品、食品添加剂；

（十）标注虚假生产日期、保质期或者超过保质期的食品、食品添加剂；

（十一）无标签的预包装食品、食品添加剂；

（十二）国家为防病等特殊需要明令禁止生产经营的食品；

（十三）其他不符合法律、法规或者食品安全标准的食品、食品添加剂、食品相关产品。

第三十五条 国家对食品生产经营实行许可制度。从事食品生产、食品销售、餐饮服务，应当依法取得许可。但是，销售食用农产品和仅销售预包装食品的，不需要取得许可。仅销售预包装食品的，应当报所在地县级以上人民政府食品安全监督管理部门备案。

县级以上地方人民政府食品安全监督管理部门应当依照《中华人民共和国行政许可法》的规定，审核申请人提交的本法第三十三条第一款第一项至第四项规定要求的相关资料，必要时对申请人的生产经营场所进行现场核查；对符合规定条件的，准予许可；对不符合规定条件的，不予许可并书面说明理由。

第三十六条 食品生产加工小作坊和食品摊贩等从事食品生产经营活动，应当符合本法规定的与其生产经营规模、条件相适应的食品安全要求，保证所生产经营的食品卫生、无毒、无害，食品安全监督管理部门应当对其加强监督管理。

县级以上地方人民政府应当对食品生产加工小作坊、食品摊贩等进行综合治理，加强服务和统一规划，改善其生产经营环境，鼓励和支持其改进生产经营条件，进入集中交易市场、店铺等固定场所经营，或者在指定的临时经营区域、时段经营。

食品生产加工小作坊和食品摊贩等的具体管理办法由省、自治区、直辖市制定。

第三十七条 利用新的食品原料生产食品，或者生产食品添加剂新品种、食品相关产品新品种，应当向国务院卫生行政部门提交相关产品的安全性评估材料。国务院卫生行政部门应当自收到申请之日起六十日内组织审查；对符合食品安全要求的，准予许可并公布；对不符合食品安全要求的，不予许可并书面说明理由。

第三十八条 生产经营的食品中不得添加药品，但是可以添加按照传统既是食品又是中药材的物质。按照传统既是食品又是中药材的物质目录由国务院卫生行政部门会同国务院食品安全监督管理部门制定、公布。

第三十九条 国家对食品添加剂生产实行许可制度。从事食品添加剂生产，应当具有与所生产食品添加剂品种相适应的场所、生产设备或者设施、专业技术人员和管理制度，并依照本法第三十五条第二款规定的程序，取得食品添加剂生产许可。

生产食品添加剂应当符合法律、法规和食品安全国家标准。

第四十条 食品添加剂应当在技术上确有必要且经过风险评估证明安全可靠，方可列入允许使用的范围；有关食品安全国家标准应当根据技术必要性和食品安全风险评估结果及时修订。

食品生产经营者应当按照食品安全国家标准使用食品添加剂。

第四十一条 生产食品相关产品应当符

合法律、法规和食品安全国家标准。对直接接触食品的包装材料等具有较高风险的食品相关产品，按照国家有关工业产品生产许可证管理的规定实施生产许可。食品安全监督管理部门应当加强对食品相关产品生产活动的监督管理。

第四十二条　国家建立食品安全全程追溯制度。

食品生产经营者应当依照本法的规定，建立食品安全追溯体系，保证食品可追溯。国家鼓励食品生产经营者采用信息化手段采集、留存生产经营信息，建立食品安全追溯体系。

国务院食品安全监督管理部门会同国务院农业行政等有关部门建立食品安全全程追溯协作机制。

第四十三条　地方各级人民政府应当采取措施鼓励食品规模化生产和连锁经营、配送。

国家鼓励食品生产经营企业参加食品安全责任保险。

第二节　生产经营过程控制

第四十四条　食品生产经营企业应当建立健全食品安全管理制度，对职工进行食品安全知识培训，加强食品检验工作，依法从事生产经营活动。

食品生产经营企业的主要负责人应当落实企业食品安全管理制度，对本企业的食品安全工作全面负责。

食品生产经营企业应当配备食品安全管理人员，加强对其培训和考核。经考核不具备食品安全管理能力的，不得上岗。食品安全监督管理部门应当对企业食品安全管理人员随机进行监督抽查考核并公布考核情况。监督抽查考核不得收取费用。

第四十五条　食品生产经营者应当建立并执行从业人员健康管理制度。患有国务院卫生行政部门规定的有碍食品安全疾病的人员，不得从事接触直接入口食品的工作。

从事接触直接入口食品工作的食品生产经营人员应当每年进行健康检查，取得健康证明后方可上岗工作。

第四十六条　食品生产企业应当就下列事项制定并实施控制要求，保证所生产的食品符合食品安全标准：

（一）原料采购、原料验收、投料等原料控制；

（二）生产工序、设备、贮存、包装等生产关键环节控制；

（三）原料检验、半成品检验、成品出厂检验等检验控制；

（四）运输和交付控制。

第四十七条　食品生产经营者应当建立食品安全自查制度，定期对食品安全状况进行检查评价。生产经营条件发生变化，不再符合食品安全要求的，食品生产经营者应当立即采取整改措施；有发生食品安全事故潜在风险的，应当立即停止食品生产经营活动，并向所在地县级人民政府食品安全监督管理部门报告。

第四十八条　国家鼓励食品生产经营企业符合良好生产规范要求，实施危害分析与关键控制点体系，提高食品安全管理水平。

对通过良好生产规范、危害分析与关键控制点体系认证的食品生产经营企业，认证机构应当依法实施跟踪调查；对不再符合认证要求的企业，应当依法撤销认证，及时向县级以上人民政府食品安全监督管理部门通报，并向社会公布。认证机构实施跟踪调查不得收取费用。

第四十九条　食用农产品生产者应当按照食品安全标准和国家有关规定使用农药、肥料、兽药、饲料和饲料添加剂等农业投入品，严格执行农业投入品使用安全间隔期或者休药期的规定，不得使用国家明令禁止的农业投入品。禁止将剧毒、高毒农药用于蔬菜、瓜果、茶叶和中草药材等国家规定的农作物。

食用农产品的生产企业和农民专业合作经济组织应当建立农业投入品使用记录制度。

县级以上人民政府农业行政部门应当加强对农业投入品使用的监督管理和指导，建立健全农业投入品安全使用制度。

第五十条 食品生产者采购食品原料、食品添加剂、食品相关产品，应当查验供货者的许可证和产品合格证明；对无法提供合格证明的食品原料，应当按照食品安全标准进行检验；不得采购或者使用不符合食品安全标准的食品原料、食品添加剂、食品相关产品。

食品生产企业应当建立食品原料、食品添加剂、食品相关产品进货查验记录制度，如实记录食品原料、食品添加剂、食品相关产品的名称、规格、数量、生产日期或者生产批号、保质期、进货日期以及供货者名称、地址、联系方式等内容，并保存相关凭证。记录和凭证保存期限不得少于产品保质期满后六个月；没有明确保质期的，保存期限不得少于二年。

第五十一条 食品生产企业应当建立食品出厂检验记录制度，查验出厂食品的检验合格证和安全状况，如实记录食品的名称、规格、数量、生产日期或者生产批号、保质期、检验合格证号、销售日期以及购货者名称、地址、联系方式等内容，并保存相关凭证。记录和凭证保存期限应当符合本法第五十条第二款的规定。

第五十二条 食品、食品添加剂、食品相关产品的生产者，应当按照食品安全标准对所生产的食品、食品添加剂、食品相关产品进行检验，检验合格后方可出厂或者销售。

第五十三条 食品经营者采购食品，应当查验供货者的许可证和食品出厂检验合格证或者其他合格证明（以下称合格证明文件）。

食品经营企业应当建立食品进货查验记录制度，如实记录食品的名称、规格、数量、生产日期或者生产批号、保质期、进货日期以及供货者名称、地址、联系方式等内容，并保存相关凭证。记录和凭证保存期限应当符合本法第五十条第二款的规定。

实行统一配送经营方式的食品经营企业，可以由企业总部统一查验供货者的许可证和食品合格证明文件，进行食品进货查验记录。

从事食品批发业务的经营企业应当建立食品销售记录制度，如实记录批发食品的名称、规格、数量、生产日期或者生产批号、保质期、销售日期以及购货者名称、地址、联系方式等内容，并保存相关凭证。记录和凭证保存期限应当符合本法第五十条第二款的规定。

第五十四条 食品经营者应当按照保证食品安全的要求贮存食品，定期检查库存食品，及时清理变质或者超过保质期的食品。

食品经营者贮存散装食品，应当在贮存位置标明食品的名称、生产日期或者生产批号、保质期、生产者名称及联系方式等内容。

第五十五条 餐饮服务提供者应当制定并实施原料控制要求，不得采购不符合食品安全标准的食品原料。倡导餐饮服务提供者公开加工过程，公示食品原料及其来源等信息。

餐饮服务提供者在加工过程中应当检查待加工的食品及原料，发现有本法第三十四条第六项规定情形的，不得加工或者使用。

第五十六条 餐饮服务提供者应当定期维护食品加工、贮存、陈列等设施、设备；定期清洗、校验保温设施及冷藏、冷冻设施。

餐饮服务提供者应当按照要求对餐具、饮具进行清洗消毒，不得使用未经清洗消毒的餐具、饮具；餐饮服务提供者委托清洗消毒餐具、饮具的，应当委托符合本法规定条件的餐具、饮具集中消毒服务单位。

第五十七条 学校、托幼机构、养老机构、建筑工地等集中用餐单位的食堂应当严格遵守法律、法规和食品安全标准；从供餐单位订餐的，应当从取得食品生产经营许可的企业订购，并按照要求对订购的食品进行查验。供餐单位应当严格遵守法律、法规和食品安全标准，当餐加工，确保食品安全。

学校、托幼机构、养老机构、建筑工地等集中用餐单位的主管部门应当加强对集中用餐单位的食品安全教育和日常管理，降低食品安全风险，及时消除食品安全隐患。

第五十八条 餐具、饮具集中消毒服务单位应当具备相应的作业场所、清洗消毒设备或者设施，用水和使用的洗涤剂、消毒剂应当符合相关食品安全国家标准和其他国家标准、卫生规范。

餐具、饮具集中消毒服务单位应当对消毒餐具、饮具进行逐批检验，检验合格后方可出厂，并应当随附消毒合格证明。消毒后的餐具、饮具应当在独立包装上标注单位名称、地址、联系方式、消毒日期以及使用期限等内容。

第五十九条 食品添加剂生产者应当建立食品添加剂出厂检验记录制度，查验出厂产品的检验合格证和安全状况，如实记录食品添加剂的名称、规格、数量、生产日期或者生产批号、保质期、检验合格证号、销售日期以及购货者名称、地址、联系方式等相关内容，并保存相关凭证。记录和凭证保存期限应当符合本法第五十条第二款的规定。

第六十条 食品添加剂经营者采购食品添加剂，应当依法查验供货者的许可证和产品合格证明文件，如实记录食品添加剂的名称、规格、数量、生产日期或者生产批号、保质期、进货日期以及供货者名称、地址、联系方式等内容，并保存相关凭证。记录和凭证保存期限应当符合本法第五十条第二款的规定。

第六十一条 集中交易市场的开办者、柜台出租者和展销会举办者，应当依法审查入场食品经营者的许可证，明确其食品安全管理责任，定期对其经营环境和条件进行检查，发现其有违反本法规定行为的，应当及时制止并立即报告所在地县级人民政府食品安全监督管理部门。

第六十二条 网络食品交易第三方平台提供者应当对入网食品经营者进行实名登记，明确其食品安全管理责任；依法应当取得许可证的，还应当审查其许可证。

网络食品交易第三方平台提供者发现入网食品经营者有违反本法规定行为的，应当及时制止并立即报告所在地县级人民政府食品安全监督管理部门；发现严重违法行为的，应当立即停止提供网络交易平台服务。

第六十三条 国家建立食品召回制度。食品生产者发现其生产的食品不符合食品安全标准或者有证据证明可能危害人体健康的，应当立即停止生产，召回已经上市销售的食品，通知相关生产经营者和消费者，并记录召回和通知情况。

食品经营者发现其经营的食品有前款规定情形的，应当立即停止经营，通知相关生产经营者和消费者，并记录停止经营和通知情况。食品生产者认为应当召回的，应当立即召回。由于食品经营者的原因造成其经营的食品有前款规定情形的，食品经营者应当召回。

食品生产经营者应当对召回的食品采取无害化处理、销毁等措施，防止其再次流入市场。但是，对因标签、标志或者说明书不符合食品安全标准而被召回的食品，食品生产者在采取补救措施且能保证食品安全的情况下可以继续销售；销售时应当向消费者明示补救措施。

食品生产经营者应当将食品召回和处理情况向所在地县级人民政府食品安全监督管理部门报告；需要对召回的食品进行无害化处理、销毁的，应当提前报告时间、地点。食品安全监督管理部门认为必要的，可以实施现场监督。

食品生产经营者未依照本条规定召回或者停止经营的，县级以上人民政府食品安全监督管理部门可以责令其召回或者停止经营。

第六十四条 食用农产品批发市场应当配备检验设备和检验人员或者委托符合本法规定的食品检验机构，对进入该批发市场销售的食用农产品进行抽样检验；发现不符合食品安全标准的，应当要求销售者立即停止销售，并向食品安全监督管理部门报告。

第六十五条 食用农产品销售者应当建立食用农产品进货查验记录制度，如实记录食用农产品的名称、数量、进货日期以及供货者名称、地址、联系方式等内容，并保存相关凭证。记录和凭证保存期限不得少于六个月。

第六十六条 进入市场销售的食用农产品在包装、保鲜、贮存、运输中使用保鲜剂、防腐剂等食品添加剂和包装材料等食品相关产品，应当符合食品安全国家标准。

第三节 标签、说明书和广告

第六十七条 预包装食品的包装上应当有标签。标签应当标明下列事项：

（一）名称、规格、净含量、生产日期；

（二）成分或者配料表；

（三）生产者的名称、地址、联系方式；

（四）保质期；

（五）产品标准代号；

（六）贮存条件；

（七）所使用的食品添加剂在国家标准中的通用名称；

（八）生产许可证编号；

（九）法律、法规或者食品安全标准规定应当标明的其他事项。

专供婴幼儿和其他特定人群的主辅食品，其标签还应当标明主要营养成分及其含量。

食品安全国家标准对标签标注事项另有规定的，从其规定。

第六十八条 食品经营者销售散装食品，应当在散装食品的容器、外包装上标明食品的名称、生产日期或者生产批号、保质期以及生产经营者名称、地址、联系方式等内容。

第六十九条 生产经营转基因食品应当按照规定显著标示。

第七十条 食品添加剂应当有标签、说明书和包装。标签、说明书应当载明本法第六十七条第一款第一项至第六项、第八项、第九项规定的事项，以及食品添加剂的使用范围、用量、使用方法，并在标签上载明“食品添加剂”字样。

第七十一条 食品和食品添加剂的标签、说明书，不得含有虚假内容，不得涉及疾病预防、治疗功能。生产经营者对其提供的标签、说明书的内容负责。

食品和食品添加剂的标签、说明书应当清楚、明显，生产日期、保质期等事项应当显著标注，容易辨识。

食品和食品添加剂与其标签、说明书的内容不符的，不得上市销售。

第七十二条 食品经营者应当按照食品标签标示的警示标志、警示说明或者注意事项的要求销售食品。

第七十三条 食品广告的内容应当真实合法，不得含有虚假内容，不得涉及疾病预防、治疗功能。食品生产经营者对食品广告内容的真实性、合法性负责。

县级以上人民政府食品安全监督管理部门和其他有关部门以及食品检验机构、食品行业协会不得以广告或者其他形式向消费者推荐食品。消费者组织不得以收取费用或者其他牟取利益的方式向消费者推荐食品。

第四节　特殊食品

第七十四条　国家对保健食品、特殊医学用途配方食品和婴幼儿配方食品等特殊食品实行严格监督管理。

第七十五条　保健食品声称保健功能，应当具有科学依据，不得对人体产生急性、亚急性或者慢性危害。

保健食品原料目录和允许保健食品声称的保健功能目录，由国务院食品安全监督管理部门会同国务院卫生行政部门、国家中医药管理部门制定、调整并公布。

保健食品原料目录应当包括原料名称、用量及其对应的功效；列入保健食品原料目录的原料只能用于保健食品生产，不得用于其他食品生产。

第七十六条　使用保健食品原料目录以外原料的保健食品和首次进口的保健食品应当经国务院食品安全监督管理部门注册。但是，首次进口的保健食品中属于补充维生素、矿物质等营养物质的，应当报国务院食品安全监督管理部门备案。其他保健食品应当报省、自治区、直辖市人民政府食品安全监督管理部门备案。

进口的保健食品应当是出口国（地区）主管部门准许上市销售的产品。

第七十七条　依法应当注册的保健食品，注册时应当提交保健食品的研发报告、产品配方、生产工艺、安全性和保健功能评价、标签、说明书等材料及样品，并提供相关证明文件。国务院食品安全监督管理部门经组织技术审评，对符合安全和功能声称要求的，准予注册；对不符合要求的，不予注册并书面说明理由。对使用保健食品原料目录以外原料的保健食品作出准予注册决定的，应当及时将该原料纳入保健食品原料目录。

依法应当备案的保健食品，备案时应当提交产品配方、生产工艺、标签、说明书以及表明产品安全性和保健功能的材料。

第七十八条　保健食品的标签、说明书不得涉及疾病预防、治疗功能，内容应当真实，与注册或者备案的内容相一致，载明适宜人群、不适宜人群、功效成分或者标志性成分及其含量等，并声明“本品不能代替药物”。保健食品的功能和成分应当与标签、说明书相一致。

第七十九条　保健食品广告除应当符合本法第七十三条第一款的规定外，还应当声明“本品不能代替药物”；其内容应当经生产企业所在地省、自治区、直辖市人民政府食品安全监督管理部门审查批准，取得保健食品广告批准文件。省、自治区、直辖市人民政府食品安全监督管理部门应当公布并及时更新已经批准的保健食品广告目录以及批准的广告内容。

第八十条　特殊医学用途配方食品应当经国务院食品安全监督管理部门注册。注册时，应当提交产品配方、生产工艺、标签、说明书以及表明产品安全性、营养充足性和特殊医学用途临床效果的材料。

特殊医学用途配方食品广告适用《中华人民共和国广告法》和其他法律、行政法规关于药品广告管理的规定。

第八十一条　婴幼儿配方食品生产企业应当实施从原料进厂到成品出厂的全过程质量控制，对出厂的婴幼儿配方食品实施逐批检验，保证食品安全。

生产婴幼儿配方食品使用的生鲜乳、辅料等食品原料、食品添加剂等，应当符合法律、行政法规的规定和食品安全国家标准，保证婴幼儿生长发育所需的营养成分。

婴幼儿配方食品生产企业应当将食品原料、食品添加剂、产品配方及标签等事项向省、自治区、直辖市人民政府食品安全监督管理部门备案。

婴幼儿配方乳粉的产品配方应当经国务院食品安全监督管理部门注册。注册时，应当提交配方研发报告和其他表明配方科学性、安全性的材料。

不得以分装方式生产婴幼儿配方乳粉，同一企业不得用同一配方生产不同品牌的婴幼儿配方乳粉。

第八十二条 保健食品、特殊医学用途配方食品、婴幼儿配方乳粉的注册人或者备案人应当对其提交材料的真实性负责。

省级以上人民政府食品安全监督管理部门应当及时公布注册或者备案的保健食品、特殊医学用途配方食品、婴幼儿配方乳粉目录，并对注册或者备案中获知的企业商业秘密予以保密。

保健食品、特殊医学用途配方食品、婴幼儿配方乳粉生产企业应当按照注册或者备案的产品配方、生产工艺等技术要求组织生产。

第八十三条 生产保健食品，特殊医学用途配方食品、婴幼儿配方食品和其他专供特定人群的主辅食品的企业，应当按照良好生产规范的要求建立与所生产食品相适应的生产质量管理体系，定期对该体系的运行情况进行自查，保证其有效运行，并向所在地县级人民政府食品安全监督管理部门提交自查报告。

第五章 食品检验

第八十四条 食品检验机构按照国家有关认证认可的规定取得资质认定后，方可从事食品检验活动。但是，法律另有规定的除外。

食品检验机构的资质认定条件和检验规范，由国务院食品安全监督管理部门规定。

符合本法规定的食品检验机构出具的检验报告具有同等效力。

县级以上人民政府应当整合食品检验资源，实现资源共享。

第八十五条 食品检验由食品检验机构指定的检验人独立进行。

检验人应当依照有关法律、法规的规定，并按照食品安全标准和检验规范对食品进行检验，尊重科学，恪守职业道德，保证出具的检验数据和结论客观、公正，不得出具虚假检验报告。

第八十六条 食品检验实行食品检验机构与检验人负责制。食品检验报告应当加盖食品检验机构公章，并有检验人的签名或者盖章。食品检验机构和检验人对出具的食品检验报告负责。

第八十七条 县级以上人民政府食品安全监督管理部门应当对食品进行定期或者不定期的抽样检验，并依据有关规定公布检验结果，不得免检。进行抽样检验，应当购买抽取的样品，委托符合本法规定的食品检验机构进行检验，并支付相关费用；不得向食品生产经营者收取检验费和其他费用。

第八十八条 对依照本法规定实施的检验结论有异议的，食品生产经营者可以自收到检验结论之日起七个工作日内向实施抽样检验的食品安全监督管理部门或者其上一级食品安全监督管理部门提出复检申请，由受理复检申请的食品安全监督管理部门在公布的复检机构名录中随机确定复检机构进行复检。复检机构出具的复检结论为最终检验结论。复检机构与初检机构不得为同一机构。复检机构名录由国务院认证认可监督管理、食品安全监督管理、卫生行政、农业行政等部门共同公布。

采用国家规定的快速检测方法对食用农产品进行抽查检测，被抽查人对检测结果有异议的，可以自收到检测结果时起四小时内申请复检。复检不得采用快速检测方法。

第八十九条　食品生产企业可以自行对所生产的食品进行检验，也可以委托符合本法规定的食品检验机构进行检验。

食品行业协会和消费者协会等组织、消费者需要委托食品检验机构对食品进行检验的，应当委托符合本法规定的食品检验机构进行。

第九十条　食品添加剂的检验，适用本法有关食品检验的规定。

第六章　食品进出口

第九十一条　国家出入境检验检疫部门对进出口食品安全实施监督管理。

第九十二条　进口的食品、食品添加剂、食品相关产品应当符合我国食品安全国家标准。

进口的食品、食品添加剂应当经出入境检验检疫机构依照进出口商品检验相关法律、行政法规的规定检验合格。

进口的食品、食品添加剂应当按照国家出入境检验检疫部门的要求随附合格证明材料。

第九十三条　进口尚无食品安全国家标准的食品，由境外出口商、境外生产企业或者其委托的进口商向国务院卫生行政部门提交所执行的相关国家（地区）标准或者国际标准。国务院卫生行政部门对相关标准进行审查，认为符合食品安全要求的，决定暂予适用，并及时制定相应的食品安全国家标准。进口利用新的食品原料生产的食品或者进口食品添加剂新品种、食品相关产品新品种，依照本法第三十七条的规定办理。

出入境检验检疫机构按照国务院卫生行政部门的要求，对前款规定的食品、食品添加剂、食品相关产品进行检验。检验结果应当公开。

第九十四条　境外出口商、境外生产企业应当保证向我国出口的食品、食品添加剂、食品相关产品符合本法以及我国其他有关法律、行政法规的规定和食品安全国家标准的要求，并对标签、说明书的内容负责。

进口商应当建立境外出口商、境外生产企业审核制度，重点审核前款规定的内容；审核不合格的，不得进口。

发现进口食品不符合我国食品安全国家标准或者有证据证明可能危害人体健康的，进口商应当立即停止进口，并依照本法第六十三条的规定召回。

第九十五条　境外发生的食品安全事件可能对我国境内造成影响，或者在进口食品、食品添加剂、食品相关产品中发现严重食品安全问题的，国家出入境检验检疫部门应当及时采取风险预警或者控制措施，并向国务院食品安全监督管理、卫生行政、农业行政部门通报。接到通报的部门应当及时采取相应措施。

县级以上人民政府食品安全监督管理部门对国内市场上销售的进口食品、食品添加剂实施监督管理。发现存在严重食品安全问题的，国务院食品安全监督管理部门应当及时向国家出入境检验检疫部门通报。国家出入境检验检疫部门应当及时采取相应措施。

第九十六条　向我国境内出口食品的境外出口商或者代理商、进口食品的进口商应当向国家出入境检验检疫部门备案。向我国境内出口食品的境外食品生产企业应当经国家出入境检验检疫部门注册。已经注册的境外食品生产企业提供虚假材料，或者因其自身的原因致使进口食品发生重大食品安全事故的，国家出入境检验检疫部门应当撤销注册并公告。

国家出入境检验检疫部门应当定期公布已经备案的境外出口商、代理商、进口商和已经注册的境外食品生产企业名单。

第九十七条　进口的预包装食品、食品添加剂应当有中文标签；依法应当有说明书的，还应当有中文说明书。标签、说明书应当符合本法以及我国其他有关法律、行政法规的规定和食品安全国家标准的要求，并载明食品的原产地以及境内代理商的名称、地址、联系方式。预包装食品没有中文标签、中文说明书或者标签、说明书不符合本条规定的，不得进口。

第九十八条 进口商应当建立食品、食品添加剂进口和销售记录制度，如实记录食品、食品添加剂的名称、规格、数量、生产日期、生产或者进口批号、保质期、境外出口商和购货者名称、地址及联系方式、交货日期等内容，并保存相关凭证。记录和凭证保存期限应当符合本法第五十条第二款的规定。

第九十九条 出口食品生产企业应当保证其出口食品符合进口国（地区）的标准或者合同要求。

出口食品生产企业和出口食品原料种植、养殖场应当向国家出入境检验检疫部门备案。

第一百条 国家出入境检验检疫部门应当收集、汇总下列进出口食品安全信息，并及时通报相关部门、机构和企业：

（一）出入境检验检疫机构对进出口食品实施检验检疫发现的食品安全信息；

（二）食品行业协会和消费者协会等组织、消费者反映的进口食品安全信息；

（三）国际组织、境外政府机构发布的风险预警信息及其他食品安全信息，以及境外食品行业协会等组织、消费者反映的食品安全信息；

（四）其他食品安全信息。

国家出入境检验检疫部门应当对进出口食品的进口商、出口商和出口食品生产企业实施信用管理，建立信用记录，并依法向社会公布。对有不良记录的进口商、出口商和出口食品生产企业，应当加强对其进出口食品的检验检疫。

第一百零一条 国家出入境检验检疫部门可以对向我国境内出口食品的国家（地区）的食品安全管理体系和食品安全状况进行评估和审查，并根据评估和审查结果，确定相应检验检疫要求。

第七章　食品安全事故处置

第一百零二条 国务院组织制定国家食品安全事故应急预案。

县级以上地方人民政府应当根据有关法律、法规的规定和上级人民政府的食品安全事故应急预案以及本行政区域的实际情况，制定本行政区域的食品安全事故应急预案，并报上一级人民政府备案。

食品安全事故应急预案应当对食品安全事故分级、事故处置组织指挥体系与职责、预防预警机制、处置程序、应急保障措施等作出规定。

食品生产经营企业应当制定食品安全事故处置方案，定期检查本企业各项食品安全防范措施的落实情况，及时消除事故隐患。

第一百零三条 发生食品安全事故的单位应当立即采取措施，防止事故扩大。事故单位和接收病人进行治疗的单位应当及时向事故发生地县级人民政府食品安全监督管理、卫生行政部门报告。

县级以上人民政府农业行政等部门在日常监督管理中发现食品安全事故或者接到事故举报，应当立即向同级食品安全监督管理部门通报。

发生食品安全事故，接到报告的县级人民政府食品安全监督管理部门应当按照应急预案的规定向本级人民政府和上级人民政府食品安全监督管理部门报告。县级人民政府和上级人民政府食品安全监督管理部门应当按照应急预案的规定上报。

任何单位和个人不得对食品安全事故隐

瞒、谎报、缓报，不得隐匿、伪造、毁灭有关证据。

第一百零四条　医疗机构发现其接收的病人属于食源性疾病病人或者疑似病人的，应当按照规定及时将相关信息向所在地县级人民政府卫生行政部门报告。县级人民政府卫生行政部门认为与食品安全有关的，应当及时通报同级食品安全监督管理部门。

县级以上人民政府卫生行政部门在调查处理传染病或者其他突发公共卫生事件中发现与食品安全相关的信息，应当及时通报同级食品安全监督管理部门。

第一百零五条　县级以上人民政府食品安全监督管理部门接到食品安全事故的报告后，应当立即会同同级卫生行政、农业行政等部门进行调查处理，并采取下列措施，防止或者减轻社会危害：

（一）开展应急救援工作，组织救治因食品安全事故导致人身伤害的人员；

（二）封存可能导致食品安全事故的食品及其原料，并立即进行检验；对确认属于被污染的食品及其原料，责令食品生产经营者依照本法第六十三条的规定召回或者停止经营；

（三）封存被污染的食品相关产品，并责令进行清洗消毒；

（四）做好信息发布工作，依法对食品安全事故及其处理情况进行发布，并对可能产生的危害加以解释、说明。

发生食品安全事故需要启动应急预案的，县级以上人民政府应当立即成立事故处置指挥机构，启动应急预案，依照前款和应急预案的规定进行处置。

发生食品安全事故，县级以上疾病预防控制机构应当对事故现场进行卫生处理，并对与事故有关的因素开展流行病学调查，有关部门应当予以协助。县级以上疾病预防控制机构应当向同级食品安全监督管理、卫生行政部门提交流行病学调查报告。

第一百零六条　发生食品安全事故，设区的市级以上人民政府食品安全监督管理部门应当立即会同有关部门进行事故责任调查，督促有关部门履行职责，向本级人民政府和上一级人民政府食品安全监督管理部门提出事故责任调查处理报告。

涉及两个以上省、自治区、直辖市的重大食品安全事故由国务院食品安全监督管理部门依照前款规定组织事故责任调查。

第一百零七条　调查食品安全事故，应当坚持实事求是、尊重科学的原则，及时、准确查清事故性质和原因，认定事故责任，提出整改措施。

调查食品安全事故，除了查明事故单位的责任，还应当查明有关监督管理部门、食品检验机构、认证机构及其工作人员的责任。

第一百零八条　食品安全事故调查部门有权向有关单位和个人了解与事故有关的情况，并要求提供相关资料和样品。有关单位和个人应当予以配合，按照要求提供相关资料和样品，不得拒绝。

任何单位和个人不得阻挠、干涉食品安全事故的调查处理。

第八章　监督管理

第一百零九条　县级以上人民政府食品安全监督管理部门根据食品安全风险监测、风险评估结果和食品安全状况等，确定监督管理的重点、方式和频次，实施风险分级管理。

县级以上地方人民政府组织本级食品安全监督管理、农业行政等部门制定本行政区域的食品安全年度监督管理计划，向社会公布并组织实施。

食品安全年度监督管理计划应当将下列事项作为监督管理的重点：

（一）专供婴幼儿和其他特定人群的主

辅食品；

（二）保健食品生产过程中的添加行为和按照注册或者备案的技术要求组织生产的情况，保健食品标签、说明书以及宣传材料中有关功能宣传的情况；

（三）发生食品安全事故风险较高的食品生产经营者；

（四）食品安全风险监测结果表明可能存在食品安全隐患的事项。

第一百一十条 县级以上人民政府食品安全监督管理部门履行食品安全监督管理职责，有权采取下列措施，对生产经营者遵守本法的情况进行监督检查：

（一）进入生产经营场所实施现场检查；

（二）对生产经营的食品、食品添加剂、食品相关产品进行抽样检验；

（三）查阅、复制有关合同、票据、账簿以及其他有关资料；

（四）查封、扣押有证据证明不符合食品安全标准或者有证据证明存在安全隐患以及用于违法生产经营的食品、食品添加剂、食品相关产品；

（五）查封违法从事生产经营活动的场所。

第一百一十一条 对食品安全风险评估结果证明食品存在安全隐患，需要制定、修订食品安全标准的，在制定、修订食品安全标准前，国务院卫生行政部门应当及时会同国务院有关部门规定食品中有害物质的临时限量值和临时检验方法，作为生产经营和监督管理的依据。

第一百一十二条 县级以上人民政府食品安全监督管理部门在食品安全监督管理工作中可以采用国家规定的快速检测方法对食品进行抽查检测。

对抽查检测结果表明可能不符合食品安全标准的食品，应当依照本法第八十七条的规定进行检验。抽查检测结果确定有关食品不符合食品安全标准的，可以作为行政处罚的依据。

第一百一十三条 县级以上人民政府食品安全监督管理部门应当建立食品生产经营者食品安全信用档案，记录许可颁发、日常监督检查结果、违法行为查处等情况，依法向社会公布并实时更新；对有不良信用记录的食品生产经营者增加监督检查频次，对违法行为情节严重的食品生产经营者，可以通报投资主管部门、证券监督管理机构和有关的金融机构。

第一百一十四条 食品生产经营过程中存在食品安全隐患，未及时采取措施消除的，县级以上人民政府食品安全监督管理部门可以对食品生产经营者的法定代表人或者主要负责人进行责任约谈。食品生产经营者应当立即采取措施，进行整改，消除隐患。责任约谈情况和整改情况应当纳入食品生产经营者食品安全信用档案。

第一百一十五条 县级以上人民政府食品安全监督管理等部门应当公布本部门的电子邮件地址或者电话，接受咨询、投诉、举报。接到咨询、投诉、举报，对属于本部门职责的，应当受理并在法定期限内及时答复、核实、处理；对不属于本部门职责的，应当移交有权处理的部门并书面通知咨询、投诉、举报人。有权处理的部门应当在法定期限内及时处理，不得推诿。对查证属实的举报，给予举报人奖励。

有关部门应当对举报人的信息予以保密，保护举报人的合法权益。举报人举报所在企业的，该企业不得以解除、变更劳动合同或者其他方式对举报人进行打击报复。

第一百一十六条 县级以上人民政府食品安全监督管理等部门应当加强对执法人员食品安全法律、法规、标准和专业知识与执法能力等的培训，并组织考核。不具备相应知识和能力的，不得从事食品安全执法工作。

食品生产经营者、食品行业协会、消费

者协会等发现食品安全执法人员在执法过程中有违反法律、法规规定的行为以及不规范执法行为的，可以向本级或者上级人民政府食品安全监督管理等部门或者监察机关投诉、举报。接到投诉、举报的部门或者机关应当进行核实，并将经核实的情况向食品安全执法人员所在部门通报；涉嫌违法违纪的，按照本法和有关规定处理。

第一百一十七条　县级以上人民政府食品安全监督管理等部门未及时发现食品安全系统性风险，未及时消除监督管理区域内的食品安全隐患的，本级人民政府可以对其主要负责人进行责任约谈。

地方人民政府未履行食品安全职责，未及时消除区域性重大食品安全隐患的，上级人民政府可以对其主要负责人进行责任约谈。

被约谈的食品安全监督管理等部门、地方人民政府应当立即采取措施，对食品安全监督管理工作进行整改。

责任约谈情况和整改情况应当纳入地方人民政府和有关部门食品安全监督管理工作评议、考核记录。

第一百一十八条　国家建立统一的食品安全信息平台，实行食品安全信息统一公布制度。国家食品安全总体情况、食品安全风险警示信息、重大食品安全事故及其调查处理信息和国务院确定需要统一公布的其他信息由国务院食品安全监督管理部门统一公布。食品安全风险警示信息和重大食品安全事故及其调查处理信息的影响限于特定区域的，也可以由有关省、自治区、直辖市人民政府食品安全监督管理部门公布。未经授权不得发布上述信息。

县级以上人民政府食品安全监督管理、农业行政部门依据各自职责公布食品安全日常监督管理信息。

公布食品安全信息，应当做到准确、及时，并进行必要的解释说明，避免误导消费者和社会舆论。

第一百一十九条　县级以上地方人民政府食品安全监督管理、卫生行政、农业行政部门获知本法规定需要统一公布的信息，应当向上级主管部门报告，由上级主管部门立即报告国务院食品安全监督管理部门；必要时，可以直接向国务院食品安全监督管理部门报告。

县级以上人民政府食品安全监督管理、卫生行政、农业行政部门应当相互通报获知的食品安全信息。

第一百二十条　任何单位和个人不得编造、散布虚假食品安全信息。

县级以上人民政府食品安全监督管理部门发现可能误导消费者和社会舆论的食品安全信息，应当立即组织有关部门、专业机构、相关食品生产经营者等进行核实、分析，并及时公布结果。

第一百二十一条　县级以上人民政府食品安全监督管理等部门发现涉嫌食品安全犯罪的，应当按照有关规定及时将案件移送公安机关。对移送的案件，公安机关应当及时审查；认为有犯罪事实需要追究刑事责任的，应当立案侦查。

公安机关在食品安全犯罪案件侦查过程中认为没有犯罪事实，或者犯罪事实显著轻微，不需要追究刑事责任，但依法应当追究行政责任的，应当及时将案件移送食品安全监督管理等部门和监察机关，有关部门应当依法处理。

公安机关商请食品安全监督管理、生态环境等部门提供检验结论、认定意见以及对涉案物品进行无害化处理等协助的，有关部门应当及时提供，予以协助。

第九章　法律责任

第一百二十二条　违反本法规定，未取得食品生产经营许可从事食品生产经营活动，或者未取得食品添加剂生产许可从事食品添加剂生产活动的，由县级以上人民政府食品安全监督管理部门没收违法所得和违法生产经营的食品、食品添加剂以及用于违法生产经营的工具、设备、原料等物品；违法生产经营的食品、食品添加剂货值金额不足一万元的，并处五万元以上十万元以下罚款；货值金额一万元以上的，并处货值金额十倍以上二十倍以下罚款。

明知从事前款规定的违法行为，仍为其提供生产经营场所或者其他条件的，由县级以上人民政府食品安全监督管理部门责令停止违法行为，没收违法所得，并处五万元以上十万元以下罚款；使消费者的合法权益受到损害的，应当与食品、食品添加剂生产经营者承担连带责任。

第一百二十三条 违反本法规定，有下列情形之一，尚不构成犯罪的，由县级以上人民政府食品安全监督管理部门没收违法所得和违法生产经营的食品，并可以没收用于违法生产经营的工具、设备、原料等物品；违法生产经营的食品货值金额不足一万元的，并处十万元以上十五万元以下罚款；货值金额一万元以上的，并处货值金额十五倍以上三十倍以下罚款；情节严重的，吊销许可证，并可以由公安机关对其直接负责的主管人员和其他直接责任人员处五日以上十五日以下拘留：

（一）用非食品原料生产食品、在食品中添加食品添加剂以外的化学物质和其他可能危害人体健康的物质，或者用回收食品作为原料生产食品，或者经营上述食品；

（二）生产经营营养成分不符合食品安全标准的专供婴幼儿和其他特定人群的主辅食品；

（三）经营病死、毒死或者死因不明的禽、畜、兽、水产动物肉类，或者生产经营其制品；

（四）经营未按规定进行检疫或者检疫不合格的肉类，或者生产经营未经检验或者检验不合格的肉类制品；

（五）生产经营国家为防病等特殊需要明令禁止生产经营的食品；

（六）生产经营添加药品的食品。

明知从事前款规定的违法行为，仍为其提供生产经营场所或者其他条件的，由县级以上人民政府食品安全监督管理部门责令停止违法行为，没收违法所得，并处十万元以上二十万元以下罚款；使消费者的合法权益受到损害的，应当与食品生产经营者承担连带责任。

违法使用剧毒、高毒农药的，除依照有关法律、法规规定给予处罚外，可以由公安机关依照第一款规定给予拘留。

第一百二十四条 违反本法规定，有下列情形之一，尚不构成犯罪的，由县级以上人民政府食品安全监督管理部门没收违法所得和违法生产经营的食品、食品添加剂，并可以没收用于违法生产经营的工具、设备、原料等物品；违法生产经营的食品、食品添加剂货值金额不足一万元的，并处五万元以上十万元以下罚款；货值金额一万元以上的，并处货值金额十倍以上二十倍以下罚款；情节严重的，吊销许可证：

（一）生产经营致病性微生物，农药残留、兽药残留、生物毒素、重金属等污染物质以及其他危害人体健康的物质含量超过食品安全标准限量的食品、食品添加剂；

（二）用超过保质期的食品原料、食品添加剂生产食品、食品添加剂，或者经营上述食品、食品添加剂；

（三）生产经营超范围、超限量使用食品添加剂的食品；

（四）生产经营腐败变质、油脂酸败、霉变生虫、污秽不洁、混有异物、掺假掺杂或者感官性状异常的食品、食品添加剂；

（五）生产经营标注虚假生产日期、保质期或者超过保质期的食品、食品添加剂；

（六）生产经营未按规定注册的保健食品、特殊医学用途配方食品、婴幼儿配方乳粉，或者未按注册的产品配方、生产工艺等技术要求组织生产；

（七）以分装方式生产婴幼儿配方乳粉，或者同一企业以同一配方生产不同品牌的婴幼儿配方乳粉；

（八）利用新的食品原料生产食品，或者生产食品添加剂新品种，未通过安全性评估；

（九）食品生产经营者在食品安全监督管理部门责令其召回或者停止经营后，仍拒不召回或者停止经营。

除前款和本法第一百二十三条、第一百二十五条规定的情形外，生产经营不符合法律、法规或者食品安全标准的食品、食品添加剂的，依照前款规定给予处罚。

生产食品相关产品新品种，未通过安全性评估，或者生产不符合食品安全标准的食品相关产品的，由县级以上人民政府食品安全监督管理部门依照第一款规定给予处罚。

第一百二十五条　违反本法规定，有下列情形之一的，由县级以上人民政府食品安全监督管理部门没收违法所得和违法生产经营的食品、食品添加剂，并可以没收用于违法生产经营的工具、设备、原料等物品；违法生产经营的食品、食品添加剂货值金额不足一万元的，并处五千元以上五万元以下罚款；货值金额一万元以上的，并处货值金额五倍以上十倍以下罚款；情节严重的，责令停产停业，直至吊销许可证：

（一）生产经营被包装材料、容器、运输工具等污染的食品、食品添加剂；

（二）生产经营无标签的预包装食品、食品添加剂或者标签、说明书不符合本法规定的食品、食品添加剂；

（三）生产经营转基因食品未按规定进行标示；

（四）食品生产经营者采购或者使用不符合食品安全标准的食品原料、食品添加剂、食品相关产品。

生产经营的食品、食品添加剂的标签、说明书存在瑕疵但不影响食品安全且不会对消费者造成误导的，由县级以上人民政府食品安全监督管理部门责令改正；拒不改正的，处二千元以下罚款。

第一百二十六条　违反本法规定，有下列情形之一的，由县级以上人民政府食品安全监督管理部门责令改正，给予警告；拒不改正的，处五千元以上五万元以下罚款；情节严重的，责令停产停业，直至吊销许可证：

（一）食品、食品添加剂生产者未按规定对采购的食品原料和生产的食品、食品添加剂进行检验；

（二）食品生产经营企业未按规定建立食品安全管理制度，或者未按规定配备或者培训、考核食品安全管理人员；

（三）食品、食品添加剂生产经营者进货时未查验许可证和相关证明文件，或者未按规定建立并遵守进货查验记录、出厂检验记录和销售记录制度；

（四）食品生产经营企业未制定食品安全事故处置方案；

（五）餐具、饮具和盛放直接入口食品的容器，使用前未经洗净、消毒或者清洗消毒不合格，或者餐饮服务设施、设备未按规定定期维护、清洗、校验；

（六）食品生产经营者安排未取得健康证明或者患有国务院卫生行政部门规定的有碍食品安全疾病的人员从事接触直接入口食品的工作；

（七）食品经营者未按规定要求销售食品；

（八）保健食品生产企业未按规定向食品安全监督管理部门备案，或者未按备案的产品配方、生产工艺等技术要求组织生产；

（九）婴幼儿配方食品生产企业未将食

品原料、食品添加剂、产品配方、标签等向食品安全监督管理部门备案；

（十）特殊食品生产企业未按规定建立生产质量管理体系并有效运行，或者未定期提交自查报告；

（十一）食品生产经营者未定期对食品安全状况进行检查评价，或者生产经营条件发生变化，未按规定处理；

（十二）学校、托幼机构、养老机构、建筑工地等集中用餐单位未按规定履行食品安全管理责任；

（十三）食品生产企业、餐饮服务提供者未按规定制定、实施生产经营过程控制要求。

餐具、饮具集中消毒服务单位违反本法规定用水，使用洗涤剂、消毒剂，或者出厂的餐具、饮具未按规定检验合格并随附消毒合格证明，或者未按规定在独立包装上标注相关内容的，由县级以上人民政府卫生行政部门依照前款规定给予处罚。

食品相关产品生产者未按规定对生产的食品相关产品进行检验的，由县级以上人民政府食品安全监督管理部门依照第一款规定给予处罚。

食用农产品销售者违反本法第六十五条规定的，由县级以上人民政府食品安全监督管理部门依照第一款规定给予处罚。

第一百二十七条 对食品生产加工小作坊、食品摊贩等的违法行为的处罚，依照省、自治区、直辖市制定的具体管理办法执行。

第一百二十八条 违反本法规定，事故单位在发生食品安全事故后未进行处置、报告的，由有关主管部门按照各自职责分工责令改正，给予警告；隐匿、伪造、毁灭有关证据的，责令停产停业，没收违法所得，并处十万元以上五十万元以下罚款；造成严重后果的，吊销许可证。

第一百二十九条 违反本法规定，有下列情形之一的，由出入境检验检疫机构依照本法第一百二十四条的规定给予处罚：

（一）提供虚假材料，进口不符合我国食品安全国家标准的食品、食品添加剂、食品相关产品；

（二）进口尚无食品安全国家标准的食品，未提交所执行的标准并经国务院卫生行政部门审查，或者进口利用新的食品原料生产的食品或者进口食品添加剂新品种、食品相关产品新品种，未通过安全性评估；

（三）未遵守本法的规定出口食品；

（四）进口商在有关主管部门责令其依照本法规定召回进口的食品后，仍拒不召回。

违反本法规定，进口商未建立并遵守食品、食品添加剂进口和销售记录制度、境外出口商或者生产企业审核制度的，由出入境检验检疫机构依照本法第一百二十六条的规定给予处罚。

第一百三十条 违反本法规定，集中交易市场的开办者、柜台出租者、展销会的举办者允许未依法取得许可的食品经营者进入市场销售食品，或者未履行检查、报告等义务的，由县级以上人民政府食品安全监督管理部门责令改正，没收违法所得，并处五万元以上二十万元以下罚款；造成严重后果的，责令停业，直至由原发证部门吊销许可证；使消费者的合法权益受到损害的，应当与食品经营者承担连带责任。

食用农产品批发市场违反本法第六十四条规定的，依照前款规定承担责任。

第一百三十一条 违反本法规定，网络食品交易第三方平台提供者未对入网食品经营者进行实名登记、审查许可证，或者未履行报告、停止提供网络交易平台服务等义务的，由县级以上人民政府食品安全监督管理部门责令改正，没收违法所得，并处五万元以上二十万元以下罚款；造成严重后果的，责令停业，直至由原发证部门吊销许可证；

使消费者的合法权益受到损害的，应当与食品经营者承担连带责任。

消费者通过网络食品交易第三方平台购买食品，其合法权益受到损害的，可以向入网食品经营者或者食品生产者要求赔偿。网络食品交易第三方平台提供者不能提供入网食品经营者的真实名称、地址和有效联系方式的，由网络食品交易第三方平台提供者赔偿。网络食品交易第三方平台提供者赔偿后，有权向入网食品经营者或者食品生产者追偿。网络食品交易第三方平台提供者作出更有利于消费者承诺的，应当履行其承诺。

第一百三十二条　违反本法规定，未按要求进行食品贮存、运输和装卸的，由县级以上人民政府食品安全监督管理等部门按照各自职责分工责令改正，给予警告；拒不改正的，责令停产停业，并处一万元以上五万元以下罚款；情节严重的，吊销许可证。

第一百三十三条　违反本法规定，拒绝、阻挠、干涉有关部门、机构及其工作人员依法开展食品安全监督检查、事故调查处理、风险监测和风险评估的，由有关主管部门按照各自职责分工责令停产停业，并处二千元以上五万元以下罚款；情节严重的，吊销许可证；构成违反治安管理行为的，由公安机关依法给予治安管理处罚。

违反本法规定，对举报人以解除、变更劳动合同或者其他方式打击报复的，应当依照有关法律的规定承担责任。

第一百三十四条　食品生产经营者在一年内累计三次因违反本法规定受到责令停产停业、吊销许可证以外处罚的，由食品安全监督管理部门责令停产停业，直至吊销许可证。

第一百三十五条　被吊销许可证的食品生产经营者及其法定代表人、直接负责的主管人员和其他直接责任人员自处罚决定作出之日起五年内不得申请食品生产经营许可，或者从事食品生产经营管理工作、担任食品生产经营企业食品安全管理人员。

因食品安全犯罪被判处有期徒刑以上刑罚的，终身不得从事食品生产经营管理工作，也不得担任食品生产经营企业食品安全管理人员。

食品生产经营者聘用人员违反前两款规定的，由县级以上人民政府食品安全监督管理部门吊销许可证。

第一百三十六条　食品经营者履行了本法规定的进货查验等义务，有充分证据证明其不知道所采购的食品不符合食品安全标准，并能如实说明其进货来源的，可以免予处罚，但应当依法没收其不符合食品安全标准的食品；造成人身、财产或者其他损害的，依法承担赔偿责任。

第一百三十七条　违反本法规定，承担食品安全风险监测、风险评估工作的技术机构、技术人员提供虚假监测、评估信息的，依法对技术机构直接负责的主管人员和技术人员给予撤职、开除处分；有执业资格的，由授予其资格的主管部门吊销执业证书。

第一百三十八条　违反本法规定，食品检验机构、食品检验人员出具虚假检验报告的，由授予其资质的主管部门或者机构撤销该食品检验机构的检验资质，没收所收取的检验费用，并处检验费用五倍以上十倍以下罚款，检验费用不足一万元的，并处五万元以上十万元以下罚款；依法对食品检验机构直接负责的主管人员和食品检验人员给予撤职或者开除处分；导致发生重大食品安全事故的，对直接负责的主管人员和食品检验人员给予开除处分。

违反本法规定，受到开除处分的食品检验机构人员，自处分决定作出之日起十年内不得从事食品检验工作；因食品安全违法行为受到刑事处罚或者因出具虚假检验报告导致发生重大食品安全事故受到开除处分的食品检验机构人员，终身不得从事食品检验工作。食品检验机构聘用不得从事食品检验工作的人员的，由授予其资质的主管部门或者机构撤销该食品检验机构的检验资质。

食品检验机构出具虚假检验报告，使消费者的合法权益受到损害的，应当与食品生产经营者承担连带责任。

第一百三十九条 违反本法规定，认证机构出具虚假认证结论，由认证认可监督管理部门没收所收取的认证费用，并处认证费用五倍以上十倍以下罚款，认证费用不足一万元的，并处五万元以上十万元以下罚款；情节严重的，责令停业，直至撤销认证机构批准文件，并向社会公布；对直接负责的主管人员和负有直接责任的认证人员，撤销其执业资格。

认证机构出具虚假认证结论，使消费者的合法权益受到损害的，应当与食品生产经营者承担连带责任。

第一百四十条 违反本法规定，在广告中对食品作虚假宣传，欺骗消费者，或者发布未取得批准文件、广告内容与批准文件不一致的保健食品广告的，依照《中华人民共和国广告法》的规定给予处罚。

广告经营者、发布者设计、制作、发布虚假食品广告，使消费者的合法权益受到损害的，应当与食品生产经营者承担连带责任。

社会团体或者其他组织、个人在虚假广告或者其他虚假宣传中向消费者推荐食品，使消费者的合法权益受到损害的，应当与食品生产经营者承担连带责任。

违反本法规定，食品安全监督管理等部门、食品检验机构、食品行业协会以广告或者其他形式向消费者推荐食品，消费者组织以收取费用或者其他牟取利益的方式向消费者推荐食品的，由有关主管部门没收违法所得，依法对直接负责的主管人员和其他直接责任人员给予记大过、降级或者撤职处分；情节严重的，给予开除处分。

对食品作虚假宣传且情节严重的，由省级以上人民政府食品安全监督管理部门决定暂停销售该食品，并向社会公布；仍然销售该食品的，由县级以上人民政府食品安全监督管理部门没收违法所得和违法销售的食品，并处二万元以上五万元以下罚款。

第一百四十一条 违反本法规定，编造、散布虚假食品安全信息，构成违反治安管理行为的，由公安机关依法给予治安管理处罚。

媒体编造、散布虚假食品安全信息的，由有关主管部门依法给予处罚，并对直接负责的主管人员和其他直接责任人员给予处分；使公民、法人或者其他组织的合法权益受到损害的，依法承担消除影响、恢复名誉、赔偿损失、赔礼道歉等民事责任。

第一百四十二条 违反本法规定，县级以上地方人民政府有下列行为之一的，对直接负责的主管人员和其他直接责任人员给予记大过处分；情节较重的，给予降级或者撤职处分；情节严重的，给予开除处分；造成严重后果的，其主要负责人还应当引咎辞职：

（一）对发生在本行政区域内的食品安全事故，未及时组织协调有关部门开展有效处置，造成不良影响或者损失；

（二）对本行政区域内涉及多环节的区域性食品安全问题，未及时组织整治，造成不良影响或者损失；

（三）隐瞒、谎报、缓报食品安全事故；

（四）本行政区域内发生特别重大食品安全事故，或者连续发生重大食品安全事故。

第一百四十三条 违反本法规定，县级以上地方人民政府有下列行为之一的，对直接负责的主管人员和其他直接责任人员给予警告、记过或者记大过处分；造成严重后果的，给予降级或者撤职处分：

（一）未确定有关部门的食品安全监督管理职责，未建立健全食品安全全程监督管理工作机制和信息共享机制，未落实食品安全监督管理责任制；

（二）未制定本行政区域的食品安全事故应急预案，或者发生食品安全事故后未按规定立即成立事故处置指挥机构、启动应急预案。

第一百四十四条　违反本法规定，县级以上人民政府食品安全监督管理、卫生行政、农业行政等部门有下列行为之一的，对直接负责的主管人员和其他直接责任人员给予记大过处分；情节较重的，给予降级或者撤职处分；情节严重的，给予开除处分；造成严重后果的，其主要负责人还应当引咎辞职：

（一）隐瞒、谎报、缓报食品安全事故；

（二）未按规定查处食品安全事故，或者接到食品安全事故报告未及时处理，造成事故扩大或者蔓延；

（三）经食品安全风险评估得出食品、食品添加剂、食品相关产品不安全结论后，未及时采取相应措施，造成食品安全事故或者不良社会影响；

（四）对不符合条件的申请人准予许可，或者超越法定职权准予许可；

（五）不履行食品安全监督管理职责，导致发生食品安全事故。

第一百四十五条　违反本法规定，县级以上人民政府食品安全监督管理、卫生行政、农业行政等部门有下列行为之一，造成不良后果的，对直接负责的主管人员和其他直接责任人员给予警告、记过或者记大过处分；情节较重的，给予降级或者撤职处分；情节严重的，给予开除处分：

（一）在获知有关食品安全信息后，未按规定向上级主管部门和本级人民政府报告，或者未按规定相互通报；

（二）未按规定公布食品安全信息；

（三）不履行法定职责，对查处食品安全违法行为不配合，或者滥用职权、玩忽职守、徇私舞弊。

第一百四十六条　食品安全监督管理等部门在履行食品安全监督管理职责过程中，违法实施检查、强制等执法措施，给生产经营者造成损失的，应当依法予以赔偿，对直接负责的主管人员和其他直接责任人员依法给予处分。

第一百四十七条　违反本法规定，造成人身、财产或者其他损害的，依法承担赔偿责任。生产经营者财产不足以同时承担民事赔偿责任和缴纳罚款、罚金时，先承担民事赔偿责任。

第一百四十八条　消费者因不符合食品安全标准的食品受到损害的，可以向经营者要求赔偿损失，也可以向生产者要求赔偿损失。接到消费者赔偿要求的生产经营者，应当实行首负责任制，先行赔付，不得推诿；属于生产者责任的，经营者赔偿后有权向生产者追偿；属于经营者责任的，生产者赔偿后有权向经营者追偿。

生产不符合食品安全标准的食品或者经营明知是不符合食品安全标准的食品，消费者除要求赔偿损失外，还可以向生产者或者经营者要求支付价款十倍或者损失三倍的赔偿金；增加赔偿的金额不足一千元的，为一千元。但是，食品的标签、说明书存在不影响食品安全且不会对消费者造成误导的瑕疵的除外。

第一百四十九条　违反本法规定，构成犯罪的，依法追究刑事责任。

第十章　附　　则

第一百五十条　本法下列用语的含义：

食品，指各种供人食用或者饮用的成品和原料以及按照传统既是食品又是中药材的物品，但是不包括以治疗为目的的物品。

食品安全，指食品无毒、无害，符合应当有的营养要求，对人体健康不造成任何急性、亚急性或者慢性危害。

预包装食品，指预先定量包装或者制作在包装材料、容器中的食品。

食品添加剂，指为改善食品品质和色、香、味以及为防腐、保鲜和加工工艺的需要而加入食品中的人工合成或者天然物质，包括营养强化剂。

用于食品的包装材料和容器，指包装、盛放食品或者食品添加剂用的纸、竹、木、金属、搪瓷、陶瓷、塑料、橡胶、天然纤维、化学纤维、玻璃等制品和直接接触食品或者食品添加剂的涂料。

用于食品生产经营的工具、设备，指在食品或者食品添加剂生产、销售、使用过程中直接接触食品或者食品添加剂的机械、管道、传送带、容器、用具、餐具等。

用于食品的洗涤剂、消毒剂，指直接用于洗涤或者消毒食品、餐具、饮具以及直接接触食品的工具、设备或者食品包装材料和容器的物质。

食品保质期，指食品在标明的贮存条件下保持品质的期限。

食源性疾病，指食品中致病因素进入人体引起的感染性、中毒性等疾病，包括食物中毒。

食品安全事故，指食源性疾病、食品污染等源于食品，对人体健康有危害或者可能有危害的事故。

第一百五十一条 转基因食品和食盐的食品安全管理，本法未作规定的，适用其他法律、行政法规的规定。

第一百五十二条 铁路、民航运营中食品安全的管理办法由国务院食品安全监督管理部门会同国务院有关部门依照本法制定。

保健食品的具体管理办法由国务院食品安全监督管理部门依照本法制定。

食品相关产品生产活动的具体管理办法由国务院食品安全监督管理部门依照本法制定。

国境口岸食品的监督管理由出入境检验检疫机构依照本法以及有关法律、行政法规的规定实施。

军队专用食品和自供食品的食品安全管理办法由中央军事委员会依照本法制定。

第一百五十三条 国务院根据实际需要，可以对食品安全监督管理体制作出调整。

第一百五十四条 本法自 2015 年 10 月 1 日起施行。

中华人民共和国生物安全法

（2020年10月17日第十三届全国人民代表大会常务委员会第二十二次会议通过，2020年10月17日中华人民共和国主席令第五十六号公布，自2021年4月15日起施行）

第一章　总　　则

第一条　为了维护国家安全，防范和应对生物安全风险，保障人民生命健康，保护生物资源和生态环境，促进生物技术健康发展，推动构建人类命运共同体，实现人与自然和谐共生，制定本法。

第二条　本法所称生物安全，是指国家有效防范和应对危险生物因子及相关因素威胁，生物技术能够稳定健康发展，人民生命健康和生态系统相对处于没有危险和不受威胁的状态，生物领域具备维护国家安全和持续发展的能力。

从事下列活动，适用本法：

（一）防控重大新发突发传染病、动植物疫情；

（二）生物技术研究、开发与应用；

（三）病原微生物实验室生物安全管理；

（四）人类遗传资源与生物资源安全管理；

（五）防范外来物种入侵与保护生物多样性；

（六）应对微生物耐药；

（七）防范生物恐怖袭击与防御生物武器威胁；

（八）其他与生物安全相关的活动。

第三条　生物安全是国家安全的重要组成部分。维护生物安全应当贯彻总体国家安全观，统筹发展和安全，坚持以人为本、风险预防、分类管理、协同配合的原则。

第四条　坚持中国共产党对国家生物安全工作的领导，建立健全国家生物安全领导体制，加强国家生物安全风险防控和治理体系建设，提高国家生物安全治理能力。

第五条　国家鼓励生物科技创新，加强生物安全基础设施和生物科技人才队伍建设，支持生物产业发展，以创新驱动提升生物科技水平，增强生物安全保障能力。

第六条　国家加强生物安全领域的国际合作，履行中华人民共和国缔结或者参加的国际条约规定的义务，支持参与生物科技交流合作与生物安全事件国际救援，积极参与生物安全国际规则的研究与制定，推动完善全球生物安全治理。

第七条　各级人民政府及其有关部门应当加强生物安全法律法规和生物安全知识宣传普及工作，引导基层群众性自治组织、社会组织开展生物安全法律法规和生物安全知识宣传，促进全社会生物安全意识的提升。

相关科研院校、医疗机构以及其他企业事业单位应当将生物安全法律法规和生物安全知识纳入教育培训内容，加强学生、从业人员生物安全意识和伦理意识的培养。

新闻媒体应当开展生物安全法律法规和生物安全知识公益宣传，对生物安全违法行为进行舆论监督，增强公众维护生物安全的社会责任意识。

第八条　任何单位和个人不得危害生物安全。

任何单位和个人有权举报危害生物安全

的行为；接到举报的部门应当及时依法处理。

第九条 对在生物安全工作中做出突出贡献的单位和个人，县级以上人民政府及其有关部门按照国家规定予以表彰和奖励。

第二章 生物安全风险防控体制

第十条 中央国家安全领导机构负责国家生物安全工作的决策和议事协调，研究制定、指导实施国家生物安全战略和有关重大方针政策，统筹协调国家生物安全的重大事项和重要工作，建立国家生物安全工作协调机制。

省、自治区、直辖市建立生物安全工作协调机制，组织协调、督促推进本行政区域内生物安全相关工作。

第十一条 国家生物安全工作协调机制由国务院卫生健康、农业农村、科学技术、外交等主管部门和有关军事机关组成，分析研判国家生物安全形势，组织协调、督促推进国家生物安全相关工作。国家生物安全工作协调机制设立办公室，负责协调机制的日常工作。

国家生物安全工作协调机制成员单位和国务院其他有关部门根据职责分工，负责生物安全相关工作。

第十二条 国家生物安全工作协调机制设立专家委员会，为国家生物安全战略研究、政策制定及实施提供决策咨询。

国务院有关部门组织建立相关领域、行业的生物安全技术咨询专家委员会，为生物安全工作提供咨询、评估、论证等技术支撑。

第十三条 地方各级人民政府对本行政区域内生物安全工作负责。

县级以上地方人民政府有关部门根据职责分工，负责生物安全相关工作。

基层群众性自治组织应当协助地方人民政府以及有关部门做好生物安全风险防控、应急处置和宣传教育等工作。

有关单位和个人应当配合做好生物安全风险防控和应急处置等工作。

第十四条 国家建立生物安全风险监测预警制度。国家生物安全工作协调机制组织建立国家生物安全风险监测预警体系，提高生物安全风险识别和分析能力。

第十五条 国家建立生物安全风险调查评估制度。国家生物安全工作协调机制应当根据风险监测的数据、资料等信息，定期组织开展生物安全风险调查评估。

有下列情形之一的，有关部门应当及时开展生物安全风险调查评估，依法采取必要的风险防控措施：

（一）通过风险监测或者接到举报发现可能存在生物安全风险；

（二）为确定监督管理的重点领域、重点项目，制定、调整生物安全相关名录或者清单；

（三）发生重大新发突发传染病、动植物疫情等危害生物安全的事件；

（四）需要调查评估的其他情形。

第十六条 国家建立生物安全信息共享制度。国家生物安全工作协调机制组织建立统一的国家生物安全信息平台，有关部门应当将生物安全数据、资料等信息汇交国家生物安全信息平台，实现信息共享。

第十七条 国家建立生物安全信息发布制度。国家生物安全总体情况、重大生物安全风险警示信息、重大生物安全事件及其调查处理信息等重大生物安全信息，由国家生物安全工作协调机制成员单位根据职责分工发布；其他生物安全信息由国务院有关部门和县级以上地方人民政府及其有关部门根据职责权限发布。

任何单位和个人不得编造、散布虚假的生物安全信息。

第十八条 国家建立生物安全名录和清

单制度。国务院及其有关部门根据生物安全工作需要，对涉及生物安全的材料、设备、技术、活动、重要生物资源数据、传染病、动植物疫病、外来入侵物种等制定、公布名录或者清单，并动态调整。

第十九条　国家建立生物安全标准制度。国务院标准化主管部门和国务院其他有关部门根据职责分工，制定和完善生物安全领域相关标准。

国家生物安全工作协调机制组织有关部门加强不同领域生物安全标准的协调和衔接，建立和完善生物安全标准体系。

第二十条　国家建立生物安全审查制度。对影响或者可能影响国家安全的生物领域重大事项和活动，由国务院有关部门进行生物安全审查，有效防范和化解生物安全风险。

第二十一条　国家建立统一领导、协同联动、有序高效的生物安全应急制度。

国务院有关部门应当组织制定相关领域、行业生物安全事件应急预案，根据应急预案和统一部署开展应急演练、应急处置、应急救援和事后恢复等工作。

县级以上地方人民政府及其有关部门应当制定并组织、指导和督促相关企业事业单位制定生物安全事件应急预案，加强应急准备、人员培训和应急演练，开展生物安全事件应急处置、应急救援和事后恢复等工作。

中国人民解放军、中国人民武装警察部队按照中央军事委员会的命令，依法参加生物安全事件应急处置和应急救援工作。

第二十二条　国家建立生物安全事件调查溯源制度。发生重大新发突发传染病、动植物疫情和不明原因的生物安全事件，国家生物安全工作协调机制应当组织开展调查溯源，确定事件性质，全面评估事件影响，提出意见建议。

第二十三条　国家建立首次进境或者暂停后恢复进境的动植物、动植物产品、高风险生物因子国家准入制度。

进出境的人员、运输工具、集装箱、货物、物品、包装物和国际航行船舶压舱水排放等应当符合我国生物安全管理要求。

海关对发现的进出境和过境生物安全风险，应当依法处置。经评估为生物安全高风险的人员、运输工具、货物、物品等，应当从指定的国境口岸进境，并采取严格的风险防控措施。

第二十四条　国家建立境外重大生物安全事件应对制度。境外发生重大生物安全事件的，海关依法采取生物安全紧急防控措施，加强证件核验，提高查验比例，暂停相关人员、运输工具、货物、物品等进境。必要时经国务院同意，可以采取暂时关闭有关口岸、封锁有关国境等措施。

第二十五条　县级以上人民政府有关部门应当依法开展生物安全监督检查工作，被检查单位和个人应当配合，如实说明情况，提供资料，不得拒绝、阻挠。

涉及专业技术要求较高、执法业务难度较大的监督检查工作，应当有生物安全专业技术人员参加。

第二十六条　县级以上人民政府有关部门实施生物安全监督检查，可以依法采取下列措施：

（一）进入被检查单位、地点或者涉嫌实施生物安全违法行为的场所进行现场监测、勘查、检查或者核查；

（二）向有关单位和个人了解情况；

（三）查阅、复制有关文件、资料、档案、记录、凭证等；

（四）查封涉嫌实施生物安全违法行为的场所、设施；

（五）扣押涉嫌实施生物安全违法行为的工具、设备以及相关物品；

（六）法律法规规定的其他措施。

有关单位和个人的生物安全违法信息应当依法纳入全国信用信息共享平台。

第三章　防控重大新发突发传染病、动植物疫情

第二十七条　国务院卫生健康、农业农村、林业草原、海关、生态环境主管部门应当建立新发突发传染病、动植物疫情、进出境检疫、生物技术环境安全监测网络，组织监测站点布局、建设，完善监测信息报告系统，开展主动监测和病原检测，并纳入国家生物安全风险监测预警体系。

第二十八条　疾病预防控制机构、动物疫病预防控制机构、植物病虫害预防控制机构（以下统称专业机构）应当对传染病、动植物疫病和列入监测范围的不明原因疾病开展主动监测，收集、分析、报告监测信息，预测新发突发传染病、动植物疫病的发生、流行趋势。

国务院有关部门、县级以上地方人民政府及其有关部门应当根据预测和职责权限及时发布预警，并采取相应的防控措施。

第二十九条　任何单位和个人发现传染病、动植物疫病的，应当及时向医疗机构、有关专业机构或者部门报告。

医疗机构、专业机构及其工作人员发现传染病、动植物疫病或者不明原因的聚集性疾病的，应当及时报告，并采取保护性措施。

依法应当报告的，任何单位和个人不得瞒报、谎报、缓报、漏报，不得授意他人瞒报、谎报、缓报，不得阻碍他人报告。

第三十条　国家建立重大新发突发传染病、动植物疫情联防联控机制。

发生重大新发突发传染病、动植物疫情，应当依照有关法律法规和应急预案的规定及时采取控制措施；国务院卫生健康、农业农村、林业草原主管部门应当立即组织疫情会商研判，将会商研判结论向中央国家安全领导机构和国务院报告，并通报国家生物安全工作协调机制其他成员单位和国务院其他有关部门。

发生重大新发突发传染病、动植物疫情，地方各级人民政府统一履行本行政区域内疫情防控职责，加强组织领导，开展群防群控、医疗救治，动员和鼓励社会力量依法有序参与疫情防控工作。

第三十一条　国家加强国境、口岸传染病和动植物疫情联合防控能力建设，建立传染病、动植物疫情防控国际合作网络，尽早发现、控制重大新发突发传染病、动植物疫情。

第三十二条　国家保护野生动物，加强动物防疫，防止动物源性传染病传播。

第三十三条　国家加强对抗生素药物等抗微生物药物使用和残留的管理，支持应对微生物耐药的基础研究和科技攻关。

县级以上人民政府卫生健康主管部门应当加强对医疗机构合理用药的指导和监督，采取措施防止抗微生物药物的不合理使用。县级以上人民政府农业农村、林业草原主管部门应当加强对农业生产中合理用药的指导和监督，采取措施防止抗微生物药物的不合理使用，降低在农业生产环境中的残留。

国务院卫生健康、农业农村、林业草原、生态环境等主管部门和药品监督管理部门应当根据职责分工，评估抗微生物药物残留对人体健康、环境的危害，建立抗微生物药物污染物指标评价体系。

第四章　生物技术研究、开发与应用安全

第三十四条　国家加强对生物技术研究、开发与应用活动的安全管理，禁止从事危及公众健康、损害生物资源、破坏生态系统和生物多样性等危害生物安全的生物技术研究、开发与应用活动。

从事生物技术研究、开发与应用活动，

应当符合伦理原则。

第三十五条　从事生物技术研究、开发与应用活动的单位应当对本单位生物技术研究、开发与应用的安全负责，采取生物安全风险防控措施，制定生物安全培训、跟踪检查、定期报告等工作制度，强化过程管理。

第三十六条　国家对生物技术研究、开发活动实行分类管理。根据对公众健康、工业农业、生态环境等造成危害的风险程度，将生物技术研究、开发活动分为高风险、中风险、低风险三类。

生物技术研究、开发活动风险分类标准及名录由国务院科学技术、卫生健康、农业农村等主管部门根据职责分工，会同国务院其他有关部门制定、调整并公布。

第三十七条　从事生物技术研究、开发活动，应当遵守国家生物技术研究开发安全管理规范。

从事生物技术研究、开发活动，应当进行风险类别判断，密切关注风险变化，及时采取应对措施。

第三十八条　从事高风险、中风险生物技术研究、开发活动，应当由在我国境内依法成立的法人组织进行，并依法取得批准或者进行备案。

从事高风险、中风险生物技术研究、开发活动，应当进行风险评估，制定风险防控计划和生物安全事件应急预案，降低研究、开发活动实施的风险。

第三十九条　国家对涉及生物安全的重要设备和特殊生物因子实行追溯管理。购买或者引进列入管控清单的重要设备和特殊生物因子，应当进行登记，确保可追溯，并报国务院有关部门备案。

个人不得购买或者持有列入管控清单的重要设备和特殊生物因子。

第四十条　从事生物医学新技术临床研究，应当通过伦理审查，并在具备相应条件的医疗机构内进行；进行人体临床研究操作的，应当由符合相应条件的卫生专业技术人员执行。

第四十一条　国务院有关部门依法对生物技术应用活动进行跟踪评估，发现存在生物安全风险的，应当及时采取有效补救和管控措施。

第五章　病原微生物实验室生物安全

第四十二条　国家加强对病原微生物实验室生物安全的管理，制定统一的实验室生物安全标准。病原微生物实验室应当符合生物安全国家标准和要求。

从事病原微生物实验活动，应当严格遵守有关国家标准和实验室技术规范、操作规程，采取安全防范措施。

第四十三条　国家根据病原微生物的传染性、感染后对人和动物的个体或者群体的危害程度，对病原微生物实行分类管理。

从事高致病性或者疑似高致病性病原微生物样本采集、保藏、运输活动，应当具备相应条件，符合生物安全管理规范。具体办法由国务院卫生健康、农业农村主管部门制定。

第四十四条　设立病原微生物实验室，应当依法取得批准或者进行备案。

个人不得设立病原微生物实验室或者从事病原微生物实验活动。

第四十五条　国家根据对病原微生物的生物安全防护水平，对病原微生物实验室实行分等级管理。

从事病原微生物实验活动应当在相应等级的实验室进行。低等级病原微生物实验室不得从事国家病原微生物目录规定应当在高等级病原微生物实验室进行的病原微生物实验活动。

第四十六条　高等级病原微生物实验室从事高致病性或者疑似高致病性病原微生物

实验活动，应当经省级以上人民政府卫生健康或者农业农村主管部门批准，并将实验活动情况向批准部门报告。

对我国尚未发现或者已经宣布消灭的病原微生物，未经批准不得从事相关实验活动。

第四十七条 病原微生物实验室应当采取措施，加强对实验动物的管理，防止实验动物逃逸，对使用后的实验动物按照国家规定进行无害化处理，实现实验动物可追溯。禁止将使用后的实验动物流入市场。

病原微生物实验室应当加强对实验活动废弃物的管理，依法对废水、废气以及其他废弃物进行处置，采取措施防止污染。

第四十八条 病原微生物实验室的设立单位负责实验室的生物安全管理，制定科学、严格的管理制度，定期对有关生物安全规定的落实情况进行检查，对实验室设施、设备、材料等进行检查、维护和更新，确保其符合国家标准。

病原微生物实验室设立单位的法定代表人和实验室负责人对实验室的生物安全负责。

第四十九条 病原微生物实验室的设立单位应当建立和完善安全保卫制度，采取安全保卫措施，保障实验室及其病原微生物的安全。

国家加强对高等级病原微生物实验室的安全保卫。高等级病原微生物实验室应当接受公安机关等部门有关实验室安全保卫工作的监督指导，严防高致病性病原微生物泄漏、丢失和被盗、被抢。

国家建立高等级病原微生物实验室人员进入审核制度。进入高等级病原微生物实验室的人员应当经实验室负责人批准。对可能影响实验室生物安全的，不予批准；对批准进入的，应当采取安全保障措施。

第五十条 病原微生物实验室的设立单位应当制定生物安全事件应急预案，定期组织开展人员培训和应急演练。发生高致病性病原微生物泄漏、丢失和被盗、被抢或者其他生物安全风险的，应当按照应急预案的规定及时采取控制措施，并按照国家规定报告。

第五十一条 病原微生物实验室所在地省级人民政府及其卫生健康主管部门应当加强实验室所在地感染性疾病医疗资源配置，提高感染性疾病医疗救治能力。

第五十二条 企业对涉及病原微生物操作的生产车间的生物安全管理，依照有关病原微生物实验室的规定和其他生物安全管理规范进行。

涉及生物毒素、植物有害生物及其他生物因子操作的生物安全实验室的建设和管理，参照有关病原微生物实验室的规定执行。

第六章　人类遗传资源与生物资源安全

第五十三条 国家加强对我国人类遗传资源和生物资源采集、保藏、利用、对外提供等活动的管理和监督，保障人类遗传资源和生物资源安全。

国家对我国人类遗传资源和生物资源享有主权。

第五十四条 国家开展人类遗传资源和生物资源调查。

国务院科学技术主管部门组织开展我国人类遗传资源调查，制定重要遗传家系和特定地区人类遗传资源申报登记办法。

国务院科学技术、自然资源、生态环境、卫生健康、农业农村、林业草原、中医药主管部门根据职责分工，组织开展生物资源调查，制定重要生物资源申报登记办法。

第五十五条 采集、保藏、利用、对外提供我国人类遗传资源，应当符合伦理原则，不得危害公众健康、国家安全和社会公共利益。

第五十六条　从事下列活动，应当经国务院科学技术主管部门批准：

（一）采集我国重要遗传家系、特定地区人类遗传资源或者采集国务院科学技术主管部门规定的种类、数量的人类遗传资源；

（二）保藏我国人类遗传资源；

（三）利用我国人类遗传资源开展国际科学研究合作；

（四）将我国人类遗传资源材料运送、邮寄、携带出境。

前款规定不包括以临床诊疗、采供血服务、查处违法犯罪、兴奋剂检测和殡葬等为目的采集、保藏人类遗传资源及开展的相关活动。

为了取得相关药品和医疗器械在我国上市许可，在临床试验机构利用我国人类遗传资源开展国际合作临床试验、不涉及人类遗传资源出境的，不需要批准；但是，在开展临床试验前应当将拟使用的人类遗传资源种类、数量及用途向国务院科学技术主管部门备案。

境外组织、个人及其设立或者实际控制的机构不得在我国境内采集、保藏我国人类遗传资源，不得向境外提供我国人类遗传资源。

第五十七条　将我国人类遗传资源信息向境外组织、个人及其设立或者实际控制的机构提供或者开放使用的，应当向国务院科学技术主管部门事先报告并提交信息备份。

第五十八条　采集、保藏、利用、运输出境我国珍贵、濒危、特有物种及其可用于再生或者繁殖传代的个体、器官、组织、细胞、基因等遗传资源，应当遵守有关法律法规。

境外组织、个人及其设立或者实际控制的机构获取和利用我国生物资源，应当依法取得批准。

第五十九条　利用我国生物资源开展国际科学研究合作，应当依法取得批准。

利用我国人类遗传资源和生物资源开展国际科学研究合作，应当保证中方单位及其研究人员全过程、实质性地参与研究，依法分享相关权益。

第六十条　国家加强对外来物种入侵的防范和应对，保护生物多样性。国务院农业农村主管部门会同国务院其他有关部门制定外来入侵物种名录和管理办法。

国务院有关部门根据职责分工，加强对外来入侵物种的调查、监测、预警、控制、评估、清除以及生态修复等工作。

任何单位和个人未经批准，不得擅自引进、释放或者丢弃外来物种。

第七章　防范生物恐怖与生物武器威胁

第六十一条　国家采取一切必要措施防范生物恐怖与生物武器威胁。

禁止开发、制造或者以其他方式获取、储存、持有和使用生物武器。

禁止以任何方式唆使、资助、协助他人开发、制造或者以其他方式获取生物武器。

第六十二条　国务院有关部门制定、修改、公布可被用于生物恐怖活动、制造生物武器的生物体、生物毒素、设备或者技术清单，加强监管，防止其被用于制造生物武器或者恐怖目的。

第六十三条　国务院有关部门和有关军事机关根据职责分工，加强对可被用于生物恐怖活动、制造生物武器的生物体、生物毒素、设备或者技术进出境、进出口、获取、制造、转移和投放等活动的监测、调查，采取必要的防范和处置措施。

第六十四条　国务院有关部门、省级人民政府及其有关部门负责组织遭受生物恐怖袭击、生物武器攻击后的人员救治与安置、环境消毒、生态修复、安全监测和社会秩序恢复等工作。

国务院有关部门、省级人民政府及其有关部门应当有效引导社会舆论科学、准确报道生物恐怖袭击和生物武器攻击事件，及时发布疏散、转移和紧急避难等信息，对应急处置与恢复过程中遭受污染的区域和人员进行长期环境监测和健康监测。

第六十五条 国家组织开展对我国境内战争遗留生物武器及其危害结果、潜在影响的调查。

国家组织建设存放和处理战争遗留生物武器设施，保障对战争遗留生物武器的安全处置。

第八章 生物安全能力建设

第六十六条 国家制定生物安全事业发展规划，加强生物安全能力建设，提高应对生物安全事件的能力和水平。

县级以上人民政府应当支持生物安全事业发展，按照事权划分，将支持下列生物安全事业发展的相关支出列入政府预算：

（一）监测网络的构建和运行；

（二）应急处置和防控物资的储备；

（三）关键基础设施的建设和运行；

（四）关键技术和产品的研究、开发；

（五）人类遗传资源和生物资源的调查、保藏；

（六）法律法规规定的其他重要生物安全事业。

第六十七条 国家采取措施支持生物安全科技研究，加强生物安全风险防御与管控技术研究，整合优势力量和资源，建立多学科、多部门协同创新的联合攻关机制，推动生物安全核心关键技术和重大防御产品的成果产出与转化应用，提高生物安全的科技保障能力。

第六十八条 国家统筹布局全国生物安全基础设施建设。国务院有关部门根据职责分工，加快建设生物信息、人类遗传资源保藏、菌（毒）种保藏、动植物遗传资源保藏、高等级病原微生物实验室等方面的生物安全国家战略资源平台，建立共享利用机制，为生物安全科技创新提供战略保障和支撑。

第六十九条 国务院有关部门根据职责分工，加强生物基础科学研究人才和生物领域专业技术人才培养，推动生物基础科学学科建设和科学研究。

国家生物安全基础设施重要岗位的从业人员应当具备符合要求的资格，相关信息应当向国务院有关部门备案，并接受岗位培训。

第七十条 国家加强重大新发突发传染病、动植物疫情等生物安全风险防控的物资储备。

国家加强生物安全应急药品、装备等物资的研究、开发和技术储备。国务院有关部门根据职责分工，落实生物安全应急药品、装备等物资研究、开发和技术储备的相关措施。

国务院有关部门和县级以上地方人民政府及其有关部门应当保障生物安全事件应急处置所需的医疗救护设备、救治药品、医疗器械等物资的生产、供应和调配；交通运输主管部门应当及时组织协调运输经营单位优先运送。

第七十一条 国家对从事高致病性病原微生物实验活动、生物安全事件现场处置等高风险生物安全工作的人员，提供有效的防护措施和医疗保障。

第九章 法律责任

第七十二条 违反本法规定，履行生物安全管理职责的工作人员在生物安全工作中滥用职权、玩忽职守、徇私舞弊或者有其他违法行为的，依法给予处分。

第七十三条　违反本法规定，医疗机构、专业机构或者其工作人员瞒报、谎报、缓报、漏报，授意他人瞒报、谎报、缓报，或者阻碍他人报告传染病、动植物疫病或者不明原因的聚集性疾病的，由县级以上人民政府有关部门责令改正，给予警告；对法定代表人、主要负责人、直接负责的主管人员和其他直接责任人员，依法给予处分，并可以依法暂停一定期限的执业活动直至吊销相关执业证书。

违反本法规定，编造、散布虚假的生物安全信息，构成违反治安管理行为的，由公安机关依法给予治安管理处罚。

第七十四条　违反本法规定，从事国家禁止的生物技术研究、开发与应用活动的，由县级以上人民政府卫生健康、科学技术、农业农村主管部门根据职责分工，责令停止违法行为，没收违法所得、技术资料和用于违法行为的工具、设备、原材料等物品，处一百万元以上一千万元以下的罚款，违法所得在一百万元以上的，处违法所得十倍以上二十倍以下的罚款，并可以依法禁止一定期限内从事相应的生物技术研究、开发与应用活动，吊销相关许可证件；对法定代表人、主要负责人、直接负责的主管人员和其他直接责任人员，依法给予处分，处十万元以上二十万元以下的罚款，十年直至终身禁止从事相应的生物技术研究、开发与应用活动，依法吊销相关执业证书。

第七十五条　违反本法规定，从事生物技术研究、开发活动未遵守国家生物技术研究开发安全管理规范的，由县级以上人民政府有关部门根据职责分工，责令改正，给予警告，可以并处二万元以上二十万元以下的罚款；拒不改正或者造成严重后果的，责令停止研究、开发活动，并处二十万元以上二百万元以下的罚款。

第七十六条　违反本法规定，从事病原微生物实验活动未在相应等级的实验室进行，或者高等级病原微生物实验室未经批准从事高致病性、疑似高致病性病原微生物实验活动的，由县级以上地方人民政府卫生健康、农业农村主管部门根据职责分工，责令停止违法行为，监督其将用于实验活动的病原微生物销毁或者送交保藏机构，给予警告；造成传染病传播、流行或者其他严重后果的，对法定代表人、主要负责人、直接负责的主管人员和其他直接责任人员依法给予撤职、开除处分。

第七十七条　违反本法规定，将使用后的实验动物流入市场的，由县级以上人民政府科学技术主管部门责令改正，没收违法所得，并处二十万元以上一百万元以下的罚款，违法所得在二十万元以上的，并处违法所得五倍以上十倍以下的罚款；情节严重的，由发证部门吊销相关许可证件。

第七十八条　违反本法规定，有下列行为之一的，由县级以上人民政府有关部门根据职责分工，责令改正，没收违法所得，给予警告，可以并处十万元以上一百万元以下的罚款：

（一）购买或者引进列入管控清单的重要设备、特殊生物因子未进行登记，或者未报国务院有关部门备案；

（二）个人购买或者持有列入管控清单的重要设备或者特殊生物因子；

（三）个人设立病原微生物实验室或者从事病原微生物实验活动；

（四）未经实验室负责人批准进入高等级病原微生物实验室。

第七十九条　违反本法规定，未经批准，采集、保藏我国人类遗传资源或者利用我国人类遗传资源开展国际科学研究合作的，由国务院科学技术主管部门责令停止违法行为，没收违法所得和违法采集、保藏的人类遗传资源，并处五十万元以上五百万元以下的罚款，违法所得在一百万元以上的，并处违法所得五倍以上十倍以下的罚款；情节严重的，对法定代表人、主要负责人、直接负责的主管人员和其他直接责任人员，依法给予处分，五年内禁止从事相应活动。

第八十条 违反本法规定，境外组织、个人及其设立或者实际控制的机构在我国境内采集、保藏我国人类遗传资源，或者向境外提供我国人类遗传资源的，由国务院科学技术主管部门责令停止违法行为，没收违法所得和违法采集、保藏的人类遗传资源，并处一百万元以上一千万元以下的罚款；违法所得在一百万元以上的，并处违法所得十倍以上二十倍以下的罚款。

第八十一条 违反本法规定，未经批准，擅自引进外来物种的，由县级以上人民政府有关部门根据职责分工，没收引进的外来物种，并处五万元以上二十五万元以下的罚款。

违反本法规定，未经批准，擅自释放或者丢弃外来物种的，由县级以上人民政府有关部门根据职责分工，责令限期捕回、找回释放或者丢弃的外来物种，处一万元以上五万元以下的罚款。

第八十二条 违反本法规定，构成犯罪的，依法追究刑事责任；造成人身、财产或者其他损害的，依法承担民事责任。

第八十三条 违反本法规定的生物安全违法行为，本法未规定法律责任，其他有关法律、行政法规有规定的，依照其规定。

第八十四条 境外组织或者个人通过运输、邮寄、携带危险生物因子入境或者以其他方式危害我国生物安全的，依法追究法律责任，并可以采取其他必要措施。

第十章 附 则

第八十五条 本法下列术语的含义：

（一）生物因子，是指动物、植物、微生物、生物毒素及其他生物活性物质。

（二）重大新发突发传染病，是指我国境内首次出现或者已经宣布消灭再次发生，或者突然发生，造成或者可能造成公众健康和生命安全严重损害，引起社会恐慌，影响社会稳定的传染病。

（三）重大新发突发动物疫情，是指我国境内首次发生或者已经宣布消灭的动物疫病再次发生，或者发病率、死亡率较高的潜伏动物疫病突然发生并迅速传播，给养殖业生产安全造成严重威胁、危害，以及可能对公众健康和生命安全造成危害的情形。

（四）重大新发突发植物疫情，是指我国境内首次发生或者已经宣布消灭的严重危害植物的真菌、细菌、病毒、昆虫、线虫、杂草、害鼠、软体动物等再次引发病虫害，或者本地有害生物突然大范围发生并迅速传播，对农作物、林木等植物造成严重危害的情形。

（五）生物技术研究、开发与应用，是指通过科学和工程原理认识、改造、合成、利用生物而从事的科学研究、技术开发与应用等活动。

（六）病原微生物，是指可以侵犯人、动物引起感染甚至传染病的微生物，包括病毒、细菌、真菌、立克次体、寄生虫等。

（七）植物有害生物，是指能够对农作物、林木等植物造成危害的真菌、细菌、病毒、昆虫、线虫、杂草、害鼠、软体动物等生物。

（八）人类遗传资源，包括人类遗传资源材料和人类遗传资源信息。人类遗传资源材料是指含有人体基因组、基因等遗传物质的器官、组织、细胞等遗传材料。人类遗传资源信息是指利用人类遗传资源材料产生的数据等信息资料。

（九）微生物耐药，是指微生物对抗微生物药物产生抗性，导致抗微生物药物不能有效控制微生物的感染。

（十）生物武器，是指类型和数量不属于预防、保护或者其他和平用途所正当需要的、任何来源或者任何方法产生的微生物剂、其他生物剂以及生物毒素；也包括为将上述生物剂、生物毒素使用于敌对目的或者武装冲突而设计的武器、设备或者运载工具。

（十一）生物恐怖，是指故意使用致病性微生物、生物毒素等实施袭击，损害人类或者动植物健康，引起社会恐慌，企图达到特定政治目的的行为。

第八十六条　生物安全信息属于国家秘密的，应当依照《中华人民共和国保守国家秘密法》和国家其他有关保密规定实施保密管理。

第八十七条　中国人民解放军、中国人民武装警察部队的生物安全活动，由中央军事委员会依照本法规定的原则另行规定。

第八十八条　本法自2021年4月15日起施行。

中华人民共和国动物防疫法

（1997 年 7 月 3 日第八届全国人民代表大会常务委员会第二十六次会议通过；2007 年 8 月 30 日第十届全国人民代表大会常务委员会第二十九次会议第一次修订；根据 2013 年 6 月 29 日第十二届全国人民代表大会常务委员会第三次会议《关于修改〈中华人民共和国文物保护法〉等十二部法律的决定》第一次修正；根据 2015 年 4 月 24 日第十二届全国人民代表大会常务委员会第十四次会议《关于修改〈中华人民共和国电力法〉等六部法律的决定》第二次修正；2021 年 1 月 22 日第十三届全国人民代表大会常务委员会第二十五次会议第二次修订）

第一章　总　　则

第一条　为了加强对动物防疫活动的管理，预防、控制、净化、消灭动物疫病，促进养殖业发展，防控人畜共患传染病，保障公共卫生安全和人体健康，制定本法。

第二条　本法适用于在中华人民共和国领域内的动物防疫及其监督管理活动。

进出境动物、动物产品的检疫，适用《中华人民共和国进出境动植物检疫法》。

第三条　本法所称动物，是指家畜家禽和人工饲养、捕获的其他动物。

本法所称动物产品，是指动物的肉、生皮、原毛、绒、脏器、脂、血液、精液、卵、胚胎、骨、蹄、头、角、筋以及可能传播动物疫病的奶、蛋等。

本法所称动物疫病，是指动物传染病，包括寄生虫病。

本法所称动物防疫，是指动物疫病的预防、控制、诊疗、净化、消灭和动物、动物产品的检疫，以及病死动物、病害动物产品的无害化处理。

第四条　根据动物疫病对养殖业生产和人体健康的危害程度，本法规定的动物疫病分为下列三类：

（一）一类疫病，是指口蹄疫、非洲猪瘟、高致病性禽流感等对人、动物构成特别严重危害，可能造成重大经济损失和社会影响，需要采取紧急、严厉的强制预防、控制等措施的；

（二）二类疫病，是指狂犬病、布鲁氏菌病、草鱼出血病等对人、动物构成严重危害，可能造成较大经济损失和社会影响，需要采取严格预防、控制等措施的；

（三）三类疫病，是指大肠杆菌病、禽结核病、鳖腮腺炎病等常见多发，对人、动物构成危害，可能造成一定程度的经济损失和社会影响，需要及时预防、控制的。

前款一、二、三类动物疫病具体病种名录由国务院农业农村主管部门制定并公布。国务院农业农村主管部门应当根据动物疫病发生、流行情况和危害程度，及时增加、减少或者调整一、二、三类动物疫病具体病种并予以公布。

人畜共患传染病名录由国务院农业农村主管部门会同国务院卫生健康、野生动物保护等主管部门制定并公布。

第五条　动物防疫实行预防为主，预防与控制、净化、消灭相结合的方针。

第六条　国家鼓励社会力量参与动物防疫工作。各级人民政府采取措施，支持单位和个人参与动物防疫的宣传教育、疫情报告、志愿服务和捐赠等活动。

第七条　从事动物饲养、屠宰、经营、隔离、运输以及动物产品生产、经营、加工、贮藏等活动的单位和个人，依照本法和国务院农业农村主管部门的规定，做好免疫、消毒、检测、隔离、净化、消灭、无害化处理等动物防疫工作，承担动物防疫相关责任。

第八条　县级以上人民政府对动物防疫工作实行统一领导，采取有效措施稳定基层机构队伍，加强动物防疫队伍建设，建立健全动物防疫体系，制定并组织实施动物疫病防治规划。

乡级人民政府、街道办事处组织群众做好本辖区的动物疫病预防与控制工作，村民委员会、居民委员会予以协助。

第九条　国务院农业农村主管部门主管全国的动物防疫工作。

县级以上地方人民政府农业农村主管部门主管本行政区域的动物防疫工作。

县级以上人民政府其他有关部门在各自职责范围内做好动物防疫工作。

军队动物卫生监督职能部门负责军队现役动物和饲养自用动物的防疫工作。

第十条　县级以上人民政府卫生健康主管部门和本级人民政府农业农村、野生动物保护等主管部门应当建立人畜共患传染病防治的协作机制。

国务院农业农村主管部门和海关总署等部门应当建立防止境外动物疫病输入的协作机制。

第十一条　县级以上地方人民政府的动物卫生监督机构依照本法规定，负责动物、动物产品的检疫工作。

第十二条　县级以上人民政府按照国务院的规定，根据统筹规划、合理布局、综合设置的原则建立动物疫病预防控制机构。

动物疫病预防控制机构承担动物疫病的监测、检测、诊断、流行病学调查、疫情报告以及其他预防、控制等技术工作；承担动物疫病净化、消灭的技术工作。

第十三条　国家鼓励和支持开展动物疫病的科学研究以及国际合作与交流，推广先进适用的科学研究成果，提高动物疫病防治的科学技术水平。

各级人民政府和有关部门、新闻媒体，应当加强对动物防疫法律法规和动物防疫知识的宣传。

第十四条　对在动物防疫工作、相关科学研究、动物疫情扑灭中做出贡献的单位和个人，各级人民政府和有关部门按照国家有关规定给予表彰、奖励。

有关单位应当依法为动物防疫人员缴纳工伤保险费。对因参与动物防疫工作致病、致残、死亡的人员，按照国家有关规定给予补助或者抚恤。

第二章　动物疫病的预防

第十五条　国家建立动物疫病风险评估制度。

国务院农业农村主管部门根据国内外动物疫情以及保护养殖业生产和人体健康的需要，及时会同国务院卫生健康等有关部门对动物疫病进行风险评估，并制定、公布动物疫病预防、控制、净化、消灭措施和技术规范。

省、自治区、直辖市人民政府农业农村主管部门会同本级人民政府卫生健康等有关部门开展本行政区域的动物疫病风险评估，并落实动物疫病预防、控制、净化、消灭措施。

第十六条　国家对严重危害养殖业生产和人体健康的动物疫病实施强制免疫。

国务院农业农村主管部门确定强制免疫的动物疫病病种和区域。

省、自治区、直辖市人民政府农业农村主管部门制定本行政区域的强制免疫计划；

根据本行政区域动物疫病流行情况增加实施强制免疫的动物疫病病种和区域，报本级人民政府批准后执行，并报国务院农业农村主管部门备案。

第十七条 饲养动物的单位和个人应当履行动物疫病强制免疫义务，按照强制免疫计划和技术规范，对动物实施免疫接种，并按照国家有关规定建立免疫档案、加施畜禽标识，保证可追溯。

实施强制免疫接种的动物未达到免疫质量要求，实施补充免疫接种后仍不符合免疫质量要求的，有关单位和个人应当按照国家有关规定处理。

用于预防接种的疫苗应当符合国家质量标准。

第十八条 县级以上地方人民政府农业农村主管部门负责组织实施动物疫病强制免疫计划，并对饲养动物的单位和个人履行强制免疫义务的情况进行监督检查。

乡级人民政府、街道办事处组织本辖区饲养动物的单位和个人做好强制免疫，协助做好监督检查；村民委员会、居民委员会协助做好相关工作。

县级以上地方人民政府农业农村主管部门应当定期对本行政区域的强制免疫计划实施情况和效果进行评估，并向社会公布评估结果。

第十九条 国家实行动物疫病监测和疫情预警制度。

县级以上人民政府建立健全动物疫病监测网络，加强动物疫病监测。

国务院农业农村主管部门会同国务院有关部门制定国家动物疫病监测计划。省、自治区、直辖市人民政府农业农村主管部门根据国家动物疫病监测计划，制定本行政区域的动物疫病监测计划。

动物疫病预防控制机构按照国务院农业农村主管部门的规定和动物疫病监测计划，对动物疫病的发生、流行等情况进行监测；从事动物饲养、屠宰、经营、隔离、运输以及动物产品生产、经营、加工、贮藏、无害化处理等活动的单位和个人不得拒绝或者阻碍。

国务院农业农村主管部门和省、自治区、直辖市人民政府农业农村主管部门根据对动物疫病发生、流行趋势的预测，及时发出动物疫情预警。地方各级人民政府接到动物疫情预警后，应当及时采取预防、控制措施。

第二十条 陆路边境省、自治区人民政府根据动物疫病防控需要，合理设置动物疫病监测站点，健全监测工作机制，防范境外动物疫病传入。

科技、海关等部门按照本法和有关法律法规的规定做好动物疫病监测预警工作，并定期与农业农村主管部门互通情况，紧急情况及时通报。

县级以上人民政府应当完善野生动物疫源疫病监测体系和工作机制，根据需要合理布局监测站点；野生动物保护、农业农村主管部门按照职责分工做好野生动物疫源疫病监测等工作，并定期互通情况，紧急情况及时通报。

第二十一条 国家支持地方建立无规定动物疫病区，鼓励动物饲养场建设无规定动物疫病生物安全隔离区。对符合国务院农业农村主管部门规定标准的无规定动物疫病区和无规定动物疫病生物安全隔离区，国务院农业农村主管部门验收合格予以公布，并对其维持情况进行监督检查。

省、自治区、直辖市人民政府制定并组织实施本行政区域的无规定动物疫病区建设方案。国务院农业农村主管部门指导跨省、自治区、直辖市无规定动物疫病区建设。

国务院农业农村主管部门根据行政区划、养殖屠宰产业布局、风险评估情况等对动物疫病实施分区防控，可以采取禁止或者限制特定动物、动物产品跨区域调运等措施。

第二十二条　国务院农业农村主管部门制定并组织实施动物疫病净化、消灭规划。

县级以上地方人民政府根据动物疫病净化、消灭规划，制定并组织实施本行政区域的动物疫病净化、消灭计划。

动物疫病预防控制机构按照动物疫病净化、消灭规划、计划，开展动物疫病净化技术指导、培训，对动物疫病净化效果进行监测、评估。

国家推进动物疫病净化，鼓励和支持饲养动物的单位和个人开展动物疫病净化。饲养动物的单位和个人达到国务院农业农村主管部门规定的净化标准的，由省级以上人民政府农业农村主管部门予以公布。

第二十三条　种用、乳用动物应当符合国务院农业农村主管部门规定的健康标准。

饲养种用、乳用动物的单位和个人，应当按照国务院农业农村主管部门的要求，定期开展动物疫病检测；检测不合格的，应当按照国家有关规定处理。

第二十四条　动物饲养场和隔离场所、动物屠宰加工场所以及动物和动物产品无害化处理场所，应当符合下列动物防疫条件：

（一）场所的位置与居民生活区、生活饮用水水源地、学校、医院等公共场所的距离符合国务院农业农村主管部门的规定；

（二）生产经营区域封闭隔离，工程设计和有关流程符合动物防疫要求；

（三）有与其规模相适应的污水、污物处理设施，病死动物、病害动物产品无害化处理设施设备或者冷藏冷冻设施设备，以及清洗消毒设施设备；

（四）有与其规模相适应的执业兽医或者动物防疫技术人员；

（五）有完善的隔离消毒、购销台账、日常巡查等动物防疫制度；

（六）具备国务院农业农村主管部门规定的其他动物防疫条件。

动物和动物产品无害化处理场所除应当符合前款规定的条件外，还应当具有病原检测设备、检测能力和符合动物防疫要求的专用运输车辆。

第二十五条　国家实行动物防疫条件审查制度。

开办动物饲养场和隔离场所、动物屠宰加工场所以及动物和动物产品无害化处理场所，应当向县级以上地方人民政府农业农村主管部门提出申请，并附具相关材料。受理申请的农业农村主管部门应当依照本法和《中华人民共和国行政许可法》的规定进行审查。经审查合格的，发给动物防疫条件合格证；不合格的，应当通知申请人并说明理由。

动物防疫条件合格证应当载明申请人的名称（姓名）、场（厂）址、动物（动物产品）种类等事项。

第二十六条　经营动物、动物产品的集贸市场应当具备国务院农业农村主管部门规定的动物防疫条件，并接受农业农村主管部门的监督检查。具体办法由国务院农业农村主管部门制定。

县级以上地方人民政府应当根据本地情况，决定在城市特定区域禁止家畜家禽活体交易。

第二十七条　动物、动物产品的运载工具、垫料、包装物、容器等应当符合国务院农业农村主管部门规定的动物防疫要求。

染疫动物及其排泄物、染疫动物产品，运载工具中的动物排泄物以及垫料、包装物、容器等被污染的物品，应当按照国家有关规定处理，不得随意处置。

第二十八条　采集、保存、运输动物病料或者病原微生物以及从事病原微生物研究、教学、检测、诊断等活动，应当遵守国家有关病原微生物实验室管理的规定。

第二十九条　禁止屠宰、经营、运输下列动物和生产、经营、加工、贮藏、运输下列动物产品：

（一）封锁疫区内与所发生动物疫病有关的；

（二）疫区内易感染的；

（三）依法应当检疫而未经检疫或者检疫不合格的；

（四）染疫或者疑似染疫的；

（五）病死或者死因不明的；

（六）其他不符合国务院农业农村主管部门有关动物防疫规定的。

因实施集中无害化处理需要暂存、运输动物和动物产品并按照规定采取防疫措施的，不适用前款规定。

第三十条 单位和个人饲养犬只，应当按照规定定期免疫接种狂犬病疫苗，凭动物诊疗机构出具的免疫证明向所在地养犬登记机关申请登记。

携带犬只出户的，应当按照规定佩戴犬牌并采取系犬绳等措施，防止犬只伤人、疫病传播。

街道办事处、乡级人民政府组织协调居民委员会、村民委员会，做好本辖区流浪犬、猫的控制和处置，防止疫病传播。

县级人民政府和乡级人民政府、街道办事处应当结合本地实际，做好农村地区饲养犬只的防疫管理工作。

饲养犬只防疫管理的具体办法，由省、自治区、直辖市制定。

第三章 动物疫情的报告、通报和公布

第三十一条 从事动物疫病监测、检测、检验检疫、研究、诊疗以及动物饲养、屠宰、经营、隔离、运输等活动的单位和个人，发现动物染疫或者疑似染疫的，应当立即向所在地农业农村主管部门或者动物疫病预防控制机构报告，并迅速采取隔离等控制措施，防止动物疫情扩散。其他单位和个人发现动物染疫或者疑似染疫的，应当及时报告。

接到动物疫情报告的单位，应当及时采取临时隔离控制等必要措施，防止延误防控时机，并及时按照国家规定的程序上报。

第三十二条 动物疫情由县级以上人民政府农业农村主管部门认定；其中重大动物疫情由省、自治区、直辖市人民政府农业农村主管部门认定，必要时报国务院农业农村主管部门认定。

本法所称重大动物疫情，是指一、二、三类动物疫病突然发生，迅速传播，给养殖业生产安全造成严重威胁、危害，以及可能对公众身体健康与生命安全造成危害的情形。

在重大动物疫情报告期间，必要时，所在地县级以上地方人民政府可以作出封锁决定并采取扑杀、销毁等措施。

第三十三条 国家实行动物疫情通报制度。

国务院农业农村主管部门应当及时向国务院卫生健康等有关部门和军队有关部门以及省、自治区、直辖市人民政府农业农村主管部门通报重大动物疫情的发生和处置情况。

海关发现进出境动物和动物产品染疫或者疑似染疫的，应当及时处置并向农业农村主管部门通报。

县级以上地方人民政府野生动物保护主管部门发现野生动物染疫或者疑似染疫的，应当及时处置并向本级人民政府农业农村主管部门通报。

国务院农业农村主管部门应当依照我国缔结或者参加的条约、协定，及时向有关国际组织或者贸易方通报重大动物疫情的发生和处置情况。

第三十四条 发生人畜共患传染病疫情时，县级以上人民政府农业农村主管部门与本级人民政府卫生健康、野生动物保护等主

管部门应当及时相互通报。

发生人畜共患传染病时，卫生健康主管部门应当对疫区易感染的人群进行监测，并应当依照《中华人民共和国传染病防治法》的规定及时公布疫情，采取相应的预防、控制措施。

第三十五条　患有人畜共患传染病的人员不得直接从事动物疫病监测、检测、检验检疫、诊疗以及易感染动物的饲养、屠宰、经营、隔离、运输等活动。

第三十六条　国务院农业农村主管部门向社会及时公布全国动物疫情，也可以根据需要授权省、自治区、直辖市人民政府农业农村主管部门公布本行政区域的动物疫情。其他单位和个人不得发布动物疫情。

第三十七条　任何单位和个人不得瞒报、谎报、迟报、漏报动物疫情，不得授意他人瞒报、谎报、迟报动物疫情，不得阻碍他人报告动物疫情。

第四章　动物疫病的控制

第三十八条　发生一类动物疫病时，应当采取下列控制措施：

（一）所在地县级以上地方人民政府农业农村主管部门应当立即派人到现场，划定疫点、疫区、受威胁区，调查疫源，及时报请本级人民政府对疫区实行封锁。疫区范围涉及两个以上行政区域的，由有关行政区域共同的上一级人民政府对疫区实行封锁，或者由各有关行政区域的上一级人民政府共同对疫区实行封锁。必要时，上级人民政府可以责成下级人民政府对疫区实行封锁；

（二）县级以上地方人民政府应当立即组织有关部门和单位采取封锁、隔离、扑杀、销毁、消毒、无害化处理、紧急免疫接种等强制性措施；

（三）在封锁期间，禁止染疫、疑似染疫和易感染的动物、动物产品流出疫区，禁止非疫区的易感染动物进入疫区，并根据需要对出入疫区的人员、运输工具及有关物品采取消毒和其他限制性措施。

第三十九条　发生二类动物疫病时，应当采取下列控制措施：

（一）所在地县级以上地方人民政府农业农村主管部门应当划定疫点、疫区、受威胁区；

（二）县级以上地方人民政府根据需要组织有关部门和单位采取隔离、扑杀、销毁、消毒、无害化处理、紧急免疫接种、限制易感染的动物和动物产品及有关物品出入等措施。

第四十条　疫点、疫区、受威胁区的撤销和疫区封锁的解除，按照国务院农业农村主管部门规定的标准和程序评估后，由原决定机关决定并宣布。

第四十一条　发生三类动物疫病时，所在地县级、乡级人民政府应当按照国务院农业农村主管部门的规定组织防治。

第四十二条　二、三类动物疫病呈暴发性流行时，按照一类动物疫病处理。

第四十三条　疫区内有关单位和个人，应当遵守县级以上人民政府及其农业农村主管部门依法作出的有关控制动物疫病的规定。

任何单位和个人不得藏匿、转移、盗掘已被依法隔离、封存、处理的动物和动物产品。

第四十四条　发生动物疫情时，航空、铁路、道路、水路运输企业应当优先组织运送防疫人员和物资。

第四十五条　国务院农业农村主管部门根据动物疫病的性质、特点和可能造成的社会危害，制定国家重大动物疫情应急预案报国务院批准，并按照不同动物疫病病种、流行特点和危害程度，分别制定实施方案。

县级以上地方人民政府根据上级重大动

物疫情应急预案和本地区的实际情况，制定本行政区域的重大动物疫情应急预案，报上一级人民政府农业农村主管部门备案，并抄送上一级人民政府应急管理部门。县级以上地方人民政府农业农村主管部门按照不同动物疫病病种、流行特点和危害程度，分别制定实施方案。

重大动物疫情应急预案和实施方案根据疫情状况及时调整。

第四十六条 发生重大动物疫情时，国务院农业农村主管部门负责划定动物疫病风险区，禁止或者限制特定动物、动物产品由高风险区向低风险区调运。

第四十七条 发生重大动物疫情时，依照法律和国务院的规定以及应急预案采取应急处置措施。

第五章　动物和动物产品的检疫

第四十八条 动物卫生监督机构依照本法和国务院农业农村主管部门的规定对动物、动物产品实施检疫。

动物卫生监督机构的官方兽医具体实施动物、动物产品检疫。

第四十九条 屠宰、出售或者运输动物以及出售或者运输动物产品前，货主应当按照国务院农业农村主管部门的规定向所在地动物卫生监督机构申报检疫。

动物卫生监督机构接到检疫申报后，应当及时指派官方兽医对动物、动物产品实施检疫；检疫合格的，出具检疫证明、加施检疫标志。实施检疫的官方兽医应当在检疫证明、检疫标志上签字或者盖章，并对检疫结论负责。

动物饲养场、屠宰企业的执业兽医或者动物防疫技术人员，应当协助官方兽医实施检疫。

第五十条 因科研、药用、展示等特殊情形需要非食用性利用的野生动物，应当按照国家有关规定报动物卫生监督机构检疫，检疫合格的，方可利用。

人工捕获的野生动物，应当按照国家有关规定报捕获地动物卫生监督机构检疫，检疫合格的，方可饲养、经营和运输。

国务院农业农村主管部门会同国务院野生动物保护主管部门制定野生动物检疫办法。

第五十一条 屠宰、经营、运输的动物，以及用于科研、展示、演出和比赛等非食用性利用的动物，应当附有检疫证明；经营和运输的动物产品，应当附有检疫证明、检疫标志。

第五十二条 经航空、铁路、道路、水路运输动物和动物产品的，托运人托运时应当提供检疫证明；没有检疫证明的，承运人不得承运。

进出口动物和动物产品，承运人凭进口报关单证或者海关签发的检疫单证运递。

从事动物运输的单位、个人以及车辆，应当向所在地县级人民政府农业农村主管部门备案，妥善保存行程路线和托运人提供的动物名称、检疫证明编号、数量等信息。具体办法由国务院农业农村主管部门制定。

运载工具在装载前和卸载后应当及时清洗、消毒。

第五十三条 省、自治区、直辖市人民政府确定并公布道路运输的动物进入本行政区域的指定通道，设置引导标志。跨省、自治区、直辖市通过道路运输动物的，应当经省、自治区、直辖市人民政府设立的指定通道入省境或者过省境。

第五十四条 输入到无规定动物疫病区的动物、动物产品，货主应当按照国务院农业农村主管部门的规定向无规定动物疫病区所在地动物卫生监督机构申报检疫，经检疫合格的，方可进入。

第五十五条 跨省、自治区、直辖市引进的种用、乳用动物到达输入地后，货主应当按照国务院农业农村主管部门的规定对引进的种用、乳用动物进行隔离观察。

第五十六条　经检疫不合格的动物、动物产品，货主应当在农业农村主管部门的监督下按照国家有关规定处理，处理费用由货主承担。

第六章　病死动物和病害动物产品的无害化处理

第五十七条　从事动物饲养、屠宰、经营、隔离以及动物产品生产、经营、加工、贮藏等活动的单位和个人，应当按照国家有关规定做好病死动物、病害动物产品的无害化处理，或者委托动物和动物产品无害化处理场所处理。

从事动物、动物产品运输的单位和个人，应当配合做好病死动物和病害动物产品的无害化处理，不得在途中擅自弃置和处理有关动物和动物产品。

任何单位和个人不得买卖、加工、随意弃置病死动物和病害动物产品。

动物和动物产品无害化处理管理办法由国务院农业农村、野生动物保护主管部门按照职责制定。

第五十八条　在江河、湖泊、水库等水域发现的死亡畜禽，由所在地县级人民政府组织收集、处理并溯源。

在城市公共场所和乡村发现的死亡畜禽，由所在地街道办事处、乡级人民政府组织收集、处理并溯源。

在野外环境发现的死亡野生动物，由所在地野生动物保护主管部门收集、处理。

第五十九条　省、自治区、直辖市人民政府制定动物和动物产品集中无害化处理场所建设规划，建立政府主导、市场运作的无害化处理机制。

第六十条　各级财政对病死动物无害化处理提供补助。具体补助标准和办法由县级以上人民政府财政部门会同本级人民政府农业农村、野生动物保护等有关部门制定。

第七章　动物诊疗

第六十一条　从事动物诊疗活动的机构，应当具备下列条件：

（一）有与动物诊疗活动相适应并符合动物防疫条件的场所；

（二）有与动物诊疗活动相适应的执业兽医；

（三）有与动物诊疗活动相适应的兽医器械和设备；

（四）有完善的管理制度。

动物诊疗机构包括动物医院、动物诊所以及其他提供动物诊疗服务的机构。

第六十二条　从事动物诊疗活动的机构，应当向县级以上地方人民政府农业农村主管部门申请动物诊疗许可证。受理申请的农业农村主管部门应当依照本法和《中华人民共和国行政许可法》的规定进行审查。经审查合格的，发给动物诊疗许可证；不合格的，应当通知申请人并说明理由。

第六十三条　动物诊疗许可证应当载明诊疗机构名称、诊疗活动范围、从业地点和法定代表人（负责人）等事项。

动物诊疗许可证载明事项变更的，应当申请变更或者换发动物诊疗许可证。

第六十四条　动物诊疗机构应当按照国务院农业农村主管部门的规定，做好诊疗活动中的卫生安全防护、消毒、隔离和诊疗废弃物处置等工作。

第六十五条　从事动物诊疗活动，应当遵守有关动物诊疗的操作技术规范，使用符合规定的兽药和兽医器械。

兽药和兽医器械的管理办法由国务院规定。

第八章　兽医管理

第六十六条　国家实行官方兽医任命制度。

官方兽医应当具备国务院农业农村主管部门规定的条件，由省、自治区、直辖市人民政府农业农村主管部门按照程序确认，由所在地县级以上人民政府农业农村主管部门任命。具体办法由国务院农业农村主管部门制定。

海关的官方兽医应当具备规定的条件，由海关总署任命。具体办法由海关总署会同国务院农业农村主管部门制定。

第六十七条　官方兽医依法履行动物、动物产品检疫职责，任何单位和个人不得拒绝或者阻碍。

第六十八条　县级以上人民政府农业农村主管部门制定官方兽医培训计划，提供培训条件，定期对官方兽医进行培训和考核。

第六十九条　国家实行执业兽医资格考试制度。具有兽医相关专业大学专科以上学历的人员或者符合条件的乡村兽医，通过执业兽医资格考试的，由省、自治区、直辖市人民政府农业农村主管部门颁发执业兽医资格证书；从事动物诊疗等经营活动的，还应当向所在地县级人民政府农业农村主管部门备案。

执业兽医资格考试办法由国务院农业农村主管部门商国务院人力资源主管部门制定。

第七十条　执业兽医开具兽医处方应当亲自诊断，并对诊断结论负责。

国家鼓励执业兽医接受继续教育。执业兽医所在机构应当支持执业兽医参加继续教育。

第七十一条　乡村兽医可以在乡村从事动物诊疗活动。具体管理办法由国务院农业农村主管部门制定。

第七十二条　执业兽医、乡村兽医应当按照所在地人民政府和农业农村主管部门的要求，参加动物疫病预防、控制和动物疫情扑灭等活动。

第七十三条　兽医行业协会提供兽医信息、技术、培训等服务，维护成员合法权益，按照章程建立健全行业规范和奖惩机制，加强行业自律，推动行业诚信建设，宣传动物防疫和兽医知识。

第九章　监督管理

第七十四条　县级以上地方人民政府农业农村主管部门依照本法规定，对动物饲养、屠宰、经营、隔离、运输以及动物产品生产、经营、加工、贮藏、运输等活动中的动物防疫实施监督管理。

第七十五条　为控制动物疫病，县级人民政府农业农村主管部门应当派人在所在地依法设立的现有检查站执行监督检查任务；必要时，经省、自治区、直辖市人民政府批准，可以设立临时性的动物防疫检查站，执行监督检查任务。

第七十六条　县级以上地方人民政府农业农村主管部门执行监督检查任务，可以采取下列措施，有关单位和个人不得拒绝或者阻碍：

（一）对动物、动物产品按照规定采样、留验、抽检；

（二）对染疫或者疑似染疫的动物、动物产品及相关物品进行隔离、查封、扣押和处理；

（三）对依法应当检疫而未经检疫的动物和动物产品，具备补检条件的实施补检，不具备补检条件的予以收缴销毁；

（四）查验检疫证明、检疫标志和畜禽标识；

（五）进入有关场所调查取证，查阅、复制与动物防疫有关的资料。

县级以上地方人民政府农业农村主管部门根据动物疫病预防、控制需要，经所在地县级以上地方人民政府批准，可以在车站、港口、机场等相关场所派驻官方兽医或者工作人员。

第七十七条　执法人员执行动物防疫监督检查任务，应当出示行政执法证件，佩带统一标志。

县级以上人民政府农业农村主管部门及其工作人员不得从事与动物防疫有关的经营性活动，进行监督检查不得收取任何费用。

第七十八条　禁止转让、伪造或者变造检疫证明、检疫标志或者畜禽标识。

禁止持有、使用伪造或者变造的检疫证明、检疫标志或者畜禽标识。

检疫证明、检疫标志的管理办法由国务院农业农村主管部门制定。

第十章　保障措施

第七十九条　县级以上人民政府应当将动物防疫工作纳入本级国民经济和社会发展规划及年度计划。

第八十条　国家鼓励和支持动物防疫领域新技术、新设备、新产品等科学技术研究开发。

第八十一条　县级人民政府应当为动物卫生监督机构配备与动物、动物产品检疫工作相适应的官方兽医，保障检疫工作条件。

县级人民政府农业农村主管部门可以根据动物防疫工作需要，向乡、镇或者特定区域派驻兽医机构或者工作人员。

第八十二条　国家鼓励和支持执业兽医、乡村兽医和动物诊疗机构开展动物防疫和疫病诊疗活动；鼓励养殖企业、兽药及饲料生产企业组建动物防疫服务团队，提供防疫服务。地方人民政府组织村级防疫员参加动物疫病防治工作的，应当保障村级防疫员合理劳务报酬。

第八十三条　县级以上人民政府按照本级政府职责，将动物疫病的监测、预防、控制、净化、消灭，动物、动物产品的检疫和病死动物的无害化处理，以及监督管理所需经费纳入本级预算。

第八十四条　县级以上人民政府应当储备动物疫情应急处置所需的防疫物资。

第八十五条　对在动物疫病预防、控制、净化、消灭过程中强制扑杀的动物、销毁的动物产品和相关物品，县级以上人民政府给予补偿。具体补偿标准和办法由国务院财政部门会同有关部门制定。

第八十六条　对从事动物疫病预防、检疫、监督检查、现场处理疫情以及在工作中接触动物疫病病原体的人员，有关单位按照国家规定，采取有效的卫生防护、医疗保健措施，给予畜牧兽医医疗卫生津贴等相关待遇。

第十一章　法律责任

第八十七条　地方各级人民政府及其工作人员未依照本法规定履行职责的，对直接负责的主管人员和其他直接责任人员依法给予处分。

第八十八条　县级以上人民政府农业农村主管部门及其工作人员违反本法规定，有下列行为之一的，由本级人民政府责令改正，通报批评；对直接负责的主管人员和其他直接责任人员依法给予处分：

（一）未及时采取预防、控制、扑灭等措施的；

（二）对不符合条件的颁发动物防疫条件合格证、动物诊疗许可证，或者对符合条件的拒不颁发动物防疫条件合格证、动物诊疗许可证的；

（三）从事与动物防疫有关的经营性活动，或者违法收取费用的；

（四）其他未依照本法规定履行职责的

行为。

第八十九条 动物卫生监督机构及其工作人员违反本法规定，有下列行为之一的，由本级人民政府或者农业农村主管部门责令改正，通报批评；对直接负责的主管人员和其他直接责任人员依法给予处分：

（一）对未经检疫或者检疫不合格的动物、动物产品出具检疫证明、加施检疫标志，或者对检疫合格的动物、动物产品拒不出具检疫证明、加施检疫标志的；

（二）对附有检疫证明、检疫标志的动物、动物产品重复检疫的；

（三）从事与动物防疫有关的经营性活动，或者违法收取费用的；

（四）其他未依照本法规定履行职责的行为。

第九十条 动物疫病预防控制机构及其工作人员违反本法规定，有下列行为之一的，由本级人民政府或者农业农村主管部门责令改正，通报批评；对直接负责的主管人员和其他直接责任人员依法给予处分：

（一）未履行动物疫病监测、检测、评估职责或者伪造监测、检测、评估结果的；

（二）发生动物疫情时未及时进行诊断、调查的；

（三）接到染疫或者疑似染疫报告后，未及时按照国家规定采取措施、上报的；

（四）其他未依照本法规定履行职责的行为。

第九十一条 地方各级人民政府、有关部门及其工作人员瞒报、谎报、迟报、漏报或者授意他人瞒报、谎报、迟报动物疫情，或者阻碍他人报告动物疫情的，由上级人民政府或者有关部门责令改正，通报批评；对直接负责的主管人员和其他直接责任人员依法给予处分。

第九十二条 违反本法规定，有下列行为之一的，由县级以上地方人民政府农业农村主管部门责令限期改正，可以处一千元以下罚款；逾期不改正的，处一千元以上五千元以下罚款，由县级以上地方人民政府农业农村主管部门委托动物诊疗机构、无害化处理场所等代为处理，所需费用由违法行为人承担：

（一）对饲养的动物未按照动物疫病强制免疫计划或者免疫技术规范实施免疫接种的；

（二）对饲养的种用、乳用动物未按照国务院农业农村主管部门的要求定期开展疫病检测，或者经检测不合格而未按照规定处理的；

（三）对饲养的犬只未按照规定定期进行狂犬病免疫接种的；

（四）动物、动物产品的运载工具在装载前和卸载后未按照规定及时清洗、消毒的。

第九十三条 违反本法规定，对经强制免疫的动物未按照规定建立免疫档案，或者未按照规定加施畜禽标识的，依照《中华人民共和国畜牧法》的有关规定处罚。

第九十四条 违反本法规定，动物、动物产品的运载工具、垫料、包装物、容器等不符合国务院农业农村主管部门规定的动物防疫要求的，由县级以上地方人民政府农业农村主管部门责令改正，可以处五千元以下罚款；情节严重的，处五千元以上五万元以下罚款。

第九十五条 违反本法规定，对染疫动物及其排泄物、染疫动物产品或者被染疫动物、动物产品污染的运载工具、垫料、包装物、容器等未按照规定处置的，由县级以上地方人民政府农业农村主管部门责令限期处理；逾期不处理的，由县级以上地方人民政府农业农村主管部门委托有关单位代为处理，所需费用由违法行为人承担，处五千元以上五万元以下罚款。

造成环境污染或者生态破坏的，依照环境保护有关法律法规进行处罚。

第九十六条　违反本法规定，患有人畜共患传染病的人员，直接从事动物疫病监测、检测、检验检疫，动物诊疗以及易感染动物的饲养、屠宰、经营、隔离、运输等活动的，由县级以上地方人民政府农业农村或者野生动物保护主管部门责令改正；拒不改正的，处一千元以上一万元以下罚款；情节严重的，处一万元以上五万元以下罚款。

第九十七条　违反本法第二十九条规定，屠宰、经营、运输动物或者生产、经营、加工、贮藏、运输动物产品的，由县级以上地方人民政府农业农村主管部门责令改正、采取补救措施，没收违法所得、动物和动物产品，并处同类检疫合格动物、动物产品货值金额十五倍以上三十倍以下罚款；同类检疫合格动物、动物产品货值金额不足一万元的，并处五万元以上十五万元以下罚款；其中依法应当检疫而未检疫的，依照本法第一百条的规定处罚。

前款规定的违法行为人及其法定代表人（负责人）、直接负责的主管人员和其他直接责任人员，自处罚决定作出之日起五年内不得从事相关活动；构成犯罪的，终身不得从事屠宰、经营、运输动物或者生产、经营、加工、贮藏、运输动物产品等相关活动。

第九十八条　违反本法规定，有下列行为之一的，由县级以上地方人民政府农业农村主管部门责令改正，处三千元以上三万元以下罚款；情节严重的，责令停业整顿，并处三万元以上十万元以下罚款：

（一）开办动物饲养场和隔离场所、动物屠宰加工场所以及动物和动物产品无害化处理场所，未取得动物防疫条件合格证的；

（二）经营动物、动物产品的集贸市场不具备国务院农业农村主管部门规定的防疫条件的；

（三）未经备案从事动物运输的；

（四）未按照规定保存行程路线和托运人提供的动物名称、检疫证明编号、数量等信息的；

（五）未经检疫合格，向无规定动物疫病区输入动物、动物产品的；

（六）跨省、自治区、直辖市引进种用、乳用动物到达输入地后未按照规定进行隔离观察的；

（七）未按照规定处理或者随意弃置病死动物、病害动物产品的。

第九十九条　动物饲养场和隔离场所、动物屠宰加工场所以及动物和动物产品无害化处理场所，生产经营条件发生变化，不再符合本法第二十四条规定的动物防疫条件继续从事相关活动的，由县级以上地方人民政府农业农村主管部门给予警告，责令限期改正；逾期仍达不到规定条件的，吊销动物防疫条件合格证，并通报市场监督管理部门依法处理。

第一百条　违反本法规定，屠宰、经营、运输的动物未附有检疫证明，经营和运输的动物产品未附有检疫证明、检疫标志的，由县级以上地方人民政府农业农村主管部门责令改正，处同类检疫合格动物、动物产品货值金额一倍以下罚款；对货主以外的承运人处运输费用三倍以上五倍以下罚款，情节严重的，处五倍以上十倍以下罚款。

违反本法规定，用于科研、展示、演出和比赛等非食用性利用的动物未附有检疫证明的，由县级以上地方人民政府农业农村主管部门责令改正，处三千元以上一万元以下罚款。

第一百零一条　违反本法规定，将禁止或者限制调运的特定动物、动物产品由动物疫病高风险区调入低风险区的，由县级以上地方人民政府农业农村主管部门没收运输费用、违法运输的动物和动物产品，并处运输费用一倍以上五倍以下罚款。

第一百零二条　违反本法规定，通过道路跨省、自治区、直辖市运输动物，未经省、自治区、直辖市人民政府设立的指定通道入省境或者过省境的，由县级以上地方人民政府农业农村主管部门对运输人处五千元以上一万元以下罚款；情节严重的，处一万元以上五万元以下罚款。

第一百零三条 违反本法规定，转让、伪造或者变造检疫证明、检疫标志或者畜禽标识的，由县级以上地方人民政府农业农村主管部门没收违法所得和检疫证明、检疫标志、畜禽标识，并处五千元以上五万元以下罚款。

持有、使用伪造或者变造的检疫证明、检疫标志或者畜禽标识的，由县级以上人民政府农业农村主管部门没收检疫证明、检疫标志、畜禽标识和对应的动物、动物产品，并处三千元以上三万元以下罚款。

第一百零四条 违反本法规定，有下列行为之一的，由县级以上地方人民政府农业农村主管部门责令改正，处三千元以上三万元以下罚款：

（一）擅自发布动物疫情的；

（二）不遵守县级以上人民政府及其农业农村主管部门依法作出的有关控制动物疫病规定的；

（三）藏匿、转移、盗掘已被依法隔离、封存、处理的动物和动物产品的。

第一百零五条 违反本法规定，未取得动物诊疗许可证从事动物诊疗活动的，由县级以上地方人民政府农业农村主管部门责令停止诊疗活动，没收违法所得，并处违法所得一倍以上三倍以下罚款；违法所得不足三万元的，并处三千元以上三万元以下罚款。

动物诊疗机构违反本法规定，未按照规定实施卫生安全防护、消毒、隔离和处置诊疗废弃物的，由县级以上地方人民政府农业农村主管部门责令改正，处一千元以上一万元以下罚款；造成动物疫病扩散的，处一万元以上五万元以下罚款；情节严重的，吊销动物诊疗许可证。

第一百零六条 违反本法规定，未经执业兽医备案从事经营性动物诊疗活动的，由县级以上地方人民政府农业农村主管部门责令停止动物诊疗活动，没收违法所得，并处三千元以上三万元以下罚款；对其所在的动物诊疗机构处一万元以上五万元以下罚款。

执业兽医有下列行为之一的，由县级以上地方人民政府农业农村主管部门给予警告，责令暂停六个月以上一年以下动物诊疗活动；情节严重的，吊销执业兽医资格证书：

（一）违反有关动物诊疗的操作技术规范，造成或者可能造成动物疫病传播、流行的；

（二）使用不符合规定的兽药和兽医器械的；

（三）未按照当地人民政府或者农业农村主管部门要求参加动物疫病预防、控制和动物疫情扑灭活动的。

第一百零七条 违反本法规定，生产经营兽医器械，产品质量不符合要求的，由县级以上地方人民政府农业农村主管部门责令限期整改；情节严重的，责令停业整顿，并处二万元以上十万元以下罚款。

第一百零八条 违反本法规定，从事动物疫病研究、诊疗和动物饲养、屠宰、经营、隔离、运输，以及动物产品生产、经营、加工、贮藏、无害化处理等活动的单位和个人，有下列行为之一的，由县级以上地方人民政府农业农村主管部门责令改正，可以处一万元以下罚款；拒不改正的，处一万元以上五万元以下罚款，并可以责令停业整顿：

（一）发现动物染疫、疑似染疫未报告，或者未采取隔离等控制措施的；

（二）不如实提供与动物防疫有关的资料的；

（三）拒绝或者阻碍农业农村主管部门进行监督检查的；

（四）拒绝或者阻碍动物疫病预防控制

机构进行动物疫病监测、检测、评估的；

（五）拒绝或者阻碍官方兽医依法履行职责的。

第一百零九条　违反本法规定，造成人畜共患传染病传播、流行的，依法从重给予处分、处罚。

违反本法规定，构成违反治安管理行为的，依法给予治安管理处罚；构成犯罪的，依法追究刑事责任。

违反本法规定，给他人人身、财产造成损害的，依法承担民事责任。

第十二章　附　　则

第一百一十条　本法下列用语的含义：

（一）无规定动物疫病区，是指具有天然屏障或者采取人工措施，在一定期限内没有发生规定的一种或者几种动物疫病，并经验收合格的区域；

（二）无规定动物疫病生物安全隔离区，是指处于同一生物安全管理体系下，在一定期限内没有发生规定的一种或者几种动物疫病的若干动物饲养场及其辅助生产场所构成的，并经验收合格的特定小型区域；

（三）病死动物，是指染疫死亡、因病死亡、死因不明或者经检验检疫可能危害人体或者动物健康的死亡动物；

（四）病害动物产品，是指来源于病死动物的产品，或者经检验检疫可能危害人体或者动物健康的动物产品。

第一百一十一条　境外无规定动物疫病区和无规定动物疫病生物安全隔离区的无疫等效性评估，参照本法有关规定执行。

第一百一十二条　实验动物防疫有特殊要求的，按照实验动物管理的有关规定执行。

第一百一十三条　本法自2021年5月1日起施行。

中华人民共和国土地管理法

（1986年6月25日第六届全国人民代表大会常务委员会第十六次会议通过；根据1988年12月29日第七届全国人民代表大会常务委员会第五次会议《关于修改〈中华人民共和国土地管理法〉的决定》第一次修正；1998年8月29日第九届全国人民代表大会常务委员会第四次会议修订；根据2004年8月28日第十届全国人民代表大会常务委员会第十一次会议《关于修改〈中华人民共和国土地管理法〉的决定》第二次修正；根据2019年8月26日第十三届全国人民代表大会常务委员会第十二次会议《关于修改〈中华人民共和国土地管理法〉〈中华人民共和国城市房地产管理法〉的决定》第三次修正）

第一章　总　　则

第一条　为了加强土地管理，维护土地的社会主义公有制，保护、开发土地资源，合理利用土地，切实保护耕地，促进社会经济的可持续发展，根据宪法，制定本法。

第二条　中华人民共和国实行土地的社会主义公有制，即全民所有制和劳动群众集体所有制。

全民所有，即国家所有土地的所有权由国务院代表国家行使。

任何单位和个人不得侵占、买卖或者以其他形式非法转让土地。土地使用权可以依法转让。

国家为了公共利益的需要，可以依法对土地实行征收或者征用并给予补偿。

国家依法实行国有土地有偿使用制度。但是，国家在法律规定的范围内划拨国有土地使用权的除外。

第三条　十分珍惜、合理利用土地和切实保护耕地是我国的基本国策。各级人民政府应当采取措施，全面规划，严格管理，保护、开发土地资源，制止非法占用土地的行为。

第四条　国家实行土地用途管制制度。

国家编制土地利用总体规划，规定土地用途，将土地分为农用地、建设用地和未利用地。严格限制农用地转为建设用地，控制建设用地总量，对耕地实行特殊保护。

前款所称农用地是指直接用于农业生产的土地，包括耕地、林地、草地、农田水利用地、养殖水面等；建设用地是指建造建筑物、构筑物的土地，包括城乡住宅和公共设施用地、工矿用地、交通水利设施用地、旅游用地、军事设施用地等；未利用地是指农用地和建设用地以外的土地。

使用土地的单位和个人必须严格按照土地利用总体规划确定的用途使用土地。

第五条　国务院自然资源主管部门统一负责全国土地的管理和监督工作。

县级以上地方人民政府自然资源主管部门的设置及其职责，由省、自治区、直辖市人民政府根据国务院有关规定确定。

第六条　国务院授权的机构对省、自治区、直辖市人民政府以及国务院确定的城市人民政府土地利用和土地管理情况进行督察。

第七条　任何单位和个人都有遵守土地管理法律、法规的义务，并有权对违反土地管理法律、法规的行为提出检举和控告。

第八条　在保护和开发土地资源、合理利用土地以及进行有关的科学研究等方面成绩显著的单位和个人，由人民政府给予奖励。

第二章　土地的所有权和使用权

第九条　城市市区的土地属于国家所有。

农村和城市郊区的土地，除由法律规定属于国家所有的以外，属于农民集体所有；宅基地和自留地、自留山，属于农民集体所有。

第十条　国有土地和农民集体所有的土地，可以依法确定给单位或者个人使用。使用土地的单位和个人，有保护、管理和合理利用土地的义务。

第十一条　农民集体所有的土地依法属于村农民集体所有的，由村集体经济组织或者村民委员会经营、管理；已经分别属于村内两个以上农村集体经济组织的农民集体所有的，由村内各该农村集体经济组织或者村民小组经营、管理；已经属于乡（镇）农民集体所有的，由乡（镇）农村集体经济组织经营、管理。

第十二条　土地的所有权和使用权的登记，依照有关不动产登记的法律、行政法规执行。

依法登记的土地的所有权和使用权受法律保护，任何单位和个人不得侵犯。

第十三条　农民集体所有和国家所有依法由农民集体使用的耕地、林地、草地，以及其他依法用于农业的土地，采取农村集体经济组织内部的家庭承包方式承包，不宜采取家庭承包方式的荒山、荒沟、荒丘、荒滩等，可以采取招标、拍卖、公开协商等方式承包，从事种植业、林业、畜牧业、渔业生产。家庭承包的耕地的承包期为三十年，草地的承包期为三十年至五十年，林地的承包期为三十年至七十年；耕地承包期届满后再延长三十年，草地、林地承包期届满后依法相应延长。

国家所有依法用于农业的土地可以由单位或者个人承包经营，从事种植业、林业、畜牧业、渔业生产。

发包方和承包方应当依法订立承包合同，约定双方的权利和义务。承包经营土地的单位和个人，有保护和按照承包合同约定的用途合理利用土地的义务。

第十四条　土地所有权和使用权争议，由当事人协商解决；协商不成的，由人民政府处理。

单位之间的争议，由县级以上人民政府处理；个人之间、个人与单位之间的争议，由乡级人民政府或者县级以上人民政府处理。

当事人对有关人民政府的处理决定不服的，可以自接到处理决定通知之日起三十日内，向人民法院起诉。

在土地所有权和使用权争议解决前，任何一方不得改变土地利用现状。

第三章　土地利用总体规划

第十五条　各级人民政府应当依据国民经济和社会发展规划、国土整治和资源环境保护的要求、土地供给能力以及各项建设对土地的需求，组织编制土地利用总体规划。

土地利用总体规划的规划期限由国务院规定。

第十六条　下级土地利用总体规划应当依据上一级土地利用总体规划编制。

地方各级人民政府编制的土地利用总体规划中的建设用地总量不得超过上一级土地利用总体规划确定的控制指标，耕地保有量不得低于上一级土地利用总体规划确定的控制指标。

省、自治区、直辖市人民政府编制的土

地利用总体规划，应当确保本行政区域内耕地总量不减少。

第十七条 土地利用总体规划按照下列原则编制：

（一）落实国土空间开发保护要求，严格土地用途管制；

（二）严格保护永久基本农田，严格控制非农业建设占用农用地；

（三）提高土地节约集约利用水平；

（四）统筹安排城乡生产、生活、生态用地，满足乡村产业和基础设施用地合理需求，促进城乡融合发展；

（五）保护和改善生态环境，保障土地的可持续利用；

（六）占用耕地与开发复垦耕地数量平衡、质量相当。

第十八条 国家建立国土空间规划体系。编制国土空间规划应当坚持生态优先，绿色、可持续发展，科学有序统筹安排生态、农业、城镇等功能空间，优化国土空间结构和布局，提升国土空间开发、保护的质量和效率。

经依法批准的国土空间规划是各类开发、保护、建设活动的基本依据。已经编制国土空间规划的，不再编制土地利用总体规划和城乡规划。

第十九条 县级土地利用总体规划应当划分土地利用区，明确土地用途。

乡（镇）土地利用总体规划应当划分土地利用区，根据土地使用条件，确定每一块土地的用途，并予以公告。

第二十条 土地利用总体规划实行分级审批。

省、自治区、直辖市的土地利用总体规划，报国务院批准。

省、自治区人民政府所在地的市、人口在一百万以上的城市以及国务院指定的城市的土地利用总体规划，经省、自治区人民政府审查同意后，报国务院批准。

本条第二款、第三款规定以外的土地利用总体规划，逐级上报省、自治区、直辖市人民政府批准；其中，乡（镇）土地利用总体规划可以由省级人民政府授权的设区的市、自治州人民政府批准。

土地利用总体规划一经批准，必须严格执行。

第二十一条 城市建设用地规模应当符合国家规定的标准，充分利用现有建设用地，不占或者尽量少占农用地。

城市总体规划、村庄和集镇规划，应当与土地利用总体规划相衔接，城市总体规划、村庄和集镇规划中建设用地规模不得超过土地利用总体规划确定的城市和村庄、集镇建设用地规模。

在城市规划区内、村庄和集镇规划区内，城市和村庄、集镇建设用地应当符合城市规划、村庄和集镇规划。

第二十二条 江河、湖泊综合治理和开发利用规划，应当与土地利用总体规划相衔接。在江河、湖泊、水库的管理和保护范围以及蓄洪滞洪区内，土地利用应当符合江河、湖泊综合治理和开发利用规划，符合河道、湖泊行洪、蓄洪和输水的要求。

第二十三条 各级人民政府应当加强土地利用计划管理，实行建设用地总量控制。

土地利用年度计划，根据国民经济和社会发展计划、国家产业政策、土地利用总体规划以及建设用地和土地利用的实际状况编制。土地利用年度计划应当对本法第六十三条规定的集体经营性建设用地作出合理安排。土地利用年度计划的编制审批程序与土地利用总体规划的编制审批程序相同，一经审批下达，必须严格执行。

第二十四条 省、自治区、直辖市人民政府应当将土地利用年度计划的执行情况列为国民经济和社会发展计划执行情况的内容，向同级人民代表大会报告。

第二十五条 经批准的土地利用总体规

划的修改，须经原批准机关批准；未经批准，不得改变土地利用总体规划确定的土地用途。

经国务院批准的大型能源、交通、水利等基础设施建设用地，需要改变土地利用总体规划的，根据国务院的批准文件修改土地利用总体规划。

经省、自治区、直辖市人民政府批准的能源、交通、水利等基础设施建设用地，需要改变土地利用总体规划的，属于省级人民政府土地利用总体规划批准权限内的，根据省级人民政府的批准文件修改土地利用总体规划。

第二十六条　国家建立土地调查制度。

县级以上人民政府自然资源主管部门会同同级有关部门进行土地调查。土地所有者或者使用者应当配合调查，并提供有关资料。

第二十七条　县级以上人民政府自然资源主管部门会同同级有关部门根据土地调查成果、规划土地用途和国家制定的统一标准，评定土地等级。

第二十八条　国家建立土地统计制度。

县级以上人民政府统计机构和自然资源主管部门依法进行土地统计调查，定期发布土地统计资料。土地所有者或者使用者应当提供有关资料，不得拒报、迟报，不得提供不真实、不完整的资料。

统计机构和自然资源主管部门共同发布的土地面积统计资料是各级人民政府编制土地利用总体规划的依据。

第二十九条　国家建立全国土地管理信息系统，对土地利用状况进行动态监测。

第四章　耕地保护

第三十条　国家保护耕地，严格控制耕地转为非耕地。

国家实行占用耕地补偿制度。非农业建设经批准占用耕地的，按照“占多少，垦多少”的原则，由占用耕地的单位负责开垦与所占用耕地的数量和质量相当的耕地；没有条件开垦或者开垦的耕地不符合要求的，应当按照省、自治区、直辖市的规定缴纳耕地开垦费，专款用于开垦新的耕地。

省、自治区、直辖市人民政府应当制定开垦耕地计划，监督占用耕地的单位按照计划开垦耕地或者按照计划组织开垦耕地，并进行验收。

第三十一条　县级以上地方人民政府可以要求占用耕地的单位将所占用耕地耕作层的土壤用于新开垦耕地、劣质地或者其他耕地的土壤改良。

第三十二条　省、自治区、直辖市人民政府应当严格执行土地利用总体规划和土地利用年度计划，采取措施，确保本行政区域内耕地总量不减少、质量不降低。耕地总量减少的，由国务院责令在规定期限内组织开垦与所减少耕地的数量与质量相当的耕地；耕地质量降低的，由国务院责令在规定期限内组织整治。新开垦和整治的耕地由国务院自然资源主管部门会同农业农村主管部门验收。

个别省、直辖市确因土地后备资源匮乏，新增建设用地后，新开垦耕地的数量不足以补偿所占用耕地的数量的，必须报经国务院批准减免本行政区域内开垦耕地的数量，易地开垦数量和质量相当的耕地。

第三十三条　国家实行永久基本农田保护制度。下列耕地应当根据土地利用总体规划划为永久基本农田，实行严格保护：

（一）经国务院农业农村主管部门或者县级以上地方人民政府批准确定的粮、棉、油、糖等重要农产品生产基地内的耕地；

（二）有良好的水利与水土保持设施的耕地，正在实施改造计划以及可以改造的中、低产田和已建成的高标准农田；

（三）蔬菜生产基地；

（四）农业科研、教学试验田；

（五）国务院规定应当划为永久基本农田的其他耕地。

各省、自治区、直辖市划定的永久基本农田一般应当占本行政区域内耕地的百分之八十以上，具体比例由国务院根据各省、自治区、直辖市耕地实际情况规定。

第三十四条 永久基本农田划定以乡（镇）为单位进行，由县级人民政府自然资源主管部门会同同级农业农村主管部门组织实施。永久基本农田应当落实到地块，纳入国家永久基本农田数据库严格管理。

乡（镇）人民政府应当将永久基本农田的位置、范围向社会公告，并设立保护标志。

第三十五条 永久基本农田经依法划定后，任何单位和个人不得擅自占用或者改变其用途。国家能源、交通、水利、军事设施等重点建设项目选址确实难以避让永久基本农田，涉及农用地转用或者土地征收的，必须经国务院批准。

禁止通过擅自调整县级土地利用总体规划、乡（镇）土地利用总体规划等方式规避永久基本农田农用地转用或者土地征收的审批。

第三十六条 各级人民政府应当采取措施，引导因地制宜轮作休耕，改良土壤，提高地力，维护排灌工程设施，防止土地荒漠化、盐渍化、水土流失和土壤污染。

第三十七条 非农业建设必须节约使用土地，可以利用荒地的，不得占用耕地；可以利用劣地的，不得占用好地。

禁止占用耕地建窑、建坟或者擅自在耕地上建房、挖砂、采石、采矿、取土等。

禁止占用永久基本农田发展林果业和挖塘养鱼。

第三十八条 禁止任何单位和个人闲置、荒芜耕地。已经办理审批手续的非农业建设占用耕地，一年内不用而又可以耕种并收获的，应当由原耕种该幅耕地的集体或者个人恢复耕种，也可以由用地单位组织耕种；一年以上未动工建设的，应当按照省、自治区、直辖市的规定缴纳闲置费；连续二年未使用的，经原批准机关批准，由县级以上人民政府无偿收回用地单位的土地使用权；该幅土地原为农民集体所有的，应当交由原农村集体经济组织恢复耕种。

在城市规划区范围内，以出让方式取得土地使用权进行房地产开发的闲置土地，依照《中华人民共和国城市房地产管理法》的有关规定办理。

第三十九条 国家鼓励单位和个人按照土地利用总体规划，在保护和改善生态环境、防止水土流失和土地荒漠化的前提下，开发未利用的土地；适宜开发为农用地的，应当优先开发成农用地。

国家依法保护开发者的合法权益。

第四十条 开垦未利用的土地，必须经过科学论证和评估，在土地利用总体规划划定的可开垦的区域内，经依法批准后进行。禁止毁坏森林、草原开垦耕地，禁止围湖造田和侵占江河滩地。

根据土地利用总体规划，对破坏生态环境开垦、围垦的土地，有计划有步骤地退耕还林、还牧、还湖。

第四十一条 开发未确定使用权的国有荒山、荒地、荒滩从事种植业、林业、畜牧业、渔业生产的，经县级以上人民政府依法批准，可以确定给开发单位或者个人长期使用。

第四十二条 国家鼓励土地整理。县、乡（镇）人民政府应当组织农村集体经济组织，按照土地利用总体规划，对田、水、路、林、村综合整治，提高耕地质量，增加有效耕地面积，改善农业生产条件和生态环境。

地方各级人民政府应当采取措施，改造中、低产田，整治闲散地和废弃地。

第四十三条　因挖损、塌陷、压占等造成土地破坏，用地单位和个人应当按照国家有关规定负责复垦；没有条件复垦或者复垦不符合要求的，应当缴纳土地复垦费，专项用于土地复垦。复垦的土地应当优先用于农业。

第五章　建设用地

第四十四条　建设占用土地，涉及农用地转为建设用地的，应当办理农用地转用审批手续。

永久基本农田转为建设用地的，由国务院批准。

在土地利用总体规划确定的城市和村庄、集镇建设用地规模范围内，为实施该规划而将永久基本农田以外的农用地转为建设用地的，按土地利用年度计划分批次按照国务院规定由原批准土地利用总体规划的机关或者其授权的机关批准。在已批准的农用地转用范围内，具体建设项目用地可以由市、县人民政府批准。

在土地利用总体规划确定的城市和村庄、集镇建设用地规模范围外，将永久基本农田以外的农用地转为建设用地的，由国务院或者国务院授权的省、自治区、直辖市人民政府批准。

第四十五条　为了公共利益的需要，有下列情形之一，确需征收农民集体所有的土地的，可以依法实施征收：

（一）军事和外交需要用地的；

（二）由政府组织实施的能源、交通、水利、通信、邮政等基础设施建设需要用地的；

（三）由政府组织实施的科技、教育、文化、卫生、体育、生态环境和资源保护、防灾减灾、文物保护、社区综合服务、社会福利、市政公用、优抚安置、英烈保护等公共事业需要用地的；

（四）由政府组织实施的扶贫搬迁、保障性安居工程建设需要用地的；

（五）在土地利用总体规划确定的城镇建设用地范围内，经省级以上人民政府批准由县级以上地方人民政府组织实施的成片开发建设需要用地的；

（六）法律规定为公共利益需要可以征收农民集体所有的土地的其他情形。

前款规定的建设活动，应当符合国民经济和社会发展规划、土地利用总体规划、城乡规划和专项规划；第（四）项、第（五）项规定的建设活动，还应当纳入国民经济和社会发展年度计划；第（五）项规定的成片开发并应当符合国务院自然资源主管部门规定的标准。

第四十六条　征收下列土地的，由国务院批准：

（一）永久基本农田；

（二）永久基本农田以外的耕地超过三十五公顷的；

（三）其他土地超过七十公顷的。

征收前款规定以外的土地的，由省、自治区、直辖市人民政府批准。

征收农用地的，应当依照本法第四十四条的规定先行办理农用地转用审批。其中，经国务院批准农用地转用的，同时办理征地审批手续，不再另行办理征地审批；经省、自治区、直辖市人民政府在征地批准权限内批准农用地转用的，同时办理征地审批手续，不再另行办理征地审批，超过征地批准权限的，应当依照本条第一款的规定另行办理征地审批。

第四十七条　国家征收土地的，依照法定程序批准后，由县级以上地方人民政府予以公告并组织实施。

县级以上地方人民政府拟申请征收土地的，应当开展拟征收土地现状调查和社会稳定风险评估，并将征收范围、土地现状、征收目的、补偿标准、安置方式和社会保障等在拟征收土地所在的乡（镇）和村、村民小组范围内公告至少三十日，听取被征地的农村集体经济组织及其成员、村民委员会和其他利害关系人的意见。

多数被征地的农村集体经济组织成员认为征地补偿安置方案不符合法律、法规规定的，县级以上地方人民政府应当组织召开听证会，并根据法律、法规的规定和听证会情况修改方案。

拟征收土地的所有权人、使用权人应当在公告规定期限内，持不动产权属证明材料办理补偿登记。县级以上地方人民政府应当组织有关部门测算并落实有关费用，保证足额到位，与拟征收土地的所有权人、使用权人就补偿、安置等签订协议；个别确实难以达成协议的，应当在申请征收土地时如实说明。

相关前期工作完成后，县级以上地方人民政府方可申请征收土地。

第四十八条 征收土地应当给予公平、合理的补偿，保障被征地农民原有生活水平不降低、长远生计有保障。

征收土地应当依法及时足额支付土地补偿费、安置补助费以及农村村民住宅、其他地上附着物和青苗等的补偿费用，并安排被征地农民的社会保障费用。

征收农用地的土地补偿费、安置补助费标准由省、自治区、直辖市通过制定公布区片综合地价确定。制定区片综合地价应当综合考虑土地原用途、土地资源条件、土地产值、土地区位、土地供求关系、人口以及经济社会发展水平等因素，并至少每三年调整或者重新公布一次。

征收农用地以外的其他土地、地上附着物和青苗等的补偿标准，由省、自治区、直辖市制定。对其中的农村村民住宅，应当按照先补偿后搬迁、居住条件有改善的原则，尊重农村村民意愿，采取重新安排宅基地建房、提供安置房或者货币补偿等方式给予公平、合理的补偿，并对因征收造成的搬迁、临时安置等费用予以补偿，保障农村村民居住的权利和合法的住房财产权益。

县级以上地方人民政府应当将被征地农民纳入相应的养老等社会保障体系。被征地农民的社会保障费用主要用于符合条件的被征地农民的养老保险等社会保险缴费补贴。被征地农民社会保障费用的筹集、管理和使用办法，由省、自治区、直辖市制定。

第四十九条 被征地的农村集体经济组织应当将征收土地的补偿费用的收支状况向本集体经济组织的成员公布，接受监督。

禁止侵占、挪用被征收土地单位的征地补偿费用和其他有关费用。

第五十条 地方各级人民政府应当支持被征地的农村集体经济组织和农民从事开发经营，兴办企业。

第五十一条 大中型水利、水电工程建设征收土地的补偿费标准和移民安置办法，由国务院另行规定。

第五十二条 建设项目可行性研究论证时，自然资源主管部门可以根据土地利用总体规划、土地利用年度计划和建设用地标准，对建设用地有关事项进行审查，并提出意见。

第五十三条 经批准的建设项目需要使用国有建设用地的，建设单位应当持法律、行政法规规定的有关文件，向有批准权的县级以上人民政府自然资源主管部门提出建设用地申请，经自然资源主管部门审查，报本级人民政府批准。

第五十四条 建设单位使用国有土地，应当以出让等有偿使用方式取得；但是，下列建设用地，经县级以上人民政府依法批准，可以以划拨方式取得：

（一）国家机关用地和军事用地；

（二）城市基础设施用地和公益事业用地；

（三）国家重点扶持的能源、交通、水

利等基础设施用地；

（四）法律、行政法规规定的其他用地。

第五十五条　以出让等有偿使用方式取得国有土地使用权的建设单位，按照国务院规定的标准和办法，缴纳土地使用权出让金等土地有偿使用费和其他费用后，方可使用土地。

自本法施行之日起，新增建设用地的土地有偿使用费，百分之三十上缴中央财政，百分之七十留给有关地方人民政府。具体使用管理办法由国务院财政部门会同有关部门制定，并报国务院批准。

第五十六条　建设单位使用国有土地的，应当按照土地使用权出让等有偿使用合同的约定或者土地使用权划拨批准文件的规定使用土地；确需改变该幅土地建设用途的，应当经有关人民政府自然资源主管部门同意，报原批准用地的人民政府批准。其中，在城市规划区内改变土地用途的，在报批前，应当先经有关城市规划行政主管部门同意。

第五十七条　建设项目施工和地质勘查需要临时使用国有土地或者农民集体所有的土地的，由县级以上人民政府自然资源主管部门批准。其中，在城市规划区内的临时用地，在报批前，应当先经有关城市规划行政主管部门同意。土地使用者应当根据土地权属，与有关自然资源主管部门或者农村集体经济组织、村民委员会签订临时使用土地合同，并按照合同的约定支付临时使用土地补偿费。

临时使用土地的使用者应当按照临时使用土地合同约定的用途使用土地，并不得修建永久性建筑物。

临时使用土地期限一般不超过二年。

第五十八条　有下列情形之一的，由有关人民政府自然资源主管部门报经原批准用地的人民政府或者有批准权的人民政府批准，可以收回国有土地使用权：

（一）为实施城市规划进行旧城区改建以及其他公共利益需要，确需使用土地的；

（二）土地出让等有偿使用合同约定的使用期限届满，土地使用者未申请续期或者申请续期未获批准的；

（三）因单位撤销、迁移等原因，停止使用原划拨的国有土地的；

（四）公路、铁路、机场、矿场等经核准报废的。

依照前款第（一）项的规定收回国有土地使用权的，对土地使用权人应当给予适当补偿。

第五十九条　乡镇企业、乡（镇）村公共设施、公益事业、农村村民住宅等乡（镇）村建设，应当按照村庄和集镇规划，合理布局，综合开发，配套建设；建设用地，应当符合乡（镇）土地利用总体规划和土地利用年度计划，并依照本法第四十四条、第六十条、第六十一条、第六十二条的规定办理审批手续。

第六十条　农村集体经济组织使用乡（镇）土地利用总体规划确定的建设用地兴办企业或者与其他单位、个人以土地使用权入股、联营等形式共同举办企业的，应当持有关批准文件，向县级以上地方人民政府自然资源主管部门提出申请，按照省、自治区、直辖市规定的批准权限，由县级以上地方人民政府批准；其中，涉及占用农用地的，依照本法第四十四条的规定办理审批手续。

按照前款规定兴办企业的建设用地，必须严格控制。省、自治区、直辖市可以按照乡镇企业的不同行业和经营规模，分别规定用地标准。

第六十一条　乡（镇）村公共设施、公益事业建设，需要使用土地的，经乡（镇）人民政府审核，向县级以上地方人民政府自然资源主管部门提出申请，按照省、自治区、直辖市规定的批准权限，由县级以上地方人民政府批准；其中，涉及占用农用地的，依照本法第四十四条的规定办理审批手续。

第六十二条 农村村民一户只能拥有一处宅基地，其宅基地的面积不得超过省、自治区、直辖市规定的标准。

人均土地少、不能保障一户拥有一处宅基地的地区，县级人民政府在充分尊重农村村民意愿的基础上，可以采取措施，按照省、自治区、直辖市规定的标准保障农村村民实现户有所居。

农村村民建住宅，应当符合乡（镇）土地利用总体规划、村庄规划，不得占用永久基本农田，并尽量使用原有的宅基地和村内空闲地。编制乡（镇）土地利用总体规划、村庄规划应当统筹并合理安排宅基地用地，改善农村村民居住环境和条件。

农村村民住宅用地，由乡（镇）人民政府审核批准；其中，涉及占用农用地的，依照本法第四十四条的规定办理审批手续。

农村村民出卖、出租、赠与住宅后，再申请宅基地的，不予批准。

国家允许进城落户的农村村民依法自愿有偿退出宅基地，鼓励农村集体经济组织及其成员盘活利用闲置宅基地和闲置住宅。

国务院农业农村主管部门负责全国农村宅基地改革和管理有关工作。

第六十三条 土地利用总体规划、城乡规划确定为工业、商业等经营性用途，并经依法登记的集体经营性建设用地，土地所有权人可以通过出让、出租等方式交由单位或者个人使用，并应当签订书面合同，载明土地界址、面积、动工期限、使用期限、土地用途、规划条件和双方其他权利义务。

前款规定的集体经营性建设用地出让、出租等，应当经本集体经济组织成员的村民会议三分之二以上成员或者三分之二以上村民代表的同意。

通过出让等方式取得的集体经营性建设用地使用权可以转让、互换、出资、赠与或者抵押，但法律、行政法规另有规定或者土地所有权人、土地使用权人签订的书面合同另有约定的除外。

集体经营性建设用地的出租，集体建设用地使用权的出让及其最高年限、转让、互换、出资、赠与、抵押等，参照同类用途的国有建设用地执行。具体办法由国务院制定。

第六十四条 集体建设用地的使用者应当严格按照土地利用总体规划、城乡规划确定的用途使用土地。

第六十五条 在土地利用总体规划制定前已建的不符合土地利用总体规划确定的用途的建筑物、构筑物，不得重建、扩建。

第六十六条 有下列情形之一的，农村集体经济组织报经原批准用地的人民政府批准，可以收回土地使用权：

（一）为乡（镇）村公共设施和公益事业建设，需要使用土地的；

（二）不按照批准的用途使用土地的；

（三）因撤销、迁移等原因而停止使用土地的。

依照前款第（一）项规定收回农民集体所有的土地的，对土地使用权人应当给予适当补偿。

收回集体经营性建设用地使用权，依照双方签订的书面合同办理，法律、行政法规另有规定的除外。

第六章　监督检查

第六十七条 县级以上人民政府自然资源主管部门对违反土地管理法律、法规的行为进行监督检查。

县级以上人民政府农业农村主管部门对违反农村宅基地管理法律、法规的行为进行监督检查的，适用本法关于自然资源主管部门监督检查的规定。

土地管理监督检查人员应当熟悉土地管理法律、法规，忠于职守、秉公执法。

第六十八条　县级以上人民政府自然资源主管部门履行监督检查职责时，有权采取下列措施：

（一）要求被检查的单位或者个人提供有关土地权利的文件和资料，进行查阅或者予以复制；

（二）要求被检查的单位或者个人就有关土地权利的问题作出说明；

（三）进入被检查单位或者个人非法占用的土地现场进行勘测；

（四）责令非法占用土地的单位或者个人停止违反土地管理法律、法规的行为。

第六十九条　土地管理监督检查人员履行职责，需要进入现场进行勘测、要求有关单位或者个人提供文件、资料和作出说明的，应当出示土地管理监督检查证件。

第七十条　有关单位和个人对县级以上人民政府自然资源主管部门就土地违法行为进行的监督检查应当支持与配合，并提供工作方便，不得拒绝与阻碍土地管理监督检查人员依法执行职务。

第七十一条　县级以上人民政府自然资源主管部门在监督检查工作中发现国家工作人员的违法行为，依法应当给予处分的，应当依法予以处理；自己无权处理的，应当依法移送监察机关或者有关机关处理。

第七十二条　县级以上人民政府自然资源主管部门在监督检查工作中发现土地违法行为构成犯罪的，应当将案件移送有关机关，依法追究刑事责任；尚不构成犯罪的，应当依法给予行政处罚。

第七十三条　依照本法规定应当给予行政处罚，而有关自然资源主管部门不给予行政处罚的，上级人民政府自然资源主管部门有权责令有关自然资源主管部门作出行政处罚决定或者直接给予行政处罚，并给予有关自然资源主管部门的负责人处分。

第七章　法律责任

第七十四条　买卖或者以其他形式非法转让土地的，由县级以上人民政府自然资源主管部门没收违法所得；对违反土地利用总体规划擅自将农用地改为建设用地的，限期拆除在非法转让的土地上新建的建筑物和其他设施，恢复土地原状，对符合土地利用总体规划的，没收在非法转让的土地上新建的建筑物和其他设施；可以并处罚款；对直接负责的主管人员和其他直接责任人员，依法给予处分；构成犯罪的，依法追究刑事责任。

第七十五条　违反本法规定，占用耕地建窑、建坟或者擅自在耕地上建房、挖砂、采石、采矿、取土等，破坏种植条件的，或者因开发土地造成土地荒漠化、盐渍化的，由县级以上人民政府自然资源主管部门、农业农村主管部门等按照职责责令限期改正或者治理，可以并处罚款；构成犯罪的，依法追究刑事责任。

第七十六条　违反本法规定，拒不履行土地复垦义务的，由县级以上人民政府自然资源主管部门责令限期改正；逾期不改正的，责令缴纳复垦费，专项用于土地复垦，可以处以罚款。

第七十七条　未经批准或者采取欺骗手段骗取批准，非法占用土地的，由县级以上人民政府自然资源主管部门责令退还非法占用的土地，对违反土地利用总体规划擅自将农用地改为建设用地的，限期拆除在非法占用的土地上新建的建筑物和其他设施，恢复土地原状，对符合土地利用总体规划的，没收在非法占用的土地上新建的建筑物和其他设施，可以并处罚款；对非法占用土地单位的直接负责的主管人员和其他直接责任人员，依法给予处分；构成犯罪的，依法追究刑事责任。

超过批准的数量占用土地，多占的土地以非法占用土地论处。

第七十八条 农村村民未经批准或者采取欺骗手段骗取批准，非法占用土地建住宅的，由县级以上人民政府农业农村主管部门责令退还非法占用的土地，限期拆除在非法占用的土地上新建的房屋。

超过省、自治区、直辖市规定的标准，多占的土地以非法占用土地论处。

第七十九条 无权批准征收、使用土地的单位或者个人非法批准占用土地的，超越批准权限非法批准占用土地的，不按照土地利用总体规划确定的用途批准用地的，或者违反法律规定的程序批准占用、征收土地的，其批准文件无效，对非法批准征收、使用土地的直接负责的主管人员和其他直接责任人员，依法给予处分；构成犯罪的，依法追究刑事责任。非法批准、使用的土地应当收回，有关当事人拒不归还的，以非法占用土地论处。

非法批准征收、使用土地，对当事人造成损失的，依法应当承担赔偿责任。

第八十条 侵占、挪用被征收土地单位的征地补偿费用和其他有关费用，构成犯罪的，依法追究刑事责任；尚不构成犯罪的，依法给予处分。

第八十一条 依法收回国有土地使用权当事人拒不交出土地的，临时使用土地期满拒不归还的，或者不按照批准的用途使用国有土地的，由县级以上人民政府自然资源主管部门责令交还土地，处以罚款。

第八十二条 擅自将农民集体所有的土地通过出让、转让使用权或者出租等方式用于非农业建设，或者违反本法规定，将集体经营性建设用地通过出让、出租等方式交由单位或者个人使用的，由县级以上人民政府自然资源主管部门责令限期改正，没收违法所得，并处罚款。

第八十三条 依照本法规定，责令限期拆除在非法占用的土地上新建的建筑物和其他设施的，建设单位或者个人必须立即停止施工，自行拆除；对继续施工的，作出处罚决定的机关有权制止。建设单位或者个人对责令限期拆除的行政处罚决定不服的，可以在接到责令限期拆除决定之日起十五日内，向人民法院起诉；期满不起诉又不自行拆除的，由作出处罚决定的机关依法申请人民法院强制执行，费用由违法者承担。

第八十四条 自然资源主管部门、农业农村主管部门的工作人员玩忽职守、滥用职权、徇私舞弊，构成犯罪的，依法追究刑事责任；尚不构成犯罪的，依法给予处分。

第八章　附　　则

第八十五条 外商投资企业使用土地的，适用本法；法律另有规定的，从其规定。

第八十六条 在根据本法第十八条的规定编制国土空间规划前，经依法批准的土地利用总体规划和城乡规划继续执行。

第八十七条 本法自 1999 年 1 月 1 日起施行。

中华人民共和国海岛保护法

（2009年12月26日第十一届全国人民代表大会常务委员会第十二次会议通过，2009年12月26日中华人民共和国主席令第二十二号公布，自2010年3月1日起施行）

第一章　总　　则

第一条　为了保护海岛及其周边海域生态系统，合理开发利用海岛自然资源，维护国家海洋权益，促进经济社会可持续发展，制定本法。

第二条　从事中华人民共和国所属海岛的保护、开发利用及相关管理活动，适用本法。

本法所称海岛，是指四面环海水并在高潮时高于水面的自然形成的陆地区域，包括有居民海岛和无居民海岛。

本法所称海岛保护，是指海岛及其周边海域生态系统保护，无居民海岛自然资源保护和特殊用途海岛保护。

第三条　国家对海岛实行科学规划、保护优先、合理开发、永续利用的原则。

国务院和沿海地方各级人民政府应当将海岛保护和合理开发利用纳入国民经济和社会发展规划，采取有效措施，加强对海岛的保护和管理，防止海岛及其周边海域生态系统遭受破坏。

第四条　无居民海岛属于国家所有，国务院代表国家行使无居民海岛所有权。

第五条　国务院海洋主管部门和国务院其他有关部门依照法律和国务院规定的职责分工，负责全国有居民海岛及其周边海域生态保护工作。沿海县级以上地方人民政府海洋主管部门和其他有关部门按照各自的职责，负责本行政区域内有居民海岛及其周边海域生态保护工作。

国务院海洋主管部门负责全国无居民海岛保护和开发利用的管理工作。沿海县级以上地方人民政府海洋主管部门负责本行政区域内无居民海岛保护和开发利用管理的有关工作。

第六条　海岛的名称，由国家地名管理机构和国务院海洋主管部门按照国务院有关规定确定和发布。

沿海县级以上地方人民政府应当按照国家规定，在需要设置海岛名称标志的海岛设置海岛名称标志。

禁止损毁或者擅自移动海岛名称标志。

第七条　国务院和沿海地方各级人民政府应当加强对海岛保护的宣传教育工作，增强公民的海岛保护意识，并对在海岛保护以及有关科学研究工作中做出显著成绩的单位和个人予以奖励。

任何单位和个人都有遵守海岛保护法律的义务，并有权向海洋主管部门或者其他有关部门举报违反海岛保护法律、破坏海岛生态的行为。

第二章　海岛保护规划

第八条　国家实行海岛保护规划制度。海岛保护规划是从事海岛保护、利用活动的依据。

制定海岛保护规划应当遵循有利于保护和改善海岛及其周边海域生态系统，促进海岛经济社会可持续发展的原则。

海岛保护规划报送审批前，应当征求有关专家和公众的意见，经批准后应当及时向社会公布。但是，涉及国家秘密的除外。

第九条 国务院海洋主管部门会同本级人民政府有关部门、军事机关，依据国民经济和社会发展规划、全国海洋功能区划，组织编制全国海岛保护规划，报国务院审批。

全国海岛保护规划应当按照海岛的区位、自然资源、环境等自然属性及保护、利用状况，确定海岛分类保护的原则和可利用的无居民海岛，以及需要重点修复的海岛等。

全国海岛保护规划应当与全国城镇体系规划和全国土地利用总体规划相衔接。

第十条 沿海省、自治区人民政府海洋主管部门会同本级人民政府有关部门、军事机关，依据全国海岛保护规划、省域城镇体系规划和省、自治区土地利用总体规划，组织编制省域海岛保护规划，报省、自治区人民政府审批，并报国务院备案。

沿海直辖市人民政府组织编制的城市总体规划，应当包括本行政区域内海岛保护专项规划。

省域海岛保护规划和直辖市海岛保护专项规划，应当规定海岛分类保护的具体措施。

第十一条 省、自治区人民政府根据实际情况，可以要求本行政区域内的沿海城市、县、镇人民政府组织编制海岛保护专项规划，并纳入城市总体规划、镇总体规划；可以要求沿海县人民政府组织编制县域海岛保护规划。

沿海城市、镇海岛保护专项规划和县域海岛保护规划，应当符合全国海岛保护规划和省域海岛保护规划。

编制沿海城市、镇海岛保护专项规划，应当征求上一级人民政府海洋主管部门的意见。

县域海岛保护规划报省、自治区人民政府审批，并报国务院海洋主管部门备案。

第十二条 沿海县级人民政府可以组织编制全国海岛保护规划确定的可利用无居民海岛的保护和利用规划。

第十三条 修改海岛保护规划，应当依照本法第九条、第十条、第十一条规定的审批程序报经批准。

第十四条 国家建立完善海岛统计调查制度。国务院海洋主管部门会同有关部门拟定海岛综合统计调查计划，依法经批准后组织实施，并发布海岛统计调查公报。

第十五条 国家建立海岛管理信息系统，开展海岛自然资源的调查评估，对海岛的保护与利用等状况实施监视、监测。

第三章 海岛的保护

第一节 一般规定

第十六条 国务院和沿海地方各级人民政府应当采取措施，保护海岛的自然资源、自然景观以及历史、人文遗迹。

禁止改变自然保护区内海岛的海岸线。禁止采挖、破坏珊瑚和珊瑚礁。禁止砍伐海岛周边海域的红树林。

第十七条 国家保护海岛植被，促进海岛淡水资源的涵养；支持有居民海岛淡水储存、海水淡化和岛外淡水引入工程设施的建设。

第十八条 国家支持利用海岛开展科学研究活动。在海岛从事科学研究活动不得造成海岛及其周边海域生态系统破坏。

第十九条 国家开展海岛物种登记，依法保护和管理海岛生物物种。

第二十条 国家支持在海岛建立可再生能源开发利用、生态建设等实验基地。

第二十一条 国家安排海岛保护专项资金，用于海岛的保护、生态修复和科学研究活动。

第二十二条　国家保护设置在海岛的军事设施，禁止破坏、危害军事设施的行为。

国家保护依法设置在海岛的助航导航、测量、气象观测、海洋监测和地震监测等公益设施，禁止损毁或者擅自移动，妨碍其正常使用。

第二节　有居民海岛生态系统的保护

第二十三条　有居民海岛的开发、建设应当遵守有关城乡规划、环境保护、土地管理、海域使用管理、水资源和森林保护等法律、法规的规定，保护海岛及其周边海域生态系统。

第二十四条　有居民海岛的开发、建设应当对海岛土地资源、水资源及能源状况进行调查评估，依法进行环境影响评价。海岛的开发、建设不得超出海岛的环境容量。新建、改建、扩建建设项目，必须符合海岛主要污染物排放、建设用地和用水总量控制指标的要求。

有居民海岛的开发、建设应当优先采用风能、海洋能、太阳能等可再生能源和雨水集蓄、海水淡化、污水再生利用等技术。

有居民海岛及其周边海域应当划定禁止开发、限制开发区域，并采取措施保护海岛生物栖息地，防止海岛植被退化和生物多样性降低。

第二十五条　在有居民海岛进行工程建设，应当坚持先规划后建设、生态保护设施优先建设或者与工程项目同步建设的原则。

进行工程建设造成生态破坏的，应当负责修复；无力修复的，由县级以上人民政府责令停止建设，并可以指定有关部门组织修复，修复费用由造成生态破坏的单位、个人承担。

第二十六条　严格限制在有居民海岛沙滩建造建筑物或者设施；确需建造的，应当依照有关城乡规划、土地管理、环境保护等法律、法规的规定执行。未经依法批准在有居民海岛沙滩建造的建筑物或者设施，对海岛及其周边海域生态系统造成严重破坏的，应当依法拆除。

严格限制在有居民海岛沙滩采挖海砂；确需采挖的，应当依照有关海域使用管理、矿产资源的法律、法规的规定执行。

第二十七条　严格限制填海、围海等改变有居民海岛海岸线的行为，严格限制填海连岛工程建设；确需填海、围海改变海岛海岸线，或者填海连岛的，项目申请人应当提交项目论证报告、经批准的环境影响评价报告等申请文件，依照《中华人民共和国海域使用管理法》的规定报经批准。

本法施行前在有居民海岛建设的填海连岛工程，对海岛及其周边海域生态系统造成严重破坏的，由海岛所在省、自治区、直辖市人民政府海洋主管部门会同本级人民政府有关部门制定生态修复方案，报本级人民政府批准后组织实施。

第三节　无居民海岛的保护

第二十八条　未经批准利用的无居民海岛，应当维持现状；禁止采石、挖海砂、采伐林木以及进行生产、建设、旅游等活动。

第二十九条　严格限制在无居民海岛采集生物和非生物样本；因教学、科学研究确需采集的，应当报经海岛所在县级以上地方人民政府海洋主管部门批准。

第三十条　从事全国海岛保护规划确定的可利用无居民海岛的开发利用活动，应当遵守可利用无居民海岛保护和利用规划，采取严格的生态保护措施，避免造成海岛及其周边海域生态系统破坏。

开发利用前款规定的可利用无居民海岛，应当向省、自治区、直辖市人民政府海洋主管部门提出申请，并提交项目论证报告、开发利用具体方案等申请文件，由海洋主管部门组织有关部门和专家审查，提出审查意见，报省、自治区、直辖市人民政府审批。

无居民海岛的开发利用涉及利用特殊用途海岛，或者确需填海连岛以及其他严重改变海岛自然地形、地貌的，由国务院审批。

无居民海岛开发利用审查批准的具体办法，由国务院规定。

第三十一条 经批准开发利用无居民海岛的，应当依法缴纳使用金。但是，因国防、公务、教学、防灾减灾、非经营性公用基础设施建设和基础测绘、气象观测等公益事业使用无居民海岛的除外。

无居民海岛使用金征收使用管理办法，由国务院财政部门会同国务院海洋主管部门规定。

第三十二条 经批准在可利用无居民海岛建造建筑物或者设施，应当按照可利用无居民海岛保护和利用规划限制建筑物、设施的建设总量、高度以及与海岸线的距离，使其与周围植被和景观相协调。

第三十三条 无居民海岛利用过程中产生的废水，应当按照规定进行处理和排放。

无居民海岛利用过程中产生的固体废物，应当按照规定进行无害化处理、处置，禁止在无居民海岛弃置或者向其周边海域倾倒。

第三十四条 临时性利用无居民海岛的，不得在所利用的海岛建造永久性建筑物或者设施。

第三十五条 在依法确定为开展旅游活动的可利用无居民海岛及其周边海域，不得建造居民定居场所，不得从事生产性养殖活动；已经存在生产性养殖活动的，应当在编制可利用无居民海岛保护和利用规划中确定相应的污染防治措施。

第四节 特殊用途海岛的保护

第三十六条 国家对领海基点所在海岛、国防用途海岛、海洋自然保护区内的海岛等具有特殊用途或者特殊保护价值的海岛，实行特别保护。

第三十七条 领海基点所在的海岛，应当由海岛所在省、自治区、直辖市人民政府划定保护范围，报国务院海洋主管部门备案。领海基点及其保护范围周边应当设置明显标志。

禁止在领海基点保护范围内进行工程建设以及其他可能改变该区域地形、地貌的活动。确需进行以保护领海基点为目的的工程建设的，应当经过科学论证，报国务院海洋主管部门同意后依法办理审批手续。

禁止损毁或者擅自移动领海基点标志。

县级以上人民政府海洋主管部门应当按照国家规定，对领海基点所在海岛及其周边海域生态系统实施监视、监测。

任何单位和个人都有保护海岛领海基点的义务。发现领海基点以及领海基点保护范围内的地形、地貌受到破坏的，应当及时向当地人民政府或者海洋主管部门报告。

第三十八条 禁止破坏国防用途无居民海岛的自然地形、地貌和有居民海岛国防用途区域及其周边的地形、地貌。

禁止将国防用途无居民海岛用于与国防无关的目的。国防用途终止时，经军事机关批准后，应当将海岛及其有关生态保护的资料等一并移交该海岛所在省、自治区、直辖市人民政府。

第三十九条 国务院、国务院有关部门和沿海省、自治区、直辖市人民政府，根据海岛自然资源、自然景观以及历史、人文遗迹保护的需要，对具有特殊保护价值的海岛及其周边海域，依法批准设立海洋自然保护区或者海洋特别保护区。

第四章 监督检查

第四十条 县级以上人民政府有关部门

应当依法对有居民海岛保护和开发、建设进行监督检查。

第四十一条　海洋主管部门应当依法对无居民海岛保护和合理利用情况进行监督检查。

海洋主管部门及其海监机构依法对海岛周边海域生态系统保护情况进行监督检查。

第四十二条　海洋主管部门依法履行监督检查职责，有权要求被检查单位和个人就海岛利用的有关问题作出说明，提供海岛利用的有关文件和资料；有权进入被检查单位和个人所利用的海岛实施现场检查。

检查人员在履行检查职责时，应当出示有效的执法证件。有关单位和个人对检查工作应当予以配合，如实反映情况，提供有关文件和资料等；不得拒绝或者阻碍检查工作。

第四十三条　检查人员必须忠于职守、秉公执法、清正廉洁、文明服务，并依法接受监督。在依法查处违反本法规定的行为时，发现国家机关工作人员有违法行为应当给予处分的，应当向其任免机关或者监察机关提出处分建议。

第五章　法律责任

第四十四条　海洋主管部门或者其他对海岛保护负有监督管理职责的部门，发现违法行为或者接到对违法行为的举报后不依法予以查处，或者有其他未依照本法规定履行职责的行为的，由本级人民政府或者上一级人民政府有关主管部门责令改正，对直接负责的主管人员和其他直接责任人员依法给予处分。

第四十五条　违反本法规定，改变自然保护区内海岛的海岸线，填海、围海改变海岛海岸线，或者进行填海连岛的，依照《中华人民共和国海域使用管理法》的规定处罚。

第四十六条　违反本法规定，采挖、破坏珊瑚、珊瑚礁，或者砍伐海岛周边海域红树林的，依照《中华人民共和国海洋环境保护法》的规定处罚。

第四十七条　违反本法规定，在无居民海岛采石、挖海砂、采伐林木或者采集生物、非生物样本的，由县级以上人民政府海洋主管部门责令停止违法行为，没收违法所得，可以并处二万元以下的罚款。

违反本法规定，在无居民海岛进行生产、建设活动或者组织开展旅游活动的，由县级以上人民政府海洋主管部门责令停止违法行为，没收违法所得，并处二万元以上二十万元以下的罚款。

第四十八条　违反本法规定，进行严重改变无居民海岛自然地形、地貌的活动的，由县级以上人民政府海洋主管部门责令停止违法行为，处以五万元以上五十万元以下的罚款。

第四十九条　在海岛及其周边海域违法排放污染物的，依照有关环境保护法律的规定处罚。

第五十条　违反本法规定，在领海基点保护范围内进行工程建设或者其他可能改变该区域地形、地貌活动，在临时性利用的无居民海岛建造永久性建筑物或者设施，或者在依法确定为开展旅游活动的可利用无居民海岛建造居民定居场所的，由县级以上人民政府海洋主管部门责令停止违法行为，处以二万元以上二十万元以下的罚款。

第五十一条　损毁或者擅自移动领海基点标志的，依法给予治安管理处罚。

第五十二条　破坏、危害设置在海岛的军事设施，或者损毁、擅自移动设置在海岛的助航导航、测量、气象观测、海洋监测和地震监测等公益设施的，依照有关法律、行政法规的规定处罚。

第五十三条　无权批准开发利用无居民海岛而批准，超越批准权限批准开发利用无居民海岛，或者违反海岛保护规划批准开发利用无居民海岛的，批准文件无效；对直接负责的主管人员和其他直接责任人员依法给予处分。

第五十四条 违反本法规定，拒绝海洋主管部门监督检查，在接受监督检查时弄虚作假，或者不提供有关文件和资料的，由县级以上人民政府海洋主管部门责令改正，可以处二万元以下的罚款。

第五十五条 违反本法规定，构成犯罪的，依法追究刑事责任。

造成海岛及其周边海域生态系统破坏的，依法承担民事责任。

第六章 附 则

第五十六条 低潮高地的保护及相关管理活动，比照本法有关规定执行。

第五十七条 本法中下列用语的含义：

（一）海岛及其周边海域生态系统，是指由维持海岛存在的岛体、海岸线、沙滩、植被、淡水和周边海域等生物群落和非生物环境组成的有机复合体。

（二）无居民海岛，是指不属于居民户籍管理的住址登记地的海岛。

（三）低潮高地，是指在低潮时四面环海水并高于水面但在高潮时没入水中的自然形成的陆地区域。

（四）填海连岛，是指通过填海造地等方式将海岛与陆地或者海岛与海岛连接起来的行为。

（五）临时性利用无居民海岛，是指因公务、教学、科学调查、救灾、避险等需要而短期登临、停靠无居民海岛的行为。

第五十八条 本法自 2010 年 3 月 1 日起施行。

中华人民共和国车船税法（节录）

（2011 年 2 月 25 日第十一届全国人民代表大会常务委员会第十九次会议通过；根据 2019 年 4 月 23 日第十三届全国人民代表大会常务委员会第十次会议《关于修改〈中华人民共和国建筑法〉等八部法律的决定》修正）

第三条 下列车船免征车船税：

（一）捕捞、养殖渔船；

（二）军队、武装警察部队专用的车船；

（三）警用车船；

（四）悬挂应急救援专用号牌的国家综合性消防救援车辆和国家综合性消防救援专用船舶；

（五）依照法律规定应当予以免税的外国驻华使领馆、国际组织驻华代表机构及其有关人员的车船。

中华人民共和国船舶吨税法（节录）

（2017 年 12 月 27 日第十二届全国人民代表大会常务委员会第三十一次会议通过，2017 年 12 月 27 日中华人民共和国主席令第八十五号公布，自 2018 年 7 月 1 日起施行；根据 2018 年 10 月 26 日第十三届全国人民代表大会常务委员会第六次会议通过，2018 年 10 月 26 日中华人民共和国主席令第十六号公布的《关于修改〈中华人民共和国野生动物保护法〉等十五部法律的决定》修正）

第九条 下列船舶免征吨税：

（一）应纳税额在人民币五十元以下的船舶；

（二）自境外以购买、受赠、继承等方式取得船舶所有权的初次进口到港的空载船舶；

（三）吨税执照期满后二十四小时内不上下客货的船舶；

（四）非机动船舶（不包括非机动驳船）；

（五）捕捞、养殖渔船；

（六）避难、防疫隔离、修理、改造、终止运营或者拆解，并不上下客货的船舶；

（七）军队、武装警察部队专用或者征用的船舶；

（八）警用船舶；

（九）依照法律规定应当予以免税的外国驻华使领馆、国际组织驻华代表机构及其有关人员的船舶；

（十）国务院规定的其他船舶。

前款第十项免税规定，由国务院报全国人民代表大会常务委员会备案。

中华人民共和国水法

（1988年1月21日第六届全国人民代表大会常务委员会第二十四次会议通过，1988年1月21日中华人民共和国主席令第六十一号公布，自1988年7月1日起施行；根据2002年8月29日第九届全国人民代表大会常务委员会第二十九次会议通过，2002年8月29日中华人民共和国主席令第七十四号修订，自2002年10月1日起施行；根据2009年8月27日第十一届全国人民代表大会常务委员会第十次会议通过，2009年8月27日中华人民共和国主席令第十八号公布的《全国人民代表大会常务委员会关于修改部分法律的决定》第一次修改；根据2016年7月2日第十二届全国人民代表大会常务委员会第二十一次会议通过，2016年7月2日中华人民共和国主席令第四十八号公布的《关于修改〈中华人民共和国节约能源法〉等六部法律的决定》第二次修改）

第一章 总　　则

第一条 为了合理开发、利用、节约和保护水资源，防治水害，实现水资源的可持续利用，适应国民经济和社会发展的需要，制定本法。

第二条 在中华人民共和国领域内开发、利用、节约、保护、管理水资源，防治水害，适用本法。

本法所称水资源，包括地表水和地下水。

第三条 水资源属于国家所有。水资源的所有权由国务院代表国家行使。农村集体经济组织的水塘和由农村集体经济组织修建管理的水库中的水，归各该农村集体经济组织使用。

第四条 开发、利用、节约、保护水资源和防治水害，应当全面规划、统筹兼顾、标本兼治、综合利用、讲求效益，发挥水资源的多种功能，协调好生活、生产经营和生态环境用水。

第五条 县级以上人民政府应当加强水利基础设施建设，并将其纳入本级国民经济和社会发展计划。

第六条 国家鼓励单位和个人依法开发、利用水资源，并保护其合法权益。开发、利用水资源的单位和个人有依法保护水资源的义务。

第七条 国家对水资源依法实行取水许可制度和有偿使用制度。但是，农村集体经济组织及其成员使用本集体经济组织的水塘、水库中的水的除外。国务院水行政主管部门负责全国取水许可制度和水资源有偿使用制度的组织实施。

第八条 国家厉行节约用水，大力推行节约用水措施，推广节约用水新技术、新工艺，发展节水型工业、农业和服务业，建立节水型社会。

各级人民政府应当采取措施，加强对节约用水的管理，建立节约用水技术开发推广体系，培育和发展节约用水产业。

单位和个人有节约用水的义务。

第九条 国家保护水资源，采取有效措施，保护植被，植树种草，涵养水源，防治水土流失和水体污染，改善生态环境。

第十条 国家鼓励和支持开发、利用、节约、保护、管理水资源和防治水害的先进科学技术的研究、推广和应用。

第十一条 在开发、利用、节约、保护、管理水资源和防治水害等方面成绩显著的单位和个人，由人民政府给予奖励。

第十二条 国家对水资源实行流域管理与行政区域管理相结合的管理体制。

国务院水行政主管部门负责全国水资源的统一管理和监督工作。

国务院水行政主管部门在国家确定的重要江河、湖泊设立的流域管理机构（以下简称流域管理机构），在所管辖的范围内行使法律、行政法规规定的和国务院水行政主管部门授予的水资源管理和监督职责。

县级以上地方人民政府水行政主管部门按照规定的权限，负责本行政区域内水资源的统一管理和监督工作。

第十三条 国务院有关部门按照职责分工，负责水资源开发、利用、节约和保护的有关工作。

县级以上地方人民政府有关部门按照职责分工，负责本行政区域内水资源开发、利用、节约和保护的有关工作。

第二章 水资源规划

第十四条 国家制定全国水资源战略规划。

开发、利用、节约、保护水资源和防治水害，应当按照流域、区域统一制定规划。规划分为流域规划和区域规划。流域规划包括流域综合规划和流域专业规划；区域规划包括区域综合规划和区域专业规划。

前款所称综合规划，是指根据经济社会发展需要和水资源开发利用现状编制的开发、利用、节约、保护水资源和防治水害的总体部署。前款所称专业规划，是指防洪、治涝、灌溉、航运、供水、水力发电、竹木流放、渔业、水资源保护、水土保持、防沙治沙、节约用水等规划。

第十五条 流域范围内的区域规划应当服从流域规划，专业规划应当服从综合规划。

流域综合规划和区域综合规划以及与土地利用关系密切的专业规划，应当与国民经济和社会发展规划以及土地利用总体规划、城市总体规划和环境保护规划相协调，兼顾各地区、各行业的需要。

第十六条 制定规划，必须进行水资源综合科学考察和调查评价。水资源综合科学考察和调查评价，由县级以上人民政府水行政主管部门会同同级有关部门组织进行。

县级以上人民政府应当加强水文、水资源信息系统建设。县级以上人民政府水行政主管部门和流域管理机构应当加强对水资源的动态监测。

基本水文资料应当按照国家有关规定予以公开。

第十七条 国家确定的重要江河、湖泊的流域综合规划，由国务院水行政主管部门会同国务院有关部门和有关省、自治区、直辖市人民政府编制，报国务院批准。跨省、自治区、直辖市的其他江河、湖泊的流域综合规划和区域综合规划，由有关流域管理机构会同江河、湖泊所在地的省、自治区、直辖市人民政府水行政主管部门和有关部门编制，分别经有关省、自治区、直辖市人民政府审查提出意见后，报国务院水行政主管部门审核；国务院水行政主管部门征求国务院有关部门意见后，报国务院或者其授权的部门批准。

前款规定以外的其他江河、湖泊的流域综合规划和区域综合规划，由县级以上地方人民政府水行政主管部门会同同级有关部门和有关地方人民政府编制，报本级人民政府或者其授权的部门批准，并报上一级水行政主管部门备案。

专业规划由县级以上人民政府有关部门编制，征求同级其他有关部门意见后，报本级人民政府批准。其中，防洪规划、水土保持规划的编制、批准，依照防洪法、水土保持法的有关规定执行。

第十八条　规划一经批准，必须严格执行。

经批准的规划需要修改时，必须按照规划编制程序经原批准机关批准。

第十九条　建设水工程，必须符合流域综合规划。在国家确定的重要江河、湖泊和跨省、自治区、直辖市的江河、湖泊上建设水工程，未取得有关流域管理机构签署的符合流域综合规划要求的规划同意书的，建设单位不得开工建设；在其他江河、湖泊上建设水工程，未取得县级以上地方人民政府水行政主管部门按照管理权限签署的符合流域综合规划要求的规划同意书的，建设单位不得开工建设。水工程建设涉及防洪的，依照防洪法的有关规定执行；涉及其他地区和行业的，建设单位应当事先征求有关地区和部门的意见。

第三章　水资源开发利用

第二十条　开发、利用水资源，应当坚持兴利与除害相结合，兼顾上下游、左右岸和有关地区之间的利益，充分发挥水资源的综合效益，并服从防洪的总体安排。

第二十一条　开发、利用水资源，应当首先满足城乡居民生活用水，并兼顾农业、工业、生态环境用水以及航运等需要。

在干旱和半干旱地区开发、利用水资源，应当充分考虑生态环境用水需要。

第二十二条　跨流域调水，应当进行全面规划和科学论证，统筹兼顾调出和调入流域的用水需要，防止对生态环境造成破坏。

第二十三条　地方各级人民政府应当结合本地区水资源的实际情况，按照地表水与地下水统一调度开发、开源与节流相结合、节流优先和污水处理再利用的原则，合理组织开发、综合利用水资源。

国民经济和社会发展规划以及城市总体规划的编制、重大建设项目的布局，应当与当地水资源条件和防洪要求相适应，并进行科学论证；在水资源不足的地区，应当对城市规模和建设耗水量大的工业、农业和服务业项目加以限制。

第二十四条　在水资源短缺的地区，国家鼓励对雨水和微咸水的收集、开发、利用和对海水的利用、淡化。

第二十五条　地方各级人民政府应当加强对灌溉、排涝、水土保持工作的领导，促进农业生产发展；在容易发生盐碱化和渍害的地区，应当采取措施，控制和降低地下水的水位。

农村集体经济组织或者其成员依法在本集体经济组织所有的集体土地或者承包土地上投资兴建水工程设施的，按照谁投资建设谁管理和谁受益的原则，对水工程设施及其蓄水进行管理和合理使用。

农村集体经济组织修建水库应当经县级以上地方人民政府水行政主管部门批准。

第二十六条　国家鼓励开发、利用水能资源。在水能丰富的河流，应当有计划地进行多目标梯级开发。

建设水力发电站，应当保护生态环境，兼顾防洪、供水、灌溉、航运、竹木流放和渔业等方面的需要。

第二十七条　国家鼓励开发、利用水运资源。在水生生物洄游通道、通航或者竹木流放的河流上修建永久性拦河闸坝，建设单位应当同时修建过鱼、过船、过木设施，或者经国务院授权的部门批准采取其他补救措施，并妥善安排施工和蓄水期间的水生生物保护、航运和竹木流放，所需费用由建设单位承担。

在不通航的河流或者人工水道上修建闸坝后可以通航的，闸坝建设单位应当同时修建过船设施或者预留过船设施位置。

第二十八条 任何单位和个人引水、截（蓄）水、排水，不得损害公共利益和他人的合法权益。

第二十九条 国家对水工程建设移民实行开发性移民的方针，按照前期补偿、补助与后期扶持相结合的原则，妥善安排移民的生产和生活，保护移民的合法权益。

移民安置应当与工程建设同步进行。建设单位应当根据安置地区的环境容量和可持续发展的原则，因地制宜，编制移民安置规划，经依法批准后，由有关地方人民政府组织实施。所需移民经费列入工程建设投资计划。

第四章 水资源、水域和水工程的保护

第三十条 县级以上人民政府水行政主管部门、流域管理机构以及其他有关部门在制定水资源开发、利用规划和调度水资源时，应当注意维持江河的合理流量和湖泊、水库以及地下水的合理水位，维护水体的自然净化能力。

第三十一条 从事水资源开发、利用、节约、保护和防治水害等水事活动，应当遵守经批准的规划；因违反规划造成江河和湖泊水域使用功能降低、地下水超采、地面沉降、水体污染的，应当承担治理责任。

开采矿藏或者建设地下工程，因疏干排水导致地下水水位下降、水源枯竭或者地面塌陷，采矿单位或者建设单位应当采取补救措施；对他人生活和生产造成损失的，依法给予补偿。

第三十二条 国务院水行政主管部门会同国务院环境保护行政主管部门、有关部门和有关省、自治区、直辖市人民政府，按照流域综合规划、水资源保护规划和经济社会发展要求，拟定国家确定的重要江河、湖泊的水功能区划，报国务院批准。跨省、自治区、直辖市的其他江河、湖泊的水功能区划，由有关流域管理机构会同江河、湖泊所在地的省、自治区、直辖市人民政府水行政主管部门、环境保护行政主管部门和其他有关部门拟定，分别经有关省、自治区、直辖市人民政府审查提出意见后，由国务院水行政主管部门会同国务院环境保护行政主管部门审核，报国务院或者其授权的部门批准。

前款规定以外的其他江河、湖泊的水功能区划，由县级以上地方人民政府水行政主管部门会同同级人民政府环境保护行政主管部门和有关部门拟定，报同级人民政府或者其授权的部门批准，并报上一级水行政主管部门和环境保护行政主管部门备案。

县级以上人民政府水行政主管部门或者流域管理机构应当按照水功能区对水质的要求和水体的自然净化能力，核定该水域的纳污能力，向环境保护行政主管部门提出该水域的限制排污总量意见。

县级以上地方人民政府水行政主管部门和流域管理机构应当对水功能区的水质状况进行监测，发现重点污染物排放总量超过控制指标的，或者水功能区的水质未达到水域使用功能对水质的要求的，应当及时报告有关人民政府采取治理措施，并向环境保护行政主管部门通报。

第三十三条 国家建立饮用水水源保护区制度。省、自治区、直辖市人民政府应当划定饮用水水源保护区，并采取措施，防止水源枯竭和水体污染，保证城乡居民饮用水安全。

第三十四条 禁止在饮用水水源保护区内设置排污口。

在江河、湖泊新建、改建或者扩大排污口，应当经过有管辖权的水行政主管部门或者流域管理机构同意，由环境保护行政主管部门负责对该建设项目的环境影响报告书进行审批。

第三十五条 从事工程建设，占用农业

灌溉水源、灌排工程设施，或者对原有灌溉用水、供水水源有不利影响的，建设单位应当采取相应的补救措施；造成损失的，依法给予补偿。

第三十六条　在地下水超采地区，县级以上地方人民政府应当采取措施，严格控制开采地下水。在地下水严重超采地区，经省、自治区、直辖市人民政府批准，可以划定地下水禁止开采或者限制开采区。在沿海地区开采地下水，应当经过科学论证，并采取措施，防止地面沉降和海水入侵。

第三十七条　禁止在江河、湖泊、水库、运河、渠道内弃置、堆放阻碍行洪的物体和种植阻碍行洪的林木及高秆作物。

禁止在河道管理范围内建设妨碍行洪的建筑物、构筑物以及从事影响河势稳定、危害河岸堤防安全和其他妨碍河道行洪的活动。

第三十八条　在河道管理范围内建设桥梁、码头和其他拦河、跨河、临河建筑物、构筑物，铺设跨河管道、电缆，应当符合国家规定的防洪标准和其他有关的技术要求，工程建设方案应当依照防洪法的有关规定报经有关水行政主管部门审查同意。

因建设前款工程设施，需要扩建、改建、拆除或者损坏原有水工程设施的，建设单位应当负担扩建、改建的费用和损失补偿。但是，原有工程设施属于违法工程的除外。

第三十九条　国家实行河道采砂许可制度。河道采砂许可制度实施办法，由国务院规定。

在河道管理范围内采砂，影响河势稳定或者危及堤防安全的，有关县级以上人民政府水行政主管部门应当划定禁采区和规定禁采期，并予以公告。

第四十条　禁止围湖造地。已经围垦的，应当按照国家规定的防洪标准有计划地退地还湖。

禁止围垦河道。确需围垦的，应当经过科学论证，经省、自治区、直辖市人民政府水行政主管部门或者国务院水行政主管部门同意后，报本级人民政府批准。

第四十一条　单位和个人有保护水工程的义务，不得侵占、毁坏堤防、护岸、防汛、水文监测、水文地质监测等工程设施。

第四十二条　县级以上地方人民政府应当采取措施，保障本行政区域内水工程，特别是水坝和堤防的安全，限期消除险情。水行政主管部门应当加强对水工程安全的监督管理。

第四十三条　国家对水工程实施保护。国家所有的水工程应当按照国务院的规定划定工程管理和保护范围。

国务院水行政主管部门或者流域管理机构管理的水工程，由主管部门或者流域管理机构商有关省、自治区、直辖市人民政府划定工程管理和保护范围。

前款规定以外的其他水工程，应当按照省、自治区、直辖市人民政府的规定，划定工程保护范围和保护职责。

在水工程保护范围内，禁止从事影响水工程运行和危害水工程安全的爆破、打井、采石、取土等活动。

第五章　水资源配置和节约使用

第四十四条　国务院发展计划主管部门和国务院水行政主管部门负责全国水资源的宏观调配。全国的和跨省、自治区、直辖市的水中长期供求规划，由国务院水行政主管部门会同有关部门制订，经国务院发展计划主管部门审查批准后执行。地方的水中长期供求规划，由县级以上地方人民政府水行政主管部门会同同级有关部门依据上一级水中长期供求规划和本地区的实际情况制订，经本级人民政府发展计划主管部门审查批准后执行。

水中长期供求规划应当依据水的供求现状、国民经济和社会发展规划、流域规划、区域规划，按照水资源供需协调、综合平衡、保护生态、厉行节约、合理开源的原则制定。

第四十五条 调蓄径流和分配水量，应当依据流域规划和水中长期供求规划，以流域为单元制定水量分配方案。

跨省、自治区、直辖市的水量分配方案和旱情紧急情况下的水量调度预案，由流域管理机构商有关省、自治区、直辖市人民政府制订，报国务院或者其授权的部门批准后执行。其他跨行政区域的水量分配方案和旱情紧急情况下的水量调度预案，由共同的上一级人民政府水行政主管部门商有关地方人民政府制订，报本级人民政府批准后执行。

水量分配方案和旱情紧急情况下的水量调度预案经批准后，有关地方人民政府必须执行。

在不同行政区域之间的边界河流上建设水资源开发、利用项目，应当符合该流域经批准的水量分配方案，由有关县级以上地方人民政府报共同的上一级人民政府水行政主管部门或者有关流域管理机构批准。

第四十六条 县级以上地方人民政府水行政主管部门或者流域管理机构应当根据批准的水量分配方案和年度预测来水量，制定年度水量分配方案和调度计划，实施水量统一调度；有关地方人民政府必须服从。

国家确定的重要江河、湖泊的年度水量分配方案，应当纳入国家的国民经济和社会发展年度计划。

第四十七条 国家对用水实行总量控制和定额管理相结合的制度。

省、自治区、直辖市人民政府有关行业主管部门应当制订本行政区域内行业用水定额，报同级水行政主管部门和质量监督检验行政主管部门审核同意后，由省、自治区、直辖市人民政府公布，并报国务院水行政主管部门和国务院质量监督检验行政主管部门备案。

县级以上地方人民政府发展计划主管部门会同同级水行政主管部门，根据用水定额、经济技术条件以及水量分配方案确定的可供本行政区域使用的水量，制定年度用水计划，对本行政区域内的年度用水实行总量控制。

第四十八条 直接从江河、湖泊或者地下取用水资源的单位和个人，应当按照国家取水许可制度和水资源有偿使用制度的规定，向水行政主管部门或者流域管理机构申请领取取水许可证，并缴纳水资源费，取得取水权。但是，家庭生活和零星散养、圈养畜禽饮用等少量取水的除外。

实施取水许可制度和征收管理水资源费的具体办法，由国务院规定。

第四十九条 用水应当计量，并按照批准的用水计划用水。

用水实行计量收费和超定额累进加价制度。

第五十条 各级人民政府应当推行节水灌溉方式和节水技术，对农业蓄水、输水工程采取必要的防渗漏措施，提高农业用水效率。

第五十一条 工业用水应当采用先进技术、工艺和设备，增加循环用水次数，提高水的重复利用率。

国家逐步淘汰落后的、耗水量高的工艺、设备和产品，具体名录由国务院经济综合主管部门会同国务院水行政主管部门和有关部门制定并公布。生产者、销售者或者生产经营中的使用者应当在规定的时间内停止生产、销售或者使用列入名录的工艺、设备和产品。

第五十二条 城市人民政府应当因地制宜采取有效措施，推广节水型生活用水器具，降低城市供水管网漏失率，提高生活用水效率；加强城市污水集中处理，鼓励使用再生水，提高污水再生利用率。

第五十三条　新建、扩建、改建建设项目，应当制订节水措施方案，配套建设节水设施。节水设施应当与主体工程同时设计、同时施工、同时投产。

供水企业和自建供水设施的单位应当加强供水设施的维护管理，减少水的漏失。

第五十四条　各级人民政府应当积极采取措施，改善城乡居民的饮用水条件。

第五十五条　使用水工程供应的水，应当按照国家规定向供水单位缴纳水费。供水价格应当按照补偿成本、合理收益、优质优价、公平负担的原则确定。具体办法由省级以上人民政府价格主管部门会同同级水行政主管部门或者其他供水行政主管部门依据职权制定。

第六章　水事纠纷处理与执法监督检查

第五十六条　不同行政区域之间发生水事纠纷的，应当协商处理；协商不成的，由上一级人民政府裁决，有关各方必须遵照执行。在水事纠纷解决前，未经各方达成协议或者共同的上一级人民政府批准，在行政区域交界线两侧一定范围内，任何一方不得修建排水、阻水、取水和截（蓄）水工程，不得单方面改变水的现状。

第五十七条　单位之间、个人之间、单位与个人之间发生的水事纠纷，应当协商解决；当事人不愿协商或者协商不成的，可以申请县级以上地方人民政府或者其授权的部门调解，也可以直接向人民法院提起民事诉讼。县级以上地方人民政府或者其授权的部门调解不成的，当事人可以向人民法院提起民事诉讼。

在水事纠纷解决前，当事人不得单方面改变现状。

第五十八条　县级以上人民政府或者其授权的部门在处理水事纠纷时，有权采取临时处置措施，有关各方或者当事人必须服从。

第五十九条　县级以上人民政府水行政主管部门和流域管理机构应当对违反本法的行为加强监督检查并依法进行查处。

水政监督检查人员应当忠于职守，秉公执法。

第六十条　县级以上人民政府水行政主管部门、流域管理机构及其水政监督检查人员履行本法规定的监督检查职责时，有权采取下列措施：

（一）要求被检查单位提供有关文件、证照、资料；

（二）要求被检查单位就执行本法的有关问题作出说明；

（三）进入被检查单位的生产场所进行调查；

（四）责令被检查单位停止违反本法的行为，履行法定义务。

第六十一条　有关单位或者个人对水政监督检查人员的监督检查工作应当给予配合，不得拒绝或者阻碍水政监督检查人员依法执行职务。

第六十二条　水政监督检查人员在履行监督检查职责时，应当向被检查单位或者个人出示执法证件。

第六十三条　县级以上人民政府或者上级水行政主管部门发现本级或者下级水行政主管部门在监督检查工作中有违法或者失职行为的，应当责令其限期改正。

第七章　法律责任

第六十四条　水行政主管部门或者其他有关部门以及水工程管理单位及其工作人员，利用职务上的便利收取他人财物、其他好处或者玩忽职守，对不符合法定条件的单位或者个人核发许可证、签署审查同意意见，不按照水量分配方案分配水量，不按照国家有关规定收取水资源费，不履行监督职责，或者发现违法行为不予查处，造成严重后果，构成犯罪的，对负有责任的主管人员和其他直接责任人员依照刑法的有关规定追究刑事责任；尚不够刑事处罚的，依法给予行政处分。

第六十五条 在河道管理范围内建设妨碍行洪的建筑物、构筑物，或者从事影响河势稳定、危害河岸堤防安全和其他妨碍河道行洪的活动的，由县级以上人民政府水行政主管部门或者流域管理机构依据职权，责令停止违法行为，限期拆除违法建筑物、构筑物，恢复原状；逾期不拆除、不恢复原状的，强行拆除，所需费用由违法单位或者个人负担，并处一万元以上十万元以下的罚款。

未经水行政主管部门或者流域管理机构同意，擅自修建水工程，或者建设桥梁、码头和其他拦河、跨河、临河建筑物、构筑物，铺设跨河管道、电缆，且防洪法未作规定的，由县级以上人民政府水行政主管部门或者流域管理机构依据职权，责令停止违法行为，限期补办有关手续；逾期不补办或者补办未被批准的，责令限期拆除违法建筑物、构筑物；逾期不拆除的，强行拆除，所需费用由违法单位或者个人负担，并处一万元以上十万元以下的罚款。

虽经水行政主管部门或者流域管理机构同意，但未按照要求修建前款所列工程设施的，由县级以上人民政府水行政主管部门或者流域管理机构依据职权，责令限期改正，按照情节轻重，处一万元以上十万元以下的罚款。

第六十六条 有下列行为之一，且防洪法未作规定的，由县级以上人民政府水行政主管部门或者流域管理机构依据职权，责令停止违法行为，限期清除障碍或者采取其他补救措施，处一万元以上五万元以下的罚款：

（一）在江河、湖泊、水库、运河、渠道内弃置、堆放阻碍行洪的物体和种植阻碍行洪的林木及高秆作物的；

（二）围湖造地或者未经批准围垦河道的。

第六十七条 在饮用水水源保护区内设置排污口的，由县级以上地方人民政府责令限期拆除、恢复原状；逾期不拆除、不恢复原状的，强行拆除、恢复原状，并处五万元以上十万元以下的罚款。

未经水行政主管部门或者流域管理机构审查同意，擅自在江河、湖泊新建、改建或者扩大排污口的，由县级以上人民政府水行政主管部门或者流域管理机构依据职权，责令停止违法行为，限期恢复原状，处五万元以上十万元以下的罚款。

第六十八条 生产、销售或者在生产经营中使用国家明令淘汰的落后的、耗水量高的工艺、设备和产品的，由县级以上地方人民政府经济综合主管部门责令停止生产、销售或者使用，处二万元以上十万元以下的罚款。

第六十九条 有下列行为之一的，由县级以上人民政府水行政主管部门或者流域管理机构依据职权，责令停止违法行为，限期采取补救措施，处二万元以上十万元以下的罚款；情节严重的，吊销其取水许可证：

（一）未经批准擅自取水的；

（二）未依照批准的取水许可规定条件取水的。

第七十条 拒不缴纳、拖延缴纳或者拖欠水资源费的，由县级以上人民政府水行政主管部门或者流域管理机构依据职权，责令限期缴纳；逾期不缴纳的，从滞纳之日起按日加收滞纳部分千分之二的滞纳金，并处应缴或者补缴水资源费一倍以上五倍以下的罚款。

第七十一条 建设项目的节水设施没有

建成或者没有达到国家规定的要求，擅自投入使用的，由县级以上人民政府有关部门或者流域管理机构依据职权，责令停止使用，限期改正，处五万元以上十万元以下的罚款。

第七十二条　有下列行为之一，构成犯罪的，依照刑法的有关规定追究刑事责任；尚不够刑事处罚，且防洪法未作规定的，由县级以上地方人民政府水行政主管部门或者流域管理机构依据职权，责令停止违法行为，采取补救措施，处一万元以上五万元以下的罚款；违反治安管理处罚法的，由公安机关依法给予治安管理处罚；给他人造成损失的，依法承担赔偿责任：

（一）侵占、毁坏水工程及堤防、护岸等有关设施，毁坏防汛、水文监测、水文地质监测设施的；

（二）在水工程保护范围内，从事影响水工程运行和危害水工程安全的爆破、打井、采石、取土等活动的。

第七十三条　侵占、盗窃或者抢夺防汛物资，防洪排涝、农田水利、水文监测和测量以及其他水工程设备和器材，贪污或者挪用国家救灾、抢险、防汛、移民安置和补偿及其他水利建设款物，构成犯罪的，依照刑法的有关规定追究刑事责任。

第七十四条　在水事纠纷发生及其处理过程中煽动闹事、结伙斗殴、抢夺或者损坏公私财物、非法限制他人人身自由，构成犯罪的，依照刑法的有关规定追究刑事责任；尚不够刑事处罚的，由公安机关依法给予治安管理处罚。

第七十五条　不同行政区域之间发生水事纠纷，有下列行为之一的，对负有责任的主管人员和其他直接责任人员依法给予行政处分：

（一）拒不执行水量分配方案和水量调度预案的；

（二）拒不服从水量统一调度的；

（三）拒不执行上一级人民政府的裁决的；

（四）在水事纠纷解决前，未经各方达成协议或者上一级人民政府批准，单方面违反本法规定改变水的现状的。

第七十六条　引水、截（蓄）水、排水，损害公共利益或者他人合法权益的，依法承担民事责任。

第七十七条　对违反本法第三十九条有关河道采砂许可制度规定的行政处罚，由国务院规定。

第八章　附　　则

第七十八条　中华人民共和国缔结或者参加的与国际或者国境边界河流、湖泊有关的国际条约、协定与中华人民共和国法律有不同规定的，适用国际条约、协定的规定。但是，中华人民共和国声明保留的条款除外。

第七十九条　本法所称水工程，是指在江河、湖泊和地下水源上开发、利用、控制、调配和保护水资源的各类工程。

第八十条　海水的开发、利用、保护和管理，依照有关法律的规定执行。

第八十一条　从事防洪活动，依照防洪法的规定执行。

水污染防治，依照水污染防治法的规定执行。

第八十二条　本法自2002年10月1日起施行。

中华人民共和国防洪法

（1997 年 8 月 29 日第八届全国人民代表大会常务委员会第二十七次会议通过；根据 2009 年 8 月 27 日第十一届全国人民代表大会常务委员会第十次会议《关于修改部分法律的决定》第一次修正；根据 2015 年 4 月 24 日第十二届全国人民代表大会常务委员会第十四次会议《关于修改〈中华人民共和国港口法〉等七部法律的决定》第二次修正；根据 2016 年 7 月 2 日第十二届全国人民代表大会常务委员会第二十一次会议《关于修改〈中华人民共和国节约能源法〉等六部法律的决定》第三次修正）

第一章　总　　则

第一条　为了防治洪水，防御、减轻洪涝灾害，维护人民的生命和财产安全，保障社会主义现代化建设顺利进行，制定本法。

第二条　防洪工作实行全面规划、统筹兼顾、预防为主、综合治理、局部利益服从全局利益的原则。

第三条　防洪工程设施建设，应当纳入国民经济和社会发展计划。

防洪费用按照政府投入同受益者合理承担相结合的原则筹集。

第四条　开发利用和保护水资源，应当服从防洪总体安排，实行兴利与除害相结合的原则。

江河、湖泊治理以及防洪工程设施建设，应当符合流域综合规划，与流域水资源的综合开发相结合。

本法所称综合规划是指开发利用水资源和防治水害的综合规划。

第五条　防洪工作按照流域或者区域实行统一规划、分级实施和流域管理与行政区域管理相结合的制度。

第六条　任何单位和个人都有保护防洪工程设施和依法参加防汛抗洪的义务。

第七条　各级人民政府应当加强对防洪工作的统一领导，组织有关部门、单位，动员社会力量，依靠科技进步，有计划地进行江河、湖泊治理，采取措施加强防洪工程设施建设，巩固、提高防洪能力。

各级人民政府应当组织有关部门、单位，动员社会力量，做好防汛抗洪和洪涝灾害后的恢复与救济工作。

各级人民政府应当对蓄滞洪区予以扶持；蓄滞洪后，应当依照国家规定予以补偿或者救助。

第八条　国务院水行政主管部门在国务院的领导下，负责全国防洪的组织、协调、监督、指导等日常工作。国务院水行政主管部门在国家确定的重要江河、湖泊设立的流域管理机构，在所管辖的范围内行使法律、行政法规规定和国务院水行政主管部门授权的防洪协调和监督管理职责。

国务院建设行政主管部门和其他有关部门在国务院的领导下，按照各自的职责，负责有关的防洪工作。

县级以上地方人民政府水行政主管部门在本级人民政府的领导下，负责本行政区域内防洪的组织、协调、监督、指导等日常工作。县级以上地方人民政府建设行政主管部门和其他有关部门在本级人民政府的领导下，按照各自的职责，负责有关的防洪工作。

第二章　防洪规划

第九条　防洪规划是指为防治某一流域、河段或者区域的洪涝灾害而制定的总体部署，包括国家确定的重要江河、湖泊的流域防洪规划，其他江河、河段、湖泊的防洪规划以及区域防洪规划。

防洪规划应当服从所在流域、区域的综合规划；区域防洪规划应当服从所在流域的流域防洪规划。

防洪规划是江河、湖泊治理和防洪工程设施建设的基本依据。

第十条　国家确定的重要江河、湖泊的防洪规划，由国务院水行政主管部门依据该江河、湖泊的流域综合规划，会同有关部门和有关省、自治区、直辖市人民政府编制，报国务院批准。

其他江河、河段、湖泊的防洪规划或者区域防洪规划，由县级以上地方人民政府水行政主管部门分别依据流域综合规划、区域综合规划，会同有关部门和有关地区编制，报本级人民政府批准，并报上一级人民政府水行政主管部门备案；跨省、自治区、直辖市的江河、河段、湖泊的防洪规划由有关流域管理机构会同江河、河段、湖泊所在地的省、自治区、直辖市人民政府水行政主管部门、有关主管部门拟定，分别经有关省、自治区、直辖市人民政府审查提出意见后，报国务院水行政主管部门批准。

城市防洪规划，由城市人民政府组织水行政主管部门、建设行政主管部门和其他有关部门依据流域防洪规划、上一级人民政府区域防洪规划编制，按照国务院规定的审批程序批准后纳入城市总体规划。

修改防洪规划，应当报经原批准机关批准。

第十一条　编制防洪规划，应当遵循确保重点、兼顾一般，以及防汛和抗旱相结合、工程措施和非工程措施相结合的原则，充分考虑洪涝规律和上下游、左右岸的关系以及国民经济对防洪的要求，并与国土规划和土地利用总体规划相协调。

防洪规划应当确定防护对象、治理目标和任务、防洪措施和实施方案，划定洪泛区、蓄滞洪区和防洪保护区的范围，规定蓄滞洪区的使用原则。

第十二条　受风暴潮威胁的沿海地区的县级以上地方人民政府，应当把防御风暴潮纳入本地区的防洪规划，加强海堤（海塘）、挡潮闸和沿海防护林等防御风暴潮工程体系建设，监督建筑物、构筑物的设计和施工符合防御风暴潮的需要。

第十三条　山洪可能诱发山体滑坡、崩塌和泥石流的地区以及其他山洪多发地区的县级以上地方人民政府，应当组织负责地质矿产管理工作的部门、水行政主管部门和其他有关部门对山体滑坡、崩塌和泥石流隐患进行全面调查，划定重点防治区，采取防治措施。

城市、村镇和其他居民点以及工厂、矿山、铁路和公路干线的布局，应当避开山洪威胁；已经建在受山洪威胁的地方的，应当采取防御措施。

第十四条　平原、洼地、水网圩区、山谷、盆地等易涝地区的有关地方人民政府，应当制定除涝治涝规划，组织有关部门、单位采取相应的治理措施，完善排水系统，发展耐涝农作物种类和品种，开展洪涝、干旱、盐碱综合治理。

城市人民政府应当加强对城区排涝管网、泵站的建设和管理。

第十五条　国务院水行政主管部门应当会同有关部门和省、自治区、直辖市人民政府制定长江、黄河、珠江、辽河、淮河、海河入海河口的整治规划。

在前款入海河口围海造地，应当符合河口整治规划。

第十六条 防洪规划确定的河道整治计划用地和规划建设的堤防用地范围内的土地，经土地管理部门和水行政主管部门会同有关地区核定，报经县级以上人民政府按照国务院规定的权限批准后，可以划定为规划保留区；该规划保留区范围内的土地涉及其他项目用地的，有关土地管理部门和水行政主管部门核定时，应当征求有关部门的意见。

规划保留区依照前款规定划定后，应当公告。

前款规划保留区内不得建设与防洪无关的工矿工程设施；在特殊情况下，国家工矿建设项目确需占用前款规划保留区内的土地的，应当按照国家规定的基本建设程序报请批准，并征求有关水行政主管部门的意见。

防洪规划确定的扩大或者开辟的人工排洪道用地范围内的土地，经省级以上人民政府土地管理部门和水行政主管部门会同有关部门、有关地区核定，报省级以上人民政府按照国务院规定的权限批准后，可以划定为规划保留区，适用前款规定。

第十七条 在江河、湖泊上建设防洪工程和其他水工程、水电站等，应当符合防洪规划的要求；水库应当按照防洪规划的要求留足防洪库容。

前款规定的防洪工程和其他水工程、水电站未取得有关水行政主管部门签署的符合防洪规划要求的规划同意书的，建设单位不得开工建设。

第三章 治理与防护

第十八条 防治江河洪水，应当蓄泄兼施，充分发挥河道行洪能力和水库、洼淀、湖泊调蓄洪水的功能，加强河道防护，因地制宜地采取定期清淤疏浚等措施，保持行洪畅通。

防治江河洪水，应当保护、扩大流域林草植被，涵养水源，加强流域水土保持综合治理。

第十九条 整治河道和修建控制引导河水流向、保护堤岸等工程，应当兼顾上下游、左右岸的关系，按照规划治导线实施，不得任意改变河水流向。

国家确定的重要江河的规划治导线由流域管理机构拟定，报国务院水行政主管部门批准。

其他江河、河段的规划治导线由县级以上地方人民政府水行政主管部门拟定，报本级人民政府批准；跨省、自治区、直辖市的江河、河段和省、自治区、直辖市之间的省界河道的规划治导线由有关流域管理机构组织江河、河段所在地的省、自治区、直辖市人民政府水行政主管部门拟定，经有关省、自治区、直辖市人民政府审查提出意见后，报国务院水行政主管部门批准。

第二十条 整治河道、湖泊，涉及航道的，应当兼顾航运需要，并事先征求交通主管部门的意见。整治航道，应当符合江河、湖泊防洪安全要求，并事先征求水行政主管部门的意见。

在竹木流放的河流和渔业水域整治河道的，应当兼顾竹木水运和渔业发展的需要，并事先征求林业、渔业行政主管部门的意见。在河道中流放竹木，不得影响行洪和防洪工程设施的安全。

第二十一条 河道、湖泊管理实行按水系统一管理和分级管理相结合的原则，加强防护，确保畅通。

国家确定的重要江河、湖泊的主要河段，跨省、自治区、直辖市的重要河段、湖泊，省、自治区、直辖市之间的省界河道、湖泊以及国（边）界河道、湖泊，由流域管理机构和江河、湖泊所在地的省、自治区、直辖市人民政府水行政主管部门按照国务院水行政主管部门的划定依法实施管理。其他河道、湖泊，由县级以上地方人民政府水行政主管部门按照国务院水行政主管部门或者国务院水行政主管部门授权的机构的划定依法实施管理。

有堤防的河道、湖泊，其管理范围为两岸堤防之间的水域、沙洲、滩地、行洪区和堤防及护堤地；无堤防的河道、湖泊，其管理范围为历史最高洪水位或者设计洪水位之间的水域、沙洲、滩地和行洪区。

流域管理机构直接管理的河道、湖泊管理范围，由流域管理机构会同有关县级以上地方人民政府依照前款规定界定；其他河道、湖泊管理范围，由有关县级以上地方人民政府依照前款规定界定。

第二十二条　河道、湖泊管理范围内的土地和岸线的利用，应当符合行洪、输水的要求。

禁止在河道、湖泊管理范围内建设妨碍行洪的建筑物、构筑物，倾倒垃圾、渣土，从事影响河势稳定、危害河岸堤防安全和其他妨碍河道行洪的活动。

禁止在行洪河道内种植阻碍行洪的林木和高秆作物。

在船舶航行可能危及堤岸安全的河段，应当限定航速。限定航速的标志，由交通主管部门与水行政主管部门商定后设置。

第二十三条　禁止围湖造地。已经围垦的，应当按照国家规定的防洪标准进行治理，有计划地退地还湖。

禁止围垦河道。确需围垦的，应当进行科学论证，经水行政主管部门确认不妨碍行洪、输水后，报省级以上人民政府批准。

第二十四条　对居住在行洪河道内的居民，当地人民政府应当有计划地组织外迁。

第二十五条　护堤护岸的林木，由河道、湖泊管理机构组织营造和管理。护堤护岸林木，不得任意砍伐。采伐护堤护岸林木的，应当依法办理采伐许可手续，并完成规定的更新补种任务。

第二十六条　对壅水、阻水严重的桥梁、引道、码头和其他跨河工程设施，根据防洪标准，有关水行政主管部门可以报请县级以上人民政府按照国务院规定的权限责令建设单位限期改建或者拆除。

第二十七条　建设跨河、穿河、穿堤、临河的桥梁、码头、道路、渡口、管道、缆线、取水、排水等工程设施，应当符合防洪标准、岸线规划、航运要求和其他技术要求，不得危害堤防安全、影响河势稳定、妨碍行洪畅通；其工程建设方案未经有关水行政主管部门根据前述防洪要求审查同意的，建设单位不得开工建设。

前款工程设施需要占用河道、湖泊管理范围内土地，跨越河道、湖泊空间或者穿越河床的，建设单位应当经有关水行政主管部门对该工程设施建设的位置和界限审查批准后，方可依法办理开工手续；安排施工时，应当按照水行政主管部门审查批准的位置和界限进行。

第二十八条　对于河道、湖泊管理范围内依照本法规定建设的工程设施，水行政主管部门有权依法检查；水行政主管部门检查时，被检查者应当如实提供有关的情况和资料。

前款规定的工程设施竣工验收时，应当有水行政主管部门参加。

第四章　防洪区和防洪工程设施的管理

第二十九条　防洪区是指洪水泛滥可能淹及的地区，分为洪泛区、蓄滞洪区和防洪保护区。

洪泛区是指尚无工程设施保护的洪水泛滥所及的地区。

蓄滞洪区是指包括分洪口在内的河堤背水面以外临时贮存洪水的低洼地区及湖泊等。

防洪保护区是指在防洪标准内受防洪工

程设施保护的地区。

洪泛区、蓄滞洪区和防洪保护区的范围，在防洪规划或者防御洪水方案中划定，并报请省级以上人民政府按照国务院规定的权限批准后予以公告。

第三十条 各级人民政府应当按照防洪规划对防洪区内的土地利用实行分区管理。

第三十一条 地方各级人民政府应当加强对防洪区安全建设工作的领导，组织有关部门、单位对防洪区内的单位和居民进行防洪教育，普及防洪知识，提高水患意识；按照防洪规划和防御洪水方案建立并完善防洪体系和水文、气象、通信、预警以及洪涝灾害监测系统，提高防御洪水能力；组织防洪区内的单位和居民积极参加防洪工作，因地制宜地采取防洪避洪措施。

第三十二条 洪泛区、蓄滞洪区所在地的省、自治区、直辖市人民政府应当组织有关地区和部门，按照防洪规划的要求，制定洪泛区、蓄滞洪区安全建设计划，控制蓄滞洪区人口增长，对居住在经常使用的蓄滞洪区的居民，有计划地组织外迁，并采取其他必要的安全保护措施。

因蓄滞洪区而直接受益的地区和单位，应当对蓄滞洪区承担国家规定的补偿、救助义务。国务院和有关的省、自治区、直辖市人民政府应当建立对蓄滞洪区的扶持和补偿、救助制度。

国务院和有关的省、自治区、直辖市人民政府可以制定洪泛区、蓄滞洪区安全建设管理办法以及对蓄滞洪区的扶持和补偿、救助办法。

第三十三条 在洪泛区、蓄滞洪区内建设非防洪建设项目，应当就洪水对建设项目可能产生的影响和建设项目对防洪可能产生的影响作出评价，编制洪水影响评价报告，提出防御措施。洪水影响评价报告未经有关水行政主管部门审查批准的，建设单位不得开工建设。

在蓄滞洪区内建设的油田、铁路、公路、矿山、电厂、电信设施和管道，其洪水影响评价报告应当包括建设单位自行安排的防洪避洪方案。建设项目投入生产或者使用时，其防洪工程设施应当经水行政主管部门验收。

在蓄滞洪区内建造房屋应当采用平顶式结构。

第三十四条 大中城市，重要的铁路、公路干线，大型骨干企业，应当列为防洪重点，确保安全。

受洪水威胁的城市、经济开发区、工矿区和国家重要的农业生产基地等，应当重点保护，建设必要的防洪工程设施。

城市建设不得擅自填堵原有河道沟汊、贮水湖塘洼淀和废除原有防洪围堤。确需填堵或者废除的，应当经城市人民政府批准。

第三十五条 属于国家所有的防洪工程设施，应当按照经批准的设计，在竣工验收前由县级以上人民政府按照国家规定，划定管理和保护范围。

属于集体所有的防洪工程设施，应当按照省、自治区、直辖市人民政府的规定，划定保护范围。

在防洪工程设施保护范围内，禁止进行爆破、打井、采石、取土等危害防洪工程设施安全的活动。

第三十六条 各级人民政府应当组织有关部门加强对水库大坝的定期检查和监督管理。对未达到设计洪水标准、抗震设防要求或者有严重质量缺陷的险坝，大坝主管部门应当组织有关单位采取除险加固措施，限期消除危险或者重建，有关人民政府应当优先安排所需资金。对可能出现垮坝的水库，应当事先制定应急抢险和居民临时撤离方案。

各级人民政府和有关主管部门应当加强对尾矿坝的监督管理，采取措施，避免因洪水导致垮坝。

第三十七条 任何单位和个人不得破

坏、侵占、毁损水库大坝、堤防、水闸、护岸、抽水站、排水渠系等防洪工程和水文、通信设施以及防汛备用的器材、物料等。

第五章　防汛抗洪

第三十八条　防汛抗洪工作实行各级人民政府行政首长负责制，统一指挥、分级分部门负责。

第三十九条　国务院设立国家防汛指挥机构，负责领导、组织全国的防汛抗洪工作，其办事机构设在国务院水行政主管部门。

在国家确定的重要江河、湖泊可以设立由有关省、自治区、直辖市人民政府和该江河、湖泊的流域管理机构负责人等组成的防汛指挥机构，指挥所管辖范围内的防汛抗洪工作，其办事机构设在流域管理机构。

有防汛抗洪任务的县级以上地方人民政府设立由有关部门、当地驻军、人民武装部负责人等组成的防汛指挥机构，在上级防汛指挥机构和本级人民政府的领导下，指挥本地区的防汛抗洪工作，其办事机构设在同级水行政主管部门；必要时，经城市人民政府决定，防汛指挥机构也可以在建设行政主管部门设城市市区办事机构，在防汛指挥机构的统一领导下，负责城市市区的防汛抗洪日常工作。

第四十条　有防汛抗洪任务的县级以上地方人民政府根据流域综合规划、防洪工程实际状况和国家规定的防洪标准，制定防御洪水方案（包括对特大洪水的处置措施）。

长江、黄河、淮河、海河的防御洪水方案，由国家防汛指挥机构制定，报国务院批准；跨省、自治区、直辖市的其他江河的防御洪水方案，由有关流域管理机构会同有关省、自治区、直辖市人民政府制定，报国务院或者国务院授权的有关部门批准。防御洪水方案经批准后，有关地方人民政府必须执行。

各级防汛指挥机构和承担防汛抗洪任务的部门和单位，必须根据防御洪水方案做好防汛抗洪准备工作。

第四十一条　省、自治区、直辖市人民政府防汛指挥机构根据当地的洪水规律，规定汛期起止日期。

当江河、湖泊的水情接近保证水位或者安全流量，水库水位接近设计洪水位，或者防洪工程设施发生重大险情时，有关县级以上人民政府防汛指挥机构可以宣布进入紧急防汛期。

第四十二条　对河道、湖泊范围内阻碍行洪的障碍物，按照谁设障、谁清除的原则，由防汛指挥机构责令限期清除；逾期不清除的，由防汛指挥机构组织强行清除，所需费用由设障者承担。

在紧急防汛期，国家防汛指挥机构或者其授权的流域、省、自治区、直辖市防汛指挥机构有权对壅水、阻水严重的桥梁、引道、码头和其他跨河工程设施作出紧急处置。

第四十三条　在汛期，气象、水文、海洋等有关部门应当按照各自的职责，及时向有关防汛指挥机构提供天气、水文等实时信息和风暴潮预报；电信部门应当优先提供防汛抗洪通信的服务；运输、电力、物资材料供应等有关部门应当优先为防汛抗洪服务。

中国人民解放军、中国人民武装警察部队和民兵应当执行国家赋予的抗洪抢险任务。

第四十四条　在汛期，水库、闸坝和其他水工程设施的运用，必须服从有关的防汛指挥机构的调度指挥和监督。

在汛期，水库不得擅自在汛期限制水位以上蓄水，其汛期限制水位以上的防洪库容的运用，必须服从防汛指挥机构的调度指挥和监督。

在凌汛期，有防凌汛任务的江河的上游

水库的下泄水量必须征得有关的防汛指挥机构的同意，并接受其监督。

第四十五条 在紧急防汛期，防汛指挥机构根据防汛抗洪的需要，有权在其管辖范围内调用物资、设备、交通运输工具和人力，决定采取取土占地、砍伐林木、清除阻水障碍物和其他必要的紧急措施；必要时，公安、交通等有关部门按照防汛指挥机构的决定，依法实施陆地和水面交通管制。

依照前款规定调用的物资、设备、交通运输工具等，在汛期结束后应当及时归还；造成损坏或者无法归还的，按照国务院有关规定给予适当补偿或者作其他处理。取土占地、砍伐林木的，在汛期结束后依法向有关部门补办手续；有关地方人民政府对取土后的土地组织复垦，对砍伐的林木组织补种。

第四十六条 江河、湖泊水位或者流量达到国家规定的分洪标准，需要启用蓄滞洪区时，国务院，国家防汛指挥机构，流域防汛指挥机构，省、自治区、直辖市人民政府，省、自治区、直辖市防汛指挥机构，按照依法经批准的防御洪水方案中规定的启用条件和批准程序，决定启用蓄滞洪区。依法启用蓄滞洪区，任何单位和个人不得阻拦、拖延；遇到阻拦、拖延时，由有关县级以上地方人民政府强制实施。

第四十七条 发生洪涝灾害后，有关人民政府应当组织有关部门、单位做好灾区的生活供给、卫生防疫、救灾物资供应、治安管理、学校复课、恢复生产和重建家园等救灾工作以及所管辖地区的各项水毁工程设施修复工作。水毁防洪工程设施的修复，应当优先列入有关部门的年度建设计划。

国家鼓励、扶持开展洪水保险。

第六章 保障措施

第四十八条 各级人民政府应当采取措施，提高防洪投入的总体水平。

第四十九条 江河、湖泊的治理和防洪工程设施的建设和维护所需投资，按照事权和财权相统一的原则，分级负责，由中央和地方财政承担。城市防洪工程设施的建设和维护所需投资，由城市人民政府承担。

受洪水威胁地区的油田、管道、铁路、公路、矿山、电力、电信等企业、事业单位应当自筹资金，兴建必要的防洪自保工程。

第五十条 中央财政应当安排资金，用于国家确定的重要江河、湖泊的堤坝遭受特大洪涝灾害时的抗洪抢险和水毁防洪工程修复。省、自治区、直辖市人民政府应当在本级财政预算中安排资金，用于本行政区域内遭受特大洪涝灾害地区的抗洪抢险和水毁防洪工程修复。

第五十一条 国家设立水利建设基金，用于防洪工程和水利工程的维护和建设。具体办法由国务院规定。

受洪水威胁的省、自治区、直辖市为加强本行政区域内防洪工程设施建设，提高防御洪水能力，按照国务院的有关规定，可以规定在防洪保护区范围内征收河道工程修建维护管理费。

第五十二条 任何单位和个人不得截留、挪用防洪、救灾资金和物资。

各级人民政府审计机关应当加强对防洪、救灾资金使用情况的审计监督。

第七章 法律责任

第五十三条 违反本法第十七条规定，未经水行政主管部门签署规划同意书，擅自在江河、湖泊上建设防洪工程和其他水工程、水电站的，责令停止违法行为，补办规划同意书手续；违反规划同意书的要求，严重影响防洪的，责令限期拆除；违反规划同意书的要求，影响防洪但尚可采取补救措施的，责令限期采取补救措施，可以处一万元以上十万元以下的罚款。

第五十四条　违反本法第十九条规定，未按照规划治导线整治河道和修建控制引导河水流向、保护堤岸等工程，影响防洪的，责令停止违法行为，恢复原状或者采取其他补救措施，可以处一万元以上十万元以下的罚款。

第五十五条　违反本法第二十二条第二款、第三款规定，有下列行为之一的，责令停止违法行为，排除阻碍或者采取其他补救措施，可以处五万元以下的罚款：

（一）在河道、湖泊管理范围内建设妨碍行洪的建筑物、构筑物的；

（二）在河道、湖泊管理范围内倾倒垃圾、渣土，从事影响河势稳定、危害河岸堤防安全和其他妨碍河道行洪的活动的；

（三）在行洪河道内种植阻碍行洪的林木和高秆作物的。

第五十六条　违反本法第十五条第二款、第二十三条规定，围海造地、围湖造地、围垦河道的，责令停止违法行为，恢复原状或者采取其他补救措施，可以处五万元以下的罚款；既不恢复原状也不采取其他补救措施的，代为恢复原状或者采取其他补救措施，所需费用由违法者承担。

第五十七条　违反本法第二十七条规定，未经水行政主管部门对其工程建设方案审查同意或者未按照有关水行政主管部门审查批准的位置、界限，在河道、湖泊管理范围内从事工程设施建设活动的，责令停止违法行为，补办审查同意或者审查批准手续；工程设施建设严重影响防洪的，责令限期拆除，逾期不拆除的，强行拆除，所需费用由建设单位承担；影响行洪但尚可采取补救措施的，责令限期采取补救措施，可以处一万元以上十万元以下的罚款。

第五十八条　违反本法第三十三条第一款规定，在洪泛区、蓄滞洪区内建设非防洪建设项目，未编制洪水影响评价报告或者洪水影响评价报告未经审查批准开工建设的，责令限期改正；逾期不改正的，处五万元以下的罚款。

违反本法第三十三条第二款规定，防洪工程设施未经验收，即将建设项目投入生产或者使用的，责令停止生产或者使用，限期验收防洪工程设施，可以处五万元以下的罚款。

第五十九条　违反本法第三十四条规定，因城市建设擅自填堵原有河道沟汊、贮水湖塘洼淀和废除原有防洪围堤的，城市人民政府应当责令停止违法行为，限期恢复原状或者采取其他补救措施。

第六十条　违反本法规定，破坏、侵占、毁损堤防、水闸、护岸、抽水站、排水渠系等防洪工程和水文、通信设施以及防汛备用的器材、物料的，责令停止违法行为，采取补救措施，可以处五万元以下的罚款；造成损坏的，依法承担民事责任；应当给予治安管理处罚的，依照治安管理处罚法的规定处罚；构成犯罪的，依法追究刑事责任。

第六十一条　阻碍、威胁防汛指挥机构、水行政主管部门或者流域管理机构的工作人员依法执行职务，构成犯罪的，依法追究刑事责任；尚不构成犯罪，应当给予治安管理处罚的，依照治安管理处罚法的规定处罚。

第六十二条　截留、挪用防洪、救灾资金和物资，构成犯罪的，依法追究刑事责任；尚不构成犯罪的，给予行政处分。

第六十三条　除本法第五十九条的规定外，本章规定的行政处罚和行政措施，由县级以上人民政府水行政主管部门决定，或者由流域管理机构按照国务院水行政主管部门规定的权限决定。但是，本法第六十条、第六十一条规定的治安管理处罚的决定机关，按照治安管理处罚法的规定执行。

第六十四条　国家工作人员，有下列行为之一，构成犯罪的，依法追究刑事责任；尚不构成犯罪的，给予行政处分：

（一）违反本法第十七条、第十九条、第二十二条第二款、第二十二条第三款、第二十七条或者第三十四条规定，严重影响防洪的；

（二）滥用职权，玩忽职守，徇私舞弊，致使防汛抗洪工作遭受重大损失的；

（三）拒不执行防御洪水方案、防汛抢险指令或者蓄滞洪方案、措施、汛期调度运用计划等防汛调度方案的；

（四）违反本法规定，导致或者加重毗邻地区或者其他单位洪灾损失的。

第八章　附　　则

第六十五条　本法自 1998 年 1 月 1 日起施行。

中华人民共和国标准化法

（1988 年 12 月 29 日第七届全国人民代表大会常务委员会第五次会议通过；2017 年 11 月 4 日第十二届全国人民代表大会常务委员会第三十次会议修订）

第一章　总　　则

第一条　为了加强标准化工作，提升产品和服务质量，促进科学技术进步，保障人身健康和生命财产安全，维护国家安全、生态环境安全，提高经济社会发展水平，制定本法。

第二条　本法所称标准（含标准样品），是指农业、工业、服务业以及社会事业等领域需要统一的技术要求。

标准包括国家标准、行业标准、地方标准和团体标准、企业标准。国家标准分为强制性标准、推荐性标准，行业标准、地方标准是推荐性标准。

强制性标准必须执行。国家鼓励采用推荐性标准。

第三条　标准化工作的任务是制定标准、组织实施标准以及对标准的制定、实施进行监督。

县级以上人民政府应当将标准化工作纳入本级国民经济和社会发展规划，将标准化工作经费纳入本级预算。

第四条　制定标准应当在科学技术研究成果和社会实践经验的基础上，深入调查论证，广泛征求意见，保证标准的科学性、规范性、时效性，提高标准质量。

第五条　国务院标准化行政主管部门统一管理全国标准化工作。国务院有关行政主管部门分工管理本部门、本行业的标准化工作。

县级以上地方人民政府标准化行政主管部门统一管理本行政区域内的标准化工作。县级以上地方人民政府有关行政主管部门分工管理本行政区域内本部门、本行业的标准化工作。

第六条　国务院建立标准化协调机制，统筹推进标准化重大改革，研究标准化重大政策，对跨部门跨领域、存在重大争议标准的制定和实施进行协调。

设区的市级以上地方人民政府可以根据工作需要建立标准化协调机制，统筹协调本行政区域内标准化工作重大事项。

第七条　国家鼓励企业、社会团体和教育、科研机构等开展或者参与标准化工作。

第八条　国家积极推动参与国际标准化活动，开展标准化对外合作与交流，参与制定国际标准，结合国情采用国际标准，推进中国标准与国外标准之间的转化运用。

国家鼓励企业、社会团体和教育、科研机构等参与国际标准化活动。

第九条　对在标准化工作中做出显著成绩的单位和个人，按照国家有关规定给予表彰和奖励。

第二章　标准的制定

第十条　对保障人身健康和生命财产安全、国家安全、生态环境安全以及满足经济社会管理基本需要的技术要求，应当制定强制性国家标准。

国务院有关行政主管部门依据职责负责

强制性国家标准的项目提出、组织起草、征求意见和技术审查。国务院标准化行政主管部门负责强制性国家标准的立项、编号和对外通报。国务院标准化行政主管部门应当对拟制定的强制性国家标准是否符合前款规定进行立项审查，对符合前款规定的予以立项。

省、自治区、直辖市人民政府标准化行政主管部门可以向国务院标准化行政主管部门提出强制性国家标准的立项建议，由国务院标准化行政主管部门会同国务院有关行政主管部门决定。社会团体、企业事业组织以及公民可以向国务院标准化行政主管部门提出强制性国家标准的立项建议，国务院标准化行政主管部门认为需要立项的，会同国务院有关行政主管部门决定。

强制性国家标准由国务院批准发布或者授权批准发布。

法律、行政法规和国务院决定对强制性标准的制定另有规定的，从其规定。

第十一条 对满足基础通用、与强制性国家标准配套、对各有关行业起引领作用等需要的技术要求，可以制定推荐性国家标准。

推荐性国家标准由国务院标准化行政主管部门制定。

第十二条 对没有推荐性国家标准、需要在全国某个行业范围内统一的技术要求，可以制定行业标准。

行业标准由国务院有关行政主管部门制定，报国务院标准化行政主管部门备案。

第十三条 为满足地方自然条件、风俗习惯等特殊技术要求，可以制定地方标准。

地方标准由省、自治区、直辖市人民政府标准化行政主管部门制定；设区的市级人民政府标准化行政主管部门根据本行政区域的特殊需要，经所在地省、自治区、直辖市人民政府标准化行政主管部门批准，可以制定本行政区域的地方标准。地方标准由省、自治区、直辖市人民政府标准化行政主管部门报国务院标准化行政主管部门备案，由国务院标准化行政主管部门通报国务院有关行政主管部门。

第十四条 对保障人身健康和生命财产安全、国家安全、生态环境安全以及经济社会发展所急需的标准项目，制定标准的行政主管部门应当优先立项并及时完成。

第十五条 制定强制性标准、推荐性标准，应当在立项时对有关行政主管部门、企业、社会团体、消费者和教育、科研机构等方面的实际需求进行调查，对制定标准的必要性、可行性进行论证评估；在制定过程中，应当按照便捷有效的原则采取多种方式征求意见，组织对标准相关事项进行调查分析、实验、论证，并做到有关标准之间的协调配套。

第十六条 制定推荐性标准，应当组织由相关方组成的标准化技术委员会，承担标准的起草、技术审查工作。制定强制性标准，可以委托相关标准化技术委员会承担标准的起草、技术审查工作。未组成标准化技术委员会的，应当成立专家组承担相关标准的起草、技术审查工作。标准化技术委员会和专家组的组成应当具有广泛代表性。

第十七条 强制性标准文本应当免费向社会公开。国家推动免费向社会公开推荐性标准文本。

第十八条 国家鼓励学会、协会、商会、联合会、产业技术联盟等社会团体协调相关市场主体共同制定满足市场和创新需要的团体标准，由本团体成员约定采用或者按照本团体的规定供社会自愿采用。

制定团体标准，应当遵循开放、透明、公平的原则，保证各参与主体获取相关信息，反映各参与主体的共同需求，并应当组织对标准相关事项进行调查分析、实验、论证。

国务院标准化行政主管部门会同国务院

有关行政主管部门对团体标准的制定进行规范、引导和监督。

第十九条　企业可以根据需要自行制定企业标准，或者与其他企业联合制定企业标准。

第二十条　国家支持在重要行业、战略性新兴产业、关键共性技术等领域利用自主创新技术制定团体标准、企业标准。

第二十一条　推荐性国家标准、行业标准、地方标准、团体标准、企业标准的技术要求不得低于强制性国家标准的相关技术要求。

国家鼓励社会团体、企业制定高于推荐性标准相关技术要求的团体标准、企业标准。

第二十二条　制定标准应当有利于科学合理利用资源，推广科学技术成果，增强产品的安全性、通用性、可替换性，提高经济效益、社会效益、生态效益，做到技术上先进、经济上合理。

禁止利用标准实施妨碍商品、服务自由流通等排除、限制市场竞争的行为。

第二十三条　国家推进标准化军民融合和资源共享，提升军民标准通用化水平，积极推动在国防和军队建设中采用先进适用的民用标准，并将先进适用的军用标准转化为民用标准。

第二十四条　标准应当按照编号规则进行编号。标准的编号规则由国务院标准化行政主管部门制定并公布。

第三章　标准的实施

第二十五条　不符合强制性标准的产品、服务，不得生产、销售、进口或者提供。

第二十六条　出口产品、服务的技术要求，按照合同的约定执行。

第二十七条　国家实行团体标准、企业标准自我声明公开和监督制度。企业应当公开其执行的强制性标准、推荐性标准、团体标准或者企业标准的编号和名称；企业执行自行制定的企业标准的，还应当公开产品、服务的功能指标和产品的性能指标。国家鼓励团体标准、企业标准通过标准信息公共服务平台向社会公开。

企业应当按照标准组织生产经营活动，其生产的产品、提供的服务应当符合企业公开标准的技术要求。

第二十八条　企业研制新产品、改进产品，进行技术改造，应当符合本法规定的标准化要求。

第二十九条　国家建立强制性标准实施情况统计分析报告制度。

国务院标准化行政主管部门和国务院有关行政主管部门、设区的市级以上地方人民政府标准化行政主管部门应当建立标准实施信息反馈和评估机制，根据反馈和评估情况对其制定的标准进行复审。标准的复审周期一般不超过五年。经过复审，对不适应经济社会发展需要和技术进步的应当及时修订或者废止。

第三十条　国务院标准化行政主管部门根据标准实施信息反馈、评估、复审情况，对有关标准之间重复交叉或者不衔接配套的，应当会同国务院有关行政主管部门作出处理或者通过国务院标准化协调机制处理。

第三十一条　县级以上人民政府应当支持开展标准化试点示范和宣传工作，传播标准化理念，推广标准化经验，推动全社会运用标准化方式组织生产、经营、管理和服务，发挥标准对促进转型升级、引领创新驱动的支撑作用。

第四章　监督管理

第三十二条　县级以上人民政府标准化行政主管部门、有关行政主管部门依据法定职责，对标准的制定进行指导和监督，对标准的实施进行监督检查。

第三十三条 国务院有关行政主管部门在标准制定、实施过程中出现争议的，由国务院标准化行政主管部门组织协商；协商不成的，由国务院标准化协调机制解决。

第三十四条 国务院有关行政主管部门、设区的市级以上地方人民政府标准化行政主管部门未依照本法规定对标准进行编号、复审或者备案的，国务院标准化行政主管部门应当要求其说明情况，并限期改正。

第三十五条 任何单位或者个人有权向标准化行政主管部门、有关行政主管部门举报、投诉违反本法规定的行为。

标准化行政主管部门、有关行政主管部门应当向社会公开受理举报、投诉的电话、信箱或者电子邮件地址，并安排人员受理举报、投诉。对实名举报人或者投诉人，受理举报、投诉的行政主管部门应当告知处理结果，为举报人保密，并按照国家有关规定对举报人给予奖励。

第五章　法律责任

第三十六条 生产、销售、进口产品或者提供服务不符合强制性标准，或者企业生产的产品、提供的服务不符合其公开标准的技术要求的，依法承担民事责任。

第三十七条 生产、销售、进口产品或者提供服务不符合强制性标准的，依照《中华人民共和国产品质量法》《中华人民共和国进出口商品检验法》《中华人民共和国消费者权益保护法》等法律、行政法规的规定查处，记入信用记录，并依照有关法律、行政法规的规定予以公示；构成犯罪的，依法追究刑事责任。

第三十八条 企业未依照本法规定公开其执行的标准的，由标准化行政主管部门责令限期改正；逾期不改正的，在标准信息公共服务平台上公示。

第三十九条 国务院有关行政主管部门、设区的市级以上地方人民政府标准化行政主管部门制定的标准不符合本法第二十一条第一款、第二十二条第一款规定的，应当及时改正；拒不改正的，由国务院标准化行政主管部门公告废止相关标准；对负有责任的领导人员和直接责任人员依法给予处分。

社会团体、企业制定的标准不符合本法第二十一条第一款、第二十二条第一款规定的，由标准化行政主管部门责令限期改正；逾期不改正的，由省级以上人民政府标准化行政主管部门废止相关标准，并在标准信息公共服务平台上公示。

违反本法第二十二条第二款规定，利用标准实施排除、限制市场竞争行为的，依照《中华人民共和国反垄断法》等法律、行政法规的规定处理。

第四十条 国务院有关行政主管部门、设区的市级以上地方人民政府标准化行政主管部门未依照本法规定对标准进行编号或者备案，又未依照本法第三十四条的规定改正的，由国务院标准化行政主管部门撤销相关标准编号或者公告废止未备案标准；对负有责任的领导人员和直接责任人员依法给予处分。

国务院有关行政主管部门、设区的市级以上地方人民政府标准化行政主管部门未依照本法规定对其制定的标准进行复审，又未依照本法第三十四条的规定改正的，对负有责任的领导人员和直接责任人员依法给予处分。

第四十一条 国务院标准化行政主管部门未依照本法第十条第二款规定对制定强制性国家标准的项目予以立项，制定的标准不符合本法第二十一条第一款、第二十二条第一款规定，或者未依照本法规定对标准进行编号、复审或者予以备案的，应当及时改正；对负有责任的领导人员和直接责任人员可以依法给予处分。

第四十二条　社会团体、企业未依照本法规定对团体标准或者企业标准进行编号的，由标准化行政主管部门责令限期改正；逾期不改正的，由省级以上人民政府标准化行政主管部门撤销相关标准编号，并在标准信息公共服务平台上公示。

第四十三条　标准化工作的监督、管理人员滥用职权、玩忽职守、徇私舞弊的，依法给予处分；构成犯罪的，依法追究刑事责任。

第六章　附　　则

第四十四条　军用标准的制定、实施和监督办法，由国务院、中央军事委员会另行制定。

第四十五条　本法自 2018 年 1 月 1 日起施行。

中华人民共和国统计法

（1983年12月8日第六届全国人民代表大会常务委员会第三次会议通过；根据1996年5月15日第八届全国人民代表大会常务委员会第十九次会议《关于修改〈中华人民共和国统计法〉的决定》修正；2009年6月27日第十一届全国人民代表大会常务委员会第九次会议修订，2009年6月27日中华人民共和国主席令第十五号公布，自2010年1月1日起施行）

第一章　总　　则

第一条　为了科学、有效地组织统计工作，保障统计资料的真实性、准确性、完整性和及时性，发挥统计在了解国情国力、服务经济社会发展中的重要作用，促进社会主义现代化建设事业发展，制定本法。

第二条　本法适用于各级人民政府、县级以上人民政府统计机构和有关部门组织实施的统计活动。

统计的基本任务是对经济社会发展情况进行统计调查、统计分析，提供统计资料和统计咨询意见，实行统计监督。

第三条　国家建立集中统一的统计系统，实行统一领导、分级负责的统计管理体制。

第四条　国务院和地方各级人民政府、各有关部门应当加强对统计工作的组织领导，为统计工作提供必要的保障。

第五条　国家加强统计科学研究，健全科学的统计指标体系，不断改进统计调查方法，提高统计的科学性。

国家有计划地加强统计信息化建设，推进统计信息搜集、处理、传输、共享、存储技术和统计数据库体系的现代化。

第六条　统计机构和统计人员依照本法规定独立行使统计调查、统计报告、统计监督的职权，不受侵犯。

地方各级人民政府、政府统计机构和有关部门以及各单位的负责人，不得自行修改统计机构和统计人员依法搜集、整理的统计资料，不得以任何方式要求统计机构、统计人员及其他机构、人员伪造、篡改统计资料，不得对依法履行职责或者拒绝、抵制统计违法行为的统计人员打击报复。

第七条　国家机关、企业事业单位和其他组织以及个体工商户和个人等统计调查对象，必须依照本法和国家有关规定，真实、准确、完整、及时地提供统计调查所需的资料，不得提供不真实或者不完整的统计资料，不得迟报、拒报统计资料。

第八条　统计工作应当接受社会公众的监督。任何单位和个人有权检举统计中弄虚作假等违法行为。对检举有功的单位和个人应当给予表彰和奖励。

第九条　统计机构和统计人员对在统计工作中知悉的国家秘密、商业秘密和个人信息，应当予以保密。

第十条　任何单位和个人不得利用虚假统计资料骗取荣誉称号、物质利益或者职务晋升。

第二章　统计调查管理

第十一条　统计调查项目包括国家统计调查项目、部门统计调查项目和地方统计调调查项目。

国家统计调查项目是指全国性基本情况的统计调查项目。部门统计调查项目是指国务院有关部门的专业性统计调查项目。地方统计调查项目是指县级以上地方人民政府及其部门的地方性统计调查项目。

国家统计调查项目、部门统计调查项目、地方统计调查项目应当明确分工，互相衔接，不得重复。

第十二条　国家统计调查项目由国家统计局制定，或者由国家统计局和国务院有关部门共同制定，报国务院备案；重大的国家统计调查项目报国务院审批。

部门统计调查项目由国务院有关部门制定。统计调查对象属于本部门管辖系统的，报国家统计局备案；统计调查对象超出本部门管辖系统的，报国家统计局审批。

地方统计调查项目由县级以上地方人民政府统计机构和有关部门分别制定或者共同制定。其中，由省级人民政府统计机构单独制定或者和有关部门共同制定的，报国家统计局审批；由省级以下人民政府统计机构单独制定或者和有关部门共同制定的，报省级人民政府统计机构审批；由县级以上地方人民政府有关部门制定的，报本级人民政府统计机构审批。

第十三条　统计调查项目的审批机关应当对调查项目的必要性、可行性、科学性进行审查，对符合法定条件的，作出予以批准的书面决定，并公布；对不符合法定条件的，作出不予批准的书面决定，并说明理由。

第十四条　制定统计调查项目，应当同时制定该项目的统计调查制度，并依照本法第十二条的规定一并报经审批或者备案。

统计调查制度应当对调查目的、调查内容、调查方法、调查对象、调查组织方式、调查表式、统计资料的报送和公布等作出规定。

统计调查应当按照统计调查制度组织实施。变更统计调查制度的内容，应当报经原审批机关批准或者原备案机关备案。

第十五条　统计调查表应当标明表号、制定机关、批准或者备案文号、有效期限等标志。

对未标明前款规定的标志或者超过有效期限的统计调查表，统计调查对象有权拒绝填报；县级以上人民政府统计机构应当依法责令停止有关统计调查活动。

第十六条　搜集、整理统计资料，应当以周期性普查为基础，以经常性抽样调查为主体，综合运用全面调查、重点调查等方法，并充分利用行政记录等资料。

重大国情国力普查由国务院统一领导，国务院和地方人民政府组织统计机构和有关部门共同实施。

第十七条　国家制定统一的统计标准，保障统计调查采用的指标涵义、计算方法、分类目录、调查表式和统计编码等的标准化。

国家统计标准由国家统计局制定，或者由国家统计局和国务院标准化主管部门共同制定。

国务院有关部门可以制定补充性的部门统计标准，报国家统计局审批。部门统计标准不得与国家统计标准相抵触。

第十八条　县级以上人民政府统计机构根据统计任务的需要，可以在统计调查对象中推广使用计算机网络报送统计资料。

第十九条　县级以上人民政府应当将统计工作所需经费列入财政预算。

重大国情国力普查所需经费，由国务院和地方人民政府共同负担，列入相应年度的财政预算，按时拨付，确保到位。

第三章　统计资料的管理和公布

第二十条　县级以上人民政府统计机构

和有关部门以及乡、镇人民政府，应当按照国家有关规定建立统计资料的保存、管理制度，建立健全统计信息共享机制。

第二十一条 国家机关、企业事业单位和其他组织等统计调查对象，应当按照国家有关规定设置原始记录、统计台账，建立健全统计资料的审核、签署、交接、归档等管理制度。

统计资料的审核、签署人员应当对其审核、签署的统计资料的真实性、准确性和完整性负责。

第二十二条 县级以上人民政府有关部门应当及时向本级人民政府统计机构提供统计所需的行政记录资料和国民经济核算所需的财务资料、财政资料及其他资料，并按照统计调查制度的规定及时向本级人民政府统计机构报送其组织实施统计调查取得的有关资料。

县级以上人民政府统计机构应当及时向本级人民政府有关部门提供有关统计资料。

第二十三条 县级以上人民政府统计机构按照国家有关规定，定期公布统计资料。

国家统计数据以国家统计局公布的数据为准。

第二十四条 县级以上人民政府有关部门统计调查取得的统计资料，由本部门按照国家有关规定公布。

第二十五条 统计调查中获得的能够识别或者推断单个统计调查对象身份的资料，任何单位和个人不得对外提供、泄露，不得用于统计以外的目的。

第二十六条 县级以上人民政府统计机构和有关部门统计调查取得的统计资料，除依法应当保密的外，应当及时公开，供社会公众查询。

第四章　统计机构和统计人员

第二十七条 国务院设立国家统计局，依法组织领导和协调全国的统计工作。

国家统计局根据工作需要设立的派出调查机构，承担国家统计局布置的统计调查等任务。

县级以上地方人民政府设立独立的统计机构，乡、镇人民政府设置统计工作岗位，配备专职或者兼职统计人员，依法管理、开展统计工作，实施统计调查。

第二十八条 县级以上人民政府有关部门根据统计任务的需要设立统计机构，或者在有关机构中设置统计人员，并指定统计负责人，依法组织、管理本部门职责范围内的统计工作，实施统计调查，在统计业务上受本级人民政府统计机构的指导。

第二十九条 统计机构、统计人员应当依法履行职责，如实搜集、报送统计资料，不得伪造、篡改统计资料，不得以任何方式要求任何单位和个人提供不真实的统计资料，不得有其他违反本法规定的行为。

统计人员应当坚持实事求是，恪守职业道德，对其负责搜集、审核、录入的统计资料与统计调查对象报送的统计资料的一致性负责。

第三十条 统计人员进行统计调查时，有权就与统计有关的问题询问有关人员，要求其如实提供有关情况、资料并改正不真实、不准确的资料。

统计人员进行统计调查时，应当出示县级以上人民政府统计机构或者有关部门颁发的工作证件；未出示的，统计调查对象有权拒绝调查。

第三十一条 国家实行统计专业技术职务资格考试、评聘制度，提高统计人员的专业素质，保障统计队伍的稳定性。

统计人员应当具备与其从事的统计工作相适应的专业知识和业务能力。

县级以上人民政府统计机构和有关部门应当加强对统计人员的专业培训和职业道德教育。

第五章　监督检查

第三十二条　县级以上人民政府及其监察机关对下级人民政府、本级人民政府统计机构和有关部门执行本法的情况，实施监督。

第三十三条　国家统计局组织管理全国统计工作的监督检查，查处重大统计违法行为。

县级以上地方人民政府统计机构依法查处本行政区域内发生的统计违法行为。但是，国家统计局派出的调查机构组织实施的统计调查活动中发生的统计违法行为，由组织实施该项统计调查的调查机构负责查处。

法律、行政法规对有关部门查处统计违法行为另有规定的，从其规定。

第三十四条　县级以上人民政府有关部门应当积极协助本级人民政府统计机构查处统计违法行为，及时向本级人民政府统计机构移送有关统计违法案件材料。

第三十五条　县级以上人民政府统计机构在调查统计违法行为或者核查统计数据时，有权采取下列措施：

（一）发出统计检查查询书，向检查对象查询有关事项；

（二）要求检查对象提供有关原始记录和凭证、统计台账、统计调查表、会计资料及其他相关证明和资料；

（三）就与检查有关的事项询问有关人员；

（四）进入检查对象的业务场所和统计数据处理信息系统进行检查、核对；

（五）经本机构负责人批准，登记保存检查对象的有关原始记录和凭证、统计台账、统计调查表、会计资料及其他相关证明和资料；

（六）对与检查事项有关的情况和资料进行记录、录音、录像、照相和复制。

县级以上人民政府统计机构进行监督检查时，监督检查人员不得少于二人，并应当出示执法证件；未出示的，有关单位和个人有权拒绝检查。

第三十六条　县级以上人民政府统计机构履行监督检查职责时，有关单位和个人应当如实反映情况，提供相关证明和资料，不得拒绝、阻碍检查，不得转移、隐匿、篡改、毁弃原始记录和凭证、统计台账、统计调查表、会计资料及其他相关证明和资料。

第六章　法律责任

第三十七条　地方人民政府、政府统计机构或者有关部门、单位的负责人有下列行为之一的，由任免机关或者监察机关依法给予处分，并由县级以上人民政府统计机构予以通报：

（一）自行修改统计资料、编造虚假统计数据的；

（二）要求统计机构、统计人员或者其他机构、人员伪造、篡改统计资料的；

（三）对依法履行职责或者拒绝、抵制统计违法行为的统计人员打击报复的；

（四）对本地方、本部门、本单位发生的严重统计违法行为失察的。

第三十八条　县级以上人民政府统计机构或者有关部门在组织实施统计调查活动中有下列行为之一的，由本级人民政府、上级人民政府统计机构或者本级人民政府统计机构责令改正，予以通报；对直接负责的主管人员和其他直接责任人员，由任免机关或者监察机关依法给予处分：

（一）未经批准擅自组织实施统计调查的；

（二）未经批准擅自变更统计调查制度的内容的；

（三）伪造、篡改统计资料的；

（四）要求统计调查对象或者其他机构、

人员提供不真实的统计资料的；

（五）未按照统计调查制度的规定报送有关资料的。

统计人员有前款第三项至第五项所列行为之一的，责令改正，依法给予处分。

第三十九条 县级以上人民政府统计机构或者有关部门有下列行为之一的，对直接负责的主管人员和其他直接责任人员由任免机关或者监察机关依法给予处分：

（一）违法公布统计资料的；

（二）泄露统计调查对象的商业秘密、个人信息或者提供、泄露在统计调查中获得的能够识别或者推断单个统计调查对象身份的资料的；

（三）违反国家有关规定，造成统计资料毁损、灭失的。

统计人员有前款所列行为之一的，依法给予处分。

第四十条 统计机构、统计人员泄露国家秘密的，依法追究法律责任。

第四十一条 作为统计调查对象的国家机关、企业事业单位或者其他组织有下列行为之一的，由县级以上人民政府统计机构责令改正，给予警告，可以予以通报；其直接负责的主管人员和其他直接责任人员属于国家工作人员的，由任免机关或者监察机关依法给予处分：

（一）拒绝提供统计资料或者经催报后仍未按时提供统计资料的；

（二）提供不真实或者不完整的统计资料的；

（三）拒绝答复或者不如实答复统计检查查询书的；

（四）拒绝、阻碍统计调查、统计检查的；

（五）转移、隐匿、篡改、毁弃或者拒绝提供原始记录和凭证、统计台账、统计调查表及其他相关证明和资料的。

企业事业单位或者其他组织有前款所列行为之一的，可以并处五万元以下的罚款；情节严重的，并处五万元以上二十万元以下的罚款。

个体工商户有本条第一款所列行为之一的，由县级以上人民政府统计机构责令改正，给予警告，可以并处一万元以下的罚款。

第四十二条 作为统计调查对象的国家机关、企业事业单位或者其他组织迟报统计资料，或者未按照国家有关规定设置原始记录、统计台账的，由县级以上人民政府统计机构责令改正，给予警告。

企业事业单位或者其他组织有前款所列行为之一的，可以并处一万元以下的罚款。

个体工商户迟报统计资料的，由县级以上人民政府统计机构责令改正，给予警告，可以并处一千元以下的罚款。

第四十三条 县级以上人民政府统计机构查处统计违法行为时，认为对有关国家工作人员依法应当给予处分的，应当提出给予处分的建议；该国家工作人员的任免机关或者监察机关应当依法及时作出决定，并将结果书面通知县级以上人民政府统计机构。

第四十四条 作为统计调查对象的个人在重大国情国力普查活动中拒绝、阻碍统计调查，或者提供不真实或者不完整的普查资料的，由县级以上人民政府统计机构责令改正，予以批评教育。

第四十五条 违反本法规定，利用虚假统计资料骗取荣誉称号、物质利益或者职务晋升的，除对其编造虚假统计资料或者要求他人编造虚假统计资料的行为依法追究法律责任外，由作出有关决定的单位或者其上级单位、监察机关取消其荣誉称号，追缴获得的物质利益，撤销晋升的职务。

第四十六条 当事人对县级以上人民政府统计机构作出的行政处罚决定不服的，可以依法申请行政复议或者提起行政诉讼。其中，对国家统计局在省、自治区、直辖市派出的调查机构作出的行政处罚决定不服的，向国家统计局申请行政复议；对国家统计局派出的其他调查机构作出的行政处罚决定不服的，向国家统计局在该派出机构所在的省、自治区、直辖市派出的调查机构申请行政复议。

第四十七条　违反本法规定，构成犯罪的，依法追究刑事责任。

第七章　附　　则

第四十八条　本法所称县级以上人民政府统计机构，是指国家统计局及其派出的调查机构、县级以上地方人民政府统计机构。

第四十九条　民间统计调查活动的管理办法，由国务院制定。

中华人民共和国境外的组织、个人需要在中华人民共和国境内进行统计调查活动的，应当按照国务院的规定报请审批。

利用统计调查危害国家安全、损害社会公共利益或者进行欺诈活动的，依法追究法律责任。

第五十条　本法自 2010 年 1 月 1 日起施行。

中华人民共和国立法法

（2000年3月15日第九届全国人民代表大会第三次会议通过，2000年3月15日中华人民共和国主席令第三十一号公布，自2000年7月1日起施行；根据2015年3月15日第十二届全国人民代表大会第三次会议通过，2015年3月15日中华人民共和国主席令第二十号公布的《全国人民代表大会关于修改〈中华人民共和国立法法〉的决定》修正）

第一章　总　　则

第一条　为了规范立法活动，健全国家立法制度，提高立法质量，完善中国特色社会主义法律体系，发挥立法的引领和推动作用，保障和发展社会主义民主，全面推进依法治国，建设社会主义法治国家，根据宪法，制定本法。

第二条　法律、行政法规、地方性法规、自治条例和单行条例的制定、修改和废止，适用本法。

国务院部门规章和地方政府规章的制定、修改和废止，依照本法的有关规定执行。

第三条　立法应当遵循宪法的基本原则，以经济建设为中心，坚持社会主义道路、坚持人民民主专政、坚持中国共产党的领导、坚持马克思列宁主义毛泽东思想邓小平理论，坚持改革开放。

第四条　立法应当依照法定的权限和程序，从国家整体利益出发，维护社会主义法制的统一和尊严。

第五条　立法应当体现人民的意志，发扬社会主义民主，坚持立法公开，保障人民通过多种途径参与立法活动。

第六条　立法应当从实际出发，适应经济社会发展和全面深化改革的要求，科学合理地规定公民、法人和其他组织的权利与义务、国家机关的权力与责任。

法律规范应当明确、具体，具有针对性和可执行性。

第二章　法　　律

第一节　立法权限

第七条　全国人民代表大会和全国人民代表大会常务委员会行使国家立法权。

全国人民代表大会制定和修改刑事、民事、国家机构的和其他的基本法律。

全国人民代表大会常务委员会制定和修改除应当由全国人民代表大会制定的法律以外的其他法律；在全国人民代表大会闭会期间，对全国人民代表大会制定的法律进行部分补充和修改，但是不得同该法律的基本原则相抵触。

第八条　下列事项只能制定法律：

（一）国家主权的事项；

（二）各级人民代表大会、人民政府、人民法院和人民检察院的产生、组织和职权；

（三）民族区域自治制度、特别行政区制度、基层群众自治制度；

（四）犯罪和刑罚；

（五）对公民政治权利的剥夺、限制人身自由的强制措施和处罚；

（六）税种的设立、税率的确定和税收征收管理等税收基本制度；

（七）对非国有财产的征收、征用；

（八）民事基本制度；

（九）基本经济制度以及财政、海关、金融和外贸的基本制度；

（十）诉讼和仲裁制度；

（十一）必须由全国人民代表大会及其常务委员会制定法律的其他事项。

第九条　本法第八条规定的事项尚未制定法律的，全国人民代表大会及其常务委员会有权作出决定，授权国务院可以根据实际需要，对其中的部分事项先制定行政法规，但是有关犯罪和刑罚、对公民政治权利的剥夺和限制人身自由的强制措施和处罚、司法制度等事项除外。

第十条　授权决定应当明确授权的目的、事项、范围、期限以及被授权机关实施授权决定应当遵循的原则等。

授权的期限不得超过五年，但是授权决定另有规定的除外。

被授权机关应当在授权期限届满的六个月以前，向授权机关报告授权决定实施的情况，并提出是否需要制定有关法律的意见；需要继续授权的，可以提出相关意见，由全国人民代表大会及其常务委员会决定。

第十一条　授权立法事项，经过实践检验，制定法律的条件成熟时，由全国人民代表大会及其常务委员会及时制定法律。法律制定后，相应立法事项的授权终止。

第十二条　被授权机关应当严格按照授权决定行使被授予的权力。

被授权机关不得将被授予的权力转授给其他机关。

第十三条　全国人民代表大会及其常务委员会可以根据改革发展的需要，决定就行政管理等领域的特定事项授权在一定期限内在部分地方暂时调整或者暂时停止适用法律的部分规定。

第二节　全国人民代表大会立法程序

第十四条　全国人民代表大会主席团可以向全国人民代表大会提出法律案，由全国人民代表大会会议审议。

全国人民代表大会常务委员会、国务院、中央军事委员会、最高人民法院、最高人民检察院、全国人民代表大会各专门委员会，可以向全国人民代表大会提出法律案，由主席团决定列入会议议程。

第十五条　一个代表团或者三十名以上的代表联名，可以向全国人民代表大会提出法律案，由主席团决定是否列入会议议程，或者先交有关的专门委员会审议、提出是否列入会议议程的意见，再决定是否列入会议议程。

专门委员会审议的时候，可以邀请提案人列席会议，发表意见。

第十六条　向全国人民代表大会提出的法律案，在全国人民代表大会闭会期间，可以先向常务委员会提出，经常务委员会会议依照本法第二章第三节规定的有关程序审议后，决定提请全国人民代表大会审议，由常务委员会向大会全体会议作说明，或者由提案人向大会全体会议作说明。

常务委员会依照前款规定审议法律案，应当通过多种形式征求全国人民代表大会代表的意见，并将有关情况予以反馈；专门委员会和常务委员会工作机构进行立法调研，可以邀请有关的全国人民代表大会代表参加。

第十七条　常务委员会决定提请全国人民代表大会会议审议的法律案，应当在会议举行的一个月前将法律草案发给代表。

第十八条　列入全国人民代表大会会议议程的法律案，大会全体会议听取提案人的说明后，由各代表团进行审议。

各代表团审议法律案时，提案人应当派

人听取意见，回答询问。

各代表团审议法律案时，根据代表团的要求，有关机关、组织应当派人介绍情况。

第十九条 列入全国人民代表大会会议议程的法律案，由有关的专门委员会进行审议，向主席团提出审议意见，并印发会议。

第二十条 列入全国人民代表大会会议议程的法律案，由法律委员会根据各代表团和有关的专门委员会的审议意见，对法律案进行统一审议，向主席团提出审议结果报告和法律草案修改稿，对重要的不同意见应当在审议结果报告中予以说明，经主席团会议审议通过后，印发会议。

第二十一条 列入全国人民代表大会会议议程的法律案，必要时，主席团常务主席可以召开各代表团团长会议，就法律案中的重大问题听取各代表团的审议意见，进行讨论，并将讨论的情况和意见向主席团报告。

主席团常务主席也可以就法律案中的重大的专门性问题，召集代表团推选的有关代表进行讨论，并将讨论的情况和意见向主席团报告。

第二十二条 列入全国人民代表大会会议议程的法律案，在交付表决前，提案人要求撤回的，应当说明理由，经主席团同意，并向大会报告，对该法律案的审议即行终止。

第二十三条 法律案在审议中有重大问题需要进一步研究的，经主席团提出，由大会全体会议决定，可以授权常务委员会根据代表的意见进一步审议，作出决定，并将决定情况向全国人民代表大会下次会议报告；也可以授权常务委员会根据代表的意见进一步审议，提出修改方案，提请全国人民代表大会下次会议审议决定。

第二十四条 法律草案修改稿经各代表团审议，由法律委员会根据各代表团的审议意见进行修改，提出法律草案表决稿，由主席团提请大会全体会议表决，由全体代表的过半数通过。

第二十五条 全国人民代表大会通过的法律由国家主席签署主席令予以公布。

第三节 全国人民代表大会常务委员会立法程序

第二十六条 委员长会议可以向常务委员会提出法律案，由常务委员会会议审议。

国务院、中央军事委员会、最高人民法院、最高人民检察院、全国人民代表大会各专门委员会，可以向常务委员会提出法律案，由委员长会议决定列入常务委员会会议议程，或者先交有关的专门委员会审议、提出报告，再决定列入常务委员会会议议程。如果委员长会议认为法律案有重大问题需要进一步研究，可以建议提案人修改完善后再向常务委员会提出。

第二十七条 常务委员会组成人员十人以上联名，可以向常务委员会提出法律案，由委员长会议决定是否列入常务委员会会议议程，或者先交有关的专门委员会审议、提出是否列入会议议程的意见，再决定是否列入常务委员会会议议程。不列入常务委员会会议议程的，应当向常务委员会会议报告或者向提案人说明。

专门委员会审议的时候，可以邀请提案人列席会议，发表意见。

第二十八条 列入常务委员会会议议程的法律案，除特殊情况外，应当在会议举行的七日前将法律草案发给常务委员会组成人员。

常务委员会会议审议法律案时，应当邀请有关的全国人民代表大会代表列席会议。

第二十九条 列入常务委员会会议议程的法律案，一般应当经三次常务委员会会议审议后再交付表决。

常务委员会会议第一次审议法律案，在全体会议上听取提案人的说明，由分组会议进行初步审议。

常务委员会会议第二次审议法律案，在全体会议上听取法律委员会关于法律草案修改情况和主要问题的汇报，由分组会议进一步审议。

常务委员会会议第三次审议法律案，在全体会议上听取法律委员会关于法律草案审议结果的报告，由分组会议对法律草案修改稿进行审议。

常务委员会审议法律案时，根据需要，可以召开联组会议或者全体会议，对法律草案中的主要问题进行讨论。

第三十条　列入常务委员会会议议程的法律案，各方面意见比较一致的，可以经两次常务委员会会议审议后交付表决；调整事项较为单一或者部分修改的法律案，各方面的意见比较一致的，也可以经一次常务委员会会议审议即交付表决。

第三十一条　常务委员会分组会议审议法律案时，提案人应当派人听取意见，回答询问。

常务委员会分组会议审议法律案时，根据小组的要求，有关机关、组织应当派人介绍情况。

第三十二条　列入常务委员会会议议程的法律案，由有关的专门委员会进行审议，提出审议意见，印发常务委员会会议。

有关的专门委员会审议法律案时，可以邀请其他专门委员会的成员列席会议，发表意见。

第三十三条　列入常务委员会会议议程的法律案，由法律委员会根据常务委员会组成人员、有关的专门委员会的审议意见和各方面提出的意见，对法律案进行统一审议，提出修改情况的汇报或者审议结果报告和法律草案修改稿，对重要的不同意见应当在汇报或者审议结果报告中予以说明。对有关的专门委员会的审议意见没有采纳的，应当向有关的专门委员会反馈。

法律委员会审议法律案时，应当邀请有关的专门委员会的成员列席会议，发表意见。

第三十四条　专门委员会审议法律案时，应当召开全体会议审议，根据需要，可以要求有关机关、组织派有关负责人说明情况。

第三十五条　专门委员会之间对法律草案的重要问题意见不一致时，应当向委员长会议报告。

第三十六条　列入常务委员会会议议程的法律案，法律委员会、有关的专门委员会和常务委员会工作机构应当听取各方面的意见。听取意见可以采取座谈会、论证会、听证会等多种形式。

法律案有关问题专业性较强，需要进行可行性评价的，应当召开论证会，听取有关专家、部门和全国人民代表大会代表等方面的意见。论证情况应当向常务委员会报告。

法律案有关问题存在重大意见分歧或者涉及利益关系重大调整，需要进行听证的，应当召开听证会，听取有关基层和群体代表、部门、人民团体、专家、全国人民代表大会代表和社会有关方面的意见。听证情况应当向常务委员会报告。

常务委员会工作机构应当将法律草案发送相关领域的全国人民代表大会代表、地方人民代表大会常务委员会以及有关部门、组织和专家征求意见。

第三十七条　列入常务委员会会议议程的法律案，应当在常务委员会会议后将法律草案及其起草、修改的说明等向社会公布，征求意见，但是经委员长会议决定不公布的除外。向社会公布征求意见的时间一般不少于三十日。征求意见的情况应当向社会通报。

第三十八条　列入常务委员会会议议程的法律案，常务委员会工作机构应当收集整理分组审议的意见和各方面提出的意见以及其他有关资料，分送法律委员会和有关的专门委员会，并根据需要，印发常务委员会会议。

第三十九条　拟提请常务委员会会议审议通过的法律案，在法律委员会提出审议结果报告前，常务委员会工作机构可以对法律草案中主要制度规范的可行性、法律出台时机、法律实施的社会效果和可能出现的问题等进行评估。评估情况由法律委员会在审议结果报告中予以说明。

第四十条　列入常务委员会会议议程的法律案，在交付表决前，提案人要求撤回的，应当说明理由，经委员长会议同意，并向常务委员会报告，对该法律案的审议即行终止。

第四十一条　法律草案修改稿经常务委员会会议审议，由法律委员会根据常务委员会组成人员的审议意见进行修改，提出法律草案表决稿，由委员长会议提请常务委员会全体会议表决，由常务委员会全体组成人员的过半数通过。

法律草案表决稿交付常务委员会会议表决前，委员长会议根据常务委员会会议审议的情况，可以决定将个别意见分歧较大的重要条款提请常务委员会会议单独表决。

单独表决的条款经常务委员会会议表决后，委员长会议根据单独表决的情况，可以决定将法律草案表决稿交付表决，也可以决定暂不付表决，交法律委员会和有关的专门委员会进一步审议。

第四十二条　列入常务委员会会议审议的法律案，因各方面对制定该法律的必要性、可行性等重大问题存在较大意见分歧搁置审议满两年的，或者因暂不付表决经过两年没有再次列入常务委员会会议议程审议的，由委员长会议向常务委员会报告，该法律案终止审议。

第四十三条　对多部法律中涉及同类事项的个别条款进行修改，一并提出法律案的，经委员长会议决定，可以合并表决，也可以分别表决。

第四十四条　常务委员会通过的法律由国家主席签署主席令予以公布。

第四节　法律解释

第四十五条　法律解释权属于全国人民代表大会常务委员会。

法律有以下情况之一的，由全国人民代表大会常务委员会解释：

（一）法律的规定需要进一步明确具体含义的；

（二）法律制定后出现新的情况，需要明确适用法律依据的。

第四十六条　国务院、中央军事委员会、最高人民法院、最高人民检察院和全国人民代表大会各专门委员会以及省、自治区、直辖市的人民代表大会常务委员会可以向全国人民代表大会常务委员会提出法律解释要求。

第四十七条　常务委员会工作机构研究拟订法律解释草案，由委员长会议决定列入常务委员会会议议程。

第四十八条　法律解释草案经常务委员会会议审议，由法律委员会根据常务委员会组成人员的审议意见进行审议、修改，提出法律解释草案表决稿。

第四十九条　法律解释草案表决稿由常务委员会全体组成人员的过半数通过，由常务委员会发布公告予以公布。

第五十条　全国人民代表大会常务委员会的法律解释同法律具有同等效力。

第五节　其他规定

第五十一条　全国人民代表大会及其常务委员会加强对立法工作的组织协调，发挥在立法工作中的主导作用。

第五十二条　全国人民代表大会常务委员会通过立法规划、年度立法计划等形式，加强对立法工作的统筹安排。编制立法规划和年度立法计划，应当认真研究代表议案和建议，广泛征集意见，科学论证评估，根据经济社会发展和民主法治建设的需要，确定立法项目，提高立法的及时性、针对性和系统性。立法规划和年度立法计划由委员长会议通过并向社会公布。

全国人民代表大会常务委员会工作机构负责编制立法规划和拟订年度立法计划，并按照全国人民代表大会常务委员会的要求，督促立法规划和年度立法计划的落实。

第五十三条　全国人民代表大会有关的专门委员会、常务委员会工作机构应当提前参与有关方面的法律草案起草工作；综合性、全局性、基础性的重要法律草案，可以由有关的专门委员会或者常务委员会工作机构组织起草。

专业性较强的法律草案，可以吸收相关领域的专家参与起草工作，或者委托有关专家、教学科研单位、社会组织起草。

第五十四条　提出法律案，应当同时提出法律草案文本及其说明，并提供必要的参阅资料。修改法律的，还应当提交修改前后的对照文本。法律草案的说明应当包括制定或者修改法律的必要性、可行性和主要内容，以及起草过程中对重大分歧意见的协调处理情况。

第五十五条　向全国人民代表大会及其常务委员会提出的法律案，在列入会议议程前，提案人有权撤回。

第五十六条　交付全国人民代表大会及其常务委员会全体会议表决未获得通过的法律案，如果提案人认为必须制定该法律，可以按照法律规定的程序重新提出，由主席团、委员长会议决定是否列入会议议程；其中，未获得全国人民代表大会通过的法律案，应当提请全国人民代表大会审议决定。

第五十七条　法律应当明确规定施行日期。

第五十八条　签署公布法律的主席令载明该法律的制定机关、通过和施行日期。

法律签署公布后，及时在全国人民代表大会常务委员会公报和中国人大网以及在全国范围内发行的报纸上刊载。

在常务委员会公报上刊登的法律文本为标准文本。

第五十九条　法律的修改和废止程序，适用本章的有关规定。

法律被修改的，应当公布新的法律文本。

法律被废止的，除由其他法律规定废止该法律的以外，由国家主席签署主席令予以公布。

第六十条　法律草案与其他法律相关规定不一致的，提案人应当予以说明并提出处理意见，必要时应当同时提出修改或者废止其他法律相关规定的议案。

法律委员会和有关的专门委员会审议法律案时，认为需要修改或者废止其他法律相关规定的，应当提出处理意见。

第六十一条　法律根据内容需要，可以分编、章、节、条、款、项、目。

编、章、节、条的序号用中文数字依次表述，款不编序号，项的序号用中文数字加括号依次表述，目的序号用阿拉伯数字依次表述。

法律标题的题注应当载明制定机关、通过日期。经过修改的法律，应当依次载明修改机关、修改日期。

第六十二条　法律规定明确要求有关国家机关对专门事项作出配套的具体规定的，有关国家机关应当自法律施行之日起一年内作出规定，法律对配套的具体规定制定期限另有规定的，从其规定。有关国家机关未能在期限内作出配套的具体规定的，应当向全国人民代表大会常务委员会说明情况。

第六十三条 全国人民代表大会有关的专门委员会、常务委员会工作机构可以组织对有关法律或者法律中有关规定进行立法后评估。评估情况应当向常务委员会报告。

第六十四条 全国人民代表大会常务委员会工作机构可以对有关具体问题的法律询问进行研究予以答复，并报常务委员会备案。

第三章 行政法规

第六十五条 国务院根据宪法和法律，制定行政法规。

行政法规可以就下列事项作出规定：

（一）为执行法律的规定需要制定行政法规的事项；

（二）宪法第八十九条规定的国务院行政管理职权的事项。

应当由全国人民代表大会及其常务委员会制定法律的事项，国务院根据全国人民代表大会及其常务委员会的授权决定先制定的行政法规，经过实践检验，制定法律的条件成熟时，国务院应当及时提请全国人民代表大会及其常务委员会制定法律。

第六十六条 国务院法制机构应当根据国家总体工作部署拟订国务院年度立法计划，报国务院审批。国务院年度立法计划中的法律项目应当与全国人民代表大会常务委员会的立法规划和年度立法计划相衔接。国务院法制机构应当及时跟踪了解国务院各部门落实立法计划的情况，加强组织协调和督促指导。

国务院有关部门认为需要制定行政法规的，应当向国务院报请立项。

第六十七条 行政法规由国务院有关部门或者国务院法制机构具体负责起草，重要行政管理的法律、行政法规草案由国务院法制机构组织起草。行政法规在起草过程中，应当广泛听取有关机关、组织、人民代表大会代表和社会公众的意见。听取意见可以采取座谈会、论证会、听证会等多种形式。

行政法规草案应当向社会公布，征求意见，但是经国务院决定不公布的除外。

第六十八条 行政法规起草工作完成后，起草单位应当将草案及其说明、各方面对草案主要问题的不同意见和其他有关资料送国务院法制机构进行审查。

国务院法制机构应当向国务院提出审查报告和草案修改稿，审查报告应当对草案主要问题作出说明。

第六十九条 行政法规的决定程序依照中华人民共和国国务院组织法的有关规定办理。

第七十条 行政法规由总理签署国务院令公布。

有关国防建设的行政法规，可以由国务院总理、中央军事委员会主席共同签署国务院、中央军事委员会令公布。

第七十一条 行政法规签署公布后，及时在国务院公报和中国政府法制信息网以及在全国范围内发行的报纸上刊载。

在国务院公报上刊登的行政法规文本为标准文本。

第四章 地方性法规、自治条例和单行条例、规章

第一节 地方性法规、自治条例和单行条例

第七十二条 省、自治区、直辖市的人民代表大会及其常务委员会根据本行政区域的具体情况和实际需要，在不同宪法、法律、行政法规相抵触的前提下，可以制定地方性法规。

设区的市的人民代表大会及其常务委员会根据本市的具体情况和实际需要，在不同宪法、法律、行政法规和本省、自治区的地

方性法规相抵触的前提下，可以对城乡建设与管理、环境保护、历史文化保护等方面的事项制定地方性法规，法律对设区的市制定地方性法规的事项另有规定的，从其规定。设区的市的地方性法规须报省、自治区的人民代表大会常务委员会批准后施行。省、自治区的人民代表大会常务委员会对报请批准的地方性法规，应当对其合法性进行审查，同宪法、法律、行政法规和本省、自治区的地方性法规不抵触的，应当在四个月内予以批准。

省、自治区的人民代表大会常务委员会在对报请批准的设区的市的地方性法规进行审查时，发现其同本省、自治区的人民政府的规章相抵触的，应当作出处理决定。

除省、自治区的人民政府所在地的市，经济特区所在地的市和国务院已经批准的较大的市以外，其他设区的市开始制定地方性法规的具体步骤和时间，由省、自治区的人民代表大会常务委员会综合考虑本省、自治区所辖的设区的市的人口数量、地域面积、经济社会发展情况以及立法需求、立法能力等因素确定，并报全国人民代表大会常务委员会和国务院备案。

自治州的人民代表大会及其常务委员会可以依照本条第二款规定行使设区的市制定地方性法规的职权。自治州开始制定地方性法规的具体步骤和时间，依照前款规定确定。

省、自治区的人民政府所在地的市，经济特区所在地的市和国务院已经批准的较大的市已经制定的地方性法规，涉及本条第二款规定事项范围以外的，继续有效。

第七十三条　地方性法规可以就下列事项作出规定：

（一）为执行法律、行政法规的规定，需要根据本行政区域的实际情况作具体规定的事项；

（二）属于地方性事务需要制定地方性法规的事项。

除本法第八条规定的事项外，其他事项国家尚未制定法律或者行政法规的，省、自治区、直辖市和设区的市、自治州根据本地方的具体情况和实际需要，可以先制定地方性法规。在国家制定的法律或者行政法规生效后，地方性法规同法律或者行政法规相抵触的规定无效，制定机关应当及时予以修改或者废止。

设区的市、自治州根据本条第一款、第二款制定地方性法规，限于本法第七十二条第二款规定的事项。

制定地方性法规，对上位法已经明确规定的内容，一般不作重复性规定。

第七十四条　经济特区所在地的省、市的人民代表大会及其常务委员会根据全国人民代表大会的授权决定，制定法规，在经济特区范围内实施。

第七十五条　民族自治地方的人民代表大会有权依照当地民族的政治、经济和文化的特点，制定自治条例和单行条例。自治区的自治条例和单行条例，报全国人民代表大会常务委员会批准后生效。自治州、自治县的自治条例和单行条例，报省、自治区、直辖市的人民代表大会常务委员会批准后生效。

自治条例和单行条例可以依照当地民族的特点，对法律和行政法规的规定作出变通规定，但不得违背法律或者行政法规的基本原则，不得对宪法和民族区域自治法的规定以及其他有关法律、行政法规专门就民族自治地方所作的规定作出变通规定。

第七十六条　规定本行政区域特别重大事项的地方性法规，应当由人民代表大会通过。

第七十七条　地方性法规案、自治条例和单行条例案的提出、审议和表决程序，根据中华人民共和国地方各级人民代表大会和地方各级人民政府组织法，参照本法第二章

第二节、第三节、第五节的规定，由本级人民代表大会规定。

地方性法规草案由负责统一审议的机构提出审议结果的报告和草案修改稿。

第七十八条 省、自治区、直辖市的人民代表大会制定的地方性法规由大会主席团发布公告予以公布。

省、自治区、直辖市的人民代表大会常务委员会制定的地方性法规由常务委员会发布公告予以公布。

设区的市、自治州的人民代表大会及其常务委员会制定的地方性法规报经批准后，由设区的市、自治州的人民代表大会常务委员会发布公告予以公布。

自治条例和单行条例报经批准后，分别由自治区、自治州、自治县的人民代表大会常务委员会发布公告予以公布。

第七十九条 地方性法规、自治区的自治条例和单行条例公布后，及时在本级人民代表大会常务委员会公报和中国人大网、本地方人民代表大会网站以及在本行政区域范围内发行的报纸上刊载。

在常务委员会公报上刊登的地方性法规、自治条例和单行条例文本为标准文本。

第二节　规　　章

第八十条 国务院各部、委员会、中国人民银行、审计署和具有行政管理职能的直属机构，可以根据法律和国务院的行政法规、决定、命令，在本部门的权限范围内，制定规章。

部门规章规定的事项应当属于执行法律或者国务院的行政法规、决定、命令的事项。没有法律或者国务院的行政法规、决定、命令的依据，部门规章不得设定减损公民、法人和其他组织权利或者增加其义务的规范，不得增加本部门的权力或者减少本部门的法定职责。

第八十一条 涉及两个以上国务院部门职权范围的事项，应当提请国务院制定行政法规或者由国务院有关部门联合制定规章。

第八十二条 省、自治区、直辖市和设区的市、自治州的人民政府，可以根据法律、行政法规和本省、自治区、直辖市的地方性法规，制定规章。

地方政府规章可以就下列事项作出规定：

（一）为执行法律、行政法规、地方性法规的规定需要制定规章的事项；

（二）属于本行政区域的具体行政管理事项。

设区的市、自治州的人民政府根据本条第一款、第二款制定地方政府规章，限于城乡建设与管理、环境保护、历史文化保护等方面的事项。已经制定的地方政府规章，涉及上述事项范围以外的，继续有效。

除省、自治区的人民政府所在地的市，经济特区所在地的市和国务院已经批准的较大的市以外，其他设区的市、自治州的人民政府开始制定规章的时间，与本省、自治区人民代表大会常务委员会确定的本市、自治州开始制定地方性法规的时间同步。

应当制定地方性法规但条件尚不成熟的，因行政管理迫切需要，可以先制定地方政府规章。规章实施满两年需要继续实施规章所规定的行政措施的，应当提请本级人民代表大会或者其常务委员会制定地方性法规。

没有法律、行政法规、地方性法规的依据，地方政府规章不得设定减损公民、法人和其他组织权利或者增加其义务的规范。

第八十三条 国务院部门规章和地方政府规章的制定程序，参照本法第三章的规定，由国务院规定。

第八十四条 部门规章应当经部务会议或者委员会会议决定。

地方政府规章应当经政府常务会议或者

全体会议决定。

第八十五条　部门规章由部门首长签署命令予以公布。

地方政府规章由省长、自治区主席、市长或者自治州州长签署命令予以公布。

第八十六条　部门规章签署公布后，及时在国务院公报或者部门公报和中国政府法制信息网以及在全国范围内发行的报纸上刊载。

地方政府规章签署公布后，及时在本级人民政府公报和中国政府法制信息网以及在本行政区域范围内发行的报纸上刊载。

在国务院公报或者部门公报和地方人民政府公报上刊登的规章文本为标准文本。

第五章　适用与备案审查

第八十七条　宪法具有最高的法律效力，一切法律、行政法规、地方性法规、自治条例和单行条例、规章都不得同宪法相抵触。

第八十八条　法律的效力高于行政法规、地方性法规、规章。

行政法规的效力高于地方性法规、规章。

第八十九条　地方性法规的效力高于本级和下级地方政府规章。

省、自治区的人民政府制定的规章的效力高于本行政区域内的设区的市、自治州的人民政府制定的规章。

第九十条　自治条例和单行条例依法对法律、行政法规、地方性法规作变通规定的，在本自治地方适用自治条例和单行条例的规定。

经济特区法规根据授权对法律、行政法规、地方性法规作变通规定的，在本经济特区适用经济特区法规的规定。

第九十一条　部门规章之间、部门规章与地方政府规章之间具有同等效力，在各自的权限范围内施行。

第九十二条　同一机关制定的法律、行政法规、地方性法规、自治条例和单行条例、规章，特别规定与一般规定不一致的，适用特别规定；新的规定与旧的规定不一致的，适用新的规定。

第九十三条　法律、行政法规、地方性法规、自治条例和单行条例、规章不溯及既往，但为了更好地保护公民、法人和其他组织的权利和利益而作的特别规定除外。

第九十四条　法律之间对同一事项的新的一般规定与旧的特别规定不一致，不能确定如何适用时，由全国人民代表大会常务委员会裁决。

行政法规之间对同一事项的新的一般规定与旧的特别规定不一致，不能确定如何适用时，由国务院裁决。

第九十五条　地方性法规、规章之间不一致时，由有关机关依照下列规定的权限作出裁决：

（一）同一机关制定的新的一般规定与旧的特别规定不一致时，由制定机关裁决；

（二）地方性法规与部门规章之间对同一事项的规定不一致，不能确定如何适用时，由国务院提出意见，国务院认为应当适用地方性法规的，应当决定在该地方适用地方性法规的规定；认为应当适用部门规章的，应当提请全国人民代表大会常务委员会裁决；

（三）部门规章之间、部门规章与地方政府规章之间对同一事项的规定不一致时，由国务院裁决。

根据授权制定的法规与法律规定不一致，不能确定如何适用时，由全国人民代表大会常务委员会裁决。

第九十六条　法律、行政法规、地方性法规、自治条例和单行条例、规章有下列情形之一的，由有关机关依照本法第九十七条规定的权限予以改变或者撤销：

（一）超越权限的；

（二）下位法违反上位法规定的；

（三）规章之间对同一事项的规定不一致，经裁决应当改变或者撤销一方的规定的；

（四）规章的规定被认为不适当，应当予以改变或者撤销的；

（五）违背法定程序的。

第九十七条 改变或者撤销法律、行政法规、地方性法规、自治条例和单行条例、规章的权限是：

（一）全国人民代表大会有权改变或者撤销它的常务委员会制定的不适当的法律，有权撤销全国人民代表大会常务委员会批准的违背宪法和本法第七十五条第二款规定的自治条例和单行条例；

（二）全国人民代表大会常务委员会有权撤销同宪法和法律相抵触的行政法规，有权撤销同宪法、法律和行政法规相抵触的地方性法规，有权撤销省、自治区、直辖市的人民代表大会常务委员会批准的违背宪法和本法第七十五条第二款规定的自治条例和单行条例；

（三）国务院有权改变或者撤销不适当的部门规章和地方政府规章；

（四）省、自治区、直辖市的人民代表大会有权改变或者撤销它的常务委员会制定的和批准的不适当的地方性法规；

（五）地方人民代表大会常务委员会有权撤销本级人民政府制定的不适当的规章；

（六）省、自治区的人民政府有权改变或者撤销下一级人民政府制定的不适当的规章；

（七）授权机关有权撤销被授权机关制定的超越授权范围或者违背授权目的的法规，必要时可以撤销授权。

第九十八条 行政法规、地方性法规、自治条例和单行条例、规章应当在公布后的三十日内依照下列规定报有关机关备案：

（一）行政法规报全国人民代表大会常务委员会备案；

（二）省、自治区、直辖市的人民代表大会及其常务委员会制定的地方性法规，报全国人民代表大会常务委员会和国务院备案；设区的市、自治州的人民代表大会及其常务委员会制定的地方性法规，由省、自治区的人民代表大会常务委员会报全国人民代表大会常务委员会和国务院备案；

（三）自治州、自治县的人民代表大会制定的自治条例和单行条例，由省、自治区、直辖市的人民代表大会常务委员会报全国人民代表大会常务委员会和国务院备案；自治条例、单行条例报送备案时，应当说明对法律、行政法规、地方性法规作出变通的情况；

（四）部门规章和地方政府规章报国务院备案；地方政府规章应当同时报本级人民代表大会常务委员会备案；设区的市、自治州的人民政府制定的规章应当同时报省、自治区的人民代表大会常务委员会和人民政府备案；

（五）根据授权制定的法规应当报授权决定规定的机关备案；经济特区法规报送备案时，应当说明对法律、行政法规、地方性法规作出变通的情况。

第九十九条 国务院、中央军事委员会、最高人民法院、最高人民检察院和各省、自治区、直辖市的人民代表大会常务委员会认为行政法规、地方性法规、自治条例和单行条例同宪法或者法律相抵触的，可以向全国人民代表大会常务委员会书面提出进行审查的要求，由常务委员会工作机构分送有关的专门委员会进行审查、提出意见。

前款规定以外的其他国家机关和社会团体、企业事业组织以及公民认为行政法规、地方性法规、自治条例和单行条例同宪法或者法律相抵触的，可以向全国人民代表大会常务委员会书面提出进行审查的建议，由常务委员会工作机构进行研究，必要时，送有关的专门委员会进行审查、提出意见。

有关的专门委员会和常务委员会工作机构可以对报送备案的规范性文件进行主动审查。

第一百条　全国人民代表大会专门委员会、常务委员会工作机构在审查、研究中认为行政法规、地方性法规、自治条例和单行条例同宪法或者法律相抵触的，可以向制定机关提出书面审查意见、研究意见；也可以由法律委员会与有关的专门委员会、常务委员会工作机构召开联合审查会议，要求制定机关到会说明情况，再向制定机关提出书面审查意见。制定机关应当在两个月内研究提出是否修改的意见，并向全国人民代表大会法律委员会和有关的专门委员会或者常务委员会工作机构反馈。

全国人民代表大会法律委员会、有关的专门委员会、常务委员会工作机构根据前款规定，向制定机关提出审查意见、研究意见，制定机关按照所提意见对行政法规、地方性法规、自治条例和单行条例进行修改或者废止的，审查终止。

全国人民代表大会法律委员会、有关的专门委员会、常务委员会工作机构经审查、研究认为行政法规、地方性法规、自治条例和单行条例同宪法或者法律相抵触而制定机关不予修改的，应当向委员长会议提出予以撤销的议案、建议，由委员长会议决定提请常务委员会会议审议决定。

第一百零一条　全国人民代表大会有关的专门委员会和常务委员会工作机构应当按照规定要求，将审查、研究情况向提出审查建议的国家机关、社会团体、企业事业组织以及公民反馈，并可以向社会公开。

第一百零二条　其他接受备案的机关对报送备案的地方性法规、自治条例和单行条例、规章的审查程序，按照维护法制统一的原则，由接受备案的机关规定。

第六章　附　　则

第一百零三条　中央军事委员会根据宪法和法律，制定军事法规。

中央军事委员会各总部、军兵种、军区、中国人民武装警察部队，可以根据法律和中央军事委员会的军事法规、决定、命令，在其权限范围内，制定军事规章。

军事法规、军事规章在武装力量内部实施。

军事法规、军事规章的制定、修改和废止办法，由中央军事委员会依照本法规定的原则规定。

第一百零四条　最高人民法院、最高人民检察院作出的属于审判、检察工作中具体应用法律的解释，应当主要针对具体的法律条文，并符合立法的目的、原则和原意。遇有本法第四十五条第二款规定情况的，应当向全国人民代表大会常务委员会提出法律解释的要求或者提出制定、修改有关法律的议案。

最高人民法院、最高人民检察院作出的属于审判、检察工作中具体应用法律的解释，应当自公布之日起三十日内报全国人民代表大会常务委员会备案。

最高人民法院、最高人民检察院以外的审判机关和检察机关，不得作出具体应用法律的解释。

第一百零五条　本法自 2000 年 7 月 1 日起施行。

中华人民共和国行政许可法

（2003 年 8 月 27 日第十届全国人民代表大会常务委员会第四次会议通过；根据 2019 年 4 月 23 日第十三届全国人民代表大会常务委员会第十次会议《关于修改〈中华人民共和国建筑法〉等八部法律的决定》修正）

第一章　总　　则

第一条　为了规范行政许可的设定和实施，保护公民、法人和其他组织的合法权益，维护公共利益和社会秩序，保障和监督行政机关有效实施行政管理，根据宪法，制定本法。

第二条　本法所称行政许可，是指行政机关根据公民、法人或者其他组织的申请，经依法审查，准予其从事特定活动的行为。

第三条　行政许可的设定和实施，适用本法。

有关行政机关对其他机关或者对其直接管理的事业单位的人事、财务、外事等事项的审批，不适用本法。

第四条　设定和实施行政许可，应当依照法定的权限、范围、条件和程序。

第五条　设定和实施行政许可，应当遵循公开、公平、公正、非歧视的原则。

有关行政许可的规定应当公布；未经公布的，不得作为实施行政许可的依据。行政许可的实施和结果，除涉及国家秘密、商业秘密或者个人隐私的外，应当公开。未经申请人同意，行政机关及其工作人员、参与专家评审等的人员不得披露申请人提交的商业秘密、未披露信息或者保密商务信息，法律另有规定或者涉及国家安全、重大社会公共利益的除外；行政机关依法公开申请人前述信息的，允许申请人在合理期限内提出异议。

符合法定条件、标准的，申请人有依法取得行政许可的平等权利，行政机关不得歧视任何人。

第六条　实施行政许可，应当遵循便民的原则，提高办事效率，提供优质服务。

第七条　公民、法人或者其他组织对行政机关实施行政许可，享有陈述权、申辩权；有权依法申请行政复议或者提起行政诉讼；其合法权益因行政机关违法实施行政许可受到损害的，有权依法要求赔偿。

第八条　公民、法人或者其他组织依法取得的行政许可受法律保护，行政机关不得擅自改变已经生效的行政许可。

行政许可所依据的法律、法规、规章修改或者废止，或者准予行政许可所依据的客观情况发生重大变化的，为了公共利益的需要，行政机关可以依法变更或者撤回已经生效的行政许可。由此给公民、法人或者其他组织造成财产损失的，行政机关应当依法给予补偿。

第九条　依法取得的行政许可，除法律、法规规定依照法定条件和程序可以转让的外，不得转让。

第十条　县级以上人民政府应当建立健全对行政机关实施行政许可的监督制度，加强对行政机关实施行政许可的监督检查。

行政机关应当对公民、法人或者其他组织从事行政许可事项的活动实施有效监督。

第二章　行政许可的设定

第十一条　设定行政许可，应当遵循经济和社会发展规律，有利于发挥公民、法人或者其他组织的积极性、主动性，维护公共利益和社会秩序，促进经济、社会和生态环境协调发展。

第十二条　下列事项可以设定行政许可：

（一）直接涉及国家安全、公共安全、经济宏观调控、生态环境保护以及直接关系人身健康、生命财产安全等特定活动，需要按照法定条件予以批准的事项；

（二）有限自然资源开发利用、公共资源配置以及直接关系公共利益的特定行业的市场准入等，需要赋予特定权利的事项；

（三）提供公众服务并且直接关系公共利益的职业、行业，需要确定具备特殊信誉、特殊条件或者特殊技能等资格、资质的事项；

（四）直接关系公共安全、人身健康、生命财产安全的重要设备、设施、产品、物品，需要按照技术标准、技术规范，通过检验、检测、检疫等方式进行审定的事项；

（五）企业或者其他组织的设立等，需要确定主体资格的事项；

（六）法律、行政法规规定可以设定行政许可的其他事项。

第十三条　本法第十二条所列事项，通过下列方式能够予以规范的，可以不设行政许可：

（一）公民、法人或者其他组织能够自主决定的；

（二）市场竞争机制能够有效调节的；

（三）行业组织或者中介机构能够自律管理的；

（四）行政机关采用事后监督等其他行政管理方式能够解决的。

第十四条　本法第十二条所列事项，法律可以设定行政许可。尚未制定法律的，行政法规可以设定行政许可。

必要时，国务院可以采用发布决定的方式设定行政许可。实施后，除临时性行政许可事项外，国务院应当及时提请全国人民代表大会及其常务委员会制定法律，或者自行制定行政法规。

第十五条　本法第十二条所列事项，尚未制定法律、行政法规的，地方性法规可以设定行政许可；尚未制定法律、行政法规和地方性法规的，因行政管理的需要，确需立即实施行政许可的，省、自治区、直辖市人民政府规章可以设定临时性的行政许可。临时性的行政许可实施满一年需要继续实施的，应当提请本级人民代表大会及其常务委员会制定地方性法规。

地方性法规和省、自治区、直辖市人民政府规章，不得设定应当由国家统一确定的公民、法人或者其他组织的资格、资质的行政许可；不得设定企业或者其他组织的设立登记及其前置性行政许可。其设定的行政许可，不得限制其他地区的个人或者企业到本地区从事生产经营和提供服务，不得限制其他地区的商品进入本地区市场。

第十六条　行政法规可以在法律设定的行政许可事项范围内，对实施该行政许可作出具体规定。

地方性法规可以在法律、行政法规设定的行政许可事项范围内，对实施该行政许可作出具体规定。

规章可以在上位法设定的行政许可事项范围内，对实施该行政许可作出具体规定。

法规、规章对实施上位法设定的行政许可作出的具体规定，不得增设行政许可；对行政许可条件作出的具体规定，不得增设违反上位法的其他条件。

第十七条 除本法第十四条、第十五条规定的外，其他规范性文件一律不得设定行政许可。

第十八条 设定行政许可，应当规定行政许可的实施机关、条件、程序、期限。

第十九条 起草法律草案、法规草案和省、自治区、直辖市人民政府规章草案，拟设定行政许可的，起草单位应当采取听证会、论证会等形式听取意见，并向制定机关说明设定该行政许可的必要性、对经济和社会可能产生的影响以及听取和采纳意见的情况。

第二十条 行政许可的设定机关应当定期对其设定的行政许可进行评价；对已设定的行政许可，认为通过本法第十三条所列方式能够解决的，应当对设定该行政许可的规定及时予以修改或者废止。

行政许可的实施机关可以对已设定的行政许可的实施情况及存在的必要性适时进行评价，并将意见报告该行政许可的设定机关。

公民、法人或者其他组织可以向行政许可的设定机关和实施机关就行政许可的设定和实施提出意见和建议。

第二十一条 省、自治区、直辖市人民政府对行政法规设定的有关经济事务的行政许可，根据本行政区域经济和社会发展情况，认为通过本法第十三条所列方式能够解决的，报国务院批准后，可以在本行政区域内停止实施该行政许可。

第三章 行政许可的实施机关

第二十二条 行政许可由具有行政许可权的行政机关在其法定职权范围内实施。

第二十三条 法律、法规授权的具有管理公共事务职能的组织，在法定授权范围内，以自己的名义实施行政许可。被授权的组织适用本法有关行政机关的规定。

第二十四条 行政机关在其法定职权范围内，依照法律、法规、规章的规定，可以委托其他行政机关实施行政许可。委托机关应当将受委托行政机关和受委托实施行政许可的内容予以公告。

委托行政机关对受委托行政机关实施行政许可的行为应当负责监督，并对该行为的后果承担法律责任。

受委托行政机关在委托范围内，以委托行政机关名义实施行政许可；不得再委托其他组织或者个人实施行政许可。

第二十五条 经国务院批准，省、自治区、直辖市人民政府根据精简、统一、效能的原则，可以决定一个行政机关行使有关行政机关的行政许可权。

第二十六条 行政许可需要行政机关内设的多个机构办理的，该行政机关应当确定一个机构统一受理行政许可申请，统一送达行政许可决定。

行政许可依法由地方人民政府两个以上部门分别实施的，本级人民政府可以确定一个部门受理行政许可申请并转告有关部门分别提出意见后统一办理，或者组织有关部门联合办理、集中办理。

第二十七条 行政机关实施行政许可，不得向申请人提出购买指定商品、接受有偿服务等不正当要求。

行政机关工作人员办理行政许可，不得索取或者收受申请人的财物，不得谋取其他利益。

第二十八条 对直接关系公共安全、人身健康、生命财产安全的设备、设施、产品、物品的检验、检测、检疫，除法律、行政法规规定由行政机关实施的外，应当逐步由符合法定条件的专业技术组织实施。专业技术组织及其有关人员对所实施的检验、检测、检疫结论承担法律责任。

第四章　行政许可的实施程序

第一节　申请与受理

第二十九条　公民、法人或者其他组织从事特定活动，依法需要取得行政许可的，应当向行政机关提出申请。申请书需要采用格式文本的，行政机关应当向申请人提供行政许可申请书格式文本。申请书格式文本中不得包含与申请行政许可事项没有直接关系的内容。

申请人可以委托代理人提出行政许可申请。但是，依法应当由申请人到行政机关办公场所提出行政许可申请的除外。

行政许可申请可以通过信函、电报、电传、传真、电子数据交换和电子邮件等方式提出。

第三十条　行政机关应当将法律、法规、规章规定的有关行政许可的事项、依据、条件、数量、程序、期限以及需要提交的全部材料的目录和申请书示范文本等在办公场所公示。

申请人要求行政机关对公示内容予以说明、解释的，行政机关应当说明、解释，提供准确、可靠的信息。

第三十一条　申请人申请行政许可，应当如实向行政机关提交有关材料和反映真实情况，并对其申请材料实质内容的真实性负责。行政机关不得要求申请人提交与其申请的行政许可事项无关的技术资料和其他材料。

行政机关及其工作人员不得以转让技术作为取得行政许可的条件；不得在实施行政许可的过程中，直接或者间接地要求转让技术。

第三十二条　行政机关对申请人提出的行政许可申请，应当根据下列情况分别作出处理：

（一）申请事项依法不需要取得行政许可的，应当即时告知申请人不受理；

（二）申请事项依法不属于本行政机关职权范围的，应当即时作出不予受理的决定，并告知申请人向有关行政机关申请；

（三）申请材料存在可以当场更正的错误的，应当允许申请人当场更正；

（四）申请材料不齐全或者不符合法定形式的，应当当场或者在五日内一次告知申请人需要补正的全部内容，逾期不告知的，自收到申请材料之日起即为受理；

（五）申请事项属于本行政机关职权范围，申请材料齐全、符合法定形式，或者申请人按照本行政机关的要求提交全部补正申请材料的，应当受理行政许可申请。

行政机关受理或者不予受理行政许可申请，应当出具加盖本行政机关专用印章和注明日期的书面凭证。

第三十三条　行政机关应当建立和完善有关制度，推行电子政务，在行政机关的网站上公布行政许可事项，方便申请人采取数据电文等方式提出行政许可申请；应当与其他行政机关共享有关行政许可信息，提高办事效率。

第二节　审查与决定

第三十四条　行政机关应当对申请人提交的申请材料进行审查。

申请人提交的申请材料齐全、符合法定形式，行政机关能够当场作出决定的，应当当场作出书面的行政许可决定。

根据法定条件和程序，需要对申请材料的实质内容进行核实的，行政机关应当指派两名以上工作人员进行核查。

第三十五条　依法应当先经下级行政机关审查后报上级行政机关决定的行政许可，下级行政机关应当在法定期限内将初步审查意见和全部申请材料直接报送上级行政机关。上级行政机关不得要求申请人重复提供申请材料。

第三十六条 行政机关对行政许可申请进行审查时，发现行政许可事项直接关系他人重大利益的，应当告知该利害关系人。申请人、利害关系人有权进行陈述和申辩。行政机关应当听取申请人、利害关系人的意见。

第三十七条 行政机关对行政许可申请进行审查后，除当场作出行政许可决定的外，应当在法定期限内按照规定程序作出行政许可决定。

第三十八条 申请人的申请符合法定条件、标准的，行政机关应当依法作出准予行政许可的书面决定。

行政机关依法作出不予行政许可的书面决定的，应当说明理由，并告知申请人享有依法申请行政复议或者提起行政诉讼的权利。

第三十九条 行政机关作出准予行政许可的决定，需要颁发行政许可证件的，应当向申请人颁发加盖本行政机关印章的下列行政许可证件：

（一）许可证、执照或者其他许可证书；

（二）资格证、资质证或者其他合格证书；

（三）行政机关的批准文件或者证明文件；

（四）法律、法规规定的其他行政许可证件。

行政机关实施检验、检测、检疫的，可以在检验、检测、检疫合格的设备、设施、产品、物品上加贴标签或者加盖检验、检测、检疫印章。

第四十条 行政机关作出的准予行政许可决定，应当予以公开，公众有权查阅。

第四十一条 法律、行政法规设定的行政许可，其适用范围没有地域限制的，申请人取得的行政许可在全国范围内有效。

第三节 期 限

第四十二条 除可以当场作出行政许可决定的外，行政机关应当自受理行政许可申请之日起二十日内作出行政许可决定。二十日内不能作出决定的，经本行政机关负责人批准，可以延长十日，并应当将延长期限的理由告知申请人。但是，法律、法规另有规定的，依照其规定。

依照本法第二十六条的规定，行政许可采取统一办理或者联合办理、集中办理的，办理的时间不得超过四十五日；四十五日内不能办结的，经本级人民政府负责人批准，可以延长十五日，并应当将延长期限的理由告知申请人。

第四十三条 依法应当先经下级行政机关审查后报上级行政机关决定的行政许可，下级行政机关应当自其受理行政许可申请之日起二十日内审查完毕。但是，法律、法规另有规定的，依照其规定。

第四十四条 行政机关作出准予行政许可的决定，应当自作出决定之日起十日内向申请人颁发、送达行政许可证件，或者加贴标签、加盖检验、检测、检疫印章。

第四十五条 行政机关作出行政许可决定，依法需要听证、招标、拍卖、检验、检测、检疫、鉴定和专家评审的，所需时间不计算在本节规定的期限内。行政机关应当将所需时间书面告知申请人。

第四节 听 证

第四十六条 法律、法规、规章规定实施行政许可应当听证的事项，或者行政机关认为需要听证的其他涉及公共利益的重大行政许可事项，行政机关应当向社会公告，并举行听证。

第四十七条 行政许可直接涉及申请人

与他人之间重大利益关系的，行政机关在作出行政许可决定前，应当告知申请人、利害关系人享有要求听证的权利；申请人、利害关系人在被告知听证权利之日起五日内提出听证申请的，行政机关应当在二十日内组织听证。

申请人、利害关系人不承担行政机关组织听证的费用。

第四十八条　听证按照下列程序进行：

（一）行政机关应当于举行听证的七日前将举行听证的时间、地点通知申请人、利害关系人，必要时予以公告；

（二）听证应当公开举行；

（三）行政机关应当指定审查该行政许可申请的工作人员以外的人员为听证主持人，申请人、利害关系人认为主持人与该行政许可事项有直接利害关系的，有权申请回避；

（四）举行听证时，审查该行政许可申请的工作人员应当提供审查意见的证据、理由，申请人、利害关系人可以提出证据，并进行申辩和质证；

（五）听证应当制作笔录，听证笔录应当交听证参加人确认无误后签字或者盖章。

行政机关应当根据听证笔录，作出行政许可决定。

第五节　变更与延续

第四十九条　被许可人要求变更行政许可事项的，应当向作出行政许可决定的行政机关提出申请；符合法定条件、标准的，行政机关应当依法办理变更手续。

第五十条　被许可人需要延续依法取得的行政许可的有效期的，应当在该行政许可有效期届满三十日前向作出行政许可决定的行政机关提出申请。但是，法律、法规、规章另有规定的，依照其规定。

行政机关应当根据被许可人的申请，在该行政许可有效期届满前作出是否准予延续的决定；逾期未作决定的，视为准予延续。

第六节　特别规定

第五十一条　实施行政许可的程序，本节有规定的，适用本节规定；本节没有规定的，适用本章其他有关规定。

第五十二条　国务院实施行政许可的程序，适用有关法律、行政法规的规定。

第五十三条　实施本法第十二条第二项所列事项的行政许可的，行政机关应当通过招标、拍卖等公平竞争的方式作出决定。但是，法律、行政法规另有规定的，依照其规定。

行政机关通过招标、拍卖等方式作出行政许可决定的具体程序，依照有关法律、行政法规的规定。

行政机关按照招标、拍卖程序确定中标人、买受人后，应当作出准予行政许可的决定，并依法向中标人、买受人颁发行政许可证件。

行政机关违反本条规定，不采用招标、拍卖方式，或者违反招标、拍卖程序，损害申请人合法权益的，申请人可以依法申请行政复议或者提起行政诉讼。

第五十四条　实施本法第十二条第三项所列事项的行政许可，赋予公民特定资格，依法应当举行国家考试的，行政机关根据考试成绩和其他法定条件作出行政许可决定；赋予法人或者其他组织特定的资格、资质的，行政机关根据申请人的专业人员构成、技术条件、经营业绩和管理水平等的考核结果作出行政许可决定。但是，法律、行政法规另有规定的，依照其规定。

公民特定资格的考试依法由行政机关或者行业组织实施，公开举行。行政机关或者行业组织应当事先公布资格考试的报名条件、报考办法、考试科目以及考试大纲。但是，不得组织强制性的资格考试的考前培训，不得指定教材或者其他助考材料。

第五十五条 实施本法第十二条第四项所列事项的行政许可的，应当按照技术标准、技术规范依法进行检验、检测、检疫，行政机关根据检验、检测、检疫的结果作出行政许可决定。

行政机关实施检验、检测、检疫，应当自受理申请之日起五日内指派两名以上工作人员按照技术标准、技术规范进行检验、检测、检疫。不需要对检验、检测、检疫结果作进一步技术分析即可认定设备、设施、产品、物品是否符合技术标准、技术规范的，行政机关应当当场作出行政许可决定。

行政机关根据检验、检测、检疫结果，作出不予行政许可决定的，应当书面说明不予行政许可所依据的技术标准、技术规范。

第五十六条 实施本法第十二条第五项所列事项的行政许可，申请人提交的申请材料齐全、符合法定形式的，行政机关应当当场予以登记。需要对申请材料的实质内容进行核实的，行政机关依照本法第三十四条第三款的规定办理。

第五十七条 有数量限制的行政许可，两个或者两个以上申请人的申请均符合法定条件、标准的，行政机关应当根据受理行政许可申请的先后顺序作出准予行政许可的决定。但是，法律、行政法规另有规定的，依照其规定。

第五章 行政许可的费用

第五十八条 行政机关实施行政许可和对行政许可事项进行监督检查，不得收取任何费用。但是，法律、行政法规另有规定的，依照其规定。

行政机关提供行政许可申请书格式文本，不得收费。

行政机关实施行政许可所需经费应当列入本行政机关的预算，由本级财政予以保障，按照批准的预算予以核拨。

第五十九条 行政机关实施行政许可，依照法律、行政法规收取费用的，应当按照公布的法定项目和标准收费；所收取的费用必须全部上缴国库，任何机关或者个人不得以任何形式截留、挪用、私分或者变相私分。财政部门不得以任何形式向行政机关返还或者变相返还实施行政许可所收取的费用。

第六章 监督检查

第六十条 上级行政机关应当加强对下级行政机关实施行政许可的监督检查，及时纠正行政许可实施中的违法行为。

第六十一条 行政机关应当建立健全监督制度，通过核查反映被许可人从事行政许可事项活动情况的有关材料，履行监督责任。

行政机关依法对被许可人从事行政许可事项的活动进行监督检查时，应当将监督检查的情况和处理结果予以记录，由监督检查人员签字后归档。公众有权查阅行政机关监督检查记录。

行政机关应当创造条件，实现与被许可人、其他有关行政机关的计算机档案系统互联，核查被许可人从事行政许可事项活动情况。

第六十二条 行政机关可以对被许可人生产经营的产品依法进行抽样检查、检验、检测，对其生产经营场所依法进行实地检查。检查时，行政机关可以依法查阅或者要求被许可人报送有关材料；被许可人应当如实提供有关情况和材料。

行政机关根据法律、行政法规的规定，对直接关系公共安全、人身健康、生命财产安全的重要设备、设施进行定期检验。对检验合格的，行政机关应当发给相应的证明文件。

第六十三条　行政机关实施监督检查，不得妨碍被许可人正常的生产经营活动，不得索取或者收受被许可人的财物，不得谋取其他利益。

第六十四条　被许可人在作出行政许可决定的行政机关管辖区域外违法从事行政许可事项活动的，违法行为发生地的行政机关应当依法将被许可人的违法事实、处理结果抄告作出行政许可决定的行政机关。

第六十五条　个人和组织发现违法从事行政许可事项的活动，有权向行政机关举报，行政机关应当及时核实、处理。

第六十六条　被许可人未依法履行开发利用自然资源义务或者未依法履行利用公共资源义务的，行政机关应当责令限期改正；被许可人在规定期限内不改正的，行政机关应当依照有关法律、行政法规的规定予以处理。

第六十七条　取得直接关系公共利益的特定行业的市场准入行政许可的被许可人，应当按照国家规定的服务标准、资费标准和行政机关依法规定的条件，向用户提供安全、方便、稳定和价格合理的服务，并履行普遍服务的义务；未经作出行政许可决定的行政机关批准，不得擅自停业、歇业。

被许可人不履行前款规定的义务的，行政机关应当责令限期改正，或者依法采取有效措施督促其履行义务。

第六十八条　对直接关系公共安全、人身健康、生命财产安全的重要设备、设施，行政机关应当督促设计、建造、安装和使用单位建立相应的自检制度。

行政机关在监督检查时，发现直接关系公共安全、人身健康、生命财产安全的重要设备、设施存在安全隐患的，应当责令停止建造、安装和使用，并责令设计、建造、安装和使用单位立即改正。

第六十九条　有下列情形之一的，作出行政许可决定的行政机关或者其上级行政机关，根据利害关系人的请求或者依据职权，可以撤销行政许可：

（一）行政机关工作人员滥用职权、玩忽职守作出准予行政许可决定的；

（二）超越法定职权作出准予行政许可决定的；

（三）违反法定程序作出准予行政许可决定的；

（四）对不具备申请资格或者不符合法定条件的申请人准予行政许可的；

（五）依法可以撤销行政许可的其他情形。

被许可人以欺骗、贿赂等不正当手段取得行政许可的，应当予以撤销。

依照前两款的规定撤销行政许可，可能对公共利益造成重大损害的，不予撤销。

依照本条第一款的规定撤销行政许可，被许可人的合法权益受到损害的，行政机关应当依法给予赔偿。依照本条第二款的规定撤销行政许可的，被许可人基于行政许可取得的利益不受保护。

第七十条　有下列情形之一的，行政机关应当依法办理有关行政许可的注销手续：

（一）行政许可有效期届满未延续的；

（二）赋予公民特定资格的行政许可，该公民死亡或者丧失行为能力的；

（三）法人或者其他组织依法终止的；

（四）行政许可依法被撤销、撤回，或者行政许可证件依法被吊销的；

（五）因不可抗力导致行政许可事项无法实施的；

（六）法律、法规规定的应当注销行政许可的其他情形。

第七章　法律责任

第七十一条　违反本法第十七条规定设定的行政许可，有关机关应当责令设定该行政许可的机关改正，或者依法予以撤销。

第七十二条 行政机关及其工作人员违反本法的规定，有下列情形之一的，由其上级行政机关或者监察机关责令改正；情节严重的，对直接负责的主管人员和其他直接责任人员依法给予行政处分：

（一）对符合法定条件的行政许可申请不予受理的；

（二）不在办公场所公示依法应当公示的材料的；

（三）在受理、审查、决定行政许可过程中，未向申请人、利害关系人履行法定告知义务的；

（四）申请人提交的申请材料不齐全、不符合法定形式，不一次告知申请人必须补正的全部内容的；

（五）违法披露申请人提交的商业秘密、未披露信息或者保密商务信息的；

（六）以转让技术作为取得行政许可的条件，或者在实施行政许可的过程中直接或者间接地要求转让技术的；

（七）未依法说明不受理行政许可申请或者不予行政许可的理由的；

（八）依法应当举行听证而不举行听证的。

第七十三条 行政机关工作人员办理行政许可、实施监督检查，索取或者收受他人财物或者谋取其他利益，构成犯罪的，依法追究刑事责任；尚不构成犯罪的，依法给予行政处分。

第七十四条 行政机关实施行政许可，有下列情形之一的，由其上级行政机关或者监察机关责令改正，对直接负责的主管人员和其他直接责任人员依法给予行政处分；构成犯罪的，依法追究刑事责任：

（一）对不符合法定条件的申请人准予行政许可或者超越法定职权作出准予行政许可决定的；

（二）对符合法定条件的申请人不予行政许可或者不在法定期限内作出准予行政许可决定的；

（三）依法应当根据招标、拍卖结果或者考试成绩择优作出准予行政许可决定，未经招标、拍卖或者考试，或者不根据招标、拍卖结果或者考试成绩择优作出准予行政许可决定的。

第七十五条 行政机关实施行政许可，擅自收费或者不按照法定项目和标准收费的，由其上级行政机关或者监察机关责令退还非法收取的费用；对直接负责的主管人员和其他直接责任人员依法给予行政处分。

截留、挪用、私分或者变相私分实施行政许可依法收取的费用的，予以追缴；对直接负责的主管人员和其他直接责任人员依法给予行政处分；构成犯罪的，依法追究刑事责任。

第七十六条 行政机关违法实施行政许可，给当事人的合法权益造成损害的，应当依照国家赔偿法的规定给予赔偿。

第七十七条 行政机关不依法履行监督职责或者监督不力，造成严重后果的，由其上级行政机关或者监察机关责令改正，对直接负责的主管人员和其他直接责任人员依法给予行政处分；构成犯罪的，依法追究刑事责任。

第七十八条 行政许可申请人隐瞒有关情况或者提供虚假材料申请行政许可的，行政机关不予受理或者不予行政许可，并给予警告；行政许可申请属于直接关系公共安全、人身健康、生命财产安全事项的，申请人在一年内不得再次申请该行政许可。

第七十九条 被许可人以欺骗、贿赂等不正当手段取得行政许可的，行政机关应当依法给予行政处罚；取得的行政许可属于直接关系公共安全、人身健康、生命财产安全事项的，申请人在三年内不得再次申请该行政许可；构成犯罪的，依法追究刑事责任。

第八十条　被许可人有下列行为之一的，行政机关应当依法给予行政处罚；构成犯罪的，依法追究刑事责任：

（一）涂改、倒卖、出租、出借行政许可证件，或者以其他形式非法转让行政许可的；

（二）超越行政许可范围进行活动的；

（三）向负责监督检查的行政机关隐瞒有关情况、提供虚假材料或者拒绝提供反映其活动情况的真实材料的；

（四）法律、法规、规章规定的其他违法行为。

第八十一条　公民、法人或者其他组织未经行政许可，擅自从事依法应当取得行政许可的活动的，行政机关应当依法采取措施予以制止，并依法给予行政处罚；构成犯罪的，依法追究刑事责任。

第八章　附　　则

第八十二条　本法规定的行政机关实施行政许可的期限以工作日计算，不含法定节假日。

第八十三条　本法自2004年7月1日起施行。

本法施行前有关行政许可的规定，制定机关应当依照本法规定予以清理；不符合本法规定的，自本法施行之日起停止执行。

中华人民共和国行政处罚法

（1996 年 3 月 17 日第八届全国人民代表大会第四次会议通过；根据 2009 年 8 月 27 日第十一届全国人民代表大会常务委员会第十次会议《关于修改部分法律的决定》第一次修正；根据 2017 年 9 月 1 日第十二届全国人民代表大会常务委员会第二十九次会议《关于修改〈中华人民共和国法官法〉等八部法律的决定》第二次修正；2021 年 1 月 22 日第十三届全国人民代表大会常务委员会第二十五次会议修订）

第一章　总　　则

第一条　为了规范行政处罚的设定和实施，保障和监督行政机关有效实施行政管理，维护公共利益和社会秩序，保护公民、法人或者其他组织的合法权益，根据宪法，制定本法。

第二条　行政处罚是指行政机关依法对违反行政管理秩序的公民、法人或者其他组织，以减损权益或者增加义务的方式予以惩戒的行为。

第三条　行政处罚的设定和实施，适用本法。

第四条　公民、法人或者其他组织违反行政管理秩序的行为，应当给予行政处罚的，依照本法由法律、法规、规章规定，并由行政机关依照本法规定的程序实施。

第五条　行政处罚遵循公正、公开的原则。

设定和实施行政处罚必须以事实为依据，与违法行为的事实、性质、情节以及社会危害程度相当。

对违法行为给予行政处罚的规定必须公布；未经公布的，不得作为行政处罚的依据。

第六条　实施行政处罚，纠正违法行为，应当坚持处罚与教育相结合，教育公民、法人或者其他组织自觉守法。

第七条　公民、法人或者其他组织对行政机关所给予的行政处罚，享有陈述权、申辩权；对行政处罚不服的，有权依法申请行政复议或者提起行政诉讼。

公民、法人或者其他组织因行政机关违法给予行政处罚受到损害的，有权依法提出赔偿要求。

第八条　公民、法人或者其他组织因违法行为受到行政处罚，其违法行为对他人造成损害的，应当依法承担民事责任。

违法行为构成犯罪，应当依法追究刑事责任的，不得以行政处罚代替刑事处罚。

第二章　行政处罚的种类和设定

第九条　行政处罚的种类：

（一）警告、通报批评；

（二）罚款、没收违法所得、没收非法财物；

（三）暂扣许可证件、降低资质等级、吊销许可证件；

（四）限制开展生产经营活动、责令停产停业、责令关闭、限制从业；

（五）行政拘留；

（六）法律、行政法规规定的其他行政处罚。

第十条　法律可以设定各种行政处罚。

限制人身自由的行政处罚，只能由法律设定。

第十一条　行政法规可以设定除限制人身自由以外的行政处罚。

法律对违法行为已经作出行政处罚规定，行政法规需要作出具体规定的，必须在法律规定的给予行政处罚的行为、种类和幅度的范围内规定。

法律对违法行为未作出行政处罚规定，行政法规为实施法律，可以补充设定行政处罚。拟补充设定行政处罚的，应当通过听证会、论证会等形式广泛听取意见，并向制定机关作出书面说明。行政法规报送备案时，应当说明补充设定行政处罚的情况。

第十二条　地方性法规可以设定除限制人身自由、吊销营业执照以外的行政处罚。

法律、行政法规对违法行为已经作出行政处罚规定，地方性法规需要作出具体规定的，必须在法律、行政法规规定的给予行政处罚的行为、种类和幅度的范围内规定。

法律、行政法规对违法行为未作出行政处罚规定，地方性法规为实施法律、行政法规，可以补充设定行政处罚。拟补充设定行政处罚的，应当通过听证会、论证会等形式广泛听取意见，并向制定机关作出书面说明。地方性法规报送备案时，应当说明补充设定行政处罚的情况。

第十三条　国务院部门规章可以在法律、行政法规规定的给予行政处罚的行为、种类和幅度的范围内作出具体规定。

尚未制定法律、行政法规的，国务院部门规章对违反行政管理秩序的行为，可以设定警告、通报批评或者一定数额罚款的行政处罚。罚款的限额由国务院规定。

第十四条　地方政府规章可以在法律、法规规定的给予行政处罚的行为、种类和幅度的范围内作出具体规定。

尚未制定法律、法规的，地方政府规章对违反行政管理秩序的行为，可以设定警告、通报批评或者一定数额罚款的行政处罚。罚款的限额由省、自治区、直辖市人民代表大会常务委员会规定。

第十五条　国务院部门和省、自治区、直辖市人民政府及其有关部门应当定期组织评估行政处罚的实施情况和必要性，对不适当的行政处罚事项及种类、罚款数额等，应当提出修改或者废止的建议。

第十六条　除法律、法规、规章外，其他规范性文件不得设定行政处罚。

第三章　行政处罚的实施机关

第十七条　行政处罚由具有行政处罚权的行政机关在法定职权范围内实施。

第十八条　国家在城市管理、市场监管、生态环境、文化市场、交通运输、应急管理、农业等领域推行建立综合行政执法制度，相对集中行政处罚权。

国务院或者省、自治区、直辖市人民政府可以决定一个行政机关行使有关行政机关的行政处罚权。

限制人身自由的行政处罚权只能由公安机关和法律规定的其他机关行使。

第十九条　法律、法规授权的具有管理公共事务职能的组织可以在法定授权范围内实施行政处罚。

第二十条　行政机关依照法律、法规、规章的规定，可以在其法定权限内书面委托符合本法第二十一条规定条件的组织实施行政处罚。行政机关不得委托其他组织或者个人实施行政处罚。

委托书应当载明委托的具体事项、权限、期限等内容。委托行政机关和受委托组织应当将委托书向社会公布。

委托行政机关对受委托组织实施行政处罚的行为应当负责监督，并对该行为的后果承担法律责任。

受委托组织在委托范围内，以委托行政

机关名义实施行政处罚；不得再委托其他组织或者个人实施行政处罚。

第二十一条 受委托组织必须符合以下条件：

（一）依法成立并具有管理公共事务职能；

（二）有熟悉有关法律、法规、规章和业务并取得行政执法资格的工作人员；

（三）需要进行技术检查或者技术鉴定的，应当有条件组织进行相应的技术检查或者技术鉴定。

第四章 行政处罚的管辖和适用

第二十二条 行政处罚由违法行为发生地的行政机关管辖。法律、行政法规、部门规章另有规定的，从其规定。

第二十三条 行政处罚由县级以上地方人民政府具有行政处罚权的行政机关管辖。法律、行政法规另有规定的，从其规定。

第二十四条 省、自治区、直辖市根据当地实际情况，可以决定将基层管理迫切需要的县级人民政府部门的行政处罚权交由能够有效承接的乡镇人民政府、街道办事处行使，并定期组织评估。决定应当公布。

承接行政处罚权的乡镇人民政府、街道办事处应当加强执法能力建设，按照规定范围、依照法定程序实施行政处罚。

有关地方人民政府及其部门应当加强组织协调、业务指导、执法监督，建立健全行政处罚协调配合机制，完善评议、考核制度。

第二十五条 两个以上行政机关都有管辖权的，由最先立案的行政机关管辖。

对管辖发生争议的，应当协商解决，协商不成的，报请共同的上一级行政机关指定管辖；也可以直接由共同的上一级行政机关指定管辖。

第二十六条 行政机关因实施行政处罚的需要，可以向有关机关提出协助请求。协助事项属于被请求机关职权范围内的，应当依法予以协助。

第二十七条 违法行为涉嫌犯罪的，行政机关应当及时将案件移送司法机关，依法追究刑事责任。对依法不需要追究刑事责任或者免予刑事处罚，但应当给予行政处罚的，司法机关应当及时将案件移送有关行政机关。

行政处罚实施机关与司法机关之间应当加强协调配合，建立健全案件移送制度，加强证据材料移交、接收衔接，完善案件处理信息通报机制。

第二十八条 行政机关实施行政处罚时，应当责令当事人改正或者限期改正违法行为。

当事人有违法所得，除依法应当退赔的外，应当予以没收。违法所得是指实施违法行为所取得的款项。法律、行政法规、部门规章对违法所得的计算另有规定的，从其规定。

第二十九条 对当事人的同一个违法行为，不得给予两次以上罚款的行政处罚。同一个违法行为违反多个法律规范应当给予罚款处罚的，按照罚款数额高的规定处罚。

第三十条 不满十四周岁的未成年人有违法行为的，不予行政处罚，责令监护人加以管教；已满十四周岁不满十八周岁的未成年人有违法行为的，应当从轻或者减轻行政处罚。

第三十一条 精神病人、智力残疾人在不能辨认或者不能控制自己行为时有违法行为的，不予行政处罚，但应当责令其监护人严加看管和治疗。间歇性精神病人在精神正常时有违法行为的，应当给予行政处罚。尚未完全丧失辨认或者控制自己行为能力的精神病人、智力残疾人有违法行为的，可以从轻或者减轻行政处罚。

第三十二条 当事人有下列情形之一，

应当从轻或者减轻行政处罚：

（一）主动消除或者减轻违法行为危害后果的；

（二）受他人胁迫或者诱骗实施违法行为的；

（三）主动供述行政机关尚未掌握的违法行为的；

（四）配合行政机关查处违法行为有立功表现的；

（五）法律、法规、规章规定其他应当从轻或者减轻行政处罚的。

第三十三条　违法行为轻微并及时改正，没有造成危害后果的，不予行政处罚。初次违法且危害后果轻微并及时改正的，可以不予行政处罚。

当事人有证据足以证明没有主观过错的，不予行政处罚。法律、行政法规另有规定的，从其规定。

对当事人的违法行为依法不予行政处罚的，行政机关应当对当事人进行教育。

第三十四条　行政机关可以依法制定行政处罚裁量基准，规范行使行政处罚裁量权。行政处罚裁量基准应当向社会公布。

第三十五条　违法行为构成犯罪，人民法院判处拘役或者有期徒刑时，行政机关已经给予当事人行政拘留的，应当依法折抵相应刑期。

违法行为构成犯罪，人民法院判处罚金时，行政机关已经给予当事人罚款的，应当折抵相应罚金；行政机关尚未给予当事人罚款的，不再给予罚款。

第三十六条　违法行为在二年内未被发现的，不再给予行政处罚；涉及公民生命健康安全、金融安全且有危害后果的，上述期限延长至五年。法律另有规定的除外。

前款规定的期限，从违法行为发生之日起计算；违法行为有连续或者继续状态的，从行为终了之日起计算。

第三十七条　实施行政处罚，适用违法行为发生时的法律、法规、规章的规定。但是，作出行政处罚决定时，法律、法规、规章已被修改或者废止，且新的规定处罚较轻或者不认为是违法的，适用新的规定。

第三十八条　行政处罚没有依据或者实施主体不具有行政主体资格的，行政处罚无效。

违反法定程序构成重大且明显违法的，行政处罚无效。

第五章　行政处罚的决定

第一节　一般规定

第三十九条　行政处罚的实施机关、立案依据、实施程序和救济渠道等信息应当公示。

第四十条　公民、法人或者其他组织违反行政管理秩序的行为，依法应当给予行政处罚的，行政机关必须查明事实；违法事实不清、证据不足的，不得给予行政处罚。

第四十一条　行政机关依照法律、行政法规规定利用电子技术监控设备收集、固定违法事实的，应当经过法制和技术审核，确保电子技术监控设备符合标准、设置合理、标志明显，设置地点应当向社会公布。

电子技术监控设备记录违法事实应当真实、清晰、完整、准确。行政机关应当审核记录内容是否符合要求；未经审核或者经审核不符合要求的，不得作为行政处罚的证据。

行政机关应当及时告知当事人违法事实，并采取信息化手段或者其他措施，为当事人查询、陈述和申辩提供便利。不得限制或者变相限制当事人享有的陈述权、申辩权。

第四十二条　行政处罚应当由具有行政执法资格的执法人员实施。执法人员不得少于两人，法律另有规定的除外。

执法人员应当文明执法，尊重和保护当事人合法权益。

第四十三条 执法人员与案件有直接利害关系或者有其他关系可能影响公正执法的，应当回避。

当事人认为执法人员与案件有直接利害关系或者有其他关系可能影响公正执法的，有权申请回避。

当事人提出回避申请的，行政机关应当依法审查，由行政机关负责人决定。决定作出之前，不停止调查。

第四十四条 行政机关在作出行政处罚决定之前，应当告知当事人拟作出的行政处罚内容及事实、理由、依据，并告知当事人依法享有的陈述、申辩、要求听证等权利。

第四十五条 当事人有权进行陈述和申辩。行政机关必须充分听取当事人的意见，对当事人提出的事实、理由和证据，应当进行复核；当事人提出的事实、理由或者证据成立的，行政机关应当采纳。

行政机关不得因当事人陈述、申辩而给予更重的处罚。

第四十六条 证据包括：

（一）书证；

（二）物证；

（三）视听资料；

（四）电子数据；

（五）证人证言；

（六）当事人的陈述；

（七）鉴定意见；

（八）勘验笔录、现场笔录。

证据必须经查证属实，方可作为认定案件事实的根据。

以非法手段取得的证据，不得作为认定案件事实的根据。

第四十七条 行政机关应当依法以文字、音像等形式，对行政处罚的启动、调查取证、审核、决定、送达、执行等进行全过程记录，归档保存。

第四十八条 具有一定社会影响的行政处罚决定应当依法公开。

公开的行政处罚决定被依法变更、撤销、确认违法或者确认无效的，行政机关应当在三日内撤回行政处罚决定信息并公开说明理由。

第四十九条 发生重大传染病疫情等突发事件，为了控制、减轻和消除突发事件引起的社会危害，行政机关对违反突发事件应对措施的行为，依法快速、从重处罚。

第五十条 行政机关及其工作人员对实施行政处罚过程中知悉的国家秘密、商业秘密或者个人隐私，应当依法予以保密。

第二节 简易程序

第五十一条 违法事实确凿并有法定依据，对公民处以二百元以下、对法人或者其他组织处以三千元以下罚款或者警告的行政处罚的，可以当场作出行政处罚决定。法律另有规定的，从其规定。

第五十二条 执法人员当场作出行政处罚决定的，应当向当事人出示执法证件，填写预定格式、编有号码的行政处罚决定书，并当场交付当事人。当事人拒绝签收的，应当在行政处罚决定书上注明。

前款规定的行政处罚决定书应当载明当事人的违法行为，行政处罚的种类和依据、罚款数额、时间、地点，申请行政复议、提起行政诉讼的途径和期限以及行政机关名称，并由执法人员签名或者盖章。

执法人员当场作出的行政处罚决定，应当报所属行政机关备案。

第五十三条 对当场作出的行政处罚决定，当事人应当依照本法第六十七条至第六十九条的规定履行。

第三节　普通程序

第五十四条　除本法第五十一条规定的可以当场作出的行政处罚外，行政机关发现公民、法人或者其他组织有依法应当给予行政处罚的行为的，必须全面、客观、公正地调查，收集有关证据；必要时，依照法律、法规的规定，可以进行检查。

符合立案标准的，行政机关应当及时立案。

第五十五条　执法人员在调查或者进行检查时，应当主动向当事人或者有关人员出示执法证件。当事人或者有关人员有权要求执法人员出示执法证件。执法人员不出示执法证件的，当事人或者有关人员有权拒绝接受调查或者检查。

当事人或者有关人员应当如实回答询问，并协助调查或者检查，不得拒绝或者阻挠。询问或者检查应当制作笔录。

第五十六条　行政机关在收集证据时，可以采取抽样取证的方法；在证据可能灭失或者以后难以取得的情况下，经行政机关负责人批准，可以先行登记保存，并应当在七日内及时作出处理决定，在此期间，当事人或者有关人员不得销毁或者转移证据。

第五十七条　调查终结，行政机关负责人应当对调查结果进行审查，根据不同情况，分别作出如下决定：

（一）确有应受行政处罚的违法行为的，根据情节轻重及具体情况，作出行政处罚决定；

（二）违法行为轻微，依法可以不予行政处罚的，不予行政处罚；

（三）违法事实不能成立的，不予行政处罚；

（四）违法行为涉嫌犯罪的，移送司法机关。

对情节复杂或者重大违法行为给予行政处罚，行政机关负责人应当集体讨论决定。

第五十八条　有下列情形之一，在行政机关负责人作出行政处罚的决定之前，应当由从事行政处罚决定法制审核的人员进行法制审核；未经法制审核或者审核未通过的，不得作出决定：

（一）涉及重大公共利益的；

（二）直接关系当事人或者第三人重大权益，经过听证程序的；

（三）案件情况疑难复杂、涉及多个法律关系的；

（四）法律、法规规定应当进行法制审核的其他情形。

行政机关中初次从事行政处罚决定法制审核的人员，应当通过国家统一法律职业资格考试取得法律职业资格。

第五十九条　行政机关依照本法第五十七条的规定给予行政处罚，应当制作行政处罚决定书。行政处罚决定书应当载明下列事项：

（一）当事人的姓名或者名称、地址；

（二）违反法律、法规、规章的事实和证据；

（三）行政处罚的种类和依据；

（四）行政处罚的履行方式和期限；

（五）申请行政复议、提起行政诉讼的途径和期限；

（六）作出行政处罚决定的行政机关名称和作出决定的日期。

行政处罚决定书必须盖有作出行政处罚决定的行政机关的印章。

第六十条　行政机关应当自行政处罚案件立案之日起九十日内作出行政处罚决定。法律、法规、规章另有规定的，从其规定。

第六十一条　行政处罚决定书应当在宣告后当场交付当事人；当事人不在场的，行政机关应当在七日内依照《中华人民共和国民事诉讼法》的有关规定，将行政处罚决定书送达当事人。

当事人同意并签订确认书的，行政机关可以采用传真、电子邮件等方式，将行政处罚决定书等送达当事人。

第六十二条 行政机关及其执法人员在作出行政处罚决定之前，未依照本法第四十四条、第四十五条的规定向当事人告知拟作出的行政处罚内容及事实、理由、依据，或者拒绝听取当事人的陈述、申辩，不得作出行政处罚决定；当事人明确放弃陈述或者申辩权利的除外。

第四节 听证程序

第六十三条 行政机关拟作出下列行政处罚决定，应当告知当事人有要求听证的权利，当事人要求听证的，行政机关应当组织听证：

（一）较大数额罚款；

（二）没收较大数额违法所得、没收较大价值非法财物；

（三）降低资质等级、吊销许可证件；

（四）责令停产停业、责令关闭、限制从业；

（五）其他较重的行政处罚；

（六）法律、法规、规章规定的其他情形。

当事人不承担行政机关组织听证的费用。

第六十四条 听证应当依照以下程序组织：

（一）当事人要求听证的，应当在行政机关告知后五日内提出；

（二）行政机关应当在举行听证的七日前，通知当事人及有关人员听证的时间、地点；

（三）除涉及国家秘密、商业秘密或者个人隐私依法予以保密外，听证公开举行；

（四）听证由行政机关指定的非本案调查人员主持；当事人认为主持人与本案有直接利害关系的，有权申请回避；

（五）当事人可以亲自参加听证，也可以委托一至二人代理；

（六）当事人及其代理人无正当理由拒不出席听证或者未经许可中途退出听证的，视为放弃听证权利，行政机关终止听证；

（七）举行听证时，调查人员提出当事人违法的事实、证据和行政处罚建议，当事人进行申辩和质证；

（八）听证应当制作笔录。笔录应当交当事人或者其代理人核对无误后签字或者盖章。当事人或者其代理人拒绝签字或者盖章的，由听证主持人在笔录中注明。

第六十五条 听证结束后，行政机关应当根据听证笔录，依照本法第五十七条的规定，作出决定。

第六章 行政处罚的执行

第六十六条 行政处罚决定依法作出后，当事人应当在行政处罚决定书载明的期限内，予以履行。

当事人确有经济困难，需要延期或者分期缴纳罚款的，经当事人申请和行政机关批准，可以暂缓或者分期缴纳。

第六十七条 作出罚款决定的行政机关应当与收缴罚款的机构分离。

除依照本法第六十八条、第六十九条的规定当场收缴的罚款外，作出行政处罚决定的行政机关及其执法人员不得自行收缴罚款。

当事人应当自收到行政处罚决定书之日起十五日内，到指定的银行或者通过电子支付系统缴纳罚款。银行应当收受罚款，并将罚款直接上缴国库。

第六十八条 依照本法第五十一条的规定当场作出行政处罚决定，有下列情形之一，执法人员可以当场收缴罚款：

（一）依法给予一百元以下罚款的；

（二）不当场收缴事后难以执行的。

第六十九条　在边远、水上、交通不便地区，行政机关及其执法人员依照本法第五十一条、第五十七条的规定作出罚款决定后，当事人到指定的银行或者通过电子支付系统缴纳罚款确有困难，经当事人提出，行政机关及其执法人员可以当场收缴罚款。

第七十条　行政机关及其执法人员当场收缴罚款的，必须向当事人出具国务院财政部门或者省、自治区、直辖市人民政府财政部门统一制发的专用票据；不出具财政部门统一制发的专用票据的，当事人有权拒绝缴纳罚款。

第七十一条　执法人员当场收缴的罚款，应当自收缴罚款之日起二日内，交至行政机关；在水上当场收缴的罚款，应当自抵岸之日起二日内交至行政机关；行政机关应当在二日内将罚款缴付指定的银行。

第七十二条　当事人逾期不履行行政处罚决定的，作出行政处罚决定的行政机关可以采取下列措施：

（一）到期不缴纳罚款的，每日按罚款数额的百分之三加处罚款，加处罚款的数额不得超出罚款的数额；

（二）根据法律规定，将查封、扣押的财物拍卖、依法处理或者将冻结的存款、汇款划拨抵缴罚款；

（三）根据法律规定，采取其他行政强制执行方式；

（四）依照《中华人民共和国行政强制法》的规定申请人民法院强制执行。

行政机关批准延期、分期缴纳罚款的，申请人民法院强制执行的期限，自暂缓或者分期缴纳罚款期限结束之日起计算。

第七十三条　当事人对行政处罚决定不服，申请行政复议或者提起行政诉讼的，行政处罚不停止执行，法律另有规定的除外。

当事人对限制人身自由的行政处罚决定不服，申请行政复议或者提起行政诉讼的，可以向作出决定的机关提出暂缓执行申请。符合法律规定情形的，应当暂缓执行。

当事人申请行政复议或者提起行政诉讼的，加处罚款的数额在行政复议或者行政诉讼期间不予计算。

第七十四条　除依法应当予以销毁的物品外，依法没收的非法财物必须按照国家规定公开拍卖或者按照国家有关规定处理。

罚款、没收的违法所得或者没收非法财物拍卖的款项，必须全部上缴国库，任何行政机关或者个人不得以任何形式截留、私分或者变相私分。

罚款、没收的违法所得或者没收非法财物拍卖的款项，不得同作出行政处罚决定的行政机关及其工作人员的考核、考评直接或者变相挂钩。除依法应当退还、退赔的外，财政部门不得以任何形式向作出行政处罚决定的行政机关返还罚款、没收的违法所得或者没收非法财物拍卖的款项。

第七十五条　行政机关应当建立健全对行政处罚的监督制度。县级以上人民政府应当定期组织开展行政执法评议、考核，加强对行政处罚的监督检查，规范和保障行政处罚的实施。

行政机关实施行政处罚应当接受社会监督。公民、法人或者其他组织对行政机关实施行政处罚的行为，有权申诉或者检举；行政机关应当认真审查，发现有错误的，应当主动改正。

第七章　法律责任

第七十六条　行政机关实施行政处罚，有下列情形之一，由上级行政机关或者有关机关责令改正，对直接负责的主管人员和其他直接责任人员依法给予处分：

（一）没有法定的行政处罚依据的；

（二）擅自改变行政处罚种类、幅度的；

（三）违反法定的行政处罚程序的；

（四）违反本法第二十条关于委托处罚的规定的；

（五）执法人员未取得执法证件的。

行政机关对符合立案标准的案件不及时立案的，依照前款规定予以处理。

第七十七条 行政机关对当事人进行处罚不使用罚款、没收财物单据或者使用非法定部门制发的罚款、没收财物单据的，当事人有权拒绝，并有权予以检举，由上级行政机关或者有关机关对使用的非法单据予以收缴销毁，对直接负责的主管人员和其他直接责任人员依法给予处分。

第七十八条 行政机关违反本法第六十七条的规定自行收缴罚款的，财政部门违反本法第七十四条的规定向行政机关返还罚款、没收的违法所得或者拍卖款项的，由上级行政机关或者有关机关责令改正，对直接负责的主管人员和其他直接责任人员依法给予处分。

第七十九条 行政机关截留、私分或者变相私分罚款、没收的违法所得或者财物的，由财政部门或者有关机关予以追缴，对直接负责的主管人员和其他直接责任人员依法给予处分；情节严重构成犯罪的，依法追究刑事责任。

执法人员利用职务上的便利，索取或者收受他人财物、将收缴罚款据为己有，构成犯罪的，依法追究刑事责任；情节轻微不构成犯罪的，依法给予处分。

第八十条 行政机关使用或者损毁查封、扣押的财物，对当事人造成损失的，应当依法予以赔偿，对直接负责的主管人员和其他直接责任人员依法给予处分。

第八十一条 行政机关违法实施检查措施或者执行措施，给公民人身或者财产造成损害、给法人或者其他组织造成损失的，应当依法予以赔偿，对直接负责的主管人员和其他直接责任人员依法给予处分；情节严重构成犯罪的，依法追究刑事责任。

第八十二条 行政机关对应当依法移交司法机关追究刑事责任的案件不移交，以行政处罚代替刑事处罚，由上级行政机关或者有关机关责令改正，对直接负责的主管人员和其他直接责任人员依法给予处分；情节严重构成犯罪的，依法追究刑事责任。

第八十三条 行政机关对应当予以制止和处罚的违法行为不予制止、处罚，致使公民、法人或者其他组织的合法权益、公共利益和社会秩序遭受损害的，对直接负责的主管人员和其他直接责任人员依法给予处分；情节严重构成犯罪的，依法追究刑事责任。

第八章　附　　则

第八十四条 外国人、无国籍人、外国组织在中华人民共和国领域内有违法行为，应当给予行政处罚的，适用本法，法律另有规定的除外。

第八十五条 本法中“二日”“三日”“五日”“七日”的规定是指工作日，不含法定节假日。

第八十六条 本法自 2021 年 7 月 15 日起施行。

中华人民共和国行政复议法

（1999年4月29日第九届全国人民代表大会常务委员会第九次会议通过，1999年4月29日中华人民共和国主席令第十六号公布，自1999年10月1日起施行；根据2009年8月27日第十一届全国人民代表大会常务委员会第十次会议通过，2009年8月27日中华人民共和国主席令第十八号公布的《全国人民代表大会常务委员会关于修改部分法律的决定》第一次修正；根据2017年9月1日中华人民共和国第十二届全国人民代表大会常务委员会第二十九次会议通过，2017年9月1日中华人民共和国主席令第七十六号公布的《全国人民代表大会常务委员会关于修改〈中华人民共和国法官法〉等八部法律的决定》第二次修正）

第一章　总　　则

第一条　为了防止和纠正违法的或者不当的具体行政行为，保护公民、法人和其他组织的合法权益，保障和监督行政机关依法行使职权，根据宪法，制定本法。

第二条　公民、法人或者其他组织认为具体行政行为侵犯其合法权益，向行政机关提出行政复议申请，行政机关受理行政复议申请、作出行政复议决定，适用本法。

第三条　依照本法履行行政复议职责的行政机关是行政复议机关。行政复议机关负责法制工作的机构具体办理行政复议事项，履行下列职责：

（一）受理行政复议申请；

（二）向有关组织和人员调查取证，查阅文件和资料；

（三）审查申请行政复议的具体行政行为是否合法与适当，拟订行政复议决定；

（四）处理或者转送对本法第七条所列有关规定的审查申请；

（五）对行政机关违反本法规定的行为依照规定的权限和程序提出处理建议；

（六）办理因不服行政复议决定提起行政诉讼的应诉事项；

（七）法律、法规规定的其他职责。

行政机关中初次从事行政复议的人员，应当通过国家统一法律职业资格考试取得法律职业资格。

第四条　行政复议机关履行行政复议职责，应当遵循合法、公正、公开、及时、便民的原则，坚持有错必纠，保障法律、法规的正确实施。

第五条　公民、法人或者其他组织对行政复议决定不服的，可以依照行政诉讼法的规定向人民法院提起行政诉讼，但是法律规定行政复议决定为最终裁决的除外。

第二章　行政复议范围

第六条　有下列情形之一的，公民、法人或者其他组织可以依照本法申请行政复议：

（一）对行政机关作出的警告、罚款、没收违法所得、没收非法财物、责令停产停业、暂扣或者吊销许可证、暂扣或者吊销执照、行政拘留等行政处罚决定不服的；

（二）对行政机关作出的限制人身自由或者查封、扣押、冻结财产等行政强制措施决定不服的；

（三）对行政机关作出的有关许可证、执照、资质证、资格证等证书变更、中止、撤销的决定不服的；

（四）对行政机关作出的关于确认土地、矿藏、水流、森林、山岭、草原、荒地、滩涂、海域等自然资源的所有权或者使用权的决定不服的；

（五）认为行政机关侵犯合法的经营自主权的；

（六）认为行政机关变更或者废止农业承包合同，侵犯其合法权益的；

（七）认为行政机关违法集资、征收财物、摊派费用或者违法要求履行其他义务的；

（八）认为符合法定条件，申请行政机关颁发许可证、执照、资质证、资格证等证书，或者申请行政机关审批、登记有关事项，行政机关没有依法办理的；

（九）申请行政机关履行保护人身权利、财产权利、受教育权利的法定职责，行政机关没有依法履行的；

（十）申请行政机关依法发放抚恤金、社会保险金或者最低生活保障费，行政机关没有依法发放的；

（十一）认为行政机关的其他具体行政行为侵犯其合法权益的。

第七条 公民、法人或者其他组织认为行政机关的具体行政行为所依据的下列规定不合法，在对具体行政行为申请行政复议时，可以一并向行政复议机关提出对该规定的审查申请：

（一）国务院部门的规定；

（二）县级以上地方各级人民政府及其工作部门的规定；

（三）乡、镇人民政府的规定。

前款所列规定不含国务院部、委员会规章和地方人民政府规章。规章的审查依照法律、行政法规办理。

第八条 不服行政机关作出的行政处分或者其他人事处理决定的，依照有关法律、行政法规的规定提出申诉。

不服行政机关对民事纠纷作出的调解或者其他处理，依法申请仲裁或者向人民法院提起诉讼。

第三章　行政复议申请

第九条 公民、法人或者其他组织认为具体行政行为侵犯其合法权益的，可以自知道该具体行政行为之日起六十日内提出行政复议申请；但是法律规定的申请期限超过六十日的除外。

因不可抗力或者其他正当理由耽误法定申请期限的，申请期限自障碍消除之日起继续计算。

第十条 依照本法申请行政复议的公民、法人或者其他组织是申请人。

有权申请行政复议的公民死亡的，其近亲属可以申请行政复议。有权申请行政复议的公民为无民事行为能力人或者限制民事行为能力人的，其法定代理人可以代为申请行政复议。有权申请行政复议的法人或者其他组织终止的，承受其权利的法人或者其他组织可以申请行政复议。

同申请行政复议的具体行政行为有利害关系的其他公民、法人或者其他组织，可以作为第三人参加行政复议。

公民、法人或者其他组织对行政机关的具体行政行为不服申请行政复议的，作出具体行政行为的行政机关是被申请人。

申请人、第三人可以委托代理人代为参加行政复议。

第十一条 申请人申请行政复议，可以书面申请，也可以口头申请；口头申请的，行政复议机关应当当场记录申请人的基本情况、行政复议请求、申请行政复议的主要事实、理由和时间。

第十二条 对县级以上地方各级人民政

府工作部门的具体行政行为不服的，由申请人选择，可以向该部门的本级人民政府申请行政复议，也可以向上一级主管部门申请行政复议。

对海关、金融、国税、外汇管理等实行垂直领导的行政机关和国家安全机关的具体行政行为不服的，向上一级主管部门申请行政复议。

第十三条　对地方各级人民政府的具体行政行为不服的，向上一级地方人民政府申请行政复议。

对省、自治区人民政府依法设立的派出机关所属的县级地方人民政府的具体行政行为不服的，向该派出机关申请行政复议。

第十四条　对国务院部门或者省、自治区、直辖市人民政府的具体行政行为不服的，向作出该具体行政行为的国务院部门或者省、自治区、直辖市人民政府申请行政复议。对行政复议决定不服的，可以向人民法院提起行政诉讼；也可以向国务院申请裁决，国务院依照本法的规定作出最终裁决。

第十五条　对本法第十二条、第十三条、第十四条规定以外的其他行政机关、组织的具体行政行为不服的，按照下列规定申请行政复议：

（一）对县级以上地方人民政府依法设立的派出机关的具体行政行为不服的，向设立该派出机关的人民政府申请行政复议；

（二）对政府工作部门依法设立的派出机构依照法律、法规或者规章规定，以自己的名义作出的具体行政行为不服的，向设立该派出机构的部门或者该部门的本级地方人民政府申请行政复议；

（三）对法律、法规授权的组织的具体行政行为不服的，分别向直接管理该组织的地方人民政府、地方人民政府工作部门或者国务院部门申请行政复议；

（四）对两个或者两个以上行政机关以共同的名义作出的具体行政行为不服的，向其共同上一级行政机关申请行政复议；

（五）对被撤销的行政机关在撤销前所作出的具体行政行为不服的，向继续行使其职权的行政机关的上一级行政机关申请行政复议。

有前款所列情形之一的，申请人也可以向具体行政行为发生地的县级地方人民政府提出行政复议申请，由接受申请的县级地方人民政府依照本法第十八条的规定办理。

第十六条　公民、法人或者其他组织申请行政复议，行政复议机关已经依法受理的，或者法律、法规规定应当先向行政复议机关申请行政复议、对行政复议决定不服再向人民法院提起行政诉讼的，在法定行政复议期限内不得向人民法院提起行政诉讼。

公民、法人或者其他组织向人民法院提起行政诉讼，人民法院已经依法受理的，不得申请行政复议。

第四章　行政复议受理

第十七条　行政复议机关收到行政复议申请后，应当在五日内进行审查，对不符合本法规定的行政复议申请，决定不予受理，并书面告知申请人；对符合本法规定，但是不属于本机关受理的行政复议申请，应当告知申请人向有关行政复议机关提出。

除前款规定外，行政复议申请自行政复议机关负责法制工作的机构收到之日起即为受理。

第十八条　依照本法第十五条第二款的规定接受行政复议申请的县级地方人民政府，对依照本法第十五条第一款的规定属于其他行政复议机关受理的行政复议申请，应当自接到该行政复议申请之日起七日内，转送有关行政复议机关，并告知申请人。接受转送的行政复议机关应当依照本法第十七条的规定办理。

第十九条　法律、法规规定应当先向行政复议机关申请行政复议、对行政复议决定不服再向人民法院提起行政诉讼的，行政复议机关决定不予受理或者受理后超过行政复议期限不作答复的，公民、法人或者其他组织可以自收到不予受理决定书之日起或者行政复议期满之日起十五日内，依法向人民法院提起行政诉讼。

第二十条 公民、法人或者其他组织依法提出行政复议申请，行政复议机关无正当理由不予受理的，上级行政机关应当责令其受理；必要时，上级行政机关也可以直接受理。

第二十一条 行政复议期间具体行政行为不停止执行；但是，有下列情形之一的，可以停止执行：

（一）被申请人认为需要停止执行的；

（二）行政复议机关认为需要停止执行的；

（三）申请人申请停止执行，行政复议机关认为其要求合理，决定停止执行的；

（四）法律规定停止执行的。

第五章 行政复议决定

第二十二条 行政复议原则上采取书面审查的办法，但是申请人提出要求或者行政复议机关负责法制工作的机构认为有必要时，可以向有关组织和人员调查情况，听取申请人、被申请人和第三人的意见。

第二十三条 行政复议机关负责法制工作的机构应当自行政复议申请受理之日起七日内，将行政复议申请书副本或者行政复议申请笔录复印件发送被申请人。被申请人应当自收到申请书副本或者申请笔录复印件之日起十日内，提出书面答复，并提交当初作出具体行政行为的证据、依据和其他有关材料。

申请人、第三人可以查阅被申请人提出的书面答复、作出具体行政行为的证据、依据和其他有关材料，除涉及国家秘密、商业秘密或者个人隐私外，行政复议机关不得拒绝。

第二十四条 在行政复议过程中，被申请人不得自行向申请人和其他有关组织或者个人收集证据。

第二十五条 行政复议决定作出前，申请人要求撤回行政复议申请的，经说明理由，可以撤回；撤回行政复议申请的，行政复议终止。

第二十六条 申请人在申请行政复议时，一并提出对本法第七条所列有关规定的审查申请的，行政复议机关对该规定有权处理的，应当在三十日内依法处理；无权处理的，应当在七日内按照法定程序转送有权处理的行政机关依法处理，有权处理的行政机关应当在六十日内依法处理。处理期间，中止对具体行政行为的审查。

第二十七条 行政复议机关在对被申请人作出的具体行政行为进行审查时，认为其依据不合法，本机关有权处理的，应当在三十日内依法处理；无权处理的，应当在七日内按照法定程序转送有权处理的国家机关依法处理。处理期间，中止对具体行政行为的审查。

第二十八条 行政复议机关负责法制工作的机构应当对被申请人作出的具体行政行为进行审查，提出意见，经行政复议机关的负责人同意或者集体讨论通过后，按照下列规定作出行政复议决定：

（一）具体行政行为认定事实清楚，证据确凿，适用依据正确，程序合法，内容适当的，决定维持；

（二）被申请人不履行法定职责的，决定其在一定期限内履行；

（三）具体行政行为有下列情形之一的，决定撤销、变更或者确认该具体行政行为违法；决定撤销或者确认该具体行政行为违法的，可以责令被申请人在一定期限内重新作出具体行政行为：

1. 主要事实不清、证据不足的；

2. 适用依据错误的；

3. 违反法定程序的；

4. 超越或者滥用职权的；

5. 具体行政行为明显不当的。

（四）被申请人不按照本法第二十三条的规定提出书面答复、提交当初作出具体行政行为的证据、依据和其他有关材料的，视为该具体行政行为没有证据、依据，决定撤销该具体行政行为。

行政复议机关责令被申请人重新作出具体行政行为的，被申请人不得以同一的事实和理由作出与原具体行政行为相同或者基本相同的具体行政行为。

第二十九条　申请人在申请行政复议时可以一并提出行政赔偿请求，行政复议机关对符合国家赔偿法的有关规定应当给予赔偿的，在决定撤销、变更具体行政行为或者确认具体行政行为违法时，应当同时决定被申请人依法给予赔偿。

申请人在申请行政复议时没有提出行政赔偿请求的，行政复议机关在依法决定撤销或者变更罚款，撤销违法集资、没收财物、征收财物、摊派费用以及对财产的查封、扣押、冻结等具体行政行为时，应当同时责令被申请人返还财产，解除对财产的查封、扣押、冻结措施，或者赔偿相应的价款。

第三十条　公民、法人或者其他组织认为行政机关的具体行政行为侵犯其已经依法取得的土地、矿藏、水流、森林、山岭、草原、荒地、滩涂、海域等自然资源的所有权或者使用权的，应当先申请行政复议；对行政复议决定不服的，可以依法向人民法院提起行政诉讼。

根据国务院或者省、自治区、直辖市人民政府对行政区划的勘定、调整或者征收土地的决定，省、自治区、直辖市人民政府确认土地、矿藏、水流、森林、山岭、草原、荒地、滩涂、海域等自然资源的所有权或者使用权的行政复议决定为最终裁决。

第三十一条　行政复议机关应当自受理申请之日起六十日内作出行政复议决定；但是法律规定的行政复议期限少于六十日的除外。情况复杂，不能在规定期限内作出行政复议决定的，经行政复议机关的负责人批准，可以适当延长，并告知申请人和被申请人；但是延长期限最多不超过三十日。

行政复议机关作出行政复议决定，应当制作行政复议决定书，并加盖印章。

行政复议决定书一经送达，即发生法律效力。

第三十二条　被申请人应当履行行政复议决定。

被申请人不履行或者无正当理由拖延履行行政复议决定的，行政复议机关或者有关上级行政机关应当责令其限期履行。

第三十三条　申请人逾期不起诉又不履行行政复议决定的，或者不履行最终裁决的行政复议决定的，按照下列规定分别处理：

（一）维持具体行政行为的行政复议决定，由作出具体行政行为的行政机关依法强制执行，或者申请人民法院强制执行；

（二）变更具体行政行为的行政复议决定，由行政复议机关依法强制执行，或者申请人民法院强制执行。

第六章　法律责任

第三十四条　行政复议机关违反本法规定，无正当理由不予受理依法提出的行政复议申请或者不按照规定转送行政复议申请的，或者在法定期限内不作出行政复议决定的，对直接负责的主管人员和其他直接责任人员依法给予警告、记过、记大过的行政处分；经责令受理仍不受理或者不按照规定转送行政复议申请，造成严重后果的，依法给予降级、撤职、开除的行政处分。

第三十五条 行政复议机关工作人员在行政复议活动中，徇私舞弊或者有其他渎职、失职行为的，依法给予警告、记过、记大过的行政处分；情节严重的，依法给予降级、撤职、开除的行政处分；构成犯罪的，依法追究刑事责任。

第三十六条 被申请人违反本法规定，不提出书面答复或者不提交作出具体行政行为的证据、依据和其他有关材料，或者阻挠、变相阻挠公民、法人或者其他组织依法申请行政复议的，对直接负责的主管人员和其他直接责任人员依法给予警告、记过、记大过的行政处分；进行报复陷害的，依法给予降级、撤职、开除的行政处分；构成犯罪的，依法追究刑事责任。

第三十七条 被申请人不履行或者无正当理由拖延履行行政复议决定的，对直接负责的主管人员和其他直接责任人员依法给予警告、记过、记大过的行政处分；经责令履行仍拒不履行的，依法给予降级、撤职、开除的行政处分。

第三十八条 行政复议机关负责法制工作的机构发现有无正当理由不予受理行政复议申请、不按照规定期限作出行政复议决定、徇私舞弊、对申请人打击报复或者不履行行政复议决定等情形的，应当向有关行政机关提出建议，有关行政机关应当依照本法和有关法律、行政法规的规定作出处理。

第七章 附 则

第三十九条 行政复议机关受理行政复议申请，不得向申请人收取任何费用。行政复议活动所需经费，应当列入本机关的行政经费，由本级财政予以保障。

第四十条 行政复议期间的计算和行政复议文书的送达，依照民事诉讼法关于期间、送达的规定执行。

本法关于行政复议期间有关“五日”、“七日”的规定是指工作日，不含节假日。

第四十一条 外国人、无国籍人、外国组织在中华人民共和国境内申请行政复议，适用本法。

第四十二条 本法施行前公布的法律有关行政复议的规定与本法的规定不一致的，以本法的规定为准。

第四十三条 本法自1999年10月1日起施行。1990年12月24日国务院发布、1994年10月9日国务院修订发布的《行政复议条例》同时废止。

中华人民共和国行政强制法

（2011 年 6 月 30 日第十一届全国人民代表大会常务委员会第二十一次会议通过，2011 年 6 月 30 日中华人民共和国主席令第四十九号公布，自 2012 年 1 月 1 日起施行）

第一章　总　　则

第一条　为了规范行政强制的设定和实施，保障和监督行政机关依法履行职责，维护公共利益和社会秩序，保护公民、法人和其他组织的合法权益，根据宪法，制定本法。

第二条　本法所称行政强制，包括行政强制措施和行政强制执行。

行政强制措施，是指行政机关在行政管理过程中，为制止违法行为、防止证据损毁、避免危害发生、控制危险扩大等情形，依法对公民的人身自由实施暂时性限制，或者对公民、法人或者其他组织的财物实施暂时性控制的行为。

行政强制执行，是指行政机关或者行政机关申请人民法院，对不履行行政决定的公民、法人或者其他组织，依法强制履行义务的行为。

第三条　行政强制的设定和实施，适用本法。

发生或者即将发生自然灾害、事故灾难、公共卫生事件或者社会安全事件等突发事件，行政机关采取应急措施或者临时措施，依照有关法律、行政法规的规定执行。

行政机关采取金融业审慎监管措施、进出境货物强制性技术监控措施，依照有关法律、行政法规的规定执行。

第四条　行政强制的设定和实施，应当依照法定的权限、范围、条件和程序。

第五条　行政强制的设定和实施，应当适当。采用非强制手段可以达到行政管理目的的，不得设定和实施行政强制。

第六条　实施行政强制，应当坚持教育与强制相结合。

第七条　行政机关及其工作人员不得利用行政强制权为单位或者个人谋取利益。

第八条　公民、法人或者其他组织对行政机关实施行政强制，享有陈述权、申辩权；有权依法申请行政复议或者提起行政诉讼；因行政机关违法实施行政强制受到损害的，有权依法要求赔偿。

公民、法人或者其他组织因人民法院在强制执行中有违法行为或者扩大强制执行范围受到损害的，有权依法要求赔偿。

第二章　行政强制的种类和设定

第九条　行政强制措施的种类：

（一）限制公民人身自由；

（二）查封场所、设施或者财物；

（三）扣押财物；

（四）冻结存款、汇款；

（五）其他行政强制措施。

第十条　行政强制措施由法律设定。

尚未制定法律，且属于国务院行政管理职权事项的，行政法规可以设定除本法第九条第一项、第四项和应当由法律规定的行政强制措施以外的其他行政强制措施。

尚未制定法律、行政法规，且属于地方性事务的，地方性法规可以设定本法第九条第二项、第三项的行政强制措施。

法律、法规以外的其他规范性文件不得设定行政强制措施。

第十一条 法律对行政强制措施的对象、条件、种类作了规定的，行政法规、地方性法规不得作出扩大规定。

法律中未设定行政强制措施的，行政法规、地方性法规不得设定行政强制措施。但是，法律规定特定事项由行政法规规定具体管理措施的，行政法规可以设定除本法第九条第一项、第四项和应当由法律规定的行政强制措施以外的其他行政强制措施。

第十二条 行政强制执行的方式：

（一）加处罚款或者滞纳金；

（二）划拨存款、汇款；

（三）拍卖或者依法处理查封、扣押的场所、设施或者财物；

（四）排除妨碍、恢复原状；

（五）代履行；

（六）其他强制执行方式。

第十三条 行政强制执行由法律设定。

法律没有规定行政机关强制执行的，作出行政决定的行政机关应当申请人民法院强制执行。

第十四条 起草法律草案、法规草案，拟设定行政强制的，起草单位应当采取听证会、论证会等形式听取意见，并向制定机关说明设定该行政强制的必要性、可能产生的影响以及听取和采纳意见的情况。

第十五条 行政强制的设定机关应当定期对其设定的行政强制进行评价，并对不适当的行政强制及时予以修改或者废止。

行政强制的实施机关可以对已设定的行政强制的实施情况及存在的必要性适时进行评价，并将意见报告该行政强制的设定机关。

公民、法人或者其他组织可以向行政强制的设定机关和实施机关就行政强制的设定和实施提出意见和建议。有关机关应当认真研究论证，并以适当方式予以反馈。

第三章 行政强制措施实施程序

第一节 一般规定

第十六条 行政机关履行行政管理职责，依照法律、法规的规定，实施行政强制措施。

违法行为情节显著轻微或者没有明显社会危害的，可以不采取行政强制措施。

第十七条 行政强制措施由法律、法规规定的行政机关在法定职权范围内实施。行政强制措施权不得委托。

依据《中华人民共和国行政处罚法》的规定行使相对集中行政处罚权的行政机关，可以实施法律、法规规定的与行政处罚权有关的行政强制措施。

行政强制措施应当由行政机关具备资格的行政执法人员实施，其他人员不得实施。

第十八条 行政机关实施行政强制措施应当遵守下列规定：

（一）实施前须向行政机关负责人报告并经批准；

（二）由两名以上行政执法人员实施；

（三）出示执法身份证件；

（四）通知当事人到场；

（五）当场告知当事人采取行政强制措施的理由、依据以及当事人依法享有的权利、救济途径；

（六）听取当事人的陈述和申辩；

（七）制作现场笔录；

（八）现场笔录由当事人和行政执法人员签名或者盖章，当事人拒绝的，在笔录中予以注明；

（九）当事人不到场的，邀请见证人到场，由见证人和行政执法人员在现场笔录上签名或者盖章；

（十）法律、法规规定的其他程序。

第十九条　情况紧急，需要当场实施行政强制措施的，行政执法人员应当在二十四小时内向行政机关负责人报告，并补办批准手续。行政机关负责人认为不应当采取行政强制措施的，应当立即解除。

第二十条　依照法律规定实施限制公民人身自由的行政强制措施，除应当履行本法第十八条规定的程序外，还应当遵守下列规定：

（一）当场告知或者实施行政强制措施后立即通知当事人家属实施行政强制措施的行政机关、地点和期限；

（二）在紧急情况下当场实施行政强制措施的，在返回行政机关后，立即向行政机关负责人报告并补办批准手续；

（三）法律规定的其他程序。

实施限制人身自由的行政强制措施不得超过法定期限。实施行政强制措施的目的已经达到或者条件已经消失，应当立即解除。

第二十一条　违法行为涉嫌犯罪应当移送司法机关的，行政机关应当将查封、扣押、冻结的财物一并移送，并书面告知当事人。

第二节　查封、扣押

第二十二条　查封、扣押应当由法律、法规规定的行政机关实施，其他任何行政机关或者组织不得实施。

第二十三条　查封、扣押限于涉案的场所、设施或者财物，不得查封、扣押与违法行为无关的场所、设施或者财物；不得查封、扣押公民个人及其所扶养家属的生活必需品。

当事人的场所、设施或者财物已被其他国家机关依法查封的，不得重复查封。

第二十四条　行政机关决定实施查封、扣押的，应当履行本法第十八条规定的程序，制作并当场交付查封、扣押决定书和清单。

查封、扣押决定书应当载明下列事项：

（一）当事人的姓名或者名称、地址；

（二）查封、扣押的理由、依据和期限；

（三）查封、扣押场所、设施或者财物的名称、数量等；

（四）申请行政复议或者提起行政诉讼的途径和期限；

（五）行政机关的名称、印章和日期。

查封、扣押清单一式两份，由当事人和行政机关分别保存。

第二十五条　查封、扣押的期限不得超过三十日；情况复杂的，经行政机关负责人批准，可以延长，但是延长期限不得超过三十日。法律、行政法规另有规定的除外。

延长查封、扣押的决定应当及时书面告知当事人，并说明理由。

对物品需要进行检测、检验、检疫或者技术鉴定的，查封、扣押的期间不包括检测、检验、检疫或者技术鉴定的期间。检测、检验、检疫或者技术鉴定的期间应当明确，并书面告知当事人。检测、检验、检疫或者技术鉴定的费用由行政机关承担。

第二十六条　对查封、扣押的场所、设施或者财物，行政机关应当妥善保管，不得使用或者损毁；造成损失的，应当承担赔偿责任。

对查封的场所、设施或者财物，行政机关可以委托第三人保管，第三人不得损毁或者擅自转移、处置。因第三人的原因造成的损失，行政机关先行赔付后，有权向第三人追偿。

因查封、扣押发生的保管费用由行政机关承担。

第二十七条　行政机关采取查封、扣押措施后，应当及时查清事实，在本法第二十五条规定的期限内作出处理决定。对违法事实清楚，依法应当没收的非法财物予以没收；法律、行政法规规定应当销毁的，依法销毁；应当解除查封、扣押的，作出解除查封、扣押的决定。

第二十八条 有下列情形之一的，行政机关应当及时作出解除查封、扣押决定：

（一）当事人没有违法行为；

（二）查封、扣押的场所、设施或者财物与违法行为无关；

（三）行政机关对违法行为已经作出处理决定，不再需要查封、扣押；

（四）查封、扣押期限已经届满；

（五）其他不再需要采取查封、扣押措施的情形。

解除查封、扣押应当立即退还财物；已将鲜活物品或者其他不易保管的财物拍卖或者变卖的，退还拍卖或者变卖所得款项。变卖价格明显低于市场价格，给当事人造成损失的，应当给予补偿。

第三节 冻　　结

第二十九条 冻结存款、汇款应当由法律规定的行政机关实施，不得委托给其他行政机关或者组织；其他任何行政机关或者组织不得冻结存款、汇款。

冻结存款、汇款的数额应当与违法行为涉及的金额相当；已被其他国家机关依法冻结的，不得重复冻结。

第三十条 行政机关依照法律规定决定实施冻结存款、汇款的，应当履行本法第十八条第一项、第二项、第三项、第七项规定的程序，并向金融机构交付冻结通知书。

金融机构接到行政机关依法作出的冻结通知书后，应当立即予以冻结，不得拖延，不得在冻结前向当事人泄露信息。

法律规定以外的行政机关或者组织要求冻结当事人存款、汇款的，金融机构应当拒绝。

第三十一条 依照法律规定冻结存款、汇款的，作出决定的行政机关应当在三日内向当事人交付冻结决定书。冻结决定书应当载明下列事项：

（一）当事人的姓名或者名称、地址；

（二）冻结的理由、依据和期限；

（三）冻结的账号和数额；

（四）申请行政复议或者提起行政诉讼的途径和期限；

（五）行政机关的名称、印章和日期。

第三十二条 自冻结存款、汇款之日起三十日内，行政机关应当作出处理决定或者作出解除冻结决定；情况复杂的，经行政机关负责人批准，可以延长，但是延长期限不得超过三十日。法律另有规定的除外。

延长冻结的决定应当及时书面告知当事人，并说明理由。

第三十三条 有下列情形之一的，行政机关应当及时作出解除冻结决定：

（一）当事人没有违法行为；

（二）冻结的存款、汇款与违法行为无关；

（三）行政机关对违法行为已经作出处理决定，不再需要冻结；

（四）冻结期限已经届满；

（五）其他不再需要采取冻结措施的情形。

行政机关作出解除冻结决定的，应当及时通知金融机构和当事人。金融机构接到通知后，应当立即解除冻结。

行政机关逾期未作出处理决定或者解除冻结决定的，金融机构应当自冻结期满之日起解除冻结。

第四章 行政机关强制执行程序

第一节 一般规定

第三十四条 行政机关依法作出行政决定后，当事人在行政机关决定的期限内不履行义务的，具有行政强制执行权的行政机关依照本章规定强制执行。

第三十五条　行政机关作出强制执行决定前，应当事先催告当事人履行义务。催告应当以书面形式作出，并载明下列事项：

（一）履行义务的期限；

（二）履行义务的方式；

（三）涉及金钱给付的，应当有明确的金额和给付方式；

（四）当事人依法享有的陈述权和申辩权。

第三十六条　当事人收到催告书后有权进行陈述和申辩。行政机关应当充分听取当事人的意见，对当事人提出的事实、理由和证据，应当进行记录、复核。当事人提出的事实、理由或者证据成立的，行政机关应当采纳。

第三十七条　经催告，当事人逾期仍不履行行政决定，且无正当理由的，行政机关可以作出强制执行决定。

强制执行决定应当以书面形式作出，并载明下列事项：

（一）当事人的姓名或者名称、地址；

（二）强制执行的理由和依据；

（三）强制执行的方式和时间；

（四）申请行政复议或者提起行政诉讼的途径和期限；

（五）行政机关的名称、印章和日期。

在催告期间，对有证据证明有转移或者隐匿财物迹象的，行政机关可以作出立即强制执行决定。

第三十八条　催告书、行政强制执行决定书应当直接送达当事人。当事人拒绝接收或者无法直接送达当事人的，应当依照《中华人民共和国民事诉讼法》的有关规定送达。

第三十九条　有下列情形之一的，中止执行：

（一）当事人履行行政决定确有困难或者暂无履行能力的；

（二）第三人对执行标的主张权利，确有理由的；

（三）执行可能造成难以弥补的损失，且中止执行不损害公共利益的；

（四）行政机关认为需要中止执行的其他情形。

中止执行的情形消失后，行政机关应当恢复执行。对没有明显社会危害，当事人确无能力履行，中止执行满三年未恢复执行的，行政机关不再执行。

第四十条　有下列情形之一的，终结执行：

（一）公民死亡，无遗产可供执行，又无义务承受人的；

（二）法人或者其他组织终止，无财产可供执行，又无义务承受人的；

（三）执行标的灭失的；

（四）据以执行的行政决定被撤销的；

（五）行政机关认为需要终结执行的其他情形。

第四十一条　在执行中或者执行完毕后，据以执行的行政决定被撤销、变更，或者执行错误的，应当恢复原状或者退还财物；不能恢复原状或者退还财物的，依法给予赔偿。

第四十二条　实施行政强制执行，行政机关可以在不损害公共利益和他人合法权益的情况下，与当事人达成执行协议。执行协议可以约定分阶段履行；当事人采取补救措施的，可以减免加处的罚款或者滞纳金。

执行协议应当履行。当事人不履行执行协议的，行政机关应当恢复强制执行。

第四十三条　行政机关不得在夜间或者法定节假日实施行政强制执行。但是，情况紧急的除外。

行政机关不得对居民生活采取停止供水、供电、供热、供燃气等方式迫使当事人履行相关行政决定。

第四十四条　对违法的建筑物、构筑物、设施等需要强制拆除的，应当由行政机关予以公告，限期当事人自行拆除。当事人在法定期限内不申请行政复议或者提起行政诉讼，又不拆除的，行政机关可以依法强制拆除。

第二节　金钱给付义务的执行

第四十五条　行政机关依法作出金钱给付义务的行政决定，当事人逾期不履行的，行政机关可以依法加处罚款或者滞纳金。加处罚款或者滞纳金的标准应当告知当事人。

加处罚款或者滞纳金的数额不得超出金钱给付义务的数额。

第四十六条　行政机关依照本法第四十五条规定实施加处罚款或者滞纳金超过三十日，经催告当事人仍不履行的，具有行政强制执行权的行政机关可以强制执行。

行政机关实施强制执行前，需要采取查封、扣押、冻结措施的，依照本法第三章规定办理。

没有行政强制执行权的行政机关应当申请人民法院强制执行。但是，当事人在法定期限内不申请行政复议或者提起行政诉讼，经催告仍不履行的，在实施行政管理过程中已经采取查封、扣押措施的行政机关，可以将查封、扣押的财物依法拍卖抵缴罚款。

第四十七条　划拨存款、汇款应当由法律规定的行政机关决定，并书面通知金融机构。金融机构接到行政机关依法作出划拨存款、汇款的决定后，应当立即划拨。

法律规定以外的行政机关或者组织要求划拨当事人存款、汇款的，金融机构应当拒绝。

第四十八条　依法拍卖财物，由行政机关委托拍卖机构依照《中华人民共和国拍卖法》的规定办理。

第四十九条　划拨的存款、汇款以及拍卖和依法处理所得的款项应当上缴国库或者划入财政专户。任何行政机关或者个人不得以任何形式截留、私分或者变相私分。

第三节　代履行

第五十条　行政机关依法作出要求当事人履行排除妨碍、恢复原状等义务的行政决定，当事人逾期不履行，经催告仍不履行，其后果已经或者将危害交通安全、造成环境污染或者破坏自然资源的，行政机关可以代履行，或者委托没有利害关系的第三人代履行。

第五十一条　代履行应当遵守下列规定：

（一）代履行前送达决定书，代履行决定书应当载明当事人的姓名或者名称、地址，代履行的理由和依据、方式和时间、标的、费用预算以及代履行人；

（二）代履行三日前，催告当事人履行，当事人履行的，停止代履行；

（三）代履行时，作出决定的行政机关应当派员到场监督；

（四）代履行完毕，行政机关到场监督的工作人员、代履行人和当事人或者见证人应当在执行文书上签名或者盖章。

代履行的费用按照成本合理确定，由当事人承担。但是，法律另有规定的除外。

代履行不得采用暴力、胁迫以及其他非法方式。

第五十二条　需要立即清除道路、河道、航道或者公共场所的遗洒物、障碍物或者污染物，当事人不能清除的，行政机关可以决定立即实施代履行；当事人不在场的，行政机关应当在事后立即通知当事人，并依法作出处理。

第五章　申请人民法院强制执行

第五十三条　当事人在法定期限内不申请行政复议或者提起行政诉讼，又不履行行政决定的，没有行政强制执行权的行政机关可以自期限届满之日起三个月内，依照本章规定申请人民法院强制执行。

第五十四条　行政机关申请人民法院强制执行前，应当催告当事人履行义务。催告书送达十日后当事人仍未履行义务的，行政机关可以向所在地有管辖权的人民法院申请强制执行；执行对象是不动产的，向不动产所在地有管辖权的人民法院申请强制执行。

第五十五条　行政机关向人民法院申请强制执行，应当提供下列材料：

（一）强制执行申请书；

（二）行政决定书及作出决定的事实、理由和依据；

（三）当事人的意见及行政机关催告情况；

（四）申请强制执行标的情况；

（五）法律、行政法规规定的其他材料。

强制执行申请书应当由行政机关负责人签名，加盖行政机关的印章，并注明日期。

第五十六条　人民法院接到行政机关强制执行的申请，应当在五日内受理。

行政机关对人民法院不予受理的裁定有异议的，可以在十五日内向上一级人民法院申请复议，上一级人民法院应当自收到复议申请之日起十五日内作出是否受理的裁定。

第五十七条　人民法院对行政机关强制执行的申请进行书面审查，对符合本法第五十五条规定，且行政决定具备法定执行效力的，除本法第五十八条规定的情形外，人民法院应当自受理之日起七日内作出执行裁定。

第五十八条　人民法院发现有下列情形之一的，在作出裁定前可以听取被执行人和行政机关的意见：

（一）明显缺乏事实根据的；

（二）明显缺乏法律、法规依据的；

（三）其他明显违法并损害被执行人合法权益的。

人民法院应当自受理之日起三十日内作出是否执行的裁定。裁定不予执行的，应当说明理由，并在五日内将不予执行的裁定送达行政机关。

行政机关对人民法院不予执行的裁定有异议的，可以自收到裁定之日起十五日内向上一级人民法院申请复议，上一级人民法院应当自收到复议申请之日起三十日内作出是否执行的裁定。

第五十九条　因情况紧急，为保障公共安全，行政机关可以申请人民法院立即执行。经人民法院院长批准，人民法院应当自作出执行裁定之日起五日内执行。

第六十条　行政机关申请人民法院强制执行，不缴纳申请费。强制执行的费用由被执行人承担。

人民法院以划拨、拍卖方式强制执行的，可以在划拨、拍卖后将强制执行的费用扣除。

依法拍卖财物，由人民法院委托拍卖机构依照《中华人民共和国拍卖法》的规定办理。

划拨的存款、汇款以及拍卖和依法处理所得的款项应当上缴国库或者划入财政专户，不得以任何形式截留、私分或者变相私分。

第六章　法律责任

第六十一条　行政机关实施行政强制，有下列情形之一的，由上级行政机关或者有关部门责令改正，对直接负责的主管人员和其他直接责任人员依法给予处分：

（一）没有法律、法规依据的；

（二）改变行政强制对象、条件、方式的；

（三）违反法定程序实施行政强制的；

（四）违反本法规定，在夜间或者法定

节假日实施行政强制执行的；

（五）对居民生活采取停止供水、供电、供热、供燃气等方式迫使当事人履行相关行政决定的；

（六）有其他违法实施行政强制情形的。

第六十二条 违反本法规定，行政机关有下列情形之一的，由上级行政机关或者有关部门责令改正，对直接负责的主管人员和其他直接责任人员依法给予处分：

（一）扩大查封、扣押、冻结范围的；

（二）使用或者损毁查封、扣押场所、设施或者财物的；

（三）在查封、扣押法定期间不作出处理决定或者未依法及时解除查封、扣押的；

（四）在冻结存款、汇款法定期间不作出处理决定或者未依法及时解除冻结的。

第六十三条 行政机关将查封、扣押的财物或者划拨的存款、汇款以及拍卖和依法处理所得的款项，截留、私分或者变相私分的，由财政部门或者有关部门予以追缴；对直接负责的主管人员和其他直接责任人员依法给予记大过、降级、撤职或者开除的处分。

行政机关工作人员利用职务上的便利，将查封、扣押的场所、设施或者财物据为己有的，由上级行政机关或者有关部门责令改正，依法给予记大过、降级、撤职或者开除的处分。

第六十四条 行政机关及其工作人员利用行政强制权为单位或者个人谋取利益的，由上级行政机关或者有关部门责令改正，对直接负责的主管人员和其他直接责任人员依法给予处分。

第六十五条 违反本法规定，金融机构有下列行为之一的，由金融业监督管理机构责令改正，对直接负责的主管人员和其他直接责任人员依法给予处分：

（一）在冻结前向当事人泄露信息的；

（二）对应当立即冻结、划拨的存款、汇款不冻结或者不划拨，致使存款、汇款转移的；

（三）将不应当冻结、划拨的存款、汇款予以冻结或者划拨的；

（四）未及时解除冻结存款、汇款的。

第六十六条 违反本法规定，金融机构将款项划入国库或者财政专户以外的其他账户的，由金融业监督管理机构责令改正，并处以违法划拨款项二倍的罚款；对直接负责的主管人员和其他直接责任人员依法给予处分。

违反本法规定，行政机关、人民法院指令金融机构将款项划入国库或者财政专户以外的其他账户的，对直接负责的主管人员和其他直接责任人员依法给予处分。

第六十七条 人民法院及其工作人员在强制执行中有违法行为或者扩大强制执行范围的，对直接负责的主管人员和其他直接责任人员依法给予处分。

第六十八条 违反本法规定，给公民、法人或者其他组织造成损失的，依法给予赔偿。

违反本法规定，构成犯罪的，依法追究刑事责任。

第七章　附　　则

第六十九条 本法中十日以内期限的规定是指工作日，不含法定节假日。

第七十条 法律、行政法规授权的具有管理公共事务职能的组织在法定授权范围内，以自己的名义实施行政强制，适用本法有关行政机关的规定。

第七十一条 本法自 2012 年 1 月 1 日起施行。

中华人民共和国行政诉讼法

（1989 年 4 月 4 日第七届全国人民代表大会第二次会议通过，1989 年 4 月 4 日中华人民共和国主席令第十六号公布，自 1990 年 10 月 1 日起施行；根据 2014 年 11 月 1 日第十二届全国人民代表大会常务委员会第十一次会议通过，2014 年 11 月 1 日中华人民共和国主席令第十五号公布的《全国人民代表大会常务委员会关于修改〈中华人民共和国行政诉讼法〉的决定》第一次修正，自 2015 年 5 月 1 日起施行；根据 2017 年 6 月 27 日中华人民共和国第十二届全国人民代表大会常务委员会第二十八次会议通过，2017 年 6 月 27 日中华人民共和国主席令第七十一号公布的《全国人民代表大会常务委员会关于修改〈中华人民共和国民事诉讼法〉和〈中华人民共和国行政诉讼法〉的决定》第二次修正）

第一章　总　　则

第一条　为保证人民法院公正、及时审理行政案件，解决行政争议，保护公民、法人和其他组织的合法权益，监督行政机关依法行使职权，根据宪法，制定本法。

第二条　公民、法人或者其他组织认为行政机关和行政机关工作人员的行政行为侵犯其合法权益，有权依照本法向人民法院提起诉讼。

前款所称行政行为，包括法律、法规、规章授权的组织作出的行政行为。

第三条　人民法院应当保障公民、法人和其他组织的起诉权利，对应当受理的行政案件依法受理。

行政机关及其工作人员不得干预、阻碍人民法院受理行政案件。

被诉行政机关负责人应当出庭应诉。不能出庭的，应当委托行政机关相应的工作人员出庭。

第四条　人民法院依法对行政案件独立行使审判权，不受行政机关、社会团体和个人的干涉。

人民法院设行政审判庭，审理行政案件。

第五条　人民法院审理行政案件，以事实为根据，以法律为准绳。

第六条　人民法院审理行政案件，对行政行为是否合法进行审查。

第七条　人民法院审理行政案件，依法实行合议、回避、公开审判和两审终审制度。

第八条　当事人在行政诉讼中的法律地位平等。

第九条　各民族公民都有用本民族语言、文字进行行政诉讼的权利。

在少数民族聚居或者多民族共同居住的地区，人民法院应当用当地民族通用的语言、文字进行审理和发布法律文书。

人民法院应当对不通晓当地民族通用的语言、文字的诉讼参与人提供翻译。

第十条　当事人在行政诉讼中有权进行辩论。

第十一条　人民检察院有权对行政诉讼实行法律监督。

第二章　受案范围

第十二条　人民法院受理公民、法人或者其他组织提起的下列诉讼：

（一）对行政拘留、暂扣或者吊销许可证和执照、责令停产停业、没收违法所得、没收非法财物、罚款、警告等行政处罚不服的；

（二）对限制人身自由或者对财产的查封、扣押、冻结等行政强制措施和行政强制执行不服的；

（三）申请行政许可，行政机关拒绝或者在法定期限内不予答复，或者对行政机关作出的有关行政许可的其他决定不服的；

（四）对行政机关作出的关于确认土地、矿藏、水流、森林、山岭、草原、荒地、滩涂、海域等自然资源的所有权或者使用权的决定不服的；

（五）对征收、征用决定及其补偿决定不服的；

（六）申请行政机关履行保护人身权、财产权等合法权益的法定职责，行政机关拒绝履行或者不予答复的；

（七）认为行政机关侵犯其经营自主权或者农村土地承包经营权、农村土地经营权的；

（八）认为行政机关滥用行政权力排除或者限制竞争的；

（九）认为行政机关违法集资、摊派费用或者违法要求履行其他义务的；

（十）认为行政机关没有依法支付抚恤金、最低生活保障待遇或者社会保险待遇的；

（十一）认为行政机关不依法履行、未按照约定履行或者违法变更、解除政府特许经营协议、土地房屋征收补偿协议等协议的；

（十二）认为行政机关侵犯其他人身权、财产权等合法权益的。

除前款规定外，人民法院受理法律、法规规定可以提起诉讼的其他行政案件。

第十三条 人民法院不受理公民、法人或者其他组织对下列事项提起的诉讼：

（一）国防、外交等国家行为；

（二）行政法规、规章或者行政机关制定、发布的具有普遍约束力的决定、命令；

（三）行政机关对行政机关工作人员的奖惩、任免等决定；

（四）法律规定由行政机关最终裁决的行政行为。

第三章 管 辖

第十四条 基层人民法院管辖第一审行政案件。

第十五条 中级人民法院管辖下列第一审行政案件：

（一）对国务院部门或者县级以上地方人民政府所作的行政行为提起诉讼的案件；

（二）海关处理的案件；

（三）本辖区内重大、复杂的案件；

（四）其他法律规定由中级人民法院管辖的案件。

第十六条 高级人民法院管辖本辖区内重大、复杂的第一审行政案件。

第十七条 最高人民法院管辖全国范围内重大、复杂的第一审行政案件。

第十八条 行政案件由最初作出行政行为的行政机关所在地人民法院管辖。经复议的案件，也可以由复议机关所在地人民法院管辖。

经最高人民法院批准，高级人民法院可以根据审判工作的实际情况，确定若干人民法院跨行政区域管辖行政案件。

第十九条 对限制人身自由的行政强制措施不服提起的诉讼，由被告所在地或者原告所在地人民法院管辖。

第二十条 因不动产提起的行政诉讼，由不动产所在地人民法院管辖。

第二十一条 两个以上人民法院都有管辖权的案件，原告可以选择其中一个人民法院提起诉讼。原告向两个以上有管辖权的人民法院提起诉讼的，由最先立案的人民法院管辖。

第二十二条　人民法院发现受理的案件不属于本院管辖的，应当移送有管辖权的人民法院，受移送的人民法院应当受理。受移送的人民法院认为受移送的案件按照规定不属于本院管辖的，应当报请上级人民法院指定管辖，不得再自行移送。

第二十三条　有管辖权的人民法院由于特殊原因不能行使管辖权的，由上级人民法院指定管辖。

人民法院对管辖权发生争议，由争议双方协商解决。协商不成的，报它们的共同上级人民法院指定管辖。

第二十四条　上级人民法院有权审理下级人民法院管辖的第一审行政案件。

下级人民法院对其管辖的第一审行政案件，认为需要由上级人民法院审理或者指定管辖的，可以报请上级人民法院决定。

第四章　诉讼参加人

第二十五条　行政行为的相对人以及其他与行政行为有利害关系的公民、法人或者其他组织，有权提起诉讼。

有权提起诉讼的公民死亡，其近亲属可以提起诉讼。

有权提起诉讼的法人或者其他组织终止，承受其权利的法人或者其他组织可以提起诉讼。

人民检察院在履行职责中发现生态环境和资源保护、食品药品安全、国有财产保护、国有土地使用权出让等领域负有监督管理职责的行政机关违法行使职权或者不作为，致使国家利益或者社会公共利益受到侵害的，应当向行政机关提出检察建议，督促其依法履行职责。行政机关不依法履行职责的，人民检察院依法向人民法院提起诉讼。

第二十六条　公民、法人或者其他组织直接向人民法院提起诉讼的，作出行政行为的行政机关是被告。

经复议的案件，复议机关决定维持原行政行为的，作出原行政行为的行政机关和复议机关是共同被告；复议机关改变原行政行为的，复议机关是被告。

复议机关在法定期限内未作出复议决定，公民、法人或者其他组织起诉原行政行为的，作出原行政行为的行政机关是被告；起诉复议机关不作为的，复议机关是被告。

两个以上行政机关作出同一行政行为的，共同作出行政行为的行政机关是共同被告。

行政机关委托的组织所作的行政行为，委托的行政机关是被告。

行政机关被撤销或者职权变更的，继续行使其职权的行政机关是被告。

第二十七条　当事人一方或者双方为二人以上，因同一行政行为发生的行政案件，或者因同类行政行为发生的行政案件、人民法院认为可以合并审理并经当事人同意的，为共同诉讼。

第二十八条　当事人一方人数众多的共同诉讼，可以由当事人推选代表人进行诉讼。代表人的诉讼行为对其所代表的当事人发生效力，但代表人变更、放弃诉讼请求或者承认对方当事人的诉讼请求，应当经被代表的当事人同意。

第二十九条　公民、法人或者其他组织同被诉行政行为有利害关系但没有提起诉讼，或者同案件处理结果有利害关系的，可以作为第三人申请参加诉讼，或者由人民法院通知参加诉讼。

人民法院判决第三人承担义务或者减损第三人权益的，第三人有权依法提起上诉。

第三十条 没有诉讼行为能力的公民，由其法定代理人代为诉讼。法定代理人互相推诿代理责任的，由人民法院指定其中一人代为诉讼。

第三十一条 当事人、法定代理人，可以委托一至二人作为诉讼代理人。

下列人员可以被委托为诉讼代理人：

（一）律师、基层法律服务工作者；

（二）当事人的近亲属或者工作人员；

（三）当事人所在社区、单位以及有关社会团体推荐的公民。

第三十二条 代理诉讼的律师，有权按照规定查阅、复制本案有关材料，有权向有关组织和公民调查，收集与本案有关的证据。对涉及国家秘密、商业秘密和个人隐私的材料，应当依照法律规定保密。

当事人和其他诉讼代理人有权按照规定查阅、复制本案庭审材料，但涉及国家秘密、商业秘密和个人隐私的内容除外。

第五章 证　　据

第三十三条 证据包括：

（一）书证；

（二）物证；

（三）视听资料；

（四）电子数据；

（五）证人证言；

（六）当事人的陈述；

（七）鉴定意见；

（八）勘验笔录、现场笔录。

以上证据经法庭审查属实，才能作为认定案件事实的根据。

第三十四条 被告对作出的行政行为负有举证责任，应当提供作出该行政行为的证据和所依据的规范性文件。

被告不提供或者无正当理由逾期提供证据，视为没有相应证据。但是，被诉行政行为涉及第三人合法权益，第三人提供证据的除外。

第三十五条 在诉讼过程中，被告及其诉讼代理人不得自行向原告、第三人和证人收集证据。

第三十六条 被告在作出行政行为时已经收集了证据，但因不可抗力等正当事由不能提供的，经人民法院准许，可以延期提供。

原告或者第三人提出了其在行政处理程序中没有提出的理由或者证据的，经人民法院准许，被告可以补充证据。

第三十七条 原告可以提供证明行政行为违法的证据。原告提供的证据不成立的，不免除被告的举证责任。

第三十八条 在起诉被告不履行法定职责的案件中，原告应当提供其向被告提出申请的证据。但有下列情形之一的除外：

（一）被告应当依职权主动履行法定职责的；

（二）原告因正当理由不能提供证据的。

在行政赔偿、补偿的案件中，原告应当对行政行为造成的损害提供证据。因被告的原因导致原告无法举证的，由被告承担举证责任。

第三十九条 人民法院有权要求当事人提供或者补充证据。

第四十条 人民法院有权向有关行政机关以及其他组织、公民调取证据。但是，不得为证明行政行为的合法性调取被告作出行政行为时未收集的证据。

第四十一条 与本案有关的下列证据，原告或者第三人不能自行收集的，可以申请人民法院调取：

（一）由国家机关保存而须由人民法院调取的证据；

（二）涉及国家秘密、商业秘密和个人隐私的证据；

（三）确因客观原因不能自行收集的其他证据。

第四十二条　在证据可能灭失或者以后难以取得的情况下，诉讼参加人可以向人民法院申请保全证据，人民法院也可以主动采取保全措施。

第四十三条　证据应当在法庭上出示，并由当事人互相质证。对涉及国家秘密、商业秘密和个人隐私的证据，不得在公开开庭时出示。

人民法院应当按照法定程序，全面、客观地审查核实证据。对未采纳的证据应当在裁判文书中说明理由。

以非法手段取得的证据，不得作为认定案件事实的根据。

第六章　起诉和受理

第四十四条　对属于人民法院受案范围的行政案件，公民、法人或者其他组织可以先向行政机关申请复议，对复议决定不服的，再向人民法院提起诉讼；也可以直接向人民法院提起诉讼。

法律、法规规定应当先向行政机关申请复议，对复议决定不服再向人民法院提起诉讼的，依照法律、法规的规定。

第四十五条　公民、法人或者其他组织不服复议决定的，可以在收到复议决定书之日起十五日内向人民法院提起诉讼。复议机关逾期不作决定的，申请人可以在复议期满之日起十五日内向人民法院提起诉讼。法律另有规定的除外。

第四十六条　公民、法人或者其他组织直接向人民法院提起诉讼的，应当自知道或者应当知道作出行政行为之日起六个月内提出。法律另有规定的除外。

因不动产提起诉讼的案件自行政行为作出之日起超过二十年，其他案件自行政行为作出之日起超过五年提起诉讼的，人民法院不予受理。

第四十七条　公民、法人或者其他组织申请行政机关履行保护其人身权、财产权等合法权益的法定职责，行政机关在接到申请之日起两个月内不履行的，公民、法人或者其他组织可以向人民法院提起诉讼。法律、法规对行政机关履行职责的期限另有规定的，从其规定。

公民、法人或者其他组织在紧急情况下请求行政机关履行保护其人身权、财产权等合法权益的法定职责，行政机关不履行的，提起诉讼不受前款规定期限的限制。

第四十八条　公民、法人或者其他组织因不可抗力或者其他不属于其自身的原因耽误起诉期限的，被耽误的时间不计算在起诉期限内。

公民、法人或者其他组织因前款规定以外的其他特殊情况耽误起诉期限的，在障碍消除后十日内，可以申请延长期限，是否准许由人民法院决定。

第四十九条　提起诉讼应当符合下列条件：

（一）原告是符合本法第二十五条规定的公民、法人或者其他组织；

（二）有明确的被告；

（三）有具体的诉讼请求和事实根据；

（四）属于人民法院受案范围和受诉人民法院管辖。

第五十条　起诉应当向人民法院递交起诉状，并按照被告人数提出副本。

书写起诉确有困难的，可以口头起诉，由人民法院记入笔录，出具注明日期的书面凭证，并告知对方当事人。

第五十一条　人民法院在接到起诉状时对符合本法规定的起诉条件的，应当登记立案。

对当场不能判定是否符合本法规定的起诉条件的，应当接收起诉状，出具注明收到日期的书面凭证，并在七日内决定是否立案。不符合起诉条件的，作出不予立案的裁定。裁定书应当载明不予立案的理由。原告对裁定不服的，可以提起上诉。

起诉状内容欠缺或者有其他错误的，应当给予指导和释明，并一次性告知当事人需要补正的内容。不得未经指导和释明即以起诉不符合条件为由不接收起诉状。

对于不接收起诉状、接收起诉状后不出具书面凭证，以及不一次性告知当事人需要补正的起诉状内容的，当事人可以向上级人民法院投诉，上级人民法院应当责令改正，并对直接负责的主管人员和其他直接责任人员依法给予处分。

第五十二条 人民法院既不立案，又不作出不予立案裁定的，当事人可以向上一级人民法院起诉。上一级人民法院认为符合起诉条件的，应当立案、审理，也可以指定其他下级人民法院立案、审理。

第五十三条 公民、法人或者其他组织认为行政行为所依据的国务院部门和地方人民政府及其部门制定的规范性文件不合法，在对行政行为提起诉讼时，可以一并请求对该规范性文件进行审查。

前款规定的规范性文件不含规章。

第七章 审理和判决

第一节 一般规定

第五十四条 人民法院公开审理行政案件，但涉及国家秘密、个人隐私和法律另有规定的除外。

涉及商业秘密的案件，当事人申请不公开审理的，可以不公开审理。

第五十五条 当事人认为审判人员与本案有利害关系或者有其他关系可能影响公正审判，有权申请审判人员回避。

审判人员认为自己与本案有利害关系或者有其他关系，应当申请回避。

前两款规定，适用于书记员、翻译人员、鉴定人、勘验人。

院长担任审判长时的回避，由审判委员会决定；审判人员的回避，由院长决定；其他人员的回避，由审判长决定。当事人对决定不服的，可以申请复议一次。

第五十六条 诉讼期间，不停止行政行为的执行。但有下列情形之一的，裁定停止执行：

（一）被告认为需要停止执行的；

（二）原告或者利害关系人申请停止执行，人民法院认为该行政行为的执行会造成难以弥补的损失，并且停止执行不损害国家利益、社会公共利益的；

（三）人民法院认为该行政行为的执行会给国家利益、社会公共利益造成重大损害的；

（四）法律、法规规定停止执行的。

当事人对停止执行或者不停止执行的裁定不服的，可以申请复议一次。

第五十七条 人民法院对起诉行政机关没有依法支付抚恤金、最低生活保障金和工伤、医疗社会保险金的案件，权利义务关系明确、不先予执行将严重影响原告生活的，可以根据原告的申请，裁定先予执行。

当事人对先予执行裁定不服的，可以申请复议一次。复议期间不停止裁定的执行。

第五十八条 经人民法院传票传唤，原告无正当理由拒不到庭，或者未经法庭许可中途退庭的，可以按照撤诉处理；被告无正当理由拒不到庭，或者未经法庭许可中途退庭的，可以缺席判决。

第五十九条 诉讼参与人或者其他人有下列行为之一的，人民法院可以根据情节轻重，予以训诫、责令具结悔过或者处一万元以下的罚款、十五日以下的拘留；构成犯罪的，依法追究刑事责任：

（一）有义务协助调查、执行的人，对人民法院的协助调查决定、协助执行通知书，无故推拖、拒绝或者妨碍调查、执行的；

（二）伪造、隐藏、毁灭证据或者提供虚假证明材料，妨碍人民法院审理案件的；

（三）指使、贿买、胁迫他人作伪证或者威胁、阻止证人作证的；

（四）隐藏、转移、变卖、毁损已被查封、扣押、冻结的财产的；

（五）以欺骗、胁迫等非法手段使原告撤诉的；

（六）以暴力、威胁或者其他方法阻碍人民法院工作人员执行职务，或者以哄闹、冲击法庭等方法扰乱人民法院工作秩序的；

（七）对人民法院审判人员或者其他工作人员、诉讼参与人、协助调查和执行的人员恐吓、侮辱、诽谤、诬陷、殴打、围攻或者打击报复的。

人民法院对有前款规定的行为之一的单位，可以对其主要负责人或者直接责任人员依照前款规定予以罚款、拘留；构成犯罪的，依法追究刑事责任。

罚款、拘留须经人民法院院长批准。当事人不服的，可以向上一级人民法院申请复议一次。复议期间不停止执行。

第六十条　人民法院审理行政案件，不适用调解。但是，行政赔偿、补偿以及行政机关行使法律、法规规定的自由裁量权的案件可以调解。

调解应当遵循自愿、合法原则，不得损害国家利益、社会公共利益和他人合法权益。

第六十一条　在涉及行政许可、登记、征收、征用和行政机关对民事争议所作的裁决的行政诉讼中，当事人申请一并解决相关民事争议的，人民法院可以一并审理。

在行政诉讼中，人民法院认为行政案件的审理需以民事诉讼的裁判为依据的，可以裁定中止行政诉讼。

第六十二条　人民法院对行政案件宣告判决或者裁定前，原告申请撤诉的，或者被告改变其所作的行政行为，原告同意并申请撤诉的，是否准许，由人民法院裁定。

第六十三条　人民法院审理行政案件，以法律和行政法规、地方性法规为依据。地方性法规适用于本行政区域内发生的行政案件。

人民法院审理民族自治地方的行政案件，并以该民族自治地方的自治条例和单行条例为依据。

人民法院审理行政案件，参照规章。

第六十四条　人民法院在审理行政案件中，经审查认为本法第五十三条规定的规范性文件不合法的，不作为认定行政行为合法的依据，并向制定机关提出处理建议。

第六十五条　人民法院应当公开发生法律效力的判决书、裁定书，供公众查阅，但涉及国家秘密、商业秘密和个人隐私的内容除外。

第六十六条　人民法院在审理行政案件中，认为行政机关的主管人员、直接责任人员违法违纪的，应当将有关材料移送监察机关、该行政机关或者其上一级行政机关；认为有犯罪行为的，应当将有关材料移送公安、检察机关。

人民法院对被告经传票传唤无正当理由拒不到庭，或者未经法庭许可中途退庭的，可以将被告拒不到庭或者中途退庭的情况予以公告，并可以向监察机关或者被告的上一级行政机关提出依法给予其主要负责人或者直接责任人员处分的司法建议。

第二节　第一审普通程序

第六十七条　人民法院应当在立案之日起五日内，将起诉状副本发送被告。被告应当在收到起诉状副本之日起十五日内向人民法院提交作出行政行为的证据和所依据的规范性文件，并提出答辩状。人民法院应当在收到答辩状之日起五日内，将答辩状副本发送原告。

被告不提出答辩状的，不影响人民法院审理。

第六十八条 人民法院审理行政案件，由审判员组成合议庭，或者由审判员、陪审员组成合议庭。合议庭的成员，应当是三人以上的单数。

第六十九条 行政行为证据确凿，适用法律、法规正确，符合法定程序的，或者原告申请被告履行法定职责或者给付义务理由不成立的，人民法院判决驳回原告的诉讼请求。

第七十条 行政行为有下列情形之一的，人民法院判决撤销或者部分撤销，并可以判决被告重新作出行政行为：

（一）主要证据不足的；

（二）适用法律、法规错误的；

（三）违反法定程序的；

（四）超越职权的；

（五）滥用职权的；

（六）明显不当的。

第七十一条 人民法院判决被告重新作出行政行为的，被告不得以同一的事实和理由作出与原行政行为基本相同的行政行为。

第七十二条 人民法院经过审理，查明被告不履行法定职责的，判决被告在一定期限内履行。

第七十三条 人民法院经过审理，查明被告依法负有给付义务的，判决被告履行给付义务。

第七十四条 行政行为有下列情形之一的，人民法院判决确认违法，但不撤销行政行为：

（一）行政行为依法应当撤销，但撤销会给国家利益、社会公共利益造成重大损害的；

（二）行政行为程序轻微违法，但对原告权利不产生实际影响的。

行政行为有下列情形之一，不需要撤销或者判决履行的，人民法院判决确认违法：

（一）行政行为违法，但不具有可撤销内容的；

（二）被告改变原违法行政行为，原告仍要求确认原行政行为违法的；

（三）被告不履行或者拖延履行法定职责，判决履行没有意义的。

第七十五条 行政行为有实施主体不具有行政主体资格或者没有依据等重大且明显违法情形，原告申请确认行政行为无效的，人民法院判决确认无效。

第七十六条 人民法院判决确认违法或者无效的，可以同时判决责令被告采取补救措施；给原告造成损失的，依法判决被告承担赔偿责任。

第七十七条 行政处罚明显不当，或者其他行政行为涉及对款额的确定、认定确有错误的，人民法院可以判决变更。

人民法院判决变更，不得加重原告的义务或者减损原告的权益。但利害关系人同为原告，且诉讼请求相反的除外。

第七十八条 被告不依法履行、未按照约定履行或者违法变更、解除本法第十二条第一款第十一项规定的协议的，人民法院判决被告承担继续履行、采取补救措施或者赔偿损失等责任。

被告变更、解除本法第十二条第一款第十一项规定的协议合法，但未依法给予补偿的，人民法院判决给予补偿。

第七十九条 复议机关与作出原行政行为的行政机关为共同被告的案件，人民法院应当对复议决定和原行政行为一并作出裁判。

第八十条 人民法院对公开审理和不公开审理的案件，一律公开宣告判决。

当庭宣判的，应当在十日内发送判决书；定期宣判的，宣判后立即发给判决书。

宣告判决时，必须告知当事人上诉权利、上诉期限和上诉的人民法院。

第八十一条　人民法院应当在立案之日起六个月内作出第一审判决。有特殊情况需要延长的，由高级人民法院批准，高级人民法院审理第一审案件需要延长的，由最高人民法院批准。

第三节　简易程序

第八十二条　人民法院审理下列第一审行政案件，认为事实清楚、权利义务关系明确、争议不大的，可以适用简易程序：

（一）被诉行政行为是依法当场作出的；

（二）案件涉及款额二千元以下的；

（三）属于政府信息公开案件的。

除前款规定以外的第一审行政案件，当事人各方同意适用简易程序的，可以适用简易程序。

发回重审、按照审判监督程序再审的案件不适用简易程序。

第八十三条　适用简易程序审理的行政案件，由审判员一人独任审理，并应当在立案之日起四十五日内审结。

第八十四条　人民法院在审理过程中，发现案件不宜适用简易程序的，裁定转为普通程序。

第四节　第二审程序

第八十五条　当事人不服人民法院第一审判决的，有权在判决书送达之日起十五日内向上一级人民法院提起上诉。当事人不服人民法院第一审裁定的，有权在裁定书送达之日起十日内向上一级人民法院提起上诉。逾期不提起上诉的，人民法院的第一审判决或者裁定发生法律效力。

第八十六条　人民法院对上诉案件，应当组成合议庭，开庭审理。经过阅卷、调查和询问当事人，对没有提出新的事实、证据或者理由，合议庭认为不需要开庭审理的，也可以不开庭审理。

第八十七条　人民法院审理上诉案件，应当对原审人民法院的判决、裁定和被诉行政行为进行全面审查。

第八十八条　人民法院审理上诉案件，应当在收到上诉状之日起三个月内作出终审判决。有特殊情况需要延长的，由高级人民法院批准，高级人民法院审理上诉案件需要延长的，由最高人民法院批准。

第八十九条　人民法院审理上诉案件，按照下列情形，分别处理：

（一）原判决、裁定认定事实清楚，适用法律、法规正确的，判决或者裁定驳回上诉，维持原判决、裁定；

（二）原判决、裁定认定事实错误或者适用法律、法规错误的，依法改判、撤销或者变更；

（三）原判决认定基本事实不清、证据不足的，发回原审人民法院重审，或者查清事实后改判；

（四）原判决遗漏当事人或者违法缺席判决等严重违反法定程序的，裁定撤销原判决，发回原审人民法院重审。

原审人民法院对发回重审的案件作出判决后，当事人提起上诉的，第二审人民法院不得再次发回重审。

人民法院审理上诉案件，需要改变原审判决的，应当同时对被诉行政行为作出判决。

第五节　审判监督程序

第九十条　当事人对已经发生法律效力的判决、裁定，认为确有错误的，可以向上一级人民法院申请再审，但判决、裁定不停止执行。

第九十一条　当事人的申请符合下列情形之一的，人民法院应当再审：

（一）不予立案或者驳回起诉确有错

误的；

（二）有新的证据，足以推翻原判决、裁定的；

（三）原判决、裁定认定事实的主要证据不足、未经质证或者系伪造的；

（四）原判决、裁定适用法律、法规确有错误的；

（五）违反法律规定的诉讼程序，可能影响公正审判的；

（六）原判决、裁定遗漏诉讼请求的；

（七）据以作出原判决、裁定的法律文书被撤销或者变更的；

（八）审判人员在审理该案件时有贪污受贿、徇私舞弊、枉法裁判行为的。

第九十二条 各级人民法院院长对本院已经发生法律效力的判决、裁定，发现有本法第九十一条规定情形之一，或者发现调解违反自愿原则或者调解书内容违法，认为需要再审的，应当提交审判委员会讨论决定。

最高人民法院对地方各级人民法院已经发生法律效力的判决、裁定，上级人民法院对下级人民法院已经发生法律效力的判决、裁定，发现有本法第九十一条规定情形之一，或者发现调解违反自愿原则或者调解书内容违法的，有权提审或者指令下级人民法院再审。

第九十三条 最高人民检察院对各级人民法院已经发生法律效力的判决、裁定，上级人民检察院对下级人民法院已经发生法律效力的判决、裁定，发现有本法第九十一条规定情形之一，或者发现调解书损害国家利益、社会公共利益的，应当提出抗诉。

地方各级人民检察院对同级人民法院已经发生法律效力的判决、裁定，发现有本法第九十一条规定情形之一，或者发现调解书损害国家利益、社会公共利益的，可以向同级人民法院提出检察建议，并报上级人民检察院备案；也可以提请上级人民检察院向同级人民法院提出抗诉。

各级人民检察院对审判监督程序以外的其他审判程序中审判人员的违法行为，有权向同级人民法院提出检察建议。

第八章 执　　行

第九十四条 当事人必须履行人民法院发生法律效力的判决、裁定、调解书。

第九十五条 公民、法人或者其他组织拒绝履行判决、裁定、调解书的，行政机关或者第三人可以向第一审人民法院申请强制执行，或者由行政机关依法强制执行。

第九十六条 行政机关拒绝履行判决、裁定、调解书的，第一审人民法院可以采取下列措施：

（一）对应当归还的罚款或者应当给付的款额，通知银行从该行政机关的账户内划拨；

（二）在规定期限内不履行的，从期满之日起，对该行政机关负责人按日处五十元至一百元的罚款；

（三）将行政机关拒绝履行的情况予以公告；

（四）向监察机关或者该行政机关的上一级行政机关提出司法建议。接受司法建议的机关，根据有关规定进行处理，并将处理情况告知人民法院；

（五）拒不履行判决、裁定、调解书，社会影响恶劣的，可以对该行政机关直接负责的主管人员和其他直接责任人员予以拘留；情节严重，构成犯罪的，依法追究刑事责任。

第九十七条 公民、法人或者其他组织对行政行为在法定期限内不提起诉讼又不履行的，行政机关可以申请人民法院强制执行，或者依法强制执行。

第九章　涉外行政诉讼

第九十八条　外国人、无国籍人、外国组织在中华人民共和国进行行政诉讼，适用本法。法律另有规定的除外。

第九十九条　外国人、无国籍人、外国组织在中华人民共和国进行行政诉讼，同中华人民共和国公民、组织有同等的诉讼权利和义务。

外国法院对中华人民共和国公民、组织的行政诉讼权利加以限制的，人民法院对该国公民、组织的行政诉讼权利，实行对等原则。

第一百条　外国人、无国籍人、外国组织在中华人民共和国进行行政诉讼，委托律师代理诉讼的，应当委托中华人民共和国律师机构的律师。

第十章　附　则

第一百零一条　人民法院审理行政案件，关于期间、送达、财产保全、开庭审理、调解、中止诉讼、终结诉讼、简易程序、执行等，以及人民检察院对行政案件受理、审理、裁判、执行的监督，本法没有规定的，适用《中华人民共和国民事诉讼法》的相关规定。

第一百零二条　人民法院审理行政案件，应当收取诉讼费用。诉讼费用由败诉方承担，双方都有责任的由双方分担。收取诉讼费用的具体办法另行规定。

第一百零三条　本法自 1990 年 10 月 1 日起施行。

中华人民共和国国家赔偿法

（1994 年 5 月 12 日第八届全国人民代表大会常务委员会第七次会议通过；根据 2010 年 4 月 29 日第十一届全国人民代表大会常务委员会第十四次会议《关于修改〈中华人民共和国国家赔偿法〉的决定》第一次修正；根据 2012 年 10 月 26 日第十一届全国人民代表大会常务委员会第二十九次会议通过，2012 年 10 月 26 日中华人民共和国主席令第六十八号公布的《全国人民代表大会常务委员会关于修改〈中华人民共和国国家赔偿法〉的决定》第二次修正，自 2013 年 1 月 1 日起施行）

第一章 总 则

第一条 为保障公民、法人和其他组织享有依法取得国家赔偿的权利，促进国家机关依法行使职权，根据宪法，制定本法。

第二条 国家机关和国家机关工作人员行使职权，有本法规定的侵犯公民、法人和其他组织合法权益的情形，造成损害的，受害人有依照本法取得国家赔偿的权利。

本法规定的赔偿义务机关，应当依照本法及时履行赔偿义务。

第二章 行政赔偿

第一节 赔偿范围

第三条 行政机关及其工作人员在行使行政职权时有下列侵犯人身权情形之一的，受害人有取得赔偿的权利：

（一）违法拘留或者违法采取限制公民人身自由的行政强制措施的；

（二）非法拘禁或者以其他方法非法剥夺公民人身自由的；

（三）以殴打、虐待等行为或者唆使、放纵他人以殴打、虐待等行为造成公民身体伤害或者死亡的；

（四）违法使用武器、警械造成公民身体伤害或者死亡的；

（五）造成公民身体伤害或者死亡的其他违法行为。

第四条 行政机关及其工作人员在行使行政职权时有下列侵犯财产权情形之一的，受害人有取得赔偿的权利：

（一）违法实施罚款、吊销许可证和执照、责令停产停业、没收财物等行政处罚的；

（二）违法对财产采取查封、扣押、冻结等行政强制措施的；

（三）违法征收、征用财产的；

（四）造成财产损害的其他违法行为。

第五条 属于下列情形之一的，国家不承担赔偿责任：

（一）行政机关工作人员与行使职权无关的个人行为；

（二）因公民、法人和其他组织自己的行为致使损害发生的；

（三）法律规定的其他情形。

第二节 赔偿请求人和赔偿义务机关

第六条 受害的公民、法人和其他组织有权要求赔偿。

受害的公民死亡，其继承人和其他有扶

养关系的亲属有权要求赔偿。

受害的法人或者其他组织终止的，其权利承受人有权要求赔偿。

第七条　行政机关及其工作人员行使行政职权侵犯公民、法人和其他组织的合法权益造成损害的，该行政机关为赔偿义务机关。

两个以上行政机关共同行使行政职权时侵犯公民、法人和其他组织的合法权益造成损害的，共同行使行政职权的行政机关为共同赔偿义务机关。

法律、法规授权的组织在行使授予的行政权力时侵犯公民、法人和其他组织的合法权益造成损害的，被授权的组织为赔偿义务机关。

受行政机关委托的组织或者个人在行使受委托的行政权力时侵犯公民、法人和其他组织的合法权益造成损害的，委托的行政机关为赔偿义务机关。

赔偿义务机关被撤销的，继续行使其职权的行政机关为赔偿义务机关；没有继续行使其职权的行政机关的，撤销该赔偿义务机关的行政机关为赔偿义务机关。

第八条　经复议机关复议的，最初造成侵权行为的行政机关为赔偿义务机关，但复议机关的复议决定加重损害的，复议机关对加重的部分履行赔偿义务。

第三节　赔偿程序

第九条　赔偿义务机关有本法第三条、第四条规定情形之一的，应当给予赔偿。

赔偿请求人要求赔偿，应当先向赔偿义务机关提出，也可以在申请行政复议或者提起行政诉讼时一并提出。

第十条　赔偿请求人可以向共同赔偿义务机关中的任何一个赔偿义务机关要求赔偿，该赔偿义务机关应当先予赔偿。

第十一条　赔偿请求人根据受到的不同损害，可以同时提出数项赔偿要求。

第十二条　要求赔偿应当递交申请书，申请书应当载明下列事项：

（一）受害人的姓名、性别、年龄、工作单位和住所，法人或者其他组织的名称、住所和法定代表人或者主要负责人的姓名、职务；

（二）具体的要求、事实根据和理由；

（三）申请的年、月、日。

赔偿请求人书写申请书确有困难的，可以委托他人代书；也可以口头申请，由赔偿义务机关记入笔录。

赔偿请求人不是受害人本人的，应当说明与受害人的关系，并提供相应证明。

赔偿请求人当面递交申请书的，赔偿义务机关应当当场出具加盖本行政机关专用印章并注明收讫日期的书面凭证。申请材料不齐全的，赔偿义务机关应当当场或者在五日内一次性告知赔偿请求人需要补正的全部内容。

第十三条　赔偿义务机关应当自收到申请之日起两个月内，作出是否赔偿的决定。赔偿义务机关作出赔偿决定，应当充分听取赔偿请求人的意见，并可以与赔偿请求人就赔偿方式、赔偿项目和赔偿数额依照本法第四章的规定进行协商。

赔偿义务机关决定赔偿的，应当制作赔偿决定书，并自作出决定之日起十日内送达赔偿请求人。

赔偿义务机关决定不予赔偿的，应当自作出决定之日起十日内书面通知赔偿请求人，并说明不予赔偿的理由。

第十四条　赔偿义务机关在规定期限内未作出是否赔偿的决定，赔偿请求人可以自期限届满之日起三个月内，向人民法院提起诉讼。

赔偿请求人对赔偿的方式、项目、数额有异议的，或者赔偿义务机关作出不予赔偿决定的，赔偿请求人可以自赔偿义务机关作出赔偿或者不予赔偿决定之日起三个月内，向人民法院提起诉讼。

第十五条 人民法院审理行政赔偿案件，赔偿请求人和赔偿义务机关对自己提出的主张，应当提供证据。

赔偿义务机关采取行政拘留或者限制人身自由的强制措施期间，被限制人身自由的人死亡或者丧失行为能力的，赔偿义务机关的行为与被限制人身自由的人的死亡或者丧失行为能力是否存在因果关系，赔偿义务机关应当提供证据。

第十六条 赔偿义务机关赔偿损失后，应当责令有故意或者重大过失的工作人员或者受委托的组织或者个人承担部分或者全部赔偿费用。

对有故意或者重大过失的责任人员，有关机关应当依法给予处分；构成犯罪的，应当依法追究刑事责任。

第三章 刑事赔偿

第一节 赔偿范围

第十七条 行使侦查、检察、审判职权的机关以及看守所、监狱管理机关及其工作人员在行使职权时有下列侵犯人身权情形之一的，受害人有取得赔偿的权利：

（一）违反刑事诉讼法的规定对公民采取拘留措施的，或者依照刑事诉讼法规定的条件和程序对公民采取拘留措施，但是拘留时间超过刑事诉讼法规定的时限，其后决定撤销案件、不起诉或者判决宣告无罪终止追究刑事责任的；

（二）对公民采取逮捕措施后，决定撤销案件、不起诉或者判决宣告无罪终止追究刑事责任的；

（三）依照审判监督程序再审改判无罪，原判刑罚已经执行的；

（四）刑讯逼供或者以殴打、虐待等行为或者唆使、放纵他人以殴打、虐待等行为造成公民身体伤害或者死亡的；

（五）违法使用武器、警械造成公民身体伤害或者死亡的。

第十八条 行使侦查、检察、审判职权的机关以及看守所、监狱管理机关及其工作人员在行使职权时有下列侵犯财产权情形之一的，受害人有取得赔偿的权利：

（一）违法对财产采取查封、扣押、冻结、追缴等措施的；

（二）依照审判监督程序再审改判无罪，原判罚金、没收财产已经执行的。

第十九条 属于下列情形之一的，国家不承担赔偿责任：

（一）因公民自己故意作虚伪供述，或者伪造其他有罪证据被羁押或者被判处刑罚的；

（二）依照刑法第十七条、第十八条规定不负刑事责任的人被羁押的；

（三）依照刑事诉讼法第十五条、第一百七十三条第二款、第二百七十三条第二款、第二百七十九条规定不追究刑事责任的人被羁押的；

（四）行使侦查、检察、审判职权的机关以及看守所、监狱管理机关的工作人员与行使职权无关的个人行为；

（五）因公民自伤、自残等故意行为致使损害发生的；

（六）法律规定的其他情形。

第二节 赔偿请求人和赔偿义务机关

第二十条 赔偿请求人的确定依照本法第六条的规定。

第二十一条 行使侦查、检察、审判职权的机关以及看守所、监狱管理机关及其工作人员在行使职权时侵犯公民、法人和其他组织的合法权益造成损害的，该机关为赔偿义务机关。

对公民采取拘留措施，依照本法的规定应当给予国家赔偿的，作出拘留决定的机关为赔偿义务机关。

对公民采取逮捕措施后决定撤销案件、不起诉或者判决宣告无罪的，作出逮捕决定的机关为赔偿义务机关。

再审改判无罪的，作出原生效判决的人民法院为赔偿义务机关。二审改判无罪，以及二审发回重审后作无罪处理的，作出一审有罪判决的人民法院为赔偿义务机关。

第三节　赔偿程序

第二十二条　赔偿义务机关有本法第十七条、第十八条规定情形之一的，应当给予赔偿。

赔偿请求人要求赔偿，应当先向赔偿义务机关提出。

赔偿请求人提出赔偿请求，适用本法第十一条、第十二条的规定。

第二十三条　赔偿义务机关应当自收到申请之日起两个月内，作出是否赔偿的决定。赔偿义务机关作出赔偿决定，应当充分听取赔偿请求人的意见，并可以与赔偿请求人就赔偿方式、赔偿项目和赔偿数额依照本法第四章的规定进行协商。

赔偿义务机关决定赔偿的，应当制作赔偿决定书，并自作出决定之日起十日内送达赔偿请求人。

赔偿义务机关决定不予赔偿的，应当自作出决定之日起十日内书面通知赔偿请求人，并说明不予赔偿的理由。

第二十四条　赔偿义务机关在规定期限内未作出是否赔偿的决定，赔偿请求人可以自期限届满之日起三十日内向赔偿义务机关的上一级机关申请复议。

赔偿请求人对赔偿的方式、项目、数额有异议的，或者赔偿义务机关作出不予赔偿决定的，赔偿请求人可以自赔偿义务机关作出赔偿或者不予赔偿决定之日起三十日内，向赔偿义务机关的上一级机关申请复议。

赔偿义务机关是人民法院的，赔偿请求人可以依照本条规定向其上一级人民法院赔偿委员会申请作出赔偿决定。

第二十五条　复议机关应当自收到申请之日起两个月内作出决定。

赔偿请求人不服复议决定的，可以在收到复议决定之日起三十日内向复议机关所在地的同级人民法院赔偿委员会申请作出赔偿决定；复议机关逾期不作决定的，赔偿请求人可以自期限届满之日起三十日内向复议机关所在地的同级人民法院赔偿委员会申请作出赔偿决定。

第二十六条　人民法院赔偿委员会处理赔偿请求，赔偿请求人和赔偿义务机关对自己提出的主张，应当提供证据。

被羁押人在羁押期间死亡或者丧失行为能力的，赔偿义务机关的行为与被羁押人的死亡或者丧失行为能力是否存在因果关系，赔偿义务机关应当提供证据。

第二十七条　人民法院赔偿委员会处理赔偿请求，采取书面审查的办法。必要时，可以向有关单位和人员调查情况、收集证据。赔偿请求人与赔偿义务机关对损害事实及因果关系有争议的，赔偿委员会可以听取赔偿请求人和赔偿义务机关的陈述和申辩，并可以进行质证。

第二十八条　人民法院赔偿委员会应当自收到赔偿申请之日起三个月内作出决定；属于疑难、复杂、重大案件的，经本院院长批准，可以延长三个月。

第二十九条　中级以上的人民法院设立赔偿委员会，由人民法院三名以上审判员组成，组成人员的人数应当为单数。

赔偿委员会作赔偿决定，实行少数服从多数的原则。

赔偿委员会作出的赔偿决定，是发生法律效力的决定，必须执行。

第三十条 赔偿请求人或者赔偿义务机关对赔偿委员会作出的决定，认为确有错误的，可以向上一级人民法院赔偿委员会提出申诉。

赔偿委员会作出的赔偿决定生效后，如发现赔偿决定违反本法规定的，经本院院长决定或者上级人民法院指令，赔偿委员会应当在两个月内重新审查并依法作出决定，上一级人民法院赔偿委员会也可以直接审查并作出决定。

最高人民检察院对各级人民法院赔偿委员会作出的决定，上级人民检察院对下级人民法院赔偿委员会作出的决定，发现违反本法规定的，应当向同级人民法院赔偿委员会提出意见，同级人民法院赔偿委员会应当在两个月内重新审查并依法作出决定。

第三十一条 赔偿义务机关赔偿后，应当向有下列情形之一的工作人员追偿部分或者全部赔偿费用：

（一）有本法第十七条第四项、第五项规定情形的；

（二）在处理案件中有贪污受贿，徇私舞弊，枉法裁判行为的。

对有前款规定情形的责任人员，有关机关应当依法给予处分；构成犯罪的，应当依法追究刑事责任。

第四章　赔偿方式和计算标准

第三十二条 国家赔偿以支付赔偿金为主要方式。

能够返还财产或者恢复原状的，予以返还财产或者恢复原状。

第三十三条 侵犯公民人身自由的，每日赔偿金按照国家上年度职工日平均工资计算。

第三十四条 侵犯公民生命健康权的，赔偿金按照下列规定计算：

（一）造成身体伤害的，应当支付医疗费、护理费，以及赔偿因误工减少的收入。减少的收入每日的赔偿金按照国家上年度职工日平均工资计算，最高额为国家上年度职工年平均工资的五倍；

（二）造成部分或者全部丧失劳动能力的，应当支付医疗费、护理费、残疾生活辅助具费、康复费等因残疾而增加的必要支出和继续治疗所必需的费用，以及残疾赔偿金。残疾赔偿金根据丧失劳动能力的程度，按照国家规定的伤残等级确定，最高不超过国家上年度职工年平均工资的二十倍。造成全部丧失劳动能力的，对其扶养的无劳动能力的人，还应当支付生活费；

（三）造成死亡的，应当支付死亡赔偿金、丧葬费，总额为国家上年度职工年平均工资的二十倍。对死者生前扶养的无劳动能力的人，还应当支付生活费。

前款第二项、第三项规定的生活费的发放标准，参照当地最低生活保障标准执行。被扶养的人是未成年人的，生活费给付至十八周岁止；其他无劳动能力的人，生活费给付至死亡时止。

第三十五条 有本法第三条或者第十七条规定情形之一，致人精神损害的，应当在侵权行为影响的范围内，为受害人消除影响，恢复名誉，赔礼道歉；造成严重后果的，应当支付相应的精神损害抚慰金。

第三十六条 侵犯公民、法人和其他组织的财产权造成损害的，按照下列规定处理：

（一）处罚款、罚金、追缴、没收财产或者违法征收、征用财产的，返还财产；

（二）查封、扣押、冻结财产的，解除对财产的查封、扣押、冻结，造成财产损坏或者灭失的，依照本条第三项、第四项的规定赔偿；

（三）应当返还的财产损坏的，能够恢复原状的恢复原状，不能恢复原状的，按照损害程度给付相应的赔偿金；

（四）应当返还的财产灭失的，给付相应的赔偿金；

（五）财产已经拍卖或者变卖的，给付拍卖或者变卖所得的价款；变卖的价款明显低于财产价值的，应当支付相应的赔偿金；

（六）吊销许可证和执照、责令停产停业的，赔偿停产停业期间必要的经常性费用开支；

（七）返还执行的罚款或者罚金、追缴或者没收的金钱，解除冻结的存款或者汇款的，应当支付银行同期存款利息；

（八）对财产权造成其他损害的，按照直接损失给予赔偿。

第三十七条　赔偿费用列入各级财政预算。

赔偿请求人凭生效的判决书、复议决定书、赔偿决定书或者调解书，向赔偿义务机关申请支付赔偿金。

赔偿义务机关应当自收到支付赔偿金申请之日起七日内，依照预算管理权限向有关的财政部门提出支付申请。财政部门应当自收到支付申请之日起十五日内支付赔偿金。

赔偿费用预算与支付管理的具体办法由国务院规定。

第五章　其他规定

第三十八条　人民法院在民事诉讼、行政诉讼过程中，违法采取对妨害诉讼的强制措施、保全措施或者对判决、裁定及其他生效法律文书执行错误，造成损害的，赔偿请求人要求赔偿的程序，适用本法刑事赔偿程序的规定。

第三十九条　赔偿请求人请求国家赔偿的时效为两年，自其知道或者应当知道国家机关及其工作人员行使职权时的行为侵犯其人身权、财产权之日起计算，但被羁押等限制人身自由期间不计算在内。在申请行政复议或者提起行政诉讼时一并提出赔偿请求的，适用行政复议法、行政诉讼法有关时效的规定。

赔偿请求人在赔偿请求时效的最后六个月内，因不可抗力或者其他障碍不能行使请求权的，时效中止。从中止时效的原因消除之日起，赔偿请求时效期间继续计算。

第四十条　外国人、外国企业和组织在中华人民共和国领域内要求中华人民共和国国家赔偿的，适用本法。

外国人、外国企业和组织的所属国对中华人民共和国公民、法人和其他组织要求该国国家赔偿的权利不予保护或者限制的，中华人民共和国与该外国人、外国企业和组织的所属国实行对等原则。

第六章　附　　则

第四十一条　赔偿请求人要求国家赔偿的，赔偿义务机关、复议机关和人民法院不得向赔偿请求人收取任何费用。

对赔偿请求人取得的赔偿金不予征税。

第四十二条　本法自 1995 年 1 月 1 日起施行。

中华人民共和国治安管理处罚法

（2005 年 8 月 28 日第十届全国人民代表大会常务委员会第十七次会议通过，2005 年 8 月 28 日中华人民共和国主席令第三十八号公布，自 2006 年 3 月 1 日起施行；根据 2012 年 10 月 26 日第十一届全国人民代表大会常务委员会第二十九次会议通过，2012 年 10 月 26 日中华人民共和国主席令第六十七号公布的《全国人民代表大会常务委员会关于修改〈中华人民共和国治安管理处罚法〉的决定》修正，自 2013 年 1 月 1 日起施行）

第一章　总　　则

第一条　为维护社会治安秩序，保障公共安全，保护公民、法人和其他组织的合法权益，规范和保障公安机关及其人民警察依法履行治安管理职责，制定本法。

第二条　扰乱公共秩序，妨害公共安全，侵犯人身权利、财产权利，妨害社会管理，具有社会危害性，依照《中华人民共和国刑法》的规定构成犯罪的，依法追究刑事责任；尚不够刑事处罚的，由公安机关依照本法给予治安管理处罚。

第三条　治安管理处罚的程序，适用本法的规定；本法没有规定的，适用《中华人民共和国行政处罚法》的有关规定。

第四条　在中华人民共和国领域内发生的违反治安管理行为，除法律有特别规定的外，适用本法。

在中华人民共和国船舶和航空器内发生的违反治安管理行为，除法律有特别规定的外，适用本法。

第五条　治安管理处罚必须以事实为依据，与违反治安管理行为的性质、情节以及社会危害程度相当。

实施治安管理处罚，应当公开、公正，尊重和保障人权，保护公民的人格尊严。

办理治安案件应当坚持教育与处罚相结合的原则。

第六条　各级人民政府应当加强社会治安综合治理，采取有效措施，化解社会矛盾，增进社会和谐，维护社会稳定。

第七条　国务院公安部门负责全国的治安管理工作。县级以上地方各级人民政府公安机关负责本行政区域内的治安管理工作。

治安案件的管辖由国务院公安部门规定。

第八条　违反治安管理的行为对他人造成损害的，行为人或者其监护人应当依法承担民事责任。

第九条　对于因民间纠纷引起的打架斗殴或者损毁他人财物等违反治安管理行为，情节较轻的，公安机关可以调解处理。经公安机关调解，当事人达成协议的，不予处罚。经调解未达成协议或者达成协议后不履行的，公安机关应当依照本法的规定对违反治安管理行为人给予处罚，并告知当事人可以就民事争议依法向人民法院提起民事诉讼。

第二章　处罚的种类和适用

第十条　治安管理处罚的种类分为：

（一）警告；

（二）罚款；

（三）行政拘留；

（四）吊销公安机关发放的许可证。

对违反治安管理的外国人，可以附加适用限期出境或者驱逐出境。

第十一条　办理治安案件所查获的毒品、淫秽物品等违禁品，赌具、赌资，吸食、注射毒品的用具以及直接用于实施违反治安管理行为的本人所有的工具，应当收缴，按照规定处理。

违反治安管理所得的财物，追缴退还被侵害人；没有被侵害人的，登记造册，公开拍卖或者按照国家有关规定处理，所得款项上缴国库。

第十二条　已满十四周岁不满十八周岁的人违反治安管理的，从轻或者减轻处罚；不满十四周岁的人违反治安管理的，不予处罚，但是应当责令其监护人严加管教。

第十三条　精神病人在不能辨认或者不能控制自己行为的时候违反治安管理的，不予处罚，但是应当责令其监护人严加看管和治疗。间歇性的精神病人在精神正常的时候违反治安管理的，应当给予处罚。

第十四条　盲人或者又聋又哑的人违反治安管理的，可以从轻、减轻或者不予处罚。

第十五条　醉酒的人违反治安管理的，应当给予处罚。

醉酒的人在醉酒状态中，对本人有危险或者对他人的人身、财产或者公共安全有威胁的，应当对其采取保护性措施约束至酒醒。

第十六条　有两种以上违反治安管理行为的，分别决定，合并执行。行政拘留处罚合并执行的，最长不超过二十日。

第十七条　共同违反治安管理的，根据违反治安管理行为人在违反治安管理行为中所起的作用，分别处罚。

教唆、胁迫、诱骗他人违反治安管理的，按照其教唆、胁迫、诱骗的行为处罚。

第十八条　单位违反治安管理的，对其直接负责的主管人员和其他直接责任人员依照本法的规定处罚。其他法律、行政法规对同一行为规定给予单位处罚的，依照其规定处罚。

第十九条　违反治安管理有下列情形之一的，减轻处罚或者不予处罚：

（一）情节特别轻微的；

（二）主动消除或者减轻违法后果，并取得被侵害人谅解的；

（三）出于他人胁迫或者诱骗的；

（四）主动投案，向公安机关如实陈述自己的违法行为的；

（五）有立功表现的。

第二十条　违反治安管理有下列情形之一的，从重处罚：

（一）有较严重后果的；

（二）教唆、胁迫、诱骗他人违反治安管理的；

（三）对报案人、控告人、举报人、证人打击报复的；

（四）六个月内曾受过治安管理处罚的。

第二十一条　违反治安管理行为人有下列情形之一，依照本法应当给予行政拘留处罚的，不执行行政拘留处罚：

（一）已满十四周岁不满十六周岁的；

（二）已满十六周岁不满十八周岁，初次违反治安管理的；

（三）七十周岁以上的；

（四）怀孕或者哺乳自己不满一周岁婴儿的。

第二十二条　违反治安管理行为在六个月内没有被公安机关发现的，不再处罚。

前款规定的期限，从违反治安管理行为发生之日起计算；违反治安管理行为有连续或者继续状态的，从行为终了之日起计算。

第三章　违反治安管理的行为和处罚

第一节　扰乱公共秩序的行为和处罚

第二十三条　有下列行为之一的，处警告或者二百元以下罚款；情节较重的，处五日以上十日以下拘留，可以并处五百元以下罚款：

（一）扰乱机关、团体、企业、事业单位秩序，致使工作、生产、营业、医疗、教学、科研不能正常进行，尚未造成严重损失的；

（二）扰乱车站、港口、码头、机场、商场、公园、展览馆或者其他公共场所秩序的；

（三）扰乱公共汽车、电车、火车、船舶、航空器或者其他公共交通工具上的秩序的；

（四）非法拦截或者强登、扒乘机动车、船舶、航空器以及其他交通工具，影响交通工具正常行驶的；

（五）破坏依法进行的选举秩序的。

聚众实施前款行为的，对首要分子处十日以上十五日以下拘留，可以并处一千元以下罚款。

第二十四条　有下列行为之一，扰乱文化、体育等大型群众性活动秩序的，处警告或者二百元以下罚款；情节严重的，处五日以上十日以下拘留，可以并处五百元以下罚款：

（一）强行进入场内的；

（二）违反规定，在场内燃放烟花爆竹或者其他物品的；

（三）展示侮辱性标语、条幅等物品的；

（四）围攻裁判员、运动员或者其他工作人员的；

（五）向场内投掷杂物，不听制止的；

（六）扰乱大型群众性活动秩序的其他行为。

因扰乱体育比赛秩序被处以拘留处罚的，可以同时责令其十二个月内不得进入体育场馆观看同类比赛；违反规定进入体育场馆的，强行带离现场。

第二十五条　有下列行为之一的，处五日以上十日以下拘留，可以并处五百元以下罚款；情节较轻的，处五日以下拘留或者五百元以下罚款：

（一）散布谣言，谎报险情、疫情、警情或者以其他方法故意扰乱公共秩序的；

（二）投放虚假的爆炸性、毒害性、放射性、腐蚀性物质或者传染病病原体等危险物质扰乱公共秩序的；

（三）扬言实施放火、爆炸、投放危险物质扰乱公共秩序的。

第二十六条　有下列行为之一的，处五日以上十日以下拘留，可以并处五百元以下罚款；情节较重的，处十日以上十五日以下拘留，可以并处一千元以下罚款：

（一）结伙斗殴的；

（二）追逐、拦截他人的；

（三）强拿硬要或者任意损毁、占用公私财物的；

（四）其他寻衅滋事行为。

第二十七条　有下列行为之一的，处十日以上十五日以下拘留，可以并处一千元以下罚款；情节较轻的，处五日以上十日以下拘留，可以并处五百元以下罚款：

（一）组织、教唆、胁迫、诱骗、煽动他人从事邪教、会道门活动或者利用邪教、会道门、迷信活动，扰乱社会秩序、损害他人身体健康的；

（二）冒用宗教、气功名义进行扰乱社会秩序、损害他人身体健康活动的。

第二十八条　违反国家规定，故意干扰无线电业务正常进行的，或者对正常运行的无线电台（站）产生有害干扰，经有关主管部门指出后，拒不采取有效措施消除的，处五日以上十日以下拘留；情节严重的，处十日以上十五日以下拘留。

第二十九条　有下列行为之一的，处五日以下拘留；情节较重的，处五日以上十日以下拘留：

（一）违反国家规定，侵入计算机信息系统，造成危害的；

（二）违反国家规定，对计算机信息系统功能进行删除、修改、增加、干扰，造成计算机信息系统不能正常运行的；

（三）违反国家规定，对计算机信息系统中存储、处理、传输的数据和应用程序进行删除、修改、增加的；

（四）故意制作、传播计算机病毒等破坏性程序，影响计算机信息系统正常运行的。

第二节　妨害公共安全的行为和处罚

第三十条　违反国家规定，制造、买卖、储存、运输、邮寄、携带、使用、提供、处置爆炸性、毒害性、放射性、腐蚀性物质或者传染病病原体等危险物质的，处十日以上十五日以下拘留；情节较轻的，处五日以上十日以下拘留。

第三十一条　爆炸性、毒害性、放射性、腐蚀性物质或者传染病病原体等危险物质被盗、被抢或者丢失，未按规定报告的，处五日以下拘留；故意隐瞒不报的，处五日以上十日以下拘留。

第三十二条　非法携带枪支、弹药或者弩、匕首等国家规定的管制器具的，处五日以下拘留，可以并处五百元以下罚款；情节较轻的，处警告或者二百元以下罚款。

非法携带枪支、弹药或者弩、匕首等国家规定的管制器具进入公共场所或者公共交通工具的，处五日以上十日以下拘留，可以并处五百元以下罚款。

第三十三条　有下列行为之一的，处十日以上十五日以下拘留：

（一）盗窃、损毁油气管道设施、电力电信设施、广播电视设施、水利防汛工程设施或者水文监测、测量、气象测报、环境监测、地质监测、地震监测等公共设施的；

（二）移动、损毁国家边境的界碑、界桩以及其他边境标志、边境设施或者领土、领海标志设施的；

（三）非法进行影响国（边）界线走向的活动或者修建有碍国（边）境管理的设施的。

第三十四条　盗窃、损坏、擅自移动使用中的航空设施，或者强行进入航空器驾驶舱的，处十日以上十五日以下拘留。

在使用中的航空器上使用可能影响导航系统正常功能的器具、工具，不听劝阻的，处五日以下拘留或者五百元以下罚款。

第三十五条　有下列行为之一的，处五日以上十日以下拘留，可以并处五百元以下罚款；情节较轻的，处五日以下拘留或者五百元以下罚款：

（一）盗窃、损毁或者擅自移动铁路设施、设备、机车车辆配件或者安全标志的；

（二）在铁路线路上放置障碍物，或者故意向列车投掷物品的；

（三）在铁路线路、桥梁、涵洞处挖掘坑穴、采石取沙的；

（四）在铁路线路上私设道口或者平交过道的。

第三十六条　擅自进入铁路防护网或者火车来临时在铁路线路上行走坐卧、抢越铁路，影响行车安全的，处警告或者二百元以下罚款。

第三十七条　有下列行为之一的，处五日以下拘留或者五百元以下罚款；情节严重的，处五日以上十日以下拘留，可以并处五百元以下罚款：

（一）未经批准，安装、使用电网的，

或者安装、使用电网不符合安全规定的；

（二）在车辆、行人通行的地方施工，对沟井坎穴不设覆盖物、防围和警示标志的，或者故意损毁、移动覆盖物、防围和警示标志的；

（三）盗窃、损毁路面井盖、照明等公共设施的。

第三十八条 举办文化、体育等大型群众性活动，违反有关规定，有发生安全事故危险的，责令停止活动，立即疏散；对组织者处五日以上十日以下拘留，并处二百元以上五百元以下罚款；情节较轻的，处五日以下拘留或者五百元以下罚款。

第三十九条 旅馆、饭店、影剧院、娱乐场、运动场、展览馆或者其他供社会公众活动的场所的经营管理人员，违反安全规定，致使该场所有发生安全事故危险，经公安机关责令改正，拒不改正的，处五日以下拘留。

第三节　侵犯人身权利、财产权利的行为和处罚

第四十条 有下列行为之一的，处十日以上十五日以下拘留，并处五百元以上一千元以下罚款；情节较轻的，处五日以上十日以下拘留，并处二百元以上五百元以下罚款：

（一）组织、胁迫、诱骗不满十六周岁的人或者残疾人进行恐怖、残忍表演的；

（二）以暴力、威胁或者其他手段强迫他人劳动的；

（三）非法限制他人人身自由、非法侵入他人住宅或者非法搜查他人身体的。

第四十一条 胁迫、诱骗或者利用他人乞讨的，处十日以上十五日以下拘留，可以并处一千元以下罚款。

反复纠缠、强行讨要或者以其他滋扰他人的方式乞讨的，处五日以下拘留或者警告。

第四十二条 有下列行为之一的，处五日以下拘留或者五百元以下罚款；情节较重的，处五日以上十日以下拘留，可以并处五百元以下罚款：

（一）写恐吓信或者以其他方法威胁他人人身安全的；

（二）公然侮辱他人或者捏造事实诽谤他人的；

（三）捏造事实诬告陷害他人，企图使他人受到刑事追究或者受到治安管理处罚的；

（四）对证人及其近亲属进行威胁、侮辱、殴打或者打击报复的；

（五）多次发送淫秽、侮辱、恐吓或者其他信息，干扰他人正常生活的；

（六）偷窥、偷拍、窃听、散布他人隐私的。

第四十三条 殴打他人的，或者故意伤害他人身体的，处五日以上十日以下拘留，并处二百元以上五百元以下罚款；情节较轻的，处五日以下拘留或者五百元以下罚款。

有下列情形之一的，处十日以上十五日以下拘留，并处五百元以上一千元以下罚款：

（一）结伙殴打、伤害他人的；

（二）殴打、伤害残疾人、孕妇、不满十四周岁的人或者六十周岁以上的人的；

（三）多次殴打、伤害他人或者一次殴打、伤害多人的。

第四十四条 猥亵他人的，或者在公共场所故意裸露身体，情节恶劣的，处五日以上十日以下拘留；猥亵智力残疾人、精神病人、不满十四周岁的人或者有其他严重情节的，处十日以上十五日以下拘留。

第四十五条 有下列行为之一的，处五日以下拘留或者警告：

（一）虐待家庭成员，被虐待人要求处理的；

（二）遗弃没有独立生活能力的被扶养人的。

第四十六条　强买强卖商品，强迫他人提供服务或者强迫他人接受服务的，处五日以上十日以下拘留，并处二百元以上五百元以下罚款；情节较轻的，处五日以下拘留或者五百元以下罚款。

第四十七条　煽动民族仇恨、民族歧视，或者在出版物、计算机信息网络中刊载民族歧视、侮辱内容的，处十日以上十五日以下拘留，可以并处一千元以下罚款。

第四十八条　冒领、隐匿、毁弃、私自开拆或者非法检查他人邮件的，处五日以下拘留或者五百元以下罚款。

第四十九条　盗窃、诈骗、哄抢、抢夺、敲诈勒索或者故意损毁公私财物的，处五日以上十日以下拘留，可以并处五百元以下罚款；情节较重的，处十日以上十五日以下拘留，可以并处一千元以下罚款。

第四节　妨害社会管理的行为和处罚

第五十条　有下列行为之一的，处警告或者二百元以下罚款；情节严重的，处五日以上十日以下拘留，可以并处五百元以下罚款：

（一）拒不执行人民政府在紧急状态情况下依法发布的决定、命令的；

（二）阻碍国家机关工作人员依法执行职务的；

（三）阻碍执行紧急任务的消防车、救护车、工程抢险车、警车等车辆通行的；

（四）强行冲闯公安机关设置的警戒带、警戒区的。

阻碍人民警察依法执行职务的，从重处罚。

第五十一条　冒充国家机关工作人员或者以其他虚假身份招摇撞骗的，处五日以上十日以下拘留，可以并处五百元以下罚款；情节较轻的，处五日以下拘留或者五百元以下罚款。

冒充军警人员招摇撞骗的，从重处罚。

第五十二条　有下列行为之一的，处十日以上十五日以下拘留，可以并处一千元以下罚款；情节较轻的，处五日以上十日以下拘留，可以并处五百元以下罚款：

（一）伪造、变造或者买卖国家机关、人民团体、企业、事业单位或者其他组织的公文、证件、证明文件、印章的；

（二）买卖或者使用伪造、变造的国家机关、人民团体、企业、事业单位或者其他组织的公文、证件、证明文件的；

（三）伪造、变造、倒卖车票、船票、航空客票、文艺演出票、体育比赛入场券或者其他有价票证、凭证的；

（四）伪造、变造船舶户牌，买卖或者使用伪造、变造的船舶户牌，或者涂改船舶发动机号码的。

第五十三条　船舶擅自进入、停靠国家禁止、限制进入的水域或者岛屿的，对船舶负责人及有关责任人员处五百元以上一千元以下罚款；情节严重的，处五日以下拘留，并处五百元以上一千元以下罚款。

第五十四条　有下列行为之一的，处十日以上十五日以下拘留，并处五百元以上一千元以下罚款；情节较轻的，处五日以下拘留或者五百元以下罚款：

（一）违反国家规定，未经注册登记，以社会团体名义进行活动，被取缔后，仍进行活动的；

（二）被依法撤销登记的社会团体，仍以社会团体名义进行活动的；

（三）未经许可，擅自经营按照国家规定需要由公安机关许可的行业的。

有前款第三项行为的，予以取缔。

取得公安机关许可的经营者，违反国家有关管理规定，情节严重的，公安机关可以吊销许可证。

第五十五条 煽动、策划非法集会、游行、示威，不听劝阻的，处十日以上十五日以下拘留。

第五十六条 旅馆业的工作人员对住宿的旅客不按规定登记姓名、身份证件种类和号码的，或者明知住宿的旅客将危险物质带入旅馆，不予制止的，处二百元以上五百元以下罚款。

旅馆业的工作人员明知住宿的旅客是犯罪嫌疑人员或者被公安机关通缉的人员，不向公安机关报告的，处二百元以上五百元以下罚款；情节严重的，处五日以下拘留，可以并处五百元以下罚款。

第五十七条 房屋出租人将房屋出租给无身份证件的人居住的，或者不按规定登记承租人姓名、身份证件种类和号码的，处二百元以上五百元以下罚款。

房屋出租人明知承租人利用出租房屋进行犯罪活动，不向公安机关报告的，处二百元以上五百元以下罚款；情节严重的，处五日以下拘留，可以并处五百元以下罚款。

第五十八条 违反关于社会生活噪声污染防治的法律规定，制造噪声干扰他人正常生活的，处警告；警告后不改正的，处二百元以上五百元以下罚款。

第五十九条 有下列行为之一的，处五百元以上一千元以下罚款；情节严重的，处五日以上十日以下拘留，并处五百元以上一千元以下罚款：

（一）典当业工作人员承接典当的物品，不查验有关证明、不履行登记手续，或者明知是违法犯罪嫌疑人、赃物，不向公安机关报告的；

（二）违反国家规定，收购铁路、油田、供电、电信、矿山、水利、测量和城市公用设施等废旧专用器材的；

（三）收购公安机关通报寻查的赃物或者有赃物嫌疑的物品的；

（四）收购国家禁止收购的其他物品的。

第六十条 有下列行为之一的，处五日以上十日以下拘留，并处二百元以上五百元以下罚款：

（一）隐藏、转移、变卖或者损毁行政执法机关依法扣押、查封、冻结的财物的；

（二）伪造、隐匿、毁灭证据或者提供虚假证言、谎报案情，影响行政执法机关依法办案的；

（三）明知是赃物而窝藏、转移或者代为销售的；

（四）被依法执行管制、剥夺政治权利或者在缓刑、暂予监外执行中的罪犯或者被依法采取刑事强制措施的人，有违反法律、行政法规或者国务院有关部门的监督管理规定的行为。

第六十一条 协助组织或者运送他人偷越国（边）境的，处十日以上十五日以下拘留，并处一千元以上五千元以下罚款。

第六十二条 为偷越国（边）境人员提供条件的，处五日以上十日以下拘留，并处五百元以上二千元以下罚款。

偷越国（边）境的，处五日以下拘留或者五百元以下罚款。

第六十三条 有下列行为之一的，处警告或者二百元以下罚款；情节较重的，处五日以上十日以下拘留，并处二百元以上五百元以下罚款：

（一）刻画、涂污或者以其他方式故意损坏国家保护的文物、名胜古迹的；

（二）违反国家规定，在文物保护单位附近进行爆破、挖掘等活动，危及文物安全的。

第六十四条 有下列行为之一的，处五百元以上一千元以下罚款；情节严重的，处十日以上十五日以下拘留，并处五百元以上一千元以下罚款：

（一）偷开他人机动车的；

（二）未取得驾驶证驾驶或者偷开他人航空器、机动船舶的。

第六十五条　有下列行为之一的，处五日以上十日以下拘留；情节严重的，处十日以上十五日以下拘留，可以并处一千元以下罚款：

（一）故意破坏、污损他人坟墓或者毁坏、丢弃他人尸骨、骨灰的；

（二）在公共场所停放尸体或者因停放尸体影响他人正常生活、工作秩序，不听劝阻的。

第六十六条　卖淫、嫖娼的，处十日以上十五日以下拘留，可以并处五千元以下罚款；情节较轻的，处五日以下拘留或者五百元以下罚款。

在公共场所拉客招嫖的，处五日以下拘留或者五百元以下罚款。

第六十七条　引诱、容留、介绍他人卖淫的，处十日以上十五日以下拘留，可以并处五千元以下罚款；情节较轻的，处五日以下拘留或者五百元以下罚款。

第六十八条　制作、运输、复制、出售、出租淫秽的书刊、图片、影片、音像制品等淫秽物品或者利用计算机信息网络、电话以及其他通讯工具传播淫秽信息的，处十日以上十五日以下拘留，可以并处三千元以下罚款；情节较轻的，处五日以下拘留或者五百元以下罚款。

第六十九条　有下列行为之一的，处十日以上十五日以下拘留，并处五百元以上一千元以下罚款：

（一）组织播放淫秽音像的；

（二）组织或者进行淫秽表演的；

（三）参与聚众淫乱活动的。

明知他人从事前款活动，为其提供条件的，依照前款的规定处罚。

第七十条　以营利为目的，为赌博提供条件的，或者参与赌博赌资较大的，处五日以下拘留或者五百元以下罚款；情节严重的，处十日以上十五日以下拘留，并处五百元以上三千元以下罚款。

第七十一条　有下列行为之一的，处十日以上十五日以下拘留，可以并处三千元以下罚款；情节较轻的，处五日以下拘留或者五百元以下罚款：

（一）非法种植罂粟不满五百株或者其他少量毒品原植物的；

（二）非法买卖、运输、携带、持有少量未经灭活的罂粟等毒品原植物种子或者幼苗的；

（三）非法运输、买卖、储存、使用少量罂粟壳的。

有前款第一项行为，在成熟前自行铲除的，不予处罚。

第七十二条　有下列行为之一的，处十日以上十五日以下拘留，可以并处二千元以下罚款；情节较轻的，处五日以下拘留或者五百元以下罚款：

（一）非法持有鸦片不满二百克、海洛因或者甲基苯丙胺不满十克或者其他少量毒品的；

（二）向他人提供毒品的；

（三）吸食、注射毒品的；

（四）胁迫、欺骗医务人员开具麻醉药品、精神药品的。

第七十三条　教唆、引诱、欺骗他人吸食、注射毒品的，处十日以上十五日以下拘留，并处五百元以上二千元以下罚款。

第七十四条　旅馆业、饮食服务业、文化娱乐业、出租汽车业等单位的人员，在公安机关查处吸毒、赌博、卖淫、嫖娼活动时，为违法犯罪行为人通风报信的，处十日以上十五日以下拘留。

第七十五条　饲养动物，干扰他人正常生活的，处警告；警告后不改正的，或者放任动物恐吓他人的，处二百元以上五百元以下罚款。

驱使动物伤害他人的，依照本法第四十三条第一款的规定处罚。

第七十六条　有本法第六十七条、第六十八条、第七十条的行为，屡教不改的，可以按照国家规定采取强制性教育措施。

第四章　处罚程序

第一节　调　　查

第七十七条　公安机关对报案、控告、举报或者违反治安管理行为人主动投案，以及其他行政主管部门、司法机关移送的违反治安管理案件，应当及时受理，并进行登记。

第七十八条　公安机关受理报案、控告、举报、投案后，认为属于违反治安管理行为的，应当立即进行调查；认为不属于违反治安管理行为的，应当告知报案人、控告人、举报人、投案人，并说明理由。

第七十九条　公安机关及其人民警察对治安案件的调查，应当依法进行。严禁刑讯逼供或者采用威胁、引诱、欺骗等非法手段收集证据。

以非法手段收集的证据不得作为处罚的根据。

第八十条　公安机关及其人民警察在办理治安案件时，对涉及的国家秘密、商业秘密或者个人隐私，应当予以保密。

第八十一条　人民警察在办理治安案件过程中，遇有下列情形之一的，应当回避；违反治安管理行为人、被侵害人或者其法定代理人也有权要求他们回避：

（一）是本案当事人或者当事人的近亲属的；

（二）本人或者其近亲属与本案有利害关系的；

（三）与本案当事人有其他关系，可能影响案件公正处理的。

人民警察的回避，由其所属的公安机关决定；公安机关负责人的回避，由上一级公安机关决定。

第八十二条　需要传唤违反治安管理行为人接受调查的，经公安机关办案部门负责人批准，使用传唤证传唤。对现场发现的违反治安管理行为人，人民警察经出示工作证件，可以口头传唤，但应当在询问笔录中注明。

公安机关应当将传唤的原因和依据告知被传唤人。对无正当理由不接受传唤或者逃避传唤的人，可以强制传唤。

第八十三条　对违反治安管理行为人，公安机关传唤后应当及时询问查证，询问查证的时间不得超过八小时；情况复杂，依照本法规定可能适用行政拘留处罚的，询问查证的时间不得超过二十四小时。

公安机关应当及时将传唤的原因和处所通知被传唤人家属。

第八十四条　询问笔录应当交被询问人核对；对没有阅读能力的，应当向其宣读。记载有遗漏或者差错的，被询问人可以提出补充或者更正。被询问人确认笔录无误后，应当签名或者盖章，询问的人民警察也应当在笔录上签名。

被询问人要求就被询问事项自行提供书面材料的，应当准许；必要时，人民警察也可以要求被询问人自行书写。

询问不满十六周岁的违反治安管理行为人，应当通知其父母或者其他监护人到场。

第八十五条　人民警察询问被侵害人或者其他证人，可以到其所在单位或者住处进行；必要时，也可以通知其到公安机关提供证言。

人民警察在公安机关以外询问被侵害人或者其他证人，应当出示工作证件。

询问被侵害人或者其他证人，同时适用本法第八十四条的规定。

第八十六条　询问聋哑的违反治安管理行为人、被侵害人或者其他证人，应当有通晓手语的人提供帮助，并在笔录上注明。

询问不通晓当地通用的语言文字的违反

治安管理行为人、被侵害人或者其他证人，应当配备翻译人员，并在笔录上注明。

第八十七条　公安机关对与违反治安管理行为有关的场所、物品、人身可以进行检查。检查时，人民警察不得少于二人，并应当出示工作证件和县级以上人民政府公安机关开具的检查证明文件。对确有必要立即进行检查的，人民警察经出示工作证件，可以当场检查，但检查公民住所应当出示县级以上人民政府公安机关开具的检查证明文件。

检查妇女的身体，应当由女性工作人员进行。

第八十八条　检查的情况应当制作检查笔录，由检查人、被检查人和见证人签名或者盖章；被检查人拒绝签名的，人民警察应当在笔录上注明。

第八十九条　公安机关办理治安案件，对与案件有关的需要作为证据的物品，可以扣押；对被侵害人或者善意第三人合法占有的财产，不得扣押，应当予以登记。对与案件无关的物品，不得扣押。

对扣押的物品，应当会同在场见证人和被扣押物品持有人查点清楚，当场开列清单一式二份，由调查人员、见证人和持有人签名或者盖章，一份交给持有人，另一份附卷备查。

对扣押的物品，应当妥善保管，不得挪作他用；对不宜长期保存的物品，按照有关规定处理。经查明与案件无关的，应当及时退还；经核实属于他人合法财产的，应当登记后立即退还；满六个月无人对该财产主张权利或者无法查清权利人的，应当公开拍卖或者按照国家有关规定处理，所得款项上缴国库。

第九十条　为了查明案情，需要解决案件中有争议的专门性问题的，应当指派或者聘请具有专门知识的人员进行鉴定；鉴定人鉴定后，应当写出鉴定意见，并且签名。

第二节　决　　定

第九十一条　治安管理处罚由县级以上人民政府公安机关决定；其中警告、五百元以下的罚款可以由公安派出所决定。

第九十二条　对决定给予行政拘留处罚的人，在处罚前已经采取强制措施限制人身自由的时间，应当折抵。限制人身自由一日，折抵行政拘留一日。

第九十三条　公安机关查处治安案件，对没有本人陈述，但其他证据能够证明案件事实的，可以作出治安管理处罚决定。但是，只有本人陈述，没有其他证据证明的，不能作出治安管理处罚决定。

第九十四条　公安机关作出治安管理处罚决定前，应当告知违反治安管理行为人作出治安管理处罚的事实、理由及依据，并告知违反治安管理行为人依法享有的权利。

违反治安管理行为人有权陈述和申辩。公安机关必须充分听取违反治安管理行为人的意见，对违反治安管理行为人提出的事实、理由和证据，应当进行复核；违反治安管理行为人提出的事实、理由或者证据成立的，公安机关应当采纳。

公安机关不得因违反治安管理行为人的陈述、申辩而加重处罚。

第九十五条　治安案件调查结束后，公安机关应当根据不同情况，分别作出以下处理：

（一）确有依法应当给予治安管理处罚的违法行为的，根据情节轻重及具体情况，作出处罚决定；

（二）依法不予处罚的，或者违法事实不能成立的，作出不予处罚决定；

（三）违法行为已涉嫌犯罪的，移送主管机关依法追究刑事责任；

（四）发现违反治安管理行为人有其他违法行为的，在对违反治安管理行为作出处罚决定的同时，通知有关行政主管部门处理。

第九十六条 公安机关作出治安管理处罚决定的，应当制作治安管理处罚决定书。决定书应当载明下列内容：

（一）被处罚人的姓名、性别、年龄、身份证件的名称和号码、住址；

（二）违法事实和证据；

（三）处罚的种类和依据；

（四）处罚的执行方式和期限；

（五）对处罚决定不服，申请行政复议、提起行政诉讼的途径和期限；

（六）作出处罚决定的公安机关的名称和作出决定的日期。

决定书应当由作出处罚决定的公安机关加盖印章。

第九十七条 公安机关应当向被处罚人宣告治安管理处罚决定书，并当场交付被处罚人；无法当场向被处罚人宣告的，应当在二日内送达被处罚人。决定给予行政拘留处罚的，应当及时通知被处罚人的家属。

有被侵害人的，公安机关应当将决定书副本抄送被侵害人。

第九十八条 公安机关作出吊销许可证以及处二千元以上罚款的治安管理处罚决定前，应当告知违反治安管理行为人有权要求举行听证；违反治安管理行为人要求听证的，公安机关应当及时依法举行听证。

第九十九条 公安机关办理治安案件的期限，自受理之日起不得超过三十日；案情重大、复杂的，经上一级公安机关批准，可以延长三十日。

为了查明案情进行鉴定的期间，不计入办理治安案件的期限。

第一百条 违反治安管理行为事实清楚，证据确凿，处警告或者二百元以下罚款的，可以当场作出治安管理处罚决定。

第一百零一条 当场作出治安管理处罚决定的，人民警察应当向违反治安管理行为人出示工作证件，并填写处罚决定书。处罚决定书应当当场交付被处罚人；有被侵害人的，并将决定书副本抄送被侵害人。

前款规定的处罚决定书，应当载明被处罚人的姓名、违法行为、处罚依据、罚款数额、时间、地点以及公安机关名称，并由经办的人民警察签名或者盖章。

当场作出治安管理处罚决定的，经办的人民警察应当在二十四小时内报所属公安机关备案。

第一百零二条 被处罚人对治安管理处罚决定不服的，可以依法申请行政复议或者提起行政诉讼。

第三节 执　　行

第一百零三条 对被决定给予行政拘留处罚的人，由作出决定的公安机关送达拘留所执行。

第一百零四条 受到罚款处罚的人应当自收到处罚决定书之日起十五日内，到指定的银行缴纳罚款。但是，有下列情形之一的，人民警察可以当场收缴罚款：

（一）被处五十元以下罚款，被处罚人对罚款无异议的；

（二）在边远、水上、交通不便地区，公安机关及其人民警察依照本法的规定作出罚款决定后，被处罚人向指定的银行缴纳罚款确有困难，经被处罚人提出的；

（三）被处罚人在当地没有固定住所，不当场收缴事后难以执行的。

第一百零五条 人民警察当场收缴的罚款，应当自收缴罚款之日起二日内，交至所属的公安机关；在水上、旅客列车上当场收缴的罚款，应当自抵岸或者到站之日起二日内，交至所属的公安机关；公安机关应当自收到罚款之日起二日内将罚款缴付指定的银行。

第一百零六条　人民警察当场收缴罚款的，应当向被处罚人出具省、自治区、直辖市人民政府财政部门统一制发的罚款收据；不出具统一制发的罚款收据的，被处罚人有权拒绝缴纳罚款。

第一百零七条　被处罚人不服行政拘留处罚决定，申请行政复议、提起行政诉讼的，可以向公安机关提出暂缓执行行政拘留的申请。公安机关认为暂缓执行行政拘留不致发生社会危险的，由被处罚人或者其近亲属提出符合本法第一百零八条规定条件的担保人，或者按每日行政拘留二百元的标准交纳保证金，行政拘留的处罚决定暂缓执行。

第一百零八条　担保人应当符合下列条件：

（一）与本案无牵连；

（二）享有政治权利，人身自由未受到限制；

（三）在当地有常住户口和固定住所；

（四）有能力履行担保义务。

第一百零九条　担保人应当保证被担保人不逃避行政拘留处罚的执行。

担保人不履行担保义务，致使被担保人逃避行政拘留处罚的执行的，由公安机关对其处三千元以下罚款。

第一百一十条　被决定给予行政拘留处罚的人交纳保证金，暂缓行政拘留后，逃避行政拘留处罚的执行的，保证金予以没收并上缴国库，已经作出的行政拘留决定仍应执行。

第一百一十一条　行政拘留的处罚决定被撤销，或者行政拘留处罚开始执行的，公安机关收取的保证金应当及时退还交纳人。

第五章　执法监督

第一百一十二条　公安机关及其人民警察应当依法、公正、严格、高效办理治安案件，文明执法，不得徇私舞弊。

第一百一十三条　公安机关及其人民警察办理治安案件，禁止对违反治安管理行为人打骂、虐待或者侮辱。

第一百一十四条　公安机关及其人民警察办理治安案件，应当自觉接受社会和公民的监督。

公安机关及其人民警察办理治安案件，不严格执法或者有违法违纪行为的，任何单位和个人都有权向公安机关或者人民检察院、行政监察机关检举、控告；收到检举、控告的机关，应当依据职责及时处理。

第一百一十五条　公安机关依法实施罚款处罚，应当依照有关法律、行政法规的规定，实行罚款决定与罚款收缴分离；收缴的罚款应当全部上缴国库。

第一百一十六条　人民警察办理治安案件，有下列行为之一的，依法给予行政处分；构成犯罪的，依法追究刑事责任：

（一）刑讯逼供、体罚、虐待、侮辱他人的；

（二）超过询问查证的时间限制人身自由的；

（三）不执行罚款决定与罚款收缴分离制度或者不按规定将罚没的财物上缴国库或者依法处理的；

（四）私分、侵占、挪用、故意损毁收缴、扣押的财物的；

（五）违反规定使用或者不及时返还被侵害人财物的；

（六）违反规定不及时退还保证金的；

（七）利用职务上的便利收受他人财物或者谋取其他利益的；

（八）当场收缴罚款不出具罚款收据或者不如实填写罚款数额的；

（九）接到要求制止违反治安管理行为的报警后，不及时出警的；

（十）在查处违反治安管理活动时，为违法犯罪行为人通风报信的；

（十一）有徇私舞弊、滥用职权，不依法履行法定职责的其他情形的。

办理治安案件的公安机关有前款所列行为的，对直接负责的主管人员和其他直接责任人员给予相应的行政处分。

第一百一十七条 公安机关及其人民警察违法行使职权，侵犯公民、法人和其他组织合法权益的，应当赔礼道歉；造成损害的，应当依法承担赔偿责任。

第六章 附 则

第一百一十八条 本法所称以上、以下、以内，包括本数。

第一百一十九条 本法自2006年3月1日起施行。1986年9月5日公布、1994年5月12日修订公布的《中华人民共和国治安管理处罚条例》同时废止。

中华人民共和国刑法（节录）

（1979 年 7 月 1 日第五届全国人民代表大会第二次会议通过，1979 年 7 月 6 日全国人民代表大会常务委员会委员长令第五号公布，自 1980 年 1 月 1 日起施行；根据 1997 年 3 月 14 日第八届全国人民代表大会第五次会议通过，1997 年 3 月 14 日中华人民共和国主席令第八十三号修订，自 1997 年 10 月 1 日起施行；根据 1999 年 12 月 25 日第九届全国人民代表大会常务委员会第十三次会议通过，1999 年 12 月 25 日中华人民共和国主席令第二十七号公布的《中华人民共和国刑法修正案》第一次修正；根据 2001 年 8 月 31 日第九届全国人民代表大会常务委员会第二十三次会议通过，2001 年 8 月 31 日中华人民共和国主席令第五十六号公布的《中华人民共和国刑法修正案（二）》第二次修正；根据 2001 年 12 月 29 日第九届全国人民代表大会常务委员会第二十五次会议通过，2001 年 12 月 29 日中华人民共和国主席令第六十四号公布的《中华人民共和国刑法修正案（三）》第三次修正；根据 2002 年 12 月 28 日第九届全国人民代表大会常务委员会第三十一次会议通过，2002 年 12 月 28 日中华人民共和国主席令第八十三号公布的《中华人民共和国刑法修正案（四）》第四次修正；根据 2005 年 2 月 28 日第十届全国人民代表大会常务委员会第十四次会议通过，2005 年 2 月 28 日中华人民共和国主席令第三十二号公布的《中华人民共和国刑法修正案（五）》第五次修正；根据 2006 年 6 月 29 日第十届全国人民代表大会常务委员会第二十二次会议通过，2006 年 6 月 29 日中华人民共和国主席令第五十一号公布的《中华人民共和国刑法修正案（六）》第六次修正；根据 2009 年 2 月 28 日第十一届全国人民代表大会常务委员会第七次会议通过，2009 年 2 月 28 日中华人民共和国主席令第十号公布的《中华人民共和国刑法修正案（七）》第七次修正；根据 2011 年 2 月 25 日第十一届全国人民代表大会常务委员会第十九次会议通过，2011 年 2 月 25 日中华人民共和国主席令第四十一号公布的《中华人民共和国刑法修正案（八）》第八次修正；根据 2015 年 8 月 29 日第十二届全国人民代表大会常务委员会第十六次会议通过，2015 年 8 月 29 日中华人民共和国主席令第三十号公布的《中华人民共和国刑法修正案（九）》第九次修正；根据 2017 年 11 月 4 日第十二届全国人民代表大会常务委员会第三十次会议通过，2017 年 11 月 4 日中华人民共和国主席令第八十号公布的《中华人民共和国刑法修正案（十）》第十次修正；根据 2020 年 12 月 26 日第十三届全国人民代表大会常务委员会第二十四次会议《中华人民共和国刑法修正案（十一）》第十一次修正）

第六条 凡在中华人民共和国领域内犯罪的，除法律有特别规定的以外，都适用本法。

凡在中华人民共和国船舶或者航空器内犯罪的，也适用本法。

犯罪的行为或者结果有一项发生在中华人民共和国领域内的，就认为是在中华人民共和国领域内犯罪。

第七条 中华人民共和国公民在中华人

民共和国领域外犯本法规定之罪的，适用本法，但是按本法规定的最高刑为三年以下有期徒刑的，可以不予追究。

中华人民共和国国家工作人员和军人在中华人民共和国领域外犯本法规定之罪的，适用本法。

第八条 外国人在中华人民共和国领域外对中华人民共和国国家或者公民犯罪，而按本法规定的最低刑为三年以上有期徒刑的，可以适用本法，但是按照犯罪地的法律不受处罚的除外。

第九条 对于中华人民共和国缔结或者参加的国际条约所规定的罪行，中华人民共和国在所承担条约义务的范围内行使刑事管辖权的，适用本法。

第十条 凡在中华人民共和国领域外犯罪，依照本法应当负刑事责任的，虽然经过外国审判，仍然可以依照本法追究，但是在外国已经受过刑罚处罚的，可以免除或者减轻处罚。

第十一条 享有外交特权和豁免权的外国人的刑事责任，通过外交途径解决。

第十二条 中华人民共和国成立以后本法施行以前的行为，如果当时的法律不认为是犯罪的，适用当时的法律；如果当时的法律认为是犯罪的，依照本法总则第四章第八节的规定应当追诉的，按照当时的法律追究刑事责任，但是如果本法不认为是犯罪或者处刑较轻的，适用本法。

本法施行以前，依照当时的法律已经作出的生效判决，继续有效。

第十三条 一切危害国家主权、领土完整和安全，分裂国家、颠覆人民民主专政的政权和推翻社会主义制度，破坏社会秩序和经济秩序，侵犯国有财产或者劳动群众集体所有的财产，侵犯公民私人所有的财产，侵犯公民的人身权利、民主权利和其他权利，以及其他危害社会的行为，依照法律应当受刑罚处罚的，都是犯罪，但是情节显著轻微危害不大的，不认为是犯罪。

第十四条 明知自己的行为会发生危害社会的结果，并且希望或者放任这种结果发生，因而构成犯罪的，是故意犯罪。

故意犯罪，应当负刑事责任。

第十五条 应当预见自己的行为可能发生危害社会的结果，因为疏忽大意而没有预见，或者已经预见而轻信能够避免，以致发生这种结果的，是过失犯罪。

过失犯罪，法律有规定的才负刑事责任。

第十六条 行为在客观上虽然造成了损害结果，但是不是出于故意或者过失，而是由于不能抗拒或者不能预见的原因所引起的，不是犯罪。

第十七条 【刑事责任年龄】已满十六周岁的人犯罪，应当负刑事责任。

已满十四周岁不满十六周岁的人，犯故意杀人、故意伤害致人重伤或者死亡、强奸、抢劫、贩卖毒品、放火、爆炸、投放危险物质罪的，应当负刑事责任。

已满十二周岁不满十四周岁的人，犯故意杀人、故意伤害罪，致人死亡或者以特别残忍手段致人重伤造成严重残疾，情节恶劣，经最高人民检察院核准追诉的，应当负刑事责任。

对依照前三款规定追究刑事责任的不满十八周岁的人，应当从轻或者减轻处罚。

因不满十六周岁不予刑事处罚的，责令其父母或者其他监护人加以管教；在必要的时候，依法进行专门矫治教育。

第十七条之一 已满七十五周岁的人故意犯罪的，可以从轻或者减轻处罚；过失犯罪的，应当从轻或者减轻处罚。

第十八条 精神病人在不能辨认或者不能控制自己行为的时候造成危害结果，经法定程序鉴定确认的，不负刑事责任，但是应当责令他的家属或者监护人严加看管和医疗；在必要的时候，由政府强制医疗。

间歇性的精神病人在精神正常的时候犯罪，应当负刑事责任。

尚未完全丧失辨认或者控制自己行为能力的精神病人犯罪的，应当负刑事责任，但是可以从轻或者减轻处罚。

醉酒的人犯罪，应当负刑事责任。

第十九条　又聋又哑的人或者盲人犯罪，可以从轻、减轻或者免除处罚。

第二十条　为了使国家、公共利益、本人或者他人的人身、财产和其他权利免受正在进行的不法侵害，而采取的制止不法侵害的行为，对不法侵害人造成损害的，属于正当防卫，不负刑事责任。

正当防卫明显超过必要限度造成重大损害的，应当负刑事责任，但是应当减轻或者免除处罚。

对正在进行行凶、杀人、抢劫、强奸、绑架以及其他严重危及人身安全的暴力犯罪，采取防卫行为，造成不法侵害人伤亡的，不属于防卫过当，不负刑事责任。

第二十一条　为了使国家、公共利益、本人或者他人的人身、财产和其他权利免受正在发生的危险，不得已采取的紧急避险行为，造成损害的，不负刑事责任。

紧急避险超过必要限度造成不应有的损害的，应当负刑事责任，但是应当减轻或者免除处罚。

第一款中关于避免本人危险的规定，不适用于职务上、业务上负有特定责任的人。

第二十二条　为了犯罪，准备工具、制造条件的，是犯罪预备。

对于预备犯，可以比照既遂犯从轻、减轻处罚或者免除处罚。

第二十三条　已经着手实行犯罪，由于犯罪分子意志以外的原因而未得逞的，是犯罪未遂。

对于未遂犯，可以比照既遂犯从轻或者减轻处罚。

第二十四条　在犯罪过程中，自动放弃犯罪或者自动有效地防止犯罪结果发生的，是犯罪中止。

对于中止犯，没有造成损害的，应当免除处罚；造成损害的，应当减轻处罚。

第二十五条　共同犯罪是指二人以上共同故意犯罪。

二人以上共同过失犯罪，不以共同犯罪论处；应当负刑事责任的，按照他们所犯的罪分别处罚。

第二十六条　组织、领导犯罪集团进行犯罪活动的或者在共同犯罪中起主要作用的，是主犯。

三人以上为共同实施犯罪而组成的较为固定的犯罪组织，是犯罪集团。

对组织、领导犯罪集团的首要分子，按照集团所犯的全部罪行处罚。

对于第三款规定以外的主犯，应当按照其所参与的或者组织、指挥的全部犯罪处罚。

第二十七条　在共同犯罪中起次要或者辅助作用的，是从犯。

对于从犯，应当从轻、减轻处罚或者免除处罚。

第二十八条　对于被胁迫参加犯罪的，应当按照他的犯罪情节减轻处罚或者免除处罚。

第二十九条　教唆他人犯罪的，应当按照他在共同犯罪中所起的作用处罚。教唆不满十八周岁的人犯罪的，应当从重处罚。

如果被教唆的人没有犯被教唆的罪，对于教唆犯，可以从轻或者减轻处罚。

第三十五条　对于犯罪的外国人，可以独立适用或者附加适用驱逐出境。

第三十六条　由于犯罪行为而使被害人遭受经济损失的，对犯罪分子除依法给予刑事处罚外，并应根据情况判处赔偿经济损失。

承担民事赔偿责任的犯罪分子，同时被判处罚金，其财产不足以全部支付的，或者被判处没收财产的，应当先承担对被害人的民事赔偿责任。

第三十七条 对于犯罪情节轻微不需要判处刑罚的，可以免予刑事处罚，但是可以根据案件的不同情况，予以训诫或者责令具结悔过、赔礼道歉、赔偿损失，或者由主管部门予以行政处罚或者行政处分。

第三十七条之一 因利用职业便利实施犯罪，或者实施违背职业要求的特定义务的犯罪被判处刑罚的，人民法院可以根据犯罪情况和预防再犯罪的需要，禁止其自刑罚执行完毕之日或者假释之日起从事相关职业，期限为三年至五年。

被禁止从事相关职业的人违反人民法院依照前款规定作出的决定的，由公安机关依法给予处罚；情节严重的，依照本法第三百一十三条的规定定罪处罚。

其他法律、行政法规对其从事相关职业另有禁止或者限制性规定的，从其规定。

第六十一条 对于犯罪分子决定刑罚的时候，应当根据犯罪的事实、犯罪的性质、情节和对于社会的危害程度，依照本法的有关规定判处。

第六十二条 犯罪分子具有本法规定的从重处罚、从轻处罚情节的，应当在法定刑的限度以内判处刑罚。

第六十三条 犯罪分子具有本法规定的减轻处罚情节的，应当在法定刑以下判处刑罚；本法规定有数个量刑幅度的，应当在法定量刑幅度的下一个量刑幅度内判处刑罚。

犯罪分子虽然不具有本法规定的减轻处罚情节，但是根据案件的特殊情况，经最高人民法院核准，也可以在法定刑以下判处刑罚。

第六十四条 犯罪分子违法所得的一切财物，应当予以追缴或者责令退赔；对被害人的合法财产，应当及时返还；违禁品和供犯罪所用的本人财物，应当予以没收。没收的财物和罚金，一律上缴国库，不得挪用和自行处理。

第八十七条 犯罪经过下列期限不再追诉：

（一）法定最高刑为不满五年有期徒刑的，经过五年；

（二）法定最高刑为五年以上不满十年有期徒刑的，经过十年；

（三）法定最高刑为十年以上有期徒刑的，经过十五年；

（四）法定最高刑为无期徒刑、死刑的，经过二十年。如果二十年以后认为必须追诉的，须报请最高人民检察院核准。

第八十八条 在人民检察院、公安机关、国家安全机关立案侦查或者在人民法院受理案件以后，逃避侦查或者审判的，不受追诉期限的限制。

被害人在追诉期限内提出控告，人民法院、人民检察院、公安机关应当立案而不予立案的，不受追诉期限的限制。

第八十九条 追诉期限从犯罪之日起计算；犯罪行为有连续或者继续状态的，从犯罪行为终了之日起计算。

在追诉期限以内又犯罪的，前罪追诉的期限从犯后罪之日起计算。

第一百三十四条 【重大责任事故罪】在生产、作业中违反有关安全管理的规定，因而发生重大伤亡事故或者造成其他严重后果的，处三年以下有期徒刑或者拘役；情节特别恶劣的，处三年以上七年以下有期徒刑。

【强令违章冒险作业罪】强令他人违章冒险作业，或者明知存在重大事故隐患而不排除，仍冒险组织作业，因而发生重大伤亡事故或者造成其他严重后果的，处五年以下有期徒刑或者拘役；情节特别恶劣的，处五年以上有期徒刑。

第一百三十四条之一 在生产、作业中违反有关安全管理的规定，有下列情形之一，具有发生重大伤亡事故或者其他严重后果的现实危险的，处一年以下有期徒刑、拘役或者管制：

（一）关闭、破坏直接关系生产安全的监控、报警、防护、救生设备、设施，或者篡改、隐瞒、销毁其相关数据、信息的；

（二）因存在重大事故隐患被依法责令停产停业、停止施工、停止使用有关设备、设施、场所或者立即采取排除危险的整改措施，而拒不执行的；

（三）涉及安全生产的事项未经依法批准或者许可，擅自从事矿山开采、金属冶炼、建筑施工，以及危险物品生产、经营、储存等高度危险的生产作业活动的。

第一百三十五条　【重大劳动安全事故罪】安全生产设施或者安全生产条件不符合国家规定，因而发生重大伤亡事故或者造成其他严重后果的，对直接负责的主管人员和其他直接责任人员，处三年以下有期徒刑或者拘役；情节特别恶劣的，处三年以上七年以下有期徒刑。

第一百三十六条　【危险物品肇事罪】违反爆炸性、易燃性、放射性、毒害性、腐蚀性物品的管理规定，在生产、储存、运输、使用中发生重大事故，造成严重后果的，处三年以下有期徒刑或者拘役；后果特别严重的，处三年以上七年以下有期徒刑。

第一百四十三条　【生产、销售不符合安全标准的食品罪】生产、销售不符合食品安全标准的食品，足以造成严重食物中毒事故或者其他严重食源性疾病的，处三年以下有期徒刑或者拘役，并处罚金；对人体健康造成严重危害或者有其他严重情节的，处三年以上七年以下有期徒刑，并处罚金；后果特别严重的，处七年以上有期徒刑或者无期徒刑，并处罚金或者没收财产。

第一百四十四条　【生产、销售有毒、有害食品罪】在生产、销售的食品中掺入有毒、有害的非食品原料的，或者销售明知掺有有毒、有害的非食品原料的食品的，处五年以下有期徒刑，并处罚金；对人体健康造成严重危害或者有其他严重情节的，处五年以上十年以下有期徒刑，并处罚金；致人死亡或者有其他特别严重情节的，依照本法第一百四十一条的规定处罚。

第一百五十一条　【走私珍贵动物、珍贵动物制品罪】走私国家禁止出口的文物、黄金、白银和其他贵重金属或者国家禁止进出口的珍贵动物及其制品的，处五年以上十年以下有期徒刑，并处罚金；情节特别严重的，处十年以上有期徒刑或者无期徒刑，并处没收财产；情节较轻的，处五年以下有期徒刑，并处罚金。

第二百二十五条　【非法经营罪】违反国家规定，有下列非法经营行为之一，扰乱市场秩序，情节严重的，处五年以下有期徒刑或者拘役，并处或者单处违法所得一倍以上五倍以下罚金；情节特别严重的，处五年以上有期徒刑，并处违法所得一倍以上五倍以下罚金或者没收财产：

（一）未经许可经营法律、行政法规规定的专营、专卖物品或者其他限制买卖的物品的；

（二）买卖进出口许可证、进出口原产地证明以及其他法律、行政法规规定的经营许可证或者批准文件的；

（三）未经国家有关主管部门批准非法经营证券、期货、保险业务的，或者非法从事资金支付结算业务的；

（四）其他严重扰乱市场秩序的非法经营行为。

第二百四十二条　【妨害公务罪】以暴力、威胁方法阻碍国家机关工作人员解救被收买的妇女、儿童的，依照本法第二百七十七条的规定定罪处罚。

第二百八十条　【伪造、变造、买卖国家机关公文、证件、印章罪】【盗窃、抢夺、毁灭国家机关公文、证件、印章罪】伪造、变造、买卖或者盗窃、抢夺、毁灭国家机关的公文、证件、印章的，处三年以下有期徒刑、拘役、管制或者剥夺政治权利，并处罚金；情节严重的，处三年以上十年以下有期徒刑，并处罚金。

第二百九十四条 【组织、领导、参加黑社会性质组织罪】组织、领导黑社会性质的组织的，处七年以上有期徒刑，并处没收财产；积极参加的，处三年以上七年以下有期徒刑，可以并处罚金或者没收财产；其他参加的，处三年以下有期徒刑、拘役、管制或者剥夺政治权利，可以并处罚金。

【入境发展黑社会组织罪】境外的黑社会组织的人员到中华人民共和国境内发展组织成员的，处三年以上十年以下有期徒刑。

【包庇、纵容黑社会性质组织罪】国家机关工作人员包庇黑社会性质的组织，或者纵容黑社会性质的组织进行违法犯罪活动的，处五年以下有期徒刑；情节严重的，处五年以上有期徒刑。

犯前三款罪又有其他犯罪行为的，依照数罪并罚的规定处罚。

黑社会性质的组织应当同时具备以下特征：

（一）形成较稳定的犯罪组织，人数较多，有明确的组织者、领导者，骨干成员基本固定；

（二）有组织地通过违法犯罪活动或者其他手段获取经济利益，具有一定的经济实力，以支持该组织的活动；

（三）以暴力、威胁或者其他手段，有组织地多次进行违法犯罪活动，为非作恶，欺压、残害群众；

（四）通过实施违法犯罪活动，或者利用国家工作人员的包庇或者纵容，称霸一方，在一定区域或者行业内，形成非法控制或者重大影响，严重破坏经济、社会生活秩序。

第二百九十五条 【传授犯罪方法罪】传授犯罪方法的，处五年以下有期徒刑、拘役或者管制；情节严重的，处五年以上十年以下有期徒刑；情节特别严重的，处十年以上有期徒刑或者无期徒刑。

第三百一十二条 【掩饰、隐瞒犯罪所得、犯罪所得收益罪】明知是犯罪所得及其产生的收益而予以窝藏、转移、收购、代为销售或者以其他方法掩饰、隐瞒的，处三年以下有期徒刑、拘役或者管制，并处或者单处罚金；情节严重的，处三年以上七年以下有期徒刑，并处罚金。

单位犯前款罪的，对单位判处罚金，并对其直接负责的主管人员和其他直接责任人员，依照前款的规定处罚。

第三百二十二条 【偷越国（边）境罪】违反国（边）境管理法规，偷越国（边）境，情节严重的，处一年以下有期徒刑、拘役或者管制，并处罚金；为参加恐怖活动组织、接受恐怖活动培训或者实施恐怖活动，偷越国（边）境的，处一年以上三年以下有期徒刑，并处罚金。

第三百三十七条 【妨害动植物防疫、检疫罪】违反有关动植物防疫、检疫的国家规定，引起重大动植物疫情的，或者有引起重大动植物疫情危险，情节严重的，处三年以下有期徒刑或者拘役，并处或者单处罚金。

单位犯前款罪的，对单位判处罚金，并对其直接负责的主管人员和其他直接责任人员，依照前款的规定处罚。

第三百三十八条 【污染环境罪】违反国家规定，排放、倾倒或者处置有放射性的废物、含传染病病原体的废物、有毒物质或者其他有害物质，严重污染环境的，处三年以下有期徒刑或者拘役，并处或者单处罚金；情节严重的，处三年以上七年以下有期徒刑，并处罚金；有下列情形之一的，处七年以上有期徒刑，并处罚金：

（一）在饮用水水源保护区、自然保护地核心保护区等依法确定的重点保护区域排放、倾倒、处置有放射性的废物、含传染病病原体的废物、有毒物质，情节特别严重的；

（二）向国家确定的重要江河、湖泊水域排放、倾倒、处置有放射性的废物、含传染病病原体的废物、有毒物质，情节特别严重的；

（三）致使大量永久基本农田基本功能丧失或者遭受永久性破坏的；

（四）致使多人重伤、严重疾病，或者致人严重残疾、死亡的。

有前款行为，同时构成其他犯罪的，依照处罚较重的规定定罪处罚。

第三百四十条　【非法捕捞水产品罪】违反保护水产资源法规，在禁渔区、禁渔期或者使用禁用的工具、方法捕捞水产品，情节严重的，处三年以下有期徒刑、拘役、管制或者罚金。

第三百四十一条　【非法猎捕、杀害珍贵、濒危野生动物罪】【非法收购、运输、出售珍贵、濒危野生动物、珍贵、濒危野生动物制品罪】非法猎捕、杀害国家重点保护的珍贵、濒危野生动物的，或者非法收购、运输、出售国家重点保护的珍贵、濒危野生动物及其制品的，处五年以下有期徒刑或者拘役，并处罚金；情节严重的，处五年以上十年以下有期徒刑，并处罚金；情节特别严重的，处十年以上有期徒刑，并处罚金或者没收财产。

【非法狩猎罪】违反狩猎法规，在禁猎区、禁猎期或者使用禁用的工具、方法进行狩猎，破坏野生动物资源，情节严重的，处三年以下有期徒刑、拘役、管制或者罚金。

违反野生动物保护管理法规，以食用为目的非法猎捕、收购、运输、出售第一款规定以外的在野外环境自然生长繁殖的陆生野生动物，情节严重的，依照前款的规定处罚。

第三百九十七条　【滥用职权罪】【玩忽职守罪】国家机关工作人员滥用职权或者玩忽职守，致使公共财产、国家和人民利益遭受重大损失的，处三年以下有期徒刑或者拘役；情节特别严重的，处三年以上七年以下有期徒刑。本法另有规定的，依照规定。

国家机关工作人员徇私舞弊，犯前款罪的，处五年以下有期徒刑或者拘役；情节特别严重的，处五年以上十年以下有期徒刑。本法另有规定的，依照规定。

第四百零二条　【徇私舞弊不移交刑事案件罪】行政执法人员徇私舞弊，对依法应当移交司法机关追究刑事责任的不移交，情节严重的，处三年以下有期徒刑或者拘役；造成严重后果的，处三年以上七年以下有期徒刑。

第四百零八条　【环境监管失职罪】负有环境保护监督管理职责的国家机关工作人员严重不负责任，导致发生重大环境污染事故，致使公私财产遭受重大损失或者造成人身伤亡的严重后果的，处三年以下有期徒刑或者拘役。

第四百零八条之一　【食品监管渎职罪】负有食品药品安全监督管理职责的国家机关工作人员，滥用职权或者玩忽职守，有下列情形之一，造成严重后果或者有其他严重情节的，处五年以下有期徒刑或者拘役；造成特别严重后果或者有其他特别严重情节的，处五年以上十年以下有期徒刑：

（一）瞒报、谎报食品安全事故、药品安全事件的；

（二）对发现的严重食品药品安全违法行为未按规定查处的；

（三）在药品和特殊食品审批审评过程中，对不符合条件的申请准予许可的；

（四）依法应当移交司法机关追究刑事责任不移交的；

（五）有其他滥用职权或者玩忽职守行为的。

徇私舞弊犯前款罪的，从重处罚。

中华人民共和国刑事诉讼法（节录）

（1979年7月1日第五届全国人民代表大会第二次会议通过，1979年7月7日全国人民代表大会常务委员会委员长令第六号公布，自1980年1月1日起施行；根据1996年3月17日第八届全国人民代表大会第四次会议通过，1996年3月17日中华人民共和国主席令第六十四号公布的《关于修改〈中华人民共和国刑事诉讼法〉的决定》第一次修正；根据2012年3月14日第十一届全国人民代表大会第五次会议通过，2012年3月14日中华人民共和国主席令第五十五号公布的《关于修改〈中华人民共和国刑事诉讼法〉的决定》第二次修正；根据2018年10月26日第十三届全国人民代表大会常务委员会第六次会议通过，2018年10月26日中华人民共和国主席令第十号公布的《关于修改〈中华人民共和国刑事诉讼法〉的决定》第三次修正）

第五十条 可以用于证明案件事实的材料，都是证据。

证据包括：

（一）物证；

（二）书证；

（三）证人证言；

（四）被害人陈述；

（五）犯罪嫌疑人、被告人供述和辩解；

（六）鉴定意见；

（七）勘验、检查、辨认、侦查实验等笔录；

（八）视听资料、电子数据。

证据必须经过查证属实，才能作为定案的根据。

第五十四条 人民法院、人民检察院和公安机关有权向有关单位和个人收集、调取证据。有关单位和个人应当如实提供证据。

行政机关在行政执法和查办案件过程中收集的物证、书证、视听资料、电子数据等证据材料，在刑事诉讼中可以作为证据使用。

对涉及国家秘密、商业秘密、个人隐私的证据，应当保密。

凡是伪造证据、隐匿证据或者毁灭证据的，无论属于何方，必须受法律追究。

第八十二条 公安机关对于现行犯或者重大嫌疑分子，如果有下列情形之一的，可以先行拘留：

（一）正在预备犯罪、实行犯罪或者在犯罪后即时被发觉的；

（二）被害人或者在场亲眼看见的人指认他犯罪的；

（三）在身边或者住处发现有犯罪证据的；

（四）犯罪后企图自杀、逃跑或者在逃的；

（五）有毁灭、伪造证据或者串供可能的；

（六）不讲真实姓名、住址，身份不明的；

（七）有流窜作案、多次作案、结伙作案重大嫌疑的。

第一百零一条 被害人由于被告人的犯罪行为而遭受物质损失的，在刑事诉讼过程中，有权提起附带民事诉讼。被害人死亡或者丧失行为能力的，被害人的法定代理人、近亲属有权提起附带民事诉讼。

如果是国家财产、集体财产遭受损失的，人民检察院在提起公诉的时候，可以提起附带民事诉讼。

第一百七十七条　犯罪嫌疑人没有犯罪事实，或者有本法第十六条规定的情形之一的，人民检察院应当作出不起诉决定。

对于犯罪情节轻微，依照刑法规定不需要判处刑罚或者免除刑罚的，人民检察院可以作出不起诉决定。

人民检察院决定不起诉的案件，应当同时对侦查中查封、扣押、冻结的财物解除查封、扣押、冻结。对被不起诉人需要给予行政处罚、处分或者需要没收其违法所得的，人民检察院应当提出检察意见，移送有关主管机关处理。有关主管机关应当将处理结果及时通知人民检察院。

中华人民共和国民法典（节录）

（2020 年 5 月 28 日第十三届全国人民代表大会第三次会议通过）

第一编　总　　则

第一章　基本规定

第九条　民事主体从事民事活动，应当有利于节约资源、保护生态环境。

第五章　民事权利

第一百三十二条　民事主体不得滥用民事权利损害国家利益、社会公共利益或者他人合法权益。

第八章　民事责任

第一百七十九条　承担民事责任的方式主要有：

（一）停止侵害；

（二）排除妨碍；

（三）消除危险；

（四）返还财产；

（五）恢复原状；

（六）修理、重作、更换；

（七）继续履行；

（八）赔偿损失；

（九）支付违约金；

（十）消除影响、恢复名誉；

（十一）赔礼道歉。

法律规定惩罚性赔偿的，依照其规定。

本条规定的承担民事责任的方式，可以单独适用，也可以合并适用。

第一百八十条　因不可抗力不能履行民事义务的，不承担民事责任。法律另有规定的，依照其规定。

不可抗力是不能预见、不能避免且不能克服的客观情况。

第一百八十七条　民事主体因同一行为应当承担民事责任、行政责任和刑事责任的，承担行政责任或者刑事责任不影响承担民事责任；民事主体的财产不足以支付的，优先用于承担民事责任。

第九章　诉讼时效

第一百八十八条　向人民法院请求保护民事权利的诉讼时效期间为三年。法律另有规定的，依照其规定。

诉讼时效期间自权利人知道或者应当知道权利受到损害以及义务人之日起计算。法律另有规定的，依照其规定。但是，自权利受到损害之日起超过二十年的，人民法院不予保护，有特殊情况的，人民法院可以根据权利人的申请决定延长。

第二编　物　　权

第一分编　通　　则

第一章　一般规定

第二百零五条　本编调整因物的归属和利用产生的民事关系。

第二百零六条　国家坚持和完善公有制为主体、多种所有制经济共同发展，按劳分配为主体、多种分配方式并存，社会主义市场经济体制等社会主义基本经济制度。

国家巩固和发展公有制经济，鼓励、支

持和引导非公有制经济的发展。

国家实行社会主义市场经济，保障一切市场主体的平等法律地位和发展权利。

第二百零七条　国家、集体、私人的物权和其他权利人的物权受法律平等保护，任何组织或者个人不得侵犯。

第二百零八条　不动产物权的设立、变更、转让和消灭，应当依照法律规定登记。动产物权的设立和转让，应当依照法律规定交付。

第二章　物权的设立、变更、转让和消灭

第一节　不动产登记

第二百零九条　不动产物权的设立、变更、转让和消灭，经依法登记，发生效力；未经登记，不发生效力，但是法律另有规定的除外。

依法属于国家所有的自然资源，所有权可以不登记。

第二百一十条　不动产登记，由不动产所在地的登记机构办理。

国家对不动产实行统一登记制度。统一登记的范围、登记机构和登记办法，由法律、行政法规规定。

第二百一十一条　当事人申请登记，应当根据不同登记事项提供权属证明和不动产界址、面积等必要材料。

第二百一十二条　登记机构应当履行下列职责：

（一）查验申请人提供的权属证明和其他必要材料；

（二）就有关登记事项询问申请人；

（三）如实、及时登记有关事项；

（四）法律、行政法规规定的其他职责。

申请登记的不动产的有关情况需要进一步证明的，登记机构可以要求申请人补充材料，必要时可以实地查看。

第二百一十三条　登记机构不得有下列行为：

（一）要求对不动产进行评估；

（二）以年检等名义进行重复登记；

（三）超出登记职责范围的其他行为。

第二百一十四条　不动产物权的设立、变更、转让和消灭，依照法律规定应当登记的，自记载于不动产登记簿时发生效力。

第二百一十五条　当事人之间订立有关设立、变更、转让和消灭不动产物权的合同，除法律另有规定或者当事人另有约定外，自合同成立时生效；未办理物权登记的，不影响合同效力。

第二百一十六条　不动产登记簿是物权归属和内容的根据。

不动产登记簿由登记机构管理。

第二百一十七条　不动产权属证书是权利人享有该不动产物权的证明。不动产权属证书记载的事项，应当与不动产登记簿一致；记载不一致的，除有证据证明不动产登记簿确有错误外，以不动产登记簿为准。

第二百一十八条　权利人、利害关系人可以申请查询、复制不动产登记资料，登记机构应当提供。

第二百一十九条　利害关系人不得公开、非法使用权利人的不动产登记资料。

第二百二十条　权利人、利害关系人认为不动产登记簿记载的事项错误的，可以申请更正登记。不动产登记簿记载的权利人书面同意更正或者有证据证明登记确有错误的，登记机构应当予以更正。

不动产登记簿记载的权利人不同意更正的，利害关系人可以申请异议登记。登记机构予以异议登记，申请人自异议登记之日起十五日内不提起诉讼的，异议登记失效。异议登记不当，造成权利人损害的，权利人可以向申请人请求损害赔偿。

第二百二十一条　当事人签订买卖房屋的协议或者签订其他不动产物权的协议，为保障将来实现物权，按照约定可以向登记机构申请预告登记。预告登记后，未经预告登

记的权利人同意，处分该不动产的，不发生物权效力。

预告登记后，债权消灭或者自能够进行不动产登记之日起九十日内未申请登记的，预告登记失效。

第二百二十二条 当事人提供虚假材料申请登记，造成他人损害的，应当承担赔偿责任。

因登记错误，造成他人损害的，登记机构应当承担赔偿责任。登记机构赔偿后，可以向造成登记错误的人追偿。

第二百二十三条 不动产登记费按件收取，不得按照不动产的面积、体积或者价款的比例收取。

第二节 动产交付

第二百二十四条 动产物权的设立和转让，自交付时发生效力，但是法律另有规定的除外。

第二百二十五条 船舶、航空器和机动车等的物权的设立、变更、转让和消灭，未经登记，不得对抗善意第三人。

第二百二十六条 动产物权设立和转让前，权利人已经占有该动产的，物权自民事法律行为生效时发生效力。

第二百二十七条 动产物权设立和转让前，第三人占有该动产的，负有交付义务的人可以通过转让请求第三人返还原物的权利代替交付。

第二百二十八条 动产物权转让时，当事人又约定由出让人继续占有该动产的，物权自该约定生效时发生效力。

第三节 其他规定

第二百二十九条 因人民法院、仲裁机构的法律文书或者人民政府的征收决定等，导致物权设立、变更、转让或者消灭的，自法律文书或者征收决定等生效时发生效力。

第二百三十条 因继承取得物权的，自继承开始时发生效力。

第二百三十一条 因合法建造、拆除房屋等事实行为设立或者消灭物权的，自事实行为成就时发生效力。

第二百三十二条 处分依照本节规定享有的不动产物权，依照法律规定需要办理登记的，未经登记，不发生物权效力。

第三章 物权的保护

第二百三十三条 物权受到侵害的，权利人可以通过和解、调解、仲裁、诉讼等途径解决。

第二百三十四条 因物权的归属、内容发生争议的，利害关系人可以请求确认权利。

第二百三十五条 无权占有不动产或者动产的，权利人可以请求返还原物。

第二百三十六条 妨害物权或者可能妨害物权的，权利人可以请求排除妨害或者消除危险。

第二百三十七条 造成不动产或者动产毁损的，权利人可以依法请求修理、重作、更换或者恢复原状。

第二百三十八条 侵害物权，造成权利人损害的，权利人可以依法请求损害赔偿，也可以依法请求承担其他民事责任。

第二百三十九条 本章规定的物权保护方式，可以单独适用，也可以根据权利被侵害的情形合并适用。

第二分编 所有权

第四章 一般规定

第二百四十三条 为了公共利益的需要，依照法律规定的权限和程序可以征收集体所有的土地和组织、个人的房屋以及其他不动产。

征收集体所有的土地，应当依法及时足额支付土地补偿费、安置补助费以及农村村民住宅、其他地上附着物和青苗等的补偿费用，并安排被征地农民的社会保障费用，保障被征地农民的生活，维护被征地农民的合法权益。

征收组织、个人的房屋以及其他不动产，应当依法给予征收补偿，维护被征收人的合法权益；征收个人住宅的，还应当保障被征收人的居住条件。

任何组织或者个人不得贪污、挪用、私分、截留、拖欠征收补偿费等费用。

第二百四十四条　国家对耕地实行特殊保护，严格限制农用地转为建设用地，控制建设用地总量。不得违反法律规定的权限和程序征收集体所有的土地。

第二百四十五条　因抢险救灾、疫情防控等紧急需要，依照法律规定的权限和程序可以征用组织、个人的不动产或者动产。被征用的不动产或者动产使用后，应当返还被征用人。组织、个人的不动产或者动产被征用或者征用后毁损、灭失的，应当给予补偿。

第五章　国家所有权和集体所有权、私人所有权

第二百四十六条　法律规定属于国家所有的财产，属于国家所有即全民所有。

国有财产由国务院代表国家行使所有权。法律另有规定的，依照其规定。

第二百四十七条　矿藏、水流、海域属于国家所有。

第二百四十九条　城市的土地，属于国家所有。法律规定属于国家所有的农村和城市郊区的土地，属于国家所有。

第二百五十条　森林、山岭、草原、荒地、滩涂等自然资源，属于国家所有，但是法律规定属于集体所有的除外。

第二百五十一条　法律规定属于国家所有的野生动植物资源，属于国家所有。

第二百五十二条　无线电频谱资源属于国家所有。

第二百六十条　集体所有的不动产和动产包括：

（一）法律规定属于集体所有的土地和森林、山岭、草原、荒地、滩涂；

（二）集体所有的建筑物、生产设施、农田水利设施；

（三）集体所有的教育、科学、文化、卫生、体育等设施；

（四）集体所有的其他不动产和动产。

第二百六十二条　对于集体所有的土地和森林、山岭、草原、荒地、滩涂等，依照下列规定行使所有权：

（一）属于村农民集体所有的，由村集体经济组织或者村民委员会依法代表集体行使所有权；

（二）分别属于村内两个以上农民集体所有的，由村内各该集体经济组织或者村民小组依法代表集体行使所有权；

（三）属于乡镇农民集体所有的，由乡镇集体经济组织代表集体行使所有权。

第二百六十六条　私人对其合法的收入、房屋、生活用品、生产工具、原材料等不动产和动产享有所有权。

第二百六十七条　私人的合法财产受法律保护，禁止任何组织或者个人侵占、哄抢、破坏。

第三分编　用益物权

第十章　一般规定

第三百二十四条　国家所有或者国家所有由集体使用以及法律规定属于集体所有的自然资源，组织、个人依法可以占有、使用和收益。

第三百二十五条　国家实行自然资源有偿使用制度，但是法律另有规定的除外。

第三百二十六条　用益物权人行使权利，应当遵守法律有关保护和合理开发利用资源、保护生态环境的规定。所有权人不得干涉用益物权人行使权利。

第三百二十七条　因不动产或者动产被

征收、征用致使用益物权消灭或者影响用益物权行使的，用益物权人有权依据本法第二百四十三条、第二百四十五条的规定获得相应补偿。

第三百二十八条 依法取得的海域使用权受法律保护。

第三百二十九条 依法取得的探矿权、采矿权、取水权和使用水域、滩涂从事养殖、捕捞的权利受法律保护。

第七编 侵权责任

第一章 一般规定

第一千一百六十五条 行为人因过错侵害他人民事权益造成损害的，应当承担侵权责任。

依照法律规定推定行为人有过错，其不能证明自己没有过错的，应当承担侵权责任。

第一千一百六十六条 行为人造成他人民事权益损害，不论行为人有无过错，法律规定应当承担侵权责任的，依照其规定。

第四章 产品责任

第一千二百零二条 因产品存在缺陷造成他人损害的，生产者应当承担侵权责任。

第一千二百零三条 因产品存在缺陷造成他人损害的，被侵权人可以向产品的生产者请求赔偿，也可以向产品的销售者请求赔偿。

产品缺陷由生产者造成的，销售者赔偿后，有权向生产者追偿。因销售者的过错使产品存在缺陷的，生产者赔偿后，有权向销售者追偿。

第七章 环境污染和生态破坏责任

第一千二百二十九条 因污染环境、破坏生态造成他人损害的，侵权人应当承担侵权责任。

第一千二百三十条 因污染环境、破坏生态发生纠纷，行为人应当就法律规定的不承担责任或者减轻责任的情形及其行为与损害之间不存在因果关系承担举证责任。

第一千二百三十一条 两个以上侵权人污染环境、破坏生态的，承担责任的大小，根据污染物的种类、浓度、排放量，破坏生态的方式、范围、程度，以及行为对损害后果所起的作用等因素确定。

第一千二百三十二条 侵权人违反法律规定故意污染环境、破坏生态造成严重后果的，被侵权人有权请求相应的惩罚性赔偿。

第一千二百三十三条 因第三人的过错污染环境、破坏生态的，被侵权人可以向侵权人请求赔偿，也可以向第三人请求赔偿。侵权人赔偿后，有权向第三人追偿。

第一千二百三十四条 违反国家规定造成生态环境损害，生态环境能够修复的，国家规定的机关或者法律规定的组织有权请求侵权人在合理期限内承担修复责任。侵权人在期限内未修复的，国家规定的机关或者法律规定的组织可以自行或者委托他人进行修复，所需费用由侵权人负担。

第一千二百三十五条 违反国家规定造成生态环境损害的，国家规定的机关或者法律规定的组织有权请求侵权人赔偿下列损失和费用：

（一）生态环境受到损害至修复完成期间服务功能丧失导致的损失；

（二）生态环境功能永久性损害造成的损失；

（三）生态环境损害调查、鉴定评估等费用；

（四）清除污染、修复生态环境费用；

（五）防止损害的发生和扩大所支出的合理费用。

第八章 高度危险责任

第一千二百三十六条 从事高度危险作

业造成他人损害的，应当承担侵权责任。

第一千二百三十九条　占有或者使用易燃、易爆、剧毒、高放射性、强腐蚀性、高致病性等高度危险物造成他人损害的，占有人或者使用人应当承担侵权责任；但是，能够证明损害是因受害人故意或者不可抗力造成的，不承担责任。被侵权人对损害的发生有重大过失的，可以减轻占有人或者使用人的责任。

第一千二百四十条　从事高空、高压、地下挖掘活动或者使用高速轨道运输工具造成他人损害的，经营者应当承担侵权责任；但是，能够证明损害是因受害人故意或者不可抗力造成的，不承担责任。被侵权人对损害的发生有重大过失的，可以减轻经营者的责任。

第九章　饲养动物损害责任

第一千二百四十五条　饲养的动物造成他人损害的，动物饲养人或者管理人应当承担侵权责任；但是，能够证明损害是因被侵权人故意或者重大过失造成的，可以不承担或者减轻责任。

第一千二百四十六条　违反管理规定，未对动物采取安全措施造成他人损害的，动物饲养人或者管理人应当承担侵权责任；但是，能够证明损害是因被侵权人故意造成的，可以减轻责任。

第一千二百四十九条　遗弃、逃逸的动物在遗弃、逃逸期间造成他人损害的，由动物原饲养人或者管理人承担侵权责任。

第一千二百五十条　因第三人的过错致使动物造成他人损害的，被侵权人可以向动物饲养人或者管理人请求赔偿，也可以向第三人请求赔偿。动物饲养人或者管理人赔偿后，有权向第三人追偿。

第一千二百五十九条　民法所称的“以上”“以下”“以内”“届满”，包括本数；所称的“不满”“超过”“以外”，不包括本数。

第一千二百六十条　本法自2021年1月1日起施行。《中华人民共和国婚姻法》《中华人民共和国继承法》《中华人民共和国民法通则》《中华人民共和国收养法》《中华人民共和国担保法》《中华人民共和国合同法》《中华人民共和国物权法》《中华人民共和国侵权责任法》《中华人民共和国民法总则》同时废止。

中华人民共和国民事诉讼法（节录）

（1991 年 4 月 9 日第七届全国人民代表大会第四次会议通过，1991 年 4 月 9 日中华人民共和国主席令第四十四号公布，自公布之日起施行；根据 2007 年 10 月 28 日第十届全国人民代表大会常务委员会第三十次会议通过，2007 年 10 月 28 日中华人民共和国主席令第七十五号公布的《关于修改〈中华人民共和国民事诉讼法〉的决定》第一次修正；根据 2012 年 8 月 31 日第十一届全国人民代表大会常务委员会第二十八次会议通过，2012 年 8 月 31 日中华人民共和国主席令第五十九号公布的《关于修改〈中华人民共和国民事诉讼法〉的决定》第二次修正；根据 2017 年 6 月 27 日中华人民共和国第十二届全国人民代表大会常务委员会第二十八次会议通过，2017 年 6 月 27 日中华人民共和国主席令第七十一号公布的《全国人民代表大会常务委员会关于修改〈中华人民共和国民事诉讼法〉和〈中华人民共和国行政诉讼法〉的决定》第三次修正；根据 2021 年 12 月 24 日第十三届全国人民代表大会常务委员会第三十二次会议《关于修改〈中华人民共和国民事诉讼法〉的决定》第四次修正）

第五十五条 对污染环境、侵害众多消费者合法权益等损害社会公共利益的行为，法律规定的机关和有关组织可以向人民法院提起诉讼。

人民检察院在履行职责中发现破坏生态环境和资源保护、食品药品安全领域侵害众多消费者合法权益等损害社会公共利益的行为，在没有前款规定的机关和组织或者前款规定的机关和组织不提起诉讼的情况下，可以向人民法院提起诉讼。前款规定的机关或者组织提起诉讼的，人民检察院可以支持起诉。

中华人民共和国海事诉讼特别程序法（节录）

（1999年12月25日第九届全国人民代表大会常务委员会第十三次会议通过，1999年12月25日中华人民共和国主席令第二十八号公布，自2000年7月1日起施行）

第四十条 买受人接收船舶后，应当持拍卖成交确认书和有关材料，向船舶登记机关办理船舶所有权登记手续。原船舶所有人应当向原船舶登记机关办理船舶所有权注销登记。原船舶所有人不办理船舶所有权注销登记的，不影响船舶所有权的转让。

全国人民代表大会常务委员会关于中国海警局行使海上维权执法职权的决定

（2018年6月22日第十三届全国人民代表大会常务委员会第三次会议通过）

为了贯彻落实党的十九大和十九届三中全会精神，按照党中央批准的《深化党和国家机构改革方案》和《武警部队改革实施方案》决策部署，海警队伍整体划归中国人民武装警察部队领导指挥，调整组建中国人民武装警察部队海警总队，称中国海警局，中国海警局统一履行海上维权执法职责。现就中国海警局相关职权作出如下决定：

一、中国海警局履行海上维权执法职责，包括执行打击海上违法犯罪活动、维护海上治安和安全保卫、海洋资源开发利用、海洋生态环境保护、海洋渔业管理、海上缉私等方面的执法任务，以及协调指导地方海上执法工作。

二、中国海警局执行打击海上违法犯罪活动、维护海上治安和安全保卫等任务，行使法律规定的公安机关相应执法职权；执行海洋资源开发利用、海洋生态环境保护、海洋渔业管理、海上缉私等方面的执法任务，行使法律规定的有关行政机关相应执法职权。中国海警局与公安机关、有关行政机关建立执法协作机制。

三、条件成熟时，有关方面应当及时提出制定、修改有关法律的议案，依照法定程序提请审议。

四、本决定自2018年7月1日起施行。

全国人民代表大会常务委员会关于全面禁止非法野生动物交易、革除滥食野生动物陋习、切实保障人民群众生命健康安全的决定

（2020 年 2 月 24 日第十三届全国人民代表大会常务委员会第十六次会议通过）

为了全面禁止和惩治非法野生动物交易行为，革除滥食野生动物的陋习，维护生物安全和生态安全，有效防范重大公共卫生风险，切实保障人民群众生命健康安全，加强生态文明建设，促进人与自然和谐共生，全国人民代表大会常务委员会作出如下决定：

一、凡《中华人民共和国野生动物保护法》和其他有关法律禁止猎捕、交易、运输、食用野生动物的，必须严格禁止。

对违反前款规定的行为，在现行法律规定基础上加重处罚。

二、全面禁止食用国家保护的“有重要生态、科学、社会价值的陆生野生动物”以及其他陆生野生动物，包括人工繁育、人工饲养的陆生野生动物。

全面禁止以食用为目的猎捕、交易、运输在野外环境自然生长繁殖的陆生野生动物。

对违反前两款规定的行为，参照适用现行法律有关规定处罚。

三、列入畜禽遗传资源目录的动物，属于家畜家禽，适用《中华人民共和国畜牧法》的规定。

国务院畜牧兽医行政主管部门依法制定并公布畜禽遗传资源目录。

四、因科研、药用、展示等特殊情况，需要对野生动物进行非食用性利用的，应当按照国家有关规定实行严格审批和检疫检验。

国务院及其有关主管部门应当及时制定、完善野生动物非食用性利用的审批和检疫检验等规定，并严格执行。

五、各级人民政府和人民团体、社会组织、学校、新闻媒体等社会各方面，都应当积极开展生态环境保护和公共卫生安全的宣传教育和引导，全社会成员要自觉增强生态保护和公共卫生安全意识，移风易俗，革除滥食野生动物陋习，养成科学健康文明的生活方式。

六、各级人民政府及其有关部门应当健全执法管理体制，明确执法责任主体，落实执法管理责任，加强协调配合，加大监督检查和责任追究力度，严格查处违反本决定和有关法律法规的行为；对违法经营场所和违法经营者，依法予以取缔或者查封、关闭。

七、国务院及其有关部门和省、自治区、直辖市应当依据本决定和有关法律，制定、调整相关名录和配套规定。

国务院和地方人民政府应当采取必要措施，为本决定的实施提供相应保障。有关地方人民政府应当支持、指导、帮助受影响的农户调整、转变生产经营活动，根据实际情况给予一定补偿。

八、本决定自公布之日起施行。

全国人民代表大会常务委员会法制工作委员会关于如何理解和执行法律若干问题的解答（一）（节录）

（1988年4月25日全国人民代表大会常务委员会法制工作委员会公布）

7. 地方法规可否规定当事人不服依照渔业法作出的行政处罚，必须先经复议才可以向法院起诉

问：上海市水产养殖保护条例可否规定：当事人不服渔业行政主管部门或者其所属的渔政监督管理机构的行政处罚决定，必须先向上一级主管部门申请复议，不服复议的才可以向法院起诉？（上海市人民代表大会常务委员会办公厅　1988年11月19日）

答：渔业法第三十三条规定，当事人不服行政处罚的可以直接向人民法院起诉，并没有规定必须先向行政主管部门申请复议。而上海市修改水产养殖保护条例的决定规定，当事人必须经过复议之后，才可以向法院起诉，使复议成为当事人向人民法院起诉前的必经程序，与渔业法第三十三条的规定是不符合的。应该按照渔业法的规定执行。（1980年12月20日）

15. 对渔业法第二十九条中的"破坏"应如何理解

问：渔业法第二十九条规定："偷捕、抢夺他人养殖的水产品的，破坏他人养殖水体、养殖设施的，由渔业行政主管部门或者其所属的渔政监督管理机构责令赔偿损失，并处罚款；数额较大，情节严重的，依照刑法第一百五十一条或者第一百五十六条的规定对个人或者单位直接责任人员追究刑事责任。"对其中"破坏"一词应如何理解？（山东省人民代表大会常务委员会　1989年8月11日）

答：这一规定中的"破坏"一词，是指故意的行为，不包括过失的行为。（1989年9月16日）

全国人民代表大会常务委员会法制工作委员会办公室关于渔业法有关条款适用问题请示的答复意见

（2004年8月4日，法工办复字〔2004〕7号）

湖北省人大常委会法规工作室：

你室来函（鄂常法文〔2004〕01号）收悉。经研究，答复意见如下：

渔业法第三十八条第一款规定，违反关于禁渔区、禁渔期的规定进行捕捞的，没收渔获物和违法所得，处五万元以下的罚款；情节严重的，没收渔具，吊销捕捞许可证；情节特别严重的，可以没收渔船；构成犯罪的，依法追究刑事责任。第二款规定，在禁渔区或者禁渔期内销售非法捕捞的渔获物的，县级以上人民政府渔业行政主管部门应当及时进行调查处理。第二款中规定的“调查处理”，是指县级以上人民政府渔业行政主管部门在国务院规定的职权范围内，对在禁渔区或者禁渔期内销售渔获物的行为进行调查，经查证确属在禁渔区或者禁渔期内非法捕捞的，应当依照该条第一款的规定给予相应处罚。

全国人民代表大会常务委员会法制工作委员会对关于我渔船在境外从事违法捕捞活动适用渔业法处罚有关问题意见的函的答复

（2009 年 12 月 25 日，法工委发〔2009〕76 号）

农业部：

你部 2009 年 12 月 9 日关于我渔船在境外从事违法捕捞活动适用渔业法处罚有关问题意见的函（农函〔2009〕13 号）收悉。经研究，提出以下意见供参考：

渔业法第二十三条中规定，到我国与有关国家缔结的协定确定的共同管理的渔区或者公海从事捕捞作业的捕捞许可证，由国务院渔业主管部门批准发放；到他国管辖海域从事捕捞作业的，应当经国务院渔业主管部门批准，并遵守中国缔结的或者参加的有关条约、协定和有关国家的法律。同时，第四十一条、第四十二条对未依法取得捕捞许可、违反捕捞许可证规定进行捕捞的分别规定了行政处罚。

据此，对我渔船到我国与有关国家缔结的协定确定的共同管理的渔区或者公海，未依法取得捕捞许可证或者违反捕捞许可证规定进行捕捞的，应当依照渔业法第四十一条、第四十二条的规定予以行政处罚。对我渔船到我国认为属于我国管辖但与有关国家尚未划界或者有争议的渔区或者海域从事捕捞作业的，应适用我国渔业法的规定。

三、司法解释

最高人民检察院、全国整顿和规范市场经济秩序领导小组办公室、公安部、监察部关于在行政执法中及时移送涉嫌犯罪案件的意见

（2006 年 1 月 26 日发布，高检会〔2006〕2 号）

各省、自治区、直辖市人民检察院、整顿和规范市场经济秩序领导小组办公室、公安厅（局）、监察厅（局），新疆生产建设兵团人民检察院、整顿和规范市场经济秩序领导小组办公室、公安局、监察局：

为了完善行政执法与刑事司法相衔接工作机制，加大对破坏社会主义市场经济秩序犯罪、妨害社会管理秩序犯罪以及其他犯罪的打击力度，根据《中华人民共和国刑事诉讼法》、国务院《行政执法机关移送涉嫌犯罪案件的规定》等有关规定，现就在行政执法中及时移送涉嫌犯罪案件提出如下意见：

一、行政执法机关在查办案件过程中，对符合刑事追诉标准、涉嫌犯罪的案件，应当制作《涉嫌犯罪案件移送书》，及时将案件向同级公安机关移送，并抄送同级人民检察院。对未能及时移送并已作出行政处罚的涉嫌犯罪案件，行政执法机关应当于作出行政处罚十日以内向同级公安机关、人民检察院抄送《行政处罚决定书》副本，并书面告知相关权利人。

现场查获的涉案货值或者案件其他情节明显达到刑事追诉标准、涉嫌犯罪的，应当立即移送公安机关查处。

二、任何单位和个人发现行政执法机关不按规定向公安机关移送涉嫌犯罪案件，向公安机关、人民检察院、监察机关或者上级行政执法机关举报的，公安机关、人民检察院、监察机关或者上级行政执法机关应当根据有关规定及时处理，并向举报人反馈处理结果。

三、人民检察院接到控告、举报或者发现行政执法机关不移送涉嫌犯罪案件，经审查或者调查后认为情况基本属实的，可以向行政执法机关查询案件情况、要求行政执法机关提供有关案件材料或者派员查阅案卷材料，行政执法机关应当配合。确属应当移送公安机关而不移送的，人民检察院应当向行政执法机关提出移送的书面意见，行政执法机关应当移送。

四、行政执法机关在查办案件过程中，应当妥善保存案件的相关证据。对易腐烂、变质、灭失等不宜或者不易保管的涉案物品，应当采取必要措施固定证据；对需要进行检验、鉴定的涉案物品，应当由有关部门或者机构依法检验、鉴定，并出具检验报告或者鉴定结论。

行政执法机关向公安机关移送涉嫌犯罪的案件，应当附涉嫌犯罪案件的调查报告、涉案物品清单、有关检验报告或者鉴定结论及其他有关涉嫌犯罪的材料。

五、对行政执法机关移送的涉嫌犯罪案

件，公安机关应当及时审查，自受理之日起十日以内作出立案或者不立案的决定；案情重大、复杂的，可以在受理之日起三十日以内作出立案或者不立案的决定。公安机关作出立案或者不立案决定，应当书面告知移送案件的行政执法机关、同级人民检察院及相关权利人。

公安机关对不属于本机关管辖的案件，应当在二十四小时以内转送有管辖权的机关，并书面告知移送案件的行政执法机关、同级人民检察院及相关权利人。

六、行政执法机关对公安机关决定立案的案件，应当自接到立案通知书之日起三日以内将涉案物品以及与案件有关的其他材料移送公安机关，并办理交接手续；法律、行政法规另有规定的，依照其规定办理。

七、行政执法机关对公安机关不立案决定有异议的，在接到不立案通知书后的三日以内，可以向作出不立案决定的公安机关提请复议，也可以建议人民检察院依法进行立案监督。

公安机关接到行政执法机关提请复议书后，应当在三日以内作出复议决定，并书面告知提请复议的行政执法机关。行政执法机关对公安机关不立案的复议决定仍有异议的，可以在接到复议决定书后的三日以内，建议人民检察院依法进行立案监督。

八、人民检察院接到行政执法机关提出的对涉嫌犯罪案件进行立案监督的建议后，应当要求公安机关说明不立案理由，公安机关应当在七日以内向人民检察院作出书面说明。对公安机关的说明，人民检察院应当进行审查，必要时可以进行调查，认为公安机关不立案理由成立的，应当将审查结论书面告知提出立案监督建议的行政执法机关；认为公安机关不立案理由不能成立的，应当通知公安机关立案。公安机关接到立案通知书后应当在十五日以内立案，同时将立案决定书送达人民检察院，并书面告知行政执法机关。

九、公安机关对发现的违法行为，经审查，没有犯罪事实，或者立案侦查后认为犯罪情节显著轻微，不需要追究刑事责任，但依法应当追究行政责任的，应当及时将案件移送行政执法机关，有关行政执法机关应当依法作出处理，并将处理结果书面告知公安机关和人民检察院。

十、行政执法机关对案情复杂、疑难，性质难以认定的案件，可以向公安机关、人民检察院咨询，公安机关、人民检察院应当认真研究，在七日以内回复意见。对有证据表明可能涉嫌犯罪的行为人可能逃匿或者销毁证据，需要公安机关参与、配合的，行政执法机关可以商请公安机关提前介入，公安机关可以派员介入。对涉嫌犯罪的，公安机关应当及时依法立案侦查。

十一、对重大、有影响的涉嫌犯罪案件，人民检察院可以根据公安机关的请求派员介入公安机关的侦查，参加案件讨论，审查相关案件材料，提出取证建议，并对侦查活动实施法律监督。

十二、行政执法机关在依法查处违法行为过程中，发现国家工作人员贪污贿赂或者国家机关工作人员渎职等违纪、犯罪线索的，应当根据案件的性质，及时向监察机关或者人民检察院移送。监察机关、人民检察院应当认真审查，依纪、依法处理，并将处理结果书面告知移送案件线索的行政执法机关。

十三、监察机关依法对行政执法机关查处违法案件和移送涉嫌犯罪案件工作进行监督，发现违纪、违法问题的，依照有关规定进行处理。发现涉嫌职务犯罪的，应当及时移送人民检察院。

十四、人民检察院依法对行政执法机关移送涉嫌犯罪案件情况实施监督，发现行政执法人员徇私舞弊，对依法应当移送的涉嫌犯罪案件不移送，情节严重，构成犯罪的，应当依照刑法有关的规定追究其刑事责任。

十五、国家机关工作人员以及在依照法律、法规规定行使国家行政管理职权的组织中从事公务的人员，或者在受国家机关委托代表国家机关行使职权的组织中从事公务的人员，或者虽未列入国家机关人员编制但在国家机关中从事公务的人员，利用职权干预行政执法机关和公安机关执法，阻挠案件移送和刑事追诉，构成犯罪的，人民检察院应当依照刑法关于渎职罪的规定追究其刑事责任。国家行政机关和法律、法规授权的具有管理公共事务职能的组织以及国家行政机关依法委托的组织及其工勤人员以外的工作人员，利用职权干预行政执法机关和公安机关执法，阻挠案件移送和刑事追诉，构成违纪的，监察机关应当依法追究其纪律责任。

十六、在查办违法犯罪案件工作中，公安机关、监察机关、行政执法机关和人民检察院应当建立联席会议、情况通报、信息共享等机制，加强联系，密切配合，各司其职，相互制约，保证准确有效地执行法律。

十七、本意见所称行政执法机关，是指依照法律、法规或者规章的规定，对破坏社会主义市场经济秩序、妨害社会管理秩序以及其他违法行为具有行政处罚权的行政机关，以及法律、法规授权的具有管理公共事务职能、在法定授权范围内实施行政处罚的组织，不包括公安机关、监察机关。

最高人民法院、最高人民检察院关于办理环境污染刑事案件适用法律若干问题的解释

（法释〔2016〕29号）

（2016年11月7日最高人民法院审判委员会第1698次会议、2016年12月8日最高人民检察院第十二届检察委员会第58次会议通过，自2017年1月1日起施行）

为依法惩治有关环境污染犯罪，根据《中华人民共和国刑法》《中华人民共和国刑事诉讼法》的有关规定，现就办理此类刑事案件适用法律的若干问题解释如下：

第一条 实施刑法第三百三十八条规定的行为，具有下列情形之一的，应当认定为“严重污染环境”：

（一）在饮用水水源一级保护区、自然保护区核心区排放、倾倒、处置有放射性的废物、含传染病病原体的废物、有毒物质的；

（二）非法排放、倾倒、处置危险废物三吨以上的；

（三）排放、倾倒、处置含铅、汞、镉、铬、砷、铊、锑的污染物，超过国家或者地方污染物排放标准三倍以上的；

（四）排放、倾倒、处置含镍、铜、锌、银、钒、锰、钴的污染物，超过国家或者地方污染物排放标准十倍以上的；

（五）通过暗管、渗井、渗坑、裂隙、溶洞、灌注等逃避监管的方式排放、倾倒、处置有放射性的废物、含传染病病原体的废物、有毒物质的；

（六）二年内曾因违反国家规定，排放、倾倒、处置有放射性的废物、含传染病病原体的废物、有毒物质受过两次以上行政处罚，又实施前列行为的；

（七）重点排污单位篡改、伪造自动监测数据或者干扰自动监测设施，排放化学需氧量、氨氮、二氧化硫、氮氧化物等污染物的；

（八）违法减少防治污染设施运行支出一百万元以上的；

（九）违法所得或者致使公私财产损失三十万元以上的；

（十）造成生态环境严重损害的；

（十一）致使乡镇以上集中式饮用水水源取水中断十二小时以上的；

（十二）致使基本农田、防护林地、特种用途林地五亩以上，其他农用地十亩以上，其他土地二十亩以上基本功能丧失或者遭受永久性破坏的；

（十三）致使森林或者其他林木死亡五十立方米以上，或者幼树死亡二千五百株以上的；

（十四）致使疏散、转移群众五千人以上的；

（十五）致使三十人以上中毒的；

（十六）致使三人以上轻伤、轻度残疾或者器官组织损伤导致一般功能障碍的；

（十七）致使一人以上重伤、中度残疾

或者器官组织损伤导致严重功能障碍的；

（十八）其他严重污染环境的情形。

第二条 实施刑法第三百三十九条、第四百零八条规定的行为，致使公私财产损失三十万元以上，或者具有本解释第一条第十项至第十七项规定情形之一的，应当认定为“致使公私财产遭受重大损失或者严重危害人体健康”或者“致使公私财产遭受重大损失或者造成人身伤亡的严重后果”。

第三条 实施刑法第三百三十八条、第三百三十九条规定的行为，具有下列情形之一的，应当认定为“后果特别严重”：

（一）致使县级以上城区集中式饮用水水源取水中断十二小时以上的；

（二）非法排放、倾倒、处置危险废物一百吨以上的；

（三）致使基本农田、防护林地、特种用途林地十五亩以上，其他农用地三十亩以上，其他土地六十亩以上基本功能丧失或者遭受永久性破坏的；

（四）致使森林或者其他林木死亡一百五十立方米以上，或者幼树死亡七千五百株以上的；

（五）致使公私财产损失一百万元以上的；

（六）造成生态环境特别严重损害的；

（七）致使疏散、转移群众一万五千人以上的；

（八）致使一百人以上中毒的；

（九）致使十人以上轻伤、轻度残疾或者器官组织损伤导致一般功能障碍的；

（十）致使三人以上重伤、中度残疾或者器官组织损伤导致严重功能障碍的；

（十一）致使一人以上重伤、中度残疾或者器官组织损伤导致严重功能障碍，并致使五人以上轻伤、轻度残疾或者器官组织损伤导致一般功能障碍的；

（十二）致使一人以上死亡或者重度残疾的；

（十三）其他后果特别严重的情形。

第四条 实施刑法第三百三十八条、第三百三十九条规定的犯罪行为，具有下列情形之一的，应当从重处罚：

（一）阻挠环境监督检查或者突发环境事件调查，尚不构成妨害公务等犯罪的；

（二）在医院、学校、居民区等人口集中地区及其附近，违反国家规定排放、倾倒、处置有放射性的废物、含传染病病原体的废物、有毒物质或者其他有害物质的；

（三）在重污染天气预警期间、突发环境事件处置期间或者被责令限期整改期间，违反国家规定排放、倾倒、处置有放射性的废物、含传染病病原体的废物、有毒物质或者其他有害物质的；

（四）具有危险废物经营许可证的企业违反国家规定排放、倾倒、处置有放射性的废物、含传染病病原体的废物、有毒物质或者其他有害物质的。

第五条 实施刑法第三百三十八条、第三百三十九条规定的行为，刚达到应当追究刑事责任的标准，但行为人及时采取措施，防止损失扩大、消除污染，全部赔偿损失，积极修复生态环境，且系初犯，确有悔罪表现的，可以认定为情节轻微，不起诉或者免予刑事处罚；确有必要判处刑罚的，应当从宽处罚。

第六条 无危险废物经营许可证从事收集、贮存、利用、处置危险废物经营活动，严重污染环境的，按照污染环境罪定罪处罚；同时构成非法经营罪的，依照处罚较重的规定定罪处罚。

实施前款规定的行为，不具有超标排放污染物、非法倾倒污染物或者其他违法造成环境污染的情形的，可以认定为非法经营情节显著轻微危害不大，不认为是犯罪；构成生产、销售伪劣产品等其他犯罪的，以其他犯罪论处。

第七条 明知他人无危险废物经营许可

证，向其提供或者委托其收集、贮存、利用、处置危险废物，严重污染环境的，以共同犯罪论处。

第八条 违反国家规定，排放、倾倒、处置含有毒害性、放射性、传染病病原体等物质的污染物，同时构成污染环境罪、非法处置进口的固体废物罪、投放危险物质罪等犯罪的，依照处罚较重的规定定罪处罚。

第九条 环境影响评价机构或其人员，故意提供虚假环境影响评价文件，情节严重的，或者严重不负责任，出具的环境影响评价文件存在重大失实，造成严重后果的，应当依照刑法第二百二十九条、第二百三十一条的规定，以提供虚假证明文件罪或者出具证明文件重大失实罪定罪处罚。

第十条 违反国家规定，针对环境质量监测系统实施下列行为，或者强令、指使、授意他人实施下列行为的，应当依照刑法第二百八十六条的规定，以破坏计算机信息系统罪论处：

（一）修改参数或者监测数据的；

（二）干扰采样，致使监测数据严重失真的；

（三）其他破坏环境质量监测系统的行为。

重点排污单位篡改、伪造自动监测数据或者干扰自动监测设施，排放化学需氧量、氨氮、二氧化硫、氮氧化物等污染物，同时构成污染环境罪和破坏计算机信息系统罪的，依照处罚较重的规定定罪处罚。

从事环境监测设施维护、运营的人员实施或者参与实施篡改、伪造自动监测数据、干扰自动监测设施、破坏环境质量监测系统等行为的，应当从重处罚。

第十一条 单位实施本解释规定的犯罪的，依照本解释规定的定罪量刑标准，对直接负责的主管人员和其他直接责任人员定罪处罚，并对单位判处罚金。

第十二条 环境保护主管部门及其所属监测机构在行政执法过程中收集的监测数据，在刑事诉讼中可以作为证据使用。

公安机关单独或者会同环境保护主管部门，提取污染物样品进行检测获取的数据，在刑事诉讼中可以作为证据使用。

第十三条 对国家危险废物名录所列的废物，可以依据涉案物质的来源、产生过程、被告人供述、证人证言以及经批准或者备案的环境影响评价文件等证据，结合环境保护主管部门、公安机关等出具的书面意见作出认定。

对于危险废物的数量，可以综合被告人供述，涉案企业的生产工艺、物耗、能耗情况，以及经批准或者备案的环境影响评价文件等证据作出认定。

第十四条 对案件所涉的环境污染专门性问题难以确定的，依据司法鉴定机构出具的鉴定意见，或者国务院环境保护主管部门、公安部门指定的机构出具的报告，结合其他证据作出认定。

第十五条 下列物质应当认定为刑法第三百三十八条规定的“有毒物质”：

（一）危险废物，是指列入国家危险废物名录，或者根据国家规定的危险废物鉴别标准和鉴别方法认定的，具有危险特性的废物；

（二）《关于持久性有机污染物的斯德哥尔摩公约》附件所列物质；

（三）含重金属的污染物；

（四）其他具有毒性，可能污染环境的物质。

第十六条 无危险废物经营许可证，以营利为目的，从危险废物中提取物质作为原材料或者燃料，并具有超标排放污染物、非法倾倒污染物或者其他违法造成环境污染的情形的行为，应当认定为“非法处置危险废物”。

第十七条 本解释所称“二年内”，以第一次违法行为受到行政处罚的生效之日与又实施相应行为之日的时间间隔计算确定。

本解释所称"重点排污单位"，是指设区的市级以上人民政府环境保护主管部门依法确定的应当安装、使用污染物排放自动监测设备的重点监控企业及其他单位。

本解释所称"违法所得"，是指实施刑法第三百三十八条、第三百三十九条规定的行为所得和可得的全部违法收入。

本解释所称"公私财产损失"，包括实施刑法第三百三十八条、第三百三十九条规定的行为直接造成财产损毁、减少的实际价值，为防止污染扩大、消除污染而采取必要合理措施所产生的费用，以及处置突发环境事件的应急监测费用。

本解释所称"生态环境损害"，包括生态环境修复费用，生态环境修复期间服务功能的损失和生态环境功能永久性损害造成的损失，以及其他必要合理费用。

本解释所称"无危险废物经营许可证"，是指未取得危险废物经营许可证，或者超出危险废物经营许可证的经营范围。

第十八条 本解释自 2017 年 1 月 1 日起施行。本解释施行后，《最高人民法院、最高人民检察院关于办理环境污染刑事案件适用法律若干问题的解释》（法释〔2013〕15 号）同时废止；之前发布的司法解释与本解释不一致的，以本解释为准。

最高人民法院、最高人民检察院关于检察公益诉讼案件适用法律若干问题的解释

（法释〔2020〕20号）

（2018年2月23日最高人民法院审判委员会第1734次会议、2018年2月11日最高人民检察院第十二届检察委员会第73次会议通过；根据2020年12月23日最高人民法院审判委员会第1823次会议、2020年12月23日最高人民检察院第十三届检察委员会第58次会议修正）

一、一般规定

第一条 为正确适用《中华人民共和国民法典》《中华人民共和国民事诉讼法》《中华人民共和国行政诉讼法》关于人民检察院提起公益诉讼制度的规定，结合审判、检察工作实际，制定本解释。

第二条 人民法院、人民检察院办理公益诉讼案件主要任务是充分发挥司法审判、法律监督职能作用，维护宪法法律权威，维护社会公平正义，维护国家利益和社会公共利益，督促适格主体依法行使公益诉权，促进依法行政、严格执法。

第三条 人民法院、人民检察院办理公益诉讼案件，应当遵守宪法法律规定，遵循诉讼制度的原则，遵循审判权、检察权运行规律。

第四条 人民检察院以公益诉讼起诉人身份提起公益诉讼，依照民事诉讼法、行政诉讼法享有相应的诉讼权利，履行相应的诉讼义务，但法律、司法解释另有规定的除外。

第五条 市（分、州）人民检察院提起的第一审民事公益诉讼案件，由侵权行为地或者被告住所地中级人民法院管辖。

基层人民检察院提起的第一审行政公益诉讼案件，由被诉行政机关所在地基层人民法院管辖。

第六条 人民检察院办理公益诉讼案件，可以向有关行政机关以及其他组织、公民调查收集证据材料；有关行政机关以及其他组织、公民应当配合；需要采取证据保全措施的，依照民事诉讼法、行政诉讼法相关规定办理。

第七条 人民法院审理人民检察院提起的第一审公益诉讼案件，适用人民陪审制。

第八条 人民法院开庭审理人民检察院提起的公益诉讼案件，应当在开庭三日前向人民检察院送达出庭通知书。

人民检察院应当派员出庭，并应当自收到人民法院出庭通知书之日起三日内向人民法院提交派员出庭通知书。派员出庭通知书应当写明出庭人员的姓名、法律职务以及出庭履行的具体职责。

第九条 出庭检察人员履行以下职责：

（一）宣读公益诉讼起诉书；

（二）对人民检察院调查收集的证据予以出示和说明，对相关证据进行质证；

（三）参加法庭调查，进行辩论并发表意见；

（四）依法从事其他诉讼活动。

第十条 人民检察院不服人民法院第一审判决、裁定的，可以向上一级人民法院提起上诉。

第十一条 人民法院审理第二审案件，由提起公益诉讼的人民检察院派员出庭，上一级人民检察院也可以派员参加。

第十二条 人民检察院提起公益诉讼案件判决、裁定发生法律效力，被告不履行的，人民法院应当移送执行。

二、民事公益诉讼

第十三条 人民检察院在履行职责中发现破坏生态环境和资源保护，食品药品安全领域侵害众多消费者合法权益，侵害英雄烈士等的姓名、肖像、名誉、荣誉等损害社会公共利益的行为，拟提起公益诉讼的，应当依法公告，公告期间为三十日。

公告期满，法律规定的机关和有关组织、英雄烈士等的近亲属不提起诉讼的，人民检察院可以向人民法院提起诉讼。

人民检察院办理侵害英雄烈士等的姓名、肖像、名誉、荣誉的民事公益诉讼案件，也可以直接征询英雄烈士等的近亲属的意见。

第十四条 人民检察院提起民事公益诉讼应当提交下列材料：

（一）民事公益诉讼起诉书，并按照被告人数提出副本；

（二）被告的行为已经损害社会公共利益的初步证明材料；

（三）已经履行公告程序、征询英雄烈士等的近亲属意见的证明材料。

第十五条 人民检察院依据民事诉讼法第五十五条第二款的规定提起民事公益诉讼，符合民事诉讼法第一百一十九条第二项、第三项、第四项及本解释规定的起诉条件的，人民法院应当登记立案。

第十六条 人民检察院提起的民事公益诉讼案件中，被告以反诉方式提出诉讼请求的，人民法院不予受理。

第十七条 人民法院受理人民检察院提起的民事公益诉讼案件后，应当在立案之日起五日内将起诉书副本送达被告。

人民检察院已履行诉前公告程序的，人民法院立案后不再进行公告。

第十八条 人民法院认为人民检察院提出的诉讼请求不足以保护社会公共利益的，可以向其释明变更或者增加停止侵害、恢复原状等诉讼请求。

第十九条 民事公益诉讼案件审理过程中，人民检察院诉讼请求全部实现而撤回起诉的，人民法院应予准许。

第二十条 人民检察院对破坏生态环境和资源保护，食品药品安全领域侵害众多消费者合法权益，侵害英雄烈士等的姓名、肖像、名誉、荣誉等损害社会公共利益的犯罪行为提起刑事公诉时，可以向人民法院一并提起附带民事公益诉讼，由人民法院同一审判组织审理。

人民检察院提起的刑事附带民事公益诉讼案件由审理刑事案件的人民法院管辖。

三、行政公益诉讼

第二十一条 人民检察院在履行职责中发现生态环境和资源保护、食品药品安全、国有财产保护、国有土地使用权出让等领域负有监督管理职责的行政机关违法行使职权或者不作为，致使国家利益或者社会公共利益受到侵害的，应当向行政机关提出检察建议，督促其依法履行职责。

行政机关应当在收到检察建议书之日起两个月内依法履行职责，并书面回复人民检察院。出现国家利益或者社会公共利益损害继续扩大等紧急情形的，行政机关应当在十五日内书面回复。

行政机关不依法履行职责的，人民检察院依法向人民法院提起诉讼。

第二十二条 人民检察院提起行政公益诉讼应当提交下列材料：

（一）行政公益诉讼起诉书，并按照被告人数提出副本；

（二）被告违法行使职权或者不作为，致使国家利益或者社会公共利益受到侵害的证明材料；

（三）已经履行诉前程序，行政机关仍不依法履行职责或者纠正违法行为的证明材料。

第二十三条 人民检察院依据行政诉讼法第二十五条第四款的规定提起行政公益诉讼，符合行政诉讼法第四十九条第二项、第三项、第四项及本解释规定的起诉条件的，人民法院应当登记立案。

第二十四条 在行政公益诉讼案件审理过程中，被告纠正违法行为或者依法履行职责而使人民检察院的诉讼请求全部实现，人民检察院撤回起诉的，人民法院应当裁定准许；人民检察院变更诉讼请求，请求确认原行政行为违法的，人民法院应当判决确认违法。

第二十五条 人民法院区分下列情形作出行政公益诉讼判决：

（一）被诉行政行为具有行政诉讼法第七十四条、第七十五条规定情形之一的，判决确认违法或者确认无效，并可以同时判决责令行政机关采取补救措施；

（二）被诉行政行为具有行政诉讼法第七十条规定情形之一的，判决撤销或者部分撤销，并可以判决被诉行政机关重新作出行政行为；

（三）被诉行政机关不履行法定职责的，判决在一定期限内履行；

（四）被诉行政机关作出的行政处罚明显不当，或者其他行政行为涉及对款额的确定、认定确有错误的，可以判决予以变更；

（五）被诉行政行为证据确凿，适用法律、法规正确，符合法定程序，未超越职权，未滥用职权，无明显不当，或者人民检察院诉请被诉行政机关履行法定职责理由不成立的，判决驳回诉讼请求。

人民法院可以将判决结果告知被诉行政机关所属的人民政府或者其他相关的职能部门。

四、附　　则

第二十六条 本解释未规定的其他事项，适用民事诉讼法、行政诉讼法以及相关司法解释的规定。

第二十七条 本解释自 2018 年 3 月 2 日起施行。

最高人民法院、最高人民检察院之前发布的司法解释和规范性文件与本解释不一致的，以本解释为准。

最高人民法院、最高人民检察院关于办理危害生产安全刑事案件适用法律若干问题的解释

（法释〔2015〕22号）

（2015年11月9日最高人民法院审判委员会第1665次会议、2015年12月9日最高人民检察院第十二届检察委员会第44次会议通过，2015年12月14日公布，自2015年12月16日起施行）

为依法惩治危害生产安全犯罪，根据刑法有关规定，现就办理此类刑事案件适用法律的若干问题解释如下：

第一条 刑法第一百三十四条第一款规定的犯罪主体，包括对生产、作业负有组织、指挥或者管理职责的负责人、管理人员、实际控制人、投资人等人员，以及直接从事生产、作业的人员。

第二条 刑法第一百三十四条第二款规定的犯罪主体，包括对生产、作业负有组织、指挥或者管理职责的负责人、管理人员、实际控制人、投资人等人员。

第三条 刑法第一百三十五条规定的“直接负责的主管人员和其他直接责任人员”，是指对安全生产设施或者安全生产条件不符合国家规定负有直接责任的生产经营单位负责人、管理人员、实际控制人、投资人，以及其他对安全生产设施或者安全生产条件负有管理、维护职责的人员。

第四条 刑法第一百三十九条之一规定的“负有报告职责的人员”，是指负有组织、指挥或者管理职责的负责人、管理人员、实际控制人、投资人，以及其他负有报告职责的人员。

第五条 明知存在事故隐患、继续作业存在危险，仍然违反有关安全管理的规定，实施下列行为之一的，应当认定为刑法第一百三十四条第二款规定的“强令他人违章冒险作业”：

（一）利用组织、指挥、管理职权，强制他人违章作业的；

（二）采取威逼、胁迫、恐吓等手段，强制他人违章作业的；

（三）故意掩盖事故隐患，组织他人违章作业的；

（四）其他强令他人违章作业的行为。

第六条 实施刑法第一百三十二条、第一百三十四条第一款、第一百三十五条、第一百三十五条之一、第一百三十六条、第一百三十九条规定的行为，因而发生安全事故，具有下列情形之一的，应当认定为“造成严重后果”或者“发生重大伤亡事故或者造成其他严重后果”，对相关责任人员，处三年以下有期徒刑或者拘役：

（一）造成死亡一人以上，或者重伤三人以上的；

（二）造成直接经济损失一百万元以上的；

（三）其他造成严重后果或者重大安全事故的情形。

实施刑法第一百三十四条第二款规定的

行为，因而发生安全事故，具有本条第一款规定情形的，应当认定为“发生重大伤亡事故或者造成其他严重后果”，对相关责任人员，处五年以下有期徒刑或者拘役。

实施刑法第一百三十七条规定的行为，因而发生安全事故，具有本条第一款规定情形的，应当认定为“造成重大安全事故”，对直接责任人员，处五年以下有期徒刑或者拘役，并处罚金。

实施刑法第一百三十八条规定的行为，因而发生安全事故，具有本条第一款第一项规定情形的，应当认定为“发生重大伤亡事故”，对直接责任人员，处三年以下有期徒刑或者拘役。

第七条 实施刑法第一百三十二条、第一百三十四条第一款、第一百三十五条、第一百三十五条之一、第一百三十六条、第一百三十九条规定的行为，因而发生安全事故，具有下列情形之一的，对相关责任人员，处三年以上七年以下有期徒刑：

（一）造成死亡三人以上或者重伤十人以上，负事故主要责任的；

（二）造成直接经济损失五百万元以上，负事故主要责任的；

（三）其他造成特别严重后果、情节特别恶劣或者后果特别严重的情形。

实施刑法第一百三十四条第二款规定的行为，因而发生安全事故，具有本条第一款规定情形的，对相关责任人员，处五年以上有期徒刑。

实施刑法第一百三十七条规定的行为，因而发生安全事故，具有本条第一款规定情形的，对直接责任人员，处五年以上十年以下有期徒刑，并处罚金。

实施刑法第一百三十八条规定的行为，因而发生安全事故，具有下列情形之一的，对直接责任人员，处三年以上七年以下有期徒刑：

（一）造成死亡三人以上或者重伤十人以上，负事故主要责任的；

（二）具有本解释第六条第一款第一项规定情形，同时造成直接经济损失五百万元以上并负事故主要责任的，或者同时造成恶劣社会影响的。

第八条 在安全事故发生后，负有报告职责的人员不报或者谎报事故情况，贻误事故抢救，具有下列情形之一的，应当认定为刑法第一百三十九条之一规定的“情节严重”：

（一）导致事故后果扩大，增加死亡一人以上，或者增加重伤三人以上，或者增加直接经济损失一百万元以上的；

（二）实施下列行为之一，致使不能及时有效开展事故抢救的：

1. 决定不报、迟报、谎报事故情况或者指使、串通有关人员不报、迟报、谎报事故情况的；

2. 在事故抢救期间擅离职守或者逃匿的；

3. 伪造、破坏事故现场，或者转移、藏匿、毁灭遇难人员尸体，或者转移、藏匿受伤人员的；

4. 毁灭、伪造、隐匿与事故有关的图纸、记录、计算机数据等资料以及其他证据的；

（三）其他情节严重的情形。

具有下列情形之一的，应当认定为刑法第一百三十九条之一规定的“情节特别严重”：

（一）导致事故后果扩大，增加死亡三人以上，或者增加重伤十人以上，或者增加直接经济损失五百万元以上的；

（二）采用暴力、胁迫、命令等方式阻止他人报告事故情况，导致事故后果扩大的；

（三）其他情节特别严重的情形。

第九条 在安全事故发生后，与负有报告职责的人员串通，不报或者谎报事故情况，贻误事故抢救，情节严重的，依照刑法第一百三十九条之一的规定，以共犯论处。

第十条 在安全事故发生后，直接负责的主管人员和其他直接责任人员故意阻挠开展抢救，导致人员死亡或者重伤，或者为了逃避法律追究，对被害人进行隐藏、遗弃，致使被害人因无法得到救助而死亡或者重度残疾的，分别依照刑法第二百三十二条、第二百三十四条的规定，以故意杀人罪或者故意伤害罪定罪处罚。

第十一条 生产不符合保障人身、财产安全的国家标准、行业标准的安全设备，或者明知安全设备不符合保障人身、财产安全的国家标准、行业标准而进行销售，致使发生安全事故，造成严重后果的，依照刑法第一百四十六条的规定，以生产、销售不符合安全标准的产品罪定罪处罚。

第十二条 实施刑法第一百三十二条、第一百三十四条至第一百三十九条之一规定的犯罪行为,具有下列情形之一的,从重处罚：

（一）未依法取得安全许可证件或者安全许可证件过期、被暂扣、吊销、注销后从事生产经营活动的；

（二）关闭、破坏必要的安全监控和报警设备的；

（三）已经发现事故隐患，经有关部门或者个人提出后，仍不采取措施的；

（四）一年内曾因危害生产安全违法犯罪活动受过行政处罚或者刑事处罚的；

（五）采取弄虚作假、行贿等手段，故意逃避、阻挠负有安全监督管理职责的部门实施监督检查的；

（六）安全事故发生后转移财产意图逃避承担责任的；

（七）其他从重处罚的情形。

实施前款第五项规定的行为，同时构成刑法第三百八十九条规定的犯罪的，依照数罪并罚的规定处罚。

第十三条 实施刑法第一百三十二条、第一百三十四条至第一百三十九条之一规定的犯罪行为，在安全事故发生后积极组织、参与事故抢救，或者积极配合调查、主动赔偿损失的，可以酌情从轻处罚。

第十四条 国家工作人员违反规定投资入股生产经营，构成本解释规定的有关犯罪的，或者国家工作人员的贪污、受贿犯罪行为与安全事故发生存在关联性的，从重处罚；同时构成贪污、受贿犯罪和危害生产安全犯罪的，依照数罪并罚的规定处罚。

第十五条 国家机关工作人员在履行安全监督管理职责时滥用职权、玩忽职守，致使公共财产、国家和人民利益遭受重大损失的，或者徇私舞弊，对发现的刑事案件依法应当移交司法机关追究刑事责任而不移交，情节严重的，分别依照刑法第三百九十七条、第四百零二条的规定，以滥用职权罪、玩忽职守罪或者徇私舞弊不移交刑事案件罪定罪处罚。

公司、企业、事业单位的工作人员在依法或者受委托行使安全监督管理职责时滥用职权或者玩忽职守，构成犯罪的，应当依照《全国人民代表大会常务委员会关于〈中华人民共和国刑法〉第九章渎职罪主体适用问题的解释》的规定，适用渎职罪的规定追究刑事责任。

第十六条 对于实施危害生产安全犯罪适用缓刑的犯罪分子，可以根据犯罪情况，禁止其在缓刑考验期限内从事与安全生产相关联的特定活动；对于被判处刑罚的犯罪分子，可以根据犯罪情况和预防再犯罪的需要，禁止其自刑罚执行完毕之日或者假释之日起三年至五年内从事与安全生产相关的职业。

第十七条 本解释自2015年12月16日起施行。本解释施行后，《最高人民法院、最高人民检察院关于办理危害矿山生产安全刑事案件具体应用法律若干问题的解释》（法释〔2007〕5号）同时废止。最高人民法院、最高人民检察院此前发布的司法解释和规范性文件与本解释不一致的，以本解释为准。

最高人民检察院、公安部关于公安机关管辖的刑事案件立案追诉标准的规定（一）（节录）

（2008年6月25日公布，公通字〔2008〕36号）

第六十三条 【非法捕捞水产品案（刑法第三百四十条）】违反保护水产资源法规，在禁渔区、禁渔期或者使用禁用的工具、方法捕捞水产品，涉嫌下列情形之一的，应予立案追诉：

（一）在内陆水域非法捕捞水产品五百公斤以上或者价值五千元以上的，或者在海洋水域非法捕捞水产品二千公斤以上或者价值二万元以上的；

（二）非法捕捞有重要经济价值的水生动物苗种、怀卵亲体或者在水产种质资源保护区内捕捞水产品，在内陆水域五十公斤以上或者价值五百元以上，或者在海洋水域二百公斤以上或者价值二千元以上的；

（三）在禁渔区内使用禁用的工具或者禁用的方法捕捞的；

（四）在禁渔期内使用禁用的工具或者禁用的方法捕捞的；

（五）在公海使用禁用渔具从事捕捞作业，造成严重影响的；

（六）其他情节严重的情形。

第六十四条 【非法猎捕、杀害珍贵、濒危野生动物案（刑法第三百四十一条第一款）】非法猎捕、杀害国家重点保护的珍贵、濒危野生动物的，应予立案追诉。

本条和本规定第六十五条规定的“珍贵、濒危野生动物”，包括列入《国家重点保护野生动物名录》的国家一、二级保护野生动物、列入《濒危野生动植物种国际贸易公约》附录一、附录二的野生动物以及驯养繁殖的上述物种。

第六十五条 【非法收购、运输、出售珍贵、濒危野生动物、珍贵、濒危野生动物制品案（刑法第三百四十一条第一款）】非法收购、运输、出售国家重点保护的珍贵、濒危野生动物及其制品的，应予立案追诉。

本条规定的“收购”，包括以营利、自用等为目的的购买行为；“运输”，包括采用携带、邮寄、利用他人、使用交通工具等方法进行运送的行为；“出售”，包括出卖和以营利为目的的加工利用行为。

最高人民法院关于审理发生在我国管辖海域相关案件若干问题的规定（一）

（法释〔2016〕16号）

（2015年12月28日最高人民法院审判委员会第1674次会议通过，2016年8月1日公布，自2016年8月2日起施行）

为维护我国领土主权、海洋权益，平等保护中外当事人合法权利，明确我国管辖海域的司法管辖与法律适用，根据《中华人民共和国领海及毗连区法》《中华人民共和国专属经济区和大陆架法》《中华人民共和国刑法》《中华人民共和国出境入境管理法》《中华人民共和国治安管理处罚法》《中华人民共和国刑事诉讼法》《中华人民共和国民事诉讼法》《中华人民共和国海事诉讼特别程序法》《中华人民共和国行政诉讼法》及中华人民共和国缔结或者参加的有关国际条约，结合审判实际，制定本规定。

第一条 本规定所称我国管辖海域，是指中华人民共和国内水、领海、毗连区、专属经济区、大陆架，以及中华人民共和国管辖的其他海域。

第二条 中国公民或组织在我国与有关国家缔结的协定确定的共同管理的渔区或公海从事捕捞等作业的，适用本规定。

第三条 中国公民或者外国人在我国管辖海域实施非法猎捕、杀害珍贵濒危野生动物或者非法捕捞水产品等犯罪的，依照我国刑法追究刑事责任。

第四条 有关部门依据出境入境管理法、治安管理处罚法，对非法进入我国内水从事渔业生产或者渔业资源调查的外国人，作出行政强制措施或行政处罚决定，行政相对人不服的，可分别依据出境入境管理法第六十四条和治安管理处罚法第一百零二条的规定，向有关机关申请复议或向有管辖权的人民法院提起行政诉讼。

第五条 因在我国管辖海域内发生海损事故，请求损害赔偿提起的诉讼，由管辖该海域的海事法院、事故船舶最先到达地的海事法院、船舶被扣押地或者被告住所地海事法院管辖。

因在公海等我国管辖海域外发生海损事故，请求损害赔偿在我国法院提起的诉讼，由事故船舶最先到达地、船舶被扣押地或者被告住所地海事法院管辖。

事故船舶为中华人民共和国船舶的，还可以由船籍港所在地海事法院管辖。

第六条 在我国管辖海域内，因海上航运、渔业生产及其他海上作业造成污染，破坏海洋生态环境，请求损害赔偿提起的诉讼，由管辖该海域的海事法院管辖。

污染事故发生在我国管辖海域外，对我国管辖海域造成污染或污染威胁，请求损害赔偿或者预防措施费用提起的诉讼，由管辖该海域的海事法院或采取预防措施地的海事法院管辖。

第七条 本规定施行后尚未审结的案件，适用本规定；本规定施行前已经终审，当事人申请再审或者按照审判监督程序决定再审的案件，不适用本规定。

第八条 本规定自2016年8月2日起施行。

最高人民法院关于审理发生在我国管辖海域相关案件若干问题的规定（二）

（法释〔2016〕17号）

（2016年5月9日最高人民法院审判委员会第1682次会议通过，2016年8月1日公布，自2016年8月2日起施行）

为正确审理发生在我国管辖海域相关案件，维护当事人合法权益，根据《中华人民共和国刑法》《中华人民共和国渔业法》《中华人民共和国民事诉讼法》《中华人民共和国刑事诉讼法》《中华人民共和国行政诉讼法》，结合审判实际，制定本规定。

第一条 当事人因船舶碰撞、海洋污染等事故受到损害，请求侵权人赔偿渔船、渔具、渔货损失以及收入损失的，人民法院应予支持。

当事人违反渔业法第二十三条，未取得捕捞许可证从事海上捕捞作业，依照前款规定主张收入损失的，人民法院不予支持。

第二条 人民法院在审判执行工作中，发现违法行为，需要有关单位对其依法处理的，应及时向相关单位提出司法建议，必要时可以抄送该单位的上级机关或者主管部门。违法行为涉嫌犯罪的，依法移送刑事侦查部门处理。

第三条 违反我国国（边）境管理法规，非法进入我国领海，具有下列情形之一的，应当认定为刑法第三百二十二条规定的“情节严重”：

（一）经驱赶拒不离开的；

（二）被驱离后又非法进入我国领海的；

（三）因非法进入我国领海被行政处罚或者被刑事处罚后，一年内又非法进入我国领海的；

（四）非法进入我国领海从事捕捞水产品等活动，尚不构成非法捕捞水产品等犯罪的；

（五）其他情节严重的情形。

第四条 违反保护水产资源法规，在海洋水域，在禁渔区、禁渔期或者使用禁用的工具、方法捕捞水产品，具有下列情形之一的，应当认定为刑法第三百四十条规定的“情节严重”：

（一）非法捕捞水产品一万公斤以上或者价值十万元以上的；

（二）非法捕捞有重要经济价值的水生动物苗种、怀卵亲体二千公斤以上或者价值二万元以上的；

（三）在水产种质资源保护区内捕捞水产品二千公斤以上或者价值二万元以上的；

（四）在禁渔区内使用禁用的工具或者方法捕捞的；

（五）在禁渔期内使用禁用的工具或者方法捕捞的；

（六）在公海使用禁用渔具从事捕捞作业，造成严重影响的；

（七）其他情节严重的情形。

第五条 非法采捕珊瑚、砗磲或者其他珍贵、濒危水生野生动物，具有下列情形之一的，应当认定为刑法第三百四十一条第一款规定的“情节严重”：

（一）价值在五十万元以上的；

（二）非法获利二十万元以上的；

（三）造成海域生态环境严重破坏的；

（四）造成严重国际影响的；

（五）其他情节严重的情形。

实施前款规定的行为，具有下列情形之一的，应当认定为刑法第三百四十一条第一款规定的“情节特别严重”：

（一）价值或者非法获利达到本条第一款规定标准五倍以上的；

（二）价值或者非法获利达到本条第一款规定的标准，造成海域生态环境严重破坏的；

（三）造成海域生态环境特别严重破坏的；

（四）造成特别严重国际影响的；

（五）其他情节特别严重的情形。

第六条 非法收购、运输、出售珊瑚、砗磲或者其他珍贵、濒危水生野生动物及其制品，具有下列情形之一的，应当认定为刑法第三百四十一条第一款规定的“情节严重”：

（一）价值在五十万元以上的；

（二）非法获利在二十万元以上的；

（三）具有其他严重情节的。

非法收购、运输、出售珊瑚、砗磲或者其他珍贵、濒危水生野生动物及其制品，具有下列情形之一的，应当认定为刑法第三百四十一条第一款规定的“情节特别严重”：

（一）价值在二百五十万元以上的；

（二）非法获利在一百万元以上的；

（三）具有其他特别严重情节的。

第七条 对案件涉及的珍贵、濒危水生野生动物的种属难以确定的，由司法鉴定机构出具鉴定意见，或者由国务院渔业行政主管部门指定的机构出具报告。

珍贵、濒危水生野生动物或者其制品的价值，依照国务院渔业行政主管部门的规定核定。核定价值低于实际交易价格的，以实际交易价格认定。

本解释所称珊瑚、砗磲，是指列入《国家重点保护野生动物名录》中国家一、二级保护的，以及列入《濒危野生动植物种国际贸易公约》附录一、附录二中的珊瑚、砗磲的所有种，包括活体和死体。

第八条 实施破坏海洋资源犯罪行为，同时构成非法捕捞罪、非法猎捕、杀害珍贵、濒危野生动物罪、组织他人偷越国（边）境罪、偷越国（边）境罪等犯罪的，依照处罚较重的规定定罪处罚。

有破坏海洋资源犯罪行为，又实施走私、妨害公务等犯罪的，依照数罪并罚的规定处理。

第九条 行政机关在行政诉讼中提交的于中华人民共和国领域外形成的，符合我国相关法律规定的证据，可以作为人民法院认定案件事实的依据。

下列证据不得作为定案依据：

（一）调查人员不具有所在国法律规定的调查权；

（二）证据调查过程不符合所在国法律规定，或者违反我国法律、法规的禁止性规定；

（三）证据不完整，或保管过程存在瑕疵，不能排除篡改可能的；

（四）提供的证据为复制件、复制品，无法与原件核对，且所在国执法部门亦未提供证明复制件、复制品与原件一致的公函；

（五）未履行中华人民共和国与该国订立的有关条约中规定的证明手续，或者未经所在国公证机关证明，并经中华人民共和国驻该国使领馆认证；

（六）不符合证据真实性、合法性、关联性的其他情形。

第十条 行政相对人未依法取得捕捞许可证擅自进行捕捞，行政机关认为该行为构成渔业法第四十一条规定的“情节严重”情形的，人民法院应当从以下方面综合审查，并作出认定：

（一）是否未依法取得渔业船舶检验证书或渔业船舶登记证书；

（二）是否故意遮挡、涂改船名、船籍港；

（三）是否标写伪造、变造的渔业船舶船名、船籍港，或者使用伪造、变造的渔业船舶证书；

（四）是否标写其他合法渔业船舶的船名、船籍港或者使用其他渔业船舶证书；

（五）是否非法安装挖捕珊瑚等国家重点保护水生野生动物设施；

（六）是否使用相关法律、法规、规章禁用的方法实施捕捞；

（七）是否非法捕捞水产品、非法捕捞有重要经济价值的水生动物苗种、怀卵亲体或者在水产种质资源保护区内捕捞水产品，数量或价值较大；

（八）是否于禁渔区、禁渔期实施捕捞；

（九）是否存在其他严重违法捕捞行为的情形。

第十一条 行政机关对停靠在渔港，无船名、船籍港和船舶证书的船舶，采取禁止离港、指定地点停放等强制措施，行政相对人以行政机关超越法定职权为由提起诉讼的，人民法院不予支持。

第十二条 无船名、无船籍港、无渔业船舶证书的船舶从事非法捕捞，行政机关经审慎调查，在无相反证据的情况下，将现场负责人或者实际负责人认定为违法行为人的，人民法院应予支持。

第十三条 行政机关有证据证明行政相对人采取将装载物品倒入海中等故意毁灭证据的行为，但行政相对人予以否认的，人民法院可以根据行政相对人的行为给行政机关举证造成困难的实际情况，适当降低行政机关的证明标准或者决定由行政相对人承担相反事实的证明责任。

第十四条 外国公民、无国籍人、外国组织，认为我国海洋、公安、海关、渔业行政主管部门及其所属的渔政监督管理机构等执法部门在行政执法过程中侵害其合法权益的，可以依据行政诉讼法等相关法律规定提起行政诉讼。

第十五条 本规定施行后尚未审结的一审、二审案件，适用本规定；本规定施行前已经终审，当事人申请再审或者按照审判监督程序决定再审的案件，不适用本规定。

第十六条 本规定自 2016 年 8 月 2 日起施行。

最高人民法院、最高人民检察院关于办理破坏野生动物资源刑事案件适用法律若干问题的解释

（法释〔2022〕12 号）

（2021 年 12 月 13 日由最高人民法院审判委员会第 1856 次会议、2022 年 2 月 9 日由最高人民检察院第十三届检察委员会第八十九次会议通过）

为依法惩治破坏野生动物资源犯罪，保护生态环境，维护生物多样性和生态平衡，根据《中华人民共和国刑法》《中华人民共和国刑事诉讼法》《中华人民共和国野生动物保护法》等法律的有关规定，现就办理此类刑事案件适用法律的若干问题解释如下：

第一条 具有下列情形之一的，应当认定为刑法第一百五十一条第二款规定的走私国家禁止进出口的珍贵动物及其制品：

（一）未经批准擅自进出口列入经国家濒危物种进出口管理机构公布的《濒危野生动植物种国际贸易公约》附录一、附录二的野生动物及其制品；

（二）未经批准擅自出口列入《国家重点保护野生动物名录》的野生动物及其制品。

第二条 走私国家禁止进出口的珍贵动物及其制品，价值二十万元以上不满二百万元的，应当依照刑法第一百五十一条第二款的规定，以走私珍贵动物、珍贵动物制品罪处五年以上十年以下有期徒刑，并处罚金；价值二百万元以上的，应当认定为“情节特别严重”，处十年以上有期徒刑或者无期徒刑，并处没收财产；价值二万元以上不满二十万元的，应当认定为“情节较轻”，处五年以下有期徒刑，并处罚金。

实施前款规定的行为，具有下列情形之一的，从重处罚：

（一）属于犯罪集团的首要分子的；

（二）为逃避监管，使用特种交通工具实施的；

（三）二年内曾因破坏野生动物资源受过行政处罚的。

实施第一款规定的行为，不具有第二款规定的情形，且未造成动物死亡或者动物、动物制品无法追回，行为人全部退赃退赔，确有悔罪表现的，按照下列规定处理：

（一）珍贵动物及其制品价值二百万元以上的，可以处五年以上十年以下有期徒刑，并处罚金；

（二）珍贵动物及其制品价值二十万元以上不满二百万元的，可以认定为“情节较轻”，处五年以下有期徒刑，并处罚金；

（三）珍贵动物及其制品价值二万元以上不满二十万元的，可以认定为犯罪情节轻微，不起诉或者免予刑事处罚；情节显著轻微危害不大的，不作为犯罪处理。

第三条 在内陆水域，违反保护水产资源法规，在禁渔区、禁渔期或者使用禁用的工具、方法捕捞水产品，具有下列情形之一

的，应当认定为刑法第三百四十条规定的“情节严重”，以非法捕捞水产品罪定罪处罚：

（一）非法捕捞水产品五百公斤以上或者价值一万元以上的；

（二）非法捕捞有重要经济价值的水生动物苗种、怀卵亲体或者在水产种质资源保护区内捕捞水产品五十公斤以上或者价值一千元以上的；

（三）在禁渔区使用电鱼、毒鱼、炸鱼等严重破坏渔业资源的禁用方法或者禁用工具捕捞的；

（四）在禁渔期使用电鱼、毒鱼、炸鱼等严重破坏渔业资源的禁用方法或者禁用工具捕捞的；

（五）其他情节严重的情形。

实施前款规定的行为，具有下列情形之一的，从重处罚：

（一）暴力抗拒、阻碍国家机关工作人员依法履行职务，尚未构成妨害公务罪、袭警罪的；

（二）二年内曾因破坏野生动物资源受过行政处罚的；

（三）对水生生物资源或者水域生态造成严重损害的；

（四）纠集多条船只非法捕捞的；

（五）以非法捕捞为业的。

实施第一款规定的行为，根据渔获物的数量、价值和捕捞方法、工具等，认为对水生生物资源危害明显较轻的，综合考虑行为人自愿接受行政处罚、积极修复生态环境等情节，可以认定为犯罪情节轻微，不起诉或者免予刑事处罚；情节显著轻微危害不大的，不作为犯罪处理。

第四条 刑法第三百四十一条第一款规定的“国家重点保护的珍贵、濒危野生动物”包括：

（一）列入《国家重点保护野生动物名录》的野生动物；

（二）经国务院野生动物保护主管部门核准按照国家重点保护的野生动物管理的野生动物。

第五条 刑法第三百四十一条第一款规定的“收购”包括以营利、自用等为目的的购买行为；“运输”包括采用携带、邮寄、利用他人、使用交通工具等方法进行运送的行为；“出售”包括出卖和以营利为目的的加工利用行为。

刑法第三百四十一条第三款规定的“收购”“运输”“出售”，是指以食用为目的，实施前款规定的相应行为。

第六条 非法猎捕、杀害国家重点保护的珍贵、濒危野生动物，或者非法收购、运输、出售国家重点保护的珍贵、濒危野生动物及其制品，价值二万元以上不满二十万元的，应当依照刑法第三百四十一条第一款的规定，以危害珍贵、濒危野生动物罪处五年以下有期徒刑或者拘役，并处罚金；价值二十万元以上不满二百万元的，应当认定为“情节严重”，处五年以上十年以下有期徒刑，并处罚金；价值二百万元以上的，应当认定为“情节特别严重”，处十年以上有期徒刑，并处罚金或者没收财产。

实施前款规定的行为，具有下列情形之一的，从重处罚：

（一）属于犯罪集团的首要分子的；

（二）为逃避监管，使用特种交通工具实施的；

（三）严重影响野生动物科研工作的；

（四）二年内曾因破坏野生动物资源受过行政处罚的。

实施第一款规定的行为，不具有第二款规定的情形，且未造成动物死亡或者动物、动物制品无法追回，行为人全部退赃退赔，确有悔罪表现的，按照下列规定处理：

（一）珍贵、濒危野生动物及其制品价值二百万元以上的，可以认定为“情节严重”，处五年以上十年以下有期徒刑，并处罚金；

（二）珍贵、濒危野生动物及其制品价值二十万元以上不满二百万元的，可以处五年以下有期徒刑或者拘役，并处罚金；

（三）珍贵、濒危野生动物及其制品价值二万元以上不满二十万元的，可以认定为犯罪情节轻微，不起诉或者免予刑事处罚；情节显著轻微危害不大的，不作为犯罪处理。

第七条 违反狩猎法规，在禁猎区、禁猎期或者使用禁用的工具、方法进行狩猎，破坏野生动物资源，具有下列情形之一的，应当认定为刑法第三百四十一条第二款规定的“情节严重”，以非法狩猎罪定罪处罚：

（一）非法猎捕野生动物价值一万元以上的；

（二）在禁猎区使用禁用的工具或者方法狩猎的；

（三）在禁猎期使用禁用的工具或者方法狩猎的；

（四）其他情节严重的情形。

实施前款规定的行为，具有下列情形之一的，从重处罚：

（一）暴力抗拒、阻碍国家机关工作人员依法履行职务，尚未构成妨害公务罪、袭警罪的；

（二）对野生动物资源或者栖息地生态造成严重损害的；

（三）二年内曾因破坏野生动物资源受过行政处罚的。

实施第一款规定的行为，根据猎获物的数量、价值和狩猎方法、工具等，认为对野生动物资源危害明显较轻的，综合考虑猎捕的动机、目的、行为人自愿接受行政处罚、积极修复生态环境等情节，可以认定为犯罪情节轻微，不起诉或者免予刑事处罚；情节显著轻微危害不大的，不作为犯罪处理。

第八条 违反野生动物保护管理法规，以食用为目的，非法猎捕、收购、运输、出售刑法第三百四十一条第一款规定以外的在野外环境自然生长繁殖的陆生野生动物，具有下列情形之一的，应当认定为刑法第三百四十一条第三款规定的“情节严重”，以非法猎捕、收购、运输、出售陆生野生动物罪定罪处罚：

（一）非法猎捕、收购、运输、出售有重要生态、科学、社会价值的陆生野生动物或者地方重点保护陆生野生动物价值一万元以上的；

（二）非法猎捕、收购、运输、出售第一项规定以外的其他陆生野生动物价值五万元以上的；

（三）其他情节严重的情形。

实施前款规定的行为，同时构成非法狩猎罪的，应当依照刑法第三百四十一条第三款的规定，以非法猎捕陆生野生动物罪定罪处罚。

第九条 明知是非法捕捞犯罪所得的水产品、非法狩猎犯罪所得的猎获物而收购、贩卖或者以其他方法掩饰、隐瞒，符合刑法第三百一十二条规定的，以掩饰、隐瞒犯罪所得罪定罪处罚。

第十条 负有野生动物保护和进出口监督管理职责的国家机关工作人员，滥用职权或者玩忽职守，致使公共财产、国家和人民利益遭受重大损失的，应当依照刑法第三百九十七条的规定，以滥用职权罪或者玩忽职守罪追究刑事责任。

负有查禁破坏野生动物资源犯罪活动职责的国家机关工作人员，向犯罪分子通风报信、提供便利，帮助犯罪分子逃避处罚的，应当依照刑法第四百一十七条的规定，以帮助犯罪分子逃避处罚罪追究刑事责任。

第十一条 对于“以食用为目的”，应当综合涉案动物及其制品的特征，被查获的地点，加工、包装情况，以及可以证明来源、用途的标识、证明等证据作出认定。

实施本解释规定的相关行为，具有下列情形之一的，可以认定为“以食用为目的”：

（一）将相关野生动物及其制品在餐饮单位、饮食摊点、超市等场所作为食品销售或者运往上述场所的；

（二）通过包装、说明书、广告等介绍相关野生动物及其制品的食用价值或者方法的；

（三）其他足以认定以食用为目的的情形。

第十二条 二次以上实施本解释规定的行为构成犯罪，依法应当追诉的，或者二年内实施本解释规定的行为未经处理的，数量、数额累计计算。

第十三条 实施本解释规定的相关行为，在认定是否构成犯罪以及裁量刑罚时，应当考虑涉案动物是否系人工繁育、物种的濒危程度、野外存活状况、人工繁育情况、是否列入人工繁育国家重点保护野生动物名录，行为手段、对野生动物资源的损害程度，以及对野生动物及其制品的认知程度等情节，综合评估社会危害性，准确认定是否构成犯罪，妥当裁量刑罚，确保罪责刑相适应；根据本解释的规定定罪量刑明显过重的，可以根据案件的事实、情节和社会危害程度，依法作出妥当处理。

涉案动物系人工繁育，具有下列情形之一的，对所涉案件一般不作为犯罪处理；需要追究刑事责任的，应当依法从宽处理：

（一）列入人工繁育国家重点保护野生动物名录的；

（二）人工繁育技术成熟、已成规模，作为宠物买卖、运输的。

第十四条 对于实施本解释规定的相关行为被不起诉或者免予刑事处罚的行为人，依法应当给予行政处罚、政务处分或者其他处分的，依法移送有关主管机关处理。

第十五条 对于涉案动物及其制品的价值，应当根据下列方法确定：

（一）对于国家禁止进出口的珍贵动物及其制品、国家重点保护的珍贵、濒危野生动物及其制品的价值，根据国务院野生动物保护主管部门制定的评估标准和方法核算；

（二）对于有重要生态、科学、社会价值的陆生野生动物、地方重点保护野生动物、其他野生动物及其制品的价值，根据销赃数额认定；无销赃数额、销赃数额难以查证或者根据销赃数额认定明显偏低的，根据市场价格核算，必要时，也可以参照相关评估标准和方法核算。

第十六条 根据本解释第十五条规定难以确定涉案动物及其制品价值的，依据司法鉴定机构出具的鉴定意见，或者下列机构出具的报告，结合其他证据作出认定：

（一）价格认证机构出具的报告；

（二）国务院野生动物保护主管部门、国家濒危物种进出口管理机构或者海关总署等指定的机构出具的报告；

（三）地、市级以上人民政府野生动物保护主管部门、国家濒危物种进出口管理机构的派出机构或者直属海关等出具的报告。

第十七条 对于涉案动物的种属类别、是否系人工繁育，非法捕捞、狩猎的工具、方法，以及对野生动物资源的损害程度等专门性问题，可以由野生动物保护主管部门、侦查机关依据现场勘验、检查笔录等出具认定意见；难以确定的，依据司法鉴定机构出具的鉴定意见、本解释第十六条所列机构出具的报告，被告人及其辩护人提供的证据材料，结合其他证据材料综合审查，依法作出认定。

第十八条 餐饮公司、渔业公司等单位实施破坏野生动物资源犯罪的，依照本解释规定的相应自然人犯罪的定罪量刑标准，对直接负责的主管人员和其他直接责任人员定罪处罚，并对单位判处罚金。

第十九条 在海洋水域，非法捕捞水产品，非法采捕珊瑚、砗磲或者其他珍贵、濒危水生野生动物，或者非法收购、运输、出售珊瑚、砗磲或者其他珍贵、濒危水生野生动物及其制品的，定罪量刑标准适用《最高人民法院关于审理发生在我国管辖海域相关案件若干问题的规定（二）》（法释〔2016〕17 号）的相关规定。

第二十条 本解释自 2022 年 4 月 9 日起施行。本解释公布施行后，《最高人民法院关于审理破坏野生动物资源刑事案件具体应用法律若干问题的解释》（法释〔2000〕37 号）同时废止；之前发布的司法解释与本解释不一致的，以本解释为准。

最高人民法院、最高人民检察院、公安部、司法部关于依法惩治非法野生动物交易犯罪的指导意见

（公通字〔2020〕19号）

为依法惩治非法野生动物交易犯罪，革除滥食野生动物的陋习，有效防范重大公共卫生风险，切实保障人民群众生命健康安全，根据有关法律、司法解释的规定，结合侦查、起诉、审判实践，制定本意见。

一、依法严厉打击非法猎捕、杀害野生动物的犯罪行为，从源头上防控非法野生动物交易。

非法猎捕、杀害国家重点保护的珍贵、濒危野生动物，符合刑法第三百四十一条第一款规定的，以非法猎捕、杀害珍贵、濒危野生动物罪定罪处罚。

违反狩猎法规，在禁猎区、禁猎期或者使用禁用的工具、方法进行狩猎，破坏野生动物资源，情节严重，符合刑法第三百四十一条第二款规定的，以非法狩猎罪定罪处罚。

违反保护水产资源法规，在禁渔区、禁渔期或者使用禁用的工具、方法捕捞水产品，情节严重，符合刑法第三百四十条规定的，以非法捕捞水产品罪定罪处罚。

二、依法严厉打击非法收购、运输、出售、进出口野生动物及其制品的犯罪行为，切断非法野生动物交易的利益链条。

非法收购、运输、出售国家重点保护的珍贵、濒危野生动物及其制品，符合刑法第三百四十一条第一款规定的，以非法收购、运输、出售珍贵、濒危野生动物、珍贵、濒危野生动物制品罪定罪处罚。

走私国家禁止进出口的珍贵动物及其制品，符合刑法第一百五十一条第二款规定的，以走私珍贵动物、珍贵动物制品罪定罪处罚。

三、依法严厉打击以食用或者其他目的的非法购买野生动物的犯罪行为，坚决革除滥食野生动物的陋习。

知道或者应当知道是国家重点保护的珍贵、濒危野生动物及其制品，为食用或者其他目的而非法购买，符合刑法第三百四十一条第一款规定的，以非法收购珍贵、濒危野生动物、珍贵、濒危野生动物制品罪定罪处罚。

四、二次以上实施本意见第一条至第三条规定的行为构成犯罪，依法应当追诉的，或者二年内二次以上实施本意见第一条至第三条规定的行为未经处理的，数量、数额累计计算。

五、明知他人实施非法野生动物交易行为，有下列情形之一的，以共同犯罪论处：

（一）提供贷款、资金、账号、车辆、设备、技术、许可证件的；

（二）提供生产、经营场所或者运输、仓储、保管、快递、邮寄、网络信息交互等便利条件或者其他服务的；

（三）提供广告宣传等帮助行为的。

六、对涉案野生动物及其制品价值，可

以根据国务院野生动物保护主管部门制定的价值评估标准和方法核算。对野生动物制品，根据实际情况予以核算，但核算总额不能超过该种野生动物的整体价值。具有特殊利用价值或者导致动物死亡的主要部分，核算方法不明确的，其价值标准最高可以按照该种动物整体价值标准的 80%予以折算，其他部分价值标准最高可以按整体价值标准的 20%予以折算，但是按照上述方法核算的价值明显不当的，应当根据实际情况妥当予以核算。核算价值低于实际交易价格的，以实际交易价格认定。

根据前款规定难以确定涉案野生动物及其制品价值的，依据下列机构出具的报告，结合其他证据作出认定：

（一）价格认证机构出具的报告；

（二）国务院野生动物保护主管部门、国家濒危物种进出口管理机构、海关总署等指定的机构出具的报告；

（三）地、市级以上人民政府野生动物保护主管部门、国家濒危物种进出口管理机构的派出机构、直属海关等出具的报告。

七、对野生动物及其制品种属类别，非法捕捞、狩猎的工具、方法，以及对野生动物资源的损害程度、食用涉案野生动物对人体健康的危害程度等专门性问题，可以由野生动物保护主管部门、侦查机关或者有专门知识的人依据现场勘验、检查笔录等出具认定意见。难以确定的，依据司法鉴定机构出具的鉴定意见，或者本意见第六条第二款所列机构出具的报告，结合其他证据作出认定。

八、办理非法野生动物交易案件中，行政执法部门依法收集的物证、书证、视听资料、电子数据等证据材料，在刑事诉讼中可以作为证据使用。

对不易保管的涉案野生动物及其制品，在做好拍摄、提取检材或者制作足以反映原物形态特征或者内容的照片、录像等取证工作后，可以移交野生动物保护主管部门及其指定的机构依法处置。对存在或者可能存在疫病的野生动物及其制品，应立即通知野生动物保护主管部门依法处置。

九、实施本意见规定的行为，在认定是否构成犯罪以及裁量刑罚时，应当考虑涉案动物是否系人工繁育、物种的濒危程度、野外存活状况、人工繁育情况、是否列入国务院野生动物保护主管部门制定的人工繁育国家重点保护野生动物名录，以及行为手段、对野生动物资源的损害程度、食用涉案野生动物对人体健康的危害程度等情节，综合评估社会危害性，确保罪责刑相适应。相关定罪量刑标准明显不适宜的，可以根据案件的事实、情节和社会危害程度，依法作出妥当处理。

十、本意见自下发之日起施行。

最高人民法院关于审理海洋自然资源与生态环境损害赔偿纠纷案件若干问题的规定

（法释〔2017〕23号）

（2017年11月20日最高人民法院审判委员会第1727次会议通过，2017年12月29日公布，自2018年1月15日起施行）

为正确审理海洋自然资源与生态环境损害赔偿纠纷案件，根据《中华人民共和国海洋环境保护法》《中华人民共和国民事诉讼法》《中华人民共和国海事诉讼特别程序法》等法律的规定，结合审判实践，制定本规定。

第一条 人民法院审理为请求赔偿海洋环境保护法第八十九条第二款规定的海洋自然资源与生态环境损害而提起的诉讼，适用本规定。

第二条 在海上或者沿海陆域内从事活动，对中华人民共和国管辖海域内海洋自然资源与生态环境造成损害，由此提起的海洋自然资源与生态环境损害赔偿诉讼，由损害行为发生地、损害结果地或者采取预防措施地海事法院管辖。

第三条 海洋环境保护法第五条规定的行使海洋环境监督管理权的机关，根据其职能分工提起海洋自然资源与生态环境损害赔偿诉讼，人民法院应予受理。

第四条 人民法院受理海洋自然资源与生态环境损害赔偿诉讼，应当在立案之日起五日内公告案件受理情况。

人民法院在审理中发现可能存在下列情形之一的，可以书面告知其他依法行使海洋环境监督管理权的机关：

（一）同一损害涉及不同区域或者不同部门；

（二）不同损害应由其他依法行使海洋环境监督管理权的机关索赔。

本规定所称不同损害，包括海洋自然资源与生态环境损害中不同种类和同种类但可以明确区分属不同机关索赔范围的损害。

第五条 在人民法院依照本规定第四条的规定发布公告之日起三十日内，或者书面告知之日起七日内，对同一损害有权提起诉讼的其他机关申请参加诉讼，经审查符合法定条件的，人民法院应当将其列为共同原告；逾期申请的，人民法院不予准许。裁判生效后另行起诉的，人民法院参照《最高人民法院关于审理环境民事公益诉讼案件适用法律若干问题的解释》第二十八条的规定处理。

对于不同损害，可以由各依法行使海洋环境监督管理权的机关分别提起诉讼；索赔人共同起诉或者在规定期限内申请参加诉讼的，人民法院依照民事诉讼法第五十二条第一款的规定决定是否按共同诉讼进行审理。

第六条 依法行使海洋环境监督管理权的机关请求造成海洋自然资源与生态环境损害的责任者承担停止侵害、排除妨碍、消除危险、恢复原状、赔礼道歉、赔偿损失等民事责任的，人民法院应当根据诉讼请求以及具体案情，合理判定责任者承担民事责任。

第七条 海洋自然资源与生态环境损失赔偿范围包括：

（一）预防措施费用，即为减轻或者防止海洋环境污染、生态恶化、自然资源减少所采取合理应急处置措施而发生的费用；

（二）恢复费用，即采取或者将要采取措施恢复或者部分恢复受损害海洋自然资源与生态环境功能所需费用；

（三）恢复期间损失，即受损害的海洋自然资源与生态环境功能部分或者完全恢复前的海洋自然资源损失、生态环境服务功能损失；

（四）调查评估费用，即调查、勘查、监测污染区域和评估污染等损害风险与实际损害所发生的费用。

第八条 恢复费用，限于现实修复实际发生和未来修复必然发生的合理费用，包括制定和实施修复方案和监测、监管产生的费用。

未来修复必然发生的合理费用和恢复期间损失，可以根据有资格的鉴定评估机构依据法律法规、国家主管部门颁布的鉴定评估技术规范作出的鉴定意见予以确定，但当事人有相反证据足以反驳的除外。

预防措施费用和调查评估费用，以实际发生和未来必然发生的合理费用计算。

责任者已经采取合理预防、恢复措施，其主张相应减少损失赔偿数额的，人民法院应予支持。

第九条 依照本规定第八条的规定难以确定恢复费用和恢复期间损失的，人民法院可以根据责任者因损害行为所获得的收益或者所减少支付的污染防治费用，合理确定损失赔偿数额。

前款规定的收益或者费用无法认定的，可以参照政府部门相关统计资料或者其他证据所证明的同区域同类生产经营者同期平均收入、同期平均污染防治费用，合理酌定。

第十条 人民法院判决责任者赔偿海洋自然资源与生态环境损失的，可以一并写明依法行使海洋环境监督管理权的机关受领赔款后向国库账户交纳。

发生法律效力的裁判需要采取强制执行措施的，应当移送执行。

第十一条 海洋自然资源与生态环境损害赔偿诉讼当事人达成调解协议或者自行达成和解协议的，人民法院依照《最高人民法院关于审理环境民事公益诉讼案件适用法律若干问题的解释》第二十五条的规定处理。

第十二条 人民法院审理海洋自然资源与生态环境损害赔偿纠纷案件，本规定没有规定的，适用《最高人民法院关于审理环境侵权责任纠纷案件适用法律若干问题的解释》《最高人民法院关于审理环境民事公益诉讼案件适用法律若干问题的解释》等相关司法解释的规定。

在海上或者沿海陆域内从事活动，对中华人民共和国管辖海域内海洋自然资源与生态环境形成损害威胁，人民法院审理由此引起的赔偿纠纷案件，参照适用本规定。

人民法院审理因船舶引起的海洋自然资源与生态环境损害赔偿纠纷案件，法律、行政法规、司法解释另有特别规定的，依照其规定。

第十三条 本规定自 2018 年 1 月 15 日起施行，人民法院尚未审结的一审、二审案件适用本规定；本规定施行前已经作出生效裁判的案件，本规定施行后依法再审的，不适用本规定。

本规定施行后，最高人民法院以前颁布的司法解释与本规定不一致的，以本规定为准。

最高人民法院、最高人民检察院关于办理海洋自然资源与生态环境公益诉讼案件若干问题的规定

（法释〔2022〕15号）

（2021年12月27日由最高人民法院审判委员会第1858次会议、2022年3月16日由最高人民检察院第十三届检察委员会第九十三次会议通过）

为依法办理海洋自然资源与生态环境公益诉讼案件，根据《中华人民共和国海洋环境保护法》《中华人民共和国民事诉讼法》《中华人民共和国刑事诉讼法》《中华人民共和国行政诉讼法》《中华人民共和国海事诉讼特别程序法》等法律规定，结合审判、检察工作实际，制定本规定。

第一条 本规定适用于损害行为发生地、损害结果地或者采取预防措施地在海洋环境保护法第二条第一款规定的海域内，因破坏海洋生态、海洋水产资源、海洋保护区而提起的民事公益诉讼、刑事附带民事公益诉讼和行政公益诉讼。

第二条 依据海洋环境保护法第八十九条第二款规定，对破坏海洋生态、海洋水产资源、海洋保护区，给国家造成重大损失的，应当由依照海洋环境保护法规定行使海洋环境监督管理权的部门，在有管辖权的海事法院对侵权人提起海洋自然资源与生态环境损害赔偿诉讼。

有关部门根据职能分工提起海洋自然资源与生态环境损害赔偿诉讼的，人民检察院可以支持起诉。

第三条 人民检察院在履行职责中发现破坏海洋生态、海洋水产资源、海洋保护区的行为，可以告知行使海洋环境监督管理权的部门依据本规定第二条提起诉讼。在有关部门仍不提起诉讼的情况下，人民检察院就海洋自然资源与生态环境损害，向有管辖权的海事法院提起民事公益诉讼的，海事法院应予受理。

第四条 破坏海洋生态、海洋水产资源、海洋保护区，涉嫌犯罪的，在行使海洋环境监督管理权的部门没有另行提起海洋自然资源与生态环境损害赔偿诉讼的情况下，人民检察院可以在提起刑事公诉时一并提起附带民事公益诉讼，也可以单独提起民事公益诉讼。

第五条 人民检察院在履行职责中发现对破坏海洋生态、海洋水产资源、海洋保护区的行为负有监督管理职责的部门违法行使职权或者不作为，致使国家利益或者社会公共利益受到侵害的，应当向有关部门提出检察建议，督促其依法履行职责。

有关部门不依法履行职责的，人民检察院依法向被诉行政机关所在地的海事法院提起行政公益诉讼。

第六条 本规定自2022年5月15日起施行。

最高人民法院关于审理船舶油污损害赔偿纠纷案件若干问题的规定

（法释〔2020〕18号）

（2011年1月10日最高人民法院审判委员会第1509次会议通过；根据2020年12月23日最高人民法院审判委员会第1823次会议通过的《最高人民法院关于修改〈最高人民法院关于破产企业国有划拨土地使用权应否列入破产财产等问题的批复〉等二十九件商事类司法解释的决定》修正）

为正确审理船舶油污损害赔偿纠纷案件，依照《中华人民共和国民法典》《中华人民共和国海洋环境保护法》《中华人民共和国海商法》《中华人民共和国民事诉讼法》《中华人民共和国海事诉讼特别程序法》等法律法规以及中华人民共和国缔结或者参加的有关国际条约，结合审判实践，制定本规定。

第一条 船舶发生油污事故，对中华人民共和国领域和管辖的其他海域造成油污损害或者形成油污损害威胁，人民法院审理相关船舶油污损害赔偿纠纷案件，适用本规定。

第二条 当事人就油轮装载持久性油类造成的油污损害提起诉讼、申请设立油污损害赔偿责任限制基金，由船舶油污事故发生地海事法院管辖。

油轮装载持久性油类引起的船舶油污事故，发生在中华人民共和国领域和管辖的其他海域外，对中华人民共和国领域和管辖的其他海域造成油污损害或者形成油污损害威胁，当事人就船舶油污事故造成的损害提起诉讼、申请设立油污损害赔偿责任限制基金，由油污损害结果地或者采取预防油污措施地海事法院管辖。

第三条 两艘或者两艘以上船舶泄漏油类造成油污损害，受损害人请求各泄漏油船舶所有人承担赔偿责任，按照泄漏油数量及泄漏油类对环境的危害性等因素能够合理分开各自造成的损害，由各泄漏油船舶所有人分别承担责任；不能合理分开各自造成的损害，各泄漏油船舶所有人承担连带责任。但泄漏油船舶所有人依法免予承担责任的除外。

各泄漏油船舶所有人对受损害人承担连带责任的，相互之间根据各自责任大小确定相应的赔偿数额；难以确定责任大小的，平均承担赔偿责任。泄漏油船舶所有人支付超出自己应赔偿的数额，有权向其他泄漏油船舶所有人追偿。

第四条 船舶互有过失碰撞引起油类泄漏造成油污损害的，受损害人可以请求泄漏油船舶所有人承担全部赔偿责任。

第五条 油轮装载的持久性油类造成油污损害的，应依照《防治船舶污染海洋环境管理条例》《1992年国际油污损害民事责任公约》的规定确定赔偿限额。

油轮装载的非持久性燃油或者非油轮装载的燃油造成油污损害的，应依照海商法关于海事赔偿责任限制的规定确定赔偿限额。

第六条 经证明油污损害是由于船舶所有人的故意或者明知可能造成此种损害而轻

率地作为或者不作为造成的，船舶所有人主张限制赔偿责任，人民法院不予支持。

第七条 油污损害是由于船舶所有人故意造成的，受损害人请求船舶油污损害责任保险人或者财务保证人赔偿，人民法院不予支持。

第八条 受损害人直接向船舶油污损害责任保险人或者财务保证人提起诉讼，船舶油污损害责任保险人或者财务保证人可以对受损害人主张船舶所有人的抗辩。

除船舶所有人故意造成油污损害外，船舶油污损害责任保险人或者财务保证人向受损害人主张其对船舶所有人的抗辩，人民法院不予支持。

第九条 船舶油污损害赔偿范围包括：

（一）为防止或者减轻船舶油污损害采取预防措施所发生的费用，以及预防措施造成的进一步灭失或者损害；

（二）船舶油污事故造成该船舶之外的财产损害以及由此引起的收入损失；

（三）因油污造成环境损害所引起的收入损失；

（四）对受污染的环境已采取或将要采取合理恢复措施的费用。

第十条 对预防措施费用以及预防措施造成的进一步灭失或者损害，人民法院应当结合污染范围、污染程度、油类泄漏量、预防措施的合理性、参与清除油污人员及投入使用设备的费用等因素合理认定。

第十一条 对遇险船舶实施防污措施，作业开始时的主要目的仅是为防止、减轻油污损害的，所发生的费用应认定为预防措施费用。

作业具有救助遇险船舶、其他财产和防止、减轻油污损害的双重目的，应根据目的的主次比例合理划分预防措施费用与救助措施费用；无合理依据区分主次目的的，相关费用应平均分摊。但污染危险消除后发生的费用不应列为预防措施费用。

第十二条 船舶泄漏油类污染其他船舶、渔具、养殖设施等财产，受损害人请求油污责任人赔偿因清洗、修复受污染财产支付的合理费用，人民法院应予支持。

受污染财产无法清洗、修复，或者清洗、修复成本超过其价值的，受损害人请求油污责任人赔偿合理的更换费用，人民法院应予支持，但应参照受污染财产实际使用年限与预期使用年限的比例作合理扣除。

第十三条 受损害人因其财产遭受船舶油污，不能正常生产经营的，其收入损失应以财产清洗、修复或者更换所需合理期间为限进行计算。

第十四条 海洋渔业、滨海旅游业及其他用海、临海经营单位或者个人请求因环境污染所遭受的收入损失，具备下列全部条件，由此证明收入损失与环境污染之间具有直接因果关系的，人民法院应予支持：

（一）请求人的生产经营活动位于或者接近污染区域；

（二）请求人的生产经营活动主要依赖受污染资源或者海岸线；

（三）请求人难以找到其他替代资源或者商业机会；

（四）请求人的生产经营业务属于当地相对稳定的产业。

第十五条 未经相关行政主管部门许可，受损害人从事海上养殖、海洋捕捞，主张收入损失的，人民法院不予支持；但请求赔偿清洗、修复、更换养殖或者捕捞设施的合理费用，人民法院应予支持。

第十六条 受损害人主张因其财产受污染或者因环境污染造成的收入损失，应以其前三年同期平均净收入扣减受损期间的实际净收入计算，并适当考虑影响收入的其他相关因素予以合理确定。

按照前款规定无法认定收入损失的，可以参考政府部门的相关统计数据和信息，或者同区域同类生产经营者的同期平均收入合理认定。

受损害人采取合理措施避免收入损失，请求赔偿合理措施的费用，人民法院应予支持，但以其避免发生的收入损失数额为限。

第十七条 船舶油污事故造成环境损害的，对环境损害的赔偿应限于已实际采取或者将要采取的合理恢复措施的费用。恢复措施的费用包括合理的监测、评估、研究费用。

第十八条 船舶取得有效的油污损害民事责任保险或者具有相应财务保证的，油污受损害人主张船舶优先权的，人民法院不予支持。

第十九条 对油轮装载的非持久性燃油、非油轮装载的燃油造成油污损害的赔偿请求，适用海商法关于海事赔偿责任限制的规定。

同一海事事故造成前款规定的油污损害和海商法第二百零七条规定的可以限制赔偿责任的其他损害，船舶所有人依照海商法第十一章的规定主张在同一赔偿限额内限制赔偿责任的，人民法院应予支持。

第二十条 为避免油轮装载的非持久性燃油、非油轮装载的燃油造成油污损害，对沉没、搁浅、遇难船舶采取起浮、清除或者使之无害措施，船舶所有人对由此发生的费用主张依照海商法第十一章的规定限制赔偿责任的，人民法院不予支持。

第二十一条 对油轮装载持久性油类造成的油污损害，船舶所有人，或者船舶油污责任保险人、财务保证人主张责任限制的，应当设立油污损害赔偿责任限制基金。

油污损害赔偿责任限制基金以现金方式设立的，基金数额为《防治船舶污染海洋环境管理条例》《1992 年国际油污损害民事责任公约》规定的赔偿限额。以担保方式设立基金的，担保数额为基金数额及其在基金设立期间的利息。

第二十二条 船舶所有人、船舶油污损害责任保险人或者财务保证人申请设立油污损害赔偿责任限制基金，利害关系人对船舶所有人主张限制赔偿责任有异议的，应当在海事诉讼特别程序法第一百零六条第一款规定的异议期内以书面形式提出，但提出该异议不影响基金的设立。

第二十三条 对油轮装载持久性油类造成的油污损害，利害关系人没有在异议期内对船舶所有人主张限制赔偿责任提出异议，油污损害赔偿责任限制基金设立后，海事法院应当解除对船舶所有人的财产采取的保全措施或者发还为解除保全措施而提供的担保。

第二十四条 对油轮装载持久性油类造成的油污损害，利害关系人在异议期内对船舶所有人主张限制赔偿责任提出异议的，人民法院在认定船舶所有人有权限制赔偿责任的裁决生效后，应当解除对船舶所有人的财产采取的保全措施或者发还为解除保全措施而提供的担保。

第二十五条 对油轮装载持久性油类造成的油污损害，受损害人提起诉讼时主张船舶所有人无权限制赔偿责任的，海事法院对船舶所有人是否有权限制赔偿责任的争议，可以先行审理并作出判决。

第二十六条 对油轮装载持久性油类造成的油污损害，受损害人没有在规定的债权登记期间申请债权登记的，视为放弃在油污损害赔偿责任限制基金中受偿的权利。

第二十七条 油污损害赔偿责任限制基金不足以清偿有关油污损害的，应根据确认的赔偿数额依法按比例分配。

第二十八条 对油轮装载持久性油类造成的油污损害，船舶所有人、船舶油污损害责任保险人或者财务保证人申请设立油污损害赔偿责任限制基金、受损害人申请债权登记与受偿，本规定没有规定的，适用海事诉讼特别程序法及相关司法解释的规定。

第二十九条 在油污损害赔偿责任限制

基金分配以前，船舶所有人、船舶油污损害责任保险人或者财务保证人，已先行赔付油污损害的，可以书面申请从基金中代位受偿。代位受偿应限于赔付的范围，并不超过接受赔付的人依法可获得的赔偿数额。

海事法院受理代位受偿申请后，应书面通知所有对油污损害赔偿责任限制基金提出主张的利害关系人。利害关系人对申请人主张代位受偿的权利有异议的，应在收到通知之日起十五日内书面提出。

海事法院经审查认定申请人代位受偿权利成立，应裁定予以确认；申请人主张代位受偿的权利缺乏事实或者法律依据的，裁定驳回其申请。当事人对裁定不服的，可以在收到裁定书之日起十日内提起上诉。

第三十条 船舶所有人为主动防止、减轻油污损害而支出的合理费用或者所作的合理牺牲，请求参与油污损害赔偿责任限制基金分配的，人民法院应予支持，比照本规定第二十九条第二款、第三款的规定处理。

第三十一条 本规定中下列用语的含义是：

（一）船舶，是指非用于军事或者政府公务的海船和其他海上移动式装置，包括航行于国际航线和国内航线的油轮和非油轮。其中，油轮是指为运输散装持久性货油而建造或者改建的船舶，以及实际装载散装持久性货油的其他船舶。

（二）油类，是指烃类矿物油及其残余物，限于装载于船上作为货物运输的持久性货油、装载用于本船运行的持久性和非持久性燃油，不包括装载于船上作为货物运输的非持久性货油。

（三）船舶油污事故，是指船舶泄漏油类造成油污损害，或者虽未泄漏油类但形成严重和紧迫油污损害威胁的一个或者一系列事件。一系列事件因同一原因而发生的，视为同一事故。

（四）船舶油污损害责任保险人或者财务保证人，是指海事事故中泄漏油类或者直接形成油污损害威胁的船舶一方的油污责任保险人或者财务保证人。

（五）油污损害赔偿责任限制基金，是指船舶所有人、船舶油污损害责任保险人或者财务保证人，对油轮装载持久性油类造成的油污损害申请设立的赔偿责任限制基金。

第三十二条 本规定实施前本院发布的司法解释与本规定不一致的，以本规定为准。

本规定施行前已经终审的案件，人民法院进行再审时，不适用本规定。

最高人民法院关于审理环境侵权责任纠纷案件适用法律若干问题的解释

（法释〔2020〕17 号）

（2015 年 2 月 9 日由最高人民法院审判委员会第 1644 次会议通过；根据 2020 年 12 月 23 日最高人民法院审判委员会第 1823 次会议《最高人民法院关于修改〈最高人民法院关于在民事审判工作中适用《中华人民共和国工会法》若干问题的解释〉等二十七件民事类司法解释的决定》修正）

为正确审理环境侵权责任纠纷案件，根据《中华人民共和国民法典》《中华人民共和国环境保护法》《中华人民共和国民事诉讼法》等法律的规定，结合审判实践，制定本解释。

第一条 因污染环境、破坏生态造成他人损害，不论侵权人有无过错，侵权人应当承担侵权责任。

侵权人以排污符合国家或者地方污染物排放标准为由主张不承担责任的，人民法院不予支持。

侵权人不承担责任或者减轻责任的情形，适用海洋环境保护法、水污染防治法、大气污染防治法等环境保护单行法的规定；相关环境保护单行法没有规定的，适用民法典的规定。

第二条 两个以上侵权人共同实施污染环境、破坏生态行为造成损害，被侵权人根据民法典第一千一百六十八条规定请求侵权人承担连带责任的，人民法院应予支持。

第三条 两个以上侵权人分别实施污染环境、破坏生态行为造成同一损害，每一个侵权人的污染环境、破坏生态行为都足以造成全部损害，被侵权人根据民法典第一千一百七十一条规定请求侵权人承担连带责任的，人民法院应予支持。

两个以上侵权人分别实施污染环境、破坏生态行为造成同一损害，每一个侵权人的污染环境、破坏生态行为都不足以造成全部损害，被侵权人根据民法典第一千一百七十二条规定请求侵权人承担责任的，人民法院应予支持。

两个以上侵权人分别实施污染环境、破坏生态行为造成同一损害，部分侵权人的污染环境、破坏生态行为足以造成全部损害，部分侵权人的污染环境、破坏生态行为只造成部分损害，被侵权人根据民法典第一千一百七十一条规定请求足以造成全部损害的侵权人与其他侵权人就共同造成的损害部分承担连带责任，并对全部损害承担责任的，人民法院应予支持。

第四条 两个以上侵权人污染环境、破坏生态，对侵权人承担责任的大小，人民法院应当根据污染物的种类、浓度、排放量、危害性，有无排污许可证、是否超过污染物排放标准、是否超过重点污染物排放总量控制指标，破坏生态的方式、范围、程度，以及行为对损害后果所起的作用等因素确定。

第五条 被侵权人根据民法典第一千二百三十三条规定分别或者同时起诉侵权人、第三人的，人民法院应予受理。

被侵权人请求第三人承担赔偿责任的，

人民法院应当根据第三人的过错程度确定其相应赔偿责任。

侵权人以第三人的过错污染环境、破坏生态造成损害为由主张不承担责任或者减轻责任的，人民法院不予支持。

第六条 被侵权人根据民法典第七编第七章的规定请求赔偿的，应当提供证明以下事实的证据材料：

（一）侵权人排放了污染物或者破坏了生态；

（二）被侵权人的损害；

（三）侵权人排放的污染物或者其次生污染物、破坏生态行为与损害之间具有关联性。

第七条 侵权人举证证明下列情形之一的，人民法院应当认定其污染环境、破坏生态行为与损害之间不存在因果关系：

（一）排放污染物、破坏生态的行为没有造成该损害可能的；

（二）排放的可造成该损害的污染物未到达该损害发生地的；

（三）该损害于排放污染物、破坏生态行为实施之前已发生的；

（四）其他可以认定污染环境、破坏生态行为与损害之间不存在因果关系的情形。

第八条 对查明环境污染、生态破坏案件事实的专门性问题，可以委托具备相关资格的司法鉴定机构出具鉴定意见或者由负有环境资源保护监督管理职责的部门推荐的机构出具检验报告、检测报告、评估报告或者监测数据。

第九条 当事人申请通知一至两名具有专门知识的人出庭，就鉴定意见或者污染物认定、损害结果、因果关系、修复措施等专业问题提出意见的，人民法院可以准许。当事人未申请，人民法院认为有必要的，可以进行释明。

具有专门知识的人在法庭上提出的意见，经当事人质证，可以作为认定案件事实的根据。

第十条 负有环境资源保护监督管理职责的部门或者其委托的机构出具的环境污染、生态破坏事件调查报告、检验报告、检测报告、评估报告或者监测数据等，经当事人质证，可以作为认定案件事实的根据。

第十一条 对于突发性或者持续时间较短的环境污染、生态破坏行为，在证据可能灭失或者以后难以取得的情况下，当事人或者利害关系人根据民事诉讼法第八十一条规定申请证据保全的，人民法院应当准许。

第十二条 被申请人具有环境保护法第六十三条规定情形之一，当事人或者利害关系人根据民事诉讼法第一百条或者第一百零一条规定申请保全的，人民法院可以裁定责令被申请人立即停止侵害行为或者采取防治措施。

第十三条 人民法院应当根据被侵权人的诉讼请求以及具体案情，合理判定侵权人承担停止侵害、排除妨碍、消除危险、修复生态环境、赔礼道歉、赔偿损失等民事责任。

第十四条 被侵权人请求修复生态环境的，人民法院可以依法裁判侵权人承担环境修复责任，并同时确定其不履行环境修复义务时应当承担的环境修复费用。

侵权人在生效裁判确定的期限内未履行环境修复义务的，人民法院可以委托其他人进行环境修复，所需费用由侵权人承担。

第十五条 被侵权人起诉请求侵权人赔偿因污染环境、破坏生态造成的财产损失、人身损害以及为防止损害发生和扩大、清除污染、修复生态环境而采取必要措施所支出的合理费用的，人民法院应予支持。

第十六条 下列情形之一，应当认定为环境保护法第六十五条规定的弄虚作假：

（一）环境影响评价机构明知委托人提供的材料虚假而出具严重失实的评价文件的；

（二）环境监测机构或者从事环境监测设备维护、运营的机构故意隐瞒委托人超过污染物排放标准或者超过重点污染物排放总量控制指标的事实的；

（三）从事防治污染设施维护、运营的机构故意不运行或者不正常运行环境监测设备或者防治污染设施的；

（四）有关机构在环境服务活动中其他弄虚作假的情形。

第十七条 本解释适用于审理因污染环境、破坏生态造成损害的民事案件，但法律和司法解释对环境民事公益诉讼案件另有规定的除外。

相邻污染侵害纠纷、劳动者在职业活动中因受污染损害发生的纠纷，不适用本解释。

第十八条 本解释施行后，人民法院尚未审结的一审、二审案件适用本解释规定。本解释施行前已经作出生效裁判的案件，本解释施行后依法再审的，不适用本解释。

本解释施行后，最高人民法院以前颁布的司法解释与本解释不一致的，不再适用。

最高人民法院关于审理环境民事公益诉讼案件适用法律若干问题的解释

（法释〔2020〕20号）

（2014年12月8日最高人民法院审判委员会第1631次会议通过；根据2020年12月23日最高人民法院审判委员会第1823次会议通过的《最高人民法院关于修改〈最高人民法院关于人民法院民事调解工作若干问题的规定〉等十九件民事诉讼类司法解释的决定》修正）

为正确审理环境民事公益诉讼案件，根据《中华人民共和国民法典》《中华人民共和国环境保护法》《中华人民共和国民事诉讼法》等法律的规定，结合审判实践，制定本解释。

第一条 法律规定的机关和有关组织依据民事诉讼法第五十五条、环境保护法第五十八条等法律的规定，对已经损害社会公共利益或者具有损害社会公共利益重大风险的污染环境、破坏生态的行为提起诉讼，符合民事诉讼法第一百一十九条第二项、第三项、第四项规定的，人民法院应予受理。

第二条 依照法律、法规的规定，在设区的市级以上人民政府民政部门登记的社会团体、基金会以及社会服务机构等，可以认定为环境保护法第五十八条规定的社会组织。

第三条 设区的市，自治州、盟、地区，不设区的地级市，直辖市的区以上人民政府民政部门，可以认定为环境保护法第五十八条规定的"设区的市级以上人民政府民政部门"。

第四条 社会组织章程确定的宗旨和主要业务范围是维护社会公共利益，且从事环境保护公益活动的，可以认定为环境保护法第五十八条规定的"专门从事环境保护公益活动"。

社会组织提起的诉讼所涉及的社会公共利益，应与其宗旨和业务范围具有关联性。

第五条 社会组织在提起诉讼前五年内未因从事业务活动违反法律、法规的规定受过行政、刑事处罚的，可以认定为环境保护法第五十八条规定的"无违法记录"。

第六条 第一审环境民事公益诉讼案件由污染环境、破坏生态行为发生地、损害结果地或者被告住所地的中级以上人民法院管辖。

中级人民法院认为确有必要的，可以在报请高级人民法院批准后，裁定将本院管辖的第一审环境民事公益诉讼案件交由基层人民法院审理。

同一原告或者不同原告对同一污染环境、破坏生态行为分别向两个以上有管辖权的人民法院提起环境民事公益诉讼的，由最先立案的人民法院管辖，必要时由共同上级人民法院指定管辖。

第七条 经最高人民法院批准，高级人民法院可以根据本辖区环境和生态保护的实际情况，在辖区内确定部分中级人民法院受理第一审环境民事公益诉讼案件。

中级人民法院管辖环境民事公益诉讼案件的区域由高级人民法院确定。

第八条 提起环境民事公益诉讼应当提交下列材料：

（一）符合民事诉讼法第一百二十一条规定的起诉状，并按照被告人数提出副本；

（二）被告的行为已经损害社会公共利益或者具有损害社会公共利益重大风险的初步证明材料；

（三）社会组织提起诉讼的，应当提交社会组织登记证书、章程、起诉前连续五年的年度工作报告书或者年检报告书，以及由其法定代表人或者负责人签字并加盖公章的无违法记录的声明。

第九条 人民法院认为原告提出的诉讼请求不足以保护社会公共利益的，可以向其释明变更或者增加停止侵害、修复生态环境等诉讼请求。

第十条 人民法院受理环境民事公益诉讼后，应当在立案之日起五日内将起诉状副本发送被告，并公告案件受理情况。

有权提起诉讼的其他机关和社会组织在公告之日起三十日内申请参加诉讼，经审查符合法定条件的，人民法院应当将其列为共同原告；逾期申请的，不予准许。

公民、法人和其他组织以人身、财产受到损害为由申请参加诉讼的，告知其另行起诉。

第十一条 检察机关、负有环境资源保护监督管理职责的部门及其他机关、社会组织、企业事业单位依据民事诉讼法第十五条的规定，可以通过提供法律咨询、提交书面意见、协助调查取证等方式支持社会组织依法提起环境民事公益诉讼。

第十二条 人民法院受理环境民事公益诉讼后，应当在十日内告知对被告行为负有环境资源保护监督管理职责的部门。

第十三条 原告请求被告提供其排放的主要污染物名称、排放方式、排放浓度和总量、超标排放情况以及防治污染设施的建设和运行情况等环境信息，法律、法规、规章规定被告应当持有或者有证据证明被告持有而拒不提供，如果原告主张相关事实不利于被告的，人民法院可以推定该主张成立。

第十四条 对于审理环境民事公益诉讼案件需要的证据，人民法院认为必要的，应当调查收集。

对于应当由原告承担举证责任且为维护社会公共利益所必要的专门性问题，人民法院可以委托具备资格的鉴定人进行鉴定。

第十五条 当事人申请通知有专门知识的人出庭，就鉴定人作出的鉴定意见或者就因果关系、生态环境修复方式、生态环境修复费用以及生态环境受到损害至修复完成期间服务功能丧失导致的损失等专门性问题提出意见的，人民法院可以准许。

前款规定的专家意见经质证，可以作为认定事实的根据。

第十六条 原告在诉讼过程中承认的对己方不利的事实和认可的证据，人民法院认为损害社会公共利益的，应当不予确认。

第十七条 环境民事公益诉讼案件审理过程中，被告以反诉方式提出诉讼请求的，人民法院不予受理。

第十八条 对污染环境、破坏生态，已经损害社会公共利益或者具有损害社会公共利益重大风险的行为，原告可以请求被告承担停止侵害、排除妨碍、消除危险、修复生态环境、赔偿损失、赔礼道歉等民事责任。

第十九条 原告为防止生态环境损害的发生和扩大，请求被告停止侵害、排除妨碍、消除危险的，人民法院可以依法予以支持。

原告为停止侵害、排除妨碍、消除危险采取合理预防、处置措施而发生的费用，请求被告承担的，人民法院可以依法予以支持。

第二十条 原告请求修复生态环境的，人民法院可以依法判决被告将生态环境修复到损害发生之前的状态和功能。无法完全修复的，可以准许采用替代性修复方式。

人民法院可以在判决被告修复生态环境的同时，确定被告不履行修复义务时应承担的生态环境修复费用；也可以直接判决被告承担生态环境修复费用。

生态环境修复费用包括制定、实施修复方案的费用，修复期间的监测、监管费用，以及修复完成后的验收费用、修复效果后评估费用等。

第二十一条 原告请求被告赔偿生态环境受到损害至修复完成期间服务功能丧失导致的损失、生态环境功能永久性损害造成的损失的，人民法院可以依法予以支持。

第二十二条 原告请求被告承担以下费用的，人民法院可以依法予以支持：

（一）生态环境损害调查、鉴定评估等费用；

（二）清除污染以及防止损害的发生和扩大所支出的合理费用；

（三）合理的律师费以及为诉讼支出的其他合理费用。

第二十三条 生态环境修复费用难以确定或者确定具体数额所需鉴定费用明显过高的，人民法院可以结合污染环境、破坏生态的范围和程度，生态环境的稀缺性，生态环境恢复的难易程度，防治污染设备的运行成本，被告因侵害行为所获得的利益以及过错程度等因素，并可以参考负有环境资源保护监督管理职责的部门的意见、专家意见等，予以合理确定。

第二十四条 人民法院判决被告承担的生态环境修复费用、生态环境受到损害至修复完成期间服务功能丧失导致的损失、生态环境功能永久性损害造成的损失等款项，应当用于修复被损害的生态环境。

其他环境民事公益诉讼中败诉原告所需承担的调查取证、专家咨询、检验、鉴定等必要费用，可以酌情从上述款项中支付。

第二十五条 环境民事公益诉讼当事人达成调解协议或者自行达成和解协议后，人民法院应当将协议内容公告，公告期间不少于三十日。

公告期满后，人民法院审查认为调解协议或者和解协议的内容不损害社会公共利益的，应当出具调解书。当事人以达成和解协议为由申请撤诉的，不予准许。

调解书应当写明诉讼请求、案件的基本事实和协议内容，并应当公开。

第二十六条 负有环境资源保护监督管理职责的部门依法履行监管职责而使原告诉讼请求全部实现，原告申请撤诉的，人民法院应予准许。

第二十七条 法庭辩论终结后，原告申请撤诉的，人民法院不予准许，但本解释第二十六条规定的情形除外。

第二十八条 环境民事公益诉讼案件的裁判生效后，有权提起诉讼的其他机关和社会组织就同一污染环境、破坏生态行为另行起诉，有下列情形之一的，人民法院应予受理：

（一）前案原告的起诉被裁定驳回的；

（二）前案原告申请撤诉被裁定准许的，但本解释第二十六条规定的情形除外。

环境民事公益诉讼案件的裁判生效后，有证据证明存在前案审理时未发现的损害，有权提起诉讼的机关和社会组织另行起诉的，人民法院应予受理。

第二十九条 法律规定的机关和社会组织提起环境民事公益诉讼的，不影响因同一污染环境、破坏生态行为受到人身、财产损害的公民、法人和其他组织依据民事诉讼法第一百一十九条的规定提起诉讼。

第三十条 已为环境民事公益诉讼生效裁判认定的事实，因同一污染环境、破坏生态行为依据民事诉讼法第一百一十九条规定提起诉讼的原告、被告均无需举证证明，但原告对该事实有异议并有相反证据足以推翻的除外。

对于环境民事公益诉讼生效裁判就被告是否存在法律规定的不承担责任或者减轻责任的情形、行为与损害之间是否存在因果关系、被告承担责任的大小等所作的认定，因同一污染环境、破坏生态行为依据民事诉讼法第一百一十九条规定提起诉讼的原告主张适用的，人民法院应予支持，但被告有相反证据足以推翻的除外。被告主张直接适用对其有利的认定的，人民法院不予支持，被告仍应举证证明。

第三十一条 被告因污染环境、破坏生态在环境民事公益诉讼和其他民事诉讼中均承担责任，其财产不足以履行全部义务的，应当先履行其他民事诉讼生效裁判所确定的义务，但法律另有规定的除外。

第三十二条 发生法律效力的环境民事公益诉讼案件的裁判，需要采取强制执行措施的，应当移送执行。

第三十三条 原告交纳诉讼费用确有困难，依法申请缓交的，人民法院应予准许。

败诉或者部分败诉的原告申请减交或者免交诉讼费用的，人民法院应当依照《诉讼费用交纳办法》的规定，视原告的经济状况和案件的审理情况决定是否准许。

第三十四条 社会组织有通过诉讼违法收受财物等牟取经济利益行为的，人民法院可以根据情节轻重依法收缴其非法所得、予以罚款；涉嫌犯罪的，依法移送有关机关处理。

社会组织通过诉讼牟取经济利益的，人民法院应当向登记管理机关或者有关机关发送司法建议，由其依法处理。

第三十五条 本解释施行前最高人民法院发布的司法解释和规范性文件，与本解释不一致的，以本解释为准。

最高人民法院关于审理生态环境损害赔偿案件的若干规定（试行）

（法释〔2020〕17号）

（2019年5月20日最高人民法院审判委员会第1769次会议通过；根据2020年12月23日最高人民法院审判委员会第1823次会议通过的《最高人民法院关于修改〈最高人民法院关于在民事审判工作中适用《中华人民共和国工会法》若干问题的解释〉等二十七件民事类司法解释的决定》修正）

为正确审理生态环境损害赔偿案件，严格保护生态环境，依法追究损害生态环境责任者的赔偿责任，依据《中华人民共和国民法典》《中华人民共和国环境保护法》《中华人民共和国民事诉讼法》等法律的规定，结合审判工作实际，制定本规定。

第一条 具有下列情形之一，省级、市地级人民政府及其指定的相关部门、机构，或者受国务院委托行使全民所有自然资源资产所有权的部门，因与造成生态环境损害的自然人、法人或者其他组织经磋商未达成一致或者无法进行磋商的，可以作为原告提起生态环境损害赔偿诉讼：

（一）发生较大、重大、特别重大突发环境事件的；

（二）在国家和省级主体功能区规划中划定的重点生态功能区、禁止开发区发生环境污染、生态破坏事件的；

（三）发生其他严重影响生态环境后果的。

前款规定的市地级人民政府包括设区的市，自治州、盟、地区，不设区的地级市，直辖市的区、县人民政府。

第二条 下列情形不适用本规定：

（一）因污染环境、破坏生态造成人身损害、个人和集体财产损失要求赔偿的；

（二）因海洋生态环境损害要求赔偿的。

第三条 第一审生态环境损害赔偿诉讼案件由生态环境损害行为实施地、损害结果发生地或者被告住所地的中级以上人民法院管辖。

经最高人民法院批准，高级人民法院可以在辖区内确定部分中级人民法院集中管辖第一审生态环境损害赔偿诉讼案件。

中级人民法院认为确有必要的，可以在报请高级人民法院批准后，裁定将本院管辖的第一审生态环境损害赔偿诉讼案件交由具备审理条件的基层人民法院审理。

生态环境损害赔偿诉讼案件由人民法院环境资源审判庭或者指定的专门法庭审理。

第四条 人民法院审理第一审生态环境损害赔偿诉讼案件，应当由法官和人民陪审员组成合议庭进行。

第五条 原告提起生态环境损害赔偿诉讼，符合民事诉讼法和本规定并提交下列材料的，人民法院应当登记立案：

（一）证明具备提起生态环境损害赔偿诉讼原告资格的材料；

（二）符合本规定第一条规定情形之一的证明材料；

（三）与被告进行磋商但未达成一致或者因客观原因无法与被告进行磋商的说明；

（四）符合法律规定的起诉状，并按照被告人数提出副本。

第六条 原告主张被告承担生态环境损害赔偿责任的，应当就以下事实承担举证责任：

（一）被告实施了污染环境、破坏生态的行为或者具有其他应当依法承担责任的情形；

（二）生态环境受到损害，以及所需修复费用、损害赔偿等具体数额；

（三）被告污染环境、破坏生态的行为与生态环境损害之间具有关联性。

第七条 被告反驳原告主张的，应当提供证据加以证明。被告主张具有法律规定的不承担责任或者减轻责任情形的，应当承担举证责任。

第八条 已为发生法律效力的刑事裁判所确认的事实，当事人在生态环境损害赔偿诉讼案件中无须举证证明，但有相反证据足以推翻的除外。

对刑事裁判未予确认的事实，当事人提供的证据达到民事诉讼证明标准的，人民法院应当予以认定。

第九条 负有相关环境资源保护监督管理职责的部门或者其委托的机构在行政执法过程中形成的事件调查报告、检验报告、检测报告、评估报告、监测数据等，经当事人质证并符合证据标准的，可以作为认定案件事实的根据。

第十条 当事人在诉前委托具备环境司法鉴定资质的鉴定机构出具的鉴定意见，以及委托国务院环境资源保护监督管理相关主管部门推荐的机构出具的检验报告、检测报告、评估报告、监测数据等，经当事人质证并符合证据标准的，可以作为认定案件事实的根据。

第十一条 被告违反国家规定造成生态环境损害的，人民法院应当根据原告的诉讼请求以及具体案情，合理判决被告承担修复生态环境、赔偿损失、停止侵害、排除妨碍、消除危险、赔礼道歉等民事责任。

第十二条 受损生态环境能够修复的，人民法院应当依法判决被告承担修复责任，并同时确定被告不履行修复义务时应承担的生态环境修复费用。

生态环境修复费用包括制定、实施修复方案的费用，修复期间的监测、监管费用，以及修复完成后的验收费用、修复效果后评估费用等。

原告请求被告赔偿生态环境受到损害至修复完成期间服务功能损失的，人民法院根据具体案情予以判决。

第十三条 受损生态环境无法修复或者无法完全修复，原告请求被告赔偿生态环境功能永久性损害造成的损失的，人民法院根据具体案情予以判决。

第十四条 原告请求被告承担下列费用的，人民法院根据具体案情予以判决：

（一）实施应急方案、清除污染以及为防止损害的发生和扩大所支出的合理费用；

（二）为生态环境损害赔偿磋商和诉讼支出的调查、检验、鉴定、评估等费用；

（三）合理的律师费以及其他为诉讼支出的合理费用。

第十五条 人民法院判决被告承担的生态环境服务功能损失赔偿资金、生态环境功能永久性损害造成的损失赔偿资金，以及被告不履行生态环境修复义务时所应承担的修复费用，应当依照法律、法规、规章予以缴纳、管理和使用。

第十六条 在生态环境损害赔偿诉讼案件审理过程中，同一损害生态环境行为又被提起民事公益诉讼，符合起诉条件的，应当由受理生态环境损害赔偿诉讼案件的人民法院受理并由同一审判组织审理。

第十七条 人民法院受理因同一损害生态环境行为提起的生态环境损害赔偿诉讼案件和民事公益诉讼案件，应先中止民事公益诉讼案件的审理，待生态环境损害赔偿诉讼案件审理完毕后，就民事公益诉讼案件未被涵盖的诉讼请求依法作出裁判。

第十八条 生态环境损害赔偿诉讼案件的裁判生效后，有权提起民事公益诉讼的国家规定的机关或者法律规定的组织就同一损害生态环境行为有证据证明存在前案审理时未发现的损害，并提起民事公益诉讼的，人民法院应予受理。

民事公益诉讼案件的裁判生效后，有权提起生态环境损害赔偿诉讼的主体就同一损害生态环境行为有证据证明存在前案审理时未发现的损害，并提起生态环境损害赔偿诉讼的，人民法院应予受理。

第十九条 实际支出应急处置费用的机关提起诉讼主张该费用的，人民法院应予受理，但人民法院已经受理就同一损害生态环境行为提起的生态环境损害赔偿诉讼案件且该案原告已经主张应急处置费用的除外。

生态环境损害赔偿诉讼案件原告未主张应急处置费用，因同一损害生态环境行为实际支出应急处置费用的机关提起诉讼主张该费用的，由受理生态环境损害赔偿诉讼案件的人民法院受理并由同一审判组织审理。

第二十条 经磋商达成生态环境损害赔偿协议的，当事人可以向人民法院申请司法确认。

人民法院受理申请后，应当公告协议内容，公告期间不少于三十日。公告期满后，人民法院经审查认为协议的内容不违反法律法规强制性规定且不损害国家利益、社会公共利益的，裁定确认协议有效。裁定书应当写明案件的基本事实和协议内容，并向社会公开。

第二十一条 一方当事人在期限内未履行或者未全部履行发生法律效力的生态环境损害赔偿诉讼案件裁判或者经司法确认的生态环境损害赔偿协议的，对方当事人可以向人民法院申请强制执行。需要修复生态环境的，依法由省级、市地级人民政府及其指定的相关部门、机构组织实施。

第二十二条 人民法院审理生态环境损害赔偿案件，本规定没有规定的，参照适用《最高人民法院关于审理环境民事公益诉讼案件适用法律若干问题的解释》《最高人民法院关于审理环境侵权责任纠纷案件适用法律若干问题的解释》等相关司法解释的规定。

第二十三条 本规定自 2019 年 6 月 5 日起施行。

最高人民法院关于适用《中华人民共和国行政诉讼法》的解释

（法释〔2018〕1号）

（2017年11月13日最高人民法院审判委员会第1726次会议通过，2018年2月6日公布，自2018年2月8日起施行）

为正确适用《中华人民共和国行政诉讼法》（以下简称行政诉讼法），结合人民法院行政审判工作实际，制定本解释。

一、受案范围

第一条 公民、法人或者其他组织对行政机关及其工作人员的行政行为不服，依法提起诉讼的，属于人民法院行政诉讼的受案范围。

下列行为不属于人民法院行政诉讼的受案范围：

（一）公安、国家安全等机关依照刑事诉讼法的明确授权实施的行为；

（二）调解行为以及法律规定的仲裁行为；

（三）行政指导行为；

（四）驳回当事人对行政行为提起申诉的重复处理行为；

（五）行政机关作出的不产生外部法律效力的行为；

（六）行政机关为作出行政行为而实施的准备、论证、研究、层报、咨询等过程性行为；

（七）行政机关根据人民法院的生效裁判、协助执行通知书作出的执行行为，但行政机关扩大执行范围或者采取违法方式实施的除外；

（八）上级行政机关基于内部层级监督关系对下级行政机关作出的听取报告、执法检查、督促履责等行为；

（九）行政机关针对信访事项作出的登记、受理、交办、转送、复查、复核意见等行为；

（十）对公民、法人或者其他组织权利义务不产生实际影响的行为。

第二条 行政诉讼法第十三条第一项规定的“国家行为”，是指国务院、中央军事委员会、国防部、外交部等根据宪法和法律的授权，以国家的名义实施的有关国防和外交事务的行为，以及经宪法和法律授权的国家机关宣布紧急状态等行为。

行政诉讼法第十三条第二项规定的“具有普遍约束力的决定、命令”，是指行政机关针对不特定对象发布的能反复适用的规范性文件。

行政诉讼法第十三条第三项规定的“对行政机关工作人员的奖惩、任免等决定”，是指行政机关作出的涉及行政机关工作人员公务员权利义务的决定。

行政诉讼法第十三条第四项规定的“法律规定由行政机关最终裁决的行政行为”中的“法律”，是指全国人民代表大会及其常务委员会制定、通过的规范性文件。

二、管　　辖

第三条　各级人民法院行政审判庭审理行政案件和审查行政机关申请执行其行政行为的案件。

专门人民法院、人民法庭不审理行政案件，也不审查和执行行政机关申请执行其行政行为的案件。铁路运输法院等专门人民法院审理行政案件，应当执行行政诉讼法第十八条第二款的规定。

第四条　立案后，受诉人民法院的管辖权不受当事人住所地改变、追加被告等事实和法律状态变更的影响。

第五条　有下列情形之一的，属于行政诉讼法第十五条第三项规定的“本辖区内重大、复杂的案件”：

（一）社会影响重大的共同诉讼案件；

（二）涉外或者涉及香港特别行政区、澳门特别行政区、台湾地区的案件；

（三）其他重大、复杂案件。

第六条　当事人以案件重大复杂为由，认为有管辖权的基层人民法院不宜行使管辖权或者根据行政诉讼法第五十二条的规定，向中级人民法院起诉，中级人民法院应当根据不同情况在七日内分别作出以下处理：

（一）决定自行审理；

（二）指定本辖区其他基层人民法院管辖；

（三）书面告知当事人向有管辖权的基层人民法院起诉。

第七条　基层人民法院对其管辖的第一审行政案件，认为需要由中级人民法院审理或者指定管辖的，可以报请中级人民法院决定。中级人民法院应当根据不同情况在七日内分别作出以下处理：

（一）决定自行审理；

（二）指定本辖区其他基层人民法院管辖；

（三）决定由报请的人民法院审理。

第八条　行政诉讼法第十九条规定的“原告所在地”，包括原告的户籍所在地、经常居住地和被限制人身自由地。

对行政机关基于同一事实，既采取限制公民人身自由的行政强制措施，又采取其他行政强制措施或者行政处罚不服的，由被告所在地或者原告所在地的人民法院管辖。

第九条　行政诉讼法第二十条规定的“因不动产提起的行政诉讼”是指因行政行为导致不动产物权变动而提起的诉讼。

不动产已登记的，以不动产登记簿记载的所在地为不动产所在地；不动产未登记的，以不动产实际所在地为不动产所在地。

第十条　人民法院受理案件后，被告提出管辖异议的，应当在收到起诉状副本之日起十五日内提出。

对当事人提出的管辖异议，人民法院应当进行审查。异议成立的，裁定将案件移送有管辖权的人民法院；异议不成立的，裁定驳回。

人民法院对管辖异议审查后确定有管辖权的，不因当事人增加或者变更诉讼请求等改变管辖，但违反级别管辖、专属管辖规定的除外。

第十一条　有下列情形之一的，人民法院不予审查：

（一）人民法院发回重审或者按第一审程序再审的案件，当事人提出管辖异议的；

（二）当事人在第一审程序中未按照法律规定的期限和形式提出管辖异议，在第二审程序中提出的。

三、诉讼参加人

第十二条　有下列情形之一的，属于行政诉讼法第二十五条第一款规定的“与行政行为有利害关系”：

（一）被诉的行政行为涉及其相邻权或

者公平竞争权的；

（二）在行政复议等行政程序中被追加为第三人的；

（三）要求行政机关依法追究加害人法律责任的；

（四）撤销或者变更行政行为涉及其合法权益的；

（五）为维护自身合法权益向行政机关投诉，具有处理投诉职责的行政机关作出或者未作出处理的；

（六）其他与行政行为有利害关系的情形。

第十三条 债权人以行政机关对债务人所作的行政行为损害债权实现为由提起行政诉讼的，人民法院应当告知其就民事争议提起民事诉讼，但行政机关作出行政行为时依法应予保护或者应予考虑的除外。

第十四条 行政诉讼法第二十五条第二款规定的“近亲属”，包括配偶、父母、子女、兄弟姐妹、祖父母、外祖父母、孙子女、外孙子女和其他具有扶养、赡养关系的亲属。

公民因被限制人身自由而不能提起诉讼的，其近亲属可以依其口头或者书面委托以该公民的名义提起诉讼。近亲属起诉时无法与被限制人身自由的公民取得联系，近亲属可以先行起诉，并在诉讼中补充提交委托证明。

第十五条 合伙企业向人民法院提起诉讼的，应当以核准登记的字号为原告。未依法登记领取营业执照的个人合伙的全体合伙人为共同原告；全体合伙人可以推选代表人，被推选的代表人，应当由全体合伙人出具推选书。

个体工商户向人民法院提起诉讼的，以营业执照上登记的经营者为原告。有字号的，以营业执照上登记的字号为原告，并应当注明该字号经营者的基本信息。

第十六条 股份制企业的股东大会、股东会、董事会等认为行政机关作出的行政行为侵犯企业经营自主权的，可以企业名义提起诉讼。

联营企业、中外合资或者合作企业的联营、合资、合作各方，认为联营、合资、合作企业权益或者自己一方合法权益受行政行为侵害的，可以自己的名义提起诉讼。

非国有企业被行政机关注销、撤销、合并、强令兼并、出售、分立或者改变企业隶属关系的，该企业或者其法定代表人可以提起诉讼。

第十七条 事业单位、社会团体、基金会、社会服务机构等非营利法人的出资人、设立人认为行政行为损害法人合法权益的，可以自己的名义提起诉讼。

第十八条 业主委员会对于行政机关作出的涉及业主共有利益的行政行为，可以自己的名义提起诉讼。

业主委员会不起诉的，专有部分占建筑物总面积过半数或者占总户数过半数的业主可以提起诉讼。

第十九条 当事人不服经上级行政机关批准的行政行为，向人民法院提起诉讼的，以在对外发生法律效力的文书上署名的机关为被告。

第二十条 行政机关组建并赋予行政管理职能但不具有独立承担法律责任能力的机构，以自己的名义作出行政行为，当事人不服提起诉讼的，应当以组建该机构的行政机关为被告。

法律、法规或者规章授权行使行政职权的行政机关内设机构、派出机构或者其他组织，超出法定授权范围实施行政行为，当事人不服提起诉讼的，应当以实施该行为的机构或者组织为被告。

没有法律、法规或者规章规定，行政机关授权其内设机构、派出机构或者其他组织行使行政职权的，属于行政诉讼法第二十六条规定的委托。当事人不服提起诉讼的，应当以该行政机关为被告。

第二十一条 当事人对由国务院、省级人民政府批准设立的开发区管理机构作出的行政行为不服提起诉讼的，以该开发区管理机构为被告；对由国务院、省级人民政府批准设立的开发区管理机构所属职能部门作出的行政行为不服提起诉讼的，以其职能部门为被告；对其他开发区管理机构所属职能部门作出的行政行为不服提起诉讼的，以开发区管理机构为被告；开发区管理机构没有行政主体资格的，以设立该机构的地方人民政府为被告。

第二十二条 行政诉讼法第二十六条第二款规定的“复议机关改变原行政行为”，是指复议机关改变原行政行为的处理结果。复议机关改变原行政行为所认定的主要事实和证据、改变原行政行为所适用的规范依据，但未改变原行政行为处理结果的，视为复议机关维持原行政行为。

复议机关确认原行政行为无效，属于改变原行政行为。

复议机关确认原行政行为违法，属于改变原行政行为，但复议机关以违反法定程序为由确认原行政行为违法的除外。

第二十三条 行政机关被撤销或者职权变更，没有继续行使其职权的行政机关的，以其所属的人民政府为被告；实行垂直领导的，以垂直领导的上一级行政机关为被告。

第二十四条 当事人对村民委员会或者居民委员会依据法律、法规、规章的授权履行行政管理职责的行为不服提起诉讼的，以村民委员会或者居民委员会为被告。

当事人对村民委员会、居民委员会受行政机关委托作出的行为不服提起诉讼的，以委托的行政机关为被告。

当事人对高等学校等事业单位以及律师协会、注册会计师协会等行业协会依据法律、法规、规章的授权实施的行政行为不服提起诉讼的，以该事业单位、行业协会为被告。

当事人对高等学校等事业单位以及律师协会、注册会计师协会等行业协会受行政机关委托作出的行为不服提起诉讼的，以委托的行政机关为被告。

第二十五条 市、县级人民政府确定的房屋征收部门组织实施房屋征收与补偿工作过程中作出行政行为，被征收人不服提起诉讼的，以房屋征收部门为被告。

征收实施单位受房屋征收部门委托，在委托范围内从事的行为，被征收人不服提起诉讼的，应当以房屋征收部门为被告。

第二十六条 原告所起诉的被告不适格，人民法院应当告知原告变更被告；原告不同意变更的，裁定驳回起诉。

应当追加被告而原告不同意追加的，人民法院应当通知其以第三人的身份参加诉讼，但行政复议机关作共同被告的除外。

第二十七条 必须共同进行诉讼的当事人没有参加诉讼的，人民法院应当依法通知其参加；当事人也可以向人民法院申请参加。

人民法院应当对当事人提出的申请进行审查，申请理由不成立的，裁定驳回；申请理由成立的，书面通知其参加诉讼。

前款所称的必须共同进行诉讼，是指按照行政诉讼法第二十七条的规定，当事人一方或者双方为两人以上，因同一行政行为发生行政争议，人民法院必须合并审理的诉讼。

第二十八条 人民法院追加共同诉讼的当事人时，应当通知其他当事人。应当追加的原告，已明确表示放弃实体权利的，可不予追加；既不愿意参加诉讼，又不放弃实体权利的，应追加为第三人，其不参加诉讼，不能阻碍人民法院对案件的审理和裁判。

第二十九条 行政诉讼法第二十八条规定的“人数众多”，一般指十人以上。

根据行政诉讼法第二十八条的规定，当事人一方人数众多的，由当事人推选代表人。当事人推选不出的，可以由人民法院在起诉的当事人中指定代表人。

行政诉讼法第二十八条规定的代表人为二至五人。代表人可以委托一至二人作为诉讼代理人。

第三十条 行政机关的同一行政行为涉及两个以上利害关系人，其中一部分利害关系人对行政行为不服提起诉讼，人民法院应当通知没有起诉的其他利害关系人作为第三人参加诉讼。

与行政案件处理结果有利害关系的第三人，可以申请参加诉讼，或者由人民法院通知其参加诉讼。人民法院判决其承担义务或者减损其权益的第三人，有权提出上诉或者申请再审。

行政诉讼法第二十九条规定的第三人，因不能归责于本人的事由未参加诉讼，但有证据证明发生法律效力的判决、裁定、调解书损害其合法权益的，可以依照行政诉讼法第九十条的规定，自知道或者应当知道其合法权益受到损害之日起六个月内，向上一级人民法院申请再审。

第三十一条 当事人委托诉讼代理人，应当向人民法院提交由委托人签名或者盖章的授权委托书。委托书应当载明委托事项和具体权限。公民在特殊情况下无法书面委托的，也可以由他人代书，并由自己捺印等方式确认，人民法院应当核实并记录在卷；被诉行政机关或者其他有义务协助的机关拒绝人民法院向被限制人身自由的公民核实的，视为委托成立。当事人解除或者变更委托的，应当书面报告人民法院。

第三十二条 依照行政诉讼法第三十一条第二款第二项规定，与当事人有合法劳动人事关系的职工，可以当事人工作人员的名义作为诉讼代理人。以当事人的工作人员身份参加诉讼活动，应当提交以下证据之一加以证明：

（一）缴纳社会保险记录凭证；

（二）领取工资凭证；

（三）其他能够证明其为当事人工作人员身份的证据。

第三十三条 根据行政诉讼法第三十一条第二款第三项规定，有关社会团体推荐公民担任诉讼代理人的，应当符合下列条件：

（一）社会团体属于依法登记设立或者依法免予登记设立的非营利性法人组织；

（二）被代理人属于该社会团体的成员，或者当事人一方住所地位于该社会团体的活动地域；

（三）代理事务属于该社会团体章程载明的业务范围；

（四）被推荐的公民是该社会团体的负责人或者与该社会团体有合法劳动人事关系的工作人员。

专利代理人经中华全国专利代理人协会推荐，可以在专利行政案件中担任诉讼代理人。

四、证　　据

第三十四条 根据行政诉讼法第三十六条第一款的规定，被告申请延期提供证据的，应当在收到起诉状副本之日起十五日内以书面方式向人民法院提出。人民法院准许延期提供的，被告应当在正当事由消除后十五日内提供证据。逾期提供的，视为被诉行政行为没有相应的证据。

第三十五条 原告或者第三人应当在开庭审理前或者人民法院指定的交换证据清单之日提供证据。因正当事由申请延期提供证据的，经人民法院准许，可以在法庭调查中提供。逾期提供证据的，人民法院应当责令其说明理由；拒不说明理由或者理由不成立的，视为放弃举证权利。

原告或者第三人在第一审程序中无正当事由未提供而在第二审程序中提供的证据，人民法院不予接纳。

第三十六条 当事人申请延长举证期限，应当在举证期限届满前向人民法院提出书面申请。

申请理由成立的，人民法院应当准许，适当延长举证期限，并通知其他当事人。申请理由不成立的，人民法院不予准许，并通知申请人。

第三十七条 根据行政诉讼法第三十九条的规定，对当事人无争议，但涉及国家利益、公共利益或者他人合法权益的事实，人民法院可以责令当事人提供或者补充有关证据。

第三十八条 对于案情比较复杂或者证据数量较多的案件，人民法院可以组织当事人在开庭前向对方出示或者交换证据，并将交换证据清单的情况记录在卷。

当事人在庭前证据交换过程中没有争议并记录在卷的证据，经审判人员在庭审中说明后，可以作为认定案件事实的依据。

第三十九条 当事人申请调查收集证据，但该证据与待证事实无关联、对证明待证事实无意义或者其他无调查收集必要的，人民法院不予准许。

第四十条 人民法院在证人出庭作证前应当告知其如实作证的义务以及作伪证的法律后果。

证人因履行出庭作证义务而支出的交通、住宿、就餐等必要费用以及误工损失，由败诉一方当事人承担。

第四十一条 有下列情形之一，原告或者第三人要求相关行政执法人员出庭说明的，人民法院可以准许：

（一）对现场笔录的合法性或者真实性有异议的；

（二）对扣押财产的品种或者数量有异议的；

（三）对检验的物品取样或者保管有异议的；

（四）对行政执法人员身份的合法性有异议的；

（五）需要出庭说明的其他情形。

第四十二条 能够反映案件真实情况、与待证事实相关联、来源和形式符合法律规定的证据，应当作为认定案件事实的根据。

第四十三条 有下列情形之一的，属于行政诉讼法第四十三条第三款规定的“以非法手段取得的证据”：

（一）严重违反法定程序收集的证据材料；

（二）以违反法律强制性规定的手段获取且侵害他人合法权益的证据材料；

（三）以利诱、欺诈、胁迫、暴力等手段获取的证据材料。

第四十四条 人民法院认为有必要的，可以要求当事人本人或者行政机关执法人员到庭，就案件有关事实接受询问。在询问之前，可以要求其签署保证书。

保证书应当载明据实陈述、如有虚假陈述愿意接受处罚等内容。当事人或者行政机关执法人员应当在保证书上签名或者捺印。

负有举证责任的当事人拒绝到庭、拒绝接受询问或者拒绝签署保证书，待证事实又欠缺其他证据加以佐证的，人民法院对其主张的事实不予认定。

第四十五条 被告有证据证明其在行政程序中依照法定程序要求原告或者第三人提供证据，原告或者第三人依法应当提供而没有提供，在诉讼程序中提供的证据，人民法院一般不予采纳。

第四十六条 原告或者第三人确有证据证明被告持有的证据对原告或者第三人有利的，可以在开庭审理前书面申请人民法院责令行政机关提交。

申请理由成立的，人民法院应当责令行政机关提交，因提交证据所产生的费用，由申请人预付。行政机关无正当理由拒不提交的，人民法院可以推定原告或者第三人基于该证据主张的事实成立。

持有证据的当事人以妨碍对方当事人使用为目的，毁灭有关证据或者实施其他致使证据不能使用行为的，人民法院可以推定对方当事人基于该证据主张的事实成立，并可依照行政诉讼法第五十九条规定处理。

第四十七条 根据行政诉讼法第三十八条第二款的规定，在行政赔偿、补偿案件中，因被告的原因导致原告无法就损害情况举证的，应当由被告就该损害情况承担举证责任。

对于各方主张损失的价值无法认定的，应当由负有举证责任的一方当事人申请鉴定，但法律、法规、规章规定行政机关在作出行政行为时依法应当评估或者鉴定的除外；负有举证责任的当事人拒绝申请鉴定的，由其承担不利的法律后果。

当事人的损失因客观原因无法鉴定的，人民法院应当结合当事人的主张和在案证据，遵循法官职业道德，运用逻辑推理和生活经验、生活常识等，酌情确定赔偿数额。

五、期间、送达

第四十八条 期间包括法定期间和人民法院指定的期间。

期间以时、日、月、年计算。期间开始的时和日，不计算在期间内。

期间届满的最后一日是节假日的，以节假日后的第一日为期间届满的日期。

期间不包括在途时间，诉讼文书在期满前交邮的，视为在期限内发送。

第四十九条 行政诉讼法第五十一条第二款规定的立案期限，因起诉状内容欠缺或者有其他错误通知原告限期补正的，从补正后递交人民法院的次日起算。由上级人民法院转交下级人民法院立案的案件，从受诉人民法院收到起诉状的次日起算。

第五十条 行政诉讼法第八十一条、第八十三条、第八十八条规定的审理期限，是指从立案之日起至裁判宣告、调解书送达之日止的期间，但公告期间、鉴定期间、调解期间、中止诉讼期间、审理当事人提出的管辖异议以及处理人民法院之间的管辖争议期间不应计算在内。

再审案件按照第一审程序或者第二审程序审理的，适用行政诉讼法第八十一条、第八十八条规定的审理期限。审理期限自再审立案的次日起算。

基层人民法院申请延长审理期限，应当直接报请高级人民法院批准，同时报中级人民法院备案。

第五十一条 人民法院可以要求当事人签署送达地址确认书，当事人确认的送达地址为人民法院法律文书的送达地址。

当事人同意电子送达的，应当提供并确认传真号、电子信箱等电子送达地址。

当事人送达地址发生变更的，应当及时书面告知受理案件的人民法院；未及时告知的，人民法院按原地址送达，视为依法送达。

人民法院可以通过国家邮政机构以法院专递方式进行送达。

第五十二条 人民法院可以在当事人住所地以外向当事人直接送达诉讼文书。当事人拒绝签署送达回证的，采用拍照、录像等方式记录送达过程即视为送达。审判人员、书记员应当在送达回证上注明送达情况并签名。

六、起诉与受理

第五十三条 人民法院对符合起诉条件的案件应当立案，依法保障当事人行使诉讼权利。

对当事人依法提起的诉讼，人民法院应当根据行政诉讼法第五十一条的规定接收起诉状。能够判断符合起诉条件的，应当当场登记立案；当场不能判断是否符合起诉条件的，应当在接收起诉状后七日内决定是否立案；七日内仍不能作出判断的，应当先予立案。

第五十四条 依照行政诉讼法第四十九条的规定，公民、法人或者其他组织提起诉讼时应当提交以下起诉材料：

（一）原告的身份证明材料以及有效联系方式；

（二）被诉行政行为或者不作为存在的材料；

（三）原告与被诉行政行为具有利害关系的材料；

（四）人民法院认为需要提交的其他材料。

由法定代理人或者委托代理人代为起诉的，还应当在起诉状中写明或者在口头起诉时向人民法院说明法定代理人或者委托代理人的基本情况，并提交法定代理人或者委托代理人的身份证明和代理权限证明等材料。

第五十五条 依照行政诉讼法第五十一条的规定，人民法院应当就起诉状内容和材料是否完备以及是否符合行政诉讼法规定的起诉条件进行审查。

起诉状内容或者材料欠缺的，人民法院应当给予指导和释明，并一次性全面告知当事人需要补正的内容、补充的材料及期限。在指定期限内补正并符合起诉条件的，应当登记立案。当事人拒绝补正或者经补正仍不符合起诉条件的，退回诉状并记录在册；坚持起诉的，裁定不予立案，并载明不予立案的理由。

第五十六条 法律、法规规定应当先申请复议，公民、法人或者其他组织未申请复议直接提起诉讼的，人民法院裁定不予立案。

依照行政诉讼法第四十五条的规定，复议机关不受理复议申请或者在法定期限内不作出复议决定，公民、法人或者其他组织不服，依法向人民法院提起诉讼的，人民法院应当依法立案。

第五十七条 法律、法规未规定行政复议为提起行政诉讼必经程序，公民、法人或者其他组织既提起诉讼又申请行政复议的，由先立案的机关管辖；同时立案的，由公民、法人或者其他组织选择。公民、法人或者其他组织已经申请行政复议，在法定复议期间内又向人民法院提起诉讼的，人民法院裁定不予立案。

第五十八条 法律、法规未规定行政复议为提起行政诉讼必经程序，公民、法人或者其他组织向复议机关申请行政复议后，又经复议机关同意撤回复议申请，在法定起诉期限内对原行政行为提起诉讼的，人民法院应当依法立案。

第五十九条 公民、法人或者其他组织向复议机关申请行政复议后，复议机关作出维持决定的，应当以复议机关和原行为机关为共同被告，并以复议决定送达时间确定起诉期限。

第六十条 人民法院裁定准许原告撤诉后，原告以同一事实和理由重新起诉的，人民法院不予立案。

准予撤诉的裁定确有错误，原告申请再审的，人民法院应当通过审判监督程序撤销原准予撤诉的裁定，重新对案件进行审理。

第六十一条 原告或者上诉人未按规定的期限预交案件受理费，又不提出缓交、减交、免交申请，或者提出申请未获批准的，按自动撤诉处理。在按撤诉处理后，原告或者上诉人在法定期限内再次起诉或者上诉，并依法解决诉讼费预交问题的，人民法院应予立案。

第六十二条 人民法院判决撤销行政机关的行政行为后，公民、法人或者其他组织对行政机关重新作出的行政行为不服向人民法院起诉的，人民法院应当依法立案。

第六十三条 行政机关作出行政行为

时，没有制作或者没有送达法律文书，公民、法人或者其他组织只要能证明行政行为存在，并在法定期限内起诉的，人民法院应当依法立案。

第六十四条 行政机关作出行政行为时，未告知公民、法人或者其他组织起诉期限的，起诉期限从公民、法人或者其他组织知道或者应当知道起诉期限之日起计算，但从知道或者应当知道行政行为内容之日起最长不得超过一年。

复议决定未告知公民、法人或者其他组织起诉期限的，适用前款规定。

第六十五条 公民、法人或者其他组织不知道行政机关作出的行政行为内容的，其起诉期限从知道或者应当知道该行政行为内容之日起计算，但最长不得超过行政诉讼法第四十六条第二款规定的起诉期限。

第六十六条 公民、法人或者其他组织依照行政诉讼法第四十七条第一款的规定，对行政机关不履行法定职责提起诉讼的，应当在行政机关履行法定职责期限届满之日起六个月内提出。

第六十七条 原告提供被告的名称等信息足以使被告与其他行政机关相区别的，可以认定为行政诉讼法第四十九条第二项规定的“有明确的被告”。

起诉状列写被告信息不足以认定明确的被告的，人民法院可以告知原告补正；原告补正后仍不能确定明确的被告的，人民法院裁定不予立案。

第六十八条 行政诉讼法第四十九条第三项规定的“有具体的诉讼请求”是指：

（一）请求判决撤销或者变更行政行为；

（二）请求判决行政机关履行特定法定职责或者给付义务；

（三）请求判决确认行政行为违法；

（四）请求判决确认行政行为无效；

（五）请求判决行政机关予以赔偿或者补偿；

（六）请求解决行政协议争议；

（七）请求一并审查规章以下规范性文件；

（八）请求一并解决相关民事争议；

（九）其他诉讼请求。

当事人单独或者一并提起行政赔偿、补偿诉讼的，应当有具体的赔偿、补偿事项以及数额；请求一并审查规章以下规范性文件的，应当提供明确的文件名称或者审查对象；请求一并解决相关民事争议的，应当有具体的民事诉讼请求。

当事人未能正确表达诉讼请求的，人民法院应当要求其明确诉讼请求。

第六十九条 有下列情形之一，已经立案的，应当裁定驳回起诉：

（一）不符合行政诉讼法第四十九条规定的；

（二）超过法定起诉期限且无行政诉讼法第四十八条规定情形的；

（三）错列被告且拒绝变更的；

（四）未按照法律规定由法定代理人、指定代理人、代表人为诉讼行为的；

（五）未按照法律、法规规定先向行政机关申请复议的；

（六）重复起诉的；

（七）撤回起诉后无正当理由再行起诉的；

（八）行政行为对其合法权益明显不产生实际影响的；

（九）诉讼标的已为生效裁判或者调解书所羁束的；

（十）其他不符合法定起诉条件的情形。

前款所列情形可以补正或者更正的，人民法院应当指定期间责令补正或者更正；在指定期间已经补正或者更正的，应当依法审理。

人民法院经过阅卷、调查或者询问当事人，认为不需要开庭审理的，可以径行裁定驳回起诉。

第七十条　起诉状副本送达被告后，原告提出新的诉讼请求的，人民法院不予准许，但有正当理由的除外。

七、审理与判决

第七十一条　人民法院适用普通程序审理案件，应当在开庭三日前用传票传唤当事人。对证人、鉴定人、勘验人、翻译人员，应当用通知书通知其到庭。当事人或者其他诉讼参与人在外地的，应当留有必要的在途时间。

第七十二条　有下列情形之一的，可以延期开庭审理：

（一）应当到庭的当事人和其他诉讼参与人有正当理由没有到庭的；

（二）当事人临时提出回避申请且无法及时作出决定的；

（三）需要通知新的证人到庭，调取新的证据，重新鉴定、勘验，或者需要补充调查的；

（四）其他应当延期的情形。

第七十三条　根据行政诉讼法第二十七条的规定，有下列情形之一的，人民法院可以决定合并审理：

（一）两个以上行政机关分别对同一事实作出行政行为，公民、法人或者其他组织不服向同一人民法院起诉的；

（二）行政机关就同一事实对若干公民、法人或者其他组织分别作出行政行为，公民、法人或者其他组织不服分别向同一人民法院起诉的；

（三）在诉讼过程中，被告对原告作出新的行政行为，原告不服向同一人民法院起诉的；

（四）人民法院认为可以合并审理的其他情形。

第七十四条　当事人申请回避，应当说明理由，在案件开始审理时提出；回避事由在案件开始审理后知道的，应当在法庭辩论终结前提出。

被申请回避的人员，在人民法院作出是否回避的决定前，应当暂停参与本案的工作，但案件需要采取紧急措施的除外。

对当事人提出的回避申请，人民法院应当在三日内以口头或者书面形式作出决定。对当事人提出的明显不属于法定回避事由的申请，法庭可以依法当庭驳回。

申请人对驳回回避申请决定不服的，可以向作出决定的人民法院申请复议一次。复议期间，被申请回避的人员不停止参与本案的工作。对申请人的复议申请，人民法院应当在三日内作出复议决定，并通知复议申请人。

第七十五条　在一个审判程序中参与过本案审判工作的审判人员，不得再参与该案其他程序的审判。

发回重审的案件，在一审法院作出裁判后又进入第二审程序的，原第二审程序中合议庭组成人员不受前款规定的限制。

第七十六条　人民法院对于因一方当事人的行为或者其他原因，可能使行政行为或者人民法院生效裁判不能或者难以执行的案件，根据对方当事人的申请，可以裁定对其财产进行保全、责令其作出一定行为或者禁止其作出一定行为；当事人没有提出申请的，人民法院在必要时也可以裁定采取上述保全措施。

人民法院采取保全措施，可以责令申请人提供担保；申请人不提供担保的，裁定驳回申请。

人民法院接受申请后，对情况紧急的，必须在四十八小时内作出裁定；裁定采取保全措施的，应当立即开始执行。

当事人对保全的裁定不服的，可以申请复议；复议期间不停止裁定的执行。

第七十七条　利害关系人因情况紧急，

不立即申请保全将会使其合法权益受到难以弥补的损害的，可以在提起诉讼前向被保全财产所在地、被申请人住所地或者对案件有管辖权的人民法院申请采取保全措施。申请人应当提供担保，不提供担保的，裁定驳回申请。

人民法院接受申请后，必须在四十八小时内作出裁定；裁定采取保全措施的，应当立即开始执行。

申请人在人民法院采取保全措施后三十日内不依法提起诉讼的，人民法院应当解除保全。

当事人对保全的裁定不服的，可以申请复议；复议期间不停止裁定的执行。

第七十八条 保全限于请求的范围，或者与本案有关的财物。

财产保全采取查封、扣押、冻结或者法律规定的其他方法。人民法院保全财产后，应当立即通知被保全人。

财产已被查封、冻结的，不得重复查封、冻结。

涉及财产的案件，被申请人提供担保的，人民法院应当裁定解除保全。

申请有错误的，申请人应当赔偿被申请人因保全所遭受的损失。

第七十九条 原告或者上诉人申请撤诉，人民法院裁定不予准许的，原告或者上诉人经传票传唤无正当理由拒不到庭，或者未经法庭许可中途退庭的，人民法院可以缺席判决。

第三人经传票传唤无正当理由拒不到庭，或者未经法庭许可中途退庭的，不发生阻止案件审理的效果。

根据行政诉讼法第五十八条的规定，被告经传票传唤无正当理由拒不到庭，或者未经法庭许可中途退庭的，人民法院可以按期开庭或者继续开庭审理，对到庭的当事人诉讼请求、双方的诉辩理由以及已经提交的证据及其他诉讼材料进行审理后，依法缺席判决。

第八十条 原告或者上诉人在庭审中明确拒绝陈述或者以其他方式拒绝陈述，导致庭审无法进行，经法庭释明法律后果后仍不陈述意见的，视为放弃陈述权利，由其承担不利的法律后果。

当事人申请撤诉或者依法可以按撤诉处理的案件，当事人有违反法律的行为需要依法处理的，人民法院可以不准许撤诉或者不按撤诉处理。

法庭辩论终结后原告申请撤诉，人民法院可以准许，但涉及国家利益和社会公共利益的除外。

第八十一条 被告在一审期间改变被诉行政行为的，应当书面告知人民法院。

原告或者第三人对改变后的行政行为不服提起诉讼的，人民法院应当就改变后的行政行为进行审理。

被告改变原违法行政行为，原告仍要求确认原行政行为违法的，人民法院应当依法作出确认判决。

原告起诉被告不作为，在诉讼中被告作出行政行为，原告不撤诉的，人民法院应当就不作为依法作出确认判决。

第八十二条 当事人之间恶意串通，企图通过诉讼等方式侵害国家利益、社会公共利益或者他人合法权益的，人民法院应当裁定驳回起诉或者判决驳回其请求，并根据情节轻重予以罚款、拘留；构成犯罪的，依法追究刑事责任。

第八十三条 行政诉讼法第五十九条规定的罚款、拘留可以单独适用，也可以合并适用。

对同一妨害行政诉讼行为的罚款、拘留不得连续适用。发生新的妨害行政诉讼行为的，人民法院可以重新予以罚款、拘留。

第八十四条 人民法院审理行政诉讼法第六十条第一款规定的行政案件，认为法律关系明确、事实清楚，在征得当事人双方同意后，可以径行调解。

第八十五条 调解达成协议，人民法院应当制作调解书。调解书应当写明诉讼请求、案件的事实和调解结果。

调解书由审判人员、书记员署名，加盖人民法院印章，送达双方当事人。

调解书经双方当事人签收后，即具有法律效力。调解书生效日期根据最后收到调解书的当事人签收的日期确定。

第八十六条 人民法院审理行政案件，调解过程不公开，但当事人同意公开的除外。

经人民法院准许，第三人可以参加调解。人民法院认为有必要的，可以通知第三人参加调解。

调解协议内容不公开，但为保护国家利益、社会公共利益、他人合法权益，人民法院认为确有必要公开的除外。

当事人一方或者双方不愿调解、调解未达成协议的，人民法院应当及时判决。

当事人自行和解或者调解达成协议后，请求人民法院按照和解协议或者调解协议的内容制作判决书的，人民法院不予准许。

第八十七条 在诉讼过程中，有下列情形之一的，中止诉讼：

（一）原告死亡，须等待其近亲属表明是否参加诉讼的；

（二）原告丧失诉讼行为能力，尚未确定法定代理人的；

（三）作为一方当事人的行政机关、法人或者其他组织终止，尚未确定权利义务承受人的；

（四）一方当事人因不可抗力的事由不能参加诉讼的；

（五）案件涉及法律适用问题，需要送请有权机关作出解释或者确认的；

（六）案件的审判须以相关民事、刑事或者其他行政案件的审理结果为依据，而相关案件尚未审结的；

（七）其他应当中止诉讼的情形。

中止诉讼的原因消除后，恢复诉讼。

第八十八条 在诉讼过程中，有下列情形之一的，终结诉讼：

（一）原告死亡，没有近亲属或者近亲属放弃诉讼权利的；

（二）作为原告的法人或者其他组织终止后，其权利义务的承受人放弃诉讼权利的。

因本解释第八十七条第一款第一、二、三项原因中止诉讼满九十日仍无人继续诉讼的，裁定终结诉讼，但有特殊情况的除外。

第八十九条 复议决定改变原行政行为错误，人民法院判决撤销复议决定时，可以一并责令复议机关重新作出复议决定或者判决恢复原行政行为的法律效力。

第九十条 人民法院判决被告重新作出行政行为，被告重新作出的行政行为与原行政行为的结果相同，但主要事实或者主要理由有改变的，不属于行政诉讼法第七十一条规定的情形。

人民法院以违反法定程序为由，判决撤销被诉行政行为的，行政机关重新作出行政行为不受行政诉讼法第七十一条规定的限制。

行政机关以同一事实和理由重新作出与原行政行为基本相同的行政行为，人民法院应当根据行政诉讼法第七十条、第七十一条的规定判决撤销或者部分撤销，并根据行政诉讼法第九十六条的规定处理。

第九十一条 原告请求被告履行法定职责的理由成立，被告违法拒绝履行或者无正当理由逾期不予答复的，人民法院可以根据行政诉讼法第七十二条的规定，判决被告在一定期限内依法履行原告请求的法定职责；尚需被告调查或者裁量的，应当判决被告针对原告的请求重新作出处理。

第九十二条 原告申请被告依法履行支付抚恤金、最低生活保障待遇或者社会保险待遇等给付义务的理由成立，被告依法负有给付义务而拒绝或者拖延履行义务的，人民法院可以根据行政诉讼法第七十三条的规定，判决被告在一定期限内履行相应的给付义务。

第九十三条 原告请求被告履行法定职责或者依法履行支付抚恤金、最低生活保障待遇或者社会保险待遇等给付义务，原告未先向行政机关提出申请的，人民法院裁定驳回起诉。

人民法院经审理认为原告所请求履行的法定职责或者给付义务明显不属于行政机关权限范围的，可以裁定驳回起诉。

第九十四条 公民、法人或者其他组织起诉请求撤销行政行为，人民法院经审查认为行政行为无效的，应当作出确认无效的判决。

公民、法人或者其他组织起诉请求确认行政行为无效，人民法院审查认为行政行为不属于无效情形，经释明，原告请求撤销行政行为的，应当继续审理并依法作出相应判决；原告请求撤销行政行为但超过法定起诉期限的，裁定驳回起诉；原告拒绝变更诉讼请求的，判决驳回其诉讼请求。

第九十五条 人民法院经审理认为被诉行政行为违法或者无效，可能给原告造成损失，经释明，原告请求一并解决行政赔偿争议的，人民法院可以就赔偿事项进行调解；调解不成的，应当一并判决。人民法院也可以告知其就赔偿事项另行提起诉讼。

第九十六条 有下列情形之一，且对原告依法享有的听证、陈述、申辩等重要程序性权利不产生实质损害的，属于行政诉讼法第七十四条第一款第二项规定的“程序轻微违法”：

（一）处理期限轻微违法；

（二）通知、送达等程序轻微违法；

（三）其他程序轻微违法的情形。

第九十七条 原告或者第三人的损失系由其自身过错和行政机关的违法行政行为共同造成的，人民法院应当依据各方行为与损害结果之间有无因果关系以及在损害发生和结果中作用力的大小，确定行政机关相应的赔偿责任。

第九十八条 因行政机关不履行、拖延履行法定职责，致使公民、法人或者其他组织的合法权益遭受损害的，人民法院应当判决行政机关承担行政赔偿责任。在确定赔偿数额时，应当考虑该不履行、拖延履行法定职责的行为在损害发生过程和结果中所起的作用等因素。

第九十九条 有下列情形之一的，属于行政诉讼法第七十五条规定的“重大且明显违法”：

（一）行政行为实施主体不具有行政主体资格；

（二）减损权利或者增加义务的行政行为没有法律规范依据；

（三）行政行为的内容客观上不可能实施；

（四）其他重大且明显违法的情形。

第一百条 人民法院审理行政案件，适用最高人民法院司法解释的，应当在裁判文书中援引。

人民法院审理行政案件，可以在裁判文书中引用合法有效的规章及其他规范性文件。

第一百零一条 裁定适用于下列范围：

（一）不予立案；

（二）驳回起诉；

（三）管辖异议；

（四）终结诉讼；

（五）中止诉讼；

（六）移送或者指定管辖；

（七）诉讼期间停止行政行为的执行或者驳回停止执行的申请；

（八）财产保全；

（九）先予执行；

（十）准许或者不准许撤诉；

（十一）补正裁判文书中的笔误；

（十二）中止或者终结执行；

（十三）提审、指令再审或者发回重审；

（十四）准许或者不准许执行行政机关的行政行为；

（十五）其他需要裁定的事项。

对第一、二、三项裁定，当事人可以上诉。

裁定书应当写明裁定结果和作出该裁定的理由。裁定书由审判人员、书记员署名，加盖人民法院印章。口头裁定的，记入笔录。

第一百零二条 行政诉讼法第八十二条规定的行政案件中的“事实清楚”，是指当事人对争议的事实陈述基本一致，并能提供相应的证据，无须人民法院调查收集证据即可查明事实；“权利义务关系明确”，是指行政法律关系中权利和义务能够明确区分；“争议不大”，是指当事人对行政行为的合法性、责任承担等没有实质分歧。

第一百零三条 适用简易程序审理的行政案件，人民法院可以用口头通知、电话、短信、传真、电子邮件等简便方式传唤当事人、通知证人、送达裁判文书以外的诉讼文书。

以简便方式送达的开庭通知，未经当事人确认或者没有其他证据证明当事人已经收到的，人民法院不得缺席判决。

第一百零四条 适用简易程序案件的举证期限由人民法院确定，也可以由当事人协商一致并经人民法院准许，但不得超过十五日。被告要求书面答辩的，人民法院可以确定合理的答辩期间。

人民法院应当将举证期限和开庭日期告知双方当事人，并向当事人说明逾期举证以及拒不到庭的法律后果，由双方当事人在笔录和开庭传票的送达回证上签名或者捺印。

当事人双方均表示同意立即开庭或者缩短举证期限、答辩期间的，人民法院可以立即开庭审理或者确定近期开庭。

第一百零五条 人民法院发现案情复杂，需要转为普通程序审理的，应当在审理期限届满前作出裁定并将合议庭组成人员及相关事项书面通知双方当事人。

案件转为普通程序审理的，审理期限自人民法院立案之日起计算。

第一百零六条 当事人就已经提起诉讼的事项在诉讼过程中或者裁判生效后再次起诉，同时具有下列情形的，构成重复起诉：

（一）后诉与前诉的当事人相同；

（二）后诉与前诉的诉讼标的相同；

（三）后诉与前诉的诉讼请求相同，或者后诉的诉讼请求被前诉裁判所包含。

第一百零七条 第一审人民法院作出判决和裁定后，当事人均提起上诉的，上诉各方均为上诉人。

诉讼当事人中的一部分人提出上诉，没有提出上诉的对方当事人为被上诉人，其他当事人依原审诉讼地位列明。

第一百零八条 当事人提出上诉，应当按照其他当事人或者诉讼代表人的人数提出上诉状副本。

原审人民法院收到上诉状，应当在五日内将上诉状副本发送其他当事人，对方当事人应当在收到上诉状副本之日起十五日内提出答辩状。

原审人民法院应当在收到答辩状之日起五日内将副本发送上诉人。对方当事人不提出答辩状的，不影响人民法院审理。

原审人民法院收到上诉状、答辩状，应当在五日内连同全部案卷和证据，报送第二审人民法院；已经预收的诉讼费用，一并报送。

第一百零九条 第二审人民法院经审理认为原审人民法院不予立案或者驳回起诉的裁定确有错误且当事人的起诉符合起诉条件的，应当裁定撤销原审人民法院的裁定，指令原审人民法院依法立案或者继续审理。

第二审人民法院裁定发回原审人民法院重新审理的行政案件，原审人民法院应当另行组成合议庭进行审理。

原审判决遗漏了必须参加诉讼的当事人或者诉讼请求的，第二审人民法院应当裁定撤销原审判决，发回重审。

原审判决遗漏行政赔偿请求，第二审人民法院经审查认为依法不应当予以赔偿的，应当判决驳回行政赔偿请求。

原审判决遗漏行政赔偿请求，第二审人民法院经审理认为依法应当予以赔偿的，在确认被诉行政行为违法的同时，可以就行政赔偿问题进行调解；调解不成的，应当就行政赔偿部分发回重审。

当事人在第二审期间提出行政赔偿请求的，第二审人民法院可以进行调解；调解不成的，应当告知当事人另行起诉。

第一百一十条 当事人向上一级人民法院申请再审，应当在判决、裁定或者调解书发生法律效力后六个月内提出。有下列情形之一的，自知道或者应当知道之日起六个月内提出：

（一）有新的证据，足以推翻原判决、裁定的；

（二）原判决、裁定认定事实的主要证据是伪造的；

（三）据以作出原判决、裁定的法律文书被撤销或者变更的；

（四）审判人员审理该案件时有贪污受贿、徇私舞弊、枉法裁判行为的。

第一百一十一条 当事人申请再审的，应当提交再审申请书等材料。人民法院认为有必要的，可以自收到再审申请书之日起五日内将再审申请书副本发送对方当事人。对方当事人应当自收到再审申请书副本之日起十五日内提交书面意见。人民法院可以要求申请人和对方当事人补充有关材料，询问有关事项。

第一百一十二条 人民法院应当自再审申请案件立案之日起六个月内审查，有特殊情况需要延长的，由本院院长批准。

第一百一十三条 人民法院根据审查再审申请案件的需要决定是否询问当事人；新的证据可能推翻原判决、裁定的，人民法院应当询问当事人。

第一百一十四条 审查再审申请期间，被申请人及原审其他当事人依法提出再审申请的，人民法院应当将其列为再审申请人，对其再审事由一并审查，审查期限重新计算。经审查，其中一方再审申请人主张的再审事由成立的，应当裁定再审。各方再审申请人主张的再审事由均不成立的，一并裁定驳回再审申请。

第一百一十五条 审查再审申请期间，再审申请人申请人民法院委托鉴定、勘验的，人民法院不予准许。

审查再审申请期间，再审申请人撤回再审申请的，是否准许，由人民法院裁定。

再审申请人经传票传唤，无正当理由拒不接受询问的，按撤回再审申请处理。

人民法院准许撤回再审申请或者按撤回再审申请处理后，再审申请人再次申请再审的，不予立案，但有行政诉讼法第九十一条第二项、第三项、第七项、第八项规定情形，自知道或者应当知道之日起六个月内提出的除外。

第一百一十六条 当事人主张的再审事由成立，且符合行政诉讼法和本解释规定的申请再审条件的，人民法院应当裁定再审。

当事人主张的再审事由不成立，或者当事人申请再审超过法定申请再审期限、超出法定再审事由范围等不符合行政诉讼法和本解释规定的申请再审条件的，人民法院应当裁定驳回再审申请。

第一百一十七条 有下列情形之一的，当事人可以向人民检察院申请抗诉或者检察建议：

（一）人民法院驳回再审申请的；

（二）人民法院逾期未对再审申请作出裁定的；

（三）再审判决、裁定有明显错误的。

人民法院基于抗诉或者检察建议作出再审判决、裁定后，当事人申请再审的，人民法院不予立案。

第一百一十八条 按照审判监督程序决定再审的案件，裁定中止原判决、裁定、调解书的执行，但支付抚恤金、最低生活保障费或者社会保险待遇的案件，可以不中止执行。

上级人民法院决定提审或者指令下级人民法院再审的，应当作出裁定，裁定应当写明中止原判决的执行；情况紧急的，可以将中止执行的裁定口头通知负责执行的人民法院或者作出生效判决、裁定的人民法院，但应当在口头通知后十日内发出裁定书。

第一百一十九条 人民法院按照审判监督程序再审的案件，发生法律效力的判决、裁定是由第一审法院作出的，按照第一审程序审理，所作的判决、裁定，当事人可以上诉；发生法律效力的判决、裁定是由第二审法院作出的，按照第二审程序审理，所作的判决、裁定，是发生法律效力的判决、裁定；上级人民法院按照审判监督程序提审的，按照第二审程序审理，所作的判决、裁定是发生法律效力的判决、裁定。

人民法院审理再审案件，应当另行组成合议庭。

第一百二十条 人民法院审理再审案件应当围绕再审请求和被诉行政行为合法性进行。当事人的再审请求超出原审诉讼请求，符合另案诉讼条件的，告知当事人可以另行起诉。

被申请人及原审其他当事人在庭审辩论结束前提出的再审请求，符合本解释规定的申请期限的，人民法院应当一并审理。

人民法院经再审，发现已经发生法律效力的判决、裁定损害国家利益、社会公共利益、他人合法权益的，应当一并审理。

第一百二十一条 再审审理期间，有下列情形之一的，裁定终结再审程序：

（一）再审申请人在再审期间撤回再审请求，人民法院准许的；

（二）再审申请人经传票传唤，无正当理由拒不到庭的，或者未经法庭许可中途退庭，按撤回再审请求处理的；

（三）人民检察院撤回抗诉的；

（四）其他应当终结再审程序的情形。

因人民检察院提出抗诉裁定再审的案件，申请抗诉的当事人有前款规定的情形，且不损害国家利益、社会公共利益或者他人合法权益的，人民法院裁定终结再审程序。

再审程序终结后，人民法院裁定中止执行的原生效判决自动恢复执行。

第一百二十二条 人民法院审理再审案件，认为原生效判决、裁定确有错误，在撤销原生效判决或者裁定的同时，可以对生效判决、裁定的内容作出相应裁判，也可以裁定撤销生效判决或者裁定，发回作出生效判决、裁定的人民法院重新审理。

第一百二十三条 人民法院审理二审案件和再审案件，对原审法院立案、不予立案或者驳回起诉错误的，应当分别情况作如下处理：

（一）第一审人民法院作出实体判决后，第二审人民法院认为不应当立案的，在撤销第一审人民法院判决的同时，可以径行驳回起诉；

（二）第二审人民法院维持第一审人民法院不予立案裁定错误的，再审法院应当撤销第一审、第二审人民法院裁定，指令第一审人民法院受理；

（三）第二审人民法院维持第一审人民法院驳回起诉裁定错误的，再审法院应当撤销第一审、第二审人民法院裁定，指令第一审人民法院审理。

第一百二十四条 人民检察院提出抗诉

的案件，接受抗诉的人民法院应当自收到抗诉书之日起三十日内作出再审的裁定；有行政诉讼法第九十一条第二、三项规定情形之一的，可以指令下一级人民法院再审，但经该下一级人民法院再审过的除外。

人民法院在审查抗诉材料期间，当事人之间已经达成和解协议的，人民法院可以建议人民检察院撤回抗诉。

第一百二十五条 人民检察院提出抗诉的案件，人民法院再审开庭时，应当在开庭三日前通知人民检察院派员出庭。

第一百二十六条 人民法院收到再审检察建议后，应当组成合议庭，在三个月内进行审查，发现原判决、裁定、调解书确有错误，需要再审的，依照行政诉讼法第九十二条规定裁定再审，并通知当事人；经审查，决定不予再审的，应当书面回复人民检察院。

第一百二十七条 人民法院审理因人民检察院抗诉或者检察建议裁定再审的案件，不受此前已经作出的驳回当事人再审申请裁定的限制。

八、行政机关负责人出庭应诉

第一百二十八条 行政诉讼法第三条第三款规定的行政机关负责人，包括行政机关的正职、副职负责人以及其他参与分管的负责人。

行政机关负责人出庭应诉的，可以另行委托一至二名诉讼代理人。行政机关负责人不能出庭的，应当委托行政机关相应的工作人员出庭，不得仅委托律师出庭。

第一百二十九条 涉及重大公共利益、社会高度关注或者可能引发群体性事件等案件以及人民法院书面建议行政机关负责人出庭的案件，被诉行政机关负责人应当出庭。

被诉行政机关负责人出庭应诉的，应当在当事人及其诉讼代理人基本情况、案件由来部分予以列明。

行政机关负责人有正当理由不能出庭应诉的，应当向人民法院提交情况说明，并加盖行政机关印章或者由该机关主要负责人签字认可。

行政机关拒绝说明理由的，不发生阻止案件审理的效果，人民法院可以向监察机关、上一级行政机关提出司法建议。

第一百三十条 行政诉讼法第三条第三款规定的“行政机关相应的工作人员”，包括该行政机关具有国家行政编制身份的工作人员以及其他依法履行公职的人员。

被诉行政行为是地方人民政府作出的，地方人民政府法制工作机构的工作人员，以及被诉行政行为具体承办机关工作人员，可以视为被诉人民政府相应的工作人员。

第一百三十一条 行政机关负责人出庭应诉的，应当向人民法院提交能够证明该行政机关负责人职务的材料。

行政机关委托相应的工作人员出庭应诉的，应当向人民法院提交加盖行政机关印章的授权委托书，并载明工作人员的姓名、职务和代理权限。

第一百三十二条 行政机关负责人和行政机关相应的工作人员均不出庭，仅委托律师出庭的或者人民法院书面建议行政机关负责人出庭应诉，行政机关负责人不出庭应诉的，人民法院应当记录在案和在裁判文书中载明，并可以建议有关机关依法作出处理。

九、复议机关作共同被告

第一百三十三条 行政诉讼法第二十六条第二款规定的“复议机关决定维持原行政行为”，包括复议机关驳回复议申请或者复议请求的情形，但以复议申请不符合受理条件为由驳回的除外。

第一百三十四条 复议机关决定维持原行政行为的，作出原行政行为的行政机关和复议机关是共同被告。原告只起诉作出原行政行为的行政机关或者复议机关的，人民法院应当告知原告追加被告。原告不同意追加的，人民法院应当将另一机关列为共同被告。

行政复议决定既有维持原行政行为内容，又有改变原行政行为内容或者不予受理申请内容的，作出原行政行为的行政机关和复议机关为共同被告。

复议机关作共同被告的案件，以作出原行政行为的行政机关确定案件的级别管辖。

第一百三十五条 复议机关决定维持原行政行为的，人民法院应当在审查原行政行为合法性的同时，一并审查复议决定的合法性。

作出原行政行为的行政机关和复议机关对原行政行为合法性共同承担举证责任，可以由其中一个机关实施举证行为。复议机关对复议决定的合法性承担举证责任。

复议机关作共同被告的案件，复议机关在复议程序中依法收集和补充的证据，可以作为人民法院认定复议决定和原行政行为合法的依据。

第一百三十六条 人民法院对原行政行为作出判决的同时，应当对复议决定一并作出相应判决。

人民法院依职权追加作出原行政行为的行政机关或者复议机关为共同被告的，对原行政行为或者复议决定可以作出相应判决。

人民法院判决撤销原行政行为和复议决定的，可以判决作出原行政行为的行政机关重新作出行政行为。

人民法院判决作出原行政行为的行政机关履行法定职责或者给付义务的，应当同时判决撤销复议决定。

原行政行为合法、复议决定违法的，人民法院可以判决撤销复议决定或者确认复议决定违法，同时判决驳回原告针对原行政行为的诉讼请求。

原行政行为被撤销、确认违法或者无效，给原告造成损失的，应当由作出原行政行为的行政机关承担赔偿责任；因复议决定加重损害的，由复议机关对加重部分承担赔偿责任。

原行政行为不符合复议或者诉讼受案范围等受理条件，复议机关作出维持决定的，人民法院应当裁定一并驳回对原行政行为和复议决定的起诉。

十、相关民事争议的一并审理

第一百三十七条 公民、法人或者其他组织请求一并审理行政诉讼法第六十一条规定的相关民事争议，应当在第一审开庭审理前提出；有正当理由的，也可以在法庭调查中提出。

第一百三十八条 人民法院决定在行政诉讼中一并审理相关民事争议，或者案件当事人一致同意相关民事争议在行政诉讼中一并解决，人民法院准许的，由受理行政案件的人民法院管辖。

公民、法人或者其他组织请求一并审理相关民事争议，人民法院经审查发现行政案件已经超过起诉期限，民事案件尚未立案的，告知当事人另行提起民事诉讼；民事案件已经立案的，由原审判组织继续审理。

人民法院在审理行政案件中发现民事争议为解决行政争议的基础，当事人没有请求人民法院一并审理相关民事争议的，人民法院应当告知当事人依法申请一并解决民事争议。当事人就民事争议另行提起民事诉讼并已立案的，人民法院应当中止行政诉讼的审理。民事争议处理期间不计算在行政诉讼审理期限内。

第一百三十九条 有下列情形之一的，人民法院应当作出不予准许一并审理民事争议的决定，并告知当事人可以依法通过其他渠道主张权利：

（一）法律规定应当由行政机关先行处

理的；

（二）违反民事诉讼法专属管辖规定或者协议管辖约定的；

（三）约定仲裁或者已经提起民事诉讼的；

（四）其他不宜一并审理民事争议的情形。

对不予准许的决定可以申请复议一次。

第一百四十条 人民法院在行政诉讼中一并审理相关民事争议的，民事争议应当单独立案，由同一审判组织审理。

人民法院审理行政机关对民事争议所作裁决的案件，一并审理民事争议的，不另行立案。

第一百四十一条 人民法院一并审理相关民事争议，适用民事法律规范的相关规定，法律另有规定的除外。

当事人在调解中对民事权益的处分，不能作为审查被诉行政行为合法性的根据。

第一百四十二条 对行政争议和民事争议应当分别裁判。

当事人仅对行政裁判或者民事裁判提出上诉的，未上诉的裁判在上诉期满后即发生法律效力。第一审人民法院应当将全部案卷一并移送第二审人民法院，由行政审判庭审理。第二审人民法院发现未上诉的生效裁判确有错误的，应当按照审判监督程序再审。

第一百四十三条 行政诉讼原告在宣判前申请撤诉的，是否准许由人民法院裁定。人民法院裁定准许行政诉讼原告撤诉，但其对已经提起的一并审理相关民事争议不撤诉的，人民法院应当继续审理。

第一百四十四条 人民法院一并审理相关民事争议，应当按行政案件、民事案件的标准分别收取诉讼费用。

十一、规范性文件的一并审查

第一百四十五条 公民、法人或者其他组织在对行政行为提起诉讼时一并请求对所依据的规范性文件审查的，由行政行为案件管辖法院一并审查。

第一百四十六条 公民、法人或者其他组织请求人民法院一并审查行政诉讼法第五十三条规定的规范性文件，应当在第一审开庭审理前提出；有正当理由的，也可以在法庭调查中提出。

第一百四十七条 人民法院在对规范性文件审查过程中，发现规范性文件可能不合法的，应当听取规范性文件制定机关的意见。

制定机关申请出庭陈述意见的，人民法院应当准许。

行政机关未陈述意见或者未提供相关证明材料的，不能阻止人民法院对规范性文件进行审查。

第一百四十八条 人民法院对规范性文件进行一并审查时，可以从规范性文件制定机关是否超越权限或者违反法定程序、作出行政行为所依据的条款以及相关条款等方面进行。

有下列情形之一的，属于行政诉讼法第六十四条规定的“规范性文件不合法”：

（一）超越制定机关的法定职权或者超越法律、法规、规章的授权范围的；

（二）与法律、法规、规章等上位法的规定相抵触的；

（三）没有法律、法规、规章依据，违法增加公民、法人和其他组织义务或者减损公民、法人和其他组织合法权益的；

（四）未履行法定批准程序、公开发布程序，严重违反制定程序的；

（五）其他违反法律、法规以及规章规定的情形。

第一百四十九条 人民法院经审查认为行政行为所依据的规范性文件合法的，应当作为认定行政行为合法的依据；经审查认为规范性文件不合法的，不作为人民法院认定行政行为合法的依据，并在裁判理由中予以阐明。作出生效裁判的人民法院应当向规范性文件的制定机关提出处理建议，并可以抄送制定机关的同级人民政府、上一级行政机关、监察机关以及规范性文件的备案机关。

规范性文件不合法的，人民法院可以在裁判生效之日起三个月内，向规范性文件制定机关提出修改或者废止该规范性文件的司法建议。

规范性文件由多个部门联合制定的，人民法院可以向该规范性文件的主办机关或者共同上一级行政机关发送司法建议。

接收司法建议的行政机关应当在收到司法建议之日起六十日内予以书面答复。情况紧急的，人民法院可以建议制定机关或者其上一级行政机关立即停止执行该规范性文件。

第一百五十条 人民法院认为规范性文件不合法的，应当在裁判生效后报送上一级人民法院进行备案。涉及国务院部门、省级行政机关制定的规范性文件，司法建议还应当分别层报最高人民法院、高级人民法院备案。

第一百五十一条 各级人民法院院长对本院已经发生法律效力的判决、裁定，发现规范性文件合法性认定错误，认为需要再审的，应当提交审判委员会讨论。

最高人民法院对地方各级人民法院已经发生法律效力的判决、裁定，上级人民法院对下级人民法院已经发生法律效力的判决、裁定，发现规范性文件合法性认定错误的，有权提审或者指令下级人民法院再审。

十二、执　　行

第一百五十二条 对发生法律效力的行政判决书、行政裁定书、行政赔偿判决书和行政调解书，负有义务的一方当事人拒绝履行的，对方当事人可以依法申请人民法院强制执行。

人民法院判决行政机关履行行政赔偿、行政补偿或者其他行政给付义务，行政机关拒不履行的，对方当事人可以依法向法院申请强制执行。

第一百五十三条 申请执行的期限为二年。申请执行时效的中止、中断，适用法律有关规定。

申请执行的期限从法律文书规定的履行期间最后一日起计算；法律文书规定分期履行的，从规定的每次履行期间的最后一日起计算；法律文书中没有规定履行期限的，从该法律文书送达当事人之日起计算。

逾期申请的，除有正当理由外，人民法院不予受理。

第一百五十四条 发生法律效力的行政判决书、行政裁定书、行政赔偿判决书和行政调解书，由第一审人民法院执行。

第一审人民法院认为情况特殊，需要由第二审人民法院执行的，可以报请第二审人民法院执行；第二审人民法院可以决定由其执行，也可以决定由第一审人民法院执行。

第一百五十五条 行政机关根据行政诉讼法第九十七条的规定申请执行其行政行为，应当具备以下条件：

（一）行政行为依法可以由人民法院执行；

（二）行政行为已经生效并具有可执行内容；

（三）申请人是作出该行政行为的行政机关或者法律、法规、规章授权的组织；

（四）被申请人是该行政行为所确定的义务人；

（五）被申请人在行政行为确定的期限内或者行政机关催告期限内未履行义务；

（六）申请人在法定期限内提出申请；

（七）被申请执行的行政案件属于受理执行申请的人民法院管辖。

行政机关申请人民法院执行，应当提交

行政强制法第五十五条规定的相关材料。

人民法院对符合条件的申请，应当在五日内立案受理，并通知申请人；对不符合条件的申请，应当裁定不予受理。行政机关对不予受理裁定有异议，在十五日内向上一级人民法院申请复议的，上一级人民法院应当在收到复议申请之日起十五日内作出裁定。

第一百五十六条 没有强制执行权的行政机关申请人民法院强制执行其行政行为，应当自被执行人的法定起诉期限届满之日起三个月内提出。逾期申请的，除有正当理由外，人民法院不予受理。

第一百五十七条 行政机关申请人民法院强制执行其行政行为的，由申请人所在地的基层人民法院受理；执行对象为不动产的，由不动产所在地的基层人民法院受理。

基层人民法院认为执行确有困难的，可以报请上级人民法院执行；上级人民法院可以决定由其执行，也可以决定由下级人民法院执行。

第一百五十八条 行政机关根据法律的授权对平等主体之间民事争议作出裁决后，当事人在法定期限内不起诉又不履行，作出裁决的行政机关在申请执行的期限内未申请人民法院强制执行的，生效行政裁决确定的权利人或者其继承人、权利承受人在六个月内可以申请人民法院强制执行。

享有权利的公民、法人或者其他组织申请人民法院强制执行生效行政裁决，参照行政机关申请人民法院强制执行行政行为的规定。

第一百五十九条 行政机关或者行政行为确定的权利人申请人民法院强制执行前，有充分理由认为被执行人可能逃避执行的，可以申请人民法院采取财产保全措施。后者申请强制执行的，应当提供相应的财产担保。

第一百六十条 人民法院受理行政机关申请执行其行政行为的案件后，应当在七日内由行政审判庭对行政行为的合法性进行审查，并作出是否准予执行的裁定。

人民法院在作出裁定前发现行政行为明显违法并损害被执行人合法权益的，应当听取被执行人和行政机关的意见，并自受理之日起三十日内作出是否准予执行的裁定。

需要采取强制执行措施的，由本院负责强制执行非诉行政行为的机构执行。

第一百六十一条 被申请执行的行政行为有下列情形之一的，人民法院应当裁定不准予执行：

（一）实施主体不具有行政主体资格的；

（二）明显缺乏事实根据的；

（三）明显缺乏法律、法规依据的；

（四）其他明显违法并损害被执行人合法权益的情形。

行政机关对不准予执行的裁定有异议，在十五日内向上一级人民法院申请复议的，上一级人民法院应当在收到复议申请之日起三十日内作出裁定。

十三、附　　则

第一百六十二条 公民、法人或者其他组织对 2015 年 5 月 1 日之前作出的行政行为提起诉讼，请求确认行政行为无效的，人民法院不予立案。

第一百六十三条 本解释自 2018 年 2 月 8 日起施行。

本解释施行后，《最高人民法院关于执行〈中华人民共和国行政诉讼法〉若干问题的解释》（法释〔2000〕8 号）、《最高人民法院关于适用〈中华人民共和国行政诉讼法〉若干问题的解释》（法释〔2015〕9 号）同时废止。最高人民法院以前发布的司法解释与本解释不一致的，不再适用。

最高人民法院关于行政诉讼证据若干问题的规定

（法释〔2002〕21号）

（2002年6月4日最高人民法院审判委员会1224次会议通过，2002年7月24日公布，自2002年10月1日起施行）

为准确认定案件事实，公正、及时地审理行政案件，根据《中华人民共和国行政诉讼法》（以下简称行政诉讼法）等有关法律规定，结合行政审判实际，制定本规定。

一、举证责任分配和举证期限

第一条 根据行政诉讼法第三十二条和第四十三条的规定，被告对作出的具体行政行为负有举证责任，应当在收到起诉状副本之日起十日内，提供据以作出被诉具体行政行为的全部证据和所依据的规范性文件。被告不提供或者无正当理由逾期提供证据的，视为被诉具体行政行为没有相应的证据。

被告因不可抗力或者客观上不能控制的其他正当事由，不能在前款规定的期限内提供证据的，应当在收到起诉状副本之日起十日内向人民法院提出延期提供证据的书面申请。人民法院准许延期提供的，被告应当在正当事由消除后十日内提供证据。逾期提供的，视为被诉具体行政行为没有相应的证据。

第二条 原告或者第三人提出其在行政程序中没有提出的反驳理由或者证据的，经人民法院准许，被告可以在第一审程序中补充相应的证据。

第三条 根据行政诉讼法第三十三条的规定，在诉讼过程中，被告及其诉讼代理人不得自行向原告和证人收集证据。

第四条 公民、法人或者其他组织向人民法院起诉时，应当提供其符合起诉条件的相应的证据材料。

在起诉被告不作为的案件中，原告应当提供其在行政程序中曾经提出申请的证据材料。但有下列情形的除外：

（一）被告应当依职权主动履行法定职责的；

（二）原告因被告受理申请的登记制度不完备等正当事由不能提供相关证据材料并能够作出合理说明的。

被告认为原告起诉超过法定期限的，由被告承担举证责任。

第五条 在行政赔偿诉讼中，原告应当对被诉具体行政行为造成损害的事实提供证据。

第六条 原告可以提供证明被诉具体行政行为违法的证据。原告提供的证据不成立的，不免除被告对被诉具体行政行为合法性的举证责任。

第七条 原告或者第三人应当在开庭审理前或者人民法院指定的交换证据之日提供证据。因正当事由申请延期提供证据的，经人民法院准许，可以在法庭调查中提供。逾期提供证据的，视为放弃举证权利。

原告或者第三人在第一审程序中无正当事由未提供而在第二审程序中提供的证据，

人民法院不予接纳。

第八条 人民法院向当事人送达受理案件通知书或者应诉通知书时，应当告知其举证范围、举证期限和逾期提供证据的法律后果，并告知因正当事由不能按期提供证据时应当提出延期提供证据的申请。

第九条 根据行政诉讼法第三十四条第一款的规定，人民法院有权要求当事人提供或者补充证据。

对当事人无争议，但涉及国家利益、公共利益或者他人合法权益的事实，人民法院可以责令当事人提供或者补充有关证据。

二、提供证据的要求

第十条 根据行政诉讼法第三十一条第一款第（一）项的规定，当事人向人民法院提供书证的，应当符合下列要求：

（一）提供书证的原件，原本、正本和副本均属于书证的原件。提供原件确有困难的，可以提供与原件核对无误的复印件、照片、节录本；

（二）提供由有关部门保管的书证原件的复制件、影印件或者抄录件的，应当注明出处，经该部门核对无异后加盖其印章；

（三）提供报表、图纸、会计账册、专业技术资料、科技文献等书证的，应当附有说明材料；

（四）被告提供的被诉具体行政行为所依据的询问、陈述、谈话类笔录，应当有行政执法人员、被询问人、陈述人、谈话人签名或者盖章。

法律、法规、司法解释和规章对书证的制作形式另有规定的，从其规定。

第十一条 根据行政诉讼法第三十一条第一款第（二）项的规定，当事人向人民法院提供物证的，应当符合下列要求：

（一）提供原物。提供原物确有困难的，可以提供与原物核对无误的复制件或者证明该物证的照片、录像等其他证据；

（二）原物为数量较多的种类物的，提供其中的一部分。

第十二条 根据行政诉讼法第三十一条第一款第（三）项的规定，当事人向人民法院提供计算机数据或者录音、录像等视听资料的，应当符合下列要求：

（一）提供有关资料的原始载体。提供原始载体确有困难的，可以提供复制件；

（二）注明制作方法、制作时间、制作人和证明对象等；

（三）声音资料应当附有该声音内容的文字记录。

第十三条 根据行政诉讼法第三十一条第一款第（四）项的规定，当事人向人民法院提供证人证言的，应当符合下列要求：

（一）写明证人的姓名、年龄、性别、职业、住址等基本情况；

（二）有证人的签名，不能签名的，应当以盖章等方式证明；

（三）注明出具日期；

（四）附有居民身份证复印件等证明证人身份的文件。

第十四条 根据行政诉讼法第三十一条第一款第（六）项的规定，被告向人民法院提供的在行政程序中采用的鉴定结论，应当载明委托人和委托鉴定的事项、向鉴定部门提交的相关材料、鉴定的依据和使用的科学技术手段、鉴定部门和鉴定人鉴定资格的说明，并应有鉴定人的签名和鉴定部门的盖章。通过分析获得的鉴定结论，应当说明分析过程。

第十五条 根据行政诉讼法第三十一条第一款第（七）项的规定，被告向人民法院提供的现场笔录，应当载明时间、地点和事件等内容，并由执法人员和当事人签名。当事人拒绝签名或者不能签名的，应当注明原因。有其他人在现场的，可由其他人签名。

法律、法规和规章对现场笔录的制作形式另有规定的，从其规定。

第十六条 当事人向人民法院提供的在中华人民共和国领域外形成的证据，应当说明来源，经所在国公证机关证明，并经中华人民共和国驻该国使领馆认证，或者履行中华人民共和国与证据所在国订立的有关条约中规定的证明手续。

当事人提供的在中华人民共和国香港特别行政区、澳门特别行政区和台湾地区内形成的证据，应当具有按照有关规定办理的证明手续。

第十七条 当事人向人民法院提供外文书证或者外国语视听资料的，应当附有由具有翻译资质的机构翻译的或者其他翻译准确的中文译本，由翻译机构盖章或者翻译人员签名。

第十八条 证据涉及国家秘密、商业秘密或者个人隐私的，提供人应当作出明确标注，并向法庭说明，法庭予以审查确认。

第十九条 当事人应当对其提交的证据材料分类编号，对证据材料的来源、证明对象和内容作简要说明，签名或者盖章，注明提交日期。

第二十条 人民法院收到当事人提交的证据材料，应当出具收据，注明证据的名称、份数、页数、件数、种类等以及收到的时间，由经办人员签名或者盖章。

第二十一条 对于案情比较复杂或者证据数量较多的案件，人民法院可以组织当事人在开庭前向对方出示或者交换证据，并将交换证据的情况记录在卷。

三、调取和保全证据

第二十二条 根据行政诉讼法第三十四条第二款的规定，有下列情形之一的，人民法院有权向有关行政机关以及其他组织、公民调取证据：

（一）涉及国家利益、公共利益或者他人合法权益的事实认定的；

（二）涉及依职权追加当事人、中止诉讼、终结诉讼、回避等程序性事项的。

第二十三条 原告或者第三人不能自行收集，但能够提供确切线索的，可以申请人民法院调取下列证据材料：

（一）由国家有关部门保存而须由人民法院调取的证据材料；

（二）涉及国家秘密、商业秘密、个人隐私的证据材料；

（三）确因客观原因不能自行收集的其他证据材料。

人民法院不得为证明被诉具体行政行为的合法性，调取被告在作出具体行政行为时未收集的证据。

第二十四条 当事人申请人民法院调取证据的，应当在举证期限内提交调取证据申请书。

调取证据申请书应当写明下列内容：

（一）证据持有人的姓名或者名称、住址等基本情况；

（二）拟调取证据的内容；

（三）申请调取证据的原因及其要证明的案件事实。

第二十五条 人民法院对当事人调取证据的申请，经审查符合调取证据条件的，应当及时决定调取；不符合调取证据条件的，应当向当事人或者其诉讼代理人送达通知书，说明不准许调取的理由。当事人及其诉讼代理人可以在收到通知书之日起三日内向受理申请的人民法院书面申请复议一次。

人民法院根据当事人申请，经调取未能取得相应证据的，应当告知申请人并说明原因。

第二十六条 人民法院需要调取的证据在异地的，可以书面委托证据所在地人民法院调取。受托人民法院应当在收到委托书后，按照委托要求及时完成调取证据工作，送交委托人民法院。受托人民法院不能完成委托内容的，应当告知委托的人民法院并说明原因。

第二十七条 当事人根据行政诉讼法第三十六条的规定向人民法院申请保全证据的，应当在举证期限届满前以书面形式提出，并说明证据的名称和地点、保全的内容和范围、申请保全的理由等事项。

当事人申请保全证据的，人民法院可以要求其提供相应的担保。

法律、司法解释规定诉前保全证据的，依照其规定办理。

第二十八条 人民法院依照行政诉讼法第三十六条规定保全证据的，可以根据具体情况，采取查封、扣押、拍照、录音、录像、复制、鉴定、勘验、制作询问笔录等保全措施。

人民法院保全证据时，可以要求当事人或者其诉讼代理人到场。

第二十九条 原告或者第三人有证据或者有正当理由表明被告据以认定案件事实的鉴定结论可能有错误，在举证期限内书面申请重新鉴定的，人民法院应予准许。

第三十条 当事人对人民法院委托的鉴定部门作出的鉴定结论有异议申请重新鉴定，提出证据证明存在下列情形之一的，人民法院应予准许：

（一）鉴定部门或者鉴定人不具有相应的鉴定资格的；

（二）鉴定程序严重违法的；

（三）鉴定结论明显依据不足的；

（四）经过质证不能作为证据使用的其他情形。

对有缺陷的鉴定结论，可以通过补充鉴定、重新质证或者补充质证等方式解决。

第三十一条 对需要鉴定的事项负有举证责任的当事人，在举证期限内无正当理由不提出鉴定申请、不预交鉴定费用或者拒不提供相关材料，致使对案件争议的事实无法通过鉴定结论予以认定的，应当对该事实承担举证不能的法律后果。

第三十二条 人民法院对委托或者指定的鉴定部门出具的鉴定书，应当审查是否具有下列内容：

（一）鉴定的内容；

（二）鉴定时提交的相关材料；

（三）鉴定的依据和使用的科学技术手段；

（四）鉴定的过程；

（五）明确的鉴定结论；

（六）鉴定部门和鉴定人鉴定资格的说明；

（七）鉴定人及鉴定部门签名盖章。

前款内容欠缺或者鉴定结论不明确的，人民法院可以要求鉴定部门予以说明、补充鉴定或者重新鉴定。

第三十三条 人民法院可以依当事人申请或者依职权勘验现场。

勘验现场时，勘验人必须出示人民法院的证件，并邀请当地基层组织或者当事人所在单位派人参加。当事人或其成年亲属应当到场，拒不到场的，不影响勘验的进行，但应当在勘验笔录中说明情况。

第三十四条 审判人员应当制作勘验笔录，记载勘验的时间、地点、勘验人、在场人、勘验的经过和结果，由勘验人、当事人、在场人签名。

勘验现场时绘制的现场图，应当注明绘制的时间、方位、绘制人姓名和身份等内容。

当事人对勘验结论有异议的，可以在举证期限内申请重新勘验，是否准许由人民法院决定。

四、证据的对质辨认和核实

第三十五条 证据应当在法庭上出示，并经庭审质证。未经庭审质证的证据，不能作为定案的依据。

当事人在庭前证据交换过程中没有争议并记录在卷的证据，经审判人员在庭审中说明后，可以作为认定案件事实的依据。

第三十六条 经合法传唤，因被告无正当理由拒不到庭而需要依法缺席判决的，被告提供的证据不能作为定案的依据，但当事人在庭前交换证据中没有争议的证据除外。

第三十七条 涉及国家秘密、商业秘密和个人隐私或者法律规定的其他应当保密的证据，不得在开庭时公开质证。

第三十八条 当事人申请人民法院调取的证据，由申请调取证据的当事人在庭审中出示，并由当事人质证。

人民法院依职权调取的证据，由法庭出示，并可就调取该证据的情况进行说明，听取当事人意见。

第三十九条 当事人应当围绕证据的关联性、合法性和真实性，针对证据有无证明效力以及证明效力大小，进行质证。

经法庭准许，当事人及其代理人可以就证据问题相互发问，也可以向证人、鉴定人或者勘验人发问。

当事人及其代理人相互发问，或者向证人、鉴定人、勘验人发问时，发问的内容应当与案件事实有关联，不得采用引诱、威胁、侮辱等语言或者方式。

第四十条 对书证、物证和视听资料进行质证时，当事人应当出示证据的原件或者原物。但有下列情况之一的除外：

（一）出示原件或者原物确有困难并经法庭准许可以出示复制件或者复制品；

（二）原件或者原物已不存在，可以出示证明复制件、复制品与原件、原物一致的其他证据。

视听资料应当当庭播放或者显示，并由当事人进行质证。

第四十一条 凡是知道案件事实的人，都有出庭作证的义务。有下列情形之一的，经人民法院准许，当事人可以提交书面证言：

（一）当事人在行政程序或者庭前证据交换中对证人证言无异议的；

（二）证人因年迈体弱或者行动不便无法出庭的；

（三）证人因路途遥远、交通不便无法出庭的；

（四）证人因自然灾害等不可抗力或者其他意外事件无法出庭的；

（五）证人因其他特殊原因确实无法出庭的。

第四十二条 不能正确表达意志的人不能作证。

根据当事人申请，人民法院可以就证人能否正确表达意志进行审查或者交由有关部门鉴定。必要时，人民法院也可以依职权交由有关部门鉴定。

第四十三条 当事人申请证人出庭作证的，应当在举证期限届满前提出，并经人民法院许可。人民法院准许证人出庭作证的，应当在开庭审理前通知证人出庭作证。

当事人在庭审过程中要求证人出庭作证的，法庭可以根据审理案件的具体情况，决定是否准许以及是否延期审理。

第四十四条 有下列情形之一，原告或者第三人可以要求相关行政执法人员作为证人出庭作证：

（一）对现场笔录的合法性或者真实性有异议的；

（二）对扣押财产的品种或者数量有异议的；

（三）对检验的物品取样或者保管有异议的；

（四）对行政执法人员的身份的合法性有异议的；

（五）需要出庭作证的其他情形。

第四十五条 证人出庭作证时，应当出示证明其身份的证件。法庭应当告知其诚实作证的法律义务和作伪证的法律责任。

出庭作证的证人不得旁听案件的审理。法庭询问证人时，其他证人不得在场，但组织证人对质的除外。

第四十六条 证人应当陈述其亲历的具体事实。证人根据其经历所作的判断、推测或者评论，不能作为定案的依据。

第四十七条 当事人要求鉴定人出庭接受询问的，鉴定人应当出庭。鉴定人因正当事由不能出庭的，经法庭准许，可以不出庭，由当事人对其书面鉴定结论进行质证。

鉴定人不能出庭的正当事由，参照本规定第四十一条的规定。

对于出庭接受询问的鉴定人，法庭应当核实其身份、与当事人及案件的关系，并告知鉴定人如实说明鉴定情况的法律义务和故意作虚假说明的法律责任。

第四十八条 对被诉具体行政行为涉及的专门性问题，当事人可以向法庭申请由专业人员出庭进行说明，法庭也可以通知专业人员出庭说明。必要时，法庭可以组织专业人员进行对质。

当事人对出庭的专业人员是否具备相应专业知识、学历、资历等专业资格等有异议的，可以进行询问。由法庭决定其是否可以作为专业人员出庭。

专业人员可以对鉴定人进行询问。

第四十九条 法庭在质证过程中，对与案件没有关联的证据材料，应予排除并说明理由。

法庭在质证过程中，准许当事人补充证据的，对补充的证据仍应进行质证。

法庭对经过庭审质证的证据，除确有必要外，一般不再进行质证。

第五十条 在第二审程序中，对当事人依法提供的新的证据，法庭应当进行质证；当事人对第一审认定的证据仍有争议的，法庭也应当进行质证。

第五十一条 按照审判监督程序审理的案件，对当事人依法提供的新的证据，法庭应当进行质证；因原判决、裁定认定事实的证据不足而提起再审所涉及的主要证据，法庭也应当进行质证。

第五十二条 本规定第五十条和第五十一条中的“新的证据”是指以下证据：

（一）在一审程序中应当准予延期提供而未获准许的证据；

（二）当事人在一审程序中依法申请调取而未获准许或者未取得，人民法院在第二审程序中调取的证据；

（三）原告或者第三人提供的在举证期限届满后发现的证据。

五、证据的审核认定

第五十三条 人民法院裁判行政案件，应当以证据证明的案件事实为依据。

第五十四条 法庭应当对经过庭审质证的证据和无需质证的证据进行逐一审查和对全部证据综合审查，遵循法官职业道德，运用逻辑推理和生活经验，进行全面、客观和公正地分析判断，确定证据材料与案件事实之间的证明关系，排除不具有关联性的证据材料，准确认定案件事实。

第五十五条 法庭应当根据案件的具体情况，从以下方面审查证据的合法性：

（一）证据是否符合法定形式；

（二）证据的取得是否符合法律、法规、司法解释和规章的要求；

（三）是否有影响证据效力的其他违法情形。

第五十六条 法庭应当根据案件的具体情况，从以下方面审查证据的真实性：

（一）证据形成的原因；

（二）发现证据时的客观环境；

（三）证据是否为原件、原物，复制件、复制品与原件、原物是否相符；

（四）提供证据的人或者证人与当事人

是否具有利害关系；

（五）影响证据真实性的其他因素。

第五十七条 下列证据材料不能作为定案依据：

（一）严重违反法定程序收集的证据材料；

（二）以偷拍、偷录、窃听等手段获取侵害他人合法权益的证据材料；

（三）以利诱、欺诈、胁迫、暴力等不正当手段获取的证据材料；

（四）当事人无正当事由超出举证期限提供的证据材料；

（五）在中华人民共和国领域以外或者在中华人民共和国香港特别行政区、澳门特别行政区和台湾地区形成的未办理法定证明手续的证据材料；

（六）当事人无正当理由拒不提供原件、原物，又无其他证据印证，且对方当事人不予认可的证据的复制件或者复制品；

（七）被当事人或者他人进行技术处理而无法辨明真伪的证据材料；

（八）不能正确表达意志的证人提供的证言；

（九）不具备合法性和真实性的其他证据材料。

第五十八条 以违反法律禁止性规定或者侵犯他人合法权益的方法取得的证据，不能作为认定案件事实的依据。

第五十九条 被告在行政程序中依照法定程序要求原告提供证据，原告依法应当提供而拒不提供，在诉讼程序中提供的证据，人民法院一般不予采纳。

第六十条 下列证据不能作为认定被诉具体行政行为合法的依据：

（一）被告及其诉讼代理人在作出具体行政行为后或者在诉讼程序中自行收集的证据；

（二）被告在行政程序中非法剥夺公民、法人或者其他组织依法享有的陈述、申辩或者听证权利所采用的证据；

（三）原告或者第三人在诉讼程序中提供的、被告在行政程序中未作为具体行政行为依据的证据。

第六十一条 复议机关在复议程序中收集和补充的证据，或者作出原具体行政行为的行政机关在复议程序中未向复议机关提交的证据，不能作为人民法院认定原具体行政行为合法的依据。

第六十二条 对被告在行政程序中采纳的鉴定结论，原告或者第三人提出证据证明有下列情形之一的，人民法院不予采纳：

（一）鉴定人不具备鉴定资格；

（二）鉴定程序严重违法；

（三）鉴定结论错误、不明确或者内容不完整。

第六十三条 证明同一事实的数个证据，其证明效力一般可以按照下列情形分别认定：

（一）国家机关以及其他职能部门依职权制作的公文文书优于其他书证；

（二）鉴定结论、现场笔录、勘验笔录、档案材料以及经过公证或者登记的书证优于其他书证、视听资料和证人证言；

（三）原件、原物优于复制件、复制品；

（四）法定鉴定部门的鉴定结论优于其他鉴定部门的鉴定结论；

（五）法庭主持勘验所制作的勘验笔录优于其他部门主持勘验所制作的勘验笔录；

（六）原始证据优于传来证据；

（七）其他证人证言优于与当事人有亲属关系或者其他密切关系的证人提供的对该当事人有利的证言；

（八）出庭作证的证人证言优于未出庭作证的证人证言；

（九）数个种类不同、内容一致的证据优于一个孤立的证据。

第六十四条 以有形载体固定或者显示的电子数据交换、电子邮件以及其他数据资料，其制作情况和真实性经对方当事人确认，或者以公证等其他有效方式予以证明的，与原件具有同等的证明效力。

第六十五条 在庭审中一方当事人或者其代理人在代理权限范围内对另一方当事人陈述的案件事实明确表示认可的，人民法院可以对该事实予以认定。但有相反证据足以推翻的除外。

第六十六条 在行政赔偿诉讼中，人民法院主持调解时当事人为达成调解协议而对案件事实的认可，不得在其后的诉讼中作为对其不利的证据。

第六十七条 在不受外力影响的情况下，一方当事人提供的证据，对方当事人明确表示认可的，可以认定该证据的证明效力；对方当事人予以否认，但不能提供充分的证据进行反驳的，可以综合全案情况审查认定该证据的证明效力。

第六十八条 下列事实法庭可以直接认定：

（一）众所周知的事实；

（二）自然规律及定理；

（三）按照法律规定推定的事实；

（四）已经依法证明的事实；

（五）根据日常生活经验法则推定的事实。

前款（一）、（三）、（四）、（五）项，当事人有相反证据足以推翻的除外。

第六十九条 原告确有证据证明被告持有的证据对原告有利，被告无正当事由拒不提供的，可以推定原告的主张成立。

第七十条 生效的人民法院裁判文书或者仲裁机构裁决文书确认的事实，可以作为定案依据。但是如果发现裁判文书或者裁决文书认定的事实有重大问题的，应当中止诉讼，通过法定程序予以纠正后恢复诉讼。

第七十一条 下列证据不能单独作为定案依据：

（一）未成年人所作的与其年龄和智力状况不相适应的证言；

（二）与一方当事人有亲属关系或者其他密切关系的证人所作的对该当事人有利的证言，或者与一方当事人有不利关系的证人所作的对该当事人不利的证言；

（三）应当出庭作证而无正当理由不出庭作证的证人证言；

（四）难以识别是否经过修改的视听资料；

（五）无法与原件、原物核对的复制件或者复制品；

（六）经一方当事人或者他人改动，对方当事人不予认可的证据材料；

（七）其他不能单独作为定案依据的证据材料。

第七十二条 庭审中经过质证的证据，能够当庭认定的，应当当庭认定；不能当庭认定的，应当在合议庭合议时认定。

人民法院应当在裁判文书中阐明证据是否采纳的理由。

第七十三条 法庭发现当庭认定的证据有误，可以按照下列方式纠正：

（一）庭审结束前发现错误的，应当重新进行认定；

（二）庭审结束后宣判前发现错误的，在裁判文书中予以更正并说明理由，也可以再次开庭予以认定；

（三）有新的证据材料可能推翻已认定的证据的，应当再次开庭予以认定。

六、附　　则

第七十四条 证人、鉴定人及其近亲属的人身和财产安全受法律保护。

人民法院应当对证人、鉴定人的住址和联系方式予以保密。

第七十五条 证人、鉴定人因出庭作证或者接受询问而支出的合理费用，由提供证人、鉴定人的一方当事人先行支付，由败诉一方当事人承担。

第七十六条 证人、鉴定人作伪证的，依照行政诉讼法第四十九条第一款第（二）项的规定追究其法律责任。

第七十七条 诉讼参与人或者其他人有对审判人员或者证人、鉴定人、勘验人及其近亲属实施威胁、侮辱、殴打、骚扰或者打击报复等妨碍行政诉讼行为的，依照行政诉讼法第四十九条第一款第（三）项、第（五）项或者第（六）项的规定追究其法律责任。

第七十八条 对应当协助调取证据的单位和个人，无正当理由拒不履行协助义务的，依照行政诉讼法第四十九条第一款第（五）项的规定追究其法律责任。

第七十九条 本院以前有关行政诉讼的司法解释与本规定不一致的，以本规定为准。

第八十条 本规定自2002年10月1日起施行。2002年10月1日尚未审结的一审、二审和再审行政案件不适用本规定。

本规定施行前已经审结的行政案件，当事人以违反本规定为由申请再审的，人民法院不予支持。

本规定施行后按照审判监督程序决定再审的行政案件，适用本规定。

最高人民法院、最高人民检察院关于办理危害食品安全刑事案件适用法律若干问题的解释

（法释〔2021〕24号）

为依法惩治危害食品安全犯罪，保障人民群众身体健康、生命安全，根据《中华人民共和国刑法》《中华人民共和国刑事诉讼法》的有关规定，对办理此类刑事案件适用法律的若干问题解释如下：

第一条 生产、销售不符合食品安全标准的食品，具有下列情形之一的，应当认定为刑法第一百四十三条规定的“足以造成严重食物中毒事故或者其他严重食源性疾病”：

（一）含有严重超出标准限量的致病性微生物、农药残留、兽药残留、生物毒素、重金属等污染物质以及其他严重危害人体健康的物质的；

（二）属于病死、死因不明或者检验检疫不合格的畜、禽、兽、水产动物肉类及其制品的；

（三）属于国家为防控疾病等特殊需要明令禁止生产、销售的；

（四）特殊医学用途配方食品、专供婴幼儿的主辅食品营养成分严重不符合食品安全标准的；

（五）其他足以造成严重食物中毒事故或者严重食源性疾病的情形。

第二条 生产、销售不符合食品安全标准的食品，具有下列情形之一的，应当认定为刑法第一百四十三条规定的“对人体健康造成严重危害”：

（一）造成轻伤以上伤害的；

（二）造成轻度残疾或者中度残疾的；

（三）造成器官组织损伤导致一般功能障碍或者严重功能障碍的；

（四）造成十人以上严重食物中毒或者其他严重食源性疾病的；

（五）其他对人体健康造成严重危害的情形。

第三条 生产、销售不符合食品安全标准的食品，具有下列情形之一的，应当认定为刑法第一百四十三条规定的“其他严重情节”：

（一）生产、销售金额二十万元以上的；

（二）生产、销售金额十万元以上不满二十万元，不符合食品安全标准的食品数量较大或者生产、销售持续时间六个月以上的；

（三）生产、销售金额十万元以上不满二十万元，属于特殊医学用途配方食品、专供婴幼儿的主辅食品的；

（四）生产、销售金额十万元以上不满二十万元，且在中小学校园、托幼机构、养老机构及周边面向未成年人、老年人销售的；

（五）生产、销售金额十万元以上不满二十万元，曾因危害食品安全犯罪受过刑事处罚或者二年内因危害食品安全违法行为受过行政处罚的；

（六）其他情节严重的情形。

第四条 生产、销售不符合食品安全标

准的食品，具有下列情形之一的，应当认定为刑法第一百四十三条规定的“后果特别严重”：

（一）致人死亡的；

（二）造成重度残疾以上的；

（三）造成三人以上重伤、中度残疾或者器官组织损伤导致严重功能障碍的；

（四）造成十人以上轻伤、五人以上轻度残疾或者器官组织损伤导致一般功能障碍的；

（五）造成三十人以上严重食物中毒或者其他严重食源性疾病的；

（六）其他特别严重的后果。

第五条 在食品生产、销售、运输、贮存等过程中，违反食品安全标准，超限量或者超范围滥用食品添加剂，足以造成严重食物中毒事故或者其他严重食源性疾病的，依照刑法第一百四十三条的规定以生产、销售不符合安全标准的食品罪定罪处罚。

在食用农产品种植、养殖、销售、运输、贮存等过程中，违反食品安全标准，超限量或者超范围滥用添加剂、农药、兽药等，足以造成严重食物中毒事故或者其他严重食源性疾病的，适用前款的规定定罪处罚。

第六条 生产、销售有毒、有害食品，具有本解释第二条规定情形之一的，应当认定为刑法第一百四十四条规定的“对人体健康造成严重危害”。

第七条 生产、销售有毒、有害食品，具有下列情形之一的，应当认定为刑法第一百四十四条规定的“其他严重情节”：

（一）生产、销售金额二十万元以上不满五十万元的；

（二）生产、销售金额十万元以上不满二十万元，有毒、有害食品数量较大或者生产、销售持续时间六个月以上的；

（三）生产、销售金额十万元以上不满二十万元，属于特殊医学用途配方食品、专供婴幼儿的主辅食品的；

（四）生产、销售金额十万元以上不满二十万元，且在中小学校园、托幼机构、养老机构及周边面向未成年人、老年人销售的；

（五）生产、销售金额十万元以上不满二十万元，曾因危害食品安全犯罪受过刑事处罚或者二年内因危害食品安全违法行为受过行政处罚的；

（六）有毒、有害的非食品原料毒害性强或者含量高的；

（七）其他情节严重的情形。

第八条 生产、销售有毒、有害食品，生产、销售金额五十万元以上，或者具有本解释第四条第二项至第六项规定的情形之一的，应当认定为刑法第一百四十四条规定的“其他特别严重情节”。

第九条 下列物质应当认定为刑法第一百四十四条规定的“有毒、有害的非食品原料”：

（一）因危害人体健康，被法律、法规禁止在食品生产经营活动中添加、使用的物质；

（二）因危害人体健康，被国务院有关部门列入《食品中可能违法添加的非食用物质名单》《保健食品中可能非法添加的物质名单》和国务院有关部门公告的禁用农药、《食品动物中禁止使用的药品及其他化合物清单》等名单上的物质；

（三）其他有毒、有害的物质。

第十条 刑法第一百四十四条规定的“明知”，应当综合行为人的认知能力、食品质量、进货或者销售的渠道及价格等主、客观因素进行认定。

具有下列情形之一的，可以认定为刑法第一百四十四条规定的“明知”，但存在相反证据并经查证属实的除外：

（一）长期从事相关食品、食用农产品生产、种植、养殖、销售、运输、贮存行业，不依法履行保障食品安全义务的；

（二）没有合法有效的购货凭证，且不能提供或者拒不提供销售的相关食品来源的；

（三）以明显低于市场价格进货或者销售且无合理原因的；

（四）在有关部门发出禁令或者食品安全预警的情况下继续销售的；

（五）因实施危害食品安全行为受过行政处罚或者刑事处罚，又实施同种行为的；

（六）其他足以认定行为人明知的情形。

第十一条 在食品生产、销售、运输、贮存等过程中，掺入有毒、有害的非食品原料，或者使用有毒、有害的非食品原料生产食品的，依照刑法第一百四十四条的规定以生产、销售有毒、有害食品罪定罪处罚。

在食用农产品种植、养殖、销售、运输、贮存等过程中，使用禁用农药、食品动物中禁止使用的药品及其他化合物等有毒、有害的非食品原料，适用前款的规定定罪处罚。

在保健食品或者其他食品中非法添加国家禁用药物等有毒、有害的非食品原料的，适用第一款的规定定罪处罚。

第十二条 在食品生产、销售、运输、贮存等过程中，使用不符合食品安全标准的食品包装材料、容器、洗涤剂、消毒剂，或者用于食品生产经营的工具、设备等，造成食品被污染，符合刑法第一百四十三条、第一百四十四条规定的，以生产、销售不符合安全标准的食品罪或者生产、销售有毒、有害食品罪定罪处罚。

第十三条 生产、销售不符合食品安全标准的食品，有毒、有害食品，符合刑法第一百四十三条、第一百四十四条规定的，以生产、销售不符合安全标准的食品罪或者生产、销售有毒、有害食品罪定罪处罚。同时构成其他犯罪的，依照处罚较重的规定定罪处罚。

生产、销售不符合食品安全标准的食品，无证据证明足以造成严重食物中毒事故或者其他严重食源性疾病，不构成生产、销售不符合安全标准的食品罪，但构成生产、销售伪劣产品罪，妨害动植物防疫、检疫罪等其他犯罪的，依照该其他犯罪定罪处罚。

第十四条 明知他人生产、销售不符合食品安全标准的食品，有毒、有害食品，具有下列情形之一的，以生产、销售不符合安全标准的食品罪或者生产、销售有毒、有害食品罪的共犯论处：

（一）提供资金、贷款、账号、发票、证明、许可证件的；

（二）提供生产、经营场所或者运输、贮存、保管、邮寄、销售渠道等便利条件的；

（三）提供生产技术或者食品原料、食品添加剂、食品相关产品或者有毒、有害的非食品原料的；

（四）提供广告宣传的；

（五）提供其他帮助行为的。

第十五条 生产、销售不符合食品安全标准的食品添加剂，用于食品的包装材料、容器、洗涤剂、消毒剂，或者用于食品生产经营的工具、设备等，符合刑法第一百四十条规定的，以生产、销售伪劣产品罪定罪处罚。

生产、销售用超过保质期的食品原料、超过保质期的食品、回收食品作为原料的食品，或者以更改生产日期、保质期、改换包装等方式销售超过保质期的食品、回收食品，适用前款的规定定罪处罚。

实施前两款行为，同时构成生产、销售不符合安全标准的食品罪，生产、销售不符合安全标准的产品罪等其他犯罪的，依照处罚较重的规定定罪处罚。

第十六条 以提供给他人生产、销售食品为目的，违反国家规定，生产、销售国家禁止用于食品生产、销售的非食品原料，情节严重的，依照刑法第二百二十五条的规定以非法经营罪定罪处罚。

以提供给他人生产、销售食用农产品为目的，违反国家规定，生产、销售国家禁用农药、食品动物中禁止使用的药品及其他化合物等有毒、有害的非食品原料，或者生产、销售添加上述有毒、有害的非食品原料的农药、兽药、饲料、饲料添加剂、饲料原料，情节严重的，依照前款的规定定罪处罚。

第十七条 违反国家规定，私设生猪屠宰厂（场），从事生猪屠宰、销售等经营活动，情节严重的，依照刑法第二百二十五条的规定以非法经营罪定罪处罚。

在畜禽屠宰相关环节，对畜禽使用食品动物中禁止使用的药品及其他化合物等有毒、有害的非食品原料，依照刑法第一百四十四条的规定以生产、销售有毒、有害食品罪定罪处罚，对畜禽注水或者注入其他物质，足以造成严重食物中毒事故或者其他严重食源性疾病的，依照刑法第一百四十三条的规定以生产、销售不符合安全标准的食品罪定罪处罚，虽不足以造成严重食物中毒事故或者其他严重食源性疾病，但符合刑法第一百四十条规定的，以生产、销售伪劣产品罪定罪处罚。

第十八条 实施本解释规定的非法经营行为，非法经营数额在十万元以上，或者违法所得数额在五万元以上的，应当认定为刑法第二百二十五条规定的“情节严重”；非法经营数额在五十万元以上，或者违法所得数额在二十五万元以上的，应当认定为刑法第二百二十五条规定的“情节特别严重”。

实施本解释规定的非法经营行为，同时构成生产、销售伪劣产品罪，生产、销售不符合安全标准的食品罪，生产、销售有毒、有害食品罪，生产、销售伪劣农药、兽药罪等其他犯罪的，依照处罚较重的规定定罪处罚。

第十九条 违反国家规定，利用广告对保健食品或者其他食品作虚假宣传，符合刑法第二百二十二条规定的，以虚假广告罪定罪处罚；以非法占有为目的，利用销售保健食品或者其他食品诈骗财物，符合刑法第二百六十六条规定的，以诈骗罪定罪处罚。同时构成生产、销售伪劣产品罪等其他犯罪的，依照处罚较重的规定定罪处罚。

第二十条 负有食品安全监督管理职责的国家机关工作人员滥用职权或者玩忽职守，构成食品监管渎职罪，同时构成徇私舞弊不移交刑事案件罪、商检徇私舞弊罪、动植物检疫徇私舞弊罪、放纵制售伪劣商品犯罪行为罪等其他渎职犯罪的，依照处罚较重的规定定罪处罚。

负有食品安全监督管理职责的国家机关工作人员滥用职权或者玩忽职守，不构成食品监管渎职罪，但构成前款规定的其他渎职犯罪的，依照该其他犯罪定罪处罚。

负有食品安全监督管理职责的国家机关工作人员与他人共谋，利用其职务行为帮助他人实施危害食品安全犯罪行为，同时构成渎职犯罪和危害食品安全犯罪共犯的，依照处罚较重的规定定罪从重处罚。

第二十一条 犯生产、销售不符合安全标准的食品罪，生产、销售有毒、有害食品罪，一般应当依法判处生产、销售金额二倍以上的罚金。

共同犯罪的，对各共同犯罪人合计判处的罚金一般应当在生产、销售金额的二倍以上。

第二十二条 对实施本解释规定之犯罪的犯罪分子，应当依照刑法规定的条件，严格适用缓刑、免予刑事处罚。对于依法适用缓刑的，可以根据犯罪情况，同时宣告禁止令。

对于被不起诉或者免予刑事处罚的行为人，需要给予行政处罚、政务处分或者其他处分的，依法移送有关主管机关处理。

第二十三条 单位实施本解释规定的犯罪的，对单位判处罚金，并对直接负责的主管人员和其他直接责任人员，依照本解释规定的定罪量刑标准处罚。

第二十四条 “足以造成严重食物中毒事故或者其他严重食源性疾病”“有毒、有害的非食品原料”等专门性问题难以确定的，司法机关可以依据鉴定意见、检验报告、地市级以上相关行政主管部门组织出具的书面意见，结合其他证据作出认定。必要时，专门性问题由省级以上相关行政主管部门组织出具书面意见。

第二十五条 本解释所称“二年内”，以第一次违法行为受到行政处罚的生效之日与又实施相应行为之日的时间间隔计算确定。

第二十六条 本解释自2022年1月1日起施行。本解释公布实施后，《最高人民法院、最高人民检察院关于办理危害食品安全刑事案件适用法律若干问题的解释》（法释〔2013〕12号）同时废止；之前发布的司法解释与本解释不一致的，以本解释为准。

渔业法律法规汇编（中）

农业农村部渔业渔政管理局　编

中国农业出版社
北　京

图书在版编目（CIP）数据

渔业法律法规汇编．中／农业农村部渔业渔政管理局编．—北京：中国农业出版社，2023.7

ISBN 978-7-109-30890-9

Ⅰ.①渔…　Ⅱ.①农…　Ⅲ.①渔业法－汇编－中国

Ⅳ.①D922.49

中国国家版本馆 CIP 数据核字（2023）第 141822 号

渔业法律法规汇编

YUYE FALÜ FAGUI HUIBIAN

中国农业出版社

地址：北京市朝阳区麦子店街 18 号楼

邮编：100125

责任编辑：杨晓改　郑　珂　杨　春

版式设计：王　晨　　责任校对：吴丽婷

印刷：北京通州皇家印刷厂

版次：2023 年 7 月第 1 版

印次：2023 年 7 月北京第 1 次印刷

发行：新华书店北京发行所

开本：787mm×1092mm　1/16

总印张：92

总字数：2400 千字

总定价：800.00 元（上、中、下）

目　录
（中）

四、行政法规和国务院规范性文件

（一）行政法规

中华人民共和国渔业法实施细则

（1987年10月14日国务院批准，1987年10月20日农牧渔业部发布；根据2020年3月27日国务院令第726号《国务院关于修改和废止部分行政法规的决定》第一次修订；根据2020年11月29日《国务院关于修改和废止部分行政法规的决定》第二次修订）

第一章 总　　则

第一条 根据《中华人民共和国渔业法》（以下简称《渔业法》）第三十四条的规定，制定本实施细则。

第二条 《渔业法》及本实施细则中下列用语的含义是：

（一）“中华人民共和国的内水”，是指中华人民共和国领海基线向陆一侧的海域和江河、湖泊等内陆水域。

（二）“中华人民共和国管辖的一切其他海域”，是指根据中华人民共和国法律，中华人民共和国缔结、参加的国际条约、协定或者其他有关国际法，而由中华人民共和国管辖的海域。

（三）“渔业水域”，是指中华人民共和国管辖水域中鱼、虾、蟹、贝类的产卵场、索饵场、越冬场、洄游通道和鱼、虾、蟹、贝、藻类及其他水生动植物的养殖场所。

第二章 渔业的监督管理

第三条 国家对渔业的监督管理，实行统一领导、分级管理。

国务院划定的“机动渔船底拖网禁渔区线”外侧，属于中华人民共和国管辖海域的渔业，由国务院渔业行政主管部门及其所属的海区渔政管理机构监督管理；“机动渔船底拖网禁渔区线”内侧海域的渔业，除国家另有规定者外，由毗邻海域的省、自治区、直辖市人民政府渔业行政主管部门监督管理。

内陆水域渔业，按照行政区划由当地县级以上地方人民政府渔业行政主管部门监督管理；跨行政区域的内陆水域渔业，由有关县级以上地方人民政府协商制定管理办法，或者由上一级人民政府渔业行政主管部门及其所属的渔政监督管理机构监督管理；跨省、自治区、直辖市的大型江河的渔业，可以由国务院渔业行政主管部门监督管理。

重要的、洄游性的共用渔业资源，由国家统一管理；定居性的、小宗的渔业资源，由地方人民政府渔业行政主管部门管理。

第四条 “机动渔船底拖网禁渔区线”内侧海域的渔业，由有关省、自治区、直辖市人民政府渔业行政主管部门协商划定监督管理范围；划定监督管理范围有困难的，可划叠区或者共管区管理，必要时由国务院渔业行政主管部门决定。

第五条 渔场和渔汛生产，应当以渔业资源可捕量为依据，按照有利于保护、增殖和合理利用渔业资源，优先安排邻近地区、兼顾其他地区的原则，统筹安排。

舟山渔场冬季带鱼汛，浙江渔场大黄鱼汛，闽东、闽中渔场大黄鱼汛，吕泗渔场大黄鱼、小黄鱼、鲳鱼汛，渤海渔场秋季对虾汛等主要渔场、渔汛和跨海区管理线的捕捞作业，由国务院渔业行政主管部门或其授权单位安排。

第六条 国务院渔业行政主管部门的渔

政渔港监督管理机构，代表国家行使渔政渔港监督管理权。

国务院渔业行政主管部门在黄渤海、东海、南海三个海区设渔政监督管理机构；在重要渔港、边境水域和跨省、自治区、直辖市的大型江河，根据需要设渔政渔港监督管理机构。

第七条 渔政检查人员有权对各种渔业及渔业船舶的证件、渔船、渔具、渔获物和捕捞方法，进行检查。

渔政检查人员经国务院渔业行政主管部门或者省级人民政府渔业行政主管部门考核，合格者方可执行公务。

第八条 渔业行政主管部门及其所属的渔政监督管理机构，应当与公安、海监、交通、环保、工商行政管理等有关部门相互协作，监督检查渔业法规的施行。

第九条 群众性护渔管理组织，应当在当地县级以上人民政府渔业行政主管部门的业务指导下，依法开展护渔管理工作。

第三章　养殖业

第十条 使用全民所有的水面、滩涂，从事养殖生产的全民所有制单位和集体所有制单位，应当向县级以上地方人民政府申请养殖使用证。

全民所有的水面、滩涂在一县行政区域内的，由该县人民政府核发养殖使用证；跨县的，由有关县协商核发养殖使用证，必要时由上级人民政府决定核发养殖使用证。

第十一条 领取养殖使用证的单位，无正当理由未从事养殖生产，或者放养量低于当地同类养殖水域平均放养量百分之六十的，应当视为荒芜。

第十二条 全民所有的水面、滩涂中的鱼、虾、蟹、贝、藻类的自然产卵场、繁殖场、索饵场及重要的洄游通道必须予以保护，不得划作养殖场所。

第十三条 国家建设征用集体所有的水面、滩涂，按照国家土地管理法规办理。

第四章　捕捞业

第十四条 近海渔场与外海渔场的划分：

（一）渤海、黄海为近海渔场。

（二）下列四个基点之间连线内侧海域为东海近海渔场；四个基点之间连线外侧海域为东海外海渔场。四个基点是：

1. 北纬三十三度，东经一百二十五度；

2. 北纬二十九度，东经一百二十五度；

3. 北纬二十八度，东经一百二十四度三十分；

4. 北纬二十七度，东经一百二十三度。

（三）下列两条等深线之内侧海域为南海近海渔场；两条等深线之外侧海域为南海外海渔场。两条等深线是：

1. 东经一百一十二度以东之八十米等深线；

2. 东经一百一十二度以西之一百米等深线。

第十五条 国家对捕捞业，实行捕捞许可制度。

从事外海、远洋捕捞业的，由经营者提出申请，经省、自治区、直辖市人民政府渔业行政主管部门审核后，报国务院渔业行政主管部门批准。从事外海生产的渔船，必须按照批准的海域和渔期作业，不得擅自进入近海捕捞。

近海大型拖网、围网作业的捕捞许可证，由国务院渔业行政主管部门批准发放；近海其他作业的捕捞许可证，由省、自治区、直辖市人民政府渔业行政主管部门按照国家下达的船网工具控制指标批准发放。

内陆水域的捕捞许可证，由县级以上地方人民政府渔业行政主管部门批准发放。

捕捞许可证的格式，由国务院渔业行政主管部门制定。

第十六条 在中华人民共和国管辖水域，外商投资的渔业企业，未经国务院有关主管部门批准，不得从事近海捕捞业。

第十七条 有下列情形之一的，不得发放捕捞许可证：

（一）使用破坏渔业资源、被明令禁止使用的渔具或者捕捞方法的；

（二）未按国家规定办理批准手续，制造、更新改造、购置或者进口捕捞渔船的；

（三）未按国家规定领取渔业船舶证书、航行签证簿、职务船员证书、船舶户口簿、渔民证等证件的。

第十八条 娱乐性游钓和在尚未养殖、管理的滩涂手工采集零星水产品的，不必申请捕捞许可证，但应当加强管理，防止破坏渔业资源。具体管理办法由县级以上人民政府制定。

第十九条 因科学研究等特殊需要，在禁渔区、禁渔期捕捞，或者使用禁用的渔具、捕捞方法，或者捕捞重点保护的渔业资源品种，必须经省级以上人民政府渔业行政主管部门批准。

第五章　渔业资源的增殖和保护

第二十条 禁止使用电力、鱼鹰捕鱼和敲舶作业。在特定水域确有必要使用电力或者鱼鹰捕鱼时，必须经省、自治区、直辖市人民政府渔业行政主管部门批准。

第二十一条 县级以上人民政府渔业行政主管部门，应当依照本实施细则第三条规定的管理权限，确定重点保护的渔业资源品种及采捕标准。在重要鱼、虾、蟹、贝、藻类，以及其他重要水生生物的产卵场、索饵场、越冬场和洄游通道，规定禁渔区和禁渔期，禁止使用或者限制使用的渔具和捕捞方法，最小网目尺寸，以及制定其他保护渔业资源的措施。

第二十二条 在“机动渔船底拖网禁渔区线”内侧建造人工鱼礁的，必须经有关省、自治区、直辖市人民政府渔业行政主管部门或其授权单位批准。

建造人工鱼礁，应当避开主要航道和重要锚地，并通知有关交通和海洋管理部门。

第二十三条 定置渔业一般不得跨县作业。县级以上人民政府渔业行政主管部门应当限制其网桩数量、作业场所，并规定禁渔期。海洋定置渔业，不得越出“机动渔船底拖网禁渔区线”。

第二十四条 因养殖或者其他特殊需要，捕捞鳗鲡、鲥鱼、中华绒螯蟹、真鲷、石斑鱼等有重要经济价值的水生动物苗种或者禁捕的怀卵亲体的，必须经国务院渔业行政主管部门或者省、自治区、直辖市人民政府渔业行政主管部门批准，并领取专项许可证件，方可在指定区域和时间内，按照批准限额捕捞。捕捞其他有重要经济价值的水生动物苗种的批准权，由省、自治区、直辖市人民政府渔业行政主管部门规定。

第二十五条 禁止捕捞中国对虾苗种和春季亲虾。因养殖需要中国对虾怀卵亲体的，应当限期由养殖单位自行培育，期限及管理办法由国务院渔业行政主管部门制定。

第二十六条 任何单位和个人，在鱼、虾、蟹、贝幼苗的重点产区直接引水、用水的，应当采取避开幼苗的密集期、密集区，或者设置网栅等保护措施。

第二十七条 各级渔业行政主管部门，应当对渔业水域污染情况进行监测；渔业环境保护监测网，应当纳入全国环境监测网络。因污染造成渔业损失的，应当由渔政渔港监督管理部门协同环保部门调查处理。

第二十八条 在重点渔业水域不得从事拆船业。在其他渔业水域从事拆船业，造成渔业资源损害的，由拆船单位依照有关规定负责赔偿。

第六章　罚　　则

第二十九条　依照《渔业法》第二十八条规定处以罚款的，按下列规定执行：

（一）炸鱼、毒鱼的，违反关于禁渔区、禁渔期的规定进行捕捞的，擅自捕捞国家规定禁止捕捞的珍贵水生动物的，在内陆水域处五十元至五千元罚款，在海洋处五百元至五万元罚款；

（二）敲舶作业的，处一千元至五万元罚款；

（三）未经批准使用鱼鹰捕鱼的，处五十元至二百元罚款；

（四）未经批准使用电力捕鱼的，在内陆水域处二百元至一千元罚款，在海洋处五百元至三千元罚款；

（五）使用小于规定的最小网目尺寸的网具进行捕捞的，处五十元至一千元罚款。

第三十条　依照《渔业法》第二十九条规定处以罚款的，按罚款一千元以下执行。

第三十一条　依照《渔业法》第三十条规定需处以罚款的，按下列规定执行：

（一）内陆渔业非机动渔船，处五十元至一百五十元罚款；

（二）内陆渔业机动渔船和海洋渔业非机动渔船，处一百元至五百元罚款；

（三）海洋渔业机动渔船，处二百元至二万元罚款。

第三十二条　依照《渔业法》第三十一条规定需处以罚款的，按下列规定执行：

（一）内陆渔业非机动渔船，处二十五元至五十元罚款；

（二）内陆渔业机动渔船和海洋渔业非机动渔船，处五十元至一百元罚款；

（三）海洋渔业机动渔船，处五十元至三千元罚款；

（四）外海渔船擅自进入近海捕捞的，处三千元至二万元罚款。

第三十三条　买卖、出租或者以其他形式非法转让以及涂改捕捞许可证的，没收违法所得，吊销捕捞许可证，可以并处一百元至一千元罚款。

第三十四条　依照《渔业法》第二十八条、第三十条、第三十一条、第三十二条规定需处以罚款的，对船长或者单位负责人可以视情节另处一百元至五百元罚款。

第三十五条　未按《渔业法》和本实施细则有关规定，采取保护措施，造成渔业资源损失的，围湖造田或者未经批准围垦沿海滩涂的，应当依法承担责任。

第三十六条　外商投资的渔业企业，违反本实施细则第十六条规定，没收渔获物和违法所得，可以并处三千元至五万元罚款。

第三十七条　外国人、外国渔船违反《渔业法》第八条规定，擅自进入中华人民共和国管辖水域从事渔业生产或者渔业资源调查活动的，渔业行政主管部门或其所属的渔政监督管理机构应当令其离开或者将其驱逐，并可处以罚款和没收渔获物、渔具。

第三十八条　渔业行政主管部门或其所属的渔政监督管理机构进行处罚时，应当填发处罚决定书；处以罚款及没收渔具、渔获物和违法所得的，应当开具凭证，并在捕捞许可证上载明。

第三十九条　有下列行为之一的，由公安机关依照《中华人民共和国治安管理处罚条例》的规定处罚；构成犯罪的，由司法机关依法追究刑事责任：

（一）拒绝、阻碍渔政检查人员依法执行职务的；

（二）偷窃、哄抢或者破坏渔具、渔船、渔获物的。

第四十条　渔政检查人员玩忽职守或者徇私枉法的，由其所在单位或者上级主管部门给予行政处分；构成犯罪的，依法追究刑事责任。

第七章　附　　则

第四十一条　本实施细则由农牧渔业部负责解释。

第四十二条　本实施细则自发布之日起施行。

水产资源繁殖保护条例

（1979 年 2 月 10 日国务院发布）

第一章　总　　则

第一条　根据中华人民共和国宪法第六条："矿藏，水流，国有的森林、荒地和其他海陆资源，都属于全民所有"和第十一条："国家保护环境和自然资源，防治污染和其他公害"的精神，为了繁殖保护水产资源，发展水产事业，以适应社会主义现代化建设的需要，特制定本条例。

第二条　凡是有经济价值的水生动物和植物的亲体、幼体、卵子、孢子等，以及赖以繁殖成长的水域环境，都按本条例的规定加以保护。

第三条　国家水产总局、各海区渔业指挥部和地方各级革命委员会，应当加强对水产资源繁殖保护工作的组织领导，充分发动和依靠群众，认真贯彻执行本条例。

第二章　保护对象和采捕原则

第四条　对下列重要或名贵的水生动物和植物应当重点加以保护。

（一）鱼类

海水鱼：带鱼、大黄鱼、小黄鱼、蓝圆鲹、沙丁鱼、太平洋鲱鱼、鳓鱼、真鲷、黑鲷、二长棘鲷、红笛鲷、梭鱼、鲆、鲽、鳎、石斑鱼、鳕鱼、狗母鱼、金线鱼、鲳鱼、鮸鱼、白姑鱼、黄姑鱼、鲐鱼、马鲛、海鳗。

淡水鱼：鲤鱼、青鱼、草鱼、鲢鱼、鳙鱼、鳇鱼、红鳍鲌鱼、鲮鱼、鲫鱼、鲥鱼、鳜鱼、鲂鱼、鳊鱼、鲑鱼、长江鲟、中华鲟、白鲟、青海湖裸鲤、鲚鱼、银鱼、河鳗、黄鳝、鮰鱼。

（二）虾蟹类

对虾、毛虾、青虾、鹰爪虾、中华绒螯蟹、梭子蟹、青蟹。

（三）贝类

鲍鱼、蛏、蚶、牡蛎、西施舌、扇贝、江瑶、文蛤、杂色蛤、翡翠贻贝、紫贻贝、厚壳贻贝、珍珠贝、河蚌。

（四）海藻类

紫菜、裙带菜、石花菜、江篱、海带、麒麟菜。

（五）淡水食用水生植物类

连藕、菱角、芡实。

（六）其他

白鳍豚、鲸、大鲵、海龟、玳瑁、海参、乌贼、鱿鱼、乌龟、鳖。

各省、自治区、直辖市革命委员会可以根据本地的水产资源情况，对重点保护对象，作必要的增减。

第五条　水生动物的可捕标准，应当以达到性成熟为原则。对各种捕捞对象应当规定具体的可捕标准（长度或重量）和渔获物中小于可捕标准部分的最大比重。捕捞时应当保留足够数量的亲体，使资源能够稳定增长。

各种经济藻类和淡水食用水生植物，应当待其长成后方得采收，并注意留种、留株，合理轮采。

第六条　各地应当因地制宜采取各种措施，如改良水域条件、人工投放苗种、投放鱼巢、灌江纳苗、营救幼鱼、移植驯化、消除敌害、引种栽植等，增殖水产资源。

第三章　禁渔区和禁渔期

第七条　对某些重要鱼虾贝类产卵场、越冬场和幼体索饵场，应当合理规定禁渔区、禁渔期，分别不同情况，禁止全部作业，或限制作业的种类和某些作业的渔具数量。

第八条　凡是鱼、蟹等产卵洄游通道的江河，不得遮断河面拦捕，应当留出一定宽度的通道，以保证足够数量的亲体上溯或降河产卵繁殖。更不准在闸口拦捕鱼、蟹幼体和产卵洄游的亲体，必要时应当规定禁渔期。因养殖生产需要而捕捞鱼苗、蟹苗者，应当经省、自治区、直辖市水产部门批准，在指定水域和时间内作业。

第四章　渔具和渔法

第九条　各种主要渔具，应当按不同捕捞对象，分别规定最小网眼（箔眼）尺寸。其中机轮拖网、围网和机帆船拖网的最小网眼尺寸，由国家水产总局规定。

禁止制造或出售不合规定的渔具。

第十条　现有危害资源的渔具、渔法，应当根据其危害资源的程度，区别对待。对危害资源较轻的，应当有计划、有步骤地予以改进。对严重危害资源的，应当加以禁止或限期淘汰，在没有完全淘汰之前，应当适当地限制其作业场所和时间。

捕捞小型成熟鱼、虾的小眼网具，只准在指定的水域和时间内作业。

第十一条　严禁炸鱼、毒鱼、滥用电力捕鱼以及进行敲舟古作业等严重损害水产资源的行为。

第五章　水域环境的维护

第十二条　禁止向渔业水域排弃有害水产资源的污水、油类、油性混合物等污染物质和废弃物。各工矿企业必须严格执行国家颁发的《工业“三废”排放试行标准》《放射防护规定》和其他有关规定。

因卫生防疫或驱除病虫害等，需要向渔业水域投注药物时，应当兼顾到水产资源的繁殖保护。农村浸麻应当集中在指定的水域中进行。

第十三条　修建水利工程，要注意保护渔业水域环境。在鱼、蟹等洄游通道筑坝，要相应地建造过鱼设施。已建成的水利工程，凡阻碍鱼、蟹等洄游和产卵的，由水产部门和水利管理部门协商，在许可的水位、水量、水质的条件下，适时开闸纳苗或捕苗移殖。

围垦海涂、湖滩，要在不损害水产资源的条件下，统筹安排，有计划地进行*。

第六章　奖　　惩

第十四条　对贯彻执行本条例有成绩的单位或个人，国家水产总局、各海区渔业指挥部和地方各级革命委员会应当酌情给予表扬或适当的物质奖励。

第十五条　对违反本条例的，应当视情节轻重给予批评教育，或赔偿损失、没收渔获、没收渔具、罚款等处分。凡干部带头怂恿违反本条例的，要追究责任，必要时给予行政或纪律处分。对严重损害资源造成重大破坏的，或抗拒管理，行凶打人的，要追究刑事责任。对坏人的破坏活动要坚决打击，依法惩处。

第七章　组织领导和职责

第十六条　全国水产资源繁殖保护工作

---

* 围垦海涂、湖滩问题，改按一九八六年一月二十日公布的《中华人民共和国渔业法》的有关规定执行。——编者注

由国家水产总局管理，有关部门配合。地方各级革命委员会应当指定水产行政部门和其他有关部门具体负责本条例的贯彻执行，并可以根据需要设置渔政管理机构。各海区渔业指挥部和省、自治区、直辖市应当配备渔政船只。

有些海湾、湖泊、江河、水库等水域，也可以根据需要，经省、自治区、直辖市革命委员会批准，设立水产资源繁殖保护管理机构或群众性的管理委员会。

第十七条 各级水产行政部门及其渔政管理机构，应当切实加强对水产资源繁殖保护工作的管理，建立渔业许可证制度，核定渔船、渔具发展数量和作业类型，进行渔船登记，加强监督检查，保障对水产资源的合理利用。

水产科研部门应当将资源调查、资源保护和改进渔具、渔法的研究工作列为一项重要任务，及时提出水产资源繁殖保护的建议，并为制定实施细则提供科学依据。

第十八条 凡是跨越本省、自治区、直辖市水域进行渔业生产的，必须遵守当地水产资源繁殖保护的有关具体规定。

因科学研究工作需要，从事与本条例和当地有关水产资源繁殖保护的规定有抵触的活动，必须事先报经省、自治区、直辖市水产行政部门批准。

第八章 附 则

第十九条 地方各级革命委员会应当根据本条例的规定，结合本地区的具体情况，制定实施细则，报上一级领导机关备案。

第二十条 本条例自颁布之日起实行。

中华人民共和国水生野生动物保护实施条例

（1993年9月17日国务院批准，1993年10月5日农业部令第1号发布；根据2011年1月8日国务院令第588号《国务院关于废止和修改部分行政法规的决定》第一次修订；根据2013年12月7日国务院令第645号《国务院关于修改部分行政法规的决定》第二次修订）

第一章　总　　则

第一条　根据《中华人民共和国野生动物保护法》（以下简称《野生动物保护法》）的规定，制定本条例。

第二条　本条例所称水生野生动物，是指珍贵、濒危的水生野生动物；所称水生野生动物产品，是指珍贵、濒危的水生野生动物的任何部分及其衍生物。

第三条　国务院渔业行政主管部门主管全国全国水野生动物管理工作。

县级以上地方人民政府渔业行政主管部门主管本行政区域内水生野生动物管理工作。

《野生动物保护法》和本条例规定的渔业行政主管部门的行政处罚权，可以由其所属的渔政监督管理机构行使。

第四条　县级以上各级人民政府及其有关主管部门应当鼓励、支持有关科研单位、教学单位开展水生野生动物科学研究工作。

第五条　渔业行政主管部门及其所属的渔政监督管理机构，有权对《野生动物保护法》和本条例的实施情况进行监督检查，被检查的单位和个人应当给予配合。

第二章　水生野生动物保护

第六条　国务院渔业行政主管部门和省、自治区、直辖市人民政府渔业行政主管部门，应当定期组织水生野生动物资源调查，建立资源档案，为制定水生野生动物资源保护发展规划、制定和调整国家和地方重点保护水生野生动物名录提供依据。

第七条　渔业行政主管部门应当组织社会各方面力量，采取有效措施，维护和改善水生野生动物的生存环境，保护和增殖水生野生动物资源。

禁止任何单位和个人破坏国家重点保护的和地方重点保护的水生野生动物生息繁衍的水域、场所和生存条件。

第八条　任何单位和个人对侵占或者破坏水生野生动物资源的行为，有权向当地渔业行政主管部门或者其所属的渔政监督管理机构检举和控告。

第九条　任何单位和个人发现受伤、搁浅和因误入港湾、河汊而被困的水生野生动物时，应当及时报告当地渔业行政主管部门或者其所属的渔政监督管理机构，由其采取紧急救护措施；也可以要求附近具备救护条件的单位采取紧急救护措施，并报告渔业行政主管部门。已经死亡的水生野生动物，由渔业行政主管部门妥善处理。

捕捞作业时误捕水生野生动物的，应当立即无条件放生。

第十条　因保护国家重点保护的和地方重点保护的水生野生动物受到损失的，可以向当地人民政府渔业行政主管部门提出补偿要求。经调查属实并确实需要补偿的，由当地人民政府按照省、自治区、直辖市人民政府有关规定给予补偿。

第十一条　国务院渔业行政主管部门和省、自治区、直辖市人民政府，应当在国家重点保护的和地方重点保护的水生野生动物的主要生息繁衍的地区和水域，划定水生野生动物自然保护区，加强对国家和地方重点保护水生野生动物及其生存环境的保护管理，具体办法由国务院另行规定。

第三章　水生野生动物管理

第十二条　禁止捕捉、杀害国家重点保护的水生野生动物。

有下列情形之一，确需捕捉国家重点保护的水生野生动物的，必须申请特许捕捉证：

（一）为进行水生野生动物科学考察、资源调查，必须捕捉的；

（二）为驯养繁殖国家重点保护的水生野生动物，必须从自然水域或者场所获取种源的；

（三）为承担省级以上科学研究项目或者国家医药生产任务，必须从自然水域或者场所获取国家重点保护的水生野生动物的；

（四）为宣传、普及水生野生动物知识或者教学、展览的需要，必须从自然水域或者场所获取国家重点保护的水生野生动物的；

（五）因其他特殊情况，必须捕捉的。

第十三条　申请特许捕捉证的程序：

（一）需要捕捉国家一级保护水生野生动物的，必须附具申请人所在地和捕捉地的省、自治区、直辖市人民政府渔业行政主管部门签署的意见，向国务院渔业行政主管部门申请特许捕捉证；

（二）需要在本省、自治区、直辖市捕捉国家二级保护水生野生动物的，必须附具申请人所在地的县级人民政府渔业行政主管部门签署的意见，向省、自治区、直辖市人民政府渔业行政主管部门申请特许捕捉证；

（三）需要跨省、自治区、直辖市捕捉国家二级保护水生野生动物的，必须附具申请人所在地的省、自治区、直辖市人民政府渔业行政主管部门签署的意见，向捕捉地的省、自治区、直辖市人民政府渔业行政主管部门申请特许捕捉证。

动物园申请捕捉国家一级保护水生野生动物的，在向国务院渔业行政主管部门申请特许捕捉证前，须经国务院建设行政主管部门审核同意；申请捕捉国家二级保护水生野生动物的，在向申请人所在地的省、自治区、直辖市人民政府渔业行政主管部门申请特许捕捉证前，须经同级人民政府建设行政主管部门审核同意。

负责核发特许捕捉证的部门接到申请后，应当自接到申请之日起3个月内作出批准或者不批准的决定。

第十四条　有下列情形之一的，不予发放特许捕捉证：

（一）申请人有条件以合法的非捕捉方式获得国家重点保护的水生野生动物的种源、产品或者达到其目的的；

（二）捕捉申请不符合国家有关规定，或者申请使用的捕捉工具、方法以及捕捉时间、地点不当的；

（三）根据水生野生动物资源现状不宜捕捉的。

第十五条　取得特许捕捉证的单位和个人，必须按照特许捕捉证规定的种类、数量、地点、期限、工具和方法进行捕捉，防止误伤水生野生动物或者破坏其生存环境。捕捉作业完成后，应当及时向捕捉地的县级人民政府渔业行政主管部门或者其所属的渔政监督管理机构申请查验。

县级人民政府渔业行政主管部门或者其所属的渔政监督管理机构对在本行政区域内

捕捉国家重点保护的水生野生动物的活动，应当进行监督检查，并及时向批准捕捉的部门报告监督检查结果。

第十六条 外国人在中国境内进行有关水生野生动物科学考察、标本采集、拍摄电影、录像等活动的，必须经国家重点保护的水生野生动物所在地的省、自治区、直辖市人民政府渔业行政主管部门批准。

第十七条 驯养繁殖国家一级保护水生野生动物的，应当持有国务院渔业行政主管部门核发的驯养繁殖许可证；驯养繁殖国家二级保护水生野生动物的，应当持有省、自治区、直辖市人民政府渔业行政主管部门核发的驯养繁殖许可证。

动物园驯养繁殖国家重点保护的水生野生动物的，渔业行政主管部门可以委托同级建设行政主管部门核发驯养繁殖许可证。

第十八条 禁止出售、收购国家重点保护的水生野生动物或者其产品。因科学研究、驯养繁殖、展览等特殊情况，需要出售、收购、利用国家一级保护水生野生动物或者其产品的，必须向省、自治区、直辖市人民政府渔业行政主管部门提出申请，经其签署意见后，报国务院渔业行政主管部门批准；需要出售、收购、利用国家二级保护水生野生动物或者其产品的，必须向省、自治区、直辖市人民政府渔业行政主管部门提出申请，并经其批准。

第十九条 县级以上各级人民政府渔业行政主管部门和工商行政管理部门，应当对水生野生动物或者其产品的经营利用建立监督检查制度，加强对经营利用水生野生动物或者其产品的监督管理。

对进入集贸市场的水生野生动物或者其产品，由工商行政管理部门进行监督管理，渔业行政主管部门给予协助；在集贸市场以外经营水生野生动物或者其产品，由渔业行政主管部门、工商行政主管部门或者其授权的单位进行监督管理。

第二十条 运输、携带国家重点保护的水生野生动物或者其产品出县境的，应当凭特许捕捉证或者驯养繁殖许可证，向县级人民政府渔业行政主管部门提出申请，报省、自治区、直辖市人民政府渔业行政主管部门或者其授权的单位批准。动物园之间因繁殖动物，需要运输国家重点保护的水生野生动物的，可以由省、自治区、直辖市人民政府渔业行政主管部门授权同级建设行政主管部门审批。

第二十一条 交通、铁路、民航和邮政企业对没有合法运输证明的水生野生动物或者其产品，应当及时通知有关主管部门处理，不得承运、收寄。

第二十二条 从国外引进水生野生动物的，应当向省、自治区、直辖市人民政府渔业行政主管部门提出申请，经省级以上人民政府渔业行政主管部门指定的科研机构进行科学论证后，报国务院渔业行政主管部门批准。

第二十三条 出口国家重点保护的水生野生动物或者其产品的，进出口中国参加的国际公约所限制进出口的水生野生动物或者其产品的，必须经进出口单位或者个人所在地的省、自治区、直辖市人民政府渔业行政主管部门审核，报国务院渔业行政主管部门批准；属于贸易性进出口活动的，必须由具有有关商品进出口权的单位承担。

动物园因交换动物需要进出口前款所称水生野生动物的，在国务院渔业行政主管部门批准前，应当经国务院建设行政主管部门审核同意。

第二十四条 利用水生野生动物或者其产品举办展览等活动的经济收益，主要用于水生野生动物保护事业。

第四章 奖励和惩罚

第二十五条 有下列事迹之一的单位和

个人，由县级以上人民政府或者其渔业行政主管部门给予奖励：

（一）在水生野生动物资源调查、保护管理、宣传教育、开发利用方面有突出贡献的；

（二）严格执行野生动物保护法规，成绩显著的；

（三）拯救、保护和驯养繁殖水生野生动物取得显著成效的；

（四）发现违反水生野生动物保护法律、法规的行为，及时制止或者检举有功的；

（五）在查处破坏水生野生动物资源案件中作出重要贡献的；

（六）在水生野生动物科学研究中取得重大成果或者在应用推广有关的科研成果中取得显著效益的；

（七）在基层从事水生野生动物保护管理工作5年以上并取得显著成绩的；

（八）在水生野生动物保护管理工作中有其他特殊贡献的。

第二十六条 非法捕杀国家重点保护的水生野生动物的，依照刑法有关规定追究刑事责任；情节显著轻微危害不大的，或者犯罪情节轻微不需要判处刑罚的，由渔业行政主管部门没收捕获物、捕捉工具和违法所得，吊销特许捕捉证，并处以相当于捕获物价值10倍以下的罚款，没有捕获物的处以1万元以下的罚款。

第二十七条 违反野生动物保护法律、法规，在水生野生动物自然保护区破坏国家重点保护的或者地方重点保护的水生野生动物主要生息繁衍场所，依照《野生动物保护法》第三十四条的规定处以罚款的，罚款幅度为恢复原状所需费用的3倍以下。

第二十八条 违反野生动物保护法律、法规，出售、收购、运输、携带国家重点保护的或者地方重点保护的水生野生动物或者其产品的，由工商行政管理部门或者其授权的渔业行政主管部门没收实物和违法所得，可以并处相当于实物价值10倍以下的罚款。

第二十九条 伪造、倒卖、转让驯养繁殖许可证，依照《野生动物保护法》第三十七条的规定处以罚款的，罚款幅度为5 000元以下。伪造、倒卖、转让特许捕捉证或者允许进出口证明书，依照《野生动物保护法》第三十七条的规定处以罚款的，罚款幅度为5万元以下。

第三十条 违反野生动物保护法规，未取得驯养繁殖许可证或者超越驯养繁殖许可证规定范围，驯养繁殖国家重点保护的水生野生动物的，由渔业行政主管部门没收违法所得，处3 000元下的罚款，可以并处没收水生野生动物、吊销驯养繁殖许可证。

第三十一条 外国人未经批准在中国境内对国家重点保护的水生野生动物进行科学考察、标本采集、拍摄电影、录像的，由渔业行政主管部门没收考察、拍摄的资料以及所获标本，可以并处5万元以下的罚款。

第三十二条 有下列行为之一，尚不构成犯罪，应当给予治安管理处罚的，由公安机关依照《中华人民共和国治安管理处罚法》的规定予以处罚：

（一）拒绝、阻碍渔政检查人员依法执行职务的；

（二）偷窃、哄抢或者故意损坏野生动物保护仪器设备或者设施的。

第三十三条 依照野生动物保护法规的规定没收的实物，按照国务院渔业行政主管部门的有关规定处理。

第五章　附　　则

第三十四条 本条例由国务院渔业行政主管部门负责解释。

第三十五条 本条例自发布之日起施行。

中华人民共和国渔港水域交通安全管理条例

（1989年7月3日国务院令第38号发布，自1989年8月1日起施行；根据2011年1月8日国务院令第588号《国务院关于废止和修改部分行政法规的决定》第一次修订；根据2017年10月7日国务院令第687号《国务院关于修改部分行政法规的决定》第二次修订；根据2019年3月2日国务院令第709号《国务院关于修改部分行政法规的决定》第三次修订）

第一条 根据《中华人民共和国海上交通安全法》第四十八条的规定，制定本条例。

第二条 本条例适用于在中华人民共和国沿海以渔业为主的渔港和渔港水域（以下简称“渔港”和“渔港水域”）航行、停泊、作业的船舶、设施和人员以及船舶、设施的所有者、经营者。

第三条 中华人民共和国渔政渔港监督管理机关是对渔港水域交通安全实施监督管理的主管机关，并负责沿海水域渔业船舶之间交通事故的调查处理。

第四条 本条例下列用语的含义是：

渔港是指主要为渔业生产服务和供渔业船舶停泊、避风、装卸渔获物和补充渔需物资的人工港口或者自然港湾。

渔港水域是指渔港的港池、锚地、避风湾和航道。

渔业船舶是指从事渔业生产的船舶以及属于水产系统为渔业生产服务的船舶，包括捕捞船、养殖船、水产运销船、冷藏加工船、油船、供应船、渔业指导船、科研调查船、教学实习船、渔港工程船、拖轮、交通船、驳船、渔政船和渔监船。

第五条 对渔港认定有不同意见的，依照港口隶属关系由县级以上人民政府确定。

第六条 船舶进出渔港必须遵守渔港管理章程以及国际海上避碰规则，并依照规定向渔政渔港监督管理机关报告，接受安全检查。

渔港内的船舶必须服从渔政渔港监督管理机关对水域交通安全秩序的管理。

第七条 船舶在渔港内停泊、避风和装卸物资，不得损坏渔港的设施装备；造成损坏的应当向渔政渔港监督管理机关报告，并承担赔偿责任。

第八条 船舶在渔港内装卸易燃、易爆、有毒等危险货物，必须遵守国家关于危险货物管理的规定，并事先向渔政渔港监督管理机关提出申请，经批准后在指定的安全地点装卸。

第九条 在渔港内新建、改建、扩建各种设施，或者进行其他水上、水下施工作业，除依照国家规定履行审批手续外，应当报请渔政渔港监督管理机关批准。渔政渔港监督管理机关批准后，应当事先发布航行通告。

第十条 在渔港内的航道、港池、锚地和停泊区，禁止从事有碍海上交通安全的捕捞、养殖等生产活动。

第十一条 国家公务船舶在执行公务时进出渔港，经通报渔政渔港监督管理机关，可免于检查。渔政渔港监督管理机关应当对执行海上巡视任务的国家公务船舶的靠岸、停泊和补给提供方便。

第十二条 渔业船舶在向渔政渔港监督

管理机关申请船舶登记，并取得渔业船舶国籍证书或者渔业船舶登记证书后，方可悬挂中华人民共和国国旗航行。

第十三条 渔业船舶必须经船舶检验部门检验合格，取得船舶技术证书，方可从事渔业生产。

第十四条 渔业船舶的船长、轮机长、驾驶员、轮机员、电机员、无线电报务员、话务员，必须经渔政渔港监督管理机关考核合格，取得职务证书，其他人员应当经过相应的专业训练。

第十五条 地方各级人民政府应当加强本行政区域内渔业船舶船员的技术培训工作。国营、集体所有的渔业船舶，其船员的技术培训由渔业船舶所属单位负责；个人所有的渔业船舶，其船员的技术培训由当地人民政府渔业行政主管部门负责。

第十六条 渔业船舶之间发生交通事故，应当向就近的渔政渔港监督管理机关报告，并在进入第一个港口四十八小时之内向渔政渔港监督管理机关递交事故报告书和有关材料，接受调查处理。

第十七条 渔政渔港监督管理机关对渔港水域内的交通事故和其他沿海水域渔业船舶之间的交通事故，应当及时查明原因，判明责任，作出处理决定。

第十八条 渔港内的船舶、设施有下列情形之一的，渔政渔港监督管理机关有权禁止其离港，或者令其停航、改航、停止作业：

（一）违反中华人民共和国法律、法规或者规章的；

（二）处于不适航或者不适拖状态的；

（三）发生交通事故，手续未清的；

（四）未向渔政渔港监督管理机关或者有关部门交付应当承担的费用，也未提供担保的；

（五）渔政渔港监督管理机关认为有其他妨害或者可能妨害海上交通安全的。

第十九条 渔港内的船舶、设施发生事故，对海上交通安全造成或者可能造成危害，渔政渔港监督管理机关有权对其采取强制性处置措施。

第二十条 船舶进出渔港依照规定应当向渔政渔港监督管理机关报告而未报告的，或者在渔港内不服从渔政渔港监督管理机关对水域交通安全秩序管理的，由渔政渔港监督管理机关责令改正，可以并处警告、罚款；情节严重的，扣留或者吊销船长职务证书（扣留职务证书时间最长不超过六个月，下同）。

第二十一条 违反本条例规定，有下列行为之一的，由渔政渔港监督管理机关责令停止违法行为，可以并处警告、罚款；造成损失的，应当承担赔偿责任；对直接责任人员由其所在单位或者上级主管机关给予行政处分：

（一）未经渔政渔港监督管理机关批准或者未按照批准文件的规定，在渔港内装卸易燃、易爆、有毒等危险货物的；

（二）未经渔政渔港监督管理机关批准，在渔港内新建、改建、扩建各种设施或者进行其他水上、水下施工作业的；

（三）在渔港内的航道、港池、锚地和停泊区从事有碍海上交通安全的捕捞、养殖等生产活动的。

第二十二条 违反本条例规定，未持有船舶证书或者未配齐船员的，由渔政渔港监督管理机关责令改正，可以并处罚款。

第二十三条 违反本条例规定，不执行渔政渔港监督管理机关作出的离港、停航、改航、停止作业的决定，或者在执行中违反上述决定的，由渔政渔港监督管理机关责令改正，可以并处警告、罚款；情节严重的，扣留或者吊销船长职务证书。

第二十四条 当事人对渔政渔港监督管理机关作出的行政处罚决定不服的，可以在接到处罚通知之日起十五日内向人民法院起诉；期满不起诉又不履行的，由渔政渔港监督管理机关申请人民法院强制执行。

第二十五条 因渔港水域内发生的交通事故或者其他沿海水域发生的渔业船舶之间的交通事故引起的民事纠纷，可以由渔政渔港监督管理机关调解处理；调解不成或者不愿意调解的，当事人可以向人民法院起诉。

第二十六条 拒绝、阻碍渔政渔港监督管理工作人员依法执行公务，应当给予治安管理处罚的，由公安机关依照《中华人民共和国治安管理处罚法》有关规定处罚；构成犯罪的，由司法机关依法追究刑事责任。

第二十七条 渔政渔港监督管理工作人员，在渔港和渔港水域交通安全监督管理工作中，玩忽职守、滥用职权、徇私舞弊的，由其所在单位或者上级主管机关给予行政处分；构成犯罪的，由司法机关依法追究刑事责任。

第二十八条 本条例实施细则由农业农村部制定。

第二十九条 本条例自 1989 年 8 月 1 日起施行。

中华人民共和国渔业船舶检验条例

（2003年6月27日国务院令第383号公布，自2003年8月1日起施行）

第一章　总　　则

第一条　为了规范渔业船舶的检验，保证渔业船舶具备安全航行和作业的条件，保障渔业船舶和渔民生命财产的安全，防止污染环境，依照《中华人民共和国渔业法》，制定本条例。

第二条　在中华人民共和国登记和将要登记的渔业船舶（以下简称渔业船舶）的检验，适用本条例。从事国际航运的渔业辅助船舶除外。

第三条　国务院渔业行政主管部门主管全国渔业船舶检验及其监督管理工作。

中华人民共和国渔业船舶检验局（以下简称国家渔业船舶检验机构）行使渔业船舶检验及其监督管理职能。

地方渔业船舶检验机构依照本条例规定，负责有关的渔业船舶检验工作。

各级公安边防、质量监督和工商行政管理等部门，应当在各自的职责范围内对渔业船舶检验和监督管理工作予以协助。

第四条　国家对渔业船舶实行强制检验制度。强制检验分为初次检验、营运检验和临时检验。

第五条　渔业船舶检验，应当遵循安全第一、保证质量和方便渔民的原则。

第二章　初次检验

第六条　渔业船舶的初次检验，是指渔业船舶检验机构在渔业船舶投入营运前对其所实施的全面检验。

第七条　下列渔业船舶的所有者或者经营者应当申报初次检验：

（一）制造的渔业船舶；

（二）改造的渔业船舶（包括非渔业船舶改为渔业船舶、国内作业的渔业船舶改为远洋作业的渔业船舶）；

（三）进口的渔业船舶。

第八条　制造、改造的渔业船舶，其设计图纸、技术文件应当经渔业船舶检验机构审查批准，并在开工制造、改造前申报初次检验。渔业船舶检验机构应当自收到设计图纸、技术文件之日起20个工作日内作出审查决定，并书面通知当事人。

设计、制造、改造渔业船舶的单位应当符合国家规定的条件，并遵守国家渔业船舶技术规则。

第九条　制造、改造的渔业船舶的初次检验，应当与渔业船舶的制造、改造同时进行。

用于制造、改造渔业船舶的有关航行、作业和人身财产安全以及防止污染环境的重要设备、部件和材料，在使用前应当经渔业船舶检验机构检验，检验合格的方可使用。

前款规定必须检验的重要设备、部件和材料的目录，由国务院渔业行政主管部门制定。

第十条　进口的渔业船舶，其设计图纸、技术文件应当经渔业船舶检验机构审查确认，并在投入营运前申报初次检验。进口旧渔业船舶，进口前还应当取得国家渔业船舶检验机构出具的旧渔业船舶技术评定证书。

第十一条 渔业船舶检验机构对检验合格的渔业船舶，应当自检验完毕之日起5个工作日内签发渔业船舶检验证书；经检验不合格的，应当书面通知当事人，并说明理由。

经检验合格的渔业船舶，任何单位和个人不得擅自改变其吨位、载重线、主机功率、人员定额和适航区域；不得擅自拆除其有关航行、作业和人身财产安全以及防止污染环境的重要设备、部件。确需改变或者拆除的，应当经原渔业船舶检验机构核准。

第十二条 进口的渔业船舶和远洋渔业船舶的初次检验，由国家渔业船舶检验机构统一组织实施。其他渔业船舶的初次检验，由船籍港渔业船舶检验机构负责实施；渔业船舶的制造地或者改造地与船籍港不一致的，初次检验由制造地或者改造地渔业船舶检验机构实施；该渔业船舶检验机构应当自检验完毕之日起5个工作日内，将检验报告、检验记录等技术资料移交船籍港渔业船舶检验机构。

第三章　营运检验

第十三条 渔业船舶的营运检验，是指渔业船舶检验机构对营运中的渔业船舶所实施的常规性检验。

第十四条 营运中的渔业船舶的所有者或者经营者应当按照国务院渔业行政主管部门规定的时间申报营运检验。

渔业船舶检验机构应当按照国务院渔业行政主管部门的规定，根据渔业船舶运行年限和安全要求对下列项目实施检验：

（一）渔业船舶的结构和机电设备；

（二）与渔业船舶安全有关的设备、部件；

（三）与防止污染环境有关的设备、部件；

（四）国务院渔业行政主管部门规定的其他检验项目。

第十五条 渔业船舶检验机构应当自申报营运检验的渔业船舶到达受检地之日起3个工作日内实施检验。经检验合格的，应当自检验完毕之日起5个工作日内在渔业船舶检验证书上签署意见或者签发渔业船舶检验证书；签发境外受检的远洋渔业船舶的检验证书，可以延长至15个工作日。经检验不合格的，应当书面通知当事人，并说明理由。

第十六条 渔业船舶经检验需要维修的，该船舶的所有者或者经营者应当选择符合国家规定条件的维修单位。维修渔业船舶应当遵守国家渔业船舶技术规则。

用于维修渔业船舶的有关航行、作业和人身财产安全以及防止污染环境的重要设备、部件和材料，在使用前应当经渔业船舶检验机构检验，检验合格的方可使用。

第十七条 营运中的渔业船舶需要更换有关航行、作业和人身财产安全以及防止污染环境的重要设备、部件和材料的，该船舶的所有者或者经营者应当遵守本条例第十六条第二款的规定。

第十八条 远洋渔业船舶的营运检验，由国家渔业船舶检验机构统一组织实施。其他渔业船舶的营运检验，由船籍港渔业船舶检验机构负责实施；因故不能回船籍港进行营运检验的渔业船舶，由船籍港渔业船舶检验机构委托船舶的营运地或者维修地渔业船舶检验机构实施检验；实施检验的渔业船舶检验机构应当自检验完毕之日起5个工作日内将检验报告、检验记录等技术资料移交船籍港渔业船舶检验机构。

第四章　临时检验

第十九条 渔业船舶的临时检验，是指渔业船舶检验机构对营运中的渔业船舶出现特定情形时所实施的非常规性检验。

第二十条 有下列情形之一的渔业船舶，其所有者或者经营者应当申报临时检验：

（一）因检验证书失效而无法及时回船籍港的；

（二）因不符合水上交通安全或者环境保护法律、法规的有关要求被责令检验的；

（三）具有国务院渔业行政主管部门规定的其他特定情形的。

第二十一条 渔业船舶检验机构应当自申报临时检验的渔业船舶到达受检地之日起2个工作日内实施检验。经检验合格的，应当自检验完毕之日起3个工作日内在渔业船舶检验证书上签署意见或者签发渔业船舶检验证书；经检验不合格的，应当书面通知当事人，并说明理由。

第二十二条 渔业船舶临时检验的管辖权限划分，依照本条例第十八条关于营运检验管辖权限的规定执

第五章 监督管理

第二十三条 有下列情形之一的渔业船舶，渔业船舶检验机构不得受理检验：

（一）设计图纸、技术文件未经渔业船舶检验机构审查批准或者确认的；

（二）违反本条例第八条第二款和第九条第二款规定制造、改造的；

（三）违反本条例第十六条、第十七条规定维修的；

（四）按照国家有关规定应当报废的。

第二十四条 地方渔业船舶检验机构应当在国家渔业船舶检验机构核定的范围内开展检验业务。

第二十五条 从事渔业船舶检验的人员应当经国家渔业船舶检验机构考核合格后，方可从事相应的渔业船舶检验工作。

第二十六条 渔业船舶检验机构及其检验人员应当严格遵守渔业船舶检验规则，实施现场检验，并对检验结论负责。

渔业船舶检验规则由国家渔业船舶检验机构制定，经国务院渔业行政主管部门批准后公布实施。

对具有新颖性的渔业船舶或者船用产品，国家尚未制定相应的检验规则的，可以适用国家渔业船舶检验机构认可的检验规则。

第二十七条 当事人对地方渔业船舶检验机构的检验结论有异议的，可以按照国务院渔业行政主管部门的规定申请复验。

第二十八条 渔业船舶的检验收费，按照国务院价格主管部门、财政部门规定的收费标准执行。

第二十九条 渔业船舶的检验证书、检验记录、检验报告的式样和检验业务印章，由国家渔业船舶检验机构统一规定。

第三十条 渔业船舶检验人员依法履行职能时，有权对渔业船舶的检验证书和技术状况进行检查，有关单位和个人应当给予配合。

重大渔业船舶海损事故的调查处理，应当有渔业船舶检验机构的检验人员参加。

第三十一条 有下列情形之一的渔业船舶，其所有者或者经营者应当在渔业船舶报废、改籍、改造之日前7个工作日内或者自渔业船舶灭失之日起20个工作日内，向渔业船舶检验机构申请注销其渔业船舶检验证书；逾期不申请的，渔业船舶检验证书自渔业船舶改籍、改造完毕之日起或者渔业船舶报废、灭失之日起失效，并由渔业船舶检验机构注销渔业船舶检验证书：

（一）按照国家有关规定报废的；

（二）中国籍改为外国籍的；

（三）渔业船舶改为非渔业船舶的；

（四）因沉没等原因灭失的。

第六章 法律责任

第三十二条 违反本条例规定，渔业船

舶未经检验、未取得渔业船舶检验证书擅自下水作业的，没收该渔业船舶。

按照规定应当报废的渔业船舶继续作业的，责令立即停止作业，收缴失效的渔业船舶检验证书，强制拆解应当报废的渔业船舶，并处2 000元以上 5 万元以下的罚款；构成犯罪的，依法追究刑事责任。

第三十三条 违反本条例规定，渔业船舶应当申报营运检验或者临时检验而不申报的，责令立即停止作业，限期申报检验；逾期仍不申报检验的，处1 000元以上 1 万元以下的罚款，并可以暂扣渔业船舶检验证书。

第三十四条 违反本条例规定，有下列行为之一的，责令立即改正，处2 000元以上 2 万元以下的罚款；正在作业的，责令立即停止作业；拒不改正或者拒不停止作业的，强制拆除非法使用的重要设备、部件和材料或者暂扣渔业船舶检验证书；构成犯罪的，依法追究刑事责任：

（一）使用未经检验合格的有关航行、作业和人身财产安全以及防止污染环境的重要设备、部件和材料，制造、改造、维修渔业船舶的；

（二）擅自拆除渔业船舶上有关航行、作业和人身财产安全以及防止污染环境的重要设备、部件的；

（三）擅自改变渔业船舶的吨位、载重线、主机功率、人员定额和适航区域的。

第三十五条 渔业船舶检验机构的工作人员未经考核合格从事渔业船舶检验工作的，责令其立即停止检验工作，处1 000元以上5 000元以下的罚款。

第三十六条 违反本条例规定，有下列情形之一的，责令立即改正，对直接负责的主管人员和其他直接责任人员，依法给予降级、撤职、取消检验资格的处分；构成犯罪的，依法追究刑事责任；已签发的渔业船舶检验证书无效：

（一）未按照国务院渔业行政主管部门的有关规定实施检验的；

（二）所签发的渔业船舶检验证书或者检验记录、检验报告与渔业船舶实际情况不相符的；

（三）超越规定的权限进行渔业船舶检验的。

第三十七条 伪造、变造渔业船舶检验证书、检验记录和检验报告，或者私刻渔业船舶检验业务印章的，应当予以没收；构成犯罪的，依法追究刑事责任。

第三十八条 本条例规定的行政处罚，由县级以上人民政府渔业行政主管部门或者其所属的渔业行政执法机构依据职权决定。

前款规定的行政处罚决定机关及其工作人员利用职务上的便利收取他人财物、其他好处，或者不履行监督职责、发现违法行为不予查处，或者有其他玩忽职守、滥用职权、徇私舞弊行为，构成犯罪的，依法追究直接负责的主管人员和其他直接责任人员的刑事责任；尚不构成犯罪的，依法给予行政处分

第七章　附　　则

第三十九条 外国籍渔业船舶，其船旗国委托中华人民共和国检验的，依照本条例的规定执行。

第四十条 本条例自 2003 年 8 月 1 日起施行。

兽药管理条例

（2004 年 4 月 9 日国务院令第 404 号发布，自 2004 年 11 月 1 日起施行；根据 2014 年 7 月 29 日国务院令第 653 号《国务院关于修改部分行政法规的决定》第一次修订；根据 2016 年 2 月 6 日国务院令第 666 号《国务院关于修改部分行政法规的决定》第二次修订；根据 2020 年 3 月 27 日《国务院关于修改和废止部分行政法规的决定》第三次修订）

第一章　总　　则

第一条　为了加强兽药管理，保证兽药质量，防治动物疾病，促进养殖业的发展，维护人体健康，制定本条例。

第二条　在中华人民共和国境内从事兽药的研制、生产、经营、进出口、使用和监督管理，应当遵守本条例。

第三条　国务院兽医行政管理部门负责全国的兽药监督管理工作。

县级以上地方人民政府兽医行政管理部门负责本行政区域内的兽药监督管理工作。

第四条　国家实行兽用处方药和非处方药分类管理制度。兽用处方药和非处方药分类管理的办法和具体实施步骤，由国务院兽医行政管理部门规定。

第五条　国家实行兽药储备制度。

发生重大动物疫情、灾情或者其他突发事件时，国务院兽医行政管理部门可以紧急调用国家储备的兽药；必要时，也可以调用国家储备以外的兽药。

第二章　新兽药研制

第六条　国家鼓励研制新兽药，依法保护研制者的合法权益。

第七条　研制新兽药，应当具有与研制相适应的场所、仪器设备、专业技术人员、安全管理规范和措施。

研制新兽药，应当进行安全性评价。从事兽药安全性评价的单位应当遵守国务院兽医行政管理部门制定的兽药非临床研究质量管理规范和兽药临床试验质量管理规范。

省级以上人民政府兽医行政管理部门应当对兽药安全性评价单位是否符合兽药非临床研究质量管理规范和兽药临床试验质量管理规范的要求进行监督检查，并公布监督检查结果。

第八条　研制新兽药，应当在临床试验前向省、自治区、直辖市人民政府兽医行政管理部门备案，并附具该新兽药实验室阶段安全性评价报告及其他临床前研究资料。

研制的新兽药属于生物制品的，应当在临床试验前向国务院兽医行政管理部门提出申请，国务院兽医行政管理部门应当自收到申请之日起 60 个工作日内将审查结果书面通知申请人。

研制新兽药需要使用一类病原微生物的，还应当具备国务院兽医行政管理部门规定的条件，并在实验室阶段前报国务院兽医行政管理部门批准。

第九条　临床试验完成后，新兽药研制者向国务院兽医行政管理部门提出新兽药注册申请时，应当提交该新兽药的样品和下列资料：

（一）名称、主要成分、理化性质；

（二）研制方法、生产工艺、质量标准和检测方法；

（三）药理和毒理试验结果、临床试验报告和稳定性试验报告；

（四）环境影响报告和污染防治措施。

研制的新兽药属于生物制品的，还应当提供菌（毒、虫）种、细胞等有关材料和资料。菌（毒、虫）种、细胞由国务院兽医行政管理部门指定的机构保藏。

研制用于食用动物的新兽药，还应当按照国务院兽医行政管理部门的规定进行兽药残留试验并提供休药期、最高残留限量标准、残留检测方法及其制定依据等资料。

国务院兽医行政管理部门应当自收到申请之日起10个工作日内，将决定受理的新兽药资料送其设立的兽药评审机构进行评审，将新兽药样品送其指定的检验机构复核检验，并自收到评审和复核检验结论之日起60个工作日内完成审查。审查合格的，发给新兽药注册证书，并发布该兽药的质量标准；不合格的，应当书面通知申请人。

第十条 国家对依法获得注册的、含有新化合物的兽药的申请人提交的其自己所取得且未披露的试验数据和其他数据实施保护。

自注册之日起6年内，对其他申请人未经已获得注册兽药的申请人同意，使用前款规定的数据申请兽药注册的，兽药注册机关不予注册；但是，其他申请人提交其自己所取得的数据的除外。

除下列情况外，兽药注册机关不得披露本条第一款规定的数据：

（一）公共利益需要；

（二）已采取措施确保该类信息不会被不正当地进行商业使用。

第三章　兽药生产

第十一条 从事兽药生产的企业，应当符合国家兽药行业发展规划和产业政策，并具备下列条件：

（一）与所生产的兽药相适应的兽医学、药学或者相关专业的技术人员；

（二）与所生产的兽药相适应的厂房、设施；

（三）与所生产的兽药相适应的兽药质量管理和质量检验的机构、人员、仪器设备；

（四）符合安全、卫生要求的生产环境；

（五）兽药生产质量管理规范规定的其他生产条件。

符合前款规定条件的，申请人方可向省、自治区、直辖市人民政府兽医行政管理部门提出申请，并附具符合前款规定条件的证明材料；省、自治区、直辖市人民政府兽医行政管理部门应当自收到申请之日起40个工作日内完成审查。经审查合格的，发给兽药生产许可证；不合格的，应当书面通知申请人。

第十二条 兽药生产许可证应当载明生产范围、生产地点、有效期和法定代表人姓名、住址等事项。

兽药生产许可证有效期为5年。有效期届满，需要继续生产兽药的，应当在许可证有效期届满前6个月到发证机关申请换发兽药生产许可证。

第十三条 兽药生产企业变更生产范围、生产地点的，应当依照本条例第十一条的规定申请换发兽药生产许可证；变更企业名称、法定代表人的，应当在办理工商变更登记手续后15个工作日内，到发证机关申请换发兽药生产许可证。

第十四条 兽药生产企业应当按照国务院兽医行政管理部门制定的兽药生产质量管

理规范组织生产。

省级以上人民政府兽医行政管理部门，应当对兽药生产企业是否符合兽药生产质量管理规范的要求进行监督检查，并公布检查结果。

第十五条 兽药生产企业生产兽药，应当取得国务院兽医行政管理部门核发的产品批准文号，产品批准文号的有效期为5年。兽药产品批准文号的核发办法由国务院兽医行政管理部门制定。

第十六条 兽药生产企业应当按照兽药国家标准和国务院兽医行政管理部门批准的生产工艺进行生产。兽药生产企业改变影响兽药质量的生产工艺的，应当报原批准部门审核批准。

兽药生产企业应当建立生产记录，生产记录应当完整、准确。

第十七条 生产兽药所需的原料、辅料，应当符合国家标准或者所生产兽药的质量要求。

直接接触兽药的包装材料和容器应当符合药用要求。

第十八条 兽药出厂前应当经过质量检验，不符合质量标准的不得出厂。

兽药出厂应当附有产品质量合格证。

禁止生产假、劣兽药。

第十九条 兽药生产企业生产的每批兽用生物制品，在出厂前应当由国务院兽医行政管理部门指定的检验机构审查核对，并在必要时进行抽查检验；未经审查核对或者抽查检验不合格的，不得销售。

强制免疫所需兽用生物制品，由国务院兽医行政管理部门指定的企业生产。

第二十条 兽药包装应当按照规定印有或者贴有标签，附具说明书，并在显著位置注明“兽用”字样。

兽药的标签和说明书经国务院兽医行政管理部门批准并公布后，方可使用。

兽药的标签或者说明书，应当以中文注明兽药的通用名称、成分及其含量、规格、生产企业、产品批准文号（进口兽药注册证号）、产品批号、生产日期、有效期、适应症或者功能主治、用法、用量、休药期、禁忌、不良反应、注意事项、运输贮存保管条件及其他应当说明的内容。有商品名称的，还应当注明商品名称。

除前款规定的内容外，兽用处方药的标签或者说明书还应当印有国务院兽医行政管理部门规定的警示内容，其中兽用麻醉药品、精神药品、毒性药品和放射性药品还应当印有国务院兽医行政管理部门规定的特殊标志；兽用非处方药的标签或者说明书还应当印有国务院兽医行政管理部门规定的非处方药标志。

第二十一条 国务院兽医行政管理部门，根据保证动物产品质量安全和人体健康的需要，可以对新兽药设立不超过5年的监测期；在监测期内，不得批准其他企业生产或者进口该新兽药。生产企业应当在监测期内收集该新兽药的疗效、不良反应等资料，并及时报送国务院兽医行政管理部门。

第四章　兽药经营

第二十二条 经营兽药的企业，应当具备下列条件：

（一）与所经营的兽药相适应的兽药技术人员；

（二）与所经营的兽药相适应的营业场所、设备、仓库设施；

（三）与所经营的兽药相适应的质量管理机构或者人员；

（四）兽药经营质量管理规范规定的其他经营条件。

符合前款规定条件的，申请人方可向市、县人民政府兽医行政管理部门提出申请，并附具符合前款规定条件的证明材料；经营兽用生物制品的，应当向省、自治区、直辖市人民政府兽医行政管理部门提出申请，并附具符合前款规定条件的证明材料。

县级以上地方人民政府兽医行政管理部门，应当自收到申请之日起 30 个工作日内完成审查。审查合格的，发给兽药经营许可证；不合格的，应当书面通知申请人。

第二十三条 兽药经营许可证应当载明经营范围、经营地点、有效期和法定代表人姓名、住址等事项。

兽药经营许可证有效期为 5 年。有效期届满，需要继续经营兽药的，应当在许可证有效期届满前 6 个月到发证机关申请换发兽药经营许可证。

第二十四条 兽药经营企业变更经营范围、经营地点的，应当依照本条例第二十二条的规定申请换发兽药经营许可证；变更企业名称、法定代表人的，应当在办理工商变更登记手续后 15 个工作日内，到发证机关申请换发兽药经营许可证。

第二十五条 兽药经营企业，应当遵守国务院兽医行政管理部门制定的兽药经营质量管理规范。

县级以上地方人民政府兽医行政管理部门，应当对兽药经营企业是否符合兽药经营质量管理规范的要求进行监督检查，并公布检查结果。

第二十六条 兽药经营企业购进兽药，应当将兽药产品与产品标签或者说明书、产品质量合格证核对无误。

第二十七条 兽药经营企业，应当向购买者说明兽药的功能主治、用法、用量和注意事项。销售兽用处方药的，应当遵守兽用处方药管理办法。

兽药经营企业销售兽用中药材的，应当注明产地。

禁止兽药经营企业经营人用药品和假、劣兽药。

第二十八条 兽药经营企业购销兽药，应当建立购销记录。购销记录应当载明兽药的商品名称、通用名称、剂型、规格、批号、有效期、生产厂商、购销单位、购销数量、购销日期和国务院兽医行政管理部门规定的其他事项。

第二十九条 兽药经营企业，应当建立兽药保管制度，采取必要的冷藏、防冻、防潮、防虫、防鼠等措施，保持所经营兽药的质量。

兽药入库、出库，应当执行检查验收制度，并有准确记录。

第三十条 强制免疫所需兽用生物制品的经营，应当符合国务院兽医行政管理部门的规定。

第三十一条 兽药广告的内容应当与兽药说明书内容相一致，在全国重点媒体发布兽药广告的，应当经国务院兽医行政管理部门审查批准，取得兽药广告审查批准文号。在地方媒体发布兽药广告的，应当经省、自治区、直辖市人民政府兽医行政管理部门审查批准，取得兽药广告审查批准文号；未经批准的，不得发布。

第五章　兽药进出口

第三十二条 首次向中国出口的兽药，由出口方驻中国境内的办事机构或者其委托的中国境内代理机构向国务院兽医行政管理部门申请注册，并提交下列资料和物品：

（一）生产企业所在国家（地区）兽药管理部门批准生产、销售的证明文件；

（二）生产企业所在国家（地区）兽药管理部门颁发的符合兽药生产质量管理规范的证明文件；

（三）兽药的制造方法、生产工艺、质量标准、检测方法、药理和毒理试验结果、临床试验报告、稳定性试验报告及其他相关资料；用于食用动物的兽药的休药期、最高残留限量标准、残留检测方法及其制定依据等资料；

（四）兽药的标签和说明书样本；

（五）兽药的样品、对照品、标准品；

（六）环境影响报告和污染防治措施；

（七）涉及兽药安全性的其他资料。

申请向中国出口兽用生物制品的，还应当提供菌（毒、虫）种、细胞等有关材料和资料。

第三十三条 国务院兽医行政管理部门，应当自收到申请之日起10个工作日内组织初步审查。经初步审查合格的，应当将决定受理的兽药资料送其设立的兽药评审机构进行评审，将该兽药样品送其指定的检验机构复核检验，并自收到评审和复核检验结论之日起60个工作日内完成审查。经审查合格的，发给进口兽药注册证书，并发布该兽药的质量标准；不合格的，应当书面通知申请人。

在审查过程中，国务院兽医行政管理部门可以对向中国出口兽药的企业是否符合兽药生产质量管理规范的要求进行考查，并有权要求该企业在国务院兽医行政管理部门指定的机构进行该兽药的安全性和有效性试验。

国内急需兽药、少量科研用兽药或者注册兽药的样品、对照品、标准品的进口，按照国务院兽医行政管理部门的规定办理。

第三十四条 进口兽药注册证书的有效期为5年。有效期届满，需要继续向中国出口兽药的，应当在有效期届满前6个月到发证机关申请再注册。

第三十五条 境外企业不得在中国直接销售兽药。境外企业在中国销售兽药，应当依法在中国境内设立销售机构或者委托符合条件的中国境内代理机构。

进口在中国已取得进口兽药注册证书的兽药的，中国境内代理机构凭进口兽药注册证书到口岸所在地人民政府兽医行政管理部门办理进口兽药通关单。海关凭进口兽药通关单放行。兽药进口管理办法由国务院兽医行政管理部门会同海关总署制定。

兽用生物制品进口后，应当依照本条例第十九条的规定进行审查核对和抽查检验。其他兽药进口后，由当地兽医行政管理部门通知兽药检验机构进行抽查检验。

第三十六条 禁止进口下列兽药：

（一）药效不确定、不良反应大以及可能对养殖业、人体健康造成危害或者存在潜在风险的；

（二）来自疫区可能造成疫病在中国境内传播的兽用生物制品；

（三）经考查生产条件不符合规定的；

（四）国务院兽医行政管理部门禁止生产、经营和使用的。

第三十七条 向中国境外出口兽药，进口方要求提供兽药出口证明文件的，国务院兽医行政管理部门或者企业所在地的省、自治区、直辖市人民政府兽医行政管理部门可以出具出口兽药证明文件。

国内防疫急需的疫苗，国务院兽医行政管理部门可以限制或者禁止出口。

第六章 兽药使用

第三十八条 兽药使用单位，应当遵守国务院兽医行政管理部门制定的兽药安全使用规定，并建立用药记录。

第三十九条 禁止使用假、劣兽药以及国务院兽医行政管理部门规定禁止使用的药品和其他化合物。禁止使用的药品和其他化合物目录由国务院兽医行政管理部门制定公布。

第四十条 有休药期规定的兽药用于食用动物时，饲养者应当向购买者或者屠宰者提供准确、真实的用药记录；购买者或者屠宰者应当确保动物及其产品在用药期、休药期内不被用于食品消费。

第四十一条 国务院兽医行政管理部

门，负责制定公布在饲料中允许添加的药物饲料添加剂品种目录。

禁止在饲料和动物饮用水中添加激素类药品和国务院兽医行政管理部门规定的其他禁用药品。

经批准可以在饲料中添加的兽药，应当由兽药生产企业制成药物饲料添加剂后方可添加。禁止将原料药直接添加到饲料及动物饮用水中或者直接饲喂动物。

禁止将人用药品用于动物。

第四十二条 国务院兽医行政管理部门，应当制定并组织实施国家动物及动物产品兽药残留监控计划。

县级以上人民政府兽医行政管理部门，负责组织对动物产品中兽药残留量的检测。兽药残留检测结果，由国务院兽医行政管理部门或者省、自治区、直辖市人民政府兽医行政管理部门按照权限予以公布。

动物产品的生产者、销售者对检测结果有异议的，可以自收到检测结果之日起7个工作日内向组织实施兽药残留检测的兽医行政管理部门或者其上级兽医行政管理部门提出申请，由受理申请的兽医行政管理部门指定检验机构进行复检。

兽药残留限量标准和残留检测方法，由国务院兽医行政管理部门制定发布。

第四十三条 禁止销售含有违禁药物或者兽药残留量超过标准的食用动物产品。

第七章　兽药监督管理

第四十四条 县级以上人民政府兽医行政管理部门行使兽药监督管理权。

兽药检验工作由国务院兽医行政管理部门和省、自治区、直辖市人民政府兽医行政管理部门设立的兽药检验机构承担。国务院兽医行政管理部门，可以根据需要认定其他检验机构承担兽药检验工作。

当事人对兽药检验结果有异议的，可以自收到检验结果之日起7个工作日内向实施检验的机构或者上级兽医行政管理部门设立的检验机构申请复检。

第四十五条 兽药应当符合兽药国家标准。

国家兽药典委员会拟定的、国务院兽医行政管理部门发布的《中华人民共和国兽药典》和国务院兽医行政管理部门发布的其他兽药质量标准为兽药国家标准。

兽药国家标准的标准品和对照品的标定工作由国务院兽医行政管理部门设立的兽药检验机构负责。

第四十六条 兽医行政管理部门依法进行监督检查时，对有证据证明可能是假、劣兽药的，应当采取查封、扣押的行政强制措施，并自采取行政强制措施之日起7个工作日内作出是否立案的决定；需要检验的，应当自检验报告书发出之日起15个工作日内作出是否立案的决定；不符合立案条件的，应当解除行政强制措施；需要暂停生产的，由国务院兽医行政管理部门或者省、自治区、直辖市人民政府兽医行政管理部门按照权限作出决定；需要暂停经营、使用的，由县级以上人民政府兽医行政管理部门按照权限作出决定。

未经行政强制措施决定机关或者其上级机关批准，不得擅自转移、使用、销毁、销售被查封或者扣押的兽药及有关材料。

第四十七条 有下列情形之一的，为假兽药：

（一）以非兽药冒充兽药或者以他种兽药冒充此种兽药的；

（二）兽药所含成分的种类、名称与兽药国家标准不符合的。

有下列情形之一的，按照假兽药处理：

（一）国务院兽医行政管理部门规定禁止使用的；

（二）依照本条例规定应当经审查批准而未经审查批准即生产、进口的，或者依照本条例规定应当经抽查检验、审查核对而未经抽查检验、审查核对即销售、进口的；

（三）变质的；

（四）被污染的；

（五）所标明的适应症或者功能主治超出规定范围的。

第四十八条 有下列情形之一的，为劣兽药：

（一）成分含量不符合兽药国家标准或者不标明有效成分的；

（二）不标明或者更改有效期或者超过有效期的；

（三）不标明或者更改产品批号的；

（四）其他不符合兽药国家标准，但不属于假兽药的。

第四十九条 禁止将兽用原料药拆零销售或者销售给兽药生产企业以外的单位和个人。

禁止未经兽医开具处方销售、购买、使用国务院兽医行政管理部门规定实行处方药管理的兽药。

第五十条 国家实行兽药不良反应报告制度。

兽药生产企业、经营企业、兽药使用单位和开具处方的兽医人员发现可能与兽药使用有关的严重不良反应，应当立即向所在地人民政府兽医行政管理部门报告。

第五十一条 兽药生产企业、经营企业停止生产、经营超过6个月或者关闭的，由发证机关责令其交回兽药生产许可证、兽药经营许可证。

第五十二条 禁止买卖、出租、出借兽药生产许可证、兽药经营许可证和兽药批准证明文件。

第五十三条 兽药评审检验的收费项目和标准，由国务院财政部门会同国务院价格主管部门制定，并予以公告。

第五十四条 各级兽医行政管理部门、兽药检验机构及其工作人员，不得参与兽药生产、经营活动，不得以其名义推荐或者监制、监销兽药。

第八章　法律责任

第五十五条 兽医行政管理部门及其工作人员利用职务上的便利收取他人财物或者谋取其他利益，对不符合法定条件的单位和个人核发许可证、签署审查同意意见，不履行监督职责，或者发现违法行为不予查处，造成严重后果，构成犯罪的，依法追究刑事责任；尚不构成犯罪的，依法给予行政处分。

第五十六条 违反本条例规定，无兽药生产许可证、兽药经营许可证生产、经营兽药的，或者虽有兽药生产许可证、兽药经营许可证，生产、经营假、劣兽药的，或者兽药经营企业经营人用药品的，责令其停止生产、经营，没收用于违法生产的原料、辅料、包装材料及生产、经营的兽药和违法所得，并处违法生产、经营的兽药（包括已出售的和未出售的兽药，下同）货值金额2倍以上5倍以下罚款，货值金额无法查证核实的，处10万元以上20万元以下罚款；无兽药生产许可证生产兽药，情节严重的，没收其生产设备；生产、经营假、劣兽药，情节严重的，吊销兽药生产许可证、兽药经营许可证；构成犯罪的，依法追究刑事责任；给他人造成损失的，依法承担赔偿责任。生产、经营企业的主要负责人和直接负责的主管人员终身不得从事兽药的生产、经营活动。

擅自生产强制免疫所需兽用生物制品的，按照无兽药生产许可证生产兽药处罚。

第五十七条 违反本条例规定，提供虚假的资料、样品或者采取其他欺骗手段取得兽药生产许可证、兽药经营许可证或者兽药批准证明文件的，吊销兽药生产许可证、兽药经营许可证或者撤销兽药批准证明文件，并处5万元以上10万元以下罚款；给他人造成损失的，依法承担赔偿责任。其主要负责人和直接负责的主管人员终身不得从事兽药的生产、经营和进出口活动。

第五十八条 买卖、出租、出借兽药生产许可证、兽药经营许可证和兽药批准证明文件的，没收违法所得，并处1万元以上10万元以下罚款；情节严重的，吊销兽药生产许可证、兽药经营许可证或者撤销兽药批准证明文件；构成犯罪的，依法追究刑事责任；给他人造成损失的，依法承担赔偿责任。

第五十九条 违反本条例规定，兽药安全性评价单位、临床试验单位、生产和经营企业未按照规定实施兽药研究试验、生产、经营质量管理规范的，给予警告，责令其限期改正；逾期不改正的，责令停止兽药研究试验、生产、经营活动，并处5万元以下罚款；情节严重的，吊销兽药生产许可证、兽药经营许可证；给他人造成损失的，依法承担赔偿责任。

违反本条例规定，研制新兽药不具备规定的条件擅自使用一类病原微生物或者在实验室阶段前未经批准的，责令其停止实验，并处5万元以上10万元以下罚款；构成犯罪的，依法追究刑事责任；给他人造成损失的，依法承担赔偿责任。

第六十条 违反本条例规定，兽药的标签和说明书未经批准的，责令其限期改正；逾期不改正的，按照生产、经营假兽药处罚；有兽药产品批准文号的，撤销兽药产品批准文号；给他人造成损失的，依法承担赔偿责任。

兽药包装上未附有标签和说明书，或者标签和说明书与批准的内容不一致的，责令其限期改正；情节严重的，依照前款规定处罚。

第六十一条 违反本条例规定，境外企业在中国直接销售兽药的，责令其限期改正，没收直接销售的兽药和违法所得，并处5万元以上10万元以下罚款；情节严重的，吊销进口兽药注册证书；给他人造成损失的，依法承担赔偿责任。

第六十二条 违反本条例规定，未按照国家有关兽药安全使用规定使用兽药的、未建立用药记录或者记录不完整真实的，或者使用禁止使用的药品和其他化合物的，或者将人用药品用于动物的，责令其立即改正，并对饲喂了违禁药物及其他化合物的动物及其产品进行无害化处理；对违法单位处1万元以上5万元以下罚款；给他人造成损失的，依法承担赔偿责任。

第六十三条 违反本条例规定，销售尚在用药期、休药期内的动物及其产品用于食品消费的，或者销售含有违禁药物和兽药残留超标的动物产品用于食品消费的，责令其对含有违禁药物和兽药残留超标的动物产品进行无害化处理，没收违法所得，并处3万元以上10万元以下罚款；构成犯罪的，依法追究刑事责任；给他人造成损失的，依法承担赔偿责任。

第六十四条 违反本条例规定，擅自转移、使用、销毁、销售被查封或者扣押的兽药及有关材料的，责令其停止违法行为，给予警告，并处5万元以上10万元以下罚款。

第六十五条 违反本条例规定，兽药生产企业、经营企业、兽药使用单位和开具处方的兽医人员发现可能与兽药使用有关的严重不良反应，不向所在地人民政府兽医行政管理部门报告的，给予警告，并处5 000元以上1万元以下罚款。

生产企业在新兽药监测期内不收集或者不及时报送该新兽药的疗效、不良反应等资料的，责令其限期改正，并处1万元以上5万元以下罚款；情节严重的，撤销该新兽药的产品批准文号。

第六十六条 违反本条例规定，未经兽医开具处方销售、购买、使用兽用处方药的，责令其限期改正，没收违法所得，并处5万元以下罚款；给他人造成损失的，依法承担赔偿责任。

第六十七条 违反本条例规定，兽药生产、经营企业把原料药销售给兽药生产企业以外的单位和个人的，或者兽药经营企业拆零销售原料药的，责令其立即改正，给予警告，没收违法所得，并处2万元以上5万元以下罚款；情节严重的，吊销兽药生产许可证、兽药经营许可证；给他人造成损失的，依法承担赔偿责任。

第六十八条 违反本条例规定，在饲料和动物饮用水中添加激素类药品和国务院兽医行政管理部门规定的其他禁用药品，依照《饲料和饲料添加剂管理条例》的有关规定处罚；直接将原料药添加到饲料及动物饮用水中，或者饲喂动物的，责令其立即改正，并处1万元以上3万元以下罚款；给他人造成损失的，依法承担赔偿责任。

第六十九条 有下列情形之一的，撤销兽药的产品批准文号或者吊销进口兽药注册证书：

（一）抽查检验连续2次不合格的；

（二）药效不确定、不良反应大以及可能对养殖业、人体健康造成危害或者存在潜在风险的；

（三）国务院兽医行政管理部门禁止生产、经营和使用的兽药。

被撤销产品批准文号或者被吊销进口兽药注册证书的兽药，不得继续生产、进口、经营和使用。已经生产、进口的，由所在地兽医行政管理部门监督销毁，所需费用由违法行为人承担；给他人造成损失的，依法承担赔偿责任。

第七十条 本条例规定的行政处罚由县级以上人民政府兽医行政管理部门决定；其中吊销兽药生产许可证、兽药经营许可证、撤销兽药批准证明文件或者责令停止兽药研究试验的，由发证、批准部门决定。

上级兽医行政管理部门对下级兽医行政管理部门违反本条例的行政行为，应当责令限期改正；逾期不改正的，有权予以改变或者撤销。

第七十一条 本条例规定的货值金额以违法生产、经营兽药的标价计算；没有标价的，按照同类兽药的市场价格计算。

第九章　附　　则

第七十二条 本条例下列用语的含义是：

（一）兽药，是指用于预防、治疗、诊断动物疾病或者有目的地调节动物生理机能的物质（含药物饲料添加剂），主要包括：血清制品、疫苗、诊断制品、微生态制品、中药材、中成药、化学药品、抗生素、生化药品、放射性药品及外用杀虫剂、消毒剂等。

（二）兽用处方药，是指凭兽医处方方可购买和使用的兽药。

（三）兽用非处方药，是指由国务院兽医行政管理部门公布的、不需要凭兽医处方就可以自行购买并按照说明书使用的兽药。

（四）兽药生产企业，是指专门生产兽药的企业和兼产兽药的企业，包括从事兽药分装的企业。

（五）兽药经营企业，是指经营兽药的专营企业或者兼营企业。

（六）新兽药，是指未曾在中国境内上市销售的兽用药品。

（七）兽药批准证明文件，是指兽药产品批准文号、进口兽药注册证书、允许进口兽用生物制品证明文件、出口兽药证明文件、新兽药注册证书等文件。

第七十三条 兽用麻醉药品、精神药品、毒性药品和放射性药品等特殊药品，依照国家有关规定管理。

第七十四条　水产养殖中的兽药使用、兽药残留检测和监督管理以及水产养殖过程中违法用药的行政处罚，由县级以上人民政府渔业主管部门及其所属的渔政监督管理机构负责。

第七十五条　本条例自 2004 年 11 月 1 日起施行。

渔业资源增殖保护费征收使用办法

（1988年10月9日国务院批准，1988年10月31日农业部、财政部、国家物价局令第1号发布，自1989年1月1日起施行；根据2011年1月8日国务院第588号令《国务院关于废止和修改部分行政法规的决定》修订）

第一条 根据《中华人民共和国渔业法》的有关规定，制定本办法。

第二条 凡在中华人民共和国的内水、滩涂、领海以及中华人民共和国管辖的其他海域采捕天然生长和人工增殖水生动植物的单位和个人，必须依照本办法缴纳渔业资源增殖保护费（以下简称“渔业资源费”）。

第三条 渔业资源费的征收和使用，实行取之于渔、用之于渔的原则。

第四条 渔业资源费由县级以上人民政府渔业行政主管部门及其授权单位依照批准发放捕捞许可证的权限征收。由国务院渔业行政主管部门批准发放捕捞许可证的，渔业资源费由国务院渔业行政主管部门所属的海区渔政监督管理机构（以下称“海区渔政监督管理机构”）征收。

第五条 渔业资源费分为海洋渔业资源费和内陆水域渔业资源费。

海洋渔业资源费年征收金额，由沿海省级人民政府渔业行政主管部门或者海区渔政监督管理机构，在其批准发放捕捞许可证的渔船前三年采捕水产品的平均年总产值（不含专项采捕经济价值较高的渔业资源品种产值）百分之一至百分之三的幅度内确定。

内陆水域渔业资源费年征收金额由省级人民政府确定。

专项采捕经济价值较高的渔业资源品种，渔业资源费年征收金额，由省级人民政府渔业行政主管部门或者海区渔政监督管理机构，在其批准发放捕捞许可证的渔船前三年采捕该品种的平均年总产值百分之三至百分之五的幅度内确定。

经济价值较高的渔业资源品种名录，由国务院渔业行政主管部门确定。

第六条 渔业资源费的具体征收标准，由省级人民政府渔业行政主管部门或者海区渔政监督管理机构，在本办法第五条确定的渔业资源费年征收金额幅度内，依照下列原则制定：

（一）从事外海捕捞、有利于渔业资源保护或者国家鼓励开发的作业的，其渔业资源费征收标准应当低于平均征收标准，也可以在一定时期内免征渔业资源费。

（二）从事应当淘汰、不利于渔业资源保护或者国家限制发展的作业的，或者持临时捕捞许可证进行采捕作业的，其渔业资源费征收标准应当高于平均征收标准，但最高不得超过平均征收标准金额的三倍。

（三）依法经批准采捕珍稀水生动植物的，依照专项采捕经济价值较高的渔业资源品种适用的征收标准，加倍征收渔业资源费，但最高不得超过上述征收标准金额的三倍。因从事科研活动的需要，依据有关规定经批准采捕珍稀水生动植物的除外。

渔业资源费的具体征收标准，省级人民政府渔业行政主管部门制定的，由省级人民政府物价部门核定；海区渔政监督管理机构制定的，报国务院渔业行政主管部门审查后，由国务院物价部门核定。

第七条 县级以上地方人民政府渔业行

政主管部门或者海区渔政监督管理机构，根据本办法第六条规定的渔业资源费征收标准，依照作业单位的船只、功率和网具数量，确定应当缴纳的渔业资源费金额。

第八条 持有广东省和香港、澳门地区双重户籍的流动渔船，由广东省人民政府渔业行政主管部门征收渔业资源费。

第九条 县级以上地方人民政府渔业行政主管部门或者海区渔政监督管理机构，在批准发放捕捞许可证的同时征收渔业资源费，并在捕捞许可证上注明缴纳金额，加盖印章。

征收渔业资源费时，必须出具收费的收据。

第十条 渔业资源费列入当年生产成本。

第十一条 省级人民政府渔业行政主管部门征收的渔业资源费（含市、县上缴部分，下同），实行按比例留成和上缴一部分统筹使用的办法。

沿海省级人民政府渔业行政主管部门征收的海洋渔业资源费，百分之九十由其留用；百分之十上缴海区渔政监督管理机构，用于大范围洄游性渔业资源增殖保护项目。省级人民政府渔业行政主管部门征收的内陆水域渔业资源费全部由其安排使用。

市、县人民政府渔业行政主管部门征收的渔业资源费上缴省、自治区、直辖市的比例，由省级人民政府渔业行政主管部门商同级财政部门确定。

第十二条 渔业资源费用于渔业资源的增殖、保护，使用范围是：

（一）购买增殖放流用的苗种和培育苗种所需的配套设施；修建近海和内陆水域人工鱼礁、鱼巢等增殖设施；

（二）为保护特定的渔业资源品种，借给渔民用于转业或者转产的生产周转金（不得作为生活补助和流动资金）；

（三）为增殖渔业资源提供科学研究经费补助；

（四）为改善渔业资源增殖保护管理手段和监测渔业资源提供经费补助。

渔业资源费用于渔业资源增殖与保护之间的比例，属于海区掌握的，由海区渔政监督管理机构确定；属于省、自治区、直辖市掌握的，由省级人民政府渔业行政主管部门商同级财政部门确定。

第十三条 跨省、自治区、直辖市的大江、大河的人工增殖放流，由江河流经的省、自治区、直辖市人民政府渔业行政主管部门根据国务院渔业行政主管部门的统一规划，从其征收的内陆水域渔业资源费中提取经费。

第十四条 渔业资源费按预算外资金管理。

县级以上人民政府渔业行政主管部门征收的渔业资源费应当交同级财政部门在银行开设专户储存，依照规定用途专款专用，不得挪用。

第十五条 县级以上地方人民政府渔业行政主管部门以及渔业资源费的其他使用单位，应当在年初编制渔业资源费收支计划，在年终编制决算，报同级财政部门审批，并报上一级渔业行政主管部门备案。

海区渔政监督管理机构编制的渔业资源费收支计划和年终决算，由国务院渔业行政主管部门审查汇总后，报财政部门审批。

收支计划和决算报表的格式由国务院渔业行政主管部门统一制订。

第十六条 各级财政、物价和审计部门，应当加强对渔业资源费征收使用工作的监督检查，对挪用、浪费渔业资源费的行为，应当依照国家有关规定查处。

第十七条 本办法由国务院渔业行政主管部门会同财政、物价部门解释。

第十八条 本办法自一九八九年一月一日起施行。

国务院关于设立幼鱼保护区的决定

（1981年4月22日发布）

为了保护大黄鱼和带鱼的幼鱼繁殖成长，国务院决定从1981年4月22日起，在东海和黄海设立两个幼鱼保护区。具体位置和时间如下：

一、大黄鱼幼鱼保护区位置：以下列各点顺次连接的直线所围的海域：

1. 北纬29度、东经122度45分之点；

2. 北纬29度、东经123度15分之点；

3. 北纬27度30分、东经122度之点；

4. 北纬27度、东经121度40分之点；

5. 北纬27度、东经121度10分之点；

6. 北纬27度30分、东经121度10分之点；

7. 北纬29度、东经122度45分之点。

二、带鱼幼鱼保护区位置：以下列各点顺次连接的直线所围的海域：

1. 北纬34度、东经121度23分之点；

2. 北纬34度、东经121度53分之点；

3. 北纬31度30分、东经123度27分之点；

4. 北纬31度30分、东经122度57分之点；

5. 北纬34度、东经121度23分之点。

时间：每年八、九、十月份禁止机动底拖网渔船进入生产。

各有关单位应切实遵守，并希望其他国家和地区的渔船予以合作。

国务院关于渤海、黄海及东海机轮拖网渔业禁渔区的命令

（1955年6月8日发布）

为了保护我国沿海水产资源，维持人民的长远利益，并免除机轮拖网渔业与群众帆船渔业的纠纷，特划定渤海、黄海及东海机轮拖网渔业禁渔区，并作如下的规定：

（一）按照下列17个基点，作成连接线，在此线以西的我国沿海，规定为禁渔区：

第一基点　北纬39度33分　东经124度0分

第二基点　北纬38度56分　东经123度20分

第三基点　北纬38度40分　东经121度0分

第四基点　北纬39度30分　东经121度0分

第五基点　北纬40度0分　东经121度20分

第六基点　北纬40度0分　东经120度30分

第七基点　北纬38度56分　东经119度0分

第八基点　北纬38度12分　东经119度0分

第九基点　北纬37度50分　东经120度0分

第十基点　北纬38度5分　东经120度30分

第十一基点　北纬38度5分　东经121度0分

第十二基点　北纬38度0分　东经121度0分

第十三基点　北纬37度20分　东经123度3分

第十四基点　北纬36度48分10秒　东经122度44分30秒

第十五基点　北纬35度11分　东经120度38分

第十六基点　北纬30度44分　东经123度25分

第十七基点　北纬29度0分　东经122度45分

（二）凡机轮拖网渔业，即备有螺旋推进器的渔轮，拖曳网具以捕捞底层水产动物的渔业（不包括机帆船渔业），都不得在禁渔区内作业。但经农业部批准，进行以调查、试验研究为目的的作业，不在此限。

（三）对违反上述规定的我国机轮，应由公安司令机关会同水产管理机关视具体情况予以警告和没收渔获物等处分，情节严重者得依法没收船只，并给船长或执行船长职务的人员及公司负责人以适当处分。

对违反上述规定的外国机轮，应由公安司令机关视具体情况和情节轻重，予以驱逐或暂时扣留。对暂时扣留的船只，应会同水产管理部门及时上报国务院听候处理。

（四）必要时，由农业部提出，报经国务院批准后，得临时开放禁渔区的一部分。

中华人民共和国水产部关于转知《国务院关于渤海、黄海及东海机轮拖网渔业禁渔区的命令的补充规定》

（1957年8月16日发布）

兹奉中华人民共和国国务院1957年7月26日总周字第53号关于渤海、黄海及东海机轮拖网渔业禁渔区的命令的补充规定：关于渤海、黄海及东海机轮拖网渔业禁渔区的命令，业已下达在案。近来由于北纬29度以南海面的治安情况好转，渔业生产亦逐渐恢复。为了保护沿海水产资源和避免机轮拖网渔业与渔民帆船渔业的纠纷，兹根据原令，特作如下补充规定：

一、按照下列三个基点作成连接线，在此线以西的我国沿海，为拖网渔轮禁渔区。

第十七基点：北纬29度东经122度45分（即原令的第十七基点）。

第十八基点：北纬27度30分东经121度30分。

第十九基点：北纬27度东经121度10分。

二、有关其他事项，仍按原令规定办理（因水产部已经成立，原令中“农业部”三字改为“水产部”）。

国务院关于保护水库安全和水产资源的通令

（1979 年 10 月 16 日发布）

建国以来，国家兴建了大量水库和其他水利工程，对战胜水旱灾害，保障工农业生产和人民生命财产安全，以及发展水产养殖事业，发挥了重要作用。但近几年来，由于林彪、“四人帮”的干扰破坏，煽动无政府主义，肆意践踏水利、水产规章制度，有些地区水库炸鱼成风，水库安全受到严重威胁，水产资源遭到严重破坏。为了保护水库安全和水产资源，特通令如下：

一、水库、闸坝、堤防等水利工程及其附属设施和护堤林木、草皮，都关系到防洪安全，必须严加保护，不准破坏。

二、严禁任何单位和个人在水库、湖泊、江河等一切水域炸鱼、毒鱼、电鱼，以保护水利工程安全和水产资源。

三、水库和其他各项水利工程，都必须规定安全管理范围和护堤地。在堤坝和规定安全管理范围、护堤地内，严禁毁林开荒、破堤扒口、挖穴埋葬、建窑建房、垦殖放牧、取土爆破等危害水利工程的活动。

四、水利工程管理人员，必须严格遵守国家政策、法令和有关规章制度，坚守岗位，管好用好水利工程，同一切危害水利工程的行为作坚决的斗争。任何人不得干预、阻挠水利工程管理人员执行公务。

五、对违犯上述规定的单位和个人，要严肃处理，情节严重的，要依法惩办。

国务院关于加强食品等产品安全监督管理的特别规定

（2007 年 7 月 26 日国务院令第 503 号公布，自公布之日起施行）

第一条　为了加强食品等产品安全监督管理，进一步明确生产经营者、监督管理部门和地方人民政府的责任，加强各监督管理部门的协调、配合，保障人体健康和生命安全，制定本规定。

第二条　本规定所称产品除食品外，还包括食用农产品、药品等与人体健康和生命安全有关的产品。

对产品安全监督管理，法律有规定的，适用法律规定；法律没有规定或者规定不明确的，适用本规定。

第三条　生产经营者应当对其生产、销售的产品安全负责，不得生产、销售不符合法定要求的产品。

依照法律、行政法规规定生产、销售产品需要取得许可证照或者需要经过认证的，应当按照法定条件、要求从事生产经营活动。不按照法定条件、要求从事生产经营活动或者生产、销售不符合法定要求产品的，由农业、卫生、质检、商务、工商、药品等监督管理部门依据各自职责，没收违法所得、产品和用于违法生产的工具、设备、原材料等物品，货值金额不足5 000元的，并处 5 万元罚款；货值金额5 000元以上不足 1 万元的，并处 10 万元罚款；货值金额1 万元以上的，并处货值金额 10 倍以上 20 倍以下的罚款；造成严重后果的，由原发证部门吊销许可证照；构成非法经营罪或者生产、销售伪劣商品罪等犯罪的，依法追究刑事责任。

生产经营者不再符合法定条件、要求，继续从事生产经营活动的，由原发证部门吊销许可证照，并在当地主要媒体上公告被吊销许可证照的生产经营者名单；构成非法经营罪或者生产、销售伪劣商品罪等犯罪的，依法追究刑事责任。

依法应当取得许可证照而未取得许可证照从事生产经营活动的，由农业、卫生、质检、商务、工商、药品等监督管理部门依据各自职责，没收违法所得、产品和用于违法生产的工具、设备、原材料等物品，货值金额不足 1 万元的，并处 10 万元罚款；货值金额 1 万元以上的，并处货值金额 10 倍以上 20 倍以下的罚款；构成非法经营罪的，依法追究刑事责任。

有关行业协会应当加强行业自律，监督生产经营者的生产经营活动；加强公众健康知识的普及、宣传，引导消费者选择合法生产经营者生产、销售的产品以及有合法标识的产品。

第四条　生产者生产产品所使用的原料、辅料、添加剂、农业投入品，应当符合法律、行政法规的规定和国家强制性标准。

违反前款规定，违法使用原料、辅料、添加剂、农业投入品的，由农业、卫生、质检、商务、药品等监督管理部门依据各自职责没收违法所得，货值金额不足5 000元的，并处 2 万元罚款；货值金额5 000元以上不足 1 万元的，并处 5 万元罚款；货值金额

1万元以上的，并处货值金额5倍以上10倍以下的罚款；造成严重后果的，由原发证部门吊销许可证照；构成生产、销售伪劣商品罪的，依法追究刑事责任。

第五条 销售者必须建立并执行进货检查验收制度，审验供货商的经营资格，验明产品合格证明和产品标识，并建立产品进货台账，如实记录产品名称、规格、数量、供货商及其联系方式、进货时间等内容。从事产品批发业务的销售企业应当建立产品销售台账，如实记录批发的产品品种、规格、数量、流向等内容。在产品集中交易场所销售自制产品的生产企业应当比照从事产品批发业务的销售企业的规定，履行建立产品销售台账的义务。进货台账和销售台账保存期限不得少于2年。销售者应当向供货商按照产品生产批次索要符合法定条件的检验机构出具的检验报告或者由供货商签字或者盖章的检验报告复印件；不能提供检验报告或者检验报告复印件的产品，不得销售。

违反前款规定的，由工商、药品监督管理部门依据各自职责责令停止销售；不能提供检验报告或者检验报告复印件销售产品的，没收违法所得和违法销售的产品，并处货值金额3倍的罚款；造成严重后果的，由原发证部门吊销许可证照。

第六条 产品集中交易市场的开办企业、产品经营柜台出租企业、产品展销会的举办企业，应当审查入场销售者的经营资格，明确入场销售者的产品安全管理责任，定期对入场销售者的经营环境、条件、内部安全管理制度和经营产品是否符合法定要求进行检查，发现销售不符合法定要求产品或者其他违法行为的，应当及时制止并立即报告所在地工商行政管理部门。

违反前款规定的，由工商行政管理部门处以1 000元以上5万元以下的罚款；情节严重的，责令停业整顿；造成严重后果的，吊销营业执照。

第七条 出口产品的生产经营者应当保证其出口产品符合进口国（地区）的标准或者合同要求。法律规定产品必须经过检验方可出口的，应当经符合法律规定的机构检验合格。

出口产品检验人员应当依照法律、行政法规规定和有关标准、程序、方法进行检验，对其出具的检验证单等负责。

出入境检验检疫机构和商务、药品等监督管理部门应当建立出口产品的生产经营者良好记录和不良记录，并予以公布。对有良好记录的出口产品的生产经营者，简化检验检疫手续。

出口产品的生产经营者逃避产品检验或者弄虚作假的，由出入境检验检疫机构和药品监督管理部门依据各自职责，没收违法所得和产品，并处货值金额3倍的罚款；构成犯罪的，依法追究刑事责任。

第八条 进口产品应当符合我国国家技术规范的强制性要求以及我国与出口国（地区）签订的协议规定的检验要求。

质检、药品监督管理部门依据生产经营者的诚信度和质量管理水平以及进口产品风险评估的结果，对进口产品实施分类管理，并对进口产品的收货人实施备案管理。进口产品的收货人应当如实记录进口产品流向。记录保存期限不得少于2年。

质检、药品监督管理部门发现不符合法定要求产品时，可以将不符合法定要求产品的进货人、报检人、代理人列入不良记录名单。进口产品的进货人、销售者弄虚作假的，由质检、药品监督管理部门依据各自职责，没收违法所得和产品，并处货值金额3倍的罚款；构成犯罪的，依法追究刑事责任。进口产品的报检人、代理人弄虚作假的，取消报检资格，并处货值金额等值的罚款。

第九条 生产企业发现其生产的产品存在安全隐患，可能对人体健康和生命安全造成损害的，应当向社会公布有关信息，通知销售者停止销售，告知消费者停止使用，主动召回产品，并向有关监督管理部门报告；销售者应当立即停止销售该产品。销售者发现其销售的产品存在安全隐患，可能对人体健康和生命安全造成损害的，应当立即停止销售该产品，通知生产企业或者供货商，并向有关监督管理部门报告。

生产企业和销售者不履行前款规定义务的，由农业、卫生、质检、商务、工商、药品等监督管理部门依据各自职责，责令生产企业召回产品、销售者停止销售，对生产企业并处货值金额3倍的罚款，对销售者并处1 000元以上5万元以下的罚款；造成严重后果的，由原发证部门吊销许可证照。

第十条 县级以上地方人民政府应当将产品安全监督管理纳入政府工作考核目标，对本行政区域内的产品安全监督管理负总责，统一领导、协调本行政区域内的监督管理工作，建立健全监督管理协调机制，加强对行政执法的协调、监督；统一领导、指挥产品安全突发事件应对工作，依法组织查处产品安全事故；建立监督管理责任制，对各监督管理部门进行评议、考核。质检、工商和药品等监督管理部门应当在所在地同级人民政府的统一协调下，依法做好产品安全监督管理工作。

县级以上地方人民政府不履行产品安全监督管理的领导、协调职责，本行政区域内一年多次出现产品安全事故、造成严重社会影响的，由监察机关或者任免机关对政府的主要负责人和直接负责的主管人员给予记大过、降级或者撤职的处分。

第十一条 国务院质检、卫生、农业等主管部门在各自职责范围内尽快制定、修改或者起草相关国家标准，加快建立统一管理、协调配套、符合实际、科学合理的产品标准体系。

第十二条 县级以上人民政府及其部门对产品安全实施监督管理，应当按照法定权限和程序履行职责，做到公开、公平、公正。对生产经营者同一违法行为，不得给予2次以上罚款的行政处罚；对涉嫌构成犯罪、依法需要追究刑事责任的，应当依照《行政执法机关移送涉嫌犯罪案件的规定》，向公安机关移送。

农业、卫生、质检、商务、工商、药品等监督管理部门应当依据各自职责对生产经营者进行监督检查，并对其遵守强制性标准、法定要求的情况予以记录，由监督检查人员签字后归档。监督检查记录应当作为其直接负责主管人员定期考核的内容。公众有权查阅监督检查记录。

第十三条 生产经营者有下列情形之一的，农业、卫生、质检、商务、工商、药品等监督管理部门应当依据各自职责采取措施，纠正违法行为，防止或者减少危害发生，并依照本规定予以处罚：

（一）依法应当取得许可证照而未取得许可证照从事生产经营活动的；

（二）取得许可证照或者经过认证后，不按照法定条件、要求从事生产经营活动或者生产、销售不符合法定要求产品的；

（三）生产经营者不再符合法定条件、要求继续从事生产经营活动的；

（四）生产者生产产品不按照法律、行政法规的规定和国家强制性标准使用原料、辅料、添加剂、农业投入品的；

（五）销售者没有建立并执行进货检查验收制度，并建立产品进货台账的；

（六）生产企业和销售者发现其生产、销售的产品存在安全隐患，可能对人体健康和生命安全造成损害，不履行本规定的义务的；

（七）生产经营者违反法律、行政法规和本规定的其他有关规定的。

农业、卫生、质检、商务、工商、药品等监督管理部门不履行前款规定职责、造成后果的，由监察机关或者任免机关对其主要负责人、直接负责的主管人员和其他直接责任人员给予记大过或者降级的处分；造成严重后果的，给予其主要负责人、直接负责的主管人员和其他直接责任人员撤职或者开除的处分；其主要负责人、直接负责的主管人员和其他直接责任人员构成渎职罪的，依法追究刑事责任。

违反本规定，滥用职权或者有其他渎职行为的，由监察机关或者任免机关对其主要负责人、直接负责的主管人员和其他直接责任人员给予记过或者记大过的处分；造成严重后果的，给予其主要负责人、直接负责的主管人员和其他直接责任人员降级或者撤职的处分；其主要负责人、直接负责的主管人员和其他直接责任人员构成渎职罪的，依法追究刑事责任。

第十四条 农业、卫生、质检、商务、工商、药品等监督管理部门发现违反本规定的行为，属于其他监督管理部门职责的，应当立即书面通知并移交有权处理的监督管理部门处理。有权处理的部门应当立即处理，不得推诿；因不立即处理或者推诿造成后果的，由监察机关或者任免机关对其主要负责人、直接负责的主管人员和其他直接责任人员给予记大过或者降级的处分。

第十五条 农业、卫生、质检、商务、工商、药品等监督管理部门履行各自产品安全监督管理职责，有下列职权：

（一）进入生产经营场所实施现场检查；

（二）查阅、复制、查封、扣押有关合同、票据、账簿以及其他有关资料；

（三）查封、扣押不符合法定要求的产品，违法使用的原料、辅料、添加剂、农业投入品以及用于违法生产的工具、设备；

（四）查封存在危害人体健康和生命安全重大隐患的生产经营场所。

第十六条 农业、卫生、质检、商务、工商、药品等监督管理部门应当建立生产经营者违法行为记录制度，对违法行为的情况予以记录并公布；对有多次违法行为记录的生产经营者，吊销许可证照。

第十七条 检验检测机构出具虚假检验报告，造成严重后果的，由授予其资质的部门吊销其检验检测资质；构成犯罪的，对直接负责的主管人员和其他直接责任人员依法追究刑事责任。

第十八条 发生产品安全事故或者其他对社会造成严重影响的产品安全事件时，农业、卫生、质检、商务、工商、药品等监督管理部门必须在各自职责范围内及时作出反应，采取措施，控制事态发展，减少损失，依照国务院规定发布信息，做好有关善后工作。

第十九条 任何组织或者个人对违反本规定的行为有权举报。接到举报的部门应当为举报人保密。举报经调查属实的，受理举报的部门应当给予举报人奖励。

农业、卫生、质检、商务、工商、药品等监督管理部门应当公布本单位的电子邮件地址或者举报电话；对接到的举报，应当及时、完整地进行记录并妥善保存。举报的事项属于本部门职责的，应当受理，并依法进行核实、处理、答复；不属于本部门职责的，应当转交有权处理的部门，并告知举报人。

第二十条 本规定自公布之日起施行。

太湖流域管理条例

（2011 年 9 月 7 日国务院令第 604 号公布，自 2011 年 11 月 1 日起施行）

第一章 总 则

第一条 为了加强太湖流域水资源保护和水污染防治，保障防汛抗旱以及生活、生产和生态用水安全，改善太湖流域生态环境，制定本条例。

第二条 本条例所称太湖流域，包括江苏省、浙江省、上海市（以下称两省一市）长江以南，钱塘江以北，天目山、茅山流域分水岭以东的区域。

第三条 太湖流域管理应当遵循全面规划、统筹兼顾、保护优先、兴利除害、综合治理、科学发展的原则。

第四条 太湖流域实行流域管理与行政区域管理相结合的管理体制。

国家建立健全太湖流域管理协调机制，统筹协调太湖流域管理中的重大事项。

第五条 国务院水行政、环境保护等部门依照法律、行政法规规定和国务院确定的职责分工，负责太湖流域管理的有关工作。

国务院水行政主管部门设立的太湖流域管理机构（以下简称太湖流域管理机构）在管辖范围内，行使法律、行政法规规定的和国务院水行政主管部门授予的监督管理职责。

太湖流域县级以上地方人民政府有关部门依照法律、法规规定，负责本行政区域内有关的太湖流域管理工作。

第六条 国家对太湖流域水资源保护和水污染防治实行地方人民政府目标责任制与考核评价制度。

太湖流域县级以上地方人民政府应当将水资源保护、水污染防治、防汛抗旱、水域和岸线保护以及生活、生产和生态用水安全等纳入国民经济和社会发展规划，调整经济结构，优化产业布局，严格限制高耗水和高污染的建设项目。

第二章 饮用水安全

第七条 太湖流域县级以上地方人民政府应当合理确定饮用水水源地，并依照《中华人民共和国水法》、《中华人民共和国水污染防治法》的规定划定饮用水水源保护区，保障饮用水供应和水质安全。

第八条 禁止在太湖流域饮用水水源保护区内设置排污口、有毒有害物品仓库以及垃圾场；已经设置的，当地县级人民政府应当责令拆除或者关闭。

第九条 太湖流域县级人民政府应当建立饮用水水源保护区日常巡查制度，并在饮用水水源一级保护区设置水质、水量自动监测设施。

第十条 太湖流域县级以上地方人民政府应当按照水源互补、科学调度的原则，合理规划、建设应急备用水源和跨行政区域的联合供水项目。按照规划供水范围的正常用水量计算，应急备用水源应当具备不少于 7 天的供水能力。

太湖流域县级以上地方人民政府供水主管部门应当根据生活饮用水国家标准的要求，编制供水设施技术改造规划，报本级人民政府批准后组织实施。

第十一条　太湖流域县级以上地方人民政府应当组织水行政、环境保护、住房和城乡建设等部门制定本行政区域的供水安全应急预案。有关部门应当根据本行政区域的供水安全应急预案制定实施方案。

太湖流域供水单位应当根据本行政区域的供水安全应急预案，制定相应的应急工作方案，并报供水主管部门备案。

第十二条　供水安全应急预案应当包括下列主要内容：

（一）应急备用水源和应急供水设施；

（二）监测、预警、信息报告和处理；

（三）组织指挥体系和应急响应机制；

（四）应急备用水源启用方案或者应急调水方案；

（五）资金、物资、技术等保障措施。

第十三条　太湖流域市、县人民政府应当组织对饮用水水源、供水设施以及居民用水点的水质进行实时监测；在蓝藻暴发等特殊时段，应当增加监测次数和监测点，及时掌握水质状况。

太湖流域市、县人民政府发现饮用水水源、供水设施以及居民用水点的水质异常，可能影响供水安全的，应当立即采取预防、控制措施，并及时向社会发布预警信息。

第十四条　发生供水安全事故，太湖流域县级以上地方人民政府应当立即按照规定程序上报，并根据供水安全事故的严重程度和影响范围，按照职责权限启动相应的供水安全应急预案，优先保障居民生活饮用水。

发生供水安全事故，需要实施跨流域或者跨省、直辖市行政区域水资源应急调度的，由太湖流域管理机构对太湖、太浦河、新孟河、望虞河的水工程下达调度指令。

防汛抗旱期间发生供水安全事故，需要实施水资源应急调度的，由太湖流域防汛抗旱指挥机构、太湖流域县级以上地方人民政府防汛抗旱指挥机构下达调度指令。

第三章　水资源保护

第十五条　太湖流域水资源配置与调度，应当首先满足居民生活用水，兼顾生产、生态用水以及航运等需要，维持太湖合理水位，促进水体循环，提高太湖流域水环境容量。

太湖流域水资源配置与调度，应当遵循统一实施、分级负责的原则，协调总量控制与水位控制的关系。

第十六条　太湖流域管理机构应当商两省一市人民政府水行政主管部门，根据太湖流域综合规划制订水资源调度方案，报国务院水行政主管部门批准后组织两省一市人民政府水行政主管部门统一实施。

水资源调度方案批准前，太湖流域水资源调度按照国务院水行政主管部门批准的引江济太调度方案以及有关年度调度计划执行。

地方人民政府、太湖流域管理机构和水工程管理单位主要负责人应当对水资源调度方案和调度指令的执行负责。

第十七条　太浦河太浦闸、泵站，新孟河江边枢纽、运河立交枢纽，望虞河望亭、常熟水利枢纽，由太湖流域管理机构下达调度指令。

国务院水行政主管部门规定的对流域水资源配置影响较大的水工程，由太湖流域管理机构商当地省、直辖市人民政府水行政主管部门下达调度指令。

太湖流域其他水工程，由县级以上地方人民政府水行政主管部门按照职责权限下达调度指令。

下达调度指令应当以水资源调度方案为基本依据，并综合考虑实时水情、雨情等情况。

第十八条　太湖、太浦河、新孟河、望虞河实行取水总量控制制度。两省一市人民政府水行政主管部门应当于每年 2 月 1 日前将上一年度取水总量控制情况和本年度取水计划建议报太湖流域管理机构。太湖流域管理机构应当根据取水总量控制指标，结合年度预测来水量，于每年 2 月 25 日前向两省一市人民政府水行政主管部门下达年度取水计划。

太湖流域管理机构应当对太湖、太浦河、新孟河、望虞河取水总量控制情况进行实时监控。对取水总量已经达到或者超过取水总量控制指标的，不得批准建设项目新增取水。

第十九条 国务院水行政主管部门应当会同国务院环境保护等部门和两省一市人民政府，按照流域综合规划、水资源保护规划和经济社会发展要求，拟定太湖流域水功能区划，报国务院批准。

太湖流域水功能区划未涉及的太湖流域其他水域的水功能区划，由两省一市人民政府水行政主管部门会同同级环境保护等部门拟定，征求太湖流域管理机构意见后，由本级人民政府批准并报国务院水行政、环境保护主管部门备案。

调整经批准的水功能区划，应当经原批准机关或者其授权的机关批准。

第二十条 太湖流域的养殖、航运、旅游等涉及水资源开发利用的规划，应当遵守经批准的水功能区划。

在太湖流域湖泊、河道从事生产建设和其他开发利用活动的，应当符合水功能区保护要求；其中在太湖从事生产建设和其他开发利用活动的，有关主管部门在办理批准手续前，应当就其是否符合水功能区保护要求征求太湖流域管理机构的意见。

第二十一条 太湖流域县级以上地方人民政府水行政主管部门和太湖流域管理机构应当加强对水功能区保护情况的监督检查，定期公布水资源状况；发现水功能区未达到水质目标的，应当及时报告有关人民政府采取治理措施，并向环境保护主管部门通报。

主要入太湖河道控制断面未达到水质目标的，在不影响防洪安全的前提下，太湖流域管理机构应当通报有关地方人民政府关闭其入湖口门并组织治理。

第二十二条 太湖流域县级以上地方人民政府应当按照太湖流域综合规划和太湖流域水环境综合治理总体方案等要求，组织采取环保型清淤措施，对太湖流域湖泊、河道进行生态疏浚，并对清理的淤泥进行无害化处理。

第二十三条 太湖流域县级以上地方人民政府应当加强用水定额管理，采取有效措施，降低用水消耗，提高用水效率，并鼓励回用再生水和综合利用雨水、海水、微咸水。

需要取水的新建、改建、扩建建设项目，应当在水资源论证报告书中按照行业用水定额要求明确节约用水措施，并配套建设节约用水设施。节约用水设施应当与主体工程同时设计、同时施工、同时投产。

第二十四条 国家将太湖流域承压地下水作为应急和战略储备水源，禁止任何单位和个人开采，但是供水安全事故应急用水除外。

第四章　水污染防治

第二十五条 太湖流域实行重点水污染物排放总量控制制度。

太湖流域管理机构应当组织两省一市人民政府水行政主管部门，根据水功能区对水质的要求和水体的自然净化能力，核定太湖流域湖泊、河道纳污能力，向两省一市人民政府环境保护主管部门提出限制排污总量意见。

两省一市人民政府环境保护主管部门应当按照太湖流域水环境综合治理总体方案、太湖流域水污染防治规划等确定的水质目标和有关要求，充分考虑限制排污总量意见，制订重点水污染物排放总量削减和控制计划，经国务院环境保护主管部门审核同意，报两省一市人民政府批准并公告。

两省一市人民政府应当将重点水污染物排放总量削减和控制计划确定的控制指标分解下达到太湖流域各市、县。市、县人民政府应当将控制指标分解落实到排污单位。

第二十六条 两省一市人民政府环境保护主管部门应当根据水污染防治工作需要，制订本行政区域其他水污染物排放总量控制指标，经国务院环境保护主管部门审核，报本级人民政府批准，并由两省一市人民政府抄送国务院环境保护、水行政主管部门。

第二十七条 国务院环境保护主管部门可以根据太湖流域水污染防治和优化产业结构、调整产业布局的需要，制定水污染物特别排放限值，并商两省一市人民政府确定和公布在太湖流域执行水污染物特别排放限值的具体地域范围和时限。

第二十八条 排污单位排放水污染物，不得超过经核定的水污染物排放总量，并应当按照规定设置便于检查、采样的规范化排污口，悬挂标志牌；不得私设暗管或者采取其他规避监管的方式排放水污染物。

禁止在太湖流域设置不符合国家产业政策和水环境综合治理要求的造纸、制革、酒精、淀粉、冶金、酿造、印染、电镀等排放水污染物的生产项目，现有的生产项目不能实现达标排放的，应当依法关闭。

在太湖流域新设企业应当符合国家规定的清洁生产要求，现有的企业尚未达到清洁生产要求的，应当按照清洁生产规划要求进行技术改造，两省一市人民政府应当加强监督检查。

第二十九条 新孟河、望虞河以外的其他主要入太湖河道，自河口1万米上溯至5万米河道岸线内及其岸线两侧各1 000米范围内，禁止下列行为：

（一）新建、扩建化工、医药生产项目；

（二）新建、扩建污水集中处理设施排污口以外的排污口；

（三）扩大水产养殖规模。

第三十条 太湖岸线内和岸线周边5 000米范围内，淀山湖岸线内和岸线周边2 000米范围内，太浦河、新孟河、望虞河岸线内和岸线两侧各1 000米范围内，其他主要入太湖河道自河口上溯至1万米河道岸线内及其岸线两侧各1 000米范围内，禁止下列行为：

（一）设置剧毒物质、危险化学品的贮存、输送设施和废物回收场、垃圾场；

（二）设置水上餐饮经营设施；

（三）新建、扩建高尔夫球场；

（四）新建、扩建畜禽养殖场；

（五）新建、扩建向水体排放污染物的建设项目；

（六）本条例第二十九条规定的行为。

已经设置前款第一项、第二项规定设施的，当地县级人民政府应当责令拆除或者关闭。

第三十一条 太湖流域县级以上地方人民政府应当推广测土配方施肥、精准施肥、生物防治病虫害等先进适用的农业生产技术，实施农药、化肥减施工程，减少化肥、农药使用量，发展绿色生态农业，开展清洁小流域建设，有效控制农业面源污染。

第三十二条 两省一市人民政府应当加强对太湖流域水产养殖的管理，合理确定水产养殖规模和布局，推广循环水养殖、不投饵料养殖等生态养殖技术，减少水产养殖污染。

国家逐步淘汰太湖围网养殖。江苏省、浙江省人民政府渔业行政主管部门应当按照统一规划、分步实施、合理补偿的原则，组织清理在太湖设置的围网养殖设施。

第三十三条 太湖流域的畜禽养殖场、养殖专业合作社、养殖小区应当对畜禽粪便、废水进行无害化处理，实现污水达标排放；达到两省一市人民政府规定规模的，应当配套建设沼气池、发酵池等畜禽粪便、废水综合利用或者无害化处理设施，并保证其正常运转。

第三十四条 太湖流域县级以上地方人民政府应当合理规划建设公共污水管网和污水集中处理设施，实现雨水、污水分流。自本条例施行之日起5年内，太湖流域县级以上地方人民政府所在城镇和重点建制镇的生活污水应当全部纳入公共污水管网并经污水集中处理设施处理。

太湖流域县级人民政府应当为本行政区域内的农村居民点配备污水、垃圾收集设施，并对收集的污水、垃圾进行集中处理。

第三十五条 太湖流域新建污水集中处理设施，应当符合脱氮除磷深度处理要求；现有的污水集中处理设施不符合脱氮除磷深度处理要求的，当地市、县人民政府应当自本条例施行之日起1年内组织进行技术改造。

太湖流域市、县人民政府应当统筹规划建设污泥处理设施，并指导污水集中处理单位对处理污水产生的污泥等废弃物进行无害化处理，避免二次污染。

国家鼓励污水集中处理单位配套建设再生水利用设施。

第三十六条 在太湖流域航行的船舶应当按照要求配备污水、废油、垃圾、粪便等污染物、废弃物收集设施。未持有合法有效的防止水域环境污染证书、文书的船舶，不得在太湖流域航行。运输剧毒物质、危险化学品的船舶，不得进入太湖。

太湖流域各港口、码头、装卸站和船舶修造厂应当配备船舶污染物、废弃物接收设施和必要的水污染应急设施，并接受当地港口管理部门和环境保护主管部门的监督。

太湖流域县级以上地方人民政府和有关海事管理机构应当建立健全船舶水污染事故应急制度，在船舶水污染事故发生后立即采取应急处置措施。

第三十七条 太湖流域县级人民政府应当组建专业打捞队伍，负责当地重点水域蓝藻等有害藻类的打捞。打捞的蓝藻等有害藻类应当运送至指定的场所进行无害化处理。

国家鼓励运用技术成熟、安全可靠的方法对蓝藻等有害藻类进行生态防治。

第五章 防汛抗旱与水域、岸线保护

第三十八条 太湖流域防汛抗旱指挥机构在国家防汛抗旱指挥机构的领导下，统一组织、指挥、指导、协调和监督太湖流域防汛抗旱工作，其具体工作由太湖流域管理机构承担。

第三十九条 太湖流域管理机构应当会同两省一市人民政府，制订太湖流域洪水调度方案，报国家防汛抗旱指挥机构批准。太湖流域洪水调度方案是太湖流域防汛调度的基本依据。

太湖流域发生超标准洪水或者特大干旱灾害，由太湖流域防汛抗旱指挥机构组织两省一市人民政府防汛抗旱指挥机构提出处理意见，报国家防汛抗旱指挥机构批准后执行。

第四十条 太浦河太浦闸、泵站，新孟河江边枢纽、运河立交枢纽，望虞河望亭、常熟水利枢纽以及国家防汛抗旱指挥机构规定的对流域防汛抗旱影响较大的水工程的防汛抗旱调度指令，由太湖流域防汛抗旱指挥机构下达。

太湖流域其他水工程的防汛抗旱调度指令，由太湖流域县级以上地方人民政府防汛抗旱指挥机构按照职责权限下达。

第四十一条 太湖水位以及与调度有关的其他水文测验数据，以国家基本水文测站的测验数据为准；未设立国家基本水文测站的，以太湖流域管理机构确认的水文测验数据为准。

第四十二条 太湖流域管理机构应当组织两省一市人民政府水行政主管部门会同同级交通运输主管部门，根据防汛抗旱和水域保护需要制订岸线利用管理规划，经征求两省一市人民政府国土资源、环境保护、城乡规划等部门意见，报国务院水行政主管部门审核并由其报国务院批准。岸线利用管理规划应当明确太湖、太浦河、新孟河、望虞河岸线划定、利用和管理等要求。

太湖流域县级人民政府应当按照岸线利用管理规划，组织划定太湖、太浦河、新孟河、望虞河岸线，设置界标，并报太湖流域管理机构备案。

第四十三条 在太湖、太浦河、新孟河、望虞河岸线内兴建建设项目，应当符合太湖流域综合规划和岸线利用管理规划，不得缩小水域面积，不得降低行洪和调蓄能力，不得擅自改变水域、滩地使用性质；无法避免缩小水域面积、降低行洪和调蓄能力的，应当同时兴建等效替代工程或者采取其他功能补救措施。

第四十四条 需要临时占用太湖、太浦河、新孟河、望虞河岸线内水域、滩地的，应当经太湖流域管理机构同意，并依法办理有关手续。临时占用水域、滩地的期限不得超过2年。

临时占用期限届满，临时占用人应当及时恢复水域、滩地原状；临时占用水域、滩地给当地居民生产等造成损失的，应当依法予以补偿。

第四十五条 太湖流域圩区建设、治理应当符合流域防洪要求，合理控制圩区标准，统筹安排圩区外排水河道规模，严格控制联圩并圩，禁止将湖荡等大面积水域圈入圩内，禁止缩小圩外水域面积。

两省一市人民政府水行政主管部门应当编制圩区建设、治理方案，报本级人民政府批准后组织实施。太湖、太浦河、新孟河、望虞河以及两省一市行政区域边界河道的圩区建设、治理方案在批准前，应当征得太湖流域管理机构同意。

第四十六条 禁止在太湖岸线内圈圩或者围湖造地；已经建成的圈圩不得加高、加宽圩堤，已经围湖所造的土地不得垫高土地地面。

两省一市人民政府水行政主管部门应当会同同级国土资源等部门，自本条例施行之日起2年内编制太湖岸线内已经建成的圈圩和已经围湖所造土地清理工作方案，报国务院水行政主管部门和两省一市人民政府批准后组织实施。

第六章 保障措施

第四十七条 太湖流域县级以上地方人民政府及其有关部门应当采取措施保护和改善太湖生态环境，在太湖岸线周边500米范围内，饮用水水源保护区周边1 500米范围内和主要入太湖河道岸线两侧各200米范围内，合理建设生态防护林。

第四十八条 太湖流域县级以上地方人民政府林业、水行政、环境保护、农业等部门应当开展综合治理，保护湿地，促进生态恢复。

两省一市人民政府渔业行政主管部门应当根据太湖流域水生生物资源状况、重要渔业资源繁殖规律和水产种质资源保护需要，开展水生生物资源增殖放流，实行禁渔区和禁渔期制度，并划定水产种质资源保护区。

第四十九条 上游地区未完成重点水污染物排放总量削减和控制计划、行政区域边界断面水质未达到阶段水质目标的，应当对下游地区予以补偿；上游地区完成重点水污染物排放总量削减和控制计划、行政区域边界断面水质达到阶段水质目标的，下游地区应当对上游地区予以补偿。补偿通过财政转移支付方式或者有关地方人民政府协商确定的其他方式支付。具体办法由国务院财政、环境保护主管部门会同两省一市人民政府制定。

第五十条 排放污水的单位和个人，应当按照规定缴纳污水处理费。通过公共供水设施供水的，污水处理费和水费一并收取；使用自备水源的，污水处理费和水资源费一并收取。污水处理费应当纳入地方财政预算管理，专项用于污水集中处理设施的建设和运行。污水处理费不能补偿污水集中处理单位正常运营成本的，当地县级人民政府应当给予适当补贴。

第五十一条 对为减少水污染物排放自愿关闭、搬迁、转产以及进行技术改造的企业，两省一市人民政府应当通过财政、信贷、政府采购等措施予以鼓励和扶持。

国家鼓励太湖流域排放水污染物的企业投保环境污染责任保险，具体办法由国务院环境保护主管部门会同国务院保险监督管理机构制定。

第五十二条 对因清理水产养殖、畜禽养殖，实施退田还湖、退渔还湖等导致转产转业的农民，当地县级人民政府应当给予补贴和扶持，并通过劳动技能培训、纳入社会保障体系等方式，保障其基本生活。

对因实施农药、化肥减施工程等导致收入减少或者支出增加的农民，当地县级人民政府应当给予补贴。

第七章　监测与监督

第五十三条 国务院发展改革、环境保护、水行政、住房和城乡建设等部门应当按照国务院有关规定，对两省一市人民政府水资源保护和水污染防治目标责任执行情况进行年度考核，并将考核结果报国务院。

太湖流域县级以上地方人民政府应当对下一级人民政府水资源保护和水污染防治目标责任执行情况进行年度考核。

第五十四条 国家按照统一规划布局、统一标准方法、统一信息发布的要求，建立太湖流域监测体系和信息共享机制。

太湖流域管理机构应当商两省一市人民政府环境保护、水行政主管部门和气象主管机构等，建立统一的太湖流域监测信息共享平台。

两省一市人民政府环境保护主管部门负责本行政区域的水环境质量监测和污染源监督性监测。太湖流域管理机构和两省一市人民政府水行政主管部门负责水文水资源监测；太湖流域管理机构负责两省一市行政区域边界水域和主要入太湖河道控制断面的水环境质量监测，以及太湖流域重点水功能区和引江济太调水的水质监测。

太湖流域水环境质量信息由两省一市人民政府环境保护主管部门按照职责权限发布。太湖流域水文水资源信息由太湖流域管理机构会同两省一市人民政府水行政主管部门统一发布；发布水文水资源信息涉及水环境质量的内容，应当与环境保护主管部门协商一致。太湖流域年度监测报告由国务院环境保护、水行政主管部门共同发布，必要时也可以授权太湖流域管理机构发布。

第五十五条 有下列情形之一的，有关部门应当暂停办理两省一市相关行政区域或者主要入太湖河道沿线区域可能产生污染的建设项目的审批、核准以及环境影响评价、取水许可和排污口设置审查等手续，并通报有关地方人民政府采取治理措施：

（一）未完成重点水污染物排放总量削减和控制计划，行政区域边界断面、主要入太湖河道控制断面未达到阶段水质目标的；

（二）未完成本条例规定的违法设施拆除、关闭任务的；

（三）因违法批准新建、扩建污染水环境的生产项目造成供水安全事故等严重后果的。

第五十六条　太湖流域管理机构和太湖流域县级以上地方人民政府水行政主管部门应当对设置在太湖流域湖泊、河道的排污口进行核查登记，建立监督管理档案，对污染严重和违法设置的排污口，依照《中华人民共和国水法》、《中华人民共和国水污染防治法》的规定处理。

第五十七条　太湖流域县级以上地方人民政府环境保护主管部门应当会同有关部门，加强对重点水污染物排放总量削减和控制计划落实情况的监督检查，并按照职责权限定期向社会公布。

国务院环境保护主管部门应当定期开展太湖流域水污染调查和评估。

第五十八条　太湖流域县级以上地方人民政府水行政、环境保护、渔业、交通运输、住房和城乡建设等部门和太湖流域管理机构，应当依照本条例和相关法律、法规的规定，加强对太湖开发、利用、保护、治理的监督检查，发现违法行为，应当通报有关部门进行查处，必要时可以直接通报有关地方人民政府进行查处。

第八章　法律责任

第五十九条　太湖流域县级以上地方人民政府及其工作人员违反本条例规定，有下列行为之一的，对直接负责的主管人员和其他直接责任人员依法给予处分；构成犯罪的，依法追究刑事责任：

（一）不履行供水安全监测、报告、预警职责，或者发生供水安全事故后不及时采取应急措施的；

（二）不履行水污染物排放总量削减、控制职责，或者不依法责令拆除、关闭违法设施的；

（三）不履行本条例规定的其他职责的。

第六十条　县级以上人民政府水行政、环境保护、住房和城乡建设等部门及其工作人员违反本条例规定，有下列行为之一的，由本级人民政府责令改正，通报批评，对直接负责的主管人员和其他直接责任人员依法给予处分；构成犯罪的，依法追究刑事责任：

（一）不组织实施供水设施技术改造的；

（二）不执行取水总量控制制度的；

（三）不履行监测职责或者发布虚假监测信息的；

（四）不组织清理太湖岸线内的圈圩、围湖造地和太湖围网养殖设施的；

（五）不履行本条例规定的其他职责的。

第六十一条　太湖流域管理机构及其工作人员违反本条例规定，有下列行为之一的，由国务院水行政主管部门责令改正，通报批评，对直接负责的主管人员和其他直接责任人员依法给予处分；构成犯罪的，依法追究刑事责任：

（一）不履行水资源调度职责的；

（二）不履行水功能区、排污口管理职责的；

（三）不组织制订水资源调度方案、岸线利用管理规划的；

（四）不履行监测职责的；

（五）不履行本条例规定的其他职责的。

第六十二条　太湖流域水工程管理单位违反本条例规定，拒不服从调度的，由太湖流域管理机构或者水行政主管部门按照职责权限责令改正，通报批评，对直接负责的主管人员和其他直接责任人员依法给予处分；构成犯罪的，依法追究刑事责任。

第六十三条　排污单位违反本条例规定，排放水污染物超过经核定的水污染物排放总量，或者在已经确定执行太湖流域水污染物特别排放限值的地域范围、时限内排放水污染物超过水污染物特别排放限值的，依照《中华人民共和国水污染防治法》第七十四条的规定处罚。

第六十四条　违反本条例规定，在太

湖、淀山湖、太浦河、新孟河、望虞河和其他主要入太湖河道岸线内以及岸线周边、两侧保护范围内新建、扩建化工、医药生产项目，或者设置剧毒物质、危险化学品的贮存、输送设施，或者设置废物回收场、垃圾场、水上餐饮经营设施的，由太湖流域县级以上地方人民政府环境保护主管部门责令改正，处20万元以上50万元以下罚款；拒不改正的，由太湖流域县级以上地方人民政府环境保护主管部门依法强制执行，所需费用由违法行为人承担；构成犯罪的，依法追究刑事责任。

违反本条例规定，在太湖、淀山湖、太浦河、新孟河、望虞河和其他主要入太湖河道岸线内以及岸线周边、两侧保护范围内新建、扩建高尔夫球场的，由太湖流域县级以上地方人民政府责令停止建设或者关闭。

第六十五条 违反本条例规定，运输剧毒物质、危险化学品的船舶进入太湖的，由交通运输主管部门责令改正，处10万元以上20万元以下罚款，有违法所得的，没收违法所得；拒不改正的，责令停产停业整顿；构成犯罪的，依法追究刑事责任。

第六十六条 违反本条例规定，在太湖、太浦河、新孟河、望虞河岸线内兴建不符合岸线利用管理规划的建设项目，或者不依法兴建等效替代工程、采取其他功能补救措施的，由太湖流域管理机构或者县级以上地方人民政府水行政主管部门按照职责权限责令改正，处10万元以上30万元以下罚款；拒不改正的，由太湖流域管理机构或者县级以上地方人民政府水行政主管部门按照职责权限依法强制执行，所需费用由违法行为人承担。

第六十七条 违反本条例规定，有下列行为之一的，由太湖流域管理机构或者县级以上地方人民政府水行政主管部门按照职责权限责令改正，对单位处5万元以上10万元以下罚款，对个人处1万元以上3万元以下罚款；拒不改正的，由太湖流域管理机构或者县级以上地方人民政府水行政主管部门按照职责权限依法强制执行，所需费用由违法行为人承担：

（一）擅自占用太湖、太浦河、新孟河、望虞河岸线内水域、滩地或者临时占用期满不及时恢复原状的；

（二）在太湖岸线内圈圩，加高、加宽已经建成圈圩的圩堤，或者垫高已经围湖所造土地地面的；

（三）在太湖从事不符合水功能区保护要求的开发利用活动的。

违反本条例规定，在太湖岸线内围湖造地的，依照《中华人民共和国水法》第六十六条的规定处罚。

第九章 附 则

第六十八条 本条例所称主要入太湖河道控制断面，包括望虞河、大溪港、梁溪河、直湖港、武进港、太滆运河、漕桥河、殷村港、社渎港、官渎港、洪巷港、陈东港、大浦港、乌溪港、大港河、夹浦港、合溪新港、长兴港、杨家浦港、旄儿港、苕溪、大钱港的入太湖控制断面。

第六十九条 两省一市可以根据水环境综合治理需要，制定严于国家规定的产业准入条件和水污染防治标准。

第七十条 本条例自2011年11月1日起施行。

饲料和饲料添加剂管理条例

（1999年5月29日国务院令第266号发布；根据2001年11月29日国务院令327号《国务院关于修改〈饲料和饲料添加剂管理条例〉的决定》第一次修订；根据2011年11月3日国务院令609号修订，自2012年5月1日起施行；根据2013年12月7日国务院令第645号《国务院关于修改部分行政法规的决定》第二次修订；根据2016年2月6日国务院令第666号《国务院关于修改部分行政法规的决定》第三次修订；根据2017年3月1日国务院令第676号《国务院关于修改和废止部分行政法规的决定》第四次修订）

第一章 总 则

第一条 为了加强对饲料、饲料添加剂的管理，提高饲料、饲料添加剂的质量，保障动物产品质量安全，维护公众健康，制定本条例。

第二条 本条例所称饲料，是指经工业化加工、制作的供动物食用的产品，包括单一饲料、添加剂预混合饲料、浓缩饲料、配合饲料和精料补充料。

本条例所称饲料添加剂，是指在饲料加工、制作、使用过程中添加的少量或者微量物质，包括营养性饲料添加剂和一般饲料添加剂。

饲料原料目录和饲料添加剂品种目录由国务院农业行政主管部门制定并公布。

第三条 国务院农业行政主管部门负责全国饲料、饲料添加剂的监督管理工作。

县级以上地方人民政府负责饲料、饲料添加剂管理的部门（以下简称饲料管理部门），负责本行政区域饲料、饲料添加剂的监督管理工作。

第四条 县级以上地方人民政府统一领导本行政区域饲料、饲料添加剂的监督管理工作，建立健全监督管理机制，保障监督管理工作的开展。

第五条 饲料、饲料添加剂生产企业、经营者应当建立健全质量安全制度，对其生产、经营的饲料、饲料添加剂的质量安全负责。

第六条 任何组织或者个人有权举报在饲料、饲料添加剂生产、经营、使用过程中违反本条例的行为，有权对饲料、饲料添加剂监督管理工作提出意见和建议。

第二章 审定和登记

第七条 国家鼓励研制新饲料、新饲料添加剂。

研制新饲料、新饲料添加剂，应当遵循科学、安全、有效、环保的原则，保证新饲料、新饲料添加剂的质量安全。

第八条 研制的新饲料、新饲料添加剂投入生产前，研制者或者生产企业应当向国务院农业行政主管部门提出审定申请，并提供该新饲料、新饲料添加剂的样品和下列资料：

（一）名称、主要成分、理化性质、研制方法、生产工艺、质量标准、检测方法、检验报告、稳定性试验报告、环境影响报告和污染防治措施；

（二）国务院农业行政主管部门指定的

试验机构出具的该新饲料、新饲料添加剂的饲喂效果、残留消解动态以及毒理学安全性评价报告。

申请新饲料添加剂审定的，还应当说明该新饲料添加剂的添加目的、使用方法，并提供该饲料添加剂残留可能对人体健康造成影响的分析评价报告。

第九条 国务院农业行政主管部门应当自受理申请之日起 5 个工作日内，将新饲料、新饲料添加剂的样品和申请资料交全国饲料评审委员会，对该新饲料、新饲料添加剂的安全性、有效性及其对环境的影响进行评审。

全国饲料评审委员会由养殖、饲料加工、动物营养、毒理、药理、代谢、卫生、化工合成、生物技术、质量标准、环境保护、食品安全风险评估等方面的专家组成。全国饲料评审委员会对新饲料、新饲料添加剂的评审采取评审会议的形式，评审会议应当有 9 名以上全国饲料评审委员会专家参加，根据需要也可以邀请 1～2 名全国饲料评审委员会专家以外的专家参加，参加评审的专家对评审事项具有表决权。评审会议应当形成评审意见和会议纪要，并由参加评审的专家审核签字；有不同意见的，应当注明。参加评审的专家应当依法公平、公正履行职责，对评审资料保密，存在回避事由的，应当主动回避。

全国饲料评审委员会应当自收到新饲料、新饲料添加剂的样品和申请资料之日起 9 个月内出具评审结果并提交国务院农业行政主管部门；但是，全国饲料评审委员会决定由申请人进行相关试验的，经国务院农业行政主管部门同意，评审时间可以延长 3 个月。

国务院农业行政主管部门应当自收到评审结果之日起 10 个工作日内作出是否核发新饲料、新饲料添加剂证书的决定；决定不予核发的，应当书面通知申请人并说明理由。

第十条 国务院农业行政主管部门核发新饲料、新饲料添加剂证书，应当同时按照职责权限公布该新饲料、新饲料添加剂的产品质量标准。

第十一条 新饲料、新饲料添加剂的监测期为 5 年。新饲料、新饲料添加剂处于监测期的，不受理其他就该新饲料、新饲料添加剂的生产申请和进口登记申请，但超过 3 年不投入生产的除外。

生产企业应当收集处于监测期的新饲料、新饲料添加剂的质量稳定性及其对动物产品质量安全的影响等信息，并向国务院农业行政主管部门报告；国务院农业行政主管部门应当对新饲料、新饲料添加剂的质量安全状况组织跟踪监测，证实其存在安全问题的，应当撤销新饲料、新饲料添加剂证书并予以公告。

第十二条 向中国出口中国境内尚未使用但出口国已经批准生产和使用的饲料、饲料添加剂的，由出口方驻中国境内的办事机构或者其委托的中国境内代理机构向国务院农业行政主管部门申请登记，并提供该饲料、饲料添加剂的样品和下列资料：

（一）商标、标签和推广应用情况；

（二）生产地批准生产、使用的证明和生产地以外其他国家、地区的登记资料；

（三）主要成分、理化性质、研制方法、生产工艺、质量标准、检测方法、检验报告、稳定性试验报告、环境影响报告和污染防治措施；

（四）国务院农业行政主管部门指定的试验机构出具的该饲料、饲料添加剂的饲喂效果、残留消解动态以及毒理学安全性评价报告。

申请饲料添加剂进口登记的，还应当说明该饲料添加剂的添加目的、使用方法，并提供该饲料添加剂残留可能对人体健康造成影响的分析评价报告。

国务院农业行政主管部门应当依照本条例第九条规定的新饲料、新饲料添加剂的评审程序组织评审，并决定是否核发饲料、饲料添加剂进口登记证。

首次向中国出口中国境内已经使用且出口国已经批准生产和使用的饲料、饲料添加剂的，应当依照本条第一款、第二款的规定申请登记。国务院农业行政主管部门应当自受理申请之日起 10 个工作日内对申请资料进行审查；审查合格的，将样品交由指定的机构进行复核检测；复核检测合格的，国务院农业行政主管部门应当在 10 个工作日内核发饲料、饲料添加剂进口登记证。

饲料、饲料添加剂进口登记证有效期为 5 年。进口登记证有效期满需要继续向中国出口饲料、饲料添加剂的，应当在有效期届满 6 个月前申请续展。

禁止进口未取得饲料、饲料添加剂进口登记证的饲料、饲料添加剂。

第十三条 国家对已经取得新饲料、新饲料添加剂证书或者饲料、饲料添加剂进口登记证的、含有新化合物的饲料、饲料添加剂的申请人提交的其自己所取得且未披露的试验数据和其他数据实施保护。

自核发证书之日起 6 年内，对其他申请人未经已取得新饲料、新饲料添加剂证书或者饲料、饲料添加剂进口登记证的申请人同意，使用前款规定的数据申请新饲料、新饲料添加剂审定或者饲料、饲料添加剂进口登记的，国务院农业行政主管部门不予审定或者登记；但是，其他申请人提交其自己所取得的数据的除外。

除下列情形外，国务院农业行政主管部门不得披露本条第一款规定的数据：

（一）公共利益需要；

（二）已采取措施确保该类信息不会被不正当地进行商业使用。

第三章 生产、经营和使用

第十四条 设立饲料、饲料添加剂生产企业，应当符合饲料工业发展规划和产业政策，并具备下列条件：

（一）有与生产饲料、饲料添加剂相适应的厂房、设备和仓储设施；

（二）有与生产饲料、饲料添加剂相适应的专职技术人员；

（三）有必要的产品质量检验机构、人员、设施和质量管理制度；

（四）有符合国家规定的安全、卫生要求的生产环境；

（五）有符合国家环境保护要求的污染防治措施；

（六）国务院农业行政主管部门制定的饲料、饲料添加剂质量安全管理规范规定的其他条件。

第十五条 申请从事饲料、饲料添加剂生产的企业，申请人应当向省、自治区、直辖市人民政府饲料管理部门提出申请。省、自治区、直辖市人民政府饲料管理部门应当自受理申请之日起 10 个工作日内进行书面审查；审查合格的，组织进行现场审核，并根据审核结果在 10 个工作日内作出是否核发生产许可证的决定。

生产许可证有效期为 5 年。生产许可证有效期满需要继续生产饲料、饲料添加剂的，应当在有效期届满 6 个月前申请续展。

第十六条 饲料添加剂、添加剂预混合饲料生产企业取得生产许可证后，由省、自治区、直辖市人民政府饲料管理部门按照国务院农业行政主管部门的规定，核发相应的产品批准文号。

第十七条 饲料、饲料添加剂生产企业应当按照国务院农业行政主管部门的规定和有关标准，对采购的饲料原料、单一饲料、饲料添加剂、药物饲料添加剂、添加剂预混合饲料和用于饲料添加剂生产的原料进行查验或者检验。

饲料生产企业使用限制使用的饲料原料、单一饲料、饲料添加剂、药物饲料添加剂、添加剂预混合饲料生产饲料的，应当遵守国务院农业行政主管部门的限制性规定。禁止使用国务院农业行政主管部门公布的饲料原料目录、饲料添加剂品种目录和药物饲料添加剂品种目录以外的任何物质生产饲料。

饲料、饲料添加剂生产企业应当如实记录采购的饲料原料、单一饲料、饲料添加剂、药物饲料添加剂、添加剂预混合饲料和用于饲料添加剂生产的原料的名称、产地、数量、保质期、许可证明文件编号、质量检验信息、生产企业名称或者供货者名称及其联系方式、进货日期等。记录保存期限不得少于2年。

第十八条 饲料、饲料添加剂生产企业，应当按照产品质量标准以及国务院农业行政主管部门制定的饲料、饲料添加剂质量安全管理规范和饲料添加剂安全使用规范组织生产，对生产过程实施有效控制并实行生产记录和产品留样观察制度。

第十九条 饲料、饲料添加剂生产企业应当对生产的饲料、饲料添加剂进行产品质量检验；检验合格的，应当附具产品质量检验合格证。未经产品质量检验、检验不合格或者未附具产品质量检验合格证的，不得出厂销售。

饲料、饲料添加剂生产企业应当如实记录出厂销售的饲料、饲料添加剂的名称、数量、生产日期、生产批次、质量检验信息、购货者名称及其联系方式、销售日期等。记录保存期限不得少于2年。

第二十条 出厂销售的饲料、饲料添加剂应当包装，包装应当符合国家有关安全、卫生的规定。

饲料生产企业直接销售给养殖者的饲料可以使用罐装车运输。罐装车应当符合国家有关安全、卫生的规定，并随罐装车附具符合本条例第二十一条规定的标签。

易燃或者其他特殊的饲料、饲料添加剂的包装应当有警示标志或者说明，并注明储运注意事项。

第二十一条 饲料、饲料添加剂的包装上应当附具标签。标签应当以中文或者适用符号标明产品名称、原料组成、产品成分分析保证值、净重或者净含量、贮存条件、使用说明、注意事项、生产日期、保质期、生产企业名称以及地址、许可证明文件编号和产品质量标准等。加入药物饲料添加剂的，还应当标明“加入药物饲料添加剂”字样，并标明其通用名称、含量和休药期。乳和乳制品以外的动物源性饲料，还应当标明“本产品不得饲喂反刍动物”字样。

第二十二条 饲料、饲料添加剂经营者应当符合下列条件：

（一）有与经营饲料、饲料添加剂相适应的经营场所和仓储设施；

（二）有具备饲料、饲料添加剂使用、贮存等知识的技术人员；

（三）有必要的产品质量管理和安全管理制度。

第二十三条 饲料、饲料添加剂经营者进货时应当查验产品标签、产品质量检验合格证和相应的许可证明文件。

饲料、饲料添加剂经营者不得对饲料、饲料添加剂进行拆包、分装，不得对饲料、饲料添加剂进行再加工或者添加任何物质。

禁止经营用国务院农业行政主管部门公布的饲料原料目录、饲料添加剂品种目录和药物饲料添加剂品种目录以外的任何物质生产的饲料。

饲料、饲料添加剂经营者应当建立产品购销台账，如实记录购销产品的名称、许可证明文件编号、规格、数量、保质期、生产企业名称或者供货者名称及其联系方式、购销时间等。购销台账保存期限不得少于2年。

第二十四条 向中国出口的饲料、饲料添加剂应当包装，包装应当符合中国有关安全、卫生的规定，并附具符合本条例第二十一条规定的标签。

向中国出口的饲料、饲料添加剂应当符合中国有关检验检疫的要求，由出入境检验检疫机构依法实施检验检疫，并对其包装和标签进行核查。包装和标签不符合要求的，不得入境。

境外企业不得直接在中国销售饲料、饲料添加剂。境外企业在中国销售饲料、饲料添加剂的，应当依法在中国境内设立销售机构或者委托符合条件的中国境内代理机构销售。

第二十五条 养殖者应当按照产品使用说明和注意事项使用饲料。在饲料或者动物饮用水中添加饲料添加剂的，应当符合饲料添加剂使用说明和注意事项的要求，遵守国务院农业行政主管部门制定的饲料添加剂安全使用规范。

养殖者使用自行配制的饲料的，应当遵守国务院农业行政主管部门制定的自行配制饲料使用规范，并不得对外提供自行配制的饲料。

使用限制使用的物质养殖动物的，应当遵守国务院农业行政主管部门的限制性规定。禁止在饲料、动物饮用水中添加国务院农业行政主管部门公布禁用的物质以及对人体具有直接或者潜在危害的其他物质，或者直接使用上述物质养殖动物。禁止在反刍动物饲料中添加乳和乳制品以外的动物源性成分。

第二十六条 国务院农业行政主管部门和县级以上地方人民政府饲料管理部门应当加强饲料、饲料添加剂质量安全知识的宣传，提高养殖者的质量安全意识，指导养殖者安全、合理使用饲料、饲料添加剂。

第二十七条 饲料、饲料添加剂在使用过程中被证实对养殖动物、人体健康或者环境有害的，由国务院农业行政主管部门决定禁用并予以公布。

第二十八条 饲料、饲料添加剂生产企业发现其生产的饲料、饲料添加剂对养殖动物、人体健康有害或者存在其他安全隐患的，应当立即停止生产，通知经营者、使用者，向饲料管理部门报告，主动召回产品，并记录召回和通知情况。召回的产品应当在饲料管理部门监督下予以无害化处理或者销毁。

饲料、饲料添加剂经营者发现其销售的饲料、饲料添加剂具有前款规定情形的，应当立即停止销售，通知生产企业、供货者和使用者，向饲料管理部门报告，并记录通知情况。

养殖者发现其使用的饲料、饲料添加剂具有本条第一款规定情形的，应当立即停止使用，通知供货者，并向饲料管理部门报告。

第二十九条 禁止生产、经营、使用未取得新饲料、新饲料添加剂证书的新饲料、新饲料添加剂以及禁用的饲料、饲料添加剂。

禁止经营、使用无产品标签、无生产许可证、无产品质量标准、无产品质量检验合格证的饲料、饲料添加剂。禁止经营、使用无产品批准文号的饲料添加剂、添加剂预混合饲料。禁止经营、使用未取得饲料、饲料添加剂进口登记证的进口饲料、进口饲料添加剂。

第三十条 禁止对饲料、饲料添加剂作具有预防或者治疗动物疾病作用的说明或者宣传。但是，饲料中添加药物饲料添加剂的，可以对所添加的药物饲料添加剂的作用加以说明。

第三十一条 国务院农业行政主管部门和省、自治区、直辖市人民政府饲料管理部门应当按照职责权限对全国或者本行政区域饲料、饲料添加剂的质量安全状况进行监测，并根据监测情况发布饲料、饲料添加剂质量安全预警信息。

第三十二条 国务院农业行政主管部门和县级以上地方人民政府饲料管理部门，应当根据需要定期或者不定期组织实施饲料、饲料添加剂监督抽查；饲料、饲料添加剂监督抽查检测工作由国务院农业行政主管部门或者省、自治区、直辖市人民政府饲料管理部门指定的具有相应技术条件的机构承担。饲料、饲料添加剂监督抽查不得收费。

国务院农业行政主管部门和省、自治区、直辖市人民政府饲料管理部门应当按照职责权限公布监督抽查结果，并可以公布具有不良记录的饲料、饲料添加剂生产企业、经营者名单。

第三十三条 县级以上地方人民政府饲料管理部门应当建立饲料、饲料添加剂监督管理档案，记录日常监督检查、违法行为查处等情况。

第三十四条 国务院农业行政主管部门和县级以上地方人民政府饲料管理部门在监督检查中可以采取下列措施：

（一）对饲料、饲料添加剂生产、经营、使用场所实施现场检查；

（二）查阅、复制有关合同、票据、账簿和其他相关资料；

（三）查封、扣押有证据证明用于违法生产饲料的饲料原料、单一饲料、饲料添加剂、药物饲料添加剂、添加剂预混合饲料，用于违法生产饲料添加剂的原料，用于违法生产饲料、饲料添加剂的工具、设施，违法生产、经营、使用的饲料、饲料添加剂；

（四）查封违法生产、经营饲料、饲料添加剂的场所。

第四章　法律责任

第三十五条 国务院农业行政主管部门、县级以上地方人民政府饲料管理部门或者其他依照本条例规定行使监督管理权的部门及其工作人员，不履行本条例规定的职责或者滥用职权、玩忽职守、徇私舞弊的，对直接负责的主管人员和其他直接责任人员，依法给予处分；直接负责的主管人员和其他直接责任人员构成犯罪的，依法追究刑事责任。

第三十六条 提供虚假的资料、样品或者采取其他欺骗方式取得许可证明文件的，由发证机关撤销相关许可证明文件，处 5 万元以上 10 万元以下罚款，申请人 3 年内不得就同一事项申请行政许可。以欺骗方式取得许可证明文件给他人造成损失的，依法承担赔偿责任。

第三十七条 假冒、伪造或者买卖许可证明文件的，由国务院农业行政主管部门或者县级以上地方人民政府饲料管理部门按照职责权限收缴或者吊销、撤销相关许可证明文件；构成犯罪的，依法追究刑事责任。

第三十八条 未取得生产许可证生产饲料、饲料添加剂的，由县级以上地方人民政府饲料管理部门责令停止生产，没收违法所得、违法生产的产品和用于违法生产饲料的饲料原料、单一饲料、饲料添加剂、药物饲料添加剂、添加剂预混合饲料以及用于违法生产饲料添加剂的原料，违法生产的产品货值金额不足 1 万元的，并处 1 万元以上 5 万元以下罚款，货值金额 1 万元以上的，并处货值金额 5 倍以上 10 倍以下罚款；情节严重的，没收其生产设备，生产企业的主要负责人和直接负责的主管人员 10 年内不得从事饲料、饲料添加剂生产、经营活动。

已经取得生产许可证，但不再具备本条例第十四条规定的条件而继续生产饲料、饲料添加剂的，由县级以上地方人民政府饲料管理部门责令停止生产、限期改正，并处 1 万元以上 5 万元以下罚款；逾期不改正的，由发证机关吊销生产许可证。

已经取得生产许可证，但未取得产品批准文号而生产饲料添加剂、添加剂预混合饲料的，由县级以上地方人民政府饲料管理部门责令停止生产，没收违法所得、违法生产的产品和用于违法生产饲料的饲料原料、单一饲料、饲料添加剂、药物饲料添加剂以及用于违法生产饲料添加剂的原料，限期补办产品批准文号，并处违法生产的产品货值金额1倍以上3倍以下罚款；情节严重的，由发证机关吊销生产许可证。

第三十九条 饲料、饲料添加剂生产企业有下列行为之一的，由县级以上地方人民政府饲料管理部门责令改正，没收违法所得、违法生产的产品和用于违法生产饲料的饲料原料、单一饲料、饲料添加剂、药物饲料添加剂、添加剂预混合饲料以及用于违法生产饲料添加剂的原料，违法生产的产品货值金额不足1万元的，并处1万元以上5万元以下罚款，货值金额1万元以上的，并处货值金额5倍以上10倍以下罚款；情节严重的，由发证机关吊销、撤销相关许可证明文件，生产企业的主要负责人和直接负责的主管人员10年内不得从事饲料、饲料添加剂生产、经营活动；构成犯罪的，依法追究刑事责任：

（一）使用限制使用的饲料原料、单一饲料、饲料添加剂、药物饲料添加剂、添加剂预混合饲料生产饲料，不遵守国务院农业行政主管部门的限制性规定的；

（二）使用国务院农业行政主管部门公布的饲料原料目录、饲料添加剂品种目录和药物饲料添加剂品种目录以外的物质生产饲料的；

（三）生产未取得新饲料、新饲料添加剂证书的新饲料、新饲料添加剂或者禁用的饲料、饲料添加剂的。

第四十条 饲料、饲料添加剂生产企业有下列行为之一的，由县级以上地方人民政府饲料管理部门责令改正，处1万元以上2万元以下罚款；拒不改正的，没收违法所得、违法生产的产品和用于违法生产饲料的饲料原料、单一饲料、饲料添加剂、药物饲料添加剂、添加剂预混合饲料以及用于违法生产饲料添加剂的原料，并处5万元以上10万元以下罚款；情节严重的，责令停止生产，可以由发证机关吊销、撤销相关许可证明文件：

（一）不按照国务院农业行政主管部门的规定和有关标准对采购的饲料原料、单一饲料、饲料添加剂、药物饲料添加剂、添加剂预混合饲料和用于饲料添加剂生产的原料进行查验或者检验的；

（二）饲料、饲料添加剂生产过程中不遵守国务院农业行政主管部门制定的饲料、饲料添加剂质量安全管理规范和饲料添加剂安全使用规范的；

（三）生产的饲料、饲料添加剂未经产品质量检验的。

第四十一条 饲料、饲料添加剂生产企业不依照本条例规定实行采购、生产、销售记录制度或者产品留样观察制度的，由县级以上地方人民政府饲料管理部门责令改正，处1万元以上2万元以下罚款；拒不改正的，没收违法所得、违法生产的产品和用于违法生产饲料的饲料原料、单一饲料、饲料添加剂、药物饲料添加剂、添加剂预混合饲料以及用于违法生产饲料添加剂的原料，处2万元以上5万元以下罚款，并可以由发证机关吊销、撤销相关许可证明文件。

饲料、饲料添加剂生产企业销售的饲料、饲料添加剂未附具产品质量检验合格证或者包装、标签不符合规定的，由县级以上地方人民政府饲料管理部门责令改正；情节严重的，没收违法所得和违法销售的产品，可以处违法销售的产品货值金额30%以下罚款。

第四十二条 不符合本条例第二十二条规定的条件经营饲料、饲料添加剂的，由县级人民政府饲料管理部门责令限期改正；逾期不改正的，没收违法所得和违法经营的产品，违法经营的产品货值金额不足1万元的，并处2 000元以上2万元以下罚款，货值金额1万元以上的，并处货值金额2倍以上5倍以下罚款；情节严重的，责令停止经营，并通知工商行政管理部门，由工商行政管理部门吊销营业执照。

第四十三条 饲料、饲料添加剂经营者有下列行为之一的，由县级人民政府饲料管理部门责令改正，没收违法所得和违法经营的产品，违法经营的产品货值金额不足1万元的，并处2 000元以上2万元以下罚款，货值金额1万元以上的，并处货值金额2倍以上5倍以下罚款；情节严重的，责令停止经营，并通知工商行政管理部门，由工商行政管理部门吊销营业执照；构成犯罪的，依法追究刑事责任：

（一）对饲料、饲料添加剂进行再加工或者添加物质的；

（二）经营无产品标签、无生产许可证、无产品质量检验合格证的饲料、饲料添加剂的；

（三）经营无产品批准文号的饲料添加剂、添加剂预混合饲料的；

（四）经营用国务院农业行政主管部门公布的饲料原料目录、饲料添加剂品种目录和药物饲料添加剂品种目录以外的物质生产的饲料的；

（五）经营未取得新饲料、新饲料添加剂证书的新饲料、新饲料添加剂或者未取得饲料、饲料添加剂进口登记证的进口饲料、进口饲料添加剂以及禁用的饲料、饲料添加剂的。

第四十四条 饲料、饲料添加剂经营者有下列行为之一的，由县级人民政府饲料管理部门责令改正，没收违法所得和违法经营的产品，并处2 000元以上1万元以下罚款：

（一）对饲料、饲料添加剂进行拆包、分装的；

（二）不依照本条例规定实行产品购销台账制度的；

（三）经营的饲料、饲料添加剂失效、霉变或者超过保质期的。

第四十五条 对本条例第二十八条规定的饲料、饲料添加剂，生产企业不主动召回的，由县级以上地方人民政府饲料管理部门责令召回，并监督生产企业对召回的产品予以无害化处理或者销毁；情节严重的，没收违法所得，并处应召回的产品货值金额1倍以上3倍以下罚款，可以由发证机关吊销、撤销相关许可证明文件；生产企业对召回的产品不予以无害化处理或者销毁的，由县级人民政府饲料管理部门代为销毁，所需费用由生产企业承担。

对本条例第二十八条规定的饲料、饲料添加剂，经营者不停止销售的，由县级以上地方人民政府饲料管理部门责令停止销售；拒不停止销售的，没收违法所得，处1 000元以上5万元以下罚款；情节严重的，责令停止经营，并通知工商行政管理部门，由工商行政管理部门吊销营业执照。

第四十六条 饲料、饲料添加剂生产企业、经营者有下列行为之一的，由县级以上地方人民政府饲料管理部门责令停止生产、经营，没收违法所得和违法生产、经营的产品，违法生产、经营的产品货值金额不足1万元的，并处2 000元以上2万元以下罚款，货值金额1万元以上的，并处货值金额2倍以上5倍以下罚款；构成犯罪的，依法追究刑事责任：

（一）在生产、经营过程中，以非饲料、非饲料添加剂冒充饲料、饲料添加剂或者以此种饲料、饲料添加剂冒充他种饲料、饲料添加剂的；

（二）生产、经营无产品质量标准或者不符合产品质量标准的饲料、饲料添加剂的；

（三）生产、经营的饲料、饲料添加剂与标签标示的内容不一致的。

饲料、饲料添加剂生产企业有前款规定的行为，情节严重的，由发证机关吊销、撤销相关许可证明文件；饲料、饲料添加剂经营者有前款规定的行为，情节严重的，通知工商行政管理部门，由工商行政管理部门吊销营业执照。

第四十七条 养殖者有下列行为之一的，由县级人民政府饲料管理部门没收违法使用的产品和非法添加物质，对单位处 1 万元以上 5 万元以下罚款，对个人处5 000元以下罚款；构成犯罪的，依法追究刑事责任：

（一）使用未取得新饲料、新饲料添加剂证书的新饲料、新饲料添加剂或者未取得饲料、饲料添加剂进口登记证的进口饲料、进口饲料添加剂的；

（二）使用无产品标签、无生产许可证、无产品质量标准、无产品质量检验合格证的饲料、饲料添加剂的；

（三）使用无产品批准文号的饲料添加剂、添加剂预混合饲料的；

（四）在饲料或者动物饮用水中添加饲料添加剂，不遵守国务院农业行政主管部门制定的饲料添加剂安全使用规范的；

（五）使用自行配制的饲料，不遵守国务院农业行政主管部门制定的自行配制饲料使用规范的；

（六）使用限制使用的物质养殖动物，不遵守国务院农业行政主管部门的限制性规定的；

（七）在反刍动物饲料中添加乳和乳制品以外的动物源性成分的。

在饲料或者动物饮用水中添加国务院农业行政主管部门公布禁用的物质以及对人体具有直接或者潜在危害的其他物质，或者直接使用上述物质养殖动物的，由县级以上地方人民政府饲料管理部门责令其对饲喂了违禁物质的动物进行无害化处理，处 3 万元以上 10 万元以下罚款；构成犯罪的，依法追究刑事责任。

第四十八条 养殖者对外提供自行配制的饲料的，由县级人民政府饲料管理部门责令改正，处2 000元以上 2 万元以下罚款。

第五章　附　则

第四十九条 本条例下列用语的含义：

（一）饲料原料，是指来源于动物、植物、微生物或者矿物质，用于加工制作饲料但不属于饲料添加剂的饲用物质。

（二）单一饲料，是指来源于一种动物、植物、微生物或者矿物质，用于饲料产品生产的饲料。

（三）添加剂预混合饲料，是指由两种（类）或者两种（类）以上营养性饲料添加剂为主，与载体或者稀释剂按照一定比例配制的饲料，包括复合预混合饲料、微量元素预混合饲料、维生素预混合饲料。

（四）浓缩饲料，是指主要由蛋白质、矿物质和饲料添加剂按照一定比例配制的饲料。

（五）配合饲料，是指根据养殖动物营养需要，将多种饲料原料和饲料添加剂按照一定比例配制的饲料。

（六）精料补充料，是指为补充草食动物的营养，将多种饲料原料和饲料添加剂按照一定比例配制的饲料。

（七）营养性饲料添加剂，是指为补充饲料营养成分而掺入饲料中的少量或者微量物质，包括饲料级氨基酸、维生素、矿物质微量元素、酶制剂、非蛋白氮等。

（八）一般饲料添加剂，是指为保证或者改善饲料品质、提高饲料利用率而掺入饲料中的少量或者微量物质。

（九）药物饲料添加剂，是指为预防、治疗动物疾病而掺入载体或者稀释剂的兽药的预混合物质。

（十）许可证明文件，是指新饲料、新

饲料添加剂证书，饲料、饲料添加剂进口登记证，饲料、饲料添加剂生产许可证，饲料添加剂、添加剂预混合饲料产品批准文号。

第五十条 药物饲料添加剂的管理，依照《兽药管理条例》的规定执行。

第五十一条 本条例自 2012 年 5 月 1 日起施行。

农业转基因生物安全管理条例

（2001年5月23日国务院令第304号发布，自发布之日起施行；根据2011年1月8日国务院令第588号《国务院关于废止和修改部分行政法规的决定》第一次修订；根据2017年10月7日国务院令第687号《国务院关于修改部分行政法规的决定》第二次修订）

第一章　总　　则

第一条　为了加强农业转基因生物安全管理，保障人体健康和动植物、微生物安全，保护生态环境，促进农业转基因生物技术研究，制定本条例。

第二条　在中华人民共和国境内从事农业转基因生物的研究、试验、生产、加工、经营和进口、出口活动，必须遵守本条例。

第三条　本条例所称农业转基因生物，是指利用基因工程技术改变基因组构成，用于农业生产或者农产品加工的动植物、微生物及其产品，主要包括：

（一）转基因动植物（含种子、种畜禽、水产苗种）和微生物；

（二）转基因动植物、微生物产品；

（三）转基因农产品的直接加工品；

（四）含有转基因动植物、微生物或者其产品成分的种子、种畜禽、水产苗种、农药、兽药、肥料和添加剂等产品。

本条例所称农业转基因生物安全，是指防范农业转基因生物对人类、动植物、微生物和生态环境构成的危险或者潜在风险。

第四条　国务院农业行政主管部门负责全国农业转基因生物安全的监督管理工作。

县级以上地方各级人民政府农业行政主管部门负责本行政区域内的农业转基因生物安全的监督管理工作。

县级以上各级人民政府有关部门依照《中华人民共和国食品安全法》的有关规定，负责转基因食品卫生安全的监督管理工作。

第五条　国务院建立农业转基因生物安全管理部际联席会议制度。

农业转基因生物安全管理部际联席会议由农业、科技、环境保护、卫生、外经贸、检验检疫等有关部门的负责人组成，负责研究、协调农业转基因生物安全管理工作中的重大问题。

第六条　国家对农业转基因生物安全实行分级管理评价制度。

农业转基因生物按照其对人类、动植物、微生物和生态环境的危险程度，分为Ⅰ、Ⅱ、Ⅲ、Ⅳ四个等级。具体划分标准由国务院农业行政主管部门制定。

第七条　国家建立农业转基因生物安全评价制度。

农业转基因生物安全评价的标准和技术规范，由国务院农业行政主管部门制定。

第八条　国家对农业转基因生物实行标识制度。

实施标识管理的农业转基因生物目录，由国务院农业行政主管部门商国务院有关部门制定、调整并公布。

第二章　研究与试验

第九条　国务院农业行政主管部门应当加强农业转基因生物研究与试验的安全评价

管理工作，并设立农业转基因生物安全委员会，负责农业转基因生物的安全评价工作。

农业转基因生物安全委员会由从事农业转基因生物研究、生产、加工、检验检疫以及卫生、环境保护等方面的专家组成。

第十条 国务院农业行政主管部门根据农业转基因生物安全评价工作的需要，可以委托具备检测条件和能力的技术检测机构对农业转基因生物进行检测。

第十一条 从事农业转基因生物研究与试验的单位，应当具备与安全等级相适应的安全设施和措施，确保农业转基因生物研究与试验的安全，并成立农业转基因生物安全小组，负责本单位农业转基因生物研究与试验的安全工作。

第十二条 从事Ⅲ、Ⅳ级农业转基因生物研究的，应当在研究开始前向国务院农业行政主管部门报告。

第十三条 农业转基因生物试验，一般应当经过中间试验、环境释放和生产性试验三个阶段。

中间试验，是指在控制系统内或者控制条件下进行的小规模试验。

环境释放，是指在自然条件下采取相应安全措施所进行的中规模的试验。

生产性试验，是指在生产和应用前进行的较大规模的试验。

第十四条 农业转基因生物在实验室研究结束后，需要转入中间试验的，试验单位应当向国务院农业行政主管部门报告。

第十五条 农业转基因生物试验需要从上一试验阶段转入下一试验阶段的，试验单位应当向国务院农业行政主管部门提出申请；经农业转基因生物安全委员会进行安全评价合格的，由国务院农业行政主管部门批准转入下一试验阶段。

试验单位提出前款申请，应当提供下列材料：

（一）农业转基因生物的安全等级和确定安全等级的依据；

（二）农业转基因生物技术检测机构出具的检测报告；

（三）相应的安全管理、防范措施；

（四）上一试验阶段的试验报告。

第十六条 从事农业转基因生物试验的单位在生产性试验结束后，可以向国务院农业行政主管部门申请领取农业转基因生物安全证书。

试验单位提出前款申请，应当提供下列材料：

（一）农业转基因生物的安全等级和确定安全等级的依据；

（二）生产性试验的总结报告；

（三）国务院农业行政主管部门规定的试验材料、检测方法等其他材料。

国务院农业行政主管部门收到申请后，应当委托具备检测条件和能力的技术检测机构进行检测，并组织农业转基因生物安全委员会进行安全评价；安全评价合格的，方可颁发农业转基因生物安全证书。

第十七条 转基因植物种子、种畜禽、水产苗种，利用农业转基因生物生产的或者含有农业转基因生物成分的种子、种畜禽、水产苗种、农药、兽药、肥料和添加剂等，在依照有关法律、行政法规的规定进行审定、登记或者评价、审批前，应当依照本条例第十六条的规定取得农业转基因生物安全证书。

第十八条 中外合作、合资或者外方独资在中华人民共和国境内从事农业转基因生物研究与试验的，应当经国务院农业行政主管部门批准。

第三章　生产与加工

第十九条 生产转基因植物种子、种畜禽、水产苗种，应当取得国务院农业行政主管部门颁发的种子、种畜禽、水产苗种生产许可证。

生产单位和个人申请转基因植物种子、种畜禽、水产苗种生产许可证，除应当符合有关法律、行政法规规定的条件外，还应当符合下列条件：

（一）取得农业转基因生物安全证书并通过品种审定；

（二）在指定的区域种植或者养殖；

（三）有相应的安全管理、防范措施；

（四）国务院农业行政主管部门规定的其他条件。

第二十条 生产转基因植物种子、种畜禽、水产苗种的单位和个人，应当建立生产档案，载明生产地点、基因及其来源、转基因的方法以及种子、种畜禽、水产苗种流向等内容。

第二十一条 单位和个人从事农业转基因生物生产、加工的，应当由国务院农业行政主管部门或者省、自治区、直辖市人民政府农业行政主管部门批准。具体办法由国务院农业行政主管部门制定。

第二十二条 从事农业转基因生物生产、加工的单位和个人，应当按照批准的品种、范围、安全管理要求和相应的技术标准组织生产、加工，并定期向所在地县级人民政府农业行政主管部门提供生产、加工、安全管理情况和产品流向的报告。

第二十三条 农业转基因生物在生产、加工过程中发生基因安全事故时，生产、加工单位和个人应当立即采取安全补救措施，并向所在地县级人民政府农业行政主管部门报告。

第二十四条 从事农业转基因生物运输、贮存的单位和个人，应当采取与农业转基因生物安全等级相适应的安全控制措施，确保农业转基因生物运输、贮存的安全。

第四章 经 营

第二十五条 经营转基因植物种子、种畜禽、水产苗种的单位和个人，应当取得国务院农业行政主管部门颁发的种子、种畜禽、水产苗种经营许可证。

经营单位和个人申请转基因植物种子、种畜禽、水产苗种经营许可证，除应当符合有关法律、行政法规规定的条件外，还应当符合下列条件：

（一）有专门的管理人员和经营档案；

（二）有相应的安全管理、防范措施；

（三）国务院农业行政主管部门规定的其他条件。

第二十六条 经营转基因植物种子、种畜禽、水产苗种的单位和个人，应当建立经营档案，载明种子、种畜禽、水产苗种的来源、贮存、运输和销售去向等内容。

第二十七条 在中华人民共和国境内销售列入农业转基因生物目录的农业转基因生物，应当有明显的标识。

列入农业转基因生物目录的农业转基因生物，由生产、分装单位和个人负责标识；未标识的，不得销售。经营单位和个人在进货时，应当对货物和标识进行核对。经营单位和个人拆开原包装进行销售的，应当重新标识。

第二十八条 农业转基因生物标识应当载明产品中含有转基因成分的主要原料名称；有特殊销售范围要求的，还应当载明销售范围，并在指定范围内销售。

第二十九条 农业转基因生物的广告，应当经国务院农业行政主管部门审查批准后，方可刊登、播放、设置和张贴。

第五章 进口与出口

第三十条 从中华人民共和国境外引进农业转基因生物用于研究、试验的，引进单位应当向国务院农业行政主管部门提出申请；符合下列条件的，国务院农业行政主管部门方可批准：

（一）具有国务院农业行政主管部门规定的申请资格；

（二）引进的农业转基因生物在国（境）外已经进行了相应的研究、试验；

（三）有相应的安全管理、防范措施。

第三十一条 境外公司向中华人民共和国出口转基因植物种子、种畜禽、水产苗种和利用农业转基因生物生产的或者含有农业转基因生物成分的植物种子、种畜禽、水产苗种、农药、兽药、肥料和添加剂的，应当向国务院农业行政主管部门提出申请；符合下列条件的，国务院农业行政主管部门方可批准试验材料入境并依照本条例的规定进行中间试验、环境释放和生产性试验：

（一）输出国家或者地区已经允许作为相应用途并投放市场；

（二）输出国家或者地区经过科学试验证明对人类、动植物、微生物和生态环境无害；

（三）有相应的安全管理、防范措施。

生产性试验结束后，经安全评价合格，并取得农业转基因生物安全证书后，方可依照有关法律、行政法规的规定办理审定、登记或者评价、审批手续。

第三十二条 境外公司向中华人民共和国出口农业转基因生物用作加工原料的，应当向国务院农业行政主管部门提出申请，提交国务院农业行政主管部门要求的试验材料、检测方法等材料；符合下列条件，经国务院农业行政主管部门委托的、具备检测条件和能力的技术检测机构检测确认对人类、动植物、微生物和生态环境不存在危险，并经安全评价合格的，由国务院农业行政主管部门颁发农业转基因生物安全证书：

（一）输出国家或者地区已经允许作为相应用途并投放市场；

（二）输出国家或者地区经过科学试验证明对人类、动植物、微生物和生态环境无害；

（三）有相应的安全管理、防范措施。

第三十三条 从中华人民共和国境外引进农业转基因生物的，或者向中华人民共和国出口农业转基因生物的，引进单位或者境外公司应当凭国务院农业行政主管部门颁发的农业转基因生物安全证书和相关批准文件，向口岸出入境检验检疫机构报检；经检疫合格后，方可向海关申请办理有关手续。

第三十四条 农业转基因生物在中华人民共和国过境转移的，应当遵守中华人民共和国有关法律、行政法规的规定。

第三十五条 国务院农业行政主管部门应当自收到申请人申请之日起270日内作出批准或者不批准的决定，并通知申请人。

第三十六条 向中华人民共和国境外出口农产品，外方要求提供非转基因农产品证明的，由口岸出入境检验检疫机构根据国务院农业行政主管部门发布的转基因农产品信息，进行检测并出具非转基因农产品证明。

第三十七条 进口农业转基因生物，没有国务院农业行政主管部门颁发的农业转基因生物安全证书和相关批准文件的，或者与证书、批准文件不符的，作退货或者销毁处理。进口农业转基因生物不按照规定标识的，重新标识后方可入境。

第六章　监督检查

第三十八条 农业行政主管部门履行监督检查职责时，有权采取下列措施：

（一）询问被检查的研究、试验、生产、加工、经营或者进口、出口的单位和个人、利害关系人、证明人，并要求其提供与农业转基因生物安全有关的证明材料或者其他资料；

（二）查阅或者复制农业转基因生物研究、试验、生产、加工、经营或者进口、出口的有关档案、账册和资料等；

（三）要求有关单位和个人就有关农业

转基因生物安全的问题作出说明；

（四）责令违反农业转基因生物安全管理的单位和个人停止违法行为；

（五）在紧急情况下，对非法研究、试验、生产、加工、经营或者进口、出口的农业转基因生物实施封存或者扣押。

第三十九条 农业行政主管部门工作人员在监督检查时，应当出示执法证件。

第四十条 有关单位和个人对农业行政主管部门的监督检查，应当予以支持、配合，不得拒绝、阻碍监督检查人员依法执行职务。

第四十一条 发现农业转基因生物对人类、动植物和生态环境存在危险时，国务院农业行政主管部门有权宣布禁止生产、加工、经营和进口，收回农业转基因生物安全证书，销毁有关存在危险的农业转基因生物。

第七章 罚　　则

第四十二条 违反本条例规定，从事Ⅲ、Ⅳ级农业转基因生物研究或者进行中间试验，未向国务院农业行政主管部门报告的，由国务院农业行政主管部门责令暂停研究或者中间试验，限期改正。

第四十三条 违反本条例规定，未经批准擅自从事环境释放、生产性试验的，已获批准但未按照规定采取安全管理、防范措施的，或者超过批准范围进行试验的，由国务院农业行政主管部门或者省、自治区、直辖市人民政府农业行政主管部门依据职权，责令停止试验，并处1万元以上5万元以下的罚款。

第四十四条 违反本条例规定，在生产性试验结束后，未取得农业转基因生物安全证书，擅自将农业转基因生物投入生产和应用的，由国务院农业行政主管部门责令停止生产和应用，并处2万元以上10万元以下的罚款。

第四十五条 违反本条例第十八条规定，未经国务院农业行政主管部门批准，从事农业转基因生物研究与试验的，由国务院农业行政主管部门责令立即停止研究与试验，限期补办审批手续。

第四十六条 违反本条例规定，未经批准生产、加工农业转基因生物或者未按照批准的品种、范围、安全管理要求和技术标准生产、加工的，由国务院农业行政主管部门或者省、自治区、直辖市人民政府农业行政主管部门依据职权，责令停止生产或者加工，没收违法生产或者加工的产品及违法所得；违法所得10万元以上的，并处违法所得1倍以上5倍以下的罚款；没有违法所得或者违法所得不足10万元的，并处10万元以上20万元以下的罚款。

第四十七条 违反本条例规定，转基因植物种子、种畜禽、水产苗种的生产、经营单位和个人，未按照规定制作、保存生产、经营档案的，由县级以上人民政府农业行政主管部门依据职权，责令改正，处1 000元以上1万元以下的罚款。

第四十八条 违反本条例规定，未经国务院农业行政主管部门批准，擅自进口农业转基因生物的，由国务院农业行政主管部门责令停止进口，没收已进口的产品和违法所得；违法所得10万元以上的，并处违法所得1倍以上5倍以下的罚款；没有违法所得或者违法所得不足10万元的，并处10万元以上20万元以下的罚款。

第四十九条 违反本条例规定，进口、携带、邮寄农业转基因生物未向口岸出入境检验检疫机构报检的，由口岸出入境检验检疫机构比照进出境动植物检疫法的有关规定处罚。

第五十条 违反本条例关于农业转基因生物标识管理规定的，由县级以上人民政府农业行政主管部门依据职权，责令限期改正，可以没收非法销售的产品和违法所得，并可以处 1 万元以上 5 万元以下的罚款。

第五十一条 假冒、伪造、转让或者买卖农业转基因生物有关证明文书的，由县级以上人民政府农业行政主管部门依据职权，收缴相应的证明文书，并处 2 万元以上 10 万元以下的罚款；构成犯罪的，依法追究刑事责任。

第五十二条 违反本条例规定，在研究、试验、生产、加工、贮存、运输、销售或者进口、出口农业转基因生物过程中发生基因安全事故，造成损害的，依法承担赔偿责任。

第五十三条 国务院农业行政主管部门或者省、自治区、直辖市人民政府农业行政主管部门违反本条例规定核发许可证、农业转基因生物安全证书以及其他批准文件的，或者核发许可证、农业转基因生物安全证书以及其他批准文件后不履行监督管理职责的，对直接负责的主管人员和其他直接责任人员依法给予行政处分；构成犯罪的，依法追究刑事责任。

第八章　附　　则

第五十四条 本条例自公布之日起施行。

中华人民共和国船员条例

（2007 年 4 月 14 日国务院令第 494 号公布；根据 2013 年 7 月 18 日《国务院关于废止和修改部分行政法规的决定》第一次修订；根据 2013 年 12 月 7 日《国务院关于修改部分行政法规的决定》第二次修订；根据 2014 年 7 月 29 日《国务院关于修改部分行政法规的决定》第三次修订；根据 2017 年 3 月 1 日《国务院关于修改和废止部分行政法规的决定》第四次修订；根据 2019 年 3 月 2 日《国务院关于修改部分行政法规的决定》第五次修订；根据 2020 年 3 月 27 日《国务院关于修改和废止部分行政法规的决定》第六次修订）

第一章 总 则

第一条 为了加强船员管理，提高船员素质，维护船员的合法权益，保障水上交通安全，保护水域环境，制定本条例。

第二条 中华人民共和国境内的船员注册、任职、培训、职业保障以及提供船员服务等活动，适用本条例。

第三条 国务院交通主管部门主管全国船员管理工作。

国家海事管理机构依照本条例负责统一实施船员管理工作。

负责管理中央管辖水域的海事管理机构和负责管理其他水域的地方海事管理机构（以下统称海事管理机构），依照各自职责具体负责船员管理工作。

第二章 船员注册和任职资格

第四条 本条例所称船员，是指依照本条例的规定取得船员适任证书的人员，包括船长、高级船员、普通船员。

本条例所称船长，是指依照本条例的规定取得船长任职资格，负责管理和指挥船舶的人员。

本条例所称高级船员，是指依照本条例的规定取得相应任职资格的大副、二副、三副、轮机长、大管轮、二管轮、三管轮、通信人员以及其他在船舶上任职的高级技术或者管理人员。

本条例所称普通船员，是指除船长、高级船员外的其他船员。

第五条 船员应当依照本条例的规定取得相应的船员适任证书。

申请船员适任证书，应当具备下列条件：

（一）年满 18 周岁（在船实习、见习人员年满 16 周岁）且初次申请不超过 60 周岁；

（二）符合船员任职岗位健康要求；

（三）经过船员基本安全培训。

参加航行和轮机值班的船员还应当经过相应的船员适任培训、特殊培训，具备相应的船员任职资历，并且任职表现和安全记录良好。

国际航行船舶的船员申请适任证书的，还应当通过船员专业外语考试。

第六条 申请船员适任证书，可以向任何有相应船员适任证书签发权限的海事管理机构提出书面申请，并附送申请人符合本条例第五条规定条件的证明材料。对符合规定条件并通过国家海事管理机构组织的船员任职考试的，海事管理机构应当发给相应的船员适任证书及船员服务簿。

第七条 船员适任证书应当注明船员适任的航区（线）、船舶类别和等级、职务以及有效期限等事项。

参加航行和轮机值班的船员适任证书的有效期不超过5年。

船员服务簿应当载明船员的姓名、住所、联系人、联系方式、履职情况以及其他有关事项。

船员服务簿记载的事项发生变更的，船员应当向海事管理机构办理变更手续。

第八条 中国籍船舶的船长应当由中国籍船员担任。

第九条 中国籍船舶在境外遇有不可抗力或者其他特殊情况，无法满足船舶最低安全配员要求，需要由本船下一级船员临时担任上一级职务时，应当向海事管理机构提出申请。海事管理机构根据拟担任上一级船员职务船员的任职资历、任职表现和安全记录，出具相应的证明文件。

第十条 曾经在军用船舶、渔业船舶上工作的人员，或者持有其他国家、地区船员适任证书的船员，依照本条例的规定申请船员适任证书的，海事管理机构可以免除船员培训和考试的相应内容。具体办法由国务院交通主管部门另行规定。

第十一条 以海员身份出入国境和在国外船舶上从事工作的中国籍船员，应当向国家海事管理机构指定的海事管理机构申请中华人民共和国海员证。

申请中华人民共和国海员证，应当符合下列条件：

（一）是中华人民共和国公民；

（二）持有国际航行船舶船员适任证书或者有确定的船员出境任务；

（三）无法律、行政法规规定禁止出境的情形。

第十二条 海事管理机构应当自受理申请之日起7日内做出批准或者不予批准的决定。予以批准的，发给中华人民共和国海员证；不予批准的，应当书面通知申请人并说明理由。

第十三条 中华人民共和国海员证是中国籍船员在境外执行任务时表明其中华人民共和国公民身份的证件。中华人民共和国海员证遗失、被盗或者损毁的，应当向海事管理机构申请补发。船员在境外的，应当向中华人民共和国驻外使馆、领馆申请补发。

中华人民共和国海员证的有效期不超过5年。

第十四条 持有中华人民共和国海员证的船员，在其他国家、地区享有按照当地法律、有关国际条约以及中华人民共和国与有关国家签订的海运或者航运协定规定的权利和通行便利。

第十五条 在中国籍船舶上工作的外国籍船员，应当依照法律、行政法规和国家其他有关规定取得就业许可，并持有国务院交通主管部门规定的相应证书和其所属国政府签发的相关身份证件。

在中华人民共和国管辖水域航行、停泊、作业的外国籍船舶上任职的外国籍船员，应当持有中华人民共和国缔结或者加入的国际条约规定的相应证书和其所属国政府签发的相关身份证件。

第三章　船员职责

第十六条 船员在船工作期间，应当符合下列要求：

（一）携带本条例规定的有效证件；

（二）掌握船舶的适航状况和航线的通航保障情况，以及有关航区气象、海况等必要的信息；

（三）遵守船舶的管理制度和值班规定，按照水上交通安全和防治船舶污染的操作规则操纵、控制和管理船舶，如实填写有关船舶法定文书，不得隐匿、篡改或者销毁有关船舶法定证书、文书；

（四）参加船舶应急训练、演习，按照船舶应急部署的要求，落实各项应急预防措施；

（五）遵守船舶报告制度，发现或者发生险情、事故、保安事件或者影响航行安全的情况，应当及时报告；

（六）在不严重危及自身安全的情况下，尽力救助遇险人员；

（七）不得利用船舶私载旅客、货物，不得携带违禁物品。

第十七条 船长在其职权范围内发布的命令，船舶上所有人员必须执行。

高级船员应当组织下属船员执行船长命令，督促下属船员履行职责。

第十八条 船长管理和指挥船舶时，应当符合下列要求：

（一）保证船舶和船员携带符合法定要求的证书、文书以及有关航行资料；

（二）制订船舶应急计划并保证其有效实施；

（三）保证船舶和船员在开航时处于适航、适任状态，按照规定保障船舶的最低安全配员，保证船舶的正常值班；

（四）执行海事管理机构有关水上交通安全和防治船舶污染的指令，船舶发生水上交通事故或者污染事故的，向海事管理机构提交事故报告；

（五）对本船船员进行日常训练和考核，在本船船员的船员服务簿内如实记载船员的履职情况；

（六）船舶进港、出港、靠泊、离泊，通过交通密集区、危险航区等区域，或者遇有恶劣天气和海况，或者发生水上交通事故、船舶污染事故、船舶保安事件以及其他紧急情况时，应当在驾驶台值班，必要时应当直接指挥船舶；

（七）保障船舶上人员和临时上船人员的安全；

（八）船舶发生事故，危及船舶上人员和财产安全时，应当组织船员和船舶上其他人员尽力施救；

（九）弃船时，应当采取一切措施，首先组织旅客安全离船，然后安排船员离船，船长应当最后离船，在离船前，船长应当指挥船员尽力抢救航海日志、机舱日志、油类记录簿、无线电台日志、本航次使用过的航行图和文件，以及贵重物品、邮件和现金。

第十九条 船长、高级船员在航次中，不得擅自辞职、离职或者中止职务。

第二十条 船长在保障水上人身与财产安全、船舶保安、防治船舶污染水域方面，具有独立决定权，并负有最终责任。

船长为履行职责，可以行使下列权力：

（一）决定船舶的航次计划，对不具备船舶安全航行条件的，可以拒绝开航或者续航；

（二）对船员用人单位或者船舶所有人下达的违法指令，或者可能危及有关人员、财产和船舶安全或者可能造成水域环境污染的指令，可以拒绝执行；

（三）发现引航员的操纵指令可能对船舶航行安全构成威胁或者可能造成水域环境污染时，应当及时纠正、制止，必要时可以要求更换引航员；

（四）当船舶遇险并严重危及船舶上人员的生命安全时，船长可以决定撤离船舶；

（五）在船舶的沉没、毁灭不可避免的情况下，船长可以决定弃船，但是，除紧急情况外，应当报经船舶所有人同意；

（六）对不称职的船员，可以责令其离岗。

船舶在海上航行时，船长为保障船舶上人员和船舶的安全，可以依照法律的规定对在船舶上进行违法、犯罪活动的人采取禁闭或者其他必要措施。

第四章　船员职业保障

第二十一条　船员用人单位和船员应当按照国家有关规定参加工伤保险、医疗保险、养老保险、失业保险以及其他社会保险，并依法按时足额缴纳各项保险费用。

船员用人单位应当为在驶往或者驶经战区、疫区或者运输有毒、有害物质的船舶上工作的船员，办理专门的人身、健康保险，并提供相应的防护措施。

第二十二条　船舶上船员生活和工作的场所，应当符合国家船舶检验规范中有关船员生活环境、作业安全和防护的要求。

船员用人单位应当为船员提供必要的生活用品、防护用品、医疗用品，建立船员健康档案，并为船员定期进行健康检查，防治职业疾病。

船员在船工作期间患病或者受伤的，船员用人单位应当及时给予救治；船员失踪或者死亡的，船员用人单位应当及时做好相应的善后工作。

第二十三条　船员用人单位应当依照有关劳动合同的法律、法规和中华人民共和国缔结或者加入的有关船员劳动与社会保障国际条约的规定，与船员订立劳动合同。

船员用人单位不得招用未取得本条例规定证件的人员上船工作。

第二十四条　船员工会组织应当加强对船员合法权益的保护，指导、帮助船员与船员用人单位订立劳动合同。

第二十五条　船员用人单位应当根据船员职业的风险性、艰苦性、流动性等因素，向船员支付合理的工资，并按时足额发放给船员。任何单位和个人不得克扣船员的工资。

船员用人单位应当向在劳动合同有效期内的待派船员，支付不低于船员用人单位所在地人民政府公布的最低工资。

第二十六条　船员在船工作时间应当符合国务院交通主管部门规定的标准，不得疲劳值班。

船员除享有国家法定节假日的假期外，还享有在船舶上每工作 2 个月不少于 5 日的年休假。

船员用人单位应当在船员年休假期间，向其支付不低于该船员在船工作期间平均工资的报酬。

第二十七条　船员在船工作期间，有下列情形之一的，可以要求遣返：

（一）船员的劳动合同终止或者依法解除的；

（二）船员不具备履行船上岗位职责能力的；

（三）船舶灭失的；

（四）未经船员同意，船舶驶往战区、疫区的；

（五）由于破产、变卖船舶、改变船舶登记或者其他原因，船员用人单位、船舶所有人不能继续履行对船员的法定或者约定义务的。

第二十八条　船员可以从下列地点中选择遣返地点：

（一）船员接受招用的地点或者上船任职的地点；

（二）船员的居住地、户籍所在地或者船籍登记国；

（三）船员与船员用人单位或者船舶所有人约定的地点。

第二十九条　船员的遣返费用由船员用人单位支付。遣返费用包括船员乘坐交通工具的费用、旅途中合理的食宿及医疗费用和 30 公斤行李的运输费用。

第三十条　船员的遣返权利受到侵害的，船员当时所在地民政部门或者中华人民共和国驻境外领事机构，应当向船员提供援助；必要时，可以直接安排船员遣返。民政部门或者中华人民共和国驻境外领事机构为船员遣返所垫付的费用，船员用人单位应当及时返还。

第五章　船员培训和船员服务

第三十一条　申请在船舶上工作的船员，应当按照国务院交通主管部门的规定，完成相应的船员基本安全培训、船员适任培训。

在危险品船、客船等特殊船舶上工作的船员，还应当完成相应的特殊培训。

第三十二条　依法设立的培训机构从事船员培训，应当符合下列条件：

（一）有符合船员培训要求的场地、设施和设备；

（二）有与船员培训相适应的教学人员、管理人员；

（三）有健全的船员培训管理制度、安全防护制度；

（四）有符合国务院交通主管部门规定的船员培训质量控制体系。

第三十三条　依法设立的培训机构从事船员培训业务，应当向国家海事管理机构提出申请，并附送符合本条例第三十二条规定条件的证明材料。

国家海事管理机构应当自受理申请之日起30日内，做出批准或者不予批准的决定。予以批准的，发给船员培训许可证；不予批准的，书面通知申请人并说明理由。

第三十四条　从事船员培训业务的机构，应当按照国务院交通主管部门规定的船员培训大纲和水上交通安全、防治船舶污染、船舶保安等要求，在核定的范围内开展船员培训，确保船员培训质量。

第三十五条　从事向中国籍船舶派遣船员业务的机构，应当按照《中华人民共和国劳动合同法》的规定取得劳务派遣许可。

第三十六条　从事代理船员办理申请培训、考试、申领证书（包括外国海洋船舶船员证书）等有关手续，代理船员用人单位管理船员事务，提供船舶配员等船员服务业务的机构（以下简称船员服务机构）应当建立船员档案，加强船舶配员管理，掌握船员的培训、任职资历、安全记录、健康状况等情况并将上述情况定期报监管机构备案。关于船员劳务派遣业务的信息报劳动保障行政部门备案，关于其他业务的信息报海事管理机构备案。

船员用人单位直接招用船员的，应当遵守前款的规定。

第三十七条　船员服务机构应当向社会公布服务项目和收费标准。

第三十八条　船员服务机构为船员提供服务，应当诚实守信，不得提供虚假信息，不得损害船员的合法权益。

第三十九条　船员服务机构为船员用人单位提供船舶配员服务，应当按照相关法律、行政法规的规定订立合同。

船员服务机构为船员用人单位提供的船员受伤、失踪或者死亡的，船员服务机构应当配合船员用人单位做好善后工作。

第六章　监督检查

第四十条　海事管理机构应当建立健全船员管理的监督检查制度，重点加强对船员注册、任职资格、履行职责、安全记录，船员培训机构培训质量，船员服务机构诚实守信以及船员用人单位保护船员合法权益等情况的监督检查，督促船员用人单位、船舶所有人以及相关的机构建立健全船员在船舶上的人身安全、卫生、健康和劳动安全保障制度，落实相应的保障措施。

第四十一条　海事管理机构对船员实施监督检查时，应当查验船员必须携带的证件的有效性，检查船员履行职责的情况，必要时可以进行现场考核。

第四十二条　依照本条例的规定，取得船员适任证书、中华人民共和国海员证的船员以及取得从事船员培训业务许可的机构，不再具备规定条件的，由海事管理机构责令限期改正；拒不改正或者无法改正的，海事管理机构应当撤销相应的行政许可决定，并依法办理有关行政许可的注销手续。

第四十三条 海事管理机构对有违反水上交通安全和防治船舶污染水域法律、行政法规行为的船员，除依法给予行政处罚外，实行累计记分制度。海事管理机构对累计记分达到规定分值的船员，应当扣留船员适任证书，责令其参加水上交通安全、防治船舶污染等有关法律、行政法规的培训并进行相应的考试；考试合格的，发还其船员适任证书。

第四十四条 船舶违反本条例和有关法律、行政法规规定的，海事管理机构应当责令限期改正；在规定期限内未能改正的，海事管理机构可以禁止船舶离港或者限制船舶航行、停泊、作业。

第四十五条 海事管理机构实施监督检查时，应当有2名以上执法人员参加，并出示有效的执法证件。

海事管理机构实施监督检查，可以询问当事人，向有关单位或者个人了解情况，查阅、复制有关资料，并保守被调查单位或者个人的商业秘密。

接受海事管理机构监督检查的有关单位或者个人，应当如实提供有关资料或者情况。

第四十六条 海事管理机构应当公开管理事项、办事程序、举报电话号码、通信地址、电子邮件信箱等信息，自觉接受社会的监督。

第四十七条 劳动保障行政部门应当加强对船员用人单位遵守劳动和社会保障的法律、法规和国家其他有关规定情况的监督检查。

海事管理机构在日常监管中发现船员用人单位或者船员服务机构存在违反劳动和社会保障法律、行政法规规定的行为的，应当及时通报劳动保障行政部门。

第七章　法律责任

第四十八条 违反本条例的规定，以欺骗、贿赂等不正当手段取得船员适任证书、船员培训合格证书、中华人民共和国海员证的，由海事管理机构吊销有关证件，并处2 000元以上2万元以下罚款。

第四十九条 违反本条例的规定，伪造、变造或者买卖船员服务簿、船员适任证书、船员培训合格证书、中华人民共和国海员证的，由海事管理机构收缴有关证件，处2万元以上10万元以下罚款，有违法所得的，还应当没收违法所得。

第五十条 违反本条例的规定，船员服务簿记载的事项发生变更，船员未办理变更手续的，由海事管理机构责令改正，可以处1 000元以下罚款。

第五十一条 违反本条例的规定，船员在船工作期间未携带本条例规定的有效证件的，由海事管理机构责令改正，可以处2 000元以下罚款。

第五十二条 违反本条例的规定，船员有下列情形之一的，由海事管理机构处1 000元以上1万元以下罚款；情节严重的，并给予暂扣船员适任证书6个月以上2年以下直至吊销船员适任证书的处罚：

（一）未遵守值班规定擅自离开工作岗位的；

（二）未按照水上交通安全和防治船舶污染操作规则操纵、控制和管理船舶的；

（三）发现或者发生险情、事故、保安事件或者影响航行安全的情况未及时报告的；

（四）未如实填写或者记载有关船舶、船员法定文书的；

（五）隐匿、篡改或者销毁有关船舶、船员法定证书、文书的；

（六）不依法履行救助义务或者肇事逃逸的；

（七）利用船舶私载旅客、货物或者携带违禁物品的。

第五十三条 违反本条例的规定，船长有下列情形之一的，由海事管理机构处2 000元以上2万元以下罚款；情节严重的，并给予暂扣船员适任证书6个月以上2年以下直至吊销船员适任证书的处罚：

（一）未保证船舶和船员携带符合法定要求的证书、文书以及有关航行资料的；

（二）未保证船舶和船员在开航时处于适航、适任状态，或者未按照规定保障船舶的最低安全配员，或者未保证船舶的正常值班的；

（三）未在船员服务簿内如实记载船员的履职情况的；

（四）船舶进港、出港、靠泊、离泊，通过交通密集区、危险航区等区域，或者遇有恶劣天气和海况，或者发生水上交通事故、船舶污染事故、船舶保安事件以及其他紧急情况时，未在驾驶台值班的；

（五）在弃船或者撤离船舶时未最后离船的。

第五十四条 船员适任证书被吊销的，自被吊销之日起2年内，不得申请船员适任证书。

第五十五条 违反本条例的规定，船员用人单位、船舶所有人有下列行为之一的，由海事管理机构责令改正，处3万元以上15万元以下罚款：

（一）招用未依照本条例规定取得相应有效证件的人员上船工作的；

（二）中国籍船舶擅自招用外国籍船员担任船长的；

（三）船员在船舶上生活和工作的场所不符合国家船舶检验规范中有关船员生活环境、作业安全和防护要求的；

（四）不履行遣返义务的；

（五）船员在船工作期间患病或者受伤，未及时给予救治的。

第五十六条 违反本条例的规定，未取得船员培训许可证擅自从事船员培训的，由海事管理机构责令改正，处5万元以上25万元以下罚款，有违法所得的，还应当没收违法所得。

第五十七条 违反本条例的规定，船员培训机构不按照国务院交通主管部门规定的培训大纲和水上交通安全、防治船舶污染等要求，进行培训的，由海事管理机构责令改正，可以处2万元以上10万元以下罚款；情节严重的，给予暂扣船员培训许可证6个月以上2年以下直至吊销船员培训许可证的处罚。

第五十八条 违反本条例的规定，船员服务机构和船员用人单位未将其招用或者管理的船员的有关情况定期报海事管理机构或者劳动保障行政部门备案的，由海事管理机构或者劳动保障行政部门责令改正，处5 000元以上2万元以下罚款。

第五十九条 违反本条例的规定，船员服务机构在提供船员服务时，提供虚假信息，欺诈船员的，由海事管理机构或者劳动保障行政部门依据职责责令改正，处3万元以上15万元以下罚款；情节严重的，并给予暂停船员服务6个月以上2年以下直至吊销相关业务经营许可的处罚。

第六十条 违反本条例规定，船员服务机构从事船员劳务派遣业务时未依法与相关劳动者或者船员用人单位订立合同的，由劳动保障行政部门按照相关劳动法律、行政法规的规定处罚。

第六十一条 海事管理机构工作人员有下列情形之一的，依法给予处分：

（一）违反规定签发船员适任证书、中华人民共和国海员证，或者违反规定批准船员培训机构从事相关活动的；

（二）不依法履行监督检查职责的；

（三）不依法实施行政强制或者行政处罚的；

（四）滥用职权、玩忽职守的其他行为。

第六十二条 违反本条例的规定，情节严重，构成犯罪的，依法追究刑事责任。

第八章 附 则

第六十三条 申请参加取得船员适任证书考试，应当按照国家有关规定交纳考试费用。

第六十四条 引航员的培训依照本条例有关船员培训的规定执行。引航员管理的具体办法由国务院交通主管部门制定。

第六十五条 军用船舶船员的管理，按照国家和军队有关规定执行。

渔业船员的管理由国务院渔业行政主管部门负责，具体管理办法由国务院渔业行政主管部门参照本条例另行规定。

第六十六条 除本条例对船员用人单位及船员的劳动和社会保障有特别规定外，船员用人单位及船员应当执行有关劳动和社会保障的法律、行政法规以及国家有关规定。

船员专业技术职称的取得和专业技术职务的聘任工作，按照国家有关规定实施。

第六十七条 本条例自 2007 年 9 月 1 日起施行。

中华人民共和国内河交通安全管理条例

（2002年6月28日国务院令第355号公布，自2002年8月1日起施行；根据2011年1月8日国务院令第588号《国务院关于废止和修改部分行政法规的决定》第一次修订；根据2017年3月1日国务院令第676号《国务院关于修改和废止部分行政法规的决定》第二次修订；根据2019年3月2日国务院令第709号《国务院关于修改部分行政法规的决定》第三次修订）

第一章　总　　则

第一条　为了加强内河交通安全管理，维护内河交通秩序，保障人民群众生命、财产安全，制定本条例。

第二条　在中华人民共和国内河通航水域从事航行、停泊和作业以及与内河交通安全有关的活动，必须遵守本条例。

第三条　内河交通安全管理遵循安全第一、预防为主、方便群众、依法管理的原则，保障内河交通安全、有序、畅通。

第四条　国务院交通主管部门主管全国内河交通安全管理工作。国家海事管理机构在国务院交通主管部门的领导下，负责全国内河交通安全监督管理工作。

国务院交通主管部门在中央管理水域设立的海事管理机构和省、自治区、直辖市人民政府在中央管理水域以外的其他水域设立的海事管理机构（以下统称海事管理机构）依据各自的职责权限，对所辖内河通航水域实施水上交通安全监督管理。

第五条　县级以上地方各级人民政府应当加强本行政区域内的内河交通安全管理工作，建立、健全内河交通安全管理责任制。

乡（镇）人民政府对本行政区域内的内河交通安全管理履行下列职责：

（一）建立、健全行政村和船主的船舶安全责任制；

（二）落实渡口船舶、船员、旅客定额的安全管理责任制；

（三）落实船舶水上交通安全管理的专门人员；

（四）督促船舶所有人、经营人和船员遵守有关内河交通安全的法律、法规和规章。

第二章　船舶、浮动设施和船员

第六条　船舶具备下列条件，方可航行：

（一）经海事管理机构认可的船舶检验机构依法检验并持有合格的船舶检验证书；

（二）经海事管理机构依法登记并持有船舶登记证书；

（三）配备符合国务院交通主管部门规定的船员；

（四）配备必要的航行资料。

第七条　浮动设施具备下列条件，方可从事有关活动：

（一）经海事管理机构认可的船舶检验机构依法检验并持有合格的检验证书；

（二）经海事管理机构依法登记并持有登记证书；

（三）配备符合国务院交通主管部门规定的掌握水上交通安全技能的船员。

第八条　船舶、浮动设施应当保持适于安全航行、停泊或者从事有关活动的状态。

船舶、浮动设施的配载和系固应当符合国家安全技术规范。

第九条 船员经水上交通安全专业培训，其中客船和载运危险货物船舶的船员还应当经相应的特殊培训，并经海事管理机构考试合格，取得相应的适任证书或者其他适任证件，方可担任船员职务。严禁未取得适任证书或者其他适任证件的船员上岗。

船员应当遵守职业道德，提高业务素质，严格依法履行职责。

第十条 船舶、浮动设施的所有人或者经营人，应当加强对船舶、浮动设施的安全管理，建立、健全相应的交通安全管理制度，并对船舶、浮动设施的交通安全负责；不得聘用无适任证书或者其他适任证件的人员担任船员；不得指使、强令船员违章操作。

第十一条 船舶、浮动设施的所有人或者经营人，应当根据船舶、浮动设施的技术性能、船员状况、水域和水文气象条件，合理调度船舶或者使用浮动设施。

第十二条 按照国家规定必须取得船舶污染损害责任、沉船打捞责任的保险文书或者财务保证书的船舶，其所有人或者经营人必须取得相应的保险文书或者财务担保证明，并随船携带其副本。

第十三条 禁止伪造、变造、买卖、租借、冒用船舶检验证书、船舶登记证书、船员适任证书或者其他适任证件。

第三章 航行、停泊和作业

第十四条 船舶在内河航行，应当悬挂国旗，标明船名、船籍港、载重线。

按照国家规定应当报废的船舶、浮动设施，不得航行或者作业。

第十五条 船舶在内河航行，应当保持瞭望，注意观察，并采用安全航速航行。船舶安全航速应当根据能见度、通航密度、船舶操纵性能和风、浪、水流、航路状况以及周围环境等主要因素决定。使用雷达的船舶，还应当考虑雷达设备的特性、效率和局限性。

船舶在限制航速的区域和汛期高水位期间，应当按照海事管理机构规定的航速航行。

第十六条 船舶在内河航行时，上行船舶应当沿缓流或者航路一侧航行，下行船舶应当沿主流或者航路中间航行；在潮流河段、湖泊、水库、平流区域，应当尽可能沿本船右舷一侧航路航行。

第十七条 船舶在内河航行时，应当谨慎驾驶，保障安全；对来船动态不明、声号不统一或者遇有紧迫情况时，应当减速、停车或者倒车，防止碰撞。

船舶相遇，各方应当注意避让。按照船舶航行规则应当让路的船舶，必须主动避让被让路船舶；被让路船舶应当注意让路船舶的行动，并适时采取措施，协助避让。

船舶避让时，各方避让意图经统一后，任何一方不得擅自改变避让行动。

船舶航行、避让和信号显示的具体规则，由国务院交通主管部门制定。

第十八条 船舶进出内河港口，应当向海事管理机构报告船舶的航次计划、适航状态、船员配备和载货载客等情况。

第十九条 下列船舶在内河航行，应当向引航机构申请引航：

（一）外国籍船舶；

（二）1 000总吨以上的海上机动船舶，但船长驾驶同一类型的海上机动船舶在同一内河通航水域航行与上一航次间隔2个月以内的除外；

（三）通航条件受限制的船舶；

（四）国务院交通主管部门规定应当申请引航的客船、载运危险货物的船舶。

第二十条 船舶进出港口和通过交通管制区、通航密集区或者航行条件受限制的区域，应当遵守海事管理机构发布的有关通航规定。

任何船舶不得擅自进入或者穿越海事管理机构公布的禁航区。

第二十一条 从事货物或者旅客运输的船舶，必须符合船舶强度、稳性、吃水、消防和救生等安全技术要求和国务院交通主管部门规定的载货或者载客条件。

任何船舶不得超载运输货物或者旅客。

第二十二条 船舶在内河通航水域载运或者拖带超重、超长、超高、超宽、半潜的物体，必须在装船或者拖带前24小时报海事管理机构核定拟航行的航路、时间，并采取必要的安全措施，保障船舶载运或者拖带安全。船舶需要护航的，应当向海事管理机构申请护航。

第二十三条 遇有下列情形之一时，海事管理机构可以根据情况采取限时航行、单航、封航等临时性限制、疏导交通的措施，并予公告：

（一）恶劣天气；

（二）大范围水上施工作业；

（三）影响航行的水上交通事故；

（四）水上大型群众性活动或者体育比赛；

（五）对航行安全影响较大的其他情形。

第二十四条 船舶应当在码头、泊位或者依法公布的锚地、停泊区、作业区停泊；遇有紧急情况，需要在其他水域停泊的，应当向海事管理机构报告。

船舶停泊，应当按照规定显示信号，不得妨碍或者危及其他船舶航行、停泊或者作业的安全。

船舶停泊，应当留有足以保证船舶安全的船员值班。

第二十五条 在内河通航水域或者岸线上进行下列可能影响通航安全的作业或者活动的，应当在进行作业或者活动前报海事管理机构批准：

（一）勘探、采掘、爆破；

（二）构筑、设置、维修、拆除水上水下构筑物或者设施；

（三）架设桥梁、索道；

（四）铺设、检修、拆除水上水下电缆或者管道；

（五）设置系船浮筒、浮趸、缆桩等设施；

（六）航道建设，航道、码头前沿水域疏浚；

（七）举行大型群众性活动、体育比赛。

进行前款所列作业或者活动，需要进行可行性研究的，在进行可行性研究时应当征求海事管理机构的意见；依照法律、行政法规的规定，需经其他有关部门审批的，还应当依法办理有关审批手续。

第二十六条 海事管理机构审批本条例第二十五条规定的作业或者活动，应当自收到申请之日起30日内作出批准或者不批准的决定，并书面通知申请人。

遇有紧急情况，需要对航道进行修复或者对航道、码头前沿水域进行疏浚的，作业人可以边申请边施工。

第二十七条 航道内不得养殖、种植植物、水生物和设置永久性固定设施。

划定航道，涉及水产养殖区的，航道主管部门应当征求渔业行政主管部门的意见；设置水产养殖区，涉及航道的，渔业行政主管部门应当征求航道主管部门和海事管理机构的意见。

第二十八条 在内河通航水域进行下列可能影响通航安全的作业，应当在进行作业前向海事管理机构备案：

（一）气象观测、测量、地质调查；

（二）航道日常养护；

（三）大面积清除水面垃圾；

（四）可能影响内河通航水域交通安全的其他行为。

第二十九条 进行本条例第二十五条、

第二十八条规定的作业或者活动时，应当在作业或者活动区域设置标志和显示信号，并按照海事管理机构的规定，采取相应的安全措施，保障通航安全。

前款作业或者活动完成后，不得遗留任何妨碍航行的物体。

第四章　危险货物监管

第三十条　从事危险货物装卸的码头、泊位，必须符合国家有关安全规范要求，并征求海事管理机构的意见，经验收合格后，方可投入使用。

禁止在内河运输法律、行政法规以及国务院交通主管部门规定禁止运输的危险货物。

第三十一条　载运危险货物的船舶，必须持有经海事管理机构认可的船舶检验机构依法检验并颁发的危险货物适装证书，并按照国家有关危险货物运输的规定和安全技术规范进行配载和运输。

第三十二条　船舶装卸、过驳危险货物或者载运危险货物进出港口，应当将危险货物的名称、特性、包装、装卸或者过驳的时间、地点以及进出港时间等事项，事先报告海事管理机构和港口管理机构，经其同意后，方可进行装卸、过驳作业或者进出港口；但是，定船、定线、定货的船舶可以定期报告。

第三十三条　载运危险货物的船舶，在航行、装卸或者停泊时，应当按照规定显示信号；其他船舶应当避让。

第三十四条　从事危险货物装卸的码头、泊位和载运危险货物的船舶，必须编制危险货物事故应急预案，并配备相应的应急救援设备和器材。

第五章　渡口管理

第三十五条　设置或者撤销渡口，应当经渡口所在地的县级人民政府审批；县级人民政府审批前，应当征求当地海事管理机构的意见。

第三十六条　渡口的设置应当具备下列条件：

（一）选址应当在水流平缓、水深足够、坡岸稳定、视野开阔、适宜船舶停靠的地点，并远离危险物品生产、堆放场所；

（二）具备货物装卸、旅客上下的安全设施；

（三）配备必要的救生设备和专门管理人员。

第三十七条　渡口经营者应当在渡口设置明显的标志，维护渡运秩序，保障渡运安全。

渡口所在地县级人民政府应当建立、健全渡口安全管理责任制，指定有关部门负责对渡口和渡运安全实施监督检查。

第三十八条　渡口工作人员应当经培训、考试合格，并取得渡口所在地县级人民政府指定的部门颁发的合格证书。

渡口船舶应当持有合格的船舶检验证书和船舶登记证书。

第三十九条　渡口载客船舶应当有符合国家规定的识别标志，并在明显位置标明载客定额、安全注意事项。

渡口船舶应当按照渡口所在地的县级人民政府核定的路线渡运，并不得超载；渡运时，应当注意避让过往船舶，不得抢航或者强行横越。

遇有洪水或者大风、大雾、大雪等恶劣天气，渡口应当停止渡运。

第六章　通航保障

第四十条　内河通航水域的航道、航标和其他标志的规划、建设、设置、维护，应当符合国家规定的通航安全要求。

第四十一条　内河航道发生变迁，水深、宽度发生变化，或者航标发生位移、损坏、灭失，影响通航安全的，航道、航标主管部门必须及时采取措施，使航道、航标保持正常状态。

第四十二条 内河通航水域内可能影响航行安全的沉没物、漂流物、搁浅物，其所有人和经营人，必须按照国家有关规定设置标志，向海事管理机构报告，并在海事管理机构限定的时间内打捞清除；没有所有人或者经营人的，由海事管理机构打捞清除或者采取其他相应措施，保障通航安全。

第四十三条 在内河通航水域中拖放竹、木等物体，应当在拖放前24小时报经海事管理机构同意，按照核定的时间、路线拖放，并采取必要的安全措施，保障拖放安全。

第四十四条 任何单位和个人发现下列情况，应当迅速向海事管理机构报告：

（一）航道变迁，航道水深、宽度发生变化；

（二）妨碍通航安全的物体；

（三）航标发生位移、损坏、灭失；

（四）妨碍通航安全的其他情况。

海事管理机构接到报告后，应当根据情况发布航行通告或者航行警告，并通知航道、航标主管部门。

第四十五条 海事管理机构划定或者调整禁航区、交通管制区、港区外锚地、停泊区和安全作业区，以及对进行本条例第二十五条、第二十八条规定的作业或者活动，需要发布航行通告、航行警告的，应当及时发布。

第七章 救 助

第四十六条 船舶、浮动设施遇险，应当采取一切有效措施进行自救。

船舶、浮动设施发生碰撞等事故，任何一方应当在不危及自身安全的情况下，积极救助遇险的他方，不得逃逸。

船舶、浮动设施遇险，必须迅速将遇险的时间、地点、遇险状况、遇险原因、救助要求，向遇险地海事管理机构以及船舶、浮动设施所有人、经营人报告。

第四十七条 船员、浮动设施上的工作人员或者其他人员发现其他船舶、浮动设施遇险，或者收到求救信号后，必须尽力救助遇险人员，并将有关情况及时向遇险地海事管理机构报告。

第四十八条 海事管理机构收到船舶、浮动设施遇险求救信号或者报告后，必须立即组织力量救助遇险人员，同时向遇险地县级以上地方人民政府和上级海事管理机构报告。

遇险地县级以上地方人民政府收到海事管理机构的报告后，应当对救助工作进行领导和协调，动员各方力量积极参与救助。

第四十九条 船舶、浮动设施遇险时，有关部门和人员必须积极协助海事管理机构做好救助工作。

遇险现场和附近的船舶、人员，必须服从海事管理机构的统一调度和指挥。

第八章 事故调查处理

第五十条 船舶、浮动设施发生交通事故，其所有人或者经营人必须立即向交通事故发生地海事管理机构报告，并做好现场保护工作。

第五十一条 海事管理机构接到内河交通事故报告后，必须立即派员前往现场，进行调查和取证。

海事管理机构进行内河交通事故调查和取证，应当全面、客观、公正。

第五十二条 接受海事管理机构调查、取证的有关人员，应当如实提供有关情况和证据，不得谎报或者隐匿、毁灭证据。

第五十三条 海事管理机构应当在内河

交通事故调查、取证结束后30日内，依据调查事实和证据作出调查结论，并书面告知内河交通事故当事人。

第五十四条 海事管理机构在调查处理内河交通事故过程中，应当采取有效措施，保证航路畅通，防止发生其他事故。

第五十五条 地方人民政府应当依照国家有关规定积极做好内河交通事故的善后工作。

第五十六条 特大内河交通事故的报告、调查和处理，按照国务院有关规定执行。

第九章 监督检查

第五十七条 在旅游、交通运输繁忙的湖泊、水库，在气候恶劣的季节，在法定或者传统节日、重大集会、集市、农忙、学生放学放假等交通高峰期间，县级以上地方各级人民政府应当加强对维护内河交通安全的组织、协调工作。

第五十八条 海事管理机构必须建立、健全内河交通安全监督检查制度，并组织落实。

第五十九条 海事管理机构必须依法履行职责，加强对船舶、浮动设施、船员和通航安全环境的监督检查。发现内河交通安全隐患时，应当责令有关单位和个人立即消除或者限期消除；有关单位和个人不立即消除或者逾期不消除的，海事管理机构必须采取责令其临时停航、停止作业，禁止进港、离港等强制性措施。

第六十条 对内河交通密集区域、多发事故水域以及货物装卸、乘客上下比较集中的港口，对客渡船、滚装客船、高速客轮、旅游船和载运危险货物的船舶，海事管理机构必须加强安全巡查。

第六十一条 海事管理机构依照本条例实施监督检查时，可以根据情况对违反本条例有关规定的船舶，采取责令临时停航、驶向指定地点，禁止进港、离港，强制卸载、拆除动力装置、暂扣船舶等保障通航安全的措施。

第六十二条 海事管理机构的工作人员依法在内河通航水域对船舶、浮动设施进行内河交通安全监督检查，任何单位和个人不得拒绝或者阻挠。

有关单位或者个人应当接受海事管理机构依法实施的安全监督检查，并为其提供方便。

海事管理机构的工作人员依照本条例实施监督检查时，应当出示执法证件，表明身份。

第十章 法律责任

第六十三条 违反本条例的规定，应当报废的船舶、浮动设施在内河航行或者作业的，由海事管理机构责令停航或者停止作业，并对船舶、浮动设施予以没收。

第六十四条 违反本条例的规定，船舶、浮动设施未持有合格的检验证书、登记证书或者船舶未持有必要的航行资料，擅自航行或者作业的，由海事管理机构责令停止航行或者作业；拒不停止的，暂扣船舶、浮动设施；情节严重的，予以没收。

第六十五条 违反本条例的规定，船舶未按照国务院交通主管部门的规定配备船员擅自航行，或者浮动设施未按照国务院交通主管部门的规定配备掌握水上交通安全技能的船员擅自作业的，由海事管理机构责令限期改正，对船舶、浮动设施所有人或者经营人处1万元以上10万元以下的罚款；逾期不改正的，责令停航或者停止作业。

第六十六条 违反本条例的规定，未经考试合格并取得适任证书或者其他适任证件的人员擅自从事船舶航行的，由海事管理机构责令其立即离岗，对直接责任人员处

2 000元以上 2 万元以下的罚款，并对聘用单位处 1 万元以上 10 万元以下的罚款。

第六十七条 违反本条例的规定，按照国家规定必须取得船舶污染损害责任、沉船打捞责任的保险文书或者财务保证书的船舶的所有人或者经营人，未取得船舶污染损害责任、沉船打捞责任保险文书或者财务担保证明的，由海事管理机构责令限期改正；逾期不改正的，责令停航，并处 1 万元以上 10 万元以下的罚款。

第六十八条 违反本条例的规定，船舶在内河航行时，有下列情形之一的，由海事管理机构责令改正，处5 000元以上 5 万元以下的罚款；情节严重的，禁止船舶进出港口或者责令停航，并可以对责任船员给予暂扣适任证书或者其他适任证件 3 个月至 6 个月的处罚：

（一）未按照规定悬挂国旗，标明船名、船籍港、载重线的；

（二）未按照规定向海事管理机构报告船舶的航次计划、适航状态、船员配备和载货载客等情况的；

（三）未按照规定申请引航的；

（四）擅自进出内河港口，强行通过交通管制区、通航密集区、航行条件受限制区域或者禁航区的；

（五）载运或者拖带超重、超长、超高、超宽、半潜的物体，未申请或者未按照核定的航路、时间航行的。

第六十九条 违反本条例的规定，船舶未在码头、泊位或者依法公布的锚地、停泊区、作业区停泊的，由海事管理机构责令改正；拒不改正的，予以强行拖离，因拖离发生的费用由船舶所有人或者经营人承担。

第七十条 违反本条例的规定，在内河通航水域或者岸线上进行有关作业或者活动未经批准或者备案，或者未设置标志、显示信号的，由海事管理机构责令改正，处5 000元以上 5 万元以下的罚款。

第七十一条 违反本条例的规定，从事危险货物作业，有下列情形之一的，由海事管理机构责令停止作业或者航行，对负有责任的主管人员或者其他直接责任人员处 2 万元以上 10 万元以下的罚款；属于船员的，并给予暂扣适任证书或者其他适任证件 6 个月以上直至吊销适任证书或者其他适任证件的处罚：

（一）从事危险货物运输的船舶，未编制危险货物事故应急预案或者未配备相应的应急救援设备和器材的；

（二）船舶装卸、过驳危险货物或者载运危险货物进出港口未经海事管理机构、港口管理机构同意的。

未持有危险货物适装证书擅自载运危险货物或者未按照安全技术规范进行配载和运输的，依照《危险化学品安全管理条例》的规定处罚。

第七十二条 违反本条例的规定，未经批准擅自设置或者撤销渡口的，由渡口所在地县级人民政府指定的部门责令限期改正；逾期不改正的，予以强制拆除或者恢复，因强制拆除或者恢复发生的费用分别由设置人、撤销人承担。

第七十三条 违反本条例的规定，渡口船舶未标明识别标志、载客定额、安全注意事项的，由渡口所在地县级人民政府指定的部门责令改正，处2 000元以上 1 万元以下的罚款；逾期不改正的，责令停航。

第七十四条 违反本条例的规定，在内河通航水域的航道内养殖、种植植物、水生物或者设置永久性固定设施的，由海事管理机构责令限期改正；逾期不改正的，予以强制清除，因清除发生的费用由其所有人或者经营人承担。

第七十五条 违反本条例的规定，内河通航水域中的沉没物、漂流物、搁浅物的所有人或者经营人，未按照国家有关规定设置标志或者未在规定的时间内打捞清除的，由海事管理机构责令限期改正；逾期不改正的，海事管理机构强制设置标志或者组织打捞清除；需要立即组织打捞清除的，海事管理机构应当及时组织打捞清除。海事管理机构因设置标志或者打捞清除发生的费用，由沉没物、漂流物、搁浅物的所有人或者经营人承担。

第七十六条 违反本条例的规定，船舶、浮动设施遇险后未履行报告义务或者不积极施救的，由海事管理机构给予警告，并可以对责任船员给予暂扣适任证书或者其他适任证件3个月至6个月直至吊销适任证书或者其他适任证件的处罚。

第七十七条 违反本条例的规定，船舶、浮动设施发生内河交通事故的，除依法承担相应的法律责任外，由海事管理机构根据调查结论，对责任船员给予暂扣适任证书或者其他适任证件6个月以上直至吊销适任证书或者其他适任证件的处罚。

第七十八条 违反本条例的规定，遇险现场和附近的船舶、船员不服从海事管理机构的统一调度和指挥的，由海事管理机构给予警告，并可以对责任船员给予暂扣适任证书或者其他适任证件3个月至6个月直至吊销适任证书或者其他适任证件的处罚。

第七十九条 违反本条例的规定，伪造、变造、买卖、转借、冒用船舶检验证书、船舶登记证书、船员适任证书或者其他适任证件的，由海事管理机构没收有关的证书或者证件；有违法所得的，没收违法所得，并处违法所得2倍以上5倍以下的罚款；没有违法所得或者违法所得不足2万元的，处1万元以上5万元以下的罚款；触犯刑律的，依照刑法关于伪造、变造、买卖国家机关公文、证件罪或者其他罪的规定，依法追究刑事责任。

第八十条 违反本条例的规定，船舶、浮动设施的所有人或者经营人指使、强令船员违章操作的，由海事管理机构给予警告，处1万元以上5万元以下的罚款，并可以责令停航或者停止作业；造成重大伤亡事故或者严重后果的，依照刑法关于重大责任事故罪或者其他罪的规定，依法追究刑事责任。

第八十一条 违反本条例的规定，船舶在内河航行、停泊或者作业，不遵守航行、避让和信号显示规则的，由海事管理机构责令改正，处1 000元以上1万元以下的罚款；情节严重的，对责任船员给予暂扣适任证书或者其他适任证件3个月至6个月直至吊销适任证书或者其他适任证件的处罚；造成重大内河交通事故的，依照刑法关于交通肇事罪或者其他罪的规定，依法追究刑事责任。

第八十二条 违反本条例的规定，船舶不具备安全技术条件从事货物、旅客运输，或者超载运输货物、旅客的，由海事管理机构责令改正，处2万元以上10万元以下的罚款，可以对责任船员给予暂扣适任证书或者其他适任证件6个月以上直至吊销适任证书或者其他适任证件的处罚，并对超载运输的船舶强制卸载，因卸载而发生的卸货费、存货费、旅客安置费和船舶监管费由船舶所有人或者经营人承担；发生重大伤亡事故或者造成其他严重后果的，依照刑法关于重大劳动安全事故罪或者其他罪的规定，依法追究刑事责任。

第八十三条 违反本条例的规定，船舶、浮动设施发生内河交通事故后逃逸的，由海事管理机构对责任船员给予吊销适任证书或者其他适任证件的处罚；证书或者证件吊销后，5年内不得重新从业；触犯刑律的，依照刑法关于交通肇事罪或者其他罪的规定，依法追究刑事责任。

第八十四条 违反本条例的规定，阻碍、妨碍内河交通事故调查取证，或者谎报、隐匿、毁灭证据的，由海事管理机构给予警告，并对直接责任人员处1 000元以上1万元以下的罚款；属于船员的，并给予暂扣适任证书或者其他适任证件12个月以上直至吊销适任证书或者其他适任证件的处罚；以暴力、威胁方法阻碍内河交通事故调查取证的，依照刑法关于妨害公务罪的规定，依法追究刑事责任。

第八十五条 违反本条例的规定，海事管理机构不依据法定的安全条件进行审批、许可的，对负有责任的主管人员和其他直接责任人员根据不同情节，给予降级或者撤职的行政处分；造成重大内河交通事故或者致使公共财产、国家和人民利益遭受重大损失的，依照刑法关于滥用职权罪、玩忽职守罪或者其他罪的规定，依法追究刑事责任。

第八十六条 违反本条例的规定，海事管理机构对审批、许可的安全事项不实施监督检查的，对负有责任的主管人员和其他直接责任人员根据不同情节，给予记大过、降级或者撤职的行政处分；造成重大内河交通事故或者致使公共财产、国家和人民利益遭受重大损失的，依照刑法关于滥用职权罪、玩忽职守罪或者其他罪的规定，依法追究刑事责任。

第八十七条 违反本条例的规定，海事管理机构发现船舶、浮动设施不再具备安全航行、停泊、作业条件而不及时撤销批准或者许可并予以处理的，对负有责任的主管人员和其他直接责任人员根据不同情节，给予记大过、降级或者撤职的行政处分；造成重大内河交通事故或者致使公共财产、国家和人民利益遭受重大损失的，依照刑法关于滥用职权罪、玩忽职守罪或者其他罪的规定，依法追究刑事责任。

第八十八条 违反本条例的规定，海事管理机构对未经审批、许可擅自从事旅客、危险货物运输的船舶不实施监督检查，或者发现内河交通安全隐患不及时依法处理，或者对违法行为不依法予以处罚的，对负有责任的主管人员和其他直接责任人员根据不同情节，给予降级或者撤职的行政处分；造成重大内河交通事故或者致使公共财产、国家和人民利益遭受重大损失的，依照刑法关于滥用职权罪、玩忽职守罪或者其他罪的规定，依法追究刑事责任。

第八十九条 违反本条例的规定，渡口所在地县级人民政府指定的部门，有下列情形之一的，根据不同情节，对负有责任的主管人员和其他直接责任人员，给予降级或者撤职的行政处分；造成重大内河交通事故或者致使公共财产、国家和人民利益遭受重大损失的，依照刑法关于滥用职权罪、玩忽职守罪或者其他罪的规定，依法追究刑事责任：

（一）对县级人民政府批准的渡口不依法实施监督检查的；

（二）对未经县级人民政府批准擅自设立的渡口不予以查处的；

（三）对渡船超载、人与大牲畜混载、人与爆炸品、压缩气体和液化气体、易燃液体、易燃固体、自燃物品和遇湿易燃物品、氧化剂和有机过氧化物、有毒品和腐蚀品等危险品混载以及其他危及安全的行为不及时纠正并依法处理的。

第九十条 违反本条例的规定，触犯《中华人民共和国治安管理处罚法》，构成违反治安管理行为的，由公安机关给予治安管理处罚。

第十一章　附　　则

第九十一条 本条例下列用语的含义：

（一）内河通航水域，是指由海事管理机构认定的可供船舶航行的江、河、湖泊、水库、运河等水域。

（二）船舶，是指各类排水或者非排水的船、艇、筏、水上飞行器、潜水器、移动式平台以及其他水上移动装置。

（三）浮动设施，是指采用缆绳或者锚链等非刚性固定方式系固并漂浮或者潜于水中的建筑、装置。

（四）交通事故，是指船舶、浮动设施在内河通航水域发生的碰撞、触碰、触礁、浪损、搁浅、火灾、爆炸、沉没等引起人身伤亡和财产损失的事件。

第九十二条 军事船舶在内河通航水域航行，应当遵守内河航行、避让和信号显示规则。军事船舶的检验、登记和船员的考试、发证等管理办法，按照国家有关规定执行。

第九十三条 渔船的检验、登记以及进出渔港签证，渔船船员的考试、发证，渔船之间交通事故的调查处理，以及渔港水域内渔船的交通安全管理办法，由国务院渔业行政主管部门依据本条例另行规定。

第九十四条 城市园林水域水上交通安全管理的具体办法，由省、自治区、直辖市人民政府制定；但是，有关船舶检验、登记和船员管理，依照国家有关规定执行。

第九十五条 本条例自 2002 年 8 月 1 日起施行。1986 年 12 月 16 日国务院发布的《中华人民共和国内河交通安全管理条例》同时废止。

中华人民共和国河道管理条例

（1988年6月10日国务院令第3号公布，自公布之日起施行；根据2011年1月8日国务院令第588号《国务院关于废止和修改部分行政法规的决定》第一次修订；根据2017年3月1日国务院令第676号《国务院关于修改和废止部分行政法规的决定》第二次修订；根据2017年10月7日国务院令第687号《国务院关于修改部分行政法规的决定》第三次修订；根据2018年3月19日国务院令第698号《国务院关于修改和废止部分行政法规的决定》第四次修订）

第一章　总　　则

第一条　为加强河道管理，保障防洪安全，发挥江河湖泊的综合效益，根据《中华人民共和国水法》，制定本条例。

第二条　本条例适用于中华人民共和国领域内的河道（包括湖泊、人工水道，行洪区、蓄洪区、滞洪区）。

河道内的航道，同时适用《中华人民共和国航道管理条例》。

第三条　开发利用江河湖泊水资源和防治水害，应当全面规划、统筹兼顾、综合利用、讲求效益，服从防洪的总体安排，促进各项事业的发展。

第四条　国务院水利行政主管部门是全国河道的主管机关。

各省、自治区、直辖市的水利行政主管部门是该行政区域的河道主管机关。

第五条　国家对河道实行按水系统一管理和分级管理相结合的原则。

长江、黄河、淮河、海河、珠江、松花江、辽河等大江大河的主要河段，跨省、自治区、直辖市的重要河段，省、自治区、直辖市之间的边界河道以及国境边界河道，由国家授权的江河流域管理机构实施管理，或者由上述江河所在省、自治区、直辖市的河道主管机关根据流域统一规划实施管理。其他河道由省、自治区、直辖市或者市、县的河道主管机关实施管理。

第六条　河道划分等级。河道等级标准由国务院水利行政主管部门制定。

第七条　河道防汛和清障工作实行地方人民政府行政首长负责制。

第八条　各级人民政府河道主管机关以及河道监理人员，必须按照国家法律、法规，加强河道管理，执行供水计划和防洪调度命令，维护水工程和人民生命财产安全。

第九条　一切单位和个人都有保护河道堤防安全和参加防汛抢险的义务。

第二章　河道整治与建设

第十条　河道的整治与建设，应当服从流域综合规划，符合国家规定的防洪标准、通航标准和其他有关技术要求，维护堤防安全，保持河势稳定和行洪、航运通畅。

第十一条　修建开发水利、防治水害、整治河道的各类工程和跨河、穿河、穿堤、临河的桥梁、码头、道路、渡口、管道、缆线等建筑物及设施，建设单位必须按照河道管理权限，将工程建设方案报送河道主管机关审查同意。未经河道主管机关审查同意的，建设单位不得开工建设。

建设项目经批准后，建设单位应当将施

工安排告知河道主管机关。

第十二条 修建桥梁、码头和其他设施，必须按照国家规定的防洪标准所确定的河宽进行，不得缩窄行洪通道。

桥梁和栈桥的梁底必须高于设计洪水位，并按照防洪和航运的要求，留有一定的超高。设计洪水位由河道主管机关根据防洪规划确定。

跨越河道的管道、线路的净空高度必须符合防洪和航运的要求。

第十三条 交通部门进行航道整治，应当符合防洪安全要求，并事先征求河道主管机关对有关设计和计划的意见。

水利部门进行河道整治，涉及航道的，应当兼顾航运的需要，并事先征求交通部门对有关设计和计划的意见。

在国家规定可以流放竹木的河流和重要的渔业水域进行河道、航道整治，建设单位应当兼顾竹木水运和渔业发展的需要，并事先将有关设计和计划送同级林业、渔业主管部门征求意见。

第十四条 堤防上已修建的涵闸、泵站和埋设的穿堤管道、缆线等建筑物及设施，河道主管机关应当定期检查，对不符合工程安全要求的，限期改建。

在堤防上新建前款所指建筑物及设施，应当服从河道主管机关的安全管理。

第十五条 确需利用堤顶或者戗台兼做公路的，须经县级以上地方人民政府河道主管机关批准。堤身和堤顶公路的管理和维护办法，由河道主管机关商交通部门制定。

第十六条 城镇建设和发展不得占用河道滩地。城镇规划的临河界限，由河道主管机关会同城镇规划等有关部门确定。沿河城镇在编制和审查城镇规划时，应当事先征求河道主管机关的意见。

第十七条 河道岸线的利用和建设，应当服从河道整治规划和航道整治规划。计划部门在审批利用河道岸线的建设项目时，应当事先征求河道主管机关的意见。

河道岸线的界限，由河道主管机关会同交通等有关部门报县级以上地方人民政府划定。

第十八条 河道清淤和加固堤防取土以及按照防洪规划进行河道整治需要占用的土地，由当地人民政府调剂解决。

因修建水库、整治河道所增加的可利用土地，属于国家所有，可以由县级以上人民政府用于移民安置和河道整治工程。

第十九条 省、自治区、直辖市以河道为边界的，在河道两岸外侧各十公里之内，以及跨省、自治区、直辖市的河道，未经有关各方达成协议或者国务院水利行政主管部门批准，禁止单方面修建排水、阻水、引水、蓄水工程以及河道整治工程。

第三章　河道保护

第二十条 有堤防的河道，其管理范围为两岸堤防之间的水域、沙洲、滩地（包括可耕地）、行洪区，两岸堤防及护堤地。

无堤防的河道，其管理范围根据历史最高洪水位或者设计洪水位确定。

河道的具体管理范围，由县级以上地方人民政府负责划定。

第二十一条 在河道管理范围内，水域和土地的利用应当符合江河行洪、输水和航运的要求；滩地的利用，应当由河道主管机关会同土地管理等有关部门制定规划，报县级以上地方人民政府批准后实施。

第二十二条 禁止损毁堤防、护岸、闸坝等水工程建筑物和防汛设施、水文监测和测量设施、河岸地质监测设施以及通信照明等设施。

在防汛抢险期间，无关人员和车辆不得上堤。

因降雨雪等造成堤顶泥泞期间，禁止车辆通行，但防汛抢险车辆除外。

第二十三条 禁止非管理人员操作河道上的涵闸闸门，禁止任何组织和个人干扰河道管理单位的正常工作。

第二十四条 在河道管理范围内，禁止修建围堤、阻水渠道、阻水道路；种植高秆农作物、芦苇、杞柳、荻柴和树木（堤防防护林除外）；设置拦河渔具；弃置矿渣、石渣、煤灰、泥土、垃圾等。

在堤防和护堤地，禁止建房、放牧、开渠、打井、挖窖、葬坟、晒粮、存放物料、开采地下资源、进行考古发掘以及开展集市贸易活动。

第二十五条 在河道管理范围内进行下列活动，必须报经河道主管机关批准；涉及其他部门的，由河道主管机关会同有关部门批准：

（一）采砂、取土、淘金、弃置砂石或者淤泥；

（二）爆破、钻探、挖筑鱼塘；

（三）在河道滩地存放物料、修建厂房或者其他建筑设施；

（四）在河道滩地开采地下资源及进行考古发掘。

第二十六条 根据堤防的重要程度、堤基土质条件等，河道主管机关报经县级以上人民政府批准，可以在河道管理范围的相连地域划定堤防安全保护区。在堤防安全保护区内，禁止进行打井、钻探、爆破、挖筑鱼塘、采石、取土等危害堤防安全的活动。

第二十七条 禁止围湖造田。已经围垦的，应当按照国家规定的防洪标准进行治理，逐步退田还湖。湖泊的开发利用规划必须经河道主管机关审查同意。

禁止围垦河流，确需围垦的，必须经过科学论证，并经省级以上人民政府批准。

第二十八条 加强河道滩地、堤防和河岸的水土保持工作，防止水土流失、河道淤积。

第二十九条 江河的故道、旧堤、原有工程设施等，不得擅自填堵、占用或者拆毁。

第三十条 护堤护岸林木，由河道管理单位组织营造和管理，其他任何单位和个人不得侵占、砍伐或者破坏。

河道管理单位对护堤护岸林木进行抚育和更新性质的采伐及用于防汛抢险的采伐，根据国家有关规定免交育林基金。

第三十一条 在为保证堤岸安全需要限制航速的河段，河道主管机关应当会同交通部门设立限制航速的标志，通行的船舶不得超速行驶。

在汛期，船舶的行驶和停靠必须遵守防汛指挥部的规定。

第三十二条 山区河道有山体滑坡、崩岸、泥石流等自然灾害的河段，河道主管机关应当会同地质、交通等部门加强监测。在上述河段，禁止从事开山采石、采矿、开荒等危及山体稳定的活动。

第三十三条 在河道中流放竹木，不得影响行洪、航运和水工程安全，并服从当地河道主管机关的安全管理。

在汛期，河道主管机关有权对河道上的竹木和其他漂流物进行紧急处置。

第三十四条 向河道、湖泊排污的排污口的设置和扩大，排污单位在向环境保护部门申报之前，应当征得河道主管机关的同意。

第三十五条 在河道管理范围内，禁止堆放、倾倒、掩埋、排放污染水体的物体。禁止在河道内清洗装贮过油类或者有毒污染物的车辆、容器。

河道主管机关应当开展河道水质监测工作，协同环境保护部门对水污染防治实施监督管理。

第四章　河道清障

第三十六条 对河道管理范围内的阻水

障碍物，按照“谁设障，谁清除”的原则，由河道主管机关提出清障计划和实施方案，由防汛指挥部责令设障者在规定的期限内清除。逾期不清除的，由防汛指挥部组织强行清除，并由设障者负担全部清障费用。

第三十七条 对壅水、阻水严重的桥梁、引道、码头和其他跨河工程设施，根据国家规定的防洪标准，由河道主管机关提出意见并报经人民政府批准，责成原建设单位在规定的期限内改建或者拆除。汛期影响防洪安全的，必须服从防汛指挥部的紧急处理决定。

第五章 经 费

第三十八条 河道堤防的防汛岁修费，按照分级管理的原则，分别由中央财政和地方财政负担，列入中央和地方年度财政预算。

第三十九条 受益范围明确的堤防、护岸、水闸、圩垸、海塘和排涝工程设施，河道主管机关可以向受益的工商企业等单位和农户收取河道工程修建维护管理费，其标准应当根据工程修建和维护管理费用确定。收费的具体标准和计收办法由省、自治区、直辖市人民政府制定。

第四十条 在河道管理范围内采砂、取土、淘金，必须按照经批准的范围和作业方式进行，并向河道主管机关缴纳管理费。收费的标准和计收办法由国务院水利行政主管部门会同国务院财政主管部门制定。

第四十一条 任何单位和个人，凡对堤防、护岸和其他水工程设施造成损坏或者造成河道淤积的，由责任者负责修复、清淤或者承担维修费用。

第四十二条 河道主管机关收取的各项费用，用于河道堤防工程的建设、管理、维修和设施的更新改造。结余资金可以连年结转使用，任何部门不得截取或者挪用。

第四十三条 河道两岸的城镇和农村，当地县级以上人民政府可以在汛期组织堤防保护区域内的单位和个人义务出工，对河道堤防工程进行维修和加固。

第六章 罚 则

第四十四条 违反本条例规定，有下列行为之一的，县级以上地方人民政府河道主管机关除责令其纠正违法行为、采取补救措施外，可以并处警告、罚款、没收非法所得；对有关责任人员，由其所在单位或者上级主管机关给予行政处分；构成犯罪的，依法追究刑事责任：

（一）在河道管理范围内弃置、堆放阻碍行洪物体的；种植阻碍行洪的林木或者高秆植物的；修建围堤、阻水渠道、阻水道路的；

（二）在堤防、护堤地建房、放牧、开渠、打井、挖窖、葬坟、晒粮、存放物料、开采地下资源、进行考古发掘以及开展集市贸易活动的；

（三）未经批准或者不按照国家规定的防洪标准、工程安全标准整治河道或者修建水工程建筑物和其他设施的；

（四）未经批准或者不按照河道主管机关的规定在河道管理范围内采砂、取土、淘金、弃置砂石或者淤泥、爆破、钻探、挖筑鱼塘的；

（五）未经批准在河道滩地存放物料、修建厂房或者其他建筑设施，以及开采地下资源或者进行考古发掘的；

（六）违反本条例第二十七条的规定，围垦湖泊、河流的；

（七）擅自砍伐护堤护岸林木的；

（八）汛期违反防汛指挥部的规定或者指令的。

第四十五条 违反本条例规定，有下列行为之一的，县级以上地方人民政府河道主管机关除责令其纠正违法行为、赔偿损失、采取补救措施外，可以并处警告、罚款；应当给予治安管理处罚的，按照《中华人民共和国治安管理处罚法》的规定处罚；构成犯罪的，依法追究刑事责任：

（一）损毁堤防、护岸、闸坝、水工程建筑物，损毁防汛设施、水文监测和测量设施、河岸地质监测设施以及通信照明等设施；

（二）在堤防安全保护区内进行打井、钻探、爆破、挖筑鱼塘、采石、取土等危害堤防安全的活动的；

（三）非管理人员操作河道上的涵闸闸门或者干扰河道管理单位正常工作的。

第四十六条　当事人对行政处罚决定不服的，可以在接到处罚通知之日起十五日内，向作出处罚决定的机关的上一级机关申请复议，对复议决定不服的，可以在接到复议决定之日起十五日内，向人民法院起诉。当事人也可以在接到处罚通知之日起十五日内，直接向人民法院起诉。当事人逾期不申请复议或者不向人民法院起诉又不履行处罚决定的，由作出处罚决定的机关申请人民法院强制执行。对治安管理处罚不服的，按照《中华人民共和国治安管理处罚法》的规定办理。

第四十七条　对违反本条例规定，造成国家、集体、个人经济损失的，受害方可以请求县级以上河道主管机关处理。受害方也可以直接向人民法院起诉。

当事人对河道主管机关的处理决定不服的，可以在接到通知之日起，十五日内向人民法院起诉。

第四十八条　河道主管机关的工作人员以及河道监理人员玩忽职守、滥用职权、徇私舞弊的，由其所在单位或者上级主管机关给予行政处分；对公共财产、国家和人民利益造成重大损失的，依法追究刑事责任。

第七章　附　　则

第四十九条　各省、自治区、直辖市人民政府，可以根据本条例的规定，结合本地区的实际情况，制定实施办法。

第五十条　本条例由国务院水利行政主管部门负责解释。

第五十一条　本条例自发布之日起施行。

中华人民共和国航道管理条例

（1987年8月22日国务院公布，自1987年10月1日起施行；根据2008年12月27日国务院令545号《国务院关于修改〈中华人民共和国航道管理条例〉的决定》修订）

第一章　总　　则

第一条　为加强航道管理，改善通航条件，保证航道畅通和航行安全，充分发挥水上交通在国民经济和国防建设中的作用，特制定本条例。

第二条　本条例适用于中华人民共和国沿海和内河的航道、航道设施以及与通航有关的设施。

第三条　国家鼓励和保护在统筹兼顾、综合利用水资源的原则下，开发利用航道，发展水运事业。

第四条　中华人民共和国交通部主管全国航道事业。

第五条　航道分为国家航道、地方航道和专用航道。

第六条　国家航道及其航道设施按海区和内河水系，由交通部或者交通部授权的省、自治区、直辖市交通主管部门管理。

地方航道及其航道设施由省、自治区、直辖市交通主管部门管理。

专用航道及其航道设施由专用部门管理。

国家航道和地方航道上的过船建筑物，按照国务院规定管理。

第二章　航道的规划和建设

第七条　航道发展规划应当依据统筹兼顾、综合利用的原则，结合水利水电、城市建设以及铁路、公路、水运发展规划和国家批准的水资源综合规划制定。

第八条　国家航道发展规划由交通部编制，报国务院审查批准后实施。

地方航道发展规划由省、自治区、直辖市交通主管部门编制，报省、自治区、直辖市人民政府审查批准后实施，并抄报交通部备案。

跨省、自治区、直辖市的地方航道的发展规划，由有关省、自治区、直辖市交通主管部门共同编制，报有关省、自治区、直辖市人民政府联合审查批准后实施，并抄报交通部备案；必要时报交通部审查批准后实施。

专用航道发展规划由专用航道管理部门会同同级交通主管部门编制，报同级人民政府批准后实施。

第九条　各级水利电力主管部门编制河流流域规划和与航运有关的水利、水电工程规划以及进行上述工程设计时，必须有同级交通主管部门参加。

各级交通主管部门编制渠化河流和人工运河航道发展规划和进行与水利水电有关的工程设计时，必须有同级水利电力主管部门参加。

各级水利电力主管部门、交通主管部门编制上述规划，涉及运送木材的河流和重要的渔业水域时，必须有同级林业、渔业主管部门参加。

第十条　航道应当划分技术等级。航道技术等级的划分，由省、自治区、直辖市交通主管部门或交通部派驻水系的管理机构根据通航标准提出方案。一至四级航道由交通部会同水利电力部及其他有关部门研究批准，报国务院备案；四级以下的航道，由省、自治区、直辖市人民政府批准，报交通部备案。

第十一条 建设航道及其设施，必须遵守国家基本建设程序的规定。工程竣工经验收合格后，方能交付使用。

第十二条 建设航道及其设施，不得危及水利水电工程、跨河建筑物和其他设施的安全。

因建设航道及其设施损坏水利水电工程、跨河建筑物和其他设施的，建设单位应当给予赔偿或者修复。

在行洪河道上建设航道，必须符合行洪安全的要求。

第三章 航道的保护

第十三条 航道和航道设施受国家保护，任何单位和个人均不得侵占或者破坏。交通部门应当加强对航道的养护，保证航道畅通。

第十四条 修建与通航有关的设施或者治理河道、引水灌溉，必须符合国家规定的通航标准和技术要求，并应当事先征求交通主管部门的意见。

违反前款规定，中断或者恶化通航条件的，由建设单位或者个人赔偿损失，并在规定期限内负责恢复通航。

第十五条 在通航河流上建设永久性拦河闸坝，建设单位必须按照设计和施工方案，同时建设适当规模的过船、过木、过鱼建筑物，并解决施工期间的船舶、排筏通航问题。过船、过木、过鱼建筑物的建设费用，由建设单位承担。

在不通航河流或者人工渠道上建设闸坝后可以通航的，建设单位应当同时建设适当规模的过船建筑物；不能同时建设的，应当预留建设过船建筑物的位置。过船建筑物的建设费用，除国家另有规定外，应当由交通部门承担。

过船、过木、过鱼建筑物的设计任务书、设计文件和施工方案，必须取得交通、林业、渔业主管部门的同意。

第十六条 因紧急抗旱需要，在通航河流上建临时闸坝，必须经县级以上人民政府批准。旱情解除后，建闸坝单位必须及时拆除闸坝，恢复通航条件。

第十七条 对通航河流上碍航的闸坝、桥梁和其他建筑物以及由建筑物所造成的航道淤积，由地方人民政府按照“谁造成碍航谁恢复通航”的原则，责成有关部门改建碍航建筑物或者限期补建过船、过木、过鱼建筑物，清除淤积，恢复通航。

第十八条 在通航河段或其上游兴建水利工程控制或引走水源，建设单位应当保证航道和船闸所需要的通航流量。在特殊情况下，由于控制水源或大量引水影响通航时，建设单位应当采取相应的工程措施，地方人民政府应当组织有关部门协商，合理分配水量。

第十九条 水利水电工程设施管理部门制定调度运行方案，涉及通航流量、水位和航行安全时，应当事先与交通主管部门协商。协商不一致时，由县级以上人民政府决定。

第二十条 在防洪、排涝、抗旱时，综合利用水利枢纽过船建筑物应当服从防汛抗旱指挥机构统一安排。

第二十一条 沿海和通航河流上设置的助航标志必须符合国家规定的标准。

在沿海和通航河流上设置专用标志必须经交通主管部门同意；设置渔标和军用标，必须报交通主管部门备案。

第二十二条 禁止向河道倾倒沙石泥土和废弃物。

在通航河道内挖取沙石泥土、堆存材

料，不得恶化通航条件。

第二十三条 在航道内施工工程完成后，施工单位应当及时清除遗留物。

第四章 航道养护经费

第二十四条 经国家批准计征港务费的沿海和内河港口，进出港航道的维护费用由港务费开支。

第二十五条 专用航道的维护费用，由专用部门自行解决。

第二十六条 对中央、地方财政拨给的航道维护费用，必须坚持专款专用的原则。

第五章 罚 则

第二十七条 对违反本条例规定的单位和个人，县以上交通主管部门可以视情节轻重给予警告、罚款的处罚。

第二十八条 当事人对交通主管部门的处罚不服的，可以向上级交通主管部门提出申诉；对上级交通主管部门的处理不服的，可以在接到处理决定书之日起15日内向人民法院起诉。逾期不起诉又不履行的，交通主管部门可以申请人民法院强制执行。

第二十九条 违反本条例的规定，应当受治安管理处罚的，由公安机关处理；构成犯罪的，由司法机关依法追究刑事责任。

第六章 附 则

第三十条 本条例下列用语的含义是：

“航道”是指中华人民共和国沿海、江河、湖泊、运河内船舶、排筏可以通航的水域。

“国家航道”是指：

（一）构成国家航道网、可以通航五百吨级以上船舶的内河干线航道；

（二）跨省、自治区、直辖市，可以常年通航三百吨级以上船舶的内河干线航道；

（三）沿海干线航道和主要海港航道；

（四）国家指定的重要航道。

“专用航道”是指由军事、水利电力、林业、水产等部门以及其他企业事业单位自行建设、使用的航道。

“地方航道”是指国家航道和专用航道以外的航道。

“航道设施”是指航道的助航导航设施、整治建筑物、航运梯级、过船建筑物（包括过船闸坝）和其他航道工程设施。

“与通航有关的设施”是指对航道的通航条件有影响的闸坝、桥梁、码头、架空电线、水下电缆、管道等拦河、跨河、临河建筑物和其他工程设施。

第三十一条 本条例由交通部负责解释。交通部可以根据本条例制定实施细则。

第三十二条 本条例自1987年10月1日起施行。

中华人民共和国航标条例

（1995年12月3日国务院令第187号公布；根据2011年1月8日国务院令第588号《国务院关于废止和修改部分行政法规的决定》修订）

第一条 为了加强对航标的管理和保护，保证航标处于良好的使用状态，保障船舶航行安全，制定本条例。

第二条 本条例适用于在中华人民共和国的领域及管辖的其他海域设置的航标。

本条例所称航标，是指供船舶定位、导航或者用于其他专用目的的助航设施，包括视觉航标、无线电导航设施和音响航标。

第三条 国务院交通行政主管部门负责管理和保护除军用航标和渔业航标以外的航标。国务院交通行政主管部门设立的流域航道管理机构、海区港务监督机构和县级以上地方人民政府交通行政主管部门，负责管理和保护本辖区内军用航标和渔业航标以外的航标。交通行政主管部门和国务院交通行政主管部门设立的流域航道管理机构、海区港务监督机构统称航标管理机关。

军队的航标管理机构、渔政渔港监督管理机构，在军用航标、渔业航标的管理和保护方面分别行使航标管理机关的职权。

第四条 航标的管理和保护，实行统一管理、分级负责和专业保护与群众保护相结合的原则。

第五条 任何单位和个人都有保护航标的义务。

禁止一切危害航标安全和损害航标工作效能的行为。

对于危害航标安全或者损害航标工作效能的行为，任何单位和个人都有权制止、检举和控告。

第六条 航标由航标管理机关统一设置；但是，本条第二款规定的航标除外。

专业单位可以自行设置自用的专用航标。专用航标的设置、撤除、位置移动和其他状况改变，应当经航标管理机关同意。

第七条 航标管理机关和专业单位设置航标，应当符合国家有关规定和技术标准。

第八条 航标管理机关设置、撤除航标或者移动航标位置以及改变航标的其他状况时，应当及时通报有关部门。

第九条 航标管理机关和专业单位分别负责各自设置的航标的维护保养，保证航标处于良好的使用状态。

第十条 任何单位或者个人发现航标损坏、失常、移位或者漂失时，应当立即向航标管理机关报告。

第十一条 任何单位和个人不得在航标附近设置可能被误认为航标或者影响航标工作效能的灯光或者音响装置。

第十二条 因施工作业需要搬迁、拆除航标的，应当征得航标管理机关同意，在采取替补措施后方可搬迁、拆除。搬迁、拆除航标所需的费用，由施工作业单位或者个人承担。

第十三条 在视觉航标的通视方向或者无线电导航设施的发射方向，不得构筑影响航标正常工作效能的建筑物、构筑物，不得种植影响航标正常工作效能的植物。

第十四条 船舶航行时，应当与航标保持适当距离，不得触碰航标。

船舶触碰航标，应当立即向航标管理机

关报告。

第十五条 禁止下列危害航标的行为：

（一）盗窃、哄抢或者以其他方式非法侵占航标、航标器材；

（二）非法移动、攀登或者涂抹航标；

（三）向航标射击或者投掷物品；

（四）在航标上攀架物品，拴系牲畜、船只、渔业捕捞器具、爆炸物品等；

（五）损坏航标的其他行为。

第十六条 禁止破坏航标辅助设施的行为。

前款所称航标辅助设施，是指为航标及其管理人员提供能源、水和其他所需物资而设置的各类设施，包括航标场地、直升机平台、登陆点、码头、趸船、水塔、储水池、水井、油（水）泵房、电力设施、业务用房以及专用道路、仓库等。

第十七条 禁止下列影响航标工作效能的行为：

（一）在航标周围20米内或者在埋有航标地下管道、线路的地面钻孔、挖坑、采掘土石、堆放物品或者进行明火作业；

（二）在航标周围150米内进行爆破作业；

（三）在航标周围500米内烧荒；

（四）在无线电导航设施附近设置、使用影响导航设施工作效能的高频电磁辐射装置、设备；

（五）在航标架空线路上附挂其他电力、通信线路；

（六）在航标周围抛锚、拖锚、捕鱼或者养殖水生物；

（七）影响航标工作效能的其他行为。

第十八条 对有下列行为之一的单位和个人，由航标管理机关给予奖励：

（一）检举、控告危害航标的行为，对破案有功的；

（二）及时制止危害航标的行为，防止事故发生或者减少损失的；

（三）捞获水上漂流航标，主动送交航标管理机关的。

第十九条 违反本条例第六条第二款的规定，擅自设置、撤除、移动专用航标或者改变专用航标的其他状况的，由航标管理机关责令限期拆除、重新设置、调整专用航标。

第二十条 有下列行为之一的，由航标管理机关责令限期改正或者采取相应的补救措施：

（一）违反本条例第十一条的规定，在航标附近设置灯光或者音响装置的；

（二）违反本条例第十三条的规定，构筑建筑物、构筑物或者种植植物的。

第二十一条 船舶违反本条例第十四条第二款的规定，触碰航标不报告的，航标管理机关可以根据情节处以2万元以下的罚款；造成损失的，应当依法赔偿。

第二十二条 违反本条例第十五条、第十六条、第十七条的规定，危害航标及其辅助设施或者影响航标工作效能的，由航标管理机关责令其限期改正，给予警告，可以并处2 000元以下的罚款；造成损失的，应当依法赔偿。

第二十三条 违反本条例，危害军用航标及其辅助设施或者影响军用航标工作效能，应当处以罚款的，由军队的航标管理机构移交航标管理机关处罚。

第二十四条 违反本条例规定，构成违反治安管理行为的，由公安机关依照《中华人民共和国治安管理处罚法》予以处罚；构成犯罪的，依法追究刑事责任。

第二十五条 本条例自发布之日起执行。

中华人民共和国船舶登记条例

（1994年6月2日国务院令第155号公布；根据2014年7月29日国务院令第653号《国务院关于修改部分行政法规的决定》修订）

第一章　总　　则

第一条　为了加强国家对船舶的监督管理，保障船舶登记有关各方的合法权益，制定本条例。

第二条　下列船舶应当依照本条例规定进行登记：

（一）在中华人民共和国境内有住所或者主要营业所的中国公民的船舶。

（二）依据中华人民共和国法律设立的主要营业所在中华人民共和国境内的企业法人的船舶。但是，在该法人的注册资本中有外商出资的，中方投资人的出资额不得低于50%。

（三）中华人民共和国政府公务船舶和事业法人的船舶。

（四）中华人民共和国港务监督机构认为应当登记的其他船舶。

军事船舶、渔业船舶和体育运动船艇的登记依照有关法规的规定办理。

第三条　船舶经依法登记，取得中华人民共和国国籍，方可悬挂中华人民共和国国旗航行；未经登记的，不得悬挂中华人民共和国国旗航行。

第四条　船舶不得具有双重国籍。凡在外国登记的船舶，未中止或者注销原登记国国籍的，不得取得中华人民共和国国籍。

第五条　船舶所有权的取得、转让和消灭，应当向船舶登记机关登记；未经登记的，不得对抗第三人。

船舶由二个以上的法人或者个人共有的，应当向船舶登记机关登记；未经登记的，不得对抗第三人。

第六条　船舶抵押权、光船租赁权的设定、转移和消灭，应当向船舶登记机关登记；未经登记的，不得对抗第三人。

第七条　中国籍船舶上应持适任证书的船员，必须持有相应的中华人民共和国船员适任证书。

第八条　中华人民共和国港务监督机构是船舶登记主管机关。

各港的港务监督机构是具体实施船舶登记的机关（以下简称船舶登记机关），其管辖范围由中华人民共和国港务监督机构确定。

第九条　船舶登记港为船籍港。

船舶登记港由船舶所有人依据其住所或者主要营业所所在地就近选择，但是不得选择二个或者二个以上的船舶登记港。

第十条　一艘船舶只准使用一个名称。

船名由船籍港船舶登记机关核定。船名不得与登记在先的船舶重名或者同音。

第十一条　船舶登记机关应当建立船舶登记簿。

船舶登记机关应当允许利害关系人查阅船舶登记簿。

第十二条　国家所有的船舶由国家授予具有法人资格的全民所有制企业经营管理的，本条例有关船舶所有人的规定适用于该法人。

第二章　船舶所有权登记

第十三条　船舶所有人申请船舶所有权登记，应当向船籍港船舶登记机关交验足以证明其合法身份的文件，并提供有关船舶技术资料和船舶所有权取得的证明文件的正本、副本。

就购买取得的船舶申请船舶所有权登记的，应当提供下列文件：

（一）购船发票或者船舶的买卖合同和交接文件；

（二）原船籍港船舶登记机关出具的船舶所有权登记注销证明书；

（三）未进行抵押的证明文件或者抵押权人同意被抵押船舶转让他人的文件。

就新造船舶申请船舶所有权登记的，应当提供船舶建造合同和交接文件。但是，就建造中的船舶申请船舶所有权登记的，仅需提供船舶建造合同；就自造自用船舶申请船舶所有权登记的，应当提供足以证明其所有权取得的文件。

就因继承、赠与、依法拍卖以及法院判决取得的船舶申请船舶所有权登记的，应当提供具有相应法律效力的船舶所有权取得的证明文件。

第十四条　船籍港船舶登记机关应当对船舶所有权登记申请进行审查核实；对符合本条例规定的，应当自收到申请之日起 7 日内向船舶所有人颁发船舶所有权登记证书，授予船舶登记号码，并在船舶登记簿中载明下列事项：

（一）船舶名称、船舶呼号；

（二）船籍港和登记号码、登记标志；

（三）船舶所有人的名称、地址及其法定代表人的姓名；

（四）船舶所有权的取得方式和取得日期；

（五）船舶所有权登记日期；

（六）船舶建造商名称、建造日期和建造地点；

（七）船舶价值、船体材料和船舶主要技术数据；

（八）船舶的曾用名、原船籍港以及原船舶登记的注销或者中止的日期；

（九）船舶为数人共有的，还应当载明船舶共有人的共有情况；

（十）船舶所有人不实际使用和控制船舶的，还应当载明光船承租人或者船舶经营人的名称、地址及其法定代表人的姓名；

（十一）船舶已设定抵押权的，还应当载明船舶抵押权的设定情况。

船舶登记机关对不符合本条例规定的，应当自收到申请之日起 7 日内书面通知船舶所有人。

第三章　船舶国籍

第十五条　船舶所有人申请船舶国籍，除应当交验依照本条例取得的船舶所有权登记证书外，还应当按照船舶航区相应交验下列文件：

（一）航行国际航线的船舶，船舶所有人应当根据船舶的种类交验法定的船舶检验机构签发的下列有效船舶技术证书：

1. 国际吨位丈量证书；
2. 国际船舶载重线证书；
3. 货船构造安全证书；
4. 货船设备安全证书；
5. 乘客定额证书；
6. 客船安全证书；
7. 货船无线电报安全证书；
8. 国际防止油污证书；
9. 船舶航行安全证书；
10. 其他有关技术证书。

（二）国内航行的船舶，船舶所有人应当根据船舶的种类交验法定的船舶检验机构签发的船舶检验证书簿和其他有效船舶技术证书。

从境外购买具有外国国籍的船舶，船舶所有人在申请船舶国籍时，还应当提供原船籍港船舶登记机关出具的注销原国籍的证明书或者将于重新登记时立即注销原国籍的证明书。

对经审查符合本条例规定的船舶，船籍港船舶登记机关予以核准并发给船舶国籍证书。

第十六条 依照本条例第十三条规定申请登记的船舶，经核准后，船舶登记机关发给船舶国籍证书。船舶国籍证书的有效期为5年。

第十七条 向境外出售新造的船舶，船舶所有人应当持船舶所有权取得的证明文件和有效船舶技术证书，到建造地船舶登记机关申请办理临时船舶国籍证书。

从境外购买新造的船舶，船舶所有人应当持船舶所有权取得的证明文件和有效船舶技术证书，到中华人民共和国驻外大使馆、领事馆申请办理临时船舶国籍证书。

境内异地建造船舶，需要办理临时船舶国籍证书的，船舶所有人应当持船舶建造合同和交接文件以及有效船舶技术证书，到建造地船舶登记机关申请办理临时船舶国籍证书。

在境外建造船舶，船舶所有人应当持船舶建造合同和交接文件以及有效船舶技术证书，到中华人民共和国驻外大使馆、领事馆申请办理临时船舶国籍证书。

以光船条件从境外租进船舶，光船承租人应当持光船租赁合同和原船籍港船舶登记机关出具的中止或者注销原国籍的证明书，或者将于重新登记时立即中止或者注销原国籍的证明书到船舶登记机关申请办理临时船舶国籍证书。

对经审查符合本条例规定的船舶，船舶登记机关或者中华人民共和国驻外大使馆、领事馆予以核准并发给临时船舶国籍证书。

第十八条 临时船舶国籍证书的有效期一般不超过1年。

以光船租赁条件从境外租进的船舶，临时船舶国籍证书的期限可以根据租期确定，但是最长不得超过2年。光船租赁合同期限超过2年的，承租人应当在证书有效期内，到船籍港船舶登记机关申请换发临时船舶国籍证书。

第十九条 临时船舶国籍证书和船舶国籍证书具有同等法律效力。

第四章　船舶抵押权登记

第二十条 对20总吨以上的船舶设定抵押权时，抵押权人和抵押人应当持下列文件到船籍港船舶登记机关申请办理船舶抵押权登记：

（一）双方签字的书面申请书；

（二）船舶所有权登记证书或者船舶建造合同；

（三）船舶抵押合同。

该船舶设定有其他抵押权的，还应当提供有关证明文件。

船舶共有人就共有船舶设定抵押权时，还应当提供三分之二以上份额或者约定份额的共有人的同意证明文件。

第二十一条 对经审查符合本条例规定的，船籍港船舶登记机关应当自收到申请之日起7日内将有关抵押人、抵押权人和船舶抵押情况以及抵押登记日期载入船舶登记簿和船舶所有权登记证书，并向抵押权人核发船舶抵押权登记证书。

第二十二条 船舶抵押权登记，包括下列主要事项：

（一）抵押权人和抵押人的姓名或者名称、地址；

（二）被抵押船舶的名称、国籍，船舶所有权登记证书的颁发机关和号码；

（三）所担保的债权数额、利息率、受

偿期限。

船舶登记机关应当允许公众查询船舶抵押权的登记状况。

第二十三条 船舶抵押权转移时，抵押权人和承转人应当持船舶抵押权转移合同到船籍港船舶登记机关申请办理抵押权转移登记。

对经审查符合本条例规定的，船籍港船舶登记机关应当将承转人作为抵押权人载入船舶登记簿和船舶所有权登记证书，并向承转人核发船舶抵押权登记证书，封存原船舶抵押权登记证书。

办理船舶抵押权转移前，抵押权人应当通知抵押人。

第二十四条 同一船舶设定二个以上抵押权的，船舶登记机关应当按照抵押权登记申请日期的先后顺序进行登记，并在船舶登记簿上载明登记日期。

登记申请日期为登记日期；同日申请的，登记日期应当相同。

第五章　光船租赁登记

第二十五条 有下列情形之一的，出租人、承租人应当办理光船租赁登记：

（一）中国籍船舶以光船条件出租给本国企业的；

（二）中国企业以光船条件租进外国籍船舶的；

（三）中国籍船舶以光船条件出租境外的。

第二十六条 船舶在境内出租时，出租人和承租人应当在船舶起租前，持船舶所有权登记证书、船舶国籍证书和光船租赁合同正本、副本，到船籍港船舶登记机关申请办理光船租赁登记。

对经审查符合本条例规定的，船籍港船舶登记机关应当将船舶租赁情况分别载入船舶所有权登记证书和船舶登记簿，并向出租人、承租人核发光船租赁登记证明书各一份。

第二十七条 船舶以光船条件出租境外时，出租人应当持本条例第二十六条规定的文件到船籍港船舶登记机关申请办理光船租赁登记。

对经审查符合本条例规定的，船籍港船舶登记机关应当依照本条例第四十二条规定中止或者注销其船舶国籍，并发给光船租赁登记证明书一式两份。

第二十八条 以光船条件从境外租进船舶，承租人应当比照本条例第九条规定确定船籍港，并在船舶起租前持下列文件，到船舶登记机关申请办理光船租赁登记：

（一）光船租赁合同正本、副本；

（二）法定的船舶检验机构签发的有效船舶技术证书；

（三）原船籍港船舶登记机关出具的中止或者注销船舶国籍证明书，或者将于重新登记时立即中止或者注销船舶国籍的证明书。

对经审查符合本条例规定的，船舶登记机关应当发给光船租赁登记证明书，并应当依照本条例第十七条的规定发给临时船舶国籍证书，在船舶登记簿上载明原登记国。

第二十九条 需要延长光船租赁期限的，出租人、承租人应当在光船租赁合同期满前15日，持光船租赁登记证明书和续租合同正本、副本，到船舶登记机关申请办理续租登记。

第三十条 在光船租赁期间，未经出租人书面同意，承租人不得申请光船转租登记。

第六章　船舶标志和公司旗

第三十一条 船舶应当具有下列标志：

（一）船首两舷和船尾标明船名；

（二）船尾船名下方标明船籍港；

（三）船名、船籍港下方标明汉语拼音；

（四）船首和船尾两舷标明吃水标尺；

（五）船舶中部两舷标明载重线。

受船型或者尺寸限制不能在前款规定的位置标明标志的船舶，应当在船上显著位置标明船名和船籍港。

第三十二条 船舶所有人设置船舶烟囱标志、公司旗，可以向船籍港船舶登记机关申请登记，并按照规定提供标准设计图纸。

第三十三条 同一公司的船舶只准使用一个船舶烟囱标志、公司旗。

船舶烟囱标志、公司旗由船籍港船舶登记机关审核。

船舶烟囱标志、公司旗不得与登记在先的船舶烟囱标志、公司旗相同或者相似。

第三十四条 船籍港船舶登记机关对经核准予以登记的船舶烟囱标志、公司旗应当予以公告。

业经登记的船舶烟囱标志、公司旗属登记申请人专用，其他船舶或者公司不得使用。

第七章 变更登记和注销登记

第三十五条 船舶登记项目发生变更时，船舶所有人应当持船舶登记的有关证明文件和变更证明文件，到船籍港船舶登记机关办理变更登记。

第三十六条 船舶变更船籍港时，船舶所有人应当持船舶国籍证书和变更证明文件，到原船籍港船舶登记机关申请办理船籍港变更登记。对经审查符合本条例规定的，原船籍港船舶登记机关应当在船舶国籍证书签证栏内注明，并将船舶有关登记档案转交新船籍港船舶登记机关，船舶所有人再到新船籍港船舶登记机关办理登记。

第三十七条 船舶共有情况发生变更时，船舶所有人应当持船舶所有权登记证书和有关船舶共有情况变更的证明文件，到船籍港船舶登记机关办理有关变更登记。

第三十八条 船舶抵押合同变更时，抵押权人和抵押人应当持船舶所有权登记证书、船舶抵押权登记证书和船舶抵押合同变更的证明文件，到船籍港船舶登记机关办理变更登记。

对经审查符合本条例规定的，船籍港船舶登记机关应当在船舶所有权登记证书和船舶抵押权登记证书以及船舶登记簿上注明船舶抵押合同的变更事项。

第三十九条 船舶所有权发生转移时，原船舶所有人应当持船舶所有权登记证书、船舶国籍证书和其他有关证明文件到船籍港船舶登记机关办理注销登记。

对经审查符合本条例规定的，船籍港船舶登记机关应当注销该船舶在船舶登记簿上的所有权登记以及与之相关的登记，收回有关登记证书，并向船舶所有人出具相应的船舶登记注销证明书。向境外出售的船舶，船舶登记机关可以根据具体情况出具注销国籍的证明书或者将于重新登记时立即注销国籍的证明书。

第四十条 船舶灭失（含船舶拆解、船舶沉没）和船舶失踪，船舶所有人应当自船舶灭失（含船舶拆解、船舶沉没）或者船舶失踪之日起 3 个月内持船舶所有权登记证书、船舶国籍证书和有关船舶灭失（含船舶拆解、船舶沉没）、船舶失踪的证明文件，到船籍港船舶登记机关办理注销登记。经审查核实，船籍港船舶登记机关应当注销该船舶在船舶登记簿上的登记，收回有关登记证书，并向船舶所有人出具船舶登记注销证明书。

第四十一条 船舶抵押合同解除，抵押权人和抵押人应当持船舶所有权登记证书、船舶抵押权登记证书和经抵押权人签字的解除抵押合同的文件，到船籍港船舶登记机关办理注销登记。对经审查符合本条例规定的，船籍港船舶登记机关应当注销其在船舶所有权登记证书和船舶登记簿上的抵押登记的记录。

第四十二条 以光船条件出租到境外的船舶，出租人除依照本条例第二十七条规定办理光船租赁登记外，还应当办理船舶国籍的中止或者注销登记。船籍港船舶登记机关应当封存原船舶国籍证书，发给中止或者注销船舶国籍证明书。特殊情况下，船籍港船舶登记机关可以发给将于重新登记时立即中止或者注销船舶国籍的证明书。

第四十三条 光船租赁合同期满或者光船租赁关系终止，出租人应当自光船租赁合同期满或者光船租赁关系终止之日起 15 日内，持船舶所有权登记证书、光船租赁合同或者终止光船租赁关系的证明文件，到船籍港船舶登记机关办理光船租赁注销登记。

以光船条件出租到境外的船舶，出租人还应当提供承租人所在地船舶登记机关出具的注销船舶国籍证明书或者将于重新登记时立即注销船舶国籍的证明书。

经核准后，船籍港船舶登记机关应当注销其在船舶所有权登记证书和船舶登记簿上的光船租赁登记的记录，并发还原船舶国籍证书。

第四十四条 以光船条件租进的船舶，承租人应当自光船租赁合同期满或者光船租赁关系终止之日起 15 日内，持光船租赁合同、终止光船租赁关系的证明文件，到船籍港船舶登记机关办理注销登记。

以光船条件从境外租进的船舶，还应当提供临时船舶国籍证书。

经核准后，船籍港船舶登记机关应当注销其在船舶登记簿上的光船租赁登记，收回临时船舶国籍证书，并出具光船租赁登记注销证明书和临时船舶国籍注销证明书。

第八章 船舶所有权登记证书、船舶国籍证书的换发和补发

第四十五条 船舶国籍证书有效期届满前 1 年内，船舶所有人应当持船舶国籍证书和有效船舶技术证书，到船籍港船舶登记机关办理证书换发手续。

第四十六条 船舶所有权登记证书、船舶国籍证书污损不能使用的，持证人应当向船籍港船舶登记机关申请换发。

第四十七条 船舶所有权登记证书、船舶国籍证书遗失的，持证人应当书面叙明理由，附具有关证明文件，向船籍港船舶登记机关申请补发。

船籍港船舶登记机关应当在当地报纸上公告声明原证书作废。

第四十八条 船舶所有人在境外发现船舶国籍证书遗失或者污损时，应当向中华人民共和国驻外大使馆、领事馆申请办理临时船舶国籍证书，但是必须在抵达本国第一个港口后及时向船籍港船舶登记机关申请换发船舶国籍证书。

第九章 法律责任

第四十九条 假冒中华人民共和国国籍，悬挂中华人民共和国国旗航行的，由船舶登记机关依法没收该船舶。

中国籍船舶假冒外国国籍，悬挂外国国旗航行的，适用前款规定。

第五十条 隐瞒在境内或者境外的登记事实，造成双重国籍的，由船籍港船舶登记机关吊销其船舶国籍证书，并视情节处以下列罚款：

（一）500 总吨以下的船舶，处以2 000元以上、10 000元以下的罚款；

（二）501 总吨以上、10 000总吨以下的船舶，处以10 000元以上、50 000元以下的罚款；

（三）10 001总吨以上的船舶，处以50 000元以上、200 000元以下的罚款。

第五十一条 违反本条例规定，有下列情形之一的，船籍港船舶登记机关可以视情

节给予警告、根据船舶吨位处以本条例第五十条规定的罚款数额的50%直至没收船舶登记证书：

（一）在办理登记手续时隐瞒真实情况、弄虚作假的；

（二）隐瞒登记事实，造成重复登记的；

（三）伪造、涂改船舶登记证书的。

第五十二条 不按照规定办理变更或者注销登记的，或者使用过期的船舶国籍证书或者临时船舶国籍证书的，由船籍港船舶登记机关责令其补办有关登记手续；情节严重的，可以根据船舶吨位处以本条例第五十条规定的罚款数额的10%。

第五十三条 违反本条例规定，使用他人业经登记的船舶烟囱标志、公司旗的，由船籍港船舶登记机关责令其改正；拒不改正的，可以根据船舶吨位处以本条例第五十条规定的罚款数额的10%；情节严重的，并可以吊销其船舶国籍证书或者临时船舶国籍证书。

第五十四条 船舶登记机关的工作人员滥用职权、徇私舞弊、玩忽职守、严重失职的，由所在单位或者上级机关给予行政处分；构成犯罪的，依法追究刑事责任。

第五十五条 当事人对船舶登记机关的具体行政行为不服的，可以依照国家有关法律、行政法规的规定申请复议或者提起行政诉讼。

第十章 附 则

第五十六条 本条例下列用语的含义是：

（一）“船舶”系指各类机动、非机动船舶以及其他水上移动装置，但是船舶上装备的救生艇筏和长度小于5米的艇筏除外。

（二）“渔业船舶”系指从事渔业生产的船舶以及属于水产系统为渔业生产服务的船舶。

（三）“公务船舶”系指用于政府行政管理目的的船舶。

第五十七条 除公务船舶外，船舶登记机关按照规定收取船舶登记费。船舶登记费的收费标准和管理办法，由国务院财政部门、物价行政主管部门会同国务院交通行政主管部门制定。

第五十八条 船舶登记簿、船舶国籍证书、临时船舶国籍证书、船舶所有权登记证书、船舶抵押权登记证书、光船租赁登记证明书、申请书以及其他证明书的格式，由中华人民共和国港务监督机构统一制定。

第五十九条 本条例自1995年1月1日起施行。

中华人民共和国船舶和海上设施检验条例

（1993年2月14日国务院令第109号公布；根据2019年3月2日国务院令第709号《国务院关于修改部分行政法规的决定》修订）

第一章　总　　则

第一条　为了保证船舶、海上设施和船运货物集装箱具备安全航行、安全作业的技术条件，保障人民生命财产的安全和防止水域环境污染，制定本条例。

第二条　本条例适用于：

（一）在中华人民共和国登记或者将在中华人民共和国登记的船舶（以下简称中国籍船舶）；

（二）根据本条例或者国家有关规定申请检验的外国籍船舶；

（三）在中华人民共和国沿海水域内设置或者将在中华人民共和国沿海水域内设置的海上设施（以下简称海上设施）；

（四）在中华人民共和国登记的企业法人所拥有的船运货物集装箱（以下简称集装箱）。

第三条　中华人民共和国船舶检验局（以下简称船检局）是依照本条例规定实施各项检验工作的主管机构。

经国务院交通主管部门批准，船检局可以在主要港口和工业区设置船舶检验机构。

经国务院交通主管部门和省、自治区、直辖市人民政府批准，省、自治区、直辖市人民政府交通主管部门可以在所辖港口设置地方船舶检验机构。

第四条　中国船级社是社会团体性质的船舶检验机构，承办国内外船舶、海上设施和集装箱的入级检验、鉴证检验和公证检验业务；经船检局授权，可以代行法定检验。

第五条　实施本条例规定的各项检验，应当贯彻安全第一、质量第一的原则，鼓励新技术的开发和应用。

第二章　船舶检验

第六条　船舶检验分别由下列机构实施：

（一）船检局设置的船舶检验机构；

（二）省、自治区、直辖市人民政府交通主管部门设置的地方船舶检验机构；

（三）船检局委托、指定或者认可的检验机构。

前款所列机构，以下统称船舶检验机构。

第七条　中国籍船舶的所有人或者经营人，必须向船舶检验机构申请下列检验：

（一）建造或者改建船舶时，申请建造检验；

（二）营运中的船舶，申请定期检验；

（三）由外国籍船舶改为中国籍船舶的，申请初次检验。

第八条　中国籍船舶所使用的有关海上交通安全的和防止水域环境污染的重要设备、部件和材料，须经船舶检验机构按照有关规定检验。

第九条　中国籍船舶须由船舶检验机构测定总吨位和净吨位，核定载重线和乘客定额。

第十条　在中国沿海水域从事钻探、开发作业的外国籍钻井船、移动式平台的所有人或者经营人，必须向船检局设置或者指定的船舶检验机构申请下列检验：

（一）作业前检验；

（二）作业期间的定期检验。

第十一条 中国沿海水域内的移动式平台、浮船坞和其他大型设施进行拖带航行，起拖前必须向船检局设置的或者指定的船舶检验机构申请拖航检验。

第十二条 中国籍船舶有下列情形之一的，船舶所有人或者经营人必须向船舶检验机构申请临时检验：

（一）因发生事故，影响船舶适航性能的；

（二）改变船舶证书所限定的用途或者航区的；

（三）船舶检验机构签发的证书失效的；

（四）海上交通安全或者环境保护主管机关责成检验的。

在中国港口内的外国籍船舶，有前款（一）、（四）项所列情形之一的，必须向船检局设置或者指定的船舶检验机构申请临时检验。

第十三条 下列中国籍船舶，必须向中国船级社申请入级检验：

（一）从事国际航行的船舶；

（二）在海上航行的乘客定额一百人以上的客船；

（三）载重量一千吨以上的油船；

（四）滚装船、液化气体运输船和散装化学品运输船；

（五）船舶所有人或者经营人要求入级的其他船舶。

第十四条 船舶经检验合格后，船舶检验机构应当按照规定签发相应的检验证书。

第三章 海上设施检验

第十五条 海上设施的所有人或者经营人，必须向船检局设置或者指定的船舶检验机构申请下列检验，但是本条例第三十一条规定的除外：

（一）建造或者改建海上设施时，申请建造检验；

（二）使用中的海上设施，申请定期检验；

（三）因发生事故影响海上设施安全性能的，申请临时检验；

（四）海上交通安全或者环境保护主管机关责成检验的，申请临时检验。

第十六条 海上设施经检验合格后，船舶检验机构应当按照规定签发相应的检验证书。

第四章 集装箱检验

第十七条 集装箱的所有人或者经营人，必须向船检局设置或者指定的船舶检验机构申请下列检验：

（一）制造集装箱时，申请制造检验；

（二）使用中的集装箱，申请定期检验。

第十八条 集装箱经检验合格后，船舶检验机构应当按照规定签发相应的检验证书。

第五章 检验管理

第十九条 船舶、海上设施、集装箱的检验制度和技术规范，除本条例第三十一条规定的外，由船检局制订，经国务院交通主管部门批准后公布施行。

第二十条 船舶检验机构的检验人员，必须具备相应的专业知识和检验技能，并经考核合格。

第二十一条 检验人员执行检验任务或者对事故进行技术分析调查时，有关单位应当提供必要的条件。

第二十二条 船舶检验机构实施检验，

按照规定收取费用。收费办法由国务院交通主管部门会同国务院物价主管部门、国务院财政主管部门制定。

第二十三条 当事人对船舶检验机构的检验结论有异议的，可以向上一级检验机构申请复验；对复验结论仍有异议的，可以向船检局提出再复验，由船检局组织技术专家组进行检验、评议，作出最终结论。

第二十四条 任何单位和个人不得涂改、伪造检验证书，不得擅自更改船舶检验机构勘划的船舶载重线。

第二十五条 关于外国船舶检验机构在中国境内设置常驻代表机构或者派驻检验人员的管理办法，由国务院交通主管部门制定。

第六章　罚　　则

第二十六条 涂改检验证书、擅自更改船舶载重线或者以欺骗行为获取检验证书的，船检局或者其委托的检验机构有权撤销已签发的相应证书，并可以责令改正或者补办有关手续。

第二十七条 伪造船舶检验证书或者擅自更改船舶载重线的，由有关行政主管机关给予通报批评，并可以处以相当于相应的检验费一倍至五倍的罚款；构成犯罪的，由司法机关依法追究刑事责任。

第二十八条 船舶检验机构的检验人员滥用职权、徇私舞弊、玩忽职守、严重失职的，由所在单位或者上级机关给予行政处分或者撤销其检验资格；情节严重，构成犯罪的，由司法机关依法追究刑事责任。

第七章　附　　则

第二十九条 本条例下列用语的定义：

（一）船舶，是指各类排水或者非排水船、艇、水上飞机、潜水器和移动式平台。

（二）海上设施，是指水上水下各种固定或者浮动建筑、装置和固定平台。

（三）沿海水域，是指中华人民共和国沿海的港口、内水和领海以及国家管辖的一切其他海域。

第三十条 除从事国际航行的渔业辅助船舶依照本条例进行检验外，其他渔业船舶的检验，由国务院交通运输主管部门按照相关渔业船舶检验的行政法规执行。

第三十一条 海上设施中的海上石油天然气生产设施的检验，由国务院石油主管部门会同国务院交通主管部门另行规定。

第三十二条 下列船舶不适用本条例：

（一）军用舰艇、公安船艇和体育运动船艇；

（二）按照船舶登记规定，不需要登记的船舶。

第三十三条 本条例自发布之日起施行。

中华人民共和国海上交通事故调查处理条例

（1990年1月11日国务院批准，1990年3月3日交通部令第14号发布）

第一章 总 则

第一条 为了加强海上交通安全管理，及时调查处理海上交通事故，根据《中华人民共和国海上交通安全法》的有关规定，制定本条例。

第二条 中华人民共和国港务监督机构是本条例的实施机关。

第三条 本条例适用于船舶、设施在中华人民共和国沿海水域内发生的海上交通事故。

以渔业为主的渔港水域内发生的海上交通事故和沿海水域内渔业船舶之间、军用船舶之间发生的海上交通事故的调查处理，国家法律、行政法规另有专门规定的，从其规定。

第四条 本条例所称海上交通事故是指船舶、设施发生的下列事故：

（一）碰撞、触碰或浪损；

（二）触礁或搁浅；

（三）火灾或爆炸；

（四）沉没；

（五）在航行中发生影响适航性能的机件或重要属具的损坏或灭失；

（六）其他引起财产损失和人身伤亡的海上交通事故。

第二章 报 告

第五条 船舶、设施发生海上交通事故，必须立即用甚高频电话、无线电报或其他有效手段向就近港口的港务监督报告。报告的内容应当包括：船舶或设施的名称、呼号、国籍、起讫港，船舶或设施的所有人或经营人名称，事故发生的时间、地点、海况以及船舶、设施的损害程度、救助要求等。

第六条 船舶、设施发生海上交通事故，除应按第五条规定立即提出扼要报告外，还必须按下列规定向港务监督提交《海上交通事故报告书》和必要的文书资料：

（一）船舶、设施在港区水域内发生海上交通事故，必须在事故发生后二十四小时内向当地港务监督提交。

（二）船舶、设施在港区水域以外的沿海水域发生海上交通事故，船舶必须在到达中华人民共和国的第一个港口后四十八小时内向港务监督提交；设施必须在事故发生后四十八小时内用电报向就近港口的港务监督报告《海上交通事故报告书》要求的内容。

（三）引航员在引领船舶的过程中发生海上交通事故，应当在返港后二十四小时内向当地港务监督提交《海上交通事故报告书》。

前款（一）、（二）项因特殊情况不能按规定时间提交《海上交通事故报告书》的，在征得港务监督同意后可予以适当延迟。

第七条 《海上交通事故报告书》应当如实写明下列情况：

（一）船舶、设施概况和主要性能数据；

（二）船舶、设施所有人或经营人的名称、地址；

（三）事故发生的时间和地点；

（四）事故发生时的气象和海况；

（五）事故发生的详细经过（碰撞事故应附相对运动示意图）；

（六）损害情况（附船舶、设施受损部位简图。难以在规定时间内查清的，应于检验后补报）；

（七）船舶、设施沉没的，其沉没概位；

（八）与事故有关的其他情况。

第八条 海上交通事故报告必须真实，不得隐瞒或捏造。

第九条 因海上交通事故致使船舶、设施发生损害，船长、设施负责人应申请中国当地或船舶第一到达港地的检验部门进行检验或鉴定，并应将检验报告副本送交港务监督备案。

前款检验、鉴定事项，港务监督可委托有关单位或部门进行，其费用由船舶、设施所有人或经营人承担。

船舶、设施发生火灾、爆炸等事故，船长、设施负责人必须申请公安消防监督机关鉴定，并将鉴定书副本送交港务监督备案。

第三章 调 查

第十条 在港区水域内发生的海上交通事故，由港区地的港务监督进行调查。

在港区水域外发生的海上交通事故，由就近港口的港务监督或船舶到达的中华人民共和国的第一个港口的港务监督进行调查。必要时，由中华人民共和国港务监督局指定的港务监督进行调查。

港务监督认为必要时，可以通知有关机关和社会组织参加事故调查。

第十一条 港务监督在接到事故报告后，应及时进行调查。调查应客观、全面，不受事故当事人提供材料的限制。根据调查工作的需要，港务监督有权：

（一）询问有关人员；

（二）要求被调查人员提供书面材料和证明；

（三）要求有关当事人提供航海日志、轮机日志、车钟记录、报务日志、航向记录、海图、船舶资料、航行设备仪器的性能以及其他必要的原始文书资料；

（四）检查船舶、设施及有关设备的证书、人员证书和核实事故发生前船舶的适航状态、设施的技术状态；

（五）检查船舶、设施及其货物的损害情况和人员伤亡情况；

（六）勘查事故现场，搜集有关物证。

港务监督在调查中，可以使用录音、照相、录像等设备，并可采取法律允许的其他调查手段。

第十二条 被调查人必须接受调查，如实陈述事故的有关情节，并提供真实的文书资料。

港务监督人员在执行调查任务时，应当向被调查人员出示证件。

第十三条 港务监督因调查海上交通事故的需要，可以令当事船舶驶抵指定地点接受调查。当事船舶在不危及自身安全的情况下，未经港务监督同意，不得离开指定地点。

第十四条 港务监督的海上交通事故调查材料，公安机关、国家安全机关、监察机关、检察机关、审判机关和海事仲裁委员会及法律规定的其他机关和人员因办案需要可以查阅、摘录或复制，审判机关确因开庭需要可以借用。

第四章 处 理

第十五条 港务监督应当根据对海上交通事故的调查，作出《海上交通事故调查报告书》，查明事故发生的原因，判明当事人的责任；构成重大事故的，通报当地检察机关。

第十六条 《海上交通事故调查报告书》应包括以下内容：

（一）船舶、设施的概况和主要数据；

（二）船舶、设施所有人或经营人的名称和地址；

（三）事故发生的时间、地点、过程、气象海况、损害情况等；

（四）事故发生的原因及依据；

（五）当事人各方的责任及依据；

（六）其他有关情况。

第十七条 对海上交通事故的发生负有责任的人员，港务监督可以根据其责任的性质和程度依法给予下列处罚：

（一）对中国籍船员、引航员或设施上的工作人员，可以给予警告、罚款或扣留、吊销职务证书；

（二）对外国籍船员或设施上的工作人员，可以给予警告、罚款或将其过失通报其所属国家的主管机关。

第十八条 对海上交通事故的发生负有责任的人员及船舶、设施的所有人或经营人，需要追究其行政责任的，由港务监督提交其主管机关或行政监察机关处理；构成犯罪的，由司法机关依法追究刑事责任。

第十九条 根据海上交通事故发生的原因，港务监督可责令有关船舶、设施的所有人、经营人限期加强对所属船舶、设施的安全管理。对拒不加强安全管理或在期限内达不到安全要求的，港务监督有权责令其停航、改航、停止作业，并可采取其他必要的强制性处置措施。

第五章 调　　解

第二十条 对船舶、设施发生海上交通事故引进的民事侵权赔偿纠纷，当事人可以申请港务监督调解。

调解必须遵循自愿、公平的原则，不得强迫。

第二十一条 前条民事纠纷，凡已向海事法院起诉或申请海事仲裁机构仲裁的，当事人不得再申请港务监督调解。

第二十二条 调解由当事人各方在事故发生之日起三十日内向负责该事故调查的港务监督提交书面申请。港务监督要求提供担保的，当事人应附经济赔偿担保证明文件。

第二十三条 经调解达成协议的，港务监督应制作调解书。调解书应当写明当事人的姓名或名称、住所、法定代表人或代理人的姓名及职务、纠纷的主要事实、当事人的责任、协议的内容、调解费的承担、调解协议履行的期限。调解书由当事人各方共同签字，并经港务监督盖印确认。调解书应交当事方各持一份，港务监督留存一份。

第二十四条 调解达成协议的，当事人各方应当自动履行。达成协议后当事人反悔的或逾期不履行协议的，视为调解不成。

第二十五条 凡向港务监督申请调解的民事纠纷，当事人中途不愿调解的，应当向港务监督递交撤销调解的书面申请，并通知对方当事人。

第二十六条 港务监督自收到调解申请书之日起三个月内未能使当事人各方达成调解协议的，可以宣布调解不成。

第二十七条 不愿意调解或调解不成的，当事人可以向海事法院起诉或申请海事仲裁机构仲裁。

第二十八条 凡申请港务监督调解的，应向港务监督缴纳调解费。调解的收费标准，由交通部会同国家物价局、财政部制定。

经调解达成协议的，调解费用按当事人过失比例或约定的数额分摊；调解不成的，由当事人各方平均分摊。

第六章 罚　　则

第二十九条 违反本条例规定，有下列行为之一的，港务监督可视情节对有关当事人（自然人）处以警告或者二百元以下罚款；对船舶所有人、经营人处以警告或者五千元以下罚款：

（一）未按规定的时间向港务监督报告事故或提交《海上交通事故报告书》或本条例第三十二条要求的判决书、裁决书、调解书的副本的；

（二）未按港务监督要求驶往指定地点，或在未出现危及船舶安全的情况下未经港务监督同意擅自驶离指定地点的；

（三）事故报告或《海上交通事故报告书》的内容不符合规定要求或不真实，影响调查工作进行或给有关部门造成损失的；

（四）违反第九条规定，影响事故调查的；

（五）拒绝接受调查或无理阻挠、干扰港务监督进行调查的；

（六）在受调查时故意隐瞒事实或提供虚假证明的。

前款第（五）、（六）项行为构成犯罪的，由司法机关依法追究刑事责任。

第三十条 对违反本条例规定，玩忽职守、滥用职权、营私舞弊、索贿受贿的港务监督人员，由行政监察机关或其所在单位给予行政处分；构成犯罪的，由司法机关依法追究刑事责任。

第三十一条 当事人对港务监督依据本条例给予的处罚不服的，可以依法向人民法院提起行政诉讼。

第七章　特别规定

第三十二条 中国籍船舶在中华人民共和国沿海水域以外发生的海上交通事故，其所有人或经营人应当向船籍港的港务监督报告，并于事故发生之日起六十日内提交《海上交通事故报告书》。如果事故在国外诉讼、仲裁或调解，船舶所有人或经营人应在诉讼、仲裁或调解结束后六十日内将判决书、裁决书或调解书的副本或影印件报船籍港的港务监督备案。

第三十三条 派往外国籍船舶任职的持有中华人民共和国船员职务证书的中国籍船员对海上交通事故的发生负有责任的，其派出单位应当在事故发生之日起六十日内向签发该职务证书的港务监督提交《海上交通事故报告书》。

本条第一款和第三十二条的海上交通事故的调查处理，按本条例的有关规定办理。

第八章　附　　则

第三十四条 对违反海上交通安全管理法规进行违章操作，虽未造成直接的交通事故，但构成重大潜在事故隐患的，港务监督可以依据本条例进行调查和处罚。

第三十五条 因海上交通事故产生的海洋环境污染，按照我国海洋环境保护的有关法律、法规处理。

第三十六条 本条例由交通部负责解释。

第三十七条 本条例自发布之日起施行。

中华人民共和国非机动船舶海上安全航行暂行规则

（1958年3月17日国务院批准，1958年4月19日交通部、水产部公布，自1958年7月1日起施行）

第一条 凡使用人力、风力、拖力的非机动船，在海上从事运输、捕鱼或者其他工作，都应当遵守本规则。

在港区内航行的时候，应当遵守各该港港章的规定。

第二条 非机动船在夜间航行、锚泊的时候，应当在容易被看见的地方，悬挂明亮的白光环照灯一盏。如果因为天气恶劣或者受设备的限制，不能固定悬挂白光环照灯，必须将灯点好放在手边，以备应用；在与他船接近的时候，应当及早显示灯光或者手电筒的白色闪光或者火光，以防碰撞。

非机动船已经设置红绿舷灯、尾灯或者使用合色灯的，仍应继续使用。

第三条 非机动渔船，在白昼捕鱼的时候，应当在容易被看见的地方，悬挂竹篮一只，当发现他船驶近的时候，应当用适当信号指示渔具延伸方向；使用流网的渔船，还要在流网延伸末端的浮子上，系小红旗一面；在夜间捕鱼的时候，应当在容易被看见的地方，悬挂明亮的白光环照灯一盏，当发现他船驶近的时候，向渔具延伸方向，显示另一白光。

第四条 非机动船在有雾、下雪、暴风雨或者其他任何视线不清楚的情况下，不论白昼或者夜间，都应当执行下列规定：

（一）在航行的时候，应当每隔约1分钟，连续发放雾号响声（如敲锣、敲梆、敲煤油桶、吹螺、吹雾角、吹喇叭等）约五秒钟；

（二）在锚泊的时候，如果听到来船雾号响声，应当有间隔地、急促地发放响声，以引起来船注意，直到驶过为止；

（三）在捕鱼的时候，也应当依照前两项的规定执行。

第五条 两艘帆船相互驶近，如有碰撞的危险，应当依照下列规定避让：

（一）顺风船应当避让逆风打抢、掉抢的船；

（二）左舷受风打抢的船应当避让右舷受风打抢的船；

（三）两船都是顺风，而在不同的船舷受风的时候左舷受风的船应当避让右舷受风的船；

（四）两船都是顺风，而在同一船舷受风的时候，上风船应当避让下风船；

（五）船尾受风的船应当避让其他船舷受风的船。

第六条 在航行中的非机动船，应当避让用网、曳绳钓或者拖网进行捕鱼作业的非机动渔船。

第七条 非机动船应当避让下列的机动船：

（一）从事起捞、安放海底电线或者航行标志的机动船；

（二）从事测量或者水下工作的机动船；

（三）操纵失灵的机动船；

（四）用拖网捕鱼的机动船；

（五）被追越的机动船。

第八条 非机动船与机动船相互驶近，如有碰撞危险，机动船应当避让非机动船。

第九条 非机动船在海上遇难，需要他船或者岸上援救的时候，应当显示下列信号：

（一）用任何雾号器具连续不断发放响声；

（二）连续不断燃放火光；

（三）将衣服张开，挂上桅顶。

第十条 本规则经国务院批准后，由交通部、水产部联合发布施行。

中华人民共和国自然保护区条例

（1994年10月9日国务院令第167号发布，自1994年12月1日起施行；根据2011年1月8日国务院令第588号《国务院关于废止和修改部分行政法规的决定》第一次修订；根据2017年10月7日国务院令第687号《国务院关于修改部分行政法规的决定》第二次修订）

第一章　总　　则

第一条　为了加强自然保护区的建设和管理，保护自然环境和自然资源，制定本条例。

第二条　本条例所称自然保护区，是指对有代表性的自然生态系统、珍稀濒危野生动植物物种的天然集中分布区、有特殊意义的自然遗迹等保护对象所在的陆地、陆地水体或者海域，依法划出一定面积予以特殊保护和管理的区域。

第三条　凡在中华人民共和国领域和中华人民共和国管辖的其他海域内建设和管理自然保护区，必须遵守本条例。

第四条　国家采取有利于发展自然保护区的经济、技术政策和措施，将自然保护区的发展规划纳入国民经济和社会发展计划。

第五条　建设和管理自然保护区，应当妥善处理与当地经济建设和居民生产、生活的关系。

第六条　自然保护区管理机构或者其行政主管部门可以接受国内外组织和个人的捐赠，用于自然保护区的建设和管理。

第七条　县级以上人民政府应当加强对自然保护区工作的领导。

一切单位和个人都有保护自然保护区内自然环境和自然资源的义务，并有权对破坏、侵占自然保护区的单位和个人进行检举、控告。

第八条　国家对自然保护区实行综合管理与分部门管理相结合的管理体制。

国务院环境保护行政主管部门负责全国自然保护区的综合管理。

国务院林业、农业、地质矿产、水利、海洋等有关行政主管部门在各自的职责范围内，主管有关的自然保护区。

县级以上地方人民政府负责自然保护区管理的部门的设置和职责，由省、自治区、直辖市人民政府根据当地具体情况确定。

第九条　对建设、管理自然保护区以及在有关的科学研究中做出显著成绩的单位和个人，由人民政府给予奖励。

第二章　自然保护区的建设

第十条　凡具有下列条件之一的，应当建立自然保护区：

（一）典型的自然地理区域、有代表性的自然生态系统区域以及已经遭受破坏但经保护能够恢复的同类自然生态系统区域；

（二）珍稀、濒危野生动植物物种的天然集中分布区域；

（三）具有特殊保护价值的海域、海岸、岛屿、湿地、内陆水域、森林、草原和荒漠；

（四）具有重大科学文化价值的地质构造、著名溶洞、化石分布区、冰川、火山、温泉等自然遗迹；

（五）经国务院或者省、自治区、直辖市人民政府批准，需要予以特殊保护的其他自然区域。

第十一条 自然保护区分为国家级自然保护区和地方级自然保护区。

在国内外有典型意义、在科学上有重大国际影响或者有特殊科学研究价值的自然保护区，列为国家级自然保护区。

除列为国家级自然保护区的外，其他具有典型意义或者重要科学研究价值的自然保护区列为地方级自然保护区。地方级自然保护区可以分级管理，具体办法由国务院有关自然保护区行政主管部门或者省、自治区、直辖市人民政府根据实际情况规定，报国务院环境保护行政主管部门备案。

第十二条 国家级自然保护区的建立，由自然保护区所在的省、自治区、直辖市人民政府或者国务院有关自然保护区行政主管部门提出申请，经国家级自然保护区评审委员会评审后，由国务院环境保护行政主管部门进行协调并提出审批建议，报国务院批准。

地方级自然保护区的建立，由自然保护区所在的县、自治县、市、自治州人民政府或者省、自治区、直辖市人民政府有关自然保护区行政主管部门提出申请，经地方级自然保护区评审委员会评审后，由省、自治区、直辖市人民政府环境保护行政主管部门进行协调并提出审批建议，报省、自治区、直辖市人民政府批准，并报国务院环境保护行政主管部门和国务院有关自然保护区行政主管部门备案。

跨两个以上行政区域的自然保护区的建立，由有关行政区域的人民政府协商一致后提出申请，并按照前两款规定的程序审批。

建立海上自然保护区，须经国务院批准。

第十三条 申请建立自然保护区，应当按照国家有关规定填报建立自然保护区申报书。

第十四条 自然保护区的范围和界线由批准建立自然保护区的人民政府确定，并标明区界，予以公告。

确定自然保护区的范围和界线，应当兼顾保护对象的完整性和适度性，以及当地经济建设和居民生产、生活的需要。

第十五条 自然保护区的撤销及其性质、范围、界线的调整或者改变，应当经原批准建立自然保护区的人民政府批准。

任何单位和个人，不得擅自移动自然保护区的界标。

第十六条 自然保护区按照下列方法命名：

国家级自然保护区：自然保护区所在地地名加“国家级自然保护区”。

地方级自然保护区：自然保护区所在地地名加“地方级自然保护区”。

有特殊保护对象的自然保护区，可以在自然保护区所在地地名后加特殊保护对象的名称。

第十七条 国务院环境保护行政主管部门应当会同国务院有关自然保护区行政主管部门，在对全国自然环境和自然资源状况进行调查和评价的基础上，拟订国家自然保护区发展规划，经国务院计划部门综合平衡后，报国务院批准实施。

自然保护区管理机构或者该自然保护区行政主管部门应当组织编制自然保护区的建设规划，按照规定的程序纳入国家的、地方的或者部门的投资计划，并组织实施。

第十八条 自然保护区可以分为核心区、缓冲区和实验区。

自然保护区内保存完好的天然状态的生态系统以及珍稀、濒危动植物的集中分布地，应当划为核心区，禁止任何单位和个人进入；除依照本条例第二十七条的规定经批准外，也不允许进入从事科学研究活动。

核心区外围可以划定一定面积的缓冲

区，只准进入从事科学研究观测活动。

缓冲区外围划为实验区，可以进入从事科学试验、教学实习、参观考察、旅游以及驯化、繁殖珍稀、濒危野生动植物等活动。

原批准建立自然保护区的人民政府认为必要时，可以在自然保护区的外围划定一定面积的外围保护地带。

第三章　自然保护区的管理

第十九条　全国自然保护区管理的技术规范和标准，由国务院环境保护行政主管部门组织国务院有关自然保护区行政主管部门制定。

国务院有关自然保护区行政主管部门可以按照职责分工，制定有关类型自然保护区管理的技术规范，报国务院环境保护行政主管部门备案。

第二十条　县级以上人民政府环境保护行政主管部门有权对本行政区域内各类自然保护区的管理进行监督检查；县级以上人民政府有关自然保护区行政主管部门有权对其主管的自然保护区的管理进行监督检查。被检查的单位应当如实反映情况，提供必要的资料。检查者应当为被检查的单位保守技术秘密和业务秘密。

第二十一条　国家级自然保护区，由其所在地的省、自治区、直辖市人民政府有关自然保护区行政主管部门或者国务院有关自然保护区行政主管部门管理。地方级自然保护区，由其所在地的县级以上地方人民政府有关自然保护区行政主管部门管理。

有关自然保护区行政主管部门应当在自然保护区内设立专门的管理机构，配备专业技术人员，负责自然保护区的具体管理工作。

第二十二条　自然保护区管理机构的主要职责是：

（一）贯彻执行国家有关自然保护的法律、法规和方针、政策；

（二）制定自然保护区的各项管理制度，统一管理自然保护区；

（三）调查自然资源并建立档案，组织环境监测，保护自然保护区内的自然环境和自然资源；

（四）组织或者协助有关部门开展自然保护区的科学研究工作；

（五）进行自然保护的宣传教育；

（六）在不影响保护自然保护区的自然环境和自然资源的前提下，组织开展参观、旅游等活动。

第二十三条　管理自然保护区所需经费，由自然保护区所在地的县级以上地方人民政府安排。国家对国家级自然保护区的管理，给予适当的资金补助。

第二十四条　自然保护区所在地的公安机关，可以根据需要在自然保护区设置公安派出机构，维护自然保护区内的治安秩序。

第二十五条　在自然保护区内的单位、居民和经批准进入自然保护区的人员，必须遵守自然保护区的各项管理制度，接受自然保护区管理机构的管理。

第二十六条　禁止在自然保护区内进行砍伐、放牧、狩猎、捕捞、采药、开垦、烧荒、开矿、采石、挖沙等活动；但是，法律、行政法规另有规定的除外。

第二十七条　禁止任何人进入自然保护区的核心区。因科学研究的需要，必须进入核心区从事科学研究观测、调查活动的，应当事先向自然保护区管理机构提交申请和活动计划，并经自然保护区管理机构批准；其中，进入国家级自然保护区核心区的，应当经省、自治区、直辖市人民政府有关自然保护区行政主管部门批准。

自然保护区核心区内原有居民确有必要迁出的，由自然保护区所在地的地方人民政府予以妥善安置。

第二十八条　禁止在自然保护区的缓冲

区开展旅游和生产经营活动。因教学科研的目的，需要进入自然保护区的缓冲区从事非破坏性的科学研究、教学实习和标本采集活动的，应当事先向自然保护区管理机构提交申请和活动计划，经自然保护区管理机构批准。

从事前款活动的单位和个人，应当将其活动成果的副本提交自然保护区管理机构。

第二十九条 在自然保护区的实验区内开展参观、旅游活动的，由自然保护区管理机构编制方案，方案应当符合自然保护区管理目标。

在自然保护区组织参观、旅游活动的，应当严格按照前款规定的方案进行，并加强管理；进入自然保护区参观、旅游的单位和个人，应当服从自然保护区管理机构的管理。

严禁开设与自然保护区保护方向不一致的参观、旅游项目。

第三十条 自然保护区的内部未分区的，依照本条例有关核心区和缓冲区的规定管理。

第三十一条 外国人进入自然保护区，应当事先向自然保护区管理机构提交活动计划，并经自然保护区管理机构批准；其中，进入国家级自然保护区的，应当经省、自治区、直辖市环境保护、海洋、渔业等有关自然保护区行政主管部门按照各自职责批准。

进入自然保护区的外国人，应当遵守有关自然保护区的法律、法规和规定，未经批准，不得在自然保护区内从事采集标本等活动。

第三十二条 在自然保护区的核心区和缓冲区内，不得建设任何生产设施。在自然保护区的实验区内，不得建设污染环境、破坏资源或者景观的生产设施；建设其他项目，其污染物排放不得超过国家和地方规定的污染物排放标准。在自然保护区的实验区内已经建成的设施，其污染物排放超过国家和地方规定的排放标准的，应当限期治理；造成损害的，必须采取补救措施。

在自然保护区的外围保护地带建设的项目，不得损害自然保护区内的环境质量；已造成损害的，应当限期治理。

限期治理决定由法律、法规规定的机关作出，被限期治理的企业事业单位必须按期完成治理任务。

第三十三条 因发生事故或者其他突然性事件，造成或者可能造成自然保护区污染或者破坏的单位和个人，必须立即采取措施处理，及时通报可能受到危害的单位和居民，并向自然保护区管理机构、当地环境保护行政主管部门和自然保护区行政主管部门报告，接受调查处理。

第四章　法律责任

第三十四条 违反本条例规定，有下列行为之一的单位和个人，由自然保护区管理机构责令其改正，并可以根据不同情节处以100元以上5 000元以下的罚款：

（一）擅自移动或者破坏自然保护区界标的；

（二）未经批准进入自然保护区或者在自然保护区内不服从管理机构管理的；

（三）经批准在自然保护区的缓冲区内从事科学研究、教学实习和标本采集的单位和个人，不向自然保护区管理机构提交活动成果副本的。

第三十五条 违反本条例规定，在自然保护区进行砍伐、放牧、狩猎、捕捞、采药、开垦、烧荒、开矿、采石、挖沙等活动的单位和个人，除可以依照有关法律、行政法规规定给予处罚的以外，由县级以上人民政府有关自然保护区行政主管部门或者其授权的自然保护区管理机构没收违法所得，责令停止违法行为，限期恢复原状或者采取其他补救措施；对自然保护区造成破坏的，可以处以 300 元以上10 000元以下的罚款。

第三十六条 自然保护区管理机构违反本条例规定，拒绝环境保护行政主管部门或者有关自然保护区行政主管部门监督检查，或者在被检查时弄虚作假的，由县级以上人民政府环境保护行政主管部门或者有关自然保护区行政主管部门给予 300 元以上3 000元以下的罚款。

第三十七条 自然保护区管理机构违反本条例规定，有下列行为之一的，由县级以上人民政府有关自然保护区行政主管部门责令限期改正；对直接责任人员，由其所在单位或者上级机关给予行政处分：

（一）开展参观、旅游活动未编制方案或者编制的方案不符合自然保护区管理目标的；

（二）开设与自然保护区保护方向不一致的参观、旅游项目的；

（三）不按照编制的方案开展参观、旅游活动的；

（四）违法批准人员进入自然保护区的核心区，或者违法批准外国人进入自然保护区的；

（五）有其他滥用职权、玩忽职守、徇私舞弊行为的。

第三十八条 违反本条例规定，给自然保护区造成损失的，由县级以上人民政府有关自然保护区行政主管部门责令赔偿损失。

第三十九条 妨碍自然保护区管理人员执行公务的，由公安机关依照《中华人民共和国治安管理处罚法》的规定给予处罚；情节严重，构成犯罪的，依法追究刑事责任。

第四十条 违反本条例规定，造成自然保护区重大污染或者破坏事故，导致公私财产重大损失或者人身伤亡的严重后果，构成犯罪的，对直接负责的主管人员和其他直接责任人员依法追究刑事责任。

第四十一条 自然保护区管理人员滥用职权、玩忽职守、徇私舞弊，构成犯罪的，依法追究刑事责任；情节轻微，尚不构成犯罪的，由其所在单位或者上级机关给予行政处分。

第五章 附 则

第四十二条 国务院有关自然保护区行政主管部门可以根据本条例，制定有关类型自然保护区的管理办法。

第四十三条 各省、自治区、直辖市人民政府可以根据本条例，制定实施办法。

第四十四条 本条例自 1994 年 12 月 1 日起施行。

中华人民共和国野生植物保护条例

（1996年9月30日中华人民共和国国务院令第204号公布，自1997年1月1日起施行；根据2017年10月7日中华人民共和国国务院令第687号公布的《国务院关于修改部分行政法规的决定》修订）

第一章　总　　则

第一条　为了保护、发展和合理利用野生植物资源，保护生物多样性，维护生态平衡，制定本条例。

第二条　在中华人民共和国境内从事野生植物的保护、发展和利用活动，必须遵守本条例。

本条例所保护的野生植物，是指原生地天然生长的珍贵植物和原生地天然生长并具有重要经济、科学研究、文化价值的濒危、稀有植物。

药用野生植物和城市园林、自然保护区、风景名胜区内的野生植物的保护，同时适用有关法律、行政法规。

第三条　国家对野生植物资源实行加强保护、积极发展、合理利用的方针。

第四条　国家保护依法开发利用和经营管理野生植物资源的单位和个人的合法权益。

第五条　国家鼓励和支持野生植物科学研究、野生植物的就地保护和迁地保护。

在野生植物资源保护、科学研究、培育利用和宣传教育方面成绩显著的单位和个人，由人民政府给予奖励。

第六条　县级以上各级人民政府有关主管部门应当开展保护野生植物的宣传教育，普及野生植物知识，提高公民保护野生植物的意识。

第七条　任何单位和个人都有保护野生植物资源的义务，对侵占或者破坏野生植物及其生长环境的行为有权检举和控告。

第八条　国务院林业行政主管部门主管全国林区内野生植物和林区外珍贵野生树木的监督管理工作。国务院农业行政主管部门主管全国其他野生植物的监督管理工作。

国务院建设行政部门负责城市园林、风景名胜区内野生植物的监督管理工作。国务院环境保护部门负责对全国野生植物环境保护工作的协调和监督。国务院其他有关部门依照职责分工负责有关的野生植物保护工作。

县级以上地方人民政府负责野生植物管理工作的部门及其职责，由省、自治区、直辖市人民政府根据当地具体情况规定。

第二章　野生植物保护

第九条　国家保护野生植物及其生长环境。禁止任何单位和个人非法采集野生植物或者破坏其生长环境。

第十条　野生植物分为国家重点保护野生植物和地方重点保护野生植物。

国家重点保护野生植物分为国家一级保护野生植物和国家二级保护野生植物。国家重点保护野生植物名录，由国务院林业行政主管部门、农业行政主管部门（以下简称国务院野生植物行政主管部门）商国务院环境保护、建设等有关部门制定，报国务院批准公布。

地方重点保护野生植物，是指国家重点保护野生植物以外，由省、自治区、直辖市保护的野生植物。地方重点保护野生植物名录，由省、自治区、直辖市人民政府制定并公布，报国务院备案。

第十一条　在国家重点保护野生植物物种和地方重点保护野生植物物种的天然集中分布区域，应当依照有关法律、行政法规的规定，建立自然保护区；在其他区域，县级以上地方人民政府野生植物行政主管部门和其他有关部门可以根据实际情况建立国家重点保护野生植物和地方重点保护野生植物的保护点或者设立保护标志。

禁止破坏国家重点保护野生植物和地方重点保护野生植物的保护点的保护设施和保护标志。

第十二条　野生植物行政主管部门及其他有关部门应当监视、监测环境对国家重点保护野生植物生长和地方重点保护野生植物生长的影响，并采取措施，维护和改善国家重点保护野生植物和地方重点保护野生植物的生长条件。由于环境影响对国家重点保护野生植物和地方重点保护野生植物的生长造成危害时，野生植物行政主管部门应当会同其他有关部门调查并依法处理。

第十三条　建设项目对国家重点保护野生植物和地方重点保护野生植物的生长环境产生不利影响的，建设单位提交的环境影响报告书中必须对此作出评价；环境保护部门在审批环境影响报告书时，应当征求野生植物行政主管部门的意见。

第十四条　野生植物行政主管部门和有关单位对生长受到威胁的国家重点保护野生植物和地方重点保护野生植物应当采取拯救措施，保护或者恢复其生长环境，必要时应当建立繁育基地、种质资源库或者采取迁地保护措施。

第三章　野生植物管理

第十五条　野生植物行政主管部门应当定期组织国家重点保护野生植物和地方重点保护野生植物资源调查，建立资源档案。

第十六条　禁止采集国家一级保护野生植物。因科学研究、人工培育、文化交流等特殊需要，采集国家一级保护野生植物的，应当按照管理权限向国务院林业行政主管部门或者其授权的机构申请采集证；或者向采集地的省、自治区、直辖市人民政府农业行政主管部门或者其授权的机构申请采集证。

采集国家二级保护野生植物的，必须经采集地的县级人民政府野生植物行政主管部门签署意见后，向省、自治区、直辖市人民政府野生植物行政主管部门或者其授权的机构申请采集证。

采集城市园林或者风景名胜区内的国家一级或者二级保护野生植物的，须先征得城市园林或者风景名胜区管理机构同意，分别依照前两款的规定申请采集证。

采集珍贵野生树木或者林区内、草原上的野生植物的，依照森林法、草原法的规定办理。

野生植物行政主管部门发放采集证后，应当抄送环境保护部门备案。

采集证的格式由国务院野生植物行政主管部门制定。

第十七条　采集国家重点保护野生植物的单位和个人，必须按照采集证规定的种类、数量、地点、期限和方法进行采集。

县级人民政府野生植物行政主管部门对在本行政区域内采集国家重点保护野生植物的活动，应当进行监督检查，并及时报告批准采集的野生植物行政主管部门或者其授权的机构。

第十八条　禁止出售、收购国家一级保护野生植物。

出售、收购国家二级保护野生植物的，必须经省、自治区、直辖市人民政府野生植物行政主管部门或者其授权的机构批准。

第十九条 野生植物行政主管部门应当对经营利用国家二级保护野生植物的活动进行监督检查。

第二十条 出口国家重点保护野生植物或者进出口中国参加的国际公约所限制进出口的野生植物的，应当按照管理权限经国务院林业行政主管部门批准，或者经进出口者所在地的省、自治区、直辖市人民政府农业行政主管部门审核后报国务院农业行政主管部门批准，并取得国家濒危物种进出口管理机构核发的允许进出口证明书或者标签。海关凭允许进出口证明书或者标签查验放行。国务院野生植物行政主管部门应当将有关野生植物进出口的资料抄送国务院环境保护部门。

禁止出口未定名的或者新发现并有重要价值的野生植物。

第二十一条 外国人不得在中国境内采集或者收购国家重点保护野生植物。

外国人在中国境内对农业行政主管部门管理的国家重点保护野生植物进行野外考察的，应当经农业行政主管部门管理的国家重点保护野生植物所在地的省、自治区、直辖市人民政府农业行政主管部门批准。

第二十二条 地方重点保护野生植物的管理办法，由省、自治区、直辖市人民政府制定。

第四章 法律责任

第二十三条 未取得采集证或者未按照采集证的规定采集国家重点保护野生植物的，由野生植物行政主管部门没收所采集的野生植物和违法所得，可以并处违法所得10倍以下的罚款；有采集证的，并可以吊销采集证。

第二十四条 违反本条例规定，出售、收购国家重点保护野生植物的，由工商行政管理部门或者野生植物行政主管部门按照职责分工没收野生植物和违法所得，可以并处违法所得10倍以下的罚款。

第二十五条 非法进出口野生植物的，由海关依照海关法的规定处罚。

第二十六条 伪造、倒卖、转让采集证、允许进出口证明书或者有关批准文件、标签的，由野生植物行政主管部门或者工商行政管理部门按照职责分工收缴，没收违法所得，可以并处5万元以下的罚款。

第二十七条 外国人在中国境内采集、收购国家重点保护野生植物，或者未经批准对农业行政主管部门管理的国家重点保护野生植物进行野外考察的，由野生植物行政主管部门没收所采集、收购的野生植物和考察资料，可以并处5万元以下的罚款。

第二十八条 违反本条例规定，构成犯罪的，依法追究刑事责任。

第二十九条 野生植物行政主管部门的工作人员滥用职权、玩忽职守、徇私舞弊，构成犯罪的，依法追究刑事责任；尚不构成犯罪的，依法给予行政处分。

第三十条 依照本条例规定没收的实物，由作出没收决定的机关按照国家有关规定处理。

第五章 附 则

第三十一条 中华人民共和国缔结或者参加的与保护野生植物有关的国际条约与本条例有不同规定的，适用国际条约的规定；但是，中华人民共和国声明保留的条款除外。

第三十二条 本条例自1997年1月1日起施行。

中华人民共和国濒危野生动植物进出口管理条例

（2006年4月29日国务院令第465号发布，自2006年9月1日起施行；根据2018年3月19日国务院令第698号《国务院关于修改和废止部分行政法规的决定》修订；根据2019年3月2日国务院令第709号《国务院关于修改部分行政法规的决定》第二次修订）

第一条 为了加强对濒危野生动植物及其产品的进出口管理，保护和合理利用野生动植物资源，履行《濒危野生动植物种国际贸易公约》（以下简称公约），制定本条例。

第二条 进口或者出口公约限制进出口的濒危野生动植物及其产品，应当遵守本条例。

出口国家重点保护的野生动植物及其产品，依照本条例有关出口濒危野生动植物及其产品的规定办理。

第三条 国务院林业、农业（渔业）主管部门（以下称国务院野生动植物主管部门），按照职责分工主管全国濒危野生动植物及其产品的进出口管理工作，并做好与履行公约有关的工作。

国务院其他有关部门依照有关法律、行政法规的规定，在各自的职责范围内负责做好相关工作。

第四条 国家濒危物种进出口管理机构代表中国政府履行公约，依照本条例的规定对经国务院野生动植物主管部门批准出口的国家重点保护的野生动植物及其产品、批准进口或者出口的公约限制进出口的濒危野生动植物及其产品，核发允许进出口证明书。

第五条 国家濒危物种进出口科学机构依照本条例，组织陆生野生动物、水生野生动物和野生植物等方面的专家，从事有关濒危野生动植物及其产品进出口的科学咨询工作。

第六条 禁止进口或者出口公约禁止以商业贸易为目的进出口的濒危野生动植物及其产品，因科学研究、驯养繁殖、人工培育、文化交流等特殊情况，需要进口或者出口的，应当经国务院野生动植物主管部门批准；按照有关规定由国务院批准的，应当报经国务院批准。

禁止出口未定名的或者新发现并有重要价值的野生动植物及其产品以及国务院或者国务院野生动植物主管部门禁止出口的濒危野生动植物及其产品。

第七条 进口或者出口公约限制进出口的濒危野生动植物及其产品，出口国务院或者国务院野生动植物主管部门限制出口的野生动植物及其产品，应当经国务院野生动植物主管部门批准。

第八条 进口濒危野生动植物及其产品的，必须具备下列条件：

（一）对濒危野生动植物及其产品的使用符合国家有关规定；

（二）具有有效控制措施并符合生态安全要求；

（三）申请人提供的材料真实有效；

（四）国务院野生动植物主管部门公示的其他条件。

第九条 出口濒危野生动植物及其产品的，必须具备下列条件：

（一）符合生态安全要求和公共利益；

（二）来源合法；

（三）申请人提供的材料真实有效；

（四）不属于国务院或者国务院野生动植物主管部门禁止出口的；

（五）国务院野生动植物主管部门公示的其他条件。

第十条 进口或者出口濒危野生动植物及其产品的，申请人应当按照管理权限，向其所在地的省、自治区、直辖市人民政府农业（渔业）主管部门提出申请，或者向国务院林业主管部门提出申请，并提交下列材料：

（一）进口或者出口合同；

（二）濒危野生动植物及其产品的名称、种类、数量和用途；

（三）活体濒危野生动物装运设施的说明资料；

（四）国务院野生动植物主管部门公示的其他应当提交的材料。

省、自治区、直辖市人民政府农业（渔业）主管部门应当自收到申请之日起10个工作日内签署意见，并将全部申请材料转报国务院农业（渔业）主管部门。

第十一条 国务院野生动植物主管部门应当自收到申请之日起20个工作日内，作出批准或者不予批准的决定，并书面通知申请人。在20个工作日内不能作出决定的，经本行政机关负责人批准，可以延长10个工作日，延长的期限和理由应当通知申请人。

第十二条 申请人取得国务院野生动植物主管部门的进出口批准文件后，应当在批准文件规定的有效期内，向国家濒危物种进出口管理机构申请核发允许进出口证明书。

申请核发允许进出口证明书时应当提交下列材料：

（一）允许进出口证明书申请表；

（二）进出口批准文件；

（三）进口或者出口合同。

进口公约限制进出口的濒危野生动植物及其产品的，申请人还应当提交出口国（地区）濒危物种进出口管理机构核发的允许出口证明材料；出口公约禁止以商业贸易为目的进出口的濒危野生动植物及其产品的，申请人还应当提交进口国（地区）濒危物种进出口管理机构核发的允许进口证明材料；进口的濒危野生动植物及其产品再出口时，申请人还应当提交海关进口货物报关单和海关签注的允许进口证明书。

第十三条 国家濒危物种进出口管理机构应当自收到申请之日起20个工作日内，作出审核决定。对申请材料齐全、符合本条例规定和公约要求的，应当核发允许进出口证明书；对不予核发允许进出口证明书的，应当书面通知申请人和国务院野生动植物主管部门并说明理由。在20个工作日内不能作出决定的，经本机构负责人批准，可以延长10个工作日，延长的期限和理由应当通知申请人。

国家濒危物种进出口管理机构在审核时，对申请材料不符合要求的，应当在5个工作日内一次性通知申请人需要补正的全部内容。

第十四条 国家濒危物种进出口管理机构在核发允许进出口证明书时，需要咨询国家濒危物种进出口科学机构的意见，或者需要向境外相关机构核实允许进出口证明材料等有关内容的，应当自收到申请之日起5个工作日内，将有关材料送国家濒危物种进出口科学机构咨询意见或者向境外相关机构核实有关内容。咨询意见、核实内容所需时间不计入核发允许进出口证明书工作日之内。

第十五条 国务院野生动植物主管部门和省、自治区、直辖市人民政府野生动植物主管部门以及国家濒危物种进出口管理机构，在审批濒危野生动植物及其产品进出口时，除收取国家规定的费用外，不得收取其他费用。

第十六条 因进口或者出口濒危野生动植物及其产品对野生动植物资源、生态安全造成或者可能造成严重危害和影响的，由国务院野生动植物主管部门提出临时禁止或者限制濒危野生动植物及其产品进出口的措施，报国务院批准后执行。

第十七条 从不属于任何国家管辖的海域获得的濒危野生动植物及其产品，进入中国领域的，参照本条例有关进口的规定管理。

第十八条 进口濒危野生动植物及其产品涉及外来物种管理的，出口濒危野生动植物及其产品涉及种质资源管理的，应当遵守国家有关规定。

第十九条 进口或者出口濒危野生动植物及其产品的，应当在国务院野生动植物主管部门会同海关总署指定并经国务院批准的口岸进行。

第二十条 进口或者出口濒危野生动植物及其产品的，应当按照允许进出口证明书规定的种类、数量、口岸、期限完成进出口活动。

第二十一条 进口或者出口濒危野生动植物及其产品的，应当向海关提交允许进出口证明书，接受海关监管，并自海关放行之日起30日内，将海关验讫的允许进出口证明书副本交国家濒危物种进出口管理机构备案。

过境、转运和通运的濒危野生动植物及其产品，自入境起至出境前由海关监管。

进出保税区、出口加工区等海关特定监管区域和保税场所的濒危野生动植物及其产品，应当接受海关监管，并按照海关总署和国家濒危物种进出口管理机构的规定办理进出口手续。

进口或者出口濒危野生动植物及其产品的，应当凭允许进出口证明书向海关报检，并接受检验检疫。

第二十二条 国家濒危物种进出口管理机构应当将核发允许进出口证明书的有关资料和濒危野生动植物及其产品年度进出口情况，及时抄送国务院野生动植物主管部门及其他有关主管部门。

第二十三条 进出口批准文件由国务院野生动植物主管部门组织统一印制；允许进出口证明书及申请表由国家濒危物种进出口管理机构组织统一印制。

第二十四条 野生动植物主管部门、国家濒危物种进出口管理机构的工作人员，利用职务上的便利收取他人财物或者谋取其他利益，不依照本条例的规定批准进出口、核发允许进出口证明书，情节严重，构成犯罪的，依法追究刑事责任；尚不构成犯罪的，依法给予处分。

第二十五条 国家濒危物种进出口科学机构的工作人员，利用职务上的便利收取他人财物或者谋取其他利益，出具虚假意见，情节严重，构成犯罪的，依法追究刑事责任；尚不构成犯罪的，依法给予处分。

第二十六条 非法进口、出口或者以其他方式走私濒危野生动植物及其产品的，由海关依照海关法的有关规定予以处罚；情节严重，构成犯罪的，依法追究刑事责任。

罚没的实物移交野生动植物主管部门依法处理；罚没的实物依法需要实施检疫的，经检疫合格后，予以处理。罚没的实物需要返还原出口国（地区）的，应当由野生动植物主管部门移交国家濒危物种进出口管理机构依照公约规定处理。

第二十七条 伪造、倒卖或者转让进出口批准文件或者允许进出口证明书的，由野生动植物主管部门或者市场监督管理部门按照职责分工依法予以处罚；情节严重，构成犯罪的，依法追究刑事责任。

第二十八条 本条例自2006年9月1日起施行。

中华人民共和国防治海岸工程建设项目污染损害海洋环境管理条例

（1990年6月25日国务院令第62号发布，自1990年8月1日起施行；根据2007年9月25日国务院令第507号《国务院关于修改〈中华人民共和国防治海岸工程建设项目污染损害海洋环境管理条例〉的决定》第一次修订；根据2017年3月1日国务院令第676号《国务院关于修改和废止部分行政法规的决定》第二次修订；根据2018年3月19日国务院令第698号《国务院关于修改和废止部分行政法规的决定》第三次修订）

第一条 为加强海岸工程建设项目的环境保护管理，严格控制新的污染，保护和改善海洋环境，根据《中华人民共和国海洋环境保护法》，制定本条例。

第二条 本条例所称海岸工程建设项目，是指位于海岸或者与海岸连接，工程主体位于海岸线向陆一侧，对海洋环境产生影响的新建、改建、扩建工程项目。具体包括：

（一）港口、码头、航道、滨海机场工程项目；

（二）造船厂、修船厂；

（三）滨海火电站、核电站、风电站；

（四）滨海物资存储设施工程项目；

（五）滨海矿山、化工、轻工、冶金等工业工程项目；

（六）固体废弃物、污水等污染物处理处置排海工程项目；

（七）滨海大型养殖场；

（八）海岸防护工程、砂石场和入海河口处的水利设施；

（九）滨海石油勘探开发工程项目；

（十）国务院环境保护主管部门会同国家海洋主管部门规定的其他海岸工程项目。

第三条 本条例适用于在中华人民共和国境内兴建海岸工程建设项目的一切单位和个人。

拆船厂建设项目的环境保护管理，依照《防止拆船污染环境管理条例》执行。

第四条 建设海岸工程建设项目，应当符合所在经济区的区域环境保护规划的要求。

第五条 国务院环境保护主管部门，主管全国海岸工程建设项目的环境保护工作。

沿海县级以上地方人民政府环境保护主管部门，主管本行政区域内的海岸工程建设项目的环境保护工作。

第六条 新建、改建、扩建海岸工程建设项目，应当遵守国家有关建设项目环境保护管理的规定。

第七条 海岸工程建设项目的建设单位，应当依法编制环境影响报告书（表），报环境保护主管部门审批。

环境保护主管部门在批准海岸工程建设项目的环境影响报告书（表）之前，应当征求海洋、海事、渔业主管部门和军队环境保护部门的意见。

禁止在天然港湾有航运价值的区域、重要苗种基地和养殖场所及水面、滩涂中的鱼、虾、蟹、贝、藻类的自然产卵场、繁殖场、索饵场及重要的洄游通道围海造地。

第八条 海岸工程建设项目环境影响报

告书的内容，除按有关规定编制外，还应当包括：

（一）所在地及其附近海域的环境状况；

（二）建设过程中和建成后可能对海洋环境造成的影响；

（三）海洋环境保护措施及其技术、经济可行性论证结论；

（四）建设项目海洋环境影响评价结论。

海岸工程建设项目环境影响报告表，应当参照前款规定填报。

第九条 禁止兴建向中华人民共和国海域及海岸转嫁污染的中外合资经营企业、中外合作经营企业和外资企业；海岸工程建设项目引进技术和设备，应当有相应的防治污染措施，防止转嫁污染。

第十条 在海洋特别保护区、海上自然保护区、海滨风景游览区、盐场保护区、海水浴场、重要渔业水域和其他需要特殊保护的区域内不得建设污染环境、破坏景观的海岸工程建设项目；在其区域外建设海岸工程建设项目的，不得损害上述区域的环境质量。法律法规另有规定的除外。

第十一条 海岸工程建设项目竣工验收时，建设项目的环境保护设施经验收合格后，该建设项目方可正式投入生产或者使用。

第十二条 县级以上人民政府环境保护主管部门，按照项目管理权限，可以会同有关部门对海岸工程建设项目进行现场检查，被检查者应当如实反映情况、提供资料。检查者有责任为被检查者保守技术秘密和业务秘密。法律法规另有规定的除外。

第十三条 设置向海域排放废水设施的，应当合理利用海水自净能力，选择好排污口的位置。采用暗沟或者管道方式排放的，出水管口位置应当在低潮线以下。

第十四条 建设港口、码头，应当设置与其吞吐能力和货物种类相适应的防污设施。

港口、油码头、化学危险品码头，应当配备海上重大污染损害事故应急设备和器材。

现有港口、码头未达到前两款规定要求的，由环境保护主管部门会同港口、码头主管部门责令其限期设置或者配备。

第十五条 建设岸边造船厂、修船厂，应当设置与其性质、规模相适应的残油、废油接收处理设施，含油废水接收处理设施，拦油、收油、消油设施，工业废水接收处理设施，工业和船舶垃圾接收处理设施等。

第十六条 建设滨海核电站和其他核设施，应当严格遵守国家有关核环境保护和放射防护的规定及标准。

第十七条 建设岸边油库，应当设置含油废水接收处理设施，库场地面冲刷废水的集接、处理设施和事故应急设施；输油管线和储油设施应当符合国家关于防渗漏、防腐蚀的规定。

第十八条 建设滨海矿山，在开采、选矿、运输、贮存、冶炼和尾矿处理等过程中，应当按照有关规定采取防止污染损害海洋环境的措施。

第十九条 建设滨海垃圾场或者工业废渣填埋场，应当建造防护堤坝和场底封闭层，设置渗液收集、导出、处理系统和可燃性气体防爆装置。

第二十条 修筑海岸防护工程，在入海河口处兴建水利设施、航道或者综合整治工程，应当采取措施，不得损害生态环境及水产资源。

第二十一条 兴建海岸工程建设项目，不得改变、破坏国家和地方重点保护的野生动植物的生存环境。不得兴建可能导致重点保护的野生动植物生存环境污染和破坏的海岸工程建设项目；确需兴建的，应当征得野生动植物行政主管部门同意，并由建设单位负责组织采取易地繁育等措施，保证物种延续。

在鱼、虾、蟹、贝类的洄游通道建闸、

筑坝，对渔业资源有严重影响的，建设单位应当建造过鱼设施或者采取其他补救措施。

第二十二条 集体所有制单位或者个人在全民所有的水域、海涂，建设构不成基本建设项目的养殖工程的，应当在县级以上地方人民政府规划的区域内进行。

集体所有制单位或者个人零星经营性采挖砂石，应当在县级以上地方人民政府指定的区域内采挖。

第二十三条 禁止在红树林和珊瑚礁生长的地区，建设毁坏红树林和珊瑚礁生态系统的海岸工程建设项目。

第二十四条 兴建海岸工程建设项目，应当防止导致海岸非正常侵蚀。

禁止在海岸保护设施管理部门规定的海岸保护设施的保护范围内从事爆破、采挖砂石、取土等危害海岸保护设施安全的活动。非经国务院授权的有关主管部门批准，不得占用或者拆除海岸保护设施。

第二十五条 未持有经审核和批准的环境影响报告书（表），兴建海岸工程建设项目的，依照《中华人民共和国海洋环境保护法》第八十条的规定予以处罚。

第二十六条 拒绝、阻挠环境保护主管部门进行现场检查，或者在被检查时弄虚作假的，由县级以上人民政府环境保护主管部门依照《中华人民共和国海洋环境保护法》第七十五条的规定予以处罚。

第二十七条 海岸工程建设项目的环境保护设施未建成或者未达到规定要求，该项目即投入生产、使用的，依照《中华人民共和国海洋环境保护法》第八十一条的规定予以处罚。

第二十八条 环境保护主管部门工作人员滥用职权、玩忽职守、徇私舞弊的，由其所在单位或者上级主管机关给予行政处分；构成犯罪的，依法追究刑事责任。

第二十九条 本条例自1990年8月1日起施行。

防治海洋工程建设项目污染损害海洋环境管理条例

（2006年9月19日国务院令第475号发布，自2006年11月1日起施行；根据2017年3月1日国务院令第676号《国务院关于修改和废止部分行政法规的决定》第一次修订；根据2018年3月19日国务院令第698号《国务院关于修改和废止部分行政法规的决定》第二次修订）

第一章　总　　则

第一条　为了防治和减轻海洋工程建设项目（以下简称海洋工程）污染损害海洋环境，维护海洋生态平衡，保护海洋资源，根据《中华人民共和国海洋环境保护法》，制定本条例。

第二条　在中华人民共和国管辖海域内从事海洋工程污染损害海洋环境防治活动，适用本条例。

第三条　本条例所称海洋工程，是指以开发、利用、保护、恢复海洋资源为目的，并且工程主体位于海岸线向海一侧的新建、改建、扩建工程。具体包括：

（一）围填海、海上堤坝工程；

（二）人工岛、海上和海底物资储藏设施、跨海桥梁、海底隧道工程；

（三）海底管道、海底电（光）缆工程；

（四）海洋矿产资源勘探开发及其附属工程；

（五）海上潮汐电站、波浪电站、温差电站等海洋能源开发利用工程；

（六）大型海水养殖场、人工鱼礁工程；

（七）盐田、海水淡化等海水综合利用工程；

（八）海上娱乐及运动、景观开发工程；

（九）国家海洋主管部门会同国务院环境保护主管部门规定的其他海洋工程。

第四条　国家海洋主管部门负责全国海洋工程环境保护工作的监督管理，并接受国务院环境保护主管部门的指导、协调和监督。沿海县级以上地方人民政府海洋主管部门负责本行政区域毗邻海域海洋工程环境保护工作的监督管理。

第五条　海洋工程的选址和建设应当符合海洋功能区划、海洋环境保护规划和国家有关环境保护标准，不得影响海洋功能区的环境质量或者损害相邻海域的功能。

第六条　国家海洋主管部门根据国家重点海域污染物排海总量控制指标，分配重点海域海洋工程污染物排海控制数量。

第七条　任何单位和个人对海洋工程污染损害海洋环境、破坏海洋生态等违法行为，都有权向海洋主管部门进行举报。

接到举报的海洋主管部门应当依法进行调查处理，并为举报人保密。

第二章　环境影响评价

第八条　国家实行海洋工程环境影响评价制度。

海洋工程的环境影响评价，应当以工程对海洋环境和海洋资源的影响为重点进行综合分析、预测和评估，并提出相应的生态保护措施，预防、控制或者减轻工程对海洋环境和海洋资源造成的影响和破坏。

海洋工程环境影响报告书应当依据海洋工程环境影响评价技术标准及其他相关环境保护标准编制。编制环境影响报告书应当使用符合国家海洋主管部门要求的调查、监测资料。

第九条 海洋工程环境影响报告书应当包括下列内容：

（一）工程概况；

（二）工程所在海域环境现状和相邻海域开发利用情况；

（三）工程对海洋环境和海洋资源可能造成影响的分析、预测和评估；

（四）工程对相邻海域功能和其他开发利用活动影响的分析及预测；

（五）工程对海洋环境影响的经济损益分析和环境风险分析；

（六）拟采取的环境保护措施及其经济、技术论证；

（七）公众参与情况；

（八）环境影响评价结论。

海洋工程可能对海岸生态环境产生破坏的，其环境影响报告书中应当增加工程对近岸自然保护区等陆地生态系统影响的分析和评价。

第十条 新建、改建、扩建海洋工程的建设单位，应当编制环境影响报告书，报有核准权的海洋主管部门核准。

海洋主管部门在核准海洋工程环境影响报告书前，应当征求海事、渔业主管部门和军队环境保护部门的意见；必要时，可以举行听证会。其中，围填海工程必须举行听证会。

第十一条 下列海洋工程的环境影响报告书，由国家海洋主管部门核准：

（一）涉及国家海洋权益、国防安全等特殊性质的工程；

（二）海洋矿产资源勘探开发及其附属工程；

（三）50公顷以上的填海工程，100公顷以上的围海工程；

（四）潮汐电站、波浪电站、温差电站等海洋能源开发利用工程；

（五）由国务院或者国务院有关部门审批的海洋工程。

前款规定以外的海洋工程的环境影响报告书，由沿海县级以上地方人民政府海洋主管部门根据沿海省、自治区、直辖市人民政府规定的权限核准。

海洋工程可能造成跨区域环境影响并且有关海洋主管部门对环境影响评价结论有争议的，该工程的环境影响报告书由其共同的上一级海洋主管部门核准。

第十二条 海洋主管部门应当自收到海洋工程环境影响报告书之日起60个工作日内，作出是否核准的决定，书面通知建设单位。

需要补充材料的，应当及时通知建设单位，核准期限从材料补齐之日起重新计算。

第十三条 海洋工程环境影响报告书核准后，工程的性质、规模、地点、生产工艺或者拟采取的环境保护措施等发生重大改变的，建设单位应当重新编制环境影响报告书，报原核准该工程环境影响报告书的海洋主管部门核准；海洋工程自环境影响报告书核准之日起超过5年方开工建设的，应当在工程开工建设前，将该工程的环境影响报告书报原核准该工程环境影响报告书的海洋主管部门重新核准。

第十四条 建设单位可以采取招标方式确定海洋工程的环境影响评价单位。其他任何单位和个人不得为海洋工程指定环境影响评价单位。

第三章　海洋工程的污染防治

第十五条 海洋工程的环境保护设施应当与主体工程同时设计、同时施工、同时投产使用。

第十六条 海洋工程的初步设计，应当按照环境保护设计规范和经核准的环境影响报告书的要求，编制环境保护篇章，落实环境保护措施和环境保护投资概算。

第十七条 建设单位应当在海洋工程投入运行之日 30 个工作日前，向原核准该工程环境影响报告书的海洋主管部门申请环境保护设施的验收；海洋工程投入试运行的，应当自该工程投入试运行之日起 60 个工作日内，向原核准该工程环境影响报告书的海洋主管部门申请环境保护设施的验收。

分期建设、分期投入运行的海洋工程，其相应的环境保护设施应当分期验收。

第十八条 海洋主管部门应当自收到环境保护设施验收申请之日起 30 个工作日内完成验收；验收不合格的，应当限期整改。

海洋工程需要配套建设的环境保护设施未经海洋主管部门验收或者经验收不合格的，该工程不得投入运行。

建设单位不得擅自拆除或者闲置海洋工程的环境保护设施。

第十九条 海洋工程在建设、运行过程中产生不符合经核准的环境影响报告书的情形的，建设单位应当自该情形出现之日起 20 个工作日内组织环境影响的后评价，根据后评价结论采取改进措施，并将后评价结论和采取的改进措施报原核准该工程环境影响报告书的海洋主管部门备案；原核准该工程环境影响报告书的海洋主管部门也可以责成建设单位进行环境影响的后评价，采取改进措施。

第二十条 严格控制围填海工程。禁止在经济生物的自然产卵场、繁殖场、索饵场和鸟类栖息地进行围填海活动。

围填海工程使用的填充材料应当符合有关环境保护标准。

第二十一条 建设海洋工程，不得造成领海基点及其周围环境的侵蚀、淤积和损害，危及领海基点的稳定。

进行海上堤坝、跨海桥梁、海上娱乐及运动、景观开发工程建设的，应当采取有效措施防止对海岸的侵蚀或者淤积。

第二十二条 污水离岸排放工程排污口的设置应当符合海洋功能区划和海洋环境保护规划，不得损害相邻海域的功能。

污水离岸排放不得超过国家或者地方规定的排放标准。在实行污染物排海总量控制的海域，不得超过污染物排海总量控制指标。

第二十三条 从事海水养殖的养殖者，应当采取科学的养殖方式，减少养殖饵料对海洋环境的污染。因养殖污染海域或者严重破坏海洋景观的，养殖者应当予以恢复和整治。

第二十四条 建设单位在海洋固体矿产资源勘探开发工程的建设、运行过程中，应当采取有效措施，防止污染物大范围悬浮扩散，破坏海洋环境。

第二十五条 海洋油气矿产资源勘探开发作业中应当配备油水分离设施、含油污水处理设备、排油监控装置、残油和废油回收设施、垃圾粉碎设备。

海洋油气矿产资源勘探开发作业中所使用的固定式平台、移动式平台、浮式储油装置、输油管线及其他辅助设施，应当符合防渗、防漏、防腐蚀的要求；作业单位应当经常检查，防止发生漏油事故。

前款所称固定式平台和移动式平台，是指海洋油气矿产资源勘探开发作业中所使用的钻井船、钻井平台、采油平台和其他平台。

第二十六条 海洋油气矿产资源勘探开发单位应当办理有关污染损害民事责任保险。

第二十七条 海洋工程建设过程中需要进行海上爆破作业的，建设单位应当在爆破作业前报告海洋主管部门，海洋主管部门应当及时通报海事、渔业等有关部门。

进行海上爆破作业，应当设置明显的标志、信号，并采取有效措施保护海洋资源。在重要渔业水域进行炸药爆破作业或者进行其他可能对渔业资源造成损害的作业活动的，应当避开主要经济类鱼虾的产卵期。

第二十八条 海洋工程需要拆除或者改作他用的，应当在作业前报原核准该工程环境影响报告书的海洋主管部门备案。拆除或者改变用途后可能产生重大环境影响的，应当进行环境影响评价。

海洋工程需要在海上弃置的，应当拆除可能造成海洋环境污染损害或者影响海洋资源开发利用的部分，并按照有关海洋倾倒废弃物管理的规定进行。

海洋工程拆除时，施工单位应当编制拆除的环境保护方案，采取必要的措施，防止对海洋环境造成污染和损害。

第四章 污染物排放管理

第二十九条 海洋油气矿产资源勘探开发作业中产生的污染物的处置，应当遵守下列规定：

（一）含油污水不得直接或者经稀释排放入海，应当经处理符合国家有关排放标准后再排放；

（二）塑料制品、残油、废油、油基泥浆、含油垃圾和其他有毒有害残液残渣，不得直接排放或者弃置入海，应当集中储存在专门容器中，运回陆地处理。

第三十条 严格控制向水基泥浆中添加油类，确需添加的，应当如实记录并向原核准该工程环境影响报告书的海洋主管部门报告添加油的种类和数量。禁止向海域排放含油量超过国家规定标准的水基泥浆和钻屑。

第三十一条 建设单位在海洋工程试运行或者正式投入运行后，应当如实记录污染物排放设施、处理设备的运转情况及其污染物的排放、处置情况，并按照国家海洋主管部门的规定，定期向原核准该工程环境影响报告书的海洋主管部门报告。

第三十二条 县级以上人民政府海洋主管部门，应当按照各自的权限核定海洋工程排放污染物的种类、数量，根据国务院价格主管部门和财政部门制定的收费标准确定排污者应当缴纳的排污费数额。

排污者应当到指定的商业银行缴纳排污费。

第三十三条 海洋油气矿产资源勘探开发作业中应当安装污染物流量自动监控仪器，对生产污水、机舱污水和生活污水的排放进行计量。

第三十四条 禁止向海域排放油类、酸液、碱液、剧毒废液和高、中水平放射性废水；严格限制向海域排放低水平放射性废水，确需排放的，应当符合国家放射性污染防治标准。

严格限制向大气排放含有毒物质的气体，确需排放的，应当经过净化处理，并不得超过国家或者地方规定的排放标准；向大气排放含放射性物质的气体，应当符合国家放射性污染防治标准。

严格控制向海域排放含有不易降解的有机物和重金属的废水；其他污染物的排放应当符合国家或者地方标准。

第三十五条 海洋工程排污费全额纳入财政预算，实行“收支两条线”管理，并全部专项用于海洋环境污染防治。具体办法由国务院财政部门会同国家海洋主管部门制定。

第五章 污染事故的预防和处理

第三十六条 建设单位应当在海洋工程正式投入运行前制定防治海洋工程污染损害海洋环境的应急预案，报原核准该工程环境影响报告书的海洋主管部门和有关主管部门备案。

第三十七条 防治海洋工程污染损害海洋环境的应急预案应当包括以下内容：

（一）工程及其相邻海域的环境、资源状况；

（二）污染事故风险分析；

（三）应急设施的配备；

（四）污染事故的处理方案。

第三十八条 海洋工程在建设、运行期间，由于发生事故或者其他突发性事件，造成或者可能造成海洋环境污染事故时，建设单位应当立即向可能受到污染的沿海县级以上地方人民政府海洋主管部门或者其他有关主管部门报告，并采取有效措施，减轻或者消除污染，同时通报可能受到危害的单位和个人。

沿海县级以上地方人民政府海洋主管部门或者其他有关主管部门接到报告后，应当按照污染事故分级规定及时向县级以上人民政府和上级有关主管部门报告。县级以上人民政府和有关主管部门应当按照各自的职责，立即派人赶赴现场，采取有效措施，消除或者减轻危害，对污染事故进行调查处理。

第三十九条 在海洋自然保护区内进行海洋工程建设活动，应当按照国家有关海洋自然保护区的规定执行。

第六章 监督检查

第四十条 县级以上人民政府海洋主管部门负责海洋工程污染损害海洋环境防治的监督检查，对违反海洋污染防治法律、法规的行为进行查处。

县级以上人民政府海洋主管部门的监督检查人员应当严格按照法律、法规规定的程序和权限进行监督检查。

第四十一条 县级以上人民政府海洋主管部门依法对海洋工程进行现场检查时，有权采取下列措施：

（一）要求被检查单位或者个人提供与环境保护有关的文件、证件、数据以及技术资料等，进行查阅或者复制；

（二）要求被检查单位负责人或者相关人员就有关问题作出说明；

（三）进入被检查单位的工作现场进行监测、勘查、取样检验、拍照、摄像；

（四）检查各项环境保护设施、设备和器材的安装、运行情况；

（五）责令违法者停止违法活动，接受调查处理；

（六）要求违法者采取有效措施，防止污染事态扩大。

第四十二条 县级以上人民政府海洋主管部门的监督检查人员进行现场执法检查时，应当出示规定的执法证件。用于执法检查、巡航监视的公务飞机、船舶和车辆应当有明显的执法标志。

第四十三条 被检查单位和个人应当如实提供材料，不得拒绝或者阻碍监督检查人员依法执行公务。

有关单位和个人对海洋主管部门的监督检查工作应当予以配合。

第四十四条 县级以上人民政府海洋主管部门对违反海洋污染防治法律、法规的行为，应当依法作出行政处理决定；有关海洋主管部门不依法作出行政处理决定的，上级海洋主管部门有权责令其依法作出行政处理决定或者直接作出行政处理决定。

第七章 法律责任

第四十五条 建设单位违反本条例规定，有下列行为之一的，由负责核准该工程环境影响报告书的海洋主管部门责令停止建设、运行，限期补办手续，并处 5 万元以上 20 万元以下的罚款：

（一）环境影响报告书未经核准，擅自开工建设的；

（二）海洋工程环境保护设施未申请验收或者经验收不合格即投入运行的。

第四十六条 建设单位违反本条例规定，有下列行为之一的，由原核准该工程环境影响报告书的海洋主管部门责令停止建设、运行，限期补办手续，并处5万元以上20万元以下的罚款：

（一）海洋工程的性质、规模、地点、生产工艺或者拟采取的环境保护措施发生重大改变，未重新编制环境影响报告书报原核准该工程环境影响报告书的海洋主管部门核准的；

（二）自环境影响报告书核准之日起超过5年，海洋工程方开工建设，其环境影响报告书未重新报原核准该工程环境影响报告书的海洋主管部门核准的；

（三）海洋工程需要拆除或者改作他用时，未报原核准该工程环境影响报告书的海洋主管部门备案或者未按要求进行环境影响评价的。

第四十七条 建设单位违反本条例规定，有下列行为之一的，由原核准该工程环境影响报告书的海洋主管部门责令限期改正；逾期不改正的，责令停止运行，并处1万元以上10万元以下的罚款：

（一）擅自拆除或者闲置环境保护设施的；

（二）未在规定时间内进行环境影响后评价或者未按要求采取整改措施的。

第四十八条 建设单位违反本条例规定，有下列行为之一的，由县级以上人民政府海洋主管部门责令停止建设、运行，限期恢复原状；逾期未恢复原状的，海洋主管部门可以指定具有相应资质的单位代为恢复原状，所需费用由建设单位承担，并处恢复原状所需费用1倍以上2倍以下的罚款：

（一）造成领海基点及其周围环境被侵蚀、淤积或者损害的；

（二）违反规定在海洋自然保护区内进行海洋工程建设活动的。

第四十九条 建设单位违反本条例规定，在围填海工程中使用的填充材料不符合有关环境保护标准的，由县级以上人民政府海洋主管部门责令限期改正；逾期不改正的，责令停止建设、运行，并处5万元以上20万元以下的罚款；造成海洋环境污染事故，直接负责的主管人员和其他直接责任人员构成犯罪的，依法追究刑事责任。

第五十条 建设单位违反本条例规定，有下列行为之一的，由原核准该工程环境影响报告书的海洋主管部门责令限期改正；逾期不改正的，处1万元以上5万元以下的罚款：

（一）未按规定报告污染物排放设施、处理设备的运转情况或者污染物的排放、处置情况的；

（二）未按规定报告其向水基泥浆中添加油的种类和数量的；

（三）未按规定将防治海洋工程污染损害海洋环境的应急预案备案的；

（四）在海上爆破作业前未按规定报告海洋主管部门的；

（五）进行海上爆破作业时，未按规定设置明显标志、信号的。

第五十一条 建设单位违反本条例规定，进行海上爆破作业时未采取有效措施保护海洋资源的，由县级以上人民政府海洋主管部门责令限期改正；逾期未改正的，处1万元以上10万元以下的罚款。

建设单位违反本条例规定，在重要渔业水域进行炸药爆破或者进行其他可能对渔业资源造成损害的作业，未避开主要经济类鱼虾产卵期的，由县级以上人民政府海洋主管部门予以警告、责令停止作业，并处5万元以上20万元以下的罚款。

第五十二条 海洋油气矿产资源勘探开发单位违反本条例规定向海洋排放含油污水，或者将塑料制品、残油、废油、油基泥浆、含油垃圾和其他有毒有害残液残渣直接排放或者弃置入海的，由国家海洋主管部门或者其派出机构责令限期清理，并处2万元以上20万元以下的罚款；逾期未清理的，国家海洋主管部门或者其派出机构可以指定有相应资质的单位代为清理，所需费用由海洋油气矿产资源勘探开发单位承担；造成海洋环境污染事故，直接负责的主管人员和其他直接责任人员构成犯罪的，依法追究刑事责任。

第五十三条 海水养殖者未按规定采取科学的养殖方式，对海洋环境造成污染或者严重影响海洋景观的，由县级以上人民政府海洋主管部门责令限期改正；逾期不改正的，责令停止养殖活动，并处清理污染或者恢复海洋景观所需费用1倍以上2倍以下的罚款。

第五十四条 建设单位未按本条例规定缴纳排污费的，由县级以上人民政府海洋主管部门责令限期缴纳；逾期拒不缴纳的，处应缴纳排污费数额2倍以上3倍以下的罚款。

第五十五条 违反本条例规定，造成海洋环境污染损害的，责任者应当排除危害，赔偿损失。完全由于第三者的故意或者过失造成海洋环境污染损害的，由第三者排除危害，承担赔偿责任。

违反本条例规定，造成海洋环境污染事故，直接负责的主管人员和其他直接责任人员构成犯罪的，依法追究刑事责任。

第五十六条 海洋主管部门的工作人员违反本条例规定，有下列情形之一的，依法给予行政处分；构成犯罪的，依法追究刑事责任：

（一）未按规定核准海洋工程环境影响报告书的；

（二）未按规定验收环境保护设施的；

（三）未按规定对海洋环境污染事故进行报告和调查处理的；

（四）未按规定征收排污费的；

（五）未按规定进行监督检查的。

第八章 附 则

第五十七条 船舶污染的防治按照国家有关法律、行政法规的规定执行。

第五十八条 本条例自2006年11月1日起施行。

防治船舶污染海洋环境管理条例

（2009年9月9日国务院令第561号发布，自2010年3月1日起施行；根据2013年7月18日国务院令第638号《国务院关于废止和修改部分行政法规的决定》第一次修订；根据2013年12月7日国务院令第645号《国务院关于修改部分行政法规的决定》第二次修订；根据2014年7月29日国务院令第653号《国务院关于修改部分行政法规的决定》第三次修订；根据2016年2月6日国务院令第666号《国务院关于修改部分行政法规的决定》第四次修订；根据2017年3月1日国务院令第676号《国务院关于修改和废止部分行政法规的决定》第五次修订；根据2018年3月19日国务院令第698号《国务院关于修改和废止部分行政法规的决定》第六次修订）

第一章　总　　则

第一条　为了防治船舶及其有关作业活动污染海洋环境，根据《中华人民共和国海洋环境保护法》，制定本条例。

第二条　防治船舶及其有关作业活动污染中华人民共和国管辖海域适用本条例。

第三条　防治船舶及其有关作业活动污染海洋环境，实行预防为主、防治结合的原则。

第四条　国务院交通运输主管部门主管所辖港区水域内非军事船舶和港区水域外非渔业、非军事船舶污染海洋环境的防治工作。

海事管理机构依照本条例规定具体负责防治船舶及其有关作业活动污染海洋环境的监督管理。

第五条　国务院交通运输主管部门应当根据防治船舶及其有关作业活动污染海洋环境的需要，组织编制防治船舶及其有关作业活动污染海洋环境应急能力建设规划，报国务院批准后公布实施。

沿海设区的市级以上地方人民政府应当按照国务院批准的防治船舶及其有关作业活动污染海洋环境应急能力建设规划，并根据本地区的实际情况，组织编制相应的防治船舶及其有关作业活动污染海洋环境应急能力建设规划。

第六条　国务院交通运输主管部门、沿海设区的市级以上地方人民政府应当建立健全防治船舶及其有关作业活动污染海洋环境应急反应机制，并制定防治船舶及其有关作业活动污染海洋环境应急预案。

第七条　海事管理机构应当根据防治船舶及其有关作业活动污染海洋环境的需要，会同海洋主管部门建立健全船舶及其有关作业活动污染海洋环境的监测、监视机制，加强对船舶及其有关作业活动污染海洋环境的监测、监视。

第八条　国务院交通运输主管部门、沿海设区的市级以上地方人民政府应当按照防治船舶及其有关作业活动污染海洋环境应急能力建设规划，建立专业应急队伍和应急设备库，配备专用的设施、设备和器材。

第九条　任何单位和个人发现船舶及其有关作业活动造成或者可能造成海洋环境污染的，应当立即就近向海事管理机构报告。

第二章　防治船舶及其有关作业活动污染海洋环境的一般规定

第十条　船舶的结构、设备、器材应当符合国家有关防治船舶污染海洋环境的技术规范以及中华人民共和国缔结或者参加的国际条约的要求。

船舶应当依照法律、行政法规、国务院交通运输主管部门的规定以及中华人民共和国缔结或者参加的国际条约的要求，取得并随船携带相应的防治船舶污染海洋环境的证书、文书。

第十一条　中国籍船舶的所有人、经营人或者管理人应当按照国务院交通运输主管部门的规定，建立健全安全营运和防治船舶污染管理体系。

海事管理机构应当对安全营运和防治船舶污染管理体系进行审核，审核合格的，发给符合证明和相应的船舶安全管理证书。

第十二条　港口、码头、装卸站以及从事船舶修造的单位应当配备与其装卸货物种类和吞吐能力或者修造船舶能力相适应的污染监视设施和污染物接收设施，并使其处于良好状态。

第十三条　港口、码头、装卸站以及从事船舶修造、打捞、拆解等作业活动的单位应当制定有关安全营运和防治污染的管理制度，按照国家有关防治船舶及其有关作业活动污染海洋环境的规范和标准，配备相应的防治污染设备和器材。

港口、码头、装卸站以及从事船舶修造、打捞、拆解等作业活动的单位，应当定期检查、维护配备的防治污染设备和器材，确保防治污染设备和器材符合防治船舶及其有关作业活动污染海洋环境的要求。

第十四条　船舶所有人、经营人或者管理人应当制定防治船舶及其有关作业活动污染海洋环境的应急预案，并报海事管理机构备案。

港口、码头、装卸站的经营人以及有关作业单位应当制定防治船舶及其有关作业活动污染海洋环境的应急预案，并报海事管理机构和环境保护主管部门备案。

船舶、港口、码头、装卸站以及其他有关作业单位应当按照应急预案，定期组织演练，并做好相应记录。

第三章　船舶污染物的排放和接收

第十五条　船舶在中华人民共和国管辖海域向海洋排放的船舶垃圾、生活污水、含油污水、含有毒有害物质污水、废气等污染物以及压载水，应当符合法律、行政法规、中华人民共和国缔结或者参加的国际条约以及相关标准的要求。

船舶应当将不符合前款规定的排放要求的污染物排入港口接收设施或者由船舶污染物接收单位接收。

船舶不得向依法划定的海洋自然保护区、海滨风景名胜区、重要渔业水域以及其他需要特别保护的海域排放船舶污染物。

第十六条　船舶处置污染物，应当在相应的记录簿内如实记录。

船舶应当将使用完毕的船舶垃圾记录簿在船舶上保留 2 年；将使用完毕的含油污水、含有毒有害物质污水记录簿在船舶上保留 3 年。

第十七条　船舶污染物接收单位从事船舶垃圾、残油、含油污水、含有毒有害物质污水接收作业，应当编制作业方案，遵守相关操作规程，并采取必要的防污染措施。船舶污染物接收单位应当将船舶污染物接收情况按照规定向海事管理机构报告。

第十八条　船舶污染物接收单位接收船舶污染物，应当向船舶出具污染物接收单证，经双方签字确认并留存至少 2 年。污染物接收单证应当注明作业双方名称，作业开始和结束的时间、地点，以及污染物种类、数量等内容。船舶应当将污染物接收单证保存在相应的记录簿中。

第十九条 船舶污染物接收单位应当按照国家有关污染物处理的规定处理接收的船舶污染物，并每月将船舶污染物的接收和处理情况报海事管理机构备案。

第四章 船舶有关作业活动的污染防治

第二十条 从事船舶清舱、洗舱、油料供受、装卸、过驳、修造、打捞、拆解，污染危害性货物装箱、充罐，污染清除作业以及利用船舶进行水上水下施工等作业活动的，应当遵守相关操作规程，并采取必要的安全和防治污染的措施。

从事前款规定的作业活动的人员，应当具备相关安全和防治污染的专业知识和技能。

第二十一条 船舶不符合污染危害性货物适载要求的，不得载运污染危害性货物，码头、装卸站不得为其进行装载作业。

污染危害性货物的名录由国家海事管理机构公布。

第二十二条 载运污染危害性货物进出港口的船舶，其承运人、货物所有人或者代理人，应当向海事管理机构提出申请，经批准方可进出港口或者过境停留。

第二十三条 载运污染危害性货物的船舶，应当在海事管理机构公布的具有相应安全装卸和污染物处理能力的码头、装卸站进行装卸作业。

第二十四条 货物所有人或者代理人交付船舶载运污染危害性货物，应当确保货物的包装与标志等符合有关安全和防治污染的规定，并在运输单证上准确注明货物的技术名称、编号、类别（性质）、数量、注意事项和应急措施等内容。

货物所有人或者代理人交付船舶载运污染危害性不明的货物，应当委托有关技术机构进行危害性评估，明确货物的危害性质以及有关安全和防治污染要求，方可交付船舶载运。

第二十五条 海事管理机构认为交付船舶载运的污染危害性货物应当申报而未申报，或者申报的内容不符合实际情况的，可以按照国务院交通运输主管部门的规定采取开箱等方式查验。

海事管理机构查验污染危害性货物，货物所有人或者代理人应当到场，并负责搬移货物，开拆和重封货物的包装。海事管理机构认为必要的，可以径行查验、复验或者提取货样，有关单位和个人应当配合。

第二十六条 进行散装液体污染危害性货物过驳作业的船舶，其承运人、货物所有人或者代理人应当向海事管理机构提出申请，告知作业地点，并附送过驳作业方案、作业程序、防治污染措施等材料。

海事管理机构应当自受理申请之日起 2 个工作日内作出许可或者不予许可的决定。2 个工作日内无法作出决定的，经海事管理机构负责人批准，可以延长 5 个工作日。

第二十七条 依法获得船舶油料供受作业资质的单位，应当向海事管理机构备案。海事管理机构应当对船舶油料供受作业进行监督检查，发现不符合安全和防治污染要求的，应当予以制止。

第二十八条 船舶燃油供给单位应当如实填写燃油供受单证，并向船舶提供船舶燃油供受单证和燃油样品。

船舶和船舶燃油供给单位应当将燃油供受单证保存 3 年，并将燃油样品妥善保存 1 年。

第二十九条 船舶修造、水上拆解的地点应当符合环境功能区划和海洋功能区划。

第三十条 从事船舶拆解的单位在船舶拆解作业前，应当对船舶上的残余物和废弃物进行处置，将油舱（柜）中的存油驳出，进行船舶清舱、洗舱、测爆等工作。

从事船舶拆解的单位应当及时清理船舶拆解现场，并按照国家有关规定处理船舶拆解产生的污染物。

禁止采取冲滩方式进行船舶拆解作业。

第三十一条 禁止船舶经过中华人民共和国内水、领海转移危险废物。

经过中华人民共和国管辖的其他海域转移危险废物的，应当事先取得国务院环境保护主管部门的书面同意，并按照海事管理机构指定的航线航行，定时报告船舶所处的位置。

第三十二条 船舶向海洋倾倒废弃物，应当如实记录倾倒情况。返港后，应当向驶出港所在地的海事管理机构提交书面报告。

第三十三条 载运散装液体污染危害性货物的船舶和1万总吨以上的其他船舶，其经营人应当在作业前或者进出港口前与符合国家有关技术规范的污染清除作业单位签订污染清除作业协议，明确双方在发生船舶污染事故后污染清除的权利和义务。

与船舶经营人签订污染清除作业协议的污染清除作业单位应当在发生船舶污染事故后，按照污染清除作业协议及时进行污染清除作业。

第五章　船舶污染事故应急处置

第三十四条 本条例所称船舶污染事故，是指船舶及其有关作业活动发生油类、油性混合物和其他有毒有害物质泄漏造成的海洋环境污染事故。

第三十五条 船舶污染事故分为以下等级：

（一）特别重大船舶污染事故，是指船舶溢油1 000吨以上，或者造成直接经济损失2亿元以上的船舶污染事故；

（二）重大船舶污染事故，是指船舶溢油500吨以上不足1 000吨，或者造成直接经济损失1亿元以上不足2亿元的船舶污染事故；

（三）较大船舶污染事故，是指船舶溢油100吨以上不足500吨，或者造成直接经济损失5 000万元以上不足1亿元的船舶污染事故；

（四）一般船舶污染事故，是指船舶溢油不足100吨，或者造成直接经济损失不足5 000万元的船舶污染事故。

第三十六条 船舶在中华人民共和国管辖海域发生污染事故，或者在中华人民共和国管辖海域外发生污染事故造成或者可能造成中华人民共和国管辖海域污染的，应当立即启动相应的应急预案，采取措施控制和消除污染，并就近向有关海事管理机构报告。

发现船舶及其有关作业活动可能对海洋环境造成污染的，船舶、码头、装卸站应当立即采取相应的应急处置措施，并就近向有关海事管理机构报告。

接到报告的海事管理机构应当立即核实有关情况，并向上级海事管理机构或者国务院交通运输主管部门报告，同时报告有关沿海设区的市级以上地方人民政府。

第三十七条 船舶污染事故报告应当包括下列内容：

（一）船舶的名称、国籍、呼号或者编号；

（二）船舶所有人、经营人或者管理人的名称、地址；

（三）发生事故的时间、地点以及相关气象和水文情况；

（四）事故原因或者事故原因的初步判断；

（五）船舶上污染物的种类、数量、装载位置等概况；

（六）污染程度；

（七）已经采取或者准备采取的污染控制、清除措施和污染控制情况以及救助要求；

（八）国务院交通运输主管部门规定应当报告的其他事项。

作出船舶污染事故报告后出现新情况的，船舶、有关单位应当及时补报。

第三十八条 发生特别重大船舶污染事故，国务院或者国务院授权国务院交通运输主管部门成立事故应急指挥机构。

发生重大船舶污染事故，有关省、自治区、直辖市人民政府应当会同海事管理机构成立事故应急指挥机构。

发生较大船舶污染事故和一般船舶污染事故，有关设区的市级人民政府应当会同海事管理机构成立事故应急指挥机构。

有关部门、单位应当在事故应急指挥机构统一组织和指挥下，按照应急预案的分工，开展相应的应急处置工作。

第三十九条 船舶发生事故有沉没危险，船员离船前，应当尽可能关闭所有货舱（柜）、油舱（柜）管系的阀门，堵塞货舱（柜）、油舱（柜）通气孔。

船舶沉没的，船舶所有人、经营人或者管理人应当及时向海事管理机构报告船舶燃油、污染危害性货物以及其他污染物的性质、数量、种类、装载位置等情况，并及时采取措施予以清除。

第四十条 发生船舶污染事故或者船舶沉没，可能造成中华人民共和国管辖海域污染的，有关沿海设区的市级以上地方人民政府、海事管理机构根据应急处置的需要，可以征用有关单位或者个人的船舶和防治污染设施、设备、器材以及其他物资，有关单位和个人应当予以配合。

被征用的船舶和防治污染设施、设备、器材以及其他物资使用完毕或者应急处置工作结束，应当及时返还。船舶和防治污染设施、设备、器材以及其他物资被征用或者征用后毁损、灭失的，应当给予补偿。

第四十一条 发生船舶污染事故，海事管理机构可以采取清除、打捞、拖航、引航、过驳等必要措施，减轻污染损害。相关费用由造成海洋环境污染的船舶、有关作业单位承担。

需要承担前款规定费用的船舶，应当在开航前缴清相关费用或者提供相应的财务担保。

第四十二条 处置船舶污染事故使用的消油剂，应当符合国家有关标准。

第六章　船舶污染事故调查处理

第四十三条 船舶污染事故的调查处理依照下列规定进行：

（一）特别重大船舶污染事故由国务院或者国务院授权国务院交通运输主管部门等部门组织事故调查处理；

（二）重大船舶污染事故由国家海事管理机构组织事故调查处理；

（三）较大船舶污染事故和一般船舶污染事故由事故发生地的海事管理机构组织事故调查处理。

船舶污染事故给渔业造成损害的，应当吸收渔业主管部门参与调查处理；给军事港口水域造成损害的，应当吸收军队有关主管部门参与调查处理。

第四十四条 发生船舶污染事故，组织事故调查处理的机关或者海事管理机构应当及时、客观、公正地开展事故调查，勘验事故现场，检查相关船舶，询问相关人员，收集证据，查明事故原因。

第四十五条 组织事故调查处理的机关或者海事管理机构根据事故调查处理的需要，可以暂扣相应的证书、文书、资料；必要时，可以禁止船舶驶离港口或者责令停航、改航、停止作业直至暂扣船舶。

第四十六条 组织事故调查处理的机关

或者海事管理机构开展事故调查时，船舶污染事故的当事人和其他有关人员应当如实反映情况和提供资料，不得伪造、隐匿、毁灭证据或者以其他方式妨碍调查取证。

第四十七条 组织事故调查处理的机关或者海事管理机构应当自事故调查结束之日起20个工作日内制作事故认定书，并送达当事人。

事故认定书应当载明事故基本情况、事故原因和事故责任。

第七章 船舶污染事故损害赔偿

第四十八条 造成海洋环境污染损害的责任者，应当排除危害，并赔偿损失；完全由于第三者的故意或者过失，造成海洋环境污染损害的，由第三者排除危害，并承担赔偿责任。

第四十九条 完全属于下列情形之一，经过及时采取合理措施，仍然不能避免对海洋环境造成污染损害的，免予承担责任：

（一）战争；

（二）不可抗拒的自然灾害；

（三）负责灯塔或者其他助航设备的主管部门，在执行职责时的疏忽，或者其他过失行为。

第五十条 船舶污染事故的赔偿限额依照《中华人民共和国海商法》关于海事赔偿责任限制的规定执行。但是，船舶载运的散装持久性油类物质造成中华人民共和国管辖海域污染的，赔偿限额依照中华人民共和国缔结或者参加的有关国际条约的规定执行。

前款所称持久性油类物质，是指任何持久性烃类矿物油。

第五十一条 在中华人民共和国管辖海域内航行的船舶，其所有人应当按照国务院交通运输主管部门的规定，投保船舶油污损害民事责任保险或者取得相应的财务担保。但是，1 000总吨以下载运非油类物质的船舶除外。

船舶所有人投保船舶油污损害民事责任保险或者取得的财务担保的额度应当不低于《中华人民共和国海商法》、中华人民共和国缔结或者参加的有关国际条约规定的油污赔偿限额。

第五十二条 已依照本条例第五十一条的规定投保船舶油污损害民事责任保险或者取得财务担保的中国籍船舶，其所有人应当持船舶国籍证书、船舶油污损害民事责任保险合同或者财务担保证明，向船籍港的海事管理机构申请办理船舶油污损害民事责任保险证书或者财务保证证书。

第五十三条 发生船舶油污事故，国家组织有关单位进行应急处置、清除污染所发生的必要费用，应当在船舶油污损害赔偿中优先受偿。

第五十四条 在中华人民共和国管辖水域接收海上运输的持久性油类物质货物的货物所有人或者代理人应当缴纳船舶油污损害赔偿基金。

船舶油污损害赔偿基金征收、使用和管理的具体办法由国务院财政部门会同国务院交通运输主管部门制定。

国家设立船舶油污损害赔偿基金管理委员会，负责处理船舶油污损害赔偿基金的赔偿等事务。船舶油污损害赔偿基金管理委员会由有关行政机关和缴纳船舶油污损害赔偿基金的主要货主组成。

第五十五条 对船舶污染事故损害赔偿的争议，当事人可以请求海事管理机构调解，也可以向仲裁机构申请仲裁或者向人民法院提起民事诉讼。

第八章 法律责任

第五十六条 船舶、有关作业单位违反本条例规定的，海事管理机构应当责令改正；拒不改正的，海事管理机构可以责令停止作业、强制卸载，禁止船舶进出港口、靠泊、过境停留，或者责令停航、改航、离境、驶向指定地点。

第五十七条 违反本条例的规定，船舶的结构不符合国家有关防治船舶污染海洋环境的技术规范或者有关国际条约要求的，由海事管理机构处 10 万元以上 30 万元以下的罚款。

第五十八条 违反本条例的规定，有下列情形之一的，由海事管理机构依照《中华人民共和国海洋环境保护法》有关规定予以处罚：

（一）船舶未取得并随船携带防治船舶污染海洋环境的证书、文书的；

（二）船舶、港口、码头、装卸站未配备防治污染设备、器材的；

（三）船舶向海域排放本条例禁止排放的污染物的；

（四）船舶未如实记录污染物处置情况的；

（五）船舶超过标准向海域排放污染物的；

（六）从事船舶水上拆解作业，造成海洋环境污染损害的。

第五十九条 违反本条例的规定，船舶未按照规定在船舶上留存船舶污染物处置记录，或者船舶污染物处置记录与船舶运行过程中产生的污染物数量不符合的，由海事管理机构处 2 万元以上 10 万元以下的罚款。

第六十条 违反本条例的规定，船舶污染物接收单位从事船舶垃圾、残油、含油污水、含有毒有害物质污水接收作业，未编制作业方案、遵守相关操作规程、采取必要的防污染措施的，由海事管理机构处 1 万元以上 5 万元以下的罚款；造成海洋环境污染的，处 5 万元以上 25 万元以下的罚款。

第六十一条 违反本条例的规定，船舶污染物接收单位未按照规定向海事管理机构报告船舶污染物接收情况，或者未按照规定向船舶出具污染物接收单证，或者未按照规定将船舶污染物的接收和处理情况报海事管理机构备案的，由海事管理机构处 2 万元以下的罚款。

第六十二条 违反本条例的规定，有下列情形之一的，由海事管理机构处2 000元以上 1 万元以下的罚款：

（一）船舶未按照规定保存污染物接收单证的；

（二）船舶燃油供给单位未如实填写燃油供受单证的；

（三）船舶燃油供给单位未按照规定向船舶提供燃油供受单证和燃油样品的；

（四）船舶和船舶燃油供给单位未按照规定保存燃油供受单证和燃油样品的。

第六十三条 违反本条例的规定，有下列情形之一的，由海事管理机构处 2 万元以上 10 万元以下的罚款：

（一）载运污染危害性货物的船舶不符合污染危害性货物适载要求的；

（二）载运污染危害性货物的船舶未在具有相应安全装卸和污染物处理能力的码头、装卸站进行装卸作业的；

（三）货物所有人或者代理人未按照规定对污染危害性不明的货物进行危害性评估的。

第六十四条 违反本条例的规定，未经海事管理机构批准，船舶载运污染危害性货物进出港口、过境停留或者过驳作业的，由海事管理机构处 1 万元以上 5 万元以下的罚款。

第六十五条 违反本条例的规定，有下列情形之一的，由海事管理机构处 2 万元以上 10 万元以下的罚款：

（一）船舶发生事故沉没，船舶所有人或者经营人未及时向海事管理机构报告船舶燃油、污染危害性货物以及其他污染物的性质、数量、种类、装载位置等情况的；

（二）船舶发生事故沉没，船舶所有人

或者经营人未及时采取措施清除船舶燃油、污染危害性货物以及其他污染物的。

第六十六条 违反本条例的规定，有下列情形之一的，由海事管理机构处1万元以上5万元以下的罚款：

（一）载运散装液体污染危害性货物的船舶和1万总吨以上的其他船舶，其经营人未按照规定签订污染清除作业协议的；

（二）污染清除作业单位不符合国家有关技术规范从事污染清除作业的。

第六十七条 违反本条例的规定，发生船舶污染事故，船舶、有关作业单位未立即启动应急预案的，对船舶、有关作业单位，由海事管理机构处2万元以上10万元以下的罚款；对直接负责的主管人员和其他直接责任人员，由海事管理机构处1万元以上2万元以下的罚款。直接负责的主管人员和其他直接责任人员属于船员的，并处给予暂扣适任证书或者其他有关证件1个月至3个月的处罚。

第六十八条 违反本条例的规定，发生船舶污染事故，船舶、有关作业单位迟报、漏报事故的，对船舶、有关作业单位，由海事管理机构处5万元以上25万元以下的罚款；对直接负责的主管人员和其他直接责任人员，由海事管理机构处1万元以上5万元以下的罚款。直接负责的主管人员和其他直接责任人员属于船员的，并处给予暂扣适任证书或者其他有关证件3个月至6个月的处罚。瞒报、谎报事故的，对船舶、有关作业单位，由海事管理机构处25万元以上50万元以下的罚款；对直接负责的主管人员和其他直接责任人员，由海事管理机构处5万元以上10万元以下的罚款。直接负责的主管人员和其他直接责任人员属于船员的，并处给予吊销适任证书或者其他有关证件的处罚。

第六十九条 违反本条例的规定，未按照国家规定的标准使用消油剂的，由海事管理机构对船舶或者使用单位处1万元以上5万元以下的罚款。

第七十条 违反本条例的规定，船舶污染事故的当事人和其他有关人员，未如实向组织事故调查处理的机关或者海事管理机构反映情况和提供资料，伪造、隐匿、毁灭证据或者以其他方式妨碍调查取证的，由海事管理机构处1万元以上5万元以下的罚款。

第七十一条 违反本条例的规定，船舶所有人有下列情形之一的，由海事管理机构责令改正，可以处5万元以下的罚款；拒不改正的，处5万元以上25万元以下的罚款：

（一）在中华人民共和国管辖海域内航行的船舶，其所有人未按照规定投保船舶油污损害民事责任保险或者取得相应的财务担保的；

（二）船舶所有人投保船舶油污损害民事责任保险或者取得的财务担保的额度低于《中华人民共和国海商法》、中华人民共和国缔结或者参加的有关国际条约规定的油污赔偿限额的。

第七十二条 违反本条例的规定，在中华人民共和国管辖水域接收海上运输的持久性油类物质货物的货物所有人或者代理人，未按照规定缴纳船舶油污损害赔偿基金的，由海事管理机构责令改正；拒不改正的，可以停止其接收的持久性油类物质货物在中华人民共和国管辖水域进行装卸、过驳作业。

货物所有人或者代理人逾期未缴纳船舶油污损害赔偿基金的，应当自应缴之日起按日加缴未缴额的万分之五的滞纳金。

第九章 附 则

第七十三条 中华人民共和国缔结或者参加的国际条约对防治船舶及其有关作业活动污染海洋环境有规定的，适用国际条约的规定。但是，中华人民共和国声明保留的条款除外。

第七十四条 县级以上人民政府渔业主管部门负责渔港水域内非军事船舶和渔港水域外渔业船舶污染海洋环境的监督管理，负责保护渔业水域生态环境工作，负责调查处理《中华人民共和国海洋环境保护法》第五条第四款规定的渔业污染事故。

第七十五条 军队环境保护部门负责军事船舶污染海洋环境的监督管理及污染事故的调查处理。

第七十六条 本条例自2010年3月1日起施行。1983年12月29日国务院发布的《中华人民共和国防止船舶污染海域管理条例》同时废止。

防止拆船污染环境管理条例

（1988 年 5 月 18 日国务院发布，自 1988 年 6 月 1 日起施行；根据 2016 年 2 月 6 日国务院令第 666 号《国务院关于修改部分行政法规的决定》第一次修订；根据 2017 年 3 月 1 日国务院令第 676 号《国务院关于修改和废止部分行政法规的决定》第二次修订）

第一条 为防止拆船污染环境，保护生态平衡，保障人体健康，促进拆船事业的发展，制定本条例。

第二条 本条例适用于在中华人民共和国管辖水域从事岸边和水上拆船活动的单位和个人。

第三条 本条例所称岸边拆船，指废船停靠拆船码头拆解；废船在船坞拆解；废船冲滩（不包括海难事故中的船舶冲滩）拆解。

本条例所称水上拆船，指对完全处于水上的废船进行拆解。

第四条 县级以上人民政府环境保护部门负责组织协调、监督检查拆船业的环境保护工作，并主管港区水域外的岸边拆船环境保护工作。

中华人民共和国港务监督（含港航监督，下同）主管水上拆船和综合港港区水域拆船的环境保护工作，并协助环境保护部门监督港区水域外的岸边拆船防止污染工作。

国家渔政渔港监督管理部门主管渔港水域拆船的环境保护工作，负责监督拆船活动对沿岸渔业水域的影响，发现污染损害事故后，会同环境保护部门调查处理。

军队环境保护部门主管军港水域拆船的环境保护工作。

国家海洋管理部门和重要江河的水资源保护机构，依据《中华人民共和国海洋环境保护法》和《中华人民共和国水污染防治法》确定的职责，协助以上各款所指主管部门监督拆船的防止污染工作。

县级以上人民政府的环境保护部门、中华人民共和国港务监督、国家渔政渔港监督管理部门和军队环境保护部门，在主管本条第一、第二、第三、第四款所确定水域的拆船环境保护工作时，简称“监督拆船污染的主管部门”。

第五条 地方人民政府应当根据需要和可能，结合本地区的特点，环境状况和技术条件，统筹规划、合理设置拆船厂。

在饮用水源地、海水淡化取水点、盐场、重要的渔业水域、海水浴场、风景名胜区以及其他需要特殊保护的区域，不得设置拆船厂。

第六条 设置拆船厂，必须编制环境影响报告书（表）。其内容包括：拆船厂的地理位置、周围环境状况、拆船规模和条件、拆船工艺、防污措施、预期防治效果等。未依法进行环境影响评价的拆船厂，不得开工建设。

环境保护部门在批准环境影响报告书（表）前，应当征求各有关部门的意见。

第七条 监督拆船污染的主管部门有权对拆船单位的拆船活动进行检查，被检查单位必须如实反映情况，提供必要的资料。

监督拆船污染的主管部门有义务为被检查单位保守技术和业务秘密。

第八条 对严重污染环境的拆船单位，

限期治理。

对拆船单位的限期治理，由监督拆船污染的主管部门提出意见，通过批准环境影响报告书（表）的环境保护部门，报同级人民政府决定。

第九条 拆船单位应当健全环境保护规章制度，认真组织实施。

第十条 拆船单位必须配备或者设置防止拆船污染必需的拦油装置、废油接收设备、含油污水接收处理设施或者设备、废弃物回收处置场等，并经批准环境影响报告书（表）的环境保护部门验收合格，发给验收合格证后，方可进船拆解。

第十一条 拆船单位在废船拆解前，必须清除易燃、易爆和有毒物质；关闭海底阀和封闭可能引起油污水外溢的管道。垃圾、残油、废油、油泥、含油污水和易燃易爆物品等废弃物必须送到岸上集中处理，并不得采用渗坑、渗井的处理方式。

废油船在拆解前，必须进行洗舱、排污、清舱、测爆等工作。

第十二条 在水上进行拆船作业的拆船单位和个人，必须事先采取有效措施，严格防止溢出、散落水中的油类和其他漂浮物扩散。

在水上进行拆船作业，一旦出现溢出、散落水中的油类和其他漂浮物，必须及时收集处理。

第十三条 排放洗舱水、压舱水和舱底水，必须符合国家和地方规定的排放标准；排放未经处理的洗舱水、压舱水和舱底水，还必须经过监督拆船污染的主管部门批准。

监督拆船污染的主管部门接到拆船单位申请排放未经处理的洗舱水、压舱水和舱底水的报告后，应当抓紧办理，及时审批。

第十四条 拆下的船舶部件或者废弃物，不得投弃或者存放水中；带有污染物的船舶部件或者废弃物，严禁进入水体。未清洗干净的船底和油柜必须拖到岸上拆解。

拆船作业产生的电石渣及其废水，必须收集处理，不得流入水中。

船舶拆解完毕，拆船单位和个人应当及时清理拆船现场。

第十五条 发生拆船污染损害事故时，拆船单位或者个人必须立即采取消除或者控制污染的措施，并迅速报告监督拆船污染的主管部门。

污染损害事故发生后，拆船单位必须向监督拆船污染的主管部门提交《污染事故报告书》，报告污染发生的原因、经过、排污数量、采取的抢救措施、已造成和可能造成的污染损害后果等，并接受调查处理。

第十六条 拆船单位关闭或者搬迁后，必须及时清理原厂址遗留的污染物，并由监督拆船污染的主管部门检查验收。

第十七条 违反本条例规定，有下列情形之一的，监督拆船污染的主管部门除责令其限期纠正外，还可以根据不同情节，处以一万元以上十万元以下的罚款：

（一）发生污染损害事故，不向监督拆船污染的主管部门报告也不采取消除或者控制污染措施的；

（二）废油船未经洗舱、排污、清舱和测爆即行拆解的；

（三）任意排放或者丢弃污染物造成严重污染的。

违反本条例规定，擅自在第五条第二款所指的区域设置拆船厂并进行拆船的，按照分级管理的原则，由县级以上人民政府责令限期关闭或者搬迁。

拆船厂未依法进行环境影响评价擅自开工建设的，依照《中华人民共和国环境保护法》的规定处罚。

第十八条 违反本条例规定，有下列情形之一的，监督拆船污染的主管部门除责令其限期纠正外，还可以根据不同情节，给予警告或者处以一万元以下的罚款：

（一）拒绝或者阻挠监督拆船污染的主管部门进行现场检查或者在被检查时弄虚作假的；

（二）未按规定要求配备和使用防污设施、设备和器材，造成环境污染的；

（三）发生污染损害事故，虽采取消除或者控制污染措施，但不向监督拆船污染的主管部门报告的；

（四）拆船单位关闭、搬迁后，原厂址的现场清理不合格的。

第十九条 罚款全部上缴国库。

拆船单位和个人在受到罚款后，并不免除其对本条例规定义务的履行，已造成污染危害的，必须及时排除危害。

第二十条 对经限期治理逾期未完成治理任务的拆船单位，可以根据其造成的危害后果，责令停业整顿或者关闭。

前款所指拆船单位的停业整顿或者关闭，由作出限期治理决定的人民政府决定。责令国务院有关部门直属的拆船单位停业整顿或者关闭，由国务院环境保护部门会同有关部门批准。

第二十一条 对造成污染损害后果负有责任的或者有第十八条第（一）项所指行为的拆船单位负责人和直接责任者，可以根据不同情节，由其所在单位或者上级主管机关给予行政处分。

第二十二条 当事人对行政处罚决定不服的，可以在收到处罚决定通知之日起十五日内，向人民法院起诉；期满不起诉又不履行的，由作出处罚决定的主管部门申请人民法院强制执行。

第二十三条 因拆船污染直接遭受损害的单位或者个人，有权要求造成污染损害方赔偿损失。造成污染损害方有责任对直接遭受危害的单位或者个人赔偿损失。

赔偿责任和赔偿金额的纠纷，可以根据当事人的请求，由监督拆船污染的主管部门处理；当事人对处理决定不服的，可以向人民法院起诉。

当事人也可以直接向人民法院起诉。

第二十四条 凡直接遭受拆船污染损害，要求赔偿损失的单位和个人，应当提交《污染索赔报告书》。报告书应当包括以下内容：

（一）受拆船污染损害的时间、地点、范围、对象，以及当时的气象、水文条件；

（二）受拆船污染损害的损失清单，包括品名、数量、单价、计算方法等；

（三）有关监测部门鉴定。

第二十五条 因不可抗拒的自然灾害，并经及时采取防范和抢救措施，仍然不能避免造成污染损害的，免予承担赔偿责任。

第二十六条 对检举、揭发拆船单位隐瞒不报或者谎报污染损害事故，以及积极采取措施制止或者减轻污染损害的单位和个人，给予表扬和奖励。

第二十七条 监督拆船污染的主管部门的工作人员玩忽职守、滥用职权、徇私舞弊的，由其所在单位或者上级主管机关给予行政处分；对国家和人民利益造成重大损失、构成犯罪的，依法追究刑事责任。

第二十八条 本条例自 1988 年 6 月 1 日起施行。

中华人民共和国防治陆源污染物污染损害海洋环境管理条例

（1990年6月22日国务院令第61号发布，自1990年8月1日起施行）

第一条 为加强对陆地污染源的监督管理，防治陆源污染物污染损害海洋环境，根据《中华人民共和国海洋环境保护法》，制定本条例。

第二条 本条例所称陆地污染源（简称陆源），是指从陆地向海域排放污染物，造成或者可能造成海洋环境污染损害的场所、设施等。

本条例所称陆源污染物是指由前款陆源排放的污染物。

第三条 本条例适用于在中华人民共和国境内向海域排放陆源污染物的一切单位和个人。

防止拆船污染损害海洋环境，依照《防止拆船污染环境管理条例》执行。

第四条 国务院环境保护行政主管部门，主管全国防治陆源污染物污染损害海洋环境工作。

沿海县级以上地方人民政府环境保护行政主管部门，主管本行政区域内防治陆源污染物污染损害海洋环境工作。

第五条 任何单位和个人向海域排放陆源污染物，必须执行国家和地方发布的污染物排放标准和有关规定。

第六条 任何单位和个人向海域排放陆源污染物，必须向其所在地环境保护行政主管部门申报登记拥有的污染物排放设施、处理设施和在正常作业条件下排放污染物的种类、数量和浓度，提供防治陆源污染物污染损害海洋环境的资料，并将上述事项和资料抄送海洋行政主管部门。

排放污染物的种类、数量和浓度有重大改变或者拆除、闲置污染物处理设施的，应当征得所在地环境保护行政主管部门同意并经原审批部门批准。

第七条 任何单位和个人向海域排放陆源污染物，超过国家和地方污染物排放标准的，必须缴纳超标准排污费，并负责治理。

第八条 任何单位和个人，不得在海洋特别保护区、海上自然保护区、海滨风景游览区、盐场保护区、海水浴场、重要渔业水域和其他需要特殊保护的区域内兴建排污口。

对在前款区域内已建的排污口，排放污染物超过国家和地方排放标准的，限期治理。

第九条 对向海域排放陆源污染物造成海洋环境严重污染损害的企业事业单位，限期治理。

第十条 国务院各部门或者省、自治区、直辖市人民政府直接管辖的企业事业单位的限期治理，由省、自治区、直辖市人民政府的环境保护行政主管部门提出意见，报同级人民政府决定。市、县或者市、县以下人民政府管辖的企业事业单位的限期治理，由市、县人民政府环境保护行政主管部门提出意见，报同级人民政府决定。被限期治理的企业事业单位必须如期完成治理任务。

第十一条 禁止在岸滩擅自堆放、弃置和处理固体废弃物。确需临时堆放、处理固体废弃物的，必须按照沿海省、自治区、直辖市人民政府环境保护行政主管部门规定的审批程序，提出书面申请。其主要内容包括：

（一）申请单位的名称、地址；

（二）堆放、处理的地点和占地面积；

（三）固体废弃物的种类、成分，年堆放量、处理量，积存堆放、处理的总量和堆放高度；

（四）固体废弃物堆放、处理的期限，最终处置方式；

（五）堆放、处理固体废弃物可能对海洋环境造成的污染损害；

（六）防止堆放、处理固体废弃物污染损害海洋环境的技术和措施；

（七）审批机关认为需要说明的其他事项。

现有的固体废弃物临时堆放、处理场地，未经县级以上地方人民政府环境保护行政主管部门批准的，由县级以上地方人民政府环境保护行政主管部门责令限期补办审批手续。

第十二条 被批准设置废弃物堆放场、处理场的单位和个人，必须建造防护堤和防渗漏、防扬尘等设施，经批准设置废弃物堆放场、处理场的环境保护行政主管部门验收合格后方可使用。

在批准使用的废弃物堆放场、处理场内，不得擅自堆放、弃置未经批准的其他种类的废弃物。不得露天堆放含剧毒、放射性、易溶解和易挥发性物质的废弃物；非露天堆放上述废弃物，不得作为最终处置方式。

第十三条 禁止在岸滩采用不正当的稀释、渗透方式排放有毒、有害废水。

第十四条 禁止向海域排放含高、中放射性物质的废水。

向海域排放含低放射性物质的废水，必须执行国家有关放射防护的规定和标准。

第十五条 禁止向海域排放油类、酸液、碱液和毒液。

向海域排放含油废水、含有害重金属废水和其他工业废水，必须经过处理，符合国家和地方规定的排放标准和有关规定。处理后的残渣不得弃置入海。

第十六条 向海域排放含病原体的废水，必须经过处理，符合国家和地方规定的排放标准和有关规定。

第十七条 向海域排放含热废水的水温应当符合国家有关规定。

第十八条 向自净能力较差的海域排放含有机物和营养物质的工业废水和生活废水，应当控制排放量；排污口应当设置在海水交换良好处，并采用合理的排放方式，防止海水富营养化。

第十九条 禁止将失效或者禁用的药物及药具弃置岸滩。

第二十条 入海河口处发生陆源污染物污染损害海洋环境事故，确有证据证明是由河流携带污染物造成的，由入海河口处所在地的省、自治区、直辖市人民政府环境保护行政主管部门调查处理；河流跨越省、自治区、直辖市的，由入海河口处所在省、自治区、直辖市人民政府环境保护行政主管部门和水利部门会同有关省、自治区、直辖市人民政府环境保护行政主管部门、水利部门和流域管理机构调查处理。

第二十一条 沿海相邻或者相向地区向同一海域排放陆源污染物的，由有关地方人民政府协商制定共同防治陆源污染物污染损害海洋环境的措施。

第二十二条 一切单位和个人造成陆源污染物污染损害海洋环境事故时，必须立即采取措施处理，并在事故发生后四十八小时内，向当地人民政府环境保护行政主管部门作出事故发生的时间、地点、类型和排放污染物的数量、经济损失、人员受害等情况的初步报告，并抄送有关部门。事故查清后，应当向当地人民政府环境保护行政主管部门作出书面报告，并附有关证明文件。

各级人民政府环境保护行政主管部门接到陆源污染物污染损害海洋环境事故的初步报告后，应当立即会同有关部门采取措施，消除或者减轻污染，并由县级以上人民政府环境保护行政主管部门会同有关部门或者由县级以上人民政府环境保护行政主管部门授权的部门对事故进行调查处理。

第二十三条 县级以上人民政府环境保护行政主管部门，按照项目管理权限，可以会同项目主管部门对排放陆源污染物的单位和个人进行现场检查，被检查者必须如实反映情况、提供资料。检查者有责任为被检查者保守技术秘密和业务秘密。法律法规另有规定的除外。

第二十四条 违反本条例规定，具有下列情形之一的，由县级以上人民政府环境保护行政主管部门责令改正，并可处以三百元以上三千元以下的罚款：

（一）拒报或者谎报排污申报登记事项的；

（二）拒绝、阻挠环境保护行政主管部门现场检查，或者在被检查中弄虚作假的。

第二十五条 废弃物堆放场、处理场的防污染设施未经环境保护行政主管部门验收或者验收不合格而强行使用的，由环境保护行政主管部门责令改正，并可处以五千元以上二万元以下的罚款。

第二十六条 违反本条例规定，具有下列情形之一的，由县级以上人民政府环境保护行政主管部门责令改正，并可处以五千元以上十万元以下的罚款：

（一）未经所在地环境保护行政主管部门同意和原批准部门批准，擅自改变污染物排放的种类、增加污染物排放的数量、浓度或者拆除、闲置污染物处理设施的；

（二）在本条例第八条第一款规定的区域内兴建排污口的。

第二十七条 违反本条例规定，具有下列情形之一的，由县级以上人民政府环境保护行政主管部门责令改正，并可处以一千元以上二万元以下的罚款；情节严重的，可处以二万元以上十万元以下的罚款：

（一）在岸滩采用不正当的稀释、渗透方式排放有毒、有害废水的；

（二）向海域排放含高、中放射性物质的废水的；

（三）向海域排放油类、酸液、碱液和毒液的；

（四）向岸滩弃置失效或者禁用的药物和药具的；

（五）向海域排放含油废水、含病原体废水、含热废水、含低放射性物质废水、含有害重金属废水和其他工业废水超过国家和地方规定的排放标准和有关规定或者将处理后的残渣弃置入海的；

（六）未经县级以上地方人民政府环境保护行政主管部门批准，擅自在岸滩堆放、弃置和处理废弃物或者在废弃物堆放场、处理场内，擅自堆放、处理未经批准的其他种类的废弃物或者露天堆放含剧毒、放射性、易溶解和易挥发性物质的废弃物的。

第二十八条 对逾期未完成限期治理任务的企业事业单位，征收两倍的超标准排污费，并可根据危害和损失后果，处以一万元以上十万元以下的罚款，或者责令停业、关闭。

罚款由环境保护行政主管部门决定。责令停业、关闭，由作出限期治理决定的人民政府决定；责令国务院各部门直接管辖的企业事业单位停业、关闭，须报国务院批准。

第二十九条 不按规定缴纳超标准排污费的，除追缴超标准排污费及滞纳金外，并可由县级以上人民政府环境保护行政主管部门处以一千元以上一万元以下的罚款。

第三十条 对造成陆源污染物污染损害海洋环境事故，导致重大经济损失的，由县级以上人民政府环境保护行政主管部门按照直接损失百分之三十计算罚款，但最高不得超过二十万元。

第三十一条 县级人民政府环境保护行政主管部门可处以一万元以下的罚款，超过一万元的罚款，报上级环境保护行政主管部门批准。

省辖市级人民政府环境保护行政主管部门可处以五万元以下的罚款，超过五万元的罚款，报上级环境保护行政主管部门批准。

省、自治区、直辖市人民政府环境保护行政主管部门可处以二十万元以下的罚款。

罚款全部上交国库，任何单位和个人不得截留、分成。

第三十二条 缴纳超标准排污费或者被处以罚款的单位、个人，并不免除消除污染、排除危害和赔偿损失的责任。

第三十三条 当事人对行政处罚决定不服的，可以在接到处罚通知之日起十五日内，依法申请复议；对复议决定不服的，可以在接到复议决定之日起十五日内，向人民法院起诉。当事人也可以在接到处罚通知之日起十五日内，直接向人民法院起诉。当事人逾期不申请复议、也不向人民法院起诉、又不履行处罚决定的，由作出处罚决定的机关申请人民法院强制执行。

第三十四条 环境保护行政主管部门工作人员滥用职权、玩忽职守、徇私舞弊的，由其所在单位或者上级主管机关给予行政处分；构成犯罪的，依法追究刑事责任。

第三十五条 沿海省、自治区、直辖市人民政府，可以根据本条例制定实施办法。

第三十六条 本条例由国务院环境保护行政主管部门负责解释。

第三十七条 本条例自 1990 年 8 月 1 日起施行。

中华人民共和国无线电管理条例

（1993年9月11日国务院、中央军事委员会令第128号发布，自公布之日起施行；根据2016年11月11日国务院、中央军事委员会令第672号修订，自2016年12月1日起施行）

第一章 总 则

第一条 为了加强无线电管理，维护空中电波秩序，有效开发、利用无线电频谱资源，保证各种无线电业务的正常进行，制定本条例。

第二条 在中华人民共和国境内使用无线电频率，设置、使用无线电台（站），研制、生产、进口、销售和维修无线电发射设备，以及使用辐射无线电波的非无线电设备，应当遵守本条例。

第三条 无线电频谱资源属于国家所有。国家对无线电频谱资源实行统一规划、合理开发、有偿使用的原则。

第四条 无线电管理工作在国务院、中央军事委员会的统一领导下分工管理、分级负责，贯彻科学管理、保护资源、保障安全、促进发展的方针。

第五条 国家鼓励、支持对无线电频谱资源的科学技术研究和先进技术的推广应用，提高无线电频谱资源的利用效率。

第六条 任何单位或者个人不得擅自使用无线电频率，不得对依法开展的无线电业务造成有害干扰，不得利用无线电台（站）进行违法犯罪活动。

第七条 根据维护国家安全、保障国家重大任务、处置重大突发事件等需要，国家可以实施无线电管制。

第二章 管理机构及其职责

第八条 国家无线电管理机构负责全国无线电管理工作，依据职责拟订无线电管理的方针、政策，统一管理无线电频率和无线电台（站），负责无线电监测、干扰查处和涉外无线电管理等工作，协调处理无线电管理相关事宜。

第九条 中国人民解放军电磁频谱管理机构负责军事系统的无线电管理工作，参与拟订国家有关无线电管理的方针、政策。

第十条 省、自治区、直辖市无线电管理机构在国家无线电管理机构和省、自治区、直辖市人民政府领导下，负责本行政区域除军事系统外的无线电管理工作，根据审批权限实施无线电频率使用许可，审查无线电台（站）的建设布局和台址，核发无线电台执照及无线电台识别码（含呼号，下同），负责本行政区域无线电监测和干扰查处，协调处理本行政区域无线电管理相关事宜。

省、自治区无线电管理机构根据工作需要可以在本行政区域内设立派出机构。派出机构在省、自治区无线电管理机构的授权范围内履行职责。

第十一条 军地建立无线电管理协调机制，共同划分无线电频率，协商处理涉及军事系统与非军事系统间的无线电管理事宜。无线电管理重大问题报国务院、中央军事委员会决定。

第十二条 国务院有关部门的无线电管理机构在国家无线电管理机构的业务指导

下，负责本系统（行业）的无线电管理工作，贯彻执行国家无线电管理的方针、政策和法律、行政法规、规章，依照本条例规定和国务院规定的部门职权，管理国家无线电管理机构分配给本系统（行业）使用的航空、水上无线电专用频率，规划本系统（行业）无线电台（站）的建设布局和台址，核发制式无线电台执照及无线电台识别码。

第三章　频率管理

第十三条　国家无线电管理机构负责制定无线电频率划分规定，并向社会公布。

制定无线电频率划分规定应当征求国务院有关部门和军队有关单位的意见，充分考虑国家安全和经济社会、科学技术发展以及频谱资源有效利用的需要。

第十四条　使用无线电频率应当取得许可，但下列频率除外：

（一）业余无线电台、公众对讲机、制式无线电台使用的频率；

（二）国际安全与遇险系统，用于航空、水上移动业务和无线电导航业务的国际固定频率；

（三）国家无线电管理机构规定的微功率短距离无线电发射设备使用的频率。

第十五条　取得无线电频率使用许可，应当符合下列条件：

（一）所申请的无线电频率符合无线电频率划分和使用规定，有明确具体的用途；

（二）使用无线电频率的技术方案可行；

（三）有相应的专业技术人员；

（四）对依法使用的其他无线电频率不会产生有害干扰。

第十六条　无线电管理机构应当自受理无线电频率使用许可申请之日起20个工作日内审查完毕，依照本条例第十五条规定的条件，并综合考虑国家安全需要和可用频率的情况，作出许可或者不予许可的决定。予以许可的，颁发无线电频率使用许可证；不予许可的，书面通知申请人并说明理由。

无线电频率使用许可证应当载明无线电频率的用途、使用范围、使用率要求、使用期限等事项。

第十七条　地面公众移动通信使用频率等商用无线电频率的使用许可，可以依照有关法律、行政法规的规定采取招标、拍卖的方式。

无线电管理机构采取招标、拍卖的方式确定中标人、买受人后，应当作出许可的决定，并依法向中标人、买受人颁发无线电频率使用许可证。

第十八条　无线电频率使用许可由国家无线电管理机构实施。国家无线电管理机构确定范围内的无线电频率使用许可，由省、自治区、直辖市无线电管理机构实施。

国家无线电管理机构分配给交通运输、渔业、海洋系统（行业）使用的水上无线电专用频率，由所在地省、自治区、直辖市无线电管理机构分别会同相关主管部门实施许可；国家无线电管理机构分配给民用航空系统使用的航空无线电专用频率，由国务院民用航空主管部门实施许可。

第十九条　无线电频率使用许可的期限不得超过10年。

无线电频率使用期限届满后需要继续使用的，应当在期限届满30个工作日前向作出许可决定的无线电管理机构提出延续申请。受理申请的无线电管理机构应当依照本条例第十五条、第十六条的规定进行审查并作出决定。

无线电频率使用期限届满前拟终止使用无线电频率的，应当及时向作出许可决定的无线电管理机构办理注销手续。

第二十条　转让无线电频率使用权的，受让人应当符合本条例第十五条规定的条件，并提交双方转让协议，依照本条例第十六条规定的程序报请无线电管理机构批准。

第二十一条 使用无线电频率应当按照国家有关规定缴纳无线电频率占用费。

无线电频率占用费的项目、标准，由国务院财政部门、价格主管部门制定。

第二十二条 国际电信联盟依照国际规则规划给我国使用的卫星无线电频率，由国家无线电管理机构统一分配给使用单位。

申请使用国际电信联盟非规划的卫星无线电频率，应当通过国家无线电管理机构统一提出申请。国家无线电管理机构应当及时组织有关单位进行必要的国内协调，并依照国际规则开展国际申报、协调、登记工作。

第二十三条 组建卫星通信网需要使用卫星无线电频率的，除应当符合本条例第十五条规定的条件外，还应当提供拟使用的空间无线电台、卫星轨道位置和卫星覆盖范围等信息，以及完成国内协调并开展必要国际协调的证明材料等。

第二十四条 使用其他国家、地区的卫星无线电频率开展业务，应当遵守我国卫星无线电频率管理的规定，并完成与我国申报的卫星无线电频率的协调。

第二十五条 建设卫星工程，应当在项目规划阶段对拟使用的卫星无线电频率进行可行性论证；建设须经国务院、中央军事委员会批准的卫星工程，应当在项目规划阶段与国家无线电管理机构协商确定拟使用的卫星无线电频率。

第二十六条 除因不可抗力外，取得无线电频率使用许可后超过2年不使用或者使用率达不到许可证规定要求的，作出许可决定的无线电管理机构有权撤销无线电频率使用许可，收回无线电频率。

第四章 无线电台（站）管理

第二十七条 设置、使用无线电台（站）应当向无线电管理机构申请取得无线电台执照，但设置、使用下列无线电台（站）的除外：

（一）地面公众移动通信终端；

（二）单收无线电台（站）；

（三）国家无线电管理机构规定的微功率短距离无线电台（站）。

第二十八条 除本条例第二十九条规定的业余无线电台外，设置、使用无线电台（站），应当符合下列条件：

（一）有可用的无线电频率；

（二）所使用的无线电发射设备依法取得无线电发射设备型号核准证且符合国家规定的产品质量要求；

（三）有熟悉无线电管理规定、具备相关业务技能的人员；

（四）有明确具体的用途，且技术方案可行；

（五）有能够保证无线电台（站）正常使用的电磁环境，拟设置的无线电台（站）对依法使用的其他无线电台（站）不会产生有害干扰。

申请设置、使用空间无线电台，除应当符合前款规定的条件外，还应当有可利用的卫星无线电频率和卫星轨道资源。

第二十九条 申请设置、使用业余无线电台的，应当熟悉无线电管理规定，具有相应的操作技术能力，所使用的无线电发射设备应当符合国家标准和国家无线电管理的有关规定。

第三十条 设置、使用有固定台址的无线电台（站），由无线电台（站）所在地的省、自治区、直辖市无线电管理机构实施许可。设置、使用没有固定台址的无线电台，由申请人住所地的省、自治区、直辖市无线电管理机构实施许可。

设置、使用空间无线电台、卫星测控（导航）站、卫星关口站、卫星国际专线地球站、15瓦以上的短波无线电台（站）以及涉及国家主权、安全的其他重要无线电台（站），由国家无线电管理机构实施许可。

第三十一条 无线电管理机构应当自受理申请之日起30个工作日内审查完毕，依照本条例第二十八条、第二十九条规定的条件，作出许可或者不予许可的决定。予以许可的，颁发无线电台执照，需要使用无线电台识别码的，同时核发无线电台识别码；不予许可的，书面通知申请人并说明理由。

无线电台（站）需要变更、增加无线电台识别码的，由无线电管理机构核发。

第三十二条 无线电台执照应当载明无线电台（站）的台址、使用频率、发射功率、有效期、使用要求等事项。

无线电台执照的样式由国家无线电管理机构统一规定。

第三十三条 无线电台（站）使用的无线电频率需要取得无线电频率使用许可的，其无线电台执照有效期不得超过无线电频率使用许可证规定的期限；依照本条例第十四条规定不需要取得无线电频率使用许可的，其无线电台执照有效期不得超过5年。

无线电台执照有效期届满后需要继续使用无线电台（站）的，应当在期限届满30个工作日前向作出许可决定的无线电管理机构申请更换无线电台执照。受理申请的无线电管理机构应当依照本条例第三十一条的规定作出决定。

第三十四条 国家无线电管理机构向国际电信联盟统一申请无线电台识别码序列，并对无线电台识别码进行编制和分配。

第三十五条 建设固定台址的无线电台（站）的选址，应当符合城乡规划的要求，避开影响其功能发挥的建筑物、设施等。地方人民政府制定、修改城乡规划，安排可能影响大型无线电台（站）功能发挥的建设项目的，应当考虑其功能发挥的需要，并征求所在地无线电管理机构和军队电磁频谱管理机构的意见。

设置大型无线电台（站）、地面公众移动通信基站，其台址布局规划应当符合资源共享和电磁环境保护的要求。

第三十六条 船舶、航空器、铁路机车（含动车组列车，下同）设置、使用制式无线电台应当符合国家有关规定，由国务院有关部门的无线电管理机构颁发无线电台执照；需要使用无线电台识别码的，同时核发无线电台识别码。国务院有关部门应当将制式无线电台执照及无线电台识别码的核发情况定期通报国家无线电管理机构。

船舶、航空器、铁路机车设置、使用非制式无线电台的管理办法，由国家无线电管理机构会同国务院有关部门制定。

第三十七条 遇有危及国家安全、公共安全、生命财产安全的紧急情况或者为了保障重大社会活动的特殊需要，可以不经批准临时设置、使用无线电台（站），但是应当及时向无线电台（站）所在地无线电管理机构报告，并在紧急情况消除或者重大社会活动结束后及时关闭。

第三十八条 无线电台（站）应当按照无线电台执照规定的许可事项和条件设置、使用；变更许可事项的，应当向作出许可决定的无线电管理机构办理变更手续。

无线电台（站）终止使用的，应当及时向作出许可决定的无线电管理机构办理注销手续，交回无线电台执照，拆除无线电台（站）及天线等附属设备。

第三十九条 使用无线电台（站）的单位或者个人应当对无线电台（站）进行定期维护，保证其性能指标符合国家标准和国家无线电管理的有关规定，避免对其他依法设置、使用的无线电台（站）产生有害干扰。

第四十条 使用无线电台（站）的单位或者个人应当遵守国家环境保护的规定，采取必要措施防止无线电波发射产生的电磁辐射污染环境。

第四十一条 使用无线电台（站）的单位或者个人不得故意收发无线电台执照许可事项之外的无线电信号，不得传播、公布或者利用无意接收的信息。

业余无线电台只能用于相互通信、技术研究和自我训练，并在业余业务或者卫星业余业务专用频率范围内收发信号，但是参与重大自然灾害等突发事件应急处置的除外。

第五章　无线电发射设备管理

第四十二条　研制无线电发射设备使用的无线电频率，应当符合国家无线电频率划分规定。

第四十三条　生产或者进口在国内销售、使用的无线电发射设备，应当符合产品质量等法律法规、国家标准和国家无线电管理的有关规定。

第四十四条　除微功率短距离无线电发射设备外，生产或者进口在国内销售、使用的其他无线电发射设备，应当向国家无线电管理机构申请型号核准。无线电发射设备型号核准目录由国家无线电管理机构公布。

生产或者进口应当取得型号核准的无线电发射设备，除应当符合本条例第四十三条的规定外，还应当符合无线电发射设备型号核准证核定的技术指标，并在设备上标注型号核准代码。

第四十五条　取得无线电发射设备型号核准，应当符合下列条件：

（一）申请人有相应的生产能力、技术力量、质量保证体系；

（二）无线电发射设备的工作频率、功率等技术指标符合国家标准和国家无线电管理的有关规定。

第四十六条　国家无线电管理机构应当依法对申请型号核准的无线电发射设备是否符合本条例第四十五条规定的条件进行审查，自受理申请之日起30个工作日内作出核准或者不予核准的决定。予以核准的，颁发无线电发射设备型号核准证；不予核准的，书面通知申请人并说明理由。

国家无线电管理机构应当定期将无线电发射设备型号核准的情况向社会公布。

第四十七条　进口依照本条例第四十四条的规定应当取得型号核准的无线电发射设备，进口货物收货人、携带无线电发射设备入境的人员、寄递无线电发射设备的收件人，应当主动向海关申报，凭无线电发射设备型号核准证办理通关手续。

进行体育比赛、科学实验等活动，需要携带、寄递依照本条例第四十四条的规定应当取得型号核准而未取得型号核准的无线电发射设备临时进关的，应当经无线电管理机构批准，凭批准文件办理通关手续。

第四十八条　销售依照本条例第四十四条的规定应当取得型号核准的无线电发射设备，应当向省、自治区、直辖市无线电管理机构办理销售备案。不得销售未依照本条例规定标注型号核准代码的无线电发射设备。

第四十九条　维修无线电发射设备，不得改变无线电发射设备型号核准证核定的技术指标。

第五十条　研制、生产、销售和维修大功率无线电发射设备，应当采取措施有效抑制电波发射，不得对依法设置、使用的无线电台（站）产生有害干扰。进行实效发射试验的，应当依照本条例第三十条的规定向省、自治区、直辖市无线电管理机构申请办理临时设置、使用无线电台（站）手续。

第六章　涉外无线电管理

第五十一条　无线电频率协调的涉外事宜，以及我国境内电台与境外电台的相互有害干扰，由国家无线电管理机构会同有关单位与有关的国际组织或者国家、地区协调处理。

需要向国际电信联盟或者其他国家、地区提供无线电管理相关资料的，由国家无线电管理机构统一办理。

第五十二条 在边境地区设置、使用无线电台（站），应当遵守我国与相关国家、地区签订的无线电频率协调协议。

第五十三条 外国领导人访华、各国驻华使领馆和享有外交特权与豁免的国际组织驻华代表机构需要设置、使用无线电台（站）的，应当通过外交途径经国家无线电管理机构批准。

除使用外交邮袋装运外，外国领导人访华、各国驻华使领馆和享有外交特权与豁免的国际组织驻华代表机构携带、寄递或者以其他方式运输依照本条例第四十四条的规定应当取得型号核准而未取得型号核准的无线电发射设备入境的，应当通过外交途径经国家无线电管理机构批准后办理通关手续。

其他境外组织或者个人在我国境内设置、使用无线电台（站）的，应当按照我国有关规定经相关业务主管部门报请无线电管理机构批准；携带、寄递或者以其他方式运输依照本条例第四十四条的规定应当取得型号核准而未取得型号核准的无线电发射设备入境的，应当按照我国有关规定经相关业务主管部门报无线电管理机构批准后，到海关办理无线电发射设备入境手续，但国家无线电管理机构规定不需要批准的除外。

第五十四条 外国船舶（含海上平台）、航空器、铁路机车、车辆等设置的无线电台在我国境内使用，应当遵守我国的法律、法规和我国缔结或者参加的国际条约。

第五十五条 境外组织或者个人不得在我国境内进行电波参数测试或者电波监测。

任何单位或者个人不得向境外组织或者个人提供涉及国家安全的境内电波参数资料。

第七章 无线电监测和电波秩序维护

第五十六条 无线电管理机构应当定期对无线电频率的使用情况和在用的无线电台（站）进行检查和检测，保障无线电台（站）的正常使用，维护正常的无线电波秩序。

第五十七条 国家无线电监测中心和省、自治区、直辖市无线电监测站作为无线电管理技术机构，分别在国家无线电管理机构和省、自治区、直辖市无线电管理机构领导下，对无线电信号实施监测，查找无线电干扰源和未经许可设置、使用的无线电台（站）。

第五十八条 国务院有关部门的无线电监测站负责对本系统（行业）的无线电信号实施监测。

第五十九条 工业、科学、医疗设备，电气化运输系统、高压电力线和其他电器装置产生的无线电波辐射，应当符合国家标准和国家无线电管理的有关规定。

制定辐射无线电波的非无线电设备的国家标准和技术规范，应当征求国家无线电管理机构的意见。

第六十条 辐射无线电波的非无线电设备对已依法设置、使用的无线电台（站）产生有害干扰的，设备所有者或者使用者应当采取措施予以消除。

第六十一条 经无线电管理机构确定的产生无线电波辐射的工程设施，可能对已依法设置、使用的无线电台（站）造成有害干扰的，其选址定点由地方人民政府城乡规划主管部门和省、自治区、直辖市无线电管理机构协商确定。

第六十二条 建设射电天文台、气象雷达站、卫星测控（导航）站、机场等需要电磁环境特殊保护的项目，项目建设单位应当在确定工程选址前对其选址进行电磁兼容分析和论证，并征求无线电管理机构的意见；未进行电磁兼容分析和论证，或者未征求、采纳无线电管理机构的意见的，不得向无线电管理机构提出排除有害干扰的要求。

第六十三条 在已建射电天文台、气象雷达站、卫星测控（导航）站、机场的周边区域，不得新建阻断无线电信号传输的高大建筑、设施，不得设置、使用干扰其正常使用的设施、设备。无线电管理机构应当会同城乡规划主管部门和其他有关部门制定具体的保护措施并向社会公布。

第六十四条 国家对船舶、航天器、航空器、铁路机车专用的无线电导航、遇险救助和安全通信等涉及人身安全的无线电频率予以特别保护。任何无线电发射设备和辐射无线电波的非无线电设备对其产生有害干扰的，应当立即消除有害干扰。

第六十五条 依法设置、使用的无线电台（站）受到有害干扰的，可以向无线电管理机构投诉。受理投诉的无线电管理机构应当及时处理，并将处理情况告知投诉人。

处理无线电频率相互有害干扰，应当遵循频带外让频带内、次要业务让主要业务、后用让先用、无规划让有规划的原则。

第六十六条 无线电管理机构可以要求产生有害干扰的无线电台（站）采取维修无线电发射设备、校准发射频率或者降低功率等措施消除有害干扰；无法消除有害干扰的，可以责令产生有害干扰的无线电台（站）暂停发射。

第六十七条 对非法的无线电发射活动，无线电管理机构可以暂扣无线电发射设备或者查封无线电台（站），必要时可以采取技术性阻断措施；无线电管理机构在无线电监测、检查工作中发现涉嫌违法犯罪活动的，应当及时通报公安机关并配合调查处理。

第六十八条 省、自治区、直辖市无线电管理机构应当加强对生产、销售无线电发射设备的监督检查，依法查处违法行为。县级以上地方人民政府产品质量监督部门、工商行政管理部门应当配合监督检查，并及时向无线电管理机构通报其在产品质量监督、市场监管执法过程中发现的违法生产、销售无线电发射设备的行为。

第六十九条 无线电管理机构和无线电监测中心（站）的工作人员应当对履行职责过程中知悉的通信秘密和无线电信号保密。

第八章　法律责任

第七十条 违反本条例规定，未经许可擅自使用无线电频率，或者擅自设置、使用无线电台（站）的，由无线电管理机构责令改正，没收从事违法活动的设备和违法所得，可以并处5万元以下的罚款；拒不改正的，并处5万元以上20万元以下的罚款；擅自设置、使用无线电台（站）从事诈骗等违法活动，尚不构成犯罪的，并处20万元以上50万元以下的罚款。

第七十一条 违反本条例规定，擅自转让无线电频率的，由无线电管理机构责令改正，没收违法所得；拒不改正的，并处违法所得1倍以上3倍以下的罚款；没有违法所得或者违法所得不足10万元的，处1万元以上10万元以下的罚款；造成严重后果的，吊销无线电频率使用许可证。

第七十二条 违反本条例规定，有下列行为之一的，由无线电管理机构责令改正，没收违法所得，可以并处3万元以下的罚款；造成严重后果的，吊销无线电台执照，并处3万元以上10万元以下的罚款：

（一）不按照无线电台执照规定的许可事项和要求设置、使用无线电台（站）；

（二）故意收发无线电台执照许可事项之外的无线电信号，传播、公布或者利用无意接收的信息；

（三）擅自编制、使用无线电台识别码。

第七十三条 违反本条例规定，使用无线电发射设备、辐射无线电波的非无线电设备干扰无线电业务正常进行的，由无线电管理机构责令改正，拒不改正的，没收产生有害干扰的设备，并处5万元以上20万元以下的罚款，吊销无线电台执照；对船舶、航天器、航空器、铁路机车专用无线电导航、遇险救助和安全通信等涉及人身安全的无线电频率产生有害干扰的，并处 20 万元以上 50 万元以下的罚款。

第七十四条 未按照国家有关规定缴纳无线电频率占用费的，由无线电管理机构责令限期缴纳；逾期不缴纳的，自滞纳之日起按日加收 0.05%的滞纳金。

第七十五条 违反本条例规定，有下列行为之一的，由无线电管理机构责令改正；拒不改正的，没收从事违法活动的设备，并处 3 万元以上 10 万元以下的罚款；造成严重后果的，并处 10 万元以上 30 万元以下的罚款：

（一）研制、生产、销售和维修大功率无线电发射设备，未采取有效措施抑制电波发射；

（二）境外组织或者个人在我国境内进行电波参数测试或者电波监测；

（三）向境外组织或者个人提供涉及国家安全的境内电波参数资料。

第七十六条 违反本条例规定，生产或者进口在国内销售、使用的无线电发射设备未取得型号核准的，由无线电管理机构责令改正，处 5 万元以上 20 万元以下的罚款；拒不改正的，没收未取得型号核准的无线电发射设备，并处 20 万元以上 100 万元以下的罚款。

第七十七条 销售依照本条例第四十四条的规定应当取得型号核准的无线电发射设备未向无线电管理机构办理销售备案的，由无线电管理机构责令改正；拒不改正的，处 1 万元以上 3 万元以下的罚款。

第七十八条 销售依照本条例第四十四条的规定应当取得型号核准而未取得型号核准的无线电发射设备的，由无线电管理机构责令改正，没收违法销售的无线电发射设备和违法所得，可以并处违法销售的设备货值 10%以下的罚款；拒不改正的，并处违法销售的设备货值 10%以上 30%以下的罚款。

第七十九条 维修无线电发射设备改变无线电发射设备型号核准证核定的技术指标的，由无线电管理机构责令改正；拒不改正的，处 1 万元以上 3 万元以下的罚款。

第八十条 生产、销售无线电发射设备违反产品质量管理法律法规的，由产品质量监督部门依法处罚。

进口无线电发射设备，携带、寄递或者以其他方式运输无线电发射设备入境，违反海关监管法律法规的，由海关依法处罚。

第八十一条 违反本条例规定，构成违反治安管理行为的，依法给予治安管理处罚；构成犯罪的，依法追究刑事责任。

第八十二条 无线电管理机构及其工作人员不依照本条例规定履行职责的，对负有责任的领导人员和其他直接责任人员依法给予处分。

第九章　附　　则

第八十三条 实施本条例规定的许可需要完成有关国内、国际协调或者履行国际规则规定程序的，进行协调以及履行程序的时间不计算在许可审查期限内。

第八十四条 军事系统无线电管理，按照军队有关规定执行。

涉及广播电视的无线电管理，法律、行政法规另有规定的，依照其规定执行。

第八十五条 本条例自 2016 年 12 月 1 日起施行。

中华人民共和国涉外海洋科学研究管理规定

（1996年6月18日国务院令第199号发布，自1996年10月1日起施行）

第一条 为了加强对在中华人民共和国管辖海域内进行涉外海洋科学研究活动的管理，促进海洋科学研究的国际交流与合作，维护国家安全和海洋权益，制定本规定。

第二条 本规定适用于国际组织、外国的组织和个人（以下简称外方）为和平目的，单独或者与中华人民共和国的组织（以下简称中方）合作，使用船舶或者其他运载工具、设施，在中华人民共和国内海、领海以及中华人民共和国管辖的其他海域内进行的对海洋环境和海洋资源等的调查研究活动。但是，海洋矿产资源（包括海洋石油资源）勘查、海洋渔业资源调查和国家重点保护的海洋野生动物考察等活动，适用中华人民共和国有关法律、行政法规的规定。

第三条 中华人民共和国国家海洋行政主管部门（以下简称国家海洋行政主管部门）及其派出机构或者其委托的机构，对在中华人民共和国管辖海域内进行的涉外海洋科学研究活动，依照本规定实施管理。

国务院其他有关部门根据国务院规定的职责，协同国家海洋行政主管部门对在中华人民共和国管辖海域内进行的涉外海洋科学研究活动实施管理。

第四条 在中华人民共和国内海、领海内，外方进行海洋科学研究活动，应当采用与中方合作的方式。在中华人民共和国管辖的其他海域内，外方可以单独或者与中方合作进行海洋科学研究活动。

外方单独或者与中方合作进行海洋科学研究活动，须经国家海洋行政主管部门批准或者由国家海洋行政主管部门报请国务院批准，并遵守中华人民共和国的有关法律、法规。

第五条 外方与中方合作进行海洋科学研究活动的，中方应当在海洋科学研究计划预定开始日期6个月前，向国家海洋行政主管部门提出书面申请，并按照规定提交海洋科学研究计划和其他有关说明材料。

外方单独进行海洋科学研究活动的，应当在海洋科学研究计划预定开始日期6个月前，通过外交途径向国家海洋行政主管部门提出书面申请，并按照规定提交海洋科学研究计划和其他有关说明材料。

国家海洋行政主管部门收到海洋科学研究申请后，应当会同外交部、军事主管部门以及国务院其他有关部门进行审查，在4个月内作出批准或者不批准的决定，或者提出审查意见报请国务院决定。

第六条 经批准进行涉外海洋科学研究活动的，申请人应当在各航次开始之日2个月前，将海上船只活动计划报国家海洋行政主管部门审批。国家海洋行政主管部门应当自收到海上船只活动计划之日起1个月内作出批准或者不批准的决定，并书面通知申请人，同时通报国务院有关部门。

第七条 有关中外双方或者外方应当按照经批准的海洋科学研究计划和海上船只活动计划进行海洋科学研究活动；海洋科学研究计划或者海上船只活动计划在执行过程中

需要作重大修改的，应当征得国家海洋行政主管部门同意。

因不可抗力不能执行经批准的海洋科学研究计划或者海上船只活动计划的，有关中外双方或者外方应当及时报告国家海洋行政主管部门；在不可抗力消失后，可以恢复执行、修改计划或者中止执行计划。

第八条 进行涉外海洋科学研究活动的，不得将有害物质引入海洋环境，不得擅自钻探或者使用炸药作业。

第九条 中外合作使用外国籍调查船在中华人民共和国内海、领海内进行海洋科学研究活动的，作业船舶应当于格林威治时间每天00时和08时，向国家海洋行政主管部门报告船位及船舶活动情况。外方单独或者中外合作使用外国籍调查船在中华人民共和国管辖的其他海域内进行海洋科学研究活动的，作业船舶应当于格林威治时间每天02时，向国家海洋行政主管部门报告船位及船舶活动情况。

国家海洋行政主管部门或者其派出机构、其委托的机构可以对前款外国籍调查船进行海上监视或者登船检查。

第十条 中外合作在中华人民共和国内海、领海内进行海洋科学研究活动所获得的原始资料和样品，归中华人民共和国所有，参加合作研究的外方可以依照合同约定无偿使用。

中外合作在中华人民共和国管辖的其他海域内进行海洋科学研究活动，在不违反中华人民共和国有关法律、法规和有关规定的前提下，由中外双方按照协议分享，都可以无偿使用。

外方单独进行海洋科学研究活动所获得的原始资料和样品，中华人民共和国的有关组织可以无偿使用；外方应当向国家海洋行政主管部门无偿提供所获得的资料的复制件和可分样品。

未经国家海洋行政主管部门以及国务院其他有关部门同意，有关中外双方或者外方不得公开发表或者转让在中华人民共和国管辖海域内进行海洋科学研究活动所获得的原始资料和样品。

第十一条 外方单独或者中外合作进行的海洋科学研究活动结束后，所使用的外国籍调查船应当接受国家海洋行政主管部门或者其派出机构、其委托的机构检查。

第十二条 中外合作进行的海洋科学研究活动结束后，中方应当将研究成果和资料目录抄报国家海洋行政主管部门和国务院有关部门。

外方单独进行的海洋科学研究活动结束后，应当向国家海洋行政主管部门提供该项活动所获得的资料或者复制件和样品或者可分样品，并及时提供有关阶段性研究成果以及最后研究成果和结论。

第十三条 违反本规定进行涉外海洋科学研究活动的，由国家海洋行政主管部门或者其派出机构、其委托的机构责令停止该项活动，可以没收违法活动器具、没收违法获得的资料和样品，可以单处或者并处5万元人民币以下的罚款。

违反本规定造成重大损失或者引起严重后果，构成犯罪的，依法追究刑事责任。

第十四条 中华人民共和国缔结或者参加的国际条约与本规定有不同规定的，适用该国际条约的规定；但是，中华人民共和国声明保留的条款除外。

第十五条 本规定自1996年10月1日起施行。

中华人民共和国统计法实施条例

（2017年5月28日国务院令第681号公布，自2017年8月1日起施行）

第一章　总　　则

第一条　根据《中华人民共和国统计法》（以下简称统计法），制定本条例。

第二条　统计资料能够通过行政记录取得的，不得组织实施调查。通过抽样调查、重点调查能够满足统计需要的，不得组织实施全面调查。

第三条　县级以上人民政府统计机构和有关部门应当加强统计规律研究，健全新兴产业等统计，完善经济、社会、科技、资源和环境统计，推进互联网、大数据、云计算等现代信息技术在统计工作中的应用，满足经济社会发展需要。

第四条　地方人民政府、县级以上人民政府统计机构和有关部门应当根据国家有关规定，明确本单位防范和惩治统计造假、弄虚作假的责任主体，严格执行统计法和本条例的规定。

地方人民政府、县级以上人民政府统计机构和有关部门及其负责人应当保障统计活动依法进行，不得侵犯统计机构、统计人员独立行使统计调查、统计报告、统计监督职权，不得非法干预统计调查对象提供统计资料，不得统计造假、弄虚作假。

统计调查对象应当依照统计法和国家有关规定，真实、准确、完整、及时地提供统计资料，拒绝、抵制弄虚作假等违法行为。

第五条　县级以上人民政府统计机构和有关部门不得组织实施营利性统计调查。

国家有计划地推进县级以上人民政府统计机构和有关部门通过向社会购买服务组织实施统计调查和资料开发。

第二章　统计调查项目

第六条　部门统计调查项目、地方统计调查项目的主要内容不得与国家统计调查项目的内容重复、矛盾。

第七条　统计调查项目的制定机关（以下简称制定机关）应当就项目的必要性、可行性、科学性进行论证，征求有关地方、部门、统计调查对象和专家的意见，并由制定机关按照会议制度集体讨论决定。

重要统计调查项目应当进行试点。

第八条　制定机关申请审批统计调查项目，应当以公文形式向审批机关提交统计调查项目审批申请表、项目的统计调查制度和工作经费来源说明。

申请材料不齐全或者不符合法定形式的，审批机关应当一次性告知需要补正的全部内容，制定机关应当按照审批机关的要求予以补正。

申请材料齐全、符合法定形式的，审批机关应当受理。

第九条　统计调查项目符合下列条件的，审批机关应当作出予以批准的书面决定：

（一）具有法定依据或者确为公共管理和服务所必需；

（二）与已批准或者备案的统计调查项目的主要内容不重复、不矛盾；

（三）主要统计指标无法通过行政记录

或者已有统计调查资料加工整理取得；

（四）统计调查制度符合统计法律法规规定，科学、合理、可行；

（五）采用的统计标准符合国家有关规定；

（六）制定机关具备项目执行能力。

不符合前款规定条件的，审批机关应当向制定机关提出修改意见；修改后仍不符合前款规定条件的，审批机关应当作出不予批准的书面决定并说明理由。

第十条 统计调查项目涉及其他部门职责的，审批机关应当在作出审批决定前，征求相关部门的意见。

第十一条 审批机关应当自受理统计调查项目审批申请之日起20日内作出决定。20日内不能作出决定的，经审批机关负责人批准可以延长10日，并应当将延长审批期限的理由告知制定机关。

制定机关修改统计调查项目的时间，不计算在审批期限内。

第十二条 制定机关申请备案统计调查项目，应当以公文形式向备案机关提交统计调查项目备案申请表和项目的统计调查制度。

统计调查项目的调查对象属于制定机关管辖系统，且主要内容与已批准、备案的统计调查项目不重复、不矛盾的，备案机关应当依法给予备案文号。

第十三条 统计调查项目经批准或者备案的，审批机关或者备案机关应当及时公布统计调查项目及其统计调查制度的主要内容。涉及国家秘密的统计调查项目除外。

第十四条 统计调查项目有下列情形之一的，审批机关或者备案机关应当简化审批或者备案程序，缩短期限：

（一）发生突发事件需要迅速实施统计调查；

（二）统计调查制度内容未作变动，统计调查项目有效期届满需要延长期限。

第十五条 统计法第十七条第二款规定的国家统计标准是强制执行标准。各级人民政府、县级以上人民政府统计机构和有关部门组织实施的统计调查活动，应当执行国家统计标准。

制定国家统计标准，应当征求国务院有关部门的意见。

第三章　统计调查的组织实施

第十六条 统计机构、统计人员组织实施统计调查，应当就统计调查对象的法定填报义务、主要指标涵义和有关填报要求等，向统计调查对象作出说明。

第十七条 国家机关、企业事业单位或者其他组织等统计调查对象提供统计资料，应当由填报人员和单位负责人签字，并加盖公章。个人作为统计调查对象提供统计资料，应当由本人签字。统计调查制度规定不需要签字、加盖公章的除外。

统计调查对象使用网络提供统计资料的，按照国家有关规定执行。

第十八条 县级以上人民政府统计机构、有关部门推广使用网络报送统计资料，应当采取有效的网络安全保障措施。

第十九条 县级以上人民政府统计机构、有关部门和乡、镇统计人员，应当对统计调查对象提供的统计资料进行审核。统计资料不完整或者存在明显错误的，应当由统计调查对象依法予以补充或者改正。

第二十条 国家统计局应当建立健全统计数据质量监控和评估制度，加强对各省、自治区、直辖市重要统计数据的监控和评估。

第四章　统计资料的管理和公布

第二十一条 县级以上人民政府统计机构、有关部门和乡、镇人民政府应当妥善保管统计调查中取得的统计资料。

国家建立统计资料灾难备份系统。

第二十二条 统计调查中取得的统计调查对象的原始资料，应当至少保存2年。

汇总性统计资料应当至少保存10年，重要的汇总性统计资料应当永久保存。法律法规另有规定的，从其规定。

第二十三条 统计调查对象按照国家有关规定设置的原始记录和统计台账，应当至少保存2年。

第二十四条 国家统计局统计调查取得的全国性统计数据和分省、自治区、直辖市统计数据，由国家统计局公布或者由国家统计局授权其派出的调查机构或者省级人民政府统计机构公布。

第二十五条 国务院有关部门统计调查取得的统计数据，由国务院有关部门按照国家有关规定和已批准或者备案的统计调查制度公布。

县级以上地方人民政府有关部门公布其统计调查取得的统计数据，比照前款规定执行。

第二十六条 已公布的统计数据按照国家有关规定需要进行修订的，县级以上人民政府统计机构和有关部门应当及时公布修订后的数据，并就修订依据和情况作出说明。

第二十七条 县级以上人民政府统计机构和有关部门应当及时公布主要统计指标涵义、调查范围、调查方法、计算方法、抽样调查样本量等信息，对统计数据进行解释说明。

第二十八条 公布统计资料应当按照国家有关规定进行。公布前，任何单位和个人不得违反国家有关规定对外提供，不得利用尚未公布的统计资料谋取不正当利益。

第二十九条 统计法第二十五条规定的能够识别或者推断单个统计调查对象身份的资料包括：

（一）直接标明单个统计调查对象身份的资料；

（二）虽未直接标明单个统计调查对象身份，但是通过已标明的地址、编码等相关信息可以识别或者推断单个统计调查对象身份的资料；

（三）可以推断单个统计调查对象身份的汇总资料。

第三十条 统计调查中获得的能够识别或者推断单个统计调查对象身份的资料应当依法严格管理，除作为统计执法依据外，不得直接作为对统计调查对象实施行政许可、行政处罚等具体行政行为的依据，不得用于完成统计任务以外的目的。

第三十一条 国家建立健全统计信息共享机制，实现县级以上人民政府统计机构和有关部门统计调查取得的资料共享。制定机关共同制定的统计调查项目，可以共同使用获取的统计资料。

统计调查制度应当对统计信息共享的内容、方式、时限、渠道和责任等作出规定。

第五章 统计机构和统计人员

第三十二条 县级以上地方人民政府统计机构受本级人民政府和上级人民政府统计机构的双重领导，在统计业务上以上级人民政府统计机构的领导为主。

乡、镇人民政府应当设置统计工作岗位，配备专职或者兼职统计人员，履行统计职责，在统计业务上受上级人民政府统计机构领导。乡、镇统计人员的调动，应当征得县级人民政府统计机构的同意。

县级以上人民政府有关部门在统计业务上受本级人民政府统计机构指导。

第三十三条 县级以上人民政府统计机构和有关部门应当完成国家统计调查任务，执行国家统计调查项目的统计调查制度，组织实施本地方、本部门的统计调查活动。

第三十四条 国家机关、企业事业单位和其他组织应当加强统计基础工作，为履行法定的统计资料报送义务提供组织、人员和工作条件保障。

第三十五条 对在统计工作中做出突出贡献、取得显著成绩的单位和个人，按照国家有关规定给予表彰和奖励。

第六章 监督检查

第三十六条 县级以上人民政府统计机构从事统计执法工作的人员，应当具备必要的法律知识和统计业务知识，参加统计执法培训，并取得由国家统计局统一印制的统计执法证。

第三十七条 任何单位和个人不得拒绝、阻碍对统计工作的监督检查和对统计违法行为的查处工作，不得包庇、纵容统计违法行为。

第三十八条 任何单位和个人有权向县级以上人民政府统计机构举报统计违法行为。

县级以上人民政府统计机构应当公布举报统计违法行为的方式和途径，依法受理、核实、处理举报，并为举报人保密。

第三十九条 县级以上人民政府统计机构负责查处统计违法行为；法律、行政法规对有关部门查处统计违法行为另有规定的，从其规定。

第七章 法律责任

第四十条 下列情形属于统计法第三十七条第四项规定的对严重统计违法行为失察，对地方人民政府、政府统计机构或者有关部门、单位的负责人，由任免机关或者监察机关依法给予处分，并由县级以上人民政府统计机构予以通报：

（一）本地方、本部门、本单位大面积发生或者连续发生统计造假、弄虚作假；

（二）本地方、本部门、本单位统计数据严重失实，应当发现而未发现；

（三）发现本地方、本部门、本单位统计数据严重失实不予纠正。

第四十一条 县级以上人民政府统计机构或者有关部门组织实施营利性统计调查的，由本级人民政府、上级人民政府统计机构或者本级人民政府统计机构责令改正，予以通报；有违法所得的，没收违法所得。

第四十二条 地方各级人民政府、县级以上人民政府统计机构或者有关部门及其负责人，侵犯统计机构、统计人员独立行使统计调查、统计报告、统计监督职权，或者采用下发文件、会议布置以及其他方式授意、指使、强令统计调查对象或者其他单位、人员编造虚假统计资料的，由上级人民政府、本级人民政府、上级人民政府统计机构或者本级人民政府统计机构责令改正，予以通报。

第四十三条 县级以上人民政府统计机构或者有关部门在组织实施统计调查活动中有下列行为之一的，由本级人民政府、上级人民政府统计机构或者本级人民政府统计机构责令改正，予以通报：

（一）违法制定、审批或者备案统计调查项目；

（二）未按照规定公布经批准或者备案的统计调查项目及其统计调查制度的主要内容；

（三）未执行国家统计标准；

（四）未执行统计调查制度；

（五）自行修改单个统计调查对象的统计资料。

乡、镇统计人员有前款第三项至第五项所列行为的，责令改正，依法给予处分。

第四十四条 县级以上人民政府统计机构或者有关部门违反本条例第二十四条、第二十五条规定公布统计数据的，由本级人民政府、上级人民政府统计机构或者本级人民政府统计机构责令改正，予以通报。

第四十五条 违反国家有关规定对外提供尚未公布的统计资料或者利用尚未公布的统计资料谋取不正当利益的，由任免机关或者监察机关依法给予处分，并由县级以上人民政府统计机构予以通报。

第四十六条 统计机构及其工作人员有下列行为之一的，由本级人民政府或者上级人民政府统计机构责令改正，予以通报：

（一）拒绝、阻碍对统计工作的监督检查和对统计违法行为的查处工作；

（二）包庇、纵容统计违法行为；

（三）向有统计违法行为的单位或者个人通风报信，帮助其逃避查处；

（四）未依法受理、核实、处理对统计违法行为的举报；

（五）泄露对统计违法行为的举报情况。

第四十七条 地方各级人民政府、县级以上人民政府有关部门拒绝、阻碍统计监督检查或者转移、隐匿、篡改、毁弃原始记录和凭证、统计台账、统计调查表及其他相关证明和资料的，由上级人民政府、上级人民政府统计机构或者本级人民政府统计机构责令改正，予以通报。

第四十八条 地方各级人民政府、县级以上人民政府统计机构和有关部门有本条例第四十一条至第四十七条所列违法行为之一的，对直接负责的主管人员和其他直接责任人员，由任免机关或者监察机关依法给予处分。

第四十九条 乡、镇人民政府有统计法第三十八条第一款、第三十九条第一款所列行为之一的，依照统计法第三十八条、第三十九条的规定追究法律责任。

第五十条 下列情形属于统计法第四十一条第二款规定的情节严重行为：

（一）使用暴力或者威胁方法拒绝、阻碍统计调查、统计监督检查；

（二）拒绝、阻碍统计调查、统计监督检查，严重影响相关工作正常开展；

（三）提供不真实、不完整的统计资料，造成严重后果或者恶劣影响；

（四）有统计法第四十一条第一款所列违法行为之一，1 年内被责令改正 3 次以上。

第五十一条 统计违法行为涉嫌犯罪的，县级以上人民政府统计机构应当将案件移送司法机关处理。

第八章　附　　则

第五十二条 中华人民共和国境外的组织、个人需要在中华人民共和国境内进行统计调查活动的，应当委托中华人民共和国境内具有涉外统计调查资格的机构进行。涉外统计调查资格应当依法报经批准。统计调查范围限于省、自治区、直辖市行政区域内的，由省级人民政府统计机构审批；统计调查范围跨省、自治区、直辖市行政区域的，由国家统计局审批。

涉外社会调查项目应当依法报经批准。统计调查范围限于省、自治区、直辖市行政区域内的，由省级人民政府统计机构审批；统计调查范围跨省、自治区、直辖市行政区域的，由国家统计局审批。

第五十三条 国家统计局或者省级人民政府统计机构对涉外统计违法行为进行调查，有权采取统计法第三十五条规定的措施。

第五十四条 对违法从事涉外统计调查活动的单位、个人，由国家统计局或者省级人民政府统计机构责令改正或者责令停止调查，有违法所得的，没收违法所得；违法所得 50 万元以上的，并处违法所得 1 倍以上 3 倍以下的罚款；违法所得不足 50 万元或者没有违法所得的，处 200 万元以下的罚款；情节严重的，暂停或者取消涉外统计调查资格，撤销涉外社会调查项目批准决定；

构成犯罪的，依法追究刑事责任。

第五十五条 本条例自 2017 年 8 月 1 日起施行。1987 年 1 月 19 日国务院批准、1987 年 2 月 15 日国家统计局公布，2000 年 6 月 2 日国务院批准修订、2000 年 6 月 15 日国家统计局公布，2005 年 12 月 16 日国务院修订的《中华人民共和国统计法实施细则》同时废止。

中华人民共和国标准化法实施条例

（1990年4月6日国务院令第53号发布，自发布之日起施行）

第一章　总　　则

第一条　根据《中华人民共和国标准化法》（以下简称《标准化法》）的规定，制定本条例。

第二条　对下列需要统一的技术要求，应当制定标准：

（一）工业产品的品种、规格、质量、等级或者安全、卫生要求；

（二）工业产品的设计、生产、试验、检验、包装、储存、运输、使用的方法或者生产、储存、运输过程中的安全、卫生要求；

（三）有关环境保护的各项技术要求和检验方法；

（四）建设工程的勘察、设计、施工、验收的技术要求和方法；

（五）有关工业生产、工程建设和环境保护的技术术语、符号、代号、制图方法、互换配合要求；

（六）农业（含林业、牧业、渔业，下同）产品（含种子、种苗、种畜、种禽，下同）的品种、规格、质量、等级、检验、包装、储存、运输以及生产技术、管理技术的要求；

（七）信息、能源、资源、交通运输的技术要求。

第三条　国家有计划地发展标准化事业。标准化工作应当纳入各级国民经济和社会发展计划。

第四条　国家鼓励采用国际标准和国外先进标准，积极参与制定国际标准。

第二章　标准化工作的管理

第五条　标准化工作的任务是制定标准、组织实施标准和对标准的实施进行监督。

第六条　国务院标准化行政主管部门统一管理全国标准化工作，履行下列职责：

（一）组织贯彻国家有关标准化工作的法律、法规、方针、政策；

（二）组织制定全国标准化工作规划、计划；

（三）组织制定国家标准；

（四）指导国务院有关行政主管部门和省、自治区、直辖市人民政府标准化行政主管部门的标准化工作，协调和处理有关标准化工作问题；

（五）组织实施标准；

（六）对标准的实施情况进行监督检查；

（七）统一管理全国的产品质量认证工作；

（八）统一负责对有关国际标准化组织的业务联系。

第七条　国务院有关行政主管部门分工管理本部门、本行业的标准化工作，履行下列职责：

（一）贯彻国家标准化工作的法律、法规、方针、政策，并制定在本部门、本行业实施的具体办法；

（二）制定本部门、本行业的标准化工作规划、计划；

（三）承担国家下达的草拟国家标准的任务，组织制定行业标准，

（四）指导省、自治区、直辖市有关行政主管部门的标准化工作；

（五）组织本部门、本行业实施标准；

（六）对标准实施情况进行监督检查；

（七）经国务院标准化行政主管部门授权，分工管理本行业的产品质量认证工作。

第八条 省、自治区、直辖市人民政府标准化行政主管部门统一管理本行政区域的标准化工作，履行下列职责：

（一）贯彻国家标准化工作的法律、法规、方针、政策，并制定在本行政区域实施的具体办法；

（二）制定地方标准化工作规划、计划；

（三）组织制定地方标准；

（四）指导本行政区域有关行政主管部门的标准化工作，协调和处理有关标准化工作问题；

（五）在本行政区域组织实施标准；

（六）对标准实施情况进行监督检查。

第九条 省、自治区、直辖市有关行政主管部门分工管理本行政区域内本部门、本行业的标准化工作，履行下列职责：

（一）贯彻国家和本部门、本行业、本行政区域标准化工作的法律、法规、方针、政策，并制定实施的具体办法；

（二）制定本行政区域内本部门、本行业的标准化工作规划、计划；

（三）承担省、自治区、直辖市人民政府下达的草拟地方标准的任务；

（四）在本行政区域内组织本部门、本行业实施标准；

（五）对标准实施情况进行监督检查。

第十条 市、县标准化行政主管部门和有关行政主管部门的职责分工，由省、自治区、直辖市人民政府规定。

第三章　标准的制定

第十一条 对需要在全国范围内统一的下列技术要求，应当制定国家标准（含标准样品的制作）：

（一）互换配合、通用技术语言要求；

（二）保障人体健康和人身、财产安全的技术要求；

（三）基本原料、燃料、材料的技术要求；

（四）通用基础件的技术要求；

（五）通用的试验、检验方法；

（六）通用的管理技术要求；

（七）工程建设的重要技术要求；

（八）国家需要控制的其他重要产品的技术要求。

第十二条 国家标准由国务院标准化行政主管部门编制计划，组织草拟，统一审批，编号、发布。

工程建设、药品、食品卫生、兽药、环境保护的国家标准，分别由国务院工程建设主管部门、卫生主管部门、农业主管部门、环境保护主管部门组织草拟、审批；其编号、发布办法由国务院标准化行政主管部门会同国务院有关行政主管部门制定。

法律对国家标准的制定另有规定的，依照法律的规定执行。

第十三条 没有国家标准而又需要在全国某个行业范围内统一的技术要求，可以制定行业标准（含标准样品的制作）。制定行业标准的项目由国务院有关行政主管部门确定。

第十四条 行业标准由国务院有关行政主管部门编制计划、组织草拟，统一审批、编号、发布，并报国务院标准化行政主管部门备案。

行业标准在相应的国家标准实施后，自行废止。

第十五条 对没有国家标准和行业标准而又需要在省、自治区、直辖市范围内统一的工业产品的安全、卫生要求，可以制定地方标准。制定地方标准的项目，由省、自治区、直辖市人民政府标准化行政主管部门确定。

第十六条 地方标准由省、自治区、直辖市人民政府标准化行政主管部门编制计划，组织草拟，统一审批、编号、发布，并报国务院标准化行政主管部门和国务院有关行政主管部门备案。

法律对地方标准的制定另有规定的，依照法律的规定执行。

地方标准在相应的国家标准或行业标准实施后，自行废止。

第十七条 企业生产的产品没有国家标准、行业标准和地方标准的，应当制定相应的企业标准，作为组织生产的依据。企业标准由企业组织制定（农业企业标准制定办法另定），并按省、自治区、直辖市人民政府的规定备案。

对已有国家标准、行业标准或者地方标准的，鼓励企业制定严于国家标准、行业标准或者地方标准要求的企业标准，在企业内部适用。

第十八条 国家标准、行业标准分为强制性标准和推荐性标准。

下列标准属于强制性标准：

（一）药品标准，食品卫生标准，兽药标准；

（二）产品及产品生产、储运和使用中的安全、卫生标准，劳动安全、卫生标准，运输安全标准；

（三）工程建设的质量、安全、卫生标准及国家需要控制的其他工程建设标准；

（四）环境保护的污染物排放标准和环境质量标准；

（五）重要的通用技术术语、符号、代号和制图方法；

（六）通用的试验、检验方法标准；

（七）互换配合标准；

（八）国家需要控制的重要产品质量标准。

国家需要控制的重要产品目录由国务院标准化行政主管部门会同国务院有关行政主管部门确定。

强制性标准以外的标准是推荐性标准。

省、自治区、直辖市人民政府标准化行政主管部门制定的工业产品的安全、卫生要求的地方标准，在本行政区域内是强制性标准。

第十九条 制定标准应当发挥行业协会、科学技术研究机构和学术团体的作用。

制定国家标准、行业标准和地方标准的部门应当组织由用户、生产单位、行业协会、科学技术研究机构、学术团体及有关部门的专家组成标准化技术委员会，负责标准草拟和参加标准草案的技术审查工作。未组成标准化技术委员会的，可以由标准化技术归口单位负责标准草拟和参加标准草案的技术审查工作。

制定企业标准应当充分听取使用单位、科学技术研究机构的意见。

第二十条 标准实施后，制定标准的部门应当根据科学技术的发展和经济建设的需要适时进行复审。标准复审周期一般不超过五年。

第二十一条 国家标准、行业标准和地方标准的代号、编号办法，由国务院标准化行政主管部门统一规定。企业标准的代号、编号办法，由国务院标准化行政主管部门会同国务院有关行政主管部门规定。

第二十二条 标准的出版、发行办法，由制定标准的部门规定。

第四章　标准的实施与监督

第二十三条 从事科研、生产、经营的单位和个人，必须严格执行强制性标准。不符合强制性标准的产品，禁止生产、销售和进口。

第二十四条 企业生产执行国家标准、

行业标准、地方标准或企业标准，应当在产品或其说明书、包装物上标注所执行标准的代号、编号、名称。

第二十五条 出口产品的技术要求由合同双方约定。出口产品在国内销售时，属于我国强制性标准管理范围的，必须符合强制性标准的要求。

第二十六条 企业研制新产品、改进产品、进行技术改造，应当符合标准化要求。

第二十七条 国务院标准化行政主管部门组织或授权国务院有关行政主管部门建立行业认证机构，进行产品质量认证工作。

第二十八条 国务院标准化行政主管部门统一负责全国标准实施的监督。国务院有关行政主管部门分工负责本部门、本行业的标准实施的监督。

省、自治区、直辖市标准化行政主管部门统一负责本行政区域内的标准实施的监督。省、自治区、直辖市人民政府有关行政主管部门分工负责本行政区域内本部门、本行业的标准实施的监督。

市、县标准化行政主管部门和有关行政主管部门，按照省、自治区、直辖市人民政府规定的各自的职责，负责本行政区域内的标准实施的监督。

第二十九条 县级以上人民政府标准化行政主管部门，可以根据需要设置检验机构，或者授权其他单位的检验机构，对产品是否符合标准进行检验和承担其他标准实施的监督检验任务。检验机构的设置应当合理布局，充分利用现有力量。

国家检验机构由国务院标准化行政主管部门会同国务院有关行政主管部门规划、审查。地方检验机构由省、自治区、直辖市人民政府标准化行政主管部门会同省级有关行政主管部门规划、审查。

处理有关产品是否符合标准的争议，以本条规定的检验机构的检验数据为准。

第三十条 国务院有关行政主管部门可以根据需要和国家有关规定设立检验机构，负责本行业、本部门的检验工作。

第三十一条 国家机关、社会团体、企业事业单位及全体公民均有权检举、揭发违反强制性标准的行为。

第五章 法律责任

第三十二条 违反《标准化法》和本条例有关规定，有下列情形之一的，由标准化行政主管部门或有关行政主管部门在各自的职权范围内责令限期改进，并可通报批评或给予责任者行政处分：

（一）企业未按规定制定标准作为组织生产依据的；

（二）企业未按规定要求将产品标准上报备案的；

（三）企业的产品未按规定附有标识或与其标识不符的；

（四）企业研制新产品、改进产品、进行技术改造，不符合标准化要求的；

（五）科研、设计、生产中违反有关强制性标准规定的。

第三十三条 生产不符合强制性标准的产品的，应当责令其停止生产，并没收产品，监督销毁或作必要技术处理；处以该批产品货值金额百分之二十至百分之五十的罚款；对有关责任者处以五千元以下罚款。

销售不符合强制性标准的商品的，应当责令其停止销售，并限期追回已售出的商品，监督销毁或作必要技术处理；没收违法所得；处以该批商品货值金额百分之十至百分之二十的罚款；对有关责任者处以五千元以下罚款。

进口不符合强制性标准的产品的，应当封存并没收该产品，监督销毁或作必要技术处理；处以进口产品货值金额百分之二十至百分之五十的罚款；对有关责任者给予行政处分，并可处以五千元以下罚款。

本条规定的责令停止生产、行政处分，由有关行政主管部门决定；其他行政处罚由标准化行政主管部门和工商行政管理部门依据职权决定。

第三十四条 生产、销售、进口不符合强制性标准的产品，造成严重后果，构成犯罪的，由司法机关依法追究直接责任人员的刑事责任。

第三十五条 获得认证证书的产品不符合认证标准而使用认证标志出厂销售的，由标准化行政主管部门责令其停止销售，并处以违法所得二倍以下的罚款；情节严重的，由认证部门撤销其认证证书。

第三十六条 产品未经认证或者认证不合格而擅自使用认证标志出厂销售的，由标准化行政主管部门责令其停止销售，处以违法所得三倍以下的罚款，并对单位负责人处以五千元以下罚款。

第三十七条 当事人对没收产品、没收违法所得和罚款的处罚不服的，可以在接到处罚通知之日起十五日内，向作出处罚决定的机关的上一级机关申请复议；对复议决定不服的，可以在接到复议决定之日起十五日内，向人民法院起诉。当事人也可以在接到处罚通知之日起十五日内，直接向人民法院起诉。当事人逾期不申请复议或者不向人民法院起诉又不履行处罚决定的，作出处罚决定的机关申请人民法院强制执行。

第三十八条 本条例第三十二条至第三十六条规定的处罚不免除由此产生的对他人的损害赔偿责任。受到损害的有权要求责任人赔偿损失。赔偿责任和赔偿金额纠纷可以由有关行政主管部门处理，当事人也可以直接向人民法院起诉。

第三十九条 标准化工作的监督、检验、管理人员有下列行为之一的，由有关主管部门给予行政处分，构成犯罪的，由司法机关依法追究刑事责任：

（一）违反本条例规定，工作失误，造成损失的；

（二）伪造、篡改检验数据的；

（三）徇私舞弊、滥用职权、索贿受贿的。

第四十条 罚没收入全部上缴财政。对单位的罚款，一律从其自有资金中支付，不得列入成本。对责任人的罚款，不得从公款中核销。

第六章　附　　则

第四十一条 军用标准化管理条例，由国务院、中央军委另行制定。

第四十二条 工程建设标准化管理规定，由国务院工程建设主管部门依据《标准化法》和本条例的有关规定另行制定，报国务院批准后实施。

第四十三条 本条例由国家技术监督局负责解释。

第四十四条 本条例自发布之日起施行。

行政执法机关移送涉嫌犯罪案件的规定

（2001 年 7 月 9 日国务院令第 310 号公布，自公布之日起施行；根据 2020 年 8 月 7 日《国务院关于修改〈行政执法机关移送涉嫌犯罪案件的规定〉的决定》修订）

第一条 为了保证行政执法机关向公安机关及时移送涉嫌犯罪案件，依法惩罚破坏社会主义市场经济秩序罪、妨害社会管理秩序罪以及其他罪，保障社会主义建设事业顺利进行，制定本规定。

第二条 本规定所称行政执法机关，是指依照法律、法规或者规章的规定，对破坏社会主义市场经济秩序、妨害社会管理秩序以及其他违法行为具有行政处罚权的行政机关，以及法律、法规授权的具有管理公共事务职能、在法定授权范围内实施行政处罚的组织。

第三条 行政执法机关在依法查处违法行为过程中，发现违法事实涉及的金额、违法事实的情节、违法事实造成的后果等，根据刑法关于破坏社会主义市场经济秩序罪、妨害社会管理秩序罪等罪的规定和最高人民法院、最高人民检察院关于破坏社会主义市场经济秩序罪、妨害社会管理秩序罪等罪的司法解释以及最高人民检察院、公安部关于经济犯罪案件的追诉标准等规定，涉嫌构成犯罪，依法需要追究刑事责任的，必须依照本规定向公安机关移送。

知识产权领域的违法案件，行政执法机关根据调查收集的证据和查明的案件事实，认为存在犯罪的合理嫌疑，需要公安机关采取措施进一步获取证据以判断是否达到刑事案件立案追诉标准的，应当向公安机关移送。

第四条 行政执法机关在查处违法行为过程中，必须妥善保存所收集的与违法行为有关的证据。

行政执法机关对查获的涉案物品，应当如实填写涉案物品清单，并按照国家有关规定予以处理。对易腐烂、变质等不宜或者不易保管的涉案物品，应当采取必要措施，留取证据；对需要进行检验、鉴定的涉案物品，应当由法定检验、鉴定机构进行检验、鉴定，并出具检验报告或者鉴定结论。

第五条 行政执法机关对应当向公安机关移送的涉嫌犯罪案件，应当立即指定 2 名或者 2 名以上行政执法人员组成专案组专门负责，核实情况后提出移送涉嫌犯罪案件的书面报告，报经本机关正职负责人或者主持工作的负责人审批。

行政执法机关正职负责人或者主持工作的负责人应当自接到报告之日起 3 日内作出批准移送或者不批准移送的决定。决定批准的，应当在 24 小时内向同级公安机关移送；决定不批准的，应当将不予批准的理由记录在案。

第六条 行政执法机关向公安机关移送涉嫌犯罪案件，应当附有下列材料：

（一）涉嫌犯罪案件移送书；

（二）涉嫌犯罪案件情况的调查报告；

（三）涉案物品清单；

（四）有关检验报告或者鉴定结论；

（五）其他有关涉嫌犯罪的材料。

第七条 公安机关对行政执法机关移送的涉嫌犯罪案件，应当在涉嫌犯罪案件移送书的回执上签字；其中，不属于本机关管辖的，应当在24小时内转送有管辖权的机关，并书面告知移送案件的行政执法机关。

第八条 公安机关应当自接受行政执法机关移送的涉嫌犯罪案件之日起3日内，依照刑法、刑事诉讼法以及最高人民法院、最高人民检察院关于立案标准和公安部关于公安机关办理刑事案件程序的规定，对所移送的案件进行审查。认为有犯罪事实，需要追究刑事责任，依法决定立案的，应当书面通知移送案件的行政执法机关；认为没有犯罪事实，或者犯罪事实显著轻微，不需要追究刑事责任，依法不予立案的，应当说明理由，并书面通知移送案件的行政执法机关，相应退回案卷材料。

第九条 行政执法机关接到公安机关不予立案的通知书后，认为依法应当由公安机关决定立案的，可以自接到不予立案通知书之日起3日内，提请作出不予立案决定的公安机关复议，也可以建议人民检察院依法进行立案监督。

作出不予立案决定的公安机关应当自收到行政执法机关提请复议的文件之日起3日内作出立案或者不予立案的决定，并书面通知移送案件的行政执法机关。移送案件的行政执法机关对公安机关不予立案的复议决定仍有异议的，应当自收到复议决定通知书之日起3日内建议人民检察院依法进行立案监督。

公安机关应当接受人民检察院依法进行的立案监督。

第十条 行政执法机关对公安机关决定不予立案的案件，应当依法作出处理；其中，依照有关法律、法规或者规章的规定应当给予行政处罚的，应当依法实施行政处罚。

第十一条 行政执法机关对应当向公安机关移送的涉嫌犯罪案件，不得以行政处罚代替移送。

行政执法机关向公安机关移送涉嫌犯罪案件前已经作出的警告，责令停产停业，暂扣或者吊销许可证、暂扣或者吊销执照的行政处罚决定，不停止执行。

依照行政处罚法的规定，行政执法机关向公安机关移送涉嫌犯罪案件前，已经依法给予当事人罚款的，人民法院判处罚金时，依法折抵相应罚金。

第十二条 行政执法机关对公安机关决定立案的案件，应当自接到立案通知书之日起3日内将涉案物品以及与案件有关的其他材料移交公安机关，并办结交接手续；法律、行政法规另有规定的，依照其规定。

第十三条 公安机关对发现的违法行为，经审查，没有犯罪事实，或者立案侦查后认为犯罪事实显著轻微，不需要追究刑事责任，但依法应当追究行政责任的，应当及时将案件移送同级行政执法机关，有关行政执法机关应当依法作出处理。

第十四条 行政执法机关移送涉嫌犯罪案件，应当接受人民检察院和监察机关依法实施的监督。

任何单位和个人对行政执法机关违反本规定，应当向公安机关移送涉嫌犯罪案件而不移送的，有权向人民检察院、监察机关或者上级行政执法机关举报。

第十五条 行政执法机关违反本规定，隐匿、私分、销毁涉案物品的，由本级或者上级人民政府，或者实行垂直管理的上级行政执法机关，对其正职负责人根据情节轻重，给予降级以上的处分；构成犯罪的，依法追究刑事责任。

对前款所列行为直接负责的主管人员和其他直接责任人员，比照前款的规定给予处分；构成犯罪的，依法追究刑事责任。

第十六条 行政执法机关违反本规定，逾期不将案件移送公安机关的，由本级或者上级人民政府，或者实行垂直管理的上级行政执法机关，责令限期移送，并对其正职负责人或者主持工作的负责人根据情节轻重，给予记过以上的处分；构成犯罪的，依法追究刑事责任。

行政执法机关违反本规定，对应当向公安机关移送的案件不移送，或者以行政处罚代替移送的，由本级或者上级人民政府，或者实行垂直管理的上级行政执法机关，责令改正，给予通报；拒不改正的，对其正职负责人或者主持工作的负责人给予记过以上的处分；构成犯罪的，依法追究刑事责任。

对本条第一款、第二款所列行为直接负责的主管人员和其他直接责任人员，分别比照前两款的规定给予处分；构成犯罪的，依法追究刑事责任。

第十七条　公安机关违反本规定，不接受行政执法机关移送的涉嫌犯罪案件，或者逾期不作出立案或者不予立案的决定的，除由人民检察院依法实施立案监督外，由本级或者上级人民政府责令改正，对其正职负责人根据情节轻重，给予记过以上的处分；构成犯罪的，依法追究刑事责任。

对前款所列行为直接负责的主管人员和其他直接责任人员，比照前款的规定给予处分；构成犯罪的，依法追究刑事责任。

第十八条　有关机关存在本规定第十五条、第十六条、第十七条所列违法行为，需要由监察机关依法给予违法的公职人员政务处分的，该机关及其上级主管机关或者有关人民政府应当依照有关规定将相关案件线索移送监察机关处理。

第十九条　行政执法机关在依法查处违法行为过程中，发现公职人员有贪污贿赂、失职渎职或者利用职权侵犯公民人身权利和民主权利等违法行为，涉嫌构成职务犯罪的，应当依照刑法、刑事诉讼法、监察法等法律规定及时将案件线索移送监察机关或者人民检察院处理。

第二十条　本规定自公布之日起施行。

行政法规制定程序条例

（2001 年 11 月 16 日中华人民共和国国务院令第 321 号公布；根据 2017 年 12 月 22 日《国务院关于修改〈行政法规制定程序条例〉的决定》修订）

第一章　总　　则

第一条　为了规范行政法规制定程序，保证行政法规质量，根据宪法、立法法和国务院组织法的有关规定，制定本条例。

第二条　行政法规的立项、起草、审查、决定、公布、解释，适用本条例。

第三条　制定行政法规，应当贯彻落实党的路线方针政策和决策部署，符合宪法和法律的规定，遵循立法法确定的立法原则。

第四条　制定政治方面法律的配套行政法规，应当按照有关规定及时报告党中央。

制定经济、文化、社会、生态文明等方面重大体制和重大政策调整的重要行政法规，应当将行政法规草案或者行政法规草案涉及的重大问题按照有关规定及时报告党中央。

第五条　行政法规的名称一般称“条例”，也可以称“规定”、“办法”等。国务院根据全国人民代表大会及其常务委员会的授权决定制定的行政法规，称“暂行条例”或者“暂行规定”。

国务院各部门和地方人民政府制定的规章不得称“条例”。

第六条　行政法规应当备而不繁，逻辑严密，条文明确、具体，用语准确、简洁，具有可操作性。

行政法规根据内容需要，可以分章、节、条、款、项、目。章、节、条的序号用中文数字依次表述，款不编序号，项的序号用中文数字加括号依次表述，目的序号用阿拉伯数字依次表述。

第二章　立　　项

第七条　国务院于每年年初编制本年度的立法工作计划。

第八条　国务院有关部门认为需要制定行政法规的，应当于国务院编制年度立法工作计划前，向国务院报请立项。

国务院有关部门报送的行政法规立项申请，应当说明立法项目所要解决的主要问题、依据的党的路线方针政策和决策部署，以及拟确立的主要制度。

国务院法制机构应当向社会公开征集行政法规制定项目建议。

第九条　国务院法制机构应当根据国家总体工作部署，对行政法规立项申请和公开征集的行政法规制定项目建议进行评估论证，突出重点，统筹兼顾，拟订国务院年度立法工作计划，报党中央、国务院批准后向社会公布。

列入国务院年度立法工作计划的行政法规项目应当符合下列要求：

（一）贯彻落实党的路线方针政策和决策部署，适应改革、发展、稳定的需要；

（二）有关的改革实践经验基本成熟；

（三）所要解决的问题属于国务院职权范围并需要国务院制定行政法规的事项。

第十条　对列入国务院年度立法工作计

划的行政法规项目，承担起草任务的部门应当抓紧工作，按照要求上报国务院；上报国务院前，应当与国务院法制机构沟通。

国务院法制机构应当及时跟踪了解国务院各部门落实国务院年度立法工作计划的情况，加强组织协调和督促指导。

国务院年度立法工作计划在执行中可以根据实际情况予以调整。

第三章　起　　草

第十一条　行政法规由国务院组织起草。国务院年度立法工作计划确定行政法规由国务院的一个部门或者几个部门具体负责起草工作，也可以确定由国务院法制机构起草或者组织起草。

第十二条　起草行政法规，应当符合本条例第三条、第四条的规定，并符合下列要求：

（一）弘扬社会主义核心价值观；

（二）体现全面深化改革精神，科学规范行政行为，促进政府职能向宏观调控、市场监管、社会管理、公共服务、环境保护等方面转变；

（三）符合精简、统一、效能的原则，相同或者相近的职能规定由一个行政机关承担，简化行政管理手续；

（四）切实保障公民、法人和其他组织的合法权益，在规定其应当履行的义务的同时，应当规定其相应的权利和保障权利实现的途径；

（五）体现行政机关的职权与责任相统一的原则，在赋予有关行政机关必要的职权的同时，应当规定其行使职权的条件、程序和应承担的责任。

第十三条　起草行政法规，起草部门应当深入调查研究，总结实践经验，广泛听取有关机关、组织和公民的意见。涉及社会公众普遍关注的热点难点问题和经济社会发展遇到的突出矛盾，减损公民、法人和其他组织权利或者增加其义务，对社会公众有重要影响等重大利益调整事项的，应当进行论证咨询。听取意见可以采取召开座谈会、论证会、听证会等多种形式。

起草行政法规，起草部门应当将行政法规草案及其说明等向社会公布，征求意见，但是经国务院决定不公布的除外。向社会公布征求意见的期限一般不少于30日。

起草专业性较强的行政法规，起草部门可以吸收相关领域的专家参与起草工作，或者委托有关专家、教学科研单位、社会组织起草。

第十四条　起草行政法规，起草部门应当就涉及其他部门的职责或者与其他部门关系紧密的规定，与有关部门充分协商，涉及部门职责分工、行政许可、财政支持、税收优惠政策的，应当征得机构编制、财政、税务等相关部门同意。

第十五条　起草行政法规，起草部门应当对涉及有关管理体制、方针政策等需要国务院决策的重大问题提出解决方案，报国务院决定。

第十六条　起草部门向国务院报送的行政法规草案送审稿（以下简称行政法规送审稿），应当由起草部门主要负责人签署。

起草行政法规，涉及几个部门共同职责需要共同起草的，应当共同起草，达成一致意见后联合报送行政法规送审稿。几个部门共同起草的行政法规送审稿，应当由该几个部门主要负责人共同签署。

第十七条　起草部门将行政法规送审稿报送国务院审查时，应当一并报送行政法规送审稿的说明和有关材料。

行政法规送审稿的说明应当对立法的必要性，主要思路，确立的主要制度，征求有关机关、组织和公民意见的情况，各方面对送审稿主要问题的不同意见及其协调处理情况，拟设定、取消或者调整行政许可、行政强制的情况等作出说明。有关材料主要包括所规范领域的实际情况和相关数据、实践中存在的主要问题、国内外的有关立法资料、调研报告、考察报告等。

第四章　审　　查

第十八条　报送国务院的行政法规送审稿，由国务院法制机构负责审查。

国务院法制机构主要从以下方面对行政法规送审稿进行审查：

（一）是否严格贯彻落实党的路线方针政策和决策部署，是否符合宪法和法律的规定，是否遵循立法法确定的立法原则；

（二）是否符合本条例第十二条的要求；

（三）是否与有关行政法规协调、衔接；

（四）是否正确处理有关机关、组织和公民对送审稿主要问题的意见；

（五）其他需要审查的内容。

第十九条　行政法规送审稿有下列情形之一的，国务院法制机构可以缓办或者退回起草部门：

（一）制定行政法规的基本条件尚不成熟或者发生重大变化的；

（二）有关部门对送审稿规定的主要制度存在较大争议，起草部门未征得机构编制、财政、税务等相关部门同意的；

（三）未按照本条例有关规定公开征求意见的；

（四）上报送审稿不符合本条例第十五条、第十六条、第十七条规定的。

第二十条　国务院法制机构应当将行政法规送审稿或者行政法规送审稿涉及的主要问题发送国务院有关部门、地方人民政府、有关组织和专家等各方面征求意见。国务院有关部门、地方人民政府应当在规定期限内反馈书面意见，并加盖本单位或者本单位办公厅（室）印章。

国务院法制机构可以将行政法规送审稿或者修改稿及其说明等向社会公布，征求意见。向社会公布征求意见的期限一般不少于30日。

第二十一条　国务院法制机构应当就行政法规送审稿涉及的主要问题，深入基层进行实地调查研究，听取基层有关机关、组织和公民的意见。

第二十二条　行政法规送审稿涉及重大利益调整的，国务院法制机构应当进行论证咨询，广泛听取有关方面的意见。论证咨询可以采取座谈会、论证会、听证会、委托研究等多种形式。

行政法规送审稿涉及重大利益调整或者存在重大意见分歧，对公民、法人或者其他组织的权利义务有较大影响，人民群众普遍关注的，国务院法制机构可以举行听证会，听取有关机关、组织和公民的意见。

第二十三条　国务院有关部门对行政法规送审稿涉及的主要制度、方针政策、管理体制、权限分工等有不同意见的，国务院法制机构应当进行协调，力求达成一致意见。对有较大争议的重要立法事项，国务院法制机构可以委托有关专家、教学科研单位、社会组织进行评估。

经过充分协调不能达成一致意见的，国务院法制机构、起草部门应当将争议的主要问题、有关部门的意见以及国务院法制机构的意见及时报国务院领导协调，或者报国务院决定。

第二十四条　国务院法制机构应当认真研究各方面的意见，与起草部门协商后，对行政法规送审稿进行修改，形成行政法规草案和对草案的说明。

第二十五条　行政法规草案由国务院法制机构主要负责人提出提请国务院常务会议审议的建议；对调整范围单一、各方面意见一致或者依据法律制定的配套行政法规草案，可以采取传批方式，由国务院法制机构直接提请国务院审批。

第五章　决定与公布

第二十六条　行政法规草案由国务院常务会议审议，或者由国务院审批。

国务院常务会议审议行政法规草案时，由国务院法制机构或者起草部门作说明。

第二十七条　国务院法制机构应当根据国务院对行政法规草案的审议意见，对行政法规草案进行修改，形成草案修改稿，报请总理签署国务院令公布施行。

签署公布行政法规的国务院令载明该行政法规的施行日期。

第二十八条　行政法规签署公布后，及时在国务院公报和中国政府法制信息网以及在全国范围内发行的报纸上刊载。国务院法制机构应当及时汇编出版行政法规的国家正式版本。

在国务院公报上刊登的行政法规文本为标准文本。

第二十九条　行政法规应当自公布之日起30日后施行；但是，涉及国家安全、外汇汇率、货币政策的确定以及公布后不立即施行将有碍行政法规施行的，可以自公布之日起施行。

第三十条　行政法规在公布后的30日内由国务院办公厅报全国人民代表大会常务委员会备案。

第六章　行政法规解释

第三十一条　行政法规有下列情形之一的，由国务院解释：

（一）行政法规的规定需要进一步明确具体含义的；

（二）行政法规制定后出现新的情况，需要明确适用行政法规依据的。

国务院法制机构研究拟订行政法规解释草案，报国务院同意后，由国务院公布或者由国务院授权国务院有关部门公布。

行政法规的解释与行政法规具有同等效力。

第三十二条　国务院各部门和省、自治区、直辖市人民政府可以向国务院提出行政法规解释要求。

第三十三条　对属于行政工作中具体应用行政法规的问题，省、自治区、直辖市人民政府法制机构以及国务院有关部门法制机构请求国务院法制机构解释的，国务院法制机构可以研究答复；其中涉及重大问题的，由国务院法制机构提出意见，报国务院同意后答复。

第七章　附　　则

第三十四条　拟订国务院提请全国人民代表大会或者全国人民代表大会常务委员会审议的法律草案，参照本条例的有关规定办理。

第三十五条　国务院可以根据全面深化改革、经济社会发展需要，就行政管理等领域的特定事项，决定在一定期限内在部分地方暂时调整或者暂时停止适用行政法规的部分规定。

第三十六条　国务院法制机构或者国务院有关部门应当根据全面深化改革、经济社会发展需要以及上位法规定，及时组织开展行政法规清理工作。对不适应全面深化改革和经济社会发展要求、不符合上位法规定的行政法规，应当及时修改或者废止。

第三十七条　国务院法制机构或者国务院有关部门可以组织对有关行政法规或者行政法规中的有关规定进行立法后评估，并把评估结果作为修改、废止有关行政法规的重要参考。

第三十八条　行政法规的修改、废止程序适用本条例的有关规定。

行政法规修改、废止后，应当及时公布。

第三十九条 行政法规的外文正式译本和民族语言文本，由国务院法制机构审定。

第四十条 本条例自 2002 年 1 月 1 日起施行。1987 年 4 月 21 日国务院批准、国务院办公厅发布的《行政法规制定程序暂行条例》同时废止。

规章制定程序条例

（2001年11月16日中华人民共和国国务院令第322号公布；根据2017年12月22日《国务院关于修改〈规章制定程序条例〉的决定》修订）

第一章 总 则

第一条 为了规范规章制定程序，保证规章质量，根据立法法的有关规定，制定本条例。

第二条 规章的立项、起草、审查、决定、公布、解释，适用本条例。

违反本条例规定制定的规章无效。

第三条 制定规章，应当贯彻落实党的路线方针政策和决策部署，遵循立法法确定的立法原则，符合宪法、法律、行政法规和其他上位法的规定。

没有法律或者国务院的行政法规、决定、命令的依据，部门规章不得设定减损公民、法人和其他组织权利或者增加其义务的规范，不得增加本部门的权力或者减少本部门的法定职责。没有法律、行政法规、地方性法规的依据，地方政府规章不得设定减损公民、法人和其他组织权利或者增加其义务的规范。

第四条 制定政治方面法律的配套规章，应当按照有关规定及时报告党中央或者同级党委（党组）。

制定重大经济社会方面的规章，应当按照有关规定及时报告同级党委（党组）。

第五条 制定规章，应当切实保障公民、法人和其他组织的合法权益，在规定其应当履行的义务的同时，应当规定其相应的权利和保障权利实现的途径。

制定规章，应当体现行政机关的职权与责任相统一的原则，在赋予有关行政机关必要的职权的同时，应当规定其行使职权的条件、程序和应承担的责任。

第六条 制定规章，应当体现全面深化改革精神，科学规范行政行为，促进政府职能向宏观调控、市场监管、社会管理、公共服务、环境保护等方面转变。

制定规章，应当符合精简、统一、效能的原则，相同或者相近的职能应当规定由一个行政机关承担，简化行政管理手续。

第七条 规章的名称一般称“规定”“办法”，但不得称“条例”。

第八条 规章用语应当准确、简洁，条文内容应当明确、具体，具有可操作性。

法律、法规已经明确规定的内容，规章原则上不作重复规定。

除内容复杂的外，规章一般不分章、节。

第九条 涉及国务院两个以上部门职权范围的事项，制定行政法规条件尚不成熟，需要制定规章的，国务院有关部门应当联合制定规章。

有前款规定情形的，国务院有关部门单独制定的规章无效。

第二章 立 项

第十条 国务院部门内设机构或者其他机构认为需要制定部门规章的，应当向该部门报请立项。

省、自治区、直辖市和设区的市、自治州的人民政府所属工作部门或者下级人民政府认为需要制定地方政府规章的，应当向该省、自治区、直辖市或者设区的市、自治州的人民政府报请立项。

国务院部门，省、自治区、直辖市和设区的市、自治州的人民政府，可以向社会公开征集规章制定项目建议。

第十一条 报送制定规章的立项申请，应当对制定规章的必要性、所要解决的主要问题、拟确立的主要制度等作出说明。

第十二条 国务院部门法制机构，省、自治区、直辖市和设区的市、自治州的人民政府法制机构（以下简称法制机构），应当对制定规章的立项申请和公开征集的规章制定项目建议进行评估论证，拟订本部门、本级人民政府年度规章制定工作计划，报本部门、本级人民政府批准后向社会公布。

年度规章制定工作计划应当明确规章的名称、起草单位、完成时间等。

第十三条 国务院部门，省、自治区、直辖市和设区的市、自治州的人民政府，应当加强对执行年度规章制定工作计划的领导。对列入年度规章制定工作计划的项目，承担起草工作的单位应当抓紧工作，按照要求上报本部门或者本级人民政府决定。

法制机构应当及时跟踪了解本部门、本级人民政府年度规章制定工作计划执行情况，加强组织协调和督促指导。

年度规章制定工作计划在执行中，可以根据实际情况予以调整，对拟增加的规章项目应当进行补充论证。

第三章　起　　草

第十四条 部门规章由国务院部门组织起草，地方政府规章由省、自治区、直辖市和设区的市、自治州的人民政府组织起草。

国务院部门可以确定规章由其一个或者几个内设机构或者其他机构具体负责起草工作，也可以确定由其法制机构起草或者组织起草。

省、自治区、直辖市和设区的市、自治州的人民政府可以确定规章由其一个部门或者几个部门具体负责起草工作，也可以确定由其法制机构起草或者组织起草。

第十五条 起草规章，应当深入调查研究，总结实践经验，广泛听取有关机关、组织和公民的意见。听取意见可以采取书面征求意见、座谈会、论证会、听证会等多种形式。

起草规章，除依法需要保密的外，应当将规章草案及其说明等向社会公布，征求意见。向社会公布征求意见的期限一般不少于30日。

起草专业性较强的规章，可以吸收相关领域的专家参与起草工作，或者委托有关专家、教学科研单位、社会组织起草。

第十六条 起草规章，涉及社会公众普遍关注的热点难点问题和经济社会发展遇到的突出矛盾，减损公民、法人和其他组织权利或者增加其义务，对社会公众有重要影响等重大利益调整事项的，起草单位应当进行论证咨询，广泛听取有关方面的意见。

起草的规章涉及重大利益调整或者存在重大意见分歧，对公民、法人或者其他组织的权利义务有较大影响，人民群众普遍关注，需要进行听证的，起草单位应当举行听证会听取意见。听证会依照下列程序组织：

（一）听证会公开举行，起草单位应当在举行听证会的30日前公布听证会的时间、地点和内容；

（二）参加听证会的有关机关、组织和公民对起草的规章，有权提问和发表意见；

（三）听证会应当制作笔录，如实记录发言人的主要观点和理由；

（四）起草单位应当认真研究听证会反映的各种意见，起草的规章在报送审查时，应当说明对听证会意见的处理情况及其理由。

第十七条 起草部门规章，涉及国务院其他部门的职责或者与国务院其他部门关系紧密的，起草单位应当充分征求国务院其他部门的意见。

起草地方政府规章，涉及本级人民政府其他部门的职责或者与其他部门关系紧密的，起草单位应当充分征求其他部门的意见。起草单位与其他部门有不同意见的，应当充分协商；经过充分协商不能取得一致意见的，起草单位应当在上报规章草案送审稿（以下简称规章送审稿）时说明情况和理由。

第十八条 起草单位应当将规章送审稿及其说明、对规章送审稿主要问题的不同意见和其他有关材料按规定报送审查。

报送审查的规章送审稿，应当由起草单位主要负责人签署；几个起草单位共同起草的规章送审稿，应当由该几个起草单位主要负责人共同签署。

规章送审稿的说明应当对制定规章的必要性、规定的主要措施、有关方面的意见及其协调处理情况等作出说明。

有关材料主要包括所规范领域的实际情况和相关数据、实践中存在的主要问题、汇总的意见、听证会笔录、调研报告、国内外有关立法资料等。

第四章 审　　查

第十九条 规章送审稿由法制机构负责统一审查。法制机构主要从以下方面对送审稿进行审查：

（一）是否符合本条例第三条、第四条、第五条、第六条的规定；

（二）是否符合社会主义核心价值观的要求；

（三）是否与有关规章协调、衔接；

（四）是否正确处理有关机关、组织和公民对规章送审稿主要问题的意见；

（五）是否符合立法技术要求；

（六）需要审查的其他内容。

第二十条 规章送审稿有下列情形之一的，法制机构可以缓办或者退回起草单位：

（一）制定规章的基本条件尚不成熟或者发生重大变化的；

（二）有关机构或者部门对规章送审稿规定的主要制度存在较大争议，起草单位未与有关机构或者部门充分协商的；

（三）未按照本条例有关规定公开征求意见的；

（四）上报送审稿不符合本条例第十八条规定的。

第二十一条 法制机构应当将规章送审稿或者规章送审稿涉及的主要问题发送有关机关、组织和专家征求意见。

法制机构可以将规章送审稿或者修改稿及其说明等向社会公布，征求意见。向社会公布征求意见的期限一般不少于30日。

第二十二条 法制机构应当就规章送审稿涉及的主要问题，深入基层进行实地调查研究，听取基层有关机关、组织和公民的意见。

第二十三条 规章送审稿涉及重大利益调整的，法制机构应当进行论证咨询，广泛听取有关方面的意见。论证咨询可以采取座谈会、论证会、听证会、委托研究等多种形式。

规章送审稿涉及重大利益调整或者存在重大意见分歧，对公民、法人或者其他组织的权利义务有较大影响，人民群众普遍关注，起草单位在起草过程中未举行听证会的，法制机构经本部门或者本级人民政府批准，可以举行听证会。举行听证会的，应当依照本条例第十六条规定的程序组织。

第二十四条 有关机构或者部门对规章送审稿涉及的主要措施、管理体制、权限分工等问题有不同意见的，法制机构应当进行协调，力求达成一致意见。对有较大争议的重要立法事项，法制机构可以委托有关专家、教学科研单位、社会组织进行评估。

经过充分协调不能达成一致意见的，法制机构应当将主要问题、有关机构或者部门的意见和法制机构的意见及时报本部门或者本级人民政府领导协调，或者报本部门或者本级人民政府决定。

第二十五条 法制机构应当认真研究各方面的意见，与起草单位协商后，对规章送审稿进行修改，形成规章草案和对草案的说明。说明应当包括制定规章拟解决的主要问题、确立的主要措施以及与有关部门的协调情况等。

规章草案和说明由法制机构主要负责人签署，提出提请本部门或者本级人民政府有关会议审议的建议。

第二十六条 法制机构起草或者组织起草的规章草案，由法制机构主要负责人签署，提出提请本部门或者本级人民政府有关会议审议的建议。

第五章 决定和公布

第二十七条 部门规章应当经部务会议或者委员会会议决定。

地方政府规章应当经政府常务会议或者全体会议决定。

第二十八条 审议规章草案时，由法制机构作说明，也可以由起草单位作说明。

第二十九条 法制机构应当根据有关会议审议意见对规章草案进行修改，形成草案修改稿，报请本部门首长或者省长、自治区主席、市长、自治州州长签署命令予以公布。

第三十条 公布规章的命令应当载明该规章的制定机关、序号、规章名称、通过日期、施行日期、部门首长或者省长、自治区主席、市长、自治州州长署名以及公布日期。

部门联合规章由联合制定的部门首长共同署名公布，使用主办机关的命令序号。

第三十一条 部门规章签署公布后，及时在国务院公报或者部门公报和中国政府法制信息网以及在全国范围内发行的报纸上刊载。

地方政府规章签署公布后，及时在本级人民政府公报和中国政府法制信息网以及在本行政区域范围内发行的报纸上刊载。

在国务院公报或者部门公报和地方人民政府公报上刊登的规章文本为标准文本。

第三十二条 规章应当自公布之日起30日后施行；但是，涉及国家安全、外汇汇率、货币政策的确定以及公布后不立即施行将有碍规章施行的，可以自公布之日起施行。

第六章 解释与备案

第三十三条 规章解释权属于规章制定机关。

规章有下列情形之一的，由制定机关解释：

（一）规章的规定需要进一步明确具体含义的；

（二）规章制定后出现新的情况，需要明确适用规章依据的。

规章解释由规章制定机关的法制机构参照规章送审稿审查程序提出意见，报请制定机关批准后公布。

规章的解释同规章具有同等效力。

第三十四条 规章应当自公布之日起30日内，由法制机构依照立法法和《法规规章备案条例》的规定向有关机关备案。

第三十五条 国家机关、社会团体、企业事业组织、公民认为规章同法律、行政法规相抵触的，可以向国务院书面提出审查的建议，由国务院法制机构研究并提出处理意见，按照规定程序处理。

国家机关、社会团体、企业事业组织、公民认为设区的市、自治州的人民政府规章同法律、行政法规相抵触或者违反其他上位法的规定的，也可以向本省、自治区人民政府书面提出审查的建议，由省、自治区人民政府法制机构研究并提出处理意见，按照规定程序处理。

第七章　附　　则

第三十六条　依法不具有规章制定权的县级以上地方人民政府制定、发布具有普遍约束力的决定、命令，参照本条例规定的程序执行。

第三十七条　国务院部门，省、自治区、直辖市和设区的市、自治州的人民政府，应当根据全面深化改革、经济社会发展需要以及上位法规定，及时组织开展规章清理工作。对不适应全面深化改革和经济社会发展要求、不符合上位法规定的规章，应当及时修改或者废止。

第三十八条　国务院部门，省、自治区、直辖市和设区的市、自治州的人民政府，可以组织对有关规章或者规章中的有关规定进行立法后评估，并把评估结果作为修改、废止有关规章的重要参考。

第三十九条　规章的修改、废止程序适用本条例的有关规定。

规章修改、废止后，应当及时公布。

第四十条　编辑出版正式版本、民族文版、外文版本的规章汇编，由法制机构依照《法规汇编编辑出版管理规定》的有关规定执行。

第四十一条　本条例自2002年1月1日起施行。

重大行政决策程序暂行条例

（2019 年 4 月 20 日国务院令第 713 号公布，自 2019 年 9 月 1 日起施行）

第一章　总　　则

第一条　为了健全科学、民主、依法决策机制，规范重大行政决策程序，提高决策质量和效率，明确决策责任，根据宪法、地方各级人民代表大会和地方各级人民政府组织法等规定，制定本条例。

第二条　县级以上地方人民政府（以下称决策机关）重大行政决策的作出和调整程序，适用本条例。

第三条　本条例所称重大行政决策事项（以下简称决策事项）包括：

（一）制定有关公共服务、市场监管、社会管理、环境保护等方面的重大公共政策和措施；

（二）制定经济和社会发展等方面的重要规划；

（三）制定开发利用、保护重要自然资源和文化资源的重大公共政策和措施；

（四）决定在本行政区域实施的重大公共建设项目；

（五）决定对经济社会发展有重大影响、涉及重大公共利益或者社会公众切身利益的其他重大事项。

法律、行政法规对本条第一款规定事项的决策程序另有规定的，依照其规定。财政政策、货币政策等宏观调控决策，政府立法决策以及突发事件应急处置决策不适用本条例。

决策机关可以根据本条第一款的规定，结合职责权限和本地实际，确定决策事项目录、标准，经同级党委同意后向社会公布，并根据实际情况调整。

第四条　重大行政决策必须坚持和加强党的全面领导，全面贯彻党的路线方针政策和决策部署，发挥党的领导核心作用，把党的领导贯彻到重大行政决策全过程。

第五条　作出重大行政决策应当遵循科学决策原则，贯彻创新、协调、绿色、开放、共享的发展理念，坚持从实际出发，运用科学技术和方法，尊重客观规律，适应经济社会发展和全面深化改革要求。

第六条　作出重大行政决策应当遵循民主决策原则，充分听取各方面意见，保障人民群众通过多种途径和形式参与决策。

第七条　作出重大行政决策应当遵循依法决策原则，严格遵守法定权限，依法履行法定程序，保证决策内容符合法律、法规和规章等规定。

第八条　重大行政决策依法接受本级人民代表大会及其常务委员会的监督，根据法律、法规规定属于本级人民代表大会及其常务委员会讨论决定的重大事项范围或者应当在出台前向本级人民代表大会常务委员会报告的，按照有关规定办理。

上级行政机关应当加强对下级行政机关重大行政决策的监督。审计机关按照规定对重大行政决策进行监督。

第九条　重大行政决策情况应当作为考核评价决策机关及其领导人员的重要内容。

第二章　决策草案的形成

第一节　决策启动

第十条　对各方面提出的决策事项建议，按照下列规定进行研究论证后，报请决策机关决定是否启动决策程序：

（一）决策机关领导人员提出决策事项建议的，交有关单位研究论证；

（二）决策机关所属部门或者下一级人民政府提出决策事项建议的，应当论证拟解决的主要问题、建议理由和依据、解决问题的初步方案及其必要性、可行性等；

（三）人大代表、政协委员等通过建议、提案等方式提出决策事项建议，以及公民、法人或者其他组织提出书面决策事项建议的，交有关单位研究论证。

第十一条　决策机关决定启动决策程序的，应当明确决策事项的承办单位（以下简称决策承办单位），由决策承办单位负责重大行政决策草案的拟订等工作。决策事项需要两个以上单位承办的，应当明确牵头的决策承办单位。

第十二条　决策承办单位应当在广泛深入开展调查研究、全面准确掌握有关信息、充分协商协调的基础上，拟订决策草案。

决策承办单位应当全面梳理与决策事项有关的法律、法规、规章和政策，使决策草案合法合规、与有关政策相衔接。

决策承办单位根据需要对决策事项涉及的人财物投入、资源消耗、环境影响等成本和经济、社会、环境效益进行分析预测。

有关方面对决策事项存在较大分歧的，决策承办单位可以提出两个以上方案。

第十三条　决策事项涉及决策机关所属部门、下一级人民政府等单位的职责，或者与其关系紧密的，决策承办单位应当与其充分协商；不能取得一致意见的，应当向决策机关说明争议的主要问题，有关单位的意见，决策承办单位的意见、理由和依据。

第二节　公众参与

第十四条　决策承办单位应当采取便于社会公众参与的方式充分听取意见，依法不予公开的决策事项除外。

听取意见可以采取座谈会、听证会、实地走访、书面征求意见、向社会公开征求意见、问卷调查、民意调查等多种方式。

决策事项涉及特定群体利益的，决策承办单位应当与相关人民团体、社会组织以及群众代表进行沟通协商，充分听取相关群体的意见建议。

第十五条　决策事项向社会公开征求意见的，决策承办单位应当通过政府网站、政务新媒体以及报刊、广播、电视等便于社会公众知晓的途径，公布决策草案及其说明等材料，明确提出意见的方式和期限。公开征求意见的期限一般不少于30日；因情况紧急等原因需要缩短期限的，公开征求意见时应当予以说明。

对社会公众普遍关心或者专业性、技术性较强的问题，决策承办单位可以通过专家访谈等方式进行解释说明。

第十六条　决策事项直接涉及公民、法人、其他组织切身利益或者存在较大分歧的，可以召开听证会。法律、法规、规章对召开听证会另有规定的，依照其规定。

决策承办单位或者组织听证会的其他单位应当提前公布决策草案及其说明等材料，明确听证时间、地点等信息。

需要遴选听证参加人的，决策承办单位或者组织听证会的其他单位应当提前公布听证参加人遴选办法，公平公开组织遴选，保证相关各方都有代表参加听证会。听证参加人名单应当提前向社会公布。听证会材料应当于召开听证会7日前送达听证参加人。

第十七条 听证会应当按照下列程序公开举行：

（一）决策承办单位介绍决策草案、依据和有关情况；

（二）听证参加人陈述意见，进行询问、质证和辩论，必要时可以由决策承办单位或者有关专家进行解释说明；

（三）听证参加人确认听证会记录并签字。

第十八条 决策承办单位应当对社会各方面提出的意见进行归纳整理、研究论证，充分采纳合理意见，完善决策草案。

第三节 专家论证

第十九条 对专业性、技术性较强的决策事项，决策承办单位应当组织专家、专业机构论证其必要性、可行性、科学性等，并提供必要保障。

专家、专业机构应当独立开展论证工作，客观、公正、科学地提出论证意见，并对所知悉的国家秘密、商业秘密、个人隐私依法履行保密义务；提供书面论证意见的，应当署名、盖章。

第二十条 决策承办单位组织专家论证，可以采取论证会、书面咨询、委托咨询论证等方式。选择专家、专业机构参与论证，应当坚持专业性、代表性和中立性，注重选择持不同意见的专家、专业机构，不得选择与决策事项有直接利害关系的专家、专业机构。

第二十一条 省、自治区、直辖市人民政府应当建立决策咨询论证专家库，规范专家库运行管理制度，健全专家诚信考核和退出机制。

市、县级人民政府可以根据需要建立决策咨询论证专家库。

决策机关没有建立决策咨询论证专家库的，可以使用上级行政机关的专家库。

第四节 风险评估

第二十二条 重大行政决策的实施可能对社会稳定、公共安全等方面造成不利影响的，决策承办单位或者负责风险评估工作的其他单位应当组织评估决策草案的风险可控性。

按照有关规定已对有关风险进行评价、评估的，不作重复评估。

第二十三条 开展风险评估，可以通过舆情跟踪、重点走访、会商分析等方式，运用定性分析与定量分析等方法，对决策实施的风险进行科学预测、综合研判。

开展风险评估，应当听取有关部门的意见，形成风险评估报告，明确风险点，提出风险防范措施和处置预案。

开展风险评估，可以委托专业机构、社会组织等第三方进行。

第二十四条 风险评估结果应当作为重大行政决策的重要依据。决策机关认为风险可控的，可以作出决策；认为风险不可控的，在采取调整决策草案等措施确保风险可控后，可以作出决策。

第三章 合法性审查和集体讨论决定

第一节 合法性审查

第二十五条 决策草案提交决策机关讨论前，应当由负责合法性审查的部门进行合法性审查。不得以征求意见等方式代替合法性审查。

决策草案未经合法性审查或者经审查不合法的，不得提交决策机关讨论。对国家尚无明确规定的探索性改革决策事项，可以明示法律风险，提交决策机关讨论。

第二十六条 送请合法性审查，应当提供决策草案及相关材料，包括有关法律、法规、规章等依据和履行决策法定程序的说明等。提供的材料不符合要求的，负责合法性审查的部门可以退回，或者要求补充。

送请合法性审查，应当保证必要的审查时间，一般不少于7个工作日。

第二十七条 合法性审查的内容包括：

（一）决策事项是否符合法定权限；

（二）决策草案的形成是否履行相关法定程序；

（三）决策草案内容是否符合有关法律、法规、规章和国家政策的规定。

第二十八条 负责合法性审查的部门应当及时提出合法性审查意见，并对合法性审查意见负责。在合法性审查过程中，应当组织法律顾问、公职律师提出法律意见。决策承办单位根据合法性审查意见进行必要的调整或者补充。

第二节 集体讨论决定和决策公布

第二十九条 决策承办单位提交决策机关讨论决策草案，应当报送下列材料：

（一）决策草案及相关材料，决策草案涉及市场主体经济活动的，应当包含公平竞争审查的有关情况；

（二）履行公众参与程序的，同时报送社会公众提出的主要意见的研究采纳情况；

（三）履行专家论证程序的，同时报送专家论证意见的研究采纳情况；

（四）履行风险评估程序的，同时报送风险评估报告等有关材料；

（五）合法性审查意见；

（六）需要报送的其他材料。

第三十条 决策草案应当经决策机关常务会议或者全体会议讨论。决策机关行政首长在集体讨论的基础上作出决定。

讨论决策草案，会议组成人员应当充分发表意见，行政首长最后发表意见。行政首长拟作出的决定与会议组成人员多数人的意见不一致的，应当在会上说明理由。

集体讨论决定情况应当如实记录，不同意见应当如实载明。

第三十一条 重大行政决策出台前应当按照规定向同级党委请示报告。

第三十二条 决策机关应当通过本级人民政府公报和政府网站以及在本行政区域内发行的报纸等途径及时公布重大行政决策。对社会公众普遍关心或者专业性、技术性较强的重大行政决策，应当说明公众意见、专家论证意见的采纳情况，通过新闻发布会、接受访谈等方式进行宣传解读。依法不予公开的除外。

第三十三条 决策机关应当建立重大行政决策过程记录和材料归档制度，由有关单位将履行决策程序形成的记录、材料及时完整归档。

第四章 决策执行和调整

第三十四条 决策机关应当明确负责重大行政决策执行工作的单位（以下简称决策执行单位），并对决策执行情况进行督促检查。决策执行单位应当依法全面、及时、正确执行重大行政决策，并向决策机关报告决策执行情况。

第三十五条 决策执行单位发现重大行政决策存在问题、客观情况发生重大变化，或者决策执行中发生不可抗力等严重影响决策目标实现的，应当及时向决策机关报告。

公民、法人或者其他组织认为重大行政决策及其实施存在问题的，可以通过信件、电话、电子邮件等方式向决策机关或者决策执行单位提出意见建议。

第三十六条 有下列情形之一的，决策机关可以组织决策后评估，并确定承担评估具体工作的单位：

（一）重大行政决策实施后明显未达到预期效果；

（二）公民、法人或者其他组织提出较多意见；

（三）决策机关认为有必要。

开展决策后评估，可以委托专业机构、社会组织等第三方进行，决策作出前承担主要论证评估工作的单位除外。

开展决策后评估，应当注重听取社会公众的意见，吸收人大代表、政协委员、人民团体、基层组织、社会组织参与评估。

决策后评估结果应当作为调整重大行政决策的重要依据。

第三十七条 依法作出的重大行政决策，未经法定程序不得随意变更或者停止执行；执行中出现本条例第三十五条规定的情形、情况紧急的，决策机关行政首长可以先决定中止执行；需要作出重大调整的，应当依照本条例履行相关法定程序。

第五章 法律责任

第三十八条 决策机关违反本条例规定的，由上一级行政机关责令改正，对决策机关行政首长、负有责任的其他领导人员和直接责任人员依法追究责任。

决策机关违反本条例规定造成决策严重失误，或者依法应当及时作出决策而久拖不决，造成重大损失、恶劣影响的，应当倒查责任，实行终身责任追究，对决策机关行政首长、负有责任的其他领导人员和直接责任人员依法追究责任。

决策机关集体讨论决策草案时，有关人员对严重失误的决策表示不同意见的，按照规定减免责任。

第三十九条 决策承办单位或者承担决策有关工作的单位未按照本条例规定履行决策程序或者履行决策程序时失职渎职、弄虚作假的，由决策机关责令改正，对负有责任的领导人员和直接责任人员依法追究责任。

第四十条 决策执行单位拒不执行、推诿执行、拖延执行重大行政决策，或者对执行中发现的重大问题瞒报、谎报或者漏报的，由决策机关责令改正，对负有责任的领导人员和直接责任人员依法追究责任。

第四十一条 承担论证评估工作的专家、专业机构、社会组织等违反职业道德和本条例规定的，予以通报批评、责令限期整改；造成严重后果的，取消评估资格、承担相应责任。

第六章 附 则

第四十二条 县级以上人民政府部门和乡级人民政府重大行政决策的作出和调整程序，参照本条例规定执行。

第四十三条 省、自治区、直辖市人民政府根据本条例制定本行政区域重大行政决策程序的具体制度。

国务院有关部门参照本条例规定，制定本部门重大行政决策程序的具体制度。

第四十四条 本条例自 2019 年 9 月 1 日起施行。

（二）国务院重点涉渔规范性文件

国务院对清理、取缔“三无”船舶通告的批复

（1994年10月16日公布，国函〔1994〕111号）

农业部、公安部、交通部、国家工商行政管理局、海关总署：

国务院同意《关于清理、取缔“三无”船舶的通告》，由你们发布施行。具体实施办法，由你们依照本《通告》制定。

附：关于清理、取缔“三无”船舶的通告

近年来，在沿海一些地区，不法分子利用无船名无船号、无船舶证书、无船籍港的“三无”船舶进行走私等违法犯罪活动，严重地危害了海上治安，妨碍生产、运输的正常进行。为打击违法犯罪活动，维护海上正常秩序，保护人民群众生命财产安全，必须坚决清理、取缔“三无”船舶。特通告如下：

一、凡未履行审批手续，非法建造、改装的船舶，由公安、渔政渔监和港监部门等港口、海上执法部门予以没收；对未履行审批手续擅自建造、改装船舶的造船厂，由工商行政管理机关处船价2倍以下的罚款，情节严重的，可依法吊销其营业执照；未经核准登记注册非法建造、改装船舶的厂、点，由工商行政管理机关依法予以取缔，并没收销货款和非法建造、改装的船舶。

二、港监和渔政渔监部门要在各自的职责范围内进一步加强对船舶进出港的签证管理。对停靠在港口的“三无”船舶，渔监和渔政渔监部门应禁止其离港，予以没收，并可对船主处以船价2倍以下的罚款。

三、渔政渔监和港监部门应加强对海上生产、航行、治安秩序的管理，海关、公安边防部门应结合海上缉私工作，取缔“三无”船舶，对海上航行、停泊的“三无”船舶，一经查获，一律没收，并可对船主处船价2倍以下的罚款。

四、对拒绝、阻碍执法人员依法执行公务的，由公安机关依照《中华人民共和国治安管理处罚条例》处罚；构成犯罪的移送司法机关依法追究刑事责任。

五、公安边防、海关、港监和渔政渔监等部门没收的“三无”船舶，可就地拆解，拆解费用从船舶残料变价款中支付，余款按罚没款处理；也可经审批并办理必要的手续后，作为执法用船，但不得改做他用。

凡拥有“三无”船舶的单位和个人，必须在1994年11月30日前，到当地港监和渔政渔监部门登记，听候处理。逾期不登记的，查扣后从严处理。

凡利用“三无”船舶进行非法活动者，必须在1994年11月30日前主动到公安机关投案自首，否则，一经查获，依法从重惩处。

六、本通告自发布之日起执行。

国务院关于印发中国水生生物资源养护行动纲要的通知

（2006 年 2 月 14 日印发，国发〔2006〕9 号）

各省、自治区、直辖市人民政府，国务院各部委、各直属机构：

现将农业部会同有关部门和单位制定的《中国水生生物资源养护行动纲要》印发给你们，请结合实际，认真贯彻执行。

国务院
2006 年 2 月 14 日

中国水生生物资源养护行动纲要

我国海域辽阔，江河湖泊众多，为水生生物提供了良好的繁衍空间和生存条件。受独特的气候、地理及历史等因素的影响，我国水生生物具有特有程度高、孑遗物种数量大、生态系统类型齐全等特点。我国现有水生生物 2 万多种，在世界生物多样性中占有重要地位。以水生生物为主体的水生生态系统，在维系自然界物质循环、净化环境、缓解温室效应等方面发挥着重要作用。丰富的水生生物是人类重要的食物蛋白来源和渔业发展的物质基础。养护和合理利用水生生物资源对促进渔业可持续发展、维护国家生态安全具有重要意义。为全面贯彻落实科学发展观，切实加强国家生态建设，依法保护和合理利用水生生物资源，实施可持续发展战略，根据新阶段、新时期和市场经济条件下水生生物资源养护管理工作的要求，制定本纲要。

第一部分　水生生物资源养护现状及存在的问题

一、现　　状

多年来，在党中央、国务院的领导下，经过各地区、各有关部门的共同努力，我国水生生物资源养护工作取得了一定成效。

（一）制定并实施了一系列养护管理制度和措施。渔业行政主管部门相继制定并组织实施了海洋伏季休渔、长江禁渔期、海洋捕捞渔船控制等保护管理制度，开展了水生生物资源增殖放流活动，加强了水生生物自然保护区建设和濒危水生野生动物救护工作；环保、海洋、水利、交通等部门也积极采取了重点水域污染防治、自然保护区建设、水土流失治理、水功能区划等有利于水生生物资源养护的措施。

（二）建立了较为完整的养护执法和监管体系。全国渔业行政及执法管理队伍按照统一领导、分级管理的原则，依法履行渔业行业管理、保护渔业资源、渔业水域生态环境和水生野生动植物、专属经济区渔业管理以及维护国家海洋渔业权益等职能。环保、海洋、水利、交通等部门也根据各自职责设立了相关机构，加强了执法监管工作，为水生生物资源养护工作提供了有效的组织保障。

（三）初步形成了与养护工作相适应的

科研、技术推广和服务体系。全国从事水生生物资源养护方面研究和开发的科技人员有13 000多人。建立了全国渔业生态环境监测网和五个海区、流域级渔业资源监测网，对我国渔业资源和渔业水域生态环境状况进行监测和评估，为水生生物资源养护工作提供了坚实的技术支撑。

二、存在的主要问题

随着我国经济社会发展和人口不断增长，水产品市场需求与资源不足的矛盾日益突出。受诸多因素影响，目前我国水生生物资源严重衰退，水域生态环境不断恶化，部分水域呈现生态荒漠化趋势，外来物种入侵危害也日益严重。养护和合理利用水生生物资源已经成为一项重要而紧迫的任务。

（一）水域污染导致水域生态环境不断恶化。近年来，我国废水排放量呈逐年增加趋势，主要江河湖泊均遭受不同程度污染，近岸海域有机物和无机磷浓度明显上升，无机氮普遍超标，赤潮等自然灾害频发，渔业水域污染事故不断增加，水生生物的主要产卵场和索饵育肥场功能明显退化，水域生产力急剧下降。

（二）过度捕捞造成渔业资源严重衰退。我国是世界上捕捞渔船和渔民数量最多的国家，由于长期采取粗放型、掠夺式的捕捞方式，造成传统优质渔业品种资源衰退程度加剧，渔获物的低龄化、小型化、低值化现象严重，捕捞生产效率和经济效益明显下降。

（三）人类活动致使大量水生生物栖息地遭到破坏。水利水电、交通航运和海洋海岸工程建设等人类活动，在创造巨大经济效益和社会效益的同时，对水域生态也造成了不利影响，水生生物的生存条件不断恶化，珍稀水生野生动植物濒危程度加剧。

第二部分　水生生物资源养护的指导思想、原则和目标

一、指导思想

以邓小平理论和“三个代表”重要思想为指导，认真贯彻党的十六大和十六届五中全会精神，全面落实科学发展观，坚持科技创新，完善管理制度，强化保护措施，养护和合理利用水生生物资源，全面提升水生生物资源养护管理水平，改善水域生态环境，实现渔业可持续发展，促进人与自然和谐，维护水生生物多样性。

二、基本原则

（一）坚持统筹协调的原则，处理好资源养护与经济社会发展的关系。科学养护要与合理利用相结合，既服从和服务于国家建设发展的大局，又通过经济社会发展不断增强水生生物资源养护能力，做到保护中开发，开发中保护。科学调度、配置和保护水资源，强化节约资源、循环利用的生产和消费意识，在尽可能减少资源消耗和破坏环境的前提下，把保护水生生物资源与转变渔业增长方式、优化渔业产业结构结合起来，提高资源利用效率，在实现渔业经济持续、健康发展的同时，促进经济增长、社会发展和资源保护相统一。

（二）坚持整体保护的原则，处理好全面保护与重点保护的关系。将水生生物资源养护工作纳入国家生态建设的总体部署，对水生生物资源和水域生态环境进行整体性保护。同时，针对水生生物资源在水生生态系统中的主体地位和不同水生生物的特点，以资源养护为重点，实行多目标管理；在养护措施上，立足当前，着眼长远，分阶段、有

步骤地加以实施。

（三）坚持因地制宜的原则，处理好系统保护与突出区域特色的关系。根据资源的区域分布特征和养护工作面临的任务，分区确定水生生物资源保护和合理利用的方向与措施：近海海域以完善海洋伏季休渔、捕捞许可管理等渔业资源管理制度为重点，保护和合理利用海洋生物资源；浅海滩涂以资源增殖、生态养殖及水域生态保护为重点，促进海水养殖增长方式转变；内陆水域以资源增殖、自然保护区建设、水域污染防治及工程建设资源与生态补偿为重点，保护水生生物多样性和水域生态的完整性。

（四）坚持务实开放的原则，处理好立足国情与履行国际义务的关系。在实际工作中，要充分考虑我国经济社会的发展阶段，立足于我国人口多、渔民多、渔船多、资源承载重的特点，结合现有工作基础，制定切实可行的保护管理措施。同时，要负责任地履行我国政府签署或参加的有关国际公约和规定的相应义务，并学习借鉴国外先进保护管理经验。

（五）坚持执法为民的原则，处理好强化管理与维护渔民权益的关系。在制订各项保护管理措施时，既要考虑符合广大渔民的长远利益，也要考虑渔民的现实承受能力，兼顾各方面利益，妥善解决好渔民的生产发展和生活出路问题，依法维护广大渔民的合法权益。要积极采取各种增殖修复手段，增加水域生产力，提高渔业经济效益，促进渔民增收。

（六）坚持共同参与的原则，处理好政府主导与动员社会力量参与的关系。水生生物资源养护是一项社会公益事业，从水生生物资源的流动性和共有性特点考虑，必须充分发挥政府保护公共资源的主导作用，建立有关部门间各司其职、加强沟通、密切配合的水生生物资源养护管理体制。同时要加强宣传教育，提高全民保护意识，充分调动各方面的积极性，形成全社会广泛动员和积极参与的良好氛围，并通过建立多元化的投融资机制，为水生生物资源养护工作提供必要的资金保障。

三、奋斗目标

（一）近期目标。到 2010 年，水域生态环境恶化、渔业资源衰退、濒危物种数目增加的趋势得到初步缓解，过大的捕捞能力得到压减，捕捞生产效率和经济效益有所提高。全国海洋捕捞机动渔船数量、功率和国内海洋捕捞产量，分别由 2002 年底的 22.2 万艘、1 270 万千瓦和 1 306 万吨压减到 19.2 万艘、1 143 万千瓦和 1 200 万吨左右；每年增殖重要渔业资源品种的苗种数量达到 200 亿尾（粒）以上；省级以上水生生物自然保护区数量达到 100 个以上；渔业水域污染事故调查处理率达到 60％以上。

（二）中期目标。到 2020 年，水域生态环境逐步得到修复，渔业资源衰退和濒危物种数目增加的趋势得到基本遏制，捕捞能力和捕捞产量与渔业资源可承受能力大体相适应。全国海洋捕捞机动渔船数量、功率和国内海洋捕捞产量分别压减到 16 万艘、1 000 万千瓦和 1 000 万吨左右；每年增殖重要渔业资源品种的苗种数量达到 400 亿尾（粒）以上；省级以上水生生物自然保护区数量达到 200 个以上；渔业水域污染事故调查处理率达到 80％以上。

（三）远景展望。经过长期不懈努力，到本世纪中叶，水域生态环境明显改善，水生生物资源实现良性、高效循环利用，濒危水生野生动植物和水生生物多样性得到有效保护，水生生态系统处于整体良好状态。基本实现水生生物资源丰富、水域生态环境优美的奋斗目标。

第三部分　渔业资源保护与增殖行动

渔业资源是水生生物资源的重要组成部

分，是渔业发展的物质基础。针对目前捕捞强度居高不下、渔业资源严重衰退、捕捞生产效益下降、渔民收入增长缓慢的严峻形势，为有效保护和积极恢复渔业资源，促进我国渔业持续健康发展，根据《中华人民共和国渔业法》、农业部《关于2003—2010年海洋捕捞渔船控制制度实施意见》等有关规定，参照联合国粮农组织《负责任渔业守则》的要求，实施本行动。

本行动包括重点渔业资源保护、渔业资源增殖、负责任捕捞管理三项措施：通过建立禁渔区和禁渔期制度、水产种质资源保护区等措施，对重要渔业资源实行重点保护；通过综合运用各种增殖手段，积极主动恢复渔业资源，改变渔业生产方式，提高资源利用效率，为渔民致富创造新的途径和空间；通过强化捕捞配额制度、捕捞许可证制度等各项资源保护管理制度，规范捕捞行为，维护作业秩序，保障渔业安全；通过减船和转产转业等措施，压缩捕捞能力，促进渔业产业结构调整，妥善解决捕捞渔民生产生活问题。

一、重点渔业资源保护

（一）坚持并不断完善禁渔区和禁渔期制度。针对重要渔业资源品种的产卵场、索饵场、越冬场、洄游通道等主要栖息繁衍场所及繁殖期和幼鱼生长期等关键生长阶段，设立禁渔区和禁渔期，对其产卵群体和补充群体实行重点保护。继续完善海洋伏季休渔、长江禁渔期等现有禁渔区和禁渔期制度，并在珠江、黑龙江、黄河等主要流域及重要湖泊逐步推行此项制度。

（二）加强目录和标准化管理。修订重点保护渔业资源品种名录和重要渔业资源品种最小可捕标准，推行最小网目尺寸制度和幼鱼比例检查制度。制定捕捞渔具准用目录，取缔禁用渔具，研制和推广选择性渔具。调整捕捞作业结构，压缩作业方式对资源破坏较大的渔船和渔具数量。

（三）保护水产种质资源。在具有较高经济价值和遗传育种价值的水产种质资源主要生长繁育区域建立水产种质资源保护区，并制定相应的管理办法，强化和规范保护区管理。建立水产种质资源基因库，加强对水产遗传种质资源、特别是珍稀水产遗传种质资源的保护，强化相关技术研究，促进水产种质资源可持续利用。采取综合性措施，改善渔场环境，对已遭破坏的重要渔场、重要渔业资源品种的产卵场制定并实施重建计划。

二、渔业资源增殖

（一）统筹规划、合理布局。合理确定适用于渔业资源增殖的水域滩涂，重点针对已经衰退的重要渔业资源品种和生态荒漠化严重水域，采取各种增殖方式，加大增殖力度，不断扩大增殖品种、数量和范围。合理布局增殖苗种生产基地，确保增殖苗种供应。

（二）建设人工鱼礁（巢）。制定国家和地方的沿海人工鱼礁和内陆水域人工鱼巢建设规划，科学确定人工鱼礁（巢）的建设布局、类型和数量，注重发挥人工鱼礁（巢）的规模生态效应。建立多元化投入机制，加大人工鱼礁（巢）建设力度，结合减船工作，充分利用报废渔船等废旧物资，降低建设成本。

（三）发展增养殖业。积极推进以海洋牧场建设为主要形式的区域性综合开发，建立海洋牧场示范区，以人工鱼礁为载体，底播增殖为手段，增殖放流为补充，积极发展增养殖业，并带动休闲渔业及其他产业发展，增加渔民就业机会，提高渔民收入，繁荣渔区经济。

（四）规范渔业资源增殖管理。制定增

殖技术标准、规程和统计指标体系，建立增殖计划申报审批、增殖苗种检验检疫和放流过程监理制度，强化日常监管和增殖效果评价工作。大规模的增殖放流活动，要进行生态安全风险评估；人工鱼礁建设实行许可管理，大型人工鱼礁建设项目要进行可行性论证。

三、负责任捕捞管理

（一）实行捕捞限额制度。根据捕捞量低于资源增长量的原则，确定渔业资源的总可捕捞量，逐步实行捕捞限额制度。建立健全渔业资源调查和评估体系、捕捞限额分配体系和监督管理体系，公平、公正、公开地分配限额指标，积极探索配额转让的有效机制和途径。

（二）继续完善捕捞许可证制度。严格执行捕捞许可管理有关规定，按照国家下达的船网工具指标以及捕捞限额指标，严格控制制造、更新改造、购置和进口捕捞渔船以及捕捞许可证发放数量，加强对渔船、渔具等主要捕捞生产要素的有效监管，强化渔船检验和报废制度，加强渔船安全管理。

（三）强化和规范职务船员持证上岗制度。加强渔业船员法律法规和专业技能培训，逐步实行捕捞从业人员资格准入，严格控制捕捞从业人员数量。

（四）推进捕捞渔民转产转业工作。根据国家下达的船网工具控制指标及减船计划，加快渔业产业结构调整，积极引导捕捞渔民向增养殖业、水产加工流通业、休闲渔业及其他产业转移。地方各级人民政府要加大投入，落实各项配套措施，确保减船工作顺利实施。建立健全转产转业渔民服务体系，加强对转产转业渔民的专业技能培训，为其提供相关的技术和信息服务。对因实施渔业资源养护措施造成生活困难的部分渔民，当地政府要统筹考虑采取适当方式给予救助，妥善安排好他们的生活。

第四部分　生物多样性与濒危物种保护行动

生物多样性程度是衡量生态系统状态的重要标志。近年来，我国水生生物遗传多样性缺失严重，水生野生动植物物种濒危程度加剧、灭绝速度加快，外来物种入侵危害不断加大。依据《中华人民共和国野生动物保护法》《中华人民共和国渔业法》及《生物多样性公约》和《濒危野生动植物种国际贸易公约》等有关规定，为有效保护水生生物多样性，拯救珍稀濒危水生野生动植物，并履行相关国际义务，实施本行动。

本行动通过采取自然保护区建设、濒危物种专项救护、濒危物种驯养繁殖、经营利用管理以及外来物种监管等措施，建立水生生物多样性和濒危物种保护体系，全面提高保护工作能力和水平，有效保护水生生物多样性及濒危物种，防止外来物种入侵。

一、自然保护区建设

加强水生野生动植物物种资源调查，在充分论证的基础上，结合当地实际，统筹规划，逐步建立布局合理、类型齐全、层次清晰、重点突出、面积适宜的各类水生生物自然保护区体系。建立水生野生动植物自然保护区，保护白鳍豚、中华鲟等濒危水生野生动植物以及土著、特有鱼类资源的栖息地；建立水域生态类型自然保护区，对珊瑚礁、海草床等进行重点保护。加强保护区管理能力建设，配套完善保护区管理设施，加强保护区人员业务知识和技能培训，强化各项监管措施，促进保护区的规范化、科学化管理。

二、濒危物种专项救护

建立救护快速反应体系，对误捕、受伤、搁浅、罚没的水生野生动物及时进行救治、暂养和放生。根据各种水生野生动物濒危程度和生物学特点，对白鳍豚、白鲟、水獭等亟待拯救的濒危物种，制定重点保护计划，采取特殊保护措施，实施专项救护行动。对栖息场所或生存环境受到严重破坏的珍稀濒危物种，采取迁地保护措施。

三、濒危物种驯养繁殖

对中华鲟、大鲵、海龟和淡水龟鳖类等国家重点保护的水生野生动物，建立遗传资源基因库，加强种质资源保护与利用技术研究，强化对水生野生动植物遗传资源的利用和保护。建设濒危水生野生动植物驯养繁殖基地，进行珍稀濒危物种驯养繁育核心技术攻关。建立水生野生动物人工放流制度，制订相关规划、技术规范和标准，对放流效果进行跟踪和评价。

四、经营利用管理

调整和完善国家重点保护水生野生动植物名录。建立健全水生野生动植物经营利用管理制度，对捕捉、驯养繁殖、运输、经营利用、进出口等各环节进行规范管理，严厉打击非法经营利用水生野生动植物行为。根据有关法律法规规定，完善水生野生动植物进出口审批管理制度，严格规范水生野生动植物进出口贸易活动。加强水生野生动植物物种识别和产品鉴定工作，为水生野生动植物保护管理提供技术支持。

五、外来物种监管

加强水生动植物外来物种管理，完善生态安全风险评价制度和鉴定检疫控制体系，建立外来物种监控和预警机制，在重点地区和重点水域建设外来物种监控中心和监控点，防范和治理外来物种对水域生态造成的危害。

第五部分　水域生态保护与修复行动

水域生态环境是水生生物赖以生存的物质条件，水生生物及水域生态环境共同构成了水生生态系统。针对目前水生生物生存空间被大量挤占，水域生态环境不断恶化，水域生态荒漠化趋势日益明显等问题，为有效保护和修复水域生态，维护水域生态平衡，促进经济社会发展与生态环境保护相协调，依据《中华人民共和国渔业法》《中华人民共和国环境保护法》《中华人民共和国水法》《中华人民共和国水污染防治法》《中华人民共和国海洋环境保护法》和《中华人民共和国环境影响评价法》等有关法律法规，实施本行动。

本行动通过采取水域污染与生态灾害防治、工程建设资源与生态补偿、水域生态修复和发展生态养殖等措施，强化水域生态保护管理，逐步减少人类活动和自然生态灾害对水域生态造成的破坏和损失。同时，积极采取各种生物、工程和技术措施，对已遭到破坏的水域生态进行修复和重建。

一、水域污染与生态灾害防治

各地区、各有关部门要建立污染减量排放和达标排放制度，严格控制污染物向水体排放。健全水域污染事故调查处理制度，建立突发性水域污染事故调查处理快速反应机制，规范应急处理程序，提高应急处理能力，强化污染水域环境应急监测和水产品质量安全检测工作，通过实施工程、生物、技术措施，减少污染损害，通过暂停养殖纳水、严控受污染的水产品上市等应急措施，尽量降低突发事故造成的渔业损失，保障人民群众食用安全。处置突发性水域污染事故所需财政经费，按财政部《突发事件财政应急保障预案》执行。渔业行政主管部门要加强渔业水域污染事故调查处理资质管理，及时确认污染主体，科学评估渔业资源和渔业生产者损失，依法对渔业水域污染事故进行调查处理，并督促落实。完善水域生态灾害的防灾减灾体系，开展防灾减灾技术研究，提高水域生态灾害预警预报能力，积极采取综合治理措施，减轻对渔业生产、水产品质量安全和水域生态环境造成的影响。

二、工程建设资源与生态补偿

完善工程建设项目环境影响评价制度，建立工程建设项目资源与生态补偿机制，减少工程建设的负面影响，确保遭受破坏的资源和生态得到相应补偿和修复。对水利水电、围垦、海洋海岸工程、海洋倾废区等建设工程，环保或海洋部门在批准或核准相关环境影响报告书之前，应征求渔业行政主管部门意见；对水生生物资源及水域生态环境造成破坏的，建设单位应当按照有关法律规定，制订补偿方案或补救措施，并落实补偿项目和资金。相关保护设施必须与建设项目的主体工程同时设计、同时施工、同时投入使用。

三、水域生态修复

加强水域生态修复技术研究，制定综合评价和整治修复方案。通过科学调度、优化配置水资源和采取必要的工程措施，修复因水域污染、工程建设、河道（航道）整治、采砂等人为活动遭到破坏或退化的江河鱼类产卵场等重要水域生态功能区；通过采取闸口改造、建设过鱼设施和实施灌江纳苗等措施，恢复江湖鱼类生态联系，维护江湖水域生态的完整性；通过采取湖泊生物控制、放养滤食鱼类、底栖生物移植和植被修复等措施，对富营养化严重的湖泊、潮间带、河口等水域进行综合治理；通过保护红树林、珊瑚礁、海草床等，改善沿岸及近海水域生态环境；通过合理发展海水贝藻类养殖，改善海洋碳循环，缓解温室效应。

四、推进科学养殖

制定和完善水产养殖环境方面的技术标准，强化水产养殖环境监督管理。根据环境容量，合理调整养殖布局，科学确定养殖密度，优化养殖生产结构。实施养殖水质监测、环境监控、渔用药物生产审批和投入品使用管理等各项制度，加强水产苗种监督管理，实施科学投饵、施肥和合理用药，保障水产品质量安全。积极探索传统与现代相结合的生态养殖模式，建立健康养殖和生态养殖示范区，积极推广健康和生态养殖技术，减少水产养殖造成的污染。

第六部分　保障措施

一、建立健全协调高效的管理机制

水生生物资源养护是一项“功在当代、利在千秋”的伟大事业，地方各级人民政府要增强责任感和使命感，切实加强领导，将水生生物资源养护工作列入议事日程，作为一项重点工作和日常性工作来抓。根据本纲要确定的指导思想、原则和目标，结合本地实际，组织有关部门确保各项养护措施的落实和行动目标的实现。各有关部门各司其职，加强沟通，密切配合。要不断完善以渔业行政主管部门为主体，各相关部门和单位共同参与的水生生物资源养护管理体系。财政、发展改革、科技等部门要加大支持力度，渔业行政主管部门要认真组织落实，切实加强水生生物资源养护的相关工作，环保、海洋、水利、交通等部门要加强水域污染控制、生态环境保护等工作。

二、探索建立和完善多元化投入机制

水生生物资源养护工作是一项社会公益性事业，各级财政要在加大投入的同时，整合有关生物资源养护经费，统筹使用。同时，要积极改革和探索在市场经济条件下的政府投入、银行贷款、企业资金、个人捐助、国外投资、国际援助等多元化投入机制，为水生生物资源养护提供资金保障。建立健全水生生物资源有偿使用制度，完善资源与生态补偿机制。按照谁开发谁保护、谁受益谁补偿、谁损害谁修复的原则，开发利用者应依法交纳资源增殖保护费用，专项用于水生生物资源养护工作；对资源及生态造成损害的，应进行赔偿或补偿，并采取必要的修复措施。

三、大力加强法制和执法队伍建设

针对目前水生生物资源养护管理工作存在的主要问题，要抓紧制定渔业生态环境保护等方面的配套法规，形成更为完善的水生生物资源养护法律法规体系。不断建立健全各项养护管理制度，为本纲要的顺利实施提供法制保障。各地区要按照国务院有关规定，强化渔业行政执法队伍建设，开展执法人员业务培训，加强执法装备建设，增强执法能力，规范执法行为，保障执法管理经费，实行“收支两条线”管理，努力建设一支高效、廉洁的水生生物资源养护管理执法队伍。

四、积极营造全社会参与的良好氛围

水生生物资源养护是一项社会性的系统工程，需要社会各界的广泛支持和共同努力。要通过各种形式和途径，加大相关法律法规及基本知识的宣传教育力度，树立生态文明的发展观、道德观、价值观，增强国民生态保护意识，提高保护水生生物资源的自觉性和主动性。要充分发挥各类水生生物自然保护机构、水族展示与科研教育单位和新闻媒体的作用，多渠道、多形式地开展科普宣传活动，广泛普及水生生物资源养护知识，提高社会各界的认知程度，增进人们对水生生物的关注和关爱，倡导健康文明的饮食观念，自觉拒食受保护的水生野生动物，为保护工作创造良好的社会氛围。

五、努力提升科技和国际化水平

加大水生生物资源养护方面的科研投入，加强基础设施建设，整合现有科研教学资源，发挥各自技术优势。对水生生物资源养护的核心和关键技术进行多学科联合攻关，大力推广相关适用技术。加强全国水生生物资源和水域生态环境监测网络建设，对水生生物资源和水域生态环境进行调查和监测。建立水生生物资源管理信息系统，为加强水生生物资源养护工作提供参考依据。扩大水生生物资源养护的国际交流与合作，与有关国际组织、外国政府、非政府组织和民间团体等在人员、技术、资金、管理等方面建立广泛的联系和沟通。加强人才培养与交流，学习借鉴国外先进的保护管理经验，拓宽视野，创新理念，把握趋势，不断提升我国水生生物资源养护水平。

国务院关于促进海洋渔业持续健康发展的若干意见

（2013 年 3 月 8 日发布，国发〔2013〕11 号）

各省、自治区、直辖市人民政府，国务院各部委、各直属机构：

我国是海洋大国，海洋渔业是现代农业和海洋经济的重要组成部分。改革开放以来，海洋渔业快速发展，结构不断优化，海水产品产量大幅增长，渔民收入显著增加，有力地促进了经济社会发展。但是，我国海洋渔业发展方式仍然粗放，设施装备条件较差，近海捕捞过度和环境污染加剧。为促进海洋渔业持续健康发展，现提出以下意见：

一、总体要求

（一）指导思想。以邓小平理论、“三个代表”重要思想、科学发展观为指导，深入贯彻落实党的十八大精神，坚定不移地建设海洋强国，以加快转变海洋渔业发展方式为主线，坚持生态优先、养捕结合和控制近海、拓展外海、发展远洋的生产方针，着力加强海洋渔业资源和生态环境保护，不断提升海洋渔业可持续发展能力；着力调整海洋渔业生产结构和布局，加快建设现代渔业产业体系；着力提高海洋渔业设施装备水平、组织化程度和管理水平，不断提高海洋渔业综合生产能力、抗风险能力和国际竞争力；着力加强渔村建设和优化渔民就业结构，切实保障和改善民生。

（二）基本原则。坚持资源利用与生态保护相结合。合理开发利用海洋渔业资源，严格控制并逐步减轻捕捞强度，积极推进从事捕捞作业的渔民（以下简称捕捞渔民）转产转业。加强海洋渔业资源环境保护，养护水生生物资源，改善海洋生态环境。

坚持转变发展方式与创新体制机制相结合。大力发展海洋渔业产业化经营，加快推进发展方式由数量增长型向质量效益型转变。完善海洋渔业经营制度，健全行业准入和退出机制，不断增强自身发展活力。

坚持发展生产与改善民生相结合。提高海洋渔业设施装备水平和组织化程度，强化安全生产管理和服务，保障渔民生命财产安全。加强渔村建设，改善渔区基础设施条件，推进渔区社会事业全面发展，不断提高渔民生活水平。

坚持市场调节与政策扶持相结合。充分发挥市场配置资源的基础性作用，建立现代渔业多元化投入机制。将海洋渔业作为公共财政投入的重点领域，改善基础设施和装备条件，提高科技支撑能力，健全基本公共服务体系。

（三）发展目标。到 2015 年，海水产品产量稳定在 3 000 万吨左右，海水养殖面积稳定在 220 万公顷左右，其中海上养殖面积控制在 115 万公顷以内；近海捕捞强度有效控制，外海和远洋渔业综合生产能力不断增强，海水产品精深加工规模不断扩大；渔业组织化程度明显提高，渔民收入稳步增长；渔船装备水平明显提高，安全生产能力进一步提升；现代渔业产业体系和支撑保障体系基本形成；水生生物资源养护和修复能力明显提升，渔业生态环境有所改善。

到2020年，海洋渔业基础设施状况显著改善，物质装备水平进一步提高，科技支撑能力显著提升，海水养殖生态健康高效，渔船数量和捕捞强度与渔业资源可再生能力大体相适应，海水产品供给品种丰富、质量安全，海洋渔业生态环境明显改善，渔民生产生活条件显著改善，形成生态良好、生产发展、装备先进、产品优质、渔民增收、平安和谐的现代渔业发展新格局。

二、加强海洋渔业资源和生态环境保护

（四）全面开展渔业资源调查。健全渔业资源调查评估制度，科学确定可捕捞量，研究制定渔业资源利用规划。每五年开展一次渔业资源全面调查，常年开展监测和评估，重点调查濒危物种、水产种质等重要渔业资源和经济生物产卵场、江河入海口、南海等重要渔业水域。加强渔业资源调查船建设，完善监测网络，提高渔业资源调查监测水平。

（五）大力加强渔业资源保护。严格执行海洋伏季休渔制度，积极完善捕捞业准入制度，开展近海捕捞限额试点，严格控制近海捕捞强度。加强濒危水生野生动植物和水产种质资源保护，建设一批水生生物自然保护区和水产种质资源保护区，严厉打击非法捕捞、经营、运输水生野生动植物及其产品的行为。完善海洋渔船管理制度，逐步减少渔船数量和功率总量。发展海洋牧场，加强人工鱼礁投放，加大渔业资源增殖放流力度，科学评估资源增殖保护效果。

（六）切实保护海洋生态环境。加强海洋生态环境监测体系建设，强化监测能力。严格控制陆源污染物向水体排放，实施重点海域排污总量控制制度。严格控制围填海工程建设，强化海上石油勘探开发等项目管理，加强渔业水域生态环境损害评估和生物多样性影响评价，完善和落实好补救措施。控制近海养殖密度，加强投入品管理，减少养殖污染。切实加强“三沙”（西沙、中沙和南沙）捕捞管理，保护生态环境。加强渔船油污、生活垃圾等废弃物排放管理，减少对近海、外海和远洋的环境污染。

三、调整海洋渔业生产结构和布局

（七）科学发展海水养殖。按照《全国海洋功能区划（2011—2020年）》等相关涉海规划，制定并落实水域、滩涂养殖规划，引导渔民依法规范养殖。加大水产养殖池塘标准化改造力度，推进近海养殖网箱标准化改造，大力推广生态健康养殖模式。推广深水抗风浪网箱和工厂化循环水养殖装备，鼓励有条件的渔业企业拓展海洋离岸养殖和集约化养殖。加强水产原种保护和良种培育，建设一批标准化、规模化的良种生产基地，提高水产良种覆盖率。加强水产饲料研发，积极推广使用人工配合饲料。加强水生动物疫病防控和水产品质量安全管理。

（八）积极稳妥发展外海和远洋渔业。有序开发外海渔业资源，发展壮大大洋性渔业。巩固提高过洋性渔业，推动产业转型升级。积极参与开发南极海洋生物资源。加强远洋渔业科技研发，提高远洋渔业资源调查、探捕能力。

（九）大力发展海水产品加工和流通。积极发展海水产品精深加工，加快研制加工处理机械、生产线和废弃物处理设备，全面提升水产品加工工艺、装备现代化和质量安全水平。加强海水产品冷链物流体系和批发市场建设，积极发展海上冷藏加工，实现产地和销地有效对接。充分利用国内外“两种资源、两个市场”，保持水产品国际贸易稳定协调发展。鼓励海洋渔业龙头企业、渔民专业合作社开展品牌创建，提高海水产品附

加值。强化海水产品市场信息服务，发展电子商务，降低流通成本，提高流通效率。

四、提高海洋渔业设施和装备水平

（十）加快渔船更新改造。升级改造海洋捕捞渔船，逐步淘汰老、旧、木质渔船，发展钢质渔船，鼓励发展选择性好、高效节能的捕捞渔船。全面提升远洋渔业装备水平，培育一批现代化远洋渔业船队。加强渔船建造管理，落实好老旧渔船报废工作，逐步建立定点拆解和木质渔船退出机制，坚决取缔违法违规造船，严格限制建造对渔业资源破坏强度大的底拖网、帆张网和单船大型有囊灯光围网等作业类型渔船。

（十一）加强渔业装备研发。加大对渔船装备技术研发的投入，依托高等院校、科研院所和骨干企业，整合科研资源，建立研发平台和技术创新联盟，培养渔业知识和装备设计制造技术兼备的人才队伍，系统开展渔业装备共性和关键技术研究。

（十二）加强渔港建设和管理。科学规划、合理利用岸线资源，完善渔港布局，加快建设进度，尽快形成以中心渔港、一级渔港为龙头，以二、三级渔港和避风锚地为支撑的渔港防灾减灾体系。重点加强渔港防波堤、护岸、码头和渔政执法设施等公益性基础设施建设，同步建设和完善港区渔需物资供应、船舶维修、海水产品加工、市场等经营性服务设施。理顺渔港建设管理体制，强化渔港管理和维护，明晰渔港设施所有权、使用权、经营权和监督权。建立健全渔港及其设施保护制度。

五、进一步改善渔民民生

（十三）积极推进渔村建设。统筹规划，合理布局，以渔港建设带动渔区小城镇和渔村发展。开展渔区村庄整治，加强渔区基础设施建设，重点解决饮水安全、用电、道路等问题。完善社会保障制度，促进渔区教育、文化、卫生、养老等社会事业全面发展。落实扶持政策，启动实施以船为家渔民上岸安居工程。

（十四）切实促进捕捞渔民转产转业。编制捕捞渔民转产转业规划，加大转产转业政策扶持力度，调动渔民减船转产积极性。支持发展海水养殖、海水产品加工和休闲渔业，延长产业链，提高渔业效益，拓宽渔民转产转业和增收渠道。落实相关就业创业扶持政策，加强渔民职业技能培训，鼓励用人单位积极吸纳渔民就业。

六、提高海洋渔业组织化程度和管理水平

（十五）提高组织化程度和科技水平。创新渔业组织形式和经营方式，培育壮大渔民专业合作社和海洋渔业龙头企业。鼓励渔民以股份合作等形式创办各种专业合作组织，引导龙头企业与合作组织有效对接。鼓励龙头企业向渔业优势产区集中，培育壮大主导产业，加快建设一批现代渔业示范区。大力发展海洋渔业科技教育事业，深化海洋渔业科研机构改革，加强涉渔专业和学科建设，创新渔业科技人才培养模式，加快培育新型渔民和渔业实用人才。深化水产技术推广体系改革，发挥各级水产科研机构、技术推广部门优势，鼓励和支持渔民专业合作社、龙头企业开展技术推广、病害防治等社会化服务，提高水产技术推广能力。

（十六）加强渔政执法。严厉打击“三无”（无捕捞许可证、无船舶登记证书、无船舶检验证书）、“大机小标”（实际功率大于铭牌标定功率）渔船及各类非法捕捞和养殖行为。制定禁止或者限制使用的渔具目录。

（十七）强化涉外渔业管理。深化双多边渔业合作，积极参与国际渔业条约、协定

和标准规范的制订，建立健全与国际渔业管理规则相适应的远洋渔业管理制度，提升远洋渔业管理水平。加强渔民及渔业企业的教育和管理，严格遵守有关法律法规和国际条约。

（十八）大力加强渔业安全生产管理。健全安全生产责任和管理制度，加强宣传和培训，深入开展“平安渔业示范县”和“文明渔港”创建。加快建设渔船信息动态管理和电子标识系统，进一步规范渔船流转管理，加强渔业安全应急管理体系建设，尽快普及配备渔船救生筏、船舶自动识别系统、卫星监控系统、渔船通信设备等安全设施。强化海洋渔业气象服务，完善渔业安全应急预案，合理布局救助力量。积极引导渔船编队生产，鼓励渔船开展相互支援和自救互救。

七、强化保障措施

（十九）支持基础设施建设。加大国家固定资产投资对海洋渔业的支持，加快渔政、渔港、水生生物自然保护区和水产种质资源保护区等基础设施建设，继续支持海洋渔船升级改造、水产原良种工程和水生生物疫病防控体系建设。

（二十）加大财政支持力度。统筹考虑并完善捕捞渔民转产转业补助与渔业油价补贴政策，研究提高转产转业补助标准，调整油价补贴方式，使之与渔业资源保护和产业结构调整相协调。继续实施渔业海难救助政策。保障渔政、资源调查、品种资源保护、疫病防控、质量安全监管等经费。继续实施增殖放流和水产养殖生态环境修复补助政策。加大对水产育种、病害防治、资源养护、渔业装备等科技创新和成果转化的支持力度。

（二十一）完善金融保险等扶持政策。金融机构要根据渔业生产的特点，创新金融产品和服务方式，合理确定贷款规模、利率和期限，简化贷款流程，提高服务效率，加强信贷支持。支持符合条件的海洋渔业企业上市融资和发行债券，形成多元化、多渠道海洋渔业投融资格局。研究完善渔业保险支持政策，积极开展海水养殖保险。调整完善渔业资源增殖保护费征收政策，专项用于渔业资源养护。将渔业纳入农业用水、用电、用地等方面的优惠政策范围。

（二十二）强化法制建设。进一步研究完善渔业方面的法律、法规和规章。征收、征用渔业水域、滩涂的，要按照物权法、土地管理法、海域使用管理法等规定予以补偿安置。

八、加强组织领导

（二十三）加强部门协调。各有关部门要认真履行职责，密切配合，加强工作指导，加大工作力度，积极落实各项政策措施；进一步改进渔业服务，精简行政审批事项和程序，减少办证数量，坚决制止涉渔乱收费等侵害渔民合法权益的行为，切实减轻渔民负担。发展改革委、财政部要落实加快海洋渔业发展的资金。农业部要认真履行规划指导、监督管理、协调服务职能，做好海洋渔业发展和生态保护工作。

（二十四）落实地方责任。沿海省级人民政府要对海洋渔业发展工作负总责，逐级落实责任制，建立协调机制，强化渔业行政管理体制和执法体系。沿海地方各级人民政府要将海洋渔业发展纳入当地经济和社会发展规划，明确发展目标，研究制定本地区促进海洋渔业发展的实施方案。

国务院

2013 年 3 月 8 日

国务院办公厅关于健全生态保护补偿机制的意见

（2016 年 4 月 28 日发布，国办发〔2016〕31 号）

各省、自治区、直辖市人民政府，国务院各部委、各直属机构：

实施生态保护补偿是调动各方积极性、保护好生态环境的重要手段，是生态文明制度建设的重要内容。近年来，各地区、各有关部门有序推进生态保护补偿机制建设，取得了阶段性进展。但总体看，生态保护补偿的范围仍然偏小、标准偏低，保护者和受益者良性互动的体制机制尚不完善，一定程度上影响了生态环境保护措施行动的成效。为进一步健全生态保护补偿机制，加快推进生态文明建设，经党中央、国务院同意，现提出以下意见：

一、总体要求

（一）指导思想。全面贯彻党的十八大和十八届三中、四中、五中全会精神，深入贯彻习近平总书记系列重要讲话精神，坚持“四个全面”战略布局，牢固树立创新、协调、绿色、开放、共享的发展理念，按照党中央、国务院决策部署，不断完善转移支付制度，探索建立多元化生态保护补偿机制，逐步扩大补偿范围，合理提高补偿标准，有效调动全社会参与生态环境保护的积极性，促进生态文明建设迈上新台阶。

（二）基本原则。

权责统一、合理补偿。谁受益、谁补偿。科学界定保护者与受益者权利义务，推进生态保护补偿标准体系和沟通协调平台建设，加快形成受益者付费、保护者得到合理补偿的运行机制。

政府主导、社会参与。发挥政府对生态环境保护的主导作用，加强制度建设，完善法规政策，创新体制机制，拓宽补偿渠道，通过经济、法律等手段，加大政府购买服务力度，引导社会公众积极参与。

统筹兼顾、转型发展。将生态保护补偿与实施主体功能区规划、西部大开发战略和集中连片特困地区脱贫攻坚等有机结合，逐步提高重点生态功能区等区域基本公共服务水平，促进其转型绿色发展。

试点先行、稳步实施。将试点先行与逐步推广、分类补偿与综合补偿有机结合，大胆探索，稳步推进不同领域、区域生态保护补偿机制建设，不断提升生态保护成效。

（三）目标任务。到 2020 年，实现森林、草原、湿地、荒漠、海洋、水流、耕地等重点领域和禁止开发区域、重点生态功能区等重要区域生态保护补偿全覆盖，补偿水平与经济社会发展状况相适应，跨地区、跨流域补偿试点示范取得明显进展，多元化补偿机制初步建立，基本建立符合我国国情的生态保护补偿制度体系，促进形成绿色生产方式和生活方式。

二、分领域重点任务

（四）森林。健全国家和地方公益林补偿标准动态调整机制。完善以政府购买服务

为主的公益林管护机制。合理安排停止天然林商业性采伐补助奖励资金。（国家林业局、财政部、国家发展改革委负责）

（五）草原。扩大退牧还草工程实施范围，适时研究提高补助标准，逐步加大对人工饲草地和牲畜棚圈建设的支持力度。实施新一轮草原生态保护补助奖励政策，根据牧区发展和中央财力状况，合理提高禁牧补助和草畜平衡奖励标准。充实草原管护公益岗位。（农业部、财政部、国家发展改革委负责）

（六）湿地。稳步推进退耕还湿试点，适时扩大试点范围。探索建立湿地生态效益补偿制度，率先在国家级湿地自然保护区、国际重要湿地、国家重要湿地开展补偿试点。（国家林业局、农业部、水利部、国家海洋局、环境保护部、住房城乡建设部、财政部、国家发展改革委负责）

（七）荒漠。开展沙化土地封禁保护试点，将生态保护补偿作为试点重要内容。加强沙区资源和生态系统保护，完善以政府购买服务为主的管护机制。研究制定鼓励社会力量参与防沙治沙的政策措施，切实保障相关权益。（国家林业局、农业部、财政部、国家发展改革委负责）

（八）海洋。完善捕捞渔民转产转业补助政策，提高转产转业补助标准。继续执行海洋伏季休渔渔民低保制度。健全增殖放流和水产养殖生态环境修复补助政策。研究建立国家级海洋自然保护区、海洋特别保护区生态保护补偿制度。（农业部、国家海洋局、水利部、环境保护部、财政部、国家发展改革委负责）

（九）水流。在江河源头区、集中式饮用水水源地、重要河流敏感河段和水生态修复治理区、水产种质资源保护区、水土流失重点预防区和重点治理区、大江大河重要蓄滞洪区以及具有重要饮用水源或重要生态功能的湖泊，全面开展生态保护补偿，适当提高补偿标准。加大水土保持生态效益补偿资金筹集力度。（水利部、环境保护部、住房城乡建设部、农业部、财政部、国家发展改革委负责）

（十）耕地。完善耕地保护补偿制度。建立以绿色生态为导向的农业生态治理补贴制度，对在地下水漏斗区、重金属污染区、生态严重退化地区实施耕地轮作休耕的农民给予资金补助。扩大新一轮退耕还林还草规模，逐步将25度以上陡坡地退出基本农田，纳入退耕还林还草补助范围。研究制定鼓励引导农民施用有机肥料和低毒生物农药的补助政策。（国土资源部、农业部、环境保护部、水利部、国家林业局、住房城乡建设部、财政部、国家发展改革委负责）

三、推进体制机制创新

（十一）建立稳定投入机制。多渠道筹措资金，加大生态保护补偿力度。中央财政考虑不同区域生态功能因素和支出成本差异，通过提高均衡性转移支付系数等方式，逐步增加对重点生态功能区的转移支付。中央预算内投资对重点生态功能区内的基础设施和基本公共服务设施建设予以倾斜。各省级人民政府要完善省以下转移支付制度，建立省级生态保护补偿资金投入机制，加大对省级重点生态功能区域的支持力度。完善森林、草原、海洋、渔业、自然文化遗产等资源收费基金和各类资源有偿使用收入的征收管理办法，逐步扩大资源税征收范围，允许相关收入用于开展相关领域生态保护补偿。完善生态保护成效与资金分配挂钩的激励约束机制，加强对生态保护补偿资金使用的监督管理。（财政部、国家发展改革委会同国土资源部、环境保护部、住房城乡建设部、水利部、农业部、税务总局、国家林业局、国家海洋局负责）

（十二）完善重点生态区域补偿机制。

继续推进生态保护补偿试点示范，统筹各类补偿资金，探索综合性补偿办法。划定并严守生态保护红线，研究制定相关生态保护补偿政策。健全国家级自然保护区、世界文化自然遗产、国家级风景名胜区、国家森林公园和国家地质公园等各类禁止开发区域的生态保护补偿政策。将青藏高原等重要生态屏障作为开展生态保护补偿的重点区域。将生态保护补偿作为建立国家公园体制试点的重要内容。（国家发展改革委、财政部会同环境保护部、国土资源部、住房城乡建设部、水利部、农业部、国家林业局、国务院扶贫办负责）

（十三）推进横向生态保护补偿。研究制定以地方补偿为主、中央财政给予支持的横向生态保护补偿机制办法。鼓励受益地区与保护生态地区、流域下游与上游通过资金补偿、对口协作、产业转移、人才培训、共建园区等方式建立横向补偿关系。鼓励在具有重要生态功能、水资源供需矛盾突出、受各种污染危害或威胁严重的典型流域开展横向生态保护补偿试点。在长江、黄河等重要河流探索开展横向生态保护补偿试点。继续推进南水北调中线工程水源区对口支援、新安江水环境生态补偿试点，推动在京津冀水源涵养区、广西广东九洲江、福建广东汀江—韩江、江西广东东江、云南贵州广西广东西江等开展跨地区生态保护补偿试点。（财政部会同国家发展改革委、国土资源部、环境保护部、住房城乡建设部、水利部、农业部、国家林业局、国家海洋局负责）

（十四）健全配套制度体系。加快建立生态保护补偿标准体系，根据各领域、不同类型地区特点，以生态产品产出能力为基础，完善测算方法，分别制定补偿标准。加强森林、草原、耕地等生态监测能力建设，完善重点生态功能区、全国重要江河湖泊水功能区、跨省流域断面水量水质国家重点监控点位布局和自动监测网络，制定和完善监测评估指标体系。研究建立生态保护补偿统计指标体系和信息发布制度。加强生态保护补偿效益评估，积极培育生态服务价值评估机构。健全自然资源资产产权制度，建立统一的确权登记系统和权责明确的产权体系。强化科技支撑，深化生态保护补偿理论和生态服务价值等课题研究。（国家发展改革委、财政部会同国土资源部、环境保护部、住房城乡建设部、水利部、农业部、国家林业局、国家海洋局、国家统计局负责）

（十五）创新政策协同机制。研究建立生态环境损害赔偿、生态产品市场交易与生态保护补偿协同推进生态环境保护的新机制。稳妥有序开展生态环境损害赔偿制度改革试点，加快形成损害生态者赔偿的运行机制。健全生态保护市场体系，完善生态产品价格形成机制，使保护者通过生态产品的交易获得收益，发挥市场机制促进生态保护的积极作用。建立用水权、排污权、碳排放权初始分配制度，完善有偿使用、预算管理、投融资机制，培育和发展交易平台。探索地区间、流域间、流域上下游等水权交易方式。推进重点流域、重点区域排污权交易，扩大排污权有偿使用和交易试点。逐步建立碳排放权交易制度。建立统一的绿色产品标准、认证、标识等体系，完善落实对绿色产品研发生产、运输配送、购买使用的财税金融支持和政府采购等政策。（国家发展改革委、财政部、环境保护部会同国土资源部、住房城乡建设部、水利部、税务总局、国家林业局、农业部、国家能源局、国家海洋局负责）

（十六）结合生态保护补偿推进精准脱贫。在生存条件差、生态系统重要、需要保护修复的地区，结合生态环境保护和治理，探索生态脱贫新路子。生态保护补偿资金、国家重大生态工程项目和资金按照精准扶贫、精准脱贫的要求向贫困地区倾斜，向建档立卡贫困人口倾斜。重点生态功能区转移支付要考虑贫困地区实际状况，加大投入力度，扩大实施范围。加大贫困地区新一轮退耕还林还草力度，合理调整基本农田保有量。开展贫困地区生态综合补偿试点，创新资金使用方式，利用生态保护补偿和生态保护工程资金使当地有劳动能力的部分贫困人口转为生态保护人员。对在贫困地区开发水电、矿产资源占用集体土地的，试行给原住居民集体股权方式进行补偿。（财政部、国家发展改革委、国务院扶贫办会同国土资源部、环境保护部、水利部、农业部、国家林业局、国家能源局负责）

（十七）加快推进法制建设。研究制定生态保护补偿条例。鼓励各地出台相关法规或规范性文件，不断推进生态保护补偿制度化和法制化。加快推进环境保护税立法。（国家发展改革委、财政部、国务院法制办会同国土资源部、环境保护部、住房城乡建设部、水利部、农业部、税务总局、国家林业局、国家海洋局、国家统计局、国家能源局负责）

四、加强组织实施

（十八）强化组织领导。建立由国家发展改革委、财政部会同有关部门组成的部际协调机制，加强跨行政区域生态保护补偿指导协调，组织开展政策实施效果评估，研究解决生态保护补偿机制建设中的重大问题，加强对各项任务的统筹推进和落实。地方各级人民政府要把健全生态保护补偿机制作为推进生态文明建设的重要抓手，列入重要议事日程，明确目标任务，制定科学合理的考核评价体系，实行补偿资金与考核结果挂钩的奖惩制度。及时总结试点情况，提炼可复制可推广的试点经验。

（十九）加强督促落实。各地区、各有关部门要根据本意见要求，结合实际情况，抓紧制定具体实施意见和配套文件。国家发展改革委、财政部要会同有关部门对落实本意见的情况进行监督检查和跟踪分析，每年向国务院报告。各级审计、监察部门要依法加强审计和监察。切实做好环境保护督察工作，督察行动和结果要同生态保护补偿工作有机结合。对生态保护补偿工作落实不力的，启动追责机制。

（二十）加强舆论宣传。加强生态保护补偿政策解读，及时回应社会关切。充分发挥新闻媒体作用，依托现代信息技术，通过典型示范、展览展示、经验交流等形式，引导全社会树立生态产品有价、保护生态人人有责的意识，自觉抵制不良行为，营造珍惜环境、保护生态的良好氛围。

国务院办公厅

2016 年 4 月 28 日

国务院办公厅关于加强长江水生生物保护工作的意见

（2018年9月24日发布，国办发〔2018〕95号）

各省、自治区、直辖市人民政府，国务院各部委、各直属机构：

长江是中华民族的母亲河，是中华民族发展的重要支撑。多年来，受拦河筑坝、水域污染、过度捕捞、航道整治、岸坡硬化、挖砂采石等人类活动影响，长江生物多样性持续下降，水生生物保护形势严峻，水域生态修复任务艰巨。为加强长江水生生物保护工作，经国务院同意，现提出以下意见。

一、总体要求

（一）指导思想。全面贯彻党的十九大和十九届二中、三中全会精神，以习近平新时代中国特色社会主义思想为指导，认真落实党中央、国务院决策部署，统筹推进"五位一体"总体布局和协调推进"四个全面"战略布局，牢固树立和贯彻落实创新、协调、绿色、开放、共享的发展理念，坚持保护优先和自然恢复为主，强化完善保护修复措施，全面加强长江水生生物保护工作，把"共抓大保护、不搞大开发"的有关要求落到实处，推动形成人与自然和谐共生的绿色发展新格局。

（二）基本原则。树立红线思维，留足生态空间。严守生态保护红线、环境质量底线和资源利用上线，根据水生生物保护和水域生态修复的实际需要，在生态功能重要和生态环境敏感脆弱区域科学建立水生生物保护区，实施严格的保护管理。

落实保护优先，实施生态修复。坚持尊重自然、顺应自然、保护自然的理念，把修复长江生态环境摆在压倒性位置，进一步强化涉水工程监管，完善生态补偿机制，修复水生生物重要栖息地和关键生境的生态功能。

坚持全面布局，系统保护修复。坚持上下游、左右岸、江河湖泊、干支流有机统一的空间布局，把水生生物和水域生态环境放在山水林田湖草生命共同体中，全面布局、科学规划、系统保护、重点修复。

（三）主要目标。到2020年，长江流域重点水域实现常年禁捕，水生生物保护区建设和监管能力显著提升，保护功能充分发挥，重要栖息地得到有效保护，关键生境修复取得实质性进展，水生生物资源恢复性增长，水域生态环境恶化和水生生物多样性下降趋势基本遏制。到2035年，长江流域生态环境明显改善，水生生物栖息生境得到全面保护，水生生物资源显著增长，水域生态功能有效恢复。

二、开展生态修复

（四）实施生态修复工程。统筹山水林田湖草整体保护、系统修复、综合治理。在重要水生生物产卵场、索饵场、越冬场和洄游通道等关键生境实施一批重要生态系统保护和修复重大工程，构建生态廊道和生物多样性保护网络，优化生态安全屏障体系，消除已有不利影响，恢复原有生态功能，提升生态系统质量和稳定性，确保生态安全。在闸坝阻隔的自然水体之间，通过灌江纳苗、江湖连通和设置过鱼设施等措施，满足水生生物洄游习性和种质交换需求。

（五）优化完善生态调度。深入研究长江干支流水库群蓄水及运行对长江水域生态的影响，开展基于水生生物需求、兼顾其他重要功能的统筹综合调度，最大限度降低不利影响。采取针对性措施，防治大型水库库容调度对水生生物造成的不利影响。建立健全长江流域江河湖泊生态用水保障机制，明确并保障干支流江河湖泊重要断面的生态流量，维护流域生态平衡。

（六）科学开展增殖放流。完善增殖放流管理机制，科学确定放流种类，合理安排放流数量，加快恢复水生生物种群适宜规模。建立健全放流苗种管理追溯体系，严格保障苗种质量。加强放流效果跟踪评估，开展标志放流和跟踪评估技术研究，为增殖放流效果评估提供技术支撑。严禁向天然开放水域放流外来物种、人工杂交或有转基因成分的物种，防范外来物种入侵和种质资源污染。

（七）推进水产健康养殖。加快编制养殖水域滩涂规划，依法开展规划环评，科学划定禁止养殖区、限制养殖区和允许养殖区。加强水产养殖科学技术研究与创新，推广成熟的生态增养殖、循环水养殖、稻渔综合种养等生态健康养殖模式，推进养殖尾水治理。加强全价人工配合饲料推广，逐步减少冰鲜鱼直接投喂，发展不投饵滤食性、草食性鱼类养殖，实现以鱼控草、以鱼抑藻、以鱼净水，修复水生生态环境。加强水产养殖环境管理和风险防控，减少鱼病发生与传播，防止外来物种养殖逃逸造成开放水域种质资源污染。

三、拯救濒危物种

（八）实施珍稀濒危物种拯救行动。实施以中华鲟、长江鲟、长江江豚为代表的珍稀濒危水生生物抢救性保护行动。在三峡库区、长江故道、河口、近海等水域建设一批中华鲟接力保种基地，开展中华鲟生活史关键环节生境保护和分段驯养繁育，通过人工技术条件满足中华鲟江海洄游习性需求。开展长江鲟亲本放归和幼鱼规模化放流，补充野生资源，推动实现长江鲟野生种群重建和恢复。加强长江江豚栖息地保护，开展长江中下游长江江豚迁地保护行动。在有条件的科研单位和水族馆建设长江珍稀濒危物种人工驯养繁育和科普教育基地。建立中华鲟、长江鲟人工驯养繁育基地以及长江江豚就地、迁地保护场所，加快提升中华鲟、长江江豚等重点保护物种涉及的保护区等级。

（九）全面加强水生生物多样性保护。科学确定、适时调整国家和地方重点保护野生动物名录和保护等级，依法严惩破坏重点保护野生动物资源及其生境的违法行为。针对不同物种的濒危程度和致危因素，制定保护规划，完善管理制度，落实保护措施，开展一批珍稀濒危物种人工繁育和种群恢复工程，全方位提升水生生物多样性保护能力和水平。

四、加强生境保护

（十）强化源头防控。强化国土空间规划对各专项规划的指导约束作用，增强水电、航道、港口、采砂、取水、排污、岸线利用等各类规划的协同性，加强对水域开发利用的规范管理，严格限制并努力降低不利影响。涉及水生生物栖息地的规划和项目应依法开展环境影响评价，强化水生态系统整体性保护，严格控制开发强度，统筹处理好开发建设与水生生物保护的关系。

（十一）加强保护地建设。结合长江流域生态保护红线划定，在水生生物重要栖息地和关键生境建立自然保护区、水产种质资源保护区或其他保护地，实行严格的保护和管理。统筹协调保护地与人类活动之间的关系，优化调整保护地主体功能和空间布局，在科学论证和依法审批的基础上，确定保护地功能区范围，合理规范涉保护地人类活动。强化水生生物重要栖息地完整性保护，对具有重要生态服务功能的支流进行重点修复。

（十二）提升保护地功能。有关地方人民政府要依法落实各类保护地管理机构和人员，在设施建设和运行经费等方面提供必要保障。加强水生生物资源监测和水域生态监控能力建设，增强监管、救护和科普教育功能。国务院有关部门要持续开展专项督查检查行动，及时查处和有效防止水生生物保护地违法开发利用和保护职责不落实等问题。

五、完善生态补偿

（十三）完善生态补偿机制。充分考虑修复措施的流域性、系统性特点，建立健全生态补偿机制，支持水生生物重要栖息地的保护与恢复。科学确定涉水工程对水生生物和水域生态影响补偿范围，规范补偿标准，明确补偿用途。通过完善均衡性转移支付和重点生态功能区转移支付政策，加大对长江上游、重要支流、鄱阳湖、洞庭湖和河口等重点生态功能区生态补偿与保护的支持力度。加强涉水生生物保护区在建和已建项目督查，跟踪评估生态补偿措施落实情况，确保生态补偿措施到位、资源生态修复见效。

（十四）推进重点水域禁捕。科学划定禁捕、限捕区域。加快建立长江流域重点水域禁捕补偿制度，统筹推进渔民上岸安居、精准扶贫等方面政策落实，通过资金奖补、就业扶持、社会保障等措施，引导长江流域捕捞渔民加快退捕转产，率先在水生生物保护区实现全面禁捕。健全河流湖泊休养生息制度，在长江干流和重要支流等重点水域逐步实行合理期限内禁捕的禁渔期制度。

六、加强执法监管

（十五）提升执法监管能力。加强立法工作，推动完善相关法律法规。加强执法队伍和装备设施建设，引导退捕渔民参与巡查监督工作，形成与保护管理新形势相适应的监管能力。完善行政执法与刑事司法衔接机制，依法严厉打击严重破坏资源生态的犯罪行为。强化水域污染风险预警和防控，及时调查处理水域污染和环境破坏事故。健全执法检查和执法督察制度，严肃追究失职渎职责任。

（十六）强化重点水域执法。健全部门协作、流域联动、交叉检查等合作执法和联合执法机制，提升重点水域和交界水域管理效果。在长江口、鄱阳湖、洞庭湖等重点水域和问题突出的其他水域，定期组织开展专项执法行动，清理取缔各种非法利用和破坏水生生物资源及其生态、生境的行为，做到发现一起、查处一起、整改一起。坚决清理取缔涉渔“三无”船舶和“绝户网”，严厉打击“电毒炸”等非法捕捞行为。

七、强化支撑保障

（十七）加大保护投入。鼓励和支持长江流域地方各级人民政府根据大保护需要，创新水生生物保护管理体制机制，加强对水生生物保护工作的政策扶持和资金投入。设立长江水生生物保护基金，鼓励企业和公众支持长江水生生物保护事业，健全多主体参与、多元化融资、精准化投入的体制机制。

（十八）加强科技支撑。深化水生生物保护研究，加快珍稀濒危水生生物人工驯养和繁育技术攻关，开展生态修复技术集成示范，形成一批可复制、可推广的水生生物保护模式和技术。建设长江重要水生生物物种基因库和活体库，强化珍稀濒危物种遗传学研究，支持利用基因技术复活近代消失的水生生物物种的探索研究，支持以研究和保护为目的开展鱼类网箱养殖、繁殖等工作，提升物种资源保护、保存和恢复能力。

（十九）提升监测能力。全面开展水生生物资源与环境本底调查，准确掌握水生生物资源和栖息地状况，建立水生生物资源资产台账。加强水生生物资源监测网络建设，提高监测系统自动化、智能化水平，加强生态环境大数据集成分析和综合应用，促进信息共享和高效利用。

八、加强组织领导

（二十）严格落实责任。将水生生物保护工作纳入长江流域地方人民政府绩效及河长制、湖长制考核体系，进一步明确长江流域地方各级人民政府在水生生物保护方面的主体责任，根据任务清单和时间节点要求，定期考核验收，形成共抓长江大保护的强大合力。

（二十一）强化督促检查。农业农村部等有关部门要按照职责分工，建立健全沟通协调机制，适时督查和通报相关工作落实情况。对在长江水生生物保护工作中做出显著成绩的，按照国家有关规定予以表彰。对工作推进不力、责任落实不到位的，依法依规严肃处理。

（二十二）营造良好氛围。完善信息发布机制，定期公开长江水生生物和水域生态环境状况，接受公众监督。积极开展长江水生生物保护宣传，鼓励各类媒体加大公益广告投放力度。加强长江渔文化遗产保护和开发，挖掘长江流域珍稀特有水生生物及其栖息地历史文化内涵和生态价值，营造全社会关心支持长江大保护的良好氛围。

国务院办公厅

2018 年 9 月 24 日

国务院办公厅关于加强农业种质资源保护与利用的意见

国办发〔2019〕56 号

各省、自治区、直辖市人民政府，国务院各部委、各直属机构：

农业种质资源是保障国家粮食安全与重要农产品供给的战略性资源，是农业科技原始创新与现代种业发展的物质基础。近年来，我国农业种质资源保护与利用工作取得积极成效，但仍存在丧失风险加大、保护责任主体不清、开发利用不足等问题。为加强农业种质资源保护与利用工作，经国务院同意，现提出如下意见。

一、总体要求

以习近平新时代中国特色社会主义思想为指导，全面贯彻党的十九大和十九届二中、三中、四中全会精神，落实新发展理念，以农业供给侧结构性改革为主线，进一步明确农业种质资源保护的基础性、公益性定位，坚持保护优先、高效利用、政府主导、多元参与的原则，创新体制机制，强化责任落实、科技支撑和法治保障，构建多层次收集保护、多元化开发利用和多渠道政策支持的新格局，为建设现代种业强国、保障国家粮食安全、实施乡村振兴战略奠定坚实基础。力争到 2035 年，建成系统完整、科学高效的农业种质资源保护与利用体系，资源保存总量位居世界前列，珍稀、濒危、特有资源得到有效收集和保护，资源深度鉴定评价和综合开发利用水平显著提升，资源创新利用达到国际先进水平。

二、开展系统收集保护，实现应保尽保

开展农业种质资源（主要包括作物、畜禽、水产、农业微生物种质资源）全面普查、系统调查与抢救性收集，加快查清农业种质资源家底，全面完成第三次全国农作物种质资源普查与收集行动，加大珍稀、濒危、特有资源与特色地方品种收集力度，确保资源不丧失。加强农业种质资源国际交流，推动与农业种质资源富集的国家和地区合作，建立农业种质资源便利通关机制，提高通关效率。对引进的农业种质资源定期开展检疫性病虫害分类分级风险评估，加强种质资源安全管理。完善农业种质资源分类分级保护名录，开展农业种质资源中长期安全保存，统筹布局种质资源长期库、复份库、中期库，分类布局保种场、保护区、种质圃，分区布局综合性、专业性基因库，实行农业种质资源活体原位保护与异地集中保存。加强种质资源活力与遗传完整性监测，及时繁殖与更新复壮，强化新技术应用。新建、改扩建一批农业种质资源库（场、区、圃），加快国家作物种质长期库新库、国家海洋渔业生物种质资源库建设，启动国家畜禽基因库建设。

三、强化鉴定评价，提高利用效率

以优势科研院所、高等院校为依托，搭建专业化、智能化资源鉴定评价与基因发掘平台，建立全国统筹、分工协作的农业种质资源鉴定评价体系。深化重要经济性状形成机制、群体协同进化规律、基因组结构和功能多样性等研究，加快高通量鉴定、等位基因规模化发掘等技术应用。开展种质资源表型与基因型精准鉴定评价，深度发掘优异种质、优异基因，构建分子指纹图谱库，强化育种创新基础。公益性农业种质资源保护单位要按照相关职责定位要求，做好种质资源基本性状鉴定、信息发布及分发等服务工作。

四、建立健全保护体系，提升保护能力

健全国家农业种质资源保护体系，实施国家和省级两级管理，建立国家统筹、分级负责、有机衔接的保护机制。农业农村部和省级农业农村部门分别确定国家和省级农业种质资源保护单位，并相应组织开展农业种质资源登记，实行统一身份信息管理。鼓励支持企业、科研院所、高等院校、社会组织和个人等登记其保存的农业种质资源。积极探索创新组织管理和实施机制，推行政府购买服务，鼓励企业、社会组织承担农业种质资源保护任务。农业种质资源保护单位要落实主体责任、健全管理制度、强化措施保障。加强农业种质资源保护基础理论、关键核心技术研究，强化科技支撑。充分整合利用现有资源，构建全国统一的农业种质资源大数据平台，推进数字化动态监测、信息化监督管理。

五、推进开发利用，提升种业竞争力

组织实施优异种质资源创制与应用行动，完善创新技术体系，规模化创制突破性新种质，推进良种重大科研联合攻关。深入推进种业科研人才与科研成果权益改革，鼓励农业种质资源保护单位开展资源创新和技术服务，建立国家农业种质资源共享利用交易平台，支持创新种质上市公开交易、作价到企业投资入股。鼓励育繁推一体化企业开展种质资源收集、鉴定和创制，逐步成为种质创新利用的主体。鼓励支持地方品种申请地理标志产品保护和重要农业文化遗产，发展一批以特色地方品种开发为主的种业企业，推动资源优势转化为产业优势。

六、完善政策支持，强化基础保障

加强对农业种质资源保护工作的政策扶持。中央和地方有关部门可按规定通过现有资金渠道，统筹支持农业种质资源保护工作。地方政府在编制国土空间规划时，要合理安排新建、改扩建农业种质资源库（场、区、圃）用地，科学设置畜禽种质资源疫病防控缓冲区，不得擅自、超范围将畜禽、水产保种场划入禁养区，占用农业种质资源库（场、区、圃）的，需经原设立机关批准。现代种业提升工程、国家重点研发计划、国家科技重大专项等加大对农业种质资源保护工作的支持力度。健全财政支持的种质资源与信息汇交机制。对种质资源保护科技人员绩效工资给予适当倾斜，可在政策允许的项目中提取间接经费，在核定的总量内用于发放绩效工资。健全农业科技人才分类评价制度，对种质资源保护科技人员实行同行评价，收集保护、鉴定评价、分发共享等基础

性工作可作为职称评定的依据。支持和鼓励科研院所、高等院校建设农业种质资源相关学科。

七、加强组织领导，落实管理责任

各省（自治区、直辖市）人民政府要切实督促落实省级主管部门的管理责任、市县政府的属地责任和农业种质资源保护单位的主体责任，将农业种质资源保护与利用工作纳入相关工作考核。省级以上农业农村、发展改革、科技、财政、生态环境等部门要联合制定农业种质资源保护与利用发展规划。审计机关要依法对农业种质资源保护与利用相关政策措施落实情况、资金管理使用情况进行审计监督。健全法规制度，加快制修订配套法规规章。按照国家有关规定，对在农业种质资源保护与利用工作中作出突出贡献的单位和个人给予表彰奖励。对不作为、乱作为造成资源流失、灭绝等严重后果的，依法依规追究有关单位和人员责任。农业农村部要加强工作指导和督促检查，重大情况及时报告国务院。

国务院办公厅

2019 年 12 月 30 日

国务院办公厅关于做好涉外渔业管理工作的通知

国办发〔2004〕65号

各省、自治区、直辖市人民政府，国务院各部委、各直属机构：

我国是世界上最大的渔业生产国，渔业在国民经济和社会发展中具有十分重要的地位。近几年，随着国际海洋管理制度的变化和渔业的发展，我国渔业涉外事件时有发生，使渔民生命财产遭受严重损失，并造成不良的国际影响。为进一步做好涉外渔业管理工作，经国务院同意，现就有关问题通知如下：

一、提高认识，统筹解决好渔业、渔区和渔民问题

做好涉外渔业管理工作是我国应履行的国际义务，关系到渔民生命财产安全和渔业的健康发展，关系到我国作为负责任大国的国际形象，关系到“稳定周边”的外交大局，关系到维护我国主权和海洋权益。各省、自治区、直辖市人民政府和国务院有关部门要高度重视，正确处理好发展渔业生产与保护渔业资源、改善渔民生产生活与保障渔民生命财产安全的关系，统筹考虑渔业发展、渔区稳定和渔民生活。要坚持做好海洋渔业结构调整和渔民的转产转业工作，切实减轻渔民负担，保持渔民生活和渔区社会稳定，促进渔业经济健康发展。

二、明确责任，强化管理，及时处理渔业涉外事件

涉外渔业要按照部门分工协作、地方政府分级管理、企业和渔船属地政府负责的原则，实行综合管理。国务院渔业、外交、公安（边防）、商务、海事、海关等有关部门要密切配合，及时沟通信息，按职能分工各负其责，妥善处理渔业涉外事件，同时要做好远洋渔业的预警工作；地方各级人民政府要加强对涉外渔业工作的领导，做好对渔业企业、渔船所有人及船员的教育和监督管理工作。

从事涉外渔业活动的企业和人员必须严格遵守有关法律法规，以及我国缔结或参加的国际条约，减少和避免涉外违规事件的发生。发生涉外渔业事件后，渔船所属企业或所有人必须迅速采取有效措施，尽可能减小影响和损失，并按规定及时、准确地向有关部门报告。国务院有关部门、驻外使（领）馆、渔船所属企业或所有人所在地人民政府要密切配合，尽快、妥善处理有关问题。对一时难以解决的事件，地方人民政府要组织、督促渔船所属企业或所有人先将船员和渔船撤回国内，并处理好境外遗留问题，做好化解矛盾的工作；需要在境外解决的，要及时派出工作组，与我驻外使（领）馆配合解决问题。

三、提高从业人员素质，增强防范和抵御风险的能力

各地要加强对渔业从业人员特别是船长、渔船所有人和企业经营管理人员的教育培训，增强其法制观念和遵纪守法的自觉

性，提高企业、渔民防范和抵御风险的能力。各级渔业行政主管部门要加强对渔业企业和船员的监督管理，规范船员培训、考试和发证工作，严格执行渔船安全标准和规范，改善渔船质量和装备水平，不断提高船员专业素质和渔船安全性能。要充分发挥渔业协会等组织的作用，建立渔业企业和渔民自我协调、服务和自律机制。

四、严格执行渔业管理法规，加大渔业执法力度

各级渔业行政主管部门要严格执行《中华人民共和国渔业法》等法律法规和规章，严格执行我国缔结和参加的国际条约、我国与有关国家签订的双边渔业协定和有关管理规定，按照规定的程序、条件和要求开展涉外渔业管理工作。渔业执法机构要继续加强在重点海域的渔政巡航护渔工作，加大对渔业违法违规行为的监督检查和处罚力度，努力减少涉外违规事件的发生。

五、加强渔政执法队伍建设，提高涉外渔业管理水平

建设一支高素质的渔政执法队伍，是做好涉外渔业管理工作的重要保障。各地要按照国务院的有关规定，继续推进渔业行政执法队伍依照公务员制度管理工作，切实加强渔业执法队伍建设。地方各级渔政渔港监督管理机构依照公务员制度管理，要按有关规定报批。已经依照公务员制度管理的地方各级渔政渔港监督管理机构，要严格按照《国家公务员暂行条例》及其配套法规，实行规范管理。要加强对渔政执法人员涉外渔业管理业务知识培训，提高执法队伍的专业化水平。认真做好“收支两条线”工作，增加涉外渔业执法经费，逐步改善渔政执法装备，提高执法效率。

国务院办公厅

二〇〇四年八月九日

国务院办公厅关于全面推行行政执法公示制度执法全过程记录制度重大执法决定法制审核制度的指导意见

（2018年12月5日发布，国办发〔2018〕118号）

各省、自治区、直辖市人民政府，国务院各部委、各直属机构：

行政执法是行政机关履行政府职能、管理经济社会事务的重要方式。近年来，各地区、各部门不断加强行政执法规范化建设，执法能力和水平有了较大提高，但执法中不严格、不规范、不文明、不透明等问题仍然较为突出，损害人民群众利益和政府公信力。《中共中央关于全面推进依法治国若干重大问题的决定》和《法治政府建设实施纲要（2015—2020年）》对全面推行行政执法公示制度、执法全过程记录制度、重大执法决定法制审核制度（以下统称“三项制度”）作出了具体部署、提出了明确要求。聚焦行政执法的源头、过程、结果等关键环节，全面推行“三项制度”，对促进严格规范公正文明执法具有基础性、整体性、突破性作用，对切实保障人民群众合法权益，维护政府公信力，营造更加公开透明、规范有序、公平高效的法治环境具有重要意义。为指导各地区、各部门全面推行“三项制度”，经党中央、国务院同意，现提出如下意见。

一、总体要求

（一）指导思想。以习近平新时代中国特色社会主义思想为指导，全面贯彻党的十九大和十九届二中、三中全会精神，着力推进行政执法透明、规范、合法、公正，不断健全执法制度、完善执法程序、创新执法方式、加强执法监督，全面提高执法效能，推动形成权责统一、权威高效的行政执法体系和职责明确、依法行政的政府治理体系，确保行政机关依法履行法定职责，切实维护人民群众合法权益，为落实全面依法治国基本方略、推进法治政府建设奠定坚实基础。

（二）基本原则。坚持依法规范。全面履行法定职责，规范办事流程，明确岗位责任，确保法律法规规章严格实施，保障公民、法人和其他组织依法行使权利，不得违法增加办事的条件、环节等负担，防止执法不作为、乱作为。

坚持执法为民。牢固树立以人民为中心的发展思想，贴近群众、服务群众，方便群众及时获取执法信息、便捷办理各种手续、有效监督执法活动，防止执法扰民、执法不公。

坚持务实高效。聚焦基层执法实践需要，着力解决实际问题，注重措施的有效性和针对性，便于执法人员操作，切实提高执法效率，防止程序繁琐、不切实际。

坚持改革创新。在确保统一、规范的基础上，鼓励、支持、指导各地区、各部门因地制宜、更新理念、大胆实践，不断探索创新工作机制，更好服务保障经济社会发展，防止因循守旧、照搬照抄。

坚持统筹协调。统筹推进行政执法各项制度建设，加强资源整合、信息共享，做到各项制度有机衔接、高度融合，防止各行其是、重复建设。

（三）工作目标。“三项制度”在各级行政执法机关全面推行，行政处罚、行政强制、行政检查、行政征收征用、行政许可等行为得到有效规范，行政执法公示制度机制不断健全，做到执法行为过程信息全程记载、执法全过程可回溯管理、重大执法决定法制审核全覆盖，全面实现执法信息公开透明、执法全过程留痕、执法决定合法有效，行政执法能力和水平整体大幅提升，行政执法行为被纠错率明显下降，行政执法的社会满意度显著提高。

二、全面推行行政执法公示制度

行政执法公示是保障行政相对人和社会公众知情权、参与权、表达权、监督权的重要措施。行政执法机关要按照“谁执法谁公示”的原则，明确公示内容的采集、传递、审核、发布职责，规范信息公示内容的标准、格式。建立统一的执法信息公示平台，及时通过政府网站及政务新媒体、办事大厅公示栏、服务窗口等平台向社会公开行政执法基本信息、结果信息。涉及国家秘密、商业秘密、个人隐私等不宜公开的信息，依法确需公开的，要作适当处理后公开。发现公开的行政执法信息不准确的，要及时予以更正。

（四）强化事前公开。行政执法机关要统筹推进行政执法事前公开与政府信息公开、权责清单公布、“双随机、一公开”监管等工作。全面准确及时主动公开行政执法主体、人员、职责、权限、依据、程序、救济渠道和随机抽查事项清单等信息。根据有关法律法规，结合自身职权职责，编制并公开本机关的服务指南、执法流程图，明确执法事项名称、受理机构、审批机构、受理条件、办理时限等内容。公开的信息要简明扼要、通俗易懂，并及时根据法律法规及机构职能变化情况进行动态调整。

（五）规范事中公示。行政执法人员在进行监督检查、调查取证、采取强制措施和强制执行、送达执法文书等执法活动时，必须主动出示执法证件，向当事人和相关人员表明身份，鼓励采取佩戴执法证件的方式，执法全程公示执法身份；要出具行政执法文书，主动告知当事人执法事由、执法依据、权利义务等内容。国家规定统一着执法服装、佩戴执法标识的，执法时要按规定着装、佩戴标识。政务服务窗口要设置岗位信息公示牌，明示工作人员岗位职责、申请材料示范文本、办理进度查询、咨询服务、投诉举报等信息。

（六）加强事后公开。行政执法机关要在执法决定作出之日起 20 个工作日内，向社会公布执法机关、执法对象、执法类别、执法结论等信息，接受社会监督，行政许可、行政处罚的执法决定信息要在执法决定作出之日起 7 个工作日内公开，但法律、行政法规另有规定的除外。建立健全执法决定信息公开发布、撤销和更新机制。已公开的行政执法决定被依法撤销、确认违法或者要求重新作出的，应当及时从信息公示平台撤下原行政执法决定信息。建立行政执法统计年报制度，地方各级行政执法机关应当于每年 1 月 31 日前公开本机关上年度行政执法总体情况有关数据，并报本级人民政府和上级主管部门。

三、全面推行执法全过程记录制度

行政执法全过程记录是行政执法活动合法有效的重要保证。行政执法机关要通过文字、音像等记录形式，对行政执法的启动、调查取证、审核决定、送达执行等全部过程进行记录，并全面系统归档保存，做到执法全过程留痕和可回溯管理。

（七）完善文字记录。文字记录是以纸质文件或电子文件形式对行政执法活动进行全过程记录的方式。要研究制定执法规范用语和执法文书制作指引，规范行政执法的重要事项和关键环节，做到文字记录合法规范、客观全面、及时准确。司法部负责制定统一的行政执法文书基本格式标准，国务院有关部门可以参照该标准，结合本部门执法实际，制定本部门、本系统统一适用的行政执法文书格式文本。地方各级人民政府可以在行政执法文书基本格式标准基础上，参考国务院部门行政执法文书格式，结合本地实际，完善有关文书格式。

（八）规范音像记录。音像记录是通过照相机、录音机、摄像机、执法记录仪、视频监控等记录设备，实时对行政执法过程进行记录的方式。各级行政执法机关要根据行政执法行为的不同类别、阶段、环节，采用相应音像记录形式，充分发挥音像记录直观有力的证据作用、规范执法的监督作用、依法履职的保障作用。要做好音像记录与文字记录的衔接工作，充分考虑音像记录方式的必要性、适当性和实效性，对文字记录能够全面有效记录执法行为的，可以不进行音像记录；对查封扣押财产、强制拆除等直接涉及人身自由、生命健康、重大财产权益的现场执法活动和执法办案场所，要推行全程音像记录；对现场执法、调查取证、举行听证、留置送达和公告送达等容易引发争议的行政执法过程，要根据实际情况进行音像记录。要建立健全执法音像记录管理制度，明确执法音像记录的设备配备、使用规范、记录要素、存储应用、监督管理等要求。研究制定执法行为用语指引，指导执法人员规范文明开展音像记录。配备音像记录设备、建设询问室和听证室等音像记录场所，要按照工作必需、厉行节约、性能适度、安全稳定、适量够用的原则，结合本地区经济发展水平和本部门执法具体情况确定，不搞“一刀切”。

（九）严格记录归档。要完善执法案卷管理制度，加强对执法台账和法律文书的制作、使用、管理，按照有关法律法规和档案管理规定归档保存执法全过程记录资料，确保所有行政执法行为有据可查。对涉及国家秘密、商业秘密、个人隐私的记录资料，归档时要严格执行国家有关规定。积极探索成本低、效果好、易保存、防删改的信息化记录储存方式，通过技术手段对同一执法对象的文字记录、音像记录进行集中储存。建立健全基于互联网、电子认证、电子签章的行政执法全过程数据化记录工作机制，形成业务流程清晰、数据链条完整、数据安全有保障的数字化记录信息归档管理制度。

（十）发挥记录作用。要充分发挥全过程记录信息对案卷评查、执法监督、评议考核、舆情应对、行政决策和健全社会信用体系等工作的积极作用，善于通过统计分析记录资料信息，发现行政执法薄弱环节，改进行政执法工作，依法公正维护执法人员和行政相对人的合法权益。建立健全记录信息调阅监督制度，做到可实时调阅，切实加强监督，确保行政执法文字记录、音像记录规范、合法、有效。

四、全面推行重大执法决定法制审核制度

重大执法决定法制审核是确保行政执法机关作出的重大执法决定合法有效的关键环节。行政执法机关作出重大执法决定前，要严格进行法制审核，未经法制审核或者审核未通过的，不得作出决定。

（十一）明确审核机构。各级行政执法机关要明确具体负责本单位重大执法决定法制审核的工作机构，确保法制审核工作有机

构承担、有专人负责。加强法制审核队伍的正规化、专业化、职业化建设，把政治素质高、业务能力强、具有法律专业背景的人员调整充实到法制审核岗位，配强工作力量，使法制审核人员的配置与形势任务相适应，原则上各级行政执法机关的法制审核人员不少于本单位执法人员总数的5%。要充分发挥法律顾问、公职律师在法制审核工作中的作用，特别是针对基层存在的法制审核专业人员数量不足、分布不均等问题，探索建立健全本系统内法律顾问、公职律师统筹调用机制，实现法律专业人才资源共享。

（十二）明确审核范围。凡涉及重大公共利益，可能造成重大社会影响或引发社会风险，直接关系行政相对人或第三人重大权益，经过听证程序作出行政执法决定，以及案件情况疑难复杂、涉及多个法律关系的，都要进行法制审核。各级行政执法机关要结合本机关行政执法行为的类别、执法层级、所属领域、涉案金额等因素，制定重大执法决定法制审核目录清单。上级行政执法机关要对下一级执法机关重大执法决定法制审核目录清单编制工作加强指导，明确重大执法决定事项的标准。

（十三）明确审核内容。要严格审核行政执法主体是否合法，行政执法人员是否具备执法资格；行政执法程序是否合法；案件事实是否清楚，证据是否合法充分；适用法律、法规、规章是否准确，裁量基准运用是否适当；执法是否超越执法机关法定权限；行政执法文书是否完备、规范；违法行为是否涉嫌犯罪、需要移送司法机关等。法制审核机构完成审核后，要根据不同情形，提出同意或者存在问题的书面审核意见。行政执法承办机构要对法制审核机构提出的存在问题的审核意见进行研究，作出相应处理后再次报送法制审核。

（十四）明确审核责任。行政执法机关主要负责人是推动落实本机关重大执法决定法制审核制度的第一责任人，对本机关作出的行政执法决定负责。要结合实际，确定法制审核流程，明确送审材料报送要求和审核的方式、时限、责任，建立健全法制审核机构与行政执法承办机构对审核意见不一致时的协调机制。行政执法承办机构对送审材料的真实性、准确性、完整性，以及执法的事实、证据、法律适用、程序的合法性负责。法制审核机构对重大执法决定的法制审核意见负责。因行政执法承办机构的承办人员、负责法制审核的人员和审批行政执法决定的负责人滥用职权、玩忽职守、徇私枉法等，导致行政执法决定错误，要依纪依法追究相关人员责任。

五、全面推进行政执法信息化建设

行政执法机关要加强执法信息管理，及时准确公示执法信息，实现行政执法全程留痕，法制审核流程规范有序。加快推进执法信息互联互通共享，有效整合执法数据资源，为行政执法更规范、群众办事更便捷、政府治理更高效、营商环境更优化奠定基础。

（十五）加强信息化平台建设。依托大数据、云计算等信息技术手段，大力推进行政执法综合管理监督信息系统建设，充分利用已有信息系统和数据资源，逐步构建操作信息化、文书数据化、过程痕迹化、责任明晰化、监督严密化、分析可量化的行政执法信息化体系，做到执法信息网上录入、执法程序网上流转、执法活动网上监督、执法决定实时推送、执法信息统一公示、执法信息网上查询，实现对行政执法活动的即时性、过程性、系统性管理。认真落实国务院关于加快全国一体化在线政务服务平台建设的决策部署，推动政务服务“一网通办”，依托电子政务外网开展网上行政服务工作，全面推行网上受理、网上审批、网上办公，让数据多跑路、群众少跑腿。

（十六）推进信息共享。完善全国行政执法数据汇集和信息共享机制，制定全国统一规范的执法数据标准，明确执法信息共享的种类、范围、流程和使用方式，促进执法数据高效采集、有效整合。充分利用全国一体化在线政务服务平台，在确保信息安全的前提下，加快推进跨地区、跨部门执法信息系统互联互通，已建设并使用的有关执法信息系统要加强业务协同，打通信息壁垒，实现数据共享互通，解决“信息孤岛”等问题。认真梳理涉及各类行政执法的基础数据，建立以行政执法主体信息、权责清单信息、办案信息、监督信息和统计分析信息等为主要内容的全国行政执法信息资源库，逐步形成集数据储存、共享功能于一体的行政执法数据中心。

（十七）强化智能应用。要积极推进人工智能技术在行政执法实践中的运用，研究开发行政执法裁量智能辅助信息系统，利用语音识别、文本分析等技术对行政执法信息数据资源进行分析挖掘，发挥人工智能在证据收集、案例分析、法律文件阅读与分析中的作用，聚焦争议焦点，向执法人员精准推送办案规范、法律法规规定、相似案例等信息，提出处理意见建议，生成执法决定文书，有效约束规范行政自由裁量权，确保执法尺度统一。加强对行政执法大数据的关联分析、深化应用，通过提前预警、监测、研判，及时发现解决行政机关在履行政府职能、管理经济社会事务中遇到的新情况、新问题，提升行政立法、行政决策和风险防范水平，提高政府治理的精准性和有效性。

六、加大组织保障力度

（十八）加强组织领导。地方各级人民政府及其部门的主要负责同志作为本地区、本部门全面推行“三项制度”工作的第一责任人，要切实加强对本地区、本部门行政执法工作的领导，做好“三项制度”组织实施工作，定期听取有关工作情况汇报，及时研究解决工作中的重大问题，确保工作有方案、部署有进度、推进有标准、结果有考核。要建立健全工作机制，县级以上人民政府建立司法行政、编制管理、公务员管理、信息公开、电子政务、发展改革、财政、市场监管等单位参加的全面推行“三项制度”工作协调机制，指导协调、督促检查工作推进情况。国务院有关部门要加强对本系统全面推行“三项制度”工作的指导，强化行业规范和标准统一，及时研究解决本部门、本系统全面推行“三项制度”过程中遇到的问题。上级部门要切实做到率先推行、以上带下，充分发挥在行业系统中的带动引领作用，指导、督促下级部门严格规范实施“三项制度”。

（十九）健全制度体系。要根据本指导意见的要求和各地区、各部门实际情况，建立健全科学合理的“三项制度”体系。加强和完善行政执法案例指导、行政执法裁量基准、行政执法案卷管理和评查、行政执法投诉举报以及行政执法考核监督等制度建设，推进全国统一的行政执法资格和证件管理，积极做好相关制度衔接工作，形成统筹行政执法各个环节的制度体系。

（二十）开展培训宣传。要开展“三项制度”专题学习培训，加强业务交流。认真落实“谁执法谁普法”普法责任制的要求，加强对全面推行“三项制度”的宣传，通过政府网站、新闻发布会以及报刊、广播、电视、网络、新媒体等方式，全方位宣传全面推行“三项制度”的重要意义、主要做法、典型经验和实施效果，发挥示范带动作用，及时回应社会关切，合理引导社会预期，为全面推行“三项制度”营造良好的社会氛围。

（二十一）加强督促检查。要把“三项制度”推进情况纳入法治政府建设考评指标体系，纳入年底效能目标考核体系，建立督查情况通报制度，坚持鼓励先进与鞭策落后相结合，充分调动全面推行“三项制度”工作的积极性、主动性。对工作不力的要及时督促整改，对工作中出现问题造成不良后果的单位及人员要通报批评，依纪依法问责。

（二十二）保障经费投入。要建立责任明确、管理规范、投入稳定的执法经费保障机制，保障行政执法机关依法履职所需的执法装备、经费，严禁将收费、罚没收入同部门利益直接或者变相挂钩。省级人民政府要分类制定行政执法机关执法装备配备标准、装备配备规划、设施建设规划和年度实施计划。地方各级行政执法机关要结合执法实际，将执法装备需求报本级人民政府列入财政预算。

（二十三）加强队伍建设。高素质的执法人员是全面推行“三项制度”取得实效的关键。要重视执法人员能力素质建设，加强思想道德和素质教育，着力提升执法人员业务能力和执法素养，打造政治坚定、作风优良、纪律严明、廉洁务实的执法队伍。加强行政执法人员资格管理，统一行政执法证件样式，建立全国行政执法人员和法制审核人员数据库。健全行政执法人员和法制审核人员岗前培训和岗位培训制度。鼓励和支持行政执法人员参加国家统一法律职业资格考试，对取得法律职业资格的人员可以简化或免于执法资格考试。建立科学的考核评价体系和人员激励机制。保障执法人员待遇，完善基层执法人员工资政策，建立和实施执法人员人身意外伤害和工伤保险制度，落实国家抚恤政策，提高执法人员履职积极性，增强执法队伍稳定性。

各地区、各部门要于 2019 年 3 月底前制定本地区、本部门全面推行“三项制度”的实施方案，并报司法部备案。司法部要加强对全面推行“三项制度”的指导协调，会同有关部门进行监督检查和跟踪评估，重要情况及时报告国务院。

国务院办公厅

2018 年 12 月 5 日

国务院办公厅关于整顿统一着装的通知

（国办发〔2003〕104号）

各省、自治区、直辖市人民政府，国务院各部委、各直属机构：

近年来，一些地区、部门和单位违反《国务院办公厅关于整顿统一着装的通知》（国办发〔1986〕29号）的规定，擅自批准着装，既影响了统一着装的严肃性，又导致财政开支越来越大。对此，人民群众意见很大，强烈要求予以纠正。为维护统一着装的严肃性，制止擅自着装行为，经国务院同意，现就有关问题通知如下：

一、国家机关工作人员因行政执法需要，要求统一穿着制式服装的，其批准权限在国务院，地方各级人民政府和国务院各部门均无权批准。各地区、各部门要严格执行国务院关于统一着装的有关规定，严禁擅自批准统一着装，并不得以任何形式指使或暗示下属单位统一着装。

二、各省、自治区、直辖市人民政府和国务院有关部门对本地区和本部门统一着装问题要认真进行清理整顿。对未经国务院批准擅自着装的，要收回已经发放的制式服装及其标志并予以销毁。要坚决制止着装混乱和穿着仿制“99”式警服现象。凡不纠正的，一经发现要严肃处理，并追究批准机关领导人的责任。各地区、各部门自本通知下发后半年内，将整顿结果报财政部，由财政部汇总报国务院。财政、监察部门要严肃查处擅自着装问题，新闻、宣传部门要加强舆论监督。

三、经国务院批准统一着装的单位要严格按照国家有关规定执行，不得擅自改变着装范围、着装标准和自费比例。

四、整顿统一着装，对于纠正不正之风，规范执法，树立行政执法部门的良好形象，减轻财政负担，具有重要的意义。各地区、各部门要充分认识这项工作的重要性，切实做好整顿统一着装工作。整顿统一着装，涉及到部分干部职工的切身利益，各地区、各部门要切实做好干部职工的思想政治工作，确保此次清理整顿工作如期完成。

国务院办公厅

2003年12月29日

国务院统一着装管理委员会关于重申业经国务院批准统一着装部门和行业等有关问题的通知

（1992 年 2 月 25 日发布，国着装委字〔1992〕2 号）

国务院统一着装管理委员会第一次全体委员会议纪要下发后，地方各级人民政府和中央有关部门都很重视，正在按照清理整顿统一着装的要求，积极开展工作。为便于清理整顿统一着装工作的顺利进行，现将国务院历次批准统一着装部门和行业的具体着装范围及有关规定予以重申（详见附件），并通知如下：

一、中央各有关部门和地方各级人民政府，都要坚决按照国务院关于“批准统一着装的权限集中在国务院，各部门和地方各级人民政府都无权批准”的规定执行。凡是附件中未列的部门和行业已经统一着了装的，或者超越附件所列“行业统一着装范围”而统一着了装的，都属于擅自统一着装，均应立即予以纠正；按附件所列应该由个人负担的费用，而没有收交的，应视作欠费，要立即收交入库；凡擅自提高统一着装标准的，超过规定的部分，其价款要向着装本人如数收回。

二、过去已批准颁发的有关业务工作《条例》《实施细则》以及报告等，凡在其中夹带有关要求统一着装内容的，都不能视为国务院同意统一着装的依据。如据以统一着了装的，应按擅自统一着装处理。今后，各部门在起草有关业务工作《条例》《实施细则》等文件时，一律不准夹带有关要求统一着装的内容；在此之前所颁发的有关业务工作《条例》《实施细则》等，凡在其中夹带有关要求统一着装的内容，应由起草文件的部门尽快修正。

三、中央有关部门应当积极支持地方人民政府清理整顿统一着装的工作，不得以种种“理由”为下属部门和行业说情护短，更不得干涉地方清理整顿工作。中央各部门和地方各级人民政府，都应当按照国务院有关规定执行，做到令行禁止，共同维护国务院规定的严肃性。

四、各省、自治区、直辖市人民政府，都要抓紧时间，对本地区统一着装进行清理整顿。经过清理整顿后，按国务院规定保留的统一着装部门和行业，要建章建制，一定要防止清理整顿后再出现扩大统一着装范围的现象。

五、在清理整顿统一着装期间，一律停止审批新的统一着装部门和行业，也不再扩大统一着装范围。

鉴于各地清理整顿统一着装的工作开展时间不尽一致，工作情况报告的期限可适当予以推迟，限于 5 月 31 日前报送本委。

附件　经国务院批准统一着装部门、行业的着装范围一览表

单位	行业统一着装范围	个人负担费用比例
公安部门	（一）着警服范围：1. 公安部，各省、自治区、直辖市公安厅、局，省辖市、行署和县（市）公安机关行政单位中属行政编制的在编干警；2. 目前在政企合一性质单位设立的公安机构的干警；3. 大中城市大型公共场所和少数地处偏远、城乡结合部的重要大型工矿企业、科研单位，周围情况复杂，治安问题较多，内部保卫组织无法管理，当地公安机关又管不到的，经省、自治区、直辖市人民政府批准设立的公安派出机构的干警。 （二）着公用警服范围：1. 公安警察院校的干部、教师和学生；2. 公安机关所属事业单位中经常到发案现场参与侦破案件的人员；3. 公安机关行政单位的在编门卫、传达人员，驾驶警车、囚车、勘查车、机要通信等公安业务车司机；4. 经省、自治区、直辖市公安厅、局批准乡镇公安派出所招聘的合同制民警。 （三）着化装服范围：各级公安机关从事专职秘密侦察工作的人员，改着化装服，不配发警服。 （四）企业公安消防队人员，改着上绿下蓝消防制式服装。 （五）公安机关所属下列单位和人员不属着装范围：1. 科研所、医院、公司、出版社、印刷厂、招待所、幼儿园、农副业生产基地等单位的干部、职工；2. 离退休干警；3. 各种工勤人员。 （六）铁道、交通、林业、民航系统公安机关干警比照各级公安机关的规定执行。 除以上规定的着装范围外，其他企事业内部安全保卫人员一律不着警服。	
国家安全部门	各级国家安全机关行政单位中以公开身份执行逮捕或追捕罪犯任务的行政在编干部。	
司法部门劳改劳教工作干警	（一）着装范围：1. 司法部劳改局、劳教局、各省、自治区、直辖市司法厅（局）的劳改局、劳教局（处）和地市司法局的劳改处（科）、劳教处（科）机关的在编干警；2. 司法系统的监狱、劳改队、劳教所、少管所、出入监队（含收容站、所）、犯人医院以及强制留场就业场所的在编干警。 （二）着公用警服范围：1. 劳改、劳教干警院校的在编干部、教师和学生；2. 劳改劳教单位驾驶囚车、警备车的专职司机和着装单位的在编门卫、传达人员。 （三）劳改、劳教机关所属下列单位和人员不属着装范围：1. 劳改、劳教单位的托儿所、幼儿园、招待所、子弟学校、技工学校、科研所、职工医院、家属工厂（场、队）和商店、供应站、各类公司、无劳改犯人或劳教人员的工厂（农场）等机构的工作人员；2. 离退休干警；3. 以工代干的人员；4. 中、小学等普通学校教师在特殊学校兼职教学的人员。	
法院部门	在全国法院系统审判员、助理审判员、书记员的编制比例未正式确定之前，最高人民法院和各高、中级人民法院经正式任命的在刑事审判庭、民事审判庭、经济审判庭、行政审判庭、交通运输审判庭、告诉申诉审判庭和执行庭工作的审判员、助理审判员、书记员（含正、副院长，正、副庭长），基层人民法院经正式任命的审判员、助理审判员、书记员（含正、副院长，正、副庭长），穿着统一的人民法院制服。 铁路、林业、农垦、油田、矿区、海事等法院，比照同级人民法院的着装范围着装。 各级人民法院在编的司法警察，穿着带法警标志的统一的人民警察制服（按公安部门的供应标准及管理办法执行）。	30%
检察院部门	在人民检察院系统检察员、助理检察员、书记员的编制比例未正式确定之前，暂按如下范围执行。 （一）县区人民检察院经正式任命的检察员、助理检察员、书记员； （二）分、市以上各级人民检察院经正式任命在刑事、经济、法纪、监所、控告申诉、铁路运输、刑事技术业务厅（处、科）工作的现职检察员、助理检察员、书记员（含正、副厅、处、科长）； （三）各级人民检察院的正、副检察长； （四）铁路运输、林业、农垦、油田、矿区、劳改劳教等检察院比照同级人民检察院的着装范围着装； （五）各级人民检察院在编的司法警察。	30% 司法警察按公安部门的供应标准及管理办法执行

（续）

单位	行业统一着装范围	个人负担费用比例
海关部门	凡在国境站、港口、机场、车站、邮局等现场以及对外执行职务的海关工作人员；海关总署需要到地方海关业务场所的干部；各海关院校毕业班的学生和需要到海关业务场所的教职员，均应穿着海关制服。	30%
商品检验部门	凡经常在国境站、港口、机场、车站、进出口商品检验场所执行进出口商品检验、监督管理和对外贸易公证鉴定任务的外勤商检人员，均穿着商检制服。 凡既做外勤插样工作，又兼做内勤化验工作的商检人员也穿着商检制服，但换发制服和鞋帽的年限比正常着装人员延长二年。 凡不到现场执行任务的商检人员一律不着装。	30%
卫生部门		
1. 卫生检疫人员	只限开放口岸对外执行卫生检疫任务的外勤干部着装；不直接参加对外执行卫生检疫任务的工作人员一律不着装；门卫和司机制做化纤料的工作服。	30%
2. 食品卫生监督人员	食品卫生监督员专用制服，限于符合《中华人民共和国食品卫生法（试行）》第二十三条规定，由人民政府发给证书［铁路、交通、厂（场）矿的食品卫生监督员，由其上级主管部门发给证书］的食品卫生监督员执行监督任务时着用。	30%
农业部门		
1. 动植物检疫工作人员	凡在港口、机场、车站、邮局等现场执行对外动植物检疫任务的人员，均应穿着对外动植物检疫制服，佩带检疫标志。	30%
2. 沿海和边境水域渔政检查人员	凡在沿海渔场、港口和内陆边境水域现场执行渔政监督检查任务的专职渔政人员，均应穿着统一的渔政服装，佩戴标志。	30%
3. 渔船检验人员	凡在对外开放港口现场执行涉外工作的渔船检验人员应穿着统一式样的渔船检验服装，佩戴标志。	30%
4. 渔港监督人员	凡在对外开放港口现场执行涉外工作的渔港监督人员应穿着统一式样的渔港监督服装，佩戴标志。	30%
5. 农业植物检疫人员	凡在县级（含县级）以上地方各级农业行政部门所属植物检疫机构内，负责执行国家植物检疫任务的现任专职植物检疫工作人员，应穿着统一服装，其他人员一律不着装。专职检疫工作人员是指经省级农业行政部门批准，报农牧渔业部备案后，正式授予“农牧渔业部植物检疫员证”的专职植物检疫员。	30%
6. 内陆水域渔政检查人员	凡在内陆水域现场执行监督检查任务的专职渔政人员，均应穿着渔政服装。非现场执行监督检查工作的渔政人员和工勤人员，水产企业、生产联合体、渔业管理委员会等生产管理部门和群众性管理组织的人员不得制着渔政服装，必要时可由县以上地方渔业行政主管部门制发与“中国渔政”相区别的标志。	30%
林业部门森林植物检疫人员	县级（含县）以上地方各级林业行政部门所属的森林植物检疫（以下简称森检）机构内，负责执行国家森检疫任务的现任专职森检工作人员，方可着森检服装，其他人员一律不得着装。 专职森检工作人员是指经省级林业行政部门批准，报林业部备案后，持有“森林植物检疫证”的人员。	30%
交通部门		
1. 港务监督人员	凡经国务院批准的对外开放港口港务监督部门的外勤工作人员，应穿着港务监督制服，佩戴帽徽和肩章。	30%
2. 船舶检验工作人员	凡经国务院批准的对外开放港口对外籍船舶检验的工作人员均应穿着船检制服，佩戴帽徽的胸章。	30%

（续）

单位	行业统一着装范围	个人负担费用比例
3. 内河港务监督工作人员	暂按：经省、自治区、直辖市航运（交通）局，长江航政管理局批准的港航监督外勤人员。	30%
国家海洋部门	（一）船员、调查队员、船大队部经常出海工作的人员、监测中心经常出海的执法工作人员、航空遥感队上飞机和上船的执法人员、浮标队员，局（巡航和条法处）和分局机关执法管理人员，第三海洋研究所海监船和执法管理人员。 （二）不符合第一项第一条配发范围者，凡因工作需要着装海洋制服者，可以价拨，按成本价格收全费。	30%
工商行政管理部门	基层工商行政管理所、检查站（队）、稽私队的正式工商行政管理人员；直辖市，省辖市，县（含县级市）及市辖区工商行政管理局直接从事市场监督、检查工作的正式工商行政管理人员。	30%
税务部门	税务系统着装范围仅限于下列人员：基层税务所、检查站、稽查队的国家正式工作人员，在县（市）税务局，直辖市及省（区）辖市和市辖区税务局直接从事征税的国家正式工作人员。 另外，财政部门从事农税（指农业税、耕地占用税、农林特产税、牧业税、契税）征收工作的人员可以着装，从事其他业务工作的人员不得着装； 基层财政部门从事农税征收的正式工作人员，在县（市）、直辖市、省辖市和市辖区财政部门负有直接从事农税征收管理的专职工作人员可统一着装； 经有关部门批准，在基层财政部门的农税助征员（一年以上的），可根据工作需要程度配发公用装。	30%
其他		
	一、专职律师、涉外公证人员配发制服，不属于统一着装，只是为出庭辩护和涉外公证时衣着整洁，其配发范围：（一）各级司法行政部门所属的法律顾问处（律师事务所，下同）和经司法部批准设立的专业法律顾问处专门从事律师工作的现职律师。（二）经省、自治区、直辖市司法厅（局）审定的市、县、区从事涉外公证工作的现职公证人员。	50%
	二、经济民警和企事业专职消防人员：（一）凡经省、自治区、直辖市公安厅、局核准在编的经济民警，按规定着装，其他人员严禁着经济民警服装。（二）在企、事业单位专门从事消防保卫工作的人员，并经当地公安消防监督部门审核批准的，均按本规定着装。	同公安
	三、历史上就着装的铁道、邮电、民航、航运等生产经营部门着企业标志服装。	30%

五、规　　章

（一）综　　合

农业部立法工作规定

（2002年12月27日农业部令第25号公布，自2003年1月1日起施行）

第一章 总　　则

第一条 为规范农业部立法工作，保证立法质量，根据《立法法》《行政法规制定程序条例》《规章制定程序条例》和《法规规章备案条例》，制定本规定。

第二条 本规定所称立法工作包括：

（一）农业部起草法律草案、行政法规草案的工作；

（二）农业部制定部门规章的工作；

（三）农业部参与的农业立法工作；

（四）其他与农业立法有关的工作。

第三条 立法工作应当遵循《立法法》《行政法规制定程序条例》《规章制定程序条例》确立的立法原则，符合宪法、法律、行政法规的规定。

第四条 产业政策与法规司归口管理和协调部内立法工作，各司局依照本规定负责有关立法工作。

第二章 立法计划

第五条 农业部于每年年底编制下一年度的规章制定工作计划，由产业政策与法规司负责组织实施。

第六条 各司局根据工作需要，提出主管业务范围内下一年度规章制定的立项申请，并于每年10月31日前报送产业政策与法规司。

立项申请应当对立法的必要性、立法依据、所要解决的主要问题、拟确立的主要制度、进展情况和进度安排等作出说明。

第七条 产业政策与法规司根据有关司局报送的立项申请和实际工作需要，经综合平衡后，拟订农业部年度规章制定工作计划，报部常务会议审议通过后执行。年度规章制定工作计划应当明确立法项目名称、主要内容、起草单位等内容。

第八条 规章制定工作应当依照年度规章制定工作计划进行。年度规章制定工作计划在执行中确需调整的，经产业政策与法规司提出，报部领导同意。

第九条 农业部根据需要，编制指导性农业立法五年规划的工作，参照本章的规定进行。农业部根据全国人大有关部门和国务院的要求，提出法律的立法建议和行政法规的立项申请的工作，参照本章的规定进行。

第三章 起　　草

第十条 法律、行政法规和规章的起草，由提出立法建议或立项申请的司局负责。重要法律、行政法规和综合性规章的起草工作，由产业政策与法规司负责或者组织有关司局共同办理。

起草法律、行政法规，应当成立起草小组；起草规章，必要时也应当成立起草小组。

第十一条 起草法律、行政法规和规章，一般应当对立法目的、依据、适用（调整）范围、主管机关、主要内容、法律责任或处罚办法、名词界定（定义）、施行日期等作出规定。起草法律、行政法规和规章，应当考虑原有相关法律、行政法规和规章的规定。需要废止相关法律、行政法规和规章或其部分条款的，应当在草案中予以明确。

第十二条　起草法律、行政法规和规章，应当深入调查研究，总结实践经验，并根据具体情况，采取书面征求意见、座谈会、论证会、听证会和向社会公布等形式广泛听取有关机关、组织和公民的意见。

第十三条　起草法律、行政法规和规章，涉及国务院其他部门的职责或者与国务院其他部门关系紧密的，或者涉及部内相关司局业务的，应当征求其他部门或相关司局的意见，充分协商，达成一致。协商不成的，应当说明情况和理由。

第十四条　法律、行政法规和规章草案经起草司局负责人签字后，报送产业政策与法规司审查。涉及其他司局业务的，应当会签有关司局。

第十五条　起草司局报送法律、行政法规和规章草案时，应当同时报送立法说明和其他有关材料。

立法说明应当对立法的必要性、起草过程、规定的主要措施、有关方面的意见等情况作出说明。

其他有关材料主要包括汇总的意见、听证会笔录、调研报告、国内外有关立法资料等。

第四章　审　　查

第十六条　产业政策与法规司对起草司局报送的法律、行政法规和规章草案，应当从以下方面进行审查：

（一）是否符合宪法、法律、行政法规的规定和国家的方针政策；

（二）是否与有关法律、行政法规和规章协调、衔接；

（三）是否正确处理有关机关、组织和公民对法律、行政法规和规章草案主要问题的意见；

（四）是否符合立法技术要求；

（五）需要审查的其他内容。

第十七条　报送审查的法律、行政法规和规章草案有下列情形之一的，产业政策与法规司可以缓办或者退回起草司局：

（一）草案中规定的主要制度和措施尚不成熟的；

（二）国务院其他部门或部内相关司局对草案中规定的主要制度存在较大争议，起草司局未与国务院其他部门或部内相关司局协商的；

（三）不符合本规定第十四条和第十五条规定的。

第十八条　在审查过程中，产业政策与法规司可以根据情况，进行下列工作：

（一）就立法涉及的主要问题发送有关机关、组织和专家征求意见，或者向社会公布征求意见；

（二）就立法涉及的主要问题深入基层进行调研，听取意见；

（三）召开座谈会、论证会、听证会，听取意见，研究论证；

（四）对立法中的不同意见进行协调。

第十九条　产业政策与法规司应当认真研究各方面的意见，会同起草司局对报送审查的法律、行政法规和规章草案及草案说明进行修改。对立法中的不同意见经协调不能达成一致的，报请部领导决定。

拟报部常务会议审议的法律、行政法规和规章草案，由产业政策与法规司提出提请部常务会议审议的建议。

起草司局应当根据部长办公室的要求，提交相应份数的法律、行政法规和规章草案及其说明文本。

第五章　决定和公布

第二十条　部常务会议审议法律、行政法规和规章草案时，起草小组或起草司局应当就该草案作说明。

法律、行政法规和规章草案由其他司局起草的，产业政策与法规司应当就审查情况等作说明。

第二十一条 起草小组或起草司局应当根据部常务会议审议意见，对法律、行政法规和规章草案进行修改，经产业政策与法规司审核、办公厅核稿登记后，送部长或主管副部长签发。

第二十二条 报国务院的法律、行政法规草案，经部常务会议审议通过后，由部长或主管副部长签发。

第二十三条 农业部规章，经部常务会议审议通过后，由部长签署农业部令公布。

第二十四条 农业部规章签署公布后，由办公厅送《农民日报》及时全文刊登。

第六章 备案和解释

第二十五条 农业部制定的规章，由起草司局在规章公布之日起十五日内将规章正式文本和起草说明按照规定的格式装订成册，一式十五份，与规章的电子文本一起报送产业政策与法规司，由产业政策与法规司按照《法规规章备案条例》的规定，统一向国务院备案。

第二十六条 农业部和其他部门联合制定的规章，由主办部门负责报国务院备案。农业部为主办部门的，按第二十五条规定办理。

第二十七条 农业法律、行政法规和规章依照规定，需要由农业部进行解释的，应当由省级农业行政主管部门向农业部提出申请；部内司局认为需要解释的，应当向产业政策与法规司提出。

第二十八条 符合下列情形的农业法律、行政法规的解释，由产业政策与法规司会同有关司局提出意见，报部领导签发后，依照有关规定送请制定机关作出解释：

（一）条文本身需要进一步明确界限的；

（二）需要作补充规定的。

第二十九条 属于行政工作中具体应用农业法律、行政法规问题的解释，以及农业部规章的解释，由产业政策与法规司会同有关司局提出意见，报部常务会议审议通过后或者部领导签发后公布。

第三十条 对属于行政工作中具体应用农业部规章问题的询问，由产业政策与法规司会同有关司局研究，以办公厅文件的形式答复。涉及重大问题的，应当报部领导签发后，以农业部文件的形式答复。

地方农业部门就农业部规章的具体应用问题向农业部申请答复的，应当由省级农业行政主管部门提出。

第七章 立法协调

第三十一条 农业部与有关部门联合发布，非农业部为主起草的规章草案，其协调工作由参加起草的司局负责办理；农业部为主起草的规章，其协调工作由起草司局办理。以部名义行文的，由办文司局负责人签字，会签产业政策与法规司后，报主管副部长签发。

第三十二条 有关部门送农业部征求意见的法律、行政法规和规章草案，由产业政策与法规司组织有关司局提出意见，并以农业部文件或办公厅文件的形式答复有关部门。

第三十三条 对有关部门送农业部征求意见的法律、行政法规和规章草案，办公厅应当及时转送产业政策与法规司；产业政策与法规司应当及时征求有关司局的意见，做好组织和综合工作；有关司局应当及时研究办理，提出书面意见并加盖本司局印章后，送产业政策与法规司。超过规定时限未答复的，或者未加盖本司局印章的，视为无意见。

第八章　清理、修改和废止

第三十四条　产业政策与法规司应当根据需要或有关机关的要求，组织各司局对农业法律、行政法规和规章进行清理。

第三十五条　经清理需要修改的法律、行政法规，由产业政策与法规司会同有关司局提出意见，报部领导同意后，向制定机关提出修改建议。需要由农业部修改的，按照本规定的程序办理。

经清理需要修改的规章，由产业政策与法规司会同有关司局提出建议，报部领导同意后，按照本规定的程序进行修改。

第三十六条　经清理需要废止的法律、行政法规，由产业政策与法规司会同有关司局提出意见，报部领导同意后，向制定机关提出废止建议。

经清理应当废止的规章，由产业政策与法规司会同有关司局提出建议，报部常务会议审议通过后，由部长签署农业部令予以废止。

第三十七条　农业部各司局应当掌握相关法律、行政法规和规章的贯彻实施情况，发现有下列情形之一的，应当及时提出修改或废止建议：

（一）法律、行政法规和规章的规定与上位法不一致的；

（二）被新的法律、行政法规和规章的规定取代的；

（三）不能适应现实需要的；

（四）其他需要修改或废止的情形。

第九章　附　　则

第三十八条　农业部规章应当自公布之日起三十日后施行；但是，涉及国家安全或者公布后不立即施行将有碍规章施行的，可以自公布之日起施行。

第三十九条　农业法律、行政法规的宣传工作，由产业政策与法规司组织有关司局办理。

第四十条　产业政策与法规司应当参照《法规汇编编辑出版管理规定》，对农业法律、行政法规和规章进行汇编。

第四十一条　本规定由农业部负责解释。

第四十二条　本规定自 2003 年 1 月 1 日起施行。1991 年 12 月 24 日农业部发布的《农业部立法工作暂行规定》同时废止。

农业行政许可听证程序规定

（2004年6月28日农业部令第35号发布，自2004年7月1日起施行）

第一章　总　　则

第一条　为了规范农业行政许可听证程序，保护公民、法人和其他组织的合法权益，根据《行政许可法》，制定本规定。

第二条　农业行政机关起草法律、法规和省、自治区、直辖市人民政府规章草案以及实施行政许可，依法举行听证的，适用本规定。

第三条　听证由农业行政机关法制工作机构组织。听证主持人、听证员由农业行政机关负责人指定。

第四条　听证应当遵循公开、公平、公正的原则。

第二章　设定行政许可听证

第五条　农业行政机关起草法律、法规和省、自治区、直辖市人民政府规章草案，拟设定行政许可的，在草案提交立法机关审议前，可以采取听证的形式听取意见。

第六条　农业行政机关应当在举行听证30日前公告听证事项、报名方式、报名条件、报名期限等内容。

第七条　符合农业行政机关规定条件的公民、法人和其他组织，均可申请参加听证，也可推选代表参加听证。

农业行政机关应当从符合条件的报名者中确定适当比例的代表参加听证，确定的代表应当具有广泛性、代表性，并将代表名单向社会公告。

农业行政机关应当在举行听证7日前将听证通知和听证材料送达代表。

第八条　听证按照下列程序进行：

（一）听证主持人介绍法律、法规、政府规章草案设定行政许可的必要性以及实施行政许可的主体、程序、条件、期限和收费等情况；

（二）听证代表分别对设定行政许可的必要性以及实施行政许可的主体、程序、条件、期限和收费等情况提出意见；

（三）听证应当制作笔录，详细记录听证代表提出的各项意见。

第九条　农业行政机关将法律、法规和省、自治区、直辖市人民政府规章草案提交立法机关审议时，应当说明举行听证和采纳意见的情况。

第三章　实施行政许可听证

第一节　一般规定

第十条　有下列情形之一的，农业行政机关在作出行政许可决定前，应当举行听证：

（一）农业法律、法规、规章规定实施行政许可应当举行听证的；

（二）农业行政机关认为其他涉及公共利益的重大行政许可需要听证的；

（三）行政许可直接涉及申请人与他人之间重大利益关系，申请人、利害关系人在法定期限内申请听证的。

第十一条　听证由一名听证主持人、两名听证员组织，也可视具体情况由一名听证主持人组织。

审查行政许可申请的工作人员不得作为该许可事项的听证主持人或者听证员。

第十二条　听证主持人、听证员有下列情形之一的，应当自行回避，申请人、利害关系人也可以申请其回避：

（一）与行政许可申请人、利害关系人或其委托代理人有近亲属关系的；

（二）与该行政许可申请有其他直接利害关系，可能影响听证公正进行的。

听证主持人、听证员的回避由农业行政机关负责人决定，记录员的回避由听证主持人决定。

第十三条　行政许可申请人、利害关系人可以亲自参加听证，也可以委托1～2名代理人参加听证。

由代理人参加听证的，应当向农业行政机关提交由委托人签名或者盖章的授权委托书。授权委托书应当载明委托事项及权限，并经听证主持人确认。

委托代理人代为放弃行使听证权的，应当有委托人的特别授权。

第十四条　记录员应当将听证的全部内容制作笔录，由听证主持人、听证员、记录员签名。

听证笔录应当经听证代表或听证参加人确认无误后当场签名或者盖章。拒绝签名或者盖章的，听证主持人应当在听证笔录上注明。

第十五条　农业行政机关应当根据听证笔录，作出行政许可决定。

法制工作机构应当在听证结束后5日内，提出对行政许可事项处理意见，报本行政机关负责人决定。

第二节　依职权听证程序

第十六条　农业行政机关对本规定第十条第一款第（一）、（二）项所列行政许可事项举行听证的，应当在举行听证30日前，依照第六条的规定向社会公告有关内容，并依照第七条的规定确定听证代表，送达听证通知和材料。

第三节　依申请听证程序

第十七条　符合本规定第十条第一款第（三）项规定的申请人、利害关系人，应当在被告知听证权利后5日内向农业行政机关提出听证申请。逾期未提出的，视为放弃听证。放弃听证的，应当书面记载。

第十八条　听证申请包括以下内容：

（一）听证申请人的姓名和住址，或者法人、其他组织的名称、地址、法定代表人或者主要负责人姓名；

（二）申请听证的具体事项；

（三）申请听证的依据、理由。

听证申请人还应当同时提供相关材料。

第十九条　法制工作机构收到听证申请后，应当对申请材料进行审查；申请材料不齐备的，应当一次告知当事人补正。

有下列情形之一的，不予受理：

（一）非行政许可申请人或利害关系人提出申请的；

（二）超过5日期限提出申请的；

（三）其他不符合申请听证条件的。

不予受理的，应当书面告知不予受理的理由。

第二十条　法制工作机构审核后，对符合听证条件的，应当制作《行政许可听证通知书》，在举行听证7日前送达行政许可申请人、利害关系人。

《行政许可听证通知书》应当载明下列事项：

（一）听证事项；

（二）听证时间、地点；

（三）听证主持人、听证员姓名、职务；

（四）注意事项。

第二十一条 听证应当在收到符合条件的听证申请之日起20日内举行。

行政许可申请人、利害关系人应当按时参加听证；无正当理由不到场的，或者未经听证主持人允许中途退场的，视为放弃听证。放弃听证的，记入听证笔录。

第二十二条 承办行政许可的机构在接到《行政许可听证通知书》后，应当指派人员参加听证。

第二十三条 听证按照下列程序进行：

（一）听证主持人宣布听证开始，宣读听证纪律，核对听证参加人身份，宣布案由，宣布听证主持人、记录员名单；

（二）告知听证参加人的权利和义务，询问申请人、利害关系人是否申请回避；

（三）承办行政许可机构指派的人员提出其所了解掌握的事实，提供审查意见的证据、理由；

（四）申请人、利害关系人进行申辩，提交证据材料；

（五）听证主持人、听证员询问听证参加人、证人和其他有关人员；

（六）听证参加人就颁发行政许可的事实和法律问题进行辩论，对有关证据材料进行质证；

（七）申请人、利害关系人最后陈述；

（八）听证主持人宣布听证结束。

第二十四条 有下列情形之一的，可以延期举行听证：

（一）因不可抗力的事由致使听证无法按期举行的；

（二）行政许可申请人、利害关系人临时申请回避，不能当场决定的；

（三）应当延期的其他情形。

延期听证的，应当书面通知听证参加人。

第二十五条 有下列情形之一的，中止听证：

（一）申请人、利害关系人在听证过程中提出了新的事实、理由和依据，需要调查核实的；

（二）申请听证的公民死亡、法人或者其他组织终止，尚未确定权利、义务承受人的；

（三）应当中止听证的其他情形。

中止听证的，应当书面通知听证参加人。

第二十六条 延期、中止听证的情形消失后，由法制工作机构决定恢复听证，并书面通知听证参加人。

第二十七条 有下列情形之一的，终止听证：

（一）申请听证的公民死亡，没有继承人，或者继承人放弃听证的；

（二）申请听证的法人或者其他组织终止，承受其权利的法人或者其他组织放弃听证的；

（三）行政许可申请人、利害关系人明确放弃听证或者被视为放弃听证的；

（四）应当终止听证的其他情形。

第四章　附　　则

第二十八条 听证不得向当事人收取任何费用。听证经费列入本部门预算。

第二十九条 法律、法规授权组织实施农业行政许可需要举行听证的，参照本规定执行。

第三十条 本规定的期限以工作日计算，不含法定节假日。

第三十一条 本规定自2004年7月1日起施行。

农业部信息公开规定

（2008年4月25日公布，2008年5月1日起施行，农办发〔2008〕8号）

第一章 总 则

第一条 为推进和规范农业部信息公开工作，促进依法行政，保障公民、法人和其他组织的知情权、参与权、表达权和监督权，依据《中华人民共和国政府信息公开条例》，结合工作实际，制定本规定。

第二条 本规定所称“农业部信息”（以下简称信息），是指农业部机关依法履行行政管理职责和提供公共服务过程中制作或者获取的，以一定形式记录、保存的信息。

第三条 本规定适用于农业部机关各司局（以下简称各司局）的信息公开工作。

第四条 农业部办公厅（以下简称办公厅）是农业部信息公开工作的主管单位和工作机构，负责推进、指导、协调、监督农业部信息公开工作。具体职责是：

（一）研究制定农业部信息公开工作制度；

（二）组织维护和更新农业部公开的信息；

（三）受理和分办公民、法人或者其他组织依法向农业部提出的信息公开申请，并对各相关责任司局的办理和答复工作进行督察督办；

（四）对拟公开的信息进行保密审查；

（五）组织编制农业部的信息公开指南、信息公开目录和信息公开工作年度报告；

（六）有关信息公开的其他职责。

第五条 各司局具体负责本单位的信息公开工作。

第六条 信息公开应当遵循全面真实、公平公正、及时便民的原则。

第七条 农业部发布信息涉及其他行政机关的，应当与有关行政机关进行沟通、确认，保证发布的信息准确一致。

拟发布法律、行政法规和国家有关规定明确需要审批的信息，应当报请审批；未经批准，不得发布。

第八条 农业部公开信息，不得危及国家安全、公共安全、经济安全和社会稳定。

第二章 公开的范围

第九条 下列信息应当主动向社会公开：

（一）农业部领导成员，农业部及其内设机构的主要职能和处室设置；

（二）农业部规章和规范性文件；

（三）农业农村经济发展战略、发展建设规划、年度计划及实施情况；

（四）农业行政审批的设定、调整和取消，及其办事指南、申报指南和审批结果；

（五）重点农业基本建设投资项目、农业财政性专项资金和其他有关农业项目的组织申报、立项、实施、监督检查及招标采购情况；

（六）农业部发布的农业强制性标准和推荐性标准等农业标准；

（七）农业农村经济年度综合统计信息、市场价格、行业统计信息和行业生产动态管理信息；

（八）农业执法方案、执法活动及监督

抽检结果；

（九）农业突发重大公共事件的应急预案、预警信息及应对情况；

（十）农业对外交流与合作等相关信息；

（十一）部机关司局级干部、部属单位主要负责人（部管干部）、中国农业科学院副院长任免，公务员录用的条件、结果等；

（十二）其他应当主动公开的信息。

第十条 农业部制定的规章和规范性文件，或者编制的规划、计划、方案等行政决策，涉及公民、法人和其他组织的重大利益，或者有重大社会影响的，应当在起草过程中将草案向社会公开，充分听取公众意见。

第十一条 除本规定第九条、第十条主动公开的信息外，公民、法人或者其他组织可以根据自身生产、生活、科研等特殊需要，向农业部申请获取相关信息。

第十二条 各司局不得公开涉及国家秘密、商业秘密和个人隐私的信息。但经权利人同意公开或者不公开可能对公共利益造成重大影响的涉及商业秘密、个人隐私的信息，可以予以公开。

第三章 公开的方式

第十三条 主动公开的信息，应当通过农业部信息公开系统在中国农业信息网发布，同时可辅以以下一种或者几种形式：

（一）农业部公告、公报等；

（二）新闻发布会或其他相关会议；

（三）广播、电视、报刊、网络等新闻媒体；

（四）公告栏、电子屏幕、触摸屏等；

（五）其他便于公众及时准确获得信息的形式。

第十四条 属于重大决策的事项，决策过程中应当采取下列一种或者几种形式公开征求意见：

（一）采取问卷调查、座谈会等形式征集、听取社会公众及管理、服务对象的意见和建议；

（二）组织专家咨询、论证；

（三）邀请社会公众及管理、服务对象代表举行听证会；

（四）其他适当的形式。

第十五条 办公厅应当及时组织编制、公布、更新农业部信息公开指南和信息公开目录。

农业部信息公开指南，应当包括信息的分类、编排体系、获取方式，农业部信息公开工作机构的名称、办公地址、办公时间、联系电话、传真号码、电子邮箱等内容。

农业部信息公开目录，应当包括信息的索引、名称、内容概述、生成日期等内容。

第十六条 各司局依申请公开信息，应当按照申请人要求的形式予以提供；无法按照申请人要求形式提供的，可以通过安排申请人查阅相关资料、提供复制件或者其他适当形式提供。

第十七条 农业部主动公开的信息不收取费用，法律、行政法规另有规定的除外。

农业部依申请公开的信息，除依照国务院价格主管部门和财政部门制定的收费标准收取相应的检索、复制、邮寄等成本费用外，不得收取其他费用。

第十八条 申请公开信息的公民确有经济困难的，经本人申请、各司局负责人审核同意，可以减免相关费用。

第四章 公开的程序

第十九条 本规定第九条、第十条主动公开的信息，由制作、保存的各司局按以下程序公开：

（一）信息公开责任处室对拟公开的信息进行内容核实、保密审查；

（二）根据拟公开的信息内容和职责权限，提请本单位负责人审定；涉及全局工作的重要信息，须报部领导审定；

（三）在农业部信息公开系统中上传已经审定的信息，同时可采取其他适当形式公开。

第二十条　属于应当主动公开的信息，各司局应当在信息形成或者变更之日起 20 个工作日内，通过农业部信息公开发布系统予以公开。法律、行政法规另有规定的，从其规定。

第二十一条　公民、法人或者其他组织申请获取信息的，应当按照《农业部信息公开指南》书面说明申请人的姓名、身份、联系方式，所需信息的内容描述，以及申请公开信息的形式要求。

第二十二条　办公厅收到公民、法人或者其他组织提出的信息公开申请后，应当按照职责分工，通过农业部依申请公开信息处理系统及时分送各司局办理。

第二十三条　各司局收到办公厅分办的信息公开申请后，根据下列情况给予答复：

（一）属于公开范围的，应当告知申请人获取该信息的方式和途径；

（二）属于不予公开范围的，应当告知申请人并说明理由；

（三）依法不属于农业部公开或者该信息不存在的，应当告知申请人；能够确定该信息公开机关的，应当告知申请人该行政机关的名称、联系方式；

（四）申请公开的信息内容不明确的，应当告知申请人作出更改、补充。

各司局答复信息公开申请后，应当及时将答复意见、答复时间、答复形式录入农业部依申请公开信息处理系统中存档备查。

第二十四条　申请公开的信息中含有不应当公开的内容，但能够作区分处理的，各司局应当向申请人提供可以公开的部分信息。

第二十五条　公民、法人或者其他组织申请获取的信息涉及商业秘密、个人隐私，公开后可能损害第三方合法权益的，各司局应当书面征求第三方意见；第三方不同意公开的，不得公开。但不公开可能对公共利益造成重大影响的，应当予以公开，并将决定公开的信息内容和理由书面通知第三方。

第二十六条　对于公民、法人或者其他组织的公开申请，能够当场答复的，应当当场予以答复；不能当场答复的，应当自收到申请之日起 15 个工作日内给予答复。

因故不能在规定期限内作出答复或者提供信息的，经书面报请办公厅同意后，可以将答复或者提供信息的期限适当延长，并告知申请人。延长答复的期限最长不得超过 15 个工作日。

申请公开的信息涉及第三方权益的，征求第三方意见所需时间不计在内。

第二十七条　各司局在公开信息前，应当依照《中华人民共和国保守秘密法》以及其他法律、法规和国家有关规定对拟公开的信息进行审查；不能确定是否可以公开时，应当报农业部保密工作委员会办公室或国家保密局确定。

第五章　监督和保障

第二十八条　信息公开工作所需经费纳入农业部年度预算。

第二十九条　办公厅、人事劳动司、驻部监察局负责农业部信息公开考评工作。

第三十条　各司局应当在每年 3 月 1 日前向办公厅报送本单位的信息公开工作年度报告。具体包括以下内容：

（一）主动公开信息的情况；

（二）依申请公开信息和不予公开信息的情况；

（三）信息公开的收费及减免情况；

（四）因信息公开申请行政复议、提起

行政诉讼的情况；

（五）信息公开工作存在的主要问题及改进情况；

（六）其他需要报告的事项。

办公厅应当在每年 3 月 31 日前公布农业部的信息公开工作年度报告。

第三十一条 信息公开考评采取随机抽查与定期考评相结合的方式。定期考评每两年进行一次。

信息公开定期考评的结果分为优秀、合格、不合格 3 个等次。

第三十二条 信息公开随机抽查程序：

（一）制定信息公开抽查方案，并随机抽取检查对象；

（二）采取实地检查、问卷调查以及访问服务对象等方式，了解检查对象信息公开工作的开展情况；

（三）评议总结，形成检查报告，并存档作为定期考评的基础资料。

第三十三条 信息公开定期考评程序：

（一）办公厅、人事劳动司、驻部监察局组成考评小组，制定考评方案，明确考评对象、重点和方法，并向被考评对象发出考评通知；

（二）考评对象在规定时间内进行自查，并形成书面报告；

（三）采取实地检查、问卷调查、访问服务对象以及综合评议等方式进行考评；

（四）综合随机抽查情况，研究提出考评等次建议，报部领导审定，并将考评结果书面通知考评对象。

第三十四条 对在信息公开考评中被评为“不合格”等次的单位，予以部内通报，该单位主要负责人和直接责任人员在当年年度考核中不能评为优秀；情节严重的，依法给予处分；构成犯罪的，依法追究刑事责任。

考评为“不合格”的单位在接到考评结果后，应当立即进行整改，并在 1 个月内将整改情况书面报办公厅、人事劳动司、驻部监察局。

第三十五条 公民、法人或者其他组织认为农业部机关各司局不依法履行信息公开义务的，可以向办公厅、驻部监察局举报。

公民、法人或者其他组织认为农业部在信息公开工作中的具体行政行为侵犯其合法权益的，可以依法申请行政复议或者提起行政诉讼。

第六章　附　　则

第三十六条 农业部部属具有管理公共事务职能的事业单位公开信息的活动，适用本规定。

其他部属事业单位公开信息的活动，参照本规定执行。

第三十七条 本规定自 2008 年 5 月 1 日起施行。

农业农村部行政许可实施管理办法

（2021年12月7日农业农村部令第3号，自2022年1月15日起施行）

第一章　总　　则

第一条　为了规范农业农村部行政许可实施，维护农业农村领域市场主体合法权益，优化农业农村发展环境，根据《中华人民共和国行政许可法》、《优化营商环境条例》等法律法规，制定本办法。

第二条　农业农村部行政许可条件的规定、行政许可的办理和监督管理，适用本办法。

第三条　实施行政许可应当遵循依法、公平、公正、公开、便民的原则。

第四条　农业农村部法规司（以下简称“法规司”）在行政许可实施过程中承担下列职责：

（一）组织协调行政审批制度改革，指导、督促相关单位取消和下放行政许可事项、强化事中事后监管；

（二）负责行政审批综合办公业务管理工作，审核行政许可事项实施规范、办事指南、审查细则等，适时集中公布行政许可事项办事指南；

（三）受理和督办申请人提出的行政许可投诉举报；

（四）受理申请人依法提出的行政复议申请。

第五条　行政许可承办司局及单位（以下简称“承办单位”）在行政许可实施过程中承担下列职责：

（一）起草行政许可事项实施规范、办事指南、审查细则等；

（二）按规定选派政务服务大厅窗口工作人员（以下简称“窗口人员”）；

（三）依法对行政许可申请进行审查，在规定时限内提出审查意见；

（四）对申请材料和行政许可实施过程中形成的纸质及电子文件资料及时归档；

（五）调查核实与行政许可实施有关的投诉举报，并按规定整改反馈；

（六）持续简化行政许可申请材料和办理程序，提高审批效率，提升服务水平；

（七）实施行政许可事中事后监管。

第六条　行政许可事项实行清单管理。农业农村部行政许可事项以国务院公布的清单为准，禁止在清单外以任何形式和名义设定、实施行政许可。

第二章　行政许可条件的规定和调整

第七条　部门规章可以在法律、行政法规设定的行政许可事项范围内，对实施该行政许可作出具体规定。农业农村部规范性文件可以明确行政许可条件的具体技术指标或资料要求，但不得增设违反上位法的条件和程序，不得限制申请人的权利、增加申请人的义务。

部门规章和农业农村部规范性文件应当按照法定程序起草、审查和公布，法律、行政法规、部门规章和农业农村部规范性文件以外的其他文件不得规定和调整行政许可具体条件及其技术指标或资料要求。

第八条　行政许可具体条件调整后，承办单位应当及时进行宣传、解读和培训，便于申请人及时了解、地方农业农村部门按规定实施。

第九条 行政许可具体条件及其技术指标或资料要求调整后，承办单位应当及时修改实施规范、办事指南、审查细则等，并送法规司审核。

修改后的实施规范、办事指南、审查细则等，承办单位应当及时在农业农村部政务服务平台、国家政务服务平台等载体同源同步更新，确保信息统一。

第三章 行政许可申请和受理

第十条 申请人可以通过信函、电子数据交换和电子邮件等方式提出行政许可申请。申请书需要采用格式文本的，承办单位应当向申请人免费提供行政许可申请书格式文本。

第十一条 农业农村部行政许可的事项名称、依据、条件、数量、程序、期限以及需要提交全部材料的目录和申请书示范文本等，应当在农业农村部政务服务大厅及一体化在线政务服务平台进行公示。

申请人要求对公示内容予以说明、解释的，承办单位或者窗口人员应当说明、解释，提供准确、可靠的信息。

第十二条 除直接涉及国家安全、国家秘密、公共安全、生态环境保护，直接关系人身健康、生命财产安全以及重要涉外等情形以外，对行政许可事项要求提供的证明材料实行证明事项告知承诺制。承办单位应当提出实行告知承诺制的事项范围并制作告知承诺书格式文本，法规司统一公布实行告知承诺制的证明事项目录。

第十三条 实行告知承诺制的证明事项，申请人可以自主选择是否采用告知承诺制方式办理。

第十四条 承办单位不得要求申请人提交法律、行政法规和部门规章、农业农村部规范性文件要求范围以外的材料。

第十五条 对申请人提出的行政许可申请，应当根据下列情况分别作出处理：

（一）申请事项依法不需要取得行政许可的，应当即时告知申请人不受理及不受理的理由；

（二）申请事项依法不属于农业农村部职权范围的，应当即时作出不予受理的决定，并告知申请人向有关行政机关申请；

（三）申请材料存在可以当场更正的错误的，应当允许申请人当场更正；

（四）申请材料不齐全或者不符合法定形式的，应当当场或者在五个工作日内一次性告知申请人需要补正的全部内容，逾期不告知的，自收到申请材料之日起即为受理；

（五）申请事项属于农业农村部职权范围，申请材料齐全、符合法定形式，或者申请人按照要求提交全部补正申请材料的，应当受理行政许可申请。

受理或者不予受理行政许可申请，应当出具通知书。通知书应当加盖农业农村部行政审批专用章，并注明日期。

第十六条 申请人在行政许可决定作出前要求撤回申请的，应当书面提出，经承办单位审核同意后，由窗口人员将行政许可申请材料退回申请人。撤回的申请自始无效。

第十七条 农业农村部按照国务院要求建设一体化在线政务服务平台，强化安全保障和运营管理，拓展完善系统功能，推动行政许可全程网上办理。

第十八条 除法律、行政法规另有规定或者涉及国家秘密等情形外，农业农村部行政许可应当纳入一体化在线政务服务平台办理。

第十九条 农业农村部政务服务大厅与一体化在线政务服务平台均可受理行政许可申请，适用统一的办理标准，申请人可以自主选择。

第四章　行政许可审查和决定

第二十条　承办单位应当按规定对申请材料进行审查。

申请人提交的申请材料齐全、符合法定形式和有关要求，能够当场作出决定的，应当当场作出书面的行政许可决定。

根据法定条件和程序，需要对申请材料的实质内容进行核实的，承办单位应当指派两名以上工作人员进行核查。

第二十一条　依法应当先经省级人民政府农业农村部门审查后报农业农村部决定的行政许可，省级人民政府农业农村部门应当在法定期限内将初步审查意见和全部申请材料报送农业农村部。窗口人员和承办单位不得要求申请人重复提供申请材料。

第二十二条　承办单位审查行政许可申请，发现行政许可事项直接关系他人重大利益的，应当在作出行政许可决定前告知利害关系人。申请人、利害关系人有权进行陈述和申辩，承办单位应当听取申请人、利害关系人的意见。申请人、利害关系人依法要求听证的，承办单位应当在二十个工作日内组织听证。

第二十三条　申请人的申请符合规定条件的，应当依法作出准予行政许可的书面决定。

作出不予行政许可的书面决定的，应当说明理由，并告知申请人享有依法申请行政复议或者提起行政诉讼的权利。

第二十四条　除当场作出行政许可决定的情形外，行政许可决定应当在法定期限内按照规定程序作出。行政许可事项办事指南中明确承诺时限的，应当在承诺时限内作出行政许可决定。

第二十五条　在承诺时限内不能作出行政许可决定的，承办单位应当提出书面延期申请并说明理由，会签法规司并报该行政许可决定签发人审核同意后，将延长期限的理由告知申请人，但不得超过法定办理时限。

第二十六条　作出行政许可决定，依法需要听证、检验、检测、检疫、鉴定和专家评审的，所需时间不计算在办理期限内。承办单位应当及时安排、限时办结，并将所需时间书面告知申请人。

第二十七条　农业农村部一体化在线政务服务平台设立行政许可电子监察系统，对行政许可办理时限全流程实时监控，及时予以警示。

第二十八条　窗口人员或者承办单位应当在行政许可决定作出之日起十个工作日内，将行政许可决定通过农业农村部一体化在线政务服务平台反馈申请人，并通过现场、邮政特快专递等方式向申请人颁发、送达许可证件，或者加盖检疫印章。

第二十九条　农业农村部作出的准予行政许可决定应当公开，公众有权查阅。

第三十条　农业农村部按照国务院要求推广应用电子证照，逐步实现行政许可证照电子化。承办单位会同法规司制定电子证照标准，制作和管理电子证照，对有效期内存量纸质证照数据逐步实行电子化。

第五章　监督管理

第三十一条　已取消的行政许可事项，承办单位不得继续实施或者变相实施，不得转由其他单位或组织实施。

第三十二条　中介服务事项作为行政许可办理条件的，应当有法律、行政法规或者国务院决定依据。

承办单位不得为申请人指定或者变相指定中介服务机构；除法定行政许可中介服务事项外，不得强制或者变相强制申请人接受中介服务。

农业农村部所属事业单位、主管的社会组织，及其设立的企业，不得开展与农业农村部行政许可相关的中介服务。法律、行政法规另有规定的，依照其规定。

第三十三条 承办单位应当对实施的行政许可事项逐项明确监管主体，制定并公布全国统一、简明易行的监管规则，明确监管方式和标准。

第三十四条 已取消的行政许可事项，承办单位应当变更监管规则，加强事中事后监管；已下放的行政许可事项，承办单位应当同步调整优化监管层级，确保审批与监管权责统一。

第三十五条 承办单位负责同志、直接从事行政许可审查的工作人员，符合法定回避情形的应当回避；直接从事行政许可审查的工作人员应当定期轮岗交流。

第三十六条 承办单位及相关人员违反《中华人民共和国行政许可法》和其他有关规定，情节轻微，尚未给公民、法人或者其他组织造成严重财产损失或者严重不良社会影响的，采取通报批评、责令整改等方式予以处理。涉嫌违规违纪的，按照干部管理权限移送纪检监察机关。涉嫌犯罪的，依法移送司法机关。

第三十七条 申请人隐瞒有关情况或者提供虚假材料申请行政许可的，不予受理或者不予行政许可，并给予警告；行政许可申请属于直接关系公共安全、人身健康、生命财产安全事项的，申请人在一年内不得再次申请该行政许可。法律、行政法规另有规定的，依照其规定。

第三十八条 被许可人以欺骗、贿赂等不正当手段取得行政许可的，应当依法给予行政处罚；取得的行政许可属于直接关系公共安全、人身健康、生命财产安全事项的，申请人在三年内不得再次申请该行政许可。法律、行政法规另有规定的，依照其规定。

第六章　附　　则

第三十九条 农业农村部政务服务大厅其他政务服务事项的办理，参照本办法执行。

第四十条 本办法自 2022 年 1 月 15 日起施行。

（二）执法监督

渔业行政处罚规定

（1998年1月5日农业部令第36号公布；根据2022年1月7日农业农村部令2022年第1号《农业农村部关于修改和废止部分规章、规范性文件的决定》修订）

第一条 为严格执行渔业法律法规，规范渔业行政处罚，保障渔业生产者的合法权益，根据《中华人民共和国渔业法》（以下简称《渔业法》）《中华人民共和国渔业法实施细则》（以下简称《实施细则》）和《中华人民共和国行政处罚法》等法律法规，制定本规定。

第二条 对渔业违法的行政处罚有以下种类：

（一）罚款；

（二）没收渔获物、违法所得、渔具；

（三）暂扣、吊销捕捞许可证等渔业证照；

（四）法律、法规规定的其他处罚。

第三条 渔业违法行为轻微并及时改正，没有造成危害后果的，不予处罚。初次实施渔业违法行为且危害后果轻微并及时改正的，可以不予处罚。当事人有证据足以证明没有主观过错的，不予行政处罚。对当事人的违法行为依法不予行政处罚的，应当对当事人进行教育。有下列行为之一的，应当从轻或者减轻处罚：

（一）主动消除或减轻渔业违法行为后果；

（二）受他人胁迫或者诱骗实施渔业违法行为的；

（三）主动供述渔业执法部门尚未掌握的违法行为的；

（四）配合渔业执法部门查处渔业违法行为有立功表现的；

（五）依法应当从轻、减轻的其他渔业违法行为。

第四条 有下列行为之一的，从重处罚：

（一）一年内渔业违法三次以上的；

（二）对渔业资源破坏程度较重的；

（三）渔业违法影响较大的；

（四）同一个违法行为违反两项以上规定的；

（五）逃避、抗拒检查的。

第五条 本规定中需要处以罚款的计罚单位如下：

（一）拖网、流刺网、钓钩等用船作业的，以单艘船计罚；

（二）围网作业，以一个作业单位计罚；

（三）定置作业，用船作业的以单艘船计罚，不用船作业的以一个作业单位计罚；

（四）炸鱼、毒鱼、非法电力捕鱼和使用鱼鹰捕鱼的，用船作业的以单艘船计罚，不用船作业的以人计罚；

（五）从事赶海、潜水等不用船作业的，以人计罚。

第六条 依照《渔业法》第三十八条和《实施细则》第二十九条规定，有下列行为之一的，没收渔获物和违法所得，处以罚款；情节严重的，没收渔具、吊销捕捞许可证；情节特别严重的，可以没收渔船。罚款按以下标准执行：

（一）使用炸鱼、毒鱼、电鱼等破坏渔业资源方法进行捕捞的，违反关于禁渔区、禁渔期的规定进行捕捞的，或者使用禁用的渔具、捕捞方法和小于最小网目尺寸的网具进行捕捞或者渔获物中幼鱼超过规定比例的，在内陆水域，处以三万元以下罚款；在海洋水域，处以五万元以下罚款。

（二）敲舫作业的，处以一千元至五万元罚款。

（三）擅自捕捞国家规定禁止捕捞的珍贵、濒危水生动物，按《中华人民共和国野生动物保护法》和《中华人民共和国水生野生动物保护实施条例》执行。

（四）未经批准使用鱼鹰捕鱼的，处以五十元至二百元罚款。

在长江流域水生生物保护区内从事生产性捕捞，或者在长江干流和重要支流、大型通江湖泊、长江河口规定区域等重点水域禁捕期间从事天然渔业资源的生产性捕捞的，依照《中华人民共和国长江保护法》第八十六条规定进行处罚。

第七条　按照《渔业法》第三十九条规定，对偷捕、抢夺他人养殖的水产品的，或者破坏他人养殖水体、养殖设施的，责令改正，可以处二万元以下的罚款；造成他人损失的，依法承担赔偿责任。

第八条　按照《渔业法》第四十一条规定，对未取得捕捞许可证擅自进行捕捞的，没收渔获物和违法所得，并处罚款；情节严重的，并可以没收渔具和渔船。罚款按下列标准执行：

（一）在内陆水域，处以五万元以下罚款。

（二）在海洋水域，处以十万元以下罚款。

无正当理由不能提供渔业捕捞许可证的，按本条前款规定处罚。

第九条　按照《渔业法》第四十二条规定，对有捕捞许可证的渔船违反许可证关于作业类型、场所、时限和渔具数量的规定进行捕捞的，没收渔获物和违法所得，可以并处罚款；情节严重的，并可以没收渔具，吊销捕捞许可证。罚款按以下标准执行：

（一）在内陆水域，处以二万元以下罚款。

（二）在海洋水域，处以五万元以下罚款。

第十条　按照《渔业法》第四十三条规定，对涂改、买卖、出租或以其他形式非法转让捕捞许可证的，没收违法所得，吊销捕捞许可证，可以并处罚款。罚款按以下标准执行：

（一）买卖、出租或以其他形式非法转让捕捞许可证的，对违法双方各处一万元以下罚款。

（二）涂改捕捞许可证的，处一万元以下罚款。

第十一条　按照《中华人民共和国水污染防治法》第九十四条、《中华人民共和国海洋环境保护法》第九十条规定，造成渔业污染事故的，按以下规定处以罚款：

（一）对造成一般或者较大污染事故，按照直接损失的百分之二十计算罚款。

（二）对造成重大或者特大污染事故的，按照直接损失的百分之三十计算罚款。

第十二条　捕捞国家重点保护的渔业资源品种中未达到采捕标准的幼体超过规定比例的，没收超比例部分幼体，并可处以三万元以下罚款；从重处罚的，可以没收渔获物。

第十三条　违反《渔业法》第三十一条和《实施细则》第二十四条、第二十五条规定，擅自捕捞有重要经济价值的水生动物苗种、怀卵亲体的，没收其苗种或怀卵亲体及违法所得，并可处以三万元以下罚款。

第十四条　外商投资渔业企业的渔船，违反《实施细则》第十六条的规定，未经国务院有关主管部门批准，擅自从事近海捕捞的，依照《实施细则》第三十六条的规定，没收渔获物和违法所得，并可处以三千元至五万元罚款。

第十五条　外国人、外国渔船违反《渔业法》第四十六条规定，擅自进入中华人民共和国管辖水域从事渔业生产或渔业资源调查活动的，责令其离开或将其驱逐，可以没收渔获物、渔具，并处五十万元以下的罚款；情节严重的，可以没收渔船；涉嫌犯罪的，及时将案件移送司法机关，依法追究刑事责任。

第十六条 我国渔船违反我国缔结、参加的国际渔业条约和违反公认的国际关系准则的，可处以罚款。

第十七条 违反《实施细则》第二十六条，在鱼、虾、贝、蟹幼苗的重点产区直接引水、用水的，未采取避开幼苗密集区、密集期或设置网栅等保护措施的，可处以一万元以下罚款。

第十八条 按照《渔业法》第三十八条、第四十一条、第四十二条、第四十三条规定需处以罚款的，除按本规定罚款外，依照《实施细则》规定，对船长或者单位负责人可视情节另处两万元以下罚款。

第十九条 凡无船名号、无船舶证书，无船籍港而从事渔业活动的船舶，可对船主处以船价两倍以下的罚款，并可予以没收。凡未履行审批手续非法建造、改装的渔船，一律予以没收。

第二十条 在海上执法时，对违反禁渔区、禁渔期的规定或者使用禁用的渔具、捕捞方法进行捕捞，以及未取得捕捞许可证进行捕捞的，事实清楚、证据充分，但是当场不能按照法定程序作出和执行行政处罚决定的，可以先暂时扣押捕捞许可证、渔具或者渔船，回港后依法作出和执行行政处罚决定。

第二十一条 本规定由农业农村部负责解释。

中华人民共和国渔业港航监督行政处罚规定

（2000年6月13日农业部令第34号公布，自公布之日起施行）

第一章　总　　则

第一条　为加强渔业船舶安全监督管理，规范渔业港航法规行政处罚，保障渔业港航法规的执行和渔业生产者的合法权益，根据《中华人民共和国海上交通安全法》《中华人民共和国海洋环境保护法》《中华人民共和国渔港水域交通安全管理条例》和《中华人民共和国内河交通安全管理条例》等有关法律、法规，制定本规定。

第二条　本规定适用于中国籍渔业船舶及其船员、所有者和经营者，以及在中华人民共和国渔港和渔港水域内航行、停泊和作业的其他船舶、设施及其船员、所有者和经营者。

第三条　中华人民共和国渔政渔港监督管理机关（以下简称渔政渔港监督管理机关）依据本规定行使渔业港航监督行政处罚权。

第四条　渔政渔港监督管理机关对违反渔业港航法律、法规的行政处罚分为：

（一）警告；

（二）罚款；

（三）扣留或吊销船舶证书或船员证书；

（四）法律、法规规定的其他行政处罚。

第五条　有下列行为之一的，可免予处罚：

（一）因不可抗力或以紧急避险为目的的行为；

（二）渔业港航违法行为显著轻微并及时纠正，没有造成危害性后果。

第六条　有下列行为之一的，可从轻、减轻处罚：

（一）主动消除或减轻渔业港航违法行为后果；

（二）配合渔政渔港监督管理机关查处渔业港航违法行为；

（三）依法可以从轻、减轻的其他渔业港航违法行为。

第七条　有下列行为之一的，可从重处罚：

（一）违法情节严重，影响较大；

（二）多次违法或违法行为造成重大损失；

（三）损失虽然不大，但事后既不向渔政渔港监督管理机关报告，又不采取措施，放任损失扩大；

（四）逃避、抗拒渔政渔港监督管理机关检查和管理；

（五）依法可以从重处罚的其他渔业港航违法行为。

第八条　渔政渔港监督管理机关管辖本辖区发生的案件和上级渔政渔港监督管理机关指定管辖的渔业港航违法案件。

渔业港航违法行为有下列情况的，适用“谁查获谁处理”的原则：

（一）违法行为发生在共管区、叠区；

（二）违法行为发生在管辖权不明或有争议的区域；

（三）违法行为地与查获地不一致。

法律、法规或规章另有规定的，按规定管辖。

第二章 违反渔港管理的行为和处罚

第九条 有下列行为之一的，对船长予以警告，并可处50元以上500元以下罚款；情节严重的，扣留其职务船员证书3至6个月；情节特别严重的，吊销船长证书：

（一）船舶进出渔港应当按照有关规定到渔政渔港监督管理机关办理签证而未办理签证的；

（二）在渔港内不服从渔政渔港监督管理机关对渔港水域交通安全秩序管理的；

（三）在渔港内停泊期间，未留足值班人员的。

第十条 有下列违反渔港管理规定行为之一的，渔政渔港监督管理机关应责令其停止作业，并对船长或直接责任人予以警告，并可处500元以上1 000元以下罚款：

（一）未经渔政渔港监督管理机关批准或未按批准文件的规定，在渔港内装卸易燃、易爆、有毒等危险货物的；

（二）未经渔政渔港监督管理机关批准，在渔港内新建、改建、扩建各种设施，或者进行其他水上、水下施工作业的；

（三）在渔港内的航道、港池、锚地和停泊区从事有碍海上交通安全的捕捞、养殖等生产活动的。

第十一条 停泊或进行装卸作业时，有下列行为之一的，应责令船舶所有者或经营者支付消除污染所需的费用，并可处500元以上10 000元以下罚款：

（一）造成腐蚀、有毒或放射性等有害物质散落或溢漏，污染渔港或渔港水域的；

（二）排放油类或油性混合物造成渔港或渔港水域污染的。

第十二条 有下列行为之一的，对船长予以警告，情节严重的，并处100元以上1 000元以下罚款：

（一）未经批准，擅自使用化学消油剂；

（二）未按规定持有防止海洋环境污染的证书与文书，或不如实记录涉及污染物排放及操作。

第十三条 未经渔政渔港监督管理机关批准，有下列行为之一者，应责令当事责任人限期清除、纠正，并予以警告；情节严重的，处100元以上1 000元以下罚款：

（一）在渔港内进行明火作业；

（二）在渔港内燃放烟花爆竹。

第十四条 向渔港港池内倾倒污染物、船舶垃圾及其他有害物质，应责令当事责任人立即清除，并予以警告。情节严重的，400总吨（含400总吨）以下船舶，处5 000元以上50 000元以下罚款；400总吨以上船舶处50 000元以上100 000元以下罚款。

第三章 违反渔业船舶管理的行为和处罚

第十五条 已办理渔业船舶登记手续，但未按规定持有船舶国籍证书、船舶登记证书、船舶检验证书、船舶航行签证簿的，予以警告，责令其改正，并可处200元以上1 000元以下罚款。

第十六条 无有效的渔业船舶船名、船号、船舶登记证书（或船舶国籍证书）、检验证书的船舶，禁止其离港，并对船舶所有者或者经营者处船价2倍以下的罚款。有下列行为之一的，从重处罚：

（一）无有效的渔业船舶登记证书（或渔业船舶国籍证书）和检验证书，擅自刷写船名、船号、船籍港的；

（二）伪造渔业船舶登记证书（或国籍证书）、船舶所有权证书或船舶检验证书的；

（三）伪造事实骗取渔业船舶登记证书或渔业船舶国籍证书的；

（四）冒用他船船名、船号或船舶证

书的。

第十七条　渔业船舶改建后，未按规定办理变更登记，应禁止其离港，责令其限期改正，并可对船舶所有者处 5 000 元以上 20 000元以下罚款。

变更主机功率未按规定办理变更登记的，从重处罚。

第十八条　将船舶证书转让他船使用，一经发现，应立即收缴，对转让船舶证书的船舶所有者或经营者处 1 000 元以下罚款；对借用证书的船舶所有者或经营者处船价 2 倍以下罚款。

第十九条　使用过期渔业船舶登记证书或渔业船舶国籍证书的，登记机关应通知船舶所有者限期改正，过期不改的，责令其停航，并对船舶所有者或经营者处 1 000 元以上 10 000 元以下罚款。

第二十条　有下列行为之一的，责令其限期改正，对船舶所有者或经营者处 200 元以上 1 000 元以下罚款：

（一）未按规定标写船名、船号、船籍港，没有悬挂船名牌的；

（二）在非紧急情况下，未经渔政渔港监督管理机关批准，滥用烟火信号、信号枪、无线电设备、号笛及其他遇险求救信号的；

（三）没有配备、不正确填写或污损、丢弃航海日志、轮机日志的。

第二十一条　未按规定配备救生、消防设备，责令其在离港前改正，逾期不改的，处 200 元以上 1 000 元以下罚款。

第二十二条　未按规定配齐职务船员，责令其限期改正，对船舶所有者或经营者并处 200 元以上 1 000 元以下罚款。

普通船员未取得专业训练合格证或基础训练合格证的，责令其限期改正，对船舶所有者或经营者并处 1 000 元以下罚款。

第二十三条　有下列行为之一的，对船长或直接责任人处 200 元以上 1 000 元以下罚款：

（一）未经渔政渔港监督管理机关批准，违章装载货物且影响船舶适航性能的；

（二）未经渔政渔港监督管理机关批准违章载客的；

（三）超过核定航区航行和超过抗风等级出航的。

违章装载危险货物的，应当从重处罚。

第二十四条　对拒不执行渔政渔港监督管理机关作出的离港、禁止离港、停航、改航、停止作业等决定的船舶，可对船长或直接责任人并处 1 000 元以上 10 000 元以下罚款、扣留或吊销船长职务证书。

第四章　违反渔业船员管理的行为和处罚

第二十五条　冒用、租借他人或涂改职务船员证书、普通船员证书的，应责令其限期改正，并收缴所用证书，对当事人或直接责任人并处 50 元以上 200 元以下罚款。

第二十六条　对因违规被扣留或吊销船员证书而谎报遗失，申请补发的，可对当事人或直接责任人处 200 元以上 1 000 元以下罚款。

第二十七条　向渔政渔港监督管理机关提供虚假证明材料、伪造资历或以其他舞弊方式获取船员证书的，应收缴非法获取的船员证书，对提供虚假材料的单位或责任人处 500 元以上 3 000 元以下罚款。

第二十八条　船员证书持证人与证书所载内容不符的，应收缴所持证书，对当事人或直接责任人处 50 元以上 200 元以下罚款。

第二十九条　到期未办理证件审验的职务船员，应责令其限期办理，逾期不办理的，对当事人并处 50 元以上 100 元以下罚款。

第五章 违反其他安全管理的行为和处罚

第三十条 对损坏航标或其他助航、导航标志和设施，或造成上述标志、设施失效、移位、流失的船舶或人员，应责令其照价赔偿，并对责任船舶或责任人员处500元以上1 000元以下罚款。

故意造成第一款所述结果或虽不是故意但事情发生后隐瞒不向渔政渔港监督管理机关报告的，应当从重处罚。

第三十一条 违反港航法律、法规造成水上交通事故的，对船长或直接责任人按以下规定处罚：

（一）造成特大事故的，处以3 000元以上5 000元以下罚款，吊销职务船员证书；

（二）造成重大事故的，予以警告，处以1 000元以上3 000元以下罚款，扣留其职务船员证书3至6个月；

（三）造成一般事故的，予以警告，处以100元以上1 000元以下罚款，扣留职务船员证书1至3个月。

事故发生后，不向渔政渔港监督管理机关报告、拒绝接受渔政渔港监督管理机关调查或在接受调查时故意隐瞒事实、提供虚假证词或证明的，从重处罚。

第三十二条 有下列行为之一的，对船长处500元以上1 000元以下罚款，扣留职务船员证书3至6个月；造成严重后果的，吊销职务船员证书：

（一）发现有人遇险、遇难或收到求救信号，在不危及自身安全的情况下，不提供救助或不服从渔政渔港监督管理机关救助指挥；

（二）发生碰撞事故，接到渔政渔港监督管理机关守候现场或到指定地点接受调查的指令后，擅离现场或拒不到指定地点。

第三十三条 发生水上交通事故的船舶，有下列行为之一的，对船长处50元以上500元以下罚款：

（一）未按规定时间向渔政渔港监督管理机关提交《海事报告书》的；

（二）《海事报告书》内容不真实，影响海损事故的调查处理工作的。

发生涉外海事，有上述情况的，从重处罚。

第六章 附 则

第三十四条 对内陆水域渔业船舶和12米以下的海洋渔业船舶可依照本规定从轻或减轻处罚。

第三十五条 渔政渔港监督管理机关的执法人员，在调查处理违规案件和实施处罚决定时，应严格遵守有关行政处罚程序规定。

第三十六条 拒绝、阻碍渔政渔港监督管理机关工作人员依法执行公务，应当给予治安管理处罚的，由公安机关依照《中华人民共和国治安管理处罚条例》有关规定处罚；构成犯罪的，由司法机关依法追究刑事责任。

第三十七条 当事人对渔政渔港监督管理机关处罚不服的，可在接到处罚通知之日起，60日内向该渔政渔港监督管理机关所属的渔业行政主管部门申请复议，对复议决定不服的，可以向人民法院提起行政诉讼；当事人也可在接到处罚通知之日起30日内直接向人民法院提起行政诉讼。在此期限内当事人既不履行处罚，又不申请复议，也不提起行政诉讼的，处罚机关可申请法院强制执行。但是，在海上的处罚，被查处的渔业船舶应当先执行处罚决定。

第三十八条 本规定由中华人民共和国农业部负责解释。

第三十九条 本规定自下发之日起施行。

渔业行政执法船舶管理办法

（2000 年 6 月 13 日农业部令第 33 号公布，自 2001 年 1 月 1 日起施行）

第一条 为加强渔业行政执法船舶管理，根据《中华人民共和国渔业法》等法律、法规的规定，制定本办法。

第二条 本办法所称渔业行政执法船舶是指各级渔业行政主管部门执行渔业行政执法任务的专用公务船、艇，以下称为渔政船。

第三条 渔政船实行建造审批，注册登记，统一编号，统一规范。

第四条 各级渔业行政主管部门依照本办法的规定对所属渔政船进行管理。

第五条 凡新建、改造、购置和报废渔政船的，必须填写《中华人民共和国渔政船新建、改造、购置、报废申请表》，经批准后方可进行。未经批准，不得新建、改造、购置和报废渔政船。

农业部直属渔政渔港监督管理机构和省级渔业行政主管部门需新建、改造、购置和报废渔政船的，报（沿海省级渔政船经所在海区局审核后）中华人民共和国渔政渔港监督管理局审批。

省级以下各级渔业行政主管部门需新建、改造、购置和报废渔政船的，由各省（区、市）渔业行政主管部门审批，报中华人民共和国渔政渔港监督管理局（海洋渔政船同时报所在海区渔政渔港监督管理局）备案。

渔政船的设计、建造规范和安装的设备必须符合国家有关规定。

第六条 所有渔政船必须向中华人民共和国渔政渔港监督管理局申请注册登记，经核准后，方可执行渔业行政执法任务。

海区渔政渔港监督管理局和各级渔业行政主管部门根据本办法第九条的编号规则，对所属渔政船编写船名号，并填写《中华人民共和国渔政船注册登记申请表》，向中华人民共和国渔政渔港监督管理局申请注册登记。

中华人民共和国渔政渔港监督管理局对所有核准注册登记的渔政船，采用合适的方式向社会公布。

第七条 中华人民共和国渔政渔港监督管理局对服役的渔政船每三年重新注册一次。

第八条 渔政船实行统一外观颜色和标志。渔政船船体外部水线以上部分为白色，船首两侧用黑色宋体汉字标写船名号。有条件的渔政船应在驾驶室外两侧上方用红色宋体汉字标写船名号，夜间应有灯光照明或设夜间显示灯箱。烟囱两侧或驾驶楼两侧应刷制中国渔政徽标。

第九条 渔政船实行全国统一编号。经中华人民共和国渔政渔港监督管理局注册登记的海区渔政船的编号为“中国渔政×××”。编号中的第一位数字为海区渔政渔港监督管理局的代码，第二、三位数字为所属渔政船序号。

经中华人民共和国渔政渔港监督管理局注册登记的省级以下（含省级）渔业行政主管部门所属渔政船的编号为“中国渔政×××××”，编号中的第一、二位数字为省级渔业行政主管部门的代码，第三、四、五位数字为各级渔业行政主管部门所属渔政船的序号。省以下各级渔业行政主管部门所属渔政船的序号排列，由各省自行确定，报中华人民共和国渔政渔港监督管理局备案。

单独执行渔业行政执法任务的快艇，也按上述规则编号。

渔政船备有快艇的，快艇名号为母船名号之后加“－×”，该位数代表快艇序号，由主管该渔政船的渔业行政主管部门编定。

第十条 渔政船的外观颜色、标志和“中国渔政”的名称，未经中华人民共和国渔政渔港监督管理局批准，不得擅自更改。

第十一条 渔政船必须服从其渔业行政主管部门的调度指挥，认真执行下达的执法任务。

第十二条 上一级渔业行政主管部门可以根据执法任务的需要，调用下一级渔业行政主管部门的渔政船执行执法任务。渔政船被调用期间服从上级渔业行政主管部门的指挥。

第十三条 任何单位和个人不得利用渔政船从事生产、营运等以盈利为目的的经营活动。因渔业资源调查等活动或配合政府其他部门的公务活动需使用渔政船时，应报上一级渔业行政主管部门备案。

第十四条 凡执行渔业行政执法任务需使用船、艇时，必须使用渔政船。

内陆地区或因特殊原因需借用、租用非渔政船执行渔业行政执法任务时，必须事先报经省级渔业行政主管部门批准。报告时应说明拟执行的任务、时间、范围以及拟借用、租用船舶的船名号等有关情况。执行任务时，借用、租用的非渔政船的船名号必须清晰可见，在不影响公务的前提下还应有明显的渔业行政执法标识。任务结束后应向批准部门报告执行情况。

第十五条 渔政船执行渔业行政执法任务时，有关执法检查和行政处罚等具体渔业行政执法事宜，由随船执行任务的渔业行政执法官员依法决定。

船长对渔政船的航泊安全负责，依照执法任务的要求制定航行计划。当船上渔业行政执法官员因执法任务的需要，要求调整原定的航行计划时，在不影响安全的情况下，船长应予以配合。

第十六条 各级渔业行政主管部门要按渔业船舶管理的有关规定，对所属的渔政船配齐职务船员，按执法任务需要配备渔业行政执法官员。

海洋渔政船还要按中华人民共和国渔政渔港监督管理局统一规定的标准配备通讯导航设备。

第十七条 渔政船发生事故时，船长应及时采取有效措施组织抢救，尽量减少损失，并及时报告其渔业行政主管部门。

第十八条 渔政船须按规定向渔业船舶检验部门申报船舶检验，向渔港监督部门办理船舶登记。

第十九条 违反本办法规定的，将追究有关人员的责任。

第二十条 本办法由中华人民共和国渔政渔港监督管理局负责组织实施。

第二十一条 本办法由农业部负责解释。

第二十二条 本办法自2001年1月1日起施行。原国家水产总局《渔政船管理暂行办法》［（79）渔总（管）字第23号］同时废止。

中华人民共和国管辖海域外国人、外国船舶渔业活动管理暂行规定

（1999 年 6 月 24 日农业部令第 18 号公布，自公布之日起施行；根据 2004 年 7 月 1 日农业部令第 38 号《关于修订农业行政许可规章和规范性文件的决定》第一次修订；根据 2022 年 1 月 7 日农业农村部令 2022 年第 1 号《农业农村部关于修改和废止部分规章、规范性文件的决定》第二次修订）

第一条 为加强中华人民共和国管辖海域内渔业活动的管理，维护国家海洋权益，根据《中华人民共和国渔业法》《中华人民共和国专属经济区和大陆架法》《中华人民共和国领海及毗连区法》等法律、法规，制定本规定。

第二条 本规定适用于外国人、外国船舶在中华人民共和国管辖海域内从事渔业生产、生物资源调查等涉及渔业的有关活动。

第三条 任何外国人、外国船舶在中华人民共和国管辖海域内从事渔业生产、生物资源调查等活动的，必须经中华人民共和国渔政渔港监督管理局批准，并遵守中华人民共和国的法律、法规以及中华人民共和国缔结或参加的国际条约与协定。

第四条 中华人民共和国内水、领海内禁止外国人、外国船舶从事渔业生产活动；经批准从事生物资源调查活动必须采用与中方合作的方式进行。

第五条 中华人民共和国渔政渔港监督管理局根据以下条件对外国人的入渔申请进行审批：

1. 申请的活动，不危害中华人民共和国国家安全，不妨碍中华人民共和国缔结或参加的国际条约与协定的执行；

2. 申请的活动，不对中华人民共和国实施的海洋生物资源养护措施和海洋环境造成不利影响；

3. 申请的船舶数量、作业类型和渔获量等符合中华人民共和国管辖海域内的资源状况。

第六条 外国渔业船舶申请在中华人民共和国管辖水域从事渔业生产的，应当向中华人民共和国渔政渔港监督管理局提出。中华人民共和国渔政渔港监督管理局应当自申请受理之日起 20 日内作出是否发放捕捞许可证的决定。

外国人、外国渔业船舶申请在中华人民共和国管辖水域从事渔业资源调查活动的，应当向农业部提出。农业农村部应当自申请受理之日起 20 日内作出是否批准其从事渔业活动的决定。

第七条 外国人、外国船舶入渔申请获得批准后，应当向中华人民共和国渔政渔港监督管理局缴纳入渔费并领取许可证。如有特殊情况，经批准机关同意，入渔费可予以减免。

经批准进入中华人民共和国渔港的，应按规定缴纳港口费用。

第八条 经批准作业的外国人、外国船舶领取许可证后，按许可证确定的作业船舶、作业区域、作业时间、作业类型、渔获数量等有关事项作业，并按照中华人民共和国渔政渔港监督管理局的有关规定填写捕捞

日志、悬挂标志和执行报告制度。

第九条 在中华人民共和国管辖海域内的外国人、外国船舶，未经中华人民共和国渔政渔港监督管理局批准，不得在船舶间转载渔获物及其制品或补给物品。

第十条 经批准转载的外国鱼货运输船、补给船，必须按规定向中华人民共和国有关海区渔政渔港监督管理机构申报进入中华人民共和国管辖海域过驳鱼货或补给的时间、地点，被驳鱼货或补给的船舶船名、鱼种、驳运量，或主要补给物品和数量。过驳或补给结束，应申报确切过驳数量。

第十一条 外国人、外国船舶在中华人民共和国管辖海域内从事渔业生产、生物资源调查等活动以及进入中华人民共和国渔港的，应当接受中华人民共和国渔政渔港监督管理机构的监督检查和管理。

中华人民共和国渔政渔港监督管理机构及其检查人员在必要时，可以对外国船舶采取登临、检查、驱逐、扣留等必要措施，并可行使紧追权。

第十二条 外国人、外国船舶在中华人民共和国内水、领海内有下列行为之一的，责令其离开或者将其驱逐，可处以没收渔获物、渔具，并处以罚款；情节严重的，可以没收渔船。罚款按下列数额执行：

1. 从事捕捞、补给或转载渔获等渔业生产活动的，可处50万元以下罚款；

2. 未经批准从事生物资源调查活动的，可处40万元以下罚款。

第十三条 外国人、外国船舶未经批准在中华人民共和国专属经济区和大陆架有下列行为之一的，责令其离开或者将其驱逐，可处以没收渔获物、渔具，并处以罚款；情节严重的，可以没收渔船。罚款按下列数额执行：

1. 从事捕捞、补给或转载渔获等渔业生产活动的，可处40万元以下罚款；

2. 从事生物资源调查活动的，可处30万元以下罚款。

第十四条 外国人、外国船舶经批准在中华人民共和国专属经济区和大陆架从事渔业生产、生物资源调查活动，有下列行为之一的，可处以没收渔获物、没收渔具和30万元以下罚款的处罚：

1. 未按许可的作业区域、时间、类型、船舶功率或吨位作业的；

2. 超过核定捕捞配额的。

第十五条 外国人、外国船舶经批准在中华人民共和国专属经济区和大陆架从事渔业生产、生物资源调查活动，有下列行为之一的，可处以没收渔获物、没收渔具和5万元以下罚款的处罚：

1. 未按规定填写渔捞日志的；

2. 未按规定向指定的监督机构报告船位、渔捞情况等信息的；

3. 未按规定标识作业船舶的；

4. 未按规定的网具规格和网目尺寸作业的。

第十六条 未取得入渔许可进入中华人民共和国管辖水域，或取得入渔许可但航行于许可作业区域以外的外国船舶，未将渔具收入舱内或未按规定捆扎、覆盖的，中华人民共和国渔政渔港监督管理机构可处以3万元以下罚款的处罚。

第十七条 外国船舶进出中华人民共和国渔港，有下列行为之一的，中华人民共和国渔政渔港监督管理机构有权禁止其进、离港口，或者令其停航、改航、停止作业，并可处以3万元以下罚款的处罚：

1. 未经批准进出中华人民共和国渔港的；

2. 违反船舶装运、装卸危险品规定的；

3. 拒不服从渔政渔港监督管理机构指挥调度的；

4. 拒不执行渔政渔港监督管理机构作出的离港、停航、改航、停止作业和禁止进、离港等决定的。

第十八条　外国人、外国船舶对中华人民共和国渔港及渔港水域造成污染的，中华人民共和国渔政渔港监督管理机构可视情节及危害程度，处以警告或10万元以下的罚款，对造成渔港水域环境污染损害的，可责令其支付消除污染费用，赔偿损失。

第十九条　中华人民共和国渔政渔港监督管理局和各海区渔政渔港监督管理局可决定50万元以下罚款的处罚。

省（自治区、直辖市）渔政渔港监督管理机构可决定20万元以下罚款的处罚。

市、县渔政渔港监督管理机构可决定5万元以下罚款的处罚。

作出超过本级机构权限的行政处罚决定的，必须事先报经具有相应处罚权的上级渔政渔港监督管理机构批准。

第二十条　受到罚款处罚的外国船舶及其人员，必须在离港或开航前缴清罚款。不能在离港或开航前缴清罚款的，应当提交相当于罚款额的保证金或处罚决定机关认可的其他担保，否则不得离港。

第二十一条　外国人、外国船舶违反本规定和中华人民共和国有关法律、法规，情节严重的，除依法给予行政处罚或移送有关部门追究法律责任外，中华人民共和国渔政渔港监督管理局并可取消其入渔资格。

第二十二条　外国人、外国船舶对渔业行政处罚不服的，可依据中华人民共和国法律、法规的有关规定申请复议或提起诉讼。

第二十三条　本规定与我国缔结或参加的有关国际渔业条约有不同规定的，适用国际条约的规定，但我国声明保留的除外。

第二十四条　本规定未尽事项，按照中华人民共和国有关法律、法规的规定办理。

第二十五条　本规定由农业农村部负责解释。

第二十六条　本规定自发布之日起施行。

中日渔业协定暂定措施水域管理暂行办法

（1999 年 3 月 5 日农业部令第 8 号公布，自公布之日起施行；根据 2004 年 7 月 1 日农业部令第 38 号《关于修订农业行政许可规章和规范性文件的决定》第一次修订；根据 2022 年 1 月 7 日农业农村部令 2022 年第 1 号《农业农村部关于修改和废止部分规章、规范性文件的决定》第二次修订）

第一条 为了养护和合理利用海洋渔业资源，维护《中华人民共和国和日本国渔业协定》（以下称《中日渔业协定》）规定的暂定措施水域的正常渔业生产秩序，根据《中华人民共和国渔业法》的规定，制定本办法。

第二条 本办法适用于在《中日渔业协定》第七条第一款规定的暂定措施水域从事渔业活动的我国渔船。

暂定措施水域为下列各点顺次用直线连接而围成的水域：

1. 北纬 30 度 40 分、东经 124 度 10.1 分；
2. 北纬 30 度、东经 123 度 56.4 分；
3. 北纬 29 度、东经 123 度 25.5 分；
4. 北纬 28 度、东经 122 度 47.9 分；
5. 北纬 27 度、东经 121 度 57.4 分；
6. 北纬 27 度、东经 125 度 58.3 分；
7. 北纬 28 度、东经 127 度 15.1 分；
8. 北纬 29 度、东经 128 度 0.9 分；
9. 北纬 30 度、东经 128 度 32.2 分；
10. 北纬 30 度 40 分、东经 128 度 26.1 分；
11. 北纬 30 度 40 分、东经 124 度 10.1 分。

第三条 中华人民共和国渔政渔港监督管理局是实施《中日渔业协定》的主管机关。负责对暂定措施水域的渔业活动进行管理。

农业农村部东海区渔政渔港监督管理局负责暂定措施水域渔船生产情况的汇总、统计和分析，对暂定措施水域的渔业活动进行现场指导和监督检查。

第四条 中华人民共和国渔政渔港监督管理局根据中日渔业联合委员会每年商定的作业规模，确定当年我国渔船进入暂定措施水域作业的船数和类型，并下达给东海区、黄渤海区渔政渔港监督管理局，由其分配各有关省、市。

第五条 申请到暂定措施水域从事渔业活动的申请人或渔船，必须具备以下条件：

（一）持有有效的渔业捕捞许可证；

（二）船舶处于适航状态，并持有与作业航区相适应的船舶检验证书、船舶登记证书（或船舶国籍证书），航行签证簿。主机额定功率在 300 千瓦以上的渔船，还应备有油类记录簿；

（三）按规定配齐船员，职务船员应持有有效的职务船员证书（或适任证书）；

（四）按规定填写和上交上一年度的捕捞日志；

（五）渔船按规定进行标记。

第六条 申请进入中日渔业协定暂定措施水域作业的渔业捕捞许可证，应当于每年 4 月 10 日前向所在地省、自治区、直辖市人民政府渔业主管部门提出。省、自治区、直辖市人民政府渔业主管部门应当自受理申请之日起20个工作日内完成审核，并报农业农村部审批。

农业农村部自收到省、自治区、直辖市人民政府渔业主管部门报送的材料之日起20日内作出是否发放捕捞许可证的决定。申请表由农业农村部统一印制。

第七条　经批准在暂定措施水域从事渔业活动的渔船，必须按规定填写"《中日渔业协定》暂定措施水域捕捞日志"，并在申请下一年度作业资格时，连同作业申请表一并交送船籍港所在地的县级渔业主管部门。

各级渔业主管部门在向申请人递交特许证时，必须同时发给申请人空白捕捞日志，并就捕捞日志的填写对申请人进行必要的培训和指导。

第八条　县级渔业主管部门负责本辖区渔船捕捞日志的收集、统计工作，并逐级上报地（市）、省（直辖市）渔业主管部门和海区渔政渔港监督管理局汇总。黄渤海区渔船在暂定措施水域的生产情况由黄渤海区渔政渔港监督管理局交东海区渔政渔港监督管理局汇总。

捕捞日志的数据处理方法，由中华人民共和国渔政渔港监督管理局另行规定。

第九条　经批准在暂定措施水域从事渔业活动的渔船，必须按规定进行标记。具体标记方式由中华人民共和国渔政渔港监督管理局另行规定。

第十条　经批准在暂定措施水域从事渔业活动的渔船，必须遵守《中华人民共和国渔业法》和国家在暂定措施水域内实施的各项渔业资源养护的规定。

第十一条　在暂定措施水域从事渔业活动的渔船发生渔事纠纷的，按现行的有关规定处理。

第十二条　违反本办法的，按《中华人民共和国渔业法实施细则》和国家有关规定予以处罚。

第十三条　本办法由农业农村部负责解释。

第十四条　本办法自《中日渔业协定》正式生效之日起实施。

中韩渔业协定暂定措施水域和过渡水域管理办法

（2001 年 2 月 16 日农业部令第 47 号公布，自公布之日起施行；根据 2004 年 7 月 1 日农业部令第 38 号《关于修订农业行政许可规章和规范性文件的决定》第一次修订；根据 2019 年 4 月 25 日农业农村部令 2019 年第 2 号《农业农村部关于修改和废止部分规章、规范性文件的决定》第二次修订；根据 2022 年 1 月 7 日农业农村部令 2022 年第 1 号《农业农村部关于修改和废止部分规章、规范性文件的决定》第三次修订）

第一条 为了养护和合理利用海洋渔业资源，维护《中华人民共和国政府和大韩民国政府渔业协定》（以下称《中韩渔业协定》）规定的“暂定措施水域”和“过渡水域”的正常渔业秩序，根据《中华人民共和国渔业法》等法律、法规，制定本办法。

第二条 本办法适用于在《中韩渔业协定》第七条第一款规定的“暂定措施水域”和第八条第一款规定的“韩方一侧过渡水域”（以下称“过渡水域”）从事渔业活动的我国渔船。

第三条 中华人民共和国农业农村部是实施《中韩渔业协定》的主管机关，中华人民共和国渔政渔港监督管理局负责对暂定措施水域和过渡水域的渔业活动进行管理。

农业农村部黄渤海区渔政渔港监督管理局负责暂定措施水域和过渡水域管理的组织实施、现场指导和监督检查，并对我国渔船的生产情况进行汇总、统计和分析，东海区渔政渔港监督管理局协助。

沿渤海、黄海、东海各省（直辖市）、地（市）、县级渔业主管部门负责对在暂定措施水域和过渡水域作业的本辖区渔船进行必要的指导和管理。

第四条 中华人民共和国渔政渔港监督管理局每年根据中韩渔业联合委员会商定的作业规模（作业类型、船数、渔获量等），确定下一年度我国渔船进入暂定措施水域和过渡水域的作业规模，并下达给黄渤海区、东海区渔政渔港监督管理局，由其分配给本海区有关省（市）。

第五条 申请进入中韩渔业协定暂定措施水域和过渡水域作业的渔业捕捞许可证，应当于每年 4 月 10 日前向所在地省、自治区、直辖市人民政府渔业主管部门提出。省、自治区、直辖市人民政府渔业主管部门应当自受理申请之日起 20 日内完成审核，并报农业农村部审批。

农业农村部自收到省、自治区、直辖市人民政府渔业主管部门报送的材料之日起 20 日内作出是否发放捕捞许可证的决定。

第六条 申请进入暂定措施水域和过渡水域从事渔业活动的渔船必须具备下列条件：

1. 持有有效的渔业捕捞许可证书、船舶检验证书、船舶登记证书（或船舶国籍证书）及其他必备证书；

2. 适航航区在Ⅱ类以上，并处于适航状态，装备有全球卫星定位仪（GPS）；

3. 按规定配齐船员，职务船员应持有有效的职务船员证书。

第七条　经审查符合条件的渔船，黄渤海区、东海区渔政渔港监督管理局发给有效期为1年的专项（特许）渔业捕捞许可证（以下称《专项证》）。《专项证》由受理申请的县级渔业主管部门向申请人转交。转交《专项证》时，须同时发给申请人空白《中华人民共和国渔捞日志》（以下称《渔捞日志》，并就《渔捞日志》的填写、收集、管理等对申请人进行必要的培训和指导。

第八条　黄渤海区、东海区渔政渔港监督管理局每年编制暂定措施水域和过渡水域许可渔船名录，报中华人民共和国渔政渔港监督管理局备案。

第九条　经批准在暂定措施水域和过渡水域从事渔业活动的渔船，必须认真、如实填写《渔捞日志》。申请人在申请下一年度作业资格时，须将《申请表》和上一年度的《渔捞日志》同时交送受理申请的县级渔业主管部门。

第十条　受理申请的县级渔业主管部门负责申请渔船《渔捞日志》的收集、统计工作，并逐级上报地（市）、省（直辖市）渔业主管部门，由省（直辖市）渔业主管部门统一报所在海区渔政渔港监督管理局。东海区渔船的《渔捞日志》和生产情况由东海区渔政渔港监督管理局交黄渤海区渔政渔港监督管理局汇总。

《渔捞日志》数据的处理方法，由中华人民共和国渔政渔港监督管理局另行规定。

第十一条　经批准在暂定措施水域和过渡水域从事渔业活动的渔船必须按规定标记。具体标记方式由中华人民共和国渔政渔港监督管理局另行规定。

第十二条　经批准在暂定措施水域和过渡水域从事渔业活动的渔船，必须遵守我国渔业法律、法规，遵守中韩双方商定的暂定措施水域、过渡水域资源养护和管理规定。

第十三条　在暂定措施水域和过渡水域从事渔业活动的我国渔船与韩国渔船发生渔事纠纷，或需到韩国港口紧急避难的，应按照《中韩渔业协定》及两国有关规定处理。

第十四条　《申请表》和《渔捞日志》由黄渤海区渔政渔港监督管理局根据本办法规定的格式统一印制。

第十五条　本办法自《中韩渔业协定》生效之日起实施。有关过渡水域的规定，有效期为自协定生效之日起至满四年之日止。

第十六条　本规定由农业农村部负责解释。

农业综合行政执法管理办法

（中华人民共和国农业农村部2022年第9号令，2022年11月3日公布，自2023年1月1日起施行）

第一章 总 则

第一条 为加强农业综合行政执法机构和执法人员管理，规范农业行政执法行为，根据《中华人民共和国行政处罚法》等有关法律的规定，结合农业综合行政执法工作实际，制定本办法。

第二条 县级以上人民政府农业农村主管部门及农业综合行政执法机构开展农业综合行政执法工作及相关活动，适用本办法。

第三条 农业综合行政执法工作应当遵循合法行政、合理行政、诚实信用、程序正当、高效便民、权责统一的原则。

第四条 农业农村部负责指导和监督全国农业综合行政执法工作。

县级以上地方人民政府农业农村主管部门负责本辖区内农业综合行政执法工作。

第五条 县级以上地方人民政府农业农村主管部门应当明确农业综合行政执法机构与行业管理、技术支撑机构的职责分工，健全完善线索处置、信息共享、监督抽查、检打联动等协作配合机制，形成执法合力。

第六条 县级以上地方人民政府农业农村主管部门应当建立健全跨区域农业行政执法联动机制，加强与其他行政执法部门、司法机关的交流协作。

第七条 县级以上人民政府农业农村主管部门对农业行政执法工作中表现突出、有显著成绩和贡献或者有其他突出事迹的执法机构、执法人员，按照国家和地方人民政府有关规定给予表彰和奖励。

第八条 县级以上地方人民政府农业农村主管部门及其农业综合行政执法机构应当加强基层党组织和党员队伍建设，建立健全党风廉政建设责任制。

第二章 执法机构和人员管理

第九条 县级以上地方人民政府农业农村主管部门依法设立的农业综合行政执法机构承担并集中行使农业行政处罚以及与行政处罚相关的行政检查、行政强制职能，以农业农村部门名义统一执法。

第十条 省级农业综合行政执法机构承担并集中行使法律、法规、规章明确由省级人民政府农业农村主管部门及其所属单位承担的农业行政执法职责，负责查处具有重大影响的跨区域复杂违法案件，监督指导、组织协调辖区内农业行政执法工作。

市级农业综合行政执法机构承担并集中行使法律、法规、规章规定明确由市级人民政府农业农村主管部门及其所属单位承担的农业行政执法职责，负责查处具有较大影响的跨区域复杂违法案件及其直接管辖的市辖区内一般农业违法案件，监督指导、组织协调辖区内农业行政执法工作。

县级农业综合行政执法机构负责统一实施辖区内日常执法检查和一般农业违法案件查处工作。

第十一条 农业农村部建立健全执法办案指导机制，分领域遴选执法办案能手，组建全国农业行政执法专家库。

市级以上地方人民政府农业农村主管部门应当选调辖区内农业行政执法骨干组建执法办案指导小组，加强对基层农业行政执法工作的指导。

第十二条　县级以上地方人民政府农业农村主管部门应当建立与乡镇人民政府、街道办事处执法协作机制，引导和支持乡镇人民政府、街道办事处执法机构协助农业综合行政执法机构开展日常巡查、投诉举报受理以及调查取证等工作。

县级农业行政处罚权依法交由乡镇人民政府、街道办事处行使的，县级人民政府农业农村主管部门应当加强对乡镇人民政府、街道办事处综合行政执法机构的业务指导和监督，提供专业技术、业务培训等方面的支持保障。

第十三条　上级农业农村主管部门及其农业综合行政执法机构可以根据工作需要，经下级农业农村主管部门同意后，按程序调用下级农业综合行政执法机构人员开展调查、取证等执法工作。

持有行政执法证件的农业综合行政执法人员，可以根据执法协同工作需要，参加跨部门、跨区域、跨层级的行政执法活动。

第十四条　农业综合行政执法人员应当经过岗位培训，考试合格并取得行政执法证件后，方可从事行政执法工作。

农业综合行政执法机构应当鼓励和支持农业综合行政执法人员参加国家统一法律职业资格考试，取得法律职业资格。

第十五条　农业农村部负责制定全国农业综合行政执法人员培训大纲，编撰统编执法培训教材，组织开展地方执法骨干和师资培训。

县级以上地方人民政府农业农村主管部门应当制定培训计划，组织开展本辖区内执法人员培训。鼓励有条件的地方建设农业综合行政执法实训基地、现场教学基地。

农业综合行政执法人员每年应当接受不少于60学时的公共法律知识、业务法律知识和执法技能培训。

第十六条　县级以上人民政府农业农村主管部门应当定期开展执法练兵比武活动，选拔和培养业务水平高、综合素质强的执法办案能手。

第十七条　农业综合行政执法机构应当建立和实施执法人员定期轮岗制度，培养通专结合、一专多能的执法人才。

第十八条　县级以上人民政府农业农村主管部门可以根据工作需要，按照规定程序和权限为农业综合行政执法机构配置行政执法辅助人员。

行政执法辅助人员应当在农业综合行政执法机构及执法人员的指导和监督下开展行政执法辅助性工作。禁止辅助人员独立执法。

第三章　执法行为规范

第十九条　县级以上人民政府农业农村主管部门实施行政处罚及相关执法活动，应当做到事实清楚，证据充分，程序合法，定性准确，适用法律正确，裁量合理，文书规范。

农业综合行政执法人员应当依照法定权限履行行政执法职责，做到严格规范公正文明执法，不得玩忽职守、超越职权、滥用职权。

第二十条　县级以上人民政府农业农村主管部门应当通过本部门或者本级政府官方网站、公示栏、执法服务窗口等平台，向社会公开行政执法人员、职责、依据、范围、权限、程序等农业行政执法基本信息，并及时根据法律法规及机构职能、执法人员等变化情况进行动态调整。

县级以上人民政府农业农村主管部门作出涉及农产品质量安全、农资质量、耕地质量、动植物疫情防控、农机、农业资源生态环境保护、植物新品种权保护等具有一定社会影响的行政处罚决定，应当依法向社会公开。

第二十一条 县级以上人民政府农业农村主管部门应当通过文字、音像等形式，对农业行政执法的启动、调查取证、审核决定、送达执行等全过程进行记录，全面系统归档保存，做到执法全过程留痕和可回溯管理。

查封扣押财产、收缴销毁违法物品产品等直接涉及重大财产权益的现场执法活动，以及调查取证、举行听证、留置送达和公告送达等容易引发争议的行政执法过程，应当全程音像记录。

农业行政执法制作的法律文书、音像等记录资料，应当按照有关法律法规和档案管理规定归档保存。

第二十二条 县级以上地方人民政府农业农村主管部门作出涉及重大公共利益，可能造成重大社会影响或引发社会风险，案件情况疑难复杂、涉及多个法律关系等重大执法决定前，应当依法履行法制审核程序。未经法制审核或者审核未通过的，不得作出决定。

县级以上地方人民政府农业农村主管部门应当结合本部门行政执法行为类别、执法层级、所属领域、涉案金额等，制定本部门重大执法决定法制审核目录清单。

第二十三条 农业综合行政执法机构制作农业行政执法文书，应当遵照农业农村部制定的农业行政执法文书制作规范和农业行政执法基本文书格式。

农业行政执法文书的内容应当符合有关法律、法规和规章的规定，做到格式统一、内容完整、表述清楚、逻辑严密、用语规范。

第二十四条 农业农村部可以根据统一和规范全国农业行政执法裁量尺度的需要，针对特定的农业行政处罚事项制定自由裁量权基准。

县级以上地方人民政府农业农村主管部门应当根据法律、法规、规章以及农业农村部规定，制定本辖区农业行政处罚自由裁量权基准，明确裁量标准和适用条件，并向社会公开。

县级以上人民政府农业农村主管部门行使农业行政处罚自由裁量权，应当根据违法行为的事实、性质、情节、社会危害程度等，准确适用行政处罚种类和处罚幅度。

第二十五条 农业综合行政执法人员开展执法检查、调查取证、采取强制措施和强制执行、送达执法文书等执法时，应当主动出示执法证件，向当事人和相关人员表明身份，并按照规定要求统一着执法服装、佩戴农业执法标志。

第二十六条 农业农村部定期发布农业行政执法指导性案例，规范和统一全国农业综合行政执法法律适用。

县级以上人民政府农业农村主管部门应当及时发布辖区内农业行政执法典型案例，发挥警示和震慑作用。

第二十七条 农业综合行政执法机构应当坚持处罚与教育相结合，按照“谁执法谁普法”的要求，将法治宣传教育融入执法工作全过程。

县级农业综合行政执法人员应当采取包区包片等方式，与农村学法用法示范户建立联系机制。

第二十八条 农业综合行政执法人员依法履行法定职责受法律保护，非因法定事由、非经法定程序，不受处分。任何组织和个人不得阻挠、妨碍农业综合行政执法人员依法执行公务。

农业综合行政执法人员因故意或者重大过失，不履行或者违法履行行政执法职责，造成危害后果或者不良影响的，应当依法承担行政责任。

第二十九条 农业综合行政执法机构及

其执法人员应当严格依照法律、法规、规章的要求进行执法，严格遵守下列规定：

（一）不准徇私枉法、庇护违法者；

（二）不准越权执法、违反程序办案；

（三）不准干扰市场主体正常经营活动；

（四）不准利用职务之便为自己和亲友牟利；

（五）不准执法随意、畸轻畸重、以罚代管；

（六）不准作风粗暴。

第四章　执法条件保障

第三十条　县级以上地方人民政府农业农村主管部门应当落实执法经费财政保障制度，将农业行政执法运行经费、执法装备建设经费、执法抽检经费、罚没物品保管处置经费等纳入部门预算，确保满足执法工作需要。

第三十一条　县级以上人民政府农业农村主管部门应当依托大数据、云计算、人工智能等信息技术手段，加强农业行政执法信息化建设，推进执法数据归集整合、互联互通。

农业综合行政执法机构应当充分利用已有执法信息系统和信息共享平台，全面推行掌上执法、移动执法，实现执法程序网上流转、执法活动网上监督、执法信息网上查询。

第三十二条　县级以上地方人民政府农业农村主管部门应当根据执法工作需要，为农业综合行政执法机构配置执法办公用房和问询室、调解室、听证室、物证室、罚没收缴扣押物品仓库等执法辅助用房。

第三十三条　县级以上地方人民政府农业农村主管部门应当按照党政机关公务用车管理办法、党政机关执法执勤用车配备使用管理办法等有关规定，结合本辖区农业行政执法实际，为农业综合行政执法机构合理配备农业行政执法执勤用车。

县级以上地方人民政府农业农村主管部门应当按照有关执法装备配备标准为农业综合行政执法机构配备依法履职所需的基础装备、取证设备、应急设备和个人防护设备等执法装备。

第三十四条　县级以上地方人民政府农业农村主管部门内设或所属的农业综合行政执法机构中在编在职执法人员，统一配发农业综合行政执法制式服装和标志。

县级以上地方人民政府农业农村主管部门应当按照综合行政执法制式服装和标志管理办法及有关技术规范配发制式服装和标志，不得自行扩大着装范围和提高发放标准，不得改变制式服装和标志样式。

农业综合行政执法人员应当妥善保管制式服装和标志，辞职、调离或者被辞退、开除的，应当交回所有制式服装和帽徽、臂章、肩章等标志；退休的，应当交回帽徽、臂章、肩章等所有标志。

第三十五条　农业农村部制定、发布全国统一的农业综合行政执法标识。

县级以上地方人民政府农业农村主管部门应当按照农业农村部有关要求，规范使用执法标识，不得随意改变标识的内容、颜色、内部结构及比例。

农业综合行政执法标识所有权归农业农村部所有。未经许可，任何单位和个人不得擅自使用，不得将相同或者近似标识作为商标注册。

第五章　执法监督

第三十六条　上级农业农村部门应当对下级农业农村部门及其农业综合行政执法机构的行政执法工作情况进行监督，及时纠正违法或明显不当的行为。

第三十七条　属于社会影响重大、案情复杂或者可能涉及犯罪的重大违法案件，上级农业农村部门可以采取发函督办、挂牌督办、现场督办等方式，督促下级农业农村部门及其农业综合行政执法机构调查处理。接办案件的农业农村部门及其农业综合行政执法机构应当及时调查处置，并按要求反馈查处进展情况和结果。

第三十八条 县级以上人民政府农业农村主管部门应当建立健全行政执法文书和案卷评查制度，定期开展评查，发布评查结果。

第三十九条 县级以上地方人民政府农业农村主管部门应当定期对本单位农业综合行政执法工作情况进行考核评议。考核评议结果作为农业行政执法人员职级晋升、评优评先的重要依据。

第四十条 农业综合行政执法机构应当建立行政执法情况统计报送制度，按照农业农村部有关要求，于每年6月30日和12月31日前向本级农业农村主管部门和上一级农业综合行政执法机构报送半年、全年执法统计情况。

第四十一条 县级以上地方人民政府农业农村主管部门应当健全群众监督、舆论监督等社会监督机制，对人民群众举报投诉、新闻媒体曝光、有关部门移送的涉农违法案件及时回应，妥善处置。

第四十二条 鼓励县级以上地方人民政府农业农村主管部门会同财政、司法行政等有关部门建立重大违法行为举报奖励机制，结合本地实际对举报奖励范围、标准等予以具体规定，规范发放程序，做好全程监督。

第四十三条 县级以上人民政府农业农村主管部门应当建立领导干部干预执法活动、插手具体案件责任追究制度。

第四十四条 县级以上人民政府农业农村主管部门应当建立健全突发问题预警研判和应急处置机制，及时回应社会关切，提高风险防范及应对能力。

第六章 附　　则

第四十五条 本办法自2023年1月1日起施行。

农业行政处罚程序规定

（2006 年 4 月 25 日农业部令第 63 号公布；根据 2011 年 12 月 31 日农业部令 2011 年第 4 号《农业部关于修订部分规章和规范性文件的决定》第一次修订；根据 2020 年 1 月 14 日农业农村部 2020 年第 1 号第二次修订；根据 2021 年 12 月 21 日农业农村部令 2021 年第 4 号第三次修订）

第一章 总　　则

第一条 为规范农业行政处罚程序，保障和监督农业农村主管部门依法实施行政管理，保护公民、法人或者其他组织的合法权益，根据《中华人民共和国行政处罚法》《中华人民共和国行政强制法》等有关法律、行政法规的规定，结合农业农村部门实际，制定本规定。

第二条 农业行政处罚机关实施行政处罚及其相关的行政执法活动，适用本规定。

本规定所称农业行政处罚机关，是指依法行使行政处罚权的县级以上人民政府农业农村主管部门。

第三条 农业行政处罚机关实施行政处罚，应当遵循公正、公开的原则，做到事实清楚，证据充分，程序合法，定性准确，适用法律正确，裁量合理，文书规范。

第四条 农业行政处罚机关实施行政处罚，应当坚持处罚与教育相结合，采取指导、建议等方式，引导和教育公民、法人或者其他组织自觉守法。

第五条 具有下列情形之一的，农业行政执法人员应当主动申请回避，当事人也有权申请其回避：

（一）是本案当事人或者当事人的近亲属；

（二）本人或者其近亲属与本案有直接利害关系；

（三）与本案当事人有其他利害关系，可能影响案件的公正处理。

农业行政处罚机关主要负责人的回避，由该机关负责人集体讨论决定；其他人员的回避，由该机关主要负责人决定。

回避决定作出前，主动申请回避或者被申请回避的人员不停止对案件的调查处理。

第六条 农业行政处罚应当由具有行政执法资格的农业行政执法人员实施。农业行政执法人员不得少于两人，法律另有规定的除外。

农业行政执法人员调查处理农业行政处罚案件时，应当主动向当事人或者有关人员出示行政执法证件，并按规定着装和佩戴执法标志。

第七条 各级农业行政处罚机关应当全面推行行政执法公示制度、执法全过程记录制度、重大执法决定法制审核制度，加强行政执法信息化建设，推进信息共享，提高行政处罚效率。

第八条 县级以上人民政府农业农村主管部门在法定职权范围内实施行政处罚。

县级以上地方人民政府农业农村主管部门内设或所属的农业综合行政执法机构承担并集中行使行政处罚以及与行政处罚有关的行政强制、行政检查职能，以农业农村主管部门名义统一执法。

第九条 县级以上人民政府农业农村主管部门依法设立的派出执法机构，应当在派出部门确定的权限范围内以派出部门的名义实施行政处罚。

第十条 上级农业农村主管部门依法监督下级农业农村主管部门实施的行政处罚。

县级以上人民政府农业农村主管部门负责监督本部门农业综合行政执法机构或者派出执法机构实施的行政处罚。

第十一条 农业行政处罚机关在工作中发现违纪、违法或者犯罪问题线索的，应当按照《执法机关和司法机关向纪检监察机关移送问题线索工作办法》的规定，及时移送纪检监察机关。

第二章 农业行政处罚的管辖

第十二条 农业行政处罚由违法行为发生地的农业行政处罚机关管辖。法律、行政法规以及农业农村部规章另有规定的，从其规定。

省、自治区、直辖市农业行政处罚机关应当按照职权法定、属地管理、重心下移的原则，结合违法行为涉及区域、案情复杂程度、社会影响范围等因素，厘清本行政区域内不同层级农业行政处罚机关行政执法权限，明确职责分工。

第十三条 渔业行政违法行为有下列情况之一的，适用“谁查获、谁处理”的原则：

（一）违法行为发生在共管区、叠区；

（二）违法行为发生在管辖权不明确或者有争议的区域；

（三）违法行为发生地与查获地不一致。

第十四 条电子商务平台经营者和通过自建网站、其他网络服务销售商品或者提供服务的电子商务经营者的农业违法行为由其住所地县级以上农业行政处罚机关管辖。

平台内经营者的农业违法行为由其实际经营地县级以上农业行政处罚机关管辖。电子商务平台经营者住所地或者违法物品的生产、加工、存储、配送地的县级以上农业行政处罚机关先行发现违法线索或者收到投诉、举报的，也可以管辖。

第十五条 对当事人的同一违法行为，两个以上农业行政处罚机关都有管辖权的，应当由先立案的农业行政处罚机关管辖。

第十六条 两个以上农业行政处罚机关对管辖发生争议的，应当自发生争议之日起七日内协商解决，协商不成的，报请共同的上一级农业行政处罚机关指定管辖；也可以直接由共同的上一级农业行政机关指定管辖。

第十七条 农业行政处罚机关发现立案查处的案件不属于本部门管辖的，应当将案件移送有管辖权的农业行政处罚机关。受移送的农业行政处罚机关对管辖权有异议的，应当报请共同的上一级农业行政处罚机关指定管辖，不得再自行移送。

第十八条 上级农业行政处罚机关认为有必要时，可以直接管辖下级农业行政处罚机关管辖的案件，也可以将本机关管辖的案件交由下级农业行政处罚机关管辖，必要时可以将下级农业行政处罚机关管辖的案件指定其他下级农业行政处罚机关管辖，但不得违反法律、行政法规的规定。

下级农业行政处罚机关认为依法应由其管辖的农业行政处罚案件重大、复杂或者本地不适宜管辖的，可以报请上一级农业行政处罚机关直接管辖或者指定管辖。上一级农业行政处罚机关应当自收到报送材料之日起七日内作出书面决定。

第十九条 农业行政处罚机关实施农业行政处罚时，需要其他行政机关协助的，可以向有关机关发送协助函，提出协助请求。

农业行政处罚机关在办理跨行政区域案件时，需要其他地区农业行政处罚机关协查的，可以发送协查函。收到协查函的农业行政处罚机关应当予以协助并及时书面告知协查结果。

第二十条 农业行政处罚机关查处案

件，对依法应当由原许可、批准的部门作出吊销许可证件等农业行政处罚决定的，应当自作出处理决定之日起十五日内将查处结果及相关材料书面报送或告知原许可、批准的部门，并提出处理建议。

第二十一条　农业行政处罚机关发现所查处的案件不属于农业农村主管部门管辖的，应当按照有关要求和时限移送有管辖权的部门处理。

违法行为涉嫌犯罪的案件，农业行政处罚机关应当依法移送司法机关，不得以行政处罚代替刑事处罚。

农业行政处罚机关应当与司法机关加强协调配合，建立健全案件移送制度，加强证据材料移交、接收衔接，完善案件处理信息通报机制。

农业行政处罚机关应当将移送案件的相关材料妥善保管、存档备查。

第三章　农业行政处罚的决定

第二十二条　公民、法人或者其他组织违反农业行政管理秩序的行为，依法应当给予行政处罚的，农业行政处罚机关必须查明事实；违法事实不清、证据不足的，不得给予行政处罚。

第二十三条　农业行政处罚机关作出农业行政处罚决定前，应当告知当事人拟作出行政处罚内容及事实、理由、依据，并告知当事人依法享有的陈述、申辩、要求听证等权利。

采取普通程序查办的案件，农业行政处罚机关应当制作行政处罚事先告知书送达当事人，并告知当事人可以在收到告知书之日起三日内进行陈述、申辩。符合听证条件的，应当告知当事人可以要求听证。

当事人无正当理由逾期提出陈述、申辩或者要求听证的，视为放弃上述权利。

第二十四条　当事人有权进行陈述和申辩。农业行政处罚机关必须充分听取当事人的意见，对当事人提出的事实、理由和证据，应当进行复核；当事人提出的事实、理由或者证据成立的，应当予以采纳。

农业行政处罚机关不得因当事人陈述、申辩而给予更重的处罚。

第一节　简易程序

第二十五条　违法事实确凿并有法定依据，对公民处以二百元以下、对法人或者其他组织处以三千元以下罚款或者警告的行政处罚的，可以当场作出行政处罚决定。法律另有规定的，从其规定。

第二十六条　当场作出行政处罚决定时，农业行政执法人员应当遵守下列程序：

（一）向当事人表明身份，出示行政执法证件；

（二）当场查清当事人的违法事实，收集和保存相关证据；

（三）在行政处罚决定作出前，应当告知当事人拟作出决定的内容及事实、理由、依据，并告知当事人有权进行陈述和申辩；

（四）听取当事人陈述、申辩，并记入笔录；

（五）填写预定格式、编有号码、盖有农业行政处罚机关印章的当场处罚决定书，由执法人员签名或者盖章，当场交付当事人；当事人拒绝签收的，应当在行政处罚决定书上注明。

前款规定的行政处罚决定书应当载明当事人的违法行为，行政处罚的种类和依据、罚款数额、时间、地点，申请行政复议、提起行政诉讼的途径和期限以及行政机关名称。

第二十七条　农业行政执法人员应当在作出当场处罚决定之日起、在水上办理渔业行政违法案件的农业行政执法人员应当自抵岸之日起二日内，将案件的有关材料交至所属农业行政处罚机关归档保存。

第二节 普通程序

第二十八条 实施农业行政处罚，除依法可以当场作出的行政处罚外，应当适用普通程序。

第二十九条 农业行政处罚机关对依据监督检查职责或者通过投诉、举报、其他部门移送、上级交办等途径发现的违法行为线索，应当自发现线索或者收到相关材料之日起七日内予以核查，由农业行政处罚机关负责人决定是否立案；因特殊情况不能在规定期限内立案的，经农业行政处罚机关负责人批准，可以延长七日。法律、法规、规章另有规定的除外。

第三十条 符合下列条件的，农业行政处罚机关应当予以立案，并填写行政处罚立案审批表：

（一）有涉嫌违反法律、法规和规章的行为；

（二）依法应当或者可以给予行政处罚；

（三）属于本机关管辖；

（四）违法行为发生之日起至被发现之日止未超过二年，或者违法行为有连续、继续状态，从违法行为终了之日起至被发现之日止未超过二年；涉及公民生命健康安全且有危害后果的，上述期限延长至五年。法律另有规定的除外。

第三十一条 对已经立案的案件，根据新的情况发现不符合本规定第三十条规定的立案条件的，农业行政处罚机关应当撤销立案。

第三十二条 农业行政处罚机关对立案的农业违法行为，必须全面、客观、公正地调查，收集有关证据；必要时，按照法律、法规的规定，可以进行检查。

农业行政执法人员在调查或者收集证据、进行检查时，不得少于两人。当事人或者有关人员有权要求农业行政执法人员出示执法证件。执法人员不出示执法证件的，当事人或者有关人员有权拒绝接受调查或者检查。

第三十三条 农业行政执法人员有权依法采取下列措施：

（一）查阅、复制书证和其他有关材料；

（二）询问当事人或者其他与案件有关的单位和个人；

（三）要求当事人或者有关人员在一定的期限内提供有关材料；

（四）采取现场检查、勘验、抽样、检验、检测、鉴定、评估、认定、录音、拍照、录像、调取现场及周边监控设备电子数据等方式进行调查取证；

（五）对涉案的场所、设施或者财物依法实施查封、扣押等行政强制措施；

（六）责令被检查单位或者个人停止违法行为，履行法定义务；

（七）其他法律、法规、规章规定的措施。

第三十四条 农业行政处罚证据包括书证、物证、视听资料、电子数据、证人证言、当事人的陈述、鉴定意见、勘验笔录和现场笔录。

证据必须经查证属实，方可作为农业行政处罚机关认定案件事实的根据。立案前依法取得或收集的证据材料，可以作为案件的证据使用。

以非法手段取得的证据，不得作为认定案件事实的根据。

第三十五条 收集、调取的书证、物证应当是原件、原物。收集、调取原件、原物确有困难的，可以提供与原件核对无误的复制件、影印件或者抄录件，也可以提供足以反映原物外形或者内容的照片、录像等其他证据。

复制件、影印件、抄录件和照片由证据提供人或者执法人员核对无误后注明与原件、原物一致，并注明出证日期、证据出处，同时签名或者盖章。

第三十六条　收集、调取的视听资料应当是有关资料的原始载体。调取原始载体确有困难的，可以提供复制件，并注明制作方法、制作时间、制作人和证明对象等。声音资料应当附有该声音内容的文字记录。

第三十七条　收集、调取的电子数据应当是有关数据的原始载体。收集电子数据原始载体确有困难的，可以采用拷贝复制、委托分析、书式固定、拍照录像等方式取证，并注明制作方法、制作时间、制作人等。

农业行政处罚机关可以利用互联网信息系统或者设备收集、固定违法行为证据。用来收集、固定违法行为证据的互联网信息系统或者设备应当符合相关规定，保证所收集、固定电子数据的真实性、完整性。

农业行政处罚机关可以指派或者聘请具有专门知识的人员或者专业机构，辅助农业行政执法人员对与案件有关的电子数据进行调查取证。

第三十八条　农业行政执法人员询问证人或者当事人，应当个别进行，并制作询问笔录。

询问笔录有差错、遗漏的，应当允许被询问人更正或者补充。更正或者补充的部分应当由被询问人签名、盖章或者按指纹等方式确认。

询问笔录经被询问人核对无误后，由被询问人在笔录上逐页签名、盖章或者按指纹等方式确认。农业行政执法人员应当在笔录上签名。被询问人拒绝签名、盖章或者按指纹的，由农业行政执法人员在笔录上注明情况。

第三十九条　农业行政执法人员对与案件有关的物品或者场所进行现场检查或者勘验，应当通知当事人到场，制作现场检查笔录或者勘验笔录，必要时可以采取拍照、录像或者其他方式记录现场情况。

当事人拒不到场、无法找到当事人或者当事人拒绝签名或盖章的，农业行政执法人员应当在笔录中注明，并可以请在场的其他人员见证。

第四十条　农业行政处罚机关在调查案件时，对需要检测、检验、鉴定、评估、认定的专门性问题，应当委托具有法定资质的机构进行；没有具有法定资质的机构的，可以委托其他具备条件的机构进行。

检验、检测、鉴定、评估、认定意见应当由检验、检测、鉴定、评估、认定人员签名或者盖章，并加盖所在机构公章。检验、检测、鉴定、评估、认定意见应当送达当事人。

第四十一条　农业行政处罚机关收集证据时，可以采取抽样取证的方法。农业行政执法人员应当制作抽样取证凭证，对样品加贴封条，并由执法人员和当事人在抽样取证凭证上签名或者盖章。当事人拒绝签名或者盖章的，应当采取拍照、录像或者其他方式记录抽样取证情况。

农业行政处罚机关抽样送检的，应当将抽样检测结果及时告知当事人，并告知当事人有依法申请复检的权利。

非从生产单位直接抽样取证的，农业行政处罚机关可以向产品标注生产单位发送产品确认通知书，对涉案产品是否为其生产的产品进行确认，并可以要求其在一定期限内提供相关证明材料。

第四十二条　在证据可能灭失或者以后难以取得的情况下，经农业行政处罚机关负责人批准，农业行政执法人员可以对与涉嫌违法行为有关的证据采取先行登记保存措施。

情况紧急，农业行政执法人员需要当场采取先行登记保存措施的，可以采用即时通讯方式报请农业行政处罚机关负责人同意，并在二十四小时内补办批准手续。

先行登记保存有关证据，应当场清点，

开具清单，填写先行登记保存执法文书，由农业行政执法人员和当事人签名、盖章或者按指纹，并向当事人交付先行登记保存证据通知书和物品清单。

第四十三条 先行登记保存物品时，就地由当事人保存的，当事人或者有关人员不得使用、销售、转移、损毁或者隐匿。

就地保存可能妨害公共秩序、公共安全，或者存在其他不适宜就地保存情况的，可以异地保存。对异地保存的物品，农业行政处罚机关应当妥善保管。

第四十四条 农业行政处罚机关对先行登记保存的证据，应当自采取登记保存之日起七日内作出下列处理决定并送达当事人：

（一）根据情况及时采取记录、复制、拍照、录像等证据保全措施；

（二）需要进行技术检测、检验、鉴定、评估、认定的，送交有关机构检测、检验、鉴定、评估、认定；

（三）对依法应予没收的物品，依照法定程序处理；

（四）对依法应当由有关部门处理的，移交有关部门；

（五）为防止损害公共利益，需要销毁或者无害化处理的，依法进行处理；

（六）不需要继续登记保存的，解除先行登记保存。

第四十五条 农业行政处罚机关依法对涉案场所、设施或者财物采取查封、扣押等行政强制措施，应当在实施前向农业行政处罚机关负责人报告并经批准，由具备资格的农业行政执法人员实施。

情况紧急，需要当场采取行政强制措施的，农业行政执法人员应当在二十四小时内向农业行政处罚机关负责人报告，并补办批准手续。农业行政处罚机关负责人认为不应当采取行政强制措施的，应当立即解除。

查封、扣押的场所、设施或者财物，应当妥善保管，不得使用或者损毁。除法律、法规另有规定外，鲜活产品、保管困难或者保管费用过高的物品和其他容易损毁、灭失、变质的物品，在确定为罚没财物前，经权利人同意或者申请，并经农业行政处罚机关负责人批准，在采取相关措施留存证据后，可以依法先行处置；权利人不明确的，可以依法公告，公告期满后仍没有权利人同意或者申请的，可以依法先行处置。先行处置所得款项按照涉案现金管理。

第四十六条 农业行政处罚机关实施查封、扣押等行政强制措施，应当履行《中华人民共和国行政强制法》规定的程序和要求，制作并当场交付查封、扣押决定书和清单。

第四十七条 经查明与违法行为无关或者不再需要采取查封、扣押措施的，应当解除查封、扣押措施，将查封、扣押的财物如数返还当事人，并由农业行政执法人员和当事人在解除查封或者扣押决定书和清单上签名、盖章或者按指纹。

第四十八条 有下列情形之一的，经农业行政处罚机关负责人批准，中止案件调查，并制作案件中止调查决定书：

（一）行政处罚决定必须以相关案件的裁判结果或者其他行政决定为依据，而相关案件尚未审结或者其他行政决定尚未作出；

（二）涉及法律适用等问题，需要送请有权机关作出解释或者确认；

（三）因不可抗力致使案件暂时无法调查；

（四）因当事人下落不明致使案件暂时无法调查；

（五）其他应当中止调查的情形。

中止调查的原因消除后，应当立即恢复案件调查。

第四十九条 农业行政执法人员在调查结束后，应当根据不同情形提出如下处理建议，并制作案件处理意见书，报请农业行政处罚机关负责人审查：

（一）确有应受行政处罚的违法行为的，根据情节轻重及具体情况，建议作出行政处罚；

（二）违法事实不能成立的，建议不予行政处罚；

（三）违法行为轻微并及时改正，没有造成危害后果的，建议不予行政处罚；

（四）当事人有证据足以证明没有主观过错的，建议不予行政处罚，但法律、行政法规另有规定的除外；

（五）初次违法且危害后果轻微并及时改正的，建议可以不予行政处罚；

（六）违法行为超过追责时效的，建议不再给予行政处罚；

（七）违法行为不属于农业行政处罚机关管辖的，建议移送其他行政机关；

（八）违法行为涉嫌犯罪应当移送司法机关的，建议移送司法机关；

（九）依法作出处理的其他情形。

第五十条　有下列情形之一，在农业行政处罚机关负责人作出农业行政处罚决定前，应当由从事农业行政处罚决定法制审核的人员进行法制审核；未经法制审核或者审核未通过的，农业行政处罚机关不得作出决定：

（一）涉及重大公共利益的；

（二）直接关系当事人或者第三人重大权益，经过听证程序的；

（三）案件情况疑难复杂、涉及多个法律关系的；

（四）法律、法规规定应当进行法制审核的其他情形。

农业行政处罚法制审核工作由农业行政处罚机关法制机构负责；未设置法制机构的，由农业行政处罚机关确定的承担法制审核工作的其他机构或者专门人员负责。

案件查办人员不得同时作为该案件的法制审核人员。农业行政处罚机关中初次从事法制审核的人员，应当通过国家统一法律职业资格考试取得法律职业资格。

第五十一条　农业行政处罚决定法制审核的主要内容包括：

（一）本机关是否具有管辖权；

（二）程序是否合法；

（三）案件事实是否清楚，证据是否确实、充分；

（四）定性是否准确；

（五）适用法律依据是否正确；

（六）当事人基本情况是否清楚；

（七）处理意见是否适当；

（八）其他应当审核的内容。

除本规定第五十条第一款规定以外，适用普通程序的其他农业行政处罚案件，在作出处罚决定前，应当参照前款规定进行案件审核。审核工作由农业行政处罚机关的办案机构或其他机构负责实施。

第五十二条　法制审核结束后，应当区别不同情况提出如下建议：

（一）对事实清楚、证据充分、定性准确、适用依据正确、程序合法、处理适当的案件，拟同意作出行政处罚决定；

（二）对定性不准、适用依据错误、程序不合法或者处理不当的案件，建议纠正；

（三）对违法事实不清、证据不充分的案件，建议补充调查或者撤销案件；

（四）违法行为轻微并及时纠正没有造成危害后果的，或者违法行为超过追责时效的，建议不予行政处罚；

（五）认为有必要提出的其他意见和建议。

第五十三条　法制审核机构或者法制审核人员应当自接到审核材料之日起五日内完成审核。特殊情况下，经农业行政处罚机关负责人批准，可以延长十五日。法律、法规、规章另有规定的除外。

第五十四条　农业行政处罚机关负责人

应当对调查结果、当事人陈述申辩或者听证情况、案件处理意见和法制审核意见等进行全面审查，并区别不同情况分别作出如下处理决定：

（一）确有应受行政处罚的违法行为的，根据情节轻重及具体情况，作出行政处罚决定；

（二）违法事实不能成立的，不予行政处罚；

（三）违法行为轻微并及时改正，没有造成危害后果的，不予行政处罚；

（四）当事人有证据足以证明没有主观过错的，不予行政处罚，但法律、行政法规另有规定的除外；

（五）初次违法且危害后果轻微并及时改正的，可以不予行政处罚；

（六）违法行为超过追责时效的，不予行政处罚；

（七）不属于农业行政处罚机关管辖的，移送其他行政机关处理；

（八）违法行为涉嫌犯罪的，将案件移送司法机关。

第五十五条 下列行政处罚案件，应当由农业行政处罚机关负责人集体讨论决定：

（一）符合本规定第五十九条所规定的听证条件，且申请人申请听证的案件；

（二）案情复杂或者有重大社会影响的案件；

（三）有重大违法行为需要给予较重行政处罚的案件；

（四）农业行政处罚机关负责人认为应当提交集体讨论的其他案件。

第五十六条 农业行政处罚机关决定给予行政处罚的，应当制作行政处罚决定书。行政处罚决定书应当载明以下内容：

（一）当事人的姓名或者名称、地址；

（二）违反法律、法规、规章的事实和证据；

（三）行政处罚的种类和依据；

（四）行政处罚的履行方式和期限；

（五）申请行政复议、提起行政诉讼的途径和期限；

（六）作出行政处罚决定的农业行政处罚机关名称和作出决定的日期。

农业行政处罚决定书应当加盖作出行政处罚决定的行政机关的印章。

第五十七条 在边远、水上和交通不便的地区按普通程序实施处罚时，农业行政执法人员可以采用即时通讯方式，报请农业行政处罚机关负责人批准立案和对调查结果及处理意见进行审查。报批记录必须存档备案。当事人可当场向农业行政执法人员进行陈述和申辩。当事人当场书面放弃陈述和申辩的，视为放弃权利。

前款规定不适用于本规定第五十五条规定的应当由农业行政处罚机关负责人集体讨论决定的案件。

第五十八条 农业行政处罚案件应当自立案之日起九十日内作出处理决定；因案情复杂、调查取证困难等需要延长的，经本农业行政处罚机关负责人批准，可以延长三十日。案情特别复杂或者有其他特殊情况，延期后仍不能作出处理决定的，应当报经上一级农业行政处罚机关决定是否继续延期；决定继续延期的，应当同时确定延长的合理期限。

案件办理过程中，中止、听证、公告、检验、检测、鉴定等时间不计入前款所指的案件办理期限。

第三节 听证程序

第五十九条 农业行政处罚机关依照《中华人民共和国行政处罚法》第六十三条的规定，在作出较大数额罚款、没收较大数额违法所得、没收较大价值非法财物、降低资质等级、吊销许可证件、责令停产停业、责令关闭、限制从业等较重农业行政处罚决定前，应当告知当事人有要求举行听证的权利。当事人要求听证的，农业行政处罚机关应当组织听证。

前款所称的较大数额、较大价值，县级以上地方人民政府农业农村主管部门按所在省、自治区、直辖市人民代表大会及其常委会或者人民政府规定的标准执行。农业农村部规定的较大数额、较大价值，对个人是指超过一万元，对法人或者其他组织是指超过十万元。

第六十条　听证由拟作出行政处罚的农业行政处罚机关组织。具体实施工作由其法制机构或者相应机构负责。

第六十一条　当事人要求听证的，应当在收到行政处罚事先告知书之日起五日内向听证机关提出。

第六十二条　听证机关应当在举行听证会的七日前送达行政处罚听证会通知书，告知当事人及有关人员举行听证的时间、地点、听证人员名单及当事人可以申请回避和可以委托代理人等事项。

当事人可以亲自参加听证，也可以委托一至二人代理。当事人及其代理人应当按期参加听证，无正当理由拒不出席听证或者未经许可中途退出听证的，视为放弃听证权利，行政机关终止听证。

第六十三条　听证参加人由听证主持人、听证员、书记员、案件调查人员、当事人及其委托代理人等组成。

听证主持人、听证员、书记员应当由听证机关负责人指定的法制工作机构工作人员或者其他相应工作人员等非本案调查人员担任。

当事人委托代理人参加听证的，应当提交授权委托书。

第六十四条　除涉及国家秘密、商业秘密或者个人隐私依法予以保密等情形外，听证应当公开举行。

第六十五条　当事人在听证中的权利和义务：

（一）有权对案件的事实认定、法律适用及有关情况进行陈述和申辩；

（二）有权对案件调查人员提出的证据质证并提出新的证据；

（三）如实回答主持人的提问；

（四）遵守听证会场纪律，服从听证主持人指挥。

第六十六条　听证按下列程序进行：

（一）听证书记员宣布听证会场纪律、当事人的权利和义务，听证主持人宣布案由、核实听证参加人名单、宣布听证开始；

（二）案件调查人员提出当事人的违法事实、出示证据，说明拟作出的农业行政处罚的内容及法律依据；

（三）当事人或者其委托代理人对案件的事实、证据、适用的法律等进行陈述、申辩和质证，可以当场向听证会提交新的证据，也可以在听证会后三日内向听证机关补交证据；

（四）听证主持人就案件的有关问题向当事人、案件调查人员、证人询问；

（五）案件调查人员、当事人或者其委托代理人相互辩论；

（六）当事人或者其委托代理人作最后陈述；

（七）听证主持人宣布听证结束。听证笔录交当事人和案件调查人员审核无误后签字或者盖章。

当事人或者其代理人拒绝签字或者盖章的，由听证主持人在笔录中注明。

第六十七条　听证结束后，听证主持人应当依据听证情况，制作行政处罚听证会报告书，连同听证笔录，报农业行政处罚机关负责人审查。农业行政处罚机关应当根据听证笔录，按照本规定第五十四条的规定，作出决定。

第六十八条　听证机关组织听证，不得向当事人收取费用。

第四章　执法文书的送达和处罚决定的执行

第六十九条　农业行政处罚机关送达行政处罚决定书，应当在宣告后当场交付当事人；当事人不在场的，应当在七日内依照《中华人民共和国民事诉讼法》的有关规定将行政处罚决定书送达当事人。

当事人同意并签订确认书的，农业行政处罚机关可以采用传真、电子邮件等方式，将行政处罚决定书等送达当事人。

第七十条　农业行政处罚机关送达行政执法文书，应当使用送达回证，由受送达人在送达回证上记明收到日期，签名或者盖章。

受送达人是公民的，本人不在时交其同住成年家属签收；受送达人是法人或者其他组织的，应当由法人的法定代表人、其他组织的主要负责人或者该法人、其他组织负责收件的有关人员签收；受送达人有代理人的，可以送交其代理人签收；受送达人已向农业行政处罚机关指定代收人的，送交代收人签收。

受送达人、受送达人的同住成年家属、法人或者其他组织负责收件的有关人员、代理人、代收人在送达回证上签收的日期为送达日期。

第七十一条　受送达人或者他的同住成年家属拒绝接收行政执法文书的，送达人可以邀请有关基层组织或者其所在单位的代表到场，说明情况，在送达回证上记明拒收事由和日期，由送达人、见证人签名或者盖章，把行政执法文书留在受送达人的住所；也可以把行政执法文书留在受送达人的住所，并采用拍照、录像等方式记录送达过程，即视为送达。

第七十二条　直接送达行政执法文书有困难的，农业行政处罚机关可以邮寄送达或者委托其他农业行政处罚机关代为送达。

受送达人下落不明，或者采用直接送达、留置送达、委托送达等方式无法送达的，农业行政处罚机关可以公告送达。

委托送达的，受送达人的签收日期为送达日期；邮寄送达的，以回执上注明的收件日期为送达日期；公告送达的，自发出公告之日起经过六十日，即视为送达。

第七十三条　当事人应当在行政处罚决定书确定的期限内，履行处罚决定。

农业行政处罚决定依法作出后，当事人对行政处罚决定不服，申请行政复议或者提起行政诉讼的，除法律另有规定外，行政处罚决定不停止执行。

第七十四条　除依照本规定第七十五条、第七十六条的规定当场收缴罚款外，农业行政处罚机关及其执法人员不得自行收缴罚款。决定罚款的农业行政处罚机关应当书面告知当事人在收到行政处罚决定书之日起十五日内，到指定的银行或者通过电子支付系统缴纳罚款。

第七十五条　依照本规定第二十五条的规定当场作出农业行政处罚决定，有下列情形之一，农业行政执法人员可以当场收缴罚款：

（一）依法给予一百元以下罚款的；

（二）不当场收缴事后难以执行的。

第七十六条　在边远、水上、交通不便地区，农业行政处罚机关及其执法人员依照本规定第二十五条、第五十四条、第五十五条的规定作出罚款决定后，当事人到指定的银行或者通过电子支付系统缴纳罚款确有困难，经当事人提出，农业行政处罚机关及其执法人员可以当场收缴罚款。

第七十七条　农业行政处罚机关及其执法人员当场收缴罚款的，应当向当事人出具国务院财政部门或者省、自治区、直辖市财政部门统一制发的专用票据，不出具财政部门统一制发的专用票据的，当事人有权拒绝缴纳罚款。

第七十八条　农业行政执法人员当场收缴的罚款，应当自返回农业行政处罚机关所在地之日起二日内，交至农业行政处罚机关；在水上当场收缴的罚款，应当自抵岸之日起二日内交至农业行政处罚机关；农业行政处罚机关应当自收到款项之日起二日内将罚款交至指定的银行。

第七十九条　对需要继续行驶的农业机械、渔业船舶实施暂扣或者吊销证照的行政处罚，农业行政处罚机关在实施行政处罚的同时，可以发给当事人相应的证明，责令农业机械、渔业船舶驶往预定或者指定的地点。

第八十条　对生效的农业行政处罚决定，当事人拒不履行的，作出农业行政处罚决定的农业行政处罚机关依法可以采取下列措施：

（一）到期不缴纳罚款的，每日按罚款数额的百分之三加处罚款，加处罚款的数额不得超出罚款的数额；

（二）根据法律规定，将查封、扣押的财物拍卖、依法处理或者将冻结的存款、汇款划拨抵缴罚款；

（三）依照《中华人民共和国行政强制法》的规定申请人民法院强制执行。

第八十一条　当事人确有经济困难，需要延期或者分期缴纳罚款的，应当在行政处罚决定书确定的缴纳期限届满前，向作出行政处罚决定的农业行政处罚机关提出延期或者分期缴纳罚款的书面申请。

农业行政处罚机关负责人批准当事人延期或者分期缴纳罚款后，应当制作同意延期（分期）缴纳罚款通知书，并送达当事人和收缴罚款的机构。农业行政处罚机关批准延期、分期缴纳罚款的，申请人民法院强制执行的期限，自暂缓或者分期缴纳罚款期限结束之日起计算。

第八十二条　除依法应当予以销毁的物品外，依法没收的非法财物，必须按照国家规定公开拍卖或者按照国家有关规定处理。处理没收物品，应当制作罚没物品处理记录和清单。

第八十三条　罚款、没收的违法所得或者没收非法财物拍卖的款项，必须全部上缴国库，任何行政机关或者个人不得以任何形式截留、私分或者变相私分。

罚款、没收的违法所得或者没收非法财物拍卖的款项，不得同作出农业行政处罚决定的农业行政处罚机关及其工作人员的考核、考评直接或者变相挂钩。除依法应当退还、退赔的外，财政部门不得以任何形式向作出农业行政处罚决定的农业行政处罚机关返还罚款、没收的违法所得或者没收非法财物拍卖的款项。

第五章　结案和立卷归档

第八十四条　有下列情形之一的，农业行政处罚机关可以结案：

（一）行政处罚决定由当事人履行完毕的；

（二）农业行政处罚机关依法申请人民法院强制执行行政处罚决定，人民法院依法受理的；

（三）不予行政处罚等无须执行的；

（四）行政处罚决定被依法撤销的；

（五）农业行政处罚机关认为可以结案的其他情形。

农业行政执法人员应当填写行政处罚结案报告，经农业行政处罚机关负责人批准后结案。

第八十五条　农业行政处罚机关应当按照下列要求及时将案件材料立卷归档：

（一）一案一卷；

（二）文书齐全，手续完备；

（三）案卷应当按顺序装订。

第八十六条　案件立卷归档后，任何单位和个人不得修改、增加或者抽取案卷材料，不得修改案卷内容。案卷保管及查阅，按档案管理有关规定执行。

第八十七条 农业行政处罚机关应当建立行政处罚工作报告制度，并于每年1月31日前向上级农业行政处罚机关报送本行政区域上一年度农业行政处罚工作情况。

第六章 附 则

第八十八条 本规定中的“以上”“以下”“内”均包括本数。

第八十九条 本规定中“二日”“三日”“五日”“七日”的规定是指工作日，不含法定节假日。

期间以时、日、月、年计算。期间开始的时或者日，不计算在内。

期间届满的最后一日是节假日的，以节假日后的第一日为期间届满的日期。

行政处罚文书的送达期间不包括在路途上的时间，行政处罚文书在期满前交邮的，视为在有效期内。

第九十条 农业行政处罚基本文书格式由农业农村部统一制定。各省、自治区、直辖市人民政府农业农村主管部门可以根据地方性法规、规章和工作需要，调整有关内容或者补充相应文书，报农业农村部备案。

第九十一条 本规定自2022年2月1日起实施。2020年1月14日农业农村部发布的《农业行政处罚程序规定》同时废止。

农业行政执法证件管理办法

（1998年10月15日农业部令第1号发布，自发布之日起施行）

第一条 为了加强农业行政执法证件管理，规范农业行政执法行为，保障和监督农业行政主管部门和执法人员依法行使职权，根据《农业行政处罚程序规定》及有关法律、法规的规定，制定本办法。

第二条 农业行政执法证件的申领、发放、使用和管理适用本办法。

第三条 农业行政执法证件为“中华人民共和国农业行政执法证”。

农业行政执法证是农业行政执法人员从事农业行政执法活动的统一有效证件。

第四条 本办法所称农业行政主管部门，是指履行种植业、畜牧业、渔业、农垦、乡镇企业、饲料工业和农业机械化等行政职能的机关。

本办法所称农业管理部门，是指县级以上人民政府农业行政主管部门，法律、法规授权的农业管理机构，以及县级以上人民政府农业行政主管部门依法委托的农业管理机构（含农业行政综合执法机构）。

第五条 县级以上农业管理部门的农业行政执法人员在执行公务时，应当出示或佩戴农业行政执法证。

农业行政执法人员应当在法律、法规和规章规定的职责范围内行使职权。

第六条 农业行政执法证由农业部统一制定，并负责监制。农业行政执法证加盖农业部执法证件专用章。

第七条 农业部法制工作机构负责农业行政执法证件的发放和管理工作。

部属的农业行政执法人员的执法证件，由农业部发放，具体工作由部法制工作机构组织实施。

省级以下（含省级，下同）农业管理部门农业行政执法人员的执法证件，由省级农业行政主管部门发放和管理，具体工作由其法制工作机构组织实施，并报农业部法制工作机构备案。

证件应当加盖发证机关印鉴。

第八条 在岗专职从事农业行政执法工作的人员申领农业行政执法证，应当具备下列条件：

（一）掌握必要的法律知识和专业知识，具有一定的工作经验；

（二）经过农业行政主管部门组织的行政执法培训并考试合格；

（三）公正廉洁，责任心强。

第九条 凡符合规定条件的农业行政执法人员，应当填写《农业行政执法人员审批表》，经本级农业行政主管部门签署意见后，报发证机关申请办理农业行政执法证件。

第十条 农业行政执法人员的培训和考试考核实行统一管理、分级组织的原则。部属的农业行政执法人员的培训和考试考核，由农业部法制工作机构负责组织；省级以下农业管理部门的农业行政执法人员的培训和考试考核，由省级农业行政主管部门法制工作机构负责组织。

农业部统一编制培训教学大纲和教材。省级农业行政主管部门应当根据农业部编制的教学大纲和教材，结合地方性法规和政府规章的规定组织编写培训辅导教材。

第十一条 持证人应当妥善保管农业行

政执法证件，不得损毁或者转借他人。

第十二条 持证人丢失、毁损执法证件的，应当立即向所在单位报告，由所在单位报请发证机关注销，并公开声明作废，经发证机关审核后可补发新证。

第十三条 任何单位和个人不得伪造或倒买倒卖农业行政执法证件。

第十四条 农业行政执法证件实行审验制度，每两年审验一次。持证人所在单位应当于发证后的第二年的第四季度将持证人的农业行政执法证件及有关材料报发证机关，经审验合格的，由发证机关加盖验审印章。

发证机关对持证人的下列情况予以审验：

（一）持证人执法工作考核情况；

（二）持证人参加培训的情况；

（三）持证人执法违纪或重大执法过失的情况；

（四）持证人受奖励和处分的情况；

（五）发证机关规定的其他情况。

第十五条 持证人有下列情形之一的，由发证机关收回并注销农业行政执法证：

（一）调离农业行政执法岗位的；

（二）死亡的；

（三）退休的；

（四）辞去公职或者被开除公职的；

（五）审验不合格或者到期未经审验的；

（六）发证机关认为应当收回的。

第十六条 有下列行为之一，情节轻微的，由发证机关或者持证人所在单位给予批评教育；情节严重的，由有关行政机关给予行政处分，并由发证机关吊销农业行政执法证；构成犯罪的，由司法机关依法追究刑事责任：

（一）超越职权或者在非公务场所使用农业行政执法证的；

（二）利用农业行政执法证谋取私利，违法乱纪的；

（三）伪造或倒买倒卖农业行政执法证的；

（四）使用伪造的农业行政执法证的；

（五）冒用农业行政执法证的；

（六）其他违反证件管理规定的行为。

第十七条 本办法由农业部负责解释。

第十八条 本办法自发布之日起施行。

规范农业行政处罚自由裁量权办法

（2019 年 5 月 31 日农业农村部公告第 180 号公布，自 2019 年 6 月 1 日起施行）

第一条　为规范农业行政执法行为，保障农业农村主管部门合法、合理、适当地行使行政处罚自由裁量权，保护公民、法人和其他组织的合法权益，根据《中华人民共和国行政处罚法》以及国务院有关规定，制定本办法。

第二条　本办法所称农业行政处罚自由裁量权，是指农业农村主管部门在实施农业行政处罚时，根据法律、法规、规章的规定，综合考虑违法行为的事实、性质、情节、社会危害程度等因素，决定行政处罚种类及处罚幅度的权限。

第三条　农业农村主管部门制定行政处罚自由裁量基准和行使行政处罚自由裁量权，适用本办法。

第四条　行使行政处罚自由裁量权，应当符合法律、法规、规章的规定，遵循法定程序，保障行政相对人的合法权益。

第五条　行使行政处罚自由裁量权应当符合法律目的，排除不相关因素的干扰，所采取的措施和手段应当必要、适当。

第六条　行使行政处罚自由裁量权，应当以事实为依据，行政处罚的种类和幅度应当与违法行为的事实、性质、情节、社会危害程度相当，与违法行为发生地的经济社会发展水平相适应。

违法事实、性质、情节及社会危害后果等相同或相近的违法行为，同一行政区域行政处罚的种类和幅度应当基本一致。

第七条　农业农村部可以根据统一和规范全国农业行政执法裁量尺度的需要，针对特定的农业行政处罚事项制定自由裁量基准。

第八条　法律、法规、规章对行政处罚事项规定有自由裁量空间的，省级农业农村主管部门应当根据本办法结合本地区实际制定自由裁量基准，明确处罚裁量标准和适用条件，供本地区农业农村主管部门实施行政处罚时参照执行。

市、县级农业农村主管部门可以在省级农业农村主管部门制定的行政处罚自由裁量基准范围内，结合本地实际对处罚裁量标准和适用条件进行细化和量化。

第九条　农业农村主管部门应当依据法律、法规、规章制修订情况、上级主管部门制定的行政处罚自由裁量权适用规则的变化以及执法工作实际，及时修订完善本部门的行政处罚自由裁量基准。

第十条　制定行政处罚自由裁量基准，应当遵守以下规定：

（一）法律、法规、规章规定可以选择是否给予行政处罚的，应当明确是否给予行政处罚的具体裁量标准和适用条件；

（二）法律、法规、规章规定可以选择行政处罚种类的，应当明确适用不同种类行政处罚的具体裁量标准和适用条件；

（三）法律、法规、规章规定可以选择行政处罚幅度的，应当根据违法事实、性质、情节、社会危害程度等因素确定具体裁量标准和适用条件；

（四）法律、法规、规章规定可以单处也可以并处行政处罚的，应当明确单处或者并处行政处罚的具体裁量标准和适用条件。

第十一条 法律、法规、规章设定的罚款数额有一定幅度的，在相应的幅度范围内分为从重处罚、一般处罚、从轻处罚。除法律、法规、规章另有规定外，罚款处罚的数额按照以下标准确定：

（一）罚款为一定幅度的数额，并同时规定了最低罚款数额和最高罚款数额的，从轻处罚应低于最高罚款数额与最低罚款数额的中间值，从重处罚应高于中间值；

（二）只规定了最高罚款数额未规定最低罚款数额的，从轻处罚一般按最高罚款数额的百分之三十以下确定，一般处罚按最高罚款数额的百分三十以上百分之六十以下确定，从重处罚应高于最高罚款数额的百分之六十；

（三）罚款为一定金额的倍数，并同时规定了最低罚款倍数和最高罚款倍数的，从轻处罚应低于最低罚款倍数和最高罚款倍数的中间倍数，从重处罚应高于中间倍数；

（四）只规定最高罚款倍数未规定最低罚款倍数的，从轻处罚一般按最高罚款倍数的百分之三十以下确定，一般处罚按最高罚款倍数的百分之三十以上百分之六十以下确定，从重处罚应高于最高罚款倍数的百分之六十。

第十二条 同时具有两个以上从重情节、且不具有从轻情节的，应当在违法行为对应的处罚幅度内按最高档次实施处罚。

同时具有两个以上从轻情节、且不具有从重情节的，应当在违法行为对应的处罚幅度内按最低档次实施处罚。

同时具有从重和从轻情节的，应当根据违法行为的性质和主要情节确定对应的处罚幅度，综合考虑后实施处罚。

第十三条 有下列情形之一的，农业农村主管部门依法不予处罚：

（一）未满 14 周岁的公民实施违法行为的；

（二）精神病人在不能辨认或者控制自己行为时实施违法行为的；

（三）违法事实不清，证据不足的；

（四）违法行为轻微并及时纠正，未造成危害后果的；

（五）违法行为在两年内没有发现的，法律另有规定的除外；

（六）其他依法不予处罚的。

第十四条 有下列情形之一的，农业农村主管部门依法从轻或减轻处罚：

（一）已满 14 周岁不满 18 周岁的公民实施违法行为的；

（二）主动消除或减轻违法行为危害后果的；

（三）受他人胁迫实施违法行为的；

（四）在共同违法行为中起次要或者辅助作用的；

（五）主动中止违法行为的；

（六）配合行政机关查处违法行为有立功表现的；

（七）主动投案向行政机关如实交代违法行为的；

（八）其他依法应当从轻或减轻处罚的。

第十五条 有下列情形之一的，农业农村主管部门依法从重处罚：

（一）违法情节恶劣，造成严重危害后果的；

（二）责令改正拒不改正，或者一年内实施两次以上同种违法行为的；

（三）妨碍、阻挠或者抗拒执法人员依法调查、处理其违法行为的；

（四）故意转移、隐匿、毁坏或伪造证据，或者对举报投诉人、证人打击报复的；

（五）在共同违法行为中起主要作用的；

（六）胁迫、诱骗或教唆未成年人实施违法行为的；

（七）其他依法应当从重处罚的。

第十六条 给予减轻处罚的，依法在法定行政处罚的最低限度以下作出。

第十七条　农业农村主管部门行使行政处罚自由裁量权，应当充分听取当事人的陈述、申辩，并记录在案。按照一般程序作出的农业行政处罚决定，应当经农业农村主管部门法制工作机构审核；对情节复杂或者重大违法行为给予较重的行政处罚的，还应当经农业农村主管部门负责人集体讨论决定，并在案卷讨论记录和行政处罚决定书中说明理由。

第十八条　行使行政处罚自由裁量权，应当坚持处罚与教育相结合、执法与普法相结合，将普法宣传融入行政执法全过程，教育和引导公民、法人或者其他组织知法学法、自觉守法。

第十九条　农业农村主管部门应当加强农业执法典型案例的收集、整理、研究和发布工作，建立农业行政执法案例库，充分发挥典型案例在指导和规范行政处罚自由裁量权工作中的引导、规范功能。

第二十条　农业农村主管部门行使行政处罚自由裁量权，不得有下列情形：

（一）违法行为的事实、性质、情节以及社会危害程度与受到的行政处罚相比，畸轻或者畸重的；

（二）在同一时期同类案件中，不同当事人的违法行为相同或者相近，所受行政处罚差别较大的；

（三）依法应当不予行政处罚或者应当从轻、减轻行政处罚的，给予处罚或未从轻、减轻行政处罚的；

（四）其他滥用行政处罚自由裁量权情形的。

第二十一条　各级农业农村主管部门应当建立健全规范农业行政处罚自由裁量权的监督制度，通过以下方式加强对本行政区域内农业农村主管部门行使自由裁量权情况的监督：

（一）行政处罚决定法制审核；

（二）开展行政执法评议考核；

（三）开展行政处罚案卷评查；

（四）受理行政执法投诉举报；

（五）法律、法规和规章规定的其他方式。

第二十二条　农业行政执法人员滥用行政处罚自由裁量权的，依法追究其行政责任。涉嫌违纪、犯罪的，移交纪检监察机关、司法机关依法依规处理。

第二十三条　县级以上地方人民政府农业农村主管部门制定的行政处罚自由裁量权基准，应当及时向社会公开。

第二十四条　本办法自 2019 年 6 月 1 日起施行。

（三）资源管理

渔业捕捞许可管理规定

（2018 年 12 月 3 日农业农村部令 2018 年第 1 号发布；根据 2020 年 7 月 8 日农业农村部令 2020 年第 5 号《农业农村部关于修改和废止部分规章、规范性文件的决定》第一次修订；根据 2022 年 1 月 7 日农业农村部令 2022 年第 1 号《农业农村部关于修改和废止部分规章、规范性文件的决定》第二次修订）

第一章　总　　则

第一条　为了保护、合理利用渔业资源，控制捕捞强度，维护渔业生产秩序，保障渔业生产者的合法权益，根据《中华人民共和国渔业法》，制定本规定。

第二条　中华人民共和国的公民、法人和其他组织从事渔业捕捞活动，以及外国人、外国渔业船舶在中华人民共和国领域及管辖的其他水域从事渔业捕捞活动，应当遵守本规定。

中华人民共和国缔结的条约、协定另有规定的，按条约、协定执行。

第三条　国家对捕捞业实行船网工具控制指标管理，实行捕捞许可证制度和捕捞限额制度。

国家根据渔业资源变化与环境状况，确定船网工具控制指标，控制捕捞能力总量和渔业捕捞许可证数量。渔业捕捞许可证的批准发放，应当遵循公开公平公正原则，数量不得超过船网工具控制指标范围。

第四条　渔业捕捞许可证、船网工具指标等证书文件的审批实行签发人负责制，相关证书文件经签发人签字并加盖公章后方为有效。

签发人对其审批签发证书文件的真实性及合法性负责。

第五条　农业农村部主管全国渔业捕捞许可管理和捕捞能力总量控制工作。

县级以上地方人民政府渔业主管部门及其所属的渔政监督管理机构负责本行政区域内的渔业捕捞许可管理和捕捞能力总量控制的组织、实施工作。

第六条　县级以上人民政府渔业主管部门应当在其办公场所和网上办理平台，公布船网工具指标、渔业捕捞许可证审批的条件、程序、期限以及需要提交的全部材料目录和申请书示范文本等事项。

县级以上人民政府渔业主管部门应当按照本规定自受理船网工具指标或渔业捕捞许可证申请之日起 20 个工作日内审查完毕或者作出是否批准的决定。不予受理申请或者不予批准的，应当书面通知申请人并说明理由。

第七条　县级以上人民政府渔业主管部门应当加强渔船和捕捞许可管理信息系统建设，建立健全渔船动态管理数据库。海洋渔船船网工具指标和捕捞许可证的申请、审核审批及制发证书文件等应当通过全国统一的渔船动态管理系统进行。

申请人应当提供的户口簿、营业执照、渔业船舶检验证书、渔业船舶登记证等法定证照、权属证明在全国渔船动态管理系统或者部门间核查能够查询到有效信息的，可以不再提供纸质材料。

第二章　船网工具指标

第八条　海洋渔船按船长分为以下

三类：

（一）海洋大型渔船：船长大于或者等于 24 米；

（二）海洋中型渔船：船长大于或者等于 12 米且小于 24 米；

（三）海洋小型渔船：船长小于 12 米。

内陆渔船的分类标准由各省、自治区、直辖市人民政府渔业主管部门制定。

第九条　国内海洋大中型捕捞渔船的船网工具控制指标由农业农村部确定并报国务院批准后，向有关省、自治区、直辖市下达。国内海洋小型捕捞渔船的船网工具控制指标由省、自治区、直辖市人民政府依据其渔业资源与环境承载能力、资源利用状况、渔民传统作业情况等确定，报农业农村部批准后下达。

县级以上地方人民政府渔业主管部门应当控制本行政区域内海洋捕捞渔船的数量、功率，不得超过国家或省、自治区、直辖市人民政府下达的船网工具控制指标，具体办法由省、自治区、直辖市人民政府规定。

内陆水域捕捞业的船网工具控制指标和管理，按照省、自治区、直辖市人民政府的规定执行。

第十条　制造、更新改造、购置、进口海洋捕捞渔船，应当经有审批权的人民政府渔业主管部门在国家或者省、自治区、直辖市下达的船网工具控制指标内批准，并取得渔业船网工具指标批准书。

第十一条　申请海洋捕捞渔船船网工具指标，应当向户籍所在地、法人或非法人组织登记地县级以上人民政府渔业主管部门提出，提交渔业船网工具指标申请书、申请人户口簿或者营业执照，以及申请人所属渔业组织出具的意见，并按以下情况提供资料：

（一）制造海洋捕捞渔船的，提供经确认符合船机桨匹配要求的渔船建造设计图纸。

国内海洋捕捞渔船淘汰后申请制造渔船的，还应当提供渔船拆解所在地县级以上地方人民政府渔业主管部门出具的渔业船舶拆解、销毁或处理证明和现场监督管理的影像资料，以及原发证机关出具的渔业船舶证书注销证明。

国内海洋捕捞渔船因海损事故造成渔船灭失后申请制造渔船的，还应当提供船籍港登记机关出具的灭失证明和原发证机关出具的渔业船舶证书注销证明。

（二）购置海洋捕捞渔船的提供：

1. 被购置渔船的渔业船舶检验证书、渔业船舶国籍证书和所有权登记证书；

2. 被购置渔船的渔业捕捞许可证注销证明；

3. 渔业船网工具指标转移证明；

4. 渔船交易合同；

5. 出售方户口簿或者营业执照。

（三）更新改造海洋捕捞渔船的提供：

1. 渔业船舶检验证书、渔业船舶国籍证书和所有权登记证书；

2. 渔业捕捞许可证注销证明。

申请增加国内渔船主机功率的，还应当提供用于主机功率增加部分的被淘汰渔船的拆解、销毁或处理证明和现场监督管理的影像资料或者灭失证明，及其原发证机关出具的渔业船舶证书注销证明，并提供经确认符合船机桨匹配要求的渔船建造设计图纸。

（四）进口海洋捕捞渔船的，提供进口理由、旧渔业船舶进口技术评定书。

（五）申请制造、购置、更新改造、进口远洋渔船的，除分别按照第一项、第二项、第三项、第四项规定提供相应资料外，应当提供远洋渔业项目可行性研究报告；到他国管辖海域作业的远洋渔船，还应当提供与外方的合作协议或有关当局同意入渔的证明。但是，申请购置和更新改造的远洋渔船，不需提供渔业捕捞许可证注销证明。

（六）购置并制造、购置并更新改造、进口并更新改造海洋捕捞渔船的，同时按照制造、更新改造和进口海洋捕捞渔船的要求提供相关材料。

第十二条 下列海洋捕捞渔船的船网工具指标，向省级人民政府渔业主管部门申请。省级人民政府渔业主管部门应当按照规定进行审查，并将审查意见和申请人的全部申请材料报农业农村部审批：

（一）远洋渔船；

（二）因特殊需要，超过国家下达的省、自治区、直辖市渔业船网工具控制指标的渔船；

（三）其他依法应由农业农村部审批的渔船。

第十三条 除第十二条规定情况外，制造或者更新改造国内海洋大中型捕捞渔船的船网工具指标，由省级人民政府渔业主管部门审批。

跨省、自治区、直辖市购置国内海洋捕捞渔船的，由买入地省级人民政府渔业主管部门审批。

其他国内渔船的船网工具指标的申请、审批，由省、自治区、直辖市人民政府规定。

第十四条 制造、更新改造国内海洋捕捞渔船的，应当在本省、自治区、直辖市渔业船网工具控制指标范围内，通过淘汰旧捕捞渔船解决，船数和功率数应当分别不超过淘汰渔船的船数和功率数。国内海洋大中型捕捞渔船和小型捕捞渔船的船网工具指标不得相互转换。

购置国内海洋捕捞渔船的船网工具指标随船转移。国内海洋大中型捕捞渔船不得跨海区买卖，国内海洋小型和内陆捕捞渔船不得跨省、自治区、直辖市买卖。

国内现有海洋捕捞渔船经审批转为远洋捕捞作业的，其船网工具指标予以保留。因渔船发生重大改造，导致渔船主尺度、主机功率和作业类型发生变更的除外。

专业远洋渔船不计入省、自治区、直辖市的船网工具控制指标，由农业农村部统一管理，不得在我国管辖水域作业。

第十五条 渔船灭失、拆解、销毁的，原船舶所有人可自渔船灭失、拆解、销毁之日起12个月内，按本规定申请办理渔船制造或更新改造手续；逾期未申请的，视为自行放弃，由渔业主管部门收回船网工具指标。渔船灭失依法需要调查处理的，调查处理所需时间不计算在此规定期限内。

专业远洋渔船因特殊原因无法按期申请办理渔船制造手续的，可在前款规定期限内申请延期，但最长不超过相应远洋渔业项目届满之日起36个月。

第十六条 申请人应当凭渔业船网工具指标批准书办理渔船制造、更新改造、购置或进口手续，并申请渔船检验、登记，办理渔业捕捞许可证。

制造、更新改造、进口渔船的渔业船网工具指标批准书的有效期为18个月，购置渔船的渔业船网工具指标批准书的有效期为6个月。因特殊原因在规定期限内无法办理完毕相关手续的，可在有效期届满前3个月内申请有效期延展18个月。

已开工建造的到特殊渔区作业的专业远洋渔船，在延展期内仍无法办理完毕相关手续的，可在延展期届满前3个月内再申请延展18个月，且不得再次申请延展。

船网工具指标批准书有效期届满未依法延续的，审批机关应当予以注销并收回船网工具指标。

第十七条 渔业船网工具指标批准书在有效期内遗失或者灭失的，船舶所有人应当在1个月内向原审批机关说明遗失或者灭失的时间、地点和原因等情况，由原审批机关在其官方网站上发布声明，自公告声明发布之日起15日后，船舶所有人可向原审批机关申请补发渔业船网工具指标批准书。补发的渔业船网工具指标批准书有效期限不变。

第十八条 因继承、赠与、法院判决、拍卖等发生海洋渔船所有权转移的，参照购置海洋捕捞渔船的规定申请办理船网工具指标和渔业捕捞许可证。依法拍卖的，竞买人应当具备规定的条件。

第十九条　有下列情形之一的，不予受理海洋渔船的渔业船网工具指标申请；已经受理的，不予批准：

（一）渔船数量或功率数超过船网工具控制指标的；

（二）从国外或香港、澳门、台湾地区进口，或以合作、合资等方式引进捕捞渔船在我国管辖水域作业的；

（三）除他国政府许可或到特殊渔区作业有特别需求的专业远洋渔船外，制造拖网作业渔船的；

（四）制造单锚张纲张网、单船大型深水有囊围网（三角虎网）作业渔船的；

（五）户籍登记为一户的申请人已有两艘以上小型捕捞渔船，申请制造、购置的；

（六）除专业远洋渔船外，申请人户籍所在地、法人或非法人组织登记地为非沿海县（市）的，或者企业法定代表人户籍所在地与企业登记地不一致的；

（七）违反本规定第十四条第一款、第二款规定，以及不符合有关法律、法规、规章规定和产业发展政策的。

第三章　渔业捕捞许可证

第一节　一般规定

第二十条　在中华人民共和国管辖水域从事渔业捕捞活动，以及中国籍渔船在公海从事渔业捕捞活动，应当经审批机关批准并领取渔业捕捞许可证，按照渔业捕捞许可证核定的作业类型、场所、时限、渔具数量和规格、捕捞品种等作业。对已实行捕捞限额管理的品种或水域，应当按照规定的捕捞限额作业。

禁止在禁渔区、禁渔期、保护区从事渔业捕捞活动。

渔业捕捞许可证应当随船携带，徒手作业的应当随身携带，妥善保管，并接受渔业行政执法人员的检查。

第二十一条　渔业捕捞许可证分为下列八类：

（一）海洋渔业捕捞许可证，适用于许可中国籍渔船在我国管辖海域的捕捞作业；

（二）公海渔业捕捞许可证，适用于许可中国籍渔船在公海的捕捞作业。国际或区域渔业管理组织有特别规定的，应当同时遵守有关规定；

（三）内陆渔业捕捞许可证，适用于许可在内陆水域的捕捞作业；

（四）专项（特许）渔业捕捞许可证，适用于许可在特定水域、特定时间或对特定品种的捕捞作业，或者使用特定渔具或捕捞方法的捕捞作业；

（五）临时渔业捕捞许可证，适用于许可临时从事捕捞作业和非专业渔船临时从事捕捞作业；

（六）休闲渔业捕捞许可证，适用于许可从事休闲渔业的捕捞活动；

（七）外国渔业捕捞许可证，适用于许可外国船舶、外国人在我国管辖水域的捕捞作业；

（八）捕捞辅助船许可证，适用于许可为渔业捕捞生产提供服务的渔业捕捞辅助船，从事捕捞辅助活动。

第二十二条　渔业捕捞许可证核定的作业类型分为刺网、围网、拖网、张网、钓具、耙刺、陷阱、笼壶、地拉网、敷网、抄网、掩罩等共 12 种。核定作业类型最多不得超过两种，并应当符合渔具准用目录和技术标准，明确每种作业类型中的具体作业方式。拖网、张网不得互换且不得与其他作业类型兼作，其他作业类型不得改为拖网、张网作业。

捕捞辅助船不得从事捕捞生产作业，其携带的渔具应当捆绑、覆盖。

第二十三条 渔业捕捞许可证核定的海洋捕捞作业场所分为以下四类：

A类渔区：黄海、渤海、东海和南海等海域机动渔船底拖网禁渔区线向陆地一侧海域。

B类渔区：我国与有关国家缔结的协定确定的共同管理渔区、南沙海域、黄岩岛海域及其他特定渔业资源渔场和水产种质资源保护区。

C类渔区：渤海、黄海、东海、南海及其他我国管辖海域中除A类、B类渔区之外的海域。其中，黄渤海区为C1、东海区为C2、南海区为C3。

D类渔区：公海。

内陆水域捕捞作业场所按具体水域核定，跨行政区域的按该水域在不同行政区域的范围进行核定。

海洋捕捞作业场所要明确核定渔区的类别和范围，其中B类渔区要明确核定渔区、渔场或保护区的具体名称。公海要明确海域的名称。内陆水域作业场所要明确具体的水域名称及其范围。

第二十四条 渔业捕捞许可证的作业场所核定权限如下：

（一）农业农村部：A类、B类、C类、D类渔区和内陆水域；

（二）省级人民政府渔业主管部门：在海洋为本省、自治区、直辖市范围内的A类渔区，农业农村部授权的B类渔区、C类渔区。在内陆水域为本省、自治区、直辖市行政管辖水域；

（三）市、县级人民政府渔业主管部门：由省级人民政府渔业主管部门在其权限内规定并授权。

第二十五条 国内海洋大中型渔船捕捞许可证的作业场所应当核定在海洋B类、C类渔区，国内海洋小型渔船捕捞许可证的作业场所应当核定在海洋A类渔区。因传统作业习惯需要，经作业水域所在地审批机关批准，海洋大中型渔船捕捞许可证的作业场所可核定在海洋A类渔区。

作业场所核定在B类、C类渔区的渔船，不得跨海区界限作业，但我国与有关国家缔结的协定确定的共同管理渔区跨越海区界限的除外。作业场所核定在A类渔区或内陆水域的渔船，不得跨省、自治区、直辖市管辖水域界限作业。

第二十六条 专项（特许）渔业捕捞许可证应当与海洋渔业捕捞许可证或内陆渔业捕捞许可证同时使用，但因教学、科研等特殊需要，可单独使用专项（特许）渔业捕捞许可证。在B类渔区捕捞作业的，应当申请核发专项（特许）渔业捕捞许可证。

第二节 申请与核发

第二十七条 渔业捕捞许可证的申请人应当是船舶所有人。

徒手作业的，渔业捕捞许可证的申请人应当是作业人本人。

第二十八条 申请渔业捕捞许可证，申请人应当向户籍所在地、法人或非法人组织登记地县级以上人民政府渔业主管部门提出申请，并提交下列资料：

（一）渔业捕捞许可证申请书；

（二）船舶所有人户口簿或者营业执照；

（三）渔业船舶检验证书、渔业船舶国籍证书和所有权登记证书，徒手作业的除外；

（四）渔具和捕捞方法符合渔具准用目录和技术标准的说明。

申请海洋渔业捕捞许可证，除提供第一款规定的资料外，还应提供：

（一）申请人所属渔业组织出具的意见；

（二）首次申请和重新申请捕捞许可证的，提供渔业船网工具指标批准书；

（三）申请换发捕捞许可证的，提供原捕捞许可证。

申请公海渔业捕捞许可证，除提供第一款规定的资料外，还需提供：

（一）农业农村部远洋渔业项目批准文件；

（二）首次申请和重新申请的，提供渔业船网工具指标批准书；

（三）非专业远洋渔船需提供海洋渔业捕捞许可证暂存的凭据。

申请专项（特许）渔业捕捞许可证，除提供第一款规定的资料外，还应提供海洋渔业捕捞许可证或内陆渔业捕捞许可证。其中，申请到B类渔区作业的专项（特许）渔业捕捞许可证的，还应当依据有关管理规定提供申请材料；申请在禁渔区或者禁渔期作业的，还应当提供作业事由和计划；承担教学、科研等项目租用渔船的，还应提供项目计划、租用协议。

科研、教学单位的专业科研调查船、教学实习船申请专项（特许）渔业捕捞许可证，除提供第一款规定的资料外，还应提供科研调查、教学实习任务书或项目可行性报告。

第二十九条　下列作业渔船的渔业捕捞许可证，向船籍港所在地省级人民政府渔业主管部门申请。省级人民政府渔业主管部门应当审核并报农业农村部批准发放：

（一）到公海作业的；

（二）到我国与有关国家缔结的协定确定的共同管理渔区及南沙海域、黄岩岛海域作业的；

（三）到特定渔业资源渔场、水产种质资源保护区作业的；

（四）科研、教学单位的专业科研调查船、教学实习船从事渔业科研、教学实习活动的；

（五）其他依法应当由农业农村部批准发放的。

第三十条　下列作业的捕捞许可证，由省级人民政府渔业主管部门批准发放：

（一）海洋大型拖网、围网渔船作业的；

（二）因养殖或者其他特殊需要，捕捞农业农村部颁布的有重要经济价值的苗种或者禁捕的怀卵亲体的；

（三）因教学、科研等特殊需要，在禁渔区、禁渔期从事捕捞作业的。

第三十一条　因传统作业习惯或科研、教学及其他特殊情况，需要跨越本规定第二十五条第二款规定的界限从事捕捞作业的，由申请人所在地县级以上地方人民政府渔业主管部门审核同意后，报作业水域所在地审批机关批准发放。

在相邻交界水域作业的渔业捕捞许可证，由交界水域有关的县级以上地方人民政府渔业主管部门协商发放，或由其共同的上级人民政府渔业主管部门批准发放。

第三十二条　除本规定第二十九条、第三十条、第三十一条情况外，其他作业的渔业捕捞许可证由县级以上地方人民政府渔业主管部门审批发放。

县级以上地方人民政府渔业主管部门审批发放渔业捕捞许可证，应当优先安排当地专业渔民和渔业企业。

第三十三条　除专业远洋渔船外，申请渔业捕捞许可证，企业法定代表人户籍所在地与企业登记地不一致的；申请海洋渔业捕捞许可证，申请人户籍所在地、法人或非法人组织登记地为非沿海县（市）的，不予受理；已经受理的，不予批准。

第三节　证书使用

第三十四条　从事钓具、灯光围网作业渔船的子船与其主船（母船）使用同一本渔业捕捞许可证。

第三十五条　海洋渔业捕捞许可证和内陆渔业捕捞许可证的使用期限为5年。其他种类渔业捕捞许可证的使用期限根据实际需要确定，但最长不超过3年。

使用达到农业农村部规定的老旧渔业船舶船龄的渔船从事捕捞作业的，发证机关核发其渔业捕捞许可证时，证书使用期限不得超过渔业船舶检验证书记载的有效期限。

第三十六条 渔业捕捞许可证使用期届满，或者在有效期内有下列情形之一的，应当按规定申请换发渔业捕捞许可证：

（一）因行政区划调整导致船名变更、船籍港变更的；

（二）作业场所、作业方式变更的；

（三）船舶所有人姓名、名称或地址变更的，但渔船所有权发生转移的除外；

（四）渔业捕捞许可证污损不能使用的。

渔业捕捞许可证使用期届满的，船舶所有人应当在使用期届满前3个月内，向原发证机关申请换发捕捞许可证。发证机关批准换发渔业捕捞许可证时，应当收回原渔业捕捞许可证，并予以注销。

第三十七条 在渔业捕捞许可证有效期内有下列情形之一的，应当重新申请渔业捕捞许可证：

（一）渔船作业类型变更的；

（二）渔船主机、主尺度、总吨位变更的；

（三）因购置渔船发生所有人变更的；

（四）国内现有捕捞渔船经审批转为远洋捕捞作业的。

有前款第一项、第二项、第三项情形的，还应当办理原渔业捕捞许可证注销手续。

第三十八条 渔业捕捞许可证遗失或者灭失的，船舶所有人应当在1个月内向原发证机关说明遗失或者灭失的时间、地点和原因等情况，由原发证机关在其官方网站上发布声明，自公告声明发布之日起15日后，船舶所有人可向原发证机关申请补发渔业捕捞许可证。补发的渔业捕捞许可证使用期限不变。

第三十九条 有下列情形之一的，渔业捕捞许可证失效，发证机关应当予以注销：

（一）渔业捕捞许可证、渔业船舶检验证书或者渔业船舶国籍证书有效期届满未依法延续的；

（二）渔船灭失、拆解或销毁的，或者因渔船损毁且渔业捕捞许可证灭失的；

（三）不再从事渔业捕捞作业的；

（四）渔业捕捞许可证依法被撤销、撤回或者吊销的；

（五）以贿赂、欺骗等不正当手段取得渔业捕捞许可证的；

（六）依法应当注销的其他情形。

有前款第一项、第三项规定情形的，发证机关应当事先告知当事人。有前款第二项规定情形的，应当由船舶所有人提供相关证明。

渔业捕捞许可证注销后12个月内未按规定重新申请办理的，视为自行放弃，由渔业主管部门收回船网工具指标，更新改造渔船注销捕捞许可证的除外。

第四十条 使用期一年以上的渔业捕捞许可证实行年审制度，每年审验一次。

渔业捕捞许可证的年审工作由发证机关负责，也可由发证机关委托申请人户籍所在地、法人或非法人组织登记地的县级以上地方人民政府渔业主管部门负责。

第四十一条 同时符合下列条件的，为年审合格，由审验人签字，注明日期，加盖公章：

（一）具有有效的渔业船舶检验证书和渔业船舶国籍证书，船舶所有人和渔船主尺度、主机功率、总吨位未发生变更，且与渔业船舶证书载明的一致；

（二）渔船作业类型、场所、时限、渔具数量与许可内容一致；

（三）按规定填写和提交渔捞日志，未超出捕捞限额指标（对实行捕捞限额管理的渔船）；

（四）按规定缴纳渔业资源增殖保护费；

（五）按规定履行行政处罚决定；

（六）其他条件符合有关规定。

年审不合格的，由渔业主管部门责令船舶所有人限期改正，可以再审验一次。再次审验合格的，渔业捕捞许可证继续有效。

第四章　监督管理

第四十二条　渔业船网工具指标批准书、渔业船网工具指标申请不予许可决定书、渔业捕捞许可证、渔业捕捞许可证注销证明、渔业船舶拆解销毁或处理证明、渔业船舶灭失证明、渔业船网工具指标转移证明等证书文件，由农业农村部规定样式并统一印制。

渔业船网工具指标申请书、渔业船网工具指标申请审核变更说明、渔业捕捞许可证申请书、渔业捕捞许可证注销申请表、渔捞日志等，由县级以上人民政府渔业主管部门按照农业农村部规定的统一格式印制。

第四十三条　县级以上人民政府渔业主管部门应当逐船建立渔业船网工具指标审批和渔业捕捞许可证核发档案。

渔业船网工具指标批准书使用和渔业捕捞许可证被注销后，其核发档案应当保存至少 5 年。

第四十四条　签发人实行农业农村部和省级人民政府渔业主管部门报备制度，县级以上人民政府渔业主管部门应推荐一至两人为签发人。

省级人民政府渔业主管部门负责备案公布本省、自治区、直辖市县级以上地方人民政府渔业主管部门的签发人，农业农村部负责备案公布省、自治区、直辖市渔业主管部门的签发人。

第四十五条　签发人越权、违规签发，或擅自更改渔业船网工具指标和渔业捕捞许可证书证件，或有其他玩忽职守、徇私舞弊等行为的，视情节对有关签发人给予警告、通报批评、暂停或取消签发人资格等处分；签发人及其所在单位应依法承担相应责任。

越权、违规签发或擅自更改的证书证件由其签发人所在单位的上级机关撤销，由原发证机关注销。

第四十六条　禁止涂改、伪造、变造、买卖、出租、出借或以其他形式转让渔业船网工具指标批准书和渔业捕捞许可证。

第四十七条　有下列情形之一的，为无效渔业捕捞许可证：

（一）逾期未年审或年审不合格的；

（二）证书载明的渔船主机功率与实际功率不符的；

（三）以欺骗或者涂改、伪造、变造、买卖、出租、出借等非法方式取得的；

（四）被撤销、注销的。

使用无效的渔业捕捞许可证或者无正当理由不能提供渔业捕捞许可证的，视为无证捕捞。

涂改、伪造、变造、买卖、出租、出借或以其他形式转让的渔业船网工具指标批准书，为无效渔业船网工具指标批准书，由批准机关予以注销，并核销相应船网工具指标。

第四十八条　依法被没收渔船的，海洋大中型捕捞渔船的船网工具指标由农业农村部核销，其他渔船的船网工具指标由省、自治区、直辖市人民政府渔业主管部门核销。

第四十九条　依法被列入失信被执行人的，县级以上人民政府渔业主管部门应当对其渔业船网工具指标、捕捞许可证的申请按规定予以限制，并冻结失信被执行人及其渔船在全国渔船动态管理系统中的相关数据。

第五十条　海洋大中型渔船从事捕捞活动应当填写渔捞日志，渔捞日志应当记载渔船捕捞作业、进港卸载渔获物、水上收购或转运渔获物等情况。其他渔船渔捞日志的管理由省、自治区、直辖市人民政府规定。

第五十一条 国内海洋大中型渔船应当在返港后向港口所在地县级人民政府渔业主管部门或其指定的机构或渔业组织提交渔捞日志。公海捕捞作业渔船应当每月向农业农村部或其指定机构提交渔捞日志。使用电子渔捞日志的，应当每日提交。

第五十二条 船长应当对渔捞日志记录内容的真实性、正确性负责。

禁止在A类渔区转载渔获物。

第五十三条 未按规定提交渔捞日志或者渔捞日志填写不真实、不规范的，由县级以上人民政府渔业主管部门或其所属的渔政监督管理机构给予警告，责令改正；逾期不改正的，可以处1 000元以上1万元以下罚款。

第五十四条 违反本规定的其他行为，依照《中华人民共和国渔业法》或其他有关法律法规规章进行处罚。

第五章 附 则

第五十五条 本规定有关用语的定义如下：

渔业捕捞活动：捕捞或准备捕捞水生生物资源的行为，以及为这种行为提供支持和服务的各种活动。在尚未管理的滩涂或水域手工零星采集水产品的除外。

渔船：《中华人民共和国渔港水域交通安全管理条例》规定的渔业船舶。

船长：《渔业船舶国籍证书》中所载明的船长。

捕捞渔船：从事捕捞活动的生产船。

捕捞辅助船：渔获物运销船、冷藏加工船、渔用物资和燃料补给船等为渔业捕捞生产提供服务的船舶。

非专业渔船：从事捕捞活动的教学、科研调查船，特殊用途渔船，用于休闲捕捞活动的专业旅游观光船等船舶。

远洋渔船：在公海或他国管辖海域作业的捕捞渔船和捕捞辅助船，包括专业远洋渔船和非专业远洋渔船。专业远洋渔船，指专门用于在公海或他国管辖海域作业的捕捞渔船和捕捞辅助船；非专业远洋渔船，指具有国内有效的渔业捕捞许可证，转产到公海或他国管辖海域作业的捕捞渔船和捕捞辅助船。

船网工具控制指标：渔船的数量及其主机功率数值、网具或其他渔具的数量的最高限额。

船网工具指标：渔船的主机功率数值、网具或其他渔具的数额。

制造渔船：新建造渔船，包括旧船淘汰后再建造渔船。

更新改造渔船：通过更新主机或对船体和结构进行改造改变渔船主机功率、作业类型、主尺度或总吨位。

购置渔船：从国内买入渔船。

进口渔船：从国外和香港、澳门、台湾地区买入渔船，包括以各种方式引进渔船。

渔业组织：渔业合作组织、渔业社团（协会）、村集体经济组织、村民委员会等法人或非法人组织。

渔业船舶证书：渔业船舶检验证书、渔业船舶国籍证书、渔业捕捞许可证。

第五十六条 香港、澳门特别行政区持有广东省户籍的流动渔船的船网工具指标和捕捞许可证管理，按照农业农村部有关港澳流动渔船管理的规定执行。

第五十七条 国内捕捞辅助船的总量控制应当与本行政区域内捕捞渔船数量和规模相匹配，其船网工具指标和捕捞许可证审批按照捕捞渔船进行管理。

国内捕捞辅助船、休闲渔船和徒手作业捕捞许可管理的具体办法，由省、自治区、直辖市人民政府渔业主管部门规定。

第五十八条 我国渔船到他国管辖水域作业，应当经农业农村部批准。

中国籍渔业船舶以光船条件出租到境外申请办理光船租赁登记和非专业远洋渔船申

请办理远洋渔业项目前，应当将海洋渔业捕捞许可证交回原发证机关暂存，原发证机关应当出具暂存凭据。渔业捕捞许可证暂存期不计入渔业捕捞许可证核定的使用期限，暂存期间不需要办理年审手续。渔船回国终止光船租赁和远洋渔业项目后，凭暂存凭据领回渔业捕捞许可证。

第五十九条　本规定自2019年1月1日起施行。原农业部2002年8月23日发布，2004年7月1日、2007年11月8日和2013年12月31日修订的《渔业捕捞许可管理规定》同时废止。

水生生物增殖放流管理规定

（2009年3月24日农业部令第20号发布，自2009年5月1日起施行）

第一条 为规范水生生物增殖放流活动，科学养护水生生物资源，维护生物多样性和水域生态安全，促进渔业可持续健康发展，根据《中华人民共和国渔业法》《中华人民共和国野生动物保护法》等法律法规，制定本规定。

第二条 本规定所称水生生物增殖放流，是指采用放流、底播、移植等人工方式向海洋、江河、湖泊、水库等公共水域投放亲体、苗种等活体水生生物的活动。

第三条 在中华人民共和国管辖水域内进行水生生物增殖放流活动，应当遵守本规定。

第四条 农业部主管全国水生生物增殖放流工作。

县级以上地方人民政府渔业行政主管部门负责本行政区域内水生生物增殖放流的组织、协调与监督管理。

第五条 各级渔业行政主管部门应当加大对水生生物增殖放流的投入，积极引导、鼓励社会资金支持水生生物资源养护和增殖放流事业。

水生生物增殖放流专项资金应专款专用，并遵守有关管理规定。渔业行政主管部门使用社会资金用于增殖放流的，应当向社会、出资人公开资金使用情况。

第六条 县级以上人民政府渔业行政主管部门应当积极开展水生生物资源养护与增殖放流的宣传教育，提高公民养护水生生物资源、保护生态环境的意识。

第七条 县级以上人民政府渔业行政主管部门应当鼓励单位、个人及社会各界通过认购放流苗种、捐助资金、参加志愿者活动等多种途径和方式参与、开展水生生物增殖放流活动。对于贡献突出的单位和个人，应当采取适当方式给予宣传和鼓励。

第八条 县级以上地方人民政府渔业行政主管部门应当制定本行政区域内的水生生物增殖放流规划，并报上一级渔业行政主管部门备案。

第九条 用于增殖放流的人工繁殖的水生生物物种，应当来自有资质的生产单位。其中，属于经济物种的，应当来自持有《水产苗种生产许可证》的苗种生产单位；属于珍稀、濒危物种的，应当来自持有《水生野生动物驯养繁殖许可证》的苗种生产单位。

渔业行政主管部门应当按照“公开、公平、公正”的原则，依法通过招标或者议标的方式采购用于放流的水生生物或者确定苗种生产单位。

第十条 用于增殖放流的亲体、苗种等水生生物应当是本地种。苗种应当是本地种的原种或者子一代，确需放流其他苗种的，应当通过省级以上渔业行政主管部门组织的专家论证。

禁止使用外来种、杂交种、转基因种以及其他不符合生态要求的水生生物物种进行增殖放流。

第十一条 用于增殖放流的水生生物应当依法经检验检疫合格，确保健康无病害、无禁用药物残留。

第十二条 渔业行政主管部门组织开展增殖放流活动，应当公开进行，邀请渔民、有关科研单位和社会团体等方面的代表参加，并接受社会监督。

增殖放流的水生生物的种类、数量、规格等，应当向社会公示。

第十三条　单位和个人自行开展规模性水生生物增殖放流活动的，应当提前 15 日向当地县级以上地方人民政府渔业行政主管部门报告增殖放流的种类、数量、规格、时间和地点等事项，接受监督检查。

经审查符合本规定的增殖放流活动，县级以上地方人民政府渔业行政主管部门应当给予必要的支持和协助。

应当报告并接受监督检查的增殖放流活动的规模标准，由县级以上地方人民政府渔业行政主管部门根据本地区水生生物增殖放流规划确定。

第十四条　增殖放流应当遵守省级以上人民政府渔业行政主管部门制定的水生生物增殖放流技术规范，采取适当的放流方式，防止或者减轻对放流水生生物的损害。

第十五条　渔业行政主管部门应当在增殖放流水域采取划定禁渔区、确定禁渔期等保护措施，加强增殖资源保护，确保增殖放流效果。

第十六条　渔业行政主管部门应当组织开展有关增殖放流的科研攻关和技术指导，并采取标志放流、跟踪监测和社会调查等措施对增殖放流效果进行评价。

第十七条　县级以上地方人民政府渔业行政主管部门应当将辖区内本年度水生生物增殖放流的种类、数量、规格、时间、地点、标志放流的数量及方法、资金来源及数量、放流活动等情况统计汇总，于 11 月底以前报上一级渔业行政主管部门备案。

第十八条　违反本规定的，依照《中华人民共和国渔业法》《中华人民共和国野生动物保护法》等有关法律法规的规定处罚。

第十九条　本规定自 2009 年 5 月 1 日起施行。

水产种质资源保护区管理暂行办法

（2011 年 1 月 5 日农业部令 2011 年第 1 号发布，自 2011 年 3 月 1 日起施行；根据 2016 年 5 月 30 日农业部令 2016 年第 3 号《农业部关于废止和修改部分规章、规范性文件的决定》修订）

第一章　总　　则

第一条　为规范水产种质资源保护区的设立和管理，加强水产种质资源保护，根据《渔业法》等有关法律法规，制定本办法。

第二条　本办法所称水产种质资源保护区，是指为保护水产种质资源及其生存环境，在具有较高经济价值和遗传育种价值的水产种质资源的主要生长繁育区域，依法划定并予以特殊保护和管理的水域、滩涂及其毗邻的岛礁、陆域。

第三条　在中华人民共和国领域和中华人民共和国管辖的其他水域内设立和管理水产种质资源保护区，从事涉及水产种质资源保护区的有关活动，应当遵守本办法。

第四条　农业部主管全国水产种质资源保护区工作。

县级以上地方人民政府渔业行政主管部门负责辖区内水产种质资源保护区工作。

第五条　农业部组织省级人民政府渔业行政主管部门制定全国水产种质资源保护区总体规划，加强水产种质资源保护区建设。

省级人民政府渔业行政主管部门应当根据全国水产种质资源保护区总体规划，科学制定本行政区域内水产种质资源保护区具体实施计划，并组织落实。

渔业行政主管部门应当积极争取各级人民政府支持，加大水产种质资源保护区建设和管理投入。

第六条　对破坏、侵占水产种质资源保护区的行为，任何单位和个人都有权向渔业行政主管部门或者其所属的渔政监督管理机构、水产种质资源保护区管理机构举报。接到举报的渔业行政主管部门或机构应当依法调查处理，并将处理结果告知举报人。

第二章　水产种质资源保护区设立

第七条　下列区域应当设立水产种质资源保护区：

（一）国家和地方规定的重点保护水生生物物种的主要生长繁育区域；

（二）我国特有或者地方特有水产种质资源的主要生长繁育区域；

（三）重要水产养殖对象的原种、苗种的主要天然生长繁育区域；

（四）其他具有较高经济价值和遗传育种价值的水产种质资源的主要生长繁育区域。

第八条　根据保护对象资源状况、自然环境及保护需要，水产种质资源保护区可以划分为核心区和实验区。

农业部设立国家级水产种质资源保护区评审委员会，对申报的水产种质资源保护区进行评审。水产种质资源保护区评审委员会应当由渔业、环保、水利、交通、海洋、生物保护等方面的专家组成。

第九条　符合条件的水产种质资源保护

区，可以由省级人民政府渔业行政主管部门向农业部申报国家级水产种质资源保护区，经国家级水产种质资源保护区评审委员会评审后，由农业部批准设立，并公布水产种质资源保护区的名称、位置、范围和主要保护对象等内容。

农业部可以根据需要直接设立国家级水产种质资源保护区。

第十条　拟设立的水产种质资源保护区跨行政区域或者管辖水域的，由相关区域地方人民政府渔业行政主管部门协商后共同申报或者由其共同上级渔业主管部门申报，按照本办法第九条、第十条规定的程序审批。

第十一条　申报设立水产种质资源保护区，应当提交以下材料：

（一）申报书，主要包括保护区的主要保护对象、保护价值、区域范围、管理机构、管理基础等；

（二）综合考察报告，主要包括保护物种资源、生态环境、社会经济状况、保护区管理条件和综合评价等；

（三）保护区规划方案，包括规划目标、规划内容（含核心区和实验区划分情况）等；

（四）保护区大比例尺地图等其他必要材料。

第十二条　水产种质资源保护区按照下列方式命名：

（一）国家级水产种质资源保护区：水产种质资源保护区所在区域名称＋保护对象名称＋“国家级水产种质资源保护区”。

（二）具有多种重要保护对象或者具有重要生态功能的水产种质资源保护区：水产种质资源保护区所在区域名称＋“国家级水产种质资源保护区”。

（三）主要保护物种属于地方或水域特有种类的保护区：水产种质资源保护区所在区域名称＋“特有鱼类”＋“国家级水产种质资源保护区”。

第三章　水产种质资源保护区管理

第十三条　经批准设立的水产种质资源保护区由所在地县级以上人民政府渔业行政主管部门管理。

县级以上人民政府渔业行政主管部门应当明确水产种质资源保护区的管理机构，配备必要的管理、执法和技术人员以及相应的设备设施，负责水产种质资源保护区的管理工作。

第十四条　水产种质资源保护区管理机构的主要职责包括：

（一）制定水产种质资源保护区具体管理制度；

（二）设置和维护水产种质资源保护区界碑、标志物及有关保护设施；

（三）开展水生生物资源及其生存环境的调查监测、资源养护和生态修复等工作；

（四）救护伤病、搁浅、误捕的保护物种；

（五）开展水产种质资源保护的宣传教育；

（六）依法开展渔政执法工作；

（七）依法调查处理影响保护区功能的事件，及时向渔业行政主管部门报告重大事项。

第十五条　农业部应当针对国家级水产种质资源保护区主要保护对象的繁殖期、幼体生长期等生长繁育关键阶段设定特别保护期。特别保护期内不得从事捕捞、爆破作业以及其他可能对保护区内生物资源和生态环境造成损害的活动。

特别保护期外从事捕捞活动，应当遵守《渔业法》及有关法律法规的规定。

第十六条　在水产种质资源保护区内从事修建水利工程、疏浚航道、建闸筑坝、勘探和开采矿产资源、港口建设等工程建设的，或者在水产种质资源保护区外从事可能损害保护区功能的工程建设活动的，应当按照国家有关规定编制建设项目对水产种质资源保护区的影响专题论证报告，并将其纳入环境影响评价报告书。

第十七条 省级以上人民政府渔业行政主管部门应当依法参与涉及水产种质资源保护区的建设项目环境影响评价，组织专家审查建设项目对水产种质资源保护区的影响专题论证报告，并根据审查结论向建设单位和环境影响评价主管部门出具意见。

建设单位应当将渔业行政主管部门的意见纳入环境影响评价报告书，并根据渔业行政主管部门意见采取有关保护措施。

第十八条 单位和个人在水产种质资源保护区内从事水生生物资源调查、科学研究、教学实习、参观游览、影视拍摄等活动，应当遵守有关法律法规和保护区管理制度，不得损害水产种质资源及其生存环境。

第十九条 禁止在水产种质资源保护区内从事围湖造田、围海造地或围填海工程。

第二十条 禁止在水产种质资源保护区内新建排污口。

在水产种质资源保护区附近新建、改建、扩建排污口，应当保证保护区水体不受污染。

第二十一条 水产种质资源保护区的撤销、调整，按照设立程序办理。

第二十二条 单位和个人违反本办法规定，对水产种质资源保护区内的水产种质资源及其生存环境造成损害的，由县级以上人民政府渔业行政主管部门或者其所属的渔政监督管理机构、水产种质资源保护区管理机构依法处理。

第四章 附 则

第二十三条 省级人民政府渔业行政主管部门可以根据本办法制定实施细则。

第二十四条 本办法自 2011 年 3 月 1 日起施行。

渤海生物资源养护规定

（2004 年 2 月 12 日农业部令第 34 号公布，自 2004 年 5 月 1 日起施行；根据 2004 年 7 月 1 日农业部令第 38 号《关于修订农业行政许可规章和规范性文件的决定》第一次修订；根据 2010 年 11 月 26 日农业部令第 11 号《农业部关于修订部分规章的决定》第二次修订）

第一章　总　　则

第一条　为保护、增殖和合理利用渤海生物资源，保护渤海水域生态环境，保障渔业生产者合法权益，促进渤海渔业可持续发展，根据《中华人民共和国渔业法》和《中华人民共和国海洋环境保护法》等法律法规，制定本规定。

第二条　本规定所称渤海是指老铁山灯塔（北纬 38°43′41″、东经 121°07′43″）与蓬莱灯塔（北纬 37°49′54″、东经 120°44′13″）两点连线以西的海域。

第三条　在渤海从事养殖和捕捞水生动物、水生植物等渔业生产及其他相关活动的单位和个人，应当遵守本规定。从事涉及国家重点保护水生野生动物、野生植物相关活动的单位和个人，应当遵守《中华人民共和国野生动物保护法》《中华人民共和国水生野生动物保护条例》《中华人民共和国野生植物保护条例》的有关规定。

第四条　农业部主管渤海生物资源养护工作。农业部黄渤海区渔政局负责渤海生物资源养护的组织、协调和监督管理工作。渤海沿岸县级以上地方人民政府渔业行政主管部门负责本行政区域内生物资源养护工作。

第五条　渤海沿岸县级以上地方人民政府渔业行政主管部门应当根据国家水域利用规划和经批准的海洋功能区划、近岸海域环境功能区划，编制辖区渔业水域利用规划，经同级人民政府批准后组织实施。除渔港和渔业设施基地建设区外，渔业水域区分为养殖区、增殖区、捕捞区和重要渔业品种保护区。禁止将渤海生物资源的重要产卵场、索饵场、越冬场和洄游通道划为养殖区。不得在国家海上自然保护区、珍稀濒危海洋生物保护区等一类近岸海域环境功能区内划置养殖区。

第六条　沿岸县级以上地方人民政府渔业行政主管部门应当采取措施，改善和恢复渤海生态状况，控制捕捞强度，增殖和养护渤海生物资源，发展生态渔业，促进渤海渔业可持续发展。

第七条　沿岸县级以上地方人民政府渔业行政主管部门应当根据渤海生物资源状况，提出控制和压缩捕捞强度的措施，调整捕捞业生产结构，引导和扶持捕捞渔民转产转业。

第二章　养殖和捕捞

第八条　渤海沿岸县级以上地方人民政府渔业行政主管部门应当对养殖区统一规划，科学评估，确定养殖发展布局和养殖水域容量，发展和推广生态养殖。

第九条　在渤海使用全民所有的水域、滩涂从事养殖生产的，应当向沿岸县级以上地方人民政府渔业行政主管部门提出申请，由本级人民政府核发养殖证。因结构调整转产转业的当地渔民享有取得养殖证的优先权。

第十条 沿岸县级以上地方人民政府渔业行政主管部门受理养殖证申请时，应当根据养殖发展布局和养殖水域的容量，明确养殖证的水域滩涂范围、使用期限、用途等事项。新建、扩建和改建养殖场的，应当进行环境影响评价。

第十一条 取得养殖证的单位和个人应当按照养殖证确定的水域滩涂范围和规定的用途从事养殖生产，遵守有关养殖技术规范。养殖废水排放应符合国家有关排放标准，池塘清淤应进行合理处理，防止水域污染。

第十二条 禁止在渤海养殖未经全国水产原种和良种审定委员会审定、农业部批准推广的杂交种、转基因种和其他非渤海原有品种。养殖经全国水产原种和良种审定委员会审定、农业部批准推广的上述品种的，应当严格采取防逃等防护措施，防止其进入天然水域。

第十三条 在渤海从事捕捞活动，应当依法申领捕捞许可证，按照捕捞许可证确定的作业场所、时限、作业类型等内容开展捕捞活动，并遵守国家有关资源保护规定。

第十四条 沿岸县级以上地方人民政府渔业行政主管部门应当按照规定的权限和管辖范围发放捕捞许可证，不得超过上级下达的船网工具控制指标。禁止向非渔业生产者以及江河、湖泊、水库等内陆渔船发放渤海捕捞许可证。

第十五条 从事海上渔获物运销、冷藏加工、渔用物资和燃料补给等为渔业捕捞生产提供服务的渔业辅助船舶，必须依法领取捕捞辅助船许可证。禁止捕捞辅助船直接从事捕捞生产。

第十六条 国家鼓励发展休闲渔业。沿岸县级以上地方人民政府渔业行政主管部门应加强对休闲渔业活动的监督和管理。休闲渔业活动采捕天然渔业资源的，应领取专项（特许）捕捞许可证。具体管理办法由省、直辖市渔业行政主管部门规定。

第三章 生物资源增殖

第十七条 国家鼓励单位和个人投资，采取人工增殖放流、人工鱼礁建设等多种形式，增殖渤海生物资源。

第十八条 农业部黄渤海区渔政局和沿岸省、直辖市人民政府渔业行政主管部门应当积极采取措施，统筹规划，制定本地区生物资源增殖计划，依法组织人工增殖放流、人工鱼礁建设。

第十九条 大范围洄游性品种的人工增殖放流，由农业部黄渤海区渔政局统一规划，统一组织实施。区域性和定居性品种的人工增殖放流可以由沿岸县级以上地方人民政府渔业行政主管部门在辖区渔业水域的非养殖区组织实施。

第二十条 人工增殖放流的苗种应当由省级以上渔业行政主管部门指定的原良种场、增殖站和水生野生动物驯养繁殖基地提供。禁止在渤海放流杂交种、转基因种及其他非渤海原有品种。但放流经省级以上渔业行政主管部门组织生态安全评估合格、全国水产原种和良种审定委员会审定和农业部批准推广的上述品种的除外。

第二十一条 在种质资源保护区和重要经济鱼、虾、蟹类的产卵场等敏感水域进行放流，应当遵守国家有关规定。

第二十二条 设置人工鱼礁，应当进行环境影响和增殖效果评估，并由农业部或沿岸省、直辖市人民政府渔业行政主管部门统一组织实施。在“机动渔船底拖网禁渔区线”外侧设置人工鱼礁的，应当依照《中华人民共和国渔业法实施细则》的规定，报请农业部批准；在“机动渔船底拖网禁渔区线”内侧设置人工鱼礁的，应当报请省、直辖市人民政府渔业行政主管部门或其授权单位批准。

第二十三条　设置人工鱼礁不得妨碍船舶航行，不得影响海底管道、缆线等设施，并应事先公告。

第四章　生物资源保护

第二十四条　实行渤海重点渔业资源保护制度。重点保护的渤海渔业资源品种及其可捕标准按照附件 1 执行。附件 1 中未定标准的重点保护品种的可捕标准和地方重点保护品种及其可捕标准，由沿岸各省、直辖市人民政府渔业行政主管部门规定，报农业部和农业部黄渤海区渔政局备案。在网次或航次渔获量中，未达可捕标准的重点保护品种比重不得超过同品种渔获量的百分之二十五，但定置张网作业除外。

第二十五条　渤海秋汛对虾生产实行专项（特许）捕捞许可证制度。捕捞渤海秋汛对虾的，应当依法领取专项（特许）捕捞许可证，悬挂统一规定的标志，方可从事作业。

第二十六条　禁止捕捞对虾春季亲虾和本规定附件 1 所列重点保护品种的天然苗种。因特殊需要捕捞本规定附件 1 已定可捕标准的重点保护品种天然苗种的，向农业部申请；捕捞本规定附件 1 未定可捕标准的或地方自定重点保护品种天然苗种的，向省、直辖市人民政府渔业行政主管部门申请。经批准后，发放专项（特许）捕捞许可证。领取专项（特许）捕捞许可证后，应当按照指定的区域、时限和限额捕捞。

第二十七条　禁止在潮间带外侧水域采捕蓝蛤。在潮间带和其向陆一侧采捕蓝蛤、沙蚕、卤虫，应当报经省、直辖市渔业行政主管部门批准，发放专项（特许）捕捞许可证。取得专项（特许）捕捞许可证的，应当按照指定的区域、时限，凭证限量采捕。

第二十八条　禁止使用小于规定的最小网目尺寸的网具进行捕捞。渤海捕捞作业网具的最小网目尺寸按照附件 2 执行。沿岸各省、直辖市人民政府渔业行政主管部门可以规定未列入附件 2 的其他网具的最小网目尺寸，但应报农业部和农业部黄渤海区渔政局备案。

第二十九条　禁止借改变渔具名称或以革新为名使用损害生物资源的渔具。

第三十条　禁止使用下列严重损害生物资源的渔具、渔法：

（一）炸鱼、毒鱼和电力捕鱼；以渔船推进器、泵类采捕定居种生物资源；

（二）三重流网、底拖网、浮拖网及变水层拖网作业，但网口网衣拉直周长小于 30 米的桁杆、框架型拖网类渔具除外；

（三）规格不符合本规定附件 2 规定标准的网具；沿岸各省、直辖市人民政府渔业行政主管部门可以规定适用于本行政区域的其他禁止使用的渔具渔法，并报农业部和农业部黄渤海区渔政局备案。

第三十一条　渤海实行伏季休渔等禁渔期制度，并应当执行附件 3 的规定。沿岸各省、直辖市人民政府渔业行政主管部门可以对毛虾和海蜇规定适用于本行政区域的禁渔期，并报农业部和农业部黄渤海区渔政局备案。

第三十二条　禁止在禁渔区、禁渔期内收购、加工和销售非法捕捞的渔获物。在禁渔区或者禁渔期内收购、加工和销售非法捕捞的渔获物的，沿岸县级以上地方人民政府渔业行政主管部门及其所属的渔政渔港监督管理机构应当及时调查处理。

第三十三条　沿岸的盐场、电厂、养殖场和其他利用海水的单位或个人，在纳水时应当采取防护或有效规避措施，保护幼鱼、幼虾资源。在伏季休渔期间引水用水时应设置凸面向外且网目不超过 7 毫米的“V”形防护网。未采取防护措施，对天然生物资源造成损害的，沿岸县级以上地方人民政府渔业行政主管部门应当责令限期消除危害。

第三十四条 因科学研究需要在禁渔区、禁渔期捕捞和捕捞禁捕对象的，向农业部申请，由农业部核发捕捞许可证。捕捞作业时应当悬挂统一规定的标志。

第三十五条 农业部或省、直辖市人民政府渔业行政主管部门应当自申请受理之日起20日内作出是否发放捕捞许可证的决定。

第五章 渔业水域环境保护

第三十六条 沿岸县级以上地方人民政府渔业行政主管部门应当依法参加海岸工程、海洋工程、倾废区、入海排污口等项目的环境影响评价等工作，研究对生物资源和渔业水域环境的影响，提出保护生物资源和渔业水域环境的具体要求和措施。

第三十七条 沿岸各级渔业生态环境监测机构应当依法加强对渔业水域的监测，及时向同级渔业行政主管部门和上一级监测机构报告监测情况。

第三十八条 沿岸各级渔业生态环境监测机构应当建立健全机制，加强赤潮监测与预警工作，并及时向同级渔业行政主管部门和上一级监测机构报告监测情况。沿岸县级以上地方人民政府渔业行政主管部门应当积极会同或配合有关部门，加强赤潮防范，组织生产者防灾减灾，减少生产损失。

第三十九条 进行水下爆破、勘探、施工作业，对生物资源有严重影响的，位于“机动渔船底拖网禁渔区线”内的，作业单位应当事先同沿岸省、直辖市人民政府渔业行政主管部门协商；位于“机动渔船底拖网禁渔区线”外的，作业单位应当事先同农业部黄渤海区渔政局协商，并采取有关防护措施后，方能作业。因作业造成生物资源破坏或损失的，根据管辖范围，农业部黄渤海区渔政局和沿岸省、直辖市人民政府渔业行政主管部门应当责令作业单位限期消除危害，并向有关人民政府提出责令作业单位赔偿的建议。

第四十条 因溢油、排污及倾倒废弃物等污染，造成渔业污染事故的，由沿岸县级以上地方人民政府渔业行政主管部门或其所属的渔政监督管理机构组织调查、评估，并依照《中华人民共和国海洋环境保护法》的有关规定处理。污染事故损害渤海天然生物资源的，沿岸县级以上地方人民政府渔业行政主管部门依法处理，并可以代表国家对责任者提出损害赔偿要求。

第六章 附 则

第四十一条 违反本规定的，由县级以上人民政府渔业行政主管部门或其所属的渔政监督管理机构依法处理，法律、法规另有规定的，从其规定。

第四十二条 本规定由农业部负责解释。

第四十三条 本规定自2004年5月1日起施行。农业部1991年4月13日发布的《渤海区渔业资源繁殖保护规定》同时废止。

附件1 渤海渔业资源重点保护品种及其最低可捕标准

重点保护品种	最低可捕标准
蓝点马鲛（鲅鱼）	叉长38厘米
银鲳（鲳鱼）	叉长15厘米
鳓（鳓鱼）	叉长28厘米
小黄鱼	体长15厘米
白姑鱼	体长17厘米
黄姑鱼	体长17厘米
真鲷	体长19厘米
花鲈（鲈鱼）	体长40厘米
鲻（辫子鱼）	体长36厘米

梭鱼	体长 30 厘米
黄盖鲽	体长 19 厘米
高眼鲽	体长 15 厘米
半滑舌鳎	体长 27 厘米
褐牙鲆（牙鲆）	体长 27 厘米
带鱼	肛长 25 厘米
对虾	体长 15 厘米（雌）
脊尾白虾	体长 6 厘米
口虾蛄（爬虾）	体长 11 厘米
三疣梭子蟹	头胸甲长 8 厘米
日本蟳	头胸甲长 5 厘米
魁蚶	壳长 6 厘米
毛蚶	壳长 3 厘米
文蛤	壳长 5 厘米
菲律宾蛤仔（杂色蛤）	壳长 2.5 厘米
栉江珧	壳长 17 厘米
海蜇	伞弧长 30 厘米
中国毛虾	（不定标准）
栉孔扇贝	（未定标准）
皱纹盘鲍	（未定标准）
参	（未定标准）

注：1. 不定可捕标准者，不对渔获物进行幼鱼比例检查。

2. 未定可捕标准者，可由省级渔业行政主管部门制定可捕标准，在本辖区内适用。

附件 2　渤海捕捞作业网具最小网目尺寸

一、鲅鱼流网最小网目 90 毫米，网衣拉直高度不得超过 9 米（含缘网），每船总长度不得超过 4 000 米。

二、对虾流网最小网目 60 毫米；网衣拉直高度不得超过 9 米（含缘网），每船总长度不得超过 4 000 米。

三、张网类网目不小于 8 毫米。

四、围网类网目不小于 33 毫米。

附件 3　渤海禁渔期

一、渤海伏季休渔时间为 6 月 1 日 12 时至 9 月 1 日 12 时。除使用网目尺寸 90 毫米以上的单层流刺网和钓钩从事捕捞作业外，禁止在伏季休渔期间从事一切捕捞作业。

二、在“机动渔船底拖网禁渔区”内专捕海蜇、毛虾的网具可在伏季休渔截止日期之前开捕，具体开捕日期由沿岸省、直辖市渔业行政主管部门规定，报农业部和农业部黄渤海区渔政渔港监督管理局备案。但毛虾的开捕日期不得早于 8 月 15 日。

三、下列网具同时实行如下禁渔期：

（一）5 月 1 日 12 时至 5 月 16 日 12 时，禁止张网类渔具和桁杆、框架型拖曳渔具以及网目尺寸 60～70 毫米的单层流刺网作业；

（二）5 月 10 日 12 时至 6 月 16 日 12 时，禁止围网和网目尺寸 90 毫米以上的单层流刺网作业；

（三）12 月 10 日 12 时至翌年 4 月 1 日 12 时，禁止耙刺类渔具在“机动渔船底拖网禁渔区”外侧作业；“机动渔船底拖网禁渔区”内全年禁止魁蚶耙子作业。

长江水生生物保护管理规定

（2021 年 12 月 1 日农业农村部令第 5 号发布，2022 年 2 月 1 日施行）

第一章　总　　则

第一条　为了加强长江流域水生生物保护和管理，维护生物多样性，保障流域生态安全，根据《中华人民共和国长江保护法》、《中华人民共和国渔业法》、《中华人民共和国野生动物保护法》等有关法律、行政法规，制定本规定。

第二条　长江流域水生生物及其栖息地的监测调查、保护修复、捕捞利用等活动及其监督管理，适用本规定。

本规定所称长江流域，是指由长江干流、支流和湖泊形成的集水区域所涉及的青海省、四川省、西藏自治区、云南省、重庆市、湖北省、湖南省、江西省、安徽省、江苏省、上海市，以及甘肃省、陕西省、河南省、贵州省、广西壮族自治区、广东省、浙江省、福建省的相关县级行政区域。

第三条　长江流域水生生物保护和管理应当坚持统筹协调、科学规划，实行自然恢复为主、自然恢复与人工修复相结合的系统治理。

第四条　农业农村部主管长江流域水生生物保护和管理工作。

农业农村部成立长江水生生物科学委员会，对长江水生生物保护和管理的重大政策、规划、措施等，开展专业咨询和评估论证。

长江流域县级以上地方人民政府农业农村主管部门负责本行政区域水生生物保护和管理工作。

第五条　长江流域县级以上地方人民政府农业农村主管部门应当按规定统筹使用相关生态补偿资金，加强水生生物及其栖息地的保护修复、宣传教育和科普培训。

支持单位和个人参与长江流域水生生物及其栖息地保护，鼓励对破坏水生生物资源和水域生态环境的行为进行监督举报。

第六条　对在长江水生生物保护管理工作中作出突出贡献的单位或个人，按照有关规定予以表彰和奖励。

农业农村部和长江流域省级人民政府农业农村主管部门对长江水生生物保护管理工作不力、问题突出、群众反映集中的地区，依法约谈所在地县级以上地方人民政府及其有关部门主要负责人，要求其采取措施及时整改。

第二章　监测和调查

第七条　农业农村部制定长江水生生物及其栖息地调查监测的技术标准和程序规范，健全长江流域水生生物监测网络体系，建立调查监测信息共享平台。

长江流域省级人民政府农业农村主管部门应当定期对本行政区域内的水生生物分布区域、种群数量、结构及栖息地生态状况等开展调查监测，并及时将调查监测信息报农业农村部。

第八条　农业农村部每十年组织一次长江水生野生动物及其栖息地状况普查，根据需要组织开展专项调查，建立水生野生动物资源档案，并向社会公布长江流域水生野生动物资源状况。

第九条　对中华鲟、长江鲟、长江江豚等国家一级保护水生野生动物及其栖息地的专项调查监测，由农业农村部组织实施；其他重点保护水生野生动物及其栖息地的专项调查监测，由长江流域省级人民政府农业农村主管部门组织实施。

第十条　长江流域县级以上地方人民政府农业农村主管部门会同本级人民政府有关部门定期对水生生物产卵场、索饵场、越冬场和洄游通道等重要栖息地开展生物多样性调查。

第十一条　因科研、教学、环境影响评价等需要在禁渔期、禁渔区进行捕捞的，应当制定年度捕捞计划，并按规定申请专项（特许）渔业捕捞许可证；确需使用禁用渔具渔法的，长江流域省级人民政府农业农村主管部门应当组织论证。

在禁渔期、禁渔区开展调查监测的渔获物，不得进行市场交易或抵扣费用。

第十二条　发生渔业水域污染、外来物种入侵等事件，对长江流域水生生物及其栖息地造成或可能造成严重损害的，发生地或受损地的地方人民政府农业农村主管部门应当及时开展应急调查、预警监测和评估，并按有关规定向同级人民政府或上级农业农村主管部门报告。

第十三条　农业农村部会同国务院有关部门和长江流域省级人民政府建立长江流域水生生物完整性指数评价体系，组织开展评价工作，并将结果作为评估长江流域生态系统总体状况和水生生物保护责任落实情况的重要依据。长江流域水生生物完整性指数应当与长江流域水环境质量标准相衔接。

长江流域省级人民政府农业农村主管部门应当根据长江流域水生生物完整性指数评价体系，结合实际开展水生生物完整性指数评价工作。

第三章　保护措施

第十四条　农业农村部制定长江流域珍贵、濒危水生野生动植物保护计划，对长江流域珍贵、濒危水生野生动植物实行重点保护。

鼓励有条件的单位开展对长江流域江豚、白鱀豚、白鲟、中华鲟、长江鲟、鯮、鲥、四川白甲鱼、川陕哲罗鲑、胭脂鱼、鯮、圆口铜鱼、多鳞白甲鱼、华鲮、鲈鲤和葛仙米、弧形藻、眼子菜、水菜花等水生野生动植物生境特征和种群动态的研究，建设人工繁育和科普教育基地。

第十五条　长江流域省级人民政府农业农村主管部门和农业农村部根据长江流域水生生物及其产卵场、索饵场、越冬场和洄游通道等栖息地状况的调查、监测和评估结果，发布水生生物重要栖息地名录及其范围，明确保护措施，实行严格的保护和管理。

对长江流域数量急剧下降或者极度濒危的水生野生动植物和受到严重破坏的栖息地、天然集中分布区、破碎化的典型生态系统，长江流域省级人民政府农业农村主管部门和农业农村部应当制定修复方案和行动计划，修建迁地保护设施，建立水生野生动植物遗传资源基因库，进行抢救性修复。

第十六条　在长江流域水生生物重要栖息地应当实施生态环境修复和其他保护措施。

对鱼类等水生生物洄游或种质交流产生阻隔的涉水工程，建设或运行单位应当结合实际采取建设过鱼设施、河湖连通、生态调度、灌江纳苗、基因保存、增殖放流、人工繁育等多种措施，充分满足水生生物洄游、繁殖、种质交流等生态需求。

第十七条　在长江流域水生生物重要栖息地依法科学划定限制航行区和禁止航行

区域。

因国家发展战略和国计民生需要，在水生生物重要栖息地禁止航行区域内设置航道或进行临时航行的，应当依法征得农业农村部同意，并采取降速、降噪、限排、限鸣等必要措施，减少对重要水生生物的干扰。

严格限制在长江流域水生生物重要栖息地水域实施航道整治工程；确需整治的，应当经科学论证，并依法办理相关手续。

第十八条 长江流域涉水开发规划或建设项目应当充分考虑水生生物及其栖息地的保护需求，涉及或可能对其造成影响的，建设单位在编制环境影响评价文件和开展公众参与调查时，应当书面征求农业农村主管部门的意见，并按有关要求进行专题论证。

涉及珍贵、濒危水生野生动植物及其重要栖息地、水产种质资源保护区的，由长江流域省级人民政府农业农村主管部门组织专题论证；涉及国家一级重点保护水生野生动植物及其重要栖息地或国家级水产种质资源保护区的，由农业农村部组织专题论证。

第十九条 建设项目对水生生物及其栖息地造成不利影响的，建设单位应当编制专题报告，根据批准的环境影响评价文件及批复要求，落实避让、减缓、补偿、重建等措施，与主体工程同时设计、同时施工、同时投产使用，并在稳定运行一定时期后对其有效性进行周期性监测和回顾性评价，提出补救方案或者改进措施。

建设项目所在地县级以上地方人民政府农业农村主管部门应当对生态补偿措施的实施进展和落实效果进行跟踪监督。

第二十条 长江流域省级人民政府农业农村主管部门和农业农村部建立中华鲟、长江鲟、长江江豚等重点保护水生野生动植物的应急救护体系。

重点保护水生野生动植物的野外物种或人工保种物种生存安全受到威胁的，所在地县级以上人民政府农业农村主管部门应当及时开展应急救护，并根据物种特性和受威胁程度，落实就地保护、迁地保护或种质资源保护等措施。

第二十一条 长江流域县级以上地方人民政府农业农村主管部门应当根据农业农村部制定的水生生物增殖放流规划、计划或意见，制定本行政区域的增殖放流方案，并报上一级农业农村主管部门备案。长江流域省级农业农村主管部门应当制定中华鲟、长江鲟等国家一级重点保护水生野生动物的增殖放流年度计划并报农业农村部备案。

长江流域县级以上地方人民政府农业农村主管部门负责本行政区域内的水生生物增殖放流的组织、协调与监督管理，并采取措施加强增殖资源保护、跟踪监测和效果评估。

第二十二条 禁止在长江流域开放水域养殖、投放外来物种或者其他非本地物种。

养殖外来物种或其他非本地物种的，应当采取有效隔离措施，防止逃逸进入开放水域。

发生外来物种或者其他非本地物种逃逸的，有关单位和个人应当采取捕回或其他紧急补救措施降低负面影响，并及时向所在地人民政府农业农村主管部门报告。

第四章　禁捕管理

第二十三条 长江流域水生生物保护区禁止生产性捕捞。在国家规定的期限内，长江干流和重要支流、大型通江湖泊、长江口禁捕管理区等重点水域禁止天然渔业资源的生产性捕捞。农业农村部根据长江流域水生生物资源状况，对长江流域重点水域禁捕管理制度进行适应性调整。

长江流域其他水域禁捕、限捕管理办法由县级以上地方人民政府制定。

第二十四条 农业农村部和长江流域省级人民政府农业农村主管部门制定并发布长

江流域重点水域禁用渔具渔法目录。

禁止在禁渔期携带禁用渔具进入禁渔区。

第二十五条　禁止在长江流域以水生生物为主要保护对象的自然保护区、水产种质资源保护区核心区和水生生物重要栖息地垂钓。

倡导正确、健康、文明的休闲垂钓行为，禁止一人多杆、多线多钩、钓获物买卖等违规垂钓行为。

第二十六条　因人工繁育、维持生态系统平衡或者特定物种种群调控等特殊原因，需要在禁渔期、禁渔区捕捞天然渔业资源的，应当按照《渔业捕捞许可管理规定》申请专项（特许）渔业捕捞许可证，并严格按照许可的技术标准、规范要求进行作业，严禁擅自更改作业范围、时间和捕捞工具、方法等。

县级以上地方人民政府农业农村主管部门应当加强对专项（特许）渔业捕捞行为的监督和管理。

第二十七条　在长江流域发展大水面生态渔业应当科学规划，按照“一水一策”原则合理选择大水面生态渔业发展方式。开展增殖渔业的，按照水域承载力确定适宜的增殖种类、增殖数量、增殖方式、放捕比例和起捕时间、方式、规格、数量等。

严格区分增殖渔业的起捕活动与传统的非增殖渔业资源捕捞生产，增殖渔业起捕应当使用专门的渔具渔法，避免对非增殖渔业资源和重点保护水生野生动植物造成损害。

第二十八条　长江流域县级以上地方人民政府农业农村主管部门应当加强执法队伍建设，落实执法经费，配备执法力量，组建协助巡护队伍，加强网格化管理，开展动态巡航巡查。

第二十九条　长江流域县级以上地方人民政府农业农村主管部门应当加强长江流域禁捕执法工作，严厉打击电鱼、毒鱼、炸鱼及使用禁用渔具等非法捕捞行为，并会同有关部门按照职责分工依法查处收购、运输、加工、销售非法渔获物等违法违规行为；涉嫌构成犯罪的，应当依法移送公安机关查处。

第三十条　违反本规定，在长江流域重点水域进行增殖放流、垂钓或者在禁渔期携带禁用渔具进入禁渔区的，责令改正，可以处警告或一千元以下罚款；构成其他违法行为的，按照《中华人民共和国长江保护法》、《中华人民共和国渔业法》等法律或者行政法规予以处罚。

第五章　附　　则

第三十一条　本规定下列用语的含义是：

（一）重点水域是指长江干流和重要支流、大型通江湖泊、长江河口规定区域等水域。

（二）水生生物保护区是指以水生生物为主要保护对象的自然保护区、水产种质资源保护区。

（三）重要栖息地是指水生生物野外种群的产卵场、索饵场、越冬场和洄游通道。

（四）开放水域是指水生生物通过水的自然流通能够到达长江流域重点水域的水域。

第三十二条　本规定自 2022 年 2 月 1 日起施行。原农业部 1995 年 9 月 28 日发布、2004 年 7 月 1 日修订的《长江渔业资源管理规定》同时废止。

（四）渔船与渔港管理

渔船作业避让规定

（1983年9月20日发布，自1984年10月1日起施行；根据2007年11月8日农业部令第6号《农业部现行规章 清理结果》修订）

第一章 总 则

第一条 本规定适用于我国正在从事海上捕捞的船舶。

第二条 本规定以不违背《1972年国际海上避碰规则》（以下简称《72规则》）为原则，从事各种捕捞作业的船舶除严格遵行《72规则》外，还必须遵守本规定。

第三条 本规定各条不妨碍有关主管机关制定的渔业法规的实行。

第四条 在解释和遵行本规定各条规定时，应适当考虑到当时渔场的特殊情况或其他原因，为避免发生网具纠缠、拖损或船舶发生碰撞的危险，而采取与本规定各条规定相背离的措施。

第五条 本规定各条不免除任何从事捕捞作业中的船舶或当事船长、船员、船舶所属单位对执行本规定各条的任何疏忽而产生的各种后果应负担的责任。

第六条 本规定除第六章能见度不良时的行动规则外，其他各章都为互见中的行动规则。

第七条 本规定所指的避让行动，包括避让船舶及其渔具。

第八条 本规定的解释权属于中华人民共和国农牧渔业部。

第二章 通 则

第九条 拖网渔船应给下列渔船让路：

1. 从事定置渔具捕捞的渔船；
2. 漂流渔船；
3. 围网渔船。

第十条 围网渔船和漂流渔船应避让从事定置渔具捕捞的渔船。

第十一条 各类渔船在放网过程中，后放网的船应避让先放网的船，并不得妨碍其正常作业。

第十二条 正常作业的渔船，应避让作业中发生故障的渔船。

第十三条 各类渔船在起、放渔具过程中，应保持一定的安全距离。

第十四条 在按本规定采取避让措施时，应与被让路渔船及其渔具保持一定的安全距离。

第十五条 在决定安全距离时，应充分考虑到下列因素：

1. 船舶的操纵性能；
2. 渔具尺度及其作业状况；
3. 渔场的风、流、水深、障碍物及能见度等情况；
4. 周围船舶的动态及其密集程度。

第十六条 任何船舶在经过起网中的围网渔船附近时，严禁触及网具或从起网船与带围船之间通过。

第十七条 让路船舶应距光诱渔船500米以外通过，并不得在该距离之内锚泊或其他有碍于该船光诱效果的行动。

第十八条 围网渔船在放网时，应不妨碍漂流渔船或拖网渔船的正常作业。

第十九条　漂流渔船在放出渔具时，应尽可能离开当时拖网渔船集中作业的渔场。

第二十条　从事定置渔具作业的渔船在放置渔具时，应不妨碍其他从事捕捞船舶的正常作业。

第三章　拖网渔船之间的避让责任和行动

第二十一条　追越渔船应给被追越渔船让路，并不得抢占被追越渔船网档的正前方而妨碍其作业。

第二十二条　机动拖网渔船应给非机动拖网渔船让路。

第二十三条　多对渔船在相对拖网作业相遇时，如一方或双方两侧都有同向平行拖网中的渔船，转向避让确有困难，双方应及时缩小网档或采取其他有效的措施，谨慎地从对方网档的外侧通过，直到双方的网具让清为止。

第二十四条　交叉相遇时：

1. 应给本船右舷的另一方船让路；

2. 当让路船不能按上款规定让路时，应预先用声号联系，以取得协调一致的避让行动；

3. 如被让路船是对拖网船，被让路船应适当考虑到让路船的困难，尽量做到协同避让，必要时尽可能缩小网档，加速通过让路船网档的前方海区。

第二十五条　采取大角度转向的拖网中渔船，不得妨碍附近渔船的正常作业。

第二十六条　不得在拖网渔船的网档正前方放网、抛锚或有其他妨碍该渔船正常作业的行动。

第二十七条　多艘单拖网渔船在同向并列拖网中，两船间应保持一定的安全距离。

第二十八条　放网中渔船，应给拖网中或起网中的渔船让路。

第二十九条　拖网中渔船，应给起网中渔船让路。同时起网船，应给正在从事卡包（分吊）起鱼的渔船让路。

第三十条　准备起网的渔船，应在起网前10分钟显示起网信号，夜间应同时开亮甲板工作灯，以引起周围船舶的注意。

第四章　围网渔船之间的避让责任和行动

第三十一条　船组在灯诱鱼群时，后下灯的船组与先下灯的船组间的距离应不少于1 000米。

第三十二条　围网渔船不得抢围他船用鱼群指示标（灯）所指示的、并准备围捕的鱼群。

第三十三条　在追捕同一的起水鱼群时，只要有一船已开始放网，他船不得有妨碍该放网船正常作业的行动。

第三十四条　围网渔船在起网过程中：

1. 底纲已绞起的船应尽可能避让底纲未绞起的船；

2. 同是底纲已绞起的船，有带围的船应避让无带围的船；

3. 起（捞）鱼的船应避让正在绞（吊）网的船。

第三十五条　船组在灯诱时，“拖灯诱鱼”的船应避让“漂灯诱鱼”和“锚泊灯诱”的船。

第五章　漂流渔船之间的避让责任和行动

第三十六条　漂流渔船在放出渔具时应与同类船保持一定的安全距离，并尽可能做到同向作业。

第三十七条　当双方的渔具有可能发生纠缠时，各应主动起网，或采取其他有效措施，互相避开。

第六章　能见度不良时的行动规则

第三十八条　各类渔船在放网前应充分掌握周围船舶的动态，并结合气象与海况谨慎操作。

第三十九条　及时启用雷达，判断有无存在使本方或他方的船舶和渔具遭受损坏的危险，并采取合理的避让措施。

第四十条　拖网渔船在放网时，应采取安全航速。

第四十一条　拖网渔船在拖网中，应适当地缩小网档。

第四十二条　拖网渔船在拖网中发现与他船网档互相穿插时，应立即停车，同时发出声号一短一长二短声（·—··），通知对方立即停车，并采取有效措施，直到双方互不影响拖网作业时为止。

第四十三条　各类渔船除显示规定的号灯外，还可以开亮工作灯或探照灯。

第七章　号灯、号型和灯光信号

第四十四条　船组在起网过程中，当带围船拖带起网船时，应显示从事围网作业渔船的号灯、号型，当有他船临近时，可向拖缆方向照射探照灯。

第四十五条　围网渔船在拖带灯船或舢板进行探测、搜索或追捕鱼群的过程中，应显示拖带船的号灯、号型；当开始放网时，应显示捕鱼作业中所规定的号灯和号型。

第四十六条　灯诱中的围网渔船应按《72 规则》显示捕鱼作业中的号灯。

第四十七条　下列船舶应显示在航船的号灯：

1. 未拖带灯船的围网船在航测鱼群时；

2. 对拖渔船中等待他船起网的另一艘船；

3. 其他脱离渔具的漂流中的船舶。

第四十八条　停靠在围网渔船网圈旁或在围网渔船旁直接从网中起（捞）鱼的运输船舶，应显示围网渔船的号灯、号型。

第四十九条　运输船靠在拖网中的渔船时，应按《72 规则》显示“操纵能力受到限制的船舶”的号灯、号型。

第五十条　围网渔船在夜间放网时：

1. 网圈上应显示五只以上间距相等的白色闪光灯。

2. 如不能按本条 1 款规定显示信号时，应采取一切可能措施，使网圈上有灯光或至少能表明该网圈的存在。

第五十一条　漂流渔船除显示《72 规则》有关号灯、号型外，还应在渔具上显示下列信号：

日间：每隔不大于 500 米的间距，显示顶端有红色三角旗的标志一面；其远离船的一端，应垂直显示红色三角旗两面。

夜间：每隔不大于 1 000 米的间距，显示白色灯一盏，在远离船的一端显示红色灯一盏。上述灯光的视距应不少于 0.5 海里。

第八章　附　　则

第五十二条　名词解释

1.“渔船”一词是指正在使用拖网、围网、灯诱、流刺网、延绳钓渔具和定置渔具进行捕捞作业的船舶（但不包括曳绳钓和手钓渔具捕鱼的船舶）。

2.“船组”一词是指由一艘围网渔船，一艘或一艘以上灯光船组成的一个生产单位。

3.“网档”一词是指两艘拖网渔船在平行同向拖曳同一渔具过程中，船舶之间的横距。

4.“带围船”一词是指拖带围网渔船的船舶。

5.“从事定置渔具捕捞的船舶”是指在

碇泊中设置渔具或正在起放定置渔具或系泊在定置渔具上等候潮水起网的船舶。

6."漂流渔船"一词是指系带渔具随风流漂移而从事捕捞作业的船舶（包括流刺网、延绳钓渔船，但不包括手钓、曳绳钓渔船）。

7."围网渔船"一词是指正在起、放围网或施放水下灯具或灯光诱集鱼群的船舶。

8."拖网渔船"一词是指一艘或一艘以上从事拖网或正在起放拖网作业的船舶。

第五十三条　本规定自 1984 年 10 月 1 日起施行。

渔业航标管理办法

（2008 年 4 月 10 日农业部令第 13 号发布，自 2008 年 6 月 1 日起施行）

第一条 为了加强渔业航标的管理和保护，保障船舶航行与作业安全，根据《中华人民共和国海上交通安全法》《中华人民共和国航标条例》等法律法规，制定本办法。

第二条 渔业航标的规划、设置、维护和管理，适用本办法。

本办法所称渔业航标，是指在渔港、进出港航道和渔业水域主要供渔业船舶定位、导航或者用于其他专用目的的助航设施，包括视觉渔业航标、无线电导航设施和音响渔业航标。

第三条 农业部主管全国渔业航标管理和保护工作。

国家渔政渔港监督管理机构具体负责全国渔业航标的管理和保护工作。地方渔政渔港监督管理机构负责本行政区域内渔业航标的管理和保护工作。

农业部、国家渔政渔港监督管理机构和地方渔政渔港监督管理机构统称渔业航标管理机关。

第四条 渔业航标管理机关应当加强渔业航标管理人员的业务培训工作，不断提高管理水平。

第五条 国家渔政渔港监督管理机构负责组织编制、修订和调整全国渔业航标总体规划，报农业部批准。

地方渔业航标管理机关根据需要编制本地渔业航标规划，经省级渔业航标管理机关批准后报国家渔政渔港监督管理机构备案。

地方渔业航标规划应当符合全国渔业航标总体规划的要求。

第六条 渔港水域的渔业航标规划与建设，应当纳入渔港总体规划并与渔港建设同步进行，保证按期投入使用。

第七条 渔业航标由所在地渔业航标管理机关依照规划设置。

因航行安全确需对设置的渔业航标进行调整，已列入全国渔业航标总体规划的，应当报农业部批准；未列入全国渔业航标总体规划的，应当报省级渔业航标管理机关批准。

第八条 经渔业航标管理机关同意，专业单位可以在渔港水域和其他渔业水域设置自用的专用航标。撤除、移动位置或变更专用航标其他状况的，设置单位应当报渔业航标管理机关批准。

设置专用航标，专业单位应当向所在地渔业航标管理机关提出申请，并提交下列书面材料：

（一）专业单位法人营业执照复印件；

（二）航标的设置方案及可行性报告；

（三）航标种类、灯质和设置地点；

（四）标体设计和位置图；

（五）经费预算及来源；

（六）渔业航标管理机关要求的其他材料。

撤除、移动位置或变更专用航标其他状况的，专业单位应当向所在地渔业航标管理机关提供变更原因的说明材料及原专用航标批准设置文件的复印件。

第九条 渔业航标管理机关应当自受理申请之日起 20 日内作出是否批准的决定。

不予批准的，书面通知当事人并说明理由。

第十条　渔业航标管理机关应当加强对专业单位设置、变更专用航标的指导和监督，并及时将专用航标的设置和变更情况报省级渔业航标管理机关备案。

第十一条　渔业航标管理机关设置的渔业航标和专业单位设置的专用航标，应当符合国家有关规定和技术标准。

第十二条　渔业航标管理机关应当及时向有关部门通报渔业航标的设置、撤除或位置移动及其他变更情况。

第十三条　渔业航标管理机关应当建立渔业航标管理档案，内容包括渔业航标设置、改造、维护与管理情况及有关批准文件、技术资料、图纸、维修项目和航行通告等。

第十四条　渔业航标管理机关应当制定渔业航标维护保养计划，定期对渔业航标进行维护保养。

专业单位设置的专用航标，由设置单位负责维护保养。

第十五条　渔业航标初次使用、停用、发生故障或功能改变，所在地渔业航标管理机关应当及时发布航行通告，同时上报省级渔业航标管理机关，以保障船舶航行安全。

第十六条　任何单位或个人发现渔业航标损坏、失常、移位、漂失的，应当及时向所在地渔业航标管理机关报告。

第十七条　任何单位和个人不得在渔业航标附近设置影响渔业航标工作效能的灯光或者其他装置。

第十八条　在视觉渔业航标的通视方向或者无线电导航设施的发射方向，不得构筑影响渔业航标正常工作效能的建筑物、构筑物，不得种植影响渔业航标正常工作效能的植物。

第十九条　因航道改变、被遮挡、背景等原因影响渔业航标导航功能的，渔业航标管理机关应当及时清除影响，必要时应当撤销另设，以保证其正常导航功能。

第二十条　船舶航行、作业或停泊时，应当与渔业航标保持安全距离，避免对渔业航标造成损害。

船舶触碰渔业航标，应当立即向所在地渔业航标管理机关报告。必要时，船舶所有人或经营人应当及时设置临时性渔业助航标志。

第二十一条　进行渔港建设或其他施工作业，需移动或者拆迁渔业航标的，应当经渔业航标管理机关同意，并采取替补措施后，方可移动或拆迁。移动、拆迁费用由工程建设单位承担。

依照前款规定移动或者拆迁渔业航标的，施工单位应当向渔业航标管理机关提交下列书面资料：

（一）施工单位法人营业执照复印件；

（二）渔业航标移动或者拆迁方案及可行性报告；

（三）移动或者拆迁位置图；

（四）临时性渔业助航标志设置方案；

（五）渔业航标管理机关要求的其他材料。

渔业航标管理机关应当自受理申请之日起20日内作出是否批准的决定，并及时将渔业航标的移动、拆迁和重建情况报省级渔业航标管理机关备案。

第二十二条　在渔港及其航道和其他渔业水域因沉船、沉物导致航行障碍，碍航物所有人或经营人应当立即将碍航物的名称、形状、尺寸、位置、深度等情况准确报告所在地渔业航标管理机关，并设置规定的临时标志或者采取其他应急措施。

碍航物所有人或经营人未采取前款规定措施的，渔业航标管理机关发现后应当立即设置临时标志或者采取其他应急措施，所需费用由碍航物所有人或经营人承担。

第二十三条　禁止下列危害和损坏渔业航标的行为：

（一）盗窃、哄抢或者以其他方式非法侵占渔业航标及其器材；

（二）非法移动、攀登或者涂抹渔业航标；

（三）向渔业航标射击或者投掷物品；

（四）在渔业航标上攀架物品，拴系牲畜、船只、渔业捕捞器具、爆炸物品等；

（五）损坏渔业航标的其他行为。

第二十四条 禁止破坏渔业航标辅助设施的行为。

前款所称渔业航标辅助设施，是指为渔业航标及其管理人员提供能源、水和其他所需物资而设置的各类设施。

第二十五条 禁止下列影响渔业航标工作效能的行为：

（一）在渔业航标周围20米内或者在埋有渔业航标地下管道、线路的地面钻孔、挖坑、采掘土石、堆放物品或者进行明火作业；

（二）在渔业航标周围150米内进行爆破作业；

（三）在渔业航标周围500米内烧荒；

（四）在无线电导航设施附近设置、使用影响导航设施工作效能的高频电磁辐射装置、设备；

（五）在渔业航标架空线路上附挂其他电力、通信线路；

（六）在渔业航标周围抛锚、拖锚、捕鱼或者养殖水生生物；

（七）影响渔业航标工作效能的其他行为。

第二十六条 对有下列行为之一的单位和个人，由渔业航标管理机关给予奖励：

（一）检举、控告危害渔业航标的行为，对破案有功的；

（二）及时制止危害渔业航标的行为，防止事故发生或者减少损失的；

（三）捞获水上漂流渔业航标，主动送交渔业航标管理机关的。

第二十七条 违反本办法第二十二条第一款的规定，不履行报告义务的，由渔业航标管理机关给予警告，可并处2 000元以下的罚款。

其他违反本办法规定的行为，由渔业航标管理机关依照《中华人民共和国航标条例》等法律法规的有关规定进行处罚。

第二十八条 本办法自2008年6月1日起施行。

中华人民共和国渔业船舶登记办法

（2012年10月22日农业部令第8号发布，自2013年1月1日起施行；根据2013年12月31日农业部令第5号《农业部关于修订部分规章的决定》第一次修订；根据2019年4月25日农业农村部令2019年第2号《农业农村部关于修改和废止部分规章、规范性文件的决定》第二次修订）

第一章　总　　则

第一条　为加强渔业船舶监督管理，确定渔业船舶的所有权、国籍、船籍港及其他有关法律关系，保障渔业船舶登记有关各方的合法权益，根据《中华人民共和国海上交通安全法》《中华人民共和国渔业法》《中华人民共和国海商法》等有关法律、法规的规定，制定本办法。

第二条　中华人民共和国公民、法人或非法人组织所有的渔业船舶，以及中华人民共和国公民或法人以光船条件从境外租进的渔业船舶，应当依照本办法进行登记。

第三条　农业部主管全国渔业船舶登记工作。中华人民共和国渔政局具体负责全国渔业船舶登记及其监督管理工作。

县级以上地方人民政府渔业行政主管部门主管本行政区域内的渔业船舶登记工作。县级以上地方人民政府渔业行政主管部门所属的渔港监督机关（以下称登记机关）依照规定权限负责本行政区域内的渔业船舶登记及其监督管理工作。

第四条　渔业船舶依照本办法进行登记，取得中华人民共和国国籍，方可悬挂中华人民共和国国旗航行。

第五条　渔业船舶不得具有双重国籍。凡在境外登记的渔业船舶，未中止或者注销原登记国籍的，不得取得中华人民共和国国籍。

第六条　渔业船舶所有人应当向户籍所在地或企业注册地的县级以上登记机关申请办理渔业船舶登记。

远洋渔业船舶登记由渔业船舶所有人向所在地省级登记机关申请办理。中央在京直属企业所属远洋渔业船舶登记由渔业船舶所有人向船舶所在地的省级登记机关申请办理。

渔业船舶登记的港口是渔业船舶的船籍港。每艘渔业船舶只能有一个船籍港。

省级登记机关应当根据本行政区域渔业船舶管理实际确定省级以下登记机关的登记权限和船籍港名称，并对外公告。

第七条　登记机关应当建立渔业船舶登记簿，并将渔业船舶登记的内容载入渔业船舶登记簿。

权利人和利害关系人有权依法查阅渔业船舶登记簿。

第八条　登记机关应当将登记的事项、依据、条件、程序、期限以及需要提交的全部材料目录和申请书示范文本在办公场所进行公示。

登记机关应当自受理申请之日起二十个工作日内作出是否准予渔业船舶登记的决定。不予登记的，书面通知当事人并说明理由。

第二章　船名核定

第九条　渔业船舶只能有一个船名。

远洋渔业船舶、科研船和教学实习船的船名由申请人在申请渔业船网工具指标时提出，经省级登记机关通过全国海洋渔船动态管理系统查询，无重名、同音且符合规范的，在《渔业船网工具指标申请书》上标注其船名、船籍港。渔业行政主管部门核发的《渔业船网工具指标批准书》应当载明上述船名、船籍港。

公务船舶的船名按照农业部的规定办理。

前款规定以外的其他渔业船舶的船名由登记机关按照农业部的统一规定核定。

第十条 有下列情形之一的，渔业船舶所有人或承租人应当向登记机关申请船名：

（一）制造、进口渔业船舶的；

（二）因继承、赠与、购置、拍卖或法院生效判决取得渔业船舶所有权，需要变更船名的；

（三）以光船条件从境外租进渔业船舶的。

第十一条 申请渔业船舶船名核定，申请人应当填写渔业船舶船名申请表，交验渔业船舶所有人或承租人的户口簿或企业法人营业执照，并提交下列材料：

（一）捕捞渔船和捕捞辅助船应当提交省级以上人民政府渔业行政主管部门签发的渔业船网工具指标批准书；

（二）养殖渔船应当提交渔业船舶所有人持有的养殖证；

（三）从境外租进的渔业船舶，应当提交农业部同意租赁的批准文件；

（四）申请变更渔业船舶船名的，应当提供变更理由及相关证明材料。

第十二条 登记机关应当自受理申请之日起七个工作日内作出核定决定。予以核定的，向申请人核发渔业船舶船名核定书，同时确定该渔业船舶的船籍港。不予核定的，书面通知当事人并说明理由。

第十三条 渔业船舶船名核定书的有效期为十八个月。

超过有效期未使用船名的，渔业船舶船名核定书作废，渔业船舶所有人应当按照本办法规定重新提出申请。

第三章　所有权登记

第十四条 渔业船舶所有权的取得、转让和消灭，应当依照本办法进行登记；未经登记的，不得对抗善意第三人。

第十五条 渔业船舶所有权登记，由渔业船舶所有人申请。共有的渔业船舶，由持股比例最大的共有人申请；持股比例相同的，由约定的共有人一方申请。

申请渔业船舶所有权登记，应当填写渔业船舶所有权登记申请表，并提交下列材料：

（一）渔业船舶所有人户口簿或企业法人营业执照；

（二）取得渔业船舶所有权的证明文件：

1. 制造渔业船舶，提交建造合同和交接文件；

2. 购置渔业船舶，提交买卖合同和交接文件；

3. 因继承、赠与、拍卖以及法院判决等原因取得所有权的，提交具有相应法律效力的证明文件；

4. 渔业船舶共有的，提交共有协议；

5. 其他证明渔业船舶合法来源的文件。

（三）渔业船舶检验证书、依法需要取得的渔业船舶船名核定书；

（四）反映船舶全貌和主要特征的渔业船舶照片；

（五）原船籍港登记机关出具的渔业船舶所有权注销登记证明书（制造渔业船舶除外）；

（六）捕捞渔船和捕捞辅助船的渔业船网工具指标批准书；

（七）养殖渔船所有人持有的养殖证；

（八）进口渔业船舶的准予进口批准文件和办结海关手续的证明；

（九）农业部规定的其他材料。

登记机关准予登记的，向渔业船舶所有人核发渔业船舶所有权登记证书。

第四章　国籍登记

第十六条　渔业船舶应当依照本办法进行渔业船舶国籍登记，方可取得航行权。

第十七条　渔业船舶国籍登记，由渔业船舶所有人申请。

申请国籍登记，应当填写渔业船舶国籍登记申请表，并提交下列材料：

（一）渔业船舶所有人的户口簿或企业法人营业执照；

（二）渔业船舶所有权登记证书；

（三）渔业船舶检验证书；

（四）捕捞渔船和捕捞辅助船的渔业船网工具指标批准书；

（五）养殖渔船所有人持有的养殖证；

（六）进口渔业船舶的准予进口批准文件和办结海关手续的证明；

（七）渔业船舶委托其他渔业企业代理经营的，提交代理协议和代理企业的营业执照；

（八）原船籍港登记机关出具的渔业船舶国籍注销或者中止证明书（制造渔业船舶除外）；

（九）农业部规定的其他材料。

国籍登记与所有权登记同时申请的，免予提交前款规定的第一、二、三、四、五、六项材料。

登记机关准予登记的，向船舶所有人核发渔业船舶国籍证书，同时核发渔业船舶航行签证簿，载明船舶主要技术参数。

第十八条　从事国内作业的渔业船舶经批准从事远洋渔业的，渔业船舶所有人应当持有关批准文件和国际渔船安全证书向省级登记机关申请换发渔业船舶国籍证书，并将原渔业船舶国籍证书交由省级登记机关暂存。

第十九条　经农业部批准从事远洋渔业的渔业船舶，需要加入他国国籍方可在他国管辖海域作业的，渔业船舶所有人应当持有关批准文件和国际渔船安全证书向省级登记机关申请中止渔业船舶国籍。登记机关准予中止国籍的，应当封存该渔业船舶国籍证书和航行签证簿，并核发渔业船舶国籍中止证明书。

依照前款规定中止国籍的渔业船舶申请恢复国籍的，应当持有关批准文件和他国登记机关出具的注销该国国籍证明书或者将于重新登记时立即注销该国国籍的证明书，向省级登记机关提出申请。登记机关准予恢复国籍的，应当发还该渔业船舶国籍证书和航行签证簿，并收回渔业船舶国籍中止证明书。

第二十条　以光船条件从境外租进渔业船舶的，承租人应当持光船租赁合同、渔业船舶检验证书或报告、农业部批准租进的文件和原登记机关出具的中止或者注销原国籍的证明书，或者将于重新登记时立即中止或者注销原国籍的证明书，向省级登记机关申请办理临时渔业船舶国籍证书。

第二十一条　渔业船舶国籍证书有效期为五年。

对达到农业部规定的老旧渔业船舶船龄的渔业船舶，登记机关核发渔业船舶国籍证书时，其证书有效期限不得超过渔业船舶检验证书记载的有效期限。

第二十二条　以光船租赁条件从境外租进的渔业船舶，临时渔业船舶国籍证书的有效期根据租赁合同期限确定，但是最长不得超过两年。

租赁合同期限超过两年的，承租人应当在证书有效期届满三十日前，持渔业船舶租赁登记证书、原临时渔业船舶国籍证书和租赁合同，向原登记机关申请换发临时渔业船舶国籍证书。

第二十三条 渔业船舶国籍证书或临时渔业船舶国籍证书必须随船携带。

第五章 抵押权登记

第二十四条 渔业船舶抵押权的设定、转移和消灭，抵押权人和抵押人应当共同依照本办法进行登记；未经登记的，不得对抗善意第三人。

第二十五条 渔业船舶所有人或其授权的人可以设定船舶抵押权。

渔业船舶共有人就共有渔业船舶设定抵押权时，应当提供三分之二以上份额或者约定份额的共有人同意的证明文件。

渔业船舶抵押权的设定，应当签订书面合同。

第二十六条 同一渔业船舶可以依法设定两个以上抵押权，抵押关系设定顺序，以抵押登记的先后为准。

第二十七条 抵押权人和抵押人共同申请渔业船舶抵押权登记，应当填写渔业船舶抵押权登记申请表，并提交下列材料：

（一）抵押权人和抵押人的户口簿或企业法人营业执照；

（二）渔业船舶所有权登记证书；

（三）抵押合同及其主合同；

（四）农业部规定的其他材料。

登记机关准予登记的，应当将抵押权登记情况载入渔业船舶所有权登记证书，并向抵押权人核发渔业船舶抵押权登记证书。

第二十八条 抵押权人依法转移船舶抵押权的，应当和承转人持渔业船舶所有权登记证书、渔业船舶抵押权登记证书和船舶抵押权转移合同，向原登记机关申请办理抵押权转移登记。

办理渔业船舶抵押权转移登记，抵押权人应当事先通知抵押人。

登记机关准予登记的，应当将有关抵押权转移情况载入渔业船舶所有权登记证书，封存原渔业船舶抵押权登记证书，并向承转人核发渔业船舶抵押权登记证书。

第六章 光船租赁登记

第二十九条 以光船条件出租渔业船舶，或者以光船条件租进境外渔业船舶的，出租人和承租人应当依照本办法进行光船租赁登记；未经登记的，不得对抗善意第三人。

第三十条 中国籍渔业船舶以光船条件出租给中国籍公民或法人的，出租人和承租人应当共同填写渔业船舶租赁登记申请表，向船籍港登记机关申请办理光船租赁登记，并提交下列材料：

（一）承租人的户口簿或企业法人营业执照；

（二）渔业船舶所有权登记证书、渔业船舶国籍证书、渔业船舶检验证书和渔业船舶航行签证簿；

（三）租赁合同；

（四）租赁捕捞渔船和捕捞辅助船的，提交出租人所在地渔业行政主管部门出具的捕捞许可证注销证明、承租人所在地渔业行政主管部门同意租赁渔业船舶的证明文件；租赁远洋渔业船舶或者跨省租赁渔业船舶的，还应当经出租人和承租人双方所在地省级人民政府渔业行政主管部门同意后报农业部批准；

（五）渔业船舶已设定抵押权的，提供抵押权人同意出租该渔业船舶的证明文件；

（六）农业部规定的其他材料。

登记机关准予登记的，应当将租赁情况载入渔业船舶所有权登记证书和国籍证书，并向出租人和承租人核发渔业船舶租赁登记证书各一份。

第三十一条 中国籍渔业船舶以光船条

件出租到境外的，出租人应当持本办法第三十条第一款第二、三、五、六项规定的文件，向船籍港登记机关申请办理光船租赁登记。捕捞渔船和捕捞辅助船还应当提供省级以上人民政府渔业行政主管部门出具的渔业捕捞许可证暂存证明。

登记机关准予登记的，应当中止该渔业船舶国籍，封存渔业船舶国籍证书和航行签证簿，将租赁情况载入渔业船舶所有权登记证书和国籍证书，并向出租人核发渔业船舶租赁登记证书和渔业船舶国籍中止证明书。

第三十二条　中国籍公民、法人或非法人组织以光船条件租进境外渔业船舶的，承租人应当填写渔业船舶租赁登记申请表，向所在地省级登记机关申请办理光船租赁登记，并提交下列材料：

（一）承租人的户口簿或企业法人营业执照；

（二）租赁合同；

（三）国家渔业船舶检验机构签发的渔业船舶检验证书或检验报告；

（四）境外登记机关出具的中止或注销该船国籍的文件，或者将于重新登记时立即中止或注销船舶国籍的文件；

（五）农业部批准租进的文件；

（六）农业部规定的其他材料。

登记机关准予登记的，应当向承租人核发渔业船舶租赁登记证书，并将租赁登记内容载入临时渔业船舶国籍证书。

第七章　变更登记和注销登记

第三十三条　下列登记事项发生变更的，渔业船舶所有人应当向原登记机关申请变更登记：

（一）船名；

（二）船舶主尺度、吨位或船舶种类；

（三）船舶主机类型、数量或功率；

（四）船舶所有人姓名、名称或地址（船舶所有权发生转移的除外）；

（五）船舶共有情况；

（六）船舶抵押合同、租赁合同（解除合同的除外）。

第三十四条　渔业船舶所有人申请变更登记，应当填写渔业船舶变更登记申请表，并提交下列材料：

（一）渔业船舶所有人的户口簿或企业法人营业执照；

（二）渔业船舶所有权登记证书、渔业船舶国籍证书、渔业船舶检验证书和航行签证簿；

（三）变更登记证明材料：

1. 远洋渔业船舶、科研船和教学实习船以外的渔业船舶船名变更的，提交渔业船舶船名核定书；

2. 更新改造捕捞渔船和捕捞辅助船的，提交渔业船网工具指标批准书；

3. 渔业船舶所有人姓名、名称或地址变更的，提交公安部门或者工商行政管理部门核发的变更证明文件；

4. 船舶抵押合同变更的，提交抵押合同及补充协议和抵押权登记证书；船舶租赁合同变更的，提交租赁合同及补充协议和租赁登记证书；

5. 船舶共有情况变更的，提交共有协议和共有各方同意变更的书面证明。

（四）农业部规定的其他材料。

登记机关受理变更登记申请，经审查发现申请变更事项将导致登记机关发生变更的，应当书面通知渔业船舶所有人向有权机关申请办理渔业船舶登记，并将船舶登记档案转交给有权机关。

登记机关准予变更登记的，应当换发相关证书，并收回、注销原有证书。换发的证书有效期不变。

第三十五条　渔业船舶有下列情形之一的，渔业船舶所有人应当向登记机关申请办理渔业船舶所有权注销登记：

（一）所有权转移的；

（二）灭失或失踪满六个月的；

（三）拆解或销毁的；

（四）自行终止渔业生产活动的。

第三十六条 渔业船舶所有人申请注销登记，应当填写渔业船舶注销登记申请表，并提交下列材料：

（一）渔业船舶所有人的户口簿或企业法人营业执照；

（二）渔业船舶所有权登记证书、国籍证书和航行签证簿。因证书灭失无法交回的，应当提交书面说明和在当地报纸上公告声明的证明材料；

（三）捕捞渔船和捕捞辅助船的捕捞许可证注销证明；

（四）注销登记证明材料：

1. 渔业船舶所有权转移的，提交渔业船舶买卖协议或所有权转移的其他法律文件；

2. 渔业船舶灭失或失踪六个月以上的，提交有关渔港监督机构出具的证明文件；

3. 渔业船舶拆解或销毁的，提交有关渔业行政主管部门出具的渔业船舶拆解、销毁或处理证明；

4. 渔业船舶已办理抵押权登记或租赁登记的，提交相应登记注销证明书；

5. 自行终止渔业生产活动的，提交不再从事渔业生产活动的书面声明。

（五）农业部规定的其他材料。

登记机关准予注销登记的，应当收回前款第二项所列证书，并向渔业船舶所有人出具渔业船舶注销登记证明书。

登记机关在注销渔业船舶所有权登记时，应当同时注销该渔业船舶国籍。

第三十七条 渔业船舶所有权因依法拍卖和法院生效判决发生转移，但原所有人未申请注销的，依法取得该渔业船舶所有权的所有人可以向登记机关申请注销所有权登记，并提交第三十六条第一项、第三项、第四项第一目、第五项所列材料。登记机关经审查准予注销登记的，应当向申请人出具渔业船舶注销登记证明书。

渔业船舶灭失或失踪、拆解或销毁的，依法取得渔业船舶相关权利的权利人可以依照前款规定向登记机关申请注销登记。

登记机关准予注销渔业船舶所有权登记和国籍的，应当予以公告。

第三十八条 渔业船舶有第三十五条第二、三项情形之一，但所有人或者依法取得渔业船舶相关权利的权利人未申请注销所有权登记的，登记机关经查明，可在上述情形发生六个月后，在当地报纸上发布拟注销登记公告。自公告发布之日起三十日内无异议或异议不成立的，登记机关可注销该渔业船舶所有权登记和国籍登记，并予以公告。

第三十九条 有下列情形之一的，登记机关可直接注销该渔业船舶国籍：

（一）国籍证书有效期满未延续的；

（二）渔业船舶检验证书有效期满未依法延续的；

（三）以贿赂、欺骗等不正当手段取得渔业船舶国籍的；

（四）依法应当注销的其他情形。

第四十条 已经办理注销登记的灭失或失踪的渔业船舶，经打捞或寻找，原船恢复后，渔业船舶所有人应当书面说明理由，持有关证明文件，依照本办法向原登记机关重新申请办理渔业船舶登记。

第四十一条 船舶抵押合同解除，抵押权人和抵押人应当填写渔业船舶抵押权注销登记申请表，持渔业船舶所有权登记证书、渔业船舶抵押权登记证书、经抵押权人签字的解除抵押合同的文件和双方身份证明文件，向登记机关申请办理船舶抵押权注销登记。

登记机关准予注销登记的，应当注销其在渔业船舶所有权登记证书上的抵押登记记录，收回渔业船舶抵押权登记证书，存入该船登记档案。

第四十二条　中国籍渔业船舶以光船条件出租给中国籍公民或法人的光船租赁合同期满或光船租赁关系终止，出租人和承租人应当自光船租赁合同期满或光船租赁关系终止之日起三十日内，填写渔业船舶租赁登记注销申请表，向登记机关申请办理光船租赁注销登记，并提交下列材料：

（一）渔业船舶所有权登记证书、国籍证书；

（二）渔业船舶租赁登记证书；

（三）光船租赁合同或者终止光船租赁关系的证明文件；

（四）捕捞渔船和捕捞辅助船的捕捞许可证注销证明；

（五）农业部规定的其他材料。

登记机关准予注销登记的，应当注销渔业船舶所有权登记证书和国籍证书上的光船租赁登记记录，收回渔业船舶租赁登记证书，向出租人、承租人分别出具渔业船舶租赁登记注销证明书。

第四十三条　中国籍渔业船舶以光船条件出租到境外的光船租赁合同期满或光船租赁关系终止，出租人应当自光船租赁合同期满或光船租赁关系终止之日起三十日内，填写渔业船舶租赁登记注销申请表，向登记机关申请办理光船租赁注销登记，并提交下列材料：

（一）渔业船舶所有权登记证书；

（二）渔业船舶租赁登记证书；

（三）光船租赁合同或者终止光船租赁关系的证明文件；

（四）境外登记机关出具的国籍登记注销证明书或者将于重新登记时立即注销船舶国籍的证明书；

（五）农业部规定的其他材料。

登记机关准予注销登记的，应当注销渔业船舶所有权登记证书和国籍证书上的光船租赁登记记录，收回渔业船舶租赁登记证书，向出租人出具渔业船舶租赁登记注销证明书，并发还封存的渔业船舶国籍证书和航行签证簿，依法恢复该船国籍。

第四十四条　中国籍公民、法人或非法人组织以光船租赁条件从境外租进渔业船舶的光船租赁合同期满或光船租赁关系终止，承租人应当自光船租赁合同期满或光船租赁关系终止之日起三十日内，填写渔业船舶租赁登记注销申请表，向登记机关申请办理光船租赁注销登记，并提交下列材料：

（一）渔业船舶租赁登记证书；

（二）光船租赁合同或者终止光船租赁关系的证明文件；

（三）临时渔业船舶国籍证书和航行签证簿；

（四）捕捞渔船和捕捞辅助船的捕捞许可证注销证明；

（五）农业部规定的其他材料。

登记机关准予注销登记的，应当注销该光船租赁登记记录，收回临时渔业船舶国籍证书和渔业船舶租赁登记证书，向承租人出具渔业船舶租赁登记注销证明书。

第八章　证书换发和补发

第四十五条　渔业船舶所有人应当在渔业船舶国籍证书有效期届满三个月前，持渔业船舶国籍证书和渔业船舶检验证书到登记机关申请换发国籍证书。

渔业船舶登记证书污损不能使用的，渔业船舶所有人应当持原证书向登记机关申请换发。

第四十六条　渔业船舶登记相关证书、证明遗失或者灭失的，渔业船舶所有人应当在当地报纸上公告声明，并自公告发布之日起十五日后凭有关证明材料向登记机关申请补发证书、证明。

申请补发渔业船舶国籍证书期间需要航

行作业的，渔业船舶所有人可以向原登记机关申请办理有效期不超过一个月的临时渔业船舶国籍证书。

第四十七条 渔业船舶国籍证书在境外遗失、灭失或者损坏的，渔业船舶所有人应当向中华人民共和国驻外使（领）馆申请办理临时渔业船舶国籍证书，并同时向原登记机关申请补发渔业船舶国籍证书。

第九章 监督管理

第四十八条 县级以上人民政府渔业行政主管部门应当加强渔业船舶登记管理信息系统建设，建立健全渔业船舶数据库，提高渔业船舶登记管理和服务水平，保障渔业船舶当事人合法权益。

第四十九条 登记机关应当建立渔业船舶登记档案。

渔业船舶所有权、国籍登记注销后，登记档案应当保存不少于五年。

第五十条 禁止涂改、伪造、变造、转让渔业船舶登记证书。

有前款情形的，渔业船舶登记证书无效。

第五十一条 违反本办法规定的，依照有关法律、行政法规和规章进行处罚。

第十章 附 则

第五十二条 本办法所称渔业船舶，系指《中华人民共和国渔港水域交通安全管理条例》第四条规定的渔业船舶。

第五十三条 港澳流动渔船的登记备案，按照农业部有关港澳流动渔船管理的规定执行。

第五十四条 渔业船舶登记费的收取、使用和管理，按照国家有关规定执行。

第五十五条 渔业船舶船名核定书、渔业船舶登记簿、渔业船舶所有权登记证书、渔业船舶国籍证书、临时渔业船舶国籍证书、渔业船舶抵押权登记证书、渔业船舶租赁登记证书、渔业船舶注销或中止证明书由农业部统一印制。

渔业船舶登记申请表由各省、自治区、直辖市登记机关按农业部规定的统一格式印制。

第五十六条 各省、自治区、直辖市人民政府渔业行政主管部门可依据本办法，结合本地实际情况，制定实施办法，报农业部备案。

船长在十二米以下的小型渔业船舶的登记程序可适当简化，具体办法由各省、自治区、直辖市人民政府渔业行政主管部门在制定实施办法时规定。

第五十七条 本办法自2013年1月1日起施行。农业部1996年1月22日发布，1997年12月25日、2004年7月1日、2010年11月26日修订的《中华人民共和国渔业船舶登记办法》（农渔发〔1996〕2号）同时废止。

渔业船舶船名规定

（1998年3月2日发布，自发布之日起施行；根据2007年11月8日农业部令第6号《农业部现行规章清理结果》第一次修订；根据2010年11月26日农业部令第11号《农业部关于修订部分规章的决定》第二次修订；根据2013年12月31日农业部令2013年第5号《农业部关于修订部分规章的决定》第三次修订）

第一条 为加强渔业船舶的监督管理工作，规范渔业船舶船名，根据《中华人民共和国海商法》《中华人民共和国渔业船舶登记办法》等有关法律、法规，制定本规定。

第二条 凡具有中华人民共和国国籍的渔业船舶均应依照本规定标写船名、船籍港和悬挂船名牌。

第三条 渔业船舶船名由以下4部分依次组成：

（一）省（自治区、直辖市）名称的规范化简称。

（二）渔业船舶所在县（市、区）名称的规范化简称，取第一个汉字，如果第一个汉字与本省其他县（市、区）名称相同，则取前两个汉字。

（三）船舶种类（或用途）的代称：

1. 捕捞船用“渔”；
2. 养殖船用“渔养”；
3. 渔业指导船用“渔指”；
4. 供油船用“渔油”；
5. 供水船用“渔水”；
6. 渔业运输船用“渔运”；
7. 渔业冷藏船用“渔冷”；

其他种类的渔业船舶由各省级渔业船舶登记机关规定，报中华人民共和国渔政局备案。

（四）顺序号由5位数的数码组成。

第四条 国有渔业企业的渔业船舶的船名，可以用本企业名称的简称代替省、自治区、直辖市名称的简称和本企业所在县（市、区）名称的简称。

第五条 远洋渔业船舶、科研船和教学实习船的船名，由简体汉字或简体汉字和数字依次组成。

前款规定的船名不得与登记在先的船舶同名或同音。

国内现有捕捞渔船依法从事远洋作业的，船名保持不变。

第六条 渔政船、渔监船等国家公务船的船名，由其主管机关规定。

第七条 渔业船舶取得船名后，应当在船首两舷和船尾部标写船名和船籍港名称。船首两侧的船名从左至右横向标写；船籍港名称应在船尾部中央从左至右水平标写。

第八条 船名和船籍港名称的标写颜色为黑底白字，如果船体漆的颜色与白色反差较大，也可以以船体漆的颜色为底色。标写字型均为仿宋体，字迹必须工整、清晰。字体大小视船型而定，但船名字体尺寸不应小于300毫米×300毫米，船籍港的字体尺寸不应小于200毫米×200毫米。

第九条 渔业船舶应当在驾驶台顶部两侧悬挂船名牌。船名牌制作要求如下：

（一）颜色为蓝底白字；

（二）形状为圆角矩形；

（三）船名牌的型号分为ⅰ、ⅱ和ⅲ型。

使用范围如下：

1. 船长大于 24 米的渔业船舶使用ⅰ型牌；

2. 船长在 12 至 24 米之间渔业船舶使用ⅱ型牌；

3. 船长小于 12 米的渔业船舶使用ⅲ型牌。

（四）船牌内汉字采用仿宋体。

（五）ⅰ型船牌外型尺寸为：1 400 毫米×330 毫米；

ⅱ型船牌外型尺寸为：1 000 毫米×300 毫米；

ⅲ型船牌的规格由各省级渔业船舶登记机关规定。报中华人民共和国渔政渔港监督管理局备案。

（六）船名牌可以使用铝板、木板或玻璃钢板制作。

（七）ⅰ型船牌由海区渔政渔港监督管理局负责统一制作。

第十条 船名牌必须固定安装，并保持完整无损，不得被其他物体遮挡。发现损坏、褪色等可能影响船名牌显示效能的情况时，应及时修复或更换。

第十一条 本规定由农业部负责解释。

第十二条 本规定自颁布之日起执行。

第十三条 原农林部颁布的《关于渔船统一编号的通知》［（75）农林（渔）字第 34 号］从本规定颁布之日起废止。

中华人民共和国渔业船员管理办法

（2014年5月23日农业部令2014年第4号公布；根据2017年11月30日农业部令2017年第8号《农业部关于修改和废止部分规章、规范性文件的决定》第一次修订；根据2022年1月7日农业农村部令2022年第1号《农业农村部关于修改和废止部分规章、规范性文件的决定》第二次修订）

第一章 总 则

第一条 加强渔业船员管理，维护渔业船员合法权益，保障渔业船舶及船上人员的生命财产安全，根据《中华人民共和国船员条例》，制定本办法。

第二条 本办法适用于在中华人民共和国国籍渔业船舶上工作的渔业船员的管理。

第三条 农业农村部负责全国渔业船员管理工作。

县级以上地方人民政府渔业主管部门及其所属的渔政渔港监督管理机构，依照各自职责负责渔业船员管理工作。

第二章 渔业船员任职和发证

第四条 渔业船员实行持证上岗制度。渔业船员应当按照本办法的规定接受培训，经考试或考核合格、取得相应的渔业船员证书后，方可在渔业船舶上工作。

在远洋渔业船舶上工作的中国籍船员，还应当按照有关规定取得中华人民共和国海员证。

第五条 渔业船员分为职务船员和普通船员。

职务船员是负责船舶管理的人员，包括以下五类：

（一）驾驶人员，职级包括船长、船副、助理船副；

（二）轮机人员，职级包括轮机长、管轮、助理管轮；

（三）机驾长；

（四）电机员；

（五）无线电操作员。

职务船员证书分为海洋渔业职务船员证书和内陆渔业职务船员证书，具体等级职级划分见附件1。

普通船员是职务船员以外的其他船员。普通船员证书分为海洋渔业普通船员证书和内陆渔业普通船员证书。

第六条 渔业船员培训包括基本安全培训、职务船员培训和其他培训。

基本安全培训是指渔业船员都应当接受的任职培训，包括水上求生、船舶消防、急救、应急措施、防止水域污染、渔业安全生产操作规程等内容。

职务船员培训是指职务船员应当接受的任职培训，包括拟任岗位所需的专业技术知识、专业技能和法律法规等内容。

其他培训是指远洋渔业专项培训和其他与渔业船舶安全和渔业生产相关的技术、技能、知识、法律法规等培训。

第七条 申请渔业普通船员证书应当具备以下条件：

（一）年满18周岁（在船实习、见习人员年满16周岁）且初次申请不超过60周岁；

（二）符合渔业船员健康标准（见附件2）；

（三）经过基本安全培训。

符合以上条件的，由申请者向渔政渔港监督管理机构提出书面申请。渔政渔港监督管理机构应当组织考试或考核，对考试或考核合格的，自考试成绩或考核结果公布之日起10个工作日内发放渔业普通船员证书。

第八条 申请渔业职务船员证书应当具备以下条件：

（一）持有渔业普通船员证书或下一级相应职务船员证书；

（二）初次申请不超过60周岁；

（三）符合任职岗位健康条件要求；

（四）具备相应的任职资历条件（见附件3），且任职表现和安全记录良好；

（五）完成相应的职务船员培训，在远洋渔业船舶上工作的驾驶和轮机人员，还应当接受远洋渔业专项培训。

符合以上条件的，由申请者向渔政渔港监督管理机构提出书面申请。渔政渔港监督管理机构应当组织考试或考核，对考试或考核合格的，自考试成绩或考核结果公布之日起10个工作日内发放相应的渔业职务船员证书。

第九条 航海、海洋渔业、轮机管理、机电、船舶通信等专业的院校毕业生申请渔业职务船员证书，具备本办法第八条规定的健康及任职资历条件的，可申请考核。经考核合格，按以下规定分别发放相应的渔业职务船员证书：

（一）高等院校本科毕业生按其所学专业签发一级船副、一级管轮、电机员、无线电操作员证书；

（二）高等院校专科（含高职）毕业生按其所学专业签发二级船副、二级管轮、电机员、无线电操作员证书；

（三）中等专业学校毕业生按其所学专业签发助理船副、助理管轮、电机员、无线电操作员证书。

内陆渔业船舶接收相应专业毕业生任职的，参照前款规定执行。

第十条 曾在军用船舶、交通运输船舶等非渔业船舶上任职的船员申请渔业船员证书，应当参加考核。经考核合格，由渔政渔港监督管理机构换发相应的渔业普通船员证书或渔业职务船员证书。

第十一条 申请海洋渔业船舶一级驾驶人员、一级轮机人员、电机员、无线电操作员证书以及远洋渔业职务船员证书的，由省级以上渔政渔港监督管理机构组织考试、考核、发证；其他渔业船员证书的考试、考核、发证权限由省级渔政渔港监督管理机构制定并公布，报农业农村部备案。

第十二条 渔业船员考试包括理论考试和实操评估。海洋渔业船员考试大纲由农业农村部统一制定并公布。内陆渔业船员考试大纲由省级渔政渔港监督管理机构根据本辖区的具体情况制定并公布。

渔业船员考核可由渔政渔港监督管理机构根据实际需要和考试大纲，选取适当科目和内容进行。

第十三条 渔业船员证书的有效期不超过5年。证书有效期满，持证人需要继续从事相应工作的，应当向有相应管理权限的渔政渔港监督管理机构申请换发证书。渔政渔港监督管理机构可以根据实际需要和职务知识技能更新情况组织考核，对考核合格的，换发相应渔业船员证书。

渔业船员证书期满5年后，持证人需要从事渔业船员工作的，应当重新申请原等级原职级证书。

第十四条 有效期内的渔业船员证书损坏或丢失的，应当凭损坏的证书原件或在原发证机关所在地报纸刊登的遗失声明，向原发证机关申请补发。补发的渔业船员证书有效期应当与原证书有效期一致。

第十五条 渔业船员证书格式由农业农

村部统一制定。远洋渔业职务船员证书由农业农村部印制；其他渔业船员证书由省级渔政渔港监督管理机构印制。

第十六条　禁止伪造、变造、转让渔业船员证书。

第三章　渔业船员配员和职责

第十七条　海洋渔业船舶应当满足本办法规定的职务船员最低配员标准（附件4）。内陆渔业船舶船员最低配员标准由各省级人民政府渔业主管部门根据本地情况制定，报农业农村部备案。

持有高等级职级船员证书的船员可以担任低等级职级船员职务。

渔业船舶所有人或经营人可以根据作业安全和管理的需要，增加职务船员的配员。

第十八条　渔业船舶在境外遇有不可抗力或其他持证人不能履行职务的特殊情况，导致无法满足本办法规定的职务船员最低配员标准时，具备以下条件的船员，可以由船舶所有人或经营人向船籍港所在地省级渔政渔港监督管理机构申请临时担任上一职级职务：

（一）持有下一职级相应证书；

（二）申请之日前5年内，具有6个月以上不低于其船员证书所记载船舶、水域、职务的任职资历；

（三）任职表现和安全记录良好。

渔政渔港监督管理机构根据拟担任上一级职务船员的任职情况签发特免证明。特免证明有效期不得超过6个月，不得延期，不得连续申请。渔业船舶抵达中国第一个港口后，特免证明自动失效。失效的特免证明应当及时缴回签发机构。

一艘渔业船舶上同时持有特免证明的船员不得超过2人。

第十九条　中国籍渔业船舶的船长应当由中国籍公民担任。

外国籍公民在中国籍渔业船舶上工作，应当持有所属国政府签发的相关身份证件，在我国依法取得就业许可，并按本办法的规定取得渔业船员证书。持有中华人民共和国缔结或者加入的国际条约的缔约国签发的外国职务船员证书的，应当按照国家有关规定取得承认签证。承认签证的有效期不得超过被承认职务船员证书的有效期，当被承认职务船员证书失效时，相应的承认签证自动失效。

第二十条　渔业船舶所有人或经营人应当为在渔业船舶上工作的渔业船员建立基本信息档案，并报船籍港所在地渔政渔港监督管理机构或渔政渔港监督管理机构委托的服务机构备案。

渔业船员变更的，渔业船舶所有人或经营人应当在出港前10个工作日内报船籍港所在地渔政渔港监督管理机构或渔政渔港监督管理机构委托的服务机构备案，并及时变更渔业船员基本信息档案。

第二十一条　渔业船员在船工作期间，应当符合下列要求：

（一）携带有效的渔业船员证书；

（二）遵守法律法规和安全生产管理规定，遵守渔业生产作业及防治船舶污染操作规程；

（三）执行渔业船舶上的管理制度和值班规定；

（四）服从船长及上级职务船员在其职权范围内发布的命令；

（五）参加渔业船舶应急训练、演习，落实各项应急预防措施；

（六）及时报告发现的险情、事故或者影响航行、作业安全的情况；

（七）在不严重危及自身安全的情况下，尽力救助遇险人员；

（八）不得利用渔业船舶私载、超载人员和货物，不得携带违禁物品；

（九）职务船员不得在生产航次中擅自

辞职、离职或者中止职务。

第二十二条 渔业船员在船舶航行、作业、锚泊时应当按照规定值班。值班船员应当履行以下职责：

（一）熟悉并掌握船舶的航行与作业环境、航行与导航设施设备的配备和使用、船舶的操控性能、本船及邻近船舶使用的渔具特性，随时核查船舶的航向、船位、船速及作业状态；

（二）按照有关的船舶避碰规则以及航行、作业环境要求保持值班瞭望，并及时采取预防船舶碰撞和污染的相应措施；

（三）如实填写有关船舶法定文书；

（四）在确保航行与作业安全的前提下交接班。

第二十三条 船长是渔业安全生产的直接责任人，在组织开展渔业生产、保障水上人身与财产安全、防治渔业船舶污染水域和处置突发事件方面，具有独立决定权，并履行以下职责：

（一）确保渔业船舶和船员携带符合法定要求的证书、文书以及有关航行资料；

（二）确保渔业船舶和船员在开航时处于适航、适任状态，保证渔业船舶符合最低配员标准，保证渔业船舶的正常值班；

（三）服从渔政渔港监督管理机构依据职责对渔港水域交通安全和渔业生产秩序的管理，执行有关水上交通安全和防治船舶污染等规定；

（四）确保渔业船舶依法进行渔业生产，正确合法使用渔具渔法，在船人员遵守相关资源养护法律法规，按规定填写渔捞日志，并按规定开启和使用安全通导设备；

（五）在渔业船员证书内如实记载渔业船员的履职情况；

（六）按规定办理渔业船舶进出港报告手续；

（七）船舶进港、出港、靠泊、离泊，通过交通密集区、危险航区等区域，或者遇有恶劣天气和海况，或者发生水上交通事故、船舶污染事故、船舶保安事件以及其他紧急情况时，应当在驾驶台值班，必要时应当直接指挥船舶；

（八）发生水上安全交通事故、污染事故、涉外事件、公海登临和港口国检查时，应当立即向渔政渔港监督管理机构报告，并在规定的时间内提交书面报告；

（九）全力保障在船人员安全，发生水上安全事故危及船上人员或财产安全时，应当组织船员尽力施救；

（十）弃船时，船长应当最后离船，并尽力抢救渔捞日志、轮机日志、油类记录簿等文件和物品；

（十一）在不严重危及自身船舶和人员安全的情况下，尽力履行水上救助义务。

第二十四条 船长履行职责时，可以行使下列权力：

（一）当渔业船舶不具备安全航行条件时，拒绝开航或者续航；

（二）对渔业船舶所有人或经营人下达的违法指令，或者可能危及船员、财产或船舶安全，以及造成渔业资源破坏和水域环境污染的指令，可以拒绝执行；

（三）当渔业船舶遇险并严重危及船上人员的生命安全时，决定船上人员撤离渔业船舶；

（四）在渔业船舶的沉没、毁灭不可避免的情况下，报经渔业船舶所有人或经营人同意后弃船，紧急情况除外；

（五）责令不称职的船员离岗。

船长在其职权范围内发布的命令，船舶上所有人员必须执行。

第四章　渔业船员培训和服务

第二十五条 渔业船员培训机构开展培训业务，应当具备开展相应培训所需的场地、设施、设备和教学人员条件。

第二十六条　海洋渔业船员培训机构分为以下三级，应当具备的具体条件由农业农村部另行规定：

一级渔业船员培训机构，可以承担海洋渔业船舶各类各级职务船员培训、远洋渔业专项培训和基本安全培训；

二级渔业船员培训机构，可以承担海洋渔业船舶二级以下驾驶和轮机人员培训、机驾长培训和基本安全培训；

三级渔业船员培训机构，可以承担海洋渔业船舶机驾长培训和基本安全培训。

内陆渔业船员培训机构应当具备的具体条件，由省级人民政府渔业主管部门根据渔业船员管理需要制定。

第二十七条　渔业船员培训机构应当在每期培训班开班前，将学员名册、培训内容和教学计划报所在地渔政渔港监督管理机构备案。

第二十八条　渔业船员培训机构应当建立渔业船员培训档案。学员参加培训课时达到规定培训课时80%的，渔业船员培训机构方可出具渔业船员培训证明。

第二十九条　国家鼓励建立渔业船员服务机构。

渔业船员服务机构可以为渔业船员代理申请考试、申领证书等有关手续，代理船舶所有人或经营人管理渔业船员事务，提供渔业船员船舶配员等服务。

渔业船员服务机构为船员提供服务，应当订立书面合同。

第五章　渔业船员职业管理与保障

第三十条　渔业船舶所有人或经营人应当依法与渔业船员订立劳动合同。

渔业船舶所有人或经营人，不得招用未持有相应有效渔业船员证书的人员上船工作。

第三十一条　渔业船舶所有人或经营人应当依法为渔业船员办理保险。

第三十二条　渔业船舶所有人或经营人应当保障渔业船员的生活和工作场所符合《渔业船舶法定检验规则》对船员生活环境、作业安全和防护的要求，并为船员提供必要的船上生活用品、防护用品、医疗用品，建立船员健康档案，为船员定期进行健康检查和心理辅导，防治职业疾病。

第三十三条　渔业船员在船上工作期间受伤或者患病的，渔业船舶所有人或经营人应当及时给予救治；渔业船员失踪或者死亡的，渔业船舶所有人或经营人应当及时做好善后工作。

第三十四条　渔业船舶所有人或经营人是渔业安全生产的第一责任人，应当保证安全生产所需的资金投入，建立健全安全生产责任制，按照规定配备船员和安全设备，确保渔业船舶符合安全适航条件，并保证船员足够的休息时间。

第六章　监督管理

第三十五条　渔政渔港监督管理机构应当健全渔业船员管理及监督检查制度，建立渔业船员档案，督促渔业船舶所有人或经营人完善船员安全保障制度，落实相应的保障措施。

第三十六条　渔政渔港监督管理机构应当依法对渔业船员持证情况、任职资格和资历、履职情况、安全记录，船员培训机构培训质量，船员服务机构诚实守信情况等进行监督检查，必要时可对船员进行现场考核。

渔政渔港监督管理机构依法实施监督检查时，船员、渔业船舶所有人和经营人、船员培训机构和服务机构应当予以配合，如实提供证书、材料及相关情况。

第三十七条　渔业船员违反有关法律、法规、规章的，除依法给予行政处罚外，各省级人民政府渔业主管部门可根据本地实际情况实行累计记分制度。

第三十八条 渔政渔港监督管理机构应当对渔业船员培训机构的条件、培训情况、培训质量等进行监督检查，检查内容包括教学计划的执行情况、承担本期培训教学任务的师资情况和教学情况、培训设施设备和教材的使用及补充情况、培训规模与师资配备要求的符合情况、学员的出勤情况、培训档案等。

第三十九条 渔政渔港监督管理机构应当公开有关渔业船员管理的事项、办事程序、举报电话号码、通信地址、电子邮件信箱等信息，自觉接受社会的监督。

第七章　罚　　则

第四十条 违反本办法规定，以欺骗、贿赂等不正当手段取得渔业船员证书的，由渔政渔港监督管理机构吊销渔业船员证书，并处 2 000 元以上 2 万元以下罚款，三年内不再受理申请人渔业船员证书申请。

第四十一条 伪造、变造、转让渔业船员证书的，由渔政渔港监督管理机构收缴有关证书，处 2 万元以上 10 万元以下罚款，有违法所得的，还应当没收违法所得。

隐匿、篡改或者销毁有关渔业船舶、渔业船员法定证书、文书的，由渔政渔港监督管理机构处 1 000 元以上 1 万元以下罚款；情节严重的，并处暂扣渔业船员证书 6 个月以上 2 年以下直至吊销渔业船员证书的处罚。

第四十二条 渔业船员违反本办法第二十一条第一项规定，责令改正，可以处2 000 元以下罚款。

违反本办法第二十一条第三项、第四项、第五项规定的，予以警告，情节严重的，处 200 元以上 2 000 元以下罚款。

违反本办法第二十一条第九项规定的，处 1 000 元以上 2 万元以下罚款。

第四十三条 渔业船员违反本办法第二十一条第二项、第六项、第七项、第八项和第二十二条规定的，处 1 000 元以上 1 万元以下罚款；情节严重的，并处暂扣渔业船员证书 6 个月以上 2 年以下直至吊销渔业船员证书的处罚。

第四十四条 渔业船舶的船长违反本办法第二十三条第一项、第二项、第五项、第七项、第十项规定的，由渔政渔港监督管理机构处 2 000 元以上 2 万元以下罚款；情节严重的，并处暂扣渔业船员证书 6 个月以上 2 年以下直至吊销渔业船员证书的处罚。违反第二十三条第三项、第六项规定的，责令改正，并可以处警告、2 000 元以上 2 万元以下罚款；情节严重的，并处暂扣渔业船员证书 6 个月以下，直至吊销渔业船员证书的处罚。违反第二十三条第四项、第八项、第九项、第十一项规定的，由渔政渔港监督管理机构处 2 000 元以上 2 万元以下罚款。

第四十五条 渔业船员因违规造成责任事故，涉嫌犯罪的，及时将案件移送司法机关，依法追究刑事责任。

第四十六条 渔业船员证书被吊销的，自被吊销之日起 2 年内，不得申请渔业船员证书。

第四十七条 渔业船舶所有人或经营人有下列行为之一的，由渔政渔港监督管理机构责令改正，处 3 万元以上 15 万元以下罚款：

（一）未按规定配齐渔业职务船员，或招用未取得本办法规定证件的人员在渔业船舶上工作的；

（二）渔业船员在渔业船舶上生活和工作的场所不符合相关要求的；

（三）渔业船员在船工作期间患病或者受伤，未及时给予救助的。

第四十八条 渔业船员培训机构有下列情形之一的，由渔政渔港监督管理机构责令改正，并按以下规定处罚：

（一）不具备规定条件开展渔业船员培训的，处5万元以上25万元以下罚款，有违法所得的，还应当没收违法所得；

（二）未按规定的渔业船员考试大纲和水上交通安全、防治船舶污染等内容要求进行培训的，可以处2万元以上10万元以下罚款。

未按规定出具培训证明或者出具虚假培训证明的，由渔政渔港监督管理机构给予警告，责令改正；拒不改正或者再次出现同类违法行为的，可处3万元以下罚款。

第四十九条　渔业主管部门或渔政渔港监督管理机构工作人员有下列情形之一的，依法给予处分：

（一）违反规定发放渔业船员证书的；

（二）不依法履行监督检查职责的；

（三）滥用职权、玩忽职守的其他行为。

第八章　附　　则

第五十条　本办法中下列用语的含义是：

渔业船员，是指服务于渔业船舶，具有固定工作岗位的人员。

船舶长度，是指公约船长，即《渔业船舶国籍证书》所登记的“船长”。

主机总功率，是指所有用于推进的发动机持续功率总和，即《渔业船舶国籍证书》所登记“主机总功率”。

第五十一条　海洋渔业船舶的所有人、经营人、船长、船员违反《中华人民共和国海上交通安全法》相关规定的处罚，按《中华人民共和国海上交通安全法》执行。

第五十二条　非机动渔业船舶的船员管理办法，由各省级人民政府渔业主管部门根据本地实际情况制定。

第五十三条　渔业船员培训、考试、发证，应当按国家有关规定缴纳相关费用。

第五十四条　本办法自2015年1月1日起施行。农业部1994年8月18日公布的《内河渔业船舶船员考试发证规则》、1998年3月2日公布的《中华人民共和国渔业船舶普通船员专业基础训练考核发证办法》、2006年3月27日公布的《中华人民共和国海洋渔业船员发证规定》同时废止。

渔业船舶水上安全事故报告和调查处理规定

（2012年12月25日农业部令2012年第9号公布，自2013年2月1日起施行）

第一章 总 则

第一条 为加强渔业船舶水上安全管理，规范渔业船舶水上安全事故的报告和调查处理工作，落实渔业船舶水上安全事故责任追究制度，根据《中华人民共和国安全生产法》《中华人民共和国海上交通安全法》《生产安全事故报告和调查处理条例》《中华人民共和国渔港水域交通安全管理条例》《中华人民共和国海上交通事故调查处理条例》和《中华人民共和国内河交通安全管理条例》等法律法规，制定本规定。

第二条 下列水上安全事故的报告和调查处理，适用本规定：

（一）船舶、设施在中华人民共和国渔港水域内发生的水上安全事故；

（二）在中华人民共和国渔港水域外从事渔业活动的渔业船舶以及渔业船舶之间发生的水上安全事故。

渔业船舶与非渔业船舶之间在渔港水域外发生的水上安全事故，按照有关规定调查处理。

第三条 本规定所称水上安全事故，包括水上生产安全事故和自然灾害事故。

水上生产安全事故是指因碰撞、风损、触损、火灾、自沉、机械损伤、触电、急性工业中毒、溺水或其他情况造成渔业船舶损坏、沉没或人员伤亡、失踪的事故。

自然灾害事故是指台风或大风、龙卷风、风暴潮、雷暴、海啸、海冰或其他灾害造成渔业船舶损坏、沉没或人员伤亡、失踪的事故。

第四条 渔业船舶水上安全事故分为以下等级：

（一）特别重大事故，指造成三十人以上死亡、失踪，或一百人以上重伤（包括急性工业中毒，下同），或一亿元以上直接经济损失的事故；

（二）重大事故，指造成十人以上三十人以下死亡、失踪，或五十人以上一百人以下重伤，或五千万元以上一亿元以下直接经济损失的事故；

（三）较大事故，指造成三人以上十人以下死亡、失踪，或十人以上五十人以下重伤，或一千万元以上五千万元以下直接经济损失的事故；

（四）一般事故，指造成三人以下死亡、失踪，或十人以下重伤，或一千万元以下直接经济损失的事故。

第五条 县级以上人民政府渔业行政主管部门及其所属的渔政渔港监督管理机构（以下统称为渔船事故调查机关）负责渔业船舶水上安全事故的报告。

除特别重大事故外，碰撞、风损、触损、火灾、自沉等水上安全事故，由渔船事故调查机关组织事故调查组按本规定调查处理；机械损伤、触电、急性工业中毒、溺水和其他水上安全事故，经有调查权限的人民政府授权或委托，有关渔船事故调查机关按本规定调查处理。

第六条 渔业船舶水上安全事故报告应当及时、准确、完整，任何单位或个人不得迟报、漏报、谎报或者瞒报。

渔业船舶水上安全事故调查处理应当实事求是、公平公正，在查清事故原因、查明事故性质、认定事故责任的基础上，总结事故教训，提出整改措施，并依法追究事故责任者的责任。

第七条　任何单位和个人不得阻挠、干涉渔业船舶水上安全事故的报告和调查处理工作。

第二章　事故报告

第八条　各级渔船事故调查机关应当建立二十四小时应急值班制度，并向社会公布值班电话，受理事故报告。

第九条　发生渔业船舶水上安全事故后，当事人或其他知晓事故发生的人员应当立即向就近渔港或船籍港的渔船事故调查机关报告。

第十条　渔船事故调查机关接到渔业船舶水上安全事故报告后，应当立即核实情况，采取应急处置措施，并按下列规定及时上报事故情况：

（一）特别重大事故、重大事故逐级上报至农业部及相关海区渔政局，由农业部上报国务院，每级上报时间不得超过一小时；

（二）较大事故逐级上报至农业部及相关海区渔政局，每级上报时间不得超过两小时；

（三）一般事故上报至省级渔船事故调查机关，每级上报时间不得超过两小时。

必要时渔船事故调查机关可以越级上报。

渔船事故调查机关在上报事故的同时，应当报告本级人民政府并通报安全生产监督管理等有关部门。

远洋渔业船舶发生水上安全事故，由船舶所属、代理或承租企业向其所在地省级渔船事故调查机关报告，并由省级渔船事故调查机关向农业部报告。中央企业所属远洋渔业船舶发生水上安全事故，由中央企业直接报告农业部。

第十一条　渔船事故调查机关接到非本地管辖渔业船舶水上安全事故报告的，应当在一小时内通报该船船籍港渔船事故调查机关，由其逐级上报。

第十二条　渔船事故调查机关上报事故时，应当包括下列内容：

（一）接报时间；

（二）当事船舶概况及救生、通讯设备配备情况；

（三）事故发生时间、地点；

（四）事故原因及简要经过；

（五）已经造成或可能造成的人员伤亡（包括失踪人数）情况和初步估计的直接经济损失；

（六）已经采取的措施；

（七）需要上级部门协调的事项；

（八）其他应当报告的情况。

情况紧急或短时间内难以掌握事故详细情况的，渔船事故调查机关应当首先报告事故主要情况或已掌握的情况，其他情况待核实后及时补报。重大、特别重大事故应当首先通过电话简要报告，并尽快提交书面报告。事故应急处置结束后，应当及时上报全面情况。

第十三条　渔业船舶在渔港水域外发生水上安全事故，应当在进入第一个港口或事故发生后四十八小时内向船籍港渔船事故调查机关提交水上安全事故报告书和必要的文书资料。

船舶、设施在渔港水域内发生水上安全事故，应当在事故发生后二十四小时内向所在渔港渔船事故调查机关提交水上安全事故报告书和必要的文书资料。

第十四条　水上安全事故报告书应当包括以下内容：

（一）船舶、设施概况和主要性能数据；

（二）船舶、设施所有人或经营人名称、

地址、联系方式，船长及驾驶值班人员、轮机长及轮机值班人员姓名、地址、联系方式；

（三）事故发生的时间、地点；

（四）事故发生时的气象、水域情况；

（五）事故发生详细经过（碰撞事故应附相对运动示意图）；

（六）受损情况（附船舶、设施受损部位简图），提交报告时难以查清的，应当及时检验后补报；

（七）已采取的措施和效果；

（八）船舶、设施沉没的，说明沉没位置；

（九）其他与事故有关的情况。

第三章　事故调查

第十五条　各级渔船事故调查机关按照以下权限组织调查：

（一）农业部负责调查中央企业所属远洋渔业船舶水上安全事故和由国务院授权调查的特别重大事故，以及应当由农业部调查的渔业船舶与外籍船舶发生的水上安全事故；

（二）省级渔船事故调查机关负责调查重大事故和辖区内企业所属、代理或承租的远洋渔业船舶水上安全较大、一般事故；

（三）市级渔船事故调查机关负责调查较大事故；

（四）县级渔船事故调查机关负责调查一般事故。

上级渔船事故调查机关认为有必要时，可以对下级渔船事故调查机关调查权限内的事故进行调查。

第十六条　船舶、设施在渔港水域内发生的水上安全事故，由渔港所在地渔船事故调查机关调查。

渔业船舶在渔港水域外发生的水上安全事故，由船籍港所在地渔船事故调查机关调查。船籍港所在地渔船事故调查机关可以委托事故渔船到达渔港的渔船事故调查机关调查。不同船籍港渔业船舶间发生的事故由共同上一级渔船事故调查机关或其指定的渔船事故调查机关调查。

第十七条　根据调查需要，渔船事故调查机关有权开展以下工作：

（一）调查、询问有关人员；

（二）要求被调查人员提供书面材料和证明；

（三）要求当事人提供航海日志、轮机日志、报务日志、海图、船舶资料、航行设备仪器的性能以及其他必要的文书资料；

（四）检查船舶、船员等有关证书，核实事故发生前船舶的适航状况；

（五）核实事故造成的人员伤亡和财产损失情况；

（六）勘查事故现场，搜集有关物证；

（七）使用录音、照相、录像等设备及法律允许的其他手段开展调查。

第十八条　渔船事故调查机关开展调查，应当由两名以上调查人员共同参加，并向被调查人员出示证件。

调查人员应当遵守相关法律法规和工作纪律，全面、客观、公正开展调查。

未经授权，调查人员不得发布事故有关信息。

第十九条　事故当事人和有关人员应当配合调查，如实陈述事故的有关情节，并提供真实的文书资料。

第二十条　渔船事故调查机关因调查需要，可以责令当事船舶驶抵指定地点接受调查。除危及自身安全的情况外，当事船舶未经渔船事故调查机关同意，不得驶离指定地点。

第二十一条　渔船事故调查机关应当自接到事故报告之日起六十日内制作完成水上安全事故调查报告。

特殊情况下，经上一级渔船事故调查机

关批准，可以延长事故调查报告完成期限，但延长期限不得超过六十日。

检验或鉴定所需时间不计入事故调查期限。

第二十二条　水上安全事故调查报告应当包括以下内容：

（一）船舶、设施概况和主要性能数据；

（二）船舶、设施所有人或经营人名称、地址和联系方式；

（三）事故发生时间、地点、经过、气象、水域、损失等情况；

（四）事故发生原因、类型和性质；

（五）救助及善后处理情况；

（六）事故责任的认定；

（七）要求当事人采取的整改措施；

（八）处理意见或建议。

第二十三条　渔船事故调查机关经调查，认定渔业船舶水上安全事故为自然灾害事故的，应当报上一级渔船事故调查机关批准。

在能够预见自然灾害发生或能够避免自然灾害不良后果的情况下，未采取应对措施或应对措施不当，造成人员伤亡或直接经济损失的，应当认定为渔业船舶水上生产安全事故。

第二十四条　渔船事故调查机关应当自调查报告制作完成之日起十日内向当事人送达调查结案报告，并报上一级渔船事故调查机关。属于非本船籍港渔业船舶事故的，应当抄送当事船舶船籍港渔船事故调查机关。属于渔港水域内非渔业船舶事故的，应当抄送同级相关部门。

第二十五条　在入渔国注册并悬挂该国国旗的远洋渔业船舶发生的水上安全事故，在入渔国相关部门调查处理后，远洋渔业船舶所属、代理或承租企业应当将调查结果经所在地省级渔船事故调查机关上报农业部。

第二十六条　渔船事故调查机关应当按照有关规定归档保存水上安全事故报告书和水上安全事故调查报告等调查材料。

第四章　事故处理

第二十七条　对渔业船舶水上安全事故负有责任的人员和船舶、设施所有人、经营人，由渔船事故调查机关依据有关法律法规和《中华人民共和国渔业港航监督行政处罚规定》给予行政处罚，并可建议有关部门和单位给予处分。

对渔业船舶水上安全事故负有责任的人员不属于渔船事故调查机关管辖范围的，渔船事故调查机关可以将有关情况通报有关主管机关。

第二十八条　根据渔业船舶水上安全事故发生的原因，渔船事故调查机关可以责令有关船舶、设施的所有人、经营人限期加强对所属船舶、设施的安全管理。对拒不加强安全管理或在期限内达不到安全要求的，渔船事故调查机关有权禁止有关船舶、设施离港，或责令其停航、改航、停止作业，并可依法采取其他必要的强制处置措施。

第二十九条　渔业船舶水上安全事故当事人和有关人员涉嫌犯罪的，渔船事故调查机关应当依法移送司法机关追究刑事责任。

第五章　调　　解

第三十条　因渔业船舶水上安全事故引起的民事纠纷，当事人各方可以在事故发生之日起三十日内，向负责事故调查的渔船事故调查机关共同书面申请调解。

已向仲裁机构申请仲裁或向人民法院提起诉讼，当事人申请调解的，不予受理。

第三十一条　渔船事故调查机关开展调解，应当遵循公平自愿的原则。

第三十二条　经调解达成协议的，当事人各方应当共同签署《调解协议书》，并由渔船事故调查机关签章确认。

第三十三条 《调解协议书》应当包括以下内容：

（一）当事人姓名或名称及住所；

（二）法定代表人或代理人姓名及职务；

（三）纠纷主要事实；

（四）事故简况；

（五）当事人责任；

（六）协议内容；

（七）调解协议履行的期限。

第三十四条 已向渔船事故调查机关申请调解的民事纠纷，当事人中途不愿调解的，应当递交终止调解的书面申请，并通知其他当事人。

第三十五条 自受理调解申请之日起三个月内，当事人各方未达成调解协议的，渔船事故调查机关应当终止调解，并告知当事人可以向仲裁机构申请仲裁或向人民法院提起诉讼。

第六章 附 则

第三十六条 本规定所称设施，是指水上水下各种固定或浮动建筑、装置和固定平台。

第三十七条 本规定第三条第二款中下列事故类型的含义：

（一）碰撞，指船舶与船舶或船舶与排筏、水上浮动装置发生碰撞造成船舶损坏、沉没或人员伤亡、失踪，以及船舶航行产生的浪涌致使他船损坏、沉没或人员伤亡、失踪；

（二）风损，指准许航行作业区为沿海航区（Ⅲ类）、近海航区（Ⅱ类）、远海航区（Ⅰ类）的渔业船舶分别遭遇八级、十级和十二级以下风力造成损坏、沉没或人员伤亡、失踪；

（三）触损，指船舶触碰岸壁、码头、航标、桥墩、钻井平台等水上固定物和沉船、木桩、渔栅、潜堤等水下障碍物，以及船舶触碰礁石或搁置在礁石、浅滩上，造成船舶损坏、沉没或人员伤亡、失踪；

（四）火灾，指船舶因非自然因素失火或爆炸，造成船舶损坏、沉没或人员伤亡、失踪；

（五）自沉，指船舶因超载、装载不当、船体漏水等原因或不明原因，造成船舶沉没，人员伤亡、失踪；

（六）机械损伤，指影响适航性能的船舶机件或重要属具的损坏、灭失，以及操作和使用机械或网具等生产设备造成人员伤亡、失踪；

（七）触电，指船上人员不慎接触电流导致伤亡；

（八）急性工业中毒，指船上人员身体因接触生产中所使用或产生的有毒物质，使人体在短时间内发生病变，导致人员立即中断工作；

（九）溺水，指船上人员不慎落入水中导致伤亡、失踪；

（十）其他，指以上类型以外的导致渔业船舶水上生产安全事故的情况。

第三十八条 本规定第三条第三款中下列事故类型的含义：

（一）台风或大风，指在准许航行作业区为沿海航区（Ⅲ类）、近海航区（Ⅱ类）、远海航区（Ⅰ类）的渔业船舶分别遭遇八级、十级和十二级以上风力袭击，或在港口、锚地遭遇超过港口规定避风等级的风力袭击，或遭遇Ⅱ级警报标准以上海浪袭击，造成渔业船舶损坏、沉没或人员伤亡、失踪。

（二）龙卷风，指渔业船舶遭遇龙卷风袭击，造成渔业船舶损坏、沉没或人员伤亡、失踪。

（三）风暴潮，指渔业船舶在港口、锚地遭遇Ⅱ级警报标准以上风暴潮袭击，造成渔业船舶损坏、沉没或人员伤亡、失踪。

（四）雷暴，指渔业船舶遭遇雷电袭击，引起火灾、爆炸，造成渔业船舶损坏、沉没或人员伤亡、失踪。

（五）海啸，指渔业船舶遭遇Ⅱ级警报标准以上海啸袭击，造成渔业船舶损坏、沉没或人员伤亡、失踪。

（六）海冰，指渔业船舶在海（水）上遭遇预警标准以上海冰、冰山、凌汛袭击，造成渔业船舶损坏、沉没或人员伤亡、失踪。

（七）其他，指渔业船舶遭遇由气象机构或海洋气象机构证明或有关主管机关认定的其他自然灾害袭击，造成渔业船舶损坏、沉没或人员伤亡、失踪。

第三十九条　渔业船舶水上安全事故报告和调查处理文书表格格式，由农业部统一制定。

第四十条　本规定所称的“以上”包括本数，“以下”不包括本数。

第四十一条　本规定自2013年2月1日起施行，1991年3月5日农业部发布、1997年12月25日修订的《中华人民共和国渔业海上交通事故调查处理规则》同时废止。

渔业船舶水上事故统计规定

（2010 年 10 月 29 日发布，农渔发〔2010〕第 41 号）

第一条 为了规范渔业船舶水上事故统计工作，全面掌握事故发生情况，根据《中华人民共和国统计法》《中华人民共和国安全生产法》《中华人民共和国海上交通安全法》《生产安全事故报告和调查处理条例》和《中华人民共和国内河交通安全管理条例》等有关法律法规，制定本规定。

第二条 本规定适用于在中华人民共和国渔政渔港监督管理机构登记注册的渔业船舶水上事故的统计。渔业船舶水上事故分为生产安全事故和自然灾害事故。

非渔业船舶与渔业船舶发生碰撞或非渔业船舶航行产生的浪涌致使渔业船舶损坏、沉没及人员伤亡的事故作为水上交通事故单独统计。

远洋渔业船舶、渔业行政执法船艇、港澳流动渔业船舶、未经渔政渔港监督管理机构登记注册从事渔业活动的特殊船舶发生的事故，单独进行统计。

第三条 农业部主管全国渔业船舶水上事故的统计工作，农业部渔政指挥中心为具体执行机构。县级以上地方渔业行政主管部门和各海区渔政局依照本规定，按照属地（船籍港）管辖原则，负责本辖区渔业船舶水上事故的统计工作。

第四条 县级以上地方渔业行政主管部门和各海区渔政局应确定事故统计机构，建立工作责任制，指定专人负责，并将统计机构及联系人报农业部渔政指挥中心备案。

第五条 渔业船舶水上事故分为以下等级：

（一）特别重大事故，指造成 30 人以上死亡（含失踪），或 100 人以上重伤（包括急性工业中毒，下同），或 1 亿元以上直接经济损失的事故；

（二）重大事故，指造成 10 人以上 30 人以下死亡（含失踪），或 50 人以上 100 人以下重伤，或 5 000 万元以上 1 亿元以下直接经济损失的事故；

（三）较大事故，指造成 3 人以上 10 人以下死亡（含失踪），或 10 人以上 50 人以下重伤，或 1 000 万元以上 5 000 万元以下直接经济损失的事故；

（四）一般事故，指造成 3 人以下死亡（含失踪），或 10 人以下重伤，或 1 000 万元以下直接经济损失的事故。

第六条 本规定所称重伤是指事故造成船上人员肢体残缺或视觉、听觉等器官受到严重损伤，一般能引起人体长期存在功能障碍，或劳动能力有重大损失的伤害。具体是指损失工作日等于和超过 105 日的永久性全部丧失劳动能力伤害。

第七条 本规定所称直接经济损失主要指：

（一）财产损失，包括渔业船舶船体、船上机械设备、通信设备及所载其他物品的损坏和灭失；

（二）人身伤亡后所支出的费用，包括医疗、丧葬与抚恤、补助及救济费用和歇工工资；

（三）事故救援费用，包括处理事故的事务性费用、现场抢救费用和清理现场费用。

第八条　渔业船舶水上生产安全事故是指以下情况造成渔业船舶损坏、沉没及人员伤亡的事故：

（一）碰撞，指渔业船舶之间或渔业船舶与排筏、水上浮动装置发生碰撞造成渔业船舶损坏、沉没及人员伤亡，以及渔业船舶航行产生的浪涌致使其他渔业船舶损坏、沉没及人员伤亡；

（二）风损，指渔业船舶因可抗风力造成损坏、沉没及人员伤亡；

（三）触损，指渔业船舶触碰岸壁、码头、航标、桥墩、钻井平台等水上固定物和沉船、木桩、渔栅、潜堤等水下障碍物，以及渔业船舶触碰礁石或搁置在礁石、浅滩上，造成渔业船舶损坏、沉没及人员伤亡；

（四）自沉，指渔业船舶因超载、装载不当、船体漏水等原因或不明原因，造成渔业船舶沉没及人员伤亡；

（五）火灾，指渔业船舶因非自然因素失火或爆炸，造成渔业船舶损坏、沉没及人员伤亡；

（六）机械损伤，指影响适航性能的渔业船舶机件或重要属具的损坏、灭失，以及操作和使用机械或网具等生产设备时造成的人员伤亡；

（七）触电，指渔业船舶上的人员不慎接触电流导致伤亡；

（八）急性工业中毒，指渔业船舶上的人员身体因接触生产中所使用或产生的有毒物质，使人体在短时间内发生病变，导致人员立即中断工作；

（九）溺水，指渔业船舶上的人员不慎落入水中导致伤亡；

（十）网具损毁，指因人为外力造成的网具损坏或灭失；

（十一）其他，引起财产损失或人身伤亡的其他渔业船舶水上生产安全事故。

第九条　渔业船舶自然灾害事故是指以下灾害造成渔业船舶损坏、沉没及人员伤亡的事故：

（一）台风或大风，指渔业船舶在准许航行作业区为沿海航区（Ⅲ类）、近海航区（Ⅱ类）、远海航区（Ⅰ类）分别遭遇 8 级、10 级和 12 级及上风力袭击，或在港口、锚地遭遇超过港口规定避风等级的风力袭击，或遭遇Ⅱ级警报标准以上海浪袭击，造成渔业船舶损坏、沉没或人员伤亡。依据风源确定为台风或大风类型。

（二）龙卷风，指渔业船舶遭遇龙卷风袭击，造成渔业船舶损坏、沉没或人员伤亡。

（三）风暴潮，指渔业船舶在港口、锚地遭遇Ⅱ级警报标准以上风暴潮袭击，造成渔业船舶损坏、沉没或人员伤亡。

（四）雷暴，指渔业船舶遭遇强对流发展成积云后出现的雷电袭击，引起火灾、爆炸，造成渔业船舶损坏、沉没或人员伤亡。

（五）海啸，指渔业船舶遭遇海底地震、海底火山爆发、海岸山体和海底滑坡等引发的Ⅱ级警报标准以上海啸袭击，造成渔业船舶损坏、沉没或人员伤亡。

（六）海冰，指渔业船舶在海（水）上遭遇预警标准以上海冰、冰山、凌汛袭击，造成渔业船舶损坏、沉没或人员伤亡。

（七）其他，指渔业船舶遭遇由气象机构或海洋气象机构证明或有关主管机关认定的其他自然灾害袭击，造成渔业船舶损坏、沉没和人员伤亡。

第十条　渔业船舶水上事故按月度和年度进行统计。

月度统计期为上月 24 日至本月 23 日，年度统计期为上年 12 月 24 日至本年 12 月 23 日。

月度、年度统计期后发生的重大、特大事故，由农业部渔政指挥中心统计在当月、当年事故中。

第十一条　县级渔业行政主管部门应及

时、准确填写《渔业船舶水上生产安全事故基本情况报表》（附表 1）、《渔业船舶自然灾害事故统计报表》（附表 2），并逐级汇总上报至农业部渔政指挥中心。

（一）沿海省级渔业行政主管部门上报至相关海区渔政局，由其汇总上报农业部渔政指挥中心；内陆省级事故统计机构直接上报农业部渔政指挥中心；

（二）统计报表上报农业部渔政指挥中心的截止日期分别为次月 1 日和次年 1 月 1 日，如截止日期逢法定节假日，截止日期提前至统计当月和当年最后一个工作日。

第十二条 一起事故造成人员死亡（含失踪）、重伤和直接经济损失分别符合 2 个以上事故等级的，按最高事故等级进行统计。

第十三条 当同一起事故涉及两艘以上不同属地的渔业船舶时，不论事故责任归属，事故等级应按所有当事船舶的人员伤亡或直接经济损失总和确定，事故起数应分别由所属统计机构按一起事故统计，伤亡人数、直接经济损失按渔业船舶各自实际伤亡人数、直接经济损失数分别统计，并由其共同上级事故统计机构按一起事故汇总。

第十四条 渔业船舶自然灾害事故统计应与渔业统计年报相应数据口径一致。

第十五条 确认事故发生并造成人员失踪，人员失踪满 30 天，按死亡统计；不能确认事故发生，渔业船舶及其船上人员失踪满 3 个月，按沉船和死亡统计。在事故发生之日起 7 天内死亡的（因医疗事故死亡的除外，但必须经医疗事故鉴定部门确认），按死亡统计。

第十六条 渔业船舶倾覆或沉没后又修复的，不按沉船统计，只计直接经济损失。

第十七条 统计时难以确定事故直接经济损失的，可按估算经济损失填写，核定后再予以更正、补报。

第十八条 漏报或错报的，原事故统计部门应及时逐级补报或更正，并附书面说明。有重大变更情况的，应以正式文件上报提请更正。

第十九条 非渔业船舶与渔业船舶发生碰撞或非渔业船舶航行产生的浪涌致使渔业船舶损坏、沉没及人员伤亡的事故作为水上交通事故单独统计，事故等级应按所有当事船舶的人员伤亡或直接经济损失总和确定，伤亡人数、直接经济损失按渔业船舶实际伤亡人数、直接经济损失数确定，并按渔业船舶占所有当事船舶的比例确定事故起数，填写《水上交通事故统计报表》（附表 3），并逐级汇总上报至农业部渔政指挥中心。

第二十条 下列特殊船舶发生的事故，单独统计：

远洋渔业船舶发生的事故，由相关企业所属省级渔业行政主管部门统计；中央所属企业的远洋渔业船舶发生的事故，由农业部统计。渔业行政执法船艇发生的事故，由所属地渔业行政主管部门统计。港澳流动渔业船舶发生的事故，由相关省渔业行政主管部门统计。未经渔政渔港监督管理机构登记注册从事渔业活动的船舶发生的事故，由事故发生地或船舶所有人经常居住地渔业行政主管部门统计；船舶所有人经常居住地不确定的，由其户籍所在地渔业行政主管部门统计。

以上事故不计入当地渔业船舶事故统计总数，由各事故统计机构填写《特殊船舶事故统计报表》（附表 4），逐级汇总上报至农业部渔政指挥中心。

第二十一条 下列原因造成的人员伤亡和直接经济损失不作统计：

（一）船上人员突发疾病、食物中毒等非生产安全事故；

（二）斗殴等社会治安案件和抢劫、走私、海盗等违法犯罪行为；

（三）战争或军事行动。

第二十二条　各省级渔业行政主管部门可根据本规定，结合实际制定本地区具体规定，报农业部渔政指挥中心备案。

第二十三条　本规定所称的“以上”包括本数，“以下”不包括本数。

第二十四条　本规定自 2011 年 1 月 1 日起施行，2004 年 7 月 1 日施行的《中华人民共和国渔业船舶水上事故报告和统计规定》同时废止。

附表（略）。

渔港费收规定

（1993 年 10 月 7 日发布，自 1993 年 12 月 1 日起施行；根据 2011 年 12 月 31 日农业部令 2011 年第 4 号《农业部关于修订部分规章和规范性文件的决定》修订）

第一章　总　　则

第一条　为保障渔港及渔港水域正常航行与作业秩序，充分发挥渔港效能，保证渔业航标等安全设施处于正常使用状态和保护渔港水域环境，制定本规定。

第二条　凡进出渔港的船舶均应按本规定缴纳各项费用。从事非生产性经营或营利性服务的下列船舶除外：

（一）国家公务船舶；

（二）体育运动船；

（三）科研调查船；

（四）教学实习船。

第三条　渔港费用由中华人民共和国渔港监督机关负责征收、使用和管理。

第二章　计费方法

第四条　计费单位：

（一）机动捕捞渔船以主推进动力装置总功率为计费单位；

（二）非机动捕捞渔船和渔业辅助船舶以净吨（无净吨的按载重吨，拖轮按主推进动力装置总功率）为计费单位。

第五条　进整办法：

（一）船舶以主推进动力装置功率为计费单位的，不足 1 千瓦按 1 千瓦计；以净吨（无净吨按载重吨）为计费单位的，不足 1 吨按 1 吨计。

（二）以月为计费单位的，按日历月计，不足 1 个月的，未超过当月 15 日的，按半个月计，超过的按 1 个月计；以小时为计费单位的，不足 1 小时按 1 小时计。

（三）以次为计费单位的，每进入或每驶出渔港各为一次计。

（四）货物的重量按毛重（包括包装重量）计算，以吨为计费单位。

（五）面积以平方米为计费单位，不足 1 平方米的按 1 平方米计。

第六条　非渔业船舶的计费方法和计费标准可参照交通部门的有关规定执行。

第三章　船舶港务费

第七条　机动捕捞渔船每进港或出港一次，各按主推进动力装置总功率每千瓦征收船舶港务费 0.10 元；非机动捕捞船舶和渔业辅助船舶每进港或出港一次，各按船舶净吨（无净吨的按载重吨，拖轮按主推进动力装置总功率）每吨征收船舶港务费 0.15 元。征收办法如下：

（一）本船籍港的渔业船舶，按每艘每月进入和驶出渔港各一次计收船舶港务费。机动渔业船舶最低收费每月每艘 13 元；非机动渔业船舶每月每艘 8 元。按季度或年度缴纳。

（二）非本船籍港的渔业船舶：机动渔业船舶最低收费每次每艘 4 元；非机动渔业船舶最低收费每次每艘 2 元。

非本船籍港的捕捞渔船，最多按每月进

入和驶出渔港各二次计收船舶港务费。

第八条　主推进动力装置总功率为351千瓦及以上机动捕捞渔船，超过部分减半收费。

第四章　停泊费、靠泊费

第九条　渔业船舶在港内停泊超过24小时的，每超过24小时（不足24小时的按24小时计），按以下标准加收停泊费：

（一）机动渔业船舶按主推进动力装置总功率每千瓦0.03元，最低收费4元。

（二）非机动渔业船舶每净吨0.02元，最低收费2元。本船籍港的渔业船舶不再缴纳停泊费。

第十条　经渔港监督机关批准在渔港内设置的养殖、海鲜酒舫等生产和服务设施，按其占用的水域面积每平方米每月征收停泊费0.10元。

第十一条　船舶靠泊渔港码头超过6小时的，每超过6小时，按船舶港务费加收25%的停泊费；不足6小时的按6小时计算，以此类推。

本船籍港的渔业船舶靠泊渔港码头，24小时内免缴靠泊费；超过24小时的，超过部分按本条第一款规定缴纳靠泊费。

第五章　货物港务费

第十二条　货物港务费：装卸每1吨货物（本船渔获物除外）收取0.20元，危险货物加倍收取。

本船籍港的渔业船舶不再缴纳货物港务费。

第六章　附　　则

第十三条　因紧急避险、接送伤病员进港的船舶，在险情解除24小时以后或送走伤病员4小时以后，开始按规定计收相应费用。但如在免缴费期间内从事补给或装卸货物，应按规定缴纳有关费用。

第十四条　渔业船舶应当在规定的期限内缴纳渔港费用，逾期不缴纳的，由渔港监督机关依法申请人民法院强制执行，并可禁止其离港。

第十五条　本船籍港的渔业船舶因自然灾害或航行事故造成严重经济损失的，可按月向本船船籍港的渔港监督机关申请减（免）缴或缓缴船舶港务费。经批准者，批准机关应在其航行签证簿中载明减（免）缴或缓缴的原因、时间和金额，并加盖财务印章。

第十六条　渔港费收应按照规定的用途专款专用，其使用范围是：

（一）渔港及渔港设施的管理和维护。

（二）渔业部门设置的航标和其他渔港水上交通安全设施的管理、维护和保养。

（三）渔港水域环境的监测和保护。

第十七条　各级渔港监督机关应建立健全财务制度，不得擅自增加收费项目、提高收费标准。

上级渔港监督机关有权监督检查下级渔港监督机关的渔港费用的征收、使用和管理工作。

第十八条　各级渔业主管部门、物价管理部门及渔港监督机关应严格执行本规定。本规定自1993年12月1日起施行。

渔业船舶检验管理规定

（2019 年 11 月 20 日交通运输部令 2019 年第 28 号公布，自 2020 年 1 月 1 日起施行）

第一章　总　　则

第一条　为加强渔业船舶检验管理，规范渔业船舶检验行为，保障渔业船舶检验质量，依据《中华人民共和国渔业法》《中华人民共和国渔业船舶检验条例》《中华人民共和国船舶和海上设施检验条例》，制定本规定。

第二条　渔业船舶检验活动及从事渔业船舶检验活动的机构和人员的管理适用本规定。

前款所称渔业船舶检验，是指对渔业船舶和船用产品的强制检验。

第三条　交通运输部主管全国渔业船舶检验和监督管理工作。

交通运输部海事局负责渔业船舶检验监督管理和行业指导工作。

县级以上地方人民政府承担渔业船舶检验监管职责的部门，负责本行政区域国内渔业船舶检验的监督管理。

渔业船舶检验机构依照本规定负责有关渔业船舶检验工作。

第二章　检验机构和检验人员

第四条　渔业船舶检验机构是实施渔业船舶检验的机构，包括交通运输部设置的船舶检验机构和省级、市级、县级地方渔业船舶检验机构。

第五条　渔业船舶检验机构应当在交通运输部海事局核定的业务范围内开展检验业务。

渔业船舶检验机构的业务范围应当向社会公布。

第六条　渔业船舶检验人员应当具备相应的专业知识和检验技能，满足国家有关检验人员管理的要求，经交通运输部海事局考核合格，方可从事相应的渔业船舶检验工作。

交通运输部海事局负责统一组织渔业船舶检验人员考试，并按照国家有关规定发放检验人员证书。

第七条　渔业船舶检验机构应当配备与核定的业务范围相适应符合相关要求的检验人员。渔业船舶检验机构应当组织对检验人员进行岗前培训和不定期持续知识更新培训。

第八条　渔业船舶检验机构和检验人员应当按照法律、法规、规章以及渔业船舶检验技术规范的要求开展检验工作，并对检验结论负责。

渔业船舶检验人员开展检验工作应当恪守职业道德和执业纪律。

第三章　检验业务范围

第九条　交通运输部设置的船舶检验机构负责远洋渔业船舶及船用产品的检验业务，地方渔业船舶检验机构负责本行政区域国内渔业船舶及船用产品的检验业务。

第十条　渔业船舶检验机构按照 A、B、C、D 四类从事渔业船舶检验：

（一）A 类检验机构，可以从事远洋渔业船舶及船用产品的检验；

（二）B 类检验机构，可以从事国内渔业船舶及相关船用产品的检验；

（三）C 类检验机构，可以从事内河渔业船舶的检验；

（四）D 类检验机构，可以从事内河 12 米以下渔业船舶的检验。

第十一条　交通运输部海事局根据技术条件对渔业船舶检验机构的业务范围进行核定。省级地方渔业船舶检验机构申请业务范围核定前，应当初步划分本行政区域内下级地方渔业船舶检验机构业务范围，统一向交通运输部海事局申请业务范围核定。

第十二条　渔业船舶检验机构业务范围变更的，应当向交通运输部海事局申请重新核定。

第四章　强制检验

第十三条　渔业船舶强制检验是渔业船舶检验机构根据法律、法规、规章和渔业船舶检验技术规范，对渔业船舶和船用产品的安全技术状况实施的技术监督服务活动。

渔业船舶强制检验包括初次检验、营运检验、临时检验。

第十四条　渔业船舶检验机构应当根据法律、法规、规章和检验技术规范开展检验，确保检验完成时，图纸符合检验技术规范要求、船舶与图纸相符、证书与实船相符。

渔业船舶检验机构开展强制检验应当通过核查、审查、检查（包括抽查、详细检查、检测或试验等）方式对有关检验项目的技术状况进行确认。

第十五条　进口的渔业船舶和远洋渔业船舶的初次检验、远洋渔业船舶的营运检验和临时检验，由交通运输部设置的船舶检验机构统一组织实施。其他渔业船舶的初次检验、营运检验和临时检验，由船籍港渔业船舶检验机构负责实施。

渔业船舶的制造地或者改造地与船籍港不一致的，初次检验由制造地或者改造地渔业船舶检验机构实施；因故不能回船籍港进行营运检验、临时检验的渔业船舶，由船籍港渔业船舶检验机构委托船舶的营运地或者维修地渔业船舶检验机构实施检验，并提供相应的信息支持。船舶的营运地或者维修地渔业船舶检验机构不得拒绝接受委托。

第十六条　下列渔业船舶的所有者或者经营者应当申报初次检验：

（一）制造的渔业船舶；

（二）改造的渔业船舶（包括非渔业船舶改为渔业船舶、国内作业的渔业船舶改为远洋作业的渔业船舶）；

（三）进口的渔业船舶。

第十七条　营运中的渔业船舶的所有者或者经营者应当按照交通运输部规定的时间申报营运检验。

渔业船舶检验机构应当按照交通运输部的规定，根据渔业船舶运行年限和安全要求对下列项目实施检验：

（一）渔业船舶的结构和机电设备；

（二）与渔业船舶安全有关的设备、部件；

（三）与防止污染环境有关的设备、部件；

（四）交通运输部规定的其他检验项目。

第十八条　有下列情形之一的渔业船舶，其所有者或者经营者应当申报临时检验：

（一）因检验证书失效无法及时回船籍港的；

（二）因不符合水上交通安全或者环境保护法律、法规的有关要求被责令检验的；

（三）因发生事故而影响船舶安全航行、作业技术条件的；

（四）改变证书所限定的航区或者用途的；

（五）检验证书失效的；

（六）涉及渔业船舶安全的修理或者改装，但重大改建的除外；

（七）变更渔业船舶检验机构、船名、船籍港的；

（八）具有交通运输部规定的其他特定情形的。

第十九条 渔业船舶制造、改造、维修中使用的与航行、作业和人身财产安全以及防止污染环境有关的重要设备、部件和材料，应当进行船用产品检验。

前款规定应当检验的重要设备、部件和材料的目录，由交通运输部公布。

渔业船舶检验机构应当按照检验技术规范，对纳入检验范围内的船用产品开展工厂认可、型式认可、设计认可、产品检验。

第二十条 进行渔业船舶和船用产品强制检验，应当按照交通运输部海事局的有关规定向渔业船舶检验机构提交相关申请材料。

渔业船舶检验机构不得增加或者变相增加有关申请材料或者设置前置条件。

第二十一条 国内渔业船舶和船用产品经检验符合相关的渔业船舶检验技术要求的，渔业船舶检验机构应当使用国家船舶检验发证系统签发相应的检验证书或者技术文件。

远洋渔业船舶经检验符合相关检验技术要求的，交通运输部设置的船舶检验机构应当使用经交通运输部海事局认可的检验发证系统签发相应的检验证书或者技术文件。

渔业船舶和船用产品的检验证书、检验记录、检验报告的式样和检验业务印章，由交通运输部海事局统一规定。

第五章 检验技术规范

第二十二条 渔业船舶检验技术规范由交通运输部海事局组织制定，经交通运输部批准后公布施行。

前款所称渔业船舶检验技术规范，是指与渔业船舶和船用产品相关的，涉及航行安全、作业安全及环境保护的检验制度、安全标准和检验规程等。

第二十三条 省级地方人民政府承担渔业船舶检验监管职责的部门，对船长小于12米的渔业船舶，可以制定符合本地实际情况的渔业船舶检验技术规范，明确相应的检验制度和技术要求，并报交通运输部海事局备案。

第二十四条 有下列情形之一的，渔业船舶检验技术规范的制定机构应当组织开展检验技术规范后评估：

（一）实施满5年的；

（二）上位法或者相关国际公约有重大修改或者调整的；

（三）渔业船舶的航行、作业环境发生重大变化，影响渔业船舶检验技术规范适宜性的；

（四）其他应当进行后评估的情形。

第六章 检验管理和监督

第二十五条 交通运输部海事局应当对渔业船舶检验机构和检验活动进行监督。

县级以上地方人民政府承担渔业船舶检验监管职责的部门应当对本行政区域内地方渔业船舶检验机构和检验活动进行监督。

第二十六条 交通运输部海事局应当建立渔业船舶检验工作报告制度。

渔业船舶检验机构应当建立船舶检验业务管理制度和档案管理制度。

第二十七条 渔业船舶检验机构应当建立渔业船舶船用产品强制检验质量监督机制，发现船用产品存在重大质量问题的，应当撤销检验证书或者禁止装船使用。

第二十八条 渔业船舶检验机构在渔业

船舶制造、改造开工前，应当对开工条件进行检查，检查合格后方可开展检验。

第二十九条　渔业船舶检验机构应当对为其提供服务的检修、检测、图纸评审机构进行安全质量、技术条件的控制和监督。

第三十条　渔业船舶的所有者、经营者，渔业船舶设计、制造、改造单位，渔业船舶船用产品制造厂商应当按照规定如实向渔业船舶检验机构提交检查、检测、试验报告等相关材料，并对其真实性负责。

第三十一条　为渔业船舶提供服务的检修、检测机构应当对其出具的检修、检测结果负责。

第三十二条　有下列情形之一的渔业船舶，渔业船舶检验机构不得受理检验：

（一）设计图纸、技术文件未经渔业船舶检验机构审查批准或者确认的；

（二）设计、制造、改造渔业船舶的单位不符合国家规定条件，或者不遵守渔业船舶技术规范的；

（三）渔业船舶所有者或者经营者未选择符合国家规定条件的维修单位对渔业船舶进行维修的；

（四）用于维修、更换渔业船舶的有关航行、作业和人身财产安全以及防止污染环境的重要设备、部件和材料，在使用前未经渔业船舶检验机构检验合格的；

（五）按照国家有关规定应当报废的。

第三十三条　有下列情形之一的，渔业船舶检验机构应当停止检验或者撤销相关检验证书：

（一）违规制造、改造渔业船舶的；

（二）提供虚假证明材料的。

第三十四条　有下列情形之一的渔业船舶，其所有者或者经营者应当在渔业船舶报废、改籍、改造之日前 7 个工作日内或者自渔业船舶灭失之日起 20 个工作日内，向渔业船舶检验机构申请注销其渔业船舶检验证书；逾期不申请的，渔业船舶检验证书自渔业船舶改籍、改造完毕之日起或者渔业船舶报废、灭失之日起失效，并由渔业船舶检验机构注销渔业船舶检验证书：

（一）按照国家有关规定报废的；

（二）中国籍改为外国籍的；

（三）渔业船舶改为非渔业船舶的；

（四）因沉没等原因灭失的。

第三十五条　申请检验的单位或者个人对检验结论持有异议，可以向上一级渔业船舶检验机构申请复验，接到复验申请的检验机构应当在 7 个工作日内作出是否予以复验的答复。

对复验结论仍有异议的，可以向交通运输部海事局提出再复验。交通运输部海事局应当在接到再复验申请之日起 15 个工作日内作出是否予以再复验的答复。予以再复验的，交通运输部海事局应当组织技术专家组进行检验、评议并作出最终结论。

第七章　法律责任

第三十六条　渔业船舶检验机构有下列情形之一的，由交通运输部海事局责令限期整改，并向社会公告：

（一）超越业务范围开展检验的；

（二）违反规定受理检验的；

（三）使用不符合规定的检验人员独立从事检验活动的；

（四）渔业船舶制造、改造开工前未进行开工条件检查或者在检查不合格的情况下开展检验的；

（五）未对提供服务的检修、检测、图纸评审机构进行安全质量、技术条件的控制和监督的；

（六）检验机构擅自增加申请材料或者设置前置条件的；

（七）检验机构应当停止检验或者撤销检验证书而未停止检验或者撤销的；

（八）出现重大检验质量问题的。

第三十七条 渔业船舶检验机构有下列情形之一的，由交通运输部海事局责令改正：

（一）未对检验人员进行培训的；

（二）未按规定向交通运输部海事局报告工作情况的；

（三）未建立检验业务管理制度的；

（四）未建立档案管理制度的；

（五）未建立渔业船舶船用产品强制检验质量监督机制的。

第三十八条 渔业船舶检验机构的工作人员未经考核合格从事渔业船舶检验工作的，责令其立即停止检验工作，处1 000元以上5 000元以下的罚款。

第三十九条 有下列情形之一的，责令立即改正，对直接负责的主管人员和其他直接责任人员，依法给予降级、撤职、取消检验资格的处分；构成犯罪的，依法追究刑事责任；已签发的渔业船舶检验证书无效：

（一）未按照本规定实施检验的；

（二）所签发的渔业船舶检验证书或者检验记录、检验报告与渔业船舶实际情况不相符的；

（三）超越规定的权限进行渔业船舶检验的。

第八章 附　　则

第四十条 从事国际航行的渔业辅助船舶的检验适用《船舶检验管理规定》（交通运输部令2016年第2号）。

第四十一条 本规定自2020年1月1日起施行。

（五）渔业水域生态环境与水生野生动植物保护

中华人民共和国水生野生动物利用特许办法

（1999年6月24日农业部令第15号公布，根据2004年7月1日农业部令第38号第一次修正、根据2010年11月26日农业部令第11号第二次修正、根据2013年12月31日农业部令第5号第三次修正、根据2017年11月30日农业部令2017年第8号第四次修正、根据2019年4月25日农业农村部令2019年第2号第五次修正，自2019年4月25日施行）

第一章　总　　则

第一条　为保护、发展和合理利用水生野生动物资源，加强水生野生动物的保护与管理，规范水生野生动物利用特许证件的发放及使用，根据《中华人民共和国野生动物保护法》《中华人民共和国水生野生动物保护实施条例》的规定，制定本办法。

第二条　凡需要捕捉、人工繁育以及展览、表演、出售、收购、进出口等利用水生野生动物或其制品的，按照本办法实行特许管理。

除第二十九条、第三十一条外，本办法所称水生野生动物，是指珍贵、濒危的水生野生动物；所称水生野生动物制品，是指珍贵、濒危水生野生动物的任何部分及其衍生物。

第三条　农业部主管全国水生野生动物利用特许管理工作，负责国家一级保护水生野生动物的捕捉、水生野生动物或其制品进出口和国务院规定由农业部负责的国家重点水生野生动物的人工繁育和出售购买利用其活体及制品活动的审批。

省级人民政府渔业主管部门负责本行政区域内除国务院对审批机关另有规定的国家重点保护水生野生动物或其制品利用特许审批；县级以上地方人民政府渔业行政主管部门负责本行政区域内水生野生动物或其制品特许申请的审核。

第四条　农业部组织国家濒危水生野生动物物种科学委员会，对水生野生动物保护与管理提供咨询和评估。

审批机关在批准人工繁育、经营利用以及重要的进出口水生野生动物或其制品等特许申请前，应当委托国家濒危水生野生动物物种科学委员会对特许申请进行评估。评估未获通过的，审批机关不得批准。

第五条　申请水生野生动物或其制品利用特许的单位和个人，必须填报《水生野生动物利用特许证件申请表》（以下简称《申请表》）。《申请表》可向所在地县级以上渔业行政主管部门领取。

第六条　经审批机关批准的，可以按规定领取水生野生动物利用特许证件。

水生野生动物利用特许证件包括《水生野生动物特许猎捕证》（以下简称《猎捕证》）、《水生野生动物人工繁育许可证》（以下简称《人工繁育证》）、《水生野生动物经营利用许可证》（以下简称《经营利用证》）。

第七条　各级渔业行政主管部门及其所属的渔政监督管理机构，有权对本办法的实施情况进行监督检查，被检查的单位和个人应当给予配合。

第二章　捕捉管理

第八条　禁止捕捉、杀害水生野生动物。因科研、教学、人工繁育、展览、捐赠等特殊情况需要捕捉水生野生动物的，必须办理《猎捕证》。

第九条　申请捕捉国家一级保护水生野生动物的，申请人应当将《申请表》和证明材料报所在地省级人民政府渔业行政主管部门签署意见。省级人民政府渔业行政主管部门应当在 20 日内签署意见，并报农业部审批。

需要跨省捕捉国家一级保护水生野生动物的，申请人应当将《申请表》和证明材料报所在地省级人民政府渔业行政主管部门签署意见。所在地省级人民政府渔业行政主管部门应当在 20 日内签署意见，并转送捕捉地省级人民政府渔业行政主管部门签署意见。捕捉地省级人民政府渔业行政主管部门应当在 20 日内签署意见，并报农业部审批。

农业部自收到省级人民政府渔业行政主管部门报送的材料之日起 40 日内作出是否发放特许猎捕证的决定。

第十条　申请捕捉国家二级保护水生野生动物的，申请人应当将《申请表》和证明材料报所在地县级人民政府渔业行政主管部门签署意见。所在地县级人民政府渔业行政主管部门应当在 20 日内签署意见，并报省级人民政府渔业行政主管部门审批。

省级人民政府渔业行政主管部门应该自收到县级人民政府渔业行政主管部门报送的材料之日起 40 日内作出是否发放猎捕证的决定。

需要跨省捕捉国家二级保护水生野生动物的，申请人应该将《申请表》和证明材料报所在地省级人民政府渔业行政主管部门签署意见。所在地省级人民政府渔业行政主管部门应当在 20 日内签署意见，并转送捕捉地省级人民政府渔业行政主管部门审批。

捕捉地省级人民政府渔业行政主管部门应当自收到所在地省级人民政府渔业行政主管部门报送的材料之日起 40 日内作出是否发放猎捕证的决定。

第十一条　有下列情形之一的，不予发放《猎捕证》：

（一）申请人有条件以合法的非捕捉方式获得申请捕捉对象或者达到其目的；

（二）捕捉申请不符合国家有关规定，或者申请使用的捕捉工具、方法以及捕捉时间、地点不当的；

（三）根据申请捕捉对象的资源现状不宜捕捉的。

第十二条　取得《猎捕证》的单位和个人，在捕捉作业以前，必须向捕捉地县级渔业行政主管部门报告，并由其所属的渔政监督管理机构监督进行。

捕捉作业必须按照《猎捕证》规定的种类、数量、地点、期限、工具和方法进行，防止误伤水生野生动物或破坏其生存环境。

第十三条　捕捉作业完成后，捕捉者应当立即向捕捉地县级渔业行政主管部门或其所属的渔政监督管理机构申请查验。捕捉地县级渔业行政主管部门或渔政监督管理机构应及时对捕捉情况进行查验，收回《猎捕证》，并及时向发证机关报告查验结果、交回《猎捕证》。

第三章　人工繁育管理

第十四条　国家支持有关科学研究机构因物种保护目的人工繁育国家重点保护水生野生动物。

前款规定以外的人工繁育国家重点保护水生野生动物实行许可制度。人工繁育国家重点保护水生野生动物的，应当经省级人民政府渔业主管部门批准，取得《人工繁育许可证》，但国务院对批准机关另有规定的除外。

第十五条　申请《人工繁育证》，应当具备以下条件：

（一）有适宜人工繁育水生野生动物的

固定场所和必要的设施；

（二）具备与人工繁育水生野生动物种类、数量相适应的资金、技术和人员；

（三）具有充足的人工繁育水生野生动物的饲料来源。

第十六条 国务院规定由农业部批准的国家重点保护水生野生动物的人工繁育许可，向省级人民政府渔业行政主管部门提出申请。省级人民政府渔业行政主管部门应当自申请受理之日起20日内完成初步审查，并将审查意见和申请人的全部申请材料报农业部审批。

农业部应当自收到省级人民政府渔业行政主管部门报送的材料之日起15日内作出是否发放人工繁育许可证的决定。

除国务院规定由农业部批准以外的国家重点保护水生野生动物的人工繁育许可，应当向省级人民政府渔业主管部门申请。

省级人民政府渔业行政主管部门应当自申请受理之日起20日内作出是否发放人工繁育证的决定。

第十七条 人工繁育水生野生动物的单位和个人，必须按照《人工繁育证》的规定进行人工繁育活动。

需要变更人工繁育种类的，应当按照本办法第十七条规定的程序申请变更手续。经批准后，由审批机关在《人工繁育证》上作变更登记。

第十八条 禁止将人工繁育的水生野生动物或其制品进行捐赠、转让、交换。因特殊情况需要捐赠、转让、交换的，申请人应当向《人工繁育证》发证机关提出申请，由发证机关签署意见后，按本办法第三条的规定报批。

第十九条 接受捐赠、转让、交换的单位和个人，应当凭批准文件办理有关手续，并妥善养护与管理接受的水生野生动物或其制品。

第二十条 取得《人工繁育证》的单位和个人，应当遵守以下规定：

（一）遵守国家和地方野生动物保护法律法规和政策；

（二）用于人工繁育的水生野生动物来源符合国家规定；

（三）建立人工繁育物种档案和统计制度；

（四）定期向审批机关报告水生野生动物的生长、繁殖、死亡等情况；

（五）不得非法利用其人工繁育的水生野生动物或其制品；

（六）接受当地渔业行政主管部门的监督检查和指导。

第四章　经营管理

第二十一条 禁止出售、购买、利用国家重点保护水生野生动物及其制品。因科学研究、人工繁育、公众展示展演、文物保护或者其他特殊情况，需要出售、购买、利用水生野生动物及其制品的，应当经省级人民政府渔业主管部门或其授权的渔业主管部门审核批准，并按照规定取得和使用专用标识，保证可追溯。

第二十二条 国务院规定由农业部批准的国家重点保护水生野生动物或者其制品的出售、购买、利用许可，申请人应当将《申请表》和证明材料报所在地省级人民政府渔业行政主管部门签署意见。所在地省级人民政府渔业行政主管部门应当在20日内签署意见，并报农业部审批。

农业部应当自接到省级人民政府渔业行政主管部门报送的材料之日起20日内作出是否发放经营利用证的决定。

除国务院规定由农业部批准以外的国家重点保护水生野生动物或者其制品的出售、购买、利用许可，应当向省级人民政府渔业主管部门申请。

省级人民政府渔业行政主管部门应当自

受理之日起20日内作出是否发放经营利用证的决定。

第二十三条　申请《经营利用证》，应当具备下列条件：

（一）出售、购买、利用的水生野生动物物种来源清楚或稳定；

（二）不会造成水生野生动物物种资源破坏；

（三）不会影响国家野生动物保护形象和对外经济交往。

第二十四条　经批准出售、购买、利用水生野生动物或其制品的单位和个人，应当持《经营利用证》到出售、收购所在地的县级以上渔业行政主管部门备案后方可进行出售、购买、利用活动。

第二十五条　出售、购买、利用水生野生动物或其制品的单位和个人，应当遵守以下规定：

（一）遵守国家和地方有关野生动物保护法律法规和政策；

（二）利用的水生野生动物或其制品来源符合国家规定；

（三）建立出售、购买、利用水生野生动物或其制品档案；

（四）接受当地渔业行政主管部门的监督检查和指导。

第二十六条　地方各级渔业行政主管部门应当对水生野生动物或其制品的经营利用建立监督检查制度，加强对经营利用水生野生动物或其制品的监督管理。

第五章　进出口管理

第二十七条　出口国家重点保护的水生野生动物或者其产品，进出口中国参加的国际公约所限制进出口的水生野生动物或者其产品的，应当向农业部申请，农业部应当自申请受理之日起20日内作出是否同意进出口的决定。

动物园因交换动物需要进口第一款规定的野生动物的，农业部在批准前，应当经国务院建设行政主管部门审核同意。

第二十八条　属于贸易性进出口活动的，必须由具有商品进出口权的单位承担，并取得《经营利用证》后方可进行。没有商品进出口权和《经营利用证》的单位，审批机关不得受理其申请。

第二十九条　从国外引进水生野生动物的，应当向农业部申请，农业部应当自申请受理之日起20日内作出是否同意引进的决定。

第三十条　出口水生野生动物或其制品的，应当具备下列条件：

（一）出口的水生野生动物物种和含水生野生动物成分制品中物种原料的来源清楚；

（二）出口的水生野生动物是合法取得；

（三）不会影响国家野生动物保护形象和对外经济交往；

（四）出口的水生野生动物资源量充足，适宜出口；

（五）符合我国水产种质资源保护规定。

第三十一条　进口水生野生动物或其制品的，应当具备下列条件：

（一）进口的目的符合我国法律法规和政策；

（二）具备所进口水生野生动物活体生存必需的养护设施和技术条件；

（三）引进的水生野生动物活体不会对我国生态平衡造成不利影响或产生破坏作用；

（四）不影响国家野生动物保护形象和对外经济交往。

第六章　附　　则

第三十二条　违反本办法规定的，由县级以上渔业行政主管部门或其所属的渔政监督管理机构依照野生动物保护法律、法规进行查处。

第三十三条 经批准捕捉、人工繁育以及展览、表演、出售、收购、进出口等利用水生野生动物或其制品的单位和个人，应当依法缴纳水生野生动物资源保护费。缴纳办法按国家有关规定执行。

水生野生动物资源保护费专用于水生野生动物资源的保护管理、科学研究、调查监测、宣传教育、人工繁育与增殖放流等。

第三十四条 外国人在我国境内进行有关水生野生动物科学考察、标本采集、拍摄电影、录像等活动的，应当向水生野生动物所在地省级渔业行政主管部门提出申请。省级渔业行政主管部门应当自申请受理之日起20日内作出是否准予其活动的决定。

第三十五条 本办法规定的《申请表》和水生野生动物利用特许证件由农业部统一制订。已发放仍在使用的许可证件由原发证机关限期统一进行更换。

除监督《猎捕证》一次有效外，其他特许证件应按年度进行审验，有效期最长不超过五年。有效期届满后，应按规定程序重新报批。

各省、自治区、直辖市渔业行政主管部门应当根据本办法制定特许证件发放管理制度，建立档案，严格管理。

第三十六条 《濒危野生动植物国际贸易公约》附录一中的水生野生动物或其制品的国内管理，按照本办法对国家一级保护水生野生动物的管理规定执行。

《濒危野生动植物种国际贸易公约》附录二、附录三中的水生野生动物或其制品的国内管理，按照本办法对国家二级保护水生野生动物的管理规定执行。

地方重点保护的水生野生动物或其制品的管理，可参照本办法对国家二级保护水生野生动物的管理规定执行。

第三十七条 本办法由农业部负责解释。

第三十八条 本办法自1999年9月1日起施行。

水生野生动物及其制品价值评估办法

（2019年8月27日农业农村部令2019年第5号公布，自2019年10月1日起施行）

第一条 为了规范水生野生动物及其制品的价值评估方法和标准，根据《中华人民共和国野生动物保护法》规定，制定本办法。

第二条 《中华人民共和国野生动物保护法》规定保护的珍贵濒危水生野生动物及其制品价值的评估，适用本办法。

本办法规定的水生野生动物，是指国家重点保护水生野生动物及《濒危野生动植物种国际贸易公约》附录水生物种的整体（含卵）。

本办法规定的水生野生动物制品，是指水生野生动物的部分及其衍生物。

第三条 水生野生动物成年整体的价值，按照对应物种的基准价值乘以保护级别系数计算。

农业农村部负责制定、公布并调整《水生野生动物基准价值标准目录》。

第四条 国家一级重点保护水生野生动物的保护级别系数为10。国家二级重点保护水生野生动物的保护级别系数为5。

《濒危野生动植物种国际贸易公约》附录所列水生物种，已被农业农村部核准为国家重点保护野生动物的，按照对应保护级别系数核算价值；未被农业农村部核准为国家重点保护野生动物的，保护级别系数为1。

第五条 水生野生动物幼年整体的价值，按照该物种成年整体价值乘以发育阶段系数计算。

发育阶段系数不应超过1，由核算其价值的执法机关或者评估机构综合考虑该物种繁殖力、成活率、发育阶段等实际情况确定。

第六条 水生野生动物卵的价值，有单独基准价值的，按照其基准价值乘以保护级别系数计算；没有单独基准价值的，按照该物种成年整体价值乘以繁殖力系数计算。

爬行类野生动物卵的繁殖力系数为十分之一；两栖类野生动物卵的繁殖力系数为千分之一；无脊椎、鱼类野生动物卵的繁殖力系数综合考虑该物种繁殖力、成活率进行确定。

第七条 水生野生动物制品的价值，按照该物种整体价值乘以涉案部分系数计算。

涉案部分系数不应超过1；系该物种主要利用部分的，涉案部分系数不应低于0.7。具体由核算其价值的执法机关或者评估机构综合考虑该制品利用部分、对动物伤害程度等因素确定。

第八条 人工繁育的水生野生动物及其制品的价值，根据本办法第四至七条规定计算后的价值乘以物种来源系数计算。

列入人工繁育国家重点保护水生野生动物名录物种的人工繁育个体及其制品，物种来源系数为0.25；其他物种的人工繁育个体及其制品，物种来源系数为0.5。

第九条 水生野生动物及其制品有实际交易价格，且实际交易价格高于按照本办法评估价值的，按照实际交易价格执行。

第十条 本办法施行后，新列入《国家重点保护野生动物名录》或《濒危野生动植物种国际贸易公约》附录，但尚未列入《水生野生动物基准价值标准目录》的水生野生动物，其基准价值参照与其同属、同科或同目的最近似水生野生动物的基准价值核算。

第十一条 未被列入《濒危野生动植物种国际贸易公约》附录的地方重点保护水生野生动物，可参照本办法计算价值，保护级别系数可按1计算。

第十二条 本办法自2019年10月1日起施行。

附表 水生野生动物基准价值标准目录

物种名称	学名	单位	基准价值（元）
脊索动物门 Chordata 哺乳纲 Mammalia			
食肉目 Carnivora			
鼬科 Mustelidae			
水獭亚科 Lutrinae			
小爪水獭	*Aonyx cinerea*	只	2 000
水獭亚科其他种		只	1 800
鳍足类 Pinnipedia			
海象科 Odobenidae			
海象	*Odobenus rosmarus*	头	3 000
海狗科 Otariidae			
毛皮海狮属所有种	*Arctocephalus* spp.	头	8 000
海豹科 Phocidae			
斑海豹	*Phoca largha*	头	10 000
僧海豹属所有种	*Monachus* spp.	头	10 000
南象海豹	*Mirounga leonina*	头	5 000
鳍足类其他种		头	2 000
鲸目 Cetacea			
露脊鲸科所有种	Balaenidae spp.	头	150 000
须鲸科所有种	Balaenopteridae spp.	头	120 000
海豚科 Delphinidae			
中华白海豚	*Sousa chinensis*	头	200 000
海豚科其他种		头	50 000
灰鲸科所有种	Eschrichtiidae spp.	头	100 000
亚马孙河豚科 Iniidae			
白鱀豚	*Lipotes vexillifer*	头	600 000
亚马孙河豚科其他种		头	50 000
鼠海豚科 Phocoenidae			
窄脊江豚长江种群（长江江豚）	*Neophocaena asiaeorientalis*	头	250 000
鼠海豚科其他种		头	50 000
抹香鲸科所有种	Physeteridae spp.	头	150 000

（续）

物种名称	学名	单位	基准价值（元）
鲸目其他种		头	75 000
海牛目 Sirenia			
儒艮科 Dugongidae			
儒艮	*Dugong dugong*	头	250 000
海牛科所有种	Trichechidae spp.	头	150 000
爬行纲 Reptilia			
鳄目 Crocodylia			
鳄目所有种（除鼍）	Crocodylia spp.	尾	500
蛇目 Serpentes			
蛇目所有种（仅瘰鳞蛇、水蛇及海蛇）	Serpentes spp.	条	300
龟鳖目 Testudines			
两爪鳖科所有种	Carettochelyidae spp.	只	500
蛇颈龟科所有种	Chelidae spp.	只	500
海龟科 Cheloniidae			
绿海龟	*Chelonia mydas*	只	15 000
玳瑁	*Eretmochelys imbricata*	只	20 000
蠵龟	*Caretta caretta*	只	15 000
太平洋丽龟	*Lepidochelys olivacea*	只	15 000
海龟科其他种		只	10 000
棱皮龟科 Dermochelyidae			
棱皮龟	*Dermochelys coriacea*	只	20 000
鳄龟科所有种	Chelydridae spp.	只	300
泥龟科所有种	Dermatemydidae spp.	只	500
龟科所有种	Emydidae spp.	只	500
地龟科 Geoemydidae			
三线闭壳龟	*Cuora trifasciata*	只	10 000
云南闭壳龟	*Cuora yunnanensis*	只	30 000
百色闭壳龟	*Cuora mccordi*	只	30 000
金头闭壳龟	*Cuora aurocapitata*	只	30 000
潘氏闭壳龟	*Cuora pani*	只	30 000
周氏闭壳龟	*Cuora zhoui*	只	30 000
黄额闭壳龟	*Cuora galbinifrons*	只	600
图纹闭壳龟	*Cuora picturata*	只	600
布氏闭壳龟	*Cuora bourreti*	只	600
地龟科其他种		只	500

（续）

物种名称	学名	单位	基准价值（元）
侧颈龟科所有种	Podocnemididae spp.	只	500
鳖科 Trionychidae			
山瑞鳖	*Palea steindachneri*	只	1 000
鼋属所有种	*Pelochelys* spp.	只	150 000
斑鳖	*Rafetus swinhoei*	只	200 000
鳖科其他种		只	500
两栖纲 Amphibia			
有尾目 Caudata			
隐鳃鲵科 Cryptobranchidae			
大鲵	*Andrias davidianus*	只	2 500
隐鳃鲵科其他种		只	500
蝾螈科 Salamandridae			
细痣疣螈	*Tylototrirtion asperrimus*	只	400
镇海疣螈	*Tylototritrion chinhaiensis*	只	400
贵州疣螈	*Tylototritrion kweichowensis*	只	400
大凉疣螈	*Tylototritrion taliangensis*	只	500
红瘰疣螈	*Tylototritrion verrucosus*	只	350
有尾目其他种		只	300
无尾目 Anura			
无尾目所有种	Anura spp.	只	100
板鳃亚纲 Elasmobranchii			
鼠鲨目 Lamniformes			
姥鲨科 Cetorhinidae			
姥鲨	*Cetorhinus maximus*	尾	50 000
鼠鲨科 Lamnidae			
噬人鲨	*Carcharodon carcharias*	尾	20 000
鲼目 Myliobatiformes			
鲼科所有种	Myliobatidae spp.	尾	200
江魟科所有种	Potamotrygonidae spp.	尾	150
须鲨目 Orectolobiformes			
鲸鲨科 Rhincodontidae			
鲸鲨	*Rhincodon typus*	尾	40 000
鲨类其他种		尾	200
锯鳐目 Pristiformes			
锯鳐科所有种	Pristidae spp.	尾	5 000

（续）

物种名称	学名	单位	基准价值（元）
辐鳍亚纲 Actinopteri			
鲟形目 Acipenseriformes			
鲟科 Acipenseridae			
中华鲟	*Acipenser sinensis*	尾	50 000
中华鲟（卵）		万粒	20 000
达氏鲟	*Acipenser dabryanus*	尾	50 000
达氏鲟（卵）		万粒	20 000
匙吻鲟科　Polyodontidae			
白鲟（成体）	*Psephurus gladius*	尾	500 000
白鲟（卵）	*Psephurus gladius*	万粒	200 000
鲟形目其他种（成体）		尾	5 000
鲟形目其他种（卵）		万粒	2 000
鳗鲡目 Anguilliformes			
鳗鲡科 Anguillidae			
花鳗鲡	*Anguilla marmorata*	尾	500
鳗鲡科其他种		尾	50
鲤形目 Cypriniformes			
胭脂鱼科 Catostomidae			
胭脂鱼	*Myxocyprinus asiaticus*	尾	200
胭脂鱼科其他种		尾	150
鲤科 Cyprinidae			
唐鱼	*Tanichthys albonubes*	尾	50
大头鲤	*Cyprinus pellegrini*	尾	100
金线鲃	*Sinocyclocheilus grahami*	尾	100
新疆大头鱼	*Aspiorhynchus laticeps*	尾	500
大理裂腹鱼	*Schizothorax taliensis*	尾	100
鲤科其他种		尾	100
骨舌鱼目 Osteoglossiformes			
巨骨舌鱼科 Arapaimidae			
巨巴西骨舌鱼	*Arapaima gigas*	尾	500
骨舌鱼科 Osteoglossidae			
美丽硬仆骨舌鱼（包括丽纹硬骨舌鱼）	*Scleropages formosus*	尾	500
鲈形目 Perciformes			
隆头鱼科 Labridae			
波纹唇鱼（苏眉）	*Cheilinus undulatus*	尾	5 000

（续）

物种名称	学名	单位	基准价值（元）
杜父鱼科 Cottidae			
松江鲈鱼	*Trachidermus fasciatus*	尾	100
石首鱼科 Sciaenidae			
黄唇鱼	*Bahaba flavolabiata*	尾	16 000
加利福尼亚湾石首鱼	*Totoaba macdonaldi*	尾	16 000
海龙鱼目 Syngnathiformes			
海龙鱼科 Syngnathidae			
克氏海马	*Hippocampus kelloggi*	尾	200
海马属其他种		尾	30
鲑型目 Salmoniformes			
鲑科 Salmonidae			
川陕哲罗鲑	*Hucho bleekeri*	尾	2 000
秦岭细鳞鲑	*Brachymystax lenok tsinlingensis*	尾	1 000
肺鱼亚纲 Dipneusti			
角齿肺鱼目 Ceratodontiformes			
角齿肺鱼科 Ceratodontidae			
澳大利亚肺鱼	*Neoceratodus forsteri*	尾	100
腔棘亚纲 Coelacanthi			
腔棘鱼目 Coelacanthiformes			
矛尾鱼科 Latimeriidae			
矛尾鱼属所有种	*Latimeria* spp.	尾	100 000
文昌鱼纲 Appendicularia			
文昌鱼目 Amphioxiformes			
文昌鱼科 Branchiostomatidae			
文昌鱼	*Branchiostoma belcheri*	尾	10
半索动物门 Hemichordata			
肠鳃纲 Enteropneusta			
柱头虫科 Balanoglossidae			
多鳃孔舌形虫	*Glossobalanus Polybranchioporus*	只	100
玉钩虫科 Harrimaniidae			
黄岛长吻虫	*Saccoglossus hwangtauensis*	只	100
棘皮动物门 Echinodermata			
海参纲所有种	Holothuroidea spp.	只	10
环节动物门 Annelida			
蛭纲 Hirudinoidea			

（续）

<table>
<tr><th>物种名称</th><th>学名</th><th>单位</th><th>基准价值（元）</th></tr>
<tr><td colspan="4">无吻蛭目 Arhynchobdellida</td></tr>
<tr><td>医蛭科所有种</td><td>Hirudinidae spp.</td><td>只</td><td>10</td></tr>
<tr><td colspan="4">软体动物门 Mollusca</td></tr>
<tr><td colspan="4">腹足纲 Gastropoda</td></tr>
<tr><td colspan="4">中腹足目 Mesogastropoda</td></tr>
<tr><td colspan="4">宝贝科 Cypraeidae</td></tr>
<tr><td>虎斑宝贝</td><td>Cypraea tigris</td><td>只</td><td>50</td></tr>
<tr><td colspan="4">冠螺科 Cassididae</td></tr>
<tr><td>冠螺</td><td>Cassis cornuta</td><td>只</td><td>100</td></tr>
<tr><td colspan="4">瓣鳃纲 Lamellibranchia</td></tr>
<tr><td colspan="4">异柱目 Anisomyria</td></tr>
<tr><td colspan="4">珍珠贝科 Pteriidae</td></tr>
<tr><td>大珠母贝</td><td>Pinctada maxima</td><td>只</td><td>100</td></tr>
<tr><td colspan="4">真瓣鳃目 Eulamellibranchia</td></tr>
<tr><td colspan="4">砗磲科 Tridacnidae</td></tr>
<tr><td rowspan="2">库氏砗磲</td><td rowspan="2">Tridacna cookiana</td><td>只</td><td>5 000</td></tr>
<tr><td>千克</td><td>60</td></tr>
<tr><td colspan="2">砗磲科其他种</td><td>只</td><td>200</td></tr>
<tr><td colspan="4">蚌科 Unionidae</td></tr>
<tr><td>佛耳丽蚌</td><td>Lamprotula mansuyi</td><td>只</td><td>100</td></tr>
<tr><td colspan="4">头足纲 Cephalopoda</td></tr>
<tr><td colspan="4">鹦鹉螺目 Nautilida</td></tr>
<tr><td>鹦鹉螺科所有种</td><td>Nautilidae spp.</td><td>只</td><td>3 000</td></tr>
<tr><td colspan="4">刺胞亚门 Cnidaria</td></tr>
<tr><td colspan="4">珊瑚虫纲 Anthozoa</td></tr>
<tr><td colspan="4">柳珊瑚目 Gorgonaceae</td></tr>
<tr><td>红珊瑚科所有种</td><td>Coralliidae spp.</td><td>千克</td><td>50 000</td></tr>
<tr><td colspan="2">珊瑚类其他种</td><td>千克</td><td>500</td></tr>
</table>

外来入侵物种管理办法

（2022年4月22日农业农村部令第4号发布，2022年8月1日起施行）

第一章　总　　则

第一条　为了防范和应对外来入侵物种危害，保障农林牧渔业可持续发展，保护生物多样性，根据《中华人民共和国生物安全法》，制定本办法。

第二条　本办法所称外来物种，是指在中华人民共和国境内无天然分布，经自然或人为途径传入的物种，包括该物种所有可能存活和繁殖的部分。

本办法所称外来入侵物种，是指传入定殖并对生态系统、生境、物种带来威胁或者危害，影响我国生态环境，损害农林牧渔业可持续发展和生物多样性的外来物种。

第三条　外来入侵物种管理是维护国家生物安全的重要举措，应当坚持风险预防、源头管控、综合治理、协同配合、公众参与的原则。

第四条　农业农村部会同国务院有关部门建立外来入侵物种防控部际协调机制，研究部署全国外来入侵物种防控工作，统筹协调解决重大问题。

省级人民政府农业农村主管部门会同有关部门建立外来入侵物种防控协调机制，组织开展本行政区域外来入侵物种防控工作。

海关完善境外风险预警和应急处理机制，强化入境货物、运输工具、寄递物、旅客行李、跨境电商、边民互市等渠道外来入侵物种的口岸检疫监管。

第五条　县级以上地方人民政府依法对本行政区域外来入侵物种防控工作负责，组织、协调、督促有关部门依法履行外来入侵物种防控管理职责。

县级以上地方人民政府农业农村主管部门负责农田生态系统、渔业水域等区域外来入侵物种的监督管理。

县级以上地方人民政府林业草原主管部门负责森林、草原、湿地生态系统和自然保护地等区域外来入侵物种的监督管理。

沿海县级以上地方人民政府自然资源（海洋）主管部门负责近岸海域、海岛等区域外来入侵物种的监督管理。

县级以上地方人民政府生态环境主管部门负责外来入侵物种对生物多样性影响的监督管理。

高速公路沿线、城镇绿化带、花卉苗木交易市场等区域的外来入侵物种监督管理，由县级以上地方人民政府其他相关主管部门负责。

第六条　农业农村部会同有关部门制定外来入侵物种名录，实行动态调整和分类管理，建立外来入侵物种数据库，制修订外来入侵物种风险评估、监测预警、防控治理等技术规范。

第七条　农业农村部会同有关部门成立外来入侵物种防控专家委员会，为外来入侵物种管理提供咨询、评估、论证等技术支撑。

第八条　农业农村部、自然资源部、生态环境部、海关总署、国家林业和草原局等主管部门建立健全应急处置机制，组织制订相关领域外来入侵物种突发事件应急预案。

县级以上地方人民政府有关部门应当组

织制订本行政区域相关领域外来入侵物种突发事件应急预案。

第九条　县级以上人民政府农业农村、自然资源（海洋）、生态环境、林业草原等主管部门加强外来入侵物种防控宣传教育与科学普及，增强公众外来入侵物种防控意识，引导公众依法参与外来入侵物种防控工作。

任何单位和个人未经批准，不得擅自引进、释放或者丢弃外来物种。

第二章　源头预防

第十条　因品种培育等特殊需要从境外引进农作物和林草种子苗木、水产苗种等外来物种的，应当依据审批权限向省级以上人民政府农业农村、林业草原主管部门和海关办理进口审批与检疫审批。

属于首次引进的，引进单位应当就引进物种对生态环境的潜在影响进行风险分析，并向审批部门提交风险评估报告。审批部门应当及时组织开展审查评估。经评估有入侵风险的，不予许可入境。

第十一条　引进单位应当采取安全可靠的防范措施，加强引进物种研究、保存、种植、繁殖、运输、销毁等环节管理，防止其逃逸、扩散至野外环境。

对于发生逃逸、扩散的，引进单位应当及时采取清除、捕回或其他补救措施，并及时向审批部门及所在地县级人民政府农业农村或林业草原主管部门报告。

第十二条　海关应当加强外来入侵物种口岸防控，对非法引进、携带、寄递、走私外来物种等违法行为进行打击。对发现的外来入侵物种以及经评估具有入侵风险的外来物种，依法进行处置。

第十三条　县级以上地方人民政府农业农村、林业草原主管部门应当依法加强境内跨区域调运农作物和林草种子苗木、植物产品、水产苗种等检疫监管，防止外来入侵物种扩散传播。

第十四条　农业农村部、自然资源部、生态环境部、海关总署、国家林业和草原局等主管部门依据职责分工，对可能通过气流、水流等自然途径传入我国的外来物种加强动态跟踪和风险评估。

有关部门应当对经外来入侵物种防控专家委员会评估具有较高入侵风险的物种采取必要措施，加大防范力度。

第三章　监测与预警

第十五条　农业农村部会同有关部门建立外来入侵物种普查制度，每十年组织开展一次全国普查，掌握我国外来入侵物种的种类数量、分布范围、危害程度等情况，并将普查成果纳入国土空间基础信息平台和自然资源“一张图”。

第十六条　农业农村部会同有关部门建立外来入侵物种监测制度，构建全国外来入侵物种监测网络，按照职责分工布设监测站点，组织开展常态化监测。

县级以上地方人民政府农业农村主管部门会同有关部门按照职责分工开展本行政区域外来入侵物种监测工作。

第十七条　县级以上地方人民政府农业农村、自然资源（海洋）、生态环境、林业草原等主管部门和海关应当按照职责分工及时收集汇总外来入侵物种监测信息，并报告上级主管部门。

任何单位和个人不得瞒报、谎报监测信息，不得擅自发布监测信息。

第十八条　省级以上人民政府农业农村、自然资源（海洋）、生态环境、林业草原等主管部门和海关应当加强外来入侵物种监测信息共享，分析研判外来入侵物种发生、扩散趋势，评估危害风险，及时发布预警预报，提出应对措施，指导开展防控。

第十九条 农业农村部会同有关部门建立外来入侵物种信息发布制度。全国外来入侵物种总体情况由农业农村部商有关部门统一发布。自然资源部、生态环境部、海关总署、国家林业和草原局等主管部门依据职责权限发布本领域外来入侵物种发生情况。

省级人民政府农业农村主管部门商有关部门统一发布本行政区域外来入侵物种情况。

第四章 治理与修复

第二十条 农业农村部、自然资源部、生态环境部、国家林业和草原局按照职责分工，研究制订本领域外来入侵物种防控策略措施，指导地方开展防控。

县级以上地方人民政府农业农村、自然资源（海洋）、林业草原等主管部门应当按照职责分工，在综合考虑外来入侵物种种类、危害对象、危害程度、扩散趋势等因素的基础上，制订本行政区域外来入侵物种防控治理方案，并组织实施，及时控制或消除危害。

第二十一条 外来入侵植物的治理，可根据实际情况在其苗期、开花期或结实期等生长关键时期，采取人工拔除、机械铲除、喷施绿色药剂、释放生物天敌等措施。

第二十二条 外来入侵病虫害的治理，应当采取选用抗病虫品种、种苗预处理、物理清除、化学灭除、生物防治等措施，有效阻止病虫害扩散蔓延。

第二十三条 外来入侵水生动物的治理，应当采取针对性捕捞等措施，防止其进一步扩散危害。

第二十四条 外来入侵物种发生区域的生态系统恢复，应当因地制宜采取种植乡土植物、放流本地种等措施。

第五章 附 则

第二十五条 违反本办法规定，未经批准，擅自引进、释放或者丢弃外来物种的，依照《中华人民共和国生物安全法》第八十一条处罚。涉嫌犯罪的，依法移送司法机关追究刑事责任。

第二十六条 本办法自 2022 年 8 月 1 日起施行。

渔业水域污染事故调查处理程序规定

（1997年3月26日农业部令第13号发布，自发布之日起施行）

第一章 总 则

第一条 为及时、公正地调查处理渔业水域污染事故，维护国家、集体和公民的合法权益，根据《中华人民共和国环境保护法》《中华人民共和国水污染防治法》《中华人民共和国渔业法》等有关法律法规，制定本规定。

第二条 任何公民、法人或其他组织造成渔业水域污染事故的，应当接受渔政监督管理机构（以下简称主管机构）的调查处理。各级主管机构调查处理渔业水域污染事故适用本规定。

第三条 本规定所称的渔业水域是指鱼虾贝类的产卵场、索饵场、越冬场、洄游通道和鱼虾贝藻类及其他水生动植物的增养殖场。

第四条 本规定所称的渔业水域污染事故是指由于单位和个人将某种物质和能量引入渔业水域，损坏渔业水体使用功能，影响渔业水域内的生物繁殖、生长或造成该生物死亡、数量减少，以及造成该生物有毒有害物质积累、质量下降等，对渔业资源和渔业生产造成损害的事实。

第二章 污染事故处理管辖

第五条 地（市）、县主管机构依法管辖其监督管理范围内的较大及一般性渔业水域污染事故。省（自治区、直辖市）主管机构依法管辖其监督管理范围内直接经济损失额在百万元以上的重大渔业水域污染事故。中华人民共和国渔政渔港监督管理局管辖或指定省级主管机构处理直接经济损失额在千万元以上的特大渔业水域污染事故和涉外渔业水域污染事故。

第六条 中华人民共和国渔政渔港监督管理局成立渔业水域污染事故技术审定委员会，负责全国重大渔业水域污染事故的技术审定工作。

第七条 下级主管机构对其处理范围内的渔业水域污染事故，认为需要由上级主管机构处理的，可报请上级主管机构处理。

第八条 上级主管机构管辖的渔业水域污染事故必要时可以指定下级机构处理。

第九条 对管辖权有争议的渔业水域污染事故，由争议双方协商解决，协商不成的，由共同的上一级主管机构指定机关调查处理。

第十条 指定处理的渔业水域污染事故应办理书面手续。主管机构指定的单位，须在指定权限范围内行使权力。

第十一条 跨行政区域的渔业水域污染纠纷，按照《中华人民共和国水污染防治法》第二十六条的规定，由有关地方人民政府协商解决，或者由其共同的上级人民政府协调解决，主管机构应积极配合有关地方人民政府做好事故的处理工作。

第三章 调查与取证

第十二条 主管机构在发现或接到事故报告后，应做好下列工作：

（一）填写事故报告表，内容包括报告人、事故发生时间、地点、污染损害原因及状况等。

（二）尽快组织渔业环境监测站或有关人员赴现场进行调查取证。重大、特大及涉外渔业水域污染事故应立即向同级人民政府及环境保护主管部门和上一级主管机构报告。

（三）对污染情况复杂、损失较重的污染事故，应参照农业部颁布的《污染死鱼调查方法（淡水）》的规定进行调查取证。

第十三条 渔业执法人员调查处理渔业水域污染事故，应当收集与污染事故有关的各种证据，证据包括书证、物证、视听资料、证人证言、当事人陈述、鉴定结论、现场笔录。

证据必须查证属实，才能作为认定事实的依据。

第十四条 调查渔业水域污染事故，必须制作现场笔录，内容包括：发生事故时间、地点、水体类型、气候、水文、污染物、污染源、污染范围、损失程度等。笔录应当表述清楚，定量准确，如实记录，并有在场调查的两名渔业执法人员的签名和笔录时间。

第十五条 渔业环境监测站出具的监测数据、鉴定结论或其他具备资格的有关单位出具的鉴定证明是主管机构处理污染事故的依据。监测数据、鉴定结果报告书由监测鉴定人员签名，并加盖单位公章。

第四章 处理程序

第十六条 因渔业水域污染事故发生的赔偿责任和赔偿金额的纠纷，当事人可以向事故发生地的主管机构申请调解处理，当事人也可以直接向人民法院起诉。

第十七条 主管机构受理当事人事故纠纷调解处理申请应符合下列条件：

（一）必须是双方当事人同意调解处理；

（二）申请人必须是与渔业损失事故纠纷有直接利害关系的单位或个人；

（三）有明确的被申请人和具体的事实依据与请求；

（四）不超越主管机构受理范围。

第十八条 如属当事人一方申请调解的，主管机构有责任通知另一方接受调解，如另一方拒绝接受调解，当事人可直接向人民法院起诉。

第十九条 请求主管机构调解处理的纠纷，当事人必须提交申请书，申请书应写明如下事实：

（一）申请人与被申请人的姓名、性别、年龄、职业、住址、邮政编码等（单位的名称、地址、法定代表人的姓名）；

（二）申请事项，事实和理由；

（三）与事故纠纷有关的证据和其他资料；

（四）请求解决的问题。申请书一式三份，申请人自留一份，两份递交受理机构。

第二十条 主管机构受理污染事故赔偿纠纷后，可根据需要邀请有关部门的人员参加调解处理工作。负责和参加处理纠纷的人员与纠纷当事人有利害关系时，应当自行回避，当事人也可提出回避请求。

第二十一条 主管机构应在收到申请书十日内将申请书副本送达被申请人。被申请人在收到申请书副本之日起十五日内提交答辩书和有关证据。被申请人不按期或不提出答辩书的，视为拒绝调解处理，主管机构应告知申请人向人民法院起诉。

第二十二条 调解处理过程中，应召集双方座谈协商。经协商可达成调解协议。

第二十三条 调解协议书经当事人双方和主管机构三方签字盖章后生效。当事人拒不履行调解协议的，主管机构应督促履行，同时当事人可向人民法院起诉。

第二十四条　当事人对主管机构调解污染事故赔偿纠纷处理决定不服的，可以向人民法院起诉。

第二十五条　调解处理过程中，当事人一方向法院起诉，调解处理终止。

第二十六条　凡污染造成渔业损害事故的，都应赔偿渔业损失，并由主管机构根据情节依照《渔业行政处罚程序规定》对污染单位和个人给予罚款。

第二十七条　凡污染造成人工增殖和天然渔业资源损失的，按污染对渔业资源的损失及渔业生产的损害程度，由主管机构依照《渔业行政处罚程序规定》责令赔偿渔业资源损失。

第五章　附　　则

第二十八条　本规定中渔业损失的计算，按农业部颁布的《水域污染事故渔业损失计算方法规定》执行。

第二十九条　本规定中事故报告登记表、现场记录、渔业水域污染事故调解协议书等文书格式，由农业部统一制定。

第三十条　本规定由农业部负责解释。

（六）水产养殖与水产品质量安全

水域滩涂养殖发证登记办法

（2010年5月24日农业部令第9号发布，自2010年7月1日起施行）

第一章　总　　则

第一条　为了保障养殖生产者合法权益，规范水域、滩涂养殖发证登记工作，根据《中华人民共和国物权法》《中华人民共和国渔业法》《中华人民共和国农村土地承包法》等法律法规，制定本办法。

第二条　本办法所称水域、滩涂，是指经县级以上地方人民政府依法规划或者以其他形式确定可以用于水产养殖业的水域、滩涂。

本办法所称水域滩涂养殖权，是指依法取得的使用水域、滩涂从事水产养殖的权利。

第三条　使用水域、滩涂从事养殖生产，由县级以上地方人民政府核发养殖证，确认水域滩涂养殖权。

县级以上地方人民政府渔业行政主管部门负责水域、滩涂养殖发证登记具体工作，并建立登记簿，记载养殖证载明的事项。

第四条　水域滩涂养殖权人可以凭养殖证享受国家水产养殖扶持政策。

第二章　国家所有水域滩涂的发证登记

第五条　使用国家所有的水域、滩涂从事养殖生产的，应当向县级以上地方人民政府渔业行政主管部门提出申请，并提交以下材料：

（一）养殖证申请表；

（二）公民个人身份证明、法人或其他组织资格证明、法定代表人或者主要负责人的身份证明；

（三）依法应当提交的其他证明材料。

第六条　县级以上地方人民政府渔业行政主管部门应当在受理后15个工作日内对申请材料进行书面审查和实地核查。符合规定的，应当将申请在水域、滩涂所在地进行公示，公示期为10日；不符合规定的，书面通知申请人。

第七条　公示期满后，符合下列条件的，县级以上地方人民政府渔业行政主管部门应当报请同级人民政府核发养殖证，并将养殖证载明事项载入登记簿：

（一）水域、滩涂依法可以用于养殖生产；

（二）证明材料合法有效；

（三）无权属争议。

登记簿应当准确记载养殖证载明的全部事项。

第八条　国家所有的水域、滩涂，应当优先用于下列当地渔业生产者从事养殖生产：

（一）以水域、滩涂养殖生产为主要生活来源的；

（二）因渔业产业结构调整，由捕捞业转产从事养殖业的；

（三）因养殖水域滩涂规划调整，需要另行安排养殖水域、滩涂从事养殖生产的。

第九条　依法转让国家所有水域、滩涂的养殖权的，应当持原养殖证，依照本章规定重新办理发证登记。

第三章　集体所有或者国家所有由集体使用水域滩涂的发证登记

第十条　农民集体所有或者国家所有依法由农民集体使用的水域、滩涂，以家庭承包方式用于养殖生产的，依照下列程序办理发证登记：

（一）水域、滩涂承包合同生效后，发包方应当在30个工作日内，将水域、滩涂承包方案、承包方及承包水域、滩涂的详细情况、水域、滩涂承包合同等材料报县级以上地方人民政府渔业行政主管部门；

（二）县级以上地方人民政府渔业行政主管部门对发包方报送的材料进行审核。符合规定的，报请同级人民政府核发养殖证，并将养殖证载明事项载入登记簿；不符合规定的，书面通知当事人。

第十一条　农民集体所有或者国家所有依法由农民集体使用的水域、滩涂，以招标、拍卖、公开协商等方式承包用于养殖生产，承包方申请取得养殖证的，依照下列程序办理发证登记：

（一）水域、滩涂承包合同生效后，承包方填写养殖证申请表，并将水域、滩涂承包合同等材料报县级以上地方人民政府渔业行政主管部门；

（二）县级以上地方人民政府渔业行政主管部门对承包方提交的材料进行审核。符合规定的，报请同级人民政府核发养殖证，并将养殖证载明事项载入登记簿；不符合规定的，书面通知申请人。

第十二条　县级以上地方人民政府渔业行政主管部门应当在登记簿上准确记载养殖证载明的全部事项。

第十三条　农民集体所有或者国家所有依法由农民集体使用的水域、滩涂，以家庭承包方式用于养殖生产，在承包期内采取转包、出租、入股方式流转水域滩涂养殖权的，不需要重新办理发证登记。

采取转让、互换方式流转水域滩涂养殖权的，当事人可以要求重新办理发证登记。申请重新办理发证登记的，应当提交原养殖证和水域滩涂养殖权流转合同等相关证明材料。

因转让、互换以外的其他方式导致水域滩涂养殖权分立、合并的，应当持原养殖证及相关证明材料，向原发证登记机关重新办理发证登记。

第四章　变更、收回、注销和延展

第十四条　水域滩涂养殖权人、利害关系人有权查阅、复制登记簿，县级以上地方人民政府渔业行政主管部门应当提供，不得限制和拒绝。

水域滩涂养殖权人、利害关系人认为登记簿记载的事项错误的，可以申请更正登记。登记簿记载的权利人书面同意更正或者有证据证明登记确有错误的，县级以上地方人民政府渔业行政主管部门应当予以更正。

第十五条　养殖权人姓名或名称、住所等事项发生变化的，当事人应当持原养殖证及相关证明材料，向原发证登记机关申请变更。

第十六条　因被依法收回、征收等原因造成水域滩涂养殖权灭失的，应当由发证机关依法收回、注销养殖证。

实行家庭承包的农民集体所有或者国家所有依法由农民集体使用的水域、滩涂，在承包期内出现下列情形之一，发包方依法收回承包的水域、滩涂的，应当由发证机关收回、注销养殖证：

（一）承包方全家迁入设区的市，转为非农业户口的；

（二）承包方提出书面申请，自愿放弃

全部承包水域、滩涂的；

（三）其他依法应当收回养殖证的情形。

第十七条 符合本办法第十六条规定，水域滩涂养殖权人拒绝交回养殖证的，县级以上地方人民政府渔业行政主管部门调查核实后，报请发证机关依法注销养殖证，并予以公告。

第十八条 水域滩涂养殖权期限届满，水域滩涂养殖权人依法继续使用国家所有的水域、滩涂从事养殖生产的，应当在期限届满60日前，持养殖证向原发证登记机关办理延展手续，并按本办法第五条规定提交相关材料。

因养殖水域滩涂规划调整不得从事养殖的，期限届满后不再办理延展手续。

第五章 附 则

第十九条 养殖证由农业部监制，省级人民政府渔业行政主管部门印制。

第二十条 颁发养殖证，除依法收取工本费外，不得向水域、滩涂使用人收取任何费用。

第二十一条 本办法施行前养殖水域、滩涂已核发养殖证或者农村土地承包经营权证的，在有效期内继续有效。

第二十二条 本办法自2010年7月1日起施行。

水产苗种管理办法

（2001年12月10日农业部令第4号发布，自发布之日起施行；根据2005年1月5日农业部令第46号修订，自2005年4月1日起施行）

第一章　总　　则

第一条　为保护和合理利用水产种质资源，加强水产品种选育和苗种生产、经营、进出口管理，提高水产苗种质量，维护水产苗种生产者、经营者和使用者的合法权益，促进水产养殖业持续健康发展，根据《中华人民共和国渔业法》及有关法律法规，制定本办法。

第二条　本办法所称的水产苗种包括用于繁育、增养殖（栽培）生产和科研试验、观赏的水产动植物的亲本、稚体、幼体、受精卵、孢子及其遗传育种材料。

第三条　在中华人民共和国境内从事水产种质资源开发利用，品种选育、培育，水产苗种生产、经营、管理、进口、出口活动的单位和个人，应当遵守本办法。

珍稀、濒危水生野生动植物及其苗种的管理按有关法律法规的规定执行。

第四条　农业部负责全国水产种质资源和水产苗种管理工作。

县级以上地方人民政府渔业行政主管部门负责本行政区域内的水产种质资源和水产苗种管理工作。

第二章　种质资源保护和品种选育

第五条　国家有计划地搜集、整理、鉴定、保护、保存和合理利用水产种质资源。禁止任何单位和个人侵占和破坏水产种质资源。

第六条　国家保护水产种质资源及其生存环境，并在具有较高经济价值和遗传育种价值的水产种质资源的主要生长繁殖区域建立水产种质资源保护区。未经农业部批准，任何单位或者个人不得在水产种质资源保护区从事捕捞活动。

建设项目对水产种质资源产生不利影响的，依照《中华人民共和国渔业法》第三十五条的规定处理。

第七条　省级以上人民政府渔业行政主管部门根据水产增养殖生产发展的需要和自然条件及种质资源特点，合理布局和建设水产原、良种场。

国家级或省级原、良种场负责保存或选育种用遗传材料和亲本，向水产苗种繁育单位提供亲本。

第八条　用于杂交生产商品苗种的亲本必须是纯系群体，对可育的杂交种不得用作亲本繁育。

养殖可育的杂交个体和通过生物工程等技术改变遗传性状的个体及后代的，其场所必须建立严格的隔离和防逃措施，禁止将其投放于河流、湖泊、水库、海域等自然水域。

第九条　国家鼓励和支持水产优良品种的选育、培育和推广。县级以上人民政府渔业行政主管部门应当有计划地组织科研、教学和生产单位选育、培育水产优良新品种。

第十条　农业部设立全国水产原种和良种审定委员会，对水产新品种进行审定。

对审定合格的水产新品种，经农业部公告后方可推广。

第三章　生产经营管理

第十一条　单位和个人从事水产苗种生产，应当经县级以上地方人民政府渔业行政主管部门批准，取得水产苗种生产许可证。但是，渔业生产者自育、自用水产苗种的除外。

省级人民政府渔业行政主管部门负责水产原、良种场的水产苗种生产许可证的核发工作；其他水产苗种生产许可证发放权限由省级人民政府渔业行政主管部门规定。

水产苗种生产许可证由省级人民政府渔业行政主管部门统一印制。

第十二条　从事水产苗种生产的单位和个人应当具备下列条件：

（一）有固定的生产场地、水源充足、水质符合渔业用水标准；

（二）用于繁殖的亲本来源于原、良种场、质量符合种质标准；

（三）生产条件和设施符合水产苗种生产技术操作规程的要求；

（四）有与水产苗种生产和质量检验相适应的专业技术人员。

申请单位是水产原、良种场的，还应当符合农业部《水产原良种场生产管理规范》的要求。

第十三条　申请从事水产苗种生产的单位和个人应当填写水产苗种生产申请表，并提交证明其符合本办法第十二条规定条件的材料。

水产苗种生产申请表格式由省级人民政府渔业行政主管部门统一制订。

第十四条　县级以上地方人民政府渔业行政主管部门应当按照本办法第十一条第二款规定的审批权限，自受理申请之日起20日内对申请人提交的材料进行审查，并经现场考核后作出是否发放水产苗种生产许可证的决定。

第十五条　水产苗种生产单位和个人应当按照许可证规定的范围、种类等进行生产。需要变更生产范围、种类的，应当向原发证机关办理变更手续。

水产苗种生产许可证的许可有效期限为三年。期满需延期的，应当于期满三十日前向原发证机关提出申请，办理续展手续。

第十六条　水产苗种的生产应当遵守农业部制定的生产技术操作规程。保证苗种质量。

第十七条　县级以上人民政府渔业行政主管部门应当组织有关质量检验机构对辖区内苗种场的亲本和稚、幼体质量进行检验，检验不合格的，给予警告，限期整改；到期仍不合格的，由发证机关收回并注销水产苗种生产许可证。

第十八条　县级以上地方人民政府渔业行政主管部门应当加强对水产苗种的产地检疫。

国内异地引进水产苗种的，应当先到当地渔业行政主管部门办理检疫手续，经检疫合格后方可运输和销售。

检疫人员应当按照检疫规程实施检疫，对检疫合格的水产苗种出具检疫合格证明。

第十九条　禁止在水产苗种繁殖、栖息地从事采矿、挖沙、爆破、排放污水等破坏水域生态环境的活动。对水域环境造成污染的，依照《中华人民共和国水污染防治法》和《中华人民共和国海洋环境保护法》的有关规定处理。

在水生动物苗种主产区引水时，应当采取措施，保护苗种。

第四章　进出口管理

第二十条　单位和个人从事水产苗种进口和出口，应当经农业部或省级人民政府渔业行政主管部门批准。

第二十一条　农业部会同国务院有关部门制定水产苗种进口名录和出口名录，并定期公布。

水产苗种进口名录和出口名录分为人Ⅰ、Ⅱ、Ⅲ类。列入进口名录Ⅰ类的水产苗种不得进口，列入出口名录Ⅰ类的水产苗种不得出口；列入名录Ⅱ类的水产苗种以及未列入名录的水产苗种的进口、出口由农业部审批，列入名录Ⅲ类的水产苗种的进口、出口由省级人民政府渔业行政主管部门审批。

第二十二条　申请进口水产苗种的单位和个人应当提交以下材料：

（一）水产苗种进口申请表；

（二）水产苗种进口安全影响报告（包括对引进地区水域生态环境、生物种类的影响，进口水产苗种可能携带的病虫害及危害性等）；

（三）与境外签订的意向书、赠送协议书复印件；

（四）进口水产苗种所在国（地区）主管部门出具的产地证明；

（五）营业执照复印件。

第二十三条　进口未列入水产苗种进口名录的水产苗种的单位应当具备以下条件：

（一）具有完整的防逃、隔离设施，试验池面积不少于3公顷；

（二）具备一定的科研力量，具有从事种质、疾病及生态研究的中高级技术人员；

（三）具备开展种质检测、疫病检疫以及水质检测工作的基本仪器设备。

进口未列入水产苗种进口名录的水产苗种的单位，除按第二十二条的规定提供材料外，还应当提供以下材料：

（一）进口水产苗种所在国家或地区的相关资料：包括进口水产苗种的分类地位、生物学性状、遗传特性、经济性状及开发利用现状，栖息水域及该地区的气候特点、水域生态条件等；

（二）进口水产苗种人工繁殖、养殖情况；

（三）进口国家或地区水产苗种疫病发生情况。

第二十四条　申请出口水产苗种的单位和个人应提交水产苗种出口申请表。

第二十五条　进出口水产苗种的单位和个人应当向省级人民政府渔业行政主管部门提出申请。省级人民政府渔业行政主管部门应当自申请受理之日起15日内对进出口水产苗种的申报材料进行审查核实，按审批权限直接审批或初步审查后将审查意见和全部材料报农业部审批。

省级人民政府渔业行政主管部门应当将其审批的水产苗种进出口情况，在每年年底前报农业部备案。

第二十六条　农业部收到省级人民政府渔业行政主管部门报送的材料后，对申请进口水产苗种的，在5日内委托全国水产原种和良种审定委员会组织专家对申请进口的水产苗种进行安全影响评估，并在收到安全影响评估报告后15日内作出是否同意进口的决定；对申请出口水产苗种的，应当在10日内作出是否同意出口的决定。

第二十七条　申请水产苗种进出口的单位或个人应当凭农业部或省级人民政府渔业行政主管部门批准的水产苗种进出口审批表办理进出口手续。

水产苗种进出口申请表、审批表格式由农业部统一制定。

第二十八条　进口、出口水产苗种应当实施检疫，防止病害传入境内和传出境外，具体检疫工作按照《中华人民共和国进出境动植物检疫法》等法律法规的规定执行。

第二十九条　水产苗种进口实行属地监管。

进口单位和个人在进口水产苗种经出入境检验检疫机构检疫合格后，应当立即向所在地省级人民政府渔业行政主管部门报告，由所在地省级人民政府渔业行政主管部门或其委托的县级以上地方人民政府渔业行政主管部门具体负责入境后的监督检查。

第三十条 进口未列入水产苗种进口名录的水产苗种的，进口单位和个人应当在该水产苗种经出入境检验检疫机构检疫合格后，设置专门场所进行试养，特殊情况下应在农业部指定的场所进行。

试养期间一般为进口水产苗种的一个繁殖周期。试养期间，农业部不再批准该水产苗种的进口，进口单位不得向试养场所外扩散该试养苗种。

试养期满后的水产苗种应当经过全国水产原种和良种审定委员会审定，农业部公告后方可推广。

第三十一条 进口水产苗种投放于河流、湖泊、水库、海域等自然水域要严格遵守有关外来物种管理规定。

第五章 附 则

第三十二条 本办法所用术语的含义：

（一）原种：指取自模式种采集水域或取自其他天然水域的野生水生动植物种，以及用于选育的原始亲体。

（二）良种：指生长快、品质好、抗逆性强、性状稳定和适应一定地区自然条件，并适用于增养殖（栽培）生产的水产动植物种。

（三）杂交种：指将不同种、亚种、品种的水产动植物进行杂交获得的后代。

（四）品种：指经人工选育成的，遗传性状稳定，并具有不同于原种或同种内其他群体的优良经济性状的水生动植物。

（五）稚、幼体：指从孵出后至性成熟之前这一阶段的个体。

（六）亲本：指已达性成熟年龄的个体。

第三十三条 违反本办法的规定应当给予处罚的，依照《中华人民共和国渔业法》等法律法规的有关规定给予处罚。

第三十四条 转基因水产苗种的选育、培育、生产、经营和进出口管理，应当同时遵守《农业转基因生物安全管理条例》及国家其他有关规定。

第三十五条 本办法自 2005 年 4 月 1 日起施行。

水产养殖质量安全管理规定

（2003年7月24日农业部令第31号公布，自2003年9月1日起实施）

第一章 总 则

第一条 为提高养殖水产品质量安全水平，保护渔业生态环境，促进水产养殖业的健康发展，根据《中华人民共和国渔业法》等法律、行政法规，制定本规定。

第二条 在中华人民共和国境内从事水产养殖的单位和个人，应当遵守本规定。

第三条 农业部主管全国水产养殖质量安全管理工作。

县级以上地方各级人民政府渔业行政主管部门主管本行政区域内水产养殖质量安全管理工作。

第四条 国家鼓励水产养殖单位和个人发展健康养殖，减少水产养殖病害发生；控制养殖用药，保证养殖水产品质量安全；推广生态养殖，保护养殖环境。

国家鼓励水产养殖单位和个人依照有关规定申请无公害农产品认证。

第二章 养殖用水

第五条 水产养殖用水应当符合农业部《无公害食品　海水养殖用水水质》（NY 5052—2001）或《无公害食品　淡水养殖用水水质》（NY 5051—2001）等标准，禁止将不符合水质标准的水源用于水产养殖。

第六条 水产养殖单位和个人应当定期监测养殖用水水质。

养殖用水水源受到污染时，应当立即停止使用；确需使用的，应当经过净化处理达到养殖用水水质标准。

养殖水体水质不符合养殖用水水质标准时，应当立即采取措施进行处理。经处理后仍达不到要求的，应当停止养殖活动，并向当地渔业行政主管部门报告，其养殖水产品按本规定第十三条处理。

第七条 养殖场或池塘的进排水系统应当分开。水产养殖废水排放应当达到国家规定的排放标准。

第三章 养殖生产

第八条 县级以上地方各级人民政府渔业行政主管部门应当根据水产养殖规划要求，合理确定用于水产养殖的水域和滩涂，同时根据水域滩涂环境状况划分养殖功能区，合理安排养殖生产布局，科学确定养殖规模、养殖方式。

第九条 使用水域、滩涂从事水产养殖的单位和个人应当按有关规定申领养殖证，并按核准的区域、规模从事养殖生产。

第十条 水产养殖生产应当符合国家有关养殖技术规范操作要求。水产养殖单位和个人应当配置与养殖水体和生产能力相适应的水处理设施和相应的水质、水生生物检测等基础性仪器设备。

水产养殖使用的苗种应当符合国家或地方质量标准。

第十一条 水产养殖专业技术人员应当逐步按国家有关就业准入要求，经过职业技能培训并获得职业资格证书后，方能上岗。

第十二条 水产养殖单位和个人应当填写《水产养殖生产记录》（格式见附件1），记载养殖种类、苗种来源及生长情况、饲料来源及投喂情况、水质变化等内容。《水产养殖生产记录》应当保存至该批水产品全部销售后2年以上。

第十三条 销售的养殖水产品应当符合国家或地方的有关标准。不符合标准的产品应当进行净化处理，净化处理后仍不符合标准的产品禁止销售。

第十四条 水产养殖单位销售自养水产品应当附具《产品标签》（格式见附件2），注明单位名称、地址，产品种类、规格，出池日期等。

第四章　渔用饲料和水产养殖用药

第十五条 使用渔用饲料应当符合《饲料和饲料添加剂管理条例》和农业部《无公害食品　渔用饲料安全限量》(NY 5072—2002)。鼓励使用配合饲料。限制直接投喂冰鲜（冻）饵料，防止残饵污染水质。

禁止使用无产品质量标准、无质量检验合格证、无生产许可证和产品批准文号的饲料、饲料添加剂。禁止使用变质和过期饲料。

第十六条 使用水产养殖用药应当符合《兽药管理条例》和农业部《无公害食品　渔用药物使用准则》（NY 5071—2002)。使用药物的养殖水产品在休药期内不得用于人类食品消费。

禁止使用假、劣兽药及农业部规定禁止使用的药品、其他化合物和生物制剂。原料药不得直接用于水产养殖。

第十七条 水产养殖单位和个人应当按照水产养殖用药使用说明书的要求或在水生生物病害防治员的指导下科学用药。

水生生物病害防治员应当按照有关就业准入的要求，经过职业技能培训并获得职业资格证书后，方能上岗。

第十八条 水产养殖单位和个人应当填写《水产养殖用药记录》（格式见附件3），记载病害发生情况，主要症状，用药名称、时间、用量等内容。《水产养殖用药记录》应当保存至该批水产品全部销售后2年以上。

第十九条 各级渔业行政主管部门和技术推广机构应当加强水产养殖用药安全使用的宣传、培训和技术指导工作。

第二十条 农业部负责制定全国养殖水产品药物残留监控计划，并组织实施。

县级以上地方各级人民政府渔业行政主管部门负责本行政区域内养殖水产品药物残留的监控工作。

第二十一条 水产养殖单位和个人应当接受县级以上人民政府渔业行政主管部门组织的养殖水产品药物残留抽样检测。

第五章　附　　则

第二十二条 本规定用语定义：

健康养殖指通过采用投放无疫病苗种、投喂全价饲料及人为控制养殖环境条件等技术措施，使养殖生物保持最适宜生长和发育的状态，实现减少养殖病害发生、提高产品质量的一种养殖方式。

生态养殖指根据不同养殖生物间的共生互补原理，利用自然界物质循环系统，在一定的养殖空间和区域内，通过相应的技术和管理措施，使不同生物在同一环境中共同生长，实现保持生态平衡、提高养殖效益的一种养殖方式。

第二十三条 违反本规定的，依照《中华人民共和国渔业法》《兽药管理条例》和《饲料和饲料添加剂管理条例》等法律法规进行处罚。

第二十四条 本规定由农业部负责解释。

第二十五条　本规定自 2003 年 9 月 1 日起施行。

附件 1　水产养殖生产记录

池塘号：　；面积：　亩；养殖种类：

饲料来源

检测单位

饲料品牌

苗种来源

是否检疫

投放时间

检疫单位

时间

体长

体重

投饵量

水温

溶氧

pH 值

氨氮

养殖场名称：　　　养殖证编号：

（　）养证［　］第　号

养殖场场长：　养殖技术负责人：

附件 2　产品标签

养殖单位

地址

养殖证编号

（　）养证［］第　号

产品种类

产品规格

出池日期

附件 3　水产养殖用药记录

序号

时间

池号

用药名称

用量/浓度

平均体重/总重量

病害发生情况

主要症状

处方

处方人

施药人员

备注

水产原、良种审定办法

（1998 年 3 月 2 日农业部发布，自发布之日起施行；根据 2004 年 7 月 1 日农业部令第 38 号《关于修订农业行政许可规章和规范性文件的决定》修订）

第一条 为加强对水产原、良种种质及其种苗生产的管理，科学、公正、及时地审定和推广水产原、良种，促进渔业生产的发展，根据《中华人民共和国渔业法》，特制定本审定办法。

第二条 凡具备下列条件之一者，均可向农业部申请审定：

（一）现有主要养殖（栽培）对象；

（二）育成养殖新对象，经连续二年生产性养殖对比试验，累计试验面积混养不低于5 000亩，单养不低于 500 亩，并表现优异者；

（三）养（增）殖开发利用新对象，经连续二年生产性养（增）殖试验，累计养殖面积不低于 1 万亩，增殖试验面积不低于 20 万亩，并表现优异者；

（四）国外引进养（增）殖新对象，经连续二年生产性养（增）殖对比试验（试验面积与第 3 项同），表现优异者；

（五）经证实具有育种应用价值的原种；

（六）特殊养（增）殖对象。

第三条 凡申请审定者，必须报送下列材料一式 20 份：

（一）主件：水产原、良种审定申请书；

（二）附件：

（1）研究报告（技术总结）；

（2）养（增）殖繁殖制种技术报告；

（3）品种标准；

（4）专业单位的种质检测报告（复印件）；

（5）专业单位的抗病性鉴定报告（复印件）；

（6）连续二年生产性对比养（增）殖试验年度总结及承试单位评价意见（复印件）；

（7）申请审定水产苗种的生产技术说明。

第四条 审定程序如下：

（一）向所在地省级人民政府渔业行政主管部门提出申请。

（二）省级人民政府渔业行政主管部门应当自申请受理之日起 20 日内完成初审，并将初步审查意见和申请人的全部申请材料报农业部审批。

（三）农业部自收到省级人民政府渔业行政主管部门报送的材料之日起 5 日内将材料送全国水产原、良种审定委员会（以下简称审委会）审定。

（四）农业部自收到审委会的审定意见之日起 15 日内作出是否准予通过审定的决定。同意通过审定的，向申请人送达通过审定的书面证明文件，并予以公告。不同意通过审定的，书面通知申请人并说明理由。

第五条 每年的 12 月 31 日为申请水产原、良种审定的截止日期（以寄出邮戳为准）。

第六条 审委会根据《水产原、良种审定标准》和有关国家标准进行审定。

第七条 审委会全体委员会议对申请审定的水产原、良种，以无记名投票方式决定其通过审定或缓予审定。通过审定或缓予审定的决定，应有三分之二以上委员到会，到会委员二分之一以上通过，方为有效。

第八条　审定通过的水产原、良种，其中文名称前冠以“GS”两个拼音字母（“GS”为“国”和“审”两字的第一个拼音字母）。

第九条　经审定通过的品种、杂交种等的育成者在申报各级奖励时，其审定证书可以视同专家鉴定证书。

第十条　国家审定通过的水产原、良种，可在农业部公告的适宜养殖区域内推广养殖。审定通过的水产原、良种在生产利用过程中，如发现有不可克服的弱点，审委会应提出停止推广建议，报农业部公布。

第十一条　未经审定或审定不合格的水产新品种、良种、国（境）外引进种，不得进行广告宣传，不准推广，不得报奖。

第十二条　本办法由农业部负责解释。

第十三条　本办法自发布之日起施行。

附件一：水产原、良种审定标准

1　原种审定标准

1.1　原种，指取自模式种采集水域或取自其他天然水域并用于养（增）殖（栽培）生产的野生水生动、植物种，以及用于选育种的原始亲本。

1.2　原种必须具备下列性状：

1.2.1　具有供种水域中该物种的典型表型，无明显的统计学差异；

1.2.2　具有供种水域中该物种的核型及生化遗传性状；

1.2.3　具有供种水域中该物种的经济性状（增长率、品质等）；

1.2.4　符合有关水生动植物种的国家标准。

2　良种审定标准

2.1　良种，指生长快、品质好、抗逆性强、性状稳定和适应一定地区自然条件并用于养（增）殖（栽培）生产的水生动、植物种。

2.2　良种必须具备下列性状：

2.2.1　优良经济性状遗传稳定在95%以上；

2.2.2　其他表型性状遗传稳定在95%以上。

3　品种审定标准

3.1　品种，指经多代人工选择育成的具有遗传稳定，并有别于原种或同种内其他群体之优良经济性状及其他表型性状的水生动、植物。

3.2　高产品种

3.2.1　连续二年对比试验产量比原种或同物种其他养殖（栽培）品种平均高10%以上（混养对比试验水面5 000亩以上，单养对比试验水面500亩以上）；

3.2.2　品质指标不低于原种或同物种的其他主要养殖（栽培）品种（或种）；

3.2.3　优良经济性状及其他表型性状遗传稳定在90%以上。

3.3　抗逆品种

3.3.1　抗病品种

3.3.1.1　能抗某种疾病，抗病力遗传稳定在90%以上；

3.3.1.2　连续二年对比试验中主要经济性状（增长率、品质等）不低于对照品种（或种）；

3.3.1.3　其他表型性状遗传稳定在90%以上。

3.3.2　抗寒品种

3.3.2.1　已在原来不能自然越冬的地方自然越冬、连续二年对比试验越冬成活率60%以上；

3.3.2.2　抗寒性状遗传稳定在80%以上；

3.3.2.3　主要经济性状（增长率、品质等）与原种或对照品种（或种）无明显的经济差异；

3.3.2.4　其他表型性状遗传稳定在90%以上。

4　杂交种审定标准

4.1　杂交种，指将不同种、亚种、品种水生动、植物进行杂交获得的水生动、植物后代，未经多代选择稳定其遗传性状者。

4.2　杂交用亲本

4.2.1　二元杂交用亲本，两亲本必须是纯种，符合原种标准。

4.2.2　多元杂交用亲本，选用的F1代个体作多元杂交亲本其杂种优势必须很显著，表型一致，纯种亲本应符合原种标准。

4.3　杂交一代F1

4.3.1　高产杂交一代F1，高产杂种优势显著，连续二年生产性养殖（栽培）对比试验比原种或对照种（或品种）个体增长率平均高20%以上，产量平均高20%以上（混养面积5 000亩，单养面积500亩）。

4.3.2　抗病杂交一代F1，抗病杂种优势显著，F1能抗某种疾病，连续二年生产性对比试验成活率达80%以上，主要经济性状（增长率、品质等）与原种或对照种（或品种）无显著的统计学差异。

4.3.3　抗寒杂交一代F1，抗寒杂种优势显著，能在本地区自然越冬，连续二年越冬对比试验成活率在80%以上，主要经济性状（增长率、品质等）与原种或对照种（或品种）无显著的统计学差异。

无公害农产品管理办法

（2002年4月29日农业部、国家质量监督检验检疫总局令第12号公布，自发布之日起施行；根据2007年11月8日农业部令第6号《农业部现行规章清理结果》修订）

第一章 总 则

第一条 为加强对无公害农产品的管理，维护消费者权益，提高农产品质量，保护农业生态环境，促进农业可持续发展，制定本办法。

第二条 本办法所称无公害农产品，是指产地环境、生产过程和产品质量符合国家有关标准和规范的要求，经认证合格获得认证证书并允许使用无公害农产品标志的未经加工或者初加工的食用农产品。

第三条 无公害农产品管理工作，由政府推动，并实行产地认定和产品认证的工作模式。

第四条 在中华人民共和国境内从事无公害农产品生产、产地认定、产品认证和监督管理等活动，适用本办法。

第五条 全国无公害农产品的管理及质量监督工作，由农业部门、国家质量监督检验检疫部门和国家认证认可监督管理委员会按照“三定”方案赋予的职责和国务院的有关规定，分工负责，共同做好工作。

第六条 各级农业行政主管部门和质量监督检验检疫部门应当在政策、资金、技术等方面扶持无公害农产品的发展，组织无公害农产品新技术的研究、开发和推广。

第七条 国家鼓励生产单位和个人申请无公害农产品产地认定和产品认证。

实施无公害农产品认证的产品范围由农业部、国家认证认可监督管理委员会共同确定、调整。

第八条 国家适时推行强制性无公害农产品认证制度。

第二章 产地条件与生产管理

第九条 无公害农产品产地应当符合下列条件：

（一）产地环境符合无公害农产品产地环境的标准要求；

（二）区域范围明确；

（三）具备一定的生产规模。

第十条 无公害农产品的生产管理应当符合下列条件：

（一）生产过程符合无公害农产品生产技术的标准要求；

（二）有相应的专业技术和管理人员；

（三）有完善的质量控制措施，并有完整的生产和销售记录档案。

第十一条 从事无公害农产品生产的单位或者个人，应当严格按规定使用农业投入品。禁止使用国家禁用、淘汰的农业投入品。

第十二条 无公害农产品产地应当树立标示牌，标明范围、产品品种、责任人。

第三章 产地认定

第十三条 省级农业行政主管部门根据本办法的规定负责组织实施本辖区内无公害

农产品产地的认定工作。

第十四条 申请无公害农产品产地认定的单位或者个人（以下简称申请人），应当向县级农业行政主管部门提交书面申请，书面申请应当包括以下内容：

（一）申请人的姓名（名称）、地址、电话号码；

（二）产地的区域范围、生产规模；

（三）无公害农产品生产计划；

（四）产地环境说明；

（五）无公害农产品质量控制措施；

（六）有关专业技术和管理人员的资质证明材料；

（七）保证执行无公害农产品标准和规范的声明；

（八）其他有关材料。

第十五条 县级农业行政主管部门自收到申请之日起，在10个工作日内完成对申请材料的初审工作。

申请材料初审不符合要求的，应当书面通知申请人。

第十六条 申请材料初审符合要求的，县级农业行政主管部门应当逐级将推荐意见和有关材料上报省级农业行政主管部门。

第十七条 省级农业行政主管部门自收到推荐意见和有关材料之日起，在10个工作日内完成对有关材料的审核工作，符合要求的，组织有关人员对产地环境、区域范围、生产规模、质量控制措施、生产计划等进行现场检查。现场检查不符合要求的，应当书面通知申请人。

第十八条 现场检查符合要求的，应当通知申请人委托具有资质资格的检测机构，对产地环境进行检测。

承担产地环境检测任务的机构，根据检测结果出具产地环境检测报告。

第十九条 省级农业行政主管部门对材料审核、现场检查和产地环境检测结果符合要求的，应当自收到现场检查报告和产地环境检测报告之日起，30个工作日内颁发无公害农产品产地认定证书，并报农业部和国家认证认可监督管理委员会备案。

不符合要求的，应当书面通知申请人。

第二十条 无公害农产品产地认定证书有效期为3年。期满需要继续使用的，应当在有效期满90日前按照本办法规定的无公害农产品产地认定程序，重新办理。

第四章　无公害农产品认证

第二十一条 无公害农产品的认证机构，由国家认证认可监督管理委员会审批，并获得国家认证认可监督管理委员会授权的认可机构的资格认可后，方可从事无公害农产品认证活动。

第二十二条 申请无公害产品认证的单位或者个人（以下简称申请人），应当向认证机构提交书面申请，书面申请应当包括以下内容：

（一）申请人的姓名（名称）、地址、电话号码；

（二）产品品种、产地的区域范围和生产规模；

（三）无公害农产品生产计划；

（四）产地环境说明；

（五）无公害农产品质量控制措施；

（六）有关专业技术和管理人员的资质证明材料；

（七）保证执行无公害农产品标准和规范的声明；

（八）无公害农产品产地认定证书；

（九）生产过程记录档案；

（十）认证机构要求提交的其他材料。

第二十三条 认证机构自收到无公害农产品认证申请之日起，应当在15个工作日内完成对申请材料的审核。

材料审核不符合要求的，应当书面通知申请人。

第二十四条　符合要求的，认证机构可以根据需要派员对产地环境、区域范围、生产规模、质量控制措施、生产计划、标准和规范的执行情况等进行现场检查。

现场检查不符合要求的，应当书面通知申请人。

第二十五条　材料审核符合要求的、或者材料审核和现场检查符合要求的（限于需要对现场进行检查时），认证机构应当通知申请人委托具有资质资格的检测机构对产品进行检测。

承担产品检测任务的机构，根据检测结果出具产品检测报告。

第二十六条　认证机构对材料审核、现场检查（限于需要对现场进行检查时）和产品检测结果符合要求的，应当在自收到现场检查报告和产品检测报告之日起，30个工作日内颁发无公害农产品认证证书。

不符合要求的，应当书面通知申请人。

第二十七条　认证机构应当自颁发无公害农产品认证证书后30个工作日内，将其颁发的认证证书副本同时报农业部和国家认证认可监督管理委员会备案，由农业部和国家认证认可监督管理委员会公告。

第二十八条　无公害农产品认证证书有效期为3年。期满需要继续使用的，应当在有效期满90日前按照本办法规定的无公害农产品认证程序，重新办理。

在有效期内生产无公害农产品认证证书以外的产品品种的，应当向原无公害农产品认证机构办理认证证书的变更手续。

第二十九条　无公害农产品产地认定证书、产品认证证书格式由农业部、国家认证认可监督管理委员会规定。

第五章　标志管理

第三十条　农业部和国家认证认可监督管理委员会制定并发布《无公害农产品标志管理办法》。

第三十一条　无公害农产品标志应当在认证的品种、数量等范围内使用。

第三十二条　获得无公害农产品认证证书的单位或者个人，可以在证书规定的产品、包装、标签、广告、说明书上使用无公害农产品标志。

第六章　监督管理

第三十三条　农业部、国家质量监督检验检疫总局、国家认证认可监督管理委员会和国务院有关部门根据职责分工依法组织对无公害农产品的生产、销售和无公害农产品标志使用等活动进行监督管理：

（一）查阅或者要求生产者、销售者提供有关材料；

（二）对无公害农产品产地认定工作进行监督；

（三）对无公害农产品认证机构的认证工作进行监督；

（四）对无公害农产品的检测机构的检测工作进行检查；

（五）对使用无公害农产品标志的产品进行检查、检验和鉴定；

（六）必要时对无公害农产品经营场所进行检查。

第三十四条　认证机构对获得认证的产品进行跟踪检查，受理有关的投诉、申诉工作。

第三十五条　任何单位和个人不得伪造、冒用、转让、买卖无公害农产品产地认定证书、产品认证证书和标志。

第七章　罚　　则

第三十六条　获得无公害农产品产地认定证书的单位或者个人违反本办法，有下列情形之一的，由省级农业行政主管部门予以警告，并责令限期改正；逾期未改正的，撤销其无公害农产品产地认定证书：

（一）无公害农产品产地被污染或者产地环境达不到标准要求的；

（二）无公害农产品产地使用的农业投入品不符合无公害农产品相关标准要求的；

（三）擅自扩大无公害农产品产地范围的。

第三十七条 违反本办法第三十五条规定的，由县级以上农业行政主管部门和各地质量监督检验检疫部门根据各自的职责分工责令其停止，并可处以违法所得1倍以上3倍以下的罚款，但最高罚款不得超过3万元；没有违法所得的，可以处1万元以下的罚款。

法律、法规对处罚另有规定的，从其规定。

第三十八条 获得无公害农产品认证并加贴标志的产品，经检查、检测、鉴定，不符合无公害农产品质量标准要求的，由县级以上农业行政主管部门或者各地质量监督检验检疫部门责令停止使用无公害农产品标志，由认证机构暂停或者撤销认证证书。

第三十九条 从事无公害农产品管理的工作人员滥用职权、徇私舞弊、玩忽职守的，由所在单位或者所在单位的上级行政主管部门给予行政处分；构成犯罪的，依法追究刑事责任。

第八章　附　　则

第四十条 从事无公害农产品的产地认定的部门和产品认证的机构不得收取费用。

检测机构的检测、无公害农产品标志按国家规定收取费用。

第四十一条 本办法由农业部、国家质量监督检验检疫总局和国家认证认可监督管理委员会负责解释。

第四十二条 本办法自发布之日起施行。

农产品地理标志管理办法

（2007年12月25日农业部令第11号发布，自2008年2月1日起施行；根据2019年4月25日农业农村部令2019年第2号《农业农村部关于修改和废止部分规章、规范性文件的决定》修订）

第一章　总　　则

第一条　为规范农产品地理标志的使用，保证地理标志农产品的品质和特色，提升农产品市场竞争力，依据《中华人民共和国农业法》《中华人民共和国农产品质量安全法》相关规定，制定本办法。

第二条　本办法所称农产品是指来源于农业的初级产品，即在农业活动中获得的植物、动物、微生物及其产品。

本办法所称农产品地理标志，是指标示农产品来源于特定地域，产品品质和相关特征主要取决于自然生态环境和历史人文因素，并以地域名称冠名的特有农产品标志。

第三条　国家对农产品地理标志实行登记制度。经登记的农产品地理标志受法律保护。

第四条　农业部负责全国农产品地理标志的登记工作，农业部农产品质量安全中心负责农产品地理标志登记的审查和专家评审工作。

省级人民政府农业行政主管部门负责本行政区域内农产品地理标志登记申请的受理和初审工作。

农业部设立的农产品地理标志登记专家评审委员会，负责专家评审。农产品地理标志登记专家评审委员会由种植业、畜牧业、渔业和农产品质量安全等方面的专家组成。

第五条　农产品地理标志登记不收取费用。县级以上人民政府农业行政主管部门应当将农产品地理标志管理经费编入本部门年度预算。

第六条　县级以上地方人民政府农业行政主管部门应当将农产品地理标志保护和利用纳入本地区的农业和农村经济发展规划，并在政策、资金等方面予以支持。

国家鼓励社会力量参与推动地理标志农产品发展。

第二章　登　　记

第七条　申请地理标志登记的农产品，应当符合下列条件：

（一）称谓由地理区域名称和农产品通用名称构成；

（二）产品有独特的品质特性或者特定的生产方式；

（三）产品品质和特色主要取决于独特的自然生态环境和人文历史因素；

（四）产品有限定的生产区域范围；

（五）产地环境、产品质量符合国家强制性技术规范要求。

第八条　农产品地理标志登记申请人为县级以上地方人民政府根据下列条件择优确定的农民专业合作经济组织、行业协会等组织：

（一）具有监督和管理农产品地理标志及其产品的能力；

（二）具有为地理标志农产品生产、加工、营销提供指导服务的能力；

（三）具有独立承担民事责任的能力。

第九条 符合农产品地理标志登记条件的申请人，可以向省级人民政府农业行政主管部门提出登记申请，并提交下列申请材料：

（一）登记申请书；

（二）产品典型特征特性描述和相应产品品质鉴定报告；

（三）产地环境条件、生产技术规范和产品质量安全技术规范；

（四）地域范围确定性文件和生产地域分布图；

（五）产品实物样品或者样品图片；

（六）其他必要的说明性或者证明性材料。

第十条 省级人民政府农业行政主管部门自受理农产品地理标志登记申请之日起，应当在45个工作日内完成申请材料的初审和现场核查，并提出初审意见。符合条件的，将申请材料和初审意见报送农业部农产品质量安全中心；不符合条件的，应当在提出初审意见之日起10个工作日内将相关意见和建议通知申请人。

第十一条 农业部农产品质量安全中心应当自收到申请材料和初审意见之日起20个工作日内，对申请材料进行审查，提出审查意见，并组织专家评审。

专家评审工作由农产品地理标志登记评审委员会承担。农产品地理标志登记专家评审委员会应当独立做出评审结论，并对评审结论负责。

第十二条 经专家评审通过的，由农业部农产品质量安全中心代表农业部对社会公示。

有关单位和个人有异议的，应当自公示截止日起20日内向农业部农产品质量安全中心提出。公示无异议的，由农业部做出登记决定并公告，颁发《中华人民共和国农产品地理标志登记证书》，公布登记产品相关技术规范和标准。

专家评审没有通过的，由农业部做出不予登记的决定，书面通知申请人，并说明理由。

第十三条 农产品地理标志登记证书长期有效。

有下列情形之一的，登记证书持有人应当按照规定程序提出变更申请：

（一）登记证书持有人或者法定代表人发生变化的；

（二）地域范围或者相应自然生态环境发生变化的。

第十四条 农产品地理标志实行公共标识与地域产品名称相结合的标注制度。公共标识基本图案见附图。农产品地理标志使用规范由农业部另行制定公布。

第三章 标志使用

第十五条 符合下列条件的单位和个人，可以向登记证书持有人申请使用农产品地理标志：

（一）生产经营的农产品产自登记确定的地域范围；

（二）已取得登记农产品相关的生产经营资质；

（三）能够严格按照规定的质量技术规范组织开展生产经营活动；

（四）具有地理标志农产品市场开发经营能力。

使用农产品地理标志，应当按照生产经营年度与登记证书持有人签订农产品地理标志使用协议，在协议中载明使用的数量、范围及相关的责任义务。

农产品地理标志登记证书持有人不得向农产品地理标志使用人收取使用费。

第十六条 农产品地理标志使用人享有以下权利：

（一）可以在产品及其包装上使用农产

品地理标志；

（二）可以使用登记的农产品地理标志进行宣传和参加展览、展示及展销。

第十七条　农产品地理标志使用人应当履行以下义务：

（一）自觉接受登记证书持有人的监督检查；

（二）保证地理标志农产品的品质和信誉；

（三）正确规范地使用农产品地理标志。

第四章　监督管理

第十八条　县级以上人民政府农业行政主管部门应当加强农产品地理标志监督管理工作，定期对登记的地理标志农产品的地域范围、标志使用等进行监督检查。

登记的地理标志农产品或登记证书持有人不符合本办法第七条、第八条规定的，由农业部注销其地理标志登记证书并对外公告。

第十九条　地理标志农产品的生产经营者，应当建立质量控制追溯体系。农产品地理标志登记证书持有人和标志使用人，对地理标志农产品的质量和信誉负责。

第二十条　任何单位和个人不得伪造、冒用农产品地理标志和登记证书。

第二十一条　国家鼓励单位和个人对农产品地理标志进行社会监督。

第二十二条　从事农产品地理标志登记管理和监督检查的工作人员滥用职权、玩忽职守、徇私舞弊的，依法给予处分；涉嫌犯罪的，依法移送司法机关追究刑事责任。

第二十三条　违反本办法规定的，由县级以上人民政府农业行政主管部门依照《中华人民共和国农产品质量安全法》有关规定处罚。

第五章　附　　则

第二十四条　农业部接受国外农产品地理标志在中华人民共和国的登记并给予保护，具体办法另行规定。

第二十五条　本办法自 2008 年 2 月 1 日起施行。

农产品包装和标识管理办法

（2006年10月17日农业部令第70号发布，自2006年11月1日起施行）

第一章 总 则

第一条 为规范农产品生产经营行为，加强农产品包装和标识管理，建立健全农产品可追溯制度，保障农产品质量安全，依据《中华人民共和国农产品质量安全法》，制定本办法。

第二条 农产品的包装和标识活动应当符合本办法规定。

第三条 农业部负责全国农产品包装和标识的监督管理工作。

县级以上地方人民政府农业行政主管部门负责本行政区域内农产品包装和标识的监督管理工作。

第四条 国家支持农产品包装和标识科学研究，推行科学的包装方法，推广先进的标识技术。

第五条 县级以上人民政府农业行政主管部门应当将农产品包装和标识管理经费纳入年度预算。

第六条 县级以上人民政府农业行政主管部门对在农产品包装和标识工作中做出突出贡献的单位和个人，予以表彰和奖励。

第二章 农产品包装

第七条 农产品生产企业、农民专业合作经济组织以及从事农产品收购的单位或者个人，用于销售的下列农产品必须包装：

（一）获得无公害农产品、绿色食品、有机农产品等认证的农产品，但鲜活畜、禽、水产品除外。

（二）省级以上人民政府农业行政主管部门规定的其他需要包装销售的农产品。

符合规定包装的农产品拆包后直接向消费者销售的，可以不再另行包装。

第八条 农产品包装应当符合农产品储藏、运输、销售及保障安全的要求，便于拆卸和搬运。

第九条 包装农产品的材料和使用的保鲜剂、防腐剂、添加剂等物质必须符合国家强制性技术规范要求。

包装农产品应当防止机械损伤和二次污染。

第三章 农产品标识

第十条 农产品生产企业、农民专业合作经济组织以及从事农产品收购的单位或者个人包装销售的农产品，应当在包装物上标注或者附加标识标明品名、产地、生产者或者销售者名称、生产日期。

有分级标准或者使用添加剂的，还应当标明产品质量等级或者添加剂名称。

未包装的农产品，应当采取附加标签、标识牌、标识带、说明书等形式标明农产品的品名、生产地、生产者或者销售者名称等内容。

第十一条 农产品标识所用文字应当使用规范的中文。标识标注的内容应当准确、清晰、显著。

第十二条 销售获得无公害农产品、绿色食品、有机农产品等质量标志使用权的农产品，应当标注相应标志和发证机构。

禁止冒用无公害农产品、绿色食品、有机农产品等质量标志。

第十三条　畜禽及其产品、属于农业转基因生物的农产品，还应当按照有关规定进行标识。

第四章　监督检查

第十四条　农产品生产企业、农民专业合作经济组织以及从事农产品收购的单位或者个人，应当对其销售农产品的包装质量和标识内容负责。

第十五条　县级以上人民政府农业行政主管部门依照《中华人民共和国农产品质量安全法》对农产品包装和标识进行监督检查。

第十六条　有下列情形之一的，由县级以上人民政府农业行政主管部门按照《中华人民共和国农产品质量安全法》第四十八条、四十九条、五十一条、五十二条的规定处理、处罚：

（一）使用的农产品包装材料不符合强制性技术规范要求的；

（二）农产品包装过程中使用的保鲜剂、防腐剂、添加剂等材料不符合强制性技术规范要求的；

（三）应当包装的农产品未经包装销售的；

（四）冒用无公害农产品、绿色食品等质量标志的；

（五）农产品未按照规定标识的。

第五章　附　　则

第十七条　本办法下列用语的含义：

（一）农产品包装：是指对农产品实施装箱、装盒、装袋、包裹、捆扎等。

（二）保鲜剂：是指保持农产品新鲜品质，减少流通损失，延长贮存时间的人工合成化学物质或者天然物质。

（三）防腐剂：是指防止农产品腐烂变质的人工合成化学物质或者天然物质。

（四）添加剂：是指为改善农产品品质和色、香、味以及加工性能加入的人工合成化学物质或者天然物质。

（五）生产日期：植物产品是指收获日期；畜禽产品是指屠宰或者产出日期；水产品是指起捕日期；其他产品是指包装或者销售时的日期。

第十八条　本办法自 2006 年 11 月 1 日起施行。

农产品产地安全管理办法

（2006 年 10 月 17 日农业部令第 71 号发布，自 2006 年 11 月 1 日起施行）

第一章　总　　则

第一条　为加强农产品产地管理，改善产地条件，保障产地安全，依据《中华人民共和国农产品质量安全法》，制定本办法。

第二条　本办法所称农产品产地，是指植物、动物、微生物及其产品生产的相关区域。

本办法所称农产品产地安全，是指农产品产地的土壤、水体和大气环境质量等符合生产质量安全农产品要求。

第三条　农业部负责全国农产品产地安全的监督管理。

县级以上地方人民政府农业行政主管部门负责本行政区域内农产品产地的划分和监督管理。

第二章　产地监测与评价

第四条　县级以上人民政府农业行政主管部门应当建立健全农产品产地安全监测管理制度，加强农产品产地安全调查、监测和评价工作，编制农产品产地安全状况及发展趋势年度报告，并报上级农业行政主管部门备案。

第五条　省级以上人民政府农业行政主管部门应当在下列地区分别设置国家和省级监测点，监控农产品产地安全变化动态，指导农产品产地安全管理和保护工作：

（一）工矿企业周边的农产品生产区；

（二）污水灌溉区；

（三）大中城市郊区农产品生产区；

（四）重要农产品生产区；

（五）其他需要监测的区域。

第六条　农产品产地安全调查、监测和评价应当执行国家有关标准等技术规范。

监测点的设置、变更、撤销应当通过专家论证。

第七条　县级以上人民政府农业行政主管部门应当加强农产品产地安全信息统计工作，健全农产品产地安全监测档案。

监测档案应当准确记载产地安全变化状况，并长期保存。

第三章　禁止生产区划定与调整

第八条　农产品产地有毒有害物质不符合产地安全标准，并导致农产品中有毒有害物质不符合农产品质量安全标准的，应当划定为农产品禁止生产区。

禁止生产食用农产品的区域可以生产非食用农产品。

第九条　符合本办法第八条规定情形的，由县级以上地方人民政府农业行政主管部门提出划定禁止生产区的建议，报省级农业行政主管部门。省级农业行政主管部门应当组织专家论证，并附具下列材料报本级人民政府批准后公布：

（一）产地安全监测结果和农产品检测结果；

（二）产地安全监测评价报告，包括产地污染原因分析、产地与农产品污染的相关性分析、评价方法与结论等；

（三）专家论证报告；

（四）农业生产结构调整及相关处理措施的建议。

第十条　禁止生产区划定后，不得改变耕地、基本农田的性质，不得降低农用地征地补偿标准。

第十一条　县级人民政府农业行政主管部门应当在禁止生产区设置标示牌，载明禁止生产区地点、四至范围、面积、禁止生产的农产品种类、主要污染物种类、批准单位、立牌日期等。

任何单位和个人不得擅自移动和损毁标示牌。

第十二条　禁止生产区安全状况改善并符合相关标准的，县级以上地方人民政府农业行政主管部门应当及时提出调整建议。

禁止生产区的调整依照本办法第九条的规定执行。禁止生产区调整的，应当变更标示牌内容或者撤除标示牌。

第十三条　县级以上地方人民政府农业行政主管部门应当及时将本行政区域内农产品禁止生产区划定与调整结果逐级上报农业部备案。

第四章　产地保护

第十四条　县级以上人民政府农业行政主管部门应当推广清洁生产技术和方法，发展生态农业。

第十五条　县级以上地方人民政府农业行政主管部门应当制定农产品产地污染防治与保护规划，并纳入本地农业和农村经济发展规划。

第十六条　县级以上人民政府农业行政主管部门应当采取生物、化学、工程等措施，对农产品禁止生产区和有毒有害物质不符合产地安全标准的其他农产品生产区域进行修复和治理。

第十七条　县级以上人民政府农业行政主管部门应当采取措施，加强产地污染修复和治理的科学研究、技术推广、宣传培训工作。

第十八条　农业建设项目的环境影响评价文件应当经县级以上人民政府农业行政主管部门依法审核后，报有关部门审批。

已经建成的企业或者项目污染农产品产地的，当地人民政府农业行政主管部门应当报请本级人民政府采取措施，减少或消除污染危害。

第十九条　任何单位和个人不得在禁止生产区生产、捕捞、采集禁止的食用农产品和建立农产品生产基地。

第二十条　禁止任何单位和个人向农产品产地排放或者倾倒废气、废水、固体废物或者其他有毒有害物质。

禁止在农产品产地堆放、贮存、处置工业固体废物。在农产品产地周围堆放、贮存、处置工业固体废物的，应当采取有效措施，防止对农产品产地安全造成危害。

第二十一条　任何单位和个人提供或者使用农业用水和用作肥料的城镇垃圾、污泥等固体废物，应当经过无害化处理并符合国家有关标准。

第二十二条　农产品生产者应当合理使用肥料、农药、兽药、饲料和饲料添加剂、农用薄膜等农业投入品。禁止使用国家明令禁止、淘汰的或者未经许可的农业投入品。

农产品生产者应当及时清除、回收农用薄膜、农业投入品包装物等，防止污染农产品产地环境。

第五章　监督检查

第二十三条　县级以上人民政府农业行政主管部门负责农产品产地安全的监督检查。

农业行政执法人员履行监督检查职责时，应当向被检查单位或者个人出示行政执法证件。有关单位或者个人应当如实提供有关情况和资料，不得拒绝检查或者提供虚假情况。

第二十四条 县级以上人民政府农业行政主管部门发现农产品产地受到污染威胁时，应当责令致害单位或者个人采取措施，减少或者消除污染威胁。有关单位或者个人拒不采取措施的，应当报请本级人民政府处理。

农产品产地发生污染事故时，县级以上人民政府农业行政主管部门应当依法调查处理。

发生农业环境污染突发事件时，应当依照农业环境污染突发事件应急预案的规定处理。

第二十五条 产地安全监测和监督检查经费应当纳入本级人民政府农业行政主管部门年度预算。开展产地安全监测和监督检查不得向被检查单位或者个人收取任何费用。

第二十六条 违反《中华人民共和国农产品质量安全法》和本办法规定的划定标准和程序划定的禁止生产区无效。

违反本办法规定，擅自移动、损毁禁止生产区标牌的，由县级以上地方人民政府农业行政主管部门责令限期改正，可处以一千元以下罚款。

其他违反本办法规定的，依照有关法律法规处罚。

第六章　附　　则

第二十七条 本办法自 2006 年 11 月 1 日起施行。

农产品质量安全检测机构考核办法

（2007 年 12 月 12 日农业部令第 7 号公布，2017 年 11 月 30 日农业部令第 8 号修订）

第一章　总　　则

第一条　为加强农产品质量安全检测机构管理，规范农产品质量安全检测机构考核，根据《中华人民共和国农产品质量安全法》等有关法律、行政法规的规定，制定本办法。

第二条　本办法所称考核，是指省级以上人民政府农业行政主管部门按照法律、法规以及相关标准和技术规范的要求，对向社会出具具有证明作用的数据和结果的农产品质量安全检测机构进行条件与能力评审和确认的活动。

第三条　农产品质量安全检测机构经考核和计量认证合格后，方可对外从事农产品、农业投入品和产地环境检测工作。

第四条　农业部负责全国农产品质量安全检测机构考核的监督管理工作。

省、自治区、直辖市人民政府农业行政主管部门（以下简称省级农业行政主管部门）负责本行政区域农产品质量安全检测机构考核的监督管理工作。

第五条　农产品质量安全检测机构建设，应当统筹规划，合理布局。鼓励检测资源共享，推进县级农产品综合性质检测机构建设。

第二章　基本条件与能力要求

第六条　农产品质量安全检测机构应当依法设立，保证客观、公正和独立地从事检测活动，并承担相应的法律责任。

第七条　农产品质量安全检测机构应当具有与其从事的农产品质量安全检测活动相适应的管理和技术人员。

从事农产品质量安全检测的技术人员应当具有相关专业中专以上学历，并经所在机构考核合格，持证上岗。

第八条　农产品质量安全检测机构的技术人员应当不少于 5 人，其中中级以上技术职称或同等能力的人员比例不低于 40%。技术负责人、质量负责人和授权签字人应当具有中级以上技术职称或同等能力，并从事农产品质量安全相关工作 5 年以上。博士研究生毕业，从事相关专业检验检测工作 1 年及以上；硕士研究生毕业，从事相关专业检验检测工作 3 年及以上；大学本科毕业，从事相关专业检验检测工作 5 年及以上；大学专科毕业，从事相关专业检验检测工作 8 年及以上，可视为同等能力。

第九条　农产品质量安全检测机构应当具有与其从事的农产品质量安全检测活动相适应的检测仪器设备，仪器设备配备率达到 98%，在用仪器设备完好率达到 100%。

第十条　农产品质量安全检测机构应当具有与检测活动相适应的固定工作场所，并具备保证检测数据准确的环境条件。

从事相关田间试验和饲养实验动物试验检测的，还应当符合检疫、防疫和环保的要求。

从事农业转基因生物及其产品检测的，还应当具备防范对人体、动植物和环境产生危害的条件。

第十一条 农产品质量安全检测机构应当建立质量管理与质量保证体系。

第十二条 农产品质量安全检测机构应当具有相对稳定的工作经费。

第三章 申请与评审

第十三条 申请考核的农产品质量安全检测机构（以下简称申请人），应当向农业部或者省级人民政府农业行政主管部门（以下简称考核机关）提出书面申请。

国务院有关部门依法设立或者授权的农产品质量安全检测机构，经有关部门审核同意后向农业部提出申请。

其他农产品质量安全检测机构，向所在地省级人民政府农业行政主管部门提出申请。

第十四条 申请人应当向考核机关提交下列材料：

（一）申请书；

（二）机构法人资格证书或者其授权的证明文件；

（三）上级或者有关部门批准机构设置的证明文件；

（四）质量体系文件；

（五）计量认证情况；

（六）近两年内的典型性检验报告 2 份；

（七）其他证明材料。

第十五条 考核机关设立或者委托的技术审查机构，负责对申请材料进行初审。

第十六条 考核机关受理申请的，应当及时通知申请人，并将申请材料送技术审查机构；不予受理的，应当及时通知申请人并说明理由。

第十七条 技术审查机构应当自收到申请材料之日起 10 个工作日内完成对申请材料的初审，并向考核机关提交初审报告。

通过初审的，考核机关安排现场评审；未通过初审的，考核机关应当出具初审不合格通知书。

第十八条 现场评审实行评审专家组负责制。专家组由 3～5 名评审员组成，必要时可聘请其他技术专家参加。

评审员应当具有高级技术职称、从事农产品质量安全检测或相关工作 5 年以上，并经农业部考核合格。

评审专家组应当在 3 个工作日内完成评审工作，并向考核机关提交现场评审报告。

第十九条 现场评审应当包括以下内容：

（一）质量体系运行情况；

（二）检测仪器设备和设施条件；

（三）检测能力。

第四章 审批与颁证

第二十条 考核机关应当自收到现场评审报告之日起 10 个工作日内，做出申请人是否通过考核的决定。

通过考核的，颁发《中华人民共和国农产品质量安全检测机构考核合格证书》（以下简称《考核合格证书》），准许使用农产品质量安全检测考核标志，并予以公告。

未通过考核的，书面通知申请人并说明理由。

第二十一条 《考核合格证书》应当载明农产品质量安全检测机构名称、检测范围和有效期等内容。

第二十二条 省级农业行政主管部门应当自颁发《考核合格证书》之日起 15 个工作日内向农业部备案。

第五章 延续与变更

第二十三条 《考核合格证书》有效期为 6 年。证书期满继续从事农产品质量安全检测工作的，应当在有效期届满 3 个月前提出申请，重新办理《考核合格证书》。

第二十四条　在证书有效期内，农产品质量安全检测机构法定代表人、名称或者地址变更的，应当向原考核机关办理变更手续。

第二十五条　在证书有效期内，农产品质量安全检测机构有下列情形之一的，应当向原考核机关重新申请考核：

（一）检测机构分设或者合并的；

（二）检测仪器设备和设施条件发生重大变化的；

（三）检测场所变更的；

（四）检测项目增加的。

第六章　监督管理

第二十六条　考核机关通过年度报告、能力验证、现场检查等方式，对农产品质量安全检测机构进行监督管理。

农产品质量安全检测机构应当按照考核机关的要求，参加其组织开展的能力验证或者比对，以保证持续符合机构考核条件和要求。

第二十七条　对于农产品质量安全检测机构考核工作中的违法行为，任何单位和个人均可以向考核机关举报。考核机关应当对举报内容进行调查核实，并为举报人保密。

第二十八条　农产品质量安全检测机构在考核中隐瞒有关情况或者弄虚作假的，考核机关应当予以警告，取消考核资格，一年内不再受理其考核申请；采取欺骗、贿赂等不正当手段取得考核证书的，撤销考核证书，三年内不再受理其考核申请。

农产品质量安全检测机构伪造检测结果或者出具虚假证明的，或擅自发布检测数据和结果，并造成不良后果的，依照《中华人民共和国农产品质量安全法》相关规定处罚，三年内不受理其机构考核申请。

第二十九条　农产品质量安全检测机构有下列情形之一的，由考核机关责令其1个月内改正；逾期未改正或改正后仍不符合要求的，由考核机关暂停其检测工作。

（一）未按规定对人员、仪器设备、设施条件、质量管理体系、检测工作等实施有效管理的；

（二）未按规定办理变更手续的；

（三）检验报告、原始记录及其他档案管理不规范的。

第三十条　农产品质量安全检测机构有下列情形之一的，由考核机关责令其3个月内整改，整改期间不得向社会出具具有证明作用的检验检测数据、结果；逾期未整改或整改后仍不符合要求的，由考核机关注销其《考核合格证书》。

（一）超出批准的检测能力范围，擅自向社会出具检验数据、结果的；

（二）非授权签字人签发检验报告的；

（三）检测工作存在较大风险隐患的。

第三十一条　农产品质量安全检测机构有下列行为之一的，考核机关应当视情况注销其《考核合格证书》：

（一）所在单位撤销或者法人资格终结的；

（二）检测仪器设备和设施条件发生重大变化，不具备相应检测能力，未按本办法规定重新申请考核的；

（三）《考核合格证书》有效期届满，未申请延续或者依法不予延续批准的；

（四）无正当理由未按照考核机关要求参加能力验证的；

（五）无正当理由不接受、不配合监督检查的；

（六）依法可注销检测机构资格的其他情形。

第三十二条　从事考核工作的人员不履行职责或者滥用职权的，依法给予处分。

第七章　附　　则

第三十三条　法律、行政法规和农业部规章对农业投入品检测机构考核另有规定的，从其规定。

第三十四条　本办法自 2017 年 11 月 30 日起施行。

兽药标签和说明书管理办法

（2002 年 10 月 31 日农业部令第 22 号发布，自 2003 年 3 月 1 日起施行；根据 2004 年 7 月 1 日农业部令第 38 号《关于修订农业行政许可规章和规范性文件的决定》第一次修订；根据 2007 年 11 月 8 日农业部令第 6 号《农业部关于修订农业行政许可规章和规范性文件的决定》第二次修订；根据 2017 年 11 月 30 日农业部令第 8 号《关于修改和废止部分规章、规范性文件的决定》第三次修订）

第一章　总　　则

第一条　为加强兽药监督管理，规范兽药标签和说明书的内容、印制、使用，保障兽药使用的安全有效，根据《兽药管理条例》，制定本办法。

第二条　农业部主管全国的兽药标签和说明书的管理工作，县级以上地方人民政府畜牧兽医行政管理部门主管所辖地区的兽药标签和说明书的管理工作。

第三条　凡在中国境内生产、经营、使用的兽药的标签和说明书必须符合本办法的规定。

第二章　兽药标签的基本要求

第四条　兽药产品（原料药除外）必须同时使用内包装标签和外包装标签。

第五条　内包装标签必须注明兽用标识、兽药名称、适应症（或功能与主治）、含量/包装规格、批准文号或《进口兽药登记许可证》证号、生产日期、生产批号、有效期、生产企业信息等内容。

安瓿、西林瓶等注射或内服产品由于包装尺寸的限制而无法注明上述全部内容的，可适当减少项目，但必须标明兽药名称、含量规格、生产批号。

第六条　外包装标签必须注明兽用标识、兽药名称、主要成分、适应症（或功能与主治）、用法与用量、含量/包装规格、批准文号或《进口兽药登记许可证》证号、生产日期、生产批号、有效期、停药期、贮藏、包装数量、生产企业信息等内容。

第七条　兽用原料药的标签必须注明兽药名称、包装规格、生产批号、生产日期、有效期、贮藏、批准文号、运输注意事项或其他标记、生产企业信息等内容。

第八条　对贮藏有特殊要求的必须在标签的醒目位置标明。

第九条　兽药有效期按年月顺序标注。年份用四位数表示，月份用两位数表示，如“有效期至 2002 年 09 月”，或“有效期至 2002.09”。

第三章　兽药说明书的基本要求

第十条　兽用化学药品、抗生素产品的单方、复方及中西复方制剂的说明书必须注明以下内容：兽用标识、兽药名称、主要成分、性状、药理作用、适应症（或功能与主治）、用法与用量、不良反应、注意事项、停药期、外用杀虫药及其他对人体或环境有毒有害的废弃包装的处理措施、有效期、含量/包装规格、贮藏、批准文号、生产企业信息等。

第十一条 中兽药说明书必须注明以下内容：兽用标识、兽药名称、主要成分、性状、功能与主治、用法与用量、不良反应、注意事项、有效期、规格、贮藏、批准文号、生产企业信息等。

第十二条 兽用生物制品说明书必须注明以下内容：兽用标识、兽药名称、主要成分及含量（型、株及活疫苗的最低活菌数或病毒滴度）、性状、接种对象、用法与用量（冻干疫苗须标明稀释方法）、注意事项（包括不良反应与急救措施）、有效期、规格（容量和头份）、包装、贮藏、废弃包装处理措施、批准文号、生产企业信息等。

第四章 兽药标签和说明书的管理

第十三条 兽药标签和说明书应当经农业部批准后方可使用。农业部制定兽药标签和说明书编写细则、范本，作为兽药标签和说明书编制、审批和监督执法的依据。

第十四条 兽药标签和说明书必须按照本规定的统一要求印制，其文字及图案不得擅自加入任何未经批准的内容。

第十五条 兽药标签和说明书的内容必须真实、准确，不得虚假和夸大，也不得印有任何带有宣传、广告色彩的文字和标识。

第十六条 兽药标签和说明书的内容不得超出或删减规定的项目内容；不得印有未获批准的专利、兽药GMP、商标等标识。

第十七条 兽药标签和说明书所用文字必须是中文，并使用国家语言文字工作委员会公布的现行规范化汉字。根据需要可有外文对照。

第十八条 兽药标签或最小销售包装上应当按照农业部的规定印制兽药产品电子追溯码，电子追溯码以二维码标注；已获批准的专利产品，可标注专利标记和专利号，并标明专利许可种类；注册商标应印制在标签和说明书的左上角或右上角；已获兽药GMP合格证的，必须按照兽药GMP标识使用有关规定正确地使用兽药GMP标识。

第十九条 兽药标签和说明书的字迹必须清晰易辨，兽用标识及外用药标识应清楚醒目，不得有印字脱落或粘贴不牢等现象，并不得用粘贴、剪切的方式进行修改或补充。

第二十条 兽药标签和说明书内容对产品作用与用途项目的表述不得违反法定兽药标准的规定，并不得有扩大疗效、应用范围的内容；其用法与用量、停药期、有效期等项目内容必须与法定兽药标准一致，并使用符合兽药国家标准要求的规范性用语。

第二十一条 兽药标签和说明书上必须标识兽药通用名称，可同时标识商品名称。商品名称不得与通用名称连写，两者之间应有一定空隙并分行。通用名称与商品名称用字的比例不得小于1∶2（指面积），并不得小于注册商标用字。

第二十二条 兽药最小销售单元的包装必须印有或贴有符合外包装标签规定内容的标签并附有说明书。兽药外包装箱上必须印有或粘贴有外包装标签。

第二十三条 凡违反本办法规定的，按照《兽药管理条例》有关规定进行处罚。兽药产品标签未按要求使用电子追溯码的，按照《兽药管理条例》第六十条第二款处罚。

第五章 附　　则

第二十四条 本办法下列用语的含义是：

兽药通用名：国家标准、农业部行业标准、地方标准及进口兽药注册的正式品名。

兽药商品名：系指某一兽药产品的专有商品名称。

内包装标签：系指直接接触兽药的包装

上的标签。

外包装标签：系指直接接触内包装的外包装上的标签。

兽药最小销售单元：系指直接供上市销售的兽药最小包装。

兽药说明书：系指包含兽药有效成分、疗效、使用以及注意事项等基本信息的技术资料。

生产企业信息：包括企业名称、邮编、地址、电话、传真、电子邮址、网址等。

第二十五条　本办法由农业部负责解释。

第二十六条　本办法自 2003 年 3 月 1 日起施行。

动物防疫条件审查办法

（2022年8月22日农业农村部令第8号发布，2022年12月1日起施行）

第一章　总　　则

第一条　为了规范动物防疫条件审查，有效预防、控制、净化、消灭动物疫病，防控人畜共患传染病，保障公共卫生安全和人体健康，根据《中华人民共和国动物防疫法》，制定本办法。

第二条　动物饲养场、动物隔离场所、动物屠宰加工场所以及动物和动物产品无害化处理场所，应当符合本办法规定的动物防疫条件，并取得动物防疫条件合格证。

经营动物和动物产品的集贸市场应当符合本办法规定的动物防疫条件。

第三条　农业农村部主管全国动物防疫条件审查和监督管理工作。

县级以上地方人民政府农业农村主管部门负责本行政区域内的动物防疫条件审查和监督管理工作。

第四条　动物防疫条件审查应当遵循公开、公平、公正、便民的原则。

第五条　农业农村部加强信息化建设，建立动物防疫条件审查信息管理系统。

第二章　动物防疫条件

第六条　动物饲养场、动物隔离场所、动物屠宰加工场所以及动物和动物产品无害化处理场所应当符合下列条件：

（一）各场所之间，各场所与动物诊疗场所、居民生活区、生活饮用水水源地、学校、医院等公共场所之间保持必要的距离；

（二）场区周围建有围墙等隔离设施；场区出入口处设置运输车辆消毒通道或者消毒池，并单独设置人员消毒通道；生产经营区与生活办公区分开，并有隔离设施；生产经营区入口处设置人员更衣消毒室；

（三）配备与其生产经营规模相适应的执业兽医或者动物防疫技术人员；

（四）配备与其生产经营规模相适应的污水、污物处理设施，清洗消毒设施设备，以及必要的防鼠、防鸟、防虫设施设备；

（五）建立隔离消毒、购销台账、日常巡查等动物防疫制度。

第七条　动物饲养场除符合本办法第六条规定外，还应当符合下列条件：

（一）设置配备疫苗冷藏冷冻设备、消毒和诊疗等防疫设备的兽医室；

（二）生产区清洁道、污染道分设；具有相对独立的动物隔离舍；

（三）配备符合国家规定的病死动物和病害动物产品无害化处理设施设备或者冷藏冷冻等暂存设施设备；

（四）建立免疫、用药、检疫申报、疫情报告、无害化处理、畜禽标识及养殖档案管理等动物防疫制度。

禽类饲养场内的孵化间与养殖区之间应当设置隔离设施，并配备种蛋熏蒸消毒设施，孵化间的流程应当单向，不得交叉或者回流。

种畜禽场除符合本条第一款、第二款规定外，还应当有国家规定的动物疫病的净化制度；有动物精液、卵、胚胎采集等生产需要的，应当设置独立的区域。

第八条　动物隔离场所除符合本办法第六条规定外，还应当符合下列条件：

（一）饲养区内设置配备疫苗冷藏冷冻设备、消毒和诊疗等防疫设备的兽医室；

（二）饲养区内清洁道、污染道分设；

（三）配备符合国家规定的病死动物和病害动物产品无害化处理设施设备或者冷藏冷冻等暂存设施设备；

（四）建立动物进出登记、免疫、用药、疫情报告、无害化处理等动物防疫制度。

第九条　动物屠宰加工场所除符合本办法第六条规定外，还应当符合下列条件：

（一）入场动物卸载区域有固定的车辆消毒场地，并配备车辆清洗消毒设备；

（二）有与其屠宰规模相适应的独立检疫室和休息室；有待宰圈、急宰间，加工原毛、生皮、绒、骨、角的，还应当设置封闭式熏蒸消毒间；

（三）屠宰间配备检疫操作台；

（四）有符合国家规定的病死动物和病害动物产品无害化处理设施设备或者冷藏冷冻等暂存设施设备；

（五）建立动物进场查验登记、动物产品出场登记、检疫申报、疫情报告、无害化处理等动物防疫制度。

第十条　动物和动物产品无害化处理场所除符合本办法第六条规定外，还应当符合下列条件：

（一）无害化处理区内设置无害化处理间、冷库；

（二）配备与其处理规模相适应的病死动物和病害动物产品的无害化处理设施设备，符合农业农村部规定条件的专用运输车辆，以及相关病原检测设备，或者委托有资质的单位开展检测；

（三）建立病死动物和病害动物产品入场登记、无害化处理记录、病原检测、处理产物流向登记、人员防护等动物防疫制度。

第十一条　经营动物和动物产品的集贸市场应当符合下列条件：

（一）场内设管理区、交易区和废弃物处理区，且各区相对独立；

（二）动物交易区与动物产品交易区相对隔离，动物交易区内不同种类动物交易场所相对独立；

（三）配备与其经营规模相适应的污水、污物处理设施和清洗消毒设施设备；

（四）建立定期休市、清洗消毒等动物防疫制度。

经营动物的集贸市场，除符合前款规定外，周围应当建有隔离设施，运输动物车辆出入口处设置消毒通道或者消毒池。

第十二条　活禽交易市场除符合本办法第十一条规定外，还应当符合下列条件：

（一）活禽销售应单独分区，有独立出入口；市场内水禽与其他家禽应相对隔离；活禽宰杀间应相对封闭，宰杀间、销售区域、消费者之间应实施物理隔离；

（二）配备通风、无害化处理等设施设备，设置排污通道；

（三）建立日常监测、从业人员卫生防护、突发事件应急处置等动物防疫制度。

第三章　审查发证

第十三条　开办动物饲养场、动物隔离场所、动物屠宰加工场所以及动物和动物产品无害化处理场所，应当向县级人民政府农业农村主管部门提交选址需求。

县级人民政府农业农村主管部门依据评估办法，结合场所周边的天然屏障、人工屏障、饲养环境、动物分布等情况，以及动物疫病发生、流行和控制等因素，实施综合评估，确定本办法第六条第一项要求的距离，确认选址。

前款规定的评估办法由省级人民政府农业农村主管部门依据《中华人民共和国畜牧法》《中华人民共和国动物防疫法》等法律法规和本办法制定。

第十四条 本办法第十三条规定的场所建设竣工后，应当向所在地县级人民政府农业农村主管部门提出申请，并提交以下材料：

（一）《动物防疫条件审查申请表》；

（二）场所地理位置图、各功能区布局平面图；

（三）设施设备清单；

（四）管理制度文本；

（五）人员信息。

申请材料不齐全或者不符合规定条件的，县级人民政府农业农村主管部门应当自收到申请材料之日起五个工作日内，一次性告知申请人需补正的内容。

第十五条 县级人民政府农业农村主管部门应当自受理申请之日起十五个工作日内完成材料审核，并结合选址综合评估结果完成现场核查，审查合格的，颁发动物防疫条件合格证；审查不合格的，应当书面通知申请人，并说明理由。

第十六条 动物防疫条件合格证应当载明申请人的名称（姓名）、场（厂）址、动物（动物产品）种类等事项，具体格式由农业农村部规定。

第四章 监督管理

第十七条 患有人畜共患传染病的人员不得在本办法第二条所列场所直接从事动物疫病检测、检验、协助检疫、诊疗以及易感染动物的饲养、屠宰、经营、隔离等活动。

第十八条 县级以上地方人民政府农业农村主管部门依照《中华人民共和国动物防疫法》和本办法以及有关法律、法规的规定，对本办法第二条所列场所的动物防疫条件实施监督检查，有关单位和个人应当予以配合，不得拒绝和阻碍。

第十九条 推行动物饲养场分级管理制度，根据规模、设施设备状况、管理水平、生物安全风险等因素采取差异化监管措施。

第二十条 取得动物防疫条件合格证后，变更场址或者经营范围的，应当重新申请办理，同时交回原动物防疫条件合格证，由原发证机关予以注销。

变更布局、设施设备和制度，可能引起动物防疫条件发生变化的，应当提前三十日向原发证机关报告。发证机关应当在十五日内完成审查，并将审查结果通知申请人。

变更单位名称或者法定代表人（负责人）的，应当在变更后十五日内持有效证明申请变更动物防疫条件合格证。

第二十一条 动物饲养场、动物隔离场所、动物屠宰加工场所以及动物和动物产品无害化处理场所，应当在每年三月底前将上一年的动物防疫条件情况和防疫制度执行情况向县级人民政府农业农村主管部门报告。

第二十二条 禁止转让、伪造或者变造动物防疫条件合格证。

第二十三条 动物防疫条件合格证丢失或者损毁的，应当在十五日内向原发证机关申请补发。

第五章 法律责任

第二十四条 违反本办法规定，有下列行为之一的，依照《中华人民共和国动物防疫法》第九十八条的规定予以处罚：

（一）动物饲养场、动物隔离场所、动物屠宰加工场所以及动物和动物产品无害化处理场所变更场所地址或者经营范围，未按规定重新办理动物防疫条件合格证的；

（二）经营动物和动物产品的集贸市场

不符合本办法第十一条、第十二条动物防疫条件的。

第二十五条　违反本办法规定，动物饲养场、动物隔离场所、动物屠宰加工场所以及动物和动物产品无害化处理场所未经审查变更布局、设施设备和制度，不再符合规定的动物防疫条件继续从事相关活动的，依照《中华人民共和国动物防疫法》第九十九条的规定予以处罚。

第二十六条　违反本办法规定，动物饲养场、动物隔离场所、动物屠宰加工场所以及动物和动物产品无害化处理场所变更单位名称或者法定代表人（负责人）未办理变更手续的，由县级以上地方人民政府农业农村主管部门责令限期改正；逾期不改正的，处一千元以上五千元以下罚款。

第二十七条　违反本办法规定，动物饲养场、动物隔离场所、动物屠宰加工场所以及动物和动物产品无害化处理场所未按规定报告动物防疫条件情况和防疫制度执行情况的，依照《中华人民共和国动物防疫法》第一百零八条的规定予以处罚。

第二十八条　违反本办法规定，涉嫌犯罪的，依法移送司法机关追究刑事责任。

第六章　附　　则

第二十九条　本办法所称动物饲养场是指《中华人民共和国畜牧法》规定的畜禽养殖场。

本办法所称经营动物和动物产品的集贸市场，是指经营畜禽或者专门经营畜禽产品，并取得营业执照的集贸市场。

动物饲养场内自用的隔离舍，参照本办法第八条规定执行，不再另行办理动物防疫条件合格证。

动物饲养场、隔离场所、屠宰加工场所内的无害化处理区域，参照本办法第十条规定执行，不再另行办理动物防疫条件合格证。

第三十条　本办法自2022年12月1日起施行。农业部2010年1月21日公布的《动物防疫条件审查办法》同时废止。

本办法施行前已取得动物防疫条件合格证的各类场所，应当自本办法实施之日起一年内达到本办法规定的条件。

动物检疫管理办法

（2022年8月22日农业农村部令第7号发布，2022年12月1日施行）

第一章　总　　则

第一条　为了加强动物检疫活动管理，预防、控制、净化、消灭动物疫病，防控人畜共患传染病，保障公共卫生安全和人体健康，根据《中华人民共和国动物防疫法》，制定本办法。

第二条　本办法适用于中华人民共和国领域内的动物、动物产品的检疫及其监督管理活动。

陆生野生动物检疫办法，由农业农村部会同国家林业和草原局另行制定。

第三条　动物检疫遵循过程监管、风险控制、区域化和可追溯管理相结合的原则。

第四条　农业农村部主管全国动物检疫工作。

县级以上地方人民政府农业农村主管部门主管本行政区域内的动物检疫工作，负责动物检疫监督管理工作。

县级人民政府农业农村主管部门可以根据动物检疫工作需要，向乡、镇或者特定区域派驻动物卫生监督机构或者官方兽医。

县级以上人民政府建立的动物疫病预防控制机构应当为动物检疫及其监督管理工作提供技术支撑。

第五条　农业农村部制定、调整并公布检疫规程，明确动物检疫的范围、对象和程序。

第六条　农业农村部加强信息化建设，建立全国统一的动物检疫管理信息化系统，实现动物检疫信息的可追溯。

县级以上动物卫生监督机构应当做好本行政区域内的动物检疫信息数据管理工作。

从事动物饲养、屠宰、经营、运输、隔离等活动的单位和个人，应当按照要求在动物检疫管理信息化系统填报动物检疫相关信息。

第七条　县级以上地方人民政府的动物卫生监督机构负责本行政区域内动物检疫工作，依照《中华人民共和国动物防疫法》、本办法以及检疫规程等规定实施检疫。

动物卫生监督机构的官方兽医实施检疫，出具动物检疫证明、加施检疫标志，并对检疫结论负责。

第二章　检疫申报

第八条　国家实行动物检疫申报制度。

出售或者运输动物、动物产品的，货主应当提前三天向所在地动物卫生监督机构申报检疫。

屠宰动物的，应当提前六小时向所在地动物卫生监督机构申报检疫；急宰动物的，可以随时申报。

第九条　向无规定动物疫病区输入相关易感动物、易感动物产品的，货主除按本办法第八条规定向输出地动物卫生监督机构申报检疫外，还应当在启运三天前向输入地动物卫生监督机构申报检疫。输入易感动物的，向输入地隔离场所在地动物卫生监督机构申报；输入易感动物产品的，在输入地省级动物卫生监督机构指定的地点申报。

第十条　动物卫生监督机构应当根据动物检疫工作需要，合理设置动物检疫申报点，并向社会公布。

县级以上地方人民政府农业农村主管部门应当采取有力措施，加强动物检疫申报点建设。

第十一条　申报检疫的，应当提交检疫申报单以及农业农村部规定的其他材料，并对申报材料的真实性负责。

申报检疫采取在申报点填报或者通过传真、电子数据交换等方式申报。

第十二条　动物卫生监督机构接到申报后，应当及时对申报材料进行审查。申报材料齐全的，予以受理；有下列情形之一的，不予受理，并说明理由：

（一）申报材料不齐全的，动物卫生监督机构当场或在三日内已经一次性告知申报人需要补正的内容，但申报人拒不补正的；

（二）申报的动物、动物产品不属于本行政区域的；

（三）申报的动物、动物产品不属于动物检疫范围的；

（四）农业农村部规定不应当检疫的动物、动物产品；

（五）法律法规规定的其他不予受理的情形。

第十三条　受理申报后，动物卫生监督机构应当指派官方兽医实施检疫，可以安排协检人员协助官方兽医到现场或指定地点核实信息，开展临床健康检查。

第三章　产地检疫

第十四条　出售或者运输的动物，经检疫符合下列条件的，出具动物检疫证明：

（一）来自非封锁区及未发生相关动物疫情的饲养场（户）；

（二）来自符合风险分级管理有关规定的饲养场（户）；

（三）申报材料符合检疫规程规定；

（四）畜禽标识符合规定；

（五）按照规定进行了强制免疫，并在有效保护期内；

（六）临床检查健康；

（七）需要进行实验室疫病检测的，检测结果合格。

出售、运输的种用动物精液、卵、胚胎、种蛋，经检疫其种用动物饲养场符合第一款第一项规定，申报材料符合第一款第三项规定，供体动物符合第一款第四项、第五项、第六项、第七项规定的，出具动物检疫证明。

出售、运输的生皮、原毛、绒、血液、角等产品，经检疫其饲养场（户）符合第一款第一项规定，申报材料符合第一款第三项规定，供体动物符合第一款第四项、第五项、第六项、第七项规定，且按规定消毒合格的，出具动物检疫证明。

第十五条　出售或者运输水生动物的亲本、稚体、幼体、受精卵、发眼卵及其他遗传育种材料等水产苗种的，经检疫符合下列条件的，出具动物检疫证明：

（一）来自未发生相关水生动物疫情的苗种生产场；

（二）申报材料符合检疫规程规定；

（三）临床检查健康；

（四）需要进行实验室疫病检测的，检测结果合格。

水产苗种以外的其他水生动物及其产品不实施检疫。

第十六条　已经取得产地检疫证明的动物，从专门经营动物的集贸市场继续出售或者运输的，或者动物展示、演出、比赛后需要继续运输的，经检疫符合下列条件的，出具动物检疫证明：

（一）有原始动物检疫证明和完整的进出场记录；

（二）畜禽标识符合规定；

（三）临床检查健康；

（四）原始动物检疫证明超过调运有效期，按规定需要进行实验室疫病检测的，检测结果合格。

第十七条 跨省、自治区、直辖市引进的乳用、种用动物到达输入地后，应当在隔离场或者饲养场内的隔离舍进行隔离观察，隔离期为三十天。经隔离观察合格的，方可混群饲养；不合格的，按照有关规定进行处理。隔离观察合格后需要继续运输的，货主应当申报检疫，并取得动物检疫证明。

跨省、自治区、直辖市输入到无规定动物疫病区的乳用、种用动物的隔离按照本办法第二十六条规定执行。

第十八条 出售或者运输的动物、动物产品取得动物检疫证明后，方可离开产地。

第四章 屠宰检疫

第十九条 动物卫生监督机构向依法设立的屠宰加工场所派驻（出）官方兽医实施检疫。屠宰加工场所应当提供与检疫工作相适应的官方兽医驻场检疫室、工作室和检疫操作台等设施。

第二十条 进入屠宰加工场所的待宰动物应当附有动物检疫证明并加施有符合规定的畜禽标识。

第二十一条 屠宰加工场所应当严格执行动物入场查验登记、待宰巡查等制度，查验进场待宰动物的动物检疫证明和畜禽标识，发现动物染疫或者疑似染疫的，应当立即向所在地农业农村主管部门或者动物疫病预防控制机构报告。

第二十二条 官方兽医应当检查待宰动物健康状况，在屠宰过程中开展同步检疫和必要的实验室疫病检测，并填写屠宰检疫记录。

第二十三条 经检疫符合下列条件的，对动物的胴体及生皮、原毛、绒、脏器、血液、蹄、头、角出具动物检疫证明，加盖检疫验讫印章或者加施其他检疫标志：

（一）申报材料符合检疫规程规定；

（二）待宰动物临床检查健康；

（三）同步检疫合格；

（四）需要进行实验室疫病检测的，检测结果合格。

第二十四条 官方兽医应当回收进入屠宰加工场所待宰动物附有的动物检疫证明，并将有关信息上传至动物检疫管理信息化系统。回收的动物检疫证明保存期限不得少于十二个月。

第五章 进入无规定动物疫病区的动物检疫

第二十五条 向无规定动物疫病区运输相关易感动物、动物产品的，除附有输出地动物卫生监督机构出具的动物检疫证明外，还应当按照本办法第二十六条、第二十七条规定取得动物检疫证明。

第二十六条 输入到无规定动物疫病区的相关易感动物，应当在输入地省级动物卫生监督机构指定的隔离场所进行隔离，隔离检疫期为三十天。隔离检疫合格的，由隔离场所在地县级动物卫生监督机构的官方兽医出具动物检疫证明。

第二十七条 输入到无规定动物疫病区的相关易感动物产品，应当在输入地省级动物卫生监督机构指定的地点，按照无规定动物疫病区有关检疫要求进行检疫。检疫合格的，由当地县级动物卫生监督机构的官方兽医出具动物检疫证明。

第六章 官方兽医

第二十八条 国家实行官方兽医任命制

度。官方兽医应当符合以下条件：

（一）动物卫生监督机构的在编人员，或者接受动物卫生监督机构业务指导的其他机构在编人员；

（二）从事动物检疫工作；

（三）具有畜牧兽医水产初级以上职称或者相关专业大专以上学历或者从事动物防疫等相关工作满三年以上；

（四）接受岗前培训，并经考核合格；

（五）符合农业农村部规定的其他条件。

第二十九条　县级以上动物卫生监督机构提出官方兽医任命建议，报同级农业农村主管部门审核。审核通过的，由省级农业农村主管部门按程序确认、统一编号，并报农业农村部备案。

经省级农业农村主管部门确认的官方兽医，由其所在的农业农村主管部门任命，颁发官方兽医证，公布人员名单。

官方兽医证的格式由农业农村部统一规定。

第三十条　官方兽医实施动物检疫工作时，应当持有官方兽医证。禁止伪造、变造、转借或者以其他方式违法使用官方兽医证。

第三十一条　农业农村部制定全国官方兽医培训计划。

县级以上地方人民政府农业农村主管部门制定本行政区域官方兽医培训计划，提供必要的培训条件，设立考核指标，定期对官方兽医进行培训和考核。

第三十二条　官方兽医实施动物检疫的，可以由协检人员进行协助。协检人员不得出具动物检疫证明。

协检人员的条件和管理要求由省级农业农村主管部门规定。

第三十三条　动物饲养场、屠宰加工场所的执业兽医或者动物防疫技术人员，应当协助官方兽医实施动物检疫。

第三十四条　对从事动物检疫工作的人员，有关单位按照国家规定，采取有效的卫生防护、医疗保健措施，全面落实畜牧兽医医疗卫生津贴等相关待遇。

对在动物检疫工作中做出贡献的动物卫生监督机构、官方兽医，按照国家有关规定给予表彰、奖励。

第七章　动物检疫证章标志管理

第三十五条　动物检疫证章标志包括：

（一）动物检疫证明；

（二）动物检疫印章、动物检疫标志；

（三）农业农村部规定的其他动物检疫证章标志。

第三十六条　动物检疫证章标志的内容、格式、规格、编码和制作等要求，由农业农村部统一规定。

第三十七条　县级以上动物卫生监督机构负责本行政区域内动物检疫证章标志的管理工作，建立动物检疫证章标志管理制度，严格按照程序订购、保管、发放。

第三十八条　任何单位和个人不得伪造、变造、转让动物检疫证章标志，不得持有或者使用伪造、变造、转让的动物检疫证章标志。

第八章　监督管理

第三十九条　禁止屠宰、经营、运输依法应当检疫而未经检疫或者检疫不合格的动物。

禁止生产、经营、加工、贮藏、运输依法应当检疫而未经检疫或者检疫不合格的动物产品。

第四十条　经检疫不合格的动物、动物产品，由官方兽医出具检疫处理通知单，货主或者屠宰加工场所应当在农业农村主管部门的监督下按照国家有关规定处理。

动物卫生监督机构应当及时向同级农业农村主管部门报告检疫不合格情况。

第四十一条 有下列情形之一的，出具动物检疫证明的动物卫生监督机构或者其上级动物卫生监督机构，根据利害关系人的请求或者依据职权，撤销动物检疫证明，并及时通告有关单位和个人：

（一）官方兽医滥用职权、玩忽职守出具动物检疫证明的；

（二）以欺骗、贿赂等不正当手段取得动物检疫证明的；

（三）超出动物检疫范围实施检疫，出具动物检疫证明的；

（四）对不符合检疫申报条件或者不符合检疫合格标准的动物、动物产品，出具动物检疫证明的；

（五）其他未按照《中华人民共和国动物防疫法》、本办法和检疫规程的规定实施检疫，出具动物检疫证明的。

第四十二条 有下列情形之一的，按照依法应当检疫而未经检疫处理处罚：

（一）动物种类、动物产品名称、畜禽标识号与动物检疫证明不符的；

（二）动物、动物产品数量超出动物检疫证明载明部分的；

（三）使用转让的动物检疫证明的。

第四十三条 依法应当检疫而未经检疫的动物、动物产品，由县级以上地方人民政府农业农村主管部门依照《中华人民共和国动物防疫法》处理处罚，不具备补检条件的，予以收缴销毁；具备补检条件的，由动物卫生监督机构补检。

依法应当检疫而未经检疫的胴体、肉、脏器、脂、血液、精液、卵、胚胎、骨、蹄、头、筋、种蛋等动物产品，不予补检，予以收缴销毁。

第四十四条 补检的动物具备下列条件的，补检合格，出具动物检疫证明：

（一）畜禽标识符合规定；

（二）检疫申报需要提供的材料齐全、符合要求；

（三）临床检查健康；

（四）不符合第一项或者第二项规定条件，货主于七日内提供检疫规程规定的实验室疫病检测报告，检测结果合格。

第四十五条 补检的生皮、原毛、绒、角等动物产品具备下列条件的，补检合格，出具动物检疫证明：

（一）经外观检查无腐烂变质；

（二）按照规定进行消毒；

（三）货主于七日内提供检疫规程规定的实验室疫病检测报告，检测结果合格。

第四十六条 经检疫合格的动物应当按照动物检疫证明载明的目的地运输，并在规定时间内到达，运输途中发生疫情的应当按有关规定报告并处置。

跨省、自治区、直辖市通过道路运输动物的，应当经省级人民政府设立的指定通道入省境或者过省境。

饲养场（户）或者屠宰加工场所不得接收未附有有效动物检疫证明的动物。

第四十七条 运输用于继续饲养或屠宰的畜禽到达目的地后，货主或者承运人应当在三日内向启运地县级动物卫生监督机构报告；目的地饲养场（户）或者屠宰加工场所应当在接收畜禽后三日内向所在地县级动物卫生监督机构报告。

第九章　法律责任

第四十八条 申报动物检疫隐瞒有关情况或者提供虚假材料的，或者以欺骗、贿赂等不正当手段取得动物检疫证明的，依照《中华人民共和国行政许可法》有关规定予以处罚。

第四十九条 违反本办法规定运输畜禽，有下列行为之一的，由县级以上地方人民政府农业农村主管部门处一千元以上三千元以下罚款；情节严重的，处三千元以上三万元以下罚款：

（一）运输用于继续饲养或者屠宰的畜禽到达目的地后，未向启运地动物卫生监督机构报告的；

（二）未按照动物检疫证明载明的目的地运输的；

（三）未按照动物检疫证明规定时间运达且无正当理由的；

（四）实际运输的数量少于动物检疫证明载明数量且无正当理由的。

第五十条　其他违反本办法规定的行为，依照《中华人民共和国动物防疫法》有关规定予以处罚。

第十章　附　　则

第五十一条　水产苗种产地检疫，由从事水生动物检疫的县级以上动物卫生监督机构实施。

第五十二条　实验室疫病检测报告应当由动物疫病预防控制机构、取得相关资质认定、国家认可机构认可或者符合省级农业农村主管部门规定条件的实验室出具。

第五十三条　本办法自 2022 年 12 月 1 日起施行。农业部 2010 年 1 月 21 日公布、2019 年 4 月 25 日修订的《动物检疫管理办法》同时废止。

动物诊疗机构管理办法

（2022年8月22日农业农村部令第5号发布，2022年10月1日施行）

第一章　总　　则

第一条　为了加强动物诊疗机构管理，规范动物诊疗行为，保障公共卫生安全，根据《中华人民共和国动物防疫法》，制定本办法。

第二条　在中华人民共和国境内从事动物诊疗活动的机构，应当遵守本办法。

本办法所称动物诊疗，是指动物疾病的预防、诊断、治疗和动物绝育手术等经营性活动，包括动物的健康检查、采样、剖检、配药、给药、针灸、手术、填写诊断书和出具动物诊疗有关证明文件等。

本办法所称动物诊疗机构，包括动物医院、动物诊所以及其他提供动物诊疗服务的机构。

第三条　农业农村部负责全国动物诊疗机构的监督管理。

县级以上地方人民政府农业农村主管部门负责本行政区域内动物诊疗机构的监督管理。

第四条　农业农村部加强信息化建设，建立健全动物诊疗机构信息管理系统。

县级以上地方人民政府农业农村主管部门应当优化许可办理流程，推行网上办理等便捷方式，加强动物诊疗机构信息管理工作。

第二章　诊疗许可

第五条　国家实行动物诊疗许可制度。从事动物诊疗活动的机构，应当取得动物诊疗许可证，并在规定的诊疗活动范围内开展动物诊疗活动。

第六条　从事动物诊疗活动的机构，应当具备下列条件：

（一）有固定的动物诊疗场所，且动物诊疗场所使用面积符合省、自治区、直辖市人民政府农业农村主管部门的规定；

（二）动物诊疗场所选址距离动物饲养场、动物屠宰加工场所、经营动物的集贸市场不少于200米；

（三）动物诊疗场所设有独立的出入口，出入口不得设在居民住宅楼内或者院内，不得与同一建筑物的其他用户共用通道；

（四）具有布局合理的诊疗室、隔离室、药房等功能区；

（五）具有诊断、消毒、冷藏、常规化验、污水处理等器械设备；

（六）具有诊疗废弃物暂存处理设施，并委托专业处理机构处理；

（七）具有染疫或者疑似染疫动物的隔离控制措施及设施设备；

（八）具有与动物诊疗活动相适应的执业兽医；

（九）具有完善的诊疗服务、疫情报告、卫生安全防护、消毒、隔离、诊疗废弃物暂存、兽医器械、兽医处方、药物和无害化处理等管理制度。

第七条　动物诊所除具备本办法第六条规定的条件外，还应当具备下列条件：

（一）具有一名以上执业兽医师；

（二）具有布局合理的手术室和手术设备。

第八条　动物医院除具备本办法第六条规定的条件外，还应当具备下列条件：

（一）具有三名以上执业兽医师；

（二）具有 X 光机或者 B 超等器械设备；

（三）具有布局合理的手术室和手术设备。

除前款规定的动物医院外，其他动物诊疗机构不得从事动物颅腔、胸腔和腹腔手术。

第九条　从事动物诊疗活动的机构，应当向动物诊疗场所所在地的发证机关提出申请，并提交下列材料：

（一）动物诊疗许可证申请表；

（二）动物诊疗场所地理方位图、室内平面图和各功能区布局图；

（三）动物诊疗场所使用权证明；

（四）法定代表人（负责人）身份证明；

（五）执业兽医资格证书；

（六）设施设备清单；

（七）管理制度文本。

申请材料不齐全或者不符合规定条件的，发证机关应当自收到申请材料之日起五个工作日内一次性告知申请人需补正的内容。

第十条　动物诊疗机构应当使用规范的名称。未取得相应许可的，不得使用“动物诊所”或者“动物医院”的名称。

第十一条　发证机关受理申请后，应当在十五个工作日内完成对申请材料的审核和对动物诊疗场所的实地考查。符合规定条件的，发证机关应当向申请人颁发动物诊疗许可证；不符合条件的，书面通知申请人，并说明理由。

专门从事水生动物疫病诊疗的，发证机关在核发动物诊疗许可证时，应当征求同级渔业主管部门的意见。

第十二条　动物诊疗许可证应当载明诊疗机构名称、诊疗活动范围、从业地点和法定代表人（负责人）等事项。

动物诊疗许可证格式由农业农村部统一规定。

第十三条　动物诊疗机构设立分支机构的，应当按照本办法的规定另行办理动物诊疗许可证。

第十四条　动物诊疗机构变更名称或者法定代表人（负责人）的，应当在办理市场主体变更登记手续后十五个工作日内，向原发证机关申请办理变更手续。

动物诊疗机构变更从业地点、诊疗活动范围的，应当按照本办法规定重新办理动物诊疗许可手续，申请换发动物诊疗许可证。

第十五条　动物诊疗许可证不得伪造、变造、转让、出租、出借。

动物诊疗许可证遗失的，应当及时向原发证机关申请补发。

第十六条　发证机关办理动物诊疗许可证，不得向申请人收取费用。

第三章　诊疗活动管理

第十七条　动物诊疗机构应当依法从事动物诊疗活动，建立健全内部管理制度，在诊疗场所的显著位置悬挂动物诊疗许可证和公示诊疗活动从业人员基本情况。

第十八条　动物诊疗机构可以通过在本机构备案从业的执业兽医师，利用互联网等信息技术开展动物诊疗活动，活动范围不得超出动物诊疗许可证核定的诊疗活动范围。

第十九条　动物诊疗机构应当对兽医相关专业学生、毕业生参与动物诊疗活动加强监督指导。

第二十条　动物诊疗机构应当按照国家有关规定使用兽医器械和兽药，不得使用不符合规定的兽医器械、假劣兽药和农业农村部规定禁止使用的药品及其他化合物。

第二十一条　动物诊疗机构兼营动物用品、动物饲料、动物美容、动物寄养等项目的，兼营区域与动物诊疗区域应当分别独立设置。

第二十二条 动物诊疗机构应当使用载明机构名称的规范病历，包括门（急）诊病历和住院病历。病历档案保存期限不得少于三年。

病历根据不同的记录形式，分为纸质病历和电子病历。电子病历与纸质病历具有同等效力。

病历包括诊疗活动中形成的文字、符号、图表、影像、切片等内容或者资料。

第二十三条 动物诊疗机构应当为执业兽医师提供兽医处方笺，处方笺的格式和保存等应当符合农业农村部规定的兽医处方格式及应用规范。

第二十四条 动物诊疗机构安装、使用具有放射性的诊疗设备的，应当依法经生态环境主管部门批准。

第二十五条 动物诊疗机构发现动物染疫或者疑似染疫的，应当按照国家规定立即向所在地农业农村主管部门或者动物疫病预防控制机构报告，并迅速采取隔离、消毒等控制措施，防止动物疫情扩散。

动物诊疗机构发现动物患有或者疑似患有国家规定应当扑杀的疫病时，不得擅自进行治疗。

第二十六条 动物诊疗机构应当按照国家规定处理染疫动物及其排泄物、污染物和动物病理组织等。

动物诊疗机构应当参照《医疗废物管理条例》的有关规定处理诊疗废弃物，不得随意丢弃诊疗废弃物，排放未经无害化处理的诊疗废水。

第二十七条 动物诊疗机构应当支持执业兽医按照当地人民政府或者农业农村主管部门的要求，参加动物疫病预防、控制和动物疫情扑灭活动。

动物诊疗机构可以通过承接政府购买服务的方式开展动物防疫和疫病诊疗活动。

第二十八条 动物诊疗机构应当配合农业农村主管部门、动物卫生监督机构、动物疫病预防控制机构进行有关法律法规宣传、流行病学调查和监测工作。

第二十九条 动物诊疗机构应当定期对本单位工作人员进行专业知识、生物安全以及相关政策法规培训。

第三十条 动物诊疗机构应当于每年三月底前将上年度动物诊疗活动情况向县级人民政府农业农村主管部门报告。

第三十一条 县级以上地方人民政府农业农村主管部门应当建立健全日常监管制度，对辖区内动物诊疗机构和人员执行法律、法规、规章的情况进行监督检查。

第四章 法律责任

第三十二条 违反本办法规定，动物诊疗机构有下列行为之一的，依照《中华人民共和国动物防疫法》第一百零五条第一款的规定予以处罚：

（一）超出动物诊疗许可证核定的诊疗活动范围从事动物诊疗活动的；

（二）变更从业地点、诊疗活动范围未重新办理动物诊疗许可证的。

第三十三条 使用伪造、变造、受让、租用、借用的动物诊疗许可证的，县级以上地方人民政府农业农村主管部门应当依法收缴，并依照《中华人民共和国动物防疫法》第一百零五条第一款的规定予以处罚。

第三十四条 动物诊疗场所不再具备本办法第六条、第七条、第八条规定条件，继续从事动物诊疗活动的，由县级以上地方人民政府农业农村主管部门给予警告，责令限期改正；逾期仍达不到规定条件的，由原发证机关收回、注销其动物诊疗许可证。

第三十五条 违反本办法规定，动物诊疗机构有下列行为之一的，由县级以上地方人民政府农业农村主管部门责令限期改正，处一千元以上五千元以下罚款：

（一）变更机构名称或者法定代表人（负责人）未办理变更手续的；

（二）未在诊疗场所悬挂动物诊疗许可证或者公示诊疗活动从业人员基本情况的；

（三）未使用规范的病历或未按规定为执业兽医师提供处方笺的，或者不按规定保存病历档案的；

（四）使用未在本机构备案从业的执业兽医从事动物诊疗活动的。

第三十六条　动物诊疗机构未按规定实施卫生安全防护、消毒、隔离和处置诊疗废弃物的，依照《中华人民共和国动物防疫法》第一百零五条第二款的规定予以处罚。

第三十七条　诊疗活动从业人员有下列行为之一的，依照《中华人民共和国动物防疫法》第一百零六条第一款的规定，对其所在的动物诊疗机构予以处罚：

（一）执业兽医超出备案所在县域或者执业范围从事动物诊疗活动的；

（二）执业兽医被责令暂停动物诊疗活动期间从事动物诊疗活动的；

（三）执业助理兽医师未按规定开展手术活动，或者开具处方、填写诊断书、出具动物诊疗有关证明文件的；

（四）参加教学实践的学生或者工作实践的毕业生未经执业兽医师指导开展动物诊疗活动的。

第三十八条　违反本办法规定，动物诊疗机构未按规定报告动物诊疗活动情况的，依照《中华人民共和国动物防疫法》第一百零八条的规定予以处罚。

第三十九条　县级以上地方人民政府农业农村主管部门不依法履行审查和监督管理职责，玩忽职守、滥用职权或者徇私舞弊的，依照有关规定给予处分；构成犯罪的，依法追究刑事责任。

第五章　附　　则

第四十条　乡村兽医在乡村从事动物诊疗活动的，应当有固定的从业场所。

第四十一条　本办法所称发证机关，是指县（市辖区）级人民政府农业农村主管部门；市辖区未设立农业农村主管部门的，发证机关为上一级农业农村主管部门。

第四十二条　本办法自 2022 年 10 月 1 日起施行。农业部 2008 年 11 月 26 日公布，2016 年 5 月 30 日、2017 年 11 月 30 日修订的《动物诊疗机构管理办法》同时废止。

本办法施行前已取得动物诊疗许可证的动物诊疗机构，应当自本办法实施之日起一年内达到本办法规定的条件。

执业兽医和乡村兽医管理办法

（2022年8月22日农业农村部令第6号发布，2022年10月1日起施行）

第一章　总　　则

第一条　为了维护执业兽医和乡村兽医合法权益，规范动物诊疗活动，加强执业兽医和乡村兽医队伍建设，保障动物健康和公共卫生安全，根据《中华人民共和国动物防疫法》，制定本办法。

第二条　本办法所称执业兽医，包括执业兽医师和执业助理兽医师。

本办法所称乡村兽医，是指尚未取得执业兽医资格，经备案在乡村从事动物诊疗活动的人员。

第三条　农业农村部主管全国执业兽医和乡村兽医管理工作，加强信息化建设，建立完善执业兽医和乡村兽医信息管理系统。

农业农村部和省级人民政府农业农村主管部门制定实施执业兽医和乡村兽医的继续教育计划，提升执业兽医和乡村兽医素质和执业水平。

县级以上地方人民政府农业农村主管部门主管本行政区域内的执业兽医和乡村兽医管理工作，加强执业兽医和乡村兽医备案、执业活动、继续教育等监督管理。

第四条　鼓励执业兽医和乡村兽医接受继续教育。执业兽医和乡村兽医继续教育工作可以委托相关机构或者组织具体承担。

执业兽医所在机构应当支持执业兽医参加继续教育。

第五条　执业兽医、乡村兽医依法执业，其权益受法律保护。

兽医行业协会应当依照法律、法规、规章和章程，加强行业自律，及时反映行业诉求，为兽医人员提供信息咨询、宣传培训、权益保护、纠纷处理等方面的服务。

第六条　对在动物防疫工作中做出突出贡献的执业兽医和乡村兽医，按照国家有关规定给予表彰和奖励。

对因参与动物防疫工作致病、致残、死亡的执业兽医和乡村兽医，按照国家有关规定给予补助或者抚恤。

县级人民政府农业农村主管部门和乡（镇）人民政府应当优先确定乡村兽医作为村级动物防疫员。

第二章　执业兽医资格考试

第七条　国家实行执业兽医资格考试制度。

具备下列条件之一的，可以报名参加全国执业兽医资格考试：

（一）具有大学专科以上学历的人员或全日制高校在校生，专业符合全国执业兽医资格考试委员会公布的报考专业目录；

（二）2009年1月1日前已取得兽医师以上专业技术职称；

（三）依法备案或登记，且从事动物诊疗活动十年以上的乡村兽医。

第八条　执业兽医资格考试由农业农村部组织，全国统一大纲、统一命题、统一考试、统一评卷。

第九条　执业兽医资格考试类别分为兽医全科类和水生动物类，包含基础、预防、临床和综合应用四门科目。

第十条　农业农村部设立的全国执业兽医资格考试委员会负责审定考试科目、考试大纲，发布考试公告、确定考试试卷等，对考试工作进行监督、指导和确定合格标准。

第十一条　通过执业兽医资格考试的人员，由省、自治区、直辖市人民政府农业农村主管部门根据考试合格标准颁发执业兽医师或者执业助理兽医师资格证书。

第三章　执业备案

第十二条　取得执业兽医资格证书并在动物诊疗机构从事动物诊疗活动的，应当向动物诊疗机构所在地备案机关备案。

第十三条　具备下列条件之一的，可以备案为乡村兽医：

（一）取得中等以上兽医、畜牧（畜牧兽医）、中兽医（民族兽医）、水产养殖等相关专业学历；

（二）取得中级以上动物疫病防治员、水生物病害防治员职业技能鉴定证书或职业技能等级证书；

（三）从事村级动物防疫员工作满五年。

第十四条　执业兽医或者乡村兽医备案的，应当向备案机关提交下列材料：

（一）备案信息表；

（二）身份证明。

除前款规定的材料外，执业兽医备案还应当提交动物诊疗机构聘用证明，乡村兽医备案还应当提交学历证明、职业技能鉴定证书或职业技能等级证书等材料。

第十五条　备案材料符合要求的，应当及时予以备案；不符合要求的，应当一次性告知备案人补正相关材料。

备案机关应当优化备案办理流程，逐步实现网上统一办理，提高备案效率。

第十六条　执业兽医可以在同一县域内备案多家执业的动物诊疗机构；在不同县域从事动物诊疗活动的，应当分别向动物诊疗机构所在地备案机关备案。

执业的动物诊疗机构发生变化的，应当按规定及时更新备案信息。

第四章　执业活动管理

第十七条　患有人畜共患传染病的执业兽医和乡村兽医不得直接从事动物诊疗活动。

第十八条　执业兽医应当在备案的动物诊疗机构执业，但动物诊疗机构间的会诊、支援、应邀出诊、急救等除外。

经备案专门从事水生动物疫病诊疗的执业兽医，不得从事其他动物疫病诊疗。

乡村兽医应当在备案机关所在县域的乡村从事动物诊疗活动，不得在城区从业。

第十九条　执业兽医师可以从事动物疾病的预防、诊断、治疗和开具处方、填写诊断书、出具动物诊疗有关证明文件等活动。

执业助理兽医师可以从事动物健康检查、采样、配药、给药、针灸等活动，在执业兽医师指导下辅助开展手术、剖检活动，但不得开具处方、填写诊断书、出具动物诊疗有关证明文件。

第二十条　执业兽医师应当规范填写处方笺、病历。未经亲自诊断、治疗，不得开具处方、填写诊断书、出具动物诊疗有关证明文件。

执业兽医师不得伪造诊断结果，出具虚假动物诊疗证明文件。

第二十一条　参加动物诊疗教学实践的兽医相关专业学生和尚未取得执业兽医资格证书、在动物诊疗机构中参加工作实践的兽医相关专业毕业生，应当在执业兽医师监督、指导下协助参与动物诊疗活动。

第二十二条　执业兽医和乡村兽医在执业活动中应当履行下列义务：

（一）遵守法律、法规、规章和有关管理规定；

（二）按照技术操作规范从事动物诊疗活动；

（三）遵守职业道德，履行兽医职责；

（四）爱护动物，宣传动物保健知识和动物福利。

第二十三条 执业兽医和乡村兽医应当按照国家有关规定使用兽药和兽医器械，不得使用假劣兽药、农业农村部规定禁止使用的药品及其他化合物和不符合规定的兽医器械。

执业兽医和乡村兽医发现可能与兽药和兽医器械使用有关的严重不良反应的，应当立即向所在地人民政府农业农村主管部门报告。

第二十四条 执业兽医和乡村兽医在动物诊疗活动中，应当按照规定处理使用过的兽医器械和诊疗废弃物。

第二十五条 执业兽医和乡村兽医在动物诊疗活动中发现动物染疫或者疑似染疫的，应当按照国家规定立即向所在地人民政府农业农村主管部门或者动物疫病预防控制机构报告，并迅速采取隔离、消毒等控制措施，防止动物疫情扩散。

执业兽医和乡村兽医在动物诊疗活动中发现动物患有或者疑似患有国家规定应当扑杀的疫病时，不得擅自进行治疗。

第二十六条 执业兽医和乡村兽医应当按照当地人民政府或者农业农村主管部门的要求，参加动物疫病预防、控制和动物疫情扑灭活动，执业兽医所在单位和乡村兽医不得阻碍、拒绝。

执业兽医和乡村兽医可以通过承接政府购买服务的方式开展动物防疫和疫病诊疗活动。

第二十七条 执业兽医应当于每年三月底前，按照县级人民政府农业农村主管部门要求如实报告上年度兽医执业活动情况。

第二十八条 县级以上地方人民政府农业农村主管部门应当建立健全日常监管制度，对辖区内执业兽医和乡村兽医执行法律、法规、规章的情况进行监督检查。

第五章　法律责任

第二十九条 违反本办法规定，执业兽医有下列行为之一的，依照《中华人民共和国动物防疫法》第一百零六条第一款的规定予以处罚：

（一）在责令暂停动物诊疗活动期间从事动物诊疗活动的；

（二）超出备案所在县域或者执业范围从事动物诊疗活动的；

（三）执业助理兽医师直接开展手术，或者开具处方、填写诊断书、出具动物诊疗有关证明文件的。

第三十条 违反本办法规定，执业兽医对患有或者疑似患有国家规定应当扑杀的疫病的动物进行治疗，造成或者可能造成动物疫病传播、流行的，依照《中华人民共和国动物防疫法》第一百零六条第二款的规定予以处罚。

第三十一条 违反本办法规定，执业兽医未按县级人民政府农业农村主管部门要求如实形成兽医执业活动情况报告的，依照《中华人民共和国动物防疫法》第一百零八条的规定予以处罚。

第三十二条 违反本办法规定，执业兽医在动物诊疗活动中有下列行为之一的，由县级以上地方人民政府农业农村主管部门责令限期改正，处一千元以上五千元以下罚款：

（一）不使用病历，或者应当开具处方未开具处方的；

（二）不规范填写处方笺、病历的；

（三）未经亲自诊断、治疗，开具处方、填写诊断书、出具动物诊疗有关证明文件的；

（四）伪造诊断结果，出具虚假动物诊

疗证明文件的。

第三十三条　违反本办法规定，乡村兽医不按照备案规定区域从事动物诊疗活动的，由县级以上地方人民政府农业农村主管部门责令限期改正，处一千元以上五千元以下罚款。

第六章　附　　则

第三十四条　动物饲养场、实验动物饲育单位、兽药生产企业、动物园等单位聘用的取得执业兽医资格证书的人员，可以凭聘用合同办理执业兽医备案，但不得对外开展动物诊疗活动。

第三十五条　省、自治区、直辖市人民政府农业农村主管部门根据本地区实际，可以决定执业助理兽医师在乡村独立从事动物诊疗活动，并按执业兽医师进行执业活动管理。

第三十六条　本办法所称备案机关，是指县（市辖区）级人民政府农业农村主管部门；市辖区未设立农业农村主管部门的，备案机关为上一级农业农村主管部门。

第三十七条　本办法自2022年10月1日起施行。农业部2008年11月26日公布，2013年9月28日、2013年12月31日修订的《执业兽医管理办法》和2008年11月26日公布、2019年4月25日修订的《乡村兽医管理办法》同时废止。

执业兽医管理办法

（2008年11月26日农业部令第18号发布，自2009年1月1日起施行；根据2013年9月28日农业部令第3号《农业部关于修订〈执业兽医管理办法〉的决定》第一次修订；根据2013年12月31日农业部令第5号《农业部关于修订部分规章的决定》第二次修订）

第一章　总　　则

第一条　为了规范执业兽医执业行为，提高执业兽医业务素质和职业道德水平，保障执业兽医合法权益，保护动物健康和公共卫生安全，根据《中华人民共和国动物防疫法》，制定本办法。

第二条　在中华人民共和国境内从事动物诊疗和动物保健活动的兽医人员适用本办法。

第三条　本办法所称执业兽医，包括执业兽医师和执业助理兽医师。

第四条　农业部主管全国执业兽医管理工作。

县级以上地方人民政府兽医主管部门主管本行政区域内的执业兽医管理工作。

县级以上地方人民政府设立的动物卫生监督机构负责执业兽医的监督执法工作。

第五条　县级以上人民政府兽医主管部门应当对在预防、控制和扑灭动物疫病工作中做出突出贡献的执业兽医，按照国家有关规定给予表彰和奖励。

第六条　执业兽医应当具备良好的职业道德，按照有关动物防疫、动物诊疗和兽药管理等法律、行政法规和技术规范的要求，依法执业。

执业兽医应当定期参加兽医专业知识和相关政策法规教育培训，不断提高业务素质。

第七条　执业兽医依法履行职责，其权益受法律保护。

鼓励成立兽医行业协会，实行行业自律，规范从业行为，提高服务水平。

第二章　资格考试

第八条　国家实行执业兽医资格考试制度。执业兽医资格考试由农业部组织，全国统一大纲、统一命题、统一考试。

第九条　具有兽医、畜牧兽医、中兽医（民族兽医）或者水产养殖专业大学专科以上学历的人员，可以参加执业兽医资格考试。

第十条　执业兽医资格考试内容包括兽医综合知识和临床技能两部分。

第十一条　农业部组织成立全国执业兽医资格考试委员会。考试委员会负责审定考试科目、考试大纲、考试试题，对考试工作进行监督、指导和确定合格标准。

第十二条　农业部执业兽医管理办公室承担考试委员会的日常工作，负责拟订考试科目、编写考试大纲、建立考试题库、组织考试命题，并提出考试合格标准建议等。

第十三条　执业兽医资格考试成绩符合执业兽医师标准的，取得执业兽医师资格证书；符合执业助理兽医师资格标准的，取得执业助理兽医师资格证书。

执业兽医师资格证书和执业助理兽医师

资格证书由省、自治区、直辖市人民政府兽医主管部门颁发。

第三章　执业注册和备案

第十四条　取得执业兽医师资格证书，从事动物诊疗活动的，应当向注册机关申请兽医执业注册；取得执业助理兽医师资格证书，从事动物诊疗辅助活动的，应当向注册机关备案。

第十五条　申请兽医执业注册或者备案的，应当向注册机关提交下列材料：

（一）注册申请表或者备案表；

（二）执业兽医资格证书及其复印件；

（三）医疗机构出具的 6 个月内的健康体检证明；

（四）身份证明原件及其复印件；

（五）动物诊疗机构聘用证明及其复印件；申请人是动物诊疗机构法定代表人（负责人）的，提供动物诊疗许可证复印件。

第十六条　注册机关收到执业兽医师注册申请后，应当在 20 个工作日内完成对申请材料的审核。经审核合格的，发给兽医师执业证书；不合格的，书面通知申请人，并说明理由。

注册机关收到执业助理兽医师备案材料后，应当及时对备案材料进行审查，材料齐全、真实的，应当发给助理兽医师执业证书。

第十七条　兽医师执业证书和助理兽医师执业证书应当载明姓名、执业范围、受聘动物诊疗机构名称等事项。

兽医师执业证书和助理兽医师执业证书的格式由农业部规定，由省、自治区、直辖市人民政府兽医主管部门统一印制。

第十八条　有下列情形之一的，不予发放兽医师执业证书或者助理兽医师执业证书：

（一）不具有完全民事行为能力的；

（二）被吊销兽医师执业证书或者助理兽医师执业证书不满 2 年的；

（三）患有国家规定不得从事动物诊疗活动的人畜共患传染病的。

第十九条　执业兽医变更受聘的动物诊疗机构的，应当按照本办法的规定重新办理注册或者备案手续。

第二十条　县级以上地方人民政府兽医主管部门应当将注册和备案的执业兽医名单逐级汇总报农业部。

第四章　执业活动管理

第二十一条　执业兽医不得同时在两个或者两个以上动物诊疗机构执业，但动物诊疗机构间的会诊、支援、应邀出诊、急救除外。

第二十二条　执业兽医师可以从事动物疾病的预防、诊断、治疗和开具处方、填写诊断书、出具有关证明文件等活动。

第二十三条　执业助理兽医师在执业兽医师指导下协助开展兽医执业活动，但不得开具处方、填写诊断书、出具有关证明文件。

第二十四条　兽医、畜牧兽医、中兽医（民族兽医）、水产养殖专业的学生可以在执业兽医师指导下进行专业实习。

第二十五条　经注册和备案专门从事水生动物疫病诊疗的执业兽医师和执业助理兽医师，不得从事其他动物疫病诊疗。

第二十六条　执业兽医在执业活动中应当履行下列义务：

（一）遵守法律、法规、规章和有关管理规定；

（二）按照技术操作规范从事动物诊疗和动物诊疗辅助活动；

（三）遵守职业道德，履行兽医职责；

（四）爱护动物，宣传动物保健知识和动物福利。

第二十七条 执业兽医师应当使用规范的处方笺、病历册，并在处方笺、病历册上签名。未经亲自诊断、治疗，不得开具处方药、填写诊断书、出具有关证明文件。

执业兽医师不得伪造诊断结果，出具虚假证明文件。

第二十八条 执业兽医在动物诊疗活动中发现动物染疫或者疑似染疫的，应当按照国家规定立即向当地兽医主管部门、动物卫生监督机构或者动物疫病预防控制机构报告，并采取隔离等控制措施，防止动物疫情扩散。

执业兽医在动物诊疗活动中发现动物患有或者疑似患有国家规定应当扑杀的疫病时，不得擅自进行治疗。

第二十九条 执业兽医应当按照国家有关规定合理用药，不得使用假劣兽药和农业部规定禁止使用的药品及其他化合物。

执业兽医师发现可能与兽药使用有关的严重不良反应的，应当立即向所在地人民政府兽医主管部门报告。

第三十条 执业兽医应当按照当地人民政府或者兽医主管部门的要求，参加预防、控制和扑灭动物疫病活动，其所在单位不得阻碍、拒绝。

第三十一条 执业兽医应当于每年 3 月底前将上年度兽医执业活动情况向注册机关报告。

第五章 罚　　则

第三十二条 违反本办法规定，执业兽医有下列情形之一的，由动物卫生监督机构按照《中华人民共和国动物防疫法》第八十二条第一款的规定予以处罚；情节严重的，并报原注册机关收回、注销兽医师执业证书或者助理兽医师执业证书：

（一）超出注册机关核定的执业范围从事动物诊疗活动的；

（二）变更受聘的动物诊疗机构未重新办理注册或者备案的。

第三十三条 使用伪造、变造、受让、租用、借用的兽医师执业证书或者助理兽医师执业证书的，动物卫生监督机构应当依法收缴，并按照《中华人民共和国动物防疫法》第八十二条第一款的规定予以处罚。

第三十四条 执业兽医有下列情形之一的，原注册机关应当收回、注销兽医师执业证书或者助理兽医师执业证书：

（一）死亡或者被宣告失踪的；

（二）中止兽医执业活动满 2 年的；

（三）被吊销兽医师执业证书或者助理兽医师执业证书的；

（四）连续 2 年没有将兽医执业活动情况向注册机关报告，且拒不改正的；

（五）出让、出租、出借兽医师执业证书或者助理兽医师执业证书的。

第三十五条 执业兽医师在动物诊疗活动中有下列情形之一的，由动物卫生监督机构给予警告，责令限期改正；拒不改正或者再次出现同类违法行为的，处1 000元以下罚款：

（一）不使用病历，或者应当开具处方未开具处方的；

（二）使用不规范的处方笺、病历册，或者未在处方笺、病历册上签名的；

（三）未经亲自诊断、治疗，开具处方药、填写诊断书、出具有关证明文件的；

（四）伪造诊断结果，出具虚假证明文件的。

第三十六条 执业兽医在动物诊疗活动中，违法使用兽药的，依照有关法律、行政法规的规定予以处罚。

第三十七条 注册机关及动物卫生监督机构不依法履行审查和监督管理职责，玩忽职守、滥用职权或者徇私舞弊的，对直接负责的主管人员和其他直接责任人员，依照有关规定给予处分；构成犯罪的，依法追究刑事责任。

第六章　附　　则

第三十八条　本办法施行前，不具有大学专科以上学历，但已取得兽医师以上专业技术职称，经县级以上地方人民政府兽医主管部门考核合格的，可以参加执业兽医资格考试。

第三十九条　本办法施行前，具有兽医、水产养殖本科以上学历，从事兽医临床教学或者动物诊疗活动，并取得高级兽医师、水产养殖高级工程师以上专业技术职称或者具有同等专业技术职称，经省、自治区、直辖市人民政府兽医主管部门考核合格，报农业部审核批准后颁发执业兽医师资格证书。

第四十条　动物饲养场（养殖小区）、实验动物饲育单位、兽药生产企业、动物园等单位聘用的取得执业兽医师资格证书和执业助理兽医师资格证书的兽医人员，可以凭聘用合同申请兽医执业注册或者备案，但不得对外开展兽医执业活动。

第四十一条　省级人民政府兽医主管部门根据本地区实际，可以决定取得执业助理兽医师资格证书的兽医人员，依照本办法第三章规定的程序注册后，在一定期限内可以开具兽医处方笺。

前款期限由省级人民政府兽医主管部门确定，但不得超过2017年12月31日。

经注册的执业助理兽医师，注册机关应当在其执业证书上载明“依法注册”字样和期限，并按执业兽医师进行执业活动管理。

第四十二条　乡村兽医的具体管理办法由农业部另行规定。

第四十三条　外国人和香港、澳门、台湾居民申请执业兽医资格考试、注册和备案的具体办法另行制定。

第四十四条　本办法所称注册机关，是指县（市辖区）级人民政府兽医主管部门；市辖区未设立兽医主管部门的，注册机关为上一级兽医主管部门。

第四十五条　本办法自2009年1月1日起施行。

乡村兽医管理办法

（2008年11月26日农业部令第17号发布，自2009年1月1日起施行；根据2019年4月25日农业农村部令2019年第2号《农业农村部关于修改和废止部分规章、规范性文件的规定》修订）

第一条 为了加强乡村兽医从业管理，提高乡村兽医业务素质和职业道德水平，保障乡村兽医合法权益，保护动物健康和公共卫生安全，根据《中华人民共和国动物防疫法》，制定本办法。

第二条 乡村兽医在乡村从事动物诊疗服务活动的，应当遵守本办法。

第三条 本办法所称乡村兽医，是指尚未取得执业兽医资格，经登记在乡村从事动物诊疗服务活动的人员。

第四条 农业部主管全国乡村兽医管理工作。

县级以上地方人民政府兽医主管部门主管本行政区域内乡村兽医管理工作。

县级以上地方人民政府设立的动物卫生监督机构负责本行政区域内乡村兽医监督执法工作。

第五条 国家鼓励符合条件的乡村兽医参加执业兽医资格考试，鼓励取得执业兽医资格的人员到乡村从事动物诊疗服务活动。

第六条 国家实行乡村兽医登记制度。符合下列条件之一的，可以向县级人民政府兽医主管部门申请乡村兽医登记：

（一）取得中等以上兽医、畜牧（畜牧兽医）、中兽医（民族兽医）或水产养殖专业学历的；

（二）取得中级以上动物疫病防治员、水生动物病害防治员职业技能鉴定证书的；

（三）在乡村从事动物诊疗服务连续5年以上的；

（四）经县级人民政府兽医主管部门培训合格的。

第七条 申请乡村兽医登记的，应当提交下列材料：

（一）乡村兽医登记申请表；

（二）学历证明、职业技能鉴定证书、培训合格证书；

（三）申请人身份证明和复印件。

第八条 县级人民政府兽医主管部门应当在收到申请材料之日起20个工作日内完成审核。审核合格的，予以登记，并颁发乡村兽医登记证；不合格的，书面通知申请人，并说明理由。

乡村兽医登记证应当载明乡村兽医姓名、从业区域、有效期等事项。

乡村兽医登记证有效期五年，有效期届满需要继续从事动物诊疗服务活动的，应当在有效期届满三个月前申请续展。

第九条 乡村兽医登记证格式由农业部规定，各省、自治区、直辖市人民政府兽医主管部门统一印制。

县级人民政府兽医主管部门办理乡村兽医登记，不得收取任何费用。

第十条 县级人民政府兽医主管部门应当将登记的乡村兽医名单逐级汇总报省、自治区、直辖市人民政府兽医主管部门备案。

第十一条 乡村兽医只能在本乡镇从事动物诊疗服务活动，不得在城区从业。

第十二条 乡村兽医在乡村从事动物诊疗服务活动的，应当有固定的从业场所和必要的兽医器械。

第十三条　乡村兽医应当按照《兽药管理条例》和农业部的规定使用兽药，并如实记录用药情况。

第十四条　乡村兽医在动物诊疗服务活动中，应当按照规定处理使用过的兽医器械和医疗废弃物。

第十五条　乡村兽医在动物诊疗服务活动中发现动物染疫或者疑似染疫的，应当按照国家规定立即报告，并采取隔离等控制措施，防止动物疫情扩散。

乡村兽医在动物诊疗服务活动中发现动物患有或者疑似患有国家规定应当扑杀的疫病时，不得擅自进行治疗。

第十六条　发生突发动物疫情时，乡村兽医应当参加当地人民政府或者有关部门组织的预防、控制和扑灭工作，不得拒绝和阻碍。

第十七条　省、自治区、直辖市人民政府兽医主管部门应当制定乡村兽医培训规划，保证乡村兽医至少每两年接受一次培训。县级人民政府兽医主管部门应当根据培训规划制定本地区乡村兽医培训计划。

第十八条　县级人民政府兽医主管部门和乡（镇）人民政府应当按照《中华人民共和国动物防疫法》的规定，优先确定乡村兽医作为村级动物防疫员。

第十九条　乡村兽医有下列行为之一的，由动物卫生监督机构给予警告，责令暂停六个月以上一年以下动物诊疗服务活动；情节严重的，由原登记机关收回、注销乡村兽医登记证：

（一）不按照规定区域从业的；

（二）不按照当地人民政府或者有关部门的要求参加动物疫病预防、控制和扑灭活动的。

第二十条　乡村兽医有下列情形之一的，原登记机关应当收回、注销乡村兽医登记证：

（一）死亡或者被宣告失踪的；

（二）中止兽医服务活动满二年的。

第二十一条　乡村兽医在动物诊疗服务活动中，违法使用兽药的，依照有关法律、行政法规的规定予以处罚。

第二十二条　从事水生动物疫病防治的乡村兽医由县级人民政府渔业行政主管部门依照本办法的规定进行登记和监管。

县级人民政府渔业行政主管部门应当将登记的从事水生动物疫病防治的乡村兽医信息汇总通报同级兽医主管部门。

第二十三条　本办法自 2009 年 1 月 1 日起施行。

水产品批发市场管理办法

（1996年11月27日发布，自发布之日起施行；根据2007年11月8日农业部令第6号公布的《农业部先行规章清理结果》修订）

第一章　总　　则

第一条　为了引导、规范水产品市场主体，加强水产品市场管理，维护市场秩序，促进渔业经济协调发展，制定本办法。

第二条　本办法适用于各类水产品批发市场。市场开办者和市场经营者必须遵守本办法的规定。

第三条　批发市场的交易必须体现“公开、公正、公平、安全”的原则。

第四条　渔业行政主管部门对水产品批发市场实施行业指导和管理，工商行政管理机关对水产品批发市场的交易行为实行监督管理。

第五条　工商行政管理机关和渔业行政主管部门对《水产品批发市场管理办法》的实施情况进行监督检查，被检查的单位和个人应当予以配合。

第六条　以水产品为主要经营对象的批发市场，必须统一使用“×××水产品批发市场”的名称。

第二章　批发市场的开办、变更和终止

第七条　市场开办依照国家工商行政管理局《商品交易市场登记管理办法》进行。

第八条　设立水产品批发市场必须具备以下条件。

（一）具有批发市场的名称和章程，批发市场章程必须载明下列事项：

1. 市场名称及场址；
2. 经营范围及市场规划；
3. 资金来源及投资方式；
4. 法定代表人的产生程序和职责；
5. 组织机构及其职责；
6. 服务项目和收费标准；
7. 其他需要明确的事项。

（二）符合地方的统一规划和布局。批发市场选点要符合水产品批发市场总体规划布局。批发市场在城市规划和渔港规划范围内的，各项建设必须符合城市规划和渔港规划的要求，服从规划管理。各项建设必须符合国家环境保护的法律、行政法规和标准。

（三）具有与经营规模相适应的交易设施，如固定的场地、码头、冷藏、加工、运输、结算、信息传递等设施，以及管理机构和其他条件。

（四）国家规定的其他条件。

第九条　国家重点水产品批发市场的设立，应当由市场所在地的人民政府批准，由市场开办者向批发市场所在地的工商行政管理机关申请登记注册。

第十条　地方水产品批发市场在登记注册后，其管理形式可以参照国家重点水产品批发市场的管理办法执行。

第十一条　市场分立、合并、停业、迁移或者其他重要事项的变更，必须经本办法第七条、第九条、第十一条规定的市场审批部门核准，权利、义务由变更后的法人享有

和承担。

第十二条　市场因下列原因之一终止：

（一）批发市场提出申请，经原批准的政府同意后注销登记；

（二）依法被撤销；

（三）依法宣告破产；

（四）其他合法终止。

第十三条　批发市场终止后，应当依法成立资产清算组织，清算其资产及债权债务。

第三章　交易与管理

第十四条　进入水产品批发市场的货物，必须在政府批准该市场经办的批发业务范围之内。进入市场的货物必须符合卫生、渔政部门的规定；腐坏变质、有毒及其他有可能对人体健康有害的货物，违法捕获的水产品，不得进入市场。

第十五条　批发交易必须保证公正、合理、严禁垄断。

（一）批发交易一般应当以拍卖或者投标方式进行。但形不成拍卖或者投标条件的，也可以采取议价销售或者定价销售方式。登场货物较多，以拍卖或者招标方式批发后剩余的物品，也可以采取议价销售方式。

（二）市场开办者及其工作人员不得在批发市场内对其经营范围内的货物有买卖行为。

（三）批发交易开始前，应当公布上一日各主要货物成交的价格，并公布当日到货情况，包括各种货物的品名、数量及供货人。

第十六条　市场经营者应当按照国家规定交纳市场管理费，并依法纳税。

第十七条　批发市场应当组建相应的结算系统。货物成交后，由市场委派的专职人员开具销售货款票，其内容应当包括货物品名、数量、单价、货款总额、供货人、买货人等项，由买货人持票到市场财务结算处办理货款结算手续，并交纳费、税后，凭票取货。

第十八条　各批发市场应当制订本市场交易规则及市场工作人员职责，公布于众，并对本市场工作人员定期考核，征求买卖双方对改进市场服务管理工作及对工作人员的意见。

第四章　监督管理

第十九条　批发市场有下列行为之一的，由工商行政管理机关、渔业行政主管部门依据有关法律、法规、规章给予行政处罚：

（一）违反《商品交易市场登记管理办法》，未经审批、核准登记或者未按规定程序申请、审批、核准登记，擅自开办批发市场；

（二）登记时弄虚作假或者不按规定申请变更登记的；

（三）批发出售变质水产品或者以次充好，以少充多的；

（四）批发出售国家禁止上市的水产品和违反《中华人民共和国水生野生动物保护实施条例》的；

（五）其他违反工商行政管理法规的行为。

第二十条　批发市场管理人员违纪的，由主管部门根据情节予以从严处理。

第五章　附　　则

第二十一条　省、自治区、直辖市、计划单列市人民政府，可以根据本办法，结合本地实际情况，制定实施细则。

第二十二条　本办法发布后，原有批发市场必须补办有关手续。

第二十三条 本办法所指的“国家重点水产品批发市场”，是指中央参与投资建设的水产品批发市场。

第二十四条 本办法所指的“地方水产品批发市场”，是指国家重点水产品批发市场以外的批发市场。

第二十五条 本办法由农业部和国家工商行政管理局负责解释。

第二十六条 本办法自公布之日起施行。

（七）渔业信息管理

渔业无线电管理规定

（国家无线电管理委员会、农业部 1996 年 8 月 9 日发布，
国无管〔1996〕13 号）

第一章　总　　则

第一条　为了加强渔业无线电管理、维护渔业通信秩序，有效利用无线电频谱资源，保障各种无线电业务的正常进行，根据《中华人民共和国无线电管理条例》（以下简称《条例》），和国家无线电管理委员会国无管（1995）25 号文件，制定本规定。

第二条　农业部渔业无线电管理领导小组（以下简称机构）在国家无线电管理委员会领导下负责授权的渔业无线电管理工作。农业部黄渤海、东海、南海区渔政渔港监督管理局的渔业无线电管理机构，在农业部渔业无线电管理机构领导下负责本海区的渔业无线电管理工作。省、自治区、直辖市和市、县（市）渔业行政主管部门的渔业无线电管理机构，根据本规定负责辖区内的渔业无线电管理工作。

第三条　凡设置使用渔业无线电台（站）和使用渔业用无线电频率，研制、生产、销售、进口渔业无线电设备的单位和个人必须遵守本规定。

第二章　管理机构及其职责

第四条　农业部渔业无线电管理机构主要职责是：

（一）贯彻执行国家无线电管理的方针、政策、法规和规章；

（二）拟订渔业无线电管理的具体规定；

（三）负责全国渔业海岸电台的统一规划、布局；规划分配给渔业无线电台使用的频率、呼号，归口报国家无线电管理委员会办理审批手续；

（四）协调处理渔业无线电管理事宜；

（五）负责农业部直属单位和远洋渔业船舶电台的管理；

（六）组织制定渔业无线电发展规划；

（七）负责全国性渔业无线电通信网和渔业安全通信网的组织与管理；

（八）组织制定渔业专用无线电通信、导航设备行业标准；

（九）对渔业无线电实施监测、监督和检查。

（十）国家无线电管理委员会委托行使的其他职责。

第五条　农业部黄渤海、东海、南海区渔政渔港监督管理局的渔业无线电管理机构，负责本海区渔业无线电通信的指导、监测、监督和检查，及农业部渔业无线电管理机构委托行使的其他职责。

第六条　设在省、自治区、直辖市渔业行政主管部门的渔业无线电管理机构在上级渔业无线电管理机构和地方无线电管理机构领导下，负责辖区内的渔业无线电管理工作，其主要职责是：

（一）贯彻执行国家无线电管理的方针、政策、法规和农业部渔业无线电管理的具体规章；

（二）拟定辖区内渔业无线电管理的具体实施办法；

（三）协调处理辖区内渔业无线电管理事宜；

（四）负责辖区内渔业海岸电台的统一规划、布局；规划分配给辖区渔业无线电台使用的频率、呼号；按规定归口报地方无线电管理机构办理审批手续；

（五）负责省、自治区、直辖市渔业船舶电台的管理；

（六）负责辖区内渔业无线电通信网和渔业安全通信网的组织与管理；

（七）对辖区内的渔业无线电台（站）和渔业无线电通信秩序进行监测、监督和检查；

（八）上级渔业无线电管理机构及地方无线电管理机构委托行使的其他职责。

第七条　设在市、县（市）渔业行政主管部门的渔业无线电管理机构在上一级渔业无线电管理机构领导下负责辖区内的渔业无线电管理工作，其主要职责是：

（一）贯彻执行上级无线电管理的方针、政策、法规和渔业无线电管理的具体规章、办法；

（二）拟定辖区内渔业无线电管理的具体实施办法；

（三）协调处理辖区内渔业无线电管理事宜；

（四）对辖区内的渔业无线电台（站），渔业无线电通信秩序进行监督和检查；

（五）审核申办渔业无线电台的有关手续；

（六）上级渔业无线电管理机构委托行使的其他职责。

第三章　渔业无线电台（站）的设置和使用

第八条　需要设置使用渔业无线电台（站）的单位和个人，必须向本辖区内的渔业无线管理机构提出书面申请，并按本章有关规定办理设台（站）审批手续，领取国家无线电管理委员会统一印制的电台执照。

第九条　设置使用渔业无线电台（站），必须具备以下条件：

（一）工作环境必须安全可靠；

（二）操作人员熟悉有关无线电管理规定，并具有相应的业务技能和操作资格；

（三）设台（站）单位或个人有相应的管理措施；

（四）无线电设备符合国家技术标准和有关渔业行业标准。

第十条　设置使用下列渔业无线电岸台（站），应按本条规定报请相应渔业无线电管理机构审核后，报国家或省、自治区、直辖市无线电管理委员会审批；

（一）短波岸台（站）、农业部直属单位的渔业无线电岸台（站），经农业部渔业无线电管理机构审核后报国家无线电管理委员会审批；

（二）除上述（一）项外的渔业无线电岸台（站），由省、自治区、直辖市渔业无线电管理机构审核后报省、自治区、直辖市无线电管理委员会审批，并报海区渔业无线电管理机构备案。

第十一条　海洋渔业船舶上的制式无线电台（站），必须按照下述规定到渔业无线电管理机构办理电台执照。核发电台执照的渔业无线电管理机构应将有关资料及时报国家或相应省、自治区、直辖市无线电管理委员会及上级渔业无线电管理机构备案：

（一）农业部直属单位和远洋渔业船舶上的制式无线电台（站），按有关规定到农业部或海区渔业无线电管理机构办理电台执照。

（二）省辖海洋渔业船舶上的制式无线电台（站），到省、自治区、直辖市渔业无线电管理机构办理电台执照。

（三）市渔业无线电管理机构受省渔业无线电管理机构委托办理省辖海洋渔业船舶制式电台执照。

渔业船舶非制式电台的审批和执照核发单位以及内河湖泊渔业船舶制式电台的执照核发单位，由各省、自治区、直辖市无线电管理委员会根据本省的具体情况确定。

第十二条 渔业船舶制式无线电台执照必须盖有核发执照的渔业无线电管理机构印章。

第十三条 渔业无线电台（站）呼号按国家无委有关规定由渔业无线电管理机构指配，并抄送相应无线电管理机构备案。

渔业海上移动通信业务船舶电台标识、船舶电台选择性呼叫号码，由农业部渔业无线电管理机构按国家无线电管理委员会有关规定统一指配，并报送有关部门备案。

第十四条 遇有危及渔民生命、财产安全的紧急情况，可以临时动用未经批准设置使用的无线电设备，但应当及时向当地无线电管理机构和渔业无线电管理机构报告。

第十五条 渔业无线电台（站）经批准使用后，应当按照核定的项目进行工作，不得发送和接收与工作无关的信号；确需变更项目、停用或撤销时，必须按原批准程序办理有关手续。

第十六条 使用渔业无线电台（站）的单位或个人，必须严格遵守国家有关保密规定和渔业无线电通信规则有关规定。

第四章 频率管理

第十七条 渔业无线电管理机构对国家无线电管理委员会分配给渔业系统使用的频段和频率进行规划，报国家无线电管理委员会批准实施，并由国家或省、自治区、直辖市无线电管理委员会按照电台审批权限指配频率。

第十八条 分配和使用渔业使用频率必须遵守频率划分和使用的有关规定。

渔业使用频率使用期满时，如需继续使用，应当办理续用手续。

任何设台单位和个人未经原审批设置台（站）的渔业无线电管理机构批准，不得转让渔业使用频率。禁止出租或变相出租渔业使用频率。

业经指配的渔业使用频率，未经原指配单位批准，不得改变使用频率。对有违反上述使用规定，以及对频率长期占而不用的设台单位和个人，原指配单位有权收回其使用频率。

第十九条 对依法设置的渔业无线电台（站），各级渔业无线电管理机构有责任保护其使用的频率免受干扰。

处理渔业无线电频率相互干扰，应当遵循带外让带内、次要业务让主要业务、后用让先用、无规划让有规划的原则；遇特殊情况时，由农业部渔业无线电管理机构根据具体情况协调、处理。

第五章 渔业无线电设备的研制、生产、销售、进口

第二十条 研制渔业专用无线电发射设备所需要的工作频段和频率应符合国家有关水上无线电业务频率管理的规定，经农业部渔业无线电管理机构审核后，报国家无线电管理委员会审批。

第二十一条 生产渔业专用无线电发射设备，其工作频段、频率和有关技术指标应符合有关渔业无线电管理的规定和行业技术标准。

第二十二条 研制、生产渔业无线电发射设备时，必须采取有效措施抑制电波发射。进行实效发射试验时，须按设置渔业无线电台的有关规定办理临时设台手续。

第二十三条 进口渔业用的无线电发射设备应遵守国家有关进口无线电发射设备的

规定，其工作频段、频率和有关技术指标应符合我国渔业无线电管理的规定和国家技术标准。经农业部渔业无线电管理机构或者省、自治区、直辖市渔业无线电管理机构审核后，报国家或省、自治区、直辖市无线电管理委员会审批。

第二十四条　市场销售的渔业用无线电发射设备，必须符合国家技术标准和有关渔业行业标准。各级渔业无线电管理机构可协同有关部门依法对产品实施监督和检查。

第六章　渔业无线电监测和监督检查

第二十五条　农业部，黄渤海、东海、南海区，省、自治区、直辖市渔业无线电监测站负责对本辖区内的渔业无线电信号监测。

第二十六条　各级渔业无线电监测站的主要职责是：

（一）监测渔业无线电台（站）是否按照规定程序和核定项目工作；

（二）查找未经批准使用和扰乱渔业通信秩序的无线电台（站）；

（三）检测渔业无线电设备的主要技术指标；

（四）完成无线电管理机构交办的其他工作。

第二十七条　上级渔业无线电管理机构应对下级渔业无线电管理机构的下列情况进行监督检查：

（一）贯彻执行《条例》、本规定及其他规范性文件的情况；

（二）作出的具体行政行为是否合法、适当；

（三）行政违法行为的查处情况；

（四）其他需要监督检查的事项。

第二十八条　各级渔业无线电管理机构设立渔业无线电管理检查员。渔业无线电管理检查员有权在辖区内对本章第二十七条所列项目实施监督检查。

第二十九条　渔业无线电管理检查员的资格须经省、自治区、直辖市渔业行政主管部门的渔业无线电管理机构严格审查，统一报农业部渔业无线电管理机构批准并代核发中华人民共和国无线电管理检查员证。

第三十条　渔业无线电管理检查员应具备下列条件：

（一）在渔业行政管理机关工作两年以上，热爱渔业无线电管理事业，具有一定的渔业无线电管理业务知识和经验；

（二）具有大专以上文化水平或同等学历，经过渔业无线电管理专业培训和考核，熟悉有关法律、法规和有关规定。

（三）作风正派，坚持原则，秉公执法，廉洁奉公。

第三十一条　渔业无线电管理检查员必须在检查员证规定的检查区域内依法行使职责。检查区域分为全国，海区，省、自治区、直辖市，市，县（市）。检查员行使监督检查时应佩戴检查徽章，主动出示检查证、被检查单位和个人须积极配合。

第七章　收　费

第三十二条　根据无线电频谱资源有偿使用的原则，所有设置使用渔业无线电发射设备的单位和个人，均须按规定缴纳无线电注册登记费、频率占用费和设备检测费。

第三十三条　渔业无线电管理收费按照国家计委、财政部颁布的标准执行。

第三十四条　农业部及海区、省、自治区、直辖市渔业无线电管理机构分别代收所负责管理的渔业船舶制式无线电台的注册登记费、频率占用费和设备检测费。所收费用按规定分别上缴国家和省、自治区、直辖市无线电管理委员会。

第八章　奖励与处罚

第三十五条　对认真执行本规定，成绩突出的；能够及时举报和制止违反本规定的行为，取得良好社会和经济效益的；为渔业无线电管理作出重大贡献的单位和个人。农业部及海区渔业无线电管理机构或省、自治区、直辖市和市、县（市）渔业行政主管部门的渔业无线电管理机构应给予适当奖励。

第三十六条　对违反渔业无线电管理规定的单位和个人，由渔业无线电管理机构按照《中华人民共和国行政处罚法》和《无线电管理处罚规定》实施处罚。

第三十七条　违反本规定给国家、集体或者个人造成重大损失的，应当依法承担赔偿责任；农业部渔业无线电管理机构或省、自治区、直辖市和市、县（市）渔业行政主管部门的渔业无线电管理机构应追究或建议有关部门追究直接责任者和单位领导的行政责任。

第三十八条　当事人对渔业无线电管理机构的处罚不服的，可以自接到处罚通知之日起十五日内，向上一级主管机关申请复议，或向人民法院起诉。逾期不起诉又不履行的，由主管机关申请人民法院强制执行。

第三十九条　渔业无线电管理人员滥用职权、玩忽职守的，应给予行政处分；构成犯罪的，依法追究刑事责任。

第九章　附　　则

第四十条　本规定下列用语的含义是：

“渔业船舶”是指从事渔业生产的船舶以及属于水产系统为渔业生产服务的船舶，包括捕捞船、养殖船、水产运销船、冷藏加工船、油船、供应船、渔业指导船、科研调查船、教学实习船、渔港工程船、拖轮、交通船、驳船、渔政船和渔监船。

“渔业无线电台（站）”是指渔业船舶制式电台、渔业船舶非制式电台和渔业海岸电台。“渔业船舶制式电台”是指按照国家渔业船舶建造规范配备的渔业船舶专用电台。

第四十一条　本规定由国家无线电管理委员会办公室和农业部渔业无线电管理机构负责解释。

第四十二条　本规定自发布之日起施行。

（八）远洋渔业

远洋渔业管理规定

（2020年2月10日农业农村部令2020年第2号公布，自2020年4月1日起施行）

第一章　总　　则

第一条　为加强远洋渔业管理，维护国家和远洋渔业企业及从业人员的合法权益，养护和可持续利用海洋渔业资源，促进远洋渔业持续、健康发展，根据《中华人民共和国渔业法》及有关法律、行政法规，制定本规定。

第二条　本规定所称远洋渔业，是指中华人民共和国公民、法人和其他组织到公海和他国管辖海域从事海洋捕捞以及与之配套的加工、补给和产品运输等渔业活动，但不包括到黄海、东海和南海从事的渔业活动。

第三条　国家支持、促进远洋渔业可持续发展，建立规模合理、布局科学、装备优良、配套完善、管理规范、生产安全的现代化远洋渔业产业体系。

第四条　农业农村部主管全国远洋渔业工作，负责全国远洋渔业的规划、组织和管理，会同国务院其他有关部门对远洋渔业企业执行国家有关法规和政策的情况进行监督。

省级人民政府渔业行政主管部门负责本行政区域内远洋渔业的规划、组织和监督管理。

市、县级人民政府渔业行政主管部门协助省级渔业行政主管部门做好远洋渔业相关工作。

第五条　国家鼓励远洋渔业企业依法自愿成立远洋渔业协会，加强行业自律管理，维护成员合法权益。

第六条　农业农村部对远洋渔业实行项目审批管理和企业资格认定制度，并依法对远洋渔业船舶和船员进行监督管理。

第七条　远洋渔业项目审批和企业资格认定通过农业农村部远洋渔业管理系统办理。

申请人应当提供的渔业船舶检验证书、渔业船舶登记证等法定证照、权属证明，在全国渔船动态管理系统、远洋渔业管理系统或者部门间核查能够查询到有效信息的，可以不再提供纸质材料。

第二章　远洋渔业项目申请和审批

第八条　同时具备下列条件的企业，可以从事远洋渔业，申请开展远洋渔业项目：

（一）在我国市场监管部门登记，具有独立法人资格，经营范围包括海洋（远洋）捕捞；

（二）拥有符合要求的适合从事远洋渔业的合法渔业船舶；

（三）具有承担项目运营和意外风险的经济实力；

（四）有熟知远洋渔业政策、相关法律规定、国外情况并具有3年以上远洋渔业生产及管理经验的专职经营管理人员；

（五）申请前的3年内没有被农业农村部取消远洋渔业企业资格的记录，企业主要负责人和项目负责人申请前的3年内没有在被农业农村部取消远洋渔业企业资格的企业担任主要负责人和项目负责人的记录。

第九条　符合本规定第八条条件的企业申请开展远洋渔业项目的，应当通过所在地省级人民政府渔业行政主管部门提出，经省级人民政府渔业行政主管部门审核同意后报农业农村部审批。中央直属企业直接报农业农村部审批。

省级人民政府渔业行政主管部门应当在10日内完成审核。

第十条　申请远洋渔业项目时，应当报送以下材料：

（一）项目申请报告。申请报告应当包括企业基本情况和条件、项目组织和经营管理计划、已开展远洋渔业项目（如有）的情况等内容，同时填写《申请远洋渔业项目基本情况表》（见附表一）。

（二）项目可行性研究报告。

（三）到他国管辖海域作业的，提供与外方的合作协议或他国政府主管部门同意入渔的证明、我驻项目所在国使（领）馆的意见；境外成立独资或合资企业的，还需提供我国商务行政主管部门出具的《企业境外投资证书》和入渔国有关政府部门出具的企业注册证明。到公海作业的，填报《公海渔业捕捞许可证申请书》（见附表二）。

（四）拟派渔船所有权证书、登记（国籍）证书、远洋渔船检验证书。属制造、更新改造、购置或进口的专业远洋渔船，需同时提供农业农村部《渔业船网工具指标批准书》；属非专业远洋渔船（具有国内有效渔业捕捞许可证转产从事远洋渔业的渔船），需同时提供国内《海洋渔业捕捞许可证》；属进口渔船，需同时提供国家机电进出口办公室批准文件。

（五）农业农村部要求的其他材料。

第十一条　农业农村部收到符合本规定第十条要求的远洋渔业项目申请后，在15个工作日内作出是否批准的决定。特殊情况需要延长决定期限的，应当及时告知申请企业延长决定期限的理由。

经审查批准远洋渔业项目申请的，农业农村部书面通知申请项目企业及其所在地省级人民政府渔业行政主管部门，并抄送国务院其他有关部门。

从事公海捕捞作业的，农业农村部批准远洋渔业项目的同时，颁发《公海渔业捕捞许可证》。

经审查不予批准远洋渔业项目申请的，农业农村部将决定及理由书面通知申请项目企业。

第十二条　对已经实施的远洋渔业项目，农业农村部根据以下不同情况分别进行确认：

（一）从国内港口离境的渔船，依据海事行政主管部门颁发的《国际航行船舶出口岸许可证》进行确认；

（二）在海上转移渔场或变更渔船所有人的渔船，依据远洋渔业项目批准文件进行确认；

（三）船舶证书到期的渔船，依据发证机关换发的有效证书进行确认；

（四）因入渔需要变更渔船国籍的，依据渔船的中国国籍中止或注销证明、入渔国政府主管部门签发的捕捞许可证和渔船登记证书、检验证书及中文翻译件进行确认。

第十三条　取得农业农村部远洋渔业项目批准后，企业持批准文件和其他有关材料，办理远洋渔业船舶和船员证书等有关手续。

第十四条　到他国管辖海域从事捕捞作业的远洋渔业项目开始执行后，企业项目负责人应当持农业农村部远洋渔业项目批准文件到我驻外使（领）馆登记，接受使（领）馆的监督和指导。

第十五条　企业在项目执行期间，应当按照农业农村部的规定及时、准确地向所在地省级人民政府渔业行政主管部门等单位报告下列情况，由省级人民政府渔业行政主管部门等单位汇总后报农业农村部：

（一）投产各渔船渔获量、主要品种、产值等生产情况。除另有规定外，应当于每月10日前按要求报送上月生产情况；

（二）自捕水产品运回情况，按照海关总署和农业农村部的要求报告；

（三）农业农村部或国际渔业管理组织要求报告的其他情况。

第十六条 远洋渔业项目执行过程中需要改变作业国家（地区）或海域、作业类型、入渔方式、渔船数量（包括更换渔船）、渔船所有人以及重新成立独资或合资企业的，应当提供本规定第十条规定的与变更内容有关的材料，按照本规定第九条规定的程序事先报农业农村部批准。其中改变作业国家的，除提供第十条第（三）项规定的材料外，还应当提供我驻原项目所在国使（领）馆的意见。

第十七条 项目终止或执行完毕后，远洋渔业企业应当及时向省级人民政府渔业行政主管部门报告，提交项目执行情况总结，经省级人民政府渔业行政主管部门报农业农村部办理远洋渔业项目终止手续。

远洋渔业企业应当将终止项目的渔船开回国内，并在渔船入境之日起5个工作日内，将海事行政主管部门出具的《船舶进口岸　手续办妥通知单》和渔政渔港监督部门出具的渔船停港证明报农业农村部。

远洋渔船终止远洋渔业项目或远洋渔业项目无法继续执行的，企业应于项目终止或停止之日起18个月内对渔船予以妥善处置，因客观原因未能在18个月内处置完毕的，可适当延长处置时间，但最长不得超过36个月。期限届满仍未妥善处置的，由省级人民政府渔业行政主管部门按《渔业船舶登记办法》等有关规定注销渔船登记。

第三章　远洋渔业企业资格认定和年审

第十八条 对于已获农业农村部批准并开始实施远洋渔业项目的企业，其生产经营情况正常，认真遵守有关法律、法规和本规定，未发生严重违规事件的，农业农村部授予其远洋渔业企业资格，并颁发《农业农村部远洋渔业企业资格证书》。

取得《农业农村部远洋渔业企业资格证书》的企业，可以根据有关规定享受国家对远洋渔业的支持政策。

第十九条 农业农村部对远洋渔业企业资格和远洋渔业项目进行年度审查。对审查合格的企业，换发当年度《农业农村部远洋渔业企业资格证书》；对审查合格的渔船，延续确认当年度远洋渔业项目。

申请年审的远洋渔业企业应当于每年1月15日以前向所在地省级人民政府渔业行政主管部门报送下列材料：

（一）上年度远洋渔业项目执行情况报告。

（二）《远洋渔业企业资格和项目年审登记表》（见附表三）。

（三）有效的渔业船舶所有权证书、国籍证书和检验证书。其中，在他国注册登记的渔船需提供登记国政府主管部门签发的渔船登记和检验证书及中文翻译件。在他国注册登记的渔船如已更新改造，还应提供原船证书注销证明及中文翻译件。

（四）到他国管辖海域从事捕捞作业的，还应提供入渔国政府主管部门颁发的捕捞许可证和企业注册证明及中文翻译件，我驻入渔国使（领）馆出具的意见等。

省级人民政府渔业行政主管部门应当对有关材料进行认真审核，对所辖区域的远洋渔业企业资格和渔船的远洋渔业项目提出审核意见，于2月15日前报农业农村部。

农业农村部于3月31日前将远洋渔业企业资格审查和远洋渔业项目确认结果书面通知省级人民政府渔业行政主管部门和有关企业，抄送国务院有关部门。

第四章　远洋渔业船舶和船员

第二十条　远洋渔船应当经渔业船舶检验机构技术检验合格、渔港监督部门依法登记，取得相关证书，符合我国法律、法规和有关国际条约的管理规定。

不得使用未取得相关证书的渔船从事远洋渔业生产。

不得使用被有关区域渔业管理组织公布的从事非法、不报告和不受管制渔业活动的渔船从事远洋渔业生产。

第二十一条　制造、更新改造、购置、进口远洋渔船或更新改造非专业远洋渔船开展远洋渔业的，应当根据《渔业捕捞许可管理规定》事先报农业农村部审批。

淘汰的远洋渔船，应当实施报废处置。

根据他国法律规定，远洋渔船需要加入他国国籍方可在他国海域作业的，应当按《渔业船舶登记办法》有关规定，办理中止或注销中国国籍登记。

第二十二条　远洋渔船应当从国家对外开放口岸出境和入境，随船携带登记（国籍）证书、检验证书、《公海捕捞许可证》以及该船适用的国际公约要求的有关证书。

第二十三条　在我国注册登记的远洋渔船，悬挂中华人民共和国国旗，按国家有关规定进行标识；在他国注册登记的远洋渔船，按登记国规定悬挂旗帜、进行标识。国际渔业组织对远洋渔船标识有规定的，按其规定执行。

第二十四条　专业远洋渔船不得在我国管辖海域从事渔业活动。

经批准到公海或他国管辖海域从事捕捞作业的非专业远洋渔船，出境前应当将《海洋渔业捕捞许可证》交回原发证机关暂存，在实施远洋渔业项目期间禁止在我国管辖海域从事渔业活动。在终止远洋渔业项目并办妥相关手续后，按《渔业捕捞许可管理规定》从原发证机构领回《海洋渔业捕捞许可证》后，方可在国内海域从事渔业生产。

第二十五条　远洋渔船应当按照规定填写渔捞日志，并接受渔业行政主管部门的监督检查。

第二十六条　远洋渔船应当按规定配备与管理船员。

远洋渔业船员应当按规定接受培训，经考试或考核合格取得相应的渔业船员证书后才能上岗，并持有海员证或护照等本人有效出入境证件。外籍、港澳台船员的管理按照国家有关规定执行。

远洋渔业船员、远洋渔业企业及项目负责人和经营管理人员应当学习国际渔业法律法规、安全生产和涉外知识，参加渔业行政主管部门或其委托机构组织的培训。

第五章　安全生产

第二十七条　远洋渔业企业承担安全生产主体责任，应当按规定设置安全生产管理机构或配备安全生产管理人员，建立安全生产责任制。

远洋渔业企业的法定代表人和主要负责人，对本企业的安全生产工作全面负责；远洋渔业项目负责人，对项目的执行、生产经营管理、渔船活动和船员负监管责任；远洋渔船船长对渔船海上航行、生产作业和锚泊安全等负直接责任。

第二十八条　远洋渔业企业应当与其聘用的远洋渔业船员或远洋渔业船员所在单位直接签订合同，为远洋渔业船员办理有关保险，按时发放工资，保障远洋渔业船员的合法权益，不得向远洋渔业船员收取不合理费用。

远洋渔业企业不得聘用未取得有效渔业船员证书的人员作为远洋渔业船员，聘用的远洋渔业船员不得超过农业农村部远洋渔业项目批准文件核定的船员数。

第二十九条 远洋渔业企业应当在远洋渔业船员出境前对其进行安全生产、外事纪律和法律知识等培训教育。

远洋渔业船员在境外应当遵守所在国法律、法规和有关国际条约、协定的规定，尊重当地的风俗习惯。

第三十条 远洋渔船船长应当认真履行《渔业船员管理办法》规定的有关职责，确保渔船正常航行和依法进行渔业生产，严禁违法进入他国管辖水域生产。

按照我国加入的国际公约或区域渔业组织要求，远洋渔船在公海或他国管辖水域被要求登临检查时，船长应当核实执法船舶及人员身份，配合经授权的执法人员对渔船实施登临检查。禁止逃避执法检查或以暴力、危险等方法抗拒执法检查。

第三十一条 到公海作业的远洋渔船，应当按照农业农村部远洋渔业项目批准文件和《公海渔业捕捞许可证》限定的作业海域、类型、时限、品种和配额作业，遵守我国缔结或者参加的国际条约、协定。

到他国管辖海域作业的远洋渔船，应当遵守我国与该国签订的渔业协议及该国的法律法规。

远洋渔船作业时应当与未授权作业海域外部界限保持安全的缓冲距离，避免赴有关国家争议海域作业。

第三十二条 远洋渔船在通过他国管辖水域前，应妥善保存渔获、捆绑覆盖渔具，并按有关规定提前通报。通过他国管辖水域时，应保持连续和匀速航行，填写航行日志，禁止从事捕捞、渔获物转运、补给等任何渔业生产活动。

渔船在他国港口内或通过他国管辖海域时，不得丢弃船上渔获物或其他杂物，不得排放油污、污水及从事其他损坏海洋生态环境的行为。

第六章　监督管理

第三十三条 禁止远洋渔业企业、渔船和船员从事、支持或协助非法、不报告和不受管制的渔业活动。

第三十四条 农业农村部发布远洋渔业从业人员“黑名单”。存在严重违法违规行为、对重大安全生产责任事故负主要责任和引发远洋渔业涉外违规事件的企业主要管理人员、项目负责人和船长，纳入远洋渔业从业人员“黑名单”管理。

纳入远洋渔业从业人员“黑名单”的企业主要管理人员、项目负责人，3 年内不得在远洋渔业企业担任主要管理人员或项目负责人。纳入远洋渔业从业人员“黑名单”的船长自被吊销职务船员证书之日起，5 年内不得申请渔业船员证书。

第三十五条 农业农村部根据管理需要对远洋渔船进行船位和渔获情况监测。远洋渔船应当根据农业农村部制定的监测计划安装渔船监测系统（VMS），并配备持有技术培训合格证的船员，保障系统正常工作，及时、准确提供真实信息。

农业农村部可根据有关国际组织的要求或管理需要向远洋渔船派遣国家观察员。远洋渔业企业和远洋渔船有义务接纳国家观察员或有关国际渔业组织派遣的观察员，协助并配合观察员工作，不得安排观察员从事与其职责无关的工作。

第三十六条 两个以上远洋渔业企业在同一国家（地区）或海域作业，或从事同品种、同类型作业，应当建立企业自我协调和自律机制，接受行业协会的指导，配合政府有关部门进行协调和管理。

第三十七条 远洋渔业企业、渔船和船员在国外发生涉外事件时，应当立即如实向农业农村部、企业所在地省级人民政府渔业行政主管部门和有关驻外使（领）馆报告，省级人民政府渔业行政主管部门接到报告后，应当立即核实情况，并提出处理意见报农业农村部和省级人民政府，由农业农村部协调提出处理意见通知驻外使领馆。发生重大涉外事件需要对外交涉的，由农业农村部商外交部提出处理意见，进行交涉。

远洋渔船发生海难等海上安全事故时，远洋渔业企业应当立即组织自救互救，并按规定向农业农村部、企业所在地省级人民政府渔业行政主管部门报告。需要紧急救助的，按照有关国际规则和国家规定执行。发生违法犯罪事件时，远洋渔业企业应当立即向所在地公安机关和边防部门报告，做好伤员救治、嫌疑人控制、现场保护等工作。

远洋渔业企业和所在地各级人民政府渔业行政主管部门应当认真负责、迅速、妥善处理涉外和海上安全事件。

第三十八条　各级人民政府渔业行政主管部门及其所属的渔政渔港监督管理机构应当会同有关部门，加强远洋渔船在国内渔业港口的监督与管理，严格执行渔船进出渔港报告制度。

除因人员病急、机件故障、遇难、避风等特殊情况外，禁止被有关国际渔业组织纳入非法、不报告和不受管制渔业活动名单的船舶进入我国港口。因人员病急、机件故障、遇难、避风等特殊情况或非法进入我国港口的，由港口所在地省级人民政府渔业行政主管部门会同同级港口、海关、边防等部门，在农业农村部、外交部等国务院有关部门指导下，依据我国法律、行政法规及我国批准或加入的相关国际条约，进行调查处理。

第七章　罚　　则

第三十九条　远洋渔业企业、渔船或船员有下列违法行为的，由省级以上人民政府渔业行政主管部门或其所属的渔政渔港监督管理机构根据《中华人民共和国渔业法》《中华人民共和国野生动物保护法》和有关法律、法规予以处罚。对已经取得农业农村部远洋渔业企业资格的企业，农业农村部视情节轻重和影响大小，暂停或取消其远洋渔业企业资格。

（一）未经农业农村部批准擅自从事远洋渔业生产，或未取得《公海渔业捕捞许可证》从事公海捕捞生产的；

（二）申报或实施远洋渔业项目时隐瞒真相、弄虚作假的；

（三）不按农业农村部批准的或《公海渔业捕捞许可证》规定的作业类型、场所、时限、品种和配额生产，或未经批准进入他国管辖水域作业的；

（四）使用入渔国或有管辖权的区域渔业管理组织禁用的渔具、渔法进行捕捞，或捕捞入渔国或有管辖权的区域渔业管理组织禁止捕捞的鱼种、珍贵濒危水生野生动物或其他海洋生物的；

（五）未取得有效的船舶证书，或不符合远洋渔船的有关规定，或违反本规定招聘或派出远洋渔业船员的；

（六）妨碍或拒绝渔业行政主管部门监督管理，或在公海、他国管辖海域妨碍、拒绝有管辖权的执法人员进行检查的；

（七）不按规定报告情况和提供信息，或故意报告和提供不真实情况和信息，或不按规定填报渔捞日志的；

（八）拒绝接纳国家观察员或有管辖权的区域渔业管理组织派出的观察员或妨碍其正常工作的；

（九）故意关闭、移动、干扰船位监测、渔船自动识别等设备或故意报送虚假信息的，擅自更改船名、识别码、渔船标识或渔船参数，或擅自更换渔船主机的；

（十）被有关国际渔业组织认定从事、

支持或协助了非法、不报告和不受管制的渔业活动的；

（十一）发生重大安全生产责任事故的；

（十二）发生涉外违规事件，造成严重不良影响的；

（十三）其他依法应予处罚的行为。

第四十条 被暂停农业农村部远洋渔业企业资格的企业，整改后经省级人民政府渔业行政主管部门和农业农村部审查合格的，可恢复其远洋渔业企业资格和所属渔船远洋渔业项目。1年内经整改仍不合格的，取消其农业农村部远洋渔业企业资格。

第四十一条 当事人对渔业行政处罚有异议的，可按《中华人民共和国行政复议法》和《中华人民共和国行政诉讼法》的有关规定申请行政复议或提起行政诉讼。

第四十二条 各级人民政府渔业行政主管部门工作人员有不履行法定义务、玩忽职守、徇私舞弊等行为，尚不构成犯罪的，由所在单位或上级主管机关予以行政处分。

第八章 附 则

第四十三条 本规定所称远洋渔船是指中华人民共和国公民、法人或其他组织所有并从事远洋渔业活动的渔业船舶，包括捕捞渔船和渔业辅助船。远洋渔业船员是指在远洋渔船上工作的所有船员，包括职务船员。

本规定所称省级人民政府渔业行政主管部门包括计划单列市人民政府渔业行政主管部门。

第四十四条 本规定自2020年4月1日起施行。农业部2003年4月18日发布、2004年7月1日修正、2016年5月30日修正的《远洋渔业管理规定》同时废止。

附表（略）。

渔业法律法规汇编（下）

农业农村部渔业渔政管理局　编

中国农业出版社
北　京

目　　录

（下）

六、部门规范性文件

（一）综　　合

渔业统计工作规定

（2010 年 2 月 11 日发布，农渔发〔2010〕5 号）

第一章　总　　则

第一条　为进一步规范全国渔业统计工作，保证渔业统计资料的真实性、准确性、完整性和时效性，根据《中华人民共和国统计法》及其实施细则和《统计违法违纪行为处分规定》，制定本规定。

第二条　渔业统计是国家农业统计的重要组成部分，履行国家统计调查职能，基本任务是依法对渔业生产及经济发展情况进行统计调查、统计分析，提供统计资料和统计咨询，实行统计监督。

第三条　全国渔业统计工作由农业部统一领导，各级渔业行政主管部门分级组织实施。乡（镇）渔业统计工作由乡（镇）人民政府指定的机构或人员负责。

第四条　各级渔业行政主管部门、渔业统计机构、统计人员依照《中华人民共和国统计法》和本规定独立开展渔业统计工作。统计人员应当坚持实事求是原则，恪守职业道德，依法履行职责，如实收集、报送渔业统计资料。

第二章　统计调查

第五条　渔业统计调查的主要内容包括渔业经济核算、水产养殖面积、水产品产量、远洋渔业、水产苗种、水产品加工、年末渔船拥有量、渔业灾情、渔业人口与从业人员、渔民家庭收支情况调查等。

第六条　渔业统计调查范围包括各省、自治区、直辖市所属的各类经济组织、各个系统的全部渔业生产单位和非农行业单位附属的渔业生产活动单位。不包括渔业科学试验机构进行的渔业生产；不包括香港特别行政区、澳门特别行政区和台湾地区。

第七条　渔业统计调查周期，除渔民家庭收支情况调查周期为上年的 11 月 1 日至当年的 10 月 31 日外，其他调查周期为当年的 1 月 1 日至 12 月 31 日。

第八条　渔业统计调查方法以全面统计为主，以抽样调查、重点调查及其他必要调查手段为补充。

调查内容中，渔民家庭收支情况调查采用抽样调查方法；远洋渔业数据按照远洋渔业管理规定进行统计；渔业产值、增加值数据取自同级统计部门数据；其他调查内容采用全面统计调查方法。

第九条　渔业统计调查分月度调查、半年度调查和年度调查。调查程序为乡（镇）人民政府指定的统计机构或人员通过对基本单位的调查取得第一手资料，经被调查基本单位确认后，逐级上报乡（镇）人民政府、县级以上渔业行政主管部门，最后报农业部按国家统计数据进行管理使用。

第十条　省级渔业行政主管部门应当依据本规定和基层实际情况，采取全面统计和灵活多样的调查方法有机结合的方式，制定本辖区乡（镇）、村两级渔业统计数据调查工作方案，报农业部和同级统计部门备案后实施。

第三章　报表制度

第十一条　渔业统计报表分月报表、半年报表和年报表。统计报表的具体内容和报送要求由农业部定期修订，报国家统计局审批后实施。

第十二条　省级渔业行政主管部门按照国家统计局批准实施的渔业统计报表制度向农业部报送渔业统计月报、半年报和年报，报送材料包括统计数据、数据波动说明和数据分析三部分。网络材料与纸质材料同时报送，网络材料通过中国渔业政务网报送，纸质报表须经单位负责人、填表人签名并加盖单位公章。

第十三条　省级（不含）以下渔业行政主管部门、渔业统计机构、统计人员向上一级报送渔业统计月报、半年报和年报时，实行纸质材料报送，有条件地区，可以同时采用网络方式报送，报出的报表须经单位负责人、填表人签名并加盖单位公章。

第四章　质量审核

第十四条　各级渔业行政主管部门应当建立科学系统的质量审核制度，对渔业统计数据进行质量审核。数据质量审核采取本级渔业行政主管部门自审、上级渔业行政主管部门下核一级的办法进行。

第十五条　数据质量审核主要包括以下内容：

（一）统计数据是否符合渔业生产实际；

（二）各项指标数据之间的内在逻辑关系；

（三）各项指标数据的同比波动情况。

对波动幅度较大的指标，应当采取重点调查等方式进行核实，查明波动真正原因，如果指标数据同比增减幅度超过5%，必须同时提供相应文字说明。

第十六条　各级渔业行政主管部门应当及时将审核结果向下一级渔业行政主管部门反馈。下一级渔业行政主管部门应当根据上一级渔业行政主管部门的审核结果对数据进行再核实。

第五章　数据管理

第十七条　各级渔业行政主管部门应当建立渔业统计资料保存管理制度，对通过统计调查所取得的数据原始记录、推算过程、统计台账等重要资料，实行审核、签署、交接、归档等程序。统计资料档案的保管、调用和移交，应当遵守国家有关档案管理的规定。

渔业统计月报、半年报、年报等原始上报资料保存期限不少于3年；渔业统计年鉴资料应当永久保存。

第十八条　各级渔业行政主管部门按照国家有关规定，应当及时向同级统计部门提供有关渔业统计数据，并定期公布渔业统计资料。渔业统计资料的公布，不得损害其他单位或者个人的合法利益。

全国渔业统计数据，由农业部抄送国家统计局后对外发布。

第六章　条件保障

第十九条　各级渔业行政主管部门应当设置统计机构或者在有关机构中设置专职、兼职渔业统计人员，并指定渔业统计工作负责人。

第二十条　各级渔业行政主管部门应当保持渔业统计人员岗位相对稳定，保证统计工作的连续性。如确需变更岗位的，应当在一周内完成“全国渔业统计人员与专家库管理系统”的信息更新。

第二十一条 各级渔业行政主管部门应当定期对本辖区渔业统计人员进行专业培训和职业道德教育。

第二十二条 各级渔业行政主管部门应当将渔业统计工作经费列入部门财政预算，保障渔业统计工作顺利进行。

第七章 监督管理

第二十三条 农业部负责组织全国渔业统计监督检查工作。省级（含）以下渔业行政主管部门负责本辖区渔业统计监督检查工作。

第二十四条 各级渔业行政主管部门在接受渔业统计工作监督检查时，应当如实反映情况，提供相关证明和资料，不得拒绝、阻碍检查，不得转移、隐匿、篡改、毁弃原始记录和凭证、统计台账、统计调查表、会计资料及其他相关证明和资料。

第二十五条 各级渔业行政主管部门应当建立渔业统计工作考核机制。对在渔业统计工作中依法履行职责，并做出突出成绩的机构和人员给予表扬；对违反统计法律法规的渔业行政主管部门负责人、渔业统计工作责任人、渔业统计人员，依法追究责任。

第八章 附　　则

第二十六条 各级渔业行政主管部门和负责渔业统计工作人员在从事渔业统计活动时，应当遵守本规定。

第二十七条 本规定由农业部负责解释。

第二十八条 本规定自发布之日起施行。

农业部规章草案公开征求意见规定

（2010年12月22日发布，农政发〔2010〕4号）

第一条 为增强农业立法的民主性和科学性，保障农业部规章质量，根据《规章制定程序条例》《国务院关于加强法治政府建设的意见》和《农业部立法工作规定》，制定本规定。

第二条 本规定适用于农业部规章草案（以下简称规章草案）在农业部网站及相关专业网站、《农民日报》等媒体上向社会公开征求意见工作。

第三条 规章草案应当在部常务会议审议前，向社会公开征求意见，但依法应当保密的除外。

第四条 规章草案公开征求意见工作在产业政策与法规司审查修改、确认基本成熟后进行。

第五条 公开征求意见的规章草案，应当在农业部网站及相关专业网站公布。涉及重大事项的规章草案，经部领导批准，可以在《农民日报》公布。

第六条 公开征求意见的规章草案，经产业政策与法规司和起草司局负责人签字同意后，送农业部信息中心及时公布，并按照要求报送国务院法制办公室信息中心在中国政府法制信息网上公布。

涉及货物贸易、服务贸易、与贸易有关的知识产权保护的规章草案，应当按照《国务院办公厅关于进一步做好履行我国加入世界贸易组织议定书透明度条款相关工作的通知》（国办发〔2006〕23号）的要求，在公开征求意见的同时抄送商务部在《中国对外经济贸易文告》上刊登。

第七条 规章草案公开征求意见，应当公布以下内容：

（一）草案全文；

（二）草案内容的简要说明；

（三）意见反馈方式；

（四）接收意见的传真号码、电子邮箱、通信地址，以及中国政府法制信息网法规规章草案意见征集系统详细网址；

（五）意见征求截止日期。

属于修订性质的规章草案，还应当公布修订前后条文对照表，方便公众参阅。

第八条 规章草案公开征求意见期间原则上不得少于15日。

第九条 规章草案公开征求意见截止后，产业政策与法规司应当会同起草司局及时收集、整理、分析公众提出的意见和建议，并对规章草案进行相应修改完善。

产业政策与法规司应当会同起草司局，以适当的方式向公众反馈意见采纳情况。

第十条 提交部常务会议审议的规章草案说明，应当对公开征求意见和意见采纳情况进行说明。

第十一条 本规定自2011年1月1日起施行。

农业部行政复议工作规定

（2010年12月22日发布，农政发〔2010〕5号）

第一章 总 则

第一条 （立法目的和依据）为了规范农业部行政复议工作，提高农业行政复议质量和效率，根据《中华人民共和国行政复议法》（以下简称《行政复议法》）和《中华人民共和国行政复议法实施条例》（以下简称《行政复议法实施条例》），结合农业部行政复议工作实际，制定本规定。

第二条 （适用范围）公民、法人或者其他组织向农业部申请行政复议，农业部审查及受理行政复议申请，作出行政复议决定，适用本规定。

第三条 （农业行政复议机关和农业行政复议机构）本规定中所称农业行政复议机关是指农业部，农业行政复议机构是指农业部负责法制工作的机构。

第四条 （农业行政复议机关职责）农业行政复议机关领导、支持本机关行政复议机构依法办理行政复议事项，并依照有关规定配备、充实、调剂专职行政复议人员，保证行政复议机构的工作经费、办案能力与工作任务相适应。

第五条 （农业行政复议机构职责）农业行政复议机构负责办理行政复议案件，具体履行下列职责：

（一）审查行政复议申请，并决定是否受理；

（二）审理调查申请行政复议的具体行政行为是否合法与适当，拟订行政复议决定；

（三）依照《行政复议法》第二十六条、第二十七条的规定处理有关审查申请；

（四）办理《行政复议法》第二十九条规定的行政赔偿等事项；

（五）组织办理因不服行政复议决定而提起的行政诉讼应诉事宜；

（六）统计分析行政复议、行政应诉案件情况；

（七）组织对农业系统行政复议人员进行业务培训，提高行政复议人员的专业素质；

（八）研究行政复议工作中发现的问题，及时向有关机关提出改进建议；

（九）法律、行政法规规定的其他职责。

第六条 （农业行政复议的原则）农业行政复议遵循合法、公正、公开、及时、便民的原则，坚持有错必纠，保障法律、行政法规和农业规章的正确实施。

第二章 申请与受理

第七条 （行政复议的申请人和申请形式）申请行政复议的公民、法人或者其他组织为申请人。申请人申请行政复议，可以书面申请，也可以当场口头申请。

书面申请可以采取当面递交、邮寄或者传真等方式提出，并应在行政复议申请书中载明《行政复议法实施条例》第十九条规定的事项。

当场口头申请的，行政复议机构应当当场制作行政复议申请笔录交申请人核对或者向申请人宣读，并由申请人签字确认。

第八条 （对抽象行政行为的附带审查申请）申请人认为具体行政行为所依据的规定不合法，在对具体行政行为申请行政复议时，可以依据《行政复议法》第七条的规定一并提出审查申请。

第九条 （申请日的计算）行政复议的申请日为行政复议机构收到申请之日。农业行政复议机关的其他机构首先收到行政复议申请的，应当于收到之日立即转送行政复议机构。

第十条 （初步审查）行政复议机构应当对行政复议申请是否符合下列条件进行初步审查：

（一）有明确的申请人和被申请人；

（二）申请人与具体行政行为有利害关系；

（三）有具体的行政复议请求和事实依据；

（四）在法定申请期限内提出；

（五）属于《行政复议法》规定的行政复议范围；

（六）属于农业部的职责范围；

（七）不属于本规定第十一条规定的情形。

第十一条 （否定列举不予受理的范围）行政复议申请属于下列情形的，农业行政复议机关不予受理：

（一）行政复议申请已由其他单位依法受理的；

（二）申请人就同一具体行政行为向人民法院提起行政诉讼，人民法院已经依法受理的；

（三）对不具有强制力的行政指导行为、农业技术服务行为等申请行政复议的；

（四）对植物新品种权的授予、不授予以及确认无效、更名等决定不服申请行政复议的；

（五）对农业技术鉴定行为申请行政复议的；

（六）超出法定申请期限提出行政复议申请的；

（七）其他不属于行政复议范围的。

对已生效的行政复议决定不服或者经行政复议机构同意，自愿撤回行政复议申请后，以同一事实和理由再次申请行政复议的，农业行政复议机关不再重复处理。

第十二条 （对行政复议申请的处理）行政复议机构应当自收到行政复议申请之日起 5 日内按下列规定作出处理：

（一）符合《行政复议法》及《行政复议法实施条例》规定的受理条件，且不属于本规定第十一条规定情形的，予以受理；

（二）错列被申请人的，告知申请人变更被申请人，拒绝变更的，行政复议案件终止审理；

（三）无明确的被申请人、无明确的复议请求、无必要的事实根据、申请书内容有遗漏等行政复议申请材料不齐全或者表述不清楚的，应当书面通知申请人补正。补正通知应当载明需要补正的事项和合理的补正期限。补正申请材料所用时间不计入行政复议审理期限。无正当理由逾期不补正的，视为申请人放弃行政复议申请，行政复议案件终止审理；

（四）属于本规定第十一条第一款规定情形的，不予受理，并制发《行政复议申请不予受理决定书》；属于本规定第十一条第二款规定情形的，书面告知申请人不再重复处理；

（五）不属于本机关职责范围的，制作《行政复议告知书》告知申请人向有权受理的行政复议机关提出。

第三章　审查与听证

第一节　审　　查

第十三条 （全面审查原则）行政复议

机构应当对具体行政行为的合法性和适当性进行全面审查。

审理行政复议案件应当由 2 名以上行政复议人员参加。

第十四条 （被申请人答复）行政复议机构应当自行政复议申请受理之日起 7 日内，将行政复议申请书副本或者行政复议申请笔录复印件发送被申请人。被申请人是省级农业部门的，发送给省级农业部门；被申请人是农业部的，发送给实施该具体行政行为的农业部业务机构。

省级农业部门或农业部业务机构应当自收到申请书副本或者行政复议申请笔录复印件之日起 10 日内提出书面答复，并提交当初作出具体行政行为的证据、依据和其他有关材料。

书面答复应当载明下列事项：

（一）作出具体行政行为的事实依据和有关证据；

（二）作出具体行政行为的法律依据；

（三）对申请人行政复议请求的意见和理由。

第十五条 （行政复议第三人）行政复议期间，行政复议机构认为申请人以外的公民、法人或者其他组织与被审查的具体行政行为有利害关系的，可以通知其作为第三人参加行政复议。

行政复议期间，申请人以外的公民、法人或者其他组织与被审查的具体行政行为有利害关系的，可以向行政复议机构申请作为第三人参加行政复议，行政复议机构应当在 5 日内作出是否准许的决定。

第十六条 （申请人举证责任）申请人认为被申请人不履行法定职责的，应当提供曾经要求被申请人履行法定职责而被申请人未履行的证明材料。

有下列情形的除外：

（一）被申请人应当依职权主动履行法定职责的；

（二）申请人因被申请人受理申请的登记制度不完备等正当事由不能提供相关证据材料并能够作出合理说明的。

第十七条 （被申请人补充证据）被申请人在作出具体行政行为时已经收集的证据，因不可抗力等正当理由不能在行政复议答复期间提供的，经行政复议机构允许可以在行政复议决定作出前补充提交。

第十八条 （证据要求）申请人、被申请人、第三人应当对其提交的证据材料的来源、证明对象和内容作简要说明。证据材料是复制件的，应当与原件核对无误并注明原件来源。

行政复议机构对行政复议证据的审查可以参照《最高人民法院关于行政诉讼证据若干问题的规定》。

第十九条 （实地调查）行政复议机构认为必要时，可以进行实地调查。

进行实地调查时，行政复议人员不得少于 2 人，并应当向当事人或者其他有关人员出示证件。涉及专业技术问题的，可以邀请专业技术人员到场。

第二十条 （鉴定）行政复议期间，涉及专门事项需要进行鉴定的，当事人可以自行委托有资质的鉴定机构进行鉴定，也可以申请行政复议机构代为委托鉴定，鉴定费用由当事人承担。

鉴定所用时间不计入行政复议审理期限。

第二十一条 （业务机构协助）农业行政复议机关所属的各业务机构应当协助行政复议机构审理属于本机构业务主管范围内的行政复议案件，协助办理因不服行政复议决定而提起的行政诉讼应诉工作，协助办理《行政复议法》第二十九条规定的行政赔偿等事项。

第二十二条 （规范性文件审查）农业行政复议案件审理中，涉及对具体行政行为所依据的规范性文件审查的，依照《行政复议法》第二十六条、第二十七条规定处理。

第二十三条 （行政复议集体讨论）农业行政复议机关可以设立行政复议委员会，对重大疑难行政复议案件进行集体讨论。

第二节　听　　证

第二十四条 （听证范围）对具有下列情形之一的农业行政复议案件，行政复议机构可以组织听证：

（一）当事人对案件事实或适用依据争议较大的；

（二）可以适用听证程序作出农业行政处罚决定而未适用的；

（三）案情复杂、疑难或者社会影响较大的；

（四）行政复议机构认为需要举行听证的其他情形。

举行听证不得向当事人收取听证费用。

第二十五条 （听证通知）行政复议机构决定举行听证的，应当在举行听证的5日前向申请人送达《行政复议听证通知书》，同时抄送其他听证参加人。

第二十六条 （听证原则）农业行政复议听证遵循公开、公正、便民、高效的原则。

除涉及国家秘密、商业秘密或者个人隐私的行政复议案件外，行政复议听证应当公开举行。

第四章　决　　定

第二十七条 （行政复议决定）行政复议机构应当在查明事实后提出案件处理意见，由农业行政复议机关依照《行政复议法》第二十八条和《行政复议法实施条例》的有关规定作出行政复议决定。

第二十八条 （行政复议申请的撤回）申请人在行政复议决定作出前自愿撤回行政复议申请的，经行政复议机构同意，可以撤回。

申请人撤回行政复议申请的，不得以同一事实和理由再次提出行政复议申请。

第二十九条 （部分撤回的处理）行政复议申请由两个以上申请人共同提出，在行政复议决定作出前，部分申请人经同意撤回行政复议申请的，农业行政复议机关应当就其他申请人未撤回的行政复议申请作出行政复议决定。

第三十条 （被申请人改变具体行政行为）被申请人在行政复议期间改变原具体行政行为的，应当书面告知行政复议机构。

被申请人改变原具体行政行为，申请人撤回行政复议申请的，行政复议终止；申请人不撤回行政复议申请的，农业行政复议机关经审查认为原具体行政行为违法的，应当作出确认其违法的复议决定；认为原具体行政行为合法的，应当作出驳回行政复议申请的决定。

第三十一条 （和解）申请人对被申请人行使法律、行政法规规定的自由裁量权作出的具体行政行为不服申请行政复议，在行政复议决定作出前，申请人与被申请人自愿达成和解的，应当向行政复议机构提交书面和解协议。和解协议内容不损害社会公共利益和他人合法权益的，行政复议机构应当准许，并终止复议程序。

第三十二条 （调解）有下列情形之一的，行政复议机构可以按照自愿、合法的原则进行调解，调解不得损害公共利益和他人的合法权益：

（一）申请人对被申请人行使法律、行政法规规定的自由裁量权作出的具体行政行为不服申请行政复议的；

（二）当事人之间因行政赔偿或者行政补偿发生纠纷的。

第三十三条 （调解的效力）当事人经调解达成协议的，农业行政复议机关应当制作行政复议调解书。调解书应当载明行政复议请求、事实、理由和调解结果，并加盖农业行政复议机关印章。行政复议调解书经双方当事人签字，即具有法律效力。

调解未达成协议或者调解书生效前一方反悔的，农业行政复议机关应当及时作出行政复议决定。

第三十四条 （责令重做）被申请人被责令重新作出具体行政行为的，应当在法律、行政法规、规章规定的期限内重新作出具体行政行为；法律、行政法规、规章未规定期限的，重新作出具体行政行为的期限为60日。

被申请人不得以同一事实和理由作出与原具体行政行为相同或者基本相同的具体行政行为，但因违反法定程序被责令重新作出具体行政行为的除外。

第三十五条 （行政赔偿）申请人在申请行政复议时一并提出行政赔偿请求，符合国家赔偿法有关规定应当给予赔偿的，农业行政复议机关在决定撤销、变更具体行政行为或者确认具体行政行为违法时，应当同时决定被申请人依法给予赔偿。

申请人在申请行政复议时没有提出行政赔偿请求的，农业行政复议机关在依法决定撤销或者变更罚款、没收财物以及查封、扣押财产等具体行政行为时，应当同时责令被申请人返还财产，解除对财产的查封、扣押措施，或者赔偿相应的价款。

第三十六条 （不利变更的禁止）在申请人的行政复议请求范围内，不得作出对申请人更为不利的行政复议决定。

第五章 附 则

第三十七条 （期日期间的计算）行政复议期间的计算和行政复议文书的送达，依照民事诉讼法关于期间、送达的规定执行。

本规定中的“2日”“3日”“5日”“7日”“10日”是指工作日。

第三十八条 （实施时间）本规定自发布之日起实施。

农业部行政许可监督办法

（2006年7月1日印发，农政发〔2006〕7号）

第一条 为加强对农业部行政许可事项的监督，保证行政许可权的正确行使，制定本办法。

第二条 农业部行政许可监督的对象包括承担行政许可职能的部内司局、部属事业单位和被许可人。

第三条 实施行政许可监督遵循依法监督、权责统一的原则。

第四条 办公厅、产业政策与法规司和驻部监察局分别负责对农业部实施的行政许可进行监督。

办公厅负责对部内司局、部属事业单位及其他相关单位行政许可的受理、办理和回复工作进行指导和监督。

产业政策与法规司负责对部内司局、部属事业单位行政许可的执行进行监督。

驻部监察局负责对部内司局、部属事业单位及有关人员在实施行政许可中的违法违规行为进行党政纪责任追究。

承担行政许可职能的部内司局、部属事业单位负责对被许可人从事行政许可事项进行监督。

第五条 行政许可监督可以采取抽查、问询、要求说明情况、召开座谈会、提出改进工作建议、做出处理决定等方式进行，对被许可人的监督可以采取暗访、查阅档案、听取被许可人意见等方式进行。

第六条 行政许可监督的内容包括：

（一）农业行政许可设定情况；

（二）农业行政许可实施主体情况；

（三）农业行政许可申请的受理情况；

（四）农业行政许可申请的审查和决定情况；

（五）农业行政许可申请的回复情况；

（六）事后监管职责的履行情况；

（七）实施农业行政许可过程中的其他相关行为。

第七条 对农业行政许可设定情况的监督包括：

（一）正在实施的行政许可事项是否有法律、行政法规依据；

（二）对法律法规设定的行政许可事项，是否存在未予实施或未完全实施的情况；

（三）对已取消的行政许可事项，是否已停止审批；

（四）对已调整的行政许可事项，是否已及时移交有关地方和机构管理；

（五）对已经取消和调整的许可事项，是否存在变相审批。

第八条 对农业行政许可实施主体的监督包括：

（一）承担行政许可职能的部内司局是否擅自将承担的行政许可事项交由事业单位办理；

（二）承担行政许可具体工作的事业单位是否不报请主管司局擅自决定；

（三）行政许可决定签发人是否符合有关规定。

第九条 对农业行政许可申请受理情况的监督包括：

（一）对于已纳入行政审批综合办公的行政许可事项，是否由部行政审批综合办公室或受委托的省级业务主管部门统一受理，有无擅自受理和审批情况；统一受理后是否及时将申请材料移交到具体承办单位；

（二）对符合法定条件的行政许可申请是否受理，并出具书面凭证；对不予受理的行政许可申请，是否出具说明理由的书面凭证；

（三）是否公示行政许可事项、依据、条件、数量、程序、期限、收费标准、收费依据（国家机密、商业秘密、个人隐私除外）以及需要提交的全部材料的目录和申请书示范文本，并应申请人的要求予以说明、解释；

（四）是否向申请人、利害关系人履行法定告知义务：

1. 当申请人提交的申请材料不齐全或不符合法定形式时，是否一次性告知申请人必须补正的全部内容；

2. 对不需行政许可或应由其他行政机关许可的申请事项，是否及时告知申请人；

3. 需要更正、补正申请材料的，是否及时告知申请人；

（五）是否存在要求申请人提交与其申请的行政许可事项无关的技术资料和其他材料的情况；

（六）是否无法定依据收费、不按法定项目和标准收费、收费后不出具相关票据；依法收取的费用是否全部上缴国库，有无截留、挪用、私分或变相私分。

第十条 对农业行政许可申请的审查和决定情况的监督包括：

（一）进行现场核查的人员是否在两名以上；

（二）行政许可事项直接关系他人重大利益的，是否告知该利害关系人并听取申请人和利害关系人的申辩，或者依法举行听证；

（三）对符合法定条件的申请事项是否准予行政许可；有无超出法定期限做出行政许可决定的情况；公众是否可以随时无偿查阅准予许可的具体内容；

（四）对不予行政许可的，是否书面说明理由，并告知申请人有依法申请行政复议或提起行政诉讼的权利。

第十一条 对农业行政许可申请回复情况的监督包括：

（一）行政许可决定是否由部行政审批综合办公室统一回复；

（二）行政许可决定是否按法定期限送达被许可人。

第十二条 对部内司局、部属事业单位履行事后监管职责情况的监督包括：

（一）是否建立监督制度，对被许可人从事行政许可事项情况进行主动监督；

（二）对未经许可或不按照许可的期限、内容、条件等进行生产经营的违法行为，是否及时核实和处理；

（三）监督中是否存在妨碍被许可人正常的生产经营活动、索取或收受被许可人的财物或谋取其他利益的情况；

（四）对于依法应当撤销、注销行政许可的情况，是否在规定期限内及时予以撤销、注销。

第十三条 部内司局、部属事业单位应当加强对被许可人从事行政许可事项的监督，具体包括被许可人对许可的内容、期限、范围、条件等实施监督的情况。

第十四条 部内司局、部属事业单位实施行政许可过程中有违法违纪行为的，按照《中华人民共和国行政许可法》《中华人民共和国公务员法》和《农业部实施行政许可责任追究规定》，追究有关单位和人员的行政责任。

部内司局、部属事业单位对被许可人进行监督发现有违法行为的，按照有关法律法规处理。

第十五条 办公厅负责对行政许可事项督办过程中发现的问题进行调查核实，必要时责成相关单位做出情况说明。

产业政策与法规司负责受理有关行政许可实施的投诉、举报，并应当为投诉、举报人保密；负责农业行政许可听证和受理行政许可申请人依法提出的行政复议。

对投诉、举报调查属实的，应当及时责令有关单位改正；情节严重的，应当向驻部监察局提出处理建议。

第十六条 法律、法规、规章对被许可人从事行政许可事项的活动实施监督另有规定的，从其规定。

第十七条 本办法自发布之日起实施。

渔业统计工作考核暂行办法

（2010年5月28日发布，农办渔〔2010〕56号）

第一条 为规范渔业统计工作行为，加强渔业统计监督，提高渔业统计工作的制度化、规范化和科学化，保证渔业统计资料的真实性、准确性、完整性和时效性，依据《渔业统计工作规定》，特制定本办法。

第二条 对省级渔业行政主管部门渔业统计工作开展情况的考核适用本办法。抽样调查试点工作考核办法另行制定。

第三条 农业部渔业局负责考核工作的统一部署，由农业部渔业局和中国水产学会有关人员组成考核工作组负责具体实施。

第四条 考核内容包括：

（一）渔业统计条件保障情况；

（二）渔业统计制度建设情况；

（三）数据采集、监督培训等渔业统计日常工作开展情况；

（四）渔业统计报表、统计分析报送工作开展情况；

（五）渔业统计其他工作开展情况。

第五条 考核分为A、B两组。A组为承担月报任务的20个省、自治区和直辖市；B组为其余11个省、自治区和直辖市。

第六条 考核分为客观记分和主观评分。客观记分主要考核是否按有关规定及时开展渔业统计工作，工作达到规定要求得分，否则不得分；主观评分主要考核统计分析、工作计划、工作总结等材料质量，经考核工作组评审后推荐至中国渔业报等刊物发表后即得分。A组满分100分，其中：客观分87分，主观分13分；B组满分56分，其中：客观分45分，主观分11分。

第七条 考核材料与报送时限：

（一）渔业统计报表和渔业经济形势分析材料，按《渔业统计报表制度》规定时限和要求报送；

（二）渔业统计工作条件保障、制度建设、日常工作开展情况等相关总结和证明材料，下年3月底前以正式文件报送农业部渔业局，同时抄送中国水产学会；

（三）考核工作组随机抽取乡（镇）和村渔业统计资料原始记录，相关省级渔业行政主管部门将原始记录复印件，于下年3月底前随本条第二款所需文件同时报送农业部渔业局，同时抄送中国水产学会。

第八条 考核周期为每年1月1日至12月31日，由于工作需要，延伸包括下年开展的上年渔业统计年报数据汇总工作。

第九条 农业部渔业局不定期组织开展渔业统计工作检查，对在检查中发现弄虚作假、不如实提供考核材料的单位，将视情节在年度考核总分中扣除5～10分。

第十条 条件保障考核（10分）。设置或指定渔业统计机构（1分），明确分管渔业统计工作的负责人（1分），配备专职或兼职渔业统计人员（2分）；保持统计队伍稳定（1分），统计人员变动交接符合程序（1分），定期对“全国渔业统计人员与专家库管理系统”进行信息更新（1分）；定期对辖区内渔业统计人员进行专业培训和职业道德教育（1分）；将渔业统计工作经费列入本级部门财政预算（2分）。

第十一条 制度建设考核（6分）。制定本辖区乡（镇）、村两级渔业统计数据调查工作方案（2分），建立本辖区主要渔业统计数据质量审核制度（2分）、渔业统计工作考核制度（1分）、渔业统计资料保存制度（1分）。

第十二条 日常工作考核（12分）。对上年度渔业统计工作开展情况进行认真总结，制定本年度渔业统计工作计划（1分），经考核工作组评审后推荐至中国渔业报等刊物发表（1分）；组织开展辖区内渔业统计工作监督检查（2分）；按《渔业统计报表制度》规定程序进行数据收集、处理、报送（5分）；保存渔业统计资料，原始记录和统计台账健全、统一（3分）。

第十三条 统计报表和统计分析材料考核（A组72分，B组28分）。

（一）月报报送工作（A组，每次4分，共10次40分）

按《渔业统计报表制度》规定时限报送（1分），报表内容完整（1分），表内、表间关系平衡，数据无错误（1分），指标数据同比增减幅度超过5%有相应文字说明（1分）。

（二）半年报报送工作（8分）

按《渔业统计报表制度》规定时限报送（2分），报表内容完整（2分），表内、表间关系平衡，数据无错误（2分），指标数据同比增减幅度超过5%有相应文字说明（2分）。

（三）年报报送工作考核（16分）

按《渔业统计报表制度》规定时限报送（2分），报表符合渔业统计报表制度规定的统计范围、指标口径、计算单位、计算方法和编制程序，报表内容完整（2分），表内、表间关系平衡，数据无错误（2分），指标数据同比增减幅度超过5%有相应文字说明（2分），对全年主要渔业统计数据进行合理预计（3分），严格执行下核一级制度（5分）。

（四）统计分析材料考核（A组8分；B组4分）

按规定时限上报季度、半年和年度渔业经济形势分析材料（每篇1分），经考核工作组评审后推荐至《中国渔业报》等刊物发表（每篇1分）。

第十四条 根据考核分数高低，A组和B组分别设考核优秀奖5名和2名。对考核优秀的单位及其渔业统计工作人员进行表彰。

第十五条 考核结果将在适当范围内进行公布，并将作为下一年度农业部渔业统计工作经费安排的重要参考因素。

第十六条 本办法由农业部渔业局负责解释。

第十七条 本办法自发布之日起施行。

农业部行政许可网上投诉举报处理暂行办法

（2008 年 3 月 27 日实施，农办发〔2008〕5 号）

第一条 为全面推进依法行政，建设服务型政府，加强反腐倡廉建设，推进农业部行政许可网上投诉举报制度化、规范化，构建多渠道、多层次监督网络，切实维护人民群众的知情权、参与权、表达权和监督权，根据《中华人民共和国行政许可法》《农业部实施行政许可责任追究规定》等相关规定，制定本办法。

第二条 行政许可网上投诉举报由办公厅、产业政策与法规司、驻部监察局联合督办。

（一）办公厅负责网上投诉举报信息受理和分办，以及网上投诉举报系统建设和管理，并协助产业政策与法规司、驻部监察局、各行政许可承办司局和直属单位处理有关投诉举报。

（二）产业政策与法规司负责网上投诉举报中有关违反许可实体和程序规定问题的核查和回复。

（三）驻部监察局负责网上投诉举报中有关违纪问题的核查和回复。

（四）各行政许可承办司局和直属单位负责网上投诉举报中有关行政许可实施过程发生问题的核查和回复。

信息中心负责网上投诉举报系统维护、更新和升级。

第三条 各司局和有关直属单位 1 名司局级领导负责行政许可投诉举报工作，综合处处长为联络员，并指定专人具体负责办理。

第四条 对投诉举报信息的处理，应当坚持依法行政、实事求是、公正公开和廉洁高效原则。

第五条 处理投诉举报信息时限为 20 个工作日。情况复杂的，经本单位负责人同意，可适当延长处理时限，但最多不超过 15 个工作日。

第六条 办公厅在对投诉举报信息汇总分类后，按照职责分工，及时通过投诉举报系统分送产业政策与法规司、驻部监察局、各行政许可承办司局和直属单位。

对非行政许可类的投诉举报信息，办公厅酌情转送相关单位，或退回投诉举报人并说明理由。

第七条 产业政策与法规司、驻部监察局、各行政许可承办司局和直属单位收到分办的投诉举报信息后，应及时组织核查。

第八条 各司局和有关直属单位应当积极支持和配合核查工作，并如实提供相关材料。

第九条 产业政策与法规司、驻部监察局、各行政许可承办司局和直属单位根据核查情况，提出答复意见，并录入投诉举报系统，同时通过电话、信函或电子邮件方式回复投诉举报人。

第十条 各司局和相关直属单位应当对投诉举报信息严格保密，维护投诉举报人合法权益。

第十一条 办公厅定期将行政许可投诉举报处理情况上报部领导，并通报有关单位。

第十二条 本办法由农业部办公厅负责解释。

第十三条 本办法自 2008 年 3 月 27 日起施行。

农业部关于印发《农业部标准化管理办法》及《农业部国家（行业）标准的计划编制、制定和审查管理办法》的通知

［1993年3月22日发布，〔1993〕农（质）字第19号］

各省、自治区、直辖市、计划单列市农业、农垦、畜牧兽医、水产、乡镇企业、农机化、农村环保能源、饲料厅（局、办），农业科研院（所），农业大专院校，部直属各单位，农业系统国家级、部级产品质量监督检验测试中心及各有关单位：

为了加强农业国家（行业）标准的管理，提高农业标准的质量和水平，根据《中华人民共和国标准化法》和《中华人民共和国标准化法实施条例》的规定，特制定《农业部标准化管理办法》和《农业部国家（行业）标准的计划编制、制定和审查管理办法》。现发布实施，请认真贯彻执行。

附件：

一、农业部标准化管理办法；

二、农业部国家（行业）标准的计划编制、制定和审查管理办法。

一九九三年三月二十二日

附件一　农业部标准化管理办法

第一章　总　　则

第一条　标准化是组织现代化农业生产的重要科学技术基础，对发展农村社会主义市场经济，促进科技进步，改进产品质量，增强出口创汇能力，提高社会、经济及生态效益具有重要的意义。根据《中华人民共和国标准化法》和《中华人民共和国标准化法实施条例》的规定，特制定本办法。

第二条　农业标准由农业、畜牧兽医、水产、农垦、农机化、乡镇企业、环能、饲料等专业组成，主要任务是在农业部行业归口范围内制定标准、组织实施标准和对标准的实施进行监督，开展标准化工作的研究和国内外标准科技活动，为加快高产、优质、高效农业的发展服务。

第三条　各级农业主管部门、企事业单位都要把农业标准化工作纳入本系统、本部门、本单位的科技发展的规划和计划，并加强领导和管理。

第四条　要积极采用国际标准和国外先进标准，提高产品质量，增强出口创汇能力。

第二章　组织管理

第五条　农业部是全国农业标准化工作的行政主管部门，负责领导和管理农业标准化工作，在业务上接受国务院标准化行政主管部门的指导。其主要职责是：

（一）贯彻中华人民共和国标准化法和本部制定的标准化规章制度。

（二）制、修订农业标准化工作规划和年度计划。

（三）制、修订农业标准，审查上报国

家标准的审批、发布，并审批、编号、发布行业标准。受理部直属企业标准备案。

（四）组织推动农业标准的贯彻实施，对标准的实施进行监督检查。

（五）管理农业系统等全国农业专业标准化技术委员会（标准化技术归口单位）。

（六）指导省、自治区、直辖市及计划单列市农业主管部门的标准化工作。

（七）组织标准化工作的奖励和表彰。

（八）管理和开展农业行业范围内的有关国际标准化工作。

（九）负责部内、部外标准的协调工作。

第六条 农业标准化工作由部质量标准司实行统一领导，归口管理，各业务司分工协作负责。各级农业主管标准的部门和单位要健全标准化机构或配备专职人员管理标准化工作。加强标准的组织管理。

第七条 省、自治区、直辖市及计划单列市业务主管部门负责本省、市的农业标准化管理工作，其主要职责是：

（一）贯彻国家、农业部及本省制定的标准化工作的法律、法规，制定本省农业标准化工作的实施细则和措施。

（二）编制本省农业标准化工作规划和年度计划并组织实施。

（三）组织本系统的企、事业及专业标准化技术委员会，承担国家标准、行业标准的制、修订任务，并监督检查计划的落实情况。

（四）会同地方标准化行政主管部门组织制订地方农业标准。

（五）组织实施标准，对标准的实施进行监督检查。

（六）管理专业标准化技术委员会、事业单位的标准化工作。

（七）组织对重要农业新产品和技术引进项目的标准化审查。

（八）开展标准化的宣传、培训和咨询服务工作；组织标准化工作的表彰奖励。

第八条 农业部有关业务司是专业标准化技术归口单位，其主要职责是：

（一）贯彻执行国家和本部制定的标准化工作的法规及规章制度，组织制定本专业标准化管理细则。

（二）提出本专业国家标准、行业标准项目规划和年度计划草案，经部批准下达后实施，检查计划的落实。

（三）负责本专业标准化技术委员会的技术协调工作。

（四）负责落实行业标准的制、修订，审查工作，将报批稿送部质量标准司审核发布。国家标准报批稿，经质量标准司审核后，报国家技术监督局发布。

（五）对本专业标准的贯彻实施和对标准实施情况进行检查。

（六）开展标准的人员培训、宣传等工作。

（七）推荐本专业标准项目报奖工作。

第九条 农业专业标准化技术委员会是在一定范围内从事全国或全行业标准化工作的技术组织，其主要任务是：

（一）遵循国家和部的有关标准化的方针、政策，提出本专业标准的政策、标准体系及规划、计划的建议。

（二）受部对口专业司的委托承担国家标准或行业标准的制订。

（三）负责本专业标准草案的技术审查和标准的复审，做好标准的技术协调工作。

（四）开展本专业的标准宣传和咨询服务工作。

（五）承担本专业的国际标准化技术业务工作。

（六）受委托办理与本专业标准化工作有关的事项。

第十条 部直属的企、事业单位的标准化工作，其主要任务是：

（一）贯彻执行中华人民共和国标准化法，和农业部制定的标准化工作的规章制度，贯彻实施国家标准、行业标准及地方标准。

（二）制、修订企业标准并组织实施。

（三）承担国家标准和行业标准的制、修订工作，并在人力、物力等方面给予支持。

（四）应用标准化手段，不断开发新产品，保证产品质量，提高生产经营管理水平。

（五）农业部标准化技术委员会对企事业单位的新产品和技术引进项目，进行标准化审查。

（六）加强企业标准化培训工作，不断提高标准化人员素质和企业职工的标准化意识。

（七）开展标准化情报工作，积极参与标准化学术交流。

（八）对标准化工作做出显著成绩的所、室及班、组等进行表彰奖励。

各企、事业单位根据标准化工作的需要，设相应的标准化机构，配备专职或兼职的标准化工作人员。从事标准化工作的专职或兼职人员应有一定的政策水平和组织能力。有较丰富的专业知识熟悉生产管理业务。

第三章　标准制定

第十一条　农业标准分国家标准、行业标准、地方标准、企业标准。

第十二条　国家标准范围按照国家标准管理办法的要求执行。

第十三条　行业标准的主要范围是：

（一）农作物种子（种苗）生产技术、质量、分级、检验、精选、加工、包装、标志、贮运及安全、卫生标准，农作物生产技术规程。

（二）农业生产技术：病虫害的测报、防治，农药合理使用；化肥、有机肥肥效试验、合理使用、肥料质量监测、生物制剂的质量及分析方法、中低产田分类指标等。

（三）热带作物及产品生产技术规程，天然橡胶、剑麻等的质量、检验方法，产品加工及机械等。

（四）农业机械试验鉴定、安全监理、技术保养、作业质量、机具维修、设备管理及各种中小农具的生产技术、品种、规格、质量及检验等。

（五）畜禽品种、生产饲养技术、卫生检疫及检验，草地资源区划、分类，牧草种子质量、加工、贮运、包装，兽医医疗器械质量、安全、卫生等。

（六）水产资源和养殖技术规范，水产品、渔具和渔具材料的质量、品种、规格、检验、包装、贮运及安全卫生，渔业船舶制造与维修，渔业专用仪器和机械等。

（七）省柴节煤技术，沼气、太阳能、风能、微水发电和农村生产节能技术的设计，应用规范及质量、检验方法；农业环境保护的监测，污染指标，农业生态环境质量标准和检验方法等。

（八）饲料原料、饲料添加剂、配合饲料、混合饲料等质量、安全卫生及检验方法，饲料机械加工等标准。

第十四条　企业标准的范围主要是：

（一）没有国家标准或行业标准，由企业制定产品标准。

（二）为提高产品质量而制定的高于国家标准和行业标准的企业产品标准。

（三）企业在产品开发的过程中需要有统一的生产工艺，按标准进行生产。

（四）生产、经营活动中的管理标准和工作标准。

第十五条　国家标准、行业标准分为强制性标准和推荐性标准。

强制性标准的主要范围是：

（一）国家要求控制的重要农产品质量标准。

（二）农作物的种子、种苗的质量分级

标准。

（三）农药、兽药、水产生物类药品、有机复合肥、生物菌剂、植物生长调节剂、土壤调理剂及食品安全、卫生标准。

（四）农产品及加工品的生产、运输和使用中的安全、卫生标准。

（五）环境保护的污染物排放标准和环境质量标准。

（六）农业工程建设的质量、安全卫生标准。

（七）农业通用的技术术语、符号、代号和制图方法。

（八）通用的试验、检验方法标准。

强制性标准以外的，均属推荐性标准。

第十六条 制定标准的原则是：必须保障农业生产、生活安全，保护生态环境；有利于合理利用资源和节约能源，满足使用要求，保护消费者利益；有利于推广农业科技成果，实现高产、优质、高效，做到技术先进经济合理协调配套；因地制宜发展名、特、优产品；采用国际标准和国外先进标准，提高标准水平，促进对外经济合作及对外贸易。

第十七条 标准的制定应按计划进行。国家标准由国家技术监督局下达计划。农业行业标准计划由部质量标准司统一编制，以部文下达。制定标准工作的主要程序和要求按《农业部国家（行业）标准的计划编制、制定和审查管理办法》执行。

第十八条 国家标准、行业标准的制订，应组成有科研、教学、生产、监督检验、使用单位及管理部门等参加的工作组负责起草，标准的审查由专业标准化技术委员会负责。未成立专业标准化技术委员会的，由项目主管部门或其委托技术归口单位组织进行。地方农业标准由省农业行政主管部门拟定计划，经省标准化主管部门审批后，组织制定标准。企业标准由企业制定。

第十九条 标准的批准、发布。

（一）国家标准由国家技术监督局审批、编号、发布，兽药国家标准由农业部审批、编号、发布。

（二）行业标准由部批准、发布。

（三）地方标准由省（自治区、直辖市）标准化行政主管部门批准发布。

（四）企业标准由企业批准、发布，并向上级标准主管部门备案。

第二十条 标准在贯彻实施后，要适时进行复审。复审期一般不超过五年（企业标准一般不超过三年）。

第四章 标准的实施和监督

第二十一条 农业部对国家、行业标准的实施进行监督，开展农产品质量认证工作。

第二十二条 各农业科研、生产、经营、服务等单位都应贯彻执行农业标准。

（一）农业强制性标准依法强制实施。

（二）农业推荐性标准国家鼓励生产者自愿采用。

第二十三条 企业生产要贯彻执行国家标准、行业标准、地方标准及企业标准，在产品或其说明书、包装物上注明标准代号、代码。

第二十四条 企事业单位开发新产品必须贯彻有关标准，新产品的鉴定定型时，由部质量标准司组织有关专家进行标准化审查，没进行标准化审查的产品，不得定型和投产。

第二十五条 出口产品的技术要求由合同双方约定。出口产品在国内销售时，要保证质量，执行国家标准、行业标准规定。

第二十六条 从国外引进的技术设备，要符合国内标准化要求，项目引进前要进行标准化审查，没有标准的产品、技术设备不得引进。

第二十七条 各级农业主管部门要采取

多种方式加强标准的宣传贯彻，开展标准的示范，举办标准培训班，召开标准的现场会，放标准录像，张贴标准的主要内容印发标准材料发给农场职工和农民，使农民掌握、应用标准，并增强采用标准的自觉性。

第二十八条 各级农业主管部门有计划地对企、事业单位的标准贯彻实施情况进行监督检查。

第五章 标准经费

第二十九条 国家标准的制定由国家技术监督局拨给补助经费，专款专用。行业标准经费由各业务司安排。

第三十条 农业标准化工作应纳入各司科研经费计划和各省科技计划。

第三十一条 每年年底报国家标准补助费决算报表，同时编写决算说明书。决算说明书包括：项目执行情况，经费支出情况，资金使用效益，科技三项费用管理的经验和问题，以及改进的意见等。

第六章 标准的奖励

第三十二条 农业标准化科研成果是科技成果的重要组成部分，国家标准按照国家有关规定，经部初审推荐报国家技术监督局科技进步奖。国家标准、行业标准、地方标准也可按照农业部申报科技进步奖的有关规定报奖。

第三十三条 每隔五年，表彰在农业标准化工作中作出显著成绩的先进集体和先进个人。

第七章 附 则

第三十四条 本办法自发布之日起实施。

第三十五条 本办法由部质量标准司负责解释。

附件二 农业部国家(行业)标准的计划编制、制定和审查管理办法

为了提高农业国家标准、行业标准的质量和管理水平，根据《中华人民共和国标准化法》《中华人民共和国标准化法实施条例》和《农业部农业标准化管理办法》的有关规定，制定本办法。

本办法适用于农业、畜牧兽医、水产、农垦、农机化、农村环保能源、乡镇企业、饲料工业等行业。

第一章 计划编制

第一条 每年五月底之前，凡申请下年度国家（行业）标准制、修订项目的单位，将立项报告及有关成果材料（复印件）一式三份报对口专业标准化技术委员会（简称技术委员会，下同）；未成立技术委员会的报部对口业务司。立项报告内容包括：项目任务目的、意义及预计五年内产生的社会经济效益，国内外有关的科研成果和标准制定情况，主要工作内容、方法、措施、步骤，项目起止时间，所需经费及使用范围，对贯彻应用标准的意见和建议。

第二条 每年六月由质量标准司组织各业务司及有关专家共同研究，提出编制下年度制、修订国家（行业）标准项目计划要求下达给技术委员会。

第三条 技术委员会根据编制国家标准、行业标准项目计划的要求和专业标准化体系表，对立项报告进行论证。七月中旬提出项目计划建议（格式按表 1），报对口业务司。未成立技术委员会的专业，由部对口业务司组织专家对立项报告进行论证。

七月底前各业务司将论证后的推荐项

目、立项报告及有关成果材料，送质量标准司。质量标准司对材料齐全、论证充分的项目进行审查，编制下年度农业部国家（行业）标准制、修订计划草案，并要求项目承担单位填写项目任务书（格式按表2），于八月底报部质量标准司。

第四条 质量标准司组织有关业务司，对项目任务书进行审查，于本年年底或下年年初，下达农业部制、修订国家、行业标准项目计划。

第二章 标准制定

第五条 项目承担单位首先收集、整理有关资料，分析国内外标准，对主要技术内容进行试验验证。文字标准按GB/T 1《标准化工作导则》的要求起草标准征求意见稿，同时编写《编制说明》及有关附件。实物标准在制备实物标样同时，编写《研制报告》及有关附件，包括《国内外同种实物标准主要特性参数对照表》和《实物标准说明书》等。对需要有实物标样对照的文字标准，一般应在审查标准前有相应的实物标样。

《编制说明》内容包括：

（一）工作简况，包括任务来源、协作单位、主要工作过程、标准主要起草人及其所做的工作等；

（二）标准编制原则和确定标准主要内容（如技术指标、参数、公式、性能要求、试验方法、检验规则等）的论据（包括试验、统计数据），修订标准时，应增列新旧标准水平的对比；

（三）主要试验（或验证）的分析、综合报告，技术经济论证，预期的经济效果；

（四）采用国际标准和国外先进标准的程度，以及与国际、国外同类标准水平的对比情况，或与测试的国外样品、样机的有关数据对比情况；

（五）与有关的现行法律、法规和强制性标准的关系；

（六）重大分歧意见的处理经过和依据；

（七）标准作为强制性标准或推荐性标准的建议；

（八）贯彻标准的要求和措施建议（包括组织措施、技术措施、过渡办法等内容）；

（九）废止现行有关标准的建议；

（十）其他应予说明的事项。

第六条 文字标准征求意见稿和《编制说明》及有关附件，经负责起草单位的技术负责人审查后，印发主要生产、经销、使用、科研、检验等单位及大专院校广泛征求意见。必要时由技术委员会组织征求意见。

征求意见期限一般为两个月。负责起草单位对修改意见进行处理，并按表3汇总。《意见汇总处理表》应有10人以上的意见。逾期不复函，按无异议处理。对比较重大的意见，应说明论据。

第七条 文字标准起草单位应对征集的意见进行归纳整理，修改补充，提出标准送审材料，包括：

（一）标准送审稿；

（二）《编制说明》及有关附件；

（三）《意见汇总处理表》（格式按表3）。

实物标准送审材料包括：

（一）实物标样；

（二）实物标准研制报告及有关附件；

（三）实物标准质量鉴定定值报告。

项目承担单位应对所制定标准的质量及其技术内容全面负责。

第八条 技术委员会、技术归口单位应经常检查项目进展情况，指导和督促项目承担单位开展工作。每年六月底和十一月底之前，项目承担单位分别汇报一次项目进展情况。技术委员会、技术归口单位汇总后一个月内，报送质量标准司和对口业务司。未成立技术委员会和技术归口单位的将项目进展情况报送质量标准司和对口业务司。

第三章　标准审查

第九条　标准的审查，由技术委员会组织进行。未成立技术委员会的，由质量标准司或其委托的单位进行审查（组织审查单位以下简称组织者）。

项目承担单位在审查标准前两个月将送审材料和审查初步方案（包括标准审查委员会委员，审查方式，地点，时间等）报送组织者进行初审。组织者确定能否提交正式审查。必要时可退回项目承担单位重新征求意见，做进一步修改。初审通过的项目，由组织者确定审查方案。

第十条　凡已成立技术委员会的，由全体委员或全体分技术委员会委员组成标准审查委员会（简称审查委员会，下同）；未成立技术委员会的，审查前成立审查委员会。审查委员会设主任委员一人，副主任委员一至三人。委员必须具备中级以上职称。委员由各主要生产、经销、使用、科研、检验等单位及大专院校的代表组成，使用方面的代表不应少于四分之一。

第十一条　审查形式，一般采用会议审查（简称会审，下同），也可函审。对技术、经济意义重大，涉及面广，分歧意见较多的标准要采用会审。可组织多个标准集中审查。

组织者应在会审前一个月（或函审表决前两个月）将会议通知（或函审通知）和送审材料发送各审查委员。函审时，同时送《函审单》（格式按表 4）。

第十二条　标准审查的重点是：

（一）项目任务完成情况；

（二）制定标准依据，包括技术的科学性，先进性，经济性和实用性；

（三）执行 GB/T 1《标准化工作导则》情况；

（四）贯彻执行有关法律、法规、方针、政策，采用国际标准和国外先进标准及相关国家标准协调一致等情况；

（五）标准水平的评估；

（六）标准为强制性或推荐性标准的建议；

（七）标准的可操作性，预计五年内应用程度和社会经济效益；

（八）对标准实施的措施意见和建议以及可行性评价。

第十三条　会议代表出席率及函审回函率必须超过三分之二。会审时到会委员不得少于七人；函审时回函数不得少于十一人。

会议审查，原则上应协商一致。如需表决，必须有不少于出席会议代表人数的四分之三同意为通过；标准起草人不能参加表决，其所在单位的代表不能超过参加表决者的四分之一。函审时，回函中必须有四分之三同意为通过（未按规定时间回函投票者，按弃权计票）。

审查时分歧意见较多，不能协商一致时，由审查委员会将标准送审稿退回负责起草单位，修改后，重新申请审查。对标准或条款有分歧意见的，须提供不同观点的科学依据和论证材料。

第十四条　会议审查，应写出会议纪要，并附参加会议及未参加的委员名单。会议纪要包括会审结论、对不同意见的协调处理意见和其他有关情况（见第十二条）。会议纪要应经与会委员通过。函审应写出《函审结论》（格式按表 5），并附《函审单》（格式按表 4）。

文字标准起草单位根据审查意见进行修改。标准报批稿内容应与标准审查时审定的内容一致。如对技术内容有改动，必须经主任委员同意，并附有说明。

第十五条　实物标准初审通过后，由组织者确定定值单位。定值单位做出必要的检验后，提出《实物标准质量鉴定定值报告》。鉴定时间一般为两个月。

第十六条 项目承担单位按表6准备标准报批材料，按表7填写标准申报单，并在审定后两个月内，将标准报批材料报送组织者。

组织者对报批材料进行审核。不符合要求的，退回修改；符合要求的，在标准申报单上签字，并在一个月内报质量标准司。

本规定由农业部质量标准司负责解释。

本规定自公布之日起实施。

表（略）。

财政部、农业农村部关于实施渔业发展支持政策推动渔业高质量发展的通知

（2021 年 5 月 12 日发布，财农〔2021〕41 号）

各省、自治区、直辖市财政厅（局）、农业农村（农牧）厅（局、委），福建省海洋与渔业局，各计划单列市财政局、渔业主管局，新疆生产建设兵团财政局、农业农村局：

2015 年，国家对渔业补贴政策进行了改革调整，按照总量不减、存量调整、保障重点、统筹兼顾的思路，将补贴资金用于渔民减船转产、渔业装备和基础设施建设、渔船生产成本补贴等方面，取得了显著的经济、社会和生态效益，特别是在稳定渔区社会、增加渔民收入、养护水域生态资源、促进渔业转型升级等方面发挥了不可替代的作用，但也出现了一些新的情况和问题。为进一步推动渔业高质量发展，提高渔业现代化水平，构建渔业发展新格局，“十四五”期间继续实施渔业发展相关支持政策。经国务院同意，现将有关事项通知如下：

一、政策实施必要性

（一）推进渔业高质量发展，破解渔业发展难题的迫切需要。新时代我国渔业发展必须贯彻新发展理念，构建新发展格局，以高质量发展为主题，坚持深化改革，促进渔业高质高效、渔区宜居宜业、渔民富裕富足。当前，我国渔业发展面临的问题主要表现为数量规模和质量效益不平衡、发展不充分，迫切需要更好发挥政府引导作用，继续优化调整渔业发展相关支持政策。

（二）优化渔业产业结构，实现渔业转型升级的迫切需要。长期以来，我国近海捕捞渔船多、捕捞强度大，影响海洋捕捞业可持续发展。同时，水产养殖业高质量发展基础尚不稳固，创造出足够容纳捕捞渔民转产就业岗位还不够。压减近海捕捞强度，保护海洋渔业资源，促进养殖业、水产加工业等产业发展，推动优化渔业产业结构，实现渔业转型升级，迫切需要进一步优化完善渔业发展支持政策。

（三）顺应国际渔业补贴趋势，加强渔业对外合作的迫切需要。近年来，国际社会高度关注渔业补贴，我国坚定支持多边贸易体制，需顺应世界贸易组织渔业补贴谈判总体趋势，促进渔业高质量可持续发展。同时，需要坚持系统观念，发挥渔业独特优势和特色，继续强化渔业发展政策措施，积极践行“一带一路”倡议，加强对外合作和交流。

二、总体思路

（一）指导思想。以习近平新时代中国特色社会主义思想为指导，深入贯彻党的十九大和十九届二中、三中、四中、五中全会精神，认真落实党中央、国务院决策部署，坚持新发展理念，围绕做好“六稳”工作、落实“六保”任务，以推动渔业高质量发展为目标，按照总体稳定、结构优化、提质增效、绿色发展的思路，调整补助资金支出结

构和使用方向，构建与渔业资源养护和产业结构调整相协调的新时代渔业发展支持政策体系，为渔业现代化建设提供坚实保障。

（二）工作原则。

1. 总体稳定，适当调整。保持政策延续性、稳定性，聚焦推动渔业高质量发展。通过渔业发展补助资金重点支持国家出台和规划的重大政策、项目的实施；同时，通过其他一般性转移支付统筹用于贯彻落实国家渔业发展政策，促进各地区渔业发展、改革和管理等目标任务完成。

2. 保障民生，养护资源。坚持以人民为中心的发展理念，顺应国际渔业补贴趋势，取消成本直补，改变补贴方式，引导渔民养护渔业资源。鼓励地方开展减船转产渔民就业培训，为渔民提供就业机会和岗位。

3. 明确责任，平稳推进。落实政策调整和实施的主体责任，继续实施一般性转移支付省长负责制，强化省级统筹，省级农业农村部门会同财政部门用好资金，统筹做好渔业改革发展、渔区社会稳定等重点工作。

三、支持重点

（一）渔业发展补助资金主要支持纳入国家规划的重点项目以及促进渔业安全生产等设施设备更新改造等方面。一是支持建设国家级海洋牧场。重点支持国家级海洋牧场人工鱼礁、配套平台等内容，修复海洋生态环境，养护海洋渔业资源。二是支持建设现代渔业装备设施。重点支持开展近海捕捞渔船和远洋渔船以及渔船防污消防、救生通导、生产生活等设施设备更新改造，支持深水网箱和大型智能养殖装备等深远海养殖设施装备建设，支持水产品初加工和冷藏保鲜等设施装备建设。三是支持建设渔业基础公共设施。重点支持列入国家规划的沿海渔港经济区，对区域内渔港公益性基础设施开展更新改造和整治维护，支持建设远洋渔业基地。四是支持渔业绿色循环发展。重点支持集中连片的内陆养殖池塘标准化改造和养殖业尾水达标治理，智能水质监测与环境调控系统配备等方面。五是支持渔业资源调查养护和国际履约能力提升。重点支持履行国际公约养护国际渔业资源的远洋渔船，引导合理利用海洋渔业资源，支持开展渔业资源调查监测等。

（二）其他一般性转移支付主要支持地方政府统筹推动本地区渔业高质量发展。一是对遵守渔业资源养护规定的近海渔船发放渔业资源养护补贴，并严格控制补贴力度；补贴标准由农业农村部商财政部制定发布。二是由地方统筹用于渔业发展和管理的其他支出。主要用于近海渔民减船转产、水产养殖业绿色发展、渔政执法船艇码头等装备配备及运维、渔业信息化、水产品加工流通、近海渔船及船上设施更新改造、渔业资源养护等方面，落实国家渔业政策，完成相关工作任务目标。其中，要切实保障渔民减船转产补助资金需求，降低捕捞强度，保护海洋渔业资源。“十四五”期间，财政部、农业农村部对各地政策执行情况和效果将进行中期评估，并根据评估结果和形势变化情况，动态调整各地资金规模。

四、保障措施

（一）加强组织领导，落实工作责任。实施新一轮渔业发展支持政策是渔业补贴政策的重大调整，涉及渔民群众切身利益。各地区、各有关部门要从讲政治的高度，切实贯彻好、实施好、宣传好渔业发展相关支持政策，确保稳妥有序推进，确保渔区社会稳定。各地区要根据本通知精神，抓紧制定具体实施方案，明确基本思路、资金使用重点和具体安排、目标任务和预期效果等，并于2021年9月底前报财政部、农业农村部备案。财政部、农业农村部共同做好指导、监督与考核工作。

（二）加强监督检查，强化目标考核。中央有关部门、地方政府和有关部门要加强对渔业发展支持政策实施工作的分类指导和监督检查，把各地区实施方案明确的目标任务作为监督考核的重要依据，建立重大项目资金滚动安排机制，强化项目执行情况考核评估，把考核评估情况作为下一年度资金安排的重要依据，及时发现问题、完善政策。

（三）加强宣传引导，营造良好氛围。各地区要提高对渔业发展支持政策调整的认识，切实增强大局观念和责任意识，充分发挥政策导向作用，采取新媒体、传统媒体、信息公开和项目公示等多渠道多形式，组织做好政策解读和舆论引导等工作，积极争取渔民群众理解和支持，为渔业发展支持政策顺利实施营造良好社会氛围。

财政部

农业农村部

2021 年 5 月 12 日

（二）执法监督

农业部、公安部关于加强海上渔事纠纷和治安案件处理工作的通知

（2005年10月21日发布，农渔发〔2005〕33号）

近年来，由于海洋渔业体制的变化和渔船增多、渔场拥挤的矛盾日益突出，海上渔事纠纷增多。同时，由于海上渔事纠纷不能得到妥善处理而引发的治安案件数量也呈上升趋势，给渔民生命财产造成不必要的损失，已成为影响渔区社会稳定的消极因素，广大渔民对此反应强烈。为全面贯彻落实党中央提出的“执政为民”和构建社会主义和谐社会的要求，更好地维护海上正常的渔业作业秩序，防止和减少海上渔事纠纷及由此引发的治安案件发生，保障渔民群众的生命财产安全，现就进一步加强海上渔事纠纷和治安案件处理工作通知如下：

一、加强领导，高度重视海上渔事纠纷和治安案件处理工作

海上渔事纠纷具有突发性、易变性等特点，事关渔民生命财产安全和渔区社会稳定。沿海各级渔业行政主管部门和公安边防管理部门要在地方政府的领导下，将妥善处理海上渔事纠纷和有效防止渔事纠纷引发为治安案件，作为当前加强执政能力建设的一项重要内容，切实加强海上渔事纠纷及由此引发的治安案件处理工作的领导，做到领导落实、职能落实、制度落实、措施落实。

要不断加强对渔民的宣传、教育，增强渔民以协商方式解决海上渔事纠纷的意识，积极探索协商解决海上渔事纠纷的办法、途径，把为渔民服务工作落到实处。

要认真受理接报的每一起海上渔事纠纷或由此引发的治安案件。接报单位不得以任何借口相互推诿，贻误处理时机。对不属本部门职能范围或超出本单位处理能力的纠纷或案件，应及时向相关部门通报或向上级单位报告，力争把渔事纠纷控制在最低限度，尽可能避免海上渔事纠纷引发为治安案件。

要坚持公正、公平、公开原则，依法行政，严格执法，加强部门间、地区间的协调与合作，坚决杜绝地方保护主义。要在地方政府的领导下，建立部门间、地区间的海上渔事纠纷处理协调机制。

二、明确职责，充分发挥各部门作用

对海上渔业船舶间因船体碰撞、网具纠缠、捕捞渔船在养殖水域航行以及跨界交叉水域捕鱼权争议等原因引起的渔事纠纷，渔业行政主管部门要认真受理渔民的申诉，积极引导渔民在法律允许的范围内协商解决；对因渔事纠纷引发的故意破坏他人船舶设施、以暴力、胁迫等方式进行索赔、肆意抢夺他人渔获物或船载设备、敲诈勒索以及扣船、扣人、打人等违反治安管理行为，由公安边防管理部门依照有关治安管理法律法规处理；构成犯罪的，依法追究刑事责任。

（一）海上渔事纠纷以当事渔业船舶的船籍港渔业行政主管部门为主处理，船籍港

公安边防管理部门予以配合；当事渔业船舶不属同一船籍港的，由两个船籍港渔业行政主管部门的共同上级渔业行政主管部门指定处理，相关公安边防管理部门予以配合。

（二）在我国管辖海域因海上渔事纠纷引发的治安案件，由渔事纠纷发生地就近（以下简称“就近”）的公安边防管理部门为主处理，船籍港公安边防管理部门、船籍港和就近的渔业行政主管部门予以配合。在我国管辖海域以外因海上渔事纠纷引发的治安案件，由船籍港公安边防管理部门为主处理，船籍港渔业行政主管部门予以配合。

（三）必要时，农业部渔政指挥中心和公安部边防管理局可分别指定相关的渔业行政主管部门和公安边防管理部门，对海上渔事纠纷及由此引发的治安案件进行处理。

三、加强部门合作，建立协作机制

各部门凡接到海上渔事纠纷或由此引发的治安案件报告，应及时向当事渔业船舶船籍港渔业行政主管部门和公安边防管理部门或就近的渔业行政主管部门和公安边防管理部门通报。沿海各级渔业行政主管部门和公安边防管理部门要进一步加强合作，建立定期或不定期的联席会议制度，加强沟通，及时研究、解决管理中存在的问题。要在当地政府的领导下，积极探索建立包括其他相关部门参加的海上渔事纠纷处理协调机制，制定海上渔事纠纷及由此引发的治安案件处理工作程序。渔政部门和公安边防管理部门必要时可开展海上渔业秩序专项整治联合行动，整合资源优势，提高管理效率。

沿海各级渔业行政主管部门和公安边防管理部门要按照本通知要求，认真做好各项落实工作，采取切实有效的管理措施，共同维护海上正常的渔业作业秩序和渔区社会稳定。

二〇〇五年十月二十一日

农业农村部、中国海警局关于印发《海洋渔业行政处罚自由裁量基准（试行）》的通知

（2021 年 11 月 26 日发布，农渔发〔2021〕24 号）

沿海各省、自治区、直辖市农业农村、渔业厅（局、委），中国海警局各海区分局和直属局、省级海警局：

为规范海洋渔业行政处罚自由裁量标准，确保沿海各地各级渔政、海警机构公平、公正、合理实施渔业行政处罚，保障公民、法人和其他组织的合法权益，我部会同中国海警局制定了《海洋渔业行政处罚自由裁量基准（试行）》（以下简称《基准》）。现印发你们，并就有关事项明确如下。

一、沿海各地区各部门要在全面调查、准确认定违法行为及违法事实的基础上，对照《基准》实施行政处罚。

二、按照《基准》规定确定处罚阶次后，在调查过程中发现其他违法违规行为的，可以酌情上调处罚阶次。相关违法行为造成涉外渔业事件、安全生产事故或其他严重社会影响的，可以按情节严重或情节特别严重确定处罚阶次。当事人故意抛弃、转移、销毁非法捕捞渔获物的，可根据现场执法音视频记录、案发现场视频监控、证人证言等证据材料以及船舶长度、吨位、渔具数量等因素，综合确定处罚阶次。

三、沿海各地区各部门可结合实际，对《基准》进一步细化，制定本地区自由裁量基准。对同一违法行为，地方自由裁量基准设定了更严厉处罚标准的，优先适用地方自由裁量基准。

《基准》自印发之日起试行。执行过程中如有疑问与建议，请及时向农业农村部或中国海警局反馈。

联系电话：农业农村部 010-59193085

中国海警局 010-67418193

农业农村部

中国海警局

2021 年 11 月 26 日

附件：《海洋渔业行政处罚自由裁量基准（试行）》

海洋渔业行政处罚自由裁量基准（试行）

序号	违法行为	处罚依据	违法情节	认定标准	细化阶次	处罚内容
1	使用炸鱼、毒鱼、电鱼等破坏渔业资源方法进行捕捞	中华人民共和国渔业法》第三十八条第一款	严重	非法捕捞渔获物五百公斤以下或价值五千元以下	非法捕捞渔获物一百公斤以下或价值一千元以下	没收渔获物和违法所得，处一万元以上二万元以下罚款，没收渔具，吊销捕捞许可证
					非法捕捞渔获物一百公斤以上三百公斤以下或价值一千元以上三千元以下	没收渔获物和违法所得，处二万元以上三万元以下罚款，没收渔具，吊销捕捞许可证
					非法捕捞渔获物三百公斤以上五百公斤以下或价值三千元以上五千元以下	没收渔获物和违法所得，处三万元以上四万元以下罚款，没收渔具，吊销捕捞许可证
			特别严重	非法捕捞渔获物五百公斤以上或价值五千元以上	/	没收渔获物和违法所得，处四万元以上不超过五万元罚款，没收渔具，吊销捕捞许可证，可以没收渔船
2	违反禁渔期、禁渔区的规定进行捕捞	《中华人民共和国渔业法》第三十八条第一款	较轻	非法捕捞渔获物二百公斤以下或价值二千元以下	非法捕捞渔获物八十公斤以下或价值八百元以下	没收渔获物和违法所得，处二千元以上五千元以下罚款
					非法捕捞渔获物八十公斤以上一百四十公斤以下或价值八百元以上一千四百元以下	没收渔获物和违法所得，处五千元以上八千元以下罚款
					非法捕捞渔获物一百四十公斤以上二百公斤以下或价值一千四百元以上二千元以下	没收渔获物和违法所得，处八千元以上一万元以下罚款
			一般	非法捕捞渔获物二百公斤以上八百公斤以下或价值二千元以上八千元以下	非法捕捞渔获物二百公斤以上四百公斤以下或价值二千元以上四千元以下	没收渔获物和违法所得，处一万元以上一万四千元以下罚款
					非法捕捞渔获物四百公斤以上六百公斤以下或价值四千元以上六千元以下	没收渔获物和违法所得，处一万四千元以上一万八千元以下罚款
					非法捕捞渔获物六百公斤以上八百公斤以下或价值六千元以上八千元以下	没收渔获物和违法所得，处一万八千元以上二万二千元以下罚款
			严重	非法捕捞渔获物八百公斤以上一千五百公斤以下或价值八千元以上一万五千元以下	非法捕捞渔获物八百公斤以上一千公斤以下或价值八千元以上一万元以下	没收渔获物和违法所得,处二万二千元以上二万八千元以下罚款,没收渔具，吊销捕捞许可证
					非法捕捞渔获物一千公斤以上一千二百公斤以下或价值一万元以上一万二千元以下	没收渔获物和违法所得，处二万八千元以上三万四千元以下罚款，没收渔具，吊销捕捞许可证
					非法捕捞渔获物一千二百公斤以上一千五百公斤以下或价值一万二千元以上一万五千元以下	没收渔获物和违法所得，处三万四千元以上四万元以下罚款，没收渔具，吊销捕捞许可证
			特别严重	非法捕捞渔获物一千五百公斤以上或价值一万五千元以上	/	没收渔获物和违法所得，处四万元以上不超过五万元罚款，没收渔具，吊销捕捞许可证，可以没收渔船

（续）

序号	违法行为	处罚依据	违法情节	认定标准	细化阶次	处罚内容
3	使用禁用的渔具、捕捞方法进行捕捞	《中华人民共和国渔业法》第三十八条第一款	严重	非法捕捞渔获物八百公斤以下或价值八千元以下	非法捕捞渔获物三百公斤以下或价值三千元以下	没收渔获物和违法所得，处五千元以上一万五千元以下罚款，没收渔具，吊销捕捞许可证
					非法捕捞渔获物三百公斤以上五百公斤以下或价值三千元以上五千元以下	没收渔获物和违法所得，处一万五千元以上三万元以下罚款，没收渔具，吊销捕捞许可证
					非法捕捞渔获物五百公斤以上八百公斤以下或价值五千元以上八千元以下	没收渔获物和违法所得，处三万元以上四万元以下罚款，没收渔具，吊销捕捞许可证
			特别严重	非法捕捞渔获物八百公斤以上或价值八千元以上	/	没收渔获物和违法所得，处四万元以上不超过五万元罚款，没收渔具，吊销捕捞许可证，可以没收渔船
4	使用小于最小网目尺寸的网具进行捕捞	《中华人民共和国渔业法》第三十八条第一款	较轻	非法捕捞渔获物三百公斤以下或价值三千元以下	非法捕捞渔获物一百公斤以下或价值一千元以下	没收渔获物和违法所得，处三千元以上六千元以下罚款
					非法捕捞渔获物一百公斤以上二百公斤以下或价值一千元以上二千元以下	没收渔获物和违法所得，处六千元以上九千元以下罚款
					非法捕捞渔获物二百公斤以上三百公斤以下或价值二千元以上三千元以下	没收渔获物和违法所得，处九千元以上一万二千元以下罚款
			一般	非法捕捞渔获物三百公斤以上一千公斤以下或价值三千元以上一万元以下	非法捕捞渔获物三百公斤以上五百公斤以下或价值三千元以上五千元以下	没收渔获物和违法所得，处一万二千元以上一万六千元以下罚款
					非法捕捞渔获物五百公斤以上八百公斤以下或价值五千元以上八千元以下	没收渔获物和违法所得，处一万六千元以上二万元以下罚款
					非法捕捞渔获物八百公斤以上一千公斤以下或价值八千元以上一万元以下	没收渔获物和违法所得，处二万元以上二万四千元以下罚款
			严重	非法捕捞渔获物一千公斤以上二千公斤以下或价值一万元以上二万元以下	非法捕捞渔获物一千公斤以上一千三百公斤以下或价值一万元以上一万三千元以下	没收渔获物和违法所得，处二万四千元以上三万元以下罚款，没收渔具，吊销捕捞许可证
					非法捕捞渔获物一千三百公斤以上一千六百公斤以下或价值一万三千元以上一万六千元以下	没收渔获物和违法所得，处三万元以上三万五千元以下罚款，没收渔具，吊销捕捞许可证
					非法捕捞渔获物一千六百公斤以上二千公斤以下或价值一万六千元以上二万元以下	没收渔获物和违法所得，处三万五千元以上四万元以下罚款，没收渔具，吊销捕捞许可证
			特别严重	非法捕捞渔获物二千公斤以上或价值二万元以上	/	没收渔获物和违法所得，处四万元以上不超过五万元罚款，没收渔具，吊销捕捞许可证，可以没收渔船

（续）

序号	违法行为	处罚依据	违法情节	认定标准	细化阶次	处罚内容
5	渔获物中幼鱼超过规定比例	《中华人民共和国渔业法》第三十八条第一款	较轻	未达到可捕标准的幼鱼重量占渔获物中该品种重量比例百分之二十以上百分之三十以下	/	没收渔获物和违法所得，处一万五千元以下罚
			一般	未达到可捕标准的幼鱼重量占渔获物中该品种重量比例百分之三十以上百分之五十以下	/	没收渔获物和违法所得，处一万五千元以上二万五千元以下罚款
			严重	未达到可捕标准的幼鱼重量占渔获物中该品种重量比例百分之五十以上百分之八十以下	/	没收渔获物和违法所得，处二万五千元以上四万元以下罚款，没收渔具，吊销捕捞许可证
			特别严重	未达到可捕标准的幼鱼重量占渔获物中该品种重量比例百分之八十以上	/	没收渔获物和违法所得，处四万元以上不超过五万元罚款，没收渔具，吊销捕捞许可证，可以没收渔船
6	在禁渔区或者禁渔期内销售非法捕捞的渔获物	《中华人民共和国渔业法》第三十八条第二款	经查证确属在禁渔区或禁渔期内非法捕捞的，按第2项（违反禁渔区、禁渔期的规定进行捕捞）处罚			
7	制造、销售禁用的渔具	《中华人民共和国渔业法》第三十八条第三款	较轻	制造、销售禁用渔具的数量五十件以下或价值一千元以下	/	没收非法制造、销售的渔具和违法所得，并处三千元以下罚款
			一般	制造、销售禁用渔具的数量五十件以上一百件以下或价值一千元以上二千元以下	/	没收非法制造、销售的渔具和违法所得，并处三千元以上六千元以下罚款
			严重	制造、销售禁用渔具的数量一百件以上或价值二千元以上	/	没收非法制造、销售的渔具和违法所得，并处六千元以上不超过一万元罚款

（续）

序号	违法行为	处罚依据	违法情节	认定标准	细化阶次	处罚内容
8	未依法取得捕捞许可证擅自进行捕捞	《中华人民共和国渔业法》第四十一条	较轻	非法捕捞渔获物五百公斤以下或价值五千元以下	非法捕捞渔获物一百五十公斤以下或价值一千五百元以下	没收渔获物和违法所得，并处一万二千元以下罚款
					非法捕捞渔获物一百五十公斤以上三百公斤以下或价值一千五百元以上三千元以下	没收渔获物和违法所得，并处一万二千元以上二万三千元以下罚款
					非法捕捞渔获物三百公斤以上五百公斤以下或价值三千元以上五千元以下	没收渔获物和违法所得，并处二万三千元以上三万四千元以下罚款
			一般	非法捕捞渔获物五百公斤以上一千公斤以下或价值五千元以上一万元以下	非法捕捞渔获物五百公斤以上六百公斤以下或价值五千元以上六千元以下	没收渔获物和违法所得，并处三万四千元以上四万五千元以下罚款
					非法捕捞渔获物六百公斤以上八百公斤以下或价值六千元以上八千元以下	没收渔获物和违法所得，并处四万五千元以上五万六千元以下罚款
					非法捕捞渔获物八百公斤以上一千公斤以下或价值八千元以上一万元以下	没收渔获物和违法所得，并处五万六千元以上六万七千元以下罚款
			严重	非法捕捞渔获物一千公斤以上或价值一万元以上	非法捕捞渔获物一千公斤以上一千三百公斤以下或价值一万元以上一万三千元以下	没收渔获物和违法所得，并处六万七千元以上七万八千元以下罚款，并可以没收渔具和渔船
					非法捕捞渔获物一千三百公斤以上一千五百公斤以下或价值一万三千元以上一万五千元以下	没收渔获物和违法所得，并处七万八千元以上八万九千元以下罚款，并可以没收渔具和渔船
					非法捕捞渔获物一千五百公斤以上或价值一万五千元以上	没收渔获物和违法所得，并处八万九千元以上不超过十万元罚款，并可以没收渔具和渔船
9	违反捕捞许可证关于作业类型、场所、时限和渔具、数量的规定进行捕捞	《中华人民共和国渔业法》第四十二条	较轻	非法捕捞渔获物三百公斤以下或价值三千元以下	非法捕捞渔获物一百公斤以下或价值一千元以下	没收渔获物和违法所得，可以并处五千元以下罚款
					非法捕捞渔获物一百公斤以上二百公斤以下或价值一千元以上二千元以下	没收渔获物和违法所得，可以并处五千元以上一万元以下罚款
					非法捕捞渔获物二百公斤以上三百公斤以下或价值二千元以上三千元以下	没收渔获物和违法所得，可以并处一万元以上一万五千元以下罚款

（续）

序号	违法行为	处罚依据	违法情节	认定标准	细化阶次	处罚内容
9	违反捕捞许可证关于作业类型、场所、时限和渔具、数量的规定进行捕捞	《中华人民共和国渔业法》第四十二条	一般	非法捕捞渔获物三百公斤以上一千公斤以下或价值三千元以上一万元以下	非法捕捞渔获物三百公斤以上五百公斤以下或价值三千元以上五千元以下	没收渔获物和违法所得，可以并处一万五千元以上二万元以下罚款
					非法捕捞渔获物五百公斤以上七百公斤以下或价值五千元以上七千元以下	没收渔获物和违法所得，可以并处二万元以上二万五千元以下罚款
					非法捕捞渔获物七百公斤以上一千公斤以下或价值七千元以上一万元以下	没收渔获物和违法所得，可以并处二万五千元以上三万元以下罚款
			严重	非法捕捞渔获物一千公斤以上或价值一万元以上	非法捕捞渔获物一千公斤以上一千五百公斤以下或价值一万元以上一万五千元以下	没收渔获物和违法所得，可以并处三万元以上三万五千元以下罚款，并可以没收渔具，吊销捕捞许可证
					非法捕捞渔获物一千五百公斤以上二千公斤以下或价值一万五千元以上二万元以下	没收渔获物和违法所得，可以并处三万五千元以上四万元以下罚款，并可以没收渔具，吊销捕捞许可证
					非法捕捞渔获物二千公斤以上或价值二万元以上	没收渔获物和违法所得,可以并处四万元以上不超过五万元罚款,并可以没收渔具,吊销捕捞许可证
10	未经批准在水产种质资源保护区从事捕捞活动	《中华人民共和国渔业法》第四十五条	较轻	非法捕捞渔获物一百公斤以下	/	责令立即停止捕捞，没收渔获物和渔具，可以并处三千元以下罚款
			一般	非法捕捞渔获物一百公斤以上三百公斤以下	/	责令立即停止捕捞，没收渔获物和渔具，可以并处三千元以上六千元以下罚款
			严重	非法捕捞渔获物三百公斤以上	/	责令立即停止捕捞，没收渔获物和渔具，可以并处六千元以上不超过一万元罚款
11	涂改、买卖、出租或者以其他形式转让捕捞许可证	《中华人民共和国渔业法》第四十三条	一般	出租或出借捕捞许可证	/	没收违法所得、吊销捕捞许可证，可以并处五千元以下罚款
			严重	买卖或涂改捕捞许可证	/	没收违法所得、吊销捕捞许可证，可以并处五千元以上不超过一万元罚款

（续）

序号	违法行为	处罚依据	违法情节	认定标准	细化阶次	处罚内容
12	外国人、外国渔船擅自进入我国管辖水域从事渔业捕捞活动	《中华人民共和国渔业法》第四十六条、《中华人民共和国管辖海域外国人、外国船舶渔业活动管理暂行规定》第十二条、第十三	一般	进入专属经济区和大陆架从事渔业捕捞活动	非法捕捞渔获物一百公斤以下或价值一千元以下	责令离开或将其驱逐，可以没收渔获物、渔具，并处二十万元以下罚款
12	外国人、外国渔船擅自进入我国管辖水域从事渔业捕捞活动	《中华人民共和国渔业法》第四十六条、《中华人民共和国管辖海域外国人、外国船舶渔业活动管理暂行规定》第十二条、第十三	一般	进入专属经济区和大陆架从事渔业捕捞活动	非法捕捞渔获物一百公斤以上或价值一千元以上	责令离开或将其驱逐，可以没收渔获物、渔具，并处二十万元以上四十万元以下罚款
12	外国人、外国渔船擅自进入我国管辖水域从事渔业捕捞活动	《中华人民共和国渔业法》第四十六条、《中华人民共和国管辖海域外国人、外国船舶渔业活动管理暂行规定》第十二条、第十三	严重	进入领海和内水从事渔业捕捞活动	非法捕捞渔获物一百公斤以下或价值一千元以下	责令离开或将其驱逐，可以没收渔获物、渔具，并处二十五万元以下罚款，可以没收渔船
12	外国人、外国渔船擅自进入我国管辖水域从事渔业捕捞活动	《中华人民共和国渔业法》第四十六条、《中华人民共和国管辖海域外国人、外国船舶渔业活动管理暂行规定》第十二条、第十三	严重	进入领海和内水从事渔业捕捞活动	非法捕捞渔获物一百公斤以上或价值一千元以上	责令离开或将其驱逐，可以没收渔获物、渔具，并处二十五万元以上不超过五十万元罚款，可以没收渔船
13	外国人、外国渔船擅自进入我国管辖水域从事渔业资源调查活动	《中华人民共和国渔业法》第四十六条、《中华人民共和国管辖海域外国人、外国船舶渔业活动管理暂行规定》第十二条、第十三条	一般	进入专属经济区和大陆架从事渔业资源调查活动	尚未取得渔获物	责令离开或将其驱逐，可以没收渔具，并处十五万元以下罚款
13	外国人、外国渔船擅自进入我国管辖水域从事渔业资源调查活动	《中华人民共和国渔业法》第四十六条、《中华人民共和国管辖海域外国人、外国船舶渔业活动管理暂行规定》第十二条、第十三条	一般	进入专属经济区和大陆架从事渔业资源调查活动	已取得渔获物	责令离开或将其驱逐，可以没收渔获物、渔具，并处十五万元以上三十万元以下罚款
13	外国人、外国渔船擅自进入我国管辖水域从事渔业资源调查活动	《中华人民共和国渔业法》第四十六条、《中华人民共和国管辖海域外国人、外国船舶渔业活动管理暂行规定》第十二条、第十三条	严重	进入领海和内水从事渔业资源调查活动	尚未取得渔获物	责令离开或将其驱逐，可以没收渔具，并处二十万元以下罚款，可以没收渔船
13	外国人、外国渔船擅自进入我国管辖水域从事渔业资源调查活动	《中华人民共和国渔业法》第四十六条、《中华人民共和国管辖海域外国人、外国船舶渔业活动管理暂行规定》第十二条、第十三条	严重	进入领海和内水从事渔业资源调查活动	已取得渔获物	责令离开或将其驱逐，可以没收渔获物、渔具，并处二十万元以上不超过四十万元罚款，可以没收渔船
14	外国人、外国船舶在我国管辖水域未经批准从事补给或转载渔获物	《中华人民共和国渔业法》第四十六条、《中华人民共和国管辖海域外国人、外国船舶渔业活动管理暂行规定》第十二条、第十三条	一般	未经批准在专属经济区和大陆架内从事补给或转载渔获物	/	责令离开或将其驱逐，可以没收渔获物、渔具，并处不超过四十万元罚款
14	外国人、外国船舶在我国管辖水域未经批准从事补给或转载渔获物	《中华人民共和国渔业法》第四十六条、《中华人民共和国管辖海域外国人、外国船舶渔业活动管理暂行规定》第十二条、第十三条	严重	未经批准在领海和内水从事补给或转载渔获物	/	责令离开或将其驱逐，可以没收渔获物、渔具，并处不超过五十万元罚款，可以没收渔船
15	外国人、外国船舶经批准在中华人民共和国专属经济区和大陆架从事渔业生产、生物资源调查活动，未按许可的作业区域、时间、类型、船舶功率或吨位作业	《中华人民共和国管辖海域外国人、外国船舶渔业活动管理暂行规定》第十四条	较轻	取得渔获物五十公斤以下	/	可处以没收渔获物、没收渔具和十万元以下罚款
15	外国人、外国船舶经批准在中华人民共和国专属经济区和大陆架从事渔业生产、生物资源调查活动，未按许可的作业区域、时间、类型、船舶功率或吨位作业	《中华人民共和国管辖海域外国人、外国船舶渔业活动管理暂行规定》第十四条	一般	取得渔获物五十公斤以上一百公斤以下	/	可处以没收渔获物、没收渔具和十万元以上二十万元以下罚款
15	外国人、外国船舶经批准在中华人民共和国专属经济区和大陆架从事渔业生产、生物资源调查活动，未按许可的作业区域、时间、类型、船舶功率或吨位作业	《中华人民共和国管辖海域外国人、外国船舶渔业活动管理暂行规定》第十四条	严重	取得渔获物一百公斤以上	/	可处以没收渔获物、没收渔具和二十万元以上不超过三十万元罚款

（续）

序号	违法行为	处罚依据	违法情节	认定标准	细化阶次	处罚内容
16	外国人、外国船舶经批准在中华人民共和国专属经济区和大陆架从事渔业生产、生物资源调查活动，超过核定捕捞配额	《中华人民共和国管辖海域外国人、外国船舶渔业活动管理暂行规定》第十四条	较轻	超过配额百分之二十以下	/	可处以没收渔获物、没收渔具和十万元以下罚款
			一般	超过配额百分之二十以上百分之五十以下	/	可处以没收渔获物、没收渔具和十万元以上二十万元以下罚款
			严重	超过配额百分之五十以上	/	可处以没收渔获物、没收渔具和二十万元以上不超过三十万元罚款
17	外国人、外国船舶经批准在中华人民共和国专属经济区和大陆架从事渔业生产、生物资源调查活动，未按规定填写渔捞日志；未按规定向指定的监督机构报告船位、渔捞情况等信息；未按规定标识作业船舶；未按规定的网具规格和网目尺寸作业	《中华人民共和国管辖海域外国人、外国船舶渔业活动管理暂行规定》第十五条	一般	尚未取得渔获物	/	没收违法所得，可以并处二万五千元以下罚款
			严重	已取得渔获物	/	没收渔获物和违法所得，可以并处二万五千元以上不超过五万元罚款，并可以没收渔具，吊销捕捞许可证
18	未取得入渔许可进入中华人民共和国管辖水域或取得入渔许可但航行于许可作业区域以外的外国船舶，未将渔具收入舱内或未按规定捆扎、覆盖	《中华人民共和国管辖海域外国人、外国船舶渔业活动管理暂行规定》第十六条	一般	未携带我国禁用的渔具	/	可处以一万五千元以下罚款
			严重	携带我国禁用的渔具	/	可处以一万五千元以上不超过三万元罚款
19	外国船舶未经批准进出中华人民共和国渔港；违反船舶装运、装卸危险品规定；拒不服从渔政渔港监督管理机关指挥调度；拒不执行渔政渔港监督管理机关作出的离港、停航、改航、停止作业和禁止进、离港等决定	《中华人民共和国渔港水域交通安全管理条例》第十八条、《中华人民共和国管辖海域外国人、外国船舶渔业活动管理暂行规定》第十七条	一般	未造成水上安全生产事故	/	禁止其进、离港口，或令其停航、改航、停止作业，并可处以一万五千元以下罚款
			严重	造成水上安全生产事故	/	禁止其进、离港口，或令其停航、改航、停止作业，并可处以一万五千元以上不超过三万元罚款

（续）

序号	违法行为	处罚依据	违法情节	认定标准	细化阶次	处罚内容
20	外商投资的渔业企业未经国务院有关主管部门批准从事近海捕捞业	《中华人民共和国渔业法实施细则》第三十六条	较轻	非法捕捞渔获物五百公斤以下或价值五千元以下	/	没收渔获物和违法所得，可以并处三千元以上一万五千元以下罚款
			一般	非法捕捞渔获物五百公斤以上一千公斤以下或价值五千元以上一万元以下	/	没收渔获物和违法所得，可以并处一万五千元以上三万元以下罚款
			严重	非法捕捞渔获物一千公斤以上或价值一万元以上	/	没收渔获物和违法所得，可以并处三万元以上不超过五万元罚款
21	以收容救护为名买卖水生野生动物及其制品	《中华人民共和国野生动物保护法》第四十四条	较轻	价值二万五千元以下	/	没收水生野生动物及其制品、违法所得，并处水生野生动物及其制品价值二倍以上四倍以下罚款
			一般	价值二万五千元以上五万元以下	/	没收水生野生动物及其制品、违法所得，并处水生野生动物及其制品价值四倍以上七倍以下罚款
			严重	价值五万元以上	/	没收水生野生动物及其制品、违法所得，并处水生野生动物及其制品价值七倍以上不超过十倍罚款
22	未取得特许猎捕证猎捕、杀害国家重点保护水生野生动物	《中华人民共和国野生动物保护法》第四十五条	较轻	没有猎获物	未使用禁用的工具、方法，也未在相关自然保护区域、禁渔区、禁渔期进行猎捕	没收猎捕工具，并处一万元以上三万元以下罚款
					使用禁用的工具、方法，或在相关自然保护区域、禁渔区、禁渔期进行猎捕	没收猎捕工具，并处三万元以上不超过五万元罚款
			一般	价值一万元以下	价值五千元以下	没收猎获物、猎捕工具和违法所得，并处猎获物价值二倍以上四倍以下罚款
					价值五千元以上一万元以下	没收猎获物、猎捕工具和违法所得，并处猎获物价值四倍以上六倍以下罚款
			严重	价值一万元以上	价值一万元以上二万元以下	没收猎获物、猎捕工具和违法所得，并处猎获物价值六倍以上八倍以下罚款
					价值二万元以上	没收猎获物、猎捕工具和违法所得，并处猎获物价值八倍以上不超过十倍罚款

（续）

序号	违法行为	处罚依据	违法情节	认定标准	细化阶次	处罚内容
23	在相关自然保护区域、禁渔区、禁渔期猎捕国家重点保护水生野生动物	《中华人民共和国野生动物保护法》第四十五	较轻	没有猎获物	持有特许猎捕证，并且未使用禁用的工具、方法进行猎捕	没收猎捕工具，并处一万元以上三万元以下罚款
23	在相关自然保护区域、禁渔区、禁渔期猎捕国家重点保护水生野生动物	《中华人民共和国野生动物保护法》第四十五	较轻	没有猎获物	未持有特许猎捕证，或使用禁用的工具、方法进行猎捕	没收猎捕工具，并处三万元以上不超过五万元罚款
23	在相关自然保护区域、禁渔区、禁渔期猎捕国家重点保护水生野生动物	《中华人民共和国野生动物保护法》第四十五	一般	价值一万元以下	价值五千元以下	没收猎获物、猎捕工具和违法所得，吊销特许猎捕证，并处猎获物价值二倍以上四倍以下罚款
23	在相关自然保护区域、禁渔区、禁渔期猎捕国家重点保护水生野生动物	《中华人民共和国野生动物保护法》第四十五	一般	价值一万元以下	价值五千元以上一万元以下	没收猎获物、猎捕工具和违法所得，吊销特许猎捕证，并处猎获物价值四倍以上六倍以下罚款
23	在相关自然保护区域、禁渔区、禁渔期猎捕国家重点保护水生野生动物	《中华人民共和国野生动物保护法》第四十五	严重	价值一万元以上	价值一万元以上二万元以下	没收猎获物、猎捕工具和违法所得，吊销特许猎捕证，并处猎获物价值六倍以上八倍以下罚款
23	在相关自然保护区域、禁渔区、禁渔期猎捕国家重点保护水生野生动物	《中华人民共和国野生动物保护法》第四十五	严重	价值一万元以上	价值二万元以上	没收猎获物、猎捕工具和违法所得，吊销特许猎捕证，并处猎获物价值八倍以上不超过十倍罚款
24	使用禁用的工具、方法猎捕国家重点保护水生野生动物	《中华人民共和国野生动物保护法》第四十五条	较轻	没有猎获物	持有特许猎捕证，并且未在相关自然保护区域、禁渔区、禁渔期进行猎捕	没收猎捕工具，并处一万元以上三万元以下罚款
24	使用禁用的工具、方法猎捕国家重点保护水生野生动物	《中华人民共和国野生动物保护法》第四十五条	较轻	没有猎获物	未持有特许猎捕证，或在相关自然保护区域、禁渔区、禁渔期进行猎捕	没收猎捕工具，并处三万元以上不超过五万元罚款
24	使用禁用的工具、方法猎捕国家重点保护水生野生动物	《中华人民共和国野生动物保护法》第四十五条	一般	价值一万元以下	价值五千元以下	没收猎获物、猎捕工具和违法所得，吊销特许猎捕证，并处猎获物价值二倍以上四倍以下罚款
24	使用禁用的工具、方法猎捕国家重点保护水生野生动物	《中华人民共和国野生动物保护法》第四十五条	一般	价值一万元以下	价值五千元以上一万元以下	没收猎获物、猎捕工具和违法所得，吊销特许猎捕证，并处猎获物价值四倍以上六倍以下罚款
24	使用禁用的工具、方法猎捕国家重点保护水生野生动物	《中华人民共和国野生动物保护法》第四十五条	严重	价值一万元以上	价值一万元以上二万元以下	没收猎获物、猎捕工具和违法所得，吊销特许猎捕证，并处猎获物价值六倍以上八倍以下罚款
24	使用禁用的工具、方法猎捕国家重点保护水生野生动物	《中华人民共和国野生动物保护法》第四十五条	严重	价值一万元以上	价值二万元以上	没收猎获物、猎捕工具和违法所得，吊销特许猎捕证，并处猎获物价值八倍以上不超过十倍罚款

（续）

序号	违法行为	处罚依据	违法情节	认定标准	细化阶次	处罚内容
25	未按照特许猎捕证规定猎捕、杀害国家重点保护水生野生动物	《中华人民共和国野生动物保护法》第四十五条	较轻	没有猎获物	未使用禁用的工具、方法，也未在相关自然保护区域、禁渔区、禁渔期进行猎捕	没收猎捕工具，并处一万元以上三万元以下罚款
					使用禁用的工具、方法，或在相关自然保护区域、禁渔区、禁渔期进行猎捕	没收猎捕工具，并处三万元以上不超过五万元罚款
			一般	价值一万元以下	价值五千元以下	没收猎获物、猎捕工具和违法所得，吊销特许猎捕证，并处猎获物价值二倍以上四倍以下罚款
					价值五千元以上一万元以下	没收猎获物、猎捕工具和违法所得，吊销特许猎捕证，并处猎获物价值四倍以上六倍以下罚款
			严重	价值一万元以上	价值一万元以上二万元以下	没收猎获物、猎捕工具和违法所得，吊销特许猎捕证，并处猎获物价值六倍以上八倍以下罚款
					价值二万元以上	没收猎获物、猎捕工具和违法所得，吊销特许猎捕证，并处猎获物价值八倍以上不超过十倍罚款
26	未取得人工繁育许可证繁育国家重点保护水生野生动物	《中华人民共和国野生动物保护法》第四十七条	较轻	价值二万五千元以下	/	没收水生野生动物及其制品，并处水生野生动物及其制品价值一倍以上二倍以下罚款
			一般	价值二万五千元以上五万元以下	/	没收水生野生动物及其制品，并处水生野生动物及其制品价值二倍以上三倍以下罚款
			严重	价值五万元以上	/	没收水生野生动物及其制品，并处水生野生动物及其制品价值三倍以上不超过五倍罚款
27	未经批准、未取得或者未按照规定使用专用标识，或者未持有、未附有人工繁育许可证、批准文件的副本或者专用标识出售、购买、利用、运输、携带、寄递国家重点保护水生野生动物及其制品	《中华人民共和国野生动物保护法》第四十八条第一款	较轻	价值二万五千元以下	/	没收水生野生动物及其制品和违法所得，并处水生野生动物及其制品价值二倍以上六倍以下罚款
			一般	价值二万五千元以上五万元以下	/	没收水生野生动物及其制品和违法所得，并处水生野生动物及其制品价值六倍以上不超过十倍罚款
			严重	价值五万元以上	/	没收水生野生动物及其制品和违法所得，并处水生野生动物及其制品价值六倍以上不超过十倍罚款，没收水生野生动物及其制品和违法所得，吊销人工繁育许可证、撤销批准文件、收回专用标识

（续）

序号	违法行为	处罚依据	违法情节	认定标准	细化阶次	处罚内容
28	生产、经营使用国家重点保护水生野生动物及其制品制作食品，或者为食用非法购买国家重点保护的水生野生动物及其制品	《中华人民共和国野生动物保护法》第四十九条	较轻	价值五千元以下	/	责令停止违法行为，没收水生野生动物及其制品和违法所得，并处水生野生动物及其制品价值二倍以上五倍以下罚款
			一般	价值五千元以上一万元以下	/	责令停止违法行为，没收水生野生动物及其制品和违法所得，并处水生野生动物及其制品价值五倍以上八倍以下罚款
			严重	价值一万元以上	/	责令停止违法行为，没收水生野生动物及其制品和违法所得，并处水生野生动物及其制品价值八倍以上不超过十倍罚款
29	违法从境外引进水生野生动物物种	《中华人民共和国野生动物保护法》第五十三条	一般	引进未列入外来入侵物种名录的物种	/	没收所引进的水生野生动物，并处五万元以上十五万元以下罚款
			严重	引进列入外来入侵物种名录的物种	/	没收所引进的水生野生动物，并处十五万元以上不超过二十五万元罚款
30	违法将从境外引进的水生野生动物放归野外环境	《中华人民共和国野生动物保护法》第五十四条	一般	放归未列入外来入侵物种名录的物种	/	责令限期捕回，处一万元以上三万元以下罚款，逾期不捕回的，由有关水生野生动物保护主管部门代为捕回或采取降低影响的措施，所需费用由被责令限期捕回者承担
			严重	放归列入外来入侵物种名录的物种	/	责令限期捕回，处三万元以上不超过五万元罚款，逾期不捕回的，由有关水生野生动物保护主管部门代为捕回或采取降低影响的措施，所需费用由被责令限期捕回者承担
31	伪造、变造、买卖、转让、租借水生野生动物有关证件、专用标识或者有关批准文件	《中华人民共和国野生动物保护法》第五十五条	较轻	租借水生野生动物有关证件、专用标识或者有关批准文件	/	没收违法证件、专用标识、有关批准文件和违法所得，并处五万元以上十万元以下罚款
			一般	伪造、变造、买卖、转让水生野生动物有关证件、专用标识或者有关批准文件	/	没收违法证件、专用标识、有关批准文件和违法所得，并处十万元以上十七万元以下罚款
			严重	伪造、变造并买卖、转让、租借水生野生动物有关证件、专用标识或者有关批准文件	/	没收违法证件、专用标识、有关批准文件和违法所得，并处十七万元以上不超过二十五万元罚款

（续）

序号	违法行为	处罚依据	违法情节	认定标准	细化阶次	处罚内容
32	外国人未经批准在中国境内对国家重点保护的水生野生动物进行科学考察、标本采集、拍摄电影、录像	《中华人民共和国水生野生动物保护实施条例》第三十一条	较轻	尚未取得实质性资料或直接相关标本	/	没收考察、拍摄的资料，可以并处一万元以下罚款
			一般	已有实质性资料或直接相关标本，涉及国家二级重点保护水生野生动物	/	没收考察、拍摄的资料以及所获标本，可以并处一万元以上三万元以下罚款
			严重	已有实质性资料或直接相关标本，涉及国家一级重点保护水生野生动物	/	没收考察、拍摄的资料以及所获标本，可以并处三万元以上不超过五万元罚款
33	渔港水域内的船舶、海上设施未持有有效的证书、文书	《中华人民共和国海上交通安全法》第九十五条	较轻	持有部分的有效证书、文书但不全	/	责令改正，对违法船舶的所有人、经营人或管理人处三万元以上十万元以下罚款，并对船长和有关责任人员处三千元以上一万五千元以下罚款
			一般	未持有任何有效证书、文书，但不属于“三无”船舶	/	责令改正，对违法船舶的所有人、经营人或管理人处十万元以上十五万元以下罚款，并对船长和有关责任人员处一万五千元以上不超过三万元罚款
			严重	属于“三无”船舶	无伪造、变造、套用证书、文书行为	责令改正，对违法船舶的所有人、经营人或管理人处十五万元以上二十万元以下罚款，暂扣船长、责任船员的船员证书十八个月至二十四个月；对存在严重安全隐患的船舶，可以依法予以没收
					有伪造、变造、套用证书、文书行为	责令改正，对违法船舶的所有人、经营人或管理人处二十万元以上不超过三十万元罚款，暂扣船长、责任船员的船员证书二十四个月至三十个月，直至吊销船长、责任船员的船员证书；对船舶持有的伪造、变造证书、文书，予以没收；对存在严重安全隐患的船舶，可以依法予以没收

（续）

序号	违法行为	处罚依据	违法情节	认定标准	细化阶次	处罚内容
34	渔港水域内非军事船舶的实际状况与持有的证书、文书不符	《中华人民共和国海上交通安全法》第九十六条	较轻	不符之处不涉及船舶主尺度、吨位、船舶种类，也不涉及主机类型、数量、功率	/	责令改正，对违法船舶的所有人、经营人或管理人处二万元以上六万元以下罚款，对船长和有关责任人员处二千元以上六千元以下罚款
			一般	船舶主尺度、吨位、主机类型、数量与持有的证书、文书不符，或主机功率低于证书、文书载明的功率	/	责令改正，对违法船舶的所有人、经营人或管理人处六万元以上十万元以下罚款，对船长和有关责任人员处六千元以上一万元以下罚款
			严重	船舶主机功率超出证书、文书载明的功率	主机功率超出证书、文书载明的功率百分之五十以下	责令改正，对违法船舶的所有人、经营人或管理人处十万元以上十五万元以下罚款，对船长和有关责任人员处一万元以上一万五千元以下罚款，吊销违法船舶所有人、经营人或管理人的有关证书、文书，暂扣船长、责任船员的船员证书十二个月至十八个月
					主机功率超出证书、文书载明的功率百分之五十以上	责令改正，对违法船舶的所有人、经营人或管理人处十五万元以上不超过二十万元罚款，对船长和有关责任人员处一万五千元以上不超过二万元罚款，吊销违法船舶所有人、经营人或管理人的有关证书、文书，暂扣船长、责任船员的船员证书十八个月至二十四个月，直至吊销船员证书
35	将渔业船舶证书转让他船使用	《中华人民共和国渔业港航监督行政处罚规定》第十八条	一般	借用者未违反禁渔期、禁渔区规定，也未使用禁用的工具、方法进行捕捞	/	对转让船舶证书的船舶所有者或经营者处五百元以下罚款；对借用证书的船舶所有者或经营者处船价一倍以下罚款
			严重	借用者违反禁渔期、禁渔区规定，或使用禁用的工具、方法进行捕捞	/	对转让船舶证书的船舶所有者或经营者处五百元以上不超过一千元罚款；对借用证书的船舶所有者或经营者处船价一倍以上不超过二倍罚款

（续）

序号	违法行为	处罚依据	违法情节	认定标准	细化阶次	处罚内容
36	以欺骗、贿赂等不正当手段为中国籍渔业船舶取得相关证书、文书	《中华人民共和国海上交通安全法》第九十八条	一般	以欺骗、贿赂等不正当手段为中国籍渔业船舶取得除渔业船舶检验证书、渔业船舶所有权登记证书和渔业船舶国籍证书外的证书、文书	/	撤销有关许可，没收相关证书、文书，对船舶所有人、经营人或者管理人处四万元以上二十万元以下罚款
			严重	以欺骗、贿赂等不正当手段为中国籍渔业船舶取得渔业船舶检验证书、渔业船舶所有权登记证书或渔业船舶国籍证书	/	撤销有关许可，没收相关证书、文书，对船舶所有人、经营人或者管理人处二十万元以上不超过四十万元罚款
37	渔业船舶未经检验、未取得渔业船舶检验证书擅自下水作业	《中华人民共和国渔业船舶检验条例》第三十二条第一款	/	/	/	没收该渔业船舶
38	按照规定应当报废的渔业船舶继续作业	《中华人民共和国渔业船舶检验条例》第三十二条第二款	较轻	渔业船舶检验证书失效六个月以下	/	责令立即停止作业，收缴失效的渔业船舶检验证书，强制拆解应当报废的渔业船舶，并处二千元以上一万八千元以下罚款
			一般	渔业船舶检验证书失效六个月以上十二个月以下	/	责令立即停止作业，收缴失效的渔业船舶检验证书，强制拆解应当报废的渔业船舶，并处一万八千元以上三万四千元以下罚款
			严重	渔业船舶检验证书失效十二个月以上	/	责令立即停止作业，收缴失效的渔业船舶检验证书，强制拆解应当报废的渔业船舶，并处三万四千元以上不超过五万元罚款
39	渔业船舶应当申报营运检验或者临时检验而不申报	《中华人民共和国渔业船舶检验条例》第三十三条	较轻	逾期申报一个月以下	/	责令立即停止作业，限期申报检验；逾期仍不申报检验的，处一千元以上四千元以下罚款
			一般	逾期申报一个月以上三个月以下	/	责令立即停止作业，限期申报检验；逾期仍不申报检验的，处四千元以上不超过七千元罚款

（续）

序号	违法行为	处罚依据	违法情节	认定标准	细化阶次	处罚内容
39	渔业船舶应当申报营运检验或者临时检验而不申报	《中华人民共和国渔业船舶检验条例》第三十三条	严重	逾期申报三个月以上	/	责令立即停止作业，限期申报检验；逾期仍不申报检验的，处七千元以上不超过一万元罚款，并可以暂扣渔业船舶检验证书
40	使用未经检验合格的有关航行、作业和人身财产安全以及防止污染环境的重要设备、部件和材料，制造、改造、维修渔业船舶等行为	《中华人民共和国渔业船舶检验条例》第三十四条	较轻	维修渔业船舶	/	责令立即改正，处二千元以上八千元以下罚款；正在作业的，责令立即停止作业；拒不改正或拒不停止作业的，强制拆除非法使用的重要设备、部件和材料或暂扣渔业船舶检验证书
			一般	改造渔业船舶	/	责令立即改正，处八千元以上一万四千元以下罚款；正在作业的，责令立即停止作业；拒不改正或拒不停止作业的，强制拆除非法使用的重要设备、部件和材料或暂扣渔业船舶检验证书
			严重	制造渔业船舶	/	责令立即改正，处一万四千元以上不超过二万元罚款；正在作业的，责令立即停止作业；拒不改正或拒不停止作业的，强制拆除非法使用的重要设备、部件和材料或暂扣渔业船舶检验证书
41	渔港水域内非军事船舶未依法悬挂国旗，或者违法悬挂其他国家、地区或者组织的旗帜以及未按规定标明船名、船舶识别号、船籍港、载重线标志	《中华人民共和国海上交通安全法》第九十六条	较轻	未影响正确识别船舶信息	/	责令改正，对违法船舶的所有人、经营人或管理人处二万元以上十万元以下罚款，对船长和有关责任人员处二千元以上一万元以下罚款
			一般	影响正确识别船舶信息，但未冒充其他船舶	/	责令改正，对违法船舶的所有人、经营人或管理人处十万元以上不超过二十万元罚款，对船长和有关责任人员处一万元以上不超过二万元罚款
			严重	冒充其他船舶	/	吊销违法船舶所有人、经营人或管理人的有关证书、文书，暂扣船长、责任船员的船员证书十二个月至二十四个月，直至吊销船长、责任船员的船员证书

（续）

序号	违法行为	处罚依据	违法情节	认定标准	细化阶次	处罚内容
42	渔港水域内非军事船舶航行、停泊、作业违反相关安全管理规定	《中华人民共和国海上交通安全法》第一百零三条	较轻	未造成水上安全生产事故	/	责令改正，对违法船舶的所有人、经营人或管理人处二万元以上五万元以下罚款，对船长、责任船员处二千元以上一万元以下罚款，暂扣船员证书三个月至八个月
			一般	造成一般水上安全生产事故	/	责令改正，对违法船舶的所有人、经营人或管理人处五万元以上十万元以下罚款，对船长、责任船员处一万元以上不超过二万元罚款，暂扣船员证书八个月至十二个月
			严重	造成较大以上水上安全生产事故	/	责令改正，对违法船舶的所有人、经营人或管理人处十万元以上不超过二十万元罚款，吊销船长、责任船员的船员证书
43	渔港水域内非军事船舶遇险或者发生海上交通事故后未履行报告义务，或者存在瞒报、谎报情形	《中华人民共和国海上交通安全法》第一百一十条	较轻	报告不及时或内容不符合要求，但未谎报或瞒报，也未造成人员伤亡	/	对违法船舶的所有人、经营人或管理人处三千元以上一万五千元以下罚款，对船长、责任船员处二千元以上一万元以下罚款，暂扣船员证书六个月至十二个月
			一般	谎报或瞒报，但未造成人员伤亡	/	对违法船舶的所有人、经营人或管理人处一万五千元以上三万元以下罚款，对船长、责任船员处一万元以上不超过二万元罚款，暂扣船员证书十二个月至二十四个月
			严重	造成人员伤亡	/	对违法船舶的所有人、经营人或管理人处一万元以上不超过十万元罚款，吊销船长、责任船员的船员证书
44	渔港水域内非军事船舶发生海上交通事故后逃逸	《中华人民共和国海上交通安全法》第一百一十一条	一般	未影响事故调查处理，也未造成人员伤亡	/	对违法船舶的所有人、经营人或管理人处十万元以上三十万元以下罚款，对船长、责任船员处五千元以上二万五千元以下罚款并吊销船员证书，受处罚者终身不得重新申请
			严重	影响事故调查处理或造成人员伤亡	/	对违法船舶的所有人、经营人或管理人处三十万元以上不超过五十万元罚款，对船长、责任船员处二万五千元以上不超过五万元罚款并吊销船员证书，受处罚者终身不得重新申请

（续）

序号	违法行为	处罚依据	违法情节	认定标准	细化阶次	处罚内容
45	船舶进出渔港依照规定应当向渔政渔港监督管理机关报告而未报告	《中华人民共和国海上交通安全法》第一百零四条第二款	较轻	未造成水上安全生产事故	/	对违法船舶的所有人、经营人或管理人处三千元以上一万二千元以下罚款，对船长、责任船员或其他责任人员处五百元以上二千元以下罚款
			一般	造成一般水上安全生产事故	/	对违法船舶的所有人、经营人或管理人处一万二千元以上二万一千元以下罚款，对船长、责任船员或其他责任人员处二千元以上三千五百元以下罚款
			严重	造成较大以上水上安全生产事故	/	对违法船舶的所有人、经营人或管理人处二万一千元以上不超过三万元罚款，对船长、责任船员或其他责任人员处三千五百元以上不超过五千元罚款
46	渔港水域内非军事船舶不依法履行海上救助义务，不服从海上搜救中心指挥	《中华人民共和国海上交通安全法》第一百一十二条	较轻	未造成人员伤亡	/	对船舶的所有人、经营人或管理人处三万元以上十万元以下罚款，暂扣船长、责任船员的船员证书六个月至八个月
			一般	造成人员受伤，但无人死亡	/	对船舶的所有人、经营人或管理人处十万元以上二十万元以下罚款，暂扣船长、责任船员的船员证书八个月至十个月
			严重	造成人员死亡	/	对船舶的所有人、经营人或管理人处二十万元以上不超过三十万元罚款，暂扣船长、责任船员的船员证书十个月至十二个月，直至吊销船员证书
47	渔港水域内非军事船舶没有配备、不正确填写或污损、丢弃航海日志、轮机日志	《中华人民共和国渔业港航监督行政处罚规定》第二十条	一般	未影响事故调查处理	/	责令限期改正，并处二百元以上八百元以下罚款
			严重	影响事故调查处理	/	责令限期改正，并处八百元以上不超过一千元罚款
48	渔业船舶的配员不符合最低安全配员要求	《中华人民共和国海上交通安全法》第九十六条	较轻	职务船员比规定的最低配员标准少一人，但船上尚有持合法有效渔业船员证书的职务船员	/	对违法船舶的所有人、经营人或者管理人处二万元以上十万元以下罚款，对船长和有关责任人员处二千元以上一万元以下罚款

（续）

序号	违法行为	处罚依据	违法情节	认定标准	细化阶次	处罚内容
48	渔业船舶的配员不符合最低安全配员要求	《中华人民共和国海上交通安全法》第九十六条	一般	职务船员比规定的最低配员标准少一人以上三人以下，但船上尚有持合法有效渔业船员证书的职务船员	/	对违法船舶的所有人、经营人或者管理人处十万元以上不超过二十万元罚款，对船长和有关责任人员处一万元以上不超过二万元罚款
			严重	职务船员比规定的最低配员标准少三人以上，或船上无持合法有效渔业船员证书的职务船员	/	吊销违法船舶所有人、经营人或者管理人的有关证书、文书，暂扣船长、责任船员的船员证书十二个月至二十四个月，直至吊销船员证书
49	在渔业船舶上工作未持有渔业船员证书或者所持渔业船员证书不符合要求	《中华人民共和国海上交通安全法》第九十七条	较轻	船上人员均持有渔业船员证书，但部分普通船员的证书不符合要求	/	对船舶的所有人、经营人或管理人处一万元以上三万元以下罚款，对责任船员处三千元以上一万元以下罚款
			一般	船上部分人员未持有渔业船员证书，或部分职务船员的证书不符合要求	/	对船舶的所有人、经营人或管理人处三万元以上不超过十万元罚款，对责任船员处一万元以上不超过三万元罚款
			严重	船上所有人员均未持有渔业船员证书，或所有人员的证书均不符合要求	未造成水上安全生产事故	对船舶的所有人、经营人或管理人处三万元以上十二万元以下罚款，暂扣责任船员的船员证书六个月至九个月
					造成一般水上安全生产事故	对船舶的所有人、经营人或管理人处十二万元以上二十一万元以下罚款，暂扣责任船员的船员证书九个月至十二个月
					造成较大以上水上安全生产事故	对船舶的所有人、经营人或管理人处二十一万元以上不超过三十万元罚款，吊销责任船员的船员证书
50	以欺骗、贿赂等不正当手段取得渔业船员证书	《中华人民共和国海上交通安全法》第九十八条	一般	以欺骗、贿赂等不正当手段取得普通船员证书	/	撤销有关许可，没收船员证书，对责任人员处五千元以上二万五千元以下罚款
			严重	以欺骗、贿赂等不正当手段取得职务船员证书	/	撤销有关许可，没收船员证书，对责任人员处二万五千元以上不超过五万元罚款

（续）

序号	违法行为	处罚依据	违法情节	认定标准	细化阶次	处罚内容
51	伪造、变造、转让渔业船员证书	《中华人民共和国渔业船员管理办法》第四十一条	一般	伪造、变造、转让普通船员证书	/	收缴有关证件，处二万元以上六万元以下罚款，有违法所得的，还应当没收违法所得
			严重	伪造、变造、转让职务船员证书	/	收缴有关证件，处六万元以上不超过十万元罚款，有违法所得的，还应当没收违法所得
52	渔业船员在船工作期间未携带有效的渔业船员证书	《中华人民共和国渔业船员管理办法》第四十二条	一般	违法行为人为普通船员	/	责令改正，可以处一千元以下罚款
			严重	违法行为人为职务船员	/	责令改正，可以处一千元以上不超过二千元罚款
53	渔业船员在船工作期间未遵守法律法规和安全生产管理规定，未遵守渔业生产作业及防治船舶污染操作规程	《中华人民共和国渔业船员管理办法》第四十三条	较轻	未造成水上安全生产事故	/	处一千元以上五千元以下罚款
			一般	造成一般水上安全生产事故	/	处五千元以上不超过一万元罚款
			严重	造成较大以上水上安全生产事故	/	处五千元以上不超过一万元罚款，并暂扣船员证书六个月以上不超过二年，直至吊销船员证书
54	渔业船员在船工作期间未执行船舶的管理制度；未服从船长及上级职务船员在其职权范围内发布的命令；未参加船舶应急训练、演习，按照船舶应急部署的要求，落实各项应急预防措施	《中华人民共和国渔业船员管理办法》第四十二条	一般	未造成水上安全生产事故	/	警告
			严重	造成一般以上水上安全生产事故	/	处二百元以上不超过二千元罚款
55	渔业船员利用渔业船舶私载、超载人员和货物或者携带违禁品	《中华人民共和国渔业船员管理办法》第四十三条	较轻	未造成水上安全生产事故	/	处一千元以上五千元以下罚款
			一般	造成一般水上安全生产事故	/	处五千元以上不超过一万元罚款
			严重	造成较大以上水上安全生产事故	/	处五千元以上不超过一万元罚款，并暂扣船员证书六个月以上不超过二年，直至吊销船员证书

（续）

序号	违法行为	处罚依据	违法情节	认定标准	细化阶次	处罚内容
56	渔业船员在生产航次中辞职或者擅自离职	《中华人民共和国渔业船员管理办法》第四十二条第三款	较轻	未造成水上安全生产事故	/	处一千元以上五千元以下罚款
			一般	造成一般水上安全生产事故	/	处五千元以上一万元以下罚款
			严重	造成较大以上水上安全生产事故	/	处一万元以上不超过二万元罚款
57	渔业船员未保持安全值班，违反规定摄入可能影响安全值班的食品、药品或者其他物品，或者有其他违反海上船员值班规则的行为	《中华人民共和国海上交通安全法》第九十九条	较轻	未造成水上安全生产事故	/	对船长、责任船员处一千元以上五千元以下罚款，或暂扣船员证书三个月至七个月
			一般	造成一般水上安全生产事故	/	对船长、责任船员处五千元以上不超过一万元罚款，或暂扣船员证书七个月至十二个月
			严重	造成较大以上水上安全生产事故	/	吊销船长、责任船员的船员证书
58	渔业船舶的船长未确保渔业船舶和船员携带符合法定要求的证书、文书以及有关航行资料；船舶进港、出港、靠泊、离泊，通过交通密集区、危险航区等区域，或遇有恶劣天气和海况等紧急情况时，未在驾驶台值班，或未在必要时直接指挥船舶	《中华人民共和国渔业船员管理办法》第四十四条第一款	较轻	未造成水上安全生产事故	/	处二千元以上一万元以下罚款
			一般	造成一般水上安全生产事故	/	处一万元以上二万元以下罚款
			严重	造成较大以上水上安全生产事故	/	处一万元以上不超过二万元罚款，并暂扣船员证书六个月以上不超过二年，直至吊销船员证书
59	渔业船舶的船长未在渔业船员证书内如实记载渔业船员的履职情况	《中华人民共和国渔业船员管理办法》第四十四条第一款	一般	记载不全，但无隐瞒或虚假内容	/	处二千元以上不超过二万元罚款
			严重	记载中有隐瞒或虚假内容	/	处二千元以上不超过二万元罚款，并暂扣船员证书六个月以上不超过二年，直至吊销船员证书

（续）

序号	违法行为	处罚依据	违法情节	认定标准	细化阶次	处罚内容
60	渔业船舶的船长在弃船时未最后离船	《中华人民共和国渔业船员管理办法》第四十四条第一款	一般	未造成船上人员伤亡或财产损失	/	处二千元以上不超过二万元罚款
			严重	造成船上人员伤亡或财产损失	/	处二千元以上不超过二万元罚款，并暂扣船员证书六个月以上不超过二年，直至吊销船员证书
61	渔业船舶的船长未全力保障在船人员安全，或发生水上安全事故危及船上人员或财产安全时，未组织船员尽力施救	《中华人民共和国渔业船员管理办法》第四十四条第三款	一般	未造成船上人员伤亡或财产损失	/	处二千元以上一万元以下罚款
			严重	造成船上人员伤亡或财产损失	/	处一万元以上不超过二万元罚款
62	发生涉外事件、公海登临和港口国检查时，渔业船舶的船长未立即向渔政渔港监督管理机构报告，或未在规定的时间内提交书面报告	《中华人民共和国渔业船员管理办法》第四十四条第三款	一般	报告不及时，但无隐瞒或虚假内容	/	处二千元以上一万元以下罚款
			严重	报告有隐瞒或虚假内容	/	处一万元以上不超过二万元罚款
63	未经渔政渔港监督管理机关批准或者未按照批准文件的规定，在渔港内装卸易燃、易爆、有毒等危险货物	《中华人民共和国渔业港航监督行政处罚规定》第十条	一般	未按照批准文件的规定，在渔港内装卸易燃、易爆、有毒等危险货物	/	责令停止作业，并对船长或直接责任人予以警告，并可处五百元以上七百五十元以下罚款
			严重	未经渔政渔港监督管理机关批准，在渔港内装卸易燃、易爆、有毒等危险货物	/	责令停止作业，并对船长或直接责任人予以警告，并可处七百五十元以上不超过一千元罚款
64	未经渔政渔港监督管理机关许可在渔港内从事海上施工作业	《中华人民共和国海上交通安全法》第一百零五条第一款	较轻	未造成水上安全生产事故或环境污染事故	/	责令改正，对违法船舶、海上设施的所有人、经营人或管理人处三万元以上十万元以下罚款，对船长、责任船员处三千元以上一万五千元以下罚款，或暂扣船员证书六个月至九个月

（续）

序号	违法行为	处罚依据	违法情节	认定标准	细化阶次	处罚内容
64	未经渔政渔港监督管理机关许可在渔港内从事海上施工作业	《中华人民共和国海上交通安全法》第一百零五条第一款	一般	造成一般水上安全生产事故或一般环境污染事故	/	责令改正，对违法船舶、海上设施的所有人、经营人或管理人处十万元以上二十万元以下罚款，对船长、责任船员处一万五千元以上不超过三万元罚款，或暂扣船员证书九个月至十二个月
			严重	造成较大以上水上安全生产事故或较大以上环境污染事故	/	责令改正，对违法船舶、海上设施的所有人、经营人或管理人处二十万元以上不超过三十万元罚款，吊销船长、责任船员的船员证书
65	在渔港内从事有碍海上交通安全的捕捞、养殖等生产活动	《中华人民共和国渔业港航监督行政处罚规定》第十条	一般	未造成险情或水上安全生产事故	/	责令停止作业，并对船长或直接责任人予以警告，并可处五百元以上七百五十元以下罚款
			严重	造成险情或水上安全生产事故	/	责令停止作业，并对船长或直接责任人予以警告，并可处七百五十元以上不超过一千元罚款
66	在非紧急情况下，未经渔政渔港监督管理机关批准，滥用烟火信号、信号枪、无线电设备、号笛及其他遇险求救信号	《中华人民共和国渔业港航监督行政处罚规定》第二十条	一般	未影响渔港正常运行秩序	/	责令限期改正，并处二百元以上六百元以下罚款
			严重	影响渔港正常运行秩序	/	责令限期改正，并处六百元以上不超过一千元罚款
67	有关单位、个人拒绝、阻碍渔政渔港监督管理机关监督检查，或者在接受监督检查时弄虚作假	《中华人民共和国海上交通安全法》第一百一十三条	较轻	未拒绝监督检查，但有弄虚作假行为	/	处二千元以上六千元以下罚款，暂扣船长、责任船员的船员证书六个月至十二个月
			一般	拒绝、阻碍监督检查，但未以暴力手段抵抗检查	/	处六千元以上一万元以下罚款，暂扣船长、责任船员的船员证书十二个月至十八个月
			严重	以暴力手段抵抗检查	/	处一万元以上不超过二万元罚款，暂扣船长、责任船员的船员证书十八个月至二十四个月，直至吊销船长、责任船员的船员证书
68	渔港水域内非军事船舶和渔港水域外渔业船舶向海域排放禁止排放的污染物	《中华人民共和国海洋环境保护法》第七十三条第一款；《防治船舶污染海洋环境管理条例》第五十八条	一般	造成重大及以下环境污染事故	/	责令停止违法行为、限期改正或责令采取限制生产、停产整治等措施，并处以三万元以上不超过二十万元罚款；拒不改正的，可以自责令改正之日的次日起，按照原罚款数额按日连续处罚

（续）

序号	违法行为	处罚依据	违法情节	认定标准	细化阶次	处罚内容
68	渔港水域内非军事船舶和渔港水域外渔业船舶向海域排放禁止排放的污染物	《中华人民共和国海洋环境保护法》第七十三条第一款；《防治船舶污染海洋环境管理条例》第五十八条	严重	造成特别重大环境污染事故	/	报经有批准权的人民政府批准，责令停业
69	渔港水域内非军事船舶和渔港水域外渔业船舶发生海洋污染事故或者其他突发性事件不按照规定报告	《中华人民共和国海洋环境保护法》第七十四条第一款	较轻	报告不及时或报告内容不符合要求，但未谎报或瞒报，也未造成海洋污染损害扩大	/	警告
			一般	谎报或瞒报，但未造成海洋污染损害扩大	/	处以二万元以下罚款
			严重	不按规定报告，造成海洋污染损害扩大	/	处以二万元以上不超过五万元罚款
70	渔港水域内非军事船舶和渔港水域外渔业船舶造成珊瑚礁、红树林等海洋生态系统及海洋水产资源、海洋保护区破坏	《中华人民共和国海洋环境保护法》第七十六条	较轻	造成直接经济损失一万元以下	/	责令限期改正和采取补救措施，并处一万元以上三万元以下罚款；有违法所得的，没收其违法所得
			一般	造成直接经济损失一万元以上三万元以下	/	责令限期改正和采取补救措施，并处三万元以上六万元以下罚款；有违法所得的，没收其违法所得
			严重	造成直接经济损失三万元以上	/	责令限期改正和采取补救措施，并处六万元以上不超过十万元罚款；有违法所得的，没收其违法所得
71	渔港水域内非军事船舶和渔港水域外渔业船舶未配备防污设施、器材	《中华人民共和国海洋环境保护法》第八十七条	较轻	防污设施、器材配备不全，但未造成环境污染事故	/	警告
			一般	防污设施、器材配备不全，造成一般环境污染事故	/	处以二万元以上六万元以下罚款
			严重	未配备任何防污设施、器材，或造成较大以上环境污染事故	/	处以六万元以上不超过十万元罚款

（续）

序号	违法行为	处罚依据	违法情节	认定标准	细化阶次	处罚内容
72	渔港水域内非军事船舶和渔港水域外渔业船舶未持有防污证书、防污文书，或者不按照规定记载排污记录	《中华人民共和国海洋环境保护法》第八十七条	一般	持有防污证书、防污文书，但未按照规定记载排污记录	/	警告，或处以一万元以下罚款
			严重	未持有防污证书、防污文书	/	处以一万元以上不超过二万元以下罚款
73	渔港水域内非军事船舶和渔港水域外渔业船舶不编制溢油应急计划	《中华人民共和国海洋环境保护法》第八十八条	/	/	/	警告，或责令限期改正
74	渔港水域内排放污染物的非军事船舶以及渔港水域外排放污染物的渔业船舶拒绝渔政渔港监督管理机关现场检查，或者在被检查时弄虚作假	《中华人民共和国海洋环境保护法》第七十五条	较轻	未拒绝现场检查，但有弄虚作假行为	/	警告，并处五千元以下罚款
			一般	拒绝现场检查，但未以暴力手段抵抗检查	/	警告，并处五千元以上一万五千元以下罚款
			严重	以暴力手段抵抗检查	/	警告，并处一万五千元以上不超过二万元罚款
75	渔港水域内废油船未经洗舱、排污、清舱和测爆即行拆解	《防止拆船污染环境管理条例》第十七条第二款	一般	未造成海洋环境污染事故或水上安全生产事故	/	责令限期纠正，并处以一万元以上三万元以下罚款
			严重	造成海洋环境污染事故或水上安全生产事故	造成一般环境污染事故或水上安全生产事故	责令限期纠正，还可处以三万元以上五万元以下罚款
					造成较大环境污染事故或水上安全生产事故	责令限期纠正，还可处以五万元以上七万元以下罚款
					造成重大以上环境污染事故或水上安全生产事故	责令限期纠正，还可处以七万元以上不超过十万元罚款
76	渔港水域内拆船造成海洋环境污染损害	《中华人民共和国海洋环境保护法》第八十七条	一般	造成一般海洋环境污染事故	/	处五万元以上十万元以下罚款
			严重	造成较大以上海洋环境污染事故	造成较大环境污染事故	处十万元以上十五万元以下罚款
					造成重大以上环境污染事故	处十五万元以上不超过二十万元罚款

（续）

序号	违法行为	处罚依据	违法情节	认定标准	细化阶次	处罚内容
77	渔港水域内拆船单位发生污染损害事故，不向渔政渔港监督管理机关报告也不采取消除或者控制污染措施	《防止拆船污染环境管理条例》第十七条第一款	一般	未造成污染损害扩大	/	责令限期纠正，还可处以一万元以上五万元以下罚款
			严重	造成污染损害扩大	/	责令限期纠正，还可处以五万元以上不超过十万元罚款
78	渔港水域内拆船发生污染损害事故，虽采取消除或者控制污染措施，但不向渔政渔港监督管理机关报告	《防止拆船污染环境管理条例》第十八条	一般	未造成污染损害扩大	/	责令限期纠正，还可给予警告或者处以五千元以下罚款
			严重	造成污染损害扩大	/	责令限期纠正，还可给予警告或者处以五千元以上不超过一万元罚款
79	擅自设置、使用渔业无线电台（站）	《中华人民共和国无线电管理条例》第七十条	较轻	擅自设置渔业无线电台（站），但尚未使用	/	责令改正，没收从事违法活动的设备和违法所得，可以并处一万五千元以下罚款；拒不改正的，并处五万元以上十万元以下罚款
			一般	擅自使用渔业无线电台（站），但未造成水上安全生产事故	/	责令改正，没收从事违法活动的设备和违法所得，可以并处一万五千元以上三万元以下罚款；拒不改正的，并处十万元以上十五万元以下罚款
			严重	擅自使用渔业无线电台（站），且造成水上安全生产事故	/	责令改正，没收从事违法活动的设备和违法所得，可以并处三万元以上不超过五万元罚款；拒不改正的，并处十五万元以上不超过二十万元罚款
80	擅自设置、使用渔业无线电台（站）从事诈骗等违法活动，尚不构成犯罪	《中华人民共和国无线电管理条例》第七十条	较轻	违法所得十万元以下	/	责令改正，没收从事违法活动的设备和违法所得，并处二十万元以上三十万元以下罚款
			一般	违法所得十万元以上二十万元以下	/	责令改正，没收从事违法活动的设备和违法所得，并处三十万元以上四十万元以下罚款
			严重	违法所得二十万元以上	/	责令改正，没收从事违法活动的设备和违法所得，并处四十万元以上不超过五十万元罚款

（续）

序号	违法行为	处罚依据	违法情节	认定标准	细化阶次	处罚内容
81	擅自转让渔业无线电频率	《中华人民共和国无线电管理条例》第七十一条	较轻	未造成水上安全生产事故，也未被利用实施违法犯罪活动	/	责令改正，没收违法所得；拒不改正的，并处违法所得一倍以上二倍以下罚款；没有违法所得或违法所得不足十万元的，处一万元以上五万元以下罚款
			一般	造成一般水上安全生产事故，但未被利用实施违法犯罪活动	/	责令改正，没收违法所得；拒不改正的，并处违法所得二倍以上不超过三倍罚款；没有违法所得或违法所得不足十万元的，处五万元以上不超过十万元罚款
			严重	造成较大以上水上安全生产事故，或被利用实施违法犯罪活动	/	责令改正，没收违法所得，吊销渔业无线电频率使用许可证
82	使用无线电发射设备、辐射无线电波的非无线电设备对渔业无线电频率产生有害干扰	《中华人民共和国无线电管理条例》第七十三条	较轻	未造成水上安全生产事故	/	责令改正，拒不改正的，没收产生有害干扰的设备，并处二十万元以上三十万元以下罚款
			一般	造成一般水上安全生产事故	/	责令改正，拒不改正的，没收产生有害干扰的设备，并处三十万元以上四十万元以下罚款
			严重	造成较大以上水上安全生产事故	/	责令改正，拒不改正的，没收产生有害干扰的设备，并处四十万元以上不超过五十万元罚款
83	触碰渔业航标不报告	《中华人民共和国航标条例》第二十一条	较轻	未造成航标损坏、失常、移位或漂失	/	处以五千元以下罚款；造成损失的，应当依法赔偿
			一般	造成航标损坏、失常、移位或漂失，但未引发水上安全生产事故	/	处以五千元以上一万元以下罚款；造成损失的，应当依法赔偿
			严重	造成航标损坏、失常、移位或漂失，引发水上安全生产事故	/	处以一万元以上不超过二万元罚款；造成损失的，应当依法赔偿

（续）

序号	违法行为	处罚依据	违法情节	认定标准	细化阶次	处罚内容
84	危害渔业航标及其辅助设施或者影响渔业航标工作效能	《中华人民共和国航标条例》第二十二条	一般	未造成水上安全生产事故	/	责令限期改正，给予警告，并处一千元以下罚款；造成损失的，应当依法赔偿
			严重	造成水上安全生产事故	/	责令限期改正，给予警告，并处一千元以上不超过二千元罚款；造成损失的，应当依法赔偿
85	未经渔业航标管理机关同意擅自设置、撤除渔业专用航标，移动渔业专用航标位置或者改变航标灯光、功率等其他状况，或者设置临时渔业航标不符合渔业渔政主管部门确定的航标设置点	《中华人民共和国海上交通安全法》第一百条	一般	未造成一般水上安全生产事故	/	责令改正
			严重	造成水上安全生产事故	/	责令改正，处三万元以上不超过十万元罚款
86	渔港水域内碍航物的所有人、经营人或者管理人未按照有关强制性标准和技术规范的要求及时设置警示标志；未向渔业渔政主管部门报告碍航物的名称、形状、尺寸、位置和深度；未在渔业渔政主管部门限定的期限内打捞清除碍航物	《中华人民共和国海上交通安全法》第一百零六条	一般	未造成水上安全生产事故	/	责令改正，处二万元以上五万元以下罚款；逾期未改正的，渔业渔政主管部门有权依法实施代履行，代履行的费用由碍航物的所有人、经营人或者管理人承担
			严重	造成水上安全生产事故	造成一般水上安全生产事故	责令改正，处五万元以上十万元以下罚款；逾期未改正的，渔业渔政主管部门有权依法实施代履行，代履行的费用由碍航物的所有人、经营人或者管理人承担
					造成较大水上安全生产事故	责令改正，处十万元以上十五万元以下罚款；逾期未改正的，渔业渔政主管部门有权依法实施代履行，代履行的费用由碍航物的所有人、经营人或者管理人承担
					造成重大以上水上安全生产事故	责令改正，处十五万元以上不超过二十万元罚款；逾期未改正的，渔业渔政主管部门有权依法实施代履行，代履行的费用由碍航物的所有人、经营人或者管理人承担

注：本表中“以上”包含本数，“以下”不包含本数。

依法惩治长江流域非法捕捞等违法犯罪的意见

（2020 年 12 月 17 日发布，公通字〔2020〕17 号）

为依法惩治长江流域非法捕捞等危害水生生物资源的各类违法犯罪，保障长江流域禁捕工作顺利实施，加强长江流域水生生物资源保护，推进水域生态保护修复，促进生态文明建设，根据有关法律、司法解释的规定，制定本意见。

一、提高政治站位，充分认识长江流域禁捕的重大意义

长江流域禁捕是贯彻习近平总书记关于“共抓大保护、不搞大开发”的重要指示精神，保护长江母亲河和加强生态文明建设的重要举措，是为全局计、为子孙谋，功在当代、利在千秋的重要决策。各级人民法院、人民检察院、公安机关、农业农村（渔政）部门要增强“四个意识”、坚定“四个自信”、做到“两个维护”，深入学习领会习近平总书记重要指示批示精神，把长江流域重点水域禁捕工作作为当前重大政治任务，用足用好法律规定，依法严惩非法捕捞等危害水生生物资源的各类违法犯罪，加强行政执法与刑事司法衔接，全力摧毁“捕、运、销”地下产业链，为推进长江流域水生生物资源和水域生态保护修复，助力长江经济带高质量绿色发展提供有力法治保障。

二、准确适用法律，依法严惩非法捕捞等危害水生生物资源的各类违法犯罪

（一）依法严惩非法捕捞犯罪。违反保护水产资源法规，在长江流域重点水域非法捕捞水产品，具有下列情形之一的，依照刑法第三百四十条的规定，以非法捕捞水产品罪定罪处罚：

1. 非法捕捞水产品五百公斤以上或者一万元以上的；

2. 非法捕捞具有重要经济价值的水生动物苗种、怀卵亲体或者在水产种质资源保护区内捕捞水产品五十公斤以上或者一千元以上的；

3. 在禁捕区域使用电鱼、毒鱼、炸鱼等严重破坏渔业资源的禁用方法捕捞的；

4. 在禁捕区域使用农业农村部规定的禁用工具捕捞的；

5. 其他情节严重的情形。

（二）依法严惩危害珍贵、濒危水生野生动物资源犯罪。在长江流域重点水域非法猎捕、杀害中华鲟、长江鲟、长江江豚或者其他国家重点保护的珍贵、濒危水生野生动物，价值二万元以上不满二十万元的，应当依照刑法第三百四十一条的规定，以非法猎捕、杀害珍贵、濒危野生动物罪，处五年以下有期徒刑或者拘役，并处罚金；价值二十万元以上不满二百万元的，应当认定为“情节严重”，处五年以上十年以下有期徒刑，并处罚金；价值二百万元以上的，应当认定为“情节特别严重”，处十年以上有期徒刑，并处罚金或者没收财产。

（三）依法严惩非法渔获物交易犯罪。明知是在长江流域重点水域非法捕捞犯罪所得的水产品而收购、贩卖，价值一万元以上的，应当依照刑法第三百一十二条的规定，

以掩饰、隐瞒犯罪所得罪定罪处罚。

非法收购、运输、出售在长江流域重点水域非法猎捕、杀害的中华鲟、长江鲟、长江江豚或者其他国家重点保护的珍贵、濒危水生野生动物及其制品，价值二万元以上不满二十万元的，应当依照刑法第三百四十一条的规定，以非法收购、运输、出售珍贵、濒危野生动物、珍贵、濒危野生动物制品罪，处五年以下有期徒刑或者拘役，并处罚金；价值二十万元以上不满二百万元的，应当认定为“情节严重”，处五年以上十年以下有期徒刑，并处罚金；价值二百万元以上的，应当认定为“情节特别严重”，处十年以上有期徒刑，并处罚金或者没收财产。

（四）依法严惩危害水生生物资源的单位犯罪。水产品交易公司、餐饮公司等单位实施本意见规定的行为，构成单位犯罪的，依照本意见规定的定罪量刑标准，对直接负责的主管人员和其他直接责任人员定罪处罚，并对单位判处罚金。

（五）依法严惩危害水生生物资源的渎职犯罪。对长江流域重点水域水生生物资源保护负有监督管理、行政执法职责的国家机关工作人员，滥用职权或者玩忽职守，致使公共财产、国家和人民利益遭受重大损失的，应当依照刑法第三百九十七条的规定，以滥用职权罪或者玩忽职守罪定罪处罚。

负有查禁破坏水生生物资源犯罪活动职责的国家机关工作人员，向犯罪分子通风报信、提供便利，帮助犯罪分子逃避处罚的，应当依照刑法第四百一十七条的规定，以帮助犯罪分子逃避处罚罪定罪处罚。

（六）依法严惩危害水生生物资源的违法行为。实施上述行为，不构成犯罪的，由农业农村（渔政）部门等依据《渔业法》等法律法规予以行政处罚；构成违反治安管理行为的，由公安机关依法给予治安管理处罚。

（七）贯彻落实宽严相济刑事政策。多次实施本意见规定的行为构成犯罪，依法应当追诉的，或者二年内二次以上实施本意见规定的行为未经处理的，数量数额累计计算。

实施本意见规定的犯罪，具有下列情形之一的，从重处罚：(1) 暴力抗拒、阻碍国家机关工作人员依法履行职务，尚未构成妨害公务罪的；(2) 二年内曾因实施本意见规定的行为受过处罚的；(3) 对长江生物资源或水域生态造成严重损害的；(4) 具有造成重大社会影响等恶劣情节的。具有上述情形的，一般不适用不起诉、缓刑、免予刑事处罚。

非法捕捞水产品，根据渔获物的数量、价值和捕捞方法、工具等情节，认为对水生生物资源危害明显较轻的，可以认定为犯罪情节轻微，依法不起诉或者免予刑事处罚，但是曾因破坏水产资源受过处罚的除外。

非法猎捕、收购、运输、出售珍贵、濒危水生野生动物，尚未造成动物死亡，综合考虑行为手段、主观罪过、犯罪动机、获利数额、涉案水生生物的濒危程度、数量价值以及行为人的认罪悔罪态度、修复生态环境情况等情节，认为适用本意见规定的定罪量刑标准明显过重的，可以结合具体案件的实际情况依法作出妥当处理，确保罪责刑相适应。

三、健全完善工作机制，保障相关案件的办案效果

（一）做好退捕转产工作。根据有关规定，对长江流域捕捞渔民按照国家和所在地相关政策开展退捕转产，重点区域分类实行禁捕。要按照中央要求，加大投入力度，落实相关补助资金，根据渔民具体情况，分类施策、精准帮扶，通过发展产业、务工就业、支持创业、公益岗位等多种方式促进渔民转产就业，切实维护退捕渔民的权益，保

障退捕渔民的生计。

（二）加强禁捕行政执法工作。长江流域各级农业农村（渔政）部门要加强禁捕宣传教育引导，对重点水域禁捕区域设立标志，建立“护渔员”协管巡护制度，不断提高人防技防水平，确保禁捕制度顺利实施。要强化执法队伍和能力建设，严格执法监管，加快配备禁捕执法装备设施，加大行政执法和案件查处力度，有效落实长江禁捕要求。对非法捕捞涉及的无船名船号、无船籍港、无船舶证书的船舶，要完善处置流程，依法予以没收、拆解、处置。要加大对制销禁用渔具等违法行为的查处力度，对制造、销售禁用渔具的，依法没收禁用渔具和违法所得，并予以罚款。要加强与相关部门协同配合，强化禁捕水域周边区域管理和行政执法，加强水产品交易市场、餐饮行业管理，依法依规查处非法捕捞和收购、加工、销售、利用非法渔获物等行为，斩断地下产业链。要加强行政执法与刑事司法衔接，对于涉嫌犯罪的案件，依法及时向公安机关移送。对水生生物资源保护负有监管职责的行政机关违法行使职权或者不作为，致使国家利益或者社会公共利益受到侵害的，检察机关可以依法提起行政公益诉讼。

（三）全面收集涉案证据材料。对于农业农村（渔政）部门等行政机关在行政执法和查办案件过程中收集的物证、书证、视听资料、电子数据等证据材料，在刑事诉讼或者公益诉讼中可以作为证据使用。农业农村（渔政）部门等行政机关和公安机关要依法及时、全面收集与案件相关的各类证据，并依法进行录音录像，为案件的依法处理奠定事实根基。对于涉案船只、捕捞工具、渔获物等，应当在采取拍照、录音录像、称重、提取样品等方式固定证据后，依法妥善保管；公安机关保管有困难的，可以委托农业农村（渔政）部门保管；对于需要放生的渔获物，可以在固定证据后先行放生；对于已死亡且不宜长期保存的渔获物，可以由农业农村（渔政）部门采取捐赠捐献用于科研、公益事业或者销毁等方式处理。

（四）准确认定相关专门性问题。对于长江流域重点水域禁捕范围（禁捕区域和时间），依据农业农村部关于长江流域重点水域禁捕范围和时间的有关通告确定。涉案渔获物系国家重点保护的珍贵、濒危水生野生动物的，动物及其制品的价值可以根据国务院野生动物保护主管部门综合考虑野生动物的生态、科学、社会价值制定的评估标准和方法核算。其他渔获物的价值，根据销赃数额认定；无销赃数额、销赃数额难以查证或者根据销赃数额认定明显偏低的，根据市场价格核算；仍无法认定的，由农业农村（渔政）部门认定或者由有关价格认证机构作出认证并出具报告。对于涉案的禁捕区域、禁捕时间、禁用方法、禁用工具、渔获物品种以及对水生生物资源的危害程度等专门性问题，由农业农村（渔政）部门于二个工作日以内出具认定意见；难以确定的，由司法鉴定机构出具鉴定意见，或者由农业农村部指定的机构出具报告。

（五）正确认定案件事实。要全面审查与定罪量刑有关的证据，确保据以定案的证据均经法定程序查证属实，确保综合全案证据，对所认定的事实排除合理怀疑。既要审查犯罪嫌疑人、被告人的供述和辩解，更要重视对相关物证、书证、证人证言、视听资料、电子数据等其他证据的审查判断。对于携带相关工具但是否实施电鱼、毒鱼、炸鱼等非法捕捞作业，是否进入禁捕水域范围以及非法捕捞渔获物种类、数量等事实难以直接认定的，可以根据现场执法音视频记录、案发现场周边视频监控、证人证言等证据材料，结合犯罪嫌疑人、被告人的供述和辩解等，综合作出认定。

（六）强化工作配合。人民法院、人民检察院、公安机关、农业农村（渔政）部门要依法履行法定职责，分工负责，互相配合，互相制约，确保案件顺利移送、侦查、起诉、审判。对于阻挠执法、暴力抗法的，公安机关要依法及时处置，确保执法安全。犯罪嫌疑人、被告人自愿如实供述自己的罪行，承认指控的犯罪事实，愿意接受处罚的，可以依法从宽处理；对于犯罪情节轻微，依法不需要判处刑罚或者免除刑罚的，人民检察院可以作出不起诉决定。对于实施危害水生生物资源的行为，致使社会公共利益受到侵害的，人民检察院可以依法提起民事公益诉讼。对于人民检察院作出不起诉决定、人民法院作出无罪判决或者免予刑事处罚，需要行政处罚的案件，由农业农村（渔政）部门等依法给予行政处罚。

（七）加强宣传教育。人民法院、人民检察院、公安机关、农业农村（渔政）部门要认真落实“谁执法谁普法”责任制，结合案件办理深入细致开展法治宣传教育工作。要选取典型案例，以案释法，加大警示教育，震慑违法犯罪分子，充分展示依法惩治长江流域非法捕捞等违法犯罪、加强水生生物资源保护和水域生态保护修复的决心。要引导广大群众遵纪守法，依法支持和配合禁捕工作，为长江流域重点水域禁捕的顺利实施营造良好的法治和社会环境。

农业部关于印发《渔业行政执法六条禁令》的通知

（2004年7月14日印发，农渔发〔2004〕22号）

各省、自治区、直辖市及计划单列市、新疆生产建设兵团渔业主管厅（局），各海区渔政渔港监督管理局：

近年来，各级渔业行政主管部门不断加强渔业行政执法队伍建设，推进依法行政，取得了显著成绩。但是，一些地方还存在部分渔业行政执法人员违反有关行业管理规定，不文明执法和侵犯渔民合法权益的现象，造成了不良的社会影响。为严明纪律，树立渔业行政执法队伍的良好形象，我部制定了《渔业行政执法六条禁令》（以下简称《禁令》），现印发给你们，请认真贯彻执行。有关工作要求如下：

一、强化组织领导。各级渔业行政主管部门的主要领导要充分认识渔业行政执法人员违法违纪行为的严重危害性和实施《禁令》的重要意义，切实加强组织领导，将《禁令》要求落到实处，务求取得明显成效。同时，要将其作为一项长期任务，坚持常抓不懈，不断巩固和深化整治成果。

二、狠抓贯彻落实。各级渔业行政主管部门要制订具体实施方案，对渔业行政执法队伍中的违法违纪行为，要从严治理，做到发现一起，严肃查处一起，决不姑息。有关案件的查处情况向社会公布，并向上级渔业行政主管部门报告。

三、组织自查、整改。各级渔业行政主管部门要组织本辖区渔业行政执法单位和人员认真学习《禁令》，熟记内容，并进行自查，对发现的问题要及时整改。

四、动员社会监督。各级渔业行政主管部门要充分利用有效的宣传手段，动员广大渔民群众和社会各界对渔业行政执法人员遵守和执行《禁令》的情况进行监督，并设立举报电话，向社会公布。农业部举报电话为（010）64192948。

特此通知

中华人民共和国农业部
二〇〇四年七月十四日

附件　渔业行政执法六条禁令

一、严禁着渔业行政执法制服进入各类营业性娱乐场所消费。

二、严禁无法定依据或不开具有效票据处罚、收费。

三、严禁索要、收受管理相对人钱物。

四、严禁私分罚没款和罚没物。

五、严禁弄虚作假、滥用职权、不按规定条件和程序办理渔业管理相关证书及证件。

六、严禁参与和从事渔业生产经营活动。

渔业行政执法机构工作人员违反上述禁令的，视情节予以纪律处分、吊销行政执法证或取消有关证书及证件签发人资格，直至调离渔业行政执法队伍。涉嫌犯罪的，移送司法机关依法处理。对违反上述禁令行为不纠不查、包庇袒护的，追究有关领导责任。

本禁令自下发之日起施行。

农业部发出关于加强渔业统一综合执法工作的通知

（1999年7月14日发布，农渔发〔1999〕6号）

为适应建立社会主义市场经济体制和渔业可持续发展的需要，全面推进“依法治渔、以法兴渔”，有效地维护国家的渔业权益，根据我国行政执法体制改革和实行农业综合执法的总体要求，现就进一步完善和加强全国渔业行政执法工作有关事宜通知如下：

一、认清形势，充分认识加强渔业综合执法工作的必要性和紧迫性

改革开放以来，以《中华人民共和国渔业法》颁布施行为标志，我国渔业步入了“依法治渔、以法兴渔”的新时期，渔业法制建设取得了历史性的进步。进入九十年代，随着我国渔业的迅猛发展和国际渔业立法与管理的变化，出现了一系列新情况、新问题。一是，在渔业生产快速发展的同时，水产资源衰退和渔业水域环境污染的状况日益严重，加强资源和生态环境保护，实现渔业可持续发展显得越来越紧迫，而且工作难度很大；二是，随着渔业经济发展，渔业活动范围不断扩大，渔业管理工作从过去以水产资源和渔船管理为主，逐步扩展到水域生态环境保护，水生野生动植物保护，渔业无线电管理，水产种苗、水产种质资源、水产品质量以及远洋渔业的监督管理等方面，依法管理和规范渔业活动的任务日益繁重。三是，为适应世界新的海洋制度的建立，1996年我国颁布了《中华人民共和国专属经济区和大陆架法》，开始实施200海里专属经济区制度。在这一背景下，近年我先后与日本、韩国签署（或草签）了政府间渔业协定，不久将要实施。同时，周边国家与我争夺海洋渔业资源的斗争也日趋尖锐，形势非常严峻。与俄罗斯、蒙古等国的界江、界湖水产资源管理问题也越来越突出。加强协定水域和周边涉外渔业管理，对外维护国家渔业权益，保护广大渔民的正当利益，已成为我国渔业管理的一项十分艰巨和重要的任务。

长期以来，各级渔业行政主管部门及其所属的渔政渔港监督管理机构，依法行使渔业监督管理职能，在保护渔业资源，维护渔业生产秩序，促进渔业法制化管理方面发挥了重要的作用。但也必须看到，我国现行的渔业行政执法体制存在一些突出的问题和弊端，已越来越不适应新形势的要求，主要表现在：渔业资源的公有共享性与渔业行政执法分级管理的矛盾日益突出，统一管理过于薄弱，地方保护主义严重，加大了渔业资源和生态环境保护的难度，严重影响了渔业执法的效果；渔业行政执法机构设置不规范，名称混乱，渔政、渔监、船检等机构多头执法，监督管理职能分割，难以形成合力，削弱了执法管理的力度；一些渔业执法机构靠收费、罚没款维持运转，执法的严肃性和公正性受到严重影响，也限制了执法队伍自身素质的提高。广大渔民群众对这种状况反映非常强烈。

总之，现行多头、分散的和“收支不

分”的渔业行政执法体制存在很大弊端，必须进行改革。

二、实现渔业统一综合执法的指导思想和主要内容

（一）改革的指导思想：根据党的十五大提出的推进依法治国和国家对行政执法体制改革的总体要求，依照《中华人民共和国渔业法》确定的“统一领导、分级管理”的原则，突出强化统一行政执法职能，建立一支高素质的、规范化的、统一的渔业综合执法队伍，以更有效地行使国家法律赋予的渔政渔港监督管理职能。

（二）改革的主要内容：重点是强化统一管理职能，改多头、分散执法为统一、综合执法，规范机构名称，完善执法体系，尽快实现渔业行政执法机构收支两条线。

1. 为强化渔业统一综合执法，在现有渔政、渔港监督执法队伍的基础上，组建一支处罚主体统一的渔业综合执法队伍，综合行使渔政、渔港监督、渔船检验，水产种苗及水产品质量管理的监督检查职能和法律法规赋予的行政处罚权。省（自治区、直辖市）、市（地）、县渔业综合执法队伍分别称为渔业行政执法总队（简称渔政执法总队）、渔业行政执法支队（简称渔政执法支队）、渔业行政执法大队（简称渔政执法大队）。

2. 省（自治区、直辖市）渔业行政主管部门可加挂“渔政渔港监督管理局”的牌子，承担渔政、渔港监督和渔船检验等行政职能，内陆渔船少的省（自治区、直辖市）渔业行政主管部门可简称为“渔政管理局”。有200海里专属经济区渔业管理和涉外渔业管理任务的，对外可称“中华人民共和国××省（自治区、直辖市）渔政渔港监督管理局”，依法代表国家统一对外行使渔政渔港监督管理权。

要加强对省级以下渔业综合执法的业务领导。市（地）、县级渔业综合执法机构负责人的任免，应报经上一级渔业执法机构同意。要切实加强渔业综合执法队伍的建设，严把进人关，所有执法人员一律要经过培训取得相应的合格证书，凭证上岗。

3. 根据中央对行政执法体制改革的要求以及《国务院批转农业部关于进一步加快渔业发展意见的通知》（国发〔1997〕3号）和中办、国办《关于转发〈监察部、财政部、国家发展计划委员会、中国人民银行、审计署关于1999年落实行政事业性和罚没收入“收支两条线”规定工作的意见〉的通知》（中办发〔1999〕21号）的有关精神，渔业行政主管部门要向各级人民政府做好汇报工作，争取将渔业综合执法队伍纳入公务员序列或参照公务员管理，尽快实行收支两条线。

三、加强领导，积极推进渔业行政执法体制改革

实行统一、综合执法，是现行渔业行政执法体制的一项重大改革，是切实保障渔业可持续发展、有效维护国家渔业权益的重大措施，对我国渔业行政执法队伍的规范化、现代化建设具有重大的意义。对此，各级渔业行政主管部门及其渔政渔港监督管理机构一定要统一思想，高度重视。要充分认识到改革的紧迫性和复杂性，深入细致地做好调查研究工作，根据我部的统一要求和部署，在对本地区渔业行政执法机构设置情况进行全面调查的基础上，结合本地的实际情况，提出具体的实施方案，并认真向各级政府做好汇报工作。要加强对此项工作的组织领导，取得各级政府和有关部门的理解和支持，积极稳妥地将渔业行政执法体制改革推向深入。各地在实施中遇到的具体问题请及时报告我部。

农业部

一九九九年七月十四日

农业农村部关于加强渔政执法能力建设的指导意见

（2021 年 11 月 8 日发布，农渔发〔2021〕23 号）

各省、自治区、直辖市农业农村（农牧）、渔业厅（局、委），新疆生产建设兵团农业农村局：

加强渔政执法监管对保障国家渔业权益、维护渔业生产秩序、保护渔民群众生命财产安全、推进水域生态文明建设具有重要意义。进入新时代，长江“十年禁渔”、涉外渔业管理、海洋渔业资源管理、渔业安全生产监管等执法任务对机构职责、体制机制、能力保障等方面提出了新的更高要求。为贯彻落实《中共中央 国务院关于全面推进乡村振兴加快农业农村现代化的意见》和《中共中央办公厅 国务院办公厅关于深化农业综合行政执法改革的指导意见》等文件部署要求，现就加强渔政执法能力建设提出如下指导意见。

一、总体要求

（一）指导思想。以习近平新时代中国特色社会主义思想为指导，贯彻落实党的十九大和十九届二中、三中、四中、五中、六中全会精神，坚持问题导向和目标导向，全方位强化渔政执法队伍建设，深化严格规范公正文明执法，提升渔业治理能力和治理体系现代化水平，为渔业高质量发展和乡村全面振兴提供坚强支撑保障。

（二）主要目标。到 2025 年，权责清晰、上下贯通、横向联动、指挥顺畅、保障有力、廉洁高效的渔政执法体系更加健全，渔政执法装备科技信息化水平进一步提升，渔政执法人员素质进一步提高，多部门执法协作机制进一步完善，渔政执法能力适应新时代重大执法任务需要。

二、健全执法机构，完善执法机制

（三）健全渔政执法机构。沿海、内陆大江大湖和边境交界等水域渔业执法任务较重、已经设有渔政执法机构的，继续保持相对独立设置；整合进入农业综合行政执法机构的，推动在农业综合行政执法机构上加挂渔政执法机构牌子。加强渔政执法队伍建设，强化渔政执法力量，按照水域特点和执法任务量，配齐配强渔政执法人员，确保事人相配、任务明确、责任到人。明确省市县执法职责，推动责任下压、重心下移、保障下倾，增强基层实力、提升基层战斗力。推动在边境交界水域和沿海重要渔区建设部省共建共管渔政执法基地，强化国家渔业权益维护，改善渔政执法条件。加强沿海渔港监督力量建设，沿海一级以上重点渔港全面实施驻港监管。加快推进长江流域“一江两湖七河”渔政执法能力建设，确保长江沿岸渔政执法机构全部达到“六有”（有健全执法机构、有充足执法人员、有执法经费保障、有专业执法装备、有协助巡护队伍、有公开举报电话）标准。

（四）加强辅助人员管理。建立渔政执法辅助人员管理制度，加强辅助人员基础素质考核，严把人员入口关。强化日常管理，辅助人员取得适任职务船员证书后方可驾驶渔政执法船艇，禁止独立从事行政检查、行政强制、行政处罚等工作。渔政执法辅助人员着装和辅助执法标志可由省级渔业渔政主管部门根据本地区工作实际情况作出规定。充分发挥渔民熟悉水情渔情优势，鼓励以渔民志愿者为主组建渔政协助巡护队伍。

（五）深化全面执法合作。建立健全与同级外事、公安、海警、水利、市场监管、交通运输（海事）等相关部门的执法协作机制，构建全链条、全水（海）域联合打击涉渔违法违规行为机制。强化不同层级、不同区域渔政执法机构间的执法协同机制建设，开展陆海统筹，实施干支流、左右岸、上下游、江河湖库联合执法、联动执法，完善信息共享、情况通报、案件协办等制度机制，形成执法闭环。

三、规范执法行为，加大执法力度

（六）严格人员持证上岗。落实执法人员资格管理制度，渔政执法人员经渔业专业法律法规知识考试合格后，方可授予执法资格，从事渔政执法工作。按照“干什么、考什么”的原则和《渔业行政执法人员执法资格考试大纲》要求，在相对独立设置的渔政执法机构范围内实施渔政执法资格考试。做好与地方政府规定的法律知识考试衔接，实现渔政执法人员执法资格统一考试与地方政府组织的考试成绩共享互认。地方政府规定本地区行政执法人员须通过法律知识培训和考试方可进行专门考试的，从其规定。

（七）规范渔政执法程序。落实行政执法“三项制度”，规范渔业行政处罚自由裁量基准。完善“双随机、一公开”监管相关配套制度和工作机制，除重点领域和根据问题线索开展的靶向性监管以外，原则上所有日常渔政执法检查通过“双随机、一公开”的方式进行。落实渔政执法工作规范，细化渔获物等涉案物品处置、易腐（烂）物品证据保全等执法程序规范。规范渔政执法案卷制作，相对独立设置的渔政执法机构制作的案卷首页应当标注“中国渔政”标志。组织开展渔政执法案卷评查，持续发布执法典型案例和指导性案例。健全水生野生动物价值评估、渔具渔法认（鉴）定、水产品质量安全检验检测、渔业资源损害评估等执法支撑体系。按照“谁执法谁公示”原则，及时向社会公开渔政执法信息。强化渔政执法与刑事司法工作衔接。

（八）聚焦重点执法任务。聚焦长江“十年禁渔”、涉外渔业、海洋和内陆休禁渔制度、清理取缔涉渔“三无”船舶和“绝户网”、水生野生动物规范经营利用、水产养殖（含苗种）秩序监督和质量安全管理、安全生产监管等执法任务，持续实施“中国渔政亮剑”系列专项执法行动，加强大案要案跟踪督办，严厉打击严重涉渔违法违规活动。稳妥推行渔获物定点上岸。推动出台渔业行业失信联合惩戒制度。开展渔业专项普法活动，加大以案释法工作力度，推动法治文化与渔文化深度融合。

四、改善执法条件，提升执法手段

（九）强化执法装备建设。各地渔业渔政主管部门要加强与财政部门沟通协调，将渔政执法运行经费、执法装备建设更新运维经费、涉渔“三无”船舶和非法网具等罚没物品处置经费纳入财政预算支持保障。按照《关于实施渔业发展支持政策推动渔业高质量发展的通知》（财农〔2021〕41号）精神，统筹用好渔业发展补助政策及相关资金，开展渔政执法船艇码头、信息化监管监控装备配备及运维。加强驻港监管机构等基层一线渔政执法机构办公用房保障，与渔港设施建设同步规划、同步建设、同步验收。

加强相对独立设置的渔政执法机构外观建设，统一悬挂（涂刷）中国渔政标志，实现外观标志统一化、设施设备标准化。严格落实渔政执法船艇注册制度，强化日常管理，完善管理档案。渔政执法船艇、车辆应当刷写“中国渔政”标志。禁止使用渔政执法船艇、车辆从事非公务活动。

（十）提升信息化应用水平。把信息技术和科技装备作为推动渔政执法创新发展的引擎、提升执法效能的着力点。综合运用互联网、云计算、大数据等现代信息技术，提升渔政执法科技支撑能力。建设渔政执法综合管理系统，实现办案流转网上运行、执法文书在线生成、执法监督随时可控、数据分析实时量化，加快执法信息互联互通。鼓励有条件的地区建设渔政执法综合管理中心。

（十一）畅通公众监督渠道。充分发挥中国渔政执法举报受理平台作用，健全群众举报投诉的受理处置、核查督办、结果公开与反馈工作机制。鼓励和支持行业协会、专业服务机构等社会主体协助开展监管执法活动，实现专防与群防的有效衔接和良性互动。

五、提升执法能力，加强执法监督

（十二）加强技能培训。深入开展渔政执法技能大练兵、竞赛比武、模拟执法、体能训练、交流学习等活动，组织区域间交流学习，加快提升执法实战和办案能力。积极开展执法示范单位和示范窗口创建。通过集中执法、联合执法、案件集中评议，强化一线渔政执法人员现场处置、调查取证、法律运用、新型装备使用等实务技能，培养一批渔政执法业务能手。

（十三）强化保障考核。加大与财政、人力资源社会保障等部门沟通协调力度，推动建立健全一线渔政执法人员立功奖励、水上值勤办案津补贴制度，提高职业伤害保障水平。加强渔政执法服装保障。开展渔政执法队伍教育整顿活动，从队伍管理、办案流程、涉案财物管理、纪律约束等方面加强问题查摆纠治，实施交叉考评和现场考评，以考促建。建立科学的渔政执法绩效考评体系，将参加业务培训、执法办案、立功受奖、遵纪守法、落实上级部门督办案件等情况，纳入对执法机构、人员考核范围。建强渔政保障中心，强化渔业法律法规、渔政执法支撑体系及智库建设。

（十四）完善责任追究。明确部门执法权责事项，实行办案质量终身负责、错案责任倒查问责和尽职免责，对于失职渎职、弄虚作假、妨碍执法人员正常履责办案、为涉黑涉恶人员充当保护伞的，要追究负责人党纪政纪责任，涉嫌犯罪的依法移送司法机关处理，推动建立“执法有依据、行为有规范、权力有制约、过程有监督、违法有追究”的渔政执法责任制度体系。

六、加强组织保障，抓好贯彻落实

（十五）提高思想认识。各级渔业渔政主管部门要从讲政治和推动生态文明建设的高度，充分认识加强渔政执法能力建设的重要性。无论队伍机构隶属关系如何、存在形式如何，都要坚持全国渔政执法“一盘棋”，做到职责任务不变、指挥体系不变、协作机制不变。要始终紧抓渔政执法主责主业，强化日常监管和专项整治，持续严管，务求实效，确保职责任务不变；保持与同级渔业渔政主管部门和上级渔政执法机构密切联系、有效衔接，分工明确，步调一致，确保指挥体系和业务归口不变；深化部门、区域和水陆执法协作，齐抓共管、协同联动，确保协作机制不变。

（十六）加强组织领导。要高度重视渔政执法能力建设工作，把提升渔政执法能力作为渔业管理工作的重要任务列入议事日程，加强对渔政执法机构的监管和业务指导。要明确渔政执法能力建设工作分管领导和责任处室，统筹负责渔政执法能力建设工作。

（十七）加大支持力度。各地渔业渔政主管部门要加强对渔政执法体系的支持和指导，主动向当地党委、政府汇报渔政执法能力提升相关情况，积极争取政策、资金、项目等支持，保障任务落地见效。

各地渔业渔政主管部门要结合本地实际，制定落实本意见的具体工作方案，确保取得实效。要充分利用各类新闻媒体做好加强渔政执法能力建设的宣传报道，及时总结推广先进典型和成功经验，营造良好的舆论氛围。

农业农村部

2021年11月8日

农业农村部关于加强长江流域禁捕执法管理工作的意见

（2020 年 3 月 18 日发布，农长渔发〔2020〕1 号）

长江流域各省（直辖市）农业农村厅（委）：

长江流域重点水域禁捕，是为全局计、为子孙谋的重要决策，是扭转长江生态环境恶化趋势的必然要求，是落实“共抓大保护、不搞大开发”的有力举措。习近平总书记高度重视，多次作出重要批示，对压实地方责任和强化执法监管等提出明确要求。为贯彻落实中央领导同志有关重要批示精神，提升长江流域渔政执法监管能力，维护长江流域重点水域禁捕管理秩序，加强水生生物保护和水域生态修复，经商国家发展改革委、公安部、财政部等有关部门，现就加强长江流域禁捕执法管理工作提出以下意见。

一、总体要求

（一）指导思想。坚持以习近平新时代中国特色社会主义思想为指导，全面贯彻党的十九大、十九届历次全会和习近平总书记系列重要讲话及批示精神，坚决落实党中央、国务院“以共抓大保护、不搞大开发为导向推动长江经济带发展”等重大决策部署，全面适应长江流域重点水域常年禁捕新形势新要求，根据《国务院办公厅关于加强长江水生生物保护工作的意见》（国办发〔2018〕95 号）、《长江流域重点水域禁捕和建立补偿制度实施方案》（农长渔发〔2019〕1 号）以及《农业农村部关于长江流域重点水域禁捕范围和时间的通告》（农业农村部通告〔2019〕4 号）等有关规定，围绕禁捕后长江流域水生生物保护和水域生态修复重点任务需要，进一步加强长江流域渔政执法能力建设，推动建立人防与技防并重、专管与群管结合的保护管理新机制，为坚决打赢长江水生生物保护攻坚战提供坚实保障。

（二）基本原则。坚持责能匹配、保障有力。把加强执法能力建设作为保护长江水生生物资源、维护流域禁捕管理秩序的重要方面和基础工作，为实行最严格长江水生生物保护制度提供队伍支撑，为渔政执法提供能力保障。

坚持属地为主、分级负责。按照“中央指导支持、省级统筹落实、市县具体实施”的原则，长江流域各级渔业主管部门要主动加强与财政、发改等有关部门的沟通协调，落实属地责任，加强执法装备建设，保障运行经费需求，增强本地区的渔政执法管理力量，提高长江水生生物保护能力。

坚持突出重点、注重实效。根据长江流域渔政执法需要和水生生物保护管理实际需求，按照“用什么建什么、缺什么补什么”的原则，突出重点、有针对性地分级分类配备渔政执法装备设施，确保满足新时期渔政执法工作需要。

（三）总体目标。通过合理配置机构力量、加强设施装备建设、推广应用信息化手段、建立协助巡护队伍和健全执法协作机制等方面努力，力争 1～2 年内建成投用一批亟需的渔政执法船艇、无人机和远程监控网络，建立高素质的专业执法队伍和适宜规模的协助巡护队伍；通过近几年持续努力，尽快形成与长江大保护和禁捕新形势相适应的渔政执法力量，形成权责明确、规模适宜、运行有力、管护有效的渔政执法管理格局，充分控制防范和及时发现制止非法捕捞及各种破坏水生生物资源和渔业水域生态的违法行为，为各项保护修复措施顺利实施提供有力保障。

二、主要任务

（一）保障机构人员力量。落实中共中央办公厅、国务院办公厅《关于深化农业综合行政执法改革的指导意见》“沿海、内陆大江大湖和边境交界等水域渔业执法任务较重、已经设有渔政执法队伍的，可继续保持相对独立设置”的规定，长江流域沿江、沿湖有禁捕执法监管任务的县（市、区），要保留原有渔政执法机构。机构改革后渔政执法职能并入农业行政综合执法机构的，要根据管理任务需要合理配置执法力量，保障行政执法的专业性和独立性。

（二）加强设施装备建设。各地要根据管理任务实际需求，落实《全国农业执法监管能力建设规划（2016—2020 年）》（农计发〔2016〕100 号）、《全国农业综合行政执法基本装备配备指导标准》（农法发〔2019〕4 号）等有关要求，加快制定实施渔政执法设施建设和装备配备计划，紧急购置一批渔政船艇、执法车辆、无人机、执法记录仪等基本装备，充实强化基层一线渔政执法力量，实现重点水域、关键时段有效覆盖，形成与保护管理新形势相适应的监管能力。农业农村部通过有关建设项目，加强重点区域执法力量部署。

（三）推广监控信息系统。各地要积极探索“互联网+”模式，建立健全长江流域渔政执法管理和指挥调度系统平台，加快建设配备雷达、视频监控和信息处理等设施设备，运用先进的信息采集与传输、大数据、人工智能等技术，通过远程监控、在线监测、智能处理等手段，对执法监管、案件处理、行动指挥、调度决策、资源监测、信息服务等提供有力支撑。农业农村部将加强相关信息管理系统平台建设，强化数据归集和分析应用，全面提升渔政执法的信息化、网络化和智能化水平。加强部门间协同配合，推动实现与公安、水利、交通等部门相关信息管理平台互联互通和野外设施设备共建共享，逐步解决渔政执法发现难、取证难问题。

（四）建立协助巡护队伍。各地要结合执法监管实际需求和退捕渔民安置需要，通过劳务派遣、政府购买服务、设置公益性岗位等方式，吸收条件适宜的退捕渔民建立规模适宜的巡护队伍，协助渔业主管部门开展执法巡查、保护巡护、法规宣传等工作，及时发现、报告和制止各种非法捕捞及其他破坏水生生物和渔业水域生态的违法行为。

（五）大力整治违法行为。各地要加强日常执法监管，努力保障监管覆盖面和违法查处率。针对非法捕捞等违法行为多发的重点区域和重点时段，及时组织开展专项执法行动，有力打击各类非法捕捞行为，坚决取缔涉渔“三无”船舶。强化渔政特编船队等协同联动模式，提升跨部门跨地区执法合力。进一步健全两法衔接机制，对构成犯罪的违法行为依法追究刑事责任，增强处罚威慑，有效遏制电鱼等严重破坏资源环境的犯罪现象。

（六）加强休闲垂钓管理。各地要综合考虑本地区水生生物资源情况和公众休闲垂钓合理需求，制定并发布垂钓管理办法，依法划定允许垂钓区域范围，合理控制垂钓总体规模，严格限定钓具、钓法、钓饵。钓具数量原则上一人最多允许使用一杆、一钩，禁止在长江流域重点水域禁捕范围和时间内使用船艇、排筏等水上漂浮物进行垂钓，规范渔获物的品种、数量、规格，禁止垂钓渔获物上市交易，避免对禁捕管理和资源保护产生不利影响。要将垂钓行为纳入渔政日常执法管理范畴，有条件的地方应率先探索实行持证垂钓管理制度，引导公众有序规范参与以休闲娱乐为目的的垂钓活动。

三、保障措施

（一）统筹协调推进，强化资金保障。长江流域各省级农业农村部门要根据渔业资源状况、禁捕水域面积、珍稀濒危物种保护需求、经济社会发展程度等因素，制定渔政执法装备设施建设方案，并积极协调发展改革、财政部门按规定纳入投资计划和预算管理。有关地方可统筹使用禁捕工作中央财政过渡期补助资金，加快解决当前执法能力欠缺的突出问题。

（二）优化工作方案，确保责任落实。长江流域各级渔业主管部门要结合本地区本部门实际，有针对性地研究制定加强渔政执法能力建设和执法监管工作的实施方案，合理确定本地区渔政执法力量规模、设施布局、装备配置等，周密部署重点区域重点时段执法任务，逐项明确时间表、路线图、责任人，确保各项目标要求落到实处。要加强与保护区主管部门沟通协调，明确水生生物保护区水域执法监管职责划分和落实机制，确保执法监管到位。

（三）总结经验做法，不断强化提升。有条件的地区应当根据长江禁捕工作推进情况，率先试点、大胆探索不同类型的渔政执法管理新机制，尽快形成可复制、可推广的经验模式。各省级渔业主管部门要认真分析研判本行政区域渔政执法管理工作的重点和难点，及时总结借鉴相关经验做法，不断改进提升执法管理水平。

（四）动员社会参与，加强公众引导。要广泛宣传动员社会参与，提高公众对各类破坏水生生物和水域生态行为的辨识能力和抵制意识。引导公益组织发挥积极作用，探索建立有奖举报等管理制度，鼓励社会主体参与对相关违法行为的监督、抵制和举报等。

各地工作过程中要注意总结经验做法和意见建议，有关情况及时向我部长江流域渔政监督管理办公室反馈。

农业农村部

2020 年 3 月 18 日

渔业行政执法督察规定（试行）

（2009年5月22日发布，农渔发〔2009〕16号）

第一条 为落实渔业行政执法责任制，加强渔业行政执法队伍层级监督，规范渔业行政执法行为，根据《中华人民共和国行政处罚法》和《中华人民共和国渔业法》等法律法规规定，制定本规定。

第二条 农业部主管全国渔业行政执法督察工作；农业部渔政指挥中心负责具体实施全国渔业行政执法督察工作；各海区渔政局负责实施本海区渔业行政执法督察工作；省、地市级渔业行政主管部门负责对辖区内渔业行政执法单位及其执法人员的渔业行政执法行为进行督察，具体实施单位由本级渔业行政主管部门确定。

第三条 渔业行政执法督察工作坚持依法督察、程序规范、制度保障、严格监督的原则，强调层级监督。

第四条 渔业行政执法督察内容：

（一）上级布置的重大渔业执法行动的贯彻执行情况；

（二）《渔业行政执法六条禁令》的执行情况；

（三）渔业行政执法单位及其执法人员履行法定职责情况；

（四）渔业行政执法责任制的建立和执行情况；

（五）渔业行政执法人员是否具备执法资格；

（六）按规定着装及佩戴标志的情况；

（七）渔政标志、执法装备的使用、管理及日常维护情况；

（八）渔业行政执法违法行为和执法过错的追究和纠正情况。

第五条 渔业行政执法督察坚持日常监督与专项督察相结合，督察的主要方式有：

（一）开展渔业行政执法检查；

（二）监督重大渔业行政执法活动；

（三）开展渔业行政执法评议；

（四）听取渔业行政执法工作报告；

（五）调阅渔业行政执法案卷和文件资料；

（六）受理、处置信访举报事项；

（七）调查核实渔业行政执法违法行为和执法过错并督促有关机关处理；

（八）发布渔业行政执法督察通报。

第六条 实施督察工作的单位需指定一名分管领导负责辖区内的渔业行政执法督察工作，并可根据工作需要设不少于2名督察员，由现职工作人员兼任。督察员根据渔业行政执法督察工作职责、辖区渔业行政执法工作实际和上级渔业行政执法督察工作安排，开展渔业行政执法督察工作。

第七条 地市级负责实施督察工作的单位所设督察员，由其所在单位确定，报省级渔业行政主管部门备案。省级负责实施督察工作的单位所设督察员，由其所在单位确定，报农业部渔政指挥中心备案。督察员应具备下列条件：

（一）坚持原则，忠于职守，清正廉洁，不徇私情，严守纪律；

（二）有大专以上学历和必要的法律知识；

（三）有三年以上行政管理或执法经历

以及一定的组织能力；

（四）经过专门培训并经考核合格。

第八条 农业部渔政指挥中心负责全国督察员的培训和考核工作，并统一制作、发放督察标志和证件。

第九条 执行一般督察任务时，应按照报告、审批、实施和处理等程序进行，由分管领导审核批准；执行重大督察任务时，还应报单位主要领导批准，并报上一级负责督察工作的单位备案。

第十条 督察员执行督察任务时，不得少于二人。根据工作需要，可以采取明察和暗访等形式。督察员执行明察任务时，应着制服，佩戴督察标志，出示督察证件；进行暗访时，可着便装，依法开展督察工作。

第十一条 督察员履行职责时，应对被督察事项进行调查，调阅渔业行政执法案卷和其他有关材料；必要时，可询问被督察单位有关人员、行政管理相对人和知情人，被督察单位及其执法人员应予以配合。

第十二条 督察员发现渔业行政执法单位及其执法人员正在实施的执法行为不符合有关法律规定，如不及时制止将对国家、集体或他人合法权益造成严重损害的，应当场予以制止，并及时向分管领导报告。

第十三条 督察建议或督察决定应以本级渔业行政主管部门的名义做出。

第十四条 上级渔业行政主管部门可以指令下级渔业行政主管部门对专门事项进行督察，必要时可以直接派员督察。下级渔业行政主管部门应当按照要求，及时完成上级交办的督察事项，并及时上报督察结果。

第十五条 被督察单位存在下列情形之一的，负责督察工作的单位可根据其行为性质、情节、后果等严重程度，予以批评、通报批评：

（一）未执行有关渔业法律法规规定或上级布置的重大渔业执法行动的；

（二）安排不具备执法资格的人员从事渔业行政执法活动的；

（三）不按规定报告年度渔业行政执法执行情况的；

（四）拒绝接受或妨碍督察员依法进行督察的；

（五）拖延执行督察决定或督察建议的。

第十六条 被督察人员存在下列情形之一的，负责督察工作的单位可以根据其行为性质、情节、后果等严重程度予以处理，建议或决定给予其批评教育，责令纠正违法行为，暂停其执法资格 90 天；情节严重的省以下被督察人员，可由省级督察单位决定取消其执法资格，并可由其所在单位给予行政处分；情节严重的省级及省级以上被督察人员，由农业部渔政指挥中心决定取消其执法资格，并可由其所在单位给予行政处分；涉嫌犯罪的，移交司法机关处理：

（一）执法过程中有违法行为或执法过错的；

（二）不履行法定职责、玩忽职守的；

（三）违反职业道德、不文明执法的；

（四）拒绝接受督察的；

（五）拒不履行督察决定或无正当理由拒不采纳督察建议的；

（六）其他违法失职行为。

第十七条 根据督察建议或督察决定被开除、撤职、降级、取消执法资格的执法人员如需重新录用、恢复职级或执法资格的，其所在单位应报提出督察建议或做出督察决定的单位备案。

第十八条 被督察单位，应当自收到督察决定或建议之日起 30 日内，以书面形式向提出督察决定或建议的单位报告落实情况。

第十九条 上级负责督察工作的单位发现下级负责督察工作的单位对督察事项处理不当的，可提出重新处理的建议。必要时，可责令下级负责督察工作的单位停止执行，并予以撤销或变更。

第二十条 被督察单位及人员对督察决定不服的，自接到督察决定书之日起5日内向做出督察决定的单位提出复核申请，做出督察决定的单位应当在10日内做出复核决定。

对复核决定不服的，可以自收到复核决定书之日起5日内向上一级负责督察工作的单位提出申诉，上级负责督察工作的单位应在1个月内予以答复。

复核、申诉期间不停止原督察决定的执行。但经复核或由上级负责督察工作的单位认定原督察决定确属不当或错误的，做出原督察决定的单位应立即变更或撤销，并采取适当方式消除影响。

第二十一条 督察员执行督察任务时，有下列情形之一的，应当回避：

（一）与督察员本人有利害关系的；

（二）与被督察单位有利害关系的；

（三）其他可能影响执行公务的。

第二十二条 督察员违反本规定或在督察工作中违法违纪的，应依照有关规定追究责任；构成犯罪的，依法追究刑事责任。

第二十三条 负责渔业执法督察工作的单位应设立公开举报电话，接受群众的投诉、举报，并如实登记、认真核实、及时反馈。经核查证实反映问题不实、造成一定后果的，负责督察工作的单位应予以澄清，消除负面影响。超出督察范围的，应转交有关部门处理，并反馈给检举人或控告人。

第二十四条 本规定自发布之日起施行。

非法捕捞案件涉案物品认（鉴）定和水生生物资源损害评估及修复办法（试行）

（2020年12月22日发布，农办渔〔2020〕24号）

第一条 为依法惩治非法捕捞、破坏水生生物资源的违法行为，规范非法捕捞水生生物资源鉴定及损害评估工作，保障渔政执法与刑事司法有机衔接，根据党中央、国务院关于生态环境损害赔偿制度改革精神和《中华人民共和国渔业法》《中华人民共和国环境保护法》《中华人民共和国海洋环境保护法》等法律规定和《国务院办公厅关于切实做好长江流域禁捕有关工作的通知》（国办发明电〔2020〕21号），制定本办法。

第二条 本办法适用于非法捕捞案件中涉案物品认（鉴）定和非法捕捞造成的水生生物资源损害评估与修复工作。

第三条 本办法所称的涉案物品认（鉴）定，是指对非法捕捞涉案捕捞工具、捕捞方法和涉案渔获物的认定、鉴定。

第四条 涉案物品认（鉴）定工作实行认定为主，鉴定为辅的原则。

对于涉案的非法捕捞工具、捕捞方法、渔获物品种以及对水生生物资源的危害程度等问题，原则上由渔业行政处罚机关两个工作日以内作出认定；难以确定的，可以委托专家或鉴定评估机构进行鉴定或评估。

第五条 有下列情形之一的，渔业行政处罚机关可以委托专家或鉴定评估机构进行鉴定或评估：

（一）难以确定涉案捕捞工具、捕捞方法是否属于禁止使用或限制使用的捕捞工具、捕捞方法的；

（二）难以确定涉案渔获物是否属于保护物种的；

（三）难以确定水生生物资源损害程度的；

（四）难以确定水生生物资源修复措施的。

第六条 渔业行政处罚机关委托开展鉴定评估的，应当选择具有环境司法鉴定资质的机构、省级以上渔业主管部门推荐的具备水生生物或水域生态环境研究能力和实验条件的高校、科研院所和其他机构。

第七条 渔业行政处罚机关应当与鉴定评估机构签订鉴定评估委托协议，明确鉴定评估事项、时限和要求等内容。鉴定评估费用，可参照有关司法鉴定收费规定执行。

第八条 渔业行政处罚机关应当按照渔业违法案件取证规范要求做好案件相关证据的收集和固定，并协助鉴定评估机构做好鉴定、评估等工作。

第九条 鉴定评估机构认为鉴定材料不完整、不充分，不能满足鉴定需要的，渔业行政处罚机关应当及时补充。

第十条 鉴定评估专业技术人员提取鉴定材料的，渔业行政处罚机关应当派两名具备执法资格的执法人员到场见证并在提取记录上签字。

经渔业行政处罚机关主要负责人批准，可以向委托鉴定评估的人员提供与鉴定评估相关的案情资料；必要时，可允许相关鉴定评估人员旁听对当事人的询问。

第十一条 鉴定评估应当采用国家、行业、地方标准和技术规范。尚未制定标准、规范的，应当采用普遍认可、广泛采用的鉴定评估方法。

第十二条 委托鉴定评估一般应在三十日内完成。情况复杂的，可以适当延长鉴定评估时限。鉴定评估机构出具的鉴定评估报告应由主要负责同志审核签字并加盖单位公章。专家出具的鉴定评估报告应由专家本人签字。

第十三条 认（鉴）定涉案捕捞工具应当依据《渔具分类、命名及代号》（GB/T 5147）确定其名称，并结合农业农村部或相关省级渔业主管部门公布的、禁止或限制使用的捕捞工具名录及相关规定，判定其是否属于禁止或限制使用的捕捞工具。

认（鉴）定涉案电鱼工具应当综合考虑其结构或组成、工作原理等因素。

第十四条 认（鉴）定涉案渔获物物种应当确定其科学名称、保护级别、发育程度、物种来源等相关事项。

第十五条 水生生物资源损害评估分为直接损害评估和间接损害评估。

第十六条 直接损害评估主要是评估非法捕捞渔获物的价值。

属于国家重点保护水生野生动物、《濒危野生动植物种国际贸易公约》附录水生物种、未列入《濒危野生动植物种国际贸易公约》附录水生物种的地方重点保护水生野生动物，其价值评估按照《水生野生动物及其制品价值评估办法》执行。

其他渔获物的价值，根据销售金额进行认定；无销售金额、销售金额难以查证或者根据销售金额认定明显偏低的，根据市场价格进行认定；仍无法认定的，由渔业行政处罚机关认定或者由有关价格认证机构作出认证并出具报告。

对于电鱼、毒鱼、炸鱼等严重非法捕捞行为，直接损害还应综合当地渔业资源状况，评估已致死但未被捕获的水生生物的价值，其价值可按照实际查获渔获物价值的三至五倍计算。

第十七条 使用电、毒、炸等严重破坏资源环境的方式，或者禁用渔具从事非法捕捞的，应同时开展间接损害评估。

间接损害评估应结合非法捕捞作业类型、时段、时长、区域、当地渔业资源状况等因素确定，主要评估水生生物生长发育受阻、繁殖终止和栖息地破坏等方面损害量。水生生物生长发育受阻和繁殖终止的损害量，原则上按照不低于水生生物资源直接损害三倍计算。水生生物栖息地破坏的损害量，原则上按照不低于水生生物资源直接损害两倍计算。

对于电鱼、毒鱼、炸鱼、拖曳泵吸耙刺、拖曳水冲齿耙耙刺、拖曳齿耙耙刺以及在禁止使用拖网作业的水域、期间内使用拖网作业等非法捕捞行为，间接损害按照不低于水生生物资源直接损害十倍计算。

第十八条 对于携带电鱼、毒鱼、炸鱼等相关禁用工具（物质）进入渔业水域、现场未查获渔获物，水生生物资源损害难以确定的，可根据现场执法音视频记录、案发现场周边视频监控、交易通联记录、证人证言、当事人的供述与辩解，涉案捕捞工具或捕捞方法、范围、季节和持续时间，捕捞水域环境条件和水生生物分布情况等因素综合评估水生生物资源损害总量。

第十九条 按照谁损害、谁修复的原则，水生生物资源损害当事人应当履行水生生物资源修复义务。当事人不具备修复能力的，可以委托具备相应修复能力的第三方实施。

第二十条 水生生物资源修复措施主要包括增殖放流和栖息地修复等。水生生物资源修复措施应充分考虑科学性和可操作性，资金安排一般不低于所造成的水生生物资源损害总量。

增殖放流应当根据捕捞水域的水生生物

资源状况、水环境条件、涉案渔获物组成、苗种供应可行性等因素综合确定种类和数量，并遵守《水生生物增殖放流管理规定》。

水生生物栖息地修复措施包括设置人工鱼巢和人工鱼礁等。

第二十一条 渔业行政处罚机关应当加强对当事人履行修复义务的监督管理。

履行修复义务情况可以作为案件处罚的参考。

第二十二条 鉴定评估机构弄虚作假致使鉴定评估严重失实或结论错误、擅自披露案件信息等违规情形的，渔业行政处罚机关应当终止委托业务，并向相关主管部门通报。

第二十三条 本办法所称的渔业行政处罚机关，是指依法作出渔业行政处罚决定的渔业行政主管部门或渔政监督管理机构。

第二十四条 相关部门办理非法捕捞公益诉讼案件需进行非法捕捞涉案物品认（鉴）定或水生生物资源损害评估的，可参照本办法执行。

第二十五条 本办法自 2021 年 1 月 22 日起实施。

农业部办公厅关于严厉查处违规建造海洋捕捞渔船的紧急通知

（2010 年 1 月 1 日发布，农办渔〔2010〕60 号）

安徽省农业委员会、浙江省海洋与渔业局、农业部东海区渔政局：

近期，我部接到有关方面反映，浙江省有几十艘渔船未经批准在安徽省建造。我部东海区渔政局会同浙江省、安徽省渔业主管部门对此进行了初步调查，结果表明情况基本属实。为严格执行国家法律法规，切实加强渔船管理，确保国家海洋捕捞渔船“双控”制度的顺利实施，现就有关问题紧急通知如下：

一、专案调查，坚决制止非法造船行为。浙江省部分人未取得《渔业船网工具指标批准书》到安徽省船舶修造企业、场点建造海洋捕捞渔船，是一起典型的规避国家海洋捕捞渔船“双控”管理的非法造船案件。这种做法严重违反了国家的法律法规和捕捞许可管理制度，冲击了国家的海洋捕捞渔船“双控”和渔船安全管理制度。请东海区渔政局立即会同安徽省农业委员会和浙江省海洋与渔业局，以及两省工商、公安、交通、船舶生产主管等有关部门，成立专案组，对这一非法造船事件进行调查，核实船舶所有人和违法违规情况，并依法从重从速处理，坚决制止非法造船行为。

二、高度重视，认真做好非法造船的排查工作。根据《中华人民共和国渔业法》《中华人民共和国渔业船舶检验条例》和《渔业捕捞许可管理规定》等法律法规规章的规定，建造海洋捕捞渔船必须取得省级以上渔业行政主管部门出具的《渔业船网工具指标批准书》，船舶修造企业必须具有相应的渔业船舶修造资质。请安徽省农业委员会高度重视，组织渔政渔港监督和渔业船舶检验机构，对所辖地区的船舶修造企业和场点进行全面、彻底排查，重点排查芜湖、巢湖和马鞍山等沿江地市的船舶修造厂、港口码头在建渔船和修造企业资质情况，发现问题及时报告专案组一并处理。浙江省海洋与渔业局要主动加强与安徽省农业委员会的沟通联系，及时通报非法造船和渔船船主等情况信息，共同做好非法造船的排查工作。

三、严格执法，加大对非法造船行为的查处力度。严格按照《中华人民共和国渔业法》和《国务院关于对清理、取缔“三无”船舶通告的批复》（国函〔1994〕111 号）等有关规定，加大对非法造船行为的查处力度。对已开工建造尚未下水渔船，应责令船舶修造企业立即停止施工，严格审查《渔业船网工具指标批准书》和渔船修造企业资质的合法有效性，属非法造船和无资质造船的，船舶检验机构不得受理其检验，有关机构不得发放船舶证书，渔船不得下水作业；对非法下水作业的，当地渔业部门要坚决予以查扣，按“三无”船舶进行处理。东海区渔政局要会同长江流域渔业主管部门，加大水上执法，特别是长江沿线和入海口的执法检查力度，防止非法造船入海生产。对非法建造渔船的船舶修造企业，要会同当地有关部门，依据有关法律法规和“国函〔1994〕111号”的规定，根据其违法建造渔船情况，依法进行严厉处罚，未经核准非法造船的船厂、场点，要依法予以取缔。

有关调查处理情况，请及时报我部渔业局。

中华人民共和国农业部办公厅

二〇一〇年一月一日

农业农村部关于加强长江流域禁捕执法管理工作的意见

（2020 年 3 月 18 日发布，农长渔发〔2020〕1 号）

长江流域各省（直辖市）农业农村厅（委）：

长江流域重点水域禁捕，是为全局计、为子孙谋的重要决策，是扭转长江生态环境恶化趋势的必然要求，是落实“共抓大保护、不搞大开发”的有力举措。习近平总书记高度重视，多次作出重要批示，对压实地方责任和强化执法监管等提出明确要求。为贯彻落实中央领导同志有关重要批示精神，提升长江流域渔政执法监管能力，维护长江流域重点水域禁捕管理秩序，加强水生生物保护和水域生态修复，经商国家发展改革委、公安部、财政部等有关部门，现就加强长江流域禁捕执法管理工作提出以下意见。

一、总体要求

（一）指导思想。坚持以习近平新时代中国特色社会主义思想为指导，全面贯彻党的十九大、十九届历次全会和习近平总书记系列重要讲话及批示精神，坚决落实党中央、国务院“以共抓大保护、不搞大开发为导向推动长江经济带发展”等重大决策部署，全面适应长江流域重点水域常年禁捕新形势新要求，根据《国务院办公厅关于加强长江水生生物保护工作的意见》（国办发〔2018〕95 号）、《长江流域重点水域禁捕和建立补偿制度实施方案》（农长渔发〔2019〕1 号）以及《农业农村部关于长江流域重点水域禁捕范围和时间的通告》（农业农村部通告〔2019〕4 号）等有关规定，围绕禁捕后长江流域水生生物保护和水域生态修复重点任务需要，进一步加强长江流域渔政执法能力建设，推动建立人防与技防并重、专管与群管结合的保护管理新机制，为坚决打赢长江水生生物保护攻坚战提供坚实保障。

（二）基本原则

坚持责能匹配、保障有力。把加强执法能力建设作为保护长江水生生物资源、维护流域禁捕管理秩序的重要方面和基础工作，为实行最严格长江水生生物保护制度提供队伍支撑，为渔政执法提供能力保障。

坚持属地为主、分级负责。按照“中央指导支持、省级统筹落实、市县具体实施”的原则，长江流域各级渔业主管部门要主动加强与财政、发改等有关部门的沟通协调，落实属地责任，加强执法装备建设，保障运行经费需求，增强本地区的渔政执法管理力量，提高长江水生生物保护能力。

坚持突出重点、注重实效。根据长江流域渔政执法需要和水生生物保护管理实际需求，按照“用什么建什么、缺什么补什么”的原则，突出重点、有针对性地分级分类配备渔政执法装备设施，确保满足新时期渔政执法工作需要。

（三）总体目标。通过合理配置机构力量、加强设施装备建设、推广应用信息化手段、建立协助巡护队伍和健全执法协作机制等方面努力，力争 1～2 年内建成投用一批亟需的渔政执法船艇、无人机和远程监控网络，建立高素质的专业执法队伍和适宜规模的协助巡护队伍；通过近几年持续努力，尽快形成与长江大保护和禁捕新形势相适应的渔政执法力量，形成权责明确、规模适宜、运行有力、管护有效的渔政执法管理格局，充分控制防范和及时发现制止非法捕捞及各种破坏水生生物资源和渔业水域生态的违法行为，为各项保护修复措施顺利实施提供有力保障。

二、主要任务

（一）保障机构人员力量。落实中共中央办公厅、国务院办公厅《关于深化农业综合行政执法改革的指导意见》“沿海、内陆大江大湖和边境交界等水域渔业执法任务较重、已经设有渔政执法队伍的，可继续保持相对独立设置”的规定，长江流域沿江、沿湖有禁捕执法监管任务的县（市、区），要保留原有渔政执法机构。机构改革后渔政执法职能并入农业行政综合执法机构的，要根据管理任务需要合理配置执法力量，保障行政执法的专业性和独立性。

（二）加强设施装备建设。各地要根据管理任务实际需求，落实《全国农业执法监管能力建设规划（2016—2020年）》（农计发〔2016〕100号）、《全国农业综合行政执法基本装备配备指导标准》（农法发〔2019〕4号）等有关要求，加快制定实施渔政执法设施建设和装备配备计划，紧急购置一批渔政船艇、执法车辆、无人机、执法记录仪等基本装备，充实强化基层一线渔政执法力量，实现重点水域、关键时段有效覆盖，形成与保护管理新形势相适应的监管能力。农业农村部通过有关建设项目，加强重点区域执法力量部署。

（三）推广监控信息系统。各地要积极探索“互联网+”模式，建立健全长江流域渔政执法管理和指挥调度系统平台，加快建设配备雷达、视频监控和信息处理等设施设备，运用先进的信息采集与传输、大数据、人工智能等技术，通过远程监控、在线监测、智能处理等手段，对执法监管、案件处理、行动指挥、调度决策、资源监测、信息服务等提供有力支撑。农业农村部将加强相关信息管理系统平台建设，强化数据归集和分析应用，全面提升渔政执法的信息化、网络化和智能化水平。加强部门间协同配合，推动实现与公安、水利、交通等部门相关信息管理平台互联互通和野外设施设备共建共享，逐步解决渔政执法发现难、取证难问题。

（四）建立协助巡护队伍。各地要结合执法监管实际需求和退捕渔民安置需要，通过劳务派遣、政府购买服务、设置公益性岗位等方式，吸收条件适宜的退捕渔民建立规模适宜的巡护队伍，协助渔业主管部门开展执法巡查、保护巡护、法规宣传等工作，及时发现、报告和制止各种非法捕捞及其他破坏水生生物和渔业水域生态的违法行为。

（五）大力整治违法行为。各地要加强日常执法监管，努力保障监管覆盖面和违法查处率。针对非法捕捞等违法行为多发的重点区域和重点时段，及时组织开展专项执法行动，有力打击各类非法捕捞行为，坚决取缔涉渔“三无”船舶。强化渔政特编船队等协同联动模式，提升跨部门跨地区执法合力。进一步健全两法衔接机制，对构成犯罪的违法行为依法追究刑事责任，增强处罚威慑，有效遏制电鱼等严重破坏资源环境的犯罪现象。

（六）加强休闲垂钓管理。各地要综合考虑本地区水生生物资源情况和公众休闲垂钓合理需求，制定并发布垂钓管理办法，依法划定允许垂钓区域范围，合理控制垂钓总体规模，严格限定钓具、钓法、钓饵。钓具数量原则上一人最多允许使用一杆、一钩，禁止在长江流域重点水域禁捕范围和时间内使用船艇、排筏等水上漂浮物进行垂钓，规范渔获物的品种、数量、规格，禁止垂钓渔获物上市交易，避免对禁捕管理和资源保护产生不利影响。要将垂钓行为纳入渔政日常执法管理范畴，有条件的地方应率先探索实行持证垂钓管理制度，引导公众有序规范参与以休闲娱乐为目的的垂钓活动。

三、保障措施

（一）统筹协调推进，强化资金保障。长江流域各省级农业农村部门要根据渔业资源状况、禁捕水域面积、珍稀濒危物种保护需求、经济社会发展程度等因素，制定渔政执法装备设施建设方案，并积极协调发展改革、财政部门按规定纳入投资计划和预算管理。有关地方可统筹使用禁捕工作中央财政过渡期补助资金，加快解决当前执法能力欠缺的突出问题。

（二）优化工作方案，确保责任落实。长江流域各级渔业主管部门要结合本地区本部门实际，有针对性地研究制定加强渔政执法能力建设和执法监管工作的实施方案，合理确定本地区渔政执法力量规模、设施布局、装备配置等，周密部署重点区域重点时段执法任务，逐项明确时间表、路线图、责任人，确保各项目标要求落到实处。要加强与保护区主管部门沟通协调，明确水生生物保护区水域执法监管职责划分和落实机制，确保执法监管到位。

（三）总结经验做法，不断强化提升。有条件的地区应当根据长江禁捕工作推进情况，率先试点、大胆探索不同类型的渔政执法管理新机制，尽快形成可复制、可推广的经验模式。各省级渔业主管部门要认真分析研判本行政区域渔政执法管理工作的重点和难点，及时总结借鉴相关经验做法，不断改进提升执法管理水平。

（四）动员社会参与，加强公众引导。要广泛宣传动员社会参与，提高公众对各类破坏水生生物和水域生态行为的辨识能力和抵制意识。引导公益组织发挥积极作用，探索建立有奖举报等管理制度，鼓励社会主体参与对相关违法行为的监督、抵制和举报等。

各地工作过程中要注意总结经验做法和意见建议，有关情况及时向我部长江流域渔政监督管理办公室反馈。

农业农村部

2020 年 3 月 18 日

渔政执法工作规范（暂行）

（2020年12月29日发布，农渔发〔2020〕27号）

第一章　总　　则

第一条　为规范渔政执法工作，促进严格规范公正文明执法，保护公民、法人及其他组织的合法权益，根据《中华人民共和国渔业法》《中华人民共和国海上交通安全法》《中华人民共和国行政处罚法》《中华人民共和国行政强制法》《渔港水域交通安全管理条例》《农业行政处罚程序规定》等法律、法规、规章，制定本规范。

第二条　各级渔政执法机关实施行政检查、行政处罚、行政强制及相关的行政执法活动，适用本规范。

第三条　实施渔业行政执法，应当严格遵守法定程序，做到事实清楚，证据充分，程序合法，适用法律准确，裁量合理，文书规范，廉洁高效，增强公信力。

第四条　渔政执法人员应当通过行政执法资格考试，取得行政执法资格。

第五条　渔政执法活动应当由二名以上渔政执法人员共同进行。渔政执法人员执法时应当向当事人出示执法证件，表明身份，告知执法的内容和依据。

渔政执法机关带有专用标志的执法船艇开展水上执法工作时，视为表明身份。

第六条　渔政执法人员与当事人有利害关系，可能影响案件公正处理的，应当按规定主动申请回避或者根据当事人的申请进行回避。

第七条　渔政执法机关应当按照执法信息公开的有关规定，通过本部门官方网站、执法信息平台等公开执法决定信息，法律、法规另有规定或者涉及国家秘密、商业秘密、个人隐私不宜公开的除外。

第八条　渔政执法人员应当通过文字或者影像如实完整记录执法启动、调查取证（勘验）、行政强制、决定、送达、执行等执法过程，并及时归档保存，做到可回溯管理。

第九条　行政执法文书应当根据农业农村部规定的规范和基本文书格式并结合本地工作实际进行制作。基本文书格式以外的文书格式，由省级人民政府渔政执法机关规定。

第十条　渔政执法人员从事执法活动，应当仪表整洁，举止得体，用语文明，方式得当。

第十一条　渔政执法人员开展执法活动应当按规定着装，规范佩戴执法标志，因执法工作需要穿着便装的除外。

制服和执法标志应当保持清洁完整。

第十二条　渔政执法机关应当积极维护渔政执法人员执法权威，保障渔政执法人员合法权益，防止渔政执法人员人身安全和人格尊严受到不法侵害。

第十三条　渔政执法机关应当对涉及渔业违法行为的举报材料以及举报人的姓名、住址、工作单位等个人信息依法严格保密，举报人同意公开的除外。

第二章　检查规范

第一节　一般规定

第十四条　渔政执法机关应当按职责对

渔船、渔港、养殖场以及其他涉渔生产经营场所进行巡查。在禁渔期、禁渔区、水生生物保护区及违法渔业活动高发时段、区域，应当加强巡查力度。

第十五条 有下列情形之一的，渔政执法机关应当组织检查：

（一）上级渔政执法机关交办或者督办的执法任务；

（二）收到相关部门移交或者群众举报的违法行为线索；

（三）通过渔船渔港监控信息平台等发现违法行为线索；

（四）其他需要组织检查的情况。

第十六条 渔政执法人员检查时应当携带执法记录仪、移动通讯设备、网目尺寸测量、采样以及具有拍照、录像、录音功能的设备。有条件的单位可以为渔政执法人员配备具有数据查询、身份识别功能的执法终端设备。

渔政执法人员应当根据执法工作需要穿戴救生衣、安全头盔、防滑鞋、防刺背心、防割手套等防护设备。

第十七条 实施巡查前，渔政执法机关应当确定带队负责人，明确巡查内容。

巡查应当建立日志，如实记录巡查情况，并妥善保存。

第十八条 检查生产经营场所、设施、物品，应当由渔政执法人员与当事人在检查记录上逐页签名、盖章或者按指纹确认。无法通知当事人，当事人不在场或者拒绝签名、盖章、按指纹确认的，应当在检查记录中注明，并采取录音、录像等方式记录。

第十九条 对涉嫌渔业违法行为，应当按程序调查处理。检查时发现的与涉嫌渔业违法行为有关的物品和材料，应当按照取证规范予以收集和固定。

第二十条 渔政执法机关可以与公安、海警等部门建立协同执法机制，必要时开展联合检查。

渔政执法机关检查时发现违法行为涉嫌犯罪或者当事人暴力抗法、逃逸、毁灭、隐匿证据的，可以通过部门间协作机制或者报警平台，联络公安机关、海警机构派员控制现场。

第二节 水上检查规范

第二十一条 渔政执法船（以下简称“执法船”）开航前应当符合适航条件，船体整洁，标志清晰。

第二十二条 使用执法船执行水上执法任务，应当经渔政执法机关负责人批准。因特殊原因，可以按规定借用、租用非执法船执行渔政执法任务。

第二十三条 开展水上巡查，渔政执法机关应当综合使用目视、雷达及其他手段对周围作业船舶进行全面观察。重点观察是否有下列情况：

（一）未按规定标写船名、船籍港和悬挂船名牌；

（二）在禁渔期、禁渔区、水生生物保护区内捕捞、转载渔获物；

（三）使用禁用的捕捞方式、方法；

（四）违反作业类型、方式、场所、时限等规定；

（五）船上人员临水作业未穿救生衣；

（六）外国船舶、外国人擅自进入我国管辖水域从事渔业活动；

（七）其他涉嫌违反渔业法律、法规、规章的情况。

发现有前款所列情况，应当立即通过拍照、录像等方式固定证据，并登临检查。

第二十四条 执行登临检查任务的渔政执法人员不得少于二人。登临检查全过程应当通过文字或者影像进行记录。

第二十五条 渔政执法人员登临前应当通过无线电通讯设备、高音喇叭等呼叫目标船舶，指令其停船接受检查，特殊情况需要采取隐蔽方式登临的除外。

渔政执法人员登临时，应当采取安全防范措施，按需要携带和使用执法设备、防护装备、执法文书。登临过程中，发生人员落水或者其他险情的，应当立即采取应急救援措施，必要时向水上搜救部门及附近其他船舶求援。

第二十六条 目标船舶拒不配合登临的，应当喊话告知抗拒执法的法律责任。目标船舶仍拒不配合的，可以强行登临。

不具备强行登临条件的，应当向渔政执法机关负责人报告，并可以将涉案船舶信息、特征通报辖区及周边渔政执法机关及其他水上执法机关，请求协查。

第二十七条 渔政执法人员登临当事船舶后，应当出示执法证件，表明身份，向当事人或者受其委托的人员说明检查的内容和依据，要求其予以配合。

第二十八条 登临船舶后，渔政执法人员应当对渔业船舶证书、捕捞工具、捕捞方法、渔获物及船上人员等情况开展全面检查。重点检查是否有下列情况：

（一）无合法有效的渔业船舶检验证书、渔业船舶国籍证书和捕捞许可证等证书，或者未按规定安装电子身份标识；

（二）渔业船舶证书所载主机功率、作业类型、方式、场所、时限以及船载设备所示数据等与实际情况不符；

（三）伪造、变造、毁损、涂改、冒用或者借用船名牌等船舶标识（含电子身份标识）；

（四）携带禁用的捕捞工具，或者捕捞工具的规格、数量、网目尺寸不符合规定；

（五）渔获物中有珍贵、濒危水生野生动物；

（六）船舶作业类型、方式、场所与捕捞许可证不符；

（七）渔获物的品种、规格、重量与捕捞限额不匹配，或者幼鱼明显超过规定比例；

（八）海洋大中型渔船未按规定填写作业日志，或者日志所载内容与实际情况不符；

（九）未按渔业船舶检验证书规定配备消防救生、通讯导航等设施设备，或者运行情况不正常；

（十）职务船员未满足最低配员标准，或者船上人员未持有合法有效的渔业船员证书；

（十一）其他涉嫌违反渔业法律、法规、规章的情况。

第二十九条 登临检查在我国管辖水域内从事渔业活动的外国渔船，除按照本规范第二十八条的规定进行检查以外，还应当检查是否有下列情况：

（一）未依法取得农业农村部颁发的入渔许可；

（二）未按规定向指定监督机构报告船位、作业情况等，或者报告内容与实际情况不符；

（三）其他涉嫌违反涉渔国际公约、双边渔业协定或者我国渔业法律、法规、规章的情况。

第三十条 根据执法工作需要，渔政执法人员可以要求当事船舶上的相关人员前往执法船配合调查，调查取证在水上无法实现的，可以指令船舶停靠指定地点配合调查。

第三节　陆上检查规范

第三十一条 在渔业水域沿岸实施检查，渔政执法机关应当依法按职责对涉渔活动进行全面检查。重点检查是否有下列情况：

（一）违法使用、制造、销售用于电鱼、毒鱼、炸鱼的工具或者其他禁用的捕捞工具；

（二）在禁渔期、禁渔区内违法销售、

收购渔获物；

（三）违法销售、运输、购买、携带、人工繁育、经营利用珍贵、濒危水生野生动物及其制品；

（四）未按规定进行环境影响评价即开展涉渔工程建设；

（五）水下爆破、勘探、施工作业对渔业资源造成严重影响；

（六）建闸、筑坝未按规定建造过鱼设施或者采取其他补救措施；

（七）其他涉嫌违反渔业法律、法规、规章的情况。

当事人携带电鱼、毒鱼、炸鱼工具进入渔业水域，但现场未查获渔获物的，渔政执法机关可以根据现场执法音视频记录、案发现场周边视频监控、交易通联记录、证人证言等证据材料，结合违法行为人的陈述等，综合作出认定。

第三十二条 在渔港、渔业码头内实施检查，除检查是否有本规范第二十三条、第二十八条、第二十九条和第三十一条列举的情况以外，还应当检查是否有下列情况：

（一）未按规定进行船舶进出港报告；

（二）未按规定在指定港口卸载渔获物；

（三）禁渔期未按规定停港或者冒名顶替休渔；

（四）禁渔期装载、卸载渔获物或者为渔船供油、供冰；

（五）未经批准运载、装卸易燃、易爆、有毒等危险物品；

（六）未经批准进行明火作业或者燃放烟花爆竹；

（七）船舶停泊期间未按规定留足值班人员；

（八）在渔港水域内违法排污；

（九）其他涉嫌违反渔业法律、法规、规章或者渔港港章的情况。

第三十三条 在养殖场所实施检查，渔政执法机关应当对养殖单位和个人持证情况、投入品、生产记录、养殖品种及养殖环境等情况进行全面检查。重点检查是否有下列情况：

（一）未依法取得养殖证、水产苗种生产许可证等证件；

（二）养殖品种、范围和场所与养殖证、水产苗种生产许可证不符；

（三）使用禁用药品、人用药品、停用药品及禁止使用的其他化合物进行养殖；

（四）未依法建立和保存生产、用药、销售记录；

（五）养殖水产品死亡未按规定进行无害化处理；

（六）未依法人工繁育珍贵、濒危水生野生动物；

（七）其他涉嫌违反渔业法律、法规、规章的情况。

第三十四条 根据检查情况，渔政执法机关可以按规定对水产品进行抽样检测，检测时间不计入办案期限。抽样检测过程应当符合《产地水产品质量安全监督抽查工作暂行规定》相关要求。

当事人无正当理由拒绝抽样的，渔政执法人员应当告知其法律后果。当事人仍拒绝抽样的，渔政执法人员应当现场填写监督抽查拒检确认文书，由渔政执法人员和见证人共同签字，并及时向渔政执法机关报告情况。对被抽查的水产品以不合格论处。

渔政执法机关可以采用农业农村部会同有关部门认定的快速检测方法进行水产品质量安全监督抽查检测，但复检不得采用快速检测方法。

第三十五条 检测结果确定有关水产品不符合相关质量安全标准的，可以作为行政处罚的依据，必要时结合专家意见进行综合认定。

检测结果显示水产品质量不合格的，渔政执法机关应当及时通知当事人，责令其停止销售水产品，并立即立案调查。

第三章 办案规范

第三十六条 适用简易程序处罚，除了应当遵守本规范第一章规定外，还应当遵守下列规定：

（一）当场调查取证并查清违法事实，收集保存证据，根据需要制作相关执法文书；

（二）告知当事人拟作出决定的内容、事实、理由和依据及其享有的陈述、申辩权利；

（三）听取和记录当事人的陈述、申辩，对其提出的事实、理由及证据进行复核，成立的应当采纳；

（四）填写预定格式、编有号码、盖有渔政执法机关印章的当场处罚决定书，由渔政执法人员签名或者盖章，当场交付当事人；

（五）告知当事人有权申请行政复议或者提起行政诉讼；

（六）自作出当场处罚决定之日或者渔政执法人员抵岸之日起二日内，将案件材料提交所属渔政执法机关归档保存。

第三十七条 实施渔业行政处罚，除适用简易程序的外，应当适用普通程序。

第三十八条 渔政执法人员通过检查或者举报、其他机关移送、上级机关交办等途径，发现有涉嫌违反渔业法律、法规、规章的行为发生，依法应当给予行政处罚的，应当填写行政处罚立案审批表，报渔政执法机关负责人审批。

第三十九条 实施违法行为的自然人、法人或者其他组织为案件当事人。

办理非法捕捞、非法养殖、非法生产水产苗种案件，对依法取得捕捞许可证、养殖证、水产苗种生产许可证等证书证件的，以证书证件载明的持证人为当事人。

使用船舶进行作业，未取得捕捞许可证的，按下列规定处理：

（一）以依法登记的船舶所有人为当事人；

（二）船舶未依法登记的，以实际所有人、实际经营人或者现场负责人为当事人；

（三）按照前两项规定仍无法确定当事人的，将当事船舶视为当事人，按照法人或者其他组织进行调查处理。

第四十条 对于涉嫌从事违法渔业活动的船舶，无法查明船舶所有人、实际经营人或者现场负责人的，可以按规定公告送达执法文书或者公告招领。公告时可以将当事人表述为“××（船名）船所有人”；无船名的，可以将当事人表述为“××（执法单位自编代号）船所有人”。

第四十一条 证据可能灭失或者以后难以取得，需要采取先行登记保存措施的，应当填写证据先行登记保存审批表，报渔政执法机关负责人批准。经批准后，渔政执法人员应当按规定制作并当场交付证据先行登记保存通知书和物品清单，说明物品状况及登记保存地点，并由当事人和渔政执法人员逐页签字、盖章或者按指纹确认。

情况紧急，需要当场采取先行登记保存措施的，可以采取即时通信方式报请渔政执法机关负责人同意，并在二十四小时内补办批准手续。

第四十二条 渔政执法机关应当自先行登记保存之日起七个工作日内按规定作出处理决定，下达先行登记保存物品处理通知书。先行登记保存期限届满，不再需要登记保存的，应当将物品交付当事人；依法应予没收的，应当在处理通知书中告知当事人相关物品拟依法予以没收。

第四十三条 依法实施查封、扣押，应当遵守下列规定：

（一）填写查封（扣押）审批表，报渔政执法机关负责人批准；

（二）通知当事人到场；

（三）当场告知当事人采取查封、扣押措施的理由、依据及其依法享有的权利和救济途径；

（四）听取当事人陈述、申辩；

（五）按规定制作并当场交付查封（扣押）决定书和查封（扣押）财物清单，查封（扣押）决定书应当写明实施查封、扣押所依据法律、法规的具体条款；

（六）制作查封（扣押）现场笔录，由当事人和渔政执法人员共同签名、盖章，当事人拒绝的，在笔录中予以注明；

（七）当事人不到场的，邀请见证人到场，由见证人和渔政执法人员在笔录上共同签名或者盖章；

（八）查封场所或者物品，应当加贴封条，标明日期，并加盖渔政执法机关印章。

情况紧急，需要当场实施查封、扣押的，渔政执法人员应当在二十四小时内向渔政执法机关负责人报告，并补办批准手续。渔政执法机关负责人认为不应当采取查封、扣押措施的，应当立即解除。

第四十四条 查封（扣押）现场笔录应当如实记录查封、扣押的场所或者物品的名称、数量、包装、规格等情况，并记录查封（扣押）决定书及财物清单送达、当事人到场、实施查封（扣押）过程、当事人陈述、申辩以及其他有关情况。查封、扣押船舶的，应当详细记载船长、吨位、作业类型、持证、查封（扣押）位置、船舶状态、捕捞工具以及其他特殊情况。

第四十五条 查封、扣押期限不得超过三十日；情况复杂的，经渔政执法机关负责人批准，可以延长一次，但是延长期限不得超过三十日，并应当出具延长查封（扣押）期限通知书，将延长期限决定及理由书面告知当事人。

查封、扣押期限届满，应当按规定作出处理决定。依法解除查封、扣押的，应当制作并交付解除查封（扣押）决定书和解除查封（扣押）财物清单。查封、扣押的物品依法应予没收的，按照法定程序处理。

第四十六条 渔政执法人员发现当事船舶涉嫌渔业违法行为，有必要依法扣押的，应当指令和监督船长或者船舶负责人驾驶船舶前往拟扣押地点，并通知目的地渔政渔港监督管理机构或者其他机构做好接应准备。航程中应当防止船上人员隐匿、毁灭证据。

当事船舶失去动力或者船长、现场负责人拒绝配合或者不在现场的，可以由执法船或者安排其他船舶进行拖带，也可以指派执法船上的职务船员驾驶当事船舶驶往拟扣押地点，或者根据办案需要采取其他措施。

当事船舶逃逸或者企图逃逸，执法船或者渔政执法人员无法实施控制的，应当及时报告渔政执法机关负责人，并通报海警、公安、海事等部门及相关渔政执法机关，请求协助追查和支援，必要时可以报请上一级渔政执法机关协调相关单位予以协助。

第四十七条 到达扣押地点后，渔政执法机关应当监督当事船舶妥善停泊系缆，按照本规范第四十三条规定的程序实施扣押，同时提醒船上人员取走无关物品并离开船舶，受船方指派看管船舶的人员除外。船上人员拒绝取走物品或者拒绝离船的，应当通过文字、影像对船上物品进行记录，并告知其风险。

扣押的船舶由渔政执法机关派员统一看管或者委托第三方机构统一看管，并采取必要措施防止船舶逃逸。

第四十八条 依法禁止渔港内的船舶离港或者命令其停航、改航、停止作业的，应当遵守下列规定：

（一）报渔政执法机关负责人批准；

（二）告知船长或者现场负责人禁止船舶离港或者命令其停航、改航、停止作业的理由、依据及其依法享有的权利和救济途径；

（三）听取当事船舶所有人、船长或者

现场负责人的陈述、申辩；

（四）按规定制作并当场交付禁止离港通知书或者停航（改航、停止作业）通知书；

（五）制作现场笔录，由当事船舶船长或者现场负责人与渔政执法人员在笔录上共同签名、盖章；其拒绝签名或者盖章的，在笔录中予以注明。当事船舶船长或者现场负责人不到场的，邀请见证人到场，由见证人和渔政执法人员在笔录上共同签名或者盖章。

船舶禁止离港或者停航、改航、停止作业期间，由船方派员看管，并自行承担风险。

第四十九条 下达禁止离港通知书或者停航（改航、停止作业）通知书后，应当及时查清事实，按不同情况作出下列处理决定：

（一）案件处理完毕或者其他法定情形消失，不再需要禁止离港或者停航、改航、停止作业的，下达解除禁止离港通知书或者解除停航（改航、停止作业）通知书；

（二）依法应当由有关部门处理的，按程序进行移交；

（三）依法应当没收船舶的，按程序作出行政处罚决定。

第五十条 涉案渔获物应当妥善保管。其品种、价值等需要认定、评估、鉴定的，按规定委托具有法定资质或者条件的机构实施。

渔获物不具备保管条件或者保管成本过高的，经渔政执法机关负责人批准，在行政处罚决定下达前可以按下列情况处置：

（一）渔获物已经死亡且无经济价值的，通过掩埋等方式进行无害化处理，处理过程应当制作文字记录并留存影像；

（二）渔获物已经死亡但具有经济、科研等价值的，可以按规定拍卖、变卖、捐赠或者用于科研、公益事业；

（三）渔获物仍然存活，适宜放归的，放归适宜生存的水域，放归过程应当记录并留存影像；不宜放归的，可以参照本款前两项规定处理；

（四）渔获物为珍贵、濒危水生野生动物的，按水生野生动物保护相关规定处理。

有前款规定情形的，应当通过拍照、录像、称重等方式固定证据，制作并向当事人送达渔获物先行处置告知书后，按规定进行处置。拍卖、变卖或者捐赠渔获物的，应当取得相关法律文件。

第五十一条 初步调查结束后，应当制作案件处理意见书，连同证据材料报渔政执法机关负责人审批。渔政执法机关负责人批准后，渔政执法人员应当制作行政处罚事先告知书并送达当事人。

第五十二条 行政处罚事先告知书应当载明拟作出行政处罚的事实、理由、依据、处罚内容，并告知当事人可以自送达之日起三日内进行陈述、申辩；符合听证条件的，还应当告知当事人有要求举行听证的权利。

当事人在规定期限内进行陈述、申辩的，渔政执法人员应当充分听取意见。陈述、申辩理由成立的，应当采纳。当事人逾期未提出陈述、申辩或者逾期未要求听证的，视为放弃上述权利。

第五十三条 案件符合听证条件，当事人要求听证的，应当按规定举行听证。听证时间不计入办案期限。

听证机关应当在举行听证会的七日前送达行政处罚听证会通知书，告知当事人举行听证的时间、地点、听证人员名单及可以申请回避和可以委托代理人等事项。除涉及国家秘密、商业秘密或者个人隐私等情形外，听证应当公开举行。

第五十四条 办案人员应当对当事人陈述、申辩内容及听证中提出的意见进行复核，制作行政处罚决定审批表，报渔政执法机关负责人审批。案件按规定应当进行法制审核的，报批前应当先将行政处罚决定审批表和证据材料报法制审核。未经法制审核或者审核未通过的，不得作出行政处罚决定。

第五十五条　案件承办人员不得担任本案的法制审核人员。初次从事行政执法决定法制审核的人员，应当通过国家统一法律职业资格考试取得法律职业资格。

第五十六条　法制审核采用书面形式进行，必要时可以向相对人和渔政执法人员了解情况。

法制审核应当自接到审核材料之日起五个工作日内完成。特殊情况下，经渔政执法机关负责人批准，可以延长至十个工作日。法律、法规、规章另有规定的除外。

法制审核后，办案人员应当根据审核意见作出相应处理。

第五十七条　有下列情形之一的，渔政执法机关负责人批准行政处罚决定审批表前，应当进行集体讨论，形成书面结论：

（一）拟作出较大数额罚款、没收较大数额财物、责令停业或者吊销捕捞许可证、养殖证、水产苗种生产许可证、渔业船员证书等证件决定；

（二）符合听证条件，且当事人申请听证的；

（三）案情复杂或者有重大社会影响的；

（四）渔政执法机关负责人认为应当提交集体讨论的其他案件。

集体讨论过程应当进行记录。

第五十八条　渔政执法机关负责人应当综合审查案件材料，结合听证、法制审核、集体讨论等情况作出行政处罚决定。

第五十九条　渔政执法机关负责人决定撤销案件或者依法不予行政处罚的，办案人员应当制作撤销案件决定书或者不予行政处罚决定书，说明理由和依据，并按规定送达当事人。

第六十条　行政执法文书应当按规定采用直接送达、邮寄送达、委托送达、公告送达等方式进行送达，由受送达人在送达回证上记明收到日期，并通过签名、盖章或者按指纹等方式确认。

实施留置送达，受送达人长期居住在船上的，可以将行政执法文书留在船上，并采用拍照、录像等方式记录送达过程，即视为送达。

受送达人下落不明，或者采用直接送达、委托送达等方式无法送达的，可以在渔政执法机关的公告栏、受送达人住所地、船舶停泊的港口张贴公告，或者在报纸、渔政执法机关官方网站上刊登公告，自张贴或者刊登之日起，经过六十日，即视为送达。张贴公告过程应当通过拍照、录像等方式记录。省、自治区、直辖市对公告送达另有规定的，从其规定。

第六十一条　在边远、水上和交通不便地区按普通程序实施处罚时，可以通过即时通信方式报请渔政执法机关负责人批准立案和对调查结果及处理意见进行审查。当事人可以当场向渔政执法人员进行陈述和申辩。当事人当场书面放弃陈述和申辩的，视为放弃权利。

前款规定不适用于应当进行集体讨论的案件。

第六十二条　按照规定的格式制作行政执法文书时，应当逐项填写文书设定的栏目，不得遗漏和随意修改；不需要填写的栏目或者空白处，应当用斜线划去；有选择项的应当将非选择项用斜线划去。

第四章　执行规范

第六十三条　同一案件有多个当事人，决定给予罚款处罚的，应当在行政处罚决定书中明确其各自应当缴纳的罚款数额。

第六十四条　对当事人的同一个违法行为，不得给予两次以上罚款的行政处罚。

第六十五条　在边远、水上、交通不便地区，当事人向指定银行缴纳罚款确有困难，经当事人提出，可以当场收缴罚款。

适用简易程序，依照《中华人民共和国行政处罚法》可以当场收缴罚款的，应当在当场处罚决定书中说明。

渔政执法人员当场收缴的罚款，应当自返回渔政执法机关所在地之日起二日内交至渔政执法机关；在水上当场收缴的罚款，应当自抵岸之日起二日内交至渔政执法机关，渔政执法机关应当在二日内将罚款交至指定的银行。

第六十六条 渔政执法机关决定给予罚款处罚，当事人逾期不履行，也未获准暂缓或者分期缴纳罚款的，可以每日按罚款数额的百分之三加处罚款。加处罚款应当依照行政强制执行程序实施，不得超过罚款本金。

第六十七条 渔政执法机关决定给予没收船舶、捕捞工具、养殖投入品等涉案物品处罚的，按下列情况执行：

（一）对于已扣押或者异地登记保存的物品，有条件的应当移交至罚没物品保管仓库或者其他统一保管地点；

（二）对于当事人自行保管的物品，应当书面告知其在规定期限内将物品交至渔政执法机关。当事人拒不执行的，按规定向法院申请强制执行。渔政执法机关收到物品后，按第一项执行。

当事人自行保管的物品意外毁损、灭失的，渔政执法人员应当制作笔录；当事人故意毁损或者转移应没收物品的，依法追究其法律责任。

没收渔船的，由发证机关注销渔业船舶证书并予以公告。

第六十八条 依法没收的物品属于禁止制造、流通、使用的涉渔“三无”船舶、禁用捕捞工具以及电鱼、毒鱼、炸鱼工具，或者禁用的养殖投入品等物品的，应当依法予以拆解、销毁。不属于禁止制造、流通、使用的物品的，应当按规定公开拍卖或者变卖。

第六十九条 依法应予没收的渔获物处于渔政执法机关保管中，按本规范第五十条第二款和第三款的规定处理。

在行政处罚决定下达前，渔获物已经拍卖、变卖的，所得款项按本规范第七十条的规定处理；已对渔获物进行无害化处理或者放归的，在行政处罚决定书中予以说明。

第七十条 通过拍卖、变卖处置没收的涉案物品或者对渔获物进行先行处置的，所得款项扣除处置费用后上缴国库；政府预算已经安排处置专项经费的，所得款项全额上缴国库。

第七十一条 吊销证书证件的，由发证机关注销证书证件并予以公告。

决定处以暂扣证书证件处罚的，暂扣期限届满，应当提前三日通知当事人。当事人在暂扣期间从事渔业生产活动的，视为无证生产，依法查处。

第七十二条 当事人在法定期限内不申请行政复议或者提起行政诉讼，又不履行行政处罚决定，渔政执法机关可以自法定起诉期限届满之日起三个月内申请人民法院强制执行。

申请人民法院强制执行前，应当催告当事人履行义务，向当事人送达履行行政处罚决定催告书，要求当事人自送达之日起十日内履行。催告亦可在行政处罚决定书确定的履行期限届满后立即实施。

申请人民法院强制执行，应当填写申请强制执行审批表，连同案卷材料报渔政执法机关负责人审批。

第七十三条 渔政执法机关依法作出罚款决定，当事人在法定期限内不申请行政复议或者提起行政诉讼，经催告仍不履行，渔政执法机关办案过程中已经采取查封、扣押措施的，可以将查封、扣押的财物依法拍卖抵缴罚款。

第七十四条 渔政执法机关依法作出责

令限期拆除养殖设施、限期治理渔业水域污染、限期清理在渔港水域内违法停泊或者无人管理的船舶等决定，当事人逾期不履行的，可以依法代履行或者委托没有利害关系的第三人代履行。

需要立即清除渔业水域污染物、清理在渔港水域内违法停泊或者无人管理的船舶，但当事人无法或者拒绝实施的，经渔政执法机关负责人批准后可以无需催告，立即实施代履行。

代履行费用按照成本合理确定，由当事人承担。但是，法律另有规定的除外。

第七十五条 实施代履行，应当遵守下列规定：

（一）渔政执法人员填写代履行审批表，报渔政执法机关负责人审批；

（二）渔政执法机关负责人批准后，渔政执法人员制作代履行决定书送达当事人，告知代履行的理由和依据、方式和时间、标的、费用预算以及代履行人；

（三）代履行三日前，制作并送达履行行政处罚决定催告书，当事人在催告书载明的最后履行期限前履行的，停止代履行；

（四）代履行时，渔政执法机关派渔政执法人员到场监督；当事人不在场的，邀请其所在居民委员会、村民委员会、渔业组织、工作单位的工作人员或者其他人员见证。

代履行完毕后，渔政执法人员、代履行人、当事人或见证人应当共同在执行文书上签字或者盖章确认。

第五章 取证规范

第一节 一般规定

第七十六条 渔政执法人员应当按照法定程序及时、客观、全面地收集证据，使用符合规定的文书格式及音频、视频等记录取证过程。

第七十七条 取证不得有下列行为：

（一）使用欺骗、胁迫、暴力等不正当手段取证；

（二）违法泄露商业秘密、个人隐私；

（三）收集与案件无关的证据材料；

（四）将证据用于查办案件以外的其他用途。

第七十八条 办理案件时，应当制作现场检查（勘验）笔录、询问笔录（无法查明当事人的应当注明），同时应当按下列规定收集固定相关证据：

（一）办理非法捕捞及安全生产违法案件，重点收集渔业船舶国籍证书、渔业船舶检验证书、捕捞许可证、渔业船员证书、船位数据、作业现场影像、渔具、渔获物（含称重记录）、网目尺寸测量记录等证据；办理安全生产违法案件，还应当收集安防装备和通导设备使用记录以及船舶、人员、环境状况等证据；

（二）办理非法养殖及水产品质量安全案件，重点收集养殖证、养殖设施设备、养殖水产品、养殖投入品及包装、有毒有害物质检测报告、销售收购凭证、收付款记录等证据；

（三）办理涉嫌非法猎捕、杀害、收购、运输、销售珍贵、濒危水生野生动物案件，重点收集特许猎捕证、人工繁育许可证、经营利用许可证等证书以及珍贵、濒危水生野生动物品种、价值、数量等情况；

（四）办理渔业水域污染案件，重点收集受污染水域及水生生物受损状况、环境监测数据、渔业资源损害评估报告、鉴定意见等证据。

第七十九条 收集证据时，当事人、证据提供人、被调查人等不在场或者拒绝在证据复制件、影印件、抄录件、照片上签名、盖章、按指纹确认的，渔政执法人员应当注明，可以邀请其所在居民委员会、村民委员会、渔业组织、工作单位的工作人员或者其他人员见证，并由渔政执法人员、见证人共同签名或者盖章。

第八十条　证据应当妥善保存或者处理，结案后及时归档。视听资料、电子数据原始载体等证据无法存入案卷的，应当说明其保存场所或者处理方式，以照片、复制件光盘形式随卷保存。

第二节　书　　证

第八十一条　书证包括国家机关制作的公文和证书证件、检验（检测、认定、评估）报告、公证书、律师事务所出具的法律意见书、合同书、地（海）图、技术资料、作业日志、生产记录、购销凭证、会计账簿等。

第八十二条　书证应当为原件。收集原件困难的，渔政执法人员可以收集复制件、影印件或者抄录件，核对无误后标明“与原件一致”，注明出证日期和证据来源，并签名或者盖章。证据提供人应当签名、盖章或者按指纹确认。

复制件、影印件或者抄录件应当为完整本。原件篇幅过长的，可以对与案件事实具有关联性的内容进行节录。

第八十三条　地（海）图和技术资料应当附说明。地（海）图应当由具有法定资质的机构出版或者制作。

第三节　物　　证

第八十四条　物证包括船舶及其设施设备、捕捞工具、养殖设施设备及投入品、渔获物、养殖水产品、污染物质等。

第八十五条　物证应当是原物。收集原物确有困难的，渔政执法人员可以收集复制件或者足以反映原物外形、内容的照片、录像，核对无误后标明“与原物一致”，注明出证日期、证据来源、原物存放地点或者处理方式，并签名或者盖章。物证提供人应当签名、盖章或者按指纹确认。

第八十六条　物证的照片、录像应符合下列要求：

（一）船舶显示侧面、前部和后部全貌，以及船名等特征信息，并根据需要证明的事实显示甲板、鱼舱、主机等部位和捕捞痕迹等情况；

（二）船载设施设备、捕捞工具或者养殖设施设备显示外形、结构、产品标识等信息，禁用的捕捞工具还应当附有名称、功能、网目尺寸等情况的必要文字说明；

（三）养殖投入品显示产品标识、包装、治疗功能等信息，必要时对产品名称、数量、性状等情况进行文字说明；

（四）渔获物或者养殖水产品显示品种、规格、数量等信息（珍贵、濒危水生野生动物还应当显示显著物种特征），并附有品种或者类别、数量或者重量以及存活状态等情况的必要文字说明；

（五）其他物证显示全貌和重点部位特征，并附有必要文字说明。

因水上或者夜间执法等客观因素制约，物证的照片、录像未能完全达到前款要求的，应当简要说明。

第四节　视听资料和电子数据

第八十七条　视听资料包括执法记录仪、电子监控摄像设备、照相机、摄像机、录音笔、手机及其他录音、录像设备记录的用于证明案件事实的影像资料和录音资料。

第八十八条　船位监控数据、全球卫星定位系统数据、船舶防碰撞系统数据等可以作为电子数据使用。

第八十九条　照片、录像、录音和电子数据应当是有关资料和数据的原始载体，不得修饰、裁剪、拼接。

收集调取原始载体确有困难的，可以采用下列方法取证，并注明具体方法、取证时间、取证人、证明对象、原始载体存放地点等信息，由证据提供人注明“经核对与原始载体内容一致”，并签名或者盖章：

（一）使用磁盘、光盘等介质对原始资料、数据复制保存；

（二）对船载设备显示的数据、信息进行拍照、录像、截图。

录音资料应当附有文字说明。

第九十条 渔政执法机关指派或者聘请具有专业技术的人员或者机构对电子数据进行取证，应当附有方法、过程和结果说明，专业技术人员应当签名或者盖章。

第五节 当事人的陈述和证人证言

第九十一条 当事人、证人就案件事实所作陈述的完整录音、录像，可以作为证据使用。

第九十二条 询问当事人、证人，应当告知其如实回答询问的义务以及请求渔政执法人员回避的权利。被询问人在二人以上的，应当个别询问。

第九十三条 询问笔录应当完整填写，如实记录询问内容和回答内容。

询问笔录结束处应当标注“以下空白”，由被询问人确认笔录内容与陈述一致。被询问人无阅读、书写能力的，渔政执法人员应当向其宣读，并在笔录中予以注明。询问笔录中有差错、遗漏的，应当允许被询问人更正或者补充，更正或者补充部分由其签名、盖章或者按指纹确认。

询问笔录经核对无误后，由被询问人在询问笔录上逐页签名、盖章或者按指纹确认。被询问人拒绝回答或者拒绝签名、盖章、按指纹的，由渔政执法人员在笔录上注明并签名。

第九十四条 因不可抗力、重大疫情等原因，不宜当面询问的，可以采用电话或者网络视频、音频通话等方式询问。电话或者网络视频、音频通话应当全程录像、录音。

第九十五条 当事人、证人无正当理由拒不接受询问或者无法取得联系的，渔政执法机关可以商请公安机关或者其所在居民委员会、村民委员会、渔业组织、工作单位等进行协助，并记录在案。当事人、证人仍不接受询问的，不影响案件的调查处理。

第六节 认定（鉴定、检验、检测、评估）意见、结论

第九十六条 查办渔业非法捕捞案件，对涉案物品实行以认定为主，鉴定（检验、检测、评估）为辅的原则。

对于涉案的非法捕捞工具、捕捞方法、渔获物品种以及对水生生物资源的危害程度等问题，原则上由渔政执法机关在二个工作日内作出认定；难以确定的，可以委托专家或鉴定评估机构进行鉴定或评估。专家或鉴定评估机构应当符合法律法规或规范性文件规定的条件。

第九十七条 查办水产品质量安全案件，渔政执法机关应当委托具有相应检测条件和能力、通过计量认证并经省级以上人民政府渔政执法机关或其授权的机构考核合格的水产品质量安全检测单位承担检测任务。

第九十八条 需要进行认定（鉴定、检验、检测、评估）的事项包括但不限于：

（一）渔获物的种类、价值、保护级别；

（二）捕捞工具、方法的类型及是否属于禁用的工具、方法；

（三）渔业资源或者渔业生态环境损害的程度；

（四）养殖投入品的种类、性质；

（五）养殖水产品中致病性微生物、渔药残留、重金属、污染物质以及其他危害人

体健康物质的种类、含量。

第九十九条 认定（鉴定、检验、检测、评估）报告应当载明使用的标准、方法和结论意见。

认定（鉴定、检验、检测、评估）报告应当由出具单位主要负责同志审核签字并加盖单位公章。专家出具的鉴定评估报告应当由专家本人签字。

第七节 现场检查（勘验）笔录

第一百条 实施现场检查、勘验，除了应当遵守本规范总则中的规定以外，还应当遵守下列规定：

（一）通知当事人到场；

（二）根据需要绘制勘验图、拍照、录音、录像；

（三）当场制作现场检查（勘验）笔录。

第一百零一条 现场检查（勘验）笔录应当对所检查的物品名称、数量、包装形式、规格或者所勘验的现场具体地点、范围、状况等作全面、客观、准确的记录，避免使用分析、推断、猜测、评论或者模糊用语。

现场检查（勘验）笔录应当经当事人核对无误后，在笔录上逐页签名、盖章或者按指纹确认，渔政执法人员应当逐页签名。当事人拒不到场，无法找到当事人或者当事人拒绝签名、盖章或者按指纹的，由渔政执法人员在笔录上注明情况，并可以请见证人进行见证；见证人应当在笔录上逐页签名、盖章或者按指纹确认。

第六章 行政执法与刑事司法衔接规范

第一百零二条 渔政执法机关查办案件过程中发现当事人涉嫌犯罪，依法应当追究刑事责任的，应当及时将案件移送公安机关或者海警机构，并抄送同级人民检察院。

查办案件过程中，渔政执法机关发现案情明显涉嫌犯罪的，可以商请公安机关、海警机构提前介入。

第一百零三条 渔政执法机关向公安机关或者海警机构移送涉嫌犯罪案件，应当随案移交下列案件材料：

（一）涉嫌犯罪案件移送书；

（二）涉嫌犯罪案件情况的调查报告；

（三）涉案物品清单；

（四）涉案物品认定（鉴定、检验、检测、评估）报告；

（五）与案件有关的其他材料。

渔政执法机关已作出行政处罚决定的，移送案件时应当同时附有行政处罚决定书。

渔政执法机关应当将所移送案件材料的复制件存档备查，无法复制的，以拍照、录像等形式保存。

第一百零四条 公安机关或者海警机构决定立案的，渔政执法机关应当自接到立案通知书之日起三日内将涉案物品以及与案件有关的其他材料移交公安机关或者海警机构，并办理交接手续。

第一百零五条 渔政执法机关对公安机关或者海警机构作出的不予立案决定有异议的，可以自接到不予立案通知书之日起三日内向作出决定的公安机关或者海警机构提请复议，也可以建议人民检察院进行立案监督。

渔政执法机关对公安机关或者海警机构复议决定仍有异议的，可以自收到复议决定之日起三日内建议人民检察院进行立案监督。

第一百零六条 渔政执法机关向公安机关或者海警机构移送涉嫌犯罪案件前，已作出警告、责令停产停业、暂扣或者吊销许可证等行政处罚决定的，不停止执行。

渔政执法机关向公安机关或者海警机构移送涉嫌犯罪案件前，尚未作出行政处罚决定的，原则上应当在公安机关或者海警机构决定不予立案或者撤销案件、人民检察院作出不起诉决定、人民法院作出无罪判决或者免于刑事处罚后，再决定是否给予行政处罚。

第一百零七条 公安机关或者海警机构决定不予立案或撤销案件，渔政执法机关认为需给予行政处罚的，应当依法处罚。案件移送办理期间不计入行政处罚案件办理期限。

第一百零八条 人民法院作出有罪判决后，对于判决未涉及或者未认定构成犯罪的违法事实部分，渔政执法机关可以依法给予行政处罚；依法应当给予吊销许可证等处罚的，渔政执法机关应当依法实施或提请发证机关实施。

第一百零九条 渔政执法机关办案过程中发现涉案违法行为尚不构成犯罪，但违反《中华人民共和国治安管理处罚法》相关规定的，应当移送公安机关、海警机构给予治安行政处罚。

第七章 结案规范

第一百一十条 有下列情形之一的，应当制作行政处罚结案报告，经渔政执法机关负责人批准后结案：

（一）行政处罚决定由当事人履行完毕的；

（二）渔政执法机关依法申请人民法院强制执行行政处罚决定，人民法院依法受理的；

（三）作出不予行政处罚决定或者属于其他无须执行、无法执行情形的；

（四）行政处罚决定被依法撤销的；

（五）渔政执法机关认为可以结案的其他情形。

第一百一十一条 案件结案后，各类案卷材料应当按规定及时归档。

第八章 工作条件

第一百一十二条 渔政执法机关应当通过下列方式提高渔政执法人员安全防护能力：

（一）加强执法风险评估和预警防范；

（二）强化执法装备配备和后勤保障水平；

（三）开展渔业法律法规和执法规范培训；

（四）加强执法技战术及安全防护训练演练。

第一百一十三条 渔政执法机关应当加强与宣传部门沟通，建立和完善新闻发布机制，通过报纸、电视、微博、微信等媒体主动发布权威信息，及时回应社会关切，强化渔业普法教育和渔政执法公益宣传，取得公众理解和支持，维护和展示渔政执法队伍的良好形象。

第一百一十四条 渔政执法人员按照法定条件和程序履行职责、行使职权，对公民、法人或者其他组织合法权益造成损害的，渔政执法人员个人不承担责任，由其所属渔政执法机关按照国家有关规定对造成的损害给予补偿。

第一百一十五条 当事人以自杀、自残或者威胁自杀、自残等方式阻碍执法的，渔政执法人员应当通过拍照、录像等方式固定证据，依法移送公安机关或者海警机构按照《中华人民共和国治安管理处罚法》处以治安行政处罚，构成犯罪的，依法追究刑事责任。

第一百一十六条 渔政执法机关应当为渔政执法人员办理人身意外伤害保险。

第一百一十七条 渔政执法机关应当建立渔政执法人员援助制度，对履职过程中遭受人身、财产侵害和精神创伤的渔政执法人员提供经济、法律、医疗、心理等方面的援助。

第一百一十八条 渔政执法机关应当向执行水上执法任务的渔政执法人员发放执勤补贴，标准按不低于本级人民政府机关差旅补贴确定。

县级以上地方人民政府渔政执法机关应当将水上执勤补贴纳入本部门年度预算。

第九章 附 则

第一百一十九条 本规范由农业农村部负责解释。

第一百二十条 本规范自 2021 年 2 月 1 日起施行。

农业农村部关于印发《渔政执法装备配备指导标准》的通知

（2020年11月4日发布，农渔发〔2020〕23号）

各省、自治区、直辖市农业农村（农牧）厅（局、委），福建省海洋与渔业局，新疆生产建设兵团农业农村局：

为贯彻落实中办、国办《关于深化农业综合行政执法改革的指导意见》和《国务院办公厅关于切实做好长江流域禁捕有关工作的通知》（国办发明电〔2020〕21号）等文件精神，积极适应新时代新形势对渔政执法工作的新要求，保障长江禁捕等重大战略决策的落实落地，我部编制了《渔政执法装备配备指导标准》（以下简称《标准》，见附件），按执法区域和队伍性质提出了省市县三级渔政执法机构执法装备配备的项目和数量。现印发给你们，请结合本地实际组织实施，有关要求如下。

一、高度重视渔政执法装备建设。船艇等渔政执法装备是渔政执法机构履行打击非法捕捞、保障安全生产、管理涉外渔业、维护国家渔业权益等职能职责的必备手段。省级渔业主管部门要做好渔政执法装备建设的牵头抓总工作，要在厘清本辖区渔业执法职责和任务的基础上，根据本《标准》合理确定不同层级渔政执法机构的执法装备配备需求，抓紧起草本地区渔政执法装备标准、规划和年度实施计划，依照相关程序报批后实施，确保渔政执法装备与新时期渔业执法任务相适应。具有涉外渔业管理任务、边境交界水域及长江流域等渔业执法任务较重的地区，可适当提高渔政执法装备配置标准。

二、因地制宜统筹配备不同层级执法装备。各省级渔业主管部门要依据《农业综合行政执法事项指导目录》、渔业海（水）上执法特点和本《标准》要求，按照职权法定、属地管理、重心下移的原则，在明确省市县执法权限和职责分工的基础上，统筹配备各层级渔政执法装备，适度向市县两级倾斜，全方位提升执法监管能力。跨区域的湖泊渔政执法机构可参考地市级标准配备装备；县级以下设置中队或乡镇基层渔政执法队伍的，原则上不超过县级装备配置标准。独立建设扣船所有困难的，亦可由地方政府统一建设使用。依照本《标准》配备的各类渔政执法装备均应考虑到水上执法特点，具备一定防水性能。

三、多元化途径保障执法装备建设及维护经费。按照支出与事权相适应原则，各级渔业主管部门要在充分调研的基础上，摸清本辖区渔政执法装备数量及性能需求，专题向同级党委、政府做好汇报，并主动加强与财政、发改等有关部门的沟通协调，落实渔政执法装备建设及维护资金；同时，统筹使用好渔业油价补贴一般性转移支付资金，加强当前亟需的渔政执法装备的建设和运维，多元化途径保证渔政执法装备配备能够满足执法工作需要。

四、加强渔政执法装备规范管理。建造、更新、改造船艇等专用渔政执法装备，要按照《渔业行政执法船舶管理办法》相关规定办理注册登记、统一编号后方可执行渔业执法任务；报废船艇须提出后续处置方式报我部办理注销手续。要按要求建立执法装备台账，指定专人负责日常使用记录、保养、校验和日常维修，并强化相关人员业务培训，规范使用执法装备，确保水上执法安全。要根据渔政执法的新形势、新任务及时补充、更新执法装备，持续加强渔政执法能力建设和条件保障。

附件：渔政执法装备配备指导标准

农业农村部

2020 年 11 月 4 日

渔业行政执法协作办案工作制度

（2013 年 1 月 31 日发布，农办渔〔2013〕11 号）

第一章 总 则

第一条 为加强渔业行政执法能力建设，规范跨区域渔业违法案件查处工作，及时有效打击重大渔业违法行为，提高渔业行政执法效率和水平，根据《中华人民共和国渔业法》和《农业行政处罚程序规定》等有关法律、法规、规章的规定，制定本制度。

第二条 渔业行政执法协作办案工作制度是指在渔业行政主管部门的领导下，由两个或两个以上的渔业行政执法机构相互配合，依法查处渔业违法案件的工作制度。

第三条 本工作制度适用于各级渔业行政主管部门及其所属渔业行政执法机构。

第四条 渔业行政执法协作办案工作实行统一领导，分级管理原则。

农业部渔政指挥中心负责渔业行政执法协作办案工作的统一领导，监督、指导渔业违法案件协作办案工作，协调跨海区、跨省（区、市）渔业违法案件的协作办案工作。

农业部各海区渔政局负责监督、指导本海区渔业违法案件协作办案工作，协调本海区跨省（区、市）渔业违法案件的协作办案工作。

黄河流域渔业资源管理委员会、长江流域渔业资源管理委员会、珠江流域渔业管理委员会按职能分别负责监督、指导本流域渔业违法案件协作办案工作，协调本流域跨省（区、市）渔业违法案件的协作办案工作。

地方各级渔业行政主管部门及其渔业行政执法机构负责监督、指导和实施本辖区渔业违法案件的协作办案工作。

第二章 协作办案

第五条 依法负责办案的渔业行政执法机构（下称“主办单位”）在办理渔业违法案件时，可根据办案需要，向相关渔业行政执法机构（下称“协办单位”）提出协作办案要求。协办单位应积极配合，在规定的期限内将办理情况及时反馈主办单位。

第六条 凡属下列情形之一的渔业违法案件，主办单位可向协办单位提出协作办案要求：

（一）已查获涉嫌渔业违法的渔船，并取得涉嫌违法行为的部分证据，需要涉案渔船船籍港所在地或当事人居住地、户籍所在地的协办单位协助查证涉案船舶相关证书或资料、查找当事人补充调查取证的；

（二）查获公开通缉的涉嫌违法渔船后，需要发布通缉信息的渔业行政执法机构作为协办单位移交证据材料的；

（三）按照《农业行政处罚程序规定》第五十二条规定，直接送达《行政处罚决定书》有困难，需要委托涉案渔船船籍港、停泊港所在地或当事人居住地、户籍所在地协办单位代为送达的；

（四）依法作出的吊销捕捞许可证、职务船员证书等行政处罚决定，或提出扣减涉案渔船渔业成品油价格补助等建议，需要由协办单位协助执行的；

（五）查获非本船籍港违法渔船，已作出行政处罚，需要通报违法渔船船籍港所在地协办单位的；

（六）其他需要实行协作的案件和事项。

第七条 开展协作办案时，由主办单位向协办单位发出《涉嫌渔业违法案件协查通报函》（见附件1，下称“协查通报函”）。协查通报函内容包括协查类型、协查对象、协查要求等协查事项，基本案情、已查获证据（包括AIS和RFID数据）的复印件和电子文件，或已作出的处罚决定、扣减油补建议等通报事项（协查通报函填写说明见附件2）。在办案过程中，主办单位根据案件进展情况，可多次发出协查通报函。

第八条 在执法过程中，渔业行政执法机构对逃逸的涉嫌违法渔船应及时取证，并公开发布涉嫌违法渔船通缉信息，通缉信息的内容包括涉嫌违法渔船船名号、作业类型、违法时间、违法地点、违法情节、渔船特征及照片等（格式见附件3）。网上通缉信息应统一在中国渔业政务网（www.cnfm.gov.cn）的“渔业执法—协查通报”栏发布。

第三章 工作要求

第九条 协办单位收到协查通报函后应当做好函件登记，核对协查通报函所附证据材料并妥善保存，如有疑问要及时与主办单位联系。下列有关情形需按协查通报函和本制度规定的时限要求开展相应的协查工作：

（一）协助查证船舶相关证书或资料的，协办单位应进行调查核实，尤其要验明证书真伪，并将调查核实结果及时反馈主办单位；

（二）协助查找当事人的，协办单位应当在本辖区内寻访、查找当事人，发现当事人后要采取必要措施督促其到主办单位接受调查；

（三）协助调查取证或提供材料的，协办单位应当开展相关的调查取证工作，及时向主办单位函复工作情况或提供相关材料；

（四）协助送达法律文书的，协办单位应按照《农业行政处罚程序规定》第五十二条规定，将收到的法律文书及时送达当事人；

（五）协助执行行政处罚决定的，协办单位要积极配合落实；

（六）其他方面的协作办案应按协查通报函的有关要求开展。

第十条 对一般性渔业违法案件，协办单位应在收到协查通报函后5个工作日内函复协查结果。对涉外、安全、暴力抗拒执法等突发、紧急或严重渔业违法案件，应根据协查通报函的时限要求及时函复协查进展情况。

协办单位因特殊原因不能在协查期限内办理的，应及时向主办单位说明，共同协商办理时限，并将协商结果报共同的上一级渔业行政执法机构备案。协办单位接到协查通报函后，发现无法协查的，要及时向主办单位通报并说明原因，同时报共同的上一级渔业行政执法机构备案。协办单位与主办单位发生分歧时，由共同的上一级渔业行政执法机构协调。

协办单位未在规定期限内反馈协查信息且未说明原因的，主办单位可向共同的上一级渔业行政执法机构反映，由共同的上一级渔业行政执法机构负责督办。

第十一条 协作办案的案件未结案前，涉案渔船船籍港所在地渔业行政执法机构应暂停办理涉案渔船和当事人相关证书的换发、年审，以及项目申报等工作。

第十二条 协作办案的案件结案后，主办单位应向协办单位和共同的上一级渔业行政执法机构通报结果。协办单位应及时协助落实相应的处罚措施和决定，并上报归档。其中，涉及扣减涉案渔船渔业成品油价格补助的，应及时上报本级渔业行政主管部门。

第十三条 各级渔业行政主管部门要加强对协作办案工作的督导，对取得显著成效的主办单位、协办单位及个人，以适当方式予以表彰；对开展协作办案工作组织领导不力、不配合或消极应对，以及不按本制度开展工作的单位和个人，要予以批评；造成严重后果的，应依法追究相关单位和个人的责任。

第十四条 每年1月20日前，沿海各省（自治区、直辖市）渔业行政主管部门要将上一年度的海洋渔业行政执法协作办案工作开展情况总结报所在海区渔政局，经各海区渔政局汇总后报农业部渔政指挥中心；黄河、长江、珠江流域各省（自治区、直辖市）渔业行政主管部门要将上一年度的内陆渔业行政执法协作办案工作开展情况总结报所在流域渔业资源管理委员会办公室，经各流域渔业资源管理委员会办公室汇总后报农业部渔政指挥中心；黄河、长江、珠江流域以外的内陆各省（自治区、直辖市）的渔业行政执法协作办案工作开展情况总结直接报农业部渔政指挥中心；各海区渔政局直接查处的各省（自治区、直辖市）违规渔船和各省（自治区、直辖市）渔政执法机构查处的外省违规渔船情况年度汇总表（见附件4）要上报农业部渔政指挥中心。

农业部渔政指挥中心在每年3月底以前将上一年度协作办案总体情况进行通报。

上报农业部渔政指挥中心的材料需同时报送纸质文件和电子邮件，电子邮件发至邮箱 fisheryccc@agri. gov. cn。

第四章 附 则

第十五条 本制度由农业部渔政指挥中心负责解释。

第十六条 本制度自印发之日起施行，原《渔业行政执法协作办案工作制度》（国渔指〔2007〕46号）废止。

渔业行政执法证管理办法

（2011 年 5 月 10 日发布，国渔政（督）〔2011〕 11 号）

第一条 为了规范渔业行政执法行为，加强渔业行政执法资格管理，根据《中华人民共和国行政处罚法》《中华人民共和国渔业法》等有关法律、法规的规定，制定本办法。

第二条 渔业行政执法证全称为“中华人民共和国渔业行政执法证”，是渔业行政执法人员履行渔业行政执法职责的资格凭证。

渔业行政执法人员在法定职权范围内执行公务时应出示或佩戴渔业行政执法证，超出法定职权范围以及未持有渔业行政执法证的人员不得从事渔业行政执法活动。

第三条 渔业行政执法证的发放范围为各级渔业行政主管部门及其所属的渔政监督管理机构中在岗专职从事渔业行政执法活动的人员或分管相关工作的负责人。

第四条 渔业行政执法证实行统一管理、分级发放的原则。

农业部渔业局、渔政指挥中心、各海区渔政局和省级渔业行政执法人员的发证管理工作由中华人民共和国渔政局负责，农业部渔政指挥中心组织实施。

省级（不含省级）以下渔业行政执法人员的发证管理工作由省级渔业行政主管部门负责并组织实施，并将发证情况报农业部渔政指挥中心备案。

第五条 渔业行政执法证由中华人民共和国渔政局统一制作，并按照规定的编码办法编写证号（见附件 1）。渔业行政执法证有效期为 6 年。

渔业行政执法证应加盖发证机关印鉴，并由发证机关负责对发证情况进行公示。

第六条 申领渔业行政执法证的人员应当具备下列条件：

（一）在岗专职从事渔业行政执法活动或分管相关工作；

（二）掌握必要的法律和专业知识，具有相应工作经验；

（三）参加省级以上（含省级）渔业行政主管部门组织的行政执法培训并考试合格；

（四）初次申领应具备大专及以上文化程度。

第七条 持证人员的培训和考核工作实行统一管理、分级组织的原则。

全国渔业行政执法培训的师资、农业部及省级渔业行政执法人员的培训和考核工作由中华人民共和国渔政局负责，农业部渔政指挥中心组织实施。

省级（不含省级）以下渔业行政执法人员的培训和考核工作由省级渔业行政主管部门负责并组织实施，并将有关情况报农业部渔政指挥中心备案。

第八条 申领渔业行政执法证应由所在单位对申请人进行资格审查，并填写“中华人民共和国渔业行政执法证申领（换领）审批表”1 份（见附件 2），经本级渔业行政主管部门审核同意后，逐级报发证机关审批办理。

第九条 渔业行政执法证实行审验制度，每 3 年审验一次。

持证人员所在单位应按期对持证人进行资格审查，并填写“中华人民共和国渔业行政执法证审验表”1份（见附件3），经本级渔业行政主管部门审核同意后，逐级报发证机关审验。

发证机关对持证人员执法工作、参加培训、有无执法违纪或重大过失等情况进行审验，并将审验情况报农业部渔政指挥中心备案。经审验合格的，由发证机关加盖审验印章。

第十条 持证人员应于证件有效期届满两个月前提出换证申请，由发证机关按照本办法的规定重新核发。新证发放后，持证人员所在单位应将原证收回并统一销毁。

第十一条 持证人员丢失、损毁渔业行政执法证的，应当立即向所在单位报告，由所在单位报请发证机关注销并公开声明作废，并按照本办法的规定重新申请办理证件。

第十二条 持证人员有下列情形之一的，由所在单位收回其渔业行政执法证，交发证机关注销：

（一）调离渔业行政执法岗位的；

（二）辞去公职或者被开除公职的；

（三）到期未审验或审验不合格的；

（四）退休的；

（五）死亡的；

（六）发证机关认为需要收回的其他情形。

第十三条 持证人员有下列情形之一的，由发证机关酌情暂扣或吊销其渔业行政执法证，并报农业部渔政指挥中心备案：

（一）申领渔业行政执法证时弄虚作假的；

（二）涂改、买卖、出租、出借渔业行政执法证的；

（三）滥用职权有违规违纪行为的；

（四）发生执法过错造成不良后果的；

（五）发证机关认为应当暂扣或吊销的其他情形。

第十四条 渔业行政执法证暂扣期为6个月。渔业行政执法证被暂扣达两次者由发证机关吊销其证件，取消其执法资格，并调离执法岗位。

第十五条 各发证机关应当加强渔业行政执法证的发放管理，建立健全渔业行政执法证发放管理制度，并建立持证人员信息数据库。

第十六条 本办法由中华人民共和国渔政局负责解释。

第十七条 本办法自发布之日起施行。

附件1 中华人民共和国渔业行政执法证编号方法

渔业行政执法证号由7位阿拉伯数字组成。农业部渔业局、渔政指挥中心和各海区渔政局渔业行政执法人员的执法证号前3位统一编排，后4位由各单位根据本单位执法人员情况编制；省级渔业行政执法人员的执法证号前4位统一编排，其中前两位按照省级行政区划顺序进行排序，中间两位统一为00，后三位由各省渔业行政主管部门确定；省级以下执法人员的执法证号前4位统一编排，其中前两位按照省级行政区划顺序进行排序，中间两位按照地市级行政区划顺序排序，后3位由地市级渔业行政主管部门确定各地区、各单位所使用的号段，同时要留有不少于本地区在编人数50%的备用号段，具体编号由执法人员所在单位确定。

渔业行政执法证号统一编排方法如下：

（一）部直属单位执法人员（前3位）

渔业局、渔政指挥中心：000

黄　渤　海　区　局：001

东　　海　　区　　局：002

南　　海　　区　　局：003

（二）省级执法人员（前4位）

北京市：0100　　天津市：0200

河北省：0300　山西省：0400
内蒙古自治区：0500
辽宁省：0600　吉林省：0700
黑龙江省：0800　上海市：0900
江苏省：1000　浙江省：1100
安徽省：1200　福建省：1300
江西省：1400　山东省：1500
河南省：1600　湖北省：1700
湖南省：1800　广东省：1900
广西壮族自治区：2000
海南省：2100　四川省：2200
贵州省：2300　云南省：2400
西藏自治区：2500　重庆市：2600
陕西省：2700　甘肃省：2800
青海省：2900
宁夏回族自治区：3000
新疆维吾尔自治区：3100
新疆生产建设兵团：3200

（三）地市级以下（含地市级）执法人员（前4位，以山东省为例）

济南市：1501　青岛市：1502
淄博市：1503　枣庄市：1504
东营市：1505　烟台市：1506
潍坊市：1507　济宁市：1508
泰安市：1509　威海市：1510
日照市：1511　莱芜市：1512
临沂市：1513　德州市：1514
聊城市：1515　滨州市：1516
菏泽市：1517

附件2（略）。

（三）资源管理

环境保护部、农业部关于进一步加强水生生物资源保护严格环境影响评价管理的通知

（2013年8月5日发布，环发〔2013〕86号）

各省、自治区、直辖市、新疆生产建设兵团及计划单列市环境保护厅（局）、渔业主管厅（局），辽河保护区管理局：

水生生物资源在我国生态安全格局中具有重要战略地位，保护水生生物资源及其生境是环境保护工作的重点任务，也是环境影响评价的重要内容。近年来大规模区域、流域、重点行业的开发和高强度港口、码头、航道等工程建设，加剧了对重要、濒危水生生物及其生境的威胁，水生生物资源及其生境保护压力凸显、形势日益严峻。为进一步加强水生生物资源及其生境保护，严格环境影响评价管理，现就有关事项通知如下：

一、编制区域、流域、海域的建设、开发利用规划等综合性规划，以及工业、农业、畜牧业、林业、能源、水利、交通、城市建设、旅游、自然资源开发等专项规划，应依法开展环境影响评价。其中，对水生生物产卵场、索饵场、越冬场以及洄游通道可能造成不良影响的开发建设规划，在环境影响评价中应进一步强化以下内容：

（一）将重要水生物种资源及其关键栖息场所列为敏感目标，开展重要水生物种资源及其关键栖息场所等调查监测，科学客观地评价规划实施可能带来的长期影响，并按照避让、减缓、恢复的顺序提出切实可行的建议和对策措施。

（二）规划涉及港口、码头、桥梁、航道整治疏浚等涉水工程以及围填海等海岸工程的，应综合评估规划实施可能造成的底栖生物、鱼卵、仔稚鱼等水生生物资源的损失和长期影响。

（三）规划涉及水利、水电、航电等筑坝工程的，应调查洄游性水生生物情况，调查影响区域内漂流性鱼卵的生产和生长习性、调查影响区域内水生生物产卵场等关键栖息场所分布状况，全面评估规划实施对洄游性水生生物和生物种群结构的影响。

二、各级环境保护部门在召集港口、码头、桥梁、航道、水电、航电、水利等开发建设规划环境影响报告书审查时，涉及可能对水生生物资源及其生境造成不良影响的，应严格执行以下要求：

（一）将渔业部门以及水生生态、水生生物资源、渔业资源（重点是鱼类）保护等方面的专家纳入审查小组。

（二）审查小组应将水生生物影响评价内容和有关结论作为审查重点之一，对可能造成重大不良环境影响的规划方案，应在书面审查意见中给出明确结论。

（三）审查小组成员应当客观、公正、独立地对环境影响报告书提出书面审查意见，规划审批机关、规划编制机关、审查小组的召集部门不得干预。

三、涉及水生生物自然保护区或水产种质资源保护区的建设项目，应严格执行下列

要求：

（一）水利工程、航道、闸坝、港口建设及矿产资源勘探和开采等建设项目涉及水生生物自然保护区或种质资源保护区的，或者在保护区外从事有关工程建设活动可能损害保护区功能的，应当按照国家有关规定进行专题评价或论证，并将有关报告作为建设项目环境影响报告书的重要内容。

（二）国家级水生生物自然保护区影响专题评价应当按照农业部《建设项目对水生生物国家级自然保护区影响专题评价管理规范》（农渔发〔2009〕4号）执行。地方级水生生物自然保护区影响专题评价可参照上述管理规范执行。

（三）水产种质资源保护区影响专题论证的重点是种质资源保护区主要物种资源和功能分区等情况，建设项目对保护区功能影响及建设项目优化布局方案，拟采取的避让、减缓、补救和生态补偿措施等。

（四）涉及水生生物自然保护区的建设项目环境影响报告书在报送环境保护部门审批前，应征求渔业部门意见。涉及水产种质资源保护区的建设项目，应按照《中华人民共和国渔业法》和《水产种质资源保护区管理暂行办法》（农业部令2011年第1号）等相关规定执行。

四、已经开展环境影响评价的规划中包含的具体建设项目，其环境影响评价内容可根据规划环境影响评价的分析论证情况适当调整，具体简化和重点评价等内容应在审查意见中予以明确。规划环境影响评价结论和审查小组意见应作为规划中包含的具体建设项目环境影响报告书审批的重要依据。

五、环境保护部门应积极会同渔业部门做好水生生物资源环境影响评价的基础性研究，联合推动水生生物资源和环境影响评价的数据资料共享，建立健全相关数据库。渔业部门应进一步加强水生生物资源调查的基础性数据资料收集、水生生物保护应用技术研究、生态修复效果评估和研究等工作。两部门应共同开展水生生物资源环境影响评价方法研究，为加强环境影响评价中的水生生物资源保护提供可靠的技术支持和指导。

六、各级环境保护部门和渔业部门应进一步加强沟通配合，加强对规划和项目环境影响评价的技术指导，严格规划环境影响报告书的审查和建设项目环境影响评价审批管理。环境保护部门和渔业部门应依据职责，督促落实有关建设项目的水生生物资源保护与补偿措施，推动环境影响评价与水生生物资源保护相互促进，不断提高工作质量、效率和水平。

各级环境保护部门和渔业部门应按照本通知要求，进一步加强水生生物资源及其生境保护，严格环境影响评价管理，全面促进经济社会与生态环境保护协调可持续发展。

环境保护部　农业部

二〇一三年八月五日

农业农村部、自然资源部、生态环境部等关于印发进一步加强外来物种入侵防控工作方案的通知

（2021年1月20日发布，农科教发〔2021〕1号）

各省、自治区、直辖市人民政府，教育部、科技部、财政部、住房城乡建设部、中国科学院：

经国务院同意，现将《进一步加强外来物种入侵防控工作方案》印发给你们，请结合实际认真贯彻落实。

农业农村部
自然资源部
生态环境部
海关总署
国家林草局
2021年1月20日

进一步加强外来物种入侵防控工作方案

外来物种入侵是指对生态系统、栖境、物种带来威胁或危害的非本地物种，经自然或人为的途径从境外传入，影响到我国生态环境，损害农林牧渔业可持续发展和生物多样性。近年来，我国外来物种入侵防控工作取得积极成效，但仍存在入侵风险大、防控治理难、长效机制不健全等问题。为进一步加强外来物种入侵防控工作，制定本方案。

一、总体要求

以习近平新时代中国特色社会主义思想为指导，深入贯彻党的十九大和十九届二中、三中、四中、五中全会精神，落实党中央、国务院决策部署，坚持底线思维、源头预防、综合治理、全民参与的原则，遏增量、清存量，强化制度建设、引种管理、监测预警、防控灭除、科技支撑、责任落实，不断健全防控体系，进一步提升外来物种入侵综合防控能力。到2025年，外来入侵物种状况基本摸清，法律法规和政策体系基本健全，联防联控、群防群治的工作格局基本形成，重大危害入侵物种扩散趋势和入侵风险得到有效遏制。到2035年，外来物种入侵防控体制机制更加健全，重大危害入侵物种扩散趋势得到全面遏制，外来物种入侵风险得到全面管控。

二、开展外来入侵物种普查和监测预警

以我国初步掌握的外来入侵物种为基础，在农田、渔业水域、森林、草原、湿地等各区域，启动外来入侵物种普查，通过3年左右的时间，摸清我国外来入侵物种的种类数量、分布范围、危害程度等情况。按照全国统一部署、部门分工协作、地方分级负责、各方共同参与的原则，扎实开展普查工作。普查工作经费按照事权与支出责任相匹配的原则，由中央财政和

地方财政按规定分别安排。依托国土空间基础信息平台等构建监测预警网络，在边境地区及主要入境口岸、粮食主产区、自然保护地等重点区域，以农作物重大病虫、林草外来有害生物为重点，布设监测站（点），组织开展常态化监测。强化跨境、跨区域外来物种入侵信息跟踪，建设分级管理的大数据智能分析预警平台，强化部门间数据共享，规范预警信息管理与发布。（农业农村部牵头，自然资源部、生态环境部、海关总署、国家林草局等国务院相关部门及各地区按职责分工负责）

三、加强外来物种引入管理

依法严格外来物种引入审批，强化引入后使用管控，任何单位和个人未经批准不得擅自引进、释放或者丢弃外来物种。开展从境外引进农作物和林草种子苗木、进境动植物及其产品风险分析，规范外来物种引入检疫审批和入侵风险评估，实行外来物种分级分类管理。加强外来物种引入后使用和经营行为的监督管理，使用和经营单位或个人要采取安全可靠的防范与应急处置措施，防止引入物种逃逸、扩散造成危害。加大对未经批准擅自引进、释放或者丢弃外来物种行为的打击力度。（农业农村部、国家林草局、海关总署等国务院相关部门及各地区按职责分工负责）

四、加强外来入侵物种口岸防控

完善风险预警和应急处理机制，强化入境货物、运输工具、快件、邮件、旅客行李、跨境电商、边民互市等渠道的检疫监管，对截获的外来入侵物种进行严格处置。发挥海关反走私综合治理作用，严厉打击非法引进、携带、邮递、走私外来物种的违法行为，有效堵截外来物种非法入境渠道。加强口岸查验设施设备配备，提升实验室检疫、检测、鉴定技术水平，提高海关口岸把关能力，筑牢外来入侵物种口岸检疫防线。（海关总署等国务院相关部门及各地区按职责分工负责）

五、加强农业外来入侵物种治理

加强农田、渔业水域等区域外来入侵物种治理，落实阻截防控措施，坚决守住粮食安全底线。当前重点做好草地贪夜蛾、马铃薯甲虫、苹果蠹蛾、红火蚁等重大危害种植业生产外来物种阻截防控，坚持分类施策、治早治小、全力扑杀，在关键区域布设阻截带，集成绿色防控技术模式，建立综合治理示范区。强化水生外来物种养殖环节监管，推进水葫芦、福寿螺、鳄雀鳝等水生外来入侵物种综合治理。加强对危害农业生态环境的紫茎泽兰、豚草等外来入侵恶性杂草的综合治理，加强生物防治和生物替代，稳妥开展集中灭除。（农业农村部等国务院相关部门及各地区按职责分工负责）

六、加强森林草原湿地等区域外来入侵物种治理

结合有关生态保护修复工程建设，抓好松材线虫、美国白蛾、互花米草、薇甘菊等重大林草外来入侵物种治理。实施松材线虫病防控攻坚行动等重点治理工程，坚持分区分级，推进精准治理。开展少花蒺藜草、黄花刺茄等危害森林草原湿地生态系统的恶性入侵杂草综合治理。加强自然保护地外来入侵物种综合治理。推进城乡绿化区域外来入侵物种治理。依托生物多样性保护重大工程，推进生物多样性保护优先区域等重点区域入侵物种治理。加强江河湖泊及河口外来入侵物种治理。（国家林草局、自然资源部、生态环境部、住房城乡建设部等国务院相关部门及各地区按职责分工负责）

七、加强科技攻关

优化科技资源布局，加强外来物种入侵防控基础研究、关键技术研发、集成示范应用。在基础研究方面，加强对外来入侵物种认定标准、扩散规律、危害机理、损失评估等方面的研究。在关键技术研发方面，针对口岸查验、应急扑灭、生物防治和生态修复等关键环节，加快研发快速鉴定、高效诱捕、生物天敌等实用技术、产品与设备。在集成示范应用方面，开展综合防控技术试点示范，建设天敌繁育基地，探索社会化治理，形成可复制、易推广的综合治理技术模式和成果。（科技部、中科院、教育部、自然资源部、生态环境部、农业农村部、海关总署、国家林草局等国务院相关部门及各地区按职责分工负责）

八、完善政策法规

落实《中华人民共和国生物安全法》有关规定，农业农村部会同国务院其他有关部门制定外来入侵物种名录和管理办法，细化外来物种入侵防控措施。推动修订完善进出境动植物检疫等有关法律法规，加强外来物种检疫监管。修订农业、林业外来物种入侵突发事件应急预案，健全应急处置机制。制修订外来物种风险等级划分、检测鉴定、调查监测、综合防控等技术标准。农业农村、自然资源、生态环境、海关、林草等部门根据职责分工，将外来物种入侵防控工作纳入“十四五”相关规划，进一步明确防控思路、重点任务和具体举措。各地可结合实际，研究制订外来物种入侵防控地方性法规、管理名录、应急预案、技术标准和政策措施。（农业农村部、自然资源部、生态环境部、海关总署、国家林草局、科技部等国务院相关部门及各地区按职责分工负责）

九、完善防控管理体制

建立外来入侵物种防控部际协调机制，由农业农村部、自然资源部、生态环境部、海关总署、国家林草局、教育部、科技部、财政部、住房城乡建设部、中科院等部门组成，农业农村部负责同志担任召集人，其他部门负责同志担任成员，办公室设在农业农村部。部际协调机制各成员单位明确部门职责分工，加强联合会商，密切配合、统筹协调解决外来物种入侵防控重大问题，协同抓好外来入侵物种防控工作。建立外来物种入侵防控专家委员会，加强防控工作政策咨询、技术支撑。落实外来物种入侵治理属地责任，各省（区、市）人民政府要加强组织领导，完善政策措施，加强经费保障，落实防控要求。探索建立跨行政区域外来入侵物种防控联动协作机制。（农业农村部牵头，自然资源部、生态环境部、海关总署、国家林草局、教育部、科技部、财政部、住房城乡建设部、中科院等国务院相关部门及各地区按职责分工负责）

十、加强宣传教育培训

利用互联网、移动终端、广播电视等各种媒介，加强外来物种入侵防控科普宣传，形成全社会共同参与的良好氛围。结合全民国家安全教育日、国际生物多样性日、世界环境日等主题宣传活动，强化相关法律法规和政策解读，普及外来物种入侵防控知识。加强技术培训，提升基层人员外来物种入侵防控专业能力。将外来物种入侵防控作为大中小学国家安全教育的重要内容，探索参与式、实践式教育，引导提升广大青少年外来物种入侵防控意识。（农业农村部、自然资源部、生态环境部、海关总署、国家林草局、教育部等国务院相关部门及各地区按职责分工负责）

农业农村部关于发布长江流域重点水域禁用渔具名录的通告

（2021 年 10 月 11 日发布，农业农村部通告〔2021〕4 号）

为落实习近平生态文明思想，加强长江水生生物资源保护，推进水域生态修复，依法严惩非法捕捞等危害水生生物资源和生态环境的各类违法犯罪行为，切实保障长江禁捕工作顺利实施，根据《中华人民共和国渔业法》《中华人民共和国长江保护法》等法律规定，我部决定发布长江流域重点水域禁用渔具名录。现通告如下。

一、本通告所指长江流域重点水域范围包括《农业农村部关于长江流域重点水域禁捕范围和时间的通告》《农业农村部关于设立长江口禁捕管理区的通告》规定的禁捕水域范围，及各省（直辖市）依据上述通告确定的本辖区禁捕水域范围。

二、长江流域重点水域各省（直辖市）渔业行政主管部门，可在本通告禁用渔具名录的基础上，根据本地区水生生物资源保护和渔政执法监管工作实际，补充制定适合本地实际管理需要的禁用渔具名录并报我部备案。

三、因教学、科研等确需使用名录中禁用渔具进行捕捞，需按照有关要求组织专家进行充分论证，严格控制范围、规模、渔获物品种及数量，申请专项（特许）渔业捕捞许可证并明确上述内容。

四、本通告自 2021 年 12 月 1 日起施行。原《农业部关于长江干流禁止使用单船拖网等十四种渔具的通告（试行）》（农业部通告〔2017〕2 号）同时废止。

附件：长江流域重点水域禁用渔具名录

农业农村部

2021 年 10 月 11 日

附件

长江流域重点水域禁用渔具名录

序号	渔具类别	序号	渔具名称	结构说明和作业方式（型和式）	危害性说明
1	刺网	1	单片刺网（网目内径尺寸小于60mm）	主体由单片网衣和上、下纲构成	捕捞强度大，对渔业资源破坏严重。阻挡鱼类洄游，影响河道通航。渔具丢弃、抛弃和遗失的数量多，容易造成“幽灵”捕捞
		2	双重刺网	由两片网目尺寸不同的重合网衣和上、下纲构成	
		3	三重及以上刺网	由两片大网目网衣中间夹一片或多片小网目网衣和上、下纲构成	
		4	框格刺网（网目内径尺寸小于60mm）	由被细绳分隔成若干框架的网衣和上、下纲构成	
		5	无下纲刺网（网目内径尺寸小于60mm）	下缘部装纲索，由单片网衣和上纲构成	
		6	混合刺网（网目内径尺寸小于60mm）	具有两种“型”以上性质的渔具	
2	围网	7	单船围网	用一艘渔船作业	捕捞强度大，对渔业资源影响大，尤其对幼鱼资源破坏严重
		8	双船围网	用两艘渔船作业	
		9	多船围网	用两艘以上的渔船作业	
3	拖网	10	单船拖网	用一艘渔船作业	对捕捞对象的选择性差，捕捞强度大，对渔业资源破坏严重。破坏底栖生态环境
		11	双船拖网	用两艘渔船作业	
		12	多船拖网	用两艘以上的渔船作业	
4	地拉网	13	船布地拉网（网目内径尺寸小于30mm）	用船布设在岸边水域中，在岸上作业	网目尺寸小，对捕捞对象的选择性差，对幼鱼资源破坏严重
5	张网	14	单片张网（网目内径尺寸小于50mm）	主体由单片网衣和上、下纲构成，用两门（个）以上的锚（桩）定置在水域中作业	网目尺寸小，对捕捞对象的选择性差，对幼鱼资源破坏严重
		15	桁杆张网（网目内径尺寸小于50mm）	由桁杆或桁架和网身、网囊（兜）构成	
		16	框架张网（网目内径尺寸小于50mm）	由框架、网身和网囊构成	
		17	竖杆张网（网目内径尺寸小于50mm）	由竖杆、网身和网囊构成	
		18	张纲张网（网目内径尺寸小于50mm）	由扩张网口的钢索和网身、网囊构成	
		19	有翼单囊张网（网目内径尺寸小于50mm）	由网翼（袖）、网身和一个网囊构成	
6	敷网	20	拦河撑架敷网（网目内径尺寸小于30mm）	由支架或支持索和矩形网衣等构成，敷设在河道上作业	网目尺寸小，对捕捞对象的选择性差，对幼鱼资源破坏严重。横贯河道拦河作业，阻挡鱼类洄游，影响河道通航
		21	船敷敷网（网目内径尺寸小于30mm）	由网衣组成簸箕状的网具，或由支架或支持索和矩形网衣等构成，将渔具敷设在船边水域中，在船上进行作业	网目尺寸小，对捕捞对象的选择性差，对幼鱼资源破坏严重

（续）

序号	渔具类别	序号	渔具名称	结构说明和作业方式（型和式）	危害性说明
7	陷阱	22	插网陷阱	由带形网衣和插杆构成	对捕捞对象的选择性差，对渔业资源破坏严重。阻挡鱼类洄游，影响河道通航
		23	建网陷阱	由网墙、网圈和取鱼部等构成	
		24	箔筌陷阱	由箔帘（栅）和篓构成	
8	钓具	25	定置延绳真饵单钩钓具	具有真饵和单钩，为延绳结构，定置在水域中作业	渔具敷设范围广，捕捞强度相对较大
		26	漂流延绳真饵单钩钓具	具有真饵和单钩，为延绳结构，随水流漂流作业	
		27	拟饵复钩钓具（钓钩数 7 个及以上）	具有拟饵和复钩（为一轴多钩或由多枚单钩组合成的钓钩结构）	捕捞强度大，钓获效率高，对渔业资源保护造成不利影响
		28	真饵复钩钓具（钓钩数 7 个及以上）	具有真饵和复钩（为一轴多钩或由多枚单钩组合成的钓钩结构）	
9	耙刺	29	拖曳齿耙耙刺	由耙架装齿、钩或另附容器构成，以拖曳方式作业	捕捞强度大，严重破坏底栖生物资源和底栖生态环境
		30	拖曳泵吸耙刺	将捕捞对象以抽吸的方式经管道输送至船上，以拖曳方式作业	
		31	定置延绳滚钩耙刺	由干线直接连接或干线上若干支线连结锐钩构成，为延绳结构，定置在水域中的方式作业	破坏渔业资源。对长江江豚等保护动物威胁较大，对渔业资源保护造成不利影响
		32	钩刺耙刺（仅限锚鱼、武斗竿）	主动收竿使钩刺入捕捞对象的身体将其捕获，用钩或刺的方式作业	
		33	投射箭铦耙刺	由绳索连接箭形尖刺或者带有倒刺的尖刺构成，以投射的方式作业	对长江江豚等保护动物威胁大。存在安全使用隐患
		34	投射叉刺耙刺	由柄和叉构成，以投射的方式作业	
10	笼壶	35	定置（串联）倒须笼壶（网目内径尺寸小于 30mm）	由若干规格相同的刚性框架和网衣构成，连成一体构成笼具，相邻框架间有倒须网口结构，定置于水域中作业	网目尺寸小，对捕捞对象的选择性差，对幼鱼资源破坏严重
		36	定置延绳倒须笼壶（网目内径尺寸小于 30mm）	其入口有倒须装置的笼型渔具，为延绳结构，定置于水域中作业	

农业部关于禁止使用双船单片多囊拖网等十三种渔具的通告

（2013 年 11 月 29 日发布，农业部通告〔2013〕2 号）

为加强捕捞渔具管理，巩固清理整治违规渔具专项行动成果，保护海洋渔业资源，根据《中华人民共和国渔业法》《渤海生物资源养护规定》和《中国水生生物资源养护行动纲要》，农业部决定全面禁止使用双船单片多囊拖网等十三种渔具。现通告如下：

一、实行时间和范围

自 2014 年 1 月 1 日起，黄渤海、东海、南海三个海区全面禁止使用双船单片多囊拖网等十三种渔具，浅海、滩涂等沿海开放式养殖水域也属禁止使用范围。

二、禁用渔具目录

除继续执行国家现有规定外，黄渤海、东海、南海三个海区内禁止使用双船单片多囊拖网、拖曳泵吸耙刺、拖曳柄钩耙刺、拖曳水冲齿耙耙刺、拦截插网陷阱、导陷插网陷阱、导陷箔筌陷阱、拦截箔筌陷阱、漂流延绳束状敷网、船布有翼单囊地拉网、船布无囊地拉网、抛撒无囊地拉网、拖曳束网耙刺等十三种渔具，详见附件。

三、有关要求

禁用渔具的所有者、使用者须在 2013 年 12 月 31 日之前对上述渔具进行清理和更换。自 2014 年 1 月 1 日起，全面禁止制造、销售、使用双船单片多囊拖网等十三种禁用渔具。沿海各级渔业执法机构要对海上、滩涂、港口渔船携带、使用禁用渔具的情况进行执法检查。对制造、销售、使用禁用渔具的，依据《中华人民共和国渔业法》第三十八条处理、处罚，并对使用禁用渔具的渔船，视情况全部或部分扣除当年的渔业油价补助资金。对携带禁用渔具的捕捞渔船，按使用禁用渔具处理、处罚。

本通告自 2014 年 1 月 1 日起施行。

特此通告

附件：禁用渔具目录

农业部

2013 年 11 月 29 日

附件　禁用渔具目录

序号	分类	渔具分类名称	俗名或地方名		
			黄渤海区	东海区	南海区
JY-01	拖网	双船单片多囊拖网	无	百袋网	无
JY-02	耙刺	拖曳泵吸耙刺	吸蛤泵、吸蛤耙、蓝蛤泵	蓝蛤泵	无

（续）

序号	分类	渔具分类名称	俗名或地方名		
			黄渤海区	东海区	南海区
JY-03	耙刺	拖曳柄钩耙刺	无	无	鱼乃挖、白蚬耙
JY-04	耙刺	拖曳水冲齿耙耙刺	泵耙子、泵耙网	水冲式耙子	无
JY-05	陷阱	拦截插网陷阱	地撩网、撩网、梁网、亮子网、簗网	吊墘、迷魂网、滩涂串网、夹涂、墙网、高仓网、大浦网、小围网、弶网	督罟、起落网、百袋网、网薄、闸薄、闩门、塞网、蜈蚣网
JY-06	陷阱	导陷插网陷阱	须笼网、须子网、须网	无	滩边罟、塞网、百袋网
JY-07	陷阱	导陷箔筌陷阱	无	无	虾箔、渔箔
JY-08	陷阱	拦截箔筌陷阱	无	无	围海
JY-09	杂渔具	漂流延绳束状敷网	无	无	石斑苗网
JY-10	杂渔具	船布有翼单囊地拉网	无	无	长网、拉大网、涠洲大网
JY-11	杂渔具	船布无囊地拉网	大拉网、拉大网、地拉网	无	大拉网、拉大网、地拉网、地拖网、大地网
JY-12	杂渔具	抛撒无囊地拉网	无	无	牵沟网
JY-13	耙刺	拖曳束网耙刺	无	珊瑚网	无

农业部关于实施海洋捕捞准用渔具和过渡渔具最小网目尺寸制度的通告

（2013 年 11 月 29 日发布，农业部通告〔2013〕1 号）

为加强捕捞渔具管理，巩固清理整治违规渔具专项行动成果，保护海洋渔业资源，根据《中华人民共和国渔业法》《渤海生物资源养护规定》和《中国水生生物资源养护行动纲要》，农业部决定实施海洋捕捞准用渔具和过渡渔具最小网目尺寸制度。现通告如下：

一、实行时间和范围

自 2014 年 6 月 1 日起，黄渤海、东海、南海三个海区全面实施海洋捕捞准用渔具和过渡渔具最小网目尺寸制度，有关最小网目尺寸标准详见附件 1、2。

二、主要内容

（一）根据现有科研基础和捕捞生产实际，海洋捕捞渔具最小网目尺寸制度分为准用渔具和过渡渔具两大类。准用渔具是国家允许使用的海洋捕捞渔具，过渡渔具将根据保护海洋渔业资源的需要，今后分别转为准用或禁用渔具，并予以公告。

（二）主捕种类为颚针鱼、青鳞鱼、梅童鱼、凤尾鱼、多鳞鱚、少鳞鱚、银鱼、小公鱼等鱼种的刺网作业，由各省（自治区、直辖市）渔业行政主管部门根据此次确定的最小网目尺寸标准实行特许作业，限定具体作业时间、作业区域。拖网主捕种类为鳀鱼，张网主捕品种为毛虾和鳗苗，围网主捕品种为青鳞鱼、前鳞骨鲻、斑鰶、金色小沙丁鱼、小公鱼等特定鱼种的，由各省（自治区、直辖市）渔业行政主管部门根据捕捞生产实际，单独制定最小网目尺寸，严格限定具体作业时间和作业区域。上述特许规定均须在 2014 年 4 月 1 日前报农业部渔业局备案同意后执行。各地特许规定将在农业部网站上公开，方便渔民查询、监督。

（三）各省（自治区、直辖市）渔业行政主管部门，可在本通告规定的最小网目尺寸标准基础上，根据本地区渔业资源状况和生产实际，制定更加严格的海洋捕捞渔具最小网目尺寸标准，并报农业部渔业局备案。

三、测量办法

根据 GB/T 6964—2010 规定，采用扁平楔形网目内径测量仪进行测量。网目长度测量时，网目应沿有结网的纵向或无结网的长轴方向充分拉直，每次逐目测量相邻 5 目的网目内径，取其最小值为该网片的网目内径。三重刺网在测量时，要测量最里层网的最小网目尺寸；双重刺网要测量两层网中网眼更小的网的最小网目尺寸。各省（自治区、直辖市）渔业行政主管部门可结合本地实际，在上述规定基础上制定出简便易行的测量办法。

四、有关要求

（一）2014 年 6 月 1 日之前，小于最小网目尺寸的捕捞渔具所有者、使用者须按上述标准尽快调整和更换，执法机构仍按国家已有网目尺寸规定进行执法。

（二）自2014年6月1日起，禁止使用小于最小网目尺寸的渔具进行捕捞。沿海各级渔业执法机构要根据本通告，对海上、滩涂、港口渔船携带、使用渔具的网目情况进行执法检查。对使用小于最小网目尺寸的渔具进行捕捞的，依据《中华人民共和国渔业法》第三十八条予以处罚，并全部或部分扣除当年的渔业油价补助资金。对携带小于最小网目尺寸渔具的捕捞渔船，按使用小于最小网目尺寸渔具处理、处罚。

（三）严禁在拖网等具有网囊的渔具内加装衬网，一经发现，按违反最小网目尺寸规定处理、处罚。

（四）2014年3月1日起，新申请或者换发《渔业捕捞许可证》的，须按照本通告附件所列渔具名称和主捕种类规范填写。同时，对农业部公告第1100号、第1288号关于《渔业捕捞许可证》样式中“核准作业内容”进行适当调整，详见附件3。

（五）本通告自2014年6月1日起施行，2003年10月28日发布的《中华人民共和国农业部关于实施海洋捕捞网具最小网目尺寸制度的通告》（第2号）同时废止。

特此通告

附件：

1. 海洋捕捞准用渔具最小网目（或网囊）尺寸标准

2. 海洋捕捞过渡渔具最小网目（或网囊）尺寸标准

3.《渔业捕捞许可证》中“核准作业内容”修正样式和填写说明

农业部

2013年11月29日

附件1　海洋捕捞准用渔具最小网目（或网囊）尺寸相关标准

海域	渔具分类名称		主捕种类	最小网目（或网囊）尺寸（毫米）	备　注
	渔具类别	渔具名称			
黄渤海	刺网类	定置单片刺网、漂流单片刺网	梭子蟹、银鲳、海蜇	110	
			鳓鱼、马鲛、鳕鱼	90	
			对虾、鱿鱼、虾蛄、小黄鱼、梭鱼、斑鰶	50	
			颚针鱼	45	该类刺网由地方特许作业
			青鳞鱼	35	
			梅童鱼	30	
		漂流无下纲刺网	鳓鱼、马鲛、鳕鱼	90	
	围网类	单船无囊围网、双船无囊围网	不限	35	主捕青鳞鱼、前鳞骨鲻、斑鰶、金色小沙丁鱼、小公鱼的围网由地方特许作业
	杂渔具	船敷箕状敷网	不限	35	

（续）

海域	渔具分类名称		主捕种类	最小网目（或网囊）尺寸（毫米）	备　注
	渔具类别	渔具名称			
东海	刺网类	定置单片刺网、漂流单片刺网	梭子蟹、银鲳、海蜇	110	
			鳓鱼、马鲛、石斑鱼、鲨鱼、黄姑鱼	90	
			小黄鱼、鲻鱼、鳎类、鱿鱼、黄鲫、梅童鱼、龙头鱼	50	
	围网类	单船无囊围网、双船无囊围网、双船有囊围网	不限	35	主捕青鳞鱼、前鳞骨鲻、斑鰶、金色小沙丁鱼、小公鱼的围网由地方特许作业
	杂渔具	船敷箕状敷网、撑开掩网掩罩	不限	35	
南海（含北部湾）	刺网类	定置单片刺网、漂流单片刺网	除凤尾鱼、多鳞鱚、少鳞鱚、银鱼、小公鱼以外的捕捞种类	50	
			凤尾鱼	30	该类刺网由地方特许作业
			多鳞鱚、少鳞鱚	25	
			银鱼、小公鱼	10	
		漂流无下纲刺网	除凤尾鱼、多鳞鱚、少鳞鱚、银鱼、小公鱼以外的捕捞种类	50	
	围网类	单船无囊围网、双船无囊围网、双船有囊围网	不限	35	主捕青鳞鱼、前鳞骨鲻、斑鰶、金色小沙丁鱼、小公鱼的围网由地方特许作业
	杂渔具	船敷箕状敷网、撑开掩网掩罩	不限	35	

附件 2　海洋捕捞过渡渔具最小网目（或网囊）尺寸相关标准

海域	渔具分类名称		主捕种类	最小网目（或网囊）尺寸（毫米）	备　注
	渔具类别	渔具名称			
黄渤海	拖网类	单船桁杆拖网、单船框架拖网	虾类	25	
	刺网类	漂流双重刺网 定置三重刺网 漂流三重刺网	梭子蟹、银鲳、海蜇	110	
			鳓鱼、马鲛、鳕鱼	90	
			对虾、鱿鱼、虾蛄、小黄鱼、梭鱼、斑鰶	50	
	张网类	双桩有翼单囊张网、双桩竖杆张网、樯张竖杆张网、多锚单片张网、单桩框架张网、多桩竖杆张网、双锚竖杆张网	不限	35	主捕毛虾、鳗苗的张网由地方特许作业
	陷阱类	导陷建网陷阱	不限	35	
	笼壶类	定置串联倒须笼	不限	25	

（续）

海域	渔具分类名称		主捕种类	最小网目（或网囊）尺寸（毫米）	备　注
	渔具类别	渔具名称			
黄海	拖网类	单船有翼单囊拖网、双船有翼单囊拖网	除虾类以外的捕捞种类	54	主捕鳀鱼的拖网由地方特许作业
东海	拖网类	单船有翼单囊拖网、双船有翼单囊拖网	除虾类以外的捕捞种类	54	主捕鳀鱼的拖网由地方特许作业
		单船桁杆拖网	虾类	25	
	刺网类	漂流双重刺网 定置三重刺网 漂流三重刺网	梭子蟹、银鲳、海蜇	110	
			鳓鱼、马鲛、石斑鱼、鲨鱼、黄姑鱼	90	
			小黄鱼、鲻鱼、鳎类、鱿鱼、黄鲫、梅童鱼、龙头鱼	50	
	围网类	单船有囊围网	不限	35	
	张网类	单锚张纲张网	不限	55	
		双锚有翼单囊张网	不限	50	
		双桩有翼单囊张网、双桩竖杆张网、樯张竖杆张网、多锚单片张网、单桩框架张网、双锚张纲张网、单桩桁杆张网、单锚框架张网、单锚桁杆张网、双桩张纲张网、船张框架张网、船张竖杆张网、多锚框架张网、多锚桁杆张网、多锚有翼单囊张网	不限	35	主捕毛虾、鳗苗的张网由地方特许作业
	陷阱类	导陷建网陷阱	不限	35	
	笼壶类	定置串联倒须笼	不限	25	
南海（含北部湾）	拖网类	单船有翼单囊拖网、双船有翼单囊拖网、单船底层单片拖网、双船底层单片拖网	除虾类以外的捕捞种类	40	
		单船桁杆拖网、单船框架拖网	虾类	25	
	刺网类	漂流双重刺网 定置三重刺网 漂流三重刺网 定置双重刺网 漂流框格刺网	除凤尾鱼、多鳞鱚、少鳞鱚、银鱼、小公鱼以外的捕捞种类	50	
	围网类	单船有囊围网、手操无囊围网	不限	35	
	张网类	双桩有翼单囊张网、双桩竖杆张网、樯张竖杆张网、双锚张纲张网、单桩桁杆张网、多桩竖杆张网、双锚竖杆张网、双锚单片张网、樯张张纲张网、樯张有翼单囊张网、双锚有翼单囊张网	不限	35	主捕毛虾、鳗苗的张网由地方特许作业
	陷阱类	导陷建网陷阱	不限	35	
	笼壶类	定置串联倒须笼	不限	25	

附件3　《渔业捕捞许可证》中“核准作业内容”修正样式和填写说明

核准作业内容（调整前）

船名：　　　　　　　　许可证编号：

<table>
<tr><td colspan="2">作业类型</td><td></td><td></td></tr>
<tr><td colspan="2">作业方式</td><td></td><td></td></tr>
<tr><td colspan="2">作业场所</td><td></td><td></td></tr>
<tr><td colspan="2">作业时限</td><td></td><td></td></tr>
<tr><td rowspan="3">渔具</td><td>名称</td><td></td><td></td></tr>
<tr><td>数量</td><td></td><td></td></tr>
<tr><td>规格</td><td></td><td></td></tr>
<tr><td rowspan="2">捕捞</td><td>品种</td><td></td><td></td></tr>
<tr><td>配额</td><td></td><td></td></tr>
<tr><td colspan="2">核准机关
（专用章）</td><td>年　月　日</td><td>年　月　日</td></tr>
</table>

核准作业内容（调整后）

船名：　　　　　　　　许可证编号：

<table>
<tr><td rowspan="4">渔船</td><td>作业类型</td><td>9种作业类型之一</td><td></td></tr>
<tr><td>作业方式</td><td>最多填写2项</td><td></td></tr>
<tr><td>作业场所</td><td></td><td></td></tr>
<tr><td>作业时限</td><td></td><td></td></tr>
<tr><td rowspan="4">渔具</td><td>名称</td><td>对应填写，不超过2项</td><td></td></tr>
<tr><td>规格</td><td></td><td></td></tr>
<tr><td>最小网目尺寸</td><td></td><td></td></tr>
<tr><td>携带数量</td><td></td><td></td></tr>
<tr><td rowspan="2">捕捞</td><td>主捕种类</td><td></td><td></td></tr>
<tr><td>配额</td><td></td><td></td></tr>
<tr><td colspan="2">核准机关
（专用章）</td><td>年　月　日</td><td>年　月　日</td></tr>
</table>

农业部关于实施带鱼等 15 种重要经济鱼类最小可捕标准及幼鱼比例管理规定的通告

（2018 年 2 月 11 日发布，农业部通告〔2018〕3 号）

为切实保护幼鱼资源，促进海洋渔业资源恢复和可持续利用，根据《中华人民共和国渔业法》有关规定和《中国水生生物资源养护行动纲要》要求，我部决定自 2018 年起实施带鱼等 15 种重要经济鱼类最小可捕标准及幼鱼比例管理规定。现通告如下。

一、15 种重要经济鱼类最小可捕规格

15 种重要经济鱼类最小可捕规格见下表，未达到最小可捕规格的为幼鱼。

单位：毫米

种　类	渤海、黄海、东海	南　海
带鱼（*Trichiurus japonicus*）	肛长≥210	肛长≥230
小黄鱼（*Larimichthys polyactis*）	体长≥150	
银鲳（*Pampus argenteus*）	叉长≥150	叉长≥150
鲐（*Scomber japonicus*）	叉长≥220	叉长≥220
刺鲳（*Psenopsis anomala*）	叉长≥130	叉长≥130
蓝点马鲛（*Scomberomorus niphonius*）	叉长≥380	
蓝圆鲹（*Decapterus maruadsi*）	叉长≥150	叉长≥150
灰鲳（*Pampus cinereus*）	叉长≥180	叉长≥180
白姑鱼（*Argyrosomus argentatus*）	体长≥150	体长≥150
二长棘鲷（*Paragyrops edita*）	体长≥100	体长≥100
绿鳍马面鲀（*Thamnaconus septentrionalis*）	体长≥160	体长≥160
黄鳍马面鲀（*Thamnaconus hypargyreus*）	体长≥100	体长≥100
短尾大眼鲷（*Priacanthus macracanthus*）	体长≥160	体长≥160
黄鲷（*Dentex tumifrons*）	体长≥130	体长≥130
竹筴鱼（*Trachurus japonicus*）	叉长≥150	叉长≥150

注：测量方法见 GB/T 12763.6—2007 中 14.3.4.1.1 的规定。

二、15 种重要经济鱼类幼鱼比例

2018、2019 和 2020 年，在单航次渔获物中，上述品种幼鱼重量分别不得超过该品种总重量的 50%、30%和 20%。2020 年之后，按 2020 年要求执行。

三、处罚措施

渔获物中幼鱼超过规定比例的，依据《中华人民共和国渔业法》第三十八条予以处罚。

四、其　他

各省（自治区、直辖市）渔业主管部门可在本规定基础上制定更加严格或覆盖范围更广的标准，并针对幼鱼运输、加工、交易和利用等环节制定相应管理规定。

本通告自 2018 年 8 月 1 日起正式实施。

农业部

2018 年 2 月 11 日

农业部关于进一步加强国内渔船管控实施海洋渔业资源总量管理的通知

（2017年1月12日发布，农渔发〔2017〕2号）

沿海各省、自治区、直辖市人民政府，国务院有关部门：

近年来，沿海各地按照党中央、国务院部署安排，通过采取伏季休渔、资源增殖、渔船渔具管理、减船转产等措施，大力加强海洋渔业资源养护，促进海洋渔业发展与资源保护相协调。但是，渔业资源利用方式粗放的问题仍未得到有效改善，捕捞能力仍然远超渔业资源可承受能力。借鉴国际渔业资源管理的通行做法，将渔船捕捞能力和渔获物捕捞量控制在合理范围内，提高海洋渔业资源利用和管理科学化、精细化水平，实现海洋渔业资源的规范有序利用，是国家生态文明建设的必然要求，也是实现海洋渔业可持续发展的根本措施。为贯彻落实《中共中央国务院关于加快推进生态文明建设的意见》《中共中央国务院关于印发〈生态文明体制改革总体方案〉的通知》和《国务院关于促进海洋渔业持续健康发展的若干意见》精神，经国务院同意，现就“十三五”期间进一步加强国内海洋渔船船数和功率数控制（以下简称“双控”）、实施海洋渔业资源总量管理制度通知如下：

一、总体要求

（一）指导思想。全面贯彻党的十八大和十八届三中、四中、五中、六中全会精神，深入贯彻习近平总书记系列重要讲话精神和治国理政新理念新思想新战略，认真落实党中央、国务院决策部署，统筹推进“五位一体”总体布局和协调推进“四个全面”战略布局，牢固树立和贯彻落实创新、协调、绿色、开放、共享的发展理念，坚持深化改革和依法治渔两轮驱动，坚持渔船投入和渔获产出双向控制，进一步完善海洋渔船“双控”制度和配套管理措施，实行渔业资源总量管理，努力提升海洋渔业管理水平，促进海洋渔业资源科学养护和合理利用，逐步建立起以投入控制为基础、产出控制为闸门的海洋渔业资源管理基本制度，实现海洋渔业持续健康发展。

（二）目标任务。

1. 海洋渔船“双控”目标

到2020年，全国压减海洋捕捞机动渔船2万艘、功率150万千瓦（基于2015年控制数），沿海各省（自治区、直辖市，以下简称沿海各省）年度压减数不得低于该省总压减任务的10%，其中：国内海洋大中型捕捞渔船减船8 303艘、功率1 350 829千瓦；国内海洋小型捕捞渔船减船11 697艘、功率149 171千瓦（全国海洋捕捞渔船压减指标见附件1，2020年海洋大中型捕捞渔船控制指标见附件2）；港澳流动渔船（指持有香港、澳门特区船籍，并在广东省渔政渔港监督管理机构备案的渔船）船数和功率数保持不变，控制在2 303艘、功率939 661千瓦以内。

通过压减海洋捕捞渔船船数和功率总量，逐步实现海洋捕捞强度与资源可捕量相适应。

2. 海洋捕捞总产量控制目标

到 2020 年，国内海洋捕捞总产量减少到 1 000万吨以内，与 2015 年相比沿海各省减幅均不得低于 23.6%，年度减幅原则上不低于 5%（海洋捕捞产量分省控制指标见附件 3）。

2020 年后，将根据海洋渔业资源评估情况和渔业生产实际，进一步确定调控目标，努力实现海洋捕捞总产量与海洋渔业资源承载能力相协调。

二、完善海洋渔船“双控”制度

（一）加强渔船源头管理。坚持并不断完善海洋渔船“双控”制度，重点压减老旧、木质渔船，特别是“双船底拖网、帆张网、三角虎网”等作业类型渔船，除淘汰旧船再建造和更新改造外，禁止新造、进口将在我国管辖水域进行渔业生产的渔船。严格船网工具指标审批，加强渔船建造、检验、登记、捕捞许可证审核发放及购置、报废拆解等环节管理。所有渔船必须纳入全国渔船数据库统一管理，通过全国渔政指挥管理系统统一受理申请、审核审批及制发渔业船舶证书。各地要进一步加强对渔船修造特别是跨地区修造和渔船用柴油机及制造企业的监督管理，严禁随意更改渔船主尺度和主机功率、随意标注柴油机型号和标定功率，严禁审批制造“双船底拖网、帆张网、三角虎网”作业渔船。探索建立与捕捞渔船数量和养殖面积相匹配的捕捞辅助船总量控制制度以及养殖渔船监管制度，加强辅助船、养殖船、休闲船、远洋船和出口船的监督管理，禁止以上述渔船名义建造国内捕捞渔船。强化渔船属地管理，渔业船网工具指标申请、渔船登记和捕捞许可证申请应在渔船所有人户籍所在地或企业注册地进行。严禁异地挂靠和异地注册公司从事国内海洋捕捞生产，严禁在内陆地区登记注册国内海洋渔船。加强渔船交易管理，推进渔船交易服务中心建设，规范交易行为。

（二）创新渔船管理机制。加强渔船分类分级分区管理，实施差别化监管。实行以船长为标准的渔船分类方法，船长小于 12 米的为小型渔船，大于或等于 12 米且不满 24 米的为中型渔船，大于或等于 24 米的为大型渔船。强化渔船分级管理，海洋大中型捕捞渔船及其船网工具控制指标由农业部制定并下达；海洋小型渔船及其船网工具控制指标由各省（自治区、直辖市）人民政府依据其资源环境承载能力、现有开发强度以及渔民承受能力等制定，报农业部核准后下达。海洋大中型和小型渔船船网工具控制指标不能通过制造或更新改造等方式相互转换。

进一步完善捕捞作业分区管理制度，大中型渔船不得到机动渔船底拖网禁渔区线（以下简称“禁渔区线”）内侧作业，不得跨海区管理界限（依据现行海区伏季休渔管理分界线）作业和买卖，因传统作业习惯到禁渔区线内侧作业的，由所在省（自治区、直辖市）渔业行政主管部门确定并报农业部备案。小型渔船应在禁渔区线内侧作业，不得跨省（自治区、直辖市）管辖水域作业和买卖，禁渔区线离海岸线不足 12 海里的，可由相关省（自治区、直辖市）按自海岸线向外 12 海里范围内核定为渔船作业区域。

（三）加强渔船渔具规范化管理。加强渔船渔港信息技术装备和管理系统建设，健全国家统一的渔船管理数据库，推广应用北斗导航、船舶自动识别、卫星通讯和射频识别等技术，组织开展信息技术应用及其配套法律法规的宣传、教育和实际操作培训，实施渔船渔港动态监控，加强渔船管理和执法信息互联互通，实现对渔船、渔港和船员的动态管理。建立健全渔船渔机标准体系，推进出台主要作业渔船主尺度、渔机标准，推出统一的标准化船型。强化渔船准许航行与作业区域的衔接管理，严格依港管船，按船籍港实施渔船营运检验，对现有异地挂靠渔船按船籍港进行清理整治，对船舶技术状况达不到作业许可区域要求的，不得降低航行安全标准进行检验。严厉打击涉渔“三无”船舶，对依法没收的涉渔“三无”船舶，按照“可核查、不可逆”的原则，通过定点拆解、销毁、改作鱼礁等方式，统一集中处置。加大“船证不符”渔船清理整治力度，分类制定整改措施，严格渔船营运检验和执法监管。

制定全国海洋捕捞渔具准用目录，明确各类渔具最小网目尺寸，以及渔船携带渔具的数量、长度和灯光强度等标准，建立渔具渔法准入制度，完善渔具渔法审查认定机制和规范化程序。优化捕捞作业结构，合理调整渔船渔具规模，完善捕捞作业方式限制措施，逐步压减对资源和环境破坏性大的作业类型，引导渔民使用资源节约型、环境友好型的作业方式。继续深入开展违规渔具清理整治，坚决取缔农业部和各省（自治区、直辖市）公布的禁用渔具以及对资源破坏严重的“绝户网”。加强渔具选择性研究，大力推行选择性标准渔具，减少渔具对幼鱼和珍稀濒危水生野生动物的危害和影响。

（四）推进捕捞渔民减船转产。各地要落实好渔业油价补贴政策，进一步加大政策支持和地方财政投入，在中央财政减船补助标准5 000元/千瓦基础上，可适当提高标准，在完成目标任务基础上，进一步加大减船转产力度。加大减船上岸渔民就业培训力度，拓宽创业就业渠道，引导近海捕捞渔民因地制宜发展生态健康水产养殖和水产品流通加工、休闲渔业等渔业二三产业及其他非渔产业。实施全民参保计划，按规定扶持退捕上岸渔民参加社会保险。

三、实施海洋渔业资源总量管理制度

（一）加强渔业资源监测评估。全面实施海洋渔业资源和产卵场调查、监测和评估，通过对渤海、黄海、东海和南海海域的系统调查，摸清我国海洋渔业资源的种类组成、洄游规律、分布区域，以及主要经济种类生物学特性和资源量、可捕量，为进一步科学制定海洋渔业资源总量控制目标和措施提供决策依据。加强渔业资源调查能力建设，完善全国渔业资源动态监测网络。加大资金投入力度，深入开展渔业资源生态保护研究，提高资源调查和动态监测水平。

（二）合理确定捕捞额度。沿海各省要按照统一部署、分级管理、逐级落实的原则，在海洋渔业资源监测评估基础上，综合考虑各相关因素，确定海洋捕捞分年度指标。自上而下细化到最小生产单位。省级海洋捕捞分年度指标，由各省（自治区、直辖市）渔业行政主管部门研究提出，报省级人民政府同意后实施，同时报农业部备案。

（三）加强捕捞生产监控。完善海洋捕捞生产统计指标体系，逐步与国际通用指标接轨。优化海洋捕捞生产统计方法，开展海洋捕捞生产抽样调查试点，并逐步扩大试点范围。实施海洋捕捞生产渔情动态监测，建立统一的信息采集和交换处理平台，开展大数据分析，及时准确反映海洋捕捞生产、渔民收入、成本效益和渔区经济发展动态。完善渔船渔捞日志填报和检查统计制度，逐步推进渔捞日志电子化。加强渔港、渔产品批发市场建设，实行渔获物定点上岸制度，建立上岸渔获物监督检查机制。

（四）探索开展分品种限额捕捞。积极探索海洋渔业资源利用管理新模式，选择部分特定渔业资源品种，开展限额捕捞管理，探索经验，逐步推广。自 2017 年开始，辽宁、山东、浙江、福建、广东等 5 省各确定一个市县或海域，选定捕捞品种开展限额捕捞管理。相关省渔业行政主管部门负责制定实施方案，报农业部同意后组织实施。到2020年，沿海各省应选择至少一个条件较为成熟的地区开展限额捕捞管理。具体办法由省级渔业行政主管部门制定并组织实施。

（五）完善渔业资源保护制度。加强对重要渔业资源的产卵场、索饵场、越冬场、洄游通道等栖息繁衍场所及繁殖期、幼鱼生长期等关键生长阶段的保护。坚持并不断完善海洋伏季休渔制度，进一步调整完善休渔范围和内容，延长休渔时间，减少休渔时间节点，做好不同海区休渔时间的衔接和协调，实行渔运船同步休渔，落实好船籍港休渔等相关配套制度，加强伏季休渔管理和执法。统筹推进水生生物保护区建设，明确相应的管理机构，不断改善管理和科研条件，努力提高保护区的管护能力和水平，形成以保护区为主体、覆盖重要水产种质资源以及珍稀濒危水生野生动物的保护网络。加快建立重要经济鱼类最小可捕标准和幼鱼比例标准，严肃查处违反幼鱼比例捕捞和电毒炸鱼等违法行为。

（六）加强渔业资源增殖与生态环境保护。针对已经衰退的渔业资源品种和生态荒漠化严重的水域，大力开展水生生物资源增殖放流活动，坚持质量和数量并重，进一步扩大规模，确保增殖放流效果，推动水生生物增殖放流科学、规范、有序进行。加大生态型、公益型海洋牧场建设力度，建设一批国家级和省级海洋牧场示范区，推动以海洋牧场为主要形式的区域性渔业资源养护。建立渔业资源损害赔偿补偿机制，工程建设对海洋渔业资源环境造成破坏的，建设单位应当按照有关法律规定，采取相应的保护和赔偿补偿措施。加强渔业水域生态环境监测，提高监测能力和监测水平，形成近海海湾、岛礁、滩涂、自然保护区、种质资源保护区及增养殖水域等重要海洋渔业水域环境监测网络体系。

四、提高海洋渔业资源管理的组织化程度和法治水平

（一）提高捕捞业组织化程度。鼓励创新捕捞业组织形式和经营方式，培育壮大专业渔村、渔业合作组织、协会、各类中介服务等基层服务和管理组织，赋予其在渔船证书办理、限额分配、入渔安排、船员培训、安全生产组织管理及资源费收缴、相关惠渔政策组织实施等方面一定权限，增强服务功能，充分发挥渔民群众参与捕捞业管理的基础作用。鼓励渔船公司化经营、法人化管理，增强渔船安全生产主体责任，提升渔船渔民安全管理水平。采取多种措施，促进大中型渔船加入渔业合作组织、协会或公司管理，小型渔船纳入村镇集中管理或加入渔业基层管理组织。

（二）健全渔业法律法规。加快修订渔业法及配套法规，修订完善渔业捕捞许可管理规定和渔业船舶标识管理规定，海洋大中型和小型渔船采用全国统一、差异明显的船舶标识予以区别，推进船舶电子标识和自动识别；建立归属清晰、权责明确、监管有效的渔业资源产权制度，将实施限额捕捞、加强渔船渔具管理、减船转产、渔获物定点上岸和交易监督管理、取缔涉渔“三无”船舶、查处海上涉渔违法违规行为、限制直接使用野生幼鱼投喂，以及建立渔船船东诚信管控机制等工作法律化、制度化。修订完善渔业船舶法定检验规则，大中型渔船必须配备北斗船位监控设备和船舶自动识别系统，研究出台渔船船位监控管理办法，确保其正常有效运行。

（三）提高渔业行政执法能力。全面实行执法人员持证上岗和资格管理，实施渔业行政执法人员全国统一资格考试，未经执法资格考试合格，不得授予执法资格，不得从事执法活动。强化渔业行政执法人员岗位培

训。细化、量化渔业行政执法裁量标准，规范裁量范围、种类、幅度。建立渔业行政执法全过程记录制度，按照标准化、流程化、精细化要求对执法具体环节和有关程序作出具体规定，堵塞执法漏洞。完善行政执法权限协调机制，推进渔业行政执法异地协助。严格执行重大行政执法决定法制审核制度，未经法制审核或审核未通过的，不得作出执法决定。健全渔业行政执法和刑事司法衔接机制，完善案件移送标准和程序，建立健全渔政执法机关、公安机关、检察机关、审判机关信息共享、案件通报、案件移送制度。

（四）加强渔业行政执法保障。落实行政执法责任制，加强执法监督和考核，坚决排除对执法活动的干预，防止和克服执法违法行为，惩治执法腐败现象。对妨碍渔政执法机关正常工作秩序、阻碍渔业行政执法人员依法履职的行为，坚决依法处理。严格执行罚缴分离和收支两条线管理，渔业行政执法职责所需经费由各级人民政府纳入本级政府预算，保证执法经费足额拨付。改善渔业行政执法装备条件，完善配备标准，加大执法装备配备方面的资金投入。强化高科技装备在渔业行政执法中的应用，提升精准监管能力。积极开展渔业文明执法窗口单位创建活动，打造中国渔政品牌形象。

五、工作要求

（一）加强组织领导。沿海各省要切实加强组织领导，建立政府统一领导、渔业行政主管部门牵头负责、相关职能部门协同配合的工作机制，明确职责分工。各地要将渔船控制目标、资源总量管理指标纳入当地政府和有关部门的约束性指标进行目标责任考核，制定实施方案，细化目标任务，逐级分解落实工作责任。省级实施方案报农业部备案。

（二）加大财政支持。各地要加大财政投入力度，不断优化支出结构，重点保障渔业资源调查评估与渔业水域生态环境监测、捕捞渔民减船转产、渔船渔具管理和限额捕捞制度实施、水生生物资源养护、渔业生产统计和信息监测、渔政执法监管等工作顺利开展。落实渔业油价补贴政策，统筹用好专项转移支付和一般性转移支付资金，重点支持渔民减船转产、渔船标准化更新改造、人工鱼礁建设、渔港航标建设、渔业资源养护、休禁渔补贴、转产转业培训、渔业渔政信息化、全国渔船动态管理系统建设、养殖设施水平提升等内容，使渔业资源得以休养生息和逐步恢复，提升渔业可持续发展水平。统筹谋划、积极争取，加大对渔政渔港、违法违规渔船扣押场所、水产种业、水生动物防疫、水生生物保护区、渔业科技创新能力建设等方面的支持力度，不断提高渔业设施装备现代化水平。

（三）强化监督落实。农业部对各省（自治区、直辖市）压减渔船、“双控”制度实施、总量管理、限额捕捞、伏季休渔等情况进行督促检查、专项考核并定期通报，对实施情况好的省份在政策和资金项目上予以倾斜；对实施方案和措施不落实、进展和效果不理想、没有按时完成目标任务的地区要及时进行提醒、通报和督办，情况严重的报告国务院。地方各级人民政府要制订考核评估办法，不断完善各项指标体系、监测体系和考核体系。省级人民政府要加强对市、县的监督检查，建立责任追究制度，确保各项措施落到实处，确保目标任务如期完成。

附件：

1. 2015—2020 年全国海洋捕捞渔船压减指标（略）

2. 2020 年海洋大中型捕捞渔船控制指标（略）

3. 2020 年近海捕捞产量分省拟控制数（略）

农业部

2017 年 1 月 12 日

农业农村部关于调整黄河禁渔期制度的通告

农业农村部通告〔2022〕1号

为养护黄河水生生物资源、保护生物多样性、促进黄河渔业可持续发展、推动黄河流域生态保护和高质量发展，根据《中华人民共和国渔业法》有关规定和《黄河流域生态保护和高质量发展规划纲要》《关于进一步加强生物多样性保护的意见》有关要求，我部决定自2022年起调整黄河禁渔期制度。现通告如下。

一、禁渔期和禁渔区

黄河干流青海段、四川段和甘肃段及白河、黑河、洮河、湟水、渭河（甘肃段）、大通河、隆务河及扎陵湖、鄂陵湖、约古宗列曲、玛多河湖泊群从2022年4月1日起至2025年12月31日实行全年禁渔。2026年以后的禁渔时间另行通知。

黄河干流宁夏段、内蒙古段、陕西段、山西段、河南段、山东段及大黑河、窟野河、无定河、汾河、渭河（陕西段）、南洛河、沁河、金堤河、大汶河及沙湖、乌梁素海、哈素海、东平湖的禁渔期为每年4月1日至7月31日。

二、禁止作业类型

禁渔期内禁止除休闲垂钓外的所有捕捞作业类型。

三、其他要求

（一）各省（自治区）人民政府渔业主管部门可根据本地实际，在上述禁渔规定基础上，适当扩大禁渔区范围，延长禁渔期时间。

（二）在上述禁渔区和禁渔期内，因教学科研、驯养繁殖等特殊需要，采捕黄河天然渔业资源的，须经省级人民政府渔业主管部门批准。

（三）开展增殖渔业的湖泊和水库，要严格区分增殖渔业的起捕活动与传统的天然渔业资源捕捞生产，加强对禁渔期内增殖渔业资源起捕活动的规范管理，具体管理办法可由省级人民政府渔业主管部门另行规定。

四、实施时间

上述规定自本通告公布之日起施行，《农业部关于实行黄河禁渔期制度的通告》（农业部通告〔2018〕2号）相应废止。

农业农村部

2022年2月15日

农业农村部关于调整海洋伏季休渔制度的通告

（2021年2月22日发布，农业农村部通告〔2021〕1号）

为进一步加强海洋渔业资源保护，促进生态文明和美丽中国建设，根据《中华人民共和国渔业法》有关规定和国务院印发的《中国水生生物资源养护行动纲要》有关要求，本着“总体稳定、局部统一、减少矛盾、便于管理”的原则，决定对海洋伏季休渔制度进行调整完善。现将调整后的海洋伏季休渔制度通告如下。

一、休渔海域

渤海、黄海、东海及北纬12度以北的南海（含北部湾）海域。

二、休渔作业类型

除钓具外的所有作业类型，以及为捕捞渔船配套服务的捕捞辅助船。

三、休渔时间

（一）北纬35度以北的渤海和黄海海域为5月1日12时至9月1日12时。

（二）北纬35度至26度30分之间的黄海和东海海域为5月1日12时至9月16日12时；桁杆拖虾、笼壶类、刺网和灯光围（敷）网休渔时间为5月1日12时至8月1日12时。

（三）北纬26度30分至北纬12度的东海和南海海域为5月1日12时至8月16日12时。

（四）小型张网渔船从5月1日12时起休渔，时间不少于三个月，休渔结束时间由沿海各省、自治区、直辖市渔业主管部门确定，报农业农村部备案。

（五）特殊经济品种可执行专项捕捞许可制度，具体品种、作业时间、作业类型、作业海域由沿海各省、自治区、直辖市渔业主管部门报农业农村部批准后执行。

（六）捕捞辅助船原则上执行所在海域的最长休渔时间规定，确需在最长休渔时间结束前为一些对资源破坏程度小的作业方式渔船提供配套服务的，由沿海各省、自治区、直辖市渔业主管部门制定配套管理方案报农业农村部批准后执行。

（七）钓具渔船应当严格执行渔船进出港报告制度，严禁违反捕捞许可证关于作业类型、场所、时限和渔具数量的规定进行捕捞，实行渔获物定点上岸制度，建立上岸渔获物监督检查机制。

（八）休渔渔船原则上应当回所属船籍港休渔，因特殊情况确实不能回船籍港休渔的，须经船籍港所在地省级渔业主管部门确认，统一安排在本省、自治区、直辖市范围内船籍港临近码头停靠。确因本省渔港容量限制、无法容纳休渔渔船的，由该省渔业主管部门与相关省级渔业主管部门协商安排。

（九）根据《渔业捕捞许可管理规定》，禁止渔船跨海区界限作业。

（十）沿海各省、自治区、直辖市渔业主管部门可以根据本地实际，在国家规定基础上制定更加严格的资源保护措施。

四、实施时间

上述调整后的伏季休渔规定，自本通告公布之日起施行，《农业部关于调整海洋伏季休渔制度的通告》（农业部通告〔2018〕1号）相应废止。

农业农村部

2021年2月22日

农业农村部关于长江流域重点水域禁捕范围和时间的通告

（2019 年 12 月 27 日发布，农业农村部通告〔2019〕4 号）

根据《中华人民共和国渔业法》《国务院办公厅关于加强长江水生生物保护工作的意见》（国办发〔2018〕95 号）和《农业农村部 财政部 人力资源社会保障部关于印发〈长江流域重点水域禁捕和建立补偿制度实施方案〉的通知》（农长渔发〔2019〕1 号）等有关规定，长江流域捕捞渔民按照国家和所在地相关政策开展退捕转产，重点水域分类实行禁捕，现将相应范围和时间通告如下。

一、水生生物保护区

《农业部关于公布率先全面禁捕长江流域水生生物保护区名录的通告》（农业部通告〔2017〕6 号）公布的长江上游珍稀特有鱼类国家级自然保护区等 332 个自然保护区和水产种质资源保护区，自 2020 年 1 月 1 日 0 时起，全面禁止生产性捕捞。有关地方政府或渔业主管部门宣布在此之前实行禁捕的，禁捕起始时间从其规定。

今后长江流域范围内新建立的以水生生物为主要保护对象的自然保护区和水产种质资源保护区，自建立之日起纳入全面禁捕范围。

二、干流和重要支流

长江干流和重要支流是指《农业部关于调整长江流域禁渔期制度的通告》（农业部通告〔2015〕1 号）公布的有关禁渔区域，即青海省曲麻莱县以下至长江河口（东经 122°、北纬 31°36′30″、北纬 30°54′之间的区域）的长江干流江段；岷江、沱江、赤水河、嘉陵江、乌江、汉江等重要通江河流在甘肃省、陕西省、云南省、贵州省、四川省、重庆市、湖北省境内的干流江段；大渡河在青海省和四川省境内的干流河段；以及各省确定的其他重要支流。

长江干流和重要支流除水生生物自然保护区和水产种质资源保护区以外的天然水域，最迟自 2021 年 1 月 1 日 0 时起实行暂定为期 10 年的常年禁捕，期间禁止天然渔业资源的生产性捕捞。鼓励有条件的地方在此之前实施禁捕。有关地方政府或渔业主管部门宣布在此之前实行禁捕的，禁捕起始时间从其规定。

三、大型通江湖泊

鄱阳湖、洞庭湖等大型通江湖泊除水生生物自然保护区和水产种质资源保护区以外的天然水域，由有关省级渔业主管部门划定禁捕范围，最迟自 2021 年 1 月 1 日 0 时起，实行暂定为期 10 年的常年禁捕，期间禁止天然渔业资源的生产性捕捞。鼓励有条件的地方在此之前实施禁捕。有关地方政府或渔业主管部门宣布在此之前实行禁捕的，禁捕起始时间从其规定。

四、其他重点水域

与长江干流、重要支流、大型通江湖泊连通的其他天然水域，由省级渔业行政主管部门确定禁捕范围和时间。

五、专项（特许）捕捞

禁捕期间，因育种、科研、监测等特殊需要采集水生生物的，或在通江湖泊、大型水库针对特定渔业资源进行专项（特许）捕捞的，由有关省级渔业主管部门根据资源状况制定管理办法，对捕捞品种、作业时间、作业类型、作业区域、准用网具和捕捞限额等作出规定，报农业农村部批准后组织实施。专项（特许）捕捞作业需要跨越省级管辖水域界限的，由交界水域有关省级渔业主管部门协商管理。

在特定水域开展增殖渔业资源的利用和管理，由省级渔业主管部门另行规定并组织实施，避免对禁捕管理产生不利影响。

六、执法监督管理

在长江流域重点水域禁捕范围和时间内违法从事天然渔业资源捕捞的，依照《渔业法》和《刑法》关于禁渔区、禁渔期的规定处理。

长江流域各级渔业主管部门应当在各级人民政府的领导下，加强与相关部门协同配合，建立“护鱼员”协管巡护制度，加强禁捕宣传教育引导，强化执法队伍和能力建设，严格渔政执法监管，确保长江流域重点水域禁捕制度顺利实施。

各级渔业主管部门应当对在长江流域重点水域禁捕范围和时间内从事娱乐性游钓和休闲渔业活动进行规范管理，避免对禁捕管理和资源保护产生不利影响。

七、其他事项

本通告自2020年1月1日0时起实施。原《农业部关于调整长江流域禁渔期制度的通告》（农业部通告〔2015〕1号）自2021年1月1日0时起废止，原通告规定的淮河干流河段禁渔期制度，在我部另行规定前继续按照每年3月1日0时至6月30日24时执行。

农业农村部

2019年12月27日

农业部关于公布率先全面禁捕长江流域水生生物保护区名录的通告

（2017 年 11 月 23 日发布，农业部通告〔2017〕6 号）

为贯彻习近平总书记“把修复长江生态环境摆在压倒性位置”系列重要讲话精神，落实党的十九大报告“以共抓大保护、不搞大开发为导向推动长江经济带发展”“健全耕地草原森林河流湖泊休养生息制度”和 2017 年中央 1 号文件“率先在长江流域水生生物保护区实现全面禁捕”等要求，切实保护长江水生生物资源，修复水域生态环境，根据《中华人民共和国渔业法》《中华人民共和国自然保护区条例》和《水产种质资源保护区管理暂行办法》有关规定，经商沿江各省、直辖市人民政府，决定从 2018 年 1 月 1 日起率先在长江上游珍稀特有鱼类国家级自然保护区等 332 个水生生物保护区（包括水生动植物自然保护区和水产种质资源保护区）逐步施行全面禁捕。

现将率先全面禁捕的长江流域水生生物保护区名录予以通告。通告发布后，新建立的长江流域水生生物保护区自行纳入名录，均施行全面禁捕。

附件：率先全面禁捕的长江流域水生生物保护区名录（略）

农业部

2017 年 11 月 23 日

农业农村部关于调整长江流域专项捕捞管理制度的通告

（2018 年 12 月 28 日发布，农业农村部通告〔2018〕5 号）

为贯彻《国务院办公厅关于加强长江水生生物保护工作的意见》，落实长江流域重点水域禁捕工作部署，保护长江流域水生生物资源，根据《中华人民共和国渔业法》有关规定，对长江流域专项捕捞管理制度进行调整，现通告如下。

自 2019 年 2 月 1 日起，停止发放刀鲚（长江刀鱼）、凤鲚（凤尾鱼）、中华绒螯蟹（河蟹）专项捕捞许可证，禁止上述三种天然资源的生产性捕捞。

原农业部 2002 年 2 月 8 日发布的《长江刀鲚凤鲚专项管理暂行规定》（农渔发〔2002〕3 号）同时废止。未来上述资源的利用，根据资源状况另行规定。

农业农村部

2018 年 12 月 28 日

农业农村部办公厅关于进一步加强长江流域垂钓管理工作的意见

（2020年12月16日发布，农办长渔〔2021〕3号）

上海、江苏、安徽、江西、河南、湖北、湖南、重庆、四川、贵州、云南、陕西、甘肃、青海省（直辖市）农业农村厅（委）：

为深入贯彻落实党中央、国务院长江流域重点水域禁捕重大决策部署，落实《国务院办公厅关于加强长江水生生物保护工作的意见》，进一步规范天然水域垂钓行为，严厉打击各类生产性捕捞行为，遏制无序垂钓破坏水生生物资源的现象，现就进一步加强长江流域天然水域垂钓管理工作提出如下意见。

一、总体要求

随着长江流域重点水域禁捕工作持续推进，长江流域部分地区无序垂钓行为成为破坏水生生物资源的重要因素，影响了禁捕后的禁渔管理秩序和水域生态保护恢复效果，需要进一步完善长江流域垂钓管理制度，建立健全垂钓管理机制。一是要结合长江上中下游、江河湖库不同水域类型和水生生物资源分布特点及保护要求，因地制宜，系统规划，合理布局，科学划定天然水域禁钓区域；在允许垂钓的区域，要严格限定垂钓时间、钓具钓法、钓获物种类、数量和规格。二是要全面树立健康垂钓理念，坚决遏制利用或变相利用垂钓进行捕捞生产的行为，严格防范天然水域钓获物上市交易和进入餐饮环节交易，有效维护禁捕管理秩序，保护水生生物资源。三是要积极发挥垂钓行业协会自治管理作用，规范垂钓行为，加强垂钓人员自我管理、自我约束、自我规范，提升公众对水生生物的保护意识，杜绝生产性垂钓。

二、主要任务

（一）健全管理制度。各地渔业部门要积极推动县级以上人民政府，按照《渔业法》《渔业法实施细则》等法律法规以及长江流域重点水域禁捕有关规定要求，结合本地实际情况，尽快制定并发布本地区垂钓管理办法。要根据监管能力实际，在允许垂钓区域和时间积极探索建立备案制度，对垂钓个人和团体进行登记备案，有条件的地方可以实行注册垂钓制度，严格控制垂钓人数及钓具数量，为垂钓管理工作提供健全的制度保障。

（二）明确垂钓区域。各地要按照《自然保护区管理条例》《水产种质资源保护区管理暂行办法》等规定，科学合理划定禁钓区，水生生物保护区禁止垂钓。严格控制长江干流、重要支流以及鄱阳湖、洞庭湖等大型通江湖泊的垂钓范围。在其他重要水域，要综合考虑水生生物资源保护和公众休闲垂钓需求，科学划定禁钓区或垂钓区。

（三）规范垂钓行为。各地要根据水生生物产卵、索饵、洄游等特点，制定禁止垂钓期。要科学评估不同钓具、钓法对水生生物资源的影响，规范钓具、钓饵类型，明确垂钓方式，制定准用钓具名录，限制钓具数量，严禁使用严重破坏水生生物资源的钓具、钓法及各类探鱼设备、视频辅助装置。禁止使用船艇、排筏等水上漂浮物进行垂钓。禁止使用含有毒有害物质的钓饵、窝料和添加剂及鱼虾类活体水生生物饵料，鼓励使用人工钓饵或仿生饵。有条件的垂钓区域可从保障生态资源可持续利用的角度出发，通过明确运营主体、增殖垂钓资源、优化钓位设置、拓展休闲业态等措施，支持进行生态钓场建设。在禁钓水域需以垂钓方式开展科研教学、调查监测、探捕等特殊需要采集水生生物的，须按《农业农村部办公厅关于进一步明确长江禁捕期间因特殊需要采集水生生物有关事项的函》要求严格审批。

（四）加强钓获物管理。各地要明确可钓的鱼类种类、数量和最小可钓标准。误钓小于当地最小可钓标准的幼体及禁钓品种，或钓获物超过当地许可的垂钓获取数量的，应当及时放回原水体（外来入侵物种除外）。要制定重点保护水生野生动物误钓应急救护预案，减少对重点保护水生野生动物伤害。严格禁止钓获物买卖交易，有交易行为的视同非法捕捞。

（五）强化日常执法。各级渔业主管部门及渔政执法机构要将垂钓行为监管纳入日常管理范畴，开展专群结合的巡查和检查，积极利用“护渔员”等协助巡护制度发现和监督制止非法垂钓行为，主动设立并公布违法垂钓举报专线。对监管中发现的违法违规问题，可综合运用批评教育、行政处罚、联合惩戒、移送司法机关处理等手段。

（六）严打非法垂钓。要充分利用现代化、信息化手段，加强重点区域、重点对象、重点时段执法监管，对违法违规的垂钓和经营行为坚决依法予以查处，严厉打击以捕捞生产或以交易为目的的垂钓行为。要加强与市场监管、公安、交通、海事等部门间信息交换和执法协作，强化源头管理，做好行刑衔接，及时将行政执法检查中查办的涉嫌犯罪案件移送司法机关处理。

（七）强化社会监督。充分发挥休闲垂钓协会等行业协会在规范垂钓行为中的作用，推动行业协会建立健全垂钓自律规范和自律公约，规范会员行为。鼓励行业协会参与制定行业标准、行业规划和政策法规。加强对团体性、群体性垂钓活动的管理，做到事先报备、全程监管。畅通群众监督渠道，对举报严重违法违规行为和重大风险隐患的有功人员予以奖励。强化舆论监督，持续曝光典型案件，震慑违法行为。

三、保障措施

（一）明确监管职责。要落实地方政府主体责任，把垂钓管理工作作为长江流域重点水域禁捕工作的延伸，认真研究、及早谋划、抓好落实，明确管理主体、落实管理责任，纳入河长制、湖长制等政府绩效考核目标，确保各项工作举措落实到位。农业农村部门要发挥好牵头作用，加强与相关部门的协作配合，建立政府统一领导、行业主管部门牵头负责、各部门分工落实的监管机制，做到全链条监管，杜绝监管盲区和真空。

（二）健全监管体系。各地要推动将垂钓行为纳入社会信用体系，加强监管信息归集共享，切实发挥信用效能在垂钓管理中的作用。要将多次违法违规垂钓人员列入失信名单，作为重点监管对象，定期公布失信垂钓人员名单。要探索建立垂钓管理平台，充分发挥信息化手段作业，建立涵盖垂钓主体备案、垂钓事项及钓获物上报的监管机制，实现全过程闭环管理。

（三）加大宣传引领。各地要充分运用

广播、电视、报纸等媒体和微博、微信、短视频等多种宣传手段，广泛宣传水域生态环境保护的重要意义。要积极引导垂钓爱好者摒弃陋习，树立正确的垂钓理念，进一步提高公众对无序垂钓破坏水域生态环境的认识，自觉抵制使用非法钓具、破坏生态、非法交易等违法违规垂钓行为。

农业农村部办公厅
2020年12月16日

农业农村部关于设立长江口禁捕管理区的通告

（2020年11月19日发布，农业农村部通告〔2020〕3号）

为巩固和扩大长江禁捕退捕成效，加强长江口水域禁捕管理，清理整治非法捕捞行为，更好地养护长江水生生物资源，保护长江水域生态环境，根据《中华人民共和国渔业法》《国务院办公厅关于加强长江水生生物保护工作的意见》（国办发〔2018〕95号）和《国务院办公厅关于切实做好长江流域禁捕有关工作的通知》（国办发明电〔2020〕21号）等有关规定，经国务院同意，我部决定扩延长江口禁捕范围，设立长江口禁捕管理区。现通告如下。

一、禁 渔 区

长江口禁捕管理区范围为东经122°15′、北纬31°41′36″、北纬30°54′形成的框型区线，向西以水陆交界线为界。

二、禁 渔 期

长江口禁捕管理区内的上海市长江口中华鲟自然保护区、长江刀鲚国家级水产种质资源保护区等水生生物保护区水域，全面禁止生产性捕捞；水生生物保护区以外水域，自2021年1月1日0时起实行与长江流域重点水域相同的禁捕管理措施。

三、禁止类型

长江口禁捕管理区以内水域，实行长江流域禁捕管理制度。禁渔期内禁止天然渔业资源的生产性捕捞，并停止发放刀鲚（长江刀鱼）、凤鲚（凤尾鱼）、中华绒螯蟹（河蟹）和鳗苗专项（特许）捕捞许可证。在上述禁渔区内因科研、监测、育种等特殊需要采捕的，须经省级渔业行政主管部门专项特许。

长江口禁捕管理区以外海域，继续实行海洋渔业捕捞管理制度。有关省级渔业行政主管部门应根据渔业资源状况和长江口禁捕管理需要，进一步加强海洋渔业捕捞生产管理，适时调整压减生产性专项（特许）捕捞许可证发放规模，清理取缔各类非法捕捞行为，避免对长江口禁捕管理和水生生物保护效果产生不利影响。

四、执法监督

上海市、江苏省、浙江省有关渔业行政主管部门及其所属渔政执法机构，应当在同级党委政府领导下，加强与相关部门协同配合，强化渔政执法队伍和能力建设，开展禁渔宣传教育引导，严格禁渔执法监管，确保长江口禁捕管理区的各项管理制度顺利实施。

违反本通告的，按照《中华人民共和国渔业法》等有关法律规定予以处罚；构成犯罪的，依法移送司法机关追究刑事责任。

本通告自2021年1月1日起实施。

农业农村部

2020年11月19日

农业部关于发布珠江、闽江及海南省内陆水域禁渔期制度的通告

（2017年2月24日发布，农业部通告〔2017〕4号）

经国务院同意，农业部于2010年颁布实施了珠江禁渔期制度。禁渔期制度的实施，在养护珠江流域水生生物资源、保护生物多样性、促进珠江流域经济的可持续发展和生态文明建设等方面发挥了重要作用。为贯彻落实党的十八大提出的“五位一体、生态优先”发展战略，更好地养护水生生物资源，保护水域生态环境，推动渔业绿色发展，根据《中华人民共和国渔业法》有关规定，我部决定对现行珠江禁渔期制度进行调整完善，同时对闽江、海南省内陆水域禁渔管理作出相应规定。现通告如下。

一、禁渔区

云南省曲靖市沾益区珠江源以下至广东省珠江口（上川岛—北尖岛连线以北）的珠江干流、支流、通江湖泊、珠江三角洲河网及重要独立入海河流。珠江干流包括南盘江、红水河、黔江、浔江和西江；支流包括东江、北江及西江水系的北盘江、柳江、融江、郁江、左江、右江、邕江、濛江、桂江、漓江、北流河、罗定江和新兴江等；珠三角河网包括流溪河、潭江等；通江湖泊包括抚仙湖、星云湖、异龙湖、杞麓湖和阳宗海等；重要独立入海河流包括广东省、广西壮族自治区境内的韩江、北仑河、茅岭江、钦江、南流江、榕江、漠阳江、鉴江、九洲江的干流江（河）段。福建闽江及海南省南渡江、万泉河、昌化江的干流江（河）段。各省（自治区）可根据本地实际，将其他相关河流、湖泊纳入禁渔范围。

二、禁渔期

每年3月1日0时至6月30日24时。各省（自治区）可根据本地实际，在执行统一禁渔规定的基础上，适当延长禁渔时间和扩大禁渔范围。

三、禁止类型

除休闲渔业、娱乐性垂钓外，在规定的禁渔区和禁渔期内，禁止所有捕捞作业。因养殖生产或科研调查需要采捕天然渔业资源的，应当按照《中华人民共和国渔业法》的规定，经省级以上渔业行政主管部门批准。

各级渔业行政主管部门及其渔政渔港监督管理机构要在各级政府的领导下，联合相关部门在辖区水域内加强组织领导，广泛宣传动员，强化执法管理，保障渔民生活，确保禁渔期制度顺利实施。

凡违反者，由渔业行政主管部门及其渔政监督管理机构根据《中华人民共和国渔业法》予以处罚。

本通告自2017年3月1日起实施。

农业部

2017年2月24日

农业农村部关于实行海河、辽河、松花江和钱塘江等4个流域禁渔期制度的通告

（2019年1月15日发布，农业农村部通告〔2019〕1号）

为养护水生生物资源、保护生物多样性、促进渔业可持续发展和生态文明建设，根据《中华人民共和国渔业法》有关规定和《中国水生生物资源养护行动纲要》要求，我部决定自2019年起实行海河、辽河、松花江和钱塘江等4个流域禁渔期制度。现通告如下。

一、海河流域禁渔期制度

（一）禁渔区

滦河、蓟运河、潮白河、北运河、永定河、海河、大清河、子牙河、漳卫河、徒骇河、马颊河等主要河流的干、支流，位于上述河流之间独立入海的小型河流和人工水道，以及主要河流干、支流所属的水库、湖泊、湿地。

（二）禁渔期

每年5月16日12时至7月31日12时。

（三）禁止作业类型

除钓具之外的所有作业方式。

二、辽河流域禁渔期制度

（一）禁渔区

辽河及大凌河、小凌河和洋河水系。辽河包括西辽河、东辽河、辽河干流，西拉木伦河、老哈河、教来河、布哈腾河、招苏台河、清河、柴河、秀水河、柳河、绕阳河、浑河、太子河等支流，以及干、支流所属的水库、湖泊、湿地。

（二）禁渔期

每年5月16日12时至7月31日12时。

（三）禁止作业类型

除钓具之外的所有作业方式。

三、松花江流域禁渔期制度

（一）禁渔区

嫩江、松花江吉林省段和松花江三岔河口至同江段，以及上述江段所属的支流、水库、湖泊、水泡等水域。

（二）禁渔期

每年5月16日12时至7月31日12时。

（三）禁止作业类型

除钓具之外的所有作业方式。

四、钱塘江流域禁渔期制度

（一）禁渔区

钱塘江干流（含南北支源头）、支流及湖泊、水库。

（二）禁渔期

钱塘江干流统一禁渔时间为每年3月1日0时至6月30日24时。

钱塘江支流、湖泊、水库的渔业管理制度由省级渔业主管部门制定。

（三）禁止作业类型

除娱乐性游钓和休闲渔业以外的所有作业方式。

五、其他事项

（一）各省级渔业主管部门可根据本地实际，在上述禁渔规定基础上，制定更严格的禁渔管理措施。

（二）禁渔区和禁渔期内，因科学研究和驯养繁殖等活动需采捕天然渔业资源的，须经省级渔业主管部门批准。

（三）松花江、辽河、海河水库内和钱塘江千岛湖水域增殖渔业资源的利用和管理，可由省级渔业主管部门另行规定。

六、实施时间

本通告自 2019 年 3 月 1 日起实施。

农业农村部

2019 年 1 月 15 日

农业部关于确定经济价值较高的渔业资源品种名录的通知

（1989 年 5 月 30 日发布，〔1989〕农（渔政）字第 13 号发布）

各省、自治区、直辖市水产主管厅（局），各海区渔政分局：

据《渔业资源增殖保护费征收使用办法》第五条的规定，及各地提出的采捕经济价值较高的渔业资源品种名录的意见，经研究确定如下：

一、属于《国家重点保护野生动物名录》的水生资源品种，不作为捕捞对象的不列入本名录。

二、海洋渔业资源经济价值较高的捕捞品种确定为：大黄鱼、小黄鱼、石斑鱼、真鲷、对虾、龙虾、鹰爪虾、管鞭虾。今后，随着资源变动和市场需求情况可适时增减。

三、内陆水域渔业资源经济价值较高的品种名录，由省级渔业行政主管部门商同级物价主管部门确定，报我部备案。大型江河水域确定经济价值较高的品种名录，应注意毗邻省（自治区、直辖市）地区间的衔接统一，做好渔业资源增殖保护费的征收工作。

农业部关于批转修改渤海区梭子蟹越冬场范围报告的通知

（1989年11月29日发布，农黄渔管字〔1989〕第84号）

辽宁、河北、天津、山东省（直辖市）水产局：

现将我部黄渤海区渔政分局《关于修改渤海区梭子蟹越冬场范围的报告》批转给你们，望从今年起认真贯彻执行。

梭子蟹和魁蚶是渤海的重要渔业资源，要切实加强保护措施，防止破坏。

附件　农业部黄渤海区渔政分局关于修改渤海区梭子蟹越冬场范围的报告

农黄渔管字〔1989〕第84号

农业部：

为加强渤海越冬梭子蟹和魁蚶资源的保护管理，农业部于1987年11月14日以〔1987〕农（渔政）字第3号文转发了黄渤海区渔政分局《关于加强渤海区越冬梭子蟹和魁蚶资源保护意见的报告》，规定每年12月10日起至翌年3月31日止，梭子蟹越冬期间，禁止在渤海中部的25、26、37、38、39、40、50、51、52渔区，捕捞魁蚶和梭子蟹。两年来，各级渔业行政主管部门及其渔政部门在宣传、监督管理方面虽然做了很大努力，但禁捕范围仅限于渤海中部九个渔区，使违规渔船以有隙可乘，给渔政海陆管理造成很大困难，越冬梭子蟹得不到有效保护，继续遭受严重损害。为此，经征得渤海区三省一市渔政管理部门的同意，拟将渤海梭子蟹越冬场范围扩大为整个渤海区，每年12月10日至3月31日止，梭子蟹越冬期间，禁止在渤海区捕捞梭子蟹和魁蚶。

以上报告如无不当，请批转北方沿海三省一市执行。

1989年11月29日

农业部关于将鲈鱼列为渤海重点保护对象的通知

（1995年1月16日发布，农渔发〔1995〕2号）

辽宁、河北、天津、山东省（直辖市）水产局，农业部黄渤海区渔政局：

据各地反映，近年来由于滥捕鲈鱼苗，导致了渤海鲈鱼资源的严重衰退，如再不及时采取保护措施，就有濒临灭绝的危险。为此，我部决定将鲈鱼增列为《渤海区渔业资源繁殖保护规定》中的重点保护对象。鲈鱼的可捕标准暂定为体长40厘米。望各地依据现行法律、法规，积极做好宣传工作，切实加强对鲈鱼资源的保护管理。

农业部发布关于加强对黄渤海鲅鱼资源保护的通知

（1997 年 1 月 8 日发布，农渔发〔1996〕17 号）

辽宁、河北、天津、山东、江苏省（直辖市）渔业行政主管厅、局，农业部黄渤海区渔政渔港监督管理局：

鲅鱼（蓝点马鲛）是黄渤海主要经济鱼类之一，是我国北方沿海的主要渔获对象，其产量占全国鲅鱼总产量的 70%以上，对我国鲅鱼资源的兴衰具有重要影响。但是近年来随着近海捕捞业的发展，鲅鱼的捕捞强度剧增，网具不断增多，网目逐渐缩小，尤其是大量拖网及“疏目”快速拖网渔船参与鲅鱼捕捞，使黄渤海鲅鱼资源遭到严重的破坏。据科研部门调查，自 1990 年以来，黄渤海鲅鱼春汛产卵亲体总量已连续三年大幅度下降，如再不采取措施加以保护，黄渤海鲅鱼资源就有濒临灭绝的危险。为此，经有关科研部门专家论证，并由黄渤海区渔政渔港监督管理局征得有关省、市渔业行政主管部门同意，特作如下规定：

一、《渤海区渔业资源繁殖保护规定》中有关鲅鱼的保护规定，适用于黄海。即：鲅鱼的可捕标准为叉长 45 厘米（含 45 厘米）以上，叉长 45 厘米以下的为幼鲅鱼。捕捞鲅鱼的流网最小网目为 90 毫米，网衣拉直高度不得超过 9 米（含缘网），每船流网总长度不得超过4 000米。

二、北纬 37 度 30 分以北的黄海水域，每年 5 月 1 日至 31 日，禁止各类拖网、围网、流网及一切捕捞鲅鱼繁殖亲体的流动网具作业。在此期间，其他作业渔船必须接受幼鱼比例检查。其网次产量或航次产量中幼鲅鱼比例不得超过 25%。

三、渤海北纬 39 度以南海域，每年 5 月 10 日至 6 月 10 日，北纬 39 度以北海域，每年的 5 月 20 日至 6 月 20 日，禁止鲅鱼流网、三层流网、围网及一切捕捞鲅鱼的流动网具作业。

请各地抓紧做好宣传教育工作，并切实把黄渤海鲅鱼资源保护措施落到实处。黄渤海区渔政渔港监督管理局及各级渔政渔港监督管理机构要认真加强对黄渤海鲅鱼资源保护的监督管理，对违反上述规定的按《黄渤海区关于违反渔业法规行政处罚规定》查处。

农业部

1997 年 1 月 8 日

中华人民共和国农业部公告第948号（《国家重点保护经济水生动植物资源名录（第一批）》）

（2007年12月12日发布）

根据《渔业法》和《中国水生生物资源养护行动纲要》有关规定和要求，我部制定了《国家重点保护经济水生动植物资源名录（第一批）》（见附件），现予以颁布。

特此公告。

中华人民共和国农业部

二〇〇七年十二月十二日

附件　国家重点保护经济水生动植物资源名录

（第一批）

序号	中文名	拉丁名	序号	中文名	拉丁名
1	鲱	*Clupea harengus*	24	黑鳃梅童鱼	*Collichthys niveatus*
2	金色沙丁鱼	*Sardinella lemuru*	25	鮸	*Miichthys miiuy*
3	远东拟沙丁鱼（斑点莎瑙鱼）	*Sardinops melanosticta*	26	大黄鱼	*Pseudosciaena crocea*
4	鳓	*Ilisha elongata*	27	小黄鱼	*Pseudosciaena polyactis*
5	鳀	*Engraulis japonicus*	28	红笛鲷	*Lutjanus sanguineus*
6	黄　鲫	*Setipinna taty*	29	真　鲷	*Pagrosomus major*
7	大头狗母鱼	*Trachinocephalus myops*	30	二长棘鲷	*Parargyrops edita*
8	海　鳗	*Muraenesox cinereus*	31	黑　鲷	*Sparus macrocephalus*
9	大头鳕	*Gadus macrocephalus*	32	金线鱼	*Nemipterus virgatus*
10	鲮	*Liza haematocheila*	33	玉筋鱼	*Ammodytes personatus*
11	鲻	*Mugil cephalus*	34	带　鱼	*Trichiurus lepturus*
12	尖吻鲈	*Lates calcarifer*	35	鲐	*Scomber japonicus*
13	花　鲈	*Lateolabrax japonicus*	36	蓝点马鲛（鲅鱼）	*Scomberomorus niphonius*
14	赤点石斑鱼	*Epinephelus akaara*	37	银　鲳	*Pampus argenteus*
15	青石斑鱼	*Epinephelus awoara*	38	灰　鲳	*Pampus cinereus*
16	宽额鲈	*Promicrops lanceolatus*	39	鲬	*Platycephalus indicus*
17	蓝圆鲹	*Decapterus maruadsi*	40	褐牙鲆	*Paralichthys olivaceus*
18	竹筴鱼	*Trachurus japonicus*	41	高眼鲽	*Cleisthenes herzensteini*
19	高体鰤	*Seriola dumerili*	42	钝吻黄盖鲽	*Pseudopleuronectes yokohamae*
20	军曹鱼	*Rachycentron canadus*	43	半滑舌鳎	*Cynoglossus semilaevis*
21	白姑鱼	*Argyrosomus argentatus*	44	绿鳍马面鲀	*Navodon septentrionalis*
22	黄姑鱼	*Nibea albiflora*	45	黄鳍马面鲀	*Navodon xanthopterus*
23	棘头梅童鱼	*Collichthys lucidus*	46	黄鮟鱇	*Lophius litulon*

（续）

序号	中文名	拉丁名	序号	中文名	拉丁名
47	刀 鲚	*Coilia ectenes*	81	鲮	*Cirrhinus molitorella*
48	凤 鲚	*Coilia mystus*	82	青海湖裸鲤	*Gymnocypris przewalskii*
49	红鳍东方鲀	*Takifugu rubripes*	83	重口裂腹鱼	*Schizothorax waltoni*
50	假睛东方鲀	*Takifugu pseudommus*	84	拉萨裸裂尻鱼	*Schizopygopsis younghusbandi younghusbandi*
51	暗纹东方鲀	*Takifugu obscurus*	85	鲤	*Cyprinus carpio*
52	鳗 鲡	*Anguilla japonica*	86	鲫	*Carassius auratus*
53	大马哈鱼	*Oncorhynchus keta*	87	岩原鲤	*Procypris rabaudi*
54	花羔红点鲑	*Salvelinus malma*	88	长薄鳅	*Leptobotia elongata*
55	乌苏里白鲑	*Coregonus ussuriensis*	89	大口鲇	*Silurus meridionalis*
56	太湖新银鱼	*Neosalanx taihuensis*	90	兰州鲇	*Silurus lanzhouensis*
57	大银鱼	*Protosalanx chinensis*	91	黄颡鱼	*Pelteobagrus fulvidraco*
58	黑斑狗鱼	*Esox reicherti*	92	长吻鮠	*Leiocassis longirostris*
59	白斑狗鱼	*Esox lucius*	93	斑 鳠	*Mystus guttatus*
60	青 鱼	*Mylopharyngodon piceus*	94	黑斑原鮡	*Glyptosternum maculatum*
61	草 鱼	*Ctenopharyngodon idellus*	95	黄 鳝	*Monopterus albus*
62	赤眼鳟	*Squaliobarbus curriculus*	96	鳜	*Siniperca chuatsi*
63	翘嘴鲌	*Culter alburnus*	97	大眼鳜	*Siniperca kneri*
64	鳡	*Elopichthys bambusa*	98	乌 鳢	*Channa argus*
65	三角鲂	*Megalobrama terminalis*	99	斑 鳢	*Channa maculata*
66	团头鲂（武昌鱼）	*Megalobrama amblycephala*	100	大管鞭虾	*Solenocera melantho*
67	广东鲂	*Megalobrama hoffmanni*	101	中华管鞭虾	*Solenocera crassicornis*
68	鳊	*Parabramis pekinensis*	102	中国对虾	*Penaeus chinensis*
69	红鳍原鲌	*Cultrichthys erythropterus*	103	长毛对虾	*Penaeus penicillatus*
70	蒙古鲌	*Cultermongolicus*	104	竹节虾	*Penaeus japonicus*
71	鲢	*Hypophthalmichthys molitrix*	105	斑节对虾	*Penaeus monodon*
72	鳙	*Aristichthys nobilis*	106	鹰爪虾	*Trachypenaeus curvirostris*
73	细鳞斜颌鲴	*Xenocypris microlepis*	107	脊尾白虾	*Exopalaemon carinicauda*
74	银 鲴	*Xenocypris argentea*	108	中国毛虾	*Acetes chinensis*
75	倒刺鲃	*Spninibarbus denticulatus denticulatus*	109	秀丽白虾	*Exopalaemon modestus*
76	光倒刺鲃	*Spiniobarbus hollandi*	110	青 虾	*Macrobrachium nipponense*
77	中华倒刺鲃	*Spinibarbus sinensis*	111	口虾蛄	*Oratosquilla oratoria*
78	白甲鱼	*Varicorhinus simus*	112	中国龙虾	*Panulirus stimpsoni*
79	圆口铜鱼	*Coreius guichenoti*	113	三疣梭子蟹	*Portunus trituberculatus*
80	铜 鱼	*Coreius heterodon*	114	海 蟳	*Charybdis japonica*

（续）

序号	中文名	拉丁名	序号	中文名	拉丁名
115	锯缘青蟹	*Scylla serrata*	141	三角帆蚌	*Hyriopsis cumingii*
116	中华绒螯蟹	*Eriocheir sinensis*	142	褶纹冠蚌	*Cristaria plicata*
117	太平洋褶柔鱼	*Todarodes pacificus*	143	河　蚬	*Corbicula fluminea*
118	中国枪乌贼	*Loligo chinensis*	144	梅花参	*Thelenota ananas*
119	日本枪乌贼	*Loligo japonica*	145	刺　参	*Apostichopus japonicus*
120	剑尖枪乌贼	*Loligo edulis*	146	马粪海胆	*Hemicentrotus pulcherrimus*
121	曼氏无针乌贼	*Sepiella maindroni*	147	紫海胆	*Anthocidaris crassispina*
122	金乌贼	*Sepia esculenta*	148	海　蜇	*Rhopilema esculentum*
123	章　鱼	Octopodidae	149	鳖	*Trionyx sinensis*
124	皱纹盘鲍	*Haliotis discus hannai*	150	乌　龟	*Chinemys reevesii*
125	杂色鲍	*Haliotis diversicolor*	151	坛紫菜	*Porphyra haitanensis*
126	脉红螺	*Rapana venosa*	152	条斑紫菜	*Porphyra yezoensis*
127	魁　蚶	*Scapharca broughtonii*	153	石花菜	*Gelidium amansii*
128	毛　蚶	*Scapharca subcrenata*	154	细基江蓠	*Gracilaria tenuistipitata*
129	泥　蚶	*Tegillarca granosa*	155	珍珠麒麟菜	*Eucheuma okamurai*
130	厚壳贻贝	*Mytilus coruscus*	156	海　带	*Laminaria japonica*
131	紫贻贝	*Mytilus galloprovincialis*	157	裙带菜	*Undaria pinnatifida*
132	翡翠贻贝	*Perna viridis*	158	菱	*Trapa japonica*
133	栉江珧	*Atrina pectinata*	159	芦　苇	*Phragmites communis*
134	合浦珠母贝	*Pinctada martensi*	160	茭　白	*Zizaniacaduciflora*
135	栉孔扇贝	*Chlamys farreri*	161	水　芹	*Oenanthejaponica*
136	太平洋牡蛎（长牡蛎）	*Crassostrea gigas*	162	荸　荠	*Eleocharistuberosa*
137	西施舌	*Coelomactra antiquata*	163	慈　姑	*Sagittaria trifolia*
138	缢　蛏	*Sinonovacula constricta*	164	蒲　草	*Typha*
139	文　蛤	*Meretrix meretrix*	165	芡　实	*Euryale ferox*
140	菲律宾蛤仔	*Ruditapes philippinarum*	166	莲	*Nelumbo nucifera*

吕泗、长江口和舟山渔场部分海域捕捞许可管理规定

（1999 年 2 月 13 日发布，农渔发〔1999〕3 号）

吕泗渔场、长江口渔场和舟山渔场是我国近海主要经济鱼类重要的产卵地和索饵场。加强吕泗等渔场的管理，对近海经济鱼类资源的养护，保持我国海洋渔业的持续发展，具有十分重要的意义。为了保护和合理利用东、黄、渤海主要经济鱼类资源，农业部于 1992 年颁布了《关于东、黄、渤海主要渔场渔汛生产安排和管理的规定》，对吕泗、长江口和舟山等主要渔场的生产安排和大黄鱼、小黄鱼、带鱼等主要经济鱼类资源的保护，作出了具体规定。《规定》实施后，对东、黄、渤海渔业资源的保护，发挥了积极的作用。但是，由于近几年来海洋捕捞强度的持续增长，捕捞能力大大超过了渔业资源承受能力，特别是吕泗等渔场的主要经济鱼类资源，更是面临前所未有的压力。根据渔业资源专家的建议，并征求有关省市渔业行政主管部门的意见，现就吕泗渔场、长江口渔场和舟山渔场部分海域的捕捞许可管理，调整规定如下：

一、海域范围

调整的海域的范围为以下各点连线以西至禁渔区线海域：

北纬 34 度、东经 122 度 30 分；

北纬 32 度、东经 122 度 30 分；

北纬 32 度、东经 124 度；

北纬 20 度 30 分、东经 124 度。

二、关于捕捞许可的规定

1. 严格控制上述海域的海洋捕捞强度。今后上述海域不再安排非海域毗邻省市渔船进入该海域从事捕捞作业活动。海域毗邻省市的渔业主管部门也要采取切实有效措施，严格控制该海域的捕捞作业规模，只限安排海域邻近地区的渔船进入从事捕捞生产，其规模控制在 1998 年的水平以内。各地不得以任何方式增加该海域任何作业形式的捕捞作业渔船。

2. 所在在该海域从事捕捞作业的渔船，必须经省市渔业主管部门审核后报农业部审批。经批准的渔船到农业部东海区渔政渔港监督管理局领取专项（特许）捕捞许可证书后，方可进行捕捞生产活动。

3. 所有在该海域从事捕捞作业的渔船实行幼鱼比例检查制度。实行幼鱼比例检查的鱼种包括：大黄鱼、小黄鱼、带鱼、鲳鱼。具体实施办法按有关规定执行。

4. 违反上述规定的渔船按照《中华人民共和国渔业法》及《中华人民共和国渔业法实施细则》的有关规定，予以处罚。

本规定自下发之日起执行，各渔业行政主管部门要加强对渔民的教育、解释工作，妥善安排好退出上述海域渔船的生产。

（四）渔船与渔港管理

农业部、外交部、公安部、海关总署关于加强对赴境外作业渔船监督管理的通知

（2007年2月1日发布，农渔发〔2007〕4号）

各有关省、自治区、直辖市及计划单列市渔业主管厅（局），各有关公安厅、局，各有关海关，驻有关国家使（领）馆：

发展远洋渔业是我国实施“走出去”战略的重要组成部分。经过20多年的艰苦奋斗，我国远洋渔业取得了较快发展，已成为世界主要远洋渔业国家之一。但是，近年来，一些渔船未经批准擅自出境从事渔业活动、非法从事公海流网作业等违规行为时有发生，扰乱了正常的生产秩序，损害了合法作业渔民的利益，在国际国内产生了严重不良影响。为维护国家声誉，保障我渔业企业及船员生命财产安全和合法权益，特通知如下：

一、坚持企业和渔船属地政府负责的原则。涉外渔业管理工作要在各地人民政府的领导下，实行有关部门分工协作、地方政府分级管理。各级渔业、公安边防、海关等部门要从维护国家外交大局、保护企业和渔民生命财产安全的高度，正确处理发展地方经济和保护渔民合法权益的关系，加强对渔民的宣传教育，加大对赴境外生产渔船的监督管理力度，做好我国与有关国家双边渔业协定和有关国际公约、协议的组织实施和监督管理工作，要在分工明确的基础上加强密切协作和配合，努力减少渔业涉外事件的发生。

二、各级渔业行政主管部门及其渔政渔港监督机构要加大对违规作业渔船的查处力度。要采取海上巡航和港口检查等措施，加强对辖区内渔船的监管。对未经批准擅自出境、伪造船名号、在公海非法从事流网作业等违法行为，一经查实坚决依法从严从速处理。严禁未经批准或持无效捕捞许可证的渔船出境生产，对已经出境的要责成渔船所属企业或船东将船召回。

三、各地（特别是丹东、大连、舟山、青岛、烟台、蓬莱、石岛等重点口岸）公安边防、海关部门要依法按照各自职责加强监督管理。严格对赴境外作业渔船和船员出（入）境、运回自捕水产品的监管。凡赴境外从事渔业生产均需经国家主管部门批准，严禁未经批准渔船出境生产或利用国家自捕水产品运回不征税政策非法运回水产品。对无视国家法律违法组织群众渔船出境生产、违规操作的企业和个人，根据有关法律法规，严格追究其责任。

四、驻有关国家使（领）馆应加强对所在国（地区）海域作业中国渔业企业的监督指导。发生涉外事件后，要按照《我国渔船涉外渔业案件处理程序规定》（外领一函〔2000〕73号）的原则和程序，区分不同情况予以及时妥善处理。对违反规定擅自出境、悬挂方便旗（除我国和入渔国以外的第三国国旗）从事生产或因严重违反所在国法律引发的涉外事件，应尊重所在国司法程

序，在保证我渔民人身安全和人道主义待遇下，敦促所在国当局依法及时公正审理有关案件，争取对方尽快释放我渔民和船员。

五、各地渔业企业和渔民应提高法制观念，强化守法意识，合法从事远洋渔业生产。在境外从事渔业生产的企业应加强对派出船员的外事纪律、法律知识和安全生产教育，严格遵守入渔国和有关国际条约，尊重当地风俗习惯。在公海作业的渔船未经批准不得进入他国专属经济区水域作业。

农业农村部、工业和信息化部、公安部等关于加强涉渔船舶审批修造检验监管工作的意见

（2021 年 10 月 8 日发布，农渔发〔2021〕18 号）

各省、自治区、直辖市农业农村（农牧）、渔业、工业和信息化、公安、交通运输、海关、市场监管厅（局、委），各直属海事局，中国海警局各海区分局、直属局，沿海省、自治区、直辖市海警局，新疆生产建设兵团农业农村、工业和信息化、公安、交通运输、海关、市场监管局：

为深入贯彻党中央、国务院关于加强涉渔船舶综合管理有关决策部署，建立健全部门联动机制，现就加强涉渔船舶审批、修造、检验监管工作提出如下意见。

一、总体要求

（一）指导思想

以习近平新时代中国特色社会主义思想为指导，全面贯彻党的十九大和十九届二中、三中、四中、五中全会精神，认真落实党中央、国务院决策部署，立足新发展阶段，完整、准确、全面贯彻新发展理念，服务和融入新发展格局，紧紧抓住审批、修造、检验关键环节，聚焦痛点、难点、焦点问题，通过建机制、重监管、强保障，强化部门协同和上下联动，齐抓共管、综合施策、源头治理，全面提升涉渔船舶综合管理水平。

（二）基本原则

1. 强化源头管控。严格按照渔业法、治安管理处罚法、海警法、渔业船舶检验条例、渔港水域交通安全管理条例、无证无照经营查处办法等法律法规要求，聚焦船舶修造厂点和海洋大中型船舶监管，从源头上遏制涉渔“三无”船舶违法违规势头。

2. 加强协调联动。建立健全部门协调联动和倒查工作机制，加强行刑衔接，联合联动执法，强化涉渔船舶审批、修造、检验监管，形成部门合力。

3. 坚持惩治并举。综合运用严格制度、严密法治和信用惩戒等措施，加大对各类涉渔船舶违法违规行为的惩戒力度。对于遵纪守法、诚信经营、贡献突出的船舶修造企业，有关部门和地方人民政府可通过适当方式予以鼓励和表扬。

（三）工作目标

到 2025 年，涉渔船舶审批、修造、检验监管协调联动长效机制有效建立，相关法律法规和规章制度进一步完善，涉渔船舶审批、修造、检验监管工作规范高效，依法依规开展船舶修造和渔业生产经营活动的理念深入人心，良好的市场秩序和社会氛围基本形成，涉渔船舶综合管理水平明显提升。

二、健全工作机制

（四）健全工作机制。各级渔业渔政主管部门牵头建立涉渔船舶监管协调工作机制，工业和信息化、公安、海关、市场监管、海警部门和渔船检验主管部门作为成员单位。

在机制框架内每年开展会商，定期通报评估地方工作落实情况，讨论研究工作思路。建立涉渔船舶倒查机制，对查处的涉渔船舶溯源倒查修造企业和厂点。充分发挥打击海上违法犯罪等相关协调机制作用，健全部门信息共享机制，共同加强涉渔船舶监管工作。

（五）明确任务分工。工业和信息化部门负责加强船舶修造行业管理。公安部门负责对伪造、变造船舶户牌，涂改船舶发动机号码等违反治安管理行为依法查处，对涉嫌犯罪的依法严厉打击。渔船检验机构负责加强合法渔船检验工作。渔业渔政主管部门负责加强渔船审批、登记、报废管理及底拖网禁渔区线内侧渔政执法工作。海关等部门依据职责查处打击涉渔船舶走私活动。市场监管部门负责依法查处无照经营涉渔船舶修造厂点。海警部门负责底拖网禁渔区线外侧海域渔业执法工作，严厉打击涉渔船舶违法生产、越界（线）捕捞等违法违规活动和刑事犯罪活动。

三、落实监管责任

（六）加强渔船管理。各级渔业渔政主管部门要加强渔业船网工具指标审批、渔船登记、渔业捕捞许可管理，严格在渔业船网工具控制指标范围内开展审批，不得为未批先建或者未按审批核定内容制造、改造的船舶发放渔业船舶证书，严厉打击违法违规行为。加强渔船拆解报废监管，认真落实《海洋捕捞渔船拆解操作规程》及有关规定，规范渔船拆解活动，严禁报废渔船违规进入市场。

（七）规范渔船检验。各级渔船检验主管部门要切实加强渔船检验机构建设和监督，指导检验机构严格按照渔船检验相关法律法规和技术规范要求对合法渔船实施检验。各级渔船检验、渔业渔政、船舶工业主管部门要加强协同，推进渔船检验质量管理制度改革创新，切实提升渔船检验与修造质量水平。

（八）加强修造管理。各级工业和信息化部门要做好涉渔船舶修造企业统计，组织开展涉渔船舶修造企业摸底排查，深入调研辖区内船舶修造企业生产经营状况，建立涉渔船舶修造企业台账。要加强对涉渔船舶修造企业生产经营活动监管，指导涉渔船舶修造企业严格按照渔业船网工具指标批准书核定的内容制造、改造渔船。要加强涉渔船舶依法合规修造的宣贯培训，及时发现并制止违规行为，推动涉渔船舶修造行业规范健康发展。

（九）开展联合执法。在涉渔船舶监管协调工作机制框架内，渔业渔政主管部门联合各成员单位组织开展涉渔船舶监管专项联合执法行动，重点查处违法修造、无照经营、违法捕捞等违法违规行为和走私犯罪活动。发现违法违规行为的，由相关部门依据职责牵头调查处理。要加强部门协作和信息共享，综合运用行政、刑事处罚和信用联合惩戒等措施，加大对各类涉渔船舶违法违规行为的处罚力度。

（十）做好溯源倒查。各部门在侦办、查处涉渔船舶案件时，应当将船舶修造情况纳入调查范围，发现违法违规修造线索的，应当及时溯源倒查船舶修造厂点。其中，涉嫌无照经营的，由市场监管部门调查处理；涉嫌违法生产经营的，由工业和信息化部门会同相关部门调查处理；涉嫌未经审批、检验擅自建造、改造涉渔船舶的，由渔业渔政主管部门会同渔船检验主管部门调查处理；涉嫌其他违法违规情形的，由相关部门按职责调查处理；涉嫌违法犯罪的，移交公安部门调查处置。

四、强化工作保障

（十一）加强组织领导。要深刻认识涉

渔船舶监管工作的重要意义，牢固树立底线思维，增强责任意识，落实属地责任。要结合本地实际制定工作方案，明确任务分工，细化工作措施，强化跟踪指导和责任追究。要敢于动真碰硬，瞄准重点地区、重点对象开展专项整治，严厉打击违法违规活动。要畅通举报途径，接受社会监督。要加强部门间工作交流，及时总结先进经验，每年报送工作总结。同时，也要妥善维护渔民群众和企业合法权益，做好帮扶保障配套工作。

（十二）强化宣贯落实。要多渠道、多角度、全方位加强政策宣传，及时将涉渔船舶审批、修造、检验政策传递给涉渔船舶修造企业、渔民及相关社会组织。要综合运用正面宣传、警示教育等多种手段，及时推广典型经验做法，向社会传递正能量，营造良好的社会氛围。鼓励以发放政策图册、张贴明白纸、组织政策进厂进村进港等多种形式加强政策解读，及时回应群众关切，确保政策落实效果。

农业农村部

工业和信息化部

公安部

交通运输部

海关总署

市场监管总局

中国海警局

2021 年 10 月 8 日

交通部海事局、农业部渔业局、农业部渔业船舶检验局关于理顺从事国际鲜销水产品冷藏运输船管理关系的意见

（2004 年 12 月 21 日发布，国渔检（船）〔2004〕77 号）

我国是海洋大国，也是渔业大国。水产品鲜销运输是整个渔业生产不可或缺的一个组成部分，我国现有从事国际鲜销水产品冷藏运输船（以下简称鲜销船）170 多艘。年运销鲜活水产品 3 万多吨，贸易总额达 16 亿元人民币，出口创汇近 2 亿美元。鲜销渔业的健康稳步发展，对拓宽国际水产品市场和出口创汇，增加渔民收入，繁荣稳定渔区经济发挥了积极的作用。

近年来，农业部一直将鲜销船作为渔业辅助船舶实施船舶检验、船舶登记管理，并配备渔船船员。由于港口国监督的不断深入，日本、韩国等国家纷纷启动了对挂靠其港门的鲜销船按国际惯例作为运输船舶实施港口国监督检查，使这类船舶存在着被滞留的风险。一旦发生被滞留等情况，不仅给渔民、企业带来巨大经济损失，也将给国家形象带来不良影响。对此。交通部海事局与农业部渔业局、渔业船舶检验局进行了认真的研究。认为，为维护我国良好的国际形象，保护国家和公民的利益，依照现行法律法规的有关规定，有必要理顺鲜销船的管理关系，提高其安全生产管理水平，以逐步适应日本等国针对我国鲜销船实施港口国检查的要求。决定，将从事国际间航行鲜销船的船舶检验、船舶登记和船员考试发证从农业部门转由交通部门实施管理，并形成以下实施意见：

一、自本意见由双方共同签署后一个月内，农业部渔业局、渔业船舶检验局向交通部海事局提供一份需移交的鲜销船名单。

二、自 2005 年 7 月 1 日起，农业部渔业局、渔业船舶检验局停止签发鲜销船的渔业船舶登记证书、检验证书，各级渔政渔港监督、渔业船舶检验机构停止受理鲜销船的登记检验申请。

农业部渔业局、渔业船舶检验局自 2005 年 2 月 1 日至 2005 年 6 月 30 日期间对鲜销船签发的渔业船舶登记证书、检验证书，有效期不超过 12 个月。

农业部渔业局、渔业船舶检验局 2005 年 2 月 1 日以前对鲜销船签发的渔业船舶登记证书、检验证书，载明有效期不超过 2006 年 12 月 31 日的，继续有效至有效期届满；载明有效期超过 2006 年 12 月 31 日的，继续有效至 2006 年 12 月 31 日为止；期间需要年度检验的，仍由原发证机构实施。

三、自 2005 年 2 月 1 日起，中国船级社、海事系统各相关船舶登记机关开始受理鲜销船的船舶检验、船舶登记申请，并按规定实施检验并核发相应证书。

自 2005 年 2 月 1 日起，鲜销船在其检验证书、登记证书有效期届满 3 个月前，应向中国船级社、海事系统各相关船舶登记机关提交船舶检验、船舶登记申请。

四、在鲜销船服务的船员应于2005年3月31日前向海事系统船员考试发证机构申请办理船员职务适任证书。

海事系统船员考试发证机构根据各省渔政渔港监督机构提供的鲜销船船员明细单和有效渔船船员职务适任证书以及本人申请，于2005年6月30日前换发仅适用于在鲜销船服务的有效期不超过24个月的临时性船员职务适任证书。

海事系统船员考试发证机构在上述临时证书有效期内完成对该船员的培训考试。经考试合格的，签发仅适用于在鲜销船服务的船员职务适任证书。

五、渔政渔港监督、渔业船舶检验机构对鲜销船的日常监督管理至2005年6月30日止。2005年6月30日前已取得海事管理机构核发的船舶登记证书的鲜销船自取得证书之日起，其他鲜销船自2005年7月1日起，由各级海事管理机构负责日常监督管理。2005年7月1日以后继续持渔业船舶登记证书、检验证书营运的鲜销船，其技术管理仍由发证机构负责至有效期届满。

对鲜销船船员的日常监督管理自其取得海事管理机构核发的船员职务适任证书之日起转由各海事管理机构负责。

2005年6月30日前，由渔政渔港监督、渔业船舶检验机构负责日常监督管理的鲜销船，仍按现有通行做法向海事管理机构申请办理进出口岸手续。2005年7月1日以后，按照前述交接安排仍可持有渔业船舶登记证书、检验证书的鲜销船，据交通部海事局发布的名单及期限，配备由海事管理机构核发职务适任证书的船员，由各海事管理机构办理进出口岸手续。

六、为做好鲜销船管理业务的交接工作，交通部海事局和农业部渔业局、渔业船舶检验局共同成立鲜销船管理业务交接工作组，协调配合，分批次做好交接工作。在保障水上人命安全、维护国家利益的前提下，在充分考虑鲜销船及现有船员技术水平及管理现状的基础上，由交通部海事局制定适合鲜销船的检验技术标准和相关船员培训考试发证标准并执行。

七、本意见未尽事宜，交通部海事局和农业部渔业局、渔业船舶检验局本着友好协商的精神，从维护大局出发，共同研究解决。

农业部、交通部关于水上交通安全管理分工问题的通知

（1989年8月7日发布，〔1989〕农（渔政）字第19号）

各省、自治区、直辖市及计划单列市交通、水产主管厅（局），交通系统各港务监督、港航监督、船舶检验部门，水产系统各渔港监督、船舶检验部门：为了理顺部门之间的业务交叉，明确各部门的职责分工，交通部和农业部就港航监督、船舶检验等水上交通安全管理问题进行了协商，并就其分工达成一致意见，规定如下：

一、关于渔业船舶的安全监督管理

1. 凡在国内（包括内陆水域和海洋）航行、作业的渔业船舶，其船舶登记、检验、船员考试等安全监督管理工作由渔港监督、渔船检验部门负责。

2. 渔业船舶从事营业性运输生产，须按《中华人民共和国水路运输管理条例》的规定办理运输许可证。

长期从事营业性运输的渔业船舶，改变了为渔业生产服务的性质，应经其经营单位上级主管部门批准并向渔港监督部门申请办理船舶注销登记手续，交回有关证书后，改由交通部门负责其船舶登记、检验、船员考试等水上交通安全管理工作。

渔业船舶临时从事营业性运输（系指该船既从事渔业生产或为渔业生产服务，空闲时也从事营业性运输）时，除本通知另有规定外，持渔港监督、渔船检验部门签发的船舶登记、检验、船员职务等证书向交通部门申请办理运输许可证。

3. 远洋渔业船舶，其船舶国籍证书、船员职务证书由渔港监督机构签发，船员的海员证按国家规定由渔业行政主管部门负责政审，由交通部门的港务监督机构审核签发。

远洋渔业船舶的监督检验，属于渔业捕捞船舶、渔政船、渔业指导船、科研调查船、实习船由农业部渔船检验局负责，其他渔业船舶由交通部船舶检验局负责。

4. 外国渔船进入我国渔港，或者需要联检的我国远洋渔业船舶，按国务院规定，由交通部门的港务监督机构及其他联检机构实施船舶进出口联合检查，并按国家有关规定进行管理，其他管理和接待工作由渔港监督机构和水产部门负责。

二、关于港口水上交通安全秩序的管理

1. 纯商港由交通部港务监督部门负责管理。

2. 纯渔港由渔港监督部门负责管理。

3. 以商为主的港口，由交通部港务监督部门负责管理；其中渔业专用的码头、水域、渔船专用锚地和渔业船舶进出口签证工作由渔港监督部门负责管理。

4. 以渔为主的港口，由渔港监督部门负责管理；其中交通专用的码头、水域、锚地和商船进出口签证工作由交通港务监督部门负责管理。

5. 对渔港认定有不同意见的，依照港口隶属关系，由县级以上人民政府确定。

三、请各地交通、渔业主管部门的船舶检验和港口监督机构遵照上述分工贯彻执行。今后交通和渔业主管部门按照分工所签发的船舶和船员的有关证书证件要相互认可。工作中应互相支持、分工协作，共同努力把水上交通安全管理工作搞好。

港澳流动渔船管理规定

（2004年9月10日发布，农渔发〔2004〕19号）

第一章　总　　则

第一条　为加强对港澳流动渔船进入香港水域和澳门原有的习惯水域管理范围（下称港澳水域）以外的我国管辖海域的渔业生产管理，养护和合理利用渔业资源，控制捕捞强度，维护渔业生产秩序，保障港澳流动渔民的合法权益，根据《中华人民共和国渔业法》等有关法律、法规，制定本规定。

第二条　本规定所称的港澳流动渔船（以下称流动渔船）是指持有香港特别行政区或澳门特别行政区船籍，并在广东省渔政渔港监督管理机构备案的渔船。

第三条　流动渔船进入港澳水域以外的我国管辖海域从事渔业生产活动，应遵守国家和地方有关法律、法规及本规定。

第四条　国家对流动渔船实行船网工具控制指标管理和捕捞许可证制度。

第五条　农业部主管流动渔船在港澳水域以外的我国管辖海域的渔业生产管理工作。

农业部港澳流动渔民工作协调小组按规定协调有关部门涉及的港澳流动渔船管理工作。

地方各级渔业行政主管部门及其渔政渔港监督管理机构负责本行政区域内流动渔船的渔业生产管理工作。

各级港澳事务部门、港澳流动渔民工作办公室（协会），依照职责负责涉及流动渔船管理的相关工作。

各级公安边防部门负责港澳流动渔船民的边防治安管理工作。

第二章　作业场所安排

第六条　流动渔船在港澳水域以外的我国管辖水域的作业场所为除北部湾以外的南海海域，不得跨南海区界限到东海、黄海、渤海作业。

第七条　流动渔船到南沙、黄岩岛等B类渔区作业的船数规模，由农业部在总作业船数规模内统筹安排。

第八条　流动渔船到海南省毗邻的C3类渔区（不含北部湾）作业的船数规模，由农业部南海区渔政渔港监督管理局根据资源状况、流动渔船传统作业习惯和特点等，商海南省人民政府渔业行政主管部门后统筹安排，并报农业部备案。

第三章　船网工具指标管理

第九条　制造、更新改造、购置流动渔船，必须按《渔业捕捞许可管理规定》申请渔船船网工具指标，农业部和广东省人民政府渔业行政主管部门批准的流动渔船数量、功率不得超过国家下达的流动渔船船网工具控制指标。

淘汰旧港澳流动渔船和流动渔船灭失后申请港澳流动渔船船网工具指标时，应提供有效的渔船报废或灭失证明。

第十条　制造、更新改造、购置流动渔船的船网工具指标申请获得批准后，申请人应持批准件和广东省流动渔民工作办公室（协会）批准入会（户）的《广东省港澳流动渔民入会（户）申请表》到当地渔政渔港监督管理机构备案，编定船名号。

第十一条 流动渔船报废、灭失或转为非捕捞业后，其船网工具指标按《渔业捕捞许可管理规定》管理，不得擅自出售、出租或以其他形式转让到内地。

第四章 渔业捕捞许可证管理

第十二条 流动渔船进入港澳水域以外的我国管辖海域从事渔业捕捞活动，需经有权审批的渔业行政主管部门批准，依法取得渔业捕捞许可证后，根据规定的作业类型、场所、时限、渔具规格和数量及捕捞限额作业。

第十三条 下列流动渔船的渔业捕捞许可证，向广东省渔业行政主管部门提出申请，提供《渔业捕捞许可管理规定》规定的有关材料。广东省渔业行政主管部门应当自受理申请之日起 20 个工作日内完成审核，报农业部批准：

（一）海洋大型捕捞渔船；

（二）到南沙、黄岩岛海域等 B 类渔区作业的渔船。

农业部应当自接到广东省渔业行政主管部门报送的材料之日起 20 个工作日内作出决定。准予行政许可的，应当自作出决定之日起 10 日内向申请人送达《渔业捕捞许可证》；不予行政许可的，应当依法作出不予行政许可的书面决定，说明理由，告知申请人享有依法申请行政复议或者提起行政诉讼的权利，并应当自作出决定之日起 10 日内送达申请人。

第十四条 到广东省毗邻的 A 类渔区、C3 类（不含北部湾）作业的海洋中、小型流动渔船的渔业捕捞许可证，由广东省渔业行政主管部门按规定审批发放。

到海南省毗邻的 A 类、C3 类渔区（不含北部湾）作业的海洋中、小型流动渔船，还应按规定向海南省渔业行政主管部门申请临时渔业捕捞许可证。

第十五条 流动渔船渔业捕捞许可证审批、发放情况，应抄送农业部港澳流动渔民工作协调小组办公室、拟进入作业海域所属省级渔业行政主管部门、广东省港澳流动渔民工作办公室备案。

第五章 安全监督和边防治安管理

第十六条 地方各级渔业行政主管部门及其所属渔政渔港监督管理机构负责流动渔船的安全监督管理，并加强对流动渔船的安全生产技术监督，开展培训教育，提高安全生产技能。

第十七条 流动渔船应具备安全航行和作业的技术条件。具体技术规范由农业部港澳流动渔民工作协调小组办公室会广东省渔业行政主管部门、广东省港澳流动渔民工作办公室商香港特别行政区政府和澳门特别行政区政府有关主管部门制定。

第十八条 流动渔船进出香港或澳门以外的我国渔港，必须向当地渔政渔港监督管理机构报告，按规定接受检查。

第十九条 流动渔船应按照广东省指定的港口入户和停泊，船舶和人员应持有公安边防部门签发的《出海船舶户口簿》和《出海船民证》等证件，并接受公安边防部门的出入港查验和管理。

第二十条 流动渔船可以就近进入广东省以外沿海港口避风、维修或补给，但不得装卸货物。船员需上岸时，须经当地公安边防部门批准。

第六章 附　　则

第二十一条 流动渔船在港澳水域以外的我国管辖海域违法从事渔业生产活动的，按照有关法律、法规承担相应的法律责任。

第二十二条 流动渔船应按规定缴纳渔业资源增殖保护费、渔港费收等。

第二十三条 本规定所涉及的广东、广西、海南等省（区）作业渔场管理界线，按国家有关规定执行。

第二十四条 流动渔船船网工具指标和捕捞许可证管理，本规定未作规定的，按《渔业捕捞许可管理规定》的有关规定执行。

第二十五条 本规定颁布之前由渔业行政主管部门作出的有关规定，与本规定不符的，以本规定为准。

第二十六条 本规定自 2004 年 10 月 1 日起施行。

“三无”船舶联合认定办法

（2021年10月11日发布）

第一条 为切实维护我国水域正常管理秩序，准确认定船舶性质，严厉查处、打击利用“三无”船舶实施走私、非法运输、非法捕捞、非法采砂、偷渡等各类水上违法犯罪活动，根据《中华人民共和国渔业法》和《中华人民共和国内河交通安全管理条例》等法律法规，制定本办法。

第二条 本办法所称“三无”船舶，是指具有无船名船号、无船舶证书、无船籍港等情形，在水上航行、停泊、作业的各类机动、非机动船舶以及其他按照船舶管理的水上移动或漂浮设施、装置。

前款所称的船舶证书，是指船舶检验证书和船舶登记证书以及从事相关活动的船舶依法应当持有的其他证书证件。

第三条 各地方人民政府及相关部门需要进行“三无”船舶联合认定的，适用本办法。

第四条 县级以上（含县级，下同）地方人民政府负责组织、协调本辖区内“三无”船舶联合认定工作。

第五条 相关部门申请开展“三无”船舶联合认定的，由县级以上地方人民政府成立联合认定小组，对船舶进行资料审核、船舶勘验和数据比对，经过集体讨论后形成勘验报告，出具联合认定意见，为依法处置船舶提供依据。

第六条 联合认定小组成员由海事管理机构、渔业渔政管理机构以及船舶检验机构等相关单位组成，必要时可吸收公安、港航、海警、海关以及乡（镇）人民政府等有关单位参加。成员单位应当按照职责分工，密切配合，共同做好认定工作。

第七条 相关部门需要开展“三无”船舶联合认定的，应当向所在地县级以上地方人民政府提供相关材料，并做好船舶扣押、保管、勘验准备和相关保障工作。

地方人民政府可以对待认定的船舶实行统一定点保管。

第八条 联合认定小组应当自收到相关材料之日起30日内完成认定工作，并由地方人民政府将认定意见反馈相关单位。案情复杂、认定困难的，可以延长至45日。

第九条 具有以下情形之一的，可以认定为“三无”船舶：

（一）船舶未依法取得船名船号、船舶证书和船籍港的；

（二）所有船舶证书均已被注销、撤销、撤回、吊销或者有效期届满未依法延续的；

（三）船舶所有权登记已注销，且注销原因为船舶灭失、失踪、沉没、拆解、销毁或自行终止生产的；

（四）船舶系未经审批或者未经建造检验擅自非法建造的；

（五）伪造、变造、套用其他船舶的船名船号、船舶证书、船籍港的；

（六）船舶主尺度、船体结构、重要机电设备等与船舶证书记载严重不符的；

（七）其他依法可以认定为“三无”船舶的情形。

第十条 认定过程中发现当事船舶所持证书依法应当注销、撤销、撤回或者吊销的，地方人民政府应当通知发证机关及时处理。

第十一条 联合认定小组依据本办法出具的联合认定意见，可以作为依法处置相关船舶的依据。

第十二条 各省（自治区、直辖市）人民政府可以根据本办法制订本辖区内“三无”船舶联合认定的具体实施办法。

第十三条 本办法自印发之日起施行。

农业农村部关于施行渔船进出渔港报告制度的通告

（2019 年 1 月 21 日发布，农业农村部通告〔2019〕2 号）

为加强渔船进出渔港管理，落实安全生产主体责任，便利渔船进出渔港，加强捕捞渔获物监管，依据《中华人民共和国渔业法》《中华人民共和国海上交通安全法》《中华人民共和国渔港水域交通安全管理条例》等相关法律法规和《国务院关于取消一批行政许可等事项的决定》（国发〔2018〕28 号）文件精神，我部决定施行渔船进出渔港报告制度。现通告如下。

一、适用范围

进出我国渔港的大中型（船长 12 米及以上）海洋渔业船舶（以下简称“渔船”）应当遵守本通告。

二、管理主体

各级渔业行政主管部门及其渔政渔港监督管理机构（以下简称“管理部门”）负责渔船进出渔港报告的监督管理。

三、报告责任

船长为渔船进出港报告第一责任人，应当在渔船进出渔港前向拟进出渔港的管理部门报告，并对报告的真实性负责。

四、报告程序

渔船进出港报告应通过进出渔港报告系统（以下简称“系统”）进行，2019 年 3 月 1 日起可在中国渔政管理指挥系统平台下载系统软件并试运行。用户登录后填报基础信息，基础信息发生变化的应及时更新。

出港报告内容包括：拟出港时间、配员情况、安全通导、救生、消防等安全装备配备情况、携带网具情况等。

进港报告内容包括：拟进渔港、拟进港时间、配员情况、渔获品种和数量等。

渔船提交进出港报告信息后，将收到系统校验的反馈信息。未收到反馈信息的，应主动联系管理部门获取。系统校验不合格的，应及时整改。

渔船因天气或应急等特殊原因不能按照规定程序报告的，应当在进出港后 24 小时内补办报告手续。

五、管理要求

为加强渔船安全生产管理，对未报告、系统校验不合格进出港的渔船，管理部门应实行重点监控检查。对报告虚假信息或拒不整改的渔船，管理部门应依据相关法律法规对其进行处罚。

六、设备要求

渔船应当始终保持船载通导终端设备处于正常工作状态，不得故意屏蔽、关闭、损毁，确保渔船能够准确定位。因设备故障或其他原因导致无法定位的，视为不符合安全适航条件，应当立即向管理部门报告。

七、其他事项

进出港的非渔业船舶应参照本制度向渔港所在地管理部门报告。

内陆和船长 12 米以下海洋渔业船舶进出渔港的报告制度可由各省（自治区、直辖市）渔业行政主管部门根据本地实际另行规定。

本制度自 2019 年 8 月 1 日施行。

农业农村部

2019 年 1 月 21 日

海洋渔业船员违法违规记分办法

（2022 年 3 月 30 日发布，农渔发〔2022〕10 号）

第一章　总　　则

第一条　为增强渔业船员遵守法律意识，减少人为因素对渔业安全生产的影响，保障渔业船舶水上航行作业安全，防治渔业船舶污染水域环境，维护渔业生产秩序，根据《中华人民共和国船员条例》《中华人民共和国渔业船员管理办法》等法规和规章，制定本办法。

第二条　本办法适用于对渔业船员违反渔业船舶海上航行作业安全、防治渔业船舶污染海洋环境等法律、法规和规章的行为实行累计记分（以下简称“渔业船员违法违规记分”）。

本办法所称渔业船员，是指在海洋渔业船舶上工作，且持有海洋渔业船员证书的职务船员和普通船员。

对未持有船长证书，但实际担任船长、履行船长职责的当事船员，按照船长扣分标准进行扣分。

第三条　农业农村部渔业渔政管理局负责全国渔业船员违法违规记分管理工作。

县级以上地方人民政府渔业渔政主管部门负责辖区内的渔业船员违法违规记分管理工作，渔业行政执法机构（包括集中行使行政处罚权的农业综合行政执法机构，以下简称“渔政执法机构”）负责具体实施渔业船员违法违规记分工作。

第二章　记分周期和分值

第四条　渔业船员累计记分周期（以下简称“记分周期”）为一个公历年，满分 12 分，自每年 1 月 1 日始至 12 月 31 日止。

首次获得渔业船员证书当年的记分周期为自船员证书签发之日始至当年 12 月 31 日止。

第五条　根据渔业船员违法违规行为的严重程度，一次记分的分值为：12 分、6 分、3 分、2 分、1 分五种。

渔业船员违法违规记分分值标准见本办法附件。

第三章　记分实施和处理

第六条　渔业船员违法违规记分在作出行政处罚决定时同步执行。

第七条　渔业船员一次有两种及以上违法违规行为的，应当分别计算，累加记分分值。

对渔业船员在一个生产航次中有多次同一违法违规行为的，不得给予两次及以上记分。

对存在共同违法违规行为的渔业船员，应当分别实施记分。

第八条　行政处罚决定依法定程序被变更或撤销的，相应记分分值应予以变更或撤销。

第九条　渔业船员在一个记分周期期满后，累计记分未达到 12 分，且所处行政处罚均已履行完毕的，下一记分周期从零开始起算。

一个记分周期内累计记分未达到 12 分，但尚有行政处罚未履行完毕的，相应记分分值转入下一记分周期。

第十条 渔业船员在一个记分周期内累计记分达到12分的，最后实施记分的渔政执法机构应当扣留其渔业船员证书。

被扣留渔业船员证书的船员，应当自被扣证之日起6个月内，向最后实施记分的渔政执法机构或原证书签发机构申请参加渔业船舶水上航行作业安全、防治渔业船舶污染等有关法律、法规培训，并参加相应考试。考试合格的，渔政执法机构发还其渔业船员证书，记分分值重新起算；考试不合格的，自主学习10个工作日后可以重新考试。

累计记分达到12分后至消除前的时间，不计入渔业船员的有效服务资历。

第十一条 渔业船员在一个记分周期内有两次及以上达到12分或者连续两个记分周期均达到12分的，除按第十条处理外，在此周期的渔业船员服务资历不得作为申请渔业船员证书考试、考核的有效服务资历。

第十二条 渔业船员违法违规记分及处理情况应当录入全国渔业船员违法违规记分系统，渔业船员和管理部门可以查询。

第十三条 渔业船员对违法违规记分有异议的，可向作出记分决定的渔政执法机构提出复核。渔政执法机构应当在10个工作日内将复核结果告知渔业船员。

第四章　监督管理

第十四条 最后实施记分的渔政执法机构或原证书签发机构收到被扣留证书渔业船员的学习申请后，应当在15个工作日内组织培训、考试。

依据本办法第十一条所列情形，被扣留证书的渔业船员还应当参加相应等级职级规定的专业技能培训和考试。

第十五条 渔业普通船员申请渔业职务船员证书或者渔业职务船员申请晋升等级职级时，如所持有的渔业船员证书在有效期内累加记分达到12分且未处理的，渔业船员证书签发机构不予受理。渔业船员须按照本办法第十四条规定参加培训，且经考试合格后，渔业船员证书签发机构方予受理。

第十六条 证书有效期满，渔业船员申请证书换发时，自申请之日起至前一个记分周期没有违法违规记分记录，且在证书有效期内累计记分未达到12分的，渔业船员证书签发机构可以根据本地实际简化或免除相关考核。

第十七条 渔业船员在一个记分周期内累计记分达到12分，且无正当理由逾期6个月不申请本办法第十四条规定的培训和考试，其渔业船员证书将被公告失效。

继续在渔业船舶工作的，渔业职务船员可以申请低一等级或低一职务的渔业船员证书，或者重新申请参加原等级、原职级渔业船员证书的培训和考试。

第五章　附　　则

第十八条 内陆渔业船员违法违规记分的管理，各省级渔业渔政主管部门可参照本办法制定。

第十九条 各省级渔业渔政主管部门，可根据本地实际制定实施细则，报农业农村部备案。

第二十条 本办法自2022年6月1日起施行。

附件：海洋渔业船员违法违规记分分值标准

附件　海洋渔业船员违法违规记分分值标准

类别	行为名称	代码	对象	分值	法律依据
证书管理类	伪造、变造、买卖或涂改渔业船员证书的	1101	当事船员	12	《中华人民共和国渔业船员管理办法》第十六条、第四十一条《中华人民共和国渔业港航监督行政处罚规定》第二十五条
	未确保渔业船舶和船员携带符合法定要求的证书、文书及有关航行资料的	1102	船长	2	《中华人民共和国渔业船员管理办法》第二十三条第（一）项、第四十四条
	渔业船员在船工作期间未携带有效的渔业船员证书的	1103	当事船员	1	《中华人民共和国渔业船员管理办法》第二十一条第（一）项、第四十二条
	未按要求如实填写航海日志、轮机日志等有关渔业船舶法定文书的	1104	值班船员	1	《中华人民共和国渔业船员管理办法》第二十二条第（三）项、第四十三条
港航管理类	不执行渔政渔港监督管理机关作出的离港、禁止离港、停航、改航、停止作业等决定的	1201	船长	12	《中华人民共和国渔港水域交通安全管理条例》第二十三条
	利用渔业船舶私载、超载人员和货物，或携带违禁物品的	1202	当事船员	6	《中华人民共和国渔业船员管理办法》第二十一条第（八）项、第四十三条
	渔业船舶超过核定航区航行或超过抗风等级出航的	1203	船长、值班驾驶员	6	《中华人民共和国渔业港航监督行政处罚规定》第二十三条第（三）项
	渔业船舶和船员在开航时未处于适航、适任状态	1204	船长	3	《中华人民共和国渔业船员管理办法》第二十三条第（二）项、第四十四条
	未经有关机构批准或未按批准文件的规定，在渔港内装卸易燃、易爆、有毒等危险货物的	1205	当事船员	3	《中华人民共和国渔业港航监督行政处罚规定》第十条（一）项
	未按规定开启和使用安全通导设备的	1206	船长	3	《中华人民共和国渔业船员管理办法》第二十三条第（四）项、第四十四条
	渔业船舶进出渔港依照规定应当报告而未报告的	1207	船长	3	《中华人民共和国渔港水域交通安全管理条例》第二十条
	未按照有关船舶避碰规则以及航行、作业环境要求保持值班瞭望的	1208	值班船员	3	《中华人民共和国渔业船员管理办法》第二十二条第（二）项、第四十三条
	不服从对渔港水域交通安全和渔业生产秩序管理的	1209	船长	3	《中华人民共和国渔业船员管理办法》第二十三条第（三）项、第四十四条
	未按规定标写船名、船号、船籍港，没有悬挂船名牌的	1210	船长	3	《中华人民共和国渔业港航监督行政处罚规定》第二十条第（一）项
	未经允许，擅自刷写船名、船号、船籍港的	1211	船长	3	《中华人民共和国渔业港航监督行政处罚规定》第十六条第（一）项

（续）

类别	行为名称	代码	对象	分值	法律依据
港航管理类	未经允许，擅自编制、使用无线电台识别码的	1212	当事船员	3	《中华人民共和国无线电管理条例》第七十二条第（三）项
	在渔港内未经批准进行明火作业的	1213	当事船员	2	《中华人民共和国渔业港航监督行政处罚规定》第十三条第（一）项
	在渔港内未经批准燃放烟花爆竹的	1214	当事船员	2	《中华人民共和国渔业港航监督行政处罚规定》第十三条第（二）项
	危害渔业航标或破坏渔业航标辅助设施的	1215	当事船员	2	《中华人民共和国航标条例》第十五条、第十六条、第二十二条《渔业航标管理办法》第二十三条、第二十四条
	渔业船舶在港停泊期间，未留足值班人员值班的	1216	船长	1	《中华人民共和国渔业港航监督行政处罚规定》第九条第（三）项
	不服从船长或上级职务船员在其职权范围内发布的命令的	1217	当事船员	1	《中华人民共和国渔业船员管理办法》第二十一条第（四）项、第四十二条
应急处置类	船长在弃船或者撤离船舶时未最后离船的	1301	船长	12	《中华人民共和国渔业船员管理办法》第二十三条第（九）项、第四十四条
	渔业船舶发生碰撞事故，接到守候现场或到指定地点接受调查的指令后，擅离现场或拒不到指定地点的	1302	船长	12	《中华人民共和国渔业港航监督行政处罚规定》第三十二条第（二）项
	事故发生后，拒绝接受事故调查或在接受调查时故意隐瞒事实、提供虚假证词或证明的	1303	当事船员	12	《中华人民共和国渔业港航监督行政处罚规定》第三十一条
	在不危及自身安全的情况下，不提供救助或不服从救助指挥的	1304	船长	6	《中华人民共和国渔业港航监督行政处罚规定》第三十二条第（一）项
	渔业船舶发生水上安全交通事故、涉外事件、公海登临和港口国检查时，未按规定报告的	1305	船长	6	《中华人民共和国渔业船员管理办法》第二十三条第（七）项、第四十四条
	未及时报告险情或影响船舶航行作业安全情况的	1306	当事船员	3	《中华人民共和国渔业船员管理办法》第二十一条第（六）项、第四十三条
	在非紧急情况下，滥用船舶遇险求救信号的	1307	当事船员	2	《中华人民共和国渔业港航监督行政处罚规定》第二十条第（二）项
	发生水上交通事故后，未按规定时间向渔政渔港监督管理机关提交《海事报告书》，或《海事报告书》内容不真实的	1308	船长	2	《中华人民共和国渔业港航监督行政处罚规定》第三十三条
	无正当理由拒绝参加渔业船舶应急训练、演习和落实应急预防措施	1309	当事船员	2	《中华人民共和国渔业船员管理办法》第二十一条第（五）项、第四十二条

（续）

类别	行为名称	代码	对象	分值	法律依据
污染防治类	渔业船舶发生海洋污染事故，未及时采取有效处置措施的	1401	船长	6	《防治船舶污染海洋环境管理条例》第三十六条、第七十四条 《中华人民共和国渔业船员管理办法》第二十三条第（三）项、第四十四条
	发生渔业船舶污染事故，瞒报或谎报事故的	1402	当事船员	6	《防治船舶污染海洋环境管理条例》第六十八条、第七十四条
	渔业船舶超过标准向海域排放污染物的	1403	当事船员	3	《中华人民共和国渔业船员管理办法》第二十一条第（二）项、第四十三条
	向渔港港池内倾倒污染物、船舶垃圾及其他有害物质的	1404	当事船员	3	《中华人民共和国渔业港航监督行政处罚规定》第十四条
	未按规定持有防止海洋环境污染的证书与文书的	1405	船长	2	《中华人民共和国渔业港航监督行政处罚规定》第十二条第（二）项

农业农村部关于做好渔业职务船员考试考核有关工作的通知

（2022 年 3 月 18 日发布，农渔发〔2022〕8 号）

各省、自治区、直辖市农业农村（农牧）、渔业厅（局、委），新疆生产建设兵团农业农村局：

经国务院同意，人力资源社会保障部印发《关于降低或取消部分准入类职业资格考试工作年限要求有关事项的通知》（人社部发〔2022〕8 号，以下简称《通知》），对渔业职务船员证书考试考核资历条件进行了调整（详见附件）。为切实做好《通知》的贯彻实施，确保渔业职务船员等级职级晋升考试考核工作有序开展，现就有关事项通知如下。

一、根据《通知》要求，我部将对《中华人民共和国渔业船员管理办法》（以下简称《办法》）进行修订，进一步优化完善渔业职务船员证书考试考核资历条件。《办法》修订出台前，渔业职务船员证书考试考核资历条件按《通知》精神执行，其他渔业职务船员等级职级晋升有关要求不变。

二、渔业船员符合调整后报考条件之日起的 2022 年在船工作经历，通过考试考核后，可作为新任职务的服务资历。

三、各级渔业渔政主管部门要提高政治站位，切实做好渔业职务船员证书考试考核申请资历条件调整相关工作，加大对所在地区培训机构和渔业船员的宣传力度，强化政策衔接和舆论引导，加强事前事后全链条全领域监管，确保政策落实落地。

有关执行情况，请及时报我部渔业渔政管理局。

联系人：农业农村部渔业渔政管理局 崔彤彤

联系电话：010-59192982

附件：渔业职务船员证书申请资历条件调整方案

农业农村部

2022 年 3 月 18 日

附件　渔业职务船员证书申请资历条件调整方案

职业资格名称	现报考条件	调整后报考条件
渔业船员	一、申请海洋渔业职务船员证书考试资历条件 （一）初次申请：申请助理船副、助理管轮、机驾长、电机员、无线电操作员职务船员证书的，应当担任渔捞员、水手、机舱加油工或电工实际工作满 24 个月。 （二）申请证书等级职级提高：持有下一级相应职务船员证书，并实际担任该职务满 24 个月。	一、申请海洋渔业职务船员证书考试资历条件 （一）初次申请：申请助理船副、助理管轮、机驾长、电机员、无线电操作员职务船员证书的，应当担任渔捞员、水手、机舱加油工或电工实际工作满 12 个月。 （二）申请证书等级职级提高：持有下一级相应职务船员证书，并实际担任该职务满 12 个月。
	二、申请海洋渔业职务船员证书考核资历条件 （一）专业院校学生：在渔业船舶上见习期满 12 个月。 （二）曾在军用船舶、交通运输船舶任职的船员：在最近 24 个月内在相应船舶上工作满 6 个月。	二、申请海洋渔业职务船员证书考核资历条件 （一）专业院校学生：在渔业船舶上见习期满 3 个月。在校学习期间在船实习 3 个月及以上的，可免除在渔业船舶上的见习时限要求。 （二）曾在军用船舶、交通运输船舶任职的船员：在最近 12 个月内在相应船舶上工作满 3 个月。
	三、申请内陆渔业职务船员证书资历条件 （一）初次申请：在相应渔业船舶担任普通船员实际工作满 24 个月。 （二）申请证书等级职级提高：持有下一级相应职务船员证书，并实际担任该职务满 24 个月。	三、申请内陆渔业职务船员证书资历条件 （一）初次申请：在相应渔业船舶担任普通船员实际工作满 12 个月。 （二）申请证书等级职级提高：持有下一级相应职务船员证书，并实际担任该职务满 12 个月。

渔业船舶航行值班准则（试行）

（1999年11月8日发布，农渔发〔1999〕10号）

第一条 为保证渔业船舶航行作业的安全，规范渔业船舶值班标准，保护海洋环境，根据《中华人民共和国海上交通安全法》《中华人民共和国海洋环境保护法》和《中华人民共和国渔港水域交通安全管理条例》制定本准则。

第二条 渔业船舶所有人应根据本准则，并结合所属船舶的具体情况做到：

1. 渔船所有值班人员都必须根据国家有关规定持有相应证书；

2. 编制船舶的航行值班规则，并报所在地渔港监督机关批准；

3. 值班规则应悬挂在船舶驾驶室、轮机舱和无线电通信室内，并确保船长和相应的值班人员遵守；

4. 保证船长能组织和领导船上的一切工作，船长和其他所有船员都必须按国家有关规定进行培训、考试，并持有相应证书；

5. 船上安装的通信和助航仪器以及保障船舶安全航行的任何设备都必须处于正常的使用状态。

第三条 船长应当保证：

1. 所有值班人员必须由持有相应适任证书的职务船员担任；

2. 除航行值班人员外其他人员不得随意进入驾驶室；

3. 所有值班人员上岗前必须经过充分休息，不能因值班人员疲劳而影响航行安全；

4. 在航行期间值班人员不得饮酒；

5. 不得安排正在值班的值班人员从事与值班无关的事项。

第四条 船长和值班人员应有良好的职业道德，遇有海难事故时，在不危及本船安全的情况下，应全力进行救助。

第五条 船长和值班人员应遵守国际、国内有关法律、法规、规章和当地港口港章的有关规定。并应采取一切可能的预防措施，防止污染海洋。

第六条 值班驾驶员、轮机员和无线电报（话）务员必须按要求，及时和如实记录航海日志、渔捞日志、轮机日志。航海日志、渔捞日志和轮机日志记载的内容必须与船舶实际动态相符。

第七条 本准则适用于24米及以上渔业船舶。24米以下渔业船舶可由省级渔港监督机关参照本准则和其作业范围及作业特点制定，报中华人民共和国渔政渔港监督管理局备案。

第八条 航行值班要求：

1. 渔船离港前，船长应主持研究本航次与航行有关的航海资料、制定安全可靠的航行计划。航行中应尽可能实施预定的航行计划；

2. 渔船航行和作业时，只有船长或值班驾驶员才有权下达舵令；操舵员接到命令后要复诵舵令，执行完舵令后要报告；值班驾驶员接到报告后要回答。命令、复诵、报告和回答要清楚响亮；

3. 在任何时候，驾驶室内必须有人值班，并在整个值班时间内保持正规瞭望；在夜间航行时驾驶台和有碍值班人员瞭望的灯光要进行管制；

4. 正规瞭望应包括下列内容：

（1）利用视觉、听觉和其他一切有效手段，持续地保持警惕状态，细心观察周围情况、海面漂浮物、周围环境、包括附近陆标和船舶动态等；

（2）密切观测周围船舶相对方位的变化和动态；

（3）正确辨别各种船舶灯光信号，核实浮标编号、灯标性质与岸灯等；

（4）观察天气变化、风情、波浪，特别是能见度的变化等；

（5）及时观察雷达，正确利用雷达进行导航、避让；

（6）正确使用海图，了解周围海面是否有危及航行安全的危险存在。

5. 在值班期间，应充分使用一切可用的助航仪器、陆标和各种定位方法确定船位；

6. 及时修正风、流压差，进行航迹推算，对船舶的舶位、航向和速度，要根据当时的海上情况选择适当时间间隔（最长不应超过 1 小时）进行核对，以确保船舶沿着计划航线航行；

使用船上自动操舵装置时，核对船位的时间间隔要适当缩短；

7. 负责值班的驾驶员应充分了解船上所有安全和航行设备的放置地点和操作方法，了解舵和螺旋桨的控制性能及船舶操纵特性等，并应了解他们在使用时应注意的问题；

8. 在值班时，要严格遵守《1972 年国际海上避碰规则》，保持正规的瞭望，充分估计局面（如：碰撞、搁浅或其他航行危险），处理好避让关系；

9. 值班人员在进行海图作业、观察雷达和记录航海日志时，必须先认真扫视周围海面，确信在此期间没有航行危险迫近时，方可进行上述工作。在进行上述工作时，应当在尽可能短的时间内完成；

10. 船舶进出港口、靠离码头、航经狭水道、船舶密集区、冰区、能见度不良或临近航行障碍物时，船长应在驾驶台亲自指挥，并可派专人到驾驶台协助瞭望；若值班驾驶员对执行航行职责没有十分把握时，应立即招请船长到驾驶台；

11. 发现遇难的船舶和飞机、遇难人员、沉船和海上漂浮物等，要通知船长或岸台并采取相应措施；

12. 值班人员还应了解由于特殊的作业环境可能产生的对航行值班人员的特别要求。

第九条 渔船捕捞作业值班及要求：

1. 拖网渔船作业时，应由船长、大副轮流值班，二副执行短程转移渔场时的值班；围网船作业，航测鱼群时，由船长、大副、二副轮流值班。不论何种作业方式，起放网时应由船长值班；

2. 渔船在进行捕捞作业时，值班驾驶员除应考虑第八条所规定的内容外，还应考虑下列因素并正确地采取行动：

（1）船舶操纵性能、尤其是停船距离、航行和拖带渔具作业时的回转半径；

（2）甲板上船员的安全；

（3）因捕捞作业、渔获物装卸和积载，异常海况和天气状况等而产生的外力对船舶安全带来的不利影响；以及稳性和干舷的降低对渔船安全带来的不利影响；

（4）附近海上建筑物的安全区域、沉船和其他危及渔具的水下障碍物；

（5）在装载渔获物时，应注意在整个航行期间内都应留有充分的干舷、保持渔船稳定性和水密性，还应考虑燃料和备用品的消耗、可能遇到的异常天气状况和甲板连续结冰可能导致的危险。

第十条 航道及有明确规定不得锚泊的水域不得锚泊：锚泊时要考虑水流、风向和潮汐情况，并检查周围水域是否有暗礁、沉船、水中障碍等危险物存在。

第十一条 锚泊后要根据《1972 年国际海上避碰规则》的要求，显示号灯、号型和鸣放声号。

第十二条 在锚泊期间，值班驾驶员要经常了解：

1. 锚泊时的船位，经常检查船位的变化，检查是否有走锚的现象；

2. 了解和观测气象、风向、风力、海流和潮汐情况的变化，并要及时根据风向、风力、潮汐、海流等的变化调整锚链；

3. 密切注意周围船舶的动态，遇有可能迫近的危险时，要按《1972 年国际海上避碰规则》的规定发出声、光信号。

第十三条 发现走锚或危险迫近时，应立即通知船长，并不失时机地通知机舱备车和全船人员，特别是恶劣天气应提前通知。

第十四条 交接班时，授班人员应提前 10 分钟上驾驶台做好接班准备。交班人员要确信接班者头脑清醒，并适应了驾驶台的环境后，方可办理交接班手续。

第十五条 交接班时，必须交清以下内容：

1. 船位、拖网与放网时间、航向、拖向、拖速、流速、风速、风、流压差等；

2. 各种助航、助渔仪器的使用情况；

3. 对拖网的主、副船或围网船和灯光船之间的动态，周围船舶的动态；

4. 在望或即将在望的岛屿、航标、水面障碍物及海图标注的附近暗礁、沉船、水中障碍物等情况；

5. 天气与海况变化；

6. 航标的识别，下一班可能遇到的危险及有关注意事项的建议；

7. 船长布置的且下一班应知道的事项，航行计划的变化和航海警告、通告等。

第十六条 值班驾驶员遇有下列情况不得交班：

1. 正在采取避让措施时；

2. 正在进行起、放网作业时；

3. 接班人员不称职；

4. 没有找到转向目标或船位不清；

5. 授班者没有完全理解交班内容时。

第十七条 在交接班过程中不免除原值班人员的值班责任。

第十八条 船长应保证船舶在停港或航行期间，机舱始终有轮机人员值班，严格服从驾驶台的指令。如果发现机舱有影响航行安全和可能污染海洋的问题时，轮机值班人员要立刻通知驾驶台。

第十九条 渔船出航前，船长应提前通知轮机长，轮机长接到指令后，应立即通知机舱和机电人员到位，并按照各自分工对机械设备、燃料、备件、工具等进行检查，出航前一个小时，备好车并通知船长。

第二十条 航行和作业期间，机舱值班员严格遵守操作规程，经常检查主、辅机及其他机械运转情况，并保持机舱所有机械始终处于正常工作状态。并在轮机日志记录各种数据。如有异常，要及时处理，自己不能处理或对处理有疑问，应立即通知轮机长，如有必要还应直接通知驾驶室。

第二十一条 轮机值班员在交接班时，必须交清下列情况：

1. 主机、发电机、其他辅助机械及仪器、仪表的工作情况；

2. 各种电压及油、水及排烟温度、压力情况；

3. 轮机长有关指示和注意事项；

4. 其他需要交待的情况。

第二十二条 机舱值班员必须服从驾驶室的指令。

第二十三条 按照无线电管理委员会的有关要求，船上无线电报务员或话务员应在船长的统一领导下，坚持值班，保持在各种情况下的无线电报或话务通畅。

第二十四条 航海日志和轮机日志必须使用我部规定的统一格式。

第二十五条 本准则自2000年6月1日起执行，由农业部负责解释。

一、航海日志是记录渔业船舶动态的原始记录。是审核和检查渔业船舶航行、作业的重要资料。当发生海损事故时，能根据航海日志的记载，重新绘出当时的航迹和反映当时航行和生产的基本情节。在海损事故处理中，是分析原因，判明责任的重要法定文件。做好航海日志的填写工作是渔业船舶所有人的重要职责之一，船长和驾驶员应当认真负责地进行填写和保管。

二、填写要求

1. 航海日志由值班驾驶员负责填写，不论航行还是停泊都不得中断。

2. 航海日志应用不褪色的墨水书写。字迹清楚端正，文句简明，应采用规范的符号和缩写。

3. 航海日志每页都有编号，填时应按时间顺序，逐行逐页，不能撕掉或另外插页。不得在两行间或格外书写，也不得在填写时中间留有空行。如有填写错误，不能用橡皮擦改或挖补。需要更正、添写或删改时，只能将错误句子用一细线划掉，但被划掉的字迹应清晰可见，添加内容写在本页。上面的空白处，更正、添写或删改人要在更正、添写或删改处签名，签名应用括号括起。

4. 填写航海日志要及时和实事求是。每页两面（记载栏和记事栏）的起止时间必须一致。

5. 船舶进入航行、捕捞作业，起抛锚、离靠码头等一切行动，均应填写；且每一记事或每次航向、航速变化，都应另起一行。

6. 记载内容必须详尽完整，并应包括当日、当时的海况、气象、船位等情况，一旦发生事故后，根据日志记载材料，应能反映出当时情况。并能在海图上重新绘出所有航行情况。

7. 当渔船发生海事故，应详细记载海事发生的经过及采取的一切措施（包括船长或值班驾驶员的一切命令）等。对船舶碰撞事故，如有可能，应画出碰撞前双方船舶动态的草图。并尽一切可能妥善保管好航海日志，弃船时要封好带走。

8. 在航行中，凡与海图作业有关的事物、用以保证航海安全的观测计算结果及采取的措施都应记载。

9. 每页航海日志两面（记载栏与记事栏），起止时间必须一致，即只要有一面填满，就必须换页。而未用部分用之字线划封。

10. 交班时，航行值班驾驶员要在紧接本班记载（包括记事）内容的后面签名。见习驾驶值班员的记载由船长检查后并与见习驾驶员共同签名。

三、填写内容说明

1. 时间——在我国沿海以北京标准时为准。填写时用四位数字，如上午八时，记0800；下午八时，记2000，在其他海域，要注明所用时间。

2. 动态——船舶当时的状态，如航行、漂流、放网、起网、抛锚、靠埠等。

3. 罗经航向——操舵罗经所指的航向。填写时应记三位数字。如罗经航向九十度，记090°；航向变化频繁，逐行记录有困难，罗航向可记“不定”。

4. 罗经差——指地磁差与罗经自差的代数和。符号：东（E）或西（W）。

5. 航速——以实际航速（节）或主机每分钟转数（转/分）填写。如航速变化频繁，可填“不定”。

6. 水深——渔探机测得的水深，加本船吃水。

7. 船位——用船舶上定位设备测定的经纬度表示，如船位$\varphi=30°10'N$，$\lambda=121°30'E$。

船位填写要求：航行中，至少间隔2小时填写一次，船舶转向、通过显著目标（如航标）时要填写一次。锚泊时和锚泊后每天都要填写一次。

8. 风向——系指风来的方向，用文字注明，风力等级见附表五。

9. 流（潮流）——记载潮汐状况，向：流去的方向（用 0～360°表示）；节：潮汐的流速（节）。

10. 能见度距离——系指肉眼所能见的最大距离，各种天气现象的能见度见附表三。

11. 气象——以海上实际气象情况填写。气温记 C°、气压记 mm 汞柱、各种天气状况对应的气象名称见附表二。

要求：每天按 0600、1200、1800 和 2200 四次填写。

四、记事栏填写内容

1. 起航前，本船前后吃水（米）、燃料油、机油、淡水、冰的吨数；

2. 船舶动态，如起抛锚、离靠码头、上下网、漂流等；

3. 测定和推算船位的方法和与航行有关的事项，如发现相遇船舶及对方航向、航速、灯号、声号和我船采取的避让措施，海面上下及海底的异常发现等；

4. 交接班时交接的事项，如：周围是否有暗礁、碰撞危险及船长的命令、交待等；

5. 锚泊时的链长、水深、底质、周围目标等。

五、船长要经常检查航海日志记载情况，每航次结束后要全面审阅并签字。

六、每本航海日志用完后至少要保存 3 年，方可销毁。

1. 轮机日志是渔船航行、停泊和作业的原始记录，是审核和检查渔船航行、作业的主要资料，当发生海损事故时，能根据轮机日志的记载分析原因、判明责任，是处理海损事故的重要法定文件。轮机值班员应当认真负责地进行填写和保管。

2. 轮机日志由值班轮机员负责填写，渔船离港后不论航行还是停泊部不得中断。

3. 轮机日志应用不褪色的墨水书写，字迹清楚端正，文句简明，应采用规范的符号和缩写。

4. 轮机日志每页都有编号，不能撕掉或另外插页。不得在两行间或格外书写，也不得在填写时中间留有空行。如有填写错误，不能用橡皮擦改或挖补，需要更正、添写或删改时，只能将错误句子用一细线划掉，但被划掉的字迹应清晰可见，然后改正。添加内容写在本页上面的空白处，更正、添写或删改人要在更正、添写或删改处签名。

5. 填写轮机日志要及时和实事求是。

6. 记载内容必须详尽完整，至少应两小时记录一次主机、辅机、锅炉（如果有）和其他辅助机械的各种参数；还应记录本班与驾驶台约定好的正车和倒车的各档转数（如果有约定）、驾驶台使用主机的命令、时间和机舱执行情况、含油污水的处理情况、处理时间和地点。一旦发生事故后，根据日志记载材料，应能反映出当时驾驶台使用主机的情况。

7. 交班时，航行值班轮机员要在紧接本班记载内容的后面签字。

8. 若渔船发生海事，须弃船时，值班轮机员要负责封存带走。

9. 每航次燃料油、润滑油消耗情况；停泊中检修的项目。

10. 轮机长要经常检查轮机日志记载情况，每航次结束后要全面审阅并签字，轮机日志用完后要与航海日志一起至少保存 3 年，方可销毁。

农业部关于加强内陆捕捞渔船管理的通知

（2009 年 5 月 5 日发布，农渔发〔2019〕15 号）

各省、自治区、直辖市渔业主管厅（局）：

根据《中华人民共和国渔业法》等法律法规规定，农业部于 2002 年颁布实施了《渔业捕捞许可管理规定》，并从 2003 年开始，组织核发了新版《内陆渔业捕捞许可证》，我国内陆捕捞渔船管理逐步规范。但近年来各地内陆捕捞渔船数量和功率大幅增长，对渔业资源养护管理和相关政策实施带来很大冲击。为切实控制内陆捕捞渔船的盲目增长，维护渔业生产秩序，保障渔民的合法权益，实现渔业可持续发展，现就加强内陆捕捞渔船管理等有关问题通知如下：

一、高度重视，建立健全内陆捕捞渔船管理制度

渔业船网工具指标控制是一项重要的渔船管理制度。根据《中华人民共和国渔业法》和《渔业捕捞许可管理规定》，内陆水域捕捞业的船网工具控制指标和管理办法由各省（自治区、直辖市）人民政府制定。但目前一些省（自治区、直辖市）尚未出台相关规定。各省（自治区、直辖市）渔业行政主管部门要高度重视，尽快向省级人民政府汇报，抓紧制定完善内陆捕捞业船网工具控制指标和管理办法，对渔船船数和功率数实行总量控制。各省（自治区、直辖市）控制指标原则上不得超过 2008 年各省（自治区、直辖市）上报的内陆捕捞渔船船数和功率数，同时要根据本地区渔业资源和渔业生产及管理状况，科学规划和制定控制目标，逐年压减捕捞渔船数量，将捕捞强度控制到合理水平。

二、加强管理，严格规范内陆捕捞渔船管理

地方各级政府和有关部门要提高认识，强化领导，建立各级政府统一领导，渔业行政主管部门负责，相关职能部门协同配合的工作机制，加强对内陆捕捞渔船的规范管理。要尽快建立健全渔船制造、更新改造和购置审批制度，明确审批权限和程序。要按照我部新修订的《渔业船舶法定检验规则（内河）》，抓紧制定适合本地区船舶特点的具体检验办法和检验技术要求，加大现场检验力度，强化源头管理，加强渔船制造企业的监督管理，渔船制造企业必须凭相关渔业行政主管部门出具的批准手续制造和更新改造捕捞渔船。要加强渔船登记工作，规范渔船船名，严禁将非渔业船舶纳入渔船管理。要认真落实渔船船网工具指标审批和捕捞许可证签发人制度，明确各级签发人的责任及审批、签发权限，严禁签发人越权、违规签发。要继续加大对“三无”船舶、“三证不齐”渔船的清理力度，严厉打击非法捕捞行为。

三、改善手段，提高内陆捕捞渔船管理水平

各级渔业行政主管部门及其所属的渔政

渔港监督管理和渔船检验机构要高度重视渔船管理信息化建设，严格按照现行法律法规和各省（自治区、直辖市）内陆捕捞渔船管理规定，建立完整的内陆捕捞渔船管理数据库，渔船证书发放要实行计算机管理，探索以省为单位采取集中式数据库管理模式，研发内陆捕捞渔船动态管理系统，统一内陆捕捞渔船管理流程和渔船船网工具控制指标、渔船检验、登记及捕捞许可管理数据，实现各管理环节相互衔接，进一步规范渔船管理及审批行为，提高依法行政和执法能力。各省级渔业行政主管部门要加强渔船检验、登记和捕捞许可管理的统一领导，深入研究渔船证书“三合一”的可行性和操作方案，大力简化办证流程和手续，方便渔民。我部将在各地研究基础上，适时调整内陆捕捞渔船证书格式和办证流程，指导各省（自治区、直辖市）建立数据库。

四、强化监督，加强油价补贴资金管理

各级渔业行政主管部门要按照财政部等七部委《关于成品油价格和税费改革后进一步完善种粮农民部分困难群体和公益性行业补贴机制的通知》（财建〔2009〕1号）精神，结合前3年中央财政渔业油价补贴情况和我部有关规定，完善渔业油价补贴资金分配方案。为充分发挥中央财政资金对于控制内陆捕捞机动渔船盲目增长的引导作用，今后在核定中央财政渔业油价补贴资金时，内陆捕捞机动渔船补贴用油量将以我部2008年核定数据为上限进行测算，新增内陆捕捞机动渔船耗油量一律不纳入补贴用油量。同时，强化油价补贴资金发放与捕捞许可管理的衔接，没有纳入捕捞许可管理的内陆捕捞机动渔船，一律不得享受中央财政油价补贴政策。各级渔业行政主管部门要强化渔业执法督察，加强中央财政油价补贴资金发放范围和渔船合法性审查，积极配合财政、纪检、监察、审计等部门，加强补贴资金的监督管理，对不符合油价补贴政策要求的，坚决不予核发。对玩忽职守、徇私舞弊、弄虚作假，伪造证书，挤占、截留、挪用、骗取国家油价补贴资金行为，一经发现，要严肃查处；对违反法律法规的，要依法追究主管领导和相关责任人的责任。

各省（自治区、直辖市）内陆捕捞业船网工具控制指标和管理办法要在2009年9月1日前完成，报我部备案。各省（自治区、直辖市）渔业行政主管部门应于每年3月15日前将上年度内陆捕捞渔船控制情况报我部。

中华人民共和国农业部

二〇〇九年五月五日

农业部关于加强老旧渔业船舶管理的通知

（2007 年 4 月 30 日发布，农渔发〔2007〕11 号）

各省、自治区、直辖市渔业主管厅（局），各海区渔政渔港监督管理局：

为进一步加强对渔业船舶的管理，保障渔业船舶和渔民生命财产安全，维护渔民合法权益，经商国家安全生产监督管理总局同意，现就老旧渔业船舶管理有关问题通知如下：

一、对老旧渔业船舶实行分类管理。将船龄达到一定年限的渔业船舶界定为老旧渔业船舶，并按老旧程度，分为一般老旧渔业船舶和限制使用老旧渔业船舶（老旧渔业船舶船龄标准见附件），对其采取不同的管理措施。各级渔业行政主管部门及其所属的渔政渔港监督管理和渔业船舶检验机构要切实加强监督管理，限制安全隐患大的老旧渔业船舶从事渔业生产活动，引导船舶所有人加快更新改造，淘汰老旧渔业船舶，督促船舶所有人采取有效措施，增加对老旧渔业船舶安全隐患治理的投入，确保安全使用。

二、各级渔政渔港监督管理机构要根据辖区内渔业船舶登记情况，依据老旧渔业船舶船龄标准，对达到老旧渔业船舶船龄的渔业船舶，提前 6 个月书面通知渔业船舶所有人，并报同级渔业行政主管部门备案。

三、对达到一般船龄的老旧渔业船舶，检验合格的，渔业船舶检验机构签发的渔业船舶检验证书有效期不得超过 24 个月。

四、对达到限制使用船龄的老旧渔业船舶，若继续从事渔业生产，须由船舶所有人在渔业船舶达到限制使用船龄前 3 个月向渔业船舶检验机构申请换证检验，检验合格的，渔业船舶检验机构签发的渔业船舶检验证书有效期不得超过 12 个月。

（一）船舶所有人申请换证检验前须到经认可的船舶修造单位，按换证检验项目要求对船舶的结构、机电设备、防污染设备、安全设备等进行全面检查，由其出具“渔业船舶技术状况检查报告”和船舶维修方案。

（二）渔业船舶检验机构按照《渔业船舶法定检验规则》对船舶进行检验，检验合格的，签发渔业船舶检验证书。对连续 3 次检验不合格的船舶，渔业船舶检验机构不再受理船舶所有人的检验申请，并报同级渔业行政主管部门及其所属的渔政渔港监督管理机构备案。

五、各级渔政渔港监督管理和渔业船舶检验机构要加强对老旧渔业船舶的证书管理。各签发机关要加强协调，密切配合，确保渔业船舶合法从事渔业生产。达到老旧渔业船舶船龄的、经检验合格的渔业船舶，其《渔业船舶登记证书》或《渔业船舶国籍证书》以及《渔业捕捞许可证》可继续使用至有效期届满，重新换发时，证书有效期限不得超过《渔业船舶检验证书》记载的有效期限。

六、各级渔政渔港监督管理机构要加大对老旧渔业船舶的检查力度，对达到限制使用船龄且未按时检验或经换证检验认定不能满足安全技术要求、未取得渔业船舶检验证书的老旧渔业船舶，禁止其继续从事渔业生产活动。

七、各省（自治区、直辖市）渔业行政主管部门根据本通知精神，对渔港工程船、趸船、港区作业的拖轮和驳船，以及内陆船长12米以下的老旧渔业船舶另行制定监管措施。

八、自本通知下发之日起，2002年5月20日我部与国家安全生产监督管理局联合发布的《渔业船舶报废暂行规定》（农渔发〔2002〕8号）和2003年6月11日农业部印发的《关于实施〈渔业船舶报废暂行规定〉有关问题的通知》（农渔发〔2003〕20号）不再执行。

中华人民共和国农业部

二〇〇七年四月三十日

农业部关于立即坚决制止买卖报废渔轮的紧急通知

（1997 年 12 月 25 日发布，农业部令第 39 号）

各省、自治区、直辖市水产主管厅（局），各海洋渔业公司、各渔政、渔港监督、渔船检验部门及有关单位：

近年来，有的海洋渔业公司把一些报废的或已无修理价值的淘汰渔轮卖给个体或联户渔民，给海上安全生产带来了极大的隐患。这类船有的在购后驶返途中即遇难沉没，造成重大海损事故。国务院一九八一年国发〔1981〕73 号通知即已规定："凡更新淘汰的渔船不得转让其他单位继续搞捕捞生产"。一九八三年我部印发的《海洋捕捞渔船管理暂行办法》中又明确规定"禁止将淘汰、报废的渔船转让给其他单位继续从事渔业生产"。最近，国务院办公厅批转农牧渔业部《关于近海捕捞机动渔船控制指标的意见》中再次指出"对淘汰、报废、转业的渔船不得转让再用于捕捞生产"。但是，尽管三令五申，有些单位就是有法不依，有章不循，只图本单位的经济利益，置渔工渔民的生命财产安全于不顾，最近仍在以各种借口销售报废淘汰渔轮，这种做法是极端错误的。为此，现再紧急通知如下：

一、严格禁止买卖报废渔轮。报废渔轮须经渔船检验部门做出技术鉴定，报经上级主管部门批准，按国家经委经机（1985）第 606 号文的规定交中国拆船公司组织拆取钢材或用于人工鱼礁等。不得以任何借口再用于捕捞生产。

二、船龄在 20 年以上的渔轮，禁止买卖和转让，尚具备适航条件的只准由本单位维护使用。

三、今后对非法买卖报废渔轮及船龄在 20 年以上的渔轮，渔政渔港监督管理部门可以给予罚款。有违法所得的，给予违法所得 3 倍以下罚款，但最高不得超过30 000元；没有违法所得的，处以10 000元以下罚款。

四、要认真教育广大渔民遵守渔业法规，重视生命财产安全，坚决不买卖报废和老旧渔轮。凡不听劝阻自行购置的一律停产查处。今后，凡因违反本通知有禁不止造成事故的，要追究有关行政领导的责任。对直接责任者要从严查处，直至追究刑事责任。

渔业船舶重大事故隐患判定标准（试行）

（2022 年 4 月 2 日发布，农渔发〔2022〕11 号）

根据《中华人民共和国安全生产法》等有关法律法规和相关国家、行业标准，核定载员 10 人及以上的渔业船舶具有以下情形之一的，应当判定为重大事故隐患：

（一）未经批准擅自改变渔业船舶结构、主尺度、作业类型的；

（二）救生消防设施设备、号灯处于不良好可用状态的；

（三）职务船员不能满足最低配员标准的；

（四）擅自关闭、破坏、屏蔽、拆卸北斗船位监测系统、远洋渔船监测系统（VMS）或船舶自动识别系统（AIS）等安全通导和船位监测终端设备，或者篡改、隐瞒、销毁其相关数据、信息的；

（五）超过核定航区或者抗风等级、超载航行、作业的；

（六）渔业船舶检验证书或国籍证书失效后出海航行、作业的；

（七）在船人员超过核定载员或未经批准载客的；

（八）防抗台风等自然灾害期间，不服从管理部门及防汛抗旱指挥部的停航、撤离或转移等决定和命令，未及时撤离危险海域的。

（五）水生野生动植物保护

农业部、国家工商行政管理总局、海关总署公安部关于严厉打击非法捕捉和经营利用水生野生动物行为的紧急通知

（2003 年 6 月 18 日发布，农渔发〔2003〕22 号）

各省、自治区、直辖市渔业行政主管、工商行政管理、海关、公安厅（局、署）：

为加强珍稀濒危水生野生动物保护，积极配合传染性非典型肺炎防治工作，倡导饮食文明，在严厉打击非法猎捕和经营利用陆生野生动物的同时，农业部、国家工商行政管理总局、海关总署、公安部决定严厉打击非法捕捉和经营利用水生野生动物的行为，现就具体事项紧急通知如下：

一、各级渔业、工商行政管理、海关、公安部门要高度重视水生野生动物保护工作，要针对水上、码头、集贸市场、餐馆等重点地区存在的捕捉、交易、加工、食用水生野生动物泛滥现象，各司其职，密切配合，认真查处，严厉打击非法捕捉、杀害、加工、贩卖、走私水生野生动物的违法犯罪行为。

二、自本通知发布之日起，除经批准的科学研究外，禁止捕捉、捕捞、伤害、出售、收购国家重点保护的水生野生动物及其产品。严格禁止食用国家重点保护的水生野生动物。暂停审批发放国家重点保护水生野生动物的《捕捉证》《驯养繁殖许可证》《运输证》《经营利用许可证》。开禁时间由农业部另行通知。

三、各级渔业行政主管部门要按照《野生动物保护法》《水生野生动物保护实施条例》等法律、法规的规定，会同工商行政管理、海关等部门，组织对驯养、展览、加工、利用水生野生动物单位的持证情况进行全面的检查、清理、整顿。对未经批准从事驯养、展览、加工、利用水生野生动物的，要依法从严处罚；对构成犯罪的，要移交公安机关依法追究刑事责任；对查获的水生野生动物，要及时进行救治或野外放流，妥善处理。

四、加强对水族馆、驯养基地和驯养水生野生动物科研单位的检查，督促其切实做好水生野生动物保护工作，定期实行水质检测、疾病防治和动物检疫，建立动物健康定期报告制度，确保动物安全，妥善处理生病、死亡的动物。

五、为维护正常的渔业生产经营及消费秩序，各级渔业行政主管部门要正确区分水生野生动物与水产经济品种，确保水产苗种、鲜活水产品的正常流通，保障水产品的正常供应。

六、各级渔业行政主管部门要会同工商行政管理、海关等部门，切实落实《中华人民共和国野生动物保护法》《中华人民共和国水生野生动物保护实施条例》的各项规定。开展形式多样的宣传教育活动，积极倡导“拒食野生动物”的社会风气，树立文明饮食观念，以切实做好水生野生动物保护管理工作。要设立专门的举

报电话，认真接受社会各界对水生野生动物保护工作的监督。

农业部水生野生动植物保护办公室举报电话：010-64192968（白天）；010-64192948（节假日、夜间）。

农业部
国家工商行政管理总局
海关总署
公安部
二〇〇三年六月十八日

农业部、国家林业局关于加强鳄鱼管理有关工作的通知

（2010年7月11日公布，农渔发〔2010〕26号）

近年来，我国鳄鱼驯养繁殖和经营利用规模不断扩大，在部分区域对优化养殖结构和增加农民收入发挥了积极作用。但随着我国鳄鱼消费量的增加，走私、非法驯养繁殖和经营利用鳄鱼的现象呈上升态势，不仅对市场造成严重冲击，也已成为公共卫生安全一大隐患。为促进鳄鱼繁育利用产业的健康稳定发展，农业部和国家林业局决定加强对鳄鱼驯养繁殖和经营利用等的监督管理。现将有关事项通知如下：

一、统一鳄鱼保护管理级别。自本通知下发之日起，对我国特有的扬子鳄，仍按《国家重点保护野生动物名录》所列国家一级保护野生动物由林业主管部门进行保护管理；对其他外来鳄鱼，由渔业、林业主管部门按统一标准进行管理，属于《濒危野生动植物种国际贸易公约》（以下简称《公约》）附录一所列物种按国家一级保护野生动物管理，属于《公约》附录二所列物种按国家二级保护野生动物管理。

二、对现有鳄鱼驯养繁殖和经营利用企业进行清查，积极研究推行标识制度。各级渔业、林业主管部门要对本地区鳄鱼驯养繁殖、经营利用情况进行一次全面调查，并根据以往渔业、林业主管部门分工管理要求进行登记和加强监督检查。对因鳄鱼保护管理级别调整应重新申办驯养繁殖许可证的鳄鱼驯养繁殖单位，要严格审核其驯养繁殖设施和技术等条件，凡符合规定要求的，依法定程序核发驯养繁殖许可证；对不符合规定要求的，要责令其限期整改，对在规定期限内仍未能达到整改要求的，要坚决取缔，并依法处理。

各地要在调查登记基础上，积极研究推行对合法驯养繁殖和进口来源的鳄鱼活体及其产品进行标识管理，以便于执法甄别和打击走私行为。自本通知下发之日起，林业部门管理的鳄鱼驯养繁殖及其产品经营利用单位，可申请对其合法来源的鳄鱼活体及产品加载“中国野生动物经营利用管理专用标识”，凭标识从事经营利用活动；各地渔业部门可根据本区域实际情况，逐步推行对鳄鱼活体及产品的标识管理。

三、规范鳄鱼驯养繁殖技术条件，积极配合海关、公安、工商等执法部门加大对鳄鱼走私犯罪行为的打击力度。农业部和国家林业局将共同制定并发布全国鳄鱼驯养繁殖技术规范。各级渔业、林业主管部门要加强执法合作，定期通报情况，并及时向海关、公安、工商等执法部门反映鳄鱼走私及上市经营信息和动向，争取其重视和支持，实现多环节联防共管；必要时应联合实施专项打击及整治行动，有效遏制走私鳄鱼的现象。

农业农村部、国家林业和草原局关于进一步规范蛙类保护管理的通知

（2020 年 5 月 28 日发布，农渔发〔2020〕15 号）

各省、自治区、直辖市农业农村（农牧）厅（局、委）、林业和草原主管部门，福建省海洋与渔业局，内蒙古森工集团，新疆生产建设兵团农业农村局、林业和草原主管部门，大兴安岭林业集团：

为切实解决部分蛙类交叉管理问题，进一步明确保护管理主体，落实执法监管责任，加强蛙类资源保护，现将有关事项通知如下。

一、明确管理责任，完善名录调整

根据专家研究论证意见，对于目前存在交叉管理、养殖历史较长、人工繁育规模较大的黑斑蛙、棘胸蛙、棘腹蛙、中国林蛙（东北林蛙）、黑龙江林蛙等相关蛙类（以下简称“相关蛙类”），由渔业主管部门按照水生动物管理。对其他蛙类，农业农村部和国家林草局将本着科学性优先和兼顾管理可操作性的总体原则，共同确定分类划分方案，适时调整相关名录。各地渔业主管部门、林业和草原主管部门要依法依规推进地方重点保护野生动物名录的调整。

二、加强协调配合，做好工作衔接

各地渔业主管部门、林业和草原主管部门要建立工作协调机制，制定工作方案，确保相关蛙类管理调整工作交接到位；要做好相关证件撤回注销和档案资料移交，主动告知从业者相关管理政策，优化办事流程；对于情况复杂、短时间内难以完全交接到位的，可协商通过设立一定过渡期等措施，确保有关调整工作平稳有序，避免出现管理真空。

三、加大保护力度，打击违法活动

各地渔业主管部门要依据有关法律法规，加大相关蛙类野生资源保护力度，利用活动仅限于增养殖群体。除科学研究、种群调控等特殊需要外，禁止捕捞相关蛙类野生资源；确需捕捞的，要严格按照有关法律规定报经相关渔业主管部门批准，在指定的区域和时间内，按照限额捕捞。各地渔业主管部门、林业和草原主管部门要加强协调配合，把蛙类保护与当地森林等自然生态系统保护有机结合起来，严禁在自然保护区开展捕捞利用活动；积极会同公安、市场监管等部门加大执法监管力度，严厉打击非法捕捞、出售、购买、利用相关蛙类野生资源的行为。

四、规范养殖管理，科学增殖放流

各地渔业主管部门要加强相关蛙类的养

殖管理，强化苗种生产审批和监管。在县级以上地方人民政府颁布的养殖水域滩涂规划确定的养殖区和限养区内从事养殖生产的，要依法向县级以上人民政府渔业主管部门提出申请，由本级人民政府核发养殖证。各地渔业主管部门、林业和草原主管部门要相互配合，科学合理安排蛙类野外增殖放流，扩大种群规模，加强放流效果跟踪评估，保护种质资源。

五、加强科学监测，强化保护宣传

各地渔业主管部门、林业和草原主管部门要加强本底调查，准确掌握蛙类野生资源状况，建立健全监测网络和保护体系，全方位提升野生蛙类保护能力和水平；要加强对蛙类分布的自然保护区域、重要栖息地等生态环境的监测和保护，严防破坏野外生境等违法行为发生；要建立信息发布和有奖举报机制，主动公开蛙类野生资源和栖息地状况，接受公众监督，积极开展蛙类保护宣传，营造全社会关心支持蛙类保护的良好氛围。

农业农村部
国家林业和草原局
2020 年 5 月 28 日

农业农村部关于贯彻落实《全国人民代表大会常务委员会关于全面禁止非法野生动物交易、革除滥食野生动物陋习、切实保障人民群众生命健康安全的决定》进一步加强水生野生动物保护管理的通知

（2020 年 03 月 04 日发布，农渔发〔2020〕3 号）

各省、自治区、直辖市农业农村（农牧）厅（局、委），福建省海洋与渔业局，新疆生产建设兵团水产局：

为贯彻落实好《全国人民代表大会常务委员会关于全面禁止非法野生动物交易、革除滥食野生动物陋习、切实保障人民群众生命健康安全的决定》（以下简称《决定》），进一步加强水生野生动物保护管理，现就有关事项通知如下：

一、提高政治站位，坚决贯彻落实好《决定》精神

非法野生动物交易特别是滥食野生动物行为不仅破坏野生动物资源、危害生态安全，还会对公共卫生安全构成重大隐患。党中央、国务院对此高度重视，习近平总书记多次作出重要指示批示，要求坚决取缔和严厉打击非法野生动物市场和贸易，从源头防控重大公共卫生风险。《决定》的出台，为禁止和严厉打击一切非法捕杀、交易、食用野生动物的行为，提供了更加严格有力的法律保障。各级农业农村（渔业）主管部门要深入学习领会《决定》精神，增强紧迫感、责任感和使命感，以《决定》的贯彻落实为契机，推动进一步加强水生野生动物保护管理。要积极向同级党委和政府汇报，争取当地党委和政府对水生野生动物保护的重视和支持，加强组织领导，制定工作方案，明确任务分工，强化责任担当，确保《决定》落实到位、有效实施。

二、加强衔接配合，形成水生野生动物保护工作合力

要做好《决定》与《野生动物保护法》《渔业法》及地方性法律法规的衔接，形成保护水生野生动物的制度合力。要协调好有关名录的关系，明确水生野生动物的范围，对于列入国家重点保护水生野生动物名录、《〈濒危野生动植物种国际贸易公约〉附录水生动物物种核准为国家重点保护野生动物名录》以及《人工繁育国家重点保护水生野生动物名录》的物种，要严格按照《决定》要求进行管理，对凡是《野生动物保护法》要求禁止猎捕、交易、运输、食用的，必须一

律严格禁止。对于列入《国家重点保护经济水生动植物资源名录》的物种和我部公告的水产新品种，要按照《渔业法》等法律法规严格管理。中华鳖、乌龟等列入上述水生动物相关名录的两栖爬行类动物，按照水生动物管理。

三、加大执法力度，严厉打击各类涉及水生野生动物的违法犯罪行为

各级农业农村（渔业）主管部门要主动与市场监管、公安、林草等部门加强沟通，建立和完善打击野生动物非法贸易部门联席会议制度，明确执法管理范围和责任分工，形成机制合力，提高《决定》执行的针对性、有效性。要根据《关于联合开展打击野生动物违规交易专项执法行动的通知》要求，继续联合相关部门保持高压态势，坚决取缔非法水生野生动物市场，严厉打击各类违规交易，斩断水生野生动物非法交易利益链。要结合中国渔政“亮剑”系列专项执法行动，将打击水生野生动物非法捕捞贩卖等行为作为渔政执法重点，联合相关部门，针对重点地区、重点场所、重点物种、重点环节，加强执法监管，确保“全覆盖、无死角”。对于违反《野生动物保护法》非法猎捕、交易、运输、食用水生野生动物的，要按照《决定》要求在现行法律规定基础上加重处罚；同时要强化以案说法，适时公开一批典型案件，提高法律的震慑力。

四、强化源头管理，严格水生野生动物审批

各级农业农村（渔业）主管部门要认真梳理负责的水生野生动物行政许可事项，制定完善工作规范和办事指南，按照《决定》要求严格审批管理，确保水生野生动物行政许可工作规范、有序。要提高相关工作人员的业务素质，重点对水生野生动物来源合法性、申报材料的真实性，以及与审批条件的相符性严格把关，从严控制准入门槛。对于不符合审批条件和要求的，坚决不予批准。要按照“双随机、一公开”的原则，加强事中事后监管，完善相关档案和标识制度，推动水生野生动物动态化、可追溯管理。要加强水生野生动物标识管理，对于标识管理范围内的，必须严格执行标识管理有关规定，未取得标识的一律不得进入市场。对检查中发现的违法违规行为及时要求限期整改并依法予以处罚，确保水生野生动物人工繁育等活动依法依规、有序开展。

五、做好宣传引导，创造良好的社会环境

各级农业农村（渔业）主管部门要做好《决定》以及相关法律法规的宣传解读，加大普法宣传力度，提高全社会水生野生动物保护意识，强化法治能力和水平。要充分发挥行业协会、社会组织和新闻媒体的作用，利用世界野生动植物日、全国水生野生动物保护科普宣传月等重要时间节点，以及水生生物增殖放流活动等机会，加强水生野生动物保护知识的宣传普及，引导社会公众树立科学文明的饮食观，摒弃滥食野生动物陋习，彻底铲除野生动物非法交易的生存土壤。要发挥好公众参与和社会监督作用，利用各种举报渠道，主动接受人民群众的监督，推动形成全社会保护水生野生动物的良好氛围。

贯彻落实《决定》的有关情况请及时报送我部渔业渔政管理局。

农业农村部

2020 年 3 月 4 日

农业农村部关于加强水生生物资源养护的指导意见

（2022年11月20日发布，农渔发〔2022〕23号）

各省、自治区、直辖市农业农村（农牧）、渔业厅（局、委），计划单列市渔业主管局，新疆生产建设兵团农业农村局：

水生生物资源是水生生态系统的重要组成部分，也是人类重要的食物蛋白来源和渔业发展的物质基础。养护和合理利用水生生物资源，对于促进渔业高质量发展、维护国家生态安全、保障粮食安全具有重要意义。党的十八大以来，我国水生生物资源养护工作取得了明显成效，但水生生物资源衰退趋势尚未得到扭转。为进一步加强水生生物资源养护与合理利用，保护生物多样性，推进生态文明建设，现提出以下意见。

一、总体要求

（一）指导思想。以习近平生态文明思想为指导，深入贯彻落实党的二十大精神，牢固树立和践行绿水青山就是金山银山的理念，尊重自然、顺应自然、保护自然，从水域生态环境的系统性保护需要出发，以养护水生生物资源为重点任务，以可持续发展为主要目标，实施好长江十年禁渔，促进渔业绿色转型，进一步完善制度体系、强化养护措施、加强执法监管，提升渔业发展的质量和效益，加快形成人与自然和谐共生的水生生物资源养护利用新局面。

（二）主要原则。

——坚持生态优先、绿色发展。正确处理养护与利用的关系，在保护渔业水域生态环境的前提下，进一步加强资源养护，推进合理利用，使渔业发展与资源环境承载力相适应，实现保护生态和促进发展相得益彰。

——坚持系统治理、分类施策。统筹考虑江河湖海的资源禀赋和水生生物的流动性、共有性特点，对水生生物资源和水域生态环境进行整体保护，提升生态系统多样性、稳定性、持续性。针对不同水域和水生生物的特点，分流域、分区域、分阶段实施差异化的养护措施，坚决防止“简单化”处理和“一刀切”。

——坚持制度创新、强化监管。根据我国渔业发展和管理实际，借鉴国际管理经验，进一步完善休禁渔、限额捕捞、总量管理等制度，建立养护与利用结合、投入和产出并重的管理机制，推进渔船渔港管理制度改革，建强渔政队伍，加快能力建设，加强执法监督，提高管理效果。

——坚持多元参与、共治共享。充分发挥各级政府保护资源的主导作用，加强部门合作、协同治理，提高全民保护意识，形成全社会共同参与的良好氛围。加强渔业国际交流与合作，积极参与全球渔业治理，履行相关国际责任和义务，树立负责任渔业大国良好形象。

（三）主要目标。到2025年，休禁渔制度进一步完善，国内海洋捕捞总量保持在1 000万吨以内，捕捞限额分品种、分区域管理试点不断扩大；建设国家级海洋牧场示范区200个左右，优质水产种质资源得到有效保护，每年增殖放流各类经济和珍贵濒危水生生物物种300亿尾以上；长江水生生物完整性指数有所改善，中国对虾、梭子蟹、大黄鱼等海洋重要经济物种衰退趋势持续缓解，长江江豚、海龟、斑海豹、中华白海豚等珍贵濒危物种种群数量保持稳定。

到2035年，投入与产出管理并重的渔业资源养护管理制度基本建立；长江、黄河水生生物完整性指数显著改善，海洋主要经济种类资源衰退状况得到遏制，长江江豚、海龟、斑海豹、中华白海豚等珍贵濒危物种种群数量有所恢复；水产种质资源保护利用体系基本建立，水产种质资源应保尽保。

二、完善水生生物资源养护制度

（四）实施好长江十年禁渔。坚持部际协调、区域联动长效机制，强化考核检查、暗查暗访、通报约谈，压实各方责任。持续做好退捕渔民精准帮扶，鼓励有条件的地区积极吸纳退捕渔民参与资源养护、协助巡护、科普宣传等公益性工作，多措并举促进转产转业，动态跟踪保障长远生计。发挥长江渔政特编船队作用，加强部省共建共管渔政基地建设，常态化开展专项执法行动，强化行政执法和刑事司法衔接，严厉打击各类涉渔违法犯罪行为，确保“禁渔令”得到有效执行。落实《长江生物多样性保护实施方案（2021—2025年）》，健全水生生物资源调查监测体系，实施中华鲟、长江鲟、长江江豚等珍贵濒危物种拯救行动。

（五）坚持并不断完善海洋和内陆重点水域休禁渔制度。坚持总体稳定，区域优化，进一步优化海洋伏季休渔制度，推进统一东海海域不同作业类型休渔时间。根据“有堵有疏、疏堵结合、稳妥有序、严格管理”原则，稳妥有序扩大休渔期间专项捕捞许可范围。贯彻落实《中华人民共和国黄河保护法》，严格执行黄河禁渔期制度，推进完善珠江、松花江等水域禁渔期制度。各地要强化监测、摸清底数、科学论证，妥善处理全面禁渔和季节性休禁渔的关系。积极开展休禁渔效果评估，科学开展大水面生态渔业，合理利用渔业资源。

三、强化资源增殖养护措施

（六）科学规范开展增殖放流。各地要加快推进水生生物增殖放流苗种供应基地建设，建立“数量适宜、分布合理、管理规范、动态调整”的增殖放流苗种供应体系。要严格规范社会公众放流行为，建设或确定一批社会放流平台或场所，引导开展定点放流。要定期开展增殖放流效果评估，进一步优化放流区域、种类、数量、规格，适当加大珍贵濒危物种放流数量。要加强增殖放流规范管理，强化涉渔工程生态补偿增殖放流项目的监督检查。禁止放流外来物种、杂交种以及其他不符合生态安全要求的物种。

（七）推进现代化海洋牧场建设。落实国家级海洋牧场示范区建设规划（2017—2025年），持续推进国家级海洋牧场示范区创建，到2035年建设国家级海洋牧场示范区350个左右。各地要加强对国家级海洋牧场示范区的检查考核，确保建设进度和建设质量，对不达标的要按程序取消其示范区称号。要积极探索海洋牧场创新发展，分别在黄渤海、东海和南海海域发展以增殖型、养护型和休闲型等为代表的海洋牧场示范点。积极开展海洋牧场渔业碳汇研究，加强效果监测评估。创新海洋牧场管护运营，推动建立多元化投入机制，探索海洋牧场与深远海养殖、旅游观光、休闲垂钓等产业融合发展。

（八）加快推动国内海洋捕捞业转型升级。各地要严格落实海洋渔业资源总量管理制度，各省（自治区、直辖市）每年海洋捕捞产量不得超过2020年海洋捕捞产量分省控制指标。要积极推进分品种、分区域捕捞限额管理试点，优化捕捞生产作业方式，科学实施减船转产。支持渔船更新改造，逐步淘汰老旧、木质渔船，鼓励建造新材料新能源渔船以及配备节能环保、安全通导、电子监控等设施设备。强化渔获物管理，限制饲料生物捕捞，禁止专门捕捞幼鱼用于养殖投喂和饲料加工，探索实施渔获物可追溯管理。提高捕捞业组织化程度，支持海洋大中型捕捞渔船公司化经营、法人化管理。建立健全休闲垂钓管理制度。加快渔具准用目录制定，推进渔具标识管理，支持废弃渔具回收利用，鼓励可再生渔具生产。

四、加强水生野生动物保护

（九）加强重点物种及其栖息地保护。各地要加强《国家重点保护野生动物名录》的宣贯，切实落实长江江豚、中华鲟、长江鲟、鼋、中华白海豚、海龟、斑海豹等保护行动计划，加强中国鲎、珊瑚等物种的保护管理，有条件的地方要建立相关物种保护基地。要加强栖息地保护，开展重点珍贵濒危物种资源和栖息地调查，分批划定、公布重要珍贵濒危物种栖息地。强化珍贵濒危物种就地保护，科学合理开展迁地保护，防止濒危物种灭绝。要加强与林草等相关部门的沟通协调，依法履行自然保护地内水生物种保护管理职责。要充分发挥旗舰物种保护联盟作用，集合各方力量和优势，共同促进旗舰物种的保护和恢复。

（十）开展重点物种人工繁育救护。各地要健全水生野生动物救护网络，建立健全水生野生动物救护场所及设施，对误捕、受伤、搁浅、罚没的水生野生动物及时进行救治、暂养、野化训练和放生。要发挥海洋馆、水族馆等单位的优势，认定一批水生野生动物救护和科普教育基地。要组织开展水生野生动物驯养繁育核心技术攻关，推进长江江豚、海龟、中国鲎、黄唇鱼、珊瑚等重点物种人工繁育技术取得突破，开展大鲵、中华鲟、长江鲟等人工繁育技术成熟物种的野外种群重建。要建立健全人工繁育技术认定和标准体系，有条件的要建设水生野生动物驯养繁殖基地。

（十一）强化物种利用特许规范管理。要严格水生野生动物利用特许审批，对捕捉、人工繁育、运输、经营利用、进出口等环节进行规范管理，加快推进水生野生动物标识管理。充分发挥濒危水生野生动植物种科学委员会作用，为人工繁育技术认定、经营利用许可评估、物种鉴别、产品鉴定、价值评估、培训等提供技术支撑。

五、推进水域生态保护与修复

（十二）开展渔业资源调查和渔业水域生态环境监测。建立健全中央、地方调查监测工作协作机制和数据共享机制，定期编制渔业资源和渔业水域生态环境状况报告，分批划定公布重要渔业水域名录。各地要每五年开展一次渔业资源全面调查，常年开展监测和评估，重点调查珍贵濒危物种、水产种质资源等重要资源状况和经济生物产卵场、江河入海口、南海等重要渔业水域环境状况。长江、黄河流域各地要组织开展长江、黄河流域水生生物完整性评价，并将评价结果作为评估长江、黄河流域生态系统总体状况的重要依据。要发挥专业渔业资源调查船作用，完善调查监测网络，提高渔业资源环境调查监测水平。

（十三）加强水产种质资源保护区等重要渔业水域保护管理。各地要落实《水产种质资源保护区管理暂行办法》要求，强化水产种质资源保护区规范管理。积极参与自然保护地体系改革，按程序推进水产种质资源保护区优化完善。落实《国家公园等自然保护地建设及野生动植物保护重大工程建设规划（2021—2035年）》，提升保护区监管能力。开展重要水产种质资源登记，将重要水产种质资源纳入国家渔业生物种质资源库。加强重要渔业水域保护与修复研究，会同有关部门开展生态廊道及栖息地修复，推动实施生境连通、产卵场修复与重建，使河湖连通性满足水生生物保护要求。

（十四）切实落实涉渔工程生态补偿措施。各地要严格涉渔工程建设项目环境影响评价和专题论证，提出生态补偿措施，减轻工程建设对水生生物资源及其栖息地的不利影响。各地要针对涉渔工程生态补偿资金和措施落实差、“重评审、轻落实”等问题，定期开展涉渔工程生态补偿措施落实情况检查，对检查结果进行通报，督促建设单位落实补偿资金，建设必要的过鱼设施、鱼类增殖站，实施增殖放流、栖息地修复、人工鱼礁（巢）建设等措施，协调生态环境部门对拒不整改的建设单位依法予以处罚。开展渔业水域污染事故调查处置，推动渔业水域污染公益诉讼，改善水域生态环境。

六、切实强化执法监督

（十五）加强重点领域执法监管。各地要以“中国渔政亮剑”系列专项执法任务为重点，强化各关键领域执法监管。坚持最严格的海洋伏季休渔执法监管，落实黄河等内陆重点水域休禁渔制度，确保渔业资源得到休养生息。坚决清理取缔涉渔“三无”船舶和“绝户网”，努力实现涉渔“三无”船舶和“绝户网”等违规网具数量持续减少。严厉打击“电毒炸”等严重破坏渔业资源的非法行为，会同有关部门，清理取缔非法捕捞工具、网具的制造、销售点，从源头进行整治。

（十六）强化日常执法监管。落实进出渔港报告和作业日志制度，加强渔具、渔获物监管和幼鱼比例检查，做好渔获物定点上岸试点工作，推动捕捞限额和总量管理制度有效实施。全面加强涉渔船舶综合监管工作，多部门联手严厉打击违法违规审批修造检验行为。强化水生野生动物执法监管，规范管理水生野生动物繁育利用活动，严厉打击偷捕、滥食等破坏水生野生动物资源行为。加强与相关执法部门的协作配合，探索建立联合执法监管和惩戒机制。广泛开展普法宣传活动，加大以案释法工作力度，完善信息公开和有奖举报制度，充分发挥社会监督作用。

（十七）提升渔政执法能力。根据《中共中央办公厅、国务院办公厅关于深化农业综合行政执法改革的指导意见》和《农业农村部关于加强渔政执法能力建设的指导意见》有关要求，健全渔政执法机构，加大驻港执法力量，鼓励组建适度合理的协助巡护队伍。落实渔政执法人员资格管理和持证上岗，加大执法实战化演训力度，强化执法人员能力建设。按照《渔政执法装备配备指导标准》等有关要求，配齐配强各级渔政执法装备，支持配备执法车辆、高速船艇、船位监控、视频监控、小目标雷达、无人机等，提升执法现代化水平和信息化手段。

七、保障措施

（十八）加强组织领导。各地要高度重视水生生物资源养护工作，切实加强领导，明确目标任务，细化政策措施，确保各项任务落到实处。强化考核监督，把水生生物资源养护作为实施乡村振兴战略、促进生态文明建设的重要内容予以落实。要加强部门协同，不断完善渔业部门为主体，相关部门共同参与的水生生物资源养护管理体系。

（十九）强化科技支撑。要组织相关科研教学单位开展水生生物资源养护关键和基础技术研究，大力推广相关适用技术。要发挥各级各地科研院所、技术推广体系优势，加强人才培养和学术交流，培育水生生物资源养护科技领军专家，建设高素质专业化人才队伍。要加强水生生物资源养护宣传科普教育，营造良好社会氛围。

（二十）开展国际合作。扩大水生生物资源养护的国际交流与合作，积极参与生物多样性公约、濒危野生动植物种国际贸易公约等相关国际公约谈判磋商，做好国内履约工作。实施公海自主休渔，主动养护公海渔业资源，树立负责任国家形象。加强与有关国际组织、外国政府、非政府组织和民间团体等的交流与合作，促进水生生物资源养护知识、信息、科技交流和成果共享。

（二十一）完善多元投入。要争取将水生生物资源养护工作纳入地方政府和有关生态环境保护规划，积极争取加大财政投入力度，落实好现有资金项目，加大对水生生物资源养护的支持力度。要积极拓展个人捐助、企业投入等多种资金渠道，统筹利用好生态补偿资金，建立健全政府投入为主、社会投入为辅，各界广泛参与的多元化投入机制。

农业农村部

2022 年 11 月 20 日

国家林业和草原局、农业农村部公告（2021 年第 3 号）（国家重点保护野生动物名录）

《国家重点保护野生动物名录》（见附件）于 2021 年 1 月 4 日经国务院批准，现予以公布，自公布之日起施行。

本公告发布前已经合法开展人工繁育经营活动，因名录调整依法需要变更、申办有关管理证件、行政许可决定的，应当于 2021 年 6 月 30 日前提出申请，在行政许可决定作出前，可依法继续从事相关活动。

特此公告。

国家林业和草原局

农业农村部

2021 年 2 月 1 日

附件　国家重点保护野生动物名录

中文名	学名	保护级别		备注
脊索动物门 CHORDATA				
哺乳纲 MAMMALIA				
灵长目#	PRIMATES			
懒猴科	Lorisidae			
蜂猴	*Nycticebus bengalensis*	一级		
倭蜂猴	*Nycticebus pygmaeus*	一级		
猴科	Cercopithecidae			
短尾猴	*Macaca arctoides*		二级	
熊猴	*Macaca assamensis*		二级	
台湾猴	*Macaca cyclopis*	一级		
北豚尾猴	*Macaca leonina*	一级		原名“豚尾猴”
白颊猕猴	*Macaca leucogenys*		二级	
猕猴	*Macaca mulatta*		二级	
藏南猕猴	*Macaca munzala*		二级	
藏酋猴	*Macaca thibetana*		二级	
喜山长尾叶猴	*Semnopithecus schistaceus*	一级		
印支灰叶猴	*Trachypithecus crepusculus*	一级		

（续）

中文名	学名	保护级别		备注
黑叶猴	*Trachypithecus francoisi*	一级		
菲氏叶猴	*Trachypithecus phayrei*	一级		
戴帽叶猴	*Trachypithecus pileatus*	一级		
白头叶猴	*Trachypithecus leucocephalus*	一级		
肖氏乌叶猴	*Trachypithecus shortridgei*	一级		
滇金丝猴	*Rhinopithecus bieti*	一级		
黔金丝猴	*Rhinopithecus brelichi*	一级		
川金丝猴	*Rhinopithecus roxellana*	一级		
怒江金丝猴	*Rhinopithecus strykeri*	一级		
长臂猿科	Hylobatidae			
西白眉长臂猿	*Hoolock hoolock*	一级		
东白眉长臂猿	*Hoolock leuconedys*	一级		
高黎贡白眉长臂猿	*Hoolock tianxing*	一级		
白掌长臂猿	*Hylobates lar*	一级		
西黑冠长臂猿	*Nomascus concolor*	一级		
东黑冠长臂猿	*Nomascus nasutus*	一级		
海南长臂猿	*Nomascus hainanus*	一级		
北白颊长臂猿	*Nomascus leucogenys*	一级		
鳞甲目#	PHOLIDOTA			
鲮鲤科	Manidae			
印度穿山甲	*Manis crassicaudata*	一级		
马来穿山甲	*Manis javanica*	一级		
穿山甲	*Manis pentadactyla*	一级		
食肉目	CARNIVORA			
犬科	Canidae			
狼	*Canis lupus*		二级	
亚洲胡狼	*Canis aureus*		二级	
豺	*Cuon alpinus*	一级		
貉	*Nyctereutes procyonoides*		二级	仅限野外种群
沙狐	*Vulpes corsac*		二级	
藏狐	*Vulpes ferrilata*		二级	
赤狐	*Vulpes vulpes*		二级	
熊科#	Ursidae			
懒熊	*Melursus ursinus*		二级	

（续）

中文名	学名	保护级别		备注
马来熊	*Helarctos malayanus*	一级		
棕熊	*Ursus arctos*		二级	
黑熊	*Ursus thibetanus*		二级	
大熊猫科#	Ailuropodidae			
大熊猫	*Ailuropoda melanoleuca*	一级		
小熊猫科#	Ailuridae			
小熊猫	*Ailurus fulgens*		二级	
鼬科	Mustelidae			
黄喉貂	*Martes flavigula*		二级	
石貂	*Martes foina*		二级	
紫貂	*Martes zibellina*	一级		
貂熊	*Gulo gulo*	一级		
*小爪水獭	*Aonyx cinerea*		二级	
*水獭	*Lutra lutra*		二级	
*江獭	*Lutrogale perspicillata*		二级	
灵猫科	Viverridae			
大斑灵猫	*Viverra megaspila*	一级		
大灵猫	*Viverra zibetha*	一级		
小灵猫	*Viverricula indica*	一级		
椰子猫	*Paradoxurus hermaphroditus*		二级	
熊狸	*Arctictis binturong*	一级		
小齿狸	*Arctogalidia trivirgata*	一级		
缟灵猫	*Chrotogale owstoni*	一级		
林狸科	Ptionodontidae			
斑林狸	*Prionodon pardicolor*		二级	
猫科#	Felidae			
荒漠猫	*Felis bieti*	一级		
丛林猫	*Felis chaus*	一级		
草原斑猫	*Felis silvestris*		二级	
渔猫	*Felis viverrinus*		二级	
兔狲	*Otocolobus manul*		二级	
猞猁	*Lynx lynx*		二级	
云猫	*Pardofelis marmorata*		二级	
金猫	*Pardofelis temminckii*	一级		

（续）

中文名	学名	保护级别		备注
豹猫	*Prionailurus bengalensis*		二级	
云豹	*Neofelis nebulosa*	一级		
豹	*Panthera pardus*	一级		
虎	*Panthera tigris*	一级		
雪豹	*Panthera uncia*	一级		
海狮科#	Otariidae			
*北海狗	*Callorhinus ursinus*		二级	
*北海狮	*Eumetopias jubatus*		二级	
海豹科#	Phocidae			
*西太平洋斑海豹	*Phoca largha*	一级		原名“斑海豹”
*髯海豹	*Erignathus barbatus*		二级	
*环海豹	*Pusa hispida*		二级	
长鼻目#	PROBOSCIDEA			
象科	Elephantidae			
亚洲象	*Elephas maximus*	一级		
奇蹄目	PERISSODACTYLA			
马科	Equidae			
普氏野马	*Equus ferus*	一级		原名“野马”
蒙古野驴	*Equus hemionus*	一级		
藏野驴	*Equus kiang*	一级		原名“西藏野驴”
偶蹄目	ARTIODACTYLA			
骆驼科	Camelidae			原名“驼科”
野骆驼	*Camelus ferus*	一级		
鼷鹿科#	Tragulidae			
威氏鼷鹿	*Tragulus williamsoni*	一级		原名“鼷鹿”
麝科#	Moschidae			
安徽麝	*Moschus anhuiensis*	一级		
林麝	*Moschus berezovskii*	一级		
马麝	*Moschus chrysogaster*	一级		
黑麝	*Moschus fuscus*	一级		
喜马拉雅麝	*Moschus leucogaster*	一级		
原麝	*Moschus moschiferus*	一级		
鹿科	Cervidae			
獐	*Hydropotes inermis*		二级	原名“河麂”

（续）

中文名	学名	保护级别		备注
黑麂	*Muntiacus crinifrons*	一级		
贡山麂	*Muntiacus gongshanensis*		二级	
海南麂	*Muntiacus nigripes*		二级	
豚鹿	*Axis porcinus*	一级		
水鹿	*Cervus equinus*		二级	
梅花鹿	*Cervus nippon*	一级		仅限野外种群
马鹿	*Cervus canadensis*		二级	仅限野外种群
西藏马鹿（包括白臀鹿）	*Cervus wallichii*（*C. w. macneilli*）	一级		
塔里木马鹿	*Cervus yarkandensis*	一级		仅限野外种群
坡鹿	*Panolia siamensis*	一级		
白唇鹿	*Przewalskium albirostris*	一级		
麋鹿	*Elaphurus davidianus*	一级		
毛冠鹿	*Elaphodus cephalophus*		二级	
驼鹿	*Alces alces*	一级		
牛科	Bovidae			
野牛	*Bos gaurus*	一级		
爪哇野牛	*Bos javanicus*	一级		
野牦牛	*Bos mutus*	一级		
蒙原羚	*Procapra gutturosa*	一级		原名“黄羊”
藏原羚	*Procapra picticaudata*		二级	
普氏原羚	*Procapra przewalskii*	一级		
鹅喉羚	*Gazella subgutturosa*		二级	
藏羚	*Pantholops hodgsonii*	一级		
高鼻羚羊	*Saiga tatarica*	一级		
秦岭羚牛	*Budorcas bedfordi*	一级		
四川羚牛	*Budorcas tibetanus*	一级		
不丹羚牛	*Budorcas whitei*	一级		
贡山羚牛	*Budorcas taxicolor*	一级		
赤斑铃	*Naemorhedus baileyi*	一级		
长尾斑羚	*Naemorhedus caudatus*		二级	
缅甸斑羚	*Naemorhedus evansi*		二级	
喜马拉雅斑羚	*Naemorhedus goral*	一级		
中华斑羚	*Naemorhedus griseus*		二级	
塔尔羊	*Hemitragus jemlahicus*	一级		

（续）

中文名	学名	保护级别		备注
北山羊	*Capra sibirica*		二级	
岩羊	*Pseudois nayaur*		二级	
阿尔泰盘羊	*Ovis ammon*		二级	
哈萨克盘羊	*Ovis collium*		二级	
戈壁盘羊	*Ovis darwini*		二级	
西藏盘羊	*Ovis hodgsoni*	一级		
天山盘羊	*Ovis karelini*		二级	
帕米尔盘羊	*Ovis polii*		二级	
中华鬣羚	*Capricornis milneedwardsii*		二级	
红鬣羚	*Capricornis rubidus*		二级	
台湾鬣羚	*Capricornis swinhoei*	一级		
喜马拉雅鬣羚	*Capricornis thar*	一级		
啮齿目	RODENTIA			
河狸科#	Castoridae			
河狸	*Castor fiber*	一级		
松鼠科	Sciuridae			
巨松鼠	*Ratufa bicolor*		二级	
兔形目	LAGOMORPHA			
鼠兔科	Ochotonidae			
贺兰山鼠兔	*Ochotona argentata*		二级	
伊犁鼠兔	*Ochotona iliensis*		二级	
兔科	Leporidae			
粗毛兔	*Caprolagus hispidus*		二级	
海南兔	*Lepus hainanus*		二级	
雪兔	*Lepus timidus*		二级	
塔里木兔	*Lepus yarkandensis*		二级	
海牛目#	SIRENIA			
儒艮科	Dugongidae			
*儒艮	*Dugong dugon*	一级		
鲸目#	CETACEA			
露脊鲸科	Balaenidae			
*北太平洋露脊鲸	*Eubalaena japonica*	一级		
灰鲸科	Eschrichtiidae			
*灰鲸	*Eschrichtius robustus*	一级		

（续）

中文名	学名	保护级别		备注
须鲸科	Balaenopteridae			
* 蓝鲸	*Balaenoptera musculus*	一级		
* 小须鲸	*Balaenoptera acutorostrata*	一级		
* 塞鲸	*Balaenoptera borealis*	一级		
* 布氏鲸	*Balaenoptera edeni*	一级		
* 大村鲸	*Balaenoptera omurai*	一级		
* 长须鲸	*Balaenoptera physalus*	一级		
* 大翅鲸	*Megaptera novaeangliae*	一级		
白鱀豚科	Lipotidae			
* 白鱀豚	*Lipotes vexillifer*	一级		
恒河豚科	Platanistidae			
* 恒河豚	*Platanista gangetica*	一级		
海豚科	Delphinidae			
* 中华白海豚	*Sousa chinensis*	一级		
* 糙齿海豚	*Steno bredanensis*		二级	
* 热带点斑原海豚	*Stenella attenuata*		二级	
* 条纹原海豚	*Stenella coeruleoalba*		二级	
* 飞旋原海豚	*Stenella longirostris*		二级	
* 长喙真海豚	*Delphinus capensis*		二级	
* 真海豚	*Delphinus delphis*		二级	
* 印太瓶鼻海豚	*Tursiops aduncus*		二级	
* 瓶鼻海豚	*Tursiops truncatus*		二级	
* 弗氏海豚	*Lagenodelphis hosei*		二级	
* 里氏海豚	*Grampus griseus*		二级	
* 太平洋斑纹海豚	*Lagenorhynchus obliquidens*		二级	
* 瓜头鲸	*Peponocephala electra*		二级	
* 虎鲸	*Orcinus orca*		二级	
* 伪虎鲸	*Pseudorca crassidens*		二级	
* 小虎鲸	*Feresa attenuata*		二级	
* 短肢领航鲸	*Globicephala macrorhynchus*		二级	
鼠海豚科	Phocoenidae			
* 长江江豚	*Neophocaena asiaeorientalis*	一级		
* 东亚江豚	*Neophocaena sunameri*		二级	
* 印太江豚	*Neophocaena phocaenoides*		二级	

（续）

中文名	学名	保护级别		备注
抹香鲸科	Physeteridae			
* 抹香鲸	*Physeter macrocephalus*	一级		
* 小抹香鲸	*Kogia breviceps*		二级	
侏抹香鲸	*Kogia sima*		二级	
喙鲸科	Ziphidae			
* 鹅喙鲸	*Ziphius cavirostris*		二级	
* 柏氏中喙鲸	*Mesoplodon densirostris*		二级	
* 银杏齿中喙鲸	*Mesoplodon ginkgodens*		二级	
* 小中喙鲸	*Mesoplodon peruvianus*		二级	
* 贝氏喙鲸	*Berardius bairdii*		二级	
* 朗氏喙鲸	*Indopacetus pacificus*		二级	
	鸟纲 AVES			
鸡形目	GALLIFORMES			
雉科	Phasianidae			
环颈山鹧鸪	*Arborophila torqueola*		二级	
四川山鹧鸪	*Arborophila rufipectus*	一级		
红喉山鹧鸪	*Arborophila rufogularis*		二级	
白眉山鹧鸪	*Arborophila gingica*		二级	
白颊山鹧鸪	*Arborophila atrogularis*		二级	
褐胸山鹧鸪	*Arborophila brunneopectus*		二级	
红胸山鹧鸪	*Arborophila mandellii*		二级	
台湾山鹧鸪	*Arborophila crudigularis*		二级	
海南山鹧鸪	*Arborophila ardens*	一级		
绿脚树鹧鸪	*Tropicoperdix chloropus*		二级	
花尾榛鸡	*Tetrastes bonasia*		二级	
斑尾榛鸡	*Tetrastes sewerzowi*	一级		
镰翅鸡	*Falcipennis falcipennis*		二级	
松鸡	*Tetrao urogallus*		二级	
黑嘴松鸡	*Tetrao urogalloides*	一级		原名“细嘴松鸡”
黑琴鸡	*Lyrurus tetrix*	一级		
岩雷鸟	*Lagopus muta*		二级	
柳雷鸟	*Lagopus lagopus*		二级	
红喉雉鹑	*Tetraophasis obscurus*	一级		
黄喉雉鹑	*Tetraophasis szechenyii*	一级		
暗腹雪鸡	*Tetraogallus himalayensis*		二级	

（续）

中文名	学名	保护级别		备注
藏雪鸡	*Tetraogallus tibetanus*		二级	
阿尔泰雪鸡	*Tetraogallus altaicus*		二级	
大石鸡	*Alectoris magna*		二级	
血雉	*Ithaginis cruentus*		二级	
黑头角雉	*Tragopan melanocephalus*	一级		
红胸角雉	*Tragopan satyra*	一级		
灰腹角雉	*Tragopan blythii*	一级		
红腹角雉	*Tragopan temminckii*		二级	
黄腹角雉	*Tragopan caboti*	一级		
勺鸡	*Pucrasia macrolopha*		二级	
棕尾虹雉	*Lophophorus impejanus*	一级		
白尾梢虹雉	*Lophophorus sclateri*	一级		
绿尾虹雉	*Lophophorus lhuysii*	一级		
红原鸡	*Gallus gallus*		二级	原名“原鸡”
黑鹇	*Lophura leucomelanos*		二级	
白鹇	*Lophura nycthemera*		二级	
蓝腹鹇	*Lophura swinhoii*	一级		原名“蓝鹇”
白马鸡	*Crossoptilon crossoptilon*		二级	
藏马鸡	*Crossoptilon harmani*		二级	
褐马鸡	*Crossoptilon mantchuricum*	一级		
蓝马鸡	*Crossoptilon auritum*		二级	
白颈长尾雉	*Syrmaticus ellioti*	一级		
黑颈长尾雉	*Syrmaticus humiae*	一级		
黑长尾雉	*Syrmaticus mikado*	一级		
白冠长尾雉	*Syrmaticus reevesii*	一级		
红腹锦鸡	*Chrysolophus pictus*		二级	
白腹锦鸡	*Chrysolophus amherstiae*		二级	
灰孔雀雉	*Polyplectron bicalcaratum*	一级		
海南孔雀雉	*Polyplectron katsumatae*	一级		
绿孔雀	*Pavo muticus*	一级		
雁形目	ANSERIFORMES			
鸭科	Anatidae			
栗树鸭	*Dendrocygna javanica*		二级	
鸿雁	*Anser cygnoid*		二级	

（续）

中文名	学名	保护级别		备注
白额雁	*Anser albifrons*		二级	
小白额雁	*Anser erythropus*		二级	
红胸黑雁	*Branta ruficollis*		二级	
疣鼻天鹅	*Cygnus olor*		二级	
小天鹅	*Cygnus columbianus*		二级	
大天鹅	*Cygnus cygnus*		二级	
鸳鸯	*Aix galericulata*		二级	
棉凫	*Nettapus coromandelianus*		二级	
花脸鸭	*Sibirionetta formosa*		二级	
云石斑鸭	*Marmaronetta angustirostris*		二级	
青头潜鸭	*Aythya baeri*	一级		
斑头秋沙鸭	*Mergellus albellus*		二级	
中华秋沙鸭	*Mergus squamatus*	一级		
白头硬尾鸭	*Oxyura leucocephala*	一级		
白翅栖鸭	*Asarcornis scutulata*		二级	
䴙䴘目	PODICIPEDIFORMES			
䴙䴘科	Podicipedidae			
赤颈䴙䴘	*Podiceps grisegena*		二级	
角䴙䴘	*Podiceps auritus*		二级	
黑颈䴙䴘	*Podiceps nigricollis*		二级	
鸽形目	COLUMBIFORMES			
鸠鸽科	Columbidae			
中亚鸽	*Columba eversmanni*		二级	
斑尾林鸽	*Columba palumbus*		二级	
紫林鸽	*Columba punicea*		二级	
斑尾鹃鸠	*Macropygia unchall*		二级	
菲律宾鹃鸠	*Macropygia tenuirostris*		二级	
小鹃鸠	*Macropygia ruficeps*	一级		原名"棕头鹃鸠"
橙胸绿鸠	*Treron bicinctus*		二级	
灰头绿鸠	*Treron pompadora*		二级	
厚嘴绿鸠	*Treron curvirostra*		二级	
黄脚绿鸠	*Treron phoenicopterus*		二级	
针尾绿鸠	*Treron apicauda*		二级	
楔尾绿鸠	*Treron sphenurus*		二级	

（续）

中文名	学名	保护级别		备注
红翅绿鸠	*Treron sieboldii*		二级	
红顶绿鸠	*Treron formosae*		二级	
黑颏果鸠	*Ptilinopus leclancheri*		二级	
绿皇鸠	*Ducula aenea*		二级	
山皇鸠	*Ducula badia*		二级	
沙鸡目	PTEROCLIFORMES			
沙鸡科	Pteroclidae			
黑腹沙鸡	*Pterocles orientalis*		二级	
夜鹰目	CAPRIMULGIFORMES			
蛙口夜鹰科	Podargidae			
黑顶蛙口夜鹰	*Batrachostomus hodgsoni*		二级	
凤头雨燕科	Hemiprocnidae			
凤头雨燕	*Hemiprocne coronata*		二级	
雨燕科	Apodidae			
爪哇金丝燕	*Aerodramus fuciphagus*		二级	
灰喉针尾雨燕	*Hirundapus cochinchinensis*		二级	
鹃形目	CUCULIFORMES			
杜鹃科	Cuculidae			
褐翅鸦鹃	*Centropus sinensis*		二级	
小鸦鹃	*Centropus bengalensis*		二级	
鸨形目#	OTIDIFORMES			
鸨科	Otididae			
大鸨	*Otis tarda*	一级		
波斑鸨	*Chlamydotis macqueenii*	一级		
小鸨	*Tetrax tetrax*	一级		
鹤形目	GRUIFORMES			
秧鸡科	Rallidae			
花田鸡	*Coturnicops exquisitus*		二级	
长脚秧鸡	*Crex crex*		二级	
棕背田鸡	*Zapornia bicolor*		二级	
姬田鸡	*Zapornia parva*		二级	
斑胁田鸡	*Zaprnia paykullii*		二级	
紫水鸡	*Porphyrio porphyrio*		二级	
鹤科#	Gruidae			

（续）

中文名	学名	保护级别		备注
白鹤	*Grus leucogeranus*	一级		
沙丘鹤	*Grus canadensis*		二级	
白枕鹤	*Grus vipio*	一级		
赤颈鹤	*Grus antigone*	一级		
蓑羽鹤	*Grus virgo*		二级	
丹顶鹤	*Grus japonensis*	一级		
灰鹤	*Grus grus*		二级	
白头鹤	*Grus monacha*	一级		
黑颈鹤	*Grus nigricollis*	一级		
鸻形目	CHARADRIIFORMES			
石鸻科	Burhinidae			
大石鸻	*Esacus recurvirostris*		二级	
鹮嘴鹬科	Ibidorhynchidae			
鹮嘴鹬	*Ibidorhyncha struthersii*		二级	
鸻科	Charadriidae			
黄颊麦鸡	*Vanellus gregarius*		二级	
水雉科	Jacanidae			
水雉	*Hydrophasianus chirurgus*		二级	
铜翅水雉	*Metopidius indicus*		二级	
鹬科	Scolopacidae			
林沙锥	*Gallinago nemoricola*		二级	
半蹼鹬	*Limnodromus semipalmatus*		二级	
小杓鹬	*Numenius minutus*		二级	
白腰杓鹬	*Numenius arquata*		二级	
大杓鹬	*Numenius madagascariensis*		二级	
小青脚鹬	*Tringa guttifer*	一级		
翻石鹬	*Arenaria interpres*		二级	
大滨鹬	*Calidris tenuirostris*		二级	
勺嘴鹬	*Calidris pygmaea*	一级		
阔嘴鹬	*Calidris falcinellus*		二级	
燕鸻科	Glareolidae			
灰燕鸻	*Glareola lactea*		二级	
鸥科	Laridae			
黑嘴鸥	*Saundersilarus saundersi*	一级		

（续）

中文名	学名	保护级别		备注
小鸥	*Hydrocoloeus minutus*		二级	
遗鸥	*Ichthyaetus relictus*	一级		
大凤头燕鸥	*Thalasseus bergii*		二级	
中华凤头燕鸥	*Thalasseus bernsteini*	一级		原名“黑嘴端凤头燕鸥”
河燕鸥	*Sterna aurantia*	一级		原名“黄嘴河燕鸥”
黑腹燕鸥	*Sterna acuticauda*		二级	
黑浮鸥	*Chlidonias niger*		二级	
海雀科	Alcidae			
冠海雀	*Synthliboramphus wumizusume*		二级	
鹱形目	PROCELLARIIFORMES			
信天翁科	Diomedeidae			
黑脚信天翁	*Phoebastria nigripes*	一级		
短尾信天翁	*Phoebastria albatrus*	一级		
鹳形目	CICONIIFORMES			
鹳科	Ciconiidae			
彩鹳	*Mycteria leucocephala*	一级		
黑鹳	*Ciconia nigra*	一级		
白鹳	*Ciconia ciconia*	一级		
东方白鹳	*Ciconia boyciana*	一级		
秃鹳	*Leptoptilos javanicus*		二级	
鲣鸟目	SULIFORMES			
军舰鸟科	Fregatidae			
白腹军舰鸟	*Fregata andrewsi*	一级		
黑腹军舰鸟	*Fregata minor*		二级	
白斑军舰鸟	*Fregata ariel*		二级	
鲣鸟科#	Sulidae			
蓝脸鲣鸟	*Sula dactylatra*		二级	
红脚鲣鸟	*Sula sula*		二级	
褐鲣鸟	*Sula leucogaster*		二级	
鸬鹚科	Phalacrocoracidae			
黑颈鸬鹚	*Microcarbo niger*		二级	
海鸬鹚	*Phalacrocorax pelagicus*		二级	
鹈形目	PELECANIFORMES			
鹮科	Threskiornithidae			
黑头白鹮	*Threskiornis melanocephalus*	一级		原名“白鹮”

（续）

中文名	学名	保护级别		备注
白肩黑鹮	*Pseudibis davisoni*	一级		原名“黑鹮”
朱鹮	*Nipponia nippon*	一级		
彩鹮	*Plegadis falcinellus*	一级		
白琵鹭	*Plaialea leucorodia*		二级	
黑脸琵鹭	*Platalea minor*	一级		
鹭科	Ardeidae			
小苇鳽	*Ixobrychus minutus*		二级	
海南鳽	*Gorsachius magnificus*	一级		原名“海南虎斑鳽”
栗头鳽	*Gorsachius goisagi*		二级	
黑冠鳽	*Gorsachius melanolophus*		二级	
白腹鹭	*Ardea insignis*	一级		
岩鹭	*Egretta sacra*		二级	
黄嘴白鹭	*Egretta eulophotes*	一级		
鹈鹕科#	Pelecanidae			
白鹈鹕	*Pelecanus onocrotalus*	一级		
斑嘴鹈鹕	*Pelecanus philippensis*	一级		
卷羽鹈鹕	*Pelecanus crispus*	一级		
鹰形目#	ACCIPITRIFORMES			
鹗科	Pandionidae			
鹗	*Pandion haliaetus*		二级	
鹰科	Accipitridae			
黑翅鸢	*Elanus caeruleus*		二级	
胡兀鹫	*Gypaetus barbatus*	一级		
白兀鹫	*Neophron percnopterus*		二级	
鹃头蜂鹰	*Pernis apivorus*		二级	
凤头蜂鹰	*Pernis ptilorhynchus*		二级	
褐冠鹃隼	*Aviceda jerdoni*		二级	
黑冠鹃隼	*Aviceda leuphotes*		二级	
兀鹫	*Gyps fulvus*		二级	
长嘴兀鹫	*Gyps indicus*		二级	
白背兀鹫	*Gyps bengalensis*	一级		原名“拟兀鹫”
高山兀鹫	*Gyps himalayensis*		二级	
黑兀鹫	*Sarcogyps calvus*	一级		
秃鹫	*Aegypius monachus*	一级		

（续）

中文名	学名	保护级别		备注
蛇雕	*Spilornis cheela*		二级	
短趾雕	*Circaetus gallicus*		二级	
凤头鹰雕	*Nisaetus cirrhatus*		二级	
鹰雕	*Nisaetus nipalensis*		二级	
棕腹隼雕	*Lophotriorchis kienerii*		二级	
林雕	*Ictinaetus malaiensis*		二级	
乌雕	*Clanga clanga*	一级		
靴隼雕	*Hieraaetus pennatus*		二级	
草原雕	*Aquila nipalensis*	一级		
白肩雕	*Aquila heliaca*	一级		
金雕	*Aquila chrysaetos*	一级		
白腹隼雕	*Aquila fasciata*		二级	
凤头鹰	*Accipiter trivirgatus*		二级	
褐耳鹰	*Accipiter badius*		二级	
赤腹鹰	*Accipiter soloensis*		二级	
日本松雀鹰	*Accipiter gularis*		二级	
松雀鹰	*Accipiter virgatus*		二级	
雀鹰	*Accipiter nisus*		二级	
苍鹰	*Accipiter gentilis*		二级	
白头鹞	*Circus aeruginosus*		二级	
白腹鹞	*Circus spilonotus*		二级	
白尾鹞	*Circus cyaneus*		二级	
草原鹞	*Circus macrourus*		二级	
鹊鹞	*Circus melanoleucos*		二级	
乌灰鹞	*Circus pygargus*		二级	
黑鸢	*Milvus migrans*		二级	
栗鸢	*Haliastur indus*		二级	
白腹海雕	*Haliaeetus leucogaster*	一级		
玉带海雕	*Hatiaeetus ieucoryphus*	一级		
白尾海雕	*Haliaeetus albicilla*	一级		
虎头海雕	*Haliaeetus pelagicus*	一级		
渔雕	*Icthyophaga humilis*		二级	
白眼鵟鹰	*Butastur teesa*		二级	
棕翅鵟鹰	*Butastur liventer*		二级	

（续）

中文名	学名	保护级别		备注
灰脸鵟鹰	*Butastur indicus*		二级	
毛脚鵟	*Buteo lagopus*		二级	
大鵟	*Buteo hemilasius*		二级	
普通鵟	*Buteo japonicus*		二级	
喜山鵟	*Buteo refectus*		二级	
欧亚鵟	*Buteo buteo*		二级	
棕尾鵟	*Buteo rufinus*		二级	
鸮形目#	STRIGIFORMES			
鸱鸮科	Strigidae			
黄嘴角鸮	*Otus spilocephalus*		二级	
领角鸮	*Otus lettia*		二级	
北领角鸮	*Otus semitorques*		二级	
纵纹角鸮	*Otus brucei*		二级	
西红角鸮	*Otus scops*		二级	
红角鸮	*Otus sunia*		二级	
优雅角鸮	*Otus elegans*		二级	
雪鸮	*Bubo scandiacus*		二级	
雕鸮	*Bubo bubo*		二级	
林雕鸮	*Bubo nipalensis*		二级	
毛腿雕鸮	*Bubo blakistoni*	一级		
褐渔鸮	*Ketupa zeylonensis*		二级	
黄腿渔鸮	*Ketupa flavipes*		二级	
褐林鸮	*Strix leptogrammica*		二级	
灰林鸮	*Strix aluco*		二级	
长尾林鸮	*Strix uralensis*		二级	
四川林鸮	*Strix davidi*	一级		
乌林鸮	*Strix nebulosa*		二级	
猛鸮	*Surnia ulula*		二级	
花头鸺鹠	*Glaucidium passerinum*		二级	
领鸺鹠	*Glaucidium brodiei*		二级	
斑头鸺鹠	*Glaucidium cuculoides*		二级	
纵纹腹小鸮	*Athene noctua*		二级	
横斑腹小鸮	*Athene brama*		二级	
鬼鸮	*Aegolius funereus*		二级	

（续）

中文名	学名	保护级别		备注
鹰鸮	*Ninox scutulata*		二级	
日本鹰鸮	*Ninox japonica*		二级	
长耳鸮	*Asio otus*		二级	
短耳鸮	*Asio flammeus*		二级	
草鸮科	Tytonidae			
仓鸮	*Tyto alba*		二级	
草鸮	*Tyto longimembris*		二级	
栗鸮	*Phodilus badius*		二级	
咬鹃目#	TROGONIFORMES			
咬鹃科	Trogonidae			
橙胸咬鹃	*Harpactes oreskios*		二级	
红头咬鹃	*Harpactes erythrocephalus*		二级	
红腹咬鹃	*Harpactes wardi*		二级	
犀鸟目	BUCEROTIFORMES			
犀鸟科#	*Bucerotidae*			
白喉犀鸟	*Anorrhinus austeni*	一级		
冠斑犀鸟	*Anthracoceros albirostris*	一级		
双角犀鸟	*Buceros bicornis*	一级		
棕颈犀鸟	*Aceros nipalensis*	一级		
花冠皱盔犀鸟	*Rhyticeros undulatus*	一级		
佛法僧目	CORACIIFORMES			
蜂虎科	Meropidae			
赤须蜂虎	*Nyctyornis amictus*		二级	
蓝须蜂虎	*Nyctyornis athertoni*		二级	
绿喉蜂虎	*Merops orientalis*		二级	
蓝颊蜂虎	*Merops persicus*		二级	
栗喉蜂虎	*Merops philippinus*		二级	
彩虹蜂虎	*Merops ornatus*		二级	
蓝喉蜂虎	*Merops viridis*		二级	
栗头蜂虎	*Merops leschenaulti*		二级	原名“黑胸蜂虎”
翠鸟科	Alcedinidae			
鹳嘴翡翠	*Pelargopsis capensis*		二级	原名“鹳嘴翠鸟”
白胸翡翠	*Halcyon smyrnensis*		二级	
蓝耳翠鸟	*Alcedo meninting*		二级	

（续）

中文名	学名	保护级别		备注
斑头大翠鸟	*Alcedo Hercules*		二级	
啄木鸟目	PICIFORMES			
啄木鸟科	Picidae			
白翅啄木鸟	*Dendrocopos leucopterus*		二级	
三趾啄木鸟	*Picoides tridactylus*		二级	
白腹黑啄木鸟	*Dryocopus javensis*		二级	
黑啄木鸟	*Dryocopus martius*		二级	
大黄冠啄木鸟	*Chrysophlegma flavinucha*		二级	
黄冠啄木鸟	*Picus chlorolophus*		二级	
红颈绿啄木鸟	*Picus rabieri*		二级	
大灰啄木鸟	*Mulleripicus pulverulentus*		二级	
隼形目#	FALCONIFORMES			
隼科	Falconidae			
红腿小隼	*Microhierax caerulescens*		二级	
白腿小隼	*Microhierax melanoleucos*		二级	
黄爪隼	*Falco naumanni*		二级	
红隼	*Falco tinnunculus*		二级	
西红脚隼	*Falco vespertinus*		二级	
红脚隼	*Falco amurensis*		二级	
灰背隼	*Falco columbarius*		二级	
燕隼	*Falco subbuteo*		二级	
猛隼	*Falco severus*		二级	
猎隼	*Falco cherrug*	一级		
矛隼	*Falco rusticolus*	一级		
游隼	*Falco peregrinus*		二级	
鹦鹉目#	PSITTACIFORMES			
鹦鹉科	Psittacidae			
短尾鹦鹉	*Loriculus vernalis*		二级	
蓝腰鹦鹉	*Psittinus cyanurus*		二级	
亚历山大鹦鹉	*Psittacula eupatria*		二级	
红领绿鹦鹉	*Psittacula krameri*		二级	
青头鹦鹉	*Psittacula himalayana*		二级	
灰头鹦鹉	*Psittacula finschii*		二级	
花头鹦鹉	*Psittacula roseata*		二级	

（续）

中文名	学名	保护级别		备注
大紫胸鹦鹉	*Psittacula derbiana*		二级	
绯胸鹦鹉	*Psittacula alexandri*		二级	
雀形目	PASSERIFORMES			
八色鸫科#	Pittidae			
双辫八色鸫	*Pitta phayrei*		二级	
蓝枕八色鸫	*Pitta nipalensis*		二级	
蓝背八色鸫	*Pitta soror*		二级	
栗头八色鸫	*Pitta oatesi*		二级	
蓝八色鸫	*Pitta cyanea*		二级	
绿胸八色鸫	*Pitta sordida*		二级	
仙八色鸫	*Pitta nympha*		二级	
蓝翅八色鸫	*Pitta moluccensis*		二级	
阔嘴鸟科#	Eurylaimidae			
长尾阔嘴鸟	*Psarisomus dalhousiae*		二级	
银胸丝冠鸟	*Serilophus lunatus*		二级	
黄鹂科	Oriolidae			
鹊鹂	*Oriolus mellianus*		二级	
卷尾科	Dicruridae			
小盘尾	*Dicrurus remifer*		二级	
大盘尾	*Dicrurus paradiseus*		二级	
鸦科	Corvidae			
黑头噪鸦	*Perisoreus internigrans*	一级		
蓝绿鹊	*Cissa chinensis*		二级	
黄胸绿鹊	*Cissa hypoleuca*		二级	
黑尾地鸦	*Podoces hendersoni*		二级	
白尾地鸦	*Podoces biddulphi*		二级	
山雀科	Paridae			
白眉山雀	*Poecile superciliosus*		二级	
红腹山雀	*Poecile davidi*		二级	
百灵科	Alaudidae			
歌百灵	*Mirafra javanica*		二级	
蒙古百灵	*Melanocorypha mongolica*		二级	
云雀	*Alauda arvensis*		二级	
苇莺科	Acrocephalidae			

（续）

中文名	学名	保护级别		备注
细纹苇莺	*Acrocephalus sorghophilus*		二级	
鹎科	Pycnonotidae			
台湾鹎	*Pycnonotus taivanus*		二级	
莺鹛科	Sylviidae			
金胸雀鹛	*Lioparus chrysotis*		二级	
宝兴鹛雀	*Moupinia poecilotis*		二级	
中华雀鹛	*Fulvetta striaticollis*		二级	
三趾鸦雀	*Cholornis paradoxus*		二级	
白眶鸦雀	*Sinosuthora conspicillata*		二级	
暗色鸦雀	*Sinosuthora zappeyi*		二级	
灰冠鸦雀	*Sinosuthora przewalskii*	一级		
短尾鸦雀	*Neosuthora davidiana*		二级	
震旦鸦雀	*Paradoxorni heudei*		二级	
绣眼鸟科	Zosteropidae			
红胁绣眼鸟	*Zosterops erythropleurus*		二级	
林鹛科	Timaliidae			
淡喉鹩鹛	*Spelaeornis kinneari*		二级	
弄岗穗鹛	*Siachyris nonggangensis*		二级	
幽鹛科	Pellorneidae			
金额雀鹛	*Schoeniparus variegaticeps*	一级		
噪鹛科	Leiothrichidae			
大草鹛	*Babax waddelli*		二级	
棕草鹛	*Babax koslowi*		二级	
画眉	*Garrulax canorus*		二级	
海南画眉	*Garrulax owstoni*		二级	
台湾画眉	*Garrulax taewanus*		二级	
褐胸噪鹛	*Garrulax maesi*		二级	
黑额山噪鹛	*Garrulax sukatschewi*	一级		
斑背噪鹛	*Garrulax lunulatus*		二级	
白点噪鹛	*Garrulax bieti*	一级		
大噪鹛	*Garrulax maximus*		二级	
眼纹噪鹛	*Garrulax ocellatus*		二级	
黑喉噪鹛	*Garrulax chinensis*		二级	
蓝冠噪鹛	*Garrulax courtoisi*	一级		

（续）

中文名	学名	保护级别		备注
棕噪鹛	*Garrulax berthemyi*		二级	
橙翅噪鹛	*Trochalopteron elliotii*		二级	
红翅噪鹛	*Trochalopteron formosum*		二级	
红尾噪鹛	*Trochalopteron milnei*		二级	
黑冠薮鹛	*Liocichla bugunorum*	一级		
灰胸薮鹛	*Liocichla omeiensis*	一级		
银耳相思鸟	*Leiothrix argentauris*		二级	
红嘴相思鸟	*Leiothrix lutea*		二级	
旋木雀科	Certhiidae			
四川旋木雀	*Certhia tianquanensis*		二级	
䴓科	Sittidae			
滇䴓	*Sitta yunnanensis*		二级	
巨䴓	*Sitta magna*		二级	
丽䴓	*Sitta formosa*		二级	
椋鸟科	Sturnidae			
鹩哥	*Gracula religiosa*		二级	
鸫科	Turdidae			
褐头鸫	*Turdus feae*		二级	
紫宽嘴鸫	*Cochoa purpurea*		二级	
绿宽嘴鸫	*Cochoa viridis*		二级	
鹟科	Muscicapidae			
棕头歌鸲	*Larvivora ruficeps*	一级		
红喉歌鸲	*Calliope calliope*		二级	
黑喉歌鸲	*Calliope obscura*		二级	
金胸歌鸲	*Calliope pectardens*		二级	
蓝喉歌鸲	*Luscinia svecica*		二级	
新疆歌鸲	*Luscinia megarhynchos*		二级	
棕腹林鸲	*Tarsiger hyperythrus*		二级	
贺兰山红尾鸲	*Phoenicurus alaschanicus*		二级	
白喉石䳭	*Saxicola insignis*		二级	
白喉林鹟	*Cyornis brunneatus*		二级	
棕腹大仙鹟	*Nilta vadavidi*		二级	
大仙鹟	*Niltava grandis*		二级	
岩鹨科	Prunellidae			

（续）

中文名	学名	保护级别		备注
贺兰山岩鹨	*Prunella koslowi*		二级	
朱鹀科	Urocynchramidae			
朱鹀	*Urocynchramus pylzowi*		二级	
燕雀科	Fringillidae			
褐头朱雀	*Carpodacus sillemi*		二级	
藏雀	*Carpodacus roborowskii*		二级	
北朱雀	*Carpodacus roseus*		二级	
红交嘴雀	*Loxia curvirostra*		二级	
鹀科	Emberizidae			
蓝鹀	*Emberiza siemsseni*		二级	
栗斑腹鹀	*Emberizajankowskii*	一级		
黄胸鹀	*Emberiza aureola*	一级		
藏鹀	*Emberiza koslowi*		二级	
	爬行纲 REPTILIA			
龟鳖目	TESTUDINES			
平胸龟科#	Platysternidae			
*平胸龟	*Platysternon megacephalum*		二级	仅限野外种群
陆龟科#	Testudinidae			
缅甸陆龟	*Indotestudo elongata*	一级		
凹甲陆龟	*Manouria impressa*	一级		
四爪陆龟	*Testudo horsfieldii*	一级		
地龟科	Geoemydidae			
*欧氏摄龟	*Cyclemys oldhamii*		二级	
*黑颈乌龟	*Mauremys nigricans*		二级	仅限野外种群
*乌龟	*Mauremys reevesii*		二级	仅限野外种群
*花龟	*Mauremys sinensis*		二级	仅限野外种群
*黄喉拟水龟	*Mauremys mutica*		二级	仅限野外种群
*闭壳龟属所有种	*Cuora* spp.		二级	仅限野外种群
*地龟	*Geoemyda spengleri*		二级	
*眼斑水龟	*Sacalia bealei*		二级	仅限野外种群
*四眼斑水龟	*Sacalia quadriocellata*		二级	仅限野外种群
海龟科#	Cheloniidae			
*红海龟	*Caretta caretta*	一级		原名“蠵龟”
*绿海龟	*Chelonia mydas*	一级		
*玳瑁	*Eretmochelys imbricata*	一级		

（续）

中文名	学名	保护级别		备注
*太平洋丽龟	*Lepidochelys olivacea*	一级		
棱皮龟科#	Dermochelyidae			
*棱皮龟	*Dermochelys coriacea*	一级		
鳖科	Trionychidae			
*鼋	*Pelochelys cantorii*	一级		
*山瑞鳖	*Palea steindachneri*		二级	仅限野外种群
*斑鳖	*Rafetus swinhoei*	一级		
有鳞目	SQUAMATA			
壁虎科	Gekkonidae			
大壁虎	*Gekko gecko*		二级	
黑疣大壁虎	*Gekko reevesii*		二级	
球趾虎科	Sphaerodactylidae			
伊犁沙虎	*Teratoscincus scincus*		二级	
吐鲁番沙虎	*Teratoscincus roborowskii*		二级	
睑虎科#	Eublepharidae			
英德睑虎	*Goniurosaurus yingdeensis*		二级	
越南睑虎	*Goniurosaurus araneus*		二级	
霸王岭睑虎	*Goniurosaurus bawanglingensis*		二级	
海南睑虎	*Goniurosaurus hainanensis*		二级	
嘉道理睑虎	*Goniurosaurus kadoorieorum*		二级	
广西睑虎	*Goniurosaurus kwangsiensis*		二级	
荔波睑虎	*Goniurosaurus liboensis*		二级	
凭祥睑虎	*Goniurosaurus luii*		二级	
蒲氏睑虎	*Goniurosaurus zhelongi*		二级	
周氏睑虎	*Goniurosaurus zhoui*		二级	
鬣蜥科	Agamidae			
巴塘龙蜥	*Diploderma batangense*		二级	
短尾龙蜥	*Diploderma brevicaudum*		二级	
侏龙蜥	*Diploderma drukdaypo*		二级	
滑腹龙蜥	*Diploderma laeviventre*		二级	
宜兰龙蜥	*Diploderma luei*		二级	
溪头龙蜥	*Diploderma makii*		二级	
帆背龙蜥	*Diploderma vela*		二级	
蜡皮蜥	*Leiolepis reevesii*		二级	

（续）

中文名	学名	保护级别		备注
贵南沙蜥	*Phrynocephalus guinanensis*		二级	
大耳沙蜥	*Phrynocephalus mystaceus*	一级		
长鬣蜥	*Physignathus cocincinus*		二级	
蛇蜥科#	Anguidae			
细脆蛇蜥	*Ophisaurus gracilis*		二级	
海南脆蛇蜥	*Ophisaurus hainanensis*		二级	
脆蛇蜥	*Ophisaurus harti*		二级	
鳄蜥科	Shinisauridae			
鳄蜥	*Shinisaurus crocodilurus*	一级		
巨蜥科#	Varanidae			
孟加拉巨蜥	*Varanus bengalensis*	一级		
圆鼻巨蜥	*Varanus salvator*	一级		原名"巨蜥”
石龙子科	Scincidae			
桓仁滑蜥	*Scincella huanrenensis*		二级	
双足蜥科	Dibamidae			
香港双足蜥	*Dibamus bogadeki*		二级	
盲蛇科	Typhlopidae			
香港盲蛇	*Jndotyphlops lazelli*		二级	
筒蛇科	Cylindrophiidae			
红尾筒蛇	*Cylindrophis ruffus*		二级	
闪鳞蛇科	Xenopeltidae			
闪鳞蛇	*Xenopeltis unicolor*		二级	
蚺科#	Boidae			
红沙蟒	*Eryx miliaris*		二级	
东方沙蟒	*Eryx tataricus*		二级	
蟒科#	Pythonidae			
蟒蛇	*Python bivittatus*		二级	原名“蟒”
闪皮蛇科	Xenodermidae			
井冈山脊蛇	*Achalinus jinggangensis*		二级	
游蛇科	Colubridae			
三索蛇	*Coelognathus radiatus*		二级	
团花锦蛇	*Elaphe davidi*		二级	
横斑锦蛇	*Euprepiophis perlaceus*		二级	
尖喙蛇	*Rhynchophis boulengeri*		二级	

（续）

中文名	学名	保护级别		备注
西藏温泉蛇	*Thermophis baileyi*	一级		
香格里拉温泉蛇	*Thermophis shangrila*	一级		
四川温泉蛇	*Thermophis zhaoermii*	一级		
黑网乌梢蛇	*Zaocys carinatus*		二级	
瘰鳞蛇科	Acrochordidae			
*瘰鳞蛇	*Acrochordus granulatus*		二级	
眼镜蛇科	Elapidae			
眼镜王蛇	*Ophiophagus hannah*		二级	
*蓝灰扁尾海蛇	*Laticauda colubrina*		二级	
*扁尾海蛇	*Laticauda laticaudata*		二级	
*半环扁尾海蛇	*Laticauda semifasciata*		二级	
*龟头海蛇	*Emydocephalus ijimae*		二级	
*青环海蛇	*Hydrophis cyanocinctus*		二级	
*环纹海蛇	*Hydrophis fasciatus*		二级	
*黑头海蛇	*Hydrophis melanocephalus*		二级	
*淡灰海蛇	*Hydrophis ornatus*		二级	
*棘眦海蛇	*Hydrophis peronii*		二级	
*棘鳞海蛇	*Hydrophis stokesii*		二级	
*青灰海蛇	*Hydrophis caerulescens*		二级	
*平颏海蛇	*Hydrophis curtus*		二级	
*小头海蛇	*Hydrophis gracilis*		二级	
*长吻海蛇	*Hydrophis platurus*		二级	
*截吻海蛇	*Hydrophis jerdonii*		二级	
*海蝰	*Hydrophis viperinus*		二级	
蝰科	Viperidae			
泰国圆斑蝰	*Daboia siamensis*		二级	
蛇岛蝮	*Gloydius shedaoensis*		二级	
角原矛头蝮	*Protobothrops cornutus*		二级	
莽山烙铁头蛇	*Protobothrops mangshanensis*	一级		
极北蝰	*Vipera berus*		二级	
东方蝰	*Vipera renardi*		二级	
鳄目	CROCODYLIA			
鼍科#	Alligatoridae			
*扬子鳄	*Alligator sinensis*	一级		

（续）

中文名	学名	保护级别		备注
		两栖纲 AMPHIBIA		
蚓螈目	GYMNOPHIONA			
鱼螈科	Ichthyophiidae			
版纳鱼螈	*Ichthyophis bannanicus*		二级	
有尾目	CAUDATA			
小鲵科#	Hynobiidae			
*安吉小鲵	*Hynobius amjiensis*	一级		
*中国小鲵	*Hynobius chinensis*	一级		
*挂榜山小鲵	*Hynobius guabangshanensis*	一级		
*猫儿山小鲵	*Hynobius maoershanensis*	一级		
*普雄原鲵	*Protohynobius puxiongensis*	一级		
*辽宁爪鲵	*Onychodactylus zhaoermii*	一级		
*吉林爪鲵	*Onychodactylus zhaugyapingi*		二级	
*新疆北鲵	*Ranodon sibiricus*		二级	
*极北鲵	*Salamandrella keyserlingii*		二级	
*巫山巴鲵	*Liua shihi*		二级	
*秦巴巴鲵	*Liua tsinpaensis*		二级	
*黄斑拟小鲵	*Pseudohynobius flavomaculatus*		二级	
*贵州拟小鲵	*Pseudohynobius guizhouensis*		二级	
*金佛拟小鲵	*Pseudohynobius jinfo*		二级	
*宽阔水拟小鲵	*Pseudohynobius kuankuoshuiensis*		二级	
*水城拟小鲵	*Pseudohynobius shuichengensis*		二级	
*弱唇褶山溪鲵	*Batrachuperus cochranae*		二级	
*无斑山溪鲵	*Batrachuperus karlschmidti*		二级	
*龙洞山溪鲵	*Batrachuperus londongensis*		二级	
*山溪鲵	*Batrachuperus pinchonii*		二级	
*西藏山溪鲵	*Batrachuperus tibetanus*		二级	
*盐源山溪鲵	*Batrachuperus yenyuanensis*		二级	
*阿里山小鲵	*Hynobius arisanensis*		二级	
*台湾小鲵	*Hynobius formosanus*		二级	
*观雾小鲵	*Hynobius fucus*		二级	
*南湖小鲵	*Hynobius glacialis*		二级	
*东北小鲵	*Hynobius leechii*		二级	
*楚南小鲵	*Hynobius sonani*		二级	

（续）

中文名	学名	保护级别		备注
*义乌小鲵	*Hynobius yiwuensis*		二级	
隐鳃鲵科	Cryptobranchidae			
*大鲵	*Andrias davidianus*		二级	仅限野外种群
蝾螈科	Salamandridae			
*潮汕蝾螈	*Cynops orphicus*		二级	
*大凉螈	*Liangshantriton taliangensis*		二级	原名“大凉疣螈”
*贵州疣螈	*Tylototriton kweichowensis*		二级	
*川南疣螈	*Tylototriton pseudoverrucosus*		二级	
*丽色疣螈	*Tylototriton pulcherrima*		二级	
*红瘰疣螈	*Tylototriton shanjing*		二级	
*棕黑疣螈	*Tylototriton verrucosus*		二级	原名“细瘰疣螈”
*滇南疣螈	*Tylototriton yangi*		二级	
*安徽瑶螈	*Yaotriton anhuiensis*		二级	
*细痣瑶螈	*Yaotriton asperrimus*		二级	原名“细痣疣螈”
*宽脊瑶螈	*Yaotriton broadoridgus*		二级	
*大别瑶螈	*Yaotriton dabienicus*		二级	
*海南瑶螈	*Yaotriton hainanensis*		二级	
*浏阳瑶螈	*Yaotriton liuyangensis*		二级	
*莽山瑶螈	*Yaotriton lizhenchangi*		二级	
*文县瑶螈	*Yaotriton wenxianensis*		二级	
*蔡氏瑶螈	*Yaotriton ziegleri*		二级	
*镇海棘螈	*Echinotriton chinhaiensis*	一级		原名“镇海疣螈”
*琉球棘螈	*Echinotriton andersoni*		二级	
*高山棘螺	*Echinotriton maxiquadratus*		二级	
*橙脊瘰螈	*Paramesottiton aurantius*		二级	
*尾斑瘰螈	*Paramesotriton caudopunctatus*		二级	
*中国瘰螈	*Paramesotriton chinensis*		二级	
*越南瘰螈	*Paramesotriton deloustali*		二级	
*富钟瘰螈	*Paramesotriton fuzhongensis*		二级	
*广西瘰螈	*Paramesotriton guangxiensis*		二级	
*香港瘰螈	*Paramesotriton hongkongensis*		二级	
*无斑瘰螈	*Paramesotriton labiatus*		二级	
*龙里瘰螈	*Paramesotriton longliensis*		二级	
*茂兰瘰螈	*Paramesotriton maolanensis*		二级	

（续）

中文名	学名	保护级别		备注
* 七溪岭瘰螈	*Paramesotriton qixilingensis*		二级	
* 武陵瘰螈	*Paramesotriton wulingensis*		二级	
* 云雾瘰螈	*Paramesotriton yunwuensis*		二级	
* 织金瘰螈	*Paramesotriton zhijinensis*		二级	
无尾目	ANURA			
角蟾科	Megophryidae			
抱龙角蟾	*Boulenophrys baolongensis*		二级	
凉北齿蟾	*Oreolalax liangbeiensis*		二级	
金顶齿突蟾	*Scutiger chintingensis*		二级	
九龙齿突蟾	*Scutiger jiulongensis*		二级	
木里齿突蟾	*Scutiger muliensis*		二级	
宁陕齿突蟾	*Scutiger ningshanensis*		二级	
平武齿突蟾	*Scutiger pingwuensis*		二级	
哀牢髭蟾	*Vibrissaphora ailaonica*		二级	
峨眉髭蟾	*Vibrissaphora boringii*		二级	
雷山髭蟾	*Vibrissaphora leishanensis*		二级	
原髭蟾	*Vibrissaphora promustache*		二级	
南澳岛角蟾	*Xenophrys insularis*		二级	
水城角蟾	*Xenophrys shuichengensis*		二级	
蟾蜍科	Bufonidae			
史氏蟾蜍	*Bufo stejnegeri*		二级	
鳞皮小蟾	*Parapelophryne scalpta*		二级	
乐东蟾蜍	*Qiongbufo ledongensis*		二级	
无棘溪蟾	*Bufo aspinius*		二级	
叉舌蛙科	Dicroglossidae			
* 虎纹蛙	*Hoplobatrachus chinensis*		二级	仅限野外种群
* 脆皮大头蛙	*Limnonectes fragilis*		二级	
* 叶氏肛刺蛙	*Yerana yei*		二级	
蛙科	Ranidae			
* 海南湍蛙	*Amolops hainanensis*		二级	
* 香港湍蛙	*Amolops hongkongensis*		二级	
* 小腺蛙	*Glandirana minima*		二级	
* 务川臭蛙	*Odorrana wuchuanensis*		二级	
树蛙科	Rhacophoridae			

（续）

中文名	学名	保护级别		备注
巫溪树蛙	*Rhacophorus hongchibaensis*		二级	
老山树蛙	*Rhacophorus laoshan*		二级	
罗默刘树蛙	*Liuixalus romeri*		二级	
洪佛树蛙	*Rhacophorus hungfuensis*		二级	
文昌鱼纲 AMPHIOXI				
文昌鱼目	AMPHIOXIFORMES			
文昌鱼科 #	Branchiostomatidae			
* 厦门文昌鱼	*Branchiostoma belcheri*		二级	仅限野外种群。原名“文昌鱼”。
* 青岛文昌鱼	*Branchiostoma tsingdauense*		二级	仅限野外种群
圆口纲 CYCLOSTOMATA				
七鳃鳗目	PETROMYZONTIFORMES			
七鳃鳗科 #	Petromyzontidae			
* 日本七鳃鳗	*Lampetra japonica*		二级	
* 东北七鳃鳗	*Lampetra morii*		二级	
* 雷氏七鳃鳗	*Lampetra reissneri*		二级	
软骨鱼纲 CHONDRICHTHYES				
鼠鲨目	LAMNIFORMES			
姥鲨科	Cetorhinidae			
* 姥鲨	*Cetorhinus maximus*		二级	
鼠鲨科	Lamnidae			
* 噬人鲨	*Carcharodon carcharias*		二级	
须鲨目	ORECTOLOBIFORMES			
鲸鲨科	Rhincodontidae			
* 鲸鲨	*Rhincodon typus*		二级	
鲼目	MYLIOBATIFORMES			
魟科	Dasyatidae			
* 黄魟	*Dasyatis bennettii*		二级	仅限陆封种群
硬骨鱼纲 OSTEICHTHYES				
鲟形目 #	ACIPENSERIFORMES			
鲟科	Acipenseridae			
* 中华鲟	*Acipenser sinensis*	一级		
* 长江鲟	*Acipenser dabryanus*	一级		原名“达氏鲟”
* 鳇	*Huso dauricus*	一级		仅限野外种群

（续）

中文名	学名	保护级别		备注
* 西伯利亚鲟	*Acipenser baerii*		二级	仅限野外种群
* 裸腹鲟	*Acipenser nudiventris*		二级	仅限野外种群
* 小体鲟	*Acipenser ruthenus*		二级	仅限野外种群
* 施氏鲟	*Acipenser schrenckii*		二级	仅限野外种群
匙吻鲟科	Polyodontidae			
* 白鲟	*Psephurus gladius*	一级		
鳗鲡目	ANGUILLIFORMES			
鳗鲡科	Anguillidae			
* 花鳗鲡	*Anguilla marmorata*		二级	
鲱形目	CLUPEIFORMES			
鲱科	Clupeidae			
* 鲥	*Tenualosa reevesii*	一级		
鲤形目	CYPRINIFORMES			
双孔鱼科	Gyrinocheilidae			
* 双孔鱼	*Gyrinocheilus aymonieri*		二级	仅限野外种群
裸吻鱼科	Psilorhynchidae			
* 平鳍裸吻鱼	*Psilorhynchus homaloptera*		二级	
亚口鱼科	Catostomidae			原名“胭脂鱼科”
* 胭脂鱼	*Myxocyprinus asiaticus*		二级	仅限野外种群
鲤科	Cyprinidae			
* 唐鱼	*Tanichthys albonubes*		二级	仅限野外种群
* 稀有鮈鲫	*Gobiocypris rarus*		二级	仅限野外种群
* 鯮	*Luciobrama macrocephalus*		二级	
* 多鳞白鱼	*Anabarilius polylepis*		二级	
* 山白鱼	*Anabarilius transmontanus*		二级	
* 北方铜鱼	*Coreius septentrionalis*	一级		
* 圆口铜鱼	*Coreius guichenoti*		二级	仅限野外种群
* 大鼻吻鮈	*Rhinogobio nasutus*		二级	
* 长鳍吻鮈	*Rhinogobio ventralis*		二级	
* 平鳍鳅鮀	*Gobiobotia homalopteroidea*		二级	
* 单纹似鳡	*Luciocyprinus langsoni*		二级	
* 金线鲃属所有种	*Sinocyclocheilus* spp.		二级	
* 四川白甲鱼	*Onychostoma angustistomata*		二级	
* 多鳞白甲鱼	*Onychostoma macrolepis*		二级	仅限野外种群

（续）

中文名	学名	保护级别		备注
* 金沙鲈鲤	*Percocypris pingi*		二级	仅限野外种群
* 花鲈鲤	*Percocypris regani*		二级	仅限野外种群
* 后背鲈鲤	*Percocypris retrodorslis*		二级	仅限野外种群
* 张氏鲈鲤	*Percocypris tchangi*		二级	仅限野外种群
* 裸腹盲鲃	*Typhlobarbus nudiventris*		二级	
* 角鱼	*Akrokolioplax bicornis*		二级	
* 骨唇黄河鱼	*Chuanchia labiosa*		二级	
* 极边扁咽齿鱼	*Platypharodon extremus*		二级	仅限野外种群
* 细鳞裂腹鱼	*Schizothorax chongi*		二级	仅限野外种群
* 巨须裂腹鱼	*Schizothorax macropogon*		二级	
* 重口裂腹鱼	*Schizothorax davidi*		二级	仅限野外种群
* 拉萨裂腹鱼	*Schizothorax waltoni*		二级	仅限野外种群
* 塔里木裂腹鱼	*Schizothorax biddulphi*		二级	仅限野外种群
* 大理裂腹鱼	*Schizothorax taliensis*		二级	仅限野外种群
* 扁吻鱼	*Aspiorhynchus laticeps*	一级		原名“新疆大头鱼”
* 厚唇裸重唇鱼	*Qymnodiptychus pachycheilus*		二级	仅限野外种群
* 斑重唇鱼	*Diptychus maculatus*		二级	
* 尖裸鲤	*Oxygymnocypris stewartii*		二级	仅限蹑外种群
* 大头鲤	*Cyprinus pellegrini*		二级	仅限野外种群
* 小鲤	*Cyprinus micristius*		二级	
* 抚仙鲤	*Cyprinus fuxianensis*		二级	
* 岩原鲤	*Procypris rabaudi*		二级	仅限野外种群
* 乌原鲤	*Procypris merus*		二级	
* 大鳞鲢	*Hypophthalmichthys harmandi*		二级	
鳅科	Cobitidae			
* 红唇薄鳅	*Leptobotia rubrilabris*		二级	仅限野外种群
* 黄线薄鳅	*Leptobotia flavolineata*		二级	
* 长薄鳅	*Leptobotia elongata*		二级	仅限野外种群
条鳅科	Nemacheilidae			
* 无眼岭鳅	*Oreonectes anophthalmus*		二级	
* 拟鲇高原鳅	*Triplophysa siluroides*		二级	仅限野外种群
* 湘西盲高原鳅	*Triplophysa xiangxiensis*		二级	
* 小头高原鳅	*Triphophysa minuta*		二级	
爬鳅科	Balitoridae			

（续）

中文名	学名	保护级别		备注
* 厚唇原吸鳅	*Protomyzon pachychilus*		二级	
鲇形目	SILURIFORMES			
鲿科	Bagridae			
* 斑鳠	*Hemibagrus guttatus*		二级	仅限野外种群
鲇科	Siluridae			
* 昆明鲇	*Silurus mento*		二级	
𩷶科	Pangasiidae			
* 长丝𩷶	*Pangasius sanitwangsei*	一级		
钝头鮠科	Amblycipitidae			
* 金氏䱀	*Liobagrus kingi*		二级	
鮡科	Sisoridae			
* 长丝黑鮡	*Gagata dolichonema*		二级	
* 青石爬鮡	*Euchiloglanis davidi*		二级	
* 黑斑原鮡	*Glyptosternum maculatum*		二级	
* 魾	*Bagarius bagarius*		二级	
* 红魾	*Bagarius rutilus*		二级	
* 巨魾	*Bagarius yarrelli*		二级	
鲑形目	SALMONIFORMES			
鲑科	Salmonidae			
* 细鳞鲑属所有种	*Brachymystax* spp.		二级	仅限野外种群
* 川陕哲罗鲑	*hucho bleekeri*	一级		
* 哲罗鲑	*Hucho taimen*		二级	仅限野外种群
* 石川氏哲罗鲑	*Hucho ishikawai*		二级	
* 花羔红点鲑	*Salvelinus malma*		二级	仅限野外种群
* 马苏大马哈鱼	*Oncorhynchus masou*		二级	
* 北鲑	*Stenodus leucichthys*		二级	
* 北极茴鱼	*Thymallus arcticus*		二级	仅限野外种群
* 下游黑龙江茴鱼	*Thymallus tugarinae*		二级	仅限野外种群
* 鸭绿江茴鱼	*Thymallus yaluensis*		二级	仅限野外种群
海龙鱼目	SYNGNATHIFORMES			
海龙鱼科	Syngnathidae			
* 海马属所有种	*Hippocampus* spp.		二级	仅限野外种群
鲈形目	PERCIFORMES			
石首鱼科	Sciaenidae			

（续）

中文名	学名	保护级别		备注
*黄唇鱼	*Bahaba taipingensis*	一级		
隆头鱼科	Labridae			
*波纹唇鱼	*Cheilinus undulatus*		二级	仅限野外种群
鲉形目	SCORPAENIFORMES			
杜父鱼科	Cottidae			
*松江鲈	*Trachidermus fasciatus*		二级	仅限野外种群。原名“松江鲈鱼”
半索动物门 HEMICHORDATA				
肠鳃纲 ENTEROPNEUSTA				
柱头虫目	BALANOGLOSSIDA			
殖翼柱头虫科	Ptychoderidae			
*多鳃孔舌形虫	*Glossobalanus polybranchioporus*	一级		
*三崎柱头虫	*Balanoglossus misakiensis*		二级	
*短殖舌形虫	*Glossobalanus mortenseni*		二级	
*肉质柱头虫	*Balanoglossus carnosus*		二级	
*黄殖翼柱头虫	*Ptychodera flava*		二级	
史氏柱头虫科	Spengeliidae			
*青岛橡头虫	*Glandiceps qingdaoensis*		二级	
玉钩虫科	Harrimaniidae			
*黄岛长吻虫	*Saccoglossus hwangtauensis*	一级		
节肢动物门 ARTHROPODA				
昆虫纲 INSECTA				
双尾目	DIPLURA			
铗虮科	Japygidae			
伟铗虮	*Atlasjapyx atlas*		二级	
䗛目	PHASMATODEA			
叶䗛科 #	Phyllidae			
丽叶䗛	*Phyllium pulckrifolium*		二级	
中华叶䗛	*Phyllium sinensis*		二级	
泛叶䗛	*Phyllium celebicum*		二级	
翔叶䗛	*Phyllium westwoodi*		二级	
东方叶䗛	*Phyllium siccifolium*		二级	
独龙叶䗛	*Phyllium drunganum*		二级	
同叶䗛	*Phyllium parum*		二级	
滇叶䗛	*Phyllium yunnanense*		二级	

（续）

中文名	学名	保护级别		备注
藏叶䗛	*Phyllium tibetense*		二级	
珍叶䗛	*Phyllium rarum*		二级	
蜻蜓目	ODONATA			
箭蜓科	Gomphidae			
扭尾曦春蜓	*Heliogomphus retroflexus*		二级	原名“尖板曦箭蜓”
棘角蛇纹春蜓	*Ophiogomphus spinicornis*		二级	原名“宽纹北箭蜓”
缺翅目	ZORAPTERA			
缺翅虫科	Zorotypidae			
中华缺翅虫	*Zorotypus sinensis*		二级	
墨脱缺翅虫	*Zorotypus medoensis*		二级	
蛩蠊目	GRYLLOBLATTODAE			
蛩蠊科	Grylloblattidae			
中华蛩蠊	*Galloisiana sinensis*	一级		
陈氏西蠊	*Grylloblattella cheni*	一级		
脉翅目	NEUROPTERA			
旌蛉科	Nemopteridae			
中华旌蛉	*Nemopistha sinica*		二级	
鞘翅目	COLEOPTERA			
步甲科	Carabidae			
拉步甲	*Carabus lafossei*		二级	
细胸大步甲	*Carabus osawai*		二级	
巫山大步甲	*Carabus ishizukai*		二级	
库班大步甲	*Carabus kubani*		二级	
桂北大步甲	*Carabus guibeicus*		二级	
贞大步甲	*Carabus penelope*		二级	
蓝鞘大步甲	*Carabus cyaneogigas*		二级	
滇川大步甲	*Carabus yunanensis*		二级	
硕步甲	*Carabus davidi*		二级	
两栖甲科	Amphizoidae			
中华两栖甲	*Amphizoa sinica*		二级	
长阎甲科	Synteliidae			
中华长阎甲	*Syntelia sinica*		二级	
大卫长阎甲	*Syntelia davidis*		二级	
玛氏长阎甲	*Syntelia mazuri*		二级	

（续）

中文名	学名	保护级别		备注
臂金龟科	Euchiridae			
戴氏棕臂金龟	*Propomacrus davidi*		二级	
玛氏棕臂金龟	*Propomacrus muramotoae*		二级	
越南臂金龟	*Cheirotonus battareli*		二级	
福氏彩臂金龟	*Cheirotonus fujiokai*		二级	
格彩臂金龟	*Cheirotonus gestroi*		二级	
台湾长臂金龟	*Cheirotonus formosanus*		二级	
阳彩臂金龟	*Cheirotonus jansoni*		二级	
印度长臂金龟	*Cheirotonus macleayii*		二级	
昭沼氏长臂金龟	*Cheirotonus terunumai*		二级	
金龟科	Scarabaeidae			
艾氏泽蜣螂	*Scarabaeus erichsoni*		二级	
拜氏蜣螂	*Scarabaeus babori*		二级	
悍马巨蜣螂	*Heliocopris bucephalus*		二级	
上帝巨蜣螂	*Heliocopris dominus*		二级	
迈达斯巨蜣螂	*Heliocopris midas*		二级	
犀金龟科	Dynastidae			
戴叉犀金龟	*Trypoxylus davidis*		二级	原名"叉犀金龟"
粗尤犀金龟	*Eupatorus hardwickii*		二级	
细角尤犀金龟	*Eupatorus gracilicornis*		二级	
胫晓扁犀金龟	*Eophileurus tetraspermexiius*		二级	
锹甲科	Lucanidae			
安达刀锹甲	*Dorcus antaeus*		二级	
巨叉深山锹甲	*Lucanus hermani*		二级	
鳞翅目	LEPIDOPTERA			
凤蝶科	Fapilionidae			
喙凤蝶	*Teinopalpus imperialism*		二级	
金斑喙凤蝶	*Teinopalpus aureus*	一级		
裳凤蝶	*Troides helena*		二级	
金裳凤蝶	*Troides aeacus*		二级	
荧光裳凤蝶	*Troides magellanus*		二级	
鸟翼裳凤蝶	*Troides amphrysus*		二级	
珂裳凤蝶	*Troides criton*		二级	
楔纹裳凤蝶	*Troides cuneifera*		二级	

（续）

中文名	学名	保护级别		备注
小斑裳凤蝶	*Troides haliphron*		二级	
多尾凤蝶	*Bhutanitis lidderdalii*		二级	
不丹尾凤蝶	*Bhutanitis ludlowi*		二级	
双尾凤蝶	*Bhutanitis mansfieldi*		二级	
玄裳尾凤蝶	*Bhutanitis nigrilima*		二级	
三尾凤蝶	*Bhutanitis thaidina*		二级	
玉龙尾凤蝶	*Bhutanitis yulongensisn*		二级	
丽斑尾凤蝶	*Bhutanitis pulchristriata*		二级	
锤尾凤蝶	*Losaria coon*		二级	
中华虎凤蝶	*Luehdorfia chinensis*		二级	
蛱蝶科	Nymphalidae			
最美紫蛱蝶	*Sasakia pulcherrima*		二级	
黑紫蛱蝶	*Sasakia funebris*		二级	
绢蝶科	Parnassidae			
阿波罗绢蝶	*Parnassius apollo*		二级	
君主绢蝶	*Pamassius imperator*		二级	
灰蝶科	Lycaenidae			
大斑霾灰蝶	*Maculinea arionides*		二级	
秀山白灰蝶	*Phengaris xiushani*		二级	
蛛形纲 ARACHNIDA				
蜘蛛目	ARANEAE			
捕鸟蛛科	Theraphosidae			
海南塞勒蛛	*Cyriopagopus hainanus*		二级	
肢口纲 MEROSTOMATA				
剑尾目	XIPHOSURA			
鲎科#	Tachypleidae			
*中国鲎	*Tachypleus tridentatus*		二级	
*圆尾蝎鲎	*Carcinoscorpius rotundicauda*		二级	
软甲纲 MALACOSTRACA				
十足目	DECAPODA			
龙虾科	Palinuridae			
*锦绣龙虾	*Panulirus ornatus*		二级	仅限野外种群
软体动物门 MOLLUSCA				
双壳纲 BIVALVIA				
珍珠贝目	PTERIOIDA			

（续）

中文名	学名	保护级别		备注
珍珠贝科	Pteriidae			
*大珠母贝	*Pinctada maxima*		二级	仅限野外种群
帘蛤目	VENEROIDA			
砗磲科#	Tridacnidae			
*大砗磲	*Tridacna gigas*	一级		原名“库氏砗磲”
*无鳞砗磲	*Tridacna derasa*		二级	仅限野外种群
*鳞砗磲	*Tridacna squamosa*		二级	仅限野外种群
*长砗磲	*Tridacna maxima*		二级	仅限野外种群
*番红砗磲	*Tridacna crocea*		二级	仅限野外种群
*砗蚝	*Hippopus hippopus*		二级	仅限野外种群
蚌目	UNIONIDA			
珍珠蚌科	Margaritanidae			
*珠母珍珠蚌	*Margaritiana dahurica*		二级	仅限野外种群
蚌科	Unionidae			
*佛耳丽蚌	*Lamprotula mansuyi*		二级	
*绢丝丽蚌	*Lamprotula fibrosa*		二级	
*背瘤丽蚌	*Lamprotula leai*		二级	
*多瘤丽蚌	*Lamprotula polysticta*		二级	
*刻裂丽蚌	*Lamprotula scripta*		二级	
截蛏科	Solecurtidae			
*中国淡水蛏	*Novaculina chinensis*		二级	
*龙骨蛏蚌	*Solenaia carinatus*		二级	
头足纲 CEPHALOPODA				
鹦鹉螺目	NAUTILIDA			
鹦鹉螺科	Nautilidae			
*鹦鹉螺	*Nautilus pompilius*	一级		
腹足纲 GASTROPODA				
田螺科	Viviparidae			
*螺蛳	*Margarya melanioides*		二级	
蝾螺科	Turbinidae			
*夜光蝾螺	*Turbo marmoratus*		二级	
宝贝科	Cypraeidae			
*虎斑宝贝	*Cypraea tigris*		二级	
冠螺科	Cassididae			

（续）

中文名	学名	保护级别		备注
＊唐冠螺	*Cassis cornuta*		二级	原名“冠螺”
法螺科	Charoniidae			
＊法螺	*Charonia tritonis*		二级	
刺胞动物门 CNIDARIA				
珊瑚纲 ANTHOZOA				
角珊瑚目＃	ANTIPATHARIA			
＊角珊瑚目所有种	ANTIPATHARIA spp.		二级	
石珊瑚目＃	SCLERACTINIA			
＊石珊瑚目所有种	SCLERACTINIA spp.		二级	
苍珊瑚目	HELIOPORACEA			
苍珊瑚科＃	Helioporidae			
＊苍珊瑚科所有种	Helioporidae spp.		二级	
软珊瑚目	ALCYONACEA			
笙珊瑚科＃	Tubiporidae			
＊笙珊瑚	*Tubipora musica*		二级	
红珊瑚科＃	Coralliidae			
＊红珊瑚科所有种	Coralliidae spp.	一级		
竹节柳珊瑚科	Isididae			
＊粗糙竹节柳珊瑚	*Isis hippuris*		二级	
＊细枝竹节柳珊瑚	*Isis minorbrachyblasta*		二级	
＊网枝竹节柳珊蝴	*Isis reticulata*		二级	
水螅纲 HYDROZOA				
花裸螅目	ANTHOATHECATA			
多孔螅科＃	Milleporidae			
＊分叉多孔螅	*Millepora dichotoma*		二级	
＊节块多孔螅	*Millepora exaesa*		二级	
＊窝形多孔螅	*Millepora foveolata*		二级	
＊错综多孔螅	*Millepora intricata*		二级	
＊阔叶多孔螅	*Millepora latifolia*		二级	
＊扁叶多孔螅	*Millepora platyphylla*		二级	
＊娇嫩多孔螅	*Millepora tenera*		二级	
柱星螅科＃	Stylasteridae			
＊无序双孔螅	*Distichopora irregularis*		二级	
＊紫色双孔螅	*Distichopora violacea*		二级	

（续）

中文名	学名	保护级别		备注
*佳丽刺柱螅	*Errina dabneyi*		二级	
*扇形柱星螅	*Stylasterflabelliformis*		二级	
*细巧柱星螅	*Stylaster gracilis*		二级	
*佳丽柱星螅	*Stylaster pulcher*		二级	
*艳红柱星螅	*Stylaster sanguineus*		二级	
*粗糙柱星螅	*Stylaster scabiosus*		二级	

*代表水生野生动物；#代表该分类单元所有种均列入名录。

中华人民共和国农业部公告第 2608 号
（《人工繁育国家重点保护水生野生动物名录（第一批）》）

（2017 年 11 月 13 日发布）

根据《中华人民共和国野生动物保护法》有关规定，经科学论证，现发布《人工繁育国家重点保护水生野生动物名录（第一批）》（见附件），自公告发布之日起生效。

特此公告。

农业部

2017 年 11 月 13 日

附件　人工繁育国家重点保护水生野生动物名录（第一批）

序号	中文名	拉丁名
1	三线闭壳龟	*Cuora trifasciata*
2	大鲵	*Andrias davidianus*
3	胭脂鱼	*Myxocyprinus asiaticus*
4	山瑞鳖	*Trionyx steindachneri*
5	松江鲈	*Trachidermus fasciatus*
6	金线鲃	*Sinocyclocheilus grahamigrahami*

中华人民共和国农业农村部公告第 200 号（《人工繁育国家重点保护水生野生动物名录（第二批）》）

（2019 年 7 月 29 日发布）

根据《中华人民共和国野生动物保护法》有关规定，经科学论证，现发布《人工繁育国家重点保护水生野生动物名录（第二批）》，自公告发布之日起生效。

特此公告。

农业农村部

2019 年 7 月 29 日

人工繁育国家重点保护水生野生动物名录（第二批）

序号	中文名	拉丁名
1	黄喉拟水龟	*Mauremys mutica*
2	花龟	*Mauremys sinensis*
3	黑颈乌龟	*Mauremys nigricans*
4	安南龟	*Mauremys annamensis*
5	黄缘闭壳龟	*Cuora flavomarginata*
6	黑池龟	*Geoclemys hamiltonii*
7	暹罗鳄	*Crocodylus siamensis*
8	尼罗鳄	*Crocodylus niloticus*
9	湾鳄	*Crocodylus porosus*
10	施氏鲟	*Acipenser schrenckii*
11	西伯利亚鲟	*Acipenser baerii*
12	俄罗斯鲟	*Acipenser gueldenstaedtii*
13	小体鲟	*Acipenser ruthenus*
14	鳇	*Huso dauricus*
15	匙吻鲟	*Polyodon spathula*
16	唐鱼	*Tanichthys albonubes*
17	大头鲤	*Cyprinus pellegrini*
18	大珠母贝	*Pinctada maxima*

中华人民共和国农业农村部公告第 490 号（《人工繁育国家重点保护水生野生动物名录（第三批）》）

（2021 年 11 月 16 日发布，农业农村部公告第 490 号）

根据《中华人民共和国野生动物保护法》（2018 年 10 月 26 日第十三届全国人民代表大会常务委员会第六次会议第三次修正），经科学论证，现发布《人工繁育国家重点保护水生野生动物名录（第三批）》，自公告发布之日起生效。

特此公告。

农业农村部

2021 年 11 月 16 日

人工繁育国家重点保护水生野生动物名录（第三批）

序号	中文名	拉丁名
1	岩原鲤	*Procypris rabaudi*
2	细鳞裂腹鱼	*Schizothorax chongi*
3	重口裂腹鱼	*Schizothorax davidi*
4	哲罗鲑	*Huchu taimen*
5	细鳞鲑	*Brachymystax lenok*
6	花羔红点鲑	*Salvelinus malma*
7	马苏大马哈鱼	*Oncorhynchus masou*
8	鸭绿江茴鱼	*Thymallus yaluensis*
9	虎纹蛙	*Hoplobatrachus chinensis*
10	乌龟	*Mauremys reevesii*

中华人民共和国农业农村部公告第 491 号（《濒危野生动植物种国际贸易公约附录水生物种核准为国家重点保护野生动物名录》）

（2021 年 11 月 16 日发布，中华人民共和国农业农村部公告第 491 号）

根据《中华人民共和国野生动物保护法》（2018 年 10 月 26 日第十三届全国人民代表大会常务委员会第六次会议第三次修正），经科学论证，现调整发布《濒危野生动植物种国际贸易公约附录水生物种核准为国家重点保护野生动物名录》。

自公告发布之日起，濒危野生动植物种国际贸易公约附录水生物种按照被核准的国家重点保护野生动物级别进行国内管理。已列入国家重点保护野生动物名录的物种不再单独进行核准，按对应国家重点保护野生动物级别进行国内管理，进出口环节需同时遵守国际公约有关规定。

特此公告。

农业农村部

2021 年 11 月 16 日

附件：濒危野生动植物种国际贸易公约附录水生物种核准为国家重点保护野生动物名录

附件：《濒危野生动植物种国际贸易公约》附录水生动物物种核准为国家重点保护野生动物名录

中文名	学名	公约附录级别	名录级别	核准级别
脊索动物门 Chordata 哺乳纲 Mammalia				
食肉目 Carnivora				
鼬科 Mustelidae				
水獭亚科 Lutrinae				
水獭亚科所有种（除被列入附录Ⅰ或国家重点保护野生动物名录的物种）	Lutrinae *spp.*	Ⅱ	未列入	二
扎伊尔小爪水獭（仅包括喀麦隆和尼日利亚种群）	*Aonyx capensis microdon*	Ⅰ	未列入	二
小爪水獭	*Aonyx cinerea*	Ⅰ	二	
海獭南方亚种	*Enhydra lutris nereis*	Ⅰ	未列入	二
秘鲁水獭	*Lontra felina*	Ⅰ	未列入	二
长尾水獭	*Lontra longicaudis*	Ⅰ	未列入	二
智利水獭	*Lontra provocax*	Ⅰ	未列入	二
欧亚水獭（水獭）	*Lutra lutra*	Ⅰ	二	
日本水獭	*Lutra nippon*	Ⅰ	未列入	二
江獭	*Lutrogale perspicillata*	Ⅰ	二	
大水獭	*Pteronura brasiliensis*	Ⅰ	未列入	二
海象科 Odobenidae				
海象（加拿大）	*Odobenus rosmarus*	Ⅲ	未列入	二
海狗科（海狮科）Otariidae				
毛皮海狮属所有种（除被列入附录Ⅰ的物种）	*Arctocephalus* spp.	Ⅱ	未列入	二
北美毛皮海狮	*Arctocephalus townsendi*	Ⅰ	未列入	二
海豹科 Phocidae				
僧海豹属所有种	*Monachus* spp.	Ⅰ	未列入	二
南象海豹	*Mirounga leonina*	Ⅱ	未列入	二
鲸目 Cetacea				
鲸目所有种（除被列入附录Ⅰ或国家重点保护野生动物名录的物种）	Cetacea spp.	Ⅱ	未列入	二
露脊鲸科 Balaenidae				
北极露脊鲸	*Balaena mysticetus*	Ⅰ	未列入	二
露脊鲸属所有种（除被列入国家重点保护野生动物名录的物种）	*Eubalaena* spp.	Ⅰ	未列入	二
北太平洋露脊鲸	*Eubalaena japonica*	Ⅰ	一	

（续）

中文名	学名	公约附录级别	名录级别	核准级别
须鲸科 Balaenopteridae				
小须鲸 （除被列入附录Ⅱ的种群）	*Balaenoptera acutorostrata*	Ⅰ	一	
南极须鲸	*Balaenoptera bonaerensis*	Ⅰ	未列入	二
塞鲸	*Balaenoptera borealis*	Ⅰ	一	
布氏鲸	*Balaenoptera edeni*	Ⅰ	一	
蓝鲸	*Balaenoptera musculus*	Ⅰ	一	
大村鲸	*Balaenoptera omurai*	Ⅰ	一	
长须鲸	*Balaenoptera physalus*	Ⅰ	一	
大翅鲸	*Megaptera novaeangliae*	Ⅰ	一	
海豚科 Delphinidae				
伊洛瓦底江豚	*Orcaella brevirostris*	Ⅰ	未列入	二
矮鳍海豚	*Orcaella heinsohni*	Ⅰ	未列入	二
驼海豚属所有种	*Sotalia* spp.	Ⅰ	未列入	二
白海豚属所有种 （除被列入国家重点保护 野生动物名录的物种）	*Sousa* spp.	Ⅰ	未列入	二
中华白海豚	*Sousa chinensis*	Ⅰ	一	
糙齿海豚	*Steno bredanensis*	Ⅱ	二	
热带点斑原海豚	*Stenella attenuata*	Ⅱ	二	
条纹原海豚	*Stenella coeruleoalba*	Ⅱ	二	
飞旋原海豚	*Stenalla longirostris*	Ⅱ	二	
长喙真海豚	*Delphinus capensis*	Ⅱ	二	
真海豚	*Delphinus delphis*	Ⅱ	二	
印太瓶鼻海豚	*Tursiops aduncus*	Ⅱ	二	
瓶鼻海豚	*Tursiops truncatus*	Ⅱ	二	
弗氏海豚	*Lagenodelphis hosei*	Ⅱ	二	
里氏海豚	*Grampus griseus*	Ⅱ	二	
太平洋斑纹海豚	*Lagenorhynchus obliquidens*	Ⅱ	二	
瓜头鲸	*Peponocephala electra*	Ⅱ	二	
虎鲸	*Orcinus orca*	Ⅱ	二	
伪虎鲸	*Pseudorca crassidens*	Ⅱ	二	
小虎鲸	*Feresa attenuata*	Ⅱ	二	
短肢领航鲸	*Globicephala macrorhynchus*	Ⅱ	二	
灰鲸科 Eschrichtiidae				
灰鲸	*Eschrichtius robustus*	Ⅰ	一	

（续）

中文名	学名	公约附录级别	名录级别	核准级别
亚马孙河豚科 Iniidae				
白鱀豚	*Lipotes vexillifer*	Ⅰ	一	
侏露脊鲸科 Neobalaenidae				
侏露脊鲸	*Caperea marginata*	Ⅰ	未列入	二
鼠海豚科 Phocoenidae				
窄脊江豚（长江江豚）	*Neophocaena asiaeorientalis*	Ⅰ	一	
东亚江豚	*Neophocaena sunameri*	Ⅱ	二	
印太江豚	*Neophocaena phocaenoides*	Ⅰ	二	
加湾鼠海豚	*Phocoena sinus*	Ⅰ	未列入	一
抹香鲸科 Physeteridae				
抹香鲸	*Physeter macrocephalus*	Ⅰ	一	
小抹香鲸	*Kogia breviceps*	Ⅱ	二	
侏抹香鲸	*Kogia sima*	Ⅱ	二	
淡水豚科 Platanistidae				
恒河豚属所有种	*Platanista* spp.	Ⅰ	未列入	一
喙鲸科 Ziphiidae				
贝喙鲸属所有种（除被列入国家重点保护野生动物名录的物种）	*Berardius* spp.	Ⅰ	未列入	二
贝氏喙鲸	*Berardius bairdii*	Ⅰ	二	
巨齿鲸属所有种	*Hyperoodon* spp.	Ⅰ	未列入	二
鹅喙鲸	*Ziphius cavirostris*	Ⅱ	二	
柏氏中喙鲸	*Mesoplodon densirostris*	Ⅱ	二	
银杏齿中喙鲸	*Mesoplodon ginkgodens*	Ⅱ	二	
小中喙鲸	*Mesoplodon peruvianus*	Ⅱ	二	
朗氏喙鲸	*Indopacetus pacificus*	Ⅱ	二	
海牛目 Sirenia				
儒艮科 Dugongidae				
儒艮	*Dugong dugon*	Ⅰ	一	
海牛科 Trichechidae				
亚马孙海牛	*Trichechus inunguis*	Ⅰ	未列入	二
美洲海牛	*Trichechus manatus*	Ⅰ	未列入	二
非洲海牛	*Trichechus senegalensis*	Ⅰ	未列入	二
爬行纲 Reptilia				
鳄目 Crocodylia				
鳄目所有种（除被列入附录Ⅰ或国家重点保护野生动物名录的物种）	Crocodylia spp.	Ⅱ	未列入	二（仅野外种群）

（续）

中文名	学名	公约附录级别	名录级别	核准级别
		鼍科 Alligatoridae		
鼍（扬子鳄）	*Alligator sinensis*	Ⅰ	一	
中美短吻鼍	*Caiman crocodilus apaporiensis*	Ⅰ	未列入	二（仅野外种群）
南美短吻鼍（除被列入附录Ⅱ的种群）	*Caiman latirostris*	Ⅰ	未列入	二（仅野外种群）
亚马孙鼍（除被列入附录Ⅱ的种群）	*Melanosuchus niger*	Ⅰ	未列入	二（仅野外种群）
		鳄科 Crocodylidae		
窄吻鳄（除被列入附录Ⅱ的种群）	*Crocodylus acutus*	Ⅰ	未列入	二（仅野外种群）
尖吻鳄	*Crocodylus cataphractus*	Ⅰ	未列入	二（仅野外种群）
中介鳄	*Crocodylus intermedius*	Ⅰ	未列入	二（仅野外种群）
菲律宾鳄	*Crocodylus mindorensis*	Ⅰ	未列入	二（仅野外种群）
佩滕鳄（除被列入附录Ⅱ的种群）	*Crocodylus moreletii*	Ⅰ	未列入	二（仅野外种群）
尼罗鳄（除被列入附录Ⅱ的种群）	*Crocodylus niloticus*	Ⅰ	未列入	二（仅野外种群）
恒河鳄	*Crocodylus palustris*	Ⅰ	未列入	二（仅野外种群）
湾鳄（除被列入附录Ⅱ的种群）	*Crocodylus porosus*	Ⅰ	未列入	二（仅野外种群）
菱斑鳄	*Crocodylus rhombifer*	Ⅰ	未列入	二（仅野外种群）
暹罗鳄	*Crocodylus siamensis*	Ⅰ	未列入	二（仅野外种群）
短吻鳄	*Osteolaemus tetraspis*	Ⅰ	未列入	二（仅野外种群）
马来鳄	*Tomistoma schlegelii*	Ⅰ	未列入	二（仅野外种群）
		食鱼鳄科 Gavialidae		
食鱼鳄	*Gavialis gangeticus*	Ⅰ	未列入	二（仅野外种群）
		龟鳖目 Testudines		
		两爪鳖科 Carettochelyidae		
两爪鳖	*Carettochelys insculpta*	Ⅱ	未列入	二（仅野外种群）
		蛇颈龟科 Chelidae		
短颈龟	*Pseudemydura umbrina*	Ⅰ	未列入	二（仅野外种群）
麦氏长颈龟	*Chelodina mccordi*	Ⅱ	未列入	二（仅野外种群）
		海龟科 Cheloniidae		
海龟科所有种（除被列入国家重点保护野生动物名录的物种）	Cheloniidae spp.	Ⅰ	未列入	一
红海龟（蠵龟）	*Caretta caretta*	Ⅰ	一	
绿海龟	*Chelonia mydas*	Ⅰ	一	

（续）

中文名	学名	公约附录级别	名录级别	核准级别
玳瑁	*Eretmochelys imbricata*	Ⅰ	—	
太平洋丽龟	*Lepidochelys olivacea*	Ⅰ	—	
鳄龟科 Chelydridae				
拟鳄龟（美国）	*Chelydra serpentina*	Ⅲ	未列入	暂缓核准
大鳄龟（美国）	*Macrochemys temminckii*	Ⅲ	未列入	暂缓核准
泥龟科 Dermatemydidae				
泥龟	*Dermatemys mawii*	Ⅱ	未列入	二（仅野外种群）
棱皮龟科 Dermochelyidae				
棱皮龟	*Dermochelys coriacea*	Ⅰ	—	
龟科 Emydidae				
牟氏水龟	*Glyptemys muhlenbergii*	Ⅰ	未列入	二（仅野外种群）
科阿韦拉箱龟	*Terrapene coahuila*	Ⅰ	未列入	二（仅野外种群）
斑点水龟	*Clemmys guttata*	Ⅱ	未列入	二（仅野外种群）
布氏拟龟	*Emydoidea blandingii*	Ⅱ	未列入	二（仅野外种群）
木雕水龟	*Glyptemys insculpta*	Ⅱ	未列入	二（仅野外种群）
钻纹龟	*Malaclemys terrapin*	Ⅱ	未列入	二（仅野外种群）
箱龟属所有种（除被列入附录Ⅰ的物种）	*Terrapene* spp.	Ⅱ	未列入	二（仅野外种群）
图龟属所有种（美国）	*Graptemys* spp.	Ⅲ	未列入	暂缓核准
地龟科 Geoemydidae				
马来潮龟	*Batagur affinis*	Ⅰ	未列入	二（仅野外种群）
潮龟	*Batagur baska*	Ⅰ	未列入	二（仅野外种群）
黑池龟	*Geoclemys hamiltonii*	Ⅰ	未列入	二（仅野外种群）
安南龟	*Mauremys annamensis*	Ⅰ	未列入	二（仅野外种群）
三脊棱龟	*Melanochelys tricarinata*	Ⅰ	未列入	二（仅野外种群）
眼斑沼龟	*Morenia ocellata*	Ⅰ	未列入	二（仅野外种群）
印度泛棱背龟	*Pangshura tecta*	Ⅰ	未列入	二（仅野外种群）
咸水龟	*Batagur borneoensis*	Ⅱ	未列入	二（仅野外种群）
三棱潮龟	*Batagur dhongoka*	Ⅱ	未列入	二（仅野外种群）
红冠潮龟	*Batagur kachuga*	Ⅱ	未列入	二（仅野外种群）
缅甸潮龟	*Batagur trivittata*	Ⅱ	未列入	二（仅野外种群）
闭壳龟属所有种（除被列入附录Ⅰ的物种或我国分布种）	*Cuora* spp.	Ⅱ	未列入	二（仅野外种群）
闭壳龟属所有种（我国分布种）	*Cuora* spp.	Ⅱ	二（仅野外种群）	
布氏闭壳龟	*Cuora bourreti*	Ⅰ	二（仅野外种群）	

（续）

中文名	学名	公约附录级别	名录级别	核准级别
图纹闭壳龟	*Cuora picturata*	Ⅰ	二（仅野外种群）	
摄龟属所有种（除被列入国家重点保护野生动物名录的物种）	*Cyclemys* spp.	Ⅱ	未列入	二（仅野外种群）
欧氏摄龟	*Cyclemys oldhaml*	Ⅱ	二	
日本地龟	*Geoemyda japonica*	Ⅱ	未列入	二（仅野外种群）
地龟	*Geoemyda spengleri*	Ⅱ	二	
冠背草龟	*Hardella thurjii*	Ⅱ	未列入	二（仅野外种群）
庙龟	*Heosemys annandalii*	Ⅱ	未列入	二（仅野外种群）
扁东方龟	*Heosemys depressa*	Ⅱ	未列入	二（仅野外种群）
大东方龟	*Heosemys grandis*	Ⅱ	未列入	二（仅野外种群）
锯缘东方龟	*Heosemys spinosa*	Ⅱ	未列入	二（仅野外种群）
苏拉威西地龟	*Leucocephalon yuwonoi*	Ⅱ	未列入	二（仅野外种群）
大头马来龟	*Malayemys macrocephala*	Ⅱ	未列入	二（仅野外种群）
马来龟	*Malayemys subtrijuga*	Ⅱ	未列入	二（仅野外种群）
日本拟水龟	*Mauremys japonica*	Ⅱ	未列入	二（仅野外种群）
黄喉拟水龟	*Mauremys mutica*	Ⅱ	二（仅野外种群）	
黑颈乌龟	*Mauremys nigricans*	Ⅱ	二（仅野外种群）	
黑山龟	*Melanochelys trijuga*	Ⅱ	未列入	二（仅野外种群）
印度沼龟	*Morenia petersi*	Ⅱ	未列入	二（仅野外种群）
果龟	*Notochelys platynota*	Ⅱ	未列入	二（仅野外种群）
巨龟	*Orlitia borneensis*	Ⅱ	未列入	二（仅野外种群）
泛棱背龟属所有种（除被列入附录Ⅰ的物种）	*Pangshura* spp.	Ⅱ	未列入	二（仅野外种群）
眼斑水龟	*Sacalia bealei*	Ⅱ	二（仅野外种群）	
四眼斑水龟	*Sacalia quadriocellata*	Ⅱ	二（仅野外种群）	
粗颈龟	*Siebenrockiella crassicollis*	Ⅱ	未列入	二（仅野外种群）
雷岛粗颈龟	*Siebenrockiella leytensis*	Ⅱ	未列入	二（仅野外种群）
蔗林龟	*Vijayachelys silvatica*	Ⅱ	未列入	二（仅野外种群）
艾氏拟水龟（中国）	*Mauremys iversoni*	Ⅲ	未列入	二（仅野外种群）
大头乌龟（中国）	*Mauremys megalocephala*	Ⅲ	未列入	二（仅野外种群）
腊戍拟水龟（中国）	*Mauremys pritchardi*	Ⅲ	未列入	二（仅野外种群）
乌龟（中国）	*Mauremys reevesii*	Ⅲ	二（仅野外种群）	
花龟（中国）	*Mauremys sinensis*	Ⅲ	二（仅野外种群）	
缺颌花龟（中国）	*Ocadia glyphistoma*	Ⅲ	未列入	二（仅野外种群）
费氏花龟（中国）	*Ocadia philippeni*	Ⅲ	未列入	二（仅野外种群）

（续）

中文名	学名	公约附录级别	名录级别	核准级别
拟眼斑水龟（中国）	*Sacalia pseudocellata*	Ⅲ	未列入	二（仅野外种群）
平胸龟科 Platysternidae				
平胸龟科所有种（除被列入国家重点保护野生动物名录的物种）	Platysternidae spp.	Ⅰ	未列入	二（仅野外种群）
平胸龟	*Platysternon megacephalum*	Ⅰ	二（仅野外种群）	
侧颈龟科 Podocnemididae				
马达加斯加大头侧颈龟	*Erymnochelys madagascariensis*	Ⅱ	未列入	二（仅野外种群）
亚马孙大头侧颈龟	*Peltocephalus dumerilianus*	Ⅱ	未列入	二（仅野外种群）
南美侧颈龟属所有种	*Podocnemis* spp.	Ⅱ	未列入	二（仅野外种群）
鳖科 Trionychidae				
刺鳖深色亚种	*Apalone spinifera atra*	Ⅰ	未列入	二（仅野外种群）
小头鳖	*Chitra chitra*	Ⅰ	未列入	二（仅野外种群）
缅甸小头鳖	*Chitra vandijki*	Ⅰ	未列入	二（仅野外种群）
恒河鳖	*Nilssonia gangetica*	Ⅰ	未列入	二（仅野外种群）
宏鳖	*Nilssonia hurum*	Ⅰ	未列入	二（仅野外种群）
黑鳖	*Nilssonia nigricans*	Ⅰ	未列入	二（仅野外种群）
亚洲鳖	*Amyda cartilaginea*	Ⅱ	未列入	二（仅野外种群）
小头鳖属所有种（除被列入附录Ⅰ的物种）	*Chitra* spp.	Ⅱ	未列入	二（仅野外种群）
努比亚盘鳖	*Cyclanorbis elegans*	Ⅱ	未列入	二（仅野外种群）
塞内加尔盘鳖	*Cyclanorbis senegalensis*	Ⅱ	未列入	二（仅野外种群）
欧氏圆鳖	*Cycloderma aubryi*	Ⅱ	未列入	二（仅野外种群）
赞比亚圆鳖	*Cycloderma frenatum*	Ⅱ	未列入	二（仅野外种群）
马来鳖	*Dogania subplana*	Ⅱ	未列入	二（仅野外种群）
斯里兰卡缘板鳖	*Lissemys ceylonensis*	Ⅱ	未列入	二（仅野外种群）
缘板鳖	*Lissemys punctata*	Ⅱ	未列入	二（仅野外种群）
缅甸缘板鳖	*Lissemys scutata*	Ⅱ	未列入	二（仅野外种群）
孔雀鳖	*Nilssonia formosa*	Ⅱ	未列入	二（仅野外种群）
莱氏鳖	*Nilssonia leithii*	Ⅱ	未列入	二（仅野外种群）
山瑞鳖	*Palea steindachneri*	Ⅱ	二（仅野外种群）	
鼋属所有种（除被列入国家重点保护野生动物名录的物种）	*Pelochelys* spp.	Ⅱ	未列入	二（仅野外种群）
鼋	*Pelochelys bibroni*	Ⅱ	一	
砂鳖	*Pelodiscus axenaria*	Ⅱ	未列入	二（仅野外种群）
东北鳖	*Pelodiscus maackii*	Ⅱ	未列入	二（仅野外种群）

（续）

中文名	学名	公约附录级别	名录级别	核准级别
小鳖	*Pelodiscus parviformis*	Ⅱ	未列入	二（仅野外种群）
大食斑鳖	*Rafetus euphraticus*	Ⅱ	未列入	二（仅野外种群）
斑鳖	*Rafetus swinhoei*	Ⅱ	一	
非洲鳖	*Trionyx triunguis*	Ⅱ	未列入	二（仅野外种群）
珍珠鳖（美国）	*Apalone ferox*	Ⅲ	未列入	暂缓核准
滑鳖（美国）	*Apalone mutica*	Ⅲ	未列入	暂缓核准
刺鳖（美国）（除被列入附录Ⅰ的亚种）	*Apalone spinifera*	Ⅲ	未列入	暂缓核准
两栖纲 Amphibia				
无尾目 Anura				
叉舌蛙科 Dicroglossidae				
六趾蛙	*Euphlyctis hexadactylus*	Ⅱ	未列入	二（仅野外种群）
印度牛蛙	*Hoplobatrachus tigerinus*	Ⅱ	未列入	二（仅野外种群）
有尾目 Caudata				
钝口螈科 Ambystomatidae				
钝口螈	*Ambystoma dumerilii*	Ⅱ	未列入	二（仅野外种群）
墨西哥钝口螈	*Ambystoma mexicanum*	Ⅱ	未列入	二（仅野外种群）
隐鳃鲵科 Cryptobranchidae				
大鲵属所有种（除被列入国家重点保护野生动物名录的物种）	*Andrias* spp.	Ⅰ	未列入	二（仅野外种群）
大鲵	*Andrias davidianus*	Ⅰ	二（仅野外种群）	
美洲大鲵（美国）	*Cryptobranchus alleganiensis*	Ⅲ	未列入	暂缓核准
小鲵科				
安吉小鲵（中国）	*Hynobius amjiensis*	Ⅲ	一	
蝾螈科 Salamandridae				
桔斑螈	*Neurergus kaiseri*	Ⅰ	未列入	二
镇海棘螈（镇海疣螈）	*Echinotriton chinhaiensis*	Ⅱ	一	
高山棘螈	*Echinotriton maxiquadratus*	Ⅱ	二	
瘰螈属所有种（除被列入国家重点保护野生动物名录的物种）	*Paramensotriton* spp.	Ⅱ	未列入	二
橙脊瘰螈	*Paramesotriton aurantius*	Ⅱ	二	
尾斑瘰螈	*Paramesotriton caudopunctatus*	Ⅱ	二	
中国瘰螈	*Paramesotriton chinensis*	Ⅱ	二	
越南瘰螈	*Paramesotriton deloustali*	Ⅱ	二	
富钟瘰螈	*Paramesotriton fuzhongensis*	Ⅱ	二	

（续）

中文名	学名	公约附录级别	名录级别	核准级别
广西瘰螈	*Paramesotriton guangxiensis*	Ⅱ	二	
香港瘰螈	*Paramesotriton hongkongensis*	Ⅱ	二	
无斑瘰螈	*Paramesotriton labiatus*	Ⅱ	二	
龙里瘰螈	*Paramesotriton longliensis*	Ⅱ	二	
茂兰瘰螈	*Paramesotriton maolanensis*	Ⅱ	二	
七溪岭瘰螈	*Paramesotriton qixilingensis*	Ⅱ	二	
武陵瘰螈	*Paramesotriton wulingensis*	Ⅱ	二	
云雾瘰螈	*Paramesotriton yunwuensis*	Ⅱ	二	
织金瘰螈	*Paramesotriton zhijinensis*	Ⅱ	二	
疣螈属所有种（除被列入国家重点保护野生动物名录的物种）	*Tylototriton* spp.	Ⅱ	未列入	二
贵州疣螈	*Tylototriton kweichowensis*	Ⅱ	二	
川南疣螈	*Tylototriton pseudoverrucosus*	Ⅱ	二	
丽色疣螈	*Tylototriton pulcherrima*	Ⅱ	二	
红瘰疣螈	*Tylototriton shanjing*	Ⅱ	二	
棕黑疣螈（细螈疣螈）	*Tylototriton verrucosus*	Ⅱ	二	
滇南疣螈	*Tylototriton yangi*	Ⅱ	二	
北非真螈（阿尔及利亚）	*Salamandra algira*	Ⅲ	未列入	暂缓核准
板鳃亚纲 Elasmobranchii				
真鲨目 Carcharhiniformes				
真鲨科 Carcharhinidae				
镰状真鲨	*Carcharhinus falciformis*	Ⅱ	未列入	暂缓核准
长鳍真鲨	*Carcharhinus longimanus*	Ⅱ	未列入	暂缓核准
双髻鲨科 Sphyrnidae				
路氏双髻鲨	*Sphyrna lewini*	Ⅱ	未列入	暂缓核准
无沟双髻鲨	*Sphyrna mokarran*	Ⅱ	未列入	暂缓核准
锤头双髻鲨	*Sphyrna zygaena*	Ⅱ	未列入	暂缓核准
鼠鲨目 Lamniformes				
长尾鲨科 Alopiidae				
长尾鲨属所有种	*Alopias* spp.	Ⅱ	未列入	暂缓核准
姥鲨科 Cetorhinidae				
姥鲨	*Cetorhinus maximus*	Ⅱ	二	
鼠鲨科 Lamnidae				
噬人鲨	*Carcharodon carcharias*	Ⅱ	二	
尖吻鲭鲨	*Isurus oxyrinchus*	Ⅱ	未列入	暂缓核准

（续）

中文名	学名	公约附录级别	名录级别	核准级别
长鳍鲭鲨	*Isurus paucus*	Ⅱ	未列入	暂缓核准
鼠鲨	*Lamna nasus*	Ⅱ	未列入	暂缓核准
鲼目 Myliobatiformes				
鲼科 Myliobatidae				
前口蝠鲼属所有种	*Manta* spp.	Ⅱ	未列入	暂缓核准
蝠鲼属所有种	*Mobula* spp.	Ⅱ	未列入	暂缓核准
江魟科 Potamotrygonidae				
巴西副江魟（哥伦比亚）	*Paratrygon aiereba*	Ⅲ	未列入	暂缓核准
江魟属所有种（巴西种群）（巴西）	*Potamotrygon* spp.	Ⅲ	未列入	暂缓核准
密星江魟（哥伦比亚）	*Potamotrygon constellata*	Ⅲ	未列入	暂缓核准
马氏江魟（哥伦比亚）	*Potamotrygon magdalenae*	Ⅲ	未列入	暂缓核准
南美江魟（哥伦比亚）	*Potamotrygon motoro*	Ⅲ	未列入	暂缓核准
奥氏江魟（哥伦比亚）	*Potamotrygon orbignyi*	Ⅲ	未列入	暂缓核准
施罗德氏江魟（哥伦比亚）	*Potamotrygon schroederi*	Ⅲ	未列入	暂缓核准
锉棘江魟（哥伦比亚）	*Potamotrygon scobina*	Ⅲ	未列入	暂缓核准
耶氏江魟（哥伦比亚）	*Potamotrygon yepezi*	Ⅲ	未列入	暂缓核准
须鲨目 Orectolobiformes				
鲸鲨科 Rhincodontidae				
鲸鲨	*Rhincodon typus*	Ⅱ	二	
锯鳐目 Pristiformes				
锯鳐科 Pristidae				
锯鳐科所有种	*Pristidae* spp.	Ⅰ	未列入	暂缓核准
犁头鳐目 Rhinopristiformes				
蓝吻犁头鳐科 Glaucostegidae				
蓝吻犁头鳐属所有种	*Glaucostegus* spp.	Ⅱ	未列入	暂缓核准
圆犁头鳐科 Rhinidae				
圆犁头鳐科所有种	*Rhinidae* spp.	Ⅱ	未列入	暂缓核准
辐鳍亚纲 Actinopteri				
鲟形目 Acipenseriformes				
鲟形目所有种（除被列入附录Ⅰ或国家重点保护野生动物名录的物种）	Acipenseriformes spp.	Ⅱ	未列入	二（仅野外种群
鲟科 Acipenseridae				
短吻鲟	*Acipenser brevirostrum*	Ⅰ	未列入	二（仅野外种群）
鲟	*Acipenser sturio*	Ⅰ	未列入	二（仅野外种群）
中华鲟	*Acipenser sinensis*	Ⅱ	一	

（续）

中文名	学名	公约附录级别	名录级别	核准级别
长江鲟（达氏鲟）	*Acipenser dabryanus*	Ⅱ	一	
鳇	*Huso dauricus*	Ⅱ	一（仅野外种群）	
西伯利亚鲟	*Acipenser baerii*	Ⅱ	二（仅野外种群）	
裸腹鲟	*Acipenser nudiventris*	Ⅱ	二（仅野外种群）	
小体鲟	*Acipenser ruthenus*	Ⅱ	二（仅野外种群）	
施氏鲟	*Acipenser schrenckii*	Ⅱ	二（仅野外种群）	
匙吻鲟科 Polyodontidae				
白鲟	*Psephurus gladius*	Ⅱ	一	
鳗鲡目 Anguilliformes				
鳗鲡科 Anguillidae				
欧洲鳗鲡	*Anguilla anguilla*	Ⅱ	未列入	暂缓核准
鲤形目 Cypriniformes				
胭脂鱼科 Catostomidae				
丘裂鳍亚口鱼	*Chasmistes cujus*	Ⅰ	未列入	二
鲤科 Cyprinidae				
湄公河原鲃	*Probarbus jullieni*	Ⅰ	未列入	二
刚果盲鲃	*Caecobarbus geertsii*	Ⅱ	未列入	二
骨舌鱼目 Osteoglossiformes				
巨骨舌鱼科 Arapaimidae				
巨巴西骨舌鱼	*Arapaima gigas*	Ⅱ	未列入	二
骨舌鱼科 Osteoglossidae				
美丽硬骨舌鱼	*Scleropages formosus*	Ⅰ	未列入	二（仅野外种群）
丽纹硬骨舌鱼	*Scleropages inscriptus*	Ⅰ	未列入	二（仅野外种群）
鲈形目 Perciformes				
隆头鱼科 Labridae				
波纹唇鱼（苏眉）	*Cheilinus undulatus*	Ⅱ	二（仅野外种群）	
盖刺鱼科 Pomacanthidae				
克拉里昂刺蝶鱼	*Holacanthus clarionensis*	Ⅱ	未列入	二
石首鱼科 Sciaenidae				
加利福尼亚湾石首鱼	*Totoaba macdonaldi*	Ⅰ	未列入	一
鲇形目 Siluriformes				
骨鲶科 Loricariidae				
斑马下钩鲶（巴西）	*Hypancistrus zebra*	Ⅲ	未列入	暂缓核准
科 Pangasiidae				
巨无齿	*Pangasianodon gigas*	Ⅰ	未列入	二
海龙鱼目 Syngnathiformes				
海龙鱼科 Syngnathidae				

（续）

中文名	学名	公约附录级别	名录级别	核准级别
海马属所有种（除我国分布种）	*Hippocampus* spp.	Ⅱ	未列入	二（仅野外种群）
海马属所有种（我国分布种）	*Hippocampus* spp.	Ⅱ	二（仅野外种群）	
肺鱼亚纲 Dipneusti				
角齿肺鱼目 Ceratodontiformes				
角齿肺鱼科 Neoceratodontidae				
澳大利亚肺鱼	*Neoceratodus forsteri*	Ⅱ	未列入	二
腔棘亚纲 Coelacanthi				
腔棘鱼目 Coelacanthiformes				
矛尾鱼科 Latimeriidae				
矛尾鱼属所有种	*Latimeria* spp.	Ⅰ	未列入	一
棘皮动物门 Echinodermata				
海参纲 Holothuroidea				
楯手目 Aspidochirotida				
刺参科 Stichopodidae				
暗色刺参（厄瓜多尔）	*Isostichopus fuscus*	Ⅲ	未列入	暂缓核准
海参目 Holothuriida				
海参科 Holothuriidae				
黄乳海参	*Holothuria fuscogilva*	Ⅱ	未列入	暂缓核准
印度洋黑乳海参	*Holothuria nobilis*	Ⅱ	未列入	暂缓核准
黑乳海参	*Holothuria whitmaei*	Ⅱ	未列入	暂缓核准
环节动物门 Annelida				
蛭纲 Hirudinoidea				
无吻蛭目 Arhynchobdellida				
医蛭科 Hirudinidae				
欧洲医蛭	*Hirudo medicinalis*	Ⅱ	未列入	二
侧纹医蛭	*Hirudo verbana*	Ⅱ	未列入	二
软体动物门 Mollusca				
双壳纲 Bivalvia				
贻贝目 Mytiloida				
贻贝科 Mytilidae				
普通石蛏	*Lithophaga lithophaga*	Ⅱ	未列入	暂缓核准
珠蚌目 Unionoida				
蚌科 Unionidae				
雕刻射蚌	*Conradilla caelata*	Ⅰ	未列入	暂缓核准
走蚌	*Dromus dromas*	Ⅰ	未列入	暂缓核准
冠前嵴蚌	*Epioblasma curtisi*	Ⅰ	未列入	暂缓核准

（续）

中文名	学名	公约附录级别	名录级别	核准级别
闪光前嵴蚌	*Epioblasma florentina*	Ⅰ	未列入	暂缓核准
沙氏前嵴蚌	*Epioblasma sampsonii*	Ⅰ	未列入	暂缓核准
全斜沟前嵴蚌	*Epioblasma sulcata perobliqua*	Ⅰ	未列入	暂缓核准
舵瘤前嵴蚌	*Epioblasma torulosa gubernaculum*	Ⅰ	未列入	暂缓核准
瘤前嵴蚌	*Epioblasma torulosa torulosa*	Ⅰ	未列入	暂缓核准
膨大前嵴蚌	*Epioblasma turgidula*	Ⅰ	未列入	暂缓核准
瓦氏前嵴蚌	*Epioblasma walkeri*	Ⅰ	未列入	暂缓核准
楔状水蚌	*Fusconaia cuneolus*	Ⅰ	未列入	暂缓核准
水蚌	*Fusconaia edgariana*	Ⅰ	未列入	暂缓核准
希氏美丽蚌	*Lampsilis higginsii*	Ⅰ	未列入	暂缓核准
球美丽蚌	*Lampsilis orbiculata orbiculata*	Ⅰ	未列入	暂缓核准
多彩美丽蚌	*Lampsilis satur*	Ⅰ	未列入	暂缓核准
绿美丽蚌	*Lampsilis virescens*	Ⅰ	未列入	暂缓核准
皱疤丰底蚌	*Plethobasus cicatricosus*	Ⅰ	未列入	暂缓核准
古柏丰底蚌	*Plethobasus cooperianus*	Ⅰ	未列入	暂缓核准
满侧底蚌	*Pleurobema plenum*	Ⅰ	未列入	暂缓核准
大河蚌	*Potamilus capax*	Ⅰ	未列入	暂缓核准
中间方蚌	*Quadrula intermedia*	Ⅰ	未列入	暂缓核准
稀少方蚌	*Quadrula sparsa*	Ⅰ	未列入	暂缓核准
柱状扁弓蚌	*Toxolasma cylindrella*	Ⅰ	未列入	暂缓核准
V线珠蚌	*Unio nickliniana*	Ⅰ	未列入	暂缓核准
德科马坦比哥珠蚌	*Unio tampicoensis tecomatensis*	Ⅰ	未列入	暂缓核准
横条多毛蚌	*Villosa trabalis*	Ⅰ	未列入	暂缓核准
阿氏强膨蚌	*Cyprogenia aberti*	Ⅱ	未列入	暂缓核准
行瘤前嵴蚌	*Epioblasmatorulosa rangiana*	Ⅱ	未列入	暂缓核准
棒形侧底蚌	*Pleurobema clava*	Ⅱ	未列入	暂缓核准
帘蛤目 Veneroida				
砗磲科 Tridacnidae				
砗磲科所有种（除被列入国家重点保护野生动物名录的物种）	Tridacnidae spp.	Ⅱ	未列入	二（仅野外种群）
大砗磲（库氏砗磲）	*Tridacna gigas*	Ⅱ	一	
无鳞砗磲	*Tridacna derasa*	Ⅱ	二（仅野外种群）	
鳞砗磲	*Tridacna squamosa*	Ⅱ	二（仅野外种群）	
长砗磲	*Tridacna maxima*	Ⅱ	二（仅野外种群）	
番红砗磲	*Tridacna crocea*	Ⅱ	二（仅野外种群）	

（续）

中文名	学名	公约附录级别	名录级别	核准级别
砗蚝	*hippopus hippopus*	Ⅱ	二（仅野外种群）	
头足纲 Cephalopoda				
鹦鹉螺目 Nautilida				
鹦鹉螺科 Nautilidae				
鹦鹉螺科所有种（除被列入国家重点保护野生动物名录物种）	Nautilidae spp.	Ⅱ	未列入	一
鹦鹉螺	*Nautilidae pompilius*	Ⅱ	一	
腹足纲 Gastropoda				
中腹足目 Mesogastropoda				
凤螺科 Strombidae				
大凤螺	*Strombus gigas*	Ⅱ	未列入	二（仅野外种群）
刺胞亚门 Cnidaria				
珊瑚虫纲 Anthozoa				
黑珊瑚目 Antipatharia				
黑珊瑚目（角珊瑚目）所有种（除我国分布种）	Antipatharia spp.	Ⅱ	未列入	二
黑珊瑚目（角珊瑚目）所有种（我国分布种）	Antipatharia spp.	Ⅱ	二	
柳珊瑚目 Gorgonaceae				
红珊瑚科 Coralliidae				
瘦长红珊瑚（中国）	*Corallium elatius*	Ⅲ	一	
日本红珊瑚（中国）	*Corallium japonicum*	Ⅲ	一	
皮滑红珊瑚（中国）	*Corallium konjoi*	Ⅲ	一	
巧红珊瑚（中国）	*Corallium secundum*	Ⅲ	一	
苍珊瑚目 Helioporacea				
苍珊瑚科 Helioporidae				
苍珊瑚科所有种（仅包括苍珊瑚 Heliopora coerulea，不含化石）	Helioporidae spp.	Ⅱ	二	
石珊瑚目 Scleractinia				
石珊瑚目所有种（除我国分布种，不含化石）	Scleractinia spp.	Ⅱ	未列入	二
石珊瑚目所有种（我国分布种，不含化石）	Scleractinia spp.	Ⅱ	二	
多茎目 Stolonifera				
笙珊瑚科 Tubiporidae				

（续）

中文名	学名	公约附录级别	名录级别	核准级别
笙珊瑚科所有种（除被列入国家重点保护野生动物名录物种，不含化石）	Tubiporidae spp.	Ⅱ	未列入	二
笙珊瑚	*Tubipora musica*	Ⅱ	二	
水螅纲 Hydrozoa				
多孔螅目 Milleporina				
多孔螅科 Milleporidae				
多孔螅科所有种（除被列入国家重点保护野生动物名录物种，不含化石）	Milleporidae spp.	Ⅱ	未列入	二
分叉多孔螅	*Millepora dichotoma*	Ⅱ	二	
节块多孔螅	*Millepora exaesa*	Ⅱ	二	
窝形多孔螅	*Millepora foveolata*	Ⅱ	二	
错综多孔螅	*Millepora intricata*	Ⅱ	二	
阔叶多孔螅	*Millepora latifolia*	Ⅱ	二	
扁叶多孔螅	*Millepora platyphylla*	Ⅱ	二	
娇嫩多孔螅	*Millepora tenera*	Ⅱ	二	
柱星螅目 Stylasterina				
柱星螅科 Stylasteridae				
柱星螅科所有种（除被列入国家重点保护野生动物名录物种，不含化石）	Stylasteridae spp.	Ⅱ	未列入	二
无序双孔螅	*Distichopora irregularis*	Ⅱ	二	
紫色双孔螅	*Distichopora violacea*	Ⅱ	二	
佳丽刺柱螅	*Errina dabneyi*	Ⅱ	二	
扇形柱星螅	*Stylaster flabelliformis*	Ⅱ	二	
细巧柱星螅	*Stylaster gracilis*	Ⅱ	二	
佳丽柱星螅	*Stylaster pulcher*	Ⅱ	二	
艳红柱星螅	*Stylaster sanguineus*	Ⅱ	二	
粗糙柱星螅	*Stylaster scabiosus*	Ⅱ	二	

中华人民共和国农业部公告第2607号（《农业部濒危水生野生动植物种鉴定单位名单》）

（2017年11月13日发布）

根据《最高人民法院关于审理发生在我国管辖海域相关案件若干问题的规定（二）》（法释〔2016〕17号）中关于涉及珍稀、濒危水生野生动物及其制品案件鉴定单位资格认定问题的有关规定，经我部审定，批准中国科学院动物研究所等32家科研教学单位（见附件）承担《国家重点保护野生动物名录》《国家重点保护野生植物名录（第一批）》和《〈濒危野生动植物种国际贸易公约〉附录》中水生野生动植物种及其制品的鉴定工作，自公告发布之日起生效，《中华人民共和国农业部公告第1376号》同时废止。

特此公告。

农业部

2017年11月13日

附件　农业部濒危水生野生动植物种鉴定单位名单

编号	鉴定单位	推荐鉴定类群
1	中国科学院动物研究所	淡水鱼类，板鳃亚纲
2	中国科学院水生生物研究所	鲸目，淡水鱼类，医蛭科，贻贝科，蚌科
3	中国科学院深海科学与工程研究所	鲸目，海豹科、海狮科、海象科，儒艮
4	中国科学院海洋研究所	无脊椎动物（国家重点保护名录物种）
5	中国科学院水利部水工程生态研究所	鲟形目，淡水鱼类（国家重点保护名录物种）
6	中国科学院南海海洋研究所	海洋鱼类（国家重点保护名录物种），珊瑚虫纲
7	中国科学院成都生物研究所	爬行纲（国家重点保护名录物种），两栖纲（国家重点保护名录物种）
8	中国科学院昆明动物研究所	淡水鱼类（国家重点保护名录物种）
9	中国水产科学研究院	鱼类（国家重点保护名录物种），双壳纲（国家重点保护名录物种），腹足纲（国家重点保护名录物种）
10	中国水产科学研究院南海水产研究所	鱼类（国家重点保护名录物种），头足纲（国家重点保护名录物种），双壳纲（国家重点保护名录物种），腹足纲（国家重点保护名录物种），中华白海豚，波纹唇鱼
11	中国水产科学研究院黄海水产研究所	海豹科、海狮科、海象科，鱼类（国家重点保护名录物种），双壳纲（国家重点保护名录物种）
12	中国水产科学研究院淡水渔业研究中心	淡水鱼类（国家重点保护名录物种）
13	中国水产科学研究院珠江水产研究所	淡水鱼类（国家重点保护名录物种）

（续）

编号	鉴定单位	推荐鉴定类群
14	中国水产科学研究院黑龙江水产研究所	淡水鱼类（国家重点保护名录物种）
15	中国水产科学研究院东海水产研究所	海洋生物（国家重点保护名录物种）
16	中国水产科学研究院长江水产研究所	两栖纲（国家重点保护名录物种），淡水鱼类（国家重点保护名录物种）
17	国家海洋局第三海洋研究所	鲸目，海龟科，棱皮龟，鲸鲨，石珊瑚目
18	上海海洋大学	鲸目，鱼类，砗磲科，头足纲（国家重点保护名录物种），双壳纲（国家重点保护名录物种），腹足纲（国家重点保护名录物种）
19	西南大学	淡水龟鳖，大鲵，鲟形目，头足纲（国家重点保护名录物种），双壳纲（国家重点保护名录物种），腹足纲（国家重点保护名录物种）
20	浙江海洋大学	鲸目，海龟科，棱皮龟，板鳃亚纲，鲟形目所有种，鱼类（国家重点保护名录物种），头足纲（国家重点保护名录物种），双壳纲（国家重点保护名录物种），腹足纲（国家重点保护名录物种）
21	钦州学院	海洋鱼类（国家重点保护名录物种），头足纲（国家重点保护名录物种），双壳纲（国家重点保护名录物种），腹足纲（国家重点保护名录物种），砗磲科
22	汕头大学	鲸目，海龟科，棱皮龟
23	四川大学	鲟形目，淡水鱼类（国家重点保护名录物种）
24	复旦大学	鱼类（国家重点保护名录物种）
25	南京师范大学	鲸目（国家重点保护名录物种）、爬行纲（国家重点保护名录物种）、两栖纲（国家重点保护名录物种）
26	武汉大学	水生植物
27	海南师范大学	哺乳纲（国家重点保护名录物种），爬行纲（国家重点保护名录物种），两栖纲（国家重点保护名录物种）
28	江西省科学院生物资源研究所	长江江豚，淡水龟科，爬行纲（国家重点保护名录物种），两栖纲（国家重点保护名录物种），淡水鱼类（国家重点保护名录物种）
29	湖南省水产科学研究所	鼬科（国家重点保护名录物种），长江江豚，两栖纲（国家重点保护名录物种），淡水鱼类（国家重点保护名录物种），双壳纲（国家重点保护名录物种）
30	广东省生物资源应用研究所（华南野生动物物种鉴定中心）	淡水龟鳖，鱼类（国家重点保护名录物种），头足纲（国家重点保护名录物种），双壳纲（国家重点保护名录物种），腹足纲（国家重点保护名录物种）
31	海南省海洋与渔业科学院	鱼类（国家重点保护名录物种），双壳纲（国家重点保护名录物种），砗磲科，石珊瑚目
32	辽宁省海洋水产科学研究院	鲸目、海豹科、海狮科，海象科、儒艮

农业部关于加强水族馆和展览、表演、驯养繁殖、科研利用水生野生动物管理有关问题的通知

（1996年1月22日发布，农渔发〔1996〕3号；根据农业农村部令2019年第2号《农业农村部关于修改和废止部分规章、规范性文件的决定》修改）

各省、自治区、直辖市渔业行政主管部门：

近一段时期以来，我国不少地区在修建水族馆，举办珍稀水生野生动物展览和表演，还有不少单位和个人在进行水生野生动物驯养繁殖及科学研究活动。开展这些活动，对于宣传普及科学知识，增进公众保护水生野生动物的意识，促进水生野生动物保护事业的发展有着积极意义。但有一些单位和个人没有按《中华人民共和国野生动物保护法》和《中华人民共和国水生野生动物保护实施条例》的规定办理有关手续，在未经渔业行政主管部门批准的情况下，擅自捕捉、收购、运输国家和地方重点保护水生野生动物，并在不具备饲养和技术条件的情况下进行展览、表演和驯养繁殖活动，致使许多珍稀濒危物种得不到妥善安置并导致死亡；一些科研部门以国家或地方重点科研项目为名，擅自向渔民收购水生野生动物标本，促使部分渔民见利违法，使本已濒危的物种再度遭到捕杀，在社会上造成了很坏的影响。为了严肃法制，加强对水族馆和水生野生动物展览、表演、驯养繁殖、科学研究的管理，现将有关问题通知如下：

一、根据《中华人民共和国野生动物保护法》和《中华人民共和国水生野生动物保护实施条例》的规定，因科学研究、驯养繁殖、展览等特殊情况，需要捕捉、出售、收购、利用国家一级保护水生野生动物或者其产品的，必须向省、自治区、直辖市人民政府渔业行政主管部门提出申请，经其签署意见后，报国务院渔业行政主管部门批准；需要捕捉、出售、收购、利用国家二级保护水生野生动物的，必须向省、自治区、直辖市人民政府渔业行政主管部门提出申请，并经其批准。

运输、携带国家重点保护的水生野生动物或者其产品出县境的，应当凭特许捕捉证或者驯养繁殖许可证，向县级人民政府渔业行政主管部门提出申请，报省、自治区、直辖市人民政府渔业行政主管部门批准。

进出口中国参加的国际公约所限制进出口的水生野生动物或者其产品的，必须经进出口单位或者个人所在地的省、自治区、直辖市人民政府渔业行政主管部门审核，报国务院渔业行政主管部门批准。

二、水族馆利用水生野生动物展览、表演，必须事先向所在地的省级渔业行政主管部门办理水生野生动物驯养繁殖许可证，凭水生野生动物驯养繁殖许可证依照法律规定的程序向省级以上渔业行政主管部门提出捕捉、收购利用水生野生动物的报告，未取得驯养繁殖水生野生动物许可证的水族馆，不得批准其捕捉、收购利用水生野生动物。

三、因科研需捕捉、收购、利用水生野

生动物的，在申报审批报告中，应附科研项目工作报告及下达科研项目单位对科研经费的保函。各省渔业行政主管部门在审批和审核报告时，应尽可能避免相同科研项目利用水生野生动物的情况出现，同时对于审批同意科研利用水生野生动物的单位和个人应监督管理其水生野生动物副产品的处理。

四、无技术保障和资金保证的单位和个人对其驯养繁殖的要求不予批复。

五、经批准同意收购水生野生动物的单位和个人，不得向未取得水生野生动物驯养繁殖许可证和经营利用许可证的单位和个人进行收购，更不能向渔民私自收购水生野生动物活体及标本。出售水生野生动物的单位和个人必须具备省级以上渔业行政主管部门颁发的驯养繁殖许可证和经营利用许可证。

各级渔业行政主管部门应切实履行水生野生动物主管部门的职责，对水族馆和水生野生动物展览、表演、驯养繁殖、科学研究等活动加强管理。对符合条件、手续完备的单位或个人提出的申请，应当积极支持，尽快予以审批。对违反上述规定擅自捕捉、收购、出售、运输水生野生动物和利用水生野生动物进行展览、表演、驯养繁殖、科学研究的单位和个人，各级渔政部门可依据《中华人民共和国野生动物保护法》和《中华人民共和国水生野生动物保护实施条例》的有关规定进行严肃查处。

农业部

1996 年 1 月 22 日

农业部关于加强海洋馆和水族馆等场馆水生野生动物驯养展演活动管理的通知

（2010年1月1日公布，农渔发〔2010〕36号）

各省、自治区、直辖市渔业主管厅（局），新疆生产建设兵团水产局：

近年来，各地海洋馆、水族馆等水生野生动物展演场馆建设数量不断增加，对普及水生野生动物保护知识，提高全社会保护意识，促进水生野生动物保护事业发展发挥了积极作用。但在发展过程中，有些展演场馆过度注重经济效益，在驯养条件不过关和技术能力跟不上的情况下进行水生野生动物驯养繁殖和展览、展示、表演活动，致使一些珍稀濒危物种得不到妥善安置并导致死亡，在社会上造成了不良的影响。为进一步规范水生野生动物驯养和展演行为，切实加强水生野生动物保护工作，现将有关问题通知如下：

一、依法加强海洋馆、水族馆等场馆水生野生动物利用特许管理。按照《中华人民共和国野生动物保护法》及《中华人民共和国水生野生动物利用特许办法》的有关规定，海洋馆、水族馆等场馆开展水生野生动物驯养、展演等利用特许活动，必须按规定事前向国家或省级渔业主管部门提出申请，通过农业部濒危水生野生动植物种科学委员会专家评估，按规定领取利用特许证件后，才能开展有关活动。新建以水生野生动物驯养、展演为主要目的的海洋馆、水族馆等场馆，事前应当向国家或省级渔业主管部门提交建设方案和水生野生动物驯养、展演可行性论证报告，并通过农业部濒危水生野生动植物种科学委员会专家评估。没有通过专家评估的，建成后不得开展水生野生动物驯养、展演等特许利用活动。

二、组织对海洋馆、水族馆等场馆进行全面清查整顿和评估。各省级渔业行政主管部门要加强组织领导，认真做好这次水生野生动物展演场馆的清查整顿和评估工作。清查整顿和评估分三个阶段进行。第一阶段：自本通知下发之日起至10月31日，各水生野生动物展演场馆依据有关水生野生动物保护、驯养繁殖的法律法规、规章和技术标准等，对本场馆水生野生动物驯养繁殖场所设施及条件、技术能力、经费保障、规章制度、应急预案、档案记录、广告宣传、经营管理等各个方面，进行全面的自查、整顿，立即停止水生野生动物与观众零距离接触、虐待性表演、违规经营水生野生动物产品等各种不当行为，并根据要求进行自我评估，完成评估报告（具体格式见附件），经省级渔业行政主管部门审查核实后报送我部渔政指挥中心。第二阶段：11月1日至11月30日，我部组织濒危水生野生动植物种科学委员会专家对各场馆自我评估情况进行现场核查，发现问题，责成有关场馆及时进行整改。第三阶段：12月1日至12月20日，我部组织濒危水生野生动植物种科学委员会专家会议对各场馆总体情况和水生野生动物驯养条件、技术能力等进行全面集中评估，出具评估报告。未通过评估的，根据专家意见限期进行整改。

三、认真履行职责，加强管理，切实规范水生野生动物展演行为。各级渔业行政主管部门及渔政管理机构要认真履行法律法规赋予的水生野生动物保护管理职责，切实加强海洋馆、水族馆等场馆水生野生动物驯养展演活动监督管理，依法严厉查处未经许可开展水生野生动物展演活动等违法违规行为。对已领取特许利用许可证，但未通过我部濒危水生野生动植物种科学委员会专家评估的海洋馆、水族馆等场馆，限期进行整改。到期仍不能通过评估的，依法吊销其许可证件，不得再从事水生野生动物驯养、展演活动。整改期间可以进行适当驯养活动，但不得进行展演活动。

四、充分发挥行业协会作用，加强行业自律，努力提高水生野生动物保护水平。水生野生动物保护分会要充分发挥行业协会的桥梁和纽带作用，推动制订水生野生动物展演场馆相关技术操作规范和标准，促进国内外学术交流与合作，加强行业自律，努力规范水生野生动物展演活动。要积极发挥海洋馆、水族馆等海洋珍稀濒危野生动物救护网络成员单位在水生动物救护及科普宣传方面的作用，努力提高水生野生动物保护水平。

附件：水生野生动物驯养展演情况评估报告格式（略）

中华人民共和国农业部

二〇一〇年一月一日

农业农村部办公厅关于贯彻落实《国家重点保护野生动物名录》加强水生野生动物保护管理的通知

（2021年3月30日发布，农办渔〔2021〕4号）

各省、自治区、直辖市农业农村（农牧）厅（局、委），福建省海洋与渔业局，新疆生产建设兵团农业农村局：

根据《中华人民共和国野生动物保护法》（以下简称《野生动物保护法》）有关规定，经国务院批准，国家林草局会同我部印发公告（2021年第3号），将调整后的《国家重点保护野生动物名录》（以下简称《名录》）予以公布施行，并在6月30日之前设置过渡期。为贯彻落实好《名录》，进一步加强水生野生动物保护管理，现就有关事宜通知如下。

一、提高思想认识，把《名录》宣贯列入重要议事日程

《名录》是《野生动物保护法》规定的重要管理制度，贯彻落实好《名录》，是深入贯彻落实习近平生态文明思想的重要体现，也是加强水生野生动物保护、促进生态文明和美丽中国建设的重要措施，对做好新时期水生野生动物保护工作具有里程碑式的重要意义。调整后的《名录》共包括302种（类）水生野生动物，其中46种（类）国家一级保护，256种（类）国家二级保护，物种数量比原有《名录》大幅增加。各级渔业主管部门要切实提高政治站位，充分认识贯彻落实《名录》的重要性，把《名录》的宣贯作为今后一个时期加强水生野生动物保护的首要任务，列入重要议事日程，推动水生野生动物保护工作迈上新台阶。

二、加强协调配合，确保相关工作平稳过渡

《名录》调整后，许多水生野生动物物种的保护管理依据、程序、要求和主管部门等已发生改变，各级渔业主管部门要顺应新形势新要求，充分利用好6月30日之前的过渡期，周密部署，细化安排，确保水生野生动物保护管理工作平稳过渡、有效衔接。在过渡期内，要对辖区内相关物种现有保护管理和产业利用情况进行摸底调查并分类管理。对于管理部门划分发生调整的扬子鳄、虎纹蛙等物种，要与林草部门主动沟通、密切配合，及时换发相关证件，确保工作交接到位；对《名录》发布前已经合法开展人工繁育和经营利用的物种，要督促有关企业和个人在过渡期内按照调整后的保护管理要求办理人工繁育许可证和经营利用许可证；对公告发布后新开展的捕捉、人工繁育、出售、购买、利用等活动，一律按照《名录》中规定的保护级别依法进行审批。各级渔业主管部门要与公安、市场监管、交通等执法部门主动沟通，做好衔接配合，告知相关政策和管理要求，避免因“一刀切”损害从业者合法权益。

三、明确分类要求，规范开展行政审批

《名录》公布后，《国家保护的有益的或者有重要经济、科学研究价值的陆生野生动物名录》《国家重点保护经济水生动植物资源名录（第一批）》《〈濒危野生动植物种国

际贸易公约〉附录水生动物物种核准为国家重点保护野生动物名录》以及地方重点保护野生动物名录中与《名录》内容不一致的，要以《名录》规定为准。各省（自治区、直辖市）渔业主管部门要对照《名录》，对各地发布的地方重点保护水生野生动物名录进行梳理并推动尽快调整。对于大鲵等仅野外种群列入《名录》的物种，以及尼罗鳄等仅野外种群被核准为国家重点保护野生动物的物种，其野外种群严格按照《野生动物保护法》有关要求管理，人工繁育种群实行与野外种群不同的管理措施；经营利用上述物种人工繁育种群的，不再适用《市场监管总局、农业农村部、国家林草局关于禁止野生动物交易的公告》有关管理要求。对于乌龟等仅野外种群被列入《名录》、且名录发布前已经核准为国家重点保护野生动物的物种，其人工繁育种群在 6 月 30 日前可继续按《农业农村部办公厅关于规范濒危野生动植物种国际贸易公约附录水生动物物种审批管理工作的通知》（农办渔〔2018〕78 号）规定管理。下一步，我部将研究对相关物种采取标识管理。

四、加强执法监管，严厉打击各类违法违规行为

各级渔业主管部门要严格按照《野生动物保护法》和《全国人大常委会关于全面禁止非法野生动物交易、革除滥食野生动物陋习、切实保障人民群众生命健康安全的决定》有关要求，严格执行“清风行动”“中国渔政亮剑 2021”等专项执法行动，落实属地责任，加大《名录》所列物种及其野外栖息地的保护力度。要加强执法监管，凡是野生动物保护法和其他有关法律法规禁止猎捕、交易、运输、食用野生动物的，必须严格禁止。要做好“行刑衔接”，加大对破坏水生野生动物资源行为的处罚力度，适时公开一批典型案件，强化以案说法，提高法律的震慑力。要充分发挥举报平台作用，按职责分工及时受理违规经营水生野生动物及其制品的举报，快查快办、严查严办。要加强与有关执法部门间的沟通协调，针对乱捕、滥食、非法经营利用水生野生动物等违法行为建立部门间执法协调长效机制，形成各部门齐抓共管的良好态势。

五、加强宣传培训，提高保护水生野生动物能力

《名录》对水生野生动物保护工作和执法人员的能力提出了更高要求，各级渔业主管部门要主动加强宣传，充分利用水生野生动物保护科普宣传月、世界野生动植物日等关键节点，利用电视、广播、报纸、网络新闻媒体等多种渠道广泛开展深入宣传，提高社会公众知法守法意识。要创新工作思路，加强一线执法人员的培训，针对《名录》修订内容、管理要求、物种快速鉴别技术等，组织开展专题培训，切实提高执法管理能力，确保《名录》落实到位。

各省（自治区、直辖市）渔业主管部门要及时总结贯彻执行《名录》经验做法，分析遇到的困难问题，提出相关对策措施建议，并于 12 月 15 日前将总结材料报送我部渔业渔政管理局。

农业农村部办公厅

2021 年 3 月 30 日

农业部办公厅关于印发《渔业水域污染事故信息报告及应急处理工作规范》的通知

（2007 年 8 月 16 日发布，农办渔〔2007〕63 号）

为进一步强化和规范渔业水域污染事故的信息报告及应急处理工作，提高渔业行政主管部门及其渔政渔港监督管理机构处理渔业水域污染事故的快速反应和应急能力，维护渔民权益，保障人民群众水产品食用安全，依据《渔业法》《环境保护法》《水污染防治法》《海洋环境保护法》等法律法规和规章，我部制定了《渔业水域污染事故信息报告及应急处理工作规范》，现印发给你们，请遵照执行。同时，请将填写好的渔业水域污染事故主管领导及联络员登记表于 8 月 30 日前反馈我部渔业局。

联 系 人：农业部渔业局资源环保处 董少帅

联系电话：（010）64192934

传　　真：（010）64192965

E-mail：fisheries@agri. gov. cn

通信地址：（100026）北京市朝阳区农展馆南里 11 号

渔业水域污染事故信息报告及应急处理工作规范

第一条　为及时应对渔业水域污染事故，提高渔业行政主管部门及其渔政渔港监督管理机构处理渔业水域污染事故的快速反应和应急能力，有效控制污染事故的危害，维护渔业权益和渔民利益，保障人民群众水产品食用安全，依据《渔业法》《环境保护法》《水污染防治法》《海洋环境保护法》等法律法规，并依照《渔业水域污染事故调查处理程序规定》等规章，制定本规范。

第二条　渔业水域污染事故实行信息报告制度。各级渔业行政主管部门应当及时、准确掌握并向同级人民政府和上级渔业行政主管部门报告辖区内发生的渔业水域污染事故信息。

第三条　各级渔业行政主管部门及其渔政渔港监督管理机构应当在同级人民政府的领导下依法履行职责，做好本辖区渔业水域污染事故的应急处理工作。

对于仅造成渔业损害的单一性渔业水域污染事故，渔业行政主管部门及其渔政渔港监督管理机构应当依据职责，会同有关部门开展工作。

对于造成多方面损害的综合性水污染事故，渔业行政主管部门及其渔政渔港监督管理机构应当在同级人民政府的领导下，配合牵头负责部门开展工作。

第四条　渔业水域污染事故分为一般及较大渔业水域污染事故、重大渔业水域污染事故、特大渔业水域污染事故和涉外渔业水域污染事故。

一般及较大渔业水域污染事故，事发地的地（市）、县级渔业行政主管部门应在发现或得知渔业水域污染事故 8 小时内向同级人民政府和上一级渔业行政主管部门报告。

重大、特大和涉外渔业水域污染事故，事发地的地（市）、县级渔业行政主管部门应当在发现或得知渔业水域污染事故 4 小时内报告同级人民政府和上一级渔业行政主管部门。省级渔业行政主管部门在接到报告后，除认为需对渔业水域污染事故进行必要核实外，应当在 4 小时内报告省级人民政府和国务院渔业行政主管部门，同时抄报所在海区渔政渔港监督管理机构或流域渔业资源管理机构。需要对渔业水域污染事故进行核实的，原则上应在 24 小时内完成。

特大和涉外渔业水域污染事故，事发地的地（市）、县级渔业行政主管部门在依照本条前款规定报告的同时，可直接报告国务院渔业行政主管部门及所在海区渔政渔港监督管理机构或流域渔业资源管理机构。

第五条 渔业水域污染事故发生后，事发地县级渔业行政主管部门及其渔政渔港监督管理机构应当依法在第一时间赴现场进行调查了解，及时核实污染发生及渔业损失情况并采取应急处理措施，同时应尽快组织有关环境监测人员对渔业污染情况进行监测和调查，对事故发生原因及危害程度做出初步判断，并把初步情况及时报告同级人民政府和上级渔业行政主管部门。

当突发渔业水域污染事故发生初期无法按渔业水域污染事故分级标准确认等级时，报告上应注明初步判断的可能等级。随着事故的发展，应及时核定渔业水域污染事故等级并报告应报送的部门。

第六条 渔业水域污染事故报告，根据调查处理进展情况分为初报、续报和处理结果报告三类。

初报，在发现渔业水域污染事故经初步核实后上报；续报，在污染事故调查情况取得新的进展后随时上报；处理结果报告，在渔业水域污染事故处理完毕后上报。

初报可用电话或传真直接报告，应包括以下主要内容：渔业水域污染事故的发生时间、地点、过程、影响范围、渔业损失情况；初步监测检测与污染排查情况；应急处理措施；相关建议及下一步工作安排等其他情况。

续报采用书面报告，按渔业水域污染事故的等级可一次或多次报告，必要时启动日报制度和零报告制度。一般及较大渔业水域污染事故在完成渔业水域污染事故调查处理后上报，报告应对初报的内容进行确定和量化，主要内容包括：渔业水域污染事故的发生原因、污染物、责任方、经济损失和应急措施等。重大、特大和涉外渔业水域污染事故，至少应在完成渔业水域污染事故现场调查和完成渔业水域污染事故调查结果后分 2 次上报，必要时还应根据实际情况增加报告次数。报告内容基本与一般及较大渔业水域污染事故相同，但应更为深入与详细。

处理结果报告采用书面报告。处理结果报告在初报和续报的基础上，报告渔业水域污染事故处理过程和结果，渔业水域污染事故潜在影响等情况。处理结果报告应当在渔业水域污染事故处理完毕后立即报送。

第七条 渔业水域污染事故可能波及相邻行政区域的，事发地渔业行政主管部门应当在向上级渔业行政主管部门报告的同时，通报可能波及的相邻地区渔业行政主管部门。接到通报的渔业行政主管部门应及时报告本级人民政府。

第八条 各级渔业行政主管部门应明确渔业水域污染事故调查处理分管领导和联络员，分管领导由渔业行政主管部门领导担任，联络员由主管处（室、站）负责人担任。污染事故应急处置期间有关分管领导和联络员应保持联系畅通。

第九条 有关渔业水域污染事故危害、损失、控制等情况，由负责相应渔业水域污染事故调查处理的部门或同级人民政府统一向社会和公众发布。未经许可，其他任何单位和个人不得向社会发布相关信息。

第十条 各省、自治区、直辖市渔业行政主管部门应当于每年 1 月 20 日前，将本辖区内上一年度发生的渔业水域污染事故的统计分析情况上报国务院渔业行政主管部门，同时抄报所在海区渔政渔港监督机构或流域渔业资源管理机构。

第十一条　有关渔业水域污染事故的分级、管辖、调查与取证、处理程序等依照《渔业水域污染事故调查处理程序规定》执行。

第十二条　本规范自发布之日起执行。

农业农村部办公厅关于规范濒危野生动植物种国际贸易公约附录水生动物物种审批管理工作的通知

（2018 年 11 月 28 日发布，农办渔〔2018〕78 号）

根据《中华人民共和国野生动物保护法》有关规定，我部于前期印发农业农村部公告第 69 号，对《濒危野生动植物种国际贸易公约》附录水生动物物种的国内管理级别进行重新核准。为进一步明确管理要求，规范上述物种的人工繁育、出售购买利用和进出口审批工作，现就有关事项通知如下。

一、《濒危野生动植物种国际贸易公约》（以下简称“CITES”）附录中的水生动物物种，已经列入国家重点保护野生动物名录的，或尚未列入国家重点保护野生动物名录、但其野外种群和人工繁育种群均已被我部核准为国家重点保护野生动物的，按照对应保护级别进行国内管理。申请人工繁育、出售购买利用上述物种的，应依法办理人工繁育许可证或经营利用批文。

二、CITES 附录中的水生动物物种，尚未列入国家重点保护野生动物名录、仅野外种群被核准为国家重点保护野生动物的，其野外种群按照对应保护级别进行国内管理，人工繁育种群不再视为国家重点保护野生动物。申请人工繁育、出售购买利用上述物种的，无论涉及野外种群或人工繁育种群，均应依法办理人工繁育许可证或经营利用批文。

三、CITES 附录中的水生动物物种，尚未列入国家重点保护野生动物名录、被暂缓核准的，不再视为国家重点保护野生动物进行国内管理，无需办理人工繁育许可证或经营利用批文。但是，已按照 CITES 公约要求制定单独管理政策的，依照相关管理政策执行。

四、CITES 附录中的水生动物物种，在进出口环节的管理要求不受国内保护级别核准影响。需要进口或出口 CITES 附录水生动物物种的，需按 CITES 公约和有关法律法规要求，报经农业农村部和国家濒危物种进出口管理办公室批准。

各地在开展水生野生动物审批管理过程中，对发现的新问题、新情况可及时与我部渔业渔政管理局沟通联系。联系人：张宇，联系电话：010-59193273。

农业农村部办公厅

2018 年 11 月 28 日

（六）水产养殖与水产品质量安全

农业农村部、生态环境部、自然资源部、国家发展和改革委员会、财政部、科学技术部、工业和信息化部、商务部、国家市场监督管理总局、中国银行保险监督管理委员会关于加快推进水产养殖业绿色发展的若干意见

（2019年1月11日发布，农渔发〔2019〕1号）

各省、自治区、直辖市人民政府，国务院各部委、各直属机构：

近年来，我国水产养殖业发展取得了显著成绩，为保障优质蛋白供给、降低天然水域水生生物资源利用强度、促进渔业产业兴旺和渔民生活富裕作出了突出贡献，但也不同程度存在养殖布局和产业结构不合理、局部地区养殖密度过高等问题。为加快推进水产养殖业绿色发展，促进产业转型升级，经国务院同意，现提出以下意见。

一、总体要求

（一）指导思想。全面贯彻党的十九大和十九届二中、三中全会精神，以习近平新时代中国特色社会主义思想为指导，认真落实党中央、国务院决策部署，围绕统筹推进“五位一体”总体布局和协调推进“四个全面”战略布局，践行新发展理念，坚持高质量发展，以实施乡村振兴战略为引领，以满足人民对优质水产品和优美水域生态环境的需求为目标，以推进供给侧结构性改革为主线，以减量增收、提质增效为着力点，加快构建水产养殖业绿色发展的空间格局、产业结构和生产方式，推动我国由水产养殖业大国向水产养殖业强国转变。

（二）基本原则。坚持质量兴渔。紧紧围绕高质量发展，将绿色发展理念贯穿于水产养殖生产全过程，推行生态健康养殖制度，发挥水产养殖业在山水林田湖草系统治理中的生态服务功能，大力发展优质、特色、绿色、生态的水产品。

坚持市场导向。处理好政府与市场的关系，充分发挥市场在资源配置中的决定性作用，增强养殖生产者的市场主体作用，优化资源配置，提高全要素生产率，增强发展活力，提升绿色养殖综合效益。

坚持创新驱动。加强水产养殖业绿色发展体制机制创新，完善生产经营体系，发挥新型经营主体的活力和创造力，推动科学研究、成果转化、示范推广、人才培训协同发展和一二三产业融合发展。

坚持依法治渔。完善水产养殖业绿色发展法律法规，加强普法宣传、提升法治意识，坚持依法行政、强化执法监督，依法维护养殖渔民合法权益和公平有序的市场环境。

（三）主要目标。到2022年，水产养殖业绿色发展取得明显进展，生产空间布局得

到优化，转型升级目标基本实现，人民群众对优质水产品的需求基本满足，优美养殖水域生态环境基本形成，水产养殖主产区实现尾水达标排放；国家级水产种质资源保护区达到550个以上，国家级水产健康养殖示范场达到7 000个以上，健康养殖示范县达到50个以上，健康养殖示范面积达到65%以上，产地水产品抽检合格率保持在98%以上。到2035年，水产养殖布局更趋科学合理，养殖生产制度和监管体系健全，养殖尾水全面达标排放，产品优质、产地优美、装备一流、技术先进的养殖生产现代化基本实现。

二、加强科学布局

（四）加快落实养殖水域滩涂规划制度。统筹生产发展与环境保护，稳定水产健康养殖面积，保障养殖生产空间。依法加强养殖水域滩涂统一规划，科学划定禁止养殖区、限制养殖区和允许养殖区。完善重要养殖水域滩涂保护制度，严格限制养殖水域滩涂占用，严禁擅自改变养殖水域滩涂用途。

（五）优化养殖生产布局。开展水产养殖容量评估，科学评价水域滩涂承载能力，合理确定养殖容量。科学确定湖泊、水库、河流和近海等公共自然水域网箱养殖规模和密度，调减养殖规模超过水域滩涂承载能力区域的养殖总量。科学调减公共自然水域投饵养殖，鼓励发展不投饵的生态养殖。

（六）积极拓展养殖空间。大力推广稻渔综合种养，提高稻田综合效益，实现稳粮促渔、提质增效。支持发展深远海绿色养殖，鼓励深远海大型智能化养殖渔场建设。加强盐碱水域资源开发利用，积极发展盐碱水养殖。

三、转变养殖方式

（七）大力发展生态健康养殖。开展水产健康养殖示范创建，发展生态健康养殖模式。推广疫苗免疫、生态防控措施，加快推进水产养殖用兽药减量行动。实施配合饲料替代冰鲜幼杂鱼行动，严格限制冰鲜杂鱼等直接投喂。推动用水和养水相结合，对不宜继续开展养殖的区域实行阶段性休养。实行养殖小区或养殖品种轮作，降低传统养殖区水域滩涂利用强度。

（八）提高养殖设施和装备水平。大力实施池塘标准化改造，完善循环水和进排水处理设施，支持生态沟渠、生态塘、潜流湿地等尾水处理设施升级改造，探索建立养殖池塘维护和改造长效机制。鼓励水处理装备、深远海大型养殖装备、集装箱养殖装备、养殖产品收获装备等关键装备研发和推广应用。推进智慧水产养殖，引导物联网、大数据、人工智能等现代信息技术与水产养殖生产深度融合，开展数字渔业示范。

（九）完善养殖生产经营体系。培育和壮大养殖大户、家庭渔场、专业合作社、水产养殖龙头企业等新型经营主体，引导发展多种形式的适度规模经营。优化水域滩涂资源配置，加强对水域滩涂经营权的保护，合理引导水域滩涂经营权向新型经营主体流转。健全产业链利益联结机制，发展渔业产业化经营联合体。建立健全水产养殖社会化服务体系，实现养殖户与现代水产养殖业发展有机衔接。

四、改善养殖环境

（十）科学布设网箱网围。推进养殖网箱网围布局科学化、合理化，加快推进网箱粪污残饵收集等环保设施设备升级改造，禁止在饮用水水源地一级保护区、自然保护区核心区和缓冲区等开展网箱网围养殖。以主要由农业面源污染造成水质超标的控制单元等区域为重点，依法拆除非法的网箱围网养殖设施。

（十一）推进养殖尾水治理。推动出台水产养殖尾水污染物排放标准，依法开展水产养殖项目环境影响评价。加快推进养殖节水减排，鼓励采取进排水改造、生物净化、人工湿地、种植水生蔬菜花卉等技术措施开展集中连片池塘养殖区域和工厂化养殖尾水处理，推动养殖尾水资源化利用或达标排放。加强养殖尾水监测，规范设置养殖尾水排放口，落实养殖尾水排放属地监管职责和生产者环境保护主体责任。

（十二）加强养殖废弃物治理。推进贝壳、网衣、浮球等养殖生产副产物及废弃物集中收置和资源化利用。整治近海筏式、吊笼养殖用泡沫浮球，推广新材料环保浮球，着力治理白色污染。加强网箱网围拆除后的废弃物综合整治，尽快恢复水域自然生态环境。

（十三）发挥水产养殖生态修复功能。鼓励在湖泊水库发展不投饵滤食性、草食性鱼类等增养殖，实现以渔控草、以渔抑藻、以渔净水。有序发展滩涂和浅海贝藻类增养殖，构建立体生态养殖系统，增加渔业碳汇。加强城市水系及农村坑塘沟渠整治，放养景观品种，重构水生生态系统，美化水系环境。

五、强化生产监管

（十四）规范种业发展。完善新品种审定评价指标和程序，鼓励选育推广优质、高效、多抗、安全的水产养殖新品种。严格新品种审定，加强新品种知识产权保护，激发品种创新各类主体积极性。建立商业化育种体系，大力推进“育繁推一体化”，支持重大育种创新联合攻关。支持标准化扩繁生产，加强品种性能测定，提升水产养殖良种化水平。完善水产苗种生产许可管理，严肃查处无证生产，切实维护公平竞争的市场秩序。完善种业服务保障体系，加强水产种质资源库和保护区建设，保护我国特有及地方性种质资源。强化水产苗种进口风险评估和检疫，加强水生外来物种养殖管理。

（十五）加强疫病防控。落实全国动植物保护能力提升工程，健全水生动物疫病防控体系，加强监测预警和风险评估，强化水生动物疫病净化和突发疫情处置，提高重大疫病防控和应急处置能力。完善渔业官方兽医队伍，全面实施水产苗种产地检疫和监督执法，推进无规定疫病水产苗种场建设。加强渔业乡村兽医备案和指导，壮大渔业执业兽医队伍。科学规范水产养殖用疫苗审批流程，支持水产养殖用疫苗推广。实施病死养殖水生动物无害化处理。

（十六）强化投入品管理。严格落实饲料生产许可制度和兽药生产经营许可制度，强化水产养殖用饲料、兽药等投入品质量监管，严厉打击制售假劣水产养殖用饲料、兽药的行为。将水环境改良剂等制品依法纳入管理。依法建立健全水产养殖投入品使用记录制度，加强水产养殖用药指导，严格落实兽药安全使用管理规定、兽用处方药管理制度以及饲料使用管理制度，加强对水产养殖投入品使用的执法检查，严厉打击违法用药和违法使用其他投入品等行为。

（十七）加强质量安全监管。强化农产品质量安全属地监管职责，落实生产经营者质量安全主体责任。严格检测机构资质认定管理、跟踪评估和能力验证，加大产地养殖水产品质量安全风险监测、评估和监督抽查力度，深入排查风险隐患。加快推动养殖生产经营者建立健全养殖水产品追溯体系，鼓励采用信息化手段采集、留存生产经营信息。推进行业诚信体系建设，支持养殖企业和渔民合作社开展质量安全承诺活动和诚信文化建设，建立诚信档案。建立水产品质量安全信息平台，实施有效监管。加快养殖水产品质量安全标准制修订，推进标准化生产和优质水产品认证。

六、拓宽发展空间

（十八）推进一二三产业融合发展。完善利益联结机制，推动养殖、加工、流通、休闲服务等一二三产业相互融合、协调发展。积极发展养殖产品加工流通，支持水产品现代冷链物流体系建设，提升从池塘到餐桌的全冷链物流体系利用效率，引导活鱼消费向便捷加工产品消费转变。推动传统水产养殖场生态化、休闲化改造，发展休闲观光渔业。在有条件的革命老区、民族地区和边疆地区等贫困地区，结合本地区资源特点，引导发展多种形式的特色水产养殖，增加建档立卡贫困人口收入。实施水产养殖品牌战略，培育全国和区域优质特色品牌，鼓励发展新型营销业态，引领水产养殖业发展。

（十九）加强国际交流与合作。鼓励科研院所、大专院校开展对外水产养殖技术示范推广。统筹利用国际国内两个市场、两种资源，结合"一带一路"建设等重大战略实施，培育大型水产养殖企业。鼓励和支持渔业企业开展国际认证认可，扩大我国水产品影响力，促进水产品国际贸易稳定协调发展。

七、加强政策支持

（二十）多渠道加大资金投入。建立政府引导、生产主体自筹、社会资金参与的多元化投入机制。鼓励地方因地制宜支持水产养殖绿色发展项目。将生态养殖有关模式纳入绿色产业指导目录。探索金融服务养殖业绿色发展的有效方式，创新绿色生态金融产品。鼓励各类保险机构开展水产养殖保险，有条件的地方将水产养殖保险纳入政策性保险范围。支持符合条件的水产养殖装备纳入农机购置补贴范围。

（二十一）强化科技支撑。加强现代渔业产业技术体系和国家渔业产业科技创新联盟建设，依托国家重点研发计划重点专项，加大对深远海养殖科技研发支持，加快推进实施"种业自主创新重大项目"。加强绿色安全的生态型水产养殖用药物研发。支持绿色环保的人工全价配合饲料研发和推广，鼓励鱼粉替代品研发。积极开展绿色养殖技术模式集成和示范推广，打造区域综合整治样板。发挥基层水产技术推广体系作用，培训新型职业渔民。

（二十二）完善配套政策。将养殖水域滩涂纳入国土空间规划，按照"多规合一"要求，做好相关规划的衔接。支持工厂化循环水、养殖尾水和废弃物处理等环保设施用地，保障深远海网箱养殖用海，落实水产养殖绿色发展用水用电优惠政策。养殖用海依法依规免征海域使用金。

八、落实保障措施

（二十三）严格落实责任。健全省负总责、市县抓落实的工作推进机制，地方人民政府要严格执行涉渔法律法规，在规划编制、项目安排、资金使用、监督管理等方面采取有效措施，确保绿色发展各项任务落实到位。

（二十四）依法保护养殖者权益。稳定集体所有养殖水域滩涂承包经营关系，依法确定承包期。完善水产养殖许可制度，依法核发养殖证。按照不动产统一登记的要求，加强水域滩涂养殖登记发证。依法保护使用水域滩涂从事水产养殖的权利。对因公共利益需要退出的水产养殖，依法给予补偿并妥善安置养殖渔民生产生活。

（二十五）加强执法监管。建立健全生态健康养殖相关管理制度和标准，完善行政执法与刑事司法衔接机制。按照严格规范公正文明执法要求，加强水产养殖执法。落实"双随机、一公开"要求，加强事中事后执法检查。强化普法宣传，增强养殖生产经营主体尊法守法意识和能力。

（二十六）强化督促指导。将水产养殖业绿色发展纳入生态文明建设、乡村振兴战略的目标评价内容。对绿色发展成效显著的单位和个人，按照有关规定给予表彰；对违法违规或工作落实不到位的，严肃追究相关责任。

农业农村部　生态环境部
自然资源部
国家发展和改革委员会
财政部　科学技术部
工业和信息化部　商务部
国家市场监督管理总局
中国银行保险监督管理委员会
2019 年 1 月 11 日

农业农村部、生态环境部、林草局关于推进大水面生态渔业发展的指导意见

（2019年12月24日发布，农渔发〔2019〕28号）

各省、自治区、直辖市农业农村（农牧）、生态环境、林业和草原厅（局、委），福建省海洋与渔业局，新疆生产建设兵团农业农村、生态环境、林业和草原局：

湖泊、水库等大水面，是我国内陆渔业水域的重要组成部分。大水面渔业是我国淡水渔业的重要组成部分，在建设水域生态文明、保障优质水产品供给、推动产业融合、促进渔民增收等方面发挥着重要作用。但近年来，随着资源与环境约束日益加大，大水面渔业发展空间大幅萎缩，发展方式亟待转型升级。

面对新时代新形势，亟须大力发展大水面生态渔业，根据大水面生态系统健康和渔业发展需要，通过开展渔业生产调控活动，促进水域生态、生产和生活协调发展，现提出如下指导意见。

一、推进大水面生态渔业发展的总体要求

（一）指导思想。以习近平新时代中国特色社会主义思想和习近平生态文明思想为指导，全面贯彻党的十九大和十九届二中、三中、四中全会精神，认真落实党中央、国务院决策部署，践行“两山”理论，坚持新发展理念，以实施乡村振兴战略为引领，以满足人民对优美水域生态环境和优质水产品的需求为目标，有效发挥大水面渔业生态功能，加快体制机制创新，强化科技支撑，促进渔业资源合理利用，推动一二三产业融合发展，走出一条水域生态保护和渔业生产相协调的大水面生态渔业高质量绿色发展道路。

（二）基本原则。

——坚持绿色发展、合理利用。充分发挥渔业的生态功能，科学利用水生生物资源，加强水域环境保护。兼顾大水面在防洪、供水、生态、渔业等多方面的功能，实现“一水多用、多方共赢”，推进水域共享共用共治。

——坚持因地制宜、分类施策。根据生态环境状况、渔业资源禀赋、水域承载力、产业发展基础和市场需求等情况，科学布局、分类施策，坚持“一水一策”，合理选择大水面生态渔业发展方式。

——坚持科技引领、创新驱动。加强基础理论研究、关键共性技术研发，强化模式提炼，推动成果转化和示范推广。推进管理体制机制创新，充分发挥市场作用，完善生产经营体系，健全利益联结机制。

——坚持质量兴渔、三产融合。围绕高质量发展目标，提升水产品品质，实施品牌战略，提高质量效益。发挥大水面渔业优势特点，大力发展精深加工和休闲渔业，推进一二三产业融合发展，不断延伸产业链，提升价值链。

（三）发展目标。到2025年，大水面生

态保护与渔业发展实现充分融合，渔业在水域生态修复中的作用明显提升，大水面生态渔业管理协调机制更加完善，优质水产品比重显著提高，产业链有效拓展延伸，形成一批管理制度完善、经营机制高效、利益联结紧密的生态渔业典型模式，基本实现环境优美、产品优质、产业融合、生产生态生活相得益彰的大水面生态渔业发展格局。

二、强化统筹布局，推动协调发展

（四）以法律法规为依据保障大水面生态渔业发展空间。统筹环境保护与生产发展，对于法律法规明确禁止发展渔业的区域，要严禁发展大水面生态渔业，允许发展大水面生态渔业的区域，要准确把握政策要求，合理发展生态渔业，防止一刀切、不加区分地禁止所有渔业活动。要依法加强养殖水域滩涂规划，按照经国务院同意印发的《关于加快推进水产养殖业绿色发展的若干意见》（农渔发〔2019〕1号）要求，落实水产养殖业发展空间。完善重要养殖水域滩涂保护制度，严格限制养殖水域滩涂占用，严禁擅自改变养殖水域滩涂用途。依法开展水域、滩涂养殖发证登记，依法核发养殖证，保障养殖生产者合法权益。以空间规划为依据，科学合理设置大水面生态渔业必要的设施，统筹协调大水面渔业生产与航运、水生态环境及鱼类生殖洄游等方面功能。

（五）以发挥渔业生态功能为导向开展增殖渔业。增殖渔业要按照水域承载力确定适宜的放养种类、放养量、放养比例、捕捞时间和捕捞量。增殖渔业的起捕要使用专门的渔具渔法，最大限度减少对非增殖品种的误捕，确保不对非增殖生物资源和生态环境造成损害。要严格区分增殖渔业的起捕活动与传统的对非增殖渔业资源的捕捞生产，长江流域重要水域禁止的“生产性捕捞”不包括增殖渔业的起捕活动。原则上禁止在自然保护区的核心区和缓冲区开展增殖渔业；在饮用水水源保护区、自然保护区的实验区，可根据资源调查结果合理投放滤食性、肉食性、草食性的当地土著品种，发挥增殖渔业的生态功能，实现以渔抑藻、以渔净水，修复水域生态环境，维护生物多样性；在水产种质资源保护区，增殖渔业的起捕活动应在特别保护期以外的时间开展。

（六）以严格资源管理为基础发展传统捕捞渔业。传统捕捞生产要严格按照《渔业捕捞许可管理规定》要求，实施船网工具控制指标管理，实行捕捞许可证制度和捕捞限额制度。执行长江流域重要水域禁止“生产性捕捞”的有关规定，针对以特定资源利用、科研调查和苗种繁育等为目的的捕捞，要制定专门办法进行专项管理。除自然保护区的原住居民可开展生活必需的传统捕捞活动外，禁止在饮用水水源一级保护区和自然保护区开展捕捞生产。要在明确种群动态、资源补充规律的基础上，探索开展定额、定点、定渔具渔法和定捕捞规格的精细化管理。

（七）以科学合理为前提发展网箱网围养殖。要按照《关于加快推进水产养殖业绿色发展的若干意见》要求，根据水资源水环境承载能力科学布设网箱网围，合理控制养殖规模和密度，加快推进网箱粪污残饵收集等环保设施设备升级改造，减少污染物排放。支持同一水体不同区域采用轮养轮休养殖模式。禁止在饮用水水源一级保护区开展网箱网围养殖，在饮用水水源二级保护区发展要更加注重环境保护，应投喂利用率高、饵料系数低的高效环保饲料，鼓励发展不投饵的生态养殖，严禁非法使用药物；经营主体应定期开展水质监测分析，防止污染水环境。禁止在自然保护区的核心区和缓冲区开展网箱网围养殖，在自然保护区的实验区内允许原住居民保留生活必需的基本养殖生产，同时要注重环境保护。

（八）加强大水面生态环境保护。加强大水面水质保护，生态环境、农业农村等部门要按职责分工加强监测和执法监管，对造成水域污染的行为依法追究责任，维护大水面良好的水域生态环境。加强大水面生物多样性保护，增殖渔业要严格按照《水生生物增殖放流管理规定》对苗种场和放流品种进行监管；用于增殖的亲体、苗种等水生生物应当是本地种，要选择遗传多样性高且来源于放流湖库或临近水体的优质亲本培育苗种，禁止使用外来种、杂交种、转基因种以及其他不符合生态要求的水生生物物种进行增殖，严防种质退化和疫病传播。

三、完善经营管理机制

（九）理顺完善经营机制。稳定大水面承包经营关系，建立健全退出补偿机制，对确因公共利益需要退出的大水面生态渔业，应依法给予补偿并妥善安置有关渔民生产生活。培育壮大经营主体，鼓励企业、合作社等对大水面渔业进行组织化、规模化经营。支持传统捕捞渔民转产转业，大水面经营企业优先雇佣转产上岸渔民。支持相关经营主体加强在苗种选育、增养殖技术、加工、流通等环节的合作，引导成立大水面生态渔业产业化联合体、行业协会或商会。鼓励渔民通过资金或以渔船、渔机具、养殖证、捕捞证等作价入股渔业经营主体，构建紧密的利益联结机制。

（十）建立健全监督管理机制。建立由同级农业农村部门牵头，生态环境、自然资源、林业草原等部门参与的工作协调机制，协同研究、制定落实支持措施。统筹协调公安、渔业渔政、生态环境等相关部门，开展区域联合执法工作，鼓励探索“政府支持＋社会参与”渔政管理新模式，大力推广应用视频监控、无人机等现代化信息化执法监管手段，支持各地优先吸收符合条件的退捕渔民加入“护鱼员”协管队伍。加大渔政执法力度，强化行政执法与刑事司法衔接。

（十一）推进高质量融合发展。利用好大水面景观资源，充分挖掘大水面生态渔业的文化内涵，积极发展休闲渔业，促进文化、旅游、体育、垂钓、观光、餐饮、康养深度融合。加强监督管理，确保旅游、垂钓、餐饮等业态的发展不破坏大水面生态环境。在有条件的大水面临近区域积极发展生态水产品精深加工，培育壮大水产品加工流通龙头企业，开发方便快捷的水产加工食品和具备当地特色的旅游“伴手礼”产品，发挥水产品加工业“接一连三”作用。搭建产品展示平台，加强大水面生态渔业产品宣传推介，支持申请创建大水面绿色有机水产品、地理标志产品认证和区域公用品牌。

四、加大支持保障力度

（十二）加大资金支持。加大对大水面生态渔业的资金支持力度，重点用于一二三产业融合、重要渔业水域监测、渔业资源调查评估、环保网箱改造等方面。积极争取精准扶贫、社会民生等相关资金，用于转产上岸渔民的临时生活补助、社会保障和职业技能培训等相关方面。鼓励农业信贷担保主体加强对大水面生态渔业生产经营项目的信贷担保支持，积极推动大水面渔业保险试点，提高风险保障能力。

（十三）做好产业规划指导。省级渔业主管部门要充分考虑当地社会、经济、生态、环境和渔业发展状况，结合增殖、养殖、捕捞等大水面生态渔业生产方式特点，科学谋划产业发展，会同相关部门在2020年底之前制定发布本区域大水面生态渔业发展专项规划，依法同步开展规划环评工作，有序推进本区域大水面生态渔业发展。要积极推动将大水面生态渔业发展专项规划纳入当地政府产业中长期发展规划范畴，确保大水面生态渔业稳定持续发展。

（十四）强化科技支撑。推动大水面生态渔业科技重大专项立项实施，加强大水面基础理论、生态保护与渔业发展战略、管理制度与科学分级分类研究。组建大水面生态渔业科技创新联盟，加强大水面生态渔业关键共性技术研发，促进产学研用协同创新。加快大水面生态渔业标准体系建设和增殖放流、资源调查评估、增养殖技术规范等相关重要标准制修订及宣贯应用，规范大水面增养殖渔业生产。

（十五）加强宣传推广。依托行业组织、科研院所、高等院校、技术推广机构和有关企业，加强大水面生态渔业科普宣传，打造一批大水面生态渔业样板，为产业发展营造良好的舆论氛围。加强大水面生态渔业经营主体带头人培训，带动先进经营理念、模式、技术的推广应用。

农业农村部
生态环境部
林草局
2019 年 12 月 24 日

农业农村部关于推进稻渔综合种养产业高质量发展的指导意见

（2022年10月27日发布，农渔发〔2022〕22号）

各省、自治区、直辖市农业农村（农牧）、渔业厅（局、委），计划单列市渔业主管局，新疆生产建设兵团农业农村局：

稻渔综合种养是典型的生态循环农业模式。近年来，稻渔综合种养产业快速发展，为保障粮食和水产品供给、促进农民增收和推进乡村振兴作出积极贡献。为全面贯彻落实党中央、国务院有关决策部署和《"十四五"推进农业农村现代化规划》《"十四五"全国渔业发展规划》有关要求，稳步推进稻渔综合种养产业高质量发展，提出如下意见。

一、总体要求

（一）指导思想。以习近平新时代中国特色社会主义思想为指导，贯彻落实习近平总书记关于树立大食物观重要讲话精神，以保障优质农渔产品安全有效供给为目标，优化种养结构布局，协调农业生产生态，推动科技创新引领，促进三产深度融合，稳步推进稻渔综合种养产业高质量发展，为保障粮食安全、推进乡村振兴、加快农业农村现代化提供有力支撑。

（二）基本原则。

坚持稳粮兴渔。牢牢守住保障国家粮食安全底线，坚持耕地粮食生产功能，保持水稻生产主体地位，科学利用稻田水土资源，提高水稻和水产综合生产能力，实现一水两用、一田多收。

坚持有序发展。因地制宜、统筹规划、优化布局、分类推进，选择适宜区域发展稻渔综合种养产业。科学引导并充分尊重农民意愿，合理确定发展规模，更加注重发展质量。

坚持绿色生态。突出稻渔综合种养产业种养结合、生态循环、绿色低碳特点，减少农药和化肥使用，提高稻米和水产品品质，提升稻田生态环境质量。

坚持富民增收。发挥稻渔综合种养比较效益优势，健全联农带农机制，创新利益联结模式，打造全产业链，提高农民收益，调动农民生产积极性。

（三）总体目标。到2025年，发展稻渔综合种养的地区粮食生产能力稳步提升，水产品供给能力不断提高，集成创新一批绿色高效典型模式、建设提升一批稻渔综合种养产业示范园区、培育壮大一批新型生产经营主体、推介打造一批稻渔综合种养相关知名品牌。到2035年，实现稻渔综合种养产业规范、产品优质、产地优美、产区繁荣的高质量发展格局。

二、科学规划布局，夯实产业基础

（四）加强规划引领。各地应根据水源、土壤、光热等资源禀赋，结合水稻种植和水产养殖等产业实际，科学规划稻渔综合种养产业发展，合理确定优先发展区域，并与国土空间规划、高标准农田建设规划、粮食生产功能区划定等相衔接。

（五）优化产业布局。长江中下游地区重点发展稻鱼、稻虾、稻鳖、稻蟹等生产，西南、华南地区重点发展稻鱼、稻螺、稻虾等生产，东北、西北、华北地区重点发展稻蟹、稻鱼等生产。鼓励发展土著鱼类等地方特色品种种养，因地制宜推广稻鱼鸭等复合种养模式。

（六）稳定种养面积。落实最严格的耕地保护制度，防止耕地“非粮化”。科学利用耕地资源，发展稻渔综合种养生产不得改变耕地地类，支持发展符合稻渔综合种养技术规范通则标准要求的稻渔生产，合理开发利用撂荒地、盐碱地、低洼田、冬闲田。

三、规范发展生产，推进转型升级

（七）发展现代化生产。开展稻田标准化改造，加强田块整理。科学设计田间工程，合理布设边沟和水利沟渠，提升节水保水抗灾能力。推进稻田农机作业通行条件改造，加快先进适用农机具示范推广应用。发展智慧种养，推动现代信息技术在稻渔综合种养中的应用。

（八）提升耕地质量。科学评价不同类型耕地承载能力，合理确定养殖规模和密度。坚持养田和用田相结合，科学设置种养农时，留足晒田时间，实现“顺季顺茬”生产。鼓励繁养分离、周期性水旱轮作，防止稻田潜育化。发挥稻渔综合种养对土壤盐渍化改良和地力修复提升作用，推进以渔降盐、以渔治碱。

（九）推广生态模式。根据稻作区类型遴选稻渔综合种养主导品种，优先发展能够促进水稻生产、提高复种指数且绿色低碳的主推模式。以品种适宜、资源节约、技术先进、配套成熟的种养模式为重点，加强田间工程、品种选择、水稻栽培、水肥管理、养殖管理、病虫害防治、尾水利用等技术集成示范。

（十）强化生产监管。严格控制沟坑占比，沟坑面积不得超过总种养面积的10%。严禁超标准开挖耕地，不达标田块须有序整改。鼓励少沟或无沟化模式，优化沟坑式样。最大程度发挥边行效应，保证水稻栽插密度。加强稻田生态环境监测，强化投入品管理，加大产地稻米、水产品质量安全执法监管力度。

四、加强科技支撑，实现创新引领

（十一）推进科技创新。加强稻渔综合种养生态系统循环规律、品种创新、养殖技术、地力提升、环境调控、质量评估等研究，推出一批新品种、新产品、新技术和新模式。支持相关科研院所、教学单位、推广机构和经营主体等开展跨学科交叉协作，为产业发展提供智力支持和技术保障。

（十二）加快品种培育。加强传统稻渔综合种养品种种质保存，加快优质高产绿色高效水稻和水产新品种选育。开展育种联合攻关，支持商业化育种和标准化扩繁生产。支持稻渔综合种养产业聚集区种业体系建设，提升稻渔专用水稻和水产良种供应质量和能力。

（十三）完善标准体系。加快稻渔综合种养标准体系建设，推动相关全产业链国家标准、行业标准、地方标准、团体标准等制修订。建设稻渔综合种养标准化示范推广基地，推动新型农业经营主体按标生产，提升产业规范化、标准化水平。

（十四）开展技术服务。采取技术培训、科技下乡、入户指导等形式，推广实用稻渔综合种养技术。加强稻渔综合种养人才培养，培育高素质农民。开展稻渔综合种养统计监测、产量测定和综合效益调查等，加强产业发展分析研究。

五、推动集群发展，促进三产融合

（十五）推动产业集聚。指导有条件地区积极创建稻渔类型国家级水产健康养殖和生态养殖示范区，鼓励整镇（乡）、整县推进。支持符合条件的稻渔综合种养产业聚集区申报建设现代农业产业园、优势特色产业集群、农业产业强镇、国家农业绿色发展先行区和特色农产品优势区等。

（十六）打造全产业链。推动加工、仓储、物流等链条环节向稻渔综合种养产区布局，实现产购储加销衔接配套。支持开展稻渔产品原料处理、分级包装、冷藏保鲜、仓储物流设施装备建设，推进即食品、预制品、精深加工产品开发和虾蟹壳等副产物综合利用。鼓励地方探索开展小龙虾等稻渔产品活储基地建设，引导错峰上市。

（十七）创建特色品牌。培育一批品质优良、特色鲜明、知名度高的稻渔区域公用品牌和乡土渔米产品品牌，提升稻渔产品价值。积极开展品牌营销推介，加强产销对接。开展优质渔米评比推介活动，推动“虾稻米”“蟹稻米”“禾花鱼”等生态产品销售，增加生态产品市场供给。

（十八）拓展多种功能。充分挖掘拓展稻渔综合种养产业多功能性，促进特色美食、民俗文化、农事体验、休闲娱乐、科普教育等业态融合，实现产业多元价值。结合传统稻渔文化和民俗资源，举办相关节庆活动，保护和传承文化遗产。

六、强化支持保障，完善政策措施

（十九）加强组织领导。各地要将稻渔综合种养作为稳粮兴渔、提质增效、富民增收的有力举措，精心组织，加强指导。完善配套支持政策，推进各项政策落实落地。同时，加强监督管理，严格落实稻渔综合种养生产标准，确保耕地粮食生产功能。

（二十）加大扶持力度。各地要加大对稻渔综合种养的支持力度，将稻渔综合种养纳入农业用水、用电、用地等优惠政策支持范围。统筹利用农业生产发展、农田建设、渔业发展、种业工程等资金支持稻渔综合种养基础设施建设、集中连片开发、良种配套和研发推广等。

（二十一）完善金融服务。鼓励银行、担保机构等围绕稻渔综合种养产业提供各类信贷服务，开发专属产品和服务模式。加强宣传推广、名单推荐和信息共享，推进农业信贷直通车服务，为稻渔综合种养主体提供精准融资。鼓励各地结合实际创新稻渔综合种养保险产品，提高风险保障水平。

（二十二）创新经营方式。大力培育稻渔综合种养专业大户、农民合作社、农业产业化龙头企业等经营主体，发展适度规模经营。推广“企业＋农户”“龙头企业（园区）＋合作社＋农户”等模式，采取土地流转、农民入股、收益分红等方式，增加农民收入。

（二十三）做好宣传引导。充分利用各种媒体和渠道，宣传推介稻渔综合种养新产品、新技术、新模式、新进展、新成效，推介发展典型，营造良好氛围。加强国际交流与人员培训，为世界农业提供中国稻渔方案。

农业农村部

2022 年 10 月 27 日

中华人民共和国农业部、国家认证认可监督管理委员会公告第231号
(《无公害农产品标志管理办法》)

根据《无公害农产品管理办法》，农业部、国家认证认可监督管理委员会联合制定了《无公害农产品标志管理办法》，现予以公告。

二〇〇二年十一月二十五日

无公害农产品标志管理办法

第一条 为加强对无公害农产品标志的管理，保证无公害农产品的质量，维护生产者、经营者和消费者的合法权益，根据《无公害农产品管理办法》，制定本办法。

第二条 无公害农产品标志是加施于获得无公害农产品认证的产品或者其包装上的证明性标记。

本办法所指无公害农产品标志是全国统一的无公害农产品认证标志。

国家鼓励获得无公害农产品认证证书的单位和个人积极使用全国统一的无公害农产品标志。

第三条 农业部和国家认证认可监督管理委员会（以下简称国家认监委）对全国统一的无公害农产品标志实行统一监督管理。

县级以上地方人民政府农业行政主管部门和质量技术监督部门按照职责分工依法负责本行政区域内无公害农产品标志的监督检查工作。

第四条 本办法适用于无公害农产品标志的申请、印制、发放、使用和监督管理。

第五条 无公害农产品标志基本图案、规格和颜色如下：

（一）无公害农产品标志基本图案为：

（二）无公害农产品标志规格分为五种，其规格、尺寸（直径）为：

规格	1号	2号	3号	4号	5号
尺寸（mm）	10	15	20	30	60

（三）无公害农产品标志标准颜色由绿色和橙色组成。

第六条 根据《无公害农产品管理办法》的规定获得无公害农产品认证资格的认证机构（以下简称认证机构），负责无公害农产品标志的申请受理、审核和发放工作。

第七条 凡获得无公害农产品认证证书的单位和个人，均可以向认证机构申请无公害农产品标志。

第八条 认证机构应当向申请使用无公害农产品标志的单位和个人说明无公害农产品标志的管理规定，并指导和监督其正确使用无公害农产品标志。

第九条 认证机构应当按照认证证书标明的产品品种和数量发放无公害农产品标志，认证机构应当建立无公害农产品标志出入库登记制度。无公害农产品标志出入库时，应当清点数量，登记台账；无公害农产品标志出入库台账应当存档，保存时间为5年。

第十条 认证机构应当将无公害农产品标志的发放情况每6个月报农业部和国家认监委。

第十一条 获得无公害农产品认证证书的单位和个人，可以在证书规定的产品或者其包装上加施无公害农产品标志，用以证明产品符合无公害农产品标准。

印制在包装、标签、广告、说明书上的无公害农产品标志图案，不能作为无公害农产品标志使用。

第十二条 使用无公害农产品标志的单位和个人，应当在无公害农产品认证证书规定的产品范围和有效期内使用，不得超范围和逾期使用，不得买卖和转让。

第十三条 使用无公害农产品标志的单位和个人，应当建立无公害农产品标志的使用管理制度，对无公害农产品标志的使用情况如实记录并存档。

第十四条 无公害农产品标志的印制工作应当由经农业部和国家认监委考核合格的印制单位承担，其他任何单位和个人不得擅自印制。

第十五条 无公害农产品标志的印制单位应当具备以下基本条件：

（一）经工商行政管理部门依法注册登记，具有合法的营业证明；

（二）获得公安、新闻出版等相关管理部门发放的许可证明；

（三）有与其承印的无公害农产品标志业务相适应的技术、设备及仓储保管设施等条件；

（四）具有无公害农产品标志防伪技术和辨伪能力；

（五）有健全的管理制度；

（六）符合国家有关规定的其他条件。

第十六条 无公害农产品标志的印制单位应当按照本办法规定的基本图案、规格和颜色印制无公害农产品标志。

第十七条 无公害农产品标志的印制单位应当建立无公害农产品标志出入库登记制度。无公害农产品标志出入库时，应当清点数量，登记台账；无公害农产品标志出入库台账应当存档，期限为5年。

对废、残、次无公害农产品标志应当进行销毁，并予以记录。

第十八条 无公害农产品标志的印制单位，不得向具有无公害农产品认证资格的认证机构以外的任何单位和个人转让无公害农产品标志。

第十九条 伪造、变造、盗用、冒用、买卖和转让无公害农产品标志以及违反本办法规定的，按照国家有关法律法规的规定，予以行政处罚；构成犯罪的，依法追究其刑事责任。

第二十条 从事无公害农产品标志管理的工作人员滥用职权、徇私舞弊、玩忽职守，由所在单位或者所在单位的上级行政主管部门给予行政处分；构成犯罪的，依法追究刑事责任。

第二十一条 对违反本办法规定的，任何单位和个人可以向认证机构投诉，也可以直接向农业部或者国家认监委投诉。

第二十二条 本办法由农业部和国家认监委负责解释。

第二十三条 本办法自公告之日起实施。

中华人民共和国农业部、国家认证认可监督管理委员会公告第264号
（《无公害农产品产地认定程序》和《无公害农产品认证程序》）

为全面实施“无公害食品行动计划”，规范和推进无公害农产品产地认定和产品认证工作，农业部、国家认证认可监督管理委员会共同制定了《无公害农产品产地认定程序》和《无公害农产品认证程序》，现予公告。本公告自发布之日起执行。

二〇〇三年四月十七日

无公害农产品产地认定程序

第一条 为规范无公害农产品产地认定工作，保证产地认定结果的科学、公正，根据《无公害农产品管理办法》，制定本程序。

第二条 各省、自治区、直辖市和计划单列市人民政府农业行政主管部门（以下简称省级农业行政主管部门）负责本辖区内无公害农产品产地认定（以下简称产地认定）工作。

第三条 申请产地认定的单位和个人（以下简称申请人），应当向产地所在地县级人民政府农业行政主管部门（以下简称县级农业行政主管部门）提出申请，并提交以下材料：

（一）《无公害农产品产地认定申请书》；

（二）产地的区域范围、生产规模；

（三）产地环境状况说明；

（四）无公害农产品生产计划；

（五）无公害农产品质量控制措施；

（六）专业技术人员的资质证明；

（七）保证执行无公害农产品标准和规范的声明；

（八）要求提交的其他有关材料。

申请人向所在地县级以上人民政府农业行政主管部门申领《无公害农产品产地认定申请书》和相关资料，或者从中国农业信息网站（www. agri. gov. cn）下载获取。

第四条 县级农业行政主管部门自受理之日起30日内，对申请人的申请材料进行形式审查。符合要求的，出具推荐意见，连同产地认定申请材料逐级上报省级农业行政主管部门；不符合要求的，应当书面通知申请人。

第五条 省级农业行政主管部门应当自收到推荐意见和产地认定申请材料之日起30日内，组织有资质的检查员对产地认定申请材料进行审查。

材料审查不符合要求的，应当书面通知申请人。

第六条 材料审查符合要求的，省级农业行政主管部门组织有资质的检查员参加的检查组对产地进行现场检查。

现场检查不符合要求的，应当书面通知申请人。

第七条 申请材料和现场检查符合要求的，省级农业行政主管部门通知申请人委托具有资质的检测机构对其产地环境进行抽样检验。

第八条 检测机构应当按照标准进行检

验，出具环境检验报告和环境评价报告，分送省级农业行政主管部门和申请人。

第九条 环境检验不合格或者环境评价不符合要求的，省级农业行政主管部门应当书面通知申请人。

第十条 省级农业行政主管部门对材料审查、现场检查、环境检验和环境现状评价符合要求的，进行全面评审，并作出认定终审结论。

（一）符合颁证条件的，颁发《无公害农产品产地认定证书》；

（二）不符合颁证条件的，应当书面通知申请人。

第十一条 《无公害农产品产地认定证书》有效期为 3 年。期满后需要继续使用的，证书持有人应当在有效期满前 90 日内按照本程序重新办理。

第十二条 省级农业行政主管部门应当在颁发《无公害农产品产地认定证书》之日起 30 日内，将获得证书的产地名录报农业部和国家认证认可监督管理委员会备案。

第十三条 在本程序发布之日前，省级农业行政主管部门已经认定并颁发证书的无公害农产品产地，符合本程序规定的，可以换发《无公害农产品产地认定证书》。

第十四条 《无公害农产品产地认定申请书》《无公害农产品产地认定证书》的格式，由农业部统一规定。

第十五条 省级农业行政主管部门根据本程序可以制定本辖区内具体的实施程序。

第十六条 本程序由农业部、国家认证认可监督管理委员会负责解释。

第十七条 本程序自发布之日起执行。

无公害农产品认证程序

第一条 为规范无公害农产品认证工作，保证产品认证结果的科学、公正，根据《无公害农产品管理办法》，制定本程序。

第二条 农业部农产品质量安全中心（以下简称中心）承担无公害农产品认证（以下简称产品认证）工作。

第三条 农业部和国家认证认可监督管理委员会（以下简称国家认监委）依据相关的国家标准或者行业标准发布《实施无公害农产品认证的产品目录》（以下简称产品目录）。

第四条 凡生产产品目录内的产品，并获得无公害农产品产地认定证书的单位和个人，均可申请产品认证。

第五条 申请产品认证的单位和个人（以下简称申请人），可以通过省、自治区、直辖市和计划单列市人民政府农业行政主管部门或者直接向中心申请产品认证，并提交以下材料：

（一）《无公害农产品认证申请书》；

（二）《无公害农产品产地认定证书》（复印件）；

（三）产地《环境检验报告》和《环境评价报告》；

（四）产地区域范围、生产规模；

（五）无公害农产品的生产计划；

（六）无公害农产品质量控制措施；

（七）无公害农产品生产操作规程；

（八）专业技术人员的资质证明；

（九）保证执行无公害农产品标准和规范的声明；

（十）无公害农产品有关培训情况和计划；

（十一）申请认证产品的生产过程记录档案；

（十二）“公司加农户”形式的申请人应当提供公司和农户签订的购销合同范本、农户名单以及管理措施；

（十三）要求提交的其他材料。

申请人向中心申领《无公害农产品认证申请书》和相关资料，或者从中国农业信息网站（www.agri.gov.cn）下载。

第六条 中心自收到申请材料之日起，应当在15个工作日内完成申请材料的审查。

第七条 申请材料不符合要求的，中心应当书面通知申请人。

第八条 申请材料不规范的，中心应当书面通知申请人补充相关材料。申请人自收到通知之日起，应当在15个工作日内按要求完成补充材料并报中心。中心应当在5个工作日内完成补充材料的审查。

第九条 申请材料符合要求的，但需要对产地进行现场检查的，中心应当在10个工作日内作出现场检查计划并组织有资质的检查员组成检查组，同时通知申请人并请申请人予以确认。检查组在检查计划规定的时间内完成现场检查工作。

现场检查不符合要求的，应当书面通知申请人。

第十条 申请材料符合要求（不需要对申请认证产品产地进行现场检查的）或者申请材料和产地现场检查符合要求的，中心应当书面通知申请人委托有资质的检测机构对其申请认证产品进行抽样检验。

第十一条 检测机构应当按照相应的标准进行检验，并出具产品检验报告，分送中心和申请人。

第十二条 产品检验不合格的，中心应当书面通知申请人。

第十三条 中心对材料审查、现场检查（需要的）和产品检验符合要求的，进行全面评审，在15个工作日内作出认证结论。

（一）符合颁证条件的，由中心主任签发《无公害农产品认证证书》；

（二）不符合颁证条件的，中心应当书面通知申请人。

第十四条 每月10日前，中心应当将上月获得无公害农产品认证的产品目录同时报农业部和国家认监委备案。由农业部和国家认监委公告。

第十五条 《无公害农产品认证证书》有效期为3年，期满后需要继续使用的，证书持有人应当在有效期满前90日内按照本程序重新办理。

第十六条 任何单位和个人（以下简称投诉人）对中心检查员、工作人员、认证结论、委托检测机构、获证人等有异议的均可向中心反映或投诉。

第十七条 中心应当及时调查、处理所投诉事项，并将结果通报投诉人，并抄报农业部和国家认监委。

第十八条 投诉人对中心的处理结论仍有异议，可向农业部和国家认监委反映或投诉。

第十九条 中心对获得认证的产品应当进行定期或不定期的检查。

第二十条 获得产品认证证书的，有下列情况之一的，中心应当暂停其使用产品认证证书，并责令限期改正。

（一）生产过程发生变化，产品达不到无公害农产品标准要求；

（二）经检查、检验、鉴定，不符合无公害农产品标准要求。

第二十一条 获得产品认证证书，有下列情况之一的，中心应当撤销其产品认证证书：

（一）擅自扩大标志使用范围；

（二）转让、买卖产品认证证书和标志；

（三）产地认定证书被撤销；

（四）被暂停产品认证证书未在规定限期内改正的。

第二十二条 本程序由农业部、国家认监委负责解释。

第二十三条 本程序自发布之日起执行。

中华人民共和国农业部公告第193号
(《食品动物禁用的兽药及其他化合物清单》)

(2002年4月9日发布)

为保证动物源性食品安全,维护人民身体健康,根据《兽药管理条例》的规定,我部制定了《食品动物禁用的兽药及其他化合物清单》(以下简称《禁用清单》),现公告如下:

一、《禁用清单》序号1至18所列品种的原料药及其单方、复方制剂产品停止生产,已在兽药国家标准、农业部专业标准及兽药地方标准中收载的品种,废止其质量标准,撤销其产品批准文号;已在我国注册登记的进口兽药,废止其进口兽药质量标准,注销其《进口兽药登记许可证》。

二、截至2002年5月15日,《禁用清单》序号1至18所列品种的原料药及其单方、复方制剂产品停止经营和使用。

三、《禁用清单》序号19至21所列品种的原料药及其单方、复方制剂产品不准以抗应激、提高饲料报酬、促进动物生长为目的在食品动物饲养过程中使用。

食品动物禁用的兽药及其他化合物清单

序号	兽药及其他化合物名称	禁止用途	禁用动物
1	β-兴奋剂类:克仑特罗 Clenbuterol、沙丁胺醇 Salbutamol、西马特罗 Cimaterol 及其盐、酯及制剂	所有用途	所有食品动物
2	性激素类:己烯雌酚 Diethylstilbestrol 及其盐、酯及制剂	所有用途	所有食品动物
3	具有雌激素样作用的物质:玉米赤霉醇 Zeranol、去甲雄三烯醇酮 Trenbolone、醋酸甲孕酮 Mengestrol, Acetate 及制剂	所有用途	所有食品动物
4	氯霉素 Chloramphenicol 及其盐、酯(包括:琥珀氯霉素 Chloramphenicol Succinate)及制剂	所有用途	所有食品动物
5	氨苯砜 Dapsone 及制剂	所有用途	所有食品动物
6	硝基呋喃类:呋喃唑酮 Furazolidone、呋喃它酮 Furaltadone、呋喃苯烯酸钠 Nifurstyrenate sodium 及制剂	所有用途	所有食品动物
7	硝基化合物:硝基酚钠 Sodium nitrophenolate、硝呋烯腙 Nitrovin 及制剂	所有用途	所有食品动物
8	催眠、镇静类:安眠酮 Methaqualone 及制剂	所有用途	所有食品动物
9	林丹(丙体六六六)Lindane	杀虫剂	所有食品动物
10	毒杀芬(氯化烯)Camahechlor	杀虫剂、清塘剂	所有食品动物
11	呋喃丹(克百威)Carbofuran	杀虫剂	所有食品动物
12	杀虫脒(克死螨)Chlordimeform	杀虫剂	所有食品动物
13	双甲脒 Amitraz	杀虫剂	水生食品动物
14	酒石酸锑钾 Antimony potassium tartrate	杀虫剂	所有食品动物
15	锥虫胂胺 Tryparsamide	杀虫剂	所有食品动物

（续）

序号	兽药及其他化合物名称	禁止用途	禁用动物
16	孔雀石绿 Malachite green	抗菌、杀虫剂	所有食品动物
17	五氯酚酸钠 Pentachlorophenol sodium	杀螺剂	所有食品动物
18	各种汞制剂包括：氯化亚汞（甘汞）Calomel，硝酸亚汞 Mercurous nitrate、醋酸汞 Mercurous acetate、吡啶基醋酸汞 Pyridyl mercurous acetate	杀虫剂	所有食品动物
19	性激素类：甲基睾丸酮 Methyltestosterone、丙酸睾酮 Testosterone propionate、苯丙酸诺龙 Nandrolone phenylpropionate、苯甲酸雌二醇 Estradiol benzoate 及其盐、酯及制剂	促生长	所有食品动物
20	催眠、镇静类：氯丙嗪 Chlorpromazine、地西泮（安定）Diazepam 及其盐、酯及制剂	促生长	所有食品动物
21	硝基咪唑类：甲硝唑 Metronidazole、地美硝唑 Dimetronidazole 及其盐、酯及制剂	促生长	所有食品动物

注：食品动物是指各种供人食用或其产品供人食用的动物。

中华人民共和国农业农村部公告第250号（《食品动物中禁止使用的药品及其他化合物清单》）

（2019年12月27日发布）

为进一步规范养殖用药行为，保障动物源性食品安全，根据《兽药管理条例》有关规定，我部修订了食品动物中禁止使用的药品及其他化合物清单，现予以发布，自发布之日起施行。食品动物中禁止使用的药品及其他化合物以本清单为准，原农业部公告第193号、235号、560号等文件中的相关内容同时废止。

附件：食品动物中禁止使用的药品及其他化合物清单

农业农村部

2019年12月27日

附件

食品动物中禁止使用的药品及其他化合物清单

序号	药品及其他化合物名称
1	酒石酸锑钾（Antimony potassium tartrate）
2	β-兴奋剂（β-agonists）类及其盐、酯
3	汞制剂：氯化亚汞（甘汞）（Calomel）、醋酸汞（Mercurous acetate）、硝酸亚汞（Mercurous nitrate）、吡啶基醋酸汞（Pyridyl mercurous acetate）
4	毒杀芬（氯化烯）（Camahechlor）
5	卡巴氧（Carbadox）及其盐、酯
6	呋喃丹（克百威）（Carbofuran）
7	氯霉素（Chloramphenicol）及其盐、酯
8	杀虫脒（克死螨）（Chlordimeform）
9	氨苯砜（Dapsone）
10	硝基呋喃类：呋喃西林（Furacilinum）、呋喃妥因（Furadantin）、呋喃它酮（Furaltadone）、呋喃唑酮（Furazolidone）、呋喃苯烯酸钠（Nifurstyrenate sodium）
11	林丹（Lindane）
12	孔雀石绿（Malachite green）
13	类固醇激素：醋酸美仑孕酮（Melengestrol acetate）、甲基睾丸酮（Methyltestosterone）、群勃龙（去甲雄三烯醇酮）（Trenbolone）、玉米赤霉醇（Zeranal）
14	安眠酮（Methaqualone）
15	硝呋烯腙（Nitrovin）

（续）

序号	药品及其他化合物名称
16	五氯酚酸钠（Pentachlorophenol sodium）
17	硝基咪唑类：洛硝达唑（Ronidazole）、替硝唑（Tinidazole）
18	硝基酚钠（Sodium nitrophenolate）
19	己二烯雌酚（Dienoestrol）、己烯雌酚（Diethylstilbestrol）、己烷雌酚（Hexoestrol）及其盐、酯
20	锥虫砷胺（Tryparsamile）
21	万古霉素（Vancomycin）及其盐、酯

农业部关于稳定水域滩涂养殖使用权推进水域滩涂养殖发证登记工作的意见

（2010年7月8日发布，农渔发〔2010〕25号）

各省、自治区、直辖市及计划单列市渔业主管厅（局），新疆生产建设兵团水产局，各海区渔政局：

为贯彻落实中共中央、国务院《关于加大统筹城乡发展力度进一步夯实农业农村发展基础的若干意见》（2010年中央1号文件）关于“稳定渔民水域滩涂养殖使用权”的指示精神，加快推进水域滩涂养殖发证登记工作，保障养殖生产者合法权益，促进我国水产养殖业持续健康稳定发展，现提出如下意见：

一、总体工作要求和目标

水域滩涂养殖发证登记是我国依法确立的对养殖水域滩涂实施管理的一项基本制度。1986年《中华人民共和国渔业法》提出建立核发养殖证、确认水域滩涂养殖使用权，2007年《中华人民共和国物权法》确认了水域滩涂养殖使用权的用益物权属性。至此，经过多年实践和法律探索，具有中国特色的水域滩涂养殖使用权制度逐步建立并日趋完善，得到了广大渔民的拥护。在地方各级人民政府的重视下，渔业主管部门不断加大养殖发证登记工作力度。截至2009年底，全国已核发养殖证37万多本，确权水域滩涂面积448万公顷，发证确权率达到65%，对稳定水域滩涂养殖使用权，调动渔民生产积极性，统筹城乡协调发展发挥了重要作用。

但是，当前养殖使用权制度建设中也存在着不容忽视的问题。一是有些地方和部门对其重要性认识不足、重视不够，担心核发养殖证会影响今后对水域滩涂的征用和补偿，因此发证登记工作进展缓慢；二是在工业化、城市化进程加快的同时，一些地方随意侵占养殖水域滩涂的情况时有发生，权属纠纷不断，损害了养殖生产者的合法权益，影响社会和谐稳定。针对这些问题，近年来中央连续下发的几个1号文件都强调做好稳定渔民水域滩涂养殖使用权工作。为贯彻落实中央文件精神，全面准确地体现党在农村的基本政策，维护好渔民的合法权益，提高养殖使用权的保护效力，按照《中华人民共和国物权法》有关规定，农业部以2010年第9号部令颁发了《水域滩涂养殖发证登记办法》（以下简称《办法》），自2010年7月1日起施行。

做好水域滩涂养殖发证登记工作，是法律赋予地方各级人民政府和渔业主管部门的重要职责。当前工作的总体要求和目标是：充分认识稳定水域滩涂养殖使用权的重要意义，把养殖使用权制度建设作为完善农村基本经营制度，统筹城乡协调发展，增强农业农村发展活力的重要举措，按照科学规划、确权发证、严格保护、协调可持续发展的原则，切实加强领导，强化工作措施，保护合法权益，争取到 2011 年底，全国水产养殖重点县（市、区）要全面完成养殖水域滩涂规划编制工作，规划内的水域滩涂养殖发证登记率达到 95%以上，为推进现代渔业建设提供坚实的制度保障。

二、加快编制养殖水域滩涂规划

编制发布养殖水域滩涂规划，确定可以用于水产养殖业的水域滩涂区域范围，是实施水域滩涂养殖发证登记的重要前提，是《中华人民共和国渔业法》赋予地方各级人民政府的一项重要职责。《办法》规定：本办法所称水域、滩涂，是指经县级以上地方人民政府依法规划或者以其他形式确定可以用于水产养殖业的水域、滩涂。

自 2002 年农业部印发《完善水域滩涂养殖证制度试行方案》和《养殖水域滩涂规划编制工作试行规范》以来，目前全国共有 1 178 个县级地方人民政府编制发布了养殖水域滩涂规划，为养殖使用权制度建设奠定了良好的工作基础。但是，仍有一些地方没有组织编制规划，或者编制的规划不符合功能规划的要求，可用于养殖业的水域滩涂区域范围不清。因此，必须依法加强养殖水域滩涂规划工作，加快编制进度。

（一）凡辖区内适宜水产养殖的水域滩涂面积超过 10 000 亩或现有水产养殖生产规模超过 3 000 吨的县（市、区），都应编制养殖水域滩涂规划。小于上述规模的县（市、区），可用其他形式确定可用于水产养殖业的水域滩涂，或者由上一级人民政府统一编制养殖水域滩涂规划。

（二）已经编制发布养殖水域滩涂规划但不符合功能规划要求的，或者原规划的养殖水域滩涂被严重污染不宜继续养殖的，或者因当地经济社会发展需要调整养殖水域滩涂规划的，应尽快按照原程序进行修正、调整。

（三）编制养殖水域滩涂规划，重点是明确可以用于养殖业的水域滩涂区域范围、类型、期限以及允许采用的养殖方式、开发规模、产业布局等。目的是既保护养殖业发展空间，又妥善处理养殖业发展与生态环境保护的关系，实现可持续发展。

（四）要增加人力、物力和财力，组织对辖区内水域滩涂资源状况和开发利用情况进行全面普查调研，科学编制养殖水域滩涂规划，做好与城乡建设、土地利用、水资源利用和航运、港口、盐业、旅游等规划的衔接，增强规划的可操作性，提高编制质量。

（五）要根据中央关于稳定渔民水域滩涂养殖使用权的精神，按照保持长期稳定的原则，将重要养殖水域滩涂，如传统养殖区、已经形成集中连片的养殖基地、其他各行业难以利用的低洼盐碱地等，规划为长期养殖区。对某些多功能区域，在限定养殖方式（如底播）、种类（如贝、藻、滤食性鱼类）和养殖规模的前提下，也应规划为长期养殖区。对已经确定为其他主功能利用区，但目前尚未使用的水域滩涂或者养殖生产活动尚未对其他功能行使造成影响的水域滩涂，可以规划为临时养殖区，以充分利用资源发展养殖生产，增加渔民收入。

三、认真做好水域滩涂养殖发证登记工作

水域滩涂养殖使用权属于不动产用益物权，发证登记是其发生效力的法定程序。《中华人民共和国物权法》规定：不动产物权的设立、变更、转让和消灭，经依法登记，发生效力；未经登记，不发生效力，但法律另有规定的除外。长期以来，水域滩涂养殖使用权没有像土地、林地的承包经营权那样受到足够重视和有力保护，与水域滩涂养殖发证登记工作严重滞后有一定关系，因

此，认真做好水域滩涂养殖发证登记工作是落实中央文件精神的具体体现。

（一）各级渔业主管部门要在当地人民政府的领导下，坚决贯彻执行中央1号文件精神，认真学习《办法》，加强对工作人员的法律法规和发证登记业务培训，熟悉发证登记程序和要求，提高业务能力和办事效率。

（二）积极主动向水域滩涂养殖权人宣讲发证登记程序和要求，宣传发证登记对养殖权人自身权益保障的重要作用，调动水域滩涂养殖权人主动申请发证登记的积极性。要通过多种宣传渠道，以群众喜闻乐见、容易看、看得懂的方式，将《办法》送到有养殖生产的村民委员会和养殖企业中，做到家喻户晓。

（三）严格执行国家所有水域滩涂依法持证从事养殖生产的法律规定。健全和完善国家所有水域滩涂养殖使用权的申请、审查、公示、发证和登记建档等制度，公开、公平、公正处理权属争议，依法保障当地渔业生产者优先获得国家所有的水域滩涂养殖使用权，并按照保持长期稳定的原则确定养殖使用权期限。

（四）鼓励集体所有或者国家所有由集体使用水域滩涂养殖权人办理发证登记。对符合发证登记条件的养殖权人，不得以任何理由拒绝办理发证登记手续，也不得附加任何条件。

（五）尽快将水域滩涂养殖发证登记情况录入“养殖证信息管理系统”，做好明年启用新版养殖证和“水域滩涂养殖发证登记系统”的准备工作，不断提高养殖业管理信息化水平。

四、强化各项保障措施

养殖水域、滩涂包括海洋、江河、湖泊、水库、池塘和滩涂、低洼盐碱地等各种类型，情况复杂，落实水域滩涂养殖使用权工作政策性强，管理难度大。各级渔业主管部门要以科学发展观为指导，坚决履行职责，增强工作的责任感和紧迫感，积极争取各方面支持，强化各项工作措施，精心组织，狠抓落实。

（一）统一思想认识，加强组织领导。要把落实稳定渔民水域滩涂养殖使用权制度建设摆在突出位置，切实加强领导。要积极主动向当地政府报告工作安排和建议，努力消除顾虑和阻力，争取政府领导重视和有关部门支持，密切沟通协调，在人、财、物等方面给予充分保障。

（二）明确工作目标，建立目标责任制。各级渔业主管部门要按照我部提出的总体要求和目标，制定规划编制和发证登记工作方案和时间表，层层建立目标责任制，加强考核和督促检查。农业部各海区渔政局要强化执法检查职能，突出抓好所辖区域内海水养殖发证登记督促检查工作。

（三）建立通报制度，加快工作进度。各省级渔业主管部门要及时掌握各地工作进展情况，采取措施加快工作进度。要总结经验，全面推广；发现问题，及时解决。我部将建立规划编制和发证登记工作备案、通报制度。请各省级渔业主管部门及时将各地规划编制情况填写《养殖水域滩涂规划备案表》（格式见附件）报我部备案。我部于每年6月和12月通报各地备案情况及养殖证管理信息系统登录的发证登记工作进展情况。

（四）加大执法力度，保护合法权益。各级渔业主管部门及其所属渔政机构要加大养殖业执法力度，坚决制止未依法取得养殖证擅自在国家所有的水域滩涂从事养殖生产的行为，视情节依法予以责令改正、补办养殖证或者限期拆除养殖设施。坚决制止非法侵占养殖水域滩涂和侵害合法养殖生产者利益的行为，切实维护养殖权人的权益。

（五）落实惠渔政策，体现养殖证作用。养殖证是物权证，也是单位和个人依法从事养殖生产的凭证。要加强物权保护措施的落实，进一步研究制定养殖水域滩涂征（占）用补偿实施办法和标准，逐步建立养殖使用权救济制度。积极与金融、信贷等部门沟通，发挥养殖证的物权抵押功能，解决养殖权人小额贷款困难。要将国家各项支渔惠渔政策与养殖证紧密挂钩，将养殖证作为享受各级财政补贴、项目建设和灾害救济等的资质条件。目前，养殖证是养殖渔民和企业享受国家柴油补贴的重要依据，各地要认真核实养殖权人自有养殖机动渔船数量和主机功率并建立数据库，确保养殖权人获得养殖机动渔船柴油补贴。

附件：养殖水域滩涂规划备案表（略）

农业部

二〇一〇年七月八日

农业农村部关于进一步加快推进水域滩涂养殖发证登记工作的通知

（2020年4月17日发布，农渔发〔2020〕6号）

各省、自治区、直辖市农业农村（农牧）厅（局、委），福建省海洋与渔业局，计划单列市渔业主管局，新疆生产建设兵团农业农村局：

为深入贯彻落实经国务院同意，十部委联合印发的《关于加快推进水产养殖业绿色发展的若干意见》（农渔发〔2019〕1号）有关部署，保障养殖生产者合法权益、促进养殖水产品稳产保供，现就进一步加快推进水域滩涂养殖发证登记工作有关事项通知如下。

一、提高政治站位，明确目标任务

养殖水域、滩涂是水产养殖业的基本生产资料，水域滩涂养殖发证登记是依法确立水产养殖生产者享有水域滩涂养殖权的法定程序。加快推进水域滩涂养殖发证登记，是渔业领域落实党的“三农”政策和坚持农业农村优先发展的具体体现，是落实当前中央关于打赢脱贫攻坚战、促进农产品稳产保供有关要求的重要支撑，也是《渔业法》赋予地方各级人民政府和渔业主管部门的法定职责，关系着农村社会和谐稳定。各地要提高政治站位，切实加强对此项工作的组织领导，切实加大发证登记工作力度，确保2020年底，全面完成省、市、县三级养殖水域滩涂规划编制发布，实现规划全覆盖，全面完成已颁布规划的县（区、市）的水域滩涂养殖发证登记，做到应发尽发；到2022年底，全面完成全国水域滩涂养殖发证登记，实现发证登记全覆盖。

二、强化规划引领，完善规划编制

养殖水域滩涂规划是水域滩涂养殖发证登记的重要依据。各地要按照《农业部关于印发〈养殖水域滩涂规划编制工作规范〉和〈养殖水域滩涂规划编制大纲〉的通知》（农渔发〔2016〕39号）、《农业农村部关于进一步加快养殖水域滩涂规划编制发布工作的通知》（农渔发〔2018〕17号）要求，加快省、市、县三级养殖水域滩涂规划编制发布进度。各地要不断提高养殖水域滩涂规划编制水平，已经编制发布养殖水域滩涂规划但不符合相关编制要求的，或者超越法律法规之外盲目扩大禁养区的，应按照程序进行修订后重新公布。鼓励有条件的地区统一采用地理信息系统空间数据处理及地图制作软件（推荐软件使用Arcgis，坐标系使用CGCS 2000），制作矢量化规划图件，提高规划编制的信息化水平。

三、严格发证程序，加快发证进度

各地要依法履职尽责，严格按照《渔业法》《水域滩涂养殖发证登记办法》等法律规章要求，在县级以上地方人民政府颁布的养殖水域滩涂规划确定的养殖区和限养区内，加快开展水域滩涂养殖发证登记工作。对符合发证登记条件的申请人，不得以任何理由拒绝办理发证登记手续，也不得超越《水域滩涂养殖发证登记办法》附加任何条件。不应将其他证书作为申领《水域滩涂养殖证》（以下称“养殖证”）的前置条件。各地要按照农业部公告第1408号、《农业部办公厅关于启用新版〈水域滩涂养殖证〉有关事项的通知》（农办渔〔2010〕92号）有关要求，使用“中国渔政管理指挥系统”中“水域滩涂养殖发证登记系统”，规范申请、公示、登记、延展、变更、注销等程序，不断提升管理信息化水平和行政审批效率。各地必须把养殖证真正发到养殖权人手中，不能以统一保管等名义扣留、延缓发放养殖证，杜绝“抽屉证”“系统证”等违规行为。养殖证不能设置年检，应依法及时办理养殖证的期限延展，维持水域滩涂养殖权长期稳定。

四、加强执法检查，严肃工作纪律

各地要持续加强《渔业法》《水域滩涂养殖发证登记办法》等法律规章的普法宣传，积极主动向水产养殖生产者宣传发证登记对于保护自身权益的重要性，引导水产养殖生产者限期主动申请发证登记。要加强养殖证执法检查，对未依法取得养殖证擅自在全民所有的水域滩涂从事养殖生产的行为，依法责令改正、补办养殖证或者限期拆除养殖设施，及时公布养殖证执法典型案例，以案说法，震慑非法养殖行为。对因公共利益需要退出的水产养殖，当地人民政府要依法给予补偿，妥善安置养殖渔民的生产生活。

省级农业农村部门要切实加强组织领导和督促检查，积极推动将规划编制发布和发证登记工作纳入县级以上地方人民政府绩效管理指标体系，对不担当不作为乱作为、未能完成目标任务或进展缓慢的地区，视情况采取约谈、函询、追责问责等措施督促整改。我部已将规划编制和发证登记工作纳入农业农村部延伸绩效管理指标体系，并将定期调度各省规划编制情况及“水域滩涂养殖发证登记系统”的发证登记情况，公布工作进展，年底前我部将对相关工作进行考核，有关结果通报省级人民政府。

请各省级农业农村部门于每年6月15日和12月15日前组织填写《养殖水域滩涂规划备案表》（格式见附件1和2），以纸质版和电子版形式报我部渔业渔政管理局，同时以省为单位报送各级规划发布文件、规划文本、图件和编制说明的电子版材料（光盘）。

联系电话：010-59192993、59195078

电子邮件：aqucfish@163.com

地　　址：北京市朝阳区农展馆南里11号

附件：1.养殖水域滩涂规划备案表（县级）

2.养殖水域滩涂规划备案表（省、地市级）

农业农村部

2020年4月17日

农业部关于印发《农产品质量安全信息发布管理办法（试行）》的通知

（2010 年 9 月 20 日发布，农质发〔2010〕10 号）

各省（自治区、直辖市）及计划单列市农业（农村经济、农牧）、农机、畜牧兽医、农垦、乡企、渔业厅（局、委、办），新疆生产建设兵团农业局：

为规范农产品质量安全信息发布行为，根据《中华人民共和国食品安全法》《中华人民共和国农产品质量安全法》和《中华人民共和国食品安全法实施条例》等法律法规规定，我部制定了《农产品质量安全信息发布管理办法（试行）》，并经农业部 2010 年第 9 次常务会议审议通过，现印发你们，请遵照执行。

附件：农产品质量安全信息发布管理办法（试行）

中华人民共和国农业部
二〇一〇年九月二十日

附件　农产品质量安全信息发布管理办法（试行）

第一条　为规范农产品质量安全信息发布行为，根据《中华人民共和国食品安全法》《中华人民共和国农产品质量安全法》和《中华人民共和国食品安全法实施条例》，制定本办法。

第二条　本办法所称农产品质量安全信息发布，是指各农业行政主管部门在履行农产品质量安全监管职责过程中制作或获取的，以一定形式记录、保存的相关信息，并向社会公布的行为。法律法规另有规定的除外。

第三条　县级以上人民政府各农业行政主管部门按照法律法规赋予的职责权限发布辖区内农产品质量安全信息，严格履行信息发布程序。

第四条　农产品质量安全信息发布应当有利于加强农产品质量安全监管，有利于维护消费者和生产者的知情权和监督权，有利于市场消费和农业产业的健康发展，遵循“依法科学、准确全面、客观公正、严格程序”的原则。

第五条　农产品质量安全信息发布的主要内容包括：

（一）农产品质量安全例行监测、监督抽查、专项监测结果等信息；

（二）农产品因生产引起的质量安全事故及其处理情况等信息；

（三）消费者或媒体反映的农产品质量安全问题的调查核实及处理情况等信息；

（四）其他依法由农业部门发布的农产品质量安全信息。

第六条　县级以上人民政府农业行政主管部门应当建立农产品质量安全信息发布制度，明确信息发布的责任和信息发布的内容，规范信息发布程序，组织对信息内容、发布效果进行综合评估，认真审核。

第七条　县级以上地方人民政府农业行政主管部门发布农产品质量安全信息，应当及时通报同级食品安全相关部门和上级主管部门，并书面报所在地省级人民政府农业行政主管部门备案。必要时应当与相关部门会商。发布的信息内容涉及本省（自治区、直辖市）其他地区的，要将有关情况提前通报所涉及地区人民政府农业行政主管部门；涉及外省（自治区、直辖市）的，应当逐级上报至本省（自治区、直辖市）人民政府农业行政主管部门，并由其提前通报所涉及地区的省级人民政府农业行政主管部门。

第八条 农产品质量安全信息应当通过政府网站、政府公报、新闻发布会或者报刊、广播、电视等便于公众知晓的方式向社会公布。

第九条 省级人民政府农业行政主管部门应当开展农产品质量安全有关的舆情收集和分析。对于新闻媒体反映的农产品质量安全问题，要及时调查核实，并通过适当方式公布结果，对经核实为不实或错误的报道，要及时予以澄清。同时，主动宣传普及农产品质量安全科学知识，增强消费者科学的农产品质量安全消费意识和自我保护能力。

第十条 县级以上人民政府农业行政主管部门应当依照本办法第七条的规定及时报告、通报和会商将要发布的农产品质量安全信息，不得迟报、瞒报、不报。因发布不当造成不良后果的，由上级农业行政主管部门给予通报批评，严重的依法依规追究有关责任人的行政责任。

第十一条 充分发挥新闻媒体信息传播和舆论监督作用，支持新闻媒体客观公正地开展农产品质量安全信息报道，畅通与新闻媒体信息交流渠道，为采访报道提供相关便利，不干涉舆论监督。

第十二条 公民、法人和其他组织对发布的农产品质量安全信息提出异议的，发布信息的农业行政主管部门应对异议信息予以核实处理。经核实确属不当的，应当在原发布范围内予以更正，并告知异议人。

第十三条 本办法自印发之日起试行。

农业部办公厅关于印发《农业部水产品批发市场信息采集管理暂行办法》的通知

（2010年3月9日发布，农办渔〔2010〕5号）

为规范水产品批发市场信息采集工作，提高水产品批发市场信息采集、分析的时效性和准确性，我部制定了《农业部水产品批发市场信息采集管理暂行办法》。现印发给你们，请遵照执行。执行过程中发现的问题，请及时反馈我部渔业局。

联 系 人：朱亚平

联系电话：010-59192925，010-59192995（传真）

电子信箱：fishmarket@agri. gov. cn

附件　农业部水产品批发市场信息采集管理暂行办法

第一条　为规范农业部水产品批发市场信息采集定点单位（简称定点单位）信息采集工作，确保采集体系运行质量和效率，提高信息的准确性和时效性，更好地为行业主管部门、生产者、经营者和消费者提供信息服务，特制定本办法。

第二条　农业部渔业局负责管理水产品批发市场信息采集定点单位信息采集工作，为工作的开展提供必要保障。委托中国水产学会成立水产品批发市场信息采集中心（简称信息采集中心），具体负责统计、分析、组织、协调及其他日常管理工作。

第三条　各省、自治区、直辖市及计划单列市渔业主管部门（下称省级渔业主管部门）具体负责本辖区水产品批发市场信息采集工作，组建并管理本地区水产品批发市场信息采集体系，指定专人负责水产品批发市场信息采集和分析工作，并为此项工作的开展提供必要保障。

第四条　定点单位的申报、认定工作坚持自愿、公平、公正、公开的原则。申请作为定点单位的水产品批发市场，应具备以下基本条件：在全国或地区具有一定代表性（交易量、交易额位居全国或地区前列，或某一品种交易量、交易额位居全国或地区前列），市场配备基本的信息采集软、硬件设施，并安排专职或兼职人员负责信息的采集和上报等工作。

第五条　申报定点单位的市场向所在地省级渔业主管部门提出申请，省级渔业主管部门负责对市场所报材料进行审核并向农业部渔业局推荐，农业部渔业局委托信息采集中心对材料进行审查，并根据审查结果确定信息采集定点单位。农业部渔业局向确定的定点单位统一颁发匾牌（有效期为五年），并予公布。

第六条　定点单位应选择具备一定水产品批发市场信息采集专业知识和相应计算机操作能力的人员作为水产品批发市场信息采集信息员（简称信息员），报农业部渔业局审定。农业部渔业局向确定的信息员统一颁发聘书（有效期五年），并予公布。

第七条　定点单位要为信息员提供与工作要求相适应的工作条件，并确保信息员相对稳定。如需更换信息员，应提前通报信息采集中心，并妥善做好工作交接，确保信息采集工作的正常运转。信息员应不断加强业务学习，增强市场信息敏感性，提高信息分析研判能力。

第八条 信息采集中心应成立水产品批发市场信息分析专家组。专家组成员名单由信息采集中心提出，并报农业部渔业局审定。农业部渔业局向确定的专家组成员颁发聘书（有效期五年）。信息分析专家应每月至少向信息采集中心报送一篇本地区水产品批发市场运行情况分析文章，并按要求参加信息采集中心组织的市场运行情况阶段形势分析讨论、培训等活动。

第九条 信息报送实行日报和月报制度。信息员应在每日 18：00 前向信息采集中心报送本市场当天所有采集品种的交易价格及成交量居前 10 位品种的成交情况（不足 10 个品种的按实际交易品种数量报送）。每月 5 日前报送上月市场总成交额、总成交量及市场运行情况分析月报。

第十条 信息采集中心负责对定点单位和信息员进行业务指导，监督其信息报送质量，发现异常数据，应及时通过电话沟通或现场调查等方式了解情况、更正信息。同时，对省级渔业主管部门的工作进行必要的技术指导和服务，包括确定采集品种，建立价格指数体系及调试采集系统软件等。

第十一条 信息采集中心负责信息的汇总、统计和分析工作，按要求报农业部渔业局审核后统一对外发布。定点单位可将已发布的全国水产品批发市场行情通报给本市场的批发交易商。

第十二条 农业部渔业局委托信息采集中心负责对各定点单位和信息员进行年度考核。具体考核评分标准如下：

（一）价格信息满分 100 分。无故迟报和漏报的，每迟报 1 次扣 0.5 分，每缺报 1 次扣 1 分。

（二）品种成交信息满分 100 分。无故迟报和漏报的，每迟报 1 次扣 0.5 分，每缺报 1 次扣 1 分。

（三）市场成交信息满分 60 分。无故迟报和漏报的，每迟报 1 次扣 2.5 分，每缺报 1 次扣 5 分。

（四）市场动态满分 60 分。无故迟报和漏报的，每迟报 1 次扣 2.5 分，每缺报 1 次扣 5 分。

（五）发现报送信息明显不实的情况，每次扣 5 分。

（六）需要应急报送时，每报送 1 次加 2 分。

（七）因不可抗力因素，无法及时报送信息时，应事先通知信息采集中心，由信息采集中心酌情处理。

（八）为鼓励各单位使用计算机联网，对联网设施、设备齐全，且经常使用计算机联网传送信息的单位，每年一次性加 10 分。

第十三条 考核得分超过 260 分的单位和信息员可被评为优秀定点单位和优秀信息员。有以下情形之一者，农业部渔业局将取消其定点单位和信息员资格，收回其匾牌和信息员聘书，并予公布：

（一）无故连续一个月不报送信息；

（二）有意弄虚作假，经劝说无效；

（三）两年内无故缺报日报累计超过 50 次，或缺报月报累计超过 4 次。

第十四条 本办法由农业部渔业局负责解释。

第十五条 本办法自发布之日起施行。

农业部办公厅关于开展渔业乡村兽医登记工作的通知

（2010年12月15日发布，农办渔〔2010〕120号）

从事水生动物疫病诊疗服务的乡村兽医（以下简称“渔业乡村兽医”）是当前我国基层水产养殖病害防治的主要力量，在推进水产健康养殖、规范兽药使用和保障水产品质量安全水平等方面发挥重要作用。为贯彻落实《乡村兽医管理办法》，加强渔业乡村兽医队伍建设和管理，推动渔业乡村兽医登记管理工作，现将有关事项通知如下。

一、尽快开展渔业乡村兽医登记工作

要组织县级渔业行政主管部门对本辖区内所有渔业乡村兽医实行登记管理。凡具备下列条件之一的，均可向县级人民政府渔业行政主管部门申请渔业乡村兽医登记：

取得中等以上水产养殖专业学历；

取得中级以上水生动物病害防治员职业技能鉴定证书；

在乡村从事水生动物诊疗服务连续5年以上；

经县级人民政府渔业行政主管部门培训合格。

申请人须如实填好《乡村兽医登记表》（见附件1），经乡镇水产站审核后报县级渔业行政主管部门。各地要严格按照《乡村兽医管理办法》规范登记程序，明确从业范围，及时审核，并对审核合格的颁发渔业乡村兽医登记证（有关要求见附件2、3）。要加强渔业乡村兽医登记信息管理，建立健全渔业乡村兽医管理档案，并通报同级兽医主管部门。

二、加强渔业乡村兽医培训

各地要制定渔业乡村兽医培训计划，根据当地水产养殖病害防治实际需要，编制培训教材，多渠道筹集培训经费，保证渔业乡村兽医每两年接受一次培训，不断提高其业务素质和工作能力。

三、严格渔业乡村兽医从业管理

各地要严格渔业乡村兽医从业管理，切实规范渔业乡村兽医水生动物疫病诊疗活动和兽药使用行为，在从业中严格遵守国家相关法律法规规定。要求渔业乡村兽医履行水生动物疫情报告义务，按照当地人民政府或者有关部门的要求参加水生动物疫病预防、控制和扑灭活动。

请各省（自治区、直辖市）及计划单列市汇总各地渔业乡村兽医登记工作进展情况，于2011年10月底前报我部渔业局。

联系人：渔业局养殖处　陈家勇

联系电话：010-59192930

附件：

1. 渔业《乡村兽医登记表》（略）

2. 渔业《乡村兽医登记证》（正、副本）内容及制作说明（略）

3. 渔业《乡村兽医登记证》（正、副本）填写规范（略）

农业部办公厅关于印发《产地水产品质量安全监督抽查工作暂行规定》的通知

（2009 年 3 月 18 日发布，农办渔〔2009〕18 号）

各省、自治区、直辖市及计划单列市渔业主管厅（局）、新疆生产建设兵团水利局，质检中心，有关单位：

为加强产地水产品质量安全监督管理，规范水产品质量安全监督抽查工作，确保监督抽查工作的科学性、有效性、公正性，根据《渔业法》《农产品质量安全法》《食品安全法》等法律规定，我部制订了《产地水产品质量安全监督抽查工作暂行规定》。现印发给你们，请遵照执行。执行过程中发现的问题，请及时反馈我部渔业局。

联系人：郭云峰

联系电话：010-59192927

电子信箱：Fishmarket@agri. gov. cn

二〇〇九年三月十八日

产地水产品质量安全监督抽查工作暂行规定

第一章　总　　则

第一条　为加强产地水产品质量安全监督管理，规范水产品质量安全监督抽查工作，确保监督抽查工作的科学性、有效性、公正性，根据《中华人民共和国渔业法》《中华人民共和国农产品质量安全法》《中华人民共和国食品安全法》《兽药管理条例》及有关法律、行政法规的规定，制定本规定。

第二条　本规定中的监督抽查是指对产地水产品及苗种质量安全状况进行抽样监测，并对抽查结果进行处理和发布的活动。

第三条　农业部依法组织的产地水产品质量安全监督抽查应遵守本规定。

第四条　农业部负责监督抽查工作计划的制定、下达、组织管理和监督检查。地方渔业行政主管部门及其所属的渔政监督管理机构负责抽样及执法工作的组织实施。农业部指定的质检机构负责样品检测工作，并对抽样工作提供技术支持。

中国水产科学研究院协助农业部渔业局组织监督抽查的实施并负责相关技术工作。

第五条　监督抽查结果由农业部负责对外公布，其他任何机构和个人未经授权，不得对外公布。

第六条　监督抽查不得向被抽检单位收取任何费用。

第二章　抽　　样

第七条　农业部渔业局建立产地水产品监督抽查生产单位数据库，省级（含计划单列市，下同）渔业行政主管部门应对库内本辖区的生产单位名单及时更新。

县级以上渔业行政主管部门应建立本辖区内的水产品生产单位数据库。

第八条　根据监督抽查实施方案，被抽检单位名单由农业部渔业局从数据库中随机抽取，并通知省级渔业行政主管部门。

第九条 省级渔业行政主管部门根据农业部渔业局确定的名单负责组织实施抽样工作。质检机构负责抽样现场的技术支持。抽样人员中持有渔业执法证件的渔业行政主管部门及其所属的渔政监督管理机构人员（以下简称执法人员）不少于 2 名（含 2 名，下同）。

第十条 抽样应在生产现场进行。每个被抽检单位抽取的样品不得多于 2 个，同一池（塘）或网箱只能抽取 1 个样品。

第十一条 抽样人员在抽样前应向被抽查人出示农业部有关文件或《农业部产地水产品质量安全监督抽查任务通知书》（样式见附件 1，盖章有效），以及抽样人员的有效证件，并将《农业部产地水产品质量安全监督抽查被抽检单位须知》（样式见附件 2）提交给被抽检单位。

第十二条 被抽检单位应配合监督抽查工作。无正当理由，经抽样人员劝说后仍不接受抽查的，执法人员应现场填写《农业部产地水产品质量安全监督抽查拒检认定表》（样式见附件 3），由质检机构人员和不少于 2 名执法人员签字后及时向农业部渔业局报告。

第十三条 组织实施抽样工作的单位应完整填写《农业部产地水产品质量安全监督抽查抽样单》（样式见附件 4），并由质检机构人员、被抽检单位负责人和不少于 2 名执法人员共同签字或盖章。

抽样单由质检机构按规定样式自制。每次填写一式三份，省级渔业行政主管部门、质检机构和被抽检单位各留存一份。

第十四条 抽取的样品应现场制样（分割、混合），并按检测用样和备份用样分别包装。

第十五条 封样必须现场进行。封样单（样式见附件 5）经质检机构人员、被抽检单位负责人和不少于 2 名执法人员共同签字确认有效。封样单由质检机构按规定样式自制，要确保封样单不可二次使用。

第十六条 抽取的样品包装、加封查验无误后，由渔业行政主管部门负责在适宜的条件下进行保存，防止变质，并协助运送至质检机构。

第十七条 抽样组织单位应按抽检当日抽检品种市场平均零售价向被抽检单位现场支付样品补偿费，并索要有效发票。被抽检单位确实无法提供发票的，应填制《农业部产地水产品监督抽查抽样付费专用单》（样式见附件 6），并由质检机构人员、被抽检单位和执法人员三方签字确认后作为报销凭证。

第十八条 被抽检单位遇有下列情况之一的，可以拒绝接受抽查：

（一）抽样工作内容与农业部文件不符的；

（二）抽样相关材料不齐全的或抽样人员不能出具有效身份证明的；

（三）执法人员少于 2 人的。

第十九条 由于客观原因导致无样品可抽的，被抽检单位必须出具书面证明材料，抽样人员应当签字确认，并向农业部渔业局报告。

第三章 检 测

第二十条 质检机构应通过省级以上计量认证和审查认可，具有同监督抽查任务相适应的承检能力、范围、仪器设备和检测人员。质检机构个别检测参数没有通过能力认证的，应委托具有该参数检测资质的质检机构承检并出具报告。

第二十一条 质检机构应通过农业部渔业局组织的检测能力验证。

第二十二条 质检机构应当制定有关样品的验收、入库、领用、检验、保存及处理的程序，并严格按程序规定执行。备份样品应当在检测结果上报后继续保留三个月。

第二十三条 质检机构应按照监督抽查方案中规定的方法和判定依据进行检测和结果判定。

第二十四条 检验过程中遇有样品失效或者其他情况致使检验无法进行时，必须如实填写《农业部产地水产品质量安全监督抽查样品特殊处理报告书》（样式见附件7），附加充分的证明材料，分别向农业部渔业局和被抽检单位所在地省级渔业主管部门报告。

第四章 报 告

第二十五条 检验发现阳性或超标样品的，质检机构应在检验结束后48小时内将《农业部产地水产品质量安全监督抽查不合格结果通知单》（下称《不合格结果通知单》，样式见附件8）和检验报告以特快专递寄出（以寄出当日邮戳为准）或传真至农业部渔业局和省级渔业行政主管部门，并抄送农业部渔政指挥中心。检验结果合格的，质检机构应在完成检验后20个工作日内将检验报告一式两份寄送省级渔业行政主管部门，并由其转送被抽检单位一份。

第二十六条 检验报告内容必须齐全，检验项目和依据必须清楚，并与抽查方案相一致。检验原始记录必须如实填写，保证真实、准确、清楚，不得随意涂改，并妥善保留备查。

第二十七条 质检机构在完成抽检工作后，应按监督抽查方案规定的要求将工作总结报告、检验结果汇总表报送农业部渔业局和中国水产科学研究院，并及时将检验结果详细数据录入水产品质量安全检验检测信息管理系统。中国水产科学研究院应在规定时限内完成监督抽查汇总分析报告，并及时报送农业部渔业局。

第五章 复 检

第二十八条 被抽检单位对监督抽查检验结果有异议的，应在收到《不合格结果通知单》之日起5个工作日（以传真或当地邮戳为准）内，通过省级渔业行政主管部门向农业部渔业局提出书面复检申请并提交相关说明材料，同时抄送质检机构。逾期不申请的视为认同检验结果。

第二十九条 农业部渔业局收到复检申请后，经审查认为有必要复检的，应在5个工作日内通知原承检质检机构和复检申请人。

第三十条 复检工作由农业部渔业局指定不同于原承检机构的质检机构或参考实验室承担。复检时使用备份用样，经复检申请人和承担复检工作的质检机构复核后签字确认。复检申请人因故不能到现场的，可以书面委托他人到现场进行确认，或者做出书面声明，认可质检机构使用的备份用样的有效性。

第三十一条 复检费用由复检申请人垫付。复检判定结果与原检验判定结果一致的，复检费用由复检申请人承担。复检判定结果与原检验判定结果不一致的，复检费用由原质检机构承担。

第三十二条 承担复检的质检机构应在收到复检样品10个工作日内完成复检，并填写《农业部产地水产品质量安全监督抽查复检结果报告书》（样式见附件9），连同检验报告以特快专递（以当地邮戳为准）或传真报送农业部渔业局和省级渔业行政主管部门（各两份）。省级渔业行政主管部门应及时告知申请复检单位复检结论，并转送复检报告。

第六章 结果处理

第三十三条 省级渔业行政主管部门在

收到《不合格结果通知单》及检验报告后，应立即填写《农业部产地水产品质量安全监督抽查不合格结果送达通知单》（样式见附件10），送达被抽检单位，同时组织渔政监督管理机构立案调查，禁止不合格产品转移和上市销售。在被抽检单位认可不合格结果，或者不合格结果经复检确证后，应于20个工作日内进行查处，并将查处结果及时上报农业部渔业局和农业部渔政指挥中心。

第三十四条 对检出的不合格水产品，当地渔业行政主管部门及其所属的渔政监督管理机构应责令生产单位进行无害化处理。不合格产品为获得认证产品的，由渔业行政主管部门建议有关部门取消有关认证证书。

第三十五条 不合格水产品经无害化处理后，生产单位可向省级渔业主管部门申请重新抽检，并支付抽检费用。检验结果合格的水产品允许上市，仍不合格的应由执法人员监督销毁，销毁费用由被抽检单位承担。

第三十六条 被抽检单位收到《不合格结果通知单》后仍销售不合格水产品的，由当地县级以上渔业行政主管部门及其所属的渔政监督管理机构依法从重处罚，并责令召回已经销售的不合格产品。

第三十七条 被抽检单位认可检验结果，或者检验结果经复检确证无误后，农业部在相关媒体上公布“合格”“不合格”“拒绝抽检”的被抽检单位名单。

第三十八条 省级渔业行政主管部门应建立违规生产单位黑名单制度，进行专库管理，加大监管和监测力度。

第七章　工作纪律

第三十九条 参与监督抽查的工作人员，必须严格遵守国家法律、法规的规定，严格执法、秉公执法，在规定时限内对被抽查的产品和企业名单保守秘密。

第四十条 抽样人员有下列行为的，抽样单位应及时进行调查，视情况停止有关抽样人员的工作，必要时予以调离或辞退，并按有关程序规定予以纠正，及时挽回已造成的影响。

（一）以其他样品代替被抽检单位样品，或者非现场抽样，或者未完整填写抽样单据导致无法追溯的，或者有其他弄虚作假行为的；

（二）由于工作失误，保存和输送样品出现质量问题导致样品无法检测的；

（三）利用抽检工作谋取个人利益的；

（四）法律法规规定的其他情况。

第四十一条 质检机构应如实上报检验结果，不得瞒报，并对检验结果负责。违反规定的，按《中华人民共和国农产品质量安全法》第四十四条规定执行。

第四十二条 质检机构不得利用监督抽查结果参与有偿活动。

第四十三条 有下列情形之一的，暂停质检机构承担农业部监督抽查任务资格：

（一）同一年度内检验能力验证结果两项次不合格的；

（二）检验过程出现重大失误、对后续执法造成严重影响的；

（三）无正当理由连续两次不能按时报送检验结果的；

（四）连续两次未按时向有关方面寄送检验报告的；

（五）发现抽样过程不规范或抽样人员市场购买样品等违规行为，未及时制止、也未向农业部渔业局和属地省级渔业行政主管部门及时反映的；

（六）违反法律规定的其他情形。

第四十四条 对于抽样过程中出现市场购样等弄虚作假、敷衍应付行为的，一经查实，农业部将进行通报批评。

第四十五条 未经农业部授权，其他任何单位和个人对外擅自公布或披露检验结果的，依法追究其有关责任。

第八章　附　　则

第四十六条　本规定所称生产单位包括生产企业和个体养殖户。

第四十七条　地方水产品质量安全监督抽查工作可参照本规定执行。

第四十八条　本规定由农业部渔业局负责解释。

第四十九条　本规定自发布之日起实施。

附件（略）。

国家进出口商品检验局关于下发《出口水产品加工企业注册卫生规范》的通知

（1995年7月25日发布，国检监〔1995〕194号）

各直属商检局：

为了加强对出口水产品加工企业的卫生管理，提高其管理水平和产品质量，国家商检局根据《出口食品厂、库卫生要求》的规定，制订了《出口水产品加工企业注册卫生规范》，现予下发，自下发之日起实施。

附件 出口水产品加工企业注册卫生规范

1. 依据和适用范围

1.1 本规范根据《出口食品厂、库卫生要求》的规定制订。

1.2 本规范适用于各种出口水产品加工企业的卫生注册。

2. 卫生质量管理

2.1 出口水产品加工企业应当建立保证出口食品卫生的质量体系，并制定体现和指导质量体系运转的质量手册。

2.2 出口水产品加工企业的卫生质量体系应当包括：各机构、各类人员的工作要求；各场所、设施、原、辅料、加工过程、人员的卫生要求；工作记录和检查要求；以及自我纠偏要求。质量手册中应当体现的基本内容：

2.2.1 卫生质量方针和卫生质量目标；

2.2.2 组织机构及其职责、工作程序和工作要求；

2.2.3 加工、检验和质量管理人员的工作职责和管理要求；

2.2.4 环境卫生的要求；

2.2.5 车间及设施卫生的要求；

2.2.6 原料、辅料卫生质量的控制；

2.2.7 加工卫生质量的控制；

2.2.8 包装、储存、运输卫生的控制；

2.2.9 产品检验的要求；

2.2.10 质量工作记录的控制；

2.2.11 质量体系的内部审核。

3. 厂区环境卫生

3.1 出口水产品加工企业不得建在有碍水产品卫生的区域，厂区周围应清洁卫生，无物理、化学、生物等污染源。

3.2 厂区道路平整、清洁、无积水，主要通道铺设水泥、沥青等硬质路面，空地应绿化。

3.3 厂区内不得兼营、生产、存放有碍水产品卫生的其他产品，不得有危害水产品卫生的不良气味、有毒有害气体、烟尘等。

3.4 厂区卫生间配有冲水、洗手、防蝇、防虫设施，墙壁、地面易清洗消毒。

3.5 厂区有合理的给排水系统，废弃物的排放或处理符合国家环保的有关规定。

4. 车间及设施卫生

4.1 车间面积与加工能力相适应，工艺流程布局合理。排水畅通，通风良好，清洁卫生。

4.2 车间地面由防水、防滑、耐磨、耐腐蚀的坚固材料修建，平坦、不积水，易于清洗消毒，保持清洁；车间与外界相连的排水、通风处有防蝇、防虫、防鼠设施。

4.3 车间内墙壁和天花板采用无毒、浅色、防水、防霉、不易脱落、便于清洗的材料修建，墙角、地角、顶角具有弧度。

4.4 车间门窗由浅色、平滑、易清洗、不透水、耐腐蚀的坚固材料制作。有内窗台的必须与墙面成约45度的夹角。

4.5 车间内操作台、工器具、传送带（车）用无毒、不生锈、易清洗消毒、坚固耐用的材料制作，禁用竹木器具。

4.6 车间供水、供气、供电满足生产所需，光线充足。加工场所照明设施以不改变被加工物的本色为宜，其照度不低于220勒克斯，检验台上方的照度不低于540勒克斯，车间照明设施就装有防护罩。

4.7 车间内有温度显示装置，温度必须控制在加工工艺要求所需范围内。

4.8 车间入口处设有鞋靴、车轮消毒池。车间入口处和车间内适当的位置设足够数量的洗手消毒设施，备有洗涤用品及消毒液和干手用品，水龙头为非手动开关。

4.9 设有与车间相连的更衣室，配备与加工人员数目相适应的更衣柜、鞋柜及挂衣架，并设置紫外线消毒装置。更衣室内清洁卫生，通风良好，有适当照明。

4.10 与车间相连接的卫生间有冲水装置，洗水消毒设施，备有洗涤用品和干手用品，水龙头为非手动开关。卫生间保持卫生，通风良好，门窗不直接开向车间。卫生间外备有挂衣架和拖鞋。

5. 原辅料及加工用水卫生

5.1 原料来自无污染水域，贝类必须来自允许捕捞海域；鳗鱼必须来自经商检登记的鳗鱼养殖场；河豚鱼必须为允许加工品种。新鲜清洁，保藏温度和时间适宜，运输途中未受污染，品质符合加工要求。未使用任何保鲜剂和食品添加剂处理。

5.2 加工过程所使用的辅料和添加剂应当符合国家有关规定，并严禁使用进口国不允许使用的添加剂。

5.3 加工用淡水和制冰用水必须符合国家《生活饮用水卫生标准》。加工用海水必须符合国家《海水水质标准》。水质卫生检测每年不少于两次，并保存检测记录三年。

6. 加工人员卫生

6.1 建立员工健康档案，加工、检验人员每年至少进行一次健康检查，必要时作临时健康检查；新进厂人员必须进行体检，合格后方可上岗。

6.2 凡患有有碍水产品卫生的疾病者，必须调离加工、检验岗位，痊愈后经体检合格方可重新上岗。

6.3 加工、检验人员必须保持个人清洁，遵守卫生规则。进入车间必须穿戴工作衣、帽、鞋靴，按规定洗手消毒、鞋靴消毒。离开车间必须换下工作衣、帽、鞋靴。不得将与加工无关的物品带入车间，工作时不得戴首饰和手表，不得化妆。

6.4 企业定期对员工进行加工卫生教育和培训，新进厂员工应经考核合格后方可上岗。

6.5 限制非生产人员进出车间，任何人进入车间，均必须符合现场加工人员的卫生要求。

7. 加工卫生

7.1 确定加工过程的关键控制点，制定操作规程并得到连续、有效的监控，对不合格产品应及时采取有效的纠正措施，有真实和完整的记录。

7.2 车间不得堆放与加工无关的物品，不得同时加工不同类别的产品。加工所用一切容器工具均不得直接接触地面，废弃物有专用容器存放并及时清除。

7.3 设备布局合理并保持清洁完好，操作台、工器具、容器及时清洁消毒，所用清洁消毒药品存于固定场所并由专人负责管理。

7.4 原料处理和成品加工区域应当隔离，加工人员相对固定，有专职检验人员对原料和冻前半成品进行现场检验。

河豚鱼加工和检验人员必须经过认可方可上岗。

7.5 对原料应清洗干净。清洗用水应经常更换，经清洗的原料应迅速转入下道工序。加工过程对原料和半成品应采取降温保鲜措施。

7.6 速冻温度应满足工艺设计要求，并应控制速冻时间。

7.7 加工过程所用冰块的制造、破碎和运输均在与水产品加工相同的卫生条件下进行。

8. 包装、运输、储存卫生

8.1 包装物料必须符合卫生标准且保持清洁卫生，在干燥通风的专库内存放，内外包装物料要分开存放。

8.2 水产品脱盘、包装应在与冷库相连接的单独包装间内进行，温度符合要求，保持清洁卫生。

8.3 出口水产品专库专用。相互串味的产品不得混放，未经包装的产品不得进入成品库。

8.4 预冷库、速冻库、冷藏库和原料库的温度符合工艺要求，并配有温度计及自动温度记录装置。库内保持清洁，定期消毒、除箱、除异味，有防霉、防鼠、防虫设施。储存物品与地面、墙壁和屋顶的距离必须符合冷库贮存规定。

8.5 运输水产品必须采用清洁、无异味的冷藏车（船），使用前必须清洗消毒。

9. 卫生检验管理

9.1 企业必须设立与加工能力相适应的、独立的检验机构，能进行微生物、化学等项目的检验。配备相应的检验及检疫人员，并按规定经培训认可，取得认可检验员证方可上岗。

9.2 检验机构必须具备检验工作所需要的检验设施和仪器设备，仪器设备必须按规定定期校准并有记录。

9.3 检验机构必须对原辅料、半成品按标准规程取样检验，并出具检验报告。

9.4 对检验不合格的应及时反馈，采取纠偏措施。

9.5 对出厂的成品必须进行检验，出具检验报告。检验报告应按规定程序签发。

9.6 检验机构对产品质量应有否决权。

9.7 检验工作应按制度规定完整、准确、规范地做好记录，记录应保存两年以上。

10. 本规范自国家商检局发布之日起实施，由国家商检局负责解释。

农业农村部关于全面推进实施水产苗种产地检疫制度的通知

（2020年4月17日发布，农渔发〔2020〕7号）

各省、自治区、直辖市及计划单列市农业农村（农牧）厅（局、委），福建省海洋与渔业局，青岛市海洋发展局、厦门市海洋发展局、深圳市海洋渔业局，新疆生产建设兵团农业农村局：

水产苗种产地检疫是《动物防疫法》《动物检疫管理办法》《水产苗种管理办法》等法律和规章规定的，一项防控重大水生动物疫病、保障水生生物安全的重要制度。2019年，我部指导24个省、自治区、直辖市及计划单列市开展水产苗种产地检疫试点工作，并取得积极进展。为贯彻落实十部委《关于加快推进水产养殖业绿色发展的若干意见》（农渔发〔2019〕1号）等有关部署，推进水产苗种产地检疫全覆盖，现就全面推进实施水产苗种检疫制度有关事项通知如下。

一、强化检疫工作组织领导

随着当前水产苗种流通日益频繁和扩大，实施水产苗种产地检疫制度、从源头严控重大水生动物疫病传播十分必要。各省级畜牧兽医和渔业主管部门要充分认识实施此项制度的重要性和紧迫性，依法履职尽责，将其纳入重点工作，加强组织领导，完善工作方案，明确年度任务，细化职责分工，特别是要确定水产苗种产地检疫牵头负责和参与协助部门，以及动物卫生监督、水生动物疫病预防控制等相关机构的职责，理顺工作机制，形成工作合力。到2022年底，力争实现水产苗种产地检疫申报检疫率100%，检疫合格电子出证率100%的工作目标。

二、健全渔业官方兽医队伍

各省级渔业主管部门会同本省（区、市）和新疆生产建设兵团畜牧兽医主管部门（或按农业农村（农牧）厅（局、委）内相关部门职责分工），依法组织开展渔业（从事水产苗种产地检疫）官方兽医资格确认工作，渔业官方兽医人员名单报我部备案，纳入全国官方兽医统一管理。要加强渔业官方兽医队伍建设，强化相关法律、技能等培训和职业道德教育，全面提升检疫执法业务水平。

三、完善检疫电子出证系统

各省级畜牧兽医和渔业主管部门要加快水产苗种产地检疫电子出证系统建设，在《动物检疫合格证明电子出证系统》中增加水产苗种产地检疫的内容，应用《动物检疫合格证明电子出证系统》出具水产苗种产地检疫合格证明。要积极推动水产苗种产地检疫同水产苗种生产管理相结合，将水产苗种产地检疫所需的《水产苗种生产许可证》、省级以上重大水生动物疫病监测计划等信息进行共享，提高水产苗种产地检疫管理信息化水平。

四、加强苗种检疫执法监督

县级以上地方渔业主管部门或动物卫生

监督机构要合理设置水产苗种产地检疫申报点，主动公开行政许可事项相关信息，采取电话、传真和网上申报等便民措施接受申报。要严格依照我部鱼类、甲壳类和贝类产地检疫规程规定的检疫对象和范围实施检疫，不得扩大检疫对象和范围。要加强水产苗种产地检疫相关执法监督工作，规范执法程序和文书，对经营和运输水产苗种未附检疫证明、跨省引进水产苗种到达目的地后未报告等违法行为，依法给予行政处罚。我部将对各地工作情况进行督导检查。

五、落实各项工作保障措施

各地要积极整合资源、加大支持，全力保障本辖区水产苗种产地检疫制度实施。要依法建立健全各级水生动物疫病监测计划，保障监测经费，对重点水产苗种生产单位实现全面覆盖。要不断提升相关实验室检测能力，争取各级财政经费和项目，支持基层实验室增配设施设备和加强人员培训，鼓励有条件的实验室通过检验检测机构资质认定，提高检测规范性和准确性。要探索建立水产苗种生产单位备案制度以及动态监控系统，跟踪其生产、购苗、发病、销售和运输等情况，实现全过程监管。

六、加大相关法律培训宣传

各地要充分利用各类方式，持续加大对《动物防疫法》《动物检疫管理办法》《水产苗种管理办法》等法律规章，以及《水产苗种产地检疫十问十答》等相关知识的培训宣传力度。要教育水产苗种生产单位出售、运输、捕苗前主动申报检疫，水产养殖单位购买苗种时索要水产苗种产地检疫合格证明，不断提升从业人员守法意识，努力营造良好的社会氛围。

各省、自治区、直辖市及计划单列市和新疆生产建设兵团的工作实施方案，请于2020年5月31日前报我部渔业渔政管理局。至2022年底前，每年实施水产苗种产地检疫制度的工作总结请于当年11月30日前报我部渔业渔政管理局。工作中如有问题和建议，请及时与我部渔业渔政管理局联系。

联系电话：010-59192976

传真：010-59192918

电子邮箱：aqucfish@163.com

农业农村部

2020年4月17日

贝类生产环境卫生监督管理暂行规定

（2006 年 10 月 19 日发布）

第一条 为了保证贝类卫生质量，保障消费者得到优质、无污染的贝类，根据《中华人民共和国渔业法》《中华人民共和国食品卫生法》《中华人民共和国海洋环境保护法》及其他法律、法规的有关规定，制定本规定。

第二条 凡从事贝类养殖、捕捞、净化、暂养和收购的单位和个人必须遵守本规定。

第三条 各级渔业行政主管部门应根据本地贝类卫生质量状况，实行贝类生产卫生质量监督管理，建立贝类生产区域的环境质量和贝类卫生质量预警预报系统，定期组织贝类生产区域环境质量和贝类卫生质量监测，依据监测结果划定贝类生产区域类型，并予公告。

第四条 贝类生产区域的环境质量和卫生质量监测由各级渔业环境监测站承担。

第五条 根据生产区域水环境质量和贝类卫生质量监测结果，贝类生产区域划分为三类：

第一类区域：水环境质量和贝类卫生质量符合国家有关标准。该区域内养殖或捕捞的贝类可以直接投放市场供食用。

第二类区域：水环境受轻度污染，贝肉中部分污染物超标。但区域内产出的贝类经过净化或暂养处理后，卫生质量可以达到国家有关标准。该区域内养殖或捕捞的贝类需经净化或暂养处理后才能投放市场供食用。

第三类区域：水环境和贝类均受到严重污染，区域内产出的贝类用目前的处理技术无法达到国家有关卫生标准。该区域内的贝类禁止供人类食用。

第六条 由于受长期污染而在短期内难以改善的第三类区域，渔业行政主管部门应予以关闭，取缔已有的贝类生产活动，禁止采集。

第七条 对于受偶然性污染事故或发生赤潮而形成的第三类区域，实行暂时性的关闭；组织监测站进行跟踪监测，污染消失后及时予以开放。

暂时性关闭期间，禁止采集贝类。

第八条 从事贝类养殖的单位和个人必须向渔业行政主管部门注册登记，在规定的生产区域内按核准的养殖种类、养殖规模从事养殖生产。变更生产区域，或变更养殖种类，或变更养殖规模时，需重新登记。

本规定颁布前已开展贝类养殖的单位和个人应补办注册登记手续。

第九条 养殖贝类收获销售时，生产单位和个人必须提供表明本批贝类卫生质量情况的材料，并随贝类一同交给收购单位和个人。

第十条 专项从事贝类捕捞的渔船应符合捕捞渔船卫生条件要求，方可从事贝类捕捞作业。

第十一条 从事贝类捕捞的生产者要对每次作业进行记录，并将记录随同贝类交给收购单位或个人。

第十二条 贝类采集方法必须不致造成对贝类的壳或肌肉组织过度的损害。

第十三条 贝类必须在良好的卫生条件

下进行包装和运输。包装材料和容器应有效保护贝类不受污染和损坏。重复使用的包装物应容易清洗和消毒。

第十四条 养殖和捕捞贝类的生产单位和个人必须保持生产区域环境清洁，禁止在生产区域内倾倒废弃物和生活污水。

第十五条 从事贝类净化或暂养的单位和个人必须向渔业行政主管部门申请核准。净化或暂养操作要做好记录并长期保存，接受渔业主管部门的卫生检查。

经净化或暂养的贝类应达到第一类区域的标准，输出时，应附证明贝类卫生质量的材料。

贝类净化厂的设施设备须经验收合格后方可运行。

第十六条 收购贝类的单位或个人应查验验证明贝类卫生状况的材料和包装运输贝类的工具卫生状况。对无证明材料或受污染的贝类应拒绝收购。

收购单位或个人应将贝类卫生状况的证明材料保存至少 1 年以上，以备接受渔业行政主管部门的监督检查。

第十七条 收购需净化或需暂养的贝类，收购单位和个人必须承担贝类净化或暂养的责任。

第十八条 法律责任

1. 未按本规定办理贝类养殖注册登记擅自进行贝类养殖区域；变更养殖的、养殖规模或养殖品种未办理重新注册登记的；渔船未办理卫生条件检验或检验不合格擅自进行贝类捕捞的；贝类净化厂、暂养区未经批准擅自投入运行的，责令补办各项审批手续。拒不补办审批手续的，可以比照《中华人民共和国渔业法实施细则》第二十九条、第三十一条、第三十二条的规定处罚。

2. 违反本规定，擅自在长期关闭的第三类区域内从事养殖或捕捞贝类作业的；擅自在暂时性关闭区域内采集贝类的，责令停止作业，并销毁已采集的贝类。

3. 违反本规定，擅自采集第三类区域的贝类并已销售而造成食用者食物中毒事故或其他食源性疾患的，依据《中华人民共和国食品卫生法》第三十九条规定予以处罚；对人体健康造成严重危害的，依法追究刑事责任。

4. 收购贝类的单位和个人不查验贝类卫生状况证明材料而收购的，由此产生的责任事故由收购的单位或个人承担。

5. 从事贝类净化或暂养的单位和个人在操作过程中不符合卫生要求或输出了不符合卫生标准的贝类的，可以依照《中华人民共和国食品卫生法》第四十一条规定予以处罚。

6. 向贝类生产区域内排放各类有毒有害及废弃物造成环境污染或贝类污染的，依据《中华人民共和国海洋环境保护法》第四十二条规定处理。

7. 渔业行政主管部门及其执法人员玩忽职守、滥用职权，对当事人给予行政处分。

第十九条 本规定用语的定义：

1. 贝类：指滤食性瓣鳃纲双壳贝类。

2. 贝类生产：指养殖、捕捞、净化、暂养贝类和从生产区将贝类运送到市场或加工厂及收购贝类的活动。

3. 生产区域：指养殖或捕捞贝类场所。

4. 净化：将贝类放在专用设施中，经必要的处理，除去微生物污染，以适合食用的操作。

5. 暂养：将贝类转移到有关机构批准的暂养区域，在必要的时间内除去污染的操作。

6. 采集方法：指捕捞贝类的捕捞方法和养殖贝类的收获方法。

7. 关闭：停止某些区域在一定的时间内从事贝类生产活动。

第二十条 本规定由中华人民共和国渔政渔港监督管理局负责解释。

第二十一条 本规定自颁布之日起施行。

附 件

第一条 供出口贝类加工厂作为原料的或直接上市的活贝类卫生标准：

1. 贝类外壳色泽、鲜度、活力、对碰撞的反映和气味等感观指标符合贝类固有特征；

2. 贝肉中挥发性盐基氮、汞、无机砷、六六六、滴滴涕含量符合 GB 2742—94 标准；

3. 贝肉中粪大肠菌群低于 3 000 个/千克，麻痹性毒素（PSP）总含量低于 800 微克/千克；

4. 在 25 克贝肉中不含沙门氏菌；

5. 其他生物和非生物污染指标符合国家有关卫生标准。

第二条 贝类生产区域水质条件

水域环境质量条例 GB 11607—89《渔业水质标准》。

第三条 监测频率和监测站位要求

1. 贝类生产区域环境监测和卫生质量监测频率：常规监测在 5—10 月，每月监测一次；11—4 月，每两个月监测一次；发生赤潮或发生污染事故时，必须每天跟踪监测，直至危害消失。

常规监测频率可根据实际情况进行调整。

2. 监测站位的设置包括所有的养殖区和离岸较近的自然采捕区，监测站位数需根据海域地理状况而定，但必须能反映生产区域的所有环境质量状况。

第四条 养殖生产注册登记要求

登记内容包括：生产者单位、姓名、养殖品种、养殖规模、养殖方式和养殖场所准确区域。

第五条 捕捞贝类渔船卫生条件

船体内壁光滑和易于清洗，有专用的贝类装载仓或装载容器并可有效地保护贝类避免压破和防止污染。凡接触贝类的设备、用具应用无毒无害的材料制成，易于清洗、消毒。有适当的排水和清洁条件。有保证贝类生存的条件。

第六条 贝类净化厂的卫生条件

贝类净化厂的卫生条件参照水产品加工厂的卫生条件执行。

第七条 贝类暂养区设置要求

1. 水域环境质量符合渔业水质标准；

2. 与养殖区距离至少在 300 米以上；

3. 暂养区周边要设置明显标准；

4. 暂养区内要有分隔设施，防止各批混合，必须采取“全部进来、全部出去”的操作。

第八条 贝类卫生状况证明材料基本格式

养殖贝类证明材料内容包括：

1. 生产者的身份和签名；

2. 生产登记注册号；

3. 养殖地区详细实际的地址；

4. 贝类的品种和数量；

5. 采收日期。

捕捞贝类证明材料内容包括：

1. 捕捞者身份和签名、船号；

2. 捕捞时间、地点、方法；

3. 贝类种类和数量。

净化或暂养贝类证明材料内容包括：

1. 原料贝类的来源和卫生质量状况；

2. 净化或暂养的起、止时间；

3. 输出时贝类卫生质量状况；

4. 质量检验员签字。

国家级水产原、良种场资格验收与复查办法

（2017年8月28日发布，农渔养函〔2017〕58号）

为加强国家级水产原、良种场管理，提高水产原、良种供给和质量安全水平，根据《中华人民共和国渔业法》《水产苗种管理办法》等有关规定，制定本办法。

一、验收对象

1. 经国务院渔业行政主管部门批准并列入渔业投资计划的水产原、良种场。

2. 经省、自治区、直辖市及计划单列市渔业行政主管部门（以下简称省级渔业主管部门）批准挂牌，获得省级资格满两年，符合国家水产原、良种场规划布局，自愿要求升格的水产原、良种场。

二、验收内容

1. 生产基本条件，包括环境、基础设施、仪器设备等。

2. 生产技术条件，包括管理、生产人员文化程度或相应的技术职称、操作技能等。

3. 原、良种产品质量。

4. 生产经营管理情况等。

三、提交材料

1. 国家级水产原、良种场资格申请表（附件1）。

2. 基本建设项目竣工验收报告（自有资金建设不要求）。

3. 单位概况：单位名称、性质、编制、经费来源等批复文件，全场职工及管理人员、技术人员名册（姓名、年龄、性别、文化程度、技术职称或技术等级、从事的岗位）。

4. 水产原、良种及其他产品的生产情况、经营状况（提供年度决算复印件）。

5. 经国家认定的检测机构提供的水产原、良种种质和质量检测报告、水质检测报告（均为复印件）。

6. 技术管理、质量管理、档案管理工作总结。

7. 与技术依托单位签订的技术合作协议（复印件）。

8. 其他材料：营业执照、水域滩涂养殖证（或有关权属证明）、水产苗种生产许可证（珍稀、濒危水生野生动植物提供《水生野生动物人工繁育许可证》和《水生野生动物经营利用许可证》）、技术和管理人员培训证明、用户反馈信息、场区平面图、各级主管单位审查转报函、其他符合《水产原良种场生产管理规范》的相关材料等。

四、验收程序

1. 原、良种场向场址所在地省级渔业主管部门提出书面验收申请。

2. 省级渔业主管部门审查申请材料、

现场查看初验后签署初验意见，上报农业部渔业渔政管理局。

3. 经农业部渔业渔政管理局委托，全国水产原种和良种审定委员会（以下简称审委会）秘书处对提供的材料进行初步审核。初步审核合格后，递交审委会，由审委会主持并邀请有关科研、教学、推广、生产及行政等部门的人员组成5～7人验收小组，通过审查材料和实地考核等方法进行综合考评。

4. 验收小组全体成员根据《国家级水产原、良种场资格考评表》（附件2）的各项内容分项考评打分，考评平均得分超过80分（含）为合格。综合考评结果经审委会报农业部审核、公示后，由农业部发文命名国家级场，颁发合格证书（有效期五年），并授予国家级场铜牌。国家级场按如下规定命名：国家级＋省（自治区、直辖市、计划单列市）名＋市（区、县）名＋品种（种类）名＋原（良）种场。证书和铜牌由农业部指定单位统一印制。

5. 对验收不合格的场家，农业部渔业渔政管理局将根据验收小组提出的整改意见，责令限期改进。到期仍不合格者，不再进行国家级水产原、良种场的资格验收。

6. 验收小组成员要严格执行中央“八项规定”，轻车简从，清正廉洁，农业部系统成员还要严格遵守《关于进一步规范专家咨询费等报酬费用发放与领取管理的若干规定》（农办财〔2016〕17号）的相关规定。

五、复查管理

自验收合格批准之日起，农业部渔业渔政管理局将不定期委托有关机构对国家级水产原、良种场生产的原、良种产品质量进行抽检。国家级水产原、良种场应当至迟于其《验收合格证》期限届满前三个月通过省级渔业主管部门向农业部渔业渔政管理局提出复查申请，由农业部渔业渔政管理局组织复查小组对国家级水产原、良种场的基本条件、生产管理、技术管理、经营情况等情况进行全面复查。复查考评参照验收考评执行。对复查不合格的场家取消国家级水产原、良种场资格，注销原命名和收回验收合格证，并不再受理资格验收申请。因迁址、改扩建等情况暂不能接受复查的场家，可以通过省级渔业主管部门向农业部渔业渔政管理局提出暂缓复查申请，暂缓期限最长不超过三年，暂缓期内中止国家级水产原、良种场资格。

六、本办法由农业部渔业渔政管理局负责解释

七、本办法自公布之日起执行

附件（略）。

农业农村部办公厅关于加强养殖刀鲚管理的通知

（2021年4月26日发布，农办渔〔2021〕7号）

各省、自治区、直辖市农业农村（农牧）、渔业厅（局、委），计划单列市渔业主管局，新疆生产建设兵团农业农村局：

为贯彻落实《国务院办公厅关于切实做好长江流域禁捕有关工作的通知》（国办发明电〔2020〕21号）要求和国务院禁捕退捕工作推进电视电话会议精神，规范养殖刀鲚生产管理，配合加强市场销售监管，使之成为长江"十年禁渔"起好步、管得住的标志性工作，现就加强养殖刀鲚管理有关事项通知如下。

一、实施刀鲚养殖单位核查

2021年5月起，我部组织各省对从事刀鲚养殖生产的企业、农民专业合作社或个人（以下简称"养殖单位"）进行核查，对刀鲚养殖单位生产条件实行查验，评估确认生产能力。核查工作包括对养殖单位的相关材料及证明进行查验，对养殖单位相关材料的真实性、有效性以及养殖管理状况、实际生产能力等进行实地核实和评估。

二、严格刀鲚养殖单位监管

各级农业农村（渔业主管）部门要加强对刀鲚养殖单位的监督管理，督促刀鲚养殖单位依法开展刀鲚养殖生产，做好苗种来源、投入品、出塘情况、检验检疫等生产记录和种类规格、产品包装、出塘日期等销售记录，配合各级市场监管部门做好进货查验和索证索票工作，加强非法渔获物市场销售监管。

三、加强刀鲚养殖产品标识

开展刀鲚养殖产品标识工作，指导养殖单位按照核查评估确定的生产能力制作可追溯二维码标识。标识可查询产品名称、养殖单位名称、苗种来源、出塘日期等信息。

我部成立刀鲚养殖单位核查与产品标识工作专家委员会，实施相关审核，委托中国水产流通与加工协会承担核查和标识管理具体工作，建立刀鲚养殖产品可追溯管理平台，开展养殖单位和产品登记管理，实现相关信息查询和共享服务。

联系方式：

农业农村部渔业渔政管理局

联系电话：010-59192938，59192925

中国水产流通与加工协会

联系电话：010-65062080，85274842

电子邮箱：djyzjdba@163.com

农业农村部办公厅

2021年4月26日

农业农村部关于加强水产养殖用投入品监管的通知

（2021年1月6日发布，农渔发〔2021〕1号）

各省、自治区、直辖市及计划单列市农业农村（农牧、畜牧兽医）厅（局、委），福建省海洋与渔业局，青岛市海洋发展局、厦门市海洋发展局、深圳市海洋渔业局，新疆生产建设兵团农业农村局：

为加强水产养殖用兽药、饲料和饲料添加剂等投入品管理，依法打击生产、进口、经营和使用假、劣水产养殖用兽药、饲料和饲料添加剂等违法行为，保障养殖水产品质量安全，加快推进水产养殖业绿色发展，根据《渔业法》《农产品质量安全法》《兽药管理条例》《饲料和饲料添加剂管理条例》《农药管理条例》《水产养殖质量安全管理规定》等法律法规和规章有关规定，现就加强水产养殖用投入品监管有关事项通知如下。

一、准确把握水产养殖用兽药、饲料和饲料添加剂含义

各级地方农业农村（畜牧兽医、渔业）主管部门要准确把握水产养殖用兽药、饲料和饲料添加剂的含义及管理范畴，依法履行监管职责。依照《兽药管理条例》第七十二条规定，用于预防、治疗、诊断水产养殖动物疾病或者有目的地调节水产养殖动物生理机能的物质，主要包括：血清制品、疫苗、诊断制品、微生态制品、中药材、中成药、化学药品、抗生素、生化药品、放射性药品及外用杀虫剂、消毒剂等，应按兽药监督管理。依照《饲料和饲料添加剂管理条例》第二条规定，经工业化加工、制作的供水产养殖动物食用的产品，包括单一饲料、添加剂预混合饲料、浓缩饲料、配合饲料和精料补充料，应按饲料监督管理；在水产养殖用饲料加工、制作、使用过程中添加的少量或者微量物质，包括营养性饲料添加剂和一般饲料添加剂，应按饲料添加剂监督管理。各地对无法界定的相关产品，应及时向上级主管部门请求明确。

二、强化水产养殖用兽药、饲料和饲料添加剂等投入品管理

各地要依法加强对水产养殖用兽药、饲料和饲料添加剂的生产、进口、经营和使用等环节的管理，压实属地责任，形成监管合力。水产养殖用投入品，应当按照兽药、饲料和饲料添加剂管理的，无论冠以“××剂”的名称，均应依法取得相应生产许可证和产品批准文号，方可生产、经营和使用。水产养殖用兽药的研制、生产、进口、经营、发布广告和使用等行为，应严格依照《兽药管理条例》监督管理。未经审查批准，不得生产、进口、经营水产养殖用兽药和发布水产养殖用兽药广告。市售所谓“水质改良剂”“底质改良剂”“微生态制剂”等产品

中，用于预防、治疗、诊断水产养殖动物疾病或者有目的地调节水产养殖动物生理机能的，应按照兽药监督管理。禁止生产、进口、经营和使用假、劣水产养殖用兽药，禁止使用禁用药品及其他化合物、停用兽药、人用药和原料药。水产养殖用饲料和饲料添加剂的审定、登记、生产、经营和使用等行为，应严格按照《饲料和饲料添加剂管理条例》监督管理。依照《农药管理条例》有关规定，水产养殖中禁止使用农药。

三、整治水产养殖用兽药、饲料和饲料添加剂相关违法行为

我部决定 2021—2023 年连续三年开展水产养殖用兽药、饲料和饲料添加剂相关违法行为的专项整治，各级地方农业农村（畜牧兽医、渔业）主管部门要将专项整治列入重点工作，落实责任，常抓不懈。县级以上地方农业农村（畜牧兽医、渔业）主管部门要设立有奖举报电话，加大对生产、进口、经营和使用假、劣水产养殖用兽药，未取得许可证明文件的水产养殖用饲料、饲料添加剂，以及使用禁用药品及其他化合物、停用兽药、人用药、原料药和农药等违法行为的打击力度，重点查处故意以所谓“非药品”“动保产品”“水质改良剂”“底质改良剂”“微生态制剂”等名义生产、经营和使用假兽药，逃避兽药监管的违法行为。县级以上地方农业农村（畜牧兽医、渔业）主管部门以及农业综合执法机构、渔政执法机构要依法、依职能，对生产、进口、经营和使用假、劣水产养殖用兽药，以及未取得许可证明文件的水产养殖用饲料、饲料添加剂，使用禁用药品及其他化合物、停用兽药、人用药、原料药和农药等违法行为实施行政处罚，涉嫌违法犯罪的，依法移送司法机关处理。各地要强化对专项整治工作的监督和考核，我部将对各地工作情况进行督导检查。

四、试行水产养殖用投入品使用白名单制度

我部决定在全国试行水产养殖用投入品使用白名单制度。白名单制度是指：将国务院农业农村主管部门批准的水产养殖用兽药、饲料和饲料添加剂，及其制定的饲料原料目录和饲料添加剂品种目录所列物质纳入水产养殖用投入品白名单，实施动态管理。水产养殖生产过程中除合法使用水产养殖用兽药、饲料和饲料添加剂等白名单投入品外，不得非法使用其他投入品，否则依法予以查处或警示。对发现养殖者使用白名单以外投入品养殖食用水产养殖动物的，由地方各级农业农村（渔业）主管部门以及农业综合执法机构、渔政执法机构依法、依职能进行查处，涉嫌犯罪的移交司法机关追究刑事责任；同时各级地方农业农村（渔业）主管部门公开发布其养殖产品可能存在质量安全风险隐患的警示信息。

五、提升普法宣传教育和行政审批服务水平

县级以上地方农业农村（畜牧兽医、渔业）主管部门，要积极为兽药、饲料和饲料添加剂生产、经营企业在相关行政审批业务，以及水产养殖者在规范使用兽药、饲料和饲料添加剂等方面提供服务，优化审批流程，引导其规范生产、经营和使用。要进一步加强法律普及和政策宣传工作，地方相关行政管理人员应准确把握兽药含义，不被部分生产者宣传的所谓“非药品”“动保产品”“水质改良剂”“底质改良剂”“微生态制剂”等名称蒙蔽。要在兽药、饲料和饲料添加剂生产（进口）企业、经营门店和水产养殖场

等场所广泛开展宣传。教育相关企业不生产、进口和经营假、劣水产养殖用兽药，以及未取得许可证明文件的水产养殖用饲料和饲料添加剂。教育养殖者应使用国家批准的水产养殖用兽药、饲料和饲料添加剂，使用自行配制饲料严格遵守国务院农业农村主管部门制定的自行配制饲料使用规范。教育养殖者应认准兽药标签上的兽药产品批准文号（进口兽药注册证书号）和二维码标识，饲料和饲料添加剂的产品标签、生产许可证、质量标准、质量检验合格证等信息，拒绝购买和使用禁用药品及其他化合物，停用兽药，假、劣兽药，人用药，原料药，农药和未赋兽药二维码的兽药，以及禁用的、无产品标签等信息的饲料和饲料添加剂。相关行业协会要加强行业自律，教育相关企业杜绝生产假、劣兽药等违法行为，依法科学规范生产、销售和使用水产养殖用投入品。

各省、自治区、直辖市及计划单列市和新疆生产建设兵团的工作实施方案，请于2021年3月31日前同时报我部畜牧兽医局、渔业渔政管理局。2021—2023年，每年开展专项整治和白名单制度试行等工作情况的总结，请于当年11月30日前同时报我部畜牧兽医局、渔业渔政管理局。工作中如有问题和建议，请及时与我部相关司局联系。

畜牧兽医局联系电话：010-59191430（兽药），010-59192831（饲料）

渔业渔政管理局联系电话：010-59192976

农业农村部

2021年1月6日

（七）渔业信息管理

农业部关于加快推进渔业信息化建设的意见

（2016 年 12 月 23 日发布，农渔发〔2016〕40 号）

渔业信息化是运用现代信息技术，深入开发和利用渔业信息资源，全面提高渔业综合生产力和经营管理效率的过程，是推进渔业供给侧结构性改革，加速渔业转型升级的重要手段和有效途径。当前，我国渔业信息化建设已进入了一个快速发展阶段，支撑引领作用不断显现，信息化需求日益增加，但顶层设计不完善、支撑引领作用不充分、保障措施不健全等问题仍较为突出。为进一步加快推进渔业信息化建设，根据农业信息化建设总体要求和渔业转型升级发展实际需要，现提出以下意见。

一、提高认识，深刻理解推进渔业信息化的重要意义

（一）加快推进渔业信息化是转型升级的迫切要求。近年来，我国渔业持续较快发展，渔业供给总量充足，但发展不平衡、不协调、不可持续的问题也十分突出，传统管理手段、生产技术已无法满足现代渔业发展需要，迫切要求创新工作理念、工作方式和工作手段。以渔业信息化为引领和支撑，运用信息化的思维理念和技术手段，创新渔业生产、经营、管理和服务方式，能够有力推动渔业供给侧结构性改革，促进渔业转型升级。

（二）加快推进渔业信息化是补齐短板和破解难题的有效手段。资源环境和质量安全是当前我国渔业发展的突出短板，渔业船舶水上安全监管是渔业工作的难题。利用现代信息技术提升渔业管理的专业化、科学化水平，提升渔业资源养护能力，有利于突破资源和生态环境对渔业产业发展的多重约束，促进绿色发展；利用现代信息技术对渔业生产的各种资源要素和生产过程进行精细化、智能化控制，有利于建立健全水产品质量安全监管体系，提高质量安全保障水平；利用现代信息技术，升级改造渔船渔港安全装备，有利于提升渔业防灾减灾能力，有效预防商渔船碰撞事故发生，提高“船、港、人”协同规范管理水平；利用现代化信息技术进行全天候、全覆盖渔政执法管理，有利于拓宽渔政执法范围和覆盖面，提升渔政执法效率和监管水平。

（三）加快推进渔业信息化是共享富渔的有力抓手。信息化可以打破地域和时间上的局限性，是拉近政府部门与渔民群众距离的有效手段。大力推进渔业信息化，有利于帮助渔民脱贫致富，促进生产节本增效，拓展经营渠道，增加生产经营收入；有利于提升渔民综合素质，满足渔民群众对最新市场信息、政策法规以及科学技术的需求；有利于促进新农村建设，让渔民充分享受信息化建设的成果。

二、统一思想，准确把握渔业信息化的总体要求

（四）指导思想。全面贯彻党的十八大

和十八届三中、四中、五中、六中全会精神，按照“四化同步”的战略部署和“十三五”渔业发展规划的总体要求，牢固树立和贯彻落实创新、协调、绿色、开放、共享的发展理念，瞄准渔业现代化的主攻方向，秉持互联网思维，以改革创新为动力，以推动移动互联网、云计算、大数据、物联网等信息技术与渔业生产、经营管理、市场流通、资源环境等重点工作融合为主线，提高渔业生产智能化、经营网络化、管理数据化、服务在线化水平，加快推进渔业转型升级，提高渔业发展水平和渔政管理水平。

（五）基本原则。坚持统筹规划，分步实施。以科学、合理的规划系统引导渔业信息化，明确具体可量化的目标任务和时间节点，分级负责，层层落实，有序推进，逐步实现规划目标。

坚持因地制宜，分类指导。渔业信息化工作的开展要与当地渔业发展情况相结合，充分利用现有资源条件，增强计划性、适用性，不断推进渔业信息化建设由易到难、由低到高梯次发展。

坚持整合资源，共建共享。充分整合现有信息资源，把存量整合与增量投入有机结合，在建设过程中注重新老系统、省部系统的衔接与数据共享，确保信息资源发挥出更大效益。

坚持需求导向，创新驱动。深刻把握渔业信息化的特点、特性，切实以渔民、企业、消费者等主体需求为出发点和落脚点，秉持开放、合作、共享、共赢的理念，创新信息技术在渔业上的应用模式和商业模式。

（六）总体目标。“十三五”期间，推动信息技术与现代渔业融合，提升渔业生产、经营、加工流通、管理服务水平，加快完善新型渔业生产经营体系，培育多样化渔业互联网管理服务模式。到“十三五”末，全国渔业信息化基础设施条件明显改善，基本实现海洋渔船通信网络全覆盖，渔业生产作业的数字化、自动化和智能化程度大幅提高，政务管理和信息服务水平再上新台阶，信息化引领和推动渔业转型升级的作用充分显现。

三、真抓实干，着力做好推进渔业信息化的重点工作

（七）加强渔业信息化顶层设计。加快构建渔业信息资源共享与业务协同的规范框架，形成指导信息资源建设、业务系统建设、运行支撑与安全系统建设的技术指南、标准规范、规章制度。全面梳理渔业信息化在渔业管理、生产、流通及科研领域的标准需求，修订完善已有标准，优先制订渔业信息化建设所需基础性、关键性标准。研究出台渔业信息化配套法律法规，使渔业信息化建设有法可依。在全国可控、标准统一、互联互通、安全可控的前提下，鼓励有条件的地区和各职能部门加大投入，拓展开发，精细管理。

（八）显著提高渔业管理服务能力。升级改造中国渔政管理指挥系统，推进“智慧渔船”和“智慧船检”系统建设，启动渔船唯一标识和电子身份识别管理，不断完善系统功能，推进信息技术与渔业政务工作深度融合，提高管理效率、规范管理程序。做好与地方现有渔业信息系统的互联互通和数据资源整合，搭建全国渔业渔政管理综合平台。建立适应现代渔业发展的电子政务体系，加快各级渔业政务网站建设，大力推进网站整合，推行行政审批事项全程网上运转，提高行政审批效率和信息公开水平，实现信息惠民。加强渔政执法信息化建设，提升重点水域管理和快速处置能力。

（九）不断强化渔情统计监测。渔情信息是渔业信息化建设的基础。要充分利用先进的信息技术手段，创新信息采集方式方法，拓展数据采集渠道，保证数据真实性、

实效性。建立完整的渔情监测制度、专业的渔情数据分析制度、统一的渔情数据发布制度、有效的渔情信息服务制度，进一步提升渔情数据信息的获取能力、分析能力和服务能力，为渔业管理和生产提供有力支撑。

（十）着力创新智慧渔业模式。以实现渔业生产数字化、网络化和智能化为目标，推进实施互联网＋“现代渔业”行动。在水产养殖重点区域推广应用水体环境实时监控、自动增氧、饵料自动精准投喂、水产养殖病害监测预警、循环水装备控制、网箱升降控制、无人机巡航等信息技术和装备，全面提升陆基工厂、网箱和工程化池塘养殖的信息化水平，在国家现代农业示范区开展水产养殖数字渔业示范。加强养殖过程控制管理，推动水产品质量安全主体责任落实，指导各地建设水产品质量安全可追溯体系。创建和推广一批智慧渔业模式，引领渔业产业优化升级和持续、高效发展。

（十一）努力推动渔业大数据发展。系统整合渔业数据资源，构建渔业数据中心，实现跨省份、跨部门、跨区域的业务协同和信息资源共享。组建渔业信息化联盟，建立健全数据交换共享机制，统筹应用系统建设部署，解决信息系统“碎片化”问题，推进各类业务信息化的协同发展。研究制定渔业大数据开放利用标准及制度，以数据开放共享和大数据应用为抓手，充分发挥政务信息资源的社会价值。开展大数据应用试点示范，创新大数据服务模式。

（十二）探索创新渔船渔港安全监管手段。渔船、渔港和船员动态监管是保障渔业安全的重要手段。要加快升级改造渔船通导装备，大力推广卫星通信导航技术在渔业船舶监测调度中的应用，努力提高渔船作业的精准化和现代化水平。加快数字化通信基站覆盖，完善渔港动态监控和智能管控。建立健全数据交换共享机制，推动国家与地方现有管理系统的互联互通和数据资源整合，建设全国渔船渔港动态监管系统。

（十三）加快发展渔业电子商务。积极引导社会投入，推动渔业电子商务创新，加快培育渔业电子商务市场，统筹推进水产品、渔业生产资料供给和休闲渔业领域电子商务的协同发展。促进生产主体与电商平台对接，引导生产者按照电商产品的标准和特点，生产适销对路的产品，不断推动供给端的商品和服务创新，释放需求端的消费潜力，促进渔业供给侧改革。

（十四）提升渔业信息安全能力。按照“主动防御、综合防范”的思路，强化渔业信息安全技术和安全管理相结合，完善网络和信息安全基础设施建设，重点做好完善移动互联网、云计算、大数据环境下信息系统的安全保障体系构架。加强关键数据安全防护和评测，按照国家等级保护和涉密信息系统分级保护的有关要求，推进渔业信息资源的分类分级管理，切实加强关键信息安全防护。

四、措施到位，切实保障渔业信息化顺利推进

（十五）加强领导，落实责任。各级渔业渔政管理部门要从战略、全局高度来认识、支持和重视渔业信息化建设。将信息化发展工作列入重要议事日程和考核内容，确定分管领导和责任单位及人员，明确目标和任务，精心组织实施，确保认识到位、责任到位、措施到位、投入到位。

（十六）拓展渠道，加大投入。加强渔业信息化建设发展必需的资金保障，将渔业信息化建设纳入地方信息化建设总体规划和财政投资范围，积极争取财政、发改、工信等部门的支持。充分发挥市场机制作用，积极拓宽投融资渠道，加快构建稳定、多元的渔业信息化建设投入机制，引导社会力量投资渔业信息化建设。

（十七）培养人才，提高能力。加强渔业信息化队伍建设，在机构设置、人才培养、经费保障等方面给予倾斜。以培养复合型人才为目标，造就一支既熟悉渔业又了解信息化的专业队伍。加快信息技术知识普及，加大业务培训力度，不断提高渔业系统干部职工和广大渔民运用信息化工具的能力。

（十八）加快创新，强化支撑。加快推进渔业信息化学科发展，大力建设国家级科技创新研究团队，促进物联网、人工智能等重点技术领域的科学研究和技术攻关，提高综合集成创新能力，全面支撑渔业信息化工作的业务需求。加快渔业信息化成果的转化应用，构建上下联动的产、学、研、用协调机制，鼓励信息化高科技企业、高等院校和科研院所积极参与渔业信息化建设，加快信息技术在渔业领域的转化应用。

农业部

2016年12月23日

农业部办公厅关于印发《全国海洋渔业安全通信网超短波网管理办法》的通知

（2007年10月31日发布，农办渔〔2007〕77号）

沿海各省、自治区、直辖市、计划单列市渔业主管厅（局），各海区渔政渔港监督管理局：

为充分发挥全国海洋渔业安全通信网超短波网（全国近海渔业安全救助通信网）的安全通信作用，规范网络运行维护管理，加强渔业船用调频无线电话机的规范配备与推广工作，我部组织制订了《全国海洋渔业安全通信网超短波网管理办法》。现印发给你们，请遵照执行。

农业部办公厅

二〇〇七年十月三十一日

全国海洋渔业安全通信网超短波网管理办法

第一条 为规范全国海洋渔业安全通信网超短波网（又称全国近海渔业安全救助通信网）的建设与管理维护，维护渔业安全通信秩序，充分发挥通信网效能，保障海洋渔业船舶生产和渔民生命财产安全，根据《中华人民共和国无线电管理条例》《渔业无线电管理规定》等有关规定，制定本办法。

第二条 全国海洋渔业安全通信网超短波网，是指在渔用超短波频段（27.5～39.5MHz）范围内，由农业部在全国沿海统一规划建设的渔业超短波通信基站、岸台与渔业船舶超短波电台（又称渔业船用调频无线电话机）所构成的安全通信网络。

第三条 全国海洋渔业安全通信网超短波网具有船位监测、选呼、群呼、报警、通信和信息管理等功能，承担通信覆盖范围内渔业船舶遇险、紧急通信、海洋气象预报、搜救协调等安全通信和日常通信任务。

第四条 凡设置使用全国海洋渔业安全通信网超短波网、基站、岸台，以及研制、生产、销售、进口、使用渔业船用调频无线电话机的单位和个人必须遵守本办法。

第五条 全国海洋渔业安全通信网超短波网实行统一领导、分级管理的原则。

农业部渔政指挥中心负责通信网的统一规划、设备标准的制定和运行监督管理。

各海区渔政渔港监督管理局协助农业部渔政指挥中心维护本辖区内通信网的正常运行，协调本海区的安全通信。

各省（自治区、直辖市）渔业行政主管部门负责对本辖区内基站、岸台的建设、维护、监督管理，承担海洋渔业安全通信的组织协调工作；负责本省渔业船舶超短波电台的管理。

沿海市、县渔业行政主管部门协助省渔业行政主管部门做好本辖区内基站、岸站的建设，负责对基站、岸站设备的使用、管理和日常维护，承担通信网值守工作；协调本区域内的安全通信，保障通信网正常运转。

第六条 全国海洋渔业安全通信网超短波岸台均实行24小时值班制度，在规定的频率上不间断守听，每日定时与渔船联络、调取船位信息，完成覆盖范围内所有海洋渔业安全通信任务。

第七条 岸台、基站设备的配备、安装、技术要求必须符合全国海洋渔业安全通信网的规划、设计要求，岸台要有独立的工作场所和完好的工作环境，并取得有效的渔业无线电台执照。

第八条 岸台应建立电台日志档案，如实、详细记录通信内容，每半年将安全通信情况汇总，逐级上报上级渔业行政主管部门。

第九条 岸台应配备专职的通信值班人员，并具有相应的业务技能和操作水平，熟悉无线电管理有关规定，持有渔业无线电报（话）务员资格证书。

第十条 岸台工作人员要严格遵守各项规章制度，忠于职守、认真负责，在收到海洋渔业紧急安全信号后，应按程序报告，确保紧急通信及时、准确、畅通。

第十一条 岸台应正确使用通信设备，定期保养维护，保证岸台和基站设备处于正常良好的工作状态，确保通信网正常运作。

第十二条 岸台必须严格遵守有关通信保密规定，严禁使用设备传递涉及党和国家机密事项；来往信息应明来明往，密来密去，严禁明密混用；不得向无关人员泄漏通信内容。

第十三条 研制、生产、进口、销售渔业船用调频无线电话机必须严格执行无线电设备管理的有关规定，符合农业部《渔业船用调频无线电话机（27.5～39.5MHz）通用技术规范（试行）》，取得农业部渔船检验机构颁发的产品型式认可证书。

第十四条 海洋渔船须按相关规定配备渔业船舶超短波电台，并经渔业无线电管理机构注册登记、指配身份码，取得渔业船舶电台执照。

第十五条 渔业船舶超短波电台身份码由省级渔业无线电管理机构统一指配或委托市、县级渔业无线电管理机构指配并输入。

第十六条 海洋渔船在出海期间，须保持渔业船舶超短波电台 24 小时开机，保证通信联络畅通和供岸台随时调取船位，以提高渔船的应急反应能力。

第十七条 渔业船舶超短波电台应严格遵守有关通信纪律和保密规定，不得抢叫干扰、争执谩骂、闲谈嬉闹、随意发射遇险求救信号或与正常通信无关的信号。在海上发生海损事故或涉外事件等紧急情况时，应按规定格式和程序及时发送报警求救信号，以便及时、有效地组织救援。

第十八条 渔业船舶超短波电台发生丢失或渔船变更船名号时，应及时向渔业无线电管理机构报告。

第十九条 各级渔业行政主管部门应加强全国海洋渔业安全通信网超短波网岸台建设，定期组织岸台值班人员和海洋渔业船舶无线电操作人员培训，提高通信人员整体素质。

第二十条 国家和地方各级渔业行政主管部门须落实超短波基站和岸台的日常运行、维护专项经费，确保基站和岸台的正常运转，积极推广使用渔业船用调频无线电话机。

第二十一条 全国海洋渔业安全通信网超短波岸台工作人员违反本规定未履行职责，造成后果的，由所属渔业行政主管部门依照有关规定给予行政处分。

第二十二条 对在海洋渔业安全通信保障、管理和科学研究、技术推广工作中做出重要贡献的单位和个人，给予奖励。

第二十三条 本办法自发布之日起实行。

中华人民共和国渔政渔港监督管理局关于发布《全国海洋渔业安全通信网岸台值班制度》的通知

（2008年7月25日发布，国渔信〔2008〕61号）

沿海各省、自治区、直辖市渔业主管厅（局），各海区渔政渔港监督管理局：

为加强全国海洋渔业安全通信网值班岸台管理，规范值班行为，我局制定了《全国海洋渔业安全通信网岸台值班制度》，以及《电台值班日志（式样）》和《紧急情况记录簿（式样）》（见附件），已征求各地意见，现正式发布，请遵照执行。

附件：1. 全国海洋渔业安全通信网岸台值班制度；

2. 电台值班日志（式样）；

3. 紧急情况记录簿（式样）。

中华人民共和国渔政渔港监督管理局

二〇〇八年七月二十五日

附录1　全国海洋渔业安全通信网岸台值班制度

一、值班守则

（一）严格遵守国家有关无线电管理的法律、法规、规章和渔业突发事件应急处置各项制度，履职尽责，努力维护渔业无线电通信秩序，保证海洋渔业安全通信畅通、信息及时传递。

（二）认真执行24小时值班制度，不得擅离职守。

（三）通信手续要简捷、明了，通信内容准确无误，不得臆测擅改。

（四）通话语言使用普通话，工作时间使用北京时间。

（五）认真、准确、清楚、详实地填写电台工作日志和紧急情况记录簿，不得任意涂改和销毁。

（六）专心守听，及时、正确处理全国海洋渔业船舶的遇险、紧急和安全通信。在实施通信和传递信息时应按先急后缓、先主后次的原则处理，做到迅速、准确。

（七）随时监测渔船船位，掌握海上渔船动态。

（八）按时接收气象预报，及时播发紧急气象警报。

（九）交接班应在值班室当面交接，严格履行交接班签名手续，明确责任。

（十）爱护通信设备、设施，熟练掌握各种设备的功能，正确操作使用。

（十一）加强值班室安全管理，做好机房防火和防盗工作。

（十二）保持值班室肃静整洁，注意环境卫生。

二、通信纪律

（一）不准利用通信设备、设施从事危及国家安全、违反国家法律法规的活动。

（二）不准冒用、伪造电台呼号或识别码和使用核定以外的频率。

（三）不准私编密语、密码。

（四）不准擅自发送遇险、紧急信号及脱险报告。

（五）不准伪造通信情况、私自涂改、销毁通信工作日志和通信内容。

（六）不准无故中断通信，严禁利用通信设备进行私人通话、杜绝出现争执吵骂和不服从指挥的现象。

（七）不准以各种形式删改或伪造渔政船、渔船动态及多媒体通信等信息。

（八）不准利用值班室计算机浏览、下载和传播与工作无关的图片资料等。

三、保密制度

（一）不得在通信中涉及党和国家机密事项。

（二）禁止在值班室连接因特网的计算机内存储、处理和传递党和国家秘密信息及其他涉密文件、资料等。

（三）不得在公共场所、私人通信中泄漏通信内容以及渔政船、渔船动态信息等。

（四）来往通信应明来明去，密来密去，严禁明密混用。

（五）非值班人员原则上不应上机通话，确需上机通话时，值班人员须及时提醒注意保密。

（六）必须妥善保管机密文件，不得私自外带、摘抄、复印，如有遗失泄漏，立即上报。

（七）不得带引无关人员进入值班室。

附件2（略）。

附件3（略）。

农业部办公厅关于印发《渔船渔港动态监控管理系统平台技术规范》的通知

（2016年8月31日发布，农办渔〔2016〕61号）

技术规范和标准体系是渔业信息化建设的基础。2010年8月，我部组织制定了《渔船动态监管信息系统平台技术规范（试行）》（农办渔〔2010〕95号，下称《试行规范》），5年来对规范渔船动态监管信息系统建设起到了积极作用。

近年来，渔业信息化技术飞速发展，新理念、新技术、新装备不断涌现，《试行规范》已不能完全满足现代渔业信息化建设需要。为进一步加强"海洋渔船通导与安全装备及渔港动态管理系统建设项目"管理，规范渔船渔港动态监控管理系统和容灾备份中心建设，提高数据安全灾备和信息交互能力，在总结各地系统建设的基础上，我部渔业渔政管理局组织制定了《渔船渔港动态监控管理系统平台技术规范》，现印发给你们，请遵照执行，原《试行规范》废止。

农业部办公厅

2016年8月31日

（《渔船渔港动态监控管理系统平台技术规范》全文可从 http：//jiuban. moa. gov. cn/zwllm/tzgg/tfw/201609/t20160907 _ 5267257. htm 下载）

（八）远洋渔业

中华人民共和国农业部、中华人民共和国海关总署公告第2157号（《实施合法捕捞通关证明联网核查的水产品清单》）

根据《中华人民共和国农业部　中华人民共和国海关总署公告》（第1696号），对金枪鱼等4类水产品进口实施《合法捕捞产品通关证明》制度；根据《中华人民共和国农业部　中华人民共和国海关总署公告》（第2146号），对从俄罗斯进口的狭鳕等水产品实施《合法捕捞产品通关证明》制度。为加强对合法捕捞产品进口监管，有效防范和打击非法捕鱼活动，提高通关效率，农业部、海关总署决定实施《合法捕捞产品通关证明》联网核查系统。现将有关事项公告如下：

一、对附件所列水产品实行电子数据联网核查，农业部不再签发纸质版《合法捕捞产品通关证明》。具体办法为：有关单位向农业部申请《合法捕捞产品通关证明》，办结后，农业部授权单位中国远洋渔业协会通知申请单位，并实时将《合法捕捞产品通关证明》电子数据传输至海关，海关凭电子数据接受企业报关。

二、有关单位在申请《合法捕捞产品通关证明》时，应严格按照附件所列水产品清单内容，如实申报，并保证在报关时相关申报内容与申请内容一致。

本公告自2014年11月1日起正式执行。由农业部、海关总署负责解释。

附件：实施合法捕捞通关证明联网核查的水产品清单

中华人民共和国农业部
中华人民共和国海关总署
2014年10月28日

附件　实施合法捕捞通关证明联网核查的水产品清单

1. 进口自俄罗斯的水产品

中　文	拉丁文	海关编码（鲜/冷冻）
红大麻哈鱼、细鳞大麻哈鱼、大麻哈鱼（种）、大鳞大麻哈鱼、银大麻哈鱼、马苏大麻哈鱼、玫瑰大麻哈鱼（太平洋鲑属）	*Oncorhynchus nerka*, *Oncorhynchus gorbuscha*, *Oncorhynchus keta*, *Oncorhynchus tschawytscha*, *Oncorhynchus kisutch*, *Oncorhynchus masou*, *Oncorhynchus rhodurus*	03021300.00
细鳞大麻哈鱼、大麻哈鱼（种）、大鳞大麻哈鱼、银大麻哈鱼、马苏大麻哈鱼、玫瑰大麻哈鱼（太平洋鲑属）	*Oncorhynchus gorbuscha*, *Oncorhynchus keta*, *Oncorhynchus tschawytscha*, *Oncorhynchus kisutch*, *Oncorhynchus masou*, *Oncorhynchus rhodurus*	03031200.00

（续）

中　　文	拉丁文	海关编码（鲜/冷冻）
狭鳕（明太鱼）	*Tieragra chalcogramma*	03025500.00/03036700.00
平鲉属	*Sebastes*	03028990.20/03038990.20
亚洲箭齿鲽	*Atherestes evermanni*	03022900.10/03033900.10
大西洋庸鲽（庸鲽）	*Hippoglossu hippoglossus*	03022100.10/03033190.10
马舌鲽	*Reinhardtiu hippoglossoids*	03022100.20/03033190.20
太平洋鲱	*Clupea pallasii*	03024100.10/03035100.10
鲪鲉属（叶鳍鲉属）	*Sebastolobus*	03028990.30/03038990.30
毛蟹、金霸王蟹（帝王蟹）、仿石蟹（仿岩蟹）、堪察加拟石蟹、短足拟石蟹、扁足拟石蟹、雪蟹、日本雪蟹	*Erimacrus* spp.， *Lithodes aequispinus*， *Paralomis verrilli*， *Paralithodes camtschaticus*， *Paralithodes brevipes*， *Paralithodes platypus*， *Chionoecetes* spp.， *Chionoecetes japonicus*	03062499.10/03061490.10
粗饰蚶	*Anadara broughtoni*	03077199.20/03077990.20
蚬属	*Corbicula*	03079190.20/03079900.20
刺参，暗色刺参除外	*Apostichopus japonicus*	03081190.20/03081900.20
食用海胆纲	Class Echinoidea	03082190.10/03082900.10

2. 其他进口水产品

中　　文	拉丁文	海关编码（鲜/冷冻）
冻大眼金枪鱼	*Thunnus obesus*	03034400.00
剑鱼	*Xiphias gladius*	03024700.00 03035700.00 03044500.00 03045400.00 03048400.00 03049100.00
蓝鳍金枪鱼	*Thunnus thynnus*	03023510.00 03034510.00
南极犬牙鱼	*Dissostichus* spp.	03028300.00 03038300.00 03044600.00 03045500.00 03048500.00 03049200.00

海关总署、农业部关于印发《远洋渔业企业运回自捕水产品不征税的暂行管理办法》的通知

（2000 年 5 月 29 日发布，署税〔2000〕260 号）

北京、天津、石家庄、大连、上海、南京、杭州、宁波、福州、厦门、青岛、广州、深圳、汕头、湛江、海口海关：

为更好地贯彻执行国家对远洋渔业企业运回自捕水产品的原产地规则，加强对远洋渔业企业的管理，根据《国务院办公厅转发农业税关于当前调整农业生产结构若干意见的通知》（国办发〔1999〕68 号）中关于继续执行对远洋渔业企业在公海或按照有关协议规定在国外海域捕获并运回国内销售的自捕水产品及其加工制品，不征收关税和进口环节增值税的有关规定，海关总署和农业税联合制定了《远洋渔业企业运回自捕水产品不征税的暂行管理办法》（以下简称《暂行管理办法》），现随文下发，请遵照执行。

此项工作政策性和技术性都很强，各有关部门要认真学习文件规定，积极研究实施意见。为方便企业、提高工作效率，有关企业可径向所在地海关申请办理，直属海关使用《减免税管理系统》进行审批。远洋渔业企业所在地直属海关和进口地海关要加强联系配合，共同做好对自捕水产品原产地的认定工作。各有关省、市渔业主管部门要加强对所属远洋渔业企业的监督和管理，各远洋渔业企业要严格遵守本《暂行管理办法》。执行中如有问题，请及时报海关总署关税征管司和农业部渔业局。

附件：《远洋渔业企业运回自捕水产品不征税的暂行管理办法》

海关总署　农业部

二〇〇〇年五月二十九日

附件　远洋渔业企业运回自捕水产品不征税的暂行管理办法

第一条　为加强远洋渔业管理，维护国家利益和远洋渔业企业及从业人员的合法权益，更好地贯彻执行国家制定的原产地规定，根据《中华人民共和国海关法》和《中华人民共和国渔业法》等有关规定，制定本暂行管理办法。

第二条　本暂行管理办法所称的贯彻执行国家制定的原产地规定是指，我国远洋渔业企业在公海或按照有关协议规定，在国外海域捕获并运回国内销售的自捕水产品（及其加工制品），视同国内产品不征收进口关税和进口环节增值税。

第三条　海关负责远洋渔业企业自捕水产品运回国内的原产地认定，农业部协助对远洋渔业企业运回自捕水产品进行监督管理。远洋渔业企业必须经农业税批准，获得“农业部远洋渔业企业资格证书”方能享受国家上述政策。

第四条　农业部将获得“农业部远洋渔

业企业资格证书”的企业名单、远洋渔业企业生产区域、船名船号和主要捕捞品种等情况送海关总署备案，并由海关总署通知有关直属海关。获得“农业部远洋渔业企业资格证书”的企业应将企业印章印模、法人代表或委托人的印章印模和拥有远洋捕捞船舶的数量、船名船号、吨位等情况向企业所在地直属海关备案。海关将远洋渔业企业运回自捕水产品不征税的工作纳入《减免税管理系统》管理。

第五条 远洋渔业企业办理自捕水产品不征税手续程序：

（一）远洋渔业企业运回自捕水产品前，应向所在地直属海关（若企业所在地非直属海关所在地，可向所在地处级海关）提交以下单证：

（1）工商管理部门核发的远洋渔业企业营业执照（正本复印件）；

（2）农业部核发的远洋渔业企业资格证书（正本复印件）；

（3）《远洋渔业企业运回自捕水产品申报单》（第一联）；

（4）农业部批准从事远洋捕捞生产的有效批件（正本复印件）。

（二）企业所在地直属海关（若企业所在地处级海关接受初审，需报直属海关核准）经审核无误后，出具《进口货物免税证明》（备注栏内注明船名船号），通知进口地海关。

（三）企业持《进口货物征免税证明》《中华人民共和国海关进口货物报关单》及进口货物仓单或提单等单证到进口地海关办理报关手续。

（四）进口地海关凭企业所在地直属海关签章的《进口货物征免税证明》，对企业申报的自捕水产品进行原产地查验，无误后办理不征税验放手续。

第六条 《远洋渔业企业运回自捕水产品申报单》（见附件一）一式四联，第一联报直属海关（或所在地处级海关）办理有关手续；第二联报送农业部渔业局；第三联报送企业所在地的省级渔业主管部门；第四联由申报企业留存。该《申报单》须加盖企业印章，企业法人代表或委托人须在“郑重声明”栏中签字，并承担法律责任。

第七条 远洋渔业企业必须遵守国家法律法规，严禁将从境外购进或串换的水产品作为自捕水产品申报入境。严禁以自捕水产品名义运回龙虾、象拔蚌、甲鱼、海藻和鲜活的鲑鱼、虾、蟹、贝类水产品。如确有自捕运回的，由农业部认定后书面通知海关总署，由海关总署通知有关海关审核验放。

第八条 各省级渔业主管部门负责对辖区内远洋渔业企业报送的《远洋渔业企业运回自捕水产品申报单》进行日常监督管理工作，并于每季度前的 5 个工作日内将上季度《远洋渔业企业运回的自捕水产品审核情况汇总表》（见附件二）填报农业部渔业局。

第九条 农业部渔业局每季度前 15 个工作日内将上季度运回自捕水产品的情况汇总后送海关总署关税征管司备查。并同时向所有的远洋渔业企业公布，以建立企业间相互监督与举报制度。

第十条 农业部和海关总署将不定期对有关远洋渔业企业的自捕水产品运回情况进行检查。

第十一条 对维护国家和行业利益，如实举报远洋渔业企业违规行为的有功人员将视情况予以奖励。对违反本暂行管理办法的远洋渔业企业，将按有关规定进行处理。

第十二条 本办法自 2000 年 7 月 1 日起实施。

第十三条 本办法由海关总署和农业部负责解释。

附件（略）。

海关总署、财政部、农业部关于执行远洋渔业自捕水产品不征税政策的补充通知

（2003 年 5 月 21 日发布，署税发〔2003〕151 号）

北京、天津、石家庄、大连、上海、南京、杭州、宁波、福州、厦门、青岛、广州、深圳、汕头、江门、湛江、海口海关：

自 2000 年海关总署和农业部印发《远洋渔业企业运回自捕水产品不征税的暂行管理办法》执行以来，远洋渔业企业运回自捕水产品的行业管理和税收工作已逐步规范。根据近期远洋渔业运回自捕水产品过程中反映出的问题，经财政部、农业部和海关总署联合进行调查研究，现就有关问题补充通知如下：

一、为促进我国远洋渔业的发展、增加水产品市场供应量，考虑到我国远洋渔业企业多数规模比较小、资金比较紧张、企业运输能力不足的实际情况，远洋渔业自捕水产品运输方式除捕捞船和辅助运输船直接运回外，准予利用专业船运公司的运输船舶运回国内，高档和鲜活水产品准予通过航空公司班机空运回国。

二、远洋渔业企业利用专业公司的运输船舶或班机运回自捕水产品的，应当办理起运港至目的港的全程托运手续，在运输过程中应该尽量减少货物更换运输工具次数，不得串换货物和改换包装。在办理自捕水产品不征税手续时，应当向企业所在地直属海关提供自捕水产品运输“全程提单”复印件。

三、本通知下发后，《海关总署办公厅关于江门海关请示远洋渔业进口自捕水产品有关税收问题的复函》（署办函〔2003〕19 号）停止执行。

海关总署　财政部　农业部

二〇〇三年五月二十一日

农业农村部关于促进“十四五”远洋渔业高质量发展的意见

（2022年2月14日发布，农渔发〔2022〕4号）

有关省、自治区、直辖市农业农村、渔业厅（局、委），计划单列市渔业主管局，中国农业发展集团有限公司，中国远洋渔业协会，中国水产科学研究院黄海水产研究所、东海水产研究所，上海海洋大学：

为深入贯彻落实《“十四五”推进农业农村现代化规划》《“十四五”全国渔业发展规划》，推进远洋渔业转型升级，促进远洋渔业规范有序高质量发展，提出以下意见。

一、总体要求

（一）指导思想。坚持以习近平新时代中国特色社会主义思想为指导，深入贯彻党的十九大和十九届历次全会精神，认真落实党中央、国务院决策部署，牢牢把握稳中求进总基调，立足新发展阶段、贯彻新发展理念、构建新发展格局、推动高质量发展。深化供给侧结构性改革，稳定扶持政策，强化科技创新，提高渔船装备现代化水平。控制产业规模，促进转型升级，坚持规范管理，推进企业做大做强，延长产业链，提高发展质量和效益。深度参与全球海洋治理与国际规则制定，加强多双边渔业合作交流。

（二）基本原则

——坚持绿色发展。支持绿色、环保的资源利用方式，完善可持续的产业发展体系。合理调控船队规模，科学布局作业区域，持续强化规范管理，严厉打击非法、不报告、不受管制（IUU）渔业活动，主动参与全球渔业治理，切实履行国际责任义务，树立负责任国家形象。

——坚持合作共赢发展。深入践行“海洋命运共同体”理念，深化远洋渔业对外交流，多渠道、多形式开展互利共赢合作，进一步巩固多双边政府间渔业合作机制，提升“走出去”水平，带动合作国家和地区渔业发展。

——坚持全产业链发展。加强区域协同，鼓励分工互补，促进上下游产业协同进步、国内外市场融合畅通。以远洋渔业基地建设为核心，拓展水产品加工、储藏及渔船修造等领域，积极发展水产养殖，构建远洋渔业全产业链发展新格局。

——坚持安全稳定发展。坚持人民至上、生命至上，统筹发展和安全，强化涉外安全事件的监测预警、应急处置和舆情应对。压实企业和船员安全生产、风险保障和疫情防控主体责任，提升生产经营管理能力和安全保障水平，确保不发生重特大安全事件。

（三）主要目标。到2025年，远洋渔业总产量稳定在230万吨左右。严格控制远洋渔船规模，进一步提升装备机械化、信息化、智能化水平。稳定远洋渔业企业数量，远洋渔业企业整体素质和生产效益显著提升，违规事件和安全事故明显下降。区域与产业布局进一步优化，全球渔业资源调查能力逐步提高，监督管理和国际履约措施不断完善。

二、优化远洋渔业区域布局

（四）巩固提升大洋性渔业

金枪鱼。稳定金枪鱼渔业规模，优化船队生产布局。与资源丰富的沿海国家和地区开展长期友好互利合作，根据资源国发展需求，适时推进渔业合作项目建设，带动资源国渔业经济发展。全面落实国际金枪鱼养护管理措施，进一步健全与之相适应的技术支撑和监督管理体系。完善上中下游产业布局，建立产业发展促进平台，加强金枪鱼全产业链建设，提升产业效益；积极培育国内金枪鱼市场，加大市场开拓力度，设立区域金枪鱼交易中心，研究开发“中国远洋金枪鱼指数”，引导价格形成机制，打造一批高端知名品牌。

鱿鱼。稳步发展远洋鱿鱼渔业，控制渔船规模，合理利用北太平洋渔场，调控西南大西洋渔场，优化东南太平洋渔场，稳妥开发印度洋渔场。通过政策引导和履约评价机制，优化鱿鱼渔业生产布局，鼓励发展精深加工，拓展产品市场，提升发展质量。加强鱿鱼全产业链建设，规范产品质量标准，建立渔获可追溯认证体系。逐步完善大洋性鱿鱼产卵场保护和自主休渔制度，全面推广电子渔捞日志和科学观察员制度，探索实行配额捕捞，推进鱿鱼合法捕捞证明制度。积极参与区域渔业管理组织事务，增强鱿鱼渔业履约能力。做大做强中国远洋鱿鱼交易中心，加强“中国远洋鱿鱼指数”开发和应用，引领全球鱿鱼资源的科学养护和可持续利用。

中上层鱼类。合理调控中上层鱼类捕捞船队规模。加强海上转载和运输船监管，规范中上层鱼类渔业活动。加强“灯光诱鱼”在围网作业方式中的替代性技术研究和应用。开展气候变化背景下中上层鱼类资源变动规律研究，增强资源中长期预测能力。加强中上层鱼类资源调查和评估，提升在相关区域渔业管理组织中的科学研究参与能力。

极地渔业。稳妥有序推进南极海洋生物资源开发，合理调控南极磷虾捕捞渔船规模。积极参与南极海洋生物资源养护委员会事务，严格落实养护措施，全面提高履约能力。合作开展资源调查，推进后备渔场储备开发。优化加工产品结构，开发磷虾油等精深加工产品，适应市场消费需求。加强北极渔业资源科学研究，积极参与北极渔业事务。

（五）规范优化过洋性渔业

精细化管理传统合作区。巩固西非和东南亚等传统区域合作，优化生产布局，加强区域协同，控制入渔企业数量，加快推进老旧渔船更新改造，合理调控船队规模，避免无序竞争，减少频繁转场。加强双边合作，优化信息沟通交流机制，共同打击违规作业，稳定提升互利共赢合作水平。拓展发展领域，探索开展水产养殖的可行途径。

积极开发新兴合作区。推进与东非和南太等新兴地区合作，创新合作模式，拓展发展空间。推进政府间渔业合作，建立高起点的合作关系。融合当地发展需求，盘活现有渔船，发展水产养殖，鼓励全产业链深度合作，带动当地经济社会协调发展。

稳步拓展潜力合作区。开展与拉美、西亚、南亚等地区合作，加强对入渔国家和地区渔业管理法律法规和政策体系的研究，建立健全入渔风险评价机制。稳步推进双边合作，促进合作项目顺利落地，为当地经济社会发展提供动力。

三、推进远洋渔业全产业链集聚发展

（六）推动企业全产业链发展。鼓励远洋渔业企业通过管理融合、资源互补、行业协同等方式，加快向产业后端发展，打造聚合捕捞、养殖、加工、冷链、配送、市场和品牌建设的新型全产业链经营形态。支持远洋渔业企业通过股份制改革等方式，兼并重组、做大做强，持续提升国际履约、经营管理水平和抗风险能力。积极开拓国内水产品市场，增强远洋渔业品牌影响力，扩大远洋水产品消费。

（七）推进产业规模化集聚发展。因地制宜，合理布局，鼓励支持企业建设境外远洋渔业基地，推动水产养殖品种与技术走出去，带动当地就业和经济社会发展。根据国内各沿海地区远洋渔业发展实际需求，争取建成3～5个国家远洋渔业基地，打造辐射面广、带动性强的区域性远洋渔业产业集群，提高集聚效应和能级水平，推进产业规模化集聚发展。

四、健全远洋渔业发展支撑体系

（八）强化科技支撑。鼓励科技创新、装备研发与技术应用，加强科技创新支撑体系建设，加快提升远洋渔业科技创新能力。积极推进渔船机械化、自动化和智能化，以机代人，降低成本。支持生态友好、环保节能型渔船渔具和捕捞技术研发，加强物联网、人工智能、大数据等在远洋渔业领域的研发和应用。研究制定科学合理的生态系统与资源环境保护措施，为海洋生物多样性保护和全球渔业治理贡献中国智慧。加快开展公海渔业资源综合科学调查，联合开展重点国家或海域渔业资源调查，持续开展渔业资源生产性探捕，促进全球渔业资源的科学养护和可持续利用。

（九）加强人才培养。构建多层次的人才培养体系，依托远洋渔业科教单位和培训机构，探索远洋渔业人才“订单式”产教融合培养模式。推进高层次远洋渔业企业管理人员培养，落实远洋渔业从业人员资格准入制度。推进船员依法持证上岗，进一步扩大船员技能和安全培训，全面提升从业人员履约意识和能力。推进远洋渔业职业观察员队伍建设，组建适应国际渔业管理发展趋势、满足我国远洋渔业履约要求的观察员队伍。努力拓宽船员来源渠道，稳妥推进外籍船员规范使用和培训管理。结合我国远洋渔业发展需求，加快远洋渔业国际人才团队建设。

五、提升远洋渔业综合治理能力

（十）全面加强监管能力建设。着力推进以船位监测、电子渔捞日志、远程视频监控、公海转载监管、产品溯源为重点的远洋渔业综合监管体系建设，推进实施国家观察员计划，完善公海转载观察员自主监管。持续加强规范管理，坚持以“零容忍”态度严厉打击非法捕鱼，健全长效机制，全面实施远洋渔业企业履约评估制度。强化属地管理，压实地方责任，完善行业自律协调组织与服务体系，完善疫情防控常态化机制，持续提升监管水平。

（十一）不断提高安全生产水平。根据相关国际公约和国内法律法规要求，加大远洋渔业安全生产和安全保障设施设备投入，加强安保防护，推进远洋渔船、船员安全保险全覆盖，保障渔船及船员生命财产安全。研究完善新冠肺炎疫情状态下远洋渔船检验方式方法，消除渔船生产作业安全隐患。健全完善船员工作条件及管理制度，维护包括外籍船员在内的船员合法权益。加大培训力度，提高企业及船员安全生产及风险防范意识，加强几内亚湾、索马里、马六甲海峡等重点海域海盗防范工作，探索建立涉外事件预警响应处理机制，不断提升远洋渔业涉外突发事件处理能力。

（十二）深入参与国际渔业治理。积极参与国际和区域渔业管理组织事务，推动构建公平合理的国际渔业治理秩序。积极研究推动加入重要涉远洋渔业国际公约，落实

《联合国海洋法公约》等国际法及区域渔业管理组织养护管理措施要求，认真履行国际义务，提高国际履约能力，积极参与国际渔业治理，推动加强公海渔业执法检查，共同打击 IUU 渔业活动，保障和维护我远洋渔业权益。积极参与 WTO 渔业补贴谈判，维护我合理政策空间，推动达成公正结果。结合亚洲、非洲、南太、拉美等区域当地国家渔业政策和发展需求，加强双边渔业合作。深化中国与太平洋岛国渔业领域沟通交流，积极落实《楠迪宣言》和《广州共识》，推进建立“中国—太平洋岛国渔业合作论坛”稳定交流机制，与入渔合作国家或地区建立长期互利共赢的合作格局。

六、加大远洋渔业发展保障力度

（十三）加强组织领导。协调各相关部门，完善沟通协作机制，推动解决远洋渔业发展政策与机制创新中的重大问题，在政策扶持、监督管理、海外保护等方面，优化顶层设计，合力推进远洋渔业高质量发展。

（十四）完善政策体系。稳定完善远洋渔业相关支持政策，加强远洋渔业国际履约能力建设，提升远洋渔业企业管理水平，推动远洋渔业可持续发展。健全远洋渔业法律法规体系，积极会同有关部门，妥善防范应对新冠肺炎疫情及“灰犀牛”“黑天鹅”等突发事件，提高远洋渔业整体抗风险能力，建立健全重大涉外事件应急处置机制，维护我企业和渔民合法权益。

（十五）深化协调服务。充分发挥行业协会在组织协调远洋渔业生产、规范企业行为、加强行业自律、组织市场开发和品牌打造等方面的作用。加强专家团队培育，强化行业技术支撑，汇聚科技、教育、管理和产业专家，加强远洋渔业可持续发展智库建设。

农业农村部

2022 年 2 月 14 日

农业部关于禁止在公海使用大型流网作业的通知（1991年）

［1991年6月8日印发，〔1991〕农（渔政）字第3号］

沿海各省、自治区、直辖市、计划单列市水产局（厅），各海区渔政局，中国水产总公司，各有关海洋捕捞企业，部属水产院校及科研单位：

我部曾于一九九〇年十一月十日以（1990）农（渔政）字第18号发出通知，决定执行联合国大会通过的禁止在公海使用大型流网作业的决议，并停止审批发展公海大型流网渔业项目，鉴于当前有些国家对我国渔船在北太平洋公海从事捕大麻哈鱼的流网作业反映强烈，以及确有一些不明渔船在公海冒充我国渔船从事流网作业，有损我国声誉。加之履行联合国大会有关禁止在公海使用大型流网作业的决议期限临近。因此，为避免由此而引起同有关国家不必要的矛盾，从大局出发，现对公海大型流网作业问题再作如下规定。

一、我国从事公海大型流网作业的渔船，无论是否经过批准，自即日起，一律停止在北太平洋等公海从事流网捕大麻哈鱼等作业。已在海上作业的渔船必须立即通知撤离。

二、凡经我部批准的外海和远洋捕捞渔船，应严格遵守审批事项，不得擅自改变审批的作业海域和作业类别；更不得擅自从事流网作业或兼流网作业。

三、海洋捕捞渔船变更作业类别和海域，应按我部（1991）农（渔政）函字第13号规定的程序办理。经批准后，还应填报“海洋捕捞渔船审批表”经审批认可。

以上，请各有关部门严格遵照执行。

农业部

一九九一年六月八日

农业部关于禁止在公海使用大型流网作业的通知（1993 年）

［1993 年 2 月 12 日发布，〔1993〕农（渔政）字第 1 号］

沿海各省、自治区、直辖市及计划单列市渔业主管厅（局），各海区渔政局，部属海洋捕捞企业、水产科研院校：

1989 年联合国大会为禁止在公海使用大型流网作业，作出 44/225 号决议，我国投了赞成票。我部于 1990 年以（1990）农（渔政）字第 18 号“关于印发联合国大会通过禁止在公海使用大型流网决议的通知”，要求沿海各地及有关单位执行。

近来，有若干挂有我国国旗的渔船在北太平洋海域使用流网捕鱼，已引起有关国家的关注，有的国家已就此同我国交涉。据查，这些渔船中确有我国注册登记的，也有冒挂我国国旗的。为使联大决议在我国认真贯彻执行，现再次强调：国家禁止一切在中华人民共和国注册登记的船舶在公海使用大型流网作业。今后凡在中华人民共和国注册登记的船舶在公海从事大型流网作业的，一经查实由国务院渔业行政主管部门及其所属的海区渔政管理机构或其责成的有关省、自治区、直辖市渔业行政主管部门追究下列一项或几项责任：

1. 对违规渔船所在单位的主要负责人给予通报批评或行政处分；

2. 对违规渔船处以没收渔获物、渔具、违法所得及罚款的处罚；

3. 扣留或吊销职务船员证书。

农业部

一九九三年二月十二日

农业部关于重申禁止在公海使用大型流网作业的通知

［1993 年 5 月 28 日印发，〔1993〕农（渔政）字第 7 号］

沿海各省、自治区、直辖市及计划单列市渔业主管厅（局）、各海区渔政局、部属海洋渔业捕捞公司、水产科研部门、水产院校：

为执行联合国有关在公海禁止使用大型流网的决议，我部已发文决定自 1990 年 11 月起停止审批公海大型流网渔业项目，今年 2 月又发出通知，再次强调我国遵守联大决议的立场，并决定对违规渔船及其所在单位主要负责人追究责任。但近日来，个别在我国注册的渔船仍违反国家禁令在公海从事大型流网作业，其他一些违法船只乘机冒挂我国旗制造混乱，毁我声誉。这些事件已引起国际社会极大关注，为严肃法纪，对在公海使用流网作业的渔船采取下列处罚措施：

1. 没收网具、渔获物和非法所得，并对违法者处以六十万至一百二十万元人民币的罚款；

拒不接受前款处罚的，渔业主管部门可以扣押、没收渔船。

2. 吊销船上所有职务船员的职务船员证书；

3. 对违规渔船所在单位主要负责人给予通报批评或行政处分；

4. 建议违规渔船注册所在地工商行政管理部门吊销其营业执照。

农业部

一九九三年五月二十八日

农业部关于请批转《关于重申禁止在公海使用大型流网作业的通知》的请示

［1993年5月28日印发，〔1993〕农（渔政）字第8号］

国务院办公厅：

1989年和1992年，联合国就禁止使用大型流网作业先后作出44/225和46/215号决议，我国均投了赞成票。据此，我部于1990年发文决定停止审批公海大型流网渔业项目。今年二月、五月又先后发文重申遵守联大决议的立场，并对违规渔船处罚作出具体规定。近日发现，个别在我注册登记渔船仍在公海从事流网作业（其中不乏冒挂我国国旗的渔船），引起国际社会的极大关注，美国政府反应尤为强烈。目前美政府正与我政府商谈在北太平洋实施联合登临检查事宜，对我如何处置违规渔船更为关注。

考虑到我部发布的处罚规定法律效力有限，且目前国内法律法规尚无此方面的规定，经商外交部，提请国务院批转我部《关于重申禁止在公海使用大型流网作业的通知》，以使国际、国内有关渔业法律更好衔接。

附：关于重申禁止在公海使用大型流网作业的通知（略）

农业部

一九九三年五月二十八日

农业部关于加强远洋渔业安全生产工作的通知

（2011年9月29日发布，农渔发〔2011〕28号）

沿海省、自治区、直辖市及计划单列市渔业主管厅（局），中国农业发展集团有限公司，各远洋渔业企业，中国渔业协会远洋渔业分会：

远洋渔业是高风险涉外性行业，加强远洋渔业安全生产工作，对于保障远洋渔业企业和船员生命财产安全、促进远洋渔业稳定健康发展和社会和谐、维护我国海洋权益和良好国际形象具有重要意义。为进一步加强远洋渔业安全生产工作，现就有关事项通知如下：

一、认真落实企业安全生产责任制，严格实行责任追究

远洋渔业企业是远洋渔业安全生产的责任主体，对本企业远洋渔业安全生产承担主体责任。远洋渔业企业的法定代表人对本企业的安全生产工作全面负责，远洋渔业项目的主要负责人对远洋渔业项目的执行、生产经营管理、渔船活动和船员行为负监管责任，渔船船东对其所有的渔船质量、设施配备及聘用的船员资质负责，船长对渔船海上航行、生产作业和锚泊安全负直接责任。对未经批准擅自从事远洋渔业生产、不依法实施渔船检验、不按规定配备安全设施、违规招聘或派出船员、违规作业、航行和发生涉外违规事件等违法行为的企业和个人，渔业行政主管部门要根据《中华人民共和国渔业法》等法律法规予以处罚，并根据《远洋渔业管理规定》暂停或取消远洋渔业项目和远洋渔业企业资格。发生重大安全责任事故的远洋渔业企业，三年内不得再申请远洋渔业项目，不得代理其他企业或个人从事远洋渔业生产；对事故发生负有责任的船长要予以扣留或吊销职务船员证书，并追究企业法人、项目负责人及相关责任人的责任。远洋渔业企业要主动接受渔业、安监等有关部门监管，积极配合公安边防、海关部门做好赴境外作业渔船和船员出（入）境、运回自捕水产品监管等工作，在他国海域从事渔业生产的，要主动向我驻该国使（领）馆报告并接受其监督指导。

二、大力开展企业安全生产标准化建设，健全安全生产长效机制

远洋渔业企业要参照国务院安委会《关于深入开展企业安全生产标准化的指导意见》（安委〔2011〕4号）和国家安全生产监督管理总局发布的《企业安全生产标准化基本规范》（AQ/T 9006—2010）要求，开展安全生产标准化建设工作。按规定设置安全生产管理机构，配备安全生产管理人员；建立健全安全生产责任制，明确各部门和人员的安全生产职责；建立安全生产投入保障制度，按规定提取安全费用、专项用于安全生产；制定安全管理制度和操作规程，强化生产现场安全管理和生产过程管理；全面深入开展安全隐患排查、切实整改安全隐患，预防和减少安全和涉外事件发生；制定重大安全突发事件处理预案，组织开展生产安全事故应急演练，提高突发事件应急处理能力；建立重大安全突发事件报告制度，发生

重大安全事故和涉外事件时立即如实向有关部门报告并配合开展调查；对本单位安全生产标准化实施情况进行年度评定，根据评估情况对各项制度进行修改完善，不断健全安全生产长效机制。

三、努力提高渔船装备现代化水平，增强防灾减灾能力

远洋渔业企业要按照我部《远洋渔业管理规定》配备适航的远洋渔船，同时以“高效、节能、环保”为目标，积极新建、引进现代化、专业化远洋渔船，尽快更新、改造或报废现有老旧渔船。远洋渔船要配备卫星电话等通讯设备，为安全信息播发与接收、紧急遇险报警、搜救指挥提供通信保障；在配备救生、消防等安全设施基础上，推广应用气胀式救生筏等装备，提高渔船抵御风险能力；安装、更新远洋渔船船位卫星监测设备，保持正常开机和船位调取；鼓励有条件的远洋渔船装备适用的船舶自动识别系统等助航设备，提高防碰撞、防触碰能力；按照有关要求安装兼捕生物逃逸装置、海鸟惊吓装置、油污水处理、垃圾回收等野生动物保护和环保设备。从事公海远洋渔业的企业和渔船，要参照国际海事组织（IMO）制定的《国际渔船安全公约1993年议定书》要求，不断提高渔船和装备水平，尽快与国际接轨。各级渔业主管部门也要积极争取加大安全基础设施投入，支持和鼓励企业建造、引进远洋渔船，更新改造老旧渔船，采用先进的船用设备，提升远洋渔业装备水平和防灾减灾能力。

四、切实加强船员管理，提高安全意识和专业技能

各级渔业主管部门要大力组织开展远洋渔业安全生产宣传教育，提高远洋渔业从业人员特别是船员的安全生产意识。渔港监督机构要严格执行渔业船员考试发证和持证上岗制度，严把船员的培训和考试关，重点加强船东、船长和新船员的培训教育，强化渔船安全航行、值班瞭望、防碰撞、防台风、防海盗、安全作业和自救互救技能等内容的培训和考核，着力提高船员专业技能和应对突发险情的处置能力。远洋渔业企业要严格按国家有关规定配备职务船员，不得聘用未取得职务船员证书和专业训练合格证的人员作为远洋渔业船员，上船人数不得超过《国际渔船安全证书》核定的人数。远洋渔业企业要与其聘用的远洋渔业船员直接签订合同，依法办理保险，按规定为远洋渔业船员办理海员证；对派出的船员进行安全生产、外事纪律、法律知识、环保知识教育，强化安全意识、技术操作和风险防范技能；严格遵守入渔国法律规定、区域渔业管理组织管理措施和有关国际条约，尊重当地的风俗习惯，严禁酗酒闹事、打架斗殴等违法乱纪和不道德行为；保障船员合法权益，合理改善船员福利待遇，加强船员心理疏导，关心船员疾苦、保障船员身心健康，促进建立和谐的劳资关系。

五、着力强化安全生产监管，全面治理安全隐患

远洋渔业安全生产管理工作要坚持政府统一领导、有关部门分工协作、分级管理、企业和渔船属地为主的原则。各级渔业行政主管部门要按照国务院有关安全生产的工作要求和我部有关部署，切实强化对远洋渔业企业、项目和安全生产的监督管理，持之以恒组织开展安全隐患排查治理工作，对发现的安全隐患和薄弱环节，要监督进行整改并限期落实到位。渔船检验机构要认真研究并做好远洋渔船检验工作，特别是要强化老旧渔船的跟踪检验，做好救生筏等船用安全产品检验，加强渔船修造企业的资质管理，确保渔船和船用产品符合安全标准。渔政机构要将安全检查作为渔业执法活动的重要内容之一，对未经批准擅自出境、持无效捕捞许可证或伪造船名号出境以及非法从事公海作业等违法行为，要坚决依法查处。渔港监督

机构要重点强化对安全隐患较多、生产作业危险较大以及船员人数较多渔船的安全监管，加强渔船进出港签证管理，积极配合公安边防部门做好远洋渔船和船员出入境管理工作。各级渔业行政主管部门要在当地政府的领导下，加强与有关部门的协调配合，及时、快速、妥善处理远洋渔业安全和涉外事件，维护远洋渔业企业和船员合法权益，促进远洋渔业稳定健康发展和社会稳定和谐。

中华人民共和国农业部
二〇一一年九月二十九日

农业农村部关于印发《远洋渔船船位监测管理办法》的通知

（2019年8月1日发布，农渔发〔2019〕22号）

有关省、自治区、直辖市农业农村厅（局、委），福建省海洋与渔业局，计划单列市渔业主管局，中国远洋渔业协会，各远洋渔业企业：

自2014年10月27日我部下发《远洋渔船船位监测管理办法》（农办渔〔2014〕58号）以来，远洋渔船船位监测工作逐步完善，对强化远洋渔业管理、保障远洋渔船航行作业安全、严格执行远洋渔业扶持政策等发挥了重要作用。

随着国际社会对渔业资源保护以及打击非法捕鱼日益重视，相关区域性渔业组织和入渔国对渔船管理提出了越来越严格的要求。为进一步强化远洋渔业规范管理，切实履行负责任国家义务，适应国际国内渔业管理的新变化新要求，促进远洋渔业规范有序健康发展，我部在广泛征求有关方面意见基础上，对《远洋渔船船位监测管理办法》进行了修订。

现将修订后的《远洋渔船船位监测管理办法》印发给你们，请遵照执行。

农业农村部

2019年8月1日

远洋渔船船位监测管理办法

第一章　总　　则

第一条　为强化远洋渔业管理，严格执行国家远洋渔业扶持政策，保障远洋渔船航行作业安全，促进远洋渔业规范有序发展，履行相关国际义务，适应国际渔业管理要求，根据《远洋渔业管理规定》，制定本办法。

第二条　经农业农村部批准从事远洋渔业生产的渔船（含渔业辅助船），应当安装船位监测设备并纳入农业农村部远洋渔船船位监测系统（以下简称“船位监测系统”），由农业农村部实施船位监测。

第三条　远洋渔船纳入船位监测系统是远洋渔业项目审批的必要条件，船位信息报告情况是项目年审的重要内容，船位数据是核定有关政策性补贴、监督执行有关政策的主要依据。

第四条　船位监测系统由农业农村部统一管理，委托中国远洋渔业协会（以下简称“远洋渔业协会”）承担技术维护、组织协调及技术培训等工作，保证系统正常运行。

第五条　各有关省（自治区、直辖市）及计划单列市渔业主管部门（以下简称“省级渔业主管部门”）负责本行政区域内远洋渔船船位监测工作的监督管理，并对本辖区远洋渔船船位进行日常监测。市、县级渔业主管部门应当协助省级渔业主管部门做好本辖区远洋渔船船位监测相关工作。远洋渔业企业负责本企业远洋渔船船位日常监测，企业法人为第一责任人，企业应配备专门人员负责日常监测工作。

第二章　船位监测设备的安装

第六条　远洋渔船应当安装与船位监测

系统兼容的船位监测设备，并可正常调取船位。对入渔国明确规定不允许安装船位监测设备的远洋渔船，应当使用安装的船舶自动识别设备（AIS）报送相关信息。

第七条 远洋渔业企业参考信号覆盖范围自主选择符合第六条要求的监测设备，自行完成设备的采购、安装和入网。安装完成后，企业应及时通过船位监测系统将渔船注册信息，包括船舶登记信息、船位监测设备信息等报远洋渔业协会，并申请纳入船位监测系统。渔船注册信息应真实、准确和完整。

第八条 远洋渔业协会应及时组织对企业安装的船位监测设备进行技术检测，并将检测结果通知申请企业，同时抄报农业农村部渔业渔政管理局和省级渔业主管部门。船位监测设备检测合格的渔船将自动纳入船位监测系统。

第九条 任何单位和个人不得以任何方式随意移动、损坏、拆卸已安装好的船位监测设备。远洋渔业协会应组织研发船位监测设备防拆卸自动报警功能。如因维修或更换设备确需拆卸的，须向远洋渔业协会报备。

第十条 远洋渔船纳入船位监测系统后，不得随意更改渔船注册信息。确需变更的，须凭渔船国籍证书、远洋渔业项目审批通知等相关材料到远洋渔业协会变更渔船注册信息，并报农业农村部渔业渔政管理局和省级渔业主管部门备案。

第三章　船位的日常报告和监测

第十一条 纳入船位监测系统的远洋渔船，船位监测设备日常自动报告船位信息的频率不得少于每日 24 次，每 1 小时 1 次，有效船位每日不得少于 18 次。农业农村部和省级渔业主管部门可根据管理需要调取远洋渔船船位信息。船位信息包括：渔船船名，渔船地理位置（纬度和经度），渔船在上述位置的日期和时间、航向、航速。

第十二条 因不可抗力或设备故障造成船位监测设备无法正常自动报告船位时，相关企业应及时联系远洋渔业协会，并向省级渔业主管部门报告，采取有效措施，尽快排除设备故障，但最长期限不得超过 30 天。在设备故障期间，相关企业须通过船位监测系统，每日报送设备故障渔船前 24 小时的每 1 小时 1 次的船位信息。如设备故障在 30 天后仍无法排除修复的，渔船应立即停止生产，回港修复设备后再继续生产。

第十三条 对船位监测设备无法正常自动报告船位信息的渔船，远洋渔业协会应及时通知企业查明原因，尽快修复设备。修复期间，相关企业应按第十二条要求每日手动报告船位。

第十四条 远洋渔业协会对日常接收的船位数据进行汇总和分析，并于每月 15 日前将上月船位监测情况、每年 1 月 15 日前将上年渔船船位监测情况，通报省级渔业主管部门及企业，并抄报农业农村部渔业渔政管理局。

第四章　船位监测设备的使用维护

第十五条 远洋渔业企业在执行远洋渔业项目期间，应保证远洋渔船船位监测设备正常使用和每天 24 小时开机且正常运行，及时准确报告船位信息，不得关闭船位监测设备。

第十六条 远洋渔船船位监测设备的使用、管理由船长直接负责。远洋渔船应及时、准确报告船位信息，不得以任何方式进行改动，不得人为干扰、破坏监测设备工作。

第十七条 远洋渔业企业应为渔船配备具有相关技术能力的人员，保障设备正常工作，并对船位监测设备进行保养和维护，对严重老化或损坏、无法正常使用或不再被区域性渔业管理组织列入其认可设备清单的船位监测设备应及时更换。

第十八条 远洋渔业协会应协调有关技术支持单位，及时解决企业在船位监测中出现的技术问题，保障船位监测系统正常运行。

第五章 监督管理

第十九条 为加强远洋渔船安全生产，减少和避免发生越界生产等违法违规事件，远洋渔业协会应不断完善船位监测系统，建立渔船越界预警和越界报警等功能。

第二十条 远洋渔船在公海作业时，如未按农业农村部要求与相关国家专属经济区（EEZ）边界保持安全距离，船位监测系统将发出越界预警信息。远洋渔业协会应及时通知有关省级渔业主管部门督促相关企业采取措施，要求所属渔船立即驶离预警区，避免越界作业。

第二十一条 远洋渔船进入未经农业农村部批准作业的海域或有关国家争议、敏感海域时，船位监测系统将发出越界报警信息。远洋渔业协会应立即向有关省级渔业主管部门和农业农村部渔业渔政管理局报告，并通知相关企业在24小时内，向所属省级渔业主管部门作出说明。省级渔业主管部门应就相关情况进行调查，并将调查结果和处理意见报农业农村部渔业渔政管理局。

第二十二条 远洋渔船正常航行通过有关国家专属经济区（EEZ）或未经批准作业的国家管辖外海域时，相关企业应提前向远洋渔业协会报告，以免船位监测系统发出预警或报警信息。

第二十三条 未按本办法实施船位监测的渔船不得从事远洋渔业生产，农业农村部不批准及确认其远洋渔业项目。

第二十四条 对纳入船位监测系统的远洋渔船，农业农村部对船位报告状况实施年度审查。

第二十五条 远洋渔船的年可监测船位天数是核算渔船政策性补贴的基础依据。年可监测船位天数是指一年中渔船能按本办法要求报告船位的总天数。

第二十六条 因船位监测设备故障无法正常自动报告船位的远洋渔船，手动填报船位全年累计最长不得超过30天，超过30天的天数，不计入可监测船位天数。设备故障期间，未按第十二条要求手动报告船位的，不计入可监测船位天数。

第二十七条 擅自移动、拆除、关闭、损坏船位监测设备或故意伪报和擅自更改渔船注册信息的，扣除相关渔船当年政策性补贴。

第二十八条 远洋渔船船位监测设备的购买、安装、维护，以及按农业农村部规定频率日常报告船位的费用由企业承担。远洋渔业协会应做好相关协调服务工作，降低企业成本。因管理工作需要额外调取船位的费用由调取单位承担。

第六章 其他事项

第二十九条 任何单位、企业和个人不得对船位的原始数据进行增减、篡改和删除，违者将按相关法规追究责任。

第三十条 远洋渔船船位监测系统的船位数据为农业农村部所有，相关单位在监测工作中应遵循船位监测数据安全、保密原则，未经批准不得对外提供使用。远洋渔业协会应采取措施保障船位数据安全，及时对系统采取定级、备案、测评等防护措施，妥善储存近5年船位数据并报农业农村部渔业渔政管理局备案。省级渔业主管部门可调阅本辖区内远洋渔船船位数据。远洋渔业企业可调阅本企业执行远洋渔业项目渔船的船位数据。

第三十一条 如我国加入的区域渔业管

理组织或入渔国实施更为严格的船位监测管理措施，则我国远洋渔船应遵守并实施该区域渔业管理组织或入渔国关于渔船监测的管理措施。

第三十二条 本办法自2020年1月1日起执行。农业部办公厅2014年10月27日印发的《远洋渔船船位监测管理办法》（农办渔〔2014〕58号）同时废止。

农业部办公厅关于加强远洋渔船更新建造管理工作的通知

（2018 年 2 月 26 日发布，农办渔〔2018〕14 号）

沿海各省、自治区、直辖市及计划单列市渔业主管厅（局），中国农业发展集团有限公司：

加快推进老旧远洋渔船更新建造，提升远洋渔业技术装备水平，是“十三五”期间发展远洋渔业的重点任务，也是加快推进渔业转方式、调结构的重要内容。为进一步规范远洋渔船更新建造工作，促进远洋渔业有序健康发展，现就有关事项通知如下。

一、加强组织领导，准确把握政策要求

（一）各省（自治区、直辖市）渔业行政主管部门要认真学习领会《国务院关于促进海洋渔业持续健康发展的若干意见》（国发〔2013〕11 号）、《农业部关于加快推进渔业转方式调结构的指导意见》（农渔发〔2016〕1 号）文件精神，高度重视远洋渔船更新建造工作，根据我部编制的《“十三五”全国远洋渔业发展规划》，准确把握政策要求，加强对远洋渔船更新建造工作的组织和领导，加强对远洋渔业企业的监督管理。

（二）除更新建造和经国务院批准的特殊项目外，不予受理大洋性远洋渔船建造申请。对新建过洋性远洋渔船，应在双边政府间渔业合作协议框架下有序发展，严格控制建设规模，加强项目风险评估和可行性研究，必要时由我部组织专家进行论证。远洋渔业辅助运输船应是为本企业生产配套服务，建造数量应控制在合理范围内。

（三）不批准个人建造或购置远洋渔船。不批准建造对渔业资源破坏强度大的双拖网、单船大型有囊灯光围网（三角虎）等作业类型渔船和国际及入渔国政府限制或禁止从事渔业生产的渔船。

二、严格审核把关，做好更新建造全程管理

（一）各省（自治区、直辖市）渔业行政主管部门要加强对新建远洋渔船申请的审核。被替代渔船应是申请企业所有、在农业部批准的项目有效期内正常作业的渔船。如因客观原因未能在项目有效期内办理更新建造手续，可适当延长办理时间，但最长不得超过 3 年（自项目最后截止时间起），申请办理时需说明延期办理的原因，并提供省级渔港监督部门出具的被替代渔船的在港证明或灭失证明。

（二）远洋渔船更新建造可实行“先建后拆”。申请企业在上报更新建造远洋渔船船网工具指标申请时，需注明被替代渔船船名，并附上报废处置方案。渔船建造完工后，凭被替代渔船《渔业船舶拆解、销毁或处理证明》，按国家有关规定办理新建渔船检验、登记等证书，同时注销被替代渔船检验、登记、公海渔业捕捞许可证等相关证书。

（三）更新建造远洋渔船时，申请企业可以根据实际情况适当调整新建渔船参数，

但应符合我部发布的远洋渔船标准化船型或标准化船型参数（未发布的船型除外）。如我国缔结或加入的区域渔业组织或入渔国政府对新建渔船参数有规定的，从其规定。大洋性远洋渔船申请更新建造时，不得变更被替代渔船作业方式，在符合我国缔结或加入的区域渔业组织有关规定情况下，可变更被替代渔船作业海域。过洋性远洋渔船申请更新建造时，如取得入渔国政府部门批准，可变更被替代渔船作业海域和作业方式，但非拖网作业方式不得改为拖网。

（四）远洋渔船建造周期为自《渔业船网工具指标批准书》批准之日起18个月。因客观原因在18个月内无法完成建造但已开工建造的，可按《捕捞许可管理规定》申请延期，最多延期一次，期限不超过18个月；未开工建造的，不予批准延期。渔船建造申请经批准后，应在批准的有效期内建造完工并办理检验、登记等证书；未在批准的有效期内建造完工的，不予办理检验、登记等证书。

（五）对专业南极磷虾捕捞船建改造或其他使用新技术、新工艺、新材料建造的渔船，如因设计、建造工序复杂、周期较长，经延期后仍不能在规定时限内建造完工的；或因不可抗力等原因经延期后仍不能在规定时限内建造完工的，企业可提出申请，由省级渔业行政主管部门审核后报我部，我部视情组织专家进行论证。

（六）更新建造的远洋渔船在申请办理远洋渔业项目时，除《远洋渔业管理规定》要求的材料外，还需提供《渔业船网工具指标批准书》原件、被替代渔船《渔业船舶拆解、销毁或处理证明》、被替代渔船检验、登记、公海渔业捕捞许可证等相关证书注销证明。

三、强化监督检查，确保老旧渔船如实报废处置

（一）更新建造远洋渔船时，被替代渔船应采取拆解、销毁、用作人工鱼礁等方式进行处置，不得买卖或继续用于生产经营活动。

（二）更新建造远洋渔船时，被替代渔船原则上应开回国内报废处置，并按照《农业部办公厅关于印发〈海洋捕捞渔船拆解操作规程（试行）〉的通知》（农办渔〔2012〕104号）执行。如确因安全等原因不能开回国内报废处置的，需按《农业部办公厅关于远洋渔船境外报废拆解工作的通知》（农办渔〔2013〕90号）要求，经省级以上渔船检验部门出具证明，可在境外报废处置。远洋渔业企业需对境外报废处置的全过程（拆解开始、拆解过半和拆解结束）进行录像和拍照。渔船报废处置时，应符合有关国际无害化拆船、防污染公约等要求。

（三）远洋渔船报废处置完毕后，由渔船船籍港所在地省级渔业行政主管部门负责对报废处置相关证明材料（包括录像和照片等）进行审核，并根据现场监督意见或相关证明材料，出具《渔业船舶拆解、销毁或处理证明》。

已注销（中止）中国国籍的远洋渔船报废处置完毕后，除报废处置相关证明材料外，还需提供有关国家（地区）出具的被替代渔船船舶证书注销证明，由渔船所属企业所在地省级渔业行政主管部门审核后，出具《渔业船舶拆解、销毁或处理证明》。

（四）被替代渔船为非专业远洋渔船的，在办理《渔业船舶拆解、销毁或处理证明》时，需同时注销原渔船国内渔业捕捞许可证和检验、登记证书，取消其功率指标，新建渔船不得转回国内生产。

（五）各地可根据实际情况，制定本地远洋渔船更新建造管理实施细则，确保应报废处置渔船如实报废处置。未按本通知要求进行报废处置的，不得领取国家政策性补贴，不批准其新建渔船远洋渔业项目。

四、其他事项

（一）远洋渔业辅助船更新建造参照本通知执行。

（二）本通知自发布之日起执行。《农业部办公厅关于加强远洋渔船更新建造管理工作的通知》（农办渔〔2012〕132 号）、《农业部办公厅关于进一步加强远洋渔船更新建造管理工作的通知》(农办渔〔2013〕73 号）同时废止。

农业部办公厅

2018 年 2 月 26 日

农业农村部办公厅关于进一步做好远洋渔船境外报废处置工作的通知

（2021 年 2 月 1 日发布，农办渔〔2021〕1 号）

为贯彻落实国家深化“放管服”改革要求，进一步做好远洋渔船境外报废处置及后续有关工作，加强远洋渔船管理，规范远洋渔船境外报废处置行为，确保渔船真正在境外进行报废处置，现就有关事项明确如下。

一、远洋渔业企业可自主选择在境内或境外报废处置远洋渔船。若选择在境外报废处置远洋渔船，应在符合有关国际无害化拆船、防污染公约及报废地相关规定等要求下，采取拆解或沉船方式进行，并确保渔船被处置后，不能再用于捕捞生产，不会对生态环境造成破坏，不会存在安全隐患，不会引起涉外纠纷。

二、远洋渔业企业计划在境外报废处置远洋渔船的，应在渔船拟报废之日前 7 个工作日内，向负责渔船报废地检验业务的中国船级社海外分社提出注销渔业船舶检验证书的申请，并按要求留存、提交报废处置相关证明材料。远洋渔船报废处置后，远洋渔业企业凭中国船级社出具的《国际渔业船舶检验证书注销证明》（注销原因为境外报废处置）及远洋渔船境外报废处置承诺书（具体格式要求详见附件）等材料，向渔船船籍港所在地省级渔业主管部门和渔港监督机关申请办理《渔业船舶拆解、销毁或处理证明》和《渔业船舶注销登记证明书》。

三、远洋渔业企业采取“先建后拆”形式更新建造远洋渔船的，应在办理渔业船网工具指标申请时明确报废处置远洋渔船方案，包括处置时间、地点和方式。

四、拟报废处置的渔船为非专业远洋渔船的，除按要求办理远洋渔船报废处置相关手续外，还需同时申请注销该船原有国内海洋渔业捕捞许可证、渔业船舶登记证书（包括所有权证书和国籍证书）、渔业船舶检验证书和取消国内功率指标。

五、拟报废处置的远洋渔船已注销中国国籍的，应在境外报废处置。远洋渔业企业在申请办理更新建造渔船远洋渔业项目时，需提供远洋渔船境外报废处置承诺书。

各省、自治区、直辖市渔业主管部门要加强对远洋渔船更新建造情况的跟踪和监管，严格审核远洋渔船境外报废处置有关文件材料，采取多种方式对渔船报废处置结果及企业承诺内容落实情况进行检查或抽查。对申报材料弄虚作假或承诺内容未落实的企业，一经发现，要按有关规定严肃处理，并依法追究渔业企业及其法人的法律责任。

本通知自发布之日起实施。今后远洋渔船境外报废处置均应严格按本通知执行。《农业部办公厅关于远洋渔船境外报废拆解工作的通知》（农办渔〔2013〕90 号）同时废止。《农业部办公厅关于加强远洋渔船更新建造管理工作的通知》（农办渔〔2018〕14 号）中关于远洋渔船境外报废处置的要求也一并废止。

附件：远洋渔船境外报废处置承诺书

农业农村部办公厅

2021 年 2 月 1 日

附　　件

远洋渔船境外报废处置承诺书

本单位　　（企业名称）

就所属远洋渔船在境外进行报废处置事宜，作出以下承诺：

（一）承诺所属渔船　（船名）

已于　　年　月　日，在　（报废地点）进行报废处置，处置方式为（拆解或沉船）；

（二）承诺报废处置远洋渔船的程序符合国际无害化拆船、防污染公约等要求，不会对生态环境造成破坏；

（三）承诺被报废处置的远洋渔船不会再用于捕捞生产，不会存在安全隐患，不会引起涉外纠纷；

（四）愿意承担虚假承诺或者承诺内容严重不实所引发的相应行政处罚和法律责任；

（五）承诺以上陈述真实、合法、有效，是真实意思表示；承诺所填写的内容和提交的材料真实、准确、完整。

法定代表人（签字）：

（单位公章）

年　月　日

农业部办公厅关于做好远洋渔船船名登记工作有关问题的通知

（2013 年 7 月 18 日发布，农办渔〔2013〕69 号）

各省、自治区、直辖市及计划单列市渔业主管厅（局）：

为切实贯彻落实《国务院关于取消和下放一批行政审批项目等事项的决定》（国发〔2013〕19 号，以下简称《决定》）要求，做好远洋渔船、科研船和教学实习船的管理工作，提高服务质量，现将有关事项通知如下。

一、自《决定》发布之日起，农业部不再受理远洋渔船、科研船和教学实习船船名核准申请。拟建造（更新改造、购置、进口）远洋渔船、科研船、教学实习船的单位和个人，可在申请《渔业船网工具指标批准书》时提出拟用船名，由渔船登记机关通过全国海洋渔船动态管理系统查询，查明其无重名、同音且符合规范的，标注其船名和船籍港。我部在审批核发《渔业船网工具指标批准书》时同时注明船名和船籍港。有关单位和个人可持上述批准书依法申请渔船开工建造、检验和登记。渔船检验、登记机关不得要求申请人提供《渔业船舶船名核定书》。

二、各级渔业主管部门要认真贯彻《决定》要求，切实转变观念，强化服务意识，做好渔船管理各项工作。要进一步加强海洋渔船动态管理系统建设和运行，完善运行机制，增强服务功能，为渔民和企业做好船名查询服务。同时，渔政、港监、船检机构要密切配合、加强协调，确保船网工具审批、渔船检验、登记和捕捞许可各环节的有机衔接，避免发生渔船船名重复导致管理混乱，确保海上生产秩序规范和作业安全。

我部将根据国务院统一安排和有关法律法规修改情况，对现行《渔业船舶登记办法》和《渔业船舶船名规定》进行修订。在现行法律法规和规章修改之前，远洋渔船、科研船和教学实习船的有关管理事项暂按本通知执行。

联系单位：渔业局渔船渔港处

联系电话：010-59192992　59192929（传真）

中华人民共和国农业部办公厅

2013 年 7 月 18 日

农业部办公厅关于进一步加强远洋渔业安全生产管理工作的通知

（2013年2月6日发布，农办渔〔2013〕18号）

有关沿海省（市）及计划单列市渔业主管部门，有关远洋渔业企业，中国远洋渔业协会：

近期，山东鑫发渔业集团股份有限公司所属“鲁荣渔6177、6178”2艘渔船在西南大西洋公海从事远洋渔业生产时，因涉嫌进入阿根廷专属经济区被阿方海上执法机构抓扣，目前阿方与鑫发公司对渔船是否越界存在争议，事件尚未得到妥善解决，但这一现象应该引起高度重视。为保证远洋渔业生产安全，避免发生涉外违规事件，为远洋渔业持续健康发展营造良好的外部环境，现就有关事项通知如下：

一、各远洋渔业企业应要求其公海作业渔船，在生产作业时与邻近国家的专属经济区界限保持至少3海里的安全距离，避免因海流、天气等原因导致渔船、渔具漂流至邻近国家海域，引发涉外违规事件。严禁未经批准进入他国管辖水域违规生产。同时，加强海上指挥和值班瞭望，时刻注意检查渔船位置，一旦发现渔船靠近他国专属经济区界限，应当立即撤离。

二、远洋渔业企业应当加强企业管理人员和职务船员有关国际海事和航行规则以及渔业管理措施的培训，在渔船上配备必要的国际航行船舶导航助航设备，使用权威机构发布的最新的电子海图和纸质海图，保证船位监测设备正常工作。同时，密切关注本企业作业渔船的船位信息，发现问题及时纠正，并做好保存和记录工作。

三、请各地渔业行政主管部门按照《农业部关于加强远洋渔业安全生产工作的通知》（农渔发〔2011〕28号）要求，进一步强化对所辖远洋渔业企业的安全生产监管，加强安全生产警示教育，督促企业认真落实安全生产责任制，特别要强化船长的海上安全生产的直接责任，避免发生安全生产和涉外违规事件。对发生涉外违规事件的企业和相关责任人员，要依法依规进行严肃处理。

请将上述要求尽快通知到辖区内的远洋渔业企业，并由其通知到所属远洋渔船。

农业部办公厅

2013年2月6日

农业部办公厅关于做好远洋渔船和船员保险工作的通知

（2014年1月23日发布，农办渔〔2014〕8号）

远洋渔业保险是提高我渔民社会保障水平，维护广大渔民群众生命财产安全的有效措施，为我国远洋渔业持续快速发展发挥了积极的保障作用。近年来，随着远洋渔业从业企业的增多、船队规模的扩大、渔业船员的增加，以及远洋渔业本身的高风险特性，远洋渔业安全生产事件呈现上升趋势，先后发生数起远洋渔船碰撞、沉没事件以及渔业船员伤亡事件。同时，由于部分企业没有为远洋渔船和船员办理保险，只能独自承担事故造成的重大经济损失，影响了企业的生产经营和船员的合法权益，并对远洋渔业长远发展产生了不利影响。

为建立健全我国远洋渔业保险制度，保障企业和船员的合法权益，提高安全生产管理水平，促进远洋渔业持续健康发展，根据《远洋渔业管理规定》《农业部关于促进远洋渔业持续健康发展的意见》（农渔发〔2012〕30号）、《农业部关于加强远洋渔业安全生产工作的通知》（农渔发〔2011〕28号）和《农业部关于进一步做好渔业互助保险工作的通知》（农渔发〔2007〕41号）有关要求，我部决定进一步加强远洋渔船和船员保险工作。现就有关事项通知如下：

一、远洋渔业企业应当高度重视远洋渔业保险对提高风险保障能力、维护企业和船员合法权益的重要作用，在派遣远洋渔船出境作业前，及时为所有随船船员和远洋渔船办理有关保险。此外，根据《国际燃油污染损害民事责任公约》要求，1 000总吨以上的远洋渔船还应当办理燃油污染损害民事责任保险。

二、鼓励远洋渔业企业加入渔业互助保险。中国渔业互保协会及各省、自治区、直辖市渔业互助保险机构要充分发挥政策性保险的优势和作用，加强渔业保险知识的宣传和推广，积极主动地做好远洋渔船和船员的承保、理赔和服务工作。

三、各级渔业行政主管部门要对远洋渔业保险工作给予大力支持和指导，督促所辖远洋渔业企业及时办理远洋渔业保险，积极争取将远洋渔业保险纳入地方财政补贴范围，不断提升远洋渔业保险工作的水平。

四、中国远洋渔业协会要协助远洋渔业企业做好远洋渔船和船员的入保、索赔等相关工作。

农业部办公厅

2014年1月23日

农业农村部办公厅关于进一步加强远洋渔业安全管理，严防发生涉外违规事件的通知

（2018年11月27日发布，农办渔〔2018〕80号）

有关省、自治区、直辖市及计划单列市渔业主管厅（局），中国农业发展集团有限公司，中国远洋渔业协会，所有远洋渔业企业：

2018年11月30日至12月1日，20国集团（G20）峰会将在阿根廷召开。考虑到我国大批远洋渔船已经开赴阿根廷外西南大西洋公海从事鱿钓渔业生产，为进一步加强远洋渔业安全管理，树立负责任大国形象，防止在G20峰会期间发生涉外违规事件，现就有关事项通知如下。

一、请各地高度重视，切实加强所辖远洋渔船管理，督促所辖远洋渔业企业，严格按照我部有关规定进行渔业生产，确保渔船与公海毗邻国家专属经济区界限保持3海里以上安全距离，严禁渔船越线违法生产，一经发现从速、从严处置。

二、请中国远洋渔业协会不断强化远洋渔船船位监测，完善船位预警系统，确保实时报送预警信息。要安排专人值班，密切关注远洋渔船特别是西南大西洋公海等重点海域的渔船船位，确保渔船与邻近国家专属经济区界限保持足够的安全距离；一经发现渔船靠近他国专属经济区界限，立即要求相关企业渔船撤离，同时报告我部和相关地方渔业部门。

三、各远洋渔业企业必须严格遵守我部远洋渔业管理有关规定，切实加强所属渔船管控，24小时全天候关注渔船动向，确保所属渔船船长严格依法依规开展作业，确保所属渔船与公海毗邻国家专属经济区界限保持3海里以上安全距离，确保不发生越界捕捞等违规行为。作业时遇到他国执法船要求登临检查时，应停船配合检查，并及时向所属省级渔业行政主管部门报告，禁止逃避执法检查或以暴力、危险手段抗拒执法检查。如遇对方过度执法、暴力执法等不当行为，要以适当方式获取证据，并向渔业主管部门报告，争取通过外交或司法途径予以妥善处理。渔船在他国专属经济区通航时，应按所在国要求进行通报，并严格遵守“无害航行”有关规定。

各有关单位对此必须高度重视，切实采取有效措施，防止涉外违规事件发生。对因违规作业引发涉外事件的远洋渔业企业和渔船，我部将按有关规定予以严厉处罚。

农业部办公厅关于进一步加强远洋渔业企业管理的通知

（2014 年 2 月 10 日发布，农办渔〔2014〕13 号）

近年来，我国远洋渔业发展较快，新增了一批远洋渔业企业和远洋渔船，取得了显著成绩。但是，随着从业企业的增多、船队规模的扩大、渔业船员的增加，部分远洋渔业企业尤其是一些新从事远洋渔业的企业在实施远洋渔业项目过程中，存在不熟悉相关国内国际远洋渔业管理规定、管理不规范以及企业规模小、实力弱、抵御风险能力低等问题，导致发生一系列渔业违规案件和涉外事件，对我远洋渔业形象和健康发展造成不良影响，也给企业造成重大经济损失，给渔民生命安全造成严重威胁。为此，根据《国务院关于促进海洋渔业持续健康发展的若干意见》（国发〔2013〕11 号）等文件要求和《远洋渔业管理规定》等有关规章，现就进一步加强远洋渔业企业管理等有关事项通知如下：

一、从严控制远洋渔业从业条件。认真执行《远洋渔业管理规定》（以下简称《规定》）的有关条件，新从事远洋渔业的企业应符合以下标准：《规定》第五条第二款“拥有适合从事远洋渔业的合法渔业船舶”是指企业拥有远洋渔船总吨位应达到 3 000 总吨以上，或者拥有渔船 6 艘以上且渔船总吨位不低于 2 000 总吨；《规定》第五条第三款“具有承担项目运营和意外风险的经济实力”是指企业注册资本金达到 3 000 万元以上，或经有资质的机构证明其具备同等的经济实力；《规定》第五条第四款“有熟知远洋渔业政策、相关法律规定、国外情况并具有 3 年以上远洋渔业生产及管理经验的专职经营管理人员”是指企业负责人（企业法人或总经理）和具体项目负责人（项目经理）具备上述条件，经我部远洋渔业培训中心考试合格、取得相应证书，并需提供详细的工作简历。现有远洋渔业企业应尽快达到上述标准。

二、认真进行项目可行性论证。拟开展远洋渔业项目的企业应委托权威机构和专家进行项目可行性论证。论证应认真、全面、科学、真实，符合实际。《规定》第七条第三款“项目可行性研究报告”应包括以下内容：拟入渔海域的相应国际管理现状和规则或入渔国法律法规和渔业管理制度；拟作业海域、捕捞品种、入渔渔船数量、作业类型、作业时间、渔获物销售方向；拟作业海域的渔业资源状况、渔业生产现状及可开发潜力；入渔公海海域涉及渔船或捕捞配额限制的，须说明相应解决办法和可行性；入渔他国管辖海域的，须说明有关国家政府许可情况，以及入渔方式、渔船所有权、渔船国籍与挂旗安排、生产经营管理方式和与外方的合作方式；安全生产管理制度、渔业船员配备与培训计划、管理人员情况等。

三、严格企业监督管理。各省（自治区、直辖市）和计划单列市渔业行政主管部门要加强对所辖远洋渔业企业，尤其是新从事远洋渔业企业的指导和监督管理。企业申报建造（更新、购置）远洋渔船船网工具指标和远洋渔业项目时，要提供上述一、二中要求的有关材料。渔业部门要严格审查其从业资质条件、经济实力、管理人员资格、所申报远洋渔业项目的可行性以及所提供材料的真实性和准确性。在远洋渔业项目实施阶段，渔业部门和企业要通过船位监测系统时刻关注有关渔船的位置和动向，发现异常情况时应及时予以制止。同时，要在安全生产管理、生产数据报送、自捕鱼运回等方面加强对企业的监督管理，加强对企业负责人和项目经营管理人员的培训，减少违法违规和涉外事件发生。

四、强化企业主体责任。各远洋渔业企业要认真开展自查，切实规范内部管理。严格按照批准的作业海域、作业类型及捕捞品种从事生产，加强渔船船长的管理，严禁越界和违法违规捕捞生产；认真组织所属船员到符合条件的渔业船员培训机构参加培训并参加渔港监督机构组织的考试，严禁未取得职务船员证书或专业训练合格证的船员出境从事渔业生产；企业要与所聘用的船员签订劳动合同，办理有关保险，按时发放工资，及时妥善处理劳资纠纷，保障船员合法权益；慎重选择国外的船务代理公司，明确责任义务，防止推卸责任；发生涉外事件或安全事故等问题后迅速及时处理，防止造成重大损失和不良影响。

五、加强协调配合。中国远洋渔业协会要发挥组织协调作用，配合渔业行政主管部门督促远洋渔业企业做好规范管理工作，加快完善远洋渔船船位监测系统，认真监测作业渔船船位并督促企业对所辖渔船进行实时监控。请上海海洋大学结合行业需求，配合渔业行政主管部门做好对远洋渔业企业经营管理人员和远洋船员的培训、考试和发证工作。请各有关单位加强协调配合，共同加强对远洋渔业的研究和监督管理，促进远洋渔业持续健康发展。

农业部办公厅

2014 年 2 月 10 日

农业部办公厅关于进一步规范远洋渔船证书和远洋渔业项目办理程序有关事项的通知

（2009年9月2日发布，农办渔〔2009〕90号）

沿海各省、自治区、直辖市及计划单列市渔业主管厅（局），各海区渔政局：

为推进全国海洋渔船动态管理系统建设，简化和规范远洋渔船船网工具控制指标、渔船检验、登记和远洋渔业项目办理程序，方便渔民，现就有关事项通知如下：

一、远洋渔船证书办理基本流程为：渔业船网工具控制指标审批→远洋船名核准→远洋渔船检验→渔船所有权和国籍登记。远洋渔船证书办齐后，可按照《远洋渔业管理规定》申办远洋渔业项目。

二、拟由国内作业转为远洋作业的渔船，应按照更新改造要求申办《渔业船网工具控制指标批准书》，办理远洋渔船检验和国籍证书，不再申请公证检验，不得变更渔船船名。

三、渔业船舶检验机构对检验合格的远洋渔船，直接签发《国际渔船安全证书》，不再审查远洋渔业项目批件和《船上油污应急计划》，不再签发《渔业船舶技术评定书》；检验证书中的航行作业区域，可依据《渔业船网工具控制指标批准书》有关内容填写。

四、渔港监督机构在办理渔船所有权和国籍登记证书时，要严格审查《渔业船网工具控制指标批准书》和《国际渔船安全证书》，不再审查远洋渔业项目批件；对非专业远洋渔船办理国籍登记的，不再重新办理渔船所有权登记。对长时间不从事远洋作业的渔船，要及时向省级渔港监督部门申办渔船报停手续，当其恢复生产重新办理远洋渔船证书时，要提供报停手续和渔政机构出具的船舶证书失效期间是否违规从事渔业活动等证明材料。

五、各省（自治区、直辖市）和计划单列市渔业行政主管部门在受理远洋渔业项目审批时，要严格审查渔船检验、国籍和所有权证书以及《船上油污应急计划》的合法有效性。对非专业远洋渔船，还要审查农业部核发的《渔业船网工具控制指标批准书》，同时收回国内海洋渔业捕捞许可证暂存，并在申报文件中注明国内海洋渔业捕捞许可证收缴情况。

请各级渔业行政主管部门将本通知精神传达给远洋渔业企业和船东。本通知自下发之日起执行，原远洋渔船证书和远洋渔业项目办理过程中与本通知不符的具体操作，按本通知要求执行。

联系人：张信安、赵丽玲

联系电话：010-59192949/2966

传真：010-59192929

E-mail：boffad@agri.gov.cn，chuangangchu@sina.com

农业部办公厅

二〇〇九年九月二日

农业部办公厅关于加强远洋鱿钓渔船管理的通知

（2010年1月1日发布，农办渔〔2010〕97号）

有关省、直辖市及计划单列市渔业主管厅（局）：

去年年底以来，部分沿海省（市）申请建造一批远洋鱿钓渔船，数量较多、时间集中。但部分渔船未能按计划赴远洋生产，有的违规返回国内作业，个别企业和个人甚至以建造远洋渔船名义建造国内捕捞渔船。为规范渔船管理秩序，促进远洋渔业健康发展，现就远洋鱿钓渔船建造管理等有关事项通知如下：

一、加强远洋鱿钓渔业项目审查

各省（自治区、直辖市）及计划单列市渔业主管部门要加强对远洋渔业企业和鱿钓渔业项目的指导，充分考虑国际鱿鱼资源和市场情况，合理制定本省（自治区、直辖市）远洋鱿钓渔业发展规划，适当控制远洋鱿钓渔船规模，防止出现盲目造船现象。省（自治区、直辖市）及计划单列市渔业厅（局）远洋渔业管理和渔船管理部门间要加强沟通协调，严格审查新建远洋鱿钓渔船和远洋渔业项目申请并形成一致意见，防止个别企业和个人假借建造远洋鱿钓渔船名义非法建造国内渔船，同时避免建成渔船后不按计划从事远洋渔业生产，冲击国内渔船控制和管理。

二、严格远洋鱿钓渔船建造管理

为推动远洋渔船现代化进程，保证渔船航行和作业安全，远洋鱿钓渔船要逐步实现标准化和专业化，各地新建远洋鱿钓渔船，要按照专业远洋鱿钓渔船船型进行设计、建造，其型宽不得小于8米，不得安装与鱿鱼钓作业无关的流网、拖网和围网等生产设施设备，不得建造拖、钓两用远洋鱿钓渔船，不得以跨省挂靠形式申请建造远洋鱿钓渔船。考虑到目前大部分远洋鱿钓船船龄较长、船体老旧，能耗大，安全性能差，鼓励并优先批准淘汰现有老旧渔船建造新船的项目。国内渔船更新改造后从事远洋鱿钓渔业的，不得在我国管辖海域从事渔业生产，远洋渔业项目中止或执行完毕回国内的，不得从事拖网、张网作业。

三、强化渔船建造、检验、作业等环节的执法检查

各地渔业主管部门及相关机构要加强沟通配合，强化远洋渔船建造、检验、登记、项目审批和海上执法检查等各管理环节的相互衔接，相互配合，形成监管合力。渔船检验机构要严格图纸审查，受理新建远洋鱿钓渔船检验时，要严格审查渔业船网工具指标批准书，对不满足本通知有关船型管理要求的，不得检验和发证。渔港监督机构要强化远洋渔船在国内港口期间的监管，对停止执行远洋渔业项目的渔船进行重点检查，严格执行进出渔港签证制度。渔政管理机构要加强海上执法检查，加大对违规生产的查处力度，防止远洋渔船在国内水域非法生产。

农业部办公厅关于规范鱿鱼渔业渔捞日志的通知

（2010年1月1日发布，农办渔〔2010〕70号）

为适应国际渔业管理规则，树立我负责任渔业国家良好形象，促进我国鱿鱼渔业健康发展，根据《中华人民共和国渔业法》及《远洋渔业管理规定》有关要求，在征求有关企业及科研单位意见的基础上，我部对鱿鱼渔业渔捞日志进行了规范，组织编印了《中国鱿鱼渔业渔捞日志》(以下简称《渔捞日志》)。现将有关事项通知如下：

一、《渔捞日志》适用于所有从事鱿鱼渔业的远洋渔船，包括鱿钓渔船及在公海从事灯光围网、敷网等主捕鱿鱼的渔船。

二、《渔捞日志》从2011年1月1日启用。远洋渔业企业可向中国渔业协会远洋渔业分会申领。鼓励有条件的企业渔船使用电子版《渔捞日志》。远洋渔业企业须于每年3月31前将上年度本企业自有及代理的鱿鱼渔船填写的《渔捞日志》寄送至鱿钓技术组，也可通过电子邮件方式发送。

三、鱿钓技术组负责对《渔捞日志》进行统计和分析，并于每年6月30日前将上年度统计分析情况报我部渔业局。同时，要对企业报送的《渔捞日志》采取有效保密措施，除我部允许的使用范围，未经许可不得向他人提供或另作他用。

四、远洋渔业企业负责对其自有及代理鱿鱼渔船的船长等职务船员进行教育和培训，认真落实《渔捞日志》船长负责制，如实、准确填写《渔捞日志》并由记录人签字。已填写《渔捞日志》的渔船，可不再填写其他形式渔捞日志。对不按要求填写，或故意伪造、涂改、损毁《渔捞日志》的企业和渔船，我部将按有关规定予以处罚。

五、请有关省级渔业行政主管部门指导、督促辖区企业，严格按本通知要求填写《渔捞日志》。中国渔业协会远洋渔业分会负责《渔捞日志》的印制和发放，并加强与相关企业的沟通协调，及时将实施过程中的有关意见反馈我部渔业局。

鱿钓技术组通讯地址：上海市临港新城沪城环路999号，上海海洋大学海洋学院，陈新军教授；邮编，201306；E-mail：xjchen@shou. edu. cn。

附件（略）。

农业部办公厅关于严格遵守南极磷虾渔业国际管理措施的通知

（2013 年 12 月 31 日发布，农办渔〔2013〕93 号）

辽宁省海洋与渔业厅、上海市水产办公室、中国水产科学研究院黄海、东海水产研究所、上海海洋大学，中国远洋渔业协会，有关远洋渔业企业：

经国务院批准，我国自 2007 年成为南极海洋生物资源养护委员会（以下简称“委员会”）成员。作为负责任渔业国家，我国应执行委员会通过的各类生物资源养护和管理措施。为进一步做好履约工作，减少和避免涉外违规事件发生，促进南极磷虾渔业持续健康发展，现将我国南极磷虾渔业企业应强制遵守的重要管理措施通知如下：

一、渔船入渔申请

计划从事南极磷虾渔业生产的企业应于每年的 4 月 30 日前按委员会规定格式（可在网站下载）提交下一渔季的入渔申请，内容包括渔船详细信息、照片、计划作业时间和作业渔区、预计产量、产量估测方法、产品类型、捕捞技术以及网具规格等。入渔申请应当报我部委托单位黄海水产研究所初审，经我部渔业局核准后，由黄海水产研究所将该入渔申请通报委员会秘书处。申请入渔的渔船只有通过委员会审议并获我部远洋渔业项目批准后方可进入公约区作业。入渔申请中的信息发生变化时，有关企业应及时通知黄海水产研究所办理信息变更手续。

计划在公约区 48.3 亚区英属南乔治亚和南桑得维奇群岛作业的南极磷虾渔船，还须根据南乔治亚和南桑得维奇群岛渔政当局的规定提交特别申请，获得批准并缴纳费用后方可进入作业。

二、渔区与渔具限制

所有南极磷虾渔船应在 CCAMLR 养护措施和我部所发入渔许可证核准的渔区和捕捞期限内从事南极磷虾捕捞活动。禁止渔船在禁渔期或委员会设立的禁渔区、海洋保护区以及南极特别保护区和南极特别管理区从事渔业活动。

公约区所有南极磷虾渔船禁止使用刺网，禁止使用未得到委员会认可的渔具渔法。船身和渔具须清晰标有所属船名的标志。不得使用有线式网位仪。所有南极磷虾渔船不得以磷虾以外的种类为主捕对象。磷虾拖网须安装海洋哺乳类动物逃逸装置，消除或降低渔业过程中非捕捞对象的伴随性死亡。

三、进、出公约区以及各渔区间的转移报告

所有南极磷虾渔船进出公约区或者在不同统计区、亚区、分区间转移时，须分别提前 72 小时和 24 小时通知黄海水产研究所，由其通报委员会秘书处，报告其预计抵达日

期、时间及目的，并在进出公约区或其亚区之前 1 小时和之后 1 小时内报告其船位。

所有南极磷虾渔业渔船在公约区内从事任何重要活动，包括船舶自身以及与外界的接触等均应做详细记录备检。渔船在公约区内见到其他不明渔船时，须依据规定记录并报告所见渔船信息。

四、转载通报

所有南极磷虾渔船在公约区内转载，均须提前按规定的程序和格式通知黄海水产研究所，由其通报委员会秘书处。渔获物、燃料及其他主要生产物资的转载或补给应至少提前 5 个工作日通报；其他物资的转载与补给应至少提前 2 天。所有转载活动实施后均须再次立即通报。

五、船位监控数据的报告

所有渔船均须安装具有卫星自动链接功能的船舶监控系统并保证其正常工作。所有渔船的船位监控系统应置于密封装置内，不得私自拆封或改动。

在公约区内，所有渔船船位监控系统应全程开启，且船位监控系统应至少每 4 小时自动向中国远洋渔业协会报告船位。如船位监控系统发生技术故障或不能正常工作，渔船和所属企业应立即向中国远洋渔业协会报告，在设备故障排除之前以其他电子方式每 6 小时报告船位，并确保在 2 个月内维修好或更换船位监控系统设备。以上船位信息应同时报送黄海水产研究所。

六、渔捞数据的报告

所有南极磷虾渔船均须准确填写渔捞日志，详细记录捕捞生产数据，并按规定报告时段（每月或每 5 天）将渔获量和捕捞努力量汇总报告以及精细尺度渔获量和捕捞努力量报告汇总后发送至黄海水产研究所，由其对数据审核后通报给委员会秘书处。每月的渔获数据应当同时报送中国远洋渔业协会。

各船应按委员会有关规定，每月至少测定一次磷虾渔获量鲜重转换要素。渔船还应在整个渔获处理过程中注意收集兼捕鱼类数据。上述数据应随相应报告时段的精细尺度渔获量与捕捞努力量报告一并发送给黄海水产研究所。

七、公海登临检查

在公约区内作业的南极磷虾渔船，在保证渔船和船员安全并核实船舶执法人员身份后，应配合委员会授权的检查员对作业渔船实施登临检查。登船检查前、检查中以及检查完毕后，渔船均应立即通过所属企业向我部报告。

八、科学观察员

南极磷虾渔船有义务接受我部根据委员会要求派驻的国家科学观察员，并按大副待遇为国家科学观察员提供生活和工作方便。国家科学观察员应按委员会的职责要求，收集和记录相关数据，且须在完成观察航次之后或不迟于回国后 1 个月内，通过黄海水产研究所向委员会提交所有的观察报告。

另外，计划在公约区 48.3 亚区南乔治亚和南桑得维奇群岛作业的南极磷虾渔船还应做好接受外籍科学观察员的准备。

九、港口检查

载有南极磷虾产品的渔船在进港前应至少提前 48 小时按委员会规定的表格向港口所属国（如为委员会缔约方）进行通报，递交书面通报和守约申明。

十、废弃物处理与环境保护

禁止向海中丢弃不易降解的废弃物；禁止将不属于南极地区的动植物引入或丢弃于南极陆地、冰架或水域；禁止在未配备封闭式焚化炉的渔船上使用塑料打包带；所有塑料打包带在拆离包装后须马上剪碎、及时焚烧并将其残渣妥善保存直至港口；禁止在南纬 60 度以南向海中倾倒垃圾、食品废弃物、燃油产品、畜禽内脏、焚化炉炉灰；距离陆地或冰架 12 海里之内或航速低于 4 节时不得排污。禁止捕捞鲨鱼，意外兼捕到鲨类应尽可能予以放生；禁止以任何形式主动捕杀、伤害海豹、企鹅和海鸟等。此外，渔船在南极海域或在南纬 60 度以南海域作业和航行时，禁止携带和使用 15 摄氏度时密度大于 900 千克/立方米的原油或者 50 摄氏度时运动黏度大于 180 平方毫米/秒的燃油产品。

十一、安全设施和紧急预案

在公约区内从事南极磷虾生产的渔船应配备足够通信和救生设备，并制定紧急医疗和处理污染事故预案。

有关南极海洋生物资源养护和管理措施的具体内容可登录委员会网站（http：//www.ccamlr.org/）进行查询。有关远洋渔业企业应严格遵守这些措施，切实做好有关人员的培训和教育工作。有关省级渔业行政主管部门要督促所辖企业认真执行上述管理措施，减少涉外违规事件的发生。黄海、东海水产研究所、上海海洋大学和中国远洋渔业协会要认真做好我部委托的工作。

农业部渔业局联系人：刘立明

联系电话：010-59192923

电子邮箱：bofdwf@agri.gov.cn

黄海水产研究所联系人：赵宪勇、左涛、朱建成

联系电话：0532-85835363

电子邮箱：zhaoxy@ysfri.ac.cn、zuotao@ysfri.ac.cn、zhujc@ysfri.ac.cn

农业部办公厅

2013 年 12 月 31 日

农业部办公厅关于印发《远洋渔业国家观察员管理实施细则》的通知

（2016年12月1日发布，农办渔〔2016〕72号）

向远洋渔船派遣国家观察员，是我国政府履行有关国际公约、对远洋渔业实施有效监管的需要。近几年来，我部已陆续向部分远洋渔船派遣了国家观察员，收集了大量第一手科研数据，落实了在相关国际渔业组织的管理要求，对维护我国际渔业权益、争取公海渔业份额及树立我国负责任渔业国家形象发挥了重要积极作用。为进一步规范和加强国家观察员管理工作，现将有关事项通知如下：

一、远洋渔业国家观察员是指由我部统一派遣、代表中国政府登临远洋渔船（含运输船），执行科学观测、数据收集及其他指定任务的专业人员。国家观察员须熟悉相关远洋渔业生产和科研活动、有关区域渔业管理组织及公约的规定和管理措施，并接受过岗位培训，能够根据相关要求履行观察员职责。

二、国家观察员的选拔、派遣等工作由我部统一组织管理，并向相关国际渔业组织备案。观察员执行任务期间的交通食宿费由我部按国家标准给予适当补助。

三、有关渔业科研、教学单位可向我部推荐国家观察员候选人。国家观察员候选人应具备如下条件：具有渔业资源、海洋渔业科学或海洋生物学等相关专业大专及以上学历，或相当专业知识和经验；具有科学调查实践能力和相应的英语水平；身体健康，年龄一般不超过40周岁，能适应海上工作。

四、“农业部远洋渔业培训中心”负责对国家观察员候选人进行培训，对经考试合格的人选颁发“远洋渔业国家观察员任职资格证书”，并将合格人员名单报我部渔业局列入远洋渔业国家观察员人才库。培训中心要做好观察员候选人的培训和服务工作，认真编写培训教材和资料，严格组织考试和资格证书发放，确保国家观察员具备应有的业务能力和水平。

五、根据我部委派通知派出国家观察员的单位，要严格按照相关法规及国际管理组织的要求，做好观察员日常管理和联络工作，协助和督促观察员做好数据资料的收集、整理、汇总和分析工作。派人单位年终应将观察员工作总结及经费使用情况报我部渔业局。

六、有关远洋渔业企业应充分认识实施国家观察员工作的重要作用和意义，根据要求选择合适渔船接纳国家观察员，为观察员提供工作便利和支持。接纳观察员的企业和渔船应向观察员提供与本船大副职务船员同等的生活待遇、安全设施以及必要的工作空间，允许观察员使用渔船上设备和设施开展工作，不得干涉或阻挠观察员履行职责，不得要求观察员从事与履行职责无关的海上生产作业活动。

七、国家观察员应以高度的责任心和使命感履行工作职责，按规定和要求收集数据资料，真实准确做好记录，不得故意错记、漏记或误记。观察员执行任务时应尽量避免对渔船正常生产作业活动造成干扰，在完成任务前不得擅自离船。观察员应在完成任务回国后2个月内向我部渔业局提交符合区域渔业管理组织要求的观察员报告（中英文）和工作总结报告。

八、观察员在承担任务期间所收集的任何数据资料属国家所有，由我部统一管理。观察员应做好数据资料的保密工作，回国后在规定时间内将所收集的全部数据资料提交我部指定单位。未经我部允许，任何单位和个人不得以任何形式向外界提供相关数据资料或用于其他用途。

九、有关省（自治区、直辖市）渔业行政主管部门应教育和督促辖区远洋渔业企业做好国家观察员的接纳工作。中国渔业协会远洋渔业分会应充分发挥行业组织作用，按我部委托做好远洋渔业企业及相关单位之间的协调等工作，协助产学研各方建立良好合作关系。

农业部办公厅

2016年12月1日

农业农村部关于加强远洋渔业公海转载管理的通知

（2020 年 5 月 19 日发布，农渔发〔2020〕12 号）

有关省（自治区、直辖市）农业农村厅（局、委），福建省海洋与渔业局，各计划单列市渔业主管局，中国农业发展集团有限公司：

为规范远洋渔业公海转载活动，提升远洋渔业自捕水产品运输保障能力，促进国际公海渔业资源科学养护和可持续利用，保障我国远洋渔业规范有序发展和国际履约，现就加强远洋渔业公海转载管理有关事项通知如下。

一、严格远洋渔业公海转载报告管理

自 2021 年 1 月 1 日起，所有远洋渔业公海转载活动均需报告。各远洋渔业企业需提前 72 小时将公海转载活动详细信息向中国远洋渔业协会报告，并在转载活动完成后 7 个工作日内报告转载完成情况。中国远洋渔业协会根据各区域渔业管理组织的统一要求，向其报送我国远洋渔船公海转载情况。区域渔业管理组织另有规定的，从其规定。远洋渔业企业应当采取相关措施，防止转载活动对海洋环境造成污染。

二、加强远洋渔业自捕水产品运输服务保障

境内外专业运输船、我国远洋渔业企业自有的远洋渔业辅助船以及其他具备运输能力的船舶（以下统称为“运输船”），均可根据市场化原则，在满足船舶适航的条件下，依法为我国远洋渔业企业提供自捕水产品运输服务。远洋渔业企业自有的远洋渔业辅助船除为本企业自捕水产品运输配套服务外，可依法为所有远洋渔业企业提供自捕水产品运输服务。

自即日起，远洋渔业企业应当在向我部申报或确认远洋渔业项目时，将为其提供服务的运输船有关信息统一报我部。我部根据相关区域渔业管理组织的规定为其办理运输船注册，并将远洋渔业项目审批或确认情况及相关运输船名单通报海关等部门。远洋渔业企业不得选择被纳入相关区域渔业管理组织黑名单或者转载、运输非法渔获物的运输船为其提供服务，我部不为此类运输船办理相关区域渔业管理组织注册。

三、停止远洋渔业辅助船制造审批

自即日起，我部不再受理制造（包括新建、汰旧建新、购置并新建等）远洋渔业辅助船申请。目前渔业船网工具指标申请已经我部受理或批复的远洋渔业辅助船，应继续按照有关要求办理相关证书证件；因未按期开工或未按期建造完工等自身原因导致渔业船网工具指标批准书失效或被注销的，我部将不再受理相关申请。

四、实行远洋渔业公海转载观察员管理

自2021年1月1日起，为我国远洋渔业企业自捕水产品提供运输服务的运输船均需按规定接受我部派遣的公海转载观察员，仅需在港口转运、不从事公海转载的运输船除外。根据区域渔业管理组织规定由国际观察员监管的公海转载活动，按照相关组织的规定执行。不具备派遣人工观察员条件、且运输船安装符合规定标准的视频监控装置的，可采用视频监控形式替代人工观察员，远洋渔业企业应在向我部报告运输船信息时进行明确说明，并在公海转载完成后将完整视频监控资料连同转载完成报告一同提交中国远洋渔业协会。

公海转载观察员应详细记录公海转载信息，真实报告相关情况，监督公海转载行为，预防违法行为发生。接纳观察员的运输船应为观察员在船工作和生活提供便利及必要的协助，保护观察员的人身安全不被侵害，不得阻碍、干扰观察员执行转载监管工作。有关公海转载观察员的组织、派遣、权利义务等参照我部发布的《远洋渔业国家观察员管理实施细则》（农办渔〔2016〕72号）执行。根据国际惯例，观察员费用由运输船所属企业承担，具体办法另行制定。

五、逐步建立远洋渔业运输交易平台

为提高远洋渔业自捕水产品运输市场化配置和效能，促进远洋渔业运输市场化、透明化、规范化，提升我在国际水产品运输市场的竞争力，促进我国远洋渔业规范有序高质量发展，我部将依托中国远洋渔业协会，整合各方资源，建立中国远洋渔业运输交易平台，便利远洋渔业企业和运输服务企业双向选择，强化全国性远洋渔业运输的供需信息交流和共享。

六、切实加强远洋渔业转载管理和服务

各省（自治区、直辖市）及计划单列市渔业主管部门要切实加强远洋渔业监管，督促相关企业强化内部管理，完善各项管理制度，落实好公海转载及运输情况台账和转载报告、接收观察员等工作，构建从海上到港口的远洋自捕水产品合法捕捞可追溯体系；结合远洋渔业项目申报和确认，加强对公海转载和运输情况的监督检查。

中国远洋渔业协会要建立专门机制，加强组织协调、自律管理和服务，按要求协调落实转载报告、观察员派遣、交易平台等工作。农业农村部远洋渔业培训中心、中国远洋渔业数据中心和远洋渔业国际履约研究中心根据有关要求，分别做好观察员招募、培训和派遣，公海转载数据收集、分析和报告，以及区域渔业管理组织履约研究等工作。

有关情况和问题请与我部渔业渔政管理局联系。

联系方式：010-59192952，59192969

电子邮箱：bofdwf@126.com

农业农村部

2020年5月19日

农业部办公厅关于加强远洋渔业国家观察员管理工作的通知

（2011 年 1 月 11 日发布，农办渔〔2010〕123 号）

向远洋渔船派遣国家观察员，是我国政府履行有关国际公约、对远洋渔业实施有效监管的需要。近几年来，我部已陆续向部分远洋渔船派遣了国家观察员，收集了大量第一手科研数据，落实了在相关国际渔业组织的管理要求，对维护我国际渔业权益、争取公海渔业份额及树立我国负责任渔业国家形象发挥了重要积极作用。为进一步规范和加强国家观察员管理工作，现将有关事项通知如下：

一、远洋渔业国家观察员是指由我部统一派遣、代表中国政府登临远洋渔船（含运输船），执行科学观测、数据收集及其他指定任务的专业人员。国家观察员须熟悉相关远洋渔业生产和科研活动、有关区域渔业管理组织及公约的规定和管理措施，并接受过岗位培训，能够根据相关要求履行观察员职责。

二、国家观察员的选拔、派遣等工作由我部统一组织管理，并向相关国际渔业组织备案。观察员执行任务期间的交通食宿费由我部按国家标准给予适当补助。

三、有关渔业科研、教学单位可向我部推荐国家观察员候选人。国家观察员候选人应具备如下条件：具有渔业资源、海洋渔业科学或海洋生物学等相关专业大专及以上学历，或相当专业知识和经验；具有科学调查实践能力和相应的英语水平；身体健康，年龄一般不超过 40 周岁，能适应海上工作。

四、“农业部远洋渔业培训中心”负责对国家观察员候选人进行培训，对经考试合格的人选颁发“远洋渔业国家观察员任职资格证书”，并将合格人员名单报我部渔业局列入远洋渔业国家观察员人才库。培训中心要做好观察员候选人的培训和服务工作，认真编写培训教材和资料，严格组织考试和资格证书发放，确保国家观察员具备应有的业务能力和水平。

五、根据我部委派通知派出国家观察员的单位，要严格按照相关法规及国际管理组织的要求，做好观察员日常管理和联络工作，协助和督促观察员做好数据资料的收集、整理、汇总和分析工作。派人单位年终应将观察员工作总结及经费使用情况报我部渔业局。

六、有关远洋渔业企业应充分认识实施国家观察员工作的重要作用和意义，根据要求选择合适渔船接纳国家观察员，为观察员提供工作便利和支持。接纳观察员的企业和渔船应向观察员提供与本船大副职务船员同等的生活待遇、安全设施以及必要的工作空间，允许观察员使用渔船上设备和设施开展工作，不得干涉或阻挠观察员履行职责，不得要求观察员从事与履行职责无关的海上生产作业活动。

七、国家观察员应以高度的责任心和使命感履行工作职责，按规定和要求收集数据资料，真实准确做好记录，不得故意错记、漏记或误记。观察员执行任务时应尽量避免对渔船正常生产作业活动造成干扰，在完成任务前不得擅自离船。观察员应在完成任务回国后 2 个月内向我部渔业局提交符合区域渔业管理组织要求的观察员报告（中英文）和工作总结报告。

八、观察员在承担任务期间所收集的任何数据资料属国家所有，由我部统一管理。观察员应做好数据资料的保密工作，回国后在规定时间内将所收集的全部数据资料提交我部指定单位。未经我部允许，任何单位和个人不得以任何形式向外界提供相关数据资料或用于其他用途。

九、有关省（自治区、直辖市）渔业行政主管部门应教育和督促辖区远洋渔业企业做好国家观察员的接纳工作。中国渔业协会远洋渔业分会应充分发挥行业组织作用，按我部委托做好远洋渔业企业及相关单位之间的协调等工作，协助产学研各方建立良好合作关系。

中华人民共和国农业部办公厅

二〇一一年一月十一日

农业部办公厅关于印发《远洋渔业海外地基建设项目实施管理细则（试行）》的通知

（2017年11月15日发布，农办渔〔2017〕74号）

各省、自治区、直辖市及计划单列市渔业主管厅（局），中国水产科学研究院：

为加强渔业油价补贴政策调整专项转移支付资金远洋渔业海外基地建设项目管理，保障项目建设质量和资金安全，根据《财政部、交通运输部、农业部、国家林业局关于调整农村客运出租车、远洋渔业、林业等行业油价补贴政策的通知》（财建〔2016〕133号）、《财政部关于〈船舶报废拆解和船型标准化补助资金管理办法〉的补充通知》（财建〔2016〕418号）和《农业部办公厅关于印发远洋渔业油价补贴政策调整实施方案的通知》（农办渔〔2016〕43号）等有关文件要求，我部研究制定了《远洋渔业海外基地建设项目实施管理细则（试行）》（见附件）。现印发给你们，请认真贯彻执行。执行中如遇问题或有相关意见建议，请及时反馈至我部渔业渔政管理局远洋渔业处。

（联系电话：010-59192922，传真：010-59193056）

农业部办公厅

2017年11月15日

附件 远洋渔业海外基地建设项目实施管理细则（试行）

第一章 总 则

第一条 （编制目的）为推进远洋渔业海外基地建设项目实施，更好地发挥中央财政资金对远洋渔业的支持、引导作用，加强资金管理，根据《财政部、交通运输部、农业部、国家林业局关于调整农村客运出租车、远洋渔业、林业等行业油价补贴政策的通知》（财建〔2016〕133号）、《财政部关于〈船舶报废拆解和船型标准化补助资金管理办法〉的补充通知》（财建〔2016〕418号）和《农业部办公厅关于印发远洋渔业油价补贴政策调整实施方案的通知》（农办渔〔2016〕43号），制定本细则。

第二条 （定义）远洋渔业海外基地是指由我国企业或以我国企业为主，在远洋渔业重点入渔国或沿岸国建设，主要为我国远洋渔船生产配套服务的渔业综合服务基地。

远洋渔业海外基地主要是为满足入渔国需求以获得渔业权益，为远洋渔船提供后勤保障，为远洋渔业海上交通安全提供应急服务，为远洋渔业船员提供培训、休整服务等。

第三条 （支持范围）远洋渔业海外基地建设项目支持范围：

（一）新建远洋渔业海外基地中的公益性建设；

（二）现有远洋渔业海外基地改扩建项目中的公益性建设。

第四条 （建设内容）远洋渔业海外基地建设项目主要支持以下建设内容：

（一）水工建筑物及设施：防波堤、拦沙堤、码头、护岸、引桥、趸船、船闸、港池与航道疏浚、锚地疏浚、灯塔航标、锚泊与系泊设施、导助航设施等；

（二）陆域建筑物及设施：基地道路及场地、管理用房、冷藏加工厂房及设施、修造船厂房及设施、浮船坞及附属设施、环保处理设施、供电与照明、给排水、消防、饮用水处理设施、供油设施、医疗用房及设施、培训与教育用房及设施、船员之家、渔船船检设施、基地视频监控设施、通信设施、水文与气象观测设施、海上救生或救助设施等；

（三）入渔国提出的其他建设内容。

第五条 （补助标准）远洋渔业海外基地建设项目以企业自筹为主，中央财政补助不得超过基地公益性建设部分中方企业总投资的30%，单一基地补助资金总额不超过5 000万元。

第六条 （评审专家）农业部设立远洋渔业海外基地建设专家库。专家库由具有副高及以上技术职称的财政、审计、工程技术、远洋渔业企业和行业协会等方面人员组成。

中国水产科学研究院渔业工程研究所负责专家库日常管理工作。

根据评审安排，农业部从专家库中抽取5～11人的单数专家组成专家组，负责以下工作：

（一）审查远洋渔业海外基地建设项目实施方案；

（二）审查远洋渔业海外基地建设项目资金申请报告和验收报告；

（三）根据农业部安排，对远洋渔业海外基地建设及运营情况进行监督检查和绩效评价。必要时，对远洋渔业海外基地建设项目进行现场勘查。

评审专家的选取实行回避制度，与项目有直接利害关系的个人不得作为评审专家组成员。

第二章　项目申报、评审和确定

第七条 （申报条件）同时符合以下条件的可申报远洋渔业海外基地建设项目：

（一）符合本细则规定的支持方向和范围；

（二）申报项目企业具有连续三年以上农业部远洋渔业企业资格，在项目所在国或项目所在国专属经济区毗邻的公海从事远洋渔业生产，拥有基地所有权和经营管理权；

（三）取得商务部门境外投资许可，并获得项目所在国政府有关用地等批准文件。其中，有关用地的批准文件签发对象包括申报项目企业、其在项目所在国注册的合资公司或外方合作方；

（四）按照《远洋渔业海外基地建设项目实施方案编制要求》（附件1）完成项目实施方案；

（五）接受省级及以上渔业主管部门和财政部门的监管。

第八条 （申报程序）省级渔业行政主管部门组织对所辖企业上报的远洋渔业海外基地建设项目实施方案及有关材料进行形式审查（形式审查具体要求见附件3）。省级渔业行政主管部门于每年的1月31日前，将审查合格的远洋渔业海外基地建设项目的实施方案、形式审查意见及有关材料汇总报农业部。

第九条 （专家评审）农业部组织专家组，对省级渔业行政主管部门上报的远洋渔业海外基地建设项目实施方案进行评审，确认项目公益性建设内容，审核公益性建设投资、中央财政补助范围、中央财政补助资金规模等。

第十条 （评审结论）专家组对远洋渔业海外基地建设项目实施方案进行评审后，出具评审意见。评审意见需明确项目公益性建设内容、中方企业总投资、中央财政补助范围和补助规模。

第十一条 （公示）农业部将专家组对远洋渔业海外基地建设项目实施方案的专家评审意见通过适当方式进行公示。

第十二条 （项目确定）项目申报单位根

据评审意见，对项目实施方案修改完善后，通过省级渔业行政主管部门于同年 3 月 20 日前报农业部。

农业部对修改后的远洋渔业海外基地建设项目实施方案审核后，进行批复。

第三章　补助资金申请、评审和确定

第十三条　(申请条件)同时符合以下条件的可申报远洋渔业海外基地建设项目补助资金：

(一) 建设项目的实施方案已获得农业部批复；

(二) 已完成项目建设，并通过项目验收和外部审计。项目验收和外部审计由省级渔业行政主管部门会同同级财政部门组织完成，外部审计应由有资质的会计师事务所进行并出具审计报告；

(三) 按照《远洋渔业海外基地建设项目资金申请报告编制格式》(附件 2) 完成项目资金申请报告。项目资金申请报告由项目资金申请单位组织编写。

第十四条　(申报程序)省级渔业行政主管部门组织对所辖企业上报的远洋渔业海外基地建设项目资金申请报告及有关材料进行形式审查 (形式审查具体要求见附件 4)。省级渔业行政主管部门于每年的 1 月 31 日前，将审查合格的远洋渔业海外基地建设项目的资金申请报告、形式审查意见及有关材料汇总报农业部。

第十五条　(专家评审)农业部组织专家组，对省级渔业行政主管部门上报的远洋渔业海外基地建设项目资金申请报告进行评审，核对项目公益性建设内容，核定公益性建设投资、中央财政补助范围、中央财政补助资金数额等。

第十六条　(评审结论)专家组对远洋渔业海外基地建设项目资金申请报告进行评审后，出具评审意见。评审意见中需明确项目公益性建设内容和规模、中央财政补助范围和补助资金数额。

第十七条　(公示)农业部将专家组对远洋渔业海外基地建设项目资金申请报告的评审意见通过适当方式进行公示。

第十八条　(资金确定)项目资金申请单位根据评审意见，对项目资金申请报告修改完善后，由省级渔业行政主管部门会同同级财政部门 (或经财政部门同意) 于同年 3 月 20 日前上报农业部和财政部，抄送同级审计部门。

农业部对修改后的项目资金申请报告审核后,汇总上报财政部审批,同时抄送审计署。

第四章　项目管理

第十九条　(管理部门)省级及以上渔业行政主管部门对纳入中央财政补助的远洋渔业海外基地建设项目进行管理。

第二十条　(年度总结)省级渔业行政主管部门应对纳入中央财政补助的远洋渔业海外基地建设项目执行情况和资金使用情况进行总结，分析存在问题，提出下一步工作建议，于次年 1 月 31 日前报农业部和财政部。

第二十一条　(项目抽查)农业部组织开展项目抽查。对项目实施中存在问题的，项目企业应按照农业部要求及时进行整改。

第二十二条　(项目变更)远洋渔业海外基地建设项目实施单位应按照项目实施方案组织施工。有下列情形的，应经省级渔业主管部门审核报农业部批准后实施：

(一) 变更项目建设单位；

(二) 改变项目建设地点；

(三) 公益性建设内容的工程量或投资额变动超过 10%；

(四) 项目建设超过批复建设期限一年及以上。

第二十三条　(处罚措施)项目建设单位

在执行远洋渔业海外基地建设项目期间，存在隐瞒真相、弄虚作假骗取补助资金或重大违规违法行为的，农业部将会同有关部门依据有关规定予以处罚。构成犯罪的，移送司法机关，依法追究其法定代表人责任。

第五章　附　则

第二十四条　本细则中省级渔业行政主管部门包括省、自治区、直辖市及计划单列市渔业行政主管部门。中国农业发展集团有限公司参照省级渔业行政主管部门执行。

第二十五条　本细则自发布之日起实施。在本细则发布之日前建设的远洋渔业海外基地建设项目，不纳入项目资金补助范围。

附件（略）。

农业部办公厅关于南太平洋区域渔业管理组织有关管理措施的通知

（2012年2月28日发布，农办渔〔2013〕27号）

《南太平洋公海渔业资源养护和管理公约》于2012年8月24日正式生效。公约管理对象包括除高度洄游鱼类、溯河和降河产卵物种、沿岸国定居物种以外的其他所有南太平洋公海渔业资源，例如竹筴鱼、鱿鱼等。近期，南太平洋区域渔业管理组织委员会（以下简称“委员会”）召开了第一次会议，通过了关于数据报送和养护竹筴鱼资源等管理措施。

我国是南太平洋公海重要捕鱼国，国务院已核准该公约。作为负责任渔业国家，我国在东南太平洋从事竹筴鱼拖网生产和鱿鱼钓生产的企业及渔船须遵守委员会管理措施，养护和合理利用南太平洋渔业资源。现将有关事项通知如下。

一、渔船注册

委员会规定，在公约区内作业渔船须向委员会秘书处提供渔船信息。相关要求见《关于数据收集、报告、验证和交换的养护和管理措施》（附件1，以下简称《数据措施》）附录7。经批准赴东南太平洋从事竹筴鱼和鱿鱼生产的渔船，在取得《公海捕捞许可证》后，应在15天内向中国远洋渔业协会（以下简称“远洋协会”）提供相关渔船信息，由远洋协会汇总报我部渔业局，我部渔业局审核后向委员会秘书处办理渔船注册事宜，完成注册后渔船方可生产。

二、数据报告

委员会规定渔船须详细记录捕捞生产数据，并向委员会报告有关数据。

（一）渔捞日志。请远洋协会按《数据措施》附录1和附录4的要求，修改完善《鱿鱼渔捞日志》和《竹筴鱼渔捞日志》的填报格式，发送相关企业认真填写。竹筴鱼渔业企业须于每月初5天内将上月渔捞日志电子版发送至上海海洋大学（大拖技术组）；鱿钓企业须于每年3月31日前将上年度渔捞日志寄送至上海海洋大学（鱿钓技术组）。上海海洋大学负责对企业报送的生产数据进行汇总分析，并按委员会相关格式要求汇总报我部渔业局。

（二）月度产量。竹筴鱼渔业企业和鱿钓企业须于每月初5天内向远洋协会如实报告上月分品种捕捞产量，由远洋协会汇总后我部渔业局。

（三）渔获转载。委员会规定渔船应向船旗国报告渔获物海上转载数据。竹筴鱼渔业和鱿钓企业须按《数据措施》附录13要求认真填写有关数据，并在每次转载完成后的5天内报远洋协会，由远洋协会汇总后报我部渔业局。

三、科学观察员

委员会规定竹筴鱼作业渔船科学观察员

覆盖率不低于总航次的 10%，观察员须按《数据措施》相关要求收集记录相关数据。请上海海洋大学按上述要求派遣科学观察员，收集相关数据，并按委员会要求汇总后报我部渔业局。

四、船位监测

委员会要求所有渔船须安装船位监测设备，并保证设备正常工作，从事竹筴鱼生产的渔船须每 4 小时向船旗国报告船位。请远洋协会和相关企业按照委员会及我部《远洋渔船船位监测管理暂行办法》（农办渔〔2012〕4 号）要求做好船位调取、监测和记录工作。远洋协会需于每季度除 5 天内将汇总后的上季度船位数据报我部渔业局。

五、2013 年竹筴鱼捕捞限额

根据委员会通过的《关于竹筴鱼渔业养护和管理措施》（附件 2）相关要求，我国 2013 年在东南太平洋公海竹筴鱼捕捞限额为 29 256 吨，渔船总吨位限额为 74 516 总吨。捕捞限额由我国企业共同使用，不分配到企业。

各相关企业要严格执行上述管理措施，切实做好相关人员的培训和教育工作。有关省级渔业行政主管部门要督促所辖企业认真执行上述管理措施，避免涉外违规事件的发生。中国远洋渔业协会秘书处及上海海洋大学要认真做好我部委托工作，并将有关规定细则在网上发布，以便于企业办理。

以上管理措施的详细内容可登录委员会官方网站（www. southpacificrfmo. org）及中国远洋渔业信息网查询（www. cndwf. com）。

农业部办公厅

2013 年 3 月 13 日

中华人民共和国渔政局关于远洋渔船统一实施《国际燃油污染损害民事责任公约》的通知

（2013年2月4日发布，国渔政（船）〔2013〕3号）

沿海各省、自治区、直辖市及计划单列市渔业主管厅（局），各海区渔政局，中国农业发展集团有限公司：

《国际燃油污染损害民事责任公约》（以下简称《公约》）于2001年3月23日经国际海事组织大会通过，2009年3月9日正式对我国生效。根据《公约》规定，1 000总吨以上的所有海船和海上运输艇筏，必须参加燃油污染损害民事责任保险或者其他财务保证，并取得缔约国主管机关签发的《燃油污染损害民事责任保险或其他财务保证证书》。为保证我远洋渔船统一、有效执行《公约》，减少和避免被港口国滞留现象，促进远洋渔业持续健康发展，现就有关事宜通知如下：

一、自本通知下发之日起，1 000总吨以上中国籍远洋渔船的所有人，应当向具有油污损害民事责任保险承保资质的保险机构，为其渔船投保独立的燃油污染损害民事责任保险或者取得其他有效的财务保证，保险单或者财务保证应当包括船舶所有人、保险人、保证期限等内容。燃油污染保险或者其他财务保证的具体保障金额最低不得低于《中华人民共和国海商法》规定的有关船舶民事责任限额，以保障远洋渔船不会因违反《公约》和港口国的法律规定而被拒绝进港或滞留。

二、1 000总吨以上中国籍远洋渔船的所有人，在为其渔船投保燃油污染损害民事责任保险或其他财务保证后，应当向渔业船舶登记地省（自治区、直辖市）渔港监督机构申请办理《燃油污染损害民事责任保险或其他财务保证证书》（以下简称《证书》），并提交有效的渔业船舶证书、保险单或其他财务保证单据和《证书》申请表（格式见附件4）。中央在京直属企业所属远洋渔船可由渔业船舶所有人向我局直接申请。

省（自治区、直辖市）渔港监督机构应当在受理申请之日起20日内，根据《公约》及本通知要求，对申请材料进行初步审查，对材料不符合要求的告知申请人补充或修改后，提出审查意见，连同所有申请材料一并报送我局。我局在收到申请材料之日起20日内进行审查，对符合《公约》规定的，予以核发《证书》；不符合《公约》规定的，不予核发《证书》，并书面告知申请人不予核发的理由。《证书》有效期不超过燃油污染保险合同或其他财务保证的有效期。《证书》一式两份，正本应随船携带备查，副本留存发证机关。

三、鉴于燃油污染损害民事责任保险的专业性，为减少投保成本，提高赔付能力，远洋渔业企业可在自愿基础上进行集中统保，具体办法由中国远洋渔业协会制定并报我局同意后实施。同时，为切实保证有关保险单据和《证书》与《公约》的一致性、保障我渔业船舶合法权益，主管机关可以委托有关专业保险经纪顾问机构进行专业咨询，提出咨询意见。

四、为便利和服务于远洋渔业企业，中国籍远洋渔船已持有的由中国海事局或其他缔约国主管机关签发的《证书》在有效期内继续有效，但原保险到期、证书失效后应当按照本通知规定进行投保、办理《证书》。中国籍远洋渔船已由本通知附件1规定的保险机构以外的国外保险机构承保、需要办理《证书》的，应当经我局认可后，方可受理其《证书》申请；原保险到期后，应当按照本通知规定进行投保、办理《证书》。

五、除远洋渔船以外，对于在我国沿海海域航行作业的其他1 000总吨以上的渔业船舶，各级渔业主管部门及其渔港监督机构应当加强管理，鼓励和引导其投保燃油污染损害民事责任保险，防治船舶污染水域环境。如确需办理《证书》的，可由渔业船舶登记地省、自治区、直辖市渔港监督机构参照本通知规定签发《证书》。

附件：

1. 具有油污损害民事责任保险承保资质的保险机构（2013年度）

2. 保险单或其他财务保证的主要内容

3. 渔业船舶燃油污染损害民事责任保险或其他财务保证证书

4.《渔业船舶燃油污染损害民事责任保险或其他财务保证证书》申请表

中华人民共和国渔政局

2013年2月4日

附件（略）。

农业部渔业局关于转发外交部《关于进入厄瓜多尔水域船只须提前办妥有关认证书事》的函

［1995 年 12 月 4 日发布〔1995〕农（渔远）字第 370 号］

沿海各省、自治区、直辖市及北京市水产厅（局、办）：

现将外交部领八函〔1995〕57 号《关于进入厄瓜多尔水域船只须提前办妥有关认证书事》转发给你们，并请你们及时转发到渔业行政有关部门和远洋（海洋）捕捞企业。我渔船进入厄瓜多尔水域要按照厄照会的具体要求办理，避免给国家和企业造成不必要的影响及损失。

附件：

1. 外交部领八函〔1995〕57 号文
2. 厄瓜多尔驻华使馆照会

一九九五年十二月四日

附件 1　中华人民共和国外交部关于进入厄瓜多尔水域船只须提前办妥有关认证书事

（领八函〔1995〕57 号）

交通部办公厅、农业部办公厅、经贸部办公厅：

厄瓜多尔驻华使馆十月三十日照会我司称：根据厄法律和外交部的指示，今后，凡进入厄瓜多尔管辖内水域的外国船只，应提前办妥下列经厄瓜多尔驻外使馆认证的文件：

装船清单；船员名单；乘客名单；船只给养声明；船员的物品清单；有误的船员名单及更改后的名单。

照会对上述文件认证的办理提出了具体要求，现将厄照会（复印件）转去，请查收。

附件：厄瓜多尔驻华使馆照会（复印件）

一九九五年十一月三十日

附件 2　厄瓜多尔驻华使馆照会

（非正文译文）

尊敬的中华人民共和国外交部领事司：

厄瓜多尔使馆向尊敬的中华人民共和国外交部领事司亲切致意，并根据厄瓜多尔外交部的指示，谨转达下述厄瓜多尔法律中对进入厄瓜多尔海域的外国船只应遵守的预先的规定。

根据规定，所有的外国船只如想进入厄瓜多尔管辖权内的水域，应具备下述经厄瓜多尔领事处认证的文件：

——装船清单

——船员名单

——乘客名单

——船只给养声明

——船员的物品清单

——如船员的名单有误及更改的名单

就上述提到的文件，使馆指出，装船清

单应由距装船港口最近的厄瓜多尔领事馆认证。在中华人民共和国，领事处就在北京的厄瓜多尔使馆。

另外还建议船员的名单也应在装船港口最近的领事馆认证。其他的文件可以由任何其他的厄瓜多尔领事处认证。但必须在船只进入厄瓜多尔海域之前，办理上述手续。

在这种情况下，船运公司应向距其最近的厄瓜多尔领事馆——中国即北京领事处——提供一份书面材料，给他们在那里已办理认证或将办理认证的领事馆。

除了上述提到的文件，它们的认证根据厄瓜多尔共和国领事关税率的价格表计算的，还应认证下述材料，不需任何费用：

——船员健康证

——通讯录

——如果没有乘客的情况，要一份证明没有乘客在船上

关于船运文件的分配，厄瓜多尔领事馆的法律有下述规定：

——原件交给当事人：船长或代理船公司

——第一和第二副本同样交给当事人，以便他在厄瓜多尔时交给商船队总部和海关管理。

在通知上述信息的同时，厄瓜多尔领事馆感谢外交部领事司将上述内容通知给中华人民共和国的船运公司及海运代理公司，以便到厄瓜多尔的货船或客船能办理上述手续，它们在进入厄瓜多尔海域或厄瓜多尔港口时就预先知道了。

厄瓜多尔领事馆感谢贵司对此照会给予关注，并顺致崇高的敬意。

厄瓜多尔领事馆

1995 年 10 月 30 日

（九）渔船检验

人事部、交通部、农业部关于印发《船舶专业技术资格考试暂行规定》的通知

（1992 年 2 月 12 日发布，人职发〔1992〕1 号）

各省、自治区、直辖市及计划单列市人事（劳动人事）厅（局）、职改工作部门，交通厅（局）、农牧渔业厅（局）、水产厅（局）国务院各部委、各直属机构人事（干部）部门：

根据深化职称改革的要求，现将《船舶专业技术资格考试暂行规定》印发给你们，望各地区、各部门结合实际，贯彻执行。

人事部　交通部　农业部

一九九二年二月十二日

船舶专业技术资格考试暂行规定

一、为加强船舶专业技术队伍建设，根据进一步完善专业技术职务聘任制的有关精神，特制定本规定。

二、船舶中初级专业技术资格实行国家考试制度，并逐步在远洋、沿（外）海、近岸和内河四类航区实施。今后对实行以考试的办法确定资格的人员，不再进行专业技术职务任职资格的评审工作。通过考试获得船舶专业技术资格的人员，表明其具有担任相应职务的专业技术水平，但资格不与工资待遇挂钩。单位行政领导在岗位需要时，根据德才兼备的原则，可从获得专业技术资格的人员中择优聘任。

三、船舶专业技术资格考试级别按照船舶专业技术职务档次设置，分为员级、助理级和中级，其专业包括驾驶、轮机、船电和报务。

四、船舶中初级专业技术资格考试与国家港务监督和国家渔港监督部门组织的相应级别的船员适任证书或职务船员证书考试合并进行。考试实行全国统一组织、统一大纲、统一试题和统一评分标准。

五、参加船舶专业技术资格考试的人员，应具备下列条件：

1. 坚持党的四项基本原则，拥护党的改革开放政策，遵纪守法，热爱航运、渔业事业。

2. 符合国家“港监”“渔监”部门对参加相应级别船员考试的学历和海上资历等要求。

六、考试合格，授予人事部统一印制的《专业技术资格证书》，全国范围有效。资格的有效期为五年，有效期满，持证者要主动到发证机构注册登记。

七、对在首次专业技术职务聘任工作中受聘船舶中初级专业技术职务的人员，经考核合格，可以续聘其专业技术职务。其中参加国家港务监督部门组织的考试或国家渔港监督部门组织的考试，取得船员适任证书或职务船员证书的人员，也可授予人事部印制的相应级别专业技术资格证书。

八、船舶专业技术资格考试工作，由人事部、交通部和农业部共同负责，研究决定考试的有关政策、规定和重大原则问题。人

事部负责审定专业技术资格考试大纲、试题水平和对考试进行监督，并会同交通部和农业部分别制定有关船舶专业技术人员考试实施意见。国家港务监督和国家渔港监督部门分别负责组织考试实施工作。

九、本规定适用于海上、内河船舶专业技术人员的资格考试工作。船员适任证书和渔船职务船员证书的考试发证工作仍按国家港务监督和国家渔港监督部门的有关规定执行。

十、本规定自发布之日起执行。过去关于船舶专业技术职务评聘工作的有关规定如与本规定不符，以本规定为准。

十一、本规定由人事部负责解释。

农业部、人事部关于印发《〈船舶专业技术资格考试暂行规定〉渔业船舶实施办法》的通知

（1992 年 8 月 1 日发布，农（人）字〔1992〕67 号）

现印发《〈船舶专业技术资格考试暂行规定〉渔业船舶实施办法》，望结合本地区实际，贯彻执行。

一九九二年八月一日

《船舶专业技术资格考试暂行规定》渔业船舶实施办法

一、为做好中、初级渔业船舶技术人员专业技术资格考试工作，由农业部成立渔业船舶专业技术资格考试工作领导小组，领导小组负责研究决定渔船专业技术资格考试中的计划安排、组织管理等重大问题。

二、渔业航船专业技术资格考试工作领导小组下设办公室、考试大纲编写委员会、命题委员会。办公室负责组织协调、情况搜集、分析问题、试卷印发、证书发放等日常事务性工作；考试大纲编写委员会负责编制、修改考试大纲、审查培训教材等工作；命题委员会负责征集试题、命题和建立题库等工作。

三、各地的渔业船舶专业技术资格考试工作，在所在省、市人事厅（局）或职改部门指导下，由各地水产厅（局）和渔港监督部门组织进行考试报名、资格审查、考场设置、监考、判卷等工作。

四、渔业船舶专业技术资格考试的专业分为驾驶、轮机、电机（船电）、报务四类，每类分为员级、助理级和中级，详见附表。

五、已在全民所有制企（事）业单位渔船上工作的述驾驶、轮机、电机、报务岗位的职务船员，凡符合《船舶专业技术资格考试暂行规定》第五条规定的，均可报名参加考试。参加考试由本人提出申请，单位审查同意，按照报考的种类、级别，到当地渔港监督部门报名，经资格审查后，领取准考证。考生凭准考证参加指定时间、考场的考试。

六、渔业船舶专业技术资格考试从1992 年起开始实施。每年两次，分别在 5 月份和 12 月份进行。如遇特别情况经考试工作领导小组决定，可适当调整考试时间。考虑到每年职务船员证书的考试次数多于两次，因而除上述指定的两次考试以外的其他考试仍可照常进行，但考试通过者不授予《专业技术资格证书》。

七、渔业船舶专业技术资格考试大纲，在《海洋渔业船舶船长、驾驶员考试大纲》、《海洋渔业船舶轮机长、轮机员、电机员考试大纲》、《海洋渔业船舶报务员、话务员考试大纲》的基础上，进行修改，并增加渔捞技术和外语要求。

八、命题委员会将在广泛征题的基础上，逐步建立和完善渔业船舶专业技术资格考试题库，每次考试内容从题库中抽取确定，经人事部审定后，由农业部负责统一印

制、发送。

九、考场以地（市）为单位设置，必要时经上级主管部门批准，也可以以沿海主要渔区为单位设置，但必须制定相应的监考措施，以保证考试质量。考试在命题、审题、试卷印刷、试卷发送和保管过程中，必须坚持严格的保密措施，严防泄密，对泄密者要追究责任。应试人有舞弊行为的取消考试资格，并在三年内不允许报名参加考试。有关考试纪律另行规定。

十、渔业船舶专业技术资格证书的发放工作，按照《关于发放专业技术资格证书有关问题的通知》（人办职〔1990〕3号）的规定执行，由渔港监督部门统一登记、造册，经农业部审核后，合格人员授予人事部统一印制的《专业技术资格证书》，证书由人事部和农业部统一用印。

十一、各地水产厅（局）和渔港监督部门在接到此办法后，要认真研究具体实施办法，积极稳妥地做好各项准备工作，切实保证考试工作的顺利进行，对考试工作中出现的问题，请及时报告农业部。

人事部、交通部、农业部关于印发《注册验船师制度暂行规定》的通知

（2006年01月26日发布，国人部发〔2006〕8号）

各省、自治区、直辖市人事厅（局）、交通厅（局）、农业（渔业主管）厅（局），国务院各部委、各直属机构人事部门，中央管理的企业：

根据《中华人民共和国船舶和海上设施检验条例》和《中华人民共和国渔业船舶检验条例》的有关规定，我们制定了《注册验船师制度暂行规定》。现印发给你们，请遵照执行。

见附件：注册验船师制度暂行规定

人事部　交通部　农业部

二〇〇六年一月二十六日

附件　注册验船师制度暂行规定

第一章　总　　则

第一条　为了加强船舶检验专业技术人员管理，提高船舶检验专业技术人员素质，保证船舶检验质量，防止水域环境污染，根据《中华人民共和国船舶和海上设施检验条例》《中华人民共和国渔业船舶检验条例》和国家职业资格证书制度有关规定，制定本规定。

第二条　本规定适用于在经批准设立的船舶检验机构中从事船舶检验工作的专业技术人员。

船舶检验工作包括：船舶和海上设施（含船运货物集装箱）检验，渔业船舶检验，相关设计图纸、技术文件审查。

第三条　国家对从事船舶检验工作的专业技术人员，实行职业准入制度，纳入全国专业技术人员职业资格证书制度统一规划。

第四条　本规定所称注册验船师，是指经考试取得《中华人民共和国注册验船师资格证书》（以下均简称资格证书），并依法注册后从事船舶检验工作的专业技术人员。

第五条　人事部、交通部、农业部按职责分工共同负责注册验船师制度实施工作，并按职责分工对该制度的实施进行指导、监督和检查。

各级省级人民政府人事行政部门对本行政区域内注册验船师资格考试、注册进行监督、检查。

第二章　考　　试

第六条　注册验船师资格实行全国统一大纲、统一命题的考试制度，原则上每年举行一次。

第七条　注册验船师资格考试设船舶和海上设施、渔业船舶两个类别，每个类别分4个级别。专业技术人员可根据实际工作需要，报名参加相应类别、级别的考试。

类别 级别	船舶和海上设施	渔业船舶
A	国际航行船舶、海上设施、国际航行的渔业辅助船舶	远洋渔业船舶
B	国内海上船舶	国内海上渔业船舶
C	内河船舶	国内海上小型渔业船舶、内河渔业船舶
D	内河小船	内河小型渔业船舶

第八条 交通部、农业部分别组织成立相应类别考试专家委员会，负责拟定考试科目、编写考试大纲、建立考试试题库，组织考试命题，并对相关类别考试提出合格标准的建议。

第九条 人事部分别会同交通部、农业部审定相应类别考试科目、考试大纲、考试试题，对考试工作进行检查、监督、指导和确定合格标准。

第十条 凡中华人民共和国公民，遵守国家法律、法规，恪守职业道德，身体健康，并符合相应考试报名条件的人员，均可申请参加相应类别、级别的考试。考试实施办法由人事部分别会同交通部、农业部另行制定。

第十一条 考试合格者，颁发人事部统一印制，人事部分别与交通部、农业部用印的相应类别、级别资格证书。该证书在全国范围内有效。

第十二条 凡以不正当手段取得注册验船师资格证书的，由发证机关收回资格证书，3 年内不得再次参加注册验船师资格考试。

第三章　注　　册

第十三条 注册验船师资格实行注册管理制度，取得资格证书的人员，必须经过注册，方可从事注册规定范围的船舶检验工作。

第十四条 交通部、农业部分别为相应类别注册验船师资格的注册审批机构。交通部直属的具有船舶检验管理职能的海事局为注册验船师（船舶和海上设施类）资格的注册审查机构；各省、自治区、直辖市渔业行政主管部门为注册验船师（渔业船舶类）资格的注册审查机构。

第十五条 取得资格证书并申请注册的人员，应受聘于一个具有船舶检验资质的检验机构，并通过聘用单位向相应类别注册审查机构提出注册申请。

第十六条 注册审查机构在收到申请人的申请材料后，对申请材料不齐全或者不符合法定形式的，应当当场或在 5 个工作日内，一次告知申请人需要补正的全部内容，逾期不告知的，自收到申请材料之日起即是为受理。

对受理或者不予受理的注册申请，均应出具加盖注册审查机构专用印章和注明日期的书面凭证。

第十七条 注册审查机构自受理之日起20 个工作日内，按规定条件和程序完成申报材料的审查工作，并将申报材料和审查意见报相应注册审批机构审批。

注册审批机构自受理申报人员材料之日起 20 个工作日内作出批准决定。对作出不予批准决定的，应当书面说明理由，并告知申请人享有依法申请行政复议或提起行政诉讼的权利。在规定的期限内不能作出批准决定的，应将延长期限的理由告知申请人。

注册审批机构应自作出批准决定之日起10 个工作日内，将批准决定送达经批准注册的申请人，并核发相应类别、级别《中华人民共和国注册验船师注册证》（以下简称《注册证》）。

第十八条 《注册证》每一注册有效期为 3 年。注册在有效期限内是注册验船师的执业凭证。

第十九条 申请注册人员应同时提交下列材料：

（一）《中华人民共和国注册验船师注册申请表》；

（二）相应类别、级别的《资格证书》；

（三）聘用单位对业务培训、工作经历和检验能力考核合格的证明；

（四）与聘用单位签订的劳动或聘用合同；

（五）注册审批机构规定的其他条件。

第二十条 初始注册者，可自取得《资格证书》之日起1年内提出注册申请。逾期未申请者，在申请初始注册时，须符合本规定继续教育要求。

第二十一条 注册有效期届满需继续执业的，应在届满前30个工作日内，按照本规定第十五条规定的程序申请延续注册。注册审批机构应当根据申请人的申请，在规定的时限内作出准予延续注册的决定；逾期未作出决定的，视为准予延续。

延续注册需要提交下列材料：

（一）延续注册的《中华人民共和国注册验船师注册申请表》；

（二）相应类别、级别的资格证书；

（三）与聘用单位签订的劳动或聘用合同；

（四）注册期内聘用单位考核合格和完成继续教育的证明材料。

第二十二条 在注册有效期内，注册验船师变更执业单位，应与原聘用单位解除劳动或聘用关系，并按本规定第十五条规定的程序办理变更注册手续。变更注册后，其注册证书在原注册有效期内继续有效。

变更注册需要提交下列材料：

（一）变更注册的《中华人民共和国注册验船师注册申请表》；

（二）相应类别、级别的《资格证书》；

（三）与新聘用单位签订的劳动或聘用合同；

（四）工作调动证明，或与原聘用单位解除劳动或聘用关系的相应证明，或退休证明。

第二十三条 注册验船师因丧失行为能力、死亡或被宣告失踪的，其注册证书失效。

第二十四条 注册验船师有下列情形之一的，应由注册验船师本人或聘用单位及时向相应注册审查机构提出申请，由相应注册审批机构审核批准后，办理注销手续，收回《注册证》。

（一）不具有完全民事行为能力的；

（二）申请注销注册的；

（三）聘用单位被吊销营业执照的；

（四）聘用单位被吊销船舶检验资质证书的；

（五）与聘用单位解除劳动或聘用关系的；

（六）注册有效期满且未延续注册的；

（七）同时受聘于2个及以上船舶检验机构的；

（八）被依法撤销注册的；

（九）受到刑事处罚的；

（十）应当注销注册的其他情形。

第二十五条 有下列情形的，不予注册：

（一）不具有完全民事行为能力的；

（二）刑事处罚尚未执行完毕的；

（三）因在船舶检验工作中有违法违纪行为受到刑事处罚，自刑事处罚执行完毕之日起至申请注册之日止不满2年的；

（四）法律、法规规定不予注册的其他情形。

第二十六条 注册申请人以不正当手段取得注册的，应予以撤销，并由注册审批机构依法给予行政处罚，当事人在3年内不得再次申请注册；构成犯罪的，依法追究刑事责任。

第二十七条 对被注销注册或不予注册的人员，在重新具备初始注册条件，并符合本规定继续教育要求的，可按本规定第十五条规定的程序申请注册。

第二十八条 注册审批机构应定期公布注册验船师注册有关情况。当事人对注销注册或不予注册有异议的，可依法申请行政复议或提起行政诉讼。

第二十九条 继续教育是注册验船师延续注册、重新申请注册和逾期初始注册的必备条件。在每个注册期内，注册验船师应按规定完成本专业的继续教育。

注册验船师继续教育，分必修课和选修课，必修课和选修课总学时不少于 120 学时。

第四章　执　　业

第三十条　注册验船师应在一个具有船舶检验资质的单位，进行船舶检验执业活动。

第三十一条　注册验船师的执业范围按照国家船舶检验相关法律、法规及规章进行。

第三十二条　在船舶检验工作中形成的检验报告，必须由注册验船师签字盖章后方可生效，并承担相关法律责任。

第三十三条　注册验船师从事相关检验活动，由其所在单位接受检验申请并统一收费。

因注册验船师检验质量事故或相关检验结果不符合国家有关法律、法规和标准造成的经济损失，接受检验申请单位和执行检验任务的注册验船师应依法承担相应责任。

第五章　权利和义务

第三十四条　注册验船师享有下列权利：

（一）使用注册验船师称谓；

（二）依据国家船舶检验相关法律、法规和规章，在规定范围内从事船舶检验活动，履行相应的岗位职责；

（三）接受继续教育；

（四）获得与执业责任相应的劳动报酬；

（五）对不符合规定的检验、发证行为提出异议，并向上级检验机构或注册审批机构报告；

（六）对侵犯本人权利的行为进行申诉。

第三十五条　注册验船师应当履行下列义务：

（一）遵守法律、法规和有关管理规定；

（二）执行检验法律、法规、规章和标准；

（三）保证检验工作质量，并承担相应责任；

（四）在本人检验活动中完成的相应文件上签字；

（五）不得准许他人以本人名义执业；

（六）接受继续教育，提高检验水准；

（七）保守在检验活动中知悉的国家秘密和他人的商业、技术秘密；

（八）完成船舶检验机构交给的相关工作。

第六章　附　　则

第三十六条　在本规定下发之日前，对长期从事船舶检验工作，已通过交通部、农业部组织的相应考试，取得相应适任证书、船舶专业技术资格证书，并符合考核认定条件的人员，可通过考试认定办法取得相应类别级别注册验船师资格证书。考试认定办法由人事部分别会同交通部、农业部另行制定。

第三十七条　取得相应类别、级别资格证书，并符合《工程技术人员职务试行条例》中工程师、助理工程师、工程技术员专业职务任职条件的人员，用人单位可根据工作需要择优聘任相应专业技术职务。其中，取得 A 级资格证书可聘任工程师职务；取得 B 级资格证书可聘任工程师或助理工程师职务；取得 C 级资格证书可聘任助理工程师职务；取得 D 级资格证书可聘任助理工程师或工程技术员职务。

第三十八条　符合考试报名条件的香港、澳门居民，可申请参加注册验船师资格考试。申请人在报名时应提交本人身份证明、国务院教育行政部门认可的相应专业学历或学位证书、从事检验经历的证明。台湾地区专业人员参加考试的办法另行规定。

外籍专业人员申请参加注册验船师资格考试、申请注册和执业等管理办法另行制定。

第三十九条 需注册验船师签字盖章的检验文件种类和办法，从事船舶检验工作的单位配备注册验船师数量，注册管理和继续教育等具体办法，均由交通部、农业部分别制定。

第四十条 在实施注册验船师制度过程中，相关行政主管部门及其相关机构因工作失误，使专业技术人员合法权益受到损害的，应依据《中华人民共和国国家赔偿法》给予相应赔偿，并可向有关责任人追偿。

第四十一条 相关行政主管部门或相关机构的工作人员，有不履行工作职责，监督不力，或者谋取私利等违纪违规行为，并造成不良影响或严重后果的，分别由其行政主管部门责令改正，对直接负责的主管人员和其他直接责任人员依法给予行政处分；构成犯罪的，依法追究刑事责任。

第四十二条 从事军用舰艇、公安船艇和体育运动船艇检验工作的人员按照国家有关规定执行。

第四十三条 本规定自 2006 年 3 月 1 日起施行。

人事部、交通部、农业部关于印发《注册验船师资格考试实施办法》的通知

（2007年6月22日发布，国人部发〔2007〕93号）

各省、自治区、直辖市人事厅（局）、交通厅（局、委）、农业（渔业主管）厅（局），国务院各部委、各直属机构人事部门，中央管理的企业：

为贯彻实施《注册验船师制度暂行规定》（国人部发〔2006〕8号），人事部、交通部、农业部研究制定了《注册验船师资格考试实施办法》。现印发给你们，请遵照执行。

人事部　交通部　农业部

二〇〇七年六月二十二日

注册验船师资格考试实施办法

第一条　根据《注册验船师制度暂行规定》（以下简称《暂行规定》），制定本实施办法。

第二条　人事部与交通部、农业部成立注册验船师资格（船舶和海上设施类、渔业船舶类）考试办公室，分别设在交通部和农业部，负责相应类别注册验船师资格考试政策的研究及管理工作。有关各类别注册验船师资格考试的具体考务工作，分别委托交通部中国海事服务中心（船员考试中心）和农业部人力资源开发中心负责。

各省、自治区、直辖市的考试工作由当地人事行政部门分别会同交通部直属的具有船舶检验管理职能的海事局和渔业行政主管部门对本行政（或管辖）区域内的考试工作进行监督、检查。

第三条　交通部、农业部分别成立相应类别注册验船师资格考试专家委员会。考试专家委员会负责编写本类别考试大纲、组织命题、研究建立考试题库，提出本类别考试合格标准的建议。

第四条　符合《暂行规定》第十条规定的基本要求，并具备相应级别报名条件的人员，均可参加相应类别注册验船师资格的考试。

（一）A级

1. 取得工学类、理学类专业大学本科学历或学位，从事船舶检验及其相关工作（船舶和海上设施、集装箱或渔业船舶检验，相关设计图纸、技术文件的审查，船舶设计，船舶修造，船用产品生产、检测，海事管理，渔政渔港船检管理，船舶驾驶，轮机管理，电气管理，消防检测，无损探测，测厚；下同）满3年。

2. 取得工学类、理学类专业硕士学位，从事船舶检验及其相关工作满2年。

3. 取得工学类、理学类专业博士学位，从事船舶检验及其相关工作满1年。

（二）B级

1. 取得工学类、理学类专业大学专科学历，从事船舶检验及其相关工作满3年。

2. 取得工学类、理学类专业大学本科学历或学位，从事船舶检验及其相关工作满2年。

3. 取得工学类、理学类专业硕士学位，从事船舶检验及其相关工作满1年。

4. 取得工学类、理学类专业博士学位。

（三）C级

1. 取得工学类、理学类专业中专学历，从事船舶检验及其相关工作满3年。

2. 取得工学类、理学类专业大学专科学历，从事船舶检验及其相关工作满2年。

3. 取得工学类、理学类专业本科学历，从事船舶检验及其相关工作满1年。

（四）D级

取得工学类、理学类专业中专及以上学历，从事船舶检验及其相关工作满1年。

取得其他类专业上述学历或学位，申请参加A级、B级、C级或D级考试的人员，其从事船舶检验及其相关工作相关的年限相应增加2年。

第五条 注册验船师资格各类别、各级别考试均设《船舶检验专业法律法规》《船舶检验专业实务》《船舶检验专业综合能力》科目考试、《船舶检验专业案例分析》4个科目。在A级《船舶检验专业案例分析》的试卷中，有用英文作答的内容。

各类别考试均分4个半天进行。《船舶检验专业法律法规》《船舶检验专业实务》和《船舶检验专业综合能力》3个科目的考试时间均为150分钟；《船舶检验专业案例分析》科目的考试时间为210分钟。

第六条 2006年12月31日前，在经批准设立的船舶检验机构工作，符合本办法第四条规定的相应级别报名条件，具备下列条件（一）、（二）、（三）或（四）中一项条件的专业技术人员，可免试本类别该级别《船舶检验专业实务》和《船舶检验专业综合能力》2个科目，只参加本类别相应级别《船舶检验专业法律法规》和《船舶检验专业案例分析》2个科目的考试。

（一）A级、B级、C级或D级

取得交通部颁发的相应级别《中华人民共和国验船人员适任证书》后，或取得农业部颁发的相应级别《中华人民共和国验船师资格证书》后，从事本级别船舶检验工作（船舶和海上设施、集装箱或渔业船舶检验，相关设计图纸、技术文件的审查，下同）满4年。

（二）A级

1. 在海事管理机构或渔业船舶检验管理机构中，连续从事船舶检验工作满10年。

2. 评聘为工程类或工程研究类高级专业技术职务，累计从事船舶检验工作满8年。

3. 被外国驻华船舶检验机构聘为该机构验船师后，从事船舶检验工作满5年。

（三）B级

1. 在海事管理机构或渔业船舶检验管理机构中，连续从事船舶检验工作满8年。

2. 评聘为工程类或工程研究类中级专业技术职务，或取得交通部或农业部统一组织的全国船舶专业技术资格考试中级资格证书，累计从事船舶检验工作满6年。

（四）C级

1. 在海事管理机构或渔业船舶检验管理机构中，连续从事船舶检验工作满6年。

2. 评聘为工程类或工程研究类初级专业技术职务，或取得交通部或农业部统一组织的全国船舶专业技术资格考试初级资格证书，累计从事船舶检验工作满4年。

第七条 考试成绩实行2年为一个周期的滚动管理办法，参加全部4个科目考试的人员，必须在连续两个考试年度内通过全部科目的考试；免试部分科目的人员，必须在一个考试年度内通过应试科目。

第八条 参加考试由本人提出申请，携带所在单位出具的有关证明材料，到指定的考试管理机构报名。经考试管理机构审查合格后，向申请人核发准考证。申请人凭准考证及有关证明，在指定的时间、地点参加考试。

国务院各部门所属单位和中央管理的企

业的专业技术人员按属地原则报名参加考试。

第九条 注册验船师资格考试日期定为每年第三季度。考点原则上设在省会城市和直辖市的大、中专院校或高考定点学校，如确需在其他城市设置考点，须经人事部和交通部、农业部批准。

第十条 注册验船师各类别资格考试有关项目的收费标准须经当地价格行政部门核准，并向社会公布接受公众监督。

第十一条 坚持考试与培训分开的原则。凡参与考试工作（包括试题命制与组织管理等）的人员，不得参加考试，不得参与或举办与考试内容有关的培训工作。应考人员参加相关培训坚持自愿的原则。

第十二条 考试考务工作要严格执行考试工作的有关规章制度，切实做好试卷命制、印刷、发送过程中的保密工作，遵守保密制度，严防泄密。

第十三条 考试工作人员要严格遵守考试工作纪律，认真执行考试回避制度。对违反考试纪律和有关规定的，按照《专业技术人员资格考试违纪违规行为处理规定》（人事部令第 3 号）处理。

人力资源和社会保障部、农业部关于印发注册验船师（渔业船舶类）资格考试认定办法的通知

（2009 年 11 月 30 日发布，人社部发〔2009〕151 号）

各省、自治区、直辖市人力资源和社会保障部（人事、劳动保障）厅（局），渔业行政主管厅（局）、渔业船舶检验局：

为实施《注册验船师制度暂行规定》（国人部发〔2006〕8 号），人力资源和社会保障部、农业部研究制定了《注册验船师（渔业船舶类）资格》考试认定办法。现印发给你们，请遵照执行。

附件：

1. 中华人民共和国注册验船师（渔业船舶类）资格考试认定申报表（略）

2. 注册验船师（渔业船舶类）资格考试认定人员情况汇总表（略）

中华人民共和国力资源和社会保障部

中华人民共和国农业部

二〇〇九年十一月三十日

注册验船师（渔业船舶类）资格考试认定办法

根据原人事部、原交通部、农业部联合颁布的《注册验船师制度暂行规定》（国人部发〔2006〕8 号）有关规定，制定本办法。

一、考试认定申报条件

长期从事船舶检验工作，遵守中华人民共和国宪法和各项法律、法规，恪守职业道德，身体健康，同时符合基本条件和相应级别条件的人员，可申请参加本级别注册验船师（渔业船舶类）资格考试认定。

（一）基本条件

2006 年 3 月 1 日前，在经批准设立的渔业船舶检验机构工作的在编在岗人员。从事船舶检验工作（指船舶和海上设施、集装箱和渔业船舶的检验，相关设计图纸和技术文件审查，下同）以及相关工作（指渔政渔港监督管理、船舶制造、航运）累计满 4 年。

（二）级别条件

申请参加相应级别注册验船师（渔业船舶类）资格考试认定的人员，须同时具备本级别（1）和（2）的条件。

1. a 级

（1）取得《中华人民共和国验船师资格证书》（远洋渔业船舶类）；或取得《中华人民共和国验船师资格证书》（高级验船师）和具备船舶系列高级专业技术资格证书。

（2）担任远洋渔业船舶图纸审查项目负责人，并主持完成不少于 2 艘远洋渔业船舶建造检验项目；或独立完成不少于规定数量的远洋渔业船舶检验项目（2 个审图项目，或 20 艘营运船舶检验项目，或 20 批船用产品检验项目）。

2. b级

（1）取得《中华人民共和国验船师资格证书》(国内海上渔业船舶或以上类别)；或取得船舶系列中级以上级别专业技术资格证书。

（2）担任国内海上渔业船舶图纸审查项目负责人，并主持完成不少于5艘国内海上渔业船舶建造检验项目；或独立完成不少于规定数量的国内海上渔业船舶检验项目（5个审图项目，或20艘营运船舶检验项目，或20批船用产品检验项目）。

3. c级

（1）取得《中华人民共和国验船师资格证书》（国内海上小型渔业船舶、内河渔业船舶或以上类别）；或取得船舶系列初级或以上级别专业技术资格证书。

（2）担任国内海上小型渔业船舶或内河渔业船舶图纸审查项目负责人，并主持完成不少于5艘国内海上小型渔业船舶建造检验项目或5艘内河渔业船舶建造检验项目；或独立完成不少于规定数量的国内海上小型渔业船舶或内河渔业船舶检验项目（5个审图查项目，或20艘营运船舶检验项目，或20批船用产品检验项目）。

4. d级

（1）取得《中华人民共和国验船师资格证书》(内河小型渔业船舶或以上类别)；或取得船舶系列初级或以上级别专业技术资格证书。

（2）独立完成不少于40艘内河小型渔业船舶营运检验项目。

二、考试认定组织

人力资源社会保障部、农业部共同负责注册验船师（渔业船舶类）资格考试认定工作，成立“全国注册验船师（渔业船舶类）资格考试认定办公室”（以下简称“全国考试认定办公室”），设在农业部人事劳动司，具体负责注册验船师（渔业船舶类）资格考试认定管理工作。

各省、自治区、直辖市渔业行政主管部门负责注册验船师(渔业船舶类)资格考试认定具体实施工作，各省、自治区、直辖市人力资源社会保障部行政主管部门按职责分工负责本行政区域内注册验船师（渔业船舶类）资格考试认定工作的监督、检查等相关工作。

三、考试认定申报材料

（一）《中华人民共和国注册验船师（渔业船舶类）资格考试认定申请表》一式两份（附表1）；

（二）中华人民共和国验船师资格证书、船舶系列相应级别专业技术资格证书、项目负责人聘任、任命（或证明）文件等申报材料原件和复印件；

（三）所在单位出具的职业道德和船舶检验经历、业绩及船舶检验能力的证明；

（四）本人近期1寸免冠彩色照片3张。

四、考试认定的考试工作

（一）考试实行全国统一组织，分两批进行的办法。申请参加考试的人员，可根据工作安排自行选择日期。

（二）各级别考试科目均为《船舶检验专业案例分析》，主要考察相应级别船舶检验专业人员分析判断和处理解决船舶检验问题的实际能力。考试方法采用开卷笔答方式进行。

（三）考点原则上设在全国各省会城市、直辖市高等院校或高考定点学校。

（四）考试合格标准由全国考试认定办公室研究确定。

五、考试认定程序

（一）各省、自治区、直辖市渔业船舶

检验机构人员的申报材料，通过所在（或聘用）单位向属地省、自治区、直辖市渔业船舶检验局报送。

（二）各省、自治区、直辖市渔业船舶检验局对申报材料进行审查汇总，提出审查意见；并经省渔业行政主管部门的人事部门提出复审意见后，报农业部渔业船舶检验局。经农业部渔业船舶检验局审核合格后，委托省级渔业行政主管部门向申请人核发准考证。

（三）参加考试的人员按照有关规定，携带相关证件，在规定的日期和时间到准考证指定的地点参加考试。

（四）考试工作完成后，各省级渔业行政主管部门，应将考试认定人员的申报材料、考试电子信息和《注册验船师（渔业船舶类）资格考试认定人员情况汇总表》（附表2），一并报送农业部渔业船舶检验局。经农业部渔业船舶检验局提出审核意见后，向全国考试认定办公室报送申请参加考试认定人员的全部材料（含考试情况）。

（五）全国考试认定办公室组织有关专家对申报人员材料和考试人员成绩进行复核，并将复核合格人员名单进行公示，公示期为7个工作日。经公示无异议，由人力资源社会保障部和农业部批准后，向社会公告获得《中华人民共和国注册验船师（渔业船舶类）资格证书》人员名单。

对未通过考试认定的申请人，委托省级渔业行政主管部门向其说明不通过理由。

六、考试认定工作有关要求

（一）各省、自治区、直辖市渔业行政主管部门应及时将本通知精神向社会公告。考试认定人员申报材料上报和考试日期等具体安排，由农业部渔业船舶检验局另行通知。

（二）2006年3月1日前，已办理离、退休手续或已调离渔业船舶检验机构的人员，不在注册验船师（渔业船舶类）资格考试认定的申报范围。

（三）本办法考试认定条件中有关船舶系列专业技术资格证书要求是指，按照国家统一规定评定的船舶系列高级专业技术资格；或按照原人事部和农业部有关规定，通过全国统一的船舶专业技术资格考试取得的初、中级专业技术资格证书。

（四）本办法考试认定条件中有关国内海上渔业船舶类，是指船长大于等于24米的海洋渔业船舶；国内海上小型渔业船舶类，是指船长小于24米海洋渔业船舶；内河渔业船舶类，是指船长大于等于12米内河渔业船舶；内河小型渔业船舶类，是指船长小于12米内河渔业船舶。

（五）各省、自治区、直辖市渔业行政主管部门和相关机构在审查、复审时，应核查各类证书及相关证明文件的原件。报送的各类证书等相关证明的复印件应由所在单位人事部门负责人签署意见、加盖单位印章，并承担相关责任。

（六）各省、自治区、直辖市渔业行政主管部门和相关机构，应严格按照规定的条件和程序，认真做好考试认定的申报、审核和复核工作。凡不认真把关和弄虚作假的，按照有关规定处理。

（七）注册验船师（渔业船舶类）资格考试认定的考试各环节工作，应按照《注册验船师资格考试实施办法》有关要求进行。对有违反考试纪律和相关规定行为的，按照《专业技术人员资格考试违纪违规行为处理规定》处理。

中华人民共和国海事局关于发布《玻璃纤维增强塑料渔船建造规范（2019）》的公告

（2018 年 12 月 27 日发布，中华人民共和国海事局公告〔2018〕24 号）

《玻璃纤维增强塑料渔船建造规范（2019）》按规定程序已经交通运输部批准，现予公布，自 2019 年 1 月 15 日起实施。

《玻璃纤维增强塑料渔船建造规范（2019）》电子版请到中华人民共和国海事局网站（http：//www. msa. gov. cn）通知公告栏目下载，纸质版将由人民交通出版社股份有限公司发行（联系电话：010-64981400）。

特此公告。

中华人民共和国海事局关于发布《钢质国内海洋渔船建造规范（船长大于或等于12m 但小于 24m 2019）》的公告

（2018 年 12 月 27 日发布，中华人民共和国海事局公告〔2018〕25 号）

《钢质国内海洋渔船建造规范（船长大于或等于 12m 但小于 24m 2019）》按规定程序已经交通运输部批准，现予公布，自 2019 年 1 月 15 日起实施。

《钢质国内海洋渔船建造规范（船长大于或等于 12m 但小于 24m 2019）》电子版请到中华人民共和国海事局网站（http：//www. msa. gov. cn）通知公告栏目下载，纸质版将由人民交通出版社股份有限公司发行（联系电话：010-64981400）。

特此公告。

中华人民共和国海事局关于发布《钢质国内海洋渔船建造规范（船长大于或等于24m但小于或等于90m 2019）》的公告

（2018年12月27日发布，中华人民共和国海事局公告〔2018〕26号）

《钢质国内海洋渔船建造规范（船长大于或等于24m但小于或等于90m 2019）》按规定程序已经交通运输部批准，现予公布，自2019年1月15日起实施。

《钢质国内海洋渔船建造规范（船长大于或等于24m但小于或等于90m 2019）》电子版请到中华人民共和国海事局网站（http：//www.msa.gov.cn）通知公告栏目下载，纸质版将由人民交通出版社股份有限公司发行（联系电话：010-64981400）。

特此公告。

中华人民共和国海事局关于发布《国内海洋小型渔船法定检验技术规则（2019）》的公告

（2018 年 12 月 27 日发布，中华人民共和国海事局公告〔2018〕27 号）

《国内海洋小型渔船法定检验技术规则（2019）》按规定程序已经交通运输部批准，现予公布，自 2019 年 1 月 15 日起实施。

自规则生效之日起，对新建渔业辅助船，应按本局国内航行海船法定检验技术规则要求进行检验和发证；对现有渔业辅助船，按原适用的渔业船舶法定检验规则进行检验，检验合格的，签发本规则附录规定的渔船法定检验证书和文件。

《国内海洋小型渔船法定检验技术规则（2019）》电子版请到中华人民共和国海事局网站 http：//www.msa.gov.cn）通知公告栏目下载，纸质版将由人民交通出版社股份有限公司发行（联系电话：010-64981400）。

特此公告。

中华人民共和国海事局关于发布《国内海洋渔船法定检验技术规则（2019）》的公告

（2018 年 12 月 27 日发布，中华人民共和国海事局公告〔2018〕28 号）

《国内海洋渔船法定检验技术规则（2019）》按规定程序已经交通运输部批准，现予公布，自 2019 年 1 月 15 日起实施。

自规则生效之日起，对新建渔业辅助船，应按本局国内航行海船法定检验技术规则要求进行检验和发证；对现有渔业辅助船，按原适用的渔业船舶法定检验规则进行检验，检验合格的，签发本规则附录规定的渔船法定检验证书和文件。

《国内海洋渔船法定检验技术规则（2019）》电子版请到中华人民共和国海事局网站 http：//www. msa. gov. cn）通知公告栏目下载，纸质版将由人民交通出版社股份有限公司发行（联系电话：010-64981400）。

特此公告。

中华人民共和国海事局关于发布《远洋渔船法定检验技术规则（2019）》的公告

（2018年12月28日发布，中华人民共和国海事局公告〔2018〕29号）

《远洋渔船法定检验技术规则（2019）》按规定程序已经交通运输部批准，现予公布，自2019年1月15日起实施。

《远洋渔船法定检验技术规则（2019）》电子版请到中华人民共和国海事局网站（http：//www.msa.gov.cn）通知公告栏目下载，纸质版将由人民交通出版社股份有限公司发行（联系电话：010-64981400）。

特此公告。

中华人民共和国海事局关于发布《内河小型渔船法定检验技术规则（2019）》的公告

（2019 年 4 月 22 日发布，中华人民共和国海事局公告〔2019〕5 号）

《内河小型渔船法定检验技术规则（2019）》按规定程序已经交通运输部批准，现予公布，自 2019 年 6 月 1 日起实施。

自规则生效之日起，对新建内河小型渔业辅助船，应按本局内河小型船舶检验技术规则要求进行检验和发证；对现有内河小型渔业辅助船，按原适用的渔业船舶法定检验规则进行检验，检验合格的，签发本规则附录规定的渔船法定检验证书和文件。

《内河小型渔船法定检验技术规则（2019）》电子版请到中华人民共和国海事局网站（http：//www.msa.gov.cn）通知公告栏目下载，纸质版将由人民交通出版社股份有限公司发行（联系电话：010-64981400）。

特此公告。

中华人民共和国海事局关于发布《内河渔船法定检验技术规则（2019）》的公告

（2019 年 4 月 22 日发布，中华人民共和国海事局公告〔2019〕6 号）

《内河渔船法定检验技术规则（2019）》按规定程序已经交通运输部批准，现予公布，自 2019 年 6 月 1 日起实施。

自规则生效之日起，对新建内河渔业辅助船，应按本局有关内河船舶检验技术规范的要求进行检验和发证；对现有内河渔业辅助船，按原适用的渔业船舶法定检验规则进行检验，检验合格的，签发本规则附录规定的渔船法定检验证书和文件。

《内河渔船法定检验技术规则（2019）》电子版请到中华人民共和国海事局网站（http：//www.msa.gov.cn）通知公告栏目下载，纸质版将由人民交通出版社股份有限公司发行（联系电话：010-64981400）。

特此公告。

七、重要国际条约

联合国海洋法公约

（1994年11月16日生效，中国于1996年5月15日由全国人民代表大会常务委员会通过，1996年6月7日向联合国递交批准书，1996年7月7日正式对我国生效）

序　　言

本公约缔约各国，

本着以互相谅解和合作的精神解决与海洋法有关的一切问题的愿望，并且认识到本公约对于维护和平、正义和全世界人民的进步作出重要贡献的历史意义，

注意到自从1958年和1960年在日内瓦举行了联合国海洋法会议以来的种种发展，着重指出了需要有一项新的可获一般接受的海洋法公约，

意识到各海洋区域的种种问题都是彼此密切相关的，有必要作为一个整体来加以考虑，

认识到有需要通过本公约，在妥为顾及所有国家主权的情形下，为海洋建立一种法律秩序，以便利国际交通和促进海洋的和平用途，海洋资源的公平而有效的利用，海洋生物资源的养护以及研究、保护和保全海洋环境，

考虑到达成这些目标将有助于实现公正公平的国际经济秩序，这种秩序将照顾到全人类的利益和需要，特别是发展中国家的特殊利益和需要，不论其为沿海国或内陆国，

希望以本公约发展1970年12月17日第2749（XXV）号决议所载各项原则，联合国大会在该决议中庄严宣布，除其他外，国家管辖范围以外的海床和洋底区域及其底土以及该区域的资源为人类的共同继承财产，其勘探与开发应为全人类的利益而进行，不论各国的地理位置如何，

相信在本公约中所达成的海洋法的编纂和逐渐发展，将有助于按照《联合国宪章》所载的联合国的宗旨和原则巩固各国间符合正义和权利平等原则的和平、安全、合作和友好关系，并将促进全世界人民的经济和社会方面的进展，

确认本公约未予规定的事项，应继续以一般国际法的规则和原则为准据，

经协议如下：

第Ⅰ部分　用语和范围

第1条　用语和范围

1. 为本公约的目的：

（1）“区域”是指国家管辖范围以外的海床和洋底及其底土。

（2）“管理局”是指国际海底管理局。

（3）“‘区域’内活动”是指勘探和开发“区域”的资源的一切活动。

（4）“海洋环境的污染”是指：人类直接或间接把物质或能量引入海洋环境，其中包括河口湾，以致造成或可能造成损害生物资源和海洋生物、危害人类健康、妨碍包括捕鱼和海洋的其他正当用途在内的各种海洋活动、损坏海水使用质量和减损环境优美等有害影响。

（5）（a）“倾倒”是指：

（i）从船只、飞机、平台或其他人造海上结构故意处置废物或其他物质的行为；

（ii）故意处置船只、飞机、平台或其

他人造海上结构的行为。

（b）“倾倒”不包括：

（i）船只、飞机、平台或其他人造海上结构及其装备的正常操作所附带发生或产生的废物或其他物质的处置，但为了处置这种物质而操作的船只、飞机、平台或其他人造海上结构所运载或向其输送的废物或其他物质，或在这种船只、飞机、平台或结构上处理这种废物或其他物质所产生的废物或其他物质均除外；

（ii）并非为了单纯处置物质而放置物质，但以这种放置不违反本公约的目的为限。

2.（1）“缔约国”是指同意受本公约约束而本公约对其生效的国家。

（2）本公约比照适用于第305条第1款（b）（c）（d）（e）和（f）项所指的实体，这些实体按照与各自有关的条件成为本公约的缔约国，在这种情况下，“缔约国”也指这些实体。

第Ⅱ部分　领海和毗连区

第1节　一般规定

第2条　领海及其上空、海床和底土的法律地位

1. 沿海国的主权及于其陆地领土及其内水以外邻接的一带海域，在群岛国的情形下则及于群岛水域以外邻接的一带海域，称为领海。

2. 此项主权及于领海的上空及其海床和底土。

3. 对于领海的主权的行使受本公约和其他国际法规则的限制。

第2节　领海的界限

第3条　领海的宽度

每一国家有权确定其领海的宽度，直至从按照本公约确定的基线量起不超过十二海里的界限为止。

第4条　领海的外部界限

领海的外部界限是一条其每一点同基线最近点的距离等于领海宽度的线。

第5条　正常基线

除本公约另有规定外，测算领海宽度的正常基线是沿海国官方承认的大比例尺海图所标明的沿岸低潮线。

第6条　礁石

在位于环礁上的岛屿或有岸礁环列的岛屿的情形下，测算领海宽度的基线是沿海国官方承认的海图上以适当标记显示的礁石的向海低潮线。

第7条　直线基线

1. 在海岸线极为曲折的地方，或者如果紧接海岸有一系列岛屿，测算领海宽度的基线的划定可采用连接各适当点的直线基线法。

2. 在因有三角洲和其他自然条件以致海岸线非常不稳定之处，可沿低潮线向海最远处选择各适当点，而且，尽管以后低潮线发生后退现象，该直线基线在沿海国按照本公约加以改变以前仍然有效。

3. 直线基线的划定不应在任何明显的程度上偏离海岸的一般方向，而且基线内的海域必须充分接近陆地领土，使其受内水制度的支配。

4. 除在低潮高地上筑有永久高于海平面的灯塔或类似设施，或以这种高地作为划定基线的起讫点已获得国际一般承认者外，直线基线的划定不应以低潮高地为起讫点。

5. 在依据第1款可采用直线基线法之处，确定特定基线时，对于有关地区所特有的并经长期惯例清楚地证明其为实在而重要的经济利益，可予以考虑。

6. 一国不得采用直线基线制度，致使另一国的领海同公海或专属经济区隔断。

第 8 条 内水

1. 除第Ⅳ部分另有规定外，领海基线向陆一面的水域构成国家内水的一部分。

2. 如果按照第 7 条所规定的方法确定直线基线的效果使原来并未认为是内水的区域被包围在内成为内水，则在此种水域内应有本公约所规定的无害通过权。

第 9 条 河口

如果河流直接流入海洋，基线应是一条在两岸低潮线上两点之间横越河口的直线。

第 10 条 海湾

1. 本条仅涉及海岸属于一国的海湾。

2. 为本公约的目的，海湾是明显的水曲，其凹入程度和曲口宽度的比例，使其有被陆地环抱的水域，而不仅为海岸的弯曲。但水曲除其面积等于或大于横越曲口所划的直线作为直径的半圆形的面积外，不应视为海湾。

3. 为测算的目的，水曲的面积是位于水曲陆岸周围的低潮标和一条连接水曲天然入口两端低潮标的线之间的面积。如果因有岛屿而水曲有一个以上的曲口，该半圆形应划在与横越各曲口的各线总长度相等的一条线上。水曲内的岛屿应视为水曲水域的一部分而包括在内。

4. 如果海湾天然入口两端的低潮标之间的距离不超过二十四海里，则可在这两个低潮标之间划出一条封口线，该线所包围的水域应视为内水。

5. 如果海湾天然入口两端的低潮标之间的距离超过二十四海里，二十四海里的直线基线应划在海湾内，以划入该长度的线所可能划入的最大水域。

6. 上述规定不适用于所谓“历史性”海湾，也不适用于采用第 7 条所规定的直线基线法的任何情形。

第 11 条 港口

为了划定领海的目的，构成海港体系组成部分的最外部永久海港工程视为海岸的一部分。近岸设施和人工岛屿不应视为永久海港工程。

第 12 条 泊船处

通常用于船舶装卸和下锚的泊船处，即使全部或一部位于领海的外部界限以外，都包括在领海范围之内。

第 13 条 低潮高地

1. 低潮高地是在低潮时四面环水并高于水面但在高潮时没入水中的自然形成的陆地。如果低潮高地全部或一部与大陆或岛屿的距离不超过领海的宽度，该高地的低潮线可作为测算领海宽度的基线。

2. 如果低潮高地全部与大陆或岛屿的距离超过领海的宽度，则该高地没有其自己的领海。

第 14 条 确定基线的混合办法

沿海国为适应不同情况，可交替使用以上各条规定的任何方法以确定基线。

第 15 条 海岸相向或相邻国家间领海界限的划定

如果两国海岸彼此相向或相邻，两国中任何一国在彼此没有相反协议的情形下，均无权将其领海伸延至一条其每一点都同测算两国中每一国领海宽度的基线上最近各点距离相等的中间线以外。但如因历史性所有权或其他特殊情况而有必要按照与上述规定不同的方法划定两国领海的界限，则不适用上述规定。

第 16 条 海图和地理坐标表

1. 按照第 7 条、第 9 条和第 10 条确定的测算领海宽度的基线，或根据基线划定的界限，和按照第 12 条和第 15 条划定的分界线，应在足以确定这些线的位置的一种或几种比例尺的海图上标出。或者，可以用列出各点的地理坐标并注明大地基准点的表来代替。

2. 沿海国应将这种海图或地理坐标表妥为公布，并应将各该海图和坐标表的一份副本交存于联合国秘书长。

第3节　领海的无害通过

A分节　适用于所有船舶的规则

第17条　无害通过权

在本公约的限制下，所有国家，不论为沿海国或内陆国，其船舶均享有无害通过领海的权利。

第18条　通过的意义

1. 通过是指为了下列目的，通过领海的航行：

(a) 穿过领海但不进入内水或停靠内水以外的泊船处或港口设施；

(b) 驶往或驶出内水或停靠这种泊船处或港口设施。

2. 通过应继续不停和迅速进行。通过包括停船和下锚在内，但以通常航行所附带发生的或由于不可抗力或遇难所必要的或为救助遇险或遭难的人员、船舶或飞机的目的为限。

第19条　无害通过的意义

1. 通过只要不损害沿海国的和平、良好秩序或安全，就是无害的。这种通过的进行应符合本公约和其他国际法规则。

2. 如果外国船舶在领海内进行下列任何一种活动，其通过即应视为损害沿海国的和平、良好秩序或安全：

(a) 对沿海国的主权、领土完整或政治独立进行任何武力威胁或使用武力，或以任何其他违反《联合国宪章》所体现的国际法原则的方式进行武力威胁或使用武力；

(b) 以任何种类的武器进行任何操练或演习；

(c) 任何目的在于搜集情报使沿海国的防务或安全受损害的行为；

(d) 任何目的在于影响沿海国防务或安全的宣传行为；

(e) 在船上起落或接载任何飞机；

(f) 在船上发射、降落或接载任何军事装置；

(g) 违反沿海国海关、财政、移民或卫生的法律和规章，上下任何商品、货币或人员；

(h) 违反本公约规定的任何故意和严重的污染行为；

(i) 任何捕鱼活动；

(j) 进行研究或测量活动；

(k) 任何目的在于干扰沿海国任何通讯系统或任何其他设施或设备的行为；

(l) 与通过没有直接关系的任何其他活动。

第20条　潜水艇和其他潜水器

在领海内，潜水艇和其他潜水器，须在海面上航行并展示其旗帜。

第21条　沿海国关于无害通过的法律和规章

1. 沿海国可依本公约规定和其他国际法规则，对下列各项或任何一项制定关于无害通过领海的法律和规章：

(a) 航行安全及海上交通管理；

(b) 保护助航设备和设施以及其他设施或设备；

(c) 保护电缆和管道；

(d) 养护海洋生物资源；

(e) 防止违犯沿海国的渔业法律和规章；

(f) 保全沿海国的环境，并防止、减少和控制该环境受污染；

(g) 海洋科学研究和水文测量；

(h) 防止违犯沿海国的海关、财政、移民或卫生的法律和规章。

2. 这种法律和规章除使一般接受的国际规则或标准有效外，不应适用于外国船舶的设计、构造、人员配备或装备。

3. 沿海国应将所有这种法律和规章妥为公布。

4. 行使无害通过领海权利的外国船舶应遵守所有这种法律和规章以及关于防止海

上碰撞的一切一般接受的国际规章。

第 22 条 领海内的海道和分道通航制

1. 沿海国考虑到航行安全认为必要时，可要求行使无害通过其领海权利的外国船舶使用其为管制船舶通过而指定或规定的海道和分道通航制。

2. 特别是沿海国可要求油轮、核动力船舶或载运核物质或材料或其他本质上危险或有毒物质或材料的船舶只在上述海道通过。

3. 沿海国根据本条指定海道和规定分道通航制时，应考虑到：

(a) 主管国际组织的建议；

(b) 习惯上用于国际航行的水道；

(c) 特定船舶和水道的特殊性质；和

(d) 船舶来往的频繁程度。

4. 沿海国应在海图上清楚地标出这种海道和分道通航制，并应将该海图妥为公布。

第 23 条 外国核动力船舶和载运核物质或其他本质上危险或有毒物质的船舶

外国核动力船舶和载运核物质或其他本质上危险或有毒物质的船舶，在行使无害通过领海的权利时，应持有国际协定为这种船舶所规定的证书并遵守国际协定所规定的特别预防措施。

第 24 条 沿海国的义务

1. 除按照本公约规定外，沿海国不应妨碍外国船舶无害通过领海。尤其在适用本公约或依本公约制定的任何法律或规章时，沿海国不应：

(a) 对外国船舶强加要求，其实际后果等于否定或损害无害通过的权利；

(b) 对任何国家的船舶、或对载运货物来往任何国家的船舶或对替任何国家载运货物的船舶，有形式上或事实上的歧视。

2. 沿海国应将其所知的在其领海内对航行有危险的任何情况妥为公布。

第 25 条 沿海国的保护权

1. 沿海国可在其领海内采取必要的步骤以防止非无害的通过。

2. 在船舶驶往内水或停靠内水外的港口设备的情形下，沿海国也有权采取必要的步骤，以防止对准许这种船舶驶往内水或停靠港口的条件的任何破坏。

3. 如为保护国家安全包括武器演习在内而有必要，沿海国可在对外国船舶之间在形式上或事实上不加歧视的条件下，在其领海的特定区域内暂时停止外国船舶的无害通过。这种停止仅应在正式公布后发生效力。

第 26 条 可向外国船舶征收的费用

1. 对外国船舶不得仅以其通过领海为理由而征收任何费用。

2. 对通过领海的外国船舶，仅可作为对该船舶提供特定服务的报酬而征收费用。征收上述费用不应有任何歧视。

B分节 适用于商船和用于商业目的政府船舶的规则

第 27 条 外国船舶上的刑事管辖权

1. 沿海国不应在通过领海的外国船舶上行使刑事管辖权，以逮捕与在该船舶通过期间船上所犯任何罪行有关的任何人或进行与该罪行有关的任何调查，但下列情形除外：

(a) 罪行的后果及于沿海国；

(b) 罪行属于扰乱当地安宁或领海的良好秩序的性质；

(c) 经船长或船旗国外交代表或领事官员请求地方当局予以协助；

(d) 这些措施是取缔违法贩运麻醉药品或精神调理物质所必要的。

2. 上述规定不影响沿海国为在驶离内水后通过领海的外国船舶上进行逮捕或调查的目的而采取其法律所授权的任何步骤的权利。

3. 在第 1 和第 2 两款规定的情形下，如经船长请求，沿海国在采取任何步骤前应通知船旗国的外交代表或领事官员，并应便利外交代表或领事官员和船上乘务人员之间的接触。遇有紧急情况，发出此项通知可与采取措施同时进行。

4. 地方当局在考虑是否逮捕或如何逮捕时，应适当顾及航行的利益。

5. 除第Ⅻ部分有所规定外或有违犯按照第Ⅴ部分制定的法律和规章的情形，如果来自外国港口的外国船舶仅通过领海而不驶入内水，沿海国不得在通过领海的该船舶上采取任何步骤，以逮捕与该船舶驶进领海前所犯任何罪行有关的任何人或进行与该罪行有关的调查。

第 28 条 对外国船舶的民事管辖权

1. 沿海国不应为对通过领海的外国船舶上某人行使民事管辖权的目的而停止其航行或改变其航向。

2. 沿海国不得为任何民事诉讼的目的而对船舶从事执行* 或加以逮捕，但涉及该船舶本身在通过沿海国水域的航行中或为该航行的目的而承担的义务或因而负担的责任，则不在此限。

3. 第 2 款不妨害沿海国按照其法律为任何民事诉讼的目的而对在领海内停泊或驶离内水后通过领海的外国船舶从事执行或加以逮捕的权利。

C 分节　适用于军舰和其他用于非商业目的的政府船舶的规则

第 29 条 军舰的定义

为本公约的目的，“军舰”是指属于一国武装部队、具备辨别军舰国籍的外部标志、由该国政府正式委任并名列相应的现役名册或类似名册的军官指挥和配备有服从正规武装部队纪律的船员的船舶。

第 30 条 军舰对沿海国法律和规章的不遵守

如果任何军舰不遵守沿海国关于通过领海的法律和规章，而且不顾沿海国向其提出遵守法律和规章的任何要求，沿海国可要求该军舰立即离开领海。

第 31 条 船旗国对军舰或其他用于非商业目的的政府船舶所造成的损害的责任

对于军舰或其他用于非商业目的的政府船舶不遵守沿海国有关通过领海的法律和规章或不遵守本公约的规定或其他国际法规则，而使沿海国遭受的任何损失或损害，船旗国应负国际责任。

第 32 条 军舰和其他用于非商业目的的政府船舶的豁免权

A 分节和第 30 条及第 31 条所规定的情形除外，本公约规定不影响军舰和其他用于非商业目的的政府船舶的豁免权。

第 4 节　毗 连 区

第 33 条 毗连区

1. 沿海国可在毗连其领海称为毗连区的区域内，行使为下列事项所必要的管制：

(a) 防止在其领土或领海内违犯其海关、财政、移民或卫生的法律和规章；

(b) 惩治在其领土或领海内违犯上述法律和规章的行为。

2. 毗连区从测算领海宽度的基线量起，不得超过二十四海里。

第Ⅲ部分　用于国际航行的海峡

第 1 节　一般规定

第 34 条 构成用于国际航行海峡的水域的法律地位

1. 本部分所规定的用于国际航行海峡的通过制度，不应在其他方面影响构成这种海峡的水域的法律地位，或影响海峡沿岸国对这种水域及其上空、海床和底土行使其主权或管辖权。

* “从事执行”一词，按英文文本为“Levy execution”，有“从事扣押”之意，下同。——编者注

2. 海峡沿岸国的主权或管辖权的行使受本部分和其他国际法规则的限制。

第 35 条　本部分的范围

本部分的任何规定不影响：

(a) 海峡内任何内水区域，但按照第 7 条所规定的方法确定直线基线的效果使原来并未认为是内水的区域被包围在内成为内水的情况除外；

(b) 海峡沿岸国领海以外的水域作为专属经济区域或公海的法律地位；

(c) 某些海峡的法律制度，这种海峡的通过已全部或部分地规定在长期存在、现行有效的专门关于这种海峡的国际公约中。

第 36 条　穿过用于国际航行的海峡的公海航道或穿过专属经济区的航道

如果穿过某一用于国际航行的海峡有在航行和水文特征方面同样方便的一条穿过公海或穿过专属经济区的航道，本部分不适用于该海峡；在这种航道中，适用本公约其他有关部分其中包括关于航行和飞越自由的规定。

第 2 节　过境通行

第 37 条　本节的范围

本节适用于公海或专属经济区的一个部分和公海或专属经济区的另一部分之间的用于国际航行的海峡。

第 38 条　过境通行权

1. 在第 37 条所指的海峡中，所有船舶和飞机均享有过境通行的权利，过境通行不应受阻碍；但如果海峡是由海峡沿岸国的一个岛屿和该国大陆形成，而且该岛向海一面有在航行和水文特征方面同样方便的一条穿过公海，或穿过专属经济区的航道，过境通行就不应适用。

2. 过境通行是指按照本部分规定，专在为公海或专属经济区的一个部分和公海或专属经济区的另一部分之间的海峡继续不停和迅速过境的目的而行使航行和飞越自由。但是，对继续不停和迅速过境的要求，并不排除在一个海峡沿岸国入境条件的限制下，为驶入、驶离该国或自该国返回的目的而通过海峡。

3. 任何非行使海峡过境通行权的活动，仍受本公约其他适用的规定的限制。

第 39 条　船舶和飞机在过境通行时的义务

1. 船舶和飞机在行使过境通行权时应：

(a) 毫不迟延地通过或飞越海峡；

(b) 不对海峡沿岸国的主权、领土完整或政治独立进行任何武力威胁或使用武力，或以任何其他违反《联合国宪章》所体现的国际法原则的方式进行武力威胁或使用武力；

(c) 除因不可抗力或遇难而有必要外，不从事其继续不停和迅速过境的通常方式所附带发生的活动以外的任何活动；

(d) 遵守本部分的其他有关规定。

2. 过境通行的船舶应：

(a) 遵守一般接受的关于海上安全的国际规章、程序和惯例，包括《国际海上避碰规则》；

(b) 遵守一般接受的关于防止、减少和控制来自船舶污染的国际规章、程序和惯例。

3. 过境通行的飞机应：

(a) 遵守国际民用航空组织制定的适用于民用飞机的《航空规则》；国有飞机通常应遵守这种安全措施，并在操作时随时适当顾及航行安全；

(b) 随时监听国际上指定的空中交通管制主管机构所分配的无线电频率或有关国际呼救无线电频率。

第 40 条　研究和测量活动

外国船舶，包括海洋科学研究和水文测量的船舶在内，在过境通行时，非经海峡沿岸国事前准许，不得进行任何研究或测量活动。

第 41 条 用于国际航行的海峡内的海道和分道通航制

1. 依照本部分，海峡沿岸国可于必要时为海峡航行指定海道和规定分道通航制，以促进船舶的安全通过。

2. 这种国家可于情况需要时，经妥为公布后，以其他海道或分道通航制替换任何其原先指定或规定的海道或分道通航制。

3. 这种海道和分道通航制应符合一般接受的国际规章。

4. 海峡沿岸国在指定或替换海道或在规定或替换分道通航制以前，应将提议提交主管国际组织，以期得到采纳。该组织仅可采纳同海峡沿岸国议定的海道和分道通航制，在此以后，海峡沿岸国可对这些海道和分道通航制予以指定、规定或替换。

5. 对于某一海峡，如所提议的海道或分道通航制穿过该海峡两个或两个以上沿岸国的水域，有关各国应同主管国际组织协商，合作拟订提议。

6. 海峡沿岸国应在海图上清楚地标出其所指定或规定的一切海道和分道通航制，并应将该海图妥为公布。

7. 过境通行的船舶应尊重按照本条制定的适用的海道和分道通航制。

第 42 条 海峡沿岸国关于过境通行的法律和规章

1. 在本节规定的限制下，海峡沿岸国可对下列各项或任何一项制定关于通过海峡的过境通行的法律和规章：

(a) 第 41 条所规定的航行安全和海上交通管理；

(b) 使有关在海峡内排放油类、油污废物和其他有毒物质的适用的国际规章有效，以防止、减少和控制污染；

(c) 对于渔船，防止捕鱼，包括渔具的装载；

(d) 违反海峡沿岸国海关、财政、移民或卫生的法律和规章，上下任何商品、货币或人员。

2. 这种法律和规章不应在形式上或事实上在外国船舶间有所歧视，或在其适用上有否定、妨碍或损害本节规定的过境通行权的实际后果。

3. 海峡沿岸国应将所有这种法律和规章妥为公布。

4. 行使过境通行权的外国船舶应遵守这种法律和规章。

5. 享有主权豁免的船舶的船旗国或飞机的登记国，在该船舶或飞机不遵守这种法律和规章或本部分的其他规定时，应对海峡沿岸国遭受的任何损失和损害负国际责任。

第 43 条 助航和安全设备及其他改进办法以及污染的防止、减少和控制

海峡使用国和海峡沿岸国应对下列各项通过协议进行合作：

(a) 在海峡内建立并维持必要的助航和安全设备或帮助国际航行的其他改进办法；

(b) 防止、减少和控制来自船舶的污染。

第 44 条 海峡沿岸国的义务

海峡沿岸国不应妨碍过境通行，并应将其所知的海峡内或海峡上空对航行或飞越有危险的任何情况妥为公布。过境通行不应予以停止。

第 3 节　无害通过

第 45 条 无害通过

1. 按照第Ⅱ部分第 3 节，无害通过制度应适用于下列用于国际航行的海峡：

(a) 按照第 38 条第 1 款不适用过境通行制度的海峡；

(b) 在公海或专属经济区的一个部分和外国领海之间的海峡。

2. 在这种海峡中的无害通过不应予以

停止。

第Ⅳ部分 群 岛 国

第46条 用 语

为本公约的目的：

（a）“群岛国”是指全部由一个或多个群岛构成的国家，并可包括其他岛屿；

（b）“群岛”是指一群岛屿，包括若干岛屿的若干部分、相连的水域和其他自然地形，彼此密切相关，以致这种岛屿、水域和其他自然地形在本质上构成一个地理、经济和政治的实体，或在历史上已被视为这种实体。

第47条 群岛基线

1. 群岛国可划定连接群岛最外缘各岛和各干礁的最外缘各点的直线群岛基线，但这种基线应包括主要的岛屿和一个区域，在该区域内，水域面积和包括环礁在内的陆地面积的比例应在一比一到九比一之间。

2. 这种基线的长度不应超过一百海里。但围绕任何群岛的基线总数中至多百分之三可超过该长度，最长以一百二十五海里为限。

3. 这种基线的划定不应在任何明显的程度上偏离群岛的一般轮廓。

4. 除在低潮高地上筑有永久高于海平面的灯塔或类似设施，或者低潮高地全部或一部与最近的岛屿的距离不超过领海的宽度外，这种基线的划定不应以低潮高地为起讫点。

5. 群岛国不应采用一种基线制度，致使另一国的领海同公海或专属经济区隔断。

6. 如果群岛国的群岛水域的一部分位于一个直接相邻国家的两个部分之间，该领国传统上在该水域内行使的现有权利和一切其他合法利益以及两国间协定所规定的一切权利，均应继续，并予以尊重。

7. 为计算第1款规定的水域与陆地的比例的目的，陆地面积可包括位于岛屿和环礁的岸礁以内的水域，其中包括位于陡侧海台周围的一系列灰岩岛和干礁所包围或几乎包围的海台的那一部分。

8. 按照本条划定的基线，应在足以确定这些线的位置的一种或几种比例尺的海图上标出。或者，可以用列出各点的地理坐标并注明大地基准点的表来代替。

9. 群岛国应将这种海图或地理坐标表妥为公布，并应将各该海图或坐标表的一份副本交存于联合国秘书长。

第48条 领海、毗连区、专属经济区和大陆架宽度的测算

领海、毗连区、专属经济区和大陆架的宽度，应从按照第47条划定的群岛基线量起。

第49条 群岛水域、群岛水域的上空、海床和底土的法律地位

1. 群岛国的主权及于按照第47条划定的群岛基线所包围的水域，称为群岛水域，不论其深度或距离海岸的远近如何。

2. 此项主权及于群岛水域的上空、海床和底土，以及其中所包含的资源。

3. 此项主权的行使受本部分规定的限制。

4. 本部分所规定的群岛海道通过制度，不应在其他方面影响包括海道在内的群岛水域的地位，或影响群岛国对这种水域及其上空、海床和底土以及其中所含资源行使其主权。

第50条 内水界限的划定

群岛国可按照第9条、第10条和第11条，在其群岛水域内用封闭线划定内水的界限。

第51条 现有协定、传统捕鱼权利和现有海底电缆

1. 在不妨害第49条的情形下，群岛国应尊重与其他国家间的现有协定，并应承认直接相邻国家在群岛水域范围内的某些区域

内的传统捕鱼权利和其他合法活动。行使这种权利和进行这种活动的条款和条件，包括这种权利和活动的性质、范围和适用的区域，经任何有关国家要求，应由有关国家之间的双边协定予以规定。这种权利不应转让给第三国或其国民，或与第三国或其国民分享。

2. 群岛国应尊重其他国家所铺设的通过其水域而不靠岸的现有海底电缆。群岛国于接到关于这种电缆的位置和修理或更换这种电缆的意图的适当通知后，应准许对其进行维修和更换。

第 52 条　无害通过权

1. 在第 53 条的限制下并在不妨害第 50 条的情形下，按照第Ⅱ部分第 3 节的规定，所有国家的船舶均享有通过群岛水域的无害通过权。

2. 如为保护国家安全所必要，群岛国可在对外国船舶之间在形式上或事实上不加歧视的条件下，暂时停止外国船舶在其群岛水域特定区域内的无害通过。这种停止仅应在正式公布后发生效力。

第 53 条　群岛海道通过权

1. 群岛国可指定适当的海道和其上的空中航道，以便外国船舶和飞机继续不停和迅速通过或飞越其群岛水域和邻接的领海。

2. 所有船舶和飞机均享有在这种海道和空中航道内的群岛海道通过权。

3. 群岛海道通过是指按照本公约规定，专为在公海或专属经济区的一部分和公海或专属经济区的另一部分之间继续不停、迅速和无障碍地过境的目的，行使正常方式的航行和飞越的权利。

4. 这种海道和空中航道应穿过群岛水域和邻接的领海，并应包括用作通过群岛水域或其上空的国际航行或飞越的航道的所有正常通道，并且在这种航道内，就船舶而言，包括所有正常航行水道，但无须在相同的进出点之间另设同样方便的其他航道。

5. 这种海道和空中航道应以通道进出点之间的一系列连续不断的中心线划定，通过群岛海道和空中航道的船舶和飞机在通过时不应偏离这种中心线二十五海里以外，但这种船舶和飞机在航行时与海岸的距离不应小于海道边缘各岛最近各点之间的距离的百分之十。

6. 群岛国根据本条指定海道时，为了使船舶安全通过这种海道内的狭窄水道，也可规定分道通航制。

7. 群岛国可于情况需要时，经妥为公布后，以其他的海道或分道通航制替换任何其原先指定或规定的海道或分道通航制。

8. 这种海道或分道通航制应符合一般接受的国际规章。

9. 群岛国在指定或替换海道或在规定或替换分道通航制时，应向主管国际组织提出建议，以期得到采纳。该组织仅可采纳同群岛国议定的海道和分道通航制；在此以后，群岛国可对这些海道和分道通航制予以指定、规定或替换。

10. 群岛国应在海图上清楚地标出其指定或规定的海道中心线和分道通航制，并应将该海图妥为公布。

11. 通过群岛海道的船舶应尊重按照本条制定的适用的海道和分道通航制。

12. 如果群岛国没有指定海道或空中航道，可通过正常用于国际航行的航道，行使群岛海道通过权。

第 54 条　船舶和飞机在通过、研究和测量活动时的义务，群岛国的义务以及群岛国关于群岛海道通过的法律和规章

第 39 条、第 40 条、第 42 条和第 44 各条比照适用于群岛海道通过。

第Ⅴ部分　专属经济区

第 55 条　专属经济区的特定法律制度

专属经济区是领海以外并邻接领海的一

个区域，受本部分规定的特定法律制度的限制，在这个制度下，沿海国的权利和管辖权以及其他国家的权利和自由均受本公约有关规定的支配。

第 56 条 沿海国在专属经济区内的权利、管辖权和义务

1. 沿海国在专属经济区内有：

(a) 以勘探和开发、养护和管理海床上覆水域和海床及其底土的自然资源（不论为生物或非生物资源）为目的的主权权利，以及关于在该区内从事经济性开发和勘探，如利用海水、海流和风力生产能等其他活动的主权权利；

(b) 本公约有关条款规定的对下列事项的管辖权：

(i) 人工岛屿、设施和结构的建造和使用；

(ii) 海洋科学研究；

(iii) 海洋环境的保护和保全；

(c) 本公约规定的其他权利和义务。

2. 沿海国在专属经济区内根据本公约行使其权利和履行其义务时，应适当顾及其他国家的权利和义务，并应以符合本公约规定的方式行事。

3. 本条所载的关于海床和底土的权利，应按照第Ⅵ部分的规定行使。

第 57 条 专属经济区的宽度

专属经济区从测算领海宽度的基线量起，不应超过二百海里。

第 58 条 其他国家在专属经济区内的权利和义务

1. 在专属经济区内，所有国家，不论为沿海国或内陆国，在本公约有关规定的限制下，享有第 87 条所指的航行和飞越的自由，铺设海底电缆和管道的自由，以及与这些自由有关的海洋其他国际合法用途，诸如同船舶和飞机的操作及海底电缆和管道的使用有关的并符合本公约其他规定的那些用途。

2. 第 88 至第 115 条以及其他国际法有关规则，只要与本部分不相抵触，均适用于专属经济区。

3. 各国在专属经济区内根据本公约行使其权利和履行其义务时，应适当顾及沿海国的权利和义务，并应遵守沿海国按照本公约的规定和其他国际法规则所制定的与本部分不相抵触的法律和规章。

第 59 条 解决关于专属经济区内权利和管辖权的归属的冲突的基础

在本公约未将在专属经济区内的权利或管辖权归属于沿海国或其他国家而沿海国和任何其他一国或数国之间的利益发生冲突的情形下，这种冲突应在公平的基础上参照一切有关情况，考虑到所涉利益分别对有关各方和整个国际社会的重要性，加以解决。

第 60 条 专属经济区内的人工岛屿、设施和结构

1. 沿海国在专属经济区内应有专属权利建造并授权和管理建造、操作和使用：

(a) 人工岛屿；

(b) 为第 56 条所规定的目的和其他经济目的的设施和结构；

(c) 可能干扰沿海国在区内行使权利的设施和结构。

2. 沿海国对这种人工岛屿、设施和结构应有专属管辖权，包括有关海关、财政、卫生、安全和移民的法律和规章方面的管辖权。

3. 这种人工岛屿、设施或结构的建造，必须妥为通知，并对其存在必须维持永久性的警告方法。已被放弃或不再使用的任何设施或结构，应予以撤除，以确保航行安全，同时考虑到主管国际组织在这方面制订的任何为一般所接受的国际标准。这种撤除也应适当地考虑到捕鱼、海洋环境的保护和其他国家的权利和义务。尚未全部撤除的任何设施或结构的深度、位置和大小应妥为公布。

4. 沿海国可于必要时在这种人工岛屿、

设施和结构的周围设置合理的安全地带，并可在该地带中采取适当措施以确保航行以及人工岛屿、设施和结构的安全。

5. 安全地带的宽度应由沿海国参照可适用的国际标准加以确定。这种地带的设置应确保其与人工岛屿、设施或结构的性质和功能有合理的关联；这种地带从人工岛屿、设施或结构的外缘各点量起，不应超过这些人工岛屿、设施或结构周围五百公尺*的距离，但为一般接受的国际标准所许可或主管国际组织所建议者除外。安全地带的范围应妥为通知。

6. 一切船舶都必须尊重这些安全地带，并应遵守关于在人工岛屿、设施、结构和安全地带附近航行的一般接受的国际标准。

7. 人工岛屿、设施和结构及其周围的安全地带，不得设在对使用国际航行必经的公认海道可能有干扰的地方。

8. 人工岛屿、设施和结构不具有岛屿地位。它们没有自己的领海，其存在也不影响领海、专属经济区或大陆架界限的划定。

第 61 条　生物资源的养护

1. 沿海国应决定其专属经济区内生物资源的可捕量。

2. 沿海国参照其可得到的最可靠的科学证据，应通过正当的养护和管理措施，确保专属经济区内生物资源的维持不受过度开发的危害。在适当情形下，沿海国和各主管国际组织，不论是分区域、区域或全球性的，应为此目的进行合作。

3. 这种措施的目的也应在包括沿海渔民社区的经济需要和发展中国家的特殊要求在内的各种有关的环境和经济因素的限制下，使捕捞鱼种的数量维持在或恢复到能够生产最高持续产量的水平，并考虑到捕捞方式、种群的相互依存以及任何一般建议的国际最低标准，不论是分区域、区域或全球性的。

4. 沿海国在采取这种措施时，应考虑到与所捕捞鱼种有关联或依赖该鱼种而生存的鱼种所受的影响，以便使这些有关联或依赖的鱼种的数量维持在或恢复到其繁殖不会受严重威胁的水平以上。

5. 在适当情形下，应通过各主管国际组织，不论是分区域、区域或全球性的，并在所有有关国家，包括其国民获准在专属经济区捕鱼的国家参加下，经常提供和交换可获得的科学情报、渔获量和渔捞努力量统计，以及其他有关养护鱼的种群的资料。

第 62 条　生物资源的利用

1. 沿海国应在不妨害第 61 条的情形下促进专属经济区内生物资源最适度利用的目的。

2. 沿海国决定其捕捞专属经济区生物资源的能力。沿海国在没有能力捕捞全部可捕量的情形下，应通过协定或其他安排，并根据第 4 款所指的条款、条件、法律和规章，准许其他国家捕捞可捕量的剩余部分，特别顾及第 69 条和第 70 条的规定，尤其是关于其中所提到的发展中国家的部分。

3. 沿海国在根据本条准许其他国家进入其专属经济区时，应考虑到所有有关因素，除其他外，包括：该区域的生物资源对有关沿海国的经济和其他国家利益的重要性，第 69 条和第 70 条的规定，该分区域或区域内的发展中国家捕捞一部分剩余量的要求，以及尽量减轻其国民惯常在专属经济区捕鱼或曾对研究和测定种群做过大量工作的国家经济失调现象的需要。

4. 在专属经济区内捕鱼的其他国家的国民应遵守沿海国的法律和规章中所制订的养护措施和其他条款和条件。这种规章应符合本公约，除其他外，并可涉及下列各项：

(a) 发给渔民、渔船捕捞装备以执照，

* 公尺为非法定计量单位，1 公尺＝1 米。

包括交纳规费和其他形式的报酬，而就发展中的沿海国而言，这种报酬可包括有关渔业的资金、装备和技术方面的适当补偿；

(b) 决定可捕鱼种和确定渔获量的限额，不论是关于特定种群或多种种群或一定期间的单船渔获量，或关于特定期间内任何国家国民的渔获量；

(c) 规定渔汛和渔区，可使用渔具的种类、大小和数量以及渔船的种类、大小和数目；

(d) 确定可捕鱼类和其他鱼种的年龄和大小；

(e) 规定渔船应交的情报，包括渔获量和渔捞努力量统计和船只位置的报告；

(f) 要求在沿海国授权和控制下进行特定渔业研究计划，并管理这种研究的进行，其中包括渔获物抽样、样品处理和相关科学资料的报告；

(g) 由沿海国在这种船只上配置观察员或受训人员；

(h) 这种船只在沿海国港口卸下渔获量的全部或任何部分；

(i) 有关联合企业或其他合作安排的条款和条件；

(j) 对人员训练和渔业技术转让的要求，包括提高沿海国从事渔业研究的能力；

(k) 执行程序。

5. 沿海国应将养护和管理的法律和规章妥为通知。

第 63 条 出现在两个或两个以上沿海国专属经济区的种群或出现在专属经济区内而又出现在专属经济区外的邻接区域内的种群

1. 如果同一种群或有关联的鱼种的几个种群出现在两个或两个以上沿海国的专属经济区内，这些国家应直接或通过适当的分区域或区域组织，设法就必要措施达成协议，以便在不妨害本部分其他规定的情形下，协调并确保这些种群的养护和发展。

2. 如果同一种群或有关联的鱼种的几个种群出现在专属经济区内而又出现在专属经济区外的邻接区域内，沿海国和在邻接区域内捕捞这种种群的国家，应直接或通过适当的分区域或区域组织，设法就必要措施达成协议，以养护在邻接区域内的这些种群。

第 64 条 高度洄游鱼种

1. 沿海国和其国民在区域内捕捞附件Ⅰ所列的高度洄游鱼种的其他国家应直接或通过适当国际组织进行合作，以期确保在专属经济区以内和以外的整个区域内的这种鱼种的养护和促进最适度利用这种鱼种的目标。在没有适当的国际组织存在的区域内，沿海国和其国民在区域内捕捞这些鱼种的其他国家，应合作设立这种组织并参加其工作。

2. 第 1 款的规定作为本部分其他规定的补充而适用。

第 65 条 海洋哺乳动物

本部分的任何规定并不限制沿海国的权利或国际组织的职权，对捕捉海洋哺乳动物执行较本部分规定更为严格的禁止、限制或管制。各国应进行合作，以期养护海洋哺乳动物，在有关鲸类动物方面，尤应通过适当的国际组织，致力于这种动物的养护、管理和研究。

第 66 条 溯河产卵种群

1. 有溯河产卵种群源自其河流的国家对于这种种群应有主要利益和责任。

2. 溯河产卵种群的鱼源国，应制订关于在其专属经济区外部界限向陆一面的一切水域中的捕捞和关于第 3 款 (b) 项中所规定的捕捞的适当管理措施，以确保这种种群的养护。鱼源国可与第 3 和第 4 款所指的捕捞这些种群的其他国家协商后，确定源自其河流的种群的总可捕量。

3. (a) 捕捞溯河产卵种群的渔业活动，应只在专属经济区外部界限向陆一面的水域中进行，但这项规定引起鱼源国以外的国家经济失调的情形除外。关于在专属经济区外部界限以外进行的这种捕捞，有关国家应保持协商，以期就这种捕捞的条款和条件达成协议，并适当顾及鱼源国对这些种群加以养护的要求和需要；

（b）鱼源国考虑到捕捞这些种群的其他国家的正常渔获量和作业方式，以及进行这种捕捞活动的所有地区，应进行合作以尽量减轻这种国家的经济失调；

（c）（b）项所指的国家，经与鱼源国协议后参加使溯河产卵种群再生的措施者，特别是分担作此用途的开支者，在捕捞源自鱼源国河流的种群方面，应得到鱼源国的特别考虑；

（d）鱼源国和其他有关国家应达成协议，以执行有关专属经济区以外的溯河产卵种群的法律和规章。

4. 在溯河产卵种群回游进入或通过鱼源国以外国家的专属经济区外部界限向陆一面的水域的情形下，该国应在养护和管理这种种群方面同鱼源国进行合作。

5. 溯河产卵种群的鱼源国和捕捞这些种群的其他国家，为了执行本条的各项规定，应作出安排，在适当情形下通过区域性组织作出安排。

第 67 条　降河产卵鱼种

1. 降河产卵鱼种在其水域内度过大部分生命周期的沿海国，应有责任管理这些鱼种，并应确保回游鱼类的出入。

2. 捕捞降河产卵鱼种，应只在专属经济区外部界限向陆一面的水域中进行。在专属经济区内进行捕捞时，应受本条及本公约关于在专属经济区内捕鱼的其他规定的限制。

3. 在降河产卵鱼种不论幼鱼或成鱼回游通过另外一国的专属经济区的情形下，这种鱼的管理，包括捕捞，应由第 1 款所述的国家和有关的另外一国协议规定。这种协议应确保这些鱼种的合理管理，并考虑到第 1 款所述国家在维持这些鱼种方面所负的责任。

第 68 条　定居种

本部分的规定不适用于第 77 条第 4 款所规定的定居种。

第 69 条　内陆国的权利

1. 内陆国应有权在公平的基础上，参与开发同一分区域或区域的沿海国专属经济区的生物资源的适当剩余部分，同时考虑到所有有关国家的相关经济和地理情况，并遵守本条及第 61 条和第 62 条的规定。

2. 这种参与的条款和方式应由有关国家通过双边、分区域或区域协定加以制订，除其他外，考虑到下列各项：

（a）避免对沿海国的渔民社区或渔业造成不利影响的需要；

（b）内陆国按照本条规定，在现有的双边、分区域、或区域协定下参与或有权参与开发其他沿海国专属经济区的生物资源的程度；

（c）其他内陆国和地理不利国参与开发沿海国专属经济区的生物资源的程度，以及避免因此使任何一个沿海国、或其一部分地区承受特别负担的需要；

（d）有关各国人民的营养需要。

3. 当一个沿海国的捕捞能力接近能够捕捞其专属经济区内生物资源的可捕量的全部时，该沿海国与其他有关国家应在双边、分区域或区域的基础上，合作制订公平安排，在适当情形下并按照有关各方都满意的条款，容许同一分区域或区域的发展中内陆国参与开发该分区域或区域的沿海国专属经济区内的生物资源。在实施本规定时，还应考虑到第 2 款所提到的因素。

4. 根据本条规定，发达的内陆国应仅有权参与开发同一分区域或区域内发达沿海国专属经济区的生物资源，同时顾及沿海国在准许其他国家捕捞其专属经济区内生物资源时，在多大程度上已考虑到需要尽量减轻其国民惯常在该经济区捕鱼的国家的经济失调及渔民社区所受的不利影响。

5. 上述各项规定不妨害在分区域或区域内议定的安排，沿海国在这种安排中可能给予同一分区域或区域的内陆国开发其专属经济区内生物资源的同等或优惠权利。

第 70 条 地理不利国的权利

1. 地理不利国应有权在公平的基础上参与开发同一分区域或区域的沿海国专属经济区的生物资源的适当剩余部分，同时考虑到所有有关国家的相关经济和地理情况，并遵守本条及第 61 条和第 62 条的规定。

2. 为本部分的目的，“地理不利国”是指其地理条件使其依赖于开发同一分区域或区域的其他国家专属经济区内的生物资源，以供应足够的鱼类来满足其人民或部分人民的营养需要的沿海国，包括闭海或半闭海沿岸国在内，以及不能主张有自己的专属经济区的沿海国。

3. 这种参与的条款和方式应由有关国家通过双边、分区域或区域协定加以制订，除其他外，考虑到下列各项：

(a) 避免对沿海国的渔民社区或渔业造成不利影响的需要；

(b) 地理不利国按照本条规定，在现有的双边、分区域或区域协定下参与或有权参与开发其他沿海国专属经济区的生物资源的程度；

(c) 其他地理不利国和内陆国参与开发沿海国专属经济区的生物资源的程度，以及避免因此使任何一个沿海国、或其一部分地区承受特别负担的需要；

(d) 有关各国人民的营养需要。

4. 当一个沿海国的捕捞能力接近能够捕捞其专属经济区内生物资源的可捕量的全部时，该沿海国与其他有关国家应在双边、分区域或区域的基础上，合作制订公平安排，在适当情形下并按照有关各方都满意的条款，容许同一分区域或区域的地理不利发展中国家参与开发该分区域或区域的沿海国专属经济区内的生物资源，在实施本规定时，还应考虑第 3 款所提到的因素。

5. 根据本条规定，地理不利发达国家应只有权参与开发同一区分区域或区域发达沿海国的专属经济区的生物资源，同时顾及沿海国在准许其他国家捕捞其专属经济区内生物资源时，在多大程度上已考虑到需要尽量减轻其国民惯常在该经济区捕鱼的国家的经济失调及渔民社区所受的不利影响。

6. 上述各项规定不妨害在分区域或区域内议定的安排，沿海国在这种安排中可能给予同一分区域或区域内地理不利国开发其专属经济区内生物资源的同等或优惠权利。

第 71 条 第 69 条和第 70 条的不适用

第 69 条和第 70 条的规定不适用于经济上极为依赖于开发其专属经济区内生物资源的沿海国的情形。

第 72 条 权利转让的限制

1. 除有关国家另有协议外，第 69 条和第 70 条所规定的开发生物资源的权利，不应以租借或发给执照、或成立联合企业，或以具有这种转让效果的任何其他方式，直接或间接转让给第三国或其国民。

2. 上述规定不排除有关国家为了便利行使第 69 条和第 70 条所规定的权利，从第三国或国际组织取得技术或财政援助，但以不发生第 1 款所指的效果为限。

第 73 条 沿海国法律和规章的执行

1. 沿海国行使其勘探、开发、养护和管理在专属经济区内的生物资源的主权权利时，可采取为确保其依照本公约制定的法律和规章得到遵守所必要的措施，包括登临、检查、逮捕和进行司法程序。

2. 被逮捕的船只及其船员，在提出适当的保证书或其他担保后，应迅速获得释放。

3. 沿海国对于在专属经济区内违犯渔业法律和规章的处罚，如有关国家无相反的协议，不得包括监禁，或任何其他方式的体罚。

4. 在逮捕或扣留外国船只的情形下，沿海国应通过适当途径将其所采取的行动及随后所施加的任何处罚迅速通知船旗国。

第 74 条 海岸相向或相邻国家专属经济区界限的划定

1. 海岸相向或相邻国家间专属经济区的界限，应在国际法院规约第 38 条所指国际法的基础上以协议划定，以便得到公平解决。

2. 有关国家如在合理期间内未能达成任何协议，应诉诸第 XV 部分所规定的程序。

3. 在达成第 1 款规定的协议以前，有关各国应基于谅解和合作的精神，尽一切努力作出实际性的临时安排，并在此过渡期间内，不危害或阻碍最后协议的达成。这种安排应不妨害最后界限的划定。

4. 如果有关国家间存在现行有效的协定，关于划定专属经济区界限的问题，应按照该协定的规定加以决定。

第 75 条 海图和地理坐标表

1. 在本部分的限制下，专属经济区的外部界线和按照第 74 条划定的分界线，应在足以确定这些线的位置的一种或几种比例尺的海图上标出。在适当情形下，可以用列出各点的地理坐标并注明大地基准点的表来代替这种外部界线或分界线。

2. 沿海国应将这种海图或地理坐标表妥为公布，并应将各该海图或坐标表的一份副本交存于联合国秘书长。

第Ⅵ部分 大 陆 架

第 76 条 大陆架的定义

1. 沿海国的大陆架包括其领海以外依其陆地领土的全部自然延伸，扩展到大陆边外缘的海底区域的海床和底土，如果从测算领海宽度的基线量起到大陆边的外缘的距离不到二百海里，则扩展到二百海里的距离。

2. 沿海国的大陆架不应扩展到第 4 至第 6 款所规定的界限以外。

3. 大陆边包括沿海国陆块没入水中的延伸部分，由陆架、陆坡和陆基的海床和底土构成，它不包括深洋洋底及其洋脊，也不包括其底土。

4. (a) 为本公约的目的，在大陆边从测算领海宽度的基线量起超过二百海里的任何情形下，沿海国应以下列两种方式之一，划定大陆边的外缘：

(i) 按照第 7 款，以最外各定点为准划定界线，每一定点上沉积岩厚度至少为从该点至大陆坡脚最短距离的百分之一；

(ii) 按照第 7 款，以离大陆坡脚的距离不超过六十海里的各定点为准划定界线。

(b) 在没有相反证明的情形下，大陆坡脚应定为大陆坡坡底坡度变动最大之点。

5. 组成按照第 4 款 (a) 项 (i) 和 (ii) 目划定的大陆架在海床上的外部界线各定点，不应超过从测算领海宽度的基线量起三百五十海里，或不应超过连接二千五百公尺深度各点的二千五百公尺等深线一百海里。

6. 虽有第 5 款的规定，在海底洋脊上的大陆架外部界限不应超过从测算领海宽度的基线量起三百五十海里。本款规定不适用于作为大陆边自然构成部分的海台、海隆、海峰、暗滩和坡尖等海底高地。

7. 沿海国的大陆架如从测算领海宽度的基线量起超过二百海里，应连接以经纬度坐标标出的各定点划出长度各不超过六十海里的若干直线，划定其大陆架的外部界限。

8. 从测算领海宽度的基线量起二百海里以外大陆架界限的情报应由沿海国提交根据附件Ⅱ在公平地区代表制基础上成立的大陆架界限委员会。委员会应就有关划定大陆架外部界限的事项向沿海国提出建议，沿海国在这些建议的基础上划定的大陆架界限应有确定性和拘束力。

9. 沿海国应将永久标明其大陆架外部界限的海图和有关情报，包括大地基准点，交存于联合国秘书长。秘书长应将这些情报妥为公布。

10. 本条的规定不妨害海岸相向或相邻国家间大陆架界限划定的问题。

第 77 条 沿海国对大陆架的权利

1. 沿海国为勘探大陆架和开发其自然资源的目的，对大陆架行使主权权利。

2. 第 1 款所指的权利是专属性的，即：如果沿海国不勘探大陆架或开发其自然资源，任何人未经沿海国明示同意，均不得从事这种活动。

3. 沿海国对大陆架的权利并不取决于有效或象征的占领或任何明文公告。

4. 本部分所指的自然资源包括海床和底土的矿物和其他非生物资源，以及属于定居种的生物，即在可捕捞阶段在海床上或海床下不能移动或其躯体须与海床或底土保持接触才能移动的生物。

第 78 条 上覆水域和上空的法律地位以及其他国家的权利和自由

1. 沿海国对大陆架的权利不影响上覆水域或水域上空的法律地位。

2. 沿海国对大陆架权利的行使，绝不得对航行和本公约规定的其他国家的其他权利和自由有所侵害，或造成不当的干扰。

第 79 条 大陆架上的海底电缆和管道

1. 所有国家按照本条的规定都有在大陆架上铺设海底电缆和管道的权利。

2. 沿海国除为了勘探大陆架，开发其自然资源和防止、减少和控制管道造成的污染有权采取合理措施外，对于铺设或维持这种海底电缆或管道不得加以阻碍。

3. 在大陆架上铺设这种管道，其路线的划定须经沿海国同意。

4. 本部分的任何规定不影响沿海国对进入其领土或领海电缆或管道订立条件的权利，也不影响沿海国对因勘探其大陆架开发其资源或经营在其管辖下的人工岛屿、设施和结构而建造或使用的电缆和管道的管辖权。

5. 铺设海底电缆和管道时，各国应适当顾及已经铺设的电缆和管道。特别是，修理现有电缆或管道的可能性不应受妨害。

第 80 条 大陆架上的人工岛屿、设施和结构

第 60 条比照适用于大陆架上的人工岛屿、设施和结构。

第 81 条 大陆架上的钻探

沿海国有授权和管理为一切目的在大陆架上进行钻探的专属权利。

第 82 条 对二百海里以外的大陆架上的开发应缴的费用和实物

1. 沿海国对从测算领海宽度的基线量起二百海里以外的大陆架上的非生物资源的开发，应缴付费用或实物。

2. 在某一矿址进行第一个五年生产以后，对该矿址的全部生产应每年缴付费用和实物。第六年缴付费用或实物的比率应为矿址产值或产量的百分之一。此后该比率每年增加百分之一，至第十二年为止，其后比率应保持为百分之七。产品不包括供开发用途的资源。

3. 某一发展中国家如果是其大陆架上所生产的某种矿物资源的纯输入者，对该种矿物资源免缴这种费用或实物。

4. 费用或实物应通过管理局缴纳。管理局应根据公平分享的标准将其分配给本公约各缔约国，同时考虑到发展中国家的利益和需要，特别是其中最不发达的国家和内陆国的利益和需要。

第 83 条 海岸相向或相邻国家间大陆架界限的划定

1. 海岸相向或相邻国家间大陆架的界限，应在国际法院规约第 38 条所指国际法的基础上以协议划定，以便得到公平解决。

2. 有关国家如在合理期间内未能达成任何协议，应诉诸第 XV 部分所规定的程序。

3. 在达成第 1 款规定的协议以前，有关各国应基于谅解和合作的精神，尽一切努力作出实际性的临时安排，并在此过渡期间内，不危害或阻碍最后协议的达成。这种安排应不妨害最后界限的划定。

4. 如果有关国家间存在现行有效的协定，关于划定大陆架界限的问题，应按照该协定的规定加以决定。

第 84 条 海图和地理坐标表

1. 在本部分的限制下，大陆架外部界线和按照第 83 条划定的分界线，应在足以确定这些线的位置的一种或几种比例尺的海图上标出。在适当情形下，可用列出各点的地理坐标并注明大地基准点的表来代替这种外部界线或分界线。

2. 沿海国应将这种海图或地理坐标表妥为公布，并应将各该海图或坐标表的一份副本交存于联合国秘书长，如为标明大陆架外部界限的海图或坐标，也交存于管理局秘书长。

第 85 条 开凿隧道

本部分不妨害沿海国开凿隧道以开发底土的权利，不论底土上水域的深度如何。

第Ⅶ部分　公　　海

第 1 节　一般规定

第 86 条 本部分规定的适用

本部分的规定适用于不包括在国家的专属经济区、领海或内水或群岛国的群岛水域内的全部海域。本条规定并不使各国按照第五十八条规定在专属经济区内所享有的自由受到任何减损。

第 87 条 公海自由

1. 公海对所有国家开放，不论其为沿海国或内陆国。公海自由是在本公约和其他国际法规则所规定的条件下行使的。公海自由对沿海国和内陆国而言，除其他外，包括：

（a）航行自由；

（b）飞越自由；

（c）铺设海底电缆和管道的自由，但受第六部分的限制；

（d）建造国际法所容许的人工岛屿和其他设施的自由，但受第六部分的限制；

（e）捕鱼自由，但受第 2 节规定条件的限制；

（f）科学研究的自由，但受第Ⅵ和第ⅩⅢ部分的限制。

2. 这些自由应由所有国家行使，但须适当顾及其他国家行使公海自由的利益，并适当顾及本公约所规定的同“区域”内活动有关的权利。

第 88 条 公海只用于和平目的

公海应只用于和平目的。

第 89 条 对公海主权主张的无效

任何国家不得有效地声称将公海的任何部分置于其主权之下。

第 90 条 航行权

每个国家，不论是沿海国或内陆国，均有权在公海上行驶悬挂其旗帜的船舶。

第 91 条 船舶的国籍

1. 每个国家应确定对船舶给予国籍、船舶在其领土内登记及船舶悬挂该国旗帜的权利的条件。船舶具有其有权悬挂的旗帜所属国家的国籍。国家和船舶之间必须有真正联系。

2. 每个国家应向其给予悬挂该国旗帜权利的船舶颁发给予该权利的文件。

第 92 条 船舶的地位

1. 船舶航行应仅悬挂一国的旗帜，而且除国际条约或本公约明文规定的例外情形外，在公海上应受该国的专属管辖。除所有权确实转移或变更登记的情形外，船舶在航程中或在停泊港内不得更换其旗帜。

2. 悬挂两国或两国以上旗帜航行并视方便而换用旗帜的船舶，对任何其他国家不得主张其中的任一国籍，并可视同无国籍的船舶。

第 93 条 悬挂联合国、其专门机构和国际原子能机构旗帜的船舶

以上各条不影响用于为联合国、其专门机构或国际原子能机构正式服务并悬挂联合国旗帜的船舶的问题。

第 94 条 船旗国的义务

1. 每个国家应对悬挂该国旗帜的船舶有效地行使行政、技术及社会事项上的管辖和控制。

2. 每个国家特别应：

(a) 保持一本船舶登记册，载列悬挂该国旗帜的船舶的名称和详细情况，但因体积过小而不在一般接受的国际规章规定范围内的船舶除外；

(b) 根据其国内法，就有关每艘悬挂该国旗帜的船舶的行政、技术和社会事项，对该船及其船长、高级船员和船员行使管辖权。

3. 每个国家对悬挂该国旗帜的船舶，除其他外，应就以下列各项采取为保证海上安全所必要的措施：

(a) 船舶的构造、装备和适航条件；

(b) 船舶的人员配备、船员的劳动条件和训练，同时考虑到适用的国际文件；

(c) 信号的使用、通信的维持和碰撞的防止。

4. 这种措施应包括为确保下列事项所必要的措施：

(a) 每艘船舶，在登记前及其后适当的间隔期间，受合格的船舶检验人的检查，并在船上备有船舶安全航行所需要的海图、航海出版物以及航行装备和仪器；

(b) 每艘船舶都由具备适当资格，特别是具备航海术、航行、通信和海洋工程方面资格的船长和高级船员负责，而且船员的资格和人数与船舶种类、大小、机械和装备都是相称的；

(c) 船长、高级船员和在适当范围内的船员，充分熟悉并须遵守关于海上生命安全，防止碰撞，防止、减少和控制海洋污染和维持无线电通信所适用的国际规章。

5. 每一国家采取第 3 款和第 4 款要求的措施时，须遵守一般接受的国际规章、程序和惯例，并采取为保证这些规章、程序和惯例得到遵行所必要的任何步骤。

6. 一个国家如有明确理由相信对某一船舶未行使适当的管辖和管制，可将这项事实通知船旗国。船旗国接到通知后，应对这一事项进行调查，并于适当时采取任何必要行动，以补救这种情况。

7. 每一国家对于涉及悬挂该国旗帜的船舶在公海上因海难或航行事故对另一国国民造成死亡或严重伤害，或对另一国的船舶或设施、或海洋环境造成严重损害的每一事件，都应由适当的合格人士一人或数人或在有这种人士在场的情况下进行调查。对于该另一国就任何这种海难或航行事故进行的任何调查，船旗国应与该另一国合作。

第 95 条 公海上军舰的豁免权

军舰在公海上有不受船旗国以外任何其他国家管辖的完全豁免权。

第 96 条 专用于政府非商业性服务的船舶的豁免权

由一国所有或经营并专用于政府非商业性服务的船舶，在公海上应有不受船旗国以外任何其他国家管辖的完全豁免权。

第 97 条 关于碰撞事项或任何其他航行事故的刑事管辖权

1. 遇有船舶在公海上碰撞或任何其他航行事故涉及船长或任何其他为船舶服务的人员的刑事或纪律责任时，对此种人员的任何刑事诉讼或纪律程序，仅可向船旗国或此种人员所属国的司法或行政当局提出。

2. 在纪律事项上，只有发给船长证书或驾驶资格证书或执照的国家，才有权在经过

适当的法律程序后宣告撤销该证书，即使证书持有人不是发给证书的国家的国民也不例外。

3. 船旗国当局以外的任何当局，即使作为一种调查措施，也不应命令逮捕或扣留船舶。

第 98 条 救助的义务

1. 每个国家应责成悬挂该国旗帜航行的船舶的船长，在不严重危及其船舶、船员或乘客的情况下：

(a) 救助在海上遇到的任何有生命危险的人；

(b) 如果得悉有遇难者需要救助的情形，在可以合理地期待其采取救助行动时，尽速前往拯救；

(c) 在碰撞后，对另一船舶、其船员和乘客给予救助，并在可能情况下，将自己船舶的名称、船籍港和将停泊的最近港口通知另一船舶。

2. 每个沿海国应促进有关海上和上空安全的足敷应用和有效的搜寻和救助服务的建立、经营和维持，并应在情况需要时为此目的通过相互的区域性安排与邻国合作。

第 99 条 贩运奴隶的禁止

每个国家应采取有效措施，防止和惩罚准予悬挂该国旗帜的船舶贩运奴隶，并防止为此目的而非法使用其旗帜。在任何船舶上避难的任何奴隶，不论该船悬挂何国旗帜，均当然获得自由。

第 100 条 合作制止海盗行为的义务

所有国家应尽最大可能进行合作，以制止在公海上或在任何国家管辖范围以外的任何其他地方的海盗行为。

第 101 条 海盗行为的定义

下列行为中的任何行为构成海盗行为：

(a) 私人船舶或私人飞机的船员、机组成员或乘客为私人目的，对下列对象所从事的任何非法的暴力或扣留行为，或任何掠夺行为：

(1) 在公海上对另一船舶或飞机，或对另一船舶或飞机上的人或财物；

(2) 在任何国家管辖范围以外的地方对船舶、飞机、人或财物；

(b) 明知船舶或飞机成为海盗船舶或飞机的事实，而自愿参加其活动的任何行为；

(c) 教唆或故意便利 (a) 或 (b) 项所述行为的任何行为。

第 102 条 军舰、政府船舶或政府飞机由于其船员或机组成员发生叛变而从事的海盗行为

军舰、政府船舶或政府飞机由于其船员或机组成员发生叛变并控制该船舶或飞机而从事第 101 条所规定的海盗行为，视同私人船舶或飞机所从事的行为。

第 103 条 海盗船舶或飞机的定义

如果处于主要控制地位的人员意图利用船舶或飞机从事第 101 条所指的各项行为之一，该船舶或飞机视为海盗船舶或飞机。如果该船舶或飞机曾被用以从事任何这种行为，在该船舶或飞机仍在犯有该行为的人员的控制之下时，上述规定同样适用。

第 104 条 海盗船舶或飞机国籍的保留或丧失

船舶或飞机虽已成为海盗船舶或飞机，仍可保有其国籍。国籍的保留或丧失由原来给予国籍的国家的法律予以决定。

第 105 条 海盗船舶或飞机的扣押

在公海上，或在任何国家管辖范围以外的任何其他地方，每个国家均可扣押海盗船舶或飞机或为海盗所夺取并在海盗控制下的船舶或飞机，和逮捕船上或机上人员并扣押船上或机上财物。扣押国的法院可判定应处的刑罚，并可决定对船舶、飞机或财产所应采取的行动，但受善意第三者的权利的限制。

第 106 条 无足够理由扣押的赔偿责任

如果扣押涉有海盗行为嫌疑的船舶或飞机并无足够的理由，扣押国应向船舶或飞机

所属的国家负担因扣押而造成的任何损失或损害的赔偿责任。

第 107 条 由于发生海盗行为而有权进行扣押的船舶和飞机

由于发生海盗行为而进行的扣押，只可由军舰、军用飞机或其他有清楚标志可以识别的为政府服务并经授权扣押的船舶或飞机实施。

第 108 条 麻醉药品或精神调理物质的非法贩运

1. 所有国家应进行合作，以制止船舶违反国际公约在海上从事非法贩运麻醉药品和精神调理物质。

2. 任何国家如有合理根据认为一艘悬挂其旗帜的船舶从事非法贩运麻醉药品或精神调理物质，可要求其他国家合作，制止这种贩运。

第 109 条 从公海从事未经许可的广播

1. 所有国家应进行合作，以制止从公海从事未经许可的广播。

2. 为本公约的目的，“未经许可的广播”是指船舶或设施违反国际规章在公海上播送旨在使公众收听或收看的无线电传音或电视广播，但遇难呼号的播送除外。

3. 对于从公海从事未经许可的广播的任何人，均可向下列国家的法院起诉：

(a) 船旗国；

(b) 设施登记国；

(c) 广播人所属国；

(d) 可以收到这种广播的任何国家；或

(e) 得到许可的无线电通信受到干扰的任何国家。

4. 在公海上按照第 3 款有管辖权的国家，可依照第 110 条逮捕从事未经许可的广播的任何人或船舶，并扣押广播器材。

第 110 条 登临权

1. 除条约授权的干涉行为外，军舰在公海上遇到按照第 95 条和第 96 条享有完全豁免权的船舶以外的外国船舶，非有合理根据认为有下列嫌疑，不得登临该船：

(a) 该船从事海盗行为；

(b) 该船从事奴隶贩卖；

(c) 该船从事未经许可的广播而且军舰的船旗国依据第 109 条有管辖权；

(d) 该船没有国籍；或

(e) 该船虽悬挂外国旗帜或拒不展示其旗帜，而事实上却与该军舰属同一国籍。

2. 在第 1 款规定的情形下，军舰可查核该船悬挂其旗帜的权利。为此目的，军舰可派一艘由一名军官指挥的小艇到该嫌疑船舶。如果检验船舶文件后仍有嫌疑，军舰可进一步在该船上进行检查，但检查须尽量审慎进行。

3. 如果嫌疑经证明为无根据，而且被登临的船舶并未从事嫌疑的任何行为，对该船舶可能遭受的任何损失或损害应予赔偿。

4. 这些规定比照适用于军用飞机。

5. 这些规定也适用于经正式授权并有清楚标志可以识别的为政府服务的任何其他船舶或飞机。

第 111 条 紧追权

1. 沿海国主管当局有充分理由认为外国船舶违反该国法律和规章时，可对该外国船舶进行紧追。此项追逐须在外国船舶或其小艇之一在追逐国的内水、群岛水域、领海或毗连区内时开始，而且只有追逐未曾中断，才可在领海或毗连区外继续进行。当外国船舶在领海或毗连区内接获停驶命令时，发出命令的船舶并无必要也在领海或毗连区内。如果外国船舶是在第 33 条所规定的毗连区内，追逐只有在设立该所保护的权利遭到侵犯的情形下才可进行。

2. 对于在专属经济区内或大陆架上，包括大陆架上设施周围的安全地带内，违反沿海国按照本公约适用于专属经济区或大陆架包括这种安全地带的法律和规章的行为，应比照适用紧追权。

3. 紧追权在被追逐的船舶进入其本国

领海或第三国领海时立即终止。

4. 除非追逐的船舶以可用的实际方法认定被追逐的船舶或其小艇之一或作为一队进行活动而以被追逐的船舶为母船的其他船艇是在领海范围内，或者，根据情况，在毗连区或专属经济区内或在大陆架上，紧追不得认为已经开始。追逐只有在外国船舶视听所及的距离内发出视觉或听觉的停驶信号后，才可开始。

5. 紧追权只可由军舰、军用飞机或其他有清楚标志可以识别的为政府服务并经授权紧追的船舶或飞机行驶。

6. 在飞机进行紧追时：

(a) 应比照适用第 1 款至第 4 款的规定；

(b) 发出停驶命令的飞机，除非其本身能逮捕该船舶，否则须其本身积极追逐船舶直至其所召唤的沿海国船舶或另一飞机前来接替追逐为止。飞机仅发现船舶犯法或有犯法嫌疑，如果该飞机本身或接着无间断地进行追逐的其他飞机或船舶既未命令该船停驶也未进行追逐，则不足以构成在领海以外逮捕的理由。

7. 在一国管辖范围内被逮捕并被押解到该国港口以便主管当局审问的船舶，不得仅以其在航行中由于情况需要而曾被押解通过专属经济区的或公海的一部分为理由而要求释放。

8. 在无正当理由行使紧追权的情况下，在领海以外被命令停驶或被逮捕的船舶，对于可能因此遭受的任何损失或损害应获赔偿。

第 112 条　铺设海底电缆和管道的权利

1. 所有国家均有权在大陆架以外的公海海底上铺设海底电缆和管道。

2. 第 79 条第 5 款适用于这种电缆和管道。

第 113 条　海底电缆或管道的破坏或损害

每个国家均应制定必要的法律和规章，规定悬挂该国旗帜的船舶或受其管辖的人故意或因重大疏忽而破坏或损害公海海底电缆，致使电报或电话通信停顿或受阻的行为，以及类似的破坏或损害海底管道或高压电缆的行为，均为应予处罚的罪行。此项规定也应适用于故意或可能造成这种破坏或损害的行为。但对于仅为了保全自己的生命或船舶的正当目的而行事的人，在采取避免破坏或损害的一切必要预防措施后，仍然发生的任何破坏或损害，此项规定不应适用。

第 114 条　海底电缆或管道的所有人对另一海底电缆或管道的破坏或损害

每个国家应制定必要的法律和规章，规定受其管辖的公海海底电缆或管道的所有人如果在铺设或修理该项电缆或管道时使另一电缆或管道遭受破坏或损害，应负担修理的费用。

第 115 条　因避免损害海底电缆或管道而遭受的损失的赔偿

每个国家应制定必要的法律和规章，确保船舶所有人在其能证明因避免损害海底电缆或管道而牺牲锚、网或其他渔具时，应由电缆或管道所有人予以赔偿，但须船舶所有人事先曾采取一切合理的预防措施。

第 2 节　公海生物资源的养护和管理

第 116 条　公海上捕鱼的权利

所有国家均有权由其国民在公海上捕鱼，但受下列限制：

(a) 其条约义务；

(b) 除其他外，第 63 条第 2 款和第 64 条至第 67 条规定的沿海国的权利、义务和利益；

(c) 本节各项规定。

第 117 条　各国为其国民采取养护公海生物资源措施的义务

所有国家均有义务为各该国国民采取，或与其他国家合作采取养护公海生物资源的必要措施。

第 118 条　各国在养护和管理生物资源方面的合作

各国应互相合作以养护和管理公海区域内的生物资源。凡其国民开发相同生物资源，或在同一区域内开发不同生物资源的国家，应进行谈判，以期采取养护有关生物资源的必要措施。为此目的，这些国家应在适当情形下进行合作，以设立分区域或区域渔业组织。

第 119 条　公海生物资源的养护

1. 在对公海生物资源决定可捕量和制订其他养护措施时，各国应：

(a) 采取措施，其目的在于根据有关国家可得到的最可靠的科学证据，并在包括发展中国家的特殊要求在内的各种有关环境和经济因素的限制下，使捕捞的鱼种的数量维持在或恢复到能够生产最高持续产量的水平，并考虑到捕捞方式、种群的相互依存以及任何一般建议的国际最低标准，不论是分区域、区域或全球性的；

(b) 考虑到与所捕捞鱼种有关联或依赖该鱼种而生存的鱼种所受的影响，以便使这种有关联或依赖的鱼种的数量维持在或恢复到其繁殖不会受严重威胁的水平以上。

2. 在适当情形下，应通过各主管国际组织，不论是分区域、区域或全球性的，并在所有有关国家的参加下，经常提供和交换可获得的科学情报、渔获量和渔捞努力量统计，以及其他有关养护鱼的种群的资料。

3. 有关国家应确保养护措施及其实施不在形式上或事实上对任何国家的渔民有所歧视。

第 120 条　海洋哺乳动物

第 65 条也适用于养护和管理公海的海洋哺乳动物。

第Ⅷ部分　岛屿制度

第 121 条　岛屿制度

1. 岛屿是四面环水并在高潮时高于水面的自然形成的陆地区域。

2. 除第 3 款另有规定外，岛屿的领海、毗连区、专属经济区和大陆架应按照本公约适用于其他陆地领土的规定加以确定。

3. 不能维持人类居住或其本身的经济生活的岩礁，不应有专属经济区或大陆架。

第Ⅸ部分　闭海或半闭海

第 122 条　定义

为本公约的目的，“闭海或半闭海”是指两个或两个以上国家所环绕并由一个狭窄的出口连接到另一个海或洋，或全部或主要由两个或两个以上沿海国的领海和专属经济区构成的海湾、海盆或海域。

第 123 条　闭海或半闭海沿岸国的合作

闭海或半闭海沿岸国在行使和履行本公约所规定的权利和义务时，应互相合作。为此目的，这些国家应尽力直接或通过适当区域组织：

(a) 协调海洋生物资源的管理、养护、勘探和开发；

(b) 协调行使和履行其在保护和保全海洋环境方面的权利和义务；

(c) 协调其科学研究政策，并在适当情形下在该地区进行联合的科学研究方案；

(d) 在适当情形下，邀请其他有关国家或国际组织与其合作以推行本条的规定。

第Ⅹ部分　内陆国出入海洋的权利和过境自由

第 124 条　用语

1. 为本公约的目的：

(a)“内陆国”是指没有海岸的国家；

(b)“过境国”是指位于内陆国与海洋之间以及通过其领土进行过境运输的国家，不论其是否具有海岸；

(c)“过境运输”是指人员、行李、货物和运输工具通过一个或几个过境国领土的过境，而这种通过不论是否需要转运、入仓、分卸或改变运输方式，都不过是以内陆国领土为起点或终点的旅运全程的一部分；

(d)“运输工具”是指：

(i) 铁路车辆、海洋、湖泊和河川船舶以及公路车辆；

(ii) 在当地情况需要时，搬运工人和驮兽。

2. 内陆国和过境国可彼此协议，将管道和煤气管和未列入第1款的运输工具列为运输工具。

第125条 出入海洋的权利和过境自由

1. 为行使本公约所规定的各项权利，包括行使与公海自由和人类共同继承财产有关的权利的目的，内陆国应有权出入海洋。为此目的，内陆国应享有利用一切运输工具通过过境国领土的过境自由。

2. 行使过境自由的条件和方式，应由内陆国和有关过境国通过双边、分区域或区域协定予以议定。

3. 过境国在对其领土行使完全主权时，应有权采取一切必要措施，以确保本部分为内陆国所规定的各项权利和便利绝不侵害其合法利益。

第126条 最惠国条款的不适用

本公约的规定，以及关于行使出入海洋权利的并因顾及内陆国的特殊地理位置而规定其权利和便利的特别协定，不适用最惠国条款。

第127条 关税、税捐和其他费用

1. 过境运输应无须缴纳任何关税、税捐或其他费用，但为此类运输提供特定服务而征收的费用除外。

2. 对于过境运输工具和其他为内陆国提供并由其使用的便利，不应征收高于使用过境国运输工具所缴纳的税捐或费用。

第128条 自由区和其他海关便利

为了过境运输的便利，可由过境国和内陆国协议，在过境国的出口港和入口港内提供自由区或其他海关便利。

第129条 合作建造和改进运输工具

如果过境国内无运输工具以实现过境自由，或现有运输工具包括海港设施和装备在任何方面有所不足，过境国可与有关内陆国进行合作，以建造或改进这些工具。

第130条 避免或消除过境运输发生迟延或其他技术性困难的措施

1. 过境国应采取一切适当措施避免过境运输发生迟延或其他技术性困难。

2. 如果发生这种迟延或困难，有关过境国和内陆国的主管当局应进行合作，迅速予以消除。

第131条 海港内的同等待遇

悬挂内陆国旗帜的船舶在海港内应享有其他外国船舶所享有的同等待遇。

第132条 更大的过境便利的给予

本公约缔约国间所议定或本公约一个缔约国给予的大于本公约所规定的过境便利，绝不因本公约而撤销。本公约也不排除将来给予这种更大的便利。

第Ⅺ部分“区域”

第1节 一般规定

第133条 用语

为本部分的目的：

(a)“资源”是指“区域”内在海床及其下原来位置的一切固体、液体或气体矿物资源，其中包括多金属结核；

(b) 从“区域”回收的资源称为“矿物”。

第134条 本部分的范围

1. 本部分适用于“区域”。

2. “区域”内活动应受本部分规定的支配。

3. 关于将标明第一条第1款第(1)项

所指范围界限的海图和地理坐标表交存和予以公布的规定，载于第Ⅵ部分。

4. 本条的任何规定不影响根据第六部分大陆架外部界限的划定或关于划定海岸相向或相邻国家间界限的协定的效力。

第 135 条 上覆水域和上空的法律地位

本部分或依其授予或行使的任何权利，不应影响“区域”上覆水域的法律地位，或这种水域上空的法律地位。

第 2 节　支配“区域”的原则

第 136 条 人类的共同继承财产

“区域”及其资源是人类的共同继承财产。

第 137 条 “区域”及其资源的法律地位

1. 任何国家不应对“区域”的任何部分或其资源主张或行使主权或主权权利，任何国家或自然人或法人，也不应将“区域”或其资源的任何部分据为己有。任何这种主权和主权权利的主张或行使，或这种据为己有的行为，均应不予承认。

2. 对“区域”内资源的一切权利属于全人类，由管理局代表全人类行使。这种资源不得让渡。但从“区域”内回收的矿物，只可按照本部分和管理局的规则、规章和程序予以让渡。

3. 任何国家或自然人或法人，除按照本部分外，不应对“区域”矿物主张、取得中行使权利。否则，对于任何这种权利的主张、取得或行使，应不予承认。

第 138 条 国家对于“区域”的一般行为

各国对于“区域”的一般行为，应按照本部分的规定、《联合国宪章》所载原则，以及其他国际法规则，以利维持和平与安全，促进国际合作和相互了解。

第 139 条 确保遵守本公约的义务和损害赔偿责任

1. 缔约国应有责任确保“区域”内活动，不论是由缔约国、国营企业或具有缔约国国籍的自然人或法人所从事者，一律按照本部分进行。国际组织对于该组织所进行的“区域”内活动也应有同样责任。

2. 在不妨害国际法规则和附件 3 第 22 条的情形下，缔约国或国际组织应对由于其没有履行本部分规定的义务而造成的损害负有赔偿责任；共同进行活动的缔约国或国际组织应承担连带赔偿责任。但如缔约国已依据第 153 条第 4 款和附件 3 第 4 条第 4 款采取一切必要和适当措施，以确保其根据第 153 条第 2 款（b）项担保的人切实遵守规定，则该缔约国对于因这种人没有遵守本部分规定而造成的损害，应无赔偿责任。

3. 为国际组织成员的缔约国应采取适当措施确保本条对这种组织的实施。

第 140 条 全人类的利益

1. “区域”内活动应依本部分的明确规定为全人类的利益而进行，不论各国的地理位置如何，也不论是沿海国或内陆国，并特别考虑到发展中国家和尚未取得完全独立或联合国按照其大会第 1541（XV）号决议和其他有关大会决议所承认的其他自治地位的人民的利益和需要。

2. 管理局应按照第 160 条第 2 款（f）项（1）目作出规定，通过任何适当的机构，在无歧视的基础上公平分配从“区域”内活动取得的财政及其他经济利益。

第 141 条 专为和平目的利用“区域”

“区域”应开放给所有国家，不论是沿海国或内陆国，专为和平目的利用，不加歧视，也不得妨害本部分其他规定。

第 142 条 沿海国的权利和合法利益

1. “区域”内活动涉及跨越国家管辖范围的“区域”内资源矿床时，应适当顾及这种矿床跨越其管辖范围的任何沿海国的权利和合法利益。

2. 应与有关国家保持协商，包括维持一种事前通知的办法在内，以免侵犯上述权利和利益。如“区域”内活动可能导致对国家管辖范围内资源的开发，则需事先征得有关沿海国的同意。

3. 本部分或依其授予或行使的任何权利，应均不影响沿海国为防止、减轻或消除因任何“区域”内活动引起或造成的污染威胁或其他危险事故使其海岸或有关利益受到的严重迫切危险而采取与第Ⅻ部分有关规定相符合的必要措施的权利。

第 143 条　海洋科学研究

1. “区域”内的海洋科学研究，应按照第ⅩⅢ部分专为和平目的并为谋全人类的利益进行。

2. 管理局可进行有关“区域”及其资源的海洋科学研究，并可为此目的订立合同。管理局应促进和鼓励在“区域”内进行海洋科学研究，并应协调和传播所得到的这种研究和分析的结果。

3. 各缔约国可在“区域”内进行海洋学研究。各缔约国应以下列方式促进“区域”内海洋科学研究方面的国际合作：

(a) 参加国际方案，并鼓励不同国家的人员和管理局人员合作进行海洋科学研究；

(b) 确保在适当情形下通过管理局或其他国际组织，为了发展中国家和技术较不发达国家的利益发展各种方案，以期：

(1) 加强它们的研究能力；

(2) 在研究的技术和应用方面训练它们的人员和管理局的人员；

(3) 促进聘用它们的合格人员，从事“区域”内的研究；

(c) 通过管理局，或适当进通过其他国际途径，切实传播所得到的研究和分析结果。

第 144 条　技术的转让

1. 管理局应按照本公约采取措施，以：

(a) 取得有关“区域”内活动的技术和科学知识；并

(b) 促进和鼓励向发展中国家转让这种技术和科学知识，使所有缔约国都从其中得到利益。

2. 为此目的，管理局和各缔约国应互相合作，以促进有关“区域”内活动的技术和科学知识的转让，使企业部和所有缔约国都从其中得到利益。它们应特别倡议并推动：

(a) 将有关“区域”内活动的技术转让给企业部和发展中国家的各种方案，除其他外，包括便利企业部和发展中国家根据公平合理的条款和条件取得有关的技术；

(b) 促进企业部技术和发展中国家本国技术的进展的各种措施，特别是使企业部和发展中国家的人员有机会接受海洋科学和技术的训练和充分参加“区域”内活动。

第 145 条　海洋环境的保护

应按照本公约对“区域”内活动采取必要措施，以确保切实保护海洋环境，不受这种活动可能产生的有害影响。为此目的，管理局应制定适当的规则、规章和程序，以便除其他外：

(a) 防止、减少和控制对包括海岸在内的海洋环境的污染和其他危害，并防止干扰海洋环境的生态平衡，特别注意使其不受诸如钻探、挖泥、挖凿、废物处置等活动，以及建造和操作或维修与这种活动有关的设施、管道和其他装置所产生的有害影响；

(b) 保护和养护“区域”的自然资源，以防止对海洋环境中动植物的损害。

第 146 条　人命的保护

关于“区域”内活动，应采取必要措施，以确保切实保护人命。为此目的，管理局应制定适当的规则、规章和程序，以补充有关条约所体现的现行国际法。

第 147 条　“区域”内活动与海洋环境中的活动的相互适应

1. “区域”内活动的进行，应合理地顾

及海洋环境中的其他活动。

2. 进行“区域”内活动所使用的设施应受下列条件的限制：

(a) 这种设施应仅按照本部分和在管理局的规则、规章和程序的限制下安装、安置和拆除。这种设施的安装、安置和拆除必须妥为通知，并对其存在必须维持永久性的警告方法；

(b) 这种设施不得设在对使用国际航行必经的公认海道可能有干扰的地方，或设在有密集捕捞活动的区域；

(c) 这种设施的周围应设立安全地带并加适当的标记，以确保航行和设施的安全。这种安全地带的形状和位置不得构成一个地带阻碍船舶合法出入特定海洋区域或阻碍沿国际海道的航行；

(d) 这种设施应专用于和平目的；

(e) 这种设施不具有岛屿地位。它们没有自己的领海，其存在也不影响领海、专属经济区或大陆架界限的划定。

3. 在海洋环境中进行的其他活动，应合理地顾及“区域”内活动。

第 148 条 发展中国家对“区域”内活动的参加

应按照本部分的具体规定促进发展中国家有效参加“区域”内活动，并适当顾及其特殊利益和需要，尤其是其中的内陆国和地理不利国在克服因不利位置，包括距离“区域”遥远和出入“区域”困难而产生的障碍方面的特殊需要。

第 149 条 考古和历史文物

在“区域”内发现的一切考古和历史文物，应为全人类的利益予以保存或处置，但应特别顾及来源国，或文化上的发源国，或历史和考古上的来源国的优先权利。

第 3 节 “区域”内资源的开发

第 150 条 关于“区域”内活动的政策

“区域”内活动应按照本部分的明确规定进行，以求有助于世界经济的健全发展和国际贸易的均衡增长，并促进国际合作，以谋所有国家特别是发展中国家的全面发展，并且为了确保：

(a) “区域”资源的开发；

(b) 对“区域”资源进行有秩序、安全和合理的管理，包括有效地进行“区域”内活动，并按照健全的养护原则，避免不必要的浪费；

(c) 扩大参加这种活动的机会，以符合特别是第 144 条和第 148 条的规定；

(d) 按照本公约的规定使管理局分享收益，以及对企业部和发展中国家作技术转让；

(e) 按照需要增加从“区域”取得的矿物的供应量，连同从其他来源取得的矿物，以保证这类矿物的消费者获得供应；

(f) 促进从“区域”和从其他来源取得的矿物的价格合理而又稳定，对生产者有利，对消费者也公平，并促进供求的长期平衡；

(g) 增进所有缔约国，不论其经济社会制度或地理位置如何，参加开发“区域”内资源的机会，并防止垄断“区域”内活动；

(h) 按照第 151 条的规定，保护发展中国家，使它们的经济或出口收益不致因某一受影响矿物的价格或该矿物的出口量降低，而遭受不良影响，但以这种降低是由于“区域”内活动造成的为限；

(i) 为全人类的利益开发共同继承财产；

(j) 从“区域”取得的矿物作为输入品以及这种矿物所产商品作为输入品的进入市场的条件，不应比适用于其他来源输入品的最优惠待遇更为优惠。

第 151 条 生产政策

1. (a) 在不妨害第 150 条所载目标的

情形下，并为实施该条（h）项的目的，管理局应通过现有议事机构，或在适当时，通过包括生产者和消费者在内的有关各方都参加的新安排或协议，采取必要措施，以对生产者有利对消费者也公平的价格，促进“区域”资源所产商品的市场的增长、效率和稳定，所有缔约国都应为此目的进行合作。

（b）管理局应有权参加生产者和消费者在内的有关各方都参加的关于上述商品的任何商品会议。管理局应有权参与上述会议产生的任何安排或协议。管理局参加根据这种安排或协议成立的任何机关，应与“区域”内的生产有关，并符合这种机关的有关规则。

（c）管理局应履行根据这种安排或协议所产生的义务，以求保证对“区域”内有关矿物的一切生产，均划一和无歧视地实施。管理局在这样做的时候，应以符合现有合同条款和已核准的企业部工作计划的方式行事。

2.（a）在第 3 款指明的过渡期间内，经营者在向管理局提出申请并经发给生产许可以前，不应依据一项核准的工作计划进行商业生产。这种生产许可不得在根据工作计划预定开始商业生产前逾五年时申请或发出，除非管理局考虑到方案进展的性质和时机在其规则和规章中为此规定了另一期间。

（b）在生产许可的申请中，经营者应具体说明按照核准的工作计划预期每年回收的镍的数量。申请中应列有经营者为使其于预定的日期如期开始商业生产而合理地算出的在收到许可以后将予支出的费用表。

（c）为了（a）和（b）项的目的，管理局应按照附件 3 第 17 条规定适当的成绩要求。

（d）管理局应照申请的生产量发给生产许可，除非在过渡期间内计划生产的任何一年中，该生产量和已核准的生产量的总和超过在发给许可的年度依照第 4 款算出的镍生产最高限额。

（e）生产许可和核准的申请一经发给，即成为核准的工作计划的一部分。

（f）如果经营者申请生产许可依据（d）项被拒绝，则该经营者可随时向管理局再次提出申请。

3. 过渡期间应自根据核准的工作计划预定开始最早的商业生产的那一年 1 月 1 日以前的五年开始。如果最早进行商业生产的时间延迟到原定的年度以后，过渡期间的开始和原来计算的生产最高限额都应作相应的调整。过渡期间应为二十五年，或至第 155 条所指的审查会议结束，或至第 1 款所指的新安排或协议开始生效之日为止，以最早者为准。如果这种安排或协议因任何理由而终止或失效，在过渡期间所余时间内，管理局应重新行使本条规定的权力。

4.（a）过渡期间内任何一年的生产最高限额应为以下的总和：

（1）依据（b）项计算的镍年消费量趋势线上最早的商业生产年度以前那一年和过渡期间开始前那一年数值的差额；加上

（2）依据（b）项计算的镍消费量趋势线上所申请的生产许可正适用的那一年和最早的商业生产年度以前那一年数值的差额的百分之六十。

（b）为了（a）项的目的：

（1）计算镍生产最高限额所用的趋势线数值，应为发给生产许可的年度中计算的趋势线上的镍年消费量数值。趋势线应从能够取得数据的最近十五年期间的实际镍消费量，取其对数值，以时间为自变量，用线性回归法导出。这一趋势线应称为原趋势线；

（2）如果原趋势线年增长率少于百分之三，则用来确定（a）项所指数量的趋势线应为穿过原趋势线上该十五年期间第一年的数值而年增长率为百分之三的趋势线；但过渡期间内任何一年规定的生产最高限额无论如何不得超出该年原趋势线数值同过渡期间开始前一年的原趋势线数值之差。

5. 管理局应在依据第 4 款计算得来的生产最高限额中，保留给企业部 38 000 公吨*的镍，以供其从事最初生产。

6. (a) 经营者在任何一年内可生产少于其生产许可内所指明的从多金属结核生产的矿物的年产数量，或最多较此数量高百分之八，但其总产量应不超出许可内所指明的数量。任何一年内在百分之八以上百分之二十以下的超产，或连续两年超产后的第一年以及随后各年的超产，应同管理局进行协商；管理局可要求经营者就增加的产量取得一项补充的生产许可。

(b) 管理局对于这种补充生产许可的申请，只有在处理了尚未获得生产许可的经营者所已提出的一切申请，并已适当考虑到其他可能的申请者之后，才应加以审议。管理局应以不超过过渡期间任何一年内生产最高限额所容许的总生产量为指导原则。它不应核准在任何工作计划下超过 46 500 公吨的镍年产量。

7. 依据一项生产许可从回收的多金属结核所提炼的铜、钴和锰等其他金属的产量，不应高于经营者依据本条规定从这些结核生产最高产量的镍时所能生产的数量。管理局应依据附件 3 第 17 条制定规则、规章和程序以实施本项规定。

8. 根据有关的多边贸易协定关于不公平经济措施的权利和义务，应适用于“区域”所产矿物的勘探和开发。在解决因本项规定而产生的争端时，作为这种多边贸易协定各方的缔约国应可利用这种协定的解决争端程序。

9. 管理局应有权按照第 161 条第 8 款制定规章，在适当的条件下，使用适当的方法限制“区域”所产而非产自多金属结核的矿物的产量。

10. 大会应依理事会根据经济规划委员会的意见提出的建议，建立一种补偿制度，或其他经济调整援助措施，包括同各专门机构和其他国际组织进行合作，以协助其出口收益或经济因某一受影响矿物的价格或该矿物的出口量降低而遭受严重不良影响的发展中国家，但以此种降低是由于“区域”内活动造成的为限。管理局经请求应对可能受到最严重影响的国家的问题发动研究，以期尽量减轻它们的困难，并协助它们从事经济调整。

第 152 条 管理局权力和职务的行使

1. 管理局在行使其权力和职务，包括给予进行“区域”内活动的机会时，应避免歧视。

2. 但本部分具体规定的为发展中国家所作的特别考虑，包括为其中的内陆国和地理不利国所作的特别考虑应予准许。

第 153 条 勘探和开发制度

1. “区域”内活动应由管理局代表全人类，按照本条以及本部分和有关附件的其他有关规定，和管理局的规则、规章和程序，予以安排、进行和控制。

2. “区域”内活动应依第 3 款的规定：

(a) 由企业部进行；

(b) 由缔约国或国营企业、或在缔约国担保下的具有缔约国国籍或由这类国家或其国民有效控制的自然人或法人、或符合本部分和附件 3 规定的条件的上述各方的任何组合，与管理局以协作方式进行。

3. “区域”内活动应按照一项依据附件三所拟订并经理事会于法律和技术委员会审议后核准的正式书面工作计划进行。在第 2 款 (b) 项所述实体按照管理局的许可进行“区域”内活动的情形下，这种工作计划应按照附件 3 第 3 条采取合同的形式。这种合同可按照附件 3 第 11 条作出联合安排。

* 公吨为非法定计量单位，1 公吨=1 吨。

4. 管理局为确保本部分和与其有关的附件的有关规定，和管理局的规则、规章和程序以及按照第 3 款核准的工作计划得到遵守的目的，应对“区域”内活动行使必要的控制。缔约国应按照第 139 条采取一切必要措施，协助管理局确保这些规定得到遵守。

5. 管理局应有权随时采取本部分所规定的任何措施，以确保本部分条款得到遵守和根据本部分或任何合同所指定给它的控制和管理职务的执行。管理局应有权检查与“区域”内活动有关而在“区域”内使用的一切设施。

6. 第 3 款所述的合同应规定期限内持续有效的保证。因此，除非按照附件 3 第 18 条和第 19 条的规定，不得修改、暂停或终止合同。

第 154 条　定期审查

从本公约生效时起，大会每五年应对本公约设立的“区域”的国际制度的实际实施情况，进行一次全面和系统的审查。参照上述审查，大会可按照本部分和与其有关的附件的规定和程序采取措施，或建议其他机构采取措施，以导致对制度实施情况的改进。

第 155 条　审查会议

1. 自根据一项核准的工作计划最早的商业生产开始进行的那一年 1 月 1 日起十五年后，大会应召开一次会议，审查本部分和有关附件支配勘探和开发“区域”资源制度的各项规定。审查会议应参照这段时期取得的经验，详细审查：

(a) 本部分和有关附件支配勘探和开发“区域”资源制度的各项规定，是否已达成其各方面的目标，包括是否已使全人类得到利益；

(b) 在十五年期间，同非保留区域相比，保留区域是否已以有效而平衡的方式开发；

(c) 开发和使用“区域”及其资源的方式，是否有助于世界经济的健全发展和国际贸易均衡增长；

(d) 是否防止了对“区域”内活动的垄断；

(e) 第 150 条和第 151 条所载各项政策是否得到实行；

(f) 制度是否使“区域”内活动产生的利益得到公平的分享，特别考虑到发展中国家的利益和需要。

2. 审查会议应确保继续维持人类共同继承财产的原则，为确保公平开发“区域”资源使所有国家尤其是发展中国家都得到利益而制定的国际制度，以及安排、进行和控制“区域”内活动的管理局。会议还应确保继续维持本部分规定的关于下列各方面的各项原则：排除对“区域”的任何部分主张或行使主权，各国的权利及其对于“区域”的一般行为，和各国依照本公约参与勘探和开发“区域”资源，防止对“区域”内活动的垄断，专为和平目的利用“区域”，“区域”内活动的经济方面，海洋科学研究，技术转让，保护海洋环境，保护人命，沿海国的权利，“区域”的上覆水域及其上空的法律地位，以及关于“区域”内活动和海洋环境中其他活动之间的相互适应。

3. 审查会议适用的作出决定的程序应与第三次联合国海洋法会议所适用的程序相同。会议应作出各种努力就任何修正案以协商一致方式达成协议，且除非已尽最大努力以求达成协商一致，不应就这种事项进行表决。

4. 审查会议开始举行五年后，如果未能就关于勘探和开发“区域”资源的制度达成协议，则会议可在此后的十二个月以内，以缔约国的四分之三多数作出决定，就改变或修改制度制定其认为必要和适当的修正案，提交各缔约批准或加入。此种修正案应于四分之三缔约国交存批准书或加入书后十二个月对所有缔约国生效。

5. 审查会议依据本条通过的修正案应

不影响按照现有合同取得的权利。

第4节 管理局

A分节 一般规定

第156条 设立管理局

1. 兹设立国际海底管理局，按照本部分执行职务。

2. 所有缔约国都是管理局的当然成员。

3. 已签署最后文件但在第305条第1款（c）、（d）、（e）或（f）项中未予提及的第三次联合国海洋法会议中的观察员，应有权按照管理局的规则、规章和程序以观察员资格参加管理局。

4. 管理局的所在地应在牙买加。

5. 管理局可设立其认为在执行职务上必要的区域中心或办事处。

第157条 管理局的性质和基本原则

1. 管理局是缔约国按照本部分组织和控制"区域"内活动，特别是管理"区域"资源的组织。

2. 管理局应具有本公约明示授予的权力和职务。管理局应有为行使关于"区域"内活动的权力和职务所包含的和必要的并符合本公约的各项附带权力。

3. 管理局以所有成员主权平等的原则为基础。

4. 管理局所有成员应诚意履行按照本部分承担的义务，以确保其全体作为成员享有的权利和利益。

第158条 管理局的机关

1. 兹设立大会、理事会和秘书处作为管理局的主要机关。

2. 兹设立企业部，管理局应通过这个机关执行第170条第1款所指的职务。

3. 经认为必要的附属机关可按照本部分设立。

4. 管理局各主要机关和企业部应负责行使对其授予的权力和职务。每一机关行使这种权力和职务时，应避免采取可能对授予另一机关的特定权力和职务的行使有所减损或阻碍的任何行动。

B分节 大会

第159条 组成、程度和表决

1. 大会应由管理局的全体成员组成。每一成员应有一名代表出席大会，并可由副代表及顾问随同出席。

2. 大会应召开年度常会，经大会决定，或由秘书长应理事会的要求或管理局过半数成员的要求，可召开特别会议。

3. 除非大会另有决定，各届会议应在管理局的所在地举行。

4. 大会应制定其议事规则。大会应在每届常会开始时选出其主席和其他必要的高级职员。他们的任期至下届常会选出新主席及其他高级职员为止。

5. 大会过半数成员构成法定人数。

6. 大会每一成员应有一票表决权。

7. 关于程序问题的决定，包括召开大会特别会议的决定，应由出席并参加表决的成员过半数作出。

8. 关于实质问题的决定，应以出席并参加表决的成员三分之二多数作出。但这种多数应包括参加该会议的过半数成员。对某一问题是否为实质问题发生争论时，该问题应作为实质问题处理，除非大会以关于实质问题的决定所需的多数另作决定。

9. 将一个实质问题第一次付诸表决时，主席可将就该问题进行表决的问题推迟一段时间，如经大会至少五分之一成员提出要求，则应将表决推迟，但推迟时间不得超过五历日。此项规则对任一问题只可适用一次，并且不应用来将问题推迟至会议结束以后。

10. 对于大会审议中关于任何事项的提案是否符合本公约的问题，在管理局至少四分之一成员以书面要求主席征求咨询意见时，大会应请国际海洋法法庭海底争端分庭就该提案提出咨询意见，并应在收到分庭的咨询意见前，推迟对该提案的表决。如果在提出要求的那期会议最后一个星期以前还没有收到咨询意见，大会应决定何时开会对已推迟的提案进行表决。

第160条 权力和职务

1. 大会作为管理局唯一由其所有成员组成的机关，应视为管理局的最高机关，其他各主要机关均应按照本公约的具体规定向大会负责。大会应有权依照本公约各项有关规定，就管理局权限范围内的任何问题或事项制订一般性政策。

2. 此外，大会的权力和职务应为：

（a）按照第161条的规定，选举理事会成员；

（b）从理事会提出的候选人中，选举秘书长；

（c）根据理事会的推荐，选举企业部董事会董事和企业部总干事；

（d）设立为按照本部分执行其职务认为有必要的附属机关。这种机关的组成，应适当考虑到公平地区分配原则和特别利益，以及其成员必须对这种机关所处理的有关技术问题具备资格和才能；

（e）在管理局未能从其他来源得到足够收入应付其行政开支以前，按照以联合国经常预算所用比额表为基础议定的会费分摊比额表，决定各成员国对管理局的行政预算应缴的会费；

（f）

（1）根据理事会的建议，审议和核准关于公平分享从“区域”内活动取得的财政及其他经济利益和依据第82条所缴的费用和实物的规则、规章和程序，特别考虑到发展中国家和尚未取得完全独立或其他自治地位的人民的利益和需要。如果大会对理事会的建议不予核准，大会应将这些建议送回理事会，以便参照大会表示的意见重新加以审议；

（2）审议和核准理事会依据第162条第2款（0）项（2）目暂时制定的管理局的规则、规章和程序及其修正案。这些规则、规章和程序应涉及“区域”内的探矿、勘探和开发，管理局的财务管理和内部行政以及根据企业部董事会的建议由企业部向管理局转移资金；

（g）在符合本公约规定和管理局规则、规章和程序的情形下，决定公平分配从“区域”内活动取得的财政和其他经济利益；

（h）审议和核准理事会提出的管理局的年度概算；

（i）审查理事会和企业部的定期报告以及要求理事会或管理局任何其他机关提出的特别报告；

（j）为促进有关“区域”内活动的国际合作和鼓励与此有关的国际法的逐渐发展及其编纂的目的，发动研究和提出建议；

（k）审议关于“区域”内活动的一般性问题，特别是对发展中国家产生的问题，以及关于“区域”内活动对某些国家，特别是内陆国和地理不利国，因其地理位置而造成的那些问题；

（l）经理事会按照经济规划委员会的意见提出建议，依第151条第10款的规定，建立补偿制度或采取其他经济调整援助措施；

（m）依据第185条暂停成员的权利和特权的行使；

（n）讨论管理局权限范围内的任何问题或事项，并在符合管理局各个机关权力和职务的分配的情形下，决定由管理局哪一机关来处理本公约条款未规定由其某一机关处理的任何这种问题或事项。

C分节 理事会

第161条 组成、程序和表决

1. 理事会应由大会按照下列次序选出的三十六个管理局成员组成：

(a) 四个成员来自在有统计资料的最近五年中，对于可从“区域”取得的各类矿物所产的商品，其消费量超过世界总消费量百分之二，或其净进口量超过世界总进口量百分之二的那些缔约国，无论如何应有一个国家属于东欧（社会主义）区域，和最大的消费国；

(b) 四个成员来自直接地或通过其国民对“区域”内活动的准备和进行作出了最大投资的八个缔约国，其中至少应有一个国家属于东欧（社会主义）区域；

(c) 四个成员来自缔约国中因在其管辖区域内的生产而为可从“区域”取得的各类矿物的主要净出口国，其中至少应有两个是出口这种矿物对其经济有重大关系的发展中国家；

(d) 六个成员来自发展中国家缔约国，代表特别利益。所代表的特别利益应包括人口众多的国家、内陆国或地理不利国、可从“区域”取得的各类矿物的主要进口国、这些矿物的潜在的生产国以及最不发达国家的利益；

(e) 十八个成员按照确保理事会的席位作为一个整体予以公平地区分配的原则选出，但每一地理区域至少应有根据本项规定选出的一名成员。为此目的，地理区域应为非洲、亚洲、东欧（社会主义）、拉丁美洲和西欧及其他国家。

2. 按照第 1 款选举理事会成员时，大会应确保：

(a) 内陆国和地理不利国有和它们在大会内的代表权成合理比例的代表；

(b) 不具备第 1 款 (a) (b) (c) 或 (d) 项所列条件的沿海国，特别是发展中国家有和它们在大会内的代表权成合理比例的代表；

(c) 在理事会内应有代表的每一个缔约国集团，其代表应由该集团提名的任何成员担任。

3. 选举应在大会的常会上举行。理事会每一成员任期四年。但在第一次选举时，第 1 款所指每一集团的一半成员的任期应为两年。

4. 理事会成员连选可连任；但应妥为顾及理事会成员轮流的相宜性。

5. 理事会应在管理局所在地执行职务，并应视管理局业务需要随时召开会议，但每年不得少于三次。

6. 理事会过半数成员构成法定人数。

7. 理事会每一成员应有一票表决权。

8. (a) 关于程序问题的决定应以出席并参加表决的过半数成员作出。

(b) 关于在下列条款下产生的实质问题的决定，应以出席并参加表决的成员的三分之二多数作出，但这种多数应包括理事会的过半数成员：第 162 条第 2 款 (f) 项，(g) 项，(h) 项，(i) 项，(n) 项，(p) 项和 (v) 项；第 191 条。

(c) 关于在下列条款下产生的实质问题的决定，应以出席并参加表决的成员的四分之三多数作出，但这种多数应包括理事会的过半数成员：第 162 条第 1 款；第 162 条第 2 款 (a) 项，(b) 项，(c) 项，(d) 项，(e) 项，(l) 项，(q) 项，(r) 项，(s) 项，(t) 项，在承包者或担保者不遵守规定的情形下 (u) 项，(w) 项，但根据本项发布的命令的有效期间不得超过三十天，除非以按照 (d) 项作出的决定加以确认，(x) 项，(y) 项，(z) 项；第 163 条第 2 款；第 174 条第 3 款；附件 4 第 11 条。

(d) 关于在下列条款下产生的实质问题的决定应以协商一致方式作出：第 162 条第 2 款 (m) 项和 (o) 项；对第Ⅺ部分的修正案的通过。

(e) 为了 (d) 项、(f) 项和 (g) 项的目的，“协商一致”是指没有任何正式的反对意见。在一项提案向理事会提出后十四天内，理事会主席应确定对该提案的通过是否会有正式的反对意见。如果主席确定会有这种反对意见，则主席应于作出这种确定后三天内成立并召集一个其成员不超过九人的调解委员会，由他本人担任主席，以调解分歧并提出能够以协商一致方式通过的提案。委员会应迅速进行工作，并于十四天内向理事会提出报告。如果委员会无法提出能以协商一致方式通过的提案，它应于其报告中说明反对该提案所根据的理由。

（f）就以上未予列出的问题，经理事会获得管理局规则、规章和程序或其他规定授权作出的决定，应依据规则、规章和程序所指明的本款各项予以作出，如果其中未予指明，则依据理事会以协商一致方式于可能时提前确定的一项予以作出。

（g）遇有某一问题究应属于（a）项、（b）项、（c）项或（d）项的问题，应根据情况将该问题作为在需要较大或最大多数或协商一致的那一项内的问题加以处理，除非理事会以上述多数或协商一致另有决定。

9. 理事会应制订一项程序，使在理事会内未有代表的管理局成员可在该成员提出要求时或在审议与该成员特别有关的事项时，派出代表参加其会议，这种代表应有权参加讨论，但无表决权。

第 162 条　权力和职务

1. 理事会为管理局的执行机关。理事会应有权依本公约和大会所制订的一般政策，制订管理局对于其权限范围以内的任何问题或事项所应遵循的具体政策。

2. 此外，理事会应：

（a）就管理局职权范围内所有问题和事项监督和协调本部分规定的实施，并提请大会注意不遵守规定的情事；

（b）向大会提出选举秘书长的候选人名单；

（c）向大会推荐企业部董事会的董事和企业部总干事的候选人；

（d）在适当时，并在妥为顾及节约和效率的情形下，设立其认为按照本部分执行其职务所必要的附属机关。附属机关的组成，应注重其成员必须对这种机关所处理的有关技术问题具备资格和才能，但应妥为顾及公平地区分配原则和特别利益；

（e）制定理事会议事规则，包括推选其主席的方法；

（f）代表管理局在其职权范围内同联合国或其他国际组织缔结协定，但须经大会核准；

（g）审查企业部的报告，并将其转交大会，同时提交其建议；

（h）向大会提出年度报告和大会要求的特别报告；

（i）按照第 170 条向企业部发出指示；

（j）按照附件 3 第 6 条核准工作计划。理事会应于法律和技术委员会提出每一工作计划后六十天内在理事会的会议上按照下列程序对该工作计划采取行动：

（1）如果委员会建议核准一项工作计划，在十四天内理事会如无任何成员向主席书面提出具体反对意见，指称不符合附件 3 第 6 条的规定，则该工作计划应视为已获理事会核准。如有反对意见，即应适用第 161 条第 8 款（c）项所载的调解程序。如果在调解程序结束时，反对意见依然坚持，则除非理事会中将提出申请或担保申请者的任何一国或数国排除在外的成员以协商一致方式对工作计划不予核准，则该工作计划应视为已获理事会核准；

（2）如果委员会对一项工作计划建议不予核准，或未提出建议，理事会可以出席和参加表决的成员的四分之三的多数决定核准该工作计划，但这一多数须包括参加该次会议的过半数成员；

（k）核准企业部按照附件 4 第 12 条提出的工作计划，核准时比照适用（j）项内所列的程序；

（l）按照第 153 条第 4 款和管理局的规

则、规章和程序，对“区域”内活动行使控制；

（m）根据经济规划委员会的建议，按照第150条（h）项，制定必要和适当的措施，以保护发展中国家使其不致受到该项中指明的不良经济影响；

（n）根据经济规划委员会的意见，向大会建议第151条第10款所规定的补偿制度或其他经济调整援助措施；

（o）（1）向大会建议关于公平分享从“区域”内活动取得的财政及其他经济利益以及依据第82条所缴费用和实物的规则、规章和程序，特别顾及发展中国家和尚未取得完全独立或其他自治地位的人民的利益和需要；（2）在经大会核准前，暂时制定并适用管理局规则、规章和程序及其任何修正案，考虑到法律和技术委员会或其他有关附属机构的建议。这种规则、规章和程序应涉及“区域”内的探矿、勘探和开发以及管理局的财务管理和内部行政。对于制定有关多金属结核的勘探和开发的规则、规章和程序，应给予优先。有关多金属结核以外任何资源的勘探和开发的规则、规章和程序，应于管理局任何成员向其要求制订之日起三年内予以制定。所有规则、规章和程序应于大会核准以前或理事会参照大会表示的任何意见予以修改以前，在暂时性的基础上生效；

（p）审核在依据本部分进行的业务方面由管理局付出或向其缴付的一切款项的收集工作；

（q）在附件3第7条有此要求的情形下，从生产许可的申请者中作出选择；

（r）将管理局的年度概算提交大会核准；

（s）就管理局职权范围内的任何问题或事项的政策，向大会提出建议；

（t）依据第185条，就暂停成员权利和特权的行使向大会提出建议；

（u）在发生不遵守规定的情形下，代表管理局向海底争端分庭提起司法程序；

（v）经海底争端分庭在根据（u）项提起的司法程序作出裁判后，将此通知大会，并就其认为应采取的适当措施提出建议；

（w）遇有紧急情况，发布命令，其中可包括停止或调整作业的命令，以防止“区域”内活动对海洋环境造成严重损害；

（x）在有重要证据证明海洋环境有受严重损害之虞的情形下，不准由承包者或企业部开发某些区域；

（y）设立一个附属机关来制订有关下列两项财政方面的规则、规章和程序草案：

（1）按照第171条至第175条的财务管理；

（2）按照附件3第13条和第17条第1款（c）项的财政安排；

（z）设立适当机构来指导和监督视察工作人员，这些视察员负责视察“区域”内活动，以确定本部分的规定、管理局的规则、规章和程序、以及同管理局订立的任何合同的条款和条件，是否得到遵守。

第163条 理事会的机关

1. 兹设立事事会的机关如下：

（a）经济规划委员会；

（b）法律和技术委员会。

2. 每一委员会应由理事会根据缔约国提名选出的十五名委员组成。但理事会可于必要时在妥为顾及节约和效率的情形下，决定增加任何一个委员会的委员人数。

3. 委员会委员应具备该委员会职务范围内的适当资格。缔约国应提名在有关领域内有资格的具备最高标准的能力和正直的候选人，以便确保委员会有效执行其职务。

4. 在选举委员会委员时，应妥为顾及席位的公平地区分配和特别利益有其代表的需要。

5. 任何缔约国不得提名一人以上为同一委员会的候选人。任何人不应当选在一个以上委员会任职。

6. 委员会委员任期五年，连选可连任一次。

7. 如委员会委员在其任期届满之前死亡、丧失能力或辞职，理事会应从同一地理区域或同一利益方面选出一名委员任满所余任期。

8. 委员会委员不应在同“区域”内的勘探和开发有关的任何活动中有财务上的利益。各委员在对其所任职的委员会所负责任限制下，不应泄露工业秘密、按照附件3第14条转让给管理局的专有性资料，或因其在管理局任职而得悉的任何其他秘密情报，即使在职务终止以后，也是如此。

9. 每一委员会应按照理事会所制定的方针和指示执行其职务。

10. 每一委员会应拟订为有效执行其职务所必要的规则和规章，并提请理事会核准。

11. 委员会作出决定的程序应由管理局的规则、规章和程序加以规定。提交理事会的建议，必要时应附送委员会内不同意见的摘要。

12. 每一委员会通常应在管理局所在地执行职务，并按有效执行其职务的需要，经常召开会议。

13. 在执行这些职务时，每一委员会可在适当时同另一委员会或联合国任何主管机关、联合国各专门机构、或对协商的主题事项具有有关职权的任何国际组织进行协商。

第164条　经济规划委员会

1. 经济规划委员会委员应具备诸如与采矿、管理矿物资源活动、国际贸易或国际经济有关的适当资格。理事会应尽力确保委员会的组成反映出一切适当的资格。委员会至少应有两个成员来自出口从“区域”取得的各类矿物对其经济有重大关系的发展中国家。

2. 委员会应：

(a) 经理事会请求，提出措施，以实施按照本公约所采取的关于“区域”内活动的决定；

(b) 审查可从“区域”取得的矿物的供应、需求和价格的趋势与对其造成影响的因素，同时考虑到输入国和输出国两者的利益，特别是其中的发展中国家的利益；

(c) 审查有关缔约国提请其注意的可能导致第150条(h)项内所指不良影响的任何情况，并向理事会提出适当建议；

(d) 按照第151条第10款所规定，向理事会建议对于因“区域”内活动而受到不良影响的发展中国家提供补偿或其他经济调整援助措施的制度以便提交大会。委员会应就大会通过的这一制度或其他措施对具体情况的适用，向理事会提出必要的建议。

第165条　法律和技术委员会

1. 法律和技术委员会委员应具备诸如有关矿物资源的勘探和开发及加工、海洋学、海洋环境的保护，或关于海洋采矿的经济或法律问题以及其他有关的专门知识方面的适当资格。理事会应尽力确保委员会的组成反映出一切适当的资格。

2. 委员会应：

(a) 经理事会请求，就管理局职务的执行提出建议；

(b) 按照第153条第3款审查关于“区域”内活动的正式书面工作计划，并向理事会提交适当的建议。委员会的建议应仅以附件3所载的要求为根据，并应就其建议向理事会提出充分报告；

(c) 经理事会请求，监督“区域”内活动，在适当情形下，同从事这种活动的任何实体或有关国家协商和合作进行，并向理事会提出报告；

(d) 就“区域”内活动对环境的影响准备评价；

(e) 向理事会提出关于保护海洋环境的建议，考虑到在这方面公认的专家的意见；

(f) 拟订第 162 条第 2 款 (o) 项所指的规则、规章和程序，提交理事会，考虑到一切有关的因素，包括“区域”内活动对环境影响的评价；

(g) 经常审查这种规则、规章和程序，并随时向理事会建议其认为必要或适宜的修正；

(h) 就设立一个以公认的科学方法定期观察、测算、评价和分析“区域”内活动造成的海洋环境污染危险或影响的监测方案，向理事会提出建议，确保现行规章是足够的而且得到遵守，并协调理事会核准的监测方案的实施；

(i) 建议理事会特别考虑到第 187 条，按照本部分和有关附件，代表管理局向海底争端分庭提起司法程序；

(j) 经海底争端分庭在根据 (i) 项提起的司法程序作出裁判后，应任何应采取的措施向理事会提出建议；

(k) 向理事会建议发布紧急命令，其中可包括停止或调整作业的命令，以防止“区域”内活动对海洋环境造成严重损害。理事会应优先审议这种建议；

(l) 在有充分证据证明海洋环境有受严重损害之虞的情形下，向理事会建议不准由承包者或企业部开发某些区域；

(m) 就视察工作人员的指导和监督事宜，向理事会提出建议，这些视察员应视察“区域”内活动，以确定本部分的规定、管理局的规则、规章和程序以及同管理局订立的任何合同的条款和条件是否得到遵守；

(n) 在理事会按照附件 3 第 7 条在生产许可申请者中作出任何必要选择后，依据第 151 条第 2 款至第 7 款代表管理局计算生产最高限额并发给生产许可。

3. 经任何有关缔约国或任何当事一方请求，委员会委员执行其监督和检查的职务时，应由该有关缔约国或其他当事一方的代表一人陪同。

D 分节　秘书处

第 166 条　秘书处

1. 秘书处应由秘书长一人和管理局所需要的工作人员组成。

2. 秘书长应由大会从理事会提名的候选人中选举，任期四年，连选可连任。

3. 秘书长应为管理局的行政首长，在大会和理事会以及任何附属机关的一切会议上，应以这项身份执行职务，并应执行此种机关交付给秘书长的其他行政职务。

4. 秘书长应就管理局的工作向大会提出年度报告。

第 167 条　管理局的工作人员

1. 管理局的工作人员应由执行管理局的行政职务所必要的合格科学及技术人员和其他人员组成。

2. 工作人员的征聘和雇用，以及其服务条件的决定，应以必须取得在效率、才能和正直方面达到最高标准的工作人员为首要考虑。在这一考虑限制下，应妥为顾及在最广泛的地区基础上征聘工作人员的重要性。

3. 工作人员应由秘书长任命。工作人员的任命、薪酬和解职所根据的条款和条件，应按照管理局的规则、规章和程序。

第 168 条　秘书处的国际性

1. 秘书长及工作人员在执行职务时，不应寻求或接受任何政府的指示或管理局以外其他来源的指示。他们应避免足以影响其作为只对管理局负责的国际官员的地位的任何行动。每一缔约国保证尊重秘书长和工作人员所负责任的纯粹国际性，不设法影响他们执行其职责。工作人员如有任何违反职责的行为，应提交管理局的规则、规章和程序所规定的适当行政法庭。

2. 秘书长及工作人员在同“区域”内的勘探和开发有关的任何活动中，不应有任何财务上的利益。在他们对管理局所负责任限制下，他们不应泄露任何工业秘密、按照附件 3 第 14 条转让给管理局的专有性资料或因在管理局任职而得悉的任何其他秘密情报，即使在其职务终止以后也是如此。

3. 管理局工作人员如有违反第 2 款所载义务情事，经受到这种违反行为影响的缔约国，或由缔约国按照第 153 条第 2 款（b）项担保并因这种违反行为而受到影响的自然人或法人的要求，应由管理局将有关工作人员交管理局的规则、规章和程序所指定的法庭处理。受影响的一方应有权参加程序。如经法庭建议，秘书长应将有关工作人员解雇。

4. 管理局的规则、规章和程序应载有为实施本条所必要的规定。

第 169 条 同国际组织和非政府组织的协商和合作

1. 在管理局职权范围内的事项上，秘书长经理事会核可，应作出适当的安排，同联合国经济及社会理事会承认的国际组织和非政府组织地行协商和合作。

2. 根据第 1 款与秘书长订有安排的任何组织可指派代表，按照管理局各机关的议事规则，以观察员的身份参加这些机关的会议。应制订程序，以便在适当情形下征求这种组织的意见。

3. 秘书长可向各缔约国分发第 1 款所指的非政府组织就其具有特别职权并与管理局工作有关的事项提出的书面报告。

E 分节 企业部

第 170 条 企业部

1. 企业部应为依据第 153 条第 2 款（a）项直接进行“区域”内活动以及从事运输、加工和销售从“区域”回收的矿物的管理局机关。

2. 企业部在管理局国际法律人格的范围内，应有附件四所载章程规定的法律行为能力。企业部应按照本公约、管理局的规则、规章和程序以及大会制订的一般政策行事，并应受理事会的指示和控制。

3. 企业部总办事处应设在管理局所在地。

4. 企业部应按照第 173 条第 2 款和附件 4 第 11 条取得执行职务所需的资金，并应按照第 144 条和本公约其他有关条款规定得到技术。

F 分节 管理局的财政安排

第 171 条 管理局的资金

管理局的资金应包括：

（a）管理局各成员按照第 160 条第 2 款（e）项缴付的分摊会费；

（b）管理局按照附件 3 第 13 条因“区域”内活动而得到的收益；

（c）企业部按照附件 4 第 10 条转来的资金；

（d）依据第 174 条借入的款项；

（e）成员或其他实体所提供的自愿捐款；和

（f）按照第 151 条第 10 款向补偿基金缴付的款项，基金的来源由经济规划委员会提出建议。

第 172 条 管理局的年度预算

秘书长应编制管理局年度概算，向理事会提出。理事会应审议年度概算，并连同其对概算的任何建议向大会提出。大会应按照第 160 条第 2 款（h）项审议并核准年度概算。

第 173 条 管理局的开支

1. 在管理局未能从其他来源得到足够资金以应付其行政开支以前，第 171 条（a）项所指的会费应缴入特别账户，以支付管理局的行政开支。

2. 管理局的资金应首先支付管理局的行政开支。除了第 171 条（a）项所指分摊会费外，支付行政开支后所余资金，除其他外，可：

（a）按照第 140 条和第 160 条第 2 款

(g) 项加以分配；

(b) 按照第 170 条第 4 款用以向企业部提供资金；

(c) 按照第 151 条第 10 款和第 160 条第 2 款 (1) 项用以补偿发展中国家。

第 174 条 管理局的借款权

1. 管理局应有借款的权力。

2. 大会应在依据第 160 条第 2 款 (f) 项所制定的财务条例中规定对此项权力的限制。

3. 理事会应行使管理局的借款权。

4. 缔约国对管理局的债务应不负责任。

第 175 条 年度审计

管理局的记录、帐簿和帐目，包括其年度财务报表，应每年交由大会指派的一位独立审计员审核。

G 分节 法律地位、特权和豁免

第 176 条 法律地位

管理局应具有国际法律人格以及为执行其职务和实现其宗旨所必要的法律行为能力。

第 177 条 特权和豁免

为使其能够执行职务，管理局应在每一缔约国的领土内享有本分节所规定的特权和豁免。同企业部有关的特权和豁免应为附件 4 第 13 条内所规定者。

第 178 条 法律程序的豁免

管理局其财产和资产，应享有对法律程序的豁免，但管理局在特定事件中明白放弃这种豁免时，不在此限。

第 179 条 对搜查和任何其他形式扣押的豁免

管理局的财产和资产，不论位于何处和为何人持有，应免受搜查、征用、没收、公用征收或以行政或立法行动进行的任何其他形式的扣押。

第 180 条 限制、管制、控制和暂时冻结的免除

管理局的财产和资产应免除任何性质的限制、管理、控制和暂时冻结。

第 181 条 管理局的档案和公务通讯

1. 管理局的档案不论位于何处，应属不可侵犯。

2. 专有的资料、工业秘密或类似的情报和人事卷宗不应置于可供公众查阅的档案中。

3. 关于管理局的公务通讯，每一缔约国应给予管理局不低于给予其他国际组织的待遇。

第 182 条 若干与管理局有关人员的特权和豁免

缔约国代表出席大会、理事会、或大会或理事会所属机关的会议时，以及管理局的秘书长和工作人员，在每一缔约国领土内：

(a) 应就他们执行职务的行为，享有对法律程序的豁免，但在适当情形下，他们所代表的国家或管理局在特定事件中明白放弃这种豁免时，不在此限；

(b) 如果他们不是缔约国国民，应比照该国应给予其他缔约国职级相当的代表、官员和雇员的待遇、享有在移民限制、外侨登记规定和国民服役义务方面的同样免除、外汇管制方面的同样便利和旅行便利方面的同样待遇。

第 183 条 税捐和关税的免除

1. 在其公务活动范围内，管理局及其资产、财产和收入，以及本公约许可的管理局的业务和交易，应免除一切直接税捐，对其因公务用途而进口或出口的货物也应免除一切关税。管理局不应要求免除仅因提供服务而收取的费用的税款。

2. 为管理局的公务活动需要，由管理局或以管理局的名义采购价值巨大的货物或服务时，以及当这种货物或服务的价款包括税捐或关税在内时，各缔约国应在可行范围内采取适当措施，准许免除这种税捐或关税或设法将其退还。在本条规定的免除下进口

或采购的货物，除非根据与该缔约国协议的条件，不应在给予免除的缔约国领土内出售或作其他处理。

3. 各缔约国对于管理局付给非该国公民、国民或管辖下人员的管理局秘书长和工作人员以及为管理局执行任务的专家的薪给和酬金或其他形式的费用，不应课税。

H分节　成员国权利的特权的暂停行使

第184条　表决权的暂停行使

一个缔约国拖欠对管理局应缴的费用，如果拖欠数额等于或超过该国前两整年应缴费用的总额，该国应无表决权。但大会如果确定该成员国由于本国无法控制的情况而不能缴费，可准许该国参加表决。

第185条　成员权利和特权的暂停行使

1. 缔约国如一再严重违反本部分的规定，大会可根据理事会的建议暂停该国行使成员的权利和特权。

2. 在海底争端分庭认定一个缔约国一再严重违反本部分规定以前，不得根据第1款采取任何行动。

第5节　争端的解决和咨询意见

第186条　国际海洋法法庭海底争端分庭

海底争端分庭的设立及其行使管辖权的方式均应按照本节、第XV部分和附件6的规定。

第187条　海底争端分庭的管辖权

海底争端分庭根据本部分及其有关的附件，对以下各类有关"区域"内活动的争端应有管辖权：

(a) 缔约国之间关于本部分及其有关附件的解释或适用的争端；

(b) 缔约国与管理局之间关于下列事项的争端；

(1) 管理局或缔约国的行为或不行为据指控违反本部分或其有关附件或按其制定的规则、规章或程序；或

(2) 管理局的行为据指控逾越其管辖权或滥用权力；

(c) 第153条第2款(b)项内所指的，作为合同当事各方的缔约国、管理局或企业部、国营企业以及自然人或法人之间关于下列事项的争端：

(1) 对有关合同或工作计划的解释或适用；或

(2) 合同当事一方在"区域"内活动方面针对另一方或直接影响其合法利益的行为或不行为；

(d) 管理局同按照第153条第2款(b)项由国家担保且已妥为履行附件3第4条第6款和第13条第2款所指条件的未来承包者之间关于订立合同的拒绝，或谈判合同时发生的法律问题的争端；

(e) 管理局同缔约国、国营企业或按照第153条第2款(b)项由缔约国担保的自然人或法人之间关于指控管理局应依附件3第22条的规定负担赔偿责任的争端；

(f) 本公约具体规定由分庭管辖的任何争端。

第188条　争端提交国际海洋法法庭特别分庭或海底争端分庭专案分庭或提交有拘束力的商业仲裁

1. 第187条(a)项所指各缔约国间的争端可：

(a) 应争端各方的请求，提交按照附件6第15条和第17条成立的国际海洋法法庭特别分庭；或

(b) 应争端任何一方的请求，提交按照附件6第36条成立的海底争端分庭专案分庭。

2. (a) 有关第187条(c)项(1)目内所指合同的解释或适用的争端，经争端任何一方请求，应提交有拘束力的商业仲裁，除非争端各方另有协议。争端所提交的商业

仲裁法庭对决定本公约的任何解释问题不具有管辖权。如果争端也涉及关于"区域"内活动的第Ⅺ部分及其有关附件的解释问题，则应将该问题提交海底争端分庭裁定；

（b）在此种仲裁开始时或进行过程中，如果仲裁法庭经争端任何一方请求，或根据自己决定，断定其裁决须取决于海底争端分庭的裁定，则仲裁法庭应将此种问题提交海底争端分庭裁定。然后，仲裁法庭应依照海底争端分庭的裁定作出裁决；

（c）在合同没有规定此种争端所应适用的仲裁程序的情形下，除非争端各方另有协议，仲裁应按照联合国国际贸易法委员会的仲裁规则，或管理局的规则、规章和程序中所规定的其他这种仲裁规则进行。

第 189 条　在管理局所作决定方面管辖权的限制

海底争端分庭对管理局按照本部分规定行使斟酌决定权应无管辖权；在任何情形下，均不应以其斟酌决定权代替管理局的斟酌决定权。在不妨害第 191 条的情形下，海底争端分庭依据第 187 条行使其管辖权时，不应对管理局的任何规则、规章和程序是否符合本公约的问题表示意见，也不应宣布任何此种规则、规章和程序为无效。分庭在这方面的管辖权应限于就管理局的任何规则、规章和程序适用于个别案件将同争端各方的合同上义务或其在本公约下的义务相抵触的主张，就逾越管辖权或滥用权力的主张，以及就一方未履行其合同上义务或其在本公约下的义务而应给予有关另一方损害赔偿或其他补救的要求，作出决定。

第 190 条　担保缔约国的参加程序和出庭

1. 如自然人或法人为第 187 条所指争端的一方，应将此事通知其担保国，该国应有权以提出书面或口头陈述的方式参加司法程序。

2. 如果一个缔约国担保的自然人或法人在第 187 条（c）项所指的争端中对另一缔约国提出诉讼，被告国可请担保该人的国家代表该人出庭。如果不能出庭，被告国可安排属其国籍的法人代表该国出庭。

第 191 条　咨询意见

海底争端分庭经大会或理事会请求，应对它们活动范围内发生的法律问题提出咨询意见。这种咨询意见应作为紧急事项提出。

第Ⅻ部分　海洋环境的保护和保全

第 1 节　一般规定

第 192 条　一般义务

各国有保护和保全海洋环境的义务。

第 193 条　各国开发其自然资源的主权权利

各国有依据其环境政策和按照其保护和保全海洋环境的职责开发其自然资源的主权权利。

第 194 条　防止、减少和控制海洋环境污染的措施

1. 各国应在适当情形下个别或联合地采取一切符合本公约的必要措施，防止、减少和控制任何来源的海洋环境污染，为此目的，按照其能力使用其所掌握的最切实可行的方法，并应在这方面尽力协调它们的政策。

2. 各国应采取一切必要措施，确保在其管辖或控制下的活动的进行不致使其他国家及其环境遭受污染的损害，并确保在其管辖或控制范围内事件或活动所造成的污染不致扩大到其按照本公约行使主权权利的区域之外。

3. 依据本部分采取的措施，应针对海洋环境的一切污染来源。这些措施，除其他外，应包括旨在最大可能范围内尽量减少下列污染的措施：

（a）从陆上来源、从大气层或通过大气层或由于倾倒而放出的有毒、有害或有碍健康的物质，特别是持久不变的物质；

（b）来自船只的污染，特别是为了防止意外事件和处理紧急情况，保证海上操作安全，防止故意和无意的排放，以及规定船只的设计、建造、装备、操作和人员配备的措施；

（c）来自用于勘探或开发海床和底土的自然资源的设施和装置的污染，特别是了为防止意外事件和处理紧急情况，保证海上操作安全，以及规定这些设施或装置的设计、建造、装备、操作和人员配备的措施；

（d）来自在海洋环境内操作的其他设施和装置的污染，特别是为了防止意外事件和处理紧急情况，保证海上操作安全，以及规定这些设施或装置的设计、建告、装备、操作和人员配备的措施。

4. 各国采取措施防止、减少或控制海洋环境的污染时，不应对其他国家依照本公约行使其权利并履行其义务所进行的活动有不当的干扰。

5. 按照本部分采取的措施，应包括为保护和保全稀有或脆弱的生态系统，以及衰竭、受威胁或有灭绝危险的物种和其他形式的海洋生物的生存环境，而有必要的措施。

第 195 条　不将损害或危险转移或将一种污染转变成另一种污染的义务

各国在采取措施防止、减少和控制海洋环境的污染时采取的行动不应直接或间接将损害或危险从一个区域转移到另一个区域，或将一种污染转变成另一种污染。

第 196 条　技术的使用或外来的或新的物种的引进

1. 各国应采取一切必要措施以防止、减少和控制由于在其管辖或控制下使用技术而造成海洋环境污染，或由于故意或偶然有海洋环境某一特定部分引进外来的或新的物种致使海洋环境可能发生重大和有害的变化。

2. 本条不影响本公约对防止、减少和控制海洋环境污染的适用。

第 2 节　全球性和区域性合作

第 197 条　在全球性或区域性基础上的合作

各国在为保护和保全海洋环境而拟订或制订符合本公约的国际规则、标准和建议的办法及程序时，应在全球性的基础上或在区域性的基础上，直接或通过主管国际组织进行合作，同时考虑到区域的特点。

第 198 条　即将发生的损害或实际损害的通知

当一国获知海洋环境即将遭受污染损害的迫切危险或已遭受污染损害的情况时，应立即通知其认为可能受这种损害影响的其他国家以及各主管国际组织。

第 199 条　对污染的应急计划

在第 198 条所指的情形下，受影响区域的各国，应按照其能力，与各主管国际组织尽可能进行合作，以消除污染的影响并防止或尽量减少损害。为此目的，各国应共同发展和促进各种应急计划，以应付海洋环境的污染事故。

第 200 条　研究、研究方案及情报和资料的交换

各国应直接或通过主管国际组织进行合作，以促进研究、实施科学研究方案，并鼓励交换所取得的关于海洋环境污染的情报和资料。各国应尽力积极参加区域性和全球性方案，以取得有关鉴定污染的性质和范围、面临污染的情况以及其通过的途径、危险和补救办法的知识。

第 201 条　规章的科学标准

各国应参照依据第 200 条取得的情报和资料，直接或通过主管国际组织进行合作，订立适当的科学准则，以便拟订和制订防

止、减少和控制海洋环境污染的规则、标准和建议的办法及程序。

第 3 节　技术援助

第 202 条　对发展中国家的科学和技术援助

各国应直接或通过主管国际组织：

(a) 促进对发展中国家的科学、教育、技术和其他方面援助的方案，以保护和保全海洋环境，并防止、减少和控制海洋污染。这种援助，除其他外，应包括：

(i) 训练其科学和技术人员；

(ii) 便利其参加有关的国际方案；

(iii) 向其提供必要的装备和便利；

(iv) 提高其制造这种装备的能力；

(v) 就研究、监测、教育和其他方案提供意见并发展设施。

(b) 提供适当的援助，特别是对发展中国家，以尽量减少可能对海洋环境造成严重污染的重大事故的影响。

(c) 提供关于编制环境评价的适当援助，特别是对发展中国家。

第 203 条　对发展中国家的优惠待遇

为了防止、减少和控制海洋环境污染或尽量减少其影响的目的，发展中国家应在下列事项上获得各国际组织的优惠待遇：

(a) 有关款项和技术援助的分配；和

(b) 对各该组织专门服务的利用。

第 4 节　监测和环境评价

第 204 条　对污染危险或影响的监测

1. 各国应在符合其他国家权利的情形下，在实际可行范围内，尽力直接或通过各主管国际组织，用公认的科学方法观察、测算、估计和分析海洋环境污染的危险或影响。

2. 各国特别应不断监视其所准许或从事的任何活动的影响，以便确定这些活动是否可能污染海洋环境。

第 205 条　报告的发表

各国应发表依据第 204 条所取得的结果的报告，或每隔相当期间向主管国际组织提出这种报告，各该组织应将上述报告提供所有国家。

第 206 条　对各种活动的可能影响的评价

各国如有合理根据认为在其管辖或控制下的计划中的活动可能对海洋环境造成重大污染或重大和有害的变化，应在实际可行范围内就这种活动对海洋环境的可能影响作出评价，并应依照第 205 条规定的方式提送这些评价是结果的报告。

第 5 节　防止、减少和控制海洋环境污染的国际规则和国内立法

第 207 条　陆地来源的污染

1. 各国应制定法律和规章，以防止、减少和控制陆地来源，包括河流、河口湾、管道和排水口结构对海洋环境的污染，同时考虑到国际上议定的规则、标准和建议的办法及程序。

2. 各国应采取其他可能必要的措施，以防止、减少和控制这种污染。

3. 各国应尽力在适当的区域一级协调其在这方面的政策。

4. 各国特别应通过主管国际组织或外交会议采取行动，尽力制订全球性和区域性规则、标准和建议的办法及程序，以防止、减少和控制这种污染，同时考虑到区域的特点，发展中国家的经济能力及其经济发展的需要。这种规则、标准和建议的办法及程序应根据需要随时重新审查。

5. 第 1 款、第 2 款和第 4 款提及的法律、规章、措施、规则、标准和建议的办法及程序，应包括旨在在最大可能范围内尽量

减少有毒、有害或有碍健康的物质，特别是持久不变的物质，排放到海洋环境的各种规定。

第 208 条 国家管辖的海底活动造成的污染

1. 沿海国应制定法律和规章，以防止、减少和控制来自受其管辖的海底活动或与此种活动有关的对海洋环境的污染以及来自依据第 60 条和第 80 条在其管辖下的人工岛屿、设施和结构对海洋环境的污染。

2. 各国应采取其他可能必要的措施，以防止、减少和控制这种污染。

3. 这种法律、规章和措施的效力应不低于国际规则、标准和建议的办法及程序。

4. 各国应尽力在适当的区域一级协调其在这方面的政策。

5. 各国特别应通过主管国际组织或外交会议采取行动，制订全球性和区域性规则、标准和建议的办法及程序，以防止、减少和控制第 1 款所指的海洋环境污染。这种规则、标准和建议的办法及程序应根据需要随时重新审查。

第 209 条 来自“区域”内活动的污染

1. 为了防止、减少和控制“区域”内活动对海洋环境的污染，应按照第Ⅺ部分制订国际规则、规章和程序。这种规则、规章和程序应根据需要随时重新审查。

2. 在本节有关规定的限制下，各国应制定法律和规章，以防止、减少和控制由悬挂其旗帜或在其国内登记或在其权力下经营的船只、设施、结构和其他装置所进行的“区域”内活动造成对海洋环境的污染。这种法律和规章的要求的效力应不低于第 1 款所指的国际规则、规章和程序。

第 210 条 倾倒造成的污染

1. 各国应制定法律和规章，以防止、减少和控制倾倒对海洋环境的污染。

2. 各国应采取其他可能必要的措施，以防止、减少和控制这种污染。

3. 这种法律、规章和措施应确保非经各国主管当局准许，不进行倾倒。

4. 各国特别应通过主管国际组织或外交会议采取行动，尽力制订全球性和区域性规则、标准和建议的办法及程序，以防止、减少和控制这种污染。这种规则、标准和建议的办法及程序应根据需要随时重新审查。

5. 非经沿海国事前明示核准，不应在领海和专属经济区内或在大陆架上进行倾倒，沿海国经与由于地理处理可能受倾倒不得影响的其他国家适当审议此事后，有权准许、规定和控制这种倾倒。

6. 国内法律、规章和措施在防止、减少和控制这种污染方面的效力应不低于全球性规则和标准。

第 211 条 来自船只的污染

1. 各国应通过主管国际组织或一般外交会议采取行动，制订国际规则和标准，以防止、减少和控制船只对海洋环境的污染，并于适当情形下，以同样方式促进对划定航线制度的采用，以期尽量减少可能对海洋环境，包括对海岸造成污染和对沿海国的有关利益可能造成污染损害的意外事件的威胁。这种规则和标准应根据需要随时以同样方式重新审查。

2. 各国应制定法律和规章，防止、减少和控制悬挂其旗帜或在其国内登记的船只对海洋环境的污染。这种法律和规章至少应具有与通过主管国际组织或一般外交会议制订的一般接受的国际规则和标准相同的效力。

3. 各国如制订关于防止、减少和控制海洋环境污染的特别规定作为外国船只进入其港口或内水或在其岸外设施停靠的条件，应将这种规定妥为公布，并通知主管国际组织。如两个或两个以上的沿海国制订相同的规定，以求协调政策，在通知时应说明哪些国家参加这种合作安排。每个国家应规定悬挂其旗帜或在其国内登记的船只的船长在参加这种合作安排的国家的领海内航行时，经该国要求向其提送通知是否正驶往参加这种合作安排的同一区域的国家，如系驶往这种国家，应说明是否遵守该国关于进入港口的规定。本条不妨害船只继续行使其无害通过权，也不妨害第 25 条第 2 款的适用。

4. 沿海国在其领海内行使主权，可制定法律和规章，以防止、减少和控制外国船只，包括行使无害通过权的船只对海洋的污染。按照第Ⅱ部分第 3 节的规定，这种法律和规章不应阻碍外国船只的无害通过。

5. 沿海国为第 6 节所规定的执行的目的，可对其专属经济区制定法律和规章，以防止、减少和控制来自船只的污染。这种法律和规章应符合通过主管国际组织或一般外交会议制订的一般接受的国际规则和标准，并使其有效。

6. (a) 如果第 1 款所指的国际规则和标准不足以适应特殊情况，又如果沿海国有合理根据认为其专属经济区某一明确划定的特定区域，因与其海洋学和生态条件有关的公认技术理由，以及该区域的利用或其资源的保护及其在航运上的特殊性质，要求采取防止来自船只的污染的特别强制性措施，该沿海国通过主管国际组织与任何其他有关国家进行适当协商后，可就该区域向该组织送发通知，提出所依据的科学和技术证据，以及关于必要的回收设施的情报。该组织收到这种通知后，应在十二个月内确定该区域的情况与上述要求是否相符。如果该组织确定是符合的，该沿海国即可对该区域制定防止、减少和控制来自船只的污染的法律和规章，实施通过主管国际组织使其适用于各特别区域的国际规则和标准或航行办法。在向该组织送发通知满十五个月后，这些法律和规章才可适用于外国船只；

(b) 沿海国应公布任何这种明确划定的特定区域的界限；

(c) 如果沿海国有意为同一区域制定其他法律和规章，以防止、减少和控制来自船只的污染，它们应于提出上述通知时，同时将这一意向通知该组织。这种增订的法律和规章可涉及排放和航行办法，但不应要求外国船只遵守一般接受的国际规则和标准以外的设计、建造、人员配备或装备标准；这种法律和规章应在向该组织送发通知十五个月后适用于外国船只，但须在送发通知后十二个月内该组织表示同意。

7. 本条所指的国际规则和标准，除其他外，应包括遇有引起排放或排放可能的海难等事故时，立即通知其海岸或有关利益可能受到影响的沿海国的义务。

第 212 条　来自大气层或通过大气层的污染

1. 各国为防止、减少和控制来自大气层或通过大气层的海洋环境污染，应制定适用于在其主权下的上空和悬挂其旗帜的船只或在其国内登记的船只或飞机的法律和规章，同时考虑到国际上议定的规则、标准和建议和办法及程序，以及航空的安全。

2. 各国应采取其他可能必要的措施，以防止、减少和控制这种污染。

3. 各国特别应通过主管国际组织或外交会议采取行动，尽力制订全球性和区域性规则、标准和建议的办法及程序，以防止、减少和控制这种污染。

第6节　执　　行

第 213 条　关于陆地来源的污染的执行

各国应执行其按照第 207 条制定的法律和规章，并应制定法律和规章和采取其他必要措施，以实施通过主管国际组织或外交会议为防止、减少和控制陆地来源对海洋环境的污染而制订的可适用的国际规则和标准。

第 214 条　关于来自海底活动的污染的执行

各国为防止、减少和控制来自受其管辖

的海底活动或与此种活动有关的对海洋环境的污染以及来自依据第60条和第80条在其管辖下的人工岛屿、设施和结构对海洋环境的污染，应执行其按照第208条制定的法律和规章，并应制定必要的法律和规章和采取其他必要措施，以实施通过主管国际组织或外交会议制订的可适用的国际规则和标准。

第215条　关于来自“区域”内活动的污染的执行

为了防止、减少和控制“区域”内活动对海洋环境的污染而按照第Ⅺ部分制订的国际规则、规章和程序，其执行应受该部分支配。

第216条　关于倾倒造成污染的执行

1. 为了防止、减少和控制倾倒对海洋环境的污染而按照本公约制定的法律和规章，以及通过主管国际组织或外交会议制订的可适用的国际规则和标准，应依下列规定执行：

(a) 对于在沿海国领海或其专属经济区内或在其大陆架上的倾倒，应由该沿海国执行；

(b) 对于县挂旗籍国旗帜的船只或在其国内登记的船只和飞机，应由该旗籍国执行；

(c) 对于在任何国家领土内或在其岸外设施装载废料或其他物质的行为，应由该国执行。

2. 本条不应使任何国家承担提起司法程序的义务，如果另一国已按照本条提起这种程序。

第217条　船旗国的执行

1. 各国应确保悬挂其旗帜或在其国内登记的船只，遵守为防止、减少和控制来自船只的海洋环境污染而通过主管国际组织或一般外交会议制订的可适用的国际规则和标准以及各该国按照本公约制定的法律和规章，并应为此制定法律和规章和采取其他必要措施，以实施这种规则、标准、法律和规章。船旗国应作出规定使这种规则、标准、法律和规章得到有效执行，不论违反行为在何处发生。

2. 各国特别应采取适当措施，以确保悬挂其旗帜或在其国内登记的船只，在能遵守第1款所指的国际规则和标准的规定，包括关于船只的设计、建造、装备和人员配备的规定以前，禁止其出海航行。

3. 各国应确保悬挂其旗帜或在其国内登记的船只在船上持有第1款所指的国际规则和标准所规定并依据该规则和标准颁发的各种证书。各国应确保悬挂其旗帜的船只受到定期检查，以证实这些证书与船只的实际情况相符。其他国家应接受这些证书，作为船只情况的证据，并应将这些证书视为与其本国所发的证书具有相同效力，除非有明显根据认为船只的情况与证书所载各节有重大不符。

4. 如果船只违反通过主管国际组织或一般外交会议制订的规则和标准，船旗国在不妨害第218条、第220条和第228条的情形下，应设法立即进行调查，并在适当情形下应对被指控的违反行为提起司法程序，不论违反行为在何处发生，也不论这种违反行为所造成的污染在何处发生或发现。

5. 船旗国调查违反行为时，可向提供合作能有助于澄清案件情况的任何其他国家请求协助。各国应尽力满足船旗国的适当请求。

6. 各国经任何国家的书面请求，应对悬挂其旗帜的船只被指控所犯的任何违反行为进行调查。船旗国如认为有充分证据可对被指控的违反行为提起司法程序，应毫不迟延地按照其法律提起这种程序。

7. 船旗国应将所采取行为及其结果迅速通知请求国和主管国际组织。所有国家应能得到这种情报。

8. 各国的法律和规章对悬挂其旗帜的船只所规定的处罚应足够严厉，以防阻违反行为在任何地方发生。

第 218 条 港口国的执行

1. 当船只自愿位于一国港口或岸外设施时，该国可对该船违反通过主管国际组织或一般外交会议制订的可适用的国际规则和标准在该国内水、领海或专属经济区外的任何排放进行调查，并可在有充分证据的情形下，提起司法程序。

2. 对于在另一国内水、领海或专属经济区内发生的违章排放行为，除非经该国、船旗国或受违章排放行为损害或威胁的国家请求，或者违反行为已对或可能对提起司法程序的国家的内水、领海或专属经济区造成污染，不应依据第 1 款提起司法程序。

3. 当船只自愿位于一国港口或岸外设施时，该国应在实际可行范围内满足任何国家因认为第 1 款所指的违章排放行为已在其内水、领海或专属经济区内发生、对其内水、领海或专属经济区已造成损害或有损害的威胁而提出的进行调查的请求，并且应在实际可行范围内，满足船旗国对这一违反行为所提出的进行调查的请求，不论违反行为在何处发生。

4. 港口国依据本条规定进行的调查的记录，如经请求，应转交船旗国或沿海国。在第 7 节限制下，如果违反行为发生在沿海国的内水、领海或专属经济区内，港口国根据这种调查提起的任何司法程序，经该沿海国请求可暂停进行。案件的证据和记录，连同缴交港口国当局的任何保证书或其他财政担保，应在这种情形下转交给该沿海国。转交后，在港口国即不应继续进行司法程序。

第 219 条 关于船只适航条件的避免污染措施

在第 7 节限制下，各国如经请求或出于自己主动，已查明在其港口或岸外设施的船只违反关于船只适航条件的可适用的国际规则和标准从而有损害海洋的环境的威胁，应在实际可行范围内采取行政措施以阻止该船航行。这种国家可准许该船仅驶往最近的适当修船厂，并应于违反行为的原因消除后，准许该船立即继续航行。

第 220 条 沿海国的执行

1. 当船只自愿位于一国港口或岸外设施时，该国对在其领海或专属经济区内发生的任何违反关于防止、减少和控制船只造成的污染的该国按照本公约制定的法律和规章或可适用的国际规则和标准的行为，可在第 7 节限制下，提起司法程序。

2. 如有明显根据认为在一国领海内航行的船只，在通过领海时，违反关于防止、减少和控制来自船只的污染的该国按照本公约制定的法律和规章或可适用的国际规则和标准，该国在不妨害第Ⅱ部分第 3 节有关规定的适用的情形下，可就违反行为对该船进行实际检查，并可在有充分证据时，在第 7 节限制下按照该国法律提起司法程序，包括对该船的拘留在内。

3. 如有明显根据认为在一国专属经济区域领海内航行的船只，在专属经济区内违反关于防止、减少和控制来自船只的污染的可适用的国际规则和标准或符合这种国际规则和标准并使其有效的该国的法律和规章，该国可要求该船提供关于该船的识别标志、登记港口、上次停泊和下次停泊的港口，以及其他必要的有关情报，以确定是否已有违反行为发生。

4. 各国应制定法律和规章，并采取其他措施，以使悬挂其旗帜的船只遵从依据第 3 款提供情报的要求。

5. 如有明显根据认为在一国专属经济区域或领海内航行的船只，在专属经济区内犯有第 3 款所指的违反行为而导致大量排放，对海洋环境造成重大污染或有造成重大污染的威胁，该国在该船拒不提供情报，或所提供的情报与明显的实际情况显然不符，并且依案件情况确有进行检查的理由时，可就有关违反行为的事项对该船进行实际检查。

6. 如有明显客观证据证实在一国专属经济区或领海内航行的船只，在专属经济区内犯有第 3 款所指的违反行为而导致排放，对沿海国的海岸或有关利益，或对其领海或专属经济区内的任何资源，造成重大损害或有造成重大损害的威胁，该国在有充分证据时，可在第 7 节限制下，按照该国法律提起司法程序，包括对该船的拘留在内。

7. 虽有第 6 款的规定，无论何时如已通过主管国际组织或另外协议制订了适当的程序，从而已经确保关于保证书或其他适当财政担保的规定得到遵守，沿海国如受这种程序的拘束，应即准许该船继续航行。

8. 第 3 款、第 4 款、第 5 款、第 6 款和第 7 款的规定也应适用于依据第 211 条第 6 款制定的国内法律和规章。

第 221 条 避免海难引起污染的措施

1. 本部分的任何规定不应妨害各国为保护其海岸或有关利益，包括捕鱼，免受海难或与海难有关的行动所引起，并能合理预期造成重大有害后果的污染或污染威胁，而依据国际法，不论是根据习惯还是条约，在其领海范围以外，采取和执行与实际的或可能发生的损害相称的措施的权利。

2. 为本条的目的，“海难”是指船只碰撞、搁浅或其他航行事故，或船上或船外所发生对船只或船货造成重大损害或重大损害的迫切威胁的其他事故。

第 222 条 对来自大气层或通过大气层的污染的执行

各国应对在其主权下的上空或悬挂旗帜的船只或在其国内登记的船只和飞机，执行其按照第 212 条第 1 款和本公约其他规定制定的法律和规章，并应依照关于空中航行安全的一切有关国际规则和标准，制定法律和规章并采取其他必要措施，以实施通过主管国际组织或外交会议为防止、减少和控制来自大气层或通过大气层的海洋环境污染而制订的可适用的国际规则和标准。

第 7 节 保障办法

第 223 条 便利司法程序的措施

在依据本部分提起的司法程序中，各国应采取措施，便利对证人的听询以及接受另一国当局或主管国际组织提交的证据，并应便利主管国际组织、船旗国或受任何违反行为引起污染影响的任何国家的官方代表参与这种程序。参与这种程序的官方代表应享有国内法律和规章或国际法规定的权利与义务。

第 224 条 执行权力的行使

本部分规定的对外国船只的执行权力，只有官员或军舰、军用飞机或其他有清楚标志可以识别为政府服务并经授权的船舶或飞机才能行使。

第 225 条 行使执行权力时避免不良后果的义务

在根据本公约对外国船只行使执行权力时，各国不应危害航行的安全或造成对船只的任何危险，或将船只带至不安全的港口或停泊地，或使海洋环境面临不合理的危险。

第 226 条 调查外国船只

1. (a) 各国羁留外国船只不得超过第 216 条、第 218 条和第 220 条规定的为调查目的所必需的时间。任何对外国船只的实际检查应只限于查阅该船按照一般接受的国际规则和标准所须持有的证书、记录或其他文件或其所持有的任何类似文件；对船只的进一步的实际检查，只有在经过这样的查阅后以及在下列情况下，才可进行：

(i) 有明显根据认为该船的情况或其装备与这些文件所载各节有重大不符；

(ii) 这类文件的内容不足以证实或证明涉嫌的违反行为；或

(iii) 该船未持有效的证件和记录。

(b) 如果调查结果显示有违反关于保

护和保全海洋环境的可适用的法律和规章或国际规则和标准的行为，则应于完成提供保证书或其他适当财政担保等合理程序后迅速予以释放。

（c）在不妨害有关船只适航性的可适用的国际规则和标准的情形下，无论何时如船只的释放可能对海洋环境引起不合理的损害威胁，可拒绝释放或以驶往最近的适当修船厂为条件予以释放。在拒绝释放或对释放附加条件的情形下，必须迅速通知船只的船旗国，该国可按照第XV部分寻求该船的释放。

2. 各国应合作制定程序，以避免在海上对船只作不必要的实际检查。

第227条 对外国船只的无歧视

各国根据本部分行使其权利和履行其义务时，不应在形式上或事实上对任何其他国家的船只有所歧视。

第228条 提起司法程序的暂停和限制

1. 对于外国船人在提起司法程序的国家的领海外所犯任何违反关于防止、减少和控制来自船只的污染的可适用的法律和规章或国际规则和标准的行为诉请加以处罚的司法程序，于船旗国在这种程序最初提起之日起六个月内就同样控告提出加以外罚的司法程序时，应即暂停进行，除非这种程序涉及沿海国遭受重大损害的案件或有关船旗国一再不顾其对本国船只的违反行为有效地执行可适用的国际规则和标准的义务。船旗国无论何时，如按照本条要求暂停进行司法程序，应于适当期间内将案件全部卷宗和程序记录提供早先提起程序的国家。船旗国提起的司法程序结束时，暂停的司法程序应予终止。在这种程序中应收的费用经缴纳后，沿海国应发还与暂停的司法程序有关的任何保证书或其他财政担保。

2. 从违反行为发生之日起满三年后，对外国船只不应再提起加以外罚的司法程序，又如另一国家已在第1款所载规定的限制下提起司法程序，任何国家均不得再提起这种程序。

3. 本条的规定不妨害船旗国按照本国法律采取任何措施，包括提起加以处罚的司法程序的权利，不论另国是否已先提起这种程序。

第229条 民事诉讼程序的提起

本公约的任何规定不影响因要求赔偿海洋环境污染造成的损失或损害而提起民事诉讼程序。

第230条 罚款和对被告的公认权利的尊重

1. 对外国船只在领海以外所犯违反关于防止、减少和控制海洋环境污染的国内法律和规章或要适用的国际规则和标准的行为，仅可处以罚款。

2. 对外国船只在领海内所犯违反关于防止、减少和控制海洋环境污染的国内法律和规章或可适用的国际规则和标准的行为，仅可处以罚款，但在领海内故意和严重造成污染的行为除外。

3. 对于外国船只所犯这种违反行为进行可能对其加以处罚的司法程序时，应尊重被告的公认权利。

第231条 对船旗国和其他有关国家的通知

各国应将依据第6节对外国船只所采取的任何措施迅速通知船旗国和任何其他有关国家，并将有关这种措施的一切正式报告提交船旗国。但对领海内的违反行为，沿海国的上述义务仅适用于司法程序中所采取的措施。依据第6节对外国船只采取的任何这种措施，应立即通知船旗国的外交代表或领事官员，可能时并应通知其海事当局。

第232条 各国因执行措施而产生的赔偿责任

各国依照第6节所采取的措施如属非法或根据可得到的情报超出合理的要求，应对这种措施所引起的并可以归因于该国的损害或损失负责。各国应对这种损害或损失规定向其法院申诉的办法。

第 233 条 对用于国际航行的海峡的保障

第 5 节、第 6 节和第 7 节的任何规定不影响用于国际航行的海峡的法律制度。但如第 10 节所指以外的外国船舶违反了第 42 条第 1 款（a）和（b）项所指的法律和规章，对海峡的海洋环境造成重大损害或有造成重大损害的威胁，海峡沿岸国可采取适当执行措施，在采取这种措施时，应比照尊重本节的规定。

第 8 节 冰封区域

第 234 条 冰封区域

沿海国有权制定和执行非歧视性的法律和规章，以防止、减少和控制船只在专属经济区范围内冰封区域对海洋的污染，这种区域内的特别严寒气候和一年中大部分时候冰封的情形对航行造成障碍或特别危险，而且海洋环境污染可能对生态平衡造成重大的损害或无可挽救的扰乱。这种法律和规章应适当顾及航行和以现有最可靠的科学证据为基础对海洋环境的保护和保全。

第 9 节 责 任

第 235 条 责 任

1. 各国有责任履行其关于保护和保全海洋环境的国际义务。各国应按照国际法承担责任。

2. 各国对于在其管辖下的自然人或法人污染海洋环境所造成的损害，应确保按照其法律制度，可以提起申诉以获得迅速和适当的补偿或其他救济。

3. 为了对污染海洋环境所造成的一切损害保证迅速而适当地给予补偿的目的，各国应进行合作，以便就估量和补偿损害的责任以及解决有关的争端，实施现行国际法和进一步发展国际法，并在适当情形下，拟订诸如强制保险或补偿基金等关于给付适当补偿的标准和程序。

第 10 节 主权豁免

第 236 条 主权豁免

本公约关于保护和保全海洋环境的规定，不适用于任何军舰、海军辅助船、为国宾所拥有或经营并在当时只供政府非商业性服务之用的其他船只或飞机。但每一国家应采取不妨害该国所拥有或经营的这种船只或飞机的操作或操作能力的适当措施，以确保在合理可行范围内这种船只或飞机的活动方式符合本公约。

第 11 节 关于保护和保全海洋环境的其他公约所规定的义务

第 237 条 关于保护和保全海洋环境的其他公约所规定的义务

1. 本部分的规定不影响各国根据先前缔结的关于保护和保全海洋环境的特别公约和协定所承担的特定义务，也不影响为了推行本公约所载的一般原则而可能缔结的协定。

2. 各国根据特别公约所承担的关于保护和促使海洋环境的特定义务，应依符合本公约一般原则和目标的方式履行。

第 XIII 部分 海洋科学研究

第 1 节 一般规定

第 238 条 进行海洋科学研究的权利

所有国家，不论其地理位置如何，以及各主管国际组织，在本公约所规定的其他国家的权利和义务的限制下，均有权进行海洋科学研究。

第 239 条 海洋科学研究的促进

各国和各主管国际组织应按照本公约，促进和便利海洋科学研究的发展和进行。

第 240 条 进行海洋科学研究的一般原则

进行海洋科学研究时应适用下列原则：

（a）海洋科学研究应专为和平目的而进行；

（b）海洋科学研究应以符合本公约的适当科学方法和工具进行。

（c）海洋科学研究不应对符合本公约的海洋其他正当用途有不当干扰，而这种研究在上述用途过程中应适当地受到尊重。

（d）海洋科学研究的进行应遵守依照本公约制定的一切有关规章，包括关于保护和保全海洋环境的规章。

第 241 条 不承认海洋科学研究活动为任何权利主张的法律根据

海洋科学研究活动不应构成对海洋环境任何部分或其资源的任何权利主张的法律根据。

第 2 节 国际合作

第 242 条 国际合作的促进

1. 各国和各主管国际组织应按照尊重主权和管辖权的原则，并在互利的基础上，促进为和平目的进行海洋科学研究的国际合作。

2. 因此，在不影响本公约所规定的权利和义务的情形下，一国在适用本部分时，在适当情形下，应向其他国家提供合理的机会，使其从该国取得或在该国合作下取得为防止和控制对人身健康和安全以及对海洋环境的损害所必要的情报。

第 243 条 有利条件的创造

各国和各主管国际组织应进行合作，通过双边和多边协定的缔约，创造有利条件，以进行海洋环境中的海洋科学研究，并将科学工作者在研究海洋环境中发生的各种现象和变化过程的本质以及两者之间的相关关系方面的努力结合起来。

第 244 条 情报和知识的公布和传播

1. 各国和各主管国际组织应按照本公约，通过适当途径以公布和传播的方式，提供关于拟议的主要方案及其目标的情报以及海洋科学研究所得的知识。

2. 为此目的，各国应个别地并与其他国家和各主管国际组织合作，积极促进科学资料和情报流通以及海洋科学研究所得知识的转让，特别是向发展中国家的流通和转让，并通过除其他外国发展中国家技术和科学人员提供适当教育和训练方案，加强发展中国家自主进行海洋科学研究的能力。

第 3 节 海洋科学研究的进行和促进

第 245 条 领海内的海洋科学研究

沿海国在行使其主权时，有规定、准许和进行其领海内的海洋科学研究的专属权利。领海内的海洋科学研究，应经沿海国明示同意并在沿海国规定的条件下，才可进行。

第 246 条 专属经济区内和大陆架上的海洋科学研究

1. 沿海国在行使其管辖权时，有权按照本公约的有关条款，规定、准许和进行在其专属经济区内或大陆架上的海洋科学研究。

2. 在专属经济区内和大陆架上进行海洋科学研究，应经沿海国同意。

3. 在正常情形下，沿海国应对其他国家或各主管国际组织按照本公约专为和平目的，和为了增进关于海洋环境的科学知识以谋全人类利益，而在其专属经济区内或大陆架上进行的海洋科学研究计划，给予同意。为此目的，沿海国应制订规定和程序，确保不致不合理地推迟或拒绝给予同意。

4. 为适用第 3 款的目的，尽管沿海国和研究国之间没有外交关系，它们之间仍可存在正常情况。

5. 但沿海国可斟酌决定，拒不同意另一国家或主管国际组织在该沿海国专属经济区内或大陆架上进行海洋科学研究计划，如果该计划：

（a）与生物或非生物自然资源的勘探和开发有直接关系；

（b）涉及大陆架的钻探、炸药的使用或将有害物质引入海洋环境；

（c）涉及第 60 条和第 80 条所指的人工岛屿、设施和结构的建造、操作或使用；

（d）含有依据第 248 条提出的关于该计划的性质和目标的不正确情报，或如进行研究的国家或主管国际组织由于先前进行研究计划而对沿海国负有尚未履行的义务。

6. 虽有第 5 款的规定，如果沿海国已在任何时候公开指定从测算领海宽度的基线量起二百海里以外的某些特定区域为已在进行或将在合理期间内进行开发或详探作业的重点区域，则沿海国对于在这些特定区域之外的大陆架上按照本部分规定进行的海洋科学研究计划，即不得行使该款（a）项规定的斟酌决定权而拒不同意。沿海国对于这类区域的指定及其任何更改，应提出合理的通知，但无须提供其中作业的详情。

7. 第 6 款的规定不影响第 77 条所规定的沿海国对大陆架的权利。

8. 本条所指的海洋科学研究活动，不应对沿海行使本公约所规定的主权权利和管辖权所进行的活动有不当的干扰。

第 247 条　国际组织进行或主持的海洋科学研究计划

沿海国作为一个国际组织的成员或同该组织订有双边协定，而在该沿海国专属经济区内或大陆架上该组织有意直接或在其主持下进行一项海洋科学研究计划，如果该沿海国在该组织决定进行定计划时已核准详细计划，或愿意参加该计划，并在该组织将计划通知该沿海国后四个月内没有表示任何反对意见，则应视为已准许依照同意的说明书进行该计划。

第 248 条　向沿海国提供资料的义务

各国和各主管国际组织有意在一个沿海国的专属经济区内或大陆架上进行海洋科学研究，应在海洋科学研究计划预定开始日期至少六个月前，向该国提供关于下列各项详细说明：

（a）计划的性质和目标；

（b）使用的方法和工具，包括船只的船名、吨位、类型和级别，以及科学装备的说明；

（c）进行计划的精确地理区域；

（d）研究船最初到达和最后离开的预定日期，或装备的部署和拆除的预定日期，视情况而定；

（e）主持机构的名称、其主持人和计划负责人的姓名；和

（f）认为沿海国应能参加或有代表参与计划的程度。

第 249 条　遵守某些条件的义务

1. 各国和各主管国际组织在沿海国的专属经济区内或大陆架上进行海洋科学研究时，应遵守下列条件：

（a）如沿海国愿意，确保其有权参加或有代表参与海洋科学研究计划，特别是于实际可行时在研究船和其他船只上或在科学研究设施上进行，但对沿海国的科学工作者无须支付任何报酬，沿海国亦无分担计划费用的义务；

（b）经沿海国要求，在实际可行范围内尽快向沿海国提供初步报告，并于研究完成后提供所得的最后成果和结论；

（c）经沿海国要求，负责供其利用从海洋科学研究计划所取得的一切资料和样品，并同样向其提供可以复制的资料和可以分开而不致有损其科学价值的样品；

（d）如经要求，向沿海国提供对此种

资料、样品及研究成果的评价，或协助沿海国加以评价或解释；

（e）确保在第 2 款限制下，于实际可行的情况下，尽快通过适当的国内或国际途径，使研究成果在国际上可以取得；

（f）将研究方案的任何重大改变立即通知沿海国；

（g）除非另有协议，研究完成后立即拆除科学研究设施或装备。

2. 本条不妨害沿海国的法律和规章，为依据第 246 条第 5 款行使斟酌决定权给予同意或拒不同意而规定的条件，包括要求预先同意使计划中对勘探和开发自然资源有直接关系的研究成果在国际上可以取得。

第 250 条　关于海洋科学研究计划的通知

关于海洋科学研究计划的通知，除另有协议外，应通过适当的官方途径发出。

第 251 条　一般准则和方针

各国应通过主管国际组织设法促进一般准则和方针的制定，以协助各国研究海洋科学研究的性质和影响。

第 252 条　默示同意

各国或各主管国际组织可于依据第 248 条的规定向沿海国提供必要的情报之日起六个月后，开始进行海洋科学研究计划，除非沿海国在收到含有此项情报的通知后四个月内通知进行研究的国家或组织：

（a）该国已根据第 246 条的规定拒绝同意；

（b）该国或主管国际组织提出的关于计划的性质和目标和情报与明显事实不符；

（c）该国要求有关第 248 条和第 249 条规定的条件和情报的补充情报；或

（d）关于该国或该组织以前进行的海洋科学研究计划，在第 249 条规定的文件方面，还有尚未履行的义务。

第 253 条　海洋科学研究活动的暂停或停止

1. 沿海国应有权要求暂停在其专属经济区内或大陆架上正在进行的任何海洋科学研究活动，如果：

（a）研究活动的进行不按照根据第 248 条的规定提出的，且经沿海国作为同意的基础的情报；或

（b）进行研究活动的国家或主管国际组织未遵守第 249 条关于沿海国对该海洋科学研究计划的权利和规定。

2. 任何不遵守第 248 条规定的情形，如果等于将研究计划或研究活动作重大改动，沿海国应有权要求停止任何海洋科学研究活动。

3. 如果第 1 款所设想的任何情况在合理期间内仍未得到纠正，沿海国也可要求停止海洋科学研究活动。

4. 沿海国发出其命令暂停或停止海洋科学研究活动的决定的通知后，获准进行这种活动的国家或主管国际组织应即这一通知所指的活动。

5. 一旦进行研究的国家或主管国际组织遵行第 248 条和第 249 条所要求的条件，沿海国应即撤销根据第 1 款发出的暂停命令，海洋科学研究活动也应获准继续进行。

第 254 条　邻近的内陆国和地理不利国的权利

1. 已向沿海国提出一项计划，准备进行第 246 条第 3 款所指的海洋科学研究的国家和主管国际组织，应将提议的研究计划通知邻近的内陆国和地理不利国，并应将此事通知沿海国。

2. 在有关的沿海国按照第 246 条和本公约的其他有关规定对该提议的海洋科学研究计划给予同意后，进行这一计划的国家和主管国际组织，经邻近的内陆国和地理不利国请求，适当时应向它们提供第 248 条和第 249 条第 1 款（f）项所列的有关情报。

3. 以上所指的邻近的内陆国和地理不利国，如提出请求，应获得机会按照有关的

沿海国和进行此项海洋科学研究的国家或主管国际组织依本公约的规定而议定的适用于提议的海洋科学研究计划的条件，通过由其任命的并且不为该沿海国反对的合格专家在实际可行参加该计划。

4. 第 1 款所指的国家和主管国际组织，经上述内陆国和地理不利国的请求，应向它们提供第 249 条第 1 款（d）项规定的有关情报和协助，但须受第 249 条第 2 款的限制。

第 255 条 便利海洋科学研究和协助研究船的措施

各国应尽力制定合理的规则、规章和程序，促进和便利在其领海以外按照本公约进行的海洋科学研究，关于适当时在其法律和规章规定的限制下，便利遵守本部分有关规定的海洋科学研究船进入其港口，并促进对这些船只的协助。

第 256 条 “区域”内的海洋科学研究

所有国家，不论其地理位置如何，和各主管国际组织均有权依第Ⅺ部分的规定在“区域”内进行海洋科学研究。

第 257 条 在专属经济区以外的水体内的海洋科学研究

所有国家，不论其地理位置如何，和各主管国际组织均有权依本公约在专属经济区范围以外的水体内进行海洋科学研究。

第 4 节 海洋环境中科学研究设施或装备

第 258 条 部署和使用

在海洋环境的任何区域内部署和使用任何种类的科学研究设施或装备，应遵守本公约为在任何这种区域内进行海洋科学研究所规定的同样条件。

第 259 条 法律地位

本节所指的设施或装备不具有岛屿的地位。这些设施或装备没有自己的领海，其存在也不影响领海，专属经济区或大陆架的界限的划定。

第 260 条 安全地带

在科学研究设施的周围可按照本公约有关规定设立不超过五百公尺的合理宽度的安全地带。所有国家应确保其本国船只尊重这些安全地带。

第 261 条 对国际航路的不干扰

任何种类的科学研究设施或装备的部署和使用不应对已确定的国际航路构成障碍。

第 262 条 识别标志和警告信号

本节所指的设施或装备应具有表示其登记的国家或所属的国际组织的识别标志，并应具有国际上议定的适当警告信号，以确保海上安全和空中航行安全，同时考虑到主管国际组织所制订的规则和标准。

第 5 节 责 任

第 263 条 责任

1. 各国和各主管国际组织应负责确保其自己从事或为其从事的海洋科学研究均按照本公约进行。

2. 各国和各主管国际组织对其他国家、其自然人或法人或主管国际组织进行的海洋科学研究所采取的措施如果违反本公约，应承担责任，并对这种措施所造成的损害提供补偿。

3. 各国和主管国际组织对其自己从事或为其从事的海洋科学研究产生海洋环境污染所造成的损害，应依据第 235 条承担责任。

第 6 节 争端的解决和临时措施

第 264 条 争端的解决

本公约关于海洋科学研究的规定在解释或适用上的争端，应按照第ⅩⅤ部分第 2 节和第 3 节解决。

第 265 条 临时措施

在按照第ⅩⅤ部分第 2 节和第 3 节解决一项争端前，获准进行海洋科学研究计划的国家或主管国际组织，未经有关沿海国明示同意，不应准许开始或继续进行研究活动。

第ⅩⅣ部分 海洋技术的发展和转让

第 1 节 一般规定

第 266 条 海洋技术发展和转让的促进

1. 各国应直接或通过主管国际组织，按照其能力进行合作，积极促进在公平合理的条款和条件上发展和转让海洋科学和海洋技术。

2. 各国应对在海洋科学和技术能力方面可能需要并要求技术援助的国家，特别是发展中国家，包括内陆国和地理不利国，促进其在海洋资源的勘探、开发、养护和管理，海洋环境的保护和保全，海洋科学研究以及符合本公约的海洋环境内其他活动等方面海洋科学和技术能力的发展，以加速发展中国家的社会和经济发展。

3. 各国应尽力促进有利的经济和法律条件，以便在公平的基础上为所有有关各方的利益转让海洋技术。

第 267 条 合法利益的保护

各国在依据第 266 条促进合作时，应适当顾及一切合法利益，除其他外，包括海洋技术的持有者、供应者和接受者的权利和义务。

第 268 条 基本目标

各国应直接或通过主管国际组织促进：

(a) 海洋技术知识的取得、评价和传播，并便利这种情报和资料的取得；

(b) 适当的海洋技术的发展；

(c) 必要的技术方面基本建设的发展，以便利海洋技术的转让；

(d) 通过训练和教育发展中国家和地区的国民，特别是其中最不发达国家和地区的国民的方式，以发展人力资源；

(e) 所有各级的合作，特别是区域、分区域和双边的国际合作。

第 269 条 实现基本目标的措施

为了实现第 268 条所指的各项目标，各国应直接或通过主管国际组织，除其他外，尽力：

(a) 制订技术合作方案，以便把一切种类的海洋技术有效地转让给在海洋技术方面可能需要并需求技术援助的国家，特别是发展中内陆国和地理不利国，以及未能建立或发展其自己在海洋科学和海洋资源勘探和开发方面的技术能力或发展这种技术的基本建设的其他发展中国家；

(b) 促进在公平合理的条件下，订立协定、合同和其他类似安排的有利条件；

(c) 举行关于科学和技术问题，特别是关于转让海洋技术的政策和方法的会议、讨论会和座谈会；

(d) 促进科学工作者、技术和其他专家的交换；

(e) 推行各种计划，并促进联合企业和其他形式的双边和多边合作。

第 2 节 国际合作

第 270 条 国际合作的方式和方法

发展和转让海洋技术的国际合作，应在可行和的适当的情形下，通过现有的双边、区域或多边的方案进行，并应通过扩大和新的方案进行，以便利海洋科学研究，海洋技术转让，特别是在新领域内，以及为海洋研究和发展在国际上筹供适当的资金。

第 271 条 方针、准则和标准各国应直接或通过主管国际组织，在双边基础上或在国际组织或其他机构的范围内，并在特别考虑到发展中国家的利益和需要的情形下，促进制订海洋技术转让方面的一般接受的方针、准则和标准。

第 272 条 国际方案的协调

在海洋技术转让方面，各国应尽确保主管国际组织协调其活动，包括任何区域性和全球性方案，同时考虑到发展中国家特别是内陆国和地理不利国的利益和需要。

第 273 条 与各国际组织和管理局的合作

各国应与各主管国际组织和管理局积极合作，鼓励并便利向发展中国家及其国民和企业部转让关于“区域”内活动的技能和海洋技术。

第 274 条 管理局的目标

管理局在一切合法利益，其中除其他外包括技术持有者、供应者和接受者的权利和义务的限制下，在“区域”内活动方面应确保：

（a）在公平地区分配原则的基础上，接受不论为沿海国、内陆国或地理不利国的发展中国家的国民，以便训练其为管理局工作所需的管理、研究和技术人员；

（b）使所有国家，特别是在这一方面可能需要并要求技术援助的发展中国家，能得到有关的装备、机械、装置和作业程序的技术文件；

（c）由管理局制订适当的规定，以便利在海洋技术方面可能需要并要求技术援助的国家，特别是发展中国家，取得这种援助，并便利其国民取得必要的技能和专门知识，包括专业训练；

（d）通过本公约所规定的任何财政安排，协助在这一方面可能需要并要求技术援助的国家，特别是发展中国家，取得必要的装备、作业程序、工厂和其他技术知识。

第 3 节　国家和区域性海洋科学和技术中心

第 275 条 国家中心的设立

1. 各国应直接或通过各主管国际组织和管理局促进设立国家海洋科学和技术研究中心，特别是在发展中沿海国设立，并加强现有的国家中心，以鼓励和推进发展沿海国进行海洋科学研究，并提高这些国家为了它们的经济利益而利用和保全其海洋资源的国家能力。

2. 各国应通过各主管国际组织和管理局给予适当的支持，便利设立和加强此种国家中心，以便向可能需要并要求此种援助的国家提供先进的训练设施和必要的装备、技能和专门知识以及技术专家。

第 276 条 区域性中心的设立

1. 各国在与各主管国际组织、管理局和国家海洋科学和技术研究机构协调下，应促进设立区域性海洋科学和技术研究中心，特别是在发展中国家设立，以鼓励和推进发展中国家进行海洋科学研究，并促进海洋技术的转让。

2. 一个区域内的所有国家都应与其中各区域性中心合作，以便确保更有效地达成其目标。

第 277 条 区域性中心的职务

这种区域性中心的职务，除其他外，应包括：

（a）对海洋科学和技术研究的各方面，特别是对海洋生物学，包括生物资源的养护和管理、海洋学、水文学、工程学、海底地质勘探、采矿和海水淡化技术的各级训练和教育方案；

（b）管理方面的研究；

（c）有关保护和保全海洋环境以及防止减少和控制污染的研究方案；

（d）区域性会议、讨论会和座谈会的

组织；

(e) 海洋科学和技术的资料和情报的取得和处理；

(f) 海洋科学和技术研究成果由易于取得的出版物迅速传播；

(g) 有关海洋技术转让的国家政策的公布，和对这种政策的有系统的比较研究；

(h) 关于技术的销售以及有关专利权的合同和其他安排的情报的汇编和整理；

(i) 与区域内其他国家的技术合作。

第4节　国际组织间的合作

第278条　国际组织间的合作

本部分和第ⅩⅢ部分所指的主管国际组织应采取一切适当措施，以便直接或在彼此密切合作中，确保本部分规定的它们的职务和责任得到有效的履行。

第ⅩⅤ部分　争端的解决

第1节　一般规定

第279条　用和平方法解决争端的义务

各缔约国应按照《联合国宪章》第2条第3项以和平方法解决它们之间有关本公约的解释或适用的任何争端，并应为此目的以《联合国宪章》第33条第1项所指的方法求得解决。

第280条　用争端各方选择的任何和平方法解决争端

本公约任何规定均不损害任何缔约国于任何时候协议用自行选择的任何和平方法解决它们之间有关本公约的解释或适用的争端的权利。

第281条　争端各方在争端未得到解决时所适用的程序

1. 作为有关本公约的解释或适用的争端各方的缔约各国，如已协议用自行选择的和平方法来谋求解决争端，则只有在诉诸这种方法而仍未得到解决以及争端各方间的协议并不排除任何其他程序的情形下，才适用本部分所规定的程序。

2. 争端各方如已就时限也达成协议，则只有在该时限届满时才适用第1款。

第282条　一般性、区域性或双边协定规定的义务

作为有关本公约的解释或适用的争端各方的缔约各国如已通过一般性、区域性或双边协定或以其他方式协议，经争端任何一方请求，应将这种争端提交导致有拘束力裁判的程序，该程序应代替本部分规定的程序而适用，除非争端各方另有协议。

第283条　交换意见的义务

1. 如果缔约国之间对本公约的解释或适用发生争端，争端各方应迅速就以谈判或其他和平方法解决争端一事交换意见。

2. 如果解决这种争端的程序已经终止，而争端仍未得到解决，或如已达成解决办法，而情况要求就解决办法的实施方式进行协商时，争端各方也应迅速着手交换意见。

第284条　调解

1. 作为有关本公约的解释或适用的争端一方的缔约国，可邀请他方按照附件Ⅴ第1节规定的程序或另一种调解程序，将争端提交调解。

2. 如争端他方接受邀请，而且争端各方已就适用的调解程序达成协议，任何一方可将争端提交该程序。

3. 如争端他方未接受邀请，或争端各方未就程序达成协议，调解应视为终止。

4. 除非争端各方有协议，争端提交调解后，调解仅可按照协议的调解程序终止。

第285条　本节对依据第Ⅺ部分提交的争端的适用

本节适用于依据第Ⅺ部分第5节应按照本部分规定的程序解决的任何争端。缔约国

以外的实体如为这种争端的一方，本节比照适用。

第2节 导致有拘束力裁判的强制程序

第286条 本节规定的程序的适用

在第3节限制下，有关本公约的解释或适用的任何争端，如已诉诸第1节而仍未得到解决，经争端任何一方请求，应提交根据本节具有管辖权的法院或法庭。

第287条 程序的选择

1. 一国在签署、批准或加入本公约时，或在其后任何时间，应有自由用书面声明的方式选择下列一个或一个以上方法，以解决有关本公约的解释或适用的争端：

（a）按照附件6设立的国际海洋法法庭；

（b）国际法院；

（c）按照附件7成的仲裁法庭；

（d）按照附件8成的处理其中所列的一类或一类以上争端的特别仲裁法庭。

2. 根据第1款作出的声明，不应影响缔约国在第Ⅺ部分第5节规定的范围内和以该节规定的方式，接受国际海洋法法庭海底争端分庭管辖的义务，该声明亦不受缔约国的这种义务的影响。

3. 缔约国如为有效声明所未包括的争端的一方，应视为已接受附件7规定的仲裁。

4. 如果争端各方已接受同一程序以解决这项争端，除各方另有协议外，争端仅可提交该程序。

5. 如果争端各方未接受同一程序以解决这项争端，除各方另有协议外，争端仅可提交附件7所规定的仲裁。

6. 根据第1款作出的声明，应继续有效，至撤销声明的通知交存于联合国秘书长后满三个月为止。

7. 新的声明、撤销声明的通知或声明的满期，对于根据本条具有管辖权的法院或法庭进行中的程序并无任何影响，除非争端各方另有协议。

8. 本条所指的声明和通知应交存于联合国秘书长，秘书长应将其副本分送各缔约国。

第288条 管辖权

1. 第287条所指的法院或法庭，对于按照本部分向其提出的有关本公约的解释或适用的任何争端，应具有管辖权。

2. 第287条所指的法院或法庭，对于按照与本公约的目的有关的国际协定向其提出的有关该协定的解释或适用的任何争端，也应具有管辖权。

3. 按照附件6设立的国际海洋法法庭海底争端分庭和第Ⅺ部分第5节所指的任何其他分庭或仲裁法庭，对按照该节向其提出的任何事项，应具有管辖权。

4. 对于法院或法庭是否具有管辖权如果发生争端，这一问题应由该法院或法庭以裁定解决。

第289条 专家

对于涉及科学和技术问题的任何争端，根据本节行使管辖权的法院或法庭，可在争端一方请求下或自己主动，并同争端各方协商，最好从按照附件8第2条编制的有关名单中，推选至少两名科学或技术专家列席法院或法庭，但无表决权。

第290条 临时措施

1. 如果争端已经正式提交法院或法庭，而该法院或法庭依据初步证明认为其根据本部分或第Ⅺ部分第5节具有管辖权，该法院或法庭可在最后裁判前，规定其根据情况认为适当的任何临时措施，以保全争端各方的各自权利或防止对海洋环境的严重损害。

2. 临时措施所根据的情况一旦改变或不复存在，即可修改或撤销。

3. 临时措施仅在争端一方提出请求并

使争端各方有陈述意见的机会后，才可根据本条予以规定、修改或撤销。

4. 法院或法庭应将临时措施的规定、修改或撤销迅速通知争端各方及其认为适当的其他缔约国。

5. 在争端根据本节正向其提交的仲裁法庭组成以前，经争端各方协议的任何法院或法庭，如在请求规定临时措施之日起两周内不能达成这种协议，则为国际海洋法法庭，或在关于“区域”内活动时的海底争端分庭，如果根据初步证明认为将予组成的法庭具有管辖权，而且认为情况紧急有此必要，可按照本条规定、修改或撤销临时措施。受理争端的法庭一旦组成，即可依照第1款至第4款行事，对这种临时措施予以修改、撤销或确认。

6. 争端各方应迅速遵从根据本条所规定的任何临时措施。

第 291 条 使用程序的机会

1. 本部分规定的所有解决争端程序应对各缔约国开放。

2. 本部分规定的解决争端程序应仅依本公约具体规定对缔约国以外的实体开放。

第 292 条 船只和船员的迅速释放

1. 如果缔约国当局扣留一艘悬挂另一缔约国旗帜的船只，而且据指控，扣留国在合理的保证书或其他财政担保经提供后仍然没有遵从本公约的规定，将该船只或其船员迅速释放，释放问题可向争端各方协议的任何法院或法庭提出，如从扣留时起十日内不能达成这种协议，则除争端各方另有协议名，可向扣留国根据第 287 条接受的法院或法庭，或向国际海洋法法庭提出。

2. 这种释放的申请，仅可由船旗国或以该国名义提出。

3. 法院或法庭应不迟延地处理关于释放的申请，并且应仅处理释放问题，而不影响在主管的国内法庭对该船只、其船主或船员的任何案件的是非曲直。扣留国当局应仍有权随时释放该船只或其船员。

4. 在法院或法庭裁定的保证书或其他财政担保经提供后，扣留国当局应迅速遵从法院或法庭关于释放船只或其船员的裁定。

第 293 条 适用的法律

1. 根据本节具有管辖权的法院或法庭应适用和本公约和其他与本公约不相抵触的国际法规定。

2. 如经当事各方同意，第 1 款并不妨害根据本节具有管辖权的法院或法庭按照公允和善良的原则对一项案件作出裁判的权力。

第 294 条 初步程序

1. 第 287 条所规定的法院或法庭，就第 297 条所指争端向其提出的申请，应经一方请求决定，或可自己主动决定，该项权利主张是否构成滥用法律程序，或者根据初步证明是否有理由。法院或法庭如决定该项主张构成滥用法律程序或者根据初步证明并无理由，即不应对该案采取任何进一步行动。

2. 法院或法庭收到这种申请，应立即将这项申请通知争端他方，并应指定争端他方可请求按照第 1 款作出一项决定的合理期限。

3. 本条的任何规定不影响争端各方按照适用的程序规则提出初步反对的权利。

第 295 条 用尽当地补救办法

缔约国间有关本公约的解释或适用的任何争端，仅在依照国际法的要求用尽当地补救办法后，才可提交本节规定的程序。

第 296 条 裁判的确定性和拘束力

1. 根据本节具有管辖权的法院或法庭对争端所作的任何裁判应有确定性，争端所有各方均应遵从。

2. 这种裁判仅在争端各方间和对该特定争端具有拘束力。

第3节　适用第2节的限制和例外

第297条　适用第2节的限制

1. 关于因沿海国行使本公约规定的主权权利或管辖权而发生的对本公约解释或适用的争端，遇有下列情形，应遵守第2节所规定的程序：

(a) 据指控，沿海国在第58条规定的关于航行、飞越或铺设海底电缆和管道的自由和权利，或关于海洋的其他国际合法用途方面，有违反本公约的规定的行为；

(b) 据指控，一国在行使上述自由、权利或用途时，有违反本公约或沿海国按照本公约和其他与本公约不相抵触的国际法规则制定的法律或规章的行为；

(c) 据指控，沿海国有违反适用于该沿海国、并由本公约所制订或通过主管国际组织或外交会议按照本公约制定的关于保护和保全海洋环境的特定国际规则和标准的行为。

2. (a) 本公约关于海洋科学研究的规定在解释或适用上的争端，应按照第2节解决，但对于下列情形所引起的任何争端，沿海国并无义务同意将其提交这种解决程序：

(i) 沿海国按照第246条行使权利或斟酌决定权；

(ii) 沿海国按照第253条决定命令暂停或停止一项研究计划；

(b) 因进行研究国家指控沿海国对某一特定计划行使第246条和第253条所规定权利的方式不符合本公约而起的争端，经任何一方请求，应按照附件5第2节提交调解程序，但调解委员会对沿海国行使斟酌决定权指定第246条第6款所指特定区域，或按照第246条第5款行使斟酌的决定权拒不同意，不应提出疑问。

3. (a) 对本公约关于渔业的规定在解释或适用上的争端，应按照第2节解决，但沿海国并无义务同意将任何有关其对专属经济区内生物资源的主权权利或此项权利的行使的争端，包括关于其对决定可捕量、其捕捞能力、分配剩余量给其他国家、其关于养护和管理这种资源的法律和规章中所制订的条款和条件的斟酌决定权的争端，提交这种解决程序。

(b) 据指控有下列情事时，如已诉诸第1节而仍未得到解决，经争端任何一方请求，应将争端提交附件5第2节所规定的调解程序：

(i) 一个沿海国明显地没有履行其义务，通过适当的养护和管理措施，以确保专属经济区内生物资源的维持不致受到严重危害；

(ii) 一个沿海国，经另一国请求，对该另一国有意捕捞的种群，专断地拒绝决定可捕量及沿海国捕捞生物资源的能力；或

(iii) 一个沿海国专断地拒绝根据第62条、第69条和第70条以及该沿海国所制订的符合本公约的条款和条件，将其已宣布存在的剩余量的全部或一部分分配给任何国家。

(c) 在任何情形下，调解委员会不得以其斟酌决定权代替沿海国的斟酌决定权。

(d) 调解委员会的报告应送交有关的国际组织。

(e) 各缔约国在依据第69条和第70条谈判协定时，除另有协议外，应列入一个条款，规定各缔约国为了尽量减少对协议解释或适用发生争议的可能性所采取的措施，并规定如果仍然发生争议，各缔约国应采取何种步骤。

第298条　适用第2节的任择性例外

1. 一国在签署、批准或加入本公约时，或在其后任何时间，在不妨害根据第1节所产生的义务的情形下，可以书面声明对于下列各类争端的一类或一类以上，不接受第2节规定的一种或一种以上的程序：

(a)(i)关于划定海洋边界的第 15 条、第 74 条和第 83 条在解释或适用上的争端，或涉及历史性海湾或所有权的争端，但如这种争端发生于本公约生效之后，经争端各方谈判仍未能在合理期间所达成协议，则作出声明的国家，经争端任何一方请求，应同意将该事项提交附件 5 第 2 节所规定的调解；此外，任何争端如果必要涉及同时审议与大陆或岛屿陆地领土的主权或其他权利有关的任何尚未解决的争端，则不应提交这一程序；

(ii)在调解委员会提出其中说明所根据的理由的报告后，争端各方应根据该报告以谈判达成协议；如果谈判未能达成协议，经彼此同意，争端各方应将问题提交第 2 节所规定的程序之一，除非争端各方另有协议；

(iii)本项不适用于争端各方已以一项安排确定解决的任何海洋边界争端，也不适用于按照对争端各方有拘束力的双边或多边协定加以解决的任何争端；

(b)关于军事活动，包括从事非商业服务的政府船只和飞机的军事活动的争端，以及根据第 297 条第 2 款和第 3 款不属法院或法庭管辖的关于行使主权权利或管辖权的法律执行活动的争端；

(c)正由联合国安全理事会执行《联合国宪章》所赋予的职务的争端，但安全理事会决定将该事项从其议程删除或要求争端各方用本公约规定的方法解决该争端者除外。

2. 根据第 1 款出声明的缔约国，可随时撤回声明，或同意将该声明所排除的争端提交本公约规定的任何程序。

3. 根据第 1 款出声明的缔约国，应无权对另一缔约国，将属于被除外的一类争端的任何争端，未经该另一缔约国同意，提交本公约的任何程序。

4. 如缔约国之一已根据第 1 款(a)项作出声明，任何其他缔约国可对作出声明的缔约国，将属于被除外一类的任何争端提交这种声明内指明的程序。

5. 新的声明，或声明的撤回，对按照本条在法院或法庭进行中的程序并无任何影响，除非争端各方另有协议。

6. 根据本条作出的声明和撤回声明的通知，应交存于联合国秘书长，秘书长应将其副本分送各缔约国。

第 299 条 争端各方议定程序的权利

1. 根据第 197 条或以一项按照第 298 条发表的声明予以除外，不依第 2 节所规定的解决争端程序处理的争端，只有经争端各方协议，才可提交这种程序。

2. 本节的任何规定不妨害争端各方为解决这种争端或达成和睦解决而协议某种其他程序的权利。

第XVI部分 一般规定

第 300 条 诚意和滥用权利

缔约国应诚意履行根据本公约承担的义务并应以不致构成滥用权利的方式，行使本公约所承认的权利、管辖权和自由。

第 301 条 海洋的和平使用

缔约国在根据本公约行使其权利和履行其义务时，应不对任何国家的领土完整或政治独立进行任何武力威胁或使用武力，或以任何其他与《联合国宪章》所载国际法原则不符的方式进行武力威胁或使用武力。

第 302 条 泄露资料

在不妨害缔约国诉诸本公约规定的解决争端程序的权利的情形下，本公约的任何规定不应视为要求一个缔约国于履行其本公约规定的义务时提供如经泄露即违反该国基本安全利益的情报。

第 303 条 在海洋发现的考古和历史文物

1. 各国有义务保护在海洋发现的考古和历史性文物，并应为此目的进行合作。

2. 为了控制这种文物的贩运，沿海国可在适用第 33 条时推定，未经沿海国许可将这些文物移出该条所指海域的海床，将造成在其领土或领海内对该条所指法律和规章的违犯。

3. 本条任何规定不影响可辨认的物主的权利、打捞法或其他海事法规则，也不影响关于文化交流的法律和惯例。

4. 本条不妨害关于保护考古和历史性文物在其他国际协定和国际法规则。

第 304 条　损害赔偿责任

本公约关于损害赔偿责任的条款不妨碍现行规则的适用和国际法上其他有关赔偿责任的规则的发展。

第ⅩⅦ部分　最后条款

第 305 条　签字

1. 本公约应开放给下列各方签字：

（a）所有国家；

（b）纳米比亚，由联合国纳米比亚理事会代表；

（c）在一项经联合国按照其大会第 1514（ⅩⅤ）号决议监督并核准的自决行动中选择了自治地位，并对本公约所规定的事项具有权限，其中包括就该等事项缔结条约的权限的一切自治联系国；

（d）按照其各自的联系文书的规定，对本公约所规定的事项具有权限，其中包括就该等事项缔结条约的权限的一切自治联系国；

（e）凡享有经联合国所承认的充分内部自治，但尚未按照大会第 1514（ⅩⅤ）号决议取得完全独立的一切领土，这种领土须对本公约所规定的事项具有权限，其中包括就该等事项缔结条约的权限；

（f）国际组织，按照附件 9。

2. 本公约应持续开放签字，至 1984 年 12 月 9 日止在牙买加外交部签字，此外，从 1983 年 7 月 1 日起至 1984 年 12 月 9 日止，在纽约联合国总部签字。

第 306 条　批准和正式确认

本公约须经各国和第 305 条第 1 款（b）（c）（d）和（e）项所指的其他实体批准，并经该条第 1 款（f）项所指的实体按照附件 9 予以正式确认。批准书和正式确认书应交存于联合国秘书长。

第 307 条　加入

本公约持续开放给各国和第 305 条所指的其他实体加入。第 305 条第 1 款（f）项所指的实体应按照附件 9 加入。加入书应交存于联合国秘书长。

第 308 条　生效

1. 本公约应自第六十份批准书或加入书交存之日后十二个月生效。

2. 对于在第六十份批准书或加入书交存以后批准或加入本公约的每一国家，在第 1 款限制下，本公约应在该国将批准书或加入书交存后第三十天起生效。

3. 管理局大会应在本公约生效之日开会，并应选举管理局的理事会。如果第 161 条的规定不能严格适用，则第一届理事会应以符合该条目的的方式组成。

4. 筹备委员会草拟的规则、规章和程序，应在管理局按照第Ⅺ部分予以正式通过以前暂时适用。

5. 管理局及其各机关应按照关于预备性投资的第三次联合国海洋法会议决议Ⅱ以及筹备委员会依据该决议作出的各项决定行事。

第 309 条　保留和例外

除非本公约其他条款明示许可，对本公约不得作出保留或例外。

第 310 条　声明和说明

第 309 条不排除一国在签署、批准或加入本公约时，作出不论如何措辞或用何种名称的声明或说明，目的在于除其他外使该国国内法律和规章同本公约规定取得协调，但须这种声明或说明无意排除或修改本公约规定适用于该缔约国的法律效力。

第 311 条 同其他公约和国际协定的关系

1. 在各缔约国间，本公约应优于 1958 年 4 月 29 日日内瓦海洋法公约。

2. 本公约不应改变各缔约国根据与本公约相符合的其他条约而产生的权利和义务，但以不影响其他缔约国根据本公约享有其权利或履行其义务为限。

3. 本公约两个或两个以上缔约国可订立仅在各该国相互关系上适用的，修改或暂停适用本公约的规定的协定，但须这种协定不涉及本公约中某项规定，如对该规定予以减损就与公约的目的及宗旨的有效执行不相符合，而且这种协定不影响本公约所载各项基本原则的适用，同时这种协定的规定不影响其他缔约国根据本公约享有其权利和履行其义务。

4. 有意订立第 3 款所指任何协定的缔约国，应通过本公约的保管者将其订立协定的意思及该协定所规定对本公约的修改或暂停适用通知其他缔约国。

5. 本条不影响本公约其他条款明示许可或保持的其他国际协定。

6. 缔约国同意对第 136 条所载关于人类共同继承财产的基本原则不应有任何修正，并同意它们不应参加任何减损该原则的协定。

第 312 条 修正

1. 自本公约生效之日起十年期间届满后，缔约国可给联合国秘书长书面通知，对本公约提出不涉及"区域"内活动的具体修正案，并要求召开会议审议这种提出的修正案。秘书长应将这种通知分送所有缔约国。如果在分送通知之日起十二个月以内，有不少于半数的缔约国作出的答复赞成这一要求，秘书长应召开会议。

2. 适用于修正会议的作出决定的程序应与适用于第三次联合国海洋法会议的相同，除非会议另有决定。会议应作出各种努力就任何修正案以协商一致方式达成协议，且除非为谋求协商一致已用尽一切努力，不应就其进行表决。

第 313 条 以简化程序进行修正

1. 缔约国可给联合国秘书长书面通知，提议将本公约的修正案不经召开会议，以本条规定的简化程序予以通过，但关于"区域"内活动的修正案除外。秘书长应将通知分送所有缔约国。

2. 如果从分送通知之日起十二个月内，一个缔约国反对提出的修正案或反对以简化程序通过修正案的提案，该提案应视为未通过。秘书长应立即相应地通知所有缔约国。

3. 如果从分送通知之日起十二个月后，没有任何缔约国反对提出的修正案或反对以简化程序将其通过的提案，提出的修正案应视为已通过。秘书长应通知所有缔约国提出的修正案已获通过。

第 314 条 对本公约专门同"区域"内活动有关的规定的修正案

1. 缔约国可给管理局秘书长书面通知，对本公约专门同"区域"内活动有关的规定，其中包括附件 6 第 4 节，提出某项修正案。秘书长应将这种通知分送所有缔约国。提出的修正案经理事会核准后，应由大会核准。各缔约国代表应有全权审议并核准提出的修正案。提出的修正案经理事会和大会核准后，应视为已获通过。

2. 理事会和大会在根据第 1 款核准任何修正案以前，应确保该修正案在按照第 155 条召开审查会议以前不妨害勘探和开发"区域"内资源的制度。

第 315 条 修正案的签字、批准、加入和有效文本

1. 本公约的修正案一旦通过，应自通过之日起十二个月内在纽约联合国总部对各缔约国开放签字，除非修正案本身另有决定。

2. 第 306 条、第 307 条和第 320 条适用于本公约的所有修正案。

第 316 条　修正案的生效

1. 除第 5 款所指修正案外，本公约的修正案，应在三分之二缔约国或六十个缔约国（以较大的数目为准）交存批准书或加入书后第三十天对批准或加入的缔约国生效。这种修正案不应影响其他缔约国根据本公约享有其权利或履行其义务。

2. 一项修正案可规定需要有比本条所规定者更多的批准书或加入书才能生效。

3. 对于在规定数目的批准书或加入书交存后批准或加入第 1 款所指修正案的缔约国，修正案应在其批准书或加入书交存后第三十天生效。

4. 在修正案按照第 1 款生效后成为本公约缔约国的国家，应在该国不表示其他意思的情形下：

（a）视为如此修正后的本公约的缔约国；

（b）在其对不受修正案拘束的任何缔约国的关系上，视为未修正的本公约的缔约国。

5. 专门关于“区域”内活动的任何修正案和附件 6 的任何修正案，应在四分之三缔约国交存批准书或加入书一年后对所有缔约国生效。

6. 在修正案按照第 5 款生效后成为本公约缔约国的国家，应视为如此修正后本公约的缔约国。

第 317 条　退出

1. 缔约国可给联合国秘书长书面通知退出本公约，并可说明其理由，未说明理由应不影响退出的效力。退出应自接到通知之日起后一年生效，除非通知中指明一个较后的日期。

2. 一国不应以退出为理由而解除该国为本公约缔约国时所承担的财政和合同义务，退出也不影响本公约对该国停止生效前因本公约的执行而产生的该国的任何权利、义务或法律地位。

3. 退出决不影响任何缔约国按照国际法而无须基于本公约即应担负的履行本公约所载任何义务的责任。

第 318 条　附件的地位

各附件为本公约的组成部分，除另有明文规定外，凡提到本公约或其一个部分也就包括提到与其有关的附件。

第 319 条　保管者

1. 联合国秘书长应为本公约及其修正案的保管者。

2. 秘书长除了作为保管者的职责以外，应：

（a）将因本公约产生的一般性问题向所有缔约国、管理局和主管国际组织提出报告；

（b）将批准、正式确认和加入本公约及其修正案和退出本公约的情况通知管理局；

（c）按照第 311 条第 4 款将各项协定通知缔约国；

（d）向缔约国分送按照本公约通过的修正案，以供批准或加入；

（e）按照本公约召开必要的缔约国会议。

3.（a）秘书长应向第 156 条所指的观察员递送：

（1）第 2 款（a）项所指的一切报告；

（2）第 2 款（b）项和（c）项所指的通知；

（3）第 2 款（d）项所指的修正案案文，供其参考。

（b）秘书长应邀请这种观察员以观察员身份参加第 2 款（c）项所指的缔约国会议。

第 320 条　有效文本

本公约原文应在第 305 条第 2 款限制下交存于联合国秘书长，其阿拉伯文、中文、英文、法文、俄文和西班牙文文本具有同等效力。

为此，下列全权代表，经正式授权，在本公约上签字，以资证明。

1982 年 12 月 10 日订于蒙特哥湾。

负责任渔业行为守则

（联合国粮食及农业组织于 1995 年 10 月 31 日以 4/95 号决议形式通过）

引　言

包括水产养殖在内的渔业是全世界当代人和后代人的食物、就业、娱乐、贸易和经济福利的一个重要来源，因此应当以负责任的方式开展。本《守则》阐述了负责任行为的原则和国际标准，以期有效地保护、管理和开发水生生物资源，并对生态系统和生物多样性给以应有的注意。《守则》承认渔业在营养、经济、社会、环境和文化方面的重要作用以及与渔业有关的各方的利益。《守则》考虑到了资源的生物特征及其环境、消费者和其他使用者的利益。鼓励各国和从事渔业的所有人员应用和实施《守则》。

第 1 条　守则的性质和范围

1.1　本《守则》是自愿遵守的，但是《守则》的某些部分以有关的国际法规为基础，其中包括 1982 年 12 月 10 日《联合国海洋法公约》所反映的那些法规。《守则》还包括了通过缔约方之间的其他有约束力的法律文件可能具有或已经具有约束力的某些条款，例如，1993 年的《促进公海渔船遵守国际养护和管理措施的协定》。按照粮农组织大会第 15/93 号决议第 3 款，该协定是《守则》的一个组成部分。

1.2　《守则》的范围是全球性的，针对粮农组织的成员和非成员、捕鱼实体、分区域、区域和全球性政府或非政府组织以及与养护渔业资源或渔业管理和发展有关的所有人员。如渔业人员以及从事鱼和渔产品加工及销售的人员，以及使用与渔业有关的水生环境的其他人员。

1.3　《守则》提出了适用于养护、管理和开发所有渔业的原则和标准。它的范围还包括鱼和渔产品的捕捞、加工和贸易、捕捞作业、水产养殖、渔业研究和把渔业纳入沿海地区管理。

1.4　在本《守则》中，“各国”一词在欧洲共同体权限范围内的事项上包括欧共体；

“渔业”一词同时指捕捞渔业和水产养殖。

第 2 条　《守则》的目标

《守则》的目标是：

(a) 按照有关的国际法规确定负责任捕捞和渔业活动的原则，同时要考虑与其有关的生物、技术、经济、社会、环境和商业方面的一切问题。

(b) 确定制定和执行负责任的渔业资源养护、渔业管理和发展的国家政策的原则和标准。

(c) 作为帮助各国制定或改进负责任渔业活动所需的法律和体制框架及制定和执行适宜措施的一份参考文件。

(d) 提供可以酌情用作制定和执行国际协定和其他有约束力和自愿遵守的文件的指南。

(e) 帮助和促进在渔业资源养护、渔业管理和发展方面的技术、经济和其他合作。

(f) 促进渔业对粮食安全和粮食质量作出贡献，优先注意当地居民的营养需要。

(g) 促进对水生生物资源及其环境和沿海地区的保护。

(h) 按照有关的国际法规促进鱼和渔产品贸易，避免采用成为阻碍这类贸易的隐患的措施。

(i) 促进对渔业以及与之相联系的生态系统和有关的环境因素的研究。

(j) 为所有渔业部门人员确立行为标准。

第 3 条 与其他国际文件的关系

3.1 《守则》的解释和实施应与 1982 年《联合国海洋法公约》体现的国际法有关条款一致。本《守则》中的任何部分都不影响按照 1982 年《联合国海洋法公约》体现的各国根据国际法拥有的权利、管辖权和职责。

3.2 《守则》的解释和实施还应：

(a) 与《执行 1982 年 12 月 10 日〈联合国海洋法公约〉有关跨界鱼类种群和高度洄游鱼类种群养护和管理的规定的协定》的有关条款一致；

(b) 按照其他有关的国际法规，其中包括各国按照其参加的国际协定的各自义务；

(c) 按照 1992 年《坎昆宣言》、1992 年《里约环境与发展宣言》、联合国环境与发展会议通过的《21 世纪议程》，尤其是《21 世纪议程》第 17 章以及其他有关的宣言和国际文件。

第 4 条 执行、监测和增补修订

4.1 粮农组织的所有成员和非成员、捕鱼实体、有关的分区域、区域和全球政府间或非政府组织、与渔业资源的养护、管理和利用以及鱼和渔产品贸易有关的所有人员，都应进行合作以实现和执行本《守则》提出的目标和原则。

4.2 粮农组织按照它在联合国系统中的作用，将监测《守则》的实施情况及其对渔业的影响，秘书处将向渔业委员会汇报这些情况。所有国家，不论是粮农组织成员或非成员，以及有关的国际组织，不论是政府间或非政府组织，都应当积极配合粮农组织开展这项工作。

4.3 粮农组织通过它的主管机构，可以根据渔业的发展情况和向渔委会提交的关于《守则》执行情况的报告修改《守则》。

4.4 各国以及包括政府间组织和非政府组织在内的各国际组织应当促进渔业人员了解本《守则》，并在可行的情况下制定计划来促进人们自愿地接受和有效地应用本《守则》。

第 5 条 发展中国家的特殊需要

5.1 对发展中国家实施本《守则》的建议的能力应当给予应有的考虑。

5.2 为了实现本《守则》的目标和协助有效地实施本《守则》，各国、有关政府间和非政府国际组织及金融机构应当充分考虑到发展中国家，尤其是最不发达国家和发展中岛屿小国的特殊情况和需要。各国、有关的政府间和非政府组织及金融机构应当努力采取措施来解决发展中国家的需要，尤其是在经济和技术援助、技术转让、培训和科研合作方面和加强它们发展自己的渔业及参加公海渔业，包括进入这些渔业的能力方面。

第 6 条 总原则

6.1 各国和水生生物资源使用者应当养护水生生态系统。捕捞权利也包括了以负责任的方式从事捕捞的义务，以便有效地养护和管理水生生物资源。

6.2 渔业管理部门应当结合粮食安全、减轻贫困和可持续发展，为了当代人和后代人促进保持渔业资源的质量、多样性和足够数量的供应量。管理措施不应局限于养护目标物种。而且还应该养护属于相同的生态系统、某个目标物种的从属或相关物种。

6.3 各国应当防止过度捕捞和捕鱼能力过剩，执行管理措施，以确保捕捞作业强度与渔业资源的繁殖能力及其可持续利用相一致。各国应当尽可能酌情采取措施来恢复

资源。

6.4　渔业的养护和管理决定应当以目前最佳的科学依据为基础，并考虑到对资源及其生境的传统了解以及有关的环境、经济和社会因素。各国应当重视开展研究和资料收集工作，以便在科学技术方面增进对渔业的了解，其中包括渔业与生态系统的相互影响。鉴于许多水生生态系统的跨境性质，各国应当酌情鼓励开展双边和多边研究合作。

6.5　各国、分区域和区域渔业管理组织应当利用目前最佳的科学依据，普遍采取养护、管理和利用水生生物资源的谨慎的方法。不应当把缺乏足够的科学资料作为推迟采取或不采取措施来养护目标物种、与之相关或从属物种以及非目标物种及其环境的理由。

6.6　应当进一步切实可行地发展和应用具有选择性、无害环境的渔具的捕鱼方法，以便保持生物多样性，保护种群结构、水生生态系统和鱼的质量。在已经存在适宜的选择性和无害环境的渔具的捕鱼方法的地方，在制订渔业养护和管理措施时应予以承认和重视。各国和水生生态系统的使用者应当尽量减少浪费和对目标鱼类和非鱼类物种的捕获量以及对与之相关或从属物种的影响。

6.7　鱼和渔产品的捕获、搬运、加工和销售方式应当保持产品的营养价值、质量和安全，减少浪费，将对环境的不利影响减至最低限度。

6.8　在必要的情况下，海洋和淡水生态系统中所有重要的鱼类生境都应当尽可能加以保护和恢复，例如湿地、红树林、石礁、咸水湖、育苗区和产卵区。应当作出专门努力来保护这些生境不受破坏、退化和污染以及威胁渔业资源的健康和生存能力的人类活动造成的其他重要影响。

6.9　各国应当确保其渔业利益，包括养护资源的必要性，在沿海地区综合利用中得到考虑并纳入沿海地区的管理、规划和发展工作。

6.10　各国应当在各自的权限内并按照国际法，包括按照在分区域或区域渔业养护和管理组织或协定范围内的国际法，确保养护和管理措施得到遵循和实施，并为监测和控制渔船以及渔业辅助船只的活动酌情建立有效的机制。

6.11　批准渔船和渔业辅助船只悬挂其旗帜的国家应当对这些船只进行有效的控制，以确保本《守则》的适当实施。这些国家应当确保这些船只的活动不破坏按照国际法和在国家、分区域、区域或全球各级采取的养护和管理措施的有效作用。各国还应当确保悬挂其旗帜的船只履行收集和提供关于捕捞活动资料的义务。

6.12　各国应当在其各自权限范围内并按照国际法，在分区域、区域和全球各级通过渔业管理组织、其他国际协定或其他安排进行合作，促进养护和管理工作，确保在水生生物资源分布范围之内捕捞活动以负责任的方式进行，使这些资源得到有效的养护和保护，同时考虑到需要在国家管辖范围内外采取互不抵触的措施。

6.13　各国应当在国家法规允许的范围内，确保决策过程的透明度和及时解决紧迫的问题。各国应当按适宜的程序，在制定有关渔业管理、发展、国际贷款和援助的法律和政策的决策过程中，为与实业界、渔业工人、环境组织和其他有关组织进行磋商和让其实际参加决策创造条件。

6.14　国际鱼和渔产品贸易应当按照世界贸易组织协定和其他有关的国际协定规定的原则、权利和义务进行。各国应当确保其有关鱼和渔产品贸易的政策、计划和做法不阻碍这种贸易、不造成环境退化或消极的社会，包括营养影响。

6.15　各国应当进行合作以防止发生争端。有关渔业活动和方法的所有争端应当及时地以和平、合作的方式按照有关国际协定或有关各方可能商定的其他办法解决。在争端解决之前，有关国家应当尽一切努力做出可行的临时安排，同时不影响任何争端解决程序的最后结果。

6.16 各国认识到使渔民和鱼类养殖者了解养护和管理他们所依赖的渔业资源对他们的极端重要性，应当通过教育和培训增进对负责任渔业的认识。各国应当确保渔民和鱼类养殖者参与政策制定和执行过程，以利于《守则》的执行。

6.17 各国应当确保渔业设施和设备以及所有渔业活动能够有安全、卫生和良好的工作和生活条件，并达到有关的国际组织通过的、国际上商定的标准。

6.18 各国认识到个体渔业和小型渔业对就业、收入和粮食安全作出的重要贡献，应当适当保护渔民和渔业工人，尤其是从事自给、小型和手工作业的渔民和渔业工人，享有安全和公正生计的权利，以及在适当时优先进入其国家管辖水域内的传统渔场和获得资源的权利。

6.19 各国应当把包括以养殖为基础的渔业在内的水产养殖看作促进收入和饮食多样化的一个途径。在这一过程中，各国应当确保以负责任的方式利用资源，把对环境和当地社区的不利影响减至最低限度。

第7条 渔业管理

7.1 概况

7.1.1 各国和从事渔业管理的所有人员应当通过有关的政策、法律和体制，采取措施以长期养护和持续利用渔业资源。当地、国家、分区域或区域的养护和管理措施应当以目前最佳的科学依据为基础，并努力确保渔业资源长期持续保持有助于最佳利用的数量，并为当代和后代人保持这些资源的供应量；任何短期考虑均不应危害这些目标。

7.1.2 在国家管辖的范围内，各国应当努力确定国内在渔业资源的利用和管理方面拥有合法利益的有关各方，并建立与它们磋商的安排以争取它们在实现负责任渔业中进行合作。

7.1.3 对于跨境鱼类种群、跨界鱼类种群、高度洄游鱼类种群和公海鱼类种群，有关国家，在跨界和高度洄游鱼类种群方面包括有关沿海国家，应当合作以确保有效地养护和管理资源。应当酌情通过建立一个双边、分区域或区域渔业组织或安排来做到这一点。

7.1.4 分区域或区域渔业管理组织或安排应当包括资源在其管辖范围内的国家的代表以及对国家管辖范围外的渔业或资源拥有实际利益的国家的代表。在分区域或区域渔业管理组织或安排已经存在并负责制定养护和管理措施的情况下，这些国家应当通过成为这些组织的一名成员或这类安排的参加者并积极参加其工作来进行合作。

7.1.5 当一个国家不是一个分区域或区域渔业管理组织的成员，或未参加分区域或区域渔业管理安排时，它仍然应当按照有关的国际协定和国际法，通过实施该组织或安排通过的任何养护和管理措施来配合有关渔业资源的养护和管理。

7.1.6 与渔业有关的政府间和非政府组织的代表应当有机会按照有关组织或安排的程序，以观察员身份或其他适宜的方式参加分区域和区域渔业管理组织的安排的会议。这些代表应当有机会及时得到这些会议的记录和报告，但需视获得这些记录和报告的程序条例而定。

7.1.7 各国应当在各自的权限能力范围内，建立有效的渔业监测、观察、控制和实施机制，以确保渔业养护和管理措施以及分区域、区域组织或安排通过的措施得到遵循。

7.1.8 各国应当采取措施防止或消除过剩的捕鱼能力，并确保捕鱼作业量与渔业资源的持续利用相符，以此作为保障养护和管理措施发挥作用手段。

7.1.9　各国和分区域或区域渔业管理组织和安排应当确保渔业管理机制和有关的决策过程具有透明度。

7.1.10　各国和分区域或区域渔业管理组织和安排应当适当宣传养护和管理措施，确保有关措施实施的法规和其他法律条文得到有效的宣传。应当向资源使用者解释这些措施的依据和目的，以便于他们实施措施，从而在执行这些措施的过程中得到更多的支持。

7.2　管理目标

7.2.1　各国和区域或分区域渔业管理组织和安排认识到保持渔业资源的长期持续利用是养护和管理的首要目标，应当根据现有的最佳科学依据，除其他外，采取适当的措施，把资源量保持在或恢复到视有关的环境和经济因素以及发展中国家的特殊需要而定的能够达到最高可持续产量的数量。

7.2.2　这些措施应当规定：

(a) 避免捕鱼能力过剩，资源的开发保持在经济上可行的限度内；

(b) 捕鱼业从事捕捞的经济条件有助于负责任的渔业；

(c) 考虑到渔民的利益，其中包括从事自给性、小型和手工作业渔业的渔民的利益；

(d) 养护水生生境和生态系统，保护濒危物种；

(e) 应让严重减少的资源得到恢复，或酌情积极地使之恢复；

(f) 评价并酌情纠正人类活动对资源环境的不利影响；

(g) 通过各种措施，其中包括在切实可行的情况下研究和使用有选择性的，无害环境和效益高的渔具和技术，把污染、浪费、遗弃物、遗弃渔具所致的资源损耗量、非目标种的捕获、对与之相关或从属物种的影响减到最低限度。

7.2.3　各国应当评价环境因素对目标资源和属于同一生态系统的物种或与目标资源相关或从属的物种的影响，评价生态系统中各种群之间的关系。

7.3　管理纲领和程序

7.3.1　为了发挥有效的作用，渔业管理应当考虑整个资源分布区内的资源总体，并应考虑过去商定、在该区域内建立和实施的管理措施、资源的所有被捕捞情况、生物整体和其他生物特征。除此之外，应当利用现有的最佳科学依据确定资源的分布区和资源在生命周期中的洄游区域。

7.3.2　为了在整个生命周期内养护和管理跨境鱼类种群、跨界鱼类种群、高度洄游鱼类种群和公海鱼类资源，按照有关国家的各自权限或通过分区域和区域渔业管理组织和安排的各自权限为这些资源确定的养护和管理措施应当互不抵触。应当按照与有关国家的权利、责任和利益一致的方式实现协调一致。

7.3.3　应当把长期的管理目标转化为管理行动，制定为渔业管理计划或其他管理方案。

7.3.4　各国以及适当时分区域和区域渔业管理组织和安排应当促进和推动在有关渔业的所有事项上开展国际合作和协调，其中包括收集和交流信息、渔业研究、管理和发展。

7.3.5　那些试图通过一个非渔业组织采取可能影响到某个主管分区域或区域渔业管理组织或安排的养护和管理措施的行动的国家应当尽可能事先与后者磋商，并对后者的意见加以考虑。

7.4　资料收集和管理咨询

7.4.1　在考虑采取养护和管理措施时应当考虑到现有的最佳科学证据来评价渔业资源的现状和这些措施可能对资源产生的影响。

7.4.2　应当促进支持渔业养护和管理

的研究，其中包括对资源、气候、环境和社会经济因素的影响的研究。应将这类研究的结果通知有关各方。

7.4.3　应当促进有助于了解旨在使捕捞合理化、尤其是与捕鱼能力过剩和捕捞努力量过高有关的不同管理方式的费用、利益和影响的研究工作。

7.4.4　各国应当确保按照有关的国际标准和方法收集和保存关于渔获量和捕捞努力量的及时、全面、可靠的统计资料，其详细程度足以进行正确的统计分析。应当通过适当的方法定时更新和验证数据。各国应当以符合现行保密要求的方式汇集和传播这些数据。

7.4.5　为了确保持续地管理渔业和能够实现社会和经济目标，应当通过数据收集、分析和研究来充分了解社会、经济和体制因素。

7.4.6　各国应当按照国际商定的格式汇编关于在分区域或区域渔业管理组织或安排范围内的鱼类资源的渔业资料和其他辅助科技资料，并及时地向有关的组织或安排提供。

对于在几个国家的管辖范围内，尚无管理组织或安排的资源，有关国家应当商定一种汇集和交流这类数据的合作方法。

7.4.7　分区域或区域渔业管理组织或安排应当以符合现行保密要求的方式汇集资料，并以商定的格式、按照商定的程序及时提供给这些组织的所有成员和其他有关各方。

7.5　预防措施

7.5.1　各国应当把预防措施普遍应用于水生生物资源的养护、管理和利用，以保护资源和水生环境。不应当把缺乏足够的科学资料作为推迟采取或不采取养护和管理措施的理由。

7.5.2　在实施预防措施时，各国应当特别考虑到资源的数量和生产率的不确定性、衡量标准、与这种标准有关的资源状况、捕捞死亡率和分布、捕捞作业，包括遗弃物对非目标种、与其相关或从属种的影响以及环境和社会经济状况。

7.5.3　各国和分区域或区域渔业管理组织和安排应当根据现有的最佳科学依据，特别确定：

（a）特定种群目标参考点以及如果超过这些参考点需要采取的行动；

（b）特定种群目标参考点以及如果超过这些参考点需要采取的行动；当接近限度时，应当采取措施防止超过。

7.5.4　对于新的或试捕性渔业，各国应当尽快采取谨慎的养护和管理措施，其中特别包括捕捞量和捕捞努力量的极限。这些措施应始终保持，直到掌握足够数据以允许就该渔业对种群的长期可持续能力的影响进行评估为止。此后则应执行以这一评估为基础的养护和管理措施。后一类措施应酌情允许这类渔业的逐步发展。

7.5.5　如果一次自然现象对水生生物资源的状况产生显著的不利影响，各国应当紧急采取养护和管理措施，使捕鱼作业不加剧这类不利影响。在捕鱼作业严重威胁这些资源的可持续性时，各国也应当紧急采取这类措施。紧急采取的措施应当是暂时性的，并以现有的最佳科学依据为基础。

7.6　管理措施

7.6.1　各国应当确保允许的捕鱼作业量与渔业资源状况相符。

7.6.2　各国应当按照公海国际法或国家管辖范围内的国家法律采取措施，确保未经批准的船只不得从事捕鱼。

7.6.3　在捕鱼能力过剩时，应当建立机制把捕鱼能力降低到与渔业资源的持续利用相符合的水平，以使渔民在推动负责任渔业的经济条件下作业。这样的机制应当包括监测捕鱼船队的能力。

7.6.4　应当调查所有现有渔具的捕鱼

方法的情况，并采取措施逐步取消不符合负责任渔业的渔具的捕鱼方法，代之以比较能接受的其他方法。在这一过程中，应当特别注意这类措施对渔业社区的影响，其中包括对其利用这一资源的能力的影响。

7.6.5　各国和渔业管理组织和安排应当对捕鱼作业加以管理，以避免使用不同船只、渔具和捕鱼方法的渔民之间发生冲突的危险。

7.6.6　在决定渔业资源的利用、养护和管理时，应当酌情按照国家法规对高度依赖渔业资源为生的土著居民和当地渔业社区的传统方法、需要和利益予以应有的承认。

7.6.7　在评价各种不同的养护和管理措施时，应当考虑到它们的经济效益和社会影响。

7.6.8　应当经常研究养护和管理措施的效率和它们可能的相互作用。应当根据新的情况，酌情修改或取消这些措施。

7.6.9　各国应当采取适宜的措施来减少浪费、遗弃物、遗弃的渔具所致的资源的损失、非目标种的捕获、对与之相关或从属种，尤其是濒危物种的消极影响。在适当的情况下，这类措施可以包括有关鱼的大小、网眼规格或渔具、遗弃物、禁渔期和禁渔区以及某些渔业尤其是手工渔业的保留地等技术措施。这类措施应当酌情应用以保护幼鱼和产卵鱼。各国和分区域或区域渔业管理组织和安排应当在切实可行的范围内促进研究和使用有选择性的、无害环境和效益高的渔具的捕鱼方法。

7.6.10　各国及分区域和区域渔业管理组织和安排应当在其各自的职责范围内，为枯竭的资源和受到枯竭威胁的资源采取有助于这些资源持续恢复的措施。它们应当全力确保恢复受到捕鱼作业或其他人类活动不利影响的资源以及对这些资源的生存极为重要的生境。

7.7　执行

7.7.1　各国应当确保在地方和国家一级为渔业资源的养护和管理酌情建立一个有效的法律和行政体制。

7.7.2　各国应当确保法律和条例对违法行为的制裁的严厉性足够发挥作用，其中包括在不遵守生效的养护和管理措施时拒绝、收回或暂停捕鱼许可的制裁。

7.7.3　各国应当按照其国家法律，执行有效的渔业监测、管制、监督和执法措施，其中酌情包括观察员计划、检查计划和船只监测系统。分区域或区域渔业管理组织和安排应当按照这些组织或安排商定的程序促进制定并酌情实施这类措施。

7.7.4　各国和分区域或区域渔业管理组织和安排应当酌情商定如何为这些组织和安排的活动提供经费，同时要特别考虑渔业产生的相对利益和各国提供经费和作出其他贡献的不同能力。在适当和可能的情况下，这类组织和安排应当努力收回渔业养护、管理和研究费用。

7.7.5　是分区域或区域渔业管理组织和安排的成员或参与者的国家，应当执行这些组织或安排所通过并与有关国际法一致的国际商定的措施，以阻止悬挂非成员或非参加国旗帜的船只从事破坏这些组织或安排规定的养护和管理措施效力的活动。

7.8　金融机构

7.8.1　在不影响有关国际协定的情况下，各国应鼓励金融机构，在要求渔船或渔业辅助船在受益船东国管辖区以外的区域悬挂旗帜作为借款抵押的一个条件会增加其不遵守国际养护和管理措施的可能性时，不提出这类要求。

第8条　捕捞作业

8.1　所有国家的责任

8.1.1　各国应当确保在其管辖的水域内的捕捞作业都经其批准并确保这些作业以责任的方式进行。

8.1.2　各国应当就其发出的所有捕鱼

许可证保存一份记录并定期更新。

8.1.3 各国应当按照公认的国际标准和方法，保存关于它们允许的所有捕鱼作业的统计资料并定期更新。

8.1.4 各国应当按照国际法，在分区域或区域渔业管理组织或安排的范畴内进行合作，以建立对在其国家管辖范围外水域的捕鱼作业和有关活动进行监测、管制、监督以及执行适用的措施的制度。

8.1.5 各国应当确保对从事捕捞作业的所有人员实行卫生和安全标准。这些标准不应低于有关的国际协定规定的工作条件的最低要求。

8.1.6 各国应当单独地、与其他国家一起或与适当的国际组织一起安排把捕捞作业纳入海事搜救系统。

8.1.7 各国应当通过教育和培训计划提高渔民的教育水平和技能并酌情提高其专业合格水平。这些计划应当考虑到商定的国际标准和准则。

8.1.8 各国应当按照其国家法律酌情保存渔民状况记录；只要可能，这些记录应当包括关于渔民的服务和资格，其中包括能力证书的信息。

8.1.9 各国应当确保针对被指控在渔船操作方面违反规定的船长和其他职务船员的措施应当包括拒绝发放、收回或暂停担任渔船船长或职务船员的任命书。

8.1.10 在有关国际组织的协助下，各国应当努力通过教育和培训，确保从事捕鱼作业的所有人员了解本《守则》的最重要的条款以及有关的国际公约的条款和对保障负责任捕鱼作业必不可少的有关环境标准和其他标准。

8.2 船旗国的责任

8.2.1 船旗国应当保存有权悬挂其旗帜或批准可捕鱼的渔船的记录，并在该记录中载明该船只、船主和捕捞证书的详细情况。

8.2.2 船旗国应当确保，任何有权悬挂其旗帜的渔船在公海或另一国家管辖的水域进行捕捞，均须持有登记证，并得到主管当局的捕捞批准书。这类渔船应当在船上携带其登记证和捕捞证书。

8.2.3 准许在公海或非船旗国管辖的水域内进行捕捞的渔船均应按照统一的和国际上承认的船只标志制度，例如粮农组织关于渔船标志和识别标准规定及准则，作出正确标志。

8.2.4 渔具应按照国家立法作出标志，以便可以识别渔具的所有者，渔具标志要求应当考虑到统一的和国际上承认的渔具标志制度。

8.2.5 船旗国应当按照国际公约、国际商定的行为守则和自愿遵守的准则确保遵守为渔船和捕捞人员制定的适当的安全规定。各国应当为这类国际公约、守则和自愿遵守的准则未涉及的所有小渔船作出适当的安全规定。

8.2.6 应当鼓励《促进公海渔船遵守国际养护和管理措施的协定》的非缔约国家接受该协定，采用符合该协定条款的法律和条例。

8.2.7 船旗国应当对有权悬挂其旗帜而被它们发现违反适用的养护和管理措施的渔船采取执法措施，包括在必要时把违反这类措施的行为视为触犯国家法律。对这类违法行为的制裁的严厉程度应当足以保证规定得到遵循、阻止发生任何违法行为、使违法者无法得到其违法活动所产生的利益。对严重违法行为的这类制裁可以包括拒绝发放、中止或收回捕捞证书的规定。

8.2.8 船旗国应当促进渔船的船东和租船人参加保险。渔船船东或租船人的保险应当足以保护渔船船员及其利益、对第三方的损失或破坏作出赔偿并保护他们自身的利益。

8.2.9 船旗国应当考虑到《1987 年海

员遣返公约（修订本）》（第166号）规定的原则，确保船员享有遣返权。

8.2.10　如渔船或渔船上的船员发生意外事故，有关渔船的船旗国应当向意外事故涉及的船只上的任何外籍人员所属国家提供事故详情。可行时这些信息还应通知国际海事组织。

8.3　港口国的责任

8.3.1　港口国应当通过其国家法律规定的程序按照国际法，包括有关的国际规定或安排，采取实现和协助其他国家实现本《守则》的目标所必要的措施，并应将它们为此制订的条例和措施的详细情况通知其他国家。在采取这些措施时，港口国不应在形式上或实际上歧视任何其他国家的船只。

8.3.2　当渔船自愿停靠在港口国的一个港口或一个沿岸点以及船旗国要求港口国提供援助以解决不遵守分区域、区域或全球养护和管理措施或不遵守国际商定的预防污染、渔船安全、卫生和船上工作条件的最低标准的问题时，港口国应当按照港口国的国家法律和国际法酌情向船旗国提供这类援助。

8.4　捕捞作业

8.4.1　各国应当确保，进行捕捞时应当关注人命安全和国际海事组织的《国际海上避碰规则》以及该组织关于组织海上交通、海洋环境保护和防止渔具受损及丢失的要求。

8.4.2　各国应当禁止使用炸药和毒药及其他类似具有破坏性的捕捞方法。

8.4.3　各国应当全力确保系统地收集和向有关管理机构提交有关捕鱼作业、捕获的鱼类和非鱼类的保留情况的文件以及管理机构决定的资源调查所需的遗弃物的信息。各国应尽可能制定观察员和检查等计划，以便促进适用的措施得到遵循。

8.4.4　各国应当考虑到经济条件，促进采用适当的技术来对保留的渔获物进行最佳利用和最佳管理。

8.4.5　各国应与有关的行业团体一起共同鼓励发展和使用可减少遗弃物的技术和作业方法。应当劝阻使用会导致捕捞遗弃渔获物的渔具和捕捞方法，促进采用可增加逃脱捕捞的鱼类生存率的渔具的捕捞方法。

8.4.6　各国应进行合作来发展和应用尽量减少渔具的丢失以及丢失或遗弃的渔具所致的对资源的影响的技术、材料和作业方法。

8.4.7　各国应当确保在某一地区以商业规模采用新渔具、新捕鱼方法和新的作业之前调查对生境的干扰影响。

8.4.8　应当促进研究渔具的环境和社会影响，尤其是研究这类渔具对生物多样性和沿海渔业社区的影响。

8.5　渔具的选择性

8.5.1　各国应当在切实可行的范围内要求，渔具、捕捞方法和技术应当具有足够的择性以尽量减少浪费、遗弃物、非目标种的捕获量、对与之相关或从属种的影响，并不得采用技术手段来回避有关条例的规定。在这方面，捕捞者应当进行合作发展具有选择性的渔具和捕捞方法。各国应当确保向所有捕捞者提供关于新发展和新要求的情况。

8.5.2　为了提高选择性，各国在制定法律和条例时应当考虑渔业可以利用的具有选择性的渔具、捕捞方法和策略的范围。

8.5.3　各国和有关机构应当进行合作来开发渔具选择性、捕捞方法和策略的标准方法的研究。

8.5.4　应当鼓励在渔具选择性、捕捞方法和策略、传播这类研究成果和转让技术的研究计划方面进行国际合作。

8.6　能源的最佳利用

8.6.1　各国应当促进制定可促使在渔业部门的捕捞活动或捕捞后的相关活动中更有效地利用能源的适当标准和准则。

8.6.2　各国应当促进发展和转让有关

在渔业部门内最佳利用能源的技术，特别是鼓励渔船船东、租船人和管理人在其渔船上安装能源最佳利用装置。

8.7　保护水生环境

8.7.1　各国应当根据《经1978年议定书修订的〈1973年国际防止船只污染公约〉》（MARPOL73/78）来制定和实施法律和条例。

8.7.2　渔船船东、租船人和管理人应当确保他们的船只配备有MARPOL73/78议定书所要求的适当装备，并应考虑有关等级的船只安装船载压缩机或焚化炉，以便处理船只在正常使用期内产生的垃圾和其他船载废物。

8.7.3　渔船船东、租船主和管理人应当通过适当的食品供给方法尽量减少可能的船载垃圾。

8.7.4　渔船的船员应当熟悉有关的船上处理程序，以确保排放物不超过MAROPL73/78议定书所规定的数量。这种程序至少应当包括如何处置油质废物和船载垃圾的装卸和存放。

8.8　保护大气层

8.8.1　各国应当采用包括减少废气排放中的危险物质的规定在内的有关标准和准则。

8.8.2　渔船船东、租船人和管理人应当确保其船只配有减少排放破坏臭氧层的物质的装备。负责的渔船船员应当熟悉船上机械的正确操作和维修。

8.8.3　主管当局应当作出规定来逐步取消在渔船的冷却系统中使用氯氟烃和例如氯氢氟的过渡性物质，并应确保造船业和从事捕捞业的人员得到相应通知，并遵守这些规定。

8.8.4　渔船船东或管理人员应当采取适当行动来改装现有的渔船，使用代替氯氟烃和氯氢氟的冷却剂并在消防设备中采用聚四氟乙烯代替物。所有新渔船的技术要求应当使用这些代替办法。

8.8.5　国家、渔船船东、租船人、管理人和捕捞人员应遵守处理氯氢烃、氯氢氟和聚四氟乙烯的国际准则。

8.9　渔船港口和卸鱼场所

8.9.1　各国在设计和建造港口和卸鱼场所时，应特别考虑到下列要求：

（a）为渔船提供安全的避风港；为船只、鱼贩和购买者提供足够的服务设施；

（b）提供足够的淡水供应和作出卫生安排；

（c）建立垃圾处理系统，包括处理油料、含油水和渔具；

（d）尽量减少渔业活动和来自外界的污染；

（e）为处理侵蚀和淤积的影响作出安排。

8.9.2　各国应当为渔港选址或改善渔港建立一套机构框架，以便可以在负责沿海区管理的机构间进行磋商。

8.10　结构和其他材料的放弃

8.10.1　各国应当确保遵守国际海事组织颁布的有关拆除多余的近海结构的相关标准和准则。各国还应确保，在有关机构决定放弃这类结构和其他材料之前与渔业主管当局进行磋商。

8.11　人工渔礁和集鱼设施

8.11.1　各国应当酌情制定政策，通过在海床上或其上方或海面设置人造结构来增加鱼类种群和增加捕捞机会，同时注意航行安全。应当促进对使用这类结构的研究，其中包括对海洋生物资源和环境的影响。

8.11.2　各国应当确保在选择修建人工渔礁使用的材料和选择这些人工渔礁的地点时要遵守有关环境和航海安全的国际公约的规定。

8.11.3　各国应当在沿海区管理计划的框架内建立人工渔礁和集鱼设施的管理系统，这些管理系统应当要求人工渔礁和设施的建造和部署经过审批，同时考虑到渔民，包括手工渔民和生计渔民的利益。

8.11.4　各国应当确保，在设置或拆除人工渔礁或集鱼设施之前通知负责保存制图档案或航海图的部门及有关的环境机构。

第9条　水产养殖的发展

9.1　在国家管辖区内负责任地发展水产养殖业，包括以养殖为基础的渔业。

9.1.1　各国应当建立、保持和发展可促进发展负责任的水产养殖的适当法律和行政框架。

9.1.2　各国应当促进负责任地发展和管理水产养殖业，其中包括根据最可靠的科学信息预先评价水产养殖的发展对遗传多样性和生态系统完整性的影响。

9.1.3　各国应当按照要求制定和定期更新水产养殖业的发展战略和计划，以确保水产养殖业的发展具有生态方面的持续能力，并允许合理利用水产养殖和其他活动所共用的资源。

9.1.4　各国应当确保，当地社区的生计及其进入渔场的机会不会受到水产养殖发展的不利影响。

9.1.5　各国应当建立有效的水产养殖特别程序，以进行适当的环境评估和监测，以期尽量减少取水、用地、排污、使用药品和化学制品和其他水产养殖活动所造成的不利生态变化和有关的社会经济后果。

9.2　在跨境水生生态系统中负责任地发展水产养殖，包括以养殖为基础的渔业。

9.2.1　各国应当通过支持在其国家管辖区内的负责任的水产养殖方法，并进行合作以促进可持续的水产养殖方法来保护跨境水生生态系统。

9.2.2　各国应当对邻国给予应有的尊重，并按照国际法来确保负责任地选择可能影响跨境水生生态系统的水产养殖活动的品种、场地和管理。

9.2.3　各国在把非当地物种引进跨境水生生态系统之前，应当酌情与其他邻国磋商。

9.2.4　各国应当建立适当的机制，例如数据库和信息网络，来收集、分享和传播与其水产养殖活动有关的资料，以促进在国家、分区域、区域和全球范围内合作规划水产养殖发展。

9.2.5　各国应当在需要时进行合作来确立适当的机制，以监测用于水产养殖的投入物的影响。

9.3　利用水生遗传资源来发展水产养殖，包括以养殖为基础的渔业。

9.3.1　各国应当通过适当的管理来保存遗传多样性和保持水生生境和生态系统的完整性，特别应当作出努力来尽量减少把非当地种类或水产养殖民，包括以养殖为基础的渔业利用的遗传变异鱼类资源引入水域的有害后果；在这些非当地种类或遗传变异种类很可能扩散到原产国或其他国家管辖的水域时尤其应当作出努力。各国在可能时应促进采取措施来尽量减少逃脱的养殖鱼类对野生种群产生不利的遗传、病害和其他影响。

9.3.2　各国应当进行合作来拟定、采用和执行引进和转让水生生物的国际行为守则和程序。

9.3.3　各国为了尽量减少疾病传染的危险和对野生鱼类和养殖鱼类的其他不利影响，应当鼓励在亲体的遗传改良、引进非当地种类和生产、销售和运输鱼卵、鱼苗或幼鱼、亲体或其他活材料方面采用适当的技术。各国应当促进编写和执行这方面的国家行为守则和程序。

9.3.4　各国应当促进采用选择亲体和生产鱼卵、鱼苗和幼鱼的适当程序。

9.3.5　考虑到必须保护濒危物种的遗传多样性，各国应当在适当时促进研究，在可能时促进发展濒危物种的养殖技术，以保护、恢复和增加其资源量。

9.4　生产水平的负责任水产养殖

9.4.1　各国应当促进负责任的水产养殖方法，以支持进行养殖的村社、生产者组织和鱼类养殖者。

9.4.2　各国应当促进鱼类养殖者及其村社积极参与制定负责任水产养殖的管理方法。

9.4.3　各国应当促进努力加强选择和使用适当的饵料、饵料添加剂和肥料，包括粪肥。

9.4.4　各国应当促进有助于卫生措施和使用疫苗的有效的养殖和鱼类健康管理方法。应当确保尽量少用和安全有效地使用治疗剂、激素和药品、抗生素和其他防治疾病的化学药品。

9.4.5　各国应当控制在水产养殖中使用对人的健康和环境有危害的化学投入物。

9.4.6　各国应当要求各种废物，如废弃物、污泥、死鱼或病鱼、多余的兽医药品和其他危险的化学投入物的处置不危害人的健康和环境。

9.4.7　各国应当确保水产养殖产品的食用安全，促进努力通过捕捞前和捕捞期间、现场加工、产品贮运期间的特别管理来保持产品质量和增加产品价值。

第10条　把渔业纳入沿海区管理

10.1　机构框架

10.1.1　各国应当确保，采用适当的政策、法律和机构框架来实现资源的可持续和综合利用，同时考虑沿海生态系统的脆弱性及其自然资源的有限性和沿海社区的需要。

10.1.2　因为沿海区有多种用途，各国应当确保，在决策过程中与渔业部门和渔业社区的代表进行磋商，并使其参加与沿海区管理规划和发展有关的其他活动。

10.1.3　各国应当酌情建立机构和法律制度，以决定沿海资源的可能用途和管理对沿海资源的获取，同时在符合可持续发展的条件下考虑沿海渔业村社的权利及其习惯做法。

10.1.4　各国应当促进采用可避免渔业资源用户间以及这些用户与其他沿海区用户之间发生冲突的渔业方法。

10.1.5　各国应当促进在适当的行政管理级别建立各种程序和机制，以处理渔业部门内部及渔业资源用户与沿海区其他用户之间产生的冲突。

10.2　政策措施

10.2.1　各国应当促进提高公众对保护和管理沿海资源和使有关的人员参与管理过程的必要性的认识。

10.2.2　为了协助沿海资源分配和使用的决策，各国应当在考虑经济、社会和文件因素的情况下确定沿海资源的价值。

10.2.3　各国在确定沿海区管理政策时对所涉及的危险和不定因素应给予应有考虑。

10.2.4　各国应根据能力建立或促进建立监测沿海环境的系统，作为利用物理、化学、生物学和经济及社会参数进行沿海管理的过程的一部分。

10.2.5　各国应当促进支持沿海区管理的多学科研究，特别是有关其环境、生物学、社会、经济、法律和机构方面的研究。

10.3　区域合作

10.3.1　沿海区邻国应当相互进行合作，以促进沿海资源的持续利用和环境保护。

10.3.2　对于可能对沿海地区产生不利的跨境环境影响的活动，各国应当：

（a）及时提供信息，并在可能的情况下事先通知可能受影响的国家；

（b）尽早与那些国家磋商。

10.3.3　各国应当进行分区域和区域一级的合作，以便加强沿海区管理。

10.4　执行

10.4.1　各国应当在参与沿海区规划、发展、保护和管理的国家当局间建立合作和协调机制。

10.4.2 各国应当确保，在沿海区管理过程中代表渔业部门的主管当局具有适当的技术和财政能力。

第11条 捕捞后处置和贸易

11.1 负责任的鱼品利用

11.1.1 各国应当采取适当的措施来确保消费者享受安全、卫生和纯正的鱼品和渔业产品的权利。

11.1.2 各国应当建立和保持有效的国家安全和质量保障制度，以保护消费者的健康和防止商业欺诈。

11.1.3 各国应当建立最低限度的安全和质量保障标准，并确保这些标准在整个行业内得到有效应用。各国应当促进执行在粮农组织/世界卫生组织食品标准法典委员会和其他有关的组织或安排的范畴内商定的质量标准。

11.1.4 各国应当进行合作来统一或相互承认或既统一又互相承认有关的国家卫生措施和证书计划，探索建立相互承认的管理和证书机构的可能性。

11.1.5 各国在制定持续发展和利用渔业资源的国家政策时应对捕捞后渔业行业的经济和社会作用予以应有的考虑。

11.1.6 各国和有关组织应当发起进行鱼品技术和质量保障的研究并支持改进捕获后的鱼处理的项目，同时考虑这类项目的经济、社会、环境和营养影响。

11.1.7 各国注意到存在不同的生产方法，应当通过合作和促进发展和转让适当技术来确保加工、运输和储存方法无害于环境。

11.1.8 各国应当鼓励参与鱼品加工、分发和销售的有关方面：

（a）减少捕获后损失和浪费；

（b）在与负责任的渔业管理方法一致的范围内改进兼捕渔获物的利用；

（c）以无害环境的方式利用资源，特别是水资源和能源（尤其是木材）。

11.1.9 各国应当鼓励供人消费的鱼品利用，只要适宜就促进鱼品的消费。

11.1.10 各国应当进行合作以促进发展中国家生产增值产品。

11.1.11 各国应当确保，通过加强查明上市的鱼品和渔业产品的原产地，使鱼品和渔业产品的国际和国内贸易符合正确的养护和管理做法。

11.1.12 各国应当确保，在制定有关法律、条例和政策时考虑捕捞后活动的环境影响，同时不会造成市场扭曲。

11.2 负责任的国际贸易

11.2.1 本《守则》条款的解释和应用应当与《世界贸易组织协定》规定的原则、权利和义务一致。

11.2.2 鱼品和渔业产品的国际贸易不应损害渔业的持续发展和水生生物资源的负责任利用。

11.2.3 各国应当确保，有关鱼和渔产品国际贸易的措施具有透明度，在应用时具有科学依据，并符合国际商定的规则。

11.2.4 各国为保护人畜健康或卫生、消费者的利益或环境所采用的鱼品贸易措施不应带有歧视性，并应当符合国际商定的贸易做法，尤其是世界贸易组织《卫生和植物检疫应用协定》和《贸易技术壁垒协定》规定的原则、权利和义务。

11.2.5 各国应当按照《世界贸易组织协定》的原则、权利和义务进一步放开鱼品和渔业产品的贸易，消除贸易壁垒和扭曲现象，例如关税、限额和非关税壁垒。

11.2.6 各国不得直接或间接地制造可能限制消费者选择供应商的自由或限制市场准入的不必要或隐蔽的贸易壁垒。

11.2.7 各国不得把市场准入作为获取资源的条件。该原则不排除各国之间签订包括提到获取资源、贸易、市场准入、技术转让、科学研究、培训和其他有关内容的条款的渔业协定的可能性。

11.2.8　各国不得将市场准入与购买某一技术或销售其他产品挂钩。

11.2.9　各国应当合作遵守管理濒危物种贸易的有关国际协定。

11.2.10　在可能破坏进口国或出口国环境的情况下，各国应当制订有关活样品贸易的国际协定。

11.2.11　各国应当进行合作来促进遵守和有效执行有关鱼品和渔业产品贸易的水生生物资源养护的国际标准。

11.2.12　各国不得为获取贸易或投资收益而破坏水生生物资源养护措施。

11.2.13　各国应当合作来制定符合《世界贸易组织协定》规定的原则、权利和义务的国际上可接受的鱼品和渔业产品贸易规则或标准。

11.2.14　各国应当互相合作，积极参加世界贸易组织等有关的区域和多边论坛，以确保鱼品和渔业产品的公平和非歧视性贸易及普遍遵守多边商定的渔业养护措施。

11.2.15　各国、援助机构、多边开发银行和其他有关国际组织应当确保它们促进国际渔产品贸易和出口生产的政策和做法不会导致环境退化或不会对那些鱼对于他们的健康和生活极为重要、不容易得到或无力购买其他等同食品的人们的营养权利和需要产生不利的影响。

11.3　有关鱼品贸易和法律和条例

11.3.1　适用于鱼品和渔业产品国际贸易的法律、条例和行政程序应当具有透明度，尽可能简明，易于理解，适当时要以科学证据为依据。

11.3.2　各国应当按照国家法律促进产业界及环境和消费者团体磋商，促进它们参与制定和执行有关鱼品和渔业产品贸易的法律和条例。

11.3.3　各国应当简化适用于鱼品和渔业产品贸易的法律、条例和行政程序而不危害其有效性。

11.3.4　当一个国家改变其有关与别国的鱼品和渔业产品贸易的法律规定时，应提供足够的资料和留出足够的时间以便让受影响的国家和生产者可对其程序酌情提出必要的修改。

在这方面适宜的做法是与受影响的国家就实施变化的时间范围进行磋商，对发展中国家暂时免除义务的要求给予应有考虑。

11.3.5　各国应当定期审查适用于鱼品和渔业产品国际贸易的法律和条例，以确定产生这些法律和条例的条件是否仍然存在。

11.3.6　各国应当按照国际公认的有关条例尽可能统一它们的适用于鱼品和渔业产品国际贸易的标准。

11.3.7　各国应当通过有关的国家机构和国际组织收集、传播和及时交换关于国际鱼品和渔业产品贸易的精确且相关的统计资料。

11.3.8　各国应当向有关国家、世界贸易组织和其他有关的国际组织通报有关适用于鱼品和渔业产品的国际贸易法律、条例和行政程序的发展和变动情况。

第12条　渔业研究

12.1　各国应当认识到负责任的渔业需要有可靠的科学依据来协助渔业管理人员和其他有关方面进行决策。因此，各国应当确保在渔业各个领域开展相关研究，包括生物学、生态学、技术、环境科学、经济学、社会学、水产养殖和营养科学方面的研究。各国应确保提供研究设施，提供适宜的培训、配备人员和建立机构以开展研究，同时考虑到发展中国家的特殊需要。

12.2　各国应当建立适当的机构框架来确定所需的应用研究并适当利用研究结果。

12.3　各国应当确保对研究产生的资料进行分析，在酌情遵守保密性的情况下公布分析结果，及时和以易于理解的方式传播这些结果，以便提供最佳的科学证据来促进渔业养护、管理和发展。在没有适当的科学资料时，应当尽快开始适当的研究。

12.4 各国应当收集为评估渔业和生态系统状况所需的可靠和精确的数据，包括有关兼捕、遗弃物和废弃物的数据。这些数据应在适当的时候，以适当程度的综合，酌情提供给有关的国家和分区域、区域和全球渔业机构。

12.5 各国应当有能力监测和评估其管辖区的鱼类资源的状况，包括捕捞压力、污染或生境改变所产生的生态系统变化的影响。各国还应建立评估气候和环境变化对鱼类资源和水生生态系统影响的研究能力。

12.6 各国应当支持和加强国家研究能力以达到公认的科学标准。

12.7 各国应酌情与有关的国际组织合作，鼓励研究以确保对渔业资源进行最佳利用，并促进必要的研究，以支持有关将鱼品作为食品的国家政策。

12.8 各国应当研究和监测水生资源产生的人类食物供应品和获得这些供应品的环境，并确保对消费者没有不利健康的影响。这类研究成果应当公之于众。

12.9 各国应当确保对渔业的社会、经济、销售和机构方面开展足够的研究，并确保产生可比较的数据，以促进正在进行的监测、分析和政策制定工作。

12.10 作为管理决策和一种手段，各国应当研究渔具的选择性、渔具对目标种的环境影响以及目标和非目标种对渔具的反应，以期尽量减少不被利用的渔获物，保护生态系统的生物多样性和水生生境。

12.11 各国应当确保，在新渔具进入商业应用之前，应当对其在将要应用的地方的渔业和生态系统的影响进行科学评估，并监测应用这类渔具的影响。

12.12 各国应当调查和记录传统的渔业知识和技术，尤其是小规模渔业应用的渔业知识和技术，以评估它们是否适用于可持续渔业养护、管理和发展。

12.13 各国应当以研究成果作为确定管理目标、参考点和考绩标准的依据，并确保在应用研究与渔业管理之间有足够的联系。

12.14 在另一个国家管辖水域内进行科学研究活动的国家应当确保其船只遵守该国的法规和国际法。

12.15 各国应当促进并采用统一的公海渔业研究准则。

12.16 各国应酌情支持建立促进分区域一级和区域一级研究的机制，特别是采用统一的准则，以鼓励与其他区域分享研究成果。

12.17 各国应当直接或在有关国际组织的支持下制定技术合作的研究计划，以增加对跨境水生种群的生物学、环境和状况的了解。

12.18 各国和相关国际组织应当促进和加强发展中国家在数据收集和分析、信息、科学技术、人力资源开发和提供研究设施等领域的研究能力，以使发展中国家能够有效地参加水生生物资源的养护、管理和可持续利用。

12.19 主管国际组织应当酌情应要求而为评价以前未捕捞或者很少捕捞的资源而进行调查研究的国家提供技术和财政支持。

12.20 有关的国际技术和金融组织应当应要求而支持各国，特别注意发展中国家，尤其是它们中的最不发达国家和发展中小岛国的研究工作。

附录　中共中央重要文件

关于全面推进依法治国若干重大问题的决定

（2014年10月23日中国共产党第十八届中央委员会第四次全体会议通过）

为贯彻落实党的十八大作出的战略部署，加快建设社会主义法治国家，十八届中央委员会第四次全体会议研究了全面推进依法治国若干重大问题，作出如下决定。

一、坚持走中国特色社会主义法治道路，建设中国特色社会主义法治体系

依法治国，是坚持和发展中国特色社会主义的本质要求和重要保障，是实现国家治理体系和治理能力现代化的必然要求，事关我们党执政兴国，事关人民幸福安康，事关党和国家长治久安。

全面建成小康社会、实现中华民族伟大复兴的中国梦，全面深化改革、完善和发展中国特色社会主义制度，提高党的执政能力和执政水平，必须全面推进依法治国。

我国正处于社会主义初级阶段，全面建成小康社会进入决定性阶段，改革进入攻坚期和深水区，国际形势复杂多变，我们党面对的改革发展稳定任务之重前所未有、矛盾风险挑战之多前所未有，依法治国在党和国家工作全局中的地位更加突出、作用更加重大。面对新形势新任务，我们党要更好统筹国内国际两个大局，更好维护和运用我国发展的重要战略机遇期，更好统筹社会力量、平衡社会利益、调节社会关系、规范社会行为，使我国社会在深刻变革中既生机勃勃又井然有序，实现经济发展、政治清明、文化昌盛、社会公正、生态良好，实现我国和平发展的战略目标，必须更好发挥法治的引领和规范作用。

我们党高度重视法治建设。长期以来，特别是党的十一届三中全会以来，我们党深刻总结我国社会主义法治建设的成功经验和深刻教训，提出为了保障人民民主，必须加强法治，必须使民主制度化、法律化，把依法治国确定为党领导人民治理国家的基本方略，把依法执政确定为党治国理政的基本方式，积极建设社会主义法治，取得历史性成就。目前，中国特色社会主义法律体系已经形成，法治政府建设稳步推进，司法体制不断完善，全社会法治观念明显增强。

同时，必须清醒看到，同党和国家事业发展要求相比，同人民群众期待相比，同推进国家治理体系和治理能力现代化目标相比，法治建设还存在许多不适应、不符合的问题，主要表现为：有的法律法规未能全面反映客观规律和人民意愿，针对性、可操作性不强，立法工作中部门化倾向、争权诿责现象较为突出；有法不依、执法不严、违法不究现象比较严重，执法体制权责脱节、多头执法、选择性执法现象仍然存在，执法司法不规范、不严格、不透明、不文明现象较为突出，群众对执法司法不公和腐败问题反映强烈；部分社会成员尊法信法守法用法、依法维权意识不强，一些国家工作人员特别是领导干部依法办事观念不强、能力不足，知法犯

法、以言代法、以权压法、徇私枉法现象依然存在。这些问题，违背社会主义法治原则，损害人民群众利益，妨碍党和国家事业发展，必须下大气力加以解决。

全面推进依法治国，必须贯彻落实党的十八大和十八届三中全会精神，高举中国特色社会主义伟大旗帜，以马克思列宁主义、毛泽东思想、邓小平理论、“三个代表”重要思想、科学发展观为指导，深入贯彻习近平总书记系列重要讲话精神，坚持党的领导、人民当家作主、依法治国有机统一，坚定不移走中国特色社会主义法治道路，坚决维护宪法法律权威，依法维护人民权益、维护社会公平正义、维护国家安全稳定，为实现“两个一百年”奋斗目标、实现中华民族伟大复兴的中国梦提供有力法治保障。

全面推进依法治国，总目标是建设中国特色社会主义法治体系，建设社会主义法治国家。这就是，在中国共产党领导下，坚持中国特色社会主义制度，贯彻中国特色社会主义法治理论，形成完备的法律规范体系、高效的法治实施体系、严密的法治监督体系、有力的法治保障体系，形成完善的党内法规体系，坚持依法治国、依法执政、依法行政共同推进，坚持法治国家、法治政府、法治社会一体建设，实现科学立法、严格执法、公正司法、全民守法，促进国家治理体系和治理能力现代化。

实现这个总目标，必须坚持以下原则。

——坚持中国共产党的领导。党的领导是中国特色社会主义最本质的特征，是社会主义法治最根本的保证。把党的领导贯彻到依法治国全过程和各方面，是我国社会主义法治建设的一条基本经验。我国宪法确立了中国共产党的领导地位。坚持党的领导，是社会主义法治的根本要求，是党和国家的根本所在、命脉所在，是全国各族人民的利益所系、幸福所系，是全面推进依法治国的题中应有之义。党的领导和社会主义法治是一致的，社会主义法治必须坚持党的领导，党的领导必须依靠社会主义法治。只有在党的领导下依法治国、厉行法治，人民当家作主才能充分实现，国家和社会生活法治化才能有序推进。依法执政，既要求党依据宪法法律治国理政，也要求党依据党内法规管党治党。必须坚持党领导立法、保证执法、支持司法、带头守法，把依法治国基本方略同依法执政基本方式统一起来，把党总揽全局、协调各方同人大、政府、政协、审判机关、检察机关依法依章程履行职能、开展工作统一起来，把党领导人民制定和实施宪法法律同党坚持在宪法法律范围内活动统一起来，善于使党的主张通过法定程序成为国家意志，善于使党组织推荐的人选通过法定程序成为国家政权机关的领导人员，善于通过国家政权机关实施党对国家和社会的领导，善于运用民主集中制原则维护中央权威、维护全党全国团结统一。

——坚持人民主体地位。人民是依法治国的主体和力量源泉，人民代表大会制度是保证人民当家作主的根本政治制度。必须坚持法治建设为了人民、依靠人民、造福人民、保护人民，以保障人民根本权益为出发点和落脚点，保证人民依法享有广泛的权利和自由、承担应尽的义务，维护社会公平正义，促进共同富裕。必须保证人民在党的领导下，依照法律规定，通过各种途径和形式管理国家事务，管理经济文化事业，管理社会事务。必须使人民认识到法律既是保障自身权利的有力武器，也是必须遵守的行为规范，增强全社会学法尊法守法用法意识，使法律为人民所掌握、所遵守、所运用。

——坚持法律面前人人平等。平等是社会主义法律的基本属性。任何组织和个人都必须尊重宪法法律权威，都必须在宪法法律范围内活动，都必须依照宪法法律行使权力或权利、履行职责或义务，都不得有超越宪法法律的特权。必须维护国家法制统一、尊严、权威，切实保证宪法法律有效实施，绝不允许任何人以任何借口任何形式以言代法、以权压法、徇私枉法。必须以规范和约束公权力为重点，加大监督力度，做到有权必有责、用权受监督、违法必追究，坚决纠正有法不依、执法不严、违法不究行为。

——坚持依法治国和以德治国相结合。国家和社会治理需要法律和道德共同发挥作用。必须坚持一手抓法治、一手抓德治，大力弘扬社会主义核心价值观，弘扬中华传统美德，培育社会公德、职业道德、家庭美德、个人品德，既重视发挥法律的规范作用，又重视发挥道德的教化作用，以法治体现道德理念、强化法律对道德建设的促进作用，以道德滋养法治精神、强化道德对法治文化的支撑作用，实现法律和道德相辅相成、法治和德治相得益彰。

——坚持从中国实际出发。中国特色社会主义道路、理论体系、制度是全面推进依法治国的根本遵循。必须从我国基本国情出发，同改革开放不断深化相适应，总结和运用党领导人民实行法治的成功经验，围绕社会主义法治建设重大理论和实践问题，推进法治理论创新，发展符合中国实际、具有中国特色、体现社会发展规律的社会主义法治理论，为依法治国提供理论指导和学理支撑。汲取中华法律文化精华，借鉴国外法治有益经验，但决不照搬外国法治理念和模式。

全面推进依法治国是一个系统工程，是国家治理领域一场广泛而深刻的革命，需要付出长期艰苦努力。全党同志必须更加自觉地坚持依法治国、更加扎实地推进依法治国，努力实现国家各项工作法治化，向着建设法治中国不断前进。

二、完善以宪法为核心的中国特色社会主义法律体系，加强宪法实施

法律是治国之重器，良法是善治之前提。建设中国特色社会主义法治体系，必须坚持立法先行，发挥立法的引领和推动作用，抓住提高立法质量这个关键。要恪守以民为本、立法为民理念，贯彻社会主义核心价值观，使每一项立法都符合宪法精神、反映人民意志、得到人民拥护。要把公正、公平、公开原则贯穿立法全过程，完善立法体制机制，坚持立改废释并举，增强法律法规的及时性、系统性、针对性、有效性。

（一）健全宪法实施和监督制度。宪法是党和人民意志的集中体现，是通过科学民主程序形成的根本法。坚持依法治国首先要坚持依宪治国，坚持依法执政首先要坚持依宪执政。全国各族人民、一切国家机关和武装力量、各政党和各社会团体、各企业事业组织，都必须以宪法为根本的活动准则，并且负有维护宪法尊严、保证宪法实施的职责。一切违反宪法的行为都必须予以追究和纠正。

完善全国人大及其常委会宪法监督制度，健全宪法解释程序机制。加强备案审查制度和能力建设，把所有规范性文件纳入备案审查范围，依法撤销和纠正违宪违法的规范性文件，禁止地方制发带有立法性质的文件。

将每年十二月四日定为国家宪法日。在全社会普遍开展宪法教育，弘扬宪法精神。建立宪法宣誓制度，凡经人大及其常委会选举或者决定任命的国家工作人员正式就职时公开向宪法宣誓。

（二）完善立法体制。加强党对立法工作的领导，完善党对立法工作中重大问题决策的程序。凡立法涉及重大体制和重大政策

调整的，必须报党中央讨论决定。党中央向全国人大提出宪法修改建议，依照宪法规定的程序进行宪法修改。法律制定和修改的重大问题由全国人大常委会党组向党中央报告。

健全有立法权的人大主导立法工作的体制机制，发挥人大及其常委会在立法工作中的主导作用。建立由全国人大相关专门委员会、全国人大常委会法制工作委员会组织有关部门参与起草综合性、全局性、基础性等重要法律草案制度。增加有法治实践经验的专职常委比例。依法建立健全专门委员会、工作委员会立法专家顾问制度。

加强和改进政府立法制度建设，完善行政法规、规章制定程序，完善公众参与政府立法机制。重要行政管理法律法规由政府法制机构组织起草。

明确立法权力边界，从体制机制和工作程序上有效防止部门利益和地方保护主义法律化。对部门间争议较大的重要立法事项，由决策机关引入第三方评估，充分听取各方意见，协调决定，不能久拖不决。加强法律解释工作，及时明确法律规定含义和适用法律依据。明确地方立法权限和范围，依法赋予设区的市地方立法权。

（三）深入推进科学立法、民主立法。加强人大对立法工作的组织协调，健全立法起草、论证、协调、审议机制，健全向下级人大征询立法意见机制，建立基层立法联系点制度，推进立法精细化。健全法律法规规章起草征求人大代表意见制度，增加人大代表列席人大常委会会议人数，更多发挥人大代表参与起草和修改法律作用。完善立法项目征集和论证制度。健全立法机关主导、社会各方有序参与立法的途径和方式。探索委托第三方起草法律法规草案。

健全立法机关和社会公众沟通机制，开展立法协商，充分发挥政协委员、民主党派、工商联、无党派人士、人民团体、社会组织在立法协商中的作用，探索建立有关国家机关、社会团体、专家学者等对立法中涉及的重大利益调整论证咨询机制。拓宽公民有序参与立法途径，健全法律法规规章草案公开征求意见和公众意见采纳情况反馈机制，广泛凝聚社会共识。

完善法律草案表决程序，对重要条款可以单独表决。

（四）加强重点领域立法。依法保障公民权利，加快完善体现权利公平、机会公平、规则公平的法律制度，保障公民人身权、财产权、基本政治权利等各项权利不受侵犯，保障公民经济、文化、社会等各方面权利得到落实，实现公民权利保障法治化。增强全社会尊重和保障人权意识，健全公民权利救济渠道和方式。

社会主义市场经济本质上是法治经济。使市场在资源配置中起决定性作用和更好发挥政府作用，必须以保护产权、维护契约、统一市场、平等交换、公平竞争、有效监管为基本导向，完善社会主义市场经济法律制度。健全以公平为核心原则的产权保护制度，加强对各种所有制经济组织和自然人财产权的保护，清理有违公平的法律法规条款。创新适应公有制多种实现形式的产权保护制度，加强对国有、集体资产所有权、经营权和各类企业法人财产权的保护。国家保护企业以法人财产权依法自主经营、自负盈亏，企业有权拒绝任何组织和个人无法律依据的要求。加强企业社会责任立法。完善激励创新的产权制度、知识产权保护制度和促进科技成果转化的体制机制。加强市场法律制度建设，编纂民法典，制定和完善发展规划、投资管理、土地管理、能源和矿产资源、农业、财政税收、金融等方面法律法规，促进商品和要素自由流动、公平交易、平等使用。依法加强和改善宏观调控、市场监管，反对垄断，促进合理竞争，维护公平竞争的市场秩序。加强军民融合深度发展法治保障。

制度化、规范化、程序化是社会主义民主政治的根本保障。以保障人民当家作主为核心，坚持和完善人民代表大会制度，坚持和完善中国共产党领导的多党合作和政治协商制度、民族区域自治制度以及基层群众自治制度，推进社会主义民主政治法治化。加强社会主义协商民主制度建设，推进协商民主广泛多层制度化发展，构建程序合理、环节完整的协商民主体系。完善和发展基层民主制度，依法推进基层民主和行业自律，实行自我管理、自我服务、自我教育、自我监督。完善国家机构组织法，完善选举制度和工作机制。加快推进反腐败国家立法，完善惩治和预防腐败体系，形成不敢腐、不能腐、不想腐的有效机制，坚决遏制和预防腐败现象。完善惩治贪污贿赂犯罪法律制度，把贿赂犯罪对象由财物扩大为财物和其他财产性利益。

建立健全坚持社会主义先进文化前进方向、遵循文化发展规律、有利于激发文化创造活力、保障人民基本文化权益的文化法律制度。制定公共文化服务保障法，促进基本公共文化服务标准化、均等化。制定文化产业促进法，把行之有效的文化经济政策法定化，健全促进社会效益和经济效益有机统一的制度规范。制定国家勋章和国家荣誉称号法，表彰有突出贡献的杰出人士。加强互联网领域立法，完善网络信息服务、网络安全保护、网络社会管理等方面的法律法规，依法规范网络行为。

加快保障和改善民生、推进社会治理体制创新法律制度建设。依法加强和规范公共服务，完善教育、就业、收入分配、社会保障、医疗卫生、食品安全、扶贫、慈善、社会救助和妇女儿童、老年人、残疾人合法权益保护等方面的法律法规。加强社会组织立法，规范和引导各类社会组织健康发展。制定社区矫正法。

贯彻落实总体国家安全观，加快国家安全法治建设，抓紧出台反恐怖等一批急需法律，推进公共安全法治化，构建国家安全法律制度体系。

用严格的法律制度保护生态环境，加快建立有效约束开发行为和促进绿色发展、循环发展、低碳发展的生态文明法律制度，强化生产者环境保护的法律责任，大幅度提高违法成本。建立健全自然资源产权法律制度，完善国土空间开发保护方面的法律制度，制定完善生态补偿和土壤、水、大气污染防治及海洋生态环境保护等法律法规，促进生态文明建设。

实现立法和改革决策相衔接，做到重大改革于法有据、立法主动适应改革和经济社会发展需要。实践证明行之有效的，要及时上升为法律。实践条件还不成熟、需要先行先试的，要按照法定程序作出授权。对不适应改革要求的法律法规，要及时修改和废止。

三、深入推进依法行政，加快建设法治政府

法律的生命力在于实施，法律的权威也在于实施。各级政府必须坚持在党的领导下、在法治轨道上开展工作，创新执法体制，完善执法程序，推进综合执法，严格执法责任，建立权责统一、权威高效的依法行政体制，加快建设职能科学、权责法定、执法严明、公开公正、廉洁高效、守法诚信的法治政府。

（一）依法全面履行政府职能。完善行政组织和行政程序法律制度，推进机构、职能、权限、程序、责任法定化。行政机关要坚持法定职责必须为、法无授权不可为，勇于负责、敢于担当，坚决纠正不作为、乱作为，坚决克服懒政、怠政，坚决惩处失职、渎职。行政机关不得法外设定权力，没有法

律法规依据不得作出减损公民、法人和其他组织合法权益或者增加其义务的决定。推行政府权力清单制度，坚决消除权力设租寻租空间。

推进各级政府事权规范化、法律化，完善不同层级政府特别是中央和地方政府事权法律制度，强化中央政府宏观管理、制度设定职责和必要的执法权，强化省级政府统筹推进区域内基本公共服务均等化职责，强化市县政府执行职责。

（二）健全依法决策机制。把公众参与、专家论证、风险评估、合法性审查、集体讨论决定确定为重大行政决策法定程序，确保决策制度科学、程序正当、过程公开、责任明确。建立行政机关内部重大决策合法性审查机制，未经合法性审查或经审查不合法的，不得提交讨论。

积极推行政府法律顾问制度，建立政府法制机构人员为主体、吸收专家和律师参加的法律顾问队伍，保证法律顾问在制定重大行政决策、推进依法行政中发挥积极作用。

建立重大决策终身责任追究制度及责任倒查机制，对决策严重失误或者依法应该及时作出决策但久拖不决造成重大损失、恶劣影响的，严格追究行政首长、负有责任的其他领导人员和相关责任人员的法律责任。

（三）深化行政执法体制改革。根据不同层级政府的事权和职能，按照减少层次、整合队伍、提高效率的原则，合理配置执法力量。

推进综合执法，大幅减少市县两级政府执法队伍种类，重点在食品药品安全、工商质检、公共卫生、安全生产、文化旅游、资源环境、农林水利、交通运输、城乡建设、海洋渔业等领域内推行综合执法，有条件的领域可以推行跨部门综合执法。

完善市县两级政府行政执法管理，加强统一领导和协调。理顺行政强制执行体制。理顺城管执法体制，加强城市管理综合执法机构建设，提高执法和服务水平。

严格实行行政执法人员持证上岗和资格管理制度，未经执法资格考试合格，不得授予执法资格，不得从事执法活动。严格执行罚缴分离和收支两条线管理制度，严禁收费罚没收入同部门利益直接或者变相挂钩。

健全行政执法和刑事司法衔接机制，完善案件移送标准和程序，建立行政执法机关、公安机关、检察机关、审判机关信息共享、案情通报、案件移送制度，坚决克服有案不移、有案难移、以罚代刑现象，实现行政处罚和刑事处罚无缝对接。

（四）坚持严格规范公正文明执法。依法惩处各类违法行为，加大关系群众切身利益的重点领域执法力度。完善执法程序，建立执法全过程记录制度。明确具体操作流程，重点规范行政许可、行政处罚、行政强制、行政征收、行政收费、行政检查等执法行为。严格执行重大执法决定法制审核制度。

建立健全行政裁量权基准制度，细化、量化行政裁量标准，规范裁量范围、种类、幅度。加强行政执法信息化建设和信息共享，提高执法效率和规范化水平。

全面落实行政执法责任制，严格确定不同部门及机构、岗位执法人员执法责任和责任追究机制，加强执法监督，坚决排除对执法活动的干预，防止和克服地方和部门保护主义，惩治执法腐败现象。

（五）强化对行政权力的制约和监督。加强党内监督、人大监督、民主监督、行政监督、司法监督、审计监督、社会监督、舆论监督制度建设，努力形成科学有效的权力运行制约和监督体系，增强监督合力和实效。

加强对政府内部权力的制约，是强化对行政权力制约的重点。对财政资金分配使用、国有资产监管、政府投资、政府采购、公共资源转让、公共工程建设等权力集中的部门和岗位实行分事行权、分岗设权、分级授权，定期轮岗，强化内部流程控制，防止权力滥用。完善政府内部层级监督和专门监督，改进上级机关对下级机关的监督，建立常态化监督制度。完善纠错问责机制，健全责令公开道歉、停职检查、引咎辞职、责令辞职、罢免等问责方式和程序。

完善审计制度，保障依法独立行使审计监督权。对公共资金、国有资产、国有资源和领导干部履行经济责任情况实行审计全覆盖。强化上级审计机关对下级审计机关的领导。探索省以下地方审计机关人财物统一管理。推进审计职业化建设。

（六）全面推进政务公开。坚持以公开为常态、不公开为例外原则，推进决策公开、执行公开、管理公开、服务公开、结果公开。各级政府及其工作部门依据权力清单，向社会全面公开政府职能、法律依据、实施主体、职责权限、管理流程、监督方式等事项。重点推进财政预算、公共资源配置、重大建设项目批准和实施、社会公益事业建设等领域的政府信息公开。

涉及公民、法人或其他组织权利和义务的规范性文件，按照政府信息公开要求和程序予以公布。推行行政执法公示制度。推进政务公开信息化，加强互联网政务信息数据服务平台和便民服务平台建设。

四、保证公正司法，提高司法公信力

公正是法治的生命线。司法公正对社会公正具有重要引领作用，司法不公对社会公正具有致命破坏作用。必须完善司法管理体制和司法权力运行机制，规范司法行为，加强对司法活动的监督，努力让人民群众在每一个司法案件中感受到公平正义。

（一）完善确保依法独立公正行使审判权和检察权的制度。各级党政机关和领导干部要支持法院、检察院依法独立公正行使职权。建立领导干部干预司法活动、插手具体案件处理的记录、通报和责任追究制度。任何党政机关和领导干部都不得让司法机关做违反法定职责、有碍司法公正的事情，任何司法机关都不得执行党政机关和领导干部违法干预司法活动的要求。对干预司法机关办案的，给予党纪政纪处分；造成冤假错案或者其他严重后果的，依法追究刑事责任。

健全行政机关依法出庭应诉、支持法院受理行政案件、尊重并执行法院生效裁判的制度。完善惩戒妨碍司法机关依法行使职权、拒不执行生效裁判和决定、藐视法庭权威等违法犯罪行为的法律规定。

建立健全司法人员履行法定职责保护机制。非因法定事由，非经法定程序，不得将法官、检察官调离、辞退或者作出免职、降级等处分。

（二）优化司法职权配置。健全公安机关、检察机关、审判机关、司法行政机关各司其职，侦查权、检察权、审判权、执行权相互配合、相互制约的体制机制。

完善司法体制，推动实行审判权和执行权相分离的体制改革试点。完善刑罚执行制度，统一刑罚执行体制。改革司法机关人财物管理体制，探索实行法院、检察院司法行政事务管理权和审判权、检察权相分离。

最高人民法院设立巡回法庭，审理跨行政区域重大行政和民商事案件。探索设立跨行政区划的人民法院和人民检察院，办理跨地区案件。完善行政诉讼体制机制，合理调整行政诉讼案件管辖制度，切实解决行政诉讼立案难、审理难、执行难等突出问题。

改革法院案件受理制度，变立案审查制为立案登记制，对人民法院依法应该受理的案件，做到有案必立、有诉必理，保障当事人诉权。加大对虚假诉讼、恶意诉讼、无理缠诉行为的惩治力度。完善刑事诉讼中认罪认罚从宽制度。

完善审级制度，一审重在解决事实认定和法律适用，二审重在解决事实法律争议、实现二审终审，再审重在解决依法纠错、维护裁判权威。完善对涉及公民人身、财产权益的行政强制措施实行司法监督制度。检察机关在履行职责中发现行政机关违法行使职权或者不行使职权的行为，应该督促其纠正。探索建立检察机关提起公益诉讼制度。

明确司法机关内部各层级权限，健全内部监督制约机制。司法机关内部人员不得违反规定干预其他人员正在办理的案件，建立司法机关内部人员过问案件的记录制度和责任追究制度。完善主审法官、合议庭、主任检察官、主办侦查员办案责任制，落实谁办案谁负责。

加强职务犯罪线索管理，健全受理、分流、查办、信息反馈制度，明确纪检监察和刑事司法办案标准和程序衔接，依法严格查办职务犯罪案件。

（三）推进严格司法。坚持以事实为根据、以法律为准绳，健全事实认定符合客观真相、办案结果符合实体公正、办案过程符合程序公正的法律制度。加强和规范司法解释和案例指导，统一法律适用标准。

推进以审判为中心的诉讼制度改革，确保侦查、审查起诉的案件事实证据经得起法律的检验。全面贯彻证据裁判规则，严格依法收集、固定、保存、审查、运用证据，完善证人、鉴定人出庭制度，保证庭审在查明事实、认定证据、保护诉权、公正裁判中发挥决定性作用。

明确各类司法人员工作职责、工作流程、工作标准，实行办案质量终身负责制和错案责任倒查问责制，确保案件处理经得起法律和历史检验。

（四）保障人民群众参与司法。坚持人民司法为人民，依靠人民推进公正司法，通过公正司法维护人民权益。在司法调解、司法听证、涉诉信访等司法活动中保障人民群众参与。完善人民陪审员制度，保障公民陪审权利，扩大参审范围，完善随机抽选方式，提高人民陪审制度公信度。逐步实行人民陪审员不再审理法律适用问题，只参与审理事实认定问题。

构建开放、动态、透明、便民的阳光司法机制，推进审判公开、检务公开、警务公开、狱务公开，依法及时公开执法司法依据、程序、流程、结果和生效法律文书，杜绝暗箱操作。加强法律文书释法说理，建立生效法律文书统一上网和公开查询制度。

（五）加强人权司法保障。强化诉讼过程中当事人和其他诉讼参与人的知情权、陈述权、辩护辩论权、申请权、申诉权的制度保障。健全落实罪刑法定、疑罪从无、非法证据排除等法律原则的法律制度。完善对限制人身自由司法措施和侦查手段的司法监督，加强对刑讯逼供和非法取证的源头预防，健全冤假错案有效防范、及时纠正机制。

切实解决执行难，制定强制执行法，规范查封、扣押、冻结、处理涉案财物的司法程序。加快建立失信被执行人信用监督、威慑和惩戒法律制度。依法保障胜诉当事人及时实现权益。

落实终审和诉讼终结制度，实行诉访分离，保障当事人依法行使申诉权利。对不服司法机关生效裁判、决定的申诉，逐步实行由律师代理制度。对聘不起律师的申诉人，纳入法律援助范围。

（六）加强对司法活动的监督。完善检察机关行使监督权的法律制度，加强对刑事诉讼、民事诉讼、行政诉讼的法律监督。完善人民监督员制度，重点监督检察机关查办职务犯罪的立案、羁押、扣押冻结财物、起诉等环节的执法活动。司法机关要及时回应社会关切。规范媒体对案件的报道，防止舆论影响司法公正。

依法规范司法人员与当事人、律师、特

殊关系人、中介组织的接触、交往行为。严禁司法人员私下接触当事人及律师、泄露或者为其打探案情、接受吃请或者收受其财物、为律师介绍代理和辩护业务等违法违纪行为，坚决惩治司法掮客行为，防止利益输送。

对因违法违纪被开除公职的司法人员、吊销执业证书的律师和公证员，终身禁止从事法律职业，构成犯罪的要依法追究刑事责任。

坚决破除各种潜规则，绝不允许法外开恩，绝不允许办关系案、人情案、金钱案。坚决反对和克服特权思想、衙门作风、霸道作风，坚决反对和惩治粗暴执法、野蛮执法行为。对司法领域的腐败零容忍，坚决清除害群之马。

五、增强全民法治观念，推进法治社会建设

法律的权威源自人民的内心拥护和真诚信仰。人民权益要靠法律保障，法律权威要靠人民维护。必须弘扬社会主义法治精神，建设社会主义法治文化，增强全社会厉行法治的积极性和主动性，形成守法光荣、违法可耻的社会氛围，使全体人民都成为社会主义法治的忠实崇尚者、自觉遵守者、坚定捍卫者。

（一）推动全社会树立法治意识。坚持把全民普法和守法作为依法治国的长期基础性工作，深入开展法治宣传教育，引导全民自觉守法、遇事找法、解决问题靠法。坚持把领导干部带头学法、模范守法作为树立法治意识的关键，完善国家工作人员学法用法制度，把宪法法律列入党委（党组）中心组学习内容，列为党校、行政学院、干部学院、社会主义学院必修课。把法治教育纳入国民教育体系，从青少年抓起，在中小学设立法治知识课程。

健全普法宣传教育机制，各级党委和政府要加强对普法工作的领导，宣传、文化、教育部门和人民团体要在普法教育中发挥职能作用。实行国家机关“谁执法谁普法”的普法责任制，建立法官、检察官、行政执法人员、律师等以案释法制度，加强普法讲师团、普法志愿者队伍建设。把法治教育纳入精神文明创建内容，开展群众性法治文化活动，健全媒体公益普法制度，加强新媒体新技术在普法中的运用，提高普法实效。

牢固树立有权力就有责任、有权利就有义务观念。加强社会诚信建设，健全公民和组织守法信用记录，完善守法诚信褒奖机制和违法失信行为惩戒机制，使尊法守法成为全体人民共同追求和自觉行动。

加强公民道德建设，弘扬中华优秀传统文化，增强法治的道德底蕴，强化规则意识，倡导契约精神，弘扬公序良俗。发挥法治在解决道德领域突出问题中的作用，引导人们自觉履行法定义务、社会责任、家庭责任。

（二）推进多层次多领域依法治理。坚持系统治理、依法治理、综合治理、源头治理，提高社会治理法治化水平。深入开展多层次多形式法治创建活动，深化基层组织和部门、行业依法治理，支持各类社会主体自我约束、自我管理。发挥市民公约、乡规民约、行业规章、团体章程等社会规范在社会治理中的积极作用。

发挥人民团体和社会组织在法治社会建设中的积极作用。建立健全社会组织参与社会事务、维护公共利益、救助困难群众、帮教特殊人群、预防违法犯罪的机制和制度化渠道。支持行业协会商会类社会组织发挥行业自律和专业服务功能。发挥社会组织对其成员的行为导引、规则约束、权益维护作用。加强在华境外非政府组织管理，引导和监督其依法开展活动。

高举民族大团结旗帜，依法妥善处置涉

及民族、宗教等因素的社会问题，促进民族关系、宗教关系和谐。

（三）建设完备的法律服务体系。推进覆盖城乡居民的公共法律服务体系建设，加强民生领域法律服务。完善法律援助制度，扩大援助范围，健全司法救助体系，保证人民群众在遇到法律问题或者权利受到侵害时获得及时有效法律帮助。

发展律师、公证等法律服务业，统筹城乡、区域法律服务资源，发展涉外法律服务业。健全统一司法鉴定管理体制。

（四）健全依法维权和化解纠纷机制。强化法律在维护群众权益、化解社会矛盾中的权威地位，引导和支持人们理性表达诉求、依法维护权益，解决好群众最关心最直接最现实的利益问题。

构建对维护群众利益具有重大作用的制度体系，建立健全社会矛盾预警机制、利益表达机制、协商沟通机制、救济救助机制，畅通群众利益协调、权益保障法律渠道。把信访纳入法治化轨道，保障合理合法诉求依照法律规定和程序就能得到合理合法的结果。

健全社会矛盾纠纷预防化解机制，完善调解、仲裁、行政裁决、行政复议、诉讼等有机衔接、相互协调的多元化纠纷解决机制。加强行业性、专业性人民调解组织建设，完善人民调解、行政调解、司法调解联动工作体系。完善仲裁制度，提高仲裁公信力。健全行政裁决制度，强化行政机关解决同行政管理活动密切相关的民事纠纷功能。

深入推进社会治安综合治理，健全落实领导责任制。完善立体化社会治安防控体系，有效防范化解管控影响社会安定的问题，保障人民生命财产安全。依法严厉打击暴力恐怖、涉黑犯罪、邪教和黄赌毒等违法犯罪活动，绝不允许其形成气候。依法强化危害食品药品安全、影响安全生产、损害生态环境、破坏网络安全等重点问题治理。

六、加强法治工作队伍建设

全面推进依法治国，必须大力提高法治工作队伍思想政治素质、业务工作能力、职业道德水准，着力建设一支忠于党、忠于国家、忠于人民、忠于法律的社会主义法治工作队伍，为加快建设社会主义法治国家提供强有力的组织和人才保障。

（一）建设高素质法治专门队伍。把思想政治建设摆在首位，加强理想信念教育，深入开展社会主义核心价值观和社会主义法治理念教育，坚持党的事业、人民利益、宪法法律至上，加强立法队伍、行政执法队伍、司法队伍建设。抓住立法、执法、司法机关各级领导班子建设这个关键，突出政治标准，把善于运用法治思维和法治方式推动工作的人选拔到领导岗位上来。畅通立法、执法、司法部门干部和人才相互之间以及与其他部门具备条件的干部和人才交流渠道。

推进法治专门队伍正规化、专业化、职业化，提高职业素养和专业水平。完善法律职业准入制度，健全国家统一法律职业资格考试制度，建立法律职业人员统一职前培训制度。建立从符合条件的律师、法学专家中招录立法工作者、法官、检察官制度，畅通具备条件的军队转业干部进入法治专门队伍的通道，健全从政法专业毕业生中招录人才的规范便捷机制。加强边疆地区、民族地区法治专门队伍建设。加快建立符合职业特点的法治工作人员管理制度，完善职业保障体系，建立法官、检察官、人民警察专业职务序列及工资制度。

建立法官、检察官逐级遴选制度。初任法官、检察官由高级人民法院、省级人民检察院统一招录，一律在基层法院、检察院任职。上级人民法院、人民检察院的法官、检察官一般从下一级人民法院、人民检察院的优秀法官、检察官中遴选。

（二）加强法律服务队伍建设。加强律师队伍思想政治建设，把拥护中国共产党领导、拥护社会主义法治作为律师从业的基本要求，增强广大律师走中国特色社会主义法治道路的自觉性和坚定性。构建社会律师、公职律师、公司律师等优势互补、结构合理的律师队伍。提高律师队伍业务素质，完善执业保障机制。加强律师事务所管理，发挥律师协会自律作用，规范律师执业行为，监督律师严格遵守职业道德和职业操守，强化准入、退出管理，严格执行违法违规执业惩戒制度。加强律师行业党的建设，扩大党的工作覆盖面，切实发挥律师事务所党组织的政治核心作用。

各级党政机关和人民团体普遍设立公职律师，企业可设立公司律师，参与决策论证，提供法律意见，促进依法办事，防范法律风险。明确公职律师、公司律师法律地位及权利义务，理顺公职律师、公司律师管理体制机制。

发展公证员、基层法律服务工作者、人民调解员队伍。推动法律服务志愿者队伍建设。建立激励法律服务人才跨区域流动机制，逐步解决基层和欠发达地区法律服务资源不足和高端人才匮乏问题。

（三）创新法治人才培养机制。坚持用马克思主义法学思想和中国特色社会主义法治理论全方位占领高校、科研机构法学教育和法学研究阵地，加强法学基础理论研究，形成完善的中国特色社会主义法学理论体系、学科体系、课程体系，组织编写和全面采用国家统一的法律类专业核心教材，纳入司法考试必考范围。坚持立德树人、德育为先导向，推动中国特色社会主义法治理论进教材进课堂进头脑，培养造就熟悉和坚持中国特色社会主义法治体系的法治人才及后备力量。建设通晓国际法律规则、善于处理涉外法律事务的涉外法治人才队伍。

健全政法部门和法学院校、法学研究机构人员双向交流机制，实施高校和法治工作部门人员互聘计划，重点打造一支政治立场坚定、理论功底深厚、熟悉中国国情的高水平法学家和专家团队，建设高素质学术带头人、骨干教师、专兼职教师队伍。

七、加强和改进党对全面推进依法治国的领导

党的领导是全面推进依法治国、加快建设社会主义法治国家最根本的保证。必须加强和改进党对法治工作的领导，把党的领导贯彻到全面推进依法治国全过程。

（一）坚持依法执政。依法执政是依法治国的关键。各级党组织和领导干部要深刻认识到，维护宪法法律权威就是维护党和人民共同意志的权威，捍卫宪法法律尊严就是捍卫党和人民共同意志的尊严，保证宪法法律实施就是保证党和人民共同意志的实现。各级领导干部要对法律怀有敬畏之心，牢记法律红线不可逾越、法律底线不可触碰，带头遵守法律，带头依法办事，不得违法行使权力，更不能以言代法、以权压法、徇私枉法。

健全党领导依法治国的制度和工作机制，完善保证党确定依法治国方针政策和决策部署的工作机制和程序。加强对全面推进依法治国统一领导、统一部署、统筹协调。完善党委依法决策机制，发挥政策和法律的各自优势，促进党的政策和国家法律互联互动。党委要定期听取政法机关工作汇报，做促进公正司法、维护法律权威的表率。党政主要负责人要履行推进法治建设第一责任人职责。各级党委要领导和支持工会、共青团、妇联等人民团体和社会组织在依法治国中积极发挥作用。

人大、政府、政协、审判机关、检察机关的党组织和党员干部要坚决贯彻党的理论和路线方针政策，贯彻党委决策部署。各级人大、政府、政协、审判机关、检察机关的党组织要领导和监督本单位模范遵守宪法法律，坚决查处执法犯法、违法用权等行为。

政法委员会是党委领导政法工作的组织形式，必须长期坚持。各级党委政法委员会要把工作着力点放在把握政治方向、协调各方职能、统筹政法工作、建设政法队伍、督促依法履职、创造公正司法环境上，带头依法办事，保障宪法法律正确统一实施。政法机关党组织要建立健全重大事项向党委报告制度。加强政法机关党的建设，在法治建设中充分发挥党组织政治保障作用和党员先锋模范作用。

（二）加强党内法规制度建设。党内法规既是管党治党的重要依据，也是建设社会主义法治国家的有力保障。党章是最根本的党内法规，全党必须一体严格遵行。完善党内法规制定体制机制，加大党内法规备案审查和解释力度，形成配套完备的党内法规制度体系。注重党内法规同国家法律的衔接和协调，提高党内法规执行力，运用党内法规把党要管党、从严治党落到实处，促进党员、干部带头遵守国家法律法规。

党的纪律是党内规矩。党规党纪严于国家法律，党的各级组织和广大党员干部不仅要模范遵守国家法律，而且要按照党规党纪以更高标准严格要求自己，坚定理想信念，践行党的宗旨，坚决同违法乱纪行为作斗争。对违反党规党纪的行为必须严肃处理，对苗头性倾向性问题必须抓早抓小，防止小错酿成大错、违纪走向违法。

依纪依法反对和克服形式主义、官僚主义、享乐主义和奢靡之风，形成严密的长效机制。完善和严格执行领导干部政治、工作、生活待遇方面各项制度规定，着力整治各种特权行为。深入开展党风廉政建设和反腐败斗争，严格落实党风廉政建设党委主体责任和纪委监督责任，对任何腐败行为和腐败分子，必须依纪依法予以坚决惩处，决不手软。

（三）提高党员干部法治思维和依法办事能力。党员干部是全面推进依法治国的重要组织者、推动者、实践者，要自觉提高运用法治思维和法治方式深化改革、推动发展、化解矛盾、维护稳定能力，高级干部尤其要以身作则、以上率下。把法治建设成效作为衡量各级领导班子和领导干部工作实绩重要内容，纳入政绩考核指标体系。把能不能遵守法律、依法办事作为考察干部重要内容，在相同条件下，优先提拔使用法治素养好、依法办事能力强的干部。对特权思想严重、法治观念淡薄的干部要批评教育，不改正的要调离领导岗位。

（四）推进基层治理法治化。全面推进依法治国，基础在基层，工作重点在基层。发挥基层党组织在全面推进依法治国中的战斗堡垒作用，增强基层干部法治观念、法治为民的意识，提高依法办事能力。加强基层法治机构建设，强化基层法治队伍，建立重心下移、力量下沉的法治工作机制，改善基层基础设施和装备条件，推进法治干部下基层活动。

（五）深入推进依法治军从严治军。党对军队绝对领导是依法治军的核心和根本要求。紧紧围绕党在新形势下的强军目标，着眼全面加强军队革命化现代化正规化建设，创新发展依法治军理论和实践，构建完善的中国特色军事法治体系，提高国防和军队建设法治化水平。

坚持在法治轨道上积极稳妥推进国防和军队改革，深化军队领导指挥体制、力量结构、政策制度等方面改革，加快完善和发展中国特色社会主义军事制度。

健全适应现代军队建设和作战要求的军事法规制度体系，严格规范军事法规制度的制定权限和程序，将所有军事规范性文件纳入审查范围，完善审查制度，增强军事法规制度科学性、针对性、适用性。

坚持从严治军铁律，加大军事法规执行力度，明确执法责任，完善执法制度，健全执法监督机制，严格责任追究，推动依法治军落到实处。

健全军事法制工作体制，建立完善领导机关法制工作机构。改革军事司法体制机制，完善统一领导的军事审判、检察制度，维护国防利益，保障军人合法权益，防范打击违法犯罪。建立军事法律顾问制度，在各级领导机关设立军事法律顾问，完善重大决策和军事行动法律咨询保障制度。改革军队纪检监察体制。

强化官兵法治理念和法治素养，把法律知识学习纳入军队院校教育体系、干部理论学习和部队教育训练体系，列为军队院校学员必修课和部队官兵必学必训内容。完善军事法律人才培养机制。加强军事法治理论研究。

（六）依法保障“一国两制”实践和推进祖国统一。坚持宪法的最高法律地位和最高法律效力，全面准确贯彻“一国两制”、“港人治港”、“澳人治澳”、高度自治的方针，严格依照宪法和基本法办事，完善与基本法实施相关的制度和机制，依法行使中央权力，依法保障高度自治，支持特别行政区行政长官和政府依法施政，保障内地与香港、澳门经贸关系发展和各领域交流合作，防范和反对外部势力干预港澳事务，保持香港、澳门长期繁荣稳定。

运用法治方式巩固和深化两岸关系和平发展，完善涉台法律法规，依法规范和保障两岸人民关系、推进两岸交流合作。运用法律手段捍卫一个中国原则、反对“台独”，增进维护一个中国框架的共同认知，推进祖国和平统一。

依法保护港澳同胞、台湾同胞权益。加强内地同香港和澳门、大陆同台湾的执法司法协作，共同打击跨境违法犯罪活动。

（七）加强涉外法律工作。适应对外开放不断深化，完善涉外法律法规体系，促进构建开放型经济新体制。积极参与国际规则制定，推动依法处理涉外经济、社会事务，增强我国在国际法律事务中的话语权和影响力，运用法律手段维护我国主权、安全、发展利益。强化涉外法律服务，维护我国公民、法人在海外及外国公民、法人在我国的正当权益，依法维护海外侨胞权益。深化司法领域国际合作，完善我国司法协助体制，扩大国际司法协助覆盖面。加强反腐败国际合作，加大海外追赃追逃、遣返引渡力度。积极参与执法安全国际合作，共同打击暴力恐怖势力、民族分裂势力、宗教极端势力和贩毒走私、跨国有组织犯罪。

各级党委要全面准确贯彻本决定精神，健全党委统一领导和各方分工负责、齐抓共管的责任落实机制，制定实施方案，确保各项部署落到实处。

全党同志和全国各族人民要紧密团结在以习近平同志为总书记的党中央周围，高举中国特色社会主义伟大旗帜，积极投身全面推进依法治国伟大实践，开拓进取，扎实工作，为建设法治中国而奋斗！

法治政府建设实施纲要（2021—2025 年）

（中共中央、国务院 2021 年 8 月 11 日印发）

法治政府建设是全面依法治国的重点任务和主体工程，是推进国家治理体系和治理能力现代化的重要支撑。为在新发展阶段持续深入推进依法行政，全面建设法治政府，根据当前法治政府建设实际，制定本纲要。

一、深入学习贯彻习近平法治思想，努力实现法治政府建设全面突破

党的十八大以来，特别是《法治政府建设实施纲要（2015—2020 年）》贯彻落实 5 年来，各地区各部门多措并举、改革创新，法治政府建设取得重大进展。党对法治政府建设的领导不断加强，责任督察和示范创建活动深入实施，法治政府建设推进机制基本形成；"放管服"改革纵深推进，营商环境大幅优化；依法行政制度体系日益健全，重大行政决策程序制度初步建立，行政决策公信力持续提升；行政执法体制机制改革大力推进，严格规范公正文明执法水平普遍提高；行政权力制约和监督全面加强，违法行政行为能够被及时纠正查处；社会矛盾纠纷依法及时有效化解，行政争议预防化解机制更加完善；各级公务员法治意识显著增强，依法行政能力明显提高。当前，我国已经开启全面建设社会主义现代化国家、向第二个百年奋斗目标进军的新征程，统筹中华民族伟大复兴战略全局和世界百年未有之大变局，推进国家治理体系和治理能力现代化，适应人民日益增长的美好生活需要，都对法治政府建设提出了新的更高要求，必须立足全局、着眼长远、补齐短板、开拓进取，推动新时代法治政府建设再上新台阶。

（一）指导思想。高举中国特色社会主义伟大旗帜，坚持以马克思列宁主义、毛泽东思想、邓小平理论、"三个代表"重要思想、科学发展观、习近平新时代中国特色社会主义思想为指导，全面贯彻党的十九大和十九届二中、三中、四中、五中全会精神，全面贯彻习近平法治思想，增强"四个意识"、坚定"四个自信"、做到"两个维护"，把法治政府建设放在党和国家事业发展全局中统筹谋划，加快构建职责明确、依法行政的政府治理体系，全面建设职能科学、权责法定、执法严明、公开公正、智能高效、廉洁诚信、人民满意的法治政府，为全面建设社会主义现代化国家、实现中华民族伟大复兴的中国梦提供有力法治保障。

（二）主要原则。坚持党的全面领导，确保法治政府建设正确方向；坚持以人民为中心，一切行政机关必须为人民服务、对人民负责、受人民监督；坚持问题导向，用法治给行政权力定规矩、划界限，切实解决制约法治政府建设的突出问题；坚持改革创新，积极探索具有中国特色的法治政府建设模式和路径；坚持统筹推进，强化法治政府建设的整体推动、协同发展。

（三）总体目标。到 2025 年，政府行为全面纳入法治轨道，职责明确、依法行政的政府治理体系日益健全，行政执法体制机制基本完善，行政执法质量和效能大幅提升，突发事件应对能力显著增强，各地区各层级法治政府建设协调并进，更多地区实现率先

突破，为到2035年基本建成法治国家、法治政府、法治社会奠定坚实基础。

二、健全政府机构职能体系，推动更好发挥政府作用

坚持法定职责必须为、法无授权不可为，着力实现政府职能深刻转变，把该管的事务管好、管到位，基本形成边界清晰、分工合理、权责一致、运行高效、法治保障的政府机构职能体系。

（四）推进政府机构职能优化协同高效。坚持优化政府组织结构与促进政府职能转变、理顺部门职责关系统筹结合，使机构设置更加科学、职能更加优化、权责更加协同。完善经济调节、市场监管、社会管理、公共服务、生态环境保护等职能，厘清政府和市场、政府和社会关系，推动有效市场和有为政府更好结合。强化制定实施发展战略、规划、政策、标准等职能，更加注重运用法律和制度遏制不当干预微观经济活动的行为。构建简约高效的基层管理体制，实行扁平化和网格化管理。推进编制资源向基层倾斜，鼓励、支持从上往下跨层级调剂使用行政和事业编制。

全面实行政府权责清单制度，推动各级政府高效履职尽责。2022年上半年编制完成国务院部门权责清单，建立公开、动态调整、考核评估、衔接规范等配套机制和办法。调整完善地方各级政府部门权责清单，加强标准化建设，实现同一事项的规范统一。严格执行市场准入负面清单，普遍落实“非禁即入”。

（五）深入推进“放管服”改革。分级分类推进行政审批制度改革。依托全国一体化政务服务平台等渠道，全面推行审批服务“马上办、网上办、就近办、一次办、自助办”。坚决防止以备案、登记、行政确认、征求意见等方式变相设置行政许可事项。推行行政审批告知承诺制。大力归并减少各类资质资格许可事项，降低准入门槛。有序推进“证照分离”改革全覆盖，将更多涉企经营许可事项纳入改革。积极推进“一业一证”改革，探索实现“一证准营”、跨地互认通用。深化投资审批制度改革，推进投资领域行政执法监督，全面改善投资环境。全面落实证明事项告知承诺制，新设证明事项必须有法律法规或者国务院决定依据。

推动政府管理依法进行，把更多行政资源从事前审批转到事中事后监管上来。健全以“双随机、一公开”监管和“互联网＋监管”为基本手段、以重点监管为补充、以信用监管为基础的新型监管机制，推进线上线下一体化监管，完善与创新创造相适应的包容审慎监管方式。根据不同领域特点和风险程度确定监管内容、方式和频次，提高监管精准化水平。分领域制定全国统一、简明易行的监管规则和标准，做到标准公开、规则公平、预期合理、各负其责。

加快建设服务型政府，提高政务服务效能。全面提升政务服务水平，完善首问负责、一次告知、一窗受理、自助办理等制度。加快推进政务服务“跨省通办”，到2021年年底前基本实现高频事项“跨省通办”。大力推行“一件事一次办”，提供更多套餐式、主题式集成服务。推进线上线下深度融合，增强全国一体化政务服务平台服务能力，优化整合提升各级政务大厅“一站式”功能，全面实现政务服务事项全城通办、就近能办、异地可办。坚持传统服务与智能创新相结合，充分保障老年人基本服务需要。

（六）持续优化法治化营商环境。紧紧围绕贯彻新发展理念、构建新发展格局，打造稳定公平透明、可预期的法治化营商环境。深入实施《优化营商环境条例》。及时总结各地优化营商环境可复制可推广的经验做法，适时上升为法律法规制度。依法平等

保护各种所有制企业产权和自主经营权，切实防止滥用行政权力排除、限制竞争行为。健全外商投资准入前国民待遇加负面清单管理制度，推动规则、规制、管理、标准等制度型开放。加强政企沟通，在制定修改行政法规、规章、行政规范性文件过程中充分听取企业和行业协会商会意见。加强和改进反垄断与反不正当竞争执法。强化公平竞争审查制度刚性约束，及时清理废除妨碍统一市场和公平竞争的各种规定和做法，推动形成统一开放、竞争有序、制度完备、治理完善的高标准市场体系。

三、健全依法行政制度体系，加快推进政府治理规范化程序化法治化

坚持科学立法、民主立法、依法立法，着力实现政府立法质量和效率并重并进，增强针对性、及时性、系统性、可操作性，努力使政府治理各方面制度更加健全、更加完善。

（七）加强重要领域立法。积极推进国家安全、科技创新、公共卫生、文化教育、民族宗教、生物安全、生态文明、防范风险、反垄断、涉外法治等重要领域立法，健全国家治理急需的法律制度、满足人民日益增长的美好生活需要必备的法律制度。制定修改传染病防治法、突发公共卫生事件应对法、国境卫生检疫法等法律制度。及时跟进研究数字经济、互联网金融、人工智能、大数据、云计算等相关法律制度，抓紧补齐短板，以良法善治保障新业态新模式健康发展。

加强规范共同行政行为立法，推进机构、职能、权限、程序、责任法定化。修改国务院组织法、地方各级人民代表大会和地方各级人民政府组织法。修改行政复议法、行政许可法，完善行政程序法律制度。研究制定行政备案条例、行政执法监督条例。

（八）完善立法工作机制。增强政府立法与人大立法的协同性，统筹安排相关联相配套的法律法规规章的立改废释工作。聚焦实践问题和立法需求，提高立法精细化精准化水平。完善立法论证评估制度，加大立法前评估力度，认真论证评估立法项目必要性、可行性。建立健全立法风险防范机制，将风险评估贯穿立法全过程。丰富立法形式，注重解决实际问题。积极运用新媒体新技术拓宽立法公众参与渠道，完善立法听证、民意调查机制。修改法规规章备案条例，推进政府规章层级监督，强化省级政府备案审查职责。推进区域协同立法，强化计划安排衔接、信息资源共享、联合调研论证、同步制定修改。

（九）加强行政规范性文件制定监督管理。依法制定行政规范性文件，严禁越权发文、严控发文数量、严格制发程序。建立健全行政规范性文件制定协调机制，防止政出多门、政策效应相互抵消。健全行政规范性文件动态清理工作机制。加强对行政规范性文件制定和管理工作的指导监督，推动管理制度化规范化。全面落实行政规范性文件合法性审核机制，明确审核范围，统一审核标准。严格落实行政规范性文件备案审查制度。

四、健全行政决策制度体系，不断提升行政决策公信力和执行力

坚持科学决策、民主决策、依法决策，着力实现行政决策程序规定严格落实、决策质量和效率显著提高，切实避免因决策失误产生矛盾纠纷、引发社会风险、造成重大损失。

（十）强化依法决策意识。各级行政机关负责人要牢固树立依法决策意识，严格遵循法定权限和程序作出决策，确保决策内容

符合法律法规规定。行政机关主要负责人作出重大决策前，应当听取合法性审查机构的意见，注重听取法律顾问、公职律师或者有关专家的意见。把是否遵守决策程序制度、做到依法决策作为对政府部门党组（党委）开展巡视巡察和对行政机关主要负责人开展考核督察、经济责任审计的重要内容，防止个人专断、搞“一言堂”。

（十一）严格落实重大行政决策程序。严格执行《重大行政决策程序暂行条例》，增强公众参与实效，提高专家论证质量，充分发挥风险评估功能，确保所有重大行政决策都严格履行合法性审查和集体讨论决定程序。推行重大行政决策事项年度目录公开制度。涉及社会公众切身利益的重要规划、重大公共政策和措施、重大公共建设项目等，应当通过举办听证会等形式加大公众参与力度，深入开展风险评估，认真听取和反映利益相关群体的意见建议。建立健全决策过程记录和材料归档制度。

（十二）加强行政决策执行和评估。完善行政决策执行机制，决策机关应当在决策中明确执行主体、执行时限、执行反馈等内容。建立健全重大行政决策跟踪反馈制度。依法推进决策后评估工作，将决策后评估结果作为调整重大行政决策的重要依据。重大行政决策一经作出，未经法定程序不得随意变更或者停止执行。严格落实重大行政决策终身责任追究制度和责任倒查机制。

五、健全行政执法工作体系，全面推进严格规范公正文明执法

着眼提高人民群众满意度，着力实现行政执法水平普遍提升，努力让人民群众在每一个执法行为中都能看到风清气正、从每一项执法决定中都能感受到公平正义。

（十三）深化行政执法体制改革。完善权责清晰、运转顺畅、保障有力、廉洁高效的行政执法体制机制，大力提高执法执行力和公信力。继续深化综合行政执法体制改革，坚持省（自治区）原则上不设行政执法队伍，设区市与市辖区原则上只设一个行政执法层级，县（市、区、旗）一般实行“局队合一”体制，乡镇（街道）逐步实现“一支队伍管执法”的改革原则和要求。加强综合执法、联合执法、协作执法的组织指挥和统筹协调。在行政许可权、行政处罚权改革中，健全审批、监管、处罚衔接机制，防止相互脱节。稳步将基层管理迫切需要且能有效承接的行政执法事项下放给基层，坚持依法下放、试点先行，坚持权随事转、编随事转、钱随事转，确保放得下、接得住、管得好、有监督。建立健全乡镇（街道）与上一级相关部门行政执法案件移送及协调协作机制。大力推进跨领域跨部门联合执法，实现违法线索互联、执法标准互通、处理结果互认。完善行政执法与刑事司法衔接机制，加强“两法衔接”信息平台建设，推进信息共享机制化、案件移送标准和程序规范化。加快制定不同层级行政执法装备配备标准。

（十四）加大重点领域执法力度。加大食品药品、公共卫生、自然资源、生态环境、安全生产、劳动保障、城市管理、交通运输、金融服务、教育培训等关系群众切身利益的重点领域执法力度。分领域梳理群众反映强烈的突出问题，开展集中专项整治。对潜在风险大、可能造成严重不良后果的，加强日常监管和执法巡查，从源头上预防和化解违法风险。建立完善严重违法惩罚性赔偿和巨额罚款制度、终身禁入机制，让严重违法者付出应有代价。畅通违法行为投诉举报渠道，对举报严重违法违规行为和重大风险隐患的有功人员依法予以奖励和严格保护。

（十五）完善行政执法程序。全面严格

落实行政执法公示、执法全过程记录、重大执法决定法制审核制度。统一行政执法人员资格管理，除中央垂直管理部门外由省级政府统筹本地区行政执法人员资格考试、证件制发、在岗轮训等工作，国务院有关业务主管部门加强对本系统执法人员的专业培训，完善相关规范标准。统一行政执法案卷、文书基本标准，提高执法案卷、文书规范化水平。完善行政执法文书送达制度。全面落实行政裁量权基准制度，细化量化本地区各行政执法行为的裁量范围、种类、幅度等并对外公布。全面梳理、规范和精简执法事项，凡没有法律法规规章依据的一律取消。规范涉企行政检查，着力解决涉企现场检查事项多、频次高、随意检查等问题。按照行政执法类型，制定完善行政执法程序规范。全面严格落实告知制度，依法保障行政相对人陈述、申辩、提出听证申请等权利。除有法定依据外，严禁地方政府采取要求特定区域或者行业、领域的市场主体普遍停产停业的措施。行政机关内部会议纪要不得作为行政执法依据。

（十六）创新行政执法方式。广泛运用说服教育、劝导示范、警示告诫、指导约谈等方式，努力做到宽严相济、法理相融，让执法既有力度又有温度。全面推行轻微违法行为依法免予处罚清单。建立行政执法案例指导制度，国务院有关部门和省级政府要定期发布指导案例。全面落实“谁执法谁普法”普法责任制，加强以案释法。

六、健全突发事件应对体系，依法预防处置重大突发事件

坚持运用法治思维和法治方式应对突发事件，着力实现越是工作重要、事情紧急越要坚持依法行政，严格依法实施应急举措，在处置重大突发事件中推进法治政府建设。

（十七）完善突发事件应对制度。修改突发事件应对法，系统梳理和修改应急管理相关法律法规，提高突发事件应对法治化规范化水平。健全国家应急预案体系，完善国家突发公共事件总体和专项应急预案，以及与之相衔接配套的各级各类突发事件应急预案。加强突发事件监测预警、信息报告、应急响应、恢复重建、调查评估等机制建设。健全突发事件应对征收、征用、救助、补偿制度，规范相关审批、实施程序和救济途径。完善特大城市风险治理机制，增强风险管控能力。健全规范应急处置收集、使用个人信息机制制度，切实保护公民个人信息。加快推进突发事件行政手段应用的制度化规范化，规范行政权力边界。

（十八）提高突发事件依法处置能力。增强风险防范意识，强化各地区各部门防范化解本地区本领域重大风险责任。推进应急管理综合行政执法改革，强化执法能力建设。强化突发事件依法分级分类施策，增强应急处置的针对性实效性。按照平战结合原则，完善各类突发事件应急响应处置程序和协调联动机制。定期开展应急演练，注重提升依法预防突发事件、先期处置和快速反应能力。加强突发事件信息公开和危机沟通，完善公共舆情应对机制。依法严厉打击利用突发事件哄抬物价、囤积居奇、造谣滋事、制假售假等扰乱社会秩序行为。加强突发事件应急处置法律法规教育培训，增强应急处置法治意识。

（十九）引导、规范基层组织和社会力量参与突发事件应对。完善乡镇（街道）、村（社区）应急处置组织体系，推动村（社区）依法参与预防、应对突发事件。明确社会组织、慈善组织、社会工作者、志愿者等参与突发事件应对的法律地位及其权利义务，完善激励保障措施。健全社会应急力量备案登记、调用补偿、保险保障等方面制度。

七、健全社会矛盾纠纷行政预防调处化解体系，不断促进社会公平正义

坚持将矛盾纠纷化解在萌芽状态、化解在基层，着力实现人民群众权益受到公平对待、尊严获得应有尊重，推动完善信访、调解、仲裁、行政裁决、行政复议、诉讼等社会矛盾纠纷多元预防调处化解综合机制。

（二十）加强行政调解工作。依法加强消费者权益保护、交通损害赔偿、治安管理、环境污染、社会保障、房屋土地征收、知识产权等方面的行政调解，及时妥善推进矛盾纠纷化解。各职能部门要规范行政调解范围和程序，组织做好教育培训，提升行政调解工作水平。坚持“三调”联动，推进行政调解与人民调解、司法调解有效衔接。

（二十一）有序推进行政裁决工作。发挥行政裁决化解民事纠纷的“分流阀”作用，建立体系健全、渠道畅通、公正便捷、裁诉衔接的裁决机制。推行行政裁决权利告知制度，规范行政裁决程序，推动有关行政机关切实履行行政裁决职责。全面梳理行政裁决事项，明确行政裁决适用范围，稳妥推进行政裁决改革试点。强化案例指导和业务培训，提升行政裁决能力。研究推进行政裁决法律制度建设。

（二十二）发挥行政复议化解行政争议主渠道作用。全面深化行政复议体制改革，整合地方行政复议职责，按照事编匹配、优化节约、按需调剂的原则，合理调配编制资源，2022年年底前基本形成公正权威、统一高效的行政复议体制。全面推进行政复议规范化、专业化、信息化建设，不断提高办案质量和效率。健全优化行政复议审理机制。县级以上各级政府建立行政复议委员会，为重大、疑难、复杂的案件提供咨询意见。建立行政复议决定书以及行政复议意见书、建议书执行监督机制，实现个案监督纠错与倒逼依法行政的有机结合。全面落实行政复议决定书网上公开制度。

（二十三）加强和规范行政应诉工作。认真执行行政机关负责人出庭应诉制度。健全行政争议实质性化解机制，推动诉源治理。支持法院依法受理和审理行政案件，切实履行生效裁判。支持检察院开展行政诉讼监督工作和行政公益诉讼，积极主动履行职责或者纠正违法行为。认真做好司法建议、检察建议落实和反馈工作。

八、健全行政权力制约和监督体系，促进行政权力规范透明运行

坚持有权必有责、有责要担当、失责必追究，着力实现行政决策、执行、组织、监督既相互制约又相互协调，确保对行政权力制约和监督全覆盖、无缝隙，使党和人民赋予的权力始终用来为人民谋幸福。

（二十四）形成监督合力。坚持将行政权力制约和监督体系纳入党和国家监督体系全局统筹谋划，突出党内监督主导地位。推动党内监督与人大监督、民主监督、行政监督、司法监督、群众监督、舆论监督等各类监督有机贯通、相互协调。

积极发挥审计监督、财会监督、统计监督、执法监督、行政复议等监督作用。自觉接受纪检监察机关监督，对行政机关公职人员违法行为严格追究法律责任，依规依法给予处分。

坚持严管和厚爱结合、激励和约束并重，做到依规依纪依法严肃问责、规范问责、精准问责、慎重问责，既要防止问责不力，也要防止问责泛化、简单化。落实“三个区分开来”要求，建立健全担当作为的激励和保护机制，切实调动各级特别是基层政府工作人员的积极性，充分支持从实际出发

担当作为、干事创业。

（二十五）加强和规范政府督查工作。县级以上政府依法组织开展政府督查工作，重点对党中央、国务院重大决策部署落实情况、上级和本级政府重要工作部署落实情况、督查对象法定职责履行情况、本级政府所属部门和下级政府的行政效能开展监督检查，保障政令畅通，督促提高行政效能、推进廉政建设、健全行政监督制度。积极发挥政府督查的激励鞭策作用，坚持奖惩并举，对成效明显的按规定加大表扬和政策激励力度，对不作为乱作为的依规依法严肃问责。进一步明确政府督查的职责、机构、程序和责任，增强政府督查工作的科学性、针对性、实效性。

（二十六）加强对行政执法制约和监督。加强行政执法监督机制和能力建设，充分发挥行政执法监督统筹协调、规范保障、督促指导作用，2024 年年底前基本建成省市县乡全覆盖的比较完善的行政执法协调监督工作体系。全面落实行政执法责任，严格按照权责事项清单分解执法职权、确定执法责任。加强和完善行政执法案卷管理和评查、行政执法机关处理投诉举报、行政执法考核评议等制度建设。大力整治重点领域行政执法不作为乱作为、执法不严格不规范不文明不透明等突出问题，围绕中心工作部署开展行政执法监督专项行动。严禁下达或者变相下达罚没指标，严禁将罚没收入同作出行政处罚的行政机关及其工作人员的考核、考评直接或者变相挂钩。建立并实施行政执法监督员制度。

（二十七）全面主动落实政务公开。坚持以公开为常态、不公开为例外，用政府更加公开透明赢得人民群众更多理解、信任和支持。大力推进决策、执行、管理、服务和结果公开，做到法定主动公开内容全部公开到位。加强公开制度化、标准化、信息化建设，提高政务公开能力和水平。全面提升政府信息公开申请办理工作质量，依法保障人民群众合理信息需求。鼓励开展政府开放日、网络问政等主题活动，增进与公众的互动交流。加快构建具有中国特色的公共企事业单位信息公开制度。

（二十八）加快推进政务诚信建设。健全政府守信践诺机制。建立政务诚信监测治理机制，建立健全政务失信记录制度，将违约毁约、拖欠账款、拒不履行司法裁判等失信信息纳入全国信用信息共享平台并向社会公开。建立健全政府失信责任追究制度，加大失信惩戒力度，重点治理债务融资、政府采购、招标投标、招商引资等领域的政府失信行为。

九、健全法治政府建设科技保障体系，全面建设数字法治政府

坚持运用互联网、大数据、人工智能等技术手段促进依法行政，着力实现政府治理信息化与法治化深度融合，优化革新政府治理流程和方式，大力提升法治政府建设数字化水平。

（二十九）加快推进信息化平台建设。各省（自治区、直辖市）统筹建成本地区各级互联、协同联动的政务服务平台，实现从省（自治区、直辖市）到村（社区）网上政务全覆盖。加快推进政务服务向移动端延伸，实现更多政务服务事项“掌上办”。分级分类推进新型智慧城市建设，促进城市治理转型升级。加强政府信息平台建设的统筹规划，优化整合各类数据、网络平台，防止重复建设。

建设法规规章行政规范性文件统一公开查询平台，2022 年年底前实现现行有效的行政法规、部门规章、国务院及其部门行政规范性文件的统一公开查询；2023 年年底前各省（自治区、直辖市）实现本地区现行

有效地方性法规、规章、行政规范性文件统一公开查询。

（三十）加快推进政务数据有序共享。建立健全政务数据共享协调机制，进一步明确政务数据提供、使用、管理等各相关方的权利和责任，推动数据共享和业务协同，形成高效运行的工作机制，构建全国一体化政务大数据体系，加强政务信息系统优化整合。加快推进身份认证、电子印章、电子证照等统一认定使用，优化政务服务流程。加强对大数据的分析、挖掘、处理和应用，善于运用大数据辅助行政决策、行政立法、行政执法工作。建立健全运用互联网、大数据、人工智能等技术手段进行行政管理的制度规则。在依法保护国家安全、商业秘密、自然人隐私和个人信息的同时，推进政府和公共服务机构数据开放共享，优先推动民生保障、公共服务、市场监管等领域政府数据向社会有序开放。

（三十一）深入推进“互联网＋”监管执法。加强国家“互联网＋监管”系统建设，2022年年底前实现各方面监管平台数据的联通汇聚。积极推进智慧执法，加强信息化技术、装备的配置和应用。推行行政执法APP掌上执法。探索推行以远程监管、移动监管、预警防控为特征的非现场监管，解决人少事多的难题。加快建设全国行政执法综合管理监督信息系统，将执法基础数据、执法程序流转、执法信息公开等汇聚一体，建立全国行政执法数据库。

十、加强党的领导，完善法治政府建设推进机制

党的领导是全面依法治国、建设法治政府的根本保证，必须坚持党总揽全局、协调各方，发挥各级党委的领导作用，把法治政府建设摆到工作全局更加突出的位置。

（三十二）加强党对法治政府建设的领导。各级党委和政府要深入学习领会习近平法治思想，把习近平法治思想贯彻落实到法治政府建设全过程和各方面。各级党委要切实履行推进法治建设领导职责，安排听取有关工作汇报，及时研究解决影响法治政府建设重大问题。各级政府要在党委统一领导下，履行法治政府建设主体责任，谋划落实好法治政府建设各项任务，主动向党委报告法治政府建设中的重大问题。各级政府及其部门主要负责人要切实履行推进本地区本部门法治政府建设第一责任人职责，作为重要工作定期部署推进、抓实抓好。各地区党委法治建设议事协调机构及其办事机构要加强法治政府建设的协调督促推动。

（三十三）完善法治政府建设推进机制。深入推进法治政府建设督察工作，2025年前实现对地方各级政府督察全覆盖。扎实做好法治政府建设示范创建活动，以创建促提升、以示范带发展，不断激发法治政府建设的内生动力。严格执行法治政府建设年度报告制度，按时向社会公开。建立健全法治政府建设指标体系，强化指标引领。加大考核力度，提升考核权重，将依法行政情况作为对地方政府、政府部门及其领导干部综合绩效考核的重要内容。

（三十四）全面加强依法行政能力建设。推动行政机关负责人带头遵守执行宪法法律，建立行政机关工作人员应知应会法律法规清单。坚持把民法典作为行政决策、行政管理、行政监督的重要标尺，不得违背法律法规随意作出减损公民、法人和其他组织合法权益或增加其义务的决定。健全领导干部学法用法机制，国务院各部门根据职能开展本部门本系统法治专题培训，县级以上地方各级政府负责本地区领导干部法治专题培训，地方各级政府领导班子每年应当举办两期以上法治专题讲座。市县政府承担行政执法职能的部门负责人任期内至少接受一次法治专题脱产培训。加强各部门和市县政府法

治机构建设，优化基层司法所职能定位，保障人员力量、经费等与其职责任务相适应。把法治教育纳入各级政府工作人员初任培训、任职培训的必训内容。对在法治政府建设中作出突出贡献的单位和个人，按规定给予表彰奖励。

加强政府立法能力建设，有计划组织开展专题培训，做好政府立法人才培养和储备。加强行政执法队伍专业化职业化建设，在完成政治理论教育和党性教育学时的基础上，确保每人每年接受不少于 60 学时的业务知识和法律法规培训。加强行政复议工作队伍专业化职业化建设，完善管理办法。加强行政复议能力建设，制定行政复议执业规范。加强法律顾问和公职律师队伍建设，提升法律顾问和公职律师参与重大决策的能力水平。加强行政裁决工作队伍建设。

（三十五）加强理论研究和舆论宣传。加强中国特色社会主义法治政府理论研究。鼓励、推动高等法学院校成立法治政府建设高端智库和研究教育基地。建立法治政府建设评估专家库，提升评估专业化水平。加大法治政府建设成就经验宣传力度，传播中国政府法治建设的时代强音。

各地区各部门要全面准确贯彻本纲要精神和要求，压实责任、狠抓落实，力戒形式主义、官僚主义。中央依法治国办要抓好督促落实，确保纲要各项任务措施落到实处。

生态环境损害赔偿制度改革方案

（中共中央办公厅、国务院办公厅 2017 年 12 月 17 日印发）

生态环境损害赔偿制度是生态文明制度体系的重要组成部分。党中央、国务院高度重视生态环境损害赔偿工作，党的十八届三中全会明确提出对造成生态环境损害的责任者严格实行赔偿制度。2015 年，中央办公厅、国务院办公厅印发《生态环境损害赔偿制度改革试点方案》（中办发〔2015〕57 号），在吉林等 7 个省市部署开展改革试点，取得明显成效。为进一步在全国范围内加快构建生态环境损害赔偿制度，在总结各地区改革试点实践经验基础上，制定本方案。

一、总体要求和目标

通过在全国范围内试行生态环境损害赔偿制度，进一步明确生态环境损害赔偿范围、责任主体、索赔主体、损害赔偿解决途径等，形成相应的鉴定评估管理和技术体系、资金保障和运行机制，逐步建立生态环境损害的修复和赔偿制度，加快推进生态文明建设。

自 2018 年 1 月 1 日起，在全国试行生态环境损害赔偿制度。到 2020 年，力争在全国范围内初步构建责任明确、途径畅通、技术规范、保障有力、赔偿到位、修复有效的生态环境损害赔偿制度。

二、工作原则

依法推进，鼓励创新。按照相关法律法规规定，立足国情和地方实际，由易到难、稳妥有序开展生态环境损害赔偿制度改革工作。对法律未作规定的具体问题，根据需要提出政策和立法建议。

环境有价，损害担责。体现环境资源生态功能价值，促使赔偿义务人对受损的生态环境进行修复。生态环境损害无法修复的，实施货币赔偿，用于替代修复。赔偿义务人因同一生态环境损害行为需承担行政责任或刑事责任的，不影响其依法承担生态环境损害赔偿责任。

主动磋商，司法保障。生态环境损害发生后，赔偿权利人组织开展生态环境损害调查、鉴定评估、修复方案编制等工作，主动与赔偿义务人磋商。磋商未达成一致，赔偿权利人可依法提起诉讼。

信息共享，公众监督。实施信息公开，推进政府及其职能部门共享生态环境损害赔偿信息。生态环境损害调查、鉴定评估、修复方案编制等工作中涉及公共利益的重大事项应当向社会公开，并邀请专家和利益相关的公民、法人、其他组织参与。

三、适用范围

本方案所称生态环境损害，是指因污染环境、破坏生态造成大气、地表水、地下水、土壤、森林等环境要素和植物、动物、微生物等生物要素的不利改变，以及上述要素构成的生态系统功能退化。

（一）有下列情形之一的，按本方案要求依法追究生态环境损害赔偿责任：

1. 发生较大及以上突发环境事件的；

2. 在国家和省级主体功能区规划中划定的重点生态功能区、禁止开发区发生环境污染、生态破坏事件的；

3. 发生其他严重影响生态环境后果的。各地区应根据实际情况，综合考虑造成的环境污染、生态破坏程度以及社会影响等因素，明确具体情形。

（二）以下情形不适用本方案：

1. 涉及人身伤害、个人和集体财产损失要求赔偿的，适用侵权责任法等法律规定；

2. 涉及海洋生态环境损害赔偿的，适用海洋环境保护法等法律及相关规定。

四、工作内容

（一）明确赔偿范围。生态环境损害赔偿范围包括清除污染费用、生态环境修复费用、生态环境修复期间服务功能的损失、生态环境功能永久性损害造成的损失以及生态环境损害赔偿调查、鉴定评估等合理费用。各地区可根据生态环境损害赔偿工作进展情况和需要，提出细化赔偿范围的建议。鼓励各地区开展环境健康损害赔偿探索性研究与实践。

（二）确定赔偿义务人。违反法律法规，造成生态环境损害的单位或个人，应当承担生态环境损害赔偿责任，做到应赔尽赔。现行民事法律和资源环境保护法律有相关免除或减轻生态环境损害赔偿责任规定的，按相应规定执行。各地区可根据需要扩大生态环境损害赔偿义务人范围，提出相关立法建议。

（三）明确赔偿权利人。国务院授权省级、市地级政府（包括直辖市所辖的区县级政府，下同）作为本行政区域内生态环境损害赔偿权利人。省域内跨市地的生态环境损害，由省级政府管辖；其他工作范围划分由省级政府根据本地区实际情况确定。省级、市地级政府可指定相关部门或机构负责生态环境损害赔偿具体工作。省级、市地级政府及其指定的部门或机构均有权提起诉讼。跨省域的生态环境损害，由生态环境损害地的相关省级政府协商开展生态环境损害赔偿工作。

在健全国家自然资源资产管理体制试点区，受委托的省级政府可指定统一行使全民所有自然资源资产所有者职责的部门负责生态环境损害赔偿具体工作；国务院直接行使全民所有自然资源资产所有权的，由受委托代行该所有权的部门作为赔偿权利人开展生态环境损害赔偿工作。

各省（自治区、直辖市）政府应当制定生态环境损害索赔启动条件、鉴定评估机构选定程序、信息公开等工作规定，明确国土资源、环境保护、住房城乡建设、水利、农业、林业等相关部门开展索赔工作的职责分工。建立对生态环境损害索赔行为的监督机制，赔偿权利人及其指定的相关部门或机构的负责人、工作人员在索赔工作中存在滥用职权、玩忽职守、徇私舞弊的，依纪依法追究责任；涉嫌犯罪的，移送司法机关。

对公民、法人和其他组织举报要求提起生态环境损害赔偿的，赔偿权利人及其指定的部门或机构应当及时研究处理和答复。

（四）开展赔偿磋商。经调查发现生态环境损害需要修复或赔偿的，赔偿权利人根据生态环境损害鉴定评估报告，就损害事实和程度、修复启动时间和期限、赔偿的责任承担方式和期限等具体问题与赔偿义务人进行磋商，统筹考虑修复方案技术可行性、成本效益最优化、赔偿义务人赔偿能力、第三方治理可行性等情况，达成赔偿协议。对经磋商达成的赔偿协议，可以依照民事诉讼法向人民法院申请司法确认。经司法确认的赔偿协议，赔偿义务人不履行或不完全履行的，赔偿权利人及其指定的部门或机构可向人民法院申请强制执行。磋商未达成一致的，赔偿权利人及其指定的部门或机构应当及时提起生态环境损害赔偿民事诉讼。

（五）完善赔偿诉讼规则。各地人民法院要按照有关法律规定、依托现有资源，由环境资源审判庭或指定专门法庭审理生态环境损害赔偿民事案件；根据赔偿义务人主观过错、经营状况等因素试行分期赔付，探索多样化责任承担方式。

各地人民法院要研究符合生态环境损害赔偿需要的诉前证据保全、先予执行、执行监督等制度；可根据试行情况，提出有关生态环境损害赔偿诉讼的立法和制定司法解释建议。鼓励法定的机关和符合条件的社会组织依法开展生态环境损害赔偿诉讼。

生态环境损害赔偿制度与环境公益诉讼之间衔接等问题，由最高人民法院商有关部门根据实际情况制定指导意见予以明确。

（六）加强生态环境修复与损害赔偿的执行和监督。赔偿权利人及其指定的部门或机构对磋商或诉讼后的生态环境修复效果进行评估，确保生态环境得到及时有效修复。生态环境损害赔偿款项使用情况、生态环境修复效果要向社会公开，接受公众监督。

（七）规范生态环境损害鉴定评估。各地区要加快推进生态环境损害鉴定评估专业力量建设，推动组建符合条件的专业评估队伍，尽快形成评估能力。研究制定鉴定评估管理制度和工作程序，保障独立开展生态环境损害鉴定评估，并做好与司法程序的衔接。为磋商提供鉴定意见的鉴定评估机构应当符合国家有关要求；为诉讼提供鉴定意见的鉴定评估机构应当遵守司法行政机关等的相关规定规范。

（八）加强生态环境损害赔偿资金管理。经磋商或诉讼确定赔偿义务人的，赔偿义务人应当根据磋商或判决要求，组织开展生态环境损害的修复。赔偿义务人无能力开展修复工作的，可以委托具备修复能力的社会第三方机构进行修复。修复资金由赔偿义务人向委托的社会第三方机构支付。赔偿义务人自行修复或委托修复的，赔偿权利人前期开展生态环境损害调查、鉴定评估、修复效果后评估等费用由赔偿义务人承担。

赔偿义务人造成的生态环境损害无法修复的，其赔偿资金作为政府非税收入，全额上缴同级国库，纳入预算管理。赔偿权利人及其指定的部门或机构根据磋商或判决要求，结合本区域生态环境损害情况开展替代修复。

五、保障措施

（一）落实改革责任。各省（自治区、直辖市）、市（地、州、盟）党委和政府要加强对生态环境损害赔偿制度改革的统一领导，及时制定本地区实施方案，明确改革任务和时限要求，大胆探索，扎实推进，确保各项改革措施落到实处。省（自治区、直辖市）政府成立生态环境损害赔偿制度改革工作领导小组。省级、市地级政府指定的部门或机构，要明确有关人员专门负责生态环境损害赔偿工作。国家自然资源资产管理体制试点部门要明确任务、细化责任。

吉林、江苏、山东、湖南、重庆、贵州、云南7个试点省市试点期间的实施方案可以结合试点情况和本方案要求进行调整完善。

各省（自治区、直辖市）在改革试行过程中，要及时总结经验，完善相关制度。自2019年起，每年3月底前将上年度本行政区域生态环境损害赔偿制度改革工作情况送环境保护部汇总后报告党中央、国务院。

（二）加强业务指导。环境保护部会同相关部门负责指导有关生态环境损害调查、鉴定评估、修复方案编制、修复效果后评估等业务工作。最高人民法院负责指导有关生态环境损害赔偿的审判工作。最高人民检察院负责指导有关生态环境损害赔偿的检察工作。司法部负责指导有关生态环境损害司法鉴定管理工作。财政部负责指导有关生态环境损害赔偿资金管理工作。国家卫生计生委、环境保护部对各地区环境健康问题开展调查研究或指导地方开展调查研究，加强环境与健康综合监测与风险评估。

（三）加快技术体系建设。国家建立健全统一的生态环境损害鉴定评估技术标准体系。环境保护部负责制定完善生态环境损害鉴定评估技术标准体系框架和技术总纲；会同相关部门出台或修订生态环境损害鉴定评估的专项技术规范；会同相关部门建立服务于生态环境损害鉴定评估的数据平台。相关部门针对基线确定、因果关系判定、损害数额量化等损害鉴定关键环节，组织加强关键技术与标准研究。

（四）做好经费保障。生态环境损害赔偿制度改革工作所需经费由同级财政予以安排。

（五）鼓励公众参与。不断创新公众参与方式，邀请专家和利益相关的公民、法人、其他组织参加生态环境修复或赔偿磋商工作。依法公开生态环境损害调查、鉴定评估、赔偿、诉讼裁判文书、生态环境修复效果报告等信息，保障公众知情权。

六、其他事项

2015年印发的《生态环境损害赔偿制度改革试点方案》自2018年1月1日起废止。

关于深化生态保护补偿制度改革的意见

（中共中央办公厅、国务院办公厅2021年9月12日印发）

生态环境是关系党的使命宗旨的重大政治问题，也是关系民生的重大社会问题。生态保护补偿制度作为生态文明制度的重要组成部分，是落实生态保护权责、调动各方参与生态保护积极性、推进生态文明建设的重要手段。为深入贯彻习近平生态文明思想，进一步深化生态保护补偿制度改革，加快生态文明制度体系建设，现提出如下意见。

一、总体要求

（一）指导思想。以习近平新时代中国特色社会主义思想为指导，深入贯彻党的十九大和十九届二中、三中、四中、五中全会精神，坚持稳中求进工作总基调，立足新发展阶段，贯彻新发展理念，构建新发展格局，践行绿水青山就是金山银山理念，完善生态文明领域统筹协调机制，加快健全有效市场和有为政府更好结合、分类补偿与综合补偿统筹兼顾、纵向补偿与横向补偿协调推进、强化激励与硬化约束协同发力的生态保护补偿制度，推动全社会形成尊重自然、顺应自然、保护自然的思想共识和行动自觉，做好碳达峰、碳中和工作，加快推动绿色低碳发展，促进经济社会发展全面绿色转型，建设人与自然和谐共生的现代化，为维护国家生态安全、奠定中华民族永续发展的生态环境基础提供坚实有力的制度保障。

（二）工作原则

——系统推进，政策协同。坚持和加强党的全面领导，统筹谋划、全面推进生态保护补偿制度及相关领域改革，加强各项制度的衔接配套。按照生态系统的整体性、系统性及其内在规律，完善生态保护补偿机制，促进对生态环境的整体保护。

——政府主导，各方参与。充分发挥政府开展生态保护补偿、落实生态保护责任的主导作用，积极引导社会各方参与，推进市场化、多元化补偿实践。逐步完善政府有力主导、社会有序参与、市场有效调节的生态保护补偿体制机制。

——强化激励，硬化约束。加快推进法治建设，运用法律手段规范生态保护补偿行为。清晰界定各方权利义务，实现受益与补偿相对应、享受补偿权利与履行保护义务相匹配。健全考评机制，依规依法加大奖惩力度、严肃责任追究。

（三）改革目标。到2025年，与经济社会发展状况相适应的生态保护补偿制度基本完备。以生态保护成本为主要依据的分类补偿制度日益健全，以提升公共服务保障能力为基本取向的综合补偿制度不断完善，以受益者付费原则为基础的市场化、多元化补偿格局初步形成，全社会参与生态保护的积极性显著增强，生态保护者和受益者良性互动的局面基本形成。到2035年，适应新时代生态文明建设要求的生态保护补偿制度基本定型。

二、聚焦重要生态环境要素，完善分类补偿制度

健全以生态环境要素为实施对象的分类补偿制度，综合考虑生态保护地区经济社会

发展状况、生态保护成效等因素确定补偿水平，对不同要素的生态保护成本予以适度补偿。

（一）建立健全分类补偿制度。加强水生生物资源养护，确保长江流域重点水域十年禁渔落实到位。针对江河源头、重要水源地、水土流失重点防治区、蓄滞洪区、受损河湖等重点区域开展水流生态保护补偿。健全公益林补偿标准动态调整机制，鼓励地方结合实际探索对公益林实施差异化补偿。完善天然林保护制度，加强天然林资源保护管理。完善湿地生态保护补偿机制，逐步实现国家重要湿地（含国际重要湿地）生态保护补偿全覆盖。完善以绿色生态为导向的农业生态治理补贴制度。完善耕地保护补偿机制，因地制宜推广保护性耕作，健全耕地轮作休耕制度。落实好草原生态保护补奖政策。研究将退化和沙化草原列入禁牧范围。对暂不具备治理条件和因保护生态不宜开发利用的连片沙化土地依法实施封禁保护，健全沙化土地生态保护补偿制度。研究建立近海生态保护补偿制度。

（二）逐步探索统筹保护模式。生态保护地区所在地政府要在保障对生态环境要素相关权利人的分类补偿政策落实到位的前提下，结合生态空间中并存的多元生态环境要素系统谋划，依法稳步推进不同渠道生态保护补偿资金统筹使用，以灵活有效的方式一体化推进生态保护补偿工作，提高生态保护整体效益。有关部门要加强沟通协调，避免重复补偿。

三、围绕国家生态安全重点，健全综合补偿制度

坚持生态保护补偿力度与财政能力相匹配、与推进基本公共服务均等化相衔接，按照生态空间功能，实施纵横结合的综合补偿制度，促进生态受益地区与保护地区利益共享。

（一）加大纵向补偿力度。结合中央财力状况逐步增加重点生态功能区转移支付规模。中央预算内投资对重点生态功能区基础设施和基本公共服务设施建设予以倾斜。继续对生态脆弱脱贫地区给予生态保护补偿，保持对原深度贫困地区支持力度不减。各省级政府要加大生态保护补偿资金投入力度，因地制宜出台生态保护补偿引导性政策和激励约束措施，调动省级以下地方政府积极性，加强生态保护，促进绿色发展。

（二）突出纵向补偿重点。对青藏高原、南水北调水源地等生态功能重要性突出地区，在重点生态功能区转移支付测算中通过提高转移支付系数、加计生态环保支出等方式加大支持力度，推动其基本公共服务保障能力居于同等财力水平地区前列。建立健全以国家公园为主体的自然保护地体系生态保护补偿机制，根据自然保护地规模和管护成效加大保护补偿力度。各省级政府要将生态功能重要地区全面纳入省级对下生态保护补偿转移支付范围。

（三）改进纵向补偿办法。根据生态效益外溢性、生态功能重要性、生态环境敏感性和脆弱性等特点，在重点生态功能区转移支付中实施差异化补偿。引入生态保护红线作为相关转移支付分配因素，加大对生态保护红线覆盖比例较高地区支持力度。探索建立补偿资金与破坏生态环境相关产业逆向关联机制，对生态功能重要地区发展破坏生态环境相关产业的，适当减少补偿资金规模。研究通过农业转移人口市民化奖励资金对吸纳生态移民较多地区给予补偿，引导资源环境承载压力较大的生态功能重要地区人口逐步有序向外转移。继续推进生态综合补偿试点工作。

（四）健全横向补偿机制。巩固跨省流域横向生态保护补偿机制试点成果，总结推

广成熟经验。鼓励地方加快重点流域跨省上下游横向生态保护补偿机制建设，开展跨区域联防联治。推动建立长江、黄河全流域横向生态保护补偿机制，支持沿线省（自治区、直辖市）在干流及重要支流自主建立省际和省内横向生态保护补偿机制。对生态功能特别重要的跨省和跨地市重点流域横向生态保护补偿，中央财政和省级财政分别给予引导支持。鼓励地方探索大气等其他生态环境要素横向生态保护补偿方式，通过对口协作、产业转移、人才培训、共建园区、购买生态产品和服务等方式，促进受益地区与生态保护地区良性互动。

四、发挥市场机制作用，加快推进多元化补偿

合理界定生态环境权利，按照受益者付费的原则，通过市场化、多元化方式，促进生态保护者利益得到有效补偿，激发全社会参与生态保护的积极性。

（一）完善市场交易机制。加快自然资源统一确权登记，建立归属清晰、权责明确、保护严格、流转顺畅、监管有效的自然资源资产产权制度，完善反映市场供求和资源稀缺程度、体现生态价值和代际补偿的自然资源资产有偿使用制度，对履行自然资源资产保护义务的权利主体给予合理补偿。在合理科学控制总量的前提下，建立用水权、排污权、碳排放权初始分配制度。逐步开展市场化环境权交易。鼓励地区间依据区域取用水总量和权益，通过水权交易解决新增用水需求。明确取用水户水资源使用权，鼓励取水权人在节约使用水资源基础上有偿转让取水权。全面实行排污许可制，在生态环境质量达标的前提下，落实生态保护地区排污权有偿使用和交易。加快建设全国用能权、碳排放权交易市场。健全以国家温室气体自愿减排交易机制为基础的碳排放权抵消机制，将具有生态、社会等多种效益的林业、可再生能源、甲烷利用等领域温室气体自愿减排项目纳入全国碳排放权交易市场。

（二）拓展市场化融资渠道。研究发展基于水权、排污权、碳排放权等各类资源环境权益的融资工具，建立绿色股票指数，发展碳排放权期货交易。扩大绿色金融改革创新试验区试点范围，把生态保护补偿融资机制与模式创新作为重要试点内容。推广生态产业链金融模式。鼓励银行业金融机构提供符合绿色项目融资特点的绿色信贷服务。鼓励符合条件的非金融企业和机构发行绿色债券。鼓励保险机构开发创新绿色保险产品参与生态保护补偿。

（三）探索多样化补偿方式。支持生态功能重要地区开展生态环保教育培训，引导发展特色优势产业、扩大绿色产品生产。加快发展生态农业和循环农业。推进生态环境导向的开发模式项目试点。鼓励地方将环境污染防治、生态系统保护修复等工程与生态产业发展有机融合，完善居民参与方式，建立持续性惠益分享机制。建立健全自然保护地控制区经营性项目特许经营管理制度。探索危险废物跨区域转移处置补偿机制。

五、完善相关领域配套措施，增强改革协同

加快相关领域制度建设和体制机制改革，为深化生态保护补偿制度改革提供更加可靠的法治保障、政策支持和技术支撑。

（一）加快推进法治建设。落实环境保护法、长江保护法以及水、森林、草原、海洋、渔业等方面法律法规。加快研究制定生态保护补偿条例，明确生态受益者和生态保护者权利义务关系。开展生态保护补偿、重要流域及其他生态功能区相关法

律法规立法研究，加快黄河保护立法进程。鼓励和指导地方结合本地实际出台生态保护补偿相关法规规章或规范性文件。加强执法检查，营造依法履行生态保护义务的法治氛围。

（二）完善生态环境监测体系。加快构建统一的自然资源调查监测体系，开展自然资源分等定级和全民所有自然资源资产清查。健全统一的生态环境监测网络，优化全国重要水体、重点区域、重点生态功能区和生态保护红线等国家生态环境监测点位布局，提升自动监测预警能力，加快完善生态保护补偿监测支撑体系，推动开展全国生态质量监测评估。建立生态保护补偿统计指标体系和信息发布制度。

（三）发挥财税政策调节功能。发挥资源税、环境保护税等生态环境保护相关税费以及土地、矿产、海洋等自然资源资产收益管理制度的调节作用。继续推进水资源税改革。落实节能环保、新能源、生态建设等相关领域的税收优惠政策。逐步探索对预算支出开展生态环保方面的评估。实施政府绿色采购政策，建立绿色采购引导机制，加大绿色产品采购力度，支持绿色技术创新和绿色建材、绿色建筑发展。

（四）完善相关配套政策措施。建立占用补偿、损害赔偿与保护补偿协同推进的生态环境保护机制。建立健全依法建设占用各类自然生态空间的占用补偿制度。逐步建立统一的绿色产品评价标准、绿色产品认证及标识体系，健全地理标志保护制度。建立和完善绿色电力生产、消费证书制度。大力实施生物多样性保护重大工程。有效防控野生动物造成的危害，依法对因法律规定保护的野生动物造成的人员伤亡、农作物或其他财产损失开展野生动物致害补偿。积极推进生态保护、环境治理和气候变化等领域的国际交流与合作，开展生态保护补偿有关技术方法等联合研究。

六、树牢生态保护责任意识，强化激励约束

健全生态保护考评体系，加强考评结果运用，严格生态环境损害责任追究，推动各方落实主体责任，切实履行各自义务。

（一）落实主体责任。地方各级党委和政府要强化主体责任意识，树立正确政绩观，落实领导干部生态文明建设责任制，压实生态环境保护责任，严格实行党政同责、一岗双责，加强政策宣传，积极探索实践，推动改革任务落细落实。有关部门要加强制度建设，充分发挥生态保护补偿工作部际联席会议制度作用，及时研究解决改革过程中的重要问题。财政部、生态环境部要协调推进改革任务落实。生态保护地区所在地政府要统筹各渠道生态保护补偿资源，加大生态环境保护力度，杜绝边享受补偿政策、边破坏生态环境。生态受益地区要自觉强化补偿意识，积极主动履行补偿责任。

（二）健全考评机制。在健全生态环境质量监测与评价体系的基础上，对生态保护补偿责任落实情况、生态保护工作成效进行综合评价，完善评价结果与转移支付资金分配挂钩的激励约束机制。按规定开展有关创建评比，应将生态保护补偿责任落实情况、生态保护工作成效作为重要内容。推进生态保护补偿资金全面预算绩效管理。加大生态环境质量监测与评价结果公开力度。将生态环境和基本公共服务改善情况等纳入政绩考核体系。鼓励地方探索建立绿色绩效考核评价机制。

（三）强化监督问责。加强生态保护补偿工作进展跟踪，开展生态保护补偿实施效果评估，将生态保护补偿工作开展不力、存在突出问题的地区和部门纳入督察范围。加强自然资源资产离任审计，对不顾生态环境盲目决策、造成严重后果的，依规依纪依法

严格问责、终身追责。

各地区各有关部门要充分认识深化生态保护补偿制度改革的重要意义，深入贯彻习近平生态文明思想，把思想和行动统一到党中央、国务院决策部署上来，增强“四个意识”、坚定“四个自信”、做到“两个维护”，主动谋划，精心组织，扎实推进生态文明各项制度建设，切实将制度优势转化为治理效能，努力开创天更蓝、山更绿、水更清的美丽中国建设新局面。

图书在版编目（CIP）数据

渔业法律法规汇编．下 / 农业农村部渔业渔政管理局编．—北京：中国农业出版社，2023.7
ISBN 978-7-109-30890-9

Ⅰ.①渔… Ⅱ.①农… Ⅲ.①渔业法—汇编—中国
Ⅳ.①D922.49

中国国家版本馆 CIP 数据核字（2023）第 141823 号

渔业法律法规汇编
YUYE FALÜ FAGUI HUIBIAN

中国农业出版社
地址：北京市朝阳区麦子店街 18 号楼
邮编：100125
责任编辑：杨晓改　郑　珂　杨　春
版式设计：王　晨　　责任校对：吴丽婷
印刷：北京通州皇家印刷厂
版次：2023 年 7 月第 1 版
印次：2023 年 7 月北京第 1 次印刷
发行：新华书店北京发行所
开本：787mm×1092mm　1/16
总印张：92
总字数：2400 千字
总定价：800.00 元（上、中、下）